热处理手册

第4卷

热处理质量控制和检验

第4版修订本

中国机械工程学会热处理学会　编

机 械 工 业 出 版 社

本手册是一部热处理专业的综合工具书，是第4版的修订本，共4卷。本卷是第4卷，共11章，内容包括热处理质量管理、热处理过程中的质量控制、材料化学成分的检验、宏观组织检验及断口分析、显微组织分析与检验、力学性能试验、无损检测、残余应力的测定、合金相分析及相变过程测试、金属腐蚀与防护试验、热处理常用数据等。本手册由中国机械工程学会热处理学会组织编写，具有一定的权威性；内容系统全面，具有科学性、实用性、可靠性和先进性。

本手册可供热处理工程技术人员、质量检验和生产管理人员使用，也可供科研开发人员、设计人员、相关专业的在校师生参考。

图书在版编目(CIP)数据

热处理手册. 第4卷，热处理质量控制和检验/中国机械工程学会热处理学会编. —4版（修订本）. —北京：机械工业出版社，2013.7（2022.10重印）
ISBN 978-7-111-42950-0

Ⅰ.①热… Ⅱ.①中… Ⅲ.①热处理-手册②热处理-质量控制-手册③热处理-检验-手册 Ⅳ.①TG15-62

中国版本图书馆CIP数据核字（2013）第133971号

机械工业出版社(北京市百万庄大街22号 邮政编码100037)
策划编辑：陈保华 责任编辑：陈保华 王 珑 版式设计：霍永明
责任校对：刘志文 封面设计：姚 毅 责任印制：单爱军
北京虎彩文化传播有限公司印刷
2022年10月第4版第4次印刷
184mm×260mm ·53.25印张·2插页·1830千字
标准书号：ISBN 978-7-111-42950-0
定价：148.00元

电话服务
客服电话：010-88361066
010-88379833
010-68326294

网络服务
机 工 官 网：www.cmpbook.com
机 工 官 博：weibo.com/cmp1952
金 书 网：www.golden-book.com
机工教育服务网：www.cmpedu.com

修订本出版说明

《热处理手册》自1984年出版以来，历经4次修订再版，凝聚了几代热处理人的集体智慧和技术成果。她承载着传承、指导和培育一代代中国热处理界科技工作者的使命和责任，并成为热处理行业的权威出版物和重要参考书。

《热处理手册》第4版于2008年1月出版，至今已有5年多了，这期间出现了一些新材料、新技术、新设备、新标准，广大读者也陆续提出了一些宝贵意见，给予了热情的鼓励和帮助，例如王金忠先生对四卷手册进行了全面审读，提出了许多有价值的修改意见。因此，为了保持《热处理手册》的先进性和权威性，满足读者的需求，中国机械工程学会热处理学会、机械工业出版社商定出版《热处理手册》第4版修订本，以便及时反映热处理技术新成果，并更正手册中的不当之处。鉴于总体上热处理技术没有大的变化，本次修订基本保持了第4版的章节结构。在广大读者所提宝贵意见的基础上，中国机械工程学会热处理学会组织各章作者对手册内容，包括文字、技术、数据、符号、单位、图、表等进行了全面审读修订。在修订过程中，全面贯彻了现行的最新技术标准，将手册中相应的名词术语、引用内容、图表和数据按新标准进行了改写；对陈旧、淘汰的技术内容进行了删改，增补了相关热处理新技术内容。

最后，向对手册修订提出宝贵意见的广大读者表示衷心的感谢！

第4版前言

按照中国机械工程学会热处理学会第二届三次理事扩大会议关于《热处理手册》将逐版修订下去的决议，为了适应热处理、材料和机械制造等行业发展的需要，应机械工业出版社的要求，热处理学会决定对2001年出版的《热处理手册》第3版进行修订。本次修订的原则是：去掉陈旧和过时的内容，补充新的科研成果、实践经验和先进成熟的生产技术等相关内容，保持其实用性、可靠性、科学性和先进性，使《热处理手册》这一大型工具书能对热处理行业的技术进步持续发挥推动作用。

根据近年来热处理技术进展和《热处理手册》第3版的使用情况，第4版仍保持第3版的体例。主要读者对象为热处理工程技术人员，也可供热处理质量检验和生产管理人员、科研人员、设计人员、相关专业的在校师生参考。《热处理手册》第4版仍为四卷，即第1卷工艺基础，第2卷典型零件热处理，第3卷热处理设备和工辅材料，第4卷热处理质量控制和检验。

《热处理手册》第4版与第3版相比，主要作了以下变动：

第1卷增加和修订了第1章中的热处理标准题录，由第3版的71个标准增加到了94个，并对热处理工艺术语等按新标准进行了修订。第2章增加了“金属和合金相变过程的元素扩散”；在“加热介质和加热计算”一节中，增加了“金属与介质的作用”与“钢铁材料在加热过程中的氧化、脱碳行为”；充实了加热节能措施的内容。第6章增加了近年来生产中得到广泛应用的“QPQ处理”一节；补充了“真空渗锌”的内容；“离子化学热处理”一节增加了“离子渗氮材料的选择及预处理”、“离子渗氮层的组织”、“离子渗氮层的性能”等内容；对“气相沉积技术”的内容进行了调整和补充，反映了该技术的快速发展；在“离子注入技术”中，增加了“非金属离子注入”、“金属离子注入”和“几种特殊的离子注入方法”。第8章增加了“高温合金的热处理”和“贵金属及其合金的热处理”两节，使其内容更加完整。第10章增加了“电性合金及其热处理”一节，对各种功能合金的概念和性能作了一定的补充。增加了“第11章其他热处理技术”，包括“磁场热处理”、“强烈淬火”和“微弧氧化”三节。这些热处理技术虽然早已有之，但从20世纪90年代以来，在国内外，特别在一些工业发达国家得到了快速发展，并受到日益广泛的重视，从这个意义上也可称为热处理新技术。

第2卷修订时增加了典型零件热处理新技术、新材料和新工艺。第3章增加了“齿轮的材料热处理质量控制与疲劳强度”一节。第5章增加了55CrMnA、60CrMnA、60CrMnMoA钢等新钢种的热处理。第6章全部采用最新标准，增加了不少新钢种的热处理。第8章增加了“如何得到高速钢工具的最佳使用寿命”一节。第11章补充了“涨断连杆生产新工艺”。第12章增加了数控机床零件热处理的内容。第13章重写了“凿岩用钎头”一节，增加了很多新钢种及其热处理工艺。第14章增加了“预防热处理缺陷的措施”一节。第16章增加了“天然气压缩机活塞杆的热处理”一节。第17章补充了柱塞泵热处理新工艺（真空热处理、稳定化热处理等）。第19章补充了飞机起落架新材料16Co14Ni10Cr2Mo热处理工艺、涡轮叶片定向合金和单晶合金热处理工艺。

第3卷的修订注意反映热处理设备相关领域的技术进展情况，增加了近几年开发的新技术和新设备方面的内容，增加了热处理节能、环保和安全方面的技术要求。各章增加的内容有：第5章增加了“活性屏离子渗氮炉”。第9章增加了“淬火冷却过程的控制装置”和“淬火槽冷却能力的测定”。第 10 章增加了“溶剂型真空清洗机”。第 11 章增加了“热处理过程真空控制”与“冷却过程控制”。第 12 章增加了“淬火冷却介质的选择”与“淬火冷却介质使用常见问题及原因”。

第 4 卷中对各章节内容进行了调整和充实，部分章节进行了重新编写。第 1 章充实了“计算机在质量管理中的应用”一节。第 3 章改写并充实了“光谱分析”与“微区化学成分分析”两节的内容。第 7 章重新编写了“内部缺陷检测”与“表层缺陷检测”，更深入地介绍了常用无损检测方法的原理与技术。第 10 章充实了金属材料全面腐蚀的内容，增加了液态金属腐蚀。第 11 章调整了部分内容结构，增加了相关的实用数据。

近年来，我国的国家标准和行业标准更新速度加快。2001 年至今，与热处理技术相关的相当数量的标准被修订，并颁布了一些新标准，本版手册内容基本上按新标准进行了更新。对于个别标准，如 GB/T 228—2002《金属材料　室温拉伸试验方法》㊀，新旧标准指标、名称和符号差异较大，又考虑到手册中引用的资料、数据形成的历史跨度长，目前在手册中贯彻新标准，似乎尚不成熟。为了方便读者，我们采用了过渡方法，参照 GB/T 228—2002《金属材料　室温拉伸试验方法》㊀，在第 4 卷附录部分列出了拉伸性能指标名称和符号的对照表，供读者查阅参考。

本次参与修订工作的人员众多，从编写、审定到出版的时间较紧，手册不足之处在所难免，恳请读者指正。

中国机械工程学会热处理学会

《热处理手册》第 4 版编委会

㊀ GB/T 228—2002《金属材料　室温拉伸试验方法》已被 GB/T 228.1—2010《金属材料　拉伸试验　第 1 部分：室温试验方法》替代，本次修订采用了最新标准。

目　录

第1章　热处理质量管理

西安交通大学　方其先

东方汽轮机厂　林锦堂

机械产品的内在质量主要取决于材料和热处理，要保证和提高热处理质量，必须加强质量管理，完善质量管理体系。提高产品质量已成为我国经济发展的一个战略问题，是企业竞争的主要手段。

质量管理的形成与发展经历了质量检验、统计质量控制，至今发展到以质量保证为中心的全面质量管理阶段（TQM）。本章主要根据全面质量管理的观点，依据 GB/T 19000—2008 标准中的主要精神，阐述热处理质量管理各阶段应开展的活动。

1.1　概论

1.1.1　质量管理和质量保证基本术语

主要根据 GB/T 19000—2008《质量管理体系　基础和术语》，对热处理质量管理常用术语作一简要说明。

1. 顾客　顾客是指接受产品的组织或个人。在机械制造过程中，下道工序是上道工序的顾客，热处理外协厂和热处理专业厂（车间）的顾客是热处理零件的委托者。

2. 质量　质量是一组固有特性满足要求的程度。质量不仅要满足顾客需要的性能、可靠性、安全性等指标，还要反映兼顾供需双方利益的经济要求。

3. 质量方针　质量方针是由组织的最高管理者正式发布的有关质量方面的全部意图和方向。

4. 质量策划　质量策划是质量管理的一部分，致力于制定质量目标并规定必要的运行过程和相关资源以实现质量目标。

5. 质量改进　质量改进是质量管理的一部分，致力于增强满足质量要求的能力。

6. 管理体系　管理体系是建立方针和目标并实现这些目标的体系。

7. 质量管理　质量管理是在质量方面指挥和控制组织的协调活动。

8. 质量管理体系　质量管理体系是在质量方面指挥和控制组织的管理体系。

9. 全面质量管理　全面质量管理是一个组织以质量为中心，以全员参加为基础，目的在于通过让顾客满意和本组织所有成员及社会受益而达到长期成功的管理途径。

10. 质量控制　质量控制是质量管理的一部分，致力于满足质量要求所采取的作业技术和活动。其目的在于通过对过程进行监视，排除在质量环的所有阶段中导致不满意的原因以取得经济效益。

11. 质量保证　质量保证是质量管理的一部分，致力于提供质量要求会得到满足的信任。

12. 质量监督　为保证满足质量要求，由用户或第三方对程序、方法、条件、产品、过程和服务进行连续评价，并按规定标准或合同要求对记录进行分析。质量监督有三项基本职能：内部评估职能、检查职能和预防职能。

1.1.2　现代质量管理特点

1. 现代质量管理不同于产品性能（如硬度、强度、精度、寿命）检验　现代质量管理不仅包含有产品最终的性能检测，还覆盖与产品相关的一切过程的质量管理，包括工作质量、服务质量、信息质量、人员质量和成本质量等方面的管理。

2. 质量管理要依据标准进行　质量管理也是一个过程，这个过程或活动要依照标准进行，这些标准是管理科学和经验的结晶，它给生产企业提供了一套完整的规范化、法制化、程序化和文件化的管理模式。它不但能保证产品质量，而且提供了质量保证依据，有利于提高产品在市场上的竞争能力。

3. 质量保证是现代质量管理的核心　质量保证不仅是保证产品质量，而且是企业和顾客之间开展的信任活动，使顾客确信企业能够满足规定的质量要求，以建立双方信任关系。顾客在选择产品的生产单位时都把质量保证作为一个重要因素。质量保证的内涵不是企业为顾客保证质量，而是确信企业通过一系列的质量活动能满足规定的质量要求。

4. 强调质量成本　质量成本包括确保满意质量所发生的费用以及未达到满意质量的有形和无形的损失，它是产品总成本的一个组成部分。不断地评价和控制质量成本是指导质量改进，降低成本，提高效益的重要措施。

5. 建立有效的质量管理体系　质量管理体系是为实施质量管理所需的组织结构、程序、过程和资

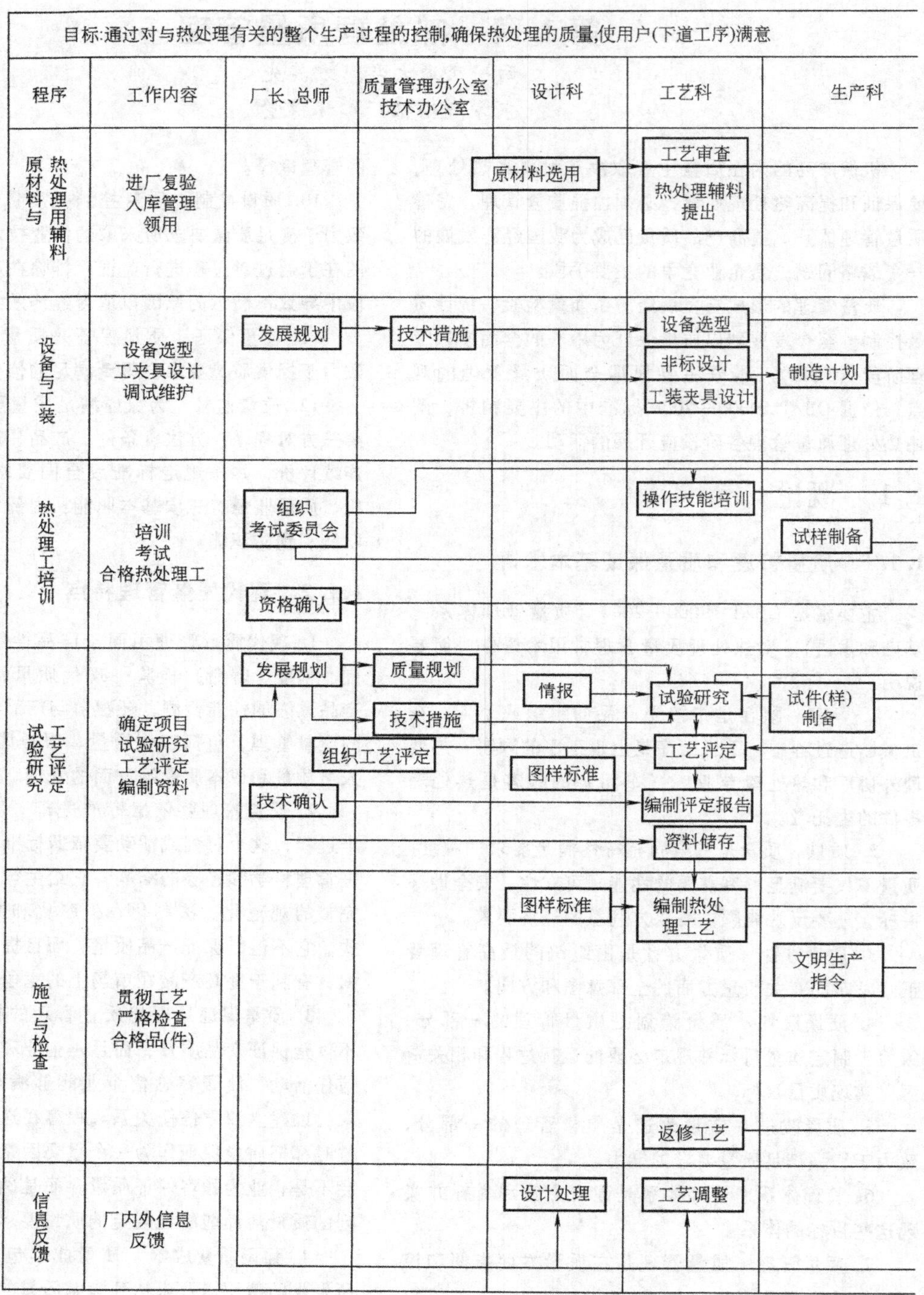
目标:通过对与热处理有关的整个生产过程的控制,确保热处理的质量,使用户(下道工序)满意
程序
工作内容
厂长、总师
质量管理办公室 技术办公室
设计科
工艺科
生产科
原材料与热处理用辅料
进厂复验
入库管理
领用
原材料选用
工艺审查
热处理辅料提出
设备与工装
设备选型
工夹具设计
调试维护
发展规划
技术措施
设备选型
非标设计
工装夹具设计
制造计划
热处理工培训
培训
考试
合格热处理工
组织考试委员会
操作技能培训
试样制备
资格确认
试验研究工艺评定
确定项目
试验研究
工艺评定
编制资料
发展规划
质量规划
情报
试验研究
试件(样)制备
技术措施
组织工艺评定
工艺评定
图样标准
技术确认
编制评定报告
资料储存
施工与检查
贯彻工艺
严格检查
合格品(件)
图样标准
编制热处理工艺
文明生产指令
返修工艺
信息反馈
厂内外信息反馈
设计处理
工艺调整

图1-1 热处理

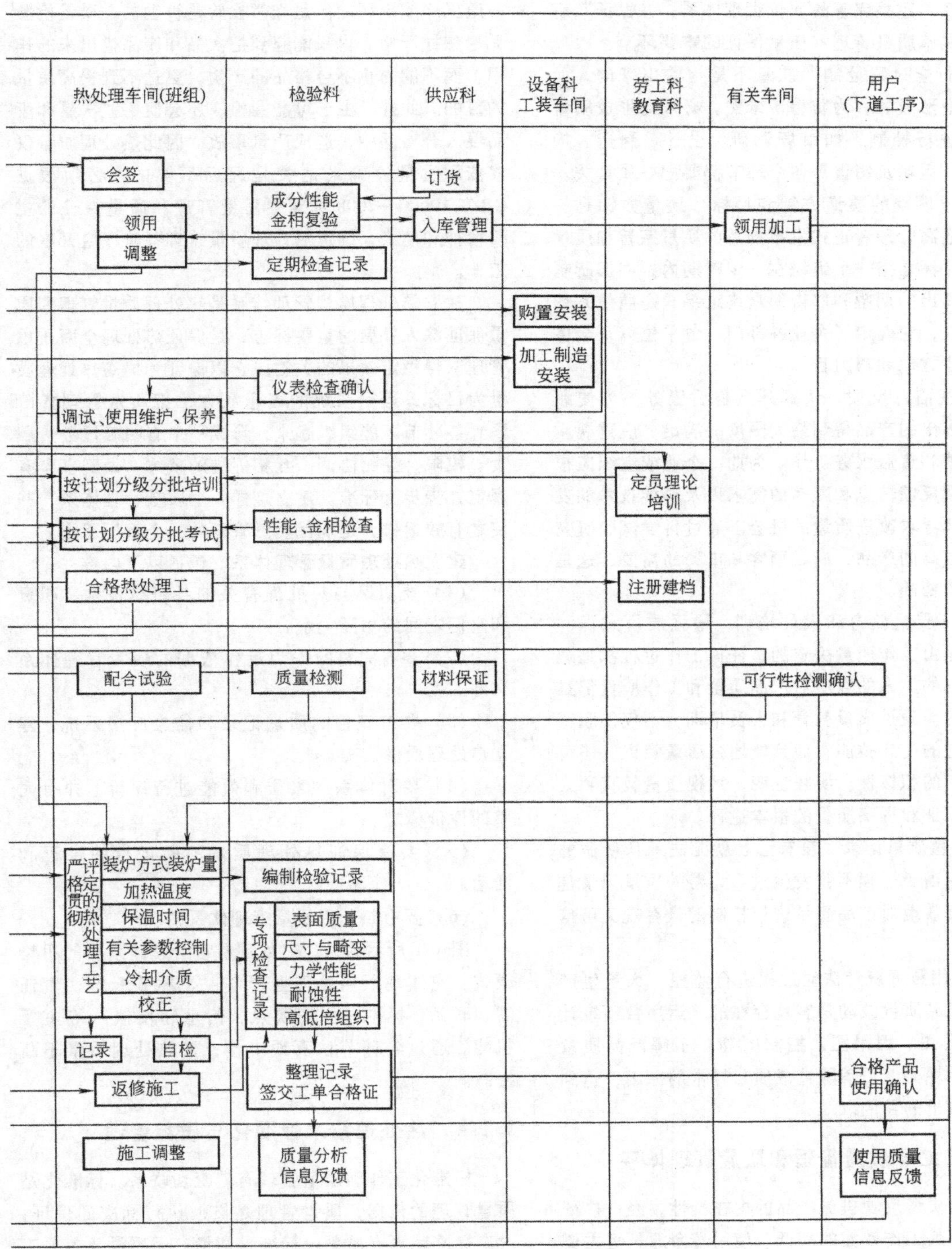
热处理车间(班组)
检验料
供应科
设备科
工装车间
劳工科
教育科
有关车间
用户
(下道工序)
会签
订货
成分性能
金相复验
入库管理
领用加工
领用
调整
定期检查记录
购置安装
加工制造
安装
仪表检查确认
调试、使用维护、保养
按计划分级分批培训
定员理论
培训
按计划分级分批考试
性能、金相检查
合格热处理工
注册建档
配合试验
质量检测
材料保证
可行性检测确认
严格贯彻评定的热处理工艺
装炉方式装炉量
加热温度
保温时间
有关参数控制
冷却介质
校正
编制检验记录
专项检查记录
表面质量
尺寸与畸变
力学性能
耐蚀性
高低倍组织
记录
自检
返修施工
整理记录
签交工单合格证
合格产品
使用确认
施工调整
质量分析
信息反馈
使用质量
信息反馈

质量管理体系图

源。体系要有明确合理的组织结构、职责和它们之间的相互关系。建立完善的质量管理体系，并保证其有效运行是实施质量管理和质量保证的重要环节。

6. 实行全过程控制　质量不是检验出来的，而是在过程中形成的，为防患于未然，必须对形成质量的全过程进行控制，如市场调研、设计、制造、检验、安装、运输及销售等各个环节都要把好质量关。

7. 确立明确的质量方针和目标　质量方针是一个组织的最高管理者正式发布的总的质量宗旨和质量方向。而目标是指一个组织在一定时期内，根据所制订的方针提出的期望和取得的最终结果，是质量方针的具体体现，它确定了企业各部门、各单位以及全体职工的奋斗方向和努力目标。

8. 重视信息反馈，认真开展售后服务　为使顾客对企业售出的产品得到最大限度的满足，应重视质量信息反馈和售后服务工作。为此，企业或组织应根据产品质量反馈信息和顾客的需求以及科学技术的发展，不断地寻求改进质量的机会。通过科学试验研究开发质量更高的产品，满足顾客和市场的需要，这是质量管理的精髓。

9. 进行质量教育和人员培训，增强质量意识　产品质量是由工作质量决定的，任何工作过程都是通过人来完成的。人的素质对产品质量和工作质量都是非常重要的。通过质量教育和人员培训，不仅使职工能掌握先进的生产技能，而且能增强质量意识，还可以调动职工的积极性。实践证明，重视质量教育和人员培训是保证和提高质量的根本途径。

10. 注重质量记录　没有记录就无法承认所做的工作，就相当于过程不曾发生过。完善的质量记录是企业正确有效地对产品质量进行控制的最客观又可信的证据。

11. 运用数理统计法对过程进行监控　大量生产条件下的产品质量波动是客观存在的，运用数理统计法（如排列图、因果图、控制图等）了解产品质量波动的统计规律，可消除造成质量异常的原因，达到控制产品质量的目的。

1.1.3　热处理质量管理和质量管理体系

热处理质量反映机械产品的内在特性，经过热处理的零件，其工作效能的高低、使用寿命的长短主要取决于材料及热处理质量。

为了保证热处理质量，过去人们常采用“事后检验”的方法，如检测硬度和显微组织等。在控制热处理质量方面，质量检验虽然是不可缺少的，但这种“事后检验”的主要作用是把关，即根据质量标准，通过检验把次品和废品剔除出去，使之不带进下一道工序或出厂。但是光靠检验是被动的，质量检验无论怎样严格，也只能起到把次品和废品挑出来的作用，而不能防止不合格品的产生，更达不到提高质量的目的。此外，由于可能漏检，还会使一些次品和废品混入合格品中，造成质量事故。因此热处理质量仅仅依靠质量检验来把关是远远不够的，必须根据GB/T 19000—2008标准中质量管理和质量保证的主要精神和模式，确定热处理质量管理各阶段应开展的工作。

建立热处理质量管理体系是热处理质量管理和质量保证深入发展的重要标志，是保证热处理全面质量管理取得稳定效果的关键。它以保证和提高热处理质量为目标，运用系统的概念和方法把质量管理各阶段、各环节职能组织起来，形成一个有明确任务、职责、权限、互相协调、互相促进的整体，做到事事有规定，步步有标准。建立这样一个质量管理体系，并使之有效运作，是现代质量管理的一个重要原则。

建立热处理质量管理体系，包括以下内容：

（1）要明确与热处理有关的各组织机构、职责和它们之间的相互关系。

（2）要有完整的作为运作依据的质量管理体系文件。

（3）要有完善的质量记录和信息反馈系统，建立热处理质量档案。

（4）要对体系的素质和效能进行评价，并有完整的评价标准。

（5）要有保证热处理质量不断运行的过程和活动。

（6）要有热处理质量管理体系图。

图1-1所示为某厂热处理质量管理体系图的粗略模式，它体现了热处理生产各主要环节上的“责任者、联系、标准、保证要点、信息和反馈”等主要机能。通过各环节认真地工作，使热处理质量不断提高。

1.1.4　热处理技术标准化与质量管理

标准化工作和质量管理有着密切联系。标准化是质量管理的依据，质量管理是贯彻执行标准的保证，没有标准就没有质量。标准是衡量产品质量及各项工作的尺度，也是企业进行生产、技术管理、质量管理的依据。例如各种原材料的技术标准既是对各种原材料的质量、规格及其检验方法所作的技术规定，又是进行生产、检验和评定各种材质的技术依据。同时，标准化的贯彻也不能脱离质量管理，因为推行各种标准都必须通过全面质量管理来实行。又如通过热处理质量管理对淬火、回火、正火、退火等各种工艺作业标准的执行情况进行检查和改进，以实现标准化的要求，不断巩固和扩大标准化成果。

我国已经制定和修订了热处理技术标准体系，截止到2008年底以前，批准发布的现行标准88项，内容包括：①热处理基础标准（共6项）；②工艺方法标准（共23项）；③质量检验与评定标准（共41项）；④热处理工艺材料标准（共12项）；⑤安全、能耗、环保标准（共6项）。认真贯彻这些标准，对加强热处理质量管理、促进我国热处理技术的提高和发展将起到重要作用。

热处理技术的标准化和质量管理是相互促进的。标准是相对固定的，即在一定时期内是固定不变的，而当质量管理产生了飞跃，上了一个新的台阶，原来的质量标准已不能满足新形势的需要时，就要修订标准。

修订和制定热处理技术标准有时也要等效参考国际标准和国外先进标准，这对促进热处理技术进步、加强国际热处理技术交流都是有益的。

1.2 产品设计中的热处理质量控制

产品设计是影响热处理质量的重要因素，如果设计不合理，必然后患无穷。因此产品设计是控制热处理质量的首要环节。产品设计中热处理质量控制的总目标是：合理地选择材料，正确地确定组织与性能指标，以便制造出寿命长、安全可靠、性能稳定的机械产品。

产品设计时一般采用工艺“审查会签”的形式，即由材料及热处理工程技术人员对设计图中的材料选择、几何形状和热处理技术要求等进行工艺审查，与设计部门协商一致后方能会签。这对控制热处理质量和保证热处理工艺的可行性起到重要作用。

1.2.1 材料选择

工件材料选择是否合理，直接关系到热处理质量，如果通过热处理未能达到预定的性能指标，就需要重新选择材料。

优选材料时应该注意以下几个问题：

(1) 根据零件的工作条件和失效形式选材。工件所受载荷类型和大小、工作介质、环境及失效形式不同，所选用的材料不一样。例如：

1）冲头。若承受的冲击能量较高，其失效形式为崩刃或断裂，可选用韧性高的弹簧钢制造；若冲头承受的冲击能量小，其失效形式为磨损，可选用W6Mo5Cr4V2高速钢。

2）连杆。当设计承受冲击能量小的连杆时，若选用球墨铸铁代替45钢，其使用寿命反而更长。

(2) 材料选择应考虑到零件的结构形状。形状复杂的工件淬火时易畸变开裂，在保证性能和不过多增加成本的前提下，选用淬透性好的合金钢，并采用油淬，可避免产生废品。

(3) 材料选择要与热处理工艺相适应。各种材料均有最佳的热处理工艺，例如，38CrMoAl钢适宜于渗氮处理，而20CrMnTi齿轮若也进行离子渗氮，其使用寿命远比渗碳淬火低得多。为了避免在选材上的不妥，设计人员应该对材料热处理后的组织性能有所了解。

(4) 尽量选用可简化热处理工序的材料。在保证使用性能的前提下，尽量选用工序简化的材料，既能满足产品的质量要求，又降低了成本，如非调质钢的应用，低碳钢淬火代替中碳钢调质等。

(5) 所选用的材料应具有良好的加工工艺性能。所选用的材料应容易加工成形，在加工过程中合格品率高，是设计人员在选材时应该重视的问题。根据工件的加工工艺过程，材料应具有良好的铸造性能、可锻性、焊接性、机加工性能和热处理工艺性能。

1.2.2 热处理技术要求的确定

热处理技术要求一般是热处理质量检验的指标，在工件图样上标注得都比较简单。除了对硬度和畸变量有要求外，有的零件还有局部热处理要求。对于表面强化工件，硬化层深度和心部硬度也是技术要求的内容之一。热处理技术要求应以满足零件的使用性能为目标。

1. 硬度 硬度是工件热处理最重要的质量检验指标，不少工件还是唯一的技术要求。这不仅是因为硬度试验快速、简便又不损坏工件，而且通过硬度值还可以推测其他的力学性能。某些热处理工艺参数也是根据工件所要求的硬度值确定的。因此合理地确定热处理后的硬度值将可为工件提供最佳的使用性能，对提高工件质量及延长其使用寿命都有重要作用。

设计人员在确定硬度时，通常是根据工件工作时所承受的载荷，计算出零件上的应力分布，考虑安全系数，提出对材料的强度要求，然后根据强度与硬度的关系，确定工件热处理后应具有的硬度值。确定硬度时，要避免照抄手册上的数据，应注重工件的实际工作条件和失效形式。例如相同的冷作模具，用在精度高的机床上时，要求模具硬度高些；如果机床精度差、模具工作时所受的冲击能量大，为避免崩刃或折断，适当降低模具硬度，则其使用寿命反而延长。用40CrNiMo或35CrMo制造的10t大型模锻锤的锤杆，误认为受到冲击能量很大，将硬度定得很低，然而寿命反而缩短。根据失效分析，锤杆属于疲劳断裂，在将锤杆硬度值由241～270HBW提高到38～43HRC后，其使用寿命大幅度提高。

2. 其他力学性能指标　某些重要工件除了要求硬度值外，还必须规定其他的力学性能指标。

(1) 强度与韧度的合理配合。通常钢铁材料的强度和韧度是互为消长的。对于结构零件，常用一次冲击值作为安全的判据，追求高韧度指标，而不惜牺牲强度，致使机械产品粗大笨重，寿命不长。相反对于工模具，为了提高耐磨性而追求高硬度和高强度(扭转强度)，由于忽视了韧度对减少模具崩刃和折断的作用，故使用寿命也不长。因此应对零件的工作条件和失效形式进行调查分析，根据强度与韧度合理配合来确定零件应选用的强度和韧度指标。

(2) 正确处理材料强度、结构强度和系统强度的关系。各种材料强度指标都是用标准试棒测得的，它取决于材料的组织状态（包括表面状态、残余应力和应力状态)；零件结构强度受尺寸因素及缺口效应的影响；而系统强度则与其他零件的相互作用有关。在这三者之间存在很大的差异，如材料的光滑试棒疲劳强度高，但实物的疲劳强度可能很低。因此，对某些重要零件，根据模拟试验结果来确定力学性能指标较为恰当。

(3) 组合件的强度匹配要合理。大量试验及实际使用表明，当组合件（如蜗轮蜗杆、链条链轮、滚珠与套圈及传动齿轮等）达到最佳强度匹配时，使用寿命可延长。例如，滚珠比套圈的硬度应高2HRC，汽车后桥主动齿轮的表面硬度比被动齿轮应高2～5HRC。同一种钢材经同种方法处理成相同硬度的摩擦副，耐磨性最差。

(4) 表面强化的零件，心、表强度应合理匹配。表面强化零件（如渗碳淬火、碳氮共渗淬火、渗氮、感应淬火等)，当硬化层深度一定时，心部应具有适宜的强度，使心、表强度达到最优的匹配状态，以保证零件具有高的使用寿命。如果心部强度太低，过渡区容易产生疲劳源，导致疲劳性能下降；心部强度太高，表面残余压应力小，疲劳寿命也不长。

(5) 环境介质的影响。在腐蚀、高温等特殊环境介质中工作的零件要采用相应的力学性能指标，如应力腐蚀门槛值 K_{1SCC}、蠕变强度 σ_{ε}^{T}、持久强度 σ_{t}^{T} 等。

3. 硬化层深度　硬化层深度的确定要考虑零件的使用性能、失效形式和节能等原则。

(1) 以磨损失效为主的零件，应根据零件的设计寿命和磨损速度来确定硬化层深度，一般不宜过厚，特别是工模具的表面硬化层过深会引起崩刃或断裂。

(2) 以疲劳破坏为主要失效形式的零件，应根据表面强化方法、心表强度、载荷形式及零件的形状尺寸等因素来确定硬化层深度，使其达到最佳硬化率($\text{最佳硬化率}=\dfrac{\text{最好的硬化层深度}}{\text{零件截面厚度}}$)。如渗碳和碳氮共渗齿轮，最佳硬化率为0.1～0.15。

(3) 为了热处理节能，硬化层不宜过深。有些资料对硬化层进行研究后认为，一般对渗碳淬火和高频感应淬火的硬化层规定偏深，如果能适当减少硬化层深度则可显著节约能耗。

4. 显微组织的控制标准　各种材料经不同热处理后的显微组织可按国家标准或行业标准进行评定，如中碳钢和中碳合金钢马氏体评级，渗碳和碳氮共渗的碳化物、残留奥氏体、心部铁素体的评级等。在技术要求中要标明合格品应有的显微组织级别。对于这些标准，一是要严格执行，二是要根据零件的工作条件和失效形式通过试验对标准进行更新，使产品质量不断提高，尤其是当前关于组织与性能关系的研究成果很多，如淬火组织中铁素体形态及相对量对力学性能的影响，残留奥氏体利与弊的讨论，碳化物形态、数量及大小与强韧性关系的研究等，为进一步修正和完善各种显微组织评级标准提供了依据。但是也要防止不根据产品的实际情况，把一些不成熟的或片面的试验结果用作评级的依据，这对提高产品质量是不利的。

5. 热处理允许畸变量　热处理畸变量是热处理质量的重要指标之一，是热处理质量控制的主要内容。设计人员应根据零件特点和工艺过程，合理提出热处理允许畸变量。尽管影响热处理畸变的因素很多，但是畸变还是有规律的。热处理工作者应根据热处理畸变的理论和实践，采取具体措施，使热处理畸变值不超过设计规定的技术要求。

(1) 当热处理是工件加工过程的最后工序时，热处理畸变的允许值就是图样上规定的工件尺寸，而畸变量则要根据上道工序加工尺寸来确定。为此应与机加工部门协商，按照工件的畸变规律，热处理前进行尺寸的预修正，使热处理畸变正好处于合格范围内。

(2) 当热处理是中间工序时，热处理前的加工余量应视为机加工余量和热处理畸变量之和。通常机加工余量易于确定，而热处理畸变量由于影响因素多，比较复杂，因此要为机械加工留出足够的加工余量，其余均可作为热处理允许畸变量。

6. 工件结构对热处理工艺性能的影响 工件的结构、尺寸、形状对热处理畸变与开裂有很大影响。

(1) 零件截面应力求均匀，以减少过渡区的应力集中及畸变开裂倾向。

(2) 工件应尽量保持结构与材料成分和组织的对称性，以减少由于冷却不均引起的畸变。必要时可开工艺孔，以调整不同部位的冷却速度。

(3) 工件应尽量避免尖锐棱角、沟槽等，台阶处要有圆角过渡。

(4) 尽量减少工件上的孔、槽和筋（尤其是深孔、深槽、粗筋）。

1.3 热处理工艺设计中的质量控制

工艺设计中热处理质量控制的目标是：以低成本和高效率生产出高质量的热处理产品。为此应做好热处理工艺流程及规范的优化设计，编好热处理工艺技术文件，对工艺设计进行经济分析等。

1.3.1 热处理工艺流程及规范的优化设计

1. 热处理工艺设计的原则

(1) 工艺要十分可靠，不成熟或本企业尚未掌握的工艺，需经过工艺试验及生产验证，鉴定后方可采用。

(2) 制订工艺方案时，如果选用新工艺、新技术，一定要根据新工艺所提供的组织性能特点，结合工件所选用的材料、工作条件和失效形式，有针对性地采用新工艺。同时还要注意新工艺的设备投资和经济效益。

(3) 防止简单引用国内外经验，要根据本厂生产实际，经常注意质量信息反馈，通过失效分析，不断改进产品质量，优化工艺参数。

(4) 要经济地利用能源，尽量采用节能工艺和设备。

(5) 安全生产，消除公害。

(6) 尽量采用机械化、自动化程度高的工艺装备。这样不仅可以提高生产率，也有利于工艺过程的自动控制，并保证热处理产品质量稳定。

总之，制订热处理工艺时，既要考虑工艺的先进性，也要注意经济性和安全性。

2. 热处理工艺流程的优化设计 热处理工艺流程和工艺规范是热处理工艺设计中密切联系的两个问题。工艺流程也称工艺路线，它由一系列工序组成。热处理工艺流程是产品工艺流程的一部分。热处理工艺流程的设计实际上是确定热处理工序在产品工艺流程中的位置，以及所采用的热处理方案和方法。

在全面质量管理中，要一切为顾客着想，满足顾客对产品质量的要求。在企业内部，上道工序把下道工序视为顾客，尽管各工序之间的关系不同于顾客和企业的关系，但都是为了保证产品的质量，因此各工序间要密切配合、相互协作。

制订工艺流程时应注意以下几点：

(1) 热处理工序安排要合理，如淬透性差的钢材通常不进行毛坯调质。

(2) 采用新技术，简化热处理工艺。在保证零件所要求的组织与性能的条件下，尽量使不同工序或工艺互相结合，如利用锻造余热淬火或正火。

(3) 尽可能缩短生产周期，如感应淬火用于大批生产时，宜采用感应加热回火或自回火。

(4) 有时为了提高产品质量、延长工件使用寿命，需要增加热处理工序，如工模具钢球化退火前的正火、淬火后的多次回火等。

(5) 对于形状复杂易畸变的工件，热处理后要进行精加工。

3. 热处理工艺参数的优化 确定工艺参数是制定热处理工艺规范的主要工作，也是保证热处理质量的关键。尽管加热温度和加热时间是最主要的工艺参数，但是仅确定这两个参数是不够的。随着热处理工艺水平的提高，需要控制的参数日益增多，而且各参数之间是互相影响、互相制约的。

在确定工艺参数时，参考有关手册、图表、曲线、数据及经验公式都是非常必要的，但要使工艺参数优化，一定要结合具体工件和实际生产情况，如材料成分、材料的热处理工艺性能、工件的结构尺寸、工件的工作条件、工件的使用性能和失效形式、热处理前的组织状态、热处理设备及工人的操作水平和操作方法等。

因此，优化热处理工艺参数，需要考虑各种因素对热处理质量的影响，并通过试验和生产验证进行综合分析。

4. 设备选择 热处理设备是实现热处理工艺、保证热处理质量、节约能源及降低成本的基本条件，应该慎重选择。

(1) 选择设备应满足工艺要求，如对表面质量要求高的零件，应该选择有保护介质的加热炉，或在真空炉内加热；形状复杂的工件要考虑装炉和冷却方式以减少畸变。

（2）根据生产批量选择设备。

（3）根据设备的工作特性，扩大设备的使用范围，提高生产率，节约能源，降低成本。

（4）热处理能源的选择应从生产成本、能源供应情况、操作与控制的可能性、环境保护等方面因地制宜地综合考虑及选择。

1.3.2 热处理技术文件的制订

热处理工艺卡或热处理作业指导书以及热处理零件明细表是指导生产所必需的工艺文件，此外，还应有工艺守则、热处理安全守则等。

1. 热处理工艺卡或作业指导书　工艺卡是将工艺设计中所确定的工艺规范用表格形式表示出来的工艺文件。表1-1、表1-2分别是普通热处理和感应淬火的工艺卡参考形式。表中应有零件草图、材料牌号、技术要求、工艺参数和所需设备、工装等。而热处理作业指导书（表1-3）除工艺卡中应具有的内容外，还需说明作业要求或特别注意事项，以及用于进行质量检验的质量管理点表。

2. 热处理零件明细表　热处理零件明细表（表1-4）汇总了需要热处理的零件。这种表格可以概括地反映产品中零件的数量和尺寸、选用材料的牌号和热处理工艺名称等。

3. 热处理工艺守则或工艺说明书　工艺守则为热处理工艺应遵循的准则，是一种通用性的技术文件，其内容包括工艺的作用、工艺参数、可以选用的设备和工装、操作方法、无公害与防护，以及该工艺所能达到的质量标准及质量检验方法。

热处理工艺守则实际上是企业热处理工艺技术规范。由于结合本企业产品的特点和生产条件，故这些守则更加具体化。随着生产和热处理技术的发展，工艺守则和热处理工艺说明书也要定期修改，从而不断地提高热处理质量。

表1-1 热处理工艺卡　　编号：

<table>
<tr><td rowspan="2" colspan="3"></td><td rowspan="2" colspan="3">热处理工艺卡</td><td colspan="2">标记</td><td colspan="3">工件名称</td><td colspan="2"></td><td colspan="2">工件编号</td><td colspan="2"></td></tr>
<tr><td></td><td></td><td colspan="3">产品型号</td><td colspan="2"></td><td colspan="2">共 页</td><td colspan="2">第 页</td></tr>
<tr><td rowspan="7">（厂名）</td><td rowspan="7" colspan="4">（工件草图）</td><td colspan="3">材料及牌号</td><td colspan="2"></td><td colspan="2">化学成分（质量分数）（%）</td><td colspan="2">处理要求</td><td colspan="3">处理前之要求</td></tr>
<tr><td colspan="3">外形尺寸</td><td colspan="2"></td><td colspan="2"></td><td colspan="2"></td><td colspan="3"></td></tr>
<tr><td colspan="3">工件重量</td><td colspan="2"></td><td colspan="2"></td><td colspan="2"></td><td colspan="3"></td></tr>
<tr><td colspan="3">每车件数</td><td colspan="2"></td><td colspan="2"></td><td colspan="2"></td><td colspan="3"></td></tr>
<tr><td colspan="3">工件送来部门</td><td colspan="2"></td><td colspan="2"></td><td colspan="2"></td><td colspan="3"></td></tr>
<tr><td colspan="3">工件送往部门</td><td colspan="2"></td><td colspan="2"></td><td colspan="2"></td><td colspan="3"></td></tr>
<tr><td colspan="3">处理前状态</td><td colspan="2"></td><td colspan="2"></td><td colspan="2"></td><td colspan="3"></td></tr>
<tr><td rowspan="2"></td><td rowspan="2">工序号</td><td rowspan="2">工序</td><td rowspan="2">设备型号名称</td><td rowspan="2">工具编号名称</td><td colspan="3">加热</td><td colspan="3">冷却</td><td rowspan="2">同时装炉数量</td><td rowspan="2">工序之要求</td><td rowspan="2">工人等级</td><td colspan="3">工时定额</td></tr>
<tr><td>温度/℃</td><td>加热时间/h</td><td>保温时间/h</td><td>冷却剂</td><td>温度/℃</td><td>时间方式</td><td>基本工时/min</td><td>辅助工时/min</td><td>每件工时/min</td></tr>
<tr><td></td><td></td><td></td><td></td><td></td><td></td><td></td><td></td><td></td><td></td><td></td><td></td><td></td><td></td><td></td><td></td><td></td></tr>
<tr><td>描图</td><td></td><td></td><td></td><td></td><td></td><td></td><td></td><td></td><td></td><td></td><td></td><td></td><td></td><td></td><td></td><td></td></tr>
<tr><td></td><td></td><td></td><td></td><td></td><td></td><td></td><td></td><td></td><td></td><td></td><td></td><td></td><td></td><td></td><td></td><td></td></tr>
<tr><td>底图号</td><td></td><td></td><td></td><td></td><td></td><td></td><td></td><td></td><td></td><td></td><td></td><td></td><td></td><td></td><td></td><td></td></tr>
<tr><td></td><td></td><td></td><td></td><td></td><td></td><td></td><td></td><td></td><td></td><td></td><td></td><td></td><td></td><td></td><td></td><td></td></tr>
<tr><td>档案号</td><td></td><td></td><td></td><td></td><td></td><td></td><td></td><td></td><td></td><td></td><td></td><td></td><td></td><td></td><td></td><td></td></tr>
<tr><td colspan="9"></td><td>编制</td><td>日期</td><td>校对</td><td>日期</td><td>审核</td><td>日期</td><td>批准</td><td>日期</td></tr>
<tr><td>日期</td><td>签字</td><td colspan="15"></td></tr>
<tr><td colspan="2"></td><td>标记</td><td>处数</td><td>更改文件号</td><td>签字</td><td>日期</td><td colspan="10"></td></tr>
</table>

表 1-2　感应淬火工艺卡

编号：

(厂　　名)	感应加热热处理工艺卡片	产品型号	工件名称	工件号	共　页
	车间				第　页

(工件简图)	牌号		每台件数		净重	kg
	技术要求				检验方法	
	硬度： 变形：					

设备工作规范

灯式高频机	工序编号	单位功率/(kW/cm^2)	加热面积/cm^2	需要功率/kW	阳极电压/kV	阳极电流/A	偶合数	栅极电流/A	回授数	回路电压/kV

机式中频机	工序编号	单位功率/(kW/cm^2)	加热面积/cm^2	需要功率/kW	电压/V	电流/A	电容/pF	变压器匝数比 二次侧/一次侧	功率因数 $\cos\phi$

总工序编号	热处理工序号	工序名称	设备型号或名称	感应器编号	工装名称或编号	加热 温度/℃	加热 时间/s	冷却 方式	冷却 介质	冷却 温度/℃	冷却 时间/s	移动速度/(mm/s)	工人等级	工时定额/min

编制	日期	校对	日期	审核	日期	会签	日期	批准	日期	描图	日期

表 1-3　热处理作业指导书

编号：

热处理作业指导书	产品名称		产品型号		厂名：　　年　月　日编订
	零件名称		零件号		
材　料		工　艺　路　线			(简图)
每台件数					
单件重量/kg					
热处理前零件状况		技术条件			

工艺规范	序号	工序名称	设备编号及名称	工具编号及名称	装炉(盘)数量	加热温度/℃	推料周期/min	加热时间/min	冷却 介质	冷却 温度/℃	冷却 方法	管理点
特别注意事项												

注：(1)检查频次
全：百分之百检查
$1/N$：N件检查 1 件
N/C：每炉检查 N 件
$K \times N/D$：每班 K 次每次 N 件
(2)重要程度
a：关键
b：重要
c：一般
(3)管理手段
a：管理图
b：计量用表
c：计数用表
d：不用记录
(4)首检
A：开始工作时
B：调整设备时
C：换工序时

工序质量管理点表	代号	检查项目	检查部位	工艺要求	管理界限	测量方法	测量频次 自检	测量频次 首检	测量频次 巡检	重要程度	管理手段

编制	
校对	
会签	
审批	

表1-4 热处理零件明细表

编号：

(厂名)			热处理零件明细表			产品型号			部件号				共 页
					车间	产品名称			部件名称				第 页
序号	件号	零件名称	每台件数	每件净重/kg	材料牌号	技术要求	热处理工艺装备编号	零件主要尺寸/mm				零件在各车间的工艺流程	工时定额/min
								D	L	B	H		

编制	日期	校对	日期	审核	日期	会签	日期	批准	日期

热处理技术文件的编制、更改和审批应严格执行企业的技术文件管理程序，对于关键工件的热处理技术文件还要加盖相应的印章标识。

1.3.3 热处理工艺设计中的经济分析

质量管理的基本责任，除了保证产品质量外，就是获得高的经济效益。经济效益的获得主要通过增产节约来实现。此外，选择经济合理的工艺过程也是一个重要的方面。

热处理工艺设计的经济分析主要是进行工艺过程的成本计算。热处理成本以吨为计算单位，按工序分类。

1. 热处理成本项目

(1) 直接费用

1) 生产工人基本工资（包括附加工资及辅助工资）$C_{工资}$。

2) 工艺材料消耗 $C_{材}$。

3) 燃料费 $C_{燃}$。

4) 动力能源费 $C_{能}$。

5) 废品损失费 $C_{废}$。

6) 外协加工费 $C_{外}$。

(2) 间接费用

1) 设备折旧与维修费 $C_{设}$。

2) 工艺装备费 $C_{装}$。

3) 生产管理与行政管理费 $C_{管}$。

4) 质量管理费 $C_{质}$。

5) 其他 $C_{其他}$。

2. 成本计算及分析 每吨零件的工序成本费为

$$C_{工序} = C_{工资} + C_{材} + C_{燃} + C_{能} + C_{废} + C_{外} + C_{设} + C_{装} + C_{管} + C_{质} + C_{其他}$$

每吨零件的热处理工艺成本为

$$C_{工艺} = \sum_{1}^{n} C_{工序}$$

式中 n——工艺过程的工序数。

通过成本计算还可以了解哪些环节消耗费用最高，以便采取相应措施降低成本。在上述诸费用中，动力能源费、设备折旧费和废品损失费与经济效益的关系更为密切。因此，选用节能设备和工艺，提高设备利用率，减少废品，对降低热处理成本有很大作用。

3. 价值工程在确定热处理工艺方案中的应用 价值工程是一门科学的经济分析方法，其基本原理可用下式表示

$$V = \frac{F}{C}$$

式中 V——价值；

F——功能；

C——成本。

在一定条件下，对于机械产品，用价值的概念把技术和经济结合起来考虑，优化工艺方案，以求用最低的工艺成本获得必要的功能。

功能分析是价值工程的中心，热处理产品中的功能通常是产品的力学性能指标或其他技术要求。

1.3.4 设计中的评审与更改

不论是产品设计还是工艺设计，在设计的各阶段都应对设计的结果进行严格的评审，并预测可能出现的问题和不足，提出纠正措施，以确保最终设计能够满足产品的使用要求。

随着生产工艺和设备的不断完善和更新，为满足技术进步和质量提高的要求，需要对设计进行更改。但更改必须经原审批部门的批准，重要的更改还要通过工艺试验或生产考验得出正确结论，并对更改后的设计重新进行鉴定或评审。

正式执行更改后的设计方案、技术文件时，应从现场收回作废的文件和工艺规范，以防止不合格品的出现。

1.4 采购质量控制

热处理设备、工艺材料等一般都是外购的，这些采购品也直接影响热处理质量。采购也包括委托服务，如由于设备发生故障或生产能力不足，需要委托其他单位处理零件。与供货或委托单位建立明确工作关系和反馈系统，有利于保证和提高热处理质量。

1.4.1 制订采购与委托服务文件

对需要采购的物品应编写采购说明书，其内容主要包括物品的名称、规格、型号、等级、数量以及有关的技术要求，此外还应有检验和验收方法以及有关包装、运输、交付方式等。委托服务文件也要说明委托热处理零件的名称、技术要求、所用设备、应遵循的热处理工艺作业标准、质量检验标准和不合格品的处理与赔偿办法等。

1.4.2 选择合格的供货或委托单位

供货或委托单位应具有采购与委托服务文件中所要求的能力。在决定这些单位时要对他们的生产条件、产品和质量体系进行评价，如对委托单位的设备、控制能力、管理者和技术人员的素质、质量检验方式及手段等进行评价，并了解其他企业对委托单位的产品和服务质量的意见。

1.4.3 签订质量保证协议

应与供货或委托单位就物品或委托热处理工件的质量保证达成明确协议，如对方应提供物品或委托热处理零件的检验（试验）方法、数据以及过程控制记录等。

1.4.4 采购品或委托热处理零件的质量验收

（1）对采购物品应根据供货单位的质量保证书，验证其成分、性能及功能，并核对供货数量、标识和质量合格证。如果所购物品未能达到质量要求，可拒收或退货。

（2）对委托热处理零件也应按照技术要求和双方达成的协议进行检查验收，质量合格后才能入库或转入下道工序。

1.5 原材料质量控制

原材料的冶金质量对热处理质量影响很大，如钢中非金属夹杂物、白点、带状组织、严重的碳化物偏析、发裂以及其他表面缺陷，不仅在热处理时容易形成畸变开裂、硬度不足、软点、尺寸稳定性下降等缺陷，而且对材料力学性能和工件使用寿命影响也很大。此外，材料管理混乱（如用错料）也是产生热处理不合格品的原因。因此，加强原材料质量管理是保证热处理质量的先决条件。尽管原材料的质量管理不属于热处理车间的工作范畴，但也是材料及热处理工作者的职责。为了稳定产品质量，生产车间应与材料管理部门密切协作，对原材料进行管理和监督。

原材料管理应做到如下几方面：

（1）验收原材料时首先要确认供货单位所提供的品种规格证书、质量证书和试验证书等是否齐全。

（2）必须按照技术标准对原材料进行严格检查验收，首先由材料保管员核对牌号、炉号和数量等，并进行钢种的火花鉴别、表面缺陷及裂纹等宏观检查，然后依照有关标准取样，填写材料分析委托单，连同生产厂质量证书送中心试验室检查。

（3）中心试验室将原材料成分、低倍组织、显微组织、力学性能等试验结果以及材料保管员所核对的牌号、炉号、材料规格、表面质量等汇总填写“原材料综合试验报告”（表1-5），一式三份，一份连同生产厂质量证书交质量档案室，一份交材料保管员，另一份自存。

（4）如果材料合格，材料保管员按牌号、生产厂、炉号、规格分类保管，每种材料必须拴挂“材料合格卡片”（表1-6），并填写原材料入库记录单（表1-7）。如果材料不合格，有关部门应办理退货手续。

（5）备料员根据生产作业计划，填写领料单（表1-8），经保管员核对后，才准许投料。

（6）在任何情况下，若因原材料产生质量问题，均可按查索号追本溯源。

表1-5 原材料综合试验报告

编号:	年 月 日	查索号:

生产厂编号	牌号	来源	规格	炉号	炉次	重量	生产厂质保书编号

化学成分(质量分数)(%)

C	Si	Mn	S	P	Cr	Ni	Mo	W	V	Ti	Nb	Cu	Mg

化验员______

力学性能

试样	$R_{P0.2}$/MPa	R_m/MPa	A (%)	Z (%)	KU_2/J	硬度	
						HBW	HRC

实验员______

宏观及微观组织

低倍组织			金相组织						淬透性试验
一般疏松	中心疏松	偏析	晶粒度	退火组织	带状	网状	液析	其他	

实验员______主任______

表1-6 材料合格卡片

合格卡编号:	年 月 日	查索号:

综合实验报告编号		生产厂编号	
牌号		材料规格	
材料状态		炉号	

材料保管员______

表1-7 原材料入库记录单

综合试验报告编号:	年 月 日	查索号:

序号	牌号	规格	数量	主要用途	供货厂家	入厂检验人员	采购人员	库额	备注

表1-8 钢铁材料领料单

查索号:

综合实验报告编号		生产厂编号		炉号	
牌号		材料规格		材料状态	
总领料数		加工零件号		加工零件名称	
领料日期		领料员		备料员	

1.6 热处理车间质量管理

热处理工艺过程中质量管理工作的重点和活动场所都是车间（也叫车间质量管理），热处理质量好坏在很大程度上取决于车间的技术能力及管理水平。目前我国热处理质量问题多发生在生产车间，因此加强热处理车间质量管理是保证和提高热处理质量的关键。

热处理车间质量管理的主要任务是按照有关技术标准对影响质量的各个生产环节严加控制，以保证热处理质量达到技术要求。为此要严格执行工艺规范，加强工艺纪律，抓好生产环节，不断提高工艺质量。

1.6.1 待处理工件的核查

对进入热处理车间待处理的工件，必须核查热处理前的加工过程、质量和工件加工过程质量随同卡。表1-9是铸件加工质量随同卡的简要模式。如果是用其他工艺成形的零件，加工质量随同卡中应包括锻造、焊接、冷挤、冷校等相应质量检验结果。此外，热处理车间还需进行待处理工件核查，包括名称、数量复查、外观检查等。对外协、机修等零散件还要对其所用钢材进行火花检验，以防止热处理前的不合格品混入热处理过程或材料成分与图样标注不符造成热处理质量事故。

表1-9 球墨铸铁曲轴加工质量随同卡

零件编号		零件图号		炉 号		查索号				
铸件化学成分分析报告(%)	w(C)	w(Si)	w(Mn)	w(P)	w(S)	w(Mg)	w(RE)	w(Mo)	w(Ni)	w(Cu)
	浇注班组		化验员		化验日期					
金相分析报告	球化级别	共晶团数/(个/mm²)	石墨球径/mm	珠光体量(体积分数)(%)	游离渗碳体量(体积分数)(%)	游离磷共晶量(体积分数)(%)	夹 杂	疏松和气孔		
	金相检验员		检验日期							
粗加工质量报告	圆角及主要部位尺寸/mm	表面粗糙度 Ra/μm	表面有无氧化色	有无毛刺或机械损伤	有无铸造缺陷					
	操作者		检验员		日期					
热处理质量	淬火硬度(HRC)	淬火畸变量	回火硬度(HRC)	金相检验结果						
	淬火操作		回火操作		检验员		日 期			
磨削质量	圆角及主要部位尺寸/mm	表面粗糙度 Ra/μm	表面有无氧化色	磨削所用工时	表面探伤结果					
	磨削工人		生产日期		探伤及检验员					

1.6.2 建立工序管理点，进行工序控制

工序管理的目的是对工艺过程中影响质量的因素进行控制，使工序始终处于稳定状态。开展工序控制的方法很多，其中建立工序质量管理点是最常用的方法之一。

生产中针对工件的质量问题，把关键工序或存在问题的工序作为质量管理点，将它们的某些质量特性管起来，以达到质量管理的目的。显然，工序质量管理点是按照零件的关键质量特性而设置的，如硬度、显微组织；也可以是某些工艺要素控制点，如加热温度、化学热处理中的渗剂配比、感应加热时的电参数等。

作为工序质量管理点的关键质量特性、工艺要素、管理手段、检查部位、测量方法等，均在热处理作业指导书中（表1-3）有明确规定。

为了进行工序控制，工序质量管理点应做好如下工作：

（1）热处理操作者经考核合格后才能上岗。

（2）应清楚地知道操作工序的质量要求和影响质量的关键因素。

（3）应熟知操作规程和检验规程，严格按规程

操作和检验。

(4) 了解工序所用数据记录表和控制方法，按规定进行抽检，填好生产及自检记录表（表1-10）。

(5) 积极开展自检活动，认真贯彻“自检责任制”，充分发挥操作人员的主观能动性。

(6) 生产过程中发现质量有异常波动，应立即分析原因，采取有效措施来稳定热处理质量，如果不能解决，应及时报告车间领导或技术人员。

(7) 成批生产时，必须由技术人员、质量检验员和操作者对首批工件进行检查，即检查操作人员是否按规程进行操作、工艺参数是否控制正确、工件质量是否达到要求。

(8) 各工序须文明生产、工件摆放整齐、设备整洁、生产现场卫生。

(9) 检验人员应把建立管理点的工序作为检验的重点，并将检验结果填写在“零件加工质量随同卡”中。除检验热处理质量外，还应监督操作工人执行工艺的情况。

(10) 管理好现场技术文件，保持现场技术文件完整和有效性。

表1-10 生产及自检记录表

厂 车间					生产及自检记录表							查索号:	
零件号及名称							检测项目 1____ 2____ 3____ 4____						
设备编号及名称													
工序号及名称													
日期		加热			冷却			自检记录				责任者	
月	日	温度/℃	加热时间/h	保温时间/h	冷却介质	介质温度/℃	冷却方式	1	2	3	4	操作者	班(组)长

1.6.3 车间作业环境管理

热处理生产的作业环境包括厂房、环境温度、噪声及照明度等，这些环境条件不仅直接或间接影响热处理质量，而且还关系到热处理生产安全和环境保护。热处理作业环境应符合GB 15735—2004的要求。

1. 厂房 热处理车间应具有足够的生产面积和相应辅助面积，厂房要有一定高度和跨度，保持良好通风。

2. 环境温度 热处理的加热和冷却对环境有要求，同时生产环境的温度也影响热处理工艺的正确实施。如果环境温度过高，对冷却介质降温不利，连续生产时环境温度的升高，会使热处理质量一致性变差，严重时还会出现淬火硬度不合格等质量问题，采用空冷淬火时影响更大。如果环境温度过低，可能使淬火介质性能发生变化，淬火烈度增加，容易产生畸变开裂。此外，环境温度过高或过低还会影响操作人员的情绪和操作，影响设备和仪表的正常运行，因此对热处理车间环境温度有一定要求，它应能适应热处理生产正常运行。车间温度一般不低于10℃（JB/T 10175—2008）。

3. 照明和噪声 为了保证热处理各工序正确无误地按工艺要求实施，热处理车间应有一定的光照度。噪声过大会影响现场各类人员的情绪，容易造成误操作，甚至危及人身安全。

4. 通风除尘 作业场所应具有良好的通风除尘条件。

1.6.4 车间设备管理

车间设备是正确实施热处理工艺的保证，随着机械化、自动化程度的不断提高，热处理质量受设备影响更大。加强设备管理能使质量更加稳定。车间设备管理大致有如下内容。

1. 设备的选择 使用设备的车间应从生产实际出发提出建议。在经济合理的基础上，除了审查新设备能否满足质量要求、各项技术指标是否先进外，还要注意把加工能力与良好的适应性及维修性结合起来。

2. 设备的安装与调试 简单的设备可由车间自己安装调试，重要设备由设备管理部门负责安装，但是生产车间为了全面了解设备的结构、性能，更好地掌握设备，也要配备有关人员参加调试，并作好安装调试的原始记录。

3. 合理使用设备

（1）车间技术人员与操作者应熟悉设备的结构、性能、精度和效率等特点，从而达到准确控制工艺参数的目的。操作者经考核合格后持证上岗。

（2）对多班制生产的主要设备，操作人员应办理交接手续，并有记录。

（3）操作者对设备负有保管和维修责任。经常使设备处于良好状态，不但能保质保量地安全生产，而且还能延长设备的使用寿命。

（4）严格遵守设备操作规程，若发生故障，应立即向车间反映，未经允许不得随意处理。

4. 设备的检查与维修　设备在使用过程中不可避免地要发生磨损、腐蚀、氧化等现象，因此使用一定时期后，设备的精度、可靠性及性能都会下降，以致严重影响热处理质量，甚至可能发生事故。车间必须对设备经常进行检查，制定热处理设备维修计划表（表 1-11），以便及时发现问题，更换零部件或进行修理。此外还可以预先推算出易损件的寿命，制定更换零件的时间表，对设备进行定期修理。

5. 自制设备与改造旧设备　自制新设备与改造旧设备，和设计制造新产品一样，应使其具有更高的使用价值、更高的质量和更佳的性能，便于操作。制造设备时应尽量采用标准件、通用件，保证以最小的消耗及最低的成本，在较短时间内制造出来，满足生产急需。

表 1-11　热处理设备维修计划表

设备名称	设备编号	主要用途	购入时间	设备金额	设备管理者
修理原因：					
修理内容：					
修理费用预算：					
修理时间及负责人：					

表 1-12　炉温仪表校验卡

<table>
<tr><td colspan="2">仪表名称</td><td colspan="2">仪表编号</td><td colspan="2">购入时间</td><td colspan="2">使用单位</td></tr>
<tr><td colspan="2"></td><td colspan="2"></td><td colspan="2"></td><td colspan="2"></td></tr>
<tr><td rowspan="2">校验结果</td><td>仪表指示值/℃</td><td></td><td></td><td></td><td></td><td></td><td></td></tr>
<tr><td>修正值/℃</td><td></td><td></td><td></td><td></td><td></td><td></td></tr>
<tr><td colspan="4" rowspan="2">备注：</td><td colspan="2">校验时间</td><td colspan="2"></td></tr>
<tr><td colspan="2">校验者</td><td colspan="2"></td></tr>
</table>

6. 做好计量工作　为了控制某些设备的使用精度（如炉温仪表、硬度计、流量计等），使之经常处于技术规范所要求的使用状态，以便稳定热处理质量，应按照有关计量标准，定期对它们进行校验或标定，并将校验结果制成卡片（表 1-12 为炉温仪表校验卡），拴挂在设备上，供操作者使用，从而保证计量值的准确和统一，确保技术标准的贯彻执行。

7. 设备的闲置、封存、启封和报废　对于设备的闲置、封存、启封及报废，经审批后要及时办理，同时设备应有明确标识。

1.6.5　车间节能管理

热处理车间节能应采取以下措施：

（1）合理安排生产，改单班制为连续生产制或实行定期开炉，提高设备利用率。

（2）推行节能新工艺、新技术，例如利用锻造余热进行热处理，通过工艺试验适当缩短保温时间等。

（3）有计划地对耗能大的设备进行技术改造，积极推广陶瓷纤维、超轻质耐火砖和其他新型筑炉材料。

（4）采用高效电热转换元件，在工艺条件允许的情况下，尽量采用远红外加热。

（5）减轻料盘、料筐和吊具的重量，以降低热损耗。

1.6.6　工艺材料管理

热处理常用的工艺材料（淬火介质、热处理用盐、化学热处理渗剂等），是影响热处理质量的另一重要因素。以淬火油为例，油的粘度、闪点、杂质、添加剂含量、油温及搅拌程度等对油的冷却速度、工件淬火时的畸变开裂倾向和表面光亮度等都有影响。因此，应根据淬火油的技术标准，对新购进的油要进行入厂检验。在使用过程中也要定期检查油的各项技术指标，并将结果填写在表 1-13 内，一式三份，一份交质量档案室，一份由化验室自存，另一份交热处理车间。如果淬火油老化，应进行再生处理或更换。

对于其他工艺材料，也应按照相应的技术标准建立类似的检验制度，并加强管理，从而确保热处理质量的稳定。

表 1-13　淬火油质量检验报告　　查索号：

名称：		代号：		生产厂：		购进日期：		来源：	
粘度 /(mm^2/s)	闪点 /℃	凝固点 /℃	残碳 w(C)(%)	w(灰分)(%)	w(水分)(%)	w(杂质)(%)	w(添加剂)(%)	w(S)(%)	w(P)(%)

化验日期：　　　　化验员：

1.7　热处理质量检验

热处理生产过程中，因热工仪表、加热设备、冷却介质、操作水平、原材料等因素的影响，热处理质量不可避免地存在差异，甚至产生不合格品。因此，质量检验（通过检验把不合格品剔除出去）对保证和提高热处理质量有着极为重要的作用，它是质量管理的重要组成部分。

1.7.1　质量检验工作的职能

质量检验是指对热处理产品的一种或多种性能进行测量、试验、检查，并对这些性能与规定的技术要求进行比较，以确定其是否符合要求的活动。质量检验有以下基本职能：

1. 鉴别与保证职能　质量检验的目的是判断被检热处理产品是否合格，决定通过、返修、报废，以保证热处理产品符合质量标准并使不合格品不能转入下道工序或出厂。

2. 监督与预防职能　除了为下道工序提供合格产品，把好质量关外，还要为质量控制提供依据，监督热处理工艺过程，预防不合格品的产生。

3. 评价与反馈职能　记录、分析、评价所取得的检验数据，及时反馈给生产人员，并向上级有关部门报告。

1.7.2　质量检验方式

根据检验对象的不同，可采取不同的检验方式。选择的原则是既要保证质量，又要便利生产和尽可能节省工作量。质量检验方式可以分为以下三种：

1. 按照工艺过程次序划分

（1）预先检验，即在热处理前对原材料、毛坯、半成品的检验。

（2）中间检验，即在工艺过程中对某一工序或某批工件的检验。

（3）最后检验，即零件热处理后的检验。

2. 按检验产品的数量划分

（1）全数检验，即对产品逐件检验，这种检验应是非破坏性的，且检验项目和费用少。

（2）抽样检验，即根据事先确定的方案，从一批产品中随机抽取一部分进行检验，并通过检验结果对该批产品进行评估和判断。

3. 按检验的预防性划分

（1）首件检验，即在改变处理对象、条件或操作者以后，对头几件产品进行的检验。

（2）统计检验，即运用数理统计方法对产品进行抽检，并通过对抽检结果分析，了解产品质量的波动情况，从而发现工艺过程中出现的不正常预兆，找出产生异常现象的原因，以便及时采取措施，预防不合格品的产生。

1.7.3　常用热处理质量检验方法

1.7.3.1　硬度试验

1. 硬度试验的特点　硬度试验是检验热处理质量最常用的方法之一，这是由于硬度通常作为热处理技术要求之一，它能敏感地反映热处理工艺与材料成分、组织、结构之间的关系。此外，硬度试验还具有如下特点：

（1）硬度试验可代替某些力学性能试验，反映出其他力学性能。

（2）大多数零件经硬度试验后不受损伤，可看作是无损试验。

（3）硬度试验机价格便宜，操作迅速简便，数据重现性好。

（4）除特殊要求外，均在实物上进行测试。

（5）可以测定零件的特定部位、微观组织中的某一相或组织内的硬度。

（6）可以测定有效硬化层深度。

2. 硬度试验方法及其选用　硬度试验有布氏、洛氏、维氏、肖氏、里氏和显微硬度试验等方法，如何正确选用这些方法可参看本卷第 6 章。

1.7.3.2　其他力学性能试验法

力学性能试验包括拉伸、弯曲、扭转、疲劳及磨损等，应用这些方法应注意：

（1）根据工件服役时所受载荷类型，选择相应的试验方法。例如，轴类零件选用弯扭复合疲劳试验，轴承零件选用接触疲劳试验，冷变形模具可选用冲击疲劳和磨损试验。

（2）根据材料成分和热处理状态，选用合适的试验方法。例如，淬火低温回火后的工模具钢，为了测定强度和塑性指标，通常选用弯曲或扭转试验，而不选用应力状态软性系数小的拉伸试验；为了测定其冲击值，一般选用无缺口冲击试棒。

（3）试棒的试验结果不可能完全代表零件实际使用时的性能或寿命。通常随着试棒尺寸增大，力学性能下降。

1.7.3.3　金相试验

金相试验主要用于以下几方面：

（1）按照国家有关技术标准，对各种热处理后的显微组织进行评级，以便控制热处理质量。

（2）用于热处理参数的控制，如高速钢淬火加热时，用晶粒度试验控制加热温度，渗碳层金相组织的检验用来控制渗碳气氛和渗碳时间。

（3）测定各种硬化层深度，如渗碳层、渗氮层，感应加热淬硬层及各种镀层深度。

（4）监测各种热处理缺陷，如过热、过烧，表面脱碳、增碳、显微裂纹、渗碳和碳氮共渗黑色组织及回火不足等。

（5）热处理废品及零件失效分析，通过金相观察分析找出产生废品和早期失效的原因。

（6）原材料进厂检验，如非金属夹杂物、碳化物偏析、带状组织等。

1.7.3.4　无损检测

无损检测是在不损坏零件的条件下检验材料内部及表面缺陷，或者对硬度及硬化层深度进行质量检查。它是保证、控制、监视和提高热处理质量的重要手段。

1. 无损检测目的

（1）监测热处理过程中的质量缺陷，如淬火裂纹等。

（2）分析缺陷与强度的关系，评价零件存在缺陷时的承载能力及剩余寿命的估算。

（3）硬度及硬化层深度的检查。

2. 常用无损检测方法　常用无损检测方法如图 1-2 所示。

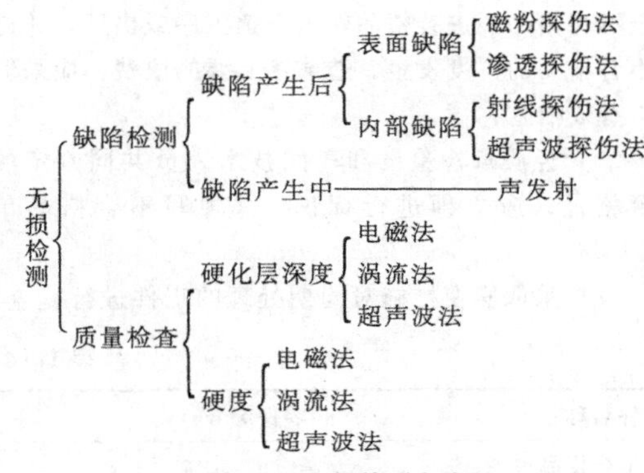

图 1-2　无损检测方法

3. 无损检测人员　无损检测结果是评定热处理质量的主要依据，并能对服役中机械装备的安全性和可靠性提供直接信息。因此，无损检测结果的准确性就显得非常重要。无损检测结果的分析在很大程度上取决于无损检测人员的专业知识和技术水平。为了确保质量控制的可靠性，除对各种仪器、仪表、器材严加校验外，还要控制人为因素造成的影响，使其减少到最低程度。为此，检测人员要经过严格培训，能正确地调节、校准仪器和进行检测，根据有关规定、标准和技术条件解释和评价检测结果。

1.7.4　热处理检测设备的检定和管理

（1）热处理检测所用的设备、仪器、仪表必须经过质量检定合格后方能使用，这对保证热处理质量的稳定性有极大作用。常用的方法是对所用的检测设备、仪器、仪表要制定检定、校准规范或程序，以确保检测设备的准确性和一致性。检测设备的检定、校准应满足以下要求：

1）必须有符合国家规定的校验标准件。

2）校验的工作环境，如温度、湿度、灰尘、振动等应保证要求。

3）保存完善的校验记录。

4）对校验合格的设备要挂贴标记，对校验不合格或超过校验期的设备也应挂贴醒目标牌，并禁止使用。

（2）当检测过程失控或检测设备超过了所规定的校准界限时，应采取必要措施，对已完成的检验件在正常使用条件下重新进行检测。为了避免问题再次发生，应查明原因，或对检测设备的适用性进行评定。

1.8　不合格品的控制与纠正措施

热处理生产中不可避免地会出现不合格品。为了防止不合格品混进合格品转入下道工序或出厂，并避免不合格品的再度发生，造成不必要的浪费，应采取如下有效措施：

（1）经质量检验员和车间技术人员共同判定的不合格品，应立即进行标识，并填写不合格品单（表 1-14）。

（2）采取必要措施对同期处理的工件进行复查，必要时可追回转入下一道工序的半成品或已出厂的成品。

（3）不合格品分为能够返修或重新热处理的次品和不能返修的废品。应采取不同标识将不合格品与合格品隔离，放置在不同地方，或送试验室进行分析，不得随意堆放。

（4）对返修的不合格品，应重新制定热处理工艺规范，返修后还应进行检验，如果仍达不到质量要求，应该判废。

（5）为防止和减少不合格品的出现，应采取积极有效的预防措施，消除产生不合格品的原因。对确有成效的纠正措施要纳入相关文件。

（6）根据不合格品所造成质量问题对加工成本、质量成本、性能、安全性等的影响程度，评价其对产品质量所带来的严重性，教育有关人员，对责任人给予一定处分。

表 1-14　不合格品单

零件名称：	零件编号：	生产日期：	查索号：
不合格品说明：			
产生原因：			
纠正措施或其他处理意见：			
操作者：	检验员：	技术人员：	车间主任：

1.9　热处理后的质量服务

全面质量管理的特点之一是认真开展售后服务工作。热处理也要满足顾客的需要，与他们进行广泛的接触交流，共同提高产品质量。热处理后的质量服务工作主要包括以下内容：

1. 进行质量跟踪　热处理质量对下道工序的工艺性能或出厂产品的使用性能有很大影响。但热处理车间生产的工件质量如何，能否满足顾客的要求，不取决于热处理工作者的主观愿望，还要经过生产和实际运行的考验。为此要向用户作调查，进行质量跟踪，倾听他们对热处理质量的意见，尤其对新材料、新工艺、新的质量改进措施的效果，更应该回访顾客。

为做好质量跟踪工作，要与顾客间建立信息监控和信息反馈系统，对热处理质量进行收集、分析和传递。对出厂的产品，要经常了解使用过程中的质量特性，通过收集出现故障的工件，进行失效分析，为改进产品质量提供依据。

2. 提供技术服务

（1）根据热处理工件的性能特点，对下道工序应采用的加工方法提出建议。例如，渗硼件由于渗层脆性大，为达到尺寸精度和表面质量，若用一般砂轮磨削，表面易剥落，可采用金刚石粉、油石、砂布等进行研磨、抛光。

（2）根据热处理工件的性能特点，向顾客提供安装、使用方法和注意事项。例如，热处理后的硬质合金模具硬度高、耐磨性好，但韧性低，要提醒使用者注意模具的安装精度，尤其在调试时，若不小心会引起模具崩刃或掉块。

（3）认真解决热处理工件在后续加工过程中出现的质量问题。当下道工序出现不合格品，并可能与热处理质量有关时，应主动进行分析，提出改进措施。例如，产生磨削裂纹的 GCr15 钢轴承套圈，经分析是出现马氏体组织粗大，淬火加热温度偏高，引起钢的脆断强度下降。适当降低淬火加热温度，磨削裂纹减少很多。

(4) 进行技术交流，帮助顾客解决生产难题。例如，某单位自制的Cr12陶土模委托外单位进行热处理，根据技术要求，采用淬火、低温回火处理后，耐磨性差，模具寿命短，在改用渗硼处理后模具寿命明显提高。

1.10 热处理质量改进

如果热处理产品在服役过程中出现早期失效，应通过失效分析找出原因，同时反馈给设计部门或其他有关生产环节，经改进后提高产品质量。质量改进是全面质量管理的精髓，而失效分析是改进质量的常用方法。

热处理质量改进活动主要有：

(1) 通过质量信息反馈和调查研究，确定质量改进的内容及目标。

(2) 通过失效分析，找出质量不满意的原因，明确需要改进的性质和因果关系。

(3) 确定新的热处理技术要求，更换新材料，制订新的工艺方案并付诸实施。

(4) 通过检查、试验及实际运行考验，评价改进措施是否有效。

(5) 在质量改进结果确认有效后，通过检定并正式修订技术要求，按新的优化参数，在新的质量水平上对有关过程进行控制。

1.11 质量成本

质量成本是为获得满意质量所支出的费用以及没有达到满意质量所造成的损失。它是企业和产品总成本的一个组成部分，不论是专业热处理厂，还是机械制造厂的热处理车间，都存在质量成本问题。必须把不断评价和控制质量成本作为热处理质量管理的重要内容。

1.11.1 核算质量成本的必要性

核算质量成本就是用货币形式反映企业质量管理的情况和成效，其必要性体现在以下几个方面：

(1) 在企业内部通过质量成本核算能够反映和监督各部门在质量管理活动中支出的费用和质量损失。

(2) 通过质量成本计算，为实施质量成本控制提供数据。这是挖掘潜力、降低成本的有效措施。

(3) 找出质量成本与产品合格率之间的关系，评价质量管理的经济效益。

(4) 向顾客证实质量是在严格管理之下进行的。

1.11.2 质量成本构成

1. 质量运行成本

(1) 预防成本：指用于预防产生不合格品或发生故障所需的各项费用。一般包括：质量培训费、质量管理人员的工资和福利、质量工作费（办公费、质量信息费）、质量奖励费、质量改进费及质量评审费。

(2) 鉴定成本：指为评定产品是否满足质量要求而进行的试验和检验费。主要包括：检验人员的工资和福利费、质量检验部门的办公费、检验和试验设备的折旧费、检验设备的维修费及检测设备的校验费。

(3) 内部故障损失成本：指产品出厂前因不满足质量要求而造成的损失。一般包括：废品损失费、返工费、因质量造成的停工损失费、故障分析处理费及产品降等或降级损失费等。

(4) 外部故障损失成本：指产品出厂后因不满足质量要求而支付的费用。一般包括：索赔费、退货费、保修费、诉讼费及降价损失费等。

2. 外部质量保证成本　指在合同环境条件下，根据顾客提出的要求而提供的客观证据、演示所发生的费用。例如，为提供特殊的附加质量保证措施、程序、数据所支付的费用，为满足顾客要求进行质量体系认证所支付的费用。

1.11.3 质量成本构成比例及质量成本分析

1. 质量成本构成比例　质量成本的四大部分（预防、鉴定、内部故障损失、外部故障损失）之间存在一定的比例关系，尽管这种关系在不同企业，甚至一个企业内的不同时期有很大差异，但通过比较总可以发现其中存在的问题，能够揭示出提高产品质量，降低质量成本的潜力和途径。

质量成本四大部分的关系是：内部故障损失成本占质量总成本的25%～40%，外部故障损失成本约占20%～40%，鉴定成本约占10%～50%，预防成本仅占0.5%～5%。

2. 最适宜质量成本　产品质量水平与质量成本有一定关系，产品质量低，不合格品多，其内、外故障损失成本就大，质量总成本就会上升。如果加强预防，使不合格品减少，虽然内、外故障的损失成本降低，但预防成本和鉴定成本相当大，结果也会使质量总成本增加。其变化关系如图1-3所示。由图可以看出，存在一个最佳质量水平 p^*，在这个质量水平下，质量总成本最低。

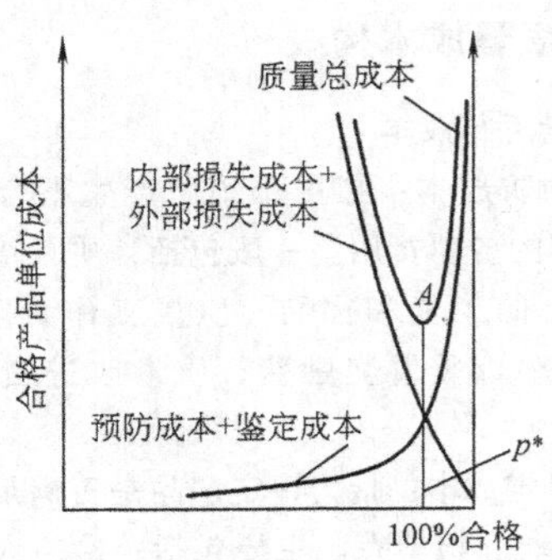

图1-3　最适宜质量成本示意图

3. 质量成本分析　质量成本分析是质量成本管理的重点环节之一。通过分析，找出质量存在的问题和管理上的薄弱环节，便于采取措施，进行处理。

质量成本分析方法很多，其中采用排列图分析质量成本比较直观。从图1-4所示质量分析结果可以看出，内部故障损失成本太大，预防成本低。因此，应增加预防成本，从而降低质量总成本。

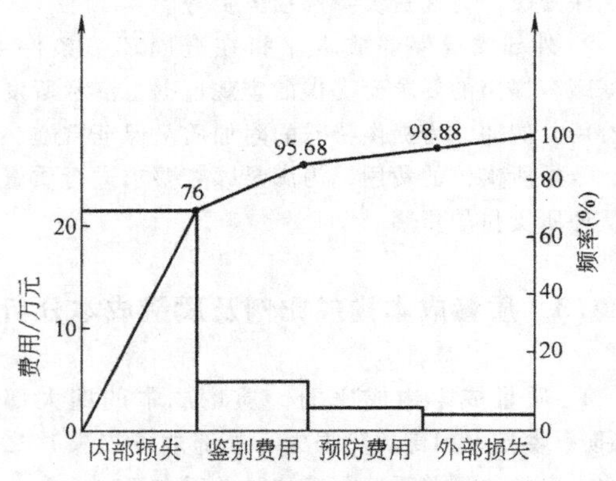

图1-4　质量成本分析用排列图

1.12 人员培训

热处理生产过程的实施是依靠生产工人、技术人员和管理人员等各方面人员来共同完成。热处理人员素质和质量意识对提高产品质量和劳动生产率、降低消耗、增强企业的竞争能力具有重要意义。因此，要加强对企业内部人员的培训，尤其要重视新上岗和工作变化人员的资格及培训，并保存相应的培训记录。

1.12.1 人员培训形式

1. 与高等院校协作　许多高等院校都设有成人教育、职业技术培训、接受委培或定向培养机构，这些机构能够协助企业培养质量管理和专业技术人才，对职工进行不断更新知识的再教育。

2. 自办培训中心或学习班　一般企业可根据需要不定期地自办专业学习班，大型企业还可成立职工业余大学、技术学校及培训中心等，对管理和技术骨干进行深造，对质检人员和操作人员进行轮训。

3. 利用社会教育力量　社会教育包括电视大学以及有关部门组织的技术协作与技术讲座等。企业可充分利用这些条件，鼓励职工自觉学习，努力提高知识文化水平。

1.12.2 培训内容

1. 管理人员　企业为了实施质量方针、运行质量体系，应根据客观需要对质量管理人员进行质量教育和培训，内容一般包括质量方针与质量体系、质量计划与质量成本、营销管理、车间工艺过程管理及设备管理等。

2. 技术人员　技术人员已掌握了本专业的基本理论和技能，但随着科学技术的发展，应使他们学习一些新材料、新工艺、新技术、计算机辅助设计和质量管理等方面的知识，尤其应注重对他们进行数理统计技术方面的培训，使他们能为质量体系获得成功做出更大贡献。

3. 生产工人　对热处理操作人员应加强金属材料及热处理、热处理设备及检测装置、热处理质量管理、热处理安全等基本知识和技能的培训，而且还要进行与质量检验有关的业务和技术训练。

1.12.3 资格

经过培训和考核后的合格人员，应发给资格证书，持证上岗。对安全作业人员、质量检验和无损检测人员的考核要更加严格，并根据他们的技能和工作质量予以晋级或奖励。

1.13 计算机在质量管理中的应用

现代计算机技术的发展为热处理工艺优化设计、工艺过程的自动控制、质量检测与数理统计分析等提供了崭新的手段。它能及时地为质量管理收集大量准确的信息，并作出合理判断，也能用于故障诊断和质量认证、专家咨询。计算机已成为先进的质量管理工具，开创了热处理质量控制的灿烂前景。

1.13.1 热处理工艺过程的控制

利用计算机的存储功能，可将各类工件的最佳热处理工艺存入存储器，当输入热处理工件的参数后，计算机便能自动控制过程。我国有许多企业应用计算机控制气体渗氮、气体渗碳和感应淬火等工艺过程。图 1-5 所示为计算机控制滴注式气体渗碳软件程序框图。它能够准确控制气体渗碳时的加热温度、加热时间、炉内压力及气氛碳势等。使用计算机还可以对多台设备实行群控，既保证热处理质量，又能提高生产率。由于实现了热处理过程自动化和集中监督，从而消除了因操作人员水平不同或其他人为因素引起的质量波动，有利于稳定热处理质量。

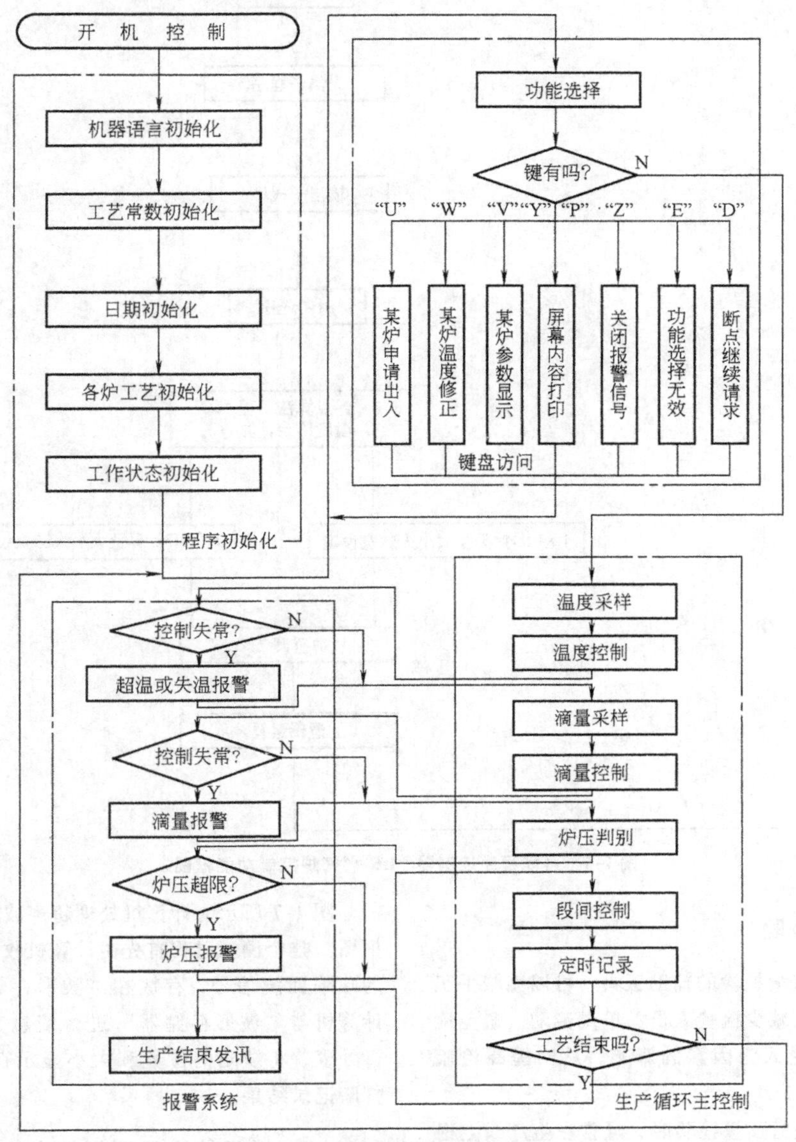

图 1-5　气体渗碳软件程序框图

可以采用工控机 PC 和可编程序控制器 PLC 来实现燃气炉的自动控制，以提高设备运行品质和工件过程的合理、精准性。燃气炉运行自动控制应实现炉内压力、燃烧过程、预热系统和其他机械部分运动状态的自动调控。为了实现高精度炉温控制，宜采用温度信号单烧嘴控制，即每只烧嘴配制一只双芯热电偶，一支热电偶温度信号用于运行控制，另一支热电偶温度信号进行温度曲线记录，从而实现单区域烧嘴调控。采用工控机作为人机对话和管理层，信号处理及控制过程通过 PLC 实现，工控机和 PLC 通过组态软件包联接，控制信号经过放大后，驱动电动执行器中的两相伺服电动机或电磁阀，带动碟阀或调节阀实现燃烧系统自动控制。在自动控制系统出现故障时，还可以采用电动操作器将伺服机构转换为手动操作，充分保证加热炉安全运行。图 1-6 所示为一种可编程序控制器 PLC 燃气炉控制功能框图。

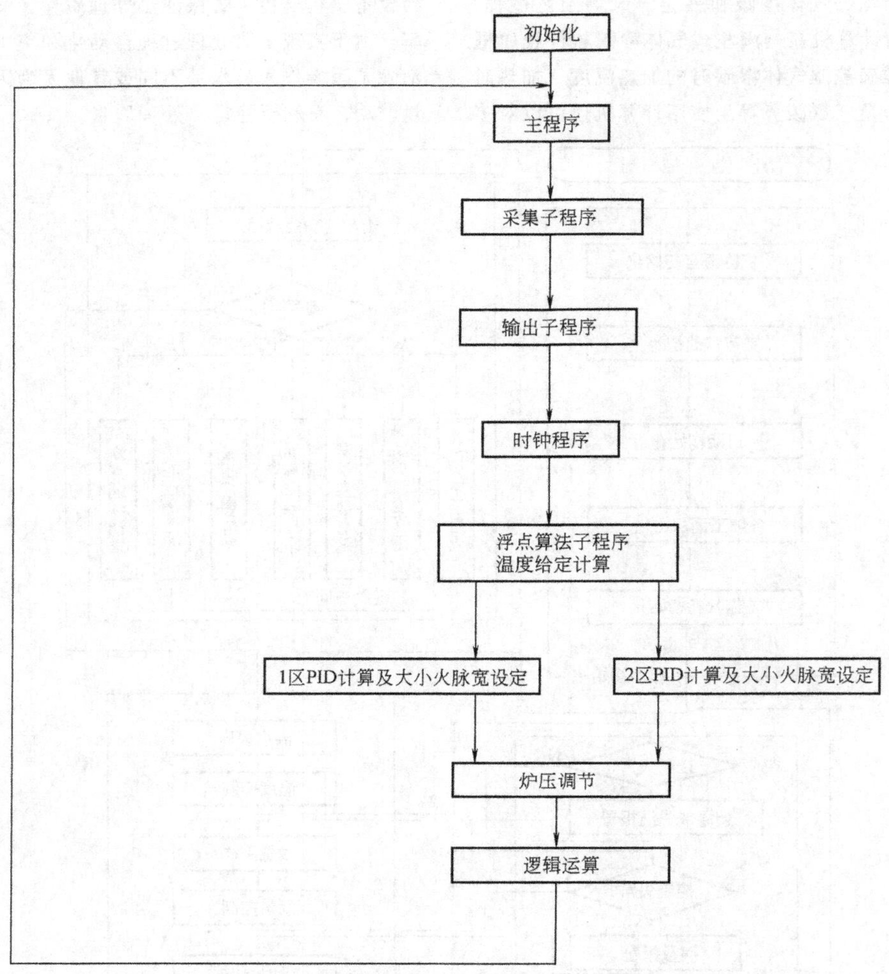

图 1-6　可编程序控制器 PLC 燃气炉控制功能框图

1.13.2　质量检验

计算机作为质量检验的辅助工具，可以克服手工检验的许多弱点，减少检验人员的单调劳动，避免检验的数量和精度受人为因素的影响，从而提高检验效果。

使用计算机进行质量检验时，通常在生产线上根据预先编定的程序，计算机自动采样，并发出试验指令，经过对产品质量特征的度量，并与规定标准对比后，发出“通过—不通过”信号。此外还可以在判定质量是否合格的基础上作出相应的处理或进一步试验。

利用计算机进行质量检验适合以下情况：

（1）生产流水线上用于成批检验，使用无损检测尤为合适。

（2）需要检验的指标多或要求检验速度快。

图 1-7 所示为计算机处理超声波检测系统的结构框图。整个测试过程首先由计算机收取超声波探伤仪的缺陷回波信号，存放在“波形存储器”内，然后计算机与“波形存储器”进行信息交换，对数据进行处理，将缺陷的位置和大小显示在 CRT 上，并可打印记录结果。

1.13.3　质量档案及质量信息检索

质量档案是质量管理所积累的各种资料的总和，这些资料有：

（1）各种工艺及质量标准、质量检验规程等有关指导质量管理的文件。

（2）原材料综合试验报告和零件加工质量随同卡等质量数据。

（3）不合格品单据及其纠正措施。

（4）质量检验报告。

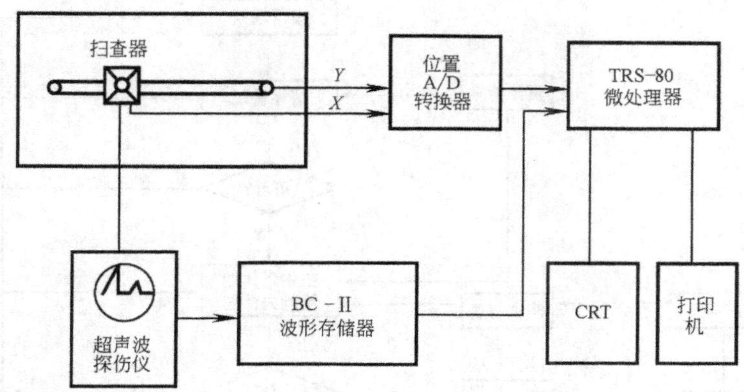

图 1-7　计算机处理超声波检测系统的结构框图

在手工处理方式中，这些档案汇编成册，保存在文件柜内，因数量大难以检索。若采用计算机管理档案，以上资料存储在磁盘内，可根据需要将有关数据组织起来形成文件，用来描述一个完整的质量管理统一体。如以工件名称为纲，将所用原材料、冷热加工工艺、质量检验结果、不合格品分析报告和纠正措施等根据检索号分类，构成一个完整的质量管理体系。

建立质量档案便于以后查找。例如某一工件在使用过程中发生断裂，为了分析原因，可从计算机的质量文件中检索信息，还可追究其责任者。

1.13.4　工序质量分析

进行工序控制经常应用控制图、直方图、排列图等数理统计工具，因此要收集质量特性数据，并通过数据处理获得工序质量信息。但是计算量大，手工计算易出差错。若采用计算机进行统计分析，则迅速、准确、及时。此外，计算机还可完成下列功能：

(1) 根据编好的程序和收集的工艺和质量检验数据，通过计算、判断，告知质量管理人员该工序是否在控制之中。如果产生不合格品，可查找原因。

(2) 对影响产品质量的主要工艺参数规定允许的偏差范围，一旦超出此范围，计算机便能自动显示偏差大小并告知管理人员采取相应措施。

(3) 把各种工艺标准、质量检验标准预先存放在计算机中，然后输入实际的工艺参数和检测数据，计算机通过比较，判断并显示工件热处理过程和质量是否合乎标准。

1.13.5　计算机信息集成化技术的应用

近年来企业内 CAD（Computer Aided Design，计算机辅助设计）、CAM（Computer Aided Manufacturing，计算机辅助制造）、PDM（Product Data Manage，产品数据管理）和 CAPP（Computer Aided Process Planning，计算机辅助工艺规程设计）不断推广普及，而且随着计算机网络化的发展，新的管理理念与计算机技术相融合，形成了一系列计算机信息集成化技术和管理软件。

1.13.5.1　企业资源计划 ERP 及其应用

1. 企业资源计划 ERP 和制造资源计划 MRPII

企业资源计划 ERP（Enterprise Resources Planning）一词是由 Gartner Group. Inc 咨询顾问与研究机构于 20 世纪 90 年代初提出的。ERP 管理思想主要体现了供应链管理 SCM（Supply Chain Management）的思想，还吸纳了准时生产 JIT（Just In Time）、精良生产、并行工程、敏捷制造 AMS（Agile Manufacturing System）等先进管理思想。ERP 既继承了 MRPⅡ管理模式的精华，又在许多方面对 MRPⅡ进行了扩充。

制造资源计划 MRPⅡ（Manufacturing Resource Planning）是美国在 20 世纪 70 年代末、80 年代初提出的一种现代企业生产管理模式和组织生产的方式。它是以物料需求计划（Material Requirement Planning，MRP）为核心的企业生产管理计划系统，实现了物流、信息流与资金流在企业管理方面的集成，并能够有效地对企业各种有限制造资源进行周密计划并合理利用，提高企业的竞争力。图 1-8 所示的 MRPⅡ流程图给出了计划层次结构，可以看出它围绕企业经营目标和销售业绩，以生产计划为主线，组织各种资源，进行统一调配、控制。

企业资源计划 ERP 理论和系统不仅继承了制造资源计划 MRPⅡ的制造、供销和财务管理理念，还将业务范围扩大到了质量、设备、销售、运输、多生产部门管理、数据采集接口等方面，涵盖了所有供需过程。图 1-9 所示为 ERP 的系统流程图。

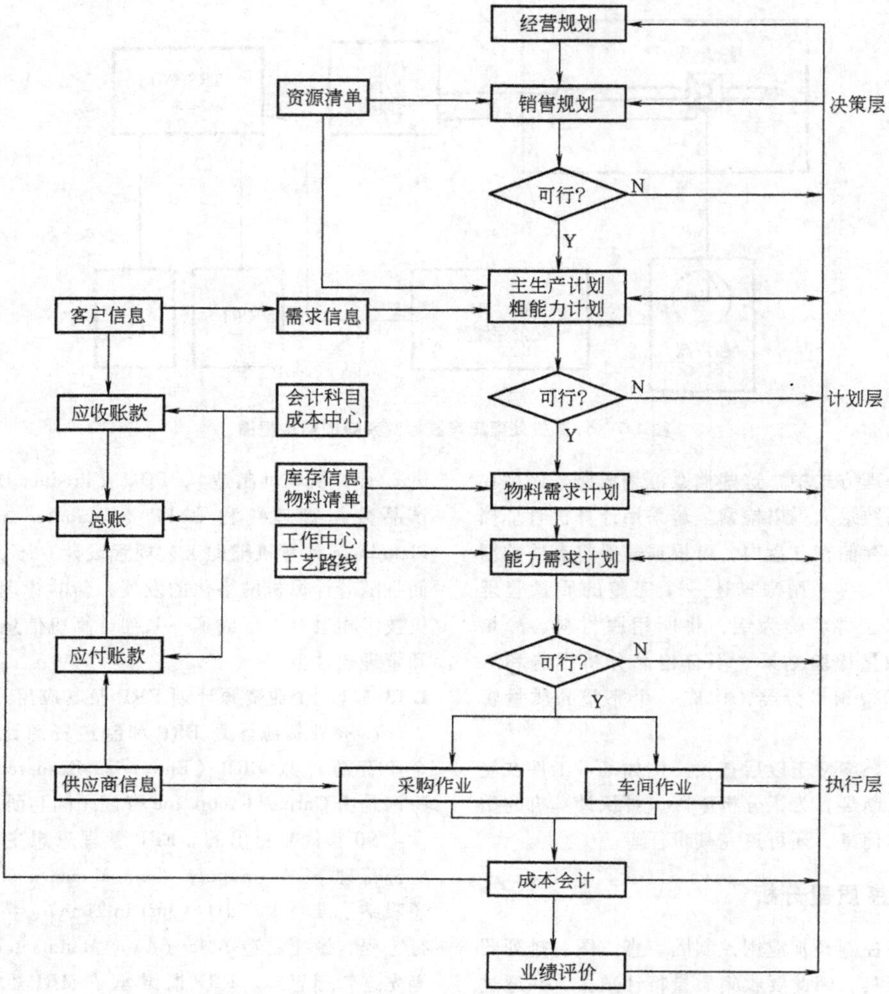

经营规划
资源清单
销售规划
决策层
可行?
N
Y
主生产计划
粗能力计划
客户信息
需求信息
可行?
N
计划层
Y
应收账款
会计科目
成本中心
库存信息
物料清单
物料需求计划
总账
工作中心
工艺路线
能力需求计划
可行?
N
Y
应付账款
供应商信息
采购作业
车间作业
执行层
成本会计
业绩评价

图 1-8 制造资源计划 MRP Ⅱ（Manufacturing Resource Planning）流程图

经营
预测
分销
管理
质量
管理
采购
管理
库存
管理
销售
管理
生产
管理
成本
管理
运输
管理
设备
管理
应付
管理
总账
管理
应收
管理
固定资产
管理
预算
会计
工资
管理
人力资源
管理

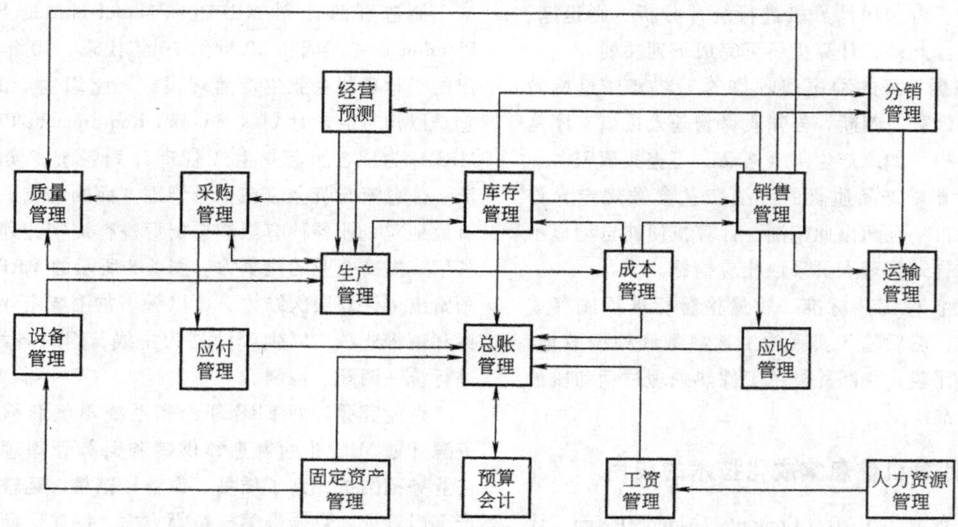

图 1-9 企业资源计划 ERP（Enterprise Resources Planning）系统流程图

2. 企业资源计划 ERP 的质量管理系统　ERP 质量管理系统体现在数据集成化优势上，如提高质量数据的统计、分析速度，加快企业质量控制的响应速度，提升质量管理效率。图 1-10 所示为一种 ERP 质量管理系统的模块设计思路，它贯穿了基本数据维护、质量标准管理、质量检验、质量控制和质量分析等全过程。具体功能应结合工作中心 WC（Working Center）或热处理车间具体生产特点进行进一步开发。

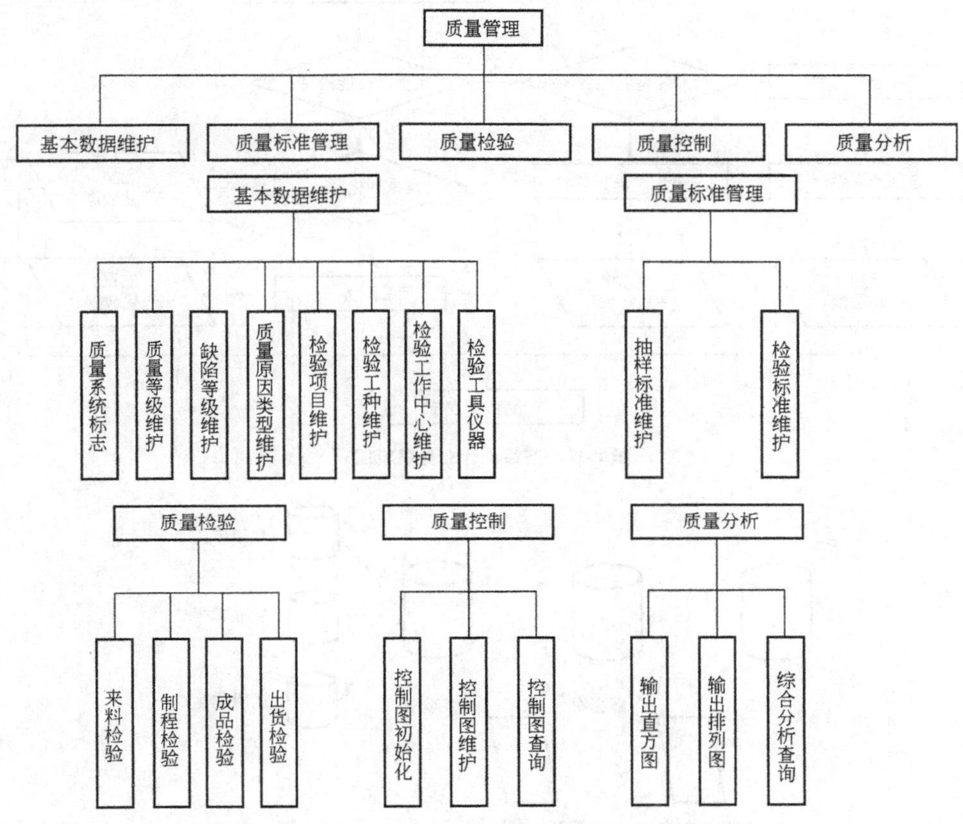

图 1-10　一种 ERP 质量管理系统模块设计方案

1.13.5.2　产品数据管理 PDM（Product Data Management）及应用

PDM（Product Data Management）是基于计算机网络和数据库的应用系统，是管理产品数据的存储查询和生成过程的计算机软件，主要用于解决企业在产品设计过程中产生的大量数据问题，这些信息可由不同软件在不同的计算机硬件平台上产生。PDM 可帮助企业组织产品设计，完善结构修改，跟踪设计过程，及时、方便地查询产品信息；可协调组织设计、审查、批准、变更工作流程优化及产品发布等过程，为并行设计提供基础。图 1-11 所示为产品设计时的一般业务逻辑图。

一种已投入实际应用的 PDM 应用系统采用浏览器/服务器（B/S）体系结构，面向产品设计和管理信息，以任务驱动和项目管理的方式将产品信息及过程统一起来，实现信息的高度集成。系统采用 Windows 技术，以图形界面和菜单方式提供直观简洁的人机界面；工程用前端子系统提供对工程图稿的自动生成；系统提供将任务细化到每个工程师的设计流程管理和以工程为项目的产品结构树和物料清单 BOM（Bill Of Materials），并提供良好的权限管理和安全机制。

产品数据管理系统采用三库加两表的技术方案描述整个产品结构（产品工程部套目录在该 PDM 系统中的表现形式），系统结构如图 1-12 所示。系统还提供负责存储各类工程图档并与数据库中相应信息关联的图档管理库，便于用户在查看工程结构信息的同时浏览工程图档。

该系统可将每种零件的热处理信息在相应的数据库中进行表达，包括名称、图号、材料牌号和热处理要求、毛坯类型和尺寸、工艺路线等。由产品设计人员和工艺路线编制者首先在 PDM 系统中输入，热处理人员对上述内容进行会签确认。该系统对热处理的质量控制主要表现在原始要求和工艺方案的合理性方面，并作为生产中的基本信息指导整个零件制造过程。

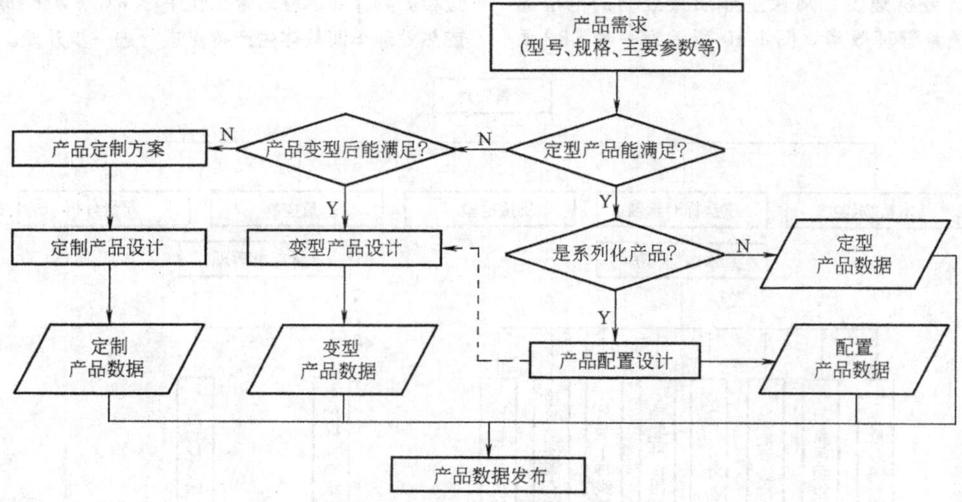

图 1-11 产品设计业务逻辑图

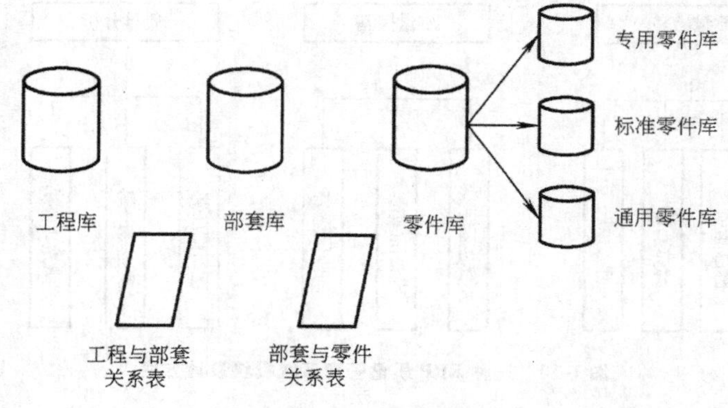

图 1-12 产品结构信息简图

1.13.5.3 计算机辅助工艺设计 CAPP（Computer-Aided Process Planning）及举例

自从1965年Niebel首次提出CAPP思想，迄今40多年，CAPP领域的研究得到了极大的发展，期间经历了检索式、派生式、创成式、混合式、专家系统、工具系统等不同的发展阶段。国内自20世纪80年代初就开始CAPP的应用研究，经过了30多年的发展历程。近几年，CAPP的研究开始注重工艺基本数据结构及基本设计功能，开发重点从注重工艺过程的自动生成，转向从整个产品工艺设计的角度，为工艺设计人员提供辅助工具，同时为企业的信息化建设服务。这直接导致了CAPP软件产品的迅速发展，产生了人机交互为主的新一代CAPP工具系统，并在企业实际应用中取得了良好的成效。

下面对一种热处理CAPP进行介绍：

（1）方案设计原则如下：

1）保留原工艺模式，使其符合工艺人员、工人的习惯。根据工艺基本信息数据，自动生成工艺文件，将工艺设计界面与工艺数据集成一体化，可实现工序图的绘制、插入和编辑。

2）针对产品工艺设计的需求，系统应可对产品结构数据进行管理并可实现与产品设计PDM、锻压CAPP等的集成，实现产品信息的高度共享。

3）设计界面友好直观，实现工艺编辑的“所见即所得”。

4）工艺信息可由键盘逐条输入，参照其他零件、产品设计PDM、锻压CAPP导入，减少工艺人员输入量，提高输入速度。

5）生成工艺可自由编辑，能使工艺人员的生产经验融入工艺设计中，使工艺准确客观。

6）可对工艺进行层次化组合查询和模糊查询，方便部套添加借用件、参照零件导入工艺。

（2）完善的材料手册数据库。该系统建立了完善的材料手册及热处理工艺规程数据库，用户可随技术标准的改变修改更新材料数据库，也可根据生产经验完善工艺规程，使工艺人员和工人的生产经验融入工艺的编制。

材料信息数据库为材料冶炼、锻造、热处理、焊接工艺性能说明和该材料针对产品的用途以及材料退火、高温回火、加工后去应力、焊接后去应力、淬硬、渗氮、渗碳的工艺参数。

（3）路线代码及工序。路线代码为各种工序的具体代码，不同的代码组合表示一定的工艺流程，同时，也决定热处理工序。

（4）工序图库。编制工艺时，从工序图库选择插入图形，修改零件尺寸参数等。

（5）建立完善的材料手册数据库。输入完整的工艺信息后，生成工艺由数据库输入材料技术条件。技术条件数据库中材料牌号、热处理状态、屈服强度等一一对应，如图 1-13 所示。

（6）热处理设备库。随着车间设备的变化，设备库可随之增删，如图 1-14 所示。

材料牌号	热处理	屈服强度	抗拉强度	延伸率	断面收缩率	冲击韧性	HB	d
1Cr11MoV	5	392	588	15	40	49	192-241	4.35-3.9
1Cr11MoV	5	490	655	16	55	59	212-265	4.15-3.73
1Cr11MoV	5	590	735	15	50	59	229-277	4.0-3.65
1Cr12Mo	5	550	685	18	60	34(AKv)	229-262	4.0-3.75
1Cr12Ni2W1Mo1V	5	735	920	13	40	48	293-331	3.55-3.35
1Cr12Ni3Mo2VN	5	758	1102	13	30	54.2	331-363	3.35-3.2
1Cr12W1MoV	5	590	735	15	45	59	229-277	4.0-3.65
1Cr12W1MoV	5	635	785	15	45	59	248-293	3.85-3.55
1Cr12W1MoV	5	685	835	14	42	49	269-311	3.7-3.45
1Cr12W1MoV	5	735	853	14	42	49	269-311	3.7-3.45

第1条/共 138条

图 1-13　力学性能数据库

注：按现行标准，图中“延伸率”应为“伸长率”，“冲击韧性”应为“冲击韧度”，“HB”应为“HBW”。

设备名称	炉膛形状	长度/直径	宽度	高度
RJX-100-8	矩形	2000	1000	750
RJX-75-9	矩形	1800	900	600
RT-180	矩形	1800	800	500
RT-320	矩形	2400	1400	950
SRJX-12	矩形	500	300	200
SRJX-8	矩形	400	250	150
台燃炉	矩形	3500	1500	1000
台车式电炉	矩形	1800	800	600
移动式电炉	矩形	2400	950	750
箱燃炉	矩形	1200	600	500

第1条/共 18条

图 1-14　设备信息库

（7）工艺的生成与编辑。导入或输入工艺基本信息后，单击“生成工艺”即可自动生成，单击“其他工艺导入”即可导入参照零件工艺信息。工艺生成后，对工艺内容可进行编辑，单击“修改图形”可由图形库中插入零件简图，选择设备后根据设备规格和零件尺寸生成装炉量；加热、保温时间可根据工艺人员经验适当调整；对工艺操作的特殊要求可在备注栏、技术条件备注栏、工艺卡片注释栏说明，如图 1-15 所示。

（8）打印输出。工艺打印按设定模式通过 AutoCAD 显示工艺卡片后以正常的 AutoCAD 图形打印输出，或将工艺卡片生成可供打印的图形文件，不通过 AutoCAD 将工艺直接打印出来。

（9）工艺管理内容包括：

1）分类管理。按工程项目分类，按字母排序；非产品类分其他零件类和标准、通用件类，其中其他零件类包含代用件、备用件、工装。

2）工艺入库。工艺管理按习惯模式，当一份工艺编制完毕后，由 CAPP 其他授权人员单击“审核”、“会签”通过，审核、会签人员可将意见保存于会签意见中，工艺通过了审核和会签后应入库。

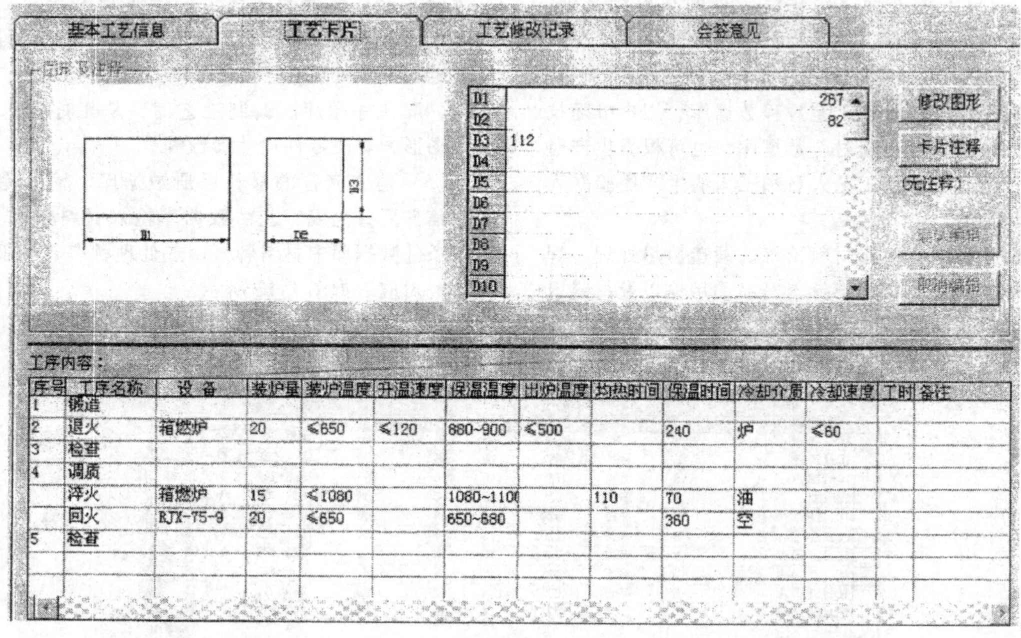

序号	工序名称	设备	装炉量	装炉温度	升温速度	保温温度	出炉温度	均热时间	保温时间	冷却介质	冷却速度	工时	备注
1	锻造												
2	退火	箱燃炉	20	≤650	≤120	880~900	≤500		240	炉	≤60		
3	检查												
4	调质												
	淬火	箱燃炉	15	≤1080		1080~110(		110	70	油			
	回火	RJX-75-9	20	≤650		650~680			360	空			
5	检查												

图 1-15 编辑状态的热处理工艺卡片

1.14 数理统计方法在热处理质量管理中的应用

1.14.1 热处理统计过程控制

质量管理经历了质量检验、统计质量控制和全面质量管理等发展阶段。所谓统计质量控制就是运用数理统计方法从产品质量的波动中找出规律性，采取措施消除产生波动的异常原因，使热处理工艺过程控制在正常状态，防止不合格品的出现，稳定热处理质量。所应用的数理统计工具就是控制图。

控制图共有 11 种，在热处理生产中最常用的有 $\bar{x}$-R 控制图。其中，R 为极差，指一组数据中最大值 x_{max} 与最小值 x_{min} 之差，$R = x_{max} - x_{min}$。$\bar{x}$ 为平均值，其计算式为

$$\bar{x} = \frac{x_1 + x_2 + x_3 + \cdots + x_n}{n} = \frac{1}{n}\sum_{i=1}^{n} x_i$$

$\bar{x}$-R 控制图的形式如图 1-16 所示。它是平均值控制图与极差控制图的结合。控制图的横坐标是按时间顺序抽样的样本编号，统称为子样号；纵坐标为质量特性值（如硬度、强度、畸变量、晶粒度）。

进行热处理质量控制时，不仅要根据生产情况绘制控制图，还要学会分析控制图中各数据点的波动情况。当热处理处于受控状态时，图 1-16 中各数据点随机地分散在中心线两侧附近。若点值跳出控制线或虽没有跳出控制界限，但排列出现缺陷（如：点值连续出现在中心线一侧，连续上升或下降；点值排列出现周期性变化等），说明工艺过程出现异常，必须查明原因，采取对策。

1.14.2 数理统计方法用于热处理质量改进

用于热处理质量改进的数理统计方法主要有：排列图法、因果分析图法、直方图法、散布图等。

1. 排列图法　排列图主要用于分析和寻找影响热处理质量的主要因素，其形式如图 1-17 所示。在该图的横坐标上，各因素按影响程度的大小，从左向右顺序排列。如影响 20CrMnTi 碳氮共渗齿轮质量的因素有：A 为黑色组织；B 为表面碳氮化合物量过多；C 为淬火畸变量过大；D 为心部硬度偏低；E 为淬火开裂。其中黑色组织 A 是影响碳氮共渗齿轮的主要因素，应采取有效措施减少黑色组织，提高碳氮共渗齿轮质量。

2. 因果分析图法　若要解决产生质量问题的主要因素，常采用因果分析图法表示产生某种质量问题的原因。

影响产品质量的原因是很多的，从大的方面分析，可以归纳为材料、设备、加工方法、操作人员和工作环境五大方面。在质量分析时，要充分听取各方

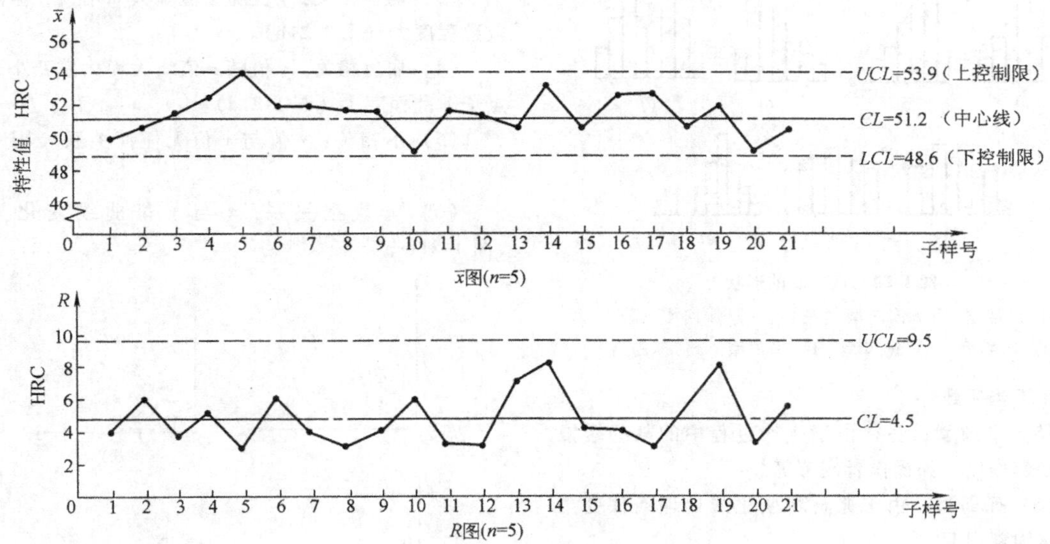

图 1-16　$\bar{x}$-R 控制图形式

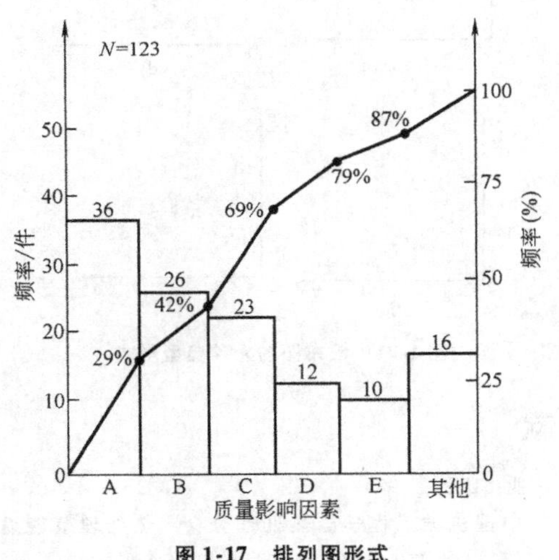

图 1-17　排列图形式

面意见，集思广益，探讨形成质量问题的原因，然后画在图上（图 1-18）。该图以结果为特性，以原因为

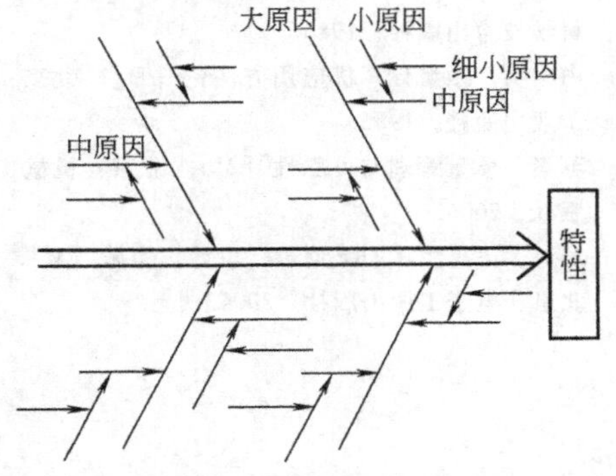

图 1-18　因果分析图的形式

因素，在它们之间用箭头联系，形成一种树枝状的图。图 1-18 中的大原因并不一定是主要原因，主要原因可以用排列图法或其他方法确定。

3. 直方图法　同一种热处理工艺得到的质量是不会完全相同的，一般在一定范围内变动。为了找出这些数据的统计规律，需要作直方图（图 1-19），从直方图中可以比较直观地看出热处理质量分布状态，从而预测热处理质量好坏和估算不合格率。

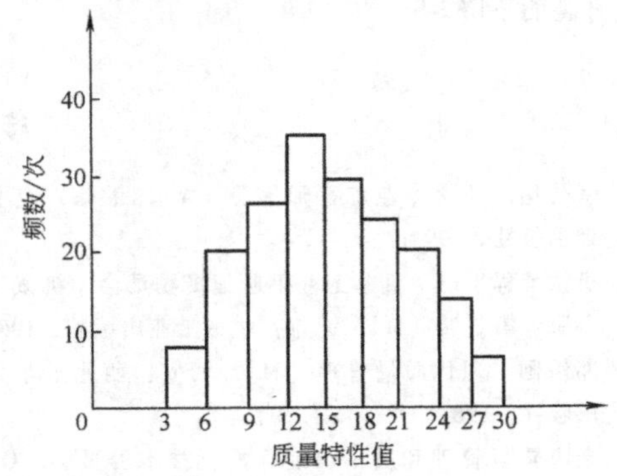

图 1-19　直方图的形式

图 1-20 所示为常见的几种直方图形状，通过这些图可以判断热处理过程是否正常，并分析产生异常的原因。

（1）正常型：工序处于稳定受控状态。

（2）偏向型：因操作习惯而造成的误差。

（3）双峰型：往往是两个不同材料、不同操作者或加工方法混在一起形成的。

（4）锯齿型：多因测量方法或读数不准以及数

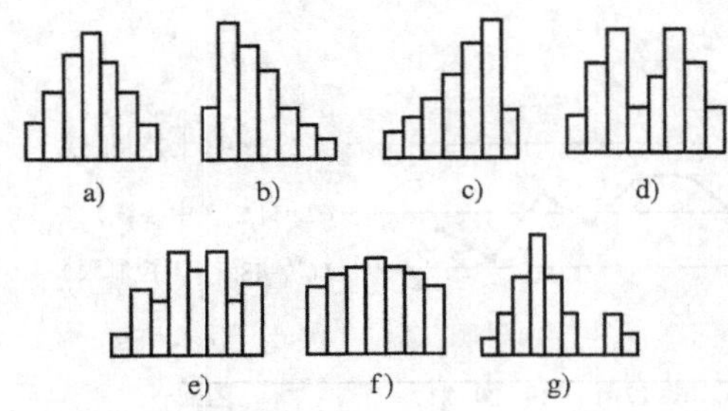

图 1-20　直方图的形状

a）正常型　b）偏向型（左）　c）偏向型（右）
d）双峰型　e）锯齿型　f）平顶型　g）孤岛型

据分布不当所致。

（5）平顶型：往往由于生产过程中的某些缓慢因素在起作用，如操作者疲劳等。

（6）孤岛型：由于原材料变化或处理条件变更等异常因素引起。

4. 散布图法　散布图是将两个相关的变量数据对应列出，用点画在坐标图上，通过观察分析，判断两个变量之间的相关关系。散布图的 6 种典型形式如图 1-21 所示。

（1）强正相关：x 值变大，y 值显著增大（图 1-21a），如在一定温度范围内随淬火加热温度升高，淬火后硬度随之增大。

（2）强负相关：x 值变大，y 值显著减小（图 1-21c），如非二次硬化钢，回火后的硬度随回火温度升高而下降。

（3）弱正相关：y 值随 x 值增大而增大，但点子散乱程度大（图 1-21b）。

（4）弱负相关：y 值随 x 值增大而大致变小，但点子散乱程度大（图 1-21d）。

（5）不相关：x 值与 y 值无任何关系（图 1-21e）。

（6）非线型关系：x 与 y 呈曲线变化关系（图 1-21f）。

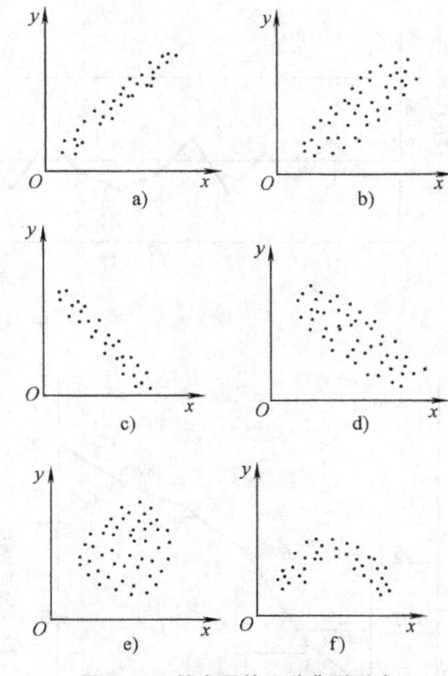

图 1-21　散布图的六种典型形式

参 考 文 献

[1]　张公绪. 质量专业工程师手册［M］. 北京：企业管理出版社，1994.

[2]　机械工程手册　机电工程手册编辑委员会. 机械工程手册：第 2 卷［M］. 北京：机械工业出版社，1996.

[3]　郭治国. 现代质量管理［M］. 西安：西北工业大学出版社，1987.

[4]　全国质量管理和质量保证标准化技术委员会. GB/T 19000—2008　质量管理体系　基础和术语［S］. 北京：中国标准出版社，2008.

[5]　邹依仁. 全面质量管理［M］. 上海：上海科学技术出版社，1984.

[6]　朱兰 JM. 质量控制手册［M］. 上海：上海科学技术文献出版社，1987.

[7]　火树鹏. 热处理工艺编制方法［M］. 北京：机械工业出版社，1985.

[8]　中国机械工程学会热处理分会. 热处理节能途径［M］. 北京：机械工业出版社，1986.

[9]　潘克洪. 车间管理手册［M］. 上海：上海科学技术文献出版社，1985.

[10]　韩德伟. 金属硬度及其实验方法［M］. 长沙：湖南科学技术出版社，1986.

[11]　白中英. 微型计算机应用方法论［M］. 北京：机械工业出版社，1986.

[12]　苏秦. 质量管理与可靠性［M］. 北京：机械工业出版社，2006.

[13]　罗鸿，王忠民. ERP 原理、设计、实施［M］. 2 版. 北京：电子工业出版社，2004.

第2章　热处理过程中的质量控制

西安交通大学　方其先
西安热处理研究所　杨鸿飞

热处理过程中的质量控制是热处理质量全面管理的重要组成部分。热处理质量控制，就是对整个热处理过程中的一切影响零件热处理质量的因素实施全面控制，通过全过程、全员参与热处理质量工作，把质量保证的重点从最终检验的被动把关，转移到生产过程当中的质量控制上来。把零件热处理缺陷消灭在质量的形成过程中，确保产品使用的安全性和可靠性。

热处理作为一种特殊工序，其质量控制的主要内容是作业技术和活动，也就是包括专业技术和管理技术两个方面。本章所涉及的主要内容是常用热处理设备及仪表控制、工艺材料及槽液控制、工艺过程控制、质量检验和产品缺陷及其控制等。

热处理技术标准是原材料、设备工装、工艺方法、安全与环保、质量检验与评定的依据。热处理过程中的质量控制，实际上是贯彻热处理技术标准的过程，只有严格执行标准，加强工艺纪律，才能获得高质量的热处理产品。

2.1　待热处理工件的核查或验收

为了确保热处理质量，工件进入热处理车间后首先应对热处理前的原始资料、工件外观、形状及尺寸进行核查或验收（通常这些项目都标注在相应的工艺技术文件或质量管理文件中），经过验收合格后，才能进行热处理生产。

2.1.1　原始资料

原始资料包括待热处理工件的试验数据、供货状态、热处理前的加工方式和加工质量及预备热处理类型，详见表2-1。

表2-1　待热处理工件的加工状态（GB/T 16923—2008）

序号	项　目	备　注
1	材料数据 牌号或化学成分 炼钢炉号① 硬度及其他力学性能① 金相组织①	
2	处理前的加工制造方法① 铸造 锻造 轧制 挤压 冲压 拉拔 旋压 焊接 气割 机械加工	 注明铸造工艺，必要时应注明金相组织 注明冷锻、热锻，必要时应注明锻造比 注明冷轧、热轧 注明冷挤压、热挤压 注明冷、热冲压 注明冷、热拉拔 注明冷、热旋压 注明焊接部位 注明气割部位 注明机械加工方法
3	处理前的热处理状态 正火 退火 淬火、回火 化学热处理	 注明退火工艺类型 用于返修件，注明原工艺 注明化学热处理工艺类型
4	矫正及其程度①	注明冷矫正或热矫正

① 在不妨碍热处理的情况下可部分或全部省略。

2.1.1.1 待热处理件的试验数据

1. 化学成分 待热处理件的材质应符合国标或部标的规定，要对规定的项目进行验收，必要时进行化学成分复查，因为热处理工艺参数的确定主要取决于钢的化学成分，此外钢的化学成分还影响热处理工艺性能。例如：

(1) 碳钢中的 Mn 含量通常控制在 $w(\mathrm{Mn})$ = 0.25% ~0.8%范围内。在优质碳素结构钢中，Mn 含量可适当控制到中上限，以提高钢的淬透性。在优质碳素工具钢中，锰含量控制严，上下波动范围小，因为锰含量高时会增加钢的淬裂倾向。

(2) 杂质元素 P、As、Sn、Sb 等易在晶界偏聚，增大回火脆性。

2. 非金属夹杂物 钢中常见的非金属夹杂物主要是氧化物、硫化物、氮化物和硅酸盐。严重的非金属夹杂物经轧制或锻造后，有的形成带状分布，出现各向异性，不但降低钢的力学性能，而且淬火时会引起畸变，沿非金属夹杂物方向易产生纵向裂纹。

3. 偏析 钢中的枝晶偏析和区域偏析不但影响钢的热加工质量，尤其工具钢中碳化物分布不均，热加工后会形成带状组织，造成力学性能的各向异性，降低钢的塑性、韧性和耐磨性，而且热处理时易过热，增大畸变和开裂倾向，引起回火不足，降低钢的热硬性。

2.1.1.2 热处理前的供货和加工状态

热处理前的供货和加工状态可能是铸造、锻造、热挤压、冷拔、切削和焊接等。它们的许多质量缺陷都对热处理质量有影响，如铸件中的缩孔、夹渣，锻件中的折叠、带状组织，焊接件中的层状撕裂、气孔，机械加工中形成的变质层等，在热处理时易产生过热、畸变、开裂、软点，并降低工件的力学性能和使用寿命。

2.1.2 待热处理件的外观、形状及尺寸要求

(1) 外观应无裂纹、无影响热处理质量的锈斑、氧化皮及碰伤等缺陷。

(2) 工件简图应注明：主要尺寸、特殊形状部位、截面悬殊部位、孔的形状和位置。

(3) 待热处理件的尺寸与精度应注明加工余量、表面粗糙度、尺寸精度、位置精度及形状精度等。

通过对热处理件外观、形状、尺寸的核查，便于热处理工作者采取有效措施，减少热处理畸变，避免淬火开裂。

2.2 加热质量控制

2.2.1 热处理的炉温控制

2.2.1.1 热处理炉有效加热区的测定

由于炉膛各处的温度不均匀，为了保证在热处理过程中所有的工件和工件的所有部位均处于工艺要求的温度范围，热处理炉有效加热区内的所有区域的保温精度均应满足被处理工件的加热要求；此外，热处理操作时还要保证热处理工件均应摆放在热处理炉的有效加热区内。

1. 保温精度与有效加热区 保温精度是实际加热温度相对于工艺规定温度的精确程度。它以各检测点的温度真实值减去设定温度，用所得到的最大温度偏差表示。

有效加热区是经温度检测后所确定的满足热处理工艺温度及其保温精度的工作空间尺寸，是热处理炉膛内满足热处理工艺要求的允许装料区域。为判断热处理炉的有效加热区，在进行测定之前，根据热处理炉的结构、控制方式及其他条件，先假定一个测温空间，称为假设有效加热区。也可用热处理炉制造厂或有关标准规定的工作空间尺寸作为假设有效加热区。

箱式电炉的假设有效加热区一般距搁砖顶端或发热元件 50mm，距后炉墙 50mm，根据炉子大小，距炉门的距离可为炉膛长度的 20% ~25%。井式电炉的假设有效加热区一般为炉罐内容积尺寸范围。对于无炉罐的井式电炉，假设有效加热区一般距搁砖顶端或发热元件 50mm，距风扇下端 50mm，距底部 50 ~100mm。

热处理炉按有效加热区的保温精度要求分为六类（见表 2-2）。

表 2-2 加热炉分类及技术要求
（JB/T 10175—2008）

类别	有效加热区保温精度/℃	控温精度/℃	记录仪表指示精度	记录纸刻度(分辨力)①(℃/mm)
Ⅰ	±3	±1.0	0.2	≤2
Ⅱ	±5	±1.5	0.5	≤4
Ⅲ	±10	±5.0	0.5	≤5
Ⅳ	±15	±8.0	0.5	≤6
Ⅴ	±20	±10.0	0.5	≤8
Ⅵ	±25	±10.0	0.5	≤10

① 允许用修改量程的方法提高分辨力。

为了保证一定的保温精度，及时掌握保温精度的

变化情况，凡具有如下条件之一者，均要测定有效加热区的保温精度：

（1）新炉投产前或闲置半年重新使用的炉子。

（2）大修或技术改造的炉子。

（3）加热炉的热处理对象或工艺变更，需要改变保温精度或有效加热区尺寸的炉子。

（4）控温热电偶位置变更时。

在正常情况下推荐的检定周期见表 2-3。

表 2-3　热处理炉有效加热区定期检定周期（JB/T 10175—2008）

（单位：月）

类　别	检定周期	仪表检定周期
Ⅰ	1	3
Ⅱ	6	6
Ⅲ	6	6
Ⅳ	6	6
Ⅴ	12	12
Ⅵ	12	12

2. 检测方法

（1）测温装置。井式热处理炉有效加热区的测温装置如图 2-1 所示。箱式热处理炉有效加热区的测温装置如图 2-2 所示。

（2）检测点的数量和位置。无论是空载试验还是装载试验，温度检测点的位置均按照热处理炉的形式和假设有效加热区的尺寸来确定。周期井式炉检测点的数量和位置见表 2-4。周期箱式炉检测点的数量和位置按表 2-5 规定。

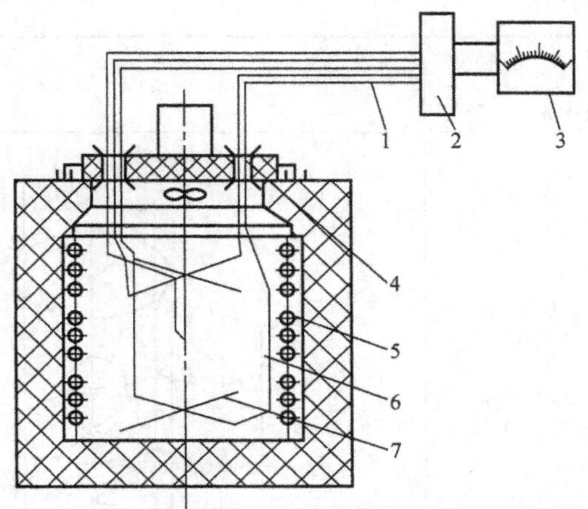

图 2-1　井式炉有效加热区测温装置示意图
1—补偿导线　2—转换开关　3—检测仪表　4—测温孔　5—电阻丝　6—热电偶　7—测温架

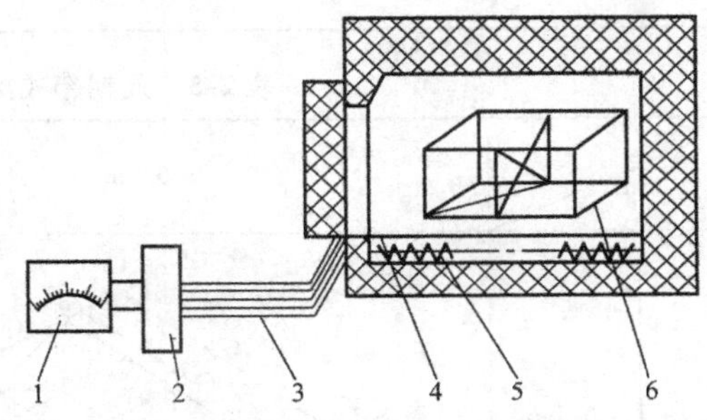

图 2-2　箱式炉有效加热区测温装置示意图
1—检测仪表　2—转换开关　3—补偿导线　4—热电偶　5—电阻丝　6—测温架

检测步骤和检测时的注意事项可参看 GB/T 9452—2003《热处理炉有效加热区测定方法》。

表 2-4　周期井式热处理炉检测点数量和位置

直径 d ／ 深度 h	≤1m	>1～2m
≤1m		

（续）

直径 d / 深度 h	≤1m	>1～2m
>1～2m	d, 1, 2, 3, 4, 5, 6, 7, $h/4$, $h/2$, h, $h/4$	

表 2-5　周期箱式热处理炉检测点数量和位置

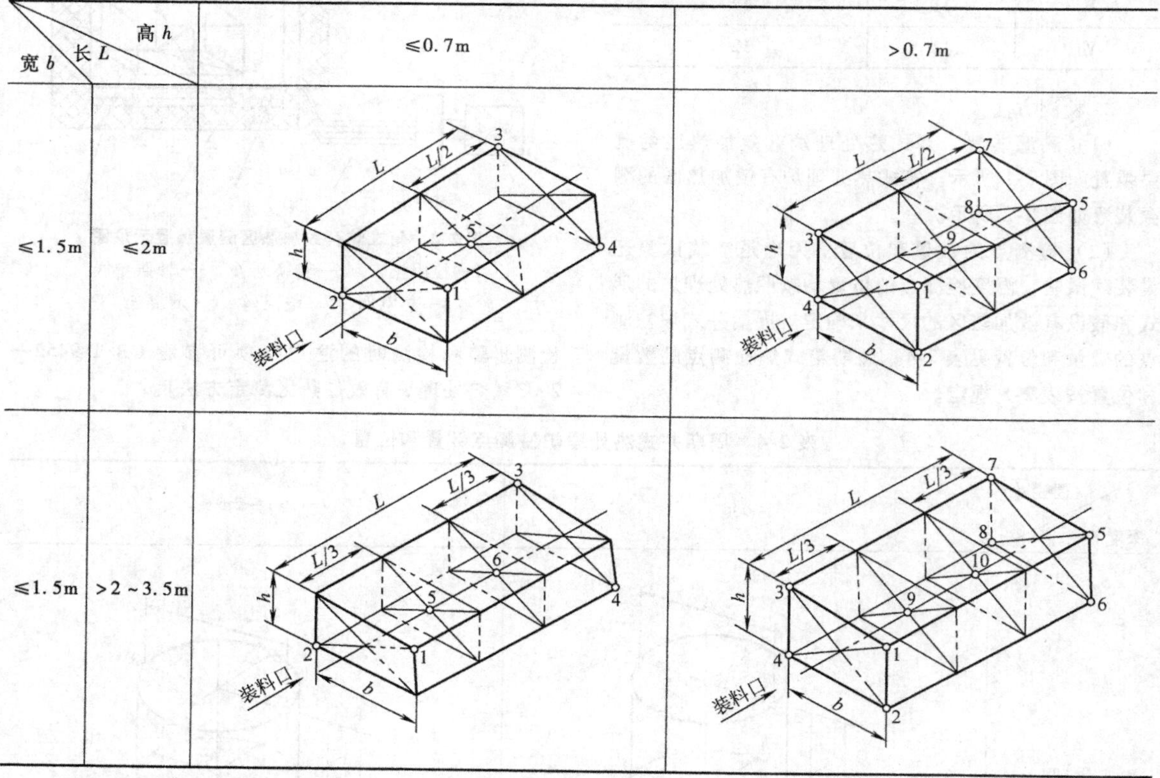

宽 b	长 L / 高 h	≤0.7m	>0.7m
≤1.5m	≤2m		
≤1.5m	>2～3.5m		

3. 有效加热区的评定　各检测点的温度真实值减去设定温度，得到各检测点的温度偏差，其最大偏差就是该热处理炉的保温精度。如果假设有效加热区各检测点的最大温度偏差均在工艺规定的保温精度范围内，则该空间即为所检测炉子的有效加热区。有效加热区检测合格后，用表2-6的形式悬挂于该炉的明显处。

2.2.1.2　温度测量与控温仪表

热处理使用的测量与控制仪表应能准确地反映出炉子的真实温度，应具有足够的精度、可靠性和稳定性。

表 2-6　有效加热区检测合格卡

<table>
<tr><td>热处理炉名称</td><td colspan="3"></td><td>型　号</td><td colspan="3"></td></tr>
<tr><td>使用温度/℃</td><td></td><td>精度/±℃</td><td></td><td>保温精度类别</td><td colspan="3"></td></tr>
<tr><td colspan="8">装炉量及装炉注意事项：</td></tr>
<tr><td colspan="8">有效加热区图示：</td></tr>
<tr><td>检测日期</td><td colspan="2"></td><td>下次检测日期</td><td colspan="4"></td></tr>
<tr><td>责 任 者</td><td></td><td>日 期</td><td></td><td>批 准 者</td><td></td><td>日 期</td><td></td></tr>
</table>

(1) 各类热处理炉的温度指示记录仪表的刻度应能准确地反映出温度的波动范围。现场使用的仪表精度等级和控制指示精度应符合表 2-2 的要求。

(2) 重要工件热处理加热炉的每个加热区至少应有两支热电偶，一支接记录仪表，另一支接控温仪表，其中至少有一个仪表应具备报警功能，并接报警装置。

(3) 现场使用的温度控制系统，在正常使用状态下定期作系统检定。检定周期按表 2-7 执行。现场系统检定用的标准电位差计，精度不低于 0.05 级，分辨力不低于 1μV。检定时检测热电偶与记录仪表热电偶的热端应靠近，检定应在加热炉处于热稳定状态下进行。当测试值（经误差修正后）与加热炉记录仪表的指示值之差，超过系统检定允许温度偏差（表 2-8）时，应查明原因、排除故障或进行修正。

表 2-7　仪表检定周期（JB/T 10175—2008）

加热炉类别	仪表检定周期/月
Ⅰ	3
Ⅱ	6
Ⅲ	6
Ⅳ	6
Ⅴ	12
Ⅵ	12

(4) 现场常用的热电偶技术要求见表 2-9。热电偶安装位置与插入深度应能反映炉膛真实温度，冷端要避免辐射热影响。

表 2-8　系统检定允许温度偏差
（JB/T 10175—2008）

热处理炉类别	允许温度偏差/℃
Ⅰ、Ⅱ	±1
Ⅲ、Ⅳ、Ⅴ、Ⅵ	±3

2.2.2　热处理加热介质控制

热处理加热介质主要有可控气氛、真空、液体和固体介质等。

2.2.2.1　可控气氛

常采用的可控气氛有吸热式气氛、放热式气氛、滴注式气氛、氨分解气氛和氮基气氛等，其中以吸热式气氛应用较广。

1. 原料气　制备可控气氛的原料气种类很多，有液化石油气、天然气、城市煤气及发生炉煤气等。但由于城市煤气和发生炉煤气的成分波动大，硫含量高，难以准确控制碳势，且高的硫含量会腐蚀工件和炉衬，又会使发生炉中的催化剂中毒，不宜采用。常采用的原料气是天然气和液化石油气。原料气的成分应符合表 2-10 所列出的要求。

2. 发生器　发生器气体成分和压力要稳定，并满足工艺要求。发生器气体成分可采用露点仪或 CO_2 红外仪进行控制。一般不希望露点值太低，以减少炭黑的形成，因为炭黑会降低催化剂活性，使气体成分波动，导致碳势失控。

表 2-9　现场常用的热电偶技术要求（JB/T 10175—2008）

名　称	分度号	等级	使用温度/℃	允许偏差/℃	检定周期/月
标准铂铑 10-铂	S	Ⅱ	300～1300	±0.9	12
检测镍铬-镍硅热电偶	K	Ⅰ	0～400	±1.6	3
			400～1100	±0.47%t	
铂铑 10-铂	S	Ⅰ	0～1100	±1	12
			1100～1600	±[1+(t-1100)×0.003]	
		Ⅱ	0～600	±1.5	
			600～1600	±0.25%t	
铂铑 30-铂铑 6	B	Ⅱ	600～1700	±0.25%t	6
		Ⅲ	800～1700	±0.5%t	
镍铬-镍硅	K	Ⅱ	0～400	±3.0	6
		Ⅱ	400～1100	±0.75%t	
铜-康铜	T	Ⅱ	-40～+350	±1.0	6
		Ⅲ	-200～+40	±1.0 或 ±1.5%t	
镍铬-康铜	E	Ⅰ	-40～+800	±1.5 或 ±0.4%t	6
		Ⅱ	-40～+900	±2.5 或 ±0.75%t	

注：1. t 为测量温度，单位为℃。
2. 允许按实际需要缩短检定周期。

表 2-10　对制备可控气氛原料气的要求（JB/T 9207—2008）

成　分	天 然 气	液 化 石 油 气
甲烷	≥90%（体积分数）	—
丙烷（或丁烷）	—	≥90%（体积分数）
烯烃	—	≤5%（体积分数）
戊烷以上的烷族	—	≤2%（体积分数）
硫化氢	≤50×10^{-4}%（质量分数）	≤50×10^{-4}%（质量分数）
游离水分	无	无

3. 热处理炉中的气氛

（1）采用露点仪、CO_2 红外仪、氧探头、电阻探头等对热处理炉内气氛碳势进行测量，对炉内气氛碳势的控制或监控应采用自动控制装置。

（2）工件进入可控气氛炉加热之前，必须清理表面的氧化皮、油污、润滑脂及水分，以免表面附着的这些物质与气氛作用，影响工件表面与炉气反应平衡，降低表面质量。

（3）冷却介质产生的烟雾、蒸气不得进入炉膛。

（4）导入炉内的气氛不得直接冲刷工件，以防止局部过热或温度不足。

（5）载气、富化气和添加气的管路上均应设置流量计和调节阀，以便于控制炉气，保证成分稳定。

（6）保护气氛加热炉使用的氩气、氮气和氢气应符合 JB/T 7530—2007 的要求。

2.2.2.2　真空

金属在一定真空度下加热时，可以避免氧化脱碳，保持表面光亮。此外，还具有脱脂、除气、表面氧化物分解和合金元素蒸发等效应。

（1）钢在真空中加热时，合金元素有蒸发现象，真空度和加热温度越高，蒸发越严重。为防止表面合金贫化现象，应根据工件材料和加热温度，采用回充高纯氮气（或氩气）的方法控制加热时的真空度。钢在 900°C 加热时，真空度为 1.33×10^{-1}Pa 左右；900～1100℃加热时，真空度为 1.33～13.3Pa；1100～1300℃加热时，真空度为 13.3～665Pa。

（2）真空回火时，由于低温下真空辐射加热效果差，炉温不易均匀，故待炉内达到某一真空度（一般约 0.1Pa）时，应向炉内通入高纯氮气并使其达到或接近于 10^{5}Pa，同时采用风扇循环并保持到回火加热结束。

（3）真空热处理过程中，要预防周围空气进入真空炉，且必须控制真空炉的压升率（一般不大于 1.33Pa/h）。每周检查一次炉子的压升率，若压升率高于 1.33Pa/h，应清洗炉子或用检漏仪检漏并密封。

(4) 工件进入炉后，当真空度达6.67Pa时才能加热升温。在升温过程中，由于工件和炉内材料要放气，使真空度下降，故应适当调节炉子的升温速度，以防止加热时氧化。

(5) 工件入炉前，应清洗表面的油脂或其他脏物，烘干后方能入炉，以防止影响真空度和工件表面光亮度。

2.2.2.3 盐浴

工件在盐浴中的加热质量与盐浴和盐浴校正剂的品质有关，加强对盐浴及盐浴校正剂的控制，可以减少工件在盐浴热处理时的氧化、脱碳和腐蚀等缺陷。

1. 盐浴中杂质对热处理质量的影响　热处理加热用的NaCl、KCl、$BaCl_2$都含有杂质，如水、硫酸盐、碳酸盐和氧化铁，它们都能引起钢的氧化脱碳。

(1) 氯化盐中的硫酸根阴离子是一种氧化剂，会使钢件脱碳，其反应式为

$$SO_4^{2-} + 2[C] \longrightarrow S^{2-} + 2CO_2$$

并使基体遭到腐蚀，其反应式为

$$SO_4^{2-} + Fe \longrightarrow 4O^{2-} + FeS$$

若熔盐中SO_4^{2-}含量达0.5%（质量分数），就会引起钢件脱碳和严重点蚀。

(2) 氯化盐中的氧化铁杂质对高温盐浴有脱碳作用，其反应式为

$$6Fe_2O_3 \rightleftharpoons 4Fe_3O_4 + O_2$$

$$O_2 + 2[C] \longrightarrow 2CO$$

(3) 不溶性碳酸盐$MgCO_3$、$CaCO_3$、$BaCO_3$在熔盐中也是一种氧化剂，其反应式为

$$CO_3^{2-} + 2Fe \longrightarrow 2FeO + CO$$

$$CO_3^{2-} \longrightarrow O^{2-} + CO_2$$

$$CO_2 + [C] \longrightarrow 2CO$$

(4) 水分对盐浴加热性能的影响为

$$BaCl_2 + H_2O \longrightarrow BaO + 2HCl$$

$$2NaCl + H_2O \longrightarrow Na_2O + 2HCl$$

$$2KCl + H_2O \longrightarrow K_2O + 2HCl$$

生成的氯化氢腐蚀性很强。

2. 盐浴杂质的控制

(1) 加热用盐的化学成分应符合表2-11规定。氯化盐的加热性能应满足表2-12的要求。

(2) 加盐浴校正剂的校正时间间隔一般为4～8h。使用的盐浴校正剂应符合JB/T 4390—2008《高、中温热处理盐浴校正剂》的技术要求。

表2-11 加热用盐的化学成分

指标项目	化学成分(质量分数)(%)					
	无水氯化钡	氯化钾	氯化钠	硝酸钾	硝酸钠	亚硝酸钠
纯度	≥99.0	≥98.0	≥98.0	≥98.7	≥98.7	≥99.0
硫酸盐(以SO_4^{2-}计)	≤0.10	≤0.05	≤0.05	≤0.18	≤0.18	≤0.10
碳酸盐(以CO_3^{2-}计)	—	≤0.05	≤0.05	≤0.05	≤0.05	—
硝酸盐(以NO_3^-计)	≤0.05	≤0.05	≤0.05	—	—	—
氯化物(以Cl^-计)	—	—	—	≤0.30	≤0.30	≤0.30
亚硝酸盐(以NO_2^-计)	—	—	—	≤0.05	≤0.05	—
钙镁铁总量	—	≤0.10	≤0.10	≤0.10	≤0.10	—
水不溶物	≤0.10	≤0.10	≤0.10	≤0.10	≤0.10	≤0.10
水分	≤1.00	≤1.00	≤1.00	≤0.50	≤0.50	≤0.50

表2-12 氯化盐的加热性能

名　称	加热性能	
	箔片质量变化率ΔW_p(%)	箔片脱碳率ΔC_p(%)
无水氯化钡	≤2.00	≤30.0
氯化钠	≤1.00	≤10.0
氯化钾	≤1.00	≤5.0

(3) 氯化盐（特别是氯化钡）使用前需经一定温度下的干燥脱水处理，推荐的脱水处理规范是：$BaCl_2$为500℃×(3～4)h，NaCl和KCl为400℃×(2～4)h。

(4) 盐浴中硫酸盐含量过高，可用炭粉在搅拌下撒入盐浴，或将木炭块装入铁丝筐压沉到盐浴中，通过以下反应

$$SO_4^{2-} + 4C \longrightarrow S^{2-} + 4CO$$

或

$$SO_4^{2-} + 2C \longrightarrow S^{2-} + 2CO_2$$

来消除SO_4^{2-}的有害作用。

(5) 新盐盐浴经10～15h时效后使用，可降低氧化脱碳作用。

（6）定时捞渣，并根据使用情况添加新盐或全部更换。

除了上述处理外，盐浴在使用的温度范围内还应清澈、流动性好、蒸发量少、无明显腐蚀性，其脱碳性能应符合表2-13的要求。

表2-13 中、高温盐浴的脱碳性能

箔片脱碳率 ΔC_p（%）		适用范围
中温盐浴	高温盐浴	
≤30	≤40	脱碳敏感性强的钢件及表面质量要求高的钢件
≤50	≤60	一般钢件

注：$\Delta C_p = \frac{C_0 - C}{C_0} \times 100\%$

其中 C_0——箔片原始碳质量分数（%）；

C——箔片剩余碳质量分数（%）。

2.2.2.4 保护涂料

热处理保护涂料用于结构钢、工模具钢、不锈钢、高温合金和钛合金等工件，在空气炉中加热时能减少或防止氧化脱碳及合金元素贫化。

根据JB/T 5072—2007《热处理保护涂料一般技术要求》中的有关规定，控制保护涂料需满足如下要求：

（1）总脱碳层深度应小于或等于0.075mm。

（2）保护涂料的粘度应为25～65s（浸涂或刷涂），或16～45s（喷涂）。

（3）原料粒度应不大于45μm，使用中如有粗大颗粒，可用200目铜丝网过滤。

（4）涂料对被保护金属应具有良好的润湿性，涂层应均匀完整、无瘤痕、附着性能好。

（5）涂层在室温下2h能干燥固化，在60～100℃温度范围内30min能干燥。

（6）涂层应具有良好的剥落性能，工件水冷淬火时，90%以上的涂层面积能自行剥落；油淬时，80%以上的涂层面积能自行剥落，且残留涂层易清除，剥落涂层不污染淬火冷却介质。

（7）保护涂料中的组分不能损伤和污染工件，加热过程中不放出有毒气体或物质。

2.2.3 正确选择加热参数

2.2.3.1 加热温度

一般工件的热处理加热温度是根据化学成分（即合金相图）来确定的，如淬火加热温度，亚共析钢为 Ac_3 + 30～50℃，共析钢和过共析钢是 Ac_1 + 30～50℃。但是同一种钢材的淬火加热温度并不是固定不变的，为了获得良好的组织与性能，可以在一定范围内优化加热温度。

（1）快速加热的淬火加热温度比一般炉内的淬火加热温度高。如45钢一般炉内淬火加热温度是820～840℃，而高频感应加热可提高到880～920℃或更高。

（2）根据后序工艺要求确定淬火加热温度。碳钢和低合金钢油淬比水淬的加热温度可高些，分级或等温淬火的加热温度比普通淬火高；为了减少淬火畸变和开裂倾向，形状复杂的工件可适当降低淬火加热温度；为了提高淬透性差的钢制工件的表面硬度和硬化层深度，可适当提高淬火加热温度。

（3）根据组织和性能要求确定淬火加热温度。

1）W18Cr4V高速钢刃具的淬火加热温度是1260～1310℃，当用作冷变形模具时，为了提高韧性，减少模具折断和崩刃，淬火加热温度比刃具热处理温度低80～100℃。

2）高碳钢工模具采用低温短时加热淬火，可降低奥氏体碳含量，淬火后获得较多板条马氏体，从而提高钢的强韧性，延长模具的使用寿命。

3）亚共析钢有时在略低于 Ac_3 的温度下加热，淬火后得到细小分散的未溶铁素体+马氏体，从而提高钢的韧性，降低脆性转变温度，消除回火脆性。

2.2.3.2 加热时间

加热时间包括升温时间和保温时间。加热时间取决于工件成分、原始组织、形状、尺寸、加热方式、加热介质、炉子功率及装炉方式等。多数研究资料表明，按传统的经验公式计算的加热时间偏于保守。为减少氧化脱碳及降低能耗，根据实际情况适当缩短加热时间是有意义的。

2.2.3.3 加热速度

大多数工件常采用快的加热速度，以提高生产率。但是提高加热速度，加热时的应力会随之增大。为了防止形状复杂的高合金钢工件和大截面工件加热时畸变开裂，可采用低温入炉、随炉升温的方式或进行预热。

2.2.4 加热缺陷及其控制

2.2.4.1 过热

1. 一般过热　加热温度过高或在高温下保温时间过长，引起奥氏体晶粒粗化称为过热。粗大的奥氏体晶粒可导致钢的强韧性降低，脆性转变温度升高，增大淬火时的畸变和开裂倾向。

引起过热的原因是炉温仪表失控或混料（如误把高碳钢当做低、中碳钢进行淬火加热）。过热组织经退火、正火或多次高温回火后，再在正常加热条件下重新奥氏体化，可使晶粒细化。

2. 断口遗传 具有过热组织的钢材重新加热淬火后，虽然能使奥氏体晶粒细化，但有时仍出现粗大颗粒状断口。产生断口遗传的原因一般认为是因加热温度过高，使 MnS 之类的夹杂物溶入奥氏体并富集于晶界，冷却时这些夹杂物又沿晶界析出。重新加热也不能改变这种分布状况，受冲击时仍沿原粗大奥氏体晶界断裂。

3. 粗大组织遗传性 具有粗大马氏体、贝氏体、魏氏组织的钢材重新奥氏体化时，以慢速加热至常规的淬火加热温度，甚至低于正常加热温度，其奥氏体晶粒仍然是粗大的，这种现象称为组织遗传性。为了消除粗大组织的遗传性，可采用中间退火或多次高温回火。

2.2.4.2 过烧

加热温度过高，不仅引起奥氏体晶粒粗化，而且晶界局部出现氧化或熔化，导致晶界弱化，称为过烧。钢过烧后性能严重恶化，淬火时形成龟裂。过烧组织无法挽救，只能判废。

2.2.4.3 脱碳和氧化

钢在加热时，表层的碳与介质中的氧、氢、二氧化碳及水蒸气等发生反应，降低了表层碳浓度，称为脱碳。脱碳钢淬火后，表面硬度、疲劳强度、耐磨性降低，而且因表面产生残余拉应力，易形成网状裂纹。

加热时，钢表层中的铁及合金元素与介质中的氧、二氧化碳、水蒸气发生反应形成氧化膜的现象称为氧化。工件在高温（大于570℃）氧化后尺寸精度和表面光亮度恶化，具有氧化膜的淬透性差的钢易出现淬火软点。

防止和减少氧化脱碳的措施见表 2-14。

表 2-14 防止和减少氧化脱碳的措施

加热介质	防止与减少措施
空气	1)工件埋入硅砂＋铸铁屑＋木炭粉装箱加热 2)涂保护涂料 3)用不锈钢箔包装密封加热
盐浴	1)严格脱氧,定期捞渣 2)中性盐添加含碳的活性组分,如木炭粉、CaC_2 · SiC 等 3)使用长效盐
保护气氛	1)使用深度净化的惰性气体,使 $\varphi(O_2) \leq 10 \times 10^{-4}\%$,露点 < -50℃ 2)控制气氛碳势,使碳势接近或等于钢的碳含量
火焰燃烧产物	调节燃烧比,使炉气呈还原性

2.2.4.4 氢脆

高强度钢在富氢气氛中加热时出现塑性和韧性降低的现象称为氢脆。采用真空、低氢气氛或惰性气氛加热可避免氢脆。出现氢脆的工件通过除氢处理（如回火、时效，或专门的除氢处理加热），也能消除氢脆。

2.3 正火与退火质量控制

2.3.1 加热设备

(1) 根据 GB/T 16923—2008 的要求，在正常装炉情况下，有效加热区内保温精度的最大偏差一般为 ±25℃，但球化退火的保温精度允许最大偏差是 ±15℃，再结晶退火是 ±20℃，去氢退火是 ±30℃，均匀化退火可达 ±35℃。

(2) 高碳钢和高碳合金钢退火加热时，为了减少脱碳层深度，可采用保护气氛加热炉、真空炉或装箱保护，也可采用保护涂料。

(3) 工件退火随炉冷却过程中，应尽量保证各部位冷却速度一致。

2.3.2 工件装炉

工件装炉时必须放置在有效加热区内，装炉量、装炉方式及堆放形式应保证工件均匀加热和冷却，避免装炉量过大或乱扔乱放。

2.3.3 冷却速度控制

(1) 正火冷却一般在静止的空气中进行，某些尺寸较大的过共析钢（为消除二次网状碳化物）、铸铁（为增加珠光体量）和渗碳钢（为改善切削加工性能和消除带状组织），可采用风冷或喷雾冷却，甚至水冷。

(2) 退火件一般随炉冷至550℃出炉空冷，要求残余应力小的工件，随炉冷至350℃出炉空冷。

2.3.4 质量检验

1. 外观 正火、退火后，工件表面不能有裂纹及伤痕等缺陷。

2. 硬度 正火、退火后若硬度不均（组织不均）将影响切削加工性能和最终热处理质量，因此表面硬度的误差范围应符合表 2-15 的规定。

3. 畸变 畸变量应控制在不影响后续的机械加工和使用的范围内，弯曲畸变量不应超过表 2-16 的规定。

4. 金相检验

表 2-15　正火、退火后硬度偏差的允许值（GB/T 16923—2008）

工件品质等级	单件				同批			
	HBW	HV	HRB	HS	HBW	HV	HRB	HS
1	20	20	5	3	25	25	6	4
2	25	25	6	4	35	35	7	5
3	30	30	7	5	45	45	9	6
4	40	40	8	6	55	55	11	7

注：1. HBW、HV、HRB 及 HS 等数值是使用不同硬度试验机的实测值，表中各种硬度值之间没有直接换算关系。
2. “同批”系指采用同炉号材料，用周期式炉一炉处理的一批工件；用连续炉在同一工艺条件下同作业班次处理的一批工件。
3. 硬度测量部位应在工件上处理条件大致相同的范围内选取。

（1）结构钢正火后的金相组织一般应为均匀分布的铁素体＋片状珠光体。晶粒度为 5～8 级，大型铸锻件为 4～8 级。

（2）碳素工具钢退火后的组织应为球化体，根据球化率分为 10 级。其中 4～6 级合格，组织中多为球径在 1μm 以上的球化体（球状及小球状珠光体）；1～3 级是细片状和点状珠光体；7～10 级组织中有粗片状珠光体（详见 GB/T 1298—2008《碳素工具钢》）。

表 2-16　正火、退火弯曲畸变量允许最大值　（单位：mm）

工艺类型	每米允许弯曲的最大值	
	类别	
	1类	2类
正火	0.5	5
完全退火	0.5	5
不完全退火	0.5	5
等温退火	0.5	5
球化退火	0.2	3
去应力退火	0.3	4

注：1. 1 类为工件原样使用，或者只进行磨削或部分磨削加工；2 类为难以矫正的或随后进行切削或部分进行切削加工的工件。
2. 表中允许弯曲的最大值系工件经校正后的值。

（3）低合金工具钢和轴承钢球化退火后正常组织为均匀分布的球化体，若组织中有点状和细片状珠光体或分布不均的粗大球化体及粗片状珠光体，都是不正常组织（详见 GB/T 1299—2000《合金工具钢》）。

（4）低、中碳钢的球化体根据球化率分为 6 级，1 级球化率为零，6 级球化率是 100%。对于冷镦、冷挤压及冷弯加工的中碳钢和中碳合金结构钢，形变量≤80% 时 4～6 级合格；形变量＞80% 时 5～6 级合格。组织中的球化体使钢材塑性变好，冷镦时不易开裂。相反，用于自动机床加工的钢材，塑性太好，切削时易粘刀，不易断屑，对切削加工性能不利。因此易切削结构钢组织为 1～4 级合格，低、中碳结构钢及低、中碳合金结构钢组织为 1～3 级合格（JB/T 5074—2007《低、中碳钢球化体评级》）。

（5）脱碳层的深度一般不超过毛坯或工件单面加工余量的 1/3 或 2/3。

2.3.5　正火与退火缺陷及其控制

1. 硬度过高　常在 $w(C)>0.45\%$ 的中、高碳钢中出现硬度过高现象，产生原因主要有：

（1）冷却速度快或等温温度低，组织中珠光体片间距变小，碳化物弥散度增大或球化不完全。

（2）某些高合金钢等温退火时等温时间不足，随后冷至室温的速度又快，发生部分贝氏体或马氏体转变，使硬度升高。

（3）装炉量过大，炉温不均匀。

重新退火，严格控制工艺参数，可消除硬度过高缺陷。

2. 球化不完全　共析钢和过共析钢球化退火组织中有片状珠光体，称为球化不完全。

（1）细片状珠光体＋点状珠光体。产生原因是退火温度偏低或保温时间不足，原始组织中细片状珠光体溶解不完全，或等温温度低、冷却速度快，碳化物弥散度大。

（2）粗片状珠光体＋球状珠光体。产生原因是退火温度高或保温时间过长，未溶碳化物少，且冷却速度缓慢，或等温温度偏高。

重新球化退火可以补救球化不完全缺陷。

3. 球化不均　过共析钢球化退火后有时存在粗大的碳化物，出现碳化物不均匀现象。其原因是球化退火前未消除的网状碳化物在球化退火时发生熔断、聚集。

球化退火前通过正火消除网状碳化物可使该缺陷消除。

4. 过共析钢正火后出现网状碳化物　过共析钢正火冷却速度不够快时，碳化物呈网状或断续网状分布在奥氏体晶界。这种缺陷多发生在截面尺寸较大的工件中，消除的方法是加快冷却速度，如采用鼓风冷却、喷淋水冷等。

5. 粗大魏氏组织　加热温度过高、奥氏体晶粒粗大、冷速又较快的中碳钢中常出现粗大魏氏组织，其铁素体呈片状按羽毛或三角形分布在原奥氏体晶粒内。可通过完全退火或重新正火，使晶粒细化加以消除。

6. 反常组织　先共析铁素体晶界上出现粗大的渗碳体或在先共析渗碳体周围出现宽铁素体条。氧含量较高的沸腾钢在 Ar_1 附近冷速过低或在 Ar_1 以下长期保温会出现这种组织。可通过重新退火消除。

7. 退火石墨　碳素工具钢和低合金工具钢，如果退火加热温度过高、保温时间过长，或者多次返修退火，组织中就会出现石墨碳，并在其周围形成铁素体。具有石墨碳的退火工件韧性低，断口呈灰黑色，又称黑脆；工件淬火时易形成软点，造成工模具崩刃或早期磨损。这种缺陷一般可作报废处理，也可通过均匀化退火 + 重新正常退火挽救。

8. 带状组织　亚共析钢中的铁素体和珠光体呈带状交替分布。锻压或轧制时，枝晶偏析沿变形方向呈条状或带状分布。正火冷却过程中，由于冷却速度较慢，先在这些部位形成铁素体，碳被排挤到枝干形成珠光体。加快正火冷却速度，可减轻带状组织。

2.4　淬火与回火质量控制

2.4.1　加热设备

(1) 为保证淬火、回火工件组织和性能的均匀性，必须对加热设备有效加热区内的保温精度正确选择和控制（表 2-17）。

表 2-17　淬火、回火加热设备有效加热区内温度偏差

序号	允许温度偏差/℃	适用范围
1	±10	特殊重要件
2	±15	重要件
3	±20	一般件

(2) 为了减少氧化脱碳，应在保护气氛或真空炉内加热，在普通空气炉内加热时应采用保护涂料或装箱保护。

2.4.2　淬火冷却介质及淬火槽

2.4.2.1　淬火冷却介质

(1) 按表 2-18 ~ 表 2-22 中的淬火冷却介质技术要求和冷却性能，正确地选用各类淬火冷却介质。

表 2-18　常用淬火冷却介质一般技术要求及应用范围（JB/T 6955—2008）

淬火冷却介质		一般技术要求	使用条件	应用范围
水及水溶液	水	清洁、流动	水温 20 ~ 40℃；或循环、或搅拌	碳素结构钢、碳素工具钢、低合金结构钢、铝合金、铜合金、钛合金
	无机盐水溶液	按要求选择浓度；常用浓度（5% ~ 15%）；高浓度（≥20%、饱和浓度）；pH 值 6.5 ~ 13	液温 20 ~ 45℃；或循环、或搅拌	碳素结构钢、低合金结构钢、碳素工具钢
	聚合物水溶液	按专用产品技术条件及要求选择浓度；低浓度、中等浓度、高浓度；pH 值 8 ~ 12（或按专门规定）	液温 20 ~ 50℃；或循环、或搅拌	碳素结构钢、合金结构钢、轴承钢、弹簧钢、碳素工具钢、合金工具钢、铝合金、球墨铸铁、灰铸铁
淬火油	L-AN 全损耗系统用油	按 GB 443 技术条件	最高使用油温应低于闪点 80℃；常规油温 20 ~ 80℃；热油油温 > 80℃；或循环、或搅拌	碳素工具钢、合金结构钢、合金工具钢、轴承钢、弹簧钢、高速钢
	专用淬火油	按工艺要求选择不同淬火油（快速、光亮、等温、真空及回火油）；技术条件按生产厂企业标准		
热浴	盐浴	按要求浴温选择配方；硝盐浴氯离子≤0.3%；硫酸根≤0.5%；pH 值 6.5 ~ 8.5	使用温度允许波动范围 ±10℃	碳含量≥0.45%（质量分数）碳素结构钢、碳素工具钢、合金结构钢、合金工具钢、高速钢
	碱浴	按要求选择配方；碳酸根≤4%	使用温度允许波动范围 ±10℃	

表2-19　不同温度下的自来水、静止及搅拌时的冷却特性（JB/T 6955—2008）

淬火冷却介质	液温/℃	状态	冷却特性		
			最大冷速所在温度/℃	最大冷却速度/(℃/s)	300℃冷却速度/(℃/s)
自来水	10	静止	669	253	83.0
	30	静止	614	218	83.0
	30	搅拌	660	236	91.2
	50	静止	584	172	83.0
	70	静止	450	122	76.8

表2-20　30℃的无机盐水溶液静止时的冷却特性（JB/T 6955—2008）

淬火冷却介质	浓度(%)	密度/(g/cm³)	冷却特性		
			最大冷速所在温度/℃	最大冷却速度/(℃/s)	300℃冷却速度/(℃/s)
氯化钠水溶液	5	1.0311	714	266	96.0
	10	1.0744	720	272	93.0
	20	1.1477	678	178	88.6
	30	1.1999	650	146	81.5
氯化钙水溶液	5	1.0399	692	247	90.2
	10	1.0818	691	243	88.1
	20	1.1838	671	241	84.2
	40	1.3299	661	233	78.3
碳酸钠水溶液	5	1.0232	699	262	86.5
	10	1.0421	699	245	87.2
	20	1.0818	664	210	85.3
氢氧化钠水溶液	5	1.0529	693	286	91.8
	10	1.1144	703	291	95.7
	15	1.2255	690	297	86.5
	20	1.3277	685	277	84.3
复合盐类淬火冷却介质	3	1.0261	638	239	94.2
	6	1.0502	660	260	96.3
	10	1.0853	669	264	95.3

表2-21　30℃的聚合物水溶液，静止时的冷却特性（JB/T 6955—2008）

淬火冷却介质	浓度(%)	液温/℃	冷却特性		
			最大冷速所在温度/℃	最大冷却速度/(℃/s)	300℃冷却速度/(℃/s)
聚丙烯酸钠水溶液	5	30	343	93	84.0
	10		291	66	64.6
	15		257	56	41.4
	20		271	52	48.1
聚乙烯醇水溶液	0.1	30	623	200	82.6
	0.3		549	159	55.2
	0.5		506	135	43.0
	0.8		472	102	33.2
PAG聚合物水溶液	5	30	705	179	80.5
	8		700	170	68.1
	10		731	165	58.6
	12		710	158	47.4
	15		707	153	43.7
	20		710	145	39.5

表2-22　油在不同温度静止时的冷却性能（JB/T 6955—2008）

淬火冷却介质	油温/℃	冷却特性		
		最大冷速所在温度/℃	最大冷速/(℃/s)	特性温度/℃
L-AN32全损耗系统用油	40	526	49	580
	60	535	53	590
	80	532	52	586
L-AN15全损耗系统用油	40	510	57	576
	60	511	58	578
	80	518	56	570
L-AN15+8%冷速调整添加剂	80	597	99	695
L-AN15+10%冷速调整添加剂		605	101	702
快速光亮淬火油	40	606	99	702
	60	598	100	702
	80	591	99	702
快速淬火油	40	608	100	700
	60	610	103	702
	80	609	102	700
快速等温(分级)淬火油(1号)	80	613	90	705
	100	623	92	705
	120	609	89	705
	140	608	88	702
	160	610	88	700
等温(分级)淬火油(2号)	100	656	78	710
	120	664	81	710
	140	658	80	710
快速真空淬火油(1号)	40	590	94	700
	60	595	96	700
	80	592	95	700
真空淬火油(2号)	40	554	76	660
	60	560	79	660
	80	562	78	660

（2）淬火冷却介质不应对热处理工件产生严重腐蚀。

（3）水槽中的水、水溶液不应含有过量有害物质。

（4）油槽中的淬火油混入少量水是极其有害的，会造成淬火软点或畸变。其水含量应小于0.05%（质量分数）。

（5）将淬火冷却介质搅拌均匀后，从淬火槽有代表性的部位或中心部位取适量介质进行分析，分析项目及分析周期见表2-23。经分析不符合技术要求时，应适当调整，甚至更换。

（6）淬火冷却介质使用温度范围不得超过表2-24的规定。

表2-23　淬火冷却介质分析项目及分析周期（JB/T 6955—2008）

淬火冷却介质	分析项目	分析方法	周　期
水溶液	主要组成物含量、浓度、密度、粘度、pH值	JB/T 4392—2011	连续使用每周一次
油	粘度(或粘度比)、残碳、增加值、水分、冷却性能	GB 443—1989 JB/T 7951—2004	连续使用三个月一次
盐浴、碱浴	氯离子、碳酸根、硫酸根、水及不溶物含量、pH值、成分比例变化	JB/T 9202—2004 GB 209—2006 GB 210.1—2004 GB/T 1919—2000	每一个月一次

注：1. 分析项目允许根据淬火冷却介质具体情况选择或增设内容。
2. 分析周期允许根据实际生产情况延长或缩短。

表 2-24 淬火冷却介质使用温度范围

淬火冷却设备	淬火冷却介质使用温度范围/℃	适用工件类别
水及水溶液槽	设定温度 ±10	1,2,3,4
	设定温度 ±15	3,4
油槽	设定温度 ±20	1,2,3,4
	设定温度 ±30	3,4
热浴槽	贝氏体等温淬火用,设定温度 ±10	1,2
	马氏体分级淬火用,设定温度 ±20	1,2
惰性或中性气体	—	—

注：1. 表中的设定温度指淬火冷却介质使用温度范围的中间值。
2. 工件类别中：1—表面硬度等要求严格；
2—表面硬度等要求较严；
3—表面硬度等要求中等；
4—表面硬度等要求较宽。

2.4.2.2 淬火槽

（1）淬火槽应保证工件表面各部位冷却均匀，一般应有循环搅拌和冷却装置。

（2）淬火槽的容积应适应持续淬火和工件在槽中移动的需要。

（3）应及时清除淬火槽中的悬浮物及沉积物。

（4）淬火槽应有槽盖，停用时加盖保护。油槽要定期清理。

（5）淬火槽应装备分辨力不大于 5℃ 的测温仪表。

2.4.3 淬火操作

2.4.3.1 工件浸入淬火冷却介质应遵循的原则

（1）工件浸入淬火冷却介质前在空气中预冷可以减少畸变，预冷时间 $t=12+(3\sim4)d$，d 是危险截面厚度（mm），t 的单位为 s。

（2）工件在淬火冷却介质中应根据其形状，沿不同方向作适当移动，以提高介质的冷却速度和减少工件畸变。

（3）轴类和圆筒形工件从加热炉中取出后应预冷片刻再垂直浸入淬火槽。

（4）圆盘形和薄板形工件，应使其轴向与液面平行浸入介质。

（5）有凹面和不通孔的工件，凹面及不通孔开口向上浸入介质，以利排除蒸汽。

2.4.3.2 单介质淬火

工件在水中淬火冷至室温的时间一般是 0.2～0.3s/mm，大型轴类工件为 1.5～2s/mm，在油中冷却一般工件是 9～13s/mm。

2.4.3.3 双介质淬火

工件在水-油双介质淬火时，在水中停留时间（s）：$t=KD$，式中的 D 为工件最易开裂处的厚度，K 为常数（表 2-25）。

表 2-25 水-油双介质淬火水冷系数 K

厚度 D/mm	<25	$25\leqslant D<30$
系数 K/(s/mm)	0.2～0.3	0.5～0.6
厚度 D/mm	$30\leqslant D<60$	≥60
系数 K/(s/mm)	0.7～0.8	0.8～1.0

2.4.3.4 分级淬火

分级淬火时钢的临界直径比水淬和油淬都小。分级淬火适用于碳钢和低合金钢小型工件（碳钢小于 15mm，合金钢小于 30mm）。工件尺寸大时，由于分级冷却速度缓慢，将得到非马氏体组织。

2.4.3.5 贝氏体等温淬火

（1）等温淬火适用于合金钢及 w(C)>0.6% 的碳钢的小截面工件。

（2）严格控制等温槽温度，防止大批工件浸入槽内引起槽液温度上升。

（3）为了提高等温槽的冷却速度，等温槽中水含量可控制在 0.2%～0.4%（质量分数），高者可达 1%～2%（质量分数）。

2.4.3.6 冷处理

（1）工件淬火后未冷至室温前不得放入冷处理装置中，以免开裂。

（2）工件不宜直接放入低温冷却液（干冰＋酒精），应先放入充有空气的低温箱，使之冷透后再投入冷室。

（3）工件放入冷处理装置，在仪表指示到预定低温后，应保持 1.5～2h。

（4）当工件从冷室取出后空冷时，空气中的水会在表面结霜，应立即擦干并涂以防锈油，以防生锈。

（5）为了消除冷处理过程中产生的内应力，工件深冷处理后应进行低温回火。

（6）一般钢冷处理前不回火，高速钢可在回火一次后进行冷处理。

2.4.3.7 锻造余热淬火

1. 锻造形变量　常用钢种在一般工艺条件下，最佳形变量可控制在 25%～40%。形变量过高，会因形变热增高，引起再结晶晶粒长大。形变量过低，高温加热时的粗大晶粒变得粗细不规整，不利于钢的强韧性提高。

2. 锻后停留时间 碳钢高温形变后至淬火前停留时间不大于 60s，合金钢控制在 20～90s。高温形变后要经过切边、精整等工序，如果在锻造后至淬火前这段时间内停留时间过长，会引起奥氏体晶粒粗化，或自奥氏体中析出第二相，其强韧性反而低于正常淬火＋回火组织性能。

3. 淬火冷却 由于锻造余热淬火温度比普通淬火加热温度高得多，故能显著提高硬化层深度。碳钢和合金钢一般工件可采用油冷（对防止淬火开裂有利）。如果工件尺寸较大或终锻温度较低，可采用冷却速度较快的淬火冷却介质。

2.4.4 回火操作

（1）淬火后的工件应及时回火，通常室温停留时间不超过 4h。

（2）回火一般是空冷，对具有第二类回火脆性的钢种，在回火脆性温度范围内回火时，应采用油冷或水冷。

（3）大型热锻模多采用带温回火，即当锻模冷至 150℃左右时由淬火槽移入已加热到回火温度的炉中回火。

（4）局部加热淬火的小型工件也可采用自回火，回火温度与回火色的对应关系见表 2-26。

表 2-26 回火温度与回火色

回火温度/℃	220	240	255	265
回火色	亮黄	草黄	棕黄	棕红
回火温度/℃	275	285	295	≥325
回火色	紫红	靛青	深蓝	灰色

2.4.5 淬火、回火后的附属工序

（1）工件校直时所产生的残余应力，应不影响以后的机械加工和使用性能。必要时可进行去应力处理。

（2）清洗和清理时，不应对工件产生有害影响。

（3）有温度要求的清理和清洗设备，应配备分辨力不大于 5℃的测温仪表。

2.4.6 质量检验

1. 外观检查 工件表面不允许有裂纹和有害的伤痕（必要时可用磁粉检测或其他无损检测方法检测）。锻造余热淬火工件，表面不能有折叠等缺陷。

2. 表面硬度 硬度必须满足技术要求，表面硬度的误差范围，根据不同类型的工件，不能超过表 2-27的规定。

表 2-27 淬、回火件的表面硬度误差范围

淬、回火件硬度要求范围	表面硬度误差范围 HRC					
	单件			同一批件		
	<35	35～50	>50	<35	35～50	>50
特殊重要件	3	3	3	5	5	5
重要件	4	4	4	7	6	6
一般件	6	5	5	9	7	7

3. 金相组织

（1）中碳钢和中碳合金结构钢淬火后一般应得到马氏体。奥氏体化温度不同，马氏体的形态和大小也不一样，一般分为 8 级。1 级属于奥氏体化温度偏低，淬火组织是隐晶马氏体＋细针状马氏体和不大于5%（体积分数）的铁素体。而 8 级则属于过热组织，是粗大的板条马氏体＋针片状马氏体。正常淬火时控制在 2～4 级，其组织为细小的板条马氏体＋针片状马氏体。

（2）高碳工具钢和高碳低合金工具钢（包括轴承钢）正常淬火组织是均匀分布的未溶碳化物＋隐晶马氏体（或少量细针片状马氏体）。若马氏体粗大、残留奥氏体量多、未溶碳化物减少，则属于过热组织。

（3）高速钢淬火通常以晶粒度来控制淬火质量，如钨系高速钢一般刀具为 9～10 级晶粒度，形状简单及要求热硬性高的刀具可控制在 8～9 级，微型刀具是 11 级。若晶粒粗大，且有角状或网状碳化物，则属于过热组织。

4. 畸变 淬火后回火的畸变允许值不得超过表 2-28 的规定。

表 2-28 淬、回火件允许弯曲的最大值

（单位：mm）

类型	每米允许弯曲的最大值	备注
1 类	0.5	以成品为主
2 类	5	以毛坯为主
3 类	不要求	成品或毛坯

注：1. 1 类为成品原样使用，或者只进行研磨或进行部分磨削；2 类为毛坯进行切削加工或部分切削加工；3 类为除 1 类和 2 类以外的工件。

2. 表中允许弯曲的最大值系指淬、回火件经矫正后的值。

2.4.7 淬火、回火质量缺陷及其控制

2.4.7.1 淬火畸变

1. 淬火畸变类型及其形成原因

(1) 体积变化。热处理前后各种组织比体积不同是引起体积变化的主要原因。由马氏体——→贝氏体——→珠光体——→奥氏体的比体积依次减小。原始组织为珠光体的工件淬火转变为马氏体，体积胀大。若组织有大量的残留奥氏体，有可能使体积缩小。只有精度要求特别高的工件才考虑体积均匀胀大引起的体积尺寸变化。

(2) 形状畸变。工件各部位相对位置或尺寸发生改变，如板杆件弯曲、内孔胀缩、孔间距变化等统称形状畸变。

引起形状畸变的原因主要有以下几方面：

1) 加热温度不均，形成的热应力引起畸变，或工件在炉中放置不合理，在高温下常因自重产生蠕变畸变。

2) 加热时，随加热温度升高，钢的屈服强度降低，已存在于工件内部的残余应力（冷变形应力、焊接应力、机加工应力等）达到高温下的屈服强度时，就会引起工件不均匀塑性变形，因而造成形状畸变和残余应力松弛。

3) 淬火冷却时的不同时性形成的热应力和组织应力使工件局部塑性变形。

2. 畸变倾向　几种常见的形状复杂工件的淬火畸变倾向列于表 2-29。

表 2-29　几种常见形状复杂工件淬火畸变倾向

工件形状	畸变倾向	说明	减小措施	备注
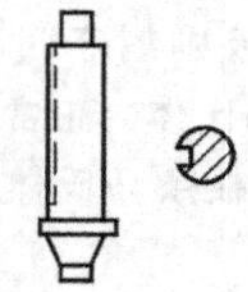	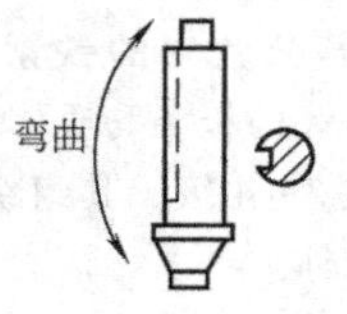 弯曲	凸向冷速快的一侧		50 钢 820℃水淬
	弯曲	凸向冷速快的一侧		T10 钢 800℃水淬
	弯曲　弯曲	凸向冷速快的一侧	1)力求工件各面冷却均匀 2)槽口用石棉绳堵塞后淬火 3)厚大部分向下倾斜淬火 4)厚大部分或冷速较慢部分迎向水面摆动淬火 5)校直	T10 钢 800℃水淬
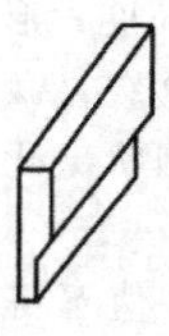	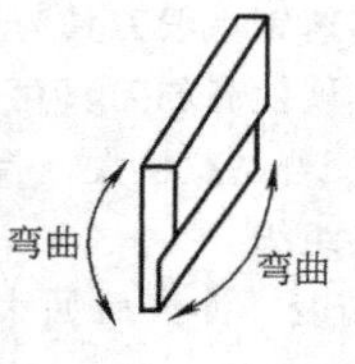 β^+　弯曲　弯曲	β 角增大(+)平面易凹，向外凸起		50 钢 820℃水淬
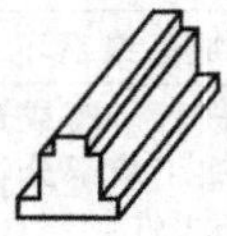	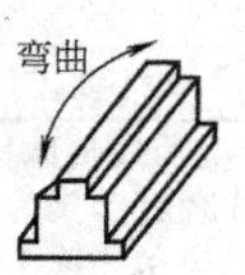 弯曲	凸向冷速快的一侧		CrWMn 钢 820℃油淬，Cr12Mo 钢 1000℃油淬
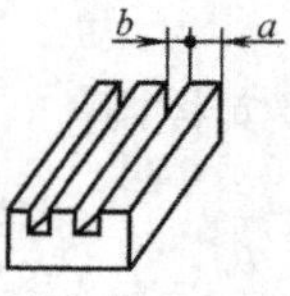 b　a	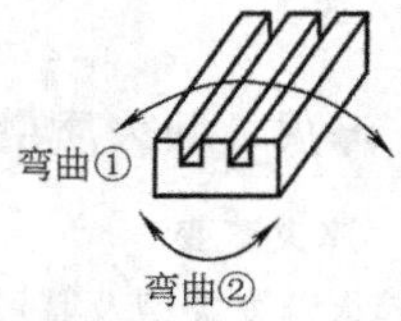 弯曲①　弯曲②	当 $a \leqslant b$ 时，槽口 b 胀大(+)，如①凸向上；当 $a > b$ 时，槽口 b 缩小(－)，如②凸向下		CrMn 钢 860℃油淬

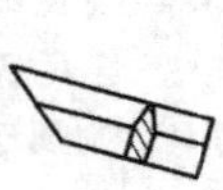

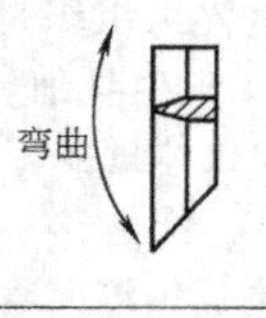

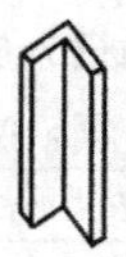

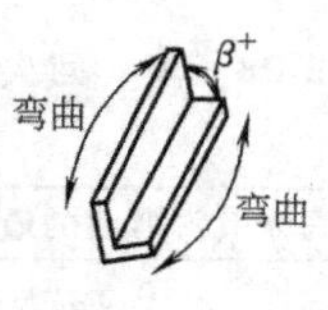

（续）

工件形状	畸变倾向	说　明	减小措施	备　注
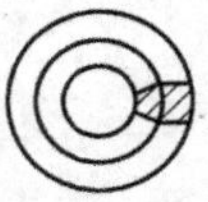	中孔缩小	中孔壁较厚，但较外缘薄	1）加速内孔冷却 2）内孔淋水预冷后淬火 3）内孔局部喷水淬火	
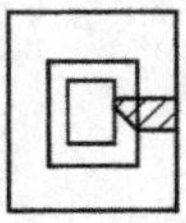	中孔收缩较大	中孔壁很薄		
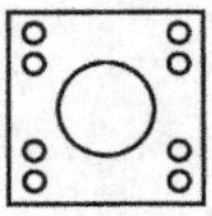	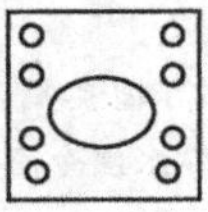	中孔成椭圆	1）销孔用石棉绳堵死 2）易胀大处外周包以石棉绳 3）内孔局部淋水预冷淬火 4）用较低加热温度	
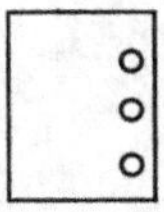	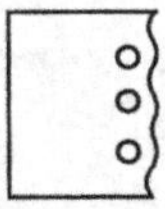	沿孔壁薄处凸出		
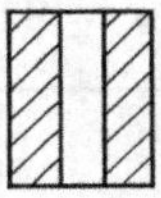	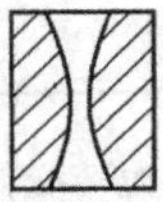	中孔成喇叭形	中孔喷水淬火	
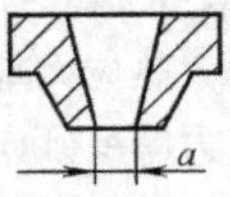	a 缩小（－）	中孔 a 处缩小		
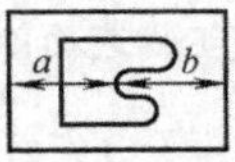	a^- 缩，b^+ 涨	凡模孔突出部分趋向胀大，型腔收缩		
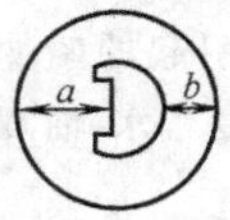	a^+，b^-	凡模孔突出部分趋向胀大，型腔收缩		
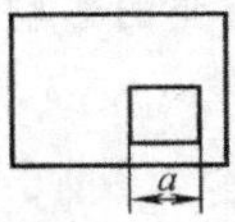	a^+	薄壁、薄边易胀大	1）包扎石棉绳淬火 2）薄壁局部淋水预冷淬火	
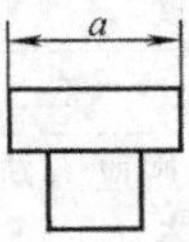	a^+	a 面凸起		
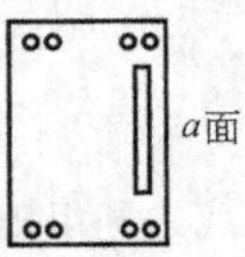	a^-	a 面凹入成凹面	长方槽孔堵石棉绳淬火 长方槽孔局部及 a 面淋水预冷淬火	
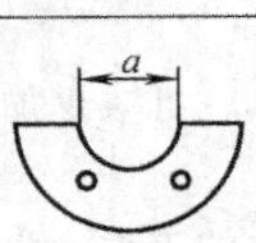	a^+	槽口胀大		

（续）

工件形状	畸变倾向	说明	减小措施	备注
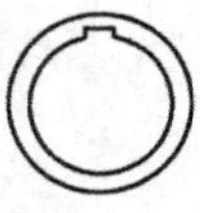	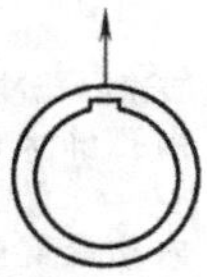	薄壁处凸出		
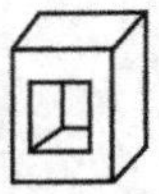	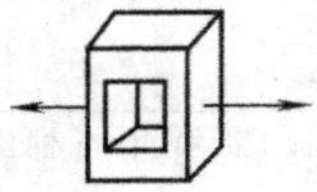	薄壁处凸出	长方槽孔堵石棉绳淬火 长方槽孔局部及 *a* 面淋水预冷淬火	
	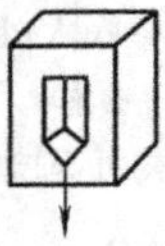	薄壁处凸出		
		槽底凹入		

3. 影响畸变的因素

（1）钢的淬透性。淬透性高的钢，组织应力畸变倾向增大；淬透性低的钢，热应力畸变倾向增大。

（2）工件截面尺寸。工件不能淬透时，截面尺寸越大，淬硬层越浅，热应力畸变倾向越大。

（3）*Ms* 温度。*Ms* 温度越高，组织应力引起的畸变倾向越大。

（4）钢的碳含量。

1）低碳钢的 *Ms* 温度虽然高，但低碳马氏体的比体积小，组织应力小，一般以热应力畸变为主。

2）中碳钢 *Ms* 温度较高，马氏体的比体积也较大，通常表现为组织应力畸变为主。

3）高碳钢虽然马氏体的比体积大，但 *Ms* 温度低，因此热应力畸变倾向大。

（5）合金元素。含碳量不同的合金钢，合金元素对畸变的影响不同，低碳合金钢增大热应力畸变倾向，中碳合金钢比中碳碳素钢组织应力畸变倾向大。

（6）冷却不均匀性。杆、板、轴类工件由于形状不对称或淬入介质的方式不同，使工件表面冷却速度不一致产生弯曲畸变。

（7）冷却方法与淬火冷却介质。

1）*Ms* 以上慢冷能减少热应力引起的畸变，*Ms* 以下慢冷能减少组织应力引起的畸变。水-油双介质淬火，热应力畸变是主要的。

2）碱浴和硝盐分级淬火对畸变的影响见表2-30。

表 2-30　碱浴或硝盐分级淬火对畸变的影响

停留时间		碱浴或硝盐中含水量		分级温度	
长	短	多	少	高	低
组织应力畸变倾向大	热应力畸变倾向大	热应力畸变倾向大	组织应力畸变倾向大	组织应力畸变倾向大	热应力畸变倾向大

3）等温淬火时组织转变在恒温下发生，且贝氏体比体积比马氏体小，因此组织应力畸变倾向小。

（8）淬火加热温度。淬火加热温度高，冷却速度快，热应力和组织应力畸变都有增大趋势。

（9）碳化物偏析。严重的碳化物偏析使平行于碳化物带方向的孔腔胀大，垂直碳化物带方向的孔腔缩小。

4. 减少淬火畸变的途径和方法

（1）采用合理的热处理工艺。

1）降低淬火加热温度对减少热应力和组织应力畸变都有作用。

2）缓慢加热或对工件进行预热，可减少加热过程中的热畸变。

3）静止加热法。极细长和极薄的工件，为了减少盐浴磁搅拌对工件的冲击作用，可采用断电加热。

4）截面尺寸较小的工件，如果对心部强度要求不高，采用快速加热，对控制畸变也有一定作用。

5）合理捆扎和吊挂工件（图 2-3 和图 2-4）。

6）根据工件的形状采用合理的淬入方式（图 2-5）。

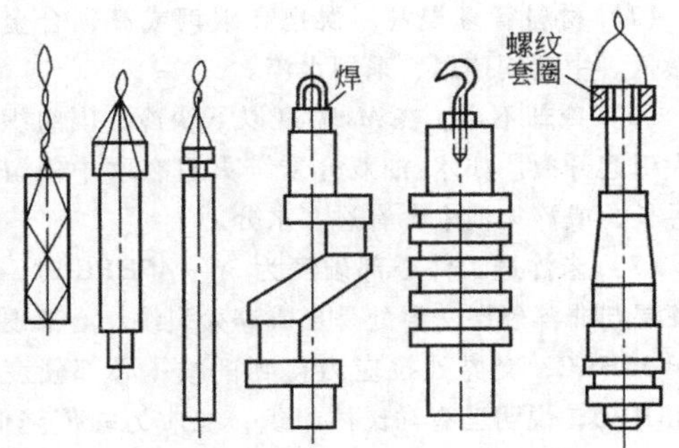

图 2-3　轴类工件吊挂方式

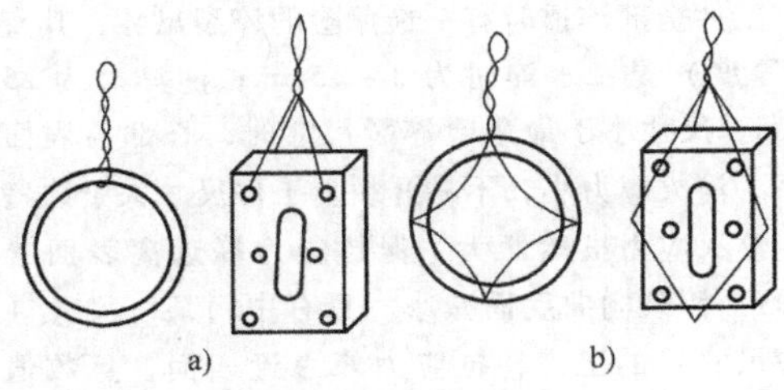

图 2-4　合理捆扎方法

a）不正确扎法　b）正确扎法

7）采用分级淬火或等温淬火。

8）根据工件的形状特点及其变形规律，在淬火前人为地使工件反向预变形，使之与淬火后的畸变相抵消。

（2）合理设计。

1）工件形状力求对称，避免截面相差悬殊，从而减少因冷却不均引起的畸变。

2）易畸变的槽形工件或开口工件，为了减少槽口的胀大或缩小，淬火前使其成为封闭结构，淬火后再切开。图 2-6 所示为一槽形工件示意图。原来淬火后畸变很大，经加肋（图中阴影部分），使畸变得到控制。淬火后再将肋切掉。

3）布设工艺孔。图 2-7 所示为一不规则凹槽。为了减少 *S* 处型腔缩小，增加工艺孔 *A*。

4）复杂件采用组合结构，即将一个复杂工件分解成几个简单部分，分别实施微畸变淬火后，再组装起来。

5）正确选用钢材，如对精度高、允许热处理畸变小的工模具可选用微畸变钢，高精度塑料模具也可选用预硬钢。

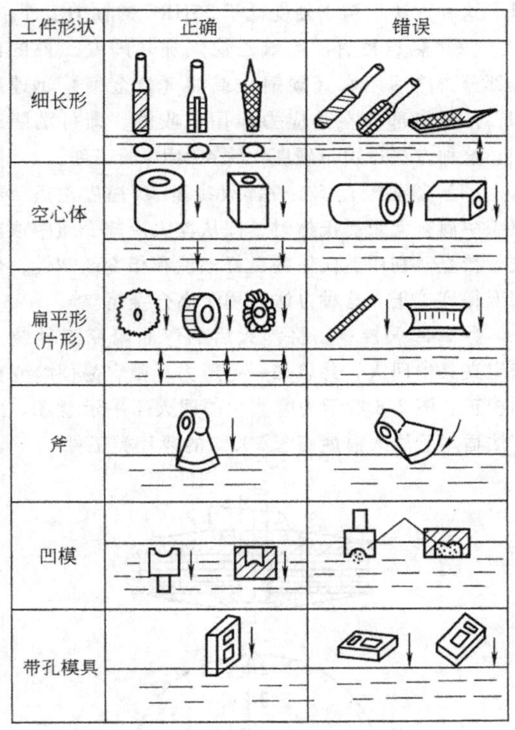

图 2-5　不同形状工件的淬入方式

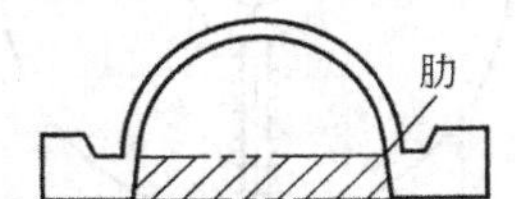

图 2-6　槽形工件加肋控制畸变

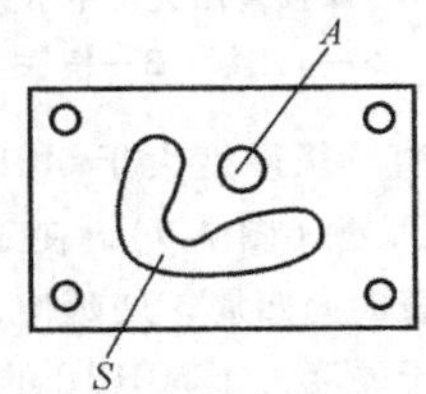

图 2-7　凹槽 *S* 处增设工艺孔 *A*

（3）合理的锻造和预备热处理。严重的碳化物偏析、带状组织使淬火畸变呈各向异性或不规则。通过锻造改善碳化物分布，不仅能减少畸变，对提高工件使用寿命也有利。

预备热处理能改善原始组织，消除残余应力，从而减少淬火畸变。

5. 热处理畸变的校正

（1）冷压校直。已产生弯曲畸变的工件，在凸出面最高点施加外力使其发生塑性变形，即可实现校直。这种方法适用于硬度低于35HRC的轴类工件。

(2) 热点校直。用氧乙炔焰加热畸变工件的凸起部分，然后用水（碳钢）或油（合金钢）迅速冷却，使受热部分在热应力作用下收缩，即可消除畸变。这种方法适用于硬度35~40HRC的工件。

(3) 趁热校直。工件淬火冷至 *Ms* 温度附近，在组织中尚有大量奥氏体时，即从淬火冷却介质中取出进行校直，利用奥氏体的良好塑性和相变超塑性，使畸变得到校正。这种方法适用于高合金钢。

(4) 回火校直。将淬火后的弯曲畸变工件装入特定夹具中回火，并施加一定压力，很容易使畸变得到校正。图2-8所示为摩擦片的回火压平示意图。此方法适用于回火温度高于300℃的薄片类工件。

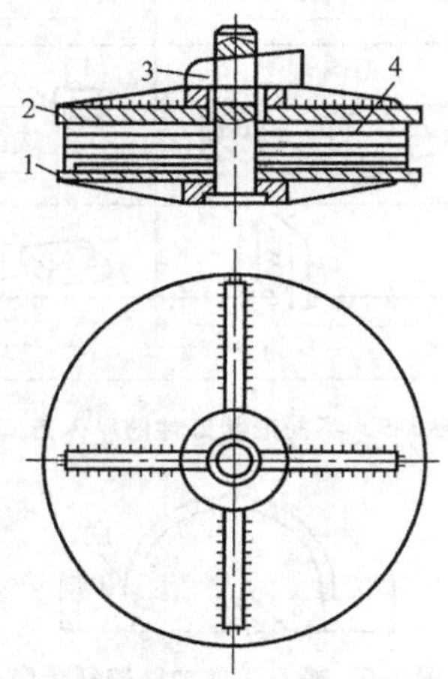

图2-8　摩擦片回火压平示意图

1—下压板　2—上压板　3—楔铁　4—工件

(5) 反击校直。用硬度大于60HRC的钢锤连续敲击弯曲工件的凹处（图2-9），使工件小面积产生塑性变形，凹处表面向四周扩展延伸，使畸变得到校正。此方法多用于硬度大于50HRC的片状工件。

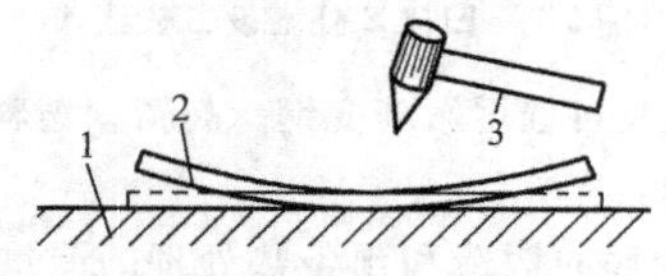

图2-9　反击校直法示意图

1—平台　2—钢件　3—钢锤

(6) 缩孔处理。将淬火后内孔发生胀大的工件加热至600~700℃透热（为防止内孔进水，可用两块薄板盖住工件两端），迅速投入水中急冷，利用热应力使内孔收缩。经一次或多次重复操作，可使胀大的内孔得到校正。然后采取减少内孔胀大措施，重新淬火。

2.4.7.2　淬火开裂

淬火裂纹是热处理应力超过材料的断裂强度时引起的开裂现象。裂纹呈断续的串联分布，断口有淬火油或盐水的痕迹，无氧化色，裂纹两侧也无脱碳现象。

1. 产生淬火裂纹的场合及原因

(1) 材料管理混乱。误把高碳钢或高碳合金钢当做低、中碳钢使用，采用水淬。

(2) 冷却不当。在 *Ms* 温度以下快冷，因组织应力大引起开裂。如水-油双介质淬火时在水中停留时间过长，或淬火油中含有过多水分。

(3) 未淬透工件心部硬度为36~45HRC时，在淬硬层与非淬硬层交界处易形成淬火裂纹。心部硬度小于36HRC，交界处拉应力得到削减；心部硬度大于45HRC，说明已有马氏体组织，拉应力峰值降低，开裂倾向减小。

(4) 具有最危险淬裂尺寸的工件易形成淬火裂纹。工件全部淬透时有一最危险的淬裂尺寸，其直径（或厚度）是：水淬时为8~15mm；油淬时为25~40mm。尺寸小于最危险淬裂尺寸时，心部与表面温差小，淬火应力小，不易开裂。工件尺寸大于这些数值，淬火应力虽然增大，但拉应力峰远离表面（图2-10），淬裂倾向反而减小。只有中间某一尺寸（最危险尺寸）的工件，拉应力峰靠近表面，且数值也较大，对淬裂最敏感。

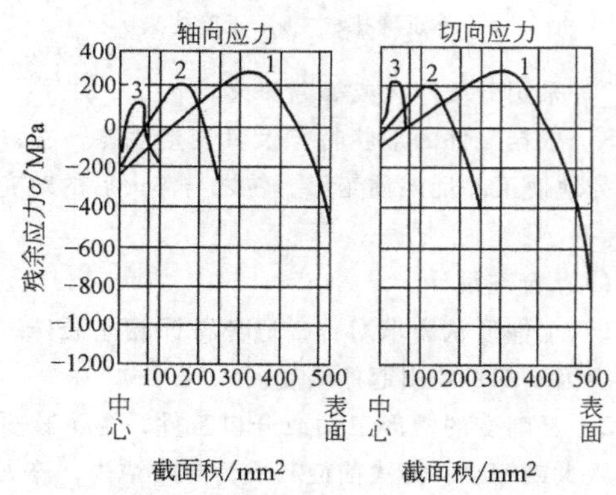

图2-10　直径对水淬全部淬透后的残余应力影响

1—ϕ25mm　2—ϕ18mm　3—ϕ10mm

试样成分（质量分数）：C 0.51%，Cr 1.24%

(5) 严重表面脱碳易形成网状裂纹。严重脱碳的高碳钢工件，脱碳层马氏体的比体积小，在受到拉应力作用（图2-11）时易形成网状裂纹。

(6) 内径较小的深孔工件，由于内表面冷却速度较外表面小得多，残余热应力作用小，所受到的残余拉应力较外表面大（图2-12a），内壁易形成平行

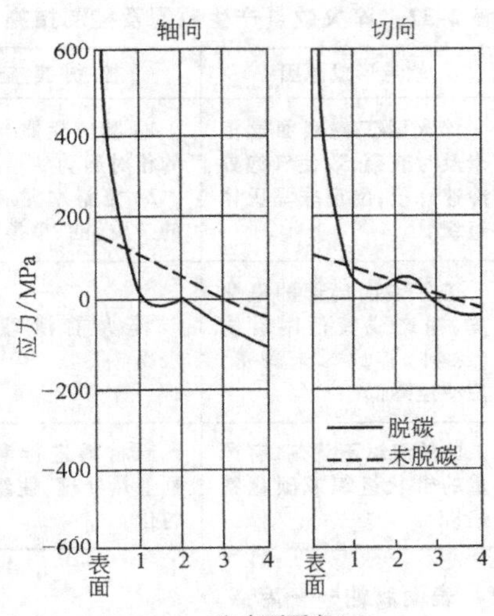

图 2-11　脱碳层残余应力分布示意图

试样成分（质量分数）：C0.5%，Cr1.04%。850℃油淬

的纵向裂纹（图 2-12b）。

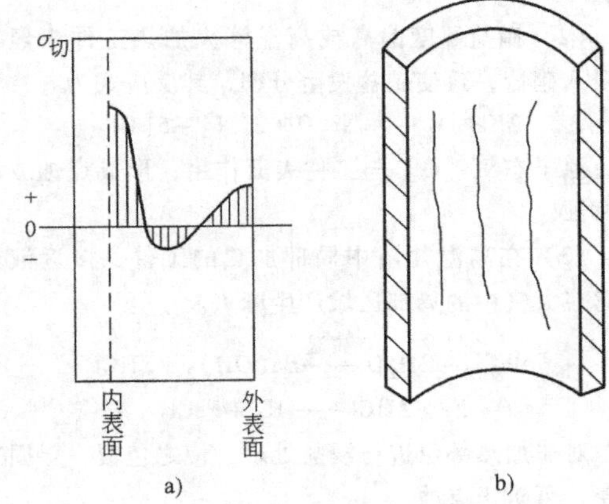

图 2-12　深孔工件淬火残余应力分布与裂纹

a）深孔工件淬火残余应力分布

b）内壁上形成平行纵向裂纹示意图

（7）淬火加热温度过高，引起晶粒粗化，并使得晶界弱化，钢的脆断强度降低，故淬火易开裂。

（8）重复淬火前未经中间退火，过热倾向大，前次淬火的应力未能完全消除，以及多次加热引起表面脱碳，都会促使淬火开裂。

（9）大截面高合金钢工件淬火加热时未经预热或加热速度过快，加热时的热应力和组织应力增大，引起开裂。

（10）原始组织不良，如高碳钢球化退化质量欠佳，其组织是细片状珠光体或点状珠光体，过热倾向大；晶粒粗化，马氏体碳含量高，淬火开裂倾向大。

（11）原材料显微裂纹、非金属夹杂物、严重碳化物偏析使淬火开裂倾向增大。如非金属夹杂物或严重碳化物偏析沿轧制方向形成带状分布，由于力学性能的各向异性，其横向性能比纵向性能低 30% ~ 50%，故在表面最大拉应力作用下，常沿非金属夹杂物或碳化物分布方向呈纵向开裂。

（12）锻造裂纹在淬火时扩大。在普通炉内淬火加热时，开裂的破断面上有黑色的氧化皮，裂纹两侧有脱碳层。

（13）过烧裂纹。裂纹多呈网状，晶界有氧化或熔化现象。

（14）淬透性低的钢，用钳子夹持淬火时，被夹持部位淬火冷速慢，有非马氏体组织，加上位于淬硬层与非淬硬层交界处，所受拉应力大，因此易开裂。

（15）工件的尖角、孔、截面突变及粗加工刀痕等因应力集中引起开裂。

（16）高速钢、高铬钢分级淬火后，工件未冷至室温，便急于清洗（因 Ms 以下快冷），引起开裂。

（17）深冷处理的工件因急冷急热形成的热应力和组织应力都比较大，且低温时材料的脆断强度低，易产生淬火开裂。

（18）淬火后未及时回火，工件内部的显微裂纹在淬火应力作用下扩展形成宏观裂纹。

2. 防止淬火开裂的措施

（1）改进工件结构。截面力求均匀，不同截面处应有圆角过渡，尽量减少不通孔、尖角，以避免应力集中引起的开裂。

（2）合理选择钢材。形状复杂易开裂的工件应选择淬透性高的合金钢制造，以便采用冷速缓慢的淬火冷却介质，减少淬火应力。

（3）原材料应无显微裂纹及严重的非金属夹杂物和碳化物偏析。

（4）正确进行预备热处理，避免正火、退火组织缺陷。

（5）正确选择加热参数。

（6）合理选用淬火冷却介质和淬火方法。

（7）对工件易开裂部位，如尖角、薄壁、孔等进行局部包扎。

（8）易开裂工件淬火后应及时回火或带温回火。

2.4.7.3　硬度不足

工件淬火后表面硬度低于所用钢材应有的淬火硬度值称为硬度不足。产生硬度不足的原因及控制措施见表 2-31。

表 2-31 淬火硬度不足原因及控制措施

序号	淬火硬度不足的原因	控制措施
1	淬火冷却介质冷却能力差，工件表面有铁素体、托氏体等非马氏体组织	1）采用冷速较快的淬火冷却介质 2）适当提高淬火加热温度
2	淬火加热温度低、预冷时间长或淬火冷却速度低，出现非马氏体组织	1）确保淬火加热温度正常 2）减少预冷时间
3	亚共析钢加热不足，有未溶铁素体	严格控制加热温度、保温时间和炉温均匀性
4	碳钢或低合金钢采用水-油双介质淬火时，在水中停留时间不足，或从水中提出零件后，在空气中停留时间过长	严格控制零件在水中停留时间及操作规范
5	钢的淬透性差，且工件截面尺寸大，不能淬硬	采用淬透性好的钢
6	高碳高合金钢淬火加热温度高，残留奥氏体过量	降低淬火加热温度或采用冷处理
7	等温时间过长，引起奥氏体稳定化	严格控制分级或等温时间
8	表面脱碳	采用可控气氛加热或其他防脱碳措施
9	硝盐或碱浴中水分含量过少，分级冷却时有托氏体等非马氏体形成	严格控制硝盐浴和碱浴中的水分
10	合金元素内氧化，表层淬透性下降，出现托氏体等非马氏体而内部则为马氏体组织	1）降低炉内气氛中氧化性组分含量 2）选用冷速快的淬火冷却介质

2.4.7.4 软点

淬火后工件表面局部区域出现硬度偏低的现象称为软点。碳钢和低合金钢由于淬透性较差，通常易出现淬火软点。产生软点的原因及控制措施见表 2-32。

表 2-32 淬火软点产生原因及控制措施

序号	软点形成原因	控制措施
1	淬火时工件表面气泡未及时破裂，致使气泡处冷速降低，出现非马氏体组织	1）增加介质与工件的相对运动 2）控制水温和水中的杂质（油、皂类）
2	工件表面局部的氧化皮、锈斑或其他附着物（涂料）淬火时未剥落，使冷速降低	淬火前清理工件表面
3	原始组织不均匀，有严重的带状组织或碳化物偏析	原材料进行锻造和预备热处理，使组织均匀化

2.4.7.5 表面腐蚀——麻点

工件淬火后经酸洗或喷砂，表面呈现出密度较大的点状凹坑称为麻点。麻点是由介质腐蚀形成的。麻点使工件失去光泽，影响表面光洁程度。

形成麻点的原因如下：

（1）盐浴中硫酸盐含量过高，使基体遭受腐蚀（见本章 2.2.2.3）。

（2）硝盐温度偏高或高温淬火加热工件未经预冷浸入硝盐，致使硝盐发生分解，其反应式为

$$2NaNO_3 \longrightarrow Na_2O + 2[N] + 5[O]$$

原子态氧［O］与工件表面作用，形成点蚀或均匀腐蚀。

（3）在高温盐浴中局部加热的工件，接近液面暴露在大气中的局部区域产生麻点。

$$BaCl_2 + 2H_2O \xrightarrow{\text{高温}} Ba(OH)_2 + 2HCl$$

$$Fe + 2HCl \longrightarrow H_2 + FeCl_2$$

对非加热部位进行浸盐处理，使之包覆一层固态盐壳，可防止点蚀。

2.4.7.6 回火缺陷

常见回火缺陷产生原因及控制措施见表 2-33。

表 2-33 回火缺陷产生原因及控制措施

序号	回火缺陷	产生原因	控制措施
1	回火硬度偏高	回火不足（回火温度低、回火时间不够）	提高回火温度，延长回火时间
2	回火硬度低	1）回火温度过高 2）淬火组织中有非马氏体	1）降低回火温度 2）改进淬火工艺，提高淬火硬度
3	回火畸变	淬火应力回火时松弛引起畸变	加压回火或趁热校直
4	回火硬度不均	回火炉温不均或装炉量过多致使炉气循环不良	炉内应有气流循环风扇或减少装炉量
5	回火脆性	1）在回火脆性区回火 2）回火后未快冷引起第二类回火脆性	1）避免在第一类回火脆性区回火 2）在第二类回火脆性区回火后快冷
6	网状裂纹	回火加热速度过快，表层产生多向拉应力	采用较缓慢的回火加热速度
7	回火开裂	淬火后未及时回火形成显微裂纹，在回火时裂纹发展至断裂	减少淬火应力，淬火后应及时回火
8	表面腐蚀	带有残盐的零件回火前未及时清洗	回火前应及时清洗残盐

2.5　感应淬火与火焰淬火质量控制

2.5.1　感应淬火质量控制

感应加热时不仅要控制热参数还要控制电参数。

2.5.1.1　感应加热设备

1. 感应加热电源　感应加热电源（变频机式、晶闸管式或电子管式）的输出功率及频率必须能满足工作要求，输出电压偏差应能控制在±2.5%范围内或输出功率偏差在±5%范围内，以稳定淬火质量。

2. 淬火机床　通用淬火机床精度应符合表2-34的规定。用于曲轴、凸轮轴、半轴、气阀座等的专用淬火机床，也应满足功能和精度上的要求。

表2-34　感应加热热处理淬火机床精度要求（JB/T 9201—2007）

检验项目	精　度
主轴锥孔径向圆跳动①	0.3mm
回转工作台面的跳动②	0.3mm
顶尖连线对滑板移动的平行度	0.3mm（夹持长度≤2000mm）
工件进给速度变化范围③	±5%

① 将检验棒插入主轴锥孔，在距主轴端面300mm处测量。
② 装上直径大于ϕ300mm的圆盘，在半径150mm处测量。
③ 装上直径为ϕ50mm、长为500mm的圆棒时测量的结果。对不能装入长为500mm试件的情况，应等效校正至该条件。

3. 限时装置　感应加热电源或淬火机床根据需要应装有控制加热、延迟冷却时间的限时装置（包括时间继电器、中间继电器等）。其综合精度应符合表2-35规定。

表2-35　感应加热热处理限时系统综合精度要求（JB/T 9201—2007）

限时时间范围/h	综合精度/s　≤
≤1	0.1
>1	0.15

2.5.1.2　感应加热热处理操作要点

（1）待处理工件表面应无裂纹、伤痕、黑皮、毛刺、油污和脱碳层等。

（2）设计制造或选用感应器、喷水器时，其结构形状和尺寸应能满足工艺要求。

（3）感应器与工件在处理过程中应保持合适的相对位置。

（4）正确选择电参数，使设备处于最佳工作状态。

（5）工件表面温度的测量采用光电高温计或红外辐射温度计，连续跟踪测量控制和调整设备工作参数。

（6）根据材料、工件形状、尺寸以及加热方法和所要求的硬化层深度，合理地确定冷却参数，如冷却方法、淬火冷却介质（类型、温度、浓度、压力及流量）及冷却时间等。

（7）轴类零件的圆角不要求淬火强化时，硬化层离开圆角应有一定距离（如6~8mm），使硬化区与非硬化区交界处的残余拉应力远离圆角，以提高疲劳强度。

（8）工件表面有沟槽、油孔时，会因感应电流集中引起局部过热，可采用铁屑堵塞，使感应电流分布均匀。

2.5.1.3　质量检验

1. 外观　工件表面不能有淬火裂纹（可通过磁粉检测或其他无损检测方法检查）、锈蚀和影响使用性能的伤痕等缺陷。

2. 表面硬度　工件表面淬火后的硬度应满足技术要求。感应淬火件硬度偏差范围见表2-36。

表2-36　感应淬火件硬度偏差范围（JB/T 9201—2007）

工件的类型	表面硬度HRC						表面硬度HV或HK				表面硬度HS			
	单　件			同一批件			单　件		同一批件		单　件		同一批件	
	≤50	>50~60	>60	≤50	50~60	>60	≤500	>500	≤500	>500	≤80	>80	≤80	>80
重要件	≤5	≤4.5	≤4	≤6	≤5.5	≤5	≤55	≤85	≤75	≤105	≤6	≤8	≤8	≤10
一般件	≤6	≤5.5	≤5	≤7	≤6.5	≤6	≤75	≤105	≤95	≤125	≤8	≤10	≤10	≤12

注：1. 各硬度数值是用不同试验机测得的结果，表中的硬度值无直接换算关系。维氏或努氏硬度的施加载荷由委托方与受托方双方协商确定。
2. 同一批工件内不同部位要求硬度各异时，单件的硬度波动指的是在同样淬火、回火或淬火条件下形状、尺寸相同的部位。
3. 同一批件指用同一批待处理工件在同一操作条件下处理得到的已处理工件总称。
4. 具体硬化部位范围的波动由委托方与受托方双方协商确定。

3. 有效硬化层深度 用硬度法测量有效硬化层深度，其方法可参看 GB/T 5617—2005《钢的感应淬火或火焰淬火后有效硬化层深度的测定》。

(1) 形状简单工件有效硬化层深度的波动范围应符合表 2-37 规定。

表 2-37 有效硬化层深度的波动范围
(JB/T 9201—2007)

(单位：mm)

有效硬化层深度	硬化层深度波动范围	
	单 件	同一批件
≤1.5	0.2	0.4
>1.5~2.5	0.4	0.6
>2.5~3.5	0.6	0.8
>3.5~5.0	0.8	1.0
>5.0	1.0	1.5

注：硬化部位范围的波动可由委托方与受托方协商确定。

(2) 形状复杂和大型工件有效硬化层深度的波动范围经委托方与受托方协商后可适当放宽。

(3) 在调整工艺时应测定工件硬化层的硬度分布曲线。根据技术要求，若硬化层深，说明加热时间过长；若硬化层浅，则加热时间偏短。

(4) 硬化区的范围应满足技术要求所规定的偏差值。

4. 金相组织 中碳结构钢和中碳合金结构钢感应淬火后的金相组织按马氏体大小分为 10 级，4~6 级是正常组织，为细小马氏体；1~3 级是粗大或中等大小的马氏体，因淬火加热温度偏高引起；7~10 级组织中有未溶铁素体（加热温度偏低）或网状托氏体（冷却不足）。

5. 畸变 感应淬火工件的畸变量较一般炉内加热淬火小，但也不应影响以后的机械加工和使用要求。

2.5.1.4 质量缺陷及其控制

1. 硬度不足 产生硬度不足的原因有：

(1) 单位表面功率低、加热时间短、加热表面与感应器间隙过大，这些因素都使感应加热温度降低，淬火组织中有较多的未溶铁素体。

(2) 加热结束至冷却开始的时间间隔太长、喷液时间短、喷液供应量不足或喷液压力低、淬火冷却介质冷却速度慢，都会使组织中出现托氏体等非马氏体组织。

2. 软点 因喷水孔堵塞或喷水孔太稀，使表面局部区域冷却速度降低所造成。

3. 软带 轴类零件连续加热淬火时，表面出现黑白相间的螺旋带或沿工件运动方向的某一区域出现直线黑带。黑色区域存在有未溶铁素体、托氏体等非马氏体组织。产生的原因是：

(1) 喷水角度小，加热区返水。

(2) 工件旋转速度与移动速度不协调，如工件旋转一周，感应器相对移动距离较大。

(3) 喷水孔角度不一致，工件在感应器内偏心旋转。

4. 淬火裂纹 感应加热热处理淬火裂纹的形成原因及控制措施列于表 2-38。

表 2-38 感应加热热处理淬火裂纹形成原因及控制措施

序号	淬火裂纹形成原因	控制措施
1	过热，如轴端裂纹、齿面弧形裂纹、齿顶延伸到齿面裂纹	降低比功率，减少加热时间，增大感应器与工件表面的距离，同时加热时降低感应器的高度
2	冷却过于激烈	采用冷速较缓慢的淬火冷却介质，降低喷液供给量和喷液压力
3	钢材碳含量较高，如 w(C)≥0.5%，开裂倾向急剧增加	精选碳含量，使钢中的碳含量控制在下限，采用冷却速度缓慢的淬火冷却介质
4	工件表面的沟槽、油孔使感应电流集中	用铁屑堵塞沟槽、油孔
5	未及时回火	及时回火或采用自行回火

5. 畸变 感应淬火时，多数表现为热应力型畸变。为了控制畸变量，应减少热量向心部传递，在工艺上可采用透入式加热，提高比功率，缩短加热时间。轴类工件采用旋转加热，能减少弯曲畸变。为防止齿轮轴内径收缩，可给内孔加防冷盖，使之与淬火冷却介质隔绝。薄壁齿轮淬火时对内孔喷水加速冷却，可控制内径胀大。

6. 硬化区分布不合理 淬硬区与非淬硬区位于工件应力集中处（图 2-13a 和图 2-14c），由于该处存在残余拉应力峰，容易发生断裂。为了避免这种不合理的硬化区分布，应使硬化区离开应力集中的危险断面 6~8mm（图 2-13c），或对截面过渡的圆角也进行淬火强化（图 2-13b），或滚压强化。

7. 硬化层过厚 图 2-14 所示为小模数齿轮同时加热淬火后的硬化区分布示意图。其中，图 2-14a 所示齿部几乎全部淬透，使用过程中易断齿。为了获得沿齿廓分布的硬化层（图 2-14b），采用低淬透性钢

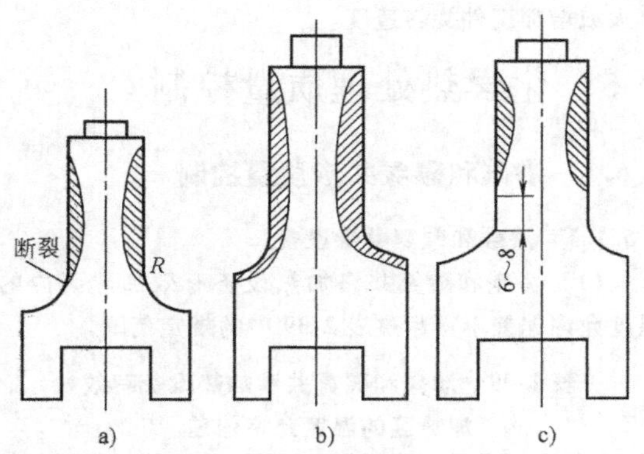

图 2-13　轴颈淬火硬化区分布示意图

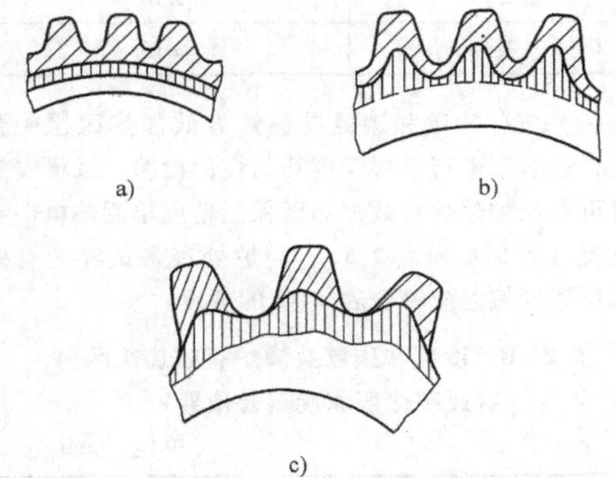

图 2-14　小模数齿轮硬化区分布示意图

制造齿轮是有效措施之一。在工艺上选用频率高的设备，提高单位面积上的功率，缩小感应器与工件的间隙，减少加热时间，也可减小硬化层厚度。

8. 表面灼伤　由于感应器与工件短路，使工件表面出现烧伤痕迹和蚀坑。

2.5.2　火焰淬火质量控制

火焰淬火多为手工操作，热处理质量主要取决于操作者的技术水平和生产经验。努力提高机械化、自动化程度，严格工艺纪律，按照有关技术标准对操作人员进行培训，是提高火焰淬火质量的关键。

2.5.2.1　热处理设备

1. 燃烧气体供给装置　火焰加热用的可燃气体主要是乙炔，供给乙炔的发生器、乙炔汇流排或乙炔输送管道都必须有输出控制装置、压力表和安全阀，以保证供气稳定、安全。在稳定状态下输出燃烧气体的压力应控制在 $0.9\times10^5\sim1.1\times10^5$Pa 范围内，温度不高于60℃，乙炔发生器的水温不超过40℃。

2. 氧气供给装置　氧气瓶、氧气汇流排应装有压力表和减压阀，以保证供气稳定、安全。在稳定状态下，小件火焰淬火时，输出氧气压力控制在 $2\times10^5\sim3.5\times10^5$Pa；大件淬火时控制在 $5\times10^5\sim15\times10^5$Pa。氧气瓶压力应为 210×10^5Pa。

3. 测温装置　用目测控制火焰加热温度，误差大，质量不稳定。应推广光电高温计或便携式红外辐射温度计。

4. 淬火机床　批量生产时应当采用淬火机床。过去常用废旧的切削机床改装而成，由于精度较低，对保证淬火质量的均匀性和减少淬火畸变是不利的。可根据工件形状、大小，设计制造一次式淬火机床或移动式淬火机床，或其他适合处理件部位形状的淬火机床。其精度应和感应淬火机床一样，满足表 2-34 的规定。

2.5.2.2　生产操作技术要点

（1）根据工件所用钢种、表面质量及性能要求、热处理设备等，确定火焰淬火方法。

（2）检查喷射器、火焰喷嘴、冷却水嘴及夹具有无损坏、变形等。火焰喷嘴的火孔和冷却水嘴的水孔不应有脏物堵塞。

（3）装夹工件时，工件与火焰喷嘴和冷却水嘴应保持正确的相对位置，不应有偏心或倾斜。

（4）火焰淬火加热温度主要取决于加热时间或工件与火焰喷嘴间的相对移动速度。此外，火焰喷嘴与工件之间的距离对加热温度也有很大影响。一般工件的表面应处于焰心顶端 2～3mm，但焰心的长短与火孔直径和气体压力有关。当火孔直径为 0.4～0.5mm 时，加热距离为 8mm 左右；火孔直径为1.0～1.2mm 时，加热距离可增大到 10～12mm。

（5）火焰淬火硬化层深度在固定法或旋转加热时取决于加热温度和加热时间，连续淬火时主要与下列因素有关。

1）氧气压力。增大氧气压力，硬化层深度增加，但氧气压力超过某一值后，硬化层深度反而降低。火焰强度有一最佳的氧乙炔比值，一般氧∶乙炔＝1.15～1.25。

2）喷嘴或工件的移动速度越大，硬化层深度越浅。一般移动速度为 140～150mm/min，可得到2.5～3.0mm 的硬化层深度。

3）火孔与水孔的距离一般为 10～20mm，最小不低于 3.5mm。为了防止水滴飞溅影响火焰的稳定性，水孔应有 15°～30°的向下倾角。

（6）淬火冷却时，碳素结构钢用水冷，合金结构钢用油冷，高合金钢或大型工件采用压缩空气冷却。对所用冷却介质的温度、压力和流量应加以控制。

2.5.2.3　质量检验

1. 外观　表面不应有过热、熔化及裂纹（可采用磁粉检测、超声检测或着色检测）。

2. 表面硬度　表面硬度的波动范围与感应淬火相同，应符合表2-36的规定。

3. 有效硬化层深度　对有效硬化层深度的控制与感应淬火相同，其波动范围不超过表2-37的规定。

4. 硬化区范围　硬化区范围应符合技术要求，必须规定合理的允许偏差。整体火焰淬火的构件，其非淬硬边缘和轴类零件的非淬硬端部不大于10mm。大型工件允许留软带，其宽度不大于10mm，软带间距应大于100mm。

5. 金相组织　中碳结构钢和中碳合金结构钢，火焰淬火后表面的正常组织应为细小马氏体。马氏体粗大是由于加热温度过高所引起；组织除细小马氏体外还有蚕食状未溶铁素体，是因加热温度不足所致；组织中存在网状铁素体和托氏体，是因淬火冷却速度不够造成的。

2.5.2.4　质量缺陷及其控制

1. 淬火开裂　淬火开裂是火焰淬火常见的缺陷，其主要原因有：

（1）过热，如含碳量偏高的齿轮，火焰淬火时，由于齿顶温度高，冷却又过于激烈，容易引起开裂。可通过降低加热温度和冷却速度，采用自回火或及时回火来控制过热裂纹的产生。

（2）重复淬火，如环状工件，在淬火开始和淬火终结处，往往出现重复淬火现象，在该处容易产生淬火裂纹。为减少这种缺陷，淬火开始时应降低加热温度，使其成为一个淬火低硬度区；当淬火终结时，喷嘴一旦进入该区，应立即关闭火焰，并增加冷却水量。

（3）未及时回火。

2. 硬度不足　淬火硬度低的主要原因有：

（1）钢材碳含量低，淬硬性差，如 $w(C) \leqslant 0.3\%$ 的钢不适合表面淬火。

（2）操作迟缓、冷却不及时，导致热量内传，表面温度下降。

（3）冷却水量不足或水压低，降低了淬火冷却速度。

（4）加热温度低。

3. 烧熔　烧熔地方呈“汗珠”状。轻度烧熔可用砂轮磨削修复，严重烧熔判废。其形成原因是喷嘴火孔变形、误将氧气阀开大或淬火机床突然停止。

4. 畸变　火焰淬火畸变多数是由于加热或冷却不均造成的。可通过改进喷嘴形状、尺寸，改善加热和冷却条件来控制淬火畸变，如用旋转淬火代替静止淬火或增加工件旋转速度。

2.6　化学热处理质量控制

2.6.1　渗碳和碳氮共渗质量控制

2.6.1.1　渗碳和碳氮共渗设备

（1）渗碳和碳氮共渗加热设备有效加热区内的温度允许偏差不得超过表2-39中的规定范围。

表2-39　渗碳和碳氮共渗加热设备有效加热区的温度允许偏差

工件的品质区分	温度允许偏差/℃
重要件	±10
一般件	±15

（2）气体渗碳和碳氮共渗炉有效加热区检验合格后，还必须进行渗层深度均匀性的检验。试样安放位置可参照加热炉有效加热区保温精度检测热电偶布点位置（表2-4和表2-5）。同炉处理各试样的有效硬化层深度偏差应符合表2-40的规定。

表2-40　渗碳和碳氮共渗炉有效加热区内有效硬化层深度偏差值要求

（单位：mm）

渗层深度 d	$d \leqslant 0.5$	$0.5 < d \leqslant 1.5$	$d > 1.5$
有效硬化层深度偏差≤	0.1	0.2	0.3

（3）以燃气、燃油、燃煤为热源的固体渗碳炉，其火焰不能直接接触渗碳箱。

（4）连续式加热炉应满足渗碳和碳氮共渗各阶段的工艺要求。

2.6.1.2　温度控制

（1）温度测定与控制应满足表2-39的要求。

（2）周期式渗碳和碳氮共渗炉或连续式炉的每个加热区都应具有自动跟踪处理温度的记录装置。

（3）在预定温度指示刻度范围内，指示温度的总偏差值不得超过表2-41的规定。

表2-41　温度指示总偏差值

预定温度 t/℃	温度指示总偏差值/℃
<400	±4
≥400	$\pm t/100$

2.6.1.3　渗剂

（1）气体渗碳和碳氮共渗所用渗剂的纯度要高，且成分稳定，杂质（如硫等）含量少，以免影响渗层质量。几种常用渗剂的化学成分与特点见表2-42。

表2-42 常用渗碳和碳氮共渗渗剂成分及特点（JB/T 9209—2008）

介质名称	主要成分(除已说明外,均为质量分数)	特点
丙烷(C_3H_8) 丁烷(C_4H_{10})	丙烷(或丁烷)≥90%(体积分数) 烯烃≤5%(体积分数) C_5 以上烃≤2%(体积分数) H_2S≤0.2g/m³,无游离水分	易燃易爆物质,气态密度为空气的1.5倍,其爆炸下限较低(2%左右),在储存、使用时,必须采取安全措施
灯用1号煤油	主要含石蜡烃、烷烃及芳香烃的混合物,芳香烃10%~20%,硫≤0.04%,无水溶性酸或碱	馏程:10%馏出温度不高于205℃,终馏点不高于300℃ 色度(重铬酸钾溶液)1号
1号渗碳油	含硫≤0.04%,芳香烃≤7%,少量阻聚剂	馏程终馏点不高于255℃,渗碳速度比煤油快,生成的炭黑较少
苯 C_6H_6	纯度≥90%,水≤0.05%,硫化物≤0.003%	无色透明,有毒液体。不溶于水,能与无水乙醇或乙醚互溶。不易形成炭黑,易燃
甲苯 $C_6H_5CH_3$	纯度≥98.5%,水≤0.03%,硫化物≤0.001%	
甲醇 CH_3OH	纯度≥99.5%,水<0.3%	是弱的渗碳气氛,常用作稀释气体
乙醇 C_2H_5OH	纯度≥90%,水<0.5%	无色透明易挥发液体
异丙醇 $(CH_3)_2CHOH$	纯度≥98.5%,水<0.3%	这类有机滴注剂分子结构简单,高温下易裂解,形成炭黑少,与一定比例的甲醇同时滴入能实行可控渗碳
丙酮 CH_3COCH_2	纯度>99%,水<0.5%	
醋酸乙酯 $CH_3COOC_2H_5$	纯度≥98%,水≤0.4%	
氨气 NH_3	纯度≥95%,水和油杂质≤5%,干燥后水<1%	无色气体,有强烈的刺激气味,对人眼和呼吸器官有伤害
氮气 N_2	纯度≥99.5%,$\phi(O_2)$≤0.5%,每瓶内游离水≤100mL(Ⅱ类一级)	无色、无味、无嗅、无毒的惰性气体
氩气 Ar	纯度≥99.99% $\phi(O_2) \leq 2\times10^{-5}$,水$\leq 2\times10^{-5}$	
氢气 H_2	纯度≥99.7%,$\phi(O_2)$≤0.2%(Ⅰ类)	易燃、易爆
甲酰胺 $HCONH_2$	纯度≥99%	在热分解时,产生极毒的氢氰酸(在空气中含量不允许≥0.3mg/m³)
三乙醇胺 $(C_2H_4OH)_3N$	含胺量99%~110%,三乙醇胺含量≥75%	
尿素 $(NH_2)_2CO$	工业用含氮≥46%,水≤0.5%	
碳酸钠 Na_2CO_3	纯度≥98.5%,氯化物≤1.0%,水不溶杂质≤0.5%	
碳酸钡 $BaCO_3$	工业纯	
硼砂 $Na_2B_4O_7\cdot10H_2O$	纯度≥94%,脱水后纯度≥97%	
氯化铵 NH_4Cl	纯度≥98.5%,硫酸盐≤0.005%,水不溶物<0.01%	

（2）液体碳氮共渗剂或渗碳剂的熔点较使用温度低 50 ~ 100℃，对处理材料不应有腐蚀或其他有害影响，在使用温度下应粘性小、挥发少、不老化，渗后易清洗。

（3）固体渗碳剂以木炭为主，其粒度为 0.5 ~ 6.0mm，配以 5% ~ 15%（质量分数）$BaCO_3$ 作催渗剂，再加适量粘结剂混合而成。渗剂不易老化、经久耐用，使用后应保持松散，对处理材料不产生有害影响，其杂质含量应符合表 2-43 要求。

表 2-43　固体渗碳剂杂质含量指标
（JB/T 9203—2008）

序号	名称	含量指标（质量分数）（%）
1	水分	≤4
2	硫	≤0.04
3	二氧化硅	≤0.2
4	挥发物	≤8

2.6.1.4　气氛控制

（1）气体渗碳时炉气成分应满足工艺要求，其成分能够控制。常用的碳势仪表有露点仪、红外气体分析仪以及用氧探头及电阻探头为传感器的碳控仪等。各种碳势仪表的主要性能见表 2-44。炉气碳势多为单参数的测量和控制，为了提高碳势测量与控制精度，采用双参数或多参数控制效果更好。

（2）除用氧探头、CO_2 红外仪等对炉气碳势进行监控外，在渗碳过程中应定时对炉气进行分析，观察其成分是否在规定范围内，判断碳势仪表所反映的炉气碳势是否可靠，并采取措施进行调整。

表 2-44　常用的碳势控制传感器和仪表性能

种 类	分析对象	反应时间	精度	备　注
露点仪	H_2O	3 ~ 4min	±1.5℃	不能在 NH_3、SO_2、H_2S 气氛使用
红外分析仪	CO、CO_2 CH_4	15s	±1%	调整稳定困难
氧探头	O_2	0.5 ~ 2s	±1%	直接插入炉中
电阻探头	C	立即	—	钢丝易损坏和污染

（3）在井式炉内进行滴注式渗碳时，由于渗剂配比和炉子密封性等因素的变化，很难使各炉气氛保持一致。用 CO_2 红外仪控制碳势时，可用钢箔渗碳试样进行碳势校正。

2.6.1.5　渗碳和碳氮共渗操作

1. 气体渗碳或碳氮共渗

（1）工件装炉前认真清理，去除表面的油污、氧化皮、水及切削液等，以免污染或干扰炉气，这对连续炉生产尤为重要。

（2）定期清理炉内炭黑，以免引起渗层不均。

（3）新炉或更换炉衬后的炉子，工件渗碳前应空炉加热到渗碳温度，然后通入渗碳气氛达数小时，使气氛与炉内工装件反应处于平衡，不影响渗碳时气氛与工件之间的反应平衡。

（4）工件装炉时，要留一定间隙，使炉内气流均匀流动，并注意工件装载方式和数量，以减少渗碳时的畸变。

（5）控制升温速度，使工件各部分之间不产生明显温差。

（6）应充分排气，排气程度可以通过炉气中某一成分（如 CO_2）的含量测定来判断，仅凭火苗颜色判断排气程度的做法是不准确的，这对薄层渗碳或碳氮共渗更重要。

2. 液体渗碳和碳氮共渗

（1）工件入炉前应经预热烘干。

（2）生产过程中应定期分析盐浴成分，按比例补充新盐，以保证所要求的成分。

（3）液体渗碳时由于盐浴中 Na_2CO_3 和 $NaCl$ 含量升高，使渗碳能力下降（盐浴老化），为了降低盐浴中碳酸盐比例应加入新盐置换一部分旧盐。如果碳酸盐含量过高应全部更新。

（4）为减少盐浴挥发和热辐射，可在盐浴上撒上一层石墨、炭粉或固体渗碳剂，并定期捞除沉入炉底的盐渣。

（5）液体渗碳后要及时用热水煮或喷砂来去除工件表面残盐，以免工件锈蚀。

3. 固体渗碳

（1）固体渗碳箱的容积为工件总体积的 3.5 ~ 7 倍。

（2）工件装箱时，箱底应铺设一层 30 ~ 40mm 的渗碳剂。工件与工件、工件与箱壁之间留有 10 ~ 20mm 距离填入渗碳剂，加盖密封。

（3）渗碳箱加热过程中，在 800 ~ 850℃ 应保温一段时间，使渗碳箱烧透，以达到整箱工件同期渗碳。根据渗碳箱大小，一般透烧时间为 2 ~ 5h。

2.6.1.6　质量检验

（1）渗碳和碳氮共渗件的表面不得有裂纹、碰伤、锈蚀等缺陷。

（2）表面硬度和心部硬度应达到技术要求。表面硬度偏差不得超过表 2-45 规定。

(3) 用金相法或断口法测得的渗层深度仅能作为产品中间检验指标，而渗碳或碳氮共渗后淬火、回火的最终质量指标只能采用硬度法所测得的有效硬化层深度来判断。

有效硬化层深度的检验方法按 GB/T 9450—2005《钢件渗碳淬火硬化层深度的测定和校核》中的规定进行。有效硬化层深度的偏差不得超过表 2-46 的规定。

表 2-45　渗碳和碳氮共渗表面硬度偏差

(HRC)

工件类型	单　件	同一批
重要件	3	5
一般件	4	7

表 2-46　渗碳和碳氮共渗有效硬化层深度偏差　(单位：mm)

硬化层深度	单　件	同一批
<0.5	0.10	0.20
0.5 ~ 1.50	0.20	0.30
1.50 ~ 2.50	0.30	0.40
>2.50	0.50	0.60

(4) 金相组织。

1) 渗碳和碳氮共渗缓冷后金相组织中的过共析层 + 共析层应为总层深的 50% ~ 70%（渗碳）或 40% ~ 70%（碳氮共渗），以保证缓和的碳氮浓度梯度。

2) 渗碳和碳氮共渗淬火、回火后，表面金相组织应为细小的回火马氏体 + 适量残留奥氏体 + 细小颗粒状的碳（氮）化合物。对于以疲劳破坏为主要失效形式的工件，根据技术要求，不允许出现下列异常组织：

① 粗大马氏体和多量残留奥氏体。

② 块状或网状碳化物。

③ 心部有较多的块状或条状铁素体。

④ 表面存在严重的黑色组织。

2.6.1.7　渗碳和碳氮共渗质量缺陷及其控制

1. 渗层不均　形成原因有炉温不均、固体渗碳时装箱体积过大、工件表面局部有炭黑或结焦及排气不充分等。

2. 渗层过浅　主要是工艺控制不当所造成，如炉温偏低、渗碳或碳氮共渗时间不足、渗剂供给量不足或炉气碳势低及排气不充分等。

3. 网状或块状碳化物　形成原因是炉气碳势过高或预冷温度过低。控制措施是减少渗碳剂供给量，延长扩散时间或提高预冷温度。

4. 心部铁素体量过多　形成原因是预冷温度过低或一次加热淬火温度远低于心部的 Ac_1。

5. 渗层残留奥氏体量过多　一般认为渗层残留奥氏体含量应小于 15%（体积分数）。适量的残留奥氏体［如 25% ~ 30%（体积分数）］有利于提高接触疲劳强度，但过多则成为缺陷。其形成原因是：炉气碳势高，工件表面碳氮浓度高，且预冷温度不够低。控制措施是：减少渗碳剂供给量，延长扩散时间，降低预冷温度，采用较低的温度进行重新加热淬火或冷处理。

6. 黑色组织　渗碳和碳氮共渗淬火工件的表面（如齿轮的齿根）经常观察到黑色组织，其形态有点状、网状和层状。黑色组织由托氏体、贝氏体等非马氏体构成，它使表面硬度降低，耐磨性下降，降低疲劳强度。其形成原因是钢中的合金元素 Cr、Mn 等发生内氧化而导致贫化，且氧化物质点又可作为非马氏体相变的核心，从而引起渗层淬透性下降。

主要控制措施是：

(1) 减少炉内 O_2、CO_2、H_2O 等氧化性气氛含量。

(2) 改善炉子密封，防止空气进入炉内。

(3) 排气要充分，尽快使炉气呈还原性。

(4) 提高淬火冷却速度。

(5) 采用对内氧化敏感性小的钢（包括含 Mo、W、Ni 的渗碳钢）。

对已形成黑色组织的渗碳或碳氮共渗件可采用喷丸强化，使表面形成残余压应力，以减轻黑色组织对疲劳强度的不利影响。

碳氮共渗时，由于 Cr、Mn 等合金元素大量溶入表面的碳氮化合物中，使合金元素进一步贫化，因此碳氮共渗比渗碳更易出现黑色组织，这是含有 Cr、Mn 等元素的合金钢进行碳氮共渗的致命弱点。

7. 黑色孔洞　黑色孔洞只有在碳氮共渗（或氮碳共渗）件中出现。与黑色组织不同，试样经磨制、抛光不腐蚀便在渗层的边缘观察到黑点或黑网，其实质是孔洞。它强烈降低共渗件的弯曲疲劳和接触疲劳强度，使其耐磨性也有所下降。

控制共渗层氮含量，使 $w(N)$ 小于 0.5% 是避免黑色孔洞的唯一途径，为此应减少含氮介质的供给量和提高共渗温度。

8. 畸变　渗碳和碳氮共渗件常以热应力引起的畸变为主，且随表面碳、氮浓度和渗层深度的增加，这种畸变趋势更加严重。

减少渗碳和碳氮共渗件（如齿轮）的畸变，可采取以下措施：

（1）装料方法要合理，所用的渗碳吊具、料盘的形状、结构等应避免工件因加热和冷却不均引起的畸变。

（2）重新加热淬火的渗碳件，降低淬火加热温度。

（3）采用热油淬火。

（4）金属锻造流线应与渗碳工件外廓相似。严格控制正火后的带状组织和魏氏组织。

（5）对渗碳钢的淬透性进行控制，以减少淬透层深度波动对畸变的影响。

（6）为减少大型盘齿轮和齿圈的畸变，采用淬火压床淬火。

9. 渗碳开裂　淬透性好的工件渗碳缓冷或空冷时会产生表面裂纹，其形成原因是合金元素在渗碳时发生内氧化，使渗层淬透性降低，空冷时表层托氏体下面有一层发生了马氏体转变，导致表层托氏体区出现拉应力，引起开裂。控制措施是降低缓冷速度，使渗层全部完成共析转变，不出现马氏体；或加快冷却速度，使渗层转变为马氏体＋残留奥氏体，不出现非马氏体组织。

2.6.2　渗氮质量控制

2.6.2.1　渗氮前的预备热处理

渗氮前的预备热处理对渗氮件的质量影响很大，为了保证心部必要的力学性能、消除内应力、减少畸变，渗氮前一般进行调质处理，且表层5mm内不允许有5%（体积分数）游离铁素体存在。38CrMoAl调质件表面5mm内不许有块状铁素体。对于高精度工件，在粗磨后应进行1～2次去应力退火（有利于减少渗氮畸变），退火温度比渗氮温度高30℃左右。

2.6.2.2　气体渗氮

1. 气体渗氮设备

（1）渗氮用的井式炉或钟罩式炉，炉罐内有效加热区的温度偏差不超过±10℃。

（2）渗氮罐能经受1960Pa（200mmH_2O）正压而不漏气。

（3）炉罐内应有保证渗氮气氛均匀流通和良好循环的设备。

（4）渗氮罐一般用07Cr19Ni11Ti不锈钢制成。由于具有催化作用，使用若干炉次后氨分解率不断增高，因此必须加大氨通量以降低分解率，从而稳定渗氮质量。使用时间长，氨分解率过高时，应在800～860℃空载保温2～4h，进行退氮处理，从而保证渗氮气氛稳定。

（5）搪瓷渗氮罐。由于搪瓷粉原料中不含对氨分解起催化作用的金属氧化物，故使用过程中氨分解率基本保持不变，但要防止搪瓷层脱落剥离。

（6）炉罐密封性好，渗氮时不漏气。

2. 渗氮介质　常用渗氮介质有氨、氨与氮、氨与氢等，其中以氨应用最广泛。为了防止或减少脆性的ξ相（Fe_2N），增厚γ相（Fe_4N），可采用氮、氨混合气。

使用的液氨纯度应高于95%（质量分数），水和油杂质≤5%（质量分数）。

3. 气体渗氮操作

（1）工件入炉前应清理表面的油污、氧化皮和锈斑等有害物质。不锈钢工件可用喷砂去除表面的钝化膜，然后立即装炉渗氮。

（2）要注意均匀装炉、工件吊挂合理，间隙不小于5mm。应在不要求渗氮部位捆扎工件。

（3）工件冷态装炉，炉盖密封后立即大流量通氨排气，使炉压升至784～1960Pa。

（4）炉温升至规定温度后调整氨流量，使氨分解率达到工艺要求的预定值。以后每隔0.5～1h测氨分解率。

（5）渗氮结束炉冷时，应继续向罐内通氨，以维持炉压，防止工件氧化变色。

（6）为了降低渗氮层脆性，渗氮后期可将氨分解率提高至80%，进行2h的退氮处理。

（7）渗氮周期较长，若中途意外停电，仍应继续向炉罐通氨。恢复供电后再升至规定温度，并适当延长保温时间，以确保渗氮层质量。

2.6.2.3　离子渗氮

1. 离子渗氮设备

（1）设备的极限真空度不低于7Pa，抽真空时间不大于30min。

（2）压力回升率不大于1.3×10^{-1}Pa/min。若漏气率高，将影响渗氮质量，严重时可能完全渗不上氮，因而要定期检测压升率。

（3）设备应有可靠的灭弧装置，以保证表面质量。

2. 渗氮介质　多采用热分解氨气，一般不直接把氨气通入炉内（有利于控制氮势和炉温的均匀性）。此外也可采用氮氢混合气，它们的纯度不低于99.9%（体积分数）。

3. 温度、压力和流量的测量　温度、压力和渗氮气体的流量是影响离子渗氮质量的重要参数，如果测量不准确，不利于渗氮技术和渗氮质量的提高。

（1）温度测量。

1）热电偶插入封闭内孔中的测温方法是离子渗氮温度的标准测量法。热电偶热端到某一起辉表面的距离应小于2mm，热电偶插入孔内的深度应大于30mm。

2）若采用红外光电温度计或双波段比色温度计测温，测温观察窗口玻璃应为石英玻璃，且须用标准测温试样封闭内孔测温法校正。

3）目测温度，虽然方便直观，但误差较大，只能作为一种辅助测温手段。

（2）气压测量。用膜片式真空计或压缩式转动真空计（麦式真空计）测量渗氮工作气压。而热导式电阻真空计，由于不能正确指示离子渗氮的工作气压，只能用来测量离子渗氮设备的极限真空度和压力回升率。

（3）流量测量。气瓶到流量计之间应有减压阀和稳压罐，稳压罐压力不宜超过0.1MPa。流量计的调节阀安装在流量计出口处。在测量气体与原标定气体的运动粘度相近时，用转子流量计测定离子渗氮气体的流量，但所测得的流量值须经换算后才能作为标准状态下的气体流量。其换算公式如下：

$$q_{V2}=q_{V1}\sqrt{\left(1+\frac{p_2}{p_1}\right)\frac{\rho_1}{\rho_2}}$$

式中　q_{V1}——流量计指示的流量（L/min）；

q_{V2}——标准状态下气体流量（L/min）；

ρ_1——流量计标定时所用气体的密度（g/L）；

ρ_2——被测气体密度（g/L）；

p_1——标准大气压，1.01×10^5Pa；

p_2——稳压罐上的压力（Pa）。

4. 离子渗氮操作

（1）清除工件表面和内孔的油污、锈斑及孔内残留的切屑。

（2）同炉处理的工件尽量相同，或表面积与重量比接近。

（3）不需渗氮的部位和小孔、窄缝应进行覆盖或屏蔽。

（4）工件至阳极距离要大致相等，工件之间也要留有适当距离，并力求均匀等距。

（5）深孔工件（如长管）或内孔壁渗氮层要求均匀的工件（如缸套）或工件长度L与内径D之比$L/D>6$者，内孔可设置辅助阳极。$L/D>16$的工件内孔需加设辅助气源。

（6）易畸变工件在400℃以上应缓慢升温。

（7）在保温期间，工件的实际温度偏差应控制在±15℃。

（8）保温结束后，关闭阀门，停止抽气和供气，切断辉光电源，使工件在渗氮气氛中随炉冷却。当温度降到200℃以下时方可出炉，并对未渗氮部位及时涂油防锈。

2.6.2.4　质量检验

（1）外观。离子渗氮表面应无明显的电弧烧伤和剥落等表面缺陷。钢铁工件渗氮表面应为银灰色或暗灰色，不允许有明显的氧化色。但是气体渗氮在硬度、深度和脆性等各项要求均合格的前提下，渗氮工件表面如果有氧化色也允许作为合格品。

（2）渗氮层的表面硬度和深度应符合技术要求，其硬度偏差不得超过表2-47的规定，渗氮层深度偏差不得超过表2-48的规定。

表2-47　渗氮层硬度（HV）偏差
（GB/T 18177—2008）

类型	单件		同一批	
硬度范围	≤600	>600	≤600	>600
偏差	45	60	70	100

表2-48　渗氮层深度偏差（GB/T 18177—2008）
（单位：mm）

渗氮层深度范围	深度偏差	
	单件	同一批
≤0.3	0.05	0.10
0.3~0.6	0.10	0.15
>0.6	0.15	0.20

（3）脆性。渗氮层脆性级别按维氏硬度压痕边角破碎程度分为5级。一般件1~3级合格，重要件1~2级合格，即压痕边角完整无缺（1级），或边缘一侧略有崩碎（2级），边缘二侧崩碎为3级。

通常离子渗氮表面脆性比气体渗氮轻。

（4）渗氮层疏松。根据化合物层内微孔的形态、数量和密集程度，参照GB/T 11354—2005《钢铁零件　渗氮层深度测定和金相组织检验》中疏松级别图进行评定，可分为5级。一般工件1~3级合格；重要件1~2级合格，即不允许微孔呈密集分布，厚度不能超过化合物层的2/3。由于铁素体氮碳共渗疏松一般比较严重，因此此项检查绝不可少。

（5）渗氮层中氮化物级别按扩散层中氮化物的形态、数量和分布，参照GB/T 11354—2005中氮化物级别图进行分级，也分为5级。一般工件1~3级合格；重要件1~2级合格，即不允许有网状氮化物、连续的波纹状（脉状）氮化物以及鱼骨状氮化物。

（6）畸变。渗氮件的畸变量应符合技术要求。虽然渗氮件的畸变量较渗碳和碳氮共渗小得多，但因渗氮层的体积膨胀，渗氮件的尺寸略有胀大，其胀大量为渗氮层厚度的3%～4%。根据这一规律，渗氮前可预留尺寸变化量，适当减小工件尺寸。对于发生弯曲畸变的工件尽量避免校直，若工艺允许，在不影响工件质量的前提下，可进行冷压校直或热点校直。

2.6.2.5 渗氮质量缺陷及其形成原因

1. 渗氮层硬度低　形成原因是：渗氮温度高，分段渗氮时第一阶段氨分解率高，使用新渗氮罐时未经预渗，或渗氮罐久用未退氮。

2. 渗氮层硬度不均　形成原因有炉温不均、装炉量太大、气氛循环不畅及非渗氮面镀锡层淌锡等。

3. 渗氮层浅　形成原因有渗氮温度低、渗氮时间不足、第二阶段氨分解率低、炉罐漏气、渗氮罐久用未退氮、装炉量大、工件靠得太近及气氛循环不良等。

4. 渗氮层脆性太大　形成原因有氮势高、渗氮温度低、退氮工艺不当及工件表面有脱碳层。

将氨分解率提高到70%以上重新进行退氮处理，可使渗氮层脆性降低。

5. 渗氮层出现网状或波纹状氮化物　形成原因有渗氮温度过高、气氛氮势太高、氨中含水量多、调质预备热处理时淬火加热温度高、原始晶粒粗大及工件有尖角、锐边等。

6. 渗氮层出现针状或鱼骨状氮化物　形成原因有工件表面有脱碳层或氨中含水量过高引起表面脱碳及原始组织有较多大块铁素体等。

7. 畸变　形成原因有未充分消除机加工应力；装炉方式或工件吊挂不合理，因自重产生蠕变畸变；加热或冷却速度太快，热应力大；炉温不均；工件结构不合理，对称性差等。

对畸变量要求不太高的工件，可在较低温度下用高氮势进行补渗。

8. 表面氧化色　形成原因有出炉温度过高，出炉后工件氧化；冷却过程中停氨，炉内形成负压而吸入空气；密封性不好，渗氮罐漏气；氨中含水量多或干燥剂失效等。

氧化色不影响渗氮件的力学性能，对表面要求高的工件，喷砂去除氧化色后应进行一次2～3h渗氮处理。

9. 渗氮层不致密、耐蚀性差　形成原因有表面氮浓度过低、化合物层太浅及工件表面锈斑未除尽等。

对耐蚀性要求高的工件再进行一次渗氮可以补救。

2.6.3 渗硼质量控制

目前生产中主要采用固体渗硼（粉末法、粒状法、膏剂法）及硼砂熔盐渗硼。渗硼剂成分对渗层组织结构、渗硼速度及表面质量影响很大，这是渗硼质量控制的主要内容。由于渗硼温度高，渗硼层体积膨胀量较大，因此渗硼工件的畸变量较一般化学热处理大。虽然渗硼主要用于对畸变要求不高的工件，但是在渗硼过程中仍要加以控制。

2.6.3.1 硼砂熔盐渗硼

1. 渗硼加热设备

（1）硼砂熔盐渗硼的加热设备多采用外热式坩埚炉，坩埚材料为耐热钢。为使坩埚内盐浴温度均匀，且温度偏差不大于±15℃，加热炉应满足以下条件：

1）炉膛底部设有支架托稳坩埚，支架高度应保证坩埚底部高于炉膛加热元件的下端。

2）坩埚内渗硼剂的液面应低于加热元件的上端。

3）坩埚外壁与加热元件应有70～150mm的距离。

4）加热炉上部应配备炉盖。

（2）测温热电偶一般置于坩埚外壁，当坩埚直径大于250mm时，可增设直接插入熔盐中心的测温热电偶，坩埚外壁热电偶仅起防止坩埚过热和控温之用。

2. 硼砂熔盐用渗硼剂

（1）供硼剂。主要以硼砂、硼酐或硼酸为供硼剂，不宜用硼铁，因盐浴中含铁量增加后影响渗硼速度，且易形成盐浴偏析。

（2）还原剂。选用碳化硅作还原剂，一般得到单相（Fe_2B）硼化物层。若要得到双相（$FeB+Fe_2B$）硼化物层，可选用铝或稀土元素。

（3）活化剂。用氟化钠、碳酸钠。当用氟硼酸钠和氟硼酸钾作为活化剂时，也兼有供硼作用。

配制渗硼剂原料的技术要求见表2-49。

3. 硼砂熔盐渗硼操作

（1）渗硼剂的配制。硼砂脱水后逐次加入坩埚中熔融，再加入还原剂和活化剂，并及时搅拌防止熔盐外溢。

（2）装炉。硼砂熔盐到达规定温度后，搅拌均匀，工件吊挂在有效加热区内。工件之间的间隙一般为10～15mm，并将熔盐液面上部的挂具浸盐，使之粘附一层渗硼液，以减少挂具腐蚀。

表 2-49 渗硼剂原料的技术要求

原料名称	分子式	纯度(质量分数)	粒度	备注
硼砂	$Na_2B_4O_7 \cdot 10H_2O$	工业纯	粉状	白色
碳化硼	B_4C		150~200 目	灰色
三氧化二硼	B_2O_3	化学纯	粉状	白色
碳化硅	SiC	≥98%	150~300 目	绿色
铝粉	Al	≥98%	100~200 目	银灰
硅钙	Si-Ca	工业纯	粉状	灰色
氟化钠	NaF	工业或化学纯	粉状	白色
碳酸钠	Na_2CO_3	工业或化学纯	粉状	白色
氟硼酸钠	Na_2BF	工业或化学纯	粉状	白色

(3) 渗硼时间应根据渗硼温度、工件材料和所要求的渗硼层深度确定。工模具钢渗硼层深度可控制在 75~150μm。如果渗层太厚，则与基体结合强度降低，且脆性大。

(4) 盐浴补加和调整。坩埚内的熔盐液面下降到低于坩埚高度的 2/3，或不足浸没工件时，应按原比例补加新盐。久经使用的盐浴当活性下降、渗速降低时可加入适量还原剂调整。

(5) 工件渗硼后处理可直接淬火（如 Cr12 钢渗硼）或空冷后重新加热淬火，但重新加热淬火时应避免脱硼。对于高速钢、3Cr2W8V 钢等重新淬火加热温度不能超过 1080℃，以免引起硼化物过烧（熔化）。淬火采用冷速缓慢的介质（如热油或空气），以防止淬火应力过大引起渗硼层开裂或剥落。

2.6.3.2 固体渗硼

1. 固体渗硼剂的组成

(1) 供硼剂：使用最多的是高硼铸铁［$w(B) > 20\%$］。碳化硼由于价格高，获得单相（Fe_2B）渗硼层比较困难，使用较少。近几年来也有用脱水硼砂和硼酐作为供硼剂的，但要添加铝、硅、钙等作为还原剂。

(2) 活化剂：主要是氟硼酸钾、氟硼酸钠。

(3) 填充剂：多数为碳化硅，也有用氧化铝和木炭的。

2. 对固体渗硼剂的性能要求

(1) 渗硼速度：以 45 钢为例，850℃ 渗硼 4h，单相（Fe_2B）渗硼层厚度应大于 0.07mm，双相渗硼层厚度应大于 0.1mm。

(2) 渗剂不能结块，应保持松散状态，且不能粘附在工件表面。

(3) 渗硼剂的松装比体积越大，同体积渗箱用的渗剂越少、成本越低。粒状渗硼剂的松装比体积通常为 0.9~1.4cm^3/g。

3. 固体渗硼操作

(1) 固体渗硼的装箱方法与固体渗碳相近。渗箱可用低碳钢板或铸铁制作，若采用耐热钢效果更好（由于减少氧化皮的形成，渗箱经久耐用）。渗箱采用双层盖结构较好，如图 2-15 所示。两层盖之间可填些废渗硼剂。装箱时工件与工件、工件与箱壁之间留有 10~20mm 距离，靠近箱盖一侧的渗硼剂要增厚一些，不少于 20mm。为了便于清理，可在渗箱四周先垫一层纸，再放渗硼剂。

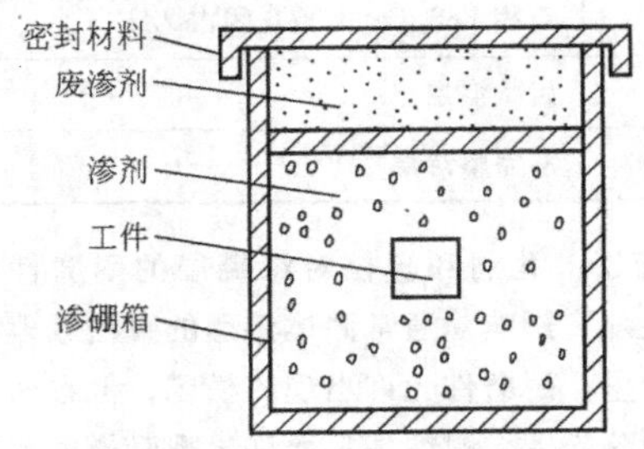

图 2-15 固体渗箱示意图

(2) 渗箱中应放置与渗硼工件钢种相同的试样，以备金相检验。小渗箱放一块试样，大渗箱可在不同位置放 2~3 块试样。

(3) 固体渗硼可以冷装炉，随炉升温。由于 600℃以下渗剂不发生反应，渗箱中的残余空气会引起工件氧化，若采用 600~700℃装炉则效果好。

(4) 固体渗硼出炉后空冷（也可风冷）至室温后开箱，以免工件氧化和渗箱中有害气体外逸。要求脆性小的渗硼件，为了降低组织应力，渗箱随炉冷至 650~600℃保温 1~2h 后再出炉空冷。Cr12 型模具钢可出炉开箱直接淬火。

(5) 重新加热淬火的渗硼件，为了避免脱硼，可用中性盐浴加热，也可用旧渗硼剂保护装箱，再在空气介质炉中加热。

(6) 渗剂重复使用时需加一定比例新渗剂，或添加一定比例的供硼剂和活化剂。

2.6.3.3 质量检验

1. 外观 渗硼件表面应无裂纹和剥落等缺陷，表面颜色为灰色或深灰色。固体渗硼表面有时会出现氧化色，除与渗剂成分有关外，主要是渗箱漏气，工件表面被氧化，但一般不影响使用。

2. 表面硬度 采用显微硬度计测量，FeB 的显微硬度是 1500～2200HV0.1，Fe_2B 的显微硬度为 1100～1700HV0.1。

3. 硼化物类型 因钢种和渗硼方法不同以及渗硼剂的活性和工艺规范不一样，可得到不同的渗硼层组织。用三钾试剂（P·P·P 试剂）腐蚀试样能区分 FeB 和 Fe_2B。根据 FeB 和 Fe_2B 的相对含量、形态、分布不同，渗硼层有六种组织类型（表 2-50）。其中Ⅵ型由于渗硼层不完整，不适于抗蚀工件。

表 2-50 渗硼层类型（JB/T 7709—2007）

类型	说明
Ⅰ	单相 Fe_2B
Ⅱ	双相 FeB、Fe_2B，FeB 约占 1/3
Ⅲ	双相 FeB、Fe_2B，FeB 约占 1/2
Ⅳ	双相 FeB、Fe_2B，FeB 约占 2/3
Ⅴ	齿状渗层
Ⅵ	不完整渗层

4. 疏松 孔洞和疏松对渗硼层的耐磨性、耐蚀性和脆性都有影响。通常固体渗硼的疏松较硼砂熔盐渗硼的严重。耐磨件允许出现疏松区，但致密区的厚度应大于疏松区。耐蚀件只允许出现轻微的疏松。

5. 渗硼层厚度 在 200～300 倍光学显微镜下，将视场分为 6 等分，在 5 个等分点上测量渗硼层厚度，计算算术平均值，即为渗硼层厚度。

$$h=(h_1+h_2+h_3+h_4+h_5)/5$$

式中 h——渗硼层厚度；

$h_1 \sim h_5$——5 个等分点上测量的渗硼层厚度。

硼化物层厚度偏差不应超过表 2-51 的规定。

表 2-51 硼化物层厚度偏差

（单位：μm）

硼化物层厚度范围	单件	同批(工件和材质相同)
100 以下	±5	±10
100 以上	±10	±10

2.6.3.4 渗硼质量缺陷及其控制

1. 严重的疏松或孔洞 渗硼温度高，渗硼剂中含有氟硼酸钾及硫脲等活化剂多时，都促使疏松或孔洞的形成。为了减少渗硼层疏松，可采用以下措施：

(1) 降低固体渗硼剂中硫脲、氟硼酸钾等活化剂的含量。用市场上购买的粒状渗硼剂进行渗硼时，若疏松严重，可在渗剂中掺一定比例的木炭粒。

(2) 适当降低渗硼温度。

(3) 采用高碳钢或高碳合金钢渗硼，其疏松比低、中碳钢轻微。

2. 裂纹 渗硼层中的裂纹有以下两种形式：

(1) 垂直于表面的裂纹。系渗硼后急冷所致，为防止渗硼层急冷开裂，渗硼后应空冷或油冷。

(2) 平行于表面的裂纹。多发生在 Fe_2B 和 FeB 两相渗硼层中，是由于存在相间应力，在附加应力（热应力或机械应力）作用下形成的裂纹。降低渗硼剂活性，获得单相（Fe_2B）渗硼层是避免产生平行裂纹的有效措施。此外，渗硼后采用 600℃ 去应力退火对减少这类裂纹也有一定作用。

3. 硼化物与基体之间的过渡区出现铁素体软带

含 Si 的合金钢渗硼时，硅被驱赶出硼化物，富集在硼化物层内侧，又由于硅是铁素体形成元素，故在硼化物与基体之间形成铁素体软带。因此 $w(Si)>0.5\%$ 的钢材不易进行渗硼处理。

4. 渗硼层剥落 渗硼层太厚或疏松、裂纹及软带等缺陷严重时会引起渗硼层剥落。控制渗硼层厚度，改进工件结构、避免尖角，尽可能获得单相（Fe_2B）渗硼层，减少渗硼层缺陷，可以避免渗硼层剥落。

5. 渗硼层太浅 形成原因有渗硼剂活性不足；渗硼温度低、时间短；固体渗硼时，渗箱密封差、漏气等。

6. 渗硼层过烧 渗硼层出现菊花状珠光体与 Fe_2B 的共晶组织，一般是由于渗硼后重新加热淬火温度过高，或膏剂渗硼感应加热温度过高所引起。控制加热温度不超过 1080℃，可避免渗硼层过烧。

2.6.4 渗金属质量控制

2.6.4.1 粉末渗金属

1. 粉末渗金属设备

(1) 在粉末介质中渗铬、渗铝、渗锌，由于加热温度不同，所用设备也不一样。粉末渗铬用高温炉，渗铝用中温炉，渗锌温度低（340～440℃），宜用滚动鼓形炉。渗金属加热炉的有效加热区温度均匀性应为 ±10℃，温度控制精度也应达到 ±10℃。

（2）渗罐用耐热钢制成，渗罐的箱盖可有小孔，以免罐内的气体把箱盖胀开。渗铬、渗铝罐可带能通保护气的导管。

2. 渗剂组成　固体粉末渗剂由三部分组成：

（1）能提供所渗金属的合金粉末或金属粉末。

（2）填充剂（又称分散剂）多为氧化铝粉末。

（3）催渗剂（又称活化剂）多为 NH_4Cl。

常用渗剂组成及技术条件见表 2-52。

表 2-52　粉末渗金属渗剂组成

渗剂种类	渗剂成分（质量分数）	技术要求（质量分数）
渗铬	Cr 粉或 Cr-Fe 粉　50% NH_4Cl　1% ~2% Al_2O_3 粉　其余	Cr-Fe 粉中 Cr≥65%，C≤0.1% 粒度　100 ~200 目 Al_2O_3 需经高温焙烧脱水
渗铝	Al-Fe 粉　50% ~75% NH_4Cl　0.5% ~2% Al_2O_3 粉　其余	Al-Fe 粉末含 Al40% ~70% 粒度　150 ~200 目 Al_2O_3 粉需经高温焙烧脱水
渗锌	Zn 粉　50% ~75% NH_4Cl　0.05% ~1.0% Al_2O_3 粉　其余	粒度　50 ~80 目 Al_2O_3 粉需经高温焙烧脱水

3. 粉末渗金属操作

（1）渗金属前工件一般需经磨削加工，且应清洗干净，以免造成渗层不均或使工件表面出现黑色斑纹。

（2）按比例配制成渗剂，搅拌均匀，并经 150 ~200℃烘干。旧渗剂重复使用时应根据渗剂类型，加入不同比例的新渗剂，如渗铬剂重复使用 4 ~5 次后应补加 20% 新渗剂，渗铝剂使用 3 ~5 次后需补加 15% ~20% 新渗剂，渗锌剂使用若干次后也需补加新渗剂。氯化铵的补加量根据渗剂总量及配比进行补加。

（3）和固体渗硼一样，工件装箱时，工件与工件之间、工件与箱壁之间留有 10 ~20mm 的距离。靠近箱盖一侧的渗剂要增厚一些，不少于 20mm。渗罐中应放置与渗金属工件钢种相同的试样，以备检验。小渗罐放 1 个试样，大渗罐放 2 ~3 个试样。

（4）粉末渗金属工艺。粉末渗金属工艺见表 2-53。

表 2-53　粉末渗金属工艺

（JB/T 8418—2008）

渗金属类型	装炉温度/℃	加热温度/℃	保温时间/h	冷却方法
渗铬	700	950 ~1100	6 ~10	随炉冷却到室温
渗铝	700	850 ~950	2 ~6	
渗锌	300	340 ~440	2 ~6	

（5）渗金属后的热处理

1）渗铬、渗铝后的热处理通常是为了提高心部强度，而对渗层影响不大，一般根据所用基体材料选择不同的热处理工艺，如正火、淬火、回火。

2）渗锌后为了进一步提高渗层的耐蚀性，可在 150 ~160℃热油中浸煮后喷涂料或磷化处理。

2.6.4.2　硼砂熔盐渗金属

硼砂熔盐渗金属的本质是将钢件或铸铁零件置于含有铬（钒、铌）的氧化物及还原剂的熔融硼砂盐浴中，通过反应生成铬（钒、铌）原子，渗入工件表面，并与基体中的碳原子经反应扩散形成碳化物层的过程。

1. 渗金属加热设备　硼砂熔盐渗金属加热设备与硼砂熔盐渗硼所用加热设备完全一样，对加热设备的要求可参看本章 2.6.3.1 节。

2. 渗剂　根据 JB/T 4218—2007 的技术要求：新配制渗剂中铬、钒质量分数应分别≥5%，铌质量分数≥4%，金属氧化物质量分数≤1%。连续工作过程中应不断补加工件带走的盐，使盐浴中的铬（钒、铌）质量分数≥1.5%，金属氧化物质量分数≤2%，并加入适量活化剂。

按一定顺序将渗剂中的不同组分加入熔融的硼砂盐浴中，即先将脱水硼砂熔融→加被渗金属氧化物→加活化剂。

3. 基体材料的选择

（1）由于渗层中碳化物中碳的来源于基体材料中的碳含量，高的碳含量有利于碳化物的形成，因此进行硼砂熔盐渗金属的碳素钢工件，其碳质量分数应大于 0.3%，合金钢中的碳质量分数大于 0.2%，铸铁零件也适用于此工艺。

（2）由于碳化物渗层塑性差，热胀系数与基体材料相差悬殊，因此基体材料应选用淬透性好的合金钢，以便淬火时可采用冷却缓慢的淬火冷却介质。

4. 渗金属工艺　硼砂熔盐渗铬、渗钒、渗铌的工艺方法见表 2-54。

渗金属后的热处理根据基体材料的化学成分和使用性能要求可进行直接淬火、重新加热淬火或正火。为了减少淬火开裂，淬火时的冷却速度应缓慢。

2.6.4.3　渗金属质量检验

1. 表面状况　工件表面应光洁、无裂纹、无腐蚀斑等缺陷，色彩均匀。渗铬层呈银白色，渗钒层为浅黄色或铁灰色，渗铌层呈金黄色，渗铝层为银白色或银灰色（不允许出现氧化黑色），渗锌层呈银灰色。

表 2-54 硼砂、熔盐渗金属工艺

渗金属类型	渗剂成分(质量分数)	渗金属工艺		渗层厚度/μm
		加热温度/℃	保温时间/h	
渗铬	Cr 粉 5% ~15%, $Na_2B_4O_7$ 85% ~95%	1000	6	14 ~ 18
	Cr_2O_3 粉 10% ~12%, Al 粉 3% ~5%, $Na_2B_4O_7$ 85% ~90%	950 ~ 1050	4 ~ 6	15 ~ 20
渗钒	V 粉 10%, $Na_2B_4O_7$ 90%	1000	5.5	22 ~ 24.5
	V_2O_5 10%, Al 粉 5%, $Na_2B_4O_7$ 85%	950 ~ 1050	8	12 ~ 25
渗铌	Nb 粉 7% ~10%, $Na_2B_4O_7$ 90% ~93%	1000	5.5	17.2 ~ 20.0
	Nb_2O_5 10%, Al 粉 9%, $Na_2B_4O_7$ 81%	1000	4	12

2. 表面硬度　由于渗金属层较浅，一般采用显微硬度计测量，几种渗金属层的硬度见表 2-55。

表 2-55 渗金属层的显微硬度

渗层类型	渗层厚度/μm	表面硬度 HV0.005
渗铬	10 ~ 20	1500 ~ 1800
渗钒	5 ~ 15	2500 ~ 2800
渗铌	5 ~ 15	2200 ~ 2600
渗铝	50 ~ 400	520 ~ 880
渗锌	20 ~ 80	450 ~ 550

3. 渗层组织　用质量分数为 3% 的硝酸酒精溶液浸蚀后，渗层多为连续的白亮带，无断续状，渗层下无贫碳区。基体晶粒度也应满足技术要求。

2.6.4.4 渗金属层缺陷及其控制

1. 粘渗剂　粉末渗金属时由于加热温度过高，渗剂中低熔点杂质较多，会引起烧结；或渗剂未烘干有水分，如粘铝、粘铬等。

2. 裂纹或剥落　渗层为碳化物时，其脆性大，渗层热胀系数与基体相差悬殊，淬火时若冷速过快会由于热应力引起渗层开裂或剥落，且渗层越厚产生裂纹或剥落的倾向越大，工件尖角处更易剥落。

3. 点蚀　渗层不致密有微孔，或表面残盐未清洗干净，或渗后在大气中长期放置，都会因大气腐蚀而形成点蚀。渗后清洗表面或进行封孔处理可减少点蚀。

4. 脱碳　粉末渗金属时渗剂多次使用后易脱碳。除按工艺要求补加新盐外，加强密封后向罐内通保护气能防止金属粉末氧化，可避免脱碳。

5. 渗层下面贫碳严重　渗铬、渗钒、渗铌时由于合金元素渗入工件表面，将基体中的碳吸引至表层形成碳化物，造成渗层下面出现贫碳区。为了消除这种贫碳区，渗后可进行均匀化退火，渗层不易太厚，此外还应选用碳含量较高的材料进行渗金属。

参 考 文 献

[1] 金属热加工实用手册编写组. 金属热加工实用手册 [M]. 北京：机械工业出版社，1996.

[2] 王广生，石康才，周敬恩，等. 金属热处理缺陷分析及案例 [M]. 北京：机械工业出版社，1997.

[3] 钟华仁. 热处理质量控制 [M]. 北京：机械工业出版社，1992.

[4] 姚禄年. 钢热处理变形控制 [M]. 北京：机械工业出版社，1987.

[5] 刘志儒. 金属感应热处理 [M]. 北京：机械工业出版社，1987.

[6] 王越. 渗硼层疏松的形成原因及产生机理 [J]. 金属热处理，1989 (3)：21.

[7] 潘邻. 化学热处理应用技术 [M]. 北京：机械工业出版社，2004.

[8] 中国标准出版社第三编辑室. 机械制造加工工艺标准汇编：金属热处理卷 [S]. 北京：中国标准出版社，2009.

第3章　材料化学成分的检验

上海材料研究所　王春亮　李晋

在进行金属热处理的时候，首先应当知道材料的化学成分。成分分析方法包括化学检验和“物理”检验。本章介绍钢的火花检验和仪器检验的原理、特点、功能以及适用范围，对部分分析方法还附加了实例，供热处理工作者在适当的场合下应用。

3.1　钢的火花检验

3.1.1　火花的形成及结构

钢的火花检验适用于碳钢、合金钢及铸铁，能鉴别出常见的合金元素，但对S、P、Cu、Al、Ti等元素则无法进行火花检验。

火花束由流线、节点、苞花、爆花、花粉和尾花等组成。

1. 流线　试件在高速砂轮上磨削的颗粒，在高温下运行的轨迹就是流线。流线分为直线形、断续形、波纹形和断续波纹形，其中波纹形不常见。碳钢的流线是直线形的，铬钢、钨钢、高合金钢和灰铸铁的流线呈断续形。图3-1所示为火花流线形状示意图。

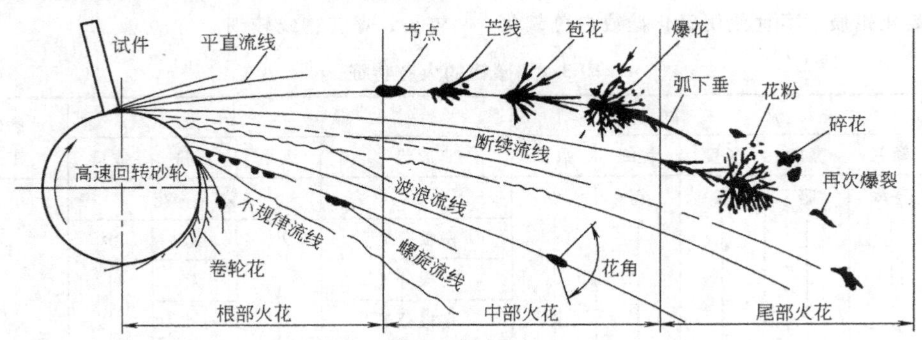

图3-1　火花流线形状示意图

2. 节点与苞花　流线上明亮又较粗的点称为节点和苞花。节点是含Si的特征，苞花是含Ni的特征。

3. 爆花　爆花分布在流线上，是钢中含碳元素所特有的火花特征。爆花形态随钢中碳含量的不同而变化，粉碎状的花粉随碳含量的增高而增加。爆花在火花鉴别中占有重要地位。

钢样磨削颗粒沿砂轮旋转的切线方向被抛射。此时磨削颗粒处于高温状态，表面被强烈氧化，形成一层FeO薄膜。钢中的碳在高温下极易与氧发生反应使FeO还原：$FeO + C \rightarrow Fe + CO$。被还原的Fe将再次被氧化，然后再次还原。这种氧化还原的过程循环进行，当颗粒表面的氧化膜不能约束反应生成的CO时，就有爆裂现象发生。粉碎的颗粒外逸时的火花称为“爆花”。磨削颗粒经一次爆裂后，在碎粒中若仍残留有未参加反应的Fe、C，将继续发生反应，则可能出现二次、三次或多次爆花。这时，随着爆花次数的增加（反应物减少），火花亮度也随之降低。图3-2所示为爆花的各种形式示意图。

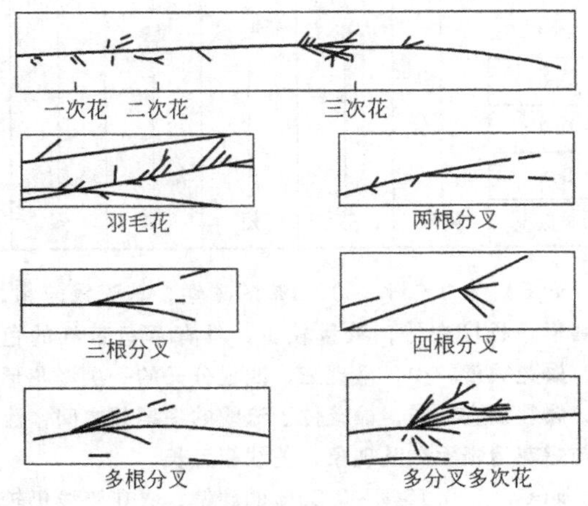

图3-2　爆花的各种形式

由爆花爆裂而产生的若干聚集的短线称为“芒线”。随钢中碳含量增加，芒线又有两根分叉、三根分叉、四根分叉及多根分叉的不同。

4. 尾花　尾花是流线末端特征，有狐尾尾花和枪尖尾花两种。狐尾尾花一般是钢中含钨的特征，其亮度和粗细程度比流线其他部位更明亮、更粗一些，狐尾尾花的数量及长度与钢中含钨量成反比。枪尖尾花一般认为是钢中含钼的火花特征，但也不是在所有的含钼钢中都能看到，有时在一些不含钼的钢中也能见到枪尖尾花。

5. 色泽　火花颜色的明暗表明了颗粒运行的温度，火花为亮的黄白色、亮白色表明温度高，暗红色则是温度低。颗粒的亮暗与 CO 形成、合金元素含量、颗粒的氧化性能及氧化程度有关。

3.1.2 检验设备与操作

可选用手提式电动砂轮或台式砂轮。手提砂轮携带方便，且可使火花束散开，利于观察单条火花形象。台式砂轮磨出来的火花与人观察的视角不相适应，较不方便。手提式砂轮功率为 0.1～0.3kW，台式砂轮的功率为 0.5～1.0kW，转速为 3000r/min，砂轮片为普通氧化铝质，不宜使用碳化硅或白色氧化铝。手提式砂轮直径为 200～300mm，厚度为 20～25mm，粒度为 46～60 目，中等硬度。可备已知钢种试样，作为校核之用。

操作的环境应明亮程度适中，以能清晰辨别火花形状与色泽为准。试样与砂轮接触压力要适中，注意手感力，并与火花形态相结合。检验碳含量较高的钢的火花时，应打磨成单一流线火花形态，以利于观察多次爆裂特征，较准确判断钢的碳含量。

3.1.3 钢的成分与火花特征

3.1.3.1 碳钢火花特征

碳钢的火花特征见表 3-1。主要考虑流线长短、粗细、色泽及爆花数量多少等。纯铁火花流线短而粗，量较少，无爆花。随铁的纯度不同，花束中也杂有两、三根分叉，但强度较弱，角度较小，爆花芒线较细。

表 3-1　碳钢的火花特征

w(C)(%)	流线					爆花				磨砂轮时手的感觉
	颜色	亮度	长度	粗细	数量	形状	大小	花粉	数量	
0	亮黄	暗	长	粗	少	无爆花				软
0.05						两根分叉	小	无	少	
0.1						三根分叉		无		
0.2						多根分叉		无		
0.3						二次花多分叉		微量		
0.4						三次花多分叉		稍多		
0.5		亮	长	粗			大			
0.6										
0.7										
0.8										
0.8 以上	黄橙	暗	短	细	多	复杂	小	多量	多	硬

w(C) 为 0.05%～0.10% 的碳钢，其流线较粗，呈弧形，长度中等，数量较少，具有草黄带红的色泽，爆花数量较少，呈现三、四根分叉的一次爆花形式，爆裂强度较弱，爆花位于流线的中尾部之间，流线与爆花清晰无杂乱现象，芒线粗且长。

w(C) 为 0.15%～0.20% 的碳钢，火花流线仍较粗，量多而稍长，略带弧形，整个火花束为草黄且带有微红色。在爆花的芒线上有明显呈直线脱离的枪尖尾花，呈现一次多分叉单花形式，爆花角度较大，芒线粗长并有明亮的节点，不时地出现一、二枝二次爆花的芒线。

w(C) 为 0.4%～0.5% 的碳钢，火花流线比较细长且多，色泽黄较明亮。爆花有分叉，多为二次爆花，在流线尾部及中尾部有节点，爆裂强劲，大爆花甚多，伴随有二、三层枝状爆花，爆花量较多且密集，附有少量花粉，根部有小型爆花与稍暗的流线交织，芒线较细且长。

w(C) 为 0.6% 的碳钢，火花流线细长而量多，挺直而强劲，尖端分叉，大型爆花多在流线尾端，其后有较强的枝状爆花。芒线细长有较多花粉，呈明黄色。

w(C) 为 0.7%～0.8% 的碳钢，流线可分为明显的三部分，总体来看是短、细、直、量多。爆花为多分叉、多次花形式，量多且密集，大型爆花减少，枝状爆花增多。芒线间花粉较多，但细而疏，色泽呈黄亮色。

w(C) 超过 0.8% 的碳钢，随着碳含量增加而流线增多的趋势减慢，流线逐渐细化，长度逐渐缩短。爆花和花粉缓慢增多，花形逐渐变小。整个火花束的色泽由橙黄变成暗橙。

3.1.3.2　合金元素对火花特征的影响

合金元素加入后，钢的火花特征发生变化。部分合金元素在火花中的特征及其对碳钢火花特征的影响见表 3-2。

表 3-2　部分合金元素对火花特征的影响

合金元素	对爆裂的影响	流线					爆花			特征	触感抗力
		根部色泽	色泽	长短	粗细	多少	多少	芒线	花粉		
Mn	助长	黄	白亮(低 C) 黄亮	低 Mn 长 高 Mn 短	粗	低 Mn 多 高 Mn 少	多而整齐	白色， 细长	(高 C)多	—	—
低 Cr		—	白亮(低 C) 明亮(高 C)	低 C 长 高 C 短	—	低 C 多 高 C 少	较大	—	(高 C)有	—	—
V		—	黄亮	—	—	—	多	细	—	—	—
W	抑制	暗红	橙红	中	细	少	少	红色， 秃尾	没有	断续流线狐尾	硬
Mo		深橙红	—	长	细	—	少	橙红 色，细	没有	枪尖[w(Mo) 1.0%，低 C]	硬
Si		—	橙黄 (高 Si)	短	粗	—	少	白色，短	没有	流线尖端白亮点 (低 C) 钩状尾花 (高 Si 低 C)	不太硬
Ni		—	黄	短	细	—	少	黄色，细	没有	流线上出现鼓肚 (低 Ni，低 C)	硬
高 Cr		—	黄	短	—	较少	少	—	—	—	硬

合金元素对火花的影响可分为：抑制爆花元素（如 Ni、Si、Mo、W 等）和助长爆花元素（如 Mn、V 等）两类。

1. 钨　对爆花产生的抑制作用最强。钨在一般钢中形成碳化物，其熔点高，导热性差，导致磨削钢粒在离开砂轮瞬间 CO 反应受阻。w(W) = 1% 时，爆花显著减少；w(W) > 2.5% 时，爆花呈秃尾状。随着钨含量的增加，也使火花色泽变暗，当 w(W) = 5% 时，可完全抑制爆花的产生，火花束呈暗红色。钨对爆花抑制作用大小，还与钢中碳含量有关，低碳钢中 w(W) 为 4% ~ 5% 时，完全可以抑制爆花发生。钨钢中碳含量越高，越是呈暗红色火花。

2. 钼　具有较强的抑制爆花作用，能细化芒线和加深火花色泽。钼钢火花不明亮，钼含量较高时火花呈深橙色。有没有枪尖尾花，取决于钼、碳含量，碳含量低枪尖明显，钼钢中 w(C) 为 0.5% 时，就不易出现枪尖。

3. 硅　对爆花有较强的抑制作用。w(Si) 为 2% ~ 3% 时，抑制作用较明显，它能使爆裂芒线缩短。如观察 w(Si) 为 4% ~ 5%、w(C) 为 0.1% 的硅钢片的火花，只能在火花束间发现 1 ~ 2 根单芒线爆花，并出现明亮的闪点。硅锰弹簧钢火花呈橙红色，流线粗而短，芒线粗且少。

4. 镍　对爆花有较弱的抑制作用，能使火花不整齐和缩小，流线较碳钢细。随着镍含量的增加，流线的数量变少、长度变短及色泽变暗。

5. 铬　对火花的影响比较复杂。在低铬、低碳钢中，铬助长火花爆裂作用，增加流线的数量及长度，火花束呈亮白色，爆花为一、二次花，花型较大。在含碳较高的低铬钢中，铬助长爆裂作用不明显，有时观察不到枝状爆花，虽然火花束仍然显得很明亮，但流线短而少。随着铬含量的增加，爆裂强度、流线长度、流线数量等均有所减少，色泽也将变暗。铬钢中若含有其他抑制爆裂或助长爆裂的合金元素，则火花现象表现复杂，需较丰富的经验才能鉴别。

6. 锰和钒　锰和钒等元素有助长火花爆裂的作用。锰钢的火花爆裂强度比碳钢强，爆花位置比碳钢离砂轮远。当钢中锰含量稍高时，火花比较“整齐”，色泽也比碳钢黄亮，碳含量较低的锰钢呈白亮色，爆花核心有大而白亮的节点，花型较大，芒线细少且长。碳含量较高的锰钢，爆花有较多花粉。低锰钢的流线粗而长，且量较多。高锰钢流线短粗且量少。由于锰是助长爆裂元素，因此有时会把钢的碳含量估计过高，试验时应仔细观察。

图 3-3～图 3-16 所示为一些钢种的火花照片[⊖]。

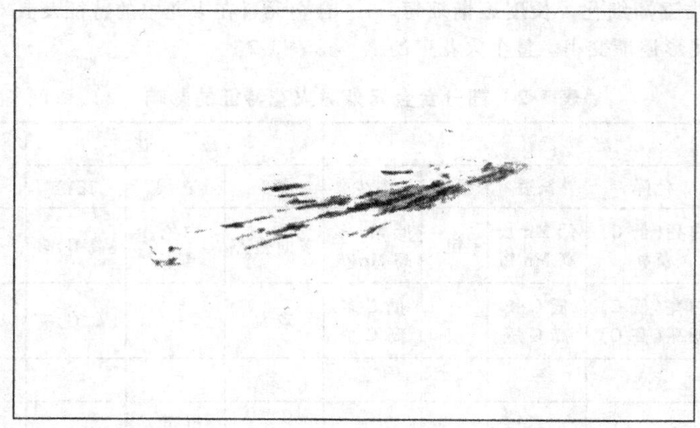

图 3-3　08 钢火花

图 3-4　08MnTi 钢火花

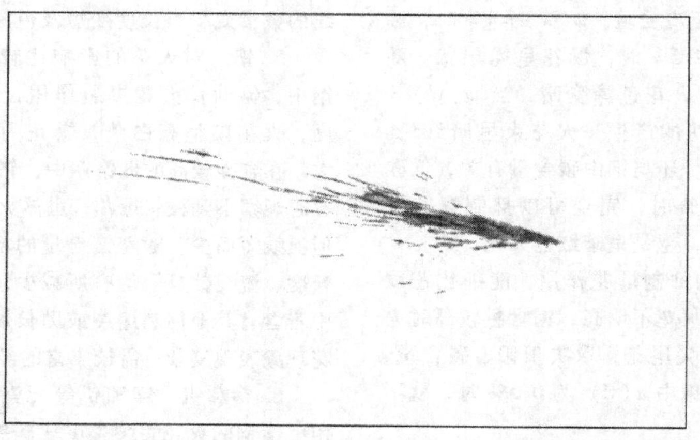

图 3-5　$w(C)=0.1\%$、$w(Mn)=1\%$、$w(Cr)=1\%$、$w(Cu)=0.4\%$钢火花

⊖　火花照片制作由黄伟提供。

图 3-6　20 钢火花

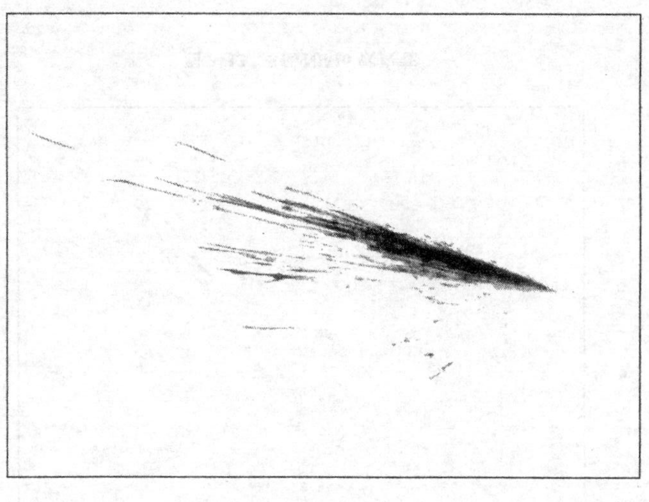

图 3-7　40Cr 钢火花

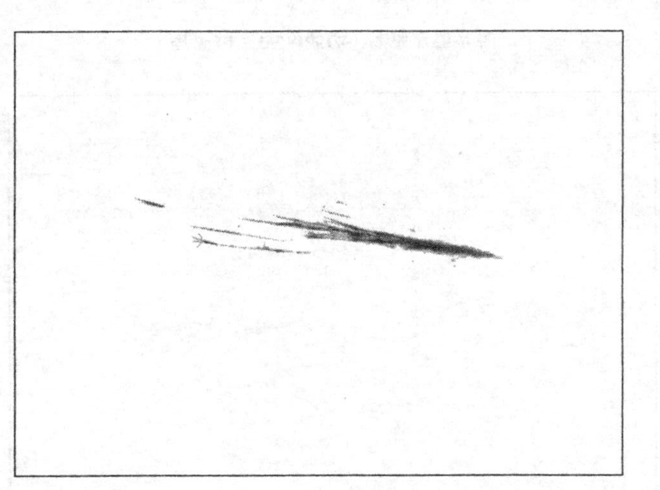

图 3-8　GCr15 钢火花

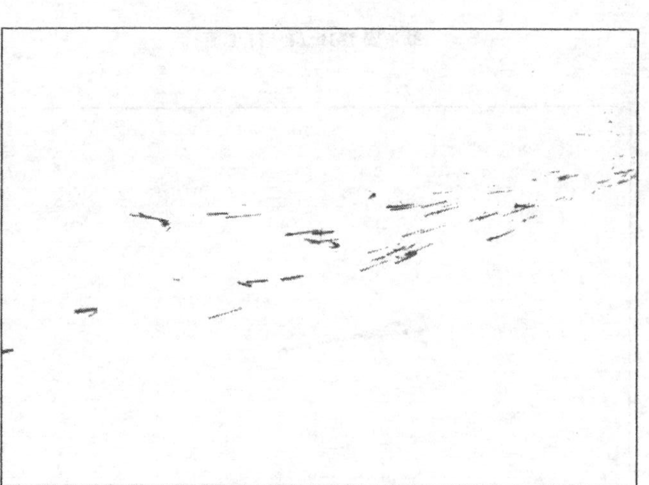

图 3-9　GCr18 钢火花

图 3-10 W6Mo5Cr4V2 高速钢火花

图 3-11 17-4PH 钢火花

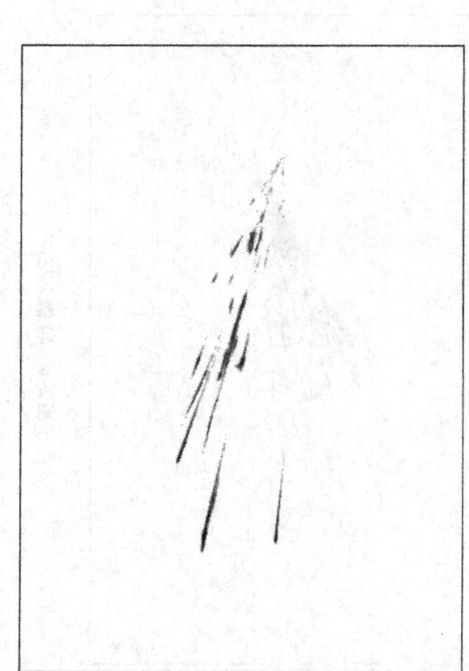
图 3-12 65Cr5MoV2Si 钢火花

图 3-13 5CrNiMo 钢火花

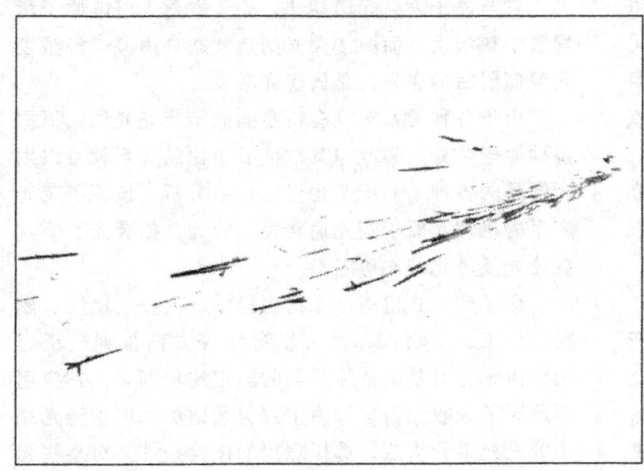

图3-14 35钢火花

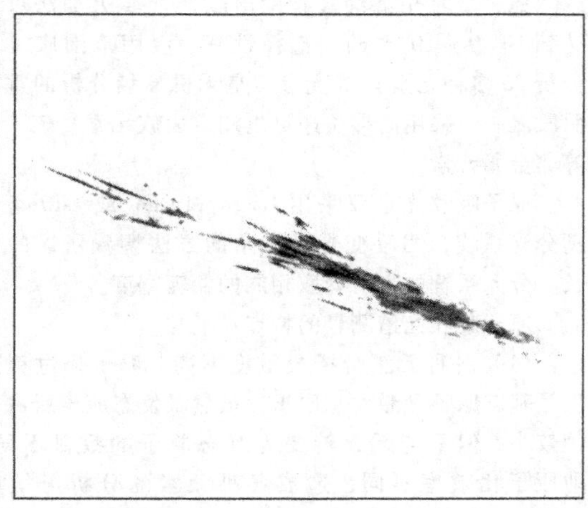

图3-15 球墨铸铁火花

图3-16 高铬铸铁火花

3.2 光谱分析

3.2.1 原子吸收光谱分析

原子吸收光谱分析法是指被测元素气相状态下的基态原子对该元素的原子共振辐射有着强烈的吸收作用，以此为基础建立起来的定量分析方法。

处于基态的原子，吸收由空心阴极灯发射出的该原子的共振辐射，吸收的大小是与其处于基态的原子数成正比的，这便是原子吸收光谱进行定量分析的基础。根据热力学原理，原子蒸气在一定温度下达到热平衡时，原子基态和激发态数目遵循玻尔兹曼（Boltzmann）公式：

$$\frac{N_i}{N_0}=\frac{g_i}{g_0}\times\exp\left(\frac{-E_i}{kT}\right)$$

式中 N_i——激发态原子数；

N_0——基态原子数；

g_i——激发态统计权重；

g_0——基态统计权重；

E_i——激发态的能量；

k——玻尔兹曼常数；

T——绝对温度。

对某一元素原子光谱线，可根据此式计算一定温度下的 N_i/N_0 值。在通常的原子吸收光谱分析的测试条件下，原子蒸气中参与产生吸收光谱的基态原子数可以近似地看做等于原子总数。

原子吸收光谱法具有检出限低（非火焰法可以达到 10^{-11} ~ 10^{-14}g）、选择性好、应用范围广（可分析70多种元素）等优点，是无机痕量分析的重要手段之一。采用间接法还可以测定卤族元素、硫、氮等非金属元素。

原子吸收光谱仪采用 Czerny-Turner 或 Littrow 光栅分光系统，用改变光栅转角的方法调置所需的波长，分光系统的入射缝取相同的共轭宽度。

原子吸收光谱测量的特点：

（1）各种元素分析灵敏度不高。原子化过程产生了基态原子和激发态原子，虽然激发态原子所占比例较小，但不同元素转变为基态原子的数目不同，即原子化效率不同，造成各种元素的分析灵敏度不同。

（2）可测定同位素含量。由原子核自旋及同位素引起谱线超细结构的分裂，有的元素可分为三条，甚至更多，或者多数谱线因分裂较小而合并在一起，使谱线轮廓变宽，因此可测同位素含量。

（3）在火焰或石墨炉吸收光谱中，原子化基态吸收线宽度为3~6pm（0.003~0.006nm）。

目前，用于原子吸收光谱分析的标准溶液可分为金属离子标准溶液和金属有机化合物标准溶液。能测定的元素有：Ag、Al、As、Au、B、Ba、Be、Bi、Ca、Cd、Co、Cr、Cs、Cu、Dy、Er、Eu、Fe、Ga、Gd、Ge、Hf、Hg、Ho、In、Ir、K、La、Lu、Mg、Mn、Mo、Na、Nb、Nd、Ni、Os、P、Pb、Pd、Pr、Pt、Rb、Re、Rh、Ru、Sb、Sc、Se、Si、Sm、Sr、Ta、Tb、Te、Th、Ti、Tl、Tm、U、V、W、Y、Zn、Zr 等。

原子捕集技术可以改变常规的火焰原子吸收法雾化效率低的缺点，使用石英捕集管的方法，已经可以测定 Se、Pb、As、Cu、Cd、Zn、Ni、Ta 等元素。原子捕集技术已广泛应用于生物样品、环保样品、金属材料（如钴、铝、铜基合金、铝合金）样品等。

3.2.2 原子荧光光谱分析

测量原子在紫外可见区辐射激发下所发射出的荧光强度，进行定量分析的方法称为原子荧光光谱法。

原子荧光是一种光致发光现象，与分子荧光的区别在于：分子荧光是受激发态分子产生的，而原子荧光则是受激发态原子产生的。物质在气态自由原子状态下，吸收该物质原子的特征波长辐射后，被激发跃迁到能级较高的激发态，由于处于激发态的原子很不稳定，又以各种不同方式放出吸收的能量而回到基态，若以辐射形式放出能量，这个辐射便是原子荧光。它与原子发射光谱相比，原子发射光谱的原子激发属于热激发，而原子荧光则是气态自由原子经激发光源照射后的激发，是属于光激发。

由于各种元素都具有特定的原子荧光光谱，根据各种原子荧光的强度与其浓度成正比的关系就可以用于样品的各种不同原子含量的定量分析。按原子荧光产生的机理，原子荧光通常可以分为共振荧光、非共振荧光及敏化荧光等三类。

原子荧光光谱法已在材料科学、冶金、地质、燃料、化工、生物试样及环境科学等方面得到广泛应用。由于它对复杂基体样品的测定比较困难，其应用不及原子吸收光谱法和原子发射光谱法。应用激光原子荧光光谱分析法，选择理想的试验条件，对某些元素如 Na、U 等能够实现超低浓度的分析，其检出限可达 10^2 ~ 10^3 个原子/mL 水平。

3.2.3 原子发射光谱分析

根据量子化学，原子光谱的产生源于原子外层电子在不同能级之间的跃迁，由于原子内部不存在振动能级，因此电子跃迁所产生的是线状光谱，它出现在电磁波的紫外线、可见光和红外线区域。利用原子发射的光谱线来测定物质化学组成的方法就叫做原子发射光谱分析法。

光谱分析仪器由光源、分光系统（光谱仪）及观测系统三部分组成，如图3-17所示。

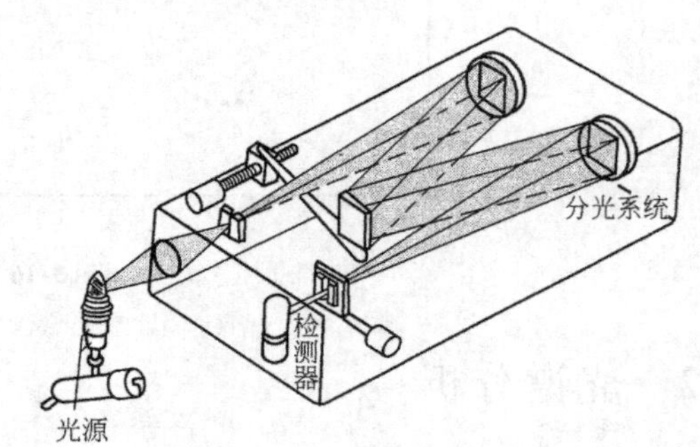

图3-17 发射光谱仪原理图

其中激发光源有化学火焰、电激发光源以及电感耦合等离子体光源（Inductively Coupled Plasma, ICP）。由于电感耦合等离子体光源具有工作温度高、电感耦合高频等离子炬的外观与火焰相似（但它的结构与火焰截然不同）、电子密度很高、测定碱金属时电离干扰很小、无极放电、没有电极污染、载气流速很低（通常0.5~2L/min）、有利于试样在中央通道中充分激发，而且耗样量也少，以 Ar 为工作气体，由此产生的光谱背景干扰较少等优点，使得电感耦合等离子体原子发射光谱（ICP-AES）具有灵敏度高、检测限低（10^{-9} ~ 10^{-11} g/L）、精密度好（相对标准偏差一般为 0.5% ~ 2%）、工作曲线线性范围宽，因此同一份试液可用于从宏量至痕量元素的分析，试样中基体和共存元素的干扰小，甚至可以用一条工作曲线测定不同基体的试样同一元素。ICP 也是当前发射光谱分析中发展迅速、极受重视的一种新型光源。表 3-3 列出了几种光源的性能特点。

表 3-3　几种光源的比较

光源	蒸发能力	激发温度/K	稳定性	应用范围
化学火焰	略低	1000 ~ 3000	好	碱金属、碱土金属、溶液
直流电弧	高（阳极）	4000 ~ 7000	较差	矿物、纯物质、难挥发元素的定量和定性分析
交流电弧	中	4000 ~ 7000	中	低含量组分定量分析
火花	低	5000 ~ 10000	好	金属、合金、难激发元素的定量分析
ICP	很高	6000 ~ 8000	很好	各种金属、从低含量到高含量、溶液

（1）原子发射光谱法的特点如下：

1）既可用于定量分析又可用于定性分析。每种元素的原子被激发后，都能发射出各自的特征谱线，所以根据其特征谱线就可以准确无误的判断元素的存在。因此原子发射光谱是迄今为止进行元素定性分析最好的方法。元素周期表中 70 余种元素都可以用发射光谱法测定。

2）分析速度快。试样多数不需经过化学处理就可分析，且固体、液体试样均可直接分析，同时还可多元素同时测定，若用光电直读光谱仪，则可在几分钟内同时做几十个元素的定量测定，如钢厂炉前分析等。

3）选择性好。由于光谱的特征性强，所以对于一些化学性质极相似的元素的分析具有特别重要的意义。如铌和钽、锆和铪、十几种稀土元素的分析用其他方法都很困难，而对 AES 来说则是轻而易举。

4）检出限低。一般可达 0.1 ~ 1μg/g，绝对值可达 10^{-8} ~ 10^{-9} g。用 ICP 新光源，检出限可低 1 ~ 3 个数量级。

5）用 ICP 光源时，准确度高，标准曲线的线性范围宽，可达 4 ~ 6 个数量级，可同时测定高、中、低含量的不同元素。因此，ICP-AES 已广泛应用于各个领域之中。

6）样品消耗少，适于整批样品的多组分测定，尤其是定性分析更显示出独特的优势。

（2）原子发射光谱法存在的问题如下：

1）在经典分析中，影响谱线强度的因素较多，尤其是试样组分的影响较为显著，所以对标准参比的组分要求较高。

2）含量（浓度）较大时，准确度较差。

3）只能用于元素分析，不能进行结构、形态的测定。

4）大多数非金属元素难以得到灵敏的光谱线。

3.2.4　X 射线荧光光谱分析

X 射线荧光光谱（XRF）分析法是一种重要的化学成分分析手段，可用于各种材料中主量、少量和痕量元素的分析，具有可分析元素范围广（^{4}Be ~ ^{92}U），可分析浓度范围宽（10^{-4}% ~ 100%），可直接分析固体、粉末和液体试样，分析精度高以及可作非破坏分析等特点，因而用途非常广泛。

X 射线荧光光谱仪根据能量分辨原理不同可分为波长色散 X 射线荧光光谱仪、能量色散 X 射线荧光光谱仪和非色散谱仪。

波长色散 X 射线荧光光谱仪采用晶体或人工模拟晶体，根据 Bragg 定律将不同能量的谱线分开，然后进行测量，一般采用 X 射线管作激发源，可分为顺序式、同时式谱仪和顺序式与同时式相结合的谱仪三种类型。通常波长色散 X 射线荧光光谱仪主要由 X 射线管、滤光片、通道面罩、准直器、分光晶体、探测器、测角仪和控制系统等部分组成。常用分光晶体的 $2d$ 值及应用范围见表 3-4。为了有效测量长波长的谱线，设计了一些多层模拟晶体，其 $2d$ 值可以达到数纳米以上，可以用于分析超轻元素。

表 3-4　常用晶体的 $2d$ 值及适用范围

晶体	$2d$ 值/nm	适用范围	
		K 系列	L 系列
LiF(200)	0.403	Te ~ Ni	U ~ Hf
LiF(220)	0.285	Te ~ V	U ~ La
LiF(420)	0.180	Te ~ K	U ~ In
Ge(111)	0.653	Cl ~ P	Cd ~ Zr
InSb(111)	0.748	Si	Nb ~ Sr
PE(002)	0.874	Cl ~ Al	Cd ~ Br
TlAP(100)	2.575	Mg ~ O	—

全反射X射线荧光分析是一种灵敏度很高而操作又相当简便的分析技术，通常采用均匀、表面光滑且无限厚的衬底作样品的载体，如抛光的硅片和石英玻璃。它具有如下特点：①灵敏度高，检出限低至 $10^{-9}\sim10^{-12}$g；②样品用量少；③基体效应一般可忽略，定量分析较简单；④液体试样制作简单；⑤可对光滑的硅片直接进行测定。因此，全反射X射线荧光分析已经成为半导体工业中不可缺少的分析测试手段。

3.2.5 红外光谱分析

电磁辐射中由可见光至微波之间的波长区域称为光谱的红外区域。物质分子在同红外辐射相作用时，吸收特定波长，以辐射的波数为横坐标，以 *T*%（透光率）或 *A*（吸光度）为纵坐标，可得到红外吸收光谱图。它采用组成分子的官能团和原子的总体结构来表征，按波数范围可以分为近红外、中红外和远红外三个红外区域。中红外区域对应于分子基频的振动吸收，绝大多数化合物的振动基频都出现在这个区域，因此它是整个红外波段中信息最丰富、最有用的区域。

红外光谱仪，即红外分光光度计，按其分光原理的不同可分为色散型和傅里叶变换两种。显微镜技术和微光红外技术相结合的傅里叶变换红外光谱仪（Fourier Transform Infrared Spectrophotometer，简称FT-IR）微区测量技术可大大提高检测灵敏度。使用红外显微镜附件可以对微小样品进行分析。

红外显微镜有透射式和反射式两种。图3-18所示为能用于透射、反射测量的FTIR显微镜结构图。

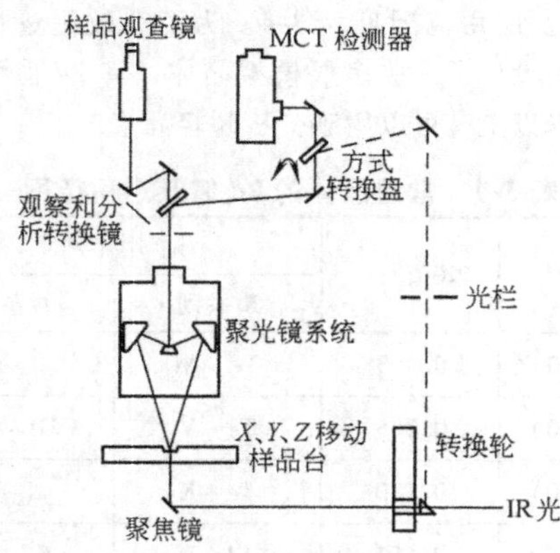

图3-18　透射、反射式的FTIR显微镜结构

由于红外光束被聚焦在样品微小的面积上，使得测量灵敏度大大提高，一般检测都在ng级，对吸收系数较大的物质能检测到pg级，不需特殊的制样技术，且具有无损测量的特点。

红外光谱分析技术已经应用于钢铁中碳含量测定、金属腐蚀机理的研究，钢铁渗碳、渗氮、碳氮共渗等表面处理后的样品表面层分析，以及钢铁磷化、缓蚀的研究。

3.3　微区化学成分分析

3.3.1 透射电镜中的能谱与能量损失谱

X射线能量色散谱仪（Energy Dispersive X-ray Spectroscopy，EDS），简称能谱，是分析型透射电子显微镜的基本配置。应用能谱可以对材料的化学成分进行定性和定量分析，利用电子通道效应可以分析原子在有序晶体中的晶格位置。分析型透射电子显微镜的重要附件还包括电子能量损失谱仪（Electron-Energy-Loss Spectroscopy，EELS）。与X射线能量色散谱分析功能比较，电子能量损失谱更适合材料中轻元素的定性和定量分析，可以利用电子能量损失谱电离峰近边结构和广延能量损失精细结构分析材料中元素的电子结构、化学价态，以及配位原子数和相邻原子结构信息。最近，能量选择成像系统的发展，不但使人们可以得到电子能量损失谱元素面分析和化学键分布，还可以提高透射电子显微镜电子衍射花样和衍射图像的质量。分析型电子显微镜通常具有很高的空间分辨率，应用X射线能量色散谱和电子能量损失谱可以对材料在纳米尺度小区域进行分析。

对于样品产生的特征X射线，可以有两种成谱方法：一种是X射线能量色散谱方法，由于探测效率高，分析型透射电子显微镜中均采用这种方法；另一种为X射线波长色散谱方法（Wavelength Dispersive X-ray Spectroscopy），通常和扫描电子显微镜连用组成电子探针。图3-19所示为分析型透射电子显微镜中X射线探测器示意图。为了保证探测器的稳定性，该仪器采用液氮进行冷却。窗口是谱仪的一个重要组成部分，起着隔离探测器和镜筒的作用，并保持

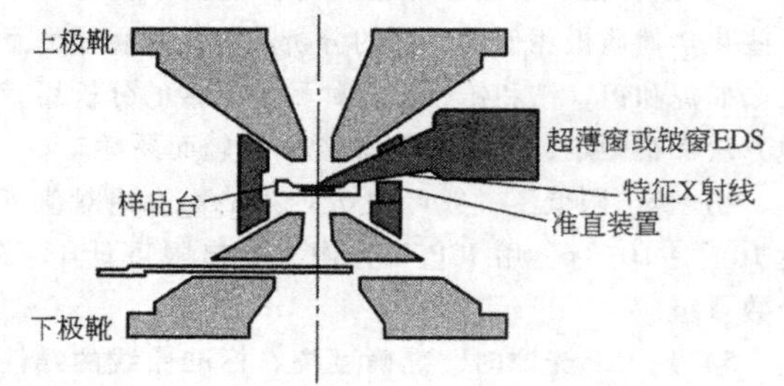

图3-19　分析型透射电子显微镜中X射线探测器示意图

探测器的高度真空度。以往探测器通常采用铍作为窗口材料，由于铍对低能X射线的吸收，无法分析原子序数11（Na）以下的元素。采用沉积铝的有机膜超薄窗口，可以将分析元素扩展到原子序数6（C）以上。

透射电子显微镜X射线能量色散谱进行元素分析的最小检出量与该元素产生特征X射线的特性、探测器效率、计数时间以及电子束流强度等因素有关。计数时间和电子束流的提高有利于获得尽量低的最小检出量。一般透射电子显微镜X射线能谱色散分析的最小检出量为5×10^{-20}g左右。最小质量分数（MMF）表示在多种元素同时存在的情况下，检测出某一元素的灵敏度，可以表示为

$$\mathrm{MMF}=1/[(P/B)P\tau]^{1/2}$$

式中　P——元素的计数；

P/B——峰背比；

τ——计数时间。

延长计数时间可以提高最小质量分数，但过度增加计数时间，会因电子束流的稳定性、样品的漂移和污染问题，导致分析结果出现偏差。另外通过提高电子束流强度和加速电压，可以增加峰的计数和提高峰背比，从而提高元素检测的最小质量分数。

3.3.2　俄歇电子能谱分析

当原子内壳层电子因电离激发而留下一个空位时，由较外层电子向这一能级跃迁使原子能量释放的过程中，可以发射一个具有特征能量的X射线光电子，或者也可以将这部分能量传给另外一个外层电子引起进一步的电离，从而发射一个具有特征能量的俄歇电子。这个过程称为俄歇过程。

电子与样品作用后激发出的俄歇电子特点：①俄歇电子具有特征能量，适宜作成分分析；②俄歇电子的激发体积很小，其空间分辨率和电子束斑直径大致相当，适宜作微区化学成分分析；③俄歇电子的能量一般为50～1500eV，随不同元素、不同跃迁类型而异，它在固体中平均自由程非常短，一般来说，能够逸出表面的俄歇电子信号主要来自样品表层2～3个原子层，即0.5～2.0nm。因此，俄歇电子信号特别适合于表面分析，通过对俄歇电子能量和强度的检验，可以得到有关表层化学成分的定性和定量信息。随着超高真空技术的发展和应用，配合能谱分析技术，俄歇谱仪已经成为一种重要的表面分析手段。

俄歇电子产生的过程：A壳层电子电离，B壳层电子向A壳层空位跃迁，导致C壳层电子发射，即俄歇电子。考虑到A电子的电离引起原子库仑电场的改组，使C壳层能级由$E_C(Z)$变成$E_C(Z+D)$，其特征能量为

$$E_{ABC}(Z)=E_A(Z)-E_B(Z)-E_C(Z+D)-E_W$$

式中　E_W——样品材料逸出功；

D——修正值。

例如原子发射一个KL_2L_2俄歇电子，其能量为$E_{KL_2L_2}=E_K-E_{L_2}-E_{L_2}-E_W$，引起俄歇电子发射的电子跃迁多种多样，有K系、L系、M系等。俄歇电子与特征X射线是两个相互关联和竞争的发射过程，其相对发射几率，即荧光产额ω_K和俄歇电子产额α_K满足（K系为例）$\omega_K+\overline{\alpha}_K=1$。

各种元素在不同跃迁过程中发射的俄歇电子能量如图3-20所示。平均俄歇电子产额$\overline{\alpha}$随原子序数的变化如图3-21所示。$Z<15$时，无论K、L、M系，俄歇发射占优势，因而对轻元素，用俄歇电子谱分析具有较高灵敏度。通常$Z\leqslant14$的元素，采用KLL电子；$14<Z<42$的元素，采用LMM电子；$Z\geqslant42$的元素，采用MNN、MNO电子。

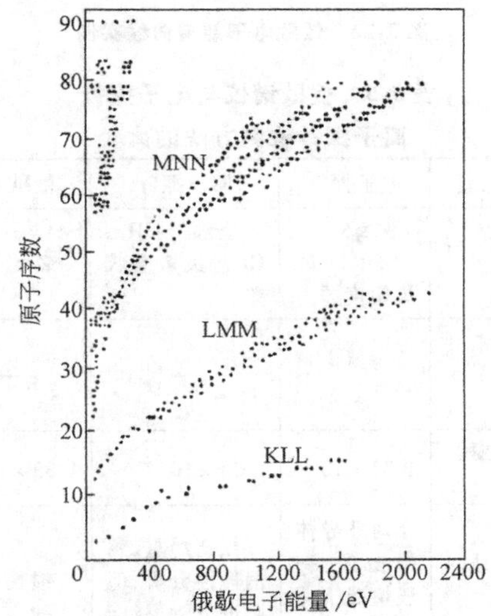

图3-20　各种元素的俄歇电子能量

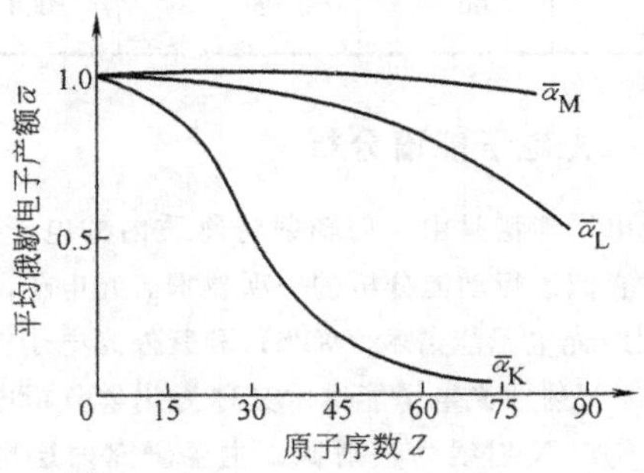

图3-21　平均俄歇电子产额$\overline{\alpha}$随原子序数的变化

利用俄歇峰的能量可进行元素定性分析，根据峰高度可进行半定量和定量分析，主要应用在研究金属和合金的晶界脆断以及压力加工和热处理后的表面偏析。图3-22所示为某合金钢［w(C)=0.39%、w(N)=3.5%、w(Cr)=1.6%、w(Sb)=0.06%］的俄歇电子能谱图。表3-5给出了俄歇谱仪与电子探针、离子探针检测方法的比较。

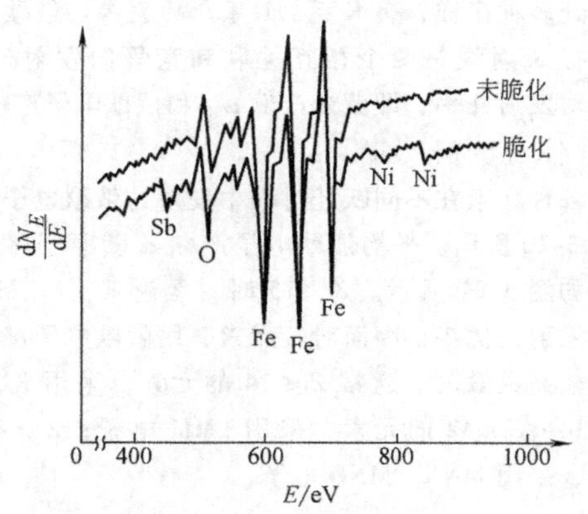

图3-22　俄歇电子能谱曲线实例

表3-5　俄歇谱仪与电子探针、离子探针检测方法的比较

分析性能	电子探针	离子探针	俄歇谱仪
可分析元素	$Z \geqslant 5$ $Z \leqslant 11$ 时灵敏度差	全部(对He、Hg等灵敏度较差)	$Z \geqslant 3$
定量精度［w(C)>10%］	±(1~5)%	—	—
真空度要求/Pa	1.33×10^{-3}	1.33×10^{-6}	1.33×10^{-8}
对样品的损伤	对非导体损伤大，一般情况下无损伤	损伤严重，属消耗性分析，但可进行剥层	损伤少
定点分析时间/s	100	0.05	1000

3.3.3　光电子能谱分析

光电子能谱是由入射辐射将物质内的电子击出，然后对它们进行动能分析的一项技术。光电子能谱分为X射线光电子能谱术（XPS）和紫外光电子能谱术（UPS）。X射线光电子能谱术又称为化学分析电子能谱术，它以X射线为辐射源，主要研究内层电子给出的信息。紫外光电子能谱术以真空紫外区光子为辐射源，主要研究价电子给出的信息。

X射线光电子能谱术用于检测样品（固态、液态和气态，常为固态）表面是特别有用的，它的表面灵敏度高。由于被激发电子的逸出深度浅，X射线光电子能谱中的主要信息实际上是从0.5~2.0nm的准表面层得到的。它的表面检测限约等于0.01表面单分子层。它能检测遍及除H、He以外的全部元素周期表中的元素，既可研究分子的价电子体系，又可研究束缚得比较紧密的原子内层能级。前者给出有关分子键的信息，后者由于“化学位移”，给出分子中特定原子或基团的信息。利用这种“指纹”作用，可以定性鉴别样品表面元素组分，同时，还可以进行半定量分析。

XPS可广泛应用于催化、电子、冶金、电化学、环保以及材料科学等。例如，金属材料的表面和界面经常会发生吸附、化学反应、偏析和扩散等物理化学过程，使表面或界面有别于体相，因此通过表面分析可以研究腐蚀、钝化、磨损、镀层、涂层、焊接以及脆化断裂等实际问题。

XPS用于研究金属材料存在着一些有利条件。除了在检测中不存在电荷位移外，金属在超高真空经机械刮磨或离子侵蚀，一般易成为未氧化和未污染的“新鲜”表面。为了研究吸附、腐蚀、互扩散等过程和机理，可以分别引入O_2、H_2O、CO_2等，或在真空条件下，选择不同的气氛、温度和压力制样。如果金属材料在真空中断裂，还可以把体相问题或晶界问题化为表面问题。新鲜的断口无大气气氛干扰，特别有利于了解断裂原因，如致脆物相、晶间氧化、晶界硫或磷偏析等。

X射线光电子能谱仪主要由五部分组成：激发源、样品、电子能量分析器、检测器系统（含电子倍增器）和超高真空（UHV）系统，如图3-23所示。

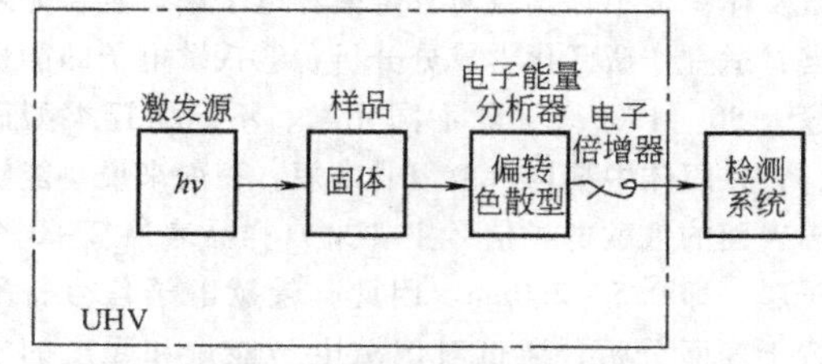

图3-23　X射线光电子能谱仪原理框图

激发源辐照样品，使之发射出按不同能量分布的电子，然后经电子能量分析器分析，由检测系统给出测试结果。整个系统需要一个超高真空系统。

X射线光电子能谱仪的局限性：

(1) 空间分辨率较差。在常用的X射线光电子能谱仪中，辐照在样品表面上的X射线 $\phi \leq 5$mm，远不如表面分析方法中的AES（俄歇电子能谱术，典型的电子束斑≤1μm）和SIMS（二次离子质谱术，典型的离子束斑≤10μm）的空间分辨率。虽然在最新发展的XPS光电子能谱仪中，空间分辨率已经达到了微米范围，但总不如电子束或离子束能达到的范围。

(2) 对样品辐照损伤。虽然这种辐照损伤远较电子束或离子束对样品轰击造成的损伤为轻，但损伤还是存在的，只是程度上要轻得多。在进行XPS分析时，需注意X射线辐照对某些样品的还原效应。对某些高聚物、有机物或感光材料的XPS测试中，也需要注意X射线对样品辐照引起的损伤。此时若使样品处于低温（如液氮制冷）以及减弱X射线强度、缩短接受谱图时间，可以减少或者消除这种损伤破坏。

3.3.4 探针显微分析

3.3.4.1 电子探针显微分析

电子探针的主要功能就是进行微区成分分析。它是在电子光学和X射线光谱学原理的基础上发展起来的一种高效率分析仪器。其原理是：用细聚焦电子束入射样品表面，激发出样品元素的特征X射线，分析特征X射线的波长（或能量）可知元素种类，分析特征X射线的强度可知元素的含量。

电子探针仪的结构如图3-24所示，可以分为三大部分：镜筒、样品室和信号检测系统。其镜筒部分构造和SEM相同，检测部分使用X射线谱仪，用来检测X射线的特征波长（波谱仪）和特征能量（能谱仪），以此对微区进行化学成分分析。要使同一台仪器兼具形貌分析和成分分析功能，往往将扫描电镜和电子探针组合在一起。波长分散谱仪（波谱仪WDS）工作原理如图3-25所示。

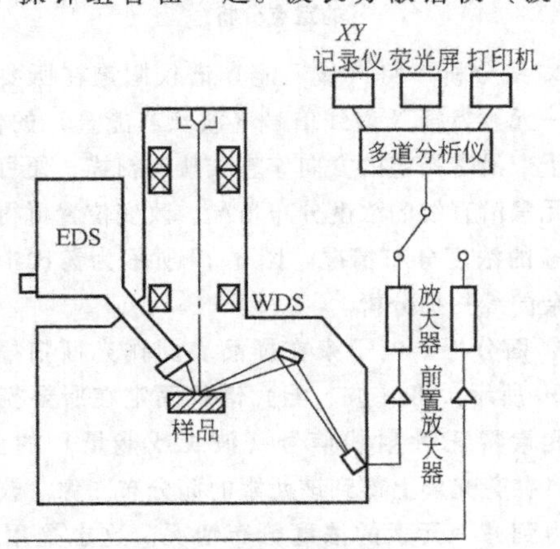

图3-24 电子探针仪的结构

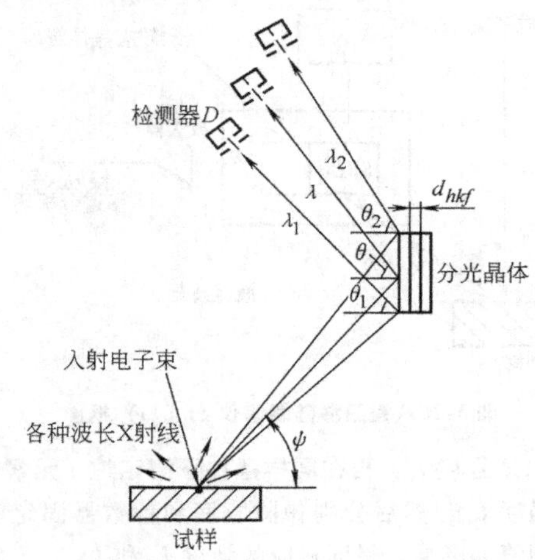

图3-25 波长分散谱仪工作原理

实际中使用的波谱仪布置形式有直进式波谱仪和回转式波谱仪两种。直进式波谱仪在进行定点分析时，只要把距离 L 从小变大，就可在某些特定位置测到特征波长信号，经处理后可在荧光屏或 X-Y 记录仪上把谱线描绘出来。由于结构上的限制，L 不能太长，一般在10~30cm范围。在聚焦圆 $R=20$cm的情况下，θ 在15°~65°之间变化。由此可见，一个分光晶体能够覆盖的波长范围是有限的，也只能测定某一原子序数范围的元素。要测定 $Z=4\sim92$ 范围的元素，则必须使用几块晶面间距不同的晶体，因此一个波谱仪中经常装有2块分光晶体可以互换。一台电子探针仪上往往装有2~6个波谱仪，几个波谱仪一起工作可以同时测定几个元素。表3-6给出了几种常用分光晶体的参数。

表3-6 常用分光晶体

常用晶体	供衍射用的晶面	$2d$/nm	适用波长 λ/nm
LiF	(200)	0.40267	0.08~0.38
SiO_2	$(10\bar{1}1)$	0.66862	0.11~0.63
PET	(002)	0.874	0.14~0.83
RAP	(001)	2.6121	0.20~1.83
KAP	$(10\bar{1}0)$	2.6632	0.45~2.54
TAP	$(10\bar{1}0)$	2.59	0.61~1.83
硬脂酸铅	—	10.08	1.70~9.40

利用不同元素X射线光子特征能量的不同特点进行成分分析的仪器称为能谱仪。锂漂移硅能谱仪Si(Li)框图如图3-26所示。

在电子探针定量分析中，我们可以先测出y元素

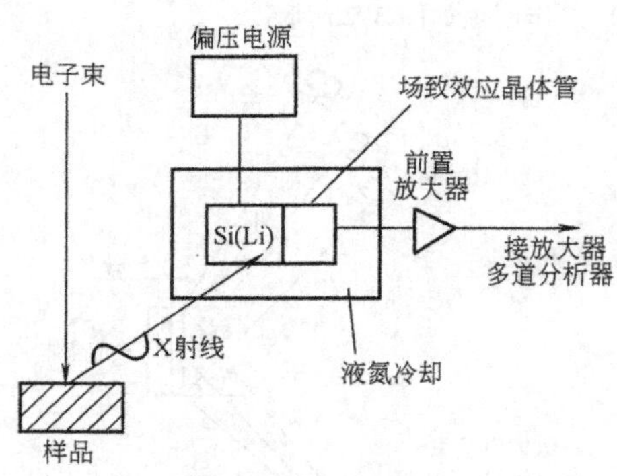

图 3-26 锂漂移硅能谱仪 Si（Li）框图

的 X 射线强度 I_y，再在同样条件下测定纯 y 元素的 X 射线强度 I_{y0}，然后分别扣除背底和计数器固定时间对所测值的影响，得到相应的强度 I_y 和 I_{y0}，记 $K_y = I_y/I_{y0}$。一般情况下还要考虑原子序数、吸收和二次荧光的影响，因此 y 元素的相对百分含量 C_y 和 K_y 间有差距，故有

$$C_y = ZAFK_y$$

式中 Z——原子序数修正项；

A——吸收修正项；

F——荧光修正项。

具体定量分析计算非常复杂，一般分析浓度误差在 ±5% 之内。随测试技术进步，分析精度在不断提高。

与波谱仪相比，能谱仪具有以下优点：①能谱仪探测 X 射线的效率高，其灵敏度比波谱仪高约一个数量级；②在同一时间对分析点内所有元素 X 射线光子的能量进行测定和计数，在几分钟内可得到定性分析结果，而波谱仪只能逐个测量每种元素的特征波长；③结构简单，稳定性和重现性都很好（因为无机械传动）；④不必聚焦，对样品表面无特殊要求，适于粗糙表面分析。

与波谱仪相比，能谱仪具有以下不足：①分辨率低，Si（Li）检测器分辨率约为 160eV，波谱仪分辨率为 5～10eV；②能谱仪中因 Si（Li）检测器的铍窗口限制了超轻元素的测量，因此它只能分析原子序数大于 11 的元素，而波谱仪可测定原子序数从 5 到 92 间的所有元素；③能谱仪的 Si（Li）探头必须保持在低温态，因此必须时时用液氮冷却；④波谱仪的灵敏度为 100×10^{-6}，而能谱仪的灵敏度为 1000×10^{-6}（质量分数 0.1%），而且能谱仪对重元素基体上的轻元素测量灵敏度更低。图 3-27 所示为能谱仪与波谱仪的谱线比较。

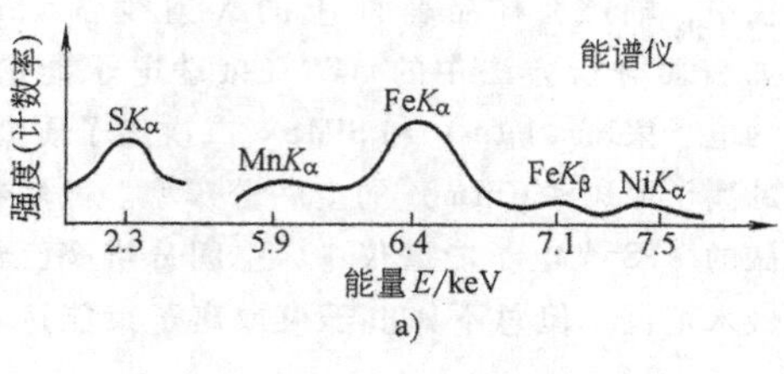

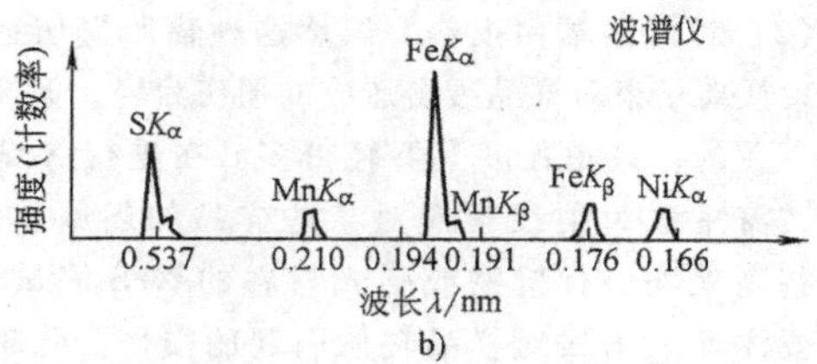

图 3-27 能谱仪和波谱仪的谱线比较

a）能谱曲线 b）波谱曲线

3.3.4.2 电子探针仪的应用举例

1. 点分析 将电子束固定在要分析的微区上，用波谱仪分析时，改变分光晶体和探测器的位置，即可得到分析点的 X 射线谱线；用能谱仪分析时，几分钟内即可直接从计算机上得到微区内全部元素的谱线。图 3-28 所示为 ZrO_2 陶瓷析出相与基体的定点分析，图中的数字为 Y_2O_3 的摩尔分数。

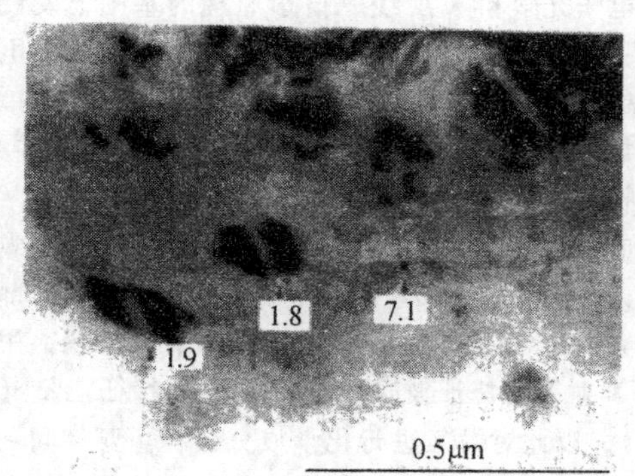

图 3-28 ZrO_2 陶瓷析出相与基体的定点分析

2. 线分析 将（波、能）谱仪固定在所要测量的某一元素特征 X 射线信号（波长或能量）的位置，把电子束沿着指定的方向作直线轨迹扫描，便可得到这一元素沿直线的浓度分布情况。改变位置可得到另一元素的浓度分布情况。图 3-29 所示为铸铁中硫化锰夹杂的线扫描分析。

3. 面分析 电子束在样品表面作光栅扫描，如图 3-30 所示。将（波、能）谱仪固定在所要测量的某一元素特征 X 射线信号（波长或能量）的位置，此时，在荧光屏上得到该元素的面分布图像。改变位置可得到另一元素的浓度分布情况。这也是用 X 射线调制图像的方法。

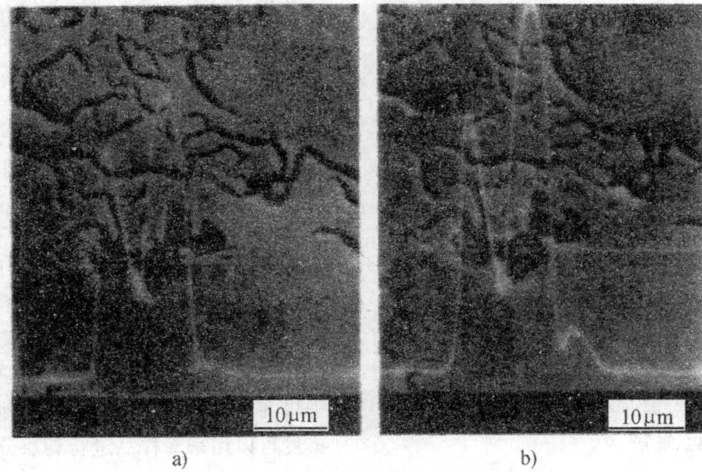

图 3-29　铸铁中硫化锰夹杂的线扫描分析

a）S 的线分析　b）Mn 的线分析

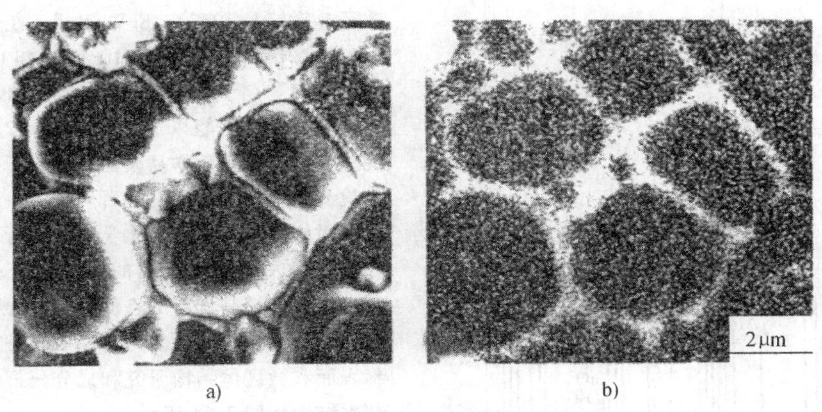

图 3-30　Zn-Bi_2O_3 陶瓷试样烧结自然表面的面分布成分分析

a）形貌图　b）Bi 元素的 X 射线面分布图像

3.3.4.3　离子探针显微分析

离子探针仪利用电子光学方法把惰性气体等初级离子加速并聚焦成细小的高能离子束轰击样品表面，使之激发和溅射二次离子，经过加速和质谱分析，分析区域可降低到 1～2μm 直径和 <5nm 的深度，因而可大大改善表面成分分析的功能。不同元素的离子具有不同的荷质比 e/m，据此可描出离子探针（Ion Microprobe）的质谱曲线，因此离子探针可进行微区成分分析。

离子探针结构如图 3-31 所示。圆筒形电容器式静电分析器的作用是使由径向电场产生的向心力将能量比较分散的离子聚焦。其中，电场产生的向心力 $F=\frac{mv^2}{r'}$；离子轨迹半径 $r'=\frac{mv^2}{F}$；扇形磁铁（具有均匀磁场）的作用把离子按荷质比（e/m）进行分类；

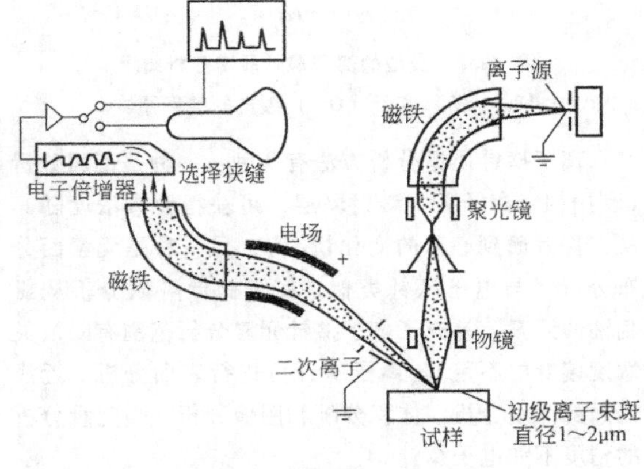

图 3-31　离子探针结构示意图

在加速电压为 U 时，离子的动能 $eU=\frac{1}{2}mv^2$；由磁场产生的偏转及磁场内离子轨迹半径 $r=\sqrt{\frac{2Um}{eB^2}}\propto\frac{1}{\sqrt{\frac{e}{m}}}$。

分析过程包括以下几个步骤：①初级离子的产生与聚焦，即离子源产生的离子经过扇形磁铁偏转后进入电磁透镜聚焦形成细小的初级离子束；②初级离子与样品的相互作用，即初级离子束轰击样品产生等离子体，并有样品的二次离子从样品表面逸出；③二次离子分类、记录，即二次离子采用静电分析器和偏转磁场组成的双聚焦系统对离子分类、记录。离子探针质谱分析结果如图3-32所示。

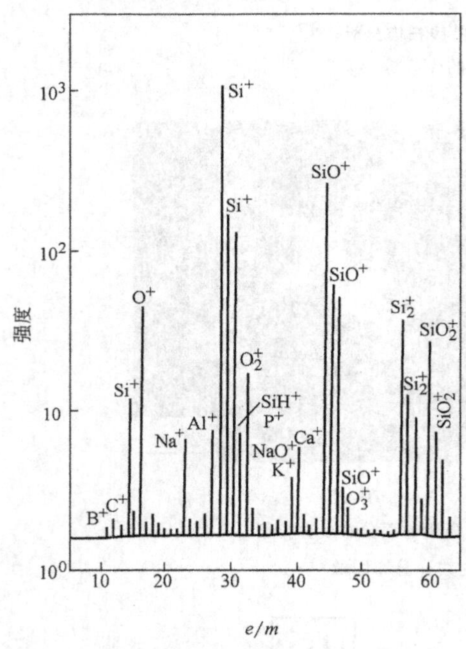

图3-32　典型的离子探针质谱分析结果

18.5keV氧离子（O^-）轰击的硅半导体

离子探针质谱分析方法有两种：一种是剖面分析（利用初级离子轰击溅射剥层，可获得元素浓度随其从工件表面到心部的变化情况）；另一种是元素面分布分析（与电子探针类似，离子探针可以分析从氯到铀的元素，补充了电子探针元素分析范围有限及灵敏度偏低的不足）。离子探针可进行表面分析、近浅表面的深度分析、体积分析和图像分析，但定量分析的精度不如电子探针。

3.3.4.4　原子探针显微分析

1. 场致蒸发现象　在场离子显微镜中，如果场强超过某一个临界值，将发生场致蒸发，即样品尖端处的原子以正离子形式被蒸发，并在电场的作用下射向荧光屏。E_e 是临界场致蒸发场强，某些金属的蒸发场强 E_e 见表3-7。

表3-7　某些金属的蒸发场强

金属	难熔金属	过渡族金属	Sn	Al
E_e/(MV/cm)	400～500	300～400	220	160

由于表面上凸出的原子具有较高的位能，总是比那些不处于台阶边缘的原子更容易发生蒸发，因此它们也正是最有利于引起场致电离的原子。当一个处于台阶边缘的原子被蒸发后，与它挨着的一个或几个原子将突出于表面，并随后逐个地被蒸发。据此，场致蒸发可以用来对样品进行剥层分析，显示原子排列的三维结构。

2. 原子探针的结构和工作原理　场致蒸发现象的一个应用就是所谓的“原子探针”。原子探针-场离子显微镜是1967年E. W. Muller在他发明的“场致发射显微镜”（简称FEM，1936年）和“场离子发射显微镜”（简称FIM，1951年）的基础上发展而成的。它的特点是能以原子尺度（0.2～0.3nm）的空间分辨率直接显示样品表面凸位原子排列的图像；能以检测单离子的灵敏度和百万分之一原子质量单位的精度对样品表面粒子的化学成分进行分析；并能通过控制场蒸发使样品表面的粒子逐个、逐圈、逐层剥落，在维持超高真空的条件下，获得清洁完整的样品表面及逐层地对样品的结构和成分进行分析。它是材料表面和微区体结构研究和成分分析的有力工具。其基本结构如图3-33所示。

3. 三维原子探针　原子探针的类型有直线式高压脉冲原子探针、能量补偿式高压脉冲原子探针（简称EC HVPAP）、成像原子探针（简称IAP）、脉冲激光原子探针（简称PLAP）、位置灵敏原子探针（简称POSAP）和三维原子探针。其中三维原子探针是发展最晚的，也体现了现代材料科学的发展。三维原子探针大约是在1995年推向市场的新型分析仪器，是在原子探针的基础上发展而来的：在原子探针样品尖端叠加脉冲电压使原子电离并蒸发，用飞行时间质谱仪测定离子的质量/电荷比来确定该离子的种类，用位置敏感探头确定原子的位置（图3-34）。它可以对不同元素的原子逐个进行分析，并给出纳米空间中不同元素原子的三维分布图形，分辨率接近原子尺度，是目前最微观且分析精度较高的一种定量分析方法。用三维原子探针可以直接观察到溶质原子偏聚在位错附近形成的Cottrell气团，可以分析界面处原子的偏聚，研究沉淀相的

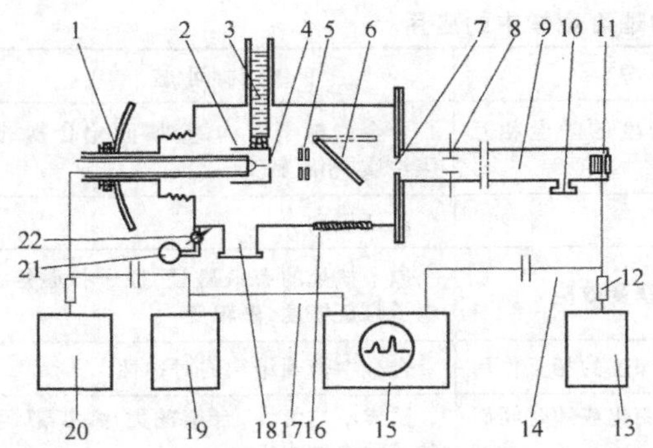

图 3-33　直线式高压脉冲原子探针-场离子显微镜示意图

1—样品转动机构　2—冷罩　3—液氮冷指　4—样品　5—中心穿孔图像增强器　6—可转动反射镜　7—探测孔（兼作气压差分孔）　8—静电透镜　9—飞行管道　10—真空泵接口　11—离子探测器　12—探测器高压电源　13—负载　14—信号　15—示波器或电子计时器　16—观察窗　17—计时触发信号　18—主真空泵接口　19—高压脉冲电源　20—直流高压电源　21—气瓶　22—针阀

析出过程、非晶晶化时原子扩散和晶体成核的过程，分析各种合金元素在纳米晶材料不同相及界面上的分布等。三维原子探针的广泛应用，必将推动材料科学研究工作的发展。

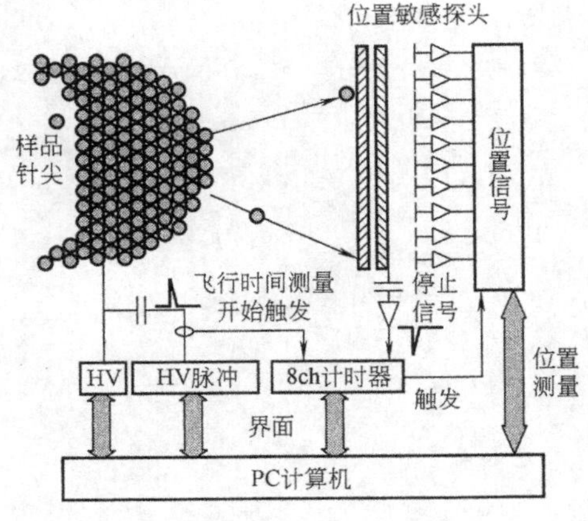

图 3-34　三维原子探针的结构示意图

3.3.5　穆斯堡尔谱分析

穆斯堡尔效应指的是原子核 γ 射线的无反冲共振吸收或共振散射，由于是 1957 年德国物理学家穆斯堡尔首先发现的，故此得名。这一效应的发现使长期难以实现的原子核 γ 射线共振吸收有了根本性的突破，同时由于观察到的谱线线宽接近于能级的自然宽度，具有极高的能量分辨率（这是其他物理方法所不能相比的），因而很快地发展成为一种具有特色的谱学方法并广泛应用于物理学、化学、生物学、地质学、冶金学、材料科学和环境科学等许多领域，甚至在考古和艺术方面也得到了重要的应用。目前，观察到穆斯堡尔效应的元素已经发展到 40 多种，γ 射线跃迁有 112 个左右，其中最重要的是 Fe 的 14.4keV 跃迁，其次就是 ^{119}Sn 的 23.8keV 跃迁。

穆斯堡尔谱仪比较简单，一般包括放射源、驱动器、探测器以及数据记录系统等部分，如图 3-35 所示。

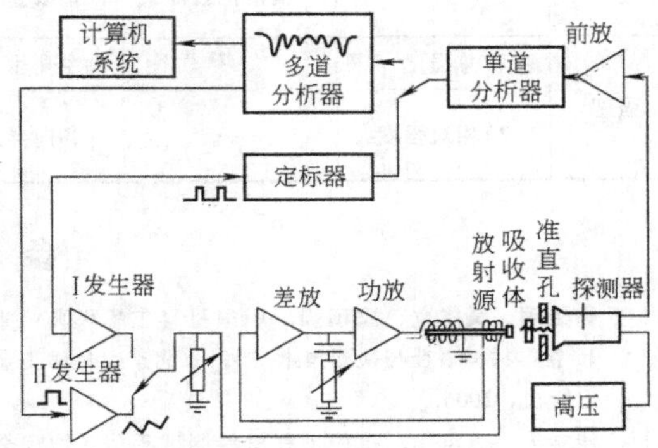

图 3-35　穆斯堡尔谱仪简图

穆斯堡尔谱学方法作为一种材料结构测试的手段，具有其独特的优点：首先，具有极高的能量分辨率，对共振原子所处的状态以及周围环境的微小变化非常敏感，因此通过穆斯堡尔谱线的特征和变化，可以很好地分析和研究材料的微观结构以及相应的机制；其次，它对探测原子具有选择性，只对穆斯堡尔原子灵敏，因此它能研究多组元复杂材料中特定材料的性质，而且对相应原子处于何种状态没有限制，既可研究没有完整结构的晶体，也适用于研究超细颗粒和非晶态；此外，它作为一种微观探针，相比于其他手段，测量方法要简单得多，不需要真空，不需要保护，对样品没有破坏性。穆斯堡尔谱学也有它的局限性，目前大多数工作主要限于 ^{57}Fe、^{119}Sn、^{151}Eu 等少数几个穆斯堡尔核的使用，同时它的样品必须是固体，采集数据所花的时间也较长。

目前，穆斯堡尔谱学的应用十分广泛，表 3-8 介绍了穆斯堡尔谱效应在物理冶金学中的应用概况。

应用穆斯堡尔谱学可以进行物相鉴别、相的定量分析、表面分析（金属腐蚀、表面淬火、离子注入、表面镀层、气相吸附以及催化反应等）、磁结构和磁弛豫分析。

表3-8 穆斯堡尔谱效应在物理冶金学中的应用

谱信息			起源	探讨问题
超精细结构	1)谱线位移	化学位移	原子核处电荷密度的静电相互作用	合金的电子结构,金属间化合物的键性质,相互转变
		温度位移	二次多普勒效应	晶格振动
	2)谱线分裂	磁分裂	核处有效磁场的塞曼效应	原子核处的有效磁场,原子核磁矩,电子自旋密度,磁转变
		四极分裂	核四极矩和电场梯度的相互作用	合金中微观结构的对称性
	3)谱线形状	谱线加宽	共振条件和局域变化或随时间而变化	试样不均匀性,合金的无序、扩散运动及弛豫过程
		偏洛伦兹曲线	谱线重叠	复杂体系的分析,相和晶格位置的差别
强度	1)总强度	—	主要由晶格振动决定	F因子,各向异性
	2)相对强度	—	各向异性和极化效应,谱重叠	晶体中磁定向,晶体各向异性复杂体系的定量分析

参考文献

[1] 徐祖耀,黄本立,鄢国强. 中国材料工程大典:第26卷 材料表征与检测技术[M]. 北京:化学工业出版社,2006.

[2] 桂立丰,唐汝钧. 机械工程材料测试手册:物理金相卷[M]. 沈阳:辽宁科学技术出版社,1999.

[3] 桂立丰,吴诚. 机械工程材料测试手册:化学卷[M]. 沈阳:辽宁科学技术出版社,1996.

第4章 宏观组织检验及断口分析

上海材料研究所 吴连生 陈善珠

4.1 宏观检验

宏观检验是指用肉眼或放大镜检查材料或零件在冶炼、轧制及各种加工过程中带来的化学成分及组织的不均匀性，或某些工艺因素导致材料的内部或表面产生缺陷的一种方法。它可以揭示金属材料的宏观组织及宏观缺陷，对研究材料性能、加工工艺及失效分析有重要作用。因为方法简便，设备简单，检验结果直观，视域较大，该方法受到广泛重视。

通过宏观检验可以观察到：

(1) 钢的结晶状态，例如铸锭的宏观组织（柱状晶区、等轴晶区）、晶粒形状（如树枝晶）及晶粒大小等。

(2) 钢中所含元素的宏观偏析，如硫、磷偏析等。

(3) 铸件、锻件及焊缝区凝固时所产生的缺陷，如缩孔、疏松、裂纹和气泡等。

(4) 钢材经压力加工所形成的流线。

(5) 热处理零件的淬硬层、渗碳层、裂纹等。

4.1.1 钢的酸蚀检验

钢的酸蚀检验包括热酸蚀法、冷酸蚀法及电解浸蚀法等。

钢的低倍组织检验应采用国家标准 GB/T 226—1991《钢的低倍组织及缺陷酸蚀检验法》。生产检验时，可从三种酸蚀方法中任选一种，但仲裁时规定以热酸蚀法为准。

4.1.1.1 试样制备

1. 取样部位及数量　取样部位、试样大小及数量在有关标准中均有规定，也可按技术条件、供需双方协议的规定取样。如果取样部位无明确规定，可在钢材（坯）上按炉（批）抽取两只试样。生产厂应从缺陷最严重部位取样，建议在相当于第一和最末盘（号）钢锭的头部截取。一般取横向试样。取样时应保证被检验面组织不因切取操作而产生变化。

2. 取样及加工方法　可用锯、剪、切割等方法取样，不论采取何种取样方法都应留出适当的加工余量，以免影响评定结果。试样观察面可用车、刨、磨或其他方法加工，但必须除去因取样造成的变形和热影响区以及裂纹等加工缺陷。观察面的加工表面粗糙度 Ra 应不大于 1.6μm，冷蚀法 Ra 不大于 0.8μm。试样表面必须清洁、无油污。必要时，可用汽油、苯或酒精等清洗。

4.1.1.2 酸蚀检验原理

酸蚀检验的浸蚀属于电化学浸蚀。由于被检验试样的表面存在着成分及组织上的不均匀性，以及各种缺陷和物理状态上的差别，在电解质作用下，不同地区存在着不同的电极电位，组成了许多微电池。每一个微电池中电位高的区域为阳极，电位低的区域为阴极。在酸蚀过程中，阳极部分被浸蚀，阴极部分不发生浸蚀。如用盐酸为浸蚀液时，被检验面金属发生的电化学反应如下：

阳极反应　$Fe \longrightarrow Fe^{2+} + 2e$

$Fe \longrightarrow Fe^{3+} + 3e$

阴极反应　$HCl \longrightarrow H^{+} + Cl^{-}$

电子由阳极流向阴极，阳极被浸蚀，即

$$2H^{+} + 2e \longrightarrow H_2\uparrow$$

$$Fe^{2+} + 2Cl^{-1} \longrightarrow FeCl_2\downarrow$$

$$Fe^{3+} + 3Cl^{-1} \longrightarrow FeCl_3\downarrow$$

提高温度可加快对试样的浸蚀。外加一定电压，可使被检验面上的各个微电池区域的电极电位改变并使试样的浸蚀过程加快，检验面上的电流密度增大时，浸蚀也会加速进行。

1. 热酸蚀检验　热酸蚀主要用于显示偏析、疏松、枝晶、白点等低倍组织及缺陷。酸蚀液的配制及酸蚀时间的长短可由低倍组织及缺陷的清晰显现来决定。一般可参考表 4-1 选择合适的热酸蚀溶液。

热酸蚀操作过程如下：

(1) 溶液的配制。按表 4-1 配制溶液并加热至规定的温度，然后将预热过的试样放入溶液，试样磨面朝上或垂直于容器底面，酸蚀过程中应保持规定温度。

(2) 酸蚀时间可参考表 4-1 数据。

(3) 清洗。取出试样后用流动的沸水冲洗，同时用毛刷将试样表面腐蚀产物刷掉。也可用 3% ~ 5%（体积分数）碳酸钠水溶液或 10% ~15%（体积分数）硝酸水溶液刷洗，然后用冷水洗净、吹干以防生锈。

(4) 若浸蚀过浅时，可重新放入酸液中继续浸蚀，若浸蚀过深时，必须将试样重新加工，将原浸蚀面去除1mm以上，重新浸蚀。

2. 冷酸蚀检验 该方法有浸蚀和擦蚀两种，检验的目的与热酸蚀检验相同，一般用于下列场合：

（1）工件过大，难于进行热酸蚀。

（2）工件已加工好，若进行热酸蚀将有损于工件表面粗糙度。

（3）工件经热处理硬化，具有较大的内应力，若进行热酸蚀易产生开裂。

（4）有的组织和缺陷用热酸蚀不易显示。

冷酸蚀试样表面粗糙度 Ra 须不大于 0.8μm，根据试样大小、厚薄分别采用浸蚀和擦蚀。擦蚀时，将酸液缓慢倒在平放的被检验面上，然后用刷子将酸液刷匀，并陆续添加一些新的溶液，直至低倍组织清晰显示为止。

常用的冷酸蚀溶液见表4-2。

表4-1 常用热酸蚀溶液及浸蚀条件

<table>
<tr><th>序号</th><th>钢 种</th><th>酸蚀时间/min</th><th>酸液成分</th><th>温度/℃</th></tr>
<tr><td>1</td><td>易切削结构钢</td><td>5~10</td><td rowspan="4">1:1(体积比)工业盐酸水溶液</td><td rowspan="4">60~80</td></tr>
<tr><td>2</td><td>碳素结构钢、碳素工具钢、硅锰弹簧钢、铁素体型不锈钢、马氏体型不锈钢、复相不锈耐酸钢、耐热钢</td><td>5~20</td></tr>
<tr><td>3</td><td>合金结构钢、合金工具钢、轴承钢、高速工具钢</td><td>15~20</td></tr>
<tr><td rowspan="2">4</td><td rowspan="2">奥氏体型不锈钢、耐热钢</td><td>20~40</td></tr>
<tr><td>5~25</td><td>盐酸10份,硝酸1份,水10份(体积比)</td><td>60~70</td></tr>
<tr><td>5</td><td>碳素结构钢、合金钢、高速工具钢</td><td>15~25</td><td>盐酸38体积份,硫酸12体积份,水50体积份</td><td>60~80</td></tr>
</table>

表4-2 常用冷酸蚀溶液

<table>
<tr><th>序号</th><th>冷蚀液成分</th><th>适用范围</th></tr>
<tr><td>1</td><td>盐酸500mL,硫酸35mL,硫酸铜150g</td><td rowspan="3">钢与合金</td></tr>
<tr><td>2</td><td>氯化高铁200g,硝酸300mL,水100mL</td></tr>
<tr><td>3</td><td>盐酸300mL,氯化高铁500g,加水至1000mL</td></tr>
<tr><td>4</td><td>10%~20%(质量分数)过硫酸铵水溶液</td><td rowspan="3">碳素结构钢、合金钢</td></tr>
<tr><td>5</td><td>10%~40%(体积分数)硝酸水溶液</td></tr>
<tr><td>6</td><td>氯化高铁饱和水溶液加少量硝酸(每500mL溶液加10mL硝酸)</td></tr>
<tr><td>7</td><td>硝酸1体积份,盐酸3体积份</td><td rowspan="2">合金钢</td></tr>
<tr><td>8</td><td>硫酸铜100g,盐酸和水各500mL</td></tr>
<tr><td>9</td><td>硝酸60mL,盐酸200mL,氯化高铁50g,过硫酸铵30g,水50mL</td><td>精密合金、高温合金</td></tr>
<tr><td>10</td><td>100~350g工业氯化铜铵,水1000mL</td><td>碳素结构钢、合金钢</td></tr>
<tr><td>11</td><td>氯化铜90g,盐酸120mL,水100mL。酸蚀后用水冲洗试样去除铜沉积物,这样对比度好</td><td>显示冷变形流线</td></tr>
<tr><td>12</td><td>氯化铜2.5g,氯化汞10g,盐酸5mL,用乙酸稀释至250mL。需先加尽可能少量的水使氯盐溶入盐酸中</td><td>显示富磷区域及磷化物带,适用于一般偏析检查</td></tr>
</table>

注：1. 选用第1、8号冷酸蚀溶液时，可用第4号冷酸蚀溶液作为冲刷液。

2. 表中10号冷酸蚀溶液试验验证时的钢种为Q345。

3. 电解酸蚀法

（1）设备装置。图4-1所示为电解装置图。它包括可调低压大电流变压器、电解浸蚀槽（钢板焊制，内涂耐酸绝缘漆或耐酸塑料衬里和绝缘的试样架等）及电极钢板。整个装置安放在通风橱内。

（2）操作技术要求

1）酸液成分为15%~30%（体积分数）工业盐酸水溶液，电解液温度为室温。

2）将清洗好的试样放在两块钢板电极间的试样架上，使受蚀面与电极板面平行，间距大于20mm，

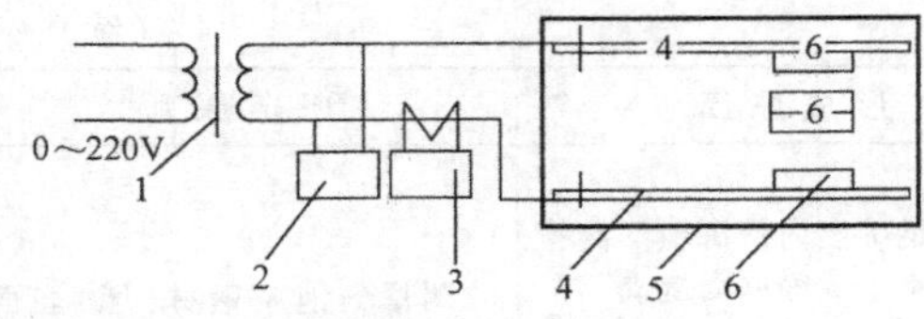

图4-1 电解装置图

1—变压器（输出电压36V） 2—电压表 3—电流表 4—电极钢板 5—酸槽 6—试样

一次可放入多个试样同时进行浸蚀。

3）浸蚀时，通常电压小于36V，电流强度小于400A，电解浸蚀时间以清晰显示宏观组织与缺陷为准，一般为5~30min。

4）切断电源，取出试样并清洗吹干以备检验。若电蚀过浅，还可继续通电进行浸蚀，若过深则需重新进行机加工，使表面粗糙度 Ra 不大于0.8μm后再进行浸蚀。

通过热酸蚀、冷酸蚀或电解浸蚀法，均可得到基本相似的酸蚀结果，即清晰地显示出钢件的宏观组织（或称低倍组织）和缺陷。此时，可以按GB/T 1979—2001《结构钢低倍组织缺陷评级图》进行评定，工具钢可按GB/T 1299—2000《合金工具钢》中5.3低倍组织评级图进行评定，优质碳素钢和合金结构钢连铸方坯可按YB/T 153—1999进行，连铸钢坯凝固组织可按YB/T 4002—1991进行，连铸钢板坯可按YB/T 4003—1997进行评定。

4. 常见的宏观组织和缺陷 在经过酸蚀的试样上，对所观察到的宏观（低倍）组织进行辨认和评定，可根据GB/T 1979—2001《结构钢低倍组织缺陷评级图》评定。该标准是指导性的，适用于大多数钢种。

钢中常见的宏观组织和缺陷见表4-3。

表4-3 钢中常见的宏观组织和缺陷

序号	名称		宏观特征	形成原因	评定原则
1	偏析	锭形偏析	在试样上表现为浸蚀较深的，并有暗点和空隙组成，与原锭形横截面形状相似的框带，一般为方形（图4-2）	在钢锭结晶过程中，由于结晶规律的影响，导致柱状晶区与中心等轴晶区交界处的成分偏析和杂质聚集	根据方框形区域的组织疏松程度和框带的宽度来评定
		斑点状偏析	在试样上呈不同形状和大小的暗色斑点。不论暗色斑点与气泡是否同时存在，这种暗色斑点统称斑点状偏析。当斑点分散分布在整个截面上时称为斑点状偏析；当斑点存在于试样边缘时称为边缘斑点状偏析	结晶条件不良，钢液在结晶过程中冷却较慢，产生成分偏析。当气体和夹杂物大量存在时，使斑点状偏析严重	以斑点的数量、大小和分布状况来评定
2	疏松	中心疏松	在试样的中心部位呈集中分布的空隙和暗点。它和一般疏松的主要区别是空隙和暗点仅存在于试样的中心部位，而不是分散在整个截面上（图4-3）	钢液凝固时，体积收缩引起的组织疏松及钢锭中心部位因最后凝固使气体析集和夹杂物聚集较为严重所致	以暗点和空隙的数量、大小及密集程度来评定
		一般疏松	在试样上表现为组织不致密，呈分散在整个截面上的暗点和空隙。暗点多呈圆形或椭圆形。孔隙在放大镜下观察多为不规则的空洞或圆形针孔（图4-4）	钢液在凝固时产生的微空隙及析集的一些低熔点组元、气体和非金属夹杂物，经酸浸蚀后呈现组织疏松	根据分散在整个截面上的暗点和空隙的数量、大小及分布状态，并考虑树枝晶的粗细程度来评定
3	残余缩孔		在试样的中心区域呈不规则的褶皱裂纹或空洞，在其上或附近常伴有严重的疏松、夹杂物（夹渣）和成分偏析等（图4-5）	钢液在凝固时发生体积集中收缩而产生的缩孔在热加工时因切除不尽而部分残留，有时也出现二次缩孔	以裂纹或空洞大小来评定
4	白点		除试样边缘区域外的部分表现为锯齿形的细小发纹外，均呈放射状、同心圆形或不规则形态分布。在纵向断口上依其位向不同呈圆形或椭圆形亮点或细小裂纹（图4-6）	钢中氢含量高，经热加工后，在冷却过程中析出的原子氢在缺陷处聚集，形成分子氢，产生很大应力出现微裂纹	以裂纹长短、条数来评定

（续）

序号	名称		宏观特征	形成原因	评定原则
5	气泡	皮下气泡	在试样上于钢材（坯）的皮下呈分散或成簇分布的细长裂纹或椭圆形气孔。细长裂纹多数垂直于钢（材）坯的表面	由于钢锭模内壁清理不良和保护渣不干燥等原因造成	测量气泡离钢材（坯）表面的最远距离及试样直径或边长的实际尺寸
		内部气泡	在试样上呈直线或弯曲状的长度不等的裂纹，其内壁较为光滑，有的伴有微小可见夹杂物（图4-7）	由于钢中含有较多气体所致	
6	翻皮		在试样上呈亮白色弯曲条带，并在其上或周围有气孔和夹杂物；有的呈不规则的暗黑线条；有的由密集的空隙和夹杂物组成的条带	在浇注进程中，表面硬化膜翻入钢液中且在凝固前未能浮出所造成	以在试样上出现的部位为主，并考虑翻皮的长度来评定
7	非金属夹杂物及夹渣		在试样上呈不同形状和颜色的颗粒	冶炼或浇注系统的耐火材料或脏物进入并留在钢液中所致	目视空隙或空洞未发现夹杂物或夹渣，应不评为非金属夹杂物或夹渣。对质量要求高的钢种，建议进行高倍检验
8	异类金属夹杂物		在试样上颜色与基体组织不同，无一定形状的金属块。有的与基体组织有明显界限，有的界限不清	由于冶炼操作不当，合金材料未完全熔化或浇注系统中掉入异类金属所致	
9	轴心晶间裂纹		在试样上呈现三岔或多岔、曲折、细小、由坯料轴心部位区域向各方取向的蜘蛛网状裂纹（图4-8）	可能与凝固时的热应力有关，一般多出现于高合金钢中，以晶间裂纹形式出现	根据缺陷存在的严重程度来评定
10	发纹		在塔形试样的各个阶梯上呈现与轴向平行的细小裂纹，有时是局部出现，有时甚至布满整个阶梯（图4-9）	发纹是钢中夹杂和气孔在加工变形时，沿变形方向延伸所形成的细小裂纹	按有关条文进行检验与评定
11	白亮带		在试样上呈现抗腐蚀能力较强、组织致密的亮白色或浅白色框带	连铸坯在凝固过程中由于电磁搅拌不当，钢液凝固前沿温度梯度减小，凝固前沿富集溶质的钢液流出而形成白亮带。它是一种负偏析框带，连铸坯成材后仍可能保留	记录白亮带框边距试片表面的最近距离及框带的宽度
12	中心偏析		在试样的中心部位呈现腐蚀较深的暗斑，有时暗斑周围有灰白色带及疏松	钢液在凝固过程中，由于选分结晶的影响及连铸坯中心部位冷却较慢而造成的成分偏析	以中心暗斑的面积大小及数量来进行评定
13	帽口偏析		在试样的中心部位呈现发暗的、被腐蚀的金属区域	由于靠近帽口部位含碳的保温填料对金属的增碳作用所致	以发暗区域的面积大小来进行评定

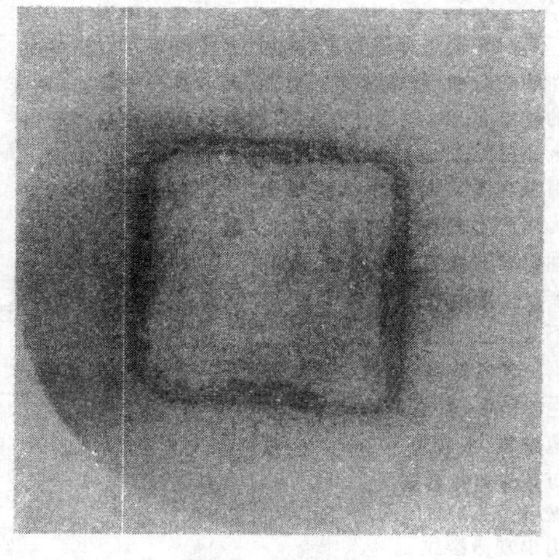

图4-2　锭形偏析

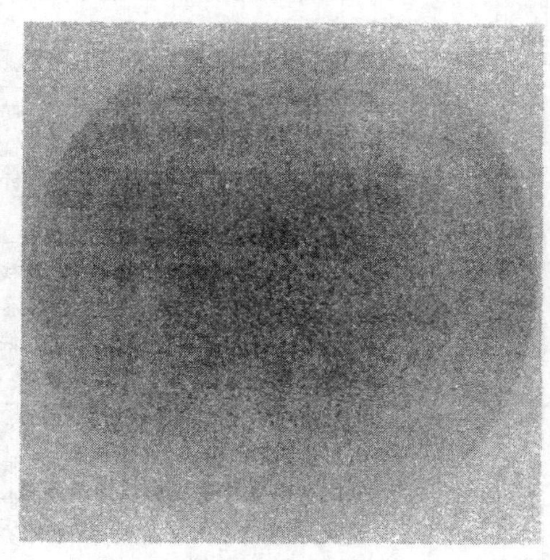

图4-3　中心疏松

图4-4　一般疏松

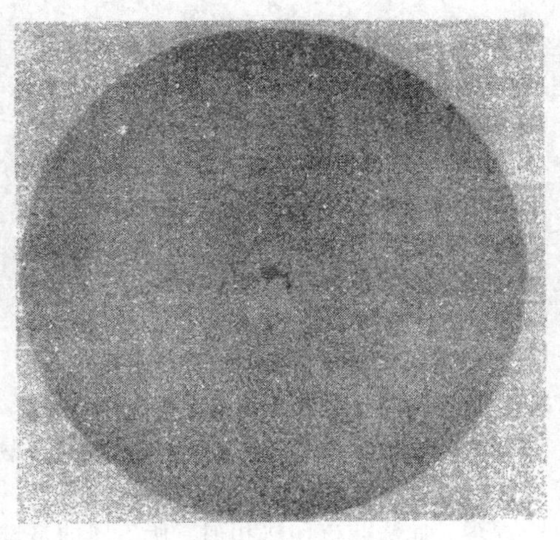
图4-5　残余缩孔

图4-6　白点

图4-7　气泡

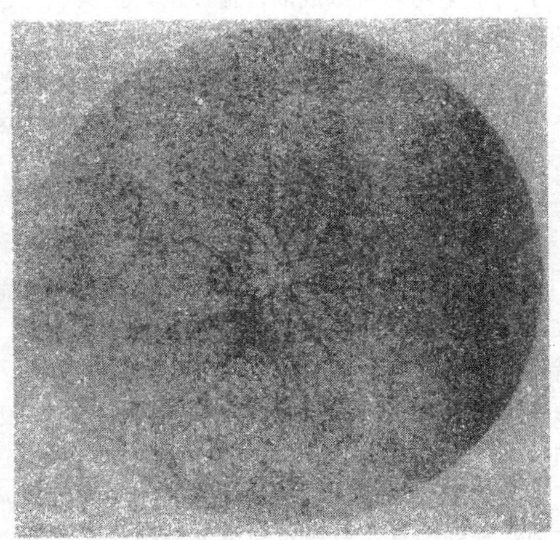
图4-8　轴心晶间裂纹

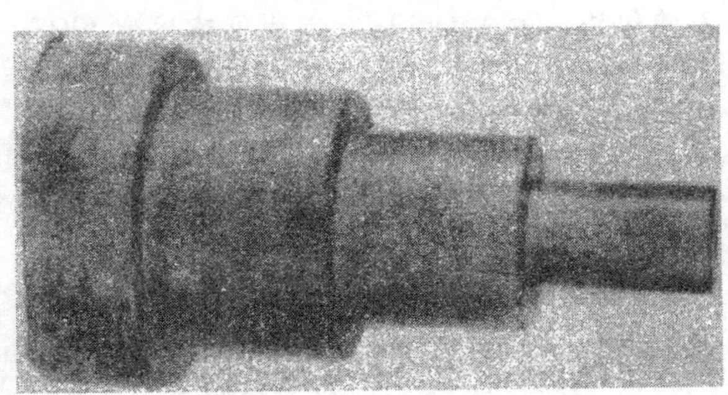
图4-9　塔形车削发纹

5. 其他宏观缺陷

（1）折叠。在钢材表面有呈斜交的裂纹，其周围有严重脱碳、氧化现象，这种裂纹为折叠。钢材在锻轧时，由于锻模孔形不合理或操作不当，以致突出的边角等在热加工时被卷折压入。

（2）粗晶。粗晶是因加热温度较高、保温时间过长或终锻温度过高，在加工过程中未被击碎所致。

（3）分层。钢材表面有平行于表面的黑色或其他颜色的点状及线状物，它们将基体分开成层状，其原因是钢材内夹渣或大量夹杂物的存在，分割了基体组织。分层是在轧制过程中形成的。

（4）热加工裂纹。在钢材表面上分布着无规则的并与外界表面连通的裂纹，一般是外侧粗大，内侧细小。这种裂纹是在热加工时由于加热温度、载荷、冷却等不当造成的开裂。

（5）流线。在钢材或零件的纵向剖面及外表面，经酸蚀后出现热加工线条状组织。这是因为夹杂物（以及偏析）经热加工后沿热加工方向排列，酸蚀后成为线条状。若流线不按零件外形轮廓延伸，而呈年轮状或旋涡状贯穿零件截面，此时称为流线不顺。这是由于变形不均匀所造成的。流线的产生实质上也是一种偏析。

（6）中心增碳。在酸蚀试样的中心部位颜色较深，但无深度。这是浇注时冒口部位含石墨的发热剂渗入而形成的高碳区，多发生在头部。

4.1.2 印痕法检验

钢中的硫、磷是有害的杂质元素，对钢的性能影响较大，要检验硫、磷在钢材截面上的分布情况，必须借助印痕法。它对检验新材料或失效构件中硫、磷的分布，进一步分析材料产生缺陷的原因有很大帮助。

印痕法是用涂有试剂的相纸紧贴在试样表面上，使试剂和钢中的某一成分在相纸上发生反应并形成具有一定色彩斑点的检验方法。常用的印痕法有硫印法和磷印法。钢的硫印检验方法可按标准 GB/T 4236—1984。

4.1.2.1 硫印法

1. 原理　试剂中的稀硫酸与硫化物发生反应而产生硫化氢气体，再使硫化氢气体与印在相纸上的溴化银作用，生成棕色的硫化银沉淀物，照相纸上显有的棕色印痕便是硫化物所在之处。其化学反应式如下：

$$FeS + H_2SO_4 \longrightarrow FeSO_4 + H_2S\uparrow$$

$$MnS + H_2SO_4 \longrightarrow MnSO_4 + H_2S\uparrow$$

$$H_2S + 2AgBr \longrightarrow Ag_2S\downarrow + 2HBr\uparrow$$

试样所含硫化物较多时，该化学反应进行较剧烈，照相纸上的印痕颜色深而多。若照相纸上出现大点子的棕色印痕，则表示试样的硫偏析较为严重和硫含量较高；若呈分散的棕色小点，则表示硫偏析较轻，而且硫含量也较低。

2. 操作过程　将溴化银相纸用 2% ~5%（体积分数）的硫酸水溶液浸泡 5min 后取出淋去多余的溶液，再将其相纸药膜面仔细地贴在试样表面上（试样表面粗糙度 Ra 为 0.8μm，去除试样表面油污），用药棉或橡皮辊筒不断地在相纸背面上均匀地揩拭或滚动，使相纸与试样表面保证紧密接触（揩拭时用力不能过大，防止相纸移动，以免印痕模糊）。相纸覆盖时间约 3min，然后将相纸取下，再经过定影、漂洗、上光即可获得硫印照片，相纸上出现的褐色斑点即为硫化物聚集处。图 4-10 所示为 45 钢曲轴部分剖面的硫印照片。

图 4-10　45 钢曲轴部分剖面的硫印照片

4.1.2.2 磷印法

显示磷的偏析可采用铜离子沉淀法、硫代硫酸钠法等。这里主要介绍硫代硫酸钠法。

1. 原理　此法与硫印法相似，所不同的是试样需先进行浸蚀，即采用含有焦亚硫酸钾的饱和硫代硫酸钠溶液对试样进行浸蚀，然后将经浸过盐酸溶液的相纸贴于试样表面，使其发生化学反应，在相纸上显示出彩色斑痕。

2. 操作　先将表面粗糙度 Ra 为 0.8μm 的试样表面用四氯化碳清洗去净油污，然后将试样置于加有 1g 焦亚硫酸钾（$K_2S_2O_5$）的 50mL 饱和的硫代硫酸钠（$Na_2S_2O_3$）溶液中浸蚀 8 ~10min，取出试样经水洗、酒精冲洗后吹干，再将经 3%（质量分数）盐酸溶液浸透过的相纸贴于试样表面上，其他操作与硫印法相同。此时相纸上较深的褐色斑痕处即为含磷低的区域，颜色较浅或白色区域即为磷偏析处。

4.1.3 着色渗透法

酸蚀法及印痕法为破坏性试验，一般均在被切取的试样上进行，即需要破坏被检验的零件。而在工业生产中往往要求对半成品乃至成品进行非破坏性的宏观检验，以了解在加工过程中是否产生了缺陷（如裂纹等），对于这种缺陷的检查可采用无损检验，例如用磁力检测、超声波检测等，但这些检验均需一整套仪器设备，操作也较繁杂。而采用着色渗透法则极为简便，几乎不需要什么专用设备，且检验结果能直观明了地显示出清晰的缺陷形貌，即在缺陷处取样，进行微观检测，从而判断缺陷的性质。因此，近年来该方法在工业中得到广泛应用，尤其是在失效分析及对半成品、成品的检验中往往能提供重要信息。相关标准有 JB/T 9218—2007《无损检测　渗透检测》。以下简单介绍渗透检测方法中着色渗透剂在金相检验及热处理方面的作用。

1. 原理　利用液体的毛细管作用，使液体着色渗透剂渗入试样表面不易被眼睛觉察的开口缺陷中，通过显示，在日光下观察出缺陷的形貌。

2. 应用范围　可广泛应用于各种金属材料的铸、锻、焊接件及非金属材料中的陶瓷、塑料、玻璃制件等。凡开口缺陷（如裂纹、折叠、分层、疏松、未熔合等）均能清晰显示。对于电真空器件的慢漏气、高压密封情况也能取得良好效果。

3. 着色渗透剂的特点　着色渗透剂由渗透液、显示液、洗净液和荧光显示液等组成。产品种类有多种，例如有红色溶剂去除型和绿色疏水性水洗型。其不同点为：红色溶剂去除型适用于光洁的表面，灵敏度高，可以检测 1μm 以下的缺陷，它由渗透液、显示液、洗净液和荧光显示液组成；绿色疏水性水洗型适用于表面粗糙的试样，可以检测 3～6μm 的缺陷，它由渗透液及显示液组成。

渗透剂有一定粘度，不易流失，可在 10～50℃条件下使用，显示迅速，反差大，色泽鲜艳，不易褪色，试验重复性好。其中，红色溶剂去除型试剂一次渗透后，既可作颜色显示，又可作荧光显示，便于相互验证；绿色疏水性水洗型试剂不溶于水，但可用水冲洗，渗透速度快（最长 1min），对显示铸件、锻件、焊接件的缺陷尤为优越。

4. 渗透液的性能　化学稳定性好，不发生沉淀、分解现象，在 pH 值 5.1～7.35 范围内，洗涤性能良好，对试样无腐蚀现象。

5. 显像剂的种类

显像剂有干粉、水溶性、水悬浮多种，它与渗透剂配套使用，根据产品的具体使用范围来进行选择。

6. 操作方法

(1) 清洗被检验面。着色渗透是否成功，很大程度上取决于被检验工件的清洁程度。不允许表面存在铁锈、氧化皮及其他表面膜、水分及灰尘等。可使用机械的或化学的方法仔细清洗，以去除污染物。

(2) 施加渗透液。用喷或涂敷方法将渗透液加到工件表面上，渗透时间为 5～60min。

(3) 清洗多余的渗透液。用清洗液，洗去未渗入缺陷中多余的渗透液，擦净、吹干。

(4) 显示方法

1) 干粉显像剂：

采用喷粉、静电喷射、聚束极、流化床或喷粉枪等技术之一，均匀地将干粉显像剂施加到被检表面上，应在被检表面形成一薄层覆盖，不允许出现局部堆积。

2) 水悬浮显像剂：

通过浸没在搅动的悬浮液中或使用适当的设备喷射来施加此类显像剂，并在被检表面得到一均匀薄层。

3) 溶剂型显像剂：

应喷射至且稍微湿润的被检表面，并得到一均匀薄层。

在去除多余渗透剂后尽快施加显像剂，使用上述显示方法，工件的表面温度不应超过 50℃。

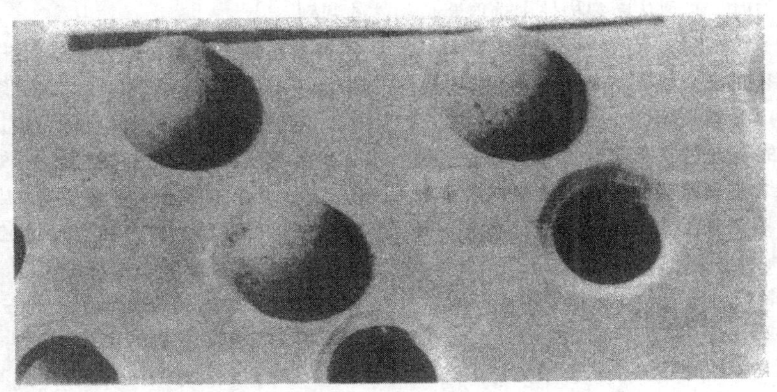

图 4-11　直径 3mm 滚珠缺陷的显示

7. 着色渗透法的若干实例

（1）钢球表面缺陷的显示。图4-11所示直径为3mm滚珠（钢球），因原材料中存在大量夹杂物，使其表面产生显微剥落和细小裂纹。经着色渗透后显示的红色堆集区即为夹杂物剥落，细红色线即为显微细裂纹。

（2）仪表游丝轧辊表面磨削裂纹的显示。精密仪表游丝轧辊在制造过程中，因磨削工艺不当造成磨削裂纹。图4-12所示为轧辊表面磨削裂纹的着色渗透显示。

（3）丝锥淬火裂纹的着色渗透显示。丝锥淬火温度过高又未及时回火，在螺纹尖角处易形成裂纹。图4-13所示为丝锥上应力裂纹的着色渗透显示。

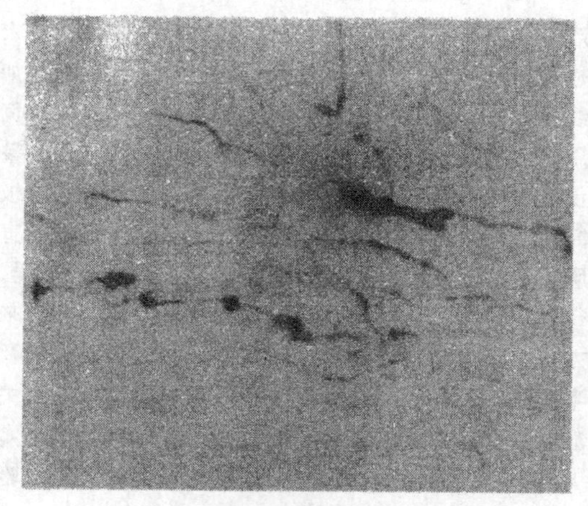

图4-12　轧辊表面磨削裂纹的着色渗透显示

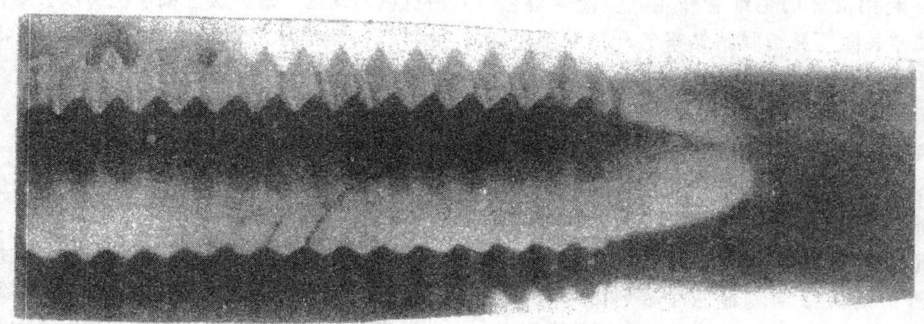

图4-13　丝锥上应力裂纹的着色渗透显示

4.2　断口分析

对断裂构件的断口进行分析，可以为判断引起断裂的原因提供重要依据。

断口分析的正确性、可靠性在很大程度上取决于断口试样的正确选择和断口的清洁与新鲜程度。因此，必须充分注意断口的选择、清洗及保存。

4.2.1　断口试样的选择

在分析断裂构件时，必须从断裂构件中选取断口样品。这不仅是为了缩小检查范围，更重要的是为了选择最先开裂的断裂部位。另外，在取样时不得损伤断口表面，并使断口保持干燥，防止污染。

断裂包括裂纹的萌生与扩展过程，断裂失效分析的目的在于找出裂纹形成的原因、部位及扩展方式。如果断裂是由一条裂纹引起的，则根据断口宏观形貌，就能比较容易地判断裂纹源的位置及扩展方向。如果断裂是由许多裂纹引起的，如压力容器破裂或爆炸成许多碎块，则必须从中确定首先开裂的部位，找到该部位的断口。

一般来说，在构件上出现许多裂纹时，这些裂纹的形成在时间上是有先有后的。确定裂纹形成的方法很多，下面仅就常用的检验方法进行介绍。

4.2.1.1　主裂纹的判别方法

构件断裂大多数是在运行过程中发生的，经常是一个构件断裂后，其碎片会击断或碰伤其他构件。如汽轮机组运行时，若一个叶片发生断裂，断叶将会击断或碰伤其他叶片，造成大的断裂事故。又如构件上产生一条裂纹后，又会陆续引发几条二次裂纹。因此，在断裂失效分析中，必须进行主裂纹与二次裂纹的判别。

1. T形法　图4-14所示为在一个构件上产生了两条裂纹，并构成“T”形；或断裂成几个碎片，碎片合拢后构成T形裂纹。在通常情况下，可认为裂纹A为首先开裂，且A裂纹阻止了B裂纹的扩展；换言之，在B裂纹的扩展受到A裂纹的阻止时，A裂纹为主裂纹，B裂纹为二次裂纹。裂纹扩展方向平行于A裂纹，裂源位置可能在O或O'处。

2. 分叉法　构件在断裂过程中，一条裂纹往往会产生很多分叉，如图4-15所示。一般情况下，裂纹分叉方向即为裂纹的扩展方向，其反向则指向裂纹源的位置O点。也就是说，分叉裂纹为二次裂纹，

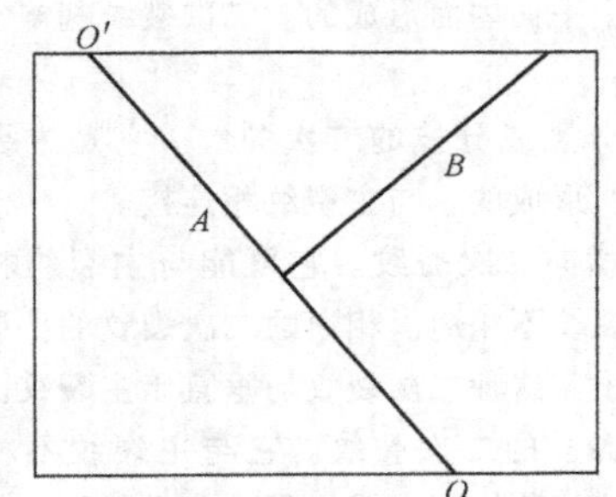

图4-14　T形法判别主裂纹示意图

A—主裂纹　B—二次裂纹　O或O′—裂纹源

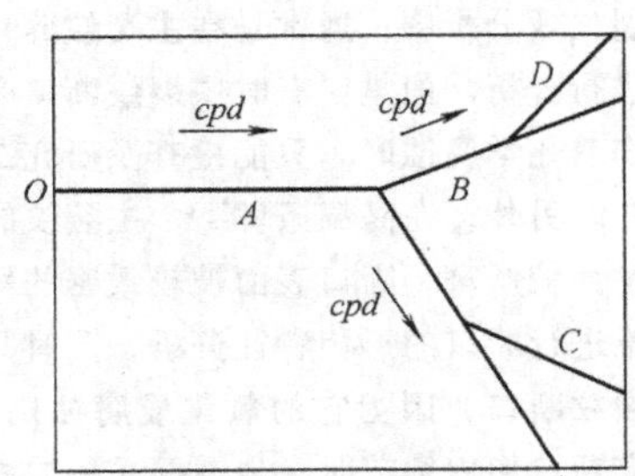

图4-15　分叉法判别主裂纹示意图

A—主裂纹　B、C、D—二次裂纹　O—裂纹源

cpd—裂纹扩展方向

汇合裂纹为主裂纹。

3. 变形法　具有一定几何形状的构件，在断裂过程中发生变形并且断裂成几个碎块。图4-16所示的是一个圆环形的构件，在发生断裂时断裂成三块。在判别主裂纹时，要将断片合拢，检查各个部位的变形量的大小。变形量大的部位为主裂纹，其他部位为二次裂纹，裂纹源在主裂纹所形成的断口上。

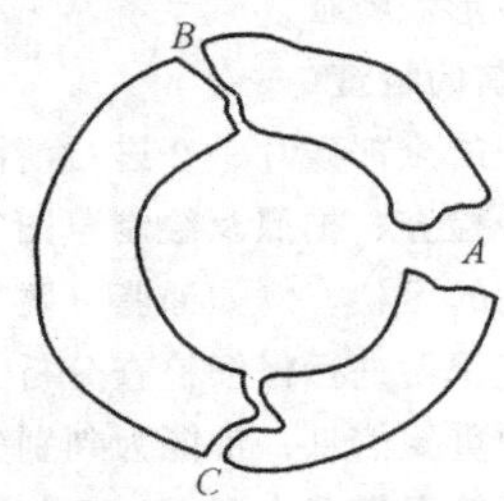

图4-16　变形法判别主裂纹示意图

A—主裂纹　B、C—二次裂纹

4. 氧化法　氧化法主要是利用金属或合金材料在环境介质中会发生氧化或腐蚀并随着时间的增长而严重的现象，判断裂纹扩展方向。图4-17所示为氧化法判别主裂纹示意图。由于主裂纹（这里指形成断口的裂纹）开裂的时间比二次裂纹开裂的时间早，所以主裂纹断口上的氧化或腐蚀程度比二次裂纹形成

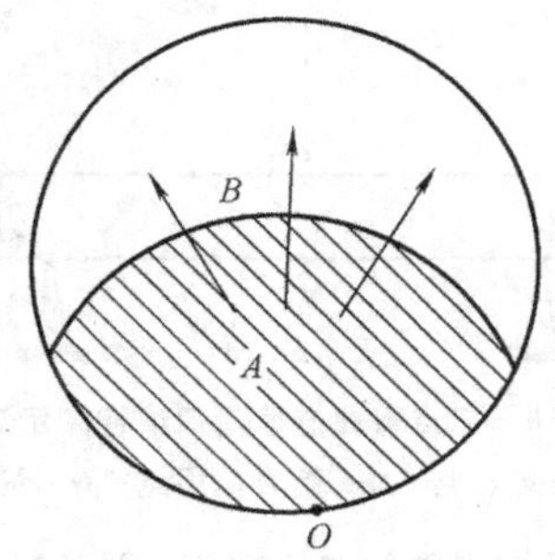

图4-17　氧化法判别主裂纹示意图

A—主裂纹形成的断口部分　B—二次裂纹形成断口部分　O—裂纹源→—裂纹局部扩展方向

的断口上的氧化或腐蚀程度严重。由此可见，氧化或腐蚀比较严重的部位是主裂纹的部位；而氧化或腐蚀比较轻的部位是二次裂纹部位。裂纹源在主裂纹的表面处。

对于实际的断裂事故，应根据各种断裂的具体条件，对裂纹的扩展规律、断口形貌特征、断口表面的颜色、各部位相对变形量的大小、构件散落的部位及其分布等进行综合分析，才能准确无误地判别主裂纹与二次裂纹。一般来说，脆性断裂失效时，常常使用T形法和分叉法来判别主裂纹；延性或韧性断裂失效时，经常利用变形法来判断主裂纹；环境断裂时，常使用氧化法来判别主裂纹；疲劳断裂时，常常应用断口宏观形貌特征来识别裂纹源的位置及其裂纹扩展方向。

4.2.1.2　断口试样的截取方法

对大多数开裂的构件来说，失效分析主要依靠断口形貌特征来进行分析。为了进行这种分析，必须使构件沿裂纹扩展方向发生断裂，即所谓“打开”裂纹，才能对断口进行清洗和观察。

打开一个裂纹常常要求对有裂纹的构件进行部分破坏。对于这种情况，在打开裂纹之前应对构件进行必要的检查及测量，以确定部件的形态。常用的方法是对构件的开裂部位画出轮廓草图或进行照相等。另外，也可用复印的方法，将构件裂纹区域的表面形态刻印下来，但采用这种方法时要注意复印材料的选择。

打开裂纹的方法很多，如拉开、扳开、压开等。但无论是哪一种方法，都必须根据裂纹源的位置及裂纹的扩展方向来选择受力点。一般情况下，都是沿垂直于裂纹的扩展方向加力，使带有裂纹的构件形成断口（图4-18）。

若失效构件在宏观外形上无法确定裂纹源或裂纹扩展方向，则可采用刨削、车削等方法打开裂纹。刨

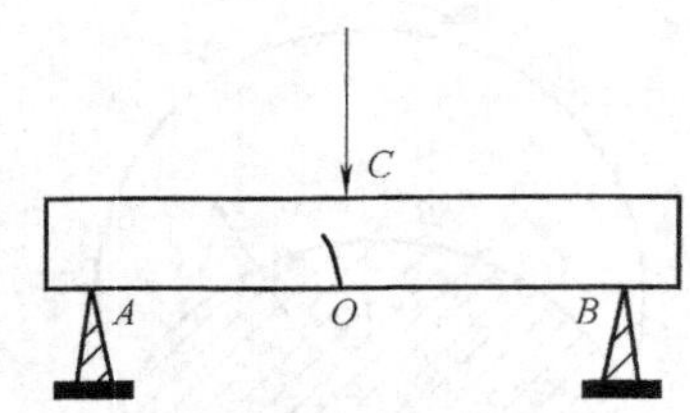

图 4-18　三点弯曲选取断口试样的示意图

A、B—支承点　C—受力作用点　O—裂纹源

削或车削如果在裂纹的背后进行，并随时注意进刀深度，就能准确发现裂纹前缘。如果加工方法或程序不当，往往会损坏断口形貌，不能获得完好的断口试样。例如，图 4-19 所示为采煤机钻杆断口宏观形貌，暗黑色部分为初始裂纹扩展区域，如箭头指示处。由于机加工不当，使裂纹源受到破坏，这样就无法对采煤机钻杆事故进行全面分析了。

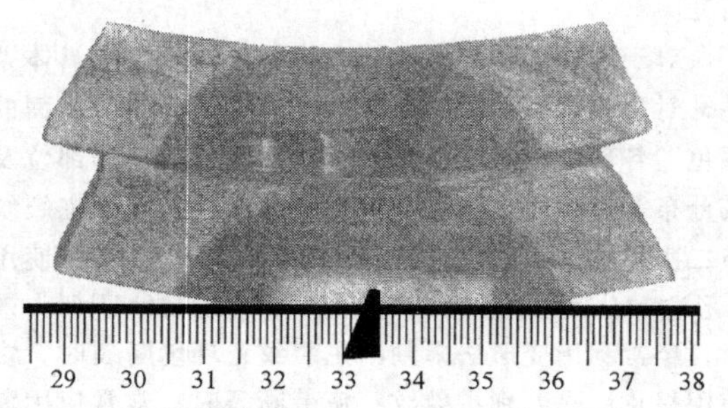

图 4-19　采煤机钻杆断口宏观形貌

注：其中箭头指示处为在取样时裂源区受损坏情况。

在断裂失效分析时，经常遇到较大的断口试样，如船用柴油机曲轴断口、轧钢机轧辊断口等。如果进行扫描电镜观察或进行复型透射电镜观察，都必须将大块的构件断口切割成小块试样。常用的切割方法有火焰切割、锯削、砂轮片切割、线切割及电火花切割等。在应用这些方法时，应注意不能使断口试样的显微组织及断口形貌特征发生变化，切口与被观察部位间还要留有一定的距离。在选择切割用冷却剂时，注意不能使冷却剂腐蚀断口表面。另外，除了注意防止热损伤或化学腐蚀外，还必须注意防止机械损伤。

4.2.1.3　二次裂纹

在金属材料的内部或表面存在的不连续的空间部分称之为裂纹。二次裂纹是指初始裂纹或主裂纹形成之后所产生的裂纹。从时间上来看，二次裂纹形成的时间迟于主裂纹形成的时间。它们之间没有严格的界线，只是相对而言。广义地讲，主裂纹只有一个，而以后产生的裂纹，均称之为二次裂纹。从形成机理上看，二次裂纹也可以理解为是由于裂纹的形成或扩展不是在一个平面内而形成的。二次裂纹基本上有下列三种类型：

(1) 分叉或分枝的二次裂纹。它是主裂纹在扩展过程中所形成的，与主裂纹相连接。

(2) 横向二次裂纹。它可能与主裂纹相通，也可能与主裂纹不相通。相通的二次裂纹的扩展受到主裂纹的阻止。这种二次裂纹均垂直于主裂纹。

(3) 独立的二次裂纹。它与主裂纹不相通。这种二次裂纹的萌生与扩展均是独立进行的，其裂纹走向往往与主裂纹平行。裂纹的萌生及其扩展机理基本上与主裂纹相近。

在断裂失效分析中，通常是在主裂纹碎片上选择断口试样进行分析。但是，有时主裂纹断口受到严重的机械擦伤或化学腐蚀时，只能检查及研究二次裂纹的断口试样。另外，在高温条件下，主裂纹的断口表面氧化或腐蚀较严重，断口表面被较致密的氧化膜所覆盖，很难进行断口的形貌特征分析，此时只能分析研究二次裂纹断口，因为它的氧化或腐蚀比较轻些。在分析研究断口形貌细节时，也需要采用二次裂纹断口试样，因为二次裂纹断口受到机械擦伤的影响比较小，常常保存有断口形貌的精细结构。二次裂纹可供分析研究断裂机理、断裂过程及断裂影响因素等用。

4.2.2　断口试样的清洗

在进行断口观察，尤其是电子显微镜观察时，其中最主要的是断口表面的状态。在一般情况下，断口表面均受不同程度的化学的和机械的损伤，其中化学损伤更为严重。因此，需要对断口试样进行清洗，除掉断口表面上的灰尘、污垢及腐蚀产物，否则很难观察到真实的断口形貌特征。

4.2.2.1　清洗前的检查

失效过程中的全部残片，在进行清洗之前，都应经过充分的外观检查、拍照及绘制草图等。检查的表面可能受到积垢的污染，例如油脂、腐蚀产物、氧化物等。对于这些积垢进行仔细检查分析，可从中获得有关断裂失效的重要信息，常能为判别失效原因或确定失效分析程序等提供有力证据。例如，在断口表面的某个部位上发现有油漆痕迹，这就可能表明在失效之前，构件表面已经存在裂纹，使表面油漆进入裂纹。

外观检查应从肉眼观察开始，要特别注意对断口表面和裂纹轨迹的检查。构件的初步检查应尽量的彻底、认真，切不可马虎。

另外，在清洗之前要注意对断口表面附着的积垢物的分析研究。通常，化学损伤是由于环境介质所引起的，它主要是水和氧的影响。

为了弄清断口上的腐蚀产物对断裂失效的影响，必须分析腐蚀产物的性质及结构，尤其是环境断裂失效分析，对腐蚀产物的分析研究更为重要，这是因为断口表面腐蚀产物可以直接提供断裂环境的影响情况。如氢脆断裂，往往在断口上富积了氢离子，因此在清洗断口之前，必须分析氢离子浓度及其分布情况。若在氯离子环境中发生断裂失效，其断口表面会有氯离子富积现象。

对断口表面上富积的微量或痕量元素的分析，常常应用俄歇电子谱仪、离子探针等表面分析仪器。但是，当腐蚀产物用复型萃取下来时，也可以应用电子衍射或电子探针等方法进行分析研究。

4.2.2.2　断口试样的清洗方法

清除断口表面积垢或油脂等附着物的方法有气球吹洗法、毛刷刷洗法、物理复型法、化学试剂清洗法、超声波清洗法及电解清洗法等。其中最常用的是毛刷刷洗法和物理或空白复型法。在使用硬毛刷刷洗时，要与有机清洗试剂一起使用，如用非金属毛刷可蘸石油溶剂进行清洁。清洗断口表面常用的化学试剂见表 4-4。

表 4-4　清洗各种金属断口试样常用试剂

金属材料	试剂的种类	避免使用的试剂
铸铁、碳钢、合金钢	有机试剂或 1%（质量分数）碱溶液	酸、水
铝、镁及其合金	有机试剂	苛性碱溶液
铜及其合金	有机试剂或肥皂水	酸、氨水

根据断口腐蚀程度的不同，可将断口试样浸泡在化学试剂（这里指的是有机试剂，如丙酮、三氯乙烯等）中 10 ~ 15min，并根据具体情况，选用软毛刷刷洗或用较弱的超声波清洗，以促进反应，取得快速除掉积垢的效果。

所有的酸性溶液都会迅速浸蚀钢件，故断口表面除锈时应小心。有时根本不允许采用这种方法，而用电解除锈方法。但应注意，使断口试样为阴极，以保证在断口表面锈层清除后完全不受腐蚀。

在一般情况下，电解清洗法均采用中性或弱碱性溶液，尽量少用酸性溶液。若断口表面生成较致密的氧化层或形成高温氧化膜，可采用酸性电解液进行阴极清洗或者使用酸性溶液化学清洗。

下面介绍几种常用的电解清洗剂及化学试剂的配方。

（1）采用 NaCl 500g、NaOH 500g、H_2O 5000mL 配制的电解液，电流为 4A，电压约为 15V，用不锈钢做阳极，进行阴极电解清洗。使用时应注意对电解时间的控制。

（2）采用 NaCN 6g、Na_2SO_3 6g、H_2O 100mL 配制的电解液，用不锈钢板做阳极。这种电解液不仅可除掉锈层，而且不会出现过度酸蚀现象。即便是在裂纹内部有一层高温形成的氧化物的困难条件下，用这种电解清洗剂仍可有效地清除掉。但值得注意的是，这种电解液毒性较大，要求使用的电流强度与除锈面积成正比，除锈的时间要掌握适当。此外，还要处理好废电解液，防止环境污染。

（3）采用 Na_2CO_3 30g、Na_2SO_3 20g、Na_3PO_4 20g、NaOH 10g、H_2O 1000mL 及少量的表面活性剂水溶液配制的电解液。在室温下，电流密度为 2 ~ 5A/cm^2，用不锈钢板做阳极，电解时间要控制在 1 ~ 5min 范围之内，可清洗掉断口表面上锈层等物。

（4）采用 HCl520mL、H_2O480mL，再加入适当缓蚀剂（如乌洛托品等）配制电解液。将待除锈的断口试样在常温条件下浸泡，最好与超声波清洗器联合使用，其效果更理想。当构件断口较大，不能放入超声波清洗槽内时，可将上述化学清洗剂用软毛刷轻轻刷洗断口表面，再用空白复型清洗，这样交替多次清洗，可达到除掉致密氧化层或高温下形成的氧化膜的目的。例如，热电站汽轮机动叶片（12Cr13 或 20Cr13 钢）在 300 ~ 400℃ 条件下长期使用，发生断裂失效时，叶片断口往往形成较致密的氧化膜，如图 4-20 所示。最后应用一种化学试剂与塑料复型，反复多次清洗后，可将氧化膜去除，断口表面较为清晰，如图 4-21 所示。从电镜断口上可清晰地看到具有明显的沿晶断裂形貌特征。

图 4-20　汽轮机叶片显微断口形貌（断口表面未经清洗，有致密的氧化膜）**4000 ×**

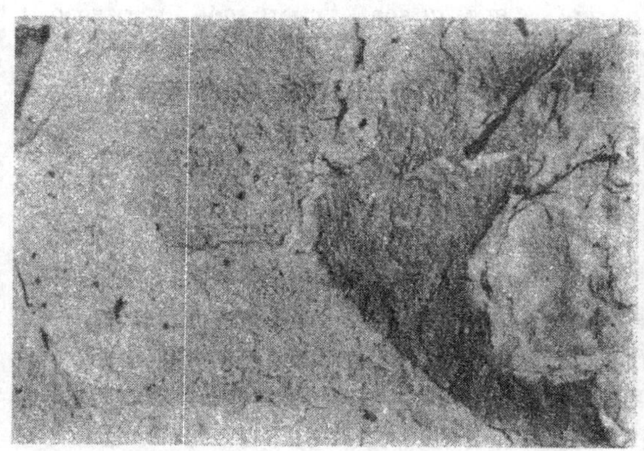

图 4-21　图 4-20 所示断口经清洗后显微断口形貌（其上具有明显的沿晶断裂形貌特征）4000 ×

图 4-22　工业汽轮机动叶片的疲劳断口（其上具有较致密的氧化膜）4000 ×

经过化学或电化学方法清洗，可将较厚的氧化膜除掉，但是只能识别这个断口是脆性断裂还是韧性断裂，而对断口上的较细的结构（如疲劳断裂过程中产生的显微断裂形貌特征——疲劳辉纹）可能还看不清楚，仅呈现出模糊状或断续状的辉纹。这时，只有使用化学有机试剂和多次物理或空白复型方能奏效。图 4-22 所示为工业汽轮机动叶片（Z20CDNbV11 钢）的疲劳断口，因未经清洗，断口形貌呈现氧化物或腐蚀产物的电子图像；而图 4-23 所示为经过清洗后的电子图像，可以观察到不连续状的疲劳辉纹形貌特征。

4.2.3　断口试样的保存

由于断口表面忠实地记录了断裂全过程，因此对断口表面必须保护得非常完好。在取样及存放过程中，严防损伤断口表面的任何原始状态，尤其是在断口初检及清洗时，不能随意用手去摸弄断口表面，或者是将两个匹配断面对接碰撞，以避免断口表面产生人为的损伤。在整个断口分析的过程中，要十分注意对断口试样的保护。

图 4-23　图 4-22 所示断口经过清洗后的电子图像（可明显地观察到疲劳辉纹等形貌特征）　4000 ×

4.2.3.1　断口试样保存方法简介

为了防止断口表面生锈或腐蚀现象发生，可在断口表面涂抹一层极易溶去且不腐蚀的保护材料，例如防锈漆、环氧树脂、醋酸纤维丙酮溶液等，也可以将清洗完毕的试样浸泡在无水酒精中，或放入干燥器里，还可浸入全损耗系统用油中浸渍保存。用最后一种方法时，要注意防止全损耗系统用油对断口表面的腐蚀，这种方法只有在不得已的情况下才采用。还有用塑料袋存放断口，这是临时使用的简易方法。

目前，经常采用醋酸纤维素 7% ~ 8%（质量分数）的丙酮溶液，在使用时将它倒在断口表面上，并使溶液均匀分布，待干后即可。另外，还可采用三氯乙烯溶液能清洗掉的透明胶做断口表面的保护材料。

4.2.3.2　断口试样保存时应注意的事项

1. 断口要保持干燥　断口试样在选取、清洗及传递的过程中应避免受潮，禁止用水洗涤断口表面。对于沾污了腐蚀介质（如海水等）的断口试样需要彻底清洗，用水洗后，立即用丙酮或酒精溶液漂洗并干燥后放入干燥器皿中存放。

2. 断口表面严防机械擦伤　构件断裂失效大多数是在运行过程中发生的，不可避免地在断口表面产生不同程度的机械损伤，这是事先无法防止的。但是，在断口取样、存放、制备电镜试样过程中，要严防人为机械擦伤，特别要注意不得使两个匹配面相互咬合或碰击。

3. 断口表面不能用酸性溶液清洗　用酸性溶液清洗断口，不仅会使断口形貌失真，而且还会在断口上显示出材料的显微组织。只有需要显示组织形态之间的对应关系或者是在分析研究断口形貌特征与显微组织之间的对应关系时，才能应用酸液清洗断口。一般应绝对避免使用酸性溶液接触断口表面。

4.3 宏观断口分析

断口分析技术是由宏观断口分析和显微断口分析所组成，两者是相辅相成缺一不可的。通过宏观断口分析，可以判断断裂的性质及断裂事故的全过程，为进一步开展显微断口分析提出目标和任务。可以说宏观断口分析是显微断口分析的前提和基础。

4.3.1 断裂分类

对断裂进行分类是比较复杂的。对断裂的研究虽然很多，但到目前为止，国内外对其分类的看法仍很不统一。下面介绍几种常用的断裂分类方法，这些分类是相辅相成的。

4.3.1.1 按断裂性质分类

根据材料或构件断裂前所产生的宏观塑性变形量的大小，可将断口类型分为延性断口、脆性断口及延性—脆性混合断口三种。

1. 延性断裂　延性断裂指材料或构件断裂时发生较大的塑性变形而形成的断裂。

延性断裂的断口通常又可分为两种类型：

（1）纤维状断口。断口表面具有凹凸不平的形貌特征，呈现暗灰色的纤维状，立体感较强；它是在平面应变条件下发生的，断口表面与最大拉应力方向垂直。例如，光滑圆棒试样拉伸时所形成的杯锥状断口，其杯底与锥顶的中心区均属于纤维状断口。图 4-24所示为杯锥状断口的示意图，图中起伏部分为纤维状断口。

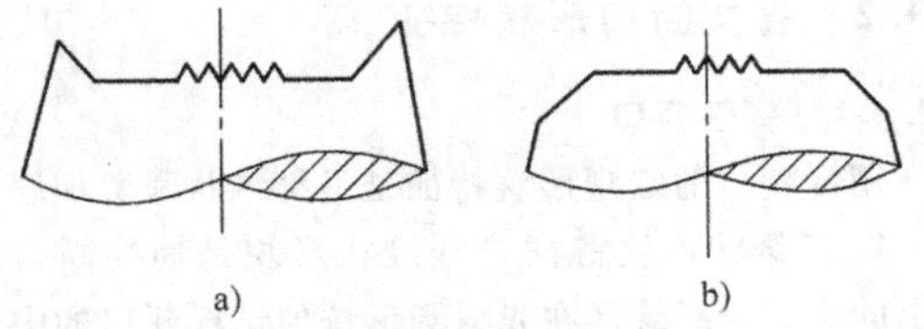

图 4-24　杯锥状断口示意图

a）杯状断口　b）锥状断口

（2）剪切断口。断口表面较光滑或呈现鹅毛状，与最大拉应力方向成45°，它是在平面应力条件下产生的。如图 4-24 中所示断口周围部分均为典型的剪切断口，有时也称之为剪切唇。

2. 脆性断裂　脆性断裂指材料断裂时不发生或发生较小的宏观塑性变形。脆性断口形貌较平整，用肉眼或放大镜观察不到宏观变形量，但是在电子显微镜下可观察到局部的塑性变形。通常金属材料的塑性变形量为2% ~5%（体积分数）的断裂均称为脆性断裂。

脆性断裂是一种突然发生、没有明显征兆的断裂，因而危害性很大。

脆性断裂的特点是：

（1）脆性断裂时承受的工作应力很低，往往低于材料的屈服强度。

（2）温度降低，脆性断裂倾向增加。对一般材料而言，如中、低强度钢，若在 -80℃时断裂，其断口具有明显的脆性断裂特征。当温度降低到 -160℃时，表征塑性断裂的纤维状断口及剪切唇均消失，断口呈放射状条纹。

（3）脆性断口具放射状或人字条纹等形貌特征。

（4）断口表面粗糙程度随载荷增加而增加。当然与材质也有关系，例如铸钢或铸铁断口较粗糙。

（5）高强钢或超高强钢的脆性断口较光滑，断口形貌特征不大明显等。

脆性断裂包括穿晶脆性断裂（如解理断裂）、疲劳断裂和沿晶脆性断裂等。

3. 延性—脆性断裂　延性—脆性断裂又称为准脆性断裂。它实际上是一种延性与脆性的混合断裂。通常情况下，是以延性断裂为起始，继之以脆性断裂为主的裂纹扩展方式。如金属材料的光滑圆棒形拉伸试样的缩颈，其变形量为断口的 5% ~10%（体积分数），基本属于这种类型。在电子显微镜下，可观察到具有解理断裂与韧窝断裂两种机制控制下所形成的断口形貌特征。

4.3.1.2 按断裂路径分类

一般在金属及合金中的断裂路径可分为穿晶断裂、沿晶断裂及混合断裂（图 4-25）三种类型，其断口亦存在着相应的三种类型。

1. 穿晶断裂（图 4-25a）　穿晶断裂指金属及合金的裂纹萌生和扩展均在晶粒内部发生，其断口为穿晶型。从结晶学角度出发，又可将穿晶断裂分为结晶学断裂与非结晶学断裂两种。

结晶学断裂是指沿一定的结晶学平面发生的断裂。其断口形貌特征与结晶学有着特定的位向关系，如解理断裂、穿晶应力腐蚀断裂等。

非结晶学断裂是指断裂时发生较大的塑性变形，此时在材料内部将形成显微孔洞与孔洞的聚集并导致分离，断裂表面为非结晶学断口，如韧窝断口。在电子显微镜下观察，这种断口具有明显的韧窝形貌特征。

2. 沿晶断裂（图 4-25b）　沿晶断裂指多晶体材料的裂纹萌生与扩展在晶界上发生的分离过程，其断口称为沿晶断口。沿晶断裂的一个明显的原因是晶界上存在着特殊的第二相。例如不锈钢中的晶界碳化物 $Cr_{23}C_6$ 会导致沿晶断裂损坏。沿晶断裂也会在晶界上并无第二相存在时发生。例如合金钢中沿原奥氏体晶界发生断裂的回火脆性现象。

沿晶断裂又可分为沿晶脆性断裂与沿晶韧性断裂，其断口亦存在着相应两种类型。

沿晶脆性断裂是由于晶界脆化引起的分离过程，如沿晶氢脆断裂等。沿晶韧性断裂是由于在晶界上发生显微孔洞的形成和聚集而导致的断裂。其断口在电镜下可观察到比较浅且小的韧窝花样，如蠕变断裂等。

3. 混合断裂（图 4-25c）　在多晶体金属材料的断裂过程中，很少只发生一种由穿晶断裂机制或沿晶断裂机制所控制的断裂过程，多数情况下是由混合断裂机制所控制的断裂，其断裂路径既有穿晶断裂，又有沿晶断裂。例如回火马氏体材料的瞬时断裂就属于这种类型。穿晶断裂将有 50% 的面积沿原奥氏体晶界和 50% 的面积沿解理面发生混合断裂；沿晶断裂将有较多的面积是沿原奥氏体晶界断裂与一定数量的准解理断裂。

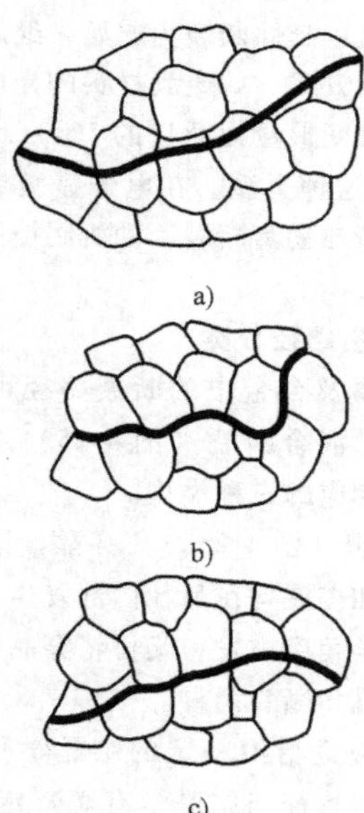

图 4-25　按断裂路径分类

a）穿晶断裂　b）沿晶断裂　c）混合断裂

4.3.1.3　按断裂方式分类

按断裂面所受外力类型不同，可分为正断断裂、切断断裂及混合断裂三种类型。

1. 正断断裂　由正应力引起的断裂称为正断断裂。断口表面垂直于最大正应力方向。断口的宏观形貌较平整，在电子图像上可能出现韧窝花样、河流花样等形貌特征。例如等轴韧窝花样的断裂方式便是典型的正断断裂。

2. 切断断裂　由切应力引起的断裂称为切断断裂。断裂面与最大正应力方向成 45°角。断口的宏观形貌较平滑，显微形貌为抛物线状的韧窝花样。

3. 混合断裂　由正断断裂与切断断裂混合而成的断裂称为混合断裂，如杯锥状断口是混合断裂的典型例证。混合断裂是最常见的。

4.3.1.4　按断裂机理分类

金属材料按断裂机理分类可分为解理断裂、准解理断裂、滑移分离、疲劳断裂、环境介质断裂、蠕变断裂及沿晶断裂等。

4.3.1.5　按其他形式分类

1. 按应力状态分类　可将断裂分为静载断裂（如拉伸断裂、剪切断裂、扭转断裂）和动静断裂（如冲击断裂、疲劳断裂）等。

2. 按断裂环境分类　可分为低温断裂、室温断裂、高温断裂、应力腐蚀开裂及氢脆断裂等。

3. 按断裂时所需要的能量分类　可分为高能断裂、中能断裂与低能断裂三种类型。它与按结晶学关系分类基本上是相呼应的。低能断裂相当于结晶学断裂，高能断裂相当于非结晶学断裂，中能断裂相当于结晶学与非结晶学混合断裂。

4. 按裂纹扩展速度分类　可分为快速断裂、缓慢断裂及延迟断裂类型。例如，拉伸断裂、冲击断裂等为快速断裂；疲劳断裂为缓慢断裂。

上述断裂现象均对应着一定的断口特征，断口分类与断裂分类基本上是对应的。

4.3.2　各类断口形貌特征

4.3.2.1　韧性断口

韧性断口的宏观形貌特征是呈纤维状和剪切唇。

1. 纤维状形貌特征　纤维状形貌是韧性断口最突出的标记，纤维区在光滑圆形拉伸试样断口的中央部位。一般情况下，纤维状呈现凹凸不平及灰暗色的宏观外貌。

纤维状形貌特征不仅在拉伸断口中出现，也会在冲击断口中出现。通常，冲击断口在缺口处呈半圆形区域；塑性较好的材料，往往在冲击断口中可能出现两个纤维状区域。

2. 剪切唇形貌特征　剪切唇为倾斜断裂面。一般情况下，剪切唇与拉伸轴成 45°角。剪切唇形貌较光滑，与鹅毛状近似，往往在断口的边缘出现，是构件断裂最后分离的部位。

4.3.2.2　解理断口

解理断口为脆性断口，断裂时不产生或产生较小的宏观塑性变形。解理断口的两个最突出的宏观特征是小刻面和放射状条纹。

1. 小刻面　解理断口上的结晶面，在宏观上呈无规则取向，当断口在强光下转动时，可见到闪闪发光的特征。一般称这些发光的小平面为“小刻面”，即解理断口是由许多“小刻面”所组成的。根据这个宏观形貌特征，很容易判别解理断口。

2. 放射状或人字条纹　解理断口的另一个宏观形貌特征是具有人字条纹或放射状条纹，如图 4-26 所示。图中的箭头指示处为裂纹源，在裂纹源附近的宏观断口形貌为放射状条纹，其两侧的宏观断口形貌均为人字条纹。人字条纹指向裂纹源，其反向即倒人字条纹方向为裂纹的扩展方向。因此，可根据人字条纹的取向，很容易判断裂纹扩展方向及裂纹源的位置。放射状条纹的收敛处为裂纹源，其放射方向为裂纹的扩展方向。另外，其他断口也可能出现放射状或人字条纹形貌。

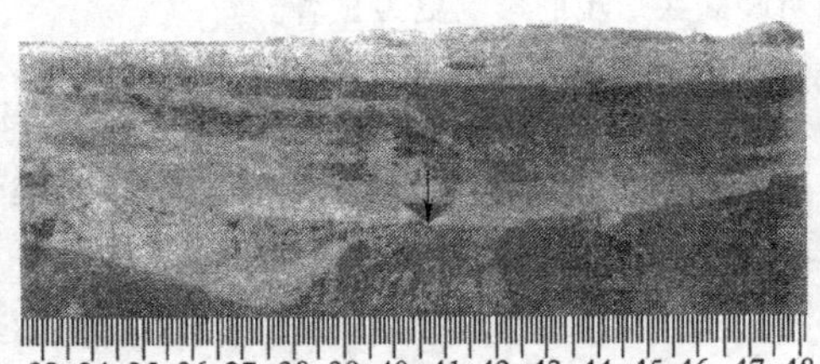

图 4-26　低温钢板脆性断口形貌特征

4.3.2.3　疲劳断口

疲劳断口由平滑的疲劳断裂区和凸凹不平的最终断裂区组成。疲劳断裂区域的“晶粒”比较细小，有时呈现一种发亮的研磨面。最终断裂区（也称为瞬断区）在韧性金属中为纤维状，而在脆性金属中则为粗糙的结晶状。疲劳断裂区是疲劳裂纹渐进式扩展，即裂纹缓慢扩展形成的，而最终断裂区（即静载断裂区）则是裂纹快速扩展，在一个或几个载荷循环内使构件完全断裂而形成的。疲劳断口的这两个区域可以从宏观上明显地看出，如图 4-27 所示。

下面仅就这两个区域以及疲劳断口上的最突出的宏观标记来叙述其宏观形貌特征。

1. 平滑区　严格地讲，疲劳的平滑区包括疲劳裂纹的萌生及扩展两部分。但在一般情况下，疲劳断口上的疲劳裂纹萌生部分不太明显，区域较小（0.10～0.25mm 范围），宏观上不易分辨出来。这里讲的平滑区仅指疲劳裂纹的稳定扩展区域。

（1）疲劳裂纹扩展方向。平滑区是裂纹缓慢扩

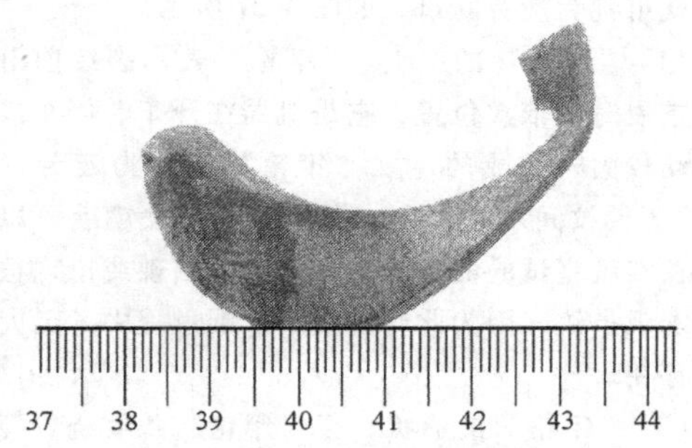

图 4-27　疲劳断口宏观外貌特征

展形成的，通常呈脆性的细瓷状宏观外貌。裂纹扩展方向与最大拉应力方向垂直，在平滑区中用肉眼或放大镜观察时，可以观察到“年轮”或称“贝壳状”、“海滩状”等宏观标记。年轮线与裂纹方向垂直，根据年轮条纹的变化，可以判别裂纹的扩展方向及裂纹源位置。

有时在疲劳断口的平滑区上分布着很多疲劳台阶或放射状条纹，它们所指引的方向，均表示裂纹的局部扩展方向。

（2）磨光标记。由于机械零部件的疲劳断口常常是在运行过程中形成的，因此两个断面在运行过程中相互摩擦很严重，往往在平滑区中出现磨光的宏观特征，特别是在裂纹源附近，其磨光的程度更为突出。

（3）疲劳扩展区的颜色。疲劳裂纹扩展区与最终断裂区相比，前者形成时所需的时间比后者长，加之疲劳裂纹源常常在表面或次表面形成，因此疲劳裂纹扩展区常与外界相通。断口表面受到空气、水、水蒸气及其他介质的氧化或腐蚀，以致在断口上常呈现黑色或褐色。

有时疲劳裂纹扩展区无明显颜色，这表示裂纹与外界相隔绝，空气、水等介质未能进入裂纹腔体。这时的疲劳源，常在表面或表面之下。

（4）疲劳台阶。在多源疲劳断裂中，各个裂纹源不是在同一个平面上。随着裂纹的扩展，裂纹连接时，在不同平面之间的连接处形成台阶、折纹等标记。台阶愈多，表示材料所受的应力或应力集中愈大，疲劳源的数目愈多。裂纹源附近的疲劳台阶通常称为一次疲劳台阶，其他的称为二次疲劳台阶。

（5）“棘轮”标记。对于一些轴类构件，多源疲劳断口的台阶常构成“棘轮”标记，它表示所受的扭转应力或应力集中较大。

2. “年轮”条纹　疲劳“年轮”，又称为“贝壳状”或“海滩状”条纹，它是疲劳断口最突出的宏观形貌特征。如果在宏观断口上观察到“年轮”条

纹，就可判为疲劳断口，如图 4-27 所示。

（1）“年轮”的产生。“年轮”表示裂纹前沿在间歇扩展时的依次位置，它是机器在开车、停车或负荷变动较大时造成的，故“年轮”也称为疲劳“前沿线”。轮纹间尺寸较大，用肉眼或放大镜就可以看到。在实验室试验的试样中，往往不出现或出现很少这种宏观条纹，因为此时在裂纹扩展过程中并无大的干扰存在。

（2）“年轮”的形状。若“年轮”条纹绕着裂纹源成为向外凸起的同心圆状，表示材料对缺口不敏感（如低碳钢）；相反，若围绕裂纹成凹杯状时，则表示材料对缺口敏感（如高碳钢）。“年轮”之所以形成凸状或凹状，是由于疲劳裂纹在材料的外缘和内部的扩展速率不相同所致。例如，对缺口敏感的材料，裂纹沿外缘的扩展速率较内部为大，故“年轮”形成凹杯状，如图 4-28a 所示。对于缺口不敏感的材料，外缘的扩展速率较内部小，故“年轮”围绕裂纹源呈现同心圆，如图 4-28b 所示。

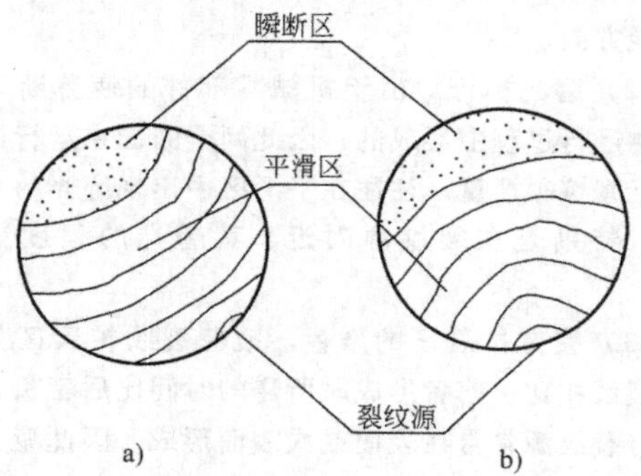

图 4-28　疲劳“年轮”形状与材料缺口敏感性的关系示意图

a）缺口敏感的材料　b）缺口不敏感的材料

此外，材料的热处理状态、受力状态、晶粒大小及环境介质等，对疲劳裂纹扩展速率均有一定的影响。

（3）“年轮”的变化。若“年轮”的间距是规则的，则表示所受应力的变化是规则的；若“年轮”的间距不规则，则表示所受应力的变化也不规则。“年轮”间距较小时，表明材料较韧，疲劳裂纹扩展速率较缓慢。“年轮”在软的材料中容易出现，而在硬的材料中则不大容易出现。

另外，应力状态也会改变“年轮”的形态，例如拉-压疲劳，疲劳源及“年轮”仅在一侧产生及扩展，而在反复弯曲应力作用下的疲劳断裂，疲劳源及“年轮”可能在两侧产生及扩展。

3. 最终断裂区　它是由于疲劳裂纹扩展到一定程度，使截面缩小，材料强度不够所引起的瞬时超载断裂造成的。它具有裂纹快速断裂特征，断口形貌凸凹程度较大。此区域有时称之为瞬时断裂区，简称为瞬断区或静断区。

（1）瞬断区的大小。疲劳断口的瞬断区由纤维状、剪切唇及放射状三个部分组成。瞬断区的大小取决于载荷的大小、材料的优劣及环境介质等因素。在通常情况下，瞬断区面积较大时，表示所受载荷较大或材料较脆；相反，瞬断区面积较小时，表示载荷较小或材料韧性较好。

（2）瞬断区的位置。瞬断区的位置越处于断面中心部位，表示所受外力越大；瞬断区的位置若处于自由表面，则表示构件所受外力较小。此外，瞬断区的位置还与应力状态有关。

（3）瞬断区的形貌特征。疲劳裂纹的瞬断区处于疲劳裂纹的失稳断裂阶段。因此，瞬断区的形貌特征在通常情况下，具有断口三要素的全部形貌特征。不过，有时断裂条件发生变化，断口三要素也要发生变化，可能只出现一种或两种形貌特征。其中，应力状态对瞬断区形貌的影响更为显著。

4.3.2.4　环境介质断裂

环境介质断裂主要是指金属材料在应力和腐蚀介质、温度、环境等联合作用下，产生沿晶或穿晶脆性断裂的现象。经常接触到的环境断裂有腐蚀疲劳、应力腐蚀、氢脆断裂等。不同类型的断裂有各自的断口特征。

1. 腐蚀疲劳断口　腐蚀疲劳断口的形貌特征与一般疲劳断口形貌相类似，不同的是由于腐蚀环境的影响，形成了一些独特的形貌。在断口上既能观察到疲劳断口的形貌特征，同时又能观察到腐蚀或应力腐蚀断口的形貌特征。

（1）腐蚀疲劳的裂纹源多起源于材料表面上的腐蚀坑或表面缺陷处。在裂纹源附近可能存在着几个腐蚀坑，即腐蚀疲劳均为多源疲劳。

（2）腐蚀疲劳断口的二次裂纹较多，且在腐蚀坑的底部能看到较集中的二次裂纹分布情况。

（3）腐蚀疲劳断口有沿晶断裂，也有穿晶断裂或混合断裂的形貌。

（4）由于受介质的影响，腐蚀疲劳断口的条纹会腐蚀溶解，因此断口上的条纹呈模糊状。

2. 应力腐蚀断口　应力腐蚀断裂是在一定的腐蚀环境和一定的拉应力作用下引起的早期脆性断裂，其断口称为应力腐蚀断口。

应力腐蚀裂纹源常常发生于金属材料的表面，由于化学腐蚀作用往往在裂纹源处形成腐蚀坑。在一般情况下，应力腐蚀裂纹源经常是多源的，这些裂纹在扩展过程中发生合并，形成台阶或放射状条纹。裂纹的扩展部分具有明显的放射条纹，其汇聚处为裂纹源，其放射方向为裂纹的扩展方向，如图 4-29 所示。

图 4-29　某电站厂汽轮机叶片应力腐蚀开裂的宏观断口外貌

3. 氢脆断裂　材料中由于含氢较高而引起的断裂称为氢脆。氢脆断裂方式可能是穿晶的，也可能是沿晶的。氢脆本身不是一种独立的断裂机制，氢的存在往往有助于某种机制的断裂，如氢引起的解理断裂或沿晶断裂等，如图 4-30 所示。一般情况下，钢材在环境介质的作用下吸收氢，将产生沿晶脆性断裂；而在冶金过程中吸收氢，将产生穿晶脆性断裂。

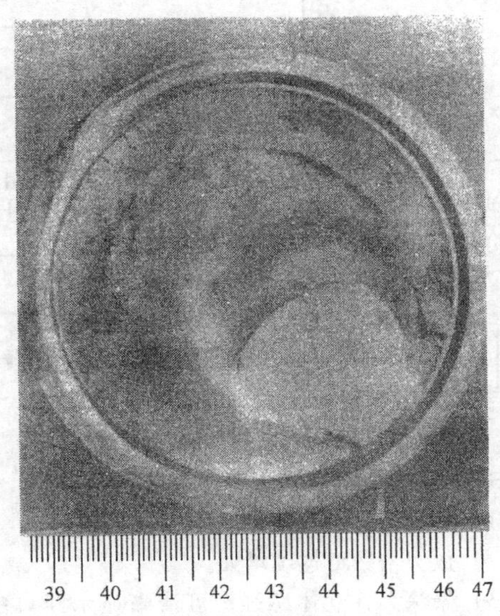

图 4-30　化工设备中节流阀阀头氢脆等原因引起开裂的断口宏观外貌

4.3.3　裂纹源位置及裂纹扩展方向的判别

在断口分析或失效分析中，必须掌握判别裂纹源位置及裂纹扩展方向的方法。由于这个方面的内容比较多，故不能一一叙述，这里仅对用断口的宏观形貌特征来判别裂纹源位置及裂纹扩展方向的方法进行简述。

4.3.3.1　裂纹源位置的判别

裂纹萌生的位置通常称为裂纹源。一般来说，由于使用的检验方法不同，裂纹源大小的含义也不相同。在工程技术中，通常指用肉眼或放大镜能够观察到的尺寸为裂纹源的大小，一般为 0.25mm 或几个晶粒尺寸。

机械零部件断裂时，裂纹源往往在表面或应力集中处萌生，如尖角、油孔等。各种不同情况下的裂纹源可判断如下：

（1）放射状条纹或人字条纹的收敛处为裂纹源。

（2）纤维状区域的中心处为裂纹源。

（3）裂纹源处无剪切唇形貌特征。

（4）裂纹源位于断口的平坦区域。

（5）疲劳前沿线或“年轮”条纹线曲率半径的最小处为裂纹源。

（6）环境断裂的机械零部件的裂纹源位于腐蚀或氧化最严重的表面处。

4.3.3.2　裂纹扩展方向的判别

在断裂分析中，当裂纹源位置确定后，裂纹的宏观扩展方向亦可随之确定，即指向裂纹源的相反方向为裂纹的宏观扩展方向。不同情况下的裂纹扩展方向有以下几种：

（1）由纤维状区域到剪切唇区域的方向为裂纹的宏观扩展方向。

（2）放射状条纹的发散方向为裂纹的宏观扩展方向。

（3）与疲劳前沿线或“年轮”条纹线相垂直的方向为裂纹的宏观扩展方向。

（4）在疲劳断口中，疲劳宏观台阶方向为裂纹的扩展方向。

（5）在环境断裂分析中，腐蚀或氧化严重区域指向未腐蚀或氧化区域的方向为裂纹的宏观扩展方向。

4.4　显微断口分析

用显微镜分析研究断口形貌特征的方法称为显微断口分析。

4.4.1　显微断口分析方法

早在 17 世纪初，人们就开始使用光学显微镜进行金属材料断口分析，并取得了较显著的成就，尤其是对脆性解理断口和疲劳断口等的观察与分析更引人注目。到了现代，电子显微镜的出现进一步促进了断口分析技术的发展，形成了显微断口分析技术，或称显微断口分析方法。

断口的高倍观察（即显微观察），基本上是用电子显微镜来实现的。用透射电子显微镜（透射电镜）研究断口时，必须掌握断口的复型技术，因为透射电镜不能直接观察断口试样。应用透射电镜观察复型时的分辨能力受到复型技术的限制，一般均低于仪器本身的分辨能力，为5~15nm。使用透射电镜观察断口试样时，经常使用的倍率为2000~30000。

由于透射电镜采用复型技术来分析研究断口形貌时，很难将所观察到的部位与实际断口试样上的位置或方向一一对应起来，所以给分析带来很大困难；再者，因为铜网的网格占去了很大的面积，使断口被观察到的范围很窄。因此，目前广泛采用扫描电镜来分析研究断口的形貌特征。

在断口分析中，使用扫描电子显微镜（扫描电镜），对断口试样上的同一部位可以进行数倍到数万倍连续观察，因此能弥补光学显微镜与透射电镜之间存在的放大倍数方面的差距。当聚焦深度与透射电镜相同时，其分辨能力为10~30nm。虽然从电子图像的成像质量及清晰程度来看，扫描电镜达不到透射电镜的水平，然而扫描电镜可以省掉复杂的复型技术，直接观察断口实物，但所观察的断口试样，其尺寸是有限的，必须将其断口切割成适当的尺寸。若不允许切割，可用醋酸纤维膜（即AC纸）复型后再喷上碳或金属，然后放入扫描电镜中观察。

由此可见，透射电镜与扫描电镜同是进行断口分析的主要工具，各有优缺点。目前的电子显微断口学，就是以这两种电子显微镜为基础建立起来的。

4.4.1.1 断口复型技术

用非晶体材料将断口等物体的浮雕复制下来的薄膜称为“复型”。用这种薄膜来研究物体表面形态的方法称为复型技术。一般采用塑料及真空蒸发沉积碳及重金属来作复型材料。在断口分析中，通常使用的是一次复型和二次复型。

一次复型又称萃取复型。它有两种类型，即一次塑料复型和一次碳复型。

二次复型是以一次塑料复型作为中间复型（或负型），然后再进行第二次复型——碳-铬蒸发复型（或正型）。

利用复型技术观察断口时，应注意识别各种假象。在复型上出现的假象多半是在复型制备过程中产生的，尤其是对断口表面清洗不干净时，最容易产生假象。这是因为在断口上有一些积垢或油污等物被复型粘取下来，或者是它们的痕迹或轮廓被复印下来，形成了与断口显微形貌特征无关的假象。断口保存不当时亦能产生假象。

4.4.1.2 扫描电子显微镜简介

扫描电子显微镜是进行断口分析的有力工具。扫描电子显微镜是利用扫描线圈使经聚焦的电子束在试样表面上扫描，引起二次电子发射，经过接收、放大，输入显像管。对显像管进行调整，使显像管荧光屏上形成二次电子图像。扫描电子显微镜工作原理如图4-31所示。

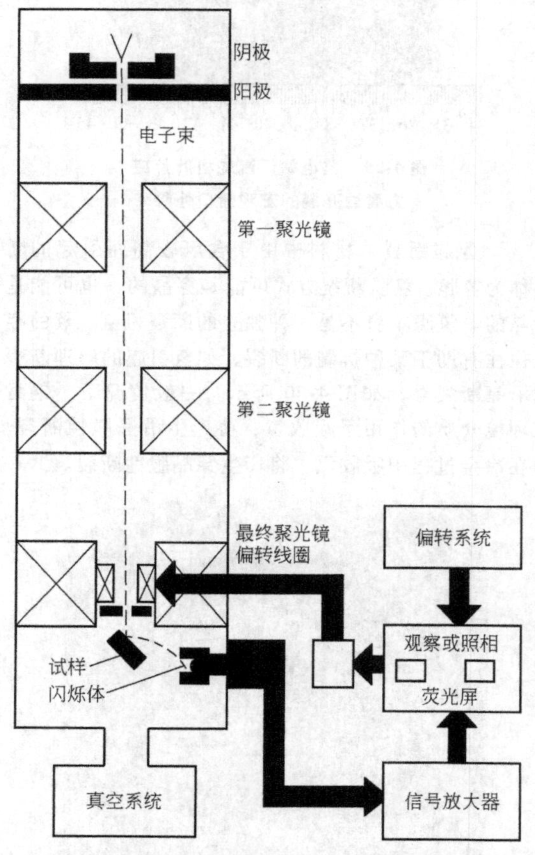

图4-31 扫描电子显微镜工作原理

扫描电子显微镜具有以下一些特点：

（1）可以直接观察较大的样品。

（2）放大倍数可连续增大。

（3）景深大，立体感强，可清晰显示断口的凸凹形貌。

（4）除二次电子图像外，还可给出吸收电子图像、背反射电子图像、X射线特征像及阴极发光等信息。

（5）可测定样品微区化学成分，确定晶体取向。

（6）可进行动态试验、动态观察。

有的扫描电子显微镜还可兼做透射电子显微镜、电子衍射仪和电子探针等仪器的工作。目前，扫描电子显微镜的应用范围还在不断扩大。

4.4.2　断口显微形貌特征

断口的显微形貌特征丰富多彩，下面对其进行简单介绍。

4.4.2.1　韧性或韧窝断口

韧窝断口在没有用电镜观察时，对其显微形貌特征的了解是不够清楚的。通过电镜的观察，才发现韧窝断口是由于显微空穴或微孔的萌生及聚集而形成的一种断口显微形貌特征——韧窝花样。

1. 韧窝的形状　韧窝花样的形状主要是由所受的应力状态所决定，一般可出现三种不同形状的韧窝花样，即正交韧窝、剪切韧窝、撕裂韧窝，如图 4-32 所示。

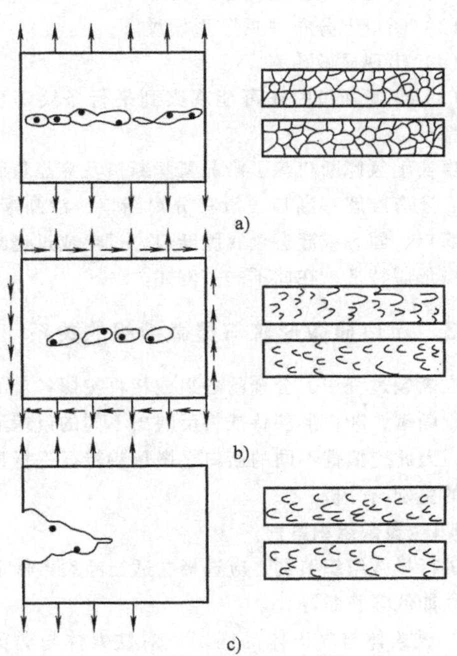

图 4-32　三种不同形状的韧窝示意图

a）正交韧窝　b）剪切韧窝　c）撕裂韧窝

韧窝的形状是相对于局部断裂而言的。当宏观断裂形态与显微形态不一致时，各个不同的局部位置存在着与其各自的显微形态相适应的韧窝花样。在通常情况下，各种形状的韧窝是混合在一起的。在实际的金属材料中，等轴韧窝与抛物线韧窝是规则而交替分布的，且常常观察到抛物线韧窝包围着等轴韧窝。

2. 韧窝的大小　韧窝尺寸用韧窝的宽度和深度来度量。韧窝宽度是指等轴球体或抛物线旋转体的大圆直径，韧窝的深度是从断面到韧窝底部的距离。

韧窝的大小与下列因素有关：

（1）显微空洞或微孔的大小。

（2）显微空洞聚合前发生的塑性变形量。

（3）夹杂物的尺寸、间距。

（4）材料的塑性变形能力等。

通常，当断裂条件相同时，韧窝尺寸越大，则材料的塑性越好。

3. 韧窝的数量　韧窝的数量取决于显微空洞的数目。材料含有第二相颗粒或夹杂物时，第二相颗粒或夹杂物往往存在于韧窝的底部。

4. 卵形韧窝　卵形韧窝是指在大韧窝的自由表面上又生成小韧窝或二次韧窝。

5. 沿晶韧窝　韧窝花样有穿晶型，还有沿晶型。

4.4.2.2　解理断口显微形貌特征

1. 解理台阶　金属及合金的解理断裂是很少沿一个晶面开裂的，而是跨越几个相互平行的解理面，并以不连续的方式断裂。如果解理裂纹是沿两个互相平行的解理面扩展，则在两个平行的解理面之间可能产生解理台阶。

2. 河流花样　解理台阶与局部塑性形变形成的撕裂脊线组合成的条纹，其形状类似地图上的河流，故称之为“河流花样”。图 4-33 所示为典型的解理断口显微形貌特征。

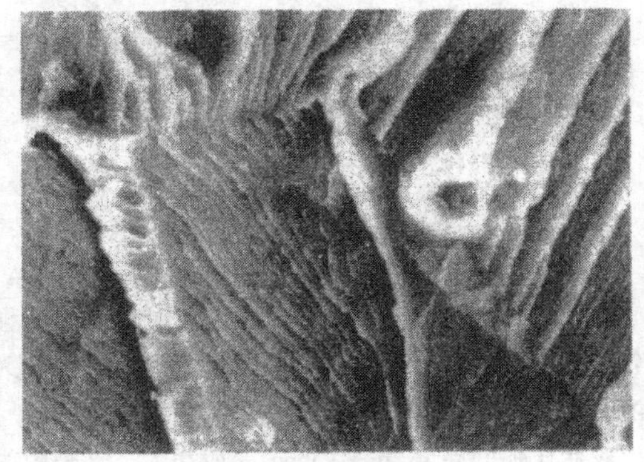

图 4-33　解理断口上的河流花样　5000 ×

3. 舌状花样　解理断口的另一个显微形貌特征，就是舌状花样。舌状花样一般在钢铁材料中的解理面上可观察到，其形状像舌头，故称为舌状花样，如图 4-34 所示。

除此之外，解理断口显微形貌特征还有扇形花样、羽毛花样、青鱼骨花样、互纳线花样和晶体生长线花样等。

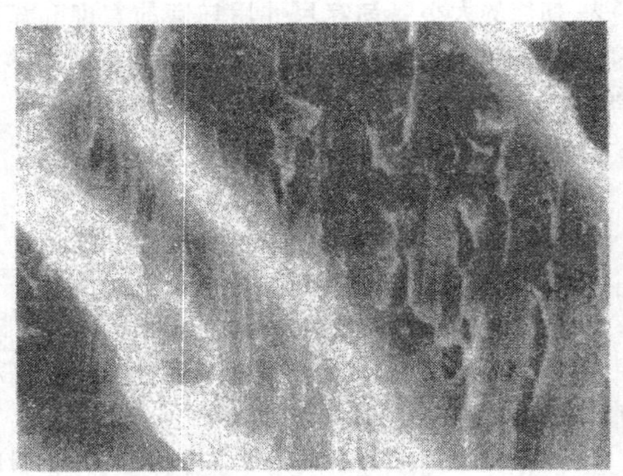

图 4-34　解理断口上的舌状花样　5000 ×

4.4.2.3　疲劳断口显微形貌特征

1. 疲劳辉纹　在光学显微镜或电子显微镜下，疲劳断口上有很细小的、相互平行的、具有规则间距的并与裂纹局部扩展方向垂直的条纹，称之为“疲劳辉纹”，如图 4-35 所示。它与宏观特征条纹“年轮”或“贝壳状”条纹不同。

图 4-35　2Cr12Ni2W1Mo1V 钢的疲劳辉纹断口　2000 ×

疲劳辉纹是疲劳断口显微形貌特征的重要标志。

2. 轮胎压痕　疲劳断口上的另一重要特征花样是轮胎压痕，由于其形貌类似车胎压痕，故称之为“轮胎压痕”花样。

轮胎压痕间距随着裂纹的扩展而增大，这是因为疲劳裂纹在扩展过程中其断面间距往往连续变大。

除此之外，疲劳断口的显微形貌特征还有疲劳台阶、二次裂纹等。

4.4.2.4　应力腐蚀断口显微形貌特征

应力腐蚀断裂方式可能是沿晶型，也可能是穿晶型，由材料与腐蚀环境所决定。

通常碳钢及低合金钢的应力腐蚀断口大部分是沿晶开裂，裂纹沿着大致垂直于应力方向的晶界延伸。应力腐蚀穿晶断裂时，其裂纹也大致垂直于应力方向。

应力腐蚀断裂方式不仅与材料有密切关系，而且还与介质有关。

此外，应力腐蚀断口还具有腐蚀坑、二次裂纹、泥状花样及块状花样等显微形貌特征。

4.4.2.5　氢脆断口显微形貌特征

氢脆断口分为沿晶氢脆断口及穿晶氢脆断口两种类型。

由环境氢引起氢脆断裂的断口均为沿晶氢脆断口，而由冶金因素产生的氢脆断裂的断口均为穿晶氢脆断口。

下面主要简介沿晶氢脆断口显微形貌的主要判别特征。

（1）一般情况下，氢脆裂纹源不在材料的表面上产生，而是在材料的次表面成核。

（2）具有明显破裂的晶界表面。

（3）断口上分布“爪”形发纹。

（4）出现显微孔洞。

（5）氢脆断口中还可能观察到平行条纹等显微形貌特征。

事实上氢脆断口除了沿晶氢脆断口及穿晶氢脆断口外，还有准解理断口、滑移分离断口、沿晶断口、蠕变断口、固态或液态金属脆断口、过热或过烧断口等显微形貌特征，在此不一一阐述。

4.4.3　断口显微形貌与显微组织的关系

在断裂过程中，合金的各组成相将按照各自的特有机制断裂，断口形貌特征将反映出不同的组织形态特点，因此应根据不同的断口显微形貌特征进行显微组织的鉴别与分析。

4.4.3.1　显微组织鉴别

进行显微组织鉴别，应选择在适当断裂条件下的断口，如低温脆断等。

1. 铁素体与奥氏体的区别　对铁素体与奥氏体双相钢的显微组织，可利用断口显微形貌特征进行鉴别。

铁素体在低温条件下容易产生解理断裂；而奥氏体在低温下，一般不发生解理断裂，常常出现韧窝断裂的显微形貌特征。因此，可借助这两种截然不同的断口形貌特征来鉴别铁素体与奥氏体双相钢的显微组织及其分布情况。例如，图 4-36 所示为 06Cr18Ni11Ti 奥氏体不锈钢在 -196℃ 条件下冲断的电子断口形貌，其中狭长的解理断口的河流花样所对应的显微组织为铁素体，而韧窝花样所对应的显微组织为奥氏体。

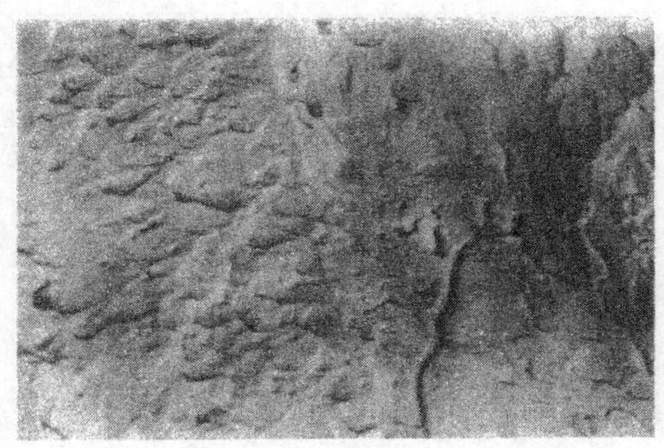

图4-36　06Cr18Ni11Ti奥氏体不锈钢在 -196℃条件下冲断的电子断口形貌　4000×

2. 铁素体与马氏体的鉴别　由铁素体与马氏体所组成的双相钢，在 -196℃下断裂时，两个相均呈现解理断裂特征，但是它们的解理花样有着明显的区别。马氏体组织的解理河流花样通常为不规则花样，其解理面含有同一方向的小刻面特征，这可能是与每一个马氏体针叶所形成的小刻面有关。铁素体组织的解理面较平整，其解理河流较规则。因此，根据两者解理断裂形貌特征的差别，可鉴别这种显微组织。图4-37所示为20Cr13钢淬火状态下冲断的电子断口形貌。图中解理面较光滑且较平整的部分所对应的显微组织为铁素体；解理小刻面呈现出有一定的方向，而河流花样不规则的部分所对应的显微组织是马氏体。

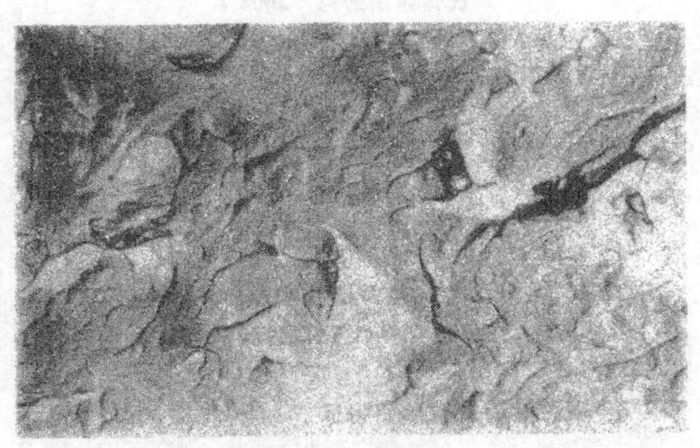

图4-37　20Cr13钢淬火状态下冲断的电子断口形貌　4000×

3. 铁素体与珠光体的区别　由铁素体与珠光体所组成的双相钢，铁素体组织的解理断口形貌特征如上所述；珠光体组织的解理断口的解理面往往不光滑，并且呈现出锯齿状，或者显现出渗碳体片层的痕迹，或者反映出珠光体组织条纹等形貌特征。图4-38所示为42Mn2钢在 -40℃条件下冲断的电子断口形貌。具有锯齿状条纹的部分为珠光体；解理面较光滑、河流花样又规则的区域所对应的显微组织为铁素体。

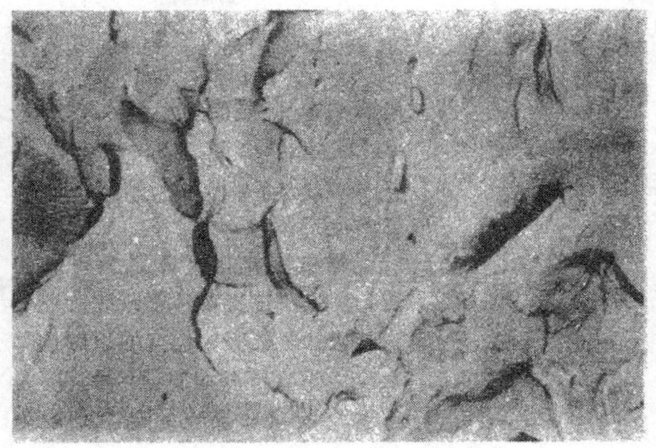

图4-38　42Mn2钢在 -40℃条件下冲断的电子断口形貌　4000×

4. 其他显微组织的断口形态　贝氏体组织的解理断口，除存在着一些呈现弯曲状的河流花样之外，还存在着许多狭长的解理小刻面，其小刻面边缘呈现出不规则形态。此外，在断口上还可以观察到按一定规律析出的碳化物相的轮廓形貌。断裂路径往往在贝氏体边界改变方向，但有时也有穿过贝氏体晶粒的情况。

回火贝氏体组织的解理断裂与未回火贝氏体组织的解理断裂相比较，前者断口相对光滑些，并且有少数阶梯形花样，还可以观察到有沿晶断裂的形态。

马氏体组织的解理断裂，其解理刻面比较细小，并且有相当数量的锯齿状特征，在低温或室温脆断时，大约有50%的断口面积为穿晶型的解理断裂，另外50%的断口面积为沿原奥氏体晶界的断裂。

回火马氏体组织的脆性断裂，其大部分呈现准解理断裂，存在着较多的断裂脊线及韧窝等形貌特征，有时也可能观察到锯齿形状。

总之，回火状态的显微组织与未经回火的显微组织相比较，前者的组织单元较细小，因此材料的抗脆断性能也较高。

4.4.3.2　夹杂物的判别

在工业用钢中一般都含有Si、Mn、S、P等元素，以及微量的气体元素N、H、O等，它们在钢中往往形成TiN、MnS、FeO等夹杂物。又由于裂纹的萌生及扩展常常在这些夹杂物处，因此在断口上经常出现这些夹杂物。用复型方法可将其萃取下来，经电子衍射可以鉴定出它们的属性及结构。图4-39所示为从奥氏体不锈钢板中萃取下来的夹杂物的电子形貌，经电子衍射证实，这类夹杂物为TiN。图4-40所

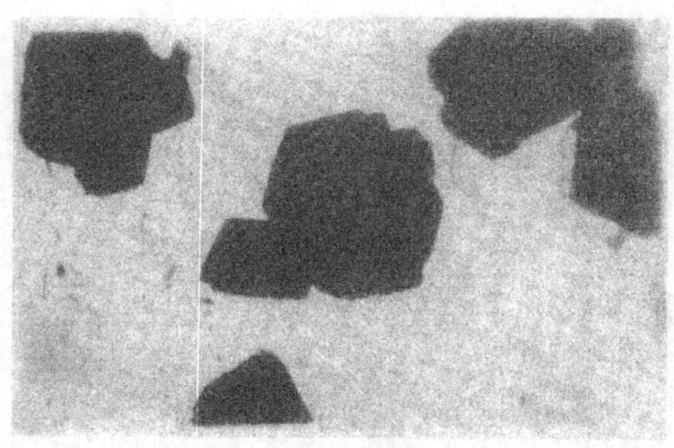

图4-39　奥氏体不锈钢板中的TiN夹杂物形状及其分布　5000×

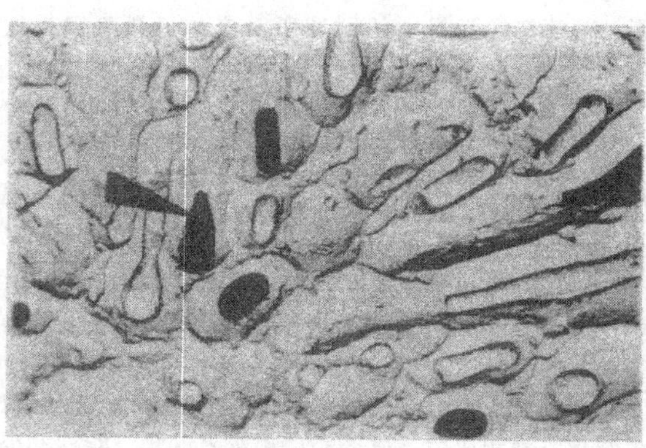

图4-40　锅炉钢板中的MnS夹杂物形状及其分布　5000×

示为锅炉钢板中萃取下来的MnS夹杂物的形态及其分布。

4.4.3.3　断口的显微组织显示

断口剖面技术只是反映出断口形貌及其侧面的显微组织，它不能在断口表面上同时显示断口形貌及其一一对应的显微组织。如果在断口表面直接腐蚀出显微组织，就可达到这个目的。一般是采用在断口上直接腐蚀的方法来进行。

所采用的腐蚀试剂，基本上与一般金相侵蚀剂相同。在腐蚀断口表面显示显微组织时，腐蚀要浅，不能过深（与金相样品显示显微组织时正常的腐蚀程度相比），否则达不到同时显示断口形貌与显微组织的目的。如果显示第二相，腐蚀可深一些。图4-41所示为42Mn2钢在－40℃条件下的冲击断口。采用2%（质量分数）硝酸酒精溶液腐蚀后，即显示出珠光体和铁素体组织形态。另外，在断口上还可以观察到河流花样、解理台阶等形貌标志。图4-42所示为4340钢的沿晶断口及回火马氏体组织形态。

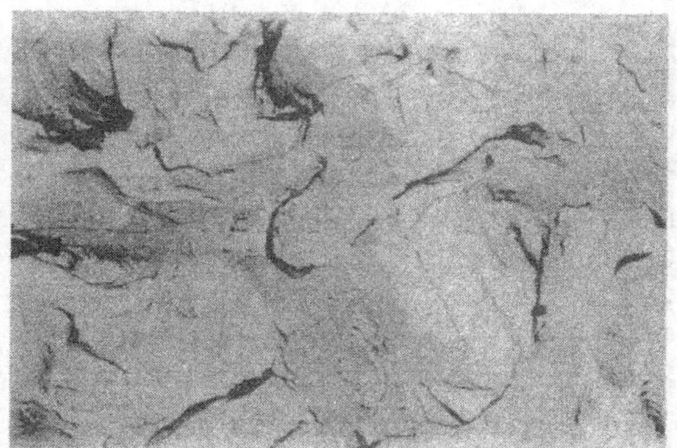

图4-41　42Mn2钢在－40℃条件下的冲击断口　5000×

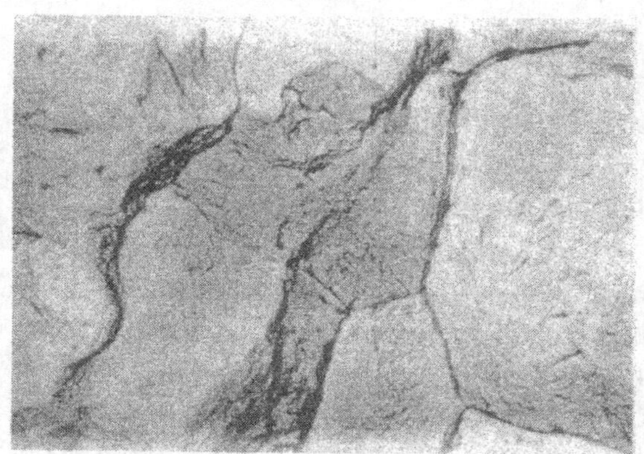

图4-42　4340钢的沿晶断口及回火马氏体组织形态　5000×

4.4.4　断口的典型显微形貌特征举例

4.4.4.1　韧窝断口实例

1. 等轴韧窝实例　图4-43所示为50钢断口上的等轴韧窝形貌特征的电子图像。

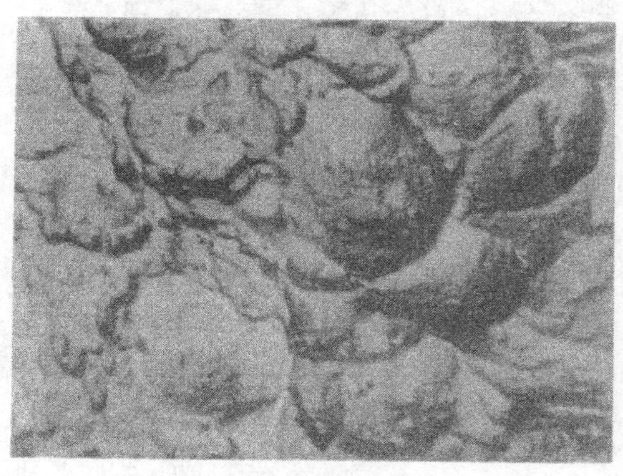

图4-43　50钢断口上的等轴韧窝形貌特征的电子图像　5000×

等轴韧窝也可称之为正交韧窝，它是在正交条件下断裂所产生的韧窝。形成等轴韧窝的原因是由于应力垂直于断裂表面，并且应力在整个断口表面上的分布是均匀的，而裂纹的扩展速度是较缓慢的，因此在垂直于应力的平面上，显微空洞在各个方向上的长大速率是相等的，故形成圆形等轴韧窝。

2. 抛物线韧窝实例　图 4-44 所示为合金钢断口上撕裂韧窝的电子图像，从中可以看到呈现抛物线状韧窝的形貌特征。当金属材料中的裂纹在平面应变条件下进行扩展时，其断口的显微形貌特征亦可形成抛物线状韧窝。剪切韧窝也是抛物线状的韧窝，两者的韧窝形态基本相同，所不同的是匹配断口的抛物线韧窝的方向不一样。两个成匹配断口的抛物线韧窝方向若相同则为撕裂韧窝，相反则为剪切韧窝。

图 4-44　合金钢断口上撕裂韧窝的电子图像　5000 ×

3. 沿晶韧窝实例　图 4-45 所示为 PCrNi3Mo 钢过热产生的沿晶韧性断裂电子图像，从中可看出韧窝大而浅，在大韧窝周围包围着非常小的韧窝群。

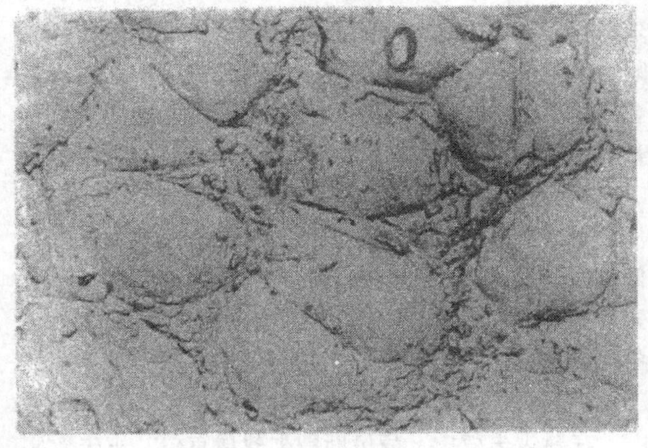

图 4-45　PCrNi3Mo 钢过热产生的沿晶韧性断裂电子图像　5000 ×

4.4.4.2　解理断口实例

图 4-46 所示为 30CrMnSiA 钢解理断口的电子图像，从中可以看出具有河流花样、舌状花样等形貌特征。图 4-46 中 R 表示河流花样，T 表示舌状花样，箭头所指示的方向表示解理裂纹局部扩展的方向。

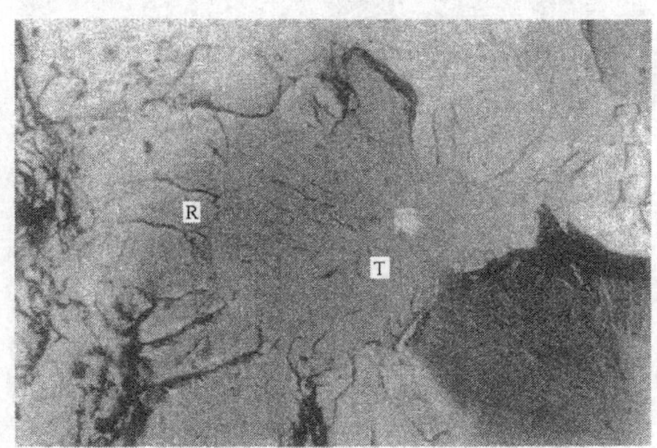

图 4-46　30CrMnSiA 钢的解理断口的电子图像　5000 ×

4.4.4.3　疲劳断口实例

图 4-47 所示为 7A04 铝合金飞机翼梁疲劳断口的电子图像。图中具有明显的疲劳辉纹及疲劳台阶等形貌特征，其中，细小的弯曲条纹为疲劳辉纹，黑色穿越图面的条纹为疲劳台阶，箭头所指示的方向为疲劳裂纹局部扩展方向。

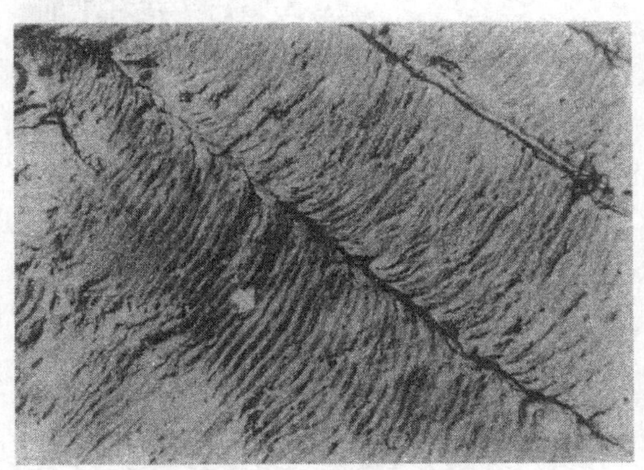

图 4-47　7A04 铝合金飞机翼梁疲劳断口的电子图像　5000 ×

图 4-48 所示为 20Cr13 钢疲劳断口的电子图像。图中具有轮胎压痕花样，间隔逐渐增大的方向为疲劳裂纹局部扩展方向。

4.4.4.4　环境介质断裂实例

图 4-49 所示为 34CrNi3Mo 钢电站叶轮应力腐蚀断口的电子图像。图中呈现沿晶脆性断裂的形貌特征。另外，可观察到具有明显的腐蚀或氧化的痕迹。

图 4-50 所示为 12Cr13 钢化工容器节流阀阀头断

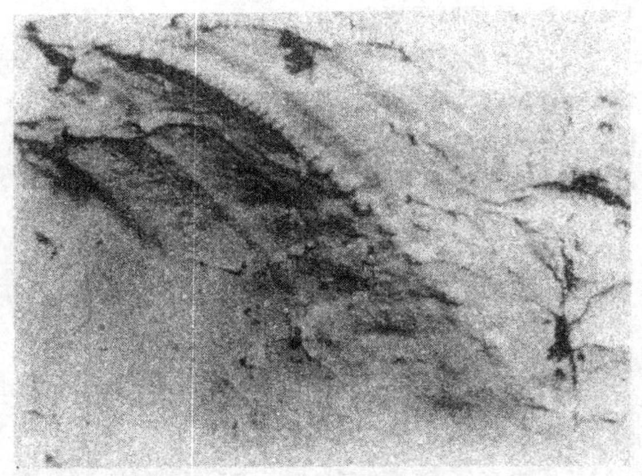

图 4-48　20Cr13 钢疲劳断口的电子图像　5000 ×

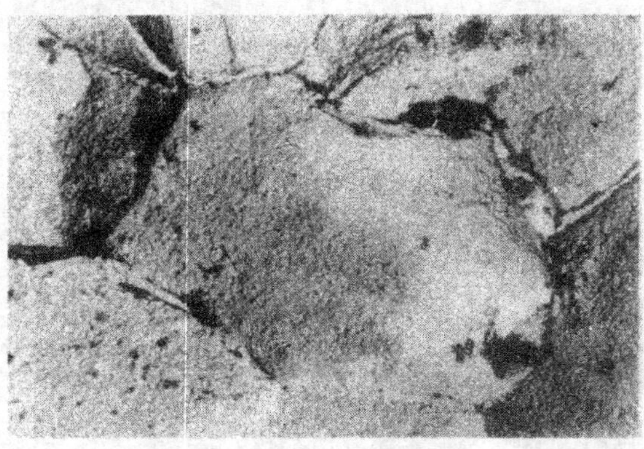

图 4-49　34CrNi3Mo 钢电站叶轮应力腐蚀断口的电子图像　5000 ×

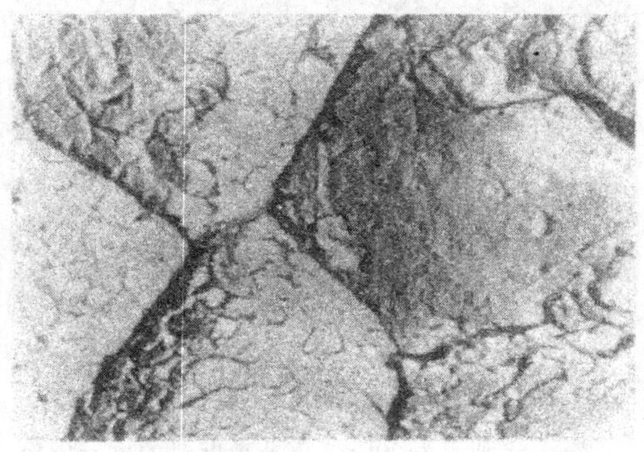

图 4-50　12Cr13 钢化工容器节流阀阀头断口的电子图像　5000 ×

口的电子图像。图上具有沿晶氢脆断裂的形貌特征，并且具有明显的发纹形貌特征。

4.5　失效分析

为提高机械产品的质量与安全可靠性，人们作了长期不懈的努力，但是机械产品在使用过程中仍常常发生断裂、变形、磨损及腐蚀等失效现象。为了防止或延缓这些失效现象的发生，找出失效原因并提出改进措施，必须开展失效分析的研究。

目前，随着现代科学技术的迅速发展，失效分析已经成为一门综合性学科。它不仅与材料科学、断裂力学、断裂物理和断口学等自然科学相关联，而且还涉及产品质量全面管理等社会科学领域。

4.5.1　失效

4.5.1.1　失效的基本概念

机械装备失效是指机械或构件在使用过程中（或者是在使用前的试验过程中）由于尺寸、形状、材料的性能或组织发生变化而引起的使其不能完好地完成指定的功能，或者丧失了原设计功能的现象。

常见的机械装备失效形式可分为：变形失效（弹性、塑性变形失效）、破断或断裂失效、表面损伤失效（腐蚀、磨损）和材料性能变化引起的失效（冶金的、化学的、核辐射的）。

机械或机械零部件的失效通常包括一种或几种原因引起的腐蚀、磨损、变形和断裂等失效类型。

4.5.1.2　失效的类型

失效分类比较复杂，在这里不可能一一作介绍。本手册按失效机理将失效分为：断裂失效、变形失效、磨损失效及腐蚀失效四种主要类型。

1. 断裂失效（其中包括破断失效）　断裂是指金属、合金材料或机械产品的一个具有有限面积的几何表面的分离过程。它是个动态的变化过程，包括裂纹的萌生及扩展。

断裂失效是指机械构件由于断裂而引起的机械设备不能完好地完成原设计所指定功能的现象。

断裂失效类型有：解理断裂失效、韧窝破断失效、准解理断裂失效、滑移分离失效、疲劳断裂失效、蠕变断裂失效、应力腐蚀断裂失效、液态或固态金属脆性断裂失效、氢脆断裂失效、沿晶断裂失效及其他断裂失效等。

机械产品在运行过程中常常发生断裂失效现象，从而造成不同程度的损失，尤其是突然断裂失效，如低应力脆性断裂失效、疲劳断裂失效、应力腐蚀断裂失效等造成的损失就更大。因此，人们对断裂失效现象比较重视，长期以来，在断裂失效方面做了大量的工作，国内外均有专著及论文报道。

在断裂失效中，疲劳断裂失效居首位，占失效实例总数的 60% ~70%；环境断裂失效居第二位，占失效实例总数的 20% ~30%；由其他原因引起的断裂失效占失效实例总数的 10% 左右。

2. 变形失效 所谓变形通常是指机械构件在外力作用下，其形状和尺寸发生变化的现象。从微观上说，变形是指金属材料在外力作用下，其晶格产生了畸变。若外力消除，晶格畸变亦消除的变形为弹性变形；若外力消除，晶格不能恢复原样（即畸变不能消除）的变形为塑性变形。

变形失效是指机械构件在使用过程中产生了过量变形，即不能满足原设计要求时的变形量。一般情况下，将变形失效分为弹性变形失效和塑性变形失效两种。弹性变形失效时，机械构件表面不留任何损伤痕迹（有时与金属材料的弹性模量发生变化有关）；塑性变形失效（由过载、超温、蠕变及亚稳相的相变等引起）将导致机械构件表面损伤，其机械构件的形状与尺寸均发生变化。

3. 磨损失效 磨损是指摩擦副间的接触表面由于发生相对运动，在接触应力的作用下，表面发生损伤，导致材料流失的过程。在微观范围内，金属表面是不存在完全光滑平面的，它们总是粗糙的。当两个金属表面在很小的压力作用下使两面直接接触时，面与面之间只有少数的凸出质点或线接触。在发生相对运动时，一个面上的凸出质点首先要碰到另一个面上的凸出质点，这时容易变形的部分就会沿着运动方向变形或被挤出。

磨损失效是指由于磨损现象的发生使机械零部件不能达到原设计功效，即不能达到原设计水平的现象。

磨损失效的类型有：粘着磨损失效、磨粒磨损失效、腐蚀磨损失效、变形磨损失效、表面疲劳磨损失效、冲击磨损失效及微振磨损失效等。

4. 腐蚀失效 腐蚀是指金属或合金材料表面因发生化学或电化学反应而引起的损伤现象。腐蚀失效类型，按腐蚀机理有化学腐蚀、电化学腐蚀和物理溶解腐蚀；按腐蚀形态有全面腐蚀、局部腐蚀和应力作用下腐蚀；按腐蚀环境有自然环境下腐蚀和工业环境下腐蚀，详见本卷第 10 章。

4.5.1.3 失效分析内容

失效分析是指分析研究机械构件的断裂、变形、磨损和腐蚀等失效过程中的特征或规律，并从中找出失效的原因及预防措施的一项分析技术。有人称之为“失效分析”或“失效分析学”，还有人称之为“事故分析”或“故障分析”等。

4.5.2 失效分析的目的

4.5.2.1 防止同类失效现象重复发生

通过对失效机械产品的分析研究，可以测定机械产品的失效原因及其影响因素，并且根据这些测定结果制定改进措施，以防同类失效现象的重复发生。

例如，通过对汽轮机第一级动叶片断裂失效分析，可确定动叶片断裂是由于共振现象所引起的，所以要改进动叶片的激振频率，使之不落入动叶片的自振频率范围之内。这样改进后的动叶片就不会发生由共振所引起的断裂失效，确保汽轮机组的安全运行。

4.5.2.2 失效分析是改进机械产品设计及制造工艺的依据

失效分析在整个机械产品生产过程中占有重要地位，尤其是机械产品的设计、制造、加工、选材、装配及使用条件等的确定，均可从失效分析中得到依据。

有关失效分析与机械产品的设计及制造等因素的关系如图 4-51 所示。

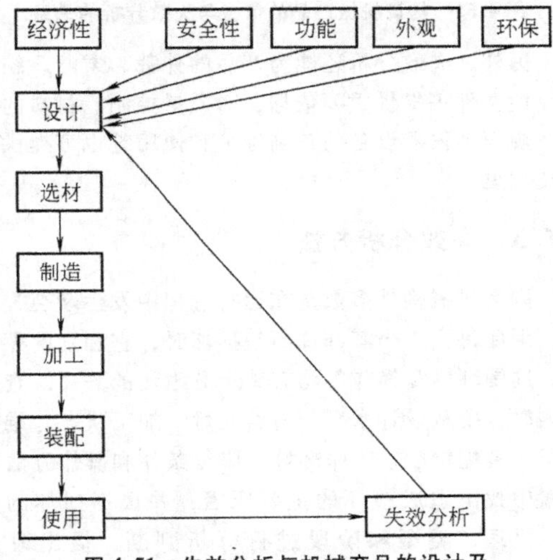

图 4-51 失效分析与机械产品的设计及制造等因素的关系

4.5.2.3 消除隐患，确保机械产品安全可靠

失效分析可以及时发现产品的缺陷，并且将隐患消除在事故的萌芽阶段，特别是利用“故障树”对预测系统的安全性和可靠性更为有利。“故障树”是失效分析中的一种方法，它主要由各种可能引起系统失效的事故和连接这些事故的逻辑门所组成，并显示出它们之间的相互关系。

4.5.2.4 失效分析可以提高机械产品的信誉

机械产品的信誉主要是由产品的质量、寿命及可靠性等指标来保证的，同时也要求产品价廉物美，经久耐用。因此，要提高产品的信誉必须使产品达到质量好、寿命长、可靠性高。失效分析不仅可以提高产品的质量和延长产品的使用寿命，而且还能进行技术反馈，提高企业的经济效益。

提高机械产品的信誉与失效分析的关系如图 4-52所示。

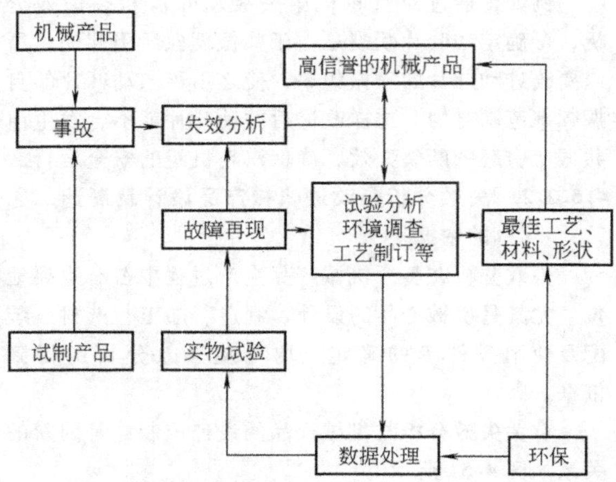

图 4-52 提高机械产品的信誉与失效分析的关系

另外，失效分析还能为产品的仲裁、索赔，编制指令性文件等提供重要依据，对质量控制、材料的发展及规划、仪器设备的正确维护和使用等也可提供合理化意见。

4.5.3 失效分析方法

因为机械构件多数是在运行过程中发生断裂失效的，因此每当一个零部件断裂损坏时，它和别的零部件、周围环境和操作等均有着十分密切的关系。查找原因时，要从设计水平、材料质量、加工状态、维修情况、装配精度、工作环境、服役条件和操作方法等因素中找出造成损坏的主要原因，并根据损坏的原因、机理、类型和阶段进行分析判断，提出改进措施。

由于断裂过程是个动态变化过程，因此对断裂直接进行观察分析是比较困难的。断口是断裂的静态反映，如果对断口进行仔细观察和分析就能找出断裂的原因、机理等。由于断口如实地反映了机械构件断裂的全过程，即机械构件裂纹的萌生与扩展过程，故断口分析是机械构件断裂失效分析的一个重要手段。

为了取得更好的分析效果，还必须辅以无损检测、力学性能试验、金相检验、化学分析、X 射线分析、断裂韧度试验、电子能谱分析及模拟试验等检验方法。最后还需将上述分析和试验的结果与数据进行综合分析，并提出改进措施，写出失效分析报告。

4.5.3.1 原始资料的收集

原始资料系指构件服役前的全部经历、构件的服役历史和断裂时的现场情况等。此外，还要从散落的失效残骸中选择并收集有分析价值的断口和可供其他检测用的试样材料。

1. 构件服役前的经历　首先要了解构件的设计依据、参数和图样技术要求，其次是了解构件的制造和加工工艺，第三是了解构件的物理性质、力学性能和化学成分分析的检验报告，最后还要了解构件的安装情况和试车情况等。

2. 构件的服役历史　查阅并了解操作人员的工作记录、构件的实际运行情况、构件所处的环境状况。然而，实际上是很难知道构件的全部服役历史的。这就必须从零星的使用情况综合分析构件服役时的负载变化，尽量从使用条件中得到一些分析依据。

3. 现场记录及残骸的收集　断裂失效现象发生后，分析人员要亲临现场，深入了解失效发生时的各种条件和事故过程。对散落的碎片，均应观察其所处的位置、环境和取向，经详细记录或摄影后方可移动。同时，还应注意损坏构件与其他构件之间的关系，并予以记录。

收集的碎片应尽可能齐全，尤其是首先断裂的部分。除沾着的腐蚀性介质应清洗去掉外，对断口上的其他沉积或粘附物质，甚至砂粒或污物等，一般均暂不清除，待进行细致的断口观察后再作处理。这是因为这些物质对断裂原因的分析常常能够提供有用的线索。

4.5.3.2 碎片或断口的选择与保存

碎片是断裂失效分析的第一手资料，是断口分析的依据，因此在断裂事故发生后应小心谨慎收集，妥善保存。

有关主裂纹的判别方法和二次裂纹的选样等内容请见前节所述。

4.5.3.3 断口分析技术

在机械构件断裂事故中，一般都要形成断口，因此断口分析是断裂失效分析的最重要的分析过程。

在断口分析技术中，最关键的两项工作是断口的选择和断口的观察。对于断裂原因的正确分析及断口形貌的正确解释，在很大程度上依赖于断口样品的正确选择及断口形貌的清晰程度。

断口观察包括宏观观察和微观观察。断口宏观观察主要是确定裂纹源的位置及裂纹的扩展方向；断口微观观察是在宏观观察的基础上，对裂纹源区、裂纹扩展区及最终断裂区进行检验。应用电子显微镜、电子探针、离子探针及俄歇谱仪等工具可观察或检查微观形貌特征、微量或痕量元素对断裂的影响等，从而进一步判断和证实断裂的性质和方式。在断口分析中必须注意宏观观察和微观观察两者的结合。

1. 断口的宏观观察　断口的宏观观察是指用肉

眼、放大镜、光学显微镜及扫描电镜的低倍观察。

首先，用肉眼和放大镜观察断裂构件的外貌，应特别注意观察构件碎片的表面，看看是否有加工缺陷（如刀痕、折叠、变形、缩颈及弯曲等），是否存在产生应力集中的薄弱环节（如夹角、油孔等）以及表面损伤（如化学腐蚀、机械磨损等）。

接着，根据断口的宏观特征来确定裂纹源及裂纹的扩展方向，并在此基础上将断口按裂纹源区、裂纹缓慢扩展区和裂纹快速扩展区进行光学显微镜或扫描电子显微镜的低倍观察，特别是裂纹源区要用双筒立体显微镜进行反复观察，因为裂纹源往往与材料缺陷有联系。

2. 断口的微观观察　断口的微观观察通常是应用电子显微镜并在断口宏观观察的基础上来进行。通过对断口的微观观察，除将进一步澄清断裂的路径、断裂的性质、环境对断裂的影响等因素外，还将找出断裂的原因及其断裂机理等因素。

在进行微观观察时，要注意防止片面性，不能仅从局部的特征就轻易地做出结论，必须进行反复的观察。对于各种显微形貌特征，要有数量的概念或统计的概念，并且还要与宏观观察的情况结合起来，才能得出正确的判断。

断口的微观观察除作定性的分析研究之外，还可以作定量的分析研究。例如，分析研究断口的显微参量与断裂力学参数之间的定量关系等。

应用透射电子显微镜不能直接检查断口表面，需要制作塑料-碳复型，且用重金属投影增强反差。用于萃取复型的一个有效的辅助方法，是通过电子衍射技术鉴别第二相粒子或者腐蚀产物等。

应用扫描电镜可直接检查实物断口表面，并可以连续放大观察，而且电子图像立体感强，其分辨能力可达 15mm 左右。它是断裂失效分析的最有力的工具。

4.5.3.4　其他检验分析

在失效分析中，为更好地获得分析结果，除了进行断口分析之外，还必须进行化学、力学、物理等试验分析。

1. 化学分析　在失效分析中，为了查明材料是否符合规定要求，必须进行化学成分分析。然而，实际使用的材料成分与规定成分稍有偏差，在失效分析中并不太重要，因为只有很少数的服役失效是由于材料使用不当或者有缺陷而引起的。因此，从化学成分分析的结果去找失效的原因是很少的。但是，在某些特殊失效分析中，特别是包含着腐蚀和应力腐蚀的失效案例，却很有必要对腐蚀表面沉积物、氧化物或者腐蚀产物以及与被腐蚀材料接触的介质进行化学分析，以利于初步确定失效的原因。

化学分析包括常规的、局部的、表面的和微区的化学分析。在分析中，应当注意常规成分报告中那些没有规定限量的有害元素，例如砷、锑、铅、锡、铋等是否超过限量。另外，还要注意气体含量，例如氢、氧、氮等也不能超过一定的限量。

在失效分析中，经常使用电子探针、俄歇谱仪、离子探针等仪器来检测腐蚀产物、表面化学元素组成、化学成分的局部偏析、微量及痕量元素等。

2. 金相检验　金相检验在构件断裂失效分析中也是经常应用的一种重要手段，有些损坏构件往往只需作金相检验就可以查明损坏的原因。例如由加工工艺、材质缺陷和环境介质等因素所导致的损坏，均可通过金相检验来判别损坏原因。

金相检验的内容主要有晶粒的大小、组织形态、第二相粒子的大小及分布、晶界的变化，以及夹杂物、疏松、裂纹、脱碳等缺陷。特别应注意晶界的检验，以及是否有析出相、腐蚀等现象的发生。

检查裂纹时，往往能从试样的裂纹尖端得到最有价值的信息。由于它受环境介质的影响较小，容易判别裂纹扩展路径的方式——穿晶型或沿晶型。

3. 物相分析　断口上经常有夹杂物、第二相、腐蚀产物等析出或生成，它们对构件断裂尤其是沿晶断裂影响显著。因此，采用 X 射线衍射仪、电子显微镜、电子衍射仪、离子质谱仪等进行物相分析，对确定其结构及化学组成是很有必要的。

4. 断裂力学分析　断裂力学在金属材料的研究、机械构件的设计、构件安全寿命的预测及剩余寿命的估算等方面，均起着重要的作用。在机械构件设计时，不能单纯追求材料的强度指标，尤其是大截面或零部件处于平面应变条件下时，必须认真考虑构件的应力强度因子 K_{I} 和材料的断裂韧度 K_{IC} 值的大小。如果构件处于腐蚀介质环境中，还需要考虑 K_{ISCC} 值，才能确定构件安全使用所能允许的裂纹尺寸，以及确定含有裂纹构件的剩余寿命等。

目前，常用的评价断裂韧度的方法有：平面应变断裂韧度测试、动态撕裂测试、J 积分断裂判据、裂纹张开位移及动态断裂韧度测试等。

5. 模拟试验　所谓模拟试验，是指把在已知条件下断裂的断口形貌与未知条件下的断裂者进行比较，（也有人称之为对比试验），亦即通过试验的方法再现失效构件断口，从而对失效原因作出初步判断或分析。

在失效分析进入最后阶段时，可能需要对被确认为导致失效的失效因素进行模拟试验。但是，模拟试验往往不是全部能办到的，因为需要复杂的设备，而且即使可行，所有的服役条件也不可能是十分清楚和容易模拟的。例如，腐蚀失效就很难在试验室再现。

要想对实际失效现象进行全部模拟是很难实现的，但是对其中一个或两个参数或参量进行模拟还是可以办到的。例如，温度、介质浓度等环境因素对失效影响的模拟等。

4.5.3.5　综合分析

失效分析进行到一定阶段，需要对从各种检查和试验所获得的结果和基本试验数据进行全面的分析研究。如果遇到失效原因捉摸不定的情况，可查阅已发表的同类实例报告，也许有助于获取新的线索。

一般而言，可以从各种检验结果、试验数据和记录的综合分析中，得出失效的一种或几种主要原因，并且提出改进措施。

失效分析报告应该写得清晰、简练和合乎逻辑，其具体内容如下：

（1）失效构件的描述。

（2）失效时的服役条件。

（3）失效前的服役条件。

（4）失效构件的制造及热处理过程。

（5）失效构件材料的冶金质量评定。

（6）各种物理、化学、力学试验。

（7）失效的主要原因及其影响因素。

（8）预防措施及改进建议等。

事实上，并不是每一个报告都要包括上述全部内容，而是要从实际情况出发。此外，长篇报告的开始应附有摘要。在写报告时，应尽可能避免使用怪癖难懂的技术术语。

参 考 文 献

[1]　吴连生. 失效分析技术 [M]. 成都：四川科学技术出版社，1985.

[2]　吴连生，等. 机械装备失效分析图谱 [M]. 广州：广东科技出版社，1990.

第 5 章　显微组织分析与检验㊀

西安交通大学　柴惠芬

显微组织分析是用光学显微镜或电子显微镜观察金属内部的组成相及组织组成物的类型，以及它们的相对量、大小、形态及分布等特征。材料的性能取决于内部的组织状态，而组织又取决于化学成分及加工工艺，热处理是改变组织的主要工艺手段，因此显微组织分析是材料及热处理质量检验与控制的重要方法。

5.1　金相试样的制备

金相试样的制备包括取样、制样及组织显示三个步骤。

5.1.1　取样

5.1.1.1　取样部位及尺寸

材料不同部位、不同方向上的显微组织往往不同，所以应根据检验目的有针对性地在被检材料或零件上选取试样。对于常规检验，国标 GB/T 13298—1991 对所取试样的部位、形状、数量、尺寸及截面方向等都有明确的规定。在分析零件失效原因时应从失效部位取样。研究冷加工变形组织、带状组织或定向凝固组织时应着重观察纵向截面。在测定表面处理层深时，截面应垂直于表面，如果层深很浅，则可以选取斜截面试样，使层深的测量更为精确，组织的变化也更为清晰。

试样的尺寸以磨制方便为宜，横截面尺寸在 10～25mm范围内，过大使磨样时间过长，过小则磨面不易保持平面。试样高度以 15mm 左右为宜。

5.1.1.2　取样方法

试样的切取方法很多，有机械切割、电弧（或气）切割、电解切割等，检验者可因地制宜选取合适的方法，但无论何种方法都必须保证试样表面的显微组织不因切割而发生变化，必要时应采取冷却措施。目前工厂中使用最多的方法是砂轮片切割，它适用于各种硬度的金属材料，表面也比较光洁。切割用砂轮有两种类型：一种是以碳化硅或氧化铝为磨料，用树脂粘结起来制成厚度为 0.5～1.5mm 的砂轮片，切割时转速为 1450r/min；另一种是用适当粒度的金刚石磨料粘结在金属圆盘的刃部，厚度为 0.15～0.38 mm，在低速下（≈150r/min）进行切割。不论选用何种切割方法，切割后都会在表面或多或少地留下变形层，在以后的磨制过程中必须将其磨掉。图 5-1 所示为几种切割方法产生的变形层深度。可以看出，使用低速金刚石砂轮片切割时试样的变形层最浅。近年来，研制成功了以立方氮化硼或氮化硅磨料粘结的低速砂轮片，切割效率更高，变形层更薄。

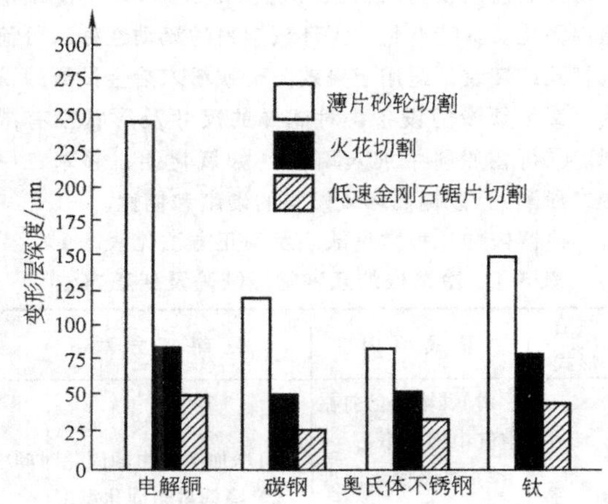

图 5-1　不同切割方法产生的变形层深度

5.1.2　制样

5.1.2.1　镶嵌

对于形状不规则、过软、过小、易碎或边缘是主要观察部位的试样及其他难以磨制的试样，应镶嵌后进行磨制。

1. 常用镶嵌方法

（1）机械夹持法。将试样夹在钢管内或两块金属夹板之间（图 5-2）进行磨制。夹板的硬度及电极电位应与试样相近，主要适用于平板状试样。

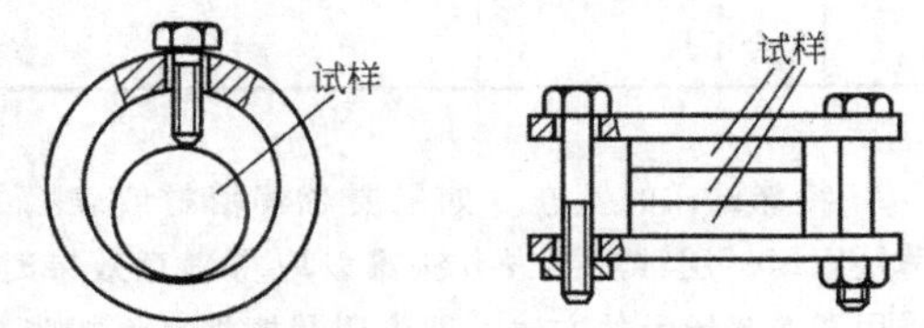

图 5-2　机械夹持法示意图

㊀ 本章 5.4 节由华北航天学院宋文智编写初稿。

（2）热压法。热压法主要以热固性酚醛塑料作为镶嵌材料，把树脂与试样置于模具中，在压力机上加热至 135 ~ 170℃，待塑料熔融后在 17 ~ 29MPa 的压力下固化 5 ~ 12min 即可。该方法的优点是镶嵌材料的硬度高，与试样结合牢固，但必须保证试样不会在此温度和压力下发生组织变化。操作时，如果加热温度过高，则因过量收缩形成试样边缘缩孔；如果压力不够或保温时间不足，则会发生镶嵌材料爆裂或熔合不良等现象。

（3）冷镶嵌。最常用的材料是环氧塑料，由环氧树脂和固化剂（胺类化合物）双组分组成，操作时先用金属箔或纸在试样周围围成模壁，再将双组分充分搅拌后注入模内（故又称浇注镶嵌），在室温或烘箱内固化。其特点是：①环氧塑料的流动性好，可流入气孔或裂纹，适用于失效分析或粉末冶金试样的镶嵌。②无须专门设备，对试样的尺寸及形状没有限制。③可在原料中加入填料（如氧化铝、邻苯二甲酸二酚酯），以提高环氧塑料的硬度和韧性。

冷镶嵌的几种常见缺陷及纠正方法见表 5-1。

表 5-1　冷镶嵌的几种常见缺陷及纠正方法

缺陷形式	形成原因	纠正方法
开　裂	1）烘箱固化前在空气中固化不足 2）烘箱固化温度太高 3）树脂与固化剂比例不当	1）增加空气中的固化时间 2）降低烘箱固化温度 3）调整树脂与固化剂比例
气　泡	在混合树脂及固化剂时搅拌过快	慢慢地搅拌以防止空气进入
剥　落	1）树脂与固化剂比例不当 2）固化剂已氧化	1）调整两者的比例 2）注意容器的密封性
软镶嵌	1）树脂与固化剂比例不当 2）树脂与固化剂混合不足	1）调整两者的比例 2）充分地混合

2. 特殊试样的镶嵌　如果要观察箔材或表面的极薄层组织，用常规镶嵌方法难以取得满意效果时，可采用图 5-3 所示的方法，即先用圆棒将环氧树脂敷于试样表面（环氧树脂中可添加填料使之增硬增韧），通过圆棒滚辗以避免气泡混入，然后在试样上、下加上护板，经 0.5h 固化后稍稍加压将多余环氧树脂挤出，再在上方施加适当重量的金属块，于室温下保持 24h，必要时可在夹层外另浇注环氧树脂制成规则形状的试样。采用此法可使试样的边缘磨制得十分平整。

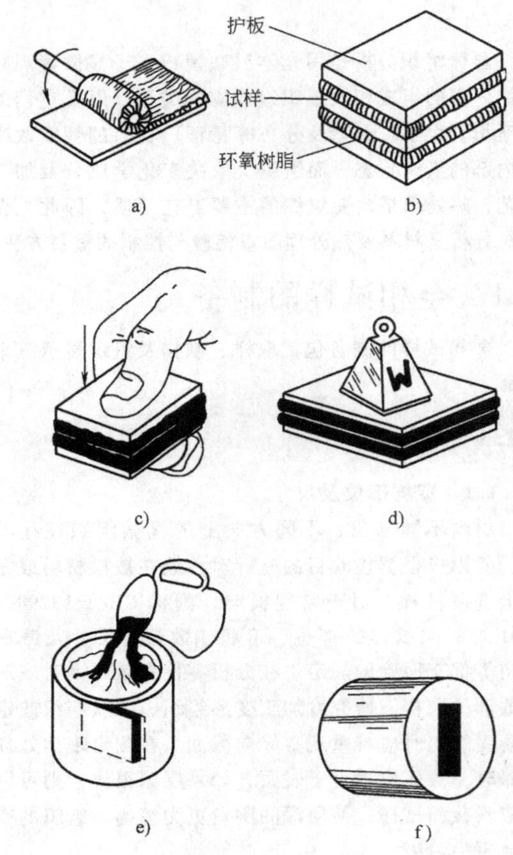

图 5-3　箔材试样的冷镶嵌步骤

a）滚碾　b）加护板　c）加压　d）固化
e）浇注　f）镶嵌后的试样

镶嵌金属丝材的方法有：①将金属丝置于厚壁的派热克斯（Pyrex）毛细管，把它们加热使毛细管熔化后将金属丝包在内部，该法易引起组织变化，适用于高熔点金属钨丝等。②将金属丝置于内径略大于丝径的细管内，随后在真空下进行冷镶嵌，使环氧树脂吸入缝隙中。③将线材在金属棒上绕成弹簧状，然后镶嵌，用此法可以观察纵、横两个截面的组织。

粉末冶金试样中有很多气孔，磨制时磨料常嵌入孔内，使表面划痕难以消除；腐蚀时腐蚀剂容易钻入孔内，使腐蚀效果不好。试样以镶嵌后磨制为宜，最佳的方法为真空冷镶嵌，以保证环氧树脂渗透到孔内，要求高的试样可在粗磨后再进行第二次真空镶嵌。若要用金相显微镜检验粉末的尺寸及形状，先用分散剂使粉末分开，然后用少量环氧树脂与金属粉充分混合，均匀分布于模具底部，其余部分再以环氧树脂填充，固化后用常规方法磨制即可。

5.1.2.2　机械磨光与抛光

磨光是将切下的试样经砂轮打平，再依次在一系列由粗到细的金相砂布或砂纸上磨平；抛光则是将磨平的试样在织物上抛亮。根据磨料的粗细又可分为粗磨、细磨以及粗抛与细抛，粗、细之间并无明确的界线。

1. 磨料及抛光织物　磨料应具有高的硬度、不易破碎、颗粒均匀，以保证良好的切削性能。常用磨料的性能及用途见表 5-2。目前金刚石磨料在金相制样中受到重视，已制成粒度从粗到细的系列产品，如 W0.5、W1、W1.5、…、W40（数字表示微粒的平均尺寸，W1.5 表示尺寸为 1.5μm，一般 W12 以下用于抛光，W15 以上用于磨光），有微粉状、膏剂、喷雾剂及悬浮液等，可供制样磨、抛需要，且其磨、抛速度快，质量好。

表 5-2　常用磨料的性能及用途

磨料	莫氏硬度	特　点	适 用 范 围
氧化铝	9.1	白色，α-Al_2O_3 外形呈多角形，γ-Al_2O_3 呈薄片状，易压碎	磨光与抛光
氧化镁	8.0	白色，粒度细而均匀，外形呈八面体，棱角锐利	适用软金属及钢中非金属夹杂物检验的抛光
氧化铬	9	绿色，抛光能力略低于氧化铝	适用于钢、铁及钛合金的抛光，对灰铸铁尤佳，石墨不易脱落
氧化铁	8.0	红色，颗粒圆，抛光速度慢，但表面光亮，容易产生变形层	适用于光学零件的抛光，以及较软材料的抛光
碳化硅	9.5～9.75	绿色，颗粒较粗	适用于磨光和粗抛光
金刚石	10	外形锐利，磨削作用极佳，切削效率高，寿命长，变形层薄	适用于各种材料的磨光和抛光，是最理想的磨料，成本较高

对抛光织物的要求是纤维要柔软、坚韧耐磨。根据织物绒毛的长短可以分为三类，它们的特性见表 5-3。

2. 磨、抛的注意事项　磨、抛的质量是试样制备成功与否的关键，磨、抛不仅要消除磨痕、得到光亮的抛光面，还必须保证去除试样表面由切割及各道磨制留下的变形扰乱层。不正确的磨、抛操作使组织模糊，甚至出现假象。为得到满意的表面质量，磨抛时应注意以下方面：

表 5-3　抛光织物的特性

织　物	特　性
长毛类（丝绒、天鹅绒等）	能储存较多磨料，摩擦作用大，磨面光亮，适于精抛光。夹杂物及石墨第二相易脱落，造成曳尾现象，试样表面易形成浮凸
无毛类（丝绸、尼龙、涤纶等）	磨料与试样表面接触概率高，切削效率高，试样表面无浮凸，适用于粗抛光，以及适用于组织中存在硬度差悬殊的两相材料
短毛类（法兰绒、毛呢、帆布）	性能介于长毛和无毛两者之间，坚固耐用，是最常用的抛光织物，适用于粗、细抛光

（1）每一道工序必须彻底去掉前一道磨制的变形层，因此在把前一道的磨痕完全消除后仍要持续片刻。为便于检查上道磨痕是否消除，更换砂纸时试样应旋转 90°。

（2）尽量采用湿磨，我国长期习惯干式磨光，国外已广泛改用湿磨。湿磨可防止试样温升，减少摩擦力，使变形层减至最小，并可及时把磨屑冲走，以免嵌入试样表面。

（3）对于软金属（如 Al、Zn、Mg、Pb 等）磨制时表面极易产生变形层，且磨料容易嵌入试样表面，划痕难以去除。为改善试样质量可采取下列措施：①尽量在低速下（300～550r/min）进行抛光。②选用短毛抛光织物。③配用粒度较细的氧化物磨料。④抛光时添加油性乳化剂作润滑剂。⑤采用抛光、腐蚀交替进行的方法，以减少表面变形层。对于容易氧化的材料在抛光过程中可滴入少许抗氧化剂（如抛光铝合金时滴入少量醋酸铵水溶液，抛光铜合金时滴入低浓度氨水溶液），甚至可以用酒精等有机溶剂取代水作为磨料的“载体”。

（4）对于硬质合金及复合材料，组织中存在着硬度相差悬殊的两个相，磨、抛时容易产生浮凸，故抛光时宜采用硬度高的金刚石或碳化硅磨料，抛光织物应选用短毛或无毛类。

3. 自动抛光与振动抛光　用手工进行抛光的效率很低，且抛光的质量取决于操作者的水平，为此发展了半自动和全自动的抛光设备。将试样装在特殊的夹具上（夹具能适应各种尺寸及形状的试样）。抛光时试样与抛光盘间的压力可以根据需要在一定范围内调节，并按一定方式加入磨料和冷却剂。抛光过程中，试样在抛光盘上进行周向的相对运动，也可以沿着抛光盘径向不断运动，有的还能进行自转，或者在抛光臂带动下按一定的轨迹在盘上运动。由于能进行多重运动，因此减少了抛光缺陷。抛光时转速一般较低，但由于同时装夹的试样多，故抛光效率仍很高，适用于大批量金相检验或放射性材料的金相试样制备。

振动抛光是通过弹簧片和电磁铁产生振动，带动抛光盘产生交替的向上螺旋运动和向下螺旋运动。抛光时将试样置于盘上并加上一定的载荷，当抛光盘振动时试样也跟着起落。在某一段位置内试样与抛光盘接触并产生相对运动，对试样起抛光作用，试样的抛光效率与盘的振幅有关。振动抛光的特点是：①抛光作用是非连续的，其间隙伴有侵蚀作用。用水作悬浮液时抛光速率虽快，但会产生严重的蚀坑，若改用水和甘油的混合液，则可获得适中的抛光速率和满意的抛光质量。黄铜抛光时如氨水用量过大，两相间会产生浮雕。②振动抛光的重要参数为磨料和液体的配比及试样上的载荷，当这些参数优化并设定后，即能保证抛光质量好，又有很好的重复性。③抛光速度慢，适用于最后的精抛光，特别是一些抛光质量难以控制的 Cu 合金、Al 合金及不锈钢等材料，以及用于定量金相分析的试样。

5.1.2.3　电解抛光与化学抛光

1. 电解抛光　电解抛光是将试样作为阳极，通过电解液中的阳极溶解来实现抛光目的。图 5-4 所示为电解抛光装置示意图，阳极、阴极位置可以根据实际条件自行布置，通过对电压、时间及温度等参数的正确控制，即可得到平整而光洁的表面。

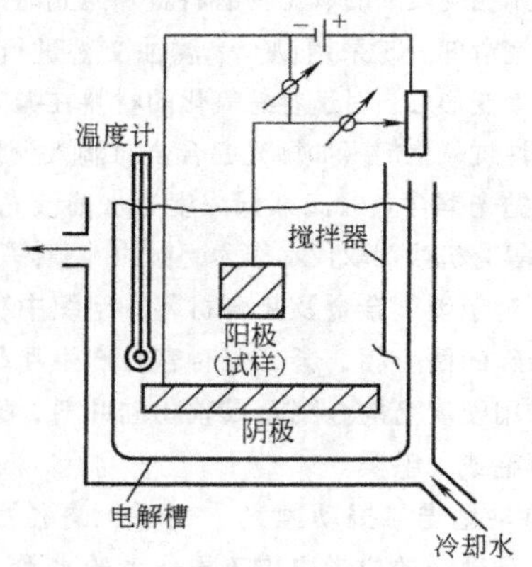

图 5-4　电解抛光装置示意图

(1) 电解抛光的优点及局限性

1) 表面质量好、无划痕，适用于 Al、Cu、Mg、Pb 等软金属。

2) 完全消除了表面变形层，奥氏体不锈钢经机械抛光后组织中常出现由于磨、抛光变形而形成的剪切带和马氏体针，采用电解抛光则显示出清晰的奥氏体晶粒，无其他组织假象。

3) 速度快，一旦调整好参数，抛光效率高。

4) 夹杂物及某些细微第二相容易脱落，微孔和裂纹容易扩大，两相合金中由于两个相的电位差异会引起明显的浮凸效应。

5) 试样边缘的溶解速度快，不适于表面组织的观察。

6) 配制和使用电解液时应注意安全，如高氯酸溶液使用时可能因试样表面附近的局部温升过高而引起爆炸，故必须充分搅拌并采取冷却措施。

7) 成本高。

(2) 电解液成分。制备金相试样的电解液一般为高氯酸、磷酸、硫酸及硝酸等酸液与蒸馏水、醋酸、乙醇溶液的混合物。有时加入甘油、乙二醇等提高电解液的粘度。常用电解液的配方、适用范围及工作参数见表 5-4。

(3) 电解抛光的缺陷及纠正方法。电解抛光的缺陷及纠正方法见表 5-5。

2. 化学抛光　化学抛光是靠化学试剂的溶解作用而得到光亮的抛光表面。操作时将试样浸在抛光液中进行适当的搅动，或用棉花蘸抛光液擦拭表面。操作简单，不需任何仪器设备，试样只要经粗磨后即可化学抛光，化学抛光兼有化学侵蚀的作用，抛光后同时显示了显微组织，可直接观察，它完全消除了表面变形层。常用材料的化学抛光溶液见表 5-6。

化学抛光的缺点是溶液的利用率低，只能抛光有限数量的试样，且必须现用现配，抛光质量的控制也比较困难。抛光液的最佳配方常因材料而异，需在实践中不断摸索。

表 5-4　常用电解抛光液的配方、适用范围及工作参数

序号	电解液成分	适用合金	阴极材料	电压/V	时间	温度/℃
1	乙醇 800mL 蒸馏水(非必需) 140mL 高氯酸 60mL	铝及硅含量<2%（质量分数）的铝合金	不锈钢	30~80	15~60s	<25
		碳钢、合金钢、不锈钢		35~65	15~60s	
		Pb、Pb-Sn、Pb-Sn-Cd、Pb-Sn-Sb		12~35	15~60s	
		Zn、Zn-Sn-Fe、Zn-Al-Cu		20~60	—	
		Mg 及高 Mg 合金				

（续）

序号	电解液成分	适用合金	阴极材料	电压/V	时间	温度/℃
2	乙醇 700mL 蒸馏水 120mL 丁氧基乙醇 100mL 高氯酸 80mL	钢、铸铁、Al、Al 合金、Ni、Sn、Ag、Be、Ti、Zr、U及耐热合金	镍	30～65	15～60s	—
3	乙醇 700mL 蒸馏水 120mL 甘油 100mL 高氯酸 80mL	不锈钢、合金钢、高速钢 Al、Fe、Fe-Si、Pb、Zr	镍	15～50	15～60s	<25
4	醋酸 940mL 高氯酸 60mL	Cr、Ti、U、Zr、Fe、铸铁、碳钢、合金钢、不锈钢	铝或不锈钢	20～60	1～5min	<25
5	醋酸 800mL 高氯酸 200mL	U、Zr、Ti、Al、钢、超合金	不锈钢	40～100	1～15min	<25
6	蒸馏水 300mL 磷酸 700mL	不锈钢、黄铜、铜及铜合金（除 Sn 青铜外）	铜	1.5～1.8	5～15min	—
7	蒸馏水 600mL 磷酸 400mL	α及（α+β）黄铜、Cu-Fe、Cu-Co、Co、Cd	铜或不锈钢	1～2	1～15min	—
8	蒸馏水 500mL 乙醇 250mL 磷酸 250mL	Cu 及 Cu 基合金	铜	—	1～5min	—
9	焦磷酸 400g 加乙醇至 1000mL	不锈钢、奥氏体耐热合金	不锈钢或镍	—	10min	略高于38
10	蒸馏水 220mL 甘油 200mL 硫酸 580mL	不锈钢、Al 合金	镍	1.5～12	1～20min	<35
11	甲醇(100%) 660mL 硝酸 330mL	Ni、Cu、Zn、Monel 合金、黄铜、不锈钢、Ni-Cr		40～70	10～60s	—

注：1. 序号2、3、4是很好的通用电解液。

2. 序号11电解液的使用效果很好，配制时应注意安全，混合时应把硝酸逐渐加入甲醇中。

表5-5　电解抛光中的缺陷及纠正方法

缺　陷	可能的原因	纠 正 方 法
试样心部受到较深的侵蚀	试样的心部没有形成抛光薄膜	增加电压，减少搅拌，降低电解液的流动性
在试样边缘出现麻点或受蚀现象	电解液粘度过高或膜过厚	降低电压，增加搅拌，提高电解液的流动性
产生较多的蚀坑	抛光时间过长，电压过高	改善抛光前试样表面质量，降低电压，减少时间
试样表面形成厚的沉积物	产生不溶性阳极产物	试用其他电解液，提高温度，增加电压
表面粗糙无光泽	没有形成抛光膜或抛光膜过薄	增加电压，采用较粘的电解液
表面呈波纹状	时间过短，不适当的搅拌	增加电压，减少时间，改善抛光前的试样制备
抛光表面生锈	抛光电流停止后，电解液腐蚀表面	在通电下移开试样，采用腐蚀性较低的电解液
表面有圆形未被抛光的斑点	气泡	增加搅拌，降低电压
相间有明显的浮雕	抛光薄膜过薄	增加电压，减少时间，改善抛光前的磨光

表 5-6　常用材料的化学抛光溶液

材料	溶液	配方	说　明
铝	H_3PO_4 HNO_3 醋酸 水	70mL 3mL 12mL 15mL	100 ~ 120 °C 侵蚀 2 ~ 6min,适用多种铝合金
铝	H_3PO_4 H_2SO_4 HNO_3	80mL 15mL 5mL	磨到 03 ~ 04 号砂纸,95℃侵蚀 4min
α 黄铜	HNO_3 H_3PO_4 醋酸	17mL 17mL 66mL	50℃侵蚀 30 ~ 120s
碳钢	草酸 H_2O_2 水	7 质量份 1 质量份 2 质量份	磨到 0 号砂纸,35℃侵蚀 15min,最佳成分随碳含量而变化
低碳钢	H_2O_2 水 H_2SO_4	90mL 10mL 15mL	25℃侵蚀 2 ~ 5min
中碳钢	H_2O_2 水 HF	10 体积份 10 体积份 1 体积份	室温

5.1.3　显微组织的显示

抛光后的试样表面在显微镜下只能看到夹杂物、石墨孔洞及裂纹等。要观察内部组织，必须进行适当的侵蚀，使组织充分显示。常用方法有化学显示、电解显示及着色显示。

5.1.3.1　化学显示

将抛光好的试样表面在侵蚀剂[⊖]中浸蚀或用蘸有侵蚀剂的棉球擦拭抛光表面（称擦蚀），直至表面失去镜面光泽为止。化学侵蚀剂显示组织的原理是化学溶解或电化学溶解，晶内和晶界、不同相之间的电位不同。在侵蚀剂作用下电位较负的区域优先溶解，从而显示了晶界及组织。常用的侵蚀剂很多，应根据材料成分及观察目的选择合适的侵蚀剂。在本章 5.5 节中将介绍各种材料的常用侵蚀剂。

在侵蚀过程中应掌握以下技术要点：

（1）适度侵蚀，以刚好能显示组织的细节为度。如掌握不好时，可先轻度侵蚀，经观察后如发现细节尚未显示，再逐次加深，如侵蚀过度应重新抛光后再进行侵蚀。

（2）侵蚀中止后，应立即用清水冲洗，再用酒精冲洗试样表面以去除水分，最后用吹风机吹干。操作不好时容易在表面留下水渍，影响制样质量，如采用热水浴冲洗效果更好。

（3）侵蚀后的试样应立即观察，或置于干燥瓶中，否则容易引起试样表面氧化，产生假象。

（4）高倍观察时的侵蚀程度应比低倍观察的略浅一些。

（5）同一组织采用不同的侵蚀剂，显示效果不同，使用前应了解侵蚀剂的性质。

5.1.3.2　电解显示

电解显示的装置及操作过程与电解抛光相同，只是前者使用的电压较低。很多电解抛光液可以作为电解显示液使用，操作时只要在电解抛光后期把电压降至工作电压的 1/10 左右，再电解数秒或稍长时间即可显示组织。当然也有很多电解液只适用于显示而不能进行抛光。不少电解液对试样中某些组成相或晶界进行选择性侵蚀，所以电解显示对于相的鉴别十分有用，现已广泛用于不锈钢的检验中。

5.1.3.3　着色显示法

着色显示法的基本原理是依靠薄膜干涉而增加各相之间的衬度或者使之具有不同的色彩，故着色显示法是在抛光表面形成一层薄膜，薄膜的形成过程因方法而异，可以采用真空镀（气相沉积），或者在不同条件下介质与试样表面相互作用而形成薄膜。一般来说，由于不同的相其成分结构不同，薄膜的生长速率不同，因此层厚也不同。当光线照射时由薄膜外表面反射的光束与从薄膜和试样表面交界处反射的光束之间相互干涉，层厚不同干涉的程度也不同，使各相间的衬度提高，如采用白光照射则呈现丰富的色彩。

着色显示主要应用于相鉴别或混合组织的显示，如钢中的多种碳化物 MC、$M_{23}C_6$ 等，或者当奥氏体、δ 铁素体、σ 相共存，或存在马氏体与贝氏体混合组织时，采用普通侵蚀法往往难以确切区分，而着色显示法能把各相区分开来。此外，由于具有较好的衬度差异，十分适合于定量金相分析。

几种常用的着色显示法的原理、方法及作用示于表 5-7 中。

5.1.3.4　其他显示方法

在实际工作中还采用一些其他的显示方法，如热蚀法、恒电位侵蚀法及磁蚀法，它们适用于一些特殊的材料或侵蚀需要。表 5-8 中简单地介绍了这些方法及适用范围。

⊖ 英语中显微组织的显示用 “etching” 表示，在化学显示中有两种操作方法：浸入和擦拭 “immersing” “swabbing”。目前我国没有统一的译名，本章将上述三个词分别译为 “侵蚀” “浸蚀” “擦蚀”。

表 5-7　几种着色显示法的原理、方法及作用

名　称	原理、方法及作用
热染法	将抛光好的试样置于加热的金属板或铅浴中，抛光面朝上，在空气中加热后表面形成氧化物膜，不同相的膜厚不同，从而得到黑白衬度或彩色衬度。该方法操作简单，但难以实现精确的温度控制，重现性较差。适用于高合金钢、硬质合金、钛合金及磷共晶鉴别
阳极氧化显示	经电解抛光后，在较高的电压下，试样表面由于本身氧化形成薄膜，不同取向的晶粒或不同的相膜厚不同，从而显示组织。主要用于 Al、Ti、U 及 Zr 等金属及合金，在偏振光下有极佳的显示效果
化学着色法	将试样浸入含偏亚硫酸盐（$X_2S_2O_2$）或其他溶液中，除有轻微腐蚀作用外，主要通过化学置换反应或沉积，在试样表面形成一层硫化物或氧化物薄膜而显示组织
真空镀膜法（气相沉积法）	采用锌盐（ZnSe、ZnTe、ZnS）等在真空（0.1～0.001Pa）下蒸发，沉积于样品抛光表面上，形成均匀薄膜，扩大各相反光能力的差别，增加衬度。可用于显示钢铁、铝合金等组织中的各相
气态离子覆层（气体离子蒸镀或气体侵蚀）	在专用的气体—离子反应室中进行。试样为阳极，Fe（或 Pb）为阴极，阳—阴极间距≤10mm，先抽真空到 133×10^{-4}Pa，再充以反应气体（如氧），由于气态离子与试样表面的相互作用或沉积，形成一层氧化物薄膜，增加了各相之间的衬度

表 5-8　其他侵蚀方法介绍

名　称	方法及适用范围
热蚀法	将抛光好的试样置于空气、真空或惰性气体介质中加热至高温（或随炉加热），由于晶界或相界原子挥发较快，出现热蚀沟，以此显示内部组织。适用于陶瓷材料，也可用于显示奥氏体晶粒尺寸
恒电位侵蚀法	保持阳极电位恒定的电解侵蚀法。为实现恒电位，在体系中引入一个参比电极以补偿阳极电位在电解过程中的偏离，保持恒定的阳极电位。通过改变恒电位值，参考已知的各相极化曲线，鉴别钢及合金中各组成相及组织，重现性好，鉴别准确可靠
磁蚀法	利用铁磁性现象显示内部组织，试样要精心制备，以去除内应力，最好用电解抛光。将一滴磁性氧化铁胶体滴在试样表面，在磁场作用下，氧化铁微粒重新排列，可显示内部磁畴，磁粉应尽可能细，能鉴别奥氏体钢中少量铁磁相和顺磁相

5.2　光学显微镜及电子显微镜在显微分析中的应用

5.2.1　光学显微镜

光学显微镜是分析显微组织最简单、最常用的重要工具，是靠光学透镜——物镜及目镜，获得显微组织放大像的仪器。

5.2.1.1　光学显微镜的分辨率及有效放大倍数

光学显微镜的分辨率主要取决于物镜的分辨率，由于物镜的分辨率是有限的，故简单地利用增加目镜的放大倍数来提高显微镜的放大倍数是没有意义的。在使用显微镜时应注意有效放大倍数，其意义是指把物镜能分辨开的两点之间的最小距离 d 放大到人眼在明视距离（250mm）处的分辨率（0.15～0.30mm）的倍数。

根据光学理论推导，物镜的分辨率 d 满足以下关系

$$\frac{\lambda}{N\cdot A\cdot}\geqslant d\geqslant\frac{0.5\lambda}{N\cdot A\cdot}$$

式中　λ——光的波长；

$N\cdot A\cdot$——物镜的数值孔径（反映物镜张角的指标，其值在物镜镜筒上标出）。

对于白光，其平均波长为 550nm。设人们在明视距离内的分辨率为 0.2mm，则显微镜的有效放大倍数为(500～1000) $N\cdot A\cdot$。以物镜的最高 $N\cdot A\cdot$ 值为 1.4 计算，显微镜的有效放大倍数为 700～1400 倍，能分辨的最短距离为 0.4～0.2μm。然而在有些条件下，人眼的分辨率可以提高，例如在暗场或偏振光的最佳使用条件下可以在显微镜观察到 0.006μm 的小颗粒，所以把有效放大倍数估计为（500～1000）$N\cdot A\cdot$ 是偏于保守的，在较好的使用条件下可达到 2200$N\cdot A\cdot$。但是，如显微镜的放大倍数选得很大，对试样的平整度要求极高，否则效果也并不理想，故通常光学显微镜的最高放大倍数只选在 1000～1500。

5.2.1.2　光学显微镜的主要工作方式

1. 明场照明　明场照明是最主要的观察方式，图 5-5a 所示为明场照明的光路行程。光源的光线经过平面玻璃垂直转向，经物镜后光线垂直地或以较小的角度照射到试样表面，从试样反射回来的光线又经物镜进入目镜，试样上的显微组织呈黑色影像衬映在

明亮的视野内。根据入射光与试样的角度，明场照明又可分为垂直照明和斜照明两种方式。

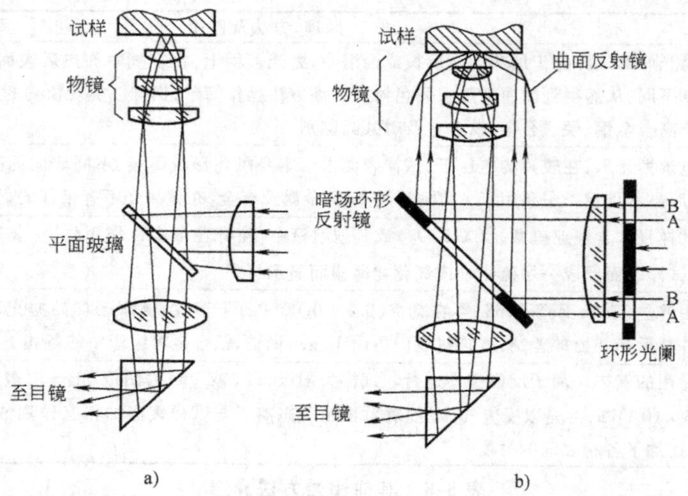

图 5-5　显微镜照明的光路行程

a）明场照明　b）暗场照明

（1）垂直照明。光线垂直而均匀地照射在试样表面，得到的影像清晰平坦，能真实地反映各组成相的形貌及相对量，但缺乏立体感。目前显微镜的垂直照明器大多采用平面玻璃，三棱镜垂直照明器已逐渐淘汰（其像的衬度虽好但鉴别率较低）。

（2）斜照明。新型金相显微镜的孔径光栏的中心位置是可以调整的，当孔径光阑中心偏离光轴中心时，光线从直射照明变为斜射照明。斜照明使组织的凸起部位产生阴影，成像后增加了像的立体感及衬度，并提高了显微镜的分辨能力。但是光线的斜射角不宜过大，过大会造成像的失真。此外，斜照明可能引起视野的半明半暗，此时可通过移动光源位置使之重新均匀分布。

2. 暗场照明　暗场照明的光路行程如图 5-5b 所示。来自光源的平行光经过环形光阑后，中心部分的光被挡去，成为环形管道状，经过环形反射镜反射后照到装于物镜外面的金属曲面反射镜，再以极大的倾斜角入射到试样表面上。若试样无任何组织特征，则入射光全部以同样的角度反射离开试样表面。它们不会通过物镜，故目镜中漆黑一片，如试样表面有组织细节（如晶界、夹杂物及第二相）时，则因漫散射效应会有部分光线通过物镜，在黑暗的背底上显示出组织细节。

暗场照明的主要特点是：①由于试样反射至物镜的光束的倾斜角很大，充分利用了物镜的数值孔径，故明显提高了显微镜的分辨率，同时暗场增加了像的衬度，于是一些在明场下不易观察到的微细组织在暗场下清晰可见。②暗场照明有利于显示透明第二相的固有色彩，这种色彩在明场下被基体的强反射光所掩盖。如氧化铜在白光照射的明场下呈淡蓝色，但在暗场下却显示宝石红色，故暗场观察有利于鉴别夹杂物的性质。③暗场观察宜采用强光源，照相时要选用长的曝光时间。④暗场下对制样缺陷特别敏感，试样要精心制备。

5.2.1.3　偏振光在显微分析中的应用

自然光的光波在垂直于光传播方向的平面上的任何方向都发生振动，当自然光通过某些晶体后则变为直线偏振光，即光波的振动限制在垂直于光传播方向的平面内的某一特定方向上（或者说只能沿着某一特定平面上振动传播，故又称平面偏振光）。不同性质的材料（各向同性或异性；透明或不透明）对直线偏振光产生不同的效应，因此偏振光在显微分析中具有重要的应用价值。

进行偏振光分析时只要在显微镜中装入起偏镜和检偏镜即可，它们的相对位置如图 5-6 所示。起偏镜的作用是把来自光源的自然光变为直线偏振光，而检偏镜的作用是检验从金属磨面上反射出来的偏振光状态，利用载物台旋转 360°过程中光强的变化，可以判断被检物的性质。

1. 偏振光装置的调整　偏振光分析时，起偏镜和检偏镜两者之间必须处于正交位置，即起偏镜的偏振平面和检偏镜的偏振平面互相垂直。

调整方法为：①先只插入起偏镜，将一个抛光未经侵蚀的不锈钢试样置于载物台，聚焦后在目镜中观察随起偏镜转动而引起的明暗程度变化，取光线最明亮的位置为起偏镜的正确位置，这一位置在以后的检

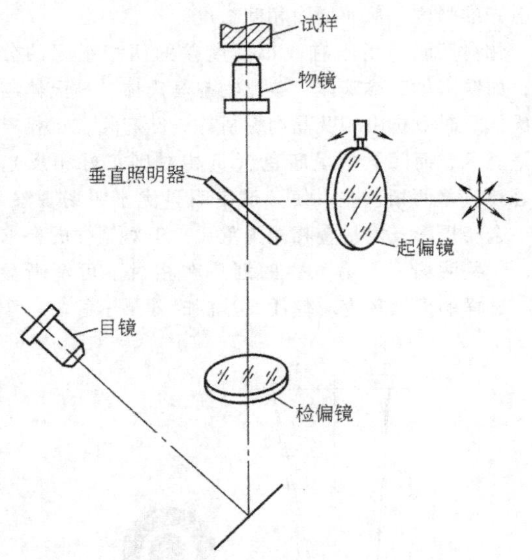

图 5-6　起偏镜和检偏镜在光路中的位置

验中不再变化。②插入检偏镜，在目镜下检查随检偏镜转动而引起的明暗变化，取完全消光的位置为检偏镜的正确位置。此时起偏镜和检偏镜的偏振光振动方向垂直，即两者处于正交状态。③在显微镜下找到待检查的目的物，同时调整载物台的中心位置，使载物台在转动 360°的过程中目的物不离开视域。

2. 偏振光的应用

（1）显示各向异性金属的晶粒。当直线偏振光入射到各向异性单晶体时，如载物台（即试样）旋转 360°，在目镜中将观察到四次明亮和四次消光的情况。对于各向异性的多晶体，由于各晶粒取向不同（相当于各晶粒处于单晶体的不同载物台位置）在检偏镜下呈现出不同的亮度以显示晶粒组织（观察时可不必对试样进行侵蚀）。光源为单色光时产生晶粒间的黑白衬度，光源为白光则得到彩色衬度。各向异性的 Sb、Sn、Mg、Be、Zn、Zr 等金属采用偏振光观察时均取得良好效果，特别对于难以侵蚀的 Be、U、Zr 等金属，偏振光分析更有意义。

（2）检验夹杂物的性质。夹杂物也有各向同性及各向异性之分，它们在正交偏振光下的表现同上。球状透明玻璃态夹杂物在正交偏振光下呈现独特的黑十字和同心环现象，黑十字现象是由球形特征引起的，与晶体类型无关。不同夹杂物在正交偏振光下的特征归纳于表 5-9 中。

（3）合金的相分析。以下情况可以应用偏振光进行相分析：

1）两相中有一相为各向异性时极易用偏振光予以鉴别，例如钛合金中的 α 相和 β 相。

表 5-9　夹杂物在正交偏振光下的特征

夹杂物的类型	特　征
不透明的各向同性夹杂物	在正交偏振光下呈黑色，转动 360°无变化
不透明的各向异性夹杂物	载物台转动 360°时，夹杂物出现四次明暗交替变化
透明的各向同性夹杂物	可观察到与暗场相同的色彩，转动载物台无变化
透明的各向同性球形夹杂物	除显示透明及固有的色彩外，还出现黑十字和同心环现象，在载物台旋转 360°过程中，黑十字的位置静止不动
透明的各向异性夹杂物	表现出一定的色彩，转动载物台 360°，光的强度有四次明暗变化

2）各向同性金属（如 Al 及 Al 合金）经表面阳极化处理后，由于各个相或各个晶粒氧化膜厚度不同，偏振光下能清晰显示组织。

3）两相均为各向同性，但受蚀程度不同时，偏振光下也能鉴别两相。如钢中马氏体和贝氏体混合组织中贝氏体容易受侵蚀，不同位向的贝氏体与试样表面交于不同的角度，在偏振光下显示不同的亮度，而马氏体则一片黑暗（图 5-7）。又如 α + β 两相黄铜，在普通光照明时仅能分辨两个相，而不能显示 β 相的晶界，但在正交偏振光下，α 相因轻微受蚀仍然平坦，呈消光的暗色，β 相则显示明暗不同的晶粒。

（4）晶体织构的测定。多晶体形成织构后各晶粒具有一致的光轴，在正交偏振光下的行为接近单晶体，整个视域的明暗程度趋于一致。试样在观察前先经较深的侵蚀，在偏振光下逐渐转动载物台，同时用光度计记录反射光的总强度，根据载物台在转动 360°过程中视域内明暗程度的差异可判断织构程度。

（5）涂层厚度的测定。某些合金的表面涂层很薄（如 Al 合金的阳极氧化膜），难以在明场下精确测定层深，而偏振光下则成为一亮带，测量方便而精确。如果有多个涂层，各个层一般显示不同的衬度而易于区分。立方晶系金属的表面镀 Zn 层也可用偏振光方法有效地测量层深。

5.2.1.4　相衬方法及微差干涉衬度在显微分析中的应用

一般金相显微镜是靠反射光的强弱来鉴别组织中的各个相。但是，如两相的反光能力相近，且受蚀程度差异不大时，它们在显微镜下的色差（即衬度）很小，鉴别它们比较困难。相衬及微差干涉衬度是利用特殊的光学装置，将试样表面微小高度差所造成的光程差转化为人眼能感受的强度差。

1. 相衬金相方法　光线入射试样表面后会产生

a)

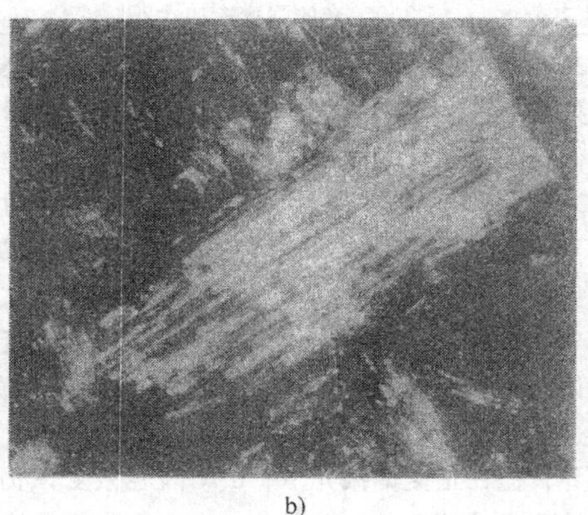

b)

图 5-7　60Si2Mn 贝氏体、马氏体混合组织 800 ×
a）明场照明　b）偏振光照明

反射和衍射，两者的强度之和等于入射光的强度。反射光以确定的角度反射回物镜，衍射光则向各方向散射。衍射光的强度取决于受蚀程度，受蚀严重或表面凹凸不平时衍射光的强度明显增加。当两个相受蚀轻微且程度相差不大时，衍射光的强度远低于反射光，反射光成为支配因素，因此两个相的衬度很小。相衬照明中采取以下措施可提高像的衬度：

（1）降低反射光的相对强度。在聚光透镜的前焦面安置环形遮光板（图 5-8），使其在物镜的后焦面上成像。同时将一块形状与遮光板相同、而颜色衬度正好相反的相板置于物镜的后焦面，于是反射光只限制于从相板的相环处通过。再加上相环上喷镀了一层能吸收光的金属膜，因此反射光的强度大大降低。

（2）改变反射光的相位。通常反射光与衍射光具有 $\pi/2$ 的相位差。由于相环的厚度比相板的其余部分薄（或者厚）$\lambda/2$，因而改变了反射光的位相，使反射光和衍射光的位相差略大于 π（正相衬）或趋于零（负相衬），于是衍射光可以有效地削弱或加强反射光的强度，从而增大相间衬度。

相衬照明适用于有微小高度差的两相组织的分析，如铁素体和渗碳体、碳化物与马氏体、马氏体与奥氏体、时效析出相及晶内偏析等，凸起相在正相衬中呈亮色，而凹下相呈暗色（负相衬则正好相反），显著地改善两相色差，使分辨率明显优于明场观察，对于金相摄影及定量金相尤为重要。但对制样的要求高，一些明场下不易觉察的划痕在相衬下可清晰显示。试样的侵蚀程度应偏浅，过深时效果不好。

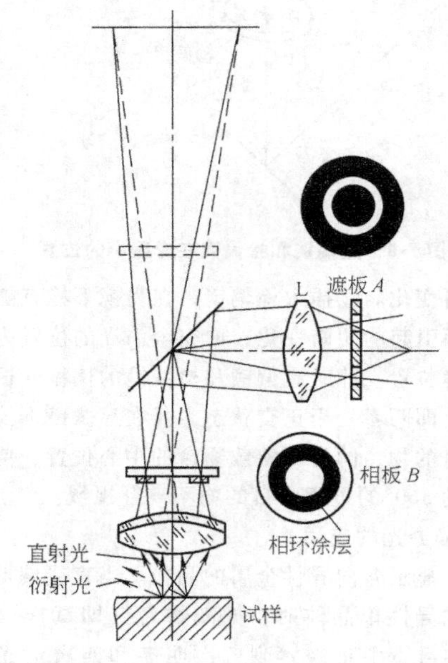

图 5-8　相衬显微镜结构示意图

2. 微差干涉衬度　这是靠干涉作用提高衬度的方法，光源通过起偏镜得到偏振光，再经渥拉斯顿棱镜分成两束角度很接近（角度差小于半分）的偏振光，它们可以满足相干条件成为相干光源。当两束光通过相同的路径照射试样表面时，由于存在微小的光程差而发生了干涉现象（但不会产生干涉条纹），试样上高度略有差别的两个相的干涉程度不同，因而产生明显的组织衬度。

微差干涉衬度装置的示意图如图 5-9 所示，图中的起偏镜和渥拉斯顿棱镜是为了得到相干光源。检偏镜的作用是把这两束偏振光都投影到同一平面上以满足相干条件，产生稳定的干涉衬度。

干涉衬度的应用场合和相衬照明相似，用于提高组织衬度，效果比相衬照明更佳，特别适用于定量金相分析。

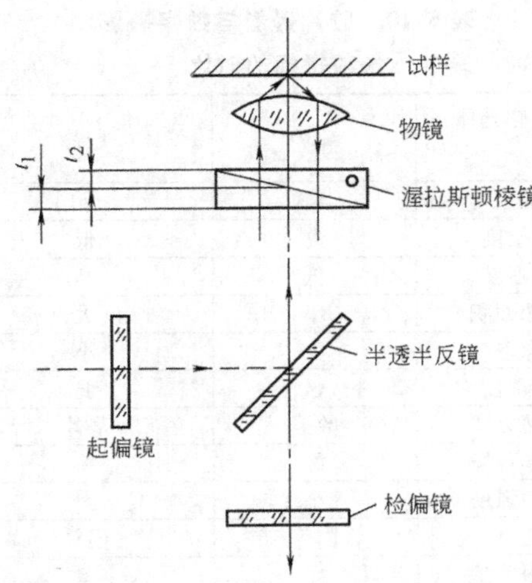

图 5-9　微差干涉衬度装置示意图

5.2.1.5　高温和低温光学显微镜

1. 高温光学显微镜

(1) 结构。在大型光学显微镜上配用高温台及专用物镜等附件，即可进行高温下组织观察。

1) 高温台由放置试样的空腔，加热、冷却和测温系统，真空或充氩系统所组成。加热方法有利用试样自身电阻的直接加热和通过加热元件的间接加热，改变电流大小可控制加热速度。试样的冷却可通过降低电流或直接通惰性气体来实现。为了防止试样在加热过程中的氧化、脱碳，应在 10^{-2} ~ 10^{-5}Pa 的真空下加热。但试样在真空下加热时表面会发生挥发，并在石英观察窗上沉积，使图像蒙上一层灰雾。为克服这一矛盾，常采用两个观察窗口，一个是靠近试样表面的观察窗，它可以移动；另一个是照相的专用窗口。移去第一个观察窗再照相可以保证质量。保护试样的最好办法是通入高纯度惰性气体（压力必须达到 6.65×10^4Pa）后加热，可防止试样挥发，得到较高质量的图像。

2) 由于试样磨面上方必须留有一定空间装观察窗，因此需采用长工作距离的专用物镜。最广泛采用的是在标准物镜前面加入一个弧形反射镜（图 5-10），这样可使物镜的工作距离增加 20 倍。

(2) 高温光学组织的显示与记录。用于高温金相研究的试样一般不经侵蚀，组织的显示主要依靠加热和保温过程中表面原子选择性挥发而形成的热蚀沟，或者由于相变时母相与生成相比体积不同导致膨胀系数不同而形成的表面浮凸。即使要在显微镜下记录原始组织，也只能进行很浅的侵蚀，因为侵蚀的残余物将影响高温台内腔的真空度，从而降低图像质量。

高温下内部组织变化很快，为记录组织变化，宜采用 35mm 胶卷，并用闪光灯照明，条件许可时可采用录像的方法。

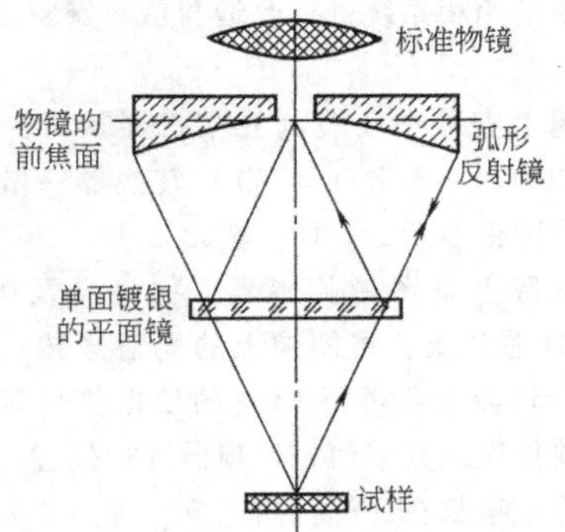

图 5-10　长工作距离物镜的结构原理

(3) 高温光学显微镜的应用及局限性：

1) 研究晶粒长大和再结晶现象。加热过程中试样表面会留下晶界变化的痕迹，利用这些痕迹，能够分析晶粒长大的规律是随温度升高呈跳跃式长大还是连续长大，也可研究晶粒的长大速率。

2) 研究金属的相变，包括凝固、熔化及各种固态相变。

3) 高温下金属受载及断裂过程的研究，如蠕变过程。

4) 受物镜工作距离的限制，放大倍数不可能很高。

5) 所得的信息局限于试样表面，与试样内部的组织变化有一定差异，这是由于两者的原子扩散能力及成分差异而引起的。

2. 低温光学显微镜　主要用于观察材料在低温下的组织变化。低温台的结构与高温台相似，甚至可用高温台改装而成。可采用制冷剂（如液氮等）冷却温台，即通过改变制冷剂的量来控制温度。但低温时试样表面及观察窗上容易结露，因此必须保证介质绝对干燥，或在真空下进行研究。

低温显微镜应用较少，这是由于低温下反应很慢，以致难以在显微镜下观察并记录到内部的组织变化。

5.2.1.6　数字金相技术

目前，光学显微摄影开始应用数码技术，它省略了传统摄影中繁琐的胶片感光、暗房冲洗及印制等过程，可快捷地获得优质的金相照片，且便于储存、网上传送，实现信息化和自动化。

1. 系统组成　显微照相和常规照相原理不同，前者是将微观组织放大后成像，后者则以取远镜为主，把正常的物体加以缩小，故数字金相技术不能简单地将数码相机和显微镜对接，否则将降低光学分辨率及显微放大作用，使成像质量不尽如人意。为此必须对显微镜的照相系统进行改造和重新安装，其系统组成如下：

显微镜上安装中间镜（光学机器接口）→电荷耦合器（CCD）→A/D（模/数）转换器→数字采集处理系统将图像显示、打印、输出。

CCD实际上是图像传感器，物镜（及中间镜）成像在CCD芯片上，将图像上的光信号转化为模拟电信号。A/D转换器再将CCD的模拟信号转换为数字信号，并传送到数字信号处理器进行处理，还原为图像。这些过程都在计算机内完成，常为各公司独有的机密的图像处理技术。

2. 数字金相的分辨率和放大倍数

（1）分辨率。数字金相的分辨率除了与物镜有关外，还取决于CCD的质量、显示屏、图像尺寸及打印机的质量。

CCD成像芯片的分辨率是数字技术最主要的性能指标，通常用像素表示，即指芯片上面的像是由多少点加以记录的。像素越高，分辨率越好。目前CCD上单个像元的尺寸已降至几微米或更小，像素可达数百万，乃至上千万。像素并非越高越好，随分辨率的提高，一幅图像的文件增大，计算机处理的速度放慢，对内存和硬盘的容量及相应的软件要求提高，可存储的照片数量减少。普通数码相机为了降低成本，并达到小型化、轻量化，都倾向采用小面积的CCD芯片。而金相显微镜则希望采用尽可能大的CCD尺寸，再配合中间镜（光学机械接口）可以采集到大的图像区域，充分发挥物镜的分辨率。

（2）放大倍数。显微镜传统摄影的放大倍数是物镜和目镜放大倍数的乘积。数字金相的放大倍数还和CCD、监视器和图像大小有关，总放大倍数为物镜放大倍数与数字系统放大倍数的乘积。通过计算机处理和标尺的标定可以得到输出图像和物镜倍数间的关系，并直接将放大倍数标在图像上，便于使用。

3. 传统摄影和数字摄影的对比

两种摄影方法各项指标的对比见表5-10。虽然CCD方法的清晰度、取像面积及像差等指标稍不及胶片摄影，但总体而言，它有更好的应用前景。

5.2.2 电子显微镜

电子显微镜以波长很短的电子束作为光源，故具有很高的分辨率和放大倍数，已成为材料显微分析的重要工具。

表5-10 胶片摄影与数字摄影各项指标的对比

指标 \ 感光体	CCD	胶片
感光颗粒尺寸/μm	>3	<1
灵敏度	高	低
清晰度	低	高
取像面积	小	大
像差	大	小
可调性	强	弱
存储方式	数据	底片
工作环境	好	差
劳动强度	小	大
耗材	同等	同等
应用前景	好	差

下面简单介绍透射电镜和扫描电镜两种电子显微镜的应用。

5.2.2.1 透射电镜（TEM）

透射电镜的结构及成像原理与光学显微镜基本相同，如图5-11所示，只是用电子束代替了可见光，用电磁透镜代替了光学透镜。由电子枪发射的电子束经加速后，通过聚光镜会聚成一束很细的高能量电子束斑，电子束穿过试样，将其上的细节通过由物镜、中间镜及投影镜组成的成像系统成像，成像最终投射在荧光屏上形成可见的图像供观察或照相。电镜的辅助系统比较复杂，包括真空、稳压、气动循环、控制及计算机等系统。

由于金属表面对电子的反射能力较差，故不能像光学显微镜那样采用反射成像。又由于电子束穿透金属的能力有限，故不能简单地用金相样品进行观察。不同的电镜研究方法，需采用不同的制样技术，成像原理也有所不同。

1. 复型及萃取复型技术 复型是把金相样品的表面复制下来，在电镜下观察复型的组织。复型的方法在第4章中已作过介绍。

萃取复型是一种特殊的复型技术，它先在制备好的金相试样上蒸发沉积一层稍厚的碳膜，再通过第二次侵蚀将基体侵蚀掉一层，使碳膜与基体分离并萃取出第二相。

金相组织上的凹凸不平在复型上会形成不同厚度的薄膜，如果是萃取复型，还会有第二相粘附在薄膜上。电子束穿过薄膜时，由于膜的厚度不同或原子序数不同，散射及透射的程度也不同，于是显示明暗不同的组织，这一显示原理称为质量厚度衬度。

普通复型的优点是不破坏原始样品表面，制备方法简单，图像直观易于观察，对电子束透射能力要求较低。萃取复型的优点是图像中第二相的反差大、易

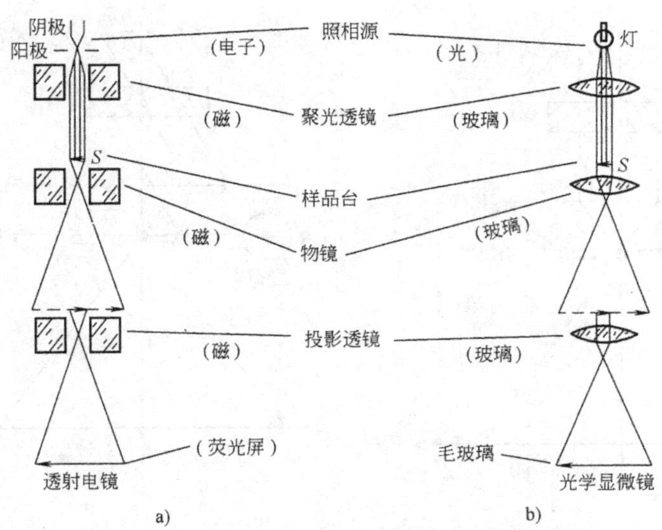

图 5-11　透射电镜与光学显微镜的对比图

a）透射电镜系统　b）光学显微镜系统

分辨；既能显示第二相的分布特征，又能对它作电子衍射分析，确定其晶体结构。复型技术的缺点是不能揭示基体组织的亚结构，从而不能有效发挥电子显微镜高分辨率的优越性。

2. 金属薄膜技术

（1）薄膜的制备。用透射电镜进行显微分析的关键是要制得使电子束能穿透的薄膜试样。其步骤为：

1）利用电火花切割或低速砂轮切割等方法，从大块试样上切下厚度为 0.2～0.4mm 的金属薄片。

2）从薄片两侧均匀地磨掉切割损伤层，直至厚度约为 0.1mm。

3）将预减薄试样最终减薄至 100～200nm，具体的方法有：①采用专用的抛光装置（图 5-12）进行双喷电解减薄。抛光前将预减薄试样冲成 $\phi3$mm 的小圆片，夹在塑料夹具内作阳极，电解液从两侧以一定的速度喷向试样，侵蚀后会在薄片中心形成具有楔形边缘的小孔。在刚出现小孔时其边缘厚度很薄，对电子束常是透明的，可供透射电镜观察。②离子减薄，是利用高速离子轰击试样表面进行减薄。该法获得的薄膜薄区面积大，表面质量好，但速度慢，需几十小时以上才能完成。一般用于半导体、氧化物及陶瓷等材料。

（2）成像原理。金属薄膜技术的成像原理是衍衬成像。当平行的电子束穿过薄膜时，会在某些晶面上发生衍射，且取向不同的晶粒、不同的相及亚结构发生衍射的程度不同。如果物镜光阑把衍射束挡去，只让透射束通过，那么各晶粒或不同的相即显示不同的衬度。衍射程度较大的则亮度较暗，而不发生衍射的晶粒让电子束全部透过，像的亮度就最高。

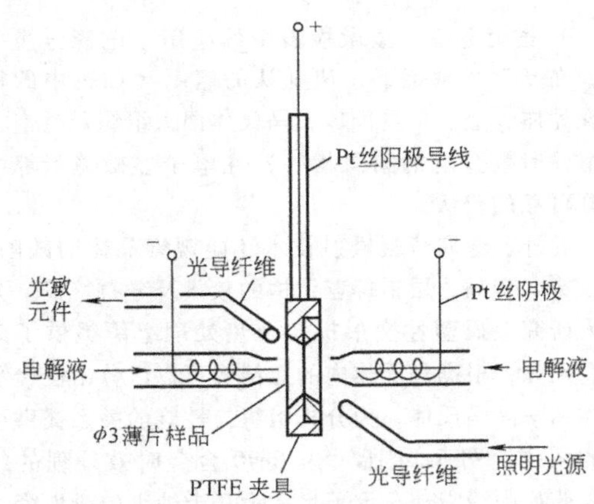

图 5-12　双喷电解减薄装置

薄膜透射电子显微镜还提供了与晶体学特性有关的信息。被测相的透射和衍射电子束分别通过物镜聚焦在后焦面上，可形成中心斑点及衍射斑点，构成电子衍射花样。衍射花样反映了被测材料的结构特征，对衍射斑点进行标定后可以判断物相的结构及其在空间的取向。

利用衍射花样可在电镜下得到明场像和暗场像。当处于物镜后焦面位置的物镜光阑套住中心斑点成像时（图 5-13a），衍射束全部挡去，形成常规观察的明场像。而当物镜光阑套住衍射花样的某一强斑点时（图 5-13b），透射束被挡去。由于衍射束的强度远低于透射束，故像的亮度很暗，称暗场像。像中只有那些晶面（hkl）发生强衍射的晶粒、相及亚结构才显得较亮，这样在明场像中不太清晰的细节可在暗场下显得很明显，从而有效地鉴别微细相及亚结构。

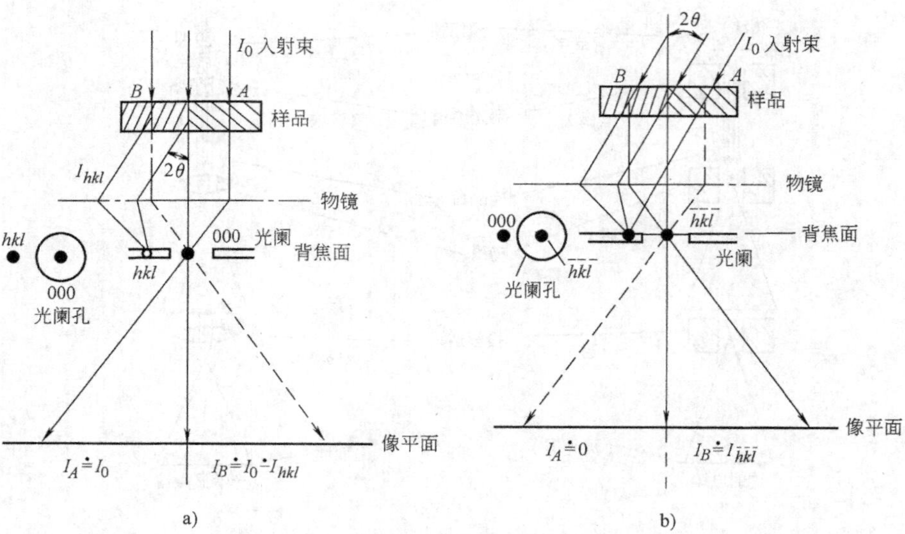

图 5-13　金属薄膜成像原理

a) 明场像　b) 暗场像

3. 透射电镜在显微检验中的应用　电镜分辨率高，在光学显微镜下无法确认的组织（如钢中的极细珠光体，上、下贝氏体，马氏体回火组织及过饱和固溶体时效分解的第二相等）在电子显微镜下都能得到可靠的辨认。

此外，金属薄膜透射技术还能观察晶体的缺陷，如位错、孪晶、层错等亚结构的数量及分布特征，为深入研究金属塑性变形机制及热处理组织提供了条件。例如，根据马氏体内的亚结构可以区分出位错马氏体和孪晶马氏体，为分析组织与性能的关系提供可靠的依据。图 5-14 所示为 Co40 合金时效处理的组织。照片中清晰地显示了尺寸为几十纳米的析出第二相，以及它们与位错、层错等亚结构的关系。

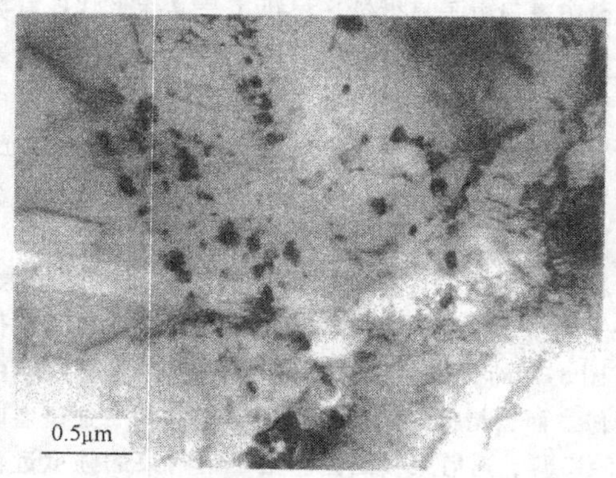

图 5-14　Co40 合金时效处理的组织

金属薄膜技术的另一特点是能进行选区电子衍射分析，把微观形态观察与晶体结构分析结合起来。例如，低碳马氏体回火后在板条间有一层间断分布的薄膜相（图 5-15a），为确定该相性质，可对基体相和薄膜相同时进行选区电子衍射分析，发现有两套衍射斑点，经标定后确认它们分别为 α-相和碳化物。图 5-15b 所示为标定后的衍射斑点；图 5-15c 所示为物镜光阑套住碳化物的某个强斑点所成的暗场像，薄膜相成亮色，而基体为暗色，因而可以断定板条间的薄膜相为回火后析出的碳化物。

透射电镜的不足之处是视域小，所以它只是光学显微镜的发展与补充，并不能取代光学显微镜。为了正确分析组织，应先进行光学金相观察，对组织先有一个全貌了解，必要时有针对性地应用电镜进行研究。此外，电镜的制样复杂，成本高，也限制了它的应用。

5.2.2.2　扫描电镜（SEM）

扫描电镜的结构、成像原理见本卷第 4 章。

1. 扫描电镜的特点

(1) 放大倍数可在 20 倍到数万倍范围内连续调节。

(2) 分辨率高，在较好的情况下分辨率可达5 ~ 7nm。

(3) 景深大，成像立体感强。

(4) 可提供多种电子图像，如二次电子像、吸收电子像及背散射电子像等，从而获得样品表面的形貌衬度、原子序数衬度及成分分布等信息。

(5) 配备能谱仪、波谱仪后可进行微区成分分析。

a)

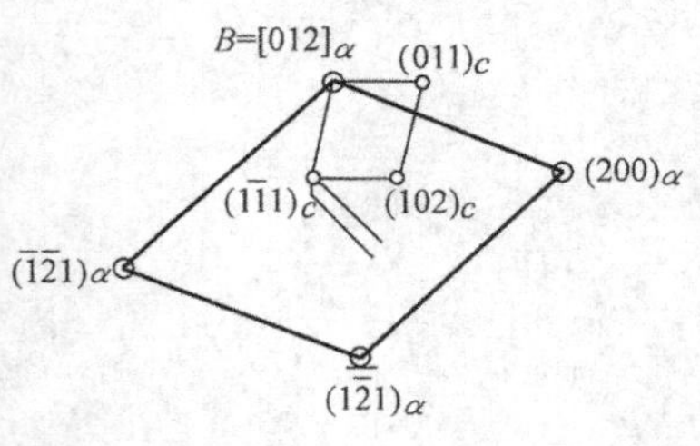

b)

c)

图 5-15　利用选区电子衍射确定板条间薄膜相的性质

a）明场像，板条间有暗色的断续分布的薄膜相　b）衍射花样及其标定（马氏体与碳化物）

c）物镜光阑套住碳化物某强斑点所作的暗场像

2. 扫描电镜在显微分析中的应用

（1）可进行显微组织观察。扫描电镜几乎能代替光学显微镜的全部分析工作（色泽与透明度鉴别除外），可将大块试样直接置于电镜下观察，制样方法与光学金相相同，侵蚀程度应适当加深。由于成像原理与光镜不同，故像的衬度有所差异。大多是利用二次电子像观察组织，此时钢中铁素体呈暗色，而碳化物及晶界为白亮色。如利用背散射电子成像，可显示较好的成分衬度，原子序数较高的区域图像为亮色，而轻元素区域呈暗色，因而从图像上可定性判断各区的成分分布。但是背散射电子像的清晰度较差。扫描电镜的分辨率高，能显示光学显微镜难以分辨的微细组织。

（2）可进行特殊试样的观察。扫描电镜是研究微粉、细丝或薄膜表面形态的极好工具，只要把试样置于载物台，用导电胶固定后即可在电镜下观察。此外，表面涂覆的试样磨制时容易边角倒圆，在光镜下观察效果不好，但扫描电镜对平整度没有要求，可清晰显示表面各层组织。

（3）可进行成分分析。应用能谱仪或波谱仪可在观察组织的同时，半定量地给出成分。微区成分分析的扫描方式有：①点扫描，分析被测试样中某一特征点的化学成分，点的尺寸为 0.2～2μm。②线扫描，分析试样上某迹线位置上的成分分布，可直接描绘出与组织变化相对应的成分分布特征，对显示成分偏析及合金相内的成分梯度和研究化学热处理有重要

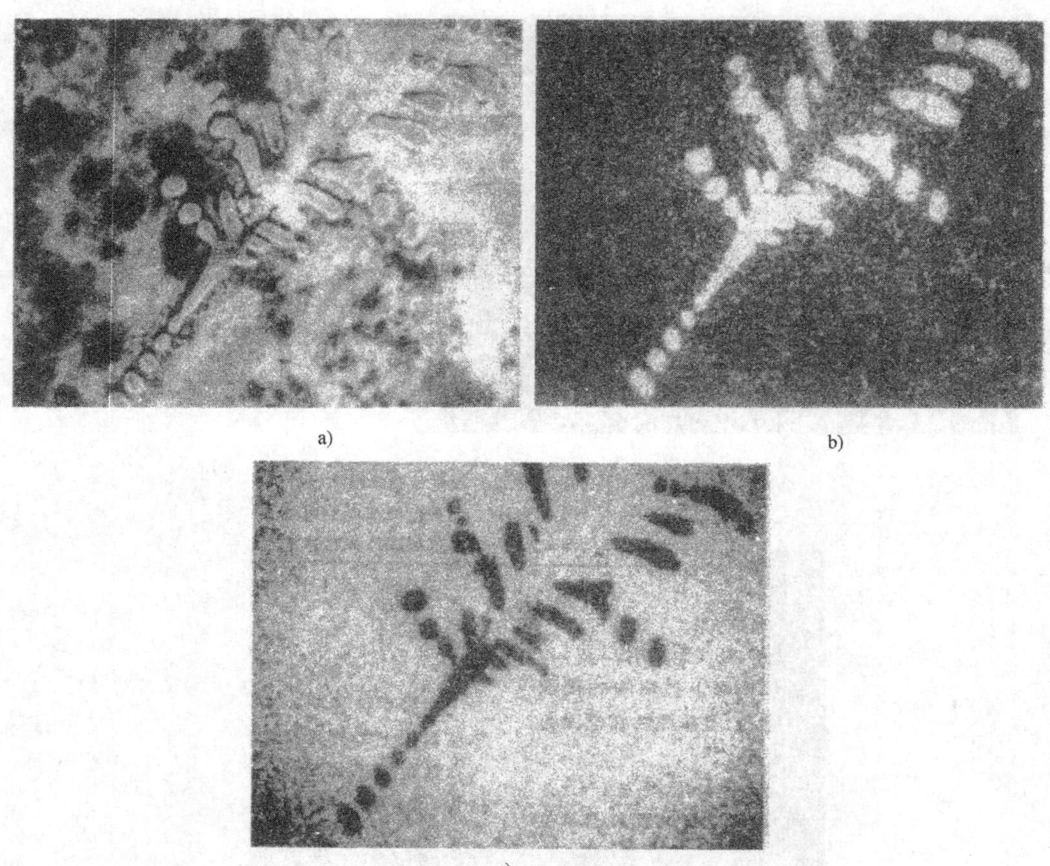

图 5-16 Cu-10%Co 铸造合金在扫描电镜下的显微组织
a) 二次电子像抛光态未侵蚀 400 × b) Co 元素的 K_αX 射线扫描像 400 ×
c) Cu 元素的 K_αX 射线扫描像 400 ×

作用。③面扫描，可对视域内逐点扫描后得出整个视域的平均成分，也可以使能谱仪固定接收其中某一元素的特征 X 射线信号，得到该元素的 X 射线扫描像，图像中较亮的区域就是该元素在组织中的分布特征。图 5-16 所示为 Cu-10% Co 铸造合金在扫描电镜下的显微组织。由该图可见：合金元素 Co 主要分布在树枝的主干上。

(4) 可进行动态分析。在扫描电镜中附加拉伸动态模拟装置后，可以观察试样受载时金相组织的变化，研究其变形机制。

5.3 定量金相方法

材料科学的进展已逐渐揭示了组织与性能的定量关系，因此显微组织参量的定量测定就成为了检验者的重要任务。定量金相方法是在试样上测定其组织参量，并运用体视学的基本关系推断材料在三维空间的组织参量。

5.3.1 定量金相的标准符号及基本公式

定量金相是利用点、线、面和体积等要素来描述显微组织的定量特征的。表 5-11 列出了国际体视学会规定的定量金相采用的基本符号和组合符号。

定量金相的基本公式有四个：

公式 1 $V_V = A_A = L_L = P_P$（无量纲）

它表示通过试样任一截面上被测物的面积比、长度比和点数比是相等的，且被测物在空间的体积比也等于这一数值。

公式 2 $S_V = (4/\pi) L_A = 2P_L$（量纲为 $1/L$）

它将单位测试体积内被测相的界面积与单位测试面积内被测相的长度或单位长度测试线上被测相的数目联系起来。

公式 3 $L_V = 2P_A$（量纲为 $1/L^2$）

它表示了单位测试体积内线性特征物的长度与测量面积上特征物数目之间的关系。

表 5-11　定量金相采用的基本符号和组合符号

基本符号	组合符号
P——点的数目	$P_P=P/P_T$　特征物落在测试点上的点分数 $P_L=P/L_T$　单位长度测试线上特征物的数目 $P_A=P/A_T$　单位测量面积上特征物的数目 $P_V=P/V_T$　单位测试体积内特征物的数目
L——线的长度	$L_L=L/L_T$　单位长度测试线上特征物所占的长度 $L_A=L/A_T$　单位测试面积内特征物的长度 $L_V=L/V_T$　单位测试体积内特征物的长度
A——抛光面上的面积(平面)	$A_A=A/A_T$　单位测试面积内特征物所占的面积
S——三维空间内的界面积(曲面)	$S_V=S/V_T$　单位测试体积内特征物的界面积
N——特征物的数目	$N_L=N/L_T$　与单位测试线所遇的特征物数目 $N_A=N/A_T$　与单位测试面积交截的特征物数目 $N_V=N/V_T$　单位测试体积内的特征物的数目

公式 4　$P_V=\frac{1}{2}L_VS_V=2P_AP_L$(量纲为 $1/L^3$)

它将单位体积中被测相的点数和单位长度及单位面积上的被测相的测定值联系起来。

通过上述公式,可将试样上测定的组织参量转化为材料在三维空间的组织参数。

5.3.2　测量方法

5.3.2.1　基本方法

1. 计点法　又称网格数点法,主要测试工具为标准试验网格(图 5-17a)。测试时,可将网格装入目镜内,目镜下使用的网格点为 9(3×3)、16 或 25 个。也可将网格直接覆在投影屏或照片上,此时网格点数可多一点,如 16、25、49、64 或 100。测试时,将网格点正好落在被测相内的计作 1,落在被测相边界上的计作 $\frac{1}{2}$,从而测定 P_P、P_A、N_L 及 N_A 等参量。

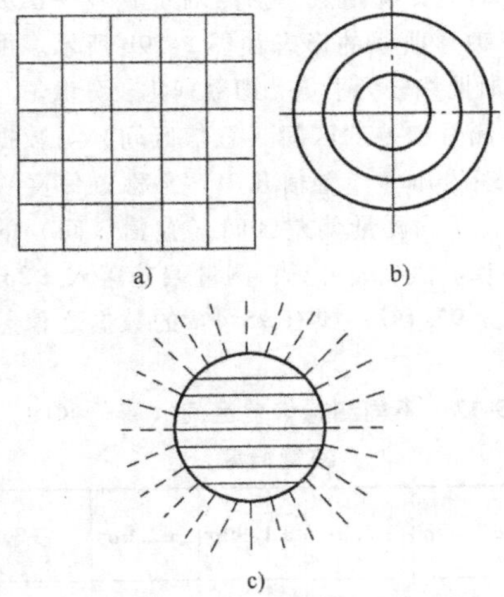

图 5-17　定量金相测试工具

a) 16 点(4×4)标准网格;b)、c) 测试线的类型

2. 网格截线法(也称线分析法)　显微组织中含有线性特征物(如晶界、相界等)时,可采用网格截线法。测试工具有各种类型的已知长度的测试线(图 5-17b、c)。将已知长度的测试线任意置于被测物上,数出与单位长度测试线相交的被测物点数 N_L,或者测出测试线与被测物界面的交点数 P_L。也可以在目镜内利用有标度的直线直接读出单位测量线上被测物所占的截线长度 L_L。

3. 面积分析法　用求积仪求出被测相的总面积,或在照片上剪下被测相,用称重法求出被测相所占的面积,用以测定 A_A。

在国家标准 GB/T 15749—2008 中,对定量金相手工测定方法作了具体规定,可作为日常检验的依据。

5.3.2.2　举例

图 5-18 所示为将 10×10 网格覆在带有球形第二相 α 的组织上,用上述方法测定基本参量,其结果为

$$P_P=\frac{\Sigma P}{P_T}=\frac{\text{测试点落在 }\alpha\text{ 相内的数目}}{\text{总点数}}=\frac{5+3\times\frac{1}{2}}{100}=0.065 \quad (\text{计点法})$$

$$P_L=\frac{\Sigma P}{L_T}=\frac{\text{与测试线相交的点数}}{\text{总长度}}=\frac{40+13\times\frac{1}{2}}{2200\text{mm}}=0.02114/\text{mm} \quad (\text{截线法})$$

$$N_L=\frac{\Sigma N}{L_T}=\frac{\text{与测试线相截的粒子数}}{\text{总长度}}=\frac{20+5\times\frac{1}{2}}{2200\text{mm}}=0.01022/\text{mm} \quad (\text{截线法})$$

$$P_A=N_A=\frac{\Sigma N}{A_T}=\frac{\text{面积内 }\alpha\text{ 相的粒子数}}{\text{总面积}}$$

$$=\frac{18}{12100\text{mm}^2}$$

$$=0.001487/\text{mm}^2 \qquad \text{（计点法）}$$

$$L_L=\frac{\Sigma L_\alpha}{L_T}=\frac{\text{测试线上}\ \alpha\ \text{相所占的长度}}{\text{总长度}}$$

$$=\frac{152.3}{2200}$$

$$=0.069 \qquad \text{（截线法）}$$

$$A_A=\frac{\Sigma A_\alpha}{A_T}=\frac{\alpha\ \text{相所占的面积}}{\text{总面积}}$$

$$=\frac{884.75}{12100}$$

$$=0.073 \qquad \text{（面积法）}$$

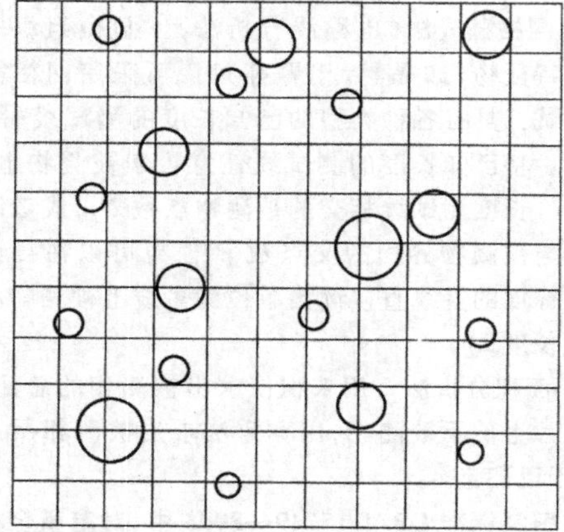

图 5-18　测定基本参量的实例

注：该网格为 10 × 10，故总面积 A_T = 12100mm²，总点数 P_T = 100，总长度 L_T = 2200mm。

5.3.2.3　注意事项

(1) 视域的选取及测试工具的放置必须是随机的。

(2) 在能分辨测试工具和被测物的相对位置条件下，应尽量选用较低的放大倍数。

(3) 当组织均匀性较差时，应选取更多的视域，而不必在同一视域内进行多次测量。

5.3.3　定量金相数据的统计分析

任何一个物理量的测定不可避免地带有偏差，即测量值 x 与真值 μ 之间有一定的差值，定量金相也不例外。因此，在给出测定值时，应该同时对试验数据进行统计处理。

5.3.3.1　统计分析基础

高斯误差函数描述了测量数据的分布特点，其表达式为

$$f(\delta)=\frac{h}{\sqrt{\pi}}e^{-h^2\delta^2} \qquad (5\text{-}1)$$

式中　δ——测量偏差值，$\delta=x-\mu$；

h——精确度指数，$h=\dfrac{1}{2\sqrt{\sigma}}$，其中 σ 为标准偏差。

高斯误差函数的图形像钟形（图 5-19a），这种分布又称正态分布。高斯误差函数具有下述性质：

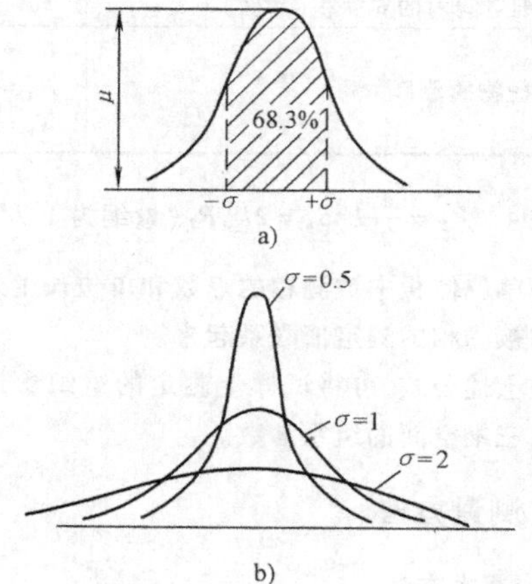

图 5-19　高斯分布曲线

a）高斯分布曲线及落在拐点 ±σ 区间内的几率
b）不同 σ 值下的高斯分布曲线

(1) 钟形曲线所包围的面积为 1，故在钟形曲线的任意区间下方的面积表示测量偏差落在该区间内的几率。由该曲线可知：出现大偏差的几率比小偏差的低，正、负偏差几率相同。

(2) 曲线具有拐点，拐点的位置在 ±σ 处。不同 σ 值下钟形曲线的形态如图 5-19b 所示。由图可见：σ 大时曲线较为平坦，即数据比较分散。

(3) 测量偏差的区间（置信区间）与数据在该区间内出现的几率（置信几率，又称置信度）有确定的关系。不同测量偏差区间（置信区间）的置信度见表 5-12。由该表可见：测量偏差落入 ±2σ 区间内的几率为 95.4%，即有 95.4% 的数据之偏差值不大于 ±2σ。

表 5-12　不同测量偏差区间（置信区间）的置信度

置信区间	±0.67σ	±1.0σ	±1.96σ	±2.0σ	±3.0σ
置信度（%）	49.7	68.3	95.0	95.4	99.7

5.3.3.2　数据处理

作为完整的报告，一般要给出以下数据：

1. 算术平均值 $\bar{x}$　$\bar{x}$ 是多次测量的平均值，即

$$\bar{x}=\frac{x_1+x_2+x_3+\cdots+x_n}{n}=\frac{1}{n}\sum_{i=1}^{n}x_i \quad (5\text{-}2)$$

平均值仍是随机参量，当测量次数足够多时，它可以近似作为被测参量的真值。

2. 标准偏差 σ　在有限测量次数下，标准偏差为

$$\sigma=\left[\frac{\sum_{i=1}^{n}(x_i-\bar{x})^2}{n-1}\right]^{\frac{1}{2}} \quad (5\text{-}3)$$

由式（5-3）可见：σ 的量纲与 $\bar{x}$ 相同，但它并不是测量的具体误差，而是说明了数据的分散性，σ 越大数据越分散。

3. 离差系数（或相对标准偏差）C_V　其计算公式为

$$C_V=\frac{\sigma}{\bar{x}} \quad (5\text{-}4)$$

C_V 是无量纲量，其意义与 σ 相近，但反映的是测量数据波动的相对量，C_V 值越小，则相对波动越小。

4. 测量精确度　精度常以误差的大小表示之。绝对误差 Δ 是指算术平均值与真值的差，但真值并不可知。根据统计分析推导得知：绝对误差 Δ 与测量次数 n 及标准偏差 σ 有关，（n 越大、σ 越小则精度越高），同时也与人们对试验数据所要求的置信度有关。通常所要求的置信度为 95%，在该置信度下测量的绝对误差约为

$$\Delta=\frac{t\sigma}{(n-1)^{1/2}} \quad (5\text{-}5)$$ ㊀

式中的 t 是随测量次数而变的系数（在有限次数测量时，测量次数服从 t 分布），t 值可从表 5-13 中查得。

表 5-13　置信度为 95% 时的 t 值

测量次数	t 值
3	4.303
4	3.182
5	2.776
6	2.571
7	2.447
8	2.365
9	2.306
10	2.262
12	2.201
14	2.160
20	2.093

实际工作中难以根据绝对误差的值来判断两组数据的优劣，因此更多采用相对精度（或相对误差）ε 来表示测量精度。

$$\varepsilon=\frac{\Delta}{\bar{x}} \quad (5\text{-}6)$$

根据式（5-5）和式（5-6），可求得测量精度，反之，也可根据所要的精度确定应该测量的次数。

5.3.4　常用显微组织参数测定举例

5.3.4.1　晶粒大小的测定

晶粒大小常以晶粒度级别来表示，它是材料重要的显微组织参量，在国家标准 GB/T 6394—2002 中规定，测定晶粒度的方法有比较法、面积法和截点法。

1. 比较法　实际工作中常采用在 100 倍的显微镜下与标准评级图对比来评定晶粒度。标准图是按单位面积内的平均晶粒数来分档的，晶粒度级别指数 G 和平均晶粒数 N 的关系为

$$N=2^{G+3} \quad (5\text{-}7)$$

式中的 N 为放大 100 倍时每 1mm^2 面积内的晶粒数。

在 GB/T 6394—2002 中备有四个系列的评级图，包括无孪晶晶粒（浅腐蚀）、有孪晶晶粒（浅腐蚀）、有孪晶晶粒（深反差腐蚀）和钢中奥氏体晶粒（渗碳法）。实际评定时应选用与被测晶粒形貌相似的标准评级图，否则将引入视觉误差。当晶粒尺寸过细或过粗，即在 100 倍下超过了标准图片所包括的范围时，可改用在其他放大倍数下参照同样标准予以评定，再利用表 5-14 查出材料的实际晶粒度。

若试样中有明显的晶粒不均匀现象，则应当计算不同级别晶粒在视场中各占面积的百分比。若占优势的晶粒度不低于视场面积的 90%，则只记录一种晶粒的级别号，否则应同时记录两种晶粒度及它们所占的面积，如 6 级 70% ~4 级 30%。

比较法简单直观，适用于评定完全再结晶或铸态材料的晶粒大小。但比较法精度较低，为提高精度，可把标准图画在透明纸上，再覆在金相组织上进行比较。

2. 面积法　面积法是通过计算给定面积内的晶粒数来测定晶粒度的，具体方法为：

（1）在透明纸上画一个给定面积（5000mm^2）的圆形（$d=\phi79.8\text{mm}$）或矩形（$50\text{mm}\times100\text{mm}$），覆在金相组织上，调节组织的放大倍数，使至少有 50 个晶粒（但不超过 100 个晶粒）出现于给定面积上。

㊀ 不同参考书提供的计算公式不同，但结果差别不大，计算时也可采用其他公式。

（2）数出完全处于该面积内的晶粒数 n_1 和处于边界上的晶粒数 n_2，算出 $n_1+\frac{1}{2}n_2$。

表 5-14　不同放大倍数下晶粒度的关系表

图像的放大倍数	与标准评级图编号相同图像的晶粒度级别									
	No. 1	No. 2	No. 3	No. 4	No. 5	No. 6	No. 7	No. 8	No. 9	No. 10
25	−3	−2	−1	0	1	2	3	4	5	6
50	−1	0	1	2	3	4	5	6	7	8
100	1	2	3	4	5	6	7	8	9	10
200	3	4	5	6	7	8	9	10	11	12
400	5	6	7	8	9	10	11	12	13	14
800	7	8	9	10	11	12	13	14	15	16

（3）求出 $1mm^2$ 内的晶粒数 N_A：

$$N_A=f\left(n_1+\frac{1}{2}n_2\right)$$

其中的 $f=M^2/5000$（M 为放大倍数）。

（4）将 N_A 换算为相应的晶粒度级别：

$$G=\frac{lgN_A}{lg2}-2.95$$

或

$$G=-2.95+3.32lgN_A \tag{5-8}$$

3. 截点法（也称线分析法）　截点法是在给定长度测试线上测出与晶界相交的点数来测定晶粒大小的，是应用最广的方法。它速度快，精度高，一般进行5次测量即可得到满意的结果，所以在有争议时可作为仲裁方法。具体步骤为：

（1）采用一根或一组已知长度的直线或曲线，调节放大倍数，使测试线能与 50 ~ 150 个晶粒相交截。GB/T 6394—2002 推荐的测量线如图 5-20a 所示，图中包含了两组测试线，其一为三个同心圆，它们的直径分别为 φ79.58、φ53.05、φ26.53（mm），周长总和为 500mm；其二为四条直线，总长度也是 500mm。放大倍数可根据粗略估计的晶粒度级别从图 5-20b 中选定，如晶粒度 4 ~ 6 级时可选 100 倍。

（2）数出和测试线相交的晶界数 P，与晶界相交计作 1，与晶界相切计作 $\frac{1}{2}$，与三个晶粒的交会点相交计 $1\frac{1}{2}$。也可以数出与测试线相交的晶粒数 N，将线的端点落在晶粒内部的计作 $\frac{1}{2}$。

（3）求出与单位长度测试线相截的晶界数 P_L 或晶粒数 N_L（1/mm）：

$$P_L=\frac{P}{L_T/M}\quad 或\quad N_L=\frac{N}{L_T/M}$$

式中，M 为放大倍数，L_T 为测试线总长。如采用 500mm 长的测试线则有

$$N_L=P_L=\frac{500}{NM}$$

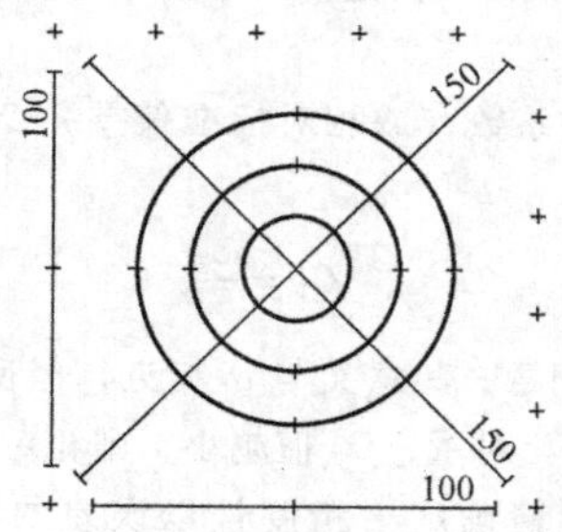

a)

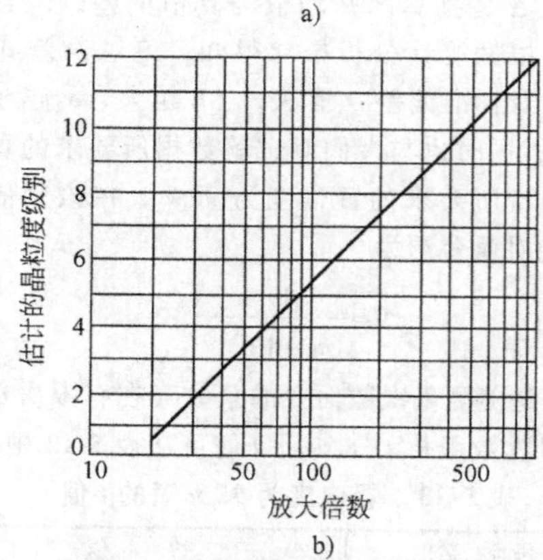

b)

图 5-20　用截点法测量晶粒的大小

a）GB/T 6394—2002 推荐的 500mm 测试线　b）使 500mm 测试线能与 100 个晶粒相截的推荐放大倍数

（4）求出晶粒的平均截距 $\overline{L}_3$（mm）：

$$\overline{L}_3=\frac{1}{N_L}=\frac{1}{P_L}$$

（5）按下式换算为相应的晶粒度等级：

$$G=-3.28-6.64\lg\overline{L}_3 \tag{5-9}$$

$$G=-9.86-6.64\lg\overline{L}_3 \tag{5-10}$$

式（5-9）中 $\overline{L}_3$ 单位为 mm，式（5-10）中 $\overline{L}_3$ 单位为 cm。

（6）数据处理及结果表示。报告中除给出晶粒的平均截距 $\overline{L}_3$、晶粒度等级 G 外，还应给出标准偏差 σ、离差系数 C_V，有时还要求给出置信度为 95% 时的精确度 ε。通常上述结果连同原始数据应在报告中一并给出，表 5-15 是一种推荐的报告格式。测定晶粒大小的精确度既可用计算求得，也可从计算公式的图解形式（图 5-21）中查得。

最后要说明的是，晶粒均匀度也会影响结果的精度。对于混合晶粒而言，尽管其平均晶粒尺寸或计算的晶粒度与均匀晶粒的试样相近，但是两者的标准偏差 σ、离差系数 C_V 可能相差很大。混合晶粒的 σ 及 C_V 往往比均匀晶粒的大一倍，精确度也下降一半，所以也可根据定量计算结果来判断晶粒尺寸分布的均匀性。

表 5-15　晶粒度测量报告的一种推荐格式

样品号＿＿＿＿＿＿＿＿材料及处理状态　纯铁、再结晶退火

放大倍数　200×　取样方向＿＿＿＿＿＿＿＿

次　数 (i)	(a) N_i	(b) $N_i-\overline{N}$	(c) $(N_i-\overline{N})^2$	
1	110	+5	25	$C_V=\sigma/\overline{N}=\frac{6.08}{105}$
2	100	−5	25	$C_V=0.058$
3	98	−7	49	置信度为 95% 的精确度
4	105	0	0	$\varepsilon=5\%$
5	112	7	49	
$\Sigma=525$　$\overline{N}=\frac{525}{5}$ $\overline{N}=105$ 平均晶粒尺寸 $\overline{L}_3=\frac{50}{NM}\times10^4\mu m=23.8\mu m$ 晶粒度等级 = 7.3 级			$\Sigma=148$ $\sigma^2=\frac{148}{5-1}$ $\sigma=\sqrt{37}$ $\sigma=6.08$	

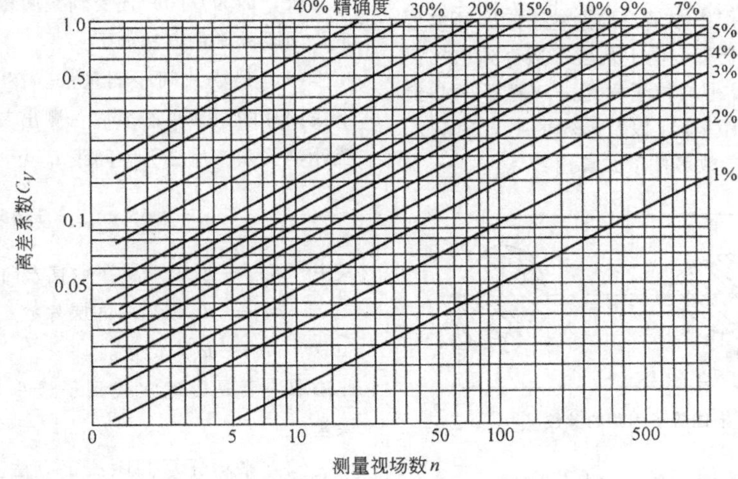

图 5-21　置信度为 95% 时，离差系数 C_V、测量次数 n 与精确度之间的关系

5.3.4.2　第二相相对量的测定

当测量要求不高时，可简单地采用目测近似估计，但误差较大。如采用与标准图比较，测量精度可相对提高。图 5-22 中提供了一套不同相对量的标准图，应该注意，如第二相的尺寸、形状以及两相的衬度差异与标准图不符时，会增加误差。当要求测量精度较高时应采用定量金相方法。

1. 面积法　利用式 $V_V=A_A=\frac{\Sigma A_\alpha}{A_T}$，测定被测相 α 的面积后即可求得。面积法费时，且不适用于被测相尺寸比较小的情况。

2. 截线法　利用式 $V_V=L_L=\frac{\Sigma L_\alpha}{L_T}$，测出被测相在测试线上所占的长度分数后即可求得。此法工作量大，且测量精度较低。

3. 计点法　利用式 $V_V = P_P = \dfrac{\Sigma P_\alpha}{P_T}$，测出第二相所占的点分数即可。测试时应注意落在每个第二相粒子上的测试点不应超过一个。正确选择网格的点数很重要，第二相相对量较低时建议采用100点网格，相对量较高时宜采用25点网格。选择的网格间距和第二相的尺寸要对应，网格点太多太密时容易出现人为误差。对于不均匀组织以采用低的网格点数为好。

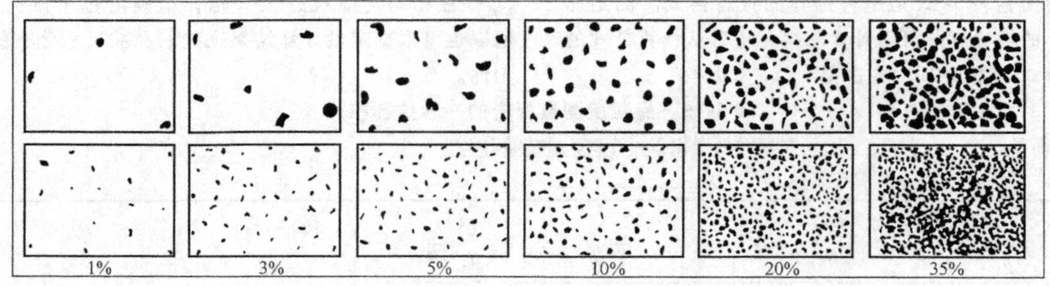

图 5-22　第二相相对量的标准图（根据第二相尺寸大小，分为两套标准图）

计点法简便有效、速度快，数据重复性好，是测定第二相相对量的最佳方法，一般进行10～20次测量即可获得满意的精度。测量结果的数据处理如前所述，应给出算术平均值、标准偏差、离差系数以及某一置信度（一般为95%）下的精确度，如精度达不到要求则可增加测量次数。

5.3.4.3　第二相间距的测量

1. 粒子间距的测量　粒子间距与力学性能有直接的联系，是重要的组织参量。描述粒子间距的参数有平均自由程 λ（指任意方向上从粒子边界到相邻粒子边界的平均距离），平均粒子间距 σ（粒子中心到相邻粒子中心的平均距离），以及晶粒的平均截距 $\overline{L}_3$ 等（图5-23）。这些参数可按下式算出：

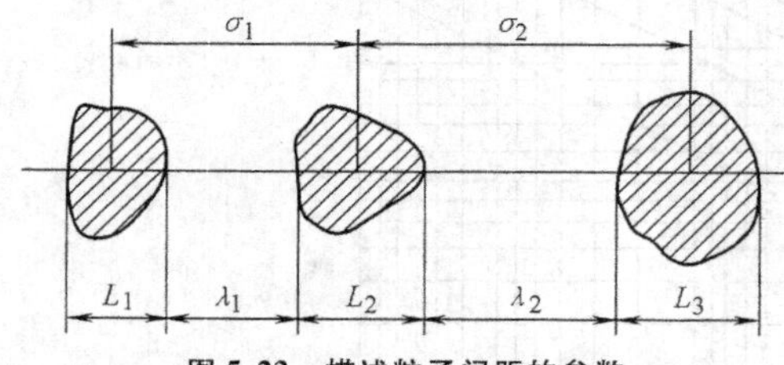

图 5-23　描述粒子间距的参数

$$\lambda = \frac{1-(V_V)\alpha}{(N_L)\alpha} = \frac{1-(P_P)\alpha}{(N_L)\alpha}$$

$$\sigma = \frac{1}{(N_L)\alpha}$$

$$\overline{L}_3 = \sigma - \lambda \quad 或 \quad \overline{L}_3 = \frac{(L_L)\alpha}{N_L}$$

式中　$(P_P)\alpha$ 及 $(V_V)\alpha$——分别为 α 相粒子的点分数或体积分数；

$(N_L)\alpha$——与单位长度测试线交截的粒子数。

利用上述公式对图5-18的组织示意图进行计算可得 $\lambda = 91.98\text{mm}$；$\sigma = \dfrac{1}{N_L} = 97.85\text{mm}$；$\overline{L}_3 = 6.1\text{mm}$。这些数据是从放大的金相组织中求得，实际值应除以放大倍数。数据处理方法与前述相同。若测量精度要求高时应增加测量次数或有足够的测量点数。

2. 片间距测量　片间距的测量比粒子间距的测量复杂，因为片间距还受到截面相对位置的影响。测定片间距的常用方法如下：

（1）最小片间距测量法。在光学显微镜或电镜下找到片间距最小的区域，测出其片间距 $s_{\min}$。根据统计学关系，片层平均间距 s_0 可由下式算出：

$$s_0 = 1.65 \times s_{\min} = 1.65 \times \frac{d_c}{nM}$$

式中　d_c——所测片层在垂直方向上的总距离；

n——d_c 距离内的层片数；

M——放大倍数。

此法取决于是否确实找到了最小片间距，容易产生误差。

（2）平均任意间距测定方法。将测试线任意地置于被测组织上，数出测试线与片层相交的数目，求出 N_L，可得片层的任意间距 $\overline{\sigma}_r = \dfrac{1}{N_L}$，根据体视学的研究，片间的真实间距 $\overline{\sigma}_t$ 与任意间距 $\overline{\sigma}_r$ 间的关系为

$$\overline{\sigma}_t = \frac{\overline{\sigma}_r}{2}$$

利用此式可方便地求出真实片间距，是比较好的测定方法。为了保证精度，至少应该选择15个视域，若精度要求较高，则应增加测试次数。

5.3.5　图像分析仪

自动图像分析仪是利用计算机处理图像信息，包括几何信息（尺寸、数量、形貌、位置）和色彩信息的装置，它既可测出磨面上 P_A、P_L、P_P、N_L、N_A、N_L 等数据，还可以直接计算出三维组织特征参量，并自动完成数据的统计处理。图像分析仪测量速度快，故能进行多次测量，同时还避免了人为误差（如漏数或重数），提高了测量精确度。

图像分析仪信息处理的流程如下：

光学成像→光电转换→信号预处理→检测→图像变换→分析→分类识别→数据处理。

现代化的图像分析仪一般包括三部分设备：输入外围设备、中心处理机和输出外围设备。输入外围设备包括成像系统和光电扫描器，其任务是完成图像的光电信号转换。中心处理机是图像分析仪的主体部分，主要包括图像存储、处理、测量和计算等装置，各种操作均由计算机控制，为便于进行人工干预，通常还配有显示屏和光笔。输出外围设备主要包括各种结果的记录装置，如打印机或录像机等。

图像分析常用于测定：

（1）第二相、第二种组织组成物（或夹杂物）的相对量、平均尺寸、尺寸分布以及平均间距。

（2）晶粒度及晶界总长度。

（3）再结晶或相变等研究工作。

第二相的测定是依靠灰度辨认组织的，利用两个相的衬度差异，人为地确定以某一灰度作为两个相的分界，在该灰度以上（或以下）都作为第二相。为便于识别，先在计算机下将图像处理成色彩截然不同的两相组织，再用定量金相软件快速地测出两相的相对量，以及不同尺寸级别的第二相分布特征。图 5-24 所示是第二相测定的一个实例。应注意的是，组织中各个相的灰度并非均匀一致，灰度值分界线的确定不太容易，该值稍有变化就会使测量结果有明显差异，不像人眼手工测定时可根据组织特征加以区分（虽然劳动强度大，但可靠性好）。所以图像分析仪对测试人员的业务素质要求高，要根据组织特征仔细地确定分界灰度值。

晶粒大小是靠边界线测定的，如晶粒内有细小的第二相析出，或者有孪晶组织时不能简单应用分析仪测定，必须先用其他颜色的电子笔勾画出真实的晶粒边界，再进行测定。

图像分析仪对试样的制备要求高。残留磨痕、抛光粉等异物的嵌入、侵蚀程度过浅或过深，以及某些组织的剥落等都会引起测量误差，制样时要特别加以注意。

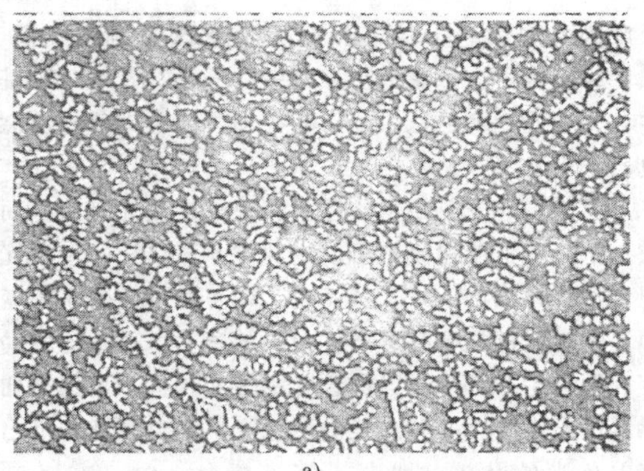

a)

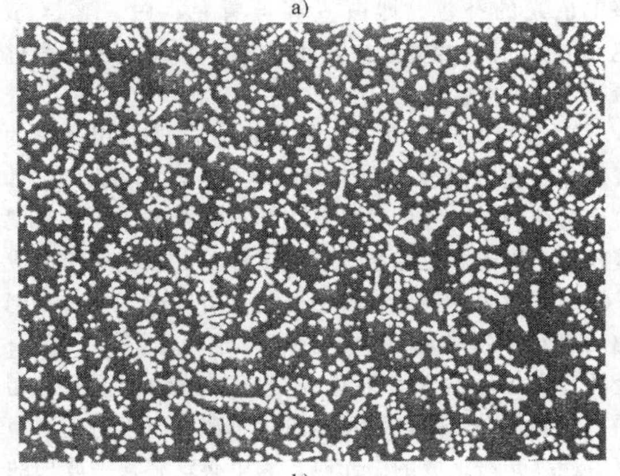

b)

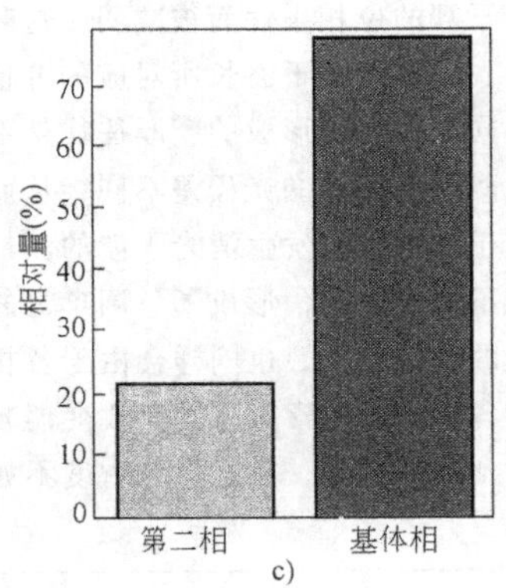

c)

图 5-24　某触头材料第二相相对量的测定
a）显微组织　b）经分析仪处理后的组织
c）两相的相对量

5.4　彩色金相技术

常规黑白金相是依据灰度差进行显微分析的，由于色调的单调性，难以对多相合金进行全面而准确的显微分析。彩色金相技术是使多相合金中的各相显示不同的色彩，从而提高了显微分析的鉴别能力。

5.4.1　彩色成像的基本原理

1. 互补色的概念　不同波长的光在人的视觉中

反映为不同颜色，随波长的增加依次得到红、橙、黄、绿、青、蓝、紫七色，其中红、绿、蓝是三种基本色，不同比例的红、绿、蓝叠加可以配出各种自然色彩。

已知白色光是由从红色到紫色的连续光谱组合而成。试验还证明白光也可以由两种不同波长的单色光混合而成，如红 + 青、黄 + 蓝、绿 + 紫以及橙 + 青蓝等以一定比例混合都可产生白光的感觉，通常把两种相互配合后能产生白光的色光称为互补色。显然，如果从白光中除去一种波长的单色光，剩余光则显示出该单色光的补色，即白 - 红 = 青色、白 - 蓝 = 黄色、…。互补色的概念在金相试样彩色成像以及彩色摄影中均有重要的意义。

2. 金相试样彩色衬度的获得　常规金相试样的侵蚀只是使抛光表面产生凹凸不平，从而显示组织。由于组织中各个相的反光能力往往相差不大，故灰度差较小。用于彩色金相分析的试样，必须在表面形成一层透明薄膜，该膜改变了光的反射特点，使入射到抛光表面的光线通过两个界面（空气/薄膜、薄膜/金属）发生反射（图 5-25）。这两束光的传播方向相同，如满足一定条件则可能发生干涉，当入射光为一束由连续光谱组成的白光时，其中必定有某一波长的光正好满足消光干涉的位相条件而被减弱，这时的反射光不再是白色，而是该相干波长所对应的补色。对于多相合金，不同的相上所形成的膜厚往往是不均匀的，使各个相上两束反射光的光程差不同，从而引起位向差的不同。于是各个相发生消光干涉的波长有所差异，它们呈现不同的补色，形成了色调丰富的彩色图像。即使两相的膜厚相同，也同样会由于各相上膜的性质不同，或各相的光学常数不同而改变消光干涉的波长，从而得到彩色图像，只是彩色衬度不如非均厚膜试样的鲜明。

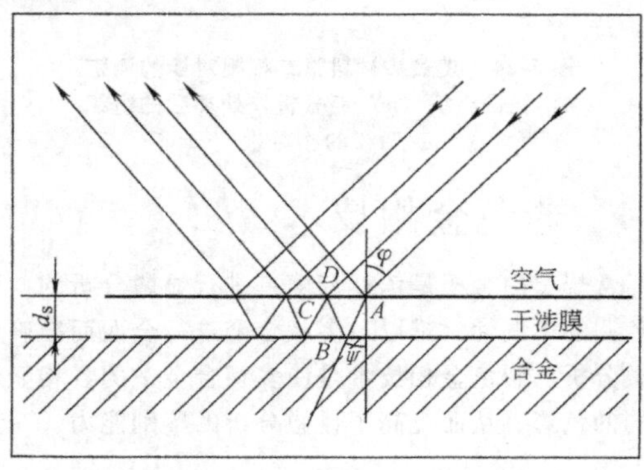

图 5-25　光在覆有薄膜的金属表面上的反射特征

已知膜的厚度对于发生消光干涉的波长有直接的影响，随着膜厚的增加所显示的补色呈现周期性变化，相应地产生 0 级、1 级、2 级……干涉。发生 0 级干涉的膜厚范围很窄，工艺上很难控制，而 2 级以上干涉时，各种干涉色又互相重叠，使颜色变得灰暗。因此，膜厚应控制在一级干涉带附近，对应的膜厚约 100nm（1000Å）。此外，为了使补色具有丰富多变的色调，一定要使消光干涉的波长处于绿色波段中。在制膜过程中可以采用下述方法予以控制：当颜色变到紫色或蓝色（随膜厚的增加，用肉眼观察试样表面的颜色变化由黄→红→品红→紫→蓝→青）时，应立即终止制膜。此时各相的消光波长大致都进入一级干涉的绿色波段，显微观察时各相具有丰富的色调。

5.4.2 干涉膜形成方法

干涉膜的形成主要为化学方法和物理方法。

1. 化学形膜方法　其薄膜的形成主要依赖于金属表面与试剂（或介质）之间的化学或电化学反应，反应速度和反应产物都受到金属显微区域中成分和组织结构的影响，因此在不同相的表面形成不同性质和不同厚度的薄膜，故具有优良的彩色衬度。

最常用的化学形膜方法是将试样置于特殊的试剂中浸蚀而形成薄膜，大多数试剂能形成硫化物、硫酸盐、钼酸盐、铬酸盐、亚硫酸盐、氧化物膜及含硒、铅、铬的复杂薄膜，并依据干涉膜在金属试样上沉积部位的不同，分为阳极试剂、阴极试剂和复合试剂三类。其中阴极试剂主要用于区分不同类型的碳化物；复合试剂则对阳极、阴极均起作用，应用面比较广泛。表 5-16 ~ 表 5-18 分别列出了三类试剂的常用配方及用途。其他的化学形膜方法有表 5-8 中介绍的恒电位侵蚀法、表 5-7 中介绍的热染法和阳极氧化法，阳极氧化法在铝合金中应用最广泛。

2. 物理形膜方法　主要用于化学稳定性极高的陶瓷材料以及化学性质相差悬殊的组合材料（如复合材料、硬质合金、涂层、双金属等），它们难以采用化学方法形膜，只能选用物理方法把选定的物质镀在金相试样表面。主要形膜方法有真空蒸发镀膜和离子溅射镀膜。前者是采用锌盐或其他盐类在真空下蒸发，沉积于抛光表面；后者则以试样为阳极，靶子材料（如 Fe 等）为阴极，抽真空后充以反应气体（如氧），从而使靶子材料溅射出的原子发生氧化，在样品表面形成氧化膜。一般来说，物理形膜方法得到的干涉膜厚度不受基体组织结构的影响，是均厚膜，故组织中颜色的变化不如化学法敏感。此外，物理形膜需要昂贵的设备，故只在特殊需要下采用。

表 5-16　阳极试剂配方及用途

序号	试剂配方	使用条件	用　途
1	亚硫酸 3 ~ 4mL,乙醇或水 100mL	室温侵蚀 10s ~ 1min	淬火钢及铸铁组织
2	焦亚硫酸钾 1 ~ 3g,水 100mL	室温侵蚀	碳钢或合金钢
3	焦亚硫酸钠 15 ~ 25g,水 100mL	25%(质量分数)硝酸酒精预蚀	铁镍合金
4	焦亚硫酸钾 3g,氨磺酸 1g,水 100mL	室温侵蚀	铸铁、碳钢、合金钢、锰钢
5	焦亚硫酸钾 3g,氨磺酸 1 ~ 2g,氟化氢铵 0.5 ~ 1g,水 100mL	室温侵蚀	铁素体不锈钢、马氏体不锈钢
6	焦亚硫酸钾 3g,氟化氢铵 20g,水 100mL		奥氏体不锈钢及焊件
7	焦亚硫酸钾 1 ~ 3g,按需要加适量盐酸,氟化氢铵 2g,水 100mL		碳钢、合金钢、工具钢中贝氏体与马氏体的鉴别
8	焦亚硫酸钾 3g,盐酸水溶液(质量比)1:5、1:1、2:1,水 100mL 氯化铁 1 ~ 3g,或氯化铜 1g,或氟化氢铵 2 ~ 10g		Fe、Ni、Co 基耐热合金
9	饱和硫代硫酸钠 50mL,焦亚硫酸钠 1 ~ 5g		Mn 钢,Mn-Cr 钢,Mn,Cr 偏析,Cu 及 Cu 合金
10	焦亚硫酸钾 3g,硫代硫酸钠 10g,水 100mL	苦味酸-乙醇溶液预蚀 1 ~ 2min	Fe-Mn 合金,Fe-C 合金中的化学与物理的不均匀性
11	硫代硫酸钠 240g,醋酸铅 24g,柠檬酸 30g,水 100mL	室温侵蚀,过硫酸铵预蚀	铜及铜合金
12	硫代硫酸钠 240g,氯化镉 20 ~ 25g,柠檬酸 30g	滤去硫沉淀后,硝酸酒精预蚀,室温侵蚀	铸铁与铸钢
13	铁氰化钾 10g、40g、50g 氢氧化钾 10g、40g、50g 水 100mL	新配制,20 ~ 25 ℃侵蚀	区别钢中碳化物与氮化物
14	溴水 4g,氢氧化钠 2g,水 100mL	新配制,通风侵蚀	磷化铁着色
15	高锰酸钾 4g,氢氧化钠 1 ~ 4g,水 100mL	煮沸侵蚀	高速钢

表 5-17　阴极试剂配方及用途

序号	试剂配方(质量分数)	使用条件	用　途
1	盐酸(35%)2mL,硒酸 0.5mL,乙醇(95%)100mL	室温侵蚀,硝酸酒精预蚀	铸钢、钢及其渗层组织中的碳化物、氮化物等
2	盐酸(35%)5 ~ 10mL,硒酸 1 ~ 3mL,乙醇(95%)100mL		各种不锈钢
3	盐酸(35%)20 ~ 30mL,硒酸 1 ~ 3mL,乙醇(95%)100mL	室温侵蚀,试样要清洁,并蘸浸	铁碳基、镍基、钴基耐热合金,碳化物与一次 γ 相着色,基体不着色
4	钼酸钠 1g 溶于 100mL 水中,用硝酸酸化至 pH = 2.5 ~ 3	硝酸酒精预蚀	铸铁
5	钼酸钠 1g,氟化氢铵 100 ~ 500mg 溶于 100mL 水中,用硝酸酸化至 pH = 2.5 ~ 3	硝酸酒精预蚀	碳钢和合金钢

表 5-18 复合试剂配方与用途

序号	试剂配方	使用条件	用途
1	$240gNa_2S_2O_3 + 24gPb(CH_3COO)_2 \cdot 3H_2O + 30gC_6H_8O_7 \cdot H_2O$ + 1000mL 蒸馏水	过硫酸铵预侵蚀	铜及铜合金
2	试剂“1”1000mL + $200gNaNO_3$	2%（体积分数）硝酸酒精预侵蚀	铸铁和钢：磷化物呈黄—棕色，硫化物显光亮，其余相染蓝—紫色
3	$240gNa_2S_2O_3 + 30gC_6H_8O_7 \cdot H_2O$ + 20 ~ $25gCdCl_2 \cdot 2.5H_2O$ + 1000mL 蒸馏水	2%（体积分数）硝酸酒精预侵蚀	铸铁和钢：短时间浸蚀只有铁素体染红或紫色，较长时间所有相染色
4	$200gCrO_3 + 20gNa_2SO_4$ + 17mLHCl（质量分数为 35%）+ $1000mLH_2O$		铜合金及铝合金

除了上述化学与物理形膜方法外，还有光学法。光学法是指利用光学显微镜配备的各种光学附件（如偏振光、微差干涉装置等），使组织得到彩色显示。

5.4.3 彩色显微摄影

用于彩色显微摄影的金相显微镜，其光学系统的球差和色差必须经过校正，应选用消色差物镜和补偿目镜相配合成像。

为了保证组织的色彩的正确还原，严格地讲还要配备色度计和光平衡滤色片。色度计用于测量光源的色温，金相显微镜常用光源的色温见表 5-19。光平衡滤色片可调节光源色温，使之与彩色胶片色温相平衡。由于市场上销售的胶片大多为白光型（色温 5400K），比显微镜常用光源（除氙弧灯外）的色温高，故可采用升高色温的滤色片。然而，如条件不许可，即使胶片与光源的色温不一致，可能形成一些偏色，但不影响组织鉴别，各相间的衬度差仍优于黑白摄影。

目前，胶卷摄影正逐渐被数码摄影取代，数码彩色摄影的印像方法大致有以下几种：

1）喷墨打印。

2）热成像打印机打印照片。将三色染料用激光分层打印到相纸上，得到色彩还原的照片。

3）将数码照片通过光学投影到相纸上，并冲洗完成。

4）将数码像素信息通过激光逐行打印在相纸上，使相纸曝光，再用传统冲洗方法将照片还原。

表 5-19 金相显微镜常用光源的色温

光源	色温/K
6V 带状钨丝灯	3000
6V 环状钨丝灯	3100
100W 环状钨丝灯	3100
300 ~ 750W 环状钨丝灯	3200
钨—卤素灯	3200
锆弧灯	3200
超压强闪光灯	3400
炭弧灯	3700
氙弧灯	5500

5.4.4 彩色金相在显微检验中的应用[⊖]

常规金相方法主要根据灰度和形貌特征去区分组织，有些情况下不能满足检验的需要，彩色金相技术用颜色衬度弥补了这一不足。下面介绍在实际检验中的应用。

1. 钢铁材料　中碳钢淬火后获得的板条马氏体和针片状马氏体混合组织，在黑白金相中不易把两者区分；而经彩色显示后，两种马氏体常呈现不同色彩，可以鲜明地分开。又如高速钢铸态组织，若用黑白金相技术，其中的莱氏体、托氏体及马氏体三种组织仅以灰度差相区别，而渗碳体和马氏体都显示白亮色，只能借助形貌区分。采用彩色显示后使三种组织呈现不同的色彩，如图 5-26 中莱氏体呈黄绿色、托

⊖ 本节图 5-27 ~ 图 5-31 分别由第二汽车厂铸造一厂夏建元，北京理工大学伊秀珍，东北电业职工大学刘瑞琦、祝普礼，上海铁道学院徐国基，中国科学院金属研究所刘文川、李敏军提供，在此一并致谢。

氏体呈深棕色，马氏体为土黄色，可以明显地区分。图5-27所示为QT700-2铸态组织，经热染后在偏振光下观察，使珠光体呈现橘黄色和浅黄色以及绿色和浅黄色相间的色彩，铁素体为浅黄色，石墨球呈绿色加紫色。此外，彩色显示使钢中的马氏体、贝氏体和残留奥氏体易于区分，如下贝氏体与马氏体形态相似，黑白金相中难以截然分开，在中、低碳钢中残留奥氏体也很难显示出来，而在彩色显示后它们呈现不同的色调。彩色金相对于区分不同类型的碳化物也十分有效，常规金相试剂下碳化物不受蚀，各种类型碳化物均呈白色。然而采用彩色显示的阴极试剂或复合试剂时，则在不同碳化物相上沉积的薄膜厚度不一致，从而显示不同色彩，把各相区分开来。这一技术在高速钢及其他高合金工具钢检验中有重要的实用价值。

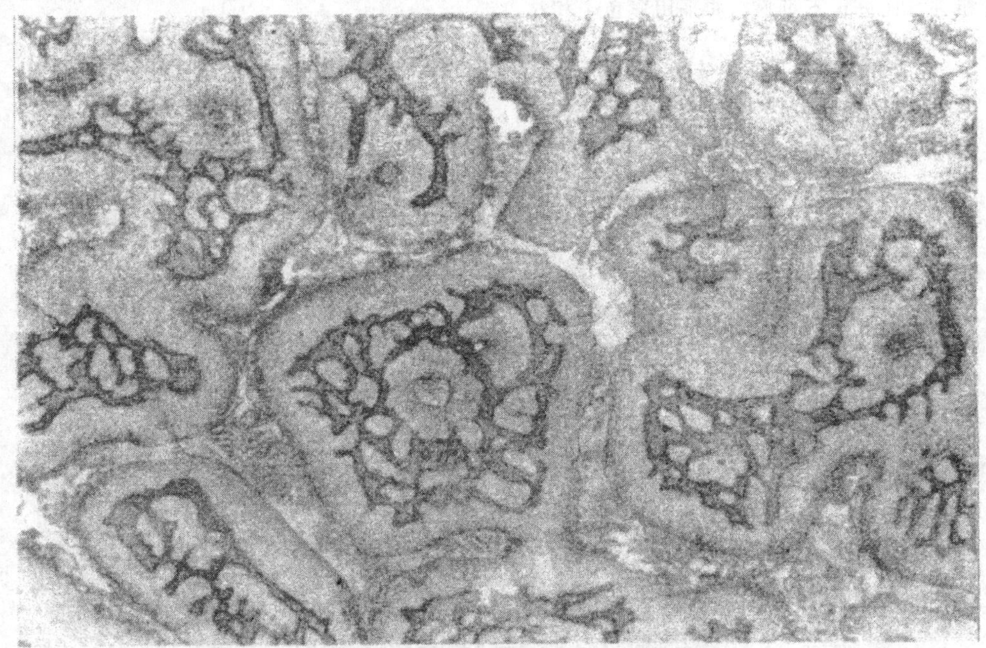

图5-26　W18Cr4V铸态组织，化学染色　53×

图5-27　QT700-2铸态组织，热染+偏振光　500×

2. 非铁合金　非铁合金中合金相的类型比钢铁材料更多更复杂，单纯依靠黑白衬度常无法鉴别，彩色金相则提供了有力的工具。以铝合金为例，铸造铝硅活塞合金组织中有多种第二相：Mg_2Si、Si、Al_3N 及（Al-Si-Mg-Fe-Ni）复合多元相，由于各相灰度差不明显，而它们的形貌又往往随截面不同而异，因此用黑白金相进行区分很不可靠。如采用彩色金相技术，用钼酸铵复合试剂（属阴极试剂）侵蚀，在各化合物表面沉积了不同厚度的薄膜，得到鲜明的颜色衬度，再配合电子探针，可以把各相清晰地区分开来。铜合金经化学染色后也可得到鲜明的色差。如图 5-28 所示，H62 两相黄铜中，α 相呈深蓝色和浅蓝色，而 β 相则呈现品黄色。

图 5-28　H62 黄铜，化学染色　27×

3. 表层组织　表层组织的传统检验是依据组织形貌和灰度，有时再配以显微硬度测定来进行分析。彩色显示可使渗层依据成分的不同，染成各种色彩、分析更为可靠。例如 38CrMoAl 钢经渗氮处理后，用化学染色方法使各个组织层呈现不同色彩，图 5-29 中表层 ε 相为亮黄色，次层品红色、黄色、青色为氮含量不同的索氏体加脉状氮化物，心部组织则为棕色。在其他的表面处理中（如镀铬、激光处理等），彩色金相照片均能清晰地显示各层组织。

4. 晶体位向的彩色显示　多晶体中各晶粒取向不同，在抛光表面上它们的化学及光学性质都有差异，因此形膜后显示不同色彩。图 5-30 所示为高锰钢经固溶处理加拉伸变形的彩色图像，其中各晶粒及形变孪晶都得到清晰显示。

5. 复合材料彩色显示　图 5-31 所示的 C/C 复合材料，用物理法溅射镀膜后碳纤维为绿色，颗粒状沉积热解碳则呈黄色，复合形态十分清晰。

最后要指出的是，彩色金相获得的颜色不是固定不变的，而是随膜厚而变化。不同的形膜工艺所得的颜色不同，即使是同一工艺，不同的操作者所得到的结果也不尽相同。同样，各次操作也不能得到颜色的完全再现。因此，分析组织时不能把某种固定色调作为鉴定组织的依据。尽管如此，彩色金相还是可以把不同的相或组织鲜明地衬托出来，其作用是黑白金相所不能替代的。

图 5-29　38CrMoAl 渗氮组织，化学染色　66 ×

图 5-30　高锰钢固溶处理后拉伸变形，化学染色 + 偏振光　300 ×

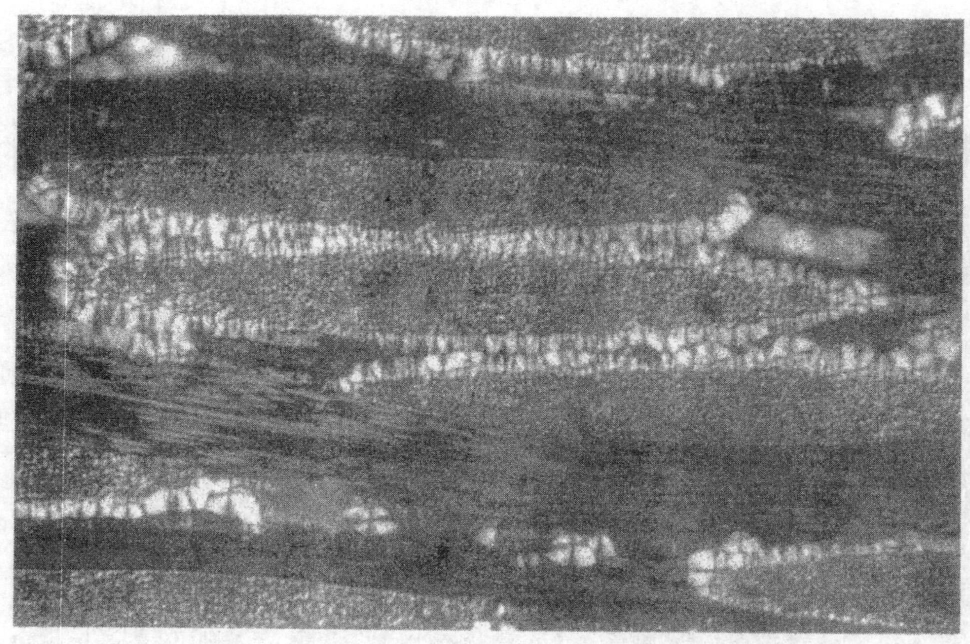

图 5-31　C/C 复合材料，溅射镀膜　200 ×

5.5　典型工程合金的显微组织检验技术

5.5.1　结构钢与工具钢

结构钢、工具钢是最常用的工程材料，也是显微检验的主要对象。钢的组织十分复杂，随成分及热处理工艺的不同可在很大幅度内变化。钢的磨、抛性良好，制样容易。表 5-20 给出了结构钢与工具钢的常用侵蚀剂，其中硝酸酒精溶液是常规检验中最常用的侵蚀剂。

表 5-20　结构钢与工具钢的常用侵蚀剂

序号	成　分	使用说明
1	硝酸　1 ~ 10mL 乙醇　90 ~ 99mL （硝酸体积分数为 2% ~ 3% 的侵蚀剂最常用）	是最重要、最常用的侵蚀剂，适用于所有结构钢与工具钢，室温下浸蚀或擦蚀
2	苦味酸　2 ~ 5g 乙醇　100mL	也是通用侵蚀剂，作用与 1 号试剂相似，但更易显示 F/Fe_3C 相界，对 F 体晶界的显示不敏感，必要时可先用 1 号预侵蚀
3	苦味酸　2 ~ 5g NaOH　25g 水　100mL	使 Fe_3C 染黑，F 不变，可有效地显示工具钢晶界上的细网状 Fe_3C。也可显示渗硼层组织，FeB 为浅蓝色，Fe_2B 为黄色 试样在沸腾水溶液中煮 5 ~ 10min
	原奥氏体晶粒大小侵蚀剂	
4	苦味酸　1g 盐酸　5mL 乙醇　100mL	Vilella 试剂，可以显示回火马氏体的原奥氏体晶粒尺寸，轻微回火的效果更好，一般通过晶粒之间的衬度差显示，有时也显示晶界。试剂也可显示组织细节
5	苦味酸　10g 水　150mL 烷基磺酸钠　适量 （作浸润剂用，可用洗涤剂代替）	能显示大多数钢种的奥氏体晶粒度，如试剂对试样表面不起作用时，可滴入几滴至几十滴盐酸，使用时把试剂加热至 40 ~ 60 ℃ 进行操作，把表面形成的膜用棉花擦去后观察

（续）

序号	成　分	使用说明
6	三氯化铁 5g 水 100mL 盐酸 数滴	作为钢铁材料的一般侵蚀剂，有时也能显示中碳钢回火马氏体的原奥氏体晶粒尺寸
7	盐酸 50mL 硝酸 25mL 氯化铜 1g 水 150mL	适用于显示 $w(Ni)$ 为 18% 的马氏体时效钢的奥氏体晶粒
	双相钢侵蚀剂	
8	硫酸铵 2g 氢氟酸 2mL 醋酸 50mL 水 150mL	马氏体呈暗黑色，残留奥氏体与铁素体不受蚀，但残留奥氏体颜色更浅
9	a) 焦亚硫酸钠 1g 水 100mL b) 苦味酸 4g 乙醇 100mL	使用前混合等量 a)、b) 溶液，腐蚀 7～12s，表面呈橙蓝色，显微组织中贝氏体呈黑色，铁素体呈棕黄色，马氏体呈白色
10	硫代硫酸钠饱和水溶液 50mL 焦亚硫酸钾 1g	Klemm Ⅰ 号试剂，在 20℃ 下浸蚀 40～100s，铁素体呈深蓝色，马氏体呈黑褐色，残留奥氏体呈白色。可用硝酸溶液预侵蚀
	高合金工具钢侵蚀剂	
11	NaOH 4g $KMnO_4$ 10g 水 85mL	将溶液加热至沸腾，试样浸入溶液中 1～10min，可区分碳化铬（呈黑色）和碳化钒（亮色）
12	氯化铜 5g 盐酸 100mL 乙醇 100mL	室温下侵蚀，使铁素体优先侵蚀，碳化物不受蚀，残留奥氏体不明显受蚀，用以鉴别各相
13	硝酸 10mL 醋酸 10mL 盐酸 15mL 甘油 2～5 滴	室温下使用，浸蚀或擦蚀，几秒至几分，对钢中碳化物有很好的显示作用
14	三氯化铁 2g 盐酸 5mL 水 30mL 乙醇 60mL	在室温下将试样浸入溶液几分钟，对高碳高铬工具钢特别有效，能显示钢中的碳化物、铁素体、珠光体等
	其他用途的侵蚀剂	
15	硫酸 10mL 硝酸 10mL 水 80mL	化学侵蚀 30s，用棉花擦去腐蚀产物，重复三次，再将试样轻度抛光。过热时晶界呈黑色网络，过烧时呈白色晶界网络
16	成分同 10 号试剂	浸蚀 45～60s，显示过烧与过热，晶界衬度与 15 号试剂相反
17	重铬酸钾 30g 蒸馏水 225mL	显示铅夹杂物，使用时将溶液加热后，再加入 30mL 醋酸，在室温下使用，抛光试样浸没在试剂中 10～20s，热水冲洗，吹干，在偏振光下铅微粒呈黄色或金色，钢基体不受蚀
18	CrO_3 16g 蒸馏水 145mL NaOH 80g	显示中碳含镍合金钢的晶界氧化，在沸腾溶液中煮 10～30min，清洗后吹干。NaOH 应慢慢加入，不断搅拌

5.5.1.1　基本组织及检验

钢的基本组织组成物包括铁素体、珠光体、马氏体、贝氏体、碳化物及奥氏体等。

a)

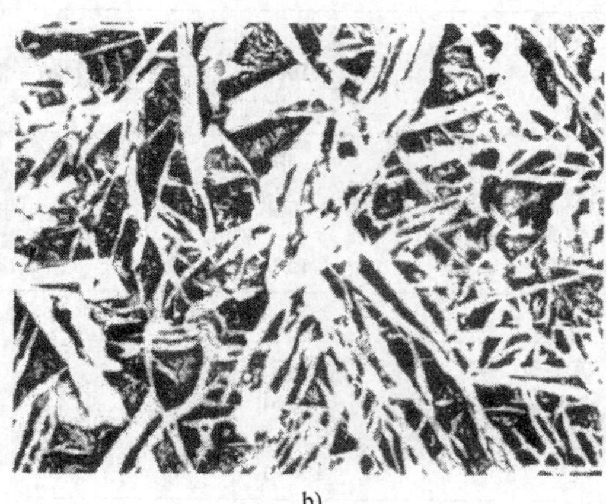

b)

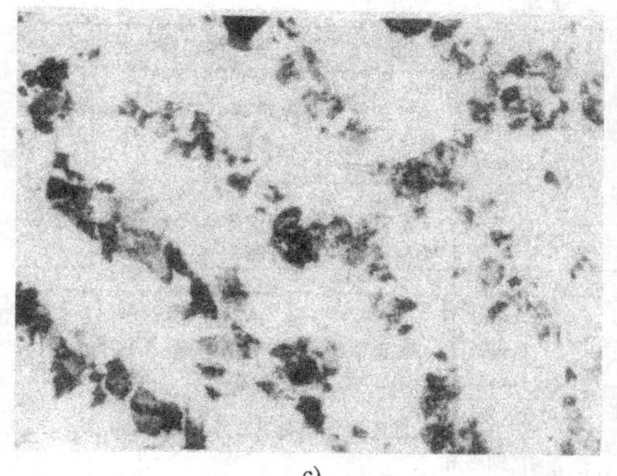

c)

图 5-32　低碳钢中铁素体与珠光体的几种分布特征

a) 热轧正火或退火态，两种组成物均匀分布　200 ×　b) 热变形终锻温度过高，呈魏氏组织铁素体　250 ×
c) 铸造退火态，两者呈树枝状分布　100 ×

1. 铁素体与珠光体　低碳钢近于平衡的组织为铁素体和珠光体，以铁素体为主，两者的相对量取决于碳含量及冷却速度。铁素体和珠光体的分布随工艺条件而异。在热轧、正火或退火条件下，铁素体及珠光体均为等轴状，两者均匀分布（图 5-32a）。如果原奥氏体晶粒粗大，冷却速度又较快，铁素体则会沿着奥氏体的某些晶面析出，形成具有一定位向的铁素体片，常称为魏氏组织铁素体，铸态或热变形过热时常常出现这类组织（图 5-32b）。有时铸态经退火后，由于枝晶偏析未被消除，铁素体及珠光体的分布呈明显的树枝状（图 5-32c）。因此，根据两种组织组成物的分布特征可以判断试样的加工状态。

随着钢中碳含量增加，铁素体相对量减少，分布也发生变化，铁素体沿着原奥氏体晶界成核生长，呈网状。

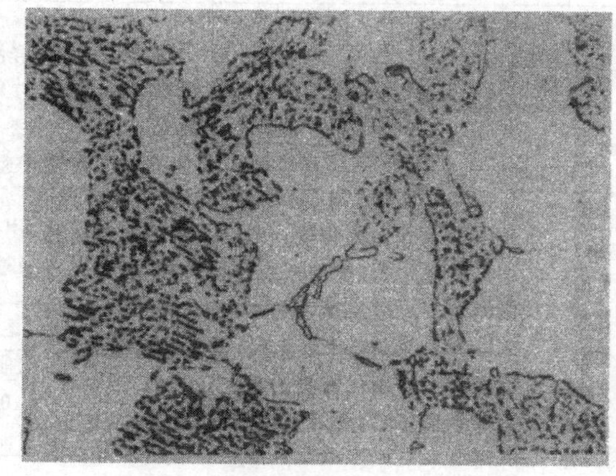

图 5-33　30 钢的球化退火组织　750 ×

珠光体是奥氏体共析转变的产物，是铁素体和渗碳体的两相混合物，一般呈片状。粗片状珠光体可在光镜下分辨，细珠光体（索氏体）可在高倍光镜下分辨，而极细珠光体（托氏体）只能在电镜下分辨，但熟练的检验者也能根据晶团的外形及衬度从光学显微镜中判断是否为极细珠光体。

经球化退火后可得粒状珠光体，渗碳体以颗粒状分布于铁素体基体上。对工具钢必须评定球化级别，检验可依据 GB/T 1299—2000 进行。低中碳钢在某些加工工艺下（如冷镦、冷挤压等）也要求进行球化退火，以获得良好的塑性。球化退火的组织如图 5-33 所示，检验标准为 JB/T 5074—2007《低、中碳钢球化体评级》。

2. 碳化物　网状碳化物会恶化钢的性能，所以碳素工具钢及低合金工具钢在球化退火前必须先进行正火，并且对正火后的网状碳化物进行检验。当网很细时，用硝酸酒精溶液浸蚀时不易分辨，改用苦味酸酒精溶液则效果较好，它对 F/Fe_3C 相界的显示更为敏感。在实际工作中常常需要测定球化退火态中碳化物的总量，如采用 1 号、2 号试剂，虽然能显示相界，但不适合用图像分析，碳化物的测定值常常明显偏高。这种情况下可改用有染色作用的侵蚀剂。3 号试剂使 Fe_3C 染黑，而 10 号试剂则使铁素体基体染黑，这两种试剂使组织衬度明显增大（图 5-34），在定量金相分析中都能取得良好效果。

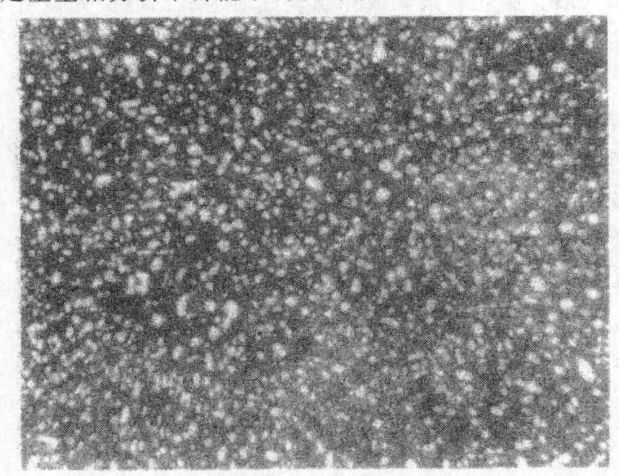

图 5-34　工具钢球化退火的显微组织先用苦味酸酒精溶液浸蚀，再用 10 号试剂使铁素体基体染黑

3. 马氏体及其回火组织　钢淬火后得到马氏体，按其形态可以分为两大类——板条马氏体和针片状马氏体。

低碳钢淬火后得到板条马氏体。如图 5-35 所示，在一个奥氏体晶粒内常包含几个不同位向的板条束群，在每一束群内又由许多相互平行的、细长的条状马氏体组成。由于形成温度高，有自发回火现象，故易被浸蚀而呈现较深的颜色，不同取向的马氏体表现出不同衬度。

图 5-35　低碳钢淬火后的板条马氏体　100×

高碳钢在较高温度下淬火可得到针片状马氏体，在光镜下如竹叶状。针片状马氏体形成温度低，不易发生自回火，故淬火态下常难以浸蚀，衬度较浅，稍经回火，马氏体针片则十分清晰。生产中如得到光镜下可见的针片马氏体，则属疵病组织（淬火过热）。在正常淬火温度下，由于未溶碳化物的存在，奥氏体晶粒细小，因此获得的马氏体针极为细小，在光镜下不易分辨，故称为隐晶马氏体。

中碳钢在正常温度下淬火后主要是板条马氏体，也有少量针片状马氏体（图 5-36），而经高温加热淬火后也可得到全部板条马氏体。

典型的板条马氏体和针片状马氏体在光镜下尚可鉴别，然而实际生产条件下的奥氏体晶粒细小，不易从形貌上区分，深入研究时必须依据电镜下的内部亚结构予以鉴别。两者亚结构的主要差异是：板条马氏体内有很高的位错密度，位错相互缠结构成胞块结构（图 5-37a），所以板条马氏体又称位错马氏体。而针片状马氏体中可发现很多均匀分布的极细平行条纹（图 5-37b），厚度仅为 5～90nm，经暗场及衍射花样标定证实为孪晶亚结构，故针片状马氏体又称孪晶马

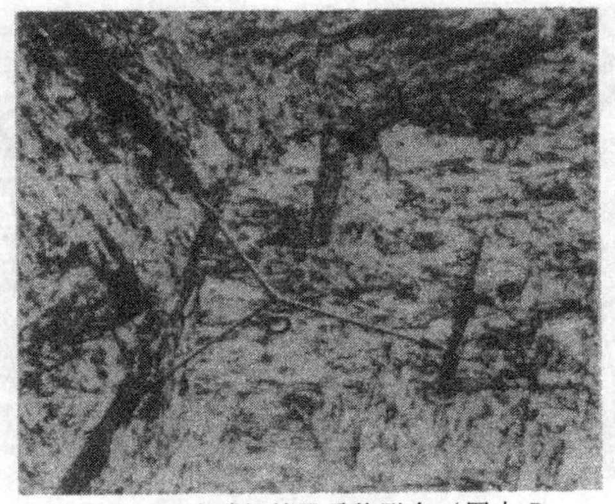

图 5-36　中碳钢的马氏体形态（图中 *P* 所指为针片状马氏体）**1000×**

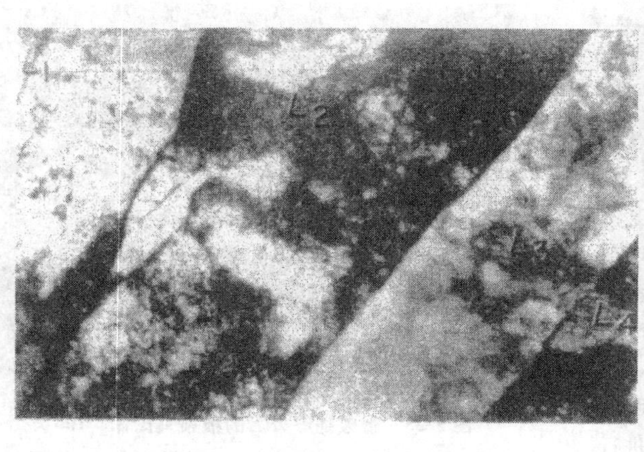

a)

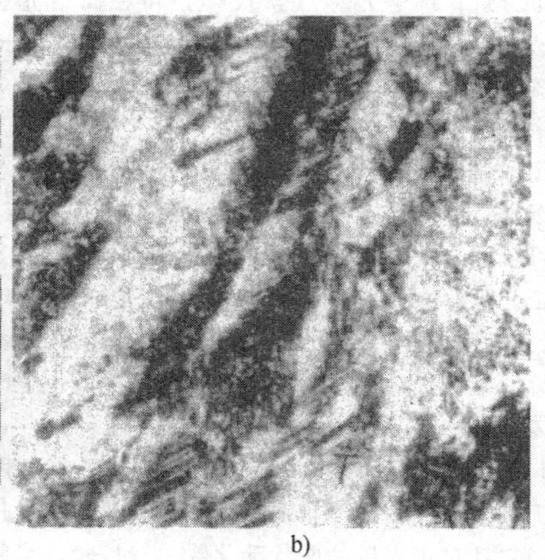

b)

图5-37　板条马氏体及针片状马氏体的内部亚结构

a）板条马氏体中缠结的位错胞块　26000×　b）针片状马氏体中的孪晶亚结构　26000×

氏体。在相同强度级别下，位错马氏体的韧性明显优于孪晶马氏体。

除了马氏体形态外，评定马氏体的尺寸在生产检验中十分重要，它直接影响了钢件的服役性能。检验可依据JB/T 9211—2008或其他相关标准进行。

马氏体在较低温度下回火时，内部的变化有碳原子偏聚、碳化物析出及残留奥氏体转变。这些变化在光镜下无法鉴别，唯一能觉察的是马氏体回火后容易浸蚀发黑，所以检验者只能凭经验再配合硬度值来估计回火的程度。只有当回火温度升高到基体发生回复、再结晶和碳化物聚集长大，才能为高倍光镜所鉴别。一般的碳钢、低合金钢在600℃回火时，基体仍隐约保留马氏体针形边界，但其中的碳化物已清晰可见（图5-38）。在700℃回火后，针状铁素体才被等轴铁素体所取代，碳化物粒子也明显长大，但仍保留片间排列的特征。

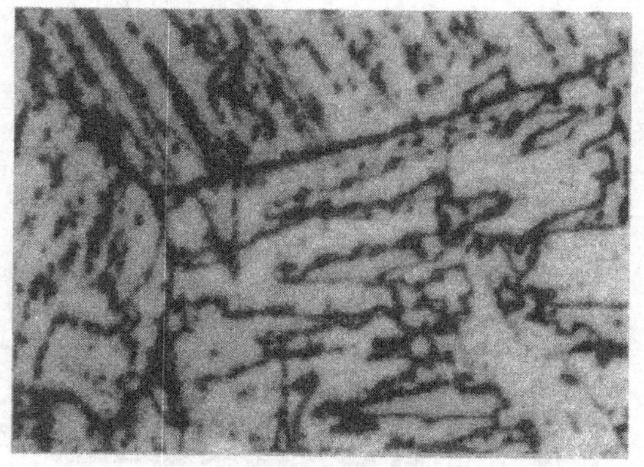

图5-38　w(C)＝0.18％的钢淬火后经600℃回火10min　1000×

电镜在研究马氏体的回火转变中有重要作用，可以根据碳化物的形态、分布和尺寸判断回火程度。低温回火只在马氏体内析出杆状碳化物，随回火温度的升高，在马氏体片的两侧边界上可见断续的析出碳化物（图5-15）。回火温度升至500℃以上时，碳化物明显长大，特别是边界上的碳化物更为粗大。600℃回火后，碳化物聚集成球状，此时组织已能被光镜所鉴别。

4. 贝氏体　奥氏体在珠光体转变区以下马氏体转变区以上转变为贝氏体，它也属于铁素体与渗碳体两相混合组织。钢中贝氏体的形态很多，随相变温度及钢的成分而异。对于含碳量大于0.15%（质量分数）的钢而言，贝氏体形态。大致可分为无碳贝氏体、上贝氏体和下贝氏体，在某些条件下还形成粒状贝氏体。各类贝氏体的形成条件及组织特征见表5-21，钢中上、下贝氏体在光镜下的典型特征如图5-39所示。

各类贝氏体在光镜下虽有一定的特征，但可靠地鉴别还要依靠电镜，如下贝氏体和回火马氏体两者的形貌很相似，但电镜下片内的碳化物分布不同。下贝氏体的碳化物只有一个取向，与片的长度方向成55°，而回火马氏体有两个以上不同取向的碳化物排列（图5-40）。

5.5.1.2　混合组织的检验

热处理时常得到混合组织，如贝氏体和马氏体、细珠光体和马氏体等。检验混合组织时，首先应了解试样的处理工艺，结合各类组织的形态及分布特点，并配合浸蚀程度的变化予以鉴别，必要时应借助电镜。

表 5-21　贝氏体的类型、形成条件及组织特征

类　型	形成条件及组织特征
无碳贝氏体	在低、中碳合金钢的贝氏体形成温度范围的高温区域内形成 从奥氏体晶界形核，形成一束平行的板条，每个板条较宽，在光镜下清晰可见。铁素体内基本不含碳，与魏氏组织相似，只是尺寸更细一些。铁素体针片之间为珠光体或马氏体，或者是两者的混合
上贝氏体 （羽毛状贝氏体）	转变温度略低于无碳贝氏体，平行的铁素体片自晶界向晶内生长，片两侧有短杆状的不连续碳化物析出，其杆的方向平行于铁素体片。由于尺寸细小，在光学显微镜下难以分辨片及片间碳化物，只见到粗糙的边界，犹如羽毛。浸蚀后颜色较深 含硅较高的钢种，由于硅抑制了碳化物析出，铁素体片间为富碳奥氏体，失去了典型的羽毛状特征，组织比较明亮
下贝氏体 （针状贝氏体）	形态与回火马氏体相似，光学金相特征为黑色针状，不是成束平行排列，而是任意取向。片内过饱和的 w(C)为 0.15%左右，碳化物大都集中在片内，呈短杆状，与片的长度方向的夹角约为 55° 低碳合金钢的下贝氏体与其他钢种不同，片的形貌与上贝氏体相同，并成束平行排列，但碳化物特征与一般下贝氏体相同，在片内呈 55°方向排列
粒状贝氏体	在低、中碳合金钢中存在，在慢冷条件下形成，形成温度范围为贝氏体转变的上限温度。在光镜下由块状外形的铁素体和铁素体内的岛状第二相构成，岛状第二相高温下为富碳奥氏体，冷却后分解为（F + Fe_3C），或者（M + A′），也可以保持稳定的富碳奥氏体

a)

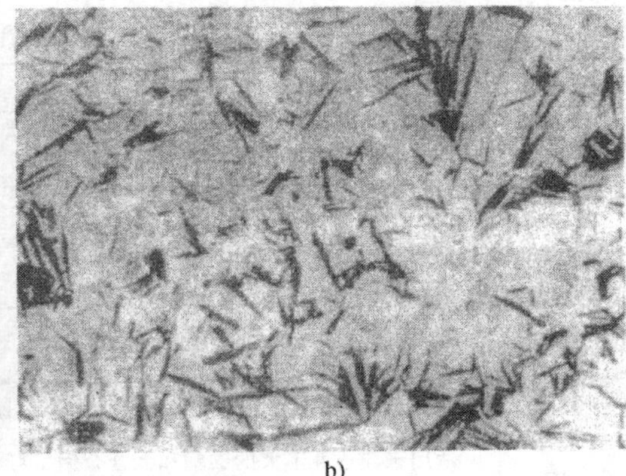

b)

图 5-39　钢中的贝氏体形态（基底为马氏体，黑色为贝氏体）

a）40Cr 钢，1000 ℃加热 10min，420 ℃等温 30s，水淬　800 ×

b）40Cr 钢，900 ℃加热 10min，300 ℃等温 30s，水淬　500 ×

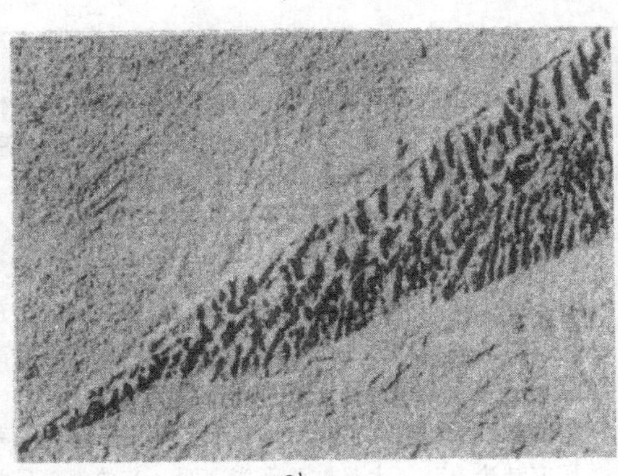

a)

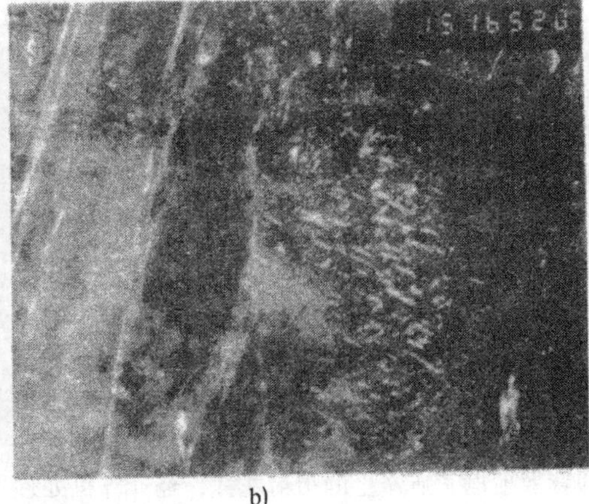

b)

图 5-40　不同基体中的碳化物分布

a）下贝氏体中的碳化物分布　10000 ×　b）低温回火马氏体中的碳化物分布　15000 ×

上贝氏体与马氏体共存时，上贝氏体常分布于原奥氏体晶界，通常上贝氏体的衬度明显深于马氏体，且上贝氏体受蚀比较均匀，不像低碳马氏体各板条束间呈现衬度差。

细珠光体、上贝氏体和马氏体共存时，细珠光体和上贝氏体均是沿奥氏体晶界分布。细珠光体最先析出，常在晶界呈球团状，其轮廓比较清晰，衬度较上贝氏体略深。上贝氏体呈平行片状，马氏体则分布于晶内呈基体，其衬度最浅。

下贝氏体和回火马氏体共存时，两者较难区分。在高倍下下贝氏体的针片呈不均匀黑色，似依稀可见的两相组织，而高碳马氏体则呈均匀的灰黑色。

上、下贝氏体共存，且在转变完成的情况下，光镜难以作出肯定的判断。一般可结合硬度值来鉴别，中碳合金结构钢硬度在 40HRC 以上，高碳钢在 45HRC 以上，经等温处理的试样内部组织一般以下贝氏体为主。

结构钢经亚温淬火可得到 M + F 或 M + F + A 混合组织，采用常规侵蚀技术后，在光镜下可以鉴别各相的形态及分布特点，但由于衬度差异较小，照相及定量分析时不能得到满意的结果。表 5-16 推荐了几种具有着色作用的化学侵蚀剂，对不同的相染上或显示不同的颜色或衬度，效果十分理想。

5.5.1.3　钢的原始奥氏体晶粒度的显示方法

钢的性能对于原奥氏体晶粒大小很敏感，而奥氏体经相变后其晶粒尺寸难以清晰显示，为此发展了很多奥氏体晶粒尺寸的间接显示或直接侵蚀技术（表 5-22）。间接方法应用范围有一定的局限性，直接侵蚀可不经任何处理而显示淬火、回火态的原始晶粒尺寸，结果比较可靠。但是没有一种侵蚀剂能显示所有钢种的晶界。表 5-16 介绍了几种侵蚀剂，在使用中可根据实际情况改变温度、时间参数，适当调整配方，或对试样进行 350 ℃或 550 ℃的补充回火，以改善效果。

表 5-22　原奥氏体晶粒大小的显示方法

显示方法	试验步骤
渗碳法	适用于渗碳钢。将试样装于固体渗碳介质中，加热至 930 ℃，保温 6h，缓慢冷却至室温。试样组织中的渗碳体网显示了奥氏体晶粒大小
氧化法	适用 w(C) = 0.35% ~ 0.60% 的碳钢和合金钢。将抛光好的试样置于空气加热炉中［w(C) < 0.35% 时，炉温选在 900 ℃；w(C) > 0.35% 时，炉温选在 860 ℃］，抛光面朝上，保温 1h，水冷，再在抛光盘上轻抛，即可显示
网状铁素体法	适用于亚共析钢。加热温度选择同氧化法，保温 30min 以上，空冷。在金相试样上根据铁素体网测定奥氏体晶粒大小
网状渗碳体法	适用于过共析钢。在 820 ℃加热 30min，缓慢冷却，金相试样上的网状渗碳体显示了奥氏体晶粒
网状珠光体法	适用于淬透性不大的碳钢和低合金钢，可将试样一端淬于水中，另一端暴露于空气中。金相试样过渡区中的黑色托氏体网显示了奥氏体晶粒
腐蚀直接显示法	适用于直接淬火硬化钢。加热温度的选择同氧化法，保温 1h 后淬水冷却，制成金相试样，再用合适的侵蚀剂直接将奥氏体晶界显示出来，如将试样在 550 ℃回火 1h，效果更佳。常用的侵蚀剂为饱和苦味酸水溶液加少量环氧乙烷聚合物

5.5.1.4　有效晶粒尺寸

在板条马氏体和贝氏体组织中，通常认为同一板条束内各板条间的晶体位向差很小，而相邻板条束之间有较大的位向差。因此，有人曾提出以板条束作为一个组织单元，束界的作用相当于晶界，可有效地阻止裂纹扩展，故可把板条束大小作为有效晶粒尺寸。

近年来，背散射电子衍射新技术（EBSD）为有效晶粒尺寸的研究提供了手段。其原理是把透射电镜中的电子衍射与扫描成像结合起来，利用试样表面发射出的背散射电子所产生的衍射花样，经计算机处理直接转换成各晶粒的位向差信息，最终在扫描电镜下得到与晶体学相关的组织图像。如相邻晶粒（或板条束）之间的位向差较小（小于某一规定的门槛角度），则它们将显示出相接近的组织衬度，只有当位向差大于门槛角度时才呈现不同的组织衬度。

研究表明，在低碳针状或板条型组织中，板条束几何形貌上的取向差和晶体学位向差是两个截然不同的概念。两个互不平行的板条束仍可能具有低的位向差，且几率很高，故把一个板条束作为一个有效晶粒的概念是不全面的，一个有效晶粒至少包括一两个以上的板条束。这与从断口形貌和显微组织对应关系的研究结论一致。大量试验观察表明，有效晶粒尺寸至少是板条束宽度的 1.3 ~ 1.5 倍以上。

在控制轧制的铁素体-珠光体钢中、纯铝与铝合金及其他非铁金属中也发现了显微组织中的晶界并非能有效阻止裂纹扩展，此时从组织中测得的晶粒尺寸并不能代表有效晶粒尺寸。

5.5.2　钢中非金属夹杂物的显微检验

鉴定夹杂物的方法有金相法、X 射线衍射法及电子探针、扫描电镜等技术。金相法的优点是简单、直观，应用不同的放大倍数及各种照明技术就可基本确定夹杂物的类型以及它们的数量、大小、形状及分布特征，所以金相法是夹杂物检验的首选方法。金相法的缺点是不能确定夹杂物的成分和晶体结构，对于一些复杂的及微细的夹杂物也难以鉴别。目前电镜技术已广泛用于夹杂物的鉴定，经深浸蚀的金相试样在扫描电镜下可直接观察夹杂物的立体形态，同时用电子探针确定复杂夹杂物内各相的组成，做到形貌和成分分析的结合。夹杂物的类型可用 X 射线或电子衍射法确定，先用电解法把夹杂物分离出来，再进行结构分析。

5.5.2.1　非金属夹杂物的金相鉴定方法

1. 试样制备　对形变后材料应截取纵向试样，以观察夹杂物的变形能力。观察夹杂物的试样应精心制备，使夹杂物完整保留，无剥落或拖尾现象。试样表面必须平整，无划痕、水迹或粘附的抛光磨料。试样在未经浸蚀条件下进行检验。

2. 明场观察　主要记录夹杂物的大小、形状、分布、颜色及可塑性、可磨性。

(1) 尺寸。在相同倍数下可把夹杂物粗略地分为极粗大、粗大、中等、细小、极细小等不同等级。若同类夹杂物有不同大小时，应注明多数夹杂物的尺寸。

(2) 形状。各类夹杂物常具有特殊的形状，有的为规则的几何形状，如长方形（TiN 或 ZrN）、三角形、方形等；有的则为不规则外形，如卵形、椭圆形（FeO · MnO、稀土类夹杂物等）。夹杂物的形态是判断其类型的依据之一。

(3) 分布。有任意分布（TiN）、串状或链状分布（Al_2O_3）、晶界分布（如低熔点共晶体 FeS + Fe）等。

(4) 颜色。透明夹杂物在明场下颜色较暗；不透明夹杂物则呈不同的浅色，如 TiN 为金黄色，ZrN 为柠檬黄色，MnS 为浅灰色。

(5) 可塑性。观察夹杂物是否沿变形方向伸展或破碎。

(6) 可磨性。有的夹杂物极易剥落（如 α-Al_2O_3），容易形成拖尾现象，有的夹杂物脆性小，磨制时能完整保留。

3. 暗场观察　暗场观察主要观察夹杂物的固有色彩和透明度，是鉴别夹杂物类型的重要依据。透明夹杂物在暗场下发亮，并显示本身颜色，如硅酸铁锰透明并带有亮红色彩，而铝酸盐虽透明但色彩不丰富。不透明夹杂物在暗场下呈暗黑色，有时能看到一亮边。暗场对透明度鉴别的灵敏度优于偏振光。

4. 偏振光观察　偏振光观察主要鉴别夹杂物是各向同性或异性。不同类型夹杂物在偏振光下的特征见表 5-9。偏振光虽能显示夹杂物的透明度和固有色彩，但效果不如暗场。偏振光能鉴别复相夹杂物中的各相。

表 5-23 列出了常见夹杂物在光学显微镜下的特征，可供鉴别时参考。表中还收集了稀土钢中稀土夹杂物的特征。

表 5-23　常见夹杂物在光学显微镜下的特征

名称及化学式	存在形态及分布特征	光学特征			晶　型
		明　场	暗　场	偏振光	
氧化亚铁 FeO 以及 FeO · MnO	一般呈球形，变形后呈椭圆形，分布无规律	FeO 为灰色，随 Mn 含量增加由灰色到灰紫色	FeO 不透明，随 MnO 含量增加，透明度增加，颜色呈白红色	各向同性	立方晶系
氧化铝 Al_2O_3（刚玉）	大多数情况下呈不规则形状的细小颗粒，成群聚集分布，热轧后呈链串状	暗灰色	透明	弱各向异性	六方晶系
玻璃质 SiO_2	呈各种尺寸的圆球，不变形	黑色	闪光，很透明	各向同性，有黑十字特征	非晶态
铝酸盐，铁尖晶石 FeO · Al_2O_3	规则的立方形，颗粒不变形，易碎裂	暗灰色		各向同性，透明，灰绿色	立方晶系

（续）

名称及化学式	存在形态及分布特征	光学特征			晶型
		明场	暗场	偏振光	
铝酸钙 $CaO \cdot nAl_2O_3$	不规则球形,变形后破碎呈链串状分布	灰色	透明,亮黄色	弱各向异性	单斜,六方晶系
铁硅酸盐 $2FeO \cdot SiO_2$,铁锰硅酸盐 $nFeO \cdot mMnO \cdot PSiO_2$	铸态下呈球形,易变形,热变形后沿变形方向拉长	暗灰色	透明,由亮红色到暗黑色,随成分而改变	各向异性	正交晶系
铝硅酸盐 $3Al_2O_3 \cdot 2SiO_2$	呈三棱形和针状,无规律,不变形	深灰色	透明无色	各向异性	正交晶系
钙硅酸盐 $CaO \cdot SiO_2$	球状,不易变形,无规律分布	暗灰色,有粗糙表面	透明发亮	各向同性	三斜、六方晶系
硫化铁 FeS	晶内或沿晶界分布,变形后沿着受力方向拉长	亮黄色	不透明,沿周边有亮线	各向异性,淡黄色	六方晶系
硫化锰及其固溶体 MnS 或 MnS-FeS		灰蓝色,随 MnS 含量减少逐渐变至亮黄色	稍透明或不透明	各向同性	立方晶系
其他硫化物 TiS、ZrS_2、CrS、Al_2S_3	铸态下呈针状沿晶界分布,变形性差	不同程度黄色	不透明	各向异性	六方晶系
氮化钛或氮碳化钛,TiN 或 Ti(NC)	几何外形规则,常成群出现,变形后呈串链状分布	金黄色,随溶碳量增加逐渐变为紫色	不透明	各向同性	立方晶系
氮化锆 ZrN		柠檬黄色	不透明	各向同性	立方晶系
氮化钒 VN 氮化铌 NbN		VN 为粉红色 NbN 为亮黄色	不透明	各向同性	立方晶系
氮化铝 AlN	规则形状,不变形,成群分布	紫灰色	不透明	强各向异性	六方晶系
稀土硫化物 RES	细小颗粒,成群分布	金红色	不透明,有亮边	各向同性	面心立方
β-RE_2S_3	圆球或椭球状,分散分布,有时呈短串	淡灰色	黑红色	弱各向异性	正交
γ-RE_2S_3	呈圆球状,分散分布	淡灰色	不透明	各向同性	体心立方
稀土硫氧化物 RE_2O_2S	颗粒状,易于成群分布	中灰色	深黄色、橙黄色	各向异性	六方
稀土氧化物 RE_2O_3	稍变形的条状和块状,聚集分布	中灰色	浅黄色、黄红色	各向异性	六方
$REAlO_3$	不规则颗粒,呈串链状	深灰色	灰黄带绿	弱各向异性或各向同性	立方
α-(Mn,RE)S	沿加工方向延伸的长条状	浅灰色	不同程度的黄色	各向同性	立方

稀土夹杂物的共同特点如下：

（1）除RES外，在明场下均呈灰色，并且颜色较浅，其灰色程度按以下顺序增加：α-（Mn，RE）S，RE_2S_3，RE_2O_2S，RE_2O_3，$REAlO_3$。

（2）塑性差，除α-（Mn，RE）S外，几乎都是不变形或稍有变形能力的，稀土铝酸盐则属脆性夹杂物。

（3）暗场下均有鲜艳的色彩。

5.5.2.2 钢中非金属夹杂物含量的测定

钢中非金属夹杂物含量测定标准（GB/T 10561—2005）主要适用于压缩比大于或等于3的钢种。根据经常见到的夹杂物形态和分布，标准图谱将夹杂物分为A、B、C、D和DS五大类，其中：

A类（硫化物类），具有高的延展性，为单个拉长的灰色夹杂物，端部呈圆形。

B类（氧化铝类），大多数没有变形，带角的黑色或蓝色颗粒，沿轧制方向呈链状分布。

C类（硅酸盐类），比硫化物具有更好的延展性，端部呈锐角，为黑色或深灰色。

D类（球状氧化物），不变形，带角或圆形，呈黑色或带蓝色，与B类不同的是呈无规则的分散分布。

DS类（单颗粒球状类），为直径≥13μm的圆形夹杂。

对于非传统类型的夹杂，评定时可将其形状与上述五类进行比较，并注明其化学特征。例如：球状硫化物可作为D类夹杂物评定，但试验报告中应加注一个下标（如D_{sulf}）。球状硫化钙以D_{cas}表示，D_{RES}表示球状稀土硫化物，D_{DUP}表示球状复相夹杂物，如硫化钙包围着氧化铝。对于沉淀相类的硼化物、碳化物、氮化物等的评定也可按相似的方法评定。

标准图谱中又根据夹杂物的厚度或直径的不同分为粗系和细系两个系列，各含六个级别，级别i从0.5级到3级。评级一般应在最恶劣的视场下评定。图5-41所示为夹杂物评级方法示意图。先将各类夹杂物区分开后，再对各类夹杂物分别评级，结果按下列方法表示：在每类夹杂物类别字母后标以级别数，用字母e表示出现了粗系夹杂物，如A2、B1e、C3、D1等。

对于含铅易切削钢，铅夹杂物的形貌和色泽常与其他夹杂混淆而造成误判，可选用表5-20中的17号侵蚀剂进行浸蚀，把铅夹杂物清晰地区分开来。

如需要对夹杂物含量提供精确的定量数据，可依据定量金相方法对各类夹杂物进行手工测定。

5.5.3 灰铸铁

5.5.3.1 灰铸铁中石墨相的检验

由于石墨的形状、大小和分布对冷速十分敏感，所以取样时应注意试样在铸件中的部位、壁厚及离开表面的距离，并在报告中记录取样情况。磨、抛时应防止石墨相的脱落。一般可在抛光液中加入少量铬酸酐，起化学浸蚀抛光作用，不仅提高抛光速度，还能保持石墨的完整性。

广义的灰铸铁包括普通灰铸铁、可锻铸铁和球墨铸铁等，国际上采用统一的标准ISO 945-1：2008，而我国对各类铸铁仍有独立的检验标准：GB/T 7216—2009《灰铸铁金相检验》；GB/T 9441—2009《球墨铸铁金相检验》。

1. 石墨的形状　标准中列出了六种特征的石墨（图5-42），代表了灰铸铁中可能存在的基本石墨形态，分别以罗马数字Ⅰ~Ⅵ表示。其中片状（Ⅰ型）、团絮状（Ⅴ型）、球状（Ⅵ型）分别是普通灰铸铁、可锻铸铁及球墨铸铁中石墨相的典型形态，其余则为一些过渡形态，如厚片状（Ⅲ型）常是球化不良的结果，现在已发展成独立的一类铸铁（蠕墨铸铁）。对石墨形状的检验是衡量灰铸铁质量的重要检验项目。

2. 石墨的分布　片状石墨（Ⅰ型）有六种不同分布方式（图5-43）。A型：无方向的均匀分布；B型：片状及细小卷曲的石墨片聚集成菊花状分布；C型：初生的粗大直片状；D型：细小卷曲的石墨片在枝晶间呈任意分布；E型：石墨在枝间的二次分枝呈定向分布；F型：初生的星状（或蜘蛛状）石墨。

各类石墨的形成条件及性能列于表5-24中。

3. 石墨的大小　石墨片过粗过长使强度下降；而过细则储油率下降，不利于耐磨性及减振性。可根据铸件的大小和用途，规定石墨长度的允许范围。例如，一般厚铸件允许中等长度石墨片（100倍下长20~45mm），薄铸件石墨片可短一些。石墨长度级别可参阅灰铸铁金相标准。对球墨铸铁主要要求力学性能，故石墨应细小、圆整、分布均匀。球化率是指Ⅴ型和Ⅵ型石墨占石墨总量的相对分数。标准中有球化率和石墨球尺寸的评级图。

5.5.3.2 基体组织的检验

1. 共晶晶团的显示　在同一共晶团内，石墨相常是连续的，因此普通灰铸铁的耐磨性、耐压能力及强度随共晶团的细化而提高。由于共晶团晶界上存在着成分偏析，碳化物形成元素及磷的浓度较高，采用合适的侵蚀剂可使共晶团边界发亮而显示共晶团的尺寸。表5-25中介绍了几种化学侵蚀剂。

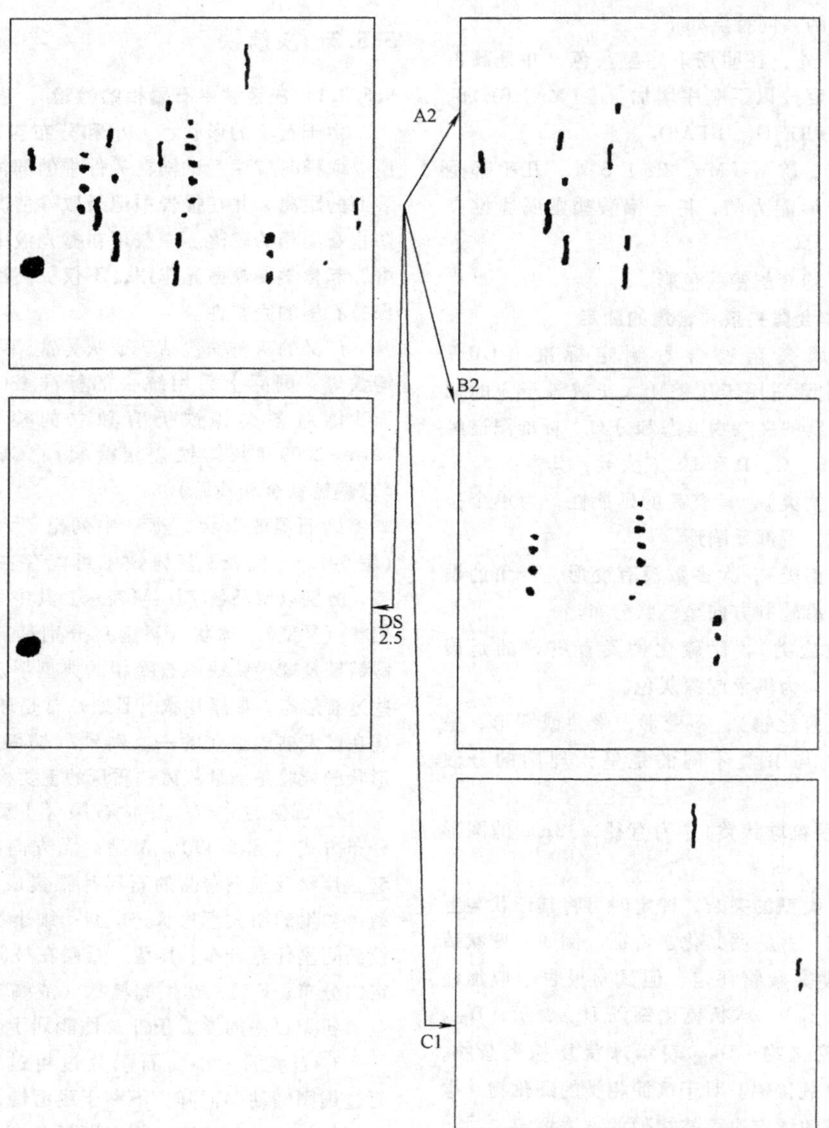

图 5-41 夹杂物评级方法示意图

注：视场中观察到的夹杂物可分为 A、B、C 和 DS 四类，对各类夹杂物分别评级后，结果可表示为：A2、B2、C1 和 DS2.5。

2. 磷共晶及游离碳化物的显示 铸铁中的磷共晶有下列几种类型：

（1）二元磷共晶（在 Fe_3P 的基体上分布着粒状铁素体或珠光体）。

（2）三元磷共晶（除在 Fe_3P 的基体上分布着粒状铁素体或珠光体外，还有条状或针状的碳化物）。

（3）复合磷共晶（在二元、三元磷共晶中分布着大块碳化物）。

磷共晶的熔点很低，是最后凝固的产物，一般沿奥氏体晶界分布，呈边缘内凹的块状，数量多时呈晶界网络状分布。少量均匀分布的二元、三元磷共晶不影响强度，且有利于提高耐磨性。但是粗大的、集中分布的复合磷共晶，由于降低了强韧性，且使用时容易剥落，形成磨料而加速磨损。金相检验主要是鉴别各类磷共晶，确定它们的相对量及分布特征。

首先要从形态上区分各类磷共晶。二元磷共晶是 Fe_3P 基体上均匀分布着细小的第二相粒子；而三元磷共晶的基体上除细小粒子外常可见细条状 Fe_3C；复合磷共晶则有大块碳化物。此外也可以使用染色法进一步分清各类磷共晶，所用侵蚀剂及具体操作见表 5-25。

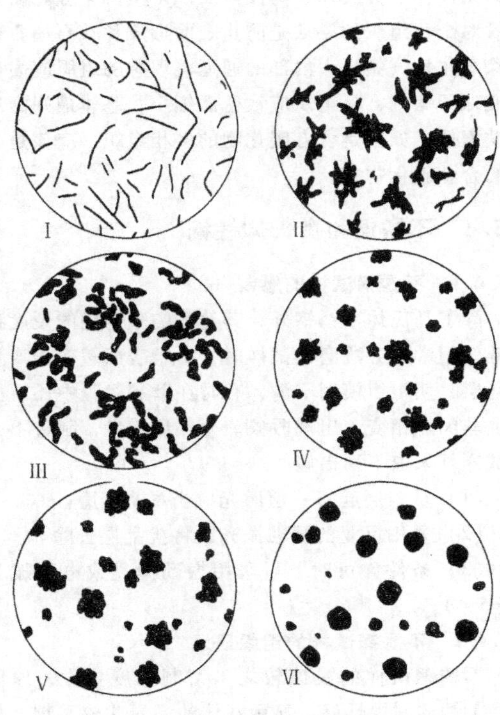

图 5-42　六种基本的石墨形状

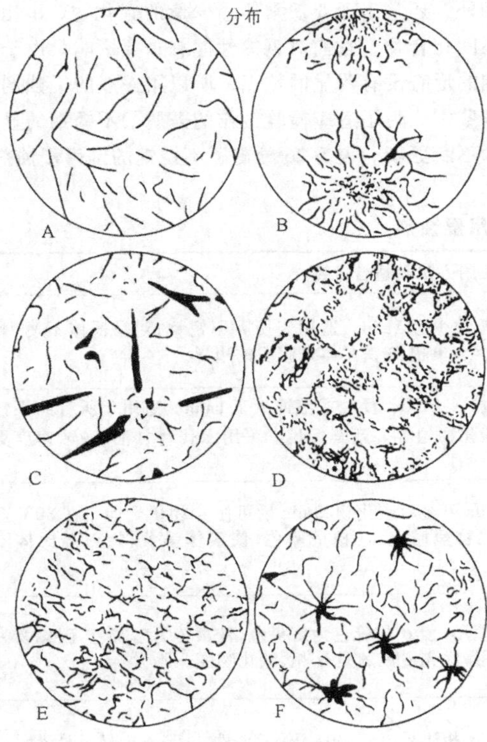

图 5-43　片状石墨的六种不同分布方式

表 5-24　石墨片的分布类型及其形成条件与性能

分布类型	形成条件与性能
A	亚共晶成分，过冷度不大（如壁厚大于 15mm）的砂型铸件。力学性能良好
B	接近共晶的亚共晶成分，过冷度较大，开始时细小的共晶石墨生长较快，呈辐射状，后因结晶潜热的放出使石墨片长大。由于石墨聚集，强度有所下降
C	过共晶成分，冷却较慢。力学性能显著恶化
D	碳、硅含量较低，冷却较快，石墨片虽然细小，但密集分布，对强度不利
E	形成条件与 D 型大致相同，只是石墨分布更具方向性，性能不如 D 型分布
F	过共晶成分，过冷度较大，具有一定的耐磨性，对活塞环等属正常的组织

表 5-25　铸铁的化学侵蚀剂

序号	成　分	使用方法及适用范围
1	$CuCl_2$　1～10g $MgCl_2$　4g HCl　2mL 乙醇　100mL	浸蚀，用于显示普通灰铸铁的共晶晶团，速度较慢，有时要浸蚀 2～3h
2	Cu_2SO_4　4g HCl　2ml 水　20mL	浸蚀，用于显示普通灰铸铁的共晶团尺寸
3	5%（质量分数）硝酸酒精溶液或 4%（质量分数）苦味酸酒精溶液	通用的显微侵蚀剂，显示铸铁的基体组织，如珠光体、铁素体、马氏体等
4	铁氰化钾　10g 氢氧化钾　10g 水　100mL	加热 70 ℃浸蚀，如用于鉴别磷共晶采用 10～30s，使 Fe_3P 染黑，而 Fe_3C 不变。如用于 $w(Cr)=30\%$ 的铸铁 2～3min
5	苦味酸　2g NaOH　25g 水　100mL	加热至沸腾状态下使用，使 Fe_3C 染黑，10s～2min，鉴别磷共晶
6	$FeCl_3$　10g 水　100mL	浸蚀 3～20s，适用于奥氏体铸铁
7	HNO_3　10mL HF　20mL 甘油　40mL	浸蚀 10～40s，适用于 $w(Si)=14\%\sim16\%$ 的高硅铸铁
8	HNO_3　10mL HCl　20mL 甘油　30mL	浸蚀，最多 20s，适用于高铬铸铁

磷共晶的数量及形态可按上述国家标准 GB/T 7216—2009 和 GB/T 9441—2009 予以评定。

3. 珠光体与碳化物的评定　铸铁中铁素体及珠光体的相对量应予以控制，铸铁的相关标准中有各类铸铁在 100 倍下的珠光体数量评级图。

灰铸铁组织，特别是球墨铸铁中会有一定数量的碳化物，可参阅国标进行评级。铸铁中自由碳化物大致有四种形状：针条状、网状、块状及莱氏体类型碳化物。有些碳化物外形与磷共晶相似，可采用染色法确定其中是否有 Fe_3P 相，以区别两者。

球墨铸铁常常要进行热处理，如退火、正火、调质及等温淬火等，球墨铸铁经等温淬火后综合性能较好。等温温度较高时得到以残留奥氏体和上贝氏体为主的奥贝球铁，其韧性很佳；当等温温度较低时可获得以高硬度的下贝氏体为主的组织。应该指出：球墨铸铁的组织对热处理加热温度及保温时间十分敏感。这是因为加热参数的变化会影响石墨碳的溶解，从而改变基体碳含量及组织形态。从这一点看，铸铁热处理的组织分析比钢更为复杂。在 JB/T 6051—2007《球墨铸铁热处理工艺及质量检验》中，对铸件热处理温度、加热时间及显微组织检验等都做了规定。

5.5.3.3　特殊铸铁

特殊铸铁包括耐磨、耐热和耐蚀等特殊性能铸铁。

这类铸铁中一般都含有大量合金元素，如 Al、Si、Cr、Ni 等，因此显示组织的侵蚀剂与普通铸铁不同，表 5-25 中列出了特殊铸铁所用的侵蚀剂。抗磨铸铁包括高韧性白口铸铁、中锰球墨铸铁、高铬白口铸铁等。总的要求是硬度高且组织均匀，基体组织可以为莱氏体、贝氏体、马氏体及残留奥氏体等。耐热铸铁对金相组织的要求是防止表面形成片状石墨，以消除氧化性气氛渗入内部的通道，理想的组织应为白口或球墨铸铁，且组织应致密而细小，基体最好为单相铁素体，如果是含有碳化物的多相组织，应该是稳定的合金碳化物相。

5.5.4　不锈钢和奥氏体锰钢

5.5.4.1　不锈钢试样的磨制

除了马氏体不锈钢外，其他各类不锈钢的硬度都较低。用常规方法磨制试样时，由于表面塑变而产生扰乱层，使组织模糊不清，有时在磨制过程中还可能发生马氏体相变，出现假象。为保证质量，制备不锈钢试样可采取下列措施：

（1）从粗磨起每一道磨光应当尽量轻磨。

（2）采用反复的浸蚀抛光，将扰乱层去除。

（3）条件许可时，可采用振动抛光或电解抛光（表 5-4）。

5.5.4.2　不锈钢试样的组织显示

不锈钢试样的浸蚀较之于磨制难度更大，原因是：①钢的耐蚀性好，显示基体的晶界比较困难，特别是奥氏体不锈钢、超低碳不锈钢等，常难以显示完整的晶界。②不锈钢的组织类型很多，除了不同的基体相外，还常出现 δ 铁素体，少量的碳化物、σ 相及金属间化合物，它们对钢的性能有重要影响。由于各个相的形态没有明显的特点，所以用一般的侵蚀剂常难以鉴别。为了适应检验工作的需要，不锈钢的显示技术不断更新。表 5-26 给出了不锈钢的常用侵蚀剂。

表 5-26　不锈钢的常用侵蚀剂

序号	成　分	使用方法及适合范围
1	苦味酸 1g HCl 5mL 乙醇 100mL	Vilella 试剂。常温下使用，浸蚀或擦蚀少于 1min。适用于所有不锈钢，对马氏体不锈钢、铁素体不锈钢特别适用。可显示碳化物、σ 相、δ 铁素体等组织的边界
2	HNO_3 10mL HCl 20～50mL 甘油 30mL	先将 HCl 和甘油彻底混合均匀，再加入 HNO_3，浸蚀或擦蚀少于 1min。适用于所有的不锈钢显示晶界，还可使 σ 相受蚀，显示碳化物边界。新鲜配用。可用水代替甘油，浸蚀速度更快。HCl 量高时可减少蚀坑
3	$K_3Fe(CN)_6$ 10g KOH 10g 或 NaOH 7g 水 100mL	Murakami 试剂。常温下浸蚀 15～60s 可显示碳化物，3min 后可使 σ 相稍受蚀。在 80℃ 至沸腾的溶液中浸蚀 2～60min 后，碳化物呈暗色，σ 相呈蓝色，铁素体呈黄褐色，奥氏体不受蚀
4	$K_3Fe(CN)_6$ 10～20g KOH 10～30g 水 100mL	改进的 Murakami 试剂。60～90℃ 使用，使 σ 相着色为红褐色，铁素体为暗灰色，碳化物为黑色，奥氏体不受蚀。若在室温下使用，优先受蚀的是 σ 相，碳化物变化不大
5	草酸 10g 水 100mL	6V，阴阳极间隔 25mm，6s 后显示出 σ 相边界，15～30s 显示碳化物，45～60s 显示晶界

（续）

序号	成　分	使用方法及适合范围
6	NaOH　20g 水　100mL	20V、20℃、阴极为不锈钢、5s 显示 δ 铁素体边界，并染成棕褐色，效果极佳。在 σ 相和碳化物中，后者优先受蚀
7	KOH　56g 水　60～100mL	1.5～3V、3～5s 显示 σ 相（红棕色）和铁素体（浅蓝色）。对奥氏体沉淀硬化钢可以使用 2V、5s，铁素体和 σ 相呈暗棕色，α′相由棕色至浅蓝色，能显示 Ni(Al,Ti) 的边界，$M_{23}C_6$ 为浅黄色，奥氏体不受蚀
8	HNO_3　60mL 水　40mL	直流 1.1V，0.075～0.14A/cm²，120s 电解侵蚀后显示奥氏体晶界，但不显示孪晶界，用于奥氏体不锈钢的晶粒度测定

下面对不锈钢的显示技术作几点说明：

（1）化学侵蚀时浸蚀、擦蚀均可采用，但擦蚀效果更好，能获得均匀的显示效果。

（2）当奥氏体不锈钢的晶界难以完整显示时，可采用 650℃、1h 的敏化处理，有利于显示晶界。

（3）采用有些化学侵蚀剂时应严格控制浸蚀条件，例如以铁氰酸盐为主的 Murakami 试剂在奥氏体不锈钢鉴别中可使不同的相着上不同的颜色，但相的色彩会随侵蚀剂成分、温度、浸蚀时间而改变。如表 5-26 所示，用标准的 Murakami（3 号）试剂及改进型试剂（4 号）在不同温度下进行浸蚀时，其着色效果不同。

（4）电解侵蚀在不锈钢检验中十分重要，无论是晶界的显示或相的鉴别，效果都明显优于化学侵蚀。例如，用表 5-26 中 8 号试剂电解侵蚀时可清晰显示晶界，却不显示奥氏体内的孪晶界。电解侵蚀剂作相鉴定时选择性、重现性及清晰度都十分好，在奥氏体及双相不锈钢中广泛应用。最常用的电解侵蚀液为 10%（质量分数）草酸水溶液（表 5-26 中 5 号试剂），不同相的显示顺序见表 5-26。质量分数为 20% 的氢氧化钠水溶液常用于显示马氏体不锈钢或奥氏体不锈钢中的 δ 铁素体。在 20V 的直流电源下，电解侵蚀 5s 可使铁素体呈棕褐色，并清晰显示其边界（图 5-44），非常适合于定量分析，这是化学侵蚀无法代替的。

（5）热染法在不锈钢检验中有很好的使用价值。试样先用 1 号试剂化学侵蚀显示边界，然后在空气中加热至 500～700℃（最好是 650℃），保温 20min 后即可使各相呈现不同的颜色，奥氏体着色比铁素体快，碳化物着色最慢。奥氏体蓝绿色，σ 相橘黄色，铁素体淡奶色，碳化物无色。在相鉴别的同时，各晶粒也产生一定颜色衬度，因而显示晶粒组织。应该说明，热染法获得良好效果的前提是表面应有高的抛光质量。

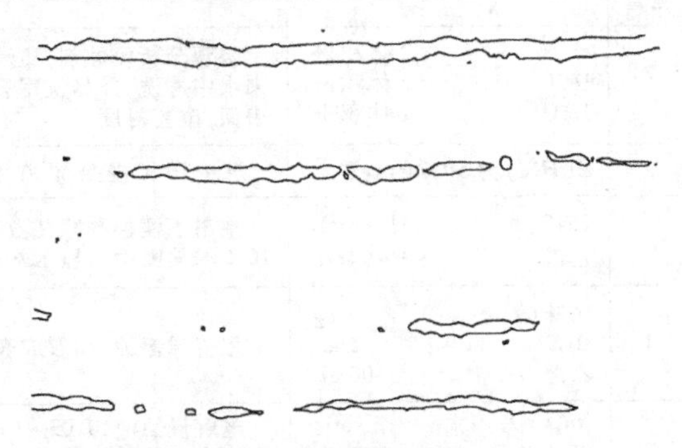

图 5-44　双相不锈钢经 NaOH 溶液电解浸蚀后的组织　320 ×

（6）奥氏体不锈钢若采用叠加浸蚀可有效地区分各个相。例如，先用表 5-26 中 1 号侵蚀剂，将各相的边界显示出来；然后用 10mol/L KOH 溶液（表 5-26 中 7 号试剂）在 3V 的直流电压下侵蚀 0.4s，使 σ 相轻微着色，但所有的碳化物不着色；最后采用浓的 NH_4OH 溶液在 6V 的直流电压下电解 30s，可使很多碳化物受蚀。

5.5.4.3　奥氏体锰钢

奥氏体锰钢即高锰钢，组织状态应为介稳定奥氏体。

高锰钢检验的一个重要内容是测定奥氏体晶粒尺寸。由于奥氏体是在凝固过程形成的，冷却时不发生重结晶，故晶粒尺寸取决于液体金属的过热程度和冷却速度，热处理并不会引起明显的晶粒长大，只是使晶界形态更加规则。一般情况下，高锰钢的晶粒尺寸很粗大，而且对铸件的截面尺寸很敏感，因此检验晶粒尺寸及分布特征最好用宏观法，表 5-27 推荐了两种宏观侵蚀剂及使用方法。测定时可采用对比法，在低倍下（如 25 ×）把晶粒与标准评级图（GB/T 6394—2002）对比，再依据表 5-14 转换为规定放大倍数的晶粒度。也可直接测定每个晶粒的平均直径，再计算晶粒度。高锰钢的晶粒度一般为负值，如 −3.8 级。

高锰钢的试样制备与常规材料相同，表 5-27 中介绍了几种高锰钢的侵蚀剂。显微组织中除奥氏体外，晶界上常有碳化物及小的珠光体晶团等析出物，它们也可能分布在晶内的树枝间，析出物的数量及尺寸随铸件的壁厚增加而增多、增大。韧化处理能使大多数碳化物溶解，但晶界仍会有残留的碳化物。显微组织对铸件尺寸极为敏感，由于高合金钢的导热性差，在厚截面处冷却速度往往不足，加上原始的偏析严重，这里的晶界及树枝间碳化物残留较多，所以在检验高锰钢显微组织时要特别注意取样部位。GB/T 13925—2010《铸造高锰钢金相》中对未溶碳化物、析出碳化物及其他检验项目都有标准图片，供评级参考。高锰钢经变形或使用后，奥氏体内会出现大量形变孪晶。

5.5.5　非铁合金

5.5.5.1　铝及铝合金

表 5-28 给出了铝合金常用的侵蚀剂。

表 5-27　高锰钢的侵蚀剂

序号	成　分	使用说明
1	水　2 体积份 HCl　2 体积份 H_2O_2　1 体积份	宏观分析侵蚀剂，显示晶粒大小。浸蚀或擦蚀 15～25s，侵蚀时表面形成一层黑膜，在自来水中冲洗，并尽快用软毛刷去除黑膜，用酒精冲洗，吹干，可喷一层快干的清漆，以保护表面，改善衬度
2	φ(HCl)为 50% 的盐酸	60～70 ℃浸蚀，再在水中冲洗擦净。宏观分析，显示晶粒大小及其他缺陷组织
3	HNO_3　1～6mL 乙醇　99～94mL	室温下浸蚀与擦蚀数秒，如表面形成浅的黄褐色薄膜，用棉球擦去或者浸于 φ(HCl)为 10% 的盐酸中。显示常规组织
4	苦味酸　1g HCl　5mL 乙醇　100mL	用棉球擦蚀，如形成表面薄膜可浸于 φ(HCl)为 10% 的盐酸中，显示常规组织
5	Na_2CrO_4　80g 丙醋酸　420mL	电解侵蚀液，0.03～0.05A/cm²，5～10V，5～10min，如表面出现波纹状，可选用较高的电流密度及较短的时间。显示晶界及退火、变形孪晶

表 5-28　铝合金常用的侵蚀剂

序号	成　分	使用方法及适用范围	序号	成　分	使用方法及适用范围
1	HF　1mL 水　200mL	擦蚀约 15s，侵蚀 40～50s。通用侵蚀剂，更适用于纯 Al 系列合金	5	HBF　4～5mL 水　200mL	用作阳极氧化电解液，以 Al、Pb、不锈钢作阴极，20V，dc，0.2A/cm²，40～80s，在显微镜下用偏振光检查效果后再作调整。用于 Al-Si-Cu、Al-Si-Mg、Al-Mg 合金
2	NaOH　1g 水　100mL	擦蚀 5～10s，适用于 Al-Mg-Si 系列合金晶界共晶相，显示晶界局部熔化现象	6	HNO_3　25mL 水　75mL	70 ℃下侵蚀 45～60s，适用于显示 Al-Cu 合金固溶处理态的过热，晶界上微弱的析出物能被辨认
3A	HF　2mL HCl　3mL HNO_3　5mL 水　190mL	Keller 试剂。侵蚀 8～15s，不要从表面去除腐蚀产物显示 Al-Cu、Al-Zn 合金的晶界或晶粒衬度	7	H_2SO_4　20mL 水　80mL	70 ℃下侵蚀 30s，鉴别第二相，特别是工业纯铝中 $FeAl_3$ 等
3B	3A 侵蚀剂　20mL 水　80mL	稀释的 Keller 试剂。使用前新鲜配用，侵蚀 5～10s，用于 Al-Zn 合金第二相鉴别及过热组织	8	H_3PO_4　10mL 水　90mL	50 ℃下侵蚀 1min 或 3～5min，鉴别第二相（Al-Cu、Al-Si 合金）
4	HF　2mL HCl　3mL HNO_3　20mL 水　175mL	新型 Keller 试剂。侵蚀 10～60s，不要从表面去除腐蚀产物。用于 Al-Zn 合金，鉴别其热处理状态，在固溶处理时（T4）晶界线及晶粒的衬度差比时效态（T6）明显	9	NaOH　2g NaF　5g 水　93mL	侵蚀 2～3min，显示晶界或晶粒衬度（Al-Cu、Al-Zn 合金），区分固溶处理态与时效态，前者更易使晶粒发暗，失去衬度

1. 铝合金的组织特点　工业上应用的铝合金都为共晶系合金，且大多数合金元素在铝中的溶解度随温度下降而降低。因此，铸态铝合金中一般均包括初生晶、共晶体以及少量从固溶体中析出的二次相及夹杂物等组成。通常，初生晶是以铝为基的固溶体，呈树枝状。二元共晶为两相弥散的混合物，其形态有粗大针片状、细层状或粒状、分枝状等。粗片共晶使力学性能降低，生产中常进行变质处理，可明显改善弥

散度。很多铝合金中共晶体的相对量较少，此时共晶体常呈离异态，其中的α相与基体相连，而另一相则单独沿树枝间分布（图5-45）。

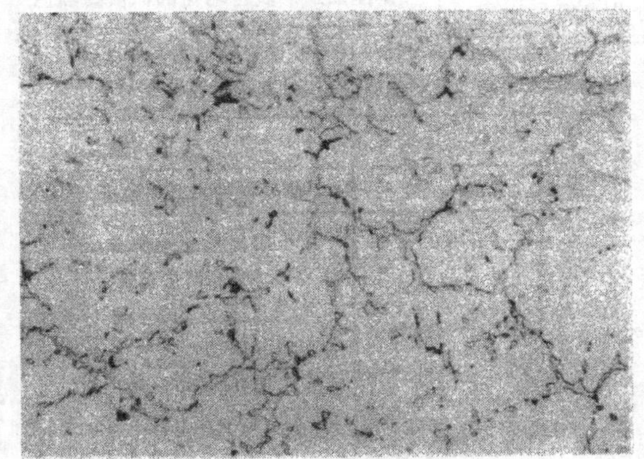

图5-45　Al-Mg合金铸态组织，共晶离异，Mg_2Al_3相分布于树枝间呈网状　100×

形变铝合金中铸态的组织特征已消失，第二相破碎后以颗粒状分布于基体上，所以各种铝合金的组织特征相似。

铝合金经固溶热处理后，原则上第二相应基本溶解，实际上由于成分偏析，当第二相完全溶解时已出现过热或过烧现象。时效处理后析出的细小第二相能否被光学显微镜鉴别，取决于合金成分及时效程度。

2. 晶粒大小的显示及评定

（1）晶粒大小的显示。通常铝及铝合金的晶界不易被显示，特别当合金含量较低时，化学侵蚀后往往只有浮凸感，在晶界处隐约形成台阶，但不能清晰显示晶界。此时只有选用阳极氧化显示技术（表5-28中5号侵蚀剂），在平面偏振光下观察，使各晶粒呈现不同的黑白衬度（图5-46）。观察时如加入1/4波片则效果更好。当合金元素含量较高时有可能采用化学侵蚀直接显示晶粒，显示的原理是：①利用合金中适量的晶界析出相显示晶界，如析出物过密，分布又均匀时（如退火态、热变形态），晶界就难显示。②对$w(Cu)$ >1%合金浸蚀时容易产生蚀坑，并在表面沉积一层铜薄膜，于是产生晶粒的颜色衬度。应该注意：显示晶界所需的侵蚀程度往往是最重的，因此这一项目的检验应安排在其他金相分析工作都完成后再进行。

（2）晶粒大小的测定。由于变形铝的退火往往是不完全的，因此铝的晶粒尺寸常是非等轴的，或是再结晶晶粒与变形晶粒共存，在评定晶粒尺寸时难以用常规的晶粒度等级来表达，而是采用单位面积的晶粒数表示晶粒大小。其次必须对空间三维的标准截面进行测定，给出数据，或者应该标明晶粒的长、宽比。

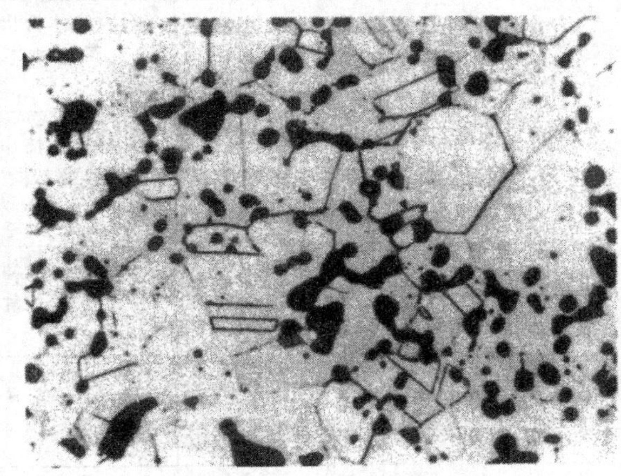

图5-46　阳极氧化显示的超纯铝晶粒组织　200×

3. 第二相的鉴别　铝合金中有多种第二相，其中有些相对合金性能有重要影响。鉴别这些相，了解它们的数量、形态及分布对于控制铝合金的质量十分重要。尽管电子探针已能准确地测定它们的成分，但工厂中大量的相鉴定还是利用光镜，并借助各种侵蚀剂进行分析。相鉴别工作主要在铸态下进行。分析时先在抛光态下观察其固有色彩及抛光后产生的浮凸（它反映了第二相的硬度），然后再用侵蚀剂区分它们。侵蚀剂的作用有以下几种情况：①对基体及第二相均无作用。②对基体及第二相的浸蚀速度不等，因而显示第二相，但不改变颜色。③第二相表面产生蚀坑，造成表面粗糙而发暗，在极端情况下第二相完全分解，留下黑洞。④在第二相上形成失去光泽的薄膜，使之完全改变颜色。

表5-29给出了铝合金常见相的外形、侵蚀前的色彩及有助于鉴别的侵蚀方法。

表5-29　铝合金中常见相的金相鉴别

相及其代号	能溶入相中的元素	外　形	侵蚀前的特点	有助于鉴别的侵蚀方法
Si	—	一次晶为多边形，共晶为片状、细片状或分枝状	浅蓝灰色	未经腐蚀下最易鉴别，1号侵蚀剂（擦蚀）能使颜色变淡
Mg_2Si	—	共晶形成分枝状，加热时易粗化	浅蓝色，较Si略深，有时呈亮蓝、黑或其他颜色	未腐蚀态易鉴别，酸性侵蚀剂下严重受蚀，并发生分解

（续）

相及其代号	能溶入相中的元素	外　形	侵蚀前的特点	有助于鉴别的侵蚀方法
$MgZn_2$ 或 η(Mg-Zn)	与 Cu、Mg、Al 互溶	一次晶呈圆形或不规则状,共晶呈层状	白灰色抛光后无浮凸出现	3B 侵蚀剂下获得均匀的深灰到黑色
$CrAl_7$	Fe、Mn 能置换 Cr 原子	一次晶为伸长的多边形	浅的金属灰色	在所有侵蚀剂下不发生变化
$CuAl_2$ θ(Al-Cu)	—	除固溶体析出相外,呈圆形或不规则形	浅粉红色	在 1 号、3A 及 8 号(1min)侵蚀剂下保持明亮和清晰,6 号使之变深,宜用于鉴别微细晶界相
$FeAl_3$	Cr、Mn、Cu 能置换 Fe 原子	共晶体呈长片状或星形偏聚态,不易粗化	浅金属灰,较 $FeSiAl_{12}$ 稍暗	7 号侵蚀剂使之溶解、变黑;在高 Cu 合金中,8 号侵蚀剂(1min)使之呈深褐到蓝黑色;在 Al-Cu-Mg-Zn 合金中,3B 侵蚀剂使之呈中等褐色或灰色,粗糙
$FeAl_6$	介稳定相(当不存在 Mn、Cu 时出现)	仅在高的冷却速度下得到,呈细片状共晶	尺寸过细,不易识别	7 号侵蚀剂下不受蚀,1 号侵蚀剂擦蚀后变深
Mg_2Al_3 或 Mg_5Al_8 β(Al-Mg)	—	呈圆形或不规则形	白色,比基体淡,也可变成黄色或棕褐色,无浮凸	碱性侵蚀剂下无作用,酸性侵蚀剂下形成蚀坑
$MnAl_6$	Fe 可置换 Mn 原子	一次晶或粗的共晶为空心或实心的平行四边形,细共晶呈分枝状	淡金属灰	8 号侵蚀剂对该相无作用
$Cr_2Mg_3Al_8$ T(Al-Cr-Mg) E(Al-Cr-Mg)	—	通常从固溶体中析出,或从 $CrAl_7$ 包晶反应中析出	很淡的金属灰	6 号、7 号侵蚀剂使之强烈受蚀
Cu_2FeAl_7 β(Al-Cu-Fe) N(Al-Cu-Fe)	—	在共晶中呈长片状	很浅的金属灰,仅略深于 $CuAl_2$	3B 与 8 号侵蚀剂(1min)侵蚀时能显示,但无颜色衬度,故可与其他同时出现的富 Fe 相鉴别开来
$CuMgAl_2$ 或 $Cu_2Mg_2Al_5$ S(Al-Cu-Mg)	—	与 $CuAl_2$ 很相似	比 $CuAl_2$ 略灰,抛光时容易失去光泽,呈褐色或黑色	3B 与 8 号侵蚀剂(1min)使之粗糙变暗;3A 侵蚀剂使此相变暗,但 $CuAl_2$ 不变;6 号侵蚀剂可使之显示晶界析出
$CuMg_4Al_5$ T(Al-Cu-Mg) C(Al-Cu-Mg)	—	不规则圆形	很浅的黄色	与其他富 Mg 相相同,在酸性侵蚀剂下很快受蚀,碱性侵蚀剂无作用
$Fe_2Si_2Al_9$ 或 $FeSiAl_5$ β(Al-Fe-Si)	—	共晶为片状,形变合金中保留片状	浅的金属灰色	1 号侵蚀剂使之受蚀变暗,7 号侵蚀剂使之受蚀并分解
$Cu_2Mg_8Si_6Al_5$ Q(Al-Cu-Mg-Si) λ(Al-Cu-Mg-Si) η(Al-Cu-Mg-Si)	—	四元相,共晶体中呈不规则片状	浅金属灰,比 $CuAl_2$ 略暗	8 号侵蚀剂(1min)侵蚀无作用,与 $CuAl_2$ 的衬度差与未侵蚀时相同
$FeMg_3Si_6Al_8$ θ(Al-Fe-Mg-Si) π(Al-Fe-Mg-Si) η(Al-Fe-Mg-Si)	—	四元相,共晶体中呈不规则片状	很浅的金属灰,浮凸不明显	1 号侵蚀剂无作用,因此可与 $Fe_2Si_2Al_9$ 区分
CuMgAl	同 $MgZn_2$			
$Mg_3Zn_3Al_2$	同 $CuMg_4Al_5$			

注：本表中所用的侵蚀剂编号与表 5-28 相同。

5.5.5.2　铜及铜合金

铜及铜合金的常用侵蚀剂见表 5-30。

表 5-30　铜及铜合金的常用侵蚀剂

序号	成　　分		使用方法及适用范围
1	NH_4OH H_2O H_2O_2	20mL 0 ~ 20mL 8 ~ 20mL	擦蚀，小于 1min。其是纯铜和黄铜最常用的侵蚀剂，对 α 黄铜有明显的晶粒反差
2	$FeCl_3$ HCl 水	5g 0 ~ 50mL 100mL	适用于所有铜合金，使黄铜中的 β 相呈暗色。对于 Cu-Pb 合金（包括高 Sn 的青铜），盐酸宜采用 50mL
3	$K_2Cr_2O_7$ H_2SO_4 NaCl 饱和水溶液 水	2g 8mL 4mL 100mL	适用于很多铜合金，对铜合金的钎焊或其他焊接结构的检验很有效，必要时可叠加其他侵蚀剂的侵蚀，NaCl 水溶液可以用几滴盐酸取代
4	CrO_3 的饱和水溶液 （每 100mLH_2O 约 60g）		能显示铜及各种铜合金的组织，5 ~ 30s
5	过硫酸铵 H_2O	10g 100mL	用于铜及铜合金的通用侵蚀剂，侵蚀 3 ~ 6s，显示晶界

1. 铜合金的组织特点　黄铜和青铜是工业上用量最多的铜合金。

黄铜可分为单相及双相两大类。单相 α 黄铜在铸态下常有树枝偏析，经形变退火后偏析消除，成为有退火孪晶的均匀晶粒组织。（α + β′）两相黄铜中 α 相是在冷却过程中从 β 相中析出的，其形态与工艺条件有关。铸态时，α 相是粗大的魏氏组织；热加工缓冷后 α 相是均匀的等轴晶粒；快冷时则形成细针状的魏氏组织。各种侵蚀剂，除 NH_4OH 和 H_2O_2 水溶液外，都优先侵蚀 β 相，使其变黑，而 α 相仍保留白亮色。

锡青铜、铝青铜及铍青铜组织有共同特点，均以 α 固溶体为主加上少量共晶或共析体。锡青铜为 α +（α + δ）共析体；铝青铜为 α +（α + γ_2）共析体；铍青铜为 α +（α + β）共析体；锡磷青铜为 α +（α + Cu_3P）共晶体 +（α + δ + Cu_3P）共析体。锡青铜的另一特点是偏析严重，组织与相图差别大。这是由于：①相图的液、固线间隔大。②锡的扩散很慢。铝青铜则偏析很轻微，低倍观察时组织形貌与两相黄铜相近，在高倍时方可看到（α + γ_2）共析体。铍青铜一般都在固溶处理后的时效态使用，固溶处理后呈均匀的单相组织。经时效后在晶内或晶界上析出 CuBe 第二相，它们的尺寸很细，光镜下能隐约见到点状第二相沿滑移线排列的迹象，众多的第二相使组织显得模糊不清，其细节只能在电镜下分辨。

2. 铜合金的夹杂物检验　对夹杂物类型及特征的分析，在铜及铜合金显微检验中逐渐受到重视，因为夹杂物直接影响了铜的成形性和加工性。夹杂物的检验可以在抛光态下进行，也可用氢氧化铵溶液（表 5-30 中 1 号试剂）短时擦拭一下抛光表面，使夹杂物显示更为清晰。

硫和氧都能在铜中形成（Cu + Cu_2S）和（Cu + Cu_2O）共晶体，Cu_2S 和 Cu_2O 均为脆性化合物，冷加工时易破裂，因此对铜中的氧、硫含量有严格的规定。除了化学分析外，用金相法可以大致了解铜中杂质的含量。在普通光照明时，氧化铜和硫化铜不能区分，均呈蓝灰色；但在偏振光照明时，氧化铜呈鲜艳的红宝石色，从而把两者分开。在铸态时可与不同氧含量的标准金相图片对比，以评定铜的氧含量。

铜中微量铋与铅能与铜形成（Cu + Bi）或（Cu + Pb）共晶体，其中铅与铋均与共晶离异，但分布的形态不同。铋在晶界呈网状分布，从而导致明显的热脆，而微量铅在晶界连续分布的趋势不如铋严重，如在凝固前进行搅拌可使 Pb 以微粒状分布于基体上，故少量铅可作为合金元素改善切削加工性能。

5.5.5.3　钛及钛合金

1. 金相组织特点　纯钛有同素异构转变，低温为密排六方的 α-Ti，高温则转变为体心立方的 β-Ti，所以钛合金的组成相基本为 α 和 β 相。钛合金的组织类型有三类：α 相钛合金、α + β 相钛合金、β 相钛合金。尽管钛合金的相组成简单，但组织形态却是多变的，对于同一成分的钛合金而言，其组织也会随热加工的历史（加热温度、变形量、冷却方式等）而变化。分析组织时首先要分辨 α 相的两种形态：等轴 α 相及针、片状 α 相。这

两种 α 相的形成机理不同，对性能的影响也不同。等轴 α 相是在加热及保温时形成的，如 α 相在高温下经热变形或再结晶过程，以及在加热温度下未溶的 α 相均呈等轴状。相反，在冷却过程中由 β 相转变而得的 α 相则呈针片状，类似魏氏组织的形态，又称二次 α 相或转变 α 相。针片的粗细取决于冷却条件，空冷较炉冷的针片更细，有时以一定的角度分布呈“筐篮”结构。掌握了两种 α 相的形态后，β 相就容易分辨了。β 相通常作为基体相，其上分布着针片状的 α 相，呈两相混合组织，通常又称为转变的 β 相基体。图 5-47 所示为钛合金的组织，图 5-47a 所示为细针状，故是加热至高温 β 相区空冷而得的单相 α 钛组织；而图 5-47b 所示为等轴状 α 及转变的 β 基体，故该合金为 α + β 型，加热至 α + β 相区进行热加工而得。两相钛合金组织检验方法已颁布了

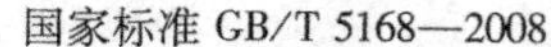

国家标准 GB/T 5168—2008。

如对 α + β 型合金加热后进行水淬，β 相可能发生马氏体相变而得到马氏体。其外形与针状 α 相相似，只是针更细、边界更直，若与 α 相难以区分时可进行回火处理，这样可使过饱和固溶体中第二相析出，从而使针状马氏体颜色变暗。

2. 钛合金的组织显示　钛合金的组织显示比较容易，表 5-31 中列出了钛合金的常用侵蚀剂，大多数侵蚀剂是 HF 和 HNO_3 的水（或甘油）溶液，其中 HF 起侵蚀作用，而 HNO_3 使表面发亮。最常用的为 Kroll 试剂（表 5-31 中 1 号），它可显示组织细节，以擦蚀效果为佳，必要时可加入 H_2O_2 以减慢侵蚀速度，得到更好的效果。

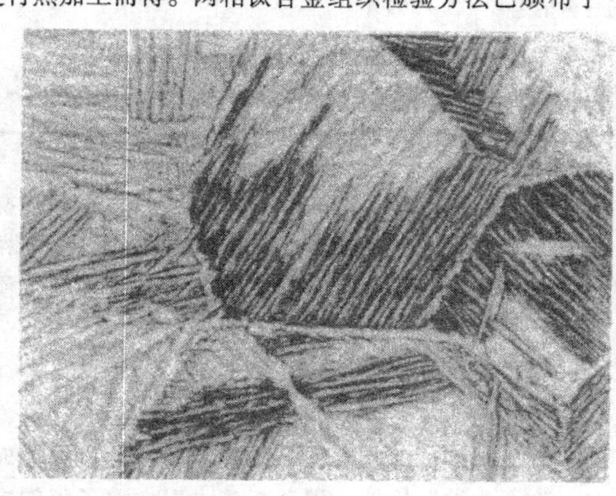

a)

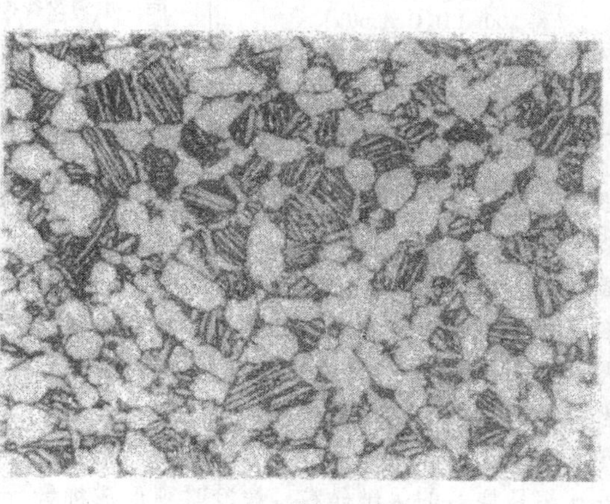

b)

图 5-47　钛合金的组织

a）α 相钛合金（TA7），于 1170℃加热 30min 后空冷　100×

b）（α + β）型钛合金，经 α + β 两相区内锻造后的组织 375×

表 5-31　钛合金的常用侵蚀剂

序号	成分		使用方法及适用范围
1	HF HNO_3 水	1～3mL 2～6mL 1000mL	Kroll 试剂，是钛合金最常用的侵蚀剂，效果最佳。擦蚀 3～10s 或浸蚀10～30s
2	HF HNO_3 水	2～5mL 10～12mL 85mL	钛合金的通用侵蚀剂
3	NaOH H_2O H_2O_2	6g 60mL 10mL	先将 NaOH 水溶液加热至 80℃，再加入 H_2O_2。能使 α 及 β 相产生好的反差，适用于多数钛合金
4	KOH H_2O_2 H_2O	10mL 5mL 20mL	能使 α 相染黑
5	HF HNO_3 H_2O	2mL 4mL 94mL	显示 Ti-13V-11Cr-3Al 合金的时效组织

由于 α 相是密排六方，对偏振光敏感，而体心立方的 β 相在偏振光下始终为暗色，因而利用正交偏振光对 α + β 型钛合金进行相分析的效果很好。

5.5.5.4　轴承合金

滑动轴承可以由单一金属组成，也可由双层或三层金属材料复合组成。除了钢背以外，轴承材料都较软，适合作轴承材料的有铅基、锡基的巴氏合金、铜铅合金以及各类青铜、铝锡合金等。制备轴承合金金相试样时应注意：

（1）对于有钢背的试样，由于两种材料硬度相差悬殊，软材料极易磨去，为减少软层磨损量，磨制试样时磨、抛方向应垂直于界面，并从钢的一侧磨向软金属。切样时，应尽量减少钢背的相对厚度。

（2）为减少磨痕，精抛后不要用磨料，且要把抛光布的磨料在温水中洗净。应尽量缩短抛光时间，

以防止铅微粒在抛光时脱落，同时也可减轻硬、软材料间的浮凸。

(3) 轴承材料所用的侵蚀剂与常规材料相近，如铜铅或青铜类可采用 NH_4OH 和 H_2O_2 水溶液，Al 合金用 0.5%（体积分数）HF 水溶液，铅基、锡基采用 5%（体积分数）硝酸酒精溶液。

轴承合金的显微检验项目大致有：

(1) 锡基、铅基合金中硬质相的尺寸及分布。由于硬质相很脆，如尺寸粗大在工作过程中容易剥落，增加轴颈和轴瓦的磨损，一般硬质相的边长应控制在 0.08～0.15mm 范围内，形状以规则为宜，分布应均匀。此外，为防止重力偏析，常在合金中加入 Cu，形成星形的骨架，它也是脆性相，要求它们在基体上呈细而短的针状，均匀分布。

(2) Cu-Pb 合金中主要检验铅的形态及分布。粉末冶金试样中的铅多呈粒状，但铸态下铅有点块状、树枝状和网状三种形态，取决于铅含量、浇注温度和冷却速度。当铅呈连续网状分布时极易剥落，应该避免。

(3) 合金层与轴瓦底材的结合。如结合不良，在轴瓦受到冲击时容易剥落，这一现象在采用双金属轧制工艺成形时特别容易出现。应该注意：由于两层硬度差异，再加上磨、抛时间过长，使界面呈现浮凸，低倍光镜下成一条黑的粗线，容易误判为结合不良，应在高倍下仔细观察结合特征。

5.5.6　粉末冶金材料与硬质合金

粉末冶金材料的显微检验方法及分析思路与常规材料基本相同，但也存在一些特殊性。

5.5.6.1　粉末冶金材料

1. 试样的制备　由于存在着气孔，增加了制样的难度，为获得良好的金相试样，制样时应注意以下几方面：

(1) 取样。粉末冶金材料比较疏松或软硬不均，用普通砂轮切割容易粘砂轮或使材料破损，最好采用手锯或车床切割，条件许可时采用低速金刚石砂轮片切割更好。此外，由于制品中空隙分布不均匀，故应注意切取试样的部位。

(2) 清洗。要仔细地去除试样空隙中的异物，如金属微粒、油污或磨料等，清洗方法可用超声波清洗器。

(3) 充蜡与镶嵌。制备高质量试样时应进行充蜡处理，把试样浸泡在 175℃ 左右的熔融蜡液中 2～4h，最好先在真空下保持 30min，使气孔中的空气逐渐在蜡液中排除，然后再在常压下保证蜡液流入气孔中，冷却后除去表面蜡层即可进行镶嵌和磨制。充蜡处理可以防止磨料、侵蚀剂及水分在制样过程钻入气孔，从而保证良好的制样质量。

(4) 细磨、抛光。宜采用短毛或无毛的布料（如尼龙等），抛光时间不宜过长，否则容易改变气孔的真实形态，使之变圆、变大。抛光时，应经常旋转试样，以防止顺着磨制方向产生拖尾现象。此外，在磨、抛初期有的气孔轮廓往往被闭合，为显示真实的气孔外形，可在细磨时用侵蚀剂浸蚀试样表面，然后继续磨抛，即采用侵蚀和磨、抛交替进行的操作。

(5) 组织的显示。侵蚀方法和侵蚀剂与常规材料大致相同，例如钢、铁制品采用硝酸酒精溶液或苦味酸酒精溶液，不锈钢采用硝酸、盐酸的甘油溶液（表 5-26 中的 2 号试剂），青铜采用 4%（质量分数）三氯化铁水溶液或重铬酸钾水溶液（表 5-30 中的 2 号、3 号试剂），黄铜采用氢氧化铵、过氧化氢水溶液。然而由于气孔的存在使侵蚀速度明显增快，所以可将溶液浓度适当降低。侵蚀时应掌握好程度，如过度侵蚀会使组织中的表观气孔率明显增高，从而导致不正确的分析结果。

2. 显微组织的检验　对显微组织的检验有以下内容：

(1) 气孔。粉末冶金材料与常规材料的最大差别是存在着气孔，气孔在抛光态下检验。气孔的数量、大小、形状及分布，对粉末冶金制品的性能有重要的影响。气孔的特征主要取决于：①原始粉末的形状、尺寸、尺寸分布、变形能力等性质。②压坯方法及压力大小。③烧结气氛、温度、时间及加热速度。④低熔点组元的数量等。

气孔明显降低了制品的力学性能，因此气孔的数量要少、尺寸要小、分布应均匀。理想的气孔形态是颗粒状的、尽可能避免月牙形或棱角形。图 5-48 所示为 $w(Cu)=31.5\%$ 的 Cu-Ni 合金粉末冶金制品的组织，多数气孔呈球形。但对于另一类制品，如含油轴承或过滤材料，气孔是极为重要的组成体，应有足够的数量并且应相互连通，如青铜的过滤器，气孔率高达 28%，采用球形粉末烧结而成。还有一些制品是用液相烧结工艺制成，烧结时低熔点粉末填充在高熔点粉末周围，故最终组织不再存在气孔，如 Fe-Cu 合金、硬质合金、难熔金属等，这将明显地改善制品的强度和韧性。

(2) 颗粒的结合程度。如烧结不足会存在较多的原始粉末颗粒的边界，这一边界与晶界的特征不同，边界常常是不连续的，且常伴有第二相。对于铁基材料在 200 倍视域下，不允许发现 5 条原始粉末的颗粒边界。通常颗粒结合程度是考核烧结工艺的重要参量。

(3) 组织的均匀性。烧结时如扩散不充分，会导致颗粒的表面和心部组织不均匀。例如青铜制品中原始 Cu 颗粒的心部或者局部区域会呈现红色，且晶

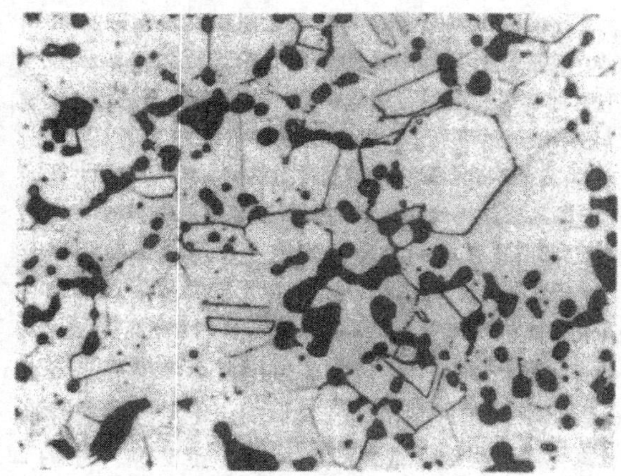

图5-48　w(Cu)　=31.5%的Cu-Ni合金粉末冶金制品的组织　150×

注：压坯密度为8.5g/cm³（95%理论密度），在1175℃的氢气中烧结20min。

粒大小也明显不均匀。

（4）外来颗粒的检查。如有较多的与组织无关的外来颗粒，表明原料粉的纯度不够。

（5）检验烧结后的金相组织是否与所期望的组织及成分一致。例如，钢制品中的化合碳（即Fe_3C）、珠光体、石墨、铁素体等。

（6）对于液相烧结应检查低熔点组元的填充程度，即润湿的好坏。

5.5.6.2　硬质合金的检验

1. 试样制备　由于硬质合金材料非常硬，故磨痕难以消除，制样难度大。首先要仔细地进行磨样，为了确保合金的真实组织，应有足够的磨削量，磨料应选用金刚石粉。通常经细金刚石砂轮细磨后，再在细毛毡盘或纸盘上用粒度逐渐减小至1μm的金刚石研磨膏或金刚石粉进行抛光。

2. 气孔率或自由碳测定　在抛光态下进行，可依据国家标准GB/T 3489—1983评定级别，在100～200倍下检查。按气孔的尺寸分为A、B、C三组，每一组又按体积分数评级，有标准图片可供参考。

3. 显微组织及相的鉴定　硬质合金的组织很细，一般要在1000～1500以上的倍数下进行检验，检验方法可依据GB/T 3488—1983进行。

在WC-Co系硬质合金中的主要组成相为WC、复合碳化物（Ta、Ti、Nb、W）C，有时还存在W_2C及η相。金相检验的任务就是区分各个相，测定碳化物相的形状、尺寸及数量，以及粘结剂的相对量。鉴定各个相的原理是基于各相对侵蚀剂的反应速度不一致。硬质合金最常用的侵蚀剂为Murakami试剂（表5-32中1号试剂），不同相对该试剂的反应速度按下列顺序依次增快：Co→WC→(Ta、Ti、Nb、W)C→W_2C→η。鉴定时推荐如下的步骤：

（1）用Murakami试剂进行3s的短时侵蚀，通过观察是否有η相很快受蚀，从而可以确定试件中有无η相。η相是硬质合金脱碳的产物，应该避免。

表5-32　硬质合金的侵蚀剂

序号	配　方	使用说明
1	$K_3Fe(CN)_6$　10g NaOH　10g H_2O　100mL	Murakami试剂擦蚀试样 120s显示WC；30s显示(Ta、Ti、Nb、W)C；3s显示η相；0.3s显示W_2C
2	$FeCl_3$　3g H_2O　100mL	新鲜配用，擦蚀试样10s
3	H_2O_2　20mL H_2O　80mL	新鲜配用，适用于TiC-Ni硬质合金

（2）用同样的试剂侵蚀2min，可显示组织的全貌，Co粘结基体未受蚀，呈白亮色；WC和复合碳化物受蚀，两者受蚀速度相差不大，但形态不同。WC为规则的多边形状，而复合碳化物略带圆形。于是合金中各组成体便区分开来。如果有条件采用扫描电镜分析组织则效果更好。W_2C是WC粉末生产过程的中间产物，W_2C对Murakami试剂极为敏感。为检验原料粉末中是否混有W_2C，应将试剂稀释至原始浓度的1/10，如有W_2C存在，则经10s短时侵蚀即可显示，30s的浸蚀已可将该相完全溶解。Murakami虽可显示硬质合金的组织，但WC晶粒与粘结相之间的色差很小，用这种图像作定量分析不理想，故在测定Co粘结相的体积分数时应改用$FeCl_3$饱和水溶液，使Co相优先受蚀，呈现黑色，这样便与硬质相可完全区分开来。

对于用Ni-Co做粘结相、TiC为硬质相的合金而言，如采用Murakami试剂时，表面会留下一层反应产物，影响观察效果，建议采用表5-32中3号侵蚀剂。

5.6　热处理质量及缺陷组织检验

材料经热加工，特别是热处理后，其内部的显微组织将发生变化，这常常是判断热加工及热处理质量的重要依据。金相检验的内容和项目十分广泛，如热处理后晶粒大小的评定、球化退火后粒状珠光体的评定、加热缺陷组织的评定、偏析组织的评定、化学热处理层深及组织的评定、组织中两相相对量的评定等。具体的检验项目取决于材料的种类及技术要求。为了适应检验工作的需要，已制定了一系列国家标准、专业标准及其他标准，作为检验的依据。表5-33列出了热处理组织检验的部分标准。本节仅就金属材料热处理质量检验和组织缺陷的若干共性问题作简要介绍。

表 5-33　热处理组织检验的部分标准

标准编号	标准名称
GB/T 15749—2008	定量金相测定方法
GB/T 13298—1991	金属显微组织检验方法
GB/T 13299—1991	钢的显微组织评定方法
GB/T 13302—1991	钢中石墨碳显微评定方法
GB/T 13305—2008	不锈钢中 α—相面积含量金相测定法
GB/T 11354—2005	钢铁零件渗氮层深度测定和金相组织检验
GB/T 10561—2005	钢中非金属夹杂物含量的测定—标准评级图显微检验法
GB/T 9451—2005	钢件薄表面总硬化层深度或有效硬化层深度的测定
GB/T 9450—2005	钢件渗碳淬火硬化层深度的测定和校核
GB/T 3480.5—2008	直齿轮和斜齿轮承载能力计算　第5部分:材料的强度和质量
GB/T 6394—2002	金属平均晶粒度测定法
GB/T 5617—2005	钢的感应淬火或火焰淬火后有效硬化层深度的测定
GB/T 5168—2008	α-β 钛合金高低倍组织检验方法
GB/T 14979—1994	钢的共晶碳化物不均匀度评定法
GB/T 9943—2008	高速工具钢
GB/T 1299—2000	合金工具钢
GB/T 1298—2008	碳素工具钢
GB/T 224—2008	钢的脱碳层深度测定法
JB/T 9204—2008	钢件感应淬火金相检验
JB/T 9211—2008	中碳钢与中碳合金结构钢马氏体等级
JB/T 9205—2008	珠光体球墨铸铁件感应淬火金相检验
GB/T 18592—2001	金属覆盖层　钢铁制品热浸镀铝技术条件
JB/T 8420—2008	热作模具钢显微组织评级
JB/T 7713—2007	高碳高合金钢制冷作模具显微组织检验
JB/T 7709—2007	渗硼层显微组织、硬度及层深检测方法
JB/T 6051—2007	球墨铸铁热处理工艺及质量检验
JB/T 5074—2007	低、中碳钢球化体评级
JB/T 5069—2007	钢铁零件渗金属层金相检验方法

5.6.1　偏析与带状组织

1. 结构钢　金属材料在凝固过程中难免会形成树枝偏析,经热加工后树枝偏析变成条带偏析,即杂质元素和合金元素的浓度在相邻的条带内分布不均匀。这既影响了各条带的转变温度,又使各条带的淬透性不同,因此奥氏体化后的冷却过程中,各条带的转变产物不同,形成带状组织。不同冷却速度下带状组织的类型及程度也有所差异,慢冷时铁素体和珠光体的条带分布十分明显;正火有相同的带状组织类型,但带状程度有所减轻;淬火得到另一种类型的带状组织,如马氏体和铁素体或马氏体和(马氏体 + 托氏体)的带状组织。带状组织会恶化钢的切削加工性能,也造成钢材纵、横向上性能的差异。结构钢的带状组织检验可依据 GB/T 13299—1991 进行,主要是针对铁素体和珠光体型带状组织的情况,按含碳量的不同有三套评级图片[w(C) < 0.15%、w(C) = 0.15% ~ 0.30%、w(C) = 0.30% ~ 0.50%],主要以铁素体或珠光体条带宽度、连续性及视域下的贯穿程度而分成不同级别。

2. 工具钢(包括轴承钢)　工具钢的偏析主要表现为碳化物的不均匀性。

对碳素工具钢、低合金工具钢及轴承钢的碳化物不均匀性有以下两种类型:

(1) 网状碳化物。如球化退火前正火的加热温度不够或冷却速度不足，则会在原奥氏体晶界处形成半网状或网状碳化物。它们使钢的韧性大幅度下降，热处理时也容易开裂，所以在退火状态应严格控制，并按 GB/T 1299—2000 进行检验。

(2) 带状碳化物。合金工具钢如浇注工艺不当、锭型不合理会使凝固偏析加剧而出现共晶碳化物，又称液析碳化物，经热变形后破碎为不规则块状，呈带状分布。它的危害性很严重，粗大的碳化物使钢变得很脆，容易引起淬火开裂，也使轴承钢的耐磨性和接触疲劳性能下降。

高速钢及其他高合金工模具钢铸态下存在大量共晶碳化物，热加工虽然能打碎共晶莱氏体，但仍存在不同程度的碳化物不均匀性，并含有较大的共晶碳化物颗粒，其分布特征为沿加工方向的带状，有时甚至还保留原始共晶体的网状。影响碳化物分布的主要因素是热加工工艺，其次是钢的化学成分。钨系高速钢的碳化物不均匀性比钨钼系严重。GB/T 14979—1994《钢的共晶碳化物不均匀度评定法》中规定了金相试样应取在纵截面上的直径方向（或对角线方向）的 1/4 处，在 100 倍下评定。标准提供了六套评级图，各按碳化物带宽及网的完整程度分为 8 个等级。六套评级分别适用于合金工具钢、高温轴承钢、高碳铬不锈钢以及不同尺寸和不同压力加工工艺和钨系和钨钼系高速钢。此外，在 GB/T 9943—2008《高速工具钢》中也列出了钨系和钨钼系高速钢大块碳化物的评级图。

最后应说明的是，各类工具由于形状、尺寸及工作条件的不同，对碳化物不均匀性的级别控制也不同，各厂可有自己的标准。

5.6.2 过热与过烧

过热与过烧是金属材料热加工及热处理时的常见缺陷，过热引起晶粒过分长大（可达 1～2 级以上），过烧则产生局部熔化。过热会明显降低钢的力学性能，过烧使零件报废。下面介绍不同材料过热与过烧的特征。

1. 结构钢　结构钢的过热有以下两种情况：

（1）当结构钢热处理加热温度过高，或锻造时终锻温度偏高（在 1000℃以上），而锻造变形量不大、锻后冷却又较慢时，晶粒很快长大。对碳钢而言，空冷时会出现粗大的魏氏组织铁素体与珠光体。在 GB/T 13299—1991《钢的显微组织评定方法》中推荐了过热魏氏组织的评级标准，它是依据针状铁素体数量、尺寸和铁素体网所确定的奥氏体晶粒大小来评定的，包括了不同碳含量（质量分数为 0.15%～0.30%、0.30%～0.50%）的两套评级标准。对一些低合金钢，过热后空冷会局部出现较粗的贝氏体和马氏体，在最终热处理淬火时过热引起粗大的马氏体针。对于过热组织可以采用热处理纠正。如果是普通碳钢用一次正火（≈950℃）即可，对出现粗大贝氏体或马氏体组织的合金结构钢最好采用退火。

（2）如果锻造加热温度过高（≈1350℃），这时不仅引起奥氏体晶粒粗大，还会引起夹杂物 MnS 在加热时的溶解，所以冷却时 MnS 便沿着奥氏体晶界重新析出，呈微粒状。这类过热使试样冲击值大为降低，且难以通过热处理完全纠正，只能部分减轻其危害。纠正的热处理过程比较复杂，把过热的钢件重新加热到很高温度（≈1375℃），使硫化物完全溶解，然后以慢的冷却速度（≈3℃/min）冷至 1250℃空冷。出现这类过热时，用常规的侵蚀剂无法显示沿晶界析出的 MnS，故难以鉴别，如采用表 5-20 中 15 号、16 号侵蚀剂则可显示这类过热特征。最有效的方法是采用饱和硝酸铵水溶液进行电解浸蚀（电压为 6V，电流密度为 0.1A/cm^2，不锈钢为阴极，间距为 2cm，不超过 3min），如晶界呈白色网状，表明出现了这类过热。该方法对于热处理钢在回火后达到最大韧性时有最佳的浸蚀效果。出现这类过热后，宏观断口呈无光泽的暗灰色，在扫描电镜下为沿晶断口，并可看到大量的晶界 MnS 微坑。

当钢加热至更高温度时会出现过烧现象，其原因是由于晶界区硫的偏析降低了固相线，使晶界区局部熔化形成富硫液体；同时由于磷在液相中的溶解度明显高于固溶体，使磷原子不断向液相扩散，于是晶界上形成富硫、磷的液体。在随后的冷却过程中，晶界上产生不同形态的 MnS（微粒状或树枝状），同时晶界上伴随着严重的磷偏析，严重时甚至存在 FeP 薄膜。过烧时，如有氧渗入则造成明显的晶界氧化。出现氧化后过烧的检验比较容易，如过烧尚未引起晶界氧化，其显微组织特征与过热的不易区分，都伴有严重的魏氏组织。为鉴别过烧现象，也可以用表 5-20 中 15 号、16 号试剂侵蚀，或者用饱和硝酸铵水溶液电解浸蚀。由于过烧时晶界处有磷的偏析或 FeP 析出，故衬度与过热态正好相反。出现过烧后使钢的拉伸塑性、冲击韧度严重下降，只能判废。

2. 高速钢　高速钢的淬火加热温度很高，很容易发生过热，且其特征与结构钢不同，不一定与硫偏析相联系。高速钢过热的主要特征是：

（1）出现网状或半网状碳化物。这是由于淬火加热温度过高，碳化物大量溶解，使奥氏体碳含量明显增高，因此在冷却时就会在晶界形成网状、半网状碳化物。

（2）碳化物角状化。W 系高速钢在淬火温度到达 1300℃以上时，碳化物聚集长大形成角状碳化物，它十分稳定。高速钢的过热组织如图 5-49 所示。

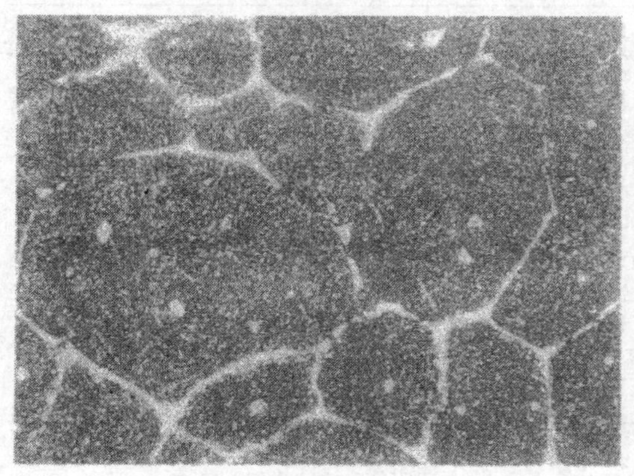

图 5-49　高速钢的过热组织　500×

过热使高速钢脆性明显增大，使用时极易崩刃。因此，在我国的《工具钢热处理金相标准》中对高速钢过热的检验十分重视，如一般对碳素钢或低合金工具钢制造的刃具产品只规定了淬火、回火马氏体的晶粒度要求，而对高速钢制品除了晶粒度要求外，还制定了钨系及钨钼系高速钢过热程度的标准图，对不同刃具制品允许的过热级别作出了明确的规定。

应该说明：高速钢经正常淬火温度淬火及 560 ℃ 回火后，如未经过中间退火便继续再在正常温度下进行重新淬火、回火处理，可能出现萘状断口。萘状断口同高速钢的过热现象并没有必然的联系，它仅是由于重复淬火引起的晶粒粗大现象，是碳化物在二次淬火加热时不均匀溶解导致的晶粒不均匀长大或不连续长大，不存在上述过热的基本特征。

当淬火加热温度更高时，会出现局部熔化现象，且冷却后呈铸态组织，晶界上有网状的莱氏体，晶内出现黑色组织。这就是高速钢的过烧组织，出现过烧时刀具只能判废。

影响高速钢过热过烧的因素除了加热温度外，还有原始的碳化物偏析程度。若原始偏析严重，大量共晶碳化物堆积，使局部区域的熔点下降，这样即使在正常温度下淬火也会出现过热，温度稍高就会出现过烧现象。

3. 铝合金　铝合金的淬火温度范围很窄，若淬火温度偏低，则强化相溶解不足，降低了力学性能；若淬火温度偏高，则容易发生过烧，特别是铝合金存在偏析时这一倾向更为严重。过烧时，表面金属氧化、烧损，使之呈现暗斑，失去光泽，有时还出现气泡，并有“结瘤”现象，这是低熔点共晶体熔化的结果。在显微组织中，过烧的特征是铸态下晶界共晶体重熔，冷却后形成连续的网状组织（图 5-50），有时出现复熔共晶球，晶界变粗或呈现三角形相，严重时晶界氧化。应该注意：在过烧初期由于固溶充分，合金化程度高，使析出相增加，故抗拉强度还略有升高，但已经影响了疲劳性能，故判断铝合金是否过烧不能只凭力学性能，而需进行金相检验。JB/T 7946.2—1999 中，将铸造铝硅合金组织分为：正常、过热、轻微过烧、过烧、严重过烧五个等级，可供检验时参考。

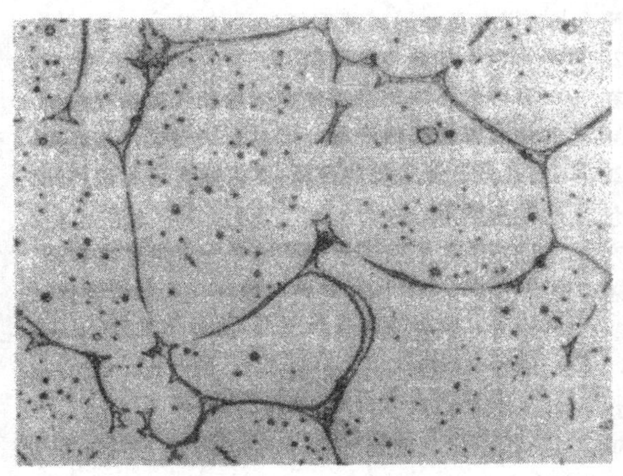

图 5-50　铸态 Al-Mg 合金的过烧组织　500×

注：形成带有花边的网状组织及玫瑰花状的 Mg_2Al_3 相。

5.6.3　脱碳

在氧化性介质中，加热时常常会引起钢件表面脱碳，从而降低了钢的表面硬度、耐磨性及疲劳强度等。测定脱碳层深度已成为质量检验的重要内容。

1. 碳钢及低合金钢脱碳层深度的测定　在 GB/T 224—2008 中规定了这类钢脱碳层深度的测定方法，其中有金相法、硬度法及化学分析法。

（1）金相法是在光镜下观察试样从表面至中心的组织变化，从而确定碳含量的变化。金相法主要是在退火态下估计碳含量的，把全部铁素体区定义为全脱碳，而总脱碳层深则为从表面测量至铁素体（或碳化物）相对量不再变化处的垂直距离。也可以在淬火态下测量，从试样边缘测量至马氏体或贝氏体形态不再变化的心部组织处，作为总脱碳层深度。有时可从浸蚀的颜色衬度变化来判断层深，但是在淬火态下测定的精度较差，因此只能在技术条件许可的情况下采用。金相法通常在 100 倍下测定，应该选择在均匀脱碳最严重的视域内进行，在该视域内随机测量五个点以上，取平均值为脱碳层深度。磨制试样时边缘不得倒圆或卷边。

（2）硬度法主要采用显微硬度法测量截面上显微硬度的变化，以从试样边缘到硬度稳定值或技术条件规定的某一界限硬度值之间的垂直距离为脱碳层深度。该方法主要用于脱碳相当深的淬火态（脱碳层应淬上火）。此外，要把测量的分散性估计在内，应有足够的测量点。显微硬度法的结果比较可靠，但不如金相法简便。

有时也可以用洛氏硬度来检验脱碳情况。对不允许有脱碳层的产品，可以直接在试件表面测定；对允许有脱碳层的产品，在去除允许脱碳层深度后的面上测量。

（3）化学分析法是在被测试样表面逐次剥去一定的深度，进行化学分析以确定碳含量的变化。剥层化学分析法的测量精度高，但是速度慢、成本高，适用于研究工作。

2. 高碳高合金钢脱碳层深度的测定

（1）高速钢。脱碳层有以下测定方法：

1）等温淬火法。它是利用钢的马氏体点 *Ms* 与碳含量有关的原理。高速钢经奥氏体化后，在180～200℃（略高于 *Ms* 点）的等温槽内等温10min，再在560℃回火10min，然后空冷。由于表面碳含量低，*Ms* 点较高，在等温时先发生马氏体转变，回火后呈黑色针状，而心部则为马氏体加残留奥氏体，呈白亮色。用此法测定时脱碳层界线分明，但热处理操作复杂，且显示的脱碳层深度与所选择的等温温度有关。若等温温度过高，则测定的脱碳层偏浅，所以应选用2～3个等温温度进行测定。

2）退火态测定法。过去推荐采用4%（体积分数）硝酸酒精溶液进行浸蚀，然后在80～100倍显微镜下观察碳化物数量的变化来确定脱碳层深。此法虽然简便，但脱碳层的界限不够分明。现在有资料介绍，利用颜色的变化确定脱碳层深度，此法可操作性较好。试样在4%（体积分数）硝酸酒精溶液中浸蚀的开始30s内，宏观表面从灰色变化为紫蓝色，大约在60s时，颜色突然变化为蓝绿色，此时应立即停止浸蚀。在显微镜下观察时，试样从边缘到内部按下列顺序变化：颜色由浅棕色→褐→紫→蓝→蓝绿→绿黄。在完全淬上火的样品上，蓝色区的硬度相当于820HV，从边缘到蓝绿色与绿黄色的分界处为总脱碳层深度。使用此法前先要在已知结果的试样上进行仔细的测量与校正。

3）显微硬度法是在金相试样的表面向内逐点打硬度（间隔为0.05mm左右），得到硬度分布曲线。一般以试样边缘到心部（硬度曲线中水平部分的起点处）的距离为脱碳层深度。

（2）高锰钢。对于 w(C) 为1.2%～1.4%、w(Mn) 为12%～14%的高锰钢，若表面脱碳后，在固溶处理后将得到与心部结构不同的过饱和体心立方 α 相和密排六方 ε 相。采用3%（体积分数）硝酸酒精溶液作3s的短时浸蚀后，再用20%（质量分数）焦亚硫酸钠染色浸蚀即可显示这一组织，从而确定脱碳层深度。为更精确测定层深，可再将试样在575℃加热30min，在心部碳含量高于1.16%（质量分数）的区域中碳化物沉淀析出，采用硝酸酒精或苦味酸酒精浸蚀就可看到心部的碳化物网，使脱碳层的界限更为清晰（图5-51）。试验表明：α 马氏体和 ε 相区的边界碳含量为0.48%±0.03%（质量分数），而碳化物沉淀区的开始处碳含量为1.16%±0.03%（质量分数）。

5.6.4 表面硬化层深度的测定

测定表面淬火、化学热处理及其他各种表面强化层深度是金相检验的重要内容。根据硬化层深可以分为大于0.3mm及小于、等于0.3mm的两种情况。

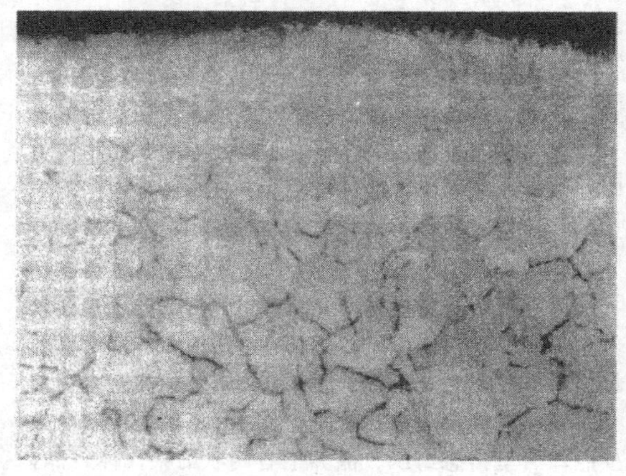

图5-51 高锰钢脱碳层的显示 50×

5.6.4.1 层深大于0.3mm的表面硬化层测定方法

1. 传统的测定方法及局限性 我国长期沿用前苏联的各类标准，采用金相法测定层深，人为规定以某种处理状态下的某一组织特征作为判断硬化层层深的依据，根据表面层组织与标准图片对照来确定层深。金相法测定层深时，各种强化工艺所规定的特征组织见表5-34。

金相法的优点是简便、容易掌握，但也有很多局限性。

1）渗碳层深度是在退火态下测定的，不能反映零件的最终力学性能。

2）不同材料、不同工艺规定的特征组织不一致，有的为心部组织，有的则为50%（体积分数）珠光体，故层深的比较缺乏可比性。

3）对于感应淬火，虽然规定在淬火态下测定层深，但50%（体积分数）马氏体的规定已不能满足近年来淬火用钢的碳含量范围逐渐扩大的需要。

近年来，许多国家都采用硬度法来测定表面硬化层深度，在淬火、回火的最终热处理态下测量，其结果能直接评定产品质量。国际标准化组织在20世纪70年代后期陆续颁布了各类层深的测定标准，我国近年来也制定了相应的国家标准，规定了硬度法是测定表面硬化层深度的主要方法，在有争议时是唯一可采用的仲裁方法。

2. 有效硬化层深度的测定方法 国家标准中最显著的特点是提出有效硬化层的概念，将从表面至某一界限硬度处的垂直距离定义为有效硬化层深度。现将不同工艺的有效硬化层深度的符号、规定的界限硬度，硬度试验推荐的试验力以及依据的国家标准编号归纳于表5-35中。不同工艺所规定的界限硬度既反映了工艺的特点，也保证了零件必要的强度和耐磨性要求。

表 5-34 金相法测定层深时，各种强化工艺所规定的特征组织

强化工艺	材 料	特征组织（体积分数）
表面淬火	碳钢、合金钢	淬火后检验，50%马氏体
渗碳、碳氮共渗	碳钢	退火态检验，50%铁素体与珠光体
	合金钢	退火态检验，心部组织
渗氮	各种钢铁材料	渗氮后或经附加热处理，心部组织

表 5-35 不同工艺下有效硬化层测定的参数

强化工艺	有效硬化层深符号	界限硬度 HV	推荐的试验力/N	国家标准编号
表面淬火	*DS*	$0.8HV_{MS}$①	9.8[4.9～49]②	GB/T 5617—2005
渗碳、碳氮共渗	*DC*	550	9.8[4.9～49]	GB/T 9450—2005
渗氮	*DN*	比基体硬度高 50	2.94[1.96～19.6]	GB/T 11354—2005

① HV_{MS}为技术要求规定的最低表面硬度。

② [ ]内的数值为允许的试验力范围。

有效硬化层的测试方法如图 5-52 所示。沿着与表面垂直的一条或多条平行线逐点打硬度，但硬度压痕应处于 1.5mm 的宽度范围内，两相邻压痕间的距离应小于压痕对角线的 2.5 倍，然后在绘制的硬度曲线上测定有效硬化层深度（图 5-52b）。如测试时选用的试验力与推荐值不同，则应在结果上注明实际的试验力（但不得超越表 5-35 中规定的范围）。

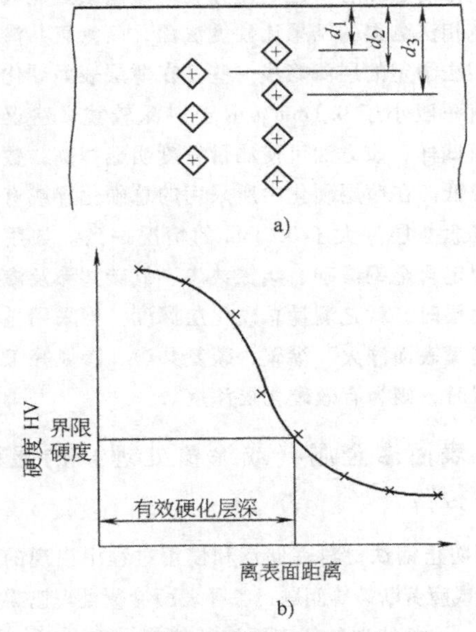

图 5-52 有效硬化层的测定方法

a）硬度压痕的位置，(d_2-d_1) 及 (d_3-d_2) 应小于或等于 0.1mm；b）有效硬化层深的确定

3. 应用金相法的注意要点　尽管各类标准中提出硬度法是唯一的仲裁方法，但是受目前工厂设备条件和技术力量的限制，金相法仍广泛应用。检验者应充分了解两种方法所得结果之差异，并掌握影响金相法结果的因素。

（1）渗碳与碳氮共渗。试验表明：渗碳淬火有效硬化层深度 550HV 处的碳含量在 0.30%～0.44%（质量分数）之间，与钢中合金元素的含量及淬火冷却速度有关。此处的金相组织相当于渗碳后退火态下 50%（体积分数）左右珠光体部位，淬火态下为中碳马氏体。大量数据表明：金相法与硬度法所得结果尚有一定的差异，前者测得的结果往往略大于后者，两者的差值一般在 0.02～0.15mm 之间。检验者应在实践中积累经验，摸索出钢种及处理工艺对差值的影响规律，如退火组织对钢中合金元素及冷却速度十分敏感，应掌握它们对测试精度的影响规律。

（2）渗氮及氮碳共渗。渗氮层金相组织中渗层与基体组织有明显的分界线，直观地显示了层深，因此国标中明确硬度法与金相法可以并用，这一点与渗碳不同。当然有争议时仍以硬度法为仲裁方法。在大多数情况下，两种方法所得到的结果吻合较好，但也应注意有些因素对金相法的测试精度带来的影响。例如，某些钢种在测定前常进行附加热处理，使渗氮层的界线更为分明，但处理过程会影响氮的重新分布，从而使渗氮层偏厚。此外，选用的侵蚀剂对测定结果也有影响，同一试样采用不同侵蚀剂所得的结果可能有偏差，同一侵蚀剂对不同钢种所显示的层深也有偏差。表 5-36 给出了常用渗氮层金相检验的化学侵蚀剂，并比较了显示效果及适用范围。其中硒酸溶液适应性广，对各种材料的层深显示均有良好效果，而且它还是一种化学着色剂，能在渗氮扩散层形成蓝色硒膜。但硒酸是有毒的，配制和使用时应尽量在通风柜中进行。

表 5-36　渗氮层金相检验的化学侵蚀剂

序号	配　方		方法及适用范围
1	HNO_3 乙醇	2～4mL 100mL	浸蚀。显示 20（回火态）、20Cr、45（正火）及 38CrMoAl、3Cr2W8V 等钢的渗氮层及基体组织，但对低合金钢或氮含量低的渗氮层深度显示的效果较差
2	苦味酸饱和水溶液 洗涤剂	100mL 2～3 滴	浸蚀。适用于 20CrMnTi、40Cr、38CrMoAl、铸铁等。显示深度效果好，但显微组织不清晰
3	$CuCl_2$ $MgCl_2$ $CuSO_4$ HCl 乙醇	2.5g 10g 1.25g 2mL 100mL	室温下浸蚀或擦蚀。适用于 20（油冷）、45、40Cr、38CrMoAl 等钢。显示深度效果好，但显微组织不清晰，如腐蚀稍深容易把表面氮化物层腐蚀掉
4	$CuSO_4$ HCl 水 乙醇	4g 20mL 20mL 100mL	室温下浸蚀或擦蚀。适用于 45、40Cr、38CrMoAl 等钢。显示深度效果好，但显微组织不清晰，容易把表面化合物层腐蚀掉
5	硒酸（H_2SeO_4） 或亚硒酸（H_2SeO_3） HCl 乙醇	3mL 5g 20mL 或 10mL 100mL	浸蚀。适用于任何材料的层深显示，但不能显示基体显微组织，对某些钢的层深显示略偏浅

5.6.4.2　钢的薄表面硬化层总深度或有效深度的测定

国际标准（ISO 4970—1979E）和我国标准（GB/T 9451—2005）中都规定将深度小于或等于 0.3mm 的硬化层作为薄表面硬化层。获得薄表面硬化层的方法有机械处理（喷丸强化、滚压强化等）、化学热处理（渗碳、碳氮共渗、渗氮及氮碳共渗等）及表面淬火（激光淬火、感应淬火等）等，对于硬化层与基体金属间无过渡区的情况，如渗金属及表面镀等工艺则不属此列。

与硬化层大于 0.3mm 的不同之处在于：

（1）有效硬化层深及总层深两个概念并用，而且在实际工作中更多的是测定总层深。所谓总层深是指从表面到显微硬度或显微组织没有明显变化处的垂直距离；而有效硬化层深是指从表面到某一规定的显微组织或显微硬度处的垂直距离。

（2）测定方法不是强调以硬度法为主，而是硬度法、金相法同等有效。对于薄层的情况，用硬度法测量时试验力较小，规定为 1.96～2.94N。

至于检验时究竟选用何种硬化层深度概念以及采用何种测定方法，应视具体要求及有关行业习惯而定。例如，在技术要求中如提出以硬度法作为仲裁方法，或硬化层对侵蚀剂不敏感时可采用显微硬度法，而检验批量较大时则采用金相法为宜。应该注意：两种方法测得的层深有一定的差异，对渗碳或碳氮共渗试样，金相法测得的结果比硬度法深，而氮碳共渗试样则金相法测定的层深略浅一些，在薄层表面硬化情况下差值一般小于 0.1mm。由于层深较浅，建议采用斜截面试样，该方法可使测量精度明显提高，数据分散性降低。在薄层硬化中所采用的总硬化层或有效硬化层概念与层深大于 0.3mm 的情况一致。如用显微组织测定合金钢渗碳、碳氮共渗、氮碳共渗及渗氮处理硬化层时，就是测量总硬化层深度。当采用显微硬度法测量表面淬火、渗碳、碳氮共渗、渗氮等工艺的硬化层时，则为有效硬化层深度。

5.6.5　表面渗金属（或涂覆处理）的显微检验

为了防止钢铁材料在储运和使用过程中出现的腐蚀、磨损或疲劳断裂等问题，各种表面涂覆处理已得到广泛应用。这些处理包括表面渗（或浸）Zn、Al、Cr、V、Nb、B 等，以及涂覆搪瓷等，涂覆工艺有热浸、电镀、化学镀及热处理渗等。尽管方法不同，但涂覆层有共同的特点：①表层与基体之间不论是成分、组织及硬度等都有悬殊的差别，表现出明显的不连续性。②涂覆层都很薄，一般为几微米至几十微米。显微检验在保证表面涂覆处理的质量方面有重要意义。

1. 金相试样的制备　由于表面涂覆层很薄，有的还很软，因此制样时首先要保护好薄的渗层，最好的方法是加镀保护金属层。用电镀或化学镀在渗层表面镀一层铜或镍，再用机械夹持或镶嵌方法把试样保护好后再进行磨制。

为提高测量精度，应制备斜截面试样，如图 5-53 所示。用中碳钢制作一个角度为 α 的三角模块，α 角为 10°～15°，将其置于镶嵌机下模上，然后把待测试样的上、下面磨平行，按图 5-53 中的方法置于 α 角模块上进行镶嵌，镶嵌后直接在砂纸上磨平（不要用砂轮打平），此时磨面上所显示的涂覆层厚度已扩展了很多倍，实际层深 δ 可按下式计算

$$\delta = b\sin\alpha$$

式中的 b 为磨面上测得的表面层深度。

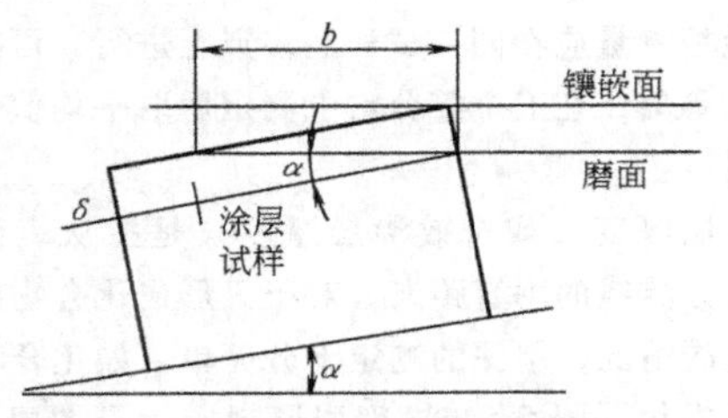

图 5-53　斜截面试样的制备

磨制时，应尽可能保持斜面角度。表层很脆，磨制时用力要轻，且磨制方向应与渗层表面大致成 45°，以减小冲击力，以免渗层崩裂。抛光时间应短一些，因为涂覆层与基体硬度相差悬殊，长时间抛光会引起浮凸。

表 5-37 给出了常用的显示表面渗层组织的侵蚀剂。

表 5-37　显示表面渗层组织的侵蚀剂

涂层材料	侵蚀剂及使用方法
热浸锌	戊醇:10mL,硝酸:1 滴,浸蚀 1～30s
	NaOH:25g;苦味酸:2g;水:100mL,加水五倍稀释浸入
Zn-Al	$\varphi(HNO_3)$0.5%酒精溶液 + $\varphi(HF)$1%～1.5%甲醇溶液
Al	$\varphi(HF)$0.5%水溶液,显示铝层及 Al-Fe 合金层
	$\varphi(HNO_3)$2%～4%酒精溶液,显示扩散型浸 Al 的界面及组织
	HNO_3:5mL,HF:10mL,酒精:85mL,显示扩散型浸 Al 的界面及组织
Cr、V	铁氰化钾:10～20g,氢氧化钾:10～20g,水:100mL,60～70 ℃,1～2min,浸蚀
	高锰酸钾:4g,氢氧化钠:4g,水:100mL,60～70 ℃;1～2min,浸蚀
渗硼	$\varphi(HNO_3)$2%～5%酒精溶液,显示基体及过渡层组织,用于测层深
	黄血盐:1g,赤血盐:10g,氢氧化钾:30g,水:100mL,室温,10～15min,或 55～65 ℃,10～15s 新鲜配用,FeB 深褐色,Fe_2B 浅褐色。如果延长时间则 FeB 浅蓝色,Fe_2B 棕色,本试剂用于区分 FeB 和 Fe_2B 相
搪瓷	不用浸蚀,明场即可显示

2. 渗层的组织特点　渗入元素扩散到金属基体后，首先形成固溶体，常以柱状晶出现。当元素含量超过该元素在基体的溶解度时便出现了化合物，化合物层一般平行于表面，呈层状（如渗 Cr 等）。如果形成的化合物有明显的择优取向，则化合物层的界面呈“指状”镶入基体，如热浸铝中的 η 相（Fe_2Al_3），图 5-54a 示意地说明了这一特征，渗硼中的 FeB 和 Fe_2B 相等也属于这类情况。

有的渗涂工艺周期较长，渗入元素有可能再向内侧扩散，还有些工艺如热浸铝、热浸锌等要求在完成浸渍工序后再进行高温扩散退火，使渗入元素向内侧扩散。在这些情况下，表面化合物层的内侧将形成一个铁的固溶体层，冷却时，当固溶体层中渗入元素超过某一值的范围将发生 γ→α 重结晶相变，在固溶体的某一位置上形成一条重结晶边界线。扩散退火后的表层组织示意图如图 5-54b 所示。

此外，元素渗入过程中还可能出现碳的重新分布。当渗入元素为弱（或非）碳化物形成元素（如 Al、Zn）时，元素的渗入将碳向基体排挤，渗层之下会形成富碳区；而当渗入元素为强碳化物形成元素（如 Cr、V 等）时，基体的碳便向渗层集中，渗层内侧形成一个贫碳区。

3. 层深的测定　测量厚度有金相法和测厚仪无损检测两种方法，但有争议时以金相法为仲裁方法。

金相测量应在同一试样的多点上进行，可将试样分成六等分，在五个等分点上测定后取平均值作为其渗层厚度。

渗层厚度（或有效渗层厚度）是指从表面至渗层界面分界线的垂直距离。对于只形成化合物层且界面平直的情况，层深的测定十分简单。如化合物层的界面呈指状（图 5-54a）则层厚规定为最大层厚 δ_{max} 和最小层厚 δ_{min} 的平均值，即（$\delta_{max}+\delta_{min}$）/2。对于有扩散层的渗层，层厚应包括化合物层和扩散层，是从表面垂直测量至扩散层界面（即重结晶线）的距离（图 5-54b）。重结晶线虽不是渗入元素的边界线，但其两侧的成分、组织、硬度是突变的，故以它作为层厚的边界是合理的。

4. 孔隙与裂纹的检验　在渗、浸处理（包括后处理）过程中，渗入元素向内扩散，而铁元素向外扩散，但两者的扩散速度不同（即柯肯达尔效应），在化合物层内，特别是近表层处不可避免产生孔隙（或称疏松）。其数量、大小、及分布直接影响了钢的焊接性及服役性能，因此孔隙是十分重要的质量指标。检验时，应注意最大孔隙是否构成了网状，以及孔隙层厚度占整个层厚的比例，这些参数决定了涂覆层对基体金属保护的可靠性。在 GB/T 18592—2001《金属覆盖层　钢铁制品热浸镀铝　技术条件》中有孔隙评级的标准图片，也可供其他的一些表面渗、浸工艺参考。

此外，在处理过程中，由于相变应力可能使脆性化合物层产生裂纹，裂纹也直接影响服役性能，因此应检验裂纹的特征，即裂纹的长度、条数及分布状态。渗层中允许少量垂直于表面的细裂纹存在，但是如裂纹过粗，呈网络状，或平行于表面是不允许存在的，检验时也可参照 GB/T 18592—2001 定级。

孔隙或裂纹的检验应在抛光、未浸蚀态下进行。

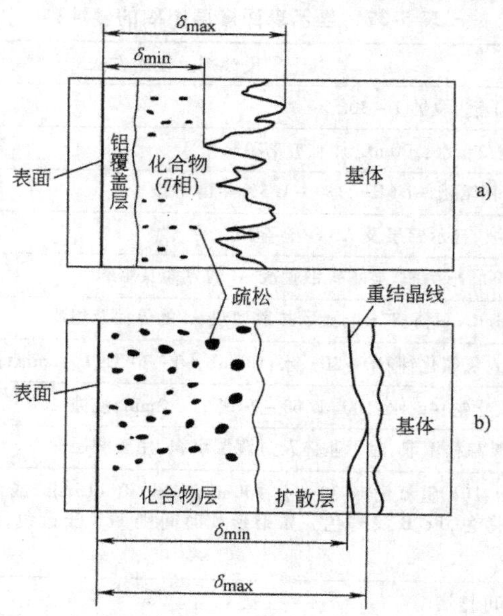

图 5-54　渗层组织分布示意图

a）热浸铝的表层组织示意图

b）热浸 +900 ℃扩散退火后的表层组织示意图

参 考 文 献

[1]　Vander Voort George F. Metallography Principles and Practice [M]. New York: Mc Graw-Hill, 1984.

[2]　Mills K. Metals Handbook: Vo1. 9 Metallography and Microstructures [M]. 9th ed. American Society for Metals, 1985.

[3]　全国热处理标准化技术委员会. 金属热处理标准应用手册 [M]. 2 版. 北京：机械工业出版社，2005.

[4]　上海交通大学《金相分析》编写组. 金相分析 [M]. 北京：国防工业出版社，1982.

[5]　沈桂琴. 光学金相技术 [M]. 北京：北京航空航天大学出版社，1992.

[6]　任怀亮. 金相实验技术 [M]. 北京：冶金工业出版

社，1985.

[7] 《彩色金相技术》编写组．彩色金相技术：原理及方法［M］．北京：国防工业出版社，1987.

[8] 《彩色金相技术》编写组．彩色金相技术：应用图册［M］．北京：国防工业出版社，1991.

[9] 张德堂，施炳弟．钢中非金属夹杂物图谱［M］．北京：国防工业出版社，1980.

[10] 褚幼义，赵琳．钢中稀土夹杂物鉴定［M］．北京：冶金工业出版社，1985.

[11] 张菊水．钢的过热与过烧［M］．上海：上海科学技术出版社，1984.

[12] 秦国友．金相图谱［M］．成都：四川科学技术出版社，1987.

[13] 杨桂应．金相图谱［M］．西安：陕西科学技术出版社，1988.

[14] 国家标准化管理委员会．中华人民共和国国家标准目录及信息总汇［G］．北京：中国标准出版社，2006.

[15] 中国标准出版社第三编辑室．机械制造加工工艺汇编金属热处理卷［下］［M］．北京：中国标准出版社，2009.

第6章　力学性能试验

西安交通大学　邓增杰　金志浩

6.1　硬度试验

6.1.1　硬度试验的意义及分类

硬度是金属材料力学性能中最常用的性能指标之一，是表征金属在表面局部体积内抵抗变形或破裂的能力。压入法硬度试验表征的是金属抵抗变形的能力，刻划法硬度试验表征的是金属抵抗破裂的能力。

压入法硬度试验应力状态最软（即最大切应力远大于最大正应力），不论是塑性材料或脆性材料均可采用，可以用来测定淬火钢、硬质合金甚至玻璃、陶瓷等脆性材料的性能。

金属的硬度虽然没有确切的物理意义，但是它不仅与材料的静强度、疲劳强度存在近似的经验关系，还与冷成形性、切削性、焊接性等工艺性能也间接存在某些联系。因此，硬度值对于控制材料冷热加工工艺质量有一定参考意义。硬度法还与玻璃、陶瓷等脆性材料的断裂韧度存在一定的经验关系。此外，表面硬度和显微硬度试验反映了金属表面极其局部范围内的力学行为，因此可以用于检验材料表面处理或微区组织鉴别。

硬度试验大致可分为压入法、回跳法、刻划法三类。压入法主要有布氏硬度、洛氏硬度、维氏硬度、显微硬度及努氏硬度；回跳法有肖氏硬度；刻划法有莫氏硬度。上述硬度试验法均在不同的工业生产领域中得到了广泛的应用。

6.1.2　布氏硬度试验

6.1.2.1　布氏硬度试验的原理和规定

布氏硬度试验法是对一定直径的硬质合金压头球施加试验力，使其压入试样表面（图6-1），根据布氏硬度与试验力除以压痕面积的商成正比的原理求出布氏硬度值：

$$\mathrm{HBW}=\frac{0.102F}{A_{凹}}=\frac{0.102F}{\pi Dt} \qquad (6\text{-}1)$$

式中　HBW——布氏硬度值符号（MPa或N/mm²），布氏硬度值一般不标出单位；

0.102——试验力单位由kgf转换为N后，需要乘以的常数；

F——试验力（N）；

$A_{凹}$——表面压痕的凹陷面积（mm²）；

D——硬质合金压头球直径（mm）；

t——压痕凹陷深度（mm）。

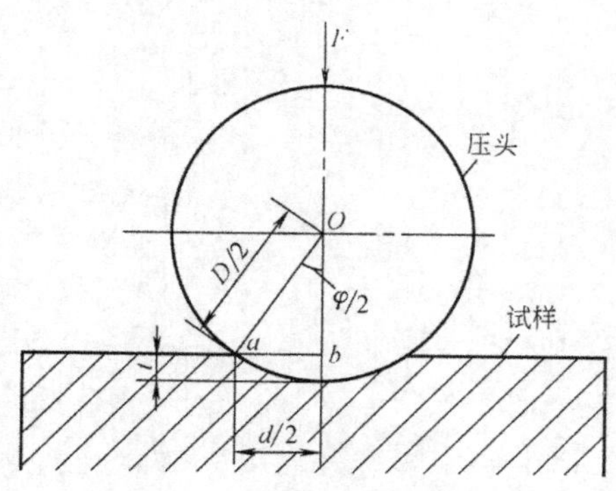

图6-1　布氏硬度试验原理示意图

在实际测定时，由于测定 t 较困难，而测定压痕凹陷直径 d 却比较容易。因此，要将式中 t 换成 d。这一换算可以从图6-1中△Oab中看出，即可得

$$\mathrm{HBW}=\frac{0.204F}{\pi D(D-\sqrt{D^2-d^2})} \qquad (6\text{-}2)$$

式（6-2）中只有 d 是变数，试验时只要量出 d 即可计算出HBW值，或根据 d 值，查表即得HBW值（表6-1）。

由于测试零件厚度和材料硬度的不同，如果只采用一个标准的试验力，则对钢材和厚工件虽然适合，但对软金属（如铝、锡）或薄的工件（如厚度小于2mm）就不适合，这时要根据不同材料和工件厚度，选择不同的 F 和 D 的搭配。为了得到统一的、可以比较的HBW值，布氏硬度压痕需遵守相似法则，保证压痕几何形状相似，即保证压入角 φ 恒定（图6-2）。由图6-2可知，$d=D\sin(\varphi/2)$，代入式（6-2）可得

$$\mathrm{HBW}=\left(\frac{F}{D^2}\right)\frac{2}{\pi\left(1-\sqrt{1-\sin\frac{\varphi}{2}}\right)} \qquad (6\text{-}3)$$

式（6-3）表明，假若压力角 φ 不变，为了使同一材料两者所得HBW相同，则要求试验力-压力球直径平

表 6-1　金属布氏硬度（HBW）数值表

压痕直径/mm	0.102F/D^2							压痕直径/mm	0.102F/D^2						
d_{10}、$2d_5$、$4d_{2.5}$、$5d_2$、$10d_1$	30	15	10	5	2.5	1.25	1	d_{10}、$2d_5$、$4d_{2.5}$、$5d_2$、$10d_1$	30	15	10	5	2.5	1.25	1
2.40	653	327	218	109	54.5	27.2	21.8	4.25	201	101	67.1	33.6	16.8	8.39	6.71
2.45	627	313	209	104	52.2	26.1	20.9	4.30	197	98.3	65.5	32.8	16.4	8.19	6.55
2.50	601	301	200	100	50.1	25.1	20.0	4.35	192	95.9	63.6	32.0	16.0	7.99	6.39
2.55	578	289	193	96.3	48.1	24.1	19.3	4.40	187	93.6	62.4	31.2	15.6	7.80	6.24
2.60	555	278	185	92.5	46.3	23.1	18.4	4.45	183	91.4	60.9	30.5	15.2	7.62	6.09
2.65	534	267	178	89.0	44.5	22.3	17.8	4.50	179	89.3	59.5	29.8	14.9	7.44	5.95
2.70	514	257	171	85.7	42.9	21.4	17.1	4.55	174	87.2	58.1	29.1	14.5	7.27	5.81
2.75	495	248	165	82.6	41.3	20.6	16.5	4.60	170	85.2	56.8	28.4	14.2	7.10	5.68
2.80	477	239	159	79.6	39.8	19.9	15.9	4.65	167	83.3	55.5	27.8	13.9	6.94	5.55
2.85	461	230	154	76.8	38.4	19.2	15.4	4.70	163	81.4	54.3	27.1	13.6	6.78	5.43
2.90	444	222	148	74.1	37.0	18.5	14.8	4.75	159	79.6	53.0	26.5	13.3	6.63	5.30
2.95	429	215	143	71.5	35.8	17.9	14.3	4.80	156	77.8	51.9	25.9	13.0	6.48	5.19
3.00	415	207	138	69.1	34.6	17.3	13.8	4.85	152	76.1	50.7	25.4	12.7	6.34	5.07
3.05	401	200	134	66.8	33.4	16.7	13.4	4.90	149	74.4	49.6	24.8	12.4	6.20	4.96
3.10	388	194	129	64.6	32.3	16.2	12.9	4.95	146	72.8	48.6	24.3	12.1	6.07	4.86
3.15	375	188	125	62.5	31.3	15.6	12.5	5.00	143	71.3	47.5	23.8	11.9	5.94	4.75
3.20	363	182	121	60.5	30.3	15.1	12.1	5.05	140	69.8	46.5	23.3	11.6	5.81	4.65
3.25	352	176	117	58.6	29.3	14.7	11.7	5.10	137	68.3	45.5	22.8	11.4	5.69	4.55
3.30	341	170	114	56.8	28.4	14.2	11.4	5.15	134	66.9	44.6	22.3	11.1	5.57	4.46
3.35	331	165	110	55.1	27.5	13.8	11.0	5.20	131	65.5	43.7	21.8	10.9	5.46	4.37
3.40	321	160	107	53.4	26.7	13.4	10.7	5.25	128	64.1	42.8	21.4	10.7	5.34	4.28
3.45	311	156	104	51.8	25.9	13.0	10.4	5.30	126	62.8	41.9	20.9	10.5	5.24	4.19
3.50	302	151	101	50.3	25.2	12.6	10.1	5.35	123	61.5	41.0	20.5	10.3	5.13	4.10
3.55	293	147	97.7	48.9	24.4	12.2	9.77	5.40	121	60.3	40.2	20.1	10.1	5.03	4.02
3.60	285	142	95.0	47.5	23.7	11.9	9.55	5.45	118	59.1	39.4	19.7	9.85	4.93	3.94
3.65	277	138	92.3	46.1	23.1	11.5	9.23	5.50	116	57.9	38.6	19.3	9.66	4.83	3.86
3.70	269	135	89.7	44.9	22.4	11.2	8.97	5.55	114	56.8	37.9	18.9	9.47	4.73	3.79
3.75	262	131	87.2	43.6	21.8	10.9	8.72	5.60	111	55.7	37.1	18.6	9.28	4.64	3.71
3.80	255	127	84.9	42.4	21.1	10.6	8.49	5.65	109	54.6	36.4	18.2	9.10	4.55	3.64
3.85	248	124	82.6	41.3	20.6	10.3	8.26	5.70	107	53.5	35.7	17.8	8.92	4.46	3.57
3.90	241	121	80.4	40.2	20.1	10.0	8.04	5.75	105	52.5	35.0	17.5	8.75	4.38	3.50
3.95	235	117	78.3	39.1	19.6	9.79	7.83	5.80	103	51.5	34.3	17.2	8.59	4.29	3.43
4.00	229	114	76.3	38.1	19.1	9.53	7.63	5.85	101	50.5	33.7	16.8	8.42	4.21	3.37
4.05	223	111	74.3	37.1	18.6	9.29	7.43	5.90	99.2	49.6	33.1	16.5	8.26	4.13	3.31
4.10	217	109	72.4	36.2	18.1	9.05	7.24	5.95	97.3	48.7	32.4	16.2	8.11	4.05	3.24
4.15	212	106	70.6	35.3	17.6	8.82	7.06	6.00	95.5	47.7	31.8	15.9	7.96	3.98	3.18
4.20	207	103	68.8	34.4	17.2	8.61	6.88								

注：1. 表中压痕直径为 ϕ10mm 球的试验数值，如用其他尺寸的球试验时，压痕直径应增大相应倍数后在表中查出。

2. 表中未列出压痕直径的 HBW，可根据上下两数值用内插法计算求得。

方的比率（F/D^2）也应保持为常数，即 $F_1/D_1^2 = F_2/D_2^2 = \cdots =$ 常数。另外，国家标准 GB/T 231.1—2009 中规定，只有当压痕直径 d 满足（0.24～0.6）D 时，试验结果才有效。在实际应用中，通常规定的 F/D^2 有 30、15、10、5、2.5、1 共六种，根据金属材料和试样厚度不同分别选用（表 6-2、表 6-3）。

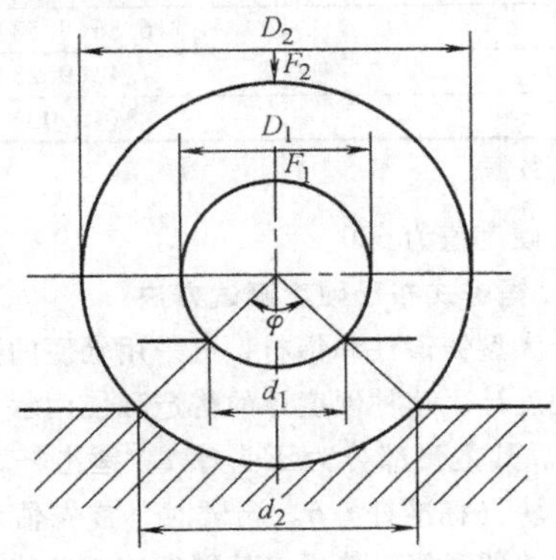

图 6-2　压痕相似原理

表 6-2　不同金属材料的试验力-压头球直径平方的比率

<table>
<tr><th rowspan="2">材料</th><th rowspan="2" colspan="2">布氏硬度</th><th colspan="2">试验力-压头球直径平方的比率(0.102F/D^2)</th></tr>
<tr><th>新标准</th><th>旧标准</th></tr>
<tr><td>钢、镍基合金和钛合金</td><td colspan="2"></td><td>30</td><td>—</td></tr>
<tr><td>铸铁</td><td colspan="2"><140
≥140</td><td>10
30</td><td>10
30</td></tr>
<tr><td rowspan="2">铜及铜合金</td><td>新标准</td><td>旧标准</td><td rowspan="2">5
10
30</td><td rowspan="2">5
10
30</td></tr>
<tr><td><35
35～200
>200</td><td><35
35～130
>130</td></tr>
<tr><td>轻金属及其合金</td><td colspan="2"><35
35～80
>80</td><td>2.5
5、10、15
10、15</td><td>2.5(1.25)
10(5 或 15)
10(15)</td></tr>
<tr><td>铅、锡</td><td colspan="2"></td><td>1</td><td>1.25(1)</td></tr>
</table>

注：1. 试验力保持时间为 10～15s。

2. 表中新标准为 GB/T 231.1—2009，旧标准为 GB/T 231—1984。

3. 对于铸铁的试验，压头球直径一般为 2.5mm、5mm 和 10mm。

表 6-3　布氏硬度压痕直径与试样最小厚度的关系　（单位：mm）

压痕直径 d	试样最小厚度				
	球直径				
	D = 1	D = 2	D = 2.5	D = 5	D = 10
0.2	0.08(0.10)				
0.3	0.18(0.23)				
0.4	0.33(0.41)				
0.5	0.54(0.68)	—(0.31)			
0.6	0.8(1.00)	—(0.46)	0.29(0.36)		
0.7		—(0.64)	0.4(0.50)		
0.8		—(0.84)	0.53(0.66)		
0.9		—(1.08)	0.67(0.84)		
1.0		—(1.38)	0.83(1.04)		
1.1		—(1.65)	1.02(1.28)		
1.2		—(2.00)	1.23(1.54)	0.58(0.73)	
1.3			1.46(1.83)	0.69(0.86)	
1.4			1.72(2.15)	0.8(1.00)	
1.5			2(2.50)	0.92(1.15)	
1.6				1.05(1.31)	
1.7				1.19(1.49)	
1.8				1.34(1.68)	
1.9				1.5(1.88)	
2.0				1.67(2.09)	
2.2				2.04(2.55)	
2.4				2.46(3.08)	1.17(1.47)
2.6				2.92(3.65)	1.38(1.73)
2.8				3.43(4.29)	1.6(2.00)
3.0				4(5.00)	1.84(2.30)
3.2					2.1(2.62)
3.4					2.38(2.98)
3.6					2.68(3.35)
3.8					3(3.75)
4.0					3.34(4.18)
4.2					3.7(4.63)
4.4					4.08(5.10)
4.6					4.48(5.60)
4.8					4.91(6.14)
5.0					5.36(6.70)
5.2					5.83(7.29)
5.4					6.33(7.91)
5.6					6.86(8.58)
5.8					7.42(9.28)
6.0					8(10.00)

注：括号内的数据为旧标准 GB/T 231—1984 金属布氏硬度试验方法的数据。

由于布氏硬度值与试验规范有关，故其表示方法应能反映规范的内容。布氏硬度表示方法为：①硬度值；②符号 HBW；③球直径；④试验力；⑤试验力保持时间（10～15s 不标注）。其中后三项之间各用斜线隔开。例如，350HBW5/750 表示用直径 5mm 的硬质合金球在 7.355kN 试验力下保持 10～15s 测得的布氏硬度值为 350。又如，600HBW1/30/20 表示用直径 1mm 的硬质合金球在 294.2N 试验力下保持 20s 测得的布氏硬度值为 600。

6.1.2.2　锤击式布氏硬度测试方法

对于大型铸锻件和钢材，可采用轻便的锤击式简易布氏硬度计。这种硬度计的构造和使用示意图如图 6-3 所示。其主要部分为压头球 1、锤击杆 5 及标准布氏硬度块（标准杆）6。测试时，首先估计被测试工件大致的硬度值，选择与其硬度值相近的标准杆插入硬度计内，然后用锤子敲击锤杆顶端一次。这样，

表6-4 锤击式布氏硬度换算值

（单位：mm）

标准杆压痕直径	试样压痕直径																																							
	1.6	1.7	1.8	1.9	2.0	2.1	2.2	2.3	2.4	2.5	2.6	2.7	2.8	2.9	3.0	3.1	3.2	3.3	3.4	3.5	3.6	3.7	3.8	3.9	4.0	4.1	4.2	4.3	4.4	4.5	4.6	4.7	4.8	4.9	5.0	5.1	5.2	5.3	5.4	5.5
1.6	202	160	131	111	97																																			
1.7	229	202	164	134	115	99																																		
1.8	257	229	202	164	139	121	105																																	
1.9	292	255	227	202	164	139	121	105																																
2.0	321	283	252	224	202	166	142	123	109	97																														
2.1	361	307	279	250	224	202	166	142	126	109	97																													
2.2	401	348	307	276	247	224	202	166	145	129	115	101																												
2.3	450	391	340	301	270	244	221	202	170	148	131	115	105																											
2.4	509	429	375	331	295	267	240	221	202	170	148	131	118	107																										
2.5	578	479	412	364	321	290	264	240	218	202	174	152	134	121	107	97																								
2.6		505	456	398	352	315	287	261	238	218	202	174	152	136	123	109	99																							
2.7		605	509	435	388	343	304	279	255	235	218	202	177	154	136	123	111	101																						
2.8			571	484	420	375	334	304	279	255	235	218	202	177	154	139	126	115	105	97																				
2.9				540	461	406	364	331	301	276	252	235	218	202	177	157	142	129	118	107	97																			
3.0				596	512	441	396	355	321	295	270	252	232	218	202	177	157	142	129	118	107	99																		
3.1					566	488	426	386	345	315	292	270	250	232	215	202	177	157	142	131	121	109	101																	
3.2						537	467	415	375	340	310	287	267	250	232	215	202	177	160	145	131	121	109	101	97															
3.3						590	509	447	403	366	334	307	283	264	247	229	215	202	177	160	145	134	123	111	105	97														
3.4							564	488	432	394	358	328	301	282	261	244	229	215	202	181	160	148	136	126	115	107	99													
3.5							605	534	470	420	382	352	321	299	279	261	244	229	215	202	181	164	148	136	126	118	109	101												
3.6								580	508	452	406	376	345	319	296	277	256	240	226	214	202	182	164	148	136	129	118	109	101	97										
3.7									558	490	438	401	368	339	313	293	273	254	240	226	212	202	182	164	152	139	129	121	111	105	97									
3.8									602	533	472	426	392	362	333	307	291	273	254	240	226	212	202	182	164	152	139	129	121	111	105	99								
3.9										576	510	458	414	386	356	327	303	287	271	252	238	224	212	202	182	164	152	139	131	123	115	107	99							
4.0											558	492	444	406	376	346	321	301	283	266	252	238	224	212	202	186	166	154	141	131	123	115	107	101	97					
4.1											596	530	474	429	398	366	340	319	299	282	264	250	231	224	212	202	186	166	154	141	133	125	117	109	101	97				
4.2												573	509	461	420	391	361	334	313	295	279	264	250	234	224	212	202	186	166	154	141	133	125	117	109	105	99			
4.3													549	492	446	412	382	357	331	309	293	277	260	246	234	224	212	202	186	166	154	141	133	125	117	111	107	101	97	
4.4														527	476	432	400	376	352	327	307	291	277	256	246	234	224	212	202	186	166	154	145	135	129	121	111	107	101	97

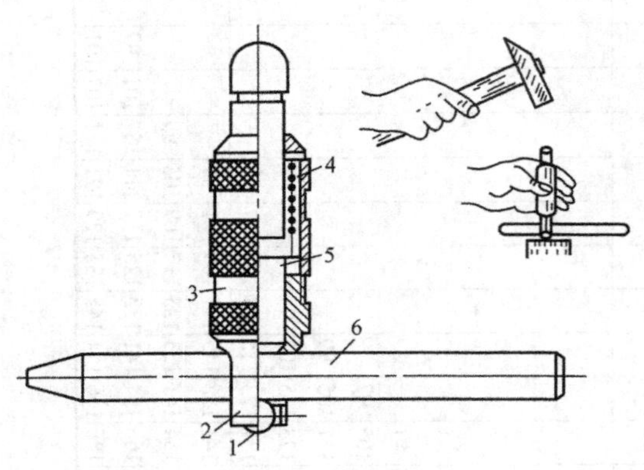

图 6-3 锤击式简易布氏硬度计

1—压头球 2—球帽 3—握持器 4—弹簧
5—锤击杆 6—标准杆

压头球以相等的力同时压入试样和标准杆表面，可分别得压痕直径 d 和 d'。根据式（6-2）可得

$$HBW = HBW'\frac{D - \sqrt{D^2 - d'^2}}{D - \sqrt{D^2 - d^2}} \tag{6-4}$$

式中 D——压头球直径（mm）；

d'、HBW′——分别表示标准杆压痕直径（mm）和硬度值；

d、HBW——分别表示待测试样的压痕直径（mm）和硬度值。

由于 D 与 HBW′为已知值，只要测得 d，d'即可算出或查表得到 HBW 值（表 6-4）。

表 6-4 列出了以标准杆硬度为 202HBW 时的换算值，若所试标准杆硬度值不为 202HBW，则需将表中查出的硬度值乘以系数 K，K 值可由表 6-5 查得。此方法简单方便，但精度低（误差为 7% ~10%），需用标准硬度块经常校准。

6.1.2.3 布氏硬度试验的特点及注意事项

1. 特点 布氏硬度的优点是其硬度值代表性全面，数据稳定，测量精度较高。因为其压痕面积较大，能反映金属表面较大范围内各组成相综合平均的性能数值，故特别适宜于测定灰铸铁、轴承合金等具有粗大晶粒或粗大组成相的金属材料。

其缺点是试验操作时间较长，对不同材料的试样需要更换不同直径的压头球和改变试验力，压痕测量也较费时间；在进行高硬度材料测试时，由于压头球本身的变形，会使测量结果不准确，因此一般对硬度 >650HBW 的材料便不能使用；由于压痕较大，成品检验和薄件试验有困难。

2. 注意事项 为了测试的准确性，试验过程中应注意以下事项：

表 6-5 锤击式布氏硬度试验中系数 K 的数值

标准杆硬度 HBW	系 数 K
150	0.742
152	0.752
154	0.762
156	0.772
158	0.782
160	0.792
162	0.802
164	0.812
166	0.822
168	0.832
170	0.842
172	0.851
174	0.861
176	0.871
178	0.881
180	0.891
182	0.901
184	0.911
186	0.921
188	0.931
190	0.941
192	0.950
194	0.960
196	0.970
198	0.980
200	0.990
202	1.000
204	1.010
206	1.020
208	1.030
210	1.040

（1）试样厚度。试样厚度应大于压痕深度的 10 倍，在压痕相对的一面，不应出现影响加载的弧面等形状。压痕深度 t(mm）按式（6-5）计算：

$$t = \frac{0.102F}{\pi D \times HBW} \tag{6-5}$$

式中 F——试验力（N）；

D——压头球直径（mm）。

（2）试验表面。平整表面能获得最佳结果。半径小于 25.4mm（1in）的弧形试验表面不应作试验。

（3）压痕间距。为了测量精度，压痕中心到工件任一边缘的距离应大于压痕直径的 3 倍，相邻压痕的中心间距也应大于压痕直径的 3 倍。

（4）表面粗糙度。布氏硬度的精度与压痕的清晰程度有关，表面应当经过切削、研磨或抛光。另外，为了保证测量精度，工件表面必须能代表材料，表面脱碳或表层硬化层必须在试验前清除掉。

（5）砧座。为了保证试验表面与受力垂直定位

（误差 <2°）和工件在试验时移动量最小，工件必须正确地放在砧座上。

6.1.3　洛氏硬度试验

6.1.3.1　洛氏硬度试验原理和规定

洛氏硬度试验是目前应用最广的试验方法，它与布氏硬度不同，不是测定压痕的直径，而是测量压痕的深度。它以深度值 t 表示材料的硬度指标，金属越硬则压痕深度 t 越小；反之，金属越软则 t 越大。如果直接以 t 的大小作为硬度指标，将与人们对硬度大小的概念相矛盾，为此人们取一常数 K 减去压痕深度 t，即 $(K-t)$ 作为硬度值的指标，并规定每 0.002mm 为一个洛氏硬度单位，用符号 HR 表示，则洛氏硬氏值为

$$HR = \frac{K-t}{0.002} \tag{6-6}$$

这样便可在表盘上直接读出洛氏硬度值。

为了能用同一硬度计测定从极软到极硬材料的硬度，可采用不同的压头和载荷，组成 15 种不同的洛氏硬度标尺（表 6-6）。

表 6-6　各种洛氏硬度标尺的试验条件

洛氏硬度标尺	硬度符号	压头类型	初始试验力 F_0/N	主试验力 F_1/N	总试验力 F/N	适用范围
A	HRA	金刚石圆锥	98.07	490.3	588.4	20～88HRA
B	HRB	直径 1.5875mm 钢球	98.07	882.6	980.7	20～100HRB
C	HRC	金刚石圆锥	98.07	1373	1471	20～70HRC
D	HRD	金刚石圆锥	98.07	882.6	980.7	40～77HRD
E	HRE	直径 3.175mm 钢球	98.07	882.6	980.7	70～100HRE
F	HRF	直径 1.5875mm 钢球	98.07	490.3	588.4	60～100HRF
G	HRG	直径 1.5875mm 钢球	98.07	1373	1471	30～94HRG
H	HRH	直径 3.175mm 钢球	98.07	490.3	588.4	80～100HRH
K	HRK	直径 3.175mm 钢球	98.07	1373	1471	40～100HRK
15N	HR15N	金刚石圆锥	29.42	117.7	147.1	70～94HR15N
30N	HR30N	金刚石圆锥	29.42	264.8	294.2	42～86HR30N
45N	HR45N	金刚石圆锥	29.42	411.9	441.3	20～77HR45N
15T	HR15T	直径 1.5875mm 钢球	29.42	117.7	147.1	67～93HR15T
30T	HR30T	直径 1.5875mm 钢球	29.42	264.8	294.2	29～82HR30T
45T	HR45T	直径 1.5875mm 钢球	29.42	411.9	441.3	10～72HR45T

洛氏硬度的试验原理（以 HRC 为例）可用图6-4 表示。为保证压头与试样表面接触良好，试验时首先加一初始试验力（98.07N），在金属表面得一压痕深度 t_0，此时指针在表盘上位置指零（图 6-4a），这也表明 t_0 压痕深度不计入硬度值。然后再加上主试验力（1373N），压头压入深度为 t_1，表盘上指针以逆时针方向转动到相应的刻度位置（图 6-4b）。当主试验力卸去后，总变形中的弹性变形部分将恢复，压头将回升一段距离 (t_1-t)（图 6-4c），这时金属表面总变形中残留下来的塑性变形部分即为压痕深度 t，而在表盘上顺时针方向指针所指的位置，即代表 HRC 硬度值。

洛氏硬度试验具有以下优点：

（1）因洛氏硬度有许多不同的标尺，压头有多种，可以测出从极软到极硬材料的硬度，不存在压头变形问题。

（2）压痕小，对一般工件不造成损伤。

（3）操作简单迅速，立即得出数据，生产效率高，适用于大量生产中的产品检验。缺点是采用不同的硬度级测得的硬度无法统一进行比较，不像布氏硬度从小到大可以统一比较。此外，因压痕小，测得的硬度对于具有粗大组织的材料（如灰铸铁和粗晶材料等）缺乏代表性，因此这些材料不宜采用此法进行试验。

6.1.3.2　几种特殊洛氏硬度试验方法

1. 曲面洛氏硬度试验　采用洛氏硬度试验方法测定曲率较大的弯曲面或柱面的硬度时，可能会带来较大的误差，需进行一定的修正（表 6-7）。

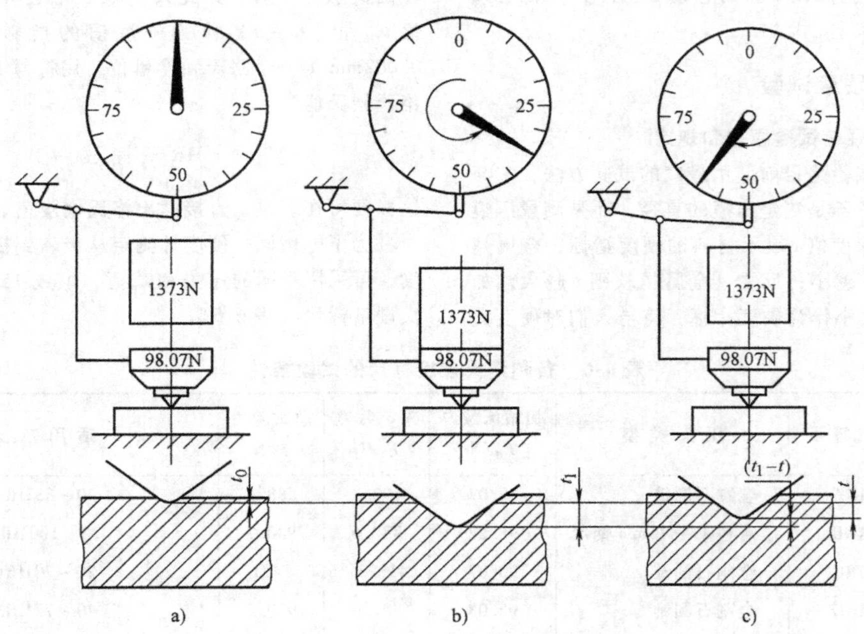

图 6-4　洛氏硬度试验过程示意图

a）加初始试验力　b）加主试验力　c）卸除主试验力

表 6-7　曲面零件实测硬度修正表

1. 在圆柱体上测定 HRC 的数值修正值

圆柱直径/mm	测定的硬度值 HRC																
	15 ~ 20	>20 ~25	>25 ~30	>30 ~33	>33 ~35	>35 ~38	>38 ~40	>40 ~43	>43 ~45	>45 ~48	>48 ~50	>50 ~53	>53 ~55	>55 ~58	>58 ~60	>60 ~63	>63 ~64
	应补加的修正值 HRC																
3 ~ 4	6.5	6.0	5.5	5.0	4.5	4.0	4.0	3.5	3.5	3.0	3.0	3.0	2.5	2.5	2.0	2.0	1.5
>4 ~ 5	6.0	5.5	5.0	4.5	4.0	4.0	3.5	3.5	3.0	3.0	3.0	2.5	2.5	2.0	2.0	1.5	1.5
>5 ~ 6	5.5	5.0	4.5	4.0	4.0	3.5	3.5	3.0	3.0	2.5	2.5	2.5	2.0	2.0	1.5	1.5	1.5
>6 ~ 7	5.0	4.5	4.0	4.0	3.5	3.5	3.0	3.0	2.5	2.5	2.5	2.0	2.0	1.5	1.5	1.5	1.0
>7 ~ 8	4.5	4.0	4.0	3.5	3.0	3.0	3.0	2.5	2.5	2.0	2.5	1.5	1.5	1.5	1.5	1.0	1.0
>8 ~ 9	4.0	4.0	3.5	3.5	3.0	3.0	2.5	2.5	2.0	2.0	2.0	1.5	1.5	1.5	1.0	1.0	1.0
>9 ~ 10	3.5	3.5	3.0	3.0	2.5	2.5	2.0	2.0	2.0	1.5	1.5	1.5	1.5	1.0	1.0	1.0	0.5
>10 ~ 11	3.0	3.0	2.5	2.5	2.0	2.0	2.0	1.5	1.5	1.5	1.5	1.0	1.0	1.0	1.0	0.5	0.5
>11 ~ 12	2.5	2.5	2.5	2.0	2.0	2.0	1.5	1.5	1.5	1.5	1.0	1.0	1.0	1.0	0.5	0.5	0.5
>12 ~ 13	2.5	2.0	2.0	1.5	1.5	1.5	1.5	1.5	1.5	1.0	1.0	1.0	1.0	0.5	0.5	0.5	0.5
>13 ~ 15	2.0	2.0	1.5	1.5	1.5	1.5	1.0	1.0	1.0	1.0	1.0	1.0	0.5	0.5	0.5	0.5	0.5
>15 ~ 17	2.0	1.5	1.5	1.5	1.5	1.0	1.0	1.0	1.0	1.0	1.0	0.5	0.5	0.5	0.5	0.5	0.5
>17 ~ 20	1.5	1.5	1.5	1.5	1.0	1.0	1.0	1.0	1.0	1.0	0.5	0.5	0.5	0.5	0.5	0.5	—
>20 ~ 25	1.5	1.5	1.5	1.0	1.0	1.0	1.0	0.5	0.5	0.5	0.5	0.5	0.5	0.5	0.5	—	—
>25 ~ 30	1.0	1.0	1.0	1.0	1.0	1.0	1.0	0.5	0.5	0.5	0.5	0.5	0.5	0.5	—	—	—

（续）

2. 在圆柱体上测定 HRB 的数值修正值

圆柱直径 /mm	测定的硬度值 HRB															
	20 ~ 25	>25 ~30	>30 ~35	>35 ~40	>40 ~45	>45 ~50	>50 ~55	>55 ~60	>60 ~65	>65 ~70	>70 ~75	>75 ~80	>80 ~85	>85 ~90	>90 ~95	>95 ~100
	应补加的修正值 HRB															
>3 ~4	18	17	16	15	14	13	12	11	10	9.5	8.5	7.5	7	6.5	5.5	5
>4 ~5	14	13	12	11	10	9.5	9	8.5	7.5	7	6.5	6	5.5	5	4.5	4
>5 ~6	12	11	10	9	9	8.5	8	7.5	7	6.5	6	5.5	5	4.5	4	3.5
>6 ~7	10.5	10	9.5	9	8.5	7.5	7	6.5	6	6	5.5	5	4.5	4	3.5	3
>7 ~8	9	8.5	8	7.5	7	6.5	6	5.5	5	5	4.5	4.5	4	3.5	3	2.5
>8 ~9	8	7.5	7	6.5	6	5.5	5	4.5	4.5	4	4	3.5	3.5	3	2.5	2
>9 ~10	7	6.5	6	5.5	5	5	4.5	4	4	3.5	3.5	3	3	2.5	2	2
>10 ~11	6	5.5	5	5	4.5	4	3.5	3.5	3.5	3	3	2.5	2.5	2	2	1.5
>11 ~12	5.5	5	4.5	4.5	4	3.5	3.5	3	3	2.5	2.5	2	2	1.5	1.5	1.5
>12 ~13	5	4.5	4	3.5	3	3	3	2.5	2.5	2	2	2	1.5	1.5	1.5	1.5
>13 ~15	4	3.5	3.5	3	2.5	2.5	2.5	2.5	2	2	2	1.5	1.5	1.5	1.5	1
>15 ~17	3.5	3	3	2.5	2.5	2	2	2	2	1.5	1.5	1.5	1.5	1	1	1
>17 ~20	3	2.5	2.5	2.5	2	2	2	2	1.5	1.5	1.5	1.5	1	1	1	1
>20 ~25	2.5	2	2	2	2	2	1.5	1.5	1.5	1.5	1	1	1	1	1	1
>25 ~30	2	2	1.5	1.5	1.5	1.5	1.5	1	1	1	1	1	1	0.5	0.5	0.5

3. 在球面上测定 HRC 数值的修正值

圆球直径 /mm	测定的硬度值 HRC											
	50 ~53	>53 ~54	>54 ~55	>55 ~56	>56 ~57	>57 ~58	>58 ~59	>59 ~60	>60 ~61	>61 ~62	>62 ~63	>63 ~64
	应补加的修正值 HRC											
3 ~4	6.0	6.0	5.5	5.0	5.0	4.5	4.0	4.0	3.5	3.5	3.0	3.0
>4 ~5	5.5	5.5	5.0	5.0	4.5	4.0	4.0	3.5	3.5	3.0	3.0	2.5
>5 ~6	5.0	5.0	4.5	4.5	4.0	4.0	3.5	3.5	3.0	2.5	2.5	2.0
>6 ~7	4.5	4.5	4.0	4.0	3.5	3.5	3.0	3.0	2.5	2.5	2.0	2.0
>7 ~8	4.0	4.0	3.5	3.5	3.0	3.0	2.5	2.5	2.0	2.0	2.0	1.5
>8 ~9	4.0	3.5	3.5	3.0	3.0	2.5	2.5	2.0	2.0	2.0	1.5	1.5
>9 ~10	3.5	3.5	3.0	3.0	2.5	2.5	2.0	2.0	2.0	1.5	1.5	1.0
>10 ~11	3.5	3.0	3.0	2.5	2.5	2.0	2.0	2.0	1.5	1.5	1.0	1.0
>11 ~12	3.0	3.0	2.5	2.5	2.0	2.0	2.0	1.5	1.5	1.0	1.0	1.0
>12 ~13	3.0	2.5	2.5	2.0	2.0	2.0	1.5	1.5	1.0	1.0	1.0	0.5
>13 ~15	2.5	2.5	2.0	2.0	1.5	1.5	1.5	1.0	1.0	0.5	0.5	0.5
>15 ~17	2.0	2.0	2.0	1.5	1.5	1.5	1.0	1.0	0.5	0.5	0.5	0.5
>17 ~20	2.0	1.5	1.5	1.5	1.0	1.0	1.0	0.5	0.5	0.5	0.5	0.5
>20 ~25	1.5	1.5	1.0	1.0	1.0	1.0	0.5	0.5	0.5	0.5	0.5	—
>25 ~30	1.0	1.0	1.0	0.5	0.5	0.5	0.5	0.5	0.5	0.5	—	—

注：1. 当零件直径 $D>10$mm 时，硬度 >60HRC 可不考虑修正值。

2. 当零件直径 $D>15$mm 时，硬度 >70HRC 可不考虑修正值。

2. 表面洛氏硬度试验　表 6-6 中 15N、30N、45N、15T、30T、45T 为表面洛氏硬度试验方法，属于轻载荷洛氏硬度试验法，初始试验力为 29.42N，总试验力分别为 147.1N、294.2N、441.3N，并以 0.001mm 压痕深度为一个硬度单位，表盘满刻度为 100。一般用于测定极薄材料和零件化学热处理后的表面硬度。

6.1.3.3　洛氏硬度试验的注意事项和局限性

1. 试样表面的制备　工件表面粗糙度要求取决于所使用的洛氏标度。对于通常的 1471N 试验力的金刚石压头或 980.7N 试验力的钢压头，表面精磨已足够，对于轻载荷（如 147.1N 试验力），一般需磨光或抛光表面。另外，为了测得准确值，表面缺陷（如表面脱碳、氧化等）应当去除。

2. 压痕间距 两压痕中心间距必须大于3倍压痕直径，压痕中心距边缘距离应大于2.5倍压痕直径。

3. 试样尺寸和形状 对于特殊形状的工件（如大试样、长试样、薄壁环形体和管材等），需要附加支承设备。对于大而笨重的工件必须放在支架或特殊的垫块上。对长试样，加载时应当避免在试样和压头之间产生附加弯矩，而不是单纯的压应力。在测定长试样一端时，另一端应支撑在辅助支架上，不应用手来代替支架。对圆柱形试样应采用V形砧座。

测内表面洛氏硬度试验时，应采用图6-5所示的鹅颈式转接器。

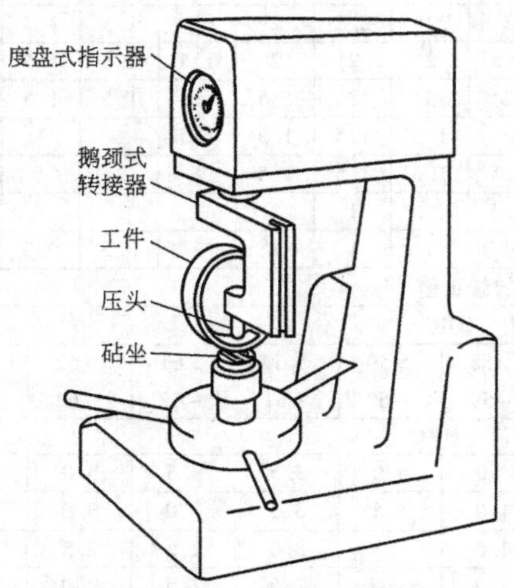

图6-5 用鹅颈式转接器进行薄壁圆筒形工件洛氏硬度试验的装置

对齿轮和其他形状复杂的工件，要使用专门设计、制造的专用砧座和工夹具，以保证测定值的精度。

6.1.4 维氏硬度和努氏硬度试验

6.1.4.1 维氏硬度试验

1. 维氏硬度试验原理和方法 维氏硬度测定原理基本上和布氏硬度相同，也是根据单位压痕陷凹面积上所受的试验力计算硬度值，所不同的是维氏硬度采用了锥面夹角为136°的金刚石四棱锥体（图6-6）。这时由于压入角 φ 恒定不变，使得试验力改变时，压痕的几何形状相似。因此，在维氏硬度试验中，试验力可以任意选择，而所得硬度值相同，这是维氏硬度试验最主要的特点，也是最大的优点。四棱锥之所以选取136°，是为了所测数据与HBW值能得到最好的配合。因为一般布氏硬度试验时压痕直径 d 多半在（0.25～0.5）D 之间，取平均值为0.375D，这时布氏硬度的压入角 $\varphi=44°$，而锥面角为136°的正四棱锥形压痕的压入角也等于44°。所以在中低硬度范围内，维氏硬度与布氏硬度值很接近。

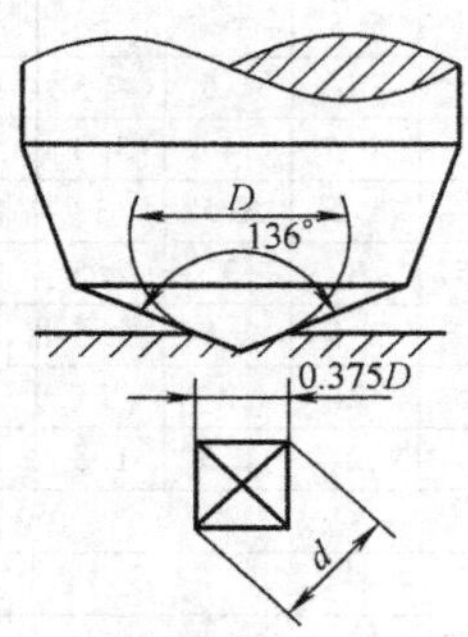

图6-6 维氏硬度压头锥面夹角的确定

此外，采用金刚石方角锥后，压痕为一具有轮廓清晰的正方形，在测量压痕对角线长度 d 时误差小，不存在压头变形问题，适用于任何硬度的材料。

维氏硬度值以符号HV表示，其值可表示为

$$HV=\frac{0.102F}{A_{凹}}=\frac{0.102F}{d^2/(2\sin68°)}=0.1891\frac{F}{d^2} \quad (6\text{-}7)$$

式中 0.102——试验力单位由kgf转换为N后，需要乘以的常数；

F——试验力（N）；

$A_{凹}$——表面压痕的凹陷面积（mm^2）；

d——压痕对角线长度（mm）。

由式（6-7）可以看出，只要量出压痕对角线长度 d，即可求出HV值，或通过查表获得HV值（表6-8）。

表6-8 压痕对角线长度与维氏硬度值（HV10）对照表

压痕对角线长度/mm	0.000	0.001	0.002	0.003	0.004	0.005	0.006	0.007	0.008	0.009
0.10	1854	1818	1783	1748	1714	1682	1650	1620	1590	1561
0.11	1533	1505	1478	1452	1427	1402	1378	1354	1332	1310
0.12	1288	1267	1246	1226	1206	1187	1168	1150	1132	1114
0.13	1097	1080	1064	1048	1033	1018	1003	988	974	960
0.14	946	933	920	907	894	882	870	858	847	835
0.15	824	813	803	792	782	772	762	752	743	734
0.16	724	715	700	698	690	681	673	665	657	649

（续）

压痕对角线长度/mm	0.000	0.001	0.002	0.003	0.004	0.005	0.006	0.007	0.008	0.009
0.17	642	634	627	620	613	606	599	592	585	579
0.18	572	566	560	554	548	542	536	530	525	519
0.19	514	508	503	498	493	488	483	478	473	468
0.20	464	459	455	450	446	442	437	433	429	425
0.21	421	417	413	409	405	401	397	394	390	387
0.22	383	380	376	373	370	366	363	360	357	354
0.23	351	348	345	342	339	336	333	330	327	325
0.24	322	319	317	314	312	309	306	304	302	299
0.25	297	294	292	289	287	285	283	281	279	276
0.26	274	272	270	268	266	264	262	260	258	256
0.27	254	253	251	249	247	245	243	242	240	238
0.28	236	235	233	232	230	228	227	225	224	222
0.29	221	219	218	216	215	213	212	210	209	207
0.30	206	205	203	202	201	199	198	197	196	194
0.31	193	192	191	189	188	187	186	185	183	182
0.32	181	180	179	178	177	176	175	173	172	171
0.33	170	169	168	167	166	165	164	163	162	161
0.34	160	160	159	158	157	156	155	154	153	152
0.35	151.4	150.5	149.7	148.8	148.0	147.1	146.3	145.5	144.7	143.9
0.36	143.1	142.3	141.5	140.7	140.0	139.2	138.4	137.7	136.9	136.2
0.37	135.5	134.7	134.0	133.3	132.6	131.9	131.2	130.5	129.8	129.1
0.38	128.4	127.7	127.1	126.4	125.8	125.1	124.5	123.8	123.2	122.6
0.39	121.9	121.3	120.7	120.1	119.5	118.9	118.3	117.7	117.1	116.5
0.40	115.9	115.3	114.8	114.2	113.6	113.1	112.5	111.9	111.4	110.9
0.41	110.3	109.8	109.3	108.7	108.2	107.7	107.2	106.6	106.1	105.6
0.42	105.1	104.5	104.1	103.6	103.1	102.7	102.2	101.7	101.2	100.8
0.43	100.3	99.8	99.4	98.9	98.5	98.0	97.6	97.1	96.7	96.2
0.44	95.8	95.3	94.9	94.5	94.1	93.6	93.2	92.8	92.4	92.0
0.45	91.6	91.2	90.8	90.4	90.0	89.6	89.2	88.8	88.4	88.0
0.46	87.6	87.3	86.9	86.5	86.1	85.8	85.4	85.0	84.7	84.3
0.47	84.0	83.6	83.2	82.9	82.5	82.2	81.8	81.5	81.2	80.8
0.48	80.5	80.2	79.8	79.5	79.2	78.8	78.5	78.2	77.9	77.6
0.49	77.2	76.9	76.6	76.3	76.0	75.7	75.4	75.1	74.8	74.5
0.50	74.2	73.9	73.6	73.3	73.0	72.7	72.4	72.1	71.9	71.6
0.51	71.3	71.0	70.7	70.5	70.2	69.9	69.9	69.4	69.1	68.8
0.52	68.6	68.3	68.1	67.8	67.5	67.3	67.0	66.8	66.5	66.3
0.53	66.0	65.8	65.5	65.3	65.0	64.8	64.5	64.3	64.1	63.8
0.54	63.6	63.4	63.1	62.9	62.7	62.4	62.2	62.0	61.7	61.5
0.55	61.3	61.1	60.9	60.6	60.4	60.2	60.0	59.8	59.6	59.3
0.56	59.1	58.9	58.7	58.5	58.3	58.1	57.9	57.7	57.5	57.3
0.57	57.1	56.9	56.7	56.5	56.3	56.1	55.9	55.7	55.5	55.3
0.58	55.1	54.9	54.7	54.6	54.4	54.2	54.0	53.8	53.6	53.4
0.59	53.3	53.1	52.9	52.7	52.6	52.4	52.2	52.0	51.9	51.7
0.60	51.5	51.3	51.2	51.0	50.8	50.7	50.5	50.3	50.2	50.0
0.61	49.8	49.7	49.5	49.4	49.2	49.0	48.9	48.7	48.6	48.4
0.62	48.2	48.1	47.9	47.8	47.6	47.5	47.3	47.2	47.0	46.9
0.63	46.7	46.6	46.4	46.3	46.1	46.0	45.8	45.7	45.6	45.4
0.64	45.3	45.1	45.0	44.8	44.7	44.6	44.4	44.3	44.2	44.0
0.65	43.9	43.8	43.6	43.5	43.4	43.2	43.1	43.0	42.8	42.7
0.66	42.6	42.4	42.3	42.2	42.1	41.9	41.8	41.7	41.6	41.4
0.67	41.3	41.2	41.1	40.9	40.8	40.7	40.6	40.5	40.3	40.2
0.68	40.1	40.0	39.9	39.8	39.6	39.5	39.4	39.3	39.2	39.1
0.69	39.0	38.8	38.7	38.6	38.5	38.4	38.3	38.2	38.1	38.0
0.70	37.8	37.7	37.6	37.5	37.4	37.3	37.2	37.1	37.0	36.9
0.71	36.8	36.7	36.6	36.5	36.4	36.3	36.2	36.1	36.0	35.9
0.72	35.8	35.7	35.6	35.5	35.4	35.3	35.2	35.1	35.0	34.9

（续）

压痕对角线长度/mm	0.000	0.001	0.002	0.003	0.004	0.005	0.006	0.007	0.008	0.009
0.73	34.8	34.7	34.6	34.5	34.4	34.3	34.2	34.1	34.0	34.0
0.74	33.9	33.8	33.7	33.6	33.5	33.4	33.3	33.2	33.1	33.1
0.75	33.0	32.9	32.8	32.7	32.6	32.5	32.4	32.4	32.3	32.2
0.76	32.1	32.0	31.9	31.8	31.8	31.7	31.6	31.5	31.4	31.4
0.77	31.3	31.2	31.1	31.0	30.9	30.9	30.8	30.7	30.7	30.6
0.78	30.5	30.4	30.3	30.3	30.2	30.1	30.0	29.9	29.9	29.8
0.79	29.7	29.6	29.6	29.5	29.4	29.3	29.3	29.2	29.1	29.1
0.80	29.0	28.9	28.8	28.8	28.7	28.7	28.6	28.5	28.4	28.3
0.81	28.3	28.2	28.1	28.0	28.0	27.9	27.8	27.8	27.7	27.7
0.82	27.6	27.5	27.4	27.4	27.3	27.3	27.2	27.1	27.0	27.0
0.83	26.9	26.8	26.8	26.7	26.7	26.6	26.5	26.5	26.4	26.3
0.84	26.3	26.2	26.2	26.1	26.0	26.0	25.9	25.8	25.8	25.7
0.85	25.7	25.6	25.6	25.5	25.4	25.4	25.3	25.3	25.2	25.1
0.86	25.1	25.0	25.0	24.9	24.8	24.8	24.7	24.7	24.6	24.6
0.87	24.5	24.4	24.4	24.3	24.3	24.2	24.2	24.1	24.1	24.0
0.88	24.0	23.9	23.8	23.8	23.7	23.7	23.6	23.6	23.5	23.5
0.89	23.4	23.4	23.3	23.3	23.2	23.2	23.1	23.0	23.0	22.9
0.90	22.9	22.8	22.8	22.7	22.7	22.6	22.6	22.5	22.5	22.4
0.91	22.4	22.3	22.3	22.3	22.2	22.2	22.1	22.1	22.0	22.0
0.92	21.9	21.9	21.8	21.8	21.7	21.7	21.6	21.6	21.5	21.5
0.93	21.4	21.4	21.4	21.3	21.3	21.2	21.2	21.1	21.1	21.0
0.94	21.0	20.9	20.9	20.8	20.8	20.8	20.7	20.7	20.6	20.6
0.95	20.5	20.5	20.5	20.4	20.4	20.3	20.3	20.2	20.2	20.2
0.96	20.1	20.1	20.0	20.0	19.96	19.91	19.87	19.83	19.79	19.75
0.97	19.71	19.67	19.63	19.59	19.55	19.51	19.47	19.43	19.39	19.35
0.98	19.31	19.27	19.23	19.19	19.15	19.11	19.07	19.04	19.00	18.96
0.99	18.92	18.88	18.84	18.81	18.77	18.73	18.69	18.66	18.62	18.58
1.00	18.54	18.51	18.47	18.43	18.39	18.36	18.32	18.29	18.25	18.21
1.01	18.18	18.14	18.11	18.07	18.04	18.00	17.96	17.93	17.89	17.85
1.02	17.83	17.79	17.76	17.72	17.69	17.65	17.62	17.58	17.55	17.51
1.03	17.48	17.45	17.41	17.38	17.34	17.31	17.28	17.24	17.21	17.17
1.04	17.14	17.11	17.08	17.05	17.01	16.98	19.95	16.92	16.88	16.85
1.05	16.82	16.79	16.76	16.72	16.69	16.66	16.63	16.59	16.56	16.53
1.06	16.50	16.47	16.44	16.41	16.38	16.35	16.32	16.29	16.26	16.23
1.07	16.20	16.17	16.14	16.11	16.08	16.05	16.02	15.99	15.96	15.93
1.08	15.90	15.87	15.84	15.81	15.78	15.75	15.72	15.69	15.67	15.64
1.09	15.61	15.58	15.55	15.52	15.49	15.47	15.44	15.41	15.38	15.35
1.10	15.33	15.30	15.27	15.24	15.22	15.19	15.16	15.13	15.11	15.08
1.11	15.05	15.02	14.99	14.97	14.94	14.92	14.89	14.86	14.84	14.81
1.12	14.78	14.76	14.73	14.70	14.68	14.65	14.63	14.60	14.57	14.55
1.13	14.52	14.49	14.47	14.45	14.42	14.39	14.37	14.35	14.32	14.29
1.14	14.27	14.24	14.22	14.19	14.17	14.14	14.12	14.09	14.07	14.05
1.15	14.02	13.99	13.97	13.95	13.93	13.90	13.88	13.85	13.83	13.81
1.16	13.78	13.76	13.73	13.71	13.69	13.66	13.64	13.62	13.59	13.57
1.17	13.54	13.52	13.50	13.48	13.45	13.43	13.41	13.39	13.38	13.34
1.18	13.32	13.29	13.27	13.25	13.23	13.21	13.19	13.16	13.14	13.12
1.19	13.10	13.07	13.05	13.03	13.01	12.99	12.96	12.94	12.92	12.90
1.20	12.88	12.86	12.84	12.81	12.79	12.77	12.75	12.73	12.71	12.69
1.21	12.67	12.64	12.62	12.60	12.58	12.56	12.54	12.52	12.50	12.48
1.22	12.46	12.44	12.42	12.40	12.38	12.36	12.34	12.32	12.30	12.28
1.23	12.26	12.24	12.22	12.19	12.18	12.16	12.14	12.12	12.10	12.08
1.24	12.06	12.04	12.02	12.00	11.98	11.96	11.94	11.92	11.91	11.89
1.25	11.87	11.85	11.83	11.81	11.79	11.77	11.75	11.73	11.71	11.69
1.26	11.68	11.66	11.64	11.62	11.61	11.59	11.57	11.55	11.54	11.52
1.27	11.50	11.48	11.46	11.44	11.42	11.40	11.39	11.37	11.35	11.33
1.28	11.32	11.30	11.28	11.26	11.25	11.23	11.21	11.19	11.18	11.16

（续）

压痕对角线长度/mm	0.000	0.001	0.002	0.003	0.004	0.005	0.006	0.007	0.008	0.009
1.29	11.14	11.12	11.11	11.09	11.07	11.06	11.04	11.02	11.01	10.99
1.30	10.97	10.95	10.94	10.92	10.91	10.89	10.87	10.85	10.84	10.82
1.31	10.80	10.79	10.77	10.75	10.74	10.72	10.70	10.68	10.66	10.65
1.32	10.64	10.62	10.61	10.59	10.58	10.56	10.55	10.53	10.51	10.49
1.33	10.48	10.46	10.45	10.44	10.42	10.40	10.39	10.37	10.36	10.34
1.34	10.33	10.31	10.29	10.28	10.27	10.25	10.24	10.22	10.21	10.19
1.35	10.18	10.16	10.15	10.13	10.12	10.10	10.09	10.07	10.06	10.04
1.36	10.03	10.01	10.00	9.98	9.97	9.95	9.94	9.92	9.91	9.89
1.37	9.88	9.87	9.85	9.84	9.82	9.81	9.79	9.78	9.77	9.75
1.38	9.74	9.72	9.71	9.70	9.68	9.67	9.65	9.64	9.63	9.61
1.39	9.60	9.58	9.57	9.56	9.54	9.53	9.52	9.50	9.49	9.47
1.40	9.46	9.45	9.43	9.42	9.41	9.39	9.38	9.37	9.35	9.34
1.41	9.33	9.31	9.30	9.29	9.27	9.26	9.25	9.24	9.22	9.21
1.42	9.20	9.18	9.17	9.16	9.15	9.13	9.12	9.11	9.09	9.08
1.43	9.07	9.05	9.04	9.03	9.02	9.01	8.99	8.98	8.97	8.96
1.44	8.94	8.93	8.92	8.91	8.89	8.88	8.87	8.86	8.84	8.83
1.45	8.82	8.81	8.80	8.78	8.77	8.76	8.75	8.74	8.72	8.71
1.46	8.70	8.69	8.68	8.66	8.65	8.64	8.63	8.62	8.60	8.59
1.47	8.58	8.57	8.56	8.55	8.54	8.52	8.51	8.50	8.49	8.48
1.48	8.47	8.45	8.44	8.43	8.42	8.41	8.40	8.39	8.38	8.36
1.49	8.35	8.34	8.33	8.32	8.31	8.30	8.29	8.27	8.26	8.25
1.50	8.24	8.23	8.22	8.21	8.20	8.19	8.18	8.17	8.15	8.14
1.51	8.13	8.12	8.11	8.10	8.09	8.08	8.07	8.06	8.05	8.04
1.52	8.03	8.02	8.01	7.99	7.98	7.97	7.96	7.95	7.94	7.93
1.53	7.92	7.91	7.90	7.89	7.88	7.87	7.86	7.85	7.84	7.83
1.54	7.82	7.81	7.80	7.79	7.78	7.77	7.76	7.75	7.74	7.73
1.55	7.72	7.71	7.70	7.69	7.68	7.67	7.66	7.65	7.64	7.63
1.56	7.62	7.61	7.60	7.59	7.58	7.57	7.56	7.55	7.54	7.53
1.57	7.52	7.51	7.50	7.49	7.485	7.475	7.466	7.456	7.447	7.438
1.58	7.428	7.419	7.409	7.400	7.391	7.381	7.372	7.363	7.354	7.344
1.59	7.335	7.326	7.317	7.307	7.298	7.289	7.280	7.271	7.262	7.253
1.60	7.244	7.235	7.226	7.217	7.208	7.199	7.190	7.181	7.172	7.163
1.61	7.154	7.145	7.136	7.127	7.119	7.110	7.101	7.092	7.083	7.075
1.62	7.066	7.057	7.048	7.040	7.031	7.022	7.014	7.005	6.997	6.988
1.63	6.979	6.971	6.962	6.954	6.945	6.937	6.928	6.920	6.911	6.903
1.64	6.895	6.886	6.878	6.869	6.861	6.853	6.844	6.836	6.828	6.820
1.65	6.811	6.803	6.795	6.787	6.778	6.770	6.762	6.754	6.746	6.738
1.66	6.729	6.721	6.713	6.705	6.697	6.689	6.681	6.673	6.665	6.657
1.67	6.649	6.641	6.633	6.625	6.617	6.609	6.602	6.594	6.586	6.578
1.68	6.570	6.562	6.555	6.547	6.539	6.531	6.524	6.516	6.508	6.500
1.69	6.493	6.485	6.477	6.470	6.462	6.545	6.447	6.439	6.432	6.424
1.70	6.416	6.409	6.401	6.394	6.386	6.379	6.371	6.364	6.357	6.349
1.71	6.342	6.334	6.327	6.319	6.312	6.305	6.297	6.290	6.283	6.275
1.72	6.268	6.261	6.254	6.246	6.239	6.232	6.225	6.217	6.210	6.203
1.73	6.196	6.189	6.182	6.174	6.167	6.160	6.153	6.146	6.139	6.132
1.74	6.125	6.118	6.111	6.104	6.097	6.090	6.083	6.076	6.069	6.062
1.75	6.055	6.048	6.041	6.034	6.027	6.021	6.014	6.007	6.000	5.993
1.76	5.986	5.979	5.973	5.966	5.959	5.953	5.946	5.939	5.932	5.926
1.77	5.919	5.912	5.906	5.899	5.892	5.886	5.879	5.872	5.866	5.859
1.78	5.853	5.846	5.840	5.833	5.826	5.820	5.813	5.807	5.800	5.794
1.79	5.787	5.781	5.775	5.768	5.762	5.755	5.749	5.742	5.736	5.730
1.80	5.723	5.717	5.711	5.704	5.698	5.692	5.685	5.679	5.673	5.667
1.81	5.660	5.654	5.648	5.642	5.635	5.629	5.623	5.617	5.611	5.604
1.82	5.598	5.592	5.586	5.580	5.574	5.568	5.562	5.555	5.549	5.543
1.83	5.537	5.531	5.525	5.519	5.513	5.507	5.501	5.495	5.489	5.483
1.84	5.477	5.471	5.465	5.459	5.453	5.448	5.442	5.436	5.430	5.424

（续）

压痕对角线长度/mm	0.000	0.001	0.002	0.003	0.004	0.005	0.006	0.007	0.008	0.009
1.85	5.418	5.412	5.406	5.401	5.395	5.389	5.383	5.377	5.372	5.366
1.86	5.360	5.354	5.349	5.343	5.337	5.331	5.326	5.320	5.314	5.309
1.87	5.303	5.297	5.292	5.286	5.280	5.275	5.269	5.263	5.258	5.252
1.88	5.247	5.241	5.235	5.230	5.224	5.219	5.213	5.208	5.202	5.197
1.89	5.191	5.186	5.180	5.175	5.169	5.164	5.158	5.153	5.148	5.142
1.90	5.137	5.131	5.126	5.121	5.115	5.110	5.104	5.099	5.094	5.088
1.91	5.083	5.078	5.072	5.067	5.062	5.057	5.051	5.046	5.041	5.036
1.92	5.030	5.025	5.020	5.015	5.009	5.004	4.999	4.994	4.989	4.983
1.93	4.978	4.973	4.968	4.963	4.958	4.953	4.947	4.942	4.937	4.932
1.94	4.927	4.922	4.917	4.912	4.907	4.902	4.897	4.892	4.887	4.882
1.95	4.877	4.872	4.867	4.862	4.857	4.852	4.847	4.842	4.837	4.832
1.96	4.827	4.822	4.817	4.812	4.807	4.803	4.798	4.793	4.788	4.783
1.97	4.778	4.773	4.769	4.764	4.759	4.754	4.749	4.744	4.740	4.735
1.98	4.730	4.725	4.721	4.716	4.711	4.706	4.702	4.697	4.692	4.687
1.99	4.683	4.678	4.673	4.669	4.664	4.659	4.655	4.650	4.645	4.641

注：本表中的维氏硬度值是按试验力98.07N计算得到的HV10。若使用其他试验力，即选其他维氏硬度符号时，则表中硬度值应分别乘以下表所列系数。

维氏硬度符号	HV5	HV10	HV20	HV30	HV50	HV100
试验力/N	49.03	98.07	196.1	294.2	490.3	980.7
系数	0.5	1	2	3	5	10

对于某些特殊情况，要求在球面或柱面上测定HV时，需要按表6-9～表6-14进行修正。

表6-9　球面（凸形）修正系数

d/D	修正系数	*d/D*	修正系数	*d/D*	修正系数
0.004	0.995	0.055	0.945	0.122	0.895
0.009	0.990	0.061	0.940	0.130	0.890
0.013	0.985	0.067	0.935	0.139	0.885
0.016	0.980	0.073	0.930	0.147	0.880
0.023	0.975	0.079	0.925	0.156	0.875
0.028	0.970	0.086	0.920	0.165	0.870
0.033	0.965	0.093	0.915	0.175	0.865
0.038	0.960	0.100	0.910	0.185	0.860
0.043	0.955	0.107	0.905	0.195	0.855
0.049	0.950	0.114	0.900	0.206	0.850

表6-10　球面（凹形）修正系数

d/D	修正系数	*d/D*	修正系数	*d/D*	修正系数
0.004	1.005	0.041	1.055	0.071	1.105
0.008	1.010	0.045	1.060	0.074	1.110
0.012	1.015	0.048	1.065	0.077	1.115
0.016	1.020	0.051	1.070	0.079	1.120
0.020	1.025	0.054	1.075	0.082	1.125
0.024	1.030	0.057	1.080	0.084	1.130
0.028	1.035	0.060	1.085	0.087	1.135
0.031	1.040	0.063	1.090	0.089	1.140
0.035	1.045	0.066	1.095	0.091	1.145
0.038	1.050	0.069	1.100	0.094	1.150

表 6-11　圆柱面（凸形）修正系数（对角线与轴成 45°）

d/D	修正系数	d/D	修正系数	d/D	修正系数
0.009	0.995	0.071	0.960	0.139	0.925
0.017	0.990	0.081	0.955	0.149	0.920
0.026	0.985	0.090	0.950	0.159	0.915
0.035	0.980	0.100	0.945	0.169	0.910
0.044	0.975	0.109	0.940	0.179	0.905
0.053	0.970	0.119	0.935	0.189	0.900
0.062	0.965	0.129	0.930	0.200	0.895

表 6-12　圆柱面（凹形）修正系数（对角线与轴成 45°）

d/D	修正系数	d/D	修正系数	d/D	修正系数
0.009	1.005	0.089	1.055	0.162	1.105
0.017	1.010	0.097	1.060	0.169	1.110
0.025	1.015	0.104	1.065	0.176	1.115
0.034	1.020	0.112	1.070	0.183	1.120
0.042	1.025	0.119	1.075	0.189	1.125
0.050	1.030	0.127	1.080	0.196	1.130
0.058	1.035	0.134	1.085	0.203	1.135
0.066	1.040	0.141	1.090	0.209	1.140
0.074	1.045	0.148	1.095	0.216	1.145
0.082	1.050	0.155	1.100	0.222	1.150

表 6-13　圆柱体（凸形）修正系数（对角线平行于轴）

d/D	修正系数	d/D	修正系数	d/D	修正系数
0.009	0.995	0.054	0.975	0.126	0.955
0.019	0.990	0.068	0.970	0.153	0.950
0.029	0.985	0.085	0.965	0.189	0.945
0.041	0.980	0.104	0.960	0.243	0.940

表 6-14　圆柱体（凹形）修正系数（对角线平行于轴）

d/D	修正系数	d/D	修正系数	d/D	修正系数
0.008	1.005	0.067	1.055	0.103	1.105
0.016	1.010	0.071	1.060	0.105	1.110
0.023	1.015	0.076	1.065	0.108	1.115
0.030	1.020	0.079	1.070	0.111	1.120
0.036	1.025	0.083	1.075	0.113	1.125
0.042	1.030	0.087	1.080	0.116	1.130
0.048	1.035	0.090	1.085	0.119	1.135
0.053	1.040	0.093	1.090	0.120	1.140
0.058	1.045	0.097	1.095	0.123	1.145
0.063	1.050	0.100	1.100	0.125	1.150

2. 维氏硬度试验的试验力　维氏硬度试验法一般按 GB/T 4340.1—2009 执行。试样表面粗糙度 Ra 应不高于 0.2μm，两面应平行。试样厚度应不小于压痕对角线的 1.5 倍。

维氏硬度试验的试验力见表 6-15，常用的试验力范围为 49.03～980.7N。使用时，应视零件厚度及材料的预期硬度，尽可能选取较大的试验力，以减小压痕尺寸的测量误差。

如果维氏硬度试验时选用的试验力较小，达到 0.098～0.9807N，则可测定金属箔、极薄的表面层的硬度，以及合金中各种组成相的硬度。因为压痕尺寸较小，为了提高测量精度，需要配用显微放大装置。这就是显微维氏硬度试验（显微硬度）。

表 6-15　维氏硬度试验力

维氏硬度试验		小负荷维氏硬度试验		显微维氏硬度试验	
硬度符号	试验力/N	硬度符号	试验力/N	硬度符号	试验力/N
HV5	49.03	HV0.2	1.961	HV0.01	0.09807
HV10	98.07	HV0.3	2.942	HV0.015	0.1471
HV20	196.1	HV0.5	4.903	HV0.02	0.1961
HV30	294.2	HV1	9.807	HV0.025	0.2452
HV50	490.3	HV2	19.61	HV0.05	0.4903
HV100	980.7	HV3	29.42	HV0.1	0.9807

注：1. 维氏硬度试验可使用大于 980.7N 的试验力。
2. 显微维氏硬度试验的试验力为推荐值。

3. 维氏硬度的表示方法　维氏硬度的表示方法为：①硬度值；②符号 HV；③试验力；④试验力保持时间（10～15s 不标注）。如 640HV30 表示在试验力为 294.2N 下保持 10～15s 测得的维氏硬度值为 640。又如 300HV0.1 表示在试验力为 0.9807N 下保持 10～15s 测得的显微维氏硬度值为 300。注意硬度符号后试验力单位为千克力（kgf）。

4. 维氏硬度的优缺点　维氏硬度试验法的优点是不存在布氏硬度试验时，要求试验力 F 和压头直径 D 所规定条件的约束，以及压头变形问题，也不存在洛氏硬度法那种硬度值无法统一的问题；不仅试验力可以任意选取，而且材质不论软硬，测量数据稳定可靠，精度高。唯一缺点是硬度值需通过测量对角线长度后才能计算（或查表）出来，因此测量效率不及洛氏硬度试验高。

6.1.4.2　努氏硬度试验

努氏硬度试验与维氏硬度一样，只是压头采用了对棱角为 172.5°及 130°的四棱金刚石锥，在被测试样表面得到长对角线比短对角线长度大 7.11 倍的菱形压痕（图 6-7）。

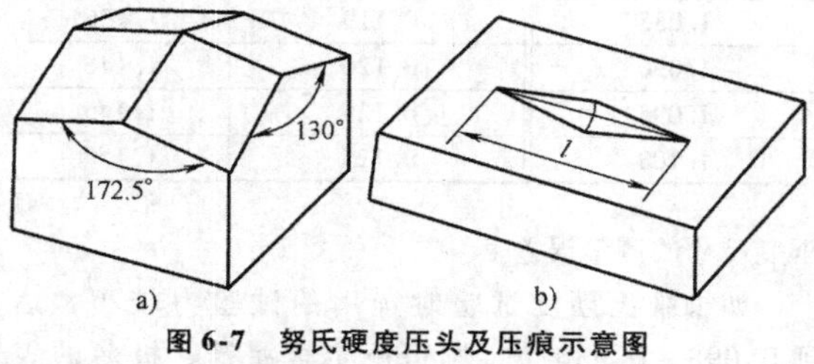

图 6-7　努氏硬度压头及压痕示意图
a）压头　b）印痕

只需测量长对角线的长度 l，便可按下式算出努氏硬度值

$$HK = 14.22F/l^2 \tag{6-8}$$

努氏硬度一般采用轻载荷，试验力 F 在 50～30000mN 范围内选取，HK 的单位为 $9.8N/mm^2$。

努氏硬度由于压痕细长，而且只需测量长对角线的长度 l，因而精度高（图 6-8）。努氏硬度值与维氏硬度值大致相等，但如果载荷在 1000mN 以下，两者会出现较大的差别（图 6-9）。努氏硬度值与洛氏硬度值的关系曲线如图 6-10 所示。

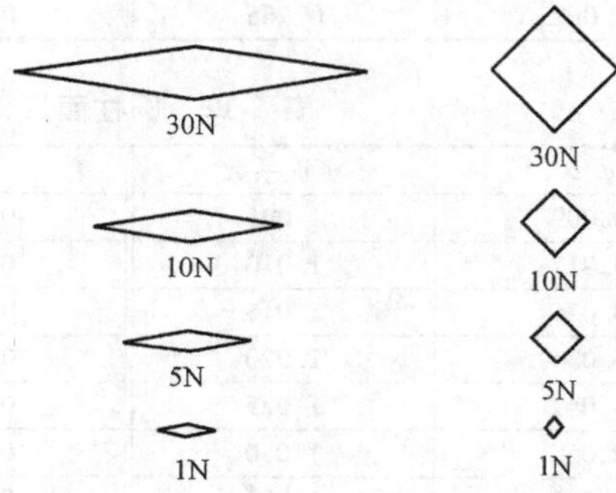

图 6-8　努氏硬度与维氏硬度压痕对比

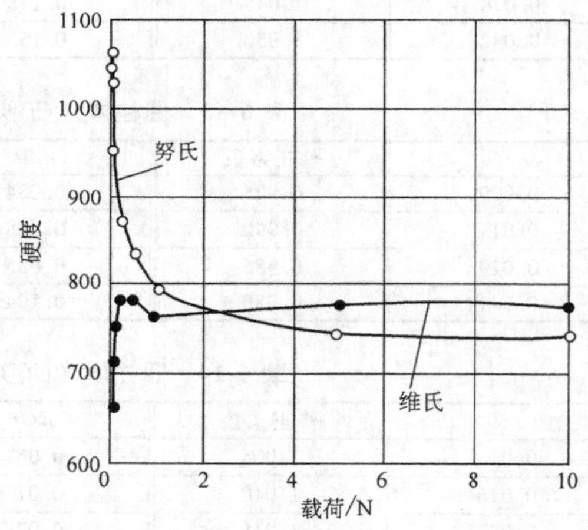

图 6-9　努氏、维氏硬度值与载荷的关系

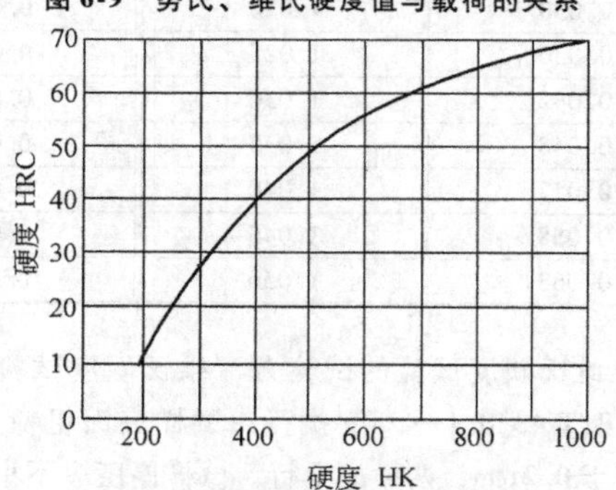

图 6-10　努氏硬度与洛氏硬度的关系

努氏硬度试验法一般用于薄层（表面淬火层或化学渗镀层）和合金中组成相的检测，如图 6-11、图 6-12 所示。各种相的努氏硬度值见表 6-16。

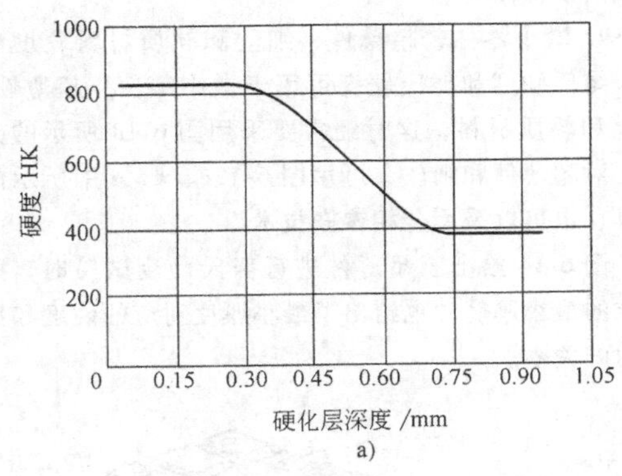

a)

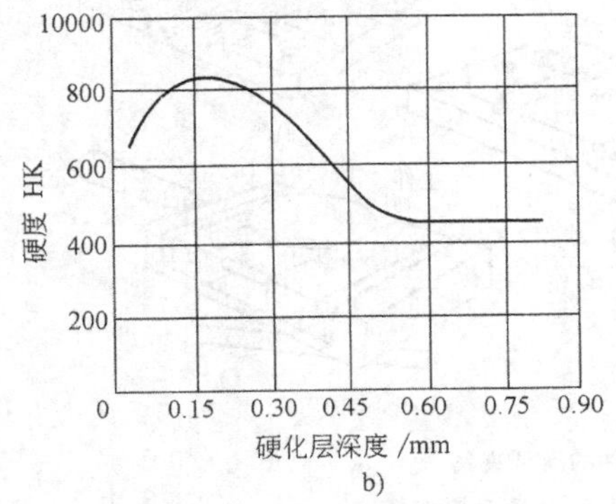

b)

图 6-11 渗碳硬化层深度和努氏硬度值的关系

a) 表层不存在残留奥氏体 b) 表层存在残留奥氏体

图 6-12 淬火回火工具钢中两种组织的努氏硬度压痕

注：白色为 Cr、V 合金碳化物（1930HK），暗色体（810HK）为基体。

表 6-16 各种相的努氏硬度值

相	载荷/mN	努氏硬度 HK
1. 钢铁材料		
渗碳体	250	790 ~ 1150
	1000	1168
铁素体	—	135
含 Si 铁素体	—	207
马氏体	500	700 ~ 720
珠光体	1000	300
托氏体	1000	570
2. 铝合金		
Al_2Cu	500	450
AlCu	500	550
$Al_7(CrFe)$	500	506
Al_3Fe	500	526 ~ 755
β(Al-Fe-Si)	500	486
Al_3Mg_2	500	168
初生 Si 相	500	901
3. 碳化物		
BC	10000	2230
	1000	2800
SiC	1000	1875 ~ 3980
TiC	1000	2470
WC	1000	1880
VC	—	2080
4. 硼化物		
CrB	300	2135
NbB_2	300	2594
TaB_2	300	2537
TiB_2	300	3370
WB_2	300	2663
VB_2	300	2077
ZrB_2	300	2252
5. 氮化物		
TiN	300	2160
	1000	1770
ZrN	300	1983
	1000	1510
TaN	300	3236

6.1.4.3 维氏硬度和努氏硬度试验的注意事项和局限性

1. 试验力的选择　当压痕太小不能获得准确的读数时，应当加大试验力；如果压痕太大，应当减小试验力。新材料作试验时，经常需要对压头进行一些试验，以确定最佳试验力。

2. 压痕的间距　布氏硬度和洛氏硬度试验时的压痕间距的原则，也适用于维氏（或努氏）硬度试验。其基本原则为两压痕间距应大于两压痕产生任何应力变形范围的两倍，亦即保证硬度试验不受两压痕变形重叠的影响。

3. 硬度值与试验力的关系　由于维氏硬度试验压痕的几何形状相似，似乎硬度值与试验力值无关。但是随着显微硬度的广泛使用发现，硬度值随试验力而变化，如图 6-9 所示。由图 6-9 可以看出，维氏和努氏硬度随试验力增大呈现相反的变化，前者硬度值上升，后者下降。当试验力较大时，维氏和努氏硬度值均趋于与试验力无关的常值，但维氏硬度值略高于努氏硬度值。

4. 微小零件、超薄件、细丝和软质材料硬度测试　维氏硬度和努氏硬度可用于微小零件、超薄件、细丝和软质材料，这时经常要采用图 6-13 所示的夹具。对超薄件和细丝，可用图 6-13c、d、e 中所示的夹具，也可以采用金相镶嵌技术。

图 6-14 给出了超薄件进行努氏硬度试验时，所要求的最小厚度，也给出了最小厚度对应的硬度和试验力的关系。

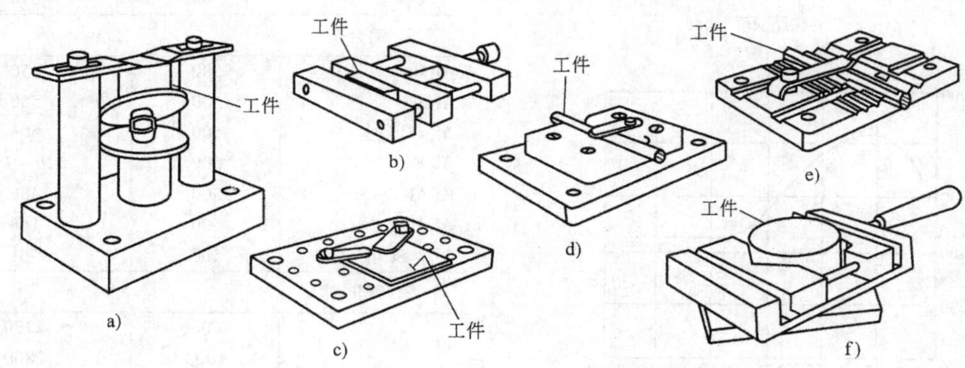

图 6-13　显微硬度试验时夹持工件的典型夹具

a）万能夹和水平钳　b）夹持和抛光钳　c）薄金属夹具

d）V 形试验支架　e）特殊 V 形试验支架　f）转动钳

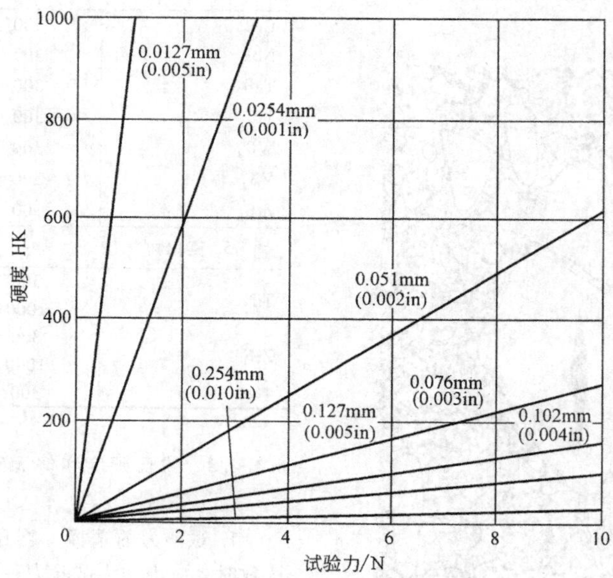

图 6-14　努氏最小厚度曲线图

对于软质材料（如塑料薄板、油漆等）和极薄涂层（如各种表面涂层），需要采用极小的试验力（如 0.005N），这时应注意避免振动。

6.1.5　肖氏硬度试验

肖氏硬度试验法是一种回跳式硬度试验法。它是以一定重量的冲头，从一定高度自由下落到试样表面上。冲头的动能一部分消耗于试样表面的塑性变形，另一部分则以弹性变形方式瞬间储存在试样内。由于弹性回复，后一部分能量重新释放出来时，使冲头回跳。硬度与回跳高度成正比，回跳得越高，则硬度越大。

设冲头下落前的高度为 h_1，回跳的高度为 h_2，则肖氏硬度值 HS 可表示为

$$HS = Kh_2/h_1 \tag{6-9}$$

式中　K——常数，等于 140。

在实测中一般不用公式计算，可直接目测或从表盘显示的数值得出。

肖氏硬度是以完全淬硬的高碳钢作为标准试样，以回跳的平均高度定为 100 单位，然后把刻度盘等分为 100 度，考虑到比此钢的硬度值更高的材料试验，从 100 再向上向外推到 140。

肖氏硬度计有目测式（C 型、SS 型）及表盘自动记录式（D 型）两种。它们的技术参数列于表 6-17。肖氏硬度最佳的测量范围为 20 ~ 90HS，即相当于自 112HBW（72HRB）开始直到 65HRC 范围内的各种金属材料的硬度。

表 6-17　各种肖氏硬度计的技术参数

项　目	C 型	SS 型	D 型
重锤重量/g	2.36	2.50	36.2
落下高度/mm	254	255	19
冲击速度/(m/s)	2.33	2.24	0.61
100HS 的回跳高度/mm	165	165.76	12.35
读数方法	目　测	目　测	表　盘

肖氏硬度计是一种轻便手提式硬度计，便于流动性工作和巡回检测，而且操作方便，结构简单，测试效率高。特别适用于很多大型冷轧辊及大的冷硬铸铁辊、曲轴等高硬度大零件的硬度测试。但肖氏硬度误差来源多，试验结果准确性较差，对于弹性模量相差大的材料，其试验结果不能相互比较。对于大型零件，因难以保证零件的表面粗糙度和冲头垂直下落，试验误差较大。肖氏硬度试验方法在 GB/T 4341—2001 中有详细规定。

6.1.6　莫氏硬度试验

莫氏硬度是一种划痕硬度，它是以材料抵抗划痕的能力作为衡量硬度的依据，主要用于测量无机非金属材料，特别是矿物的硬度。

最初的莫氏硬度是矿石软硬程度的顺序，共分十级（表 6-18）。后来莫氏硬度的应用范围日益扩大，级数也有所增加。纯金属莫氏硬度的试验结果见表6-19。

表 6-18　莫 氏 硬 度

矿 物 名 称	莫氏硬度/级
滑石	1
石膏(或岩盐)	2
方解石	3
氟石	4
磷灰石	5
长石	6
石英	7
黄玉	8
刚玉	9
金刚石	10

表 6-19　纯金属的莫氏硬度

金　属	莫氏硬度/级
铯	0.2
钠	0.4
钾	0.5
铅	1.5
锗	1.5
锡	1.8
铋	1.8 ~ 1.9
镉	2
钙	2.2 ~ 2.5
铈	2.5
金	2.5
锌	2.5
镁	2.6
银	2.7
铝	2.9
锑	3
铜	3
铁	4
钯	4
铂	4.3
镍	5
锰	6
钼	6
铱	5 ~ 6
钨	6.5 ~ 7.5
钽	7
铬	9

6.1.7　里氏硬度试验

里氏硬度是 1978 年才开始应用的硬度测量技术。该硬度值的定义为冲击体反弹速度（v_B）与冲击速度（v_A）之比乘以 1000，即

$$HL = \frac{v_B}{v_A} \times 1000 \tag{6-10}$$

材料越硬，其反弹速度也越大。

里氏硬度计的构造如图 6-15 所示。在进行测试时，具有碳化钨测量头的冲击体借弹簧力打向被测试件表面，冲击后反弹。由于冲击体上组装有永久磁体，当冲击体通过线圈时，它向前和弹回时均使线圈内感应出电压，这些电压值正比于速度。图 6-16 所示为冲击前后电压信号的变化曲线。该曲线经计算机处理后在显示装置上便显示出里氏硬度值 HL。

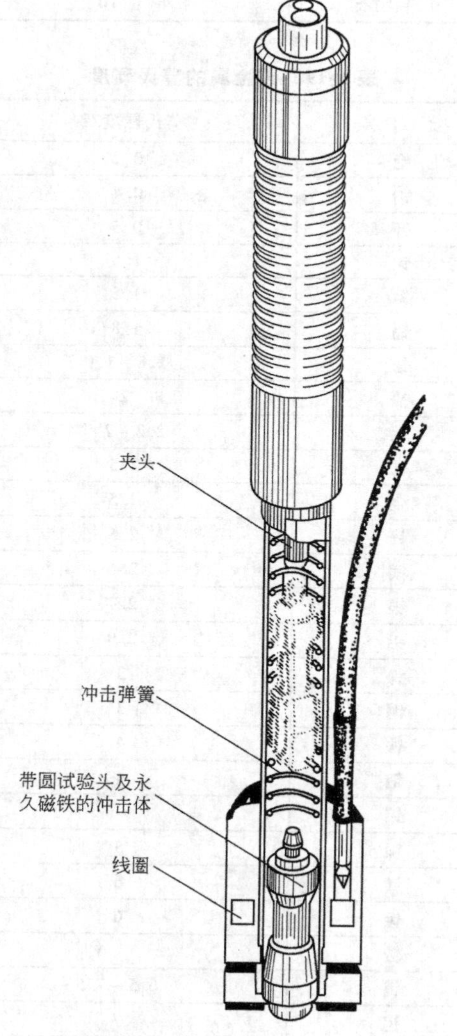

图 6-15　里氏硬度计构造图

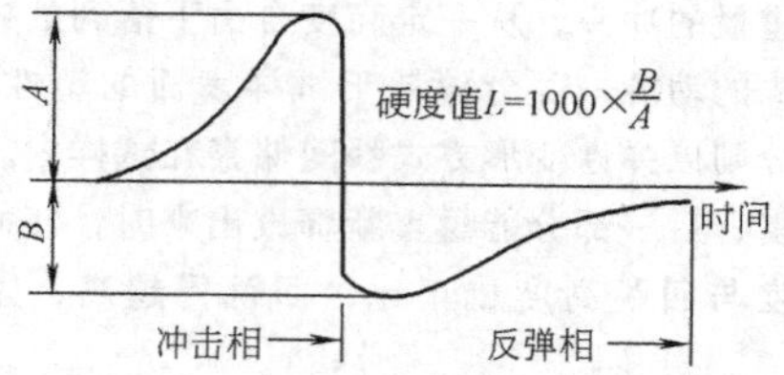

图 6-16　测试时冲击前后电压信号的变化曲线

进行里氏硬度试验时（图 6-17），首先用弹簧力加载，将冲击装置定位于测试位置，然后自动冲击，便可从计算机输出系统读出硬度值。

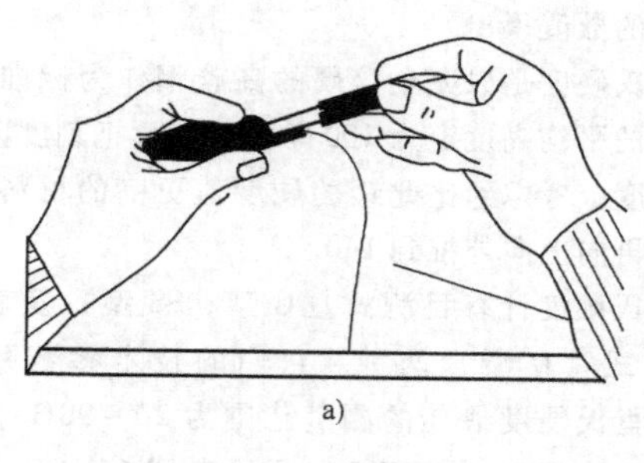

a)

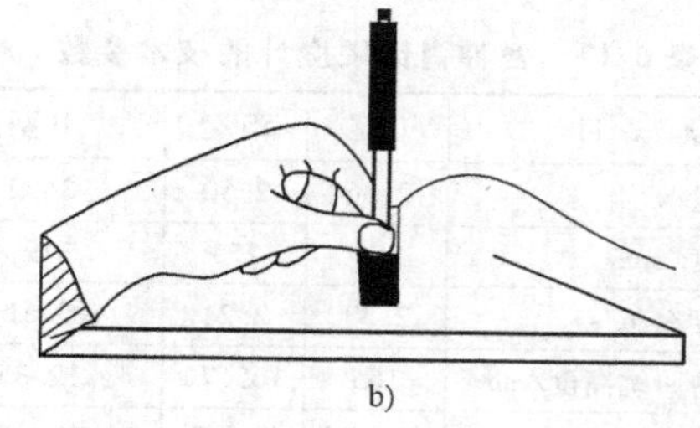

b)

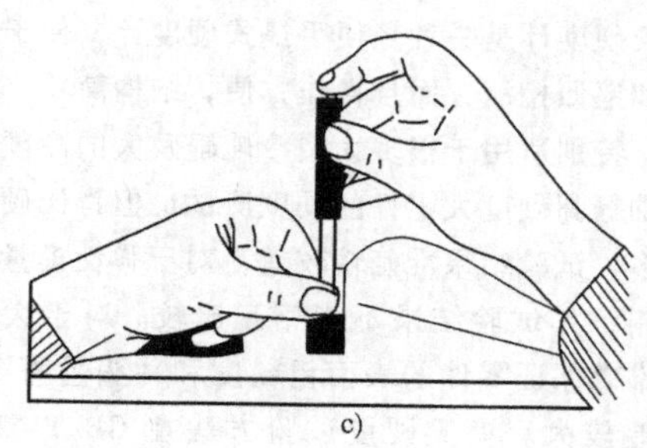

c)

图 6-17　里氏硬度试验操作过程

a）进行硬度试验，用弹簧力加载　b）将冲击装置定位于测试位置　c）起动冲击

里氏硬度值与静载硬度值（布氏、洛氏、维氏硬度）可以通过对比曲线进行相互换算。其测量范围见表 6-20。

表 6-20　里氏硬度试验测量范围

测量范围	HL(D 型)	相当的静载硬度
钢	300～800	80～650HBW
	300～890	80～940HV
	510～890	20～68HRC
铝铸件	200～560	30～160HBW
铸铁	360～660	90～380HBW
黄铜	200～550	40～170HBW
铜合金	200～690	45～315HBW

里氏硬度优缺点如下：

（1）携带方便，测量头很小，适用于各种大型、重型工件和工件内壁（曲率半径大于 30mm 的曲面）的硬度检测。

（2）操作简便，主观因素造成的误差小。

（3）对被测试件表面损伤极小。

（4）里氏硬度的物理意义不够明确。

6.1.8　硬度与强度及各种硬度之间的换算关系

材料的强度指标是机械设计的重要依据，相当程度上决定了材料的使用价值。由于硬度值测试简便迅速、不破坏零件，若能由硬度值推算强度值，即便是近似的，也具有十分重要的实用价值，因此长期以来受到人们重视。

根据大量的试验研究，人们得到了一些经验公式，例如布氏硬度与抗拉强度 R_m 有以下的近似关系：

$$R_m = K \times \text{HBW} \tag{6-11}$$

对钢铁材料：$K = 3.3 \sim 3.6 \approx \frac{10}{3}$

即　$R_m = \frac{10}{3}\text{HBW}$

对铜及其合金和不锈钢：$K = 4.0 \sim 5.5$。对于钢铁材料的旋转弯曲疲劳极限 σ_{-1} 相当于 R_m 的一半。因此有如下的近似关系：

$$\text{HBW} = 0.3R_m = 0.6\sigma_{-1} \tag{6-12}$$

这样只要测得硬度值 HBW，便可粗略地推知钢铁材料的抗拉强度与疲劳强度。

表 6-21 为各种钢的硬度与强度换算表，表 6-22 为低碳钢的硬度与强度换算表，表 6-23 为肖氏与洛氏硬度换算表。

表 6-21　各种钢的硬度与强度换算值（GB/T 1172—1999）

硬度								抗拉强度 R_m/MPa								
洛氏		表面洛氏			维氏	布氏 ($F/D^2=30$)		碳钢	铬钢	铬钒钢	铬镍钢	铬钼钢	铬镍钼钢	铬锰硅钢	超高强度钢	不锈钢
HRC	HRA	HR15N	HR30N	HR45N	HV	HBS①	HBW									
20.0	60.2	68.8	40.7	19.2	226	225		774	742	736	782	747		781		740
20.5	60.4	69.0	41.2	19.8	228	227		784	751	744	787	753		788		749
21.0	60.7	69.3	41.7	20.4	230	229		793	760	753	792	760		794		758
21.5	61.0	69.5	42.2	21.0	233	232		803	769	761	797	767		801		767
22.0	61.2	69.8	42.6	21.5	235	234		813	799	770	803	774		809		777
22.5	61.5	70.0	43.1	22.1	238	237		823	788	779	809	781		816		786
23.0	61.7	70.3	43.6	22.7	241	240		833	798	788	815	789		824		796
23.5	62.0	70.6	44.0	23.3	244	242		843	808	797	822	797		832		806
24.0	62.2	70.8	44.5	23.9	247	245		854	818	807	829	805		840		816
24.5	62.5	71.1	45.0	24.5	250	248		864	828	816	836	813		848		826
25.0	62.8	71.4	45.5	25.1	253	251		875	838	826	843	822		856		837
25.5	63.0	71.6	45.9	25.7	256	254		886	848	837	851	831	850	865		847
26.0	63.3	71.9	46.4	26.3	259	257		897	859	847	859	840	859	874		858
26.5	63.5	72.2	46.9	26.9	262	260		908	870	858	867	850	869	883		868
27.0	63.8	72.4	47.3	27.5	266	263		919	880	869	876	860	870	893		879
27.5	64.0	72.7	47.8	28.1	269	266		930	891	880	885	870	890	902		890
28.0	64.3	73.0	48.3	28.7	273	269		942	902	892	894	880	901	912		901
28.5	64.6	73.3	48.7	29.3	276	273		954	914	903	904	891	912	922		913
29.0	64.8	73.5	49.2	29.9	280	276		965	925	915	914	902	923	933		924
29.5	65.1	73.8	49.7	30.5	284	280		977	937	928	924	913	935	943		936
30.0	65.3	74.1	50.2	31.1	288	283		989	948	940	935	924	947	954		947
30.5	65.6	74.4	50.6	31.7	292	287		1002	960	953	946	936	959	965		959
31.0	65.8	74.7	51.1	32.3	296	291		1014	972	966	957	948	972	977		971
31.5	66.1	74.9	51.6	32.9	300	294		1027	984	980	969	961	985	989		983
32.0	66.4	75.2	52.0	33.5	304	298		1039	996	993	981	974	999	1001		996

（续）

硬度								抗拉强度 R_m/MPa								
洛氏		表面洛氏			维氏	布氏（$F/D^2=30$）		碳钢	铬钢	铬钒钢	铬镍钢	铬钼钢	铬镍钼钢	铬锰硅钢	超高强度钢	不锈钢
HRC	HRA	HR15N	HR30N	HR45N	HV	HBS[①]	HBW									
32.5	66.6	75.5	52.5	34.1	308	302		1052	1009	1007	994	987	1012	1013		1008
33.0	66.9	75.8	53.0	34.7	313	306		1065	1022	1022	1007	1001	1027	1026		1021
33.5	67.1	76.1	53.4	35.3	317	310		1078	1034	1036	1020	1015	1041	1039		1034
34.0	67.4	76.4	53.9	35.9	321	314		1092	1048	1051	1034	1029	1056	1052		1047
34.5	67.7	76.7	54.4	36.5	326	318		1105	1061	1067	1048	1043	1071	1066		1060
35.0	67.9	77.0	54.8	37.0	331	323		1119	1074	1082	1063	1058	1087	1079		1074
35.5	67.9	77.0	55.3	37.6	335	327		1133	1088	1098	1078	1074	1103	1094		1087
36.0	68.4	77.5	55.8	38.2	340	332		1147	1102	1114	1093	1090	1119	1108		1101
36.5	68.7	77.8	56.2	38.8	345	336		1162	1116	1131	1109	1106	1136	1123		1116
37.0	69.0	78.1	56.7	39.4	350	341		1117	1131	1148	1125	1122	1153	1139		1130
37.5	69.2	78.4	57.2	40.0	355	345		1192	1146	1165	1142	1139	1171	1155		1145
38.0	69.5	78.7	57.6	40.6	360	350		1207	1161	1183	1159	1157	1189	1171		1161
38.5	69.7	79.0	58.1	41.2	365	355		1222	1176	1201	1177	1174	1207	1187	1170	1176
39.0	70.0	79.3	58.6	41.8	371	360		1238	1192	1219	1195	1192	1226	1204	1195	1193
39.5	70.3	79.6	59.0	42.4	376	365		1254	1208	1238	1214	1211	1245	1222	1219	1209
40.0	70.5	79.9	59.5	43.0	381	370	370	1271	1225	1257	1233	1230	1265	1240	1243	1226
40.5	70.8	80.2	60.0	43.6	387	375	375	1288	1242	1276	1252	1249	1285	1258	1267	1244
41.0	71.1	80.5	60.4	44.2	393	380	381	1305	1260	1296	1273	1269	1306	1277	1290	1262
41.5	71.3	80.8	60.9	44.8	398	385	386	1322	1278	1317	1293	1289	1327	1296	1313	1280
42.0	71.6	81.1	61.3	45.4	404	391	392	1340	1296	1337	1314	1310	1348	1316	1336	1299
42.5	71.8	81.4	61.8	45.9	410	396	397	1359	1315	1358	1336	1331	1370	1336	1359	1319
43.0	72.1	81.7	62.3	46.5	416	401	403	1378	1335	1380	1358	1353	1392	1357	1381	1339
43.5	72.4	82.0	62.7	47.1	422	407	409	1397	1355	1401	1380	1375	1415	1378	1404	1361
44.0	72.6	82.3	63.2	47.7	428	413	415	1417	1376	1424	1404	1397	1439	1400	1427	1383
44.5	72.9	82.6	63.6	48.3	435	418	422	1438	1398	1446	1427	1420	1462	1422	1450	1405
45.0	73.2	82.9	64.1	48.9	441	424	428	1459	1420	1469	1451	1444	1487	1445	1473	1429
45.5	73.4	83.2	64.6	49.5	448	430	435	1481	1444	1493	1476	1468	1512	1469	1496	1453
46.0	73.7	83.5	65.0	50.1	454	436	441	1503	1468	1517	1502	1492	1537	1493	1520	1479
46.5	73.9	83.7	65.5	50.7	461	442	448	1526	1493	1541	1527	1517	1563	1517	1544	1505
47.0	74.2	84.0	65.9	51.2	468	449	455	1550	1519	1566	1554	1542	1589	1543	1569	1533
47.5	74.5	84.3	66.4	51.8	475		463	1575	1546	1591	1581	1568	1616	1569	1594	1562
48.0	74.7	84.6	66.8	52.4	482		470	1600	1574	1617	1608	1595	1643	1595	1620	1592
48.5	75.0	84.9	67.3	53.0	489		478	1626	1603	1643	1636	1622	1671	1623	1646	1623
49.0	75.3	85.2	67.7	53.6	497		486	1653	1633	1670	1665	1649	1699	1651	1674	1655
49.5	75.5	85.5	68.2	54.2	504		494	1681	1665	1697	1695	1677	1728	1679	1702	1689
50.0	75.8	85.7	68.6	54.7	512		502	1710	1698	1724	1724	1706	1758	1709	1731	1725
50.5	76.1	86.0	69.1	55.3	520		510		1732	1752	1755	1735	1788	1739	1761	
51.0	76.3	86.3	69.5	55.9	527		518		1768	1780	1786	1764	1819	1770	1792	
51.5	76.6	86.6	70.0	56.5	535		527		1806	1809	1818	1794	1850	1801	1824	
52.0	76.9	86.8	70.4	57.1	544		535		1845	1839	1850	1825	1881	1834	1857	
52.5	77.1	87.1	70.9	57.6	522		544			1869	1883	1856	1914	1867	1892	
53.0	77.4	87.4	71.3	58.3	561		552			1899	1917	1888	1947	1901	1929	
53.5	77.7	87.6	71.8	58.8	569		561			1930	1951			1936	1966	
54.0	77.9	87.9	72.2	59.4	578		569			1961	1986			1971	2006	
54.5	78.2	88.1	72.6	59.9	587		577			1993	2022			2008	2047	
55.0	78.5	88.4	73.1	60.5	596		585			2026	2058			2045	2090	
55.5	78.7	88.6	73.5	61.1	606		593								2135	
56.0	79.0	88.9	73.9	61.7	615		601								2181	
56.5	79.3	89.1	74.4	62.2	625		608								2230	
57.0	79.5	89.4	74.8	62.8	635		616								2281	
57.5	79.8	89.6	75.2	63.4	645		622								2334	

（续）

硬度								抗拉强度 R_m/MPa								
洛氏		表面洛氏			维氏	布氏（$F/D^2=30$）		碳钢	铬钢	铬钒钢	铬镍钢	铬钼钢	铬镍钼钢	铬锰硅钢	超高强度钢	不锈钢
HRC	HRA	HR15N	HR30N	HR45N	HV	HBS①	HBW									
58.0	80.1	89.8	75.6	63.9	655		628								2390	
58.5	80.3	90.0	76.1	64.5	666		634								2448	
59.0	80.6	90.2	76.5	65.1	676		639								2509	
59.5	80.9	90.4	76.9	65.6	687		643								2572	
60.0	81.2	90.6	77.3	66.2	698		647								2639	
60.5	81.4	90.8	77.7	66.8	710		650									
61.0	81.7	91.0	78.1	67.3	721											
61.5	82.0	91.2	78.6	67.9	733											
62.0	82.2	91.4	79.0	68.4	745											
62.5	82.5	91.4	79.4	69.0	757											
63.0	82.8	91.7	79.8	69.5	770											
63.5	83.1	91.8	80.2	70.1	782											
64.0	83.3	91.9	80.6	70.6	795											
64.5	83.6	92.1	81.0	71.2	809											
65.0	83.9	92.2	81.3	71.7	822											
65.5	84.1				836											
66.0	84.4				850											
66.5	84.7				865											
67.0	85.0				879											
67.5	85.2				894											
68.0	85.5				909											

① HBS为采用钢球压头所测布氏硬度值。

表6-22 低碳钢的硬度与强度换算值

硬度							低碳钢抗拉强度 R_m/MPa
洛氏	表面洛氏			维氏	布氏		
					HBS①		
HRB	HR15T	HR30T	HR45T	HV	$F/D^2=10$	$F/D^2=30$	
60.0	80.4	56.1	30.4	105	102		375
60.5	80.5	56.4	30.9	105	102		377
61.0	80.7	56.7	31.4	106	103		379
61.5	80.8	57.1	31.9	107	103		381
62.0	80.9	57.4	32.4	108	104		382
62.5	81.1	57.7	32.9	108	104		384
63.0	81.2	58.0	33.5	109	105		386
63.5	81.4	58.3	34.0	110	105		388
64.0	81.5	58.7	34.5	110	106		390
64.5	81.6	59.0	35.0	111	106		393
65.0	81.8	59.3	35.5	112	107		395
65.5	81.9	59.6	36.1	113	107		397
66.0	82.1	59.9	36.6	114	108		399
66.5	82.2	60.3	37.1	115	108		402
67.0	82.3	60.6	37.6	115	109		404
67.5	82.5	60.9	38.1	116	110		407
68.0	82.6	61.2	38.6	117	110		409
68.5	82.7	61.5	39.2	118	111		412
69.0	82.9	61.9	39.7	119	112		415
69.5	83.0	62.2	40.2	120	112		418
70.0	83.2	62.5	40.7	121	113		421
70.5	83.3	62.8	41.2	122	114		424
71.0	83.4	63.1	41.7	123	115		427

（续）

硬　度							低碳钢抗拉强度 R_m/MPa
洛　氏	表面洛氏			维　氏	布　氏		
					HBS①		
HRB	HR15T	HR30T	HR45T	HV	$F/D^2=10$	$F/D^2=30$	
71.5	83.6	63.5	42.3	124	115		430
72.0	83.7	63.8	42.8	125	116		433
72.5	83.9	64.1	43.3	126	117		437
73.0	84.0	64.4	43.8	128	118		440
73.5	84.1	64.7	44.3	129	119		444
74.0	84.3	65.1	44.8	130	120		447
74.5	84.4	65.4	45.4	131	121		451
75.0	84.5	65.7	45.9	132	122		455
75.5	84.7	66.0	46.4	134	123		459
76.0	84.8	66.3	46.9	135	124		463
76.5	85.0	66.6	47.4	136	125		467
77.0	85.1	67.0	47.9	138	126		471
77.5	85.2	67.3	48.5	139	127		475
78.0	85.4	67.6	49.0	140	128		480
78.5	85.5	67.9	49.5	142	129		484
79.0	85.7	68.2	50.0	143	130		489
79.5	85.8	68.6	50.5	145	132		493
80.0	85.9	68.9	51.0	146	133		498
80.5	86.1	69.2	51.6	148	134		503
81.0	86.2	69.5	51.1	149	136		508
81.5	86.3	69.8	52.6	151	137		513
82.0	86.5	70.2	53.1	152	138		518
82.5	86.6	70.5	53.6	154	140		523
83.0	86.8	70.8	54.1	156		152	529
83.5	86.9	71.1	54.7	157		154	534
84.0	87.0	71.4	55.2	159		155	540
84.5	87.2	71.8	55.7	161		156	546
85.0	87.3	72.1	56.2	163		158	551
85.5	87.5	72.4	56.7	165		159	557
86.0	87.6	72.7	57.2	166		161	563
86.5	87.7	73.0	57.8	168		163	570
87.0	87.9	73.4	58.3	170		164	576
87.5	88.0	73.7	58.8	172		166	582
88.0	88.1	74.0	59.3	174		168	589
88.5	88.3	74.3	59.8	176		170	596
89.0	88.4	74.6	60.3	178		172	603
89.5	88.6	75.0	60.9	180		174	609
90.0	88.7	75.3	61.4	183		176	617
90.5	88.8	75.6	61.9	185		178	624
91.0	89.0	75.9	62.4	187		180	631
91.5	89.1	76.2	62.9	189		182	639
92.0	89.3	76.6	63.4	191		184	646
92.5	89.4	76.9	64.0	194		187	654
93.0	89.5	77.2	64.5	196		189	662
93.5	89.7	77.5	65.0	199		192	670
94.0	89.8	77.8	65.5	201		195	678
94.5	89.9	78.2	66.0	203		197	686
95.0	90.1	78.5	66.5	206		200	695
95.5	90.2	78.8	67.1	208		203	703
96.0	90.4	79.1	67.6	211		206	712
96.5	90.5	79.4	68.1	214		209	721
97.0	90.6	79.8	68.6	216		212	730
97.5	90.8	80.1	69.1	219		215	739
98.0	90.9	80.4	69.6	222		218	749
98.5	91.1	80.7	70.2	225		222	758
99.0	91.2	81.0	70.7	227		226	768
99.5	91.3	81.4	71.2	230		229	778
100.0	91.5	81.7	71.7	233		232	788

① HBS 为采用钢球压头所测布氏硬度值。

表 6-23 肖氏与洛氏硬度换算表

HRC	HS	HRC	HS	HRC	HS	HRB	HS
68.0	97	57.3	77	37.9	51	96.4	33
67.5	96	56.0	75	36.6	50	94.6	32
67.0	95	54.7	73	35.5	48	93.8	31
66.4	93	53.5	71	34.3	47	92.8	30
65.9	92	52.1	70	33.1	46	91.9	29
65.3	91	51.0	68	32.1	45	90.0	28
64.7	90	49.6	66	30.9	43	89.0	27
64.0	88	48.5	65	28.8	41	86.8	26
63.3	87	47.1	63	27.6	40	85.0	25
62.5	86	45.7	61	26.6	39	80.8	23
61.7	84	44.5	59	25.4	38	78.7	22
61.0	83	43.1	58	24.2	37	76.4	21
60.0	81	41.8	56	22.8	36	72.0	20
59.2	80	40.4	54	21.7	35	69.8	19
58.7	79	39.1	52	20.5	34	67.6	18
						65.7	15

注：表中数值摘自 ASTM 标准，所列洛氏硬度基准和我国采用的略有差别，使用时应予以注意。

6.2 静拉伸试验[⊖]

6.2.1 静拉伸试验的特点与意义

静拉伸试验是一种最简单的力学性能试验，在测试的范围（标距）内，受力均匀，应力应变及其性能指标测量稳定、可靠，理论计算方便。通过静拉伸试验，可以测定材料弹性变形、塑性变形和断裂过程中最基本的力学性能指标（如弹性模量 E、下屈服强度 R_{eL}或规定塑性延伸强度 R_p、抗拉强度 R_m、断后伸长率 A 及断面收缩率 Z 等）。静拉伸试验中获得的力学性能指标（如 $ER_{p0.2}$、R_{eL}、R_m 和 A、Z 等）是材料固有的基本属性和工程设计中的重要依据。

6.2.2 试样

静拉伸试样分为比例试样与非比例试样两种。比例试样系按公式 $l_0=K\sqrt{S_0}$ 计算而得到的试样尺寸，式中的 l_0 为标距长度；S_0 为试样原始截面积；系数 K 通常为 5.65 和 11.3，前者称为短试样，后者称为长试样。据此，短、长圆试样的标距长度 l_0 分别为 $5d_0$ 和 $10d_0$（d_0 为圆试样直径）。除圆形截面试样外，还有板状试样，常用的试样有六种形式，如图 6-18所示。灰铸铁和球墨铸铁的静拉伸试样如图 6-19所示，尺寸见表 6-24 和表 6-25。

表 6-24 灰铸铁拉伸试样尺寸

（单位：mm）

毛坯直径	试样直径 d_0	平行部分长度 l_0	螺纹直径 d_1	端部长度 h	总长 L
13	8 ±0.05	8	M12	16	54 ~ 56
20	13 ±0.05	13	M18	24	82 ~ 87
30	20 ±0.1	20	M28	36	126 ~ 132
45	30 ±0.2	30	M42	50	174 ~ 180

表 6-25 球墨铸铁拉伸试样尺寸

（单位：mm）

毛坯直径	试样直径 d_0	工作部分长度 l_0	端部长度 h	螺纹部分直径 d_1	总长 L
13	8 ±0.05	40	16	M12	90
18	10 ±0.05	50	20	M16	110
20	13 ±0.05	65	24	M18	140
30	20 ±0.10	100	36	M28	210
45	30 ±0.20	150	50	M42	310

6.2.3 拉伸试验机

拉伸试验机一般由机身、加载机构、测力机构、

⊖ 为了方便读者，在本卷附录部分列出了拉伸性能指标名称和符号的新旧对照表，供读者查阅参考。

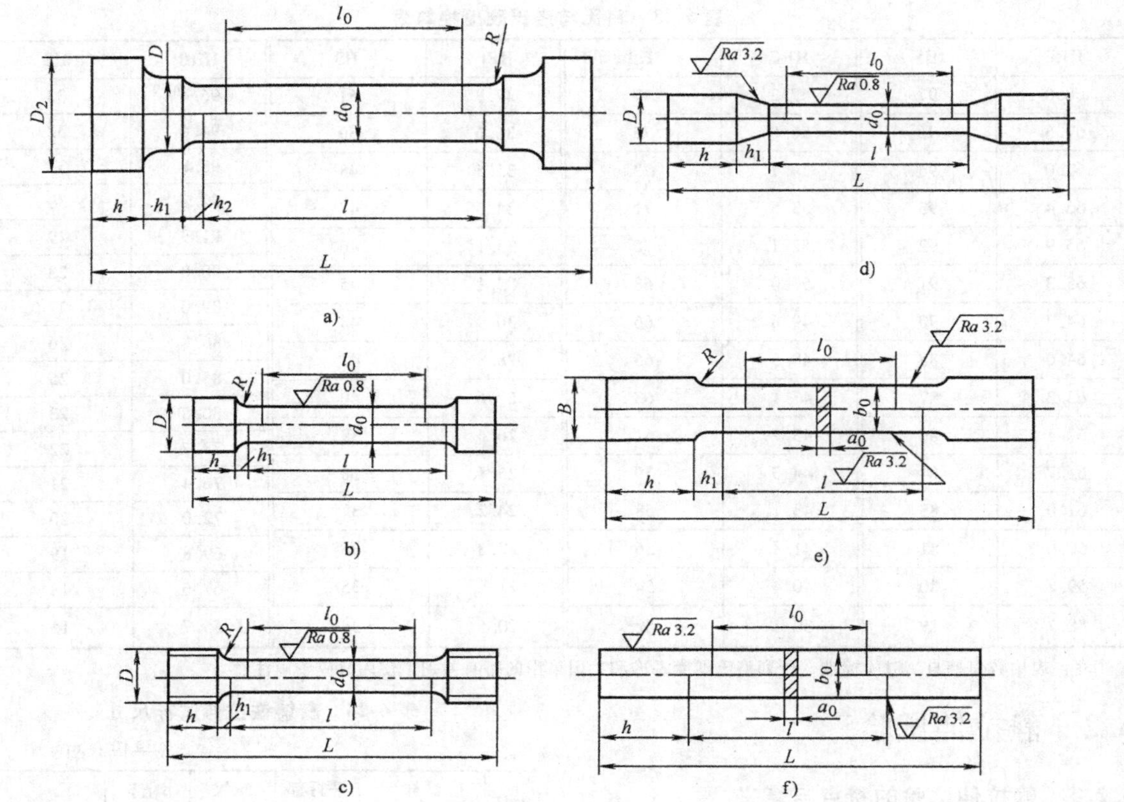

图 6-18　圆形及板状拉伸试样形状

a)～d) 圆形拉伸试样　e)、f) 板状拉伸试样

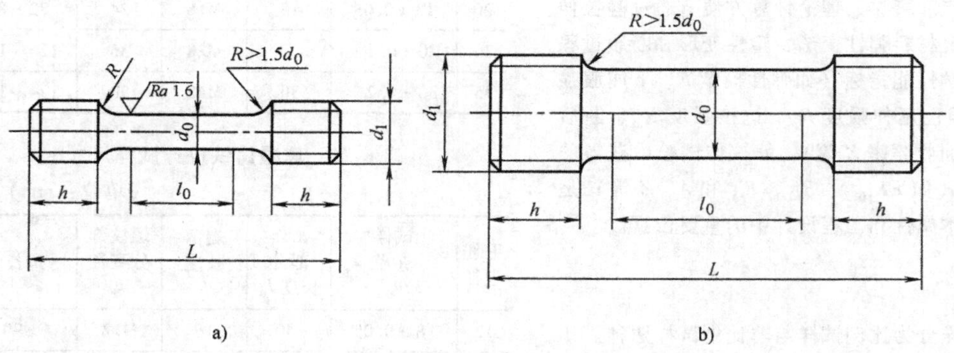

图 6-19　灰铸铁和球墨铸铁拉伸试样

a) 灰铸铁拉伸试样　b) 球墨铸铁拉伸试样

载荷伸长记录装置和夹持机构五部分组成。其中加载机构和测力机构是试验机的关键部位，这两部分的灵敏度及精度的高低能正确反映试验机质量的优劣。

常用的拉伸试验一般分机械式（图 6-20）和液压式（图 6-21）两种。测力机构一般有杠杆式测力（图 6-22）、摆锤式测力（图 6-23）或两者的综合。比较先进的拉伸试验机大多采用电阻应变片载荷传感器测力（图 6-24）。拉伸试验机上常用的引伸仪有杠杆式（图 6-25）、百分表式、光学（马丁）式（图 6-26）和电子式（差动变压器或电阻应变片式）（图 6-27）等。

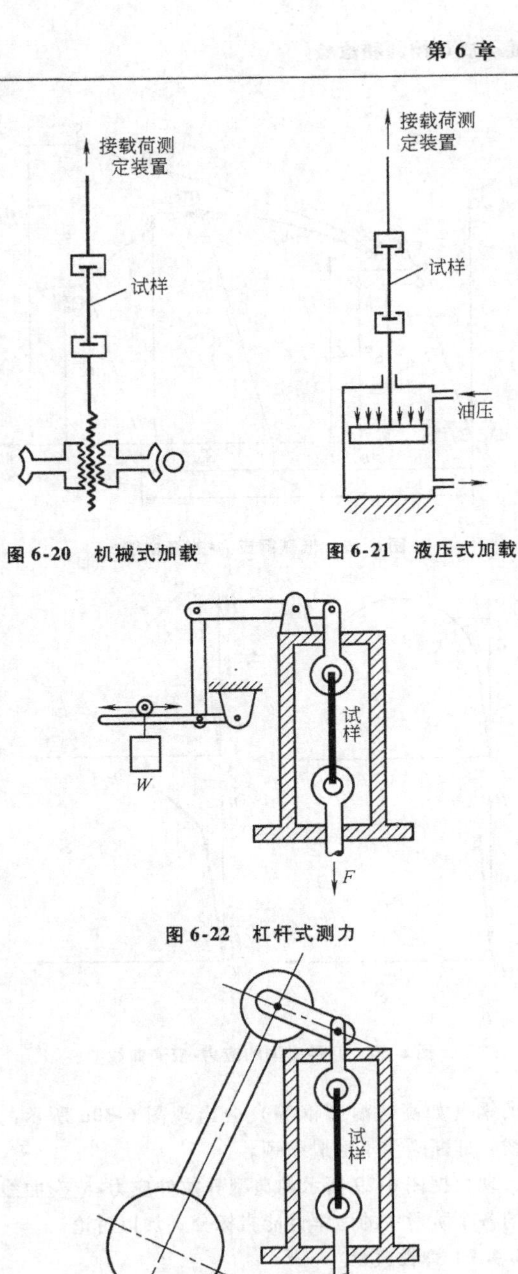

图 6-20　机械式加载　图 6-21　液压式加载

图 6-22　杠杆式测力

图 6-23　摆锤式测力

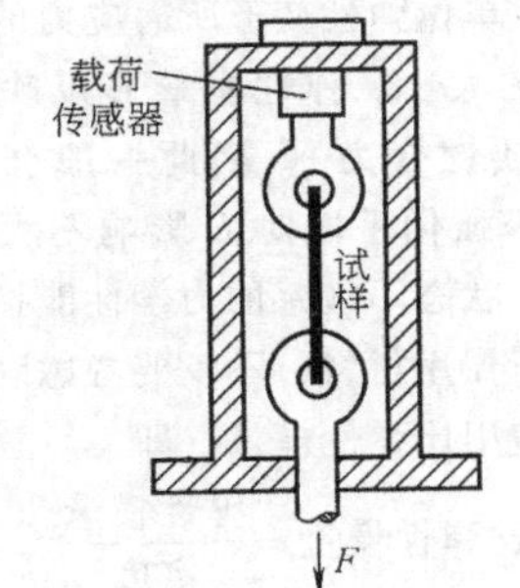

图 6-24　电阻应变片载荷传感器测力

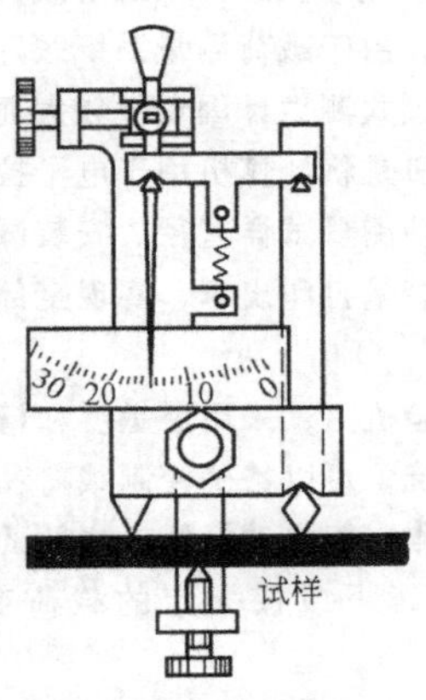

图 6-25　杠杆式引伸仪

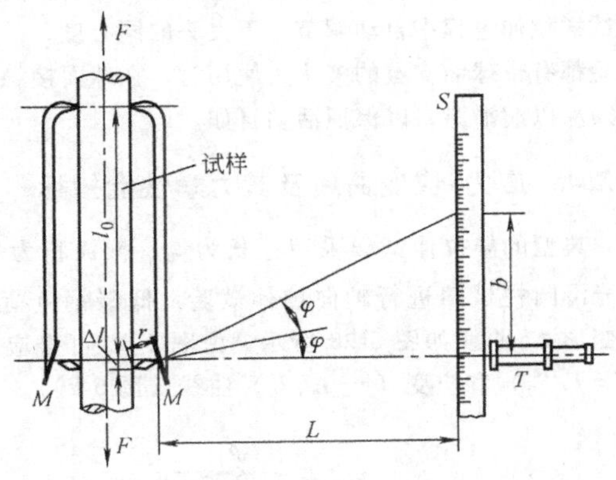

图 6-26　光学（马丁）式引伸仪

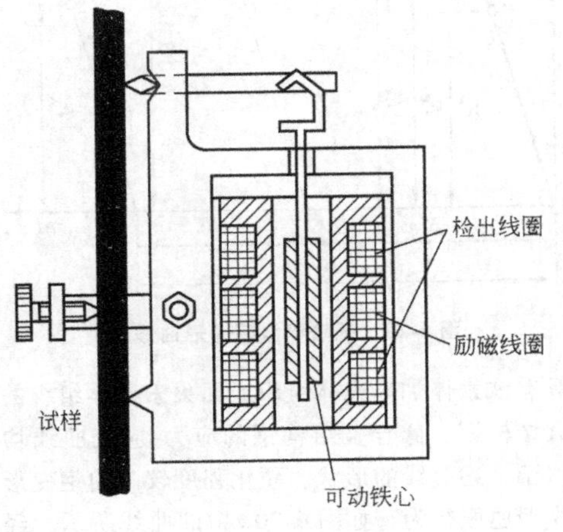

图 6-27　电子式（差动变压器）引伸仪

比较先进的还有电子拉伸试验机和自动试验机。电子拉伸试验机采用电子技术，对载荷和变形进行精确测控和自动记录，大多采用带有电阻应变法载荷传感器的测力装置和差动变压器引伸仪或以自整角机同步伺服方式测量变形。这种试验机载荷范围和加荷速度范围都很宽，由于载荷测量系统跟踪速度很高，能够消除一般摆锤式测力计因惯性较大而引起的测量误差。自动试验机是将计算机用于电子拉伸试验机上而成的，可以自动测量试样直径、安装试样，同时自动测定数据并将结果打印出来，实现全部试验过程的自动化。

在液压试验机上，采用灵敏度和精度都很高的电液伺服控制系统，可以精确控制载荷和变形，试样性能的非线性变化也能自动补偿。这种试验机可保证在选定的载荷状态下或按一定的载荷变形程序进行试验。

试验机上夹头的对中偏差一般不应超过 ±0.5mm，以免产生附加弯矩而影响试验结果。为了在试样拉伸过程中自动调节上下夹头的同心度，一般试验都有带球面支座的夹头，使用时，在球面接触部位须涂以润滑脂，以保证活动自如。

6.2.4　应力-应变曲线及其力学性能指标

典型的静拉伸试样采用标长为 l_0、截面积为 S_0 的光滑圆柱试棒进行轴向拉伸试验，低碳钢负荷 F 与变形 Δl 曲线如图 6-28 所示。由图 6-28 可得应力（$K=F/S_0$）和应变（$e=\Delta l/l_0$）曲线（图 6-29）。

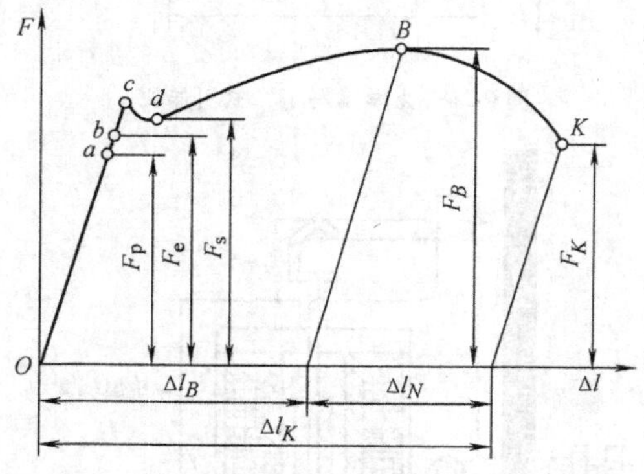

图 6-28　低碳钢载荷变形曲线

具有铁素体加珠光体组织或回火索氏体组织的各种碳素结构钢、低合金结构钢的应力-应变曲线均具有类似于上述曲线的形状。硬化程度较高的钢变形时没有物理屈服行为，如图 6-30a 中的曲线所示。经过冷变形的钢、低中温回火的结构钢、高温回火或退火的高碳钢大都属于这种类型。受到强烈硬化的材料（如经大变形量冷拔过的钢丝）出现图 6-30b 所示的曲线。对于典型的脆性材料（如淬火高碳钢等）出现图 6-30c 所示的曲线，即在拉伸过程中不产生明显的塑性变形，弹性变形后立即断裂。对于形变强化很

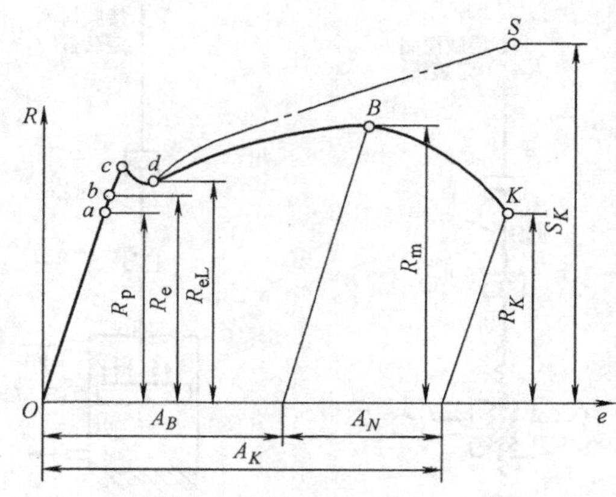

图 6-29　低碳钢应力-应变曲线

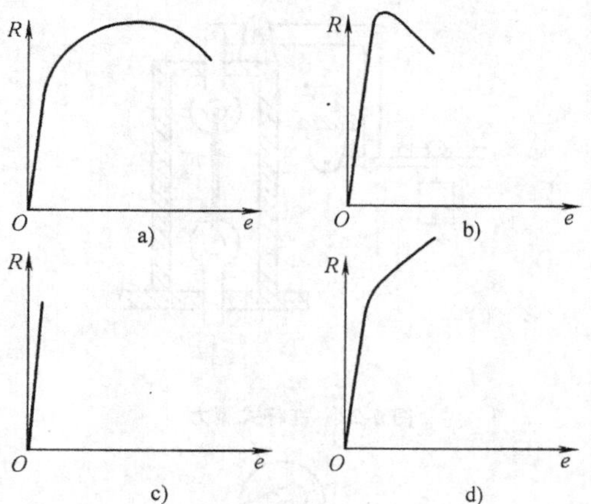

图 6-30　几种类型的应力-应变曲线

强的钢（如高锰耐磨钢等）会出现图 6-30d 所示的曲线，即断裂前不形成缩颈。

现根据图 6-29 所示的典型静拉伸应力-应变曲线中的各个阶段中的力学性能指标分别加以讨论。

6.2.4.1　弹性模量

弹性模量 E 的计算公式为

$$E=\tan\alpha=\frac{R}{e} \tag{6-13}$$

E 代表材料产生单位弹性变形所需应力的大小，它代表了材料刚度的大小。弹性模量 E 反映了材料原子间结合能力（或键合力），因此一般合金化、热处理、冷热加工等强化手段对 E 影响不大。它是一个对成分、组织、状态不敏感的力学性能指标。

对空间飞行器用材料，不仅要考虑刚度，还要考虑密度，通常使用比弹性模量，即

$$比弹性模量=\frac{弹性模量}{密度}$$

几种常用结构材料的比弹性模量列于表 6-26。

由表6-26可以看出，大多数金属材料的比弹性模量值相差不大，只有铍特别大。一些陶瓷材料的比弹性模量也很大，这是近年来陶瓷在空间技术中被广泛应用的原因之一。

表 6-26　几种常用结构材料的比弹性模量

材　料	Cu	Mo	Fe	Ti	Al	Be	Al_2O_3	SiC
比弹性模量 $/10^8$cm	1.3	2.7	2.6	2.7	2.7	16.8	10.5	17.5

弹性模量的测定可通过精确和放大的应力-应变曲线来确定。但是，一般采用动力学方法（如声学共振法）来测定。动力学方法与静拉伸试验测定结果相差大约只有 0.5%。

6.2.4.2　屈服强度

有屈服效应（或称物理屈服现象）的材料，在拉伸过程中载荷不增加或有所下降，而试样继续变形的最小载荷所对应的应力称为下屈服强度 R_{eL}（图 6-31）。不采用载荷开始下降的上屈服强度 R_{eH} 的原因，在于上屈服强度对拉伸试样的圆角过渡大小、试样轴线与力轴的重合性、试样的表面粗糙度等均有关系。在正常试验条件下，下屈服强度再现性比较好，由于屈服应变较大，故观测比较方便。

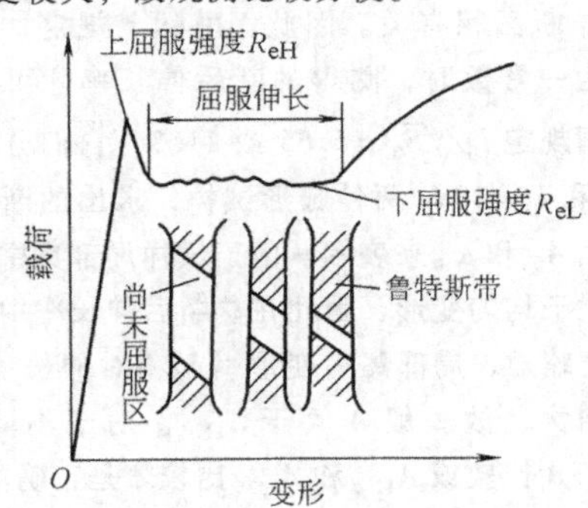

图 6-31　物理屈服现象与上下屈服强度

屈服强度按照定义应该是材料开始塑性变形的应力。只有单晶体的屈服强度才有物理意义，它对应着使位错源开动，开始滑移的临界应力。而在实际多晶体中，由于晶体位向的差别，使各个晶粒不可能同时发生塑性变形。当只有少数晶粒开始塑性变形时，其宏观性能并未显示出屈服，只有较多的晶粒产生塑性变形时，在宏观的应力-应变曲线上才能显示出来。因此，工程上常用的屈服标准有三种：

（1）比例极限，即应力-应变曲线上符合性能关系的最高应力，超过该应力时即认为开始屈服。

（2）弹性极限，即试样加载后再卸载，以不出现残留的永久变形为标准，材料能够完全弹性恢复的最高应力，应力超过该应力时即认为材料开始屈服。

工程上之所以要区别它们，原出于实用目的。例如，枪炮材料要求有高的比例极限来保证弹道的准确性，弹簧材料要求有高的弹性极限以保证其可靠性。

（3）规定塑性延伸强度（R_p），以规定发生一定的残留变形为标准，如通常以 0.2% 残留变形的应力作为屈服强度，符号为 $R_{p0.2}$。

这三种标准在实际测量上都是以残留变形为依据，只不过规定的残留变形量不同。另外，根据测量方法的不同，国家标准还包括以下两种屈服强度规范：

（1）规定残余延伸强度（R_r），即试样在卸载后，其标准部分的残余伸长达到规定比例时的应力，常用 $R_{r0.2}$ 表示。

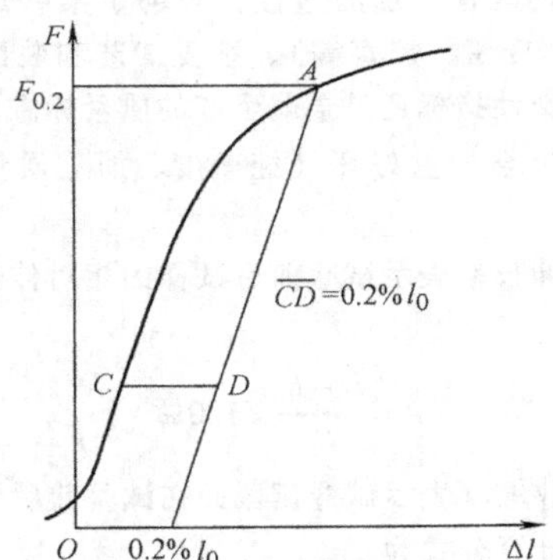

图 6-32　用作图法求条件屈服强度

（2）规定总延伸强度（R_t），即试样标准部分的总伸长（弹性伸长加塑性伸长）达到规定比例时的应力，如 $R_{t0.5}$。这时应注意 R_p 和 R_t 是在试样加载时直接从 R-e（F-Δl）曲线上测量的（图 6-32），而 R_r 要求卸载测量。之所以规定了一种 R_t 的测定方法，一方面是为了测量方便；另一方面是有些材料（灰铸铁、黄铜等）的应力-应变曲线中本来就没有直线部分，所以用 $R_{t0.5}$ 表示其屈服强度。

屈服强度对材料的成分、组织、状态、温度和加载速度等因素均十分敏感，通过合金化、热处理、冷热加工等手段可以大幅度地加以改变。

屈服强度是机械设计中对材料最重要的性能指标之一。对塑性材料，强度设计以屈服强度为标准，规定许用应力 $[R]=\frac{R_p}{n}$，n 为安全系数，一般取 2 或更大。屈服强度不仅直接用于机械设计，在工程上也是材料的某些力学行为和工艺性能的大致度量。例如材料屈服强度增高，对应力腐蚀和氢脆就敏感；材料屈服强度低，冷加工成形性能和焊接性就好。

6.2.4.3　断后伸长率与断面收缩率

断后伸长率 A 与断面收缩率 Z 表示断裂前金属塑性变形的能力。材料的塑性是工程材料的重要性能指标。这是因为：①材料具有一定的塑性，当机件或构件偶尔遭受到过载荷时能发生塑性变形，它与形变强化相配合，保证了机件的安全而避免突然断裂。②由于机械构件不可避免地存在截面过渡、油孔、沟槽及尖角等，加载后这些地带出现应力集中，具有一定塑性的材料可以通过应力集中处局部塑性变形来削减应力峰，使之重新分配，从而保证零件不致早期断裂。③材料具有一定的塑性，有利于某些成形工艺（如冲压、冷弯、校直等）、修复工艺和装配的顺利完成。④塑性指标还是金属生产的质量标志，它反映出材料的冶金质量好坏（纯净度、加工质量与热处理水平）。

断后伸长率表示试验前后试样的相对伸长，其计算公式为

$$A=\frac{l_f-l_0}{l_0}\times 100\% \tag{6-14}$$

断面收缩率表示试样横截面在试验前后的相对减缩量，其计算公式为

$$Z=\frac{S_f-S_0}{S_0}\times 100\% \tag{6-15}$$

l_0、S_0、l_f、S_f 分别为试样试验前的原始标距长度、原始横截面积、断裂后标距长度和截面积。

由图 6-33 可以看出，静拉伸变形过程可以分为均匀变形（即标距内试样截面均匀变化）和局部集中收缩变形两部分。缩颈前均匀变形阶段的最大相对伸长可以表示为

$$A_B=\frac{\Delta l_B}{l_0} \tag{6-16}$$

局部集中变形阶段的相对伸长可以表示为

$$A_N=\frac{\Delta l_N}{l_0} \tag{6-17}$$

故总断后伸长率为

$$A_K=A_B+A_N \tag{6-18}$$

在一般工程手册与资料中，断后伸长率用 A 表示，但由于断后伸长率不仅与试样标距长度 l_0 有关，

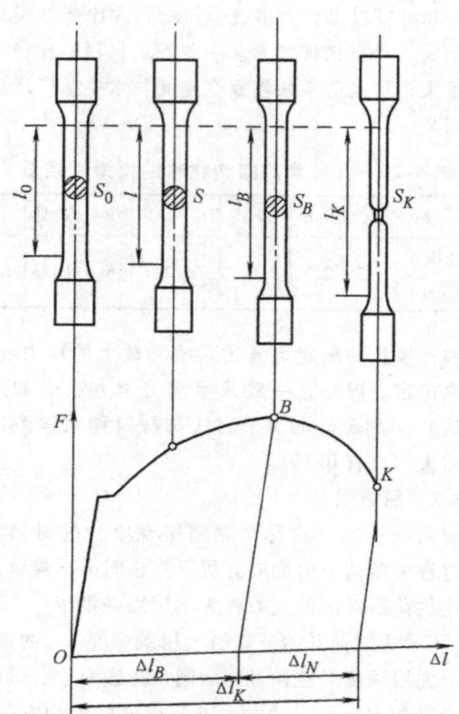

图 6-33　拉伸过程中截面变形情况

还与试样断面积有关。因此，国际上规定，$l_0/\sqrt{S_0}$ 的比值为一常数时，测得的断后伸长率才可相互比较。我国规定 $l_0/\sqrt{S_0}=5.65$ 或 11.3，它们分别代表 $l_0=5d_0$ 和 $l_0=10d_0$ 两种圆形试样，求出的断后伸长率分别用 A_5 和 A_{10} 来表示。由于试样局部集中变形的程度远大于均匀变形，因此在总断后伸长率中，随着标距长度缩短，局部集中变形引起相对伸长 A_N 所占的比例增大，故一般 A 大于 $A_{11.5}$。对于不同材料，只有 A 和 A 比较或 $A_{11.5}$ 和 $A_{11.5}$ 比较才是正确的。

同样，断面收缩率也可以看成由两部分组成，即

$$Z=Z_B+Z_N \tag{6-19}$$

研究表明，均匀变形阶段的 Z_B 主要决定于金属基体相的状态，它反映了基体相已被强化的程度大小（图 6-34）。Z_N 代表金属集中塑性变形能力的大小，第二相的数量等因素对它有明显影响（图 6-35）。

在长试样条件（$l_0=10d_0$）下，断后伸长率 A_K 中，A_B 占的比例大于 A_N，因此它主要反映了材料均匀变形的能力；而断面收缩率 Z_K 中，Z_N 所占有的比例远大于 Z_B，故它主要反映了材料局部集中变形的能力。

6.2.5　正应力-应变曲线

正应力为　　$R=\frac{F}{S}$　　(6-20)

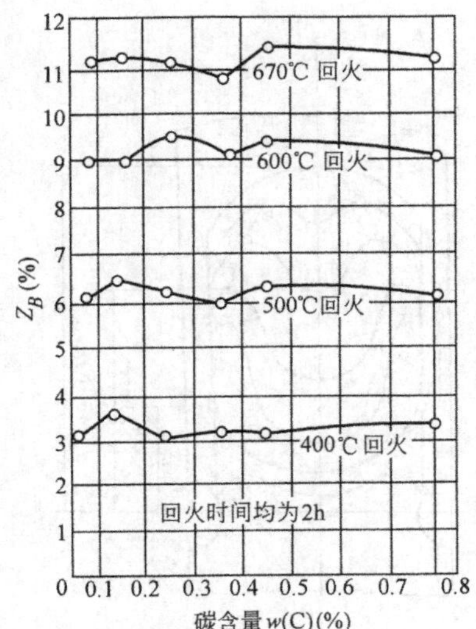

图6-34 不同碳含量碳钢淬火、不同温度回火后的 Z_B 值

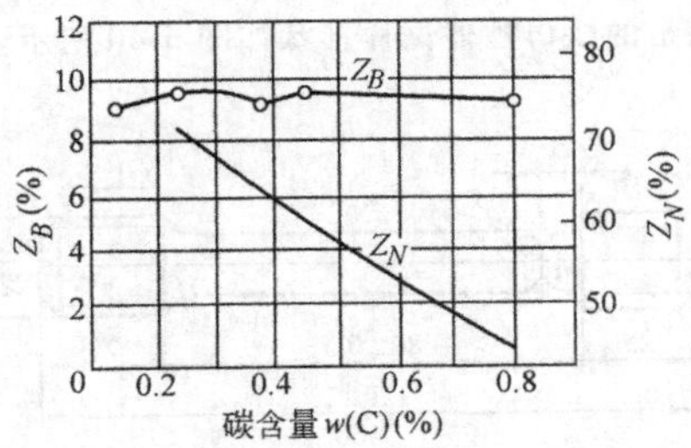

图6-35 不同碳含量钢淬火、600℃回火后 Z_B 和 Z_N 值的变化

式中 S——当试样受载荷 F 作用时的横截面积。

应变以相对伸长 e 或断面收缩率 Z_e 表示。它们的定义如下，若长度为 l_0 的试样受力 F 作用后伸长至 l，当 F 有一增量 dF 时，试样长度相应变化 dl，所以 $de = dl/l$，故相对伸长为

$$e = \int_{l_0}^{l} \frac{dl}{l} = \ln \frac{l}{l_0} \tag{6-21}$$

同理

$$Z_e = \int_{S_0}^{S} \frac{dS}{S} = \ln \frac{S}{S_0} \tag{6-22}$$

为了避免出现负号，通常用 $-Z_e$ 表示。

正应力-应变曲线（R-e 曲线）如图6-36所示。

6.2.5.1 形变强化指数与形变强化模数

图6-36中，OA 段是弹性变形部分，AB 段是产生缩颈前的均匀变形部分，AB 段曲线可以表示为

$$R = Ke^n \tag{6-23}$$

式中的 n 为形变强化指数，可以表征在均匀变形阶段

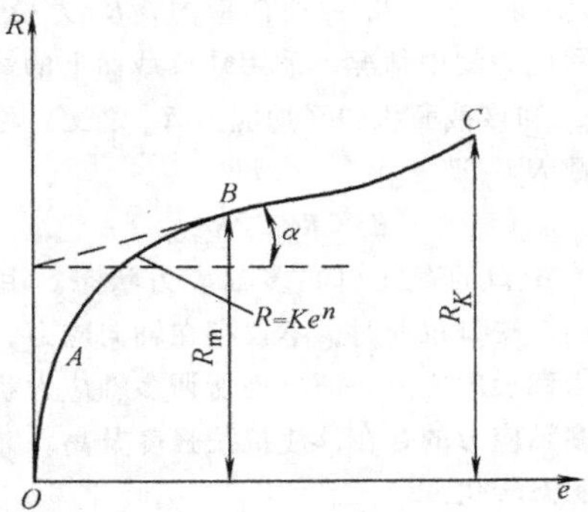

图6-36 正应力-应变曲线（R-e 曲线）

金属形变强化的能力。B 点以后开始产生缩颈，BC 段表示局部集中变形部分，它的斜率 D 为一常数，称为材料的形变强化模数，它表示材料局部集中变形阶段的形变强化能力。

6.2.5.2 抗拉强度

抗拉强度（又称强度极限）R_m 是在试验过程试样所承受的最大载荷 F_B 与试样原始截面积 S_0 的比值，即 $R_m = F_B/S_0$。它代表最大均匀变形的抗力。对于无缩颈的脆性材料，它还表示材料的断裂抗力。由于它表征着一定截面的材料所能承受的最大载荷，故它有着重大的实用价值。

6.2.6 缺口拉伸与缺口偏斜拉伸试验

生产上绝大多数机件或构件都不是截面均匀、无变化的光滑体，而是存在截面变化的，如键槽、油孔、台阶、螺纹及退刀槽等，这种截面的变化可以简称为缺口。由于缺口的存在，会使静拉伸时的力学行为发生变化。

6.2.6.1 缺口效应

由于缺口的存在会引起以下一些效应：

(1) 缺口引起应力集中，使缺口顶端的最大应力大于该截面上的平均应力，如图6-37所示。图6-37

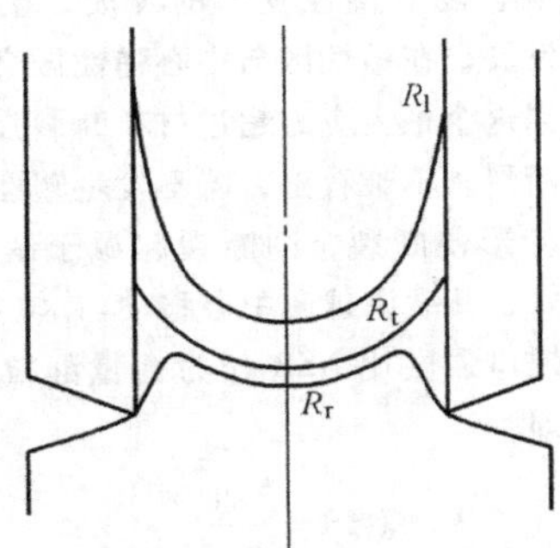

图6-37 缺口试样拉伸时最小截面上的应力分布

中 R_l 为轴向应力，R_t 为切向应力，R_r 为径向应力。为了描写应力集中情况，采用缺口截面上的最大轴向应力 R_{lmax} 和该截面积的平均应力 R_m 之比，称为应力集中系数 K_l，即

$$K_l = R_{lmax}/R_m \tag{6-24}$$

（2）缺口的存在引起多轴应力状态。由图 6-37 可以看出，缺口拉伸时，不仅存在轴向应力，还存在切向应力和径向应力，即出现所谓多轴应力状态。由于这种多轴应力的存在，使抗拉强度升高，并使材料向脆性状态转化。

（3）缺口处局部应变速率增大。由于缺口的存在，使应变集中于缺口最小截面处很窄的范围内，而不是像光滑试样那样均匀地发生在整个标距的长度范围内，当试验机夹头移动速度恒定时，缺口处的应变速率远大于光滑试样。这种应变速率的增加也会导致材料向脆性状态转化。

6.2.6.2　缺口静拉伸试验

为了测定金属材料在静拉力下对缺口的敏感程度，要进行缺口拉伸试验。缺口的形状如图 6-38 所示。

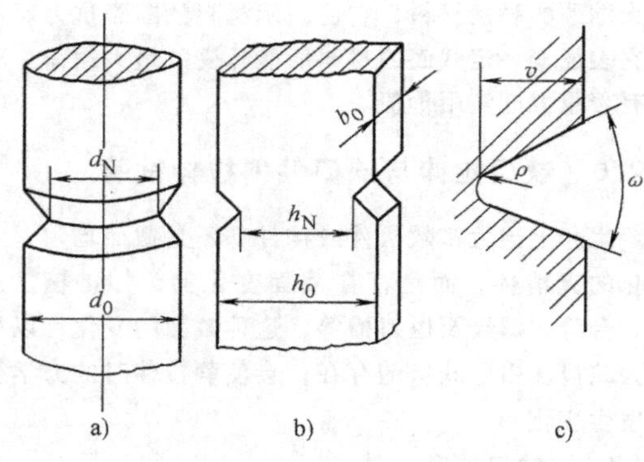

图 6-38　缺口的形状

缺口试样在拉伸过程中，在弹性状态下的应力分布如图 6-37 所示。当发生塑性变形后，将发生图 6-39 所示的变化。随着塑性变形的发展，塑性变形区逐步向中心发展，在塑性区与中心弹性区交界处出现最大应力，当这个最大应力超过材料断裂强度时，便在该处发生断裂。不难看出，若不发生塑性变形或很少发生塑性变形便断裂，则断裂源于缺口根部表面。塑性越好，断裂源越向中心移动。

通常用缺口强度比 NSR 作为衡量静拉伸下缺口敏感指标，即

$$\mathrm{NSR} = \frac{R_{mN}}{R_m} \tag{6-25}$$

式中　R_{mN}——表示缺口拉伸试样的抗拉强度。

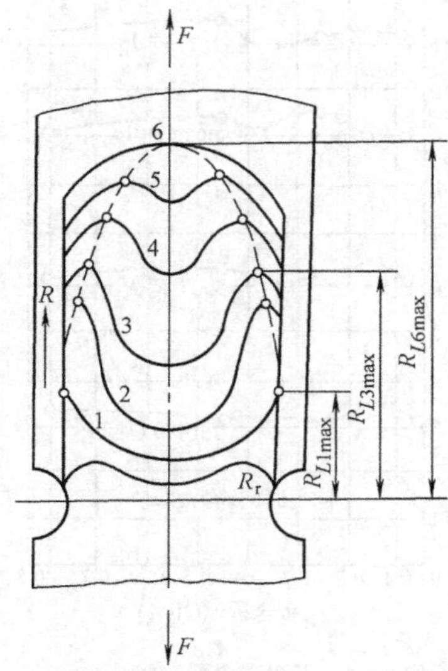

图 6-39　缺口试样塑性变形时的应力分布

通常的缺口拉伸试样形状如图 6-40 所示。

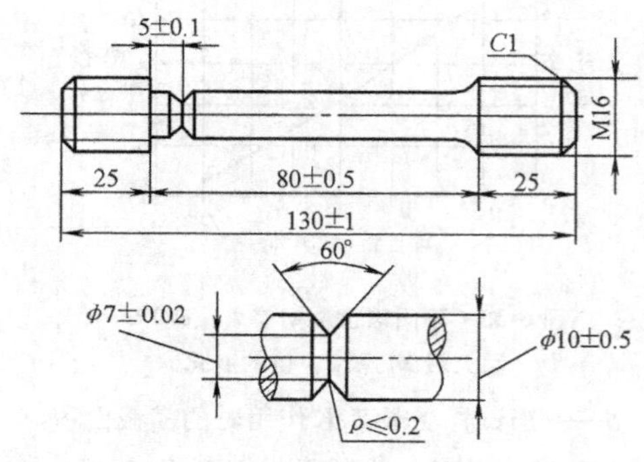

图 6-40　缺口拉伸试样

一般认为，NSR < 1，即 $R_{mN} < R_m$，说明材料对缺口敏感。事实上表现为这种情况的金属并不多，大多为已知的所谓脆性材料，如铸铁、淬火加低温回火的高碳工具钢。绝大多数金属 NSR > 1，这是因为只要缺口处发生少量塑料变形就可使 NSR > 1，但这并不能说明金属对缺口不敏感。因此，单凭缺口拉伸试验，按 NSR > 1 来选材和制定工艺是不可靠的。

6.2.6.3　缺口偏斜拉伸试验

对于一些重要的承载螺钉，在制造安装和使用过程中，不可避免地存在因偏斜影响带来的附加弯曲。为此应当进行图 6-41 所示的缺口偏斜拉伸试验。

图 6-41 中垫圈 4 为具有一定倾斜角 φ 的垫圈，只要改变垫圈的角度即可改变试样偏斜角度。最常用偏斜角度为 $\varphi = 4°$ 或 $8°$

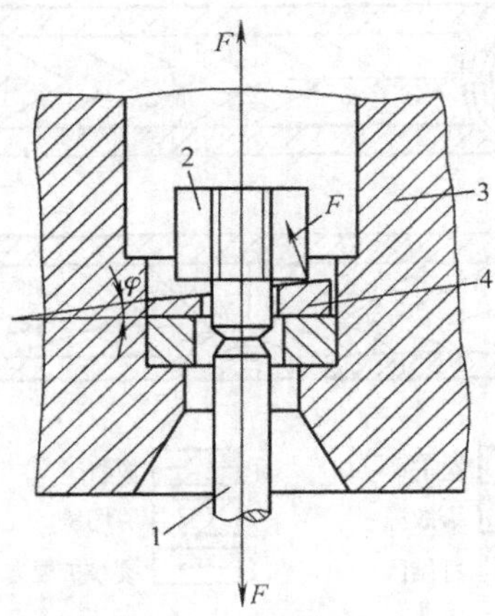

图 6-41 缺口偏斜拉伸试验装置
1—试样 2—螺纹夹头
3—试验机上夹头 4—垫圈

缺口偏斜拉伸试验可以更好地反映其服役条件与缺口偏斜拉伸试验条件相近的（如螺钉这类零件）静载缺口敏感度的差异。

6.2.7 低温拉伸试验

低温拉伸试验只需在普通拉伸试验机上安装一个低温箱便可进行。可以用干冰、液体氮等作为冷却剂，为了便于调节温度，可采用酒精、航空汽油、石油醚等冰点低的材料作稀释介质，或通过控制注入密封低温箱内液体氮的量来自动控制平衡温度。通常用低温温度计或铜-康铜热电偶测量温度。为测量变形，也需用特制的联杆将伸长仪引出低温箱外，或采用特殊的低温应变片。

6.2.8 拉伸试样断口分析

6.2.8.1 光滑圆试样的拉伸断口

典型的光滑试样的拉伸断口如图 6-42 所示。断口由三部分组成，即中心纤维区、放射区和剪切唇区。断裂起源于中心纤维区（它呈粗糙纤维状、暗灰色、环状），当纤维区达到一定尺寸（即临界尺寸）后，裂纹开始快速扩展形成放射区，最后断裂时形成剪切唇（剪切唇表面较光滑，与拉伸应力轴的交角约 45°）。中心纤维区和剪切唇区是材料韧性断裂的宏观特征，而放射区是脆性断裂的宏观特征。

放射区的特征是有放射花样，每根放射花样称为放射元。放射方向与裂纹扩展方向相平行，而垂直于裂纹前沿的轮廓线，并逆指向裂纹源。放射元是一种剪切撕裂脊，撕裂时的塑裂变形量越大，撕裂功也越大，其放射元将越粗大；反之，若撕裂时塑性变形量越小，则撕裂功也越小，其放射元也越细。所以随温度降低、强度提高及塑性降低，放射元将由粗变细，对于极脆的材料，则放射花样消失。

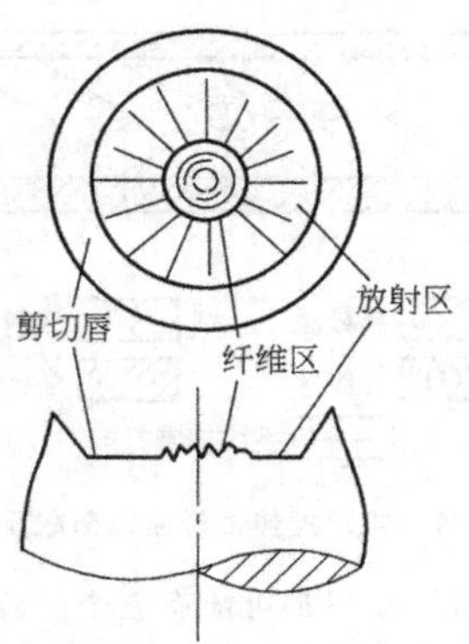

图 6-42 典型的光滑圆试样的拉伸断口

6.2.8.2 带缺口的圆形拉伸试样断口

带缺口的圆形拉伸试样，由于缺口处的应力集中，故裂纹直接在缺口或缺口附近产生。此时，其纤维区不是在试样断口中央而是沿圆周分布，而后向内部扩展（图 6-43）。若缺口较钝，则裂纹仍可能首先在试样中心形成。缺口裂纹也可能以不对称方式扩展，形成较为复杂的断口形态。

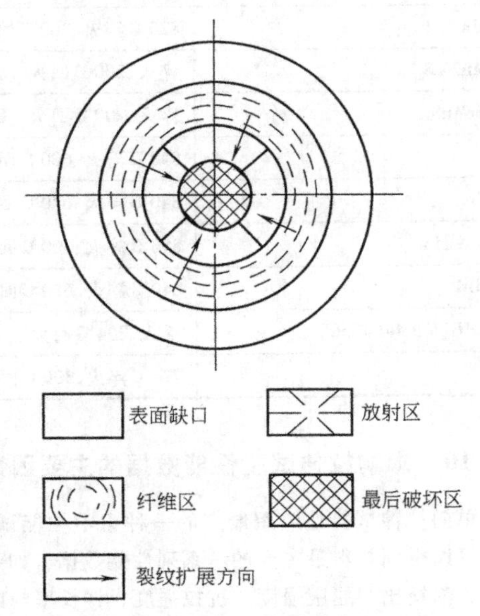

图 6-43 缺口拉伸试样的断口形貌示意图

6.2.8.3 矩形拉伸试样的断口

矩形拉伸试样的断口同圆形一样，也有三个区域，如图 6-44 所示。其中纤维区呈椭圆形，放射区则出现“人字纹”花样，人字纹的尖端指向裂纹源，靠近表面的剪切唇为最后破断区。

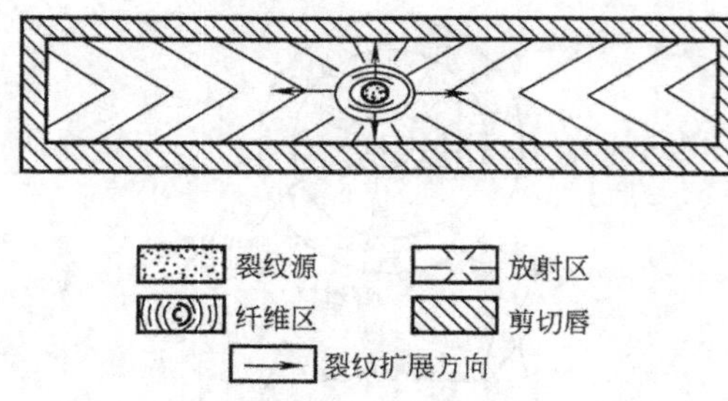

图6-44 矩形拉伸试样断口形貌及示意图

一般来说，断口都可能有三个区域，但随温度降低，材料强度增高或塑性下降。缺口尖锐度增大或应力状态变硬、加载速度增大，则脆性特征区（放射区）增大，而韧断特征区（纤维区和剪切唇区）缩小；反之，则出现相反的情况。有时可能只出现脆断特征花样，有时也可能只出韧断特征花样。

带缺口或带表面缺陷的矩形试样的断口如图6-45所示。裂纹不再发生在中心部位，而发生在缺口根部或表面缺陷处。

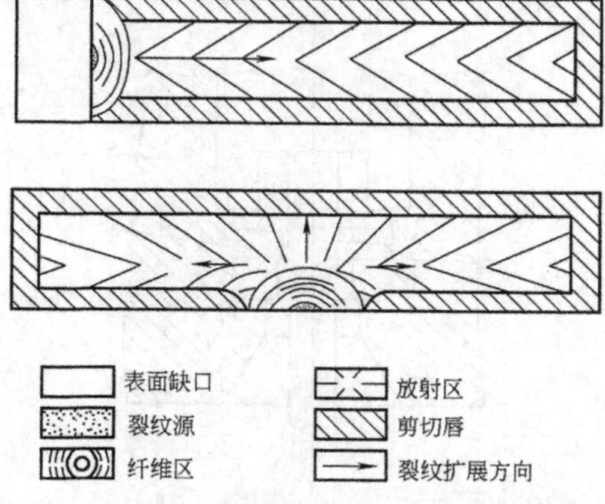

图6-45 带缺口或带表面缺陷的矩形试样的断口

6.2.9 几种常用钢材的静拉伸数据

静拉伸试验可以得到材料最基本的力学性能指标（如强度、塑性等指标），现把几种常用钢材的静拉伸数据列于表6-27。

表6-27 几种常用钢材的静拉伸数据

牌号	热处理	$R_{p0.2}$/MPa	R_m/MPa	A(%)	Z(%)
20	890℃淬火、200℃回火	875	1010	10	65
20Mn	880℃淬火、200℃回火	1260	1500	6.7	43
20Mn2VB	淬火、200℃回火	1240	1480	7	55
20CrMnSi	淬火、200℃回火	1315	1575	8	54
45	840℃淬火、600℃回火	550	750	15	50
40Cr	840℃淬火、670℃回火	725	810	16	68
40CrNiMo	850℃淬火、500℃回火	1170	1210	15($\delta5$)	55
40MnB	840℃淬火、620℃回火	710	790	18	66
50CrNi2MnMo(4350)	淬火、204℃回火	1710	2210	8	15
T8	770℃淬火、300℃回火	1500	1700	5.4	28

6.2.10 影响拉伸试验性能数据的主要因素

单向拉伸试验是应用最广的一种力学性能试验，试验可以得到材料最主要的一系列性能数据，如弹性模量、泊松比、屈服强度、抗拉强度、伸长率与断面收缩率等。这些数据是控制生产过程中材料质量，评价新材料和机械设计的主要依据。因此，保证实验数据测定准确十分重要。

1. 试样取样位置与方向的影响　热加工和机械加工过程不同，材料不同部位和方向的显微组织不同，这些都对性能测定有较大的影响。如从铸件上取样时，铸件表面冷却速度大，近表面取样强度就比较大。金属轧制时，经常出现晶体织构现象和夹杂物的纤维化，沿纤维方向的强度高于垂直方向。

2. 试样形状与尺寸的影响　圆形试样和方形或矩形截面试样，其塑性指标（伸长率和断面收缩率等）是不同的，两者没有可比性。由于圆形截面的试样在拉伸加载时，截面自由收缩，不出现多向约束（或多向应力），变形相对比较自由。尺寸不同（截面积不同和长度不同）的试样，其强度和塑性数据也不尽相同，同样截面尺寸的短棒拉伸试样的伸长率明显高于长试样。过大截面的试样，由于应力状态发生了变化，容易形成多向应力状态，难以自由变形。因此试样尺寸不同其性能是不同的，两者不可比较。必须严格按国标（GB/T 228.1—2010）规定的试样尺寸进行试验。

3. 应变速率、表面粗糙度和材料脆性的影响

应变速率是材料生产、制造和试验的重要依据，常规的拉伸试验只规定应变速率的上限。对大多数材料来说，在较高的变形速率下强度趋于增加，塑性和延性影响较小。对应变速率影响最敏感的是屈服强度（或流量应力），随着应变速率增高，屈服强度明显增高。

表面粗糙度对拉伸试验数据会产生影响。表面粗糙度值高或表面存在刀痕或碰伤，形成局部应力集中，使强度和塑性有所下降。这一趋势对于塑韧性较差的高强度或超高强度钢，或陶瓷材料等显得特别敏感，会大幅度降低其强度值。因此，该类材料进行拉伸试验时，要特别注意试样的表面粗糙度。

如果对塑韧性很差的材料（如工模具钢、硬质合金、陶瓷等）进行拉伸试验，其数据分散、误差大，难以得到准确的数据。这是因为，对于这类脆性材料，要求试验机上下夹头对中心十分严格，一般情况下难以满足，往往因上下夹头轴线不同心而引起附加弯矩，使测定值大幅度下降。在这种情况下，与其采用拉伸试验测定材料的力学性能，不如采用弯曲试验。弯曲试验测试的数据相对拉伸而言，分散性小、数据集中。

6.2.11　拉伸试验中的计算机控制

利用计算机技术，可以大大加强电子拉伸试验机的各种功能。通过各种传感器、测量通道与计算机连接，使试验机具有载荷、位移、应变等多种控制模式。同一试验的不同阶段可以采用不同控制模式工作，可进行多种控制模式间的无冲击转换，完成多种复杂试验。利用计算机，还可使试验机具有安全保护功能（如上、下限位，位移限制，过载保护，急停等）、开机自诊断功能、错误处理功能、自动化标定和储存功能。

通过计算机控制，不仅使试验机能完成拉伸、压缩、弯曲、剪切、剥离、撕裂和等速度变形，恒试验力、恒变形等速率试验力循环、等速率变形循环等试验，还能完成各种试验数据分析、处理、输出等功能。

这种拉伸试验机不仅可以实现多功能的自动控制，还能对试验结果进行自动采集、数据处理和储存，还能打印报告、存储与检索试验结果。

图6-46所示为拉伸试验机的计算机控制框图。

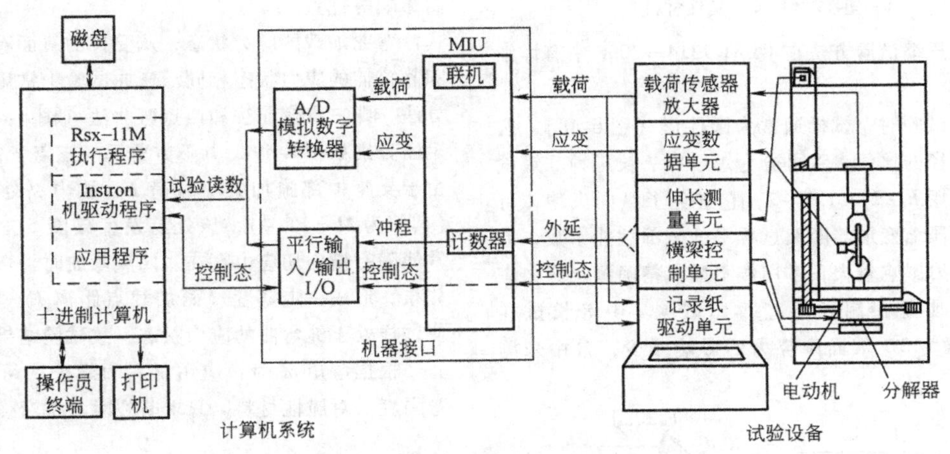

图6-46　拉伸试验机的计算机控制框图

6.3　压缩、弯曲及扭转试验

许多机械零件是在压缩、弯曲和扭转载荷下工作的，如机床底座在受压缩载荷；齿轮根部、汽车大梁、活塞销等承受弯曲载荷；传动轴、弹簧、钻头、钻杆等主要受扭转载荷。另一方面，压缩、弯曲和扭转试验，由于应力状态较软（即最大切应力与最大正应力的比值较拉伸为大），因而这些方法可以较好地显示如铸铁、工模具钢、渗碳钢等脆性材料的塑性。因此，压缩、弯曲及扭转试验在合理选材、确定热处理工艺等方面均有重要的意义。

6.3.1　压缩试验

压缩试验是拉伸试验的反向加载。因此，拉伸试

验时所定义的各种性能指标和相应的计算公式对压缩试验都保持相同的形式，所不同的是压缩试样的变形不是伸长而是缩短，截面积不是缩小而是横向增大。

压缩试验时应力-应变曲线有两种情况，对塑性材料（如图 6-47 中曲线 1），试样可以压得很扁而仍然达不到破坏的程度，因此该试验对塑性材料很少应用。对于脆性材料或低塑性材料，当静拉伸、弯曲、扭转试验中不能较好地显示塑性时，采用压缩试验时有可能使它们转为韧性状态，较好地显示塑性（如图 6-47 曲线 2）。因此压缩试验对于评定脆性材料具有重大意义。

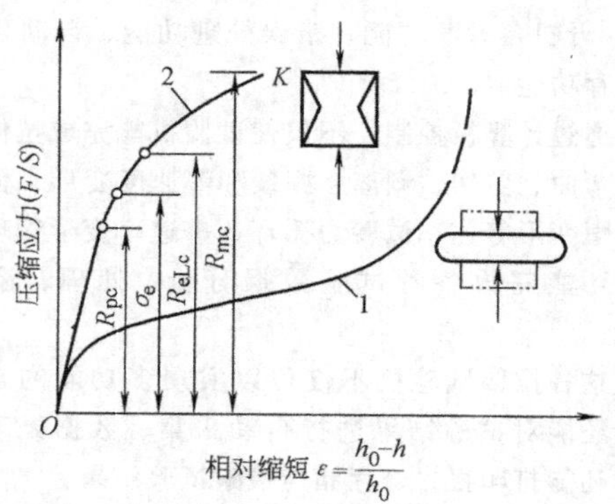

图 6-47　压缩载荷变形曲线

1—塑性材料　2—脆性材料

金属压缩试验方法在 GB/T 7314—2005 中有详细规定。

压缩试验时，试样通常为圆柱形（图 6-48），按高度与直径的比值大致可分为短、中、长三种。短试样一般采用 $h_0/d_0=1.5\sim2$，它避免了纵向失稳，可用于测定压缩变形与断裂过程中的全部性能参数，但端面摩擦力影响较大，常用作不要求精确测定应力应变关系的质量控制和工艺对比试验。中等长试样 h_0/d_0 一般为 3，端面摩擦力的影响减少，常用来测

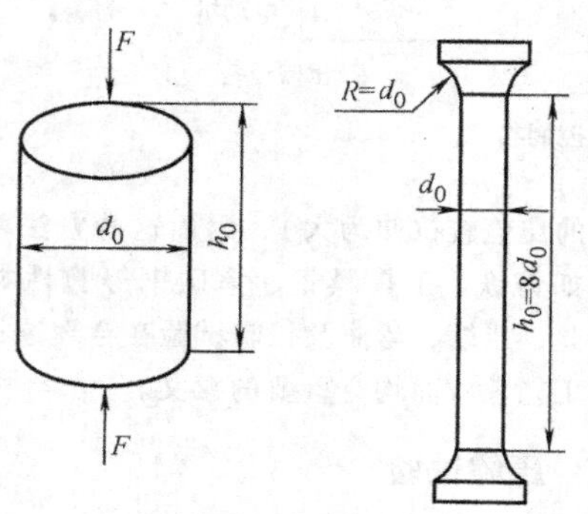

图 6-48　压缩试样

量应变，但易发生纵向失稳而不能测定形变较大时或断裂时的力学行为。长试样 $h_0/d_0=8$，为使试件稳定地安置在压板上，避免压缩时弯曲，试样两端面应加大。长试样用于精确测定弹性模量 E_c、泊松比 μ、规定非比例压缩强度 R_{pc} 和屈服强度 R_{eLc} 等，但无法测定变形较大和断裂时的力学行为。

压缩试验时，试样端部的摩擦阻力对试验结果影响很大。因此，试样端面应通过精整加工、涂油或涂石墨粉予以润滑，或者采用特殊设计的压头，使端面的摩擦阻力减至最低程度。

另外，在进行脆性材料的压缩试验时，在压缩破坏时易发生碎片飞出，为了防止危险，应加防护罩装置。

6.3.2　弯曲试验

弯曲试验不受试样偏斜的影响，可以稳定地测定脆性和低塑性材料的抗弯强度，同时用挠度表示塑性，能明显地显示脆性或低塑性材料的塑性。所以这种试验很适于评定脆性或低塑性材料，如铸铁、工具钢、渗碳钢、硬质合金及陶瓷等。另外，许多机件是在弯曲载荷下工作的，需要对这些机件的材料进行弯曲试验评定。弯曲试验具有试样形状简单（一般有圆形、正方形和矩形三种）、操作方便、不受试样偏斜影响等优点。

弯曲加载的应力状态，从受拉的一面看，基本上和静拉伸的应力状态相同。弯曲试验中常用两种加载方法，即三点弯曲法和四点弯曲法（图 6-49），其弯矩图分别如图 6-49a、b 下方所示。三点弯曲加载时，由于支座中部施加集中载荷 F，故中央处弯矩最大（其值为 $M=FL/4$），该处易发生破断。三点弯曲时常伴随有横向切应力存在。四点弯曲时，弯矩呈梯形分布，形成一定宽度（两加载点距离 l）等弯矩区，使试样处于纯弯曲的应力状态，故试验结果较准确。

根据弯矩 M 值，应用材料力学公式可以求出抗弯强度。对脆性材料，只求断裂时的抗弯强度：

$$\sigma_{bb}=\frac{M}{W} \tag{6-26}$$

式中　M——作用于试样的弯矩；

W——试样抗弯断面系数。

对于宽度为 w、厚度为 t 的矩形试样，其抗弯强度为

三点弯曲：

$$\sigma_{bb}=\frac{3FL}{2wl^2} \tag{6-27}$$

四点弯曲：

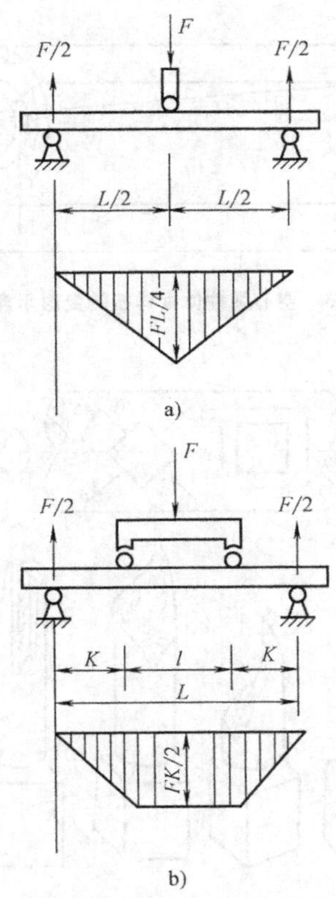

图 6-49　弯曲试验中的两种加载方法及弯矩分布

a）三点弯曲　b）四点弯曲

$$\sigma_{\mathrm{bb}}=\frac{3F(L-l)}{2wt^2} \tag{6-28}$$

退火、正火、调质等碳素结构钢或合金结构钢进行弯曲试验时，通常达不到破坏程度，它们的载荷 F 与挠度 f 曲线的最后部分可以任意延长（图 6-50）。因此除特殊需要外，对这些塑性金属材料通常不进行弯曲试验，而仍采用拉伸试验。

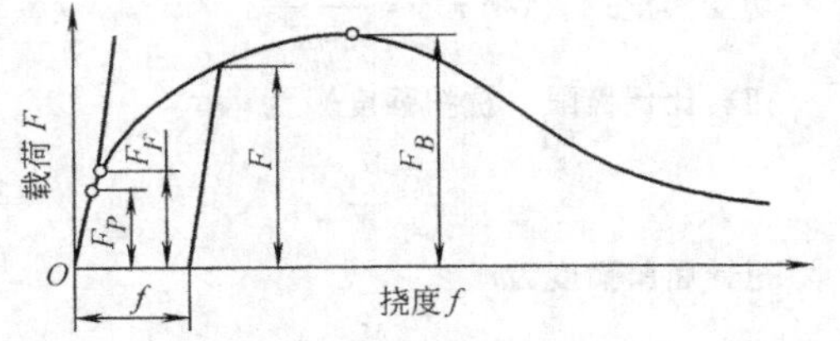

图 6-50　弯曲载荷变形曲线

对于脆性材料或低塑性材料来说，静弯曲试验不存在静拉伸时的所谓试样偏斜对试验结果的影响问题，因此在材质和工艺检验中得到广泛的应用，特别是在铸铁及工具钢的性能鉴定上。脆性材料的 F-f 曲线如图 6-51 所示。

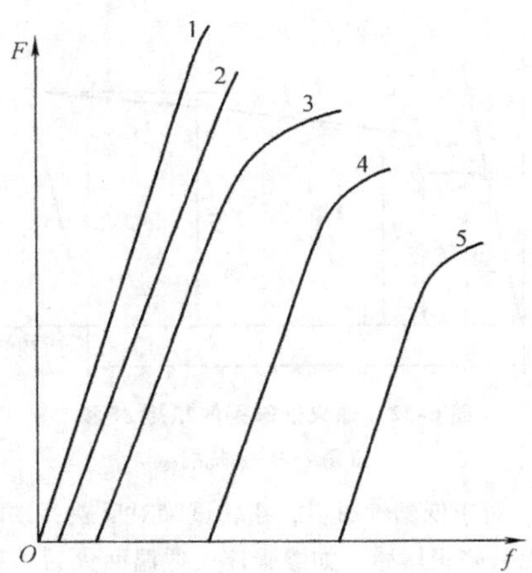

图 6-51　脆性材料的 F-f 曲线

1—工具钢　2—轴承钢　3—铸钢

4—铸造铝合金　5—铸造镁合金

弯曲试验较多地用于铸铁的原因是铸件的强度主要取决于表面部分的组织状态，而铸件表面的石墨化程度最小，硬度最高，而弯曲试验由于表面应力最大，故对表面性能十分敏感。铸铁弯曲试验一般采用三点弯曲加载，试样浇注直径为 ϕ30mm，长 650mm 或 340mm，表面保持原铸态状不加工。试验支座跨距为 600mm 或 300mm，其挠度分别用 f_{600} 和 f_{300} 表示。

由于弯曲试验对表面缺陷比较敏感，所以常用它来比较和鉴定渗碳等表面化学热处理、高频感应淬火等表面处理的零件的材料质量和表层强度等性能的差异。

对于普通碳素钢及低合金钢板、管、线、型材等弯曲试验，可参考有关标准。

金属弯曲试验方法在 GB/T 232—2010 中有详细规定。

6.3.3　静扭转试验

金属室温静扭转试验方法在 GB/T 10128—2007 中有详细规定。静扭转试验具有以下特点：

(1) 扭转时应力状态较软，在拉伸试验中表现为脆性的材料（如淬火后低温回火的工具钢和某些结构钢）有可能处于韧性状态，便于进行各种力学性能指标的测定和比较。

(2) 用圆柱形试样进行扭转试验时，试样始终保持均匀圆柱形，其截面和工作长度基本上保持原有大小不变，这样便有可能很好地测定高塑性材料直至断裂前的形变能力和变形抗力。图 6-52 所示为退火低碳钢的扭矩 M 和扭角 φ 的关系曲线。

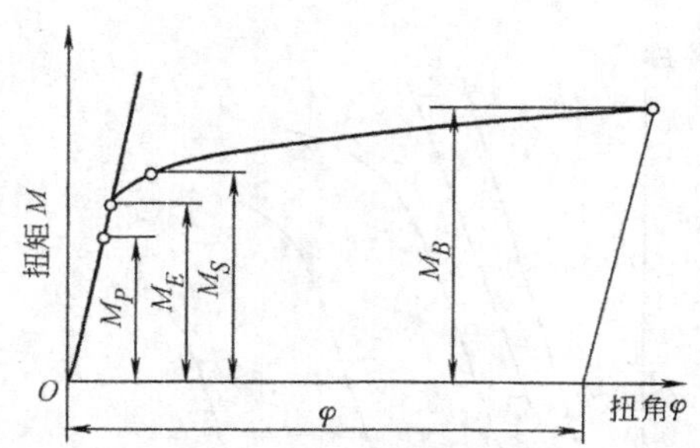

图 6-52　退火低碳钢的扭矩 M 和扭角 φ 关系曲线

（3）对于低塑性材料，扭转试验对反映其缺陷，特别是表面缺陷很敏感。如渗碳淬火低温回火后检验表面渗碳质量，淬火低温回火工具钢检验其表面微裂纹等。

（4）扭转试验时截面上的应力分布不均匀，在表面处最大，愈往心部愈小。对于显示金属体积性缺陷，特别是心部缺陷不敏感。

扭转试验的试样一般为圆柱形（图 6-53），实心圆柱形试样的缺点是断面上应力分布不均匀，影响切应力的测定。因此可采用薄壁空心圆筒试样（图 6-54），以减小内外壁之间的应力变化的差别，壁厚应尽可能地减小；但直径与壁厚之比不应大于 20，否则将会产生失稳扭曲。空心圆柱体试样扭转变形如图 6-55 所示。实心扭转试样的几种断口形式如图 6-56 所示。

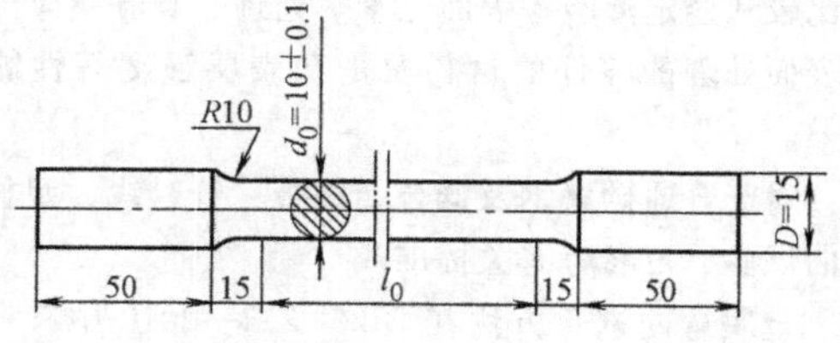

图 6-53　标准扭转试样

注：长试样 $l_0=100\text{mm}$，短试样 $l_0=50\text{mm}$。

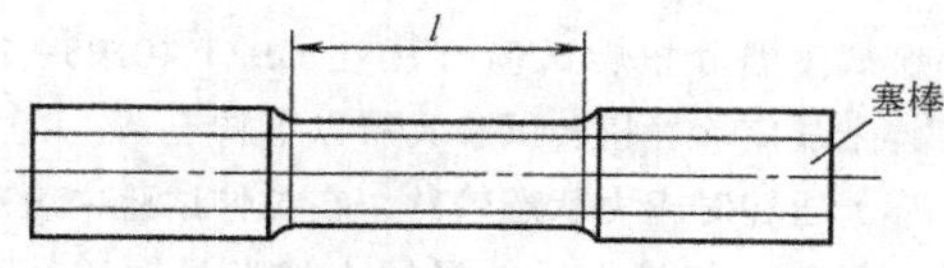

图 6-54　薄壁空心圆筒扭转试样

扭转性能指标，可以根据图 6-53 所示的直径（d_0）、标距长度（l_0）的实心圆柱试样上测得的 M-φ 曲线求出。

扭转载荷下的切应力 τ 和切应变 γ 分别为

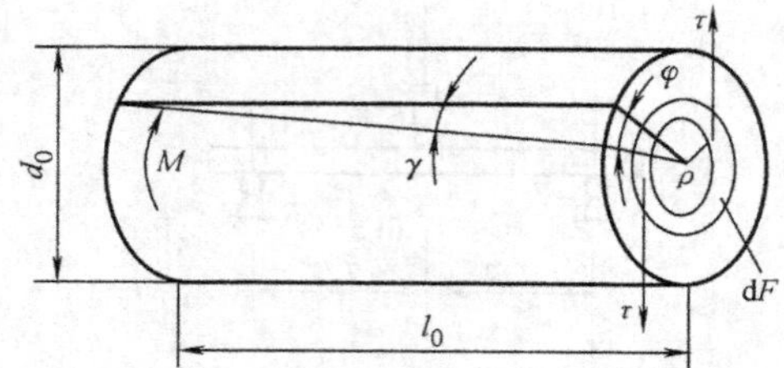

图 6-55　空心圆柱体试样扭转变形示意图

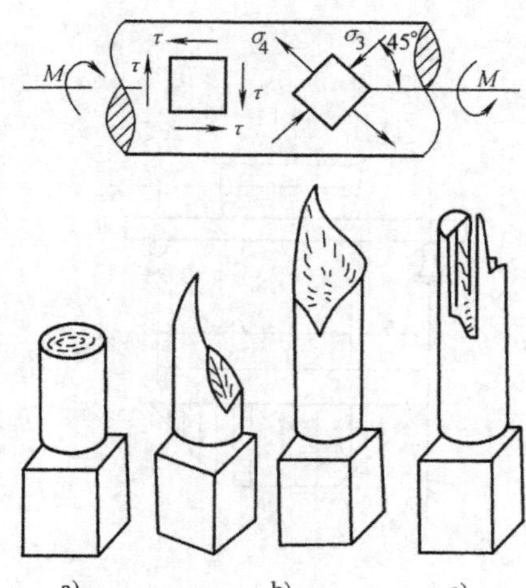

图 6-56　扭转断口的几种形式

$$\tau=\frac{M}{W};\gamma=\frac{\varphi d_0}{2l_0} \tag{6-29}$$

式中　M——扭矩；

W——截面系数。

对于实心圆柱：$W=\frac{\pi}{16}d_0^3$；对于空心圆柱（内径为 d_1，外径为 d_0）：$W=\frac{\pi}{16}d_0^3\ (1-d_1^4/d_0^4)$。

切变模量：
$$G=\tau/\gamma=\frac{32Ml_0}{\pi\psi d_0^4} \tag{6-30}$$

扭转比例极限（抗扭强度）为

$$\tau_{\text{p}}=\frac{M_{\text{p}}}{W} \tag{6-31}$$

扭转屈服强度为

$$\tau_{0.3}=\frac{M_{0.3}}{W} \tag{6-32}$$

扭转条件强度极限（条件抗扭强度）为

$$\tau_{\text{k}}=\frac{M_{\text{k}}}{W} \tag{6-33}$$

测定扭转比例极限的方法与拉力试验中测定 R_{p} 的方

法大致相同。在 M-ψ 曲线上某点的切线与 M 轴的夹角的正切值比初始直线部分的正切值增大 50%，该点的切应力值确定为扭转比例极限。

6.3.4　剪切试验

剪切试验主要有双剪切试验、单剪切试验及冲压剪切试验等。试验装置的示意图如图 6-57 和图 6-58 所示。

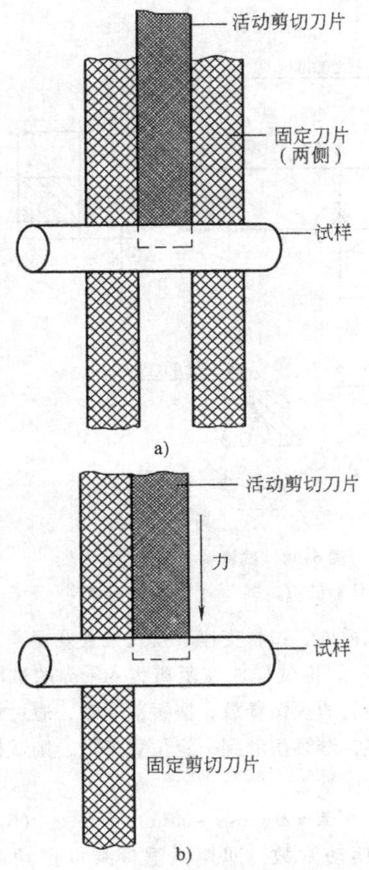

图 6-57　双剪切和单剪切试验图
a）双剪切　b）单剪切

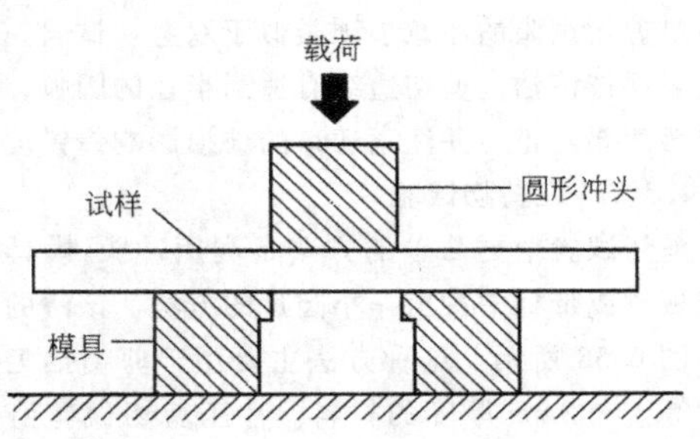

图 6-58　冲压剪切试验的示意图

剪切试验数据主要用于紧固体（螺钉、铆钉等）、焊接体、胶接件、复合材料及轧制板材等抗剪强度的设计。

6.3.4.1　双剪切试验

双剪切试验如图 6-57 所示，它是以剪断圆柱状试样中间段的方式来实现的，两侧支承距离应大于等于中间被切断部分直径的 1/2，上下刀口形状如图 6-59所示。

双剪切试验的特点是有两个处于垂直状态下的剪切刀片。下刀片（厚度为被剪切试样直径大小）平行地放置在上方，上下刀片都做成孔状，孔径等于试样直径，利用万能拉伸试验机便可开展双剪切试验。

进行双剪切试验时，刀片应当平行、对中，剪切刀刃不应当有擦伤、缺口或不平整的磨损。

6.3.4.2　单剪切试验

单剪切试验夹具使用两个剪切刀片，刀片中间带孔，当一个刀片固定不动，另一个刀片在图 6-57b 所示平行面内移动时产生单剪切作用，剪断试样。单剪切试验适合于测定长度太短不能进行双剪切的那些紧固件的剪切值，这包括杆长小于直径 2.5 倍的紧固杆体。单剪切试验的准确度低于双剪切试验值，但非常接近，若发现单剪切值有问题时，可以用双剪切值作比较。

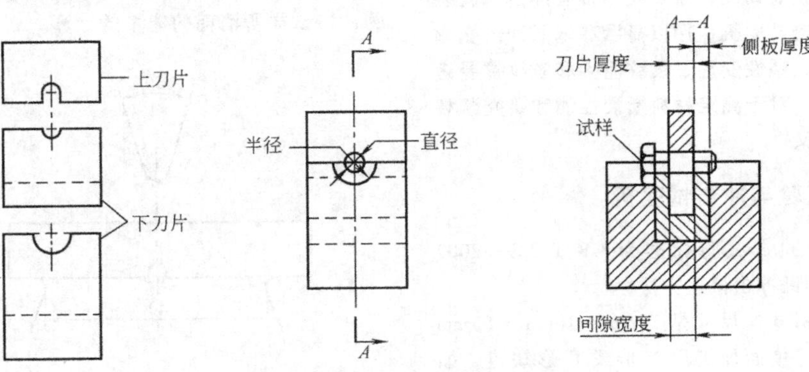

图 6-59　双剪切试验夹具刀口形状

单剪切试验的注意事项类似于双剪切试验，重要的是要保持清洁，剪切边缘有适当半径的圆弧，刀片的接触面要对正，并注意切口的磨损影响锋锐度。

6.3.4.3　冲压剪切试验

剪切试验中更简单的方法是利用冲头-模具法直接从板材或带材中冲出一小圆片的方法。该法的示意图如图 6-58 所示。这种方法主要用于剪切铝工业中小于等于 1.8mm 厚度的材料。冲压剪切试验值低于双剪切试验值。

冲压剪切试验时要注意，冲头和凹模孔之间的径向间隙为薄板厚度的 12% ~14%，才能获得规则的剪切边缘。

6.4　冲击试验

6.4.1　冲击试验的意义

冲击试验是把要试验的材料制成规定形状和尺寸的试样，在冲击试验机上一次冲断，根据冲断试样所消耗的能量或试样断口形貌特点，经过整理得到规定定义的冲击性能指标。例如，冲击吸收能量、纤维断面率以及侧膨胀值等。冲击试验所得性能指标没有明确物理意义，所得性能数值也不能用于对所测性能作定量评价或设计计算，但冲击试验简单方便，是最容易获得的材料动态性能的试验方法，迄今已积累了大量的冲击试验数据和评价这些数据的经验。冲击试验对材料使用中至关重要的脆性倾向问题和材料冶金质量、内部缺陷情况极为敏感，是检查材料脆性倾向和冶金质量的非常方便的办法。因此，这种试验方法在产品质量检验、产品设计和科研工作中仍然得到了广泛的应用。自 20 世纪 60 年代以来，断裂力学和断裂金属学的飞速发展表明，冲击试验得到的冲击值与断裂韧度有比较密切的关系，可用简单的冲击试验值来估计断裂韧度，或直接用冲击试验的方法来测量材料动态断裂韧度和止裂韧度；还发展了带有冲击示波装置和计算机的冲击试验机，用以显示和记录冲击变形过程中弹性变形、塑性变形、裂纹萌生和裂纹扩展诸阶段的能量分配，对于测定材料断裂性能和研究断裂过程具有重要意义。

6.4.2　冲击试验与冲击试验机

我国采用的冲击试验标准为 GB/T 229—2007《金属材料夏比摆锤冲击试验方法》。

冲击试验所用试样尺寸是 10mm × 10mm × 55mm 正方形试样，中间单面加工出 V 形或 U 形缺口，如图 6-60 所示。所用试验机为摆锤式，摆锤摆动的最低位置为放试样处，试样支座、摆放位置及摆锤刀刃如图 6-61 所示。将试样放在距离为 40mm 的试验机支座上，将扬起的摆锤释放，摆锤落下时，通过最低位置打断试样，继续摆动到一定位置停下，则试样被冲断所吸收的能量为

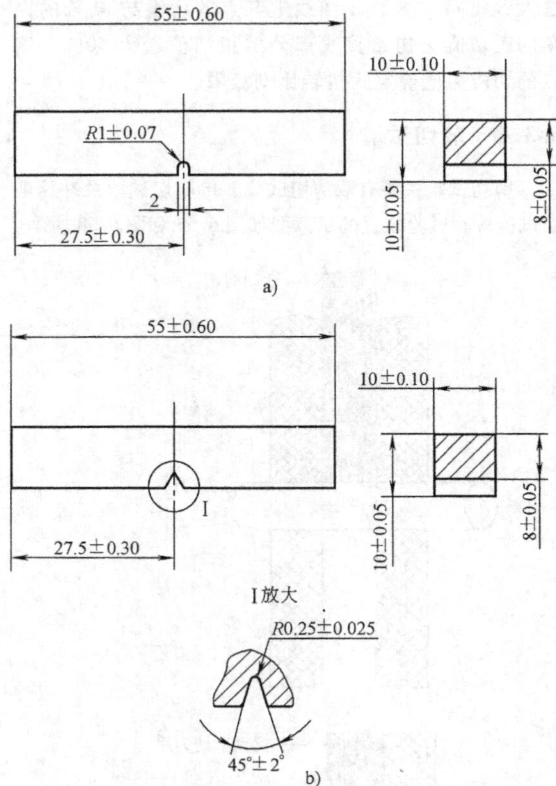

图 6-60　试样种类及尺寸

a) U 形缺口试样　b) V 形缺口试样

$$K = M(\cos\beta - \cos\alpha) \qquad (6\text{-}34)$$

式中的 M 为摆动常数，即摆锤重量乘以摆动半径（摆锤重心到旋转中心的距离）。试验机表盘上，依 β 值大小刻出了相应的冲击吸收能量 K。图 6-62 所示为冲击试样所消耗的能量的计算。

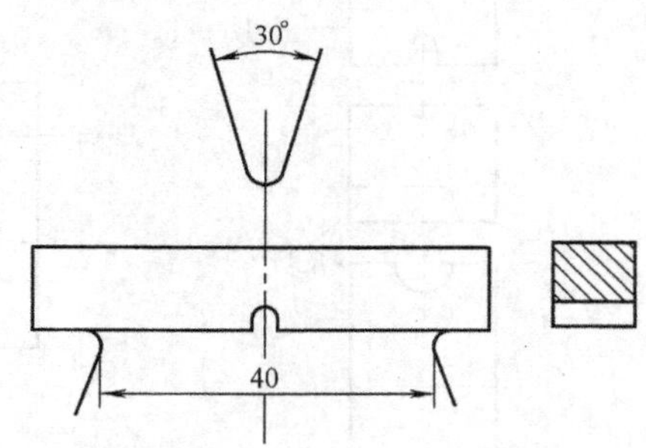

图 6-61　试样支座、摆放位置及摆锤刀刃

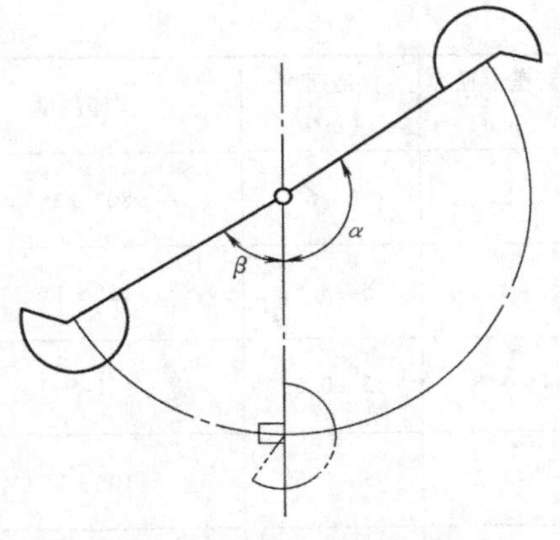

图 6-62　冲击试样所消耗的能量的计算

对于 U 形缺口和 V 形缺口试样，规定了如下性能指标：

冲击吸收能量 KV 或 KU，是试样被冲断时所吸收的能量，单位为 J 或 N · m，并有下标数字 2 或 8，表示摆锤刀刃半径，如 KV_2。GB/T 229—2007 规定了 KU_2、KU_8、KV_2、KV_8 四个冲击吸收能量指标。

现在，国际上和国内比较广泛采用的是 V 形缺口试样，美国标准中冲击吸收能量常用 CV 或 CVN 表示。过去在前苏联工业中应用较多是 U 形缺口试样的冲击试验，用 a_K 或 a_{KU} 表示，我国也用过较长时间，现已应用较少。

对于较薄的原材料或从实物上取样，或由于别的原因，取 10mm × 10mm × 55mm 有困难，允许采用 7.5mm × 10mm × 55mm 或 5mm × 10mm × 55mm 的试样。GB/T 700—2006《碳素结构钢》规定，采用 5mm × 10mm × 55mm 小尺寸试样进行冲击试验，其冲击值应不小于规定值的 55%。美国石油学会标准 API Spec5CT 规定了不同尺寸冲击试样的吸收能量递减系数，设 10mm × 10mm × 55mm 标准尺寸递减系数为 1，则对 10mm × 7.5mm × 55mm 的试样，递减系数为 0.8，对 10mm × 5mm × 55mm 的试样，递减系数为 0.55。

各国标准中，对试样和缺口部分的尺寸与公差有明确规定，因此在进行冲击试验时或参看资料时，必须注意执行的是什么标准。表 6-28 列出了几个国家的标准和我国 GB/T 229—2007 关于 V 形缺口试样尺寸及公差的规定，表 6-29 列出了夏比试验机主要技术参数。试验机技术参数不同，特别是刀刃参数不同，所得试验结果会有一定差异，不能互比。

表 6-28　各国关于 V 形缺口尺寸及公差规定

<table>
<tr><th>国　别</th><th>缺口角度 /(°)</th><th>缺口半径 /mm</th><th>缺口底部高度 /mm</th><th>试样高度 /mm</th><th>试样宽度 /mm</th><th>试样长度 /mm</th></tr>
<tr><td>国际标准</td><td>45 ±2</td><td rowspan="7">2 或 8
0.25 ±0.025</td><td>8 ±0.11</td><td>10 ±0.11</td><td>10 ±0.11</td><td>55 ±0.60
27.5 ±0.42</td></tr>
<tr><td>英国</td><td>45 ±2</td><td>8 ±0.11</td><td>10 ±0.11</td><td>10 ±0.11</td><td>55 ±0.60
27.5 ±0.30</td></tr>
<tr><td>美国</td><td>45 ±1</td><td>8 ±0.025</td><td>10 ±0.025</td><td>10 ±0.025</td><td>$55^{+0.0}_{-2.5}$</td></tr>
<tr><td>德国</td><td>45 ±2</td><td>8 ±0.10</td><td>10 ±0.10</td><td>10 ±0.10</td><td>55 ±0.60
27.5 ±0.40</td></tr>
<tr><td>俄罗斯</td><td>45 ±2</td><td>8 ±0.05</td><td>10 ±0.10</td><td>10 ±0.11</td><td>55 ±0.60</td></tr>
<tr><td>日本</td><td>45 ±2</td><td>8 ±0.05</td><td>10 ±0.05</td><td>10 ±0.05</td><td>55 ±0.60
27.5 ±0.40</td></tr>
<tr><td>中国</td><td>45 ±2</td><td>8 ±0.075</td><td>10 ±0.075</td><td>10 ±0.075</td><td>55 ±0.60
27.5 ±0.42</td></tr>
</table>

表 6-29　各国夏比冲击试验机主要技术参数

国　别	刀刃角度 /(°)	刀刃半径 /mm	支座间距 /mm	支座半径 /mm	打击速度 /(m/s)	支座斜度
国际标准	30 ±1	2 ~2.5	$40^{+0.5}_{-1.0}$	1 ~1.5	5 ~5.5 (4.5 ~7)	1:5
英国	30 ±1	2 ~2.5	$40^{+0.5}_{-0.0}$	1 ~1.5	5 ~5.5	78° ~80°

（续）

国　别	刀刃角度 /(°)	刀刃半径 /mm	支座间距 /mm	支座半径 /mm	打击速度 /(m/s)	支座斜度
美国	30±2	8	40±0.05	1	3~6	80°±2°
德国	30±1	2~2.5	$40^{+0.5}_{-0.0}$	1~1.5	5~5.5	11°±1°
俄罗斯	30±1	2~2.5	$40^{+0.5}_{-0.0}$	1~1.5	5±0.5	1:5
日本	30±1	2~2.5	$40^{+0.5}_{-0.0}$	1~1.2	5~5.5	10°±1°
中国①	30±1	2~2.5	$40^{+0.5}_{-0.0}$	1~1.5	4~7	11°±1°

① 试验机应按 GB/T 3808—2002 进行安装及检验。

6.4.3 冲击试验的应用

1. 表示材料抵抗冲击载荷能力　到现在为止，冲击试验是工程上获得材料动态强度和变形能力最方便、最简单的方法，所以习惯上用冲击值来表示材料抵抗冲击载荷能力的大小。冲击抗力有明显的体积效应和波传导特点，与载荷和变形速度有很大关系。因冲击试验是在特定试验条件（加载速度、试样尺寸和缺口形状）下获得的，所以冲击试验得到的冲击值大，并不一定是实际结构件冲击抗力也大；冲击试样的韧脆转变温度并不一定是实际结构件的韧脆转变温度。另外，冲击值是一个能量概念，它包含着强度和塑性两方面的贡献。强度高塑性低些的材料可以有较高的冲击值，强度差些而塑性较好的材料也可以有较高的冲击值。对于前一种情况，虽然冲击值不低，但机件在服役过程中，仍然会有不能忽视的脆性倾向。因此，用冲击值表示冲击抗力和脆性倾向，不能用于定量计算，有很大的条件性，并且具有明显的经验性质。

2. 检验材料的品质、内部缺陷及工艺质量等　经验表明，冲击试验在检验材料的品质、内部缺陷及工艺质量等方面非常敏感。例如，疏松、夹杂、流纹、白点、过烧、过热，以及变形时效、回火脆性等，都可以从冲击值大小明显反映出来。例如，中碳结构钢 40MnB 硼含量极微，但对淬透性有重大影响。硼含量稍微过量，将有脆性“硼相”自晶界析出，大大降低冲击值，图 6-63 所示为硼含量对 40MnB 钢冲击值的影响。晶粒大小对冲击值和韧脆转变温度有重大影响，图 6-64 所示为纯铁和 $w(Ni)$ 为 36% 的铁晶粒尺寸对韧脆转变温度 T_t 的影响。不同处理方式，对冲击值也有明显影响。图 6-65 所示为 30CrMnSi 钢

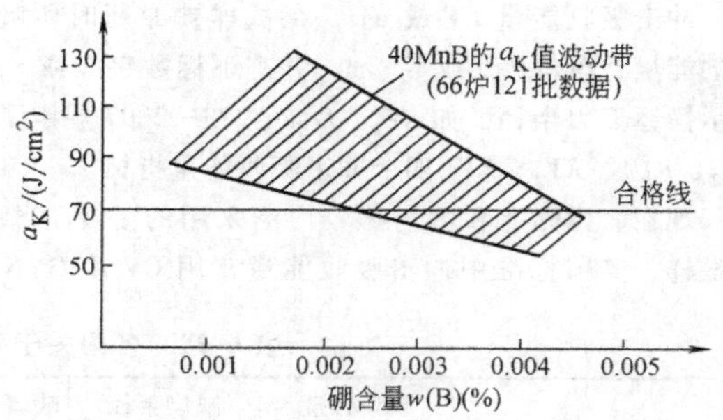

图 6-63　硼含量对 40MnB 钢冲击值的影响

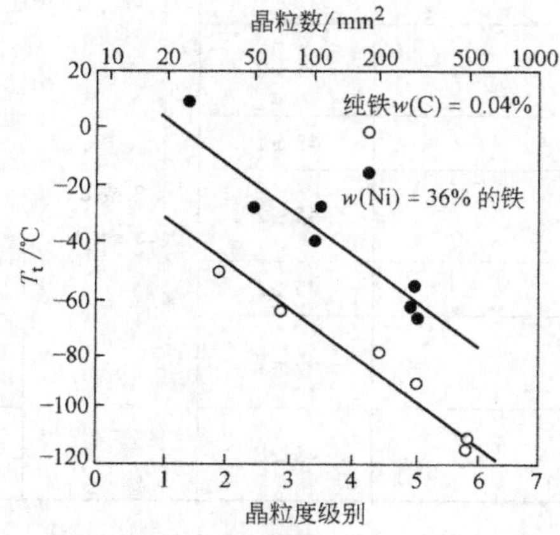

图 6-64　晶粒尺寸对韧脆转变温度 T_t 的影响

370℃等温淬火和淬火+500℃回火不同试验温度的冲击值，其强度水平基本相同（R_m=1260~1270MPa）条件下的冲击值有明显差别。18CrNiW 钢 890℃ 加热，油冷得到低碳马氏体，炉冷得到粒状贝氏体，空冷得到低碳马氏体与粒状贝氏体混合组织，不同回火温度，室温 15℃ 冲击吸收能量 KV 及韧脆转变温度 T_t

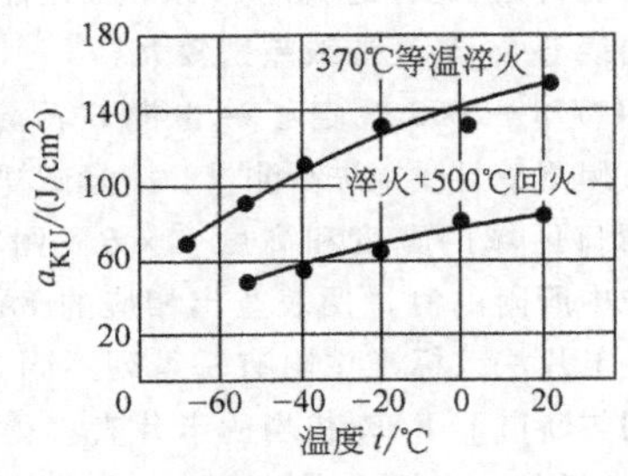

图 6-65　30CrMnSi 钢 370℃等温淬火和淬火 +500℃回火不同试验温度的冲击值

曲线如图 6-66 所示。

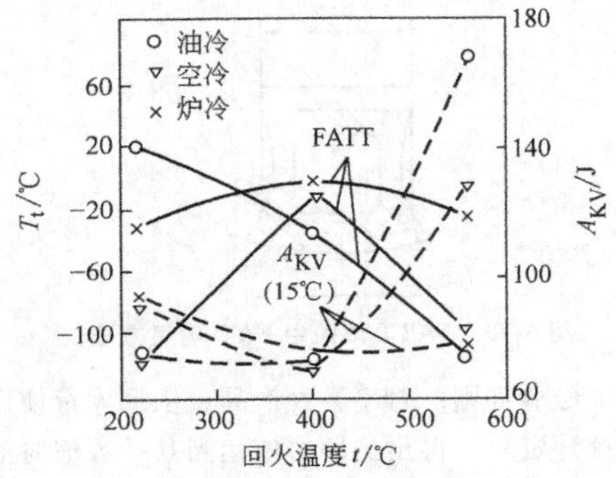

图 6-66　18CrNiW 油冷、空冷、炉冷三种冷却方式、不同回火温度的冲击吸收能量 *KV* 和韧脆转变温度 T_t 曲线

对钢来讲，随试验温度变化，在某些温度范围，材料冲击吸收能量呈现急剧下降（图 6-67）。常用冲击试验来检验材料脆性发展情况（如冷脆、蓝脆、重结晶脆、红脆等现象），冷脆现象将在下文中专门论述。

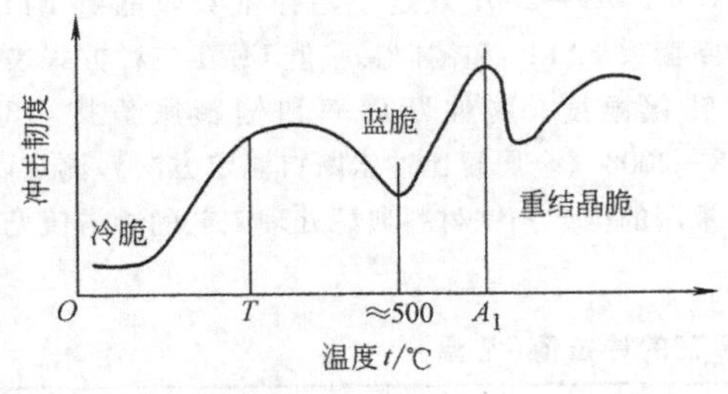

图 6-67　钢的几个脆性温区

蓝脆现象是指钢在加热到 500℃左右时，出现冲击值急剧下降的现象，这时表面氧化色呈蓝色，因此称为蓝脆。在 Ac_1 ~ Ac_3 温度区间，钢中为 α 与 γ 两相混合组织，冲击值较低，称为重结晶脆。在更高温度，若钢中含硫量较高时，会在晶界上产生 FeS-Fe 的共晶液体，使冲击值下降，称为红脆。

上述脆性都是指正在该温度时出现的脆性现象，当温度下降离开该温度区时，这种脆性不再存在。但有些脆性现象却是在某一温度加热后，直至冷却到室温仍然保留，如第一类、第二类回火脆性。此外，在大致相当蓝脆温度长期停留（几百至几千小时），冷到室温仍然存在脆性，称为热脆。热脆现象研究对在蓝脆温区使用的锅炉、压力容器及管道等很重要。

3. 低温脆性问题　面心立方点阵以外的金属材料（如常用的珠光体、铁素体类型的结构钢及铸铁等），随温度下降可能发生由韧性向脆性的转变，即低温脆性或冷脆（图 6-67）。冷脆现象对车辆、桥梁、舰船、低温工作的容器、管道和其他金属结构相当重要。测定表明材料低温韧脆转变行为的韧脆转变曲线以及韧脆转变温度 t_K 的试验，称为系列冲击试验。GB/T 229—2007 中规定了系列冲击试验法，试验时将试样浸入盛有低温介质的容器中，对于 −78℃以上的温度，可用不同比例的固态二氧化碳（干冰）与酒精混合作为低温介质；对于更低的温度，可用不同比例的液氮与氟里昂或酒精混合获得。低温介质的温度须比试验温度低 2 ~ 3℃，以补偿试样从取出到冲断这段时间的温度回升。用低温温度计测量温度，到温后保温 15min，用绝热性能好的夹钳（如竹夹子）将试样迅速夹持到试验机支座上对正摆好，释放摆锤，将试样冲断。标准规定从试样离开低温介质到冲断，这段时间不得超过 5s，以防止试样温度有过多的回升。更精细一点，须做出试件离开低温介质后，随时间增加温度回升的曲线，对实际冲击试验温度进行校正。

确定韧脆转变温度的方法有下面几种。

（1）能量准则。如图 6-68、图 6-69 所示，有以下 4 种表示方法：

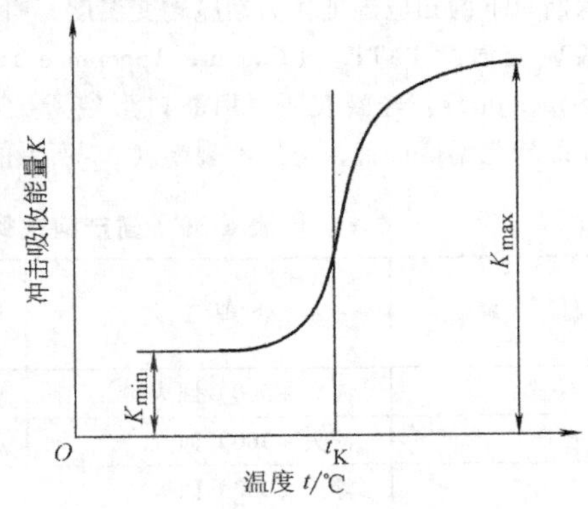

图 6-68　韧脆转化曲线

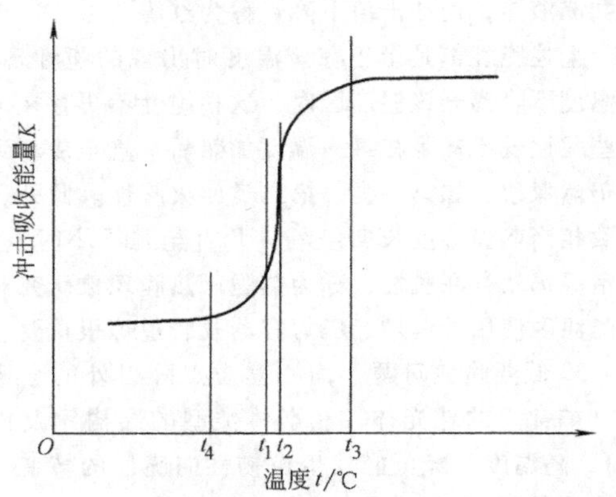

图 6-69　用能量准则确定韧脆转变温度 t_K

1）用一定 K_{max} 所对应的温度为韧脆转变温度 t_K，如 50%，t_1。

2）用上平台与下平台之间能量的一定百分数 n 的相当温度表示，如与 $\frac{1}{2}(K_{max}+K_{min})$ 相当的温度 t_2。

3）用完全塑性撕裂的韧性开裂最低温度，即与达到上平台 K_{max} 的起始温度相应的温度做 t_K，如 t_3。

4）用完全晶状断面脆性开裂的最高温度，即与保持下平台的 K_{min} 最高温度相对应的温度做 t_K，如 t_4。

至于选用哪一种能量准则，与所要求的保证不发生脆性断裂的期望值大小有关，也与机件服役过程中发生脆性断裂时，所承受的应力与材料屈服强度的比和机件中存在的缺陷的情况等有关。此外，还要与经济效果等因素综合考虑。

（2）断口特征准则。一些钢制件、大型铸锻件及焊接件，现在常根据断口上晶状断裂面积与纤维状断裂面积的比 FA% 与试验温度的关系来建立韧脆转变曲线，并以一定的 FA% 值来确定转变温度。例如常用 50%（面积分数）晶状断口与 50%（面积分数）纤维状断口下的相应温度作为韧脆转变温度，叫做断口形貌转变温度 $FATT_{50}$（Fracture Apperance Transition Temperature）。经验表明，用断口形貌所做的转化曲线的转化温度位置，与用断裂韧度 K_{IC} 所做的转化曲线的韧脆转化温度位置比较一致，而用能量准则所做转化曲线与 K_{IC} 转变曲线差别较大。

GB/T 12778—2008 规定了冲击断口测定方法。断口形貌可用测量显微镜进行测量，测量试样断口中心结晶状断口区域的宽度和高度 $A \times B$（图 6-70），然后依标准中所附的测量用表查出相应的 FA%。另一种方法是卡片法，标准中附有一系列不同 FA% 的卡片，选用与断口上 FA% 相当的卡片直接得出相应的 FA% 值。还有一种断口特征准则，是依据试样冲断后受压一面变宽的情况来确定韧脆转变温度，叫侧膨胀值转变温度 LFTT（Lateral Expansion Transition Temperature），如 0.9mm。

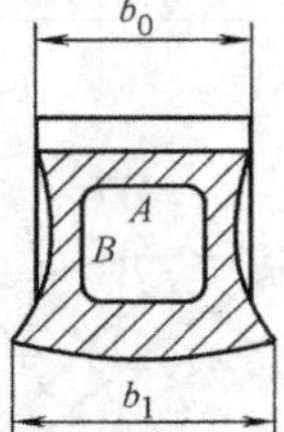

图 6-70　FATT 试验中 FA% 确定方法

（3）经验准则。对于某种产品，依据大量使用的经验和统计资料，得出当冲击值达到某一数值时而不至于发生某种类型的脆性断裂事故。例如，第二次世界大战期间，出现脆断事故的焊接油轮的统计表明，如果船板的夏比冲击吸收能量 KV 大于 20.5J 的话，将不致发生脆断事故，因此在造船工业中广泛使用 20.5J 准则。但是，随造船工业的发展，更高强度级别钢板的使用，这个准则不能可靠地保证安全，我国相关船舶材料试验规范规定，焊接破冰船用 12mm 以上钢板，在 -40℃ 作冲击试验时，冲击韧度 a_{KU} 不应小于 29.4J/cm^2。

GB/T 229—2007 规定了用冲击吸收能量 ETT_n、脆性断面率 $FATT_n$ 和侧向膨胀值 LETT 三种方式表征韧脆转化温度。脆性断面率和侧膨胀值按 GB/T 12778—2008《金属夏比冲击断口测定方法》测定。

常用的国产钢铁材料典型处理工艺的冲击值见表 6-30。

表 6-30　国产钢铁材料典型处理工艺的冲击值（常温）

材　料	处理工艺	R_{eL} /MPa	R_m /MPa	冲击值	
				a_{KU}/(J/cm^2)	KV/J
45	淬火 +500℃回火	870	960	145	—
T8	淬火 +300℃回火	1530	1720	30	
45Cr	淬火 +200℃回火	1460	1970	37	
	淬火 +550℃回火	940	1010	117	

（续）

材料	处理工艺	R_{eL} /MPa	R_m /MPa	冲击值	
				a_{KU}/(J/cm²)	KV/J
40MnB	淬火+500℃回火	867	916	123	—
40CrNiMo	淬火+200℃回火	1627	2000	70	
	淬火+520℃回火	1122	1138	131	
5CrNiMo	860℃加热，320℃等温+320℃回火	1650	2200	—	22[25%（体积分数）下贝氏体+马氏体]
	860℃淬火+220℃回火	1750	2180		15
	860℃淬火+500℃回火	1300	1400		45
20SiMn2MoV	900℃淬火+250℃回火	1240	1490	100	—
25Si2Mn2MoV	900℃淬火+300℃回火	1452	1765	89	46
12CrNi2A	860℃淬火+200℃回火	900	1045	148	—
球墨铸铁 QT600-3	880℃正火+540℃去应力	—	70	20.5	

6.4.4 几种接近实际服役条件的冲击试验

上述冲击试验所得试验结果只能表明材料脆性倾向大小，不能代表结构或机件实际韧脆状态和实际韧脆转变温度。在实验室条件下，能够获得比较真实的冷脆转变行为的方法是断裂力学和断裂韧度方法。为与断裂力学方法平行，还发展了一系列能够良好地表明实际结构冷脆转变行为的工程实用方法。其中，主要的有，从断裂形式转变温度出发的落锤试验（DWT）、从试样冲断吸收能量转变温度出发的动态撕裂试验（DT）和从断口形貌形式转变温度出发的落锤撕裂试验（DWTT）。这些试验中均用了较大尺寸的试样。这些试验主要用于舰船、管道、容器以及其他金属构造物的冷脆转变性质评定。

6.4.4.1 铁素体钢的无塑性转变温度落锤试验（DWT）与断裂分析图

随着试验温度从低到高，铁素体、珠光体类型的钢板件断裂形式将从宏观上不显示塑性变形的低应力弹性断裂到逐渐显示塑性变形的断裂，以至完全韧性断裂，具体可分为如下四种类型：

（1）低温下完全弹性脆断。这时材料的屈服强度高，断裂时的应力尚不能使材料产生屈服，发生这种破裂的最高温度定义为“无塑性转变温度”NDT（Nil-Ductility Transition）。

（2）起裂部位先经过塑性变形，然后解理起裂，但是裂纹仍然可以延伸到未经过塑性变形的弹性区，即仍然可在应力低于屈服强度的弹性区中传播。这种破裂形式的最高温度叫“弹性断裂转变温度”FTE（Fracture Transition Elastic）。

（3）试验板中心先发生塑性变形，然后解理起裂，并且裂纹只在经过塑性变形的区域中传播，不再扩展到周围的弹性区中去，即不再发生低于屈服应力的脆性开裂。发生这种断裂形式的最高温度叫“塑性断裂转变温度”FTP（Fracture Transition Plastic）。

（4）在出现塑性开裂后，只出现纤维撕裂（剪切）的裂口，裂口上无解理开裂形貌。

NDT、FTE、FTP就成为几种断裂形式的温度界限。为了测定材料的NDT，发展了落锤试验。经验表明，对一般厚度在50mm以下的钢板，NDT与FTE、FTP有一简单关系，即

$$FTE = NDT + 33℃ \quad (6\text{-}35)$$

$$FTP = NDT + 67℃ \quad (6\text{-}36)$$

因此，用落锤试验测定NDT后，即可推知FTE、FTP。

GB/T 6803—2008规定落锤试验是将一定厚度（标准规定厚度为16～25mm）板件加工成试样，在试样宽度中心沿长度方向堆焊一脆性焊道，在焊道中间开一缺口，使试样在承受落锤冲击时，缺口处形成裂纹源。试样形状如图6-71所示，其尺寸见表6-31。

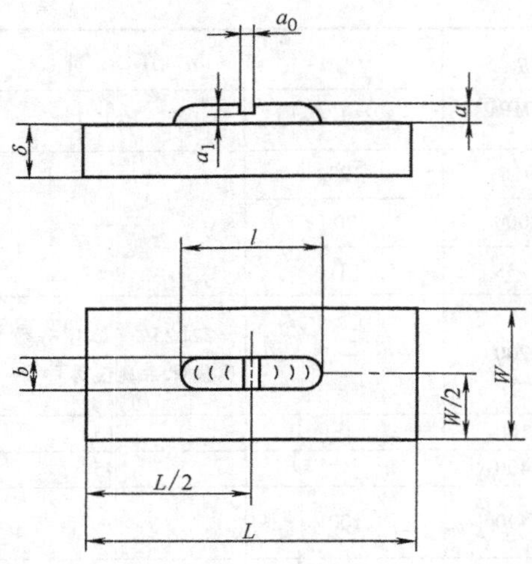

图 6-71 落锤试验用试样

表 6-31 落锤试验试样尺寸

（单位：mm）

名 称	试样型号		
	P-1	P-2	P-3
试样厚度 δ	25 ±2.5	20 ±1.0	16 ±0.5
试样宽度 W	90 ±2.0	50 ±1.0	50 ±1.0
试样长度 L	360 ±10	130 ±10	130 ±10
焊道长度 l	40 ~85	20 ~65	20 ~65
焊道宽度 b	12 ~16	12 ~16	12 ~16
焊道高度 a	3.5 ~5.5	3.5 ~5.5	3.5 ~5.5
缺口宽度 a_0	≤1.5	≤1.5	≤1.5
缺口底高 a_1	1.8 ~2.0	1.8 ~2.0	1.8 ~2.0
支承台跨距 S	305	100	100
终止台挠度 f	7.6	1.5	1.9

以酒精、氟利昂等作冷却介质，以干冰或液氮作冷源，将试样放在盛有低温介质的容器中降温，到温后，将试样取出放在落锤试验机的试样支座上，将试样冲断。试样支座如图 6-72 所示。依不同试样型号，试样支座有一定跨距。跨距中间有限制试样弯曲挠度的终止台。终止台的高度要使试样在受冲击挠曲到与终止台接触时，受拉一面的应力恰好达到屈服强度。因此，试样在试验时，如果断裂，则是未经屈服的无塑性断裂，这样得到的最高温度，即为无塑性转变温度 NDT。若发生屈服，则试样不断。

测得了 NDT 后，依式（6-35）和式（6-36）推知材料的 FTE 和 FTP，依 NDT、FTE 和 FTP 可建立工作应力、缺陷尺寸和温度三个因素综合作用断裂形式的断裂分析图，如图 6-73 所示。图 6-73 的横坐标是温度，纵坐标是外加应力与屈服应力的比，它明确地表示了钢板裂纹起裂、传播和止裂等破坏形式和与之相当的应力水平、缺陷尺寸和温度的条件。建立此图只需知道无塑性转变温度 NDT、不同温度下的屈服强度 R_{eL} 和抗拉强度 R_m，因而比较方便，它在防止不同程度脆性破坏的设计和评价材料方面有重要参考价值。

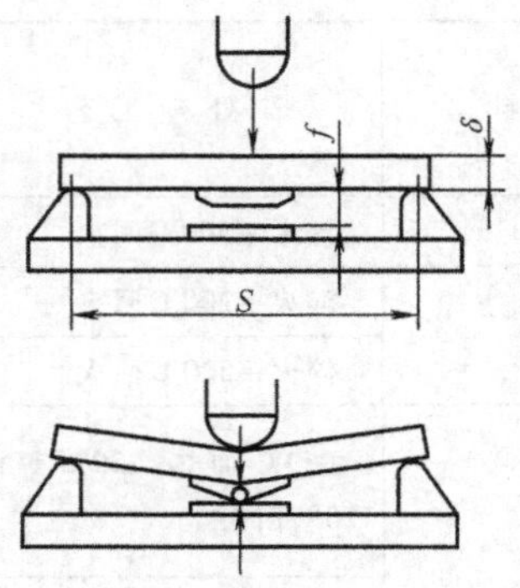

图 6-72 落锤试验机的试样支座

对于厚板（如增大到 75mm 的板），其转变温度将扩大为

$$FTE = NDT + 72℃ \tag{6-37}$$

$$FTP = NDT + 94℃ \tag{6-38}$$

6.4.4.2 动态撕裂试验

GB/T 5482—2007 和美国 ASTM E604—1983 中规定的动态撕裂试验（DT）所用试样及支承情况如图 6-74 所示。

常用试样尺寸为 $t \times 40mm \times 180mm$。试验时，试样承受三点弯曲冲击载荷，支承支座跨距为（165 ±0.8）mm。试样下表面受拉一方开有缺口，缺口深度使试样韧带尺寸保持（28.5 ±0.2）mm，缺口先用铣削或线切割方法加工，然后用硬度不低于 60HRC 的压刀压制缺口顶端。厚度大于 16mm 的样坯，可以加工成 16mm 厚的试样；取自板厚为 5 ~16mm 的试样，保留原轧制表面。厚度等于或大于 25mm 的 DT 试验试样及其制备在标准中专门有规定。

试样在落锤式或摆锤式冲击机上一次冲断，记录试验温度 t 与冲击能量 ΔE，绘成 ΔE-t 曲线。图 6-75 所示为 R_{eL} 为 980MPa 的高强度的 Ni-Cr-Mo-V 钢焊缝金属的 CVN 和 DT 的温度曲线，可见其 CVN 数据分散带很宽，而 DT 数据集中，转化温度明确。图 6-76

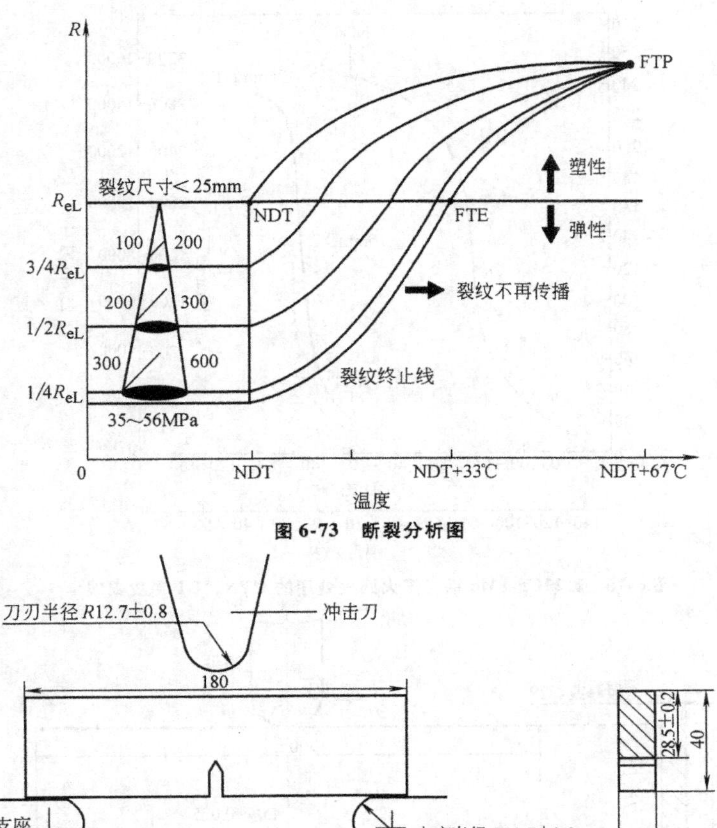

图 6-73　断裂分析图

图 6-74　DT 试验的试样与支承

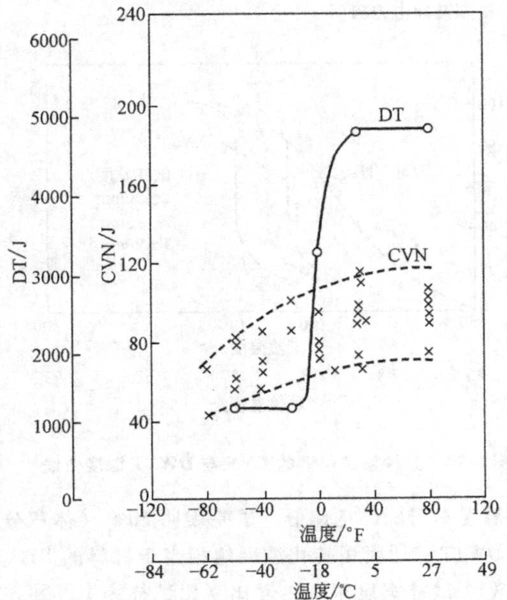

图 6-75　一种 Ni-Cr-Mo-V 钢焊缝金属 CVN 和 DT 的温度曲线

所示为 2.25Cr-1Mo 钢经淬火回火处理的 CVN 和 DT 温度曲线，从曲线图上看出，CVN 转化温区完全在 DT 转化温区以下，而 CVN 曲线上平台温度却相当于 DT 试验的 NDT（−20℃）。

6.4.4.3　落锤撕裂试验（DWTT）

落锤撕裂试验是将一定尺寸的板状试样，用工具钢刃形压头在试样一边压出尖锐缺口，以便在冲击时形成裂纹源，冷至不同温度，在摆锤式或落锤式试验机上将试样一次冲断，测量断口上剪切断口所占面积的百分比 SA%。测量时，从缺口根部向里，将相当于试样厚度的一段距离的断口表面和缺口对面相当于试样厚度的一段距离的断口表面略去不计。GB/T 8363—2007，ASTM E436—2003 和 API RP 5L3 规定试样及支承砧座和冲击刀刃的形状尺寸如图 6-77 所示，所得典型断口如图 6-78 所示。标准中给出了计算 SA% 的公式和图表。将 SA% 与试验温度的关系绘成曲线，得出 DWTT 转化曲线。图 6-79 所示为某种管道用钢的 CVN 和 DWTT 温度曲线的对比，DWTT 曲线转化温区明确，曲线很陡，CVN 转化曲线平缓，

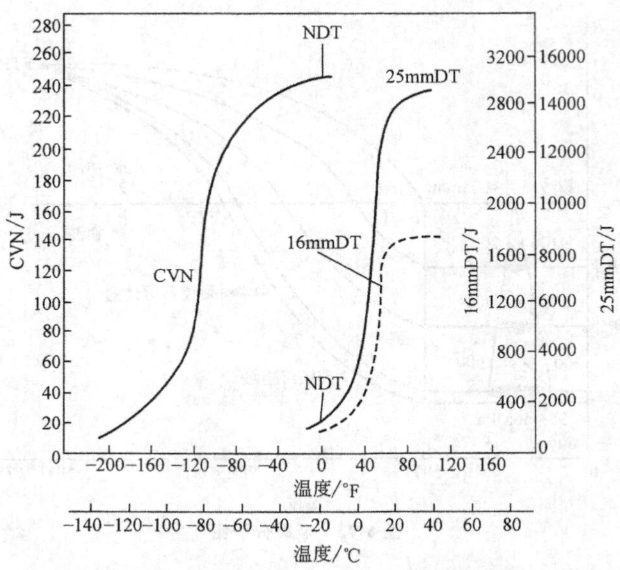

图 6-76　2.25Cr-1Mo 钢经淬火回火处理的 CVN、DT 温度曲线

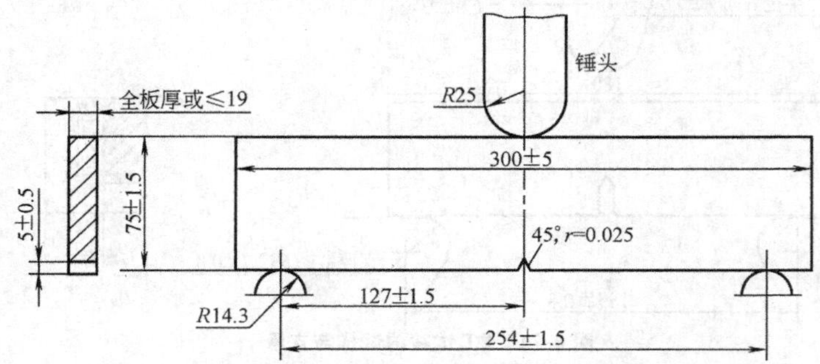

图 6-77　落锤撕裂试验的试样、支座及冲击刀刃

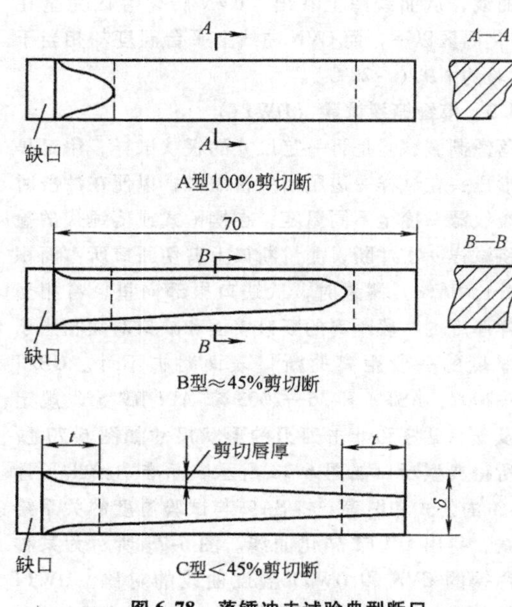

图 6-78　落锤冲击试验典型断口

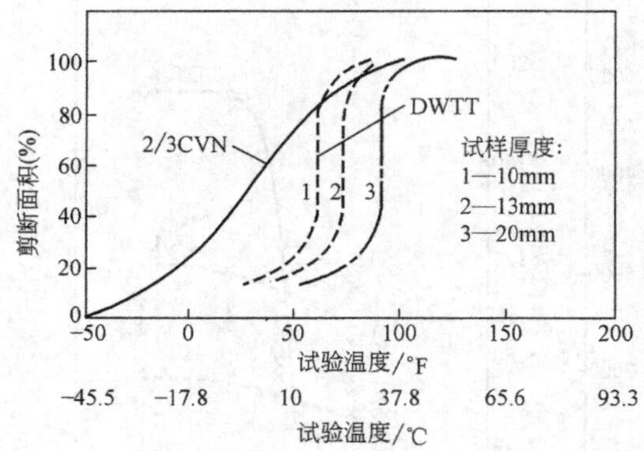

图 6-79　某种管道用钢的 CVN 与 DWTT 温度曲线

转化温度不明确，且偏低。试验表明 50%（体积分数）DWTT 剪切面积转化温度约相当于材料的 FTE。因 DWTT 试样宽度很大，远比夏比试样为宽，并在计算剪切面积时，除去了缺口附近的裂纹萌生部分和摆锤接触的影响部分，所以 DWTT 试验还表明了结

构裂纹长程扩展的韧脆转化行为，这是其他试验方法所不具备的。

6.5 断裂韧度试验

6.5.1 断裂过程和断裂力学的一般概念

断裂是机器零件服役过程中最严重的和最后的损坏形式。断裂通常可分为两种类型，一种是韧性断裂，另一种是脆性断裂。

传统的防止脆性断裂的设计方法，是在选择材料时除要求零件工作过程中承受的应力小于许用应力外，还要求材料必需具有一定大小的塑性 A、Z 和冲击吸收能量 K。但工作过程中需要多大的 A、Z 和 K，无法计算，只能凭经验估计，所以这样的设计方法并不能确保零件工作安全。

断裂力学认为，造成低应力脆断的主要原因是零件或结构中存在裂纹。裂纹可能是冶炼和加工过程中产生的缺陷，也可能是在服役过程中产生的。对于具体的材料，在一定的力学条件下，这些裂纹将发展并导致零件或结构的断裂。

断裂力学的任务之一，就是提出含裂纹零件或结构（裂纹体）受载的合理的力学参量，以及裂纹体断裂时，力学参量达到的临界值，即断裂判据。断裂判据一方面是力学条件，一方面是材料抵抗断裂的能力，这种表明材料抵抗断裂能力的性能指标即为断裂韧度（K_{IC}、δ_C、J_{IC}等）。

当含裂纹物体断裂时，如果整个物体受力基本上处在线弹性状态，即只在裂纹尖端有很小的塑性区，且塑性区对裂纹尖端附近的应力应变分布影响可以忽略，这样的断裂问题叫做“线弹性断裂”问题。对于低温、高速加载或包含裂纹且断面尺寸很厚的零件，达到平面应变条件及材料本身强度高、韧性低的情况，就容易发生线弹性断裂。线弹性断裂的特点是当达到断裂的临界条件时，立即失稳断裂，试样无明显的塑性变形，断裂是脆性的。

当裂纹尖端塑性区较大，塑性区对裂纹尖端附近的应力应变的分布影响不能忽略时，裂纹尖端附近应力应变处于弹塑性状态，这样的问题叫做“弹塑性断裂”问题。对于非低温、非高速加载的试验条件和含裂纹断面尺寸较小，满足平面应力条件以及材料本身韧度较好、强度不高时，常易发生弹塑性断裂。弹塑性断裂的特点是裂纹起裂后，经历一段缓慢的稳定扩展过程，然后达到失稳扩展，断裂后有较明显的塑性变形，断裂是韧性的。

断裂力学对上述裂纹体线弹性断裂和弹塑性断裂问题，都提出了相应的描述受载过程的力学参量，达到裂纹起裂或失稳扩展的判据，以及表明材料抗断裂能力的性能指标（如 K_{IC}、δ_C、J_{IC}等）。解决实际工程断裂问题的程序是，用查手册或计算的办法，寻求实际含裂纹零件或结构的断裂力学参量；从手册上或用实验的方法确定材料抗断裂性能指标，然后对比力学参量与断裂抗力的大小，进行零件安全设计或估计零件与结构在服役过程中的安全与寿命。

6.5.2 应力强度因子 K 和平面应变断裂韧度 K_{IC}

6.5.2.1 应力强度因子 K 的定义

线弹性断裂问题的力学参量，最早是从能量平衡的角度提出的，叫做裂纹扩展的“弹性能释放率”或“裂纹扩展力”，用符号 G 表示。定义是裂纹开裂的一个微量受载裂纹体内储弹性变形能的释放数量，即

$$G=-\frac{\partial U}{\partial a} \tag{6-39}$$

式中 U——受载裂纹体内储弹性变形能。

对于一般裂纹体，其通常的表达形式为

$$G=-\frac{\partial U}{\partial a}=F\frac{R^2\pi a}{E} \tag{6-40}$$

式中 R——名义应力；

a——裂纹长度；

E——正弹性模量；

F——形状因子，决定于裂纹体的形状尺寸、加载形式等。

当 G 达到一定数量时，裂纹开始扩展，这时 G 达到临界值 G_C。由于能量平衡不易计算，并且这个参量未能很好地反映断裂过程，故参量 G 已很少用。现在，线弹性问题主要用应力强度因子 K 来表示。

图 6-80 所示为半无限板状物的单位厚度单元，有侧边裂纹长为 a，当远处均匀作用着应力 R 时，裂纹尖端附近一点的坐标为（r，θ），其应力与位移诸分量的关系为

$$R_x=\frac{K}{\sqrt{2\pi r}}\cos\frac{\theta}{2}\left[1-\sin\frac{\theta}{2}\sin\frac{3\theta}{2}\right] \tag{6-41a}$$

$$R_y=\frac{K}{\sqrt{2\pi r}}\cos\frac{\theta}{2}\left[1+\sin\frac{\theta}{2}\sin\frac{3\theta}{2}\right] \tag{6-41b}$$

$$\tau_{xy}=\frac{K}{\sqrt{2\pi r}}\sin\frac{\theta}{2}\cos\frac{\theta}{2}\cos\frac{3\theta}{2} \tag{6-41c}$$

$$u=\frac{K}{4G}\sqrt{\frac{r}{2\pi}}\left[(2k-1)\cos\frac{\theta}{2}-\cos\frac{3\theta}{2}\right] \tag{6-42a}$$

$$v=\frac{K}{4G}\sqrt{\frac{r}{2\pi}}\left[(2k+1)\sin\frac{\theta}{2}-\sin\frac{3\theta}{2}\right] \tag{6-42b}$$

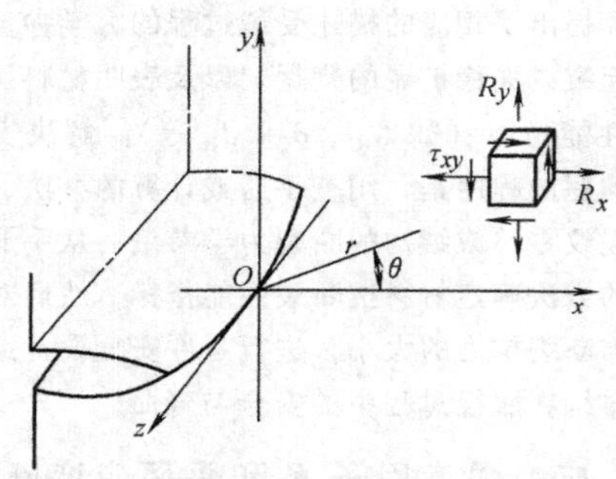

图 6-80 裂纹尖端附近一点的应力的表示

对平面应力情况（薄件或厚件表面处）

$$k=\frac{3-\nu}{1+\nu} \tag{6-43a}$$

$$\omega=-\frac{\nu}{E}(R_x+R_y)d_z \tag{6-43b}$$

$$R_z=0 \tag{6-43c}$$

对平面应变情况（厚件中心部分）

$$k=3-4\nu \tag{6-44a}$$

$$R_z=\nu(R_x+R_y) \tag{6-44b}$$

$$\omega=0 \tag{6-44c}$$

式中 G——切变弹性模量；

ν——泊松比。

从以上诸式可看出，γ、θ 是所讨论点的坐标，G、k 是材料弹性性质，故所讨论点的应力和位移决定于 K，所以称 K 为应力强度因子，K 的表达式为

$$K=YR\sqrt{\pi a} \tag{6-45}$$

式中 R——名义应力；

a——裂纹长度；

Y——形状因子，决定于裂纹体形状尺寸、加载形式及裂纹部位等。

当 R 固定，a 增大；或 a 固定，R 增大，并达到一定程度时，裂纹扩展，机件失稳断裂，K 达到临界值 K_C（K_C 为材料性质，称为断裂韧度）。

G 与 K 间存在简单的关系，即

$$G=\frac{K^2}{E} \quad （平面应力） \tag{6-46}$$

$$G=\frac{K^2}{E}(1-\nu^2) \quad （平面应变） \tag{6-47}$$

K 中包含了 R 和 a。当已知 R 时，可依据 K_C 估算允许缺陷 a；或依据已知的 a 估算承载能力 R。K 的单位是 $MPa \cdot m^{\frac{1}{2}}$（$MN/m^{\frac{3}{2}}$），$G$ 的单位是 MN/m。

任意方向的作用力对裂纹面可分成如图 6-81 所示的三种类型。外作用力正好垂直于裂纹面，称为Ⅰ型，裂纹面内剪切为Ⅱ型，裂纹面外剪切为Ⅲ型。Ⅰ型称张开型，Ⅱ型称滑开型，Ⅲ型称撕开型。相应的应力强度因子有 $K_{Ⅰ}$、$K_{Ⅱ}$ 和 $K_{Ⅲ}$ 三个分量，其中以Ⅰ型受力最为危险，故实际应用时着重讨论Ⅰ型问题，$K_{Ⅰ}$ 应用最多。

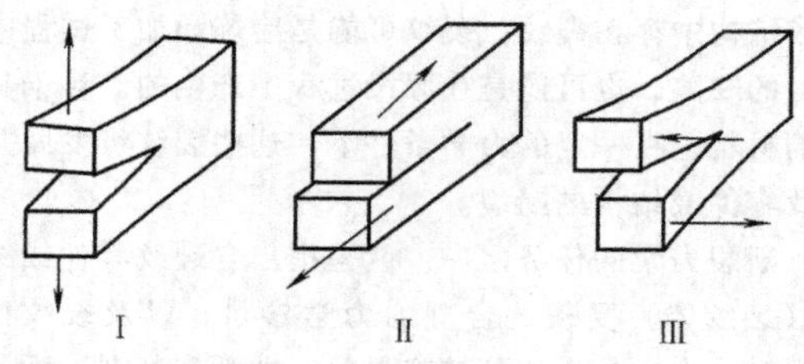

图 6-81 裂纹受载三种类型

K_C 值大小与裂纹所在面的厚度 B 值有关，如图 6-82 所示。随 B 增大，K_C 值降低；当 B 大到一定值后，K 值成恒定，此时的厚度达到平面应变程度。称平面应变条件下的Ⅰ型 K_C 值为 K_{IC}，此时具有Ⅰ型和平面应变双重意思。

估计厚度是否达到平面应变条件，可采用如下经验公式：

$$B \geqslant 2.5\left(\frac{K_{IC}}{R_{eL}}\right)^2 \tag{6-48}$$

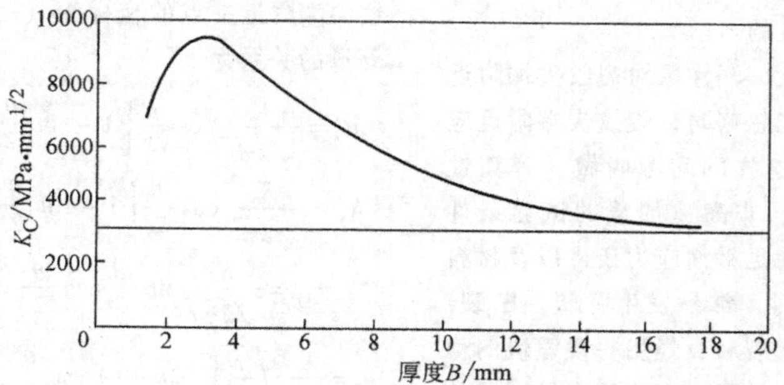

图 6-82 K_C 值与厚度 B 的关系

注：30CrMnSiNi2A 钢，加热至 900℃，230℃等温，200℃回火。

6.5.2.2　常见的应力强度因子举例

下面列举零件和结构中几种常见裂纹的应力强度因子表达式，对材料内部和表面缺陷（如铸造裂纹、锻造裂纹、焊缝裂纹、淬火裂纹、白点、夹渣等）也可参考。复杂的情况可查相关文献或计算。

1. 三点弯曲断裂韧度试样（图 6-83）的应力强度因子　其表达式为

$$K=\frac{FS}{BW^{3/2}}\times\frac{1}{2(1+2a/W)\left(1-\frac{a}{W}\right)^{3/2}}\times 3\left(\frac{a}{W}\right)^{\frac{1}{2}}\left[1.99-\left(\frac{a}{W}\right)\left(1-\frac{a}{W}\right)\times\left(2.15-3.93\frac{a}{W}+2.7\frac{a^2}{W^2}\right)\right] \tag{6-49}$$

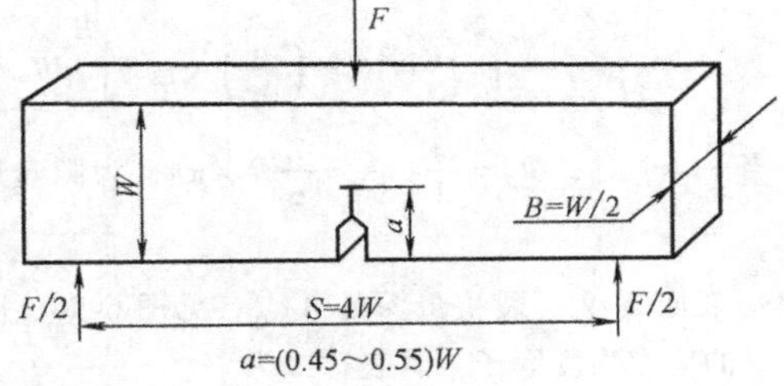

图 6-83　三点弯曲断裂韧度试样

2. 紧凑拉伸试样（图 6-84）的应力强度因子　其表达式为

$$K=\frac{F}{BW^{\frac{1}{2}}}\times\frac{1}{\left(1-\frac{a}{W}\right)^{3/2}}\times\left(2+\frac{a}{W}\right)\times\left[0.886+4.64\frac{a}{W}-13.32\left(\frac{a}{W}\right)^2+14.72\left(\frac{a}{W}\right)^3-5.6\left(\frac{a}{W}\right)^4\right] \tag{6-50}$$

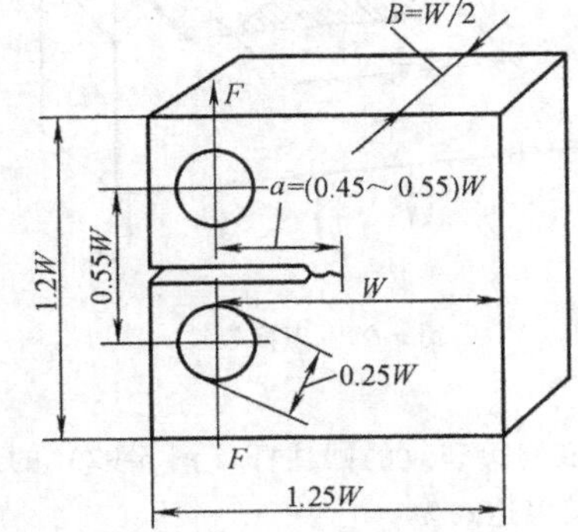

图 6-84　紧凑拉伸试样

3. 板件侧边裂纹（图 6-85）的应力强度因子　其表达式为

$$K=1.12R\sqrt{\pi a}\quad\left(\text{当}\frac{a}{W}\text{很小时}\right) \tag{6-51}$$

或 $$K=\left[1.99-0.41\left(\frac{a}{W}\right)+18.7\left(\frac{a}{W}\right)^2+38.48\left(\frac{a}{W}\right)^3+53.85\left(\frac{a}{W}\right)^4\right]R\sqrt{a} \tag{6-52}$$

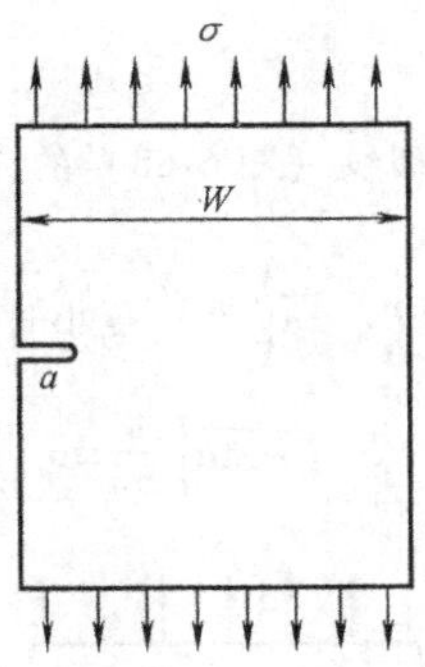

图 6-85　板件侧边裂纹

4. 板的双边均有裂纹（图 6-86）的应力强度因子　其表达式为

$$K=1.12R\sqrt{\pi a}\quad\left(\text{当}\frac{a}{W}\text{很小时}\right) \tag{6-53}$$

或 $$K=\left[1.99+0.76\left(\frac{a}{W}\right)-8.48\left(\frac{a}{W}\right)^2+27.36\left(\frac{a}{W}\right)^3\right]R\sqrt{a} \tag{6-54}$$

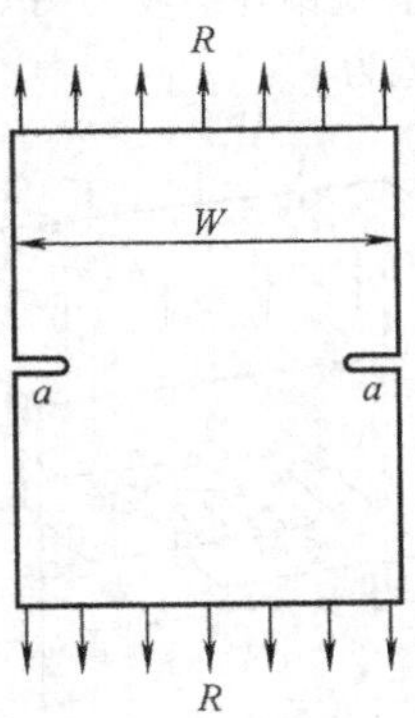

图 6-86　双边均有裂纹的板

5. 连续裂纹（图 6-87）的应力强度因子　其表达式为

$$K=R\sqrt{\pi a}\left[\frac{2b}{\pi a}\tan\frac{\pi a}{2b}\right]^{\frac{1}{2}} \tag{6-55}$$

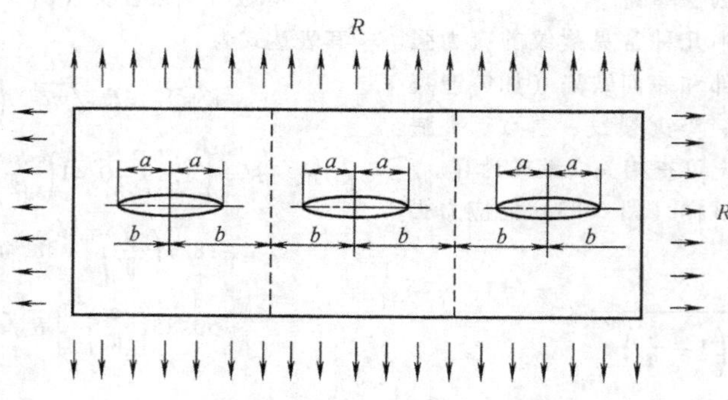

图 6-87　连续裂纹

6. 宽板中心裂纹（图 6-88）的应力强度　其因子表达式为

$$K = R\sqrt{\pi a}\left(当\frac{a}{W}很小时\right) \tag{6-56}$$

或

$$K = R\sqrt{\pi a}\left[\frac{W}{\pi a}\tan\frac{\pi a}{W}\right]^{\frac{1}{2}} \tag{6-57}$$

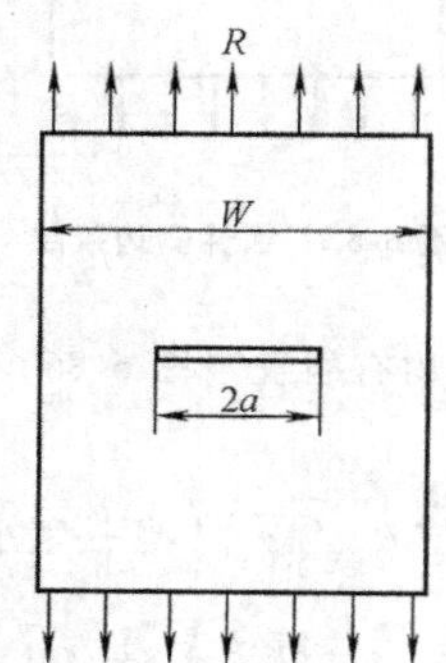

图 6-88　宽板中心裂纹

7. 无限体中含椭圆片裂纹（图 6-89）的应力强度因子　其表达式为

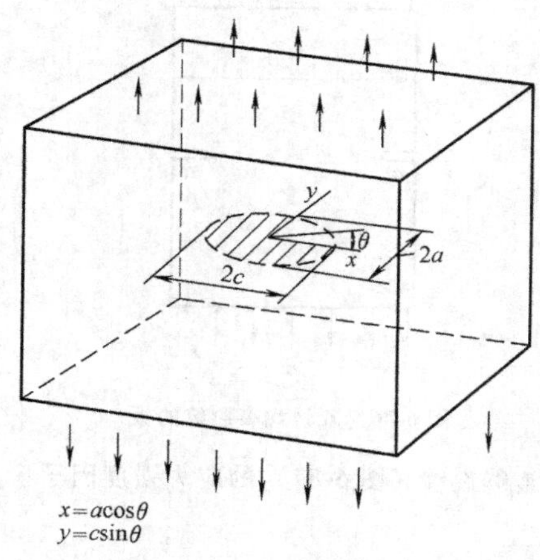

图 6-89　无限体中含椭圆片裂纹

$$K = \frac{R\sqrt{\pi a}}{\Phi_0}\left[\sin^2\theta + \frac{a^2}{c^2}\cos^2\theta\right]^{\frac{1}{4}} \tag{6-58}$$

式中　Φ_0——完整的第二类椭圆积分，

$$\Phi_0 = \int_0^{\frac{\pi}{2}}\left[\sin^2\theta + \left(\frac{a}{c}\right)^2\cos^2\theta\right]^{\frac{1}{2}}\mathrm{d}\theta。$$

当$\frac{a}{c}=1$时，$\Phi_0 = \frac{\pi}{2}$，$K = \frac{2}{\pi}R\sqrt{\pi a}$，为圆盘形裂纹。

8. 表面裂纹（裂纹最深处 A 点，见图 6-90、图 6-91）的应力强度因子　其表达式为

裂纹最深处 A 点

$$K = M_K\frac{R\sqrt{\pi a}}{\sqrt{Q}} \tag{6-59}$$

式中　$Q = \Phi_0^2 - 0.212\left(\frac{R}{R_{eL}}\right)^2$，$\Phi_0 = \int_0^{\pi/2}\left[\sin^2\theta + \left(\frac{a}{c}\right)^2\cos^2\theta\right]^{1/2}\mathrm{d}\theta$，$M_K$ 如图 6-91 所示。

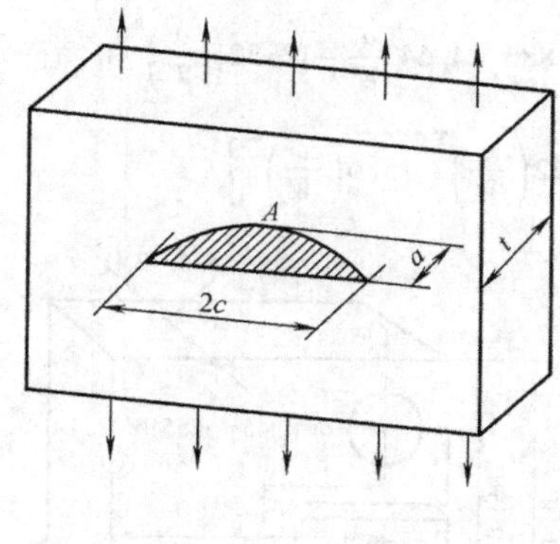

图 6-90　表面裂纹

9. 具有周边裂纹的圆柱杆（图 6-92）的应力强度因子　其表达式为

$$K = \frac{F}{D^{\frac{3}{2}}}\left[1.72\left(\frac{D}{d}\right) - 1.27\right] \tag{6-60}$$

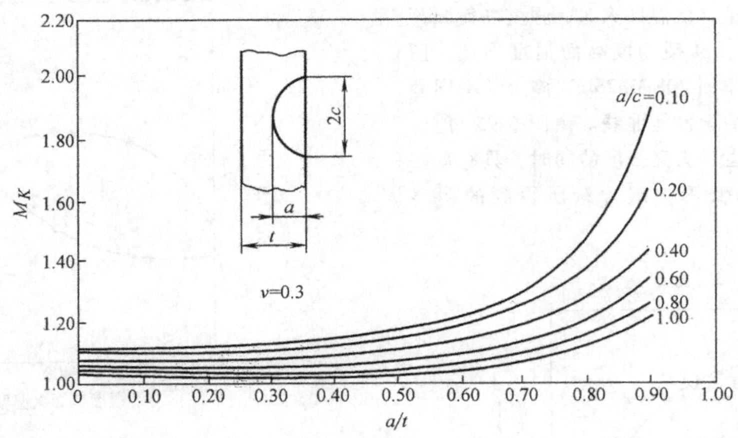

图 6-91　表面半穿透裂纹应力强度因子几何系数 M_K 与裂纹深度及板厚比 a/t 的关系曲线

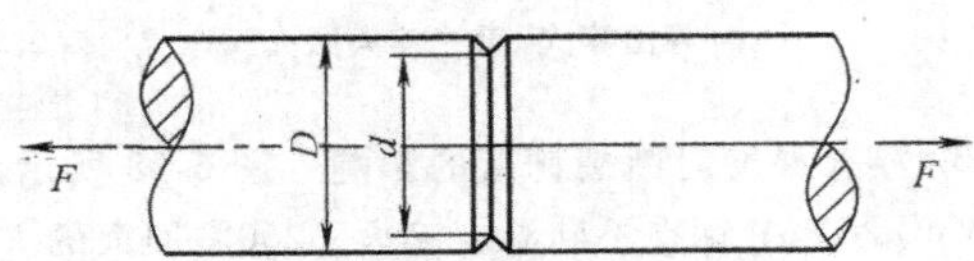

图 6-92　具有周边裂纹的圆柱杆

10. 含有一圆片裂纹的圆柱杆（图 6-93）的应力强度因子　其表达式为

$$K_{\mathrm{I}}=\left[F_p\left(\frac{a}{b}\right)F+F_M\left(\frac{a}{b}\right)\frac{4M_a}{b^2+a^2}\right]\times\frac{\sqrt{\frac{c}{b}}}{\pi(b^2-a^2)}\times\sqrt{a} \quad (6\text{-}61)$$

式中

$$F_p\left(\frac{a}{b}\right)=\frac{2}{\pi}\left[1+\frac{1}{2}\left(\frac{a}{b}\right)-\frac{5}{8}\left(\frac{a}{b}\right)^2\right]+0.268\left(\frac{a}{b}\right)^3$$

$$F_M\left(\frac{a}{b}\right)=\frac{4}{3\pi}\left[1+\frac{1}{2}\left(\frac{a}{b}\right)+\frac{3}{8}\left(\frac{a}{b}\right)^2+\frac{5}{16}\left(\frac{a}{b}\right)^3-\frac{93}{128}\left(\frac{a}{b}\right)^4+0.483\left(\frac{a}{b}\right)^5\right]$$

$$K_{\mathrm{II}}=0$$

$$K_{\mathrm{III}}=F_T\left(\frac{a}{b}\right)\times\frac{2T_a\sqrt{\frac{c}{b}}}{\pi\ (b^4-a^4)}\sqrt{a} \quad (6\text{-}62)$$

式中

$$F_T\left(\frac{a}{b}\right)=\frac{4}{3\pi}\left[1+\frac{1}{2}\left(\frac{a}{b}\right)+\frac{3}{8}\left(\frac{a}{b}\right)^2+\frac{5}{16}\left(\frac{a}{b}\right)^3-\frac{93}{128}\left(\frac{a}{b}\right)^4+0.038\left(\frac{a}{b}\right)^5\right]$$

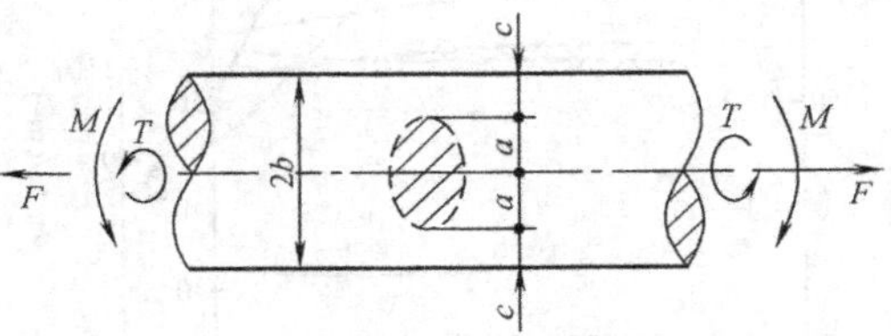

图 6-93　含有一圆片裂纹的圆柱杆

6.5.2.3　材料与热处理工艺对钢的断裂韧度的影响

1. 回火温度对断裂韧度的影响　图 6-94 所示为

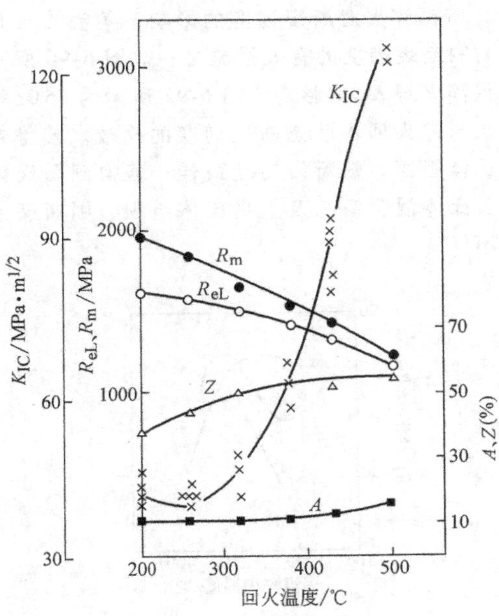

图 6-94　40CrNiMo 钢淬火、不同温度回火的断裂韧度及力学性能曲线

40CrNiMo 钢淬火、不同温度回火的断裂韧度及力学性能曲线。由该图可见，低温回火时，强度高而断裂韧度低；高温回火时，断裂韧度高而强度降低。图 6-95所示为低碳马氏体钢 20SiMn2MoV 淬火、不同温度回火的断裂韧度及力学性能曲线。由图 6-95 可见，在低温回火时，可以在具有高强度的同时，具有良好的断裂韧度，这是降低钢中碳含量所得到的明显优点。

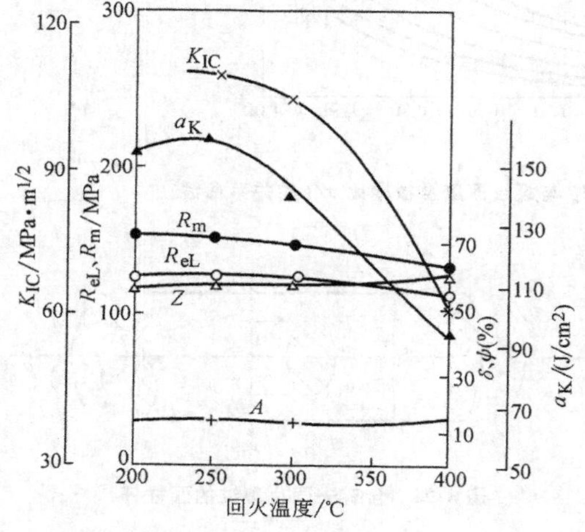

图 6-95　20SiMn2MoV 淬火、不同温度回火的断裂韧度及力学性能曲线

2. 等温淬火对断裂韧度的影响　等温淬火是改善材料断裂韧度的有效措施之一。图 6-96 所示为等温淬火对 K_{IC} 的影响，图 6-97 所示为 45Cr 等温淬火与淬火回火状态断裂韧度的比较。若得到下贝氏体组织，则断裂韧度最佳；若得到马氏体和下贝氏体混合组织及上贝氏体组织，则断裂韧度都不好。

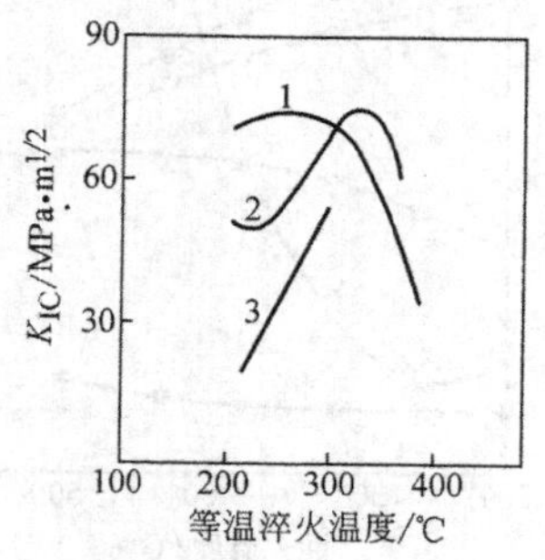

图 6-96　等温淬火对 K_{IC} 的影响

1—30CrMnSiNi2A　2—32SiMnMoVA　3—球墨铸铁

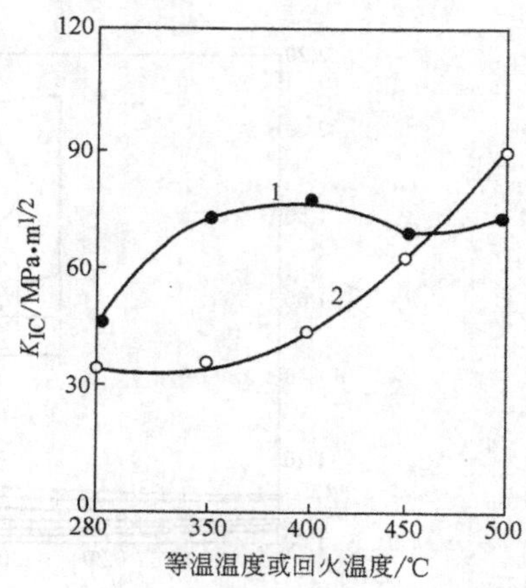

图 6-97　45Cr 等温淬火与淬火回火状态的断裂韧度比较

1—等温淬火　2—淬火回火

3. 淬火温度对断裂韧度的影响　图 6-98 所示为 40SiMnCrNiMoV 钢在不同温度淬火、260℃ 回火的 K_{IC} 随淬火温度升高而升高的曲线。但也有相反的情况，如基体钢 65Cr4W3Mo2VNb 的 K_{IC} 随淬火温度升高而降低。淬火温度升高，虽然 K_{IC} 有所增大，但晶粒长大，强度降低，冲击韧度也降低。

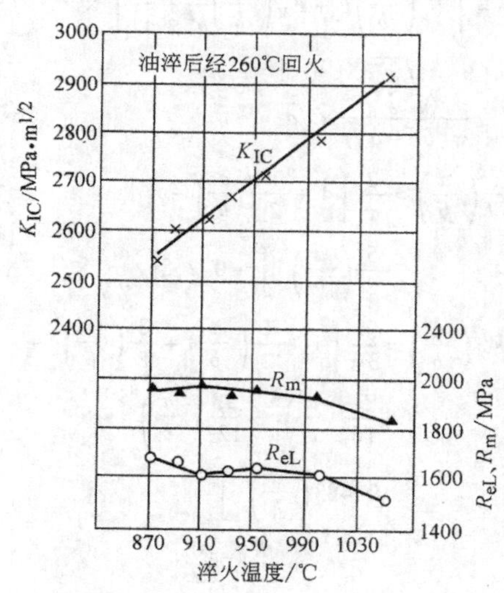

图 6-98　40SiMnCrNiMoV 钢淬火温度与 K_{IC} 的关系（260℃ 回火）

6.5.2.4　断裂韧度 K_{IC} 与冲击吸收能量类指标之间的经验关系

断裂韧度与冲击吸收能量类指标本质上有共同之

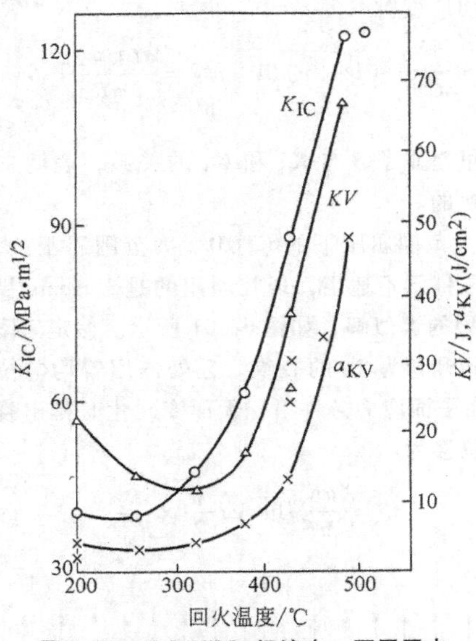

图 6-99 40CrNiMo 钢淬火、不同回火温度的 K_{IC} 与 KV 和 a_{KV} 的关系

处，工程上常建立两者之间的经验关系，以用简单的冲击试验结果来估计材料的断裂韧度。图 6-99 所示为 40CrNiMo 钢淬火、不同回火温度 K_{IC} 与冲击值 KV 和 a_{KV} 的关系。由该图可见它们之间有较密切的关系。二者之间有如下经验关系式：

$$\left(\frac{K_{IC}}{R_{eL}}\right)^2=0.64\left(\frac{KV}{R_{eL}}-0.01\right) \tag{6-63}$$

加拿大 Shell 公司建立的油井钻柱材料断裂韧度 K_{IC} 与 7.5mm×10mm×55mm 冲击试样夏比冲击吸收能量 KV 的相关性为

$$K_{IC}=(0.5172KVR_{eL}-0.0022R_{eL}^2)^{\frac{1}{2}} \tag{6-64}$$

美国材料性能委员会（MPC）的公式为

$$K_{IC}=\frac{1}{1000}\sqrt{650KVE} \tag{6-65}$$

6.5.2.5 有代表性的材料的断裂韧度举例（表6-32）

表 6-32 几种合金结构钢的断裂韧度

材料及热处理		R_{eL}/MPa	R_m/MPa	K_{IC}/MPa·$m^{\frac{1}{2}}$	备 注
18Ni,840℃空冷+480℃空冷		1746	1795	128	马氏体时效钢
20SiMn2MoV,900℃油淬+250℃回火		1214	1481	113	高强度低碳马氏体钢
40CrNiMo,860℃淬油	200℃回火	1579	1942	42	高强度中碳合金结构钢
	380℃回火	1383	1486	63	
	430℃回火	1334	1392	90	
30Cr2MoV,940℃空冷+680℃空冷		549	686	140~155	大型汽轮机转子用钢
18MnMoNiCr,880℃空冷+680℃空冷		461	586	280	厚壁压力容器用钢
45钢,正火		513	804	≈100	大尺寸机车曲轴
球墨铸铁,正火		—	—	34~36	大尺寸机车曲轴
W18Cr4V	1200℃淬火+560℃三次回火	—	—	16	高速钢
	1250℃淬火+560℃三次回火	—	—	15	
65Cr4W3Mo2V,1070℃淬火+540℃二次回火		—	硬度为 62HRC	17	基体钢
65Cr4W3Mo2VNb[w(Nb)=0.26%],处理65Cr4W3Mo2V		—	硬度为 58.5HRC	25.6	含 Nb 基体钢

6.5.3　裂纹尖端张开位移 CTOD 和 J 积分

当裂纹尖端塑性变形区域范围较大时，线弹性处理问题的办法已不适用，需要寻找适合弹塑性条件的新参量，这样的新参量须在线弹性和弹塑性情况下都有效，并且便于计算测量。现在应用比较广泛的弹塑性断裂力学参量是裂纹尖端张开位移 CTOD（或用符号 δ 表示）和围绕裂纹尖端与路径无关的线积分，即“J 积分”。相应地，断裂韧度指标则是其临界值 δ_C 和 J_{IC}。

6.5.3.1　裂纹尖端张开位移 CTOD 的概念

裂纹体承受 I 型载荷，裂纹尖端首先是弹性张开，随载荷增大，裂纹尖端发生塑性变形而钝化，钝化到一定程度，裂纹开裂，如图 6-100 所示。研究表明，裂纹尖端张开位移 CTOD（或 δ）能反映裂纹尖端的变形场强度，并且开裂瞬时的裂纹尖端张开位移 CTOD 表征材料性质与试样尺寸无关，因而可用之作为变形过程的参量和判据。对塑性区范围较大的情况，裂纹体开裂时，不满足平面应变条件，起裂后不马上失稳，而有一稳定扩张过程，CTOD 继续增大。然而，只有起裂时的 CTOD 才能表征材料性质，稳定扩展过程中的 CTOD 以及失稳时的 CTOD 不是材料恒定的性质。

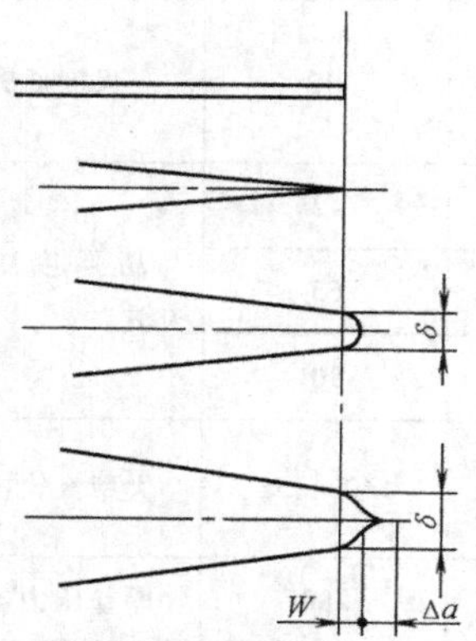

图 6-100　裂纹尖端张开位移

下面介绍在不同情况下的 CTOD 的表达式和相互关系。

1. 线弹性和小范围屈服下的 CTOD　利用线弹性下的位移的表达式，可计算受载时裂纹尖端上下表面两点沿垂直裂纹面的方向（Y 方向）的位移，即裂纹尖端张开位移：

平面应力时

$$\delta = \frac{4K_{\mathrm{I}}^2}{\pi E R_{\mathrm{eL}}} = \frac{4G_{\mathrm{I}}}{\pi R_{\mathrm{eL}}} \qquad (6\text{-}66a)$$

平面应变时

$$\delta = \frac{4K_{\mathrm{I}}^2}{\pi E R_{\mathrm{eL}}}(1-2\nu)(1-\nu^2) = \frac{4(1-2\nu)}{\pi R_{\mathrm{eL}}}G_{\mathrm{I}} \qquad (6\text{-}66b)$$

这里建立了 δ 与 K_{I} 和 G_{I} 的关系，表明三个参量是一致的。

2. 大范围屈服下的 CTOD　大范围屈服条件下，线弹性条件已不适用，现在通用的是 Dugdale 提出的 D-M 模型的近似解，如图 6-101 所示。假定无限大平板，中间开长为 $2a$ 的裂纹，远处作用着均匀拉伸应力 R，在平面应力条件下，无形变硬化时得出裂纹尖端张开位移为

$$\delta = \frac{8aR_{\mathrm{eL}}}{\pi E}\ln \sec\frac{\pi}{2}\times\frac{R}{R_{\mathrm{eL}}} \qquad (6\text{-}67)$$

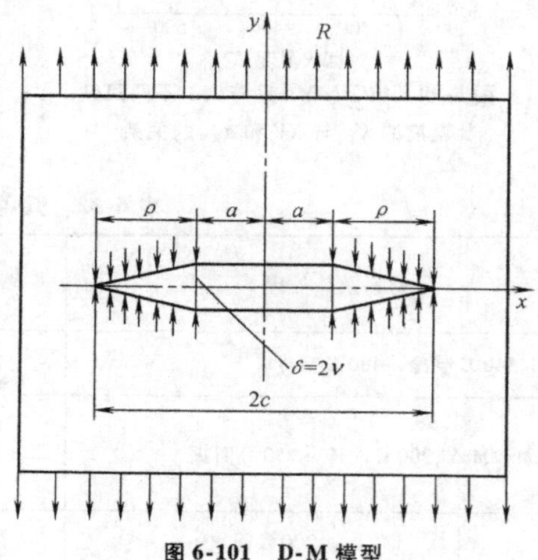

图 6-101　D-M 模型

R/R_{eL} 趋于 1 时，即构件接近全面屈服时，δ 趋于∞，D-M 模型失效，一般认为 $R/R_{\mathrm{eL}} \leqslant 0.8$ 时，计算结果与试验结果符合较好。

3. 全面屈服情况下的 CTOD　D-M 模型不再适用，例如压力容器接管或焊接结构未经退火的焊缝区，均可能有这样的情况，现在还没有很好地适合全面屈服时的 CTOD 的力学模型，比较广泛使用的是英国焊接学会提出的公式，即 Wells 公式：

$$\delta = 2\pi e a \qquad (6\text{-}68)$$

式中　e——屈服区名义应变。

英国焊接学会进行了不同尺寸，不同裂纹长度的宽板拉伸试验，来验证上述经验公式，得出如图 6-102结果。图上用 e/A_{e} 为横坐标，$\Phi = \delta/(2\pi A_{\mathrm{e}}a)$ 为纵坐标，A_{e} 为与屈服强度 R_{eL} 相当的应变。由图 6-102可见，试验数据分散在一条宽的分散带中，而 $\Phi = e/A_{\mathrm{e}}$ 直线处在分散带上方，可见以 Wells 公式作为全面屈服的设计依据是过于保守了，后来改用

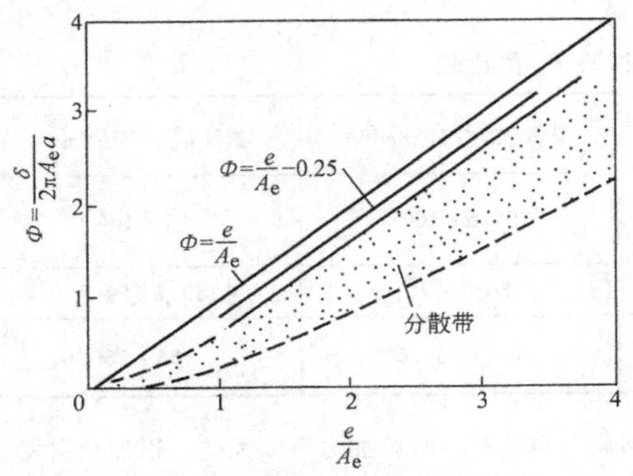

图 6-102 宽板拉伸试验结果

$$\Phi=\frac{e}{A_e}-0.25 \tag{6-69}$$

作为设计线，即

$$\delta=2\pi A_e a\left(\frac{e}{A_e}-0.25\right) \tag{6-70}$$

利用此式设计仍有一定的安全裕度，现在设计中常参考此线。

6.5.3.2 *J* 积分的定义和性质

J 积分是对受 Ⅰ 型载荷的裂纹体，在裂纹尖端沿任意指定的路径从裂纹下表面逆时针方向到裂纹上表面对给定函数所进行的积分，如图 6-103 和式 (6-71) 所示。

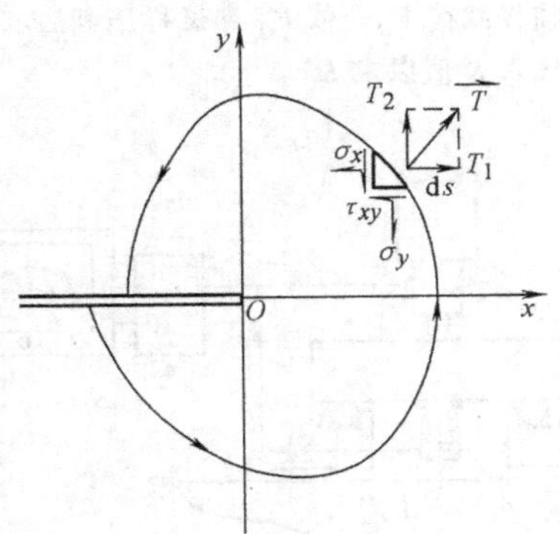

图 6-103 *J* 积分定义

$$J=\int_\Gamma\left(W\mathrm{d}y-\boldsymbol{T}\times\frac{\partial \boldsymbol{u}}{\partial x}\mathrm{d}s\right) \tag{6-71}$$

式中 W——应变能密度，$W=\sum R_{ij}e_{ij}$；

Γ——围绕（即包含）裂纹尖端的积分路径；

ds——路径的增量；

$\boldsymbol{T}$——ds 上外张力矢量；

$\boldsymbol{u}$——ds 处的位移矢量；

x、y——直角坐标。

J 有如下主要性质：

(1) 积分回路 Γ 是任意的，*J* 积分数值与积分回路所取路径无关。

(2) *J* 积分表示了裂纹尖端地区的应力应变场强度，裂纹尖端附近地区任意点的应力应变可用下式表示

$$R_{ij}(r,\theta)=\left(\frac{J}{\alpha I}\right)^{\frac{n}{1+n}}r^{-\frac{n}{1+n}}\tilde{R}_{ij}(\theta) \tag{6-72}$$

$$e_{ij}(r,\theta)=\alpha\left(\frac{J}{\alpha I}\right)^{\frac{1}{1+n}}r^{-\frac{1}{1+n}}\tilde{e}_{ij}(\theta) \tag{6-73}$$

式中 n 和 α——材料的硬化指数与硬化系数；

I——硬化指数 n 的函数；

$\tilde{R}_{ij}$和 $\tilde{e}_{ij}$——θ 角的函数。

可见，以上各式中只有 *J* 决定了应力应变场强度，因而 *J* 可作为裂纹尖端应力应变场参量，从而 *J* 的极限值可作为断裂判据。

(3) *J* 的形变功率定义：*J* 积分另有与上述式子等效的定义，即

$$J=-\frac{\partial u}{\partial a} \tag{6-74}$$

这表明，在线弹性条件下，$J=G$，即 *J* 与 *G* 一样，为裂纹微量扩展时，受载裂纹体系统弹性能释放率。但是在弹塑性情况下，裂纹向前扩展，裂纹后面将发生卸载。对于 *J* 积分计算时所用的塑性力学全量理论，不允许有卸载情况发生，故$\partial u/\partial a$ 的意思不再是裂纹扩展微量时受载裂纹体系统弹性能释放率，而是两个尺寸形状完全相同且受载条件也完全相同的裂纹体（试样）（只是裂纹尺寸相差 da），在受载过程中内储弹性能的差异。这样的定义，对 *J* 积分试验测定有很大的方便，奠定了 *J* 积分的试验基础。

J 积分的单位与 *G* 一样为 kN/m。

(4) 用 J_{IC} 换算平面应变断裂韧度 K_{IC}，应力强度因子 K_I 和平面应变断裂韧度 K_{IC} 只适合线弹性，而 *J* 既适合线弹性，也适用于弹塑性，故可用在弹塑性情况下测定的 J_{IC} 来换算线弹性下的 K_{IC}。研究表明，对一般结构钢（试样厚度为 6～7mm）受载时，裂纹前缘起裂处即属平面应变起裂，故可用很小尺寸试样取得 J_{IC} 值，以换算需要很大尺寸试样才可满足平面应变的直接测试的 K_{IC} 值。平面应变情况下，依式 (6-47) 有

$$K_I=\sqrt{\frac{E}{1-\nu^2}\times J_I} \tag{6-75}$$

对钢， $E=2\times10^5$MPa，$\nu=0.3$

则 $K_I=470\sqrt{J_I}$ K_I 的单位为 MPa · $m^{\frac{1}{2}}$ 或 MN/$m^{\frac{3}{2}}$，*J* 单位为 MN/m。

用 J_{IC} 换算 K_{IC} 与试验 K_{IC} 的比较见表 6-33。

表 6-33　用 J_{IC} 换算 K_{IC} 与试验 K_{IC} 的比较

材　料	状　态	J_{IC}/(MN/m)	换算 K_{IC}/(MN/$m^{\frac{3}{2}}$)	实测 K_{IC}/(MN/$m^{\frac{3}{2}}$)
45 钢	余热淬火 600℃回火	0.0425 ~ 0.0465	95.6 ~ 100	97 ~ 104
30CrMoA	—	0.035 ~ 0.041	86.8 ~ 94	83.7 ~ 96.7
14MnMoNbB	920℃淬火 620℃回火	0.11 ~ 0.114	154 ~ 156.6	156 ~ 166

实际工作中，常用小试样测得 J_{IC} 以换算 K_{IC}，但须两者断裂形式相同。

GB/T 19624—2004《在用含缺陷压力容器安全评定》对于实际含缺陷构件线弹性和弹塑性受力状态的安全评定作了全面的规定。

6.5.4　断裂韧度测试技术

6.5.4.1　平面应变断裂韧度 K_{IC} 的测试

断裂韧度 K_{IC} 的测试过程，就是把试验材料制成一定形状尺寸的试样，并预制出相当于缺陷的裂纹（人工缺陷），然后把试样加载。裂纹尖端应力强度因子 K 的表达式已事先确定。加载过程中，连续记录载荷 F 与相应的裂纹嘴张开位移（CMOD）V，裂纹嘴张开位移 V 的变化表示了裂纹尚未起裂、已经起裂、稳定扩展或失稳扩展的情况。当裂纹起裂失稳扩展时，记录下载荷 F_Q，再将试样压断，测得预制裂纹长度 a，代入 K 表达式中得到临界 K 值，暂记做 K_Q。然后依一些规则判断 K_Q 是不是真正的 K_{IC}，如果不符合判别要求，则 K_Q 仍不是 K_{IC}，需要重做。

GB/T 4161—2007《金属材料平面应变断裂韧度 K_{IC} 试验方法》规定了三点弯曲、紧凑拉伸、C 形拉伸和圆形紧凑拉伸四种试样，主要使用的是三点弯曲和紧凑拉伸两种，试样尺寸及 K 表达式见图 6-83、图 6-84 和式（6-49）、式（6-50）。

1. 试样尺寸确定　首先确定试样种类，然后依照平面应变要求［式（6-49）］，确定试样厚度 B。当 K_{IC} 尚无法预估时，可参考类似钢种的数据，标准中还规定了参照 R_{eL}/E 选择试样尺寸的办法。B 确定后，则可依试样图确定试样其他尺寸和裂纹长度 a 及韧带尺寸 W-a。

2. 试样制备　依试样尺寸准备试样毛坯，毛坯可以从实物上取（此时须注意所要求的取样方向），也可专门制备。毛坯经铣刨等粗加工，然后热处理、磨削，再按规定开缺口。一般用钼丝切割方法开缺口，并在疲劳试验机上或专门装置上预制疲劳裂纹。预制疲劳裂纹开始阶段加力可以大些，以加快引发速度，但到最后阶段，循环应力不能太大，此时所加应力强度因子最大值 K_{max} 不得大于 60% K_{IC}，以免裂纹尖端尖锐度降低，并形成较大塑性区，使测得的 K_Q 偏高。疲劳裂纹从机加工缺口顶端扩展至少 1.3mm。

3. 断裂试验　制备好试样，用专门制作的夹持装置在一般万能材料试验机或电子拉伸试验机上进行试验，图 6-104 所示为三点弯曲试样断裂韧度的试验示意图。在试验机上装上专门支座，试样放在支座上，机器液压缸下装载荷传感器 3 并连接压头，试样 2 下边装夹式引伸计 1。加载过程中，载荷传感器传出载荷 F 的信号，夹式引伸计传出裂纹嘴张开量 V 的信号，将信号 F、V 通过放大器 4，输入 X-Y 函数记录仪 5，记录 F-V 曲线。然后依 F-V 曲线确定裂纹失稳扩展临界载荷 F_Q，依 F_Q 和试样压断后实测的裂纹长度 a 代入 K 值以求 K_Q。

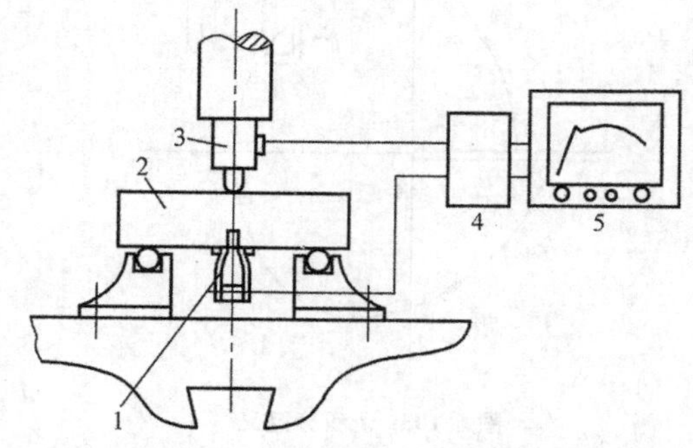

图 6-104　三点弯曲断裂韧度试验

1—夹式引伸计　2—试样　3—载荷传感器　4—放大器　5—记录仪

测得的 F-V 曲线有图 6-105 所示三种形式。对强度高塑性低的材料，加载初始阶段 F-V 呈直线关系，当载荷大到一定程度，试样突然断裂，曲线突然下降，得到曲线Ⅲ，这时曲线上最大载荷就是计算 K_{IC} 的 F_Q。对韧性较好的材料，曲线首先依直线关系上升，到一定值后突然下降，出现“突进”点后旋又

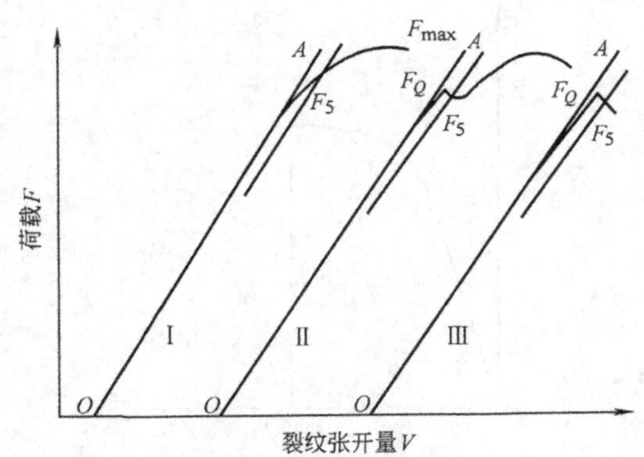

图6-105　F-V曲线的三种形式

上升，直到某一更大载荷，试样才完全断裂，如曲线Ⅱ所示。韧性更好的材料，得到 F-V 曲线Ⅰ。GB/T 4161—2007规定：对Ⅱ、Ⅲ两种曲线，从坐标原点做比试验曲线斜率低5%的直线与试验曲线相交，得一点 F_5，如交点 F_5 以左有载荷点高于 F_5，则以 F_5 以左的最高载荷为 F_Q；如 F_5 以左无载荷点高于 F_5，则以 F_5 为 F_Q。对Ⅰ型曲线，F_5 即 F_Q。

F_Q 确定后，将试样压断，测量预制裂纹的长度 a，将 F_Q、a、B、W、V 等代入应力强度因子表达式以计算 K_Q。注意，断口上预制裂纹线并不是一平直的线，而是一弧形线。GB/T 21143—2007标准中规定了测量裂纹长度 a 值的办法。

4. K_{IC}有效性判别　标准规定，测得的 K_Q 是否有效，须进行如下判断：

1）是否符合 $\delta \geqslant 2.5\left(\dfrac{K_Q}{R_{eL}}\right)^2$ 条件。

2）$F_{max}/F_Q \leqslant 1.1$。

如果符合上述条件，K_Q 即 K_{IC}；如不符合，则 K_Q 不是 K_{IC}，须加大试样尺寸，重新试验。

6.5.4.2　CTOD与J积分测试概要

CTOD和 J 测试都是 K_{IC} 测试的延伸，测试中沿用了与 K_{IC} 相近的一些做法，例如采用了三点弯曲加载的带裂纹试样。GB/T 21143—2007《金属材料　准静态断裂韧度的统一试验方法》中规定，也可采用紧凑拉伸及拱形弯曲试样，但CTOD和 J 积分测试主要采用三点弯曲试样，都是采用载荷传感器和位移传感器在测试过程中绘出 F-V（对CTOD）或载荷 F-载荷作用点垂直位移 Δ（对 J）曲线，然后对曲线进行分析，以求出CTOD或 J。当然 K_{IC} 测试与CTOD与 J 测试也有一些重要不同之点，以下对几个主要不同之点（如测试的临界状态问题、试样尺寸问题，以及开裂点测量问题等）予以说明。

1. 关于测试的临界状态　平面应变断裂韧度 K_{IC} 试验是裂纹一开始起裂，立即达到沿裂纹全面失稳开裂；而CTOD和 J 试验却是允许有亚临界稳定扩展的试验，只要求在试样厚度中间部分呈平面应变起裂，定义起裂时的 J 和 δ，即 J_i 和 δ_i 作为临界的 δ_C 和 J_C。

2. 关于试样尺寸　对CTOD试样，GB/T 21143—2007规定采用结构所用材料全厚来进行试验，在没有必要用全厚或有困难的情况下，可用厚度至少5mm的试样进行试验；GB/T 21143—2007标准规定CTOD三点弯曲试样宽度与厚度之比 $W/B=2$，也可采用其他，加载跨度 $S=4W$，平均裂纹长度 $a=(0.35\sim0.45)W$。GB/T 21143—2007标准规定了 $W/B=2$，$a_0/W=0.5\sim0.75$。也可采用为其他值的试样，只要满足 $B>25\dfrac{J_{IC}}{R_{eL}}$ 的要求即可。对无法估计 J_{IC} 值的情况，建议中低强度钢选用 $B=20$mm，铝、钛合金选用 $B=15$mm。

3. CTOD的计算公式　三点弯曲试样受载时，绘制 F-V 曲线，如图6-106所示。原始裂纹尖端张开位移计算式如下：

$$\delta=\delta_e+\delta_p=\frac{K_I^2(1-\nu^2)}{2R_{eL}E}+\frac{r_p(W-a)V_p}{r_p(W-a)+a+z} \tag{6-76}$$

式中　δ_e——δ 的弹性部分；

δ_p——δ 的塑性部分。

$$K_I=Y\frac{F}{BW^{\frac{1}{2}}}$$

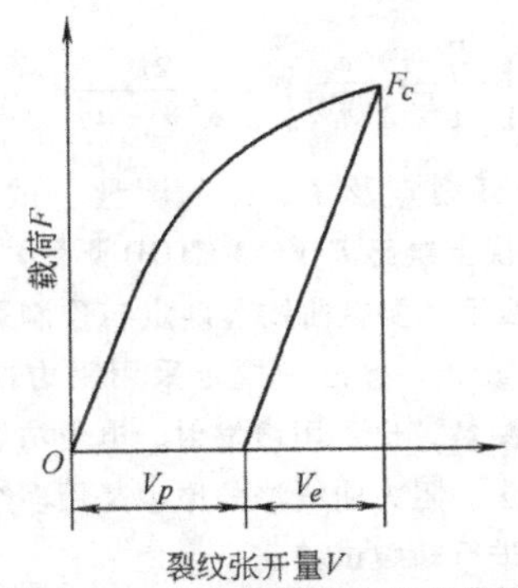

图6-106　CTOD试验的F-V曲线

δ_p 部分可以从图6-107所示的相似三角形关系推导，其中 r_p 为转动因子，GB/T 21143—2007中规定 $r_p=0.45$ 或实测。

4. 计算 J 的公式　三点弯曲试样受载时，绘制载荷 F-施力点垂直位移 Δ 曲线（图6-108），曲线下面积为变形能量 U，F-Δ 曲线可用下式表示：

$$F=\varphi(\Delta)\delta(W-a)^2 \tag{6-77}$$

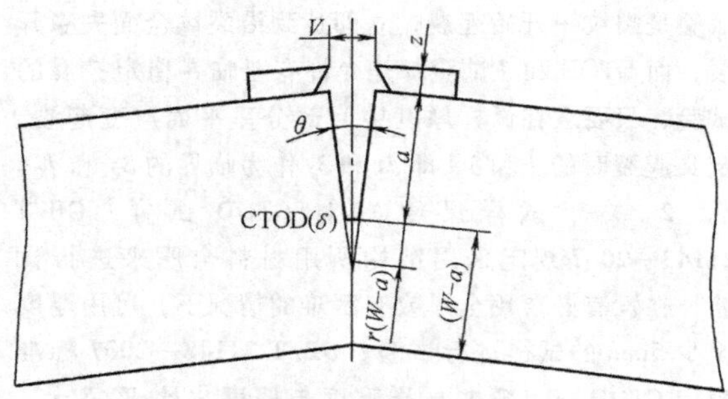

图 6-107 δ_p 推导示意图

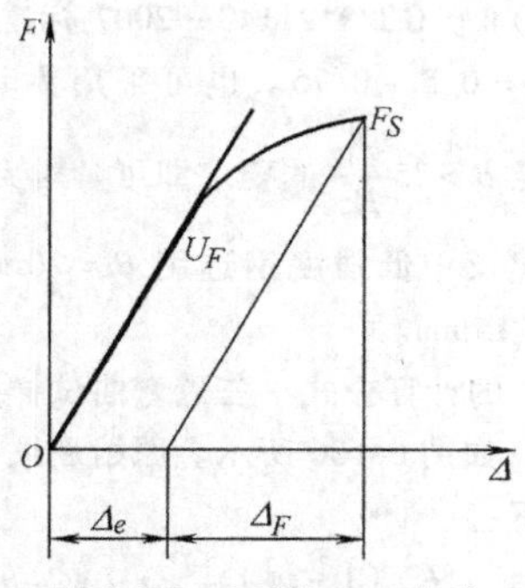

图 6-108 J 试验 F-Δ 曲线

积分得 U，再对 a 微分得

$$J=-\frac{1}{\delta}\left(\frac{\partial U}{\partial a}\right)_{\Delta}=\frac{2U}{\delta(W-a)} \tag{6-78}$$

这样，就可用单一试样求 J。

曲线下面积可分为弹性部分和塑性部分，即

$$J=J_e+J_p$$

$$=\frac{1-\nu^2}{E}\left[\frac{P_s}{\delta W^{\frac{1}{2}}}Y\left(\frac{a}{W}\right)\right]^2+\frac{2U}{\delta(W-a)} \tag{6-79}$$

5. 关于开裂点及 J_i、δ_i 的测量 试验过程中，在 X-Y 记录仪上绘出 F-V(对 CTOD 测量）或 F-Δ(对 J 测量）曲线后，要在曲线上确定与预制裂纹开裂点相对应的 δ_i 或 J_i。标准中规定采用阻力曲线方法进行开裂点的测量，也可用声发射、电位法和柔度法等物理检测方法。阻力曲线法的原理是用多个试样预制疲劳裂纹后进行断裂试验。

如图 6-109 所示，对试样加载到一定程度（如 F_1）时，停机卸载并取下试样，然后将试样进行二次疲劳，再次制造疲劳裂纹，最后将试样压断。测量试验前预制的疲劳裂纹与试验后二次疲劳裂纹之间的间距，即加载到 1 点裂纹开裂的宽度 Δa_1 如图 6-110 所示。依 F-V(对 CTOD) 或 F-Δ(对 J) 和 Δa_1 计算 δ_1 或 J_1。

同样再用另外的试样，得到 J_2、J_3、J_4（δ_2、

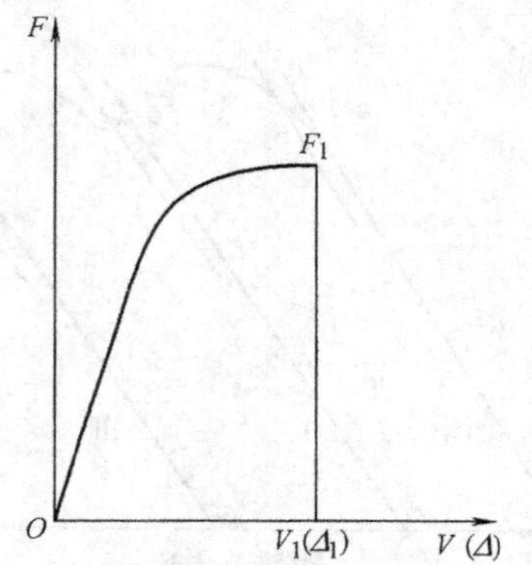

图 6-109 J、δ 试验时，加载到某点 F_1，停机卸载

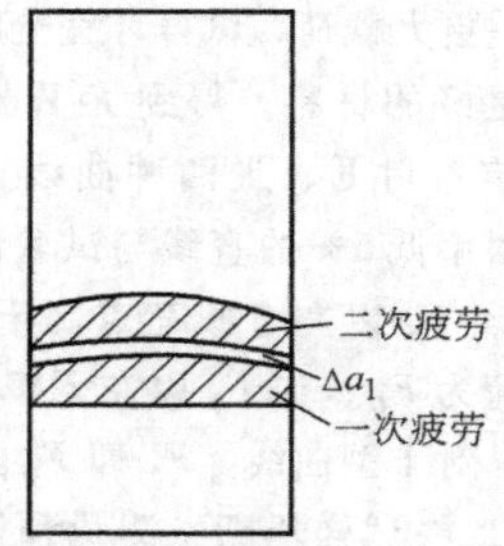

图 6-110 测量裂纹开裂宽度

δ_3、δ_4）…，并测得相应的 Δa_2、Δa_3、Δa_4…。将这些数据绘在 J（δ）-Δa 坐标中（图 6-111)，连成曲线外推到裂纹起裂处，就得到裂纹起裂的 J_i 或 δ_i。曲线连接时，相关标准中规定了直线和双曲线两种数据点回归处理的办法。曲线外推以确定 δ_i 和 J_i 时，要注意到试样受载时，由于裂纹尖端钝化，裂纹尖端已向前扩展了 Δa，故外推时应将其扣除。J 测试标准中规定用钝化线法，CTOD 标准中规定对所有试样均在 Δa 中扣除 0.2mm。

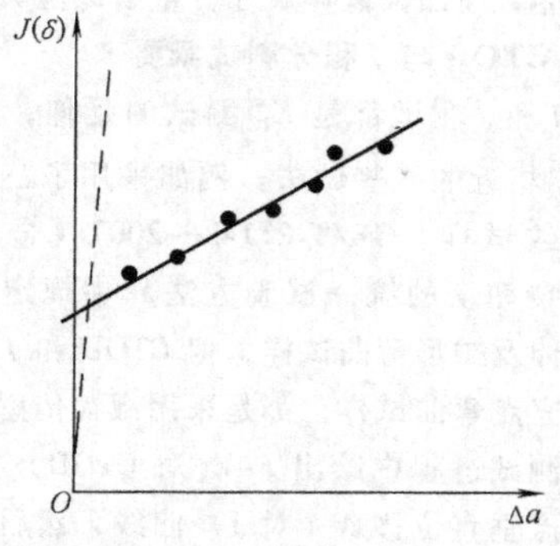

图 6-111 数据点外推以确定 J_i 或 δ_i

CTOD 相关标准中规定了如下几个特征值：

（1）条件起裂 CTOD 值 δ_i：回归曲线上与 $\Delta a=0.2$mm所对应的 CTOD 值。

（2）表观起裂 CTOD 值 $\delta_{0.05}$：回归曲线上与 $\Delta a = 0.05$mm 所对应的 CTOD 值。

（3）脆性起裂 CTOD 值 δ_C：稳定裂纹扩展量 $\Delta a < 0.2$mm 脆性失稳断裂点或突进点所对应的 CTOD 值。

（4）脆性失稳 CTOD 值 δ_u：稳定裂纹扩展量 $\Delta a > 0.2$mm 脆性失稳断裂点或突进点所对应的 CTOD 值。

（5）最大载荷 CTOD 值 δ_m。

J 标准中只规定了两个特征值：

（1）表观起裂韧度 J_i：回归曲线与钝化线交点相应的 J 值。

（2）延性断裂韧度 J_{IC}：平行于钝化线作偏置 0.2mm 的偏置线，偏置线与回归曲线交点相应的 J 值，如果符合标准规定的有效性，即为延性断裂韧度 J_{IC}。

6.6　疲劳试验

6.6.1　疲劳失效特点

在交变载荷作用下机器零件的断裂称为疲劳失效。统计表明，失效的机器零件约 80% 毁于疲劳。疲劳损坏具有如下特点：

（1）导致疲劳破坏的应力水平低，疲劳极限低于抗拉强度，甚至低于屈服强度，并且须经过多次应力循环，一般须经历数千次以至数百万次后才失效。

（2）疲劳断裂后，不显示宏观塑性变形，典型疲劳断口上一般可观察到三个部分，如图 6-112 所示的疲劳源、疲劳裂纹扩展区（一般呈细致的瓷状，有时可看到平行裂纹前沿的海滩状线条）和静断区（裂纹发展到一定深度后，剩下的面积在一次或很少几次循环中断开，形成粗糙的静断区，呈纤维状或结晶状）。

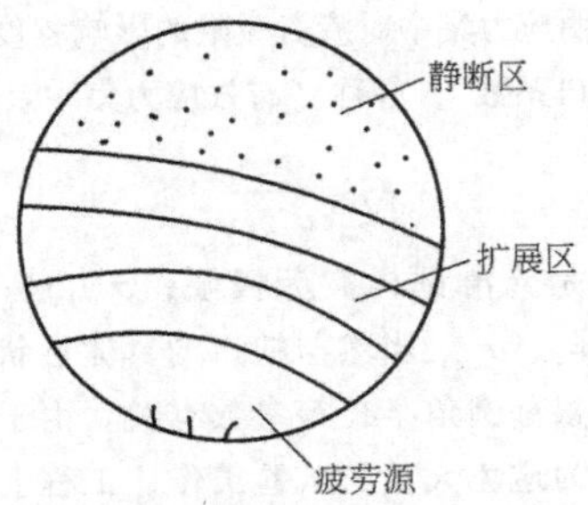

图 6-112　典型疲劳断口的分区

（3）疲劳破坏对缺陷具有很大的敏感性，疲劳裂纹一般起源于零件高度应力集中的部分或表面缺陷处，如表面裂纹、软点、夹杂、突变的转角处及刀痕等。

用应力-时间（σ-t）的变化曲线来描述零件或试样所承受的循环载荷特点，如图 6-113 所示。

图中的 T 为循环周期；σ_{max} 为循环应力最大值；σ_{min} 为循环应力最小值；σ_a 为应力半幅，$\sigma_a = \frac{\sigma_{max} - \sigma_{min}}{2} = \frac{\Delta\sigma}{2}$；$\sigma_m$ 为平均应力，$\sigma_m = \frac{\sigma_{max} + \sigma_{min}}{2}$。另外定义 $r = \frac{\sigma_{min}}{\sigma_{max}}$ 为对称系数。如果对称循环，则 $r = -1$；如果脉动循环，则 $r = 0$。

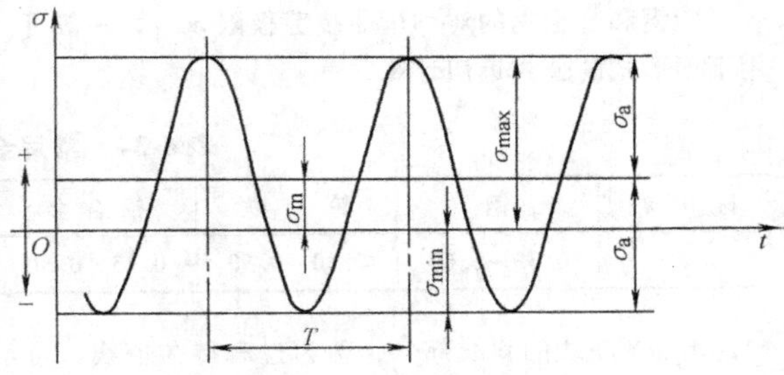

图 6-113　应力循环参数

6.6.2　疲劳性能指标

最常用的表明零件或材料疲劳抗力性质的方法是疲劳曲线，即所加应力 σ 与断裂前循环周次 N（疲劳寿命）之间的关系曲线，通常用 σ-lg$N$ 表示，如图 6-114 所示。

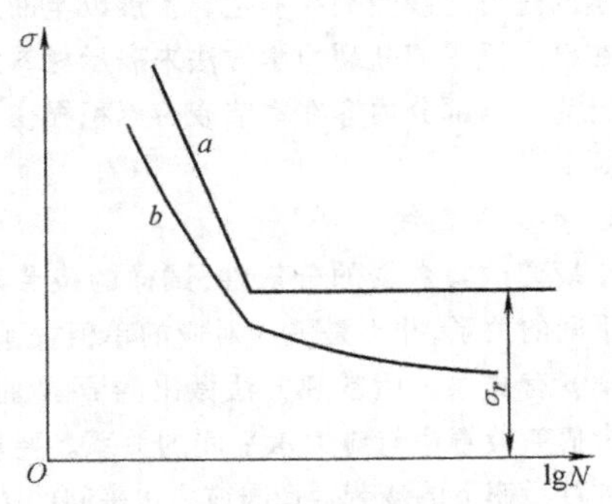

图 6-114　疲劳曲线

6.6.2.1　疲劳极限与过载持久值线

疲劳曲线表明，应力水平 σ 高时，疲劳寿命 N 短；σ 低时则 N 长。当应力低到某一定值时，虽经历很长的循环周次，也不再发生疲劳断裂，如曲线 a 这样的应力称为疲劳极限，用 σ_{-1} 表示（脚注 −1 表示对称循环）；如果不是对称循环，则依对称系数 r 写成疲劳极限为 σ_r。应力循环经过 10^7 次不发生疲劳断裂，即认为不再断裂，故 10^7 为一般疲劳试验的基数。对高强度钢、铜、铝等金属材料，腐蚀介质下以及大截面试件，无明确的疲劳极限，这时规定经历 5×10^6、10^7 或 10^8 次循环而不断的最高应力为条件疲劳极限，如图 6-114 中曲线 b 所示。疲劳极限是对要求无限寿命的机件进行疲劳设计的重要依据。最常作的疲劳试验是平面弯曲、旋转弯曲和轴向拉压加载的疲劳试验。如未注明，则疲劳极限数据是在对称循环、旋转弯曲加载试验条件下得到的。

材料的疲劳极限 σ_{-1} 与抗拉强度 R_m 之间有较好的相关性，不进行试验，σ_{-1} 可用 R_m 近似估算。

碳钢和合金钢的对称弯曲疲劳极限 σ_{-1}，一般可用下面形式的公式近似计算：

$$\sigma_{-1}=a+bR_m \tag{6-80}$$

对 $R_m<1400$MPa 的碳钢和合金钢，推荐使用如下关系式：

$$\sigma_{-1}=38\text{MPa}+0.43R_m \tag{6-81}$$

还有一些更精细的经验公式：

正火和退火碳钢 $\sigma_{-1}=8.4\text{MPa}+0.454R_m$ (6-82a)

淬火、回火碳钢 $\sigma_{-1}=-24\text{MPa}+0.515R_m$ (6-82b)

淬火、回火合金结构钢 $\sigma_{-1}=94\text{MPa}+0.383R_m$ (6-82c)

σ_{-1} 与 R_m 的关系，也可写成如下形式：

$$\sigma_{-1}=cR_m \tag{6-83}$$

c 称为疲劳比。常用金属材料的疲劳比见表 6-34。

表 6-34 常用金属材料的疲劳比

材料	钢	铸铁	铝合金	镁合金	铜合金	镍合金	钛合金
c	0.35~0.60	0.30~0.50	0.25~0.50	0.30~0.50	0.25~0.50	0.30~0.50	0.30~0.60

σ-lg$N$ 曲线的斜线部分，称为过载持久值线，可用下式表达：

$$\sigma^m N=c \tag{6-84}$$

通常在 σ-lg$N$ 或 lgσ-lg$N$ 坐标中用直线段来近似表达。它表示对有限寿命的疲劳抗力，是对要求有限寿命机件的疲劳设计依据。对于要求无限寿命的零件，在工作过程中，也有超载运行的情况，过载持久值线则表明材料承受这种偶然超载运行的能力。过载持久值所表示的过程是疲劳裂纹萌生、扩展以至断裂的过程，现在已广泛采用断裂力学方法来表示材料疲劳裂纹扩展行为，这部分内容在本节疲劳累积损伤一段中还要提到。

6.6.2.2 *p*-*σ*-*N* 曲线

由于疲劳试验数据的分散性，试样的疲劳寿命与应力水平间的关系，并不是一一对应的单值关系，而是与存活率 p 有关系。用常规方法做出的 σ-N 曲线，只能代表中值疲劳寿命与应力水平间的关系。要想全面表达各种存活率下的疲劳寿命与应力水平间的关系，必须使用 p-σ-N 曲线。

在利用对数正态分布或威布尔分布求出不同应力水平下的 p-N 曲线以后，将不同存活率下的数据点分别相连，即可得到一族 σ-N 曲线，其中的每一条曲线分别代表某一不同存活率下的应力寿命关系。这种以应力为纵坐标，以存活率 p 的疲劳寿命为横坐标，所绘的一族存活率-应力-寿命曲线，称为 p-σ-N 曲线，如图 6-115 所示。在进行疲劳设计时，即可根据所需存活率 p，利用与其对应的 σ-N 曲线进行设计。

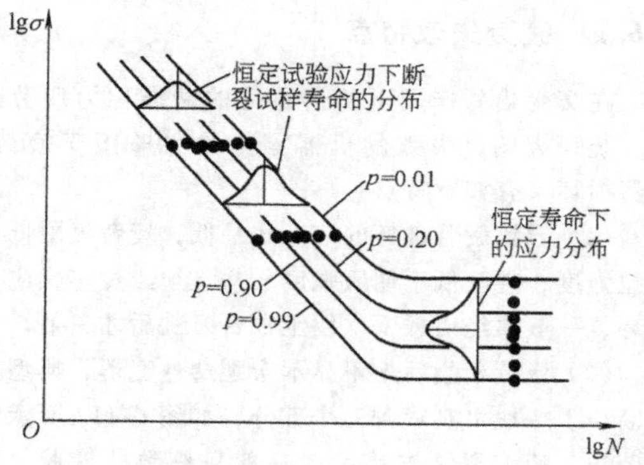

图 6-115 *p*-*σ*-*N* 曲线示例

6.6.2.3 疲劳缺口系数 K_f

由于机器零件大都具有截面变化，例如键槽、油孔、轴肩及螺纹等，因此会产生应力集中，使疲劳极限降低。为表明应力集中对疲劳极限的影响程度，定义 K_f 为"疲劳缺口系数"，亦称"有效应力集中系数"。

$$K_f=\frac{\sigma_{-1}}{\sigma_{-1n}} \tag{6-85}$$

式中的 σ_{-1} 是光滑试样疲劳极限；σ_{-1n} 是缺口试样疲劳极限。K_f、σ_{-1n} 当然与缺口的具体形状，如缺口深度、缺口根部圆角半径等参数有关。由于缺口形状变化复杂，为避免大量的试验工作，工程上常采用一些公式计算 K_f。

现在常用的 K_f 计算式有 Neuber 公式：

$$K_f=1+\frac{K_t-1}{1+\sqrt{\rho'/\rho}} \tag{6-86}$$

和 Peterson 公式：

$$K_f = 1 + \frac{K_t - 1}{1 + \alpha/\rho} \tag{6-87}$$

式中的 K_t 为理论应力集中系数；ρ 为缺口根部曲率半径；在接近疲劳极限的长寿命区，ρ'和 α 为材料常数，取决于材料的强度和塑性；$\rho'^{\frac{1}{2}}$ 值可由图 6-116 查出；

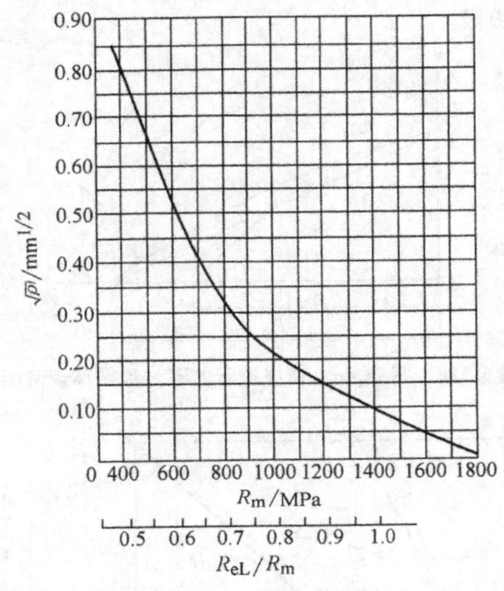

图 6-116　Neuber 参数图

α 值依 Peterson 的资料，对回火钢为 0.0635，对正火钢为 0.254，对铝合金为 0.635。

郑州机械研究所赵少汴等人得出的 K_f 计算式，与多钢种、宽范围的 K_t 值的试验结果符合良好。

$$\frac{K_t}{K_f} = 0.88 + AQ^b \tag{6-88}$$

式中的 Q 为相对应力梯度（mm^{-1}），对于常见几何形状零件可使用表 6-35 中的公式计算，b、A 是与热处理状态有关的常数，常用结构钢正火态 A 为 0.423，b 为 0.279；热轧态 A 为 0.336，b 为 0.345；淬火后回火态 A 为 0.290，b 为 0.152。

6.6.2.4　不对称应力循环的疲劳图

如图 6-113 所示，不对称应力循环可分解成恒定应力 σ_m 和对称循环应力 σ_a 两部分。可将不同平均应力 σ_m 情况下的疲劳极限 σ_{max} 以及相应的 σ_{min} 绘成如图 6-117 所示的不对称循环疲劳图 ABF。AB 和 FB 线从试验得出，可能是粗线所示的直线关系（Goodman 直线），也可能是细线所示的抛物线关系（Gerber 抛物线），当应力超过屈服强度 R_{eL}（规定塑性延伸强度 $R_{p0.2}$）时，以 $R_{eL}(R_{p0.2})$ 作为设计应力，则得到 $ACDEF$。

表 6-35　某些常见应力集中情况的相对应力梯度 Q 值

零件		弯曲	拉压
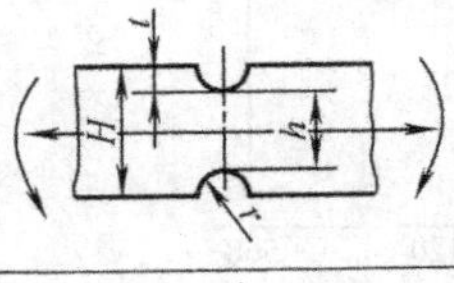	$\frac{H}{h} \geqslant 1.5$	$Q = \frac{2}{r} + \frac{2}{h}$	$Q = \frac{2}{r}$
	$\frac{H}{h} < 1.5$	$Q = \frac{2(1+\varphi)}{r} + \frac{2}{h}$	$Q = \frac{2(1+\varphi)}{r}$
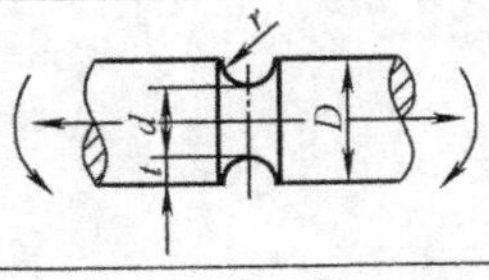	$\frac{D}{d} \geqslant 1.5$	$Q = \frac{2}{r} + \frac{2}{d}$	$Q = \frac{2}{r}$
	$\frac{D}{d} < 1.5$	$Q = \frac{2(1+\varphi)}{r} + \frac{2}{d}$	$Q = \frac{2(1+\varphi)}{r}$
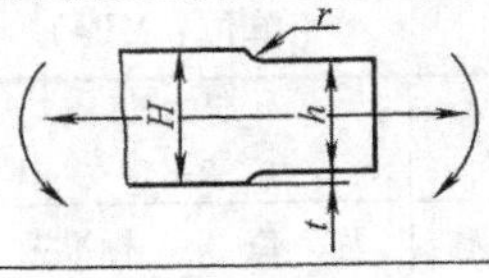	$\frac{H}{h} \geqslant 1.5$	$Q = \frac{2.3}{r} + \frac{2}{h}$	$Q = \frac{2.3}{r}$
	$\frac{H}{h} < 1.5$	$Q = \frac{2.3(1+\varphi)}{r} + \frac{2}{h}$	$Q = \frac{2.3(1+\varphi)}{r}$
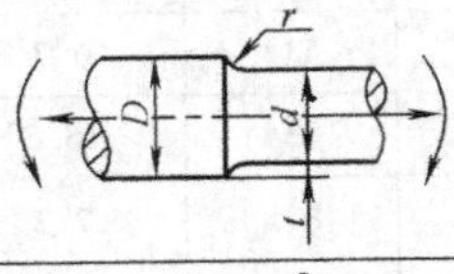	$\frac{D}{d} \geqslant 1.5$	$Q = \frac{2.3}{r} + \frac{2}{d}$	$Q = \frac{2.3}{r}$
	$\frac{D}{d} < 1.5$	$Q = \frac{2.3(1+\varphi)}{r} + \frac{2}{d}$	$Q = \frac{2.3(1+\varphi)}{r}$
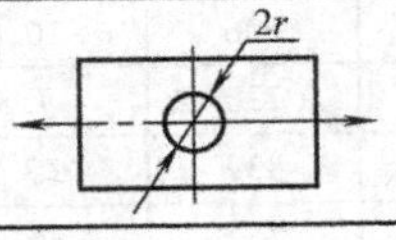	—	—	$Q = \frac{2.3}{r}$

注：$\varphi = \frac{1}{4\sqrt{\frac{t}{r}} + 2}$。

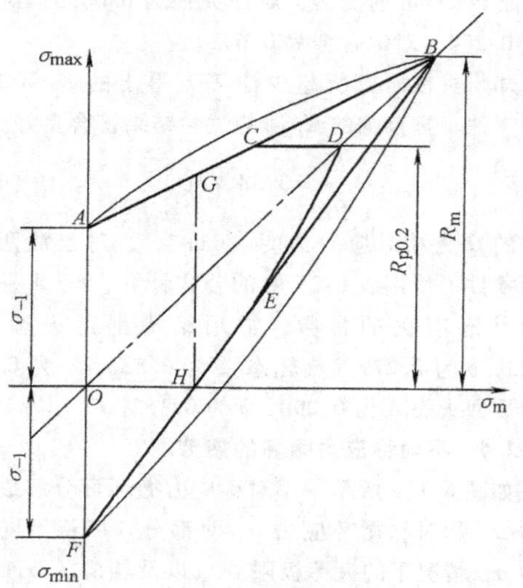

图 6-117　不对称循环疲劳图

实用中还常用 σ_a-σ_m 曲线表示不对称循环疲劳图，如图 6-118 所示。

如果要求表示的不是与无限寿命相当的疲劳极限，而是与一定有限寿命相当的不对称循环疲劳性质，则可绘制如图 6-119 所示的等寿命曲线图。

表 6-36 所示为 7 种国产钢不同应力比下的拉-压疲劳极限。

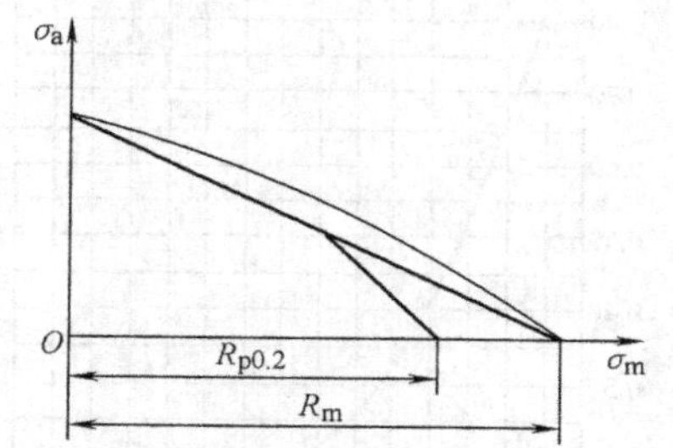

图 6-118　用 σ_a-σ_m 曲线表示的不对称循环疲劳图

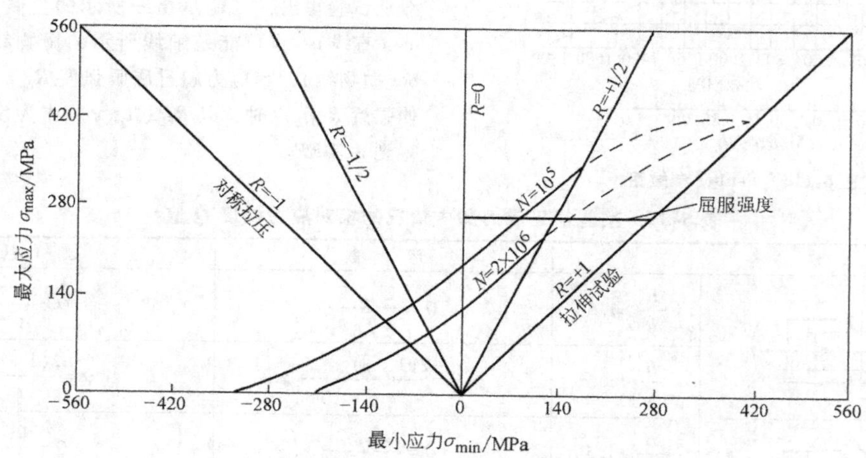

图 6-119　等寿命曲线图

表 6-36　7 种国产钢不同应力比下的拉-压疲劳极限　（单位：MPa）

材　料	K_t	应力比 $R=-1$		应力比 $R=0$		应力比 $R=0.3$		应力比 $R=1$	
		均　值	标准差	均　值	标准差	均　值	标准差	均　值	标准差
Q345（16Mn）（热轧）	1	269	9.4	377	23.1	431	17.5	533	6.7
	2	169	5.7	327	7.6	421	11.4	734	15.3
	3	109	3.2	218	8.5	257	12.2	875	7.2
35 钢（正火）	1	177	9.4	291	11.2	388	7.5	606	10.0
	2	131	6.6	243	10.6	313	16.3	730	7.8
	3	96	4.8	192	5.9	252	12.7	839	15.5
45 钢（调质）	1	269	8.6	436	13.4	517	22.5	762	36.7
	2	173	7.1	334	12.3	418	19.7	922	32.8
	3	103	4.4	187	8.5	277	13.9	1178	43.7

（续）

材　　料	K_t	应力比 $R=-1$		应力比 $R=0$		应力比 $R=0.3$		应力比 $R=1$	
		均　值	标准差	均　值	标准差	均　值	标准差	均　值	标准差
45 钢（正火）	1	219	8.9	346	9.2	346	23.3	577	24.8
	2	165	5.7	313	12.2	399	18.6	782	14.8
	3	121	4.1	208	8.2	274	5.0	871	10.3
40Cr（调质）	1	345	17.3	629	44.7	671	25.3	855	21.4
	2	257	8.5	431	18.0	555	21.2	1209	34.6
	3	163	1.6	257	6.0	337	8.3	1358	38.3
40CrNiMo（调质）	1	499	4.5	805	18.7	856	31.0	1001	74.6
	2	276	4.8	490	20.7	599	14.6	1139	26.4
	3	188	5.9	322	14.3	439	17.2	1383	18.9
60Si2Mn（淬火后中温回火）	1	487	26.3	749	33.8	1118	29.0	1442	31.4
	2	338	14.8	527	21.0	701	24.3	1777	71.5
	3	215	10.4	356	20.7	468	33.0	2041	70.5

6.6.2.5　疲劳累积损伤

大多数零件都是在变幅载荷下工作。变幅载荷下的疲劳破坏，是不同频率、不同幅值的载荷所造成的损伤逐渐积累的结果。每一循环所造成的损伤可以认为是在此载荷幅值下循环寿命 N 的倒数 $1/N$，这种损伤是可以积累的。n 次恒幅载荷循环所造成的损伤等于其循环比 $c=n/N$。变幅载荷循环所造成的损伤 D 等于其循环比之和，即 $D=\sum_{i=1}^{l}n_i/N_i$（其中：l 为变幅载荷的应力水平级数，n_i 为第 i 级载荷的循环次数，N_i 为第 i 级载荷下的疲劳寿命）。当 D 达到临界值 D_C 时，发生疲劳破坏。

现在工程上有很多种估算变幅疲劳累积损伤的方法，通用的是 Miner 法则，即

$$D_C=\sum_{i=1}^{l}\frac{n_i}{N_i}=1 \tag{6-89}$$

精确的研究表明，D_C 值并不等于 1，通过一些实际零件变幅循环疲劳破坏的统计，得到不等于 1 的更为符合实际的 D_C 值 a 时，则称为修正的 Miner 法则，有的文献推荐，a 值取为 0.7，其寿命估算结果比 Miner 法则安全，寿命估算精度比 Miner 法则有所提高。

6.6.2.6　低周疲劳

桥梁、容器、船舰、车辆和飞机等的机件在工作过程中，除正常的较低应力幅的应力循环外，还常常受到较大应力幅的循环。这样的应力幅往往接近或超过材料的屈服强度，使构件某些局部甚至整体产生较大的反复塑性变形。这种由于反复循环塑性变形造成的疲劳破坏使其寿命比通常应力较低的疲劳寿命短，循环周次为 $10^2\sim10^6$，称为“低周疲劳”，也称“高应变疲劳”或“塑性疲劳”。

在讨论低周疲劳时，首先要提到循环载荷作用下材料的应力与应变的关系，即循环应力应变曲线。金属在弹性范围加载，其应力应变是可逆的；当加载超过弹性范围时，应变落后于应力，形成应力应变滞后回线。在循环加载初期，应力应变回线并不封闭，它的形状随循环次数而变，只有经过一定周次循环后，才形成封闭的稳定的滞后回线。将应变幅控制在不同的水平上，可以得到一系列大小不同的稳定的滞后回线，将其顶点连接起来，则可得到材料的循环应力应变曲线。循环应力应变曲线，是不同应变或应力幅情况下滞后回线顶点的轨迹，如图 6-120 所示。

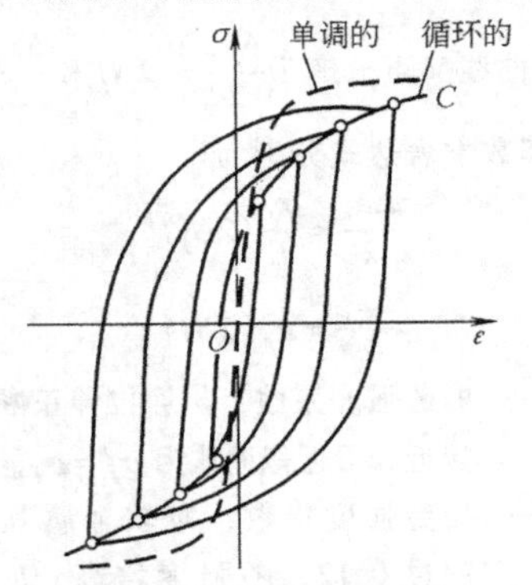

图 6-120　循环应力应变曲线

循环应力应变曲线可以高于或低于单调加载的应力应变曲线。高于单调加载的应力应变曲线称为循环硬化，反之称为循环软化。

循环应力应变曲线也可用如下形式的公式表示，即

$$\sigma = K'(\varepsilon_p)^{n'} \tag{6-90}$$

$$\varepsilon = \frac{\sigma}{E} + \left(\frac{\sigma}{K'}\right)^{\frac{1}{n'}} \tag{6-91}$$

式中　σ——正应力（MPa）；

ε_p——塑性应变；

K'——循环强度系数（MPa）；

n'——循环应变硬化指数，$n' = 0.10 \sim 0.20$；

ε——正应变，总应变；

E——模性模量。

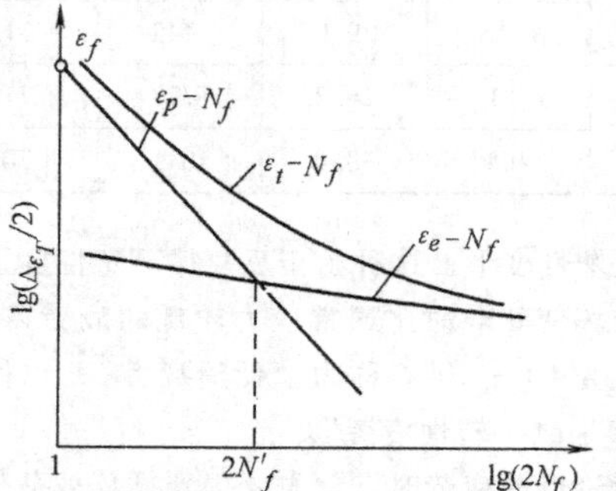

图 6-121　低周疲劳应变幅-寿命曲线

在低周疲劳试验研究中，常把应变选为控制变量，建立应变范围 $\Delta\varepsilon_t$ 和循环断裂周次 N_f 之间的曲线，叫做“应变-寿命”曲线。考虑到一个循环中包括载荷的两次“反向”，故低周疲劳中常把总寿命记为 $2N_f$，$2N_f$ 即反向数。典型的应变幅$\frac{\Delta\varepsilon_t}{2}$-循环断裂反向次数 $2N_f$ 曲线绘成双对数形式，如图 6-121 所示。

应变幅 $\Delta\varepsilon_t$ 可分为弹性部分 $\Delta\varepsilon_e$ 和塑性部分 $\Delta\varepsilon_p$，整个曲线又可分解为$\frac{\Delta\varepsilon_e}{2}-2N_f$ 和$\frac{\Delta\varepsilon_p}{2}-2N_f$ 两条直线，其数学表达式分别为

$$\frac{\Delta\varepsilon_e}{2} = \frac{\sigma_f'}{E}(2N_f)^b \tag{6-92}$$

$$\frac{\Delta\varepsilon_p}{2} = \varepsilon_f'(2N_f)^c \tag{6-93}$$

式中　σ_f'——疲劳强度系数，与静拉伸正断裂应力 σ_f 接近，可近似地认为 $\sigma_f' = \sigma_f$；

b——疲劳强度指数，对软金属其绝对值不超过 0.12，随强度增高，b 值略有下降，最小值不低于 0.05；

ε_f'——疲劳塑性系数，$\varepsilon_f' = \ln\left(\frac{1}{1-Z}\right)$，$Z$ 为静拉伸的断面收缩率，也可取$\lg\frac{\Delta\varepsilon_p}{2}$-$\lg 2N_f$ 曲线上，$2N_f = 1$ 时的应变值；

c——疲劳塑性指数，对于一般金属材料，c 在 0.5～0.7 之间，一般可取 0.6。

工程上常假定对所有材料 $\Delta\varepsilon_e$-N 和 $\Delta\varepsilon_p$-N 曲线的斜率都是共同的，得出通常所说的“通用斜率方程”为

$$\Delta\varepsilon_t = 3.5\frac{R_m}{E}N_f^{-0.12} + D^{0.6}N_f^{-0.6} \tag{6-94}$$

式中　D——断裂伸长率，可用静拉伸真实断裂伸长率 ε_f 表示。

这样就可根据静拉伸性能和循环应变计算低周疲劳断裂寿命。

低周疲劳试验，要求能够有充分可调整的频率范围，可变化的加载波形，精确的应变、应力或行程的控制和测量系统，以及复杂的程序控制加载、记录和数据处理系统。近代发展起来的电液伺服疲劳试验机可以满足这些需要，使低周疲劳的试验工作得到很大推进。

表 6-37 所列是某些钢铁材料的单调与循环应变特性。

6.6.3　常用结构钢、球墨铸铁及热处理后的疲劳特性

1. 强度和冲击韧度的影响　材料的疲劳极限与材料的抗拉强度有密切关系，且随抗拉强度 R_m 的升高而升高。图 6-122 所示是碳钢和低、中碳合金钢不同处理状态弯曲疲劳极限 σ_{-1} 与抗拉强度 R_m 的关系。对光滑试样，σ_{-1} 与 R_m 有如下的近似关系：

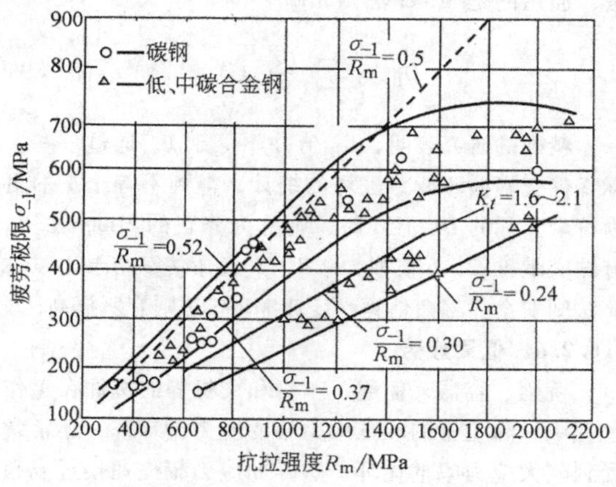

图 6-122　弯曲疲劳极限与抗拉强度的关系

表 6-37 某些钢铁材料的单调与循环应变特性

材料	热处理	R_m /MPa	R_{eL}/R_m	K/K' /(MPa/MPa)	n/n'	$\varepsilon_f/\varepsilon_f'$	σ_f/σ_f' /(MPa/MPa)	b	c	E /MPa	循环硬化(软化)特性
Q235A(A3)	轧态	470.4	0.69	928.2/969.6	0.2590/0.1824	1.0217/0.2747	976.4/658.8	-0.0709	-0.4907	198753.4	循环硬化
Q345(16Mn)	轧态	572.5	0.63	856.1/1164.8	0.1813/0.1871	1.0729/0.4644	1118.3/947.1	-0.0943	-0.5395	200741	循环硬化
45	调质	897.7	0.91	928.7/1112.5	0.0369/0.1158	0.8393/1.5048	1511.7/1041.4	-0.0704	-0.7338	193500	循环软化
40Cr	调质	1084.9	0.94	1285.1/1228.9	0.0512/0.0903	0.7319/0.3809	1264.7/1385.1	-0.0789	-0.5765	202860	循环软化
60Si2Mn	淬火后中温回火	1504.8	0.91	1721.2/1925.0	0.0350/0.0906	0.4557/0.3203	2172.4/2690.6	-0.1130	-0.5826	203395	循环软化
ZG35	正火	572.3	0.64	1218.1/1267.5	0.2850/0.2220	0.2383/0.1813	809.4/781.5	-0.0988	-0.5063	204555.4	循环硬化
QT450-10①	铸态	498.1	0.79	-/1127.9	-/0.1405	-/0.1461	-/856.9	-0.1027	-0.7237	166108.5	循环硬化
QT600-3②	正火	748.4	0.61	1439.9/1039.8	0.1996/0.1165	0.0760/0.3725	856.5/885.2	-0.0777	-0.7104	154000	循环硬化
QT600-3①	正火	677.0	0.77	1621.5/979.3	0.1834/0.0876	0.0377/0.0271	888.8/1109.8	-0.1056	-0.3393	150376.5	循环硬化
QT800-2②	正火	913.0	0.64	1777.3/1437.7	0.2034/0.1470	0.0455/0.1684	946.8/1067.4	-0.0830	-0.5792	160500	循环硬化

① ϕ30mm 棒料。

② Y 形试块。

$$\sigma_{-1}=(0.37\sim0.52)R_{\mathrm{m}} \tag{6-95}$$

图6-123所示为45钢疲劳极限与回火温度的关系。

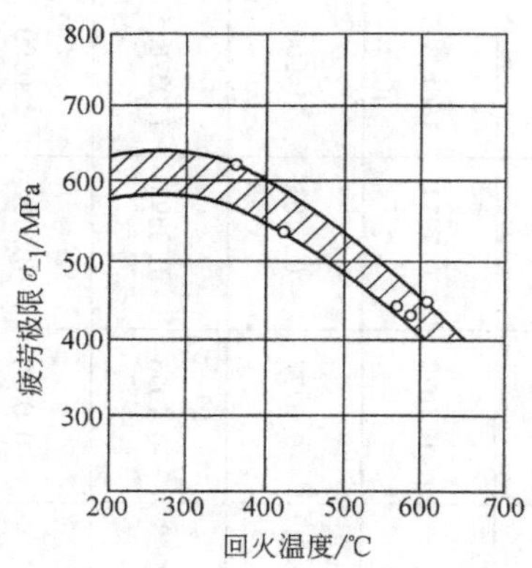

图6-123　45钢疲劳极限与回火温度的关系

图6-124所示为稀土镁球墨铸铁珠光体含量与疲劳极限的关系。

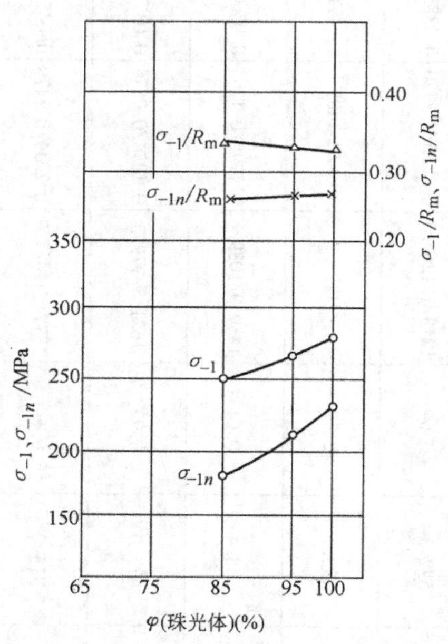

图6-124　稀土镁球墨铸铁珠光体含量与疲劳极限的关系

2. 热处理的影响　复合组织（以高强度马氏体为基，带有一定形状、数量分布的残留奥氏体、铁素体、贝氏体等第二相）是钢材强韧化的新途径。图6-125所示为5CrNiMo钢不同马氏体、下贝氏体比值的复合组织疲劳曲线。

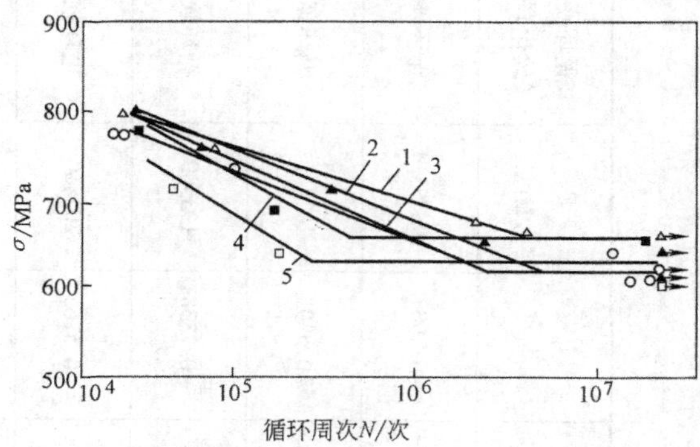

图6-125　5CrNiMo钢不同马氏体、下贝氏体比值复合组织的疲劳曲线

1—25%（体积分数）下贝氏体+马氏体　2—10%（体积分数）下贝氏体+马氏体　3—全马氏体　4—40%（体积分数）下贝氏体+马氏体　5—80%（体积分数）下贝氏体+马氏体

注：试样均在200℃回火。

等温淬火与淬火回火比较，在相同静强度（硬度）条件下，有较高的疲劳强度。图6-126所示为30CrMnSi钢两种处理方法的疲劳极限的比较。

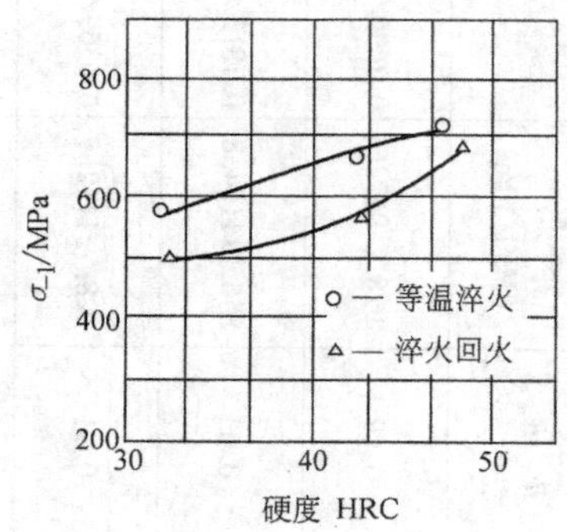

图6-126　30CrMnSi钢等温淬火与淬火回火疲劳极限的比较

3. 材料性能对过载持久值的影响　疲劳极限主要决定于材料强度，而过载持久值部分则与材料的强度和韧性均有密切关系，如图6-127所示。

4. 表面热处理和形变热处理能明显提高零件疲劳强度　常用的表面热处理工艺有渗碳、渗氮、碳氮共渗、感应淬火、喷丸、滚压，以及这些工艺的复合处理。图6-128～图6-132所示为各种表面强化工艺对疲劳强度的影响。

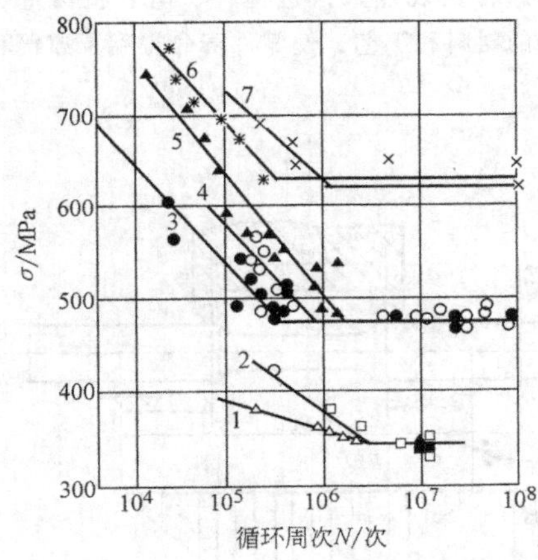

序号	标号	材 料	R_m/MPa	a_K/(J/cm²)
1	△	w(C)=0.58%碳钢	786	30.4
2	□	Cr-Mo钢	796	75.5
3	●	w(C)=1.2%碳钢	954	7.0
4	○	w(C)=0.5%碳钢	922	22.6
5	▲	Cr-Ni钢	956	122.6
6	*	w(C)=1.2%碳钢	1239	6.0
7	×	w(Ni)=3.5%钢	1190	68.6

图 6-127 强度和韧性对过载持久值线的影响

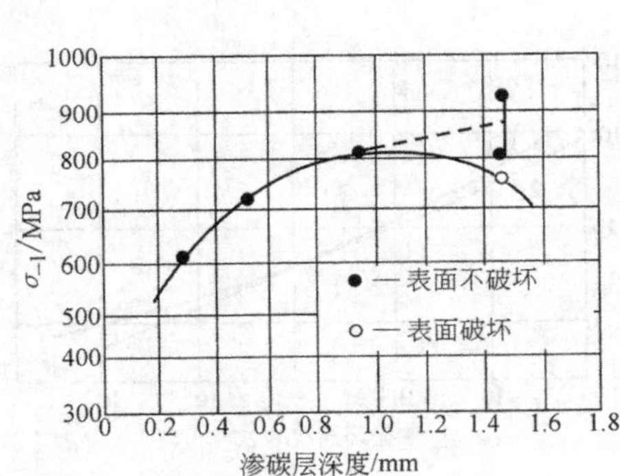

图 6-128 疲劳强度与渗碳层深度的关系

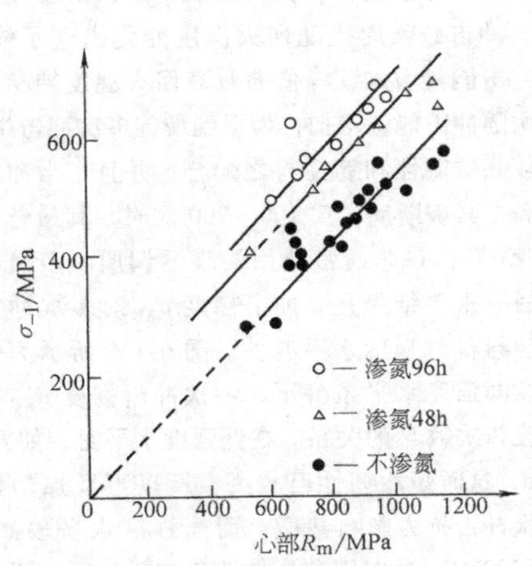

图 6-129 表面渗氮对疲劳强度的影响

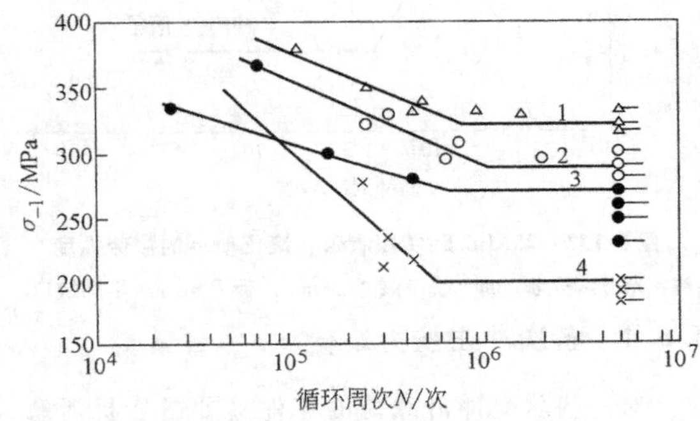

图 6-130 氮碳共渗、氮碳共渗＋高频感应淬火对球墨铸铁弯曲疲劳强度的影响

1—氮碳共渗＋高频感应淬火 2—高频感应淬火 3—氮碳共渗 4—正火

注：缺口试样外径为 ϕ10mm，内径为 ϕ8mm，缺口半径为 1mm，长为 80mm。

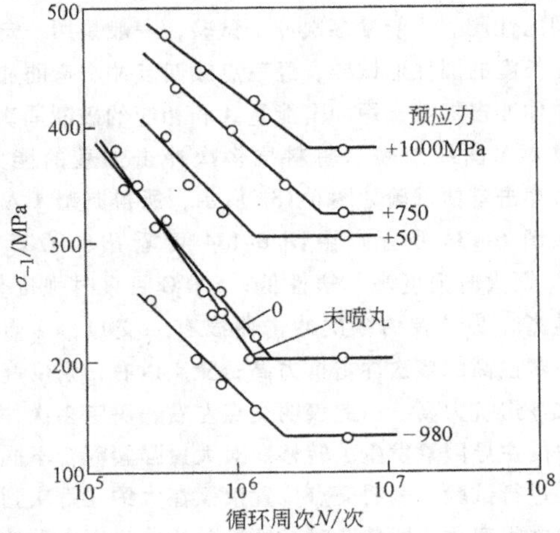

图 6-131 55SiMnVB 汽车板簧不同预应力喷丸提高疲劳强度效果（平均应力 σ_m = 700MPa）

注：板簧试样宽为 75mm，厚为 9mm，在受拉一面有两道深为 4.5mm，宽为 13mm 的槽沟。

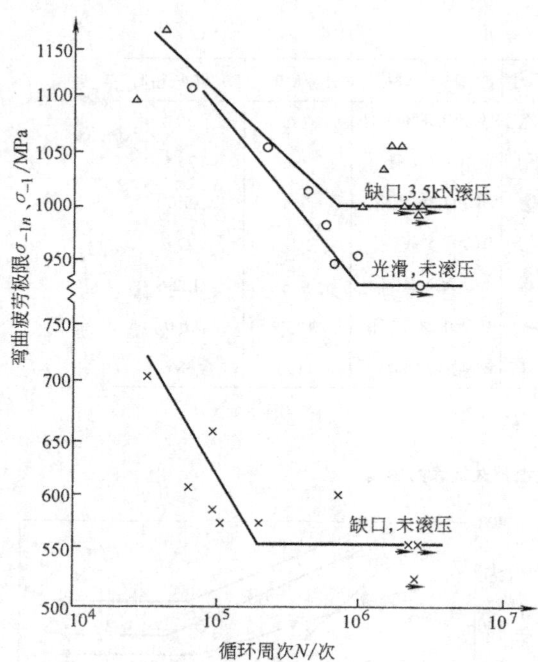

图 6-132　25Mn2TiBRE 渗碳，滚压前后的疲劳强度

注：光滑试样 ϕ6mm，缺口试样 ϕ8mm，带 R = 1mm 半圆缺口。

6.6.4　多次冲击抗力试验

对一些承受冲击载荷的零件（如凿岩机活塞、锻锤锤杆、锻模、火车车轮与钢轨轨头等）习惯上认为可以用一次冲击所得到的冲击韧度来表明这类零件承受冲击载荷的抗力，但是一次冲击试验是大能量一次冲断的过程，而上述承受冲击载荷的零件却是小能量多次冲断的过程，二者破断过程不同，因而具有不同的性质。小能量多次冲击试验，一般是用一定直径和长度的圆柱形试样，经三点或四点冲击弯曲加载或拉伸冲击加载，用冲击能量 A 和相应的破断周次 N 绘成 A-N 曲线来表示材料抗多次冲击加载的能力。多次冲击弯曲试验如图 6-133 所示，所得典型 A-N 曲线如图 6-134 所示。由图 6-134 可看出：①35 钢 200℃回火时强度高、塑性低；500℃回火时强度低、塑性高。②二者的多次冲击曲线有一交点，交点以左，塑性高的多次冲击抗力高；交点以右，强度高的多次冲击抗力高。由此表明交点左右，决定多次冲击抗力的主导因素发生了转移。对大量强塑配合不同的材料进行试验，表明交点位置仅仅在大约几百次到几万次之间变化。即使此时，试样单位体积所承受的冲击能量也是远远超过上述承受冲击零件单位体积所承受的冲击能量，因而对一般承受冲击载荷的零件，主要的是应该要求较高的强度，而不是较大的一次冲击韧度。用这样的观点来改进锤杆、凿岩机活塞、钎尾、钎杆的材料和工艺，使零件寿命得到了成倍和几倍的提高。

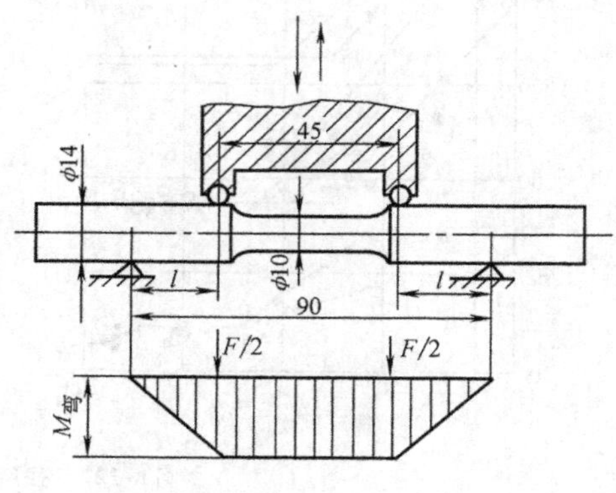

图 6-133　多次冲击弯曲试验

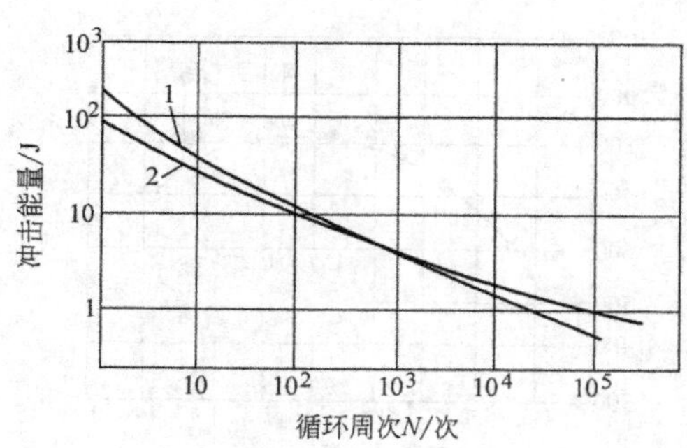

图 6-134　典型多次冲击 A-N 曲线（35 钢）

1—500℃回火　2—200℃回火

多次冲击试验还表明，不同冲击能量要求一定的强度和塑性配合。图 6-135 所示为 50 钢不同温度回火时，不同冲击能量下，其冲击破断周次的变化。由图可见，冲击破断周次随回火温度变化出现了峰值，并且随冲击能量增加，峰值向较高回火温度转移。该现象表明随冲击能量增加，为得到最佳多次冲击抗力，需要有较高的塑性和韧性与之配合；并且，当冲击能量相当高，其破断周次仅 100 ~ 200 次时，其最佳回火温度是 450℃，并非通常惯用的高温调质。多次冲击试验的另一重要结果是，冲击韧度 a_{KU} 对多次冲击抗力的影响与材料强度水平有关。图 6-136 所示为合金结构钢在同强度水平条件下，一次冲击韧度 a_{KU} 与多次冲击破坏次数 N 的关系。在低强度水平时，如 R_m < 1000MPa，这时塑性韧性已较高，所以再增加塑性韧性对多次冲击抗力影响甚微；而当强度水平较高时，如 R_m > 1500MPa，这时因塑性韧性已较低，所以适当提高塑性韧性对提高多次冲击抗力影响甚为显著。

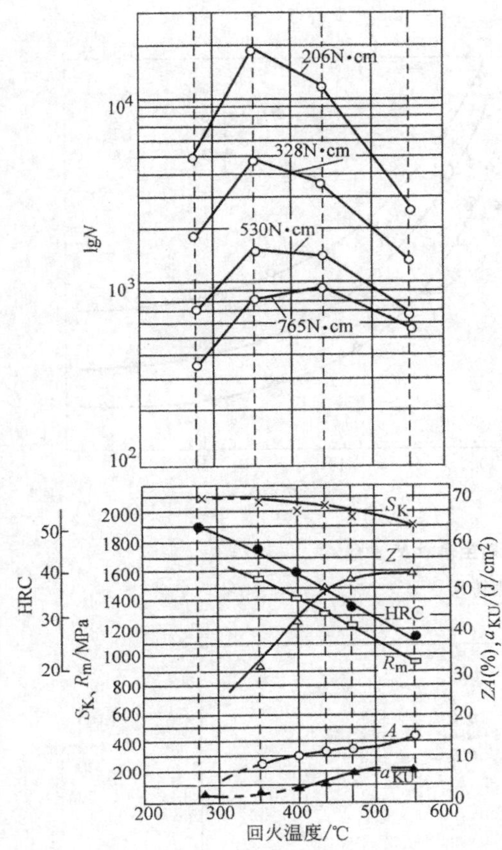

图 6-135　50 钢不同回火温度情况下不同冲击能量与破断次数的关系曲线

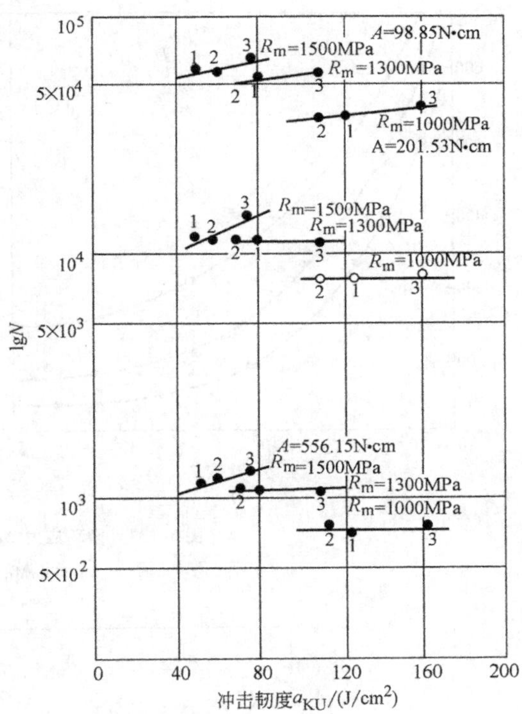

图 6-136　合金结构钢在同强度水平条件下，一次冲击韧度 a_{KU} 与多次冲击破坏次数 N 的关系

1—40 钢　2—40MnB　3—40CrNiMoA

上述多次冲击试验相当于冲击疲劳的过载持久值部分，如用应力和应变参量表示，多次冲击规律大致符合低周疲劳关系。但多次冲击疲劳与一般非冲击加载疲劳比，其破坏过程仍有不同。研究表明，多次冲击载荷速度比一般非冲击疲劳的载荷速度大两个数量级，前者缺口或裂纹尖端塑性变形范围比后者的要小得多，因而多次冲击情况下有更大的缺口系数；多次冲击情况下对回火脆性更敏感；多次冲击是能量载荷，有明显的体积效应。

6.6.5　疲劳裂纹萌生与扩展的性能

对有限寿命的零件，疲劳寿命是疲劳裂纹萌生寿命与扩展寿命二者之和。因此，工程上有时需要开展实际零件或与实际零件具有相同应力集中系数的试件疲劳裂纹萌生试验和寿命估算，以及具有裂纹的试件的疲劳裂纹扩展试验与寿命估算。

6.6.5.1　疲劳裂纹萌生试验与寿命估算

通常是用具有与零件相当的理论应力集中系数 K_t 的试样进行疲劳试验，得出一定 K_t 情况下循环应力 $\Delta\sigma$-疲劳裂纹萌生寿命曲线。图 6-137a、b 所示分别为 35CrMo 钢 870℃油淬，600～620℃回火和 w(C) 为 0.26%、w(Mn) 为 1.37% 的铸钢 860℃油淬，620℃回火的情况下（不同 K_t），三点弯曲加载的循环应力 $\Delta\sigma$ 与疲劳裂纹萌生寿命 N_i 曲线。

对不同应力集中条件，需要分别进行试验，工作量很大，研究者提供出了各种不同应力集中条件下疲劳裂纹萌生寿命的估算方法。

1. 断裂力学法　Rolfe 等人以缺口顶端最大应力范围 $\Delta\sigma_{max}$ 作为缺口试样疲劳裂纹萌生的控制因素。$\Delta\sigma_{max}=\frac{2}{\sqrt{\pi}}\times\frac{\Delta K_I}{\sqrt{\rho}}$，因此以 $\frac{\Delta K}{\sqrt{\rho}}$ 作为描述缺口最大应力范围的参量，式中 ΔK 是把缺口深度 D 当成裂纹长度确定的应力强度因子，ρ 为缺口曲率半径。图 6-138所示为 35CrMo 钢的 $\frac{\Delta K_I}{\sqrt{\rho}}$ -N_i 曲线，可见不同 K_t 的曲线并不能很好地用一条曲线来表示，但作为工程应用要求的精度，还是有很好的参考价值。

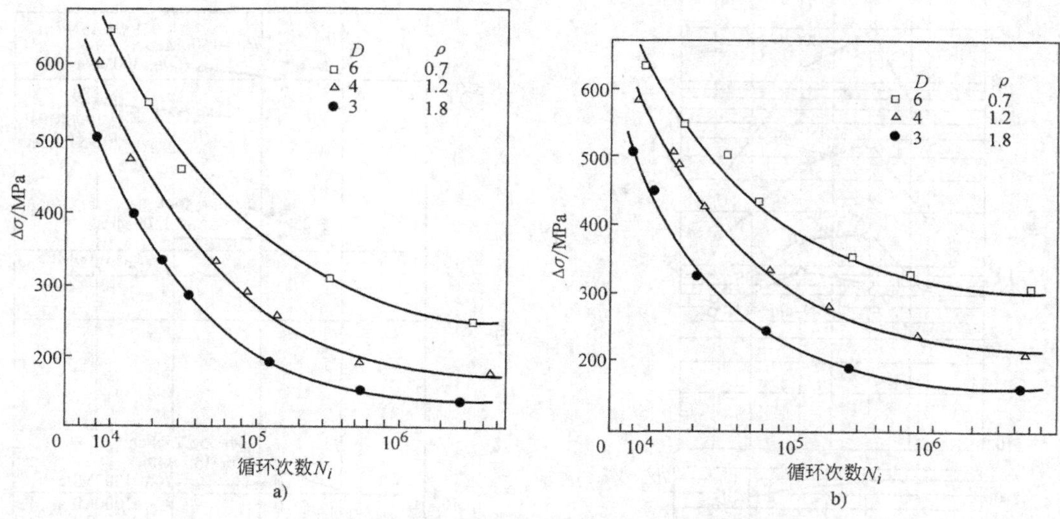

图 6-137　循环应力 Δσ-疲劳裂纹萌生寿命 N_i 曲线

a) 35CrMo　b) 试验用铸钢

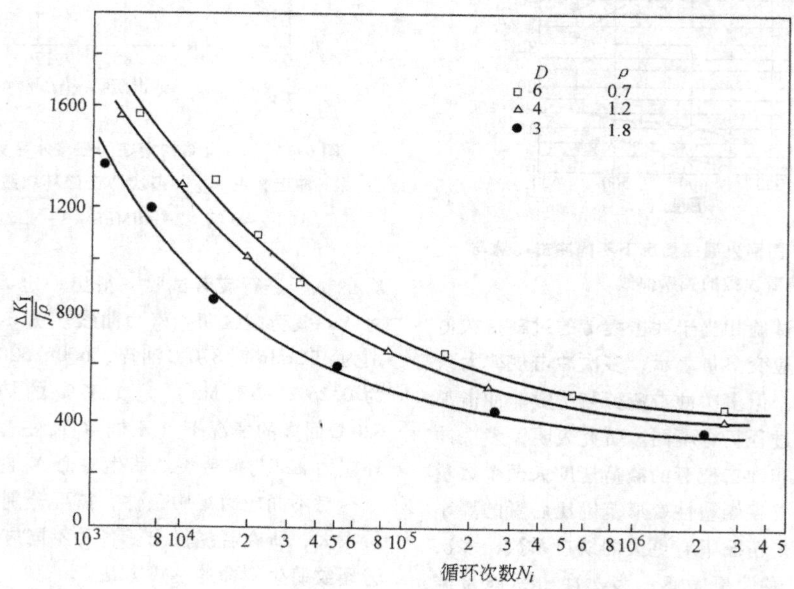

图 6-138　35CrMo 钢 $\frac{\Delta K_I}{\sqrt{\rho}}$-$N_i$ 曲线

2. 局部应变法　局部应变法的出发点（即相同的应变幅）将导致相同的疲劳损伤，如果缺口根部的局部应变幅能够确定，那么缺口构件的疲劳寿命就可以根据光滑试样的低周疲劳数据来估算。

缺口根部的应变幅 $\Delta\varepsilon$ 可根据 Neuber 法则求解，或用有限元方法求解，求得 $\Delta\varepsilon$ 后，可根据低周疲劳式(6-92)～式(6-94)计算构件寿命。

6.6.5.2　疲劳裂纹的扩展

大型铸锻件及焊接件中，缺陷不能完全避免，机器零件在运行过程中也会产生裂纹。有了缺陷和裂纹之后，零件的剩余寿命就取决于疲劳裂纹扩展速率 da/dN 和极限裂纹长度 a_C。裂纹扩展速率 da/dN 与外加应力强度因子范围 ΔK 有比较明显的关系，典型的 da/dN 与 ΔK 的关系曲线如图 6-139 所示。ΔK 比

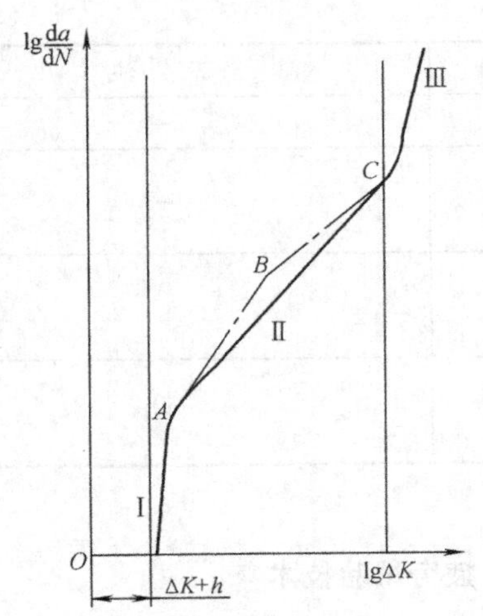

图 6-139 典型的 da/dN 与 ΔK 关系曲线

较低时，即裂纹扩展初始阶段（第Ⅰ阶段），da/dN 随 ΔK 增加而增长很快；进入第Ⅱ阶段后，da/dN 的增长转趋平稳；当 ΔK 很大时，da/dN 又急剧增长，这时已进入疲劳破坏的后期，为第Ⅲ阶段。第Ⅱ阶段为机件疲劳裂纹扩展的主要过程，第Ⅲ阶段只有很少扩展周次，意义不大。第Ⅱ阶段的 da/dN 与 ΔK 可用下式（称为 Paris 公式）表示

$$\frac{da}{dN}=c(\Delta K)^n \tag{6-96}$$

式中的 c、n 为材料常数。对结构钢，指数 n 在2~4之间变化；对铝合金，指数 n 在 2~7 之间变化。

式（6-96）可转化成

$$N=\int_{a_0}^{a_C}\frac{da}{c(\Delta K)^n} \tag{6-97}$$

a_0 为裂纹初始长度，a_C 为裂纹极限长度，可依材料的 K_{IC} 或 K_{fc} 算出（K_{fc} 特指疲劳断裂时相当的应力强度因子），依此式可估算零件剩余寿命。

式（6-97）是在应力强度因子比$\left(R=\frac{K_{min}}{K_{max}}\right)$比较小时得出的，当 R 比较大时，R 对 da/dN 有较大影响，则

$$\frac{da}{dN}=\frac{A'\Delta K^{n'}}{(1-R)K_C-\Delta K} \tag{6-98}$$

式中 A'、n'——由材料性质决定；

K_C——相应厚度下材料的断裂韧度。

式（6-98）称为 Forman 公式。

当 ΔK 降低到临界值 ΔK_{th}时，疲劳裂纹扩展速率变得特别慢，GB/T 6398—2000 定义裂纹扩展速率为 10^{-7}mm/次的 ΔK 为 ΔK_{th}，即存在疲劳裂纹不发生扩展的应力强度因子值，称为疲劳裂纹扩展门槛值，简称“疲劳门槛值”。对于钢，ΔK_{th}一般小于 13MPa · $m^{\frac{1}{2}}$；对于铝合金，则小于 4MPa · $m^{\frac{1}{2}}$。

依 ΔK_{th}值，可计算在所承受载荷下，可能的非扩展裂纹长度。

还可将 ΔK_{th}值写成如下形式：

$$\Delta K_{th}=Y\Delta\sigma_{th}\sqrt{\pi a} \tag{6-99}$$

式中的 $\Delta\sigma_{th}$中的 σ_{thmax}相当于包含非扩张裂纹 a 的疲劳极限。

6.6.5.3 典型材料疲劳裂纹扩展速率和门槛值

几种国产结构钢疲劳裂纹扩展速率见表 6-38。

表 6-38 几种国产结构钢的疲劳裂纹扩展速率

牌号	热处理	裂纹扩展速率/(mm/次)	备注
40	860℃正火	$1.032\times10^{-12}(\Delta K)^3$	ΔK 为 19~51MPa · $m^{\frac{1}{2}}$
30CrMnSiNiA	910℃油淬,250℃回火	AB 段 $3.2\times10^{-14}(\Delta K)^4$ BC 段 $1.71\times10^{-8}(\Delta K)^{1.5}$	B 点处 ΔK = 19.8MPa · $m^{\frac{1}{2}}$
	910℃油淬,450℃回火	AB 段 $3.78\times10^{-14}(\Delta K)^4$ BC 段 $1.67\times10^{-8}(\Delta K)^{1.5}$	B 点处 ΔK = 18.5MPa · $m^{\frac{1}{2}}$
	910℃油淬,550℃回火	AB 段 $4.147\times10^{-14}(\Delta K)^4$ BC 段 $1.65\times10^{-8}(\Delta K)^{1.5}$	B 点处 ΔK = 17.6MPa · $m^{\frac{1}{2}}$
40CrNiMoA	860℃淬火,560℃回火	$(4.16\sim7.6)\times10^{-11}(\Delta K)^{2.6}$	ΔK 为 26~96MPa · $m^{\frac{1}{2}}$
14MnMoNbB	920℃淬火,620℃回火	$8.12\times10^{-11}(\Delta K)^{2.5}$	ΔK 为 32~64MPa · $m^{\frac{1}{2}}$
30Cr2MoV	940℃空冷,680℃炉冷	$6.62\times10^{-11}(\Delta K)^{2.44}$	f=10000 次/min,$\Delta K\geqslant$12MPa · $m^{\frac{1}{2}}$
		$1.54\times10^{-9}(\Delta K)^{2.08}$	f=0.7 次/min,$\Delta K\geqslant$28MPa · $m^{\frac{1}{2}}$

（续）

牌号	热处理	裂纹扩展速率/(mm/次)	备注
5CrNiMo	淬火,220℃回火	$1.008\times10^{-18}(\Delta K)^{6.25}$	—
	M + 10% $B_下$（体积分数),220℃回火	$1.078\times10^{-12}(\Delta K)^{3.41}$	—
	M + 25% $B_下$（体积分数),220℃回火	$6.837\times10^{-14}(\Delta K)^{2.55}$	—
	M + 40% $B_下$（体积分数),220℃回火	$1.019\times10^{-10}(\Delta K)^{2.45}$	—

注：*AB* 段、*BC* 段、*B* 点见图 6-139。

几种国产结构钢疲劳裂纹扩展门槛值见表 6-39。

表 6-39 几种国产结构钢的疲劳裂纹扩展门槛值

牌号	状态		$\Delta K_{th}/MPa\cdot m^{\frac{1}{2}}$
42CrNi3A	1050℃油淬,600℃回火		7.33
	870℃油淬,600℃回火		5.80
20Cr2Ni4	600℃回火		6.5
	300℃回火		4.7
	200℃回火		4.4
20CrMnSiMoV	600℃回火		6.5
	500℃回火		5.4
	300℃回火		5.0
	200℃回火		4.8
35CrMo	600℃回火		6.8
	400℃回火		4.8
Q345(16Mn)	热轧	*R*0.2	9.6
		*R*0.6	6.7
	焊趾	*R*0.2	8.14
		*R*0.6	4.40
Q345(16MnRE)	热轧	*R*0.8	3.85
		*R*0.7	3.91
		*R*0.5	4.62
		*R*0.2	5.22
45Cr	600℃回火		4.7
	500℃回火		5.15
	400℃回火		6.27
	200℃回火		5.0
5CrNiMo	淬火,全马氏体,220℃回火		3.96
	M + 10% $B_下$（体积分数),220℃回火		4.16
	M + 25% $B_下$（体积分数),220℃回火		5.03
	M + 40% $B_下$（体积分数),220℃回火		5.54

6.6.6 疲劳试验技术

6.6.6.1 疲劳曲线和疲劳极限的测定

GB/T 3075—2008《金属材料 疲劳试验 轴向力控制方法》和 GB/T 4337—2008《金属材料 疲劳试验 旋转弯曲方法》是常用的疲劳曲线和疲劳极限测定方法。GB/T 4337—2008 规定旋转弯曲疲劳试验可以是悬臂梁式加载，也可以是试样两端均有支承的四点加载。四点加载的试样受载情况如图 6-140 所示。图中还示意表示出试样沿断面所受弯矩 *M* 和弯曲应力 σ。

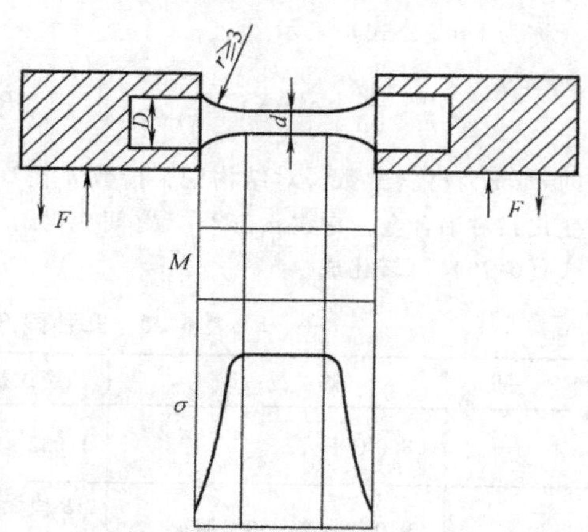

图 6-140 圆柱形试样四点弯曲加载

推荐的试样形状及尺寸如图 6-141 所示，其直径 *d* 为 6mm、7.5mm、9.5mm，*d* 的偏差为 ±0.05mm，夹持端之间的距离为 40mm。

测定疲劳极限可采取“升降法”，其步骤是取试样 13～16 根，根据已有的资料，对疲劳极限作一粗略估计，应力增量 $\Delta\sigma$ 一般选为预计疲劳极限的 3%～5%，试验一般在 3～5 级应力水平下进行。第一根试样的应力水平略高于预计疲劳极限，如果在达到规定疲劳极限循环数（如 10^7）不断，则下一根试样再升高 $\Delta\sigma$ 进行（反之，则降低 $\Delta\sigma$ 进行），这样

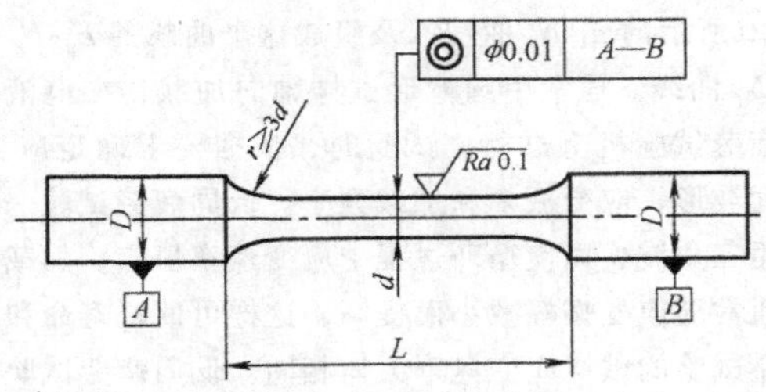

图 6-141　标准试样尺寸

直至完成全部试验。图 6-142 所示为升降法测疲劳极限，由 16 个点组成。处理数据时，在第一对出现相反结果以前的数据均舍去。图中点 3 和 4 是第一对出现的相反结果，因此点 1 和 2 舍去，而第一次出现相反结果的点 3 和 4 的平均应力值$\frac{1}{2}(\sigma_2+\sigma_3)$，就是单点试验法给出的疲劳极限值。如此把所有邻近出现相反结果的数据点均配成对子，即 7 和 8，10 和 11，12 和 13，15 和 16，最后，对于不能直接配对的数据点 9 和 14 也凑成一对，总共有 7 个对子，由这 7 个对子求得的 7 个疲劳极限值的平均值，即可作为疲劳极限精确值 σ_{-1}。

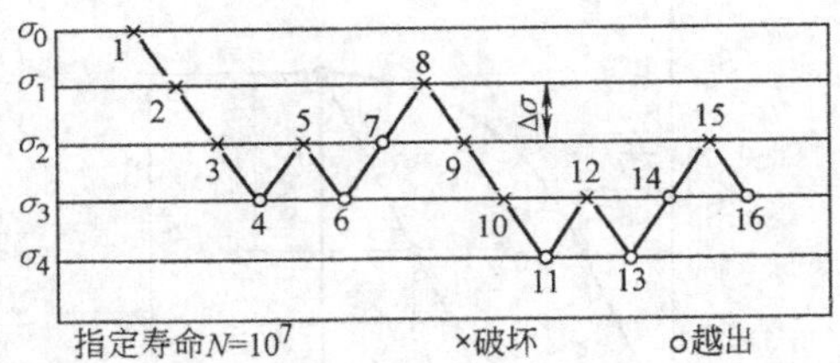

图 6-142　升降法测疲劳极限

$$\sigma_{-1}=\frac{1}{7}\left(\frac{\sigma_2+\sigma_3}{2}+\frac{\sigma_2+\sigma_3}{2}+\frac{\sigma_1+\sigma_2}{2}+\frac{\sigma_3+\sigma_4}{2}+\frac{\sigma_3+\sigma_4}{2}+\frac{\sigma_2+\sigma_3}{2}+\frac{\sigma_2+\sigma_3}{2}\right)$$

$$=\frac{1}{14}(\sigma_1+5\sigma_2+6\sigma_3+2\sigma_4) \tag{6-100}$$

还可写成普遍式：

$$\sigma_{-1}=\frac{1}{n}(V_1\sigma_1+V_2\sigma_2+\cdots+V_m\sigma_m)$$

$$=\frac{1}{n}\sum_{i=1}^{m}V_i\sigma_i \tag{6-101}$$

式中　V_i——在第 i 级应力 σ_i 下进行的试验次数；

n——试验总次数；

m——应力水平的级数。

故疲劳极限是以试验次数为 n 的加权应力平均值。

这样求得的疲劳极限存活率为 50%。如果需要，可对试验结果用数理统计方法进行数据处理，求出任一存活率下的条件疲劳极限。

疲劳曲线的测定，须至少取 4～5 级应力水平，用升降法测得疲劳极限做 σ-N 曲线的低应力水平点；其他 3～4 级较高应力水平的试验，则采用成组法，每组试样数量取决于试验数据的分散度和所要求的置信度，通常一组需 5 根左右试样。以最大应力或对数最大应力为纵坐标，以对数疲劳寿命为横坐标，将试验数据一一标在单对数或双对数坐标纸上，用直线进行最佳拟合，即成旋转弯曲疲劳试验曲线（σ-N 曲线），如图 6-143 所示。

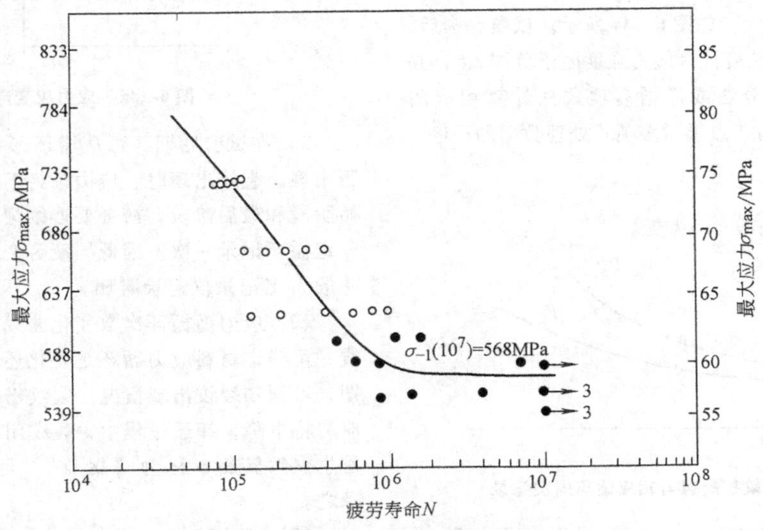

图 6-143　40Cr 钢旋转弯曲疲劳试验曲线

注：R_m = 1176MPa，试样直径为 ϕ75mm。

6.6.6.2　疲劳门槛值 ΔK_{th} 和裂纹扩展速率 da/dN 的测定

GB/T 6398—2000《金属材料疲劳裂纹扩展速率测定方法》规定，测定疲劳门槛值 ΔK_{th} 可用三点弯曲、紧凑拉伸或中心裂纹试样，形状尺寸与平面应变断裂韧度 K_{IC} 试样相同。试样先预制裂纹（与 K_{IC} 试样预制裂纹的要求相同），预制裂纹最大载荷 F_{max} 不能大于测定 ΔK_{th} 时初始的 F_{max}。现在国内常用电磁振荡式高频疲劳试验机或电液伺服疲劳试验机，采用降载法测定 ΔK_{th}，即先在较高的 ΔF 下循环，裂纹有明显的增长，则降低 ΔF 数值，da/dN 也相应减慢；这样一级一级地降载，da/dN 也逐步减慢，直到裂纹停止扩展的最大 ΔK，即为 ΔK_{th}。定义循环 10^6 周次，裂纹扩展小于 0.1mm，即 $da/dN < 10^{-7}$mm 时的 ΔK 为 ΔK_{th}。为了避免上一级 ΔK 对下一级 ΔK 的裂纹扩展所产生的过载停滞作用和残余应力作用，一方面两级 ΔK 之差不要太大（不大于 10%）；另一方面，在每一级 ΔK 时，要经过一定长度的裂纹扩展量 Δa 再进行 da/dN 测定，规定 Δa 要大于上一级塑性区宽度 r_y 的 4～6 倍。其中，$r_y = a\left(\frac{K_{max}}{R_{p0.2}}\right)^2$，对平面应力，$a = \frac{1}{2\pi}$；对平面应变，$a = \frac{1}{6\pi}$。

裂纹长度的测量常用的方法有显微镜测量法，交、直流电位法（外加电流直接通过试样或另外粘贴断裂片）等。一些试验机附有自动分析处理数据的软件。

可用同一试样，测出其 ΔK_{th} 后接着测量 da/dN。在裂纹扩展过程中，隔一段时间测量一次裂纹扩展量 Δa，并记录相应的循环周次 N，得出裂纹长度 a 与循环周次 N 的记录曲线，如图 6-144 所示。试验完毕后，依载荷及相应裂纹长度计算应力强度因子范围 ΔK，并用割线法、图解微分法或递增多项式法计算相应的 da/dN。标准中附有 7 点递增多项式处理数据的程序。

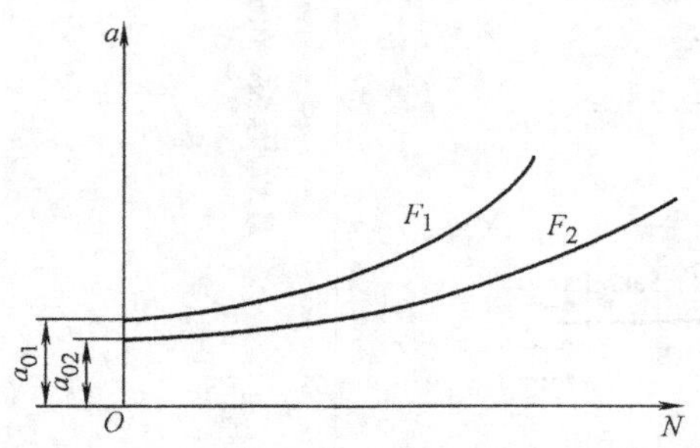

图 6-144　裂纹扩展量与相应循环周次记录

6.6.6.3　低周疲劳试验

低周疲劳试验的任务主要是测得材料的如图 6-121 所示的 ε_t-N_f 曲线以及组成这个曲线的 ε_p-N_f 和 ε_e-N_f 曲线。通常用圆棒形试样轴向加载，在电液伺服疲劳试验机上进行。试验时，根据要求确定应变-时间波形、应变振幅和加载频率。低周疲劳试验一般选用三角波，以使循环过程中应变速率恒定，加载频率通常随应变振幅减小而提高，这样可使长寿命和短寿命试验的试样应变速率大体相同。低周疲劳试验循环频率较低，一般在 0.1～1Hz 范围。对大多数金属材料，应变振幅选在 ±2.0% 和 ±0.2% 之间，就可得到较好的低周疲劳曲线。为测得一条良好的低周疲劳曲线，需 10～15 根试样。

试验过程中，要测量和记录如下数据：

（1）循环应力应变滞环。低周疲劳试验中将出现应力应变滞环，如图 6-145 所示。从应力应变滞环记录中，可观察到如下内容：

1）材料在循环受载条件下是循环硬化还是循环软化。

2）依滞环面积和形状，计算每一循环中弹性应变成分大小和塑性应变成分大小以及其在总应变中占的比例。

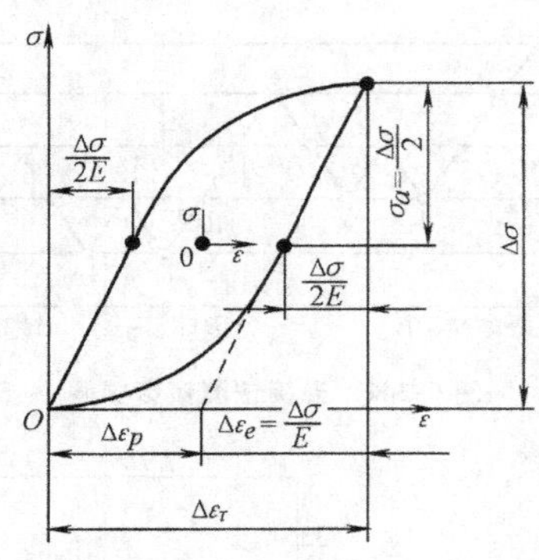

图 6-145　应力应变滞环

3）在试验后期，可从滞环形状变化看出裂纹是否出现。裂纹出现时，应力幅将下降。所以在试验开始阶段和最后阶段，滞环要连续记录，中间阶段可隔一定循环记录一次。因低周疲劳变形速率不高，可用一般 X-Y 记录仪记录滞环。

（2）应力随循环次数变化曲线。记录应力变化曲线，可确定材料应力循环是硬化还是软化，到试验后期，可预知裂纹出现情况。裂纹出现时，加载过程中应力将下降，卸载过程中，裂纹闭合时，卸载曲线将发生突然转折，称为“拐点”。可用条带记录仪记录之。

（3）应变速率。试验中用条带记录仪记录波形-时间，以计算应变速率 $\dot{\varepsilon} = d\varepsilon/dt$。

（4）失效循环数（即疲劳寿命）N_i。循环过程中出现裂纹，在卸载曲线上出现拐点。裂纹越深、越长，出现拐点的应力水平越高，试验中以拐点出现的规定的应力水平所对应的循环周次来定义失效循环寿命数（疲劳寿命）N_i。

6.6.7　疲劳试验机

疲劳试验机有机械传动、液压传动、电磁谐振以及电液伺服等类型，机械传动类中有重力加载、曲柄连杆加载、飞轮惯性式、机械振荡等形式。以下简述几种常用的疲劳试验机。

6.6.7.1　旋转弯曲疲劳试验机

这种试验机的历史最久，是积累数据最多、迄今仍在广泛应用的疲劳试验设备。它是从模拟轴类工作条件发展起来的。图 6-146 所示为旋转弯曲疲劳试验机外形图。试样 5 与左右弹簧夹头连成一个整体的转梁，用左右两对滚动轴承四点支承在一对转筒 4 内，电动机 8 通过计数器 7、活动联轴器 6 带动试样在转筒内转动，加载砝码 1 通过吊杆 2 和横梁 3 作用在转筒 4 上，从而使试样承受一个恒弯矩。吊重不动，试样转动，则试样截面上承受对称循环弯曲应力。当试样疲劳断裂时，转筒 4 落下触动停车开关，计数器记下循环断裂周次 N。这样的试验机转速一般在 3000 ~ 10000r/min。

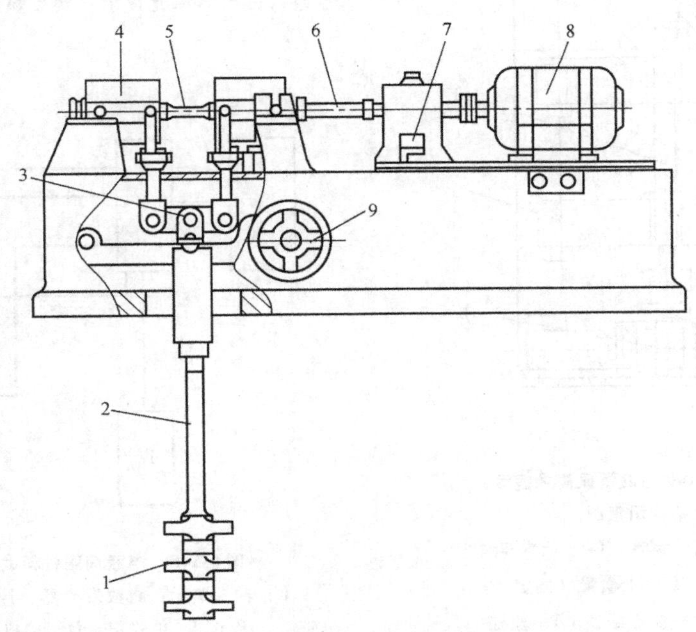

图 6-146　旋转弯曲疲劳试验机外形图

1—砝码　2—吊杆　3—横梁　4—转筒　5—试样　6—活动联轴器　7—计数器　8—电动机　9—加载卸载手轮

6.6.7.2　电磁谐振疲劳试验机

Roell-Amsler 公司的 HFP5100 型电磁谐振高频疲劳试验机，是多功能的、得到广泛应用的疲劳试验机，经过许多年的改进，结构和性能都更加合理完善，其结构示意图如图 6-147 所示。该试验机基本上是由激振质量（可调节）M_2、预载弹簧 C_2、上横梁 M_1、试样 C_1、基础质量 M_0 和基础弹簧 C_0 等串联组成的机械式振动系统。

振动体系有一极微的振动经传感器得到一与之相应的同位相同频率的振动电势，放大得到与之相应的同位相同频率的强大电流通入激振磁铁 F，由磁铁对试样施加同位相同频率的循环作用力，使试样以系统固有频率经受循环载荷而进行疲劳试验。

频率由上述诸 M 和 C 决定，其中 C_2、M_1、M_0 和 C_0 都是机器本身确定不变的，C_1 则由试样形状尺寸和材料决定。为了改变频率，可改变试样形状尺寸，还可改变激振质量 M_2。M_2 由 4 个质量块组成，可以有 5 种不同组合方式。

试样的平均载荷（静载荷部分）可通过一个直流式伺服电动机 P 驱动一个无间隙的丝杠 T 移动下横梁 L，通过预载弹簧 C_2 施加给试样 C_1。

下横梁移动还可改变装置试样的空间以安装不同

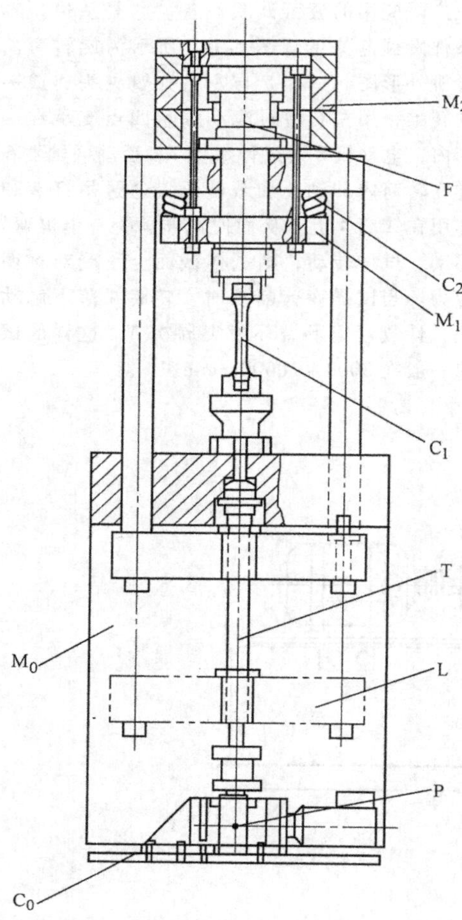

图 6-147　HFP5100 电磁谐振高频疲劳试验机结构示意图

C_0—基础弹簧　C_1—试样　C_2—预载弹簧
M_0—基础质量　M_1—上横梁（固定）
M_2—激振质量　F—激振磁铁　T—丝杠
L—下横梁（可移动）　P—直流式伺服电动机

高度的试样。

6.6.7.3　电液伺服疲劳试验机

计算机控制的电液伺服材料试验机是现代最为完善、最为先进的材料试验机，对低周疲劳、随机疲劳、断裂力学的各项试验开展有了很大的推动。电液伺服疲劳试验机的准确性、灵敏性和可靠性比其他类型的试验机都要高，可以实现载荷控制、位移控制或应变控制的任何一种方式，可在裂纹扩展过程中保持恒定，可以测出试样的应力应变关系、应力应变滞后回线随周次的变化，可任意选择应力循环波形；配用计算机后，可进行复杂的程序控制加载、数据处理分析以及打印、显示和绘图；可以通过伺服阀与执行器的各种配置，加上适当的泵源，组成频率范围为0.0001～300Hz 的各种系统。吨位容量范围为1～3000t，适用于试件及各种结构。

图 6-148 所示为世界范围广泛应用的 Instron 和 MTS 电液伺服试验机原理图。输入单元Ⅰ通过伺服控制器Ⅱ将控制信号给到伺服阀 1，用控制信号来控制从高压液压源Ⅲ来的高压油推动动作器 2 变成机械运动作用到试样 3 上。同时，载荷传感器 4、应变传感器 5 和位移传感器 6 又把力、应变、位移转化成电信号，其中一路反馈到伺服控制器中与给定信号比较，将差值信号送到伺服阀，调整动作器位置，并不断反复此过程，最后使试样上承受的力（应变、位移）达到要求精度；而力、位移、应变的另一路信号通入读出器单元Ⅳ上，实现显示记录功能。

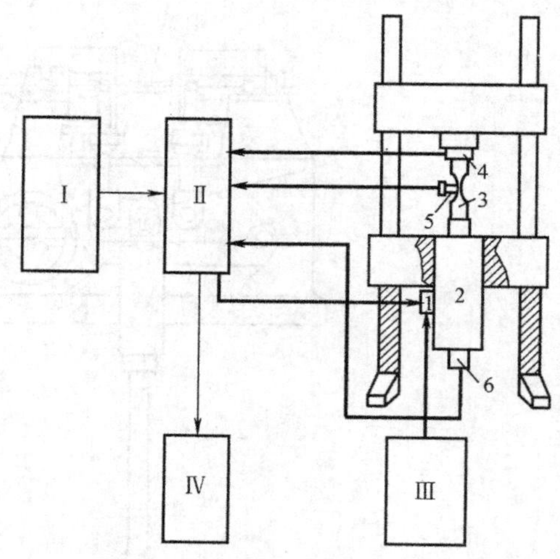

图 6-148　电液伺服材料试验机原理图

Ⅰ：输入单元：函数发生器、计算机程序、任意程序器、带式记录仪、随机信号发生器等
Ⅱ：伺服控制器：载荷、冲程、应变
Ⅲ：高压液压源
Ⅳ：读出器：数字电压表、示波器、记录仪、计算机系统
1—伺服阀　2—动作器　3—试样　4—载荷传感器
5—应变传感器　6—位移传感器

6.7　磨损试验

由于摩擦导致的磨损是机器零部件失效的主要原因之一。据统计，工程中约有一半左右的零件失效是由磨损引起的。摩擦磨损与金属材料的化学成分、组织状态及力学性能等有密切关系。利用热处理，特别是化学热处理可以大幅度提高材料的耐磨性。

按照运动状态，摩擦分为静摩擦和动摩擦，动摩擦又可分为滑动摩擦与滚动摩擦。根据润滑状态可以分为干摩擦、液体摩擦、边界摩擦及混合摩擦。

材料的磨损是在摩擦力作用下，其表面形状、尺寸发生损伤，组织与性能发生变化的过程。通常磨损过程分为三个阶段，如图 6-149 所示。

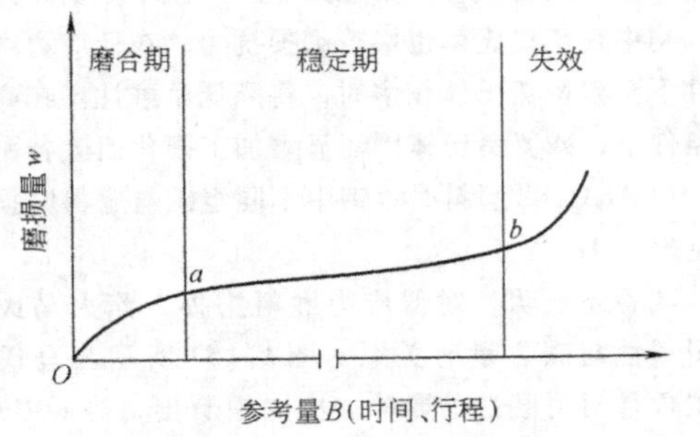

图 6-149　磨损曲线

(1) 磨合阶段（图中 Oa 段）。摩擦开始时表面具有一定的表面粗糙度，真实接触面积较小，故磨损速率很大，随着表面逐渐被磨平，真实接触面积增大，磨损速率减慢。

(2) 稳定磨损阶段（ab 段）。经过磨合，接触表面进一步平滑，磨损稳定，即磨损量很低、磨损速率不变。该阶段是机件正常工作时期。

(3) 剧烈磨损阶段（b 点以后）。随时间或行程增加，接触表面之间的间隙逐渐扩大，磨损速率急剧增加，精度丧失，最后导致机件失效。

材料的耐磨性除与其自身特性有关外，还与材料的服役或试验条件有关，例如介质种类、润滑条件及温度高低等。因此，材料的磨损是十分复杂的问题，许多问题至今尚不清楚，甚至对磨损的分类仍不统一。现根据多数常用的分类方法，将磨损分为五类，分述如下。

6.7.1　磨损分类

按照磨损机理可将磨损分为：磨料磨损、粘着磨损、接触磨损、腐蚀磨损及微动磨损等。

在这些磨损形式中，磨料磨损最普遍，约占磨损事例的 50%；其次是粘着磨损，约占 15%；微动磨损是复合磨损。

各种磨损失效特征见表 6-40。

表 6-40　各类磨损失效特征

磨损形式	表面特征	磨削特征	典型零件
磨料磨损	表面有划痕或犁沟	条状或切削状	挖掘机斗齿、矿机零件、犁铧与农机
粘着磨损	表面有细条痕，严重时有“挂蜡”现象（金属转移）	片状或层状	蜗轮蜗杆、凸轮顶杆、缸套活塞环
接触疲劳	表面有麻坑	块状	滚动轴承、齿轮
腐蚀磨损	表面有反应膜，较光亮	碎片或粉末	化工机械零件
微动磨损	表面有反应氧化物	粉末状	摩擦片、轴颈轴肩、紧固连接件

磨损常常是多种形式同时发生的，并非单一类型，并且在运转过程中磨损类型还可能发生转化。图 6-150 所示为在压力一定时滑动速度与磨损量的关系。当滑动速度很低时，摩擦在表面氧化膜间进行，

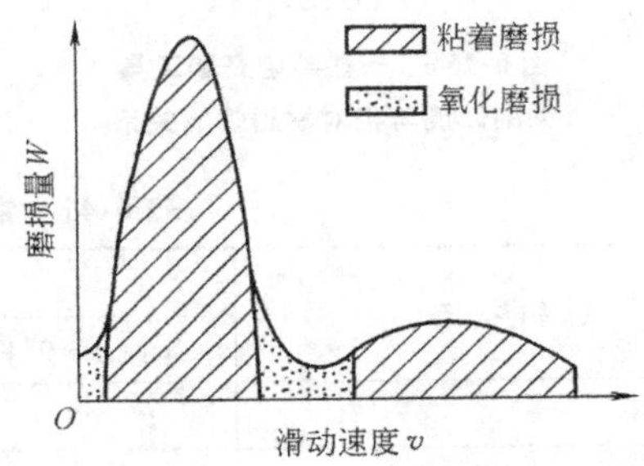

图 6-150　压力一定时滑动速度与磨损量的关系

此时产生的磨损为氧化磨损，磨损量小。随滑动速度增大，氧化膜破裂，便转化为粘着磨损，磨损量也随之增大。滑动速度再增加，因摩擦热增大而使接触表面温度升高，使氧化过程加快，出现了黑色氧化铁粉末，从而又转化为氧化磨损，其磨损量又变小。如果滑动速度再继续增大，将再次转化为粘着磨损，磨损剧烈，导致零件失效。

因此，在实际工作中应努力找出磨损的主导形式，再采取措施，提高机件的耐磨性。

6.7.1.1　磨料磨损

一对摩擦副之间存在有硬质颗粒时，零件表面产生的磨伤称为磨料磨损。这些硬质颗粒很像许多把微小切削刀具在金属表面切削，导致表面损伤。例如矿山机械、农业机械、工程机械、建筑机械等零部件常与泥沙、矿石、渣滓等接触，发生的磨损大都是磨料磨损。

影响磨料磨损的因素，一是材料自身的特性，二是试验条件或零件服役的环境。

1. 材料的硬度　硬度越高，耐磨性越好。图 6-151

所示为一些纯金属和工具钢的硬度与相对耐磨性 ε 的关系。相对耐磨性 ε 可用下式表示：

$$\varepsilon=\frac{\text{标准试样磨损量}}{\text{试样磨损量}}$$

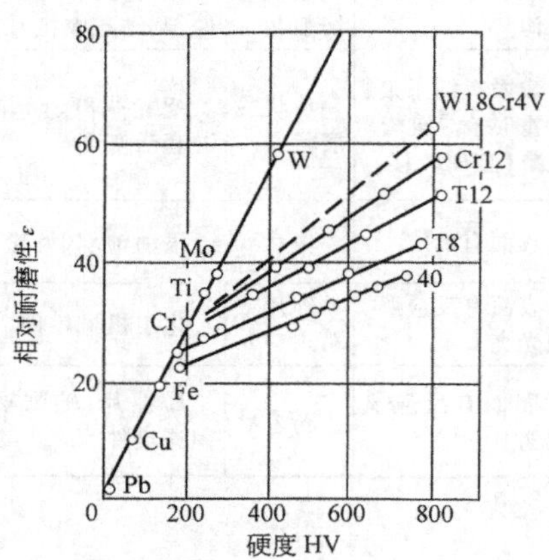

图 6-151　一些纯金属和工具钢的硬度与相对耐磨性的关系

2. 化学成分　钢中碳含量越高，硬度也越高，耐磨性越好。以固溶状态存在的合金元素对耐磨性作用不大，形成碳化物时能显著提高耐磨性。

3. 显微组织　钢中组织对磨料磨损影响显著，耐磨性依铁素体、珠光体、贝氏体和马氏体顺序递增。而片状珠光体又优于球状珠光体。在相同硬度下，等温淬火得到组织的耐磨性又比回火马氏体要好。钢中残留奥氏体也影响磨损抗力，在低应力磨损条件下且残留奥氏体较多时，将降低耐磨性。在高应力条件下，残留奥氏体因能显著加工硬化而改善耐磨性。用 Al_2O_3 做磨料时，钢中不同组织与磨料磨损关系见表 6-41。

试验还表明，对低应力磨料磨损，淬火马氏体的耐磨性与碳含量有关系。图 6-152 所示为马氏体中碳含量对耐磨性的影响。由图中看出，当 w(C) 低于 1% 时，随马氏体中碳含量增加，耐磨性增加；w(C) 高于 1% 时，随马氏体中碳含量增加，耐磨性降低。

表 6-41　钢中不同组织与磨料磨损关系

组织状态	硬度 HRC		相对耐磨性 ε	
	w(C) = 0.47%	w(C) = 0.82%	w(C) = 0.47%	w(C) = 0.82%
淬火马氏体	58.5	64	1.69	1.83
淬火马氏体 100℃回火	57.5	64	1.68	2.33
淬火马氏体 200℃回火	55.0	58	1.60	1.85
淬火马氏体 + 托氏体	53.5	—	1.56	—
400℃回火(托氏体)	40	43.5	1.16	1.35
淬火索氏体	21	—	1.11	—
600℃回火索氏体	24	28.5	1.06	1.15
珠光体	—	97HRB	—	1.1
珠光体 + 铁素体	90HRB	—	1.0	—

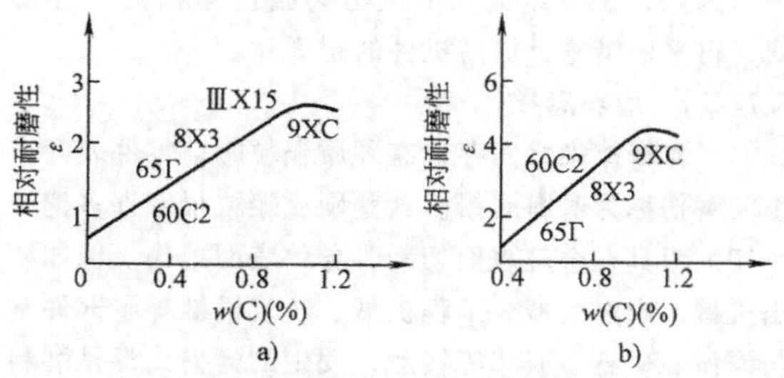

图 6-152　马氏体中碳含量对耐磨性的影响

a) 用 Al_2O_3 做磨料　b) 用 SiO_2 做磨料

注：65Γ = 65Mn，60C2 = 60Si2Mn，9XC = 9SiCr，ⅢX15 = GCr15，8X3 = 8Cr3。

钢中碳化物对耐磨性有显著影响。在软基体上（例如铁素体等）存在碳化物，可显著提高耐磨性；但是在硬基体中（例如马氏体），碳化物像缺口一样，对提高耐磨性不但无益，反而有害。因此，只有碳化物硬度比基体硬度高得多时，才能提高耐磨性。

4. 加工硬化　图 6-153 所示为加工硬化对低应力磨损试验时耐磨性的影响。可以看出，因塑性变形而加工硬化的材料虽然提高了材料的硬度值，但却没有使耐磨性增加。所以在低应力磨损时，并不能依靠加工硬化来提高表面耐磨性。如果是在高应力冲击加载条件下，表面会因加工硬化而使硬度升高，其耐磨性也随之增加。高锰钢的耐磨性就是这样，这种钢水韧处理后为软的奥氏体组织，在低应力磨损的场合，它的耐磨性不好；而在高应力带冲击磨损的场合，它具有特别高的耐磨性。这是由于奥氏体的加工硬化率很高，同时还发生了诱发马氏体转变之故。高锰钢用作碎石机的锤头、颚板可呈现很好的耐磨性，而用作拖拉机履带板或犁铧时耐磨性却不高，就是两种情况下工作应力不同所致。

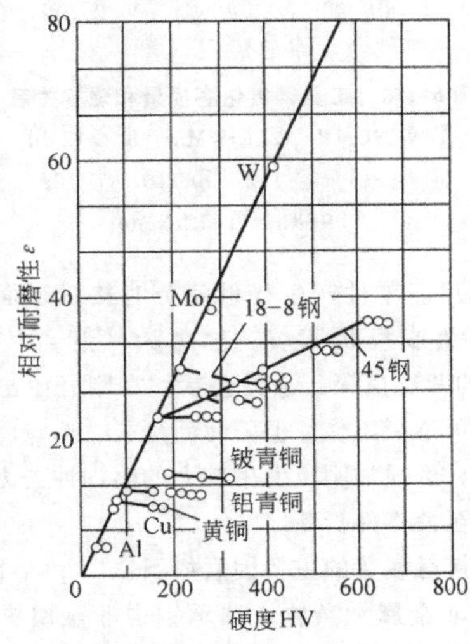

图 6-153　加工硬化对低应力磨损试验时耐磨性的影响

5. 试验条件　磨料硬度越高，钢的磨损率越大；当硬度超过一定值后，钢的磨损量大小与磨料硬度无关。磨料尺寸及形状与钢的磨损有关系，尺寸大，磨损增加；磨料尺寸达到一定值后钢的磨损反而减缓。磨料越锐利，钢的磨损量越大，磨料碰撞角对钢的磨损量也有影响。

6.7.1.2　粘着磨损

一对摩擦副在摩擦力作用下，接触面的表层发生塑性变形，表面的氧化膜等被破坏，露出新鲜金属表面，由于分子力的作用使两个表面粘结（或焊合）起来。当外力小于这个粘结力时，摩擦副的相对运动被迫停止，便发生“咬住”或“咬死”现象。当外力大于粘结力时，结合处被切断；如果切断是在原来两个接触表面之间，则不发生磨损；如果发生在强度低的一侧时，强度较高的一侧表面上将粘附有软金属，此称之为“金属转移”现象。这些粘附金属在反复滑动过程中可能由金属表面脱落下来成为磨屑。

粘着磨损磨损量 Q(mm^3) 表达式为

$$Q = K\frac{F}{H}L \tag{6-102}$$

式中　K——磨损系数；

F——接触压力；

H——硬度；

L——摩擦滑动距离。

K 实质上反映了配对材料粘着力的大小。试验测出的各种材料的 K 值范围很大，但对于每对材料有一特定值。如低碳钢/低碳钢，$K=7.0\times10^{-3}$；70 黄铜/工具钢，$K=1.7\times10^{-4}$；62 黄铜/工具钢，$K=6\times10^{-4}$，工具钢/工具钢，$K=1.3\times10^{-4}$；钨碳化物/低碳钢，$K=4.0\times10^{-6}$。

式（6-102）表示的磨损量与接触压力的关系只适合有限载荷范围内，如图 6-154 所示。当摩擦面压力低于布氏硬度值 1/3 时，K 值保持不变，压力超过材料布氏硬度 1/3 时，K 值将急剧增长，就会发生严重的磨损或“咬死”（而材料布氏硬度值的 1/3，相当于材料的抗拉强度 R_m），式（6-102）所示的关系便不复存在。

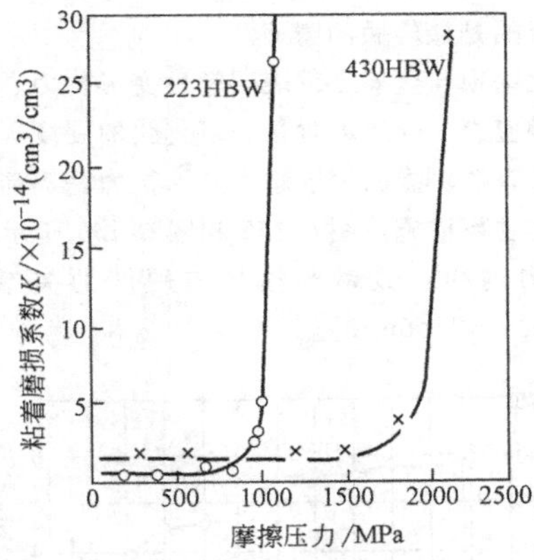

图 6-154　不同硬度的钢，粘着磨损系数与摩擦面承受压力的关系

影响粘着磨损的因素如下：

（1）金属间互溶性。互溶性好，粘着倾向大，磨损大。同种材料互溶性好，所以磨损量大。元素周期表中位置靠近的元素互溶性好，较远的互溶性不好，例如 Cu、Ni 可以形成完全互溶合金，它们之间粘着磨损倾向大。

（2）点阵类型。面心立方金属粘着倾向大，密排六方最小。

（3）组织。单相组织比多相组织磨损倾向大；粗晶粒比细晶粒大；固溶体比化合物大；下贝氏体的耐磨性比马氏体好；残留奥氏体增加了钢的耐磨性，碳化物增加钢的耐磨性。

（4）硬度。为了使零件表面有良好润滑能力，零件的表面应稍软些，次表层、再里层应有一缓慢过渡区。亚表层的高硬度区起支撑作用。

(5) 试验环境或零件工作环境。在易氧化环境中，由于氧化膜的存在，防止了金属纯净表面的直接接触，从而避免或减轻了粘着现象的发生。在高真空环境下，由于不会发生氧化，在润滑难以保持时，易发生粘着现象。

6.7.1.3　腐蚀磨损

在磨损过程中，金属与介质同时发生化学或电化学反应，使零件表面发生尺寸和重量损失的现象称为腐蚀磨损。氧化磨损是腐蚀磨损中最典型、最多见的一种。

一般机器零件都是在含氧环境中工作的，表面会形成一层氧化膜。当摩擦副相对运动时，氧化膜被刮伤或被压碎会露出新鲜金属，随后又会形成一层新的氧化膜，再被刮伤或压碎，这种现象称为“氧化磨损”。氧化物夹在摩擦表面之间，可能起磨料作用，露出的金属表面可能被粘着，因而氧化磨损可能导致粘着磨损和磨料磨损。不发展成粘着磨损和磨料磨损的氧化磨损是最轻微的磨损。

氧化磨损与金属零件表层塑性变形抗力、滑动速度、接触应力、介质氧含量、氧化膜的硬度、润滑条件等因素有关。提高表层塑性变形抗力是提高材料氧化磨损的主要措施。图 6-155 和图 6-156 所示分别为常用结构钢和工具钢磨损量与硬度的关系（$p = 1.47\text{MPa}$，$v = 1.56\text{m/s}$）。

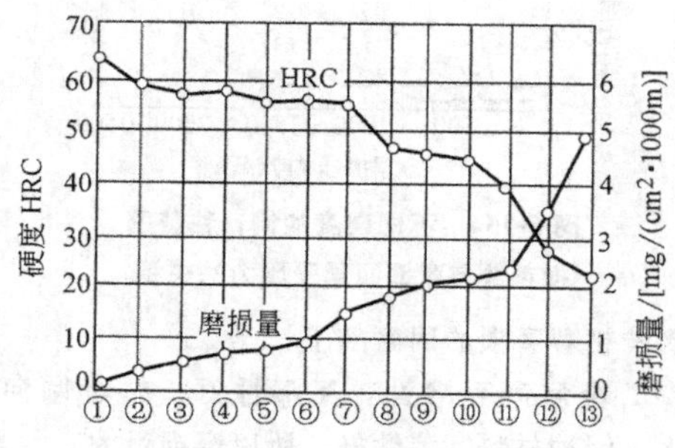

图 6-155　结构钢氧化磨损量与硬度关系

① 18CrMnTi 钢渗碳　② 12CrNi3A 钢渗碳　③ 18CrNiWA 钢渗碳　④ 20CrA 钢渗碳　⑤ T8 钢淬火　⑥ 40Cr 钢淬火　⑦ 45 钢淬火　⑧ 18CrNiWA 钢调质　⑨ 30CrMnSi 钢低温回火　⑩ 40CrNiMoA 钢调质　⑪ 37CrNi3 钢调质　⑫ 30CrMnSi 钢调质　⑬ 45 钢正火

6.7.1.4　接触疲劳

一些零件，如齿轮副、凸轮副、滚动轴承、钢轨与轮箍、凿岩机活塞与钎尾的打击端部等，它们的接触面在滚动摩擦或滚动与滑动复合摩擦时，在接触应力反复作用下，引起的表面疲劳破坏现象，称为“接触疲劳”。零件产生接触疲劳时接触表面上产生许多针尖状或痘状凹坑，称之为“麻点”或“点蚀”，有的凹坑很深，呈贝壳状。在刚开始出现少数麻点时仍可继续工作，但随时间延长，麻点将不断增多和扩大，磨损加剧，发生较大的附加冲击力，噪声增大，甚至使零件折断。

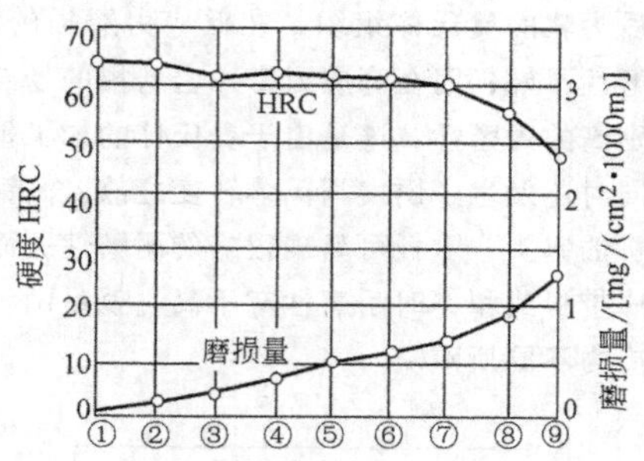

图 6-156　工具钢氧化磨损量和硬度关系

① W18Cr4V　② CrWMn　③ Cr12Mo　④ GCr15　⑤ T12　⑥ T10　⑦ T8A　⑧ 9SiCr　⑨ 5CrNiMo

影响接触疲劳的主要因素如下：

(1) 非金属夹杂物。轴承钢中非金属夹杂物有塑性的、脆性的和不变形（球状）的三种类型。其中，塑性夹杂物对接触疲劳寿命影响较小，球状夹杂物（钙硅酸盐和铁锰硅酸盐）次之，危害最大的是脆性夹杂物（氧化物 Al_2O_3、氮化物、硅酸盐和氮化物等），这是因为它们无塑性并且与基体的弹性模量不同，容易在和基体交界处引起高度应力集中，二者的膨胀系数差别对应力集中影响很大，从而成为影响疲劳寿命的重要因素。氧化物等夹杂膨胀系数小于基体，界面产生残余拉应力，使得疲劳强度降低；硫化物膨胀系数大于基体，在界面形成残余压应力，不仅不降低疲劳强度，反而有利。硫化物的有利作用还有可能是由于将氧化物包住，形成共生夹杂物。图 6-157所示为轴承钢中氧化铝、硅酸盐和硫化物夹杂含量对接触疲劳寿命的影响。

(2) 马氏体碳含量。对轴承钢的研究表明，在剩余碳化物相同的条件下，马氏体中碳含量（质量分数）为 0.4% ~0.5% 时，接触疲劳寿命最高，出现峰值，如图 6-158 所示。

(3) 剩余碳化物颗粒大小和数量。研究表明，轴承钢中的剩余碳化物颗粒细小的比粗大的接触疲劳寿命高。此外，碳化物分布要均匀，形状要圆。如果不是为了提高耐磨性，最好不要有剩余碳化物，因为试验观察到的裂纹都是在碳化物和马氏体界面上传播

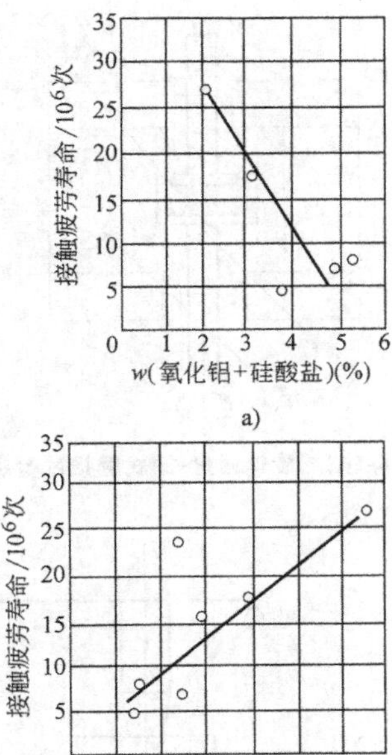

图 6-157　轴承钢中氧化铝、硅酸盐和硫化物夹杂含量对接触疲劳寿命的影响

a）氧化铝 + 硅酸盐　b）硫化物

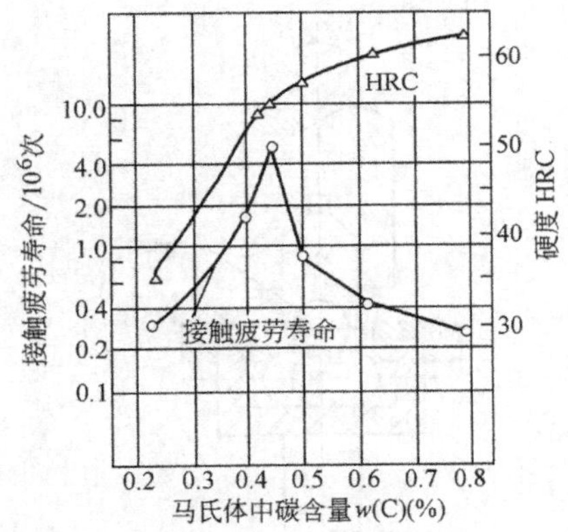

图 6-158　马氏体中碳含量与接触疲劳寿命关系

的。至少也要使剩余碳化物数量调整到 6%（体积分数）以下，否则对接触疲劳无好处。

（4）硬度。在中低硬度范围内，零件的表面硬度愈高，接触疲劳抗力愈大，但在高硬度范围，则并无这样的关系。图 6-157 所示为大量轴承钢接触疲劳试验结果。对一般静态接触轴承，最佳接触疲劳寿命的对应硬度约为 62HRC；对含有冲击性质载荷的接触疲劳，最佳对应硬度可略低，为 58 ~ 60HRC。同时，还要注意配对件间适当的硬度差，如软面齿轮，小齿轮比大齿轮硬度高出 25 ~ 50HBW 为宜。

6.7.1.5　微动磨损

微动磨损是一种典型的复合磨损，一般是由粘着磨损、磨料磨损和氧化磨损等过程结合在一起，有时还和接触疲劳相联系。它是在一对摩擦副表面之间由于振幅很小（1mm 以下）的相对振动而产生的磨损。如果磨损过程中两个表面之间化学反应起主要作用时，可称之为微动腐蚀磨损。轴颈与滚动轴承内圈，涡轮叶片的榫与轮盘的榫槽，以及螺母、螺栓与紧固的连接件接合面等，都可能出现微动磨损。

微动磨损主要特征是摩擦表面上存在大量磨损产物——磨屑。这些磨屑由大量氧化物组成，对铁基材料来说，出现的是红褐色粉末氧化铁（$\alpha\text{-}Fe_2O_3$）。这些磨屑往往不易排出，留在接触区周围。

图 6-159 所示为微动磨损对疲劳强度的影响。该图表明，微动磨损不仅使疲劳强度降低 30% ~ 40%，而且使应力—循环次数曲线上不存在极限值。

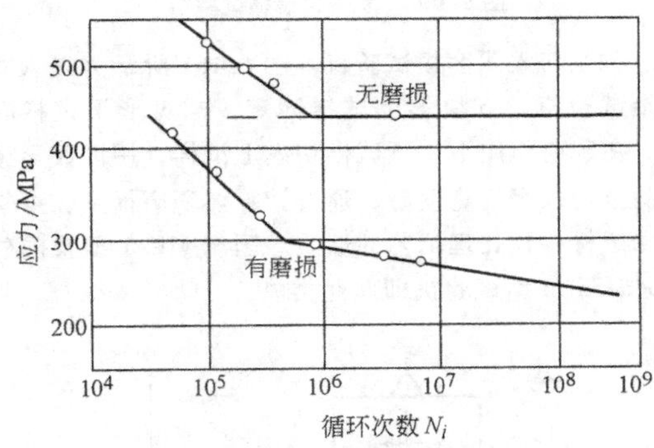

图 6-159　微动磨损对疲劳强度的影响

注：钢的化学成分（质量分数）：C0.25%、Cr0.25%、Ni0.25%、Mn1.0%。

材料抗微动磨损能力与抗粘着磨损能力有关，提高表面硬度（例如渗碳、渗氮）和表面涂覆保护层，以及添加润滑剂等均可提高微动磨损抗力。冷作硬化对提高微动磨损抗力有明显效果，轴肩及轴颈经滚压或喷丸处理后微动磨损抗力可提高 2 ~ 3 倍。设计中常在两接触面间采用加垫衬方法，或镀铜、磷化等处理，以改变接触条件，这是防止微动磨损的有效措施，如锻锤锤头与锤杆之间配合处，油井钻杆螺纹联接处等。

6.7.2　磨损试验机

磨损试验机因受试验条件（压力、滑动和滚动速度、介质及润滑条件、温度、配对材料性质及表面状态等）影响很大，因此试验条件必须尽可能接近零件实际工作条件，并且除在试验机上进行试样试验外，必要时还要进行中间台架试验和实物装机试验。

现在常用的试验机形式有如下几种：

（1）滚子式磨损试验机。图 6-160 所示滚子式磨损试验机为模拟齿轮啮合、火车车轮与钢轨类的摩擦形式，现在发展为可进行滚动摩擦、滑动摩擦、滚动与滑动复合摩擦、冲击摩擦以及接触疲劳等试验，用途很广泛。国产 MM200 型及瑞士 Amsler 型试验机即属此类。

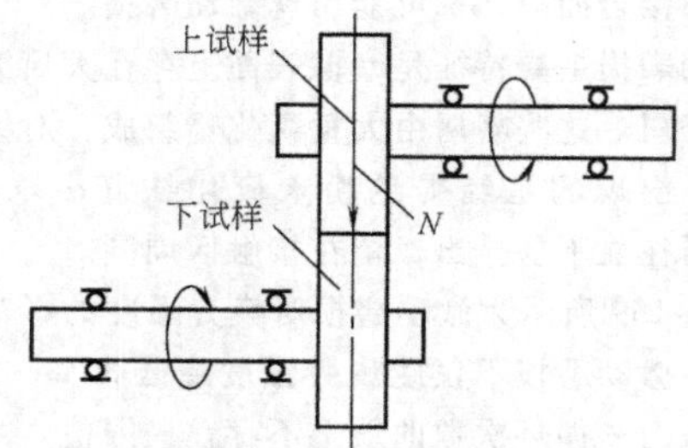

图 6-160　滚子式磨损试验机

（2）切入式磨损试验机。图 6-161 所示为切入式磨损试验机。方块形上试样固定，圆盘形下试样转动，在载荷作用下，下试样切入上试样，用读数显微镜测量切入磨痕宽度后，通过计算体积磨损量，可快速测定材料及处理工艺的性质。国产 MK-1 型及国外 Skoda-Savin 型试验机即属此类。

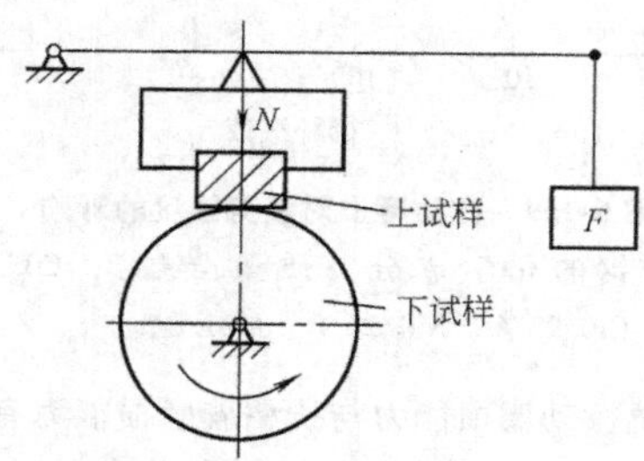

图 6-161　切入式磨损试验机

（3）旋转圆盘-销式磨损试验机。图 6-162 所示的试验机，上试样销子固定，下试样圆盘旋转，试验精度高，易实现高速摩擦，便于进行低温与高温的摩擦、磨损试验。国产 MD-240 型、前苏联 X-45 型、美国 NASA 摩擦试验机均为此类型。

（4）往复式磨损试验机（图 6-163）。该试验机适用于导轨、缸套、活塞环等摩擦副的试验。国产 MS-3 型为此类型，国外的有福勒西和里西曼（美）、扎伊切夫（前苏联）和神钢（日）类型。

（5）四球式摩擦磨损试验机（图 6-164）。下面的三个钢球有滚道支承，试验球则支承在三个球上，试验时主动轴带动试验球自转，试验球带动支承球自转与公转。可用之测定摩擦因数及进行接触疲劳试验。国产有 MQ-12 型，国外有壳牌、曾田等类型。还有的将四球改为五球或把下边三球改为圆柱体，上面的球改为圆锥体的改型机。

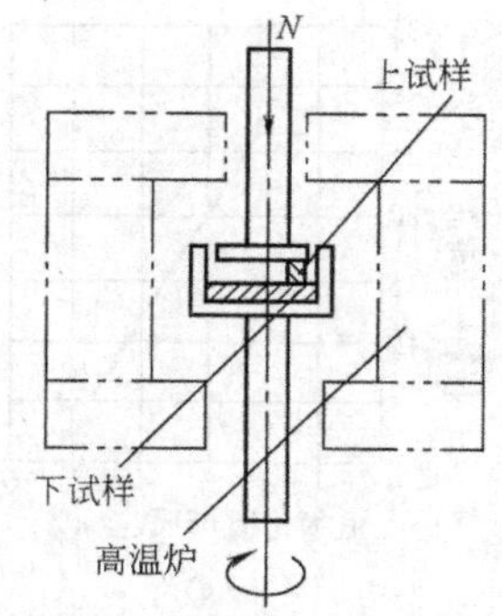

图 6-162　旋转圆盘-销式磨损试验机

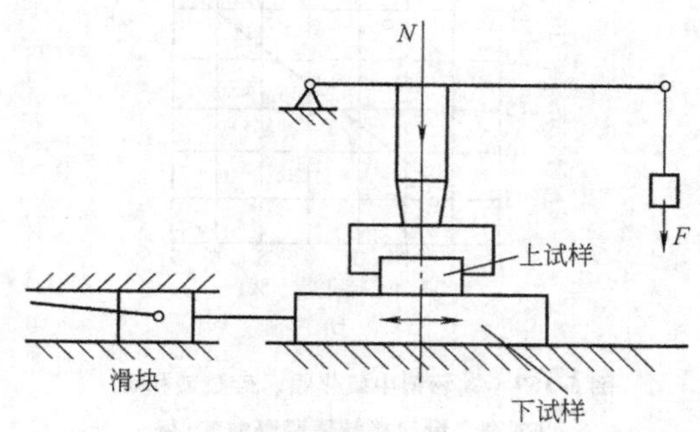

图 6-163　往复式磨损试验机

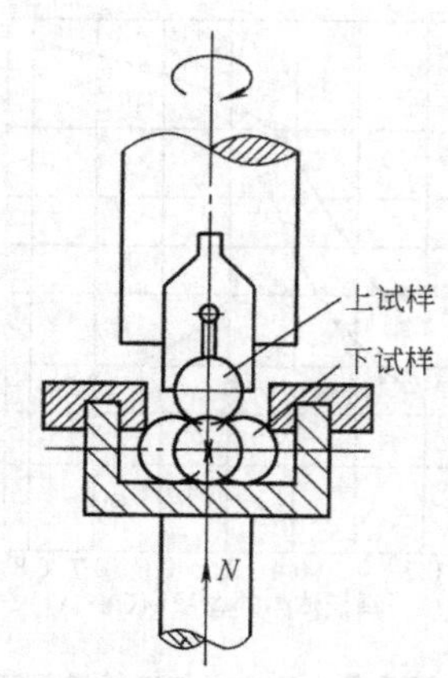

图 6-164　四球式摩擦磨损试验机

（6）ZYS-6 型接触疲劳试验机（图 6-165）。该试验机主要用于轴承钢接触疲劳试验。

（7）湿式磨料磨损试验机（图 6-166）。该试验机主轴带动旋转体旋转，12 片试样安装在旋转体周围。试验时，试样在砂与水的混合物中旋转，可模拟

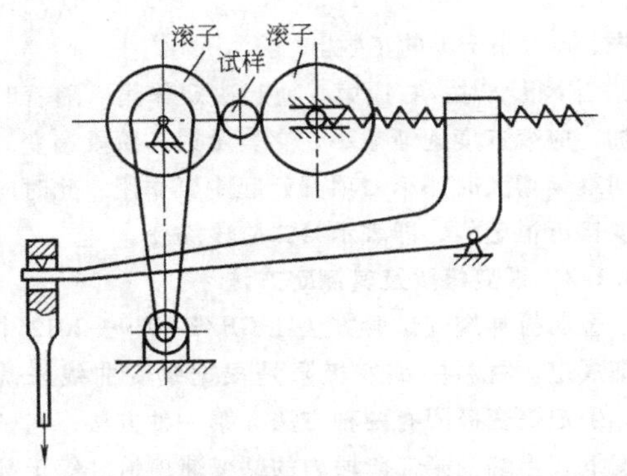

图 6-165　ZYS-6 型接触疲劳试验机

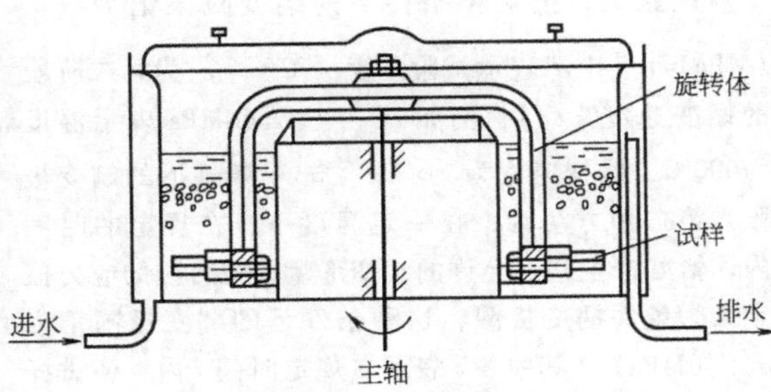

图 6-166　湿式磨料磨损试验机

犁铧、砂泵以及水轮机叶片的工作条件。

6.7.3　磨损量的测量及表示方法

常用磨损量的测量方法有：

(1) 称重法：测量磨损试验前后试样重量的变化。试验时依试验要求的不同，在不同精密度的天平上进行。

(2) 测长法：测量试验前后磨损表面法向尺寸的变化。常用千分尺、千分表、读数显微镜等。

(3) 人工测量基准法，包括以下几种方法：

1) 台阶法：在摩擦表面的边缘加工一凹陷台阶，并以此作为测量基准。

2) 划痕法：在摩擦表面上划一凹痕，测量磨损试验前后凹痕深度的变化。

3) 压痕法：用硬度计压头压出印痕，测量印痕尺寸在试验前后的变化。

4) 切槽法或磨槽法：用刀具或薄片砂轮在磨损表面加工出一月牙形凹痕，测量试验前后凹痕的变化。

(4) 化学分析法：测定润滑剂中的磨损产物量，或测量磨损产物的组成。

(5) 放射性同位素法：试样经镶嵌、辐照、熔炼等方法使之具有放射性，只要测量磨屑的放射性强度，即可换算出磨损量。

表示磨损量的指标有以下几种：

(1) 线磨损：原始尺寸减去磨损后尺寸。

(2) 质量磨损：原始质量减去磨损后质量。

(3) 体积磨损：失重/密度。

(4) 磨损率：磨损量/摩擦路程，或磨损量/摩擦时间。

(5) 磨损系数：试验材料的磨损量/对比材料的磨损量。

(6) 相对耐磨性：磨损系数的倒数。

6.8　高温力学性能试验

金属材料在高温下的力学性能与室温下有很大不同，影响因素比室温下复杂得多。室温下材料的力学性能与载荷保持时间关系不大，但是高温下材料的性能与时间有很大关系。高温下金属材料的组织可能发生变化，从而使性能也发生明显变化。随着温度的升高，材料受环境介质的腐蚀作用加剧，也影响了材料性能。

金属材料的高温力学性能主要包括高温蠕变、松弛、高温疲劳、高温短时拉伸性能及高温硬度等。

6.8.1　高温蠕变

6.8.1.1　蠕变现象

金属在一定温度和一定应力作用下，随着时间的增加，塑性变形缓慢地增加的现象称为蠕变。

图 6-167 所示为典型的蠕变曲线（ε-t 曲线），它可划分为三个区域（或三个阶段）。

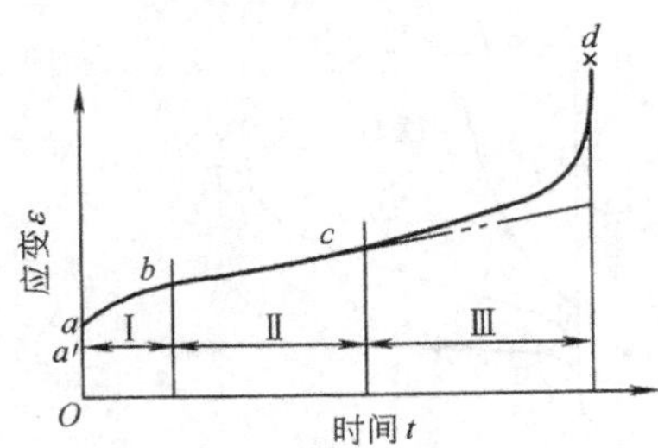

图 6-167　典型的蠕变曲线

区域Ⅰ（ab）为第一阶段，是减速蠕变阶段。加载后蠕变速度$\left(\dot{\varepsilon}=\frac{\mathrm{d}\varepsilon}{\mathrm{d}t}\right)$逐渐减少，如图 6-168 所示。

区域Ⅱ（bc）即第二阶段，是恒速蠕变阶段。这一阶段应变速度几乎恒定，相对Ⅰ、Ⅲ阶段而言，此时蠕变速度最小。通常所说的蠕变速度都是指恒速蠕变阶段速度。

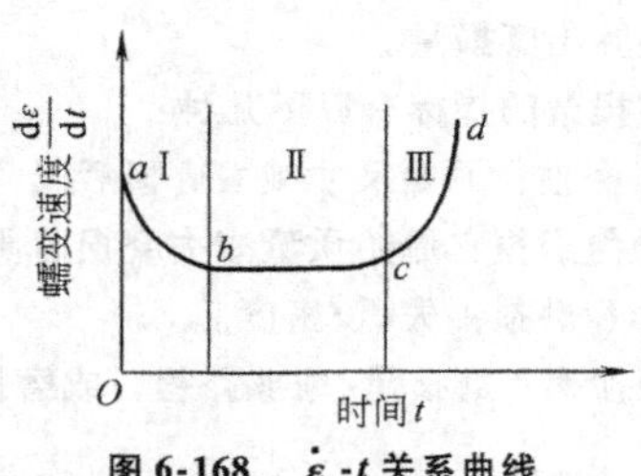

图 6-168 $\dot{\varepsilon}$-t 关系曲线

区域Ⅲ(cd)即第三阶段，是加速蠕变阶段。当变形达到 c 以后，蠕变速度迅速增加，达到 d 时试样断裂。

当在恒定温度下改变应力或在恒定应力下改变温度时，所得的蠕变曲线（图 6-169、图 6-170）都保持这三个阶段。但当应力较小或温度较低时，则其第二阶段（即等速蠕变阶段）可以延续得很长；相反当应力较大或温度较高时，则第二阶段可能很短甚至消失，这时蠕变就只有第一、第三阶段，试样将在短时间内断裂。

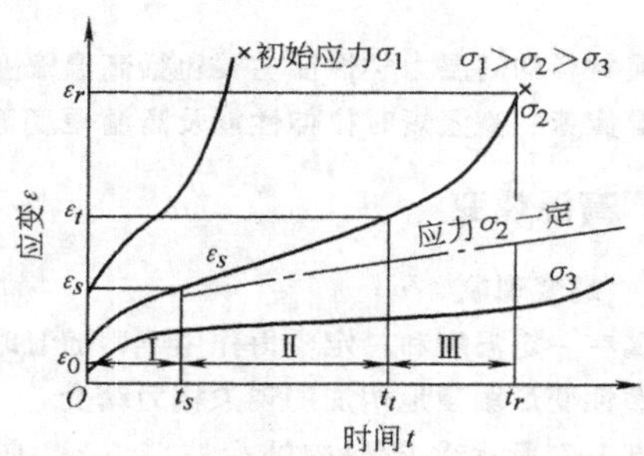

图 6-169 应力对蠕变曲线的影响（温度一定）

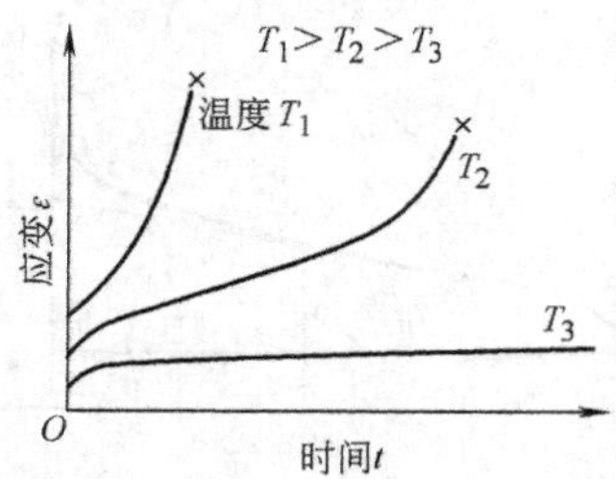

图 6-170 温度对蠕变曲线的影响

［载荷（初始应力）一定］

蠕变曲线所表示的 ε-t 关系常采用下式表示：

$$\varepsilon = \varepsilon_0 + \beta t^n + kt \quad (6\text{-}103)$$

右边第一项是瞬时应变，包括起始弹性和塑性形变（这个值随加载方法、形变的测定方法和精度等的不同，可能带来不同的误差），第二项是减速蠕变引起的应变，第三项是恒速蠕变引起的应变。

将式（6-103）对时间求导，则得

$$\dot{\varepsilon} = \beta n t^{n-1} + k \quad (6\text{-}104)$$

式中，n 为小于 1 的正数。

当 t 很小时，右边第一项起决定作用。随着时间增加，应变速度逐渐减小，它表示第一阶段蠕变。当时间继续增大时，第二项开始起主要作用，此时应变速度接近恒定值，即表示第二阶段蠕变。

6.8.1.2 蠕变极限及其测定方法

金属拉伸蠕变试验方法在 GB/T 2039—2012 中有详细规定。材料的蠕变极限是根据蠕变曲线来确定的。确定蠕变极限有两种方法。第一种方法：在一定温度下，当蠕变第二阶段内的蠕变速度恰好等于某一规定值时，把对应的应力值定义为条件蠕变极限。为了清楚起见，把这种条件下的蠕变极限记为 $\sigma^T_{\dot{\varepsilon}}$（MPa）［其中 T 表示试验温度（℃），$\dot{\varepsilon}$ 为第二阶段的蠕变速度%/h］，例如 $\sigma^{600}_{1\times10^{-5}}$ = 60MPa 表示温度为600℃，蠕变速度为 1×10^{-5}%/h 条件下的蠕变极限。第二种方法为：在一定温度下，在规定的时间内，恰好产生某一允许的总变形量，把对应的应力值定义为条件蠕变极限，这种条件下的蠕变极限记为 $\sigma^T_{\delta/t}$（MPa）（其中 δ/t 表示在规定时间 t 内，使试样产生蠕变变形量 δ%），例如 $\delta^{500}_{1/10^5}$ = 10MPa 表示材料在 500℃温度下，10 万 h 后变形量为 1% 的蠕变极限为 10MPa。

这种条件蠕变极限可以这样来确定：首先在一定温度 T_1、恒定应力 σ_1 下作蠕变试验（图 6-169）。这时无需花费很多时间做出整条蠕变曲线，只需进行到蠕变第二阶段若干时间后，便可从 σ-ε-t 曲线上确定此时的第二阶段的平均蠕变速度 $\dot{\varepsilon}_1$。同样若保持温度 T_1 而改变应力为 σ_2，便可得 $\dot{\varepsilon}_2$……，这样可得到 T_1 温度下与一系列不同应力 σ 相应的 $\dot{\varepsilon}$，可做出图 6-171 所示的 $\lg\sigma$-$\lg\dot{\varepsilon}$ 曲线。因在双对数坐标上表现为一直线，故该曲线可用下述经验公式表示：

$$\dot{\varepsilon} = a\sigma^b \quad (6\text{-}105)$$

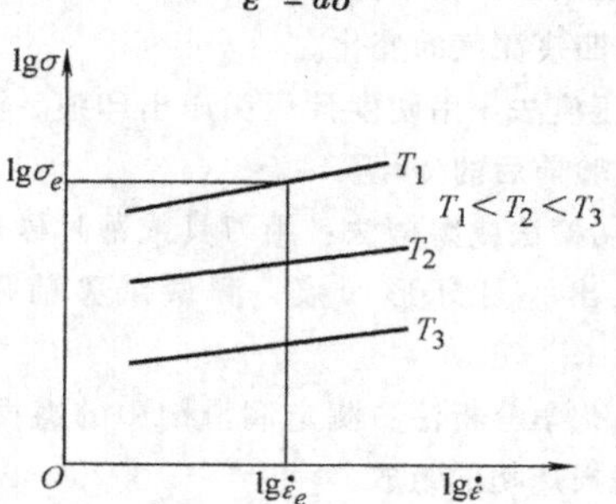

图 6-171 不同温度下 $\lg\sigma$-$\lg\dot{\varepsilon}$ 曲线

式中　a、b——与试验温度、材料及试验条件有关的常数。

如果在动力工程中（如燃气轮机、电站等）规定，在 T_1 温度下 $\dot{\varepsilon}=10^{-6}\%/h$，则根据 $\dot{\varepsilon}_e$，在 $\lg\sigma$-$\lg\dot{\varepsilon}$ 直线上很容易确定 T_1 温度的蠕变极限 σ_e。

另外，根据 $\lg\sigma$-$\lg\dot{\varepsilon}$ 曲线的线性关系可以看出，在采用较大应力，用较短的时间做出几条蠕变曲线后，便可用外推法求出较小蠕变速度下的蠕变极限。这种方法有时并不可靠，使用时要谨慎。

各种 Cr-Mo 钢的蠕变强度随温度的变化曲线如图 6-172 所示。由该图可以看出，随温度升高，蠕变强度明显下降。

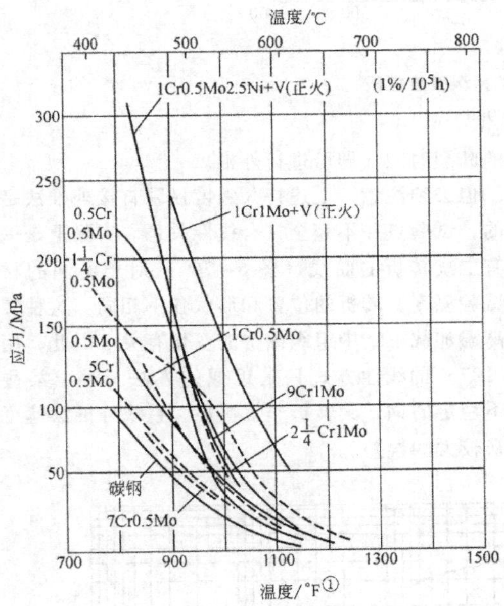

图 6-172　各种 Cr-Mo 钢的蠕变强度

①℉为华氏温度单位，与摄氏温度换算关系为

$$\frac{T}{℃}=\frac{5}{9}\left(\frac{\theta}{℉}-32\right)$$

其中，T 表示摄氏温度，θ 表示华氏温度。

测定蠕变极限的试验装置如图 6-173 所示。

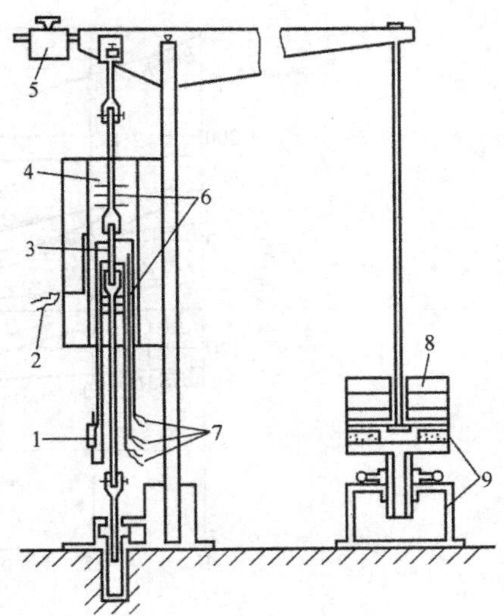

图 6-173　蠕变试验机原理图

1—引伸计　2—炉温控制用白金电阻丝　3—试片　4—电阻炉　5—平衡重锤　6—均热电风扇　7—热电偶　8—重锤　9—重锤支座

6.8.1.3　持久强度极限、持久塑性及其测定方法

1. 持久强度极限　蠕变极限以考虑变形为主，如汽轮机和燃气轮机叶片在长期运行中，只允许产生一定量的变形，在设计时必须考虑蠕变极限。持久强度极限主要考虑材料在高温长时间使用下的断裂抗力，对某些零件（如锅炉管道、喷气发动机等）的蠕变变形要求不严，但必须保证在使用时不破坏，这就要求用持久强度极限作为设计的主要依据。

金属高温拉伸持久试验方法在 GB/T 2039—2012 中有详细规定。持久强度极限是指试样在一定温度和规定的持续时间内，引起断裂的最大应力值，记作 σ_t^T（MPa）。例如 $\sigma_{1\times10^3}^{700}=300$MPa 表示某材料在 700℃，经 1000h 后发生断裂的应力（即持久强度极限）为 300MPa。

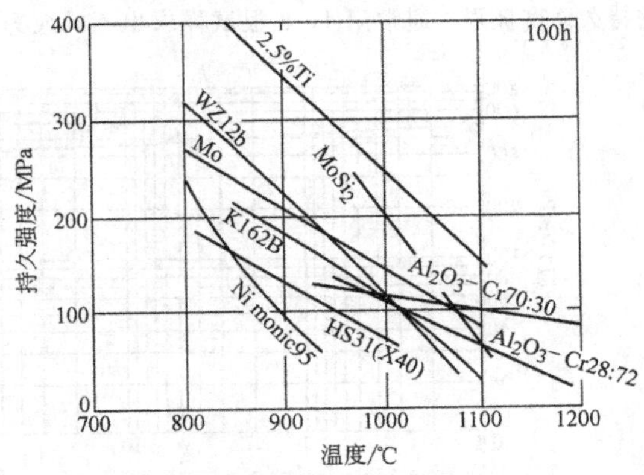

图 6-174　各种耐热材料的持久强度极限

注：保持时间均为 100h。

各种耐热材料和耐热合金的持久强度极限如图 6-174和图 6-175 所示。

锅炉、汽轮机等机组的设计寿命为数万至数十万小时。对于长寿命的持久强度极限，可以通过采用增大应力，缩短断裂时间的方法，根据经验公式外推到低应力长时间情况下材料的持久强度极限。下面简要叙述对数外推法。

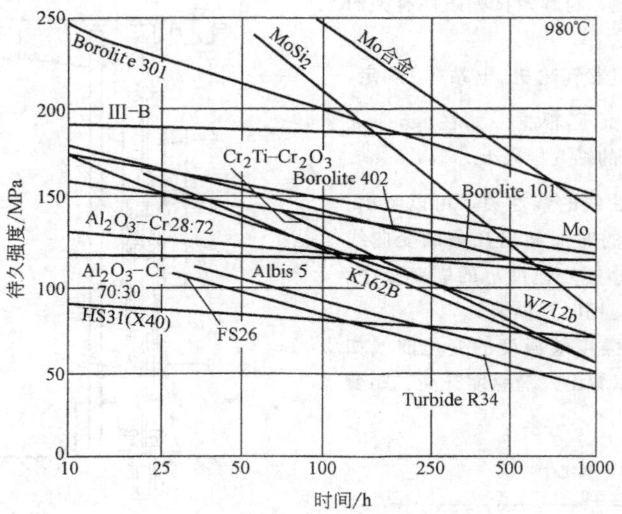

图 6-175 各种耐热合金的持久强度极限

注：试验温度均为 980℃。

应用较为普遍的经验公式：

$$t = A\sigma^{-B} \tag{6-106}$$

式中 A、B——与试验温度、材料有关的常数。

对式（6-106）取对数即得

$$\lg t = \lg A - B\lg\sigma \tag{6-107}$$

式（6-107）表明：断裂时间的对数值（lg*t*）与应力的对数值（lg*σ*）之间呈线性关系。根据式（6-107），可以从较短时间的试验数据外推出长时间的持久强度极限。通常用 4～8 根试样求出不同应力下的断裂时间，即可进行外推。

但必须注意，上述持久强度极限直接外推法是近似的，试验点并不完全符合线性关系。实际上是一条具有二次转折的曲线（图 6-176）。对于不同的材料和试验温度，转折的位置和形状各不相同。这种转折与高温加载下钢中组织结构的变化有关。因此，用式（6-107）的线性方式只是近似的方法。对于某些组织不稳定的钢，其转折非常明显，直线外推法就可能带来较大的误差。

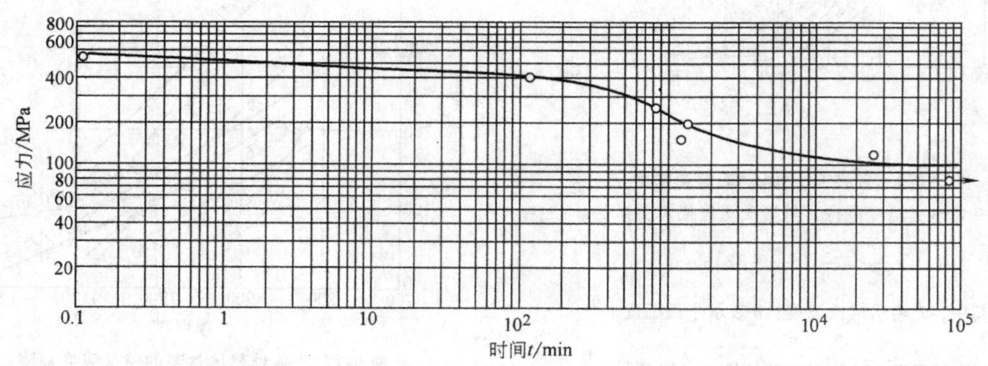

图 6-176 10CrMo910 钢 550℃的持久强度极限曲线

在作持久强度试验时，试验点的选取应充分反映曲线的全貌。若单纯选取转折前或转折后的试验点，就可能导致较大的误差。对于某些设计强度容量比较小的零部件，材料试验时间要适当长一些，例如尽可能做到曲线出现转折以后。若转折出现较迟，也应考虑安排一个甚至几个较长时间的试验点（如 1 万 h 以上）。

2. 持久塑性 持久塑性是在持久强度试验中，用试样在断裂后的伸长率和断面收缩率来表示的。它反映材料在高温长时间作用下的塑性性能，是衡量材料蠕变脆化的一个重要指标。很多材料在高温长时间工作后，伸长率大为降低，往往发生脆性断裂。由于它与缺口敏感性、低周疲劳及裂纹扩展抗力等有关，故近年来材料的持久塑性受到重视。一般要求持久塑性不小于 3%。

金属材料的持久强度与持久塑性的试验测定比较简单，不需测定变形过程中的伸长量，只要测定给定温度和应力下的断裂时间、断裂后的伸长率和断面收缩率。

6.8.2　松弛稳定性

6.8.2.1　应力松弛现象

动力机械中有许多零件，例如汽轮机和燃气机组合转子或法兰的紧固螺栓，高温下使用的弹簧、热压部件等，都是在应力松弛条件下工作的（图 6-177）。所谓松弛是指零件或材料在高温下总形变不变，但其中所加的应力却随着时间增长而自发地逐渐下降的现象。

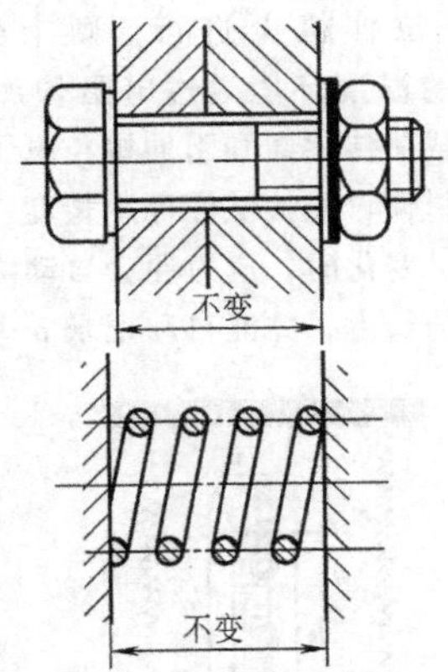

图 6-177　零件高温下使用产生应力松弛

金属材料的高温松弛也是由于蠕变现象引起的。在松弛的试验或工作条件下，总应变 ε_0（包括弹性应变 ε_e 和塑性应变 ε_p）是恒定的，即

$$\varepsilon_0 = \varepsilon_e + \varepsilon_p = 常数 \tag{6-108}$$

在高温试验过程中，由于发生蠕变，塑性应变不断增大，则 ε_e 不断降低，随之应力 σ（$=E\varepsilon_e$）也不断降低。

若将蠕变与松弛过程进行比较，如图 6-178 所示，就能搞清楚松弛现象。

蠕变时，应力保持不变，塑性形变和总形变随时间增长而增大。而松弛时，总形变不变，随时间增大，塑性变形不断地取代弹性形变，使弹性应力不断下降。虽然它们的表现形式不同，但两者在本质上并无区别，因此松弛现象可看做是一种在应力不断减少条件下的蠕变过程，或者说是在总应变量不变条件下的蠕变。蠕变抗力高的材料，应力松弛抗力一般也

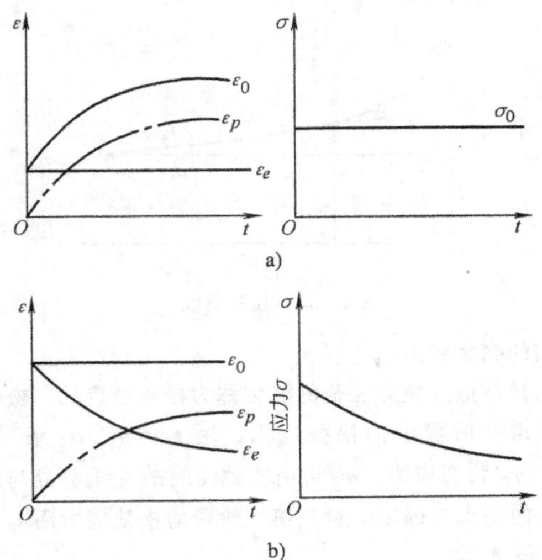

图 6-178　蠕变和松弛现象的比较
a）蠕变　b）松弛

高，但不能从蠕变的数据直接推算出应力松弛的情况，因此一般蠕变并不能代替应力松弛。

6.8.2.2　松弛稳定性指标及其测定方法

金属应力松弛试验方法在 GB/T 10120—1996 中有详细的规定。应力松弛过程可以通过应力松弛曲线来描写。在恒温和总应变恒定的条件下，测定应力时间的关系，可以得到如图 6-179 所示的 σ-t 曲线，这曲线称为应力松弛原始曲线。曲线第一阶段应力随时间急剧降低，第二阶段应力下降逐渐缓慢并趋于恒定。在第二阶段，σ-t 的关系可用下述经验公式来表示：

$$\sigma = \sigma_0{}'\exp(-t/t_0) \tag{6-109}$$

式中　σ——剩余应力；
$\sigma_0{}'$——第二阶段的初始应力；
t——松弛进行时间；
t_0——与材料有关的常数。

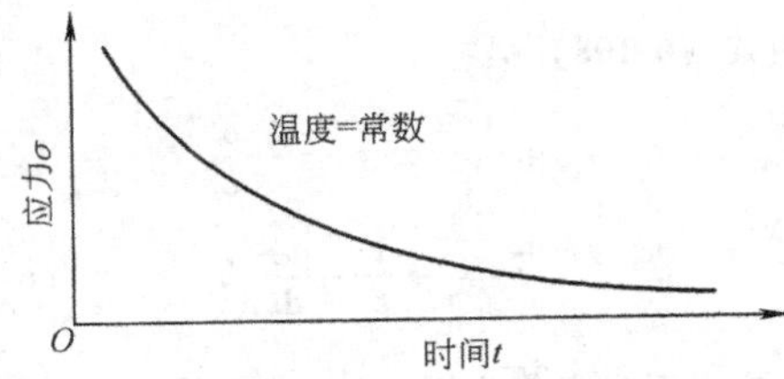

图 6-179　应力松弛原始曲线

若式（6-109）用 $\lg\sigma$-t 半对数坐标作图，则可得如图 6-180 所示的应力松弛曲线。图中明显划分为两个阶段，第二阶段为一直线。因此在第二阶段内，可以通过较短时间的试验后进行外推，从而求得较长

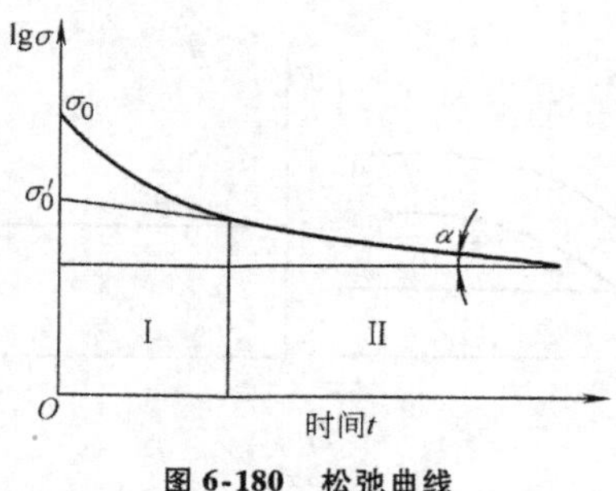

图 6-180　松弛曲线

时间的剩余应力。

材料抵抗应力松弛的能力称为松弛稳定性。松弛曲线第一阶段中的松弛应力，用 $s_0=\sigma_0'/\sigma_0$ 表示，其中 σ_0 为初应力，σ_0'可由松弛曲线的直线部分与纵坐标的交点来确定。材料第二阶段的松弛应力用 $t_0=1/\tan\alpha$ 表示。

显然，s_0、t_0 值越大，则材料的松弛稳定性越高。同样若式（6-109）用 σ-lg$t$ 半对数坐标表示（图 6-181），则 σ_0 越大，应力下降速度也越大。经过长时间松弛后，剩余应力相当接近。

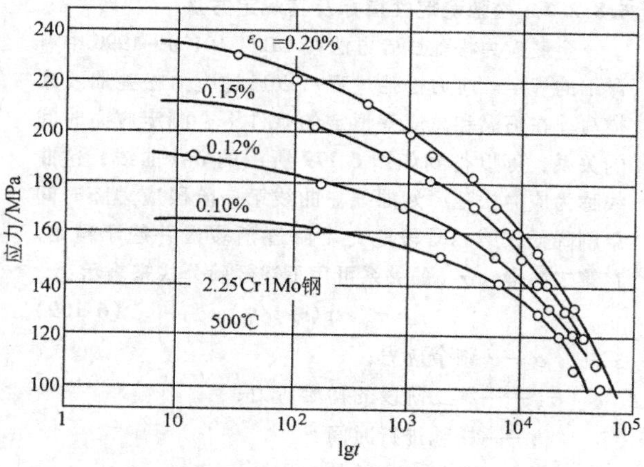

图 6-181　松弛曲线

由式（6-108）得：

$$\varepsilon_p=\varepsilon_0-\varepsilon_e=\frac{\sigma_0}{E}-\frac{\sigma}{E}$$

$$\dot{\varepsilon}_p=-\frac{1}{E}-\frac{\mathrm{d}\sigma}{\mathrm{d}t} \qquad (6\text{-}110)$$

其中，应力下降率$\frac{\mathrm{d}\sigma}{\mathrm{d}t}$由图 6-180 中曲线求出，代入式（6-110）便可得到 $\dot{\varepsilon}_p$与 σ 的关系（图 6-182）。

图 6-182 所示的曲线也表示应力松弛，它可以分为两个阶段。第一阶段的塑性形变速率 $\dot{\varepsilon}_p$同时取决于应力和塑性形变；而第二阶段几乎与应变没有关系，仅仅取决于应力。已知在蠕变第一阶段的形变速率也取决于应力和塑性形变，而蠕变第二阶段时仅仅取决于应力。这表明应力松弛的第一、第二阶段与蠕变的第一、第二阶段相似的关系。

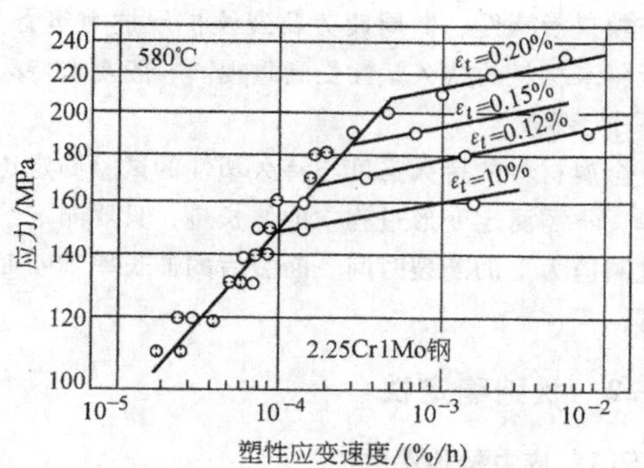

图 6-182　应力-塑性变形速度曲线

应力松弛试验若在应力、应变均能自动控制的 Instron 型电子拉伸机上进行，则十分简单（图 6-183）。一定的温度环境通过电阻炉加热实现；应力、应变通过载荷传感器和引伸机与电子控制系统来实现。可以用引伸仪监控试样标距长度，使其恒定不变。当长度发生变化时，应力便会自动降低，使其标距又回到原来的长度，并能自动记录 σ-t 曲线。

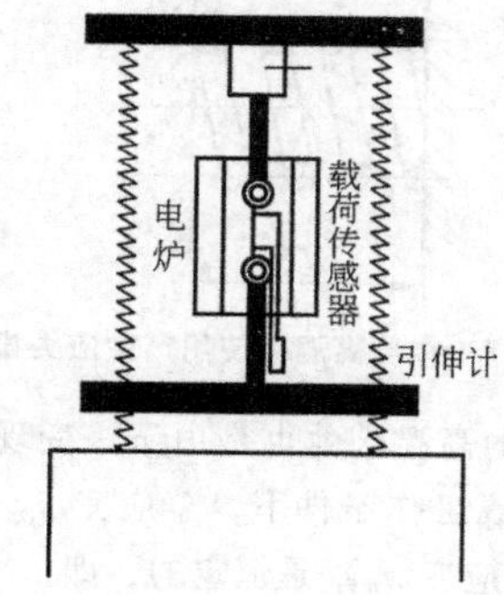

图 6-183　松弛试验

如果没有上述试验机，可采用一般蠕变试验机进行降压法试验（也称 Kobinson 法），如图 6-184 所示。首先施加初始压力，使总应变 ε_0 达到预定的数值之后，适当地减少应力（设为σ_1），进行恒应力σ_1 下的蠕变试验。当总应变又达到 ε_0 之后，再重复上述过程，分成不同的应力阶段（σ_1、σ_2、σ_3…）进行松弛试验。试验表明，这种方法在实用上是可靠的。

也可以采用环形试样进行应力松弛试验，其试样的形状和尺寸如图 6-185 所示。施加载荷时只需将楔子（K）插入开口 C 中即可。由两个偏心圆所形成的试样工作部分（BAB）与等弯矩梁的形状相当，而与

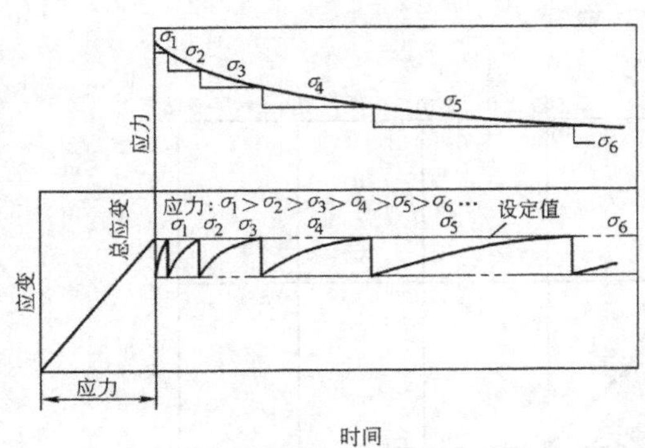

图6-184　降压法试验的原理

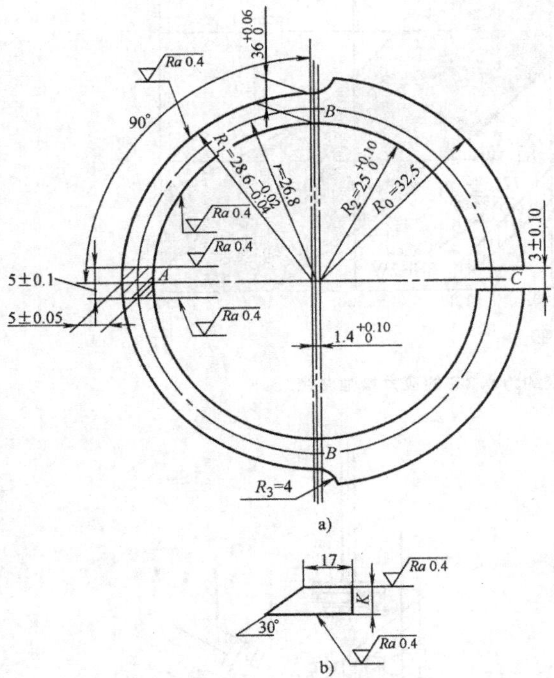

图6-185　应力松弛试验用环形试样

a）试样　b）楔子

间隙相毗邻的非工作部分（BCB）仅为传递外加力矩之用。为了保证刚性，这部分截面较大，以致可将其弹性忽略不计。借助金刚石压锥在试样非工作部分刻出的标记，仔细测量环形试样开口宽度，插入楔子，将试样放入炉中加热，经一定时间后取出冷却并将楔子拿出，然后重新测量开口的宽度。

由于试样工作部分塑性变形的增加，开口宽度随时间而增大。按照开口尺寸的改变可以计算应力大小并绘制应力-时间关系曲线。

环形试样加载应力 σ 为

$$\sigma = AE\Delta \tag{6-111}$$

式中　A——系数，对于上述形状尺寸的试样，其数值为0.000583/mm；

E——试验温度下材料的弹性模量；

Δ——$\Delta = c_2 - c_1$，其中 c_1 为试样间隙原有宽度，随试验时间的延长而逐渐增大，c_2 为楔子插入后的宽度，为一定数。

图6-186所示为各种材料经1000h，总应变约为0.2%的应力松弛曲线，可供设计参考。

6.8.3　其他高温力学性能

6.8.3.1　高温短时拉伸性能

评定耐热材料的力学性能时，虽然短时拉伸性能不如蠕变和持久强度重要，但是如果工作时间很短（例如火箭、导弹中的某些零件），或零件工作温度不高（在400℃以下使用的钢铁材料），且蠕变现象并不起决定作用，以及检查材料的热塑性等情况时，短时高温拉伸性能有重要的意义。

简单的高温拉伸试验可在普通的拉伸试验机上进行，只需附加加热与测量装置和耐高温的试样夹具及引伸计，即可测定高温的抗拉强度、屈服强度、弹性模量、伸长率和断面收缩率等拉伸性能指标。但高温短时拉伸时，试验温度和载荷持续的时间或拉伸速度对性能有显著影响，特别是加载速度和载荷持续时间及温度波动（例如±5℃）的影响更大。一般高温下的加载时间和持续时间比常温下要长。常温拉伸试验的加载速度通常为5～10MPa/s，高温短时拉伸加载速度较慢，一般为2.5～3MPa/s。高温加载持续时间一般以20～30min为宜，否则会带来较大误差。

6.8.3.2　高温硬度

高温硬度用于衡量材料在高温下抵抗塑性变形的能力。对于高温轴承以及某些在高温下工作的工模具材料，高温硬度是重要的质量指标。随着高温合金的开发，特别是高温陶瓷材料的开发，这方面的知识已获得广泛的应用。

高温硬度试验首先遇到的是压头问题。压头的必要条件是在高温下仍能保持足够的硬度并十分稳定，与试样不发生化学反应等。

一般布氏硬度试验采用耐热钢、硬质合金或特殊陶瓷材料制成的压头。

金刚石压头虽经常使用，但必须注意，因被测试样种类的不同，不能应用的场合也不少。例如，600℃附近与钢材发生反应，1000℃时与纯铁发生粘着，在900℃反复试验几十次后压头便变钝损坏，在850℃以上易与Ti和Cr发生化学反应等。

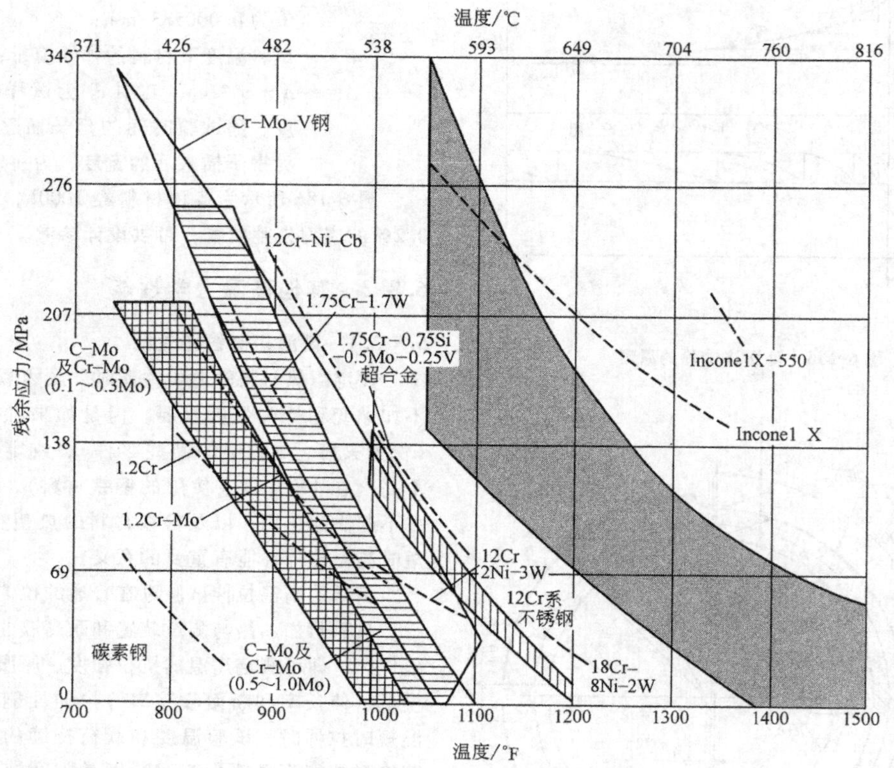

图 6-186 各种材料经 1000h 总应变约为 0.2%的应力松弛曲线

金属试样常用蓝宝石压头，另外作为压头材料的还有 B_4C、SiC 等陶瓷材料。对一部分陶瓷材料，若不发生反应，有时甚至可以在1500℃使用。

高温硬度测定还必须注意防止氧化脱碳，必须在真空和不活泼气体（如氩、氦等）中进行，但这时要注意与大气压不同带来的影响。另外，用压痕法试验时，在高温下打压痕，冷却至室温测定压痕对角线时，要注意冷却时有没有发生相变，如果发生相变则该法就不能应用。

高温硬度值随载荷保持的时间而变化，保持时间越短，硬度值越高，因此必须在规定时间内进行测定。压头的加载速度一般为 10mm/(15～20s)，炉子加热速度在 10℃/min 以下。达到硬度测定温度后，保持 2～3min 再开始测量。图 6-187 所示的高温显微硬度计的试验温度可高达 1600℃，载荷为 500～5000mN。

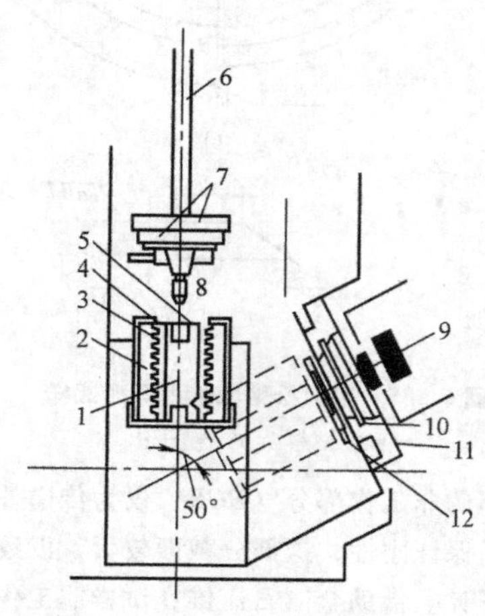

图 6-187 高温显微硬度计

1—试样台 2—电阻炉 3—发热体 4—试样 5—热电偶 6—压头轴 7—砝码 8—压头 9—显微镜 10—玻璃 11—观察用窗 12—快门

6.8.3.3 高温疲劳、蠕变与疲劳交互作用

在高温、高压下工作的许多动力机械，并不是仅仅受到静载荷作用，而是在交变应力作用下失效的，高温疲劳性能对这些构件的设计来说是十分重要的。

金属材料的高温疲劳与常温下的疲劳有其相似之处，也是由裂纹萌生、扩展和最终断裂三个过程组成。裂纹顶端的非弹性应变对上述行为起着决定作用。但是，高温下的疲劳行为有其特殊性，必须考虑高温、时间、环境气氛和疲劳过程中金属组织变化等因素的综合作用，因此它比常温疲劳复杂得多。

1. 温度的影响　一般地，随着温度升高，材料的疲劳强度下降。在室温时疲劳曲线上有一水平部分，但在高温下不出现水平部分，疲劳强度不断下降。图 6-188 所示为 GH32 型镍基高温合金在不同温度下的疲劳曲线。在高温时，由于合金组织弱化，疲劳曲线在低应力部分更剧烈地下降，所以在高温下只存在条件疲劳极限。

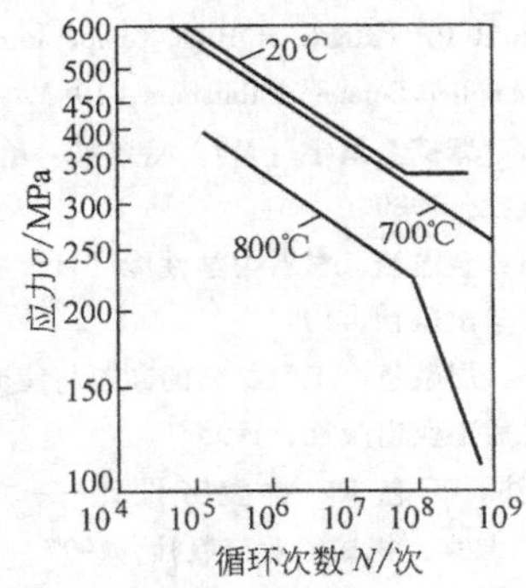

图 6-188　GH32 型镍基高温合金在不同温度下的疲劳曲线

随着温度升高，在疲劳中蠕变的成分逐步增加，这时必须同时考虑疲劳和蠕变的作用。如图 6-189 所示，随温度升高，疲劳强度的下降比持久强度下降得慢，所以它们产生一交点，低于交点的零件以疲劳破坏为主；高于交点的零件以持久断裂为主。不同材料有不同的交点温度。

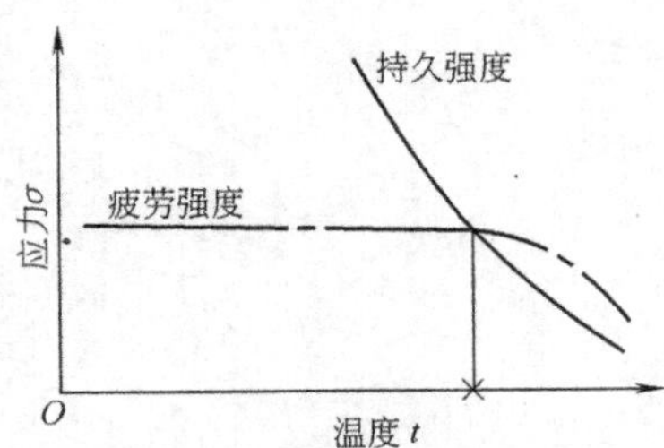

图 6-189　疲劳强度和持久强度的关系

2. 时间的影响　时间的影响包括循环速度（频率）v、应变速度 $\dot{\varepsilon}$、应力和应变波形等。一般在高温下，频率的变化会大大影响裂纹的萌生和扩展的循环周次。图 6-190 所示为频率与温度对不同滑移材料疲劳寿命的影响。

图 6-191 所示为加载波形和保持时间对疲劳寿命的影响。由该图可见，在循环拉伸侧保持一段时间，使疲劳寿命下降。实际上，如果要综合考虑温度、时间对高温疲劳的影响，必须同时考虑蠕变与疲劳两者

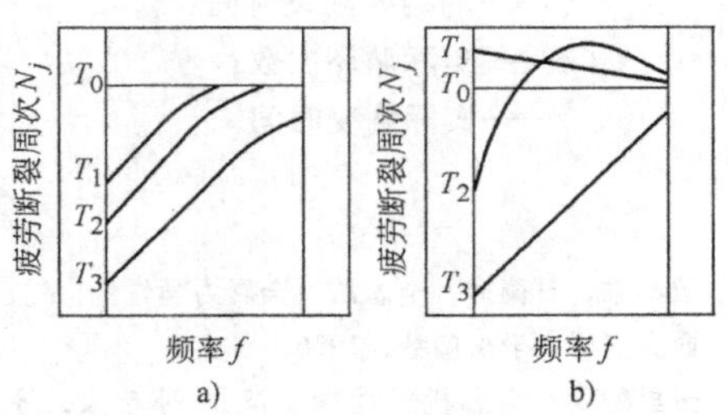

图 6-190　频率与温度对不同滑移材料疲劳寿命的影响（$T_3 > T_2 > T_1 > T_0$）

a）波纹状滑移材料（如低碳钢、镍、铝等）

b）平面状滑移材料（如不锈钢、镍基高温合金、钛等）

以及它们之间的相互作用，即由两者的综合作用引起的构件失效。

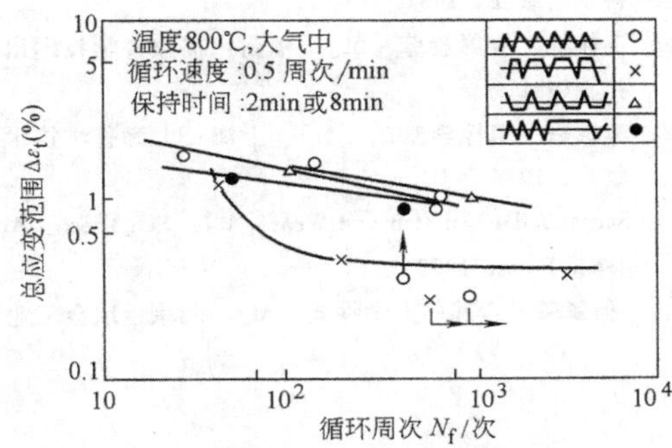

图 6-191　加载波形和保持时间对疲劳寿命的影响

3. 蠕变与高温疲劳的交互作用　在高温下工作的许多实际工程构件，如燃气轮机、核反应堆零部件、化学高温容器等，在工作时虽承受了循环应力或循环应变载荷的作用，但设计时不能仅单一地按疲劳或蠕变的设计准则，必须考虑两者的交互作用。

蠕变与疲劳的相互作用，目前已提出许多理论，如线性损伤累积理论、应变分区理论、塑性耗竭理论等。下面简单介绍线性损伤累积理论。该理论认为：蠕变引起的损伤 ϕ_c 与疲劳引起的损伤 ϕ_f 是独立的，两种损伤可以相互叠加（$\phi_f + \phi_c$），当它们达到材料允许极限损伤 ϕ_r 时，材料便失效。因此设计准则为

$$\phi_f + \phi_c \leqslant \phi_r \tag{6-112}$$

该式可进一步表示为

$$\sum_{i=1}^{p}\left(\frac{n}{N_d}\right)_i + \sum_{k=1}^{q}\left(\frac{t}{T_d}\right)_k \leqslant \phi_T \tag{6-113}$$

式中　N_d 和 T_d——分别表示允许的循环次数和允许

的蠕变断裂时间；

n——实际循环次数；

t——实际蠕变时间。

式（6-113）是 Palmgrem-Miner 经典损伤法则的表达式。

参 考 文 献

[1]　黄明志，石德珂，金志浩. 金属力学性能[M]. 西安：西安交通大学出版社，1986.

[2]　费里德曼. 金属机械性能［M］. 孙希太，等译. 北京：机械工业出版社，1982.

[3]　魏文光. 金属的力学性能测试［M］. 北京：科学出版社，1980.

[4]　赫茨伯格. 工程材料的变形与断裂［M］. 王克仁，等译. 北京：机械工业出版社，1982.

[5]　布洛克 D. 工程断裂力学基础［M］. 王克仁，何明元，高桦，译. 北京：科学出版社，1980.

[6]　中国航空研究院. 应力强度因子手册［M］. 北京：科学出版社，1981.

[7]　王栓柱. 金属疲劳［M］. 福州：福建科学技术出版社，1981.

[8]　戴雄杰. 摩擦学基础［M］. 上海：上海科学技术出版社，1984.

[9]　Sarkar A D. Friction and Wear［M］. San Diego：Academic Press，1980.

[10]　何肇基. 金属的力学性质［M］. 北京：冶金工业出版社，1982.

[11]　机械工程手册电机工程手册编辑委员会. 机械工程手册：第 4 卷［M］. 北京：机械工业出版社，1996.

[12]　Skelton R P. Fatigue at High Temperature［M］. London：Applied Science Publishers，1983.

[13]　高彩桥. 摩擦金属学［M］. 哈尔滨：哈尔滨工业大学出版社，1980.

[14]　石德珂，金志浩. 材料力学性能［M］. 西安：西安交通大学出版社，1998.

[15]　邓增杰，周敬恩. 工程材料的断裂与疲劳［M］. 北京：机械工业出版社，1995.

[16]　赵少汴，王忠保. 抗疲劳设计——方法与数据［M］. 北京：机械工业出版社，1997.

[17]　郑修麟. 工程材料的力学行为［M］. 西安：西北工业大学出版社，2004

[18]　钢铁研究总院. 金属力学及工艺性能试验方法标准汇编［S］. 2 版. 北京：中国标准出版社，2005.

第7章 无损检测

西安交通大学 王雅生
北京工业大学 左演声

无损检测是指以不损害被检物（材料或构件或两者）的方式，对其进行宏观缺陷检测，几何特性测量，化学成分、组织结构和力学性能变化的评定，进而就材料或构件对特定应用的适用性进行评价的一门学科。本章包括内部缺陷检测，表面（近表面）缺陷检测以及材质（坯料、棒材、丝材）和热处理质量检测三部分。

7.1 内部缺陷检测

7.1.1 X射线与γ射线检测技术

7.1.1.1 射线检测基本原理

X射线与γ射线都是波长很短的电磁波，习惯上统称为光子。X射线的波长为0.001～0.1nm，γ射线的波长为0.0003～0.1nm。

X射线是由高速运动的电子在真空管（一般称为X射线管）中撞击金属靶产生。该射线源为X射线机和加速器，其射线能量及强度均可调节。γ射线则是由放射性物质钴60（^{60}Co）、铯137（^{137}Cs）、铱192（^{192}Ir）、铥170（^{170}Tm）、铈75（^{75}Se）内部原子核的衰变而来，其能量不能调节，衰变速率也是固定的，该射线源为γ射线机。

X射线与γ射线都具有以下性质：

（1）不可见，以光速直线传播。

（2）不带电，因而不会受电场和磁场的作用。

（3）具有可穿透可见光所不能穿透的物质（例如骨骼、金属、非金属等）和在物质中有衰减的特性。

（4）可使物质电离，能使胶片感光，也能使某些物质产生荧光。

（5）能起生物效应，伤害和杀死生物细胞。这里没有列出与检测关系不大的反射、干涉等现象。

入射到物体的射线，因为一部分能量被吸收、一部分能量被散射而减弱，使其强度发生衰减。实验表明，射线穿透物体时强度的衰减与被穿透物体的性质、厚度及射线的能量有关。单色平行射线入射物体后的衰减规律可用下式表示：

$$I = I_0 e^{-\mu\delta}$$

式中 I——为射线穿透厚度为δ物体后的射线强度；

I_0——入射射线强度；

δ——透过物体的厚度；

μ——线衰减系数。

上式表明，射线的强度是呈负指数规律衰减的，它随透过物体的厚度和线衰减系数的增加而增大。线衰减系数μ值与射线的波长（λ）及被穿透物质性质（原子序数Z、密度ρ）有关。对同样的物质，入射射线波长越长，μ值越大；对相同波长（或能量）的入射射线，物质的原子序数越大，密度越大，则μ值也越大。

射线检测的实质是根据被检构件与其内部缺陷介质对射线能量衰减程度不同而引起射线透过构件（材料）后的强度差异，使缺陷能在射线底片或电视屏幕上显示出来。对于工业应用，射线检测技术已形成了一个完整的方法系统，大体上可分为：射线照相检测技术、射线实时成像检测技术、射线层析检测技术（CT）等。其中最主要的有X射线照相检测技术、γ射线照相检测技术、中子射线照相检测技术和CT检测技术。

图7-1所示为射线检测原理图。图中射线在构件及缺陷中的线衰减系数分别为μ和μ'。根据衰减定律，透过无缺陷部位x厚的射线强度为

$$I_x = I_0 e^{-\mu x}$$

透过缺陷部分的射线强度为

$$I' = I_0 e^{-\mu x} e^{-(\mu-\mu')\Delta x}$$

比较这两式可知：

（1）当$\mu'<\mu$时，$I'>I_x$，即缺陷部位透过的射线强度大于周围的完好部位。缺陷在射线底片上呈黑色影像，在电视屏幕上呈灰白色影像。

（2）当$\mu'>\mu$时，$I'<I_x$，即缺陷部位透过的射线强度小于周围的完好部位。缺陷在射线底片上呈白色影像，在电视屏幕上呈黑色影像。

7.1.1.2 射线照相法检测技术

射线照相法的检测实质，是根据被检构件（材

料）与内部缺陷介质对射线能量衰减程度的不同而引起透过后射线强度分布的差异（射线强度分布差异形成射线图像，又称为辐射图像），在感光材料（胶片）上获得缺陷投影所产生的潜影，经暗室处理后获得缺陷影像，再对照有关标准来评定构件的内部质量。

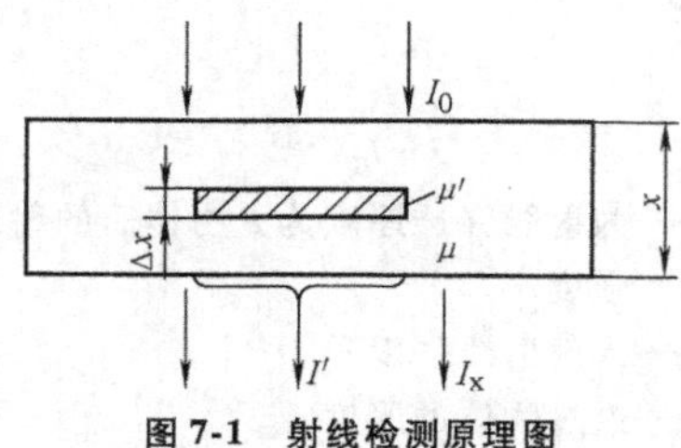

图 7-1　射线检测原理图

1. 射线照相法检测系统基本组成（图 7-2）

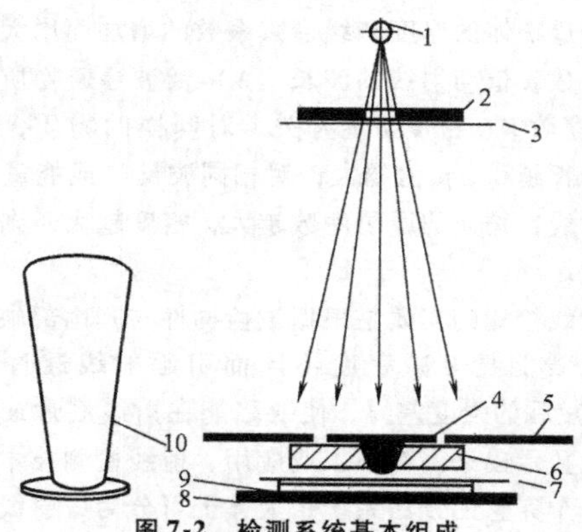

图 7-2　检测系统基本组成

1—射线源　2—铅光阑　3—滤板　4—像质计、标记带　5—铅遮板　6—工件　7—滤板　8—底部铅板　9—暗盒、胶片、增感屏　10—铅罩

（1）射线源。可以是 X 射线机、γ 射线机、加速器等。

（2）射线胶片。它的结构如图 7-3 所示。片基为透明塑料，乳剂层由以极细颗粒的卤化银感光物质均匀分布在明胶层中构成，结合层将乳剂层粘结在片基上，保护层是一层极薄的明胶层。

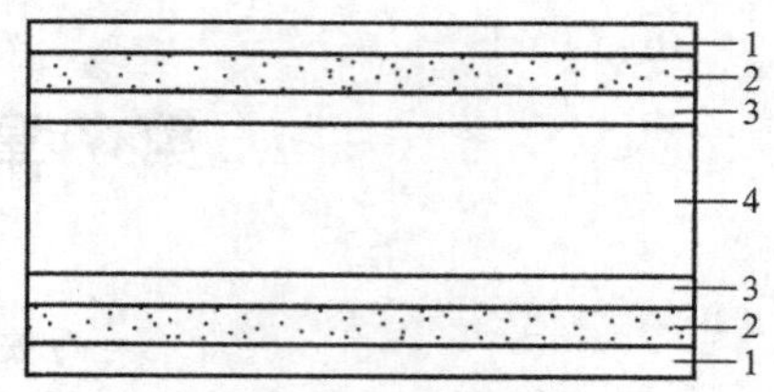

图 7-3　射线胶片结构

1—保护层　2—乳剂层　3—结合层　4—片基

在射线照相中使用的胶片主要有两种类型：增感型胶片、非增感型胶片（直接型胶片）。增感型胶片适于与荧光增感屏一起使用，非增感型胶片适于与金属增感屏一起使用或不用增感屏直接使用。ISO 11699-1 和 EN 584-1 提出将射线胶片分为六类，即 C_1、C_2、C_3、C_4、C_5、C_6。表 7-1 列举了各类胶片的适用范围。

表 7-1　各类胶片适用的射线照相检验范围

类别	主要应用范围
C_1、C_2(T_1)	电子元器件，结构照相，薄壁焊件，复合材料，非金属材料
C_3、C_4(T_2)	电子元器件，轻金属焊件，铸件，钢焊件
C_5(T_3)	钢焊件，铸件，轻金属厚铸件
C_6(T_4)	厚壁钢焊件，铸件

（3）增感屏。射线胶片吸收入射射线的能量很少，一般仅为 1% 左右，为了更多地吸收射线的能量，缩短曝光时间，常使用增感屏与胶片一起进行射线照相，利用增感屏吸收一部分射线能量，增加胶片的感光量，达到缩短曝光时间的目的。

某些盐类物质在射线的作用下可以发射荧光，金属在射线作用下可以发射电子，荧光和电子都具有使射线胶片感光的作用，增感屏就是将这些盐类物质（例钨酸钙 $CaWO_4$）涂布在支持物上或将金属箔粘接在支持物上制成的屏。增感屏主要有三种类型：金属增感屏、荧光增感屏、金属荧光增感屏。三种增感屏的主要特点比较见表 7-2。

表 7-2　增感屏主要特点比较

项　目	金属增感屏	荧光增感屏	金属荧光增感屏
主要增感物质	铅合金等金属箔	钨酸钙等荧光物质	钨酸钙等荧光物质
增感机理	二次电子	荧光	荧光
增感系数	低	很高	高
屏不清晰度	无	很大	大

描述增感屏增感性能的主要指标是增感系数，它定义为射线照片在达到一定黑度的条件下，不用增感屏时所需的曝光量与用增感屏时所需的曝光量之比。

目前在工业射线照相检验中一般只使用金属箔增

感。它有前、后屏之分。前屏（覆盖胶片靠近射线源一面）较薄，后屏（覆盖胶片后面）较厚。进行射线照相时应根据工件的特点、照相质量要求、透照条件正确选用增感屏。不同厚度的金属增感屏适用于不同能量的射线。表 7-3 列出了钢、铜和镍基合金射线照相所用胶片的类别和金属增感屏。

表 7-3 钢、铜和镍基合金射线照相所用胶片类别和金属增感屏

射线种类	穿透厚度 ω/mm	胶片系统类别		金属增感屏类型和厚度/mm	
		A 级	B 级	A 级	B 级
X 射线(≤100kV)	—	C_5	C_3	不用屏或用铅屏(前后)≤0.03	
X 射线(>100~150kV)				铅屏(前后)≤0.15	
X 射线(>150~250kV)			C_4	铅屏(前后)0.02~0.15	
Yb169	<5	C_5	C_3	铅屏(前后)≤0.03 或不用屏	
Tm170	≥5		C_4	铅屏(前后)0.02~0.15	
X 射线(>250~500kV)	≤50	C_5	C_4	铅屏(前后)0.02~0.2	
	>50		C_5	前铅屏 0.1~0.2①,后铅屏 0.02~0.2	
Se75		C_5	C_4	铅屏(前后)0.1~0.2	
Ir192		C_5	C_4	前铅屏 0.02~0.2	前铅屏 0.1~0.2①
				后铅屏 0.02~0.2	
Co60	≤100	C_5	C_4	钢或铜屏(前后)0.25~0.7②	
	>100		C_5		
X 射线(1~4MeV)	≤100	C_5	C_3	钢或铜屏(前后)0.25~0.7②	
	>100		C_5		
X 射线(4~12MeV)	≤100	C_4	C_4	铜、钢或钽前屏≤1③	
	100<ω≤300	C_5	C_4	铜、钢前屏≤1,钽后屏≤0.5③	
	>300		C_5		
X 射线(>12MeV)	≤100	C_4		钽前屏≤1④	
	100<ω≤300	C_5	C_4	钽后屏不用	
	>300		C_5	钽前屏≤1④,钽后屏≤0.5	

① 只要在工件与胶片之间加 0.1mm 附加铅屏，就可以使用前屏≤0.03mm 的真空包装胶片。

② A 级，也可使用 0.5~2mm 铅屏。

③ 经合同各方商定，A 级可用 0.5~1mm 铅屏。

④ 经合同各方商定可使用钨屏。

（4）像质计。是用来定量评价射线底片影像质量的工具，即用像质计来测定射线底片的射线照相灵敏度。它表示某种特定形状的细节在使用的射线照相技术下可被发现的程度，但它不完全等同于同样尺寸的自然缺陷可被发现的程度。广泛使用的像质计主要有三种：线型像质计、阶梯孔型像质计及槽式像质计。射线照相灵敏度的表示方法有两种，一种称为相对灵敏度，另一种称为绝对灵敏度。相对灵敏度以百分比表示，即以射线照片上可识别的像质计的最小细节的尺寸与被透照工件的厚度之比的百分数表示。绝对灵敏度则以射线照片上可识别的像质计的最细小尺寸表示。

1）线型像质计。的设计样式如图 7-4 所示。它采用与被透照构件材料相同或相近的材料制作的 7 根金属丝，按直径大小的顺序，以规定的间距平行排列，封装在对射线吸收系数很低的透明材料中。线型像质计分组及相应线径在 JB/T 7902—2006《无损检测 射线照相检测用线型像质计》中有明确规定，见表 7-4。检测时，所采用的像质计必须与被检工件材质相同（或相近）。焊缝检测时，应按图 7-5 所示的要求放置，即安放在焊缝被检区长度 1/4 处，钢丝横跨焊缝并与焊缝轴线垂直，且细丝朝外。

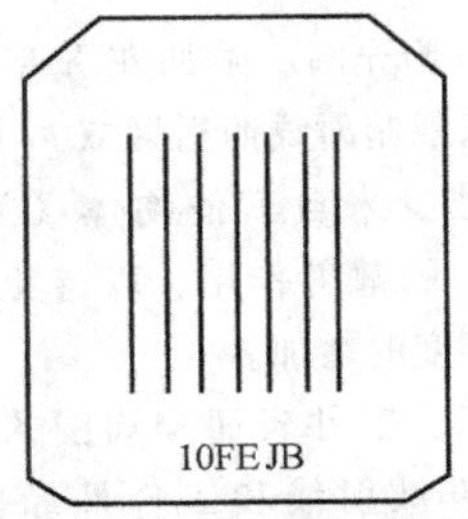

图 7-4 线型像质计样式

2）阶梯孔型像质计。基本结构是在阶梯块上钻直径等于阶梯厚度的通孔，孔的中心线垂直阶梯表面，不做倒角。常用的阶梯形状是矩形和正六边形，如图 7-6 所示。

表 7-4　像质计组别

组别	1/7	6/12	10/16	13/19
线径/mm	3.20	1.00	0.40	0.20
	2.50	0.80	0.32	0.16
	2.00	0.63	0.25	0.125
	1.60	0.50	0.20	0.100
	1.25	0.40	0.16	0.080
	1.00	0.32	0.125	0.063
	0.80	0.25	0.100	0.050

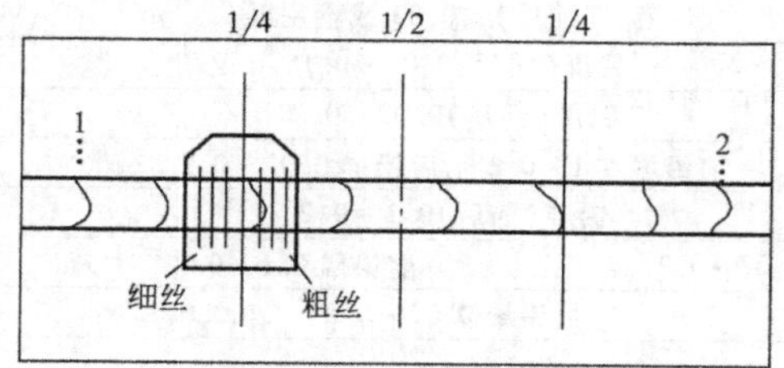

图 7-5　线型像质计安放

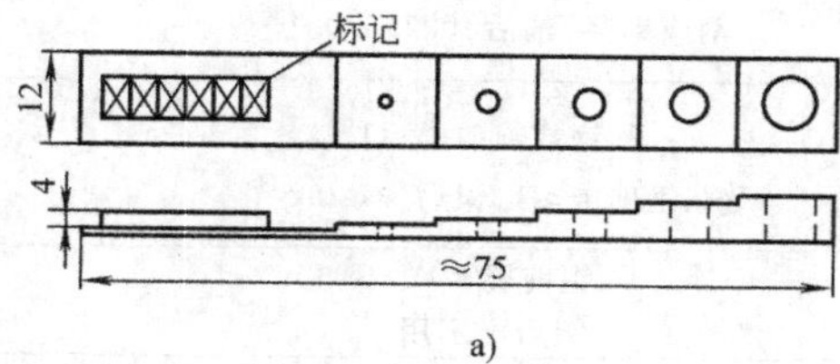

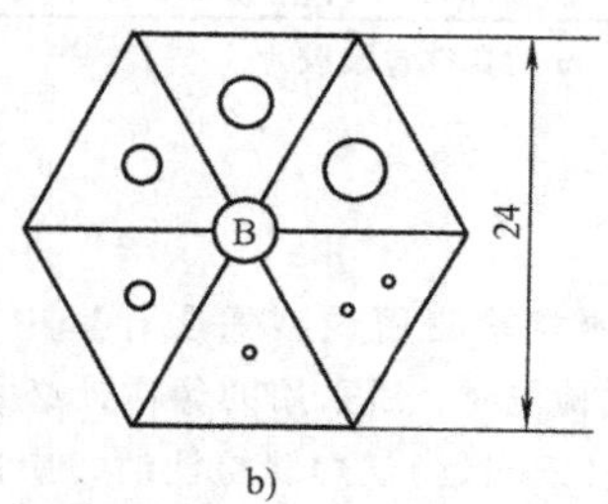

图 7-6　阶梯孔型像质计的典型样式
a）矩形　b）正六边形

（5）铅罩、铅光阑。附加在 X 射线机窗口的铅罩或铅光阑可以限制射线照射区域大小和得到合适的照射量，从而减少来自其他物体（如地面、墙壁、构件非受检区）的散射作用，以避免和减少散射线所导致底片灰雾度的增加。

（6）铅遮板。工件表面和周围的铅遮板，可以有效地屏蔽前方散射线和工件外缘由散射引起的"边蚀"效应。

（7）底部铅板。又称为后防护铅板，是屏蔽后方散射线（如来自地面）的铅板。

（8）滤板。滤板的材料通常是铜、黄铜和铅，其厚度应合适。例如透照钢时所用铜滤板的厚度不大于工件最大厚度的 20%，而铅板则不得大于 3%。

滤板的作用是吸收掉 X 射线中那些波长较大却往往引起散射线的谱线。

（9）暗盒。用对射线吸收不明显、对影像无影响的柔软塑料带制成。要求它能很好地弯曲和紧贴工件。

（10）标记带。可使每张射线底片与构件被检部位始终能做到一一对照（即实现所谓的可追踪性）。其上的铅质标记有：定位标记（中心标记、搭接标记）、识别标记（工件编号、部位编号、焊缝编号、返修标记）、B 标记等。铅质标记与被检区域同时透照在底片上，它们的安放位置如图 7-7 所示。

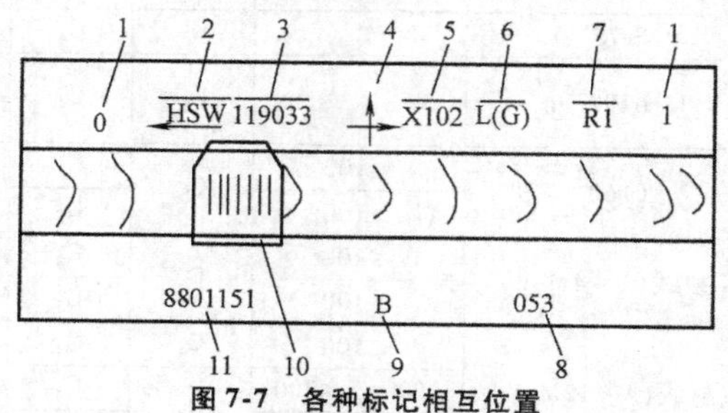

图 7-7　各种标记相互位置

1—定位及分编号（搭接标记）　2—制造厂代号
3—产品令号（合同号）　4—中心定位标记
5—工件编号　6—焊缝类别（如纵、环缝）
7—返修次数　8—操作者代号　9—B 标记
10—像质计　11—检测日期

注：B 标记应贴附在暗盒背面，以检查背面散线防护效果。若在底片上出现"B"的较淡影像，应予重照。

2. 射线照相检测条件选择

（1）选择依据：

1）射线检测技术质量要求。进行射线照相法检测时，应根据有关规程和标准的要求选择检测条件。例如，透照钢熔化焊焊接接头时应以 GB/T 3323—2005《金属熔化焊焊接接头射线照相》为依据。它把射线检测技术质量分为两个级别。两个级别分别为：

A 级——普通级别。

B 级——优化级别。

不同的射线检测技术质量要求对射线底片的黑度、灵敏度均有不同的规定。为达到其要求，需从检测器材、方法、条件和程序各方面进行正确选择和合理布置。

照相灵敏度是用丝型像质计中不同直径金属丝所规定的相应编号，即所谓像质计数值来表示的，见表 7-5。例如：线径 0.100mm 对应的像质计数值为

W16，线径0.40mm对应的像质计数值为W10。

2）灵敏度。灵敏度是评价射线照相质量最重要的指标，它标志着射线检测中发现缺陷的能力。由于无法预知工件沿射线穿透方向上应识别的最小缺陷尺寸，为此必须采用具有已知尺寸的人工“缺陷”（金属丝、圆孔）的像质计来度量。各种类型的像质计都是用来测定射线照相灵敏度的工具。

表7-5 单壁透照最低线型像质计数值

A 级			B 级		
公称厚度 t/mm	像质计数值		公称厚度 t/mm	像质计数值	
	应识别的线径/mm	应识别的线号		应识别的线径/mm	应识别的线号
$t\leq1.2$	0.063	W18	$t\leq1.5$	0.050	W19
$1.2<t\leq2.0$	0.080	W17	$1.5<t\leq2.5$	0.063	W18
$2.0<t\leq3.5$	0.100	W16	$2.5<t\leq4.0$	0.080	W17
$3.5<t\leq5.0$	0.125	W15	$4.0<t\leq6.0$	0.100	W16
$5.0<t\leq7.0$	0.16	W14	$6.0<t\leq8.0$	0.125	W15
$7.0<t\leq10$	0.20	W13	$8.0<t\leq12$	0.16	W14
$10<t\leq15$	0.25	W12	$12<t\leq20$	0.20	W13
$15<t\leq25$	0.32	W11	$20<t\leq30$	0.25	W12
$25<t\leq32$	0.40	W10	$30<t\leq35$	0.32	W11
$32<t\leq40$	0.50	W9	$35<t\leq45$	0.40	W10
$40<t\leq55$	0.63	W8	$45<t\leq65$	0.50	W9
$55<t\leq85$	0.80	W7	$65<t\leq120$	0.63	W8
$85<t\leq150$	1.00	W6	$120<t\leq200$	0.80	W7
$150<t\leq250$	1.25	W5	$200<t\leq350$	1.00	W6
$t>250$	1.60	W4	$t>350$	1.25	W5

利用像质计得到的射线照相灵敏度，仅用于衡量射线照相影像的质量，而不能直接表示可以发现自然缺陷的实际尺寸。在透照灵敏度相同的情况下，由于缺陷性质、取向、内含物的不同，所能发现的实际尺寸不同。所以在达到某一灵敏度时，并不能断定能够发现缺陷的实际尺寸究竟有多大。但它完全可以客观地评价影像质量。

研究表明，射线照相灵敏度是射线照相对比度（又称为衬度。它指小细节或小缺陷与其周围的黑度差）和清晰度（黑度变化明锐或不明锐程度）两大因素的综合效果。影响射线照相灵敏度的各种因素之间的关系见表7-6。从表中可以看出，有些因素对对比度和清晰度有双重影响，如射线的质、胶片类型、增感方式和显影条件等。

表7-6 影响射线照相灵敏度的因素

射线照相对比度		射线照相清晰度	
主因对比度	胶片衬度	几何不清晰度 u_g	固有不清晰度 u_i
1）工件厚度差 2）射线的质 μ 3）散射比 n 4）缺陷尺寸与性质	1）胶片类型 2）增感方式 3）显影条件 4）底片黑度 5）散射比 n	1）焦点尺寸 2）焦点至工件表面距离 3）工件表面至胶片距离 4）工件厚度变化率 5）增感屏与胶片接触状态	1）胶片类型 2）增感方式 3）射线的质 μ 4）显影条件

3）黑度。底片黑度（或光学密度）D 是指曝光并经暗室处理后的底片黑化程度。黑度定义的数学表示为

$$D=I_g(L_0/L)$$

式中 L_0——入射光强；

L——透射光强。

射线底片黑度可用黑度计（光密度计）直接在底片的规定部位测量（图7-8）。灰雾度 D_0 是指未经曝光的底片经显影处理后获得的微小黑度，它当然也包含了胶片片基本身的不透明度。GB/T 3323—2005规定的各检测技术等级的黑度值见表7-7。

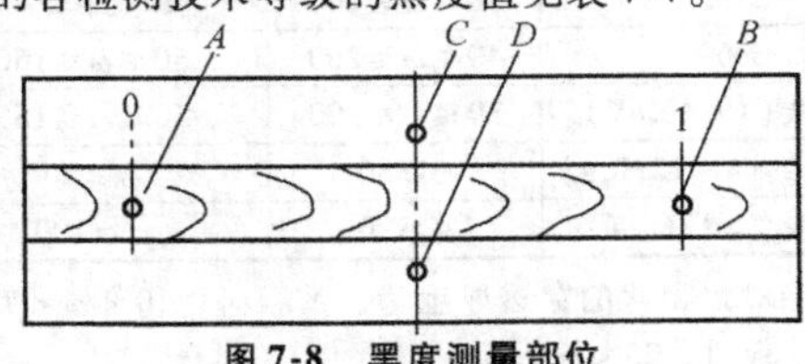

图7-8 黑度测量部位

A、B—为最小处 C、D—为最大处

表 7-7　底片的黑度范围

等　级	黑　度①
A	≥2.0②
B	≥2.3③

①　测量允许误差为 ±0.1。
②　经合同各方商定，可降为 1.5。
③　经合同各方商定，可降为 2.0。

（2）射线源选择：

1）射线能量。是指射线源的 kV、MeV 值或 γ 射线源种类的选择。射线能量愈大，其穿透能力愈强，可透照的工件厚度愈大。但同时也带来由于衰减系数的降低而导致的成像质量下降（主要使底片对比度，即底片上相邻二区域的黑度对比度明显下降）。能量选择应在保证穿透的前提下，尽量选择较低的射线能量。在 GB/T 3323—2005 标准中对允许使用的最高管电压和穿透厚度的下限作了规定，见图 7-9 和表 7-8。

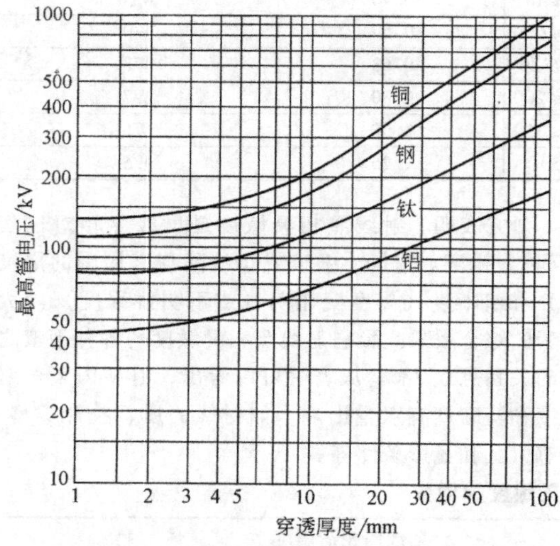

图 7-9　穿透厚度和允许使用的最高管电压

表 7-8　γ 射线和 1MeV 以上 X 射线对钢、铜和镍基合金所适用穿透厚度

射线种类	穿透厚度 ω/mm	
	A 级	B 级
Tm	ω≤5	ω≤5
Yb169①	1≤ω≤15	2≤ω≤12
Se75②	10≤ω≤40	14≤ω≤40
Ir192	20≤ω≤100	20≤ω≤90
Co60	40≤ω≤200	60≤ω≤150
X 射线(1～4MeV)	30≤ω≤200	50≤ω≤180
X 射线(>4～12MeV)	ω≥50	ω≥80
X 射线(>12MeV)	ω≥80	ω≥100

①　对铝和钛的穿透厚度为：A 级时，10 < ω < 70；B 级时，25 < ω < 55。
②　对铝和钛的穿透厚度为：A 级时，35≤ω≤120。

2）射线强度。当管电压相同时，（X 射线管）管电流值（mA）愈大，X 射线源的射线强度愈大，则曝光时间愈短。

3）焦点尺寸。焦点尺寸愈小，照相灵敏度愈高，因此在可能条件下应选焦点小的射线源（详见下节）。

4）辐射角。为射线束所构成的角度。X 射线的辐射角分为定向和周向两种，分别适用于定向分段曝光（检测）和环焊缝整圈一次周向曝光（检测）。γ 射线的辐射角分为定向、周向和 4π 立体角，分别适用于分段曝光（检测）、周向曝光（检测）和全景曝光（检测）。

（3）几何参数选择：

1）焦点尺寸。由于焦点都有一定的几何尺寸而不是点状源，在检测中必然会产生几何不清晰度 u_g（又称为半影）。它使缺陷边缘轮廓变得模糊。如图 7-10 所示，焦点几何尺寸（d）愈大，则几何不清晰度 u_g 愈大。

2）透照距离。即焦距 F，指的是焦点至胶片的距离。图 7-11 所示表明，焦距 F 愈大，则 u_g 愈小。

3）缺陷至胶片距离。如图 7-12 所示，缺陷至胶片距离 h 愈大，u_g 也愈大。

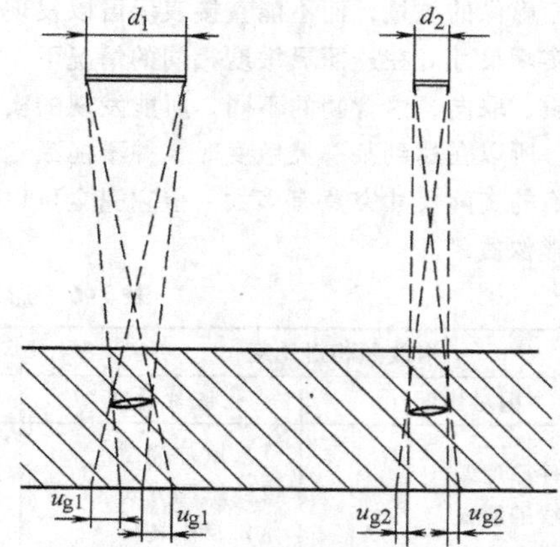

图 7-10　焦点尺寸对几何不清晰度的影响

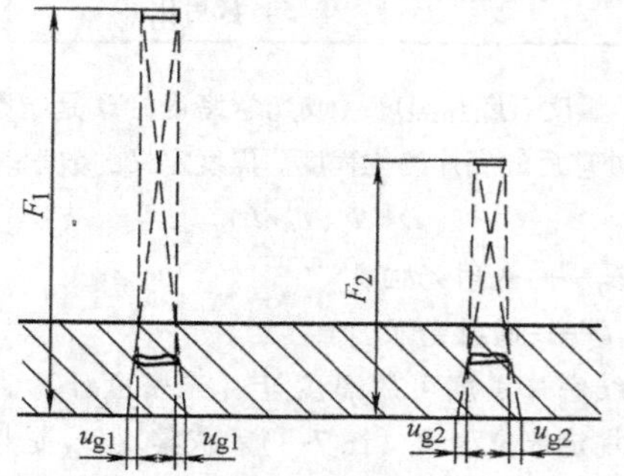

图 7-11　透照距离对几何不清晰度影响

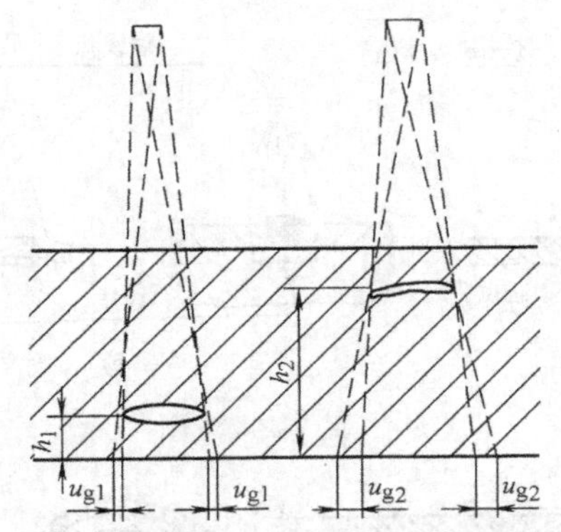

图7-12 缺陷至胶片距离对几何不清晰度影响

在国内外相关标准中，最小透照距离（最小焦距 F）均依照几何不清晰度原理使用诺模图来确定，如图7-13所示。（示例：已知 $d=3\text{mm}$，$\delta=20\text{mm}$，$u_g=0.4\text{mm}$。最小透照距离是多少？在图7-13所示的标尺 d 中找到“3”刻度，在标尺 δ 上找到“20”刻度，用直线连接这两点交于标尺 $F-\delta$ 的“150”刻度，得到射线源焦点至工件表面的距离为150mm，则最小透照距离 $F_{\min}=150\text{mm}+20\text{mm}=170\text{mm}$）。

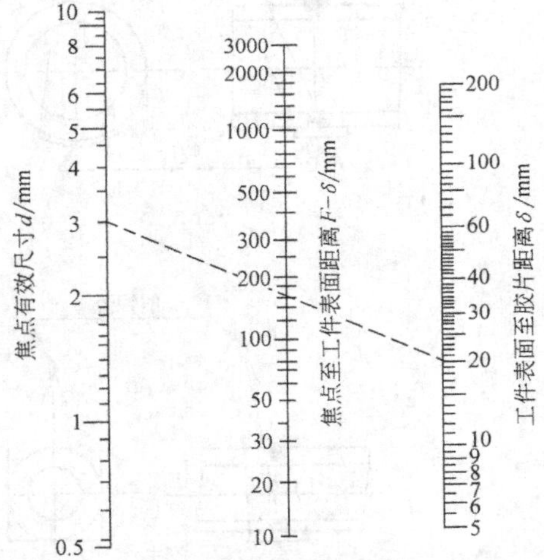

图7-13 确定焦点至工件表面距离的诺模图

（4）曝光条件的选择 在一定的检测器材、几何条件和暗室处理等条件下，欲获得规定黑度值的底片，对某一厚度工件应选用的透照参数叫曝光条件，又称为曝光规范。X射线检测的主要规范参数是：管电压、管电流、焦距和曝光时间；γ射线检测的主要规范参数是：焦距和曝光时间。

射线检测中常利用曝光曲线进行曝光参数的选择。图7-14、图7-15所示是X射线检测的曝光曲线，图7-16所示是γ射线检测的曝光曲线。

由于一张二维坐标图最多只能表示三个相关参数，因此在构成X射线曝光曲线时，一般只能选择透照厚度、管电压和曝光量作为可变参数，其他条件相对固定。目前用得较多的是图7-14那种。值得注意的是，任何曝光曲线只适用于一组特定条件，只有当实际拍片（检测）所用的所有条件与制作曝光曲线的条件完全一致时，才能从曲线中直接找出所需曝光量。任何条件的改变都应对曝光量进行修正。

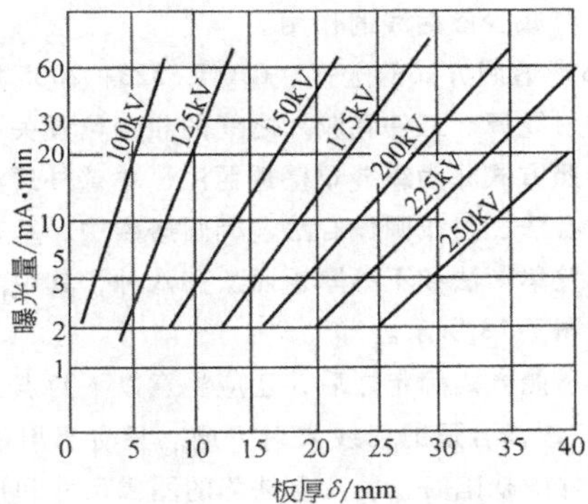

图7-14 以管电压为参数的曝光曲线

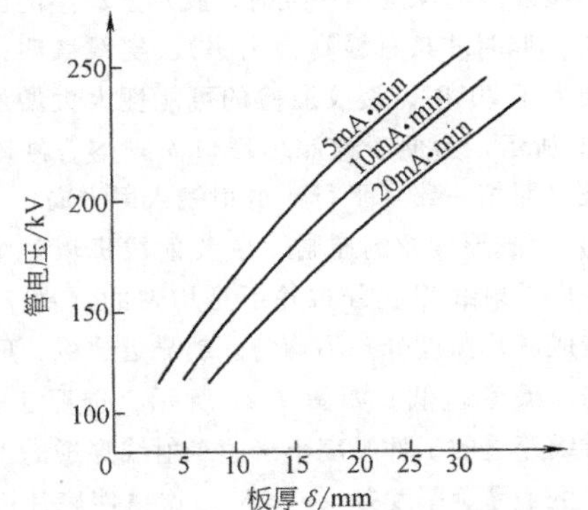

图7-15 以曝光量（mA·min）为参数的曝光曲线

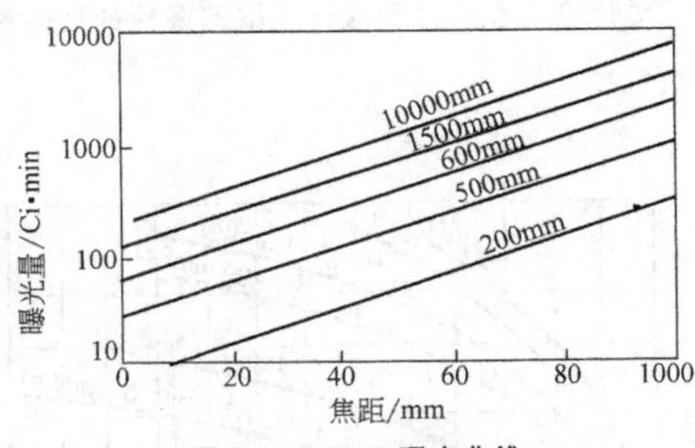

图7-16 Co60曝光曲线

（5）散射线的控制。射线检测时，凡受射线照射的物体，无论是工件、暗盒、墙壁、地面、甚至空气都会成为散射源。散射线使底片灰雾度增大，对比度和清晰度下降。其影响程度与散射比 n 有关。

$$n=I_s/I$$

式中 I_s——散射线强度；

I——直接透射强度。

散射比 n 与射线能量、透照厚度 δ 有关。试验表明：射线能量减小、透照厚度 δ 增大，都会使散射比 n 增大，如图 7-17 所示。

射线检测时，设置铅罩、铅光阑、铅遮板、底部铅板和滤板都主要是为了减少散射线。另外，金属增感屏也有减少散射线的作用。

（6）透照方式的选择。GB/T 3323—2005 标准规定，按射线源、工件和胶片之间的相互位置关系，焊缝的透照方式分为纵缝单壁透照法、单壁外透法、射线源中心法、射线源偏心法、椭圆透照法、垂直透照法、双壁单影法和不等厚透照法共八种，其中的部分方法如图 7-18 所示。

在透照方式确定之后，还应注意以下两点：

1）选择合适的射线入射方向。只有当射线垂直入射工件中缺陷时，胶片上缺陷的图像尺寸和形状才最接近实际。而只有当射线入射方向与裂纹、未熔合等面积型缺陷的深度相一致时，胶片上缺陷的影像才最清晰（此时才具有最高检出率）。实践表明：当二者倾角大于 20°时，裂纹漏检的可能性大大增加。如图 7-19 所示，为便于检测出坡口面未熔合缺陷，应选与坡口面相一致（平行）的射线入射方向。

2）穿透厚度差的控制。在 X 射线机辐射角 θ 的照射场内，射线强度分布并不是均匀的（图 7-20），这将造成底片黑度分布不均匀。越靠近边缘，射线强度越弱，黑度越低。如图 7-21 所示，透照工件时，中心射线穿透的工件厚度小于边缘射线穿透的工件厚度，产生了穿透厚度差（$\delta' > \delta$）。这也使底片边缘部位的黑度值低于中间部位的黑度值，降低了底片两端图像的对比度，在胶片两端产生缺陷漏检的可能性将提高。

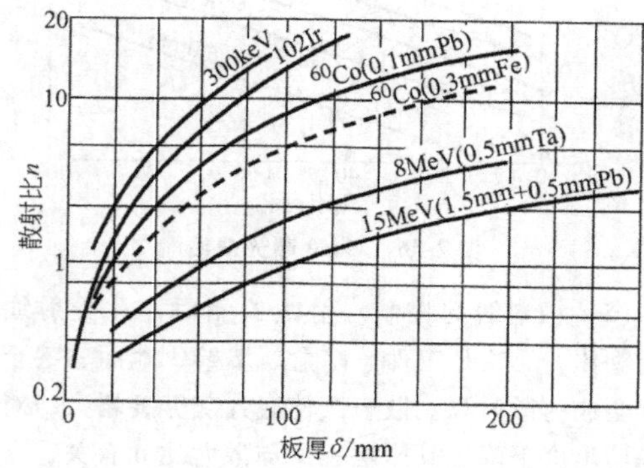

图 7-17　不同射线能量时 n 与 δ 关系（铁）

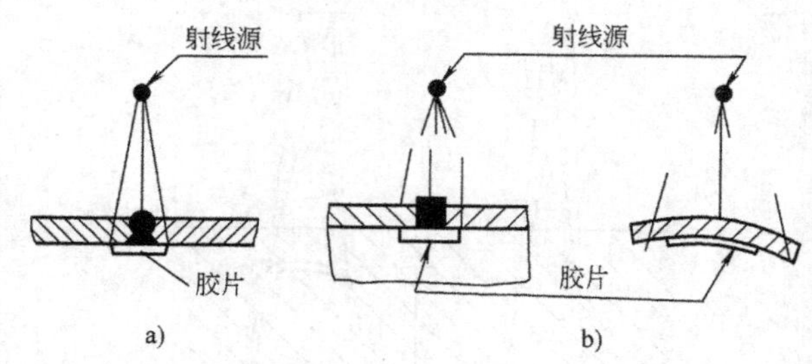

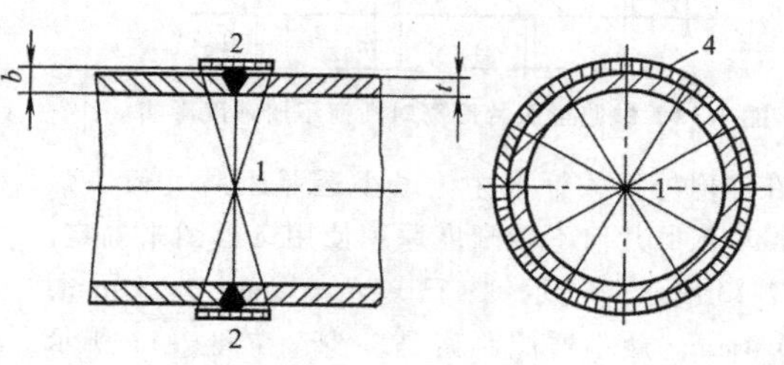

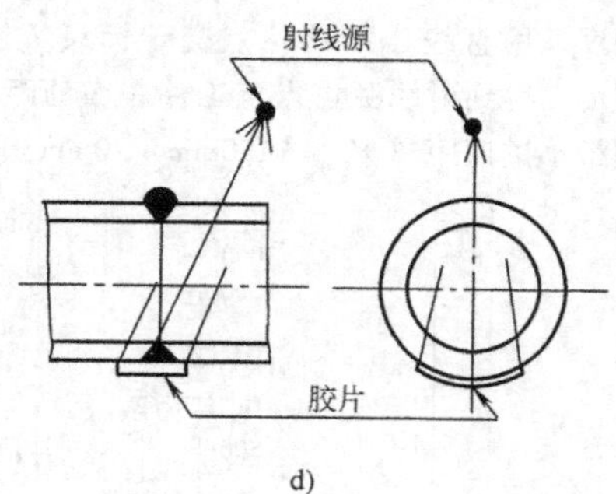

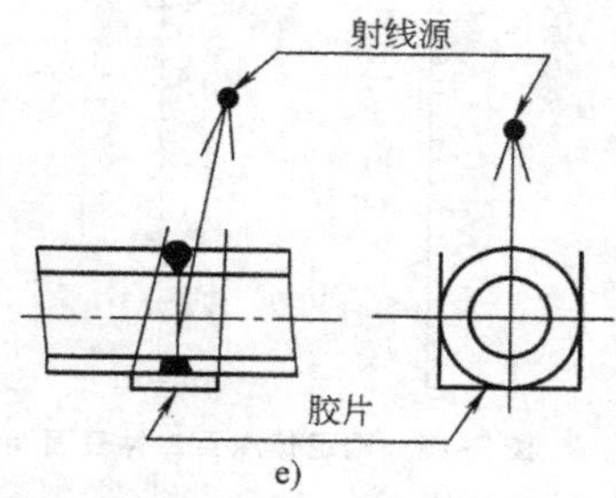

图 7-18　焊缝透照方式示意图

a）纵缝单壁透照法　b）对接环缝单壁外透法

c）射线源中心法的对接环缝周向曝光

d）管对接环缝双壁单影法透照

e）椭圆透照法的管对接环缝双壁双影透照

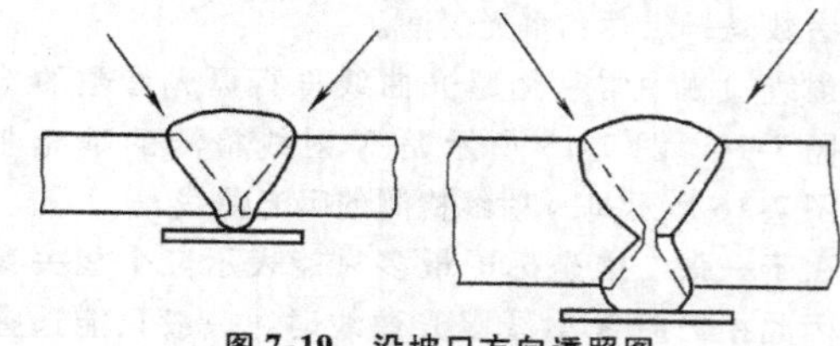

图 7-19　沿坡口方向透照图

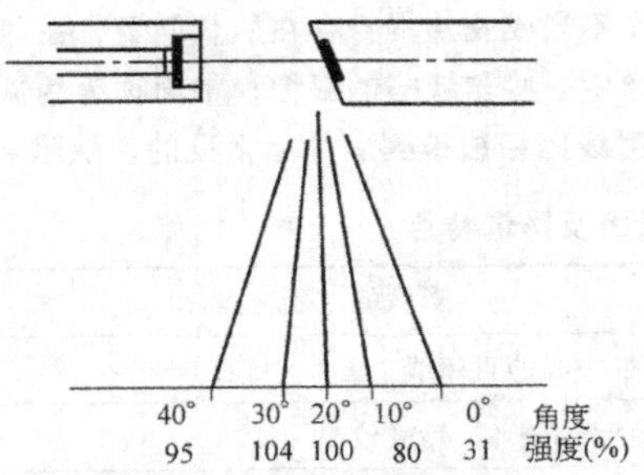

图7-20 X射线场内射线强度分布

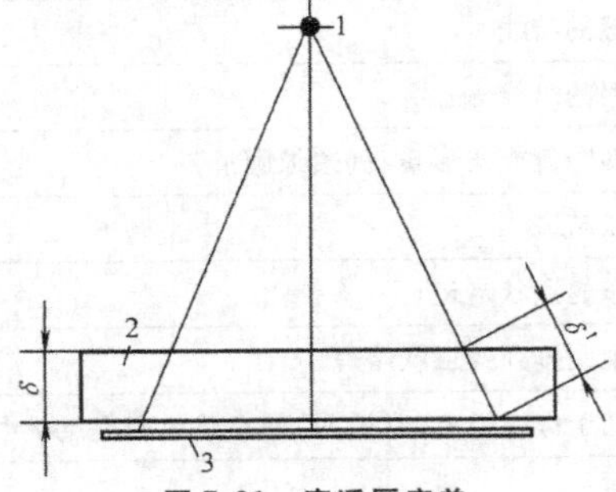

图7-21 穿透厚度差

1—射线源 2—工件 3—胶片

为此要控制穿透厚度比（表7-9）。穿透厚度比 A 定义如下：

$$A=\frac{\delta'}{\delta}$$

式中 δ'——边缘射线穿透厚度；

δ——中心射线穿透厚度。

表7-9 穿透厚度比控制

透照技术等级	穿透厚度比
A	≥1.2
B	≥1.1

对穿透厚度比 A 的限制，实际表现为对每次透照（检测）长度的控制。对某条长焊缝来说，可以看作该焊缝需要透照多少个段落（检测区段）。

7.1.1.3 缺陷识别

一般可从以下三个方面对射线底片上的影像进行分析、判断：

1）影像几何形状。

2）影像黑度分布。

3）影像的位置。

1. 铸件常见缺陷的识别 铸件中常见的内部缺陷有以下四类：

1）孔洞类缺陷。如气孔、针孔、疏松、缩松。

2）裂纹类缺陷。如冷裂纹、热裂纹、白点、冷隔。

3）夹杂类缺陷。如夹杂物、夹渣、砂眼。

4）成分缺陷。偏析。

表7-10是主要缺陷产生原因和在射线照相检测底片上其影像特点。

2. 熔焊接头常见缺陷的识别 熔焊接头常见缺陷主要有五类：

1）熔合不良类。如未焊透、未熔合。

2）裂纹类。冷裂纹、热裂纹、再热裂纹、八字裂纹、弧坑裂纹等。

3）孔穴类。如气孔。

4）固体夹杂类。如夹渣、夹钨。

5）形状缺陷类。如咬边、焊瘤、下塌、下垂、烧穿、角变形、错边等。

表7-10 铸件主要内部缺陷产生原因及影像特点

缺陷类型	产生原因	常见缺陷	影像的主要特点
缩孔类	冷却和凝固过程中合金将发生液态收缩和固态收缩，补缩不足，产生孔洞	缩孔	形状不规则，黑度大，轮廓清晰
		纤维状缩孔	树枝状，黑度大
		海绵状缩松	云雾状，轮廓不清晰
		层状疏松	（镁合金中出现）条纹状，轮廓不清晰
		疏松	细网纹或模糊暗斑
气孔类	在浇注过程中，挥发出的气体、燃烧产生的气体或化学反应产生的气体在铸件中形成气孔	气孔	孤立或成群的圆形、椭圆形、梨形暗斑，轮廓光滑，黑度较大
		针孔	均匀散布的细小点状暗斑
裂纹类	在凝固末期或常温冷却过程中，铸造应力引起开裂	热裂纹	不规则的暗线，常为波折状，可分叉
		冷裂纹	平滑直线状或弯曲平滑线状
夹杂类	混入的异物或各种物理、化学反应的产物	夹渣	在一定范围分布的小颗粒状或片状影像，轮廓比较清晰
		砂眼	影像整体可不规则，黑度具有颗粒状特征

表7-11是主要缺陷的产生原因和在射线照相检测底片上其影像特点。

3. 常见伪缺陷识别 由于射线照相操作不当、暗室操作不当或胶片本身存在质量问题，在射线底片上可能产生一些非缺陷的影像，常简称为伪缺陷。表7-12是射线照相法检测底片上常见的伪缺陷。

表7-11 熔焊接头主要缺陷产生原因及影像特点

缺陷类型	产生原因	常见缺陷	影像的主要特点
熔合不良	焊接过程中，焊接规范不适当，或焊接操作不正确	未焊透	位于焊缝中心的直暗线
		未熔合	模糊的宽线条影像，黑度较小
裂纹	焊接应力、拘束应力等引起开裂	纵向裂纹	沿焊缝纵向的暗线
		横向裂纹	垂直焊缝的暗线
		弧坑裂纹	星状辐射的暗线
气孔	在熔池结晶过程中未能逸出而残留在焊缝金属中的气体形成的孔洞	孤立气孔	孤立圆形暗斑或条形暗斑（边缘圆滑）
		密集气孔	密集点状暗斑
		链状气孔	线状分布的点状暗斑
		虫孔	人字形规则排列的虫状暗斑
夹杂物	残留的各种非熔焊金属以外的物质	夹钨	黑度远低于焊缝黑度（常透明）的点状或密集点状影像
		点状夹渣	点状暗斑
		密集夹渣	密集点状暗斑
		条状夹渣	沿焊缝分布的条形暗斑（边缘不规则）
成形不良	焊接规范不当或焊接操作不良，造成焊缝成形不良缺陷	咬边	沿焊缝侧边分布的条形暗斑
		烧穿	低黑度圆环、中心高黑度的暗斑影像

表7-12 射线底片上常见伪缺陷

类型	产生原因	常见形态	射线照片上显示的主要特点
擦痕	胶片在操作时受到划伤	线状斑纹	清晰的线状条纹
静电斑纹	胶片与物体摩擦产生静电感光	点状斑纹 冠状斑纹 枝状斑纹	分散或间断的暗点 带有枝状暗线的暗斑 树枝状暗线
压力斑纹	胶片局部受到挤压或弯折	月牙状斑纹	高黑度或低黑度月牙状斑纹
水迹斑纹	水洗不足或干燥环境不清洁	片状斑纹	模糊的形状不规则的暗斑
显影条纹	显影速度较快，搅拌作用不良	条纹	模糊的条纹状暗斑
冲洗条纹	水洗或停显处理不当	条纹	模糊的条纹状暗斑
增感屏斑纹	增感屏损坏、污染或夹带异物，使增感屏局部的增感性能改变	线、点等	黑度或高或低的线、点等
显影斑点	显影前胶片溅上显影液	点状斑纹	高黑度圆形斑纹
定影斑点	显影前胶片溅上定影液	点状斑纹	低黑度（透明）圆形斑纹
温差网纹	暗室处理的相继过程之间，温差过大造成乳剂层破裂	网状斑纹	网状条纹

7.1.1.4 射线检测设备

1. X射线机 按结构形式分为携带式、移动式和固定式三种。携带式X射线机因其体积小、重量轻，适用于施工现场和野外作业的检测工作。移动式

X射线机能在生产车间或实验室内移动，适用于中、厚板件的检测。固定式X射线机则固定在确定的工作环境中，靠移动工件来完成检测任务。此外，X射线机也可按射线束的辐射方向分为定向辐射和周向辐射两种。其中周向X射线机特别适用于管道、锅炉和压力容器环形焊缝的检测。由于它一次曝光可以检测整条环缝，所以工作效率特别高。此外，还有一些特殊用途的X射线机，例如：软X射线机（管电压在60kV以下），用于检测金属薄件、非金属材料等低原子序数物质的内部缺陷。微焦点X射线机（通常为0.01~0.1mm，微焦点最小为0.005mm），适用于近焦距拍片，用于检测半导体器件、集成电路内部结构及焊接质量。

表7-13列出了几种典型X射线机的主要性能。

表7-13 几种典型X射线机主要性能

分类	型号	管压/kV	管流/mA	焦点/mm²	穿透力(Fe)/mm	管头重量/kg	备注
携带式	XXQ-2005	200	5	2×2	29	25	定向
	XXQ-2505	250	5	2.1×2.1	40	36	定向
	XXQ-3005	300	5	2.3×2.3	50	49	定向
	XXH-2005	200	5	1.0×3.5	23	25	周向，锥靶
	XXHP-2005	200	5	1.0×3.5	23	25	周向，平靶
	XXH-3005	300	5	1.0×2.6	46	49	周向，锥靶
	XXG-2505	250	5	2×2	38	≤30	定向，波纹陶瓷管
	RF-200EG-SP	200	3	—	23	15.5	日本产
移动式	XYY-2515	250	15(平均值)	4×4	58	135	铅箔增感
	XYT-3010	300	1~10 1~5	4×4 1.5×1.5	78	—	定向，铅箔增感，可配工业电视
	XYD-4010X	400	1~10 1~4	4×4 1.5×1.5	96	—	
固定式	MG450	420	10	4.5×4.5	100	—	定向，铅箔增感，荷兰产
实时成像系统	XG-150	150	1~4	—	—	—	灵敏度：Al为1.5%，Fe为2%；连续工作>8h；噪声<70dB
	XG-400	400	1~4	—	—	—	

2. γ射线机　γ射线检测具有如下特点：

（1）主要优点有：

1）穿透力强，最厚可以透照300mm钢材。

2）透照过程中不用水、电，因而可在野外、高空、高温及水下等场合作业。

3）设备轻巧、操作简单方便。

4）射线源体积小，因而可在X射线机和加速器无法达到的狭小部位工作（检测可达性好）。

（2）主要缺点有：

1）因为射线源时刻在衰变，且有γ射线产生，所以防护要求严。

2）半衰期短的γ射线源（如^{192}Ir）更换频繁。

3）对缺陷发现的灵敏度略低于X射线机。

γ射线机按其结构分为携带式、移动式和爬行式三种。携带式γ射线机多采用^{192}Ir、^{137}Cs作射线源，适用于较薄件的检测。移动式γ射线机多采用^{60}Co作射线源，用于厚件检测。爬行式γ射线机用于野外焊接管线的检测。

几种典型的γ射线机主要性能列于表7-14。

3. 加速器　加速器是带电粒子加速器的简称。它是利用电磁场使带电粒子（电子、质子、氘核、氦核及其他重离子）加速而获得能量的装置。利用加速器加速带电粒子，通过韧致辐射产生高能X射线。

在工业射线照相检测中应用的加速器主要是电子直线加速器、电子感应加速器、电子回旋加速器三种。目前应用最广泛的是电子直线加速器。

加速器的特点是射线束能量、强度、方向均可精确控制；能量最高可达35MeV，探测厚度达500mm（钢铁）；焦点尺寸小（电子感应加速器为0.1~0.2mm×2mm，电子直线加速器略大些），探测灵敏度高达0.5%~1%。

几种典型加速器的性能列于表7-15。

表 7-14 几种典型的γ射线机主要性能

分类	型号	γ源	焦点/mm²	穿透力(Fe)/mm	本体重/kg	备注
携带式	TI-F	^{192}Ir	3×3	10~80	15	
	S301	^{192}Ir	—	—	20	德国产
	PI-104H	^{192}Ir	2×2	—	21	日本产
移动式	TK-100	^{60}Co	4×4	30~250	140	—
	PC-501	^{60}Co	4.2×5.5	—	585	日本产
爬行式	M10	^{192}Ir	—	—	30	德国产

表 7-15 几种典型加速器性能

类型	型号	最大能量/MeV	剂量率(在1m处)/(R/min)	1m处照射野/mm	焦点尺寸/mm	最大穿透厚度(钢铁)/mm	灵敏度(%)
电子感应加速器	沈变25MeV	25	60	φ200	0.1×2	300	0.6
	BR-25-500①	5~25	500	250×300	0.1×2	300	0.4
	KBC-8-25②	25	400	φ240	1.5×0.3	560	0.1~0.3
电子直线加速器	ML-3RⅡ①	1.5	50	φ300	φ1以下	150	1以下
	ML-10R①	8	1500	φ300	φ1以下	400	1以下
	ML-15RⅡ①	12	7000	φ300	φ1以下	500	1以下
电子回旋加速器	МД-10②	10	2000	φ150	φ2~φ3	—	—
	РМД-10Т②	8/12	1000/2000	φ150	—	—	—
	RM-8③	8	1500	—	φ2	—	1

① 产地日本。

② 产地俄罗斯。

③ 产地瑞典和芬兰。

4. 射线检测设备初步选择 初步选择时主要应考虑的因素是：射线可穿透材料的厚度、显像质量、曝光时间、检测装置对位和移动的难易程度等。其中最主要的是射线可穿透材料的厚度。各种射线检测使用范围可参照图7-22和表7-3、表7-8。

7.1.2 超声波检测

7.1.2.1 超声波产生、性质

1. 超声波产生与接收 产生超声波的方法有机械法、热学法、电动力法、磁滞伸缩法和压电法等。其中压电法最为简单，且用较小功率就能产生很高频率的超声波。另外，利用压电原理制造的探测仪结构灵巧，使用方便，工作频率范围可满足各种检测要求。因而检测中普遍采用压电法产生超声波。

压电法利用压电晶体来产生超声波。压电晶体具有压电效应。由压电晶体切割成的晶片在受到拉应力或压应力作用而发生体积上变化的同时，会在晶片两表面产生不同极性的电荷，如图7-23a所示；晶片受电信号激励，会在厚度方向产生伸缩变形的机械振动，如图7-23b所示。前者称为正压电效应，后者称为逆压电效应。

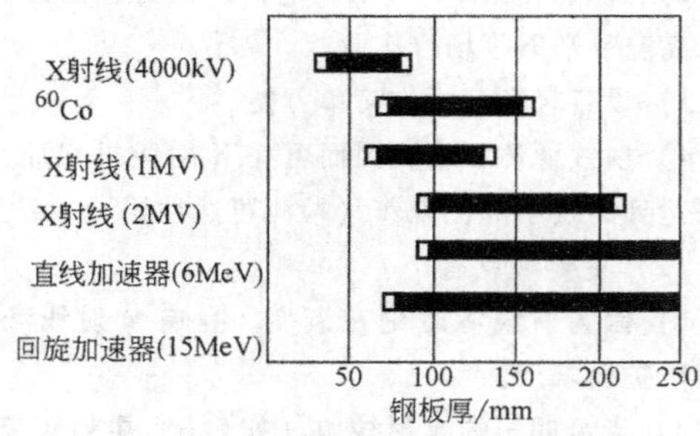

图 7-22 各种射线检测设备使用范围

■—灵敏度1% □—灵敏度1%以下

超声波的产生和接收是利用超声波探头（也称为换能器）中的压电晶片的压电效应来实现的。由

超声波检测仪产生的电振荡以高频电压的形式加在探头中压电晶片两面电极上，由于逆压电效应晶片在厚度方向产生伸缩变形的机械振动，若压电晶片与被检测物表面有良好耦合，机械振动就以超声波形式传播进入被检工件，这就是超声波的产生。反之，当探头中晶片受超声波（遇到异质界面反射回来的超声波）的作用而发生伸缩变形时，正压电效应又会使晶片两表面产生不同极性电荷，形成超声频率的高频电压，这就是超声波的接收（高频电压以回波电信号形式经超声波检测仪的示波屏显示）。

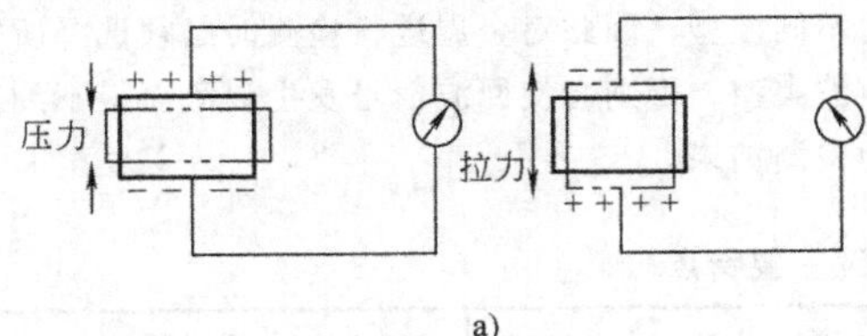

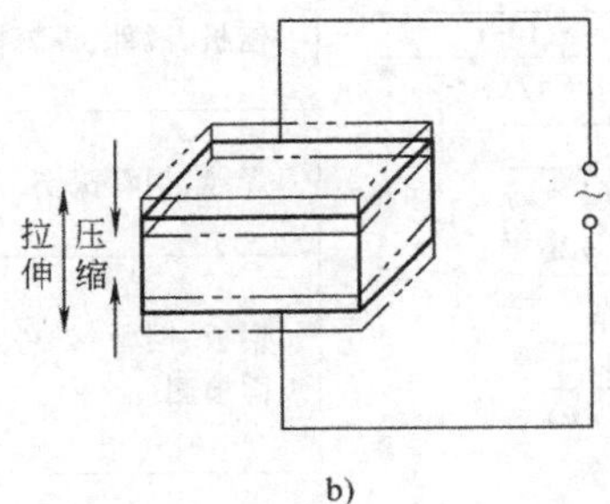

图 7-23 压电效应

a）正压电效应 b）逆压电效应

2. 超声波性质

（1）良好的指向性。有以下两个含义：

1）直线性。超声波的波长很短（毫米数量级），它在弹性介质中能像光波一样沿直线传播，并符合几何光学规律。由于声速对固定介质来说是个常数，因此根据传播时间就能求得传播距离，此点为超声波检测缺陷定位提供了依据。

2）束射性。声源（压电晶片）产生的超声波声能集中在一定区域（超声场）定向辐射。以圆形压电晶片在液体介质中以脉冲波形式发射的纵波超声场为例，如图 7-24 所示。

分析表明：

① 超声波能量主要集中在 2θ 以内的锥形区域内，如图 7-24a 所示。θ（称为半扩散角）愈小，波束指向性愈好。超声波能量愈集中，检测灵敏度愈高，分辨力愈高，定位也愈精确。

$$\theta = \arcsin 1.22(\lambda/D)$$

式中 λ——超声波波长（mm）；

D——压电晶片直径（mm）。

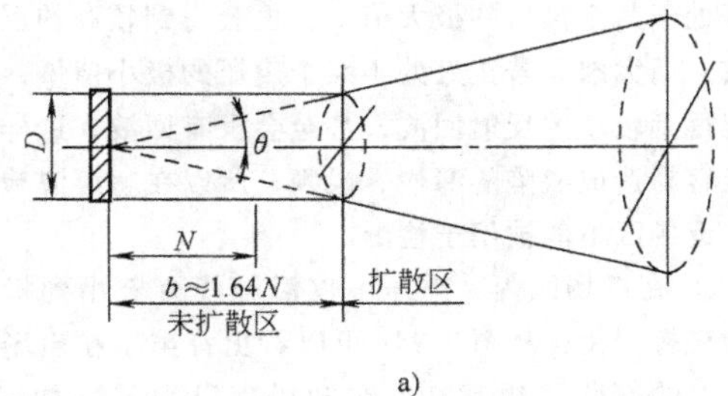

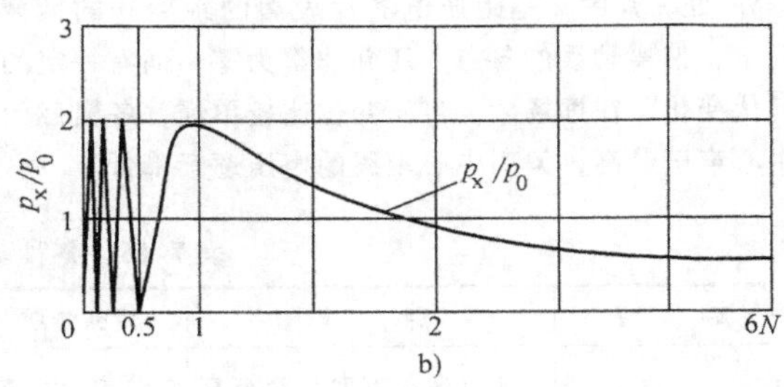

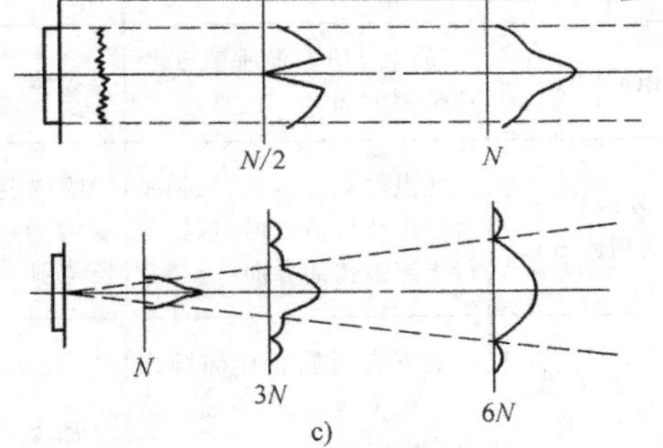

图 7-24 圆盘源超声场

a）声束未扩散区与扩散区（N—近场长度）

b）轴线上声压分布 c）纵截面声压分布

在超声波检测中，压电晶片尺寸一般都数倍于波长，因此产生的超声波具有束射性。波长愈短（或超声频率愈高）、压电晶片尺寸愈大，则声束指向性愈好。

② 从图 7-24b 可看出：在距压电晶片表面距离 1N 内，声源轴线上的声压具有多个极大值，这个区域在声学上被称为声源的近场区。最后一个声压极大值至声源的距离 N 被称为近场长度（mm），其值可由下式求得

$$N \approx \frac{D^2}{4\lambda}$$

式中 D——压电晶片直径（mm）；

λ——超声波波长（mm）。

在大于近场区长度以外的区域称为远场区，声压随距离增加而单调减小。

若使用近场区检测，可能会发生即使是小缺陷若正好处于某个声压的极大值下，也会得到较高的反射回波；而大缺陷若正好处于某个声压的极小值下，也只能得到较小的反射回波，甚至会没有回波，这样一来很容易造成缺陷的漏检、误判，所以在超声波检测中，近场区不能被用于检测。

③ 在近场区内，声压不仅沿轴线有极小到极大值的交替变化，从图 7-24c 可以看出：声压在声场横截面上的变化也很复杂。在轴线声压为零（如 $x=0.5N$ 处，其中 x 是距压电晶片表面的距离）的横截面上，偏离轴线的各点声压并非都为零，而有一定的起伏变化。在远场区，声压变化比较单纯，各横截面中心声压最高，偏离中心轴线的声压逐渐降低。

④ 未扩散区（图 7-24a 中 $b\approx1.64N$）内，波阵面近似平面，声场可以看成平面波声场，平均声压基本不变。扩散区的主波束可以被看成直径为 D 的截头圆锥体。当 $x\geqslant3N$ 时，波束按球面波规律扩散。

（2）能在弹性介质中传播，不能在真空中传播。超声波通过介质时，按照介质质点振动方向与波的传播方向间相互关系，可分为纵波、横波、表面波和板波等。各类型波的特点及常见材料的声学特性见表 7-16和表 7-17。

应该注意，由于金属介质中能够通过不同传播速度的不同波型，因此对金属进行检测时必须选择所需超声波类型，否则会使回波信号发生混乱而得不到正确的检测结果。

表 7-16　各种类型超声波主要特点

波型	定义	传播介质	声速 C/(m/s)	主要应用
纵波(L)	质点振动方向与声波在介质中传播方向一致	固体、液体、气体	$C_L=\sqrt{\frac{E}{\rho}\frac{1-\nu}{(1+\nu)(1-2\nu)}}$	钢板、锻件、焊缝检测
横波(S)	质点振动方向垂直于声波传播方向	固体	$C_S=\sqrt{\frac{E}{\rho}\frac{1}{2(1+\nu)}}$	焊缝、钢管探伤
表面波(瑞利波 R)	质点作椭圆运动，长轴垂直于声波传播方向，短轴平行于声波传播方向	固体表面，深度约为一个波长范围	$C_R=\frac{0.87+1.12\nu}{1+\nu}\cdot\sqrt{\frac{E}{\rho}\frac{1}{2(1+\nu)}}$	钢板、钢管、锻件、复杂工件表面检测
板波①(兰姆波) 对称型(S 型)	上下表面质点作椭圆振动且相位相反，中心面上质点作纵向振动	固体，厚度与波长相当的薄板整体参与传声	$C=f\lambda$ $C_L>C_S>C_R$ 式中 E—弹性模量(MPa) ν—泊松比 ρ—密度(g/cm^3) f—频率(MHz) λ—波长(mm)	薄板、薄壁钢管($\delta<6$mm)等检测
板波①(兰姆波) 非对称型(A 型)	上下表面质点作椭圆振动且相位相同，中心面上质点作横向振动			

① SH 波也是板波一种，因应用较少，未列入表中。

表 7-17　常见材料声学特性及有关物理参数

材料	C_L /(m/s)	C_S /(m/s)	C_R /(m/s)	λ_L/mm 1.25MHz	2.5MHz	5MHz	$Z(=\rho C_L)$ /[10^6/g/($cm^2\cdot s$)]	ρ /(g/cm^3)	ν
钢	5880～5950	3230	—	4.7	2.36	1.18	4.53	7.7	0.28
铝	6260	3080	—	5.0	2.53	1.26	1.69	2.7	0.34
有机玻璃	2720	1460	1200	2.18	1.09	0.55	0.321	1.18	0.324
环氧树脂	2400～2900	1100	—	—	—	—	0.27～0.36	1.1～1.25	—
变压器油	1390	—	—	1.11	0.56	0.28	0.133	0.96	—
全损耗系统用油	1400	—	—	—	—	—	0.128	—	—
水玻璃(38%容积)	1720	—	—	—	—	—	0.217	1.26	—

（续）

材料	C_L /(m/s)	C_S /(m/s)	C_R /(m/s)	λ_L/mm			$Z(=\rho C_L)$ /[10^6/g /(cm^2 · s)]	ρ /(g/cm^3)	ν
				1.25MHz	2.5MHz	5MHz			
甘油(100%)	1880	—	—	—	—	—	0.238	1.27	—
水(20℃)	1480	—	—	1.18	0.59	0.3	0.148	1.0	—
空气	344	—	—	—	—	—	0.00004	0.0013	—
钢中横波波长 λ_s/mm				2.58	1.29	0.65	—		

超声波检测中常把空气当做真空处理，也就是说我们认为超声波是不能通过空气传播的。

（3）界面的透射、反射、折射和波型转换。超声波从一种介质入射到另一种介质时，经过异质界面时将会产生以下几种情况：

1）垂直入射异质界面时的透射、反射和绕射。如图 7-25 所示，当超声波从第一种介质垂直入射到第二种介质上时，其能量的一部分被反射而形成与入射波方向相反的反射波，其余能量则透过界面产生与入射波方向一致的透射波。超声波反射能量 $W_{反}$ 与入射能量 $W_{入}$ 之比称为超声波能量反射系数，即 $K=W_{反}/W_{入}$。几种界面的 K 值见表 7-18。

表 7-18　异质界面反射系数 K（%）

界面	K
钢—钢	0
钢—有机玻璃	77
钢—变压器油	81
钢—水	88
钢—空气	100
有机玻璃—变压器油	17
有机玻璃—空气	100

从表 7-18 中可以看出：固—气界面 $K\approx100\%$，因而良好的耦合是超声波检测时的一个必要条件。反射系数 K 的大小仅决定构成异质界面的两种介质声阻抗 Z 之差。差值愈大，K 值愈大，而与哪种介质为第一介质无关。

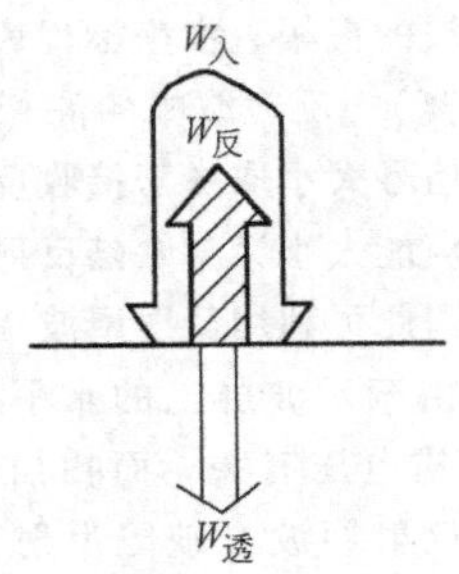

图 7-25　超声波垂直入射异质界

当界面尺寸 d_f 很小时，超声波将能绕过它继续前进，即产生所谓的绕射，如图 7-26 所示。由于绕射使反射回波减弱，超声波检测中能探测到的最小缺陷尺寸为 $d_r=\lambda/2$。显然要探测更小缺陷，就必须提高超声波频率。

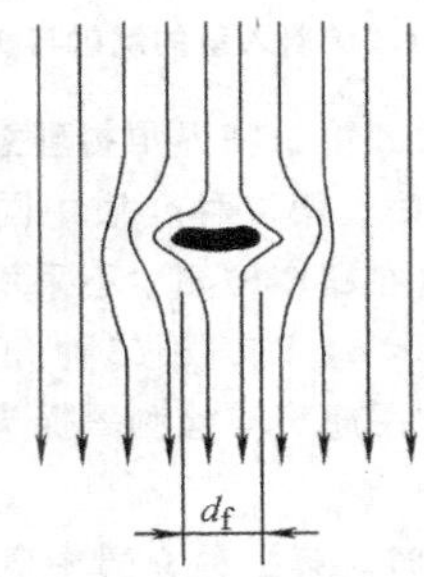

图 7-26　超声波绕射

2）倾斜入射异质界面时的反射、折射、波型转换。超声波由第一种介质倾斜入射到第二种介质时，在异质界面上将会产生波的反射、折射和波形的转换。图 7-27 所示为超声波纵波倾斜入射的反射、折射。不同波型入射角、反射角、折射角的关系遵循几何学原理：

$$\frac{\sin\alpha}{C_L}=\frac{\sin\alpha_L}{C_{L1}}=\frac{\sin\alpha_S}{C_{S1}}=\frac{\sin\gamma_L}{C_{L2}}=\frac{\sin\gamma_S}{C_{S2}}$$

式中　C_L、C_{L1}——介质Ⅰ的纵波声速（m/s）；
C_{S1}——介质Ⅰ的横波声速（m/s）；
C_{L2}——介质Ⅱ的纵波声速（m/s）；
C_{S2}——介质Ⅱ的横波声速（m/s）；
α——纵波入射角（°）；
α_S——横波反射角（°）；
α_L——纵波反射角（°）；
γ_L——纵波折射角（°）；
γ_S——横波折射角（°）。

从上式可以看出：随纵波入射角 α 增大，反射角 α_L、α_S 和折射角 γ_L、γ_S 都增大。在同一种介质中，$C_L>C_S$，所以 $\alpha_L>\alpha_S$。从图 7-27 可看出：随 α 进一步增加到某一角度时，γ_L 可达到 90°，即在第二种介

质内只有折射的横波存在。这时的纵波入射角称内第一临界角，记作 α_{1m}。若继续增大 α，则可使 γ_S 达到 90°，这时的纵波入射角称内第二临界角，记作 α_{2m}。此时，在第一介质和第二介质的界面上产生表面波的传播。

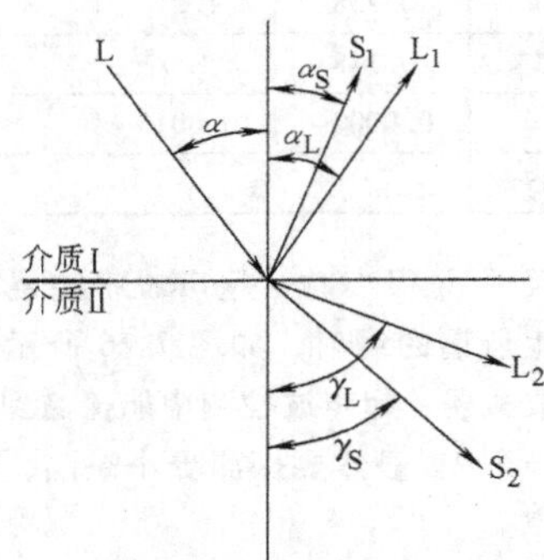

图 7-27　超声波纵波倾斜入射的反射与折射（$Z_1 < Z_2$）

由第一临界角和第二临界角物理意义可知：

① 当 $\alpha < \alpha_{1m}$ 时，第二种介质中同时存在折射纵波和折射横波，这在超声检测中不采用。

② 当 $\alpha_{1m} \leqslant \alpha < \alpha_{2m}$ 时，第二种介质中仅存在有折射横波，这是常用超声波检测斜探头设计的原理和依据。

③ 当 $\alpha \geqslant \alpha_{2m}$ 时，第二种介质中既无折射纵波也无折射横波，但在第二介质表面存在表面波，这是表面波探头设计的原理和依据。

（4）具有穿透物质和在物质中衰减的特性。超声波的声能（声强）与频率的平方成正比，一般检测用的超声波所用频率常大于 1MHz，所以超声波具有比射线更强的穿透能力，尤其是在钢等金属材料中，传输损失少，传播距离大（一般可达数米远），这是其他检测方法不能比拟的。

3. 超声波的衰减　超声波在介质中传播衰减的原因有三点：

（1）散射引起的衰减。超声波在介质中遇到声阻抗不同的界面（例如不均匀和各向异性的金属晶粒界面），会在界面上产生散乱反射、折射和波型转换，从而损耗声波的能量，这种衰减称为散射衰减。在金属中散射程度取决于晶粒大小与超声波波长之比。晶粒尺寸愈大，频率愈高，散射引起的衰减愈厉害。当波长 λ 与晶粒平均尺寸 d 比值约为3时，其衰减量最大。

（2）吸收引起的衰减。超声波传播时，介质质点间产生相对运动，相互摩擦使部分声能转化为热能引起衰减。在液体介质中吸收衰减是主要的，但对于金属材料来说吸收衰减几乎可以略去不计。

（3）声束扩散引起的衰减。随超声波传播距离的增加，波束截面增大使单位面积上的声能减小。

在金属材料的超声波检测中，主要考虑散射引起的衰减，其规律为

$$p_X = p_0 e^{-\alpha X}$$

式中　p_X——离压电晶片表面为 X 处的声压（Pa）；
p_0——超声波原始声压（Pa）；
e——自然对数的底；
α——金属材料散射衰减系数（dB/m）；
X——超声波在材料中传播的距离（m）。

上式表明，声压按负指数规律衰减。散射衰减系数 α 与频率 f、晶粒平均尺寸 d 及各向异性系数 F 有关。当 d 远远小于 λ 时，α 与 f^4、d^3 成正比。因此在检测晶粒较粗大的工件时，为减少散射衰减常选用较低的工作频率。可淬硬钢的焊缝检测也建议在调质热处理晶粒得到细化后进行。

7.1.2.2　超声波检测方法

超声波检测可采用各种方法，常用的有：

（1）按原理分：脉冲反射法、穿透法、共振法。

（2）按回波显示方式分：A型、B型、C型和3D显示。

（3）按波型分：纵波法、横波法、瑞利波法。

（4）按所用探头个数分：单探头法、双探头法、多探头法。

（5）按耦合方式分：直接接触法、液浸法。

1. 脉冲反射法超声波检测　是超声波检测中应用最广的方法。其原理是将一定频率间断发射的超声波（一般称为脉冲波）通过一定介质（一般称为耦合剂）的耦合传入工件。超声波在工件中传播，遇到异质界面（缺陷或工件底面）时，超声波将产生反射，反射波（一般称为回波）被超声波检测仪接收并以电脉冲信号形式在检测仪的示波屏上显示出来，由反射回波判断有无缺陷，进而进行缺陷的定位和缺陷的定量。

2. A型、B型、C型和3D显示

（1）A型显示。超声波检测仪示波屏上的纵坐标代表反射波回波的振幅，横坐标代表超声波的传播时间（或传播距离）。反射波幅的高低与接收的电信号大小有关，电信号大小取决于接收反射回波声能的大小。反射回波声能大小又与缺陷反射面的尺寸和形状有一定关系，因此可利用反射回波幅度间接对缺陷作出定量评价。由于示波屏上的水平扫描线（横坐标）的长短与扫描电压有关，而扫描电压与时间成正比，因此依据反射回波（缺陷反射回波 F 或工件底面反射回波 B）在扫描线上的位置即能计算出超声

波的传播时间，也就是计算出超声波传播距离，对缺陷进行定位。

(2) B 型显示为缺陷侧视图像显示。它是脉冲回波超声平面成像的一种。它以亮点显示接收信号，以超声波检测仪示波屏面代表由探头在工件检测面上的移动线和超声波声束所决定的截面。纵坐标代表超声波的传播时间（或距离），横坐标代表探头的水平位置。它可以显示缺陷在横截面上的二维特征。完成这种显示的探头动作方式称为 B 扫描。

(3) C 型显示为缺陷俯视图像显示。它是脉冲回波超声平面成像的一种。它以亮点或暗点显示接收信号。超声波示波屏面所表示的是被检测工件某一深度上与声束相垂直的一个平面投影像（一幅画面只能显示同一深度上不同位置的缺陷）。完成这种显示的探头动作方式称为 C 扫描。为保证成像精度，一般采用水浸法检测。早期 C 型显示只能检测出缺陷的长度和宽度（水平像），而无法测出其埋藏深度，现改成彩色显示屏则可以用不同颜色表示埋藏深度。

(4) 3D 显示为缺陷三维图像显示。B 型显示和 C 型显示的不足之处是对于缺陷的深度和空间分布不能一次记录成像，而 3D 技术能把 B 型和 C 型显示相结合产生一个准三维的投影图像，同时能显示出缺陷在空间的特征。

3. 直接接触法　它是使探头直接接触工件进行检测的一种方法。应用直接接触法应在探头和被检工件之间涂一层耦合剂，作为传声介质。常用的耦合剂有全损耗系统用油、变压器油、甘油、化学糨糊、水玻璃和水等。由于探头与工件表面之间的耦合剂很薄，因此可以把探头看作与工件直接接触。直接接触法又分为垂直入射和斜角入射两种基本方法。直接接触法主要采用 A 型（显示）脉冲反射法工作原理。由于操作方便、检测图形简单、判断容易且灵敏度高，因此该方法在实际生产中得到最广泛应用。但该方法对工件探测面的表面粗糙度有较高要求，一般 Ra 在 6.3μm 以下。

1) 垂直入射法（简称为垂直法）。由于是采用直探头将纵波垂直入射工件检测面来进行检测，故又称为纵波法，如图 7-28 所示。垂直法检测能发现与检测面平行或近似平行的缺陷，适用于厚材料（如钢板）和几何形状较简单的轴类、轮类工件。

2) 斜角入射法（简称为斜射法）。由于是采用斜探头将折射横波倾斜入射工件检测面来进行检测，故而又称为横波法，如图 7-29 所示。

斜角入射法能发现与检测表面成角度的缺陷，常用于焊缝、环形锻件、管材的检测。

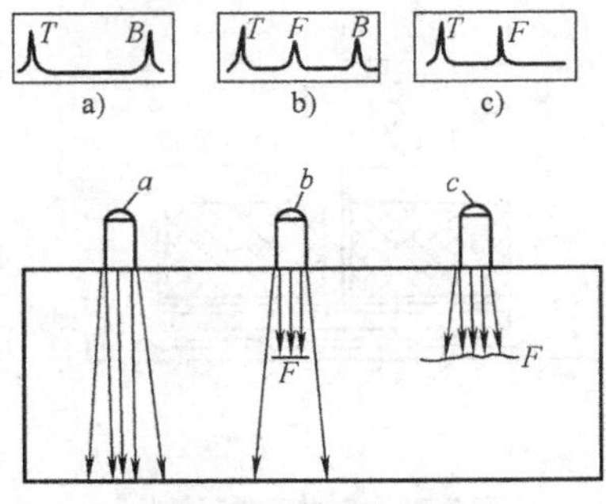

图 7-28　垂直法检测

a) 无缺陷　b) 小缺陷　c) 大缺陷

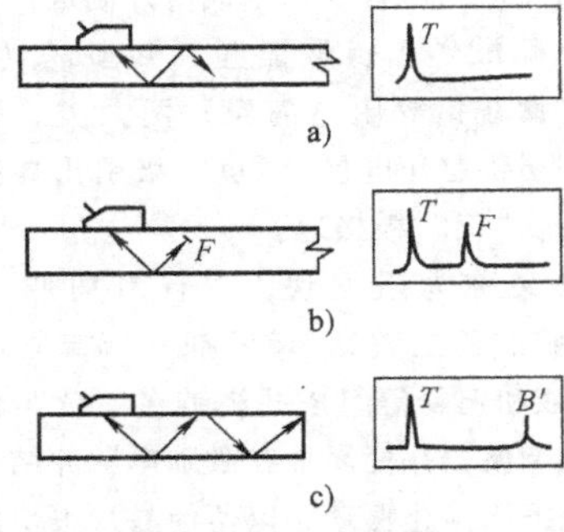

图 7-29　斜角入射法检

a) 无缺陷　b) 有缺陷　c) 接近板端

4. 液浸法超声波检测　是将工件和探头头部浸在耦合剂中，探头不接触工件的探测方法。根据工件和探头浸没方式，分为全没液浸法、局部液浸法和喷流式局部液浸法等。液浸法具有探头不磨损、声波的发射和接收比较稳定、易于实现检测过程自动化，以及可明显提高检查速度的优点。常用于坯材、型材自动检测，焊缝的精密检测。液浸法的主要缺点是需要液槽、探头桥架、探头移动操纵装置等辅助设备。用水作耦合剂称为水浸法，探头常用聚焦探头（水浸聚焦超声波检测）。

7.1.2.3　超声波检测设备

超声波检测仪、探头和试块是超声波检测的重要设备。

1. 探头　探头又称为压电超声换能器，是实现电能与声能相互转换的器件。常采用的探头有直探头、斜探头、水浸聚焦探头和双晶探头。

(1) 直探头。声束垂直于被检工件表面入射的探头称为直探头，可发射与接收纵波，典型结构如图 7-30 所示。

保护膜的作用是使压电晶片免于和工件直接接触受磨损，材料有耐磨橡胶、塑料、环氧树脂、不锈钢片、刚玉片等。

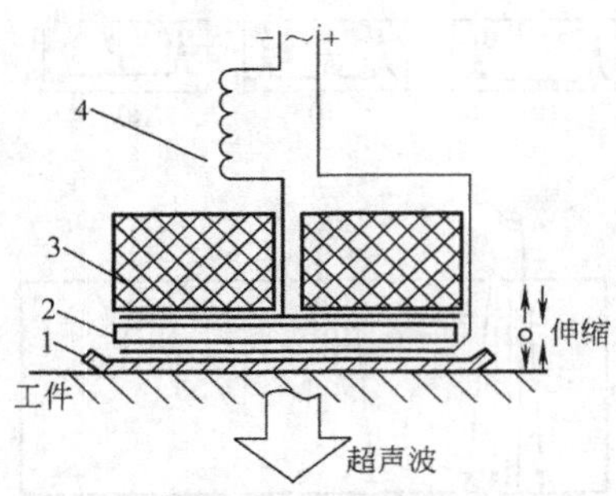

图 7-30 直探头内部结构

1—保护膜 2—压电晶片 3—吸收块 4—匹配电感

压电晶片由压电材料切割成薄片制成。材料分单晶（石英、硫酸锂、碘酸锂等）和多晶（钛酸钡、钛酸铅、锆钛酸铅等压电陶瓷）两大类。晶片表面敷有很薄一层银层作电极，“负”极引出导线接检测仪的发射端，“正”极接地。

吸收块又称为阻尼块，由环氧树脂、硬化剂（二乙烯三胺或乙二胺）、增塑剂（邻苯二甲酸二丁酯）、橡胶液和钨粉等组成并浇铸在“负”极上。其作用是吸收杂波，并使晶片在激励电脉冲结束后将声能很快损耗掉而停止振动，以便使晶片很快地能接收反射回波信号。

匹配电感（或电阻）对于压电陶瓷晶片制成的探头十分重要。加入与晶片并联的匹配电感（或电阻）可使探头与检测仪的发射电路匹配，以提高发射效率。

(2) 斜探头。利用透声斜楔块使声束倾斜于被检测工件表面入射的探头称为斜探头，典型结构如图 7-31 所示。

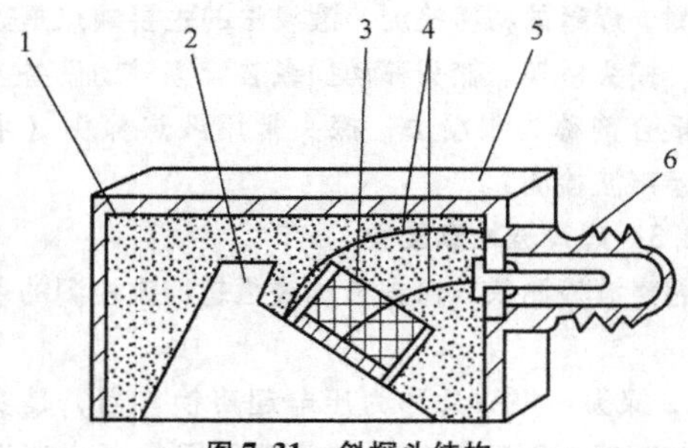

图 7-31 斜探头结构

1—吸收块 2—斜楔块 3—压电晶片

4—内部电源线 5—外壳 6—接头

斜楔块用有机玻璃制作，它与工件组成固定倾角的异质界面，使压电晶片发射的纵波的入射角满足 $\alpha_{1m} \leqslant \alpha < \alpha_{2m}$，在工件中仅存在折射横波传播。通常横波斜探头以折射角正切值标称：$K = \tan\ \gamma = 1.0$、1.5、2.0、2.5、3.0。有时也以折射角标称：$\gamma =$ 40°、45°、50°、60°、70°。

(3) 水浸聚焦探头。其结构如图 7-32 所示。声透镜由环氧树脂浇铸成球形或圆柱形凹透镜，根据声学折射定律可使声束聚成一点或一条线，前者为点聚焦探头，后者为线聚焦探头。

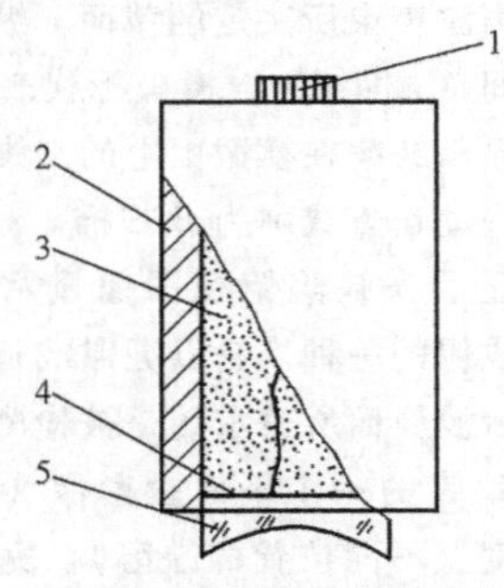

图 7-32 水浸聚焦探头结构

1—接头 2—外壳 3—阻尼块

4—压电晶片 5—声透镜

(4) 双晶探头。又称为分割式 TR 探头。它内含两个晶片，分别为发射、接收晶片，中间用隔声层隔开。主要用于近表面检测和测厚。

(5) 探头型号。由五部分组成，用一组数字和字母表示，其排列顺序如下：

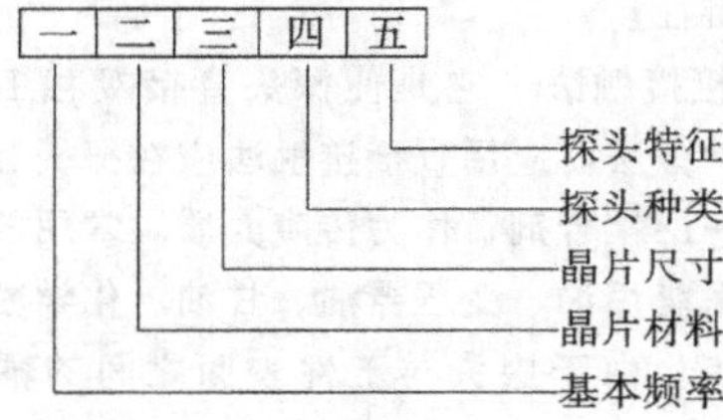

1）基本频率，单位常用 MHz。

2）晶片材料。常用晶片材料及其代号见表 7-19。

3）晶片尺寸，单位常用 mm。圆形晶片为晶片直径，方形晶片为晶片长×宽。

表 7-19 晶片材料代号

压电材料	代 号
锆钛酸铅陶瓷	P
钛酸钡陶瓷	B
钛酸铅陶瓷	T
铌酸锂单晶	L
碘酸锂单晶	I
石英单晶	Q
其他材料	N

4）探头种类。用汉语拼音缩写字母表示，探头代号见表7-20。

5）探头特征。斜探头为K值或γ，分割探头为被探工件中声束交区深度（mm），水浸探头为水中焦距（mm），点聚焦探头为DJ，线聚焦探头为XJ。

表7-20 探头代号

探头种类	代号
直探头	Z
斜探头(用K值表示)	K
斜探头(用γ表示)	X
分割探头	FG
水浸探头	SJ
表面波探头	BM
可变角探头	KB

探头型号举例1：2.5B20Z，其中2.5表示基本频率为2.5MHz；B表示晶片用钛酸钡陶瓷制成；20表示圆晶片直径为20mm；Z表示直探头。

探头型号举例2：5P6×6K3，其中5表示基本频率5MHz；P表示晶片用锆钛酸铅陶瓷制成；6×6表示方形晶片尺寸6mm×6mm；K表示以K值表示的斜探头；3表示$K=3.0$。

探头型号举例3：6I14SJ10DJ，其中6表示基本频率为6MHz；I表示晶片材料为碘酸锂单晶；14表示圆形晶片直径为14mm；SJ表示水浸探头；10DJ表示点聚焦，水中焦距10mm。

2. 试块　按一定用途设计制作的具有简单形状人工反射体的试件称为试块，它是检测标准的一个组成部分，是判定检测对象质量的重要尺度。根据使用目的和要求，试块分标准试块和对比试块两大类。

1）标准试块是由法定机构对材质、形状、尺寸、性能等作出规定和检定的试块。由国际组织（如国际焊接学会IIW）讨论通过的，称为国际标准试块。由某国权威机构讨论通过的，称为该国的标准试块。我国GB/T 11345—1989规定：CSK-IB试块为焊缝检测用标准试块。CSK-IB试块是ISO 2400—1972（E）国标标准试块（即IIW-I型试块）的改变型，其形状和尺寸如图7-33所示。

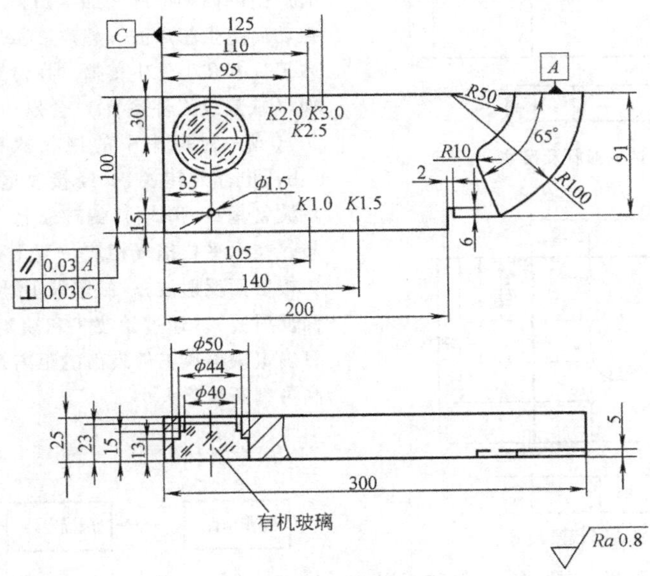

图7-33 CSK-IB试形状及尺寸

标准试块的主要用途：

① 利用$R100$mm圆弧面测定探头入射点和前沿长度，利用$\phi50$mm孔的反射波测定斜探头K值。

② 校检探测仪水平线性和垂直线性。

③ 利用$\phi1.5$mm横孔的反射波调整检测灵敏度，利用$R100$mm圆弧面调整探测范围。

④ 利用$\phi50$mm圆孔估测直探头盲区和斜探头前后扫查声束特性。

⑤ 采用测试回波幅度或反射波宽度的方法可测定远场分辨力。

2）对比试块又称为参考试块，它是各专业部门按某些具体检测对象规定的试块。例如GB/T 11345—1989规定RB试块为焊缝检测用对比试块。该试块共三种，即RB-1试块适用于8～25mm板厚、

RB-2 试块适用于 8～100mm 板厚、RB-3 试块适用于 8～150mm 板厚，它们的形状和尺寸如图 7-34～图 7-36所示。

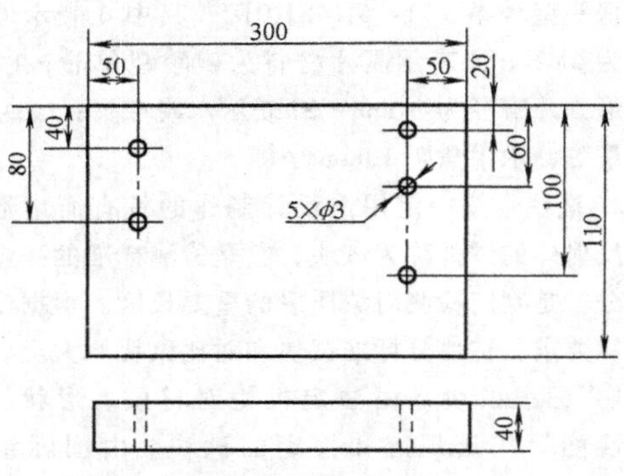

图 7-34　RB-1 试块形状及尺寸

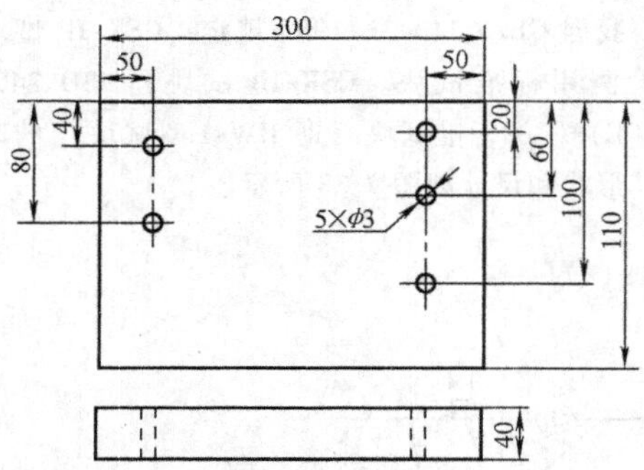

图 7-35　RB-2 试块形状及尺寸

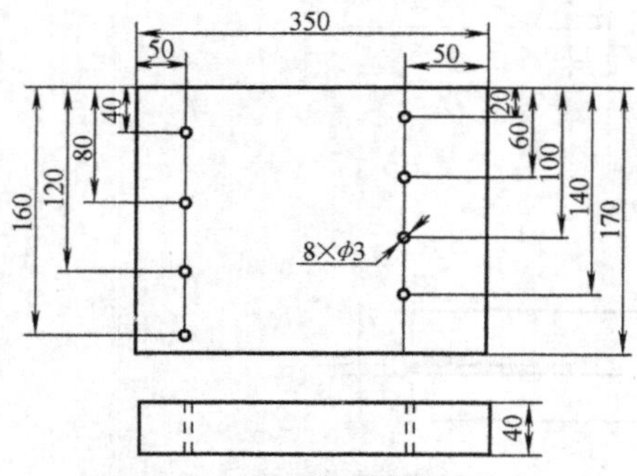

图 7-36　RB-3 试块形状及尺寸

RB 试块主要用于绘制距离-波幅曲线，调整探测范围和扫描速度，确定检测灵敏度和评定缺陷大小。它是对工件进行评级判废的依据。

3. 超声波检测仪　超声波检测仪的主要功能是产生超声频率的电振荡，并以此来激励探头发生超声波（频率同电振荡频率）。同时，它又将探头送回的电信号进行放大、处理，并通过一定方式显示出来。

（1）超声波检测仪分类。按超声波的连续性可将检测仪分为脉冲波、连续波和调频波检测仪三种。由于后两种检测仪的灵敏度不及脉冲波检测仪的高，故而在焊缝检测中均不采用。

按缺陷显示方式可将探测仪分为 A 型显示、B 型显示、C 型显示和 3D 显示几种。

按超声波的通道数目可将探测仪分为单通道和多通道两种。前者由一个或一对探头工作；后者则由多个或多对探头交替工作，而每一通道相当于一台单通道检测仪，它适合于自动化检测。例如 BCST-9 型双通道超声波检测仪和专为中厚钢板自动检测的 CTS-20 型 80 通道穿透式超声波检测仪。

目前广泛用于焊缝检测的超声波检测仪有 CTS-22、CTS-26、JTS-5、JTSZ-1、CTS-3、CTS-7 型，它们均是 A 型显示脉冲反射式单通道超声波检测仪。

（2）A 型显示脉冲反射式超声波检测仪工作原理。电路框图如图 7-37 所示。接通电源后，同步电路产生的触发脉冲加至扫描电路并同时也加至发射电路。扫描电路接收触发脉冲后开始工作，产生锯齿波加至示波管水平（x 轴）偏转板上，使电子束发生水平偏转，从而在示波屏上产生一条水平扫描线（又称为时间基线）。与此同时，发射电路接收触发脉冲后产生的高频窄脉冲加至探头，激励探头中压电晶片振动而产生超声波。超声波通过探测表面的耦合剂导入工件并在工件中传播。在传播过程中，遇到异质界面（缺陷或工件底面）会发生反射，回波被同一探头（或一对探头中的接收探头）接收转为电信号（由压电晶片转换），经接收电路放大、检波后加至示波管垂直（y 轴）偏转板上，使电子束发生垂直偏转，在水平扫描线相应位置上产生始波 T(工件与探头接触面反射波)、缺陷波 F(伤波)、底波 B(工件底面反射波)。通过始波 T 和缺陷波 F 之间的距离，便可确定缺陷离工件表面的距离，同时通过缺陷波的幅高可判断缺陷大小。

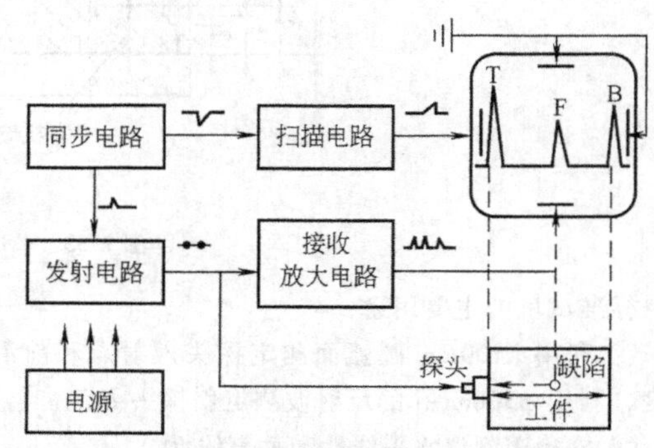

图 7-37　A 型脉冲反射式超声波检测仪原理

7.1.2.4　超声检测中共性问题

1. 对受检件的要求　见表 7-21。

表 7-21 对受检件要求

项目	要求内容
外形	1）一般应在机械加工之前进行检验 2）在不可能对未加工的外形复杂锻件进行最终超声波检测的情况下，除对原材料进行检测、可能时对未加工锻件进行初步检测外，通常应在机加工到外形适合检测的各阶段进行必要部位的最终检测
表面状态	1）超声波进入面的表面粗糙度一般应为 $Ra1.6 \sim 6.3\mu m$（根据检验的质量要求而定），加工应采用圆头工具 2）有碍超声波检测的任何表面缺陷（裂纹、氧化皮、折叠）或污垢均应采用经批准的方法予以清除 3）必要时应通过增添专门的工序，采用经批准的方法准备超声波检测面
材料状态	1）一般情况下应在供货的热处理状态下进行检测，如有可能，最终检测应在最终热处理之后进行 2）对于变形铝合金产品，应在产品的最终热处理之后进行 3）要求检出的最小缺陷与无关噪声信号的幅度比至少等于 6dB

2. 探头选择

（1）探头形式选择。根据工件的形状和可能出现缺陷的部位、方向等选择探头形式，原则上应尽量使声束轴线与缺陷反射面垂直。

（2）晶片尺寸选择。晶片尺寸增大，声束指向性好，声能集中，对探测有利。但同时，晶片尺寸大，近场区长度加大，又对探测不利。实际检测中，大厚度工件或粗晶材料检测宜采用大尺寸晶片探头，而较薄工件或表面曲率较大工件的检测，则宜选小尺寸晶片探头。

（3）频率选择。频率高，检测灵敏度和分辨力较高且指向性也好，对检测有利。但同时，频率高又使近场区长度增大、衰减大，对检测不利。因此，对于粗晶材料、厚大工件的检测宜选用较低频率；对较细小晶粒材料、薄壁工件的检测，宜选用较高频率。

对于脉冲垂直入射纵波接触法，常用的频率范围见表 7-22。焊缝检测时，一般选用 2～5MHz 频率，推荐采用 2～2.5MHz。

表 7-22 脉冲接触法常用频率范围

频率范围	应用
25～100kHz	粗晶材料
200kHz～1MHz	铸件、组织相当粗的材料，如铜、不锈钢
400kHz～5MHz	铸件、钢、铝及其他细晶材料
200kHz～2.25MHz	塑料和类似材料，如固体火箭燃料
1.25～10MHz	有色金属和黑色金属的拉拔产品，如棒、管、型材
1～10MHz	有色金属和黑色金属的锻件
1～5MHz	轧制品，如金属薄板、中厚板、棒材、坯料
2.25～15MHz	陶瓷
1～2.25MHz	金属的焊缝

（4）探头 K 值或角度选择。原则上根据工件厚度和缺陷方向选择，应尽可能使声束垂直于缺陷并能探测到整个工件厚度。

薄工件宜采用大 K 值斜探头；大厚度工件宜采用小 K 值斜探头。如果检测垂直于检测面的裂纹，斜探头 K 值愈大，声束轴线与缺陷反射面越接近于垂直，缺陷反射回波声压就越高，即灵敏度愈高。对有些要求比较严格的工件，检测时有必要采用多个具有不同 K 值的斜探头，以便发现不同取向的缺陷。

3. 检测灵敏度的选定及调整

（1）灵敏度的选定。检测灵敏度是指在确定的探测范围内的最大声程（距离）处发现规定大小缺陷的能力。超声波检测灵敏度是以发现与工件同厚度、同材质对比试块上最小人工缺陷来判定的。常用的人工缺陷有长横孔、平底孔和短横孔等。例如在 GB/T 11345—1989《钢焊缝手工超声波探伤方法和探伤结果分级》标准中，不同检验级别的焊缝其检测灵敏度的规定方法是通过取 $\phi 3mm$ 长横孔反射波幅的一定百分比来实现的。在焊缝检测的各种标准中，对超声波检测灵敏度的规定都采用三档，即距离—波幅曲线中的评定线（EL）、定量线（SL）和判废线（RL）灵敏度，如图 7-38 所示。

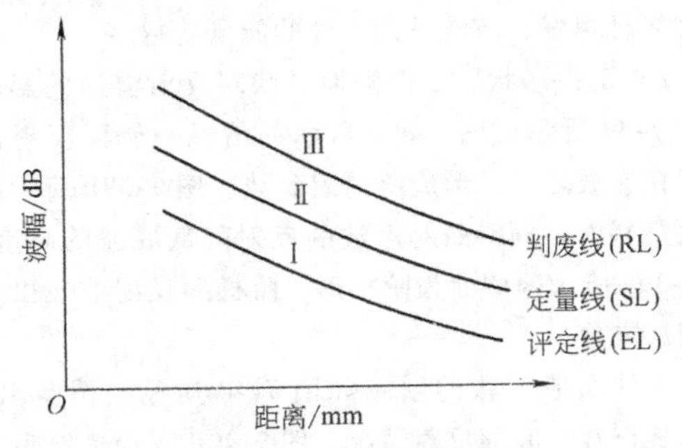

图 7-38 距离—波幅曲线示意图
Ⅰ—弱信号评定区 Ⅱ—长度评定区
Ⅲ—判废区

GB/T 11345—1989 标准中规定的各级灵敏度见表 7-23 所示。表中 Dac 代表不同深度 ϕ3mm 孔反射波的高度在距离—波幅坐标系中的连线。为了计测方便，表中把测量波幅的百分比值换算成对数的分贝值（dB）。

表 7-23　距离—波幅曲线的灵敏度（GB/T 11345—1989）

检验等级		A	B	C
板厚/mm		8 ~ 50	8 ~ 300	8 ~ 300
Dac（AVC）	判废线（RL）	Dac	Dac-4dB	Dac-2dB
	定量线（SL）	Dac-10dB	Dac-10dB	Dac-8dB
	评定线（EL）	Dac-16dB	Dac-16dB	Dac-14dB

应当注意，检测灵敏度越高，发现缺陷的能力越强。但过高的灵敏度会使信噪比下降，所以灵敏度并不是越高越好。

（2）探测灵敏度调整。调整方法依据 GB/T 11345—1989 规定，可采用距离—波幅曲线图。评定线灵敏度可参考表 7-23，为起始灵敏度，它确定之后，探测系统灵敏度就固定了。但为扫查需要，检测灵敏度要高于起始灵敏度 6 ~ 12dB，即不低于评定线。

4. 影响缺陷回波波形的因素

（1）耦合剂的影响。所选用的耦合剂种类不同，其声阻抗亦不同，将产生不同的反射率和透过率。耦合剂与工件两者的声阻抗越接近，声能透过率越好，反射波越高。

另外，耦合剂的厚度对声波的透射也有很大影响。当耦合剂层厚度为波长的 1/2 整数倍时，反射波高度达到极大值。

（2）工件的影响。工件表面粗糙度、内部组织、化学成分、形状都会影响反射波。

1）工件表面粗糙度。工件表面越光洁，探头与工件接触越好，声波导入工件的能量就越多。

2）工件形状。工件侧面形状对反射波形的影响如图 7-39 所示。图 7-39a 所示的情况是侧面反射波出现在底波之后，形成所谓迟到波。图 7-39b 所示的侧面是斜面，倾斜面对声波的反射降低底波的高度。图 7-39c 所示因侧面为阶梯形，阶梯的反射波便出现在底波之前。

工件底部形状的影响如图 7-40 所示。图 7-40a 所示是正常平底面反射情况。图 7-40b 所示是斜底面反射情况，由于反射而无底波出现。图 7-40c 所示是凹弧面反射情况，散射底波高度下降。图 7-40d 所示是凸弧面，因有聚声作用而使底波高度增加。

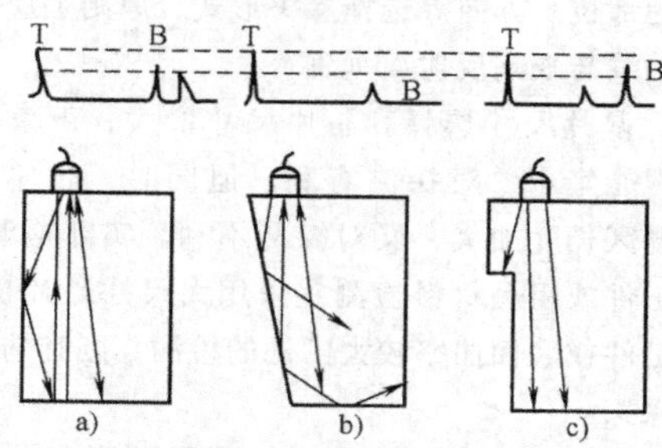

图 7-39　工件侧面形状的影响

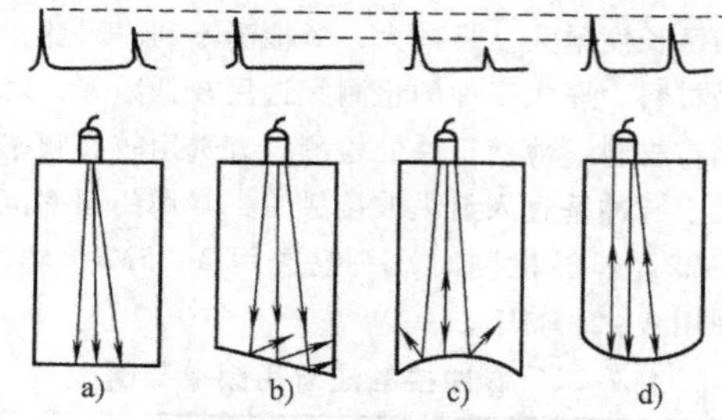

图 7-40　工件底面形状的影响

工件探测表面的影响如图 7-41 所示。当缺陷大小一样、底面和侧面也相同，但探头与工件接触面不同时，其缺陷反射波与底波之比相差很大。

（3）缺陷的影响。缺陷反射波高度与缺陷的位置、形状、大小、方向以及内含物有关。

1）缺陷位置。随缺陷离探测面距离增加，缺陷反射波高度降低。

2）缺陷形状。在缺陷深度、投影面积相同时，平面比柱面的反射波高，而柱面又比球面的反射波高。超声波探测裂纹等平面状缺陷的灵敏度要高于探测气孔等球状缺陷的灵敏度。

3）缺陷大小。缺陷在相同深度下，不同大小缺陷其反射波高度变化如图7-42所示。由图可见，当缺陷大到一定值时，反射波高便饱和，其原因是缺陷尺寸大于声束横截面或缺陷反射强度高于仪器显示能力。

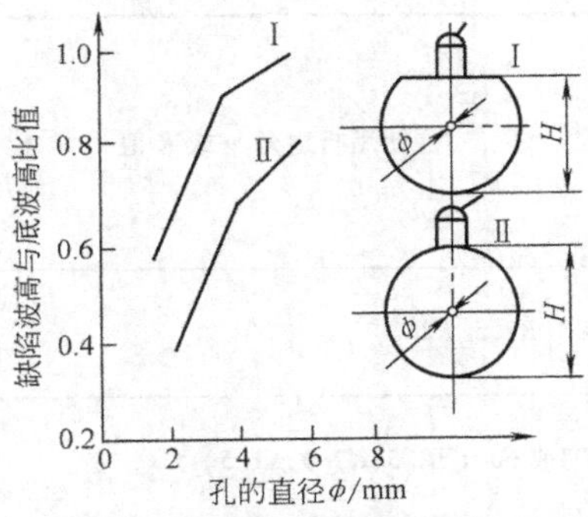

图7-41　探测面形状的影响

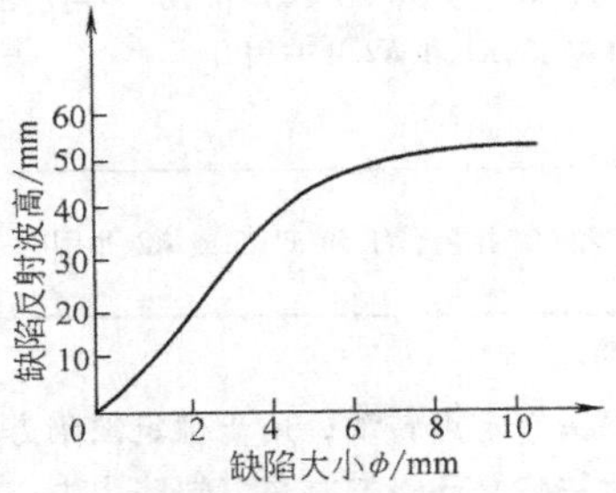

图7-42　缺陷波高度与缺陷大小关系

4）缺陷与声束的相对方向。缺陷的反射面与声束垂直时，反射波最高；若倾斜时，反射波下降，当倾斜角大到一定程度时甚至无反射波存在。

5）缺陷内含物。缺陷包含的物质不同，将会有不同的声阻抗。缺陷的声阻抗与工件的声阻抗差别越大，则缺陷的反射率越大，缺陷反射回波越高。气孔、缩孔因声阻抗较大，因而反射波高；夹渣、非金属夹杂的声阻抗与工件材料的声阻抗差较小，故反射波比相同反射面的气孔来的低。

7.1.2.5　焊接接头的超声波检测

由于受焊缝余高限制，同时又有缺陷方向性的要求，因此主要采用斜角（斜探头）检测法，但在某些场合（例T形接头腹板和翼板间未焊透的检测）也辅以垂直入射（直探头）检测。图7-43所示为焊缝斜角（斜探头）检测法检测用语及相应几何关系。

跨距点：声束中心线经底面反射后到达检测面的一点（图中A点）。

跨距P：探头入射点（O）至跨距点（A）的距离。

直射法：在0.5跨距的声程内，超声波不经底面反射而直接对准缺陷的检测方法，又称为一次波法。

一次反射法：超声波只在底面反射一次而对准缺陷的检测方法，又称为二次波法。

缺陷水平距离l：缺陷在检测面的投影点至探头入射点的距离，又称为探头缺陷距离。

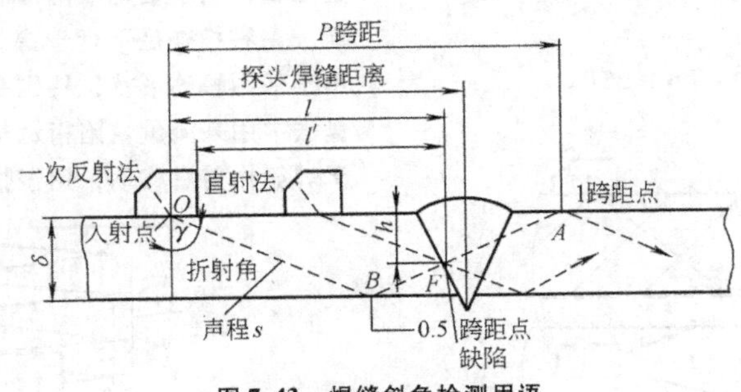

图7-43　焊缝斜角检测用语

简化水平距离l'：缺陷在检测面的投影点至探头前端的距离。

缺陷深度h：缺陷至检测面的垂直距离，又称为缺陷的垂直距离。

根据三角函数基本公式，有

0.5跨距：　$P_{0.5}=\delta\tan\gamma$

跨距P：　$P=2P_{0.5}=2\delta\tan\gamma$

缺陷深度h：（直射法）　$h=s\cos\gamma$

缺陷深度h：（一次反射法）　$h=2\delta-s\cos\gamma$

水平距离l：　$l=s\sin\gamma$

简化水平距离l'：　$l'=l-b=\sin\gamma-b$

水平距离与深度间关系：

①直射法　$l=h\tan\gamma=Kh$

$$h=\frac{l}{\tan\gamma}=\frac{l}{K}$$

②一次反射法　$l=(2\delta-h)K$

$$h=2\delta-\frac{l}{K}$$

式中　δ——工件厚度（mm）；

s——声程（mm）；

b——探头前沿长度（mm）；

K——斜探头K值；

γ——斜探头折射角（°）。

1. 平板对接接头的检测

（1）按不同检验等级和板厚范围选择检测面、检测方法、斜探头 K 值或折射角 γ，见表 7-24。

（2）检测区域宽度。应是焊缝本身再加上焊缝两侧各再加母材厚度 30% 的一段区域，这个区域最少为 10mm，最大为 20mm，如图 7-44 所示。

表 7-24 检测面及使用折射角

板厚/mm	检测面			检测方法	使用折射角 γ 或 K 值
	A	B	C		
<25	单面单侧	单面双侧或双面单侧		直射法及一次反射法	70°（K2.5，K2.0）
25~50	单面单侧	单面双侧或双面单侧		直射法及一次反射法	70°或60°（K2.5，K2.0，K1.5）
50~100	无A级	单面双侧或双面单侧		直射法	45°或60°；45°和60°；45°和70°并用（K1或K1.5；K1和K1.5，K1和K2.0并用）
>100	无A级	双面双侧		直射法	45°和60°并用（K1和K1.5或K2并用）

注：A、B、C 为 GB/T 11345—1989 中检验等级，A 最低，B 一般，C 最高。

（3）探头移动区域的确定。为保证声束能扫查到整个焊缝截面，探头必须在检测面上作前后、左右移动扫查，移动区域 l 为

直射法： $l>0.75P$

一次反射法（或串列式扫查）：$l>1.25P$。

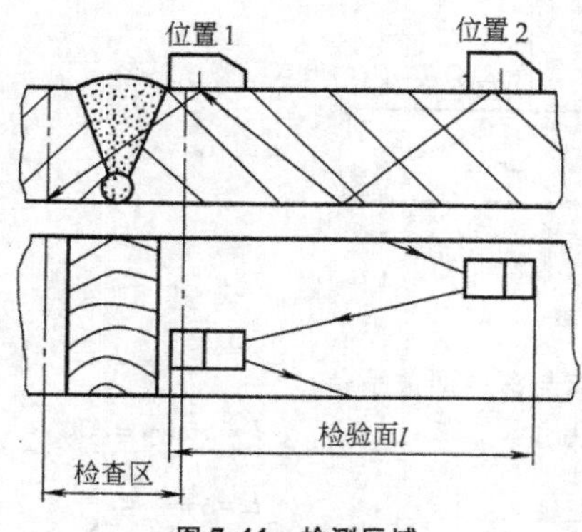

图 7-44 检测区域

（4）单探头扫查方式：

1）锯齿形扫查。斜探头在检测面上以锯齿形轨迹移动，同时探头还应在垂直于焊缝中心线位置上作±（10°~15°）的左右转动，如图 7-45 所示。该扫查方法常用于焊缝粗检测。

2）基本扫查。方式有四种，如图 7-46 所示。转角扫查是探头作定点转动，用于确定缺陷方向并可区分点、条状缺陷。环绕扫查是以缺陷为中心，变换探头位置，用于估判缺陷形状，尤其是对点状缺陷的判断。左右扫查是平行于焊缝或缺陷方向作左右转动，用于估判缺陷形状，特别是区分点、线状缺陷，在定量法中用来测量缺陷指示长度。前后扫查是探头垂直于焊缝作前后移动，用于估判缺陷形状及高度。

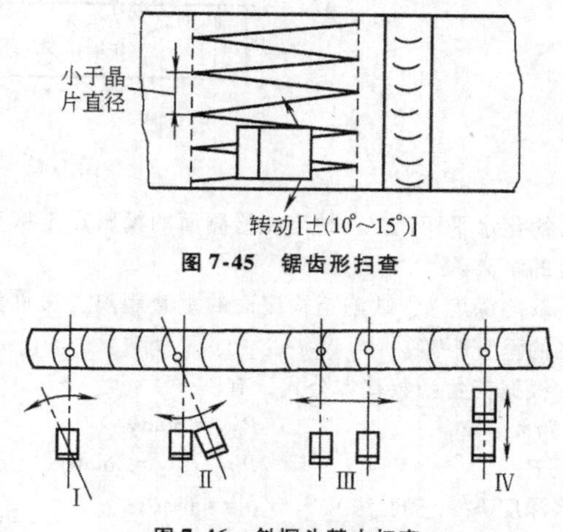

图 7-45 锯齿形扫查

图 7-46 斜探头基本扫查

Ⅰ—转角扫查 Ⅱ—环绕扫查

Ⅲ—左右扫查 Ⅳ—前后扫查

3）平行扫查。是在焊缝边缘或焊缝余高已磨平的焊缝上作平行于焊缝轴线的移动扫查，如图 7-47 所示。它可以探测焊缝及热影响区的垂直于焊缝轴线的横向缺陷（如横向裂纹）。

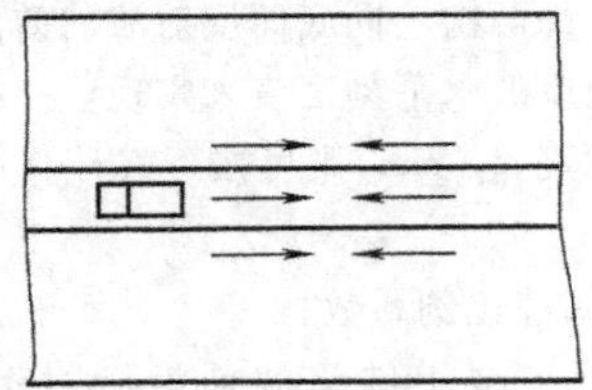

图 7-47　平行扫查

4）斜平行扫查。是探头与焊缝方向成 10°～45°的平行扫查，如图 7-48 所示。它可以探测焊缝及热影响区的横向裂纹和与焊缝方向成倾斜角度的缺陷。

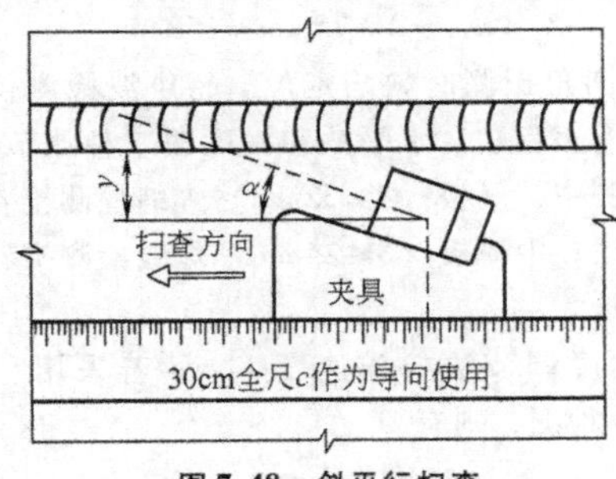

图 7-48　斜平行扫查

（5）双探头扫查方式：

1）串列扫查为两个斜探头垂直于焊缝前后布置，进行横方形或纵方形扫查，如图 7-49 所示。主要用于探测厚板焊缝中垂直于表面的竖直面状缺陷，如窄间隙焊中的未熔合。

2）交叉扫查为两个斜探头置于焊缝的两侧或同侧且成 60°～90°布置，如图 7-50 所示。它主要用于探测焊缝中横向或纵向面状缺陷。

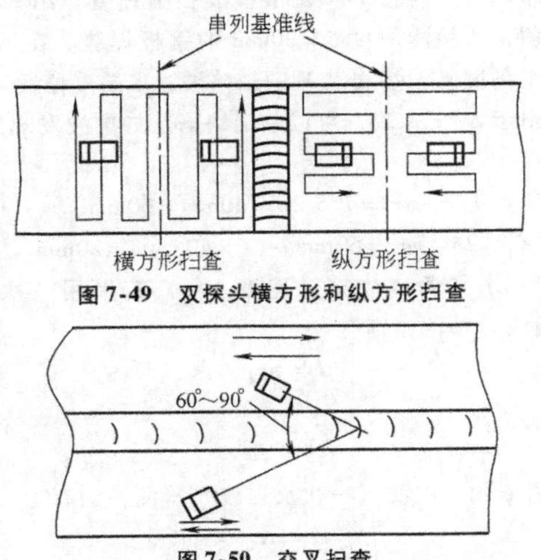

图 7-49　双探头横方形和纵方形扫查

图 7-50　交叉扫查

3）V 形扫查为两个探头置于焊缝两侧且垂直于焊缝对向布置，如图 7-51 所示。它可以探测与检测面平行的面状缺陷，如多层焊中的层间未熔合。

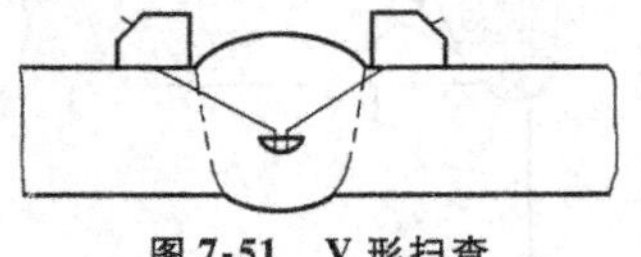

图 7-51　V 形扫查

2. T 形接头的检测

腹板厚度不同时，选用的探头 K 值（折射角 γ）见表 7-25。如图 7-52 中位置 2 所示，斜探头在腹板一侧作直射法和一次反射法检测。

表 7-25　探头 K 值（折射角）选择

腹板厚度/mm	K 值（折射角）
<25	K2.5(70°)
25～50	K2.5，K2.0(60°)
>50	K1，K1.5(45°)

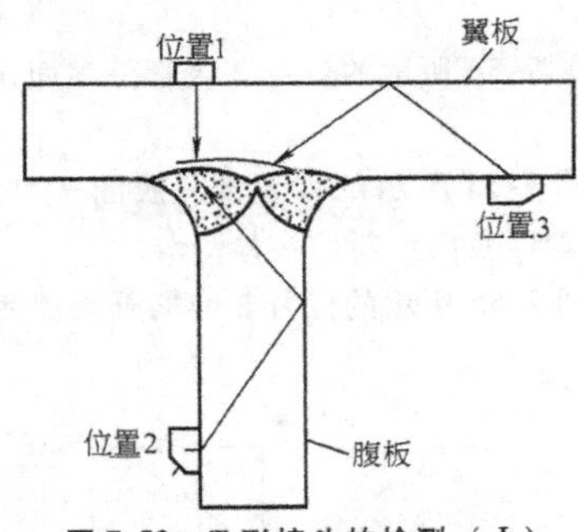

图 7-52　T 形接头的检测（Ⅰ）

在位置 1 采用直探头在翼板外侧检测，或在位置 3 采用 K1(45°)斜探头在翼板外侧作一次反射法检测可探测腹板和翼板间未焊透和翼板侧焊缝下层状撕裂等缺陷。

在图 7-53 所示的位置 1、2 采用 K1(45°)斜探头在腹板一侧作直射法和一次反射法探测焊缝及腹板侧热影响区的裂纹。

直探头、斜探头的频率常选用 2.5MHz。

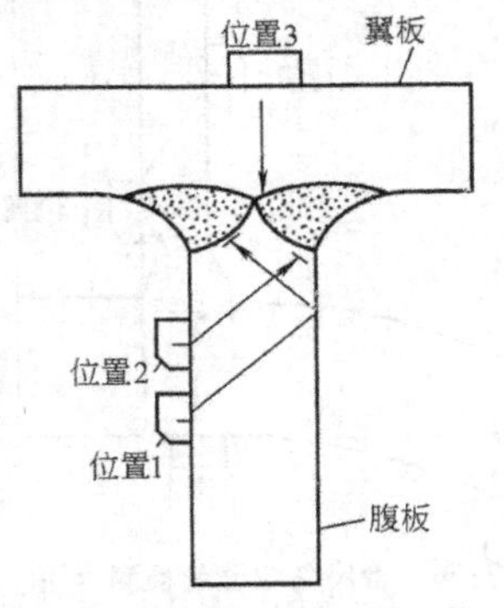

图 7-53　T 形接头的检测（Ⅱ）

3. 角接接头的检测　检测面及斜探头 K 值（折射角）按图 7-54 和表 7-25 选择。

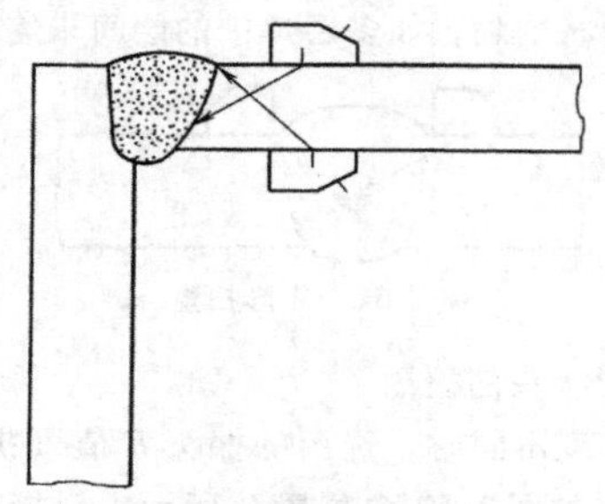

图 7-54　角接接头的检测

4. 管座角焊缝的检测　有以下五种探测方式，可选择一种或几种方式实施检测。

1）在图 7-55 所示的位置 1 接管内壁表面采用直探头检测。

2）在图 7-56 所示的位置 1 容器内表面用直探头检测。

3）在图 7-56 所示的位置 2 接管外表面用斜探头检测。

4）在图 7-55 所示的位置 3（或图 7-56 所示的位置 3）接管内表面用斜探头检测。

5）在图 7-55 所示的位置 2 容器外表面用斜探头检测。

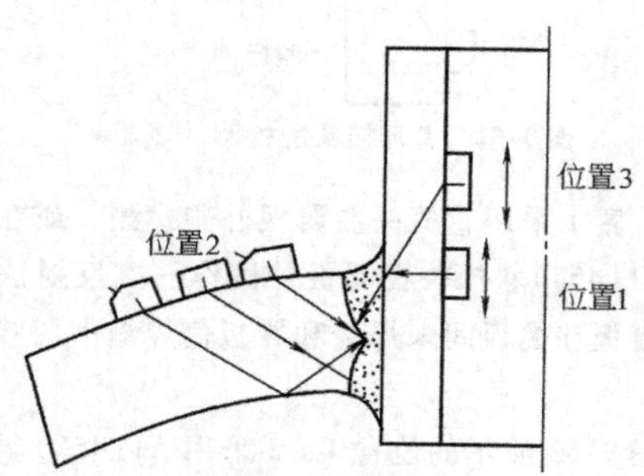

图 7-55　管座角焊缝的检测（Ⅰ）

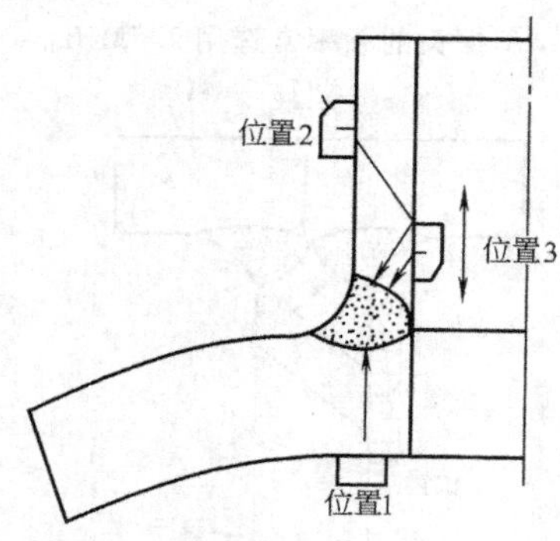

图 7-56　管座角焊缝的检测（Ⅱ）

7.1.2.6　焊缝检测中缺陷测定

1. 缺陷位置的确定

（1）垂直入射法确定缺陷位置。探测仪按1:n调节纵波扫描速度（调节的具体做法是：利用已知的试块或工件上的两次不同底面反射波的前沿，分别对准示波屏上相应的水平刻度值来实现。一般 n 为正整数。），缺陷深度 Z_f(mm)则可按下式计算：

$$Z_f = n\tau_f$$

式中　n——调节比例系数；

τ_f——示波屏上缺陷波前沿所对水平刻度值（mm）。

示例：仪器按 1:2 调节纵波扫描速度，检测中示波屏上水平刻度 75mm 处出现缺陷波，缺陷至探头的距离 Z_f 是多少？

$$Z_f = n\tau_f = 2 \times 75\text{mm} = 150\text{mm}$$

（2）斜角探测时缺陷定位。超声波检测仪横波扫描速度有声程法、水平法和深度法三种调节方法。在焊缝检测中，厚板（$\delta \geqslant 32$mm）焊缝检测推荐采用深度调节法；中薄板（$\delta \leqslant 24$mm）焊缝检测推荐采用水平调节法。

1）深度调节法扫描速度 1:n。若采用一次波（直通波）检测，则有

$$l_f = Kn\tau_f$$

$$Z_f = n\tau_f$$

式中　l_f——缺陷在工件中的水平距离（mm）；

Z_f——缺陷在工件中的深度（mm）。

若采用二次波（一次反射波）检测，则有

$$l'_f = Kn\tau_f$$

$$Z'_f = 2\delta - n\tau_f$$

式中　l'_f——缺陷在工件中的水平距离（mm）；

Z'_f——缺陷在工件中的深度（mm）。

示例：仪器按 1:1 调节横波扫描速度，用 K1.5 横波斜探头检测厚度 $\delta = 30$mm 的钢板焊缝。在示波屏水平刻度 $\tau_f = 40$ 处出现一缺陷波，求缺陷位置。

由于 $\delta < \tau_f < 2\delta$，可以判定缺陷是二次波发现的，因此

$$l'_f = Kn\tau_f = 1.5 \times 1 \times 40\text{mm} = 60\text{mm}$$

$$Z'_f = 2\delta - n\tau_f = 60\text{mm} - (1 \times 40)\text{mm} = 20\text{mm}$$

2）水平调节法扫描速度 1:n。若采用一次波（直通波）检测，则有

$$l_f = n\tau_f$$

$$Z_f = \frac{n\tau_f}{K}$$

若采用二次波（一次反射波）检测，则有

$$l'_f = n\tau_f$$

$$Z'_f = 2\delta - \frac{n\tau_f}{K}$$

示例：仪器按水平调节横波扫描速度为1:1，用K2.0横波斜探头检测厚度 $\delta = 15\text{mm}$ 的钢焊缝。检测中在示波屏水平刻度 $\tau_f = 45$ 处出现一缺陷波，求缺陷位置。

由于 $K\delta = 2 \times 15 = 30$，$2K\delta = 60$，$K\delta < \tau_f < 2K\delta$，可以判定此缺陷是二次波发现的，因此

$$l'_f = n\tau_f = 1 \times 45\text{mm} = 45\text{mm}$$

$$Z'_f = 2\delta - \frac{n\tau_f}{K} = (2 \times 15)\text{mm} - \frac{1 \times 45}{2}\text{mm} = 7.5\text{mm}$$

2. 缺陷大小确定　测定工件或焊接接头中缺陷的大小和数量称为缺陷定量。常用的定量方法有当量法和探头移动法（又称为扫描法或测长法）。

（1）当量法用于当缺陷尺寸小于声束截面时。所谓缺陷当量是将已知形状和尺寸的人工缺陷（平底孔或横孔）回波与探测到的缺陷回波相比较，如二者声程、回波高度相等，则这个已知人工缺陷尺寸（平底孔或横孔直径）就是被探测到的缺陷的缺陷当量。"当量"这一概念仅表示缺陷与该尺寸人工反射体对声波的反射能量相等，并不涉及缺陷尺寸与人工反射体尺寸相等的含义。

当量法有当量曲线法和当量计算法两种，其中当量曲线法应用得最为广泛。

当量曲线法又称为DGS法。当量曲线是供现场检测使用而预先制定的一种距离—波幅曲线（或称为DAC曲线）。目前国内外焊缝检测标准大都采用具有同一孔径、不同距离的横孔试块制作这一曲线。GB/T 11345—1989标准规定：检测 $8\text{mm} < \delta \leqslant 100\text{mm}$ 焊缝的当量曲线（DAC曲线）是用具有 $\phi 3$ 横通孔的RB-2试块制作的。进行检测时，采用深度调节定位法。

示例：检测用距离—波幅曲线如图7-57所示。若在深度 $A_y = 24\text{mm}$ 处有一缺陷回波，可将其调到最高，再调到基准高度（满刻度40%），此时dB读数为 $V_x = 25\text{dB}$，过横坐标 $A_y = 24\text{mm}$ 和纵坐标 $V_x = 25\text{dB}$ 作垂线交于图7-57中 x 点。从这点可以判断出缺陷的区域和当量。

（2）探头移动法。对于尺寸或面积大于声束直径或断面的缺陷，一般用探头移动法来测定缺陷的指示长度或范围。GB/T 11345—1989标准规定，缺陷指示长度或范围的测定推荐用降低6dB相对灵敏度法和端点峰值法两种。

1）降低6dB相对灵敏度法。当缺陷反射波只有一个高点时用此法。其原理如图7-58所示。

2）端点峰值法。若缺陷反射波有多个高点，且起伏变化，则将缺陷两端反射波极大值之间探头移动长度确定为缺陷指示长度。其原理如图7-59所示。

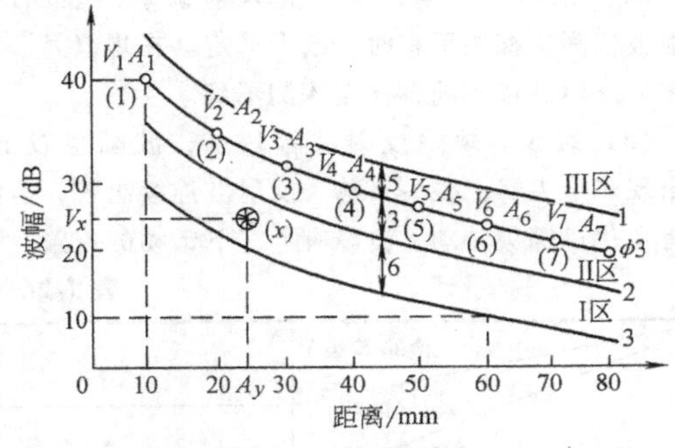

图7-57　当量曲线法

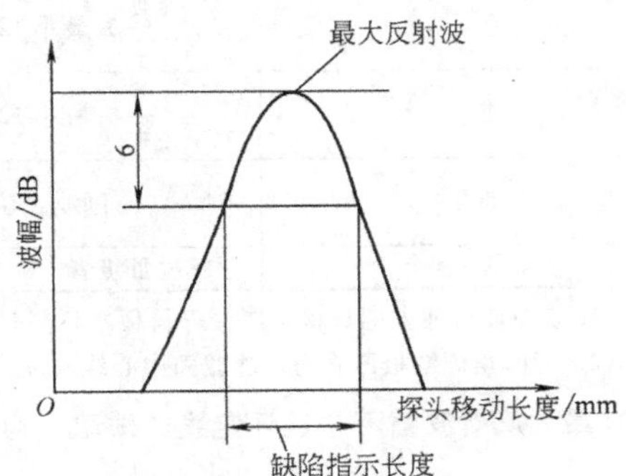

图7-58　相对灵敏度测长法

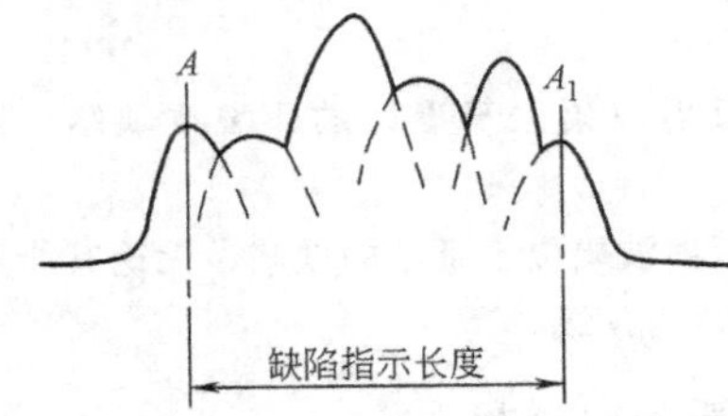

图7-59　端点峰值测长法

7.1.2.7　焊缝缺陷性质估判及质量评定

1. 焊缝缺陷性质估判

（1）气孔。单个点状气孔回波高度低，波形为单峰，较稳定。从各个方向探测反射波高大致相同，但稍一移动探头就消失。密集气孔会出现一簇反射波，当探头作定点转动时，会出现此起彼伏现象。

（2）夹渣。点状夹渣的回波与点状气孔的相似；条状夹渣回波信号虽多呈锯齿状，但由于反射率低波幅不高，形状多呈树枝状，主峰边上有小峰。探头平移，波幅有变动，探测方向变化，反射波幅随之变化。

（3）未焊透。由于该缺陷表面类似镜面反射，

故而反射率高，波幅较高。探头平移，波形较稳定。在焊缝两侧分别探测，均能得到大致相同的反射波幅。

（4）未熔合。当声波垂直入射该缺陷表面时，反射波幅高。探头平移时，波形稳定。在焊缝另一侧探测，反射波幅不同，甚至探测不到。

（5）裂纹。缺陷反射波幅较高，波幅也较宽，会出现多个尖峰。探头平移，反射波连续出现，但波幅有变化；探头转动，波峰有上、下错动的现象。

2. 焊缝质量评定

（1）缺陷评定。超过评定线的信号应特别注意是否是裂纹等危害性大的缺陷。如有疑问应采用改变探头角度、增加探测面、观察动态波形、辅以其他探测方法（如射线照相法）、结合结构工艺特征进行综合判定。

（2）检验结果的等级分类：

1）参见图7-57，最大反射波幅位于Ⅱ区的缺陷，根据缺陷指示长度按表7-26的规定判定。

表7-26　缺陷的等级分类

评定等级 \ 板厚/mm \ 检验等级	A	B	C
	8～50	8～300	8～300
Ⅰ	$\frac{2}{3}\delta$；最小12	$\frac{\delta}{3}$；最小10，最大30	$\frac{\delta}{3}$；最小10，最大20
Ⅱ	$\frac{3}{4}\delta$；最小12	$\frac{2}{3}\delta$；最小12，最大50	$\frac{\delta}{2}$；最小10，最大30
Ⅲ	<δ；最小20	$\frac{3}{4}\delta$；最小16，最大75	$\frac{2}{3}\delta$；最小12，最大50
Ⅳ	超过Ⅲ级者		

注：1. δ为坡口加工侧母材板厚，母材板厚不同时，以较薄侧板厚为准。
2. 管座角焊缝板厚δ为焊缝截面中心线高度。

2）最大反射波幅不超过评定线的缺陷，均评为Ⅰ级。

3）最大反射波幅超过评定线的缺陷，检验者判定为裂纹等危害性缺陷时，无论波幅及尺寸如何，均评为Ⅳ级。

4）反射波幅位于Ⅰ区的非裂纹缺陷，均评为Ⅰ级。

5）反射波幅位于Ⅲ区的缺陷，无论其指示长度如何，均评为Ⅳ级。

7.1.3　声发射检测

7.1.3.1　声发射检测基础

1. 声发射现象　材料或结构在外力或内力作用下发生变形或断裂时，以弹性波形式释放出应变能的现象称为声发射。换句话说，声发射是材料或结构中局部区域快速卸载使弹性波得以释放的结果，即是一种常见的物理现象。绝大多数金属材料塑性变形和断裂时都有声发射发生，但声发射信号的强度很弱，人耳不能直接听到，需借助灵敏的电子仪器才能检测出来。用仪器检测、分析声发射信号，并利用声发射信号来推断声发射源的技术，称为声发射检测技术。

结构件在受载时，在构件内微观组织不均匀处或缺陷处将产生应力集中，特别是在缺陷的尖锐处更为严重。应力集中是一种不稳定的高能状态，这种状态将以应力集中区域的塑性变形导致微区硬化，最终导致形成裂纹并扩展，因而使应力得到松弛而恢复到稳定的低能状态。与此同时，多余的能量将从塑性变形区或裂纹形成扩展区以弹性波形式释放出来，即发生声发射。

2. 声发射信号的表征参数　目前说明声发射信号的表征参数是针对仪器输出波形而言的。这些参数主要有声发射事件计数、平均事件计数、振铃计数、平均振铃计数、振铃事件比、幅度分布、能量和能量率等。

（1）声发射事件计数和平均事件计数。一个声发射脉冲激发传感器，使之振荡并产生如图7-60a所示的一个突发型信号波型，包络检波后，波形超过预置的阈值电压U_i（图7-60b）所形成的一个矩形脉冲（图7-60c），称作一个事件。在测试中所得到的事件总数称作事件计数。单位时间（通常为每秒）内的事件数，称作平均事件数。

（2）声发射振铃计数和平均振铃计数。在所检测到的声发射事件中，超过阈值电压的脉冲状信号称作振铃。图7-61所示有4个振铃。在试验中所测取的总振铃数称作振铃计数（声发射计数）。单位时间内的振铃数称作平均振铃计数。

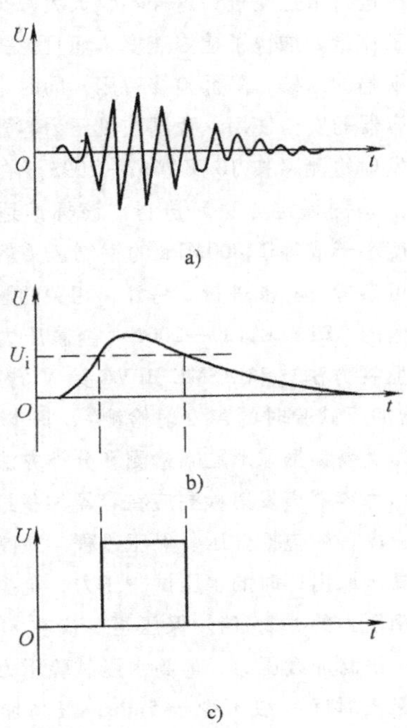

图 7-60 事件计数

a) 声发射信号 b) 检波包络 c) 事件脉冲

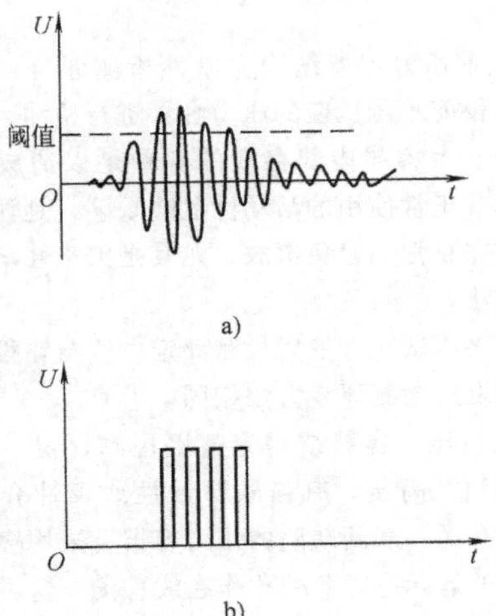

图 7-61 振铃计数

a) 声发射信号 b) 振铃脉冲

(3) 振铃事件比。单个事件中的振铃数称作振铃事件比。

(4) 幅度分布。质点振动位移的平方正比于该质点所具有的能量，因此度量声发射信号的幅度就能反映声发射事件所释放的能量。目前，常用下述两种处理方法进行幅度分布分析。

1) 事件分级幅度分布。将接收到的若干事件的声发射信号按其振幅大小分成若干等级，然后将事件数绘成直方图，如图 7-62 所示。

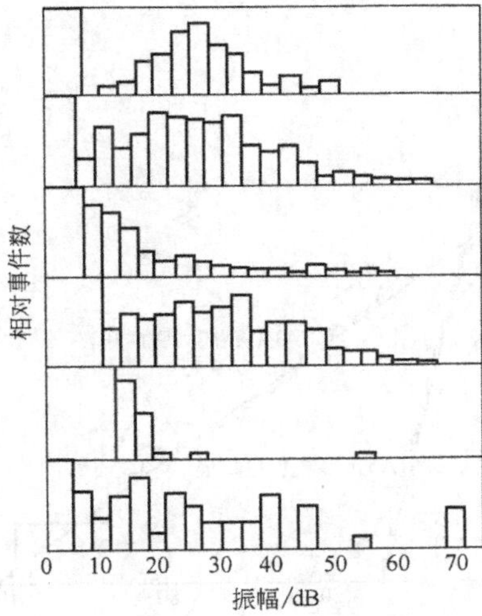

图 7-62 声发射事件直方图

2) 事件累计幅度分布。声发射检测系统将声发射的幅度分为若干等级，每一等级有一个低端电压。将声发射事件按越过各低端电压的数目进行累计，这样所得到的事件数随各等级低电压 U_d 变化。其变化规律可表示为

$$累计事件数 \propto U_d^{-b}$$

以 x 轴表示 U_d，也就是幅度等级；y 轴表示累计事件数的对数值，可得一直线，如图 7-63 所示。直线的斜率就是上式中的 b 值。

(5) 能量和能量率。虽然信号幅度可以代表能量，但在常用的声发射能量测量方法中是把声发射事件所包含的面积作为能量的测量参数。能量参数分为总能量和能量率两种，前者指在试验过程中所测得的累计能量值，后者则是单位时间内的声发射能量。

3. 声发射检测特点 声发射检测是在不使结构发生破坏的力的作用下进行。在这种力的作用下构件内发生塑性变形、裂纹的形成和扩展，多余的能量以弹性波的形式释放出来。缺陷在检测中主动参与了检测过程，所以它属于一种无损动态检测方法。它与常规的无损检测方法相比有以下特点：

(1) 声发射检测仪显示和记录那些在力的作用下扩展的危险缺陷。这种检测方法采用了不同于常规无损检测方法按缺陷尺寸评判的方法，而是按缺陷活动性和声发射强度分类评价。

(2) 声发射检测对扩展中的缺陷有很高的灵敏度，可以探测到零点几微米数量级的裂纹增量。

(3) 可用若干个声发射传感器固定在构件表面

构成几个阵列来检测整个构件，不需要将传感器在构件表面移动，因此声发射检测过程对构件表面状态和加工质量没有过分要求。

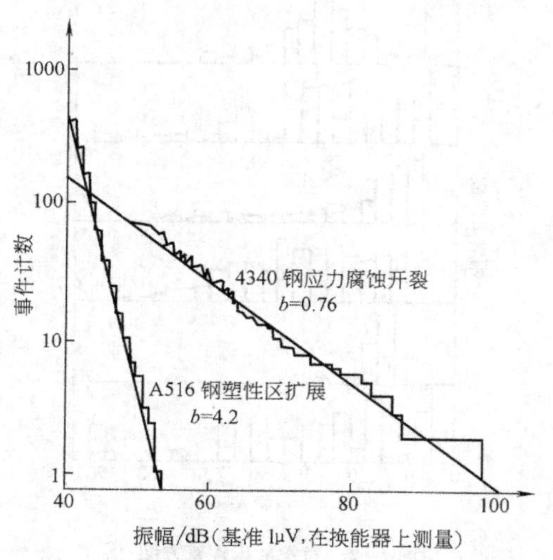

图 7-63　声发射事件累计幅度分布

（4）缺陷尺寸及在构件中的位置和走向不影响声发射检测结果。

（5）与射线照相法和超声波检测相比，受材料影响小。例如奥氏体钢焊缝的凝固组织裂纹，特别是热裂纹，采用 X 射线和超声波检测都有较大困难，但用声发射检测就显示出极大优越性。

7.1.3.2　声发射检测在焊接中的应用

声发射检测技术已成功应用于役前、在役压力容器结构完整性的检测评定上。

1. 在役压力容器结构完整性检测评定　据统计，目前国内拥有的在役锅炉、压力容器有近百万台。从事故统计和部分压力容器开罐检查结果来看，有相当数量的在役压力容器普遍存在着各种先天性（制造中遗留）和后天性（使用中产生）缺陷没能得到及时检验和处理。若按制造验收标准对检修容器进行 100% 的磁粉、射线、超声波检查，对超标缺陷一律进行返修处理，这样做不仅检修速度慢，而且费用也高（约 1/3 的容器需报废）。在判定哪些是危险程度大而急需检测的容器上又只能凭主观臆断，这种不科学的做法有可能使真正危险的容器得不到及时检修，影响安全生产。将声发射技术应用于在役压力容器检修水压试验可以解决上述问题。通过布置在水压试验的在役压力容器表面的声发射换能器，发现活动性缺陷（如扩裂纹）源，定出位置再用常规无损检测方法对活动源进行重点复查，这样不仅大大减少了常规无损检测工作量，加快了检修速度，而且免去了相当数量超标缺陷的返修，降低检修费用，同时也真正确保了压力容器的安全使用。我国在役压力容器检修加载试验声发射检测可按 JB/T 7667—1995《在役压力容器声发射检测评定方法》进行。该标准适用于材料屈服强度小于或等于 800MPa 的钢制压力容器。压力管道也可参考此标准进行。另外，相关的国外标准还有：美国的 ASTM E1139—2002《金属压力容器声发射连续监视方法》和 ASME BPVC 第 V 卷第 12 章《金属容器加压试验时的声发射检测》、日本的 NDIS 2412—1980《高强钢球形贮罐检测和分类方法》。

在役压力容器声发射检测应在容器加载过程中进行，加载程序一般包括升压、保压过程。最高加载压力最好稍高于原出厂时的水压试验压力，至少不得低于最高使用压力的 1.25 倍。保压至少应在 80% 最高使用压力、最高加载压力、最高水压试验压力三个台阶进行。保压时间一般不少于 5min，最高加载压力保压时间不少于 15min。

声发射传感器一般根据复评射线底片和过去检查的缺陷记录来确定重点检测部位，决定传感器陈列的布置方案。

2. 役前压力容器结构完整性检测评定　用声发射技术对役前水压试验的压力容器进行检测，以做到早期发现压力容器内部存在的各种足以造成性能退化，影响其正常使用的活动性危险缺陷，是评价压力容器结构完整性、避免事故，尤其是灾难性事故发生的有效方法。

役前水压试验声发射检测评定方法与在役压力容器检修声发射检测评定方法相同。

3. 在役压力容器结构完整性检测评定　对那些工作在高温、高压、有强烈腐蚀性或毒性介质条件下，或带有尚存疑问缺陷的压力容器，采用声发射技术对容器的运行进行监控称作在线检测。这种检测的意义在于监测缺陷的变化，提供停机或检修的最佳时机，避免重大事故的发生。若对在役运行压力容器结构的完整性进行连续检测，则人力物力耗费较大，可采用定期检测。

7.1.3.3　声发射材料表征应用

通过对材料表征实验过程的声发射监视，建立声发射、微观机制、力学特性之间的关系，通常能达到两个目的：①分析和评价变形、断裂机制与力学行为；②为构件的无损评价建立广泛的声发射特性数据库。声发射材料的表征方面见表 7-27。

表 7-27 材料表征方面应用

类 型	信 息	主 要 应 用
1)塑性变形	位错运动、滑移变形、孪晶变形、夹杂开裂与分离	材料实验中,提供对应力-应变曲线的声发射响应图形,用于分析塑性变形机制、行为及材料因素的影响,评价凯塞效应及最大应力历史
2)断裂力学试验	塑性区、裂纹的起始与扩展	断裂韧度(K_{IC}或J_{IC})试验中,用于起裂点测量,也为构件无损检测建立材料声发射特性数据库
3)疲劳试验	裂纹的起始、扩展及闭合机制	疲劳实验中,实时提供疲劳损伤过程的时序特征,用于鉴别疲劳损伤的起始、稳定扩展、快速扩展等不同阶段,有时还用来评估裂纹扩展速率
4)环境裂纹	应力腐蚀与氢脆裂纹	在应力腐蚀、氢脆敏感性实验中,实时提供环境裂纹起始与扩展过程的时序特征,用来鉴别裂纹的起始、潜伏、快速扩展等不同的阶段,有时还用来评估裂纹扩展速率
5)相变	晶格相变	在晶格相变实验中,用来测定马氏体转变点 *Ms* 或奥氏体转变点 *As*,并可作为研究成核机制,求出成长速度的手段
6)复合材料断裂	纤维断裂 界面分离 基材分离 层间分离	在材料表征试验中,用于损伤起点、剩余强度、损伤的类型及历史、缺陷和质量等的评价
7)其他		蠕变、腐蚀、残余应力、脆性转变、其他材料

7.2 表面及近表面缺陷检测

表面及近表面缺陷检测方法有磁力检测和涡流检测两种。磁力检测是通过对铁磁性材料进行磁化所产生的漏磁场，来发现表面或近表面缺陷的无损检测方法。磁力检测包括磁粉法、磁敏探头法和录磁法。涡流检测是利用电磁感应原理，使金属材料在交变磁场作用下产生涡流，根据涡流的大小和分布检测金属缺陷的无损检测方法。

7.2.1 磁力检测

7.2.1.1 磁力检测原理

1. 检测基本原理 铁磁性材料的工件被磁化后，在其表面和近表面的缺陷处磁力线发生变形，逸出工件表面形成漏磁场，如图 7-64 所示。用以上所说三种方法之一，将漏磁场检测出来，进而确定缺陷的位置（有时包括缺陷的形状、大小和深度），这就是磁力检测基本原理。

漏磁场的大小对缺陷检出灵敏度有很大的影响。影响漏磁场大小的因素有：

1）外加磁场的大小。一般说来，缺陷漏磁通密度随工件磁感应强度的增加而线性增加，当磁感应强度达到饱和值的 80% 左右时，漏磁通密度会急剧上升。

2）工件材料及状态的影响。钢材的磁化曲线是随合金成分、碳含量、加工状态及热处理状态而变化的，因此材料的磁特性不同，缺陷处形成的漏磁场也不同。

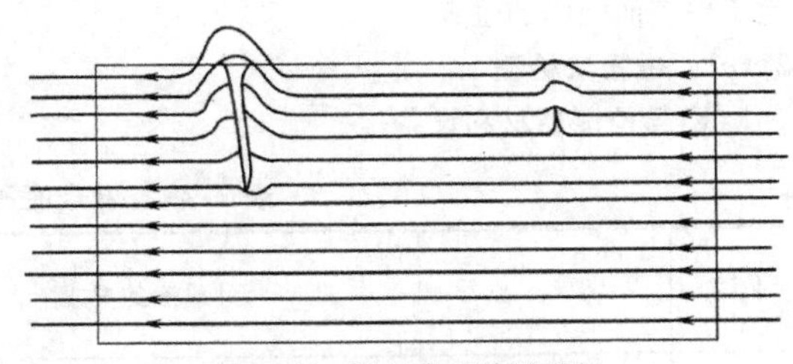

图 7-64 零件表面的漏磁场

3）缺陷位置和形状的影响。同样的缺陷，位于表面时漏磁通增多；若位于距离表面很深的地方，则几乎没有漏磁通泄漏于空间。缺陷的深宽比愈大，漏磁场愈强。缺陷垂直于工件表面时，漏磁场最强；若与工件表面平行，则几乎不产生漏磁通。

2. 磁力检测分类

（1）磁粉法。在磁化后的工件表面撒上磁粉，磁粉粒子便会吸附在缺陷区域（漏磁场），显示缺陷位置。磁粉有干式磁粉和悬浮类型的湿式磁粉。磁粉法可以用于任何形状的被测件，但不能测出缺陷沿板厚方向的尺寸。磁粉法提供的缺陷分布和数量是直观的，并可用光电式照相法将其摄制下来得到广泛应用。

（2）磁敏探头法。用合适的磁敏探头检测工件表面，把漏磁场转换成电信号，就可以用光电指示器加以显示。与磁粉法相比，用磁敏探头法所测得漏磁场大小与缺陷大小之间存在着更明显的关系，因而可对缺陷大小分类。常用磁敏探头法有以下几种形式：

1）磁感应线圈。对于交变的漏磁场，感应线圈上的感应电压等于单位时间内磁通的变化率。对于直流产生的漏磁场，由于磁通不变，为了测出直流磁场，必须让测量线圈与工件之间发生相对运动，使磁通发生变化。这样，感应电压的大小就与运动速度有关。如使其作恒速运动，则可根据感应电动势的幅值来确定缺陷的深度。

2）磁敏元件。常用磁敏元件有霍尔元件、磁敏二极管等。工作时将磁敏元件通以工作电流，由于缺陷处漏磁场的作用，使其电性能发生改变，并输出相应电信号。这个输出信号反映了漏磁场的强弱及缺陷尺寸的大小。

3）磁敏探针。由于磁敏探针尺寸制作得很小(1mm左右)，故能实现近似点状的测量。这种微型探头能测量大于2×10^6Hz的高频交变磁场，且灵敏度极高。

（3）录磁法。也称为中间存储漏磁检测法。其中以磁带记录法为最主要方法。将磁带覆盖在已磁化的工件表面上时，缺陷的漏磁场就在磁带上产生磁化作用，然后再用磁敏探头测出磁带录下的漏磁，从而确定工件表面缺陷的位置。

7.2.1.2 磁粉法检测

1. 磁粉检测器材和设备

（1）磁粉

1）磁粉的种类和特点。磁粉分类如图7-65所示。

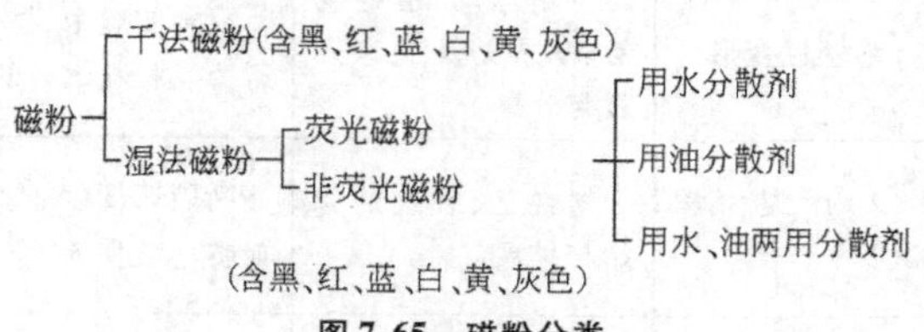

图7-65 磁粉分类

磁粉由工业纯铁粉、羰基铁粉或磁性氧化铁粉（Fe_2O_3或Fe_3O_4）制成。若在其上包覆一层荧光物质或其他颜料就构成荧光磁粉或有色磁粉。用干磁粉进行检测的方法叫干法。干法广泛地用于大型结构件和大型焊缝局部区域的磁粉检测。湿磁粉是指磁粉按规定浓度悬浮在载液（油或水）中，通过流淌、喷雾或浇注的方法施加到被检工件表面（称为湿法）。湿法比干法具有更高的检测灵敏度，特别适用于检测表面的微小缺陷，常用于大批量工件的检测。荧光磁粉显示的缺陷清晰可见，在紫外线光的激发下呈黄绿色，色彩鲜明易于观察。有色磁粉可以增强磁粉的可见度，提高与被检件表面的衬度，使缺陷容易被发现。

2）磁悬液。将磁粉混在液体介质中形成磁粉的悬浮液，简称为磁悬液。用于悬浮磁粉的液体叫做分散剂（或称载液）。磁悬液分为油磁悬液、水磁悬液和荧光磁悬液。表7-28列出了钢制压力容器焊缝磁粉检测用磁悬液种类、特点和技术要求。

表7-28 磁悬液种类、特点及技术要求

种类	特 点	对载液的要求	湿磁粉浓度（100mL沉淀体积）	质量控制试验
油磁悬液	悬浮性好，对工件无锈蚀作用	1）在38℃时，最大粘度不超过$5\times10^{-6}m^2/s$ 2）最低闪点为60℃ 3）不起化学反应 4）无臭味	1.2～2.4mL（若沉淀物显示出松散的聚集状态，应重新取样或报废）	用性能测试板定期检验其性能和灵敏度
水磁悬液	流动性好，使用安全，成本低，但悬浮性较差	1）良好的润湿性 2）良好的可分散性 3）无泡沫 4）无腐蚀 5）在38℃时最大粘度不超过$5\times10^{-6}m^2/s$ 6）不起化学反应 7）呈碱性，但pH值不超过10.5 8）无臭味		1）同油磁悬液 2）对新使用的磁悬液（或定期对使用过的磁悬液）作润湿性能试验

（续）

种类		特点	对载液的要求	湿磁粉浓度（100mL 沉淀体积）	质量控制试验
荧光磁悬液	荧光油磁悬液	荧光磁粉能在紫外线光下呈黄绿色，色泽鲜明，易观察	要求油的固有荧光低，其余同油磁悬液对载液的要求	0.1～0.5mL（若沉淀物显示出松散的聚集状态，应重新取样或报废）	1）定期对旧磁悬液与新准备的磁悬液作荧光亮度对比试验 2）用性能测试板定期作性能和灵敏度试验
荧光磁悬液	荧光水磁悬液	荧光磁粉能在紫外线光下呈黄绿色，色泽鲜明，易观察	要求无荧光，其余同水磁悬液对载液的要求	0.1～0.5mL（若沉淀物显示出松散的聚集状态，应重新取样或报废）	1）对新使用的磁悬液（或定期对使用过的磁悬液）作润湿性能试验 2）荧光亮度对比试验和性能、灵敏度试验，如同荧光油磁悬液

（2）灵敏度试片。磁粉检测灵敏度试片用来定期检查系统的全面性能和灵敏度（包括磁粉材料性能、检测设备性能、磁场值等）。在磁粉检测中采用了以下三种试片。

1）性能测试板。性能测试板材料应与被检材料相同，其形状与尺寸如图 7-66 所示。试板上有 10 个不同深度的小槽，当用磁轭法和触头法磁化时，通过观察最浅的磁痕来比较和评定磁粉材料的灵敏度及设备性能。试板的厚度、宽度和长度可根据实际需要改变。

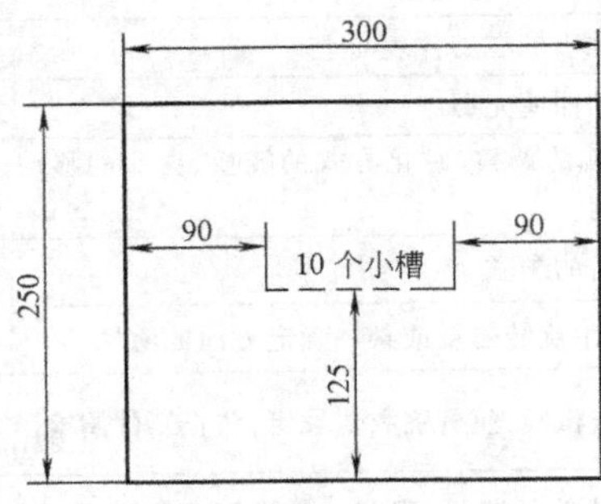

图 7-66 磁粉检测系统性能测试板

2）试验环。带有人工缺陷的试验环用于评价中心导体法的磁粉材料和系统灵敏度。其形状和尺寸如图 7-67 所示。测试时，使用全波整流电，通过直径为 32mm 的铜质中心导体来对试验环产生周向磁化。在试验环的外圆柱面上所显示的磁痕数量应达到表 7-29、表 7-30 中的规定值，否则应对所使用的系统（磁粉、设备、方法等）加以检查和修正。

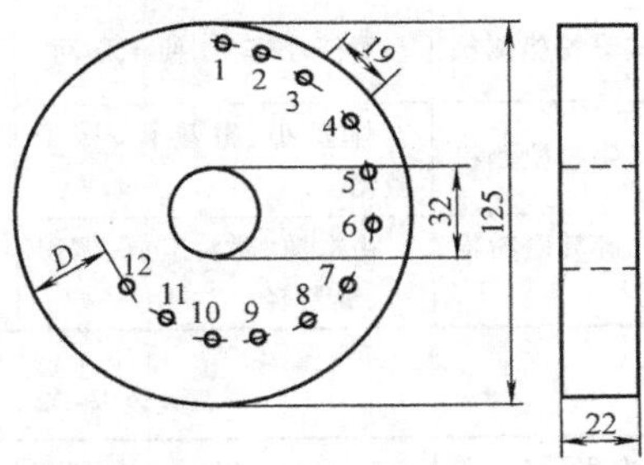

图 7-67 带有人工近表面缺陷的试验环

表 7-29 湿磁粉环状试块磁痕显示

磁悬液的类型	磁化电流/A（FWDC）①	所显示出近表面孔的最小数目
荧光或非荧光磁粉	1400	3
	2500	5
	3400	6

① FWDC 为全波整流直流电。

表 7-30 干磁粉法、环状试块磁痕显示

磁化电流/A（FWDC）	所显示出近表面孔的最小数目
500	4
900	4
1400	4
2500	6
3400	7

3）磁场指示器。可反映试验工件表面场强和方向，但不能作为磁场强度或磁场分布的定量指示。当

磁场指示器上没有形成磁痕或没有在所需的方向上形成磁痕时，应改变或校正磁化方法。磁场指示器如图 7-68 所示。

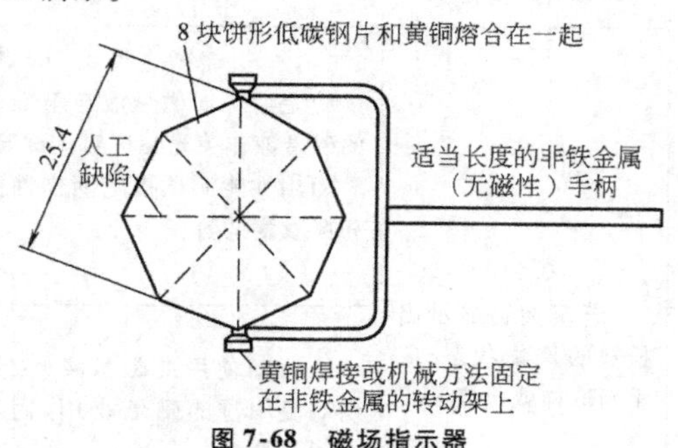

图 7-68　磁场指示器

2. 磁粉检测设备　磁粉检测机的分类及检测设备的组成分别见表 7-31、表 7-32。

7.2.1.3　磁粉检测技术

1. 磁化与退磁

（1）磁化方法。磁粉检测必须在被检工件内或在周围建立一个磁场。根据建立磁场的方向，磁化方法可分为：

1）周向磁化。给工件直接通电，或者使电流流过贯穿工件中心孔的导体，在工件中建立一个环绕工件并且与工件轴线垂直的闭合磁场，如图 7-69 所示。周向磁化用于发现与工件轴线（或与电流方向）平行的缺陷。

表 7-31　磁粉检测机的分类及特点

分　类	结构特点	应用对象	检测方法
固定式磁粉检测机	尺寸及重量大，安装在固定场合	1）中小型工件 2）需要较大磁化电流的可移动工件	湿法，交、直流
移动式磁粉检测机	置于小车上，便于移动	1）小型工件 2）不易搬动的大型工件（如高压容器）	干、湿法，交、直流
便携式磁粉检测机	体积小、重量轻、易于搬动	适于高空、野外等现场及锅炉、压力容器焊缝的局部检测	干、湿法，交、直流
磁轭式旋转磁粉检测机	由电源、磁头组成，体积小、重量轻	1）同便携式 2）缺陷分布为任意方向的工件	干、湿法，交流

表 7-32　磁粉检测设备的组成及作用

磁粉检测设备	组　成		作　用
磁粉探伤机		磁化装置	产生磁场，使工件磁化
		零件夹持装置	支撑被检工件，导通磁化电流
		磁悬液喷洒装置	将磁悬液均匀地喷洒在工件表面上
		观察照明装置	提供观察缺陷的照明光源
		控制部分	实现对磁化电流的调整、磁化方式的转换、夹头的移动、充磁控制和油泵起停控制
		退磁装置	消除工件检验后的剩磁
		磁轭	闭合磁力线，产生旋转磁场或某一确定方向的磁场
磁粉检验用的其他设备		断电相位控制器	用于交流剩磁法检验，使剩磁数值稳定，防止工件漏检
	测磁仪器	高斯计或磁场强度测定仪	通过对霍尔电势差的测量，得到工件表面、窄缝中，以及螺管线圈中的磁感应强度
		磁强计	测量漏磁场的强度
		剩磁测量仪	检查工件退磁后剩磁的大小
	质量控制仪器	照度计	检验工作区的白光强度
		紫外线强度计	测量距紫外灯一定距离的紫外辐射能
		磁性称量仪	测定磁粉磁性
		沉淀管	测定磁悬液浓度

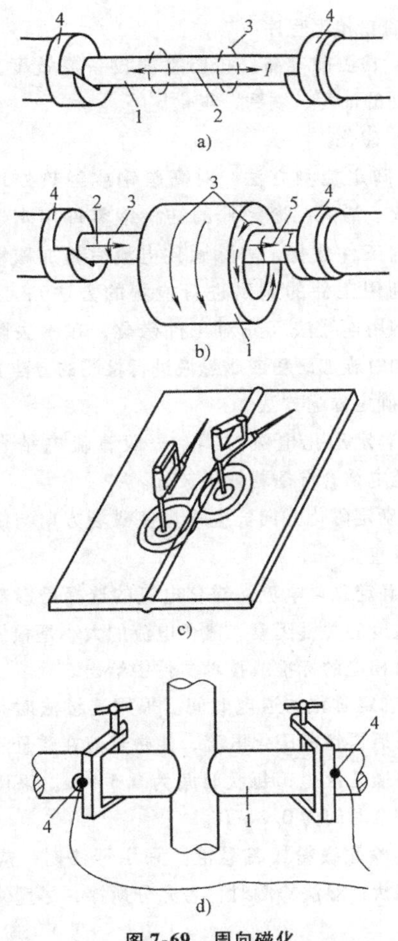

图 7-69 周向磁化

a）两端接触法 b）中心导体感应磁化法

c）触头法 d）夹具通电法

1—工件 2—电流 3—磁力线

4—电极 5—心杆

2）纵向磁化。电流通过环绕工件的线圈，使工件中的磁力线平行于线圈的轴线，如图 7-70 所示。纵向磁化用于发现与工件轴线相垂直的缺陷。

3）复合磁化。将周向磁化和纵向磁化同时作用在工件上，使工件得到由两个相互垂直的磁力线的作用而产生的合成磁场，其指向构成扇形磁化场，如图 7-71 所示。

4）旋转磁化。将绕有激磁线圈的Π形磁铁交叉地放置，各激磁线圈通以不同相位的交流电，产生圆形或椭圆形磁场，如图 7-72 所示。旋转磁化能发现任意方向分布的缺陷。

（2）退磁。工件经磁粉检测后所留下的剩磁，会影响安装在周围的仪表等计量装置的精度，或吸附铁屑增加磨损。使工件的剩磁回零的过程叫退磁。去磁方法有以下几种：

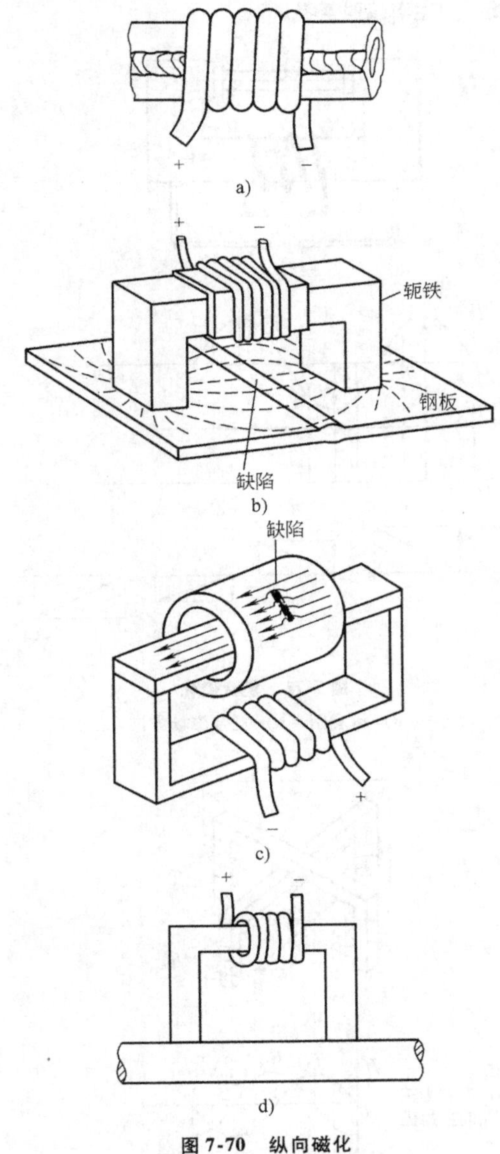

图 7-70 纵向磁化

a）绕电缆法 b）磁轭法

c）空心零件的磁化 d）长轴零件的磁轭法

1）将工件从交流磁化线圈中移开。把工件放在通有交变电流的磁化线圈中，然后缓慢地将工件从线圈中移出。推荐使用 5000～10000 安匝的线圈。

2）减少交流电。把工件放入磁场中，其位置不变，逐渐减弱交流电流，把磁场降低到规定值。

3）直流换向衰减退磁。为了使工件内部能获得良好的退磁，可让电流通过工件，并不断地切换电流的方向，同时使电流逐渐衰减至零。

4）振荡电退磁。将充好电的电容器跨接在退磁线圈上，构成振荡回路。电路以固有的谐振频率产生振荡，并逐渐减弱至零。

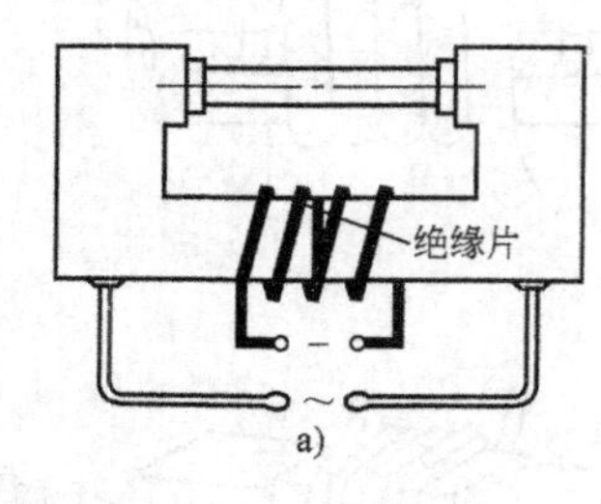

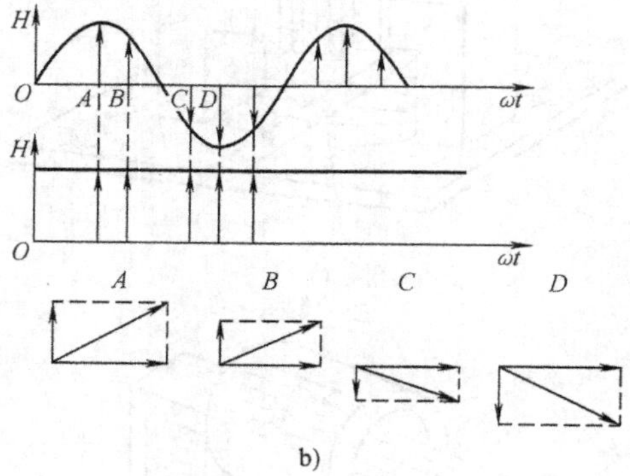

图7-71　复合磁化
a）示意图　b）复合磁场方向

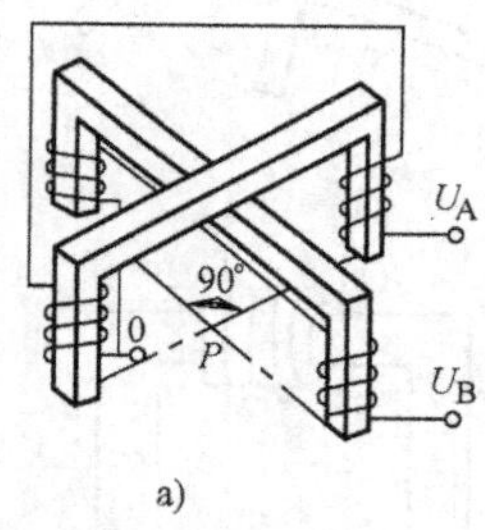

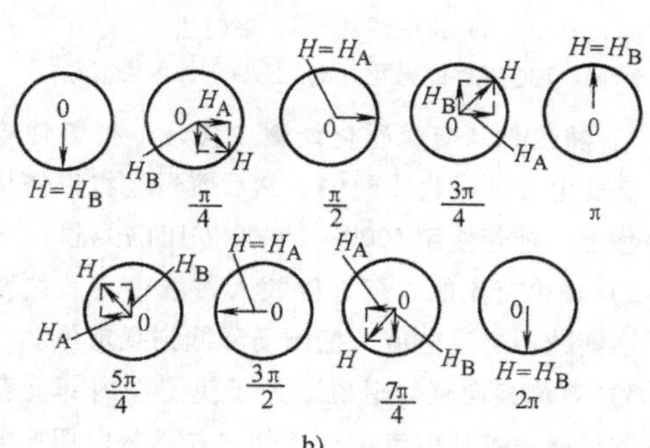

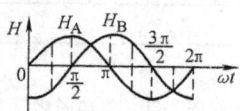

图7-72　旋转磁化
a）交叉磁轭的结构　b）旋转磁场的方向变化

2. 磁粉检测程序

（1）检测前准备。校验检测设备灵敏度，除去被检测面的油污、铁锈、氧化皮等。

（2）磁化。

1）确定检测方法。对高碳钢或经热处理（淬火、回火、渗碳、渗氮）的结构钢零件用剩磁法检测（先对工件磁化，去除磁化电流后施加磁粉或磁悬液，利用工件的剩磁进行检测的方法）；对低碳钢、软钢用连续法（先对工件磁化，在不去除磁化电流的同时施加磁粉或磁悬液进行检测的方法）。

2）确定磁化方法。

3）确定磁化电流种类。一般直流电结合干磁粉、交流电结合湿磁粉效果较好。

4）确定磁化方向。应尽量使磁场方向与缺陷分布方向垂直。

5）确定磁化电流。磁化电流的选择是影响磁粉检测灵敏度的关键因素。磁化电流的大小是根据磁化方式再由相应的标准或技术文件中给出。

6）确定磁化的通电时间。采用连续法时，应在施加磁粉后再切断磁化电流，使磁悬液在磁悬液停止流动后再通几次电，每次时间为0.5～2s。采用剩磁法时，通电时间为0.2～1s。

（3）喷撒磁粉或磁悬液。采用干法时，应使干磁粉成雾状；湿法检测时，需充分搅拌，尽量使磁悬液均匀。

（4）磁痕观察及评定。对钢制压力容器的检测，须用2～10倍放大镜对磁痕进行观察。为便于观察，应使被检面保持足够的光强。用荧光磁粉检测时，被检表面保持黑光强度不少于970lx。若发现有裂纹、成排气孔或超标的线性或圆形显示，均判定为不合格。表7-33列出了缺陷磁痕的一般特征。表7-34列出了伪磁痕特征。

（5）退磁。

（6）清洗、干燥、防锈。

（7）记录结果。

7.2.1.4　磁敏探头法检测

1. 纵向缺陷检测方法　图7-73所示是检测纵向缺陷的例子。探头装在U形磁轭的两脚之间，被检工件旋转而检测系统不动，可检测管子表面的所有缺陷。

为了检测直缝管的纵向缺陷，在固定的磁轭内以垂直于焊缝轴线的方向对焊管进行磁化，并使磁敏探头以垂直于焊缝轴线方向来回摆动。

表 7-33 缺陷磁痕的一般特征

缺陷名称	缺陷磁痕的一般特征
裂纹	清晰而浓密的曲折线状
锻造裂纹	磁痕聚集较浓，呈方向不定的曲线状或锯齿状；近表面锻造裂纹产生不规则弥漫状磁痕。出现部位与工艺有关
热处理裂纹	磁痕明显，浓度较高，呈线状，棱角较多且尾部尖细。多出现在棱角、凹槽、变截面等应力集中部位
磨削裂纹	一般与磨削方向垂直，且成群出现，成网状或细平行线状
铸造裂纹	在应力最大的部位裂开较宽后变细
疲劳裂纹	按中间大、两边对称延伸的线状曲线分布，大多垂直于零件受力方向
焊接裂纹	多弯曲，两端有鱼尾状。焊缝近表面裂纹形成较宽弥散状磁痕
白点	在圆的横断面上等圆周部位呈无规则分布的短线状
夹杂与气孔	单个或密集点状或片状，与缺陷具体形状相似
发纹	沿金属流线方向呈直线或微弯曲线状分布。表面发纹磁痕非常细小但轮廓明显

表 7-34 伪磁痕一般特征

伪磁痕成因	伪磁痕一般特征
局部冷作硬化	一般呈较宽带状，线性度较差
截面急剧变化	宽而模糊，分布不紧凑
流线	沿流线方向成群的平行磁痕，呈不太连续的分散状。往往因磁化电流太大形成
碳化物层状组织	短、散、宽带状分布
焊缝边缘	吸附不紧密、边缘不清晰
无规则局部磁化	无规则的局部磁化——"磁写"痕迹，模糊，退磁后可去掉

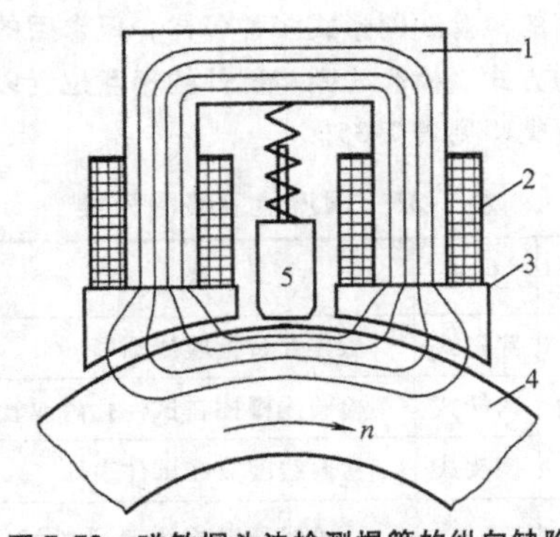

图 7-73 磁敏探头法检测焊管的纵向缺陷

1—磁轭 2—励磁线圈 3—可替换磁触头 4—管材 5—磁敏探头

2. 横向缺陷检测方法 在自动探测横向缺陷的设备中，常采用两只串联的线圈进行磁化，磁敏探头放在两线圈之间，如图 7-74 所示。检测时，探头沿管子轴线方向摆动，管子沿螺旋方向行走。

7.2.1.5 录磁检测法

录磁法分有连续式和不连续式两种。所谓不连续式是先将被检工件用磁带围住后再通电磁化，而后再通过一个查询装置把磁带上所存的漏磁信息信号查找出来并用某种记录手段加以记录。在图 7-75 所示的连续式检测中，使用了一种环形磁带设备。环形磁带由一电动机驱动，被检焊缝在磁带下面均速前进。旋转的探头以垂直磁带的方向扫查，探头的测量信号经过鉴别单元传向打标记单元，喷枪在工件表面有缺陷的位置喷上标记，与此同时荧光屏上显示缺陷信号。扫查后的磁带记录随即又被消磁器抹掉，故磁带可重复使用。

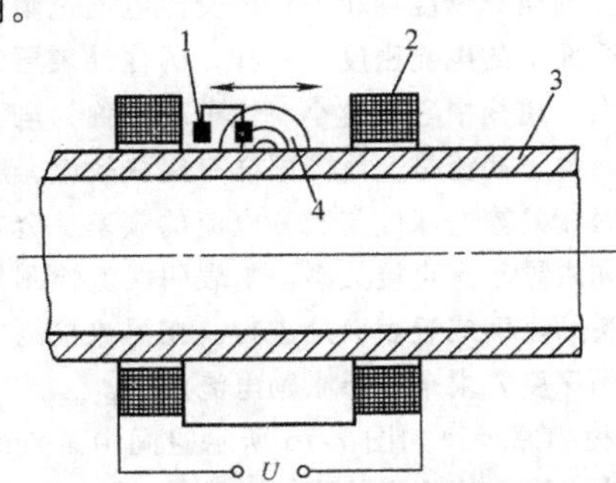

图 7-74 磁敏探头法检测焊管的横向缺陷

1—差动探头 2—磁化线圈 3—工件 4—漏磁场

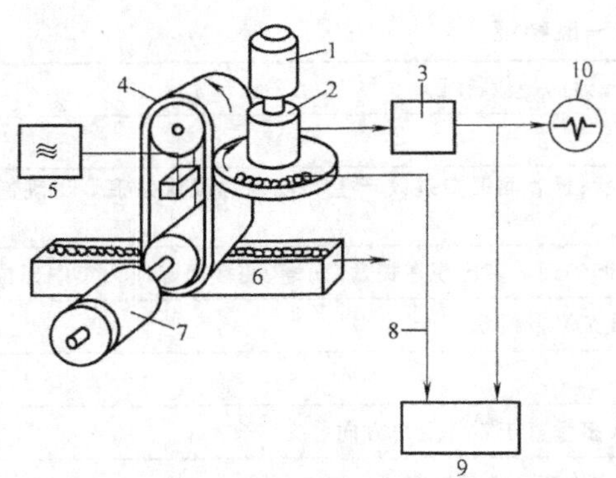

图7-75　录磁法检测示意图

1—电动机　2—无接触变压器　3—放大器
4—环形磁带　5—消磁振荡器　6—被检工件
7—磁带驱动电动机　8—同步脉冲信号
9—缺陷喷涂单元　10—荧光屏

被检件可用直流电也可用交流电磁化。但应注意：直流磁化时，漏磁场的磁信息是输入到一个未经磁化（或原有磁化信息已被抹掉）的磁带上；而交流磁化时，漏磁场的磁信息是被输入到预先已被磁化到饱和程度的磁带上。也就是说，前者记录的是使磁带磁化的信息，而后者则记录的是使磁带退磁的信息。

7.2.2　涡流检测

7.2.2.1　探测基本原理

1. 涡流产生　若给线圈通以交流电，根据电磁感应原理，穿过金属块中若干同心圆截面的磁通量将随交流电电流的变化发生变化，因而会在金属块内感生出交流电，如图7-76所示。由于这种感生电流的回路在金属块内呈旋涡状，故称为涡流。由于涡流是由线圈通以交流电而感生出来的，所以涡流也是交流的。同样，交变的涡流也会在周围空间形成另一个交变磁场。

2. 集肤效应　当直流电通过一圆柱导体时，导体截面上的电流密度均相同，而交流电通过圆柱导体时，横截面上的电流密度不一样，圆柱外表层的电流密度最大，越往中心就越小，这种现象称为电流的集肤效应。由于涡流是交流，同样有集肤效应，所以金属块内涡流的渗透深度与激励电流的频率、金属块的电导率和磁导率有直接关系。它表明涡流检测只能在金属材料的表面或近表面处进行。在涡流检测中，应根据检测深度要求来选择激励电流频率。

3. 检测原理　如图7-76所示空间中某点的磁场不只是由一次电流产生的磁场，而是一次电流磁场和涡流磁场叠加而形成的合成磁场。涡流磁场的方向由楞次定律确定。显而易见，涡流的大小将影响着激励线圈中电流的大小。涡流的大小和分布取决于激励线圈的形状和尺寸、交流电频率、金属块的电导率、磁导率、金属块与线圈的距离以及金属块表层缺陷等因素。因此根据一次侧检测线圈中电流的变化情况就可以取得关于试件材质的情况以及有无表层性缺陷的信息。当试件存在表层性缺陷时，会引起导电率的变化，导致涡流的变化（变小），最终又会影响合成磁通的变化。通过检测线圈检测出这一变化，就能判断试件中有关缺陷的情况。

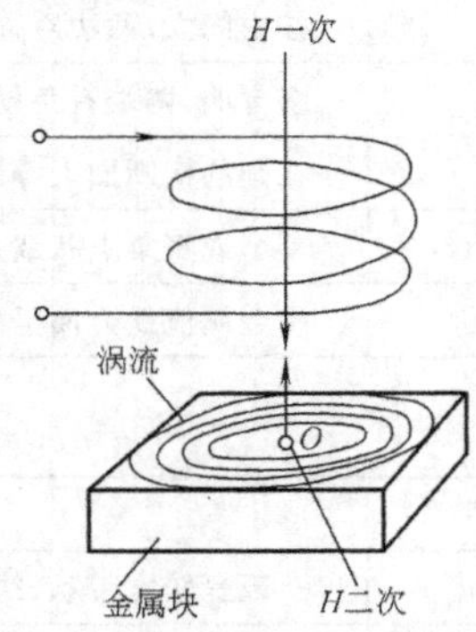

图7-76　感生涡流的产生

7.2.2.2　涡流检测设备

涡流检测设备主要由涡流检验线圈和涡流检测仪等组成。

1. 涡流检验线圈　其作用有两个：一是在试件表面及近表面感生涡流；二是测量合成磁场的变化。实际应用的检验线圈形式多种多样，但常用的是按检验涡流的方式、检验线圈与试件的相互位置以及比较方式来分类，见表7-35。

表7-35　涡流检验线圈分类

分类方式	分类	说　明
相互位置	穿过式	试件穿过检验线圈
	内插式	检验线圈插在试件孔内或管材内壁
	探头式	检验线圈放在试件表面
检测方式	自感式	检验线圈既产生激励磁场,又检测涡流反作用磁场
	互感式	检验线圈有两个绕组,一个产生交变磁场,另一个检测涡流反作用磁场
比较方式	自比式	线圈有两个相距很近
	他比式	两个线圈参数完全相同,它们分别对标准试件和待测试件进行检测

不同形式的检验线圈有着不同的功能，表7-36列出了它们的形式及使用特点。

表 7-36 检验线圈的形式及使用特点

分类		形式	使用特点
穿过式		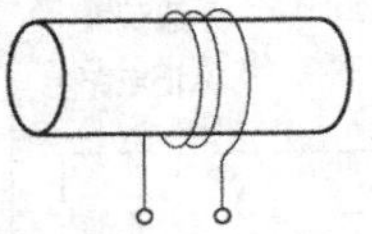	探伤速度快，广泛应用于管、棒、线材的自动探伤
内插式		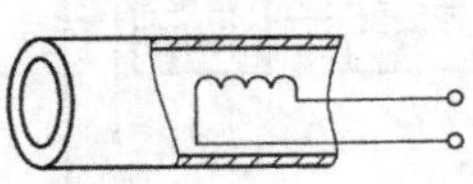	适用于管子内部及深孔部位的探伤，试件中心线应与线圈轴线重合
探头式		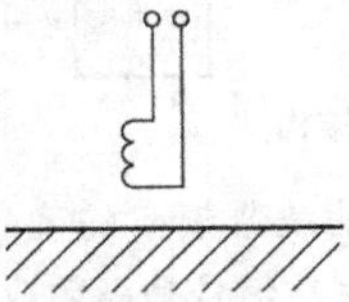	带有磁心，具有磁场聚焦性质，灵敏度高，但灵敏区小，适合于板材和大直径管材、棒材的表面探伤
自比式	自感式	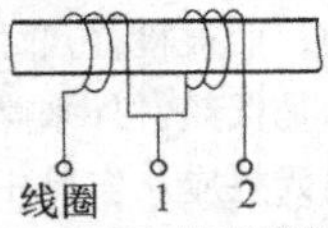 线圈 1 2	采用两个相邻很近的相同线圈，来检验同一试件两个部位的差异，能抑制试件中缓慢变化的信号，能检测缺陷的突然变化。检测时，试件传送时的振动及环境温度对其影响较小。但对试件上从头到尾的长裂纹（假定其深度相同）则无法检出
	互感式	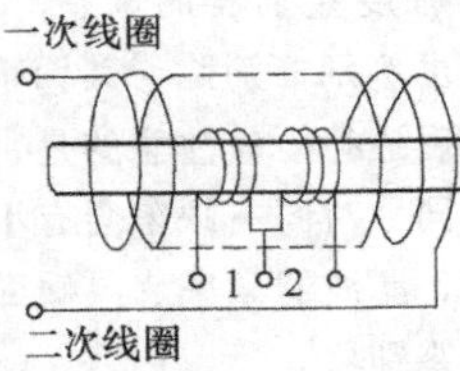 一次线圈 1 2 二次线圈	
他比式	自感式	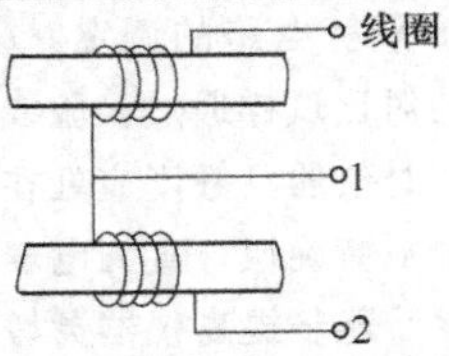 线圈 1 2	检出信号是标准试件与被测试件存在的差异，受试件材质、形状及尺寸变化的影响，但能检出从头到尾深度相等的裂纹，常与自比式线圈结合使用，以弥补其不足。穿过式、内插式、探头式线圈都能接成他比式
	互感式	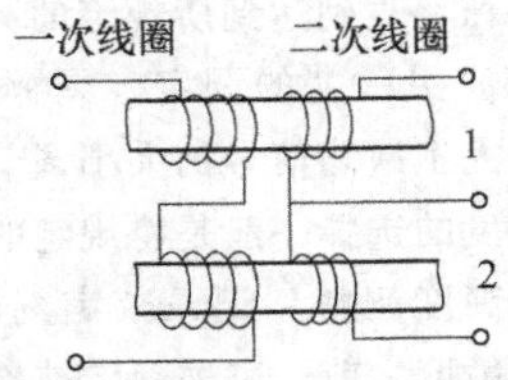 一次线圈 二次线圈 1 2	

2. 涡流检测仪 图 7-77 所示是自动涡流检测仪的基本组成方框图。

3. 对比试样

（1）对比试样作用。对比试样是按照一定要求制作的具有人工缺陷的标准试样。一是用来设定（或调整）探测装置的灵敏度，或者用来定时校核探测装置的灵敏度，使其维持在规定的水平上。二是用作判废标准。但对比试样上人工缺陷的大小并不完全等同于探测仪检出的最小缺陷。

（2）对比试样的制备。用于制备对比试样的钢管（或板材）应与被检测的材质、基本尺寸相同，表面状态及热处理状态一样，且具有相同的电磁特性。对比试样的表面应无氧化皮等影响校准的缺陷。在 GB/T 7735—2004《钢管涡流探伤检验方法》中规定：作对比试样的钢管，其弯曲度不应大于 1.5:1000。

一般对比试样的人工缺陷为两种，即穿过管壁并垂直于钢管表面的孔和平行于钢管纵轴且槽边平行的槽口。对比试样上人工缺陷的位置、尺寸和加工要求，应满足相应标准或其他技术文件的要求。

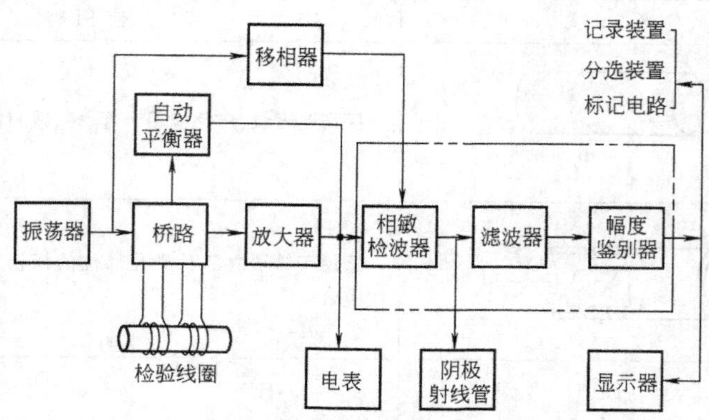

图7-77　自动涡流检测仪的基本结构

7.2.2.3　涡流检验技术

1. 检测前准备工作

（1）根据被检件的性质、形状、尺寸及欲检出缺陷的种类和大小选择检验方法及设备。对小直径、大批量焊管或棒材的表面检测，大多选用配有穿过式自比线圈的自动检测设备。

（2）对被检件进行预处理，除去表面油脂、氧化物及吸附的铁屑等杂物。

（3）根据相应技术文件或标准来制备对比试件。

（4）检测设备预运行。检测仪通电后，必须稳定运行10min以上。

（5）调整工件传送装置，使工件通过线圈时无偏心、无摆动。

2. 确定检测规范

（1）选择检测频率。检测频率与缺陷检出的灵敏度有很大关系，它将直接影响被检件上涡流的大小、分布和相位。一般是根据透入被检件的深度及缺陷的阻抗变化来选择。其方法是利用阻抗平面图找出由缺陷引起的阻抗变化最大处的频率（或是缺陷与干扰因素阻抗变化之间相位差最大处的频率）作为检测频率。

（2）确定工件传送速度。

（3）调整磁饱和程度。在探测铁磁性材料的工件时，由于工件磁导率的不均匀性引起噪声，故影响检测结果。为了减少磁导率不均匀性的影响，应将被检部位放置在直流磁场中，达到磁饱和状态的80%左右。

（4）相位的调整。装有移相器的探测仪，要调整其相位角，使对比试样上的人工缺陷能够明显地探测出来，而非缺陷的杂乱信号应尽可能地排除。同时，相位的选择也应考虑到使缺陷的种类和位置尽可能地分开。

（5）滤波器频率的确定。一般来说，由工件表面缺陷产生的信号是高频成分，且受缺陷尺寸、传送速度的影响，而被检件尺寸、材质和传送振动所产生的干扰信号是低频。外来噪声的频率则更高。通常滤波器的频率调整应从实验中获得。

（6）幅度鉴别器的调整。振幅小的干扰信号可以通过幅度鉴别器消除，其调整应在相位、滤波器频率调定之后进行。应注意的是，由于幅度鉴别器调定的程度不同，对同一缺陷会有不同的指示。因此若仪器的相位、滤波器频率、灵敏度一有变动，则应重新调节幅度鉴别器。

（7）平衡电路的调定。桥路的平衡调节是指将无缺陷的对比试样通过检验线圈把桥路的输出调节到零。调节时仪器灵敏度应处在最低位置上，依次反复调节两个平衡旋钮，直到电表或阴极射线管的输出等于零，然后逐步提高仪器灵敏度，再依次反复调节这两个旋钮，直到达到所规定的灵敏度为止。

（8）灵敏度的调定。灵敏度的调节是指将对比试样上人工缺陷信号的大小调节到所规定的电平。仪器灵敏度的选择一般是将规定的人工缺陷在记录仪上的指示高度调整到记录仪满刻度的50%～60%。在调节灵敏度之前，应先确定被检件传送速度、磁饱和装置的磁化电流、检验频率和振荡器的输出，并在相位、滤波器频率、幅度鉴别器的调节完成后进行。

3. 检测　在选定的规范参数下检测。在连续检测过程中，应每隔2h或每批检测完毕后，用对比试样校验一次仪器。

4. 探测结果分析　如果对所得到的检测结果有疑问，则应进行重新检测或用目视、磁粉、渗透以及破坏试验方法加以验证。

5. 消磁　铁磁性材料经饱和磁化后应进行退磁处理。

6. 结果评定　对钢管或焊管的检测中，若缺陷显示信号小于对比试样的人工缺陷信号，应判定检测合格。反之，应认定该钢管或焊管为可疑品，对可疑品可进行如下处理：

（1）重新检测。重新检测后，若缺陷信号小于人工缺陷信号，则判定为合格。

（2）对检测后暴露的可疑部位进行修磨，而后重新检测并按上条原则评判。

（3）切去可疑部分或判为不合格。

（4）用其他无损检验方法检测。

7. 编写检测报告　检测报告内容包括：声发射检测条件、典型图表（记录的声发射曲线）及评定结果等。

7.3 表面缺陷的检测

表面缺陷的检测方法主要是渗透法检测。渗透法检测是利用带有红色染料（着色法）或荧光染料渗透剂的渗透作用，显示缺陷痕迹的无损检测方法。该方法可用于各种金属材料和非金属材料构件表面开口缺陷的检测。

7.3.1 渗透检测原理、方法、分类及应用

7.3.1.1 渗透检测原理

渗透检测法是通过在被检工件表面涂覆带有着色剂或荧光物质且具有高度渗透能力的渗透液，在液体对固体表面的润湿作用和毛细现象作用下，渗透液被渗入工件的表面开口缺陷中，然后将工件表面被涂覆的多余渗透液清洗干净（但保留渗透到缺陷中的渗透液），再在工件表面涂上一层显像剂，利用毛细作用将缺陷中的渗透液重新吸附到工件表面，被吸附到表面的渗透液则形成缺陷痕迹，通过目测或特殊灯具，观察缺陷痕迹颜色或荧光图像对缺陷进行评定。

7.3.1.2 渗透检测方法分类

根据不同的显像方式、不同的渗透剂及显像剂，渗透检测方法可分为：

1. 按显像方式分类

（1）着色渗透检测法。这种检测方法使用的渗透液主要是由红色染料及溶解着色剂的溶液组成，而显像剂则为含有吸附性强的白色颗粒状（锌白粉、钛白粉等）的悬浮液组成。检测时，通过显像剂的极细白色颗粒粉末吸附缺陷中的红色渗透剂到工件表面，显现出对比度明显的色彩图像，能直观地反映出缺陷的部位、形态及数量。

（2）荧光渗透检测法。这种检测方法与着色渗透检测法的区别是使用含有荧光物质的渗透剂。将工件表面多余的渗透剂清洗后，用显像剂将保留在缺陷中的荧光渗透液吸附到工件表面。检测时，用一种波长很短的黑光源照射工件表面被检测部位，使吸附到工件表面的荧光物质产生波长较长的可见光，在暗室中对照射的部位进行观察，再通过显现的荧光图像来判断缺陷的大小、位置及形态。

相比而言，荧光渗透检测法比着色渗透检测法的灵敏度更高一些。但这种检测方法的局限性是必须具备黑光源及观察用的暗室，也就是要有电源和固定的观察场所，显然对于不便移动的结构件不适用。因此荧光渗透法检测多用于表面粗糙度小、疲劳或磨削致裂纹等微小缺陷的小型、量大的零件检测。

2. 按渗透剂种类分类

（1）水洗型渗透检测法。以水为清洗剂，渗透剂也以水为溶剂。但很多渗透液是油性物质，不能溶于水。如果加入乳化剂，使油变成极微小的颗粒而均匀分布在水中，则形成“水包油”的匀质状态，即使在静止状态下，油也不会聚在一起形成油水分层的情况，这一现象称为乳化现象，具有这一现象的物质称为乳化剂。在油性渗透剂中加入乳化剂而使渗透剂具有水溶性，则这种渗透剂称为自乳化型渗透剂。

无论是水基渗透剂还是自乳化渗透剂，都以水为清洗剂。这种方法费用低，但灵敏度不高，对细微缺陷及较宽的浅层缺陷显示能力弱，故仅适用于大面积及较粗糙表面缺陷的检测。

（2）后乳化型渗透检测法。这种方法也以水为清洗剂。渗透剂不溶于水，为了将残留在缺陷以外（工件表面）多余的渗透剂用水清洗掉，在渗透之后、清洗之前增加乳化这一步程序。若在渗透之前往渗透剂中加乳化剂，往往会增加渗透剂的粘度和吸水性，降低着色物在溶剂中的溶解度，致使渗透剂的渗透性能降低。渗透前加了乳化剂的渗透液在水洗过程中，容易在缺陷内吸入水分而造成着色物沉淀，影响显像效果，因而后乳化型渗透液不宜用于微小缺陷的检测。

（3）溶剂去除型渗透检测法。自乳化型渗透剂灵敏度不高、后乳化型渗透剂操作复杂，但用溶剂作为清洗剂可避免这些短处。值得特别注意的是：由于使用的清洗剂主要是各种有机物，它们具有较小的表面张力系数，对固体表面有很好的润湿作用，因此具有很强的渗透能力。用这种清洗剂清洗如操作不当，很容易“过清洗”，即将渗入缺陷的渗透液冲洗出来，或降低着色物的浓度，使图像色彩对比度不足而造成漏检，特别是对小型零件，不能图省事而浸泡在溶剂中清洗。清洗用的溶剂易挥发、易燃、有毒，使

用时要通风防火。另外，用溶剂代替水清洗检测费用会高些，故而它适用于工作量不大、无水源、无电源的场合，是一种便携式检测方法。

3. 按显像剂种类分类

（1）干式显像渗透检测法。主要用荧光渗透剂。显像时，用经干燥后的白色细颗粒干粉喷洒在工件被检区表面制造一层很薄的粉膜，用于吸附渗入缺陷的荧光渗透液进行显像。对于着色渗透液，若使用干粉显像剂，会因缺陷两侧难以保留足够的白色干粉而使图像对比度降低，不利于观察。

（2）湿式显像渗透检测法。湿式显像剂是在具有高挥发性的有机物苯、二甲苯、酒精等中加入起吸附作用用的白色粉末配制而成。常用的白色粉末有锌白粉（主要成分为氧化锌）、钛白粉（主要成分为二氧化钛）等。这些粉末并不溶解于有机溶剂，有机溶剂只是白色粉末的载体，粉末在溶剂中呈悬浮状态，所以在使用时必须要摇晃均匀。值得注意的是：有机溶剂在吸附渗透液到工件表面后会扩散开来，造成显现的图像比实际缺陷大的假象，或由于扩散而造成着色浓度减少、对比度降低。因此为改善显像剂性能，还需加入一些增加粘度的成分（如大棉胶、醋酸纤维素、过氯乙烯树脂、糊精等），以限制有机溶剂在吸附渗透液到工件表面后的扩散作用。

使用水作为载体也是可以的，但水蒸发慢，显像处理需较长时间。因此为了尽快观察，常采用吹风机进行热风烘吹以加快干燥。

此法常用于着色渗透法检测。

实际常用的方法是上述几种方法的组合。例如水洗型、后乳化型、溶剂去除型着色（或荧光）渗透检测法，既可使用干式显像也可选用湿式显像。

7.3.1.3 应用

1. 焊接件渗透检测

在焊接生产领域中要求作渗透检测的场合有如下几种情况：

（1）材料标准抗拉强度 $R_m > 540$MPa 的钢制压力容器上的C类和D类焊缝。

（2）名义厚度 $\delta > 16$mm 的12CrMo及15CrMo钢制容器，其他任意厚度的Cr-Mo低合金钢制容器上的C类和D类焊缝。

（3）堆焊表面。

（4）复合钢板的复合层焊缝。

（5）上述（1）、（2）条中所指材料，经火焰切割的坡口表面。

（6）上述（1）、（2）条中所指材料，焊后经缺陷修磨或补焊处的表面。

（7）上述（1）、（2）条中所指材料，在组装对接时临时焊在工件表面上的卡具、拉筋等，组焊完成后拆除处的焊痕表面。

从以上应用场合来看均属于高强钢焊缝。由于高强钢的焊接工艺性较差，易在焊缝表面及加工表面产生缺陷，因此须经渗透检测。

2. 锻造件的渗透检测实例

（1）锻造不锈钢大阀门体着色检测。采用溶剂去除型着色渗透检测法检测。工件如图7-78所示。检测工艺为：按下清洗剂喷罐按钮对工件被检区进行清洗→将着色渗透剂喷到容器中，再用棉花球沾渗透剂涂到工件被检区表面→用被清洗剂润湿的棉布擦掉表面多余的渗透剂→将显像剂喷罐的显像剂喷在被检表面→自然干燥后目视检查。

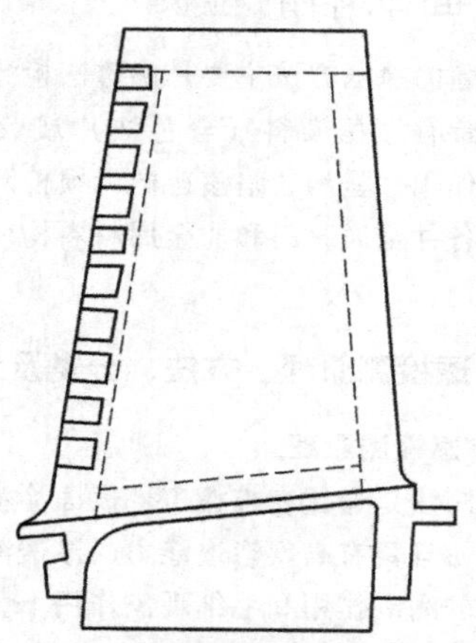

图7-78 锻造不锈钢大阀门体

（2）锻造和机加工镍基合金盘后乳化型荧光渗透检测。工件如图7-79所示。检测工艺为：后乳化型荧光渗透剂渗透→预水洗以清除表面上附着的渗透剂→浸入亲水性乳化剂中使渗透剂充分乳化→水清洗→在热空气循环箱内干燥→在喷粉柜中喷粉显像→在暗室的黑光灯下目视检查合金盘。

3. 铸造叶片的荧光检测实例 采用水洗型荧光渗透检测，工件如图7-80所示。检测工艺为：将叶片浸入汽油或煤油中清洗→将叶片浸入水洗型荧光渗透液中→采用低压水喷清洗叶片→将叶片放入热空气循环烘箱内干燥→用喷粉柜或手工撒的方法把干粉显像剂施加到叶片表面→在暗室黑光灯下目视检查。

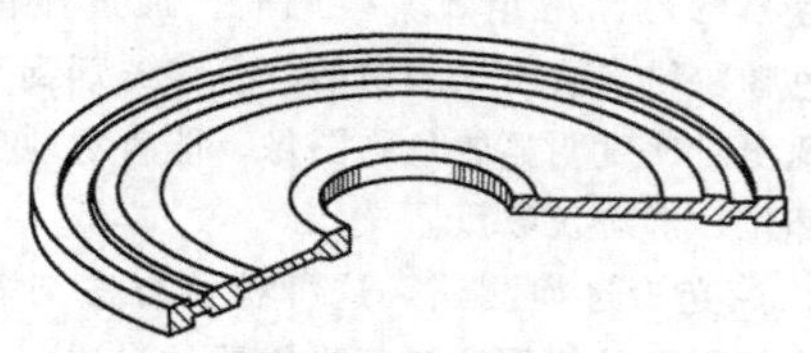

图7-79 镍基合金盘

图7-80 铸造叶片

7.3.2 渗透检测剂及设备

7.3.2.1 渗透检测剂

渗透检测剂由渗透剂、乳化剂、清洗剂及显像剂组成。其分类、特点及质量要求见表7-37。

表7-37 渗透检测剂及质量要求

<table>
<tr><th>探伤剂</th><th colspan="3">分类</th><th>基本组成</th><th>特点及应用</th><th>质量要求</th></tr>
<tr><td rowspan="7">渗透剂</td><td rowspan="4">着色渗透剂</td><td rowspan="2">水洗型</td><td>水基型</td><td>水、红色染料</td><td>不可燃，使用安全，不污染环境，价格低廉，但灵敏度欠佳</td><td rowspan="4">1）渗透力强，渗透速度快
2）着色液应有鲜艳的色泽
3）清洗性好
4）润湿显像剂的性能好，即容易将渗透剂从缺陷中吸附到显像剂表面
5）无腐蚀性
6）稳定性好，在光和热的作用下，材料成分和色泽能维持较长时间
7）毒性小
8）其密度、浓度及外观检验应符合相关标准的规定</td></tr>
<tr><td>乳化型</td><td>油液、红色染料、乳化剂、溶剂</td><td>渗透性较好，容易吸收水分产生浑浊、沉淀等污染现象</td></tr>
<tr><td colspan="2">后乳化型</td><td>油液、溶剂、红色染料</td><td>渗透力强，探伤灵敏度高，适合于检查浅而细微的表面缺陷，但不适合表面粗糙及不利于乳化的工件</td></tr>
<tr><td colspan="2">溶剂去除型</td><td>油液、低粘度易挥发的溶剂、红色染料</td><td>具有很快的渗透速度，与快干式显像剂配合使用，可得到与荧光渗透检验相类似的灵敏度</td></tr>
<tr><td rowspan="3">荧光渗透剂</td><td colspan="2">水洗型</td><td>油基渗透剂、互溶剂、荧光染料、乳化剂</td><td>乳化剂含量越高，则越易清洗，但灵敏度越低
荧光染料浓度越高，则亮度越大，但价格越贵
有高、中、低三种不同的灵敏度</td><td rowspan="3">1）荧光性能应符合相关标准的规定
2）渗透液的密度、浓度及外观检验应符合相关标准的规定
3）渗透力强，渗透速度快
4）荧光液应有鲜明的荧光
5）清洗性能好
6）润湿显像剂的性能要好
7）无腐蚀性
8）稳定性要好
9）毒性小</td></tr>
<tr><td colspan="2">后乳化型</td><td rowspan="2">油基渗透剂、互溶剂、荧光染料、润湿剂</td><td>缺陷中的荧光液不易被洗去（比水洗型荧光液强），抗水污染能力强，不易受酸或铬盐的影响
荧光液灵敏度按其在紫外线下发光的强弱可分为三种，即标准灵敏度、高灵敏度和超高灵敏度</td></tr>
<tr><td colspan="2">溶剂去除型</td><td>不需要水，具有很高的灵敏度，但对于批量工件的检验工效较低，适合于受限制的区域性试验</td></tr>
</table>

（续）

探伤剂	分类		基本组成	特点及应用	质量要求
乳化剂	亲水性乳化剂 H.L.B值在11～15之间		烷基苯酚聚氧乙烯醚、脂肪醇聚氧乙烯醚	乳化剂浓度决定了它的乳化能力、乳化速度和乳化时间，推荐使用质量分数为5%～20%	1）乳化剂应容易清除渗透剂，同时应具有良好的洗涤作用 2）具有高闪点和低蒸发率 3）耐水和渗透剂污染的能力强 4）对工件和容器无腐蚀 5）无毒、无刺激性臭味 6）性能稳定，不受温度影响
	亲油性乳化剂 H.L.B值在3.5～6之间		脂肪醇聚氧乙烯醚	不加水使用，其粘度大时扩散速度慢，乳化过程容易控制，但乳化剂拖带损耗大；反之亦然	
清洗剂	水			清除水洗型渗透液	有机溶剂去除剂应与渗透剂有良好的互溶性，不与荧光渗透剂起化学反应，不猝灭荧光 乳化剂的质量要求同上
	有机溶剂去除剂		煤油或者酒精、丙酮、三氯乙烯	清除溶剂去除型渗透液	
	乳化剂和水			清除后乳化型渗透液	
显像剂	干粉显像剂		氧化镁或者碳酸镁、氧化钛、氧化锌等粉末	适用于粗糙表面工件的荧光渗透探伤 显像粉末使用后很容易清除	1）粒度不超过3μm 2）松散状态下的密度应小于0.075g/cm³，包装状态下应小于0.13g/cm³ 3）吸水、吸油性能好 4）在黑光下不发荧光 5）无毒、无腐蚀
	湿式显像剂	水悬浮型湿式显像剂	干粉显像剂加水按比例配制而成	要求零件表面有较低的粗糙度，不适用于水洗型渗透液 呈弱碱性	1）每升水中应加进30～100g的显像粉末，不宜太多也不宜太少 2）显像剂中应加有润湿剂、分散剂和防锈剂 3）颗粒应细微
		水溶性湿式显像剂	将显像剂结晶粉溶解于水中制成，结晶粉多为无机盐类	不可燃，使用安全，清洗方便，不易沉淀和结块 白色背景不如水悬浮式 要求工件有较好的表面粗糙度 不适于水洗型渗透液	1）应加适当的防锈剂、润湿剂、分散剂和防腐剂 2）应对工件和容器无腐蚀，对操作无害
	快干式显像剂		将显像剂粉末加入挥发性的有机溶液中配制而成。有机溶剂多为丙酮、苯、二甲苯等	显像灵敏度高、挥发快，形成的显示扩散小，显示轮廓清晰 常与着色渗透液配合使用	为调整显像剂粘度，使显像剂不至于太浓，应加一定量的稀释剂（如丙酮、酒精等）
	不使用显像剂		—	省掉了显像剂，简化了工艺 只适用于灵敏度要求不高的荧光渗透液	—

7.3.2.2 渗透检测设备

一般分为四类：固定式、便携式、自动化及专业化渗透检测装置。

1. 固定式渗透检测装置 它包括清洗槽、渗透槽、乳化槽、干燥箱、显像槽及检查台等。

2. 便携式渗透检测装置 该装置实际上是一个装有渗透检测剂及各类工具的箱子，如图7-81、图7-82所示。

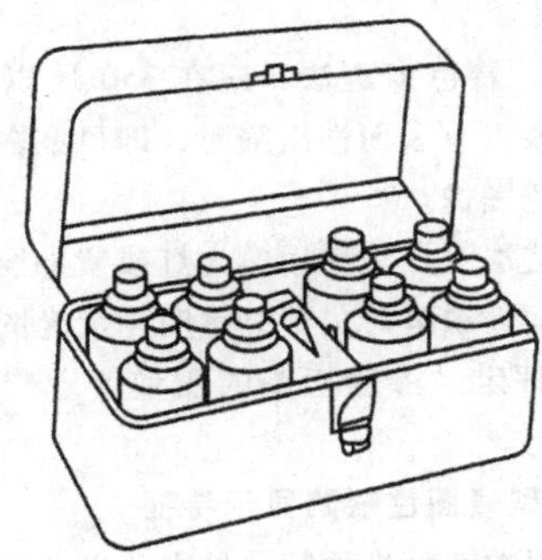

图7-81 便携式着色箱

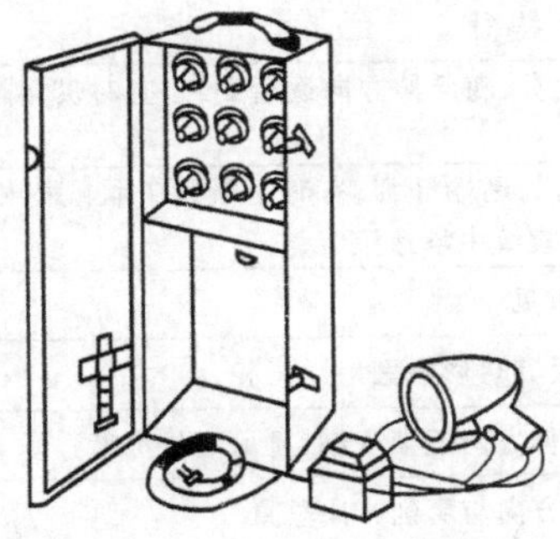

图7-82 便携式荧光箱

在便携式设备中装有压力喷罐，罐内装有欲喷涂的溶剂（渗透剂、清洗剂、显像剂）和能在常温下产生压力的气溶胶或雾化剂。当按下喷罐上的按钮（喷嘴）时，可使涂液呈雾状喷射出来。由于其体积小、重量轻、便于携带，故适用于高空野外等场所。

3. 自动化渗透检测装置 被检工件被传送到每个工序进行自动操作，最后在黑光灯下用光导摄像管扫描实现缺陷的自动辨认。

4. 专业化渗透检测设备 有时需将工件处于应力状态（或负载）下进行检查，这样除了一般检测装置外，还需附加一套给工件加载的装置，这类设备称为专业化渗透检测设备。

7.3.3 对比试块

检测中，用以评定检测效果或检测剂及装置性能的具有人工缺陷的试块，称为对比试块。

1. 镀铬对比试块（C型试块） 将07Cr19Ni11Ti或其他适当的不锈钢材料，在4mm×40mm×130mm试块上单面镀镍（30±1.5）μm，再在镀镍层上镀铬0.5μm，镀后退火。在未镀面以直径10mm的钢球，用布氏硬度法以100N、10kN、12.5kN负荷打三点硬度，在镀层上形成三处辐射状裂纹，即制成镀铬试块，如图7-83所示。

这种试块主要用于校验操作方法和工艺系统的灵敏度。使用前，应将其拍摄成照片或用塑料制成复制品，以供检测时对照使用。试验时先将试块按正常工序进行处理，最后观察辐射状裂纹显示情况，若与照片或复制品一致，则可认为设备和材料以及检测工艺正常。

2. 铝合金对比试块（A型试块） 从8~10mm厚2A12淬火铝合金板上切取50mm×75mm的试块，用喷灯在中心部位加热至510~530℃，然后淬火，在铝块上产生如图7-84所示的裂纹。再在75mm方向的中心位置开一个深、宽各1.5mm的沟槽，制成铝合金对比试块。

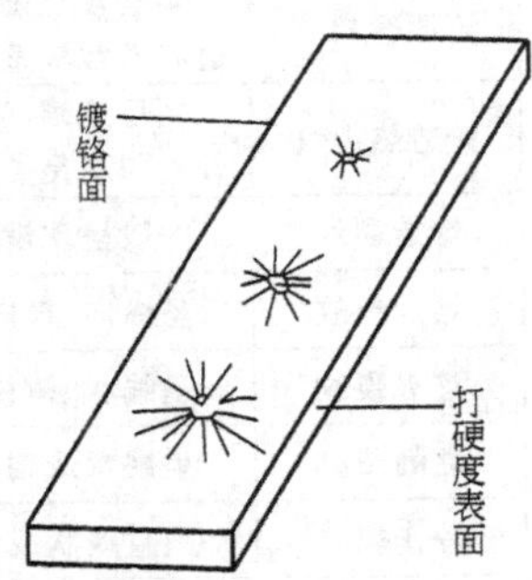

图7-83 镀铬辐射状裂纹试块

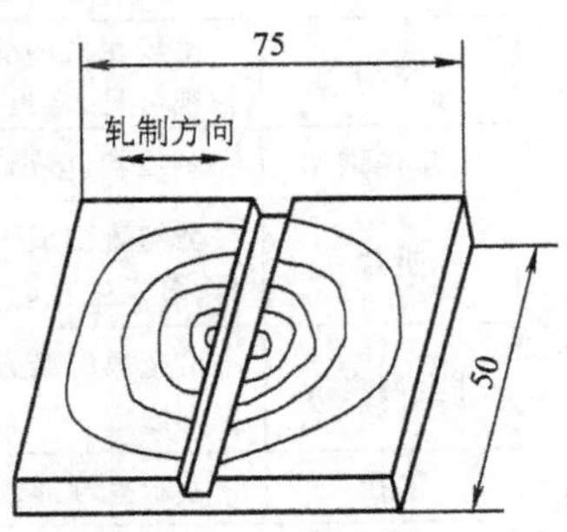

图7-84 铝合金对比试块

试块分为两半，因而适用于两种不同检测剂在互不影响的情况下进行灵敏度对比试验，也适用于同一种渗透剂在不同工艺操作下进行灵敏度的对比试验。

7.3.4　渗透检测基本步骤和渗透剂显示特征

7.3.4.1　渗透检测基本步骤

1. 预处理　渗透前，应对受检面及附近30mm范围内采用机械方法（打磨、抛光）或溶剂擦涂方法进行清理，不得有污垢、锈蚀、焊渣、氧化皮等。

2. 渗透　用浸浴、刷涂或喷涂等方法将渗透剂施加于受检面。渗透时间一般为15～30min。对细小缺陷可将工件预热到40～50℃再渗透。

3. 乳化　使用后乳化型渗透剂时，在渗透后清洗前应选用浸浴、刷涂、喷涂方法将乳化剂施加于工件已渗透的受检面。乳化剂停留时间为1～5min，然后用水洗净。

4. 清洗　施加的渗透剂达到规定的时间后，若采用的是水清洗渗透剂，可用水喷法去除多余的渗透剂。水喷法水压为0.2MPa，水温不超过43℃。若采用的是荧光渗透剂，对不宜在设备中洗涤的大型零件，可用带软管的管子由上向下进行喷洗，以避免留下一层难以去除的荧光薄膜。若采用的是溶剂去除型渗透剂，可在受检表面喷涂溶剂，并用干净布擦干。

5. 干燥　清洗后，应自然干燥或用布、纸擦干，不得加热干燥。用干式或快干式显像剂显像前，或用湿式显像剂以后的干燥处理中，干燥温度不得超过52℃。

6. 显像　干燥后，在受检面刷涂或喷涂一层薄而均匀的显像剂，厚度为0.05～0.07mm，保持5～30min后观察。

7. 观察　着色渗透法：应在350 lx以上可见光下用肉眼观察，有表面性缺陷时，即可在白色显像剂上显示出红色图像。

荧光渗透法：在暗室用黑光灯或紫外线灯照射被检面，有表面性缺陷时，即显示明亮荧光图像。

8. 质量评定　渗透检测的质量评定应按相应的产品标准进行。

7.3.4.2　典型表面性缺陷显示特征

各种表面性缺陷显示特征见表7-38。

表7-38　典型表面性缺陷显示特征

缺陷显示类型	缺陷名称	显示特征
连续线状显示	铸造冷裂纹	多呈较规则的微弯曲的直线状，起始部位较宽，随延伸方向逐渐变细，有时贯穿整个铸件，边界通常较整齐
	铸造热裂纹	多呈连续、半连续的曲折线状，起始部位较宽，尾端纤细；有时呈断续条状或树枝状，粗细较均匀或是参差不齐；荧光亮度或色泽取决于裂纹中渗透液容量
	锻造裂纹	一般呈现没有规律的线状，抹去显示，肉眼可见
	熔焊裂纹	呈纵向、横向线状或树枝状，多出现在焊缝及其热影响区
	淬火裂纹	呈线状、树枝状或网状，起始部位较宽，随延伸方向逐渐变细，显示形状清晰
	磨削裂纹	呈网状或辐射状和相互平行的短曲线条，其方向与磨削方向垂直
	冷作裂纹	呈直线状或微弯曲的线状。多发生在变形量大或张力大的部位，一般单个出现
	疲劳裂纹	呈线状、曲线状，随延伸方向逐渐变细。显示形状较清晰，多发生在应力集中区
	线状疏松	呈各种形状的短线条，散乱分布，多成群出现在铸件的孔壁或均匀板壁上
	冷隔	呈较粗大的线状（两端圆秃、较光滑线状），时而出现紧密、断续或连续的线状。擦掉显示，目视可见，常出现在铸件厚薄转角处
	未焊透	呈线状，多出现在焊道的中间，显示一般较清晰
断续线状显示	折叠	呈与表面成一定夹角的线状，一般肉眼可见，显示的亮度和色泽随其深浅和夹角大小而异，多发生在锻件的转接部位。显示有时呈断续线状
	非金属夹杂	沿金属纤维方向，呈连续或断续的线条，有时成群出现，显示形状较清晰，分布无规律，位置不固定
圆形显示	气孔	显示呈球形或圆形，擦掉显示目视可见
	圆形疏松	多数呈长度等于或小于三倍宽度的线条，也呈圆形显示，散乱分布
	缩孔	呈不规则的窝坑，常出现在铸件表面上
	火口裂纹	由于截留大量的渗透液，也经常呈圆形显示
	大面积缺陷	由于实际缺陷轮廓不规则，截留渗透液量大也有时呈圆形显示

（续）

缺陷显示类型	缺陷名称	显示特征
小点状显示	针孔	呈小点状显示
	收缩空穴	形状呈显著的羊齿植物状或枝蔓状轮廓
弥散状显示	显微疏松	可弥散成一较大区域的微弱显示，应给予注意
	表面疏松	对相关部位重新检验，以排除虚假显示，不可简单仓促地作出评价

7.4　材质与热处理质量的无损检测

材质及其热处理后质量的无损检测包括硬度、表面硬化层深度、组织结构及抗拉强度等性能指标检测和混料分选等工作。

材质与热处理质量无损检测是依据被检物欲检目标（参数）与其某些物理性能（参数）的关系，通过对物理参数的检测来实现的。目前应用电磁法检测，超声波等方法也得到应用。

7.4.1　硬度的无损检测

硬度的无损检测方法列于表 7-39。

表 7-39　硬度的无损检测方法

方法 分类	方法 名称	基本原理	应用说明
电磁法	剩磁法	被检物饱和磁化后去磁，当退磁系数一定时，实际测得的剩磁（伪剩磁）总是小于材料固有剩磁 B_r，并与硬度成比例关系	仪器轻便，操作简单、迅速，灵敏度高，可测微弱剩磁 需标准试块，因退磁系数与被检物形状、尺寸有关，故只适于成批生产检测 只适用于铁磁材料
	矫顽力法	由于钢及许多合金磁化矫顽力与硬度存在良好的对应关系，又基于闭合磁路中磁通势与矫顽力相对应，故通过测量磁通势（实际只需测去磁电流）即可检测硬度	应用特点基本剩磁法，但不受被检物的形状、尺寸影响（矫顽力 H_c 只是关于材料性质和组织状态的物理量） 灵敏度高，不受测量元件灵敏度变化的影响
	磁导率法	被检物置于具有初、次级绕组的线圈中，初级线圈通以交流电，被检物磁化；当其形状、尺寸及磁化场强度不变时，次级感应电压的输出与其磁导率成正比。而磁导率与硬度有一定的对应关系	应用特点基本同剩磁法，被检物的形状、应力状态，工艺因素及外界干扰对检测结果影响大 实际应用中都采用差动法检测
	高次谐波法	被检物置于具有初、次级绕组的线圈中，次级感应电压的高次谐波分量与硬度有一定的对应关系	工艺、冶金因素及被检物心部的性能等对检测结果影响较小 只适用于铁磁材料
	磁噪声法	铁磁材料磁化时产生的巴克豪森效应取决于材料的组织结构及应力状态等。当其他条件一定时，磁噪声级（感应线圈对巴克豪森效应所得的指示）与硬度存在如下关系：硬度愈高，磁噪声级愈低	灵敏度高 测量精度受材料的组织结构、成分及应力等的影响 只适用于铁磁材料
	涡流法	被检物置于通交流电的线圈中感应出涡流，线圈阻抗发生变化。对铁磁材料，阻抗变化主要受磁导率影响；对于非铁磁材料，主要受电导率影响。而磁导率与电导率均与材料硬度有关	仪器轻便，操作简单；便于实现成批产品的自动连续检测 被检物的形状、尺寸、表面应力状态等影响测量精度 需标准试块 适用于导电材料
超声波法	谐振频率法	超声波传感器杆谐振频率随压头与被检物表面接触面积的增加而增高。而接触面积的大小取决于被检物的表面硬度	仪器轻便，操作简单；便于实现自动化检测 需标准试块 适用于金属和非金属材料
	声速法	材料的硬度与声速一般存在着近似的线性关系，通过测定超声波声速可以检测被检物的硬度	

用剩磁法测量剩余磁场的方法有：

（1）冲击法：被检物饱和磁化后去磁，与测量线圈作相对运动，测量线圈两端基于电磁感应产生与剩余磁场成比例的感应电动势，故可用冲击检流计测得剩磁。

（2）测磁法：用检测元件测量剩余磁场空间中某一固定位置的磁场强度或相邻两点的场强差值。场强差测量能去除外界干扰因素的影响。

矫顽力法可分为直流矫顽力法、交流矫顽力法及点极磁场法。

图 7-85 所示为直流矫顽力法原理图。被检物饱和磁化后去掉磁化电流，再通入反向电流去磁（剩磁），记录磁通计输出为零时的去磁电流（I）。

磁通势 $F_c = I_c n$（n 为去磁线圈匝数）。

电磁铁磁化时磁通式与矫顽力的关系为

$$F_c = H_{c0}L_0 + H_{cn}L_n$$

式中　H_{c0}——电磁铁矫顽力（A/m）；

L_0——电磁铁内磁路长度（m）；

H_{cn}——被检物矫顽力（A/m）；

L_n——被检物内磁路长度（m）。

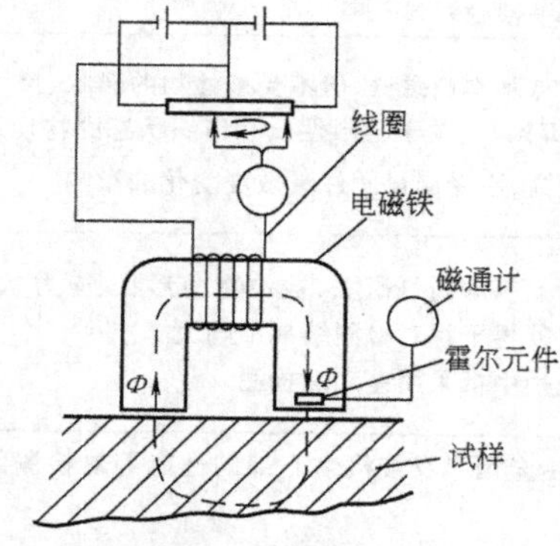

图 7-85　直流矫顽力法原理图

检测时必须使磁通的透入深度大于表面脱碳层的深度。

电磁铁应选择磁导率高、矫顽力小、磁性稳定的软磁材料。为了提高测量灵敏度，应使透入磁通在被检物内的磁路长度适当增加。

图 7-86 所示为应用 GC-1 型钢件无损检测仪测试 Q345（16Mn）钢板硬度与矫顽力的关系。

当被检物退磁系数大时，矫顽力与剩余磁场成比例，可通过测量剩余磁场的矫顽力进而检测硬度。

心部组织对表面硬度测量值的影响实例如图 7-87 所示。图 7-88 所示为大电流励磁测量的 F_c 值与心部硬度的关系。由于磁通透入较深，F_c 能较准确地反映心部硬度。

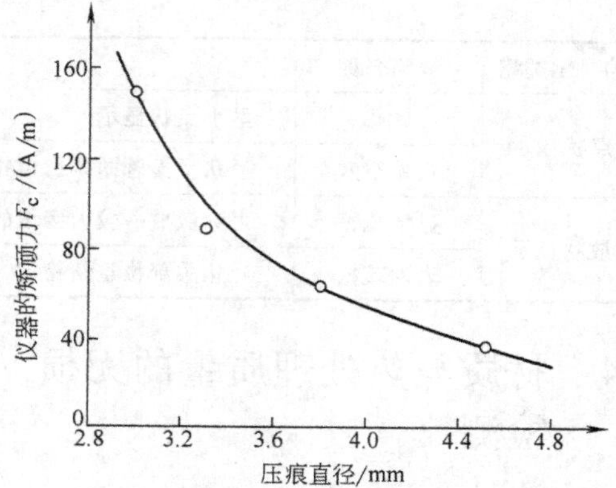

图 7-86　Q345（16Mn）钢板硬度与矫顽力的关系（GC-1 检测仪）

注：布氏硬度，钢球直径为 10mm，负荷为 29400N（3000kg）。

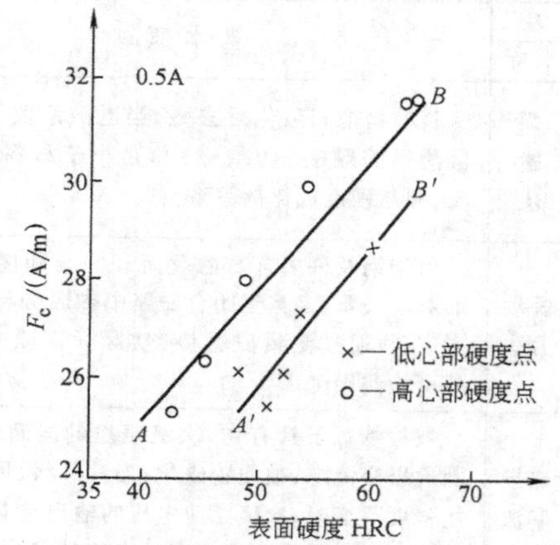

图 7-87　F_c 值与表面硬度的关系（心部硬度的影响）

注：30 钢，ϕ30mm × 300mm 试样，气体渗碳 + 盐浴淬火。

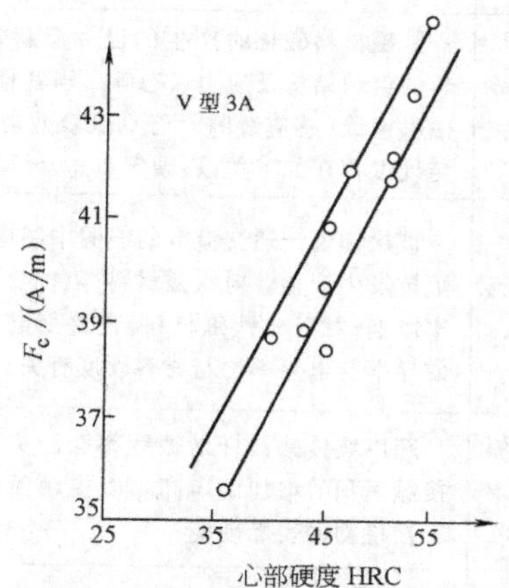

图 7-88　F_c 值与心部硬度的关系

注：试样及处理条件同图 7-87。

点极磁场测量大型零件硬度的装置如图 7-89 所示。被检物在点极局部磁化时，点极剩余磁场与该点的矫顽力仍成正比。

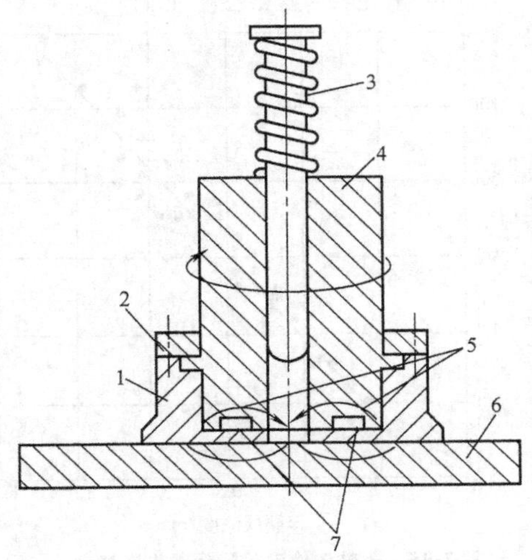

图 7-89 点极磁场测量装置示意图

1—导套 2—刻度盘 3—带弹簧磁铁 4—设备旋转部分 5—剩余磁场 6—被检物 7—探头

交流矫顽力法直读式测量装置的仪表指示值与矫顽力成正比。也可用比较标准件与被检件交流矫顽力差值的方法检测硬度。

交流磁化时，由于表面效应，磁通的透入深度较直流磁化时浅得多。降低频率可使透入深度增加。

磁导率法实际应用中都采用差动法，即用被检物与硬度已知的标准件的磁导率进行比较。图 7-90 所示为检测装置图。次级绕组的差动输出表示二者的硬度差值。图 7-91 所示为该装置检测连杆件时感应电流与硬度（压痕直径）的对应关系。

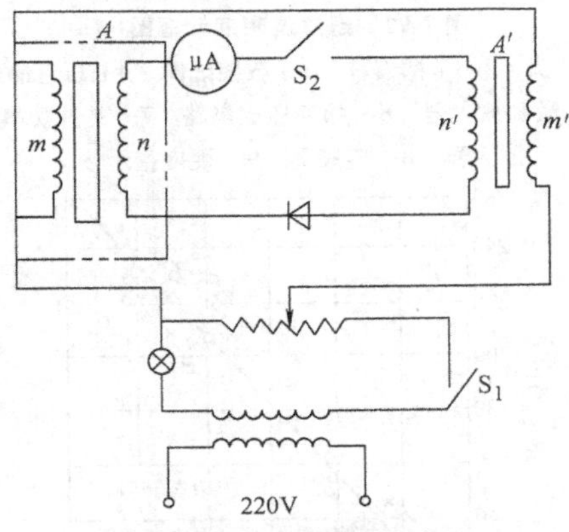

图 7-90 电磁差动仪线路图

S_1—电源开关 S_2—微动开关 m、m'—磁化线圈 n、n'—测量线圈 A、A'—被检件与标准件

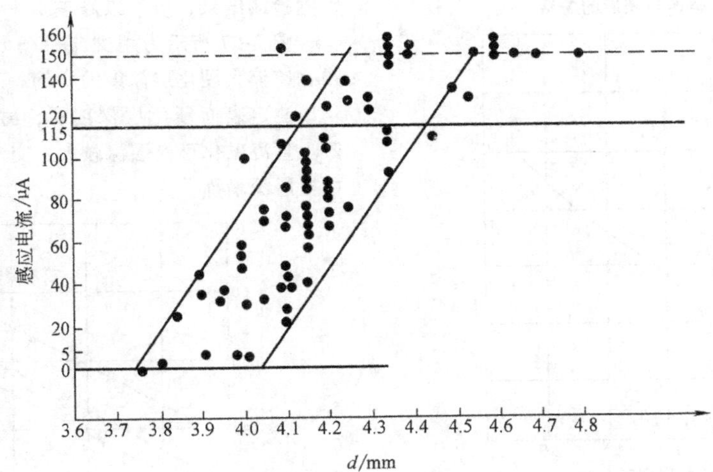

图 7-91 40 钢连杆调质后硬度与感应电流的关系（d 为压痕直径）

图 7-92 所示为利用测定超声波谐振频率检测硬度的超声波硬度计框图。

图 7-93 所示为铸铁声速与硬度的关系。

7.4.2 表面硬化层深度的无损检测

基于被检物表面硬化层、过渡区及心部组织（及成分等）的差异导致其物理性能的差异，建立硬化层深度与物理性能表征参数的对应关系，从而通过对该参数的检测获得硬化层深度值。

硬化层深度检测方法和装置与硬度检测方法和装置相似。

1. 剩磁法 图 7-94 所示为剩磁法检测 15 钢渗碳淬火件的硬化层深度与剩余磁场的关系；图 7-95 所示为剩磁法检测气门盖的硬化层深度与剩磁的关系。

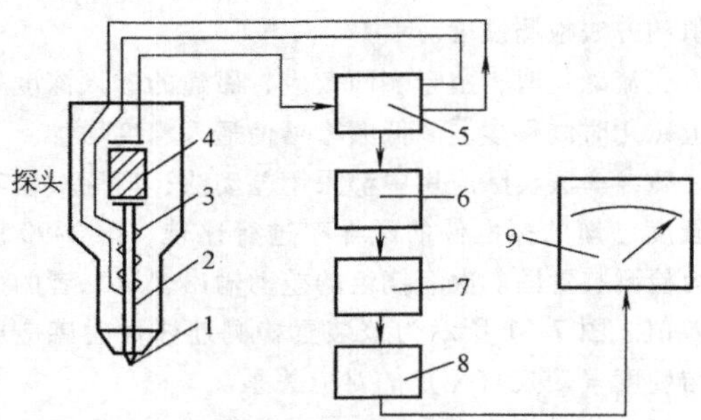

图 7-92　超声波硬度计框图

1—压头　2—传感器杆　3—激励线圈　4—压电晶体　5—激励放大器　6—脉冲形成电路　7—脉冲功率放大器　8—鉴频器　9—硬度指示表

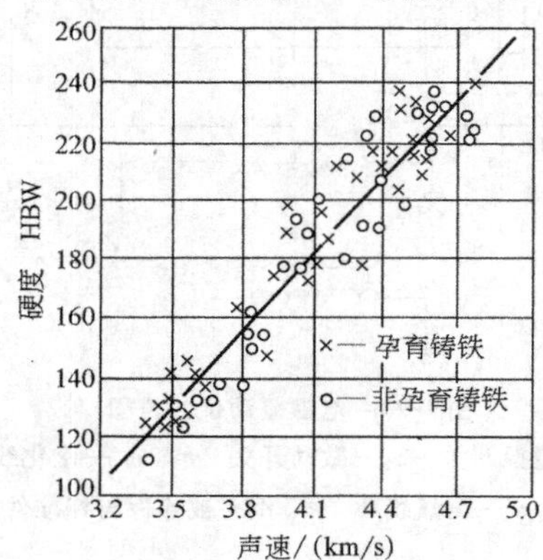

图 7-93　声速与硬度的关系

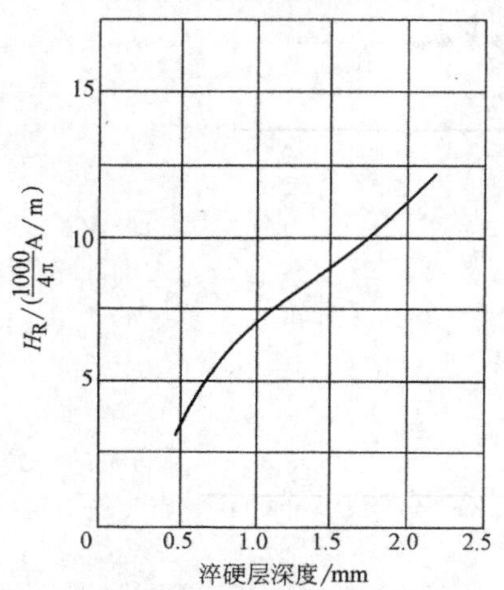

图 7-94　剩磁法检测淬硬层深度

注：15 钢，ϕ30mm×150mm，900℃渗碳，860℃水淬。

2. 矫顽力法　矫顽力法测硬化层深度，磁路模型中增加了表面硬化层，磁通势与矫顽力的关系为

$$F_c = 2H_{cm}d + H_{cn}L_n + H_{c0}L_0$$

式中　H_{cm}——表面硬化层中矫顽力（A/m）；

H_{cn}——未淬火部分矫顽力（A/m）；

H_{c0}——电磁铁矫顽力（A/m）；

d——淬硬层深度（m）；

L_n——未淬火部分磁路长度（m）；

L_0——电磁铁内磁路长度（m）。

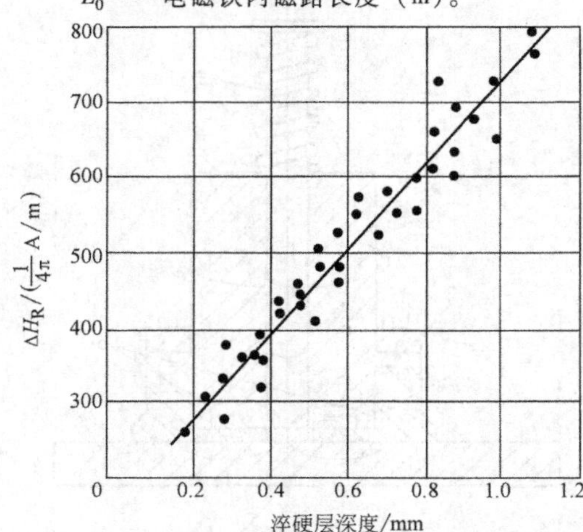

图 7-95　剩磁法检测气门盖硬化层深度

当使用相同的电磁铁时，H_{c0}、L_0 是常数；对相同材料进行表面处理，并用相同磁场磁化的 H_{cm}、H_{cn}及 L_n 为定值，这时 F_c 与淬硬层深度为直线关系。图 7-96 所示为用直流矫顽力计检测碳钢高频感应淬火件硬化层深度。由图 7-96 可知，母材预备热处理影响检测结果，应予以修正。

图 7-97 所示为用交流矫顽力计测定高碳铬钢高频感应淬火硬化层深度的实例。

测定表面硬化层深度时，磁通透入深度至关重要。直流磁化可检层深较大；交流磁化，频率降低则可检层深增加。

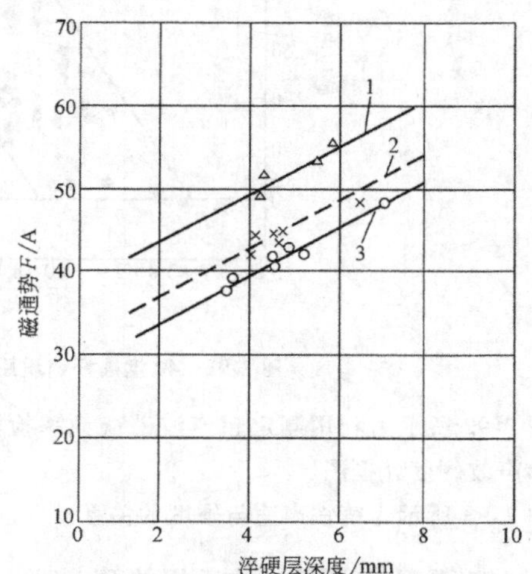

图 7-96　直流矫顽力计测定碳钢高频感应淬火硬化层深度［ϕ80mm 棒，w(C)=0.43%～0.51%］

1—调质态　2—淬火态　3—退火态

3. 高次谐波法 图7-98所示为高次谐波法检测渗碳层深度的实例。由图7-98可知，渗后处理（工艺因素等）对检测结果影响很小，这是该方法的明显优点。

4. 涡流法 图7-99所示为涡流法渗层测定仪框图，仪器用微安表指示被检物与标准件的差值。图7-100所示为用该仪器测量碳氮共渗层深度的实例。

图7-101所示为用涡流法检测2Cr18Ni8W2无磁钢时仪器指示值与渗氮层深度的关系。涡流法测定无磁钢渗氮层深度是根据不同硬化层深度具有不同比电阻的特性，从而通过对金属表层电导率的测定即可确定渗层深度。电导率测定与检测频率关系很大，最佳检测频率应根据涡流透入深度和检测对象来确定。

5. 超声波散射回波法 是指利用硬化层与基体金属的晶粒度和相状态不同造成的超声波散射回

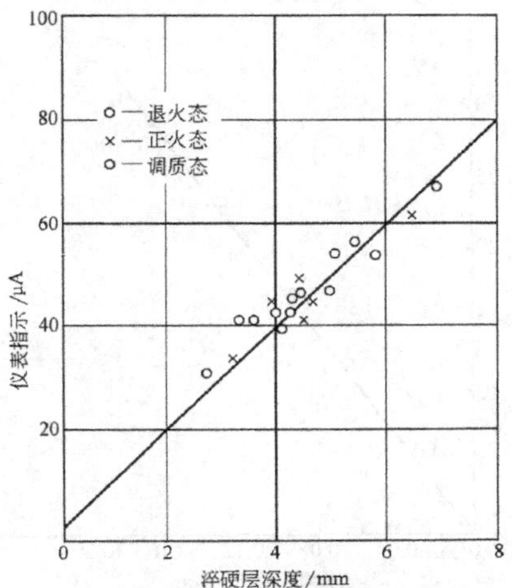

图7-97 交流矫顽力计测定高碳铬钢高频感应淬火硬化层深度

注：$w(C)=0.84\%$，$w(Cr)=2.1\%$。

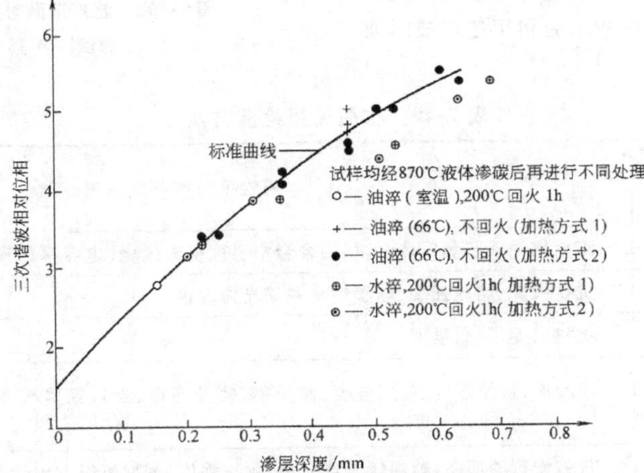

图7-98 三次谐波电压位相与渗碳层深度关系

（基频—150/s 场强—105Oe）

注：ϕ19mm圆棒，$w(C)=0.17\%\sim0.24\%$，$w(Mo)=0.15\%\sim0.25\%$，$w(Cr)=0.35\%\sim0.65\%$，$w(Ni)=0.35\%\sim0.75\%$。

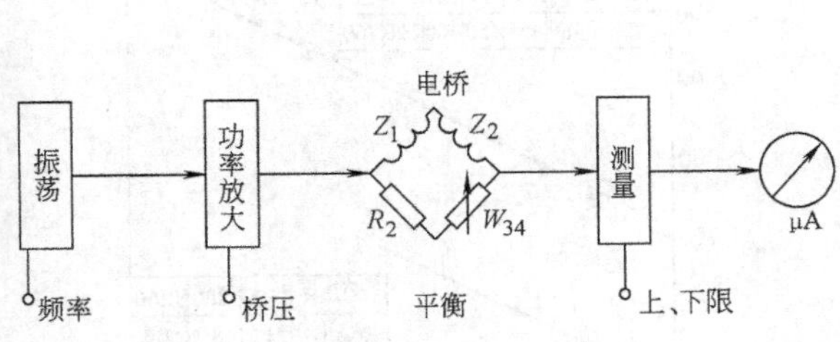

图7-99 涡流法渗层测定仪框图

Z_1与Z_2——对形状、尺寸、绕线直径、匝数及绕法完全相同的线圈 W_{34}—电位器，电桥“平衡调整”

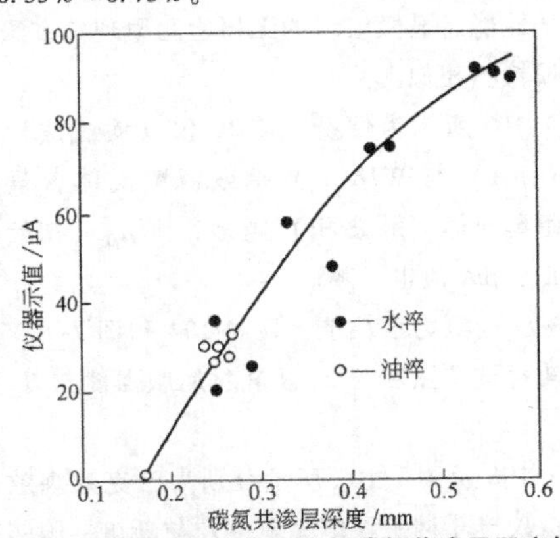

图7-100 渗层测定仪表指示值与碳氮共渗层深度的关系

注：10钢，ϕ8mm×50mm，盐浴共渗后淬火。

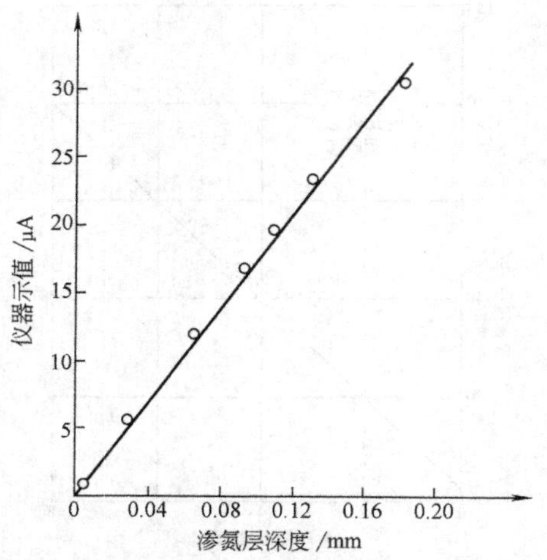

图 7-101 涡流法仪表指示值与 2Cr18Ni8W2 无磁钢渗氮层深度的关系

波检测硬化层深度。超声波测硬化层深度的频率应高于超声波探伤频率。图 7-102 所示为利用超声波纵波检测淬硬层深度的实例。

7.4.3 力学性能、显微组织的无损检测

无损检测材料的力学性能、显微组织等具有快速，低成本，节约资源、人力，非破坏性，易于自动化与实现实时在线检测等优点，因此该方法已逐步获得实际应用。表 7-40 列出了材质无损检测的基本方法及可检项目（硬度与硬化层深度除外）。

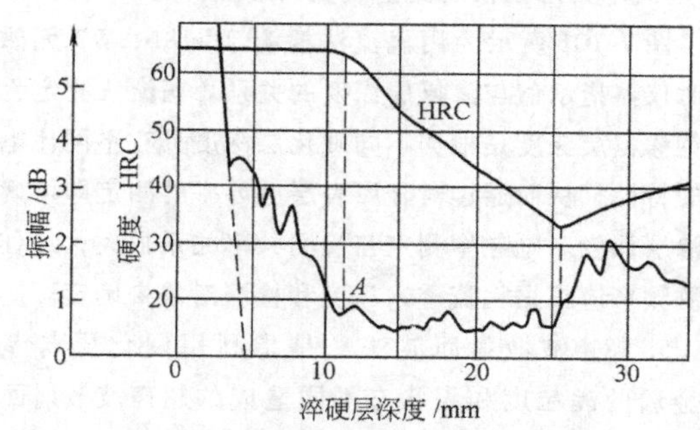

图 7-102 超声波散射回波法测定淬硬层深度（声频 30MHz）

表 7-40 材质无损检测方法

检测方法		可检项目或典型应用
分类	名称	
电磁法	涡流法	淬火钢中残留奥氏体含量,铝合金中显微组织过烧(电导率异常)
	磁导率法	抗拉强度、屈服强度、球墨铸铁中珠光体含量
	矫顽力法	抗拉强度、屈服强度
	巴克豪森效应	晶粒度、抗拉强度、屈服强度、伸长率、疲劳寿命、断口韧脆转变温度、磨削烧伤及热处理缺陷
超声波法	声速法	灰铸铁石墨形态、球墨铸铁球化率、抗拉强度、钢材组织方向性及弹性模量
	共振频率法	抗拉强度、弹性模量
	衰减法	晶粒度、断口韧脆转变温度、屈服强度及铸铁石墨组织

力学性能、显微组织的无损检测原理、方法和硬度的无损检测相似。

图 7-103 所示为便携式 GDC 仪（涡流法）仪表指示值（μA）与 W18Cr4V 钢残留奥氏体含量的关系。残留奥氏体（顺磁相）越多，则 μ_0（初始磁导率）越低，μA 值也下降。

电磁法检测力学性能。图 7-104 和图 7-105 所示分别为轧材抗拉强度与 μ_0 及轧材屈服强度与 H_c 的关系。

图 7-106 及图 7-107 所示分别为巴克豪森效应发生脉冲总数与轧材铁素体晶粒度及与断口韧脆转变温度的关系。

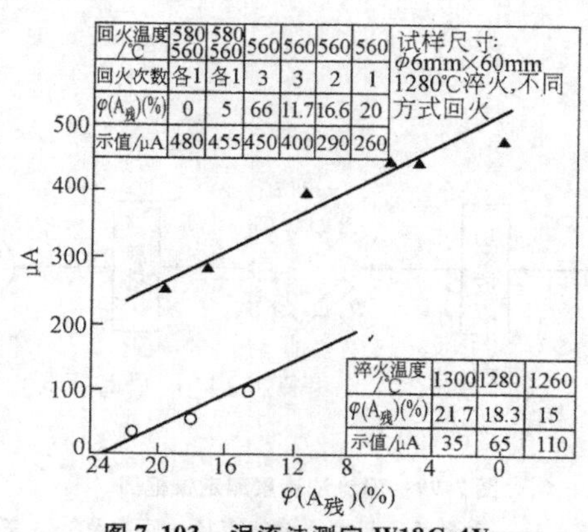

图 7-103 涡流法测定 W18Cr4V 钢残留奥氏体含量

超声波在材料中的传播速度与材料的弹性模量及密度等有关，因此测定声速并通过力学性能测试与显微组织分析等，可建立声速与力学性能或组织形态的关系。以此为依据，通过测定声速即可实现被检物力学性能或组织形态的无损检测。图7-108所示为球墨铸铁声速与$R_{p0.2}$及R_m的关系，图7-109为球墨铸铁声速与球化级别的关系。

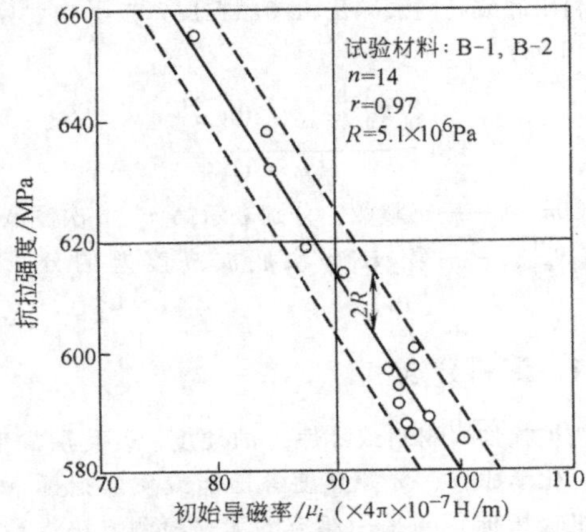

图7-104 轧材抗拉强度与初始磁导率的关系

注：B—1成分：$w(C)=0.13\%$，$w(Si)=0.25\%$，$w(Mn)=1.29\%$，$w(P)=0.019\%$，$w(S)=0.012\%$，$w(Nb)=0.037\%$，$w(V)=0.041\%$，$w(Ti)=0.029\%$，$w(Al)=0.029\%$，

B—2成分：$w(C)=0.13\%$，$w(Si)=0.25\%$，$w(Mn)=1.23\%$，$w(P)=0.019\%$，$w(S)=0.012\%$，$w(Nb)=0.038\%$，$w(V)=0.037\%$，$w(Ti)=0.027\%$，$w(Al)=0.027\%$。

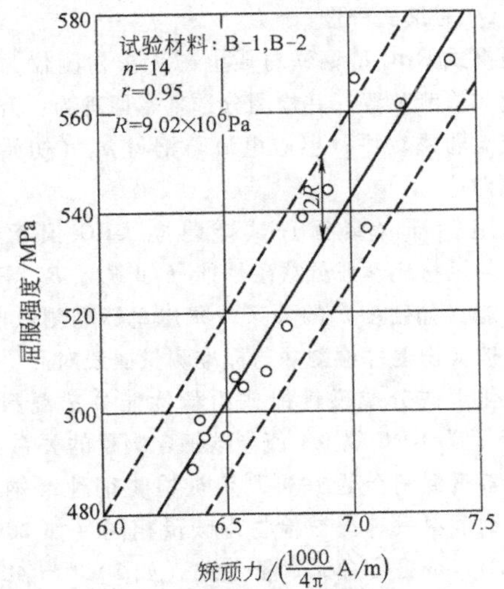

图7-105 轧材屈服强度与矫顽力的关系（轧材成分同图7-104）

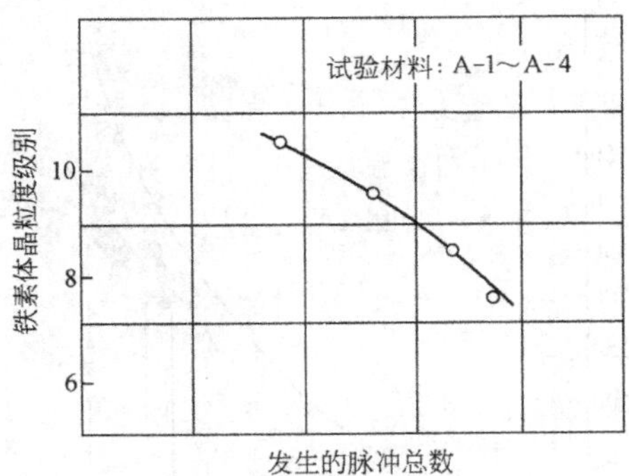

图7-106 轧材铁素体晶粒度与巴克豪森效应发生脉冲总数的关系

注：A—1：$\omega(C)=0.22\%$，板厚10mm。

A—2：$\omega(C)=0.22\%$，板厚14mm。

A—3：$\omega(C)=0.15\%$，板厚12mm。

A—4：$\omega(C)=0.17\%$，板厚19mm。

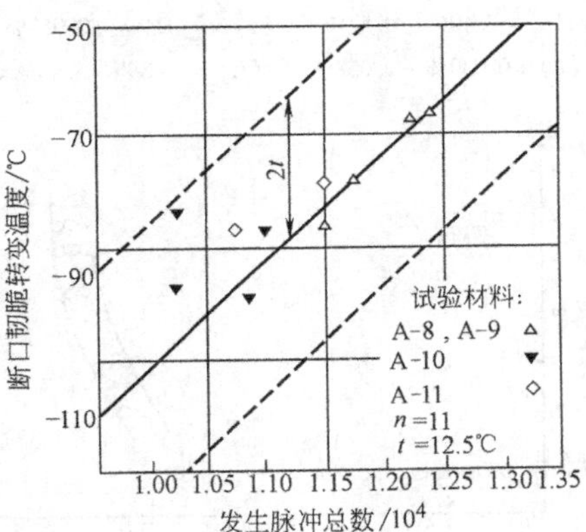

图7-107 轧材断口韧脆转变温度与巴克豪森效应发生脉冲总数的关系

注：A—8：$w(C)=0.11\%$，板厚12.7mm。

A—9：$w(C)=0.12\%$，板厚16.0mm。

A—10：$w(C)=0.14\%$，板厚9.5mm。

A—11：$w(C)=0.11\%$，板厚19.5mm。

超声波共振频率亦与材料弹性模量等有关，形状相同、性能类似的铸铁共振频率接近，故可通过测量超声共振频率检测材料的有关性能。图7-110所示为球墨铸铁共振频率与R_m的关系。

超声表面波发生角（临界角）由表面波在材料中的传播速度决定，因而可通过表面波发生角的测定检测与表面波传播速度有关的材料性能，如抗拉强度等。

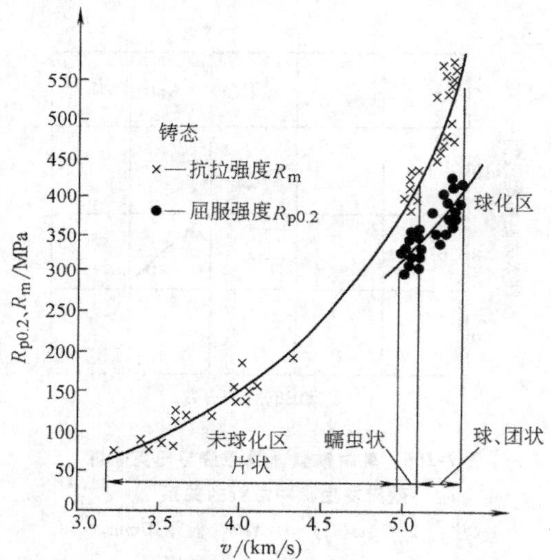

图 7-108　球墨铸铁声速与 $R_{p0.2}$ 及 R_m 的关系

注：30t/h 热风炉熔炼，XtMg9-10 稀土镁合金球化剂，75Si-Fe 球孕育剂。球化孕育后成分：w(Si) = 2.36% ~ 3.47%，w(Mn) = 0.40% ~ 0.57%，w(S) = 0.024% ~ 0.053%，w(P) = 0.039% ~ 0.058%，w(C) = 3.48% ~ 3.90%。

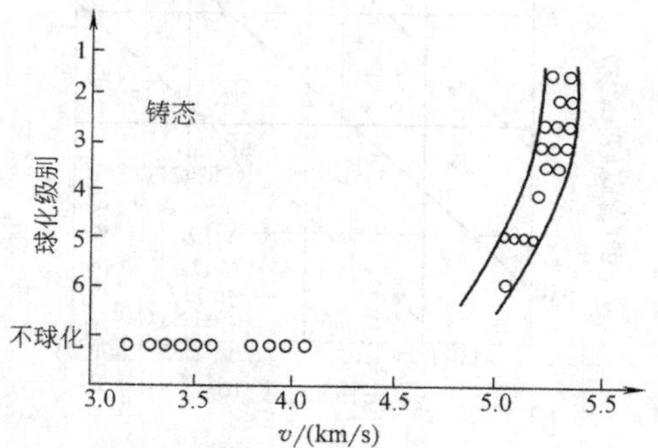

图 7-109　球墨铸铁声速与球化级别的关系（铸造条件同图 7-108）

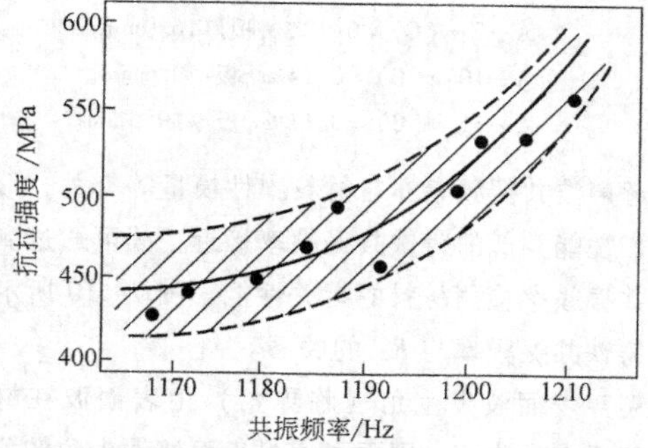

图 7-110　球墨铸铁共振频率与抗拉强度的关系

超声波衰减系数 $\alpha = \alpha_s + \alpha_a$；其中 α_a 为吸收衰减系数，α_s 为散射衰减系数。α_s 与晶粒平均直径（$\overline{D}$）及超声波频率（f）的关系列于表 7-41。

表 7-41　α_s 与 $\overline{D}$ 的关系

$\lambda/\overline{D}$	$>2\pi$	$1\sim2\pi$	<1
散射机制	瑞利散射	随机散射	漫散射
α_s 正比于	$\overline{D}^3f^4$	$\overline{D}f^2$	$\overline{D}^{-1}$

利用底波高度衰减法检测晶粒度，按下式计算 α（10^3dB/m）：

$$\alpha = \frac{K_{P(m-n)} - 20\lg\frac{m}{n}}{2(m-n)}$$

式中　m、n——正整数，分别表示第 m、n 次底波；

$K_{P(m-n)}$——第 m、n 次底波高度差的分贝值（dB）。

7.4.4　混料分选

按被检物（材料或零件）的硬度、硬化层深度、组织、化学成分、抗拉强度等性能或质量指标（单一或组合指标）并采用相应的无损检测方法进行混料分选。同类被检物（材料或零件）某一性能或质量指标的分选也归于混料分选。

与被检物性能或质量指标相应的（物理）检测参数通常以在示波器荧光屏上获得扫描图或从检测仪表上得出的读数为读出手段并据此分选。除手工分选外，还可依靠电子分选系统实现自动分选。

混料分选按检测装备的原理与型式可分为直读式、差动式和桥臂比较式分选等。以下分类举例说明。

7.4.4.1　直读式分选

便携式 GDC 型钢铁材质电磁无损检测仪为涡流法直读式检测装置，其检测分选基本原理为：开磁路下的交流弱磁场中，感应电流与钢材 μ_0（初始磁导率）相对应。

利用标准（定标）试样建立 GDC 仪指示值（μA）与钢材化学成分或磁性能（如 H_C、B_v 等）或力学性能（如硬度）的关系，即建立标准测量曲线，然后对被检物逐件检测并与标准测量曲线对照，即可实现按化学成分或磁性能或力学性能分选混料。图 7-111所示为 GDC 仪 μA 值与碳钢含碳量的关系。

碳素钢混料分选并可判定被检物钢种（钢号）；而合金钢混料只有当被检物含碳量相同（如 20Cr 与 20CrMnTi）或含合金元素量一致（如 20Cr 与 40Cr），分选时才能判定被检物钢种。碳素钢与合金钢混料时，一般只能分选而难以判定被检物钢种（除非已知被混钢种)。

GC-1 钢件无损检测仪为矫顽力法检测装置，图 7-112 所示为应用该装置测定的某些钢材（标准标样）的 F_c 值，以此为依据分选混料。

混料分选方法与装置除用于不同材料分选外，还适用于对同种（材料）被检物进行硬度、热处理状态（如退火态、淬火回火态等）、抗拉强度、物理性能（如 H_C 等）或硬化层深度等的分选。

按硬化层深度分选，对于经过表面淬火硬化的零件较有效；对于采用渗碳淬火或渗氮等硬化表面（既有组织变化又有成分变化）的零件则分选检测精度较低。

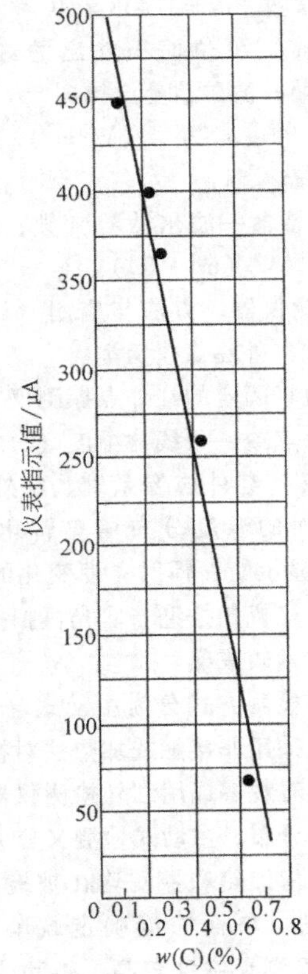

图 7-111 μA 与含碳量的关系（GDC 检测仪）

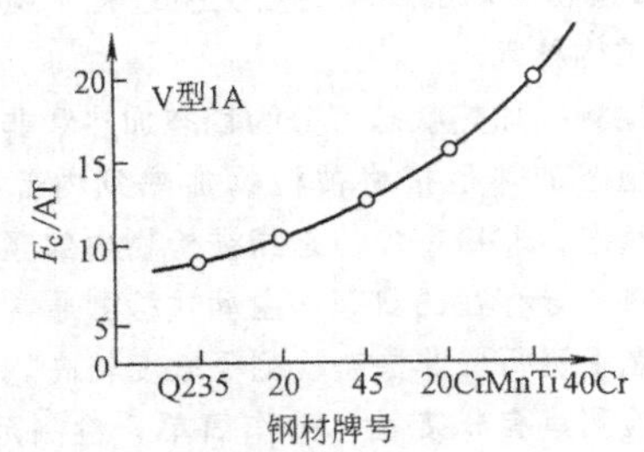

图 7-112 不同钢材的 F_c 值（GC-1 检测仪）

7.4.4.2 差动式和桥臂比较式分选

磁导率法差动分选。40Cr 钢汽车连杆螺栓（860℃油淬、600℃回火）中混入 35 钢螺栓，可利用图 7-90 所示电磁差动仪进行分选：取一成分确定的 40Cr 螺栓作为标准件置于仪器线圈内，被检件依次放入另一线圈。若被检件为 40Cr，则仪表（微安表）指示为零或较小；若被检件为 35 钢，则仪表指示很大。分选得以实现。

磁 Q 仪（Magnatest Q 仪）是采用桥臂比较的涡流法检测仪，图 7-113 所示为其原理图。仪器使用两个相同的双重缠绕线圈，一个放置标准试件，另一个放置被检件。两个一次侧绕组串联，由交流电激磁。两个二次侧绕组反接，其输出经补偿器等相反地输送到示波器垂直偏转板。合成波形的振幅与位相仪取决于两个输出之间的差别。使用时调整平衡控制，使空线圈输入时示波器上显示一条水平线。线圈中放入相同材料、相同尺寸的被检物时，波形近似正弦波。通过仪器调整使不同材料被检物在屏幕上所显示图形在幅值和形状上有最大区别，以实现分选。磁 Q 仪一次最多能同时分选 4 种钢材，如图 7-114 所示。

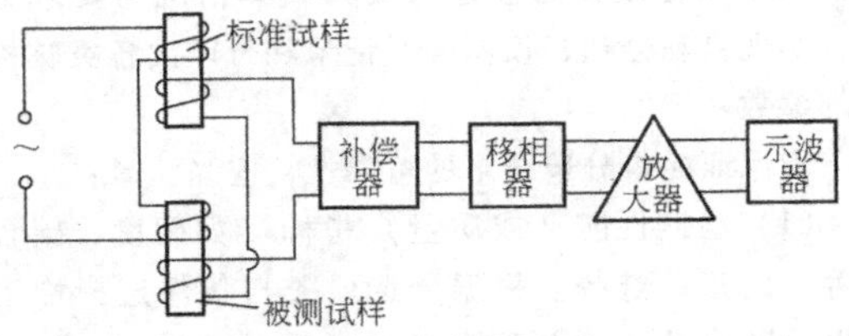

图 7-113 磁 Q 仪基本线路图

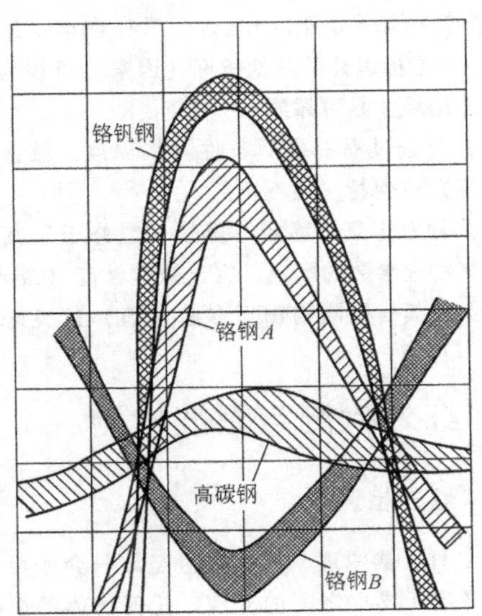

图 7-114 磁 Q 仪（在相同仪器调整下）同时分选 4 种钢材的波形及散布带图形

Magnatest RVH 仪与磁 Q 仪属同类，但仅用一个线圈套，在磁化线圈内绕置测量线圈，如图 7-115 所示。此仪器应用“无负载电压补偿器”，使用空线圈时仪表指示值为零，因而也增加了灵敏度。此仪器配置沿被检物扫描的各种探头，检测时不必搬动被检物，减轻了操作者的劳动强度。

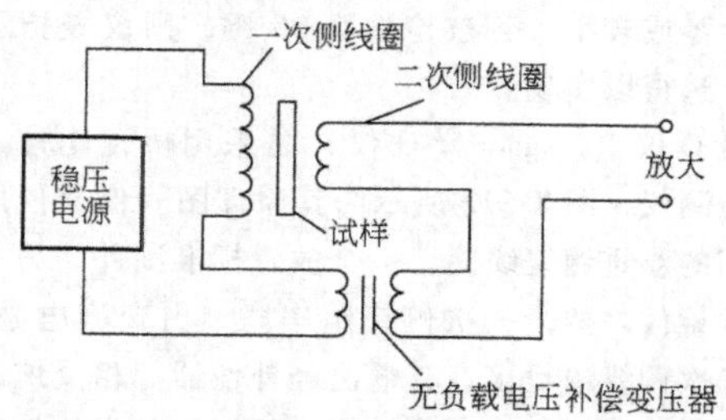

图 7-115 Magnatest RVH 仪线路原理图

FQR7501、7502 电导仪，GCF-1 钢材表面材质分选仪，F24 磁感应分选仪，BS305-7 电磁感应分选仪等均为国产电磁参数测量与混料分选仪器。

各类分选仪器配备电子鉴别系统，可实现混料自动分选工作。BS305-8 智能分钢仪采用微机技术，仪器可将特性有差异的被检物按其具体情况与要求分类，实现自动分选；仪器同时记录和打印出各类被检物的参数。

为保证混料分选结果的可靠性，应当注意：

（1）检测性能（或质量）指标（如硬度、碳含量等）的正确选择。根据分选任务与条件选择恰当的以之区分混料的主要性能（或质量）指标，并据之选择相应的检测分选方法、装备及检测物理参数（如磁导率、矫顽力等）。原则上只有当选定的性能（或质量）指标以外的其他指标（因素）可视为常量时，分选结果才是可靠的。

（2）分选过程中检测条件（如温度、被检物检测部位等）应保持一致不变。

（3）注意识别、稳定、排除（或修正）其他因素对检测物理参数的影响。突出被检性能（或质量）指标，保证其与检测物物理参数（值）的良好对应关系。

7.5 红外检测与微波检测

7.5.1 红外检测

1. 红外检测原理　红外辐射是波长介于可见光与微波（毫米波）之间的光波。任何物体的温度高于绝对零度时都会产生红外辐射。红外辐射能量大小取决于物体温度，温度愈高辐射能量愈大。

被检物有缺陷处热传导、热扩散或热容量变化将导致被检物表面温度（分布）异常。红外检测就是通过对被检物在空间和时间上红外辐射功率的变化测定得知被检物表面温度的分布状态，以检测被检物内部缺陷或结构异常的方法。

表达黑体辐射功率密度与温度关系的普朗克公式为

$$P_\lambda = c_1/\{\lambda^5[\exp(c_2/\lambda T)-1]\}$$

式中 P_λ——光谱辐射功率密度（$10^{10}\mathrm{W/m^3}$）；

λ——辐射波长（10^{-6}m）；

T——绝对温度（K）；

c_1——常数，$c_1=3.74\times10^{-8}$（$\mathrm{W/m^2}$）；

c_2——常数，$c_2=1.438\times10^{-2}$（m·K）。

物体（灰体）单位面积发出的红外辐射功率（P）符合斯特藩—波尔兹曼定律：

$$P=\varepsilon\sigma T^4 \quad (\mathrm{W/m^2})$$

式中 ε——比辐射率；

σ——斯特藩—波尔兹曼常数，$\sigma=5.6697\times10^{-8}\mathrm{W/(m^2\cdot K^4)}$。

2. 红外检测仪器、方法与应用　红外检测仪器可分为辐射计和红外热像仪两类。

辐射计指视场固定的红外点探测仪。辐射计能提供被检物表面一点或一条线的温度（分布）状态。

红外热像仪（红外成像系统、红外相机）是将来自被检物表面的温度分布信息转化为可视图像（以灰度或色彩显示红外辐射亮度变化的图像）的装置。热像仪分为光机扫描型与非光机扫描型两类，其中光机扫描型技术较成熟。

红外检测按检测方式分为主动式与被动式两类。主动式检测一般采用非接触式加热法对被检物注入热流，在加热的同时观察或用红外检测仪器扫描记录被检物表面的温度分布。主动式检测又分为单面法和双面法。单面法是指加热和探测均在被检物同侧进行，反之则为双面法。单面法能确定缺陷的深度（位置），而双面法检测灵敏度较高。被动式是指对无需注入热流的有自身“热源”的被检物的检测，在有“热源”被检物与周围环境的热交换过程中检测其内部缺陷或结构异常。

红外检测按加热状态可分为稳态加热和非稳态加热检测。稳态加热是指将被检物加热到内部温度均匀、恒定状态；非稳态加热是指被检物内部温度不均匀、还有热传导存在的状态。主动式检测通常在非稳态加热状态下进行。非稳态检测灵敏度较高。

红外检测具有非接触，操作简单，检测范围广，检测速度快（几毫秒即可测出检测温度），检测距离可近可远（以至于飞机遥测），显示方式多样、直观，易于实现实时检测与检测自动化等特点。

主动式检测主要应用于钢、铬等有较高导热率的金属材料内部缺陷检测、复合材料夹层缺陷与蜂窝结构检测等。

被动式检测应用于高温、高压或高速运转状态设备质量（安全）或产品生产过程（质量）的在线实时检测（监测或监控），如列车热轴、热轧机轧辊、热网管道泄漏、高温炉耐火材料烧蚀磨损、发电机与输变电装置及线路运行等的监测，轧钢坯料凝固冷速、零件热处理冷速监控等。

材料形变和断裂（裂纹及其扩展）过程及疲劳损伤过程中产生的能量变化将导致材料表面温度分布状态发生变化，因而可以非接触、实时地实现材料受力过程的红外无损监控和材料力学性能的红外无损检测。图7-116所示为红外检测应用于低碳钢拉伸过程的实例。图7-117所示为铁基高温合金疲劳过程中的温度变化（红外检测）。

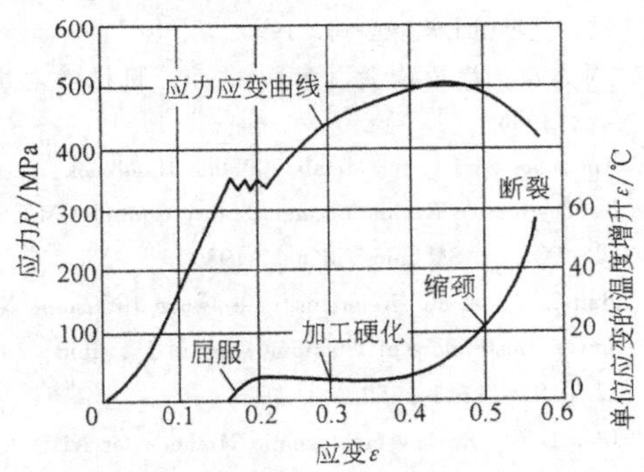

图7-116　低碳钢应力、温度与应变的关系（红外检测）

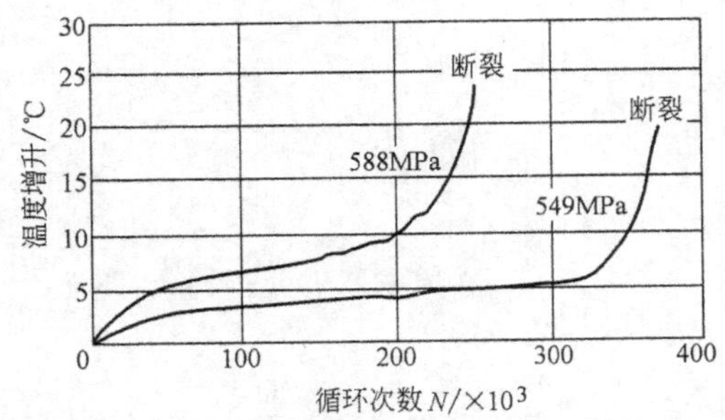

图7-117　GH135合金疲劳试样的温度变化曲线

7.5.2　微波检测

1. 微波检测原理　微波是频率在300MHz～300GHz（波长1mm～1m）之间的电磁波，分为7个波段。微波无损检测通常使用X波段（8.2～12.5GHz）和K波段（26.5～40GHz）。

微波能够贯穿介电材料。微波在介电材料内部传播时，微波场与材料分子相互作用，发生电子极化、原子极化、方向极化和空间电荷极化现象，这4种极化决定介质的介电常数。材料的两个电磁特性参数（介电常数和介电损耗的数值）决定材料对微波的反射、吸收和传输的量。

介电损耗（微波在介电材料内由于极化以热能形式损耗）的大小用损耗角正切（$\tan\delta$），即材料每个周期中热功率损耗（ε''）与储存功率（ε'）之比表示

$$\tan\delta=\varepsilon''/\varepsilon'$$

介电常数愈大，材料中储存的能量愈多。复数介电常数（ε^*）定义为

$$\varepsilon^*=\varepsilon_0\varepsilon_r=\varepsilon_0(\varepsilon'-j\varepsilon'')$$

式中　ε_0——空气介电常数；

ε_r——材料相对介电常数（相对电容率）。

若被检物内含非气泡类缺陷，其介电常数既不等于ε_0，也不等于该材料的ε_r，而是复合的介电常数，介于ε_0与ε_r之间。

微波无损检测就是利用微波作用于被检物时介电常数和介电损耗的相对变化以及微波反射、透射、衍射、腔体微扰等物理特性的改变，通过测量微波信号基本参数（幅度、频率或相位等）和复合介电常数来检测被检物缺陷，测定材料非电量或评价结构完整性的方法。

2. 微波检测方法与应用　微波检测的基本方法有穿透法、散射法和反射法。

（1）穿透法。发射与接收天线（探头）分置被检物两侧。微波能量传输按被检物内部状态而相应变化。从接收天线取得的微波信号可直接与微波源信号比较幅度与相位。入射波形有固定频率连续波、可变频连续波和脉冲调制波三类。

（2）反射法。接收反射波。由被检物内部或背面反射的微波随被检物内部或表面状态而变化。有连续波反射、脉冲波反射和调频波反射等方法。连续波反射按定向耦合器对传输线一个方向上传播的行波进行分离或取样，输出信号幅度与发射信号幅度成正比。

（3）散射法。发射与接收天线正交。微波经有缺陷部位散射，被接收微波信号比无缺陷部位弱。散射法通过检测微波信号强度变化（确定散射特性）判断被检物内部缺陷。

除上述方法外，非正弦波检测（无载波检测）、微波全息技术和微波计算机断层成像技术（微波CT）等新技术已应用于微波检测的定量和图像显示。

实际上，微波检测中并不需要测出介电常数、反射系数或散射系数等数值，而是直接找出缺陷存在与微波幅度、相位移或频率的关系。一般通过微波探头（天线、变换器）将非电量转换为电参数，再通过微波电路转换为幅度、相位移或频率的变化量。微波探头种类有空间波式探头、表面波式探头和微带线式探头等。

微波检测具有非接触、操作方便、设备较简单、适于连续快速测量和在线实时监控及易于自动化等优点。微波检测可用于大多数非金属材料（陶瓷、树脂、纤维、橡胶及木材等）、复合材料内部缺陷检测和非电量（湿度、密度、固化度等）及被检物厚度的测量。目前主要用于各种粘结结构和蜂窝结构中的分层、脱粘及火箭壳体（玻璃钢）、雷达罩、高压磁瓶、集成电路板等的缺陷检测。

微波在导体表面基本被全反射（穿透深度仅几微米）且介电常数反常，据此可检测金属表面裂纹。但微波检测不适于金属材料及导电性能较好的复合材料（如碳纤维增强塑料）的内部缺陷检测。

参考文献

[1] 李家伟，陈积懋. 无损检测手册［M］. 北京：机械工业出版社，2002.

[2] 赵熹华. 焊接检验［M］. 北京：机械工业出版社，1993.

[3] 闻立言，曾金传. 焊接生产检验［M］. 北京：机械工业出版社，1996.

[4] 中国机械工程学会无损检测学会. 超声波探伤［M］. 北京：机械工业出版社，1989.

[5] 无损检测学会. 航空航天无损检测人员资格鉴定委员会. 射线检测［M］. 2版. 北京：机械工业出版社，1994.

[6] Xiang D, et al. A Simpligied Ultrasonic Immersion Techniques for Materials Evaluation [J]. Materials Evaluation, 1998, 56 (7): 854-859.

[7] Fowler K A, et al. Theory and Application of Precision Ultrasonic Thickness Gauging [J]. Insight, 1996, 38 (8): 582-587.

[8] 袁振明，马羽宽，何译云. 声发射技术及其应用［M］. 北京：机械工业出版社，1985.

[9] Glatg J. Deteceing Microdefects Wieh Gas Penetrants [J]. Metal Progress, 1985 (2): 18-22.

[10] 沈功田，万耀光. 新制造球罐水压试验的声发射检测［J］. 无损检测，1992，14（3）：65.

[11] 中国机械工程学会无损检测学会. 磁粉探伤［M］. 北京：机械工业出版社，1987.

[12] 美国无损检测学会. 美国无损检测手册：渗透卷［M］. 美国无损检测手册中国译审委员会，译. 北京：世界图书出版公司. 1994.

[13] 周大应. 渗透检验［M］. 北京：机械工业出版社，1986.

[14] American Society for Metals. Metals Handbook: Vol 17 Nondestructive Evaluation and Quality Control [M]. 9th ed. Ohio: ASM International, 1989.

[15] Han K Y, et al. Relationship Between Ultrasonic Noise and Microstructure of Titanium Alloys [J]. Ibid, 1993, 12 (10): 1743-1750.

[16] Jiles D C. Review of Magnetic Methods for NDE (part two) [J]. NDT International, 1990, 23 (2): 263-265.

第8章　残余应力的测定

西安理工大学　伍尚礼

8.1　概述

金属材料在经过各种冷、热加工成形时，将承受外力和热作用，而当加工结束、外界作用因素消除后，仍会在工件内整体或一定范围内保留一定的内应力，称为残余应力。

残余应力的存在对零件的尺寸稳定性、变形、开裂及材料的力学性能将产生巨大影响，所以它是影响机械零件质量稳定的重要因素。因此有必要了解残余应力在加工过程中如何产生，应力大小和分布与工艺的关系，如何调整其分布或减小其数值，如何对其进行定性、定量的测定。

本章将主要对热处理和表面强化处理（喷丸、表面滚压等）的残余应力进行全面介绍（产生、分布、影响因素和测定方法），而有关铸造、焊接、冲压、切削等的残余应力和测试方法将尽量从简，读者可参阅有关专著。

8.1.1　残余应力的分类

残余应力的类型一般是以其保持平衡的范围大小来区分。

第一类：在工件整体内或宏观范围内达到平衡的残余应力称为宏观残余应力，在工程中常简称为残余应力。

第二类：在工件内几个晶粒范围内达到平衡的残余应力（如塑性变形后晶间应力、相间应力等）称为微观残余应力。

第三类：在工件中大量原子面、原子列附近达到平衡的残余应力（如晶格中的各种缺陷）称为超微观残余应力。

由于第二、三类残余应力对工件质量和性能的影响尚无确切结论和明显作用，也没有关于其解决生产实际问题的实例，所以本章只介绍第一类宏观残余应力的有关分析和测定技术。

一般这三种残余应力是同时产生和存在的，它们之间共存的状态如图8-1所示。从图8-1可以看到第一类宏观残余应力在图中所示的几个晶粒的范围是用一条水平线表示的固定值；而第二类应力则在晶粒内是水平线表示的固定值，但晶粒间数值不同，在多个相邻晶粒间达到平衡；第三类应力由于平衡范围小得多，在晶粒内则是显示成曲线分布。

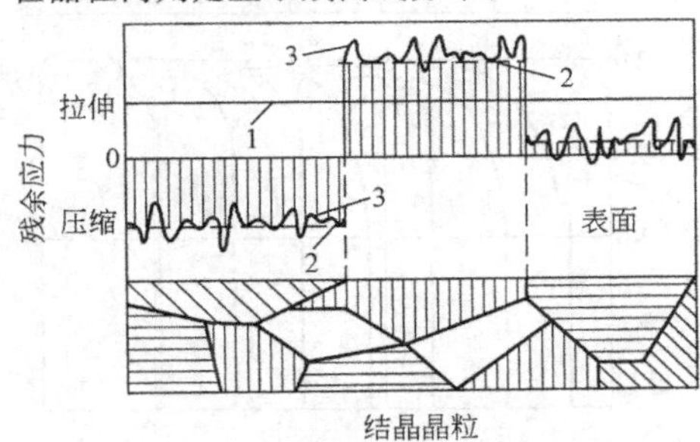

图8-1　三类残余应力共存示意图

8.1.2　残余应力与质量控制的关系

8.1.2.1　残余应力对材料力学性能的影响

1. 残余应力对静强度的影响　残余应力只是作为预应力施加在零件上，从而对材料的屈服强度产生影响。残余压应力使屈服强度上升，残余拉应力则使其下降。图8-2所示为预先加工（拉伸、扭转和两者组合）对直径为ϕ6.35mm的碳钢材料的载荷-伸长率曲线的影响。从图8-2中可知，材料的屈服强度变化很大，但抗拉强度性能指标却无大变化。其原因是残余应力不能改变材料的组织状态，因此无法改变材料的性能。一旦外力作用超过材料当时的屈服强度产生塑性变形，立即使残余应力释放，它的预应力作用就下降或消失了。

2. 残余应力对塑性、韧性的影响　前面已指出，残余应力对屈服强度影响很大，对抗拉强度的影响很小，而塑性指标伸长率则恰好就是在屈服后到破坏前的塑性拉伸量。因此当残余拉应力使屈服强度下降，而抗拉强度性能变化不大时显然就使材料的伸长率增加了。而残余压应力的作用当然是相反的。一般来说，塑性好的材料韧性也好，可以认为残余应力是通过对强度的影响来对塑性、韧性起作用的。

3. 残余应力对硬度的影响　当前的硬度测试方法都是压入法，即用坚硬的钢球或金刚石锥体向被测物体中压入，所以测硬度实际上是和材料的强度分不开的。显然屈服强度越高的材料反映在硬度上也会越高。将钢板弯曲变形，其一面产生残余拉应力，另一面是残余压应力，如图8-3所示。测量不同大小残余应力的洛氏硬度HRB，其结果反映出残余拉应力使硬度测定值下降，残余压应力使硬度测定值上升。

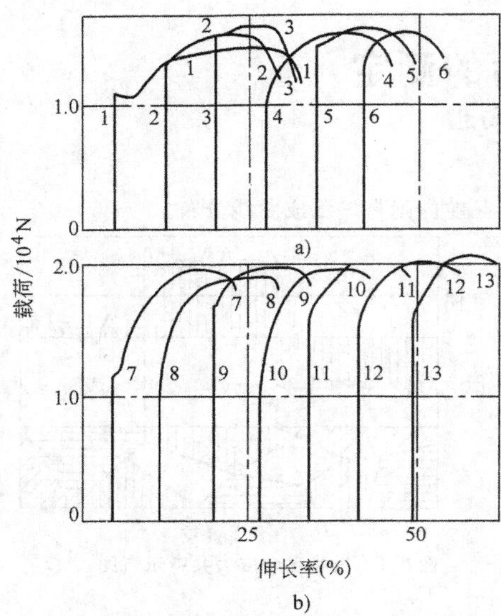

图 8-2　预先加工（拉伸、扭转和两者组合）对直径为 ϕ6.35mm 的碳钢材料的载荷-伸长率曲线的影响

a) w(C) = 0.14%　b) w(C) = 0.59%

1 ~ 6 试样加工前正火处理

1—正火状态　2—伸长 3.75%，时效　3—伸长 7.5%，时效　4—扭转 17°43′/cm　5—扭转 17°43′/cm + 伸长 2.5%，时效　6—伸长 5% + 扭转 8°40′/cm，时效

7 ~ 13 试样加工前退火处理

7—退火状态　8—扭转 8°40′/cm　9—伸长 2.5%，时效　10—扭转 8°40′/cm，时效　11—扭转 8°40′/cm + 伸长 1.9%，时效　12—扭转 12°24′/cm + 伸长 1.25%，时效　13—伸长 2.5% + 扭转 8°40′/cm，时效

注：时效温度为 100℃（该温度下时效对残余应力无多大影响）。

将 T10 钢淬火后冷处理，当材料壁厚不同（5 ~ 20mm）时，由于淬透层不同，则使表面产生的残余应力不同。5mm 钢板全截面淬透，表面是残余拉应力；而 20mm 钢板由于 50% 以上厚度心部未淬透而使表面为残余压应力。测量其硬度 HV 值，也同样得到残余压应力使硬度升高的结果。当然对硬度影响更大的是冷处理时的残留奥氏体的转变量。

4. 残余应力对疲劳强度的影响　残余应力对动载荷下的材料疲劳强度有很大影响。在弯曲、扭转、拉压等交变载荷下，疲劳裂纹萌生在截面上最大拉应力处，而多数情况下是在工件表面层。因此，当在工件表层存在一个残余压应力层时，就将增大疲劳裂纹的极限裂纹深度 a_C 和降低裂纹扩展速度 da/dN，延

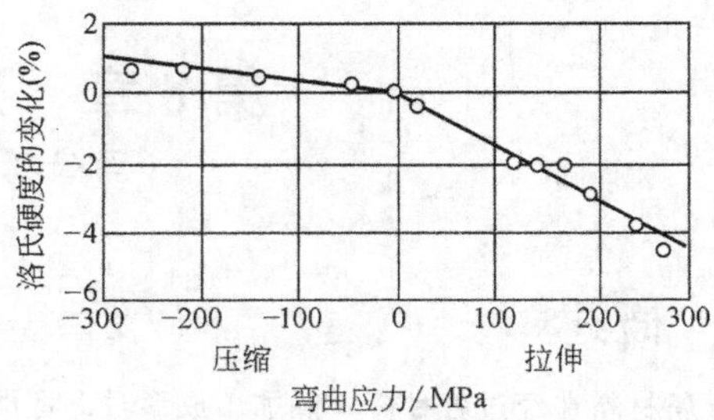

图 8-3　洛氏硬度和弯曲应力

注：材料为退火钢板，硬度为 HRB。

长裂纹萌生期 N_0，从而可提高疲劳强度 σ_{-1}，延长疲劳寿命 N_f。

材料表面层的残余压应力对疲劳强度的影响不仅和其数值大小有关，还和它在交变载荷下的衰减速度有关。而这又和材料及产生残余应力的方式有关。对于低、中碳钢，用表面化学热处理（渗碳、渗硼、渗氮等）得到的表面残余压应力层抗衰减能力很强，而表面强化的（喷丸、滚压等）则衰减较快。如 45 钢光滑试样，退火状态的 σ_{-1} = 213MPa，喷丸后为 235MPa，提高了 10%。而将其表面高频感应淬火（200℃回火），则其疲劳强度 σ_{-1} 可达到 676MPa，提高了 217%。对此类钢材的研究结果证明，凡压缩与拉伸的屈服强度之比 ≈1 的钢材，仅用表面强化技术达不到大幅度提高疲劳强度的目的。而高碳钢和合金钢就不同了，表面强化也可大大提高疲劳强度。例如将 w(C) = 0.95% 的高碳钢喷丸后，σ_{-1} 可提高 50%；w(C) = 0.37%、w(Mn) = 0.90%、w(Cu) = 0.25% 的中碳低合金钢喷丸也可使 σ_{-1} 提高 50%。而低碳高合金的 07Cr19Ni11Ti 钢喷丸可使 σ_{-1} 提高 70%。所以对不同材料如何采用最有效、最经济的办法来提高疲劳强度是设计时必须注意的问题。

8.1.2.2　残余应力对变形开裂的影响

1. 残余应力分布与变形形态　由于残余应力的不同分布导致零件变形，故零件中处于残余压应力的区域必然产生压缩弹性变形，而处于残余拉应力的区域则为拉伸弹性变形。这种不同分布的弹性变形，使得零件的形状和尺寸产生偏差。如残余应力的分布是对称的，则产生的变形也是对称的。但由于热处理工件形状的不规则、壁厚的不一致、冷却的不均匀等，均会造成残余应力分布的不均匀，从而造成变形的不均匀，产生扭曲、翘曲等不规则变形，为热处理生产带来麻烦。

2. 残余应力与开裂　工件淬火时，如果冷却过程中某处的瞬态应力超过了材料的断裂强度，则会使材料发生开裂。开裂产生后，其附近区域的应力值因

应力释放而大大降低，使裂纹不再扩展。如果冷却过程中裂纹尖端一直存在较大拉应力，则会使裂纹扩展到整个截面，使工件断裂报废。

8.2　残余应力的产生

8.2.1　残余应力产生的根本原因

8.2.1.1　不均匀塑性变形

当工件承受复杂载荷（如冷轧、拉拔、挤压以及表面喷丸、滚压等）的作用时，由于截面上受力不均匀，故受力大的地方可能产生塑性变形，而受力小的地方可能仍是弹性变形。不同部位的塑性变形程度也会因受力大小不等而不同。卸载时，拉伸了的部位受压缩应力作用，与之相邻的部位受拉伸应力作用；压缩了的部位受到拉伸应力作用，其相邻部位就受到压缩应力作用。这些不均匀塑性变形使工件内产生残余应力。

8.2.1.2　不均匀温度场的热效应

在热加工过程中，加热和冷却过程是复杂的，其中常常是快速加热和冷却及局部的加热和冷却，而且无论是加热还是冷却，都是只能通过表面传递热量来进行。工件加热、冷却时因温度不均匀必然造成温度高处热膨胀量大、温度低处热膨胀量小，因此相互之间就会产生作用力，这就是瞬态热应力。在不同数值瞬态热应力作用下，若某些区域应力值超过该处高温屈服极限，就会在此处产生塑性变形，由于温度的不均匀，所以此时的塑性变形也可能是不均匀的。当加热过程结束时，虽然全截面已冷至室温，但仍会因加热过程中的不均匀塑性变形而产生残余应力，如在塑性拉伸区将受压，产生压缩残余应力，与之相邻区域则产生拉伸残余应力。若瞬态热应力不产生不均匀塑性变形，则冷却后无残余应力。

8.2.1.3　不均匀相变

无论是铸、焊、热处理过程，热量的传递都是通过表面进行的，因此在冷却过程中必然在工件内产生不均匀温度场，从而使相变也不均匀。这种不均匀包括两方面。一种是相变的不等时性，即表层温度下降快先相变，然后向内扩展。而相变发生时常伴有比体积变化（如固体相变中的奥氏体向马氏体转变，比体积将增大 1% 左右），这时在已相变区和未相变区之间将除热应力外，还要因相变而产生的应力，称为相变应力。在马氏体相变时，马氏体区将受压，奥氏体区将受拉，这就是瞬态相变应力。若此瞬态相变应力不造成不均匀塑性变形，则全截面相变结束后将无残余应力存在。但实际上均会产生不均匀塑性变形，从而造成因相变不均匀产生的残余应力。

另外一种情况，则是由于受材料淬透性的限制，在零件尺寸较大时，会在其心部产生未淬硬层，那么淬硬层体积膨胀，未淬硬层体积未膨胀，这样淬硬区和未淬硬区之间便会产生残余应力，这时相变过程中产生的塑性变形往往起到降低残余应力的作用。

8.2.2　热处理淬火时的残余应力

8.2.2.1　淬火过程中的瞬态应力

1. 热应力　工件在淬火加热时经过保温后内部温度已均匀，因此不存在热应力。

工件淬入冷却介质时，由于热量从表面向冷却介质中传递，在工件内形成瞬态温度场，造成工件各部位的热膨胀量也随时间变化，因此形成瞬态热应力场。

2. 相变应力　当随工件内温度的变化使得工件内各部位的相变不等时，已相变区的体积膨胀会对未相变区产生拉应力，而自身则受到压应力，这就是淬火过程中的瞬态相变应力。此时工件内温度仍较高，因此也极易产生塑性变形，显然此塑性变形也是不均匀的。图 8-4 所示为碳钢中不同组织的比体积随碳含量的变化。

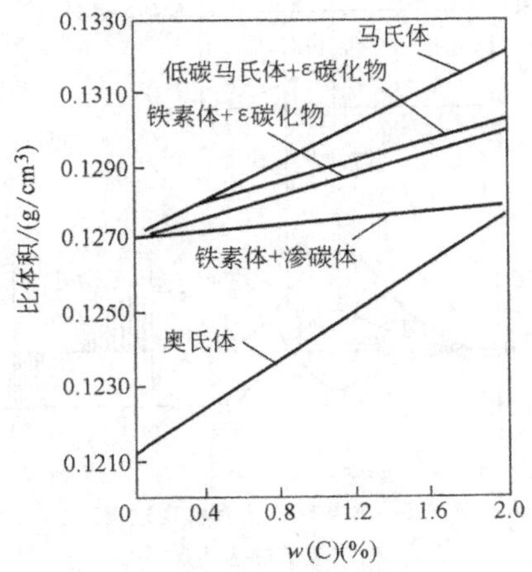

图 8-4　碳钢中不同组织的比体积随碳含量的变化

8.2.2.2　淬火残余应力的产生与分布

在淬火瞬态应力的作用下，工件内某些部位应力超过材料的高温屈服强度，将会产生塑性变形，再加上相变的不同时性，最终造成残余应力。由于材料和热处理条件的不同，产生的残余应力分布也不相同。

1. 热应力型残余应力　这类残余应力分布的特点是外表层为压应力，心部为拉应力。当淬火无相变产生时（如奥氏体钢淬火），残余应力完全是热应力产生的，这种残余应力分布称为热应力型。但实际上有相变的淬火也可能出现这种分布的残余应力，我们将其统称为热应力型残余应力。

（1）产生纯热应力型残余应力的条件。材料的 *Ms* 点低于室温或加热温度低于奥氏体化温度，冷却过程中不存在相变，产生的残余应力就一定是热应力型的。

（2）无相变冷却时工件内的温度场、瞬态应力和残余应力。加热的零件冷却时通过界面向介质传递热量，工件表面温度迅速下降，心部热量的散失很缓慢。有人对直径为 ϕ100mm 的 Ni-Fe 试样进行测试，其结果如图 8-5a 所示。其加热温度为850℃，在室温水中冷却。表面（*R*）在数十秒内降到了 200℃，心部（*K*）仍保持在 800℃左右（如图中 *W* 处），此时心部和表面的温差达到 600℃左右。其后随着心部热量的传出，温度快速下降。零件外表的温度由于心部热量不断传递，其下降速度大大降低，随着心部的热量逐渐减少，与表面的温差也越来越小，最后同时达到淬火冷却介质的温度。这时产生的残余应力为：表面（*R*）为压应力，心部（*K*）为拉应力，如图 8-5b 所示。

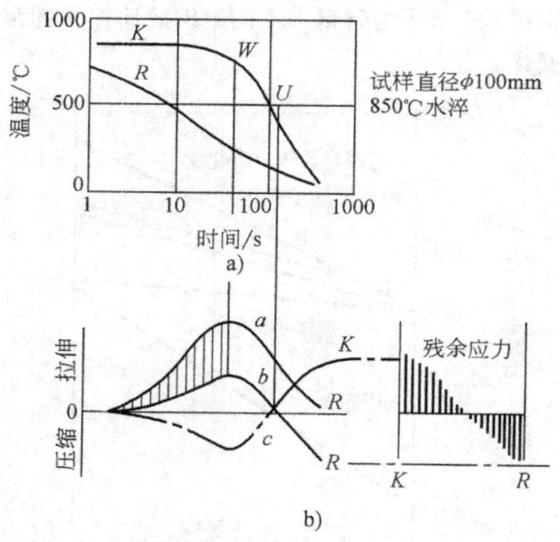

图 8-5　冷却时不含有相变过程时产生的热应力

R—表面　*K*—心部

2. 相变应力型残余应力　它是在淬火时无瞬态热应力，残余应力完全由瞬态相变应力产生。这是一种在生产实际中很少出现的情况，在分级和等温淬火中才能有近似的结果。为此有人作了试验，将含 *w*(Ni)为 17% 的钢材加热到 900℃奥氏体化后，缓冷至 300～400℃，奥氏体保留不分解，待试样温度均匀后（即完全消除瞬态热应力）再缓缓冷却到 *Ms* 点以下产生马氏体相变。这时表层因马氏体相变而体积膨胀，它将受到未相变的心部的压应力，当然相邻的心部将受到拉应力。这时表层可能被塑性压缩，使相变膨胀量减少；而心部被塑性拉伸，以后再相变时就比表面要多膨胀一些。这样在全部相变结束后表面和心部的应力状态就会反向，即表面受拉，心部受压。这就是典型的相变应力型残余应力分布。有人对直径为 ϕ50mm 的 *w*(Ni)为 17% 的钢材进行等温淬火（从 900℃缓冷到 300℃，然后在水中淬火），测得其残余应力分布如图 8-6 所示。

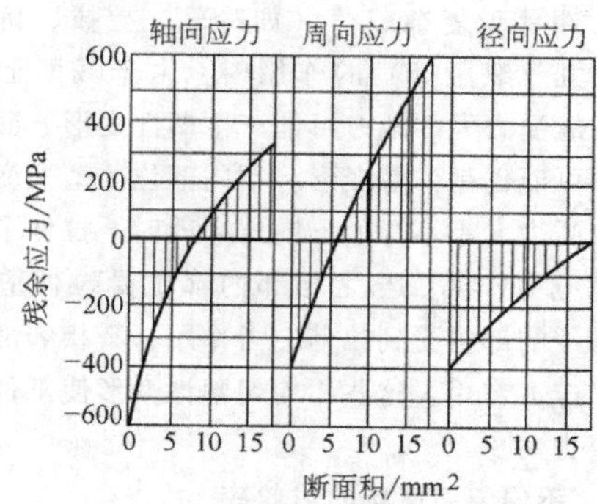

图 8-6　相变应力型分布

3. 整体淬火时的残余应力

（1）残余应力的产生。实际的淬火过程大多是热应力、相变应力同时存在并相互作用，最后形成残余应力。因此材料的马氏体相变点 *Ms* 和 *Mf* 对于残余应力的产生起着重要作用。当然，材料的淬透性、残留奥氏体量对残余应力的分布形态也有重大影响。由于过程很复杂，讨论极占篇幅，因此不再详述，读者可阅读有关专著。

（2）整体淬火残余应力的分布如下：

1）工件截面全淬透时，分别为以下情况：

① 若材料 *Ms*、*Mf* 点均很高，淬火后残余应力为热应力型。

② 若材料 *Ms* 点较高，*Mf* 点也高于室温，淬火后残余应力近似于相变应力型分布，但其表面残余应力近于零，在表层下产生拉应力峰。

③ 若材料 *Ms* 点较低，*Mf* 点低于室温，则淬火后残余应力变为相变应力型分布。

④ 若材料的 *Ms* 点也低于室温，则淬火后残余应力为热应力型分布。

2）工件心部淬不透时，这时残余应力只呈现热应力型分布。

8.2.3　表面淬火的残余应力

8.2.3.1　残余应力的产生

1. 表面淬火的特点　它是表面快速加热后立即快速冷却的工艺过程。这时工件分为表面加热区、过渡区和心部未加热区三个部分。其中发生马氏体相变的只是表面的加热区，所以其残余应力产生主要是由于相变的不均匀性。但是由于它的加热过程和无相变整体加热、冷却不同，所以它的残余应力产生也更复杂，主要在过渡区会产生残余应力大幅度变化。

2. 表面淬火的残余应力分布　如前所述，表面淬火时，表面淬火层因马氏体相变而产生残余压应力，而心部为残余拉应力，过渡层恰好介于两者之间，其外侧为与表层压应力平衡的拉应力，而内侧则为与心部拉应力平衡的压应力。这就是在淬硬层内由于其内侧的马氏体转变晚于其表面，从而对其表面先淬硬的马氏体层产生拉应力，而显示出最表面压应力低头现象的原因。图 8-7 所示为 45 钢不同直径高频感应淬火后的硬度和残余应力分布。

8.2.3.2　影响表面淬火残余应力分布的因素

在表面淬火过程中主要的影响因素是淬硬层的截面积和工件截面积之比，即表层压应力数值随比值的减小(即淬硬层越薄)而增大。图 8-8 所示为 40Cr 钢的测试结果，同样在直径为 ϕ25mm 的情况下，淬硬层越薄则残余压应力值越大。

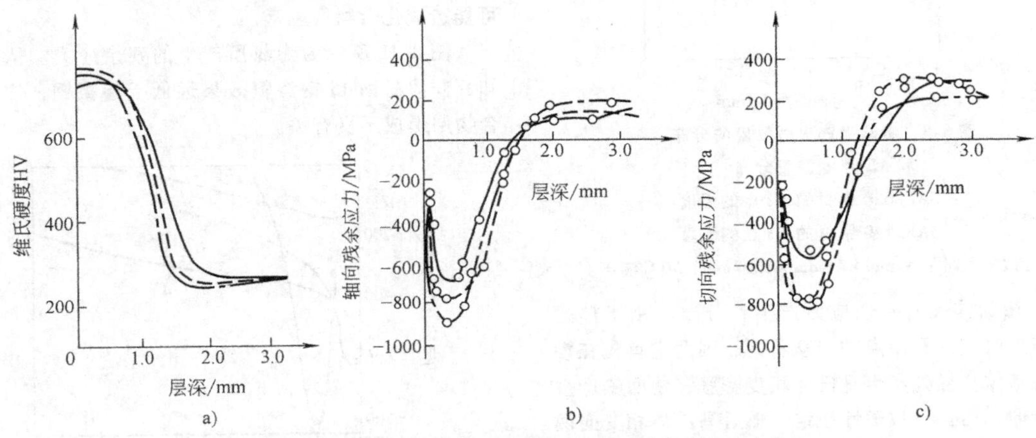

图 8-7　45 钢不同直径高频感应淬火后的硬度和残余应力分布

a) 维氏硬度　b) 轴向残余应力　c) 切向残余应力

— —ϕ12.3mm　--- —ϕ18.0mm　— · — —ϕ23.0mm

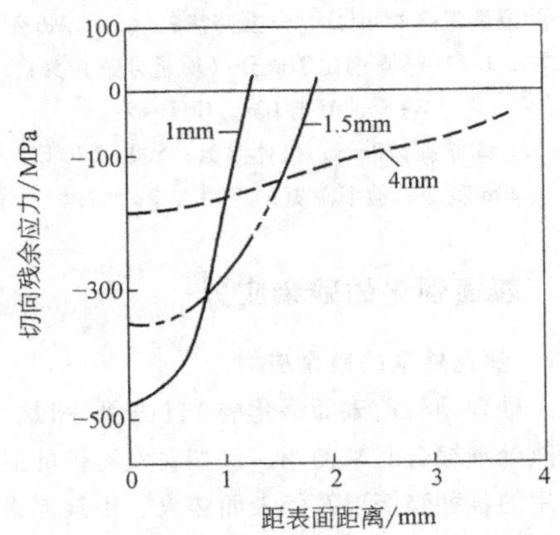

图 8-8　40Cr 钢的淬硬层深度对高频感应淬火残余应力的影响

注：试样条件：w(C)=0.41%，w(Cr)=0.93%；直径为 ϕ25mm。

此外，材料高温屈服强度越高，*Ms* 点越低，则淬硬层压应力值越低。这两个因素的影响在各种热处理淬火过程中都存在。

8.2.4　表面化学热处理的残余应力

8.2.4.1　渗碳淬火的残余应力

1. 渗碳淬火的特点

(1) 温度和热应力分布。渗碳淬火是整体加热、保温和冷却，所以其温度场和瞬态热应力场的分布变化状况和前述的整体淬火基本相同。

(2) 渗碳层中碳含量及 *Ms* 点的分布。由于渗碳层中的碳含量是从表面向内逐步下降到母材的碳含量，即存在分布梯度，所以相应地存在马氏体点 *Ms* 从低向高分布的梯度。图 8-9 所示为两种渗碳钢淬火时温度的分布和 *Ms* 点的温度分布。

(3) 相变特点。渗碳淬火时马氏体相变不是从表层开始，而是从渗碳层和心部的过渡区开始的。从图 8-9 中各时刻渗碳层中温度分布曲线可看出，由于温度场梯度小于 *Ms* 点分布梯度，所以其交点在渗层最终点。马氏体相变也从此开始，然后向两边发展。这与一般的整体淬火以及表面淬火均不相同。当然这样也就使渗碳淬火的残余应力分布有自己的特点。

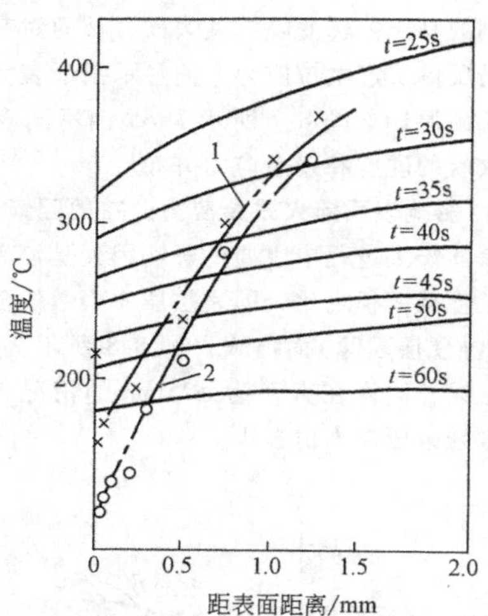

图8-9 渗碳钢淬火时温度的分布和Ms点的温度分布

1：SAE8620钢材的Ms点的温度

2：SAE5140钢材的Ms点的温度

注：试样尺寸：41mm×41mm×12.7mm；50℃油淬。

2. 渗碳淬火的残余应力产生和分布 由于前述渗碳淬火时相变开始点的与众不同，因此它首先在渗碳层与基体交界处产生马氏体相变膨胀，使两侧产生塑性拉伸，而自身被塑性压缩，随后马氏体相变向两侧扩展时，已相变区（如图8-10中①区所示）变成刚性墙，使两侧的相变膨胀受阻，所以两侧受压，①区受拉使原来产生的压应力减少，其过程如图8-10所示。其中①、②、③、④区为不同时刻相变区，而1、2、3、4曲线为该时刻的应力分布，其中曲线4即为最后的残余应力分布。

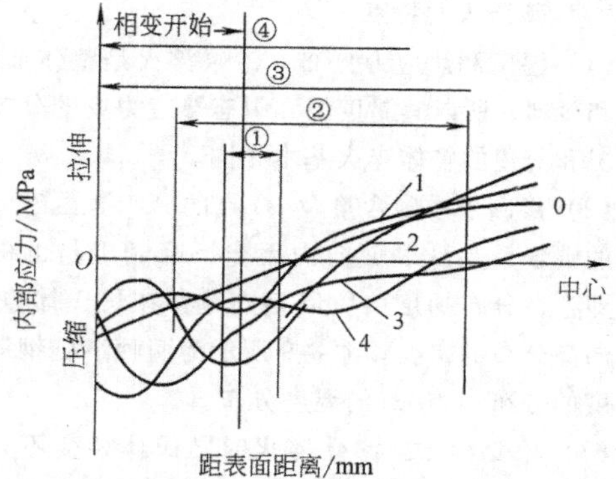

图8-10 渗碳淬火钢急冷相变扩展时的相变区域和对应的应力分布

0—未发生相变时的应力分布

1～4—相对于①～④相变区的应力分布

至于影响渗碳残余应力分布的因素则和表面淬火相同，即渗层面积与总面积之比越小，表面压应力越大。其次则是材料的高温屈服强度越高则应力值越小。渗碳残余应力的最大特点是抗衰减能力极强。

8.2.4.2 渗氮、渗硼时的残余应力

这两种化学热处理的特点是处理的温度比渗碳低，处理后不再淬火，只是靠在工件表面形成高硬度的化合物（氮化物、硼化物）层来强化工件的表面。而产生的化合物层的比体积均远大于基体，所以表面产生化合物层后将受到基体巨大的压应力，而且化合物层深一般均小于0.1mm，所以应力分布也较集中。若在化合物层与基体交界处产生较大的拉应力峰，则可能造成化合物层剥落。

图8-11所示为渗氮所产生的残余应力。从图可知，非渗氮钢45钢渗氮效果远低于渗氮钢，这和化合物层形成不良有关。

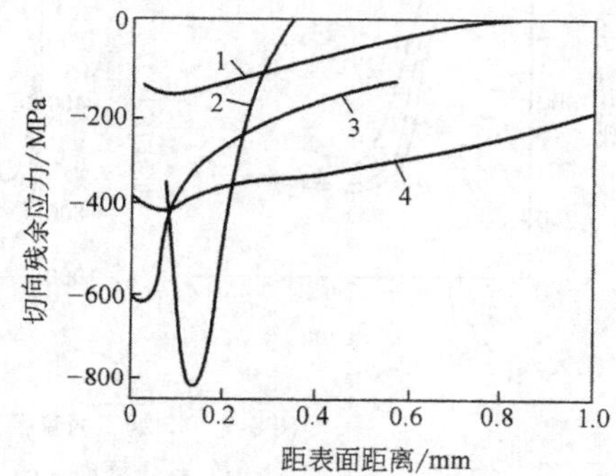

图8-11 渗氮所产生的残余应力

1—气体渗氮（45钢） 2—气体渗氮（34CrAl6钢）

3—盐浴渗氮（45钢） 4—盐浴渗氮（34CrAl6钢）

注：1. 34CrAl6钢化学成分（质量分数）为：C 0.34%，Al 1.1%，Cr 1.4%。

2. 试样：ϕ20mm；气体渗氮：500～520℃，20h室冷；盐浴渗氮：570℃，2h水冷。

8.2.5 表面强化的残余应力

8.2.5.1 喷丸处理的残余应力

喷丸处理是目前表面强化的一个重要手段，它往往是和热处理综合起来使用。例如对发动机的活塞连杆、车用的各种弹簧以及经表面淬火、渗碳淬火后的齿轮等工件再施以喷丸处理，以提高其疲劳强度。

其残余应力产生的机理也较简单，它是用高压空气将硬质弹丸（淬硬钢丸、玻璃丸等）喷射到工件表面，使工件表面层产生塑性变形并沿表面被延展，从而因基体（未变形）对表面层变形的约束而产生压应力。此压应力的大小、分布、层深与喷丸强度以及材料的组织、预应力状态等均有关。例如55SiMnVB钢的板簧，经中频感应加热到870℃，油

淬，然后经 500 ~ 530℃ 回火，心部硬度 ≥407HBW，屈服强度 $R_{p0.2}$ = 1300MPa，然后将试样利用弯曲在喷丸表面加上 −980MPa、0MPa、+500MPa、+750MPa、+1000MPa 的预应力，在喷丸强度0.18 ~0.20C 的条件下进行喷丸处理后其残余应力分布的测定值如图 8-12所示。

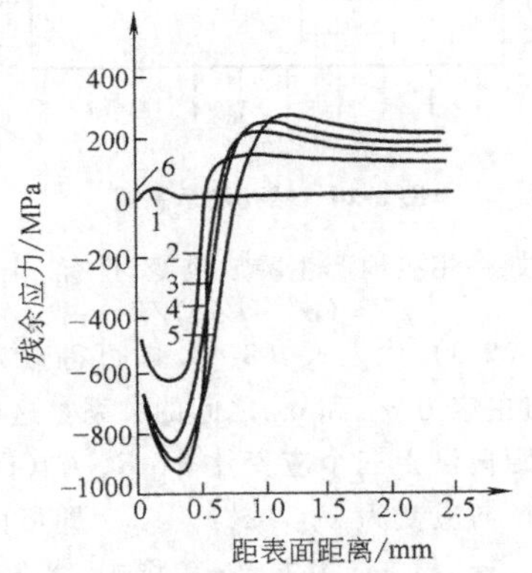

图 8-12　不同喷丸状态的 55SiMnVB 钢试样的残余应力分布曲线

图中各条曲线的喷丸预应力（MPa）为

1— −980　2— 0　3—500

4—750　5—1000　6—未喷丸

从图可知，此时喷丸使工件表面小于 1mm 的层深内产生了极大的压缩残余应力。但是若喷丸表面是处于压应力的预应力状态下，则喷丸的效果为零，与未喷丸试样的残余应力相一致。

8.2.5.2　表面滚压产生的残余应力

表面滚压是用加上一定载荷的淬硬钢轮在工件表面进行滚压，使其表面产生与喷丸类似的塑性变形层，从而在工件表层产生残余压应力。图 8-13 所示为 20CrMo 钢 ϕ60mm 圆柱表面经加载 250MPa、350MPa、450MPa 的滚轮滚压后的残余应力分布（试样预先经渗碳淬火）。

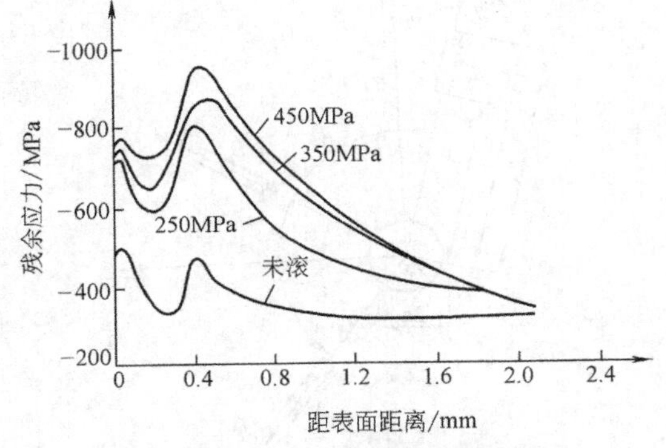

图 8-13　20CrMo 钢滚压后的残余应力

8.3　残余应力的测定

8.3.1　残余应力的特点及测试方法

8.3.1.1　残余应力的特点

由材料力学可知，测定材料的应力实际是测定应变，再用弹性力学求出应力。测定残余应力的原理也仍然如此。但残余应力是在外力全部消除后工件中存在的应力，所以其测定方法也有其特殊性。一般残余应力的测定方法分为两大类：一类为应力释放法，也称机械法（包括电测法），它包括切条法、钻孔法等；另一类为无损测定法，又称物理法，它是利用残余应力对工件的物理性能的影响来测定应变的，它包括 X 射线法、磁性法、超声法等。

8.3.1.2　应力释放法——机械法

本方法的基本原理是将具有残余应力的工件进行切割、局部去除（切条、钻孔）等处理，从而使工件中已处于平衡状态的残余应力由于这种切割或去除而部分释放，工件就会出现变形，使残余应力达到新的平衡状态。测出这时的应变量（长度、角度、挠度等的相对变化量），利用弹性力学即可求出工件原有的残余应力值。这种方法的应变测量精度较高，但其缺点是对工件有破坏，它不仅会因附加应力而影响应变测量的准确度，而且对于不允许破坏的工件就无法应用。如高压容器、高精度工件、热处理工件等就不适用。

8.3.1.3　无损测定法——物理法

这类方法是利用工件中存在的残余应力的大小和方向对材料的物理性能（如晶体的晶面间距、电磁感应、声波的传播速度等）的影响，测定有应力和无应力时物理量的差异，以此作为应变，标定出它们和应力值之间的关系，从而求出应力。这些方法测定时都无需破坏工件，所以是无损测试方法。现分别将几种常用无损测试法介绍如下。

1. 磁性法　它是根据铁磁性材料的磁感应通量在残余应力的作用下与无应力作用时不同，从而利用由磁感应通量的差异来测定残余应力的方法。它所用的仪器体积小，重量轻，结构简单灵巧，测量速度快，价格低廉。其测点面积较大（$\phi5$ ~ $\phi15$mm），层深也较深（1 ~ 2mm），所以它测定的是较大体积内（包括面积和深度）的平均残余应力值，适用于一些大型铸件、焊接件中应力分布平缓的残余应力的测定，如机床铸件、高压容器等。

2. X 射线法　它是利用应力作用下晶面间距的变化作为应变来测量残余应力的。它的测点面积小

(ϕ0.5～ϕ10mm)，层深浅（8～15μm）。在应力分布梯度大的工件上只能用这种方法来测定其残余应力，如热处理淬火应力、机械加工（切削、磨削等）应力的测定等。但是它的缺点是仪器设备结构复杂、价格昂贵，这也大大影响了它在现场测试中的应用。目前国产仪器经多年研制、改进，已大大改善了此种状况。

3. 超声法　它只能测工件整体中的应力状态。因此除了在一些整体受力均匀的工件（如紧固螺栓等）中应用外，在一般的残余应力测定中尚不能应用。

8.3.2　常用残余应力测试方法

在此对工程中常用的几种残余应力测试方法作一些简要介绍，并对热处理工件最常用的 X 射线法作较详细的介绍。

8.3.2.1　钻孔法

本方法是在工件欲测点周边先做上测定应变的标记或贴上电阻应变片，然后在测点处用钻头（或用高压喷沙嘴）在测点处打出一圆孔，使孔的相邻区域应力因钻孔处应力释放而产生重新分布，从而产生相应的位移和应变，通过测量此位移和应变，经换算即可得钻孔处原来的残余应力值和方向（主应力）。过去是测标点位移来求应变，目前已主要用电阻应变片来测定。

1. 测定原理　设工件为一无限大平板，在点 O 处打孔，在点 A 处贴应变片，如图 8-14 所示。若主应力为 σ_1、σ_2 ($\sigma_1 \geqslant \sigma_2$)，则点 A 处的应力分量为

$$\left.\begin{aligned}\sigma_r &= (\sigma_1+\sigma_2)/2 + [(\sigma_2-\sigma_1)/2]\cos2\varphi \\ \sigma_t &= (\sigma_1+\sigma_2)/2 - [(\sigma_2-\sigma_1)/2]\cos2\varphi\end{aligned}\right\} \tag{8-1}$$

若点 O 处打一直径为 a 的通孔，则点 A 处应力分量为

$$\left.\begin{aligned}\sigma_{r_0} &= [(\sigma_1+\sigma_2)/2](1-a^2/r^2) + [(\sigma_1+\sigma_2)/2] \\ &\quad (1+3a^4/r^4-4a^2/r^2)\cos2\varphi \\ \sigma_{t_0} &= [(\sigma_1+\sigma_2)/2](1+a^2/r^2) - [(\sigma_1+\sigma_2)/2] \\ &\quad (1+3a^4/r^4)\cos2\varphi\end{aligned}\right\} \tag{8-2}$$

因而由于钻孔引起的应力改变量为

$$\left.\begin{aligned}\sigma'_r &= \sigma_{r_0} - \sigma_r \\ &= -(\sigma_1+\sigma_2)a^2/2 + [(\sigma_1-\sigma_2)/2] \\ &\quad (3a^2/r^4 - 4a^2/r^2)\cos2\varphi \\ \sigma'_t &= \sigma_{t_0} - \sigma_t \\ &= [(\sigma_1+\sigma_2)/2]a^2/r^2 - [(\sigma_1-\sigma_2)/2] \\ &\quad (3a^4/r^4)\cos2\varphi\end{aligned}\right\} \tag{8-3}$$

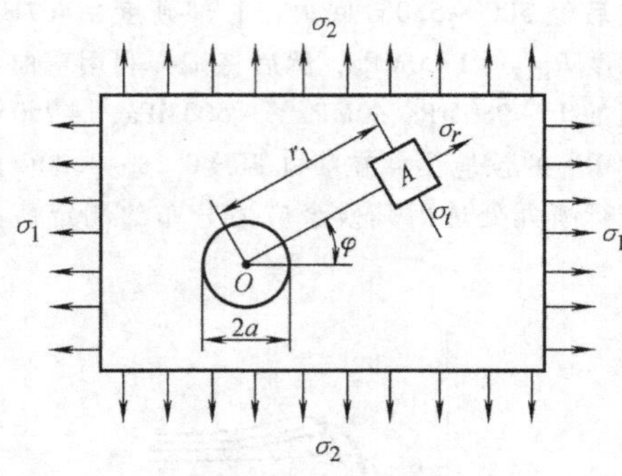

图 8-14　钻孔法示意图

点 A 处将相应地产生释放应变，且有

$$\varepsilon'_r = (\sigma'_r - \mu\sigma'_t)/E \tag{8-4}$$

将式 (8-3) 代入式 (8-4) 即可得点 A 处径向应变 ε'_r 与主应力 σ_1 和 σ_2 之间的关系。这样在点 O 的附近等距离贴上三个应变片 A、B、C（图 8-15），其测出的径向应变为 ε'_{rA}、ε'_{rB}、ε'_{rC}，即可由此求出主应力 σ_1、σ_2 与主应力方向 φ。将式 (8-3) 代入式 (8-4) 后经整理可得

$$\varepsilon'_r = A/E(\sigma_1+\sigma_2) + (B/E)\cdot(\sigma_1-\sigma_2)\cos2\varphi \tag{8-5}$$

其中

$$\left.\begin{aligned}A &= -[(1+\mu)/2](a/r)^2 \\ B &= -2(a/r)^2 + [3(1+\mu)/2](a/r)^4\end{aligned}\right\} \tag{8-6}$$

式中　r——孔中心到应变片中心的距离。

设 A、B、C 应变片与主应力 σ_1 夹角分别为 $\varphi-\alpha$、φ、$\varphi+\alpha$，依据式(8-6)得三点的径向应变为

$$\left.\begin{aligned}\varepsilon'_{rA} &= (A/E)(\sigma_1+\sigma_2) + (B/E) \\ &\quad (\sigma_1-\sigma_2)\cos2(\varphi-\alpha) \\ \varepsilon'_{rB} &= (A/E)(\sigma_1+\sigma_2) + (B/E) \\ &\quad (\sigma_1-\sigma_2)\cos2\varphi \\ \varepsilon'_{rC} &= (A/E)(\sigma_1+\sigma_2) + (B/E) \\ &\quad (\sigma_1-\sigma_2)\cos(\varphi+\alpha)\end{aligned}\right\} \tag{8-7}$$

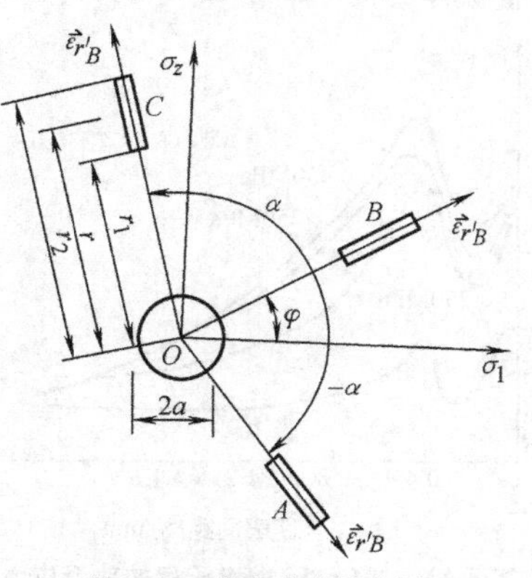

图 8-15　径向应变的电测

解式(8-7)求得 σ_1 和 σ_2 与测定的径向应变 ε'_{rA}、ε'_{rB}、ε'_{rC}之间关系为

$$\left.\begin{aligned}\sigma_1 &= (E/8)\Big[(\varepsilon'_{rA}+\varepsilon'_{rC}-2\varepsilon'_{rB}\cos2\varphi)/(A\sin^2\alpha)+\\&\quad\Big(\sqrt{(2\varepsilon'_{rB}-\varepsilon'_{rA}-\varepsilon'_{rC})^2+\tan^2\alpha(\varepsilon'_{rA}-\varepsilon'_{rC})^2}/\\&\quad(B\sin^2\alpha)\Big)\Big]\\\sigma_2 &= (E/8)\Big[(\varepsilon'_{rA}+\varepsilon'_{rC}-2\varepsilon'_{rB}\cos2\varphi)/(A\sin^2\alpha)-\\&\quad\Big(\sqrt{(2\varepsilon'_{rB}-\varepsilon'_{rA}-\varepsilon'_{rC})^2+\tan^2\alpha(\varepsilon'_{rA}-\varepsilon'_{rC})^2}/\\&\quad(B\sin^2\alpha)\Big)\Big]\end{aligned}\right\}\tag{8-8}$$

$$\tan2\varphi=\tan\alpha[(\varepsilon'_{rA}-\varepsilon'_{rC})/(2\varepsilon'_{rB}-\varepsilon'_{rA}-\varepsilon'_{rC})]\tag{8-9}$$

当 A、B、C 每隔 45°粘贴应变片时，即 $\alpha=45°$，代入式（8-8）得

$$\left.\begin{aligned}\sigma_1 &= (E/4)\Big[(\varepsilon'_{-45}+\varepsilon'_{45})/A+(1/B)\cdot\\&\quad\sqrt{(2\varepsilon'_0-\varepsilon'_{-45}-\varepsilon'_{45})^2+(\varepsilon'_{-45}-\varepsilon'_{45})^2}\Big]\\\sigma_2 &= (E/4)\Big[(\varepsilon'_{-45}+\varepsilon'_{45})/A-(1/B)\cdot\\&\quad\sqrt{(2\varepsilon'_0-\varepsilon'_{-45}-\varepsilon'_{45})^2+(\varepsilon'_{-45}-\varepsilon'_{45})^2}\Big]\end{aligned}\right\}\tag{8-10}$$

$$\tan2\varphi=(\varepsilon'_{-45}-\varepsilon'_{45})/(2\varepsilon'_0-\varepsilon'_{-45}-\varepsilon'_{45})\tag{8-11}$$

若 $\alpha=120°$，则有

$$\left.\begin{aligned}\sigma_1 &= E/6\Big[(\varepsilon'_{-120}+\varepsilon'_{120}+\varepsilon'_0)/A+\\&\quad 1/B\sqrt{(2\varepsilon'_0-\varepsilon'_{-120}-\varepsilon'_{120})^2+3(\varepsilon'_{-120}-\varepsilon'_{120})^2}\Big]\\\sigma_1 &= E/6\Big[(\varepsilon'_{-120}+\varepsilon'_{120}+\varepsilon'_0)/A-\\&\quad 1/B\sqrt{(2\varepsilon'_0-\varepsilon'_{-120}-\varepsilon'_{120})^2+3(\varepsilon'_{-120}-\varepsilon'_{120})^2}\Big]\end{aligned}\right\}\tag{8-12}$$

$$\tan2\varphi=-\sqrt{3}(\varepsilon'_{-120}-\varepsilon'_{120})/(2\varepsilon'_0-\varepsilon'_{-120}-\varepsilon'_{120})\tag{8-13}$$

2. 测定方法

（1）根据应力分析的需要和打孔的可能，在工件上选择适当位置进行测量，然后用测量工具准确地标定出孔中心和应变片的中心和方向。在贴片前需将所测部位表面打磨抛光。

（2）按确定的位置和方向粘贴应变片，用导线连接至电阻应变仪。按电阻应变仪测定的规程进行测定。

（3）然后钻孔，直径一般小于 ϕ2mm。为了减少附加应力和发热的影响，孔可分为两次钻削，即先钻一小孔，再扩至所需直径。钻头需锋利，进给量不能太大，一般不超过 0.1～0.15mm/min。

（4）在 A、B、C 三点测得三个方向的径向应变 ε'_{rA}、ε'_{rB}、ε'_{rC}，代入前述的式（8-8）～式（8-13），即可求出残余应力。

（5）测试前必须将所测材料做成平板拉伸或弯曲试样，在万能试验机上加载，然后用同样方法测 ε'_{rA}、ε'_{rB}、ε'_{rC}，这时应力 σ 和方向 2φ 为已知，可代入公式，求出 A、B 的值。对于不同材料必须用此法标定其不同的 A、B 值。

3. 不通孔法（在早期测试报告、论文、专著中称其为“盲孔法”）　为了减小所钻小孔对工件的破坏，可用钻不通孔的方法。根据理论分析和实测证明，当孔的深度超过孔直径的 2 倍后，对孔周边表面的应变无任何影响，即当孔深大于 2 倍直径后应变片测量值无变化。所以在孔深大于 2 倍直径的条件下，对于不通孔仍可用上述通孔的公式。为了减小孔的破坏，孔径可尽量小，这样孔深也可减小。如孔径为 ϕ2mm 时，孔深为 4mm；而孔径为 ϕ1mm 时，其孔深就只需 2mm。目前还有采用浅不通孔的方法，即孔深小于 2 倍直径。这时的 A、B 系数值随孔深变化，因此必须将该材料 A、B 系数随孔深变化的规律求出才能测定。而目前还找不到解析法，只能用试验法和有限元法进行标定，试验法精度难以保证，有限元法则非常麻烦。所以目前浅不通孔法应用还有困难。

关于应力释放法和钻孔法进行残余应力测定的详细方法和计算，读者可参阅相关文献。

4. 脆性涂层法　它是在孔周涂覆 0.5～2mm 厚度的脆性涂层，然后钻孔。由于产生的位移和应变将使涂层产生裂纹（理论上说裂纹的形态和应力方向相应），故裂纹的长度大小与应力大小有关。但目前此方法的定量分析还只是理论上的，其测量精度尚难以保证。图 8-16 所示为脆性涂层在孔边的裂纹形态和应力状态的关系。

8.3.2.2　磁性法

1. 基本原理　本方法只能用于钢、铁类铁磁性物质，它是利用这类物质的磁弹性效应来测定材料表面 1～2mm 层深的残余应力。

（1）磁致伸缩和磁弹性效应。铁磁物质中软磁性材料具有磁致伸缩效应，它是因磁畴在外磁场 H 作用下的转向，使材料在不同方向上产生尺寸的增大或减小。若材料受外界约束或受应力作用（如残余

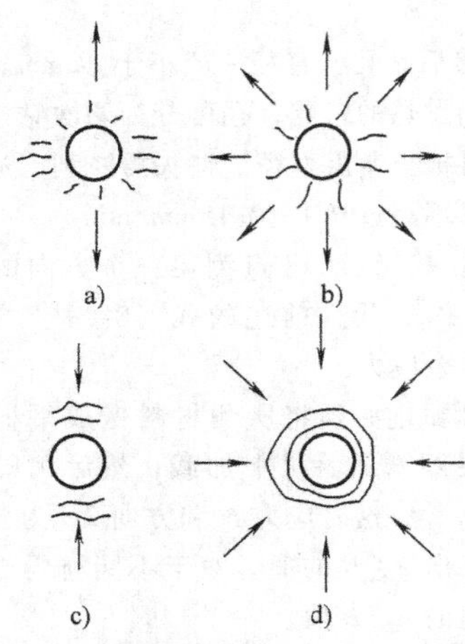

图 8-16　脆性涂层在孔边的裂纹形态和应力状态的关系

a) 单向拉伸　b) 双向拉伸　c) 单向压缩　d) 双向压缩

应力)，则磁致伸缩将受阻碍，这时和无阻碍材料相比则磁化率将减小，其磁导率 μ 和应力 σ 之间有如下的正比关系：

$$\Delta\mu/\mu_\sigma = \lambda_0\mu_0\sigma \tag{8-14}$$

式中　λ_0——初始磁致伸缩系数；

μ_0——无残余应力时的磁导率；

μ_σ——有残余应力时的磁导率；

σ——材料的残余应力。

式 (8-14) 即称磁弹性现象，它相当于这时的胡克定律。$\Delta\mu = \mu_0 - \mu_\sigma$ 为磁导率的变化量，所以 $\Delta\mu/\mu_\sigma$ 即为磁应变。对于每种材料，只要测定了无应力下的 λ_0 和 μ_0，则利用式 (8-14) 即可通过测定磁应变 $\Delta\mu/\mu_\sigma$ 来求残余应力 σ。

(2) 应力和磁滞回线的关系。无应力的材料无论从哪个方向做磁滞回线都应当是一样的，也就是磁是各向同性的。但由于残余应力对磁导率有影响，所以在不同方向磁化时其磁导率就不同，其磁滞回线也将不同，沿拉伸应力方向磁滞回线变大，垂直拉应力的磁滞回线变小。如果是压应力，则与其变化相反（图 8-17）。利用此原理可求得材料中的主应力方向。

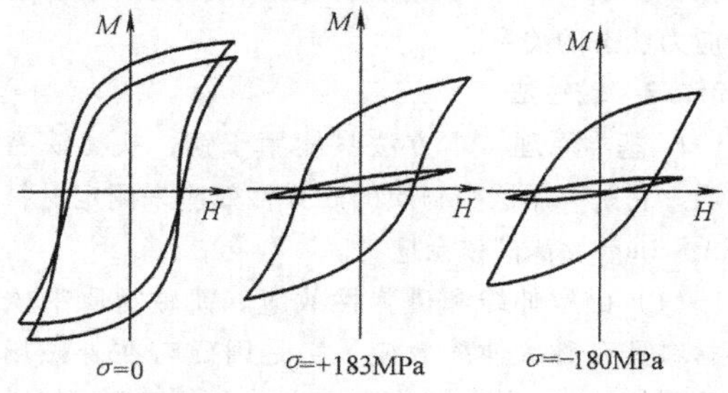

图 8-17　低碳钢在拉、压应力作用下表现的磁各向异性

2. 测定方法

(1) 传感器和应力测定。测材料磁导率变化所用的传感器，如图 8-18 所示。它是由软磁材料铁心和外绕线圈组成。其铁心成框形不封闭，当探头与工件密合后其磁感应成闭合回路。

设探头磁导率为 μ_1，试样的磁导率为 μ_2，探头磁路长为 L_1，试样的磁路长 L_2，探头和试样各自的磁阻为 R_1 和 R_2，试样磁路和探头磁路的截面积分别为 S_1 和 S_2，则总磁阻为

$$R = R_1 + R_2 = L_1/\mu_1 S_1 + L_2/\mu_2 S_2 \tag{8-15}$$

当试样中有应力时，μ_2 就发生变化，这就引起 R_2 变化，这样探头的阻抗也就随应力的大小而变化，若能测出阻抗的变化就能测出应力。

图 8-19 所示为磁法测量的线路图，其桥式电路就可测出探头的阻抗变化。在无应力状态下使测量探头和补偿探头的阻抗平衡，这时电路是平衡的，电流表 mA 无读数。若测量探头改放在有应力的试样上，由于应力使 μ_2 发生变化，从而使测量探头一侧阻抗发生变化，使原来平衡的电路不平衡了，这样电流表 mA 将有读数，其电流 I 的大小取决于被测材料的应力，只要求得电流 I 与应力的关系则应力可测。

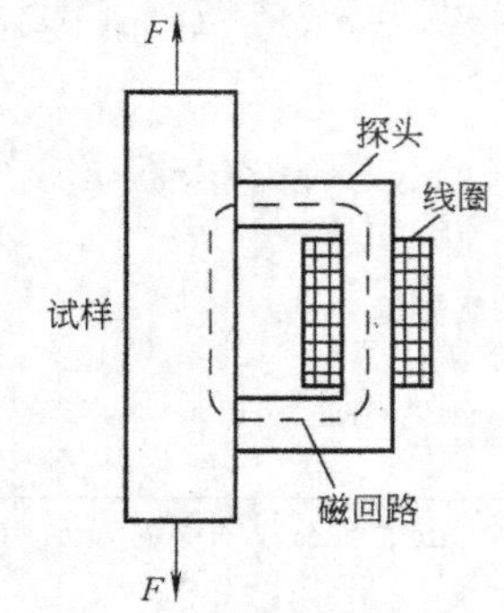

图 8-18　传感器示意图

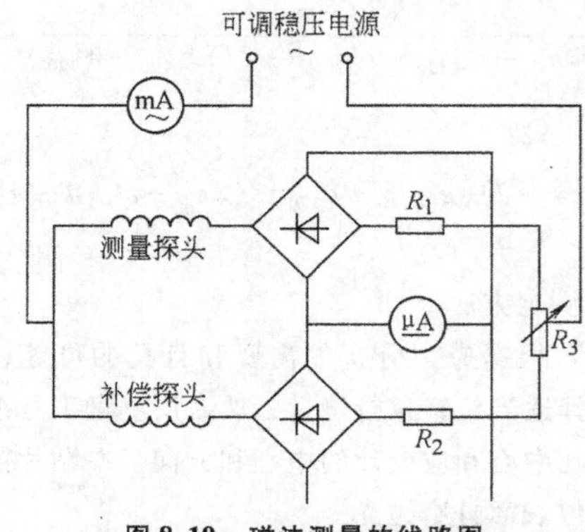

图 8-19　磁法测量的线路图

(2) 平面应力的测定。工件表面的应力状态均

为平面应力状态，所以用磁测法测定的均为平面应力。在平面应力状态下垂直表面的应力 σ_3 为零，其主应力只有 σ_1 和 σ_2，其大小和方向如图 8-20 所示。欲测点为 O，建立坐标轴 $\overline{Ox}$、$\overline{Oy}$，设主应力方向分别为 $\overline{O\xi}$ 和 $\overline{O\eta}$，且 $\overline{O\xi}$ 与 $\overline{Ox}$ 的夹角为 θ，探头的两个磁极分别在 $m(a, O)$ 和 $-m(-a, O)$ 处。

1）主应力方向的测定。将探头以 O 点为中心旋转，当 $\theta=0°$ 时，轴 $\overline{Ox}$ 与 $\overline{O\xi}$ 重合，$\overline{Ox}$ 方向就是最大主应力 σ_1 的方向，对应的磁化强度和磁导率都最小，因此输出电流 I 也最小。反之若探头转到 $\overline{O\eta}$ 方向，则对应的是最小主应力 σ_2，所以其磁化强度和磁导率是所有方向中最大的，因而输出电流也最大。旋转磁头找到测量线路中输出的电流 I 的极小和极大值，就可求得对应的最大主应力 σ_1 和最小主应力 σ_2 的方向。

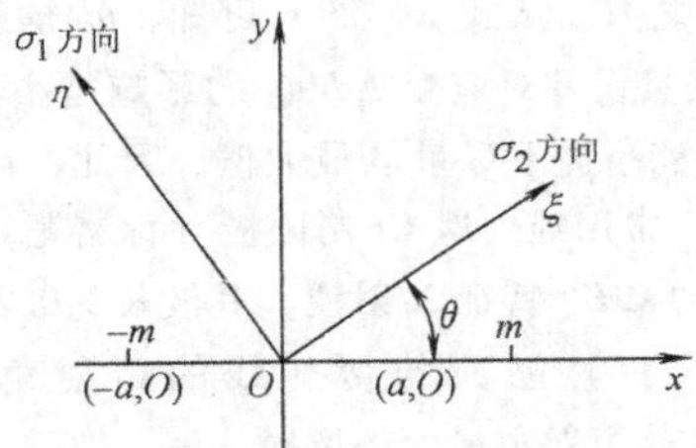

图 8-20 平面应力测定时主应力的大小及方向

2）主应力值的测定。此时主应力差 $(\sigma_1-\sigma_2)$ 与主应力方向的输出电流差 (I_2-I_1) 成正比，即

$$(\sigma_1-\sigma_2)=(1/\alpha)(I_2-I_1)$$

式中的 α 为灵敏度系数，有

$$\alpha=(I_2-I_1)/(\sigma_1-\sigma_2) \tag{8-16}$$

而 α 与材料的成分和处理状态有关，所以在实测前，必须对成分和处理完全相同的无应力材料通过加载来求其灵敏度系数 α。对此材料施加不同的拉应力和压应力，测出对应的 I_1 和 I_2，然后作出 (I_2-I_1) 和 $(\sigma_1-\sigma_2)$ 的曲线。当然，所测数据必然有起伏偏差，所以其直线斜率可用作图法或最小二乘法求得。此即为灵敏度系数 α，其单位为 μA/MPa。

有了主应力差和主应力方向，可用切应力差法求得主应力值。它的作法如图 8-21 所示。在边沿取一点 O 为起始点，然后在一定的 Δy 范围内，并以一定的 Δx 间距，取 n 个点，过点求得其切应力差 $\Delta\tau_{xy}$，再过点递推地求得其 $(\sigma_x)_i$，再根据 $(\sigma_y)_i$ 与 $(\sigma_x)_i$ 和 $(\sigma_1-\sigma_2)$ 的关系求得 $(\sigma_y)_i$，这样有了 $(\sigma_x)_i$、$(\sigma_y)_i$ 和 θ_i，即可求得相应的 $(\sigma_1)_i$ 和 $(\sigma_2)_i$。为了便于求解，坐标原点 O 最好如图 8-21 所示取在试样的自由边，这时 $(\sigma_x)_O=0$。

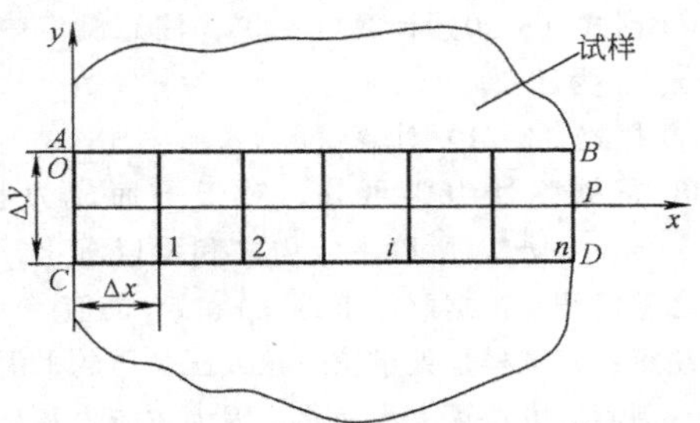

图 8-21 切应力差法求主应力示意图

二维应力场的平衡方程为

$$\left.\begin{aligned}\partial\sigma_x/\partial x+\partial\tau_{xy}/\partial y=0\\ \partial\tau_{xy}/\partial x+\partial\sigma_y/\partial y=0\end{aligned}\right\} \tag{8-17}$$

根据图 8-21，将上式从 O 点到 n 点取积分，第 n 点的 σ_x 值为

$$(\sigma_x)_n=(\sigma_x)_O-\int_0^n(\partial\tau_{xy}/\partial y)\mathrm{d}x \tag{8-18}$$

将积分项用差分和代替，得

$$(\sigma_x)_n=(\sigma_x)_O-\sum_{i=0}^{n}(\partial\tau_{xy}/\Delta y)_i\Delta x \tag{8-19}$$

其中，$(\sigma_x)_O$ 为 O 点的 σ_x 值；$\sum_{i=0}^{n}(\partial\tau_{xy}/\Delta y)_i\Delta x$ 为从 O 点到 n 点的 $(\Delta\tau_{xy})_i(\Delta x/\Delta y)$ 各项之和；$(\Delta\tau_{xy})_i$ 为沿 x 轴每增加一个 $(\Delta\tau_{xy})_i\Delta x$ 时，切应力 τ_{xy} 沿 Δy 的增量，即间隔 Δx 的上辅助面 AB 和下辅助面 CD 的切应力差值。当设定了 Δx 和 Δy 的大小后，$(\Delta x/\Delta y)$ 之比值为常数。为了求得各点的应力状态，我们是采用逐点递推求和的办法首先求得各点的 $(\sigma_x)_i$ 值，即

$$(\sigma_x)_i=(\sigma_x)_{i-1}-\{[(\Delta\tau_{xy})_{i-1}+(\Delta\tau_{xy})_i]/2\}(\Delta x/\Delta y) \tag{8-20}$$

大括号中的项为相邻两点的切应力平均值。$(\sigma_x)_i$ 为欲求的第 i 点的 σ_x 值，$(\sigma_x)_{i-1}$ 为已求出的前一点的 σ_x 值，而

$$(\sigma_y)_i=(\sigma_x)_i-(\sigma_1-\sigma_2)_i\cos2\theta_i \tag{8-21}$$

于是根据各组的 $(\sigma_x)_i$、$(\sigma_y)_i$ 及 θ_i，可求得所对应的 $(\sigma_1)_i$ 及 $(\sigma_2)_i$。

至于 τ_{xy} 则可由下式确定，即

$$\tau_{xy}=[(\sigma_1-\sigma_2)/2]\sin2\theta_i \tag{8-22}$$

而剪应力差 $\Delta\tau_{xy}$ 则为

$$\Delta\tau_{xy}=(\tau_{xy})_{上}-(\tau_{xy})_{下} \tag{8-23}$$

3）测定步骤

① 从欲测试样边沿（此处为 $\sigma_x=0$）或某已知应力的点开始，以 Δy 为宽度、Δx 为间隔 n 个点。

② 用仪器测出各点的主应力方向 θ_i。

③ 根据标定的灵敏度系数 α 和各点的 $(I_2-I_1)_i$，求出其对应的 $(\sigma_1-\sigma_2)_i$。

④ 按式（8-22）计算 $(\tau_{xy})_i$。

⑤ 按式（8-23）计算 $(\Delta\tau_{xy})_i$。

⑥ 据式（8-20）计算 $(\sigma_x)_i$，注意测定中必须使 $(\sigma_x)_0$ 为已知。

⑦ 据式（8-21）计算 $(\sigma_y)_i$。

⑧ 再据弹性力学可知，对于平面应力状态，$\sigma_x+\sigma_y=\sigma_1+\sigma_2$，所以主应力之和可以求出，而主应力之差已测出。据此可求得 σ_1 和 σ_2 的值。

注意：若试样是处于拉—拉或压—压的平面应力状态，则测试方法可大为简化。因为主应力和与电流和成正比，因此只要再加前述的标定试验求得灵敏度系数 α'，就可直接用输出电流求得主应力和，求解这组联立方程就可得到 σ_1 和 σ_2。

测试仪器有长江科学仪器厂生产的 CY-1 型仪器（由上海交通大学设计）和邯郸无损探测仪器厂生产的 CCY-84 型仪器（由西安交通大学设计），这两种仪器均适用于大型构件的现场测试。

8.3.3　X 射线应力测定法

GB/T 7704—2008《无损检测　X 射线应力测定方法》是测定残余应力的各种方法中唯一制定了国家标准的方法，符合国标试验条件的测量数据应是可信的。它是热处理淬火残余应力测定最常用的方法。

8.3.3.1　晶体弹性应变的微观模型

晶体中晶格格点上的粒子（原子、离子等）都是规则地周期性排列的，它们处于结合力场位能的最低位置，即平衡位置。当宏观应力作用到晶体上时，只是使规则排列的格点位置均匀发生变化（在拉伸方向被拉长、在其垂直方向被压短）。此变化量与作用应力成正比，符合弹性力学的胡克定律。其模型如图 8-22 所示。

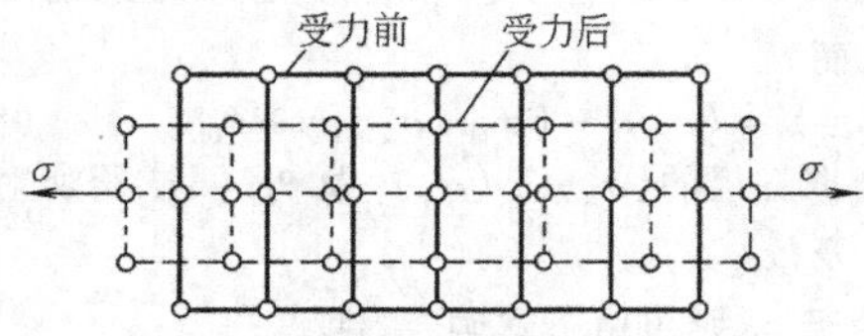

图 8-22　晶体弹性变形的微观模型

图中每一列原子其实都是一个格点平面，我们称为晶面，这时格点间的距离称为晶面间距 d，我们就用应力作用下的晶面间距的相对变化量作为残余应力作用下的弹性应变 ε，所以根据胡克定律就有

$$\varepsilon=(d-d_0)/d_0=\Delta d/d_0 \tag{8-24}$$

$$\sigma=K\varepsilon=K(\Delta d/d_0) \tag{8-25}$$

式中　d_0——无应力时的晶面间距；

d——有应力时的晶面间距；

K——弹性常数。

由于晶体是各向异性的，所以不同晶面族的 d 值不同，其弹性常数也不同。此处宏观统计的弹性模量 E 值不能在此直接使用。

8.3.3.2　微观应变的 X 射线测定

从上述可知，宏观应变的测定已变为微观的晶面间距的变化量 Δd 的测定。据 X 射线在晶体上的衍射规律，有下述布拉格方程存在：

$$2d\sin\theta=n\lambda \qquad (n=1,2,\cdots) \tag{8-26}$$

$$d=n\lambda/(2\sin\theta) \tag{8-27}$$

将上式两边求微分得

$$\Delta d/d=-\cot\theta\Delta\theta \tag{8-28}$$

当 $\Delta d \ll d$ 时，$d\approx d_0$，$\cot\theta\approx\cot\theta_0$，代入式（8-28），有

$$\Delta d/d_0=-\cot\theta_0\Delta\theta \tag{8-29}$$

式中的 d_0、θ_0 为无应力时的晶体某晶面族的晶面间距和衍射角，而 $\Delta\theta$ 为有应力衍射角 θ 与无应力时的衍射角 θ_0 之差。从式（8-29）可知，θ_0 越趋于 90°，则 $\Delta\theta$ 的测量误差对应变 $\Delta d/d_0$ 的影响越小。所以一般 θ_0 在可能条件下尽量取最大值。因此，在测 α-Fe 的应力时，常用纯金属 Cr 制阳极（称铬靶）的 X 射线管产生的 CrK_α 特征 X 射线，其波长为0.229nm，其在 α-Fe（211）晶面的衍射线的衍射角为 $\theta_0=78°21'$，这是衍射角最大的衍射。

8.3.3.3　物体表面残余应力的测定

1. 表面任意点任意方向正应力的测定　X 射线穿透到物体内其强度按指数规律衰减，取入射线衰减到原始强度的千分之一时的深度为有效穿透深度，超过此深度的 X 射线衍射忽略不计。入射线为 CrK_α（$\lambda=0.229$nm）时，对于 α-Fe，其穿透深度为 8μm；若用钴靶 X 射线的 CoK_α（$\lambda=0.179$nm）入射时，其穿透深度为 15μm。这个层深对于一般工件而言是最表层。一般在此层深内的残余应力可认为是沿层深均匀分布无梯度的。最表层应力的特点是在法线方向（一般取为 Z 方向）变形不受约束，而只在平面上（x、y 方向）受约束。因此有 $\sigma_z=0$，$\tau_{xy}=\tau_{yx}=0$，即表面处于平面应力状态。同样主应力中的 σ_3 也为零。

设物体表面为平面 P，如图 8-23 所示。O 点为欲测点，σ_φ 为欲测方向上的残余应力。令 O 点的主应力为 σ_1 和 σ_2，而欲测应力 σ_φ 与 σ_1 的夹角为 φ，与各正应力对应的正应变为 ε_1、ε_2 和 ε_φ。通过 ε_φ 作与表面垂直的截面（图 8-24）。

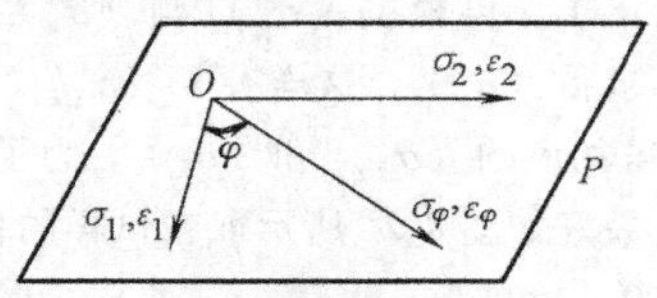

图 8-23　表面应力示意图

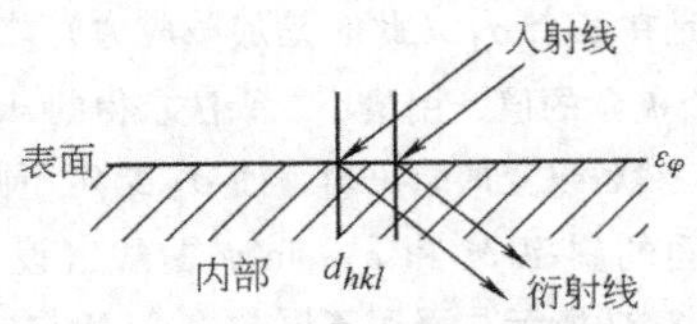

图 8-24　ε_φ 的 X 射线测定示意图

ε_φ 可用与其相互垂直的某（hkl）晶面的面间距 d_{hkl} 的变化 $\Delta d/d_0$ 来表示。从图 8-24 可知，不管采用何种入射线波长和晶面，其衍射线都只射向晶体内部，这样用探测器测不到衍射线，因此也就测不出衍射角 θ 和衍射晶面的面间距 d 以及应变 ε_φ。为解决此问题，在物体表面（图 8-25）过 σ_φ 作与平面 P 的垂直面，在此垂直面上过 O 点取与主应变 ε_3 成 ψ 角方向上的应变 $\varepsilon_{\psi、\varphi}$。这个应变是可用 X 射线测出的。在图 8-26 中显示了这时衍射几何关系。只要衍射角 θ 足够大，ψ 角足够小，衍射线就可射出物体表面，其衍射角 $\theta_{\psi、\varphi}$ 即可测定，据布拉格方程［式（8-26）］，即可求得 $d_{\psi、\varphi}$，而 $\varepsilon_{\psi、\varphi}=\Delta d/d_0=(d_{\psi、\varphi}-d_0)/d_0$，若将 $\varepsilon_{\psi、\varphi}$ 与主应变 ε_1、ε_2 的关系转换成 $\varepsilon_{\psi、\varphi}$ 与 ε_φ 的关系，就可以从测定的 $\varepsilon_{\psi、\varphi}$ 求出 ε_φ 和 σ_φ。

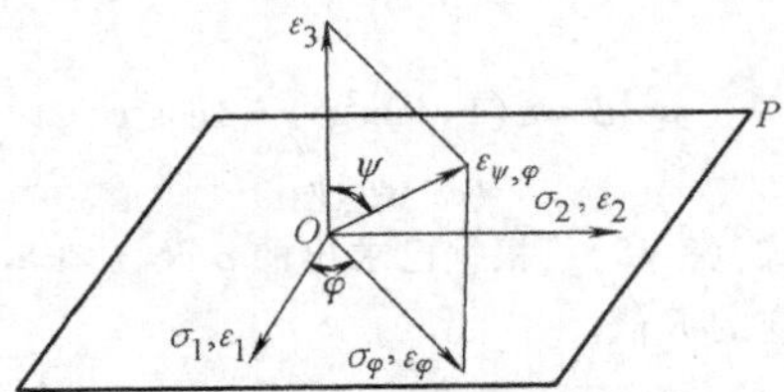

图 8-25　表面应力的测定

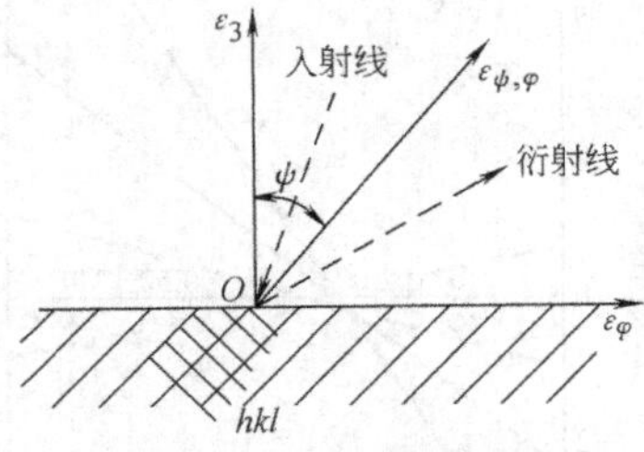

图 8-26　$\varepsilon_{\psi、\varphi}$ 的 X 射线测定

根据弹性力学理论，若任一应变 $\varepsilon_{\psi、\varphi}$ 与主应变 ε_1、ε_2、ε_3 的夹角分别为 α、β、γ，则它们之间有如下关系：

$$\varepsilon_{\psi、\varphi}=\varepsilon_1\cos^2\alpha+\varepsilon_2\cos^2\beta+\varepsilon_3\cos^2\gamma \tag{8-30}$$

由于 $\varepsilon_{\psi、\varphi}$ 在平面 P 上的投影与 ε_φ 同方向，所以它与 ε_1 的夹角 α 就是 φ，与 ε_2 的夹角 $\beta=\pi/2-\varphi$，与 ε_3 的夹角 $\gamma=\psi$，所以有

$$\cos\alpha=\sin\psi\cos\varphi$$
$$\cos\beta=\sin\psi\sin\varphi$$
$$\cos\gamma=\cos\psi$$

将上述三式的关系代入到式（8-30）中得

$$\varepsilon_{\psi、\varphi}=\sin^2\psi(\varepsilon_1\cos^2\varphi+\varepsilon_2\sin^2\varphi-\varepsilon_3)+\varepsilon_3 \tag{8-31}$$

而平面应力状态下的物理方程为

$$\left.\begin{aligned}\varepsilon_1&=(\sigma_1-\mu\sigma_2)/E\\ \varepsilon_2&=(\sigma_2-\mu\sigma_1)/E\\ \varepsilon_3&=-\mu(\sigma_1+\sigma_2)/E\end{aligned}\right\} \tag{8-32}$$

将式(8-32)代入式(8-31)得

$$\varepsilon_{\psi、\varphi}=[(1+\mu)/E]\sin^2\psi(\sigma_1\cos^2\varphi+\sigma_2\sin^2\varphi)-\mu(\sigma_1+\sigma_2)/E \tag{8-33}$$

而平面上任意方向 φ 的应力(σ_φ)与主应力的关系有

$$\sigma_\varphi=\sigma_1\cos^2\varphi+\sigma_2\sin^2\varphi$$

代入式(8-33)得

$$\varepsilon_{\psi、\varphi}=[(1+\mu)/E]\sin^2\psi\sigma_\varphi-\mu(\sigma_1+\sigma_2)/E \tag{8-34}$$

将式(8-29)代入式(8-34)整理后得

$$\Delta\theta=-[(1+\mu)/E](1/\cot\theta_0)\sin^2\psi\sigma_\varphi+(\mu/E)(1/\cot\theta_0)(\sigma_1+\sigma_2)$$

由于在 X 射线测定时习惯用 2θ 角表示衍射角，所以上式改写为

$$\Delta(2\theta)=-[2(1+\mu)/E](1/\cot\theta_0)\sin^2\psi\,\sigma_\varphi+(2\mu/E)(1/\cot\theta_0)(\sigma_1+\sigma_2) \tag{8-35}$$

在式（8-35）中，E 为弹性模量，μ 为泊松比，θ_0 为无应力时的衍射角，ψ 为衍射晶面（hkl）法线与物体表面法线的夹角，σ_1、σ_2 为平面上的主应力，σ_φ 为所需测定的应力。其中 E、μ、θ_0 为常数，ψ 为人为设定的也已知，$(\sigma_1+\sigma_2)$ 为常数，所以式（8-34）中 $\Delta(2\theta)$ 和 σ_φ 之间是线性关系。

2. 常用的测定方法

（1）$\sin^2\psi$ 法。前已指出，式（8-34）给出了应变（$\Delta2\theta$）与欲测应力 σ_φ 的线性关系，但由于常数项中（$\sigma_1+\sigma_2$）是未知的，因此将式（8-24）两边对 $\sin^2\psi$ 求偏导得

$$\partial(\Delta2\theta)/\partial(\sin^2\psi)-[2(1+\mu)/E](1+\cot\theta_0)=\sigma_\varphi$$

由于（$\Delta2\theta$）$=2\theta-2\theta_0$，代入式（8-35）经整理后得

$$\sigma_\varphi=-[E/2(1+\mu)]\cot\theta_0\,\partial(2\theta)/\partial(\sin^2\psi)$$

令

$$K_1=-E/2(1+\mu) \tag{8-36}$$
$$M=\partial(2\theta)/\partial(\sin^2\psi) \tag{8-37}$$

这样前式就可改写为

$$\sigma_\varphi=K_1M \tag{8-38}$$

式中的 M 即为 $2\theta-\sin^2\psi$ 关系曲线的斜率，而从式(8-35)可知，当确定了测点和应力方向后，σ_φ 就有固定的数值，此时 2θ 和 $\sin^2\psi$ 为直线关系，M 为常数。所以在 φ 角固定的条件下，选不同的 ψ 角测定其对应的衍射角 2θ，用最小二乘法可求出直线方程和斜率 M 值。从式（8-36）可知，K_1 为一常数项，应力 σ_φ 决定于 M，式（8-38）中的 M 相当于胡克定律中的应

变，K_1 即为弹性常数。对于 $\sin^2\psi$ 法，式中的 2θ 角是由仪器给出的角度和衍射线强度数据，利用一定的定峰方法来确定。

（2）0°~45°法。在上述 $\sin^2\psi$ 法中，为了用最小二乘法求出 M，因此需设定多个 ψ 角（一般是四个）来测定对应的 2θ 角，这样测定时间大大加长。为了提高测试速度，可采用设定两个 ψ 角的方法。假定两个角为 ψ_1 和 ψ_2，其中 $\psi_1<\psi_2$。对应测定的衍射角为 $2\theta_1$ 和 $2\theta_2$，代入式（8-35）则有

$$2\theta_1=-[2(1+\mu)/E](1/\cot\theta_0)\sin^2\psi_1\sigma_\varphi+(2\mu/E)(1/\cot\theta_0)(\sigma_1+\sigma_2) \quad (8\text{-}39)$$

$$\Delta2\theta_2=-[2(1+\mu)/E](1/\cot\theta_0)\sin^2\psi_1\sigma_\varphi+(2\mu/E)(1/\cot\theta_0)(\sigma_1+\sigma_2) \quad (8\text{-}40)$$

将式(8-40)减式(8-39)得

$$\sigma_\varphi=[E/2(1+\mu)]\cot\theta_0[1/(\sin^2\psi_2-\sin^2\psi_1)](\Delta2\theta_1-\Delta2\theta_2)$$

又因为　$\Delta2\theta_1=2\theta_1-2\theta_0,\Delta2\theta_2=2\theta_2-2\theta_0$

所以有　$\Delta2\theta_1-\Delta2\theta_2=2\theta_1-2\theta_2$

代入上式得

$$\sigma_\varphi=[E/2(1+\mu)]\cot\theta_0[1/(\sin^2\psi_2-\sin^2\psi_1)](2\theta_1-2\theta_2)$$

设定 $\psi_1=0°$，$\psi_2=45°$，且令

$$K_2=[E/2(1+\mu)]\cot\theta_0[1/(\sin^2 45°-\sin^2 0°)]=[E/2(1+\mu)]\cot\theta_0(1/\sin^2 45°)$$

则有　$\sigma_\varphi=K_2(2\theta_{0°}-2\theta_{45°})=K_2\Delta2\theta$　　(8-41)

这样在 ψ 角为 0°和 45°时测定衍射角 $2\theta_{0°}$ 和 $2\theta_{45°}$，再将其差值（$2\theta_{0°}-2\theta_{45°}$）乘以弹性常数 K_2，即得到欲测应力 σ_φ，显然这时的 $\Delta2\theta$ 即相当于应变。

3. 弹性常数 K_1、K_2 的确定　从 K_1 和 K_2 的公式看，它可以用弹性模量 E 和泊松比 μ 计算出来。但弹性力学中的 E 和 μ 是各向同性物体的物理常数，而金属晶体是各向异性的，其力学常数也是各向异性的，所以不能直接用 E 和 μ 的数值，因为它们是各个方向的统计平均值。K_1、K_2 不能计算求得，一般都是用无应力试样对不同材料进行标定。试样通常为等强梁，这样根据等强梁尺寸和加载量可计算出主应力 σ_1 的大小和方向（等强梁主轴上）。然后在此方向上测定 X 射线衍射角。这时 $\varphi=0°$，$\sigma_2=0$，$\sigma_y=\sigma_1$，$\varepsilon_{\psi.\varphi}=\varepsilon_\psi$，所以

$$\varepsilon_\psi=[(1+\mu)/E]\sigma_1\sin^2\psi-(\mu/E)\sigma_1 \quad (8\text{-}42)$$

将上式对 $\sin^2\psi$ 求偏导，然后再对 σ_1 求偏导，得

$$\partial(\partial\varepsilon_\varphi/\partial\sin^2\psi)/2\sigma_1=(1+\mu)/\varepsilon=S_2/2 \quad (8\text{-}43)$$

由于$\partial\varepsilon_\varphi/\partial\sin^2\psi$ 即为应变（ε_ψ）与 $\sin^2\psi$ 关系曲线的斜率，所以

$$\partial M/\partial\sigma_1=S_2/2$$

式中的 M 是在某个 σ_1（此时是加载应力）之下，由所给定的多个 ψ 角的值，用最小二乘法求得的 ε_ψ-$\sin^2\psi$ 曲线的斜率。然后改变加载负荷，使 σ_1 给定不同的数值，就得到不同的斜率 M 和 ε_ψ-$\sin^2\psi$ 曲线（设曲线是直线），如图 8-27 所示；再用不同的多个 M 与 σ_1 值，通过最小二乘法求得 M-σ_1 曲线斜率 $S_2/2$ 的值，如图8-28所示。

若令 $\psi=0°$，则式（8-42）变为

$$(\varepsilon_\psi)_{\psi=0}=-(\mu/E)\sigma_1 \quad (8\text{-}44)$$

将上式对 σ_1 求偏导,得

$$(\partial\varepsilon_\psi/\partial\sigma_1)_{\psi=0}=-\mu/E=S_1 \quad (8\text{-}45)$$

从图 8-27 求出各 σ_1 的（ε_ψ）$_{\psi=0}$，并作曲线（ε_ψ）$_{\psi=0}$-σ_1 的斜率 S_1（图 8-29）。有了 S_1 和 $S_2/2$，据式（8-42）和式（8-43）就不难求出弹性模量 E 和 μ，此时的 E 和 μ 就是所测方向上的数值。

也可以采用下述办法先求 μ，然后再求 E。根据图 8-27，不同的 σ_1 的曲线 $\varepsilon_\psi-\sin^2\psi$ 汇交于一点 A，在此点 $\varepsilon_\psi=0$，并以不同的 ψ 角所对应的 $\sin^2\psi$ 代入式（8-42），得

$$\sin^2\psi=\mu/(1+\mu)$$

从而有

$$\sin^2\psi=\mu(1-\sin^2\psi)=\mu\cos^2\psi$$

所以　$$\mu=\tan^2\psi \quad (8\text{-}46)$$

然后由式（8-45），根据已求出的 μ 及已知 S_1，即可求出对应的 E 值。

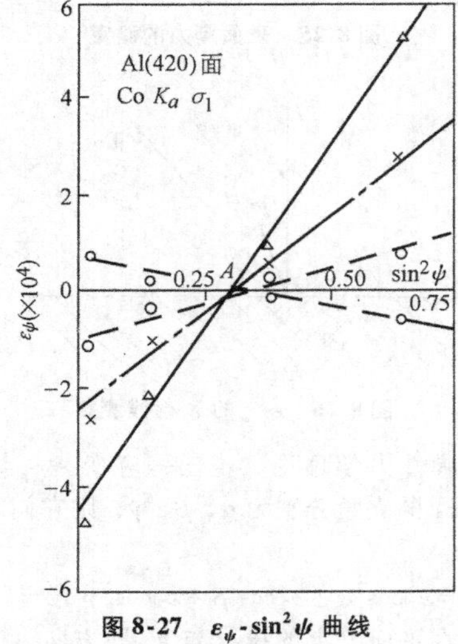

图 8-27　ε_ψ-$\sin^2\psi$ 曲线

实际上在多晶体的晶粒之间还存在相间应力和相互影响（即第二类内应力），因此考虑 $S_2/2$ 和 S_1 的值时，不可能像上述那样简单。这种影响对每个晶粒的应变和应力都将产生作用。据Hank的研究，对于钢材来说，对应力的影响占 58.3%，对应变的影响占

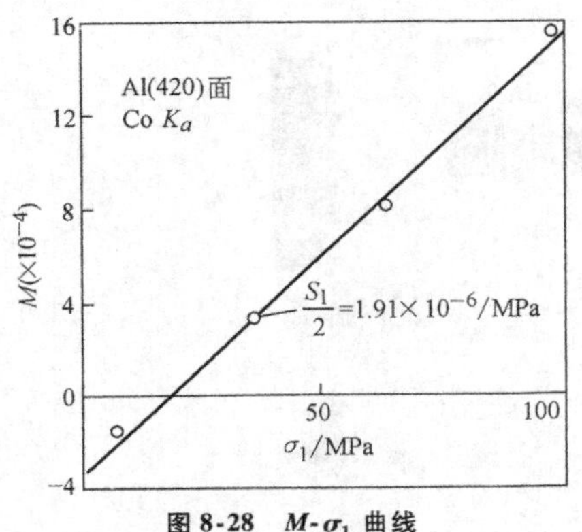

图 8-28 M-σ_1 曲线

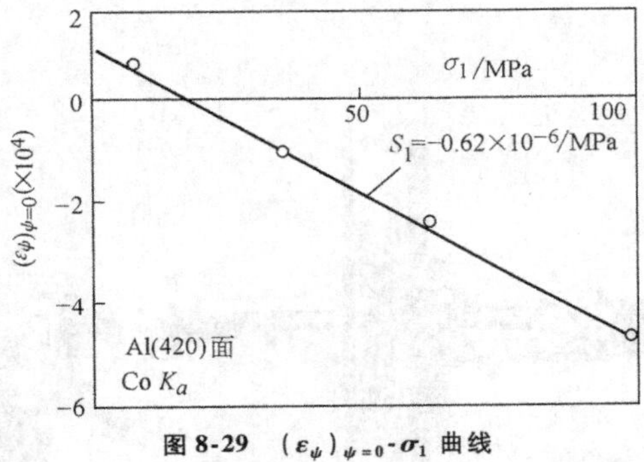

图 8-29 $(\varepsilon_\psi)_{\psi=0}$-$\sigma_1$ 曲线

41.7%，所以 α-Fe (211) 面用 CrK_α 辐射时，得到：

$$\left.\begin{aligned}[(1+\mu)/E]_{\text{X射线}}&=(5.73\pm0.14)\times10^{-6}/\text{MPa}\\(\mu/E)_{\text{X射线}}&=(1.22\pm0.07)\times10^{-6}/\text{MPa}\end{aligned}\right\}\tag{8-47}$$

对于 CoK_α，则 α-Fe(310)面衍射有

$$\left.\begin{aligned}[(1+\mu)/E]_{\text{X射线}}&=(7.32\pm0.17)\times10^{-6}/\text{MPa}\\(\mu/E)_{\text{X射线}}&=(1.76\pm0.92)\times10^{-6}/\text{MPa}\end{aligned}\right\}\tag{8-48}$$

8.3.3.4 X 射线应力测定装置

1. X 射线应力测定仪简介 该仪器是以 X 射线衍射仪为基础，根据应力测定中工件体积大、需现场测试等特点进行改进而成的。它仍然是由 X 射线发生与控制部分和测角仪及支架组成，如图 8-30a 所示。现简要介绍如下。

(1) 测角仪是仪器的主要组成部分，包括 X 射线管座、探测器（正比计数管、闪烁计数管、位敏探测器等）、2θ 角的扫描弧形导轨及驱动装置、ψ 角设置机构、发射和接收光栏（常用的结构为平行光束或准聚焦两种）。目前由于用特殊设计的超微型单窗口 X 光管，使仪器体积和重量均大大减轻，便于携至现场操作。

(2) 支架分为两种，一种是三脚吸盘式（图 8-30b），它可将测角仪吸附于大型工件的任一表面进行测定。当然在取下吸盘后用三脚支撑也可在实验室中对中、小工件进行测定。另一种为台车悬臂式或三脚悬臂式（图 8-30c），它主要用来测定中、小型工件，有吸盘式支架后即可全部取代它。

(3) X 射线发生和控制部分。X 射线的发生仍由高压发生器和 X 光管组成。由于采用了高频振荡高压发生器，所以体积和重量也大大减轻，它已和高压控制、保护线路合并在一个组合屉中，以便携带。

(4) 测试控制和数据处理部分。将常用的测试和数据处理程序编成专用软件，在 Windows 环境下利用微机将整个操作和数据处理自动化。所以只要将 X 射线对准了测试部位，然后在键盘上下达操作指令，测试过程即可全部自动进行。最后利用打印机将测试条件、测试结果的数据和曲线全部打印出来。

2. 国内外生产的仪器简介 我国北京机电研究所从 20 世纪 60 年代引进该仪器，并开始自行设计制造我国的 X 射线应力测定仪。先后设计、生产了“XYL-72”、“XYL-73”、“XYL-74” 及 “XYL-75” 型 X 射线应力测定仪，并将其中的 73 型和 75 型转产给邯郸无损探测仪器厂。目前上述产品均已淘汰，邯郸无损探测仪器厂又自行设计制造了 BX-85 型仪器。此仪器的特点为全面小型化、计算机化，从而成为真正的便携式微机控制的现代化仪器。其测试面积可小到 φ1mm 的区域，加附件还可测定残留奥氏体。

1994 年以后邯郸市爱斯特研究所设计生产出了 X-350 型、X-350A 型和 X-350L 型 X 射线应力仪。该仪器的最大特点是将过去国内外仪器以同倾法为主的设计结构改为以有倾角侧倾法为主。X 射线入射光栅中心线与计数管中心线相向扫描，以它们夹角中心线来定 ψ 角的 θ-θ 法来完成测定操作。这样仪器的应用范围、测量精度都大大提高。该仪器不仅可直接测定铁素体、马氏体应力，还可直接测定奥氏体和部分有色金属的应力。它也可测定残留奥氏体量。

国内许多单位购置了日本理学电机株式会社和美国 AMERICAN STRESS TECHNOLOGIESINC. 以及爱派克国际有限公司的产品。这些进口仪器在结构上与国产仪器无大差异，主要是应用了位敏探测器，使每点的测试时间从几分钟缩短到了几秒钟。这不但节约了测试时间，而且也使仪器应用于生产线上成为可能。

8.3.3.5 X 射线应力测定方法和数据处理

1. 衍射角的测定

(1) 抛物线近似法。理论上衍射线的强度分布是正态分布曲线，实际上不是标准的正态分布曲线。图 8-31 所示为衍射峰示意图。该图显示了通常的强

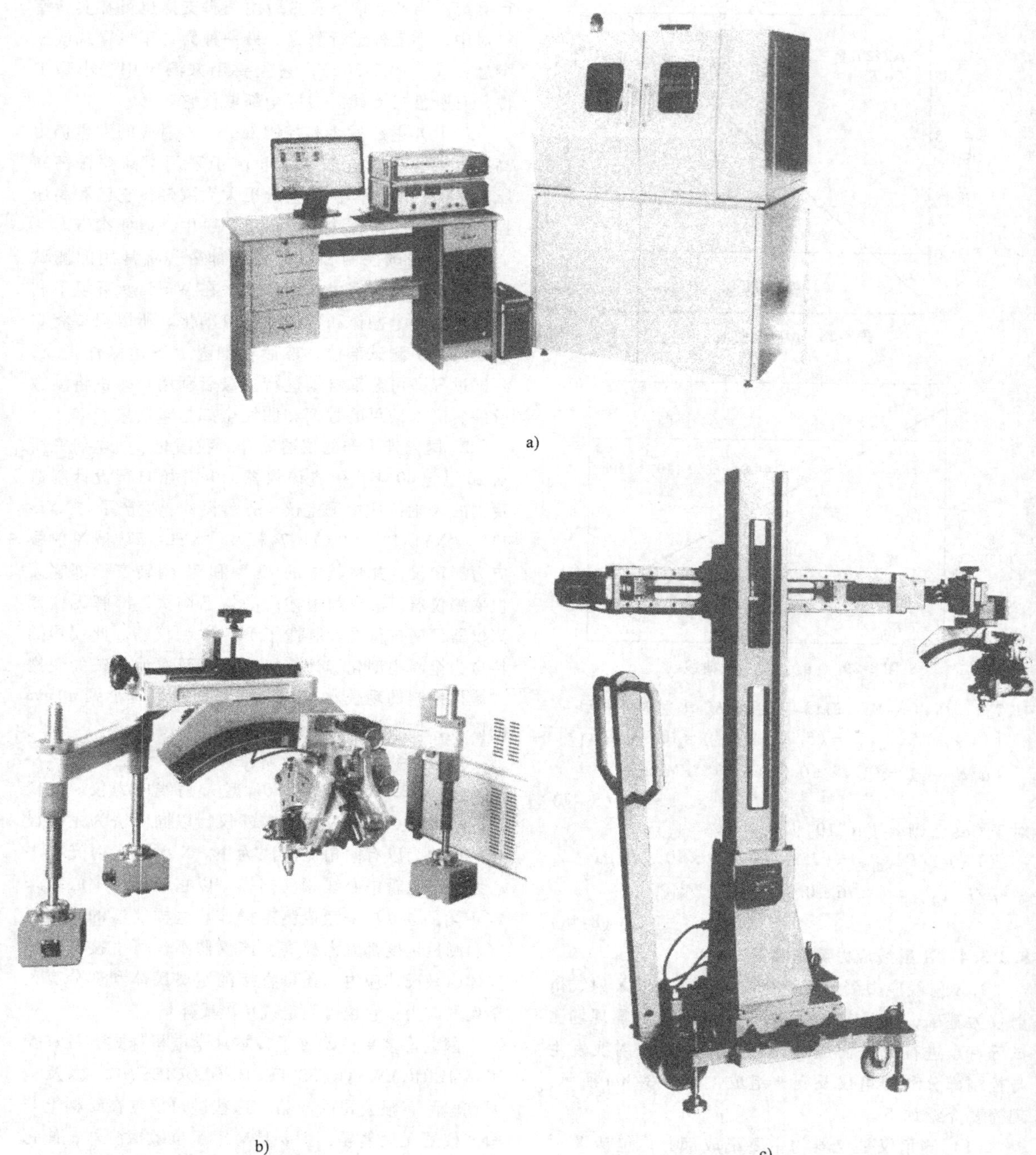

图 8-30 国产 X-350A、L 型 X 射线应力测定仪

a）应力仪全貌 b）三脚吸盘式支架和 θ-θ 扫描 ψ 测角仪 c）立式台车悬臂式测量架

度分布曲线。一般是以峰的顶端位置所对应的 2θ 角作为衍射角。如将峰高 I_{max} 的 0.85 以上部分近似作为抛物线，求出峰顶位置。

抛物线方程为 $y = Ax^2 + Bx + C$，一次导数为 $y' = 2Ax + B$，显然当 $y' = 0$ 时为峰顶，所以 $2Ax + B = 0$，解此方程可得峰顶位置为 $x = -B/2A$。现在 $y = I$，$x = 2\theta$，代入就有

$$I = A(2\theta)^2 + B(2\theta) + C \quad (8\text{-}49)$$

$$2\theta_{峰} = -B/2A \quad (8\text{-}50)$$

若从式（8-49）能求得方程系数 A、B，则可从式

(8-50) 求得 $2\theta_{峰}$。确定 A、B 有三点抛物线法和多点抛物线法。

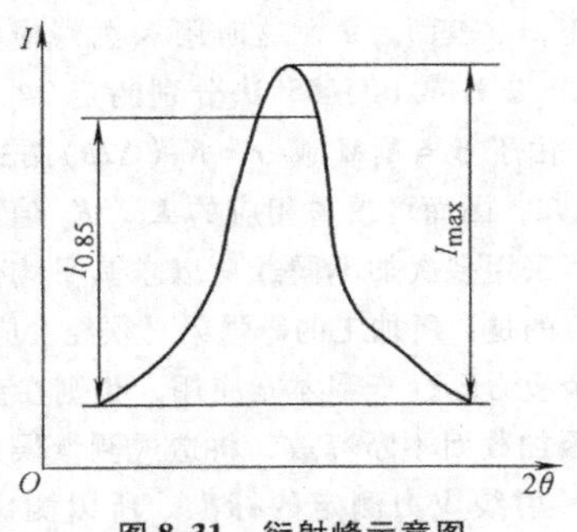

图 8-31　衍射峰示意图

1) 三点抛物线法。在峰顶附近等距离取三点 $2\theta_1$、$2\theta_2$、$2\theta_3$，从强度曲线上取三个角度对应的强度值（用探测器的脉冲计数表示）I_1、I_2、I_3，代入式 (8-49) 可得 A、B、C 值，再代入式 (8-50) 可求得 $2\theta_{峰}$。一般 I_2 在峰顶附近，所以 $I_2>I_1$、I_3。为了计算方便，用下述计算方法，令 $a=I_2-I_1$，$b=I_2-I_3$，$c=2\theta_2-2\theta_1=2\theta_3-2\theta_2$（即 c 为三点的 2θ 步距）。代入式 (8-49) 经整理可得

$$\left.\begin{aligned}a&=A[2(2\theta_1)+c]c+Bc\\ b&=-A[2(2\theta_1)+2c]c+Bc\end{aligned}\right\}\tag{8-51}$$

所以

$$a+b=-2Ac^2$$

$$-2A=(a+b)/c^2$$

$$B=-2A(2\theta_1)+(3a+b)\cdot 2c$$

代入式(8-50)得

$$2\theta_{峰}=2\theta_1+[(3a+b)/(a+b)](c/2)\tag{8-52}$$

这样只要选定 $2\theta_1$ 和步距 c，再测出 I_1、I_2、I_3 就可求得 $2\theta_{峰}$ 之值。

2) 多点抛物线法。三点抛物线法对漫散峰（即峰宽很大，而峰背比较小的峰）将因峰顶难以确定，而造成定峰误差很大，所以通常衍射峰半高宽大于 4°时即采用多点抛物线法。这时在漫散的峰顶附近取五点或七点的 $2\theta_i$ 值和强度 I_i，运用最小二乘法求抛物线方程系数 A、B，再代入式 (8-50)，求其峰值得

$$2\theta_{峰}=\overline{2\theta}-d\left(\sum_{i=1}^{n}t_iI_i\bigg/\sum_{i=1}^{n}T_iI_i\right)\tag{8-53}$$

式中的 n 为取点数，$\overline{2\theta}$为所取各点 2θ 之算术平均值。当步距相等，点数 n 为奇数时$\overline{2\theta}$为各 $2\theta_i$ 之中值。而其他各项含义如下

$$d=0.4(n^2-4)c$$

$$t_i=i-(n+1)/2\qquad(i=1,2,\cdots,n)$$

$$T_i=12t_i^2-n^2+1\qquad(i=1,2,\cdots,n)$$

I_i 为各点之强度值。

(2) 半高宽中点法。本方法将一个衍射峰的 $2\theta_{峰}$ 位置定义为半高宽中点的位置。在衍射峰高度的一半处作衍射峰背底的平行线，与峰的两腰交于 $2\theta_{低}$ 和 $2\theta_{高}$ 处，取差值 $\beta=2\theta_{高}-2\theta_{低}$，此即为衍射峰的半高宽（图 8-32），其中点位置即定义为峰顶位置 $2\theta_{峰}$。

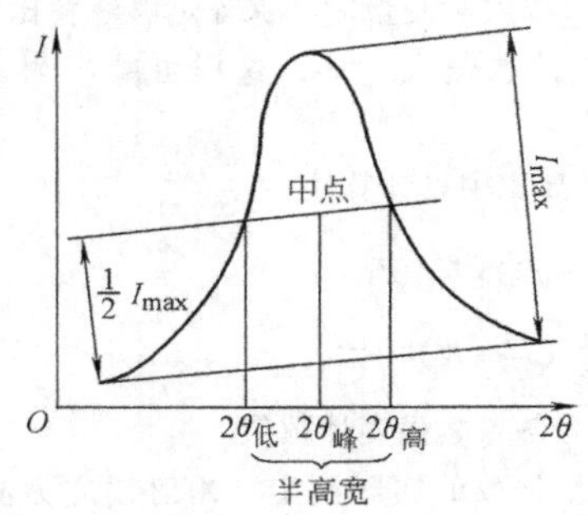

图 8-32　半高宽定峰法

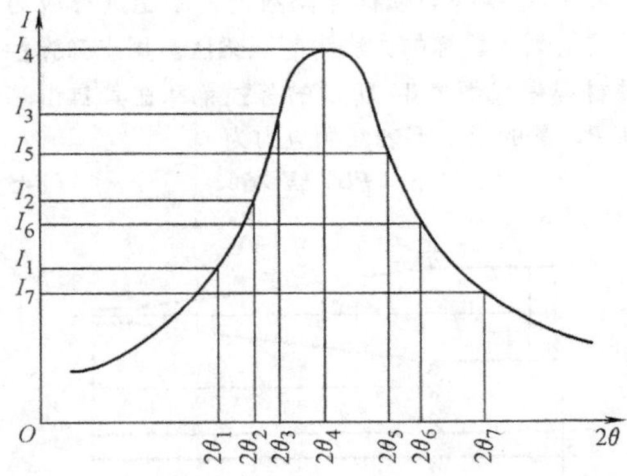

图 8-33　半高宽中点定峰计算法

当在仪器作出的衍射峰曲线上 (8-32) 作图求得半高宽中点时，称为半高宽作图法。在用没有微机处理数据的旧型号仪器测定时常用此法定峰，它也是国家标准规定的定峰方法之一。也可用计算法求其半高宽峰值。按多点抛物线取点法取七点，如图 8-33 所示。在测得此七点对应的衍射强度 I_1、I_2、…、I_7 后，可按下式计算其 $2\theta_{峰}$ 值：

$$\begin{aligned}2\theta_{峰}=&1/2(2\theta_2+2\theta_6)+c/6\{[3I_4-\\&2(I_1+I_2+I_3)/(I_3-I_1)]+[3I_4-\\&2(I_5+I_6+I_7)/(I_7-I_5)]\}\end{aligned}\tag{8-54}$$

式中，$2\theta_2$ 和 $2\theta_6$ 为设定的已知值。

(3) 各种方法测定的 2θ 角的标准偏差

1) 抛物线法：

$$\delta=0.4131[(n-1)/n(n+1)]^{1/2}c(n-1)/(1-R)\sqrt{I_{峰}}\tag{8-55}$$

式中　n——取点数目，如 3、5、7、…；

c——各点间 2θ 步距；

$I_{峰}$——n 个测定强度值中的最大值；

R——系数，$R=0.85$。

从式（8-55）可知，测量时 $I_{峰}$ 值越大，测量偏差越小。所以实际测量时在保证足够峰背比的情况下尽量使 $I_{峰}$ 计数值大一些，这样可减小测量的标准偏差。

2）半高宽中点计算法：

$$\delta=(c/\sqrt{3})\left[I_2/(I_3-I_1)^2+I_6/(I_7-I_5)^2\right]^{1/2} \tag{8-56}$$

式中的 I_i 为各点之强度计数值。

2. 弹性常数的实际测定　X 射线应力测定的弹性常数 K_1、K_2 是随材料、衍射面、入射线波长的选择不同而不同的。所以在实际测定时，对每一种未知 K_1、K_2 的材料都必须标定其数值，才能进行应力测定。目前列入国标的方法为等强梁法。用未知弹性常数的材料做成图 8-34 所示的等强梁，在其自由端加载荷 P，梁的上、下表面的应力为

$$\sigma=Pl/(bh^2/6) \tag{8-57}$$

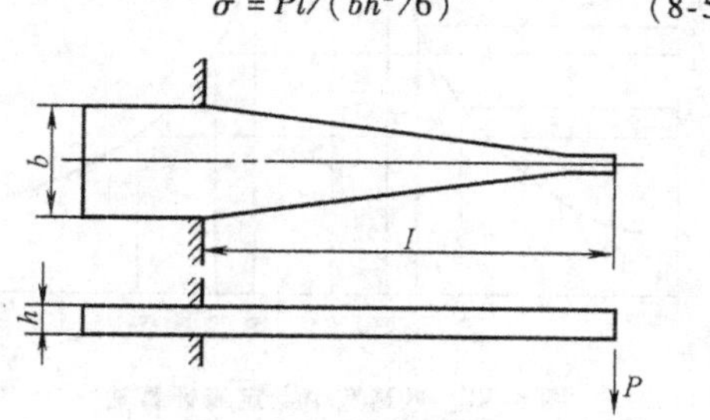

图 8-34　等强梁尺寸

若梁满足 $l=bh^2/6$，据上式可知这时所加载荷 P 的数值和表面产生的应力数值相等。当然应力值有方向，上表面为正，下表面为负。这时用 X 射线应力仪在其上表面用 $\sin^2\psi$ 法或 0°~45°法分别测定 $2\theta_i$，求得其 M 或 $\Delta 2\theta$，由于 $\sigma=K_1M$ 或 $\sigma=K_2(\Delta 2\theta)$ 两式中 σ 和 M、$\Delta 2\theta$ 已知，因而可求得相应的 K_1、K_2 值。为提高准确性，可采用多次加不同载荷以求其平均值。测定中必须注意的是：所加工的等强梁必须经去应力退火，经测定残余应力已近于零才能应用，否则在试验中残余应力会因加载而不断释放，将造成测量误差。而弹性常数为 X 射线应力测定的标准，所以测定 K 值时必须非常细心，用精度最好的仪器精心测定。

3. 测定参数的选择

（1）靶材、衍射面和衍射角的选定。从弹性常数 K_1、K_2 的定义可知，它们均正比于 $\cot\theta_0$（θ_0 为无应力状态下所取材料衍射面的衍射角）。θ_0 等于 90°时 $\cot\theta_0$ 为零，所以所选衍射面的 θ_0 应尽量趋近 90°，从而使 K_1、K_2 数值也尽量小。在测定 2θ 时必然有误差，若弹性常数 K 值越小，则由 2θ 测定值误差引起的应力值误差就越小。据此原则对被测材料应先用 X 射线衍射卡片（PDF 卡片）查出其所有能产生衍射的晶面间距 d 值，再据表 8-1 查得常用靶材（如 Cr、Co、Cu 等）的 K_α、K_β、特征谱波长及相应的滤波片材料和最佳工作电压，最后用布拉格方程 $2d\sin\theta=n\lambda$ 求出在上述各个特征波长下的衍射面。一般取衍射角 2θ 在 150°~165°范围。由于仪器探测器扫描范围最大只能到 170°左右，因此若衍射角太接近 170°则可能使衍射峰不能完整出现，造成定峰困难。

表 8-1　X 射线靶材、特征谱波长、滤波片和工作电压

原子序数	靶材元素	波长/nm					激发电压/kV	滤波片	最佳工作电压/kV
		$K_{\alpha1}$	$K_{\alpha2}$	K_α	K_β	吸收限 λ_K			
24	Cr	0.22896	0.22939	0.2291	0.2095	0.2010	6.0	V	18~30
26	Fe	0.1936	0.1940	0.1937	0.1743	0.1743	7.1	Mn	21~35
27	Co	0.1789	0.1793	0.1790	0.1621	0.1608	7.7	Fe	23~38
28	Ni	0.1658	0.1662	0.1659	0.1500	0.1488	8.3	Co	25~41
29	Cu	0.1541	0.1544	0.1542	0.1392	0.1380	9.0	Ni	27~45

例如，当被测材料为碳钢、中低合金钢的 α-Fe（马氏体、铁素体）时，通常参与衍射的晶面为（110）、（200）、（211）、（310），其相应的面间距为 $d_{110}=0.203\text{nm}$，$d_{200}=0.143\text{nm}$，$d_{211}=0.117\text{nm}$，$d_{310}=0.091\text{nm}$。若用 CrK_α 和 CoK_α 来进行测试，其最佳衍射面分别为（211）和（310），CrK_α 对（211）面的衍射角为 $2\theta_0=156.4°$，CoK_α 对（310）面的衍射角为 $2\theta_0=161.4°$。CrK_α 的滤波片为钒（V），最佳工作电压为 18~30kV；CoK_α 的滤波片为铁（Fe），最佳工作电压为 23~38kV。

（2）其他参数的选择。

1）X 射线管工作电流选择的依据，应在不超过

发射管的规定功率的条件下，尽量使衍射线强度达到最大，但又不超过探测器的额定最大计数范围。

2）接收光栏张角的选定由衍射峰半高宽 B 来决定。当 $B\leqslant5°$时，用张角 <0.7°的平行光栏；若 $B>5°$时，用张角为 0.90°～1.36°的准聚焦光栏。

3）探测器计数时间。在定时计数状态下一般应选择计数在 10000～15000 个脉冲的时间间隔内。

4）探测器扫描范围的确定是由峰形确定的。若是半高宽 $B<4°$的尖锐峰，用三点抛物线法定峰，其扫描范围只在峰顶附近的 2°～3°范围内；若用半高宽或多点抛物线法定峰，则扫描范围需扩大一倍左右，即 4°～6°。若峰形为 $B>4°$的漫散峰，则扫描范围必须将全部衍射峰做出来，其扫描范围可达到 15°以上。

5）定点计数的步距一般采用 0.5°/步，对于尖锐峰可小到 0.2°/步，而对漫散峰可达到 1°/步。

4. 常用的测试方法为同倾法（习惯称常规法），即固定设置入射线与试样表面法线之间的夹角 ψ_0，而不是固定设置衍射面法线与试样表面的夹角 ψ（图 8-35）。但国产的 X-350 型系列仪器则以固定设置 ψ 角的侧倾法为主。入射线与衍射线和衍射面的夹角为布拉格衍射角 θ_0，它们和衍射面法线的夹角为它的余角 $\eta=90°-\theta_0$。从图 8-35 中可知：

$$\psi=\psi_0+\eta \tag{8-58}$$

在用 $\sin^2\psi$ 法测定时，是将 $\psi_{01}\sim\psi_{04}$ 分别设定为 0°、15°、30°、45°。据式（8-58）可知，$\psi_1=0°+\eta$，$\psi_2=15°+\eta$，$\psi_3=30°+\eta$，$\psi_4=45°+\eta$；用 0°～45°法时设定 $\psi_{01}=0°$，$\psi_{02}=45°$，则 $\psi_1=0°+\eta$，$\psi_2=45°+\eta$。当有应力时，$\eta=90°-\theta$，且 $\theta\neq\theta_0$。由于应变量不大，所以对应的 $\Delta\theta/\theta_0\approx\Delta\theta/\theta$，通常采用 $\eta=90°-\theta_0$ 的近似值。对于固定设置 ψ_0 法，虽然

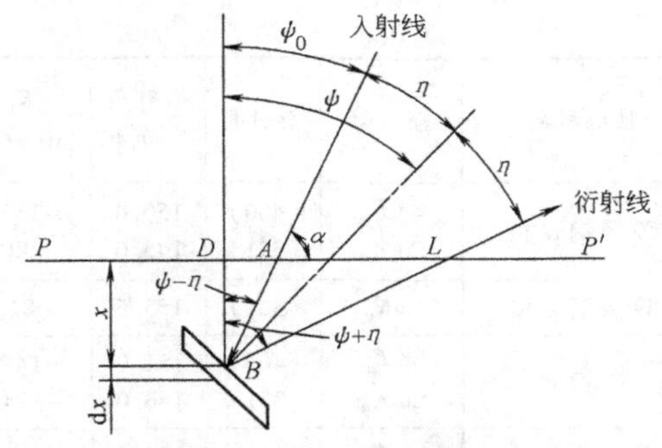

图 8-35 应力测定时的衍射几何图

ψ 角不同，但仍在同一直线上，所以斜率 M 不变，K_1 也不变。但 K_2 就不同了，$\psi_1=0°+\eta$，$\psi_2=45°+\eta$。其计算公式如下：

$$K_2'=E/(1+\mu)\cot\theta_0/[\sin^2(45°+\eta)-\sin^2\eta] \tag{8-59}$$

不同材料在不同入射线下的 K_1 和 K_2' 值列于表 8-2 中。

5. 数据处理

（1）定峰方法。我国国家标准 GB/T 7704—2008 中规定可用的定峰方法为半高宽法和抛物线法。

（2）求应力值。在 $\sin^2\psi$ 法中，求 M 值用最小二乘法，经整理后其计算公式如下：

$$M=\sum_{i=1}^{4}d_i(2\theta_i) \tag{8-60}$$

$$d_i=\left(4\sin^2\psi_2-\sum_{i=1}^{4}\sin^2\psi_i\right)\Bigg/\left[4\sum_{i=1}^{4}(\sin^2\psi_i)^2-\left(\sum_{i=1}^{4}\sin^2\psi_i\right)^2\right] \tag{8-61}$$

在表 8-2 中已将不同被测材料在各种测试条件下的 d_i 值计算出来了，因此测试者可直接将其数值代入式（8-60）中求 M 值。

表 8-2 常用材料的测定参数和弹性常数

被测材料	辐 射	衍射面	衍射角 ($2\theta_0$)	K_1/ [MPa/(°)]	d_1 ($\psi_1=\eta$)	d_2 ($\psi_2=15°+\eta$)	d_3 ($\psi_3=30°+\eta$)	d_4 ($\psi_4=45°+\eta$)	K_2'/ [MPa/(°)]
α-Fe 正火退火	Cr K_α	(211)	156.4	−317.52	−1.2322	−0.5811	+0.3907	+1.4226	+483.14
淬火马氏体	Co K_α	(310)	161.4	−230.30	−1.2477	−0.6269	+0.3776	+1.4970	+363.58
γ-Fe	Cr K_β	(311)	148.5	−355.74	−1.2224	−0.5310	+0.4086	+1.3447	+519.40
奥氏体钢	Cr K_α	(220)	128.3	−621.32	−1.2785	−0.4339	+0.4838	+1.2287	+883.96
铝及铝合金	Cr K_α	(222)	156.7	−92.12	−1.2329	−0.5836	+0.3899	+1.4266	+140.14
	Co K_α	(420)	162.1	−70.56	−1.2504	−0.6342	+0.3758	+1.5083	+111.72
	Co K_α	(331)	148.7	−125.44	−1.2221	−0.5253	+0.4111	+1.3362	+182.28
铜	Cr K_β	(311)	146.5	−245.00	−1.2223	−0.5120	+0.4174	+1.3168	+353.78
	Cu K_α	(420)	144.7	−258.72	−1.2335	−0.5018	+0.4227	+1.3026	+371.42

（续）

被测材料	辐　射	衍射面	衍射角 ($2\theta_0$)	K_1/ [MPa/(°)]	d_1 ($\psi_1=\eta$)	d_2 ($\psi_2=15°+\eta$)	d_3 ($\psi_3=30°+\eta$)	d_4 ($\psi_4=45°+\eta$)	K_2'/ [MPa/(°)]
59 黄铜 α 相	Co K_α	(400)	150.0	−152.88	−1.2226	−0.5336	+0.4075	+1.3487	+224.42
	Co K_β	(331)	145.0	−180.32	−1.2233	−0.5035	+0.4219	+1.3048	+258.72
59 黄铜 β 相	CoK_α	(321)	155.5	−81.34	−1.2302	−0.5737	+0.3930	+1.4109	+122.50
70 黄铜	Co K_α	(400)	151.0	−147.98	−1.2234	−0.5403	+0.4048	+1.3588	+217.56
	Co K_β	(331)	146.0	−174.44	−1.2225	−0.5091	+0.4189	+1.3127	+251.86
钛及钛合金	Co K_α	(114)	154.2	−171.50	−1.2276	−0.5635	+0.3964	+1.3947	+256.76
镍及镍合金	Cr K_β	(311)	157.7	−273.42	−1.2356	−0.5922	+0.3873	+1.4405	+418.46
	Cu K_α	(420)	155.6	−289.10	−1.2304	−0.5745	+0.3927	+1.4122	+437.09
钴及钴合金	Cr K_α	(110)	132.4	−588.00	−1.2587	−0.4464	+0.4674	+1.2358	+832.02

（3）测量误差的计算。

1）衍射角的标准偏差。每次 2θ 角测量后的标准偏差 δ 按式（8-55）、式（8-56）计算。

2）应力值的标准偏差和可信度：

① 0°～45°法由于只测定两点，所以两点的误差对应力值误差的贡献各占 50%，其标准偏差为

$$\sigma_s = K(\delta_{0°}^2 + \delta_{45°}^2)^{1/2} \tag{8-62}$$

式中的 $K=K_2$（固定设置 ψ 法）或 K_2'（固定设置 ψ_0 法）。

② $\sin^2\psi$ 法中 $2\theta_i$ 的四个值的标准偏差 δ_i 在应力值的标准偏差中各以其对应的 d_i 值为权重来起作用，所以其计算公式为

$$\sigma_s = -K_1\left[\sum_{i=1}^{4} d_i^2\delta_i^2\right]^{1/2} \tag{8-63}$$

③ 可信度的计算。标准偏差为测定时的最大偏差，而实测偏差分布在真值 σ 的 $\pm\sigma_s$ 的领域内，成正态分布。取真值左右的 1/2 面积内对应的测点为可信度 $\Delta\sigma$，则有

$$\Delta\sigma = \pm 0.6745\sigma_s \tag{8-64}$$

6. 对测点表面的要求和处理　X 射线测定的是表面应力，因此测点表面状态对测量影响极大。测量时要求表面无锈迹、油污，若为加工面则必须是精加工面。若测点表面不合格，则必须用砂轮、砂纸打磨，然后再用电解抛光将打磨层去除（否则有打磨附加应力），并降低其表面粗糙度。

8.3.3.6　X 射线应力测定中的强度校正

1. X 射线晶体衍射线强度的空间分布　X 射线晶体衍射线强度的空间分布是不均匀的，是随衍射角 2θ 而变化的。其规律为 2θ 在 90°处最弱，而越趋近 0°和 180°则越强，其结果就造成衍射峰背底倾斜，由于是高角背底抬高，所以使峰顶位置向高角偏移。在应力测定时是以不同的 ψ 或 ψ_0 角入射的，这时随 ψ、ψ_0 角的增大，背底倾斜则更加严重，这样由于这种差异使 2θ 角测量值产生系统误差。所以必须找出其中的衍射线强度变化规律，将这种系统误差消除。实测证明，这种误差在 0～700MPa 的试样上可造成 40～100MPa 的系统误差。

2. 强度校正的计算方法　据有关资料证实，强度校正的计算公式为

$$I_{校} = I_{测}[(1+\cos^2 2\theta)/\sin2\theta\sin\theta]\sin(\psi+\theta)\times(1-\tan\psi\cot\theta) \tag{8-65}$$

或者为

$$I_{校} = I_{测}[(1+\cos^2 2\theta)/\sin2\theta\sin\theta]\times\cos(\psi_0-2\theta)/[\cos(\psi_0-2\theta)-\cos\psi_0] \tag{8-66}$$

式（8-65）为固定设置 ψ 法的公式，式（8-66）为固定设置 ψ_0 法的公式。式中 $I_{测}$ 为定点计数时的某点衍射线强度计数，2θ、θ 即为此点对应的衍射角，ψ 或 ψ_0 是由仪器设定的。

在最新设计的国产仪器中，这种校正计算已固化在计算程序中。

8.3.3.7　大晶粒材料的残余应力测定

1. 材料晶粒粗大对衍射峰的影响　当测试对象是经过加热、铸造、焊接等热加工的工件，往往会出现晶粒粗大的现象，即晶粒的平均尺寸大于 30μm，而对于一些有色金属材料往往晶粒会更粗大。这时在不同 ψ 或 ψ_0 角下测定的衍射峰将会出现极大的畸变，主要是大大偏离正常的强度分布规律，即原来强度大的峰会大大减弱，而弱的峰会大大增强。这种现象的出现会使 2θ 的测定值产生极大误差，而且是无规律的、分散度极大的误差，所以应设法尽力消除这

种误差。目前采取的办法就是摇摆法，即在测试时，使入射 X 射线在设定的 ψ 或 ψ_0 角附近作 ±2° ~ ±12°的摇摆，使参与的衍射面数增加，从而大大恢复衍射线强度分布的规律。

2. 校正系数和应力计算　要求得校正系数，必须先求得摇摆中因 $\psi \pm \Delta\psi$ 而形成的 2θ 的统计平均值，据资料介绍，其公式为

$$\overline{2\theta} = [2(1+\mu)/E](1/\cot\theta_0)K'_1\sigma_\varphi + (2\mu/E)(1/\cot\theta_0)(\sigma_1+\sigma_2) \tag{8-67}$$

式中　$K'_1 = (F/4 - \Delta\psi + \tan\eta\ln D - \tan\eta G)/(2\Delta\psi - \tan\eta\ln D)$

$D = \cos(\psi - \Delta\psi)/\cos(\psi + \Delta\psi)$

$F = \sin2(\psi + \Delta\psi) - \sin(\psi + \Delta\psi)$

$G = [\cos^2(\psi - \Delta\psi) - \cos^2(\psi + \Delta\psi)]/2$

将式（8-67）对 K'_1 求偏导：

$$\partial(\overline{2\theta})/\partial K'_1 = [2(1+\mu)/E]\cot\theta_0\sigma_4$$

令 $M' = \partial(\overline{2\theta})/\partial K'_1$，而 $\sin^2\psi$ 法中的 $K_1 = (E/2)(1+\mu)\cot\theta_0$

所以，所测应力 σ_φ 有

$$\sigma_\varphi = K_1 M' \tag{8-68}$$

此即为摇摆法测应力的公式。K_1 是已知弹性常数，关键是如何求得 M'。对于一些常用材料（如 α-Fe、γ-Fe 和 Al）分别采用 CrK_α（211）面、CrK_β（310）面和 CrK_α（222）面测试时，在不同 $\pm\Delta\psi$ 值下的 K'_1 值列于表 8-3 中，有了 K'_1 值，再将测定的 $\overline{2\theta}$ 值与 K'_1 对应，用最小二乘法求 $\overline{2\theta} - K'_1$ 直线的斜率即为 M'，然后再代入式（8-68）即可求得应力值。

对于 0° ~45°法，式（8-68）变为

$$\sigma_\varphi = K'_2\Delta\overline{2\theta} \tag{8-69}$$

式中的 K'_2 与 K'_1 有关，经计算后其数值列于下面的表 8-4 中。

在国产 BX-85 和 X-350 仪器中，均带有摇摆法程序，但只能测出 $\overline{2\theta}$，而计算还需用本手册表 8-3 和表 8-4 求得 K'_1 和 K'_2，再用最小二乘法求 M'，最后依据式（8-68）、式（8-69）求得应力。

表 8-3　不同材料试样、不同辐射的 K'_1 值

1. α-Fe：CrK_α(211) 晶面

±Δψ		2°	4°	6°	8°	10°	12°
ψ	0°	-0.044	-0.045	-0.046	-0.048	-0.051	-0.055
	15°	-0.206	-0.207	-0.207	-0.208	-0.210	-0.211
	30°	-0.448	-0.447	-0.446	-0.445	-0.444	-0.442
	45°	-0.703	-0.701	-0.698	-0.694	-0.689	-0.682

2. γ-Fe：CrK_α(311) 晶面

±Δψ		2°	4°	6°	8°	10°	12°
ψ	0°	-0.069	-0.070	-0.071	-0.073	-0.076	-0.079
	15°	-0.253	-0.253	-0.253	-0.254	-0.254	-0.255
	30°	-0.503	-0.502	-0.500	-0.498	-0.496	-0.492
	45°	-0.752	-0.749	-0.744	-0.737	-0.728	-0.716

3. Al 合金：CrK'_α(222) 晶面

±Δψ		2°	4°	6°	8°	10°	12°
ψ	0°	-0.038	-0.039	-0.041	-0.043	-0.046	-0.050
	15°	-0.195	-0.196	-0.196	-0.197	-0.199	-0.200
	30°	-0.434	-0.433	-0.433	-0.432	-0.430	-0.430
	45°	-0.690	-0.689	-0.688	-0.682	-0.678	-0.672

表 8-4　不同材料试样、不同辐射的 K'_2 值　[单位：MPa/(°)]

±Δψ	2°	4°	6°	8°	10°	12°
CrK_α α-Fe	481	483	487	491	497	506
CrK_β γ-Fe	523	526	531	538	548	562
CrK_α Al 合金	143	144	145	146	148	150
CrK_β Ni 合金	396	397	400	404	409	415
CuK_α Ni 合金	512	515	519	526	535	548

8.3.3.8　织构材料残余应力的测定

1. 材料织构对应力测定的影响　它和前述大晶粒的影响相似，也会因晶粒取向一致（形成织构）而产生不同 ψ 角入射时衍射峰强度出现不正常起伏现象（或称异常现象），并由此使 $2\theta-\sin^2\psi$ 曲线的非线性更为严重，使应力测定无法进行。织构材料晶粒并不粗大，而是绝大多数晶粒空间取向一致，使材料近于单晶体，有了各向异性，也使摇摆法无法改善衍射线的强度异常。这就导致了织构材料独特的测试方法（织构不严重的材料仍可用摇摆法测定）。

2. 测定方法

（1）H 晶面法。对于立方晶体，即使是单晶体，其 $\{hhh\}$ 和 $\{hoo\}$ 两个晶面族具有衍射线强度以及 $2\theta-\sin^2\psi$ 曲线的线性不受其各向异性的影响，仍保持正常的强度分布和 $2\theta-\sin^2\psi$ 的线性关系。这一类晶面有（100）、（111）、（200）、（222）等，我们统称这类晶面为 H 晶面。当然测定时必须先测该材料所用 H 晶面的 X 射线应力测定弹性常数 K_1、K_2' 等。

（2）高指数晶面法。这类晶面由于其重复性因子大，因此其衍射线强度的异常被减弱，并且其 $2\theta-\sin^2\psi$ 曲线的线性关系非常好，能满足应力测定的需要。所以在用 H 晶面法有困难时也可用此方法来测定。这类晶面在 α-Fe 中如(732)(651)、(721)(633)(552)、(710)(550)(543)晶面族。当然它也有一个弹性常数问题。常用材料有织构时常用的衍射面和衍射角见表 8-5。

表 8-5　常用材料有织构时常用的衍射面和衍射角

	(hkl)	辐射	衍射角	备　注
铝(面心立方) $a_0=0.405$nm	(222)	CrK_α	157.00	
	(400)	FeK_α	147.25	
	(422)	$CuK_{\alpha1}$	137.70	需加摇摆
铁(体心立方) $a_0=0.2866$nm	(200)	CrK_α	106.12	侧倾法
	(732)	MoK_{α_1}	153.90	需单色器
	(651)			
	(721)			
	(633)	MoK_{α_1}	130.78	需单色器
	(522)			
铜(面心立方) $a_0=0.3615$nm	(400)	CoK_α	164.13	
	(222)	FeK_α	136.32	
黄铜 α 相(面心) $a_0=0.37$nm	(400)	CoK_α	150.81	
	(222)	FeK_α	130.12	
黄铜 β 相(体心) $a_0=0.29$nm	(222)	CuK_α	130.55	需单色器
	(200)	CrK_α	102.38	

从上可知，其衍射面的衍射角往往较小，已在一般应力测定仪探测器扫描范围（140°～170°）之外，所以往往织构材料应力测定只能在 X 射线衍射仪上进行。

8.3.3.9　复杂形状工件的残余应力测定

前述的 X 射线应力测定中将欲测表面定义为平表面，而实际工件的欲测表面往往是曲面。轴、杆、齿轮等工件的表面，可以是凸圆柱面，也可能是凹圆柱面，因此根据不同情况测定的方法和应力计算方法均需有所改变。

1. 凸圆柱形弧面切向应力的测定

（1）圆柱形弧面的 ψ 角是在设置角两侧一定范围内不均匀分布的，它随试样直径大小、光斑照射面积宽度而变化，而两侧扩展角度的范围不对称。此外，设置的 ψ_0 角是在圆弧顶点（图 8-36），而顶点两侧吸收射线的差异也远大于平面摇摆法。因此必须先求得不同条件（试样直径、照射宽度）下 ψ_0 角的统计平均的上、下限 ψ_{01}、ψ_{02} 和这时的吸收规律，再进行校正。

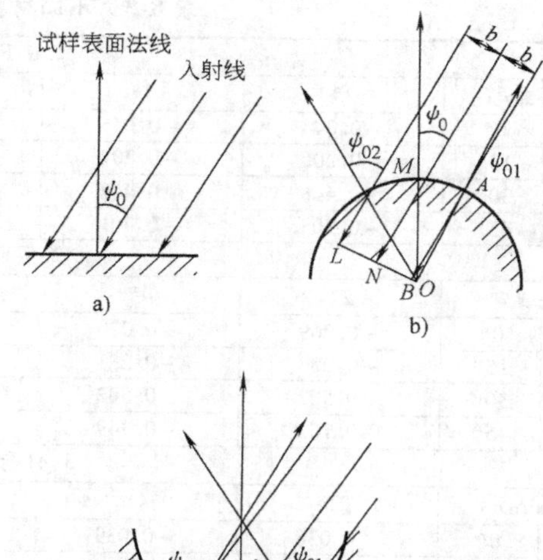

图 8-36　平板和圆柱试样切向应力测定时的几何关系

a）平板试样　b）、c）圆柱试样

（2）计算公式。圆柱弧面测定 2θ 角是统计平均值，当入射线相对圆柱顶点端母线入射角为 ψ_0 时测得的衍射角为

$$\overline{2\theta_0}=\int_{\psi_{01}}^{\psi_{02}}2\theta_{\psi_0}F(\psi)\mathrm{d}\psi\Big/\int_{\psi_{01}}^{\psi_{02}}F(\psi)\mathrm{d}\psi \quad (8\text{-}70)$$

式中的积分区间［ψ_{01}，ψ_{02}］应该是 ψ_0、B（照射面

积宽度）及 D（试样直径）的函数。依图 8-36b 经推导可得到积分区间上、下限与 ψ_0、B 和 D 的关系：

$$\left.\begin{aligned}\psi_{01}&=\arcsin(\sin\psi_0-B/D)\\ \psi_{02}&=\arcsin(\sin\psi_0+B/D)\end{aligned}\right\}\qquad(8\text{-}71)$$

式（8-70）中的 $F(\psi)$ 与不同 ψ_0 角（或 ψ 角）下光程 $R\cos\psi_0$ 及吸收系数有关，经推导得

$$F(\psi)=(1-\tan\psi\tan\eta)\cos(\psi-\eta)\qquad(8\text{-}72)$$

将其代入式（8-71），且据 $\psi=\psi_0+\eta$，将积分限取为 ψ_1 和 ψ_2，则 2θ 的统计平均值为

$$\overline{2\theta}=\frac{\int_{\psi_1}^{\psi_2}2\theta_{\psi_0}(1-\tan\psi\tan\eta)\cos(\psi-\eta)\mathrm{d}\psi}{\int_{\psi_1}^{\psi_2}(1-\tan\psi\tan\eta)\cos(\psi-\eta)\mathrm{d}\psi}\qquad(8\text{-}73)$$

将其代入 $\sin^2\psi$ 法的应力公式中，得

$$\sigma=K_1\partial(\overline{2\theta})/\partial(\overline{\sin^2\psi})\qquad(8\text{-}74)$$

其中

$$\overline{\sin^2\psi}=\frac{\int_{\psi_1}^{\psi_2}\sin^2\psi(1-\tan\psi\tan\eta)\cos(\psi-\eta)\mathrm{d}\psi}{\int_{\psi_1}^{\psi_2}(1-\tan\psi\tan\eta)\cos(\psi-\eta)\mathrm{d}\psi}\qquad(8\text{-}75)$$

对应于 0°～45°法则，有

$$\sigma=K_2\Delta(\overline{2\theta})\qquad(8\text{-}76)$$

其中

$$K_2=K_1/\Delta(\overline{\sin^2\psi})\qquad(8\text{-}77)$$

所以先据式（8-75）求出对应于各个设置的 ψ_0 角（或 ψ 角），求出对应的 $\overline{\sin^2\psi}$ 的数值，这样就可用式（8-74）和式（8-76）求得应力值。

（3）计算 $\overline{\sin^2\psi}$ 时，首先需确定对应 $\psi_0=45°$ 的上限 $\psi_{02\max}$。从图 8-36b 可知，过 A 点的衍射线若与 A 点处柱面相切，则得到衍射线从试样射出的最大极限角（角度再增大，则衍射线将被试样遮掉一部分），且有 $\psi_{02\max}=90°-2\eta$，代入式（8-71）得

$$\sin\psi_0+B/D=\sin(90°-2\eta)$$

$$B/D=\sin(90°-2\eta)-\sin45°\qquad(8\text{-}78)$$

由此可知，当被测材料和辐射选定后，η 角就确定，若试样直径 D 为已知，即可计算出允许的极限照射宽度（即入射光栏的窗口宽度）。再据各测试方法中的 ψ_0（或 ψ 角）的数值，用式（8-71）求得其上下限 ψ_{02}、ψ_{01}（或 ψ_2、ψ_1），这样即可得 $\overline{\sin^2\psi}$ 值。而 $\overline{2\theta}$ 即为仪器的测定值，用式（8-74）、式（8-76）即可求得所测应力值。

（4）不同材料测定的最小直径。从上述内容可知，测定值的校正和照射面积宽度 B 有关。目前一般测试常用宽度为 2～8mm，最小可到 0.5～1.0mm。从测量的精度及重复性考虑，希望 B 越大越好，因为这样计数率高，精度也就高，但从工件应力分析出发则希望测点面积越小越好。如圆柱试样，D 越小则希望 B 也越小。经计算，将不同材料在不同辐射条件下，不同 B 值对应的最小直径 D 值列于表 8-6。

表 8-6　不同材料、不同辐射面和不同光栏狭缝宽度下的最小可测直径

（单位：mm）

试样材料	衍射面 (hkl)	辐　射	狭缝宽度				
			0.5	1.0	2.0	4.0	8.0
α-Fe 和钢	(211)	CrK_α	2.39	4.78	9.56	19.12	38.23
	(310)	CoK_α	2.08	4.16	8.31	16.62	33.24
γ-Fe 和不锈钢	(311)	CrK_α	3.22	6.43	12.87	25.74	51.48
铝及铝合金	(222)	CrK_α	2.37	4.73	9.46	18.93	37.85
	(420)	CoK_α	2.05	4.09	8.18	16.36	32.72
	(331)	CoK_α	3.39	6.79	13.57	27.14	54.29
Cu	(311)	CrK_β	3.94	7.89	45.78	31.55	63.10
	(420)	CuK_α	4.59	9.17	18.34	36.69	73.37
59 黄铜 α 相	(400)	CoK_α	3.15	6.29	12.59	25.17	50.34
	(331)	CoK_β	4.46	8.92	17.85	35.70	71.40
59 黄铜 β 相	(321)	CoK_α	2.46	4.93	9.86	19.72	39.43
70 黄铜	(400)	CoK_α	2.98	5.97	11.94	23.88	47.76
	(331)	CoK_β	4.10	8.20	16.40	32.80	65.61
钛及钛合金	(114)	CoK_α	2.59	5.17	10.35	20.70	41.41
镍及镍合金	(311)	CrK_β	2.29	4.58	9.17	18.34	39.68
	(420)	CuK_α	2.46	4.91	9.82	19.64	36.29

对于 α-Fe 及一般钢材用 CrK_α 对（211）面衍射的 $\sin^2\psi$ 的 d_i 值和 0°～45°法（均为固定设置 ψ_0 法）的 K_2'，在不同 B/D 情况下的数值见表 8-7。

表 8-7　α-Fe，（211）面，在 CrK_α 辐射条件下不同 B/D 值的 d_i 和 K_2' 值

B/D	$\psi_{01}=0°$	$\psi_{02}=15°$	$\psi_{03}=30°$	$\psi_{04}=45°$	K_2'/[MPa/(°)]
	d_1	d_2	d_3	d_4	
1/5	-1.3459	-0.6161	0.4651	1.4970	519.8
1/10	-1.2537	-0.5885	0.4038	1.4384	499.7
1/15	-1.2407	-0.5839	0.3955	1.4295	485.8
1/20	-1.2369	-0.5827	0.3934	1.4263	484.5
1/25	-1.2354	-0.5821	0.3924	1.4252	483.9
1/30	-1.2344	-0.5817	0.3918	1.4243	483.6

2. 圆柱形弧面轴向应力测定　测定时的几何关系如图 8-37 所示。在照射面积内，除圆弧顶点处的入射线和 ψ 角设置平面、探测器扫描平面皆在与试

样表面垂直的平面内以外，其他的入射线及上述两平面皆与表面法线有一夹角 γ，而且在照射宽度 B（$B=2b$）内，各点的夹角 γ_i 均不相同。但这时由于 ψ 设置面与顶点法线 Oz 平行，所以 γ 角分布是以顶点为中心相对 Oz 对称分布的。照射面积为 $S=Bl=2bl$。若将照射面积取面积单元 $\Delta S=\mathrm{d}yl$，则随 $\mathrm{d}y$ 位置变化，该面积单元对应的 γ_i 角不同。实际测得的 2θ 值应是 $\pm\gamma_{\max}$ 区间内的统计平均值 $\overline{2\theta}$，由于照射面积长度 l 为常量，所以积分区间变化为 $-b$ 到 $+b$ 之间，其统计平均值为

$$\overline{2\theta}=\left(\int_{-b}^{b}l2\theta\mathrm{d}y\right)\Big/\left(\int_{-b}^{b}2\theta\mathrm{d}y\right) \tag{8-79}$$

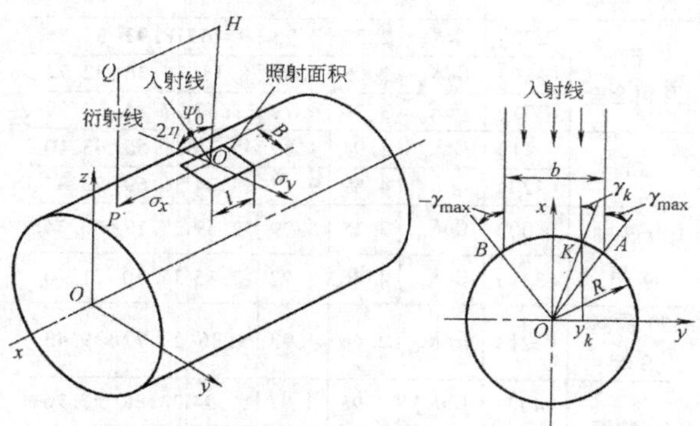

图 8-37　凸圆柱面轴向应力测量的几何关系

将各点的几何关系式代入，得

$$\overline{2\theta}=\left(\int_{-b}^{b}2\theta\mathrm{d}y\right)/2b$$

$$=(1/K)\left[\sigma_x-(b^2/3k^2)\sigma_y\right]\sin^2\psi+c \tag{8-80}$$

式中的 σ_y 为用式（8-21）测定的切向应力。这时用测得的 $\overline{2\theta}$ 值和设置的 ψ 角求得应力值为

$$\sigma'_x=K_1(\partial\overline{2\theta}/\partial\sin^2\psi)=\sigma_x-(b^2/3R^2)\sigma_y$$

所以 $\sigma_x=\sigma'_x+(b^2/3R^2)\sigma_y=\sigma'_x+(B^2/3D^2)\sigma_y$ (8-81)

式中的 R 为试样半径，σ'_x 为用仪器测出的 $\overline{2\theta}$ 值不加校正的应力值，所以 $(B^2/3D^2)\sigma_y$ 即为校正项 $\Delta\sigma_x$。不同 B/D 对应的 $B^2/3D^2$ 值见表 8-8。

表 8-8　不同 B/D 对应的 $B^2/3D^2$ 值

B/D	0.1	0.2	0.3	0.4	0.5
$B^2/3D^2$	0.003	0.013	0.030	0.053	0.083
B/D	0.6	0.7	0.8	0.9	1.0
$B^2/3D^2$	0.120	0.163	0.213	0.270	0.333

从计算可知，若切向应力 $\sigma_y<50\text{MPa}$，则即使 $B=D$，轴向应力的校正值也只有 16MPa，而这时若测出的未校正轴向应力在 160MPa 以上，则不加校正其应力值相对误差也小于 10%。

3. 侧倾法及其应用　上述应用的探测器扫描平面与 ψ 角（或 ψ_0 角）设置平面重合的测试方法称为同倾法，在以前所述各种测试中它已被很好地应用。但是当欲测凹面试样，如凹圆柱面以及类似的工件表面时，同倾法因探测器扫描位置受限制而无法应用。因此出现了将探测器扫描平面转 90°进行测试的侧倾法，其几何关系如图 8-38 所示。这是一种标准的侧倾法，它固定设置的是衍射晶面法线与试样表面法线的夹角 ψ，而且它的衍射几何关系和 X 射线衍射仪一样，在试样不动的情况下它是由 X 射线和探测器两者相向扫描来实现的。这种设置大大减少了吸收对衍射线强度不均匀的影响，从而大大提高了测量精度。它不仅适用于凹面试样，在其他各种测试中也有很多优点，国产 X-350 型仪器系列就是完全按此来设计的。早期的仪器都按同倾法设计。这种仪器是按固定设置 ψ_0 角的原理，加上侧倾工作台使其实现侧倾法，所以也是一种无倾角的侧倾法。其几何关系如图8-39 所示。这种方法的影响因素多，关系复杂，测试精度也不如有倾角侧倾法高。但因我国尚在大量使用这样的仪器，所以也有必要介绍一下其测试方法。

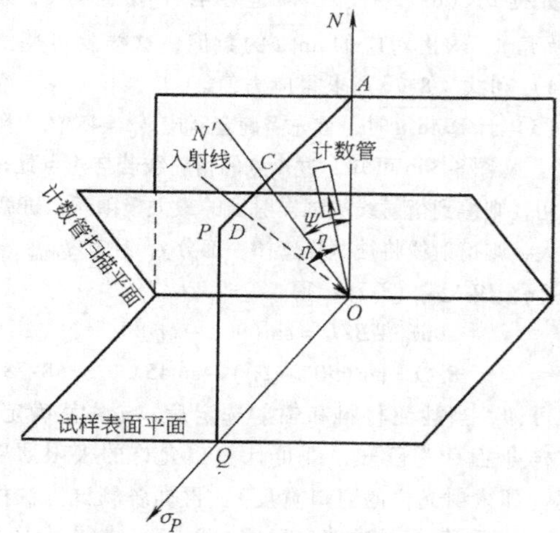

图 8-38　有倾角侧倾法中的几何关系

（1）有倾角侧倾法计算公式及测试方法。

1）计算公式。$\sin^2\psi$ 法：即用前述的式（8-38）来计算。

$$\sigma_\varphi=K_1M$$

设定四个 ψ 值，测出 2θ，然后求出 2θ-$\sin^2\psi$ 曲线的斜率 M，即可求出应力值。

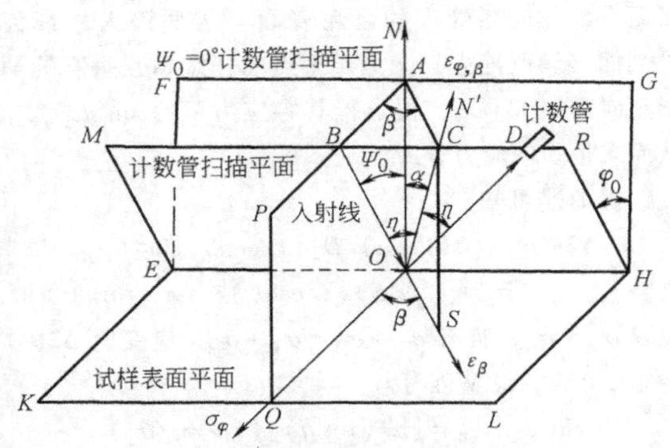

图8-39 无倾角侧倾法中的几何关系

0°~45°法：即用前述的式（8-41）来计算。

$$\sigma_\varphi = K_2 \Delta 2\theta$$

在 ψ 分别为0°和45°处测出 2θ 值，代入上式即可求得应力值。注意此时用的弹性常数是 K_2，而不是 K_2'。

2）测试方法。用侧倾法在凹面试样上测试时设置 ψ 角上限以45°为宜，这时4个 ψ 角即为常用的0°、15°、30°、45°，求斜率 M 的最小二乘系数的 d_i 值见表8-2。若对平面试样，其 ψ 角设置上限可达56°，所以4个角度值可为0°、24°、40°、56°，其 d_i 值见表8-9。

（2）无倾角侧倾法。

1）计算公式。从图8-39可知，它测定的应变 $\varepsilon_{\alpha\beta}$ 为

$$\varepsilon_{\alpha\beta} = a\sin^2\psi_0 + b\sin\psi_0 + c \tag{8-82}$$

其中，$a \approx (1/K_1)\cos^2\eta_0\sigma_x, b \approx (-1/K_1)\cos\eta_0\tau_{xy}$，而 c 为常量，由此可得

$$\left.\begin{aligned} \sigma_x &= K_1 \sec^2\eta_0 a \\ \tau_{xy} &= -K_1 \operatorname{cosec}^2\eta_0 b \end{aligned}\right\} \tag{8-83}$$

在不同 ψ_0 角测 2θ 值，用式（8-82）得 $\varepsilon_{\alpha\beta}$ 的方程式。用多个 ψ_0 角的测量数据，再用最小二乘法求得 a、b 值，公式如下：

$$\left.\begin{aligned} a &= \sum_{i=1}^{n} d_i(2\theta_i) \\ b &= \sum_{i=1}^{n} e_i(2\theta_i) \end{aligned}\right\} \tag{8-84}$$

代入式（8-83），即可求得正应力 σ_x 和切应力 τ_{xy}。

2）测试方法。常用下述两种方法：

① $\pm\psi_{0i}$ 直线法。由于切应力 τ_{xy} 的存在，在设置 ψ_{0i} 时，若只设置 $+\psi_{0i}$（0°、15°、30°、45°）将产生极大系统误差。若采用正负对称设置则可消除此误差。因为同一对 $\pm\psi_0$ 角测定时，其对应的 $\sin\psi_0$ 项数值相等符号相反，即

$$2\theta_{+\psi_{0i}} = a(\sin^2\psi_i) + b\sin\psi_i + c$$

所以 $$2\theta_{-\psi_{0i}} = a(\sin^2\psi_i) - b\sin\psi_i + c$$

$$(2\theta_{+\psi_{0i}} + 2\theta_{-\psi_{0i}})/2 = a\sin^2\psi_{0i} + c \tag{8-85}$$

$$(2\theta_{+\psi_{0i}} - 2\theta_{-\psi_{0i}})/2 = b\sin\psi_{0i} \tag{8-86}$$

即（$2\theta_{+\psi_{0i}} + 2\theta_{-\psi_{0i}}$）与 $\sin^2\psi_{0i}$ 成正比，（$2\theta_{+\psi_{0i}} - 2\theta_{-\psi_{0i}}$）与 $\sin\psi_{0i}$ 成正比，其系数分别为 a 和 b，用式（8-84）和表8-9中的 d_i（对于α-FeCrK_α）可求得。

② $\pm\psi_{0i}$ 抛物线法。若不用 $\Delta 2\theta_i$，而直接用 $2\theta_i$ 时，它和 $\sin\psi_i$ 成抛物线关系，用表8-9中的 d_i、e_i 值可求出方程式中的系数，从而求出应力。在表8-9中，ψ_{0i} 角选用0°、±24°、±40°、±56°的原因是：一方面这时可测试到 $\psi=56°$ 以上的衍射线；另一方面同倾法设置的0°、15°、30°、45°是 ψ_0 角，其对应的 ψ 角为 $\psi_0+\eta$，对α-Fe（211）面、CrK_α 时其 $\eta \approx 11.8°$，所以其 ψ 角为0°、26.8°、41.8°、56.8°，因此，在侧倾法设置 ψ 角时为与同倾法的 ψ_0 角设置相近而选用了上述的角度。注意在无倾角侧倾法测定时，若仍用0°、24°、40°、56°设置 ψ 角，则其 K_1 值将需调整，经计算其数值为 $K_1 = -347.1$MPa/°。而 d_i、e_i 值见表8-9。

表8-9 α-Fe、(211) 面、CrK_α 测定时的 ψ_{0i}、d_i、e_i 值

取角次数 i	取角度数 ψ_{0i}	有倾角侧倾法	无倾角侧倾法			
		$\sin^2\psi$ 法	$\pm\psi_0$ 直线法		$\pm\psi_0$ 抛物线法	
		d_i	d_i	e_i	d_i	e_i
1	0°	-1.1729	-2.2240	0	-0.8878	0
2	24°	-0.5598	-0.2921	0.2048	-0.4817	-0.4013
3	40°	0.3584	0.1870	-0.5636	0.1264	-0.6342
4	56°	1.3743	0.7171	-1.1699	0.7992	-0.8179
5	-24°		-0.2921	-0.2048	-0.4817	0.4013
6	-40°		0.1870	0.5636	0.1264	0.6342
7	-56°		0.7171	1.1699	0.7992	0.8179

4. 典型复杂形状零件的测定

（1）曲轴圆角残余应力的测定。所谓曲轴圆角是指轴颈与轴柄的过渡圆角。轴颈表面高频感应淬火后，圆角区因处于过渡区，会产生残余拉应力峰。曲轴运行中圆角区的工作状态是承受拉压、弯曲、扭转的复杂交变应力，存在于表面的拉伸残余应力将使曲轴疲劳寿命大大降低。因此轴颈淬火后，其圆角部位也需予以强化（高频感应加热圆角淬火或圆角滚压）。测定圆角部位应力难度较大，可采用图 8-40 所示方法，图 8-40a 为圆角位置，图 8-40b 为测定时 ψ_0 角的设置，图 8-40c 为测点部的双曲圆拱。一般轴颈半径是圆角半径的 10 倍以上，所以在测点尺度小于 10mm 的范围内，可将圆角近似看成是凹圆柱面。此处建议用有倾角侧倾法，可以保证从 0°～45°的 ψ 角设置，而且几乎不存在吸收因子的影响，如图 8-40b 所示。由于是凹圆柱面，所以所测数据还需用照射面积宽度 B 与圆角直径 D 之比来进行校正（表 8-7，表 8-8），按圆角半径确定照射宽度可参照表 8-6。

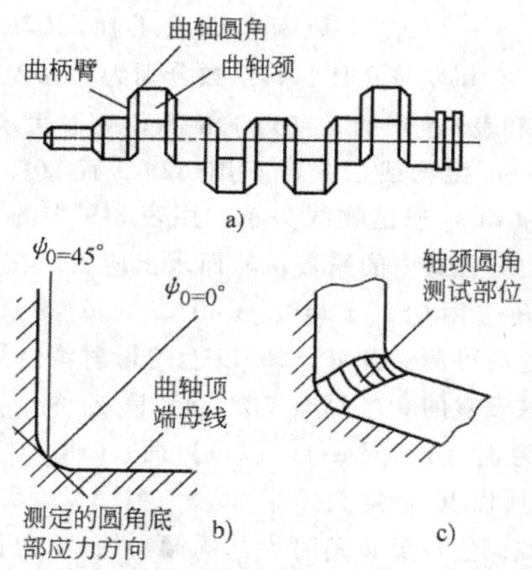

图 8-40　曲轴圆角应力测定示意图

（2）齿轮根部残余应力的测定。

1）轴向应力的测定。齿轮根部可看成是半径很小的凹圆柱面，所以首先必须使照射宽度（即入射光栏狭缝宽度）B 小于圆柱面直径，其值往往小于 1mm，因此为了增强衍射线强度，应尽可能增加照射面的长度。测定数值需用表 8-8 的 $B^2/3D^2$ 的数值进行修正。

2）切向应力的测定。由于相邻两齿对 ψ 角的设置产生极大阻碍，因此测试困难。一种方法是用侧倾法中 $\pm\psi_{0i}$法，在可能的范围内设置正负 ψ_{0i}值，应用计算的 d_i、e_i 值，求出系数 a、b 值后可求得切向应力。与轴向应力相同，此时的测定值也要进行圆柱面测定时的校正。另一测试办法是先测定其轴向应力，然后在经相同热处理的齿轮表面（表面淬火）或齿轮端面（渗碳淬火）上测定某点的任意相互垂直的两个正应力 σ_x 和 σ_y，再求得其零应力下的 $\sin^2\psi_{\Delta 2\theta=0}$，从而求得切向应力 σ_τ。

据前述可知：

$$\Delta 2\theta = -[2(1+\mu)/E](1/\cot\theta_0)\sin^2\psi \cdot \sigma_\varphi + (2\mu/E)(1/\cot\theta_0)\cdot(\sigma_1+\sigma_2)$$

现取 $\sigma_\varphi=\sigma_x$，且有 $\sigma_1+\sigma_2=\sigma_x+\sigma_y$，应变时 $\Delta 2\theta=0$ 代入上式，经整理有

$$\sin^2\psi_{\Delta 2\theta=0}=[\mu/(1+\mu)](1+\sigma_y/\sigma_x) \tag{8-87}$$

只要在非齿根的平面上测得任意的相互垂直的 σ_x、σ_y 值代入式（8-87），即可求得 $\sin^2\psi_{\Delta 2\theta=0}$值。这时式（8-87）变为

$$\sigma_y=[(1+\mu)/\mu]\sin^2\psi_{\Delta 2\theta=0}\sigma_x$$

令 $\sigma_x=\sigma_z$(轴向应力)，则 σ_y 就是切向应力 σ_t，所以上式变为

$$\sigma_t=[(1+\mu)/\mu]\sin^2\psi_{\Delta 2\theta=0}\sigma_z \tag{8-88}$$

将测得的 σ_z 值和式（8-87）算出的 $\sin^2\psi_{\Delta 2\theta=0}$值代入式（8-88）即可求得切向应力 σ_t。

8.3.3.10　残余应力沿层深分布的测定

测定沿层深分布的残余应力，目前只有用剥层法测定剥露出来的表面应力，再进行校正。剥层后剥露面上所测应力不是原来的残余应力，而是释放后的应力（剥除时不允许因加工产生新的附加应力）。用弹性力学计算测定值的校正量，得到原来的应力值。

1. 校正公式

（1）厚壁圆管和圆柱的校正公式。

1）基本假定。工件可以近似看作厚壁圆管或圆柱，轴径比超过 6 倍，在所测部位残余应力分布是轴对称，且沿轴向分布是均匀一致，即残余应力仅是半径的函数。剥层时，轴的外表面对称剥离，应力分布仍保持轴对称性不变，即剥除前后同一截面的平面保持不变。

2）校正公式。取一厚壁圆管（图 8-41），外半

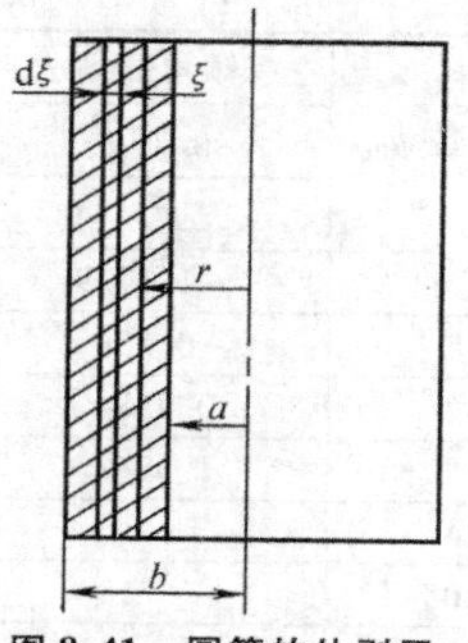

图 8-41　圆管的外剥层

径为 b，内半径为 a，外表面剥层后的半径为 r，在 r 处测得的轴向应力为 σ'_{zr}，切向应力（也称周向应力）为 $\sigma'_{\tau r}$，校正量为 $\Delta\sigma_{zr}$ 和 $\Delta\sigma_{\tau r}$，原来此处的残余应力为

$$\left.\begin{aligned}\sigma_{zr}&=\sigma'_{zr}+\Delta\sigma_{zr}\\\sigma_{\tau r}&=\sigma'_{\tau r}+\Delta\sigma_{\tau r}\end{aligned}\right\}\tag{8-89}$$

令任意处半径为 ξ，经弹性力学推导得到厚壁圆管的校正公式如下：

$$\left.\begin{aligned}\sigma_{zr}&=\sigma'_{zr}-2\int_r^b[\xi/(\xi^2-a^2)]\sigma'_{zr}\mathrm{d}\xi\\\sigma_{\tau r}&=\sigma'_{\tau r}-[(r^2+a^2)/r^2]\\&\quad\int_r^b[\xi/(\xi^2-a^2)]\sigma'_{zr}\mathrm{d}\xi\\\sigma_{rr}&=-[(r^2-a^2)/r^2]\\&\quad\int_r^b[\xi/(\xi^2-a^2)]\sigma'_{\tau r}\mathrm{d}\xi\end{aligned}\right\}\tag{8-90}$$

其中，σ_{zr}为轴向应力；$\sigma_{\tau r}$为切向应力；σ_{rr}为径向应力，注意到表面处有 $\sigma_{rr}=0$，在剥露表面就测不到 σ_{rr}，只能计算出来剥离时此处的 σ_{rr}。

对于圆柱试样，则只需式（8-90）中 $a=0$ 即可。

（2）平板的校正公式。

1）基本假定。所测工件能近似看作长、宽远大于厚度的平板，残余应力的分布仅是板厚的函数；在任意垂直于板厚度的平面上应力值是相同的；剥层后该平面仍保持平面不变。

2）校正公式。平板的剥层如图 8-42 所示。若板长、宽远大于厚度，则在距边缘三个厚度以上的区域测定应力时，可将板看成是无限大平板。现从板的下表面单侧剥除。当剥离到 z 处时，设该处原来的应力为 $\sigma_x(z)$、$\sigma_y(z)$，而剥露处表面上测定的应力为 $\sigma'_x(z)$、$\sigma'_y(z)$，剥层前后应力释放量为 $\Delta\sigma_x(z)$、$\Delta\sigma_y(z)$。由于是单侧剥层，因抗拒附加弯矩产生的附加应力为 $\Delta\sigma_{Mx}(z)$、$\Delta\sigma_{My}(z)$，所以剥除前此层的残余应力为

$$\left.\begin{aligned}\sigma_x(z)&=\sigma'_x(z)+\Delta\sigma_x(z)+\Delta\sigma_{Mx}(z)\\\sigma_y(z)&=\sigma'_y(z)+\Delta\sigma_y(z)+\Delta\sigma_{My}(z)\end{aligned}\right\}\tag{8-91}$$

经弹性力学推导整理后其公式如下：

$$\left.\begin{aligned}\sigma_x(z)&=\sigma'_x(z)+[1/(h-z)]\int_0^z\sigma'_x(\xi)\mathrm{d}\xi-\\&\quad[b/(h-z)^2]\int_0^z[(h-\xi)/2]\sigma'_x(\xi)\mathrm{d}\xi\\\sigma_y(z)&=\sigma'_y(z)+[1/(h-z)]\int_0^z\sigma'_y(\xi)\mathrm{d}\xi-\\&\quad[b/(h-z)^2]\int_0^z[(h-\xi)/2]\sigma'_y(\xi)\mathrm{d}\xi\end{aligned}\right\}\tag{8-92}$$

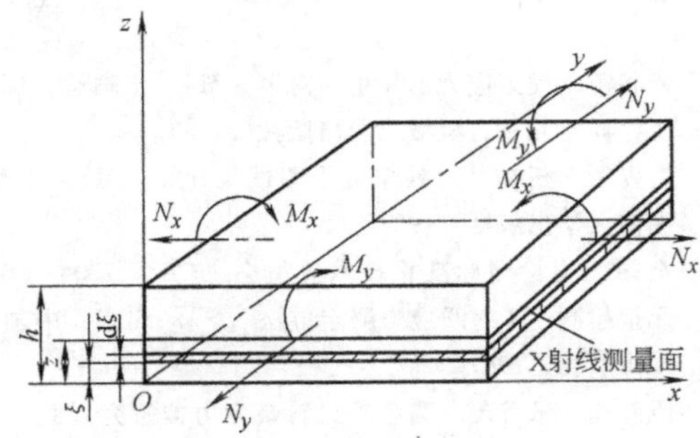

图 8-42　平板的剥层

其中，δ_{zr}为轴向应力；$\sigma_{\tau r}$为切向应力；σ_{rr}为径向应力，注意到达表面处有 $\sigma_{rr}=0$，所以在剥露表面就测不到 σ_{rr}，只能用测出的 σ_{zr}和 $\sigma_{\tau r}$利用弹性力学计算出未剥离时此处的 σ_{rr}。

2. 测定方法

（1）剥层方法。

1）机械法。在每次剥层深度大于 0.1mm 时可采用机械法（车、铣、磨等），但必须留下0.1mm左右的余量用不产生附加应力的腐蚀法去除。即使如此，机械法剥层时，切削用量不能太大，必须在加工中充分润滑冷却，以减少切削热和切削应力的影响。

2）电化学腐蚀法。当剥除量很小时（如 <0.1mm)应采用腐蚀法，以保证不改变剥露表面的应力值。

当采用恒电位法时，一般的钢铁材料常用的电解液为 $w(H_3PO_4)=50\%$ 的水溶液（pH = 1.0）。

3）化学腐蚀法。这种方法的关键是选择腐蚀剂，一般钢铁材料可采用的腐蚀剂配方为：150mL 硝酸 +50mL 过氧化氢 +20g 草酸，然后加水至 500mL。但本方法不适用于高合金钢，特别是不锈钢。对于这些材料只能用前述的电化学腐蚀。

上述两种腐蚀法剥层时必须注意反应时的温度控制，一般以 <70℃为宜，否则会出现蚀坑使表面粗糙度大大提高，影响测试精度。

另外，每次腐蚀时间不宜过长，一般以 3 ~ 5min 为宜，每腐蚀一次必须将工件从腐蚀液或电解液中取出，并将表面沉积的物质冲洗干净，这样才能保证腐蚀的表面质量。

（2）应力测定方法。一般应采用 X 射线应力测定法，因为它测定的层深最浅。

3. 计算方法　计算公式（8-74）和式（8-76）均为积分方程，因此可用每次的剥层深度作为步距，用不等距梯形面积法的求和以代替求积，从而求得函数的积分值。

参 考 文 献

[1]　米谷茂. 残余应力的发生与对策 [M]. 朱荆璞，邵会孟，译. 北京：机械工业出版社，1983.

[2]　袁发荣，伍尚礼. 残余应力测试与计算 [M]. 长沙：湖南大学出版社，1987.

[3]　全国无损检测标准化技术委员会. GB/T 7704—2008 无损检测　X 射线应力测定方法 [S]. 北京：中国标准出版社，1987.

[4]　伍尚礼，米谷茂. 高频淬火残余应力的研究 [J]. 陕西机械学院学报，1988 (2)：21-29.

[5]　徐家炽，张定铨，等. 喷丸对脱碳板簧用钢疲劳强度的影响和残余应力的作用 [J]. 机械工程，1984 (6)：24-26.

[6]　张定铨，何家雯，等. 材料中残余应力的 X 射线衍射分析和作用 [M]. 西安：西安交通大学出版社，1999.

[7]　王仁智，张定铨，等. 残余应力基本知识讲座 [J]. 理化检验物理分册，2007 (4) ~ (12).

第9章 合金相分析及相变过程测试

西安交通大学 宋晓平

9.1 合金相分析方法

相分析是指用各种方法和手段来分析相的成分、形貌（包括形状、大小、分布和数量）及结构的工作。表9-1列出了常用的相分析方法。这些方法各有其特长和局限性，应视不同场合而选择应用。有时数种方法互相配合、互相补充才能得到全面、确切而可靠的结论。这里仅介绍常用的分析方法。

表9-1 常用相分析方法

分析目的	分析方法	最小分析尺度	试样状态
形貌（包括相的形态、大小、分布及数量）	光学显微镜	1μm	磨面
	透射电镜	0.3nm	薄膜、复型、微粒子
	扫描电镜	10nm	磨面、断口、微粒子
晶体结构	X射线衍射	10nm	块状样或粉末、微粒子
	电子衍射	1～10nm	薄膜、复型、微粒子
	中子衍射	1～10nm	固体
	低能电子衍射	表面0.5nm	固体
	场离子显微术	表面0.2nm	固体
成分	电子探针	0.1～1μm	固体
	俄歇电子能谱仪	0.1～2nm	固体
	离子探针	10μm	固体
	化学成分分析		固体

9.1.1 X射线衍射分析

X射线在晶体中产生衍射现象是相干散射的一种特殊表现。当一束X射线照射到晶体上时，电子将产生相干散射和非相干散射，成为晶体的散射波源。所有电子的散射波又可近似地看成由原子中心发出，故原子是散射波的中心。因晶体中原子的排列具有周期性，周期排列的散射波中心发生的相干散射波将互相干涉，结果某些方向加强，出现衍射线，而另一些方向相互抵消，没有衍射产生。产生衍射线的方向可用布拉格方程描述：

$$2d_{hkl}\sin\theta = n\lambda \tag{9-1}$$

式中 d_{hkl}——（hkl）晶面间距；

θ——掠射角（入射方向与晶面的夹角）；

λ——入射波的波长；

n——正整数，称为衍射级数。

待测试样可以是块状或粉末样品，它们均由大量具有不同取向的小晶体构成。当用单色的X射线束照射试样时，满足布拉格条件的晶面就产生自己的衍射线。由于多晶体在空间各个方向的等几率分布，围绕入射线轴的各个方向均有等同晶面，故实际得到的衍射结果是一系列圆锥面，其轴线与入射线重合，顶角对应不同的4θ值，如图9-1所示。如采用照相法，则在底片上可得到一系列的衍射弧线对，圆锥面与底片的交线如图9-1a和图9-1b所示。用已知半径R的相机摄得的衍射花样经过换算，可求出每条衍射弧线对相应的θ值。根据入射线波长λ，利用布拉格公式，可求出该衍射弧线对对应的晶面间距d。目前更广泛应用的是X射线衍射仪法。衍射仪是用X射线计数管记录衍射结果，在图9-1中，使计数管沿底片周长进行扫描，就得到X射线衍射谱，如图9-1c所示。衍射仪可精确测定衍射峰的位置2θ值，并利用布拉格公式求出晶面间距d值。X射线衍射结果不管用什么方法记录，均可统称为衍射花样。

9.1.1.1 X射线衍射花样

X射线衍射花样主要包括两个方面的重要信息：衍射方向和衍射强度的大小及其分布（峰形状）。前者与晶体中晶胞尺寸和形状，即点阵参数等几何因素有关；后者主要决定于组成晶胞的结构基元中各原子的性质、数目和位置等。每个相都有自己的衍射花样，这就是X射线衍射法进行相分析的基础。

X射线衍射分析可分为定性相分析和定量相分析。定性相分析就是将未知物的衍射花样与已知物相晶面间距d、衍射强度（I/I_1）值相对照。衍射线条的数目、位置（d值）和强度是每种物相自己固有的特性，因此可以像根据指纹来鉴定人一样，用衍射花样来鉴定物相。即使多相物质混合在一起，衍射花样也是各个单相衍射花样的简单叠加。为此，实验室必须储存大量的标准单相物质的卡片。哈纳瓦尔特（Hanawalt. J. D）等人首先进行了这一工作，后来美国材料试验学会在 1942 年出版了第一组共 1300 张衍射数据卡片（ASTM 卡片）。1969 年建立的粉末衍射标准联合会（简称 JCPDS）国际机构负责编辑出版粉末衍射卡片组，至今已出版了 42 组约四万余张。图 9-2 所示为 Fe_3C 的衍射数据卡片。为了检索迅速、方便，JCPDS 又制定了多种索引。索引是以每种相的三条最强衍射线条的晶面间距为依据，检索到卡片后，和卡片逐条对照，如完全符合即确定某组成相的存在。表 9-2 是 X 射线衍射定性相分析的特点及注意事项。

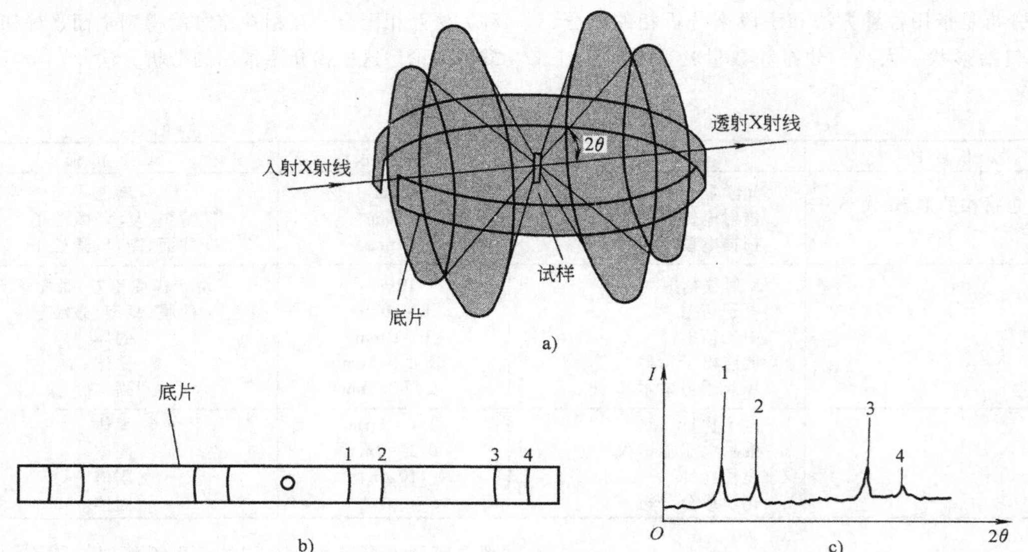

图 9-1　粉末样品衍射花样及记录

a）底片与试样及衍射圆锥的关系　b）展平的粉末像照片

c）衍射仪记录的 X 射线衍射谱

d	2.01	2.06	2.38	2.54	Fe_3C
I/I_1	100	70	65	5	IRON CARBIDE　CEMENTITE

	dA	I/I_1	*hkl*	dA	I/I_1	*hkl*
Rad. Coka　λ1.7889　Filter	2.54	5	020			
Din.　Cut off　Coll.	2.38	65	112,021			
I/I_1　COMPARATOR　SCALE　dcorr. abs?	2.26	25	200			
Ref. LIPSON AND PETCH. J. IRON AND STEEL INST. 142　95 (1940)	2.20	25	120			
Sys. ORTHORHOMBIC　S. G. D_{2H}^{16}-PBNM	2.10	60	121			
a,4.5234　b,5.0883　c,6.7426　A　C	2.06	70	210			
α　β　γ　Z 4	2.02	60	022			
Ref. IBID	2.01	100	103			
ε_a　n∞ β　ε_γ　Sign	1.97	55	211			
2V　D　mp　Color	1.87	30	113			
Ref.	1.85	40	122			
SAME UNIT CELL DIMESIONS OBTAINED BY ACTION OF CO ON Fe_2N AT 700℃ (JACK,NATURE 158,60, 1946) AND FORMED IN STEEL BELOW 700℃ (PETCH, J,IRON AND STEEL IMST. 149,95,1944)	1.76	15	212			
	1.68	15	004,023			
	1.61	7	221			
	1.58	20	130			

图 9-2　Fe_3C 的衍射数据卡片

表 9-2　X 射线衍射定性相分析的特点及注意事项

特点	1)精度高,分析简便,速度快 2)可区别同素异构体 3)试样制备方便,可以是块状、粉末状、板状、丝状,且不消耗试样
局限性	1)不能确定组成相的形貌 2)微量的混合物难以检出,检出的极限量依物质而异,一般为 0.1% ~10%(质量分数) 3)当衍射的 X 射线强度很弱时,难以用作相分析 4)多相物质共存时,衍射线条会发生重叠,给分析带来困难
注意事项	1)由于试样状态不同,或物相中含有固溶元素以及试验条件的不同,会引起 d 值和强度的偏差,一般来说,d 的允许误差为 0.2%,不能超过 1%,强度值的误差则允许较大一些 2)点阵参数相近的物相,如 TiC、VC、NbC 等碳化物,其衍射花样极为相似。当固溶其他元素后,点阵常数又有变化。为了防止误判,应结合试样来源、热处理状态或化学成分分析等得出合理、可靠的结论

9.1.1.2　X 射线强度与相含量关系

X 射线物相定量分析的根据是样品中每个相衍射线条的强度随该相含量增加而提高。但由于 X 射线受试样吸收影响，试样中某相的含量与其衍射强度的关系通常并不正好成正比。因此，在 X 射线衍射定量相分析工作中如何修正试样的吸收是很重要的，表 9-3 列出了 X 射线衍射定量相分析常用方法。

表 9-3　X 射线衍射定量相分析常用方法

方法	质量吸收系数关系	必要的标准试样	定量方法	适用范围
1	待测相与基体其他相的吸收系数相同	制备待测相的纯单相标样	试样中待测相与标样的强度之比即是所求质量分数(单线条法)	α-石英、α-方石英等同素异构物质测定
2	各相吸收系数不相等	J:待测相 S:内标样	J 与标样 S 配成混合物,每加入不同量的 S,求得 J 与 S 的强度比,画出定标曲线(内标法)	需测定多个试样
3	各相吸收系数不相等	J:待测相 S:内标样	制备一个 J 相和标样 S 重量比为 1:1 的两相混合试样,则可求出定标曲线的斜率 K 值。然后测复合试样的 I_j 和 I_s,可求出 J 相的质量分数(K 值法,实质是内标法的一种)	
4	各相吸收系数不相等	—	在同一衍射花样中直接对比待测相和另一相的强度,求出体积分数(直接比较法)	测量残留奥氏体(需计算强度因子)

相分析过程要消耗大量的人力和时间，迫切需要使分析过程自动化。自 20 世纪 60 年代起，计算机用于物相鉴定方面获得很大发展，如建立数据库（把卡片中各物相花样数据输入）和检索匹配。将未知样品的衍射数据和一些已知条件输入计算机后，它能按给定程序和数据库中已知花样对照，根据预定的判据，筛选出最可能的候选卡片。目前国外已生产出成套的计算机控制的自动分析设备，从调整光路、更换样品、衍射记录、数据处理直至分析检索，全部过程均实现了自动化。

9.1.2　电子衍射法

电子衍射法和 X 射线衍射的基本原理完全一样。因此，许多问题可用与 X 射线相类似的方法进行处理。但是，电子衍射与 X 射线衍射相比较，具有三个突出特点。

（1）由于电子的波长比 X 射线短得多，根据布拉格方程 $2d\sin\theta=\lambda$，电子衍射角 2θ 也要小得多，约为 10^{-2}rad。而 X 射线产生衍射时，其衍射角最大可接近 $\pi/2$。因为电子波的波长短，采用爱瓦尔德图解时，反射球的半径很大，在衍射角 θ 较小的范围内，反射球的球面可以近似地看成是一个平面，使得单晶的电子衍射花样近似为倒易点阵的一个二维截面在底片上的放大投影，因而晶体几何关系的研究远较 X 射线衍射简单。

（2）在进行电子衍射操作时采用薄晶样品。薄晶样品的倒易点会沿着样品的厚度方向延伸成杆状，因此增加了倒易点和爱瓦尔德球相交截的机会，结果使略为偏离布拉格条件的电子束也能发生衍射。

（3）由于物质对电子的散射能力比 X 射线的散射几乎强一万倍，所以电子衍射束的强度要高得多，照相仅需要数秒钟。

此外，电子衍射能够在同一试样上与物相的形貌观察结合起来，在观察相组织的同时，还可直接对各相进行晶体结构的分析。但电子衍射也有不足之处：电子衍射束强度有时几乎与透射束相当，二者交互作用时，使衍射强度分析变得复杂，精度也远比 X 射线低，不能像 X 射线那样能从测量衍射强度来广泛地测定结构；电子散射强度高导致的电子穿透能力有限，要求试样薄，这就使试样制备工作较 X 射线复杂，有时甚至因无法制样而不能进行电子衍射分析工作。

9.1.2.1　倒易点阵与爱瓦尔德图解

倒易点阵是一种以长度倒数为量纲的点阵，这种点阵所在的空间称为倒易空间。倒易点阵的基本定义为：倒易点阵中的倒易矢量 G_{hkl} 的方向为晶体真实点阵中相应晶面的法线方向，倒易矢量 G_{hkl} 的大小与真实点阵中相应晶面间距成反比。

由以上基本定义可知：倒易点阵中的倒易矢量可用来表示真实点阵中的一组晶面（hkl），因为其方向就是晶面的方向，其大小就表示晶面间距的大小。倒易点阵的引入使衍射花样分析简单化，最直观的就是爱瓦尔德图解。

爱瓦尔德图解实际上是布拉格方程的几何表示形式。以 $1/\lambda$ 为半径作一圆球（λ 为电子波波长），把待测晶体置于圆球中心，如图 9-3 所示。此时，若有倒易阵点 G（晶面指数为 hkl）正好落在爱瓦尔德球的球面上，则相应的晶面组（hkl）与入射束的位向必满足布拉格条件，而衍射束的方向就是 OG，或者写成衍射波的波矢量 k'，其长度也等于爱瓦尔德球的半径 $1/\lambda$。

9.1.2.2　电子衍射的基本公式

图 9-4 所示为普通电子衍射装置示意图。当入射电子束波长 λ 和晶面间距为 d 的（hkl）晶面满足布拉格公式时，在与入射方向成 2θ 角的方向上得到该

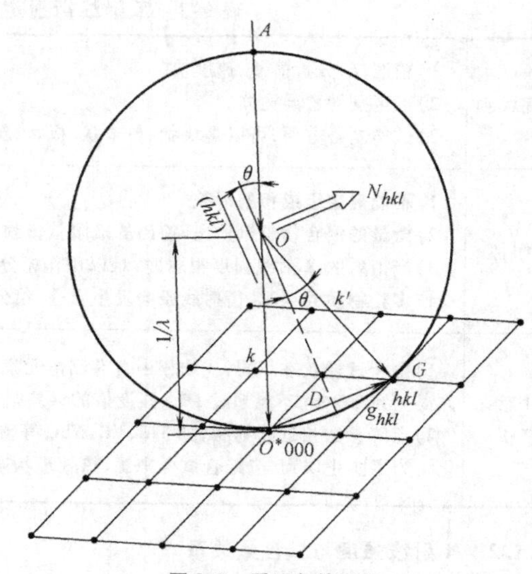

图 9-3　爱瓦尔德图解

晶面族的衍射束。透射束与衍射束在离样品的距离为 L 的照相底版分别相交于 O' 和 P'。O' 为衍射花样的中心斑点，P' 是（hkl）的衍射斑点。根据布拉格公式和图 9-4 中的几何关系可得

$$Rd=\lambda L=K \tag{9-2}$$

因为倒易矢量 $g=1/d$，上式可进一步写成：

$$R=Kg \tag{9-3}$$

这就是说，衍射斑点的 R 矢量是产生这一斑点的晶面族倒易矢量 g 按比例的放大。所以，相机常数 K 有

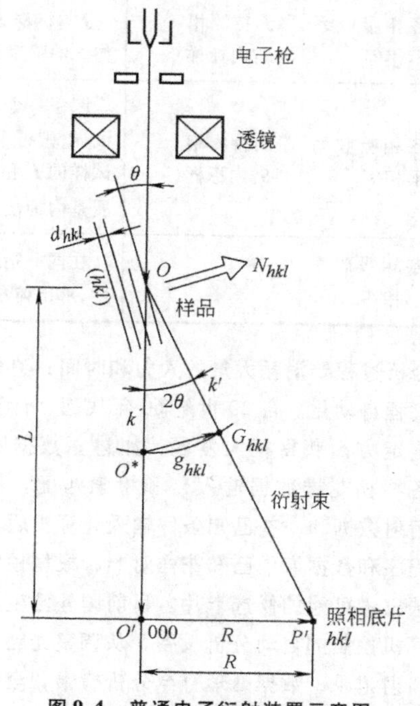

图 9-4　普通电子衍射装置示意图

时也被称为电子衍射的“放大率”，它是电子衍射装置的重要参数。上述关系是分析电子衍射花样的基础。如果已知 K 值，就可由花样上斑点的距离 R 计算产生该衍射斑点的晶面族的d 值。

透射电镜选区电子衍射的衍射花样经中间镜和投影镜两次放大，有效相机长度 L'和有效相机常数 K'要计入中间镜和投影镜的放大倍数。相机常数可用标样物质进行测定。

9.1.2.3　电子衍射花样及其标定

多晶电子衍射花样是由一系列不同半径的同心圆环组成（图 9-5），这与 X 射线粉末法所得花样的几何特征非常相似。衍射环的连续性与强度取决于选区光栏内参与衍射的晶粒数目。随着晶粒尺寸的增大，对衍射有贡献的晶粒数目减少，衍射环就会出现不连续的情况。若有织构出现，则会出现部分弧段消失，部分弧段强度增强的情况。

多晶体电子衍射花样的标定比较简单。其标定方法是：摄照花样，测量环半径 R；根据衍射基本公式 $Rd=K$，计算相应的 d 值；查 JCPDS 卡片确定物相。衍射环的相对强度可作为参考数据加以判断。此外，分析时要考虑相关的已知信息，如材料的成分、工艺、历史等。在未知相机常数时，不能计算出 d 值，但可标出圆环半径平方 R^2 比值序列，再考虑消光条件进行结构分析（表 9-4）。多晶衍射花样也常用来标定相机常数。

单晶衍射花样可看成是落在爱瓦尔德球面上所有倒易阵点所构成图形的投影放大像。由于电子波长短一般为 0.001～0.005nm，爱瓦尔德反射球半径相当大，局部甚至可以当做平面，同时透射电镜用的是薄膜试样，根据形状效应它的倒易点阵是拉长的倒易杆。所以在入射电子束平行于样品晶体的［uvw］方向时，得到的电子衍射花样就是倒易截面［uvw］* 上阵点排列图像的放大像（图 9-3）。电镜中的样品台可以倾斜，从一个晶带轴［uvw］转到平行于另一晶带轴[$u'v'w'$]，得到［$u'v'w'$］* 倒易截面上阵点的图形。在转动过程中，会得到两个晶带轴的衍射花样同时出现的情况。

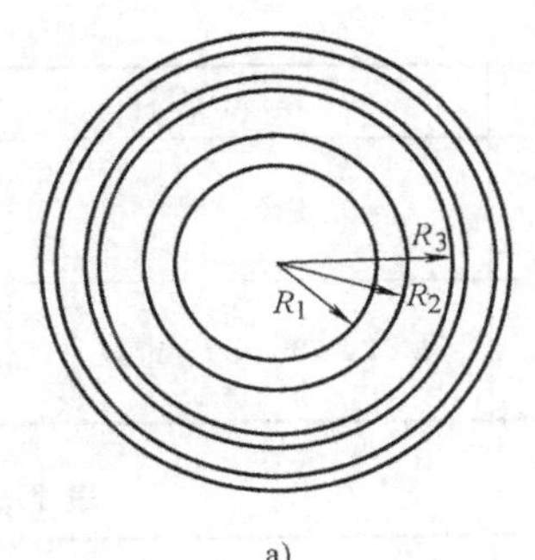

a)

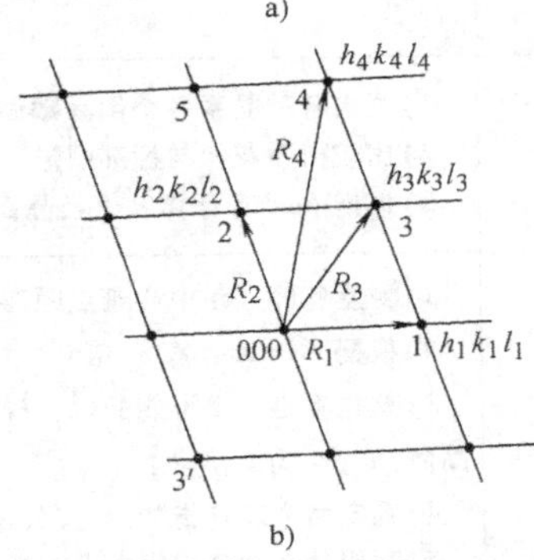

b)

图 9-5　单晶与多晶体的电子衍射花样

a）多晶衍射花样　b）单晶衍射花样

单晶电子衍射花样的标定，就是确定花样中斑点的指数及晶带轴［uvw］，并确定样品的点阵类型和物相。其标定方法见表 9-5。

由于晶体的高对称性，在同一晶面族中确定（h，k，l）时有任意性，从而出现单晶衍射花样标定的不唯一性，这对物相分析不会造成谬误。如果涉及晶体的取向关系，或者界面、位错等缺陷的晶体学性质测量时，则应通过倾斜样品等方法，系统地分析衍射花样，以消除不唯一性。

表 9-4　不同晶体结构衍射环半径平方比值序列

晶体结构	消光条件	晶面间距计算公式	R^2 比值
简单立方	无消光现象	$\frac{1}{d^2}=\frac{h^2+k^2+l^2}{a^2}$	整数比，其中无 5 和 15
体心立方	$h+k+l=$奇数	$\frac{1}{d^2}=\frac{h^2+k^2+l^2}{a^2}$	2:4:6:8:10:12…
面心立方	h、k、l 有奇有偶	$\frac{1}{d^2}=\frac{h^2+k^2+l^2}{a^2}$	3:4:8:11:12:16:19:20…
金刚石结构	h、k、l 全偶，且 $h+k+l\neq 4n$，或 h、k、l 有奇有偶	$\frac{1}{d^2}=\frac{h^2+k^2+l^2}{a^2}$	$h^2+k^2=1:2:4:5:8\cdots$

（续）

晶体结构	消光条件	晶面间距计算公式	R^2 比值
四方	无消光现象	$\frac{1}{d^2}=\frac{h^2+k^2}{a^2}+\frac{l^2}{c^2}$	$h^2+k^2=1:2:4:5:8:9\cdots$
密排六方	$h+2k=3n$ 及 $l=$ 奇数	$\frac{1}{d^2}=\frac{4}{3}\ \frac{h^2+hk+k^2}{a^2}+\frac{l^2}{c^2}$	$h^2+hk+l^2=1:3:4:7:9\cdots$

表 9-5　单晶电子衍射花样标定方法

方　法	标定程序
标准花样对照法	1）画出各种晶系各个倒易截面的标准阵点图形 2）比较衍射花样与标准图形 3）根据 $Rd=K$ 计算 d 值及晶面夹角，并进行验证
尝试校核法	1）测量各阵点距中心斑点距离 R_i 及各 R_i 间的夹角 ϕ_i，按 R_i 值大小排序 2）根据 $Rd=K$ 计算 d_i 值 3）首先确定一个可能的（h_1,k_1,l_1），根据夹角公式计算出 ϕ 值和 d 值与衍射花样测量值比较，尝试第二个晶面（h_2,k_2,l_2） 4）确定两个斑点指数后，按矢量运算求其他斑点指数 5）利用晶带轴公式 $[uvw]=[h_1,\ k_1,\ l_1]\times[h_2,\ k_2,\ l_2]$，求晶带轴
对照卡片法	1）取不同位向衍射花样测定低指数斑点的 R 值，至少是前面的 8 个 R 值 2）根据 $Rd=K$ 计算 d 值 3）查 JCPDS 卡片，对照确定结构 4）结构确定后再用尝试校核法标定花样
标样法	电镜使用时间较长，或试验中参数的改变，使得相机常数有变化，这时可采用标样法 1）分析样品时同时放入已知结构的标准样品，如金单晶样品，在一张底片上同时摄照两个样品的衍射花样。有时常常直接用基体作为标样分析第二相的衍射花样，如回火钢中分析碳化物 2）用标样的衍射花样求出相机常数 3）用尝试校核法分析待测相的衍射花样

电子衍射图的标定是量大而又烦琐的工作，因此近年来大都用计算机处理。将电子衍射图中两个矢量长度和其夹角测量值输入计算机内，并输入假定物相的某些晶体学参数，即可进行计算和自洽，自行输出计算结果。现在已有专门的计算机软件处理衍射花样，完成单晶衍射花样（包括高阶劳厄斑）的标定、多晶衍射环的标定、孪晶关系的判定和孪晶合成衍射图的标定等。

9.1.2.4　样品制备及其他注意问题

电子的散射能力强，穿透试样的本领差，这就要求试样制备很薄。在 200kV 加速电压下，钢试样要求在 100nm 以下，分析结果也相当程度依赖于试样制备的质量。因此，对电镜分析用样品的制备质量要求很高，难度也大。电镜分析用样品常用的制备方法见表 9-6。

电子衍射物相分析的优点是灵敏度高，小到几个纳米的微晶也能给出清晰的电子衍射图，待定物相含量低的早期沉淀也可分析，并且可结合形貌观察进行分析，得到有关物相的大小、形态、分布等重要资料。

电子衍射物相分析的局限性是不如 X 射线衍射法可靠性高。这是因为电子显微镜的试验参数多，变化大，相机常数常常变化，即使在良好的校正条件下，通常测出的 d 值也只能达到 1% ~2% 的精度，远低于 X 射线衍射的精度。其次是衍射得到的 d 值是不完整的，强度差别也很大，不能根据“三强线”索引原则查阅 JCPDS 卡片。因此，电子衍射物相分析，应尽可能多地得到待测相的电子衍射花样，并尽可能地与 X 射线物相分析等方法结合进行。

表 9-6　电镜分析用样品常用的制备方法

分　类	方　法	备　注
微粉末法	在钢网上溅射一层碳膜，支承粉末，直接观察	
离子减薄法	在电离室内形成并加速到 1～10kV 能量的离子轰击试样表面，高速离子把原子打出试样表面而减薄，约 0.1μm/min，通常用于脆性材料，或其他方法难以制备的样品	一般工作电压 5kV，工作电流 0.1mA，束流 50～100μA，样品转速 30r/min，样品最终角度 7°～10°
超薄切片法	过去常用于软材料样品制备，如塑料、纤维、橡胶等。现在也可用于金属样品制备。把粉末状样品用树脂等固化成 ϕ5～ϕ10mm 的管状，用超薄切片机切成小于 100nm 厚度的薄片，然后用铜网支承进行观察	对软金属会产生塑性变形，破坏原始组织；对硬金属，由于固化树脂受力不均匀，会出现切片中厚薄不匀现象
电解抛光法	1）用电火花切成约 0.3mm 的薄片 2）机械法研磨到 50μm 以下薄片 3）最后电解抛光至 100nm 以下薄片	如低碳钢可用 10%（质量分数）高氯酸冰醋酸电解液
化学抛光法	1）用电火花切成约 0.3mm 的薄片 2）机械法研磨到 50μm 以下薄片 3）用化学抛光法减薄到 100nm 以下薄片	如 Cu 用 25%（分量分数，下同）醋酸 + 25% 磷酸 + 50% 硝酸溶液减薄
萃取复型法	常用腐蚀或电解等方法，从基体中将沉淀相、夹杂物等萃取在复型上，进行观察和电子衍射分析	一般钢可用 10%（质量分数）硝酸酒精作电解溶液

9.1.3　中子衍射法

中子是一种不带电荷的微观粒子，它的自旋量子数为 1/2，磁矩为 1.042×10^{-3} μB（μB 为玻尔磁子）。和其他微观粒子一样，中子也具有波粒二象性。在普通的反应堆中的平衡温度（通常在 0～100℃）的范围内，相应产生的中子束的波长约为 0.15nm，这是晶体中原子间距的数量级。因此，与 X 射线一样，中子也能与晶体发生衍射现象。

图 9-6 所示为中子衍射仪示意图，其光路布置类似于 X 射线衍射仪，这称为德拜-谢氏几何。反应堆产生的中子流经锗单晶体后形成单一波长的中子束，经过样品衍射后，用三氟化硼（BF_3）计数器记录。中子束没有 X 射线的标识谱，能量呈连续分布，因此经单色器后仅有初级束中 1×10^{-3} 的中子通过，这就要求增大束流直径（≈10cm），样品尺寸也可以做成很大（≈10cm），典型的样品尺寸为 ϕ1.5cm × 5cm。可采用块状试样或粉末试样，粉末试样通常装在铝壳内。

中子衍射几何与 X 射线衍射一样都可用布拉格方程描述，但中子衍射有其独特的优势，已日益成为材料结构分析的有力工具。其与 X 射线相比有以下特点：

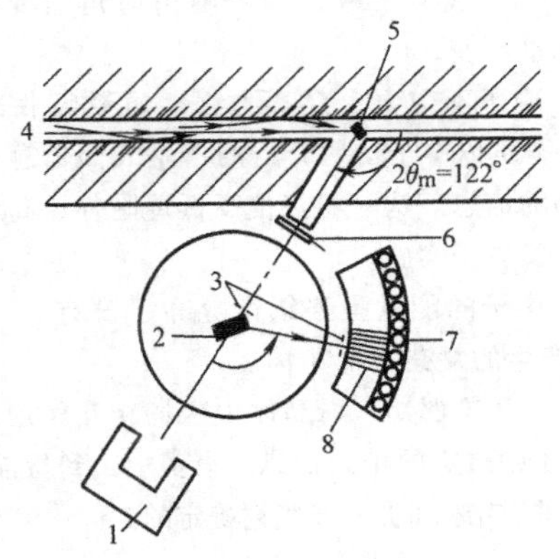

图 9-6　中子衍射仪示意图
1—防透罩　2—样品　3—镉罩　4—反应堆　5—锗单色器　6—监测计数器　7—可移动式 BF_3 计数器　8—准直仪（α = 0.17°）

（1）X 射线在晶体中是被核外电子散射，不同原子间的散射因数相差很大，如氢和铀相差 100；而中子只受到原子核的作用产生散射，不同原子间的散射因数相差不大（≈4）。因此中子衍射能分析含有轻、重原子（如氢化物、碳化物）的物质。X 射线与中子的特性比较见表 9-7。

表 9-7　X 射线与中子的特性比较

元　素	中　子			X　射　线		
	$b(10^{-12})$	$\mu/(1/\text{cm})$	$t_{50\%}/\text{cm}$	$f(10^{-12})$	$\mu/(1/\text{cm})$	$t_{50\%}/\text{cm}$
$C_{(石墨)}$	0.66	0.62	1.11	1.69	9.6	0.72×10^{-1}
Al	0.35	0.10	7.05	5.69	131	0.53×10^{-2}
Ti	-0.34	0.45	1.55	9.12	938	0.74×10^{-3}
V	-0.05	0.56	1.25	9.63	1356	0.51×10^{-3}
Cr	0.35	0.47	1.47	10.1	1814	0.38×10^{-3}
Fe	0.96	1.12	0.62	11.5	2424	0.29×10^{-3}
Co	0.25	2.40	0.29	12.2	2980	0.23×10^{-3}
Ni	1.03	1.86	0.37	12.9	407	0.17×10^{-2}
Mo	0.69	0.48	1.44	21.6	1618	0.43×10^{-3}
W	0.47	1.05	0.66	42.3	3311	0.21×10^{-3}

注：b 是中子散射长度；μ 是线性吸收系数；$t_{50\%}$ 是 50% 强度的光束穿透深度；f 是 X 射线散射振幅。表中 X 射线的 f 和 μ 值是 $\frac{\sin\theta}{\lambda}=0.5$ 时的计算值。

对于原子序数相邻的原子构成的物质（如 Fe 和 Co），利用中子衍射也比较容易研究它的结构。特别重要的是同位素散射因数的差别，使得中子衍射可以分析每个元素的同位素在不同晶体中的散射因数的分量。

（2）X 射线原子散射因数随衍射角而变化，而中子则几乎不变。

（3）中子不带电，穿透力强，质量吸收系数小（表 9-7），所以中子衍射分析的不是表面信息，而是样品内部的信息。这一特点使高低温附件、高压附件等实验装置易于实施。

（4）中子的能量呈连续谱分布，没有 X 射线中 $k_{\alpha1}$、$k_{\alpha2}$ 产生的复杂干扰花样。

（5）中子有磁矩，与晶体中磁场相互作用，可给出晶体原子中磁矩的排列信息。事实上，到目前为止，所有材料的磁结构都是中子衍射确定的。

9.1.4　低能电子衍射

低能电子衍射（LEED）用于研究晶体清洁表面结构和表面吸附层结构。

低能电子衍射使用能量为 30～1000eV 的电子束，弹性散射的平均电子自由程仅 0.4～2nm，是几个原子层的厚度。因此，与其他表面技术相比，它真实反映了晶体的表面结构。

晶体表面结构可看作为一个二维点阵，最小的单元记为元胞，元胞的周期性重复构成整个点阵。二维点阵共有五种布拉菲晶格结构，如图 9-7 所示。二维点阵用米勒指数（hk）来标注原子列（图 9-8），原子间距为

$$d_{hk}=\left[\frac{h^2}{a^2}+\frac{k^2}{b^2}\right]^{-\frac{1}{2}} \tag{9-4}$$

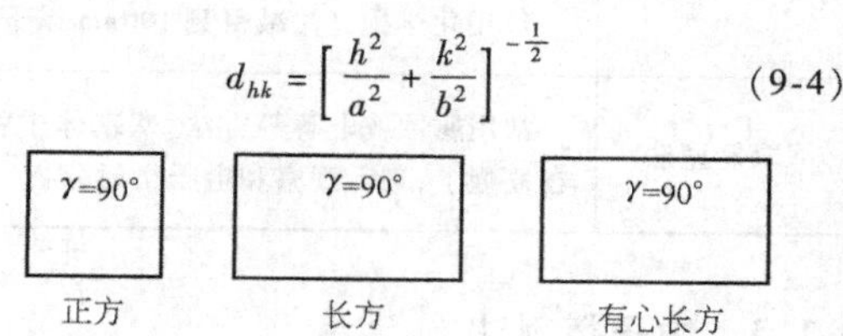

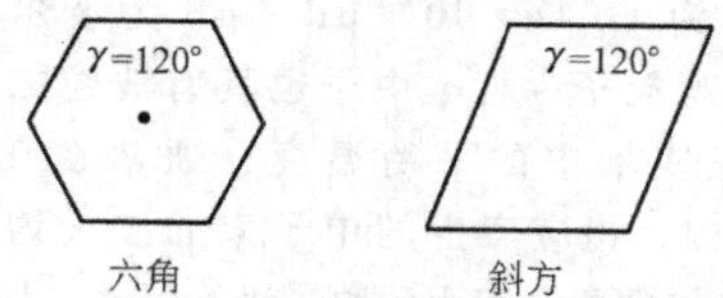

图 9-7　五种布拉菲晶格结构

晶体表面结构不同于晶体体积内部的周期性结构。这是因为当一个清洁的晶体表面生成时，一维方向上的结合价键发生断裂，在表层产生了力的不平衡，因而表面原子发生重组，以降低能量组态，吸附的表面层常有自己的结构。表面结构可分为与体积内部结构匹配和不匹配型。匹配型表面结构可用体积内部的晶胞参数来描述其点阵结构，如 fcc(100)$P(2\times2)$，表面晶体是面心立方的（100 面），表面结构是正方点阵，且二维点阵常数是基体点阵常数的 2 倍。这种结构称为 2×2 结构，还有 3×1、5×1、4×4 结构等。P 是晶体符号，表示元胞，面心点阵用 C 表示。

二维倒易点与三维倒易点阵的定义一样，但这里考虑的是原子列，不是晶面。倒易矢量 $\boldsymbol{g}$ 垂直于相应

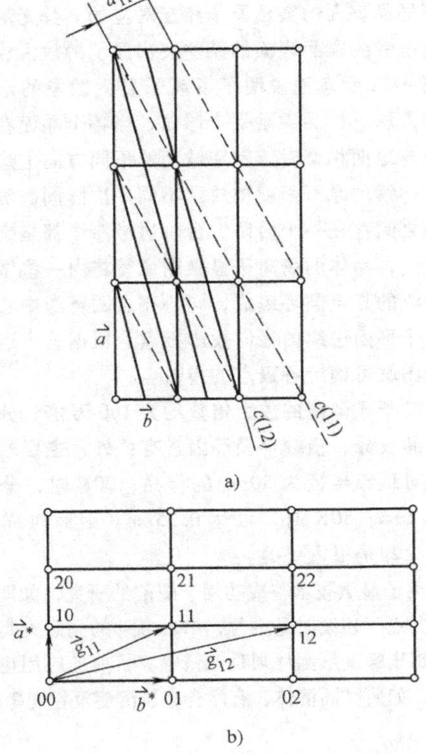

图 9-8　表面二维点阵及其倒易点阵

a）表面二维点阵及原子列表示方法

$a=0.4\text{nm}$　$b=0.2\text{nm}$

b）二维倒易点阵

$a^*=\dfrac{2\pi}{a}$　$b^*=\dfrac{2\pi}{b}$

的原子列，其大小也与相应的原子列间距成反比。知道了真实的二维点阵，可求出倒易点阵，反之亦然。

二维点阵的衍射可看成原子列散射波间的干涉。如图 9-9 所示，设入射波长为 λ，入射角为 θ_0，反射角为 θ_{hk}，原子列间距为 d_{hk}，则满足下列关系时即产生衍射：

$$d_{hk}(\sin\theta_{hk}-\sin\theta_0)=\lambda \tag{9-5}$$

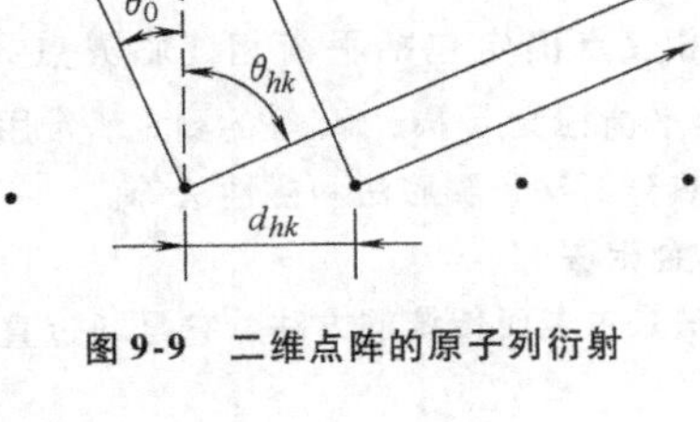

图 9-9　二维点阵的原子列衍射

图 9-10 所示为低能电子衍射（LEED）系统示意图。几何光路布置类似于 X 射线背散射相机。电子枪产生的单色电子束（束直径小于 0.1mm）照射在样品表面，衍射花样用球型荧光屏观察。荧光屏前加同心球栅、能量分析器，在栅网上加一与入射电子能量相近的减速电压，以排斥掉非弹性电子，使衍射斑点清澈。法拉第圆筒探测器用于精确测量电子束流和谱形。为了进行高、低温试验，LEED 系统中还可装置加热附件和冷却附件。

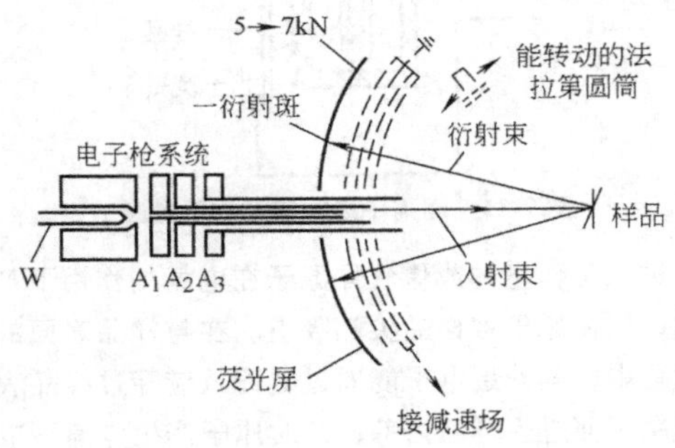

图 9-10　低能电子衍射（LEED）系统

分析晶体清洁表面结构时，样品要求在超高真空（1.3×10^{-8}Pa）室内解理。若解理有困难，则样品应在工作室内原位（in-situ）化学清洁和离子轰击清洁。化学法清洁是用氧气和氢气反复清洗样品表面，并辅之以加热退火处理。离子法是用离子轰击表面进行清理，离子轰击会造成表面缺陷，所以也要辅之以加热退火处理，使清洁的表面原子重新排列。表面层的吸附试验也可直接在工作室内进行后再分析。

低能电子衍射花样是二维倒易点阵的复写，据此可进行衍射花样标定（图 9-8），由二维倒易点阵再推算出表面结构。在分析表面吸附层之前，应首先确定其表面的位向和衍射花样。要详细分析原子占位情况，还应分析每个衍射斑点的强度。

9.1.5　场离子显微分析

场离子显微镜既可观测到表面单个原子像，又可观测材料的三维结构，因此是研究金属中点缺陷、位错、层错、相界、晶界、沉淀相形核长大、有序—无序反应及调幅分解等内容的有力工具。

图 9-11 所示为场离子显微镜结构示意图。样品采用长度 10 ~ 15mm 的细丝，尖端截面直径小于 0.5mm。尖端经电解抛光后，形成一个 100 ~ 300 个原子堆积而成的半球形表面（曲率半径为 10 ~ 100nm），另一端和用液氮冷却的钨电极相接。工作室内先把真空抽到 1.33×10^{-6}Pa，然后通入氦、氖等惰性气体（10^{-3}

Pa)。样品相对于荧光屏带有5~30kV的正电压。

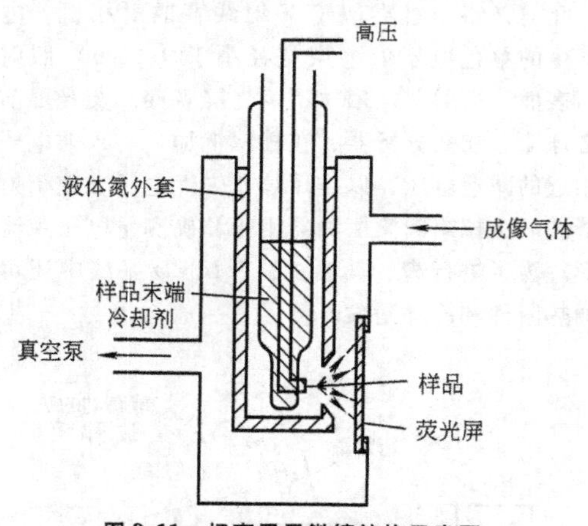

图9-11 场离子显微镜结构示意图

进入工作室的成像气体原子在电场的作用下产生极化，气体原子被样品尖端吸引。在与样品表面的撞击过程中，其外层电子能通过隧道效应穿过样品表面的位垒区而进入样品内部，此时原子产生电离。成像气体的正离子受到电场的加速作用，沿着电通量线（flux line）方向射向荧光屏，使荧光屏发光。这个过程往往在样品尖端的局部高场区优先进行。表面凸起的原子产生局部高场，因此荧光屏上每个发光点实际上是与样品表面的突出原子相互对应的。荧光屏上的图像就是针尖样品表面的某些突出原子的放大像。

图9-12示意地说明了场离子显微图像的形成及其标定方法。样品尖端是个球面，当各个晶面在不同方向上与球面相交时，就在球面的不同方向上形成一个圆，连续的原子面就构成了不同层次的同心圆。每两层面之间存在一个台阶，台阶边缘原子都是突出原子，因此，晶体的场离子显微图像就将由一些围绕着若干中心的亮点圆环组成，同心亮点圆环的中心就是相应原子平面法线的径向投影极点。根据这个道理并利用极图就可确定各极点的指数。

场离子显微镜的放大倍数约为100万倍。分辨率除与样品成分、顶端半径等因素有关外，主要取决于温度，对顶部半径为50nm的样品，20K时，分辨率可达0.2nm；80K时，可达0.35nm。因而对样品进行有效冷却是很重要的。

场离子显微技术曾成功用于缺陷的研究，如图像上同心环亮点不连续时是空位，出现额外的亮点则是间隙原子，出现螺旋形圆环则是位错等。目前的应用也越来越广泛，如研究固溶体、有序合金、沉淀及相变等。

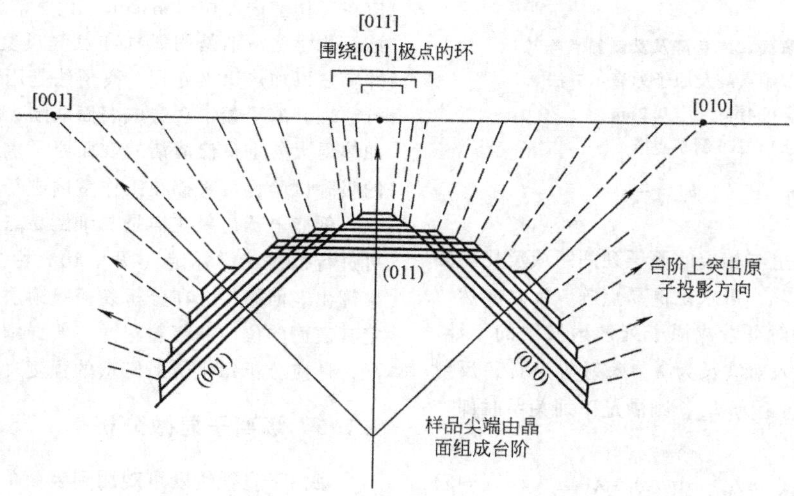

图9-12 场离子显微图像的形成及其标定示意图

9.2 相变过程测量

对钢相变过程的研究，是为科学、合理使用钢材与制订热处理工艺提供依据，从而达到控制最终获得最佳组织的目的。本部分内容主要介绍相变临界点的测定方法和奥氏体等温转变图（TTT曲线）、奥氏体连续冷却转变图（CCT曲线）的测定方法。

9.2.1 相变点测定

钢的相变点测定包括平衡相变临界点 A_1、A_3、A_{cm} 等和非平衡相变点 Bs、Ms 等的测定。常用方法有金相法、热分析法、膨胀法和磁性法等。

9.2.1.1 金相法

金相法是古老而传统的方法，它是通过直接观察钢在加热到不同温度时组织是否发生相变来确定临界点的。以测定亚共析钢的 Ac_1 和 Ac_3 为例说明测定过程。取一组试片，先加热到 1200℃ 进行高温退火，使成分均匀，降低偏析程度，并使晶粒长大，易于观察。根据试样成分，确定几个加热温度，温度间隔一般取 5～10℃，缓慢加热（<30℃/min）到规定温度，保温 30～60min 后取出淬火冷却，随后在 300～400℃ 回火，使马氏体转变为回火托氏体，这样可增大铁素体与基体的衬度。金相观察应在试片的中部，一般以在晶界出现数量 1%～2% 马氏体（体积分数）的温度，作为 Ac_1 点的判据，并以残存数量 1%～2% 铁素体（体积分数）的温度，作为 Ac_3 的判据。如果没有达到这个判据，则表示温度过低或过高，需根据情况调整加热温度，再次试验，直至取得满意结果为止。

用金相法测临界点在生产中比较实用，也较准确，但手续烦琐，费工费时。

9.2.1.2　热分析法

热分析法是研究金属相变最基本、最常用的方法。其原理是发生相变时，常有明显的吸热或放热反应，记录试样温度变化情况，就可测定相变的临界点，甚至测定相变过程的热效应。

热分析法分普通热分析法和示差热分析法。普通热分析法装置如图 9-13 所示。把试样放在炉中缓慢加热（或冷却），记录其温度—时间曲线，结果如图 9-14 所示。当发生相变产生热效应时，可观察到温度平台或升温（或降温）速度的突变（偏斜），其相对应的温度就是相变临界点。

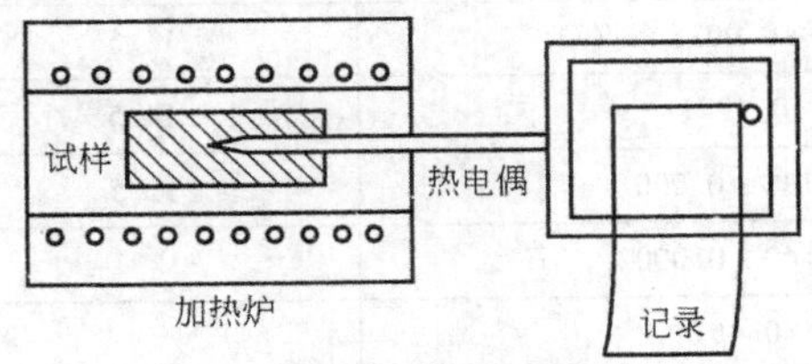

图 9-13　普通热分析法装置示意图

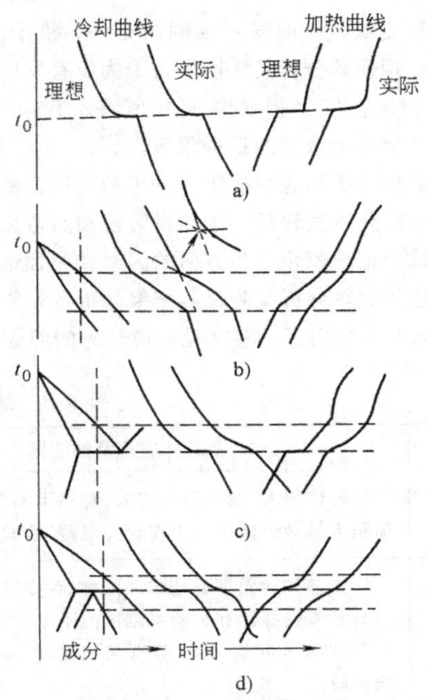

图 9-14　普通热分析曲线

a）纯金属　b）合金固溶体　c）固溶体加共晶　d）固溶体加包晶

t_0—相变临界点

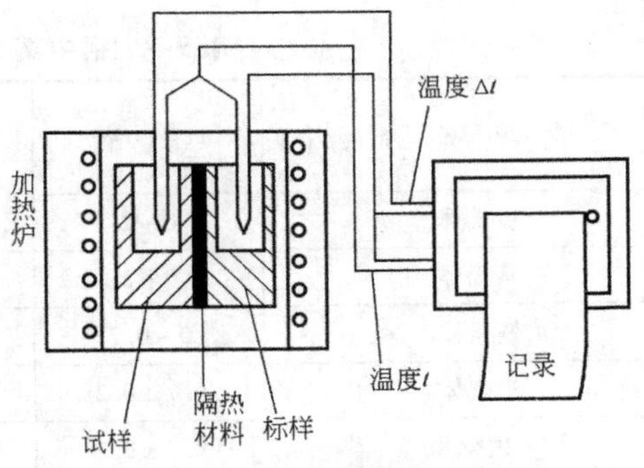

图 9-15　示差热分析装置示意图

示差热分析装置如图 9-15 所示。示差热电偶是由两副完全相同的热电偶以相同极相连接而构成，这样就得到了有两个热端的双热电偶，将两个热端分别插入试样和标样（两者之间用隔热材料分开）内，测定它们的温度差。标样在所测温度区间应无相变（测钢可用铜等）。当试样不发生相变时，$\Delta t=0$；当试样发生相变时，伴随发生的热效应改变了试样的升温（或降温）条件，$\Delta t\neq0$，故 Δt 的变化反映了相变热效应的相对大小和热效应的性质——吸热或放热反应。为了准确测定相变临界点，在记录 Δt 的同时，还需记录温度—时间曲线。图 9-16 所示为共析钢示

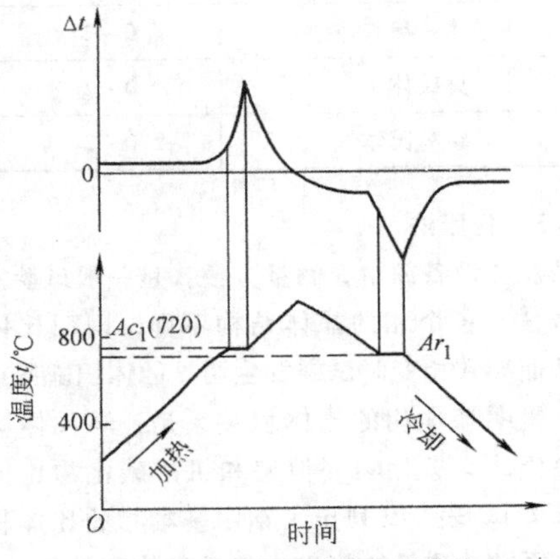

图 9-16　共析钢示差热分析曲线

差热分析曲线，该曲线可准确测得 Ac_1 和 Ar_1。示差热分析比普通热分析灵敏度高，因为没有发生相变时 Δt 为零，仅在发生相变时示差热偶才有信号转出，故可以选择高灵敏度的记录仪表。

虽然热分析给我们提供了关于相变过程的多方面信息，但热分析过程是一个能量转换和热量交换的过程，其试验记录依赖于多方面的因素，而且难于精确控制，这就给热分析试验及其结果分析带来了某些复杂性。表 9-8 列出了一些常见并应注意的问题。

热分析方法不仅在冶金，而且在化工、矿物、生物等领域也得到了广泛应用和进一步发展。从普通热分析到示差热分析（DTA），进而演变出各种记录方式，各种形式的探测部分，以至派生出专为定量热分析而设计的示差扫描量热计（DSC）。根据热分析曲线，不仅可以测定相变发生的温度，还可以根据热效应峰的面积、曲线的走向、峰在温度坐标上的分布等，进行相变的热力学过程和动力学过程的研究，以及混合物的组成分析。

表 9-8　热分析法常见并应注意的问题

	常见并应注意的问题	备　注
试样因素	试样体积大，相变热效应大，有利于测量相变温度；但体积大易导致试样内出现较大温差，给试验带来误差	根据不同仪器的灵敏度，确定试样体积或数量
装置因素	1）加热炉内温度要均匀和对称，否则会带来误差 2）标样选择除在试验温度区间不发生相变外，热导率应与样品尽可能一致，否则无相变时，Δt 输出过大，影响灵敏度	装置上要考虑加热交换条件，使试样相变热效应不受干扰，试验有稳定性和重现性
操作因素	热电偶测量点放置不当；标样与试样所处的加热或冷却条件不一样；试样未经均匀化处理，成分不均匀；加热或冷却速度过快等，上述因素均会造成较大误差	实际热分析曲线与理想热分析曲线差异是常在拐角处出现钝化（图 9-14），这使得相变平台不明显，测量温度有误差，通常用切线法求临界点

表 9-9　钢中基本相的比体积和平均线胀系数

组　织　名　称	w(C)(%)	比体积(20℃)/(10^{-3}m^3/kg)	平均线胀系数/(10^{-6}/℃)
奥氏体	0～2	0.1212 + 0.0033 × w(C)	23.5
马氏体	0～2	0.1271 + 0.0025 × w(C)	11.5
铁素体	0～0.2	0.1271	14.5
渗碳体	6.7 ± 0.2	0.130 ± 0.0001	12.5
ε 碳化物	8.5 ± 0.7	0.140 ± 0.0002	
石　墨	100	0.451	
铁素体 + 渗碳体	0～2	0.1271 + 0.0005 × w(C)	13.28(500℃)
贝氏体	0～2	0.1271 + 0.0015 × w(C)	13.46(500℃)
低碳马氏体	0～2	0.1277 + 0.0015 × [w(C) − 0.25]	

9.2.1.3　膨胀法

膨胀法设备简单，测量方便，是一般试验室最常用的方法。各个相的晶体结构不同，因而比体积不同，从而导致相变时试样发生明显的体积膨胀或收缩效应。钢中基本相的比体积关系是：马氏体 > 铁素体 > 奥氏体 > 碳化物（但铬和钒的碳化物比体积大于奥氏体）。表 9-9 列出了钢中基本相的比体积和平均线胀系数。测量加热或冷却过程体积的异常变化，就可测得各相变点。此外，在测量相变点时，还可根据下式同时测得膨胀系数：

$$\alpha_t = \frac{1}{L_t} \times \frac{\Delta l}{\Delta t} \tag{9-6}$$

式中　L_t——试样在温度 t 时的长度；

Δt——温度区间量；

Δl——上述温度区间内的长度改变量。

1. 膨胀量的测定　测定膨胀量所用的仪器称为

膨胀仪。它的种类很多，按其放大原理可以概括为机械放大、光学放大及电测放大三种类型。近年来，一些较先进的膨胀仪，其加热和降温速度用自控仪表或者电子计算机连续控制，使测量结果更为可靠。

膨胀仪的结构通常包括三个主要部分，即试样容器、伸长量测量系统和加热冷却及测温装置。

简易机械式膨胀仪的测量部分如图 9-17 所示。中间的石英杆 2 用来传递试样 1 的伸长，周围的三根石英杆 3 用以支撑试样台。伸长量由千分表 4 读出。试样外面有炉子，用以改变试样的温度。温度值可用热电偶测量。这种膨胀仪结构简单，操作方便，但影响因素很多，测量精度较差。

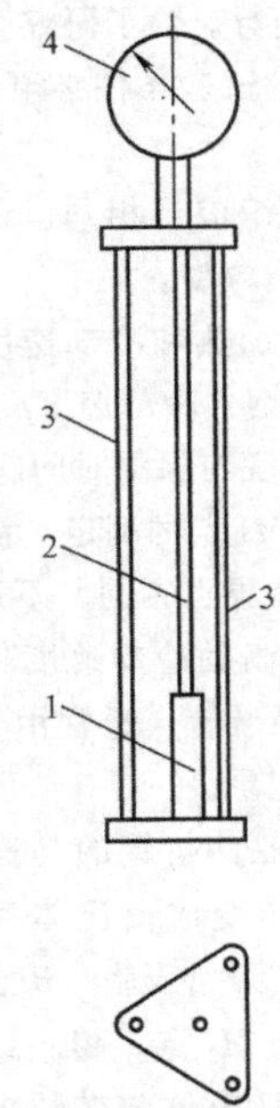

图 9-17　简易机械式膨胀测量部分示意图

1—试样　2—石英杆

3—石英杆（支架）　4—千分表

石英在加热和冷却时没有相变，且膨胀系数很小，约为钢铁材料的百分之五。从图 9-17 中可见，千分表测得的伸长量实际是试样的伸长和石英杆的伸长之和。有些膨胀仪可自动补偿石英杆的伸长。为避免试样在高温下氧化，有的膨胀仪还附有抽真空设备，使试样室保持一定的真空度，或者通以惰性气体等。

各种膨胀仪的伸长量和温度的测量系统有所不同。简易膨胀仪采用千分表和热电偶测得试样的伸长量和温度。光学示差膨胀仪是利用光学杠杆，放大试样伸长量。如国内用得较多的 Leitz HTV 型膨胀仪，可将伸长量放大 200～800 倍。它的温度测量是通过和试样尺寸相同的标准试样的伸长量测得。标样和试样在炉膛中位置靠近，加热和冷却条件相同。要求标样的伸长量和温度成正比，且具有较大的线胀系数，在所使用的温度范围内不发生相变。在测定非铁金属相变点时，采用纯铝或纯铜作标样。对钢铁材料，标样选用镍铬合金（镍质量分数为 80%，铬质量分数为 20%）。

利用非电量测法，可以将试样的长度变化转换成相应的电信号，再对电信号进行处理和记录。

电容式膨胀仪是由试样膨胀引起电容器 C_1 的电容改变（图 9-18a），从而改变了 LC 回路阻抗，使输出信号发生变化。输出信号再通过放大器输入到记录仪，便可绘出试样的膨胀曲线。

目前各种自动记录式膨胀仪中应用较多的是电感式膨胀仪。其放大倍数可达 6000 倍。当试样未加热时，铁心处于平衡位置，差动变压器输出为零。试样伸长时，通过石英杆使铁心上升，差动变压器的次线圈中的上部线圈电感增加，下部电感减小（图 9-18b）。由于两个次线圈是反向串联的，所以产生了输出信号电压，它与试样伸长呈线性关系。将此信号经放大后输入 *X-Y* 记录仪的纵轴，温度信号输入横轴，便可得到试样的膨胀曲线。

Formaster 膨胀仪是电感式膨胀仪中较为先进的一种。它可以同时将温度、伸长量与时间的关系曲线

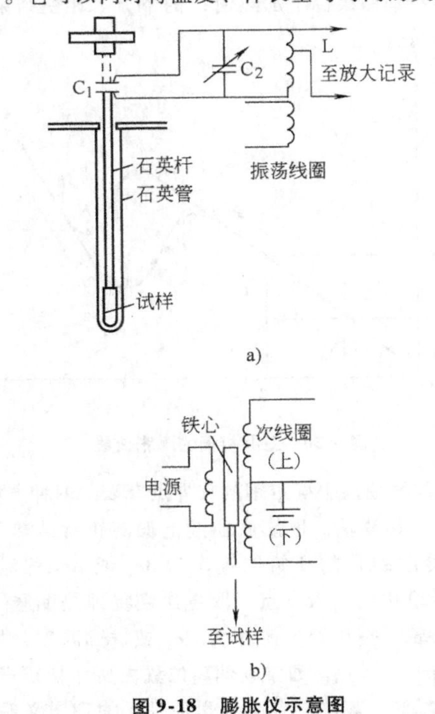

图 9-18　膨胀仪示意图

a）电容式　b）电感式

绘制在 X-Y 记录仪上。试样采用真空高频加热，可使加热速度在500℃/s 以下范围内变化。试样冷却可选用小电流加热、自然冷却和强力喷气冷却等方法。加热和冷却均可利用电子计算机进行程序控制。可以得到温度在室温以上的几乎是任意形状的加热和冷却曲线。

试样尺寸视不同膨胀仪各异。图 9-19 所示为 HTV 型膨胀仪的试样结构。截面小易使试样温度均匀，长度较长可提高伸长量测定时的灵敏度。卧式膨胀仪试样两端有两个凸缘，可减少水平放置时的摩擦阻力。试样中的小孔用于放置热电偶（也可不开小孔，将热电偶焊在或紧贴在试样上）。Formaster 膨胀仪要求试样快冷，可采用薄壁空心短圆柱形试样。

图 9-19 试样结构

2. 临界点的测定 图 9-20 所示为亚共析钢缓慢加热、缓冷过程中的膨胀曲线。亚共析钢常温下的平衡组织为铁素体和珠光体，当缓慢加热到725℃（Ac_1）时，钢中珠光体转变为奥氏体，体积收缩；温度继续升高，钢中铁素体转变为奥氏体，体积继续收缩，直到铁素体全部转变为奥氏体，钢又以奥氏体膨胀特性伸长。冷却过程恰与加热过程相反，但由于相变滞后效应，冷却曲线位于加热曲线的下方。相变结束后，两曲线重合。

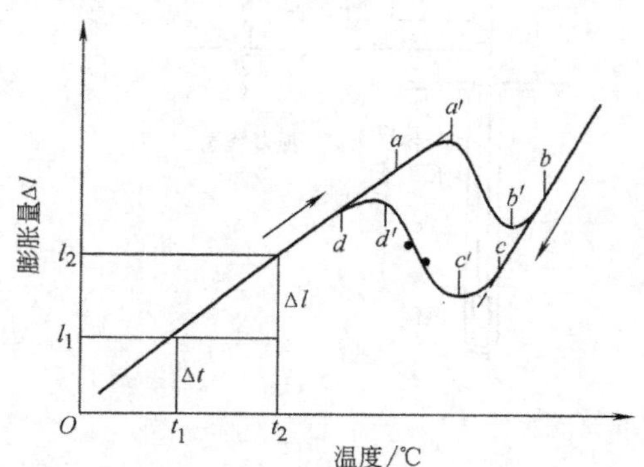

图 9-20 亚共析钢的膨胀曲线

从膨胀曲线上确定钢的临界点有以下两种方法：

（1）切线法。取膨胀曲线上偏离正常纯热膨胀（或纯冷收缩）的开始位置作为 Ac_1 或 Ar_3 的温度，如图 9-20 中的 a 及 c 点。取再次恢复纯热膨胀（或纯冷收缩）的开始位置作为 Ac_3 或 Ar_1 温度，如图 9-20中的 b、d 点。通常其偏离位置由所作切线得到，故称切线法。该法符合金属学原理，物理意义明确，但切点不易取准，判断相变温度易受观测者主观因素的影响。为了减少目测误差，必须使用高精度膨胀仪作出精细而清晰的曲线。

（2）极值法。取加热或冷却曲线上的四个极值位置，如图 9-20 中的 a'、b'、c'和 d'分别为 Ac_1、Ac_3、Ar_3 和 Ar_1 的温度。这种方法的优点是判断相变温度的位置十分明显，人为因素较小。因此，在研究各种因素对相变温度的影响时，用极值法更易比较和分析。缺点是得到的临界点温度和真实值有偏离。

钢的原始组织、加热及冷却速度、奥氏体化温度以及保温时间等对临界点都有影响。而钢中加入合金元素，则使共析转变温度和共析点的位置发生移动，对过冷奥氏体的转变影响更大。具体测定可参照 YB/T 5127—1993 进行。为了研究合金元素或工艺因素对临界点的影响，试验条件必须保持一致。通常应满足以下三个条件：

1）钢的原始组织应当相同，最好都采用退火组织，并具有相近的晶粒度。

2）采用相同的加热和冷却速度，一般不宜大于3℃/min。对高合金钢，冷却速度应小于2℃/min。

3）奥氏体化温度与保温时间应保持一致。

3. 马氏体相变 Ms 点的测定 测定马氏体相变点的原理和测量其他临界点相同。不过，对多数钢种来说，测 Ms 点需要很高的冷却速度。所以仪器应具有淬冷机构和快速记录装置。通常用光学膨胀仪和电感式膨胀仪进行自动记录。

图 9-21 所示为亚共析钢的马氏体相变温度与转变量。加热到 A 点转变成奥氏体后，快速冷却到 B 点发生马氏体相变，开始膨胀。B 点是膨胀曲线和冷却曲线的切点，即为 Ms 点。膨胀结束，恢复正常冷却曲线的 D 点即为马氏体转变结束点（Mf 点）。如果要求定量测定马氏体转变量，就应考虑由于冷却引起的试样长度的减小和奥氏体转变为马氏体的膨胀效应两个方面。假定马氏体和奥氏体的线胀系数 α 相近，不发生相变时，膨胀曲线将大致沿 A—B—C 的轨迹冷却收缩，曲线 BD 上各点减去 BC 上对应的伸长量，即为马氏体相变时的体积效应。体积效应与相变量成正比，从而可求出相变量。假定线段 DC 表示100%马氏体，则 $DC/2$ 时，对应的马氏体转变量为50%，标以 M_{50}。通常马氏体转变具有不完全性，线段 DC 对应的是马氏体最大转变量，这时需要用 X 射线衍射法或金相法标定其转变量的百分数，据此再计算不同温度下马氏体的转变百分数。

9.2.1.4 磁性法

物质按磁化率 χ 的大小，大致可分为顺磁性（$\chi>0$，且很小，在 $10^{-6}\sim10^{-3}$ 之间）、抗磁性（$\chi<0$，且

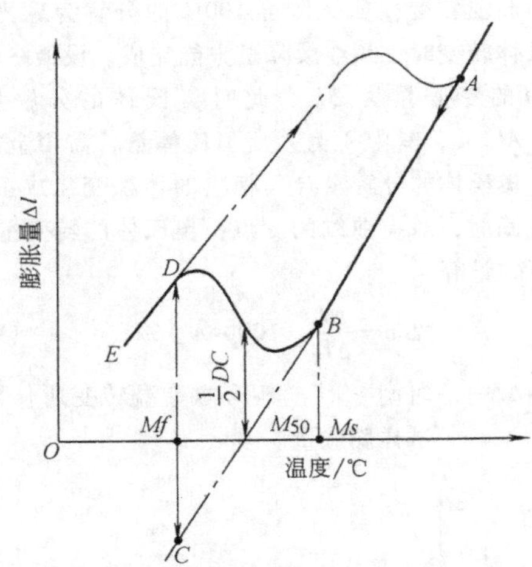

图 9-21　亚共析钢的马氏体相变温度与转变量

$10^{-6}<|\chi|<10^{-4}$）和铁磁性（χ 很大，在 $10^{-1}\sim10^{5}$ 之间）三类物质。钢中奥氏体是顺磁性，铁素体和渗碳体相都是铁磁性，铁磁性的居里点分别是768℃和 210℃。铁磁性相的饱和磁化强度 M 值很大，在磁场中对外表现出很强的磁性，而且 M 是结构不敏感参量，只决定于相的化学成分、晶体结构和相的数量。钢在奥氏体状态时为顺磁性相，当从高温奥氏体逐渐冷向珠光体、贝氏体、马氏体转变时，便出现铁磁性。测定铁磁性相饱和磁化强度 M 的变化，便可测定相变点和研究相变过程。

磁性法测定相变点最常用的设备是热磁仪（也称阿库洛夫仪），如图 9-22 所示。

整个装置由三部分组成。一是电磁铁部分，用于产生磁场，磁场强度 H 应大于 24×10^{4}A/m，以保证使试样中出现的微量铁磁相磁化到饱和程度。二是加热炉、淬火槽与炉子升降机构部分，用于试样加热、等温处理与淬火处理。三是测量机构，包括夹持杆、热电偶与电量传感器（电容式或电感式）。试样夹持杆用非磁性材料，通常用耐热瓷管或石英管。

试样的尺寸为 ϕ3mm × 30mm，试样上通常点焊热电偶，用于测量试样的温度变化。测量时，将试样安放在磁极轴平面内，与磁场方向成 φ_0 角，φ_0 一般小于 10°。当试样中奥氏体开始转变出现铁磁相时，试样受到一个力矩的作用，使试样转 $\Delta\varphi$，因偏转量与铁磁相的饱和磁化强度成正比，故由此可测出铁磁相的转变温度和转变量。

图 9-23 所示为磁性法测定 Ms 点曲线。测定时同时记录磁化强度和温度两条曲线。试样在奥氏体化状态时，磁化强度 M 为零。利用炉子升降机构把试样迅速转移到淬火槽中，则发生马氏体相变时，磁化强度开始上升，所对应的温度即为 Ms 点。

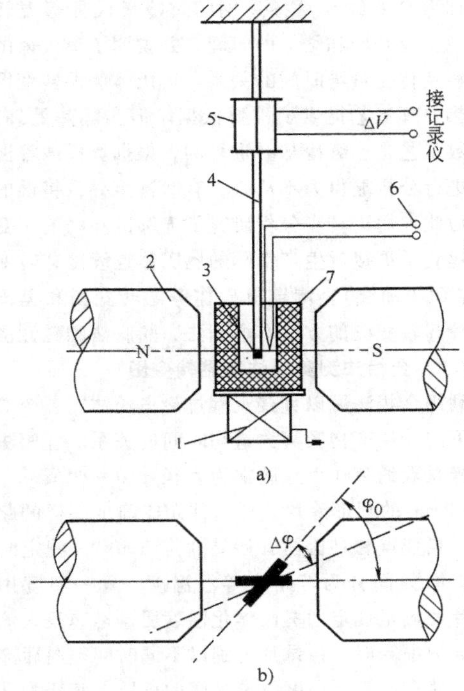

图 9-22　热磁仪

a）结构　b）测量情况

1—炉子升降机构　2—电磁铁　3—样品　4—夹持杆　5—电量测定装置　6—热电偶　7—加热炉

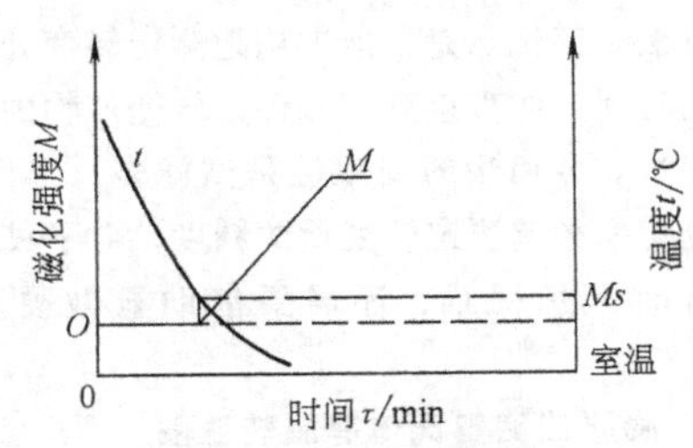

图 9-23　磁性法测定 Ms 点

磁性法只有在测量温度低于转变产物的居里点时才可应用。在高温转变时，它无法将顺磁性的渗碳体和奥氏体区分，所以不能测出过共析钢的先析渗碳体转变开始点。磁性法测定珠光体转变时，因等温温度接近居里点，转变产物的磁性减弱，温度波动对饱和磁化强度有影响，会降低定量测定时的精度。所以磁性法只能适用于测定中温转变和低温转变，高温转变时需采用其他方法（如膨胀法）。

9.2.2　奥氏体等温转变图与奥氏体连续冷却转变图的建立方法

奥氏体等温转变图（旧称 TTT 曲线，根据其形状又称为 C 曲线）是描述钢的过冷奥氏体等温转变过程中转变开始和结束的时间，并说明了奥氏体的转变产物及转变量与时间的关系。奥氏体等温转变图为制订热处理工艺提供了重要依据。但实际热处理时，大多数工艺是连续冷却时进行的，根据奥氏体等温转变图进行分析显得力不从心，有时甚至导致错误的结果。为此人们进一步分析研究了连续冷却时的相变规律，建立了更接近生产实际的奥氏体连续冷却转变图（又称 CCT 曲线）。测定奥氏体等温转变图和奥氏体连续冷却转变图的方法有金相法、膨胀法和磁性法。

9.2.2.1　金相法测奥氏体等温转变图

利用金相法可以直接观察过冷奥氏体在各个等温温度下的转变产物及其数量与时间的关系。金相法所用试样总数约 200 个，通常为直径 ϕ10 ~ ϕ15mm、厚度 1 ~ 2mm 的圆形薄片试样。首先应确定试样的化学成分、相变点和马氏体开始转变点（Ms）。测定时将 Ac_1 和 Ms 点间分为若干个等温温度，每一温度用一组试片加热至规定的奥氏体化温度后，迅速投入该温度的盐炉中等温。各试片分别以不同时间等温后淬入水中，使在该等温温度下未分解的奥氏体转变为马氏体。处理完毕后，按编号顺序检查显微组织及测量硬度。确定等温转变的开始点、终止点以及转变产物的规定数量点（如 25%、50% 等），将测定结果标于“温度-时间”半对数坐标上，即可绘出等温转变图。

金相法是测定奥氏体等温转变图曲线最基本和最直观的方法。其优点是：能准确地测定转变开始和转变完了的时间；能直接观察和评定转变产物的组织特性和转变量。金相法的局限性是试样多，工作量大；显微镜分辨率影响测定转变量的精度，对下贝氏体与马氏体有时区别困难，还需要借助显微硬度进行判定。

9.2.2.2　膨胀法测奥氏体等温转变图

膨胀法测奥氏体等温转变图原理及方法与 9.2.1.3 所述测相变点方法相同。测定前应先知道钢的成分，以确定奥氏体化温度，保温时间根据试样尺寸来确定。通常试样尺寸为直径 ϕ2 ~ ϕ3mm、长度10 ~ 30mm 的长圆柱，保温时间为 5 ~ 10min。

试样经奥氏体化之后，连同石英管一起放进等温炉中，同时使自动记录仪表由记录膨胀量和温度关系立即改成记录膨胀量与时间关系，即可得如图 9-24 上部所示的曲线。这种曲线称等温转变动力学曲线。ac 表示试样从高温淬火到等温温度时过冷奥氏体的纯冷却收缩；b 点所对应的时间为孕育期；be 表示随着奥氏体的分解，试样长度（体积）随时间的变化；到 e 点后，曲线平稳，长度不再变化，表示转变的终止。对高温转变，奥氏体可 100% 的分解为珠光体；对贝氏体转变时，须继续降温方能完成。设最终转变时对应的膨胀量为 ΔL_f，此时奥氏体的分解量为 $(100 - A')\%$，其中 A'为残留奥氏体量，需用金相法测出。奥氏体的分解量与其相应的体积变化成正比，在 τ 时间时，对应曲线的 g 点，奥氏体的转变量 Δm 可由下式计算：

$$\Delta m = \frac{\Delta L}{\Delta L_f}(100 - A')\% \tag{9-7}$$

式中　ΔL——时间 τ 时，奥氏体等温转变所伴随的试样膨胀量。

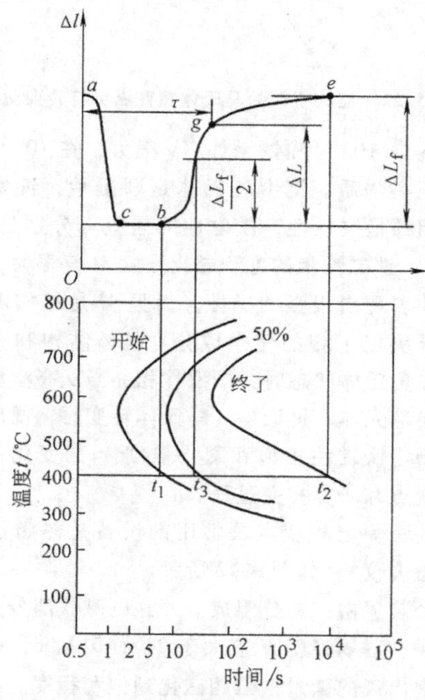

图 9-24　膨胀法测奥氏体等温转变图示意图

由上式可以确定奥氏体转变量与时间的关系。图 9-24 中示出了过冷奥氏体完全转变时，50%（体积分数）转变点的计算法。将上述转变开始点与终了点记录在“温度-时间”坐标上，就完成了该等温温度奥氏体等温转变图点的测定。为了测得完整的奥氏体等温转变图，应在 Ms 点到 Ac_1 点之间，每隔25℃左右测定一个等温转变全过程，确定出每一等温温度所对应的转变开始点和终止点，并视情况需要测出转变量（体积分数）分别为 25%、50%、75% 所对应的点，将所有的点连成曲线即为奥氏体等温转变图。

为了作图方便，时间常取对数坐标。此外，完整的奥氏体等温转变图还应标注钢的成分、晶粒度、加热温度、Ac_1、Ac_3 和 Ms 点，如图 9-25 所示。

55Si2MnB

w(C)	w(Si)	w(Mn)	w(B)	Ac_1	Ms	奥氏体化温度	晶粒度
0.56	1.87	0.80	0.0014	768	289	870	7~8

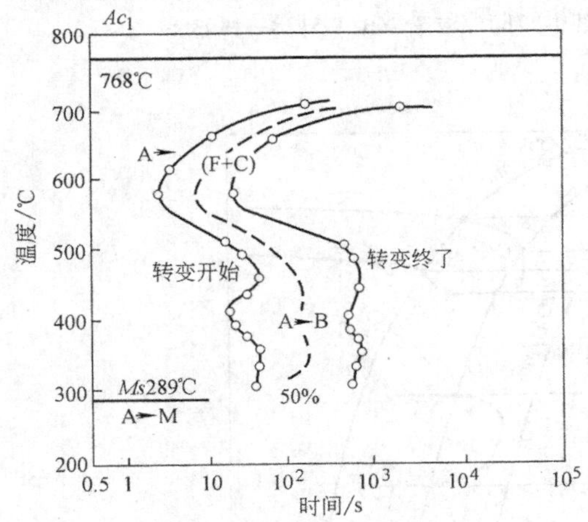

图9-25　55Si2MnB钢的过冷奥氏体等温转变图

9.2.2.3　磁性法测奥氏体等温转变图

将奥氏体化的试样快冷到某一温度等温时，用磁性法可测得与膨胀法形状一样的等温转变动力学曲线。不同的是，磁性法的纵坐标物理量为试样饱和磁化强度，如图9-26所示。

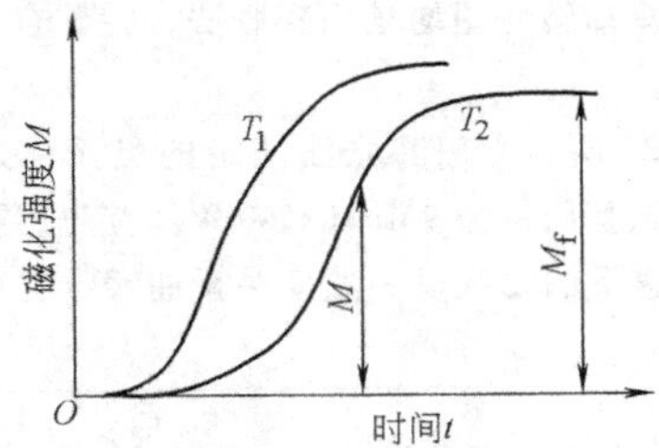

图9-26　磁性法测等温度转变动力学曲线

当过冷奥氏体100%转变时，可直接从曲线上量取M_{100}来计算其他转变量所对应的时间。当过冷奥氏体不能完全转变时，需先确定转变终了时的奥氏体转变量（100－A')%，其中A'为残留奥氏体量，可用金相法或X射线衍射法测出。另一种方法是标样法。标样法常用高温回火态或正火态试样作标样，碳钢也有用工业纯铁作标样的。以试样在该等温温度时的饱和磁化强度作为实际试样中奥氏体100%转变时的标准。

根据不同温度时的等温转变动力学曲线，即可绘出奥氏体等温转变图。奥氏体等温转变图测定常用方法的比较列于表9-10。

表9-10　测定奥氏体等温转变图常用方法的比较

	金相法	磁性法	膨胀法
原理	过冷奥氏体的转变产物与未分解奥氏体转变成的马氏体之间有相界存在	奥氏体为非磁性相，它的转变产物如珠光体、贝氏体、马氏体均为铁磁相	奥氏体与其分解产物的比体积不同，奥氏体比体积最小，相同温度下转变产物比体积均比奥氏体大
使用仪器	光学显微镜	热磁仪	膨胀仪
测量参数	金相组织的变化	试样饱和磁化强度的变化	试样长度的变化
测量范围和精度	转变量大于3%（体积分数）方可测出	1）测量的等温温度必须低于转变产物的居里点 2）转变量的确定需和标准试样进行比较，测量精度与标样选择有关	通常中温转变区的奥氏体不能完全转变，可借助金相法标定
优点	可直接观察转变产物，确定转变数量，其他方法尚需用它校核	1）一个等温温度只需一个试样 2）适宜于测中温转变	1）一个等温温度只需一个试样 2）测珠光体转变较准确
缺点	要求试样多，工作量大	1）珠光体转变温度较高，接近居里点，磁性弱，测量误差大 2）测不出过共析钢的先共析渗碳体曲线	需借用金相法标定转变量

9.2.2.4　奥氏体连续冷却转变图的测定

测定奥氏体连续冷却转变图需要在不同冷却速度下进行，要求能准确控制冷速，并且要求在快速冷却条件下能灵敏地记录下相变引起的物理量的变化。为此发展了各种高灵敏度的膨胀仪，如国产的HPY-I型膨胀仪和进口的Formaster、LK-02型快淬膨胀仪。这些膨胀仪均装有自动程序器，冷却时自动程序器发出指令，一方面自动打开惰性气体电动阀对试样进行气体强迫冷却，一方面通过温度控制器控制加热电流，使试样快速地线性冷却降温。因此，近年来，奥氏体连续冷却转变图均是用膨胀法，并配合金相法标定测定的。

图 9-27 所示为用膨胀法测定的奥氏体连续冷却转变图，试验用钢为 9Mn2Cr1MoW。首先用膨胀仪测定不同冷速下的膨胀量—温度关系曲线，在曲线上直接用切点法（见 9.2.1.3 介绍）找出相变开始点和终止点（图 9-27a）。再以时间对数为横坐标、温度为纵坐标绘出一系列不同冷速的曲线，并将膨胀曲线上的相变点对应到相应的冷速曲线上，然后将相变开始点和终止点依次连接，便得到奥氏体连续冷却转变图（图 9-27b），参看 YB/T 5128—1993。

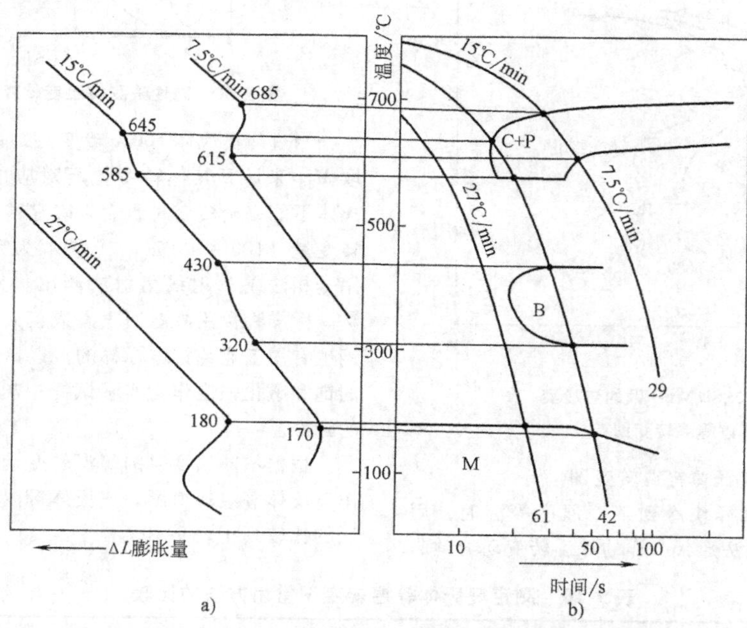

图 9-27 用膨胀法测定 9Mn2Cr1MoW 钢的奥氏体连续冷却转变图

用膨胀法测定奥氏体连续冷却转变图应注意以下几个问题。

1. 转变点的确定　转变开始点和转变终了点的确定并无统一规定，一般多采用“切点法”，这是符合金属学原理的。

2. 相变类型确定　相变类型可根据相变发生的温度范围大致进行判断，如珠光体在 500 ~ 700℃，贝氏体在 500℃ ~ Ms。如果要判定两个相变过程是连续进行，还是相隔一定温度区间进行，则要考虑其膨胀曲线上的拐折情况和拐折间直线部分的斜率变化。钢中基本相的线性膨胀系数的大小顺序为：奥氏体 > 铁素体 > 珠光体 > 贝氏体 > 马氏体。当确定有困难时，要用金相法来验证，即在分界线附近把试样淬火，观察金相组织来确定所标定的分界线是否正确。

3. 转变量的计算　试样的膨胀量与转变量成比例，据此可用“杠杆法”计算转变量。图 9-28a 所示为转变发生在一个温度范围，求 B 点对应的 t 温度时的转变量。先分别作冷缩曲线的延长线，过 B 点作与纵轴平行的直线而与两延长线分别相交于 A 和 C 点，线段 AC 则表示奥氏体总的转变量引起的膨胀，线段 BC 表示对应的 t 温度时奥氏体的转变量所引起的膨胀量。设总转变量为 $Q\%$（体积分数，下同），则 B 点的转变量（体积分数）为

$$\Delta_B = \frac{BC}{AC} \times Q\% \tag{9-8}$$

对于高温区的珠光体相变，及一般中碳、低碳合金钢的中温转变，$Q\%$ 通常是 100%。对于中、高合金钢的中温贝氏体转变，转变往往不能完全进行，则 $Q\% = (100 - A')\%$，其中 A' 为残留奥氏体量，需用金相法或 X 射线法标定。

图 9-28b 所示的情况是转变发生在两个温度区间，假定高温区转变和中温区转变的体积效应相同，则各区转变的相对量可按下式求得

$$\Delta_{高} = \frac{AC}{AC + DF} \times Q\%$$

$$\Delta_{中} = \frac{DF}{AC + DF} \times Q\% \tag{9-9}$$

式中　$\Delta_{高}$——高温区转变量；

$\Delta_{中}$——中温区转变量；

AC 和 *DF*——通过转变温度范围的中点 *B* 和 *E* 与膨胀曲线直线部分延长线的交线；

Q%——两个温度范围内的总的转变量。

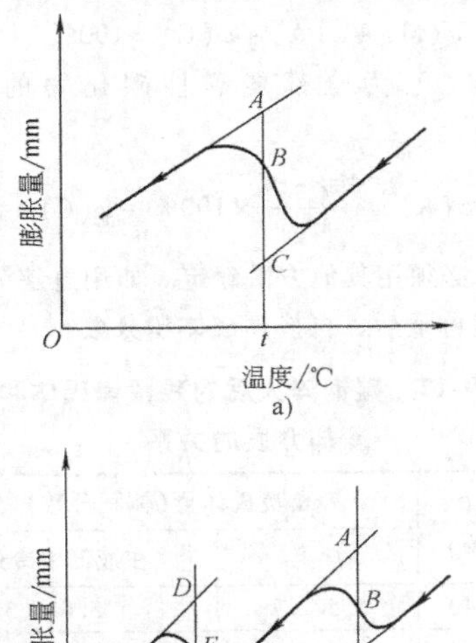

图 9-28 已转变的奥氏体数量计算示意图

在图中对应不同冷速的冷却曲线上还应标上不同转变产物的硬度值（图 9-27b）。这样就能利用某一钢种的连续冷却转变曲线来估计该钢在某种冷却规范下发生转变的温度范围、转变所需时间、转变产物及其性能。如可以确定临界冷却速度 v_K，它是得到全部马氏体组织的最小冷却速度。v_K 越小，钢件淬火时越易得到马氏体组织，即钢淬透性越大。

9.3 钢中残留奥氏体测定

由于贝氏体相变和马氏体相变的不完全性，在计算相变转变量时，常需要测定残留奥氏体量。测定残留奥氏体常用金相法、磁性法和 X 射线衍射法。

9.3.1 金相法测定残留奥氏体

金相法测定残留奥氏体是借助于物体的二维截面来推断三维空间中显微组织的定量关系。从定量金相原理可知：待测相所占体积分数等于在观察试样面积中它所占的面积分数，也等于在观察线段中它所截线段的百分比，也等于在观测的总点数中所占的点数百分比。据此，各相相对量的测量方法就有面积计量法、截线法和计点法。

图 9-29 所示为测量用网格示意图。利用测量网格或有刻度的特制目镜，便可在金相显微镜下对淬火钢金相样品中的残留奥氏体进行测定。或先拍成金相照片，再将马氏体和残留奥氏体分别剪开，放在天平上称量，也能求出残留奥氏体量。这种方法虽然很直观，但繁琐费时，精确度也不高。当残留奥氏体量（体积分数）小于 10% 时，便不易测出。

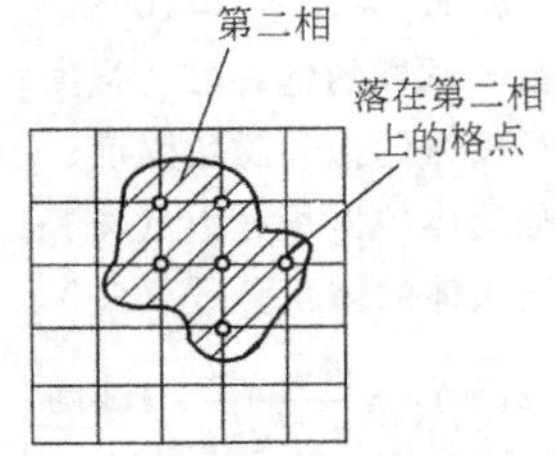

图 9-29 测量用网格示意图

金相法的测量精度主要取决于显微组织的显示情况，组织显示包含以下几层意思，其一是不同相的界面应清晰可见，相的形貌不失真，相的尺寸不扩大也不缩小；其二是不同相之间的反衬要鲜明。显然衬度差越大，测量的精度越高。

为了提高测量精度，可用彩色金相法。表 9-11 列出了 60Si2Mn 钢、GCr15 钢和球墨铸铁分别用黑白金相法［4%（质量分数）硝酸酒精侵蚀］和彩色金相法测定残留奥氏体量的结果。60Si2Mn 钢所用彩色金相腐蚀溶液成分为：在 100mL 盐酸蒸馏水溶液（质量比为 1∶2 或 1∶1 或 1∶0.5）中加焦亚硫酸钾 0.6～1g，氯化铁 1～3g 或氯化铜 1g 或氟化氢铵 2～10g。为比较起见，表中还列出了 X 射线衍射测定结果。彩色金相法与 X 射线测定值相近，测量精度远高于黑白金相法。

表 9-11 黑白金相法与彩色金相法测残留奥氏体的结果比较

材　料	组织名称	黑白金相计点法	彩色金相计点法	X 射线直接对比法
60Si2Mn	残余 A(%)	35.5	5.8	4.6
	M(%)	64.5	94.2	95.4
GCr15	残余 A(%)	两相分辨不清，无法定量测定	18	20.2
	M(%)		82	79.8
球墨铸铁	残余 A(%)		18	13.7
	M(%)		88	86.3

9.3.2　磁性法测定残留奥氏体

磁性法测定残留奥氏体的数量，实际上是通过测量钢中马氏体的量来实现的。已知马氏体数量后，从试样中扣除马氏体数量即得残留奥氏体的数量。试验所用设备为热磁仪（见 9.2.2.3 介绍）。试样制成 ϕ3mm×30mm 的圆棒，进行规定的热处理。然后用热磁仪测定试样的饱和磁化强度 M，M 与转变量成正比。

当试样中只存在马氏体和奥氏体两个相时，试样的磁化强度可用下式表示：

$$M=\frac{\varphi(\mathrm{M})}{100}M_{\mathrm{M}} \tag{9-10}$$

$$\varphi(\mathrm{M})+\varphi(\mathrm{A})=100\% \tag{9-11}$$

式中　M——被测试样的饱和磁化强度；

M_{M}——马氏体的饱和磁化强度；

$\varphi(\mathrm{M})$——马氏体的体积分数（%）；

$\varphi(\mathrm{A})$——奥氏体的体积分数（%）。

$$\varphi(\mathrm{A})=\frac{M_{\mathrm{M}}-M}{M_{\mathrm{M}}}\times100\% \tag{9-12}$$

试样的饱和磁化强度 M 由仪器直接测出，为了计算 $\varphi(\mathrm{A})$ 值还必须已知 M_{M}。这种确定奥氏体量的方法是利用被测试样和一个纯马氏体的标准试样作比较，标准试样的要求是和被测样中马氏体的化学成分相同。因为饱和磁化强度与马氏体的成分有关，它随马氏体中含碳量和合金元素的增加而减少。

这种测量方法的精度取决于标样的选择，通过热处理方法得到全马氏体的试样是很困难的。生产上作为标样，大都选用如下方法：

1）淬火后进行冷处理（冷到液氮或液氦温度），使钢中残留奥氏体量降得很低。

2）选用“回火标样”、即试样淬火后进行适当温度回火，使残留奥氏体尽量分解为回火马氏体。对高碳、高合金钢，目前一般采用中温、甚至高温回火的标样。

3）对低碳钢和低合金钢，也可选用“铁素体标样”，因为碳含量及合金元素含量低时对马氏体的磁饱和强度影响很小。

此外，也有人提出用半经验公式计算马氏体的饱和磁化强度 M_{M}，即

$$M_{\mathrm{M}}=1720-74w(\mathrm{C}) \tag{9-13}$$

式中　$w(\mathrm{C})$——碳的质量分数，$w(\mathrm{C})\leqslant1.2\%$。

用上式计算不同碳钢经油或碱液淬冷以及淬冷后再经液氮深冷处理的试样中的残留奥氏体量和用 X 射线测定的结果很接近，见表 9-12。

在淬冷后的高合金工具钢中，除了马氏体与残留奥氏体外，还有弱磁性的碳化物，因此确定残留奥氏体量要更复杂些。试样中各相的体积分数为

$$\varphi(\mathrm{M})+\varphi(\mathrm{A})+\varphi(\mathrm{C})=100\% \tag{9-14}$$

式中的 $\varphi(\mathrm{C})$ 为全部弱磁性碳化物的体积分数（%）。

$$\varphi(\mathrm{A})=\frac{M_{\mathrm{M}}-M}{M_{\mathrm{M}}}\times100\%-\varphi(\mathrm{C}) \tag{9-15}$$

$\varphi(\mathrm{C})$ 必须用其他方法确定。如用电解分离，将碳化物精确称量后，再换算成体积分数。

表 9-12　碳钢淬火后的残留奥氏体和冷却介质的关系

牌号	$w(\mathrm{C})$ (%)	残留奥氏体量(体积分数)(%)	
		淬火	在液氮中冷处理
40	0.40	5.5/2.7	3.0/1.5
65	0.64	7.5/4.5	3.0/3.0
T7	0.71	9.5/6.5	4.5/4.0
T8	0.78	—/13.0	—/4.0
T10	1.01	18.0/15.0	5.0/5.0
T12	1.20	25.5/24.0	8.0/7.0

注：表中斜线前是油淬，斜线后是碱溶液淬火。

如果工厂要用残留奥氏体量作为检验产品的质量时，可先用 X 射线衍射法定量算出合格残留奥氏体量的上、下范围，并用磁性法折换成饱和磁化强度的范围进行检验。

磁性法测量速度快，X 射线法测量精度高，两者配合可得到满意的结果。

9.3.3　X 射线衍射法测定残留奥氏体

当残留奥氏体含量较高时，采用金相法可获得满意结果，但当含量小于 10%（体积分数）时，其误差较大。磁性法只能测定试样整体的残留奥氏体量，如需测定局部的、表面的或沿层深分布的奥氏体量时，必须采用 X 射线衍射法。

采用滤波辐射时，其下限探测的体积分数为 4%～5%，当采用旋转阳极靶附加晶体单色器时，其允许探测量可小于 1%。

测定钢中残留奥氏体含量，广泛采用直接对比法。它是指测定多相混合物中某相含量时，以另一相的某一根衍射线条作为参考线条，不必掺入外加标准物质。使用块状多晶试样，在生产上很方便。

确定残留奥氏体含量时，可在同一个衍射花样上，测出奥氏体和马氏体的某衍射线的强度比。根据 X 射线衍射强度（累积强度）公式可知：

$$I_{\mathrm{A}}/I_{\mathrm{M}}=\left(\frac{C_{\mathrm{A}}}{C_{\mathrm{M}}}\right)\left(\frac{\varphi(\mathrm{A})}{\varphi(\mathrm{M})}\right) \tag{9-16}$$

其中

$$\frac{C_A}{C_M}=\frac{\left(N^2F^2P\dfrac{1+\cos^2 2\theta}{\sin^2\theta\cos\theta}e^{-2M}\right)_A}{\left(N^2F^2P\dfrac{1+\cos^2 2\theta}{\sin^2\theta\cos\theta}e^{-2M}\right)_M} \tag{9-17}$$

而

$$\varphi(A)+\varphi(M)=100\%$$

式中　I_A/I_M——所测得奥氏体的某一衍射线条和马氏体的某一衍射线条的累计强度之比；

N——单位体积（cm^3）内的晶胞数；

F——结构因子；

P——多重性因子；

$\dfrac{1+\cos^2 2\theta}{\sin^2\theta\cos\theta}$——角因子；

e^{-2M}——温度因子；

$\varphi(A)$、$\varphi(M)$——分别表示残留奥氏体及马氏体的体积分数；

C_A、C_M——相应的常数。

联立两式得：

$$\varphi(A)=\frac{1}{1+\left(\dfrac{C_A}{C_M}\right)\left(\dfrac{I_M}{I_A}\right)}\times 100\% \tag{9-18}$$

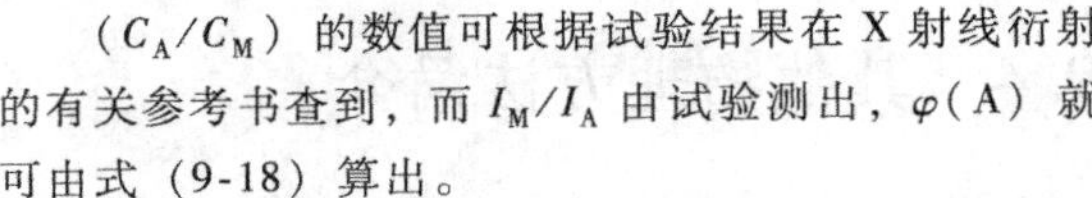

（C_A/C_M）的数值可根据试验结果在 X 射线衍射的有关参考书查到，而 I_M/I_A 由试验测出，φ(A) 就可由式（9-18）算出。

图 9-30 所示为奥氏体及马氏体衍射线条相对位置示意图。通常选择的衍射线对是$(200)_A-(200)_M$，$(311)_A-(211)_M$，$(220)_A-(211)_M$。$(111)_A$ 和 $(110)_M$ 虽然强度高，但往往相互重叠，所以不采用。当奥氏体转变为体心正方的马氏体时，原属体心立方点阵的各条衍射线条将分离成双线。例如（200）或（020）与（002）的晶面间距不再相等，就分离成（200）+（020）和（002）两条线。但当马氏体碳含量小于 0.6%（质量分数）时，由于正方度 c/a 仅略大于 1，双线尚不至分离。实际摄取的马氏体和奥氏体线条有时较宽，这是由于淬火钢中存在着不均匀的微观应力所引起。

试样制备时，要求得到平滑、无应变的表面。在磨光时应避免试样过热或塑变，防止引起马氏体和奥氏体的分解。

当残留奥氏体量低时，它的衍射谱线强度也低。当碳化物分布较弥散时，也很难用光学金相法定量，且会引起较大的测量误差。为此可采用样块组合技术（增加几种标准试样），导出另一种奥氏体计算公式，可得到较好的效果。以上三种方法的比较列于表 9-13。

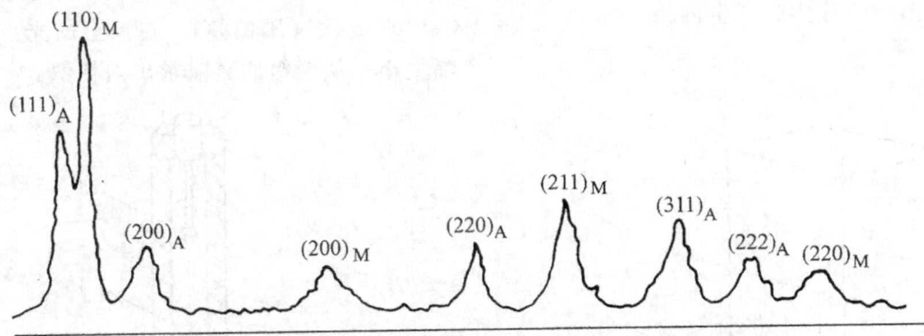

图 9-30　奥氏体及马氏体衍射线条相对位置示意图

表 9-13　测定残留奥氏体量常用方法的比较

	金　相　法	X 射线衍射法	磁　性　法
原理	残留奥氏体与其他相有相界存在	残留奥氏体与其他相结构不同，衍射谱线位置不同	残留奥氏体为非磁性相，马氏体为铁磁性相
使用仪器	光学显微镜	X 射线衍射仪	强磁场的电磁铁
测量参数和方法	常用计点法、面积法、截线法和称重法	用残留奥氏体和马氏体某对衍射线强度的比值，再进行计算	测出试样的饱和磁化强度，再根据标准试样的饱和磁化强度值进行计算
测量范围和精度	用黑白金相法，含量小于 10%（体积分数）时不易测出；彩色金相法可测到 4% ~5%（体积分数）	用通常滤波辐射可测到 4% ~5%（体积分数），采用旋转阳极靶附加单色器时，灵敏度还可大大提高	精度取决于标准试样的选择
优点	直观，可观察到残留奥氏体的形貌	可测表面和局部的含量，经剥层测量可得分布曲线，精度高	测量速度快，适宜在工厂中检验产品是否合格
缺点	繁琐、费时	测量速度慢，需有 X 射线衍射设备	只能测整体含量，定量精度受限制

9.4　其他物理方法简介

9.4.1　内耗法

内耗顾名思义就是能量被固体内部消耗了，其基本度量是能量衰减率，用 Q^{-1} 表示。在没有外界的干扰下，一个完全弹性的固体自由振动，振幅也会逐渐衰减，使振动趋于停止。根据固体内部消耗能量的机理不同，内耗可分为弛豫型（滞弹性）内耗、静滞后型内耗和阻尼共振型内耗。

弛豫型内耗是加载或卸载时，应变不是瞬时达到其平衡值，而是通过一种弛豫过程后完成。弛豫时间 t 可以理解为受力金属由不平衡达到平衡状态，内部原子扩散和重排的时间。如体心立方结构铁中碳和氮原子扩散产生的内耗（图 9-31），无应力时，C 和 N 原子统计分布于八面体间隙（如晶胞的棱边中心位置），当给固体在 X 轴方向施加应力时，在 X 方向上的八面体间隙受拉，Y 和 Z 方向受压，C 和 N 原子倾向于从 Y 和 Z 方向的八面体间隙向 X 方向扩散（以降低弹性应变能），扩散的结果使间隙原子在 X 方向的浓度大于 Y 和 Z 方向，这也称为应力感生有序（应力感生有序的结果使晶体在相应的 X 方向上伸长）；当受交变应力时，间隙原子就在这类位置上来回跳动，导致应变落后于应力，产生内耗。

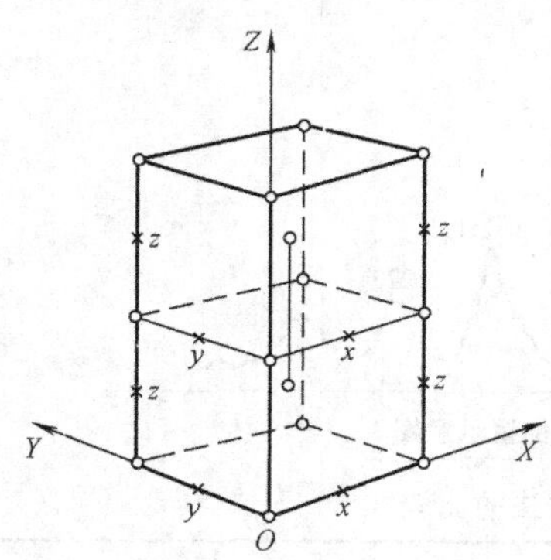

图 9-31　体心立方晶体间隙式固溶体内耗模型

弛豫型内耗的特征是内耗 Q^{-1} 与应力振幅无关，而与应力频率和温度有关。当交变应力频率很高时，间隙原子来不及跳跃，实际上不发生弛豫过程，固体行为接近于完全弹性体，内耗 Q^{-1} 趋于零。当交变应力频率很慢时，间隙原子的扩散使每一瞬间应变都接近于平衡值，也不能产生内耗。所以，在交应变力频率处于中间值时，内耗 Q^{-1} 最大。可以证明 $\omega\tau=1$（其中 ω 为振动周期，τ 为弛豫时间）时，Q^{-1} 出现峰值。

弛豫过程是通过原子扩散来进行的，所以弛豫时间与温度 T 有关。

$$\tau=\tau_0 e^{H/RT} \tag{9-19}$$

式中　H——扩散激活能；

R——摩尔气体常数；

τ_0——时间常数；

T——绝对温度。

根据 $\omega\tau=1$ 出现内耗峰的条件，可通过改变温度而改变 τ 值，从而测出 $Q^{-1}—T$ 的关系曲线。若用不同频率 ω_1 和 ω_2 分别测量内耗与温度的关系，则有

$$\omega_1\tau_1=\omega_2\tau_2$$

$$\omega_1 e^{H/RT_1}=\omega_2 e^{H/RT_2} \tag{9-20}$$

$$\ln\left(\frac{\omega_2}{\omega_1}\right)=\frac{H}{R}\left(\frac{1}{T_1}-\frac{1}{T_2}\right) \tag{9-21}$$

由上式，就可以用内耗法研究原子的扩散过程，标出激活能。

图 9-32 所示为扭摆仪结构示意图。扭摆仪是扭摆法测弛豫型内耗的装置，由我国物理学家葛庭燧在 20 世纪 40 年代首次设计，所以在国际上被命名为葛氏扭摆仪。试样通常取直径为 $\phi0.1\sim\phi1.0$mm 的细丝，摆动频率可用摆锤间的距离调整，频率每秒为 0.1 到 15 次（属低频）。灯尺上的光点反映出摆动振幅大小，从振幅的衰减求出内耗值。

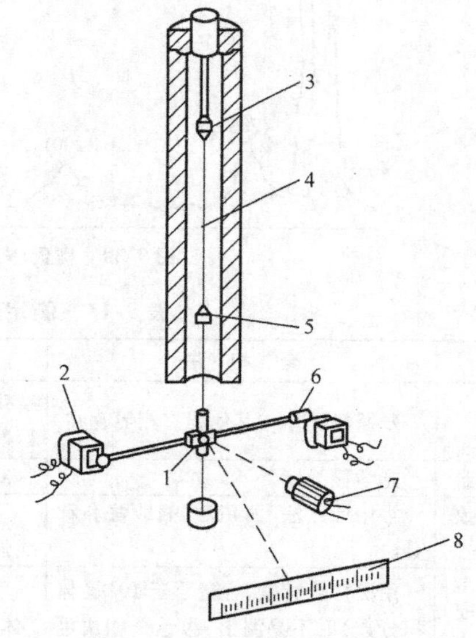

图 9-32　扭摆仪结构示意图

1—反射镜　2—电磁铁　3、5—上、下夹头　4—金属试样　6—摆锤　7—光源　8—灯尺

静滞后内耗与弛豫型内耗不同，它的特征是与应力幅有关，而与振动频率无关。它的产生是由于应力和应变间存在多值函数关系，即在同一载荷下具有不同的应变值，从而在加载和卸载的周期中，在应力应变的曲线上形成一个回线。由于静滞后内耗不是线性关系，所以数学处理没有弛豫型内耗那样明确，通常是测量回线面积，由内耗的基本定义公式求出内耗值，即

$$Q^{-1}=\frac{1}{2\pi}\frac{\Delta w}{w} \tag{9-22}$$

式中 w 是最大应变能，Δw 是振动一周的能量消耗，即回线面积。

阻尼共振型内耗是由于金属中存在某种振动子，在应力作用下作强迫振动。比如说，两端被钉扎的自由位错线段就可在外力作用下作强迫振动，引起非弹性应变，因而产生内耗。共振型内耗的特征也是与振动频率关系极大，与振幅无关。它与弛豫型内耗的差别是后者通过弛豫过程产生内耗，因而弛豫时间对温度敏感，温度略有改变，内耗峰对应的频率（$\omega\tau=1$）就改变很大。而阻尼共振型内耗的固有频率一般对温度不敏感，因此内耗峰位置随温度的变化相对要小得多。

经过几十年的发展，内耗法的测量已从低频扩展到兆赫的超声范围，在装置上也有很大的改进。为了消除应力对内耗的影响，扭摆仪已从顺摆改成倒摆。电阻加热炉热惯性大，调温速度太慢，不能满足测量相变内耗的要求，现已有红外辐射聚集加热，淬冷时用充氩快冷，并可用微机实现自动控制（包括试样加热、冷却，以及各种条件下内耗和频率测量中数据记录、处理、计算并打印出结果的整个试验过程）。

内耗属组织结构敏感的性质。近年来，内耗法在金属物理、金属材料及热处理的研究方面得到了广泛应用。例如，可了解溶质原子点阵中的活动情况及其扩散过程。从内耗峰的大小可以分析固溶体中溶质原子浓度的变化，分析析出相的数量及位置。内耗对晶界的研究，推进了人们对晶界结构和性能的认识，使人们更深入地了解到晶界在金属中的作用以及晶界强化的途径等。内耗研究在相变动力学方面也进行了不少工作。关于位错内耗的研究进一步深化了人们对位错和溶质原子交互作用的认识。

9.4.2　正电子湮没技术

正电子是 1930 年狄拉克根据理论预言其存在，并于 1932 年在宇宙线云雾室照片上被证实的。它是电子的反粒子。当正电子进入固体时，速度减慢，与固体中的电子相碰撞，结果电子与正电子复合而转变为一对光子（双 γ 射线辐射），即

$$_{+1}e^{0}+{}_{-1}e^{0}\rightarrow h\gamma+h\gamma \tag{9-23}$$

此过程称之为正电子湮没。

由于湮没过程的特性受到电子所遇到的原子环境的影响，因此正电子湮没试验可用来探测物质的微观结构。

在材料研究中最常用的试验技术是正电子寿命谱测量。正电子湮没的几率正比于发生湮没处的电子密度，湮没几率决定了试验上测量到的正电子寿命谱。图 9-33 所示为正电子寿命谱仪的方框图。

目前常用的正电子源是 Na^{22}。放出一个正电子后，发射一个 1.28meV 的 γ 射线。探测器测到此 γ 射线时作为正电子产生的时间。正电子进入样品后，在金属中运动。当测量到能量为 511keV 的湮没 γ 射线时，即为正电子湮没时刻，此时间间隔即为正电子的寿命。

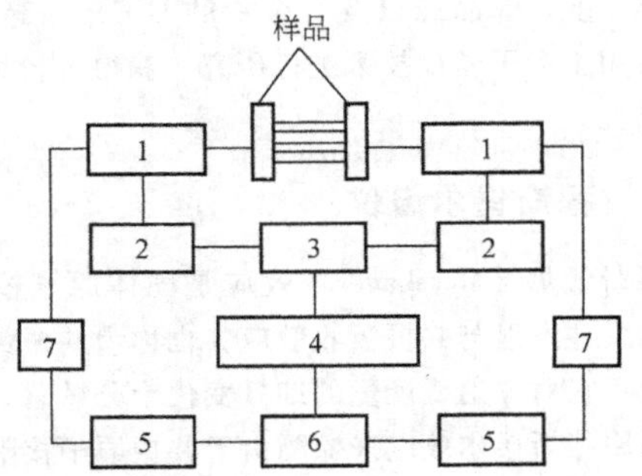

图 9-33　正电子寿命谱仪方框图

1—闪烁探测器　2—时间甄别器　3—时幅转换器　4—多道分析器　5—单道分析器　6—复合电路　7—放大器

图 9-34 所示为正电子寿命随温度的变化。正电子寿命的温度效应是由处于热平衡下的点阵空位造成的。这个试验是用正电子湮没法对点阵缺陷进行定量研究的开端，并建立了捕获模型，认为材料中空位型缺陷带有等效负电荷，它能够捕获正电子，使正电子所在处的电子密度变低，从而延长了正电子的寿命。

反应堆外壳材料受快中子辐照时，点阵会受到损伤而出现空洞。通过正电子湮没方法对空洞的形成和长大可进行跟踪测量。现在该方法已成为研究金属辐照损伤的有力工具。

正电子湮没技术的特点是对微观结构、缺陷等特别敏感，试验方法也较为简单，可研究在含有缺陷的金属中电子动力学性质的不规则性，也可考察在形变、辐照或热处理期间出现的各种缺陷行为，特别是

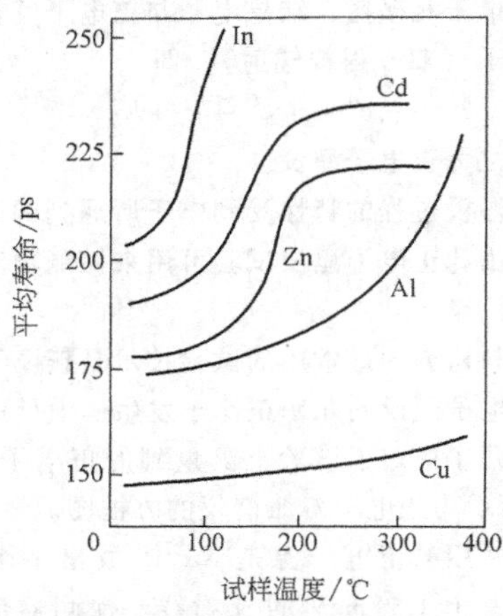

图 9-34　正电子平均寿命随温度的变化

得出关于缺陷本身的电子结构的信息。如测定金属中的空位形成能、形变以及退火过程对材料缺陷的影响。辐照效应、疲劳、蠕变、无损探伤、钢的氢脆、马氏体相变、非晶态以及合金中的 G · P 区等方面，都有人用正电子湮没技术进行研究，获得了较为满意的结果。

9.4.3　穆斯堡尔谱仪

穆斯堡尔（Mössbauer）效应是固体原子核 γ 射线的无反冲发射与共振吸收效应，也称为共振荧光现象。由于它对 γ 射线能量的细微变化十分敏感，因此可以利用穆斯堡尔效应来探测由于共振原子核附近的物理和化学环境变化而引起的共振 γ 射线能量的细微变化。从 1957 年德国青年物理家穆斯堡尔发现此效应至现在，穆斯堡尔效应已迅速发展成为波谱学的一个分支——穆斯堡尔谱学，应用范围也从固体物理扩大到生物物理及考古等领域。

原子核如同原子一样，也具有能级，核处于最低能级为基态，高于基态的能态叫激发态。如果一个原子核处于能量为 E_e 的激发态，当跃迁到能量为 E_g 的基态时，便发射一个能量为 $E_o = E_e - E_g$ 的 γ 光量子。在一定条件下，等于 E_o 的光量子可以全部为一个基态的全同核（中子和质子数目均相等的同类核）所吸收，于是该核跃迁到激发态。这个现象叫做 γ 射线的核共振吸收。但是由于原子核在发射或吸收 γ 射线时会产生反冲，消耗了部分能量，破坏了共振吸收条件，所以难以观察到 γ 射线的共振吸收现象。

要观察到穆斯堡尔效应，就必须解决发射和吸收 γ 射线时原子核反冲造成的能量损失问题。在穆斯堡尔的试验中，采取两个措施来解决此问题。其一是用固体样品，由于共振原子核受到周围晶格的紧密束缚，结果可使其反冲能量很小。事实上到目前为止，还无法观测液态和气态样品的穆斯堡尔效应。其二是利用多普勒效应（Doppler）使原子核得到一个附加的速度来补偿原子核反冲能量的损失。多普勒效应是当波源相对于观察者以速度 v 作相对运动时，观察者所接收到的波的频率 ν' 与静止时接收到的频率 ν 不同。

$$\nu' = \nu\left(1 + \frac{v}{c}\right) \tag{9-24}$$

式中的 c 为光速，相应的光子能量 $E = h\nu$ 改变为

$$E' = h\nu' = h\nu\left(1 + \frac{v}{c}\right) = E + \frac{v}{c}E$$

或

$$\Delta E = E' - E = \left(\frac{v}{c}\right)E \tag{9-25}$$

ΔE 称为多普勒能移。如果使 ΔE 恰好补充反冲造成的能量损失，就可以观察到穆斯堡尔效应。图 9-35 所示为穆斯堡尔谱仪结构示意图。它包括四个基本单元：γ 射线源和速度单元，共振吸收体，放射线的检测和计数装置以及对共振吸收的总量调制处理的设备单元。

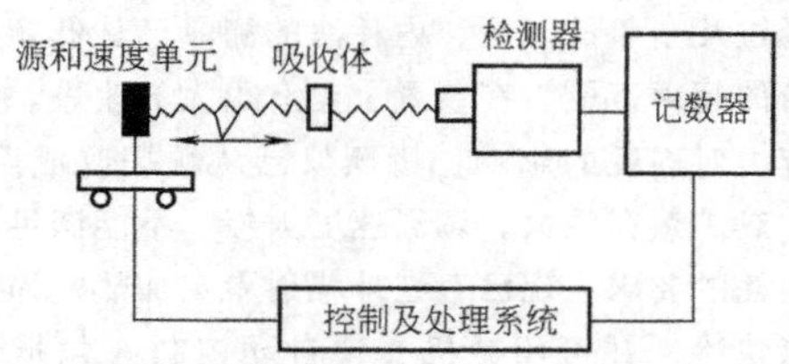

图 9-35　穆斯堡尔谱仪结构示意图

对铁的穆斯堡尔效应观察所用的源核为 $^{57}_{27}Co$，吸收体就是所要研究的物质，它必须含有与源相同的同位素，而且处于基态，以便发生共振吸收。记录 γ 射线的探测器可用闪烁计数管。在共振吸收期间，计数率应减小（指透射谱）。记录的曲线即为穆斯堡尔谱。谱的横坐标为源的运动速度，不同的速度是为了调制 γ 射线的能量。纵坐标为吸收计数（即发射强度）。

由于实现无反冲共振吸收的条件极为严格，因此，核环境的任何微小变化，都足以引起穆斯堡尔谱线的形状、共振吸收位置、强度等的改变，从而推测出样品物质结构的变化。

样品不需要特别抛光，也可用粉末试样，但要求薄，铁试样厚度约为 20μm。

穆斯堡尔效应可研究不同类型的沉淀过程（成核、长大过程），了解新相形成过程中原子的分布。用穆斯堡尔效应研究 Al(富 Al)-Fe 合金中的沉淀，经

淬火的 Al-w(Fe)1% 的试样在室温下的穆斯堡尔谱示于图 9-36。图中分别给出了固溶体中的 Fe、Al_6Fe 和 $Al_{13}Fe_4$ 相沉淀中的 Fe 的穆斯堡尔谱，该谱可以被理解为由固溶体中 Fe 的单线和形成 Fe 原子的最近邻组态的四极劈裂组分的叠加，通过退火处理，由穆斯堡尔谱的变化可以观测到由 Al_6Fe 至 $Al_{13}Fe_4$ 相的变化。

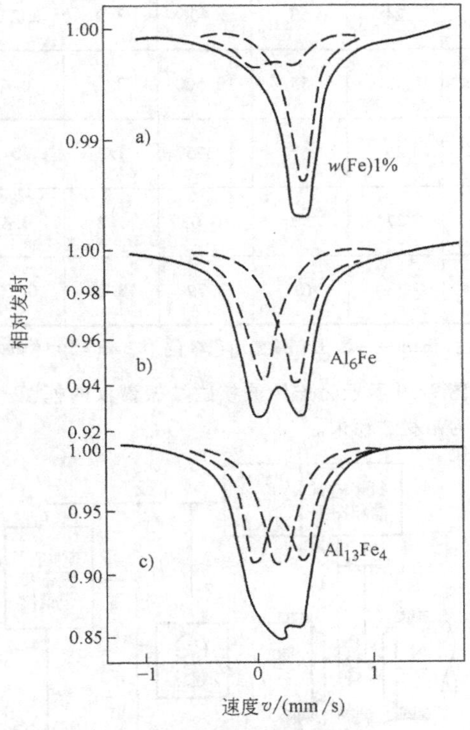

图 9-36　穆斯堡尔谱

a）经淬火的 Al-w（Fe）1% 试样的穆斯堡尔谱，单线代表固溶体中 Fe 的组分，双线代表 Fe 的聚集的组分　b）Al-w（Fe）冷铸合金的室温穆斯堡尔谱，该谱是典型的 Al_6Fe 沉淀　c）$Al_{13}Fe_4$ 沉淀的室温穆斯堡尔谱

穆斯堡尔谱能很灵敏地分析微量相的形成。图 9-37所示为亚共析钢表面经轻研磨后的穆斯堡尔谱。对谱线的拟合分析可清楚地看到奥氏体的峰，表明在表面生成了奥氏体。这个奥氏体层很薄，用其他试验无法分析（如用 X 射线衍射探测不出），由于有应变，低能电子衍射也无能为力。

图 9-38 所示为 $TiFeH_x$ 合金的穆斯堡尔谱。TiFe 合金是储氢合金，需要分析氢含量与合金相组成的关系。由图 9-38 可知，$TiFeH_{0.1}$ 合金为单峰，可确定为立方结构的 α 单相；$TiFeH_{0.9}$ 合金的谱则由两个相的峰组成，可确定为 α 和非立方的 β 相组成；$TiFeH_{1.7}$ 合金的谱是由三个相的峰重叠在一起，可确定为 α、β 和非立方的 γ 相组成。根据峰的高低，还可进行定量分析。

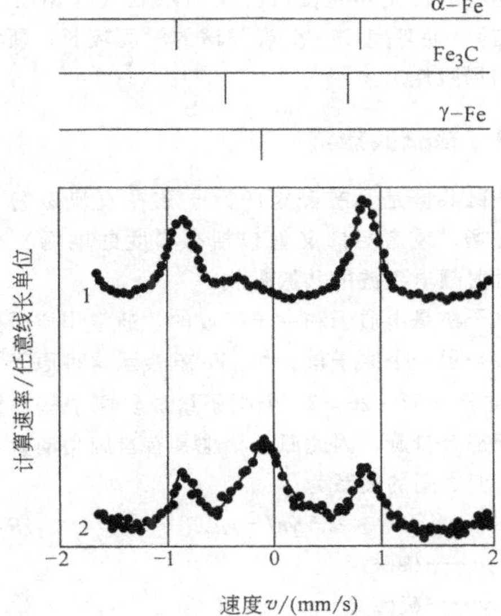

图 9-37　亚共析钢表面经轻研磨后的穆斯堡尔谱

1—14.4eV 的 γ 射线计数谱　2—电子计数谱

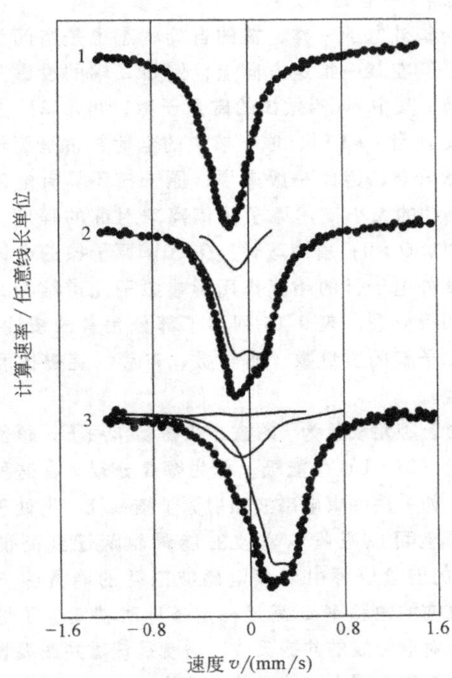

图 9-38　$TiFeH_x$ 合金穆斯堡尔谱

1—$x=0.1$　2—$x=0.9$　3—$x=1.7$

此外，穆斯堡尔谱在有序无序转变、马氏体相变和马氏体回火过程、残留奥氏体测量、过冷奥氏

体的中温分解、因瓦合金的性能等方面都有研究应用。

这种方法受到同位素种类的限制（适用的有40种左右），而且完成一次观测谱的时间较长，所以有一定的局限性。

9.4.4 核磁共振法

核磁共振是具有磁矩的原子核在直流磁场（包括内磁场，或者更广义地包括有梯度的电场）作用下，对射频电磁波的共振吸收。

原子核是由质子和中子组成的。通常用质子数和质量数表示一个原子核，如$^{57}_{26}Fe$就表示这种原子核由26个质子和57－26＝31个中子组成。原子核的质子和中子都有自旋，因此原子核也具有自旋角动量和磁矩，它们之间的关系为

$$\mu = \gamma hI = g\mu_N T \tag{9-26}$$

式中 μ——核磁矩；

γ——旋磁比；

h——约化普朗克常数；

I——自旋角动量；

g——兰德因子；

μ_N——核磁子。

与核外电子一样，核的自旋状态也是空间量子化的。其在某一指定方向上，例如Z轴的投影只能是$m_I h$，其中m_I叫做核的磁量子数，可取$2I+1$个值，此外当$I \geqslant 1$时，原子核中的电荷常常呈旋转椭球体状分布，因此一般来说，原子核还具有电四极矩Q。Q的大小描述原子核偏离球对称的程度，长椭球时，$Q>0$；扁椭球时，$Q<0$。原子核的电四极矩与核外电子云的相互作用影响原子光谱结构，这称为四极分裂。表9-14列出了部分元素的核性能，包括原子核的质量数、质子数、自旋、旋磁比和电四极矩。

对自旋角动量为I的核，在磁场作用下，核能级分裂为（$2I+1$）个能级，称为塞曼分裂。在这种情况下，如果用一束电磁波照射原子核系统，则处于低能态的就可以吸收电磁波的能量而跃迁到高能级（吸收的能量值可由射频电磁波消耗的能量测出）。当电磁波的角频率ω满足一定条件时就发生了原子核系统对电磁波的共振吸收，这就是核磁共振吸收现象。在铁磁金属中，核磁共振的共振频率范围为几十兆至几百兆赫。

试验中最方便的做法是射频场（电磁波）的角频率ω。保持不变，而连续改变所加磁场强度H的值，当H变化到一定值时便发生共振吸收。

表9-14　部分元素的核性能

元素	质子数	质量数	旋磁比 $\gamma/2\pi$	核自旋 I	电四极矩 barn
Al	13	27	11.094	5/2	0.15
Cr	24	53	2.406	3/2	±0.03
Mn	25	55	10.500	7/2	0.4
Fe	26	57	1.3757	1/2	0
Co	27	59	10.03	7/2	0.4
Ni	28	61	3.79	3/2	0.16

注：barn——核子有效截面积单位，$1\text{barn}=10^{-24}\text{cm}^2$。

图9-39所示为连续波核磁共振谱仪的框图。样品多为箔材或粉末。

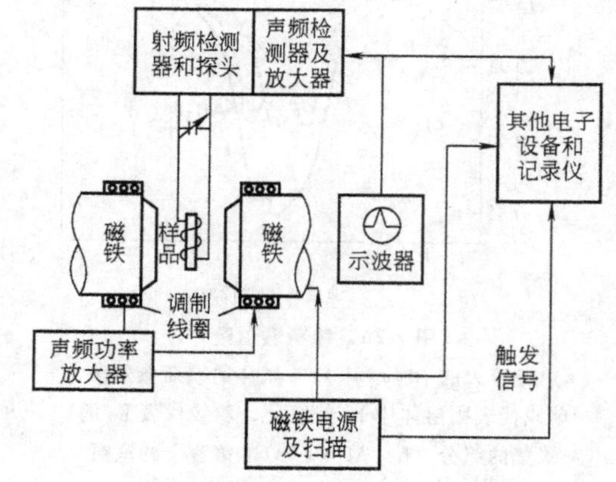

图9-39　连续波核磁共振谱仪框图

由于核环境中电场、磁场和电荷密度都对核的能极有影响，它将改变跃迁的共振能量。核磁共振可测定在不同点阵位置处的超精细场作为材料组成、材料的处理、温度、压力和磁场的函数。这些测量结果对某些磁性材料的微观结构和宏观磁性的了解曾有过很大的贡献。

核磁共振可作为磁结构的灵敏探针，研究合金中原子的局部环境（如金属铁磁体中一个杂质原子处的磁环境）和有序结构（如Fe-Al、Fe-Ni、Fe-Si、Fe-Co合金的短程有序度）。

图9-40所示为FeNi合金的室温核磁共振谱。FeNi合金在高温完全互溶，室温时在Ni含量为75%（质量分数）处合金倾向于形成$AuCu_3$型有

序结构。由图 9-40 可知，有序态和无序态的差异用核磁共振法是很容易检测的。由于 Fe 和 Ni 原子的 X 射线和中子的散射因子很相近，若用 X 射线衍射和中子衍射就很难测定。此外，对有序态的核磁共振谱进行谱拟合分析，还可研究有序度的细节。

此外，还可用来研究金属和合金的电子结构、铁磁体的畴结构、缺陷、沉淀现象、稀土金属间化合物、扩散和非晶态等。

核磁共振和穆斯堡尔效应都是微观分析中采用的技术，都可用来测量固体中的超精细结构，提供互相补充的信息。但各有其特长和局限性，穆斯堡尔效应分辨率很低，对环境效应敏感性低，谱线容易解释，对试样纯度和晶体质量的限制较少。核磁共振分辨率高，考虑因素多。在条件允许时，可先用穆斯堡尔谱仪初测一下，然后再用核磁共振来测定其细致性质。

内耗及三种核物理方法的应用比较列于表 9-15。

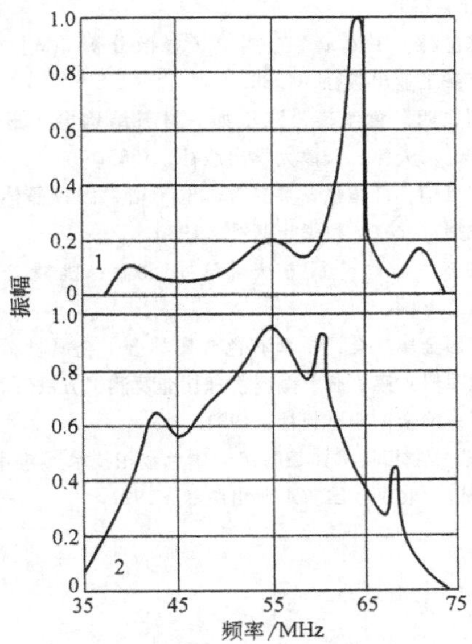

图 9-40　FeNi 合金的室温核磁共振谱

1—有序态　2—无序态

表 9-15　内耗及三种核物理方法的应用比较

	内　耗	正电子湮没	穆斯堡尔效应	核　磁　共　振
定义	物体振动引起内部变化使振动能转变为热能	正电子进入固体，与固体中电子复合转变为一对光子	原子核对 γ 射线的无反冲共振吸收现象	具有磁矩的原子核，在直流磁场作用下，对射频电磁波的共振吸收
应用原理	内耗与金属内部结构及原子运动等有关，利用内耗峰位置及高度，研究内部结构	湮没过程受正电子所遇到的原子环境的影响，可测物质微观结构	核环境的微小变化，都足以引起穆斯堡尔谱线的改变，从而推知物质结构的变化	核环境中，电场强度、磁场强度和电荷密度都对核能级有影响，能改变跃迁的共振能量
基本变量	能量衰减率用 Q^{-1} 或 $\tan\delta$ 表示	测定正电子寿命谱，用平均寿命 $\bar{\tau}$ 表示	穆斯堡尔谱线的形状、共振吸收位置和强度等的变化	在能量吸收 E 和磁场强度 H 曲线上，形成一定线宽和有吸收峰
使用仪器	低频扭摆仪等	正电子寿命谱仪等	穆斯堡尔谱仪	连续型核磁共振谱仪
样品要求	直径 $\phi 0.5 \sim \phi 1.00$mm 的细丝状	试样厚 0.1 ~ 1.0mm	薄片厚 20μm	箔材或粉末
应用举例	间隙原子在固溶体中的浓度、扩散过程激活能、低温扩散和金属疲劳等	适宜作材料损伤结构（空位型缺陷）分析，特别是金属中氢脆	适宜作化学环境和物质超精细结构（如电子结构、磁结构、晶格点阵对称性）分析，适于分析重元素（$z>26$）物质	适宜作化合物结构分析，分析轻元素（$z<26$），它是与穆斯堡尔谱互为补充的一种分析技术

参 考 文 献

[1]　American Society for Metals. Metals Handbook: Volume 10 Materails Characterization [M]. 9th ed. Ohio: ASM International, 1986.

[2]　Cahn R W, Haasen P. Physical Metallurgy. [M]. 3rd ed. Amsterdam: Elsevier Science Publishers B. V, 1983.

[3]　范雄. 金属 X 射线学 [M]. 北京: 机械工业出版

社，1988.
[4]　陈世朴，王永瑞．金属电子显微分析［M］．北京：机械工业出版社，1988.
[5]　刘文西，黄孝瑛，陈玉如．材料结构电子显微分析［M］．天津：天津大学出版社，1989.
[6]　郭可信，叶恒强，吴玉琨．电子衍射图在晶体学中的应用．北京：科学出版社，1980.
[7]　周玉．材料分析方法［M］．北京：机械工业出版社，2004.
[8]　中国金属学会，中国有色金属学会．金属材料物理性能手册：第1册　金属物理性能及测试方法［M］．北京：冶金工业出版社，1987.
[9]　《彩色金相技术》编写组．彩色金相技术（应用图册）［M］．北京：国防工业出版社，1991.
[10]　林慧国，傅代直．钢的奥氏体转变曲线：原理、测试与应用［M］．北京：机械工业出版社，1988.
[11]　姜晓霞，王景韫．合金相电化学［M］．上海：上海科学技术出版社，1984.
[12]　宋学孟．金属物理性能分析［M］．北京：机械工业出版社，1981.
[13]　田莳，李秀臣，李邦淑．金属物理性能［M］．北京：国防工业出版社，1985.
[14]　夏元复，叶纯灏，张健．穆斯堡尔效应及其应用［M］．北京：原子能出版社，1984.
[15]　利费森 E．材料的特征检测：第Ⅰ部分［M］．叶恒强，等译．北京：科学出版社，1998.
[16]　利费森 E．材料的特征检测：第Ⅱ部分［M］．叶恒强，等译．北京：科学出版社，1998.

第10章　金属腐蚀与防护试验

西安交通大学　宋余九

10.1　概述

10.1.1　金属腐蚀定义与分类

金属材料受环境介质的化学、电化学和物理作用引起的损伤和变质称为金属腐蚀。氧化是金属腐蚀形式之一，是化学腐蚀。金属在电解液中的腐蚀是电化学腐蚀，也称湿腐蚀。金属在某些液态金属中的溶解也被纳入腐蚀范畴。

腐蚀种类，按照腐蚀形态分为：全面腐蚀、局部腐蚀和应力作用下的腐蚀；按照产生腐蚀的环境分为：自然环境下的腐蚀和工业环境下的腐蚀；按照腐蚀机理分为：化学腐蚀、电化学腐蚀和物理溶解腐蚀。

10.1.2　金属的氧化

金属氧化是指环境介质中的氧和金属化合的现象，金属原子失去电子而被氧化，氧原子获得电子而被还原成负离子（O^{2-}）。狭义的金属氧化仅指金属与环境介质中的氧进行化合，形成氧化物；广义的氧化还包括硫化、碳化、氮化及卤化等。金属腐蚀仅指氧化，形成的氧化物存在于金属表面。氧化膜一般是固体，但是 V_2O_5 的熔点为674℃，在高温下是液态。MoO_3 在450℃以上挥发成气体。固体氧化膜的存在对金属基体有保护作用，但是其保护能力与自身的致密程度、稳定性、与基体的附着程度、组织结构、与基体金属的膨胀系数，以及氧化膜内应力大小等有关系。Pilling-Bedworth（PB）提出一个判断方法，即用金属氧化膜体积（V_{MO_2}）与该金属体积（V_M）之比（PB值，用 r 表示）判断。当 $r>1$ 时，氧化膜有保护作用。这只是必要条件，而不是充分条件。例如，难熔金属氧化膜易脆裂，无保护作用。表10-1是一些金属氧化膜的 r 值。

表10-1　一些金属氧化膜的 r 值

氧化膜	r	氧化膜	r
MoO_3	3.4	NiO	1.52
WO_3	3.4	ZrO_2	1.51
V_2O_5	3.18	PbO_2	1.40
Nb_2O_5	2.68	SnO_2	1.32
Ta_2O_5	2.33	ThO_2	1.32
Sb_2O_3	2.35	HgO	1.31
Bi_2O_5	2.27	Al_2O_3	1.28
SiO_2	2.27	CdO	1.21
Cr_2O_3	1.99	Ce_2O_3	1.16
Co_3O_4	1.99	MgO	0.99
TiO_2	1.95	BaO	0.74
MnO	1.79	CaO	0.65
FeO	1.77	SrO	0.65
Cu_2O	1.68	Na_2O	0.58
ZnO	1.62	Li_2O	0.57
PdO	1.60	Cs_2O	0.46
BeO	1.59	K_2O	0.45
Ag_2O	1.59	RbO	0.45

实践证明，r 值稍大于1的金属氧化膜的保护作用最大，例如 Al_2O_3、TiO_2、SiO_2、Cr_2O_3 等的保护作用最好。

表10-2是常见氧化物的晶体结构及其物理化学性能。

表10-2　常见氧化物的晶体结构及其物理化学性能

氧化物	结构	熔点/℃	沸点/℃	生成热 ΔH/4.184kJ	摩尔体积/(cm^3/mol)	r
Li_2O	CaF_2		升华点1300	285.2	15	0.58
Li_2O_2	α-立方	相变点		18.5	21.45	0.83
	β-$Li_2O_{2\sim1.9}$	225				
BeO	闪锌矿	2530	3850	286.2	8.25	1.68
MgO	NaCl	升华	升华点2770			
CaO	NaCl	2600	3500	303.0	16.7	0.64
BaO	NaCl	1925	2750	266.0	25.3	0.67
Y_2O_3	立方	2420	4300	303.6	44.9	1.39
La_2O_3	六方	2320		297.3	49.7	1.10

（续）

氧 化 物	结 构	熔点/℃	沸点/℃	生成热 ΔH/4.184kJ	摩尔体积/(cm^3/mol)	r
Ce_2O_3	六方			(305)	47.9	1.16
ThO_2	CaF_2	3000		293.2	26.7	1.35
UO_2	CaF_2	2820		259.0	24.7	1.98
TiO	NaCl	(1750)		246.2	11~13	1.20
Ti_2O_3	α-Cr_2O_3	相变点 200		232.0	31.5	1.46
	β	1800				
ZrO_2	α-单斜	相变点 1170		259.5	21.9	1.56
VO	NaCl	1900		204.0	10.5~11.4	1.51
V_2O_3	Cr_2O_3			180	29.2/30.8	1.82
V_2O_5	斜方	674		60	54	3.19
NbO	NaCl	1945		(195)	15.0	1.37
NbO_2	金红石型	1915		187.0	20.5	1.87
β-Nb_2O_5	单斜	1495		146.8	58.3	2.68
α-Ta_2O_5	斜方	1350		195.6	54	2.5
β-Ta_2O_4	三斜	1872			52.8	2.43
Cr_2O_3	菱形	2400		180	29	2.07
CrO_3	斜方	1350		195.6	54	2.50
MoO_2	单斜	1780		140.6	19.7	2.10
Mo_4O_n	菱形			74.4	134.0	3.57
Mo_9O_{26}	单斜	相变点 650				3.5
MoO_3	斜方	795	1100	77.6	31.3	3.3
WO_2	单斜	1580		140.9	19.8	2.08
α-WO_3	三斜	相变点 735		134.1	31.5	3.35
β-WO_3	斜方	1473				
MnO	NaCl	1875		184	13.15	1.79
α-Mn_3O_4	尖晶石	相变点 1170		110.8	47.3	2.15
β-Mn_3O_4	立方	1560		100.8		
α-Mn_2O_3	Sc_2O_3	相变点 600			50.8	35
γ-Mn_2O_3	γ-Fe_2O_3	分解温度 900				
α-MnO_2	斜方	相变点 250			38.4	
ReO_2	立方	160		89.0	31.5	3.38
Re_2O_7	立方	296	362	9.5	(79.2)	
FeO	NaCl	1424		126.5	11.9/12.5	
Fe_3O_4	尖晶石	1597		144.5	44.7	2.10
α-Fe_2O_3	立方	1457		109.3		
CoO	NaCl	1805		114.2	11.6/12.3	1.86
Co_3O_4	尖晶石	分解温度 910			39.8	2.01
NiO	NaCl	1960		115.0	10.9	1.65
Cu_2O	立方	1230		80	23.3	1.64
CuO	单斜	分解温度 1100		68.4	12.2	1.72
Ag_2O	立方	分解温度 185		14.6	32.1	1.56
CdO	NaCl			122.2	15.65	1.21
α-Al_2O_3	菱形	2030		266.8	25.6	1.28
γ-Al_2O_3	缺陷尖晶石			253.1	29.8	1.49
α-石英 SiO_2	六方	1610		210	22.5	
β-方石英 SiO_2	立方	1713		209.3	27	

10.1.3　电化学腐蚀

10.1.3.1　特性

金属在电解液中的腐蚀是电化学腐蚀。电化学腐蚀与原电池原理相同，被腐蚀的金属是阳极，失去电子后成为正离子，进入电解液中（$ne \cdot M^{n+} \rightarrow M^{n+} + ne$）。例如 Fe 被腐蚀时成为 Fe^{2+}，进入电解液，产生的两个电子经导线流到阴极端，阴极借助于电解液中带正电荷的 H^+ 与电子进行反应，使系统达到平衡，将氢还原成原子（$H^+ + e \rightarrow H$），氢原子可能进入金属中使材料产生氢脆，也可能形成氢分子（H_2），在阴极上产生气泡释出。

根据电池的电极大小可分为宏观电池与微观电池。金属腐蚀时，由于化学成分和组织不均匀、表面不平整、表面膜不完整等的微电池作用不能忽视。

10.1.3.2　电极电位

将一块金属片置于电解液中产生电荷转移，这个体系称为电极。例如丹尼尔电池中的 Cu 片与 Zn 片在 $CuSO_4$ 或 $ZnSO_4$ 溶液中构成了 Cu 极与 Zn 极。由于两个电极的电位不同，用导线连接后有电流流动，所以电极电位就是金属（导体）与电解液（离子导体）间的电位差。

Nernst 计算了双电层上达到平衡状态时的电极电位（E），如下式：

$$E = E_0 + \frac{RT}{nF}\ln a$$

式中　E_0——金属的标准电极电位；

R——气体常数；

T——热力学温度；

F——法拉第常数；

n——参与反应的电子数；

a——金属离子浓度。

无论是平衡电极电位还是非平衡电极电位的绝对值均无法测定。目前是人为规定氢电极电位为零，将待测的金属与氢电极组成原电池，此电池的电位就是待测金属的电极电位。因为用氢标准电极测定电位很不方便，通常采用参比电极测定金属电位。一些参比电极的电位见表 10-3。

表 10-3　常用参比电极的电位值

电极名称	电极结构	电极电位/V①	温度系数/mV②	一般用途	备　注
标准氢电极	$Pt[H_2]_{1大气压}\|H^+(a=1)$	0.000	0	酸性介质	SHE
饱和甘汞电极	$Hg[Hg_2Cl_2]\|$饱和 KCl	0.244	-0.65	中性介质	SCE
1mol/L 甘汞电极	$Hg[Hg_2Cl_2]|$1mol/LKCl	0.280	-0.24	中性介质	NCE
0.1mol/L 甘汞电极	$Hg[Hg_2Cl_2]|$0.1mol/LKCl	0.333	-0.07	中性介质	
标准甘汞电极	$Hg[Hg_2Cl_2]\|Cl^-(a=1)$	0.2676	-0.32	中性介质	
海水甘汞电极	$Hg[Hg_2Cl_2]\|$海水	0.296	-0.28	海水	
饱和氯化银电极	$Ag[AgCl]\|$饱和 KCl	0.196	-1.10	中性介质	
1mol/L 氯化银电极	$Ag[AgCl]|$1mol/LKCl	0.2344	-0.58	中性介质	
0.1mol/L 氯化银电极	$Ag[AgCl]|$0.1mol/LKCl	0.288	-0.44	中性介质	
标准氯化银电极	$Ag[AgCl]\|Cl^-(a=1)$	0.2223	-0.65	中性介质	
海水氯化银电极	$Ag[AgCl]\|$海水	0.2503	-0.62	海水	
1mol/L 氧化汞电极	$Hg[HgO]|$1mol/LNaOH	0.114		碱性介质	
0.1mol/L 氧化汞电极	$Hg[HgO]|$0.1mol/LNaOH	0.169		碱性介质	
标准氧化汞电极	$Hg[HgO]\|OH^-(a=1)$	0.098	-1.12	碱性介质	
饱和硫酸亚汞电极	$Hg[Hg_2SO_4]\|$饱和 H_2SO_4	0.658		酸性介质	
1mol/L 硫酸亚汞电极	$Hg[Hg_2SO_4]\|1mol/LH_2SO_4$	0.6758		酸性介质	
0.1mol/L 硫酸亚汞电极	$Hg[Hg_2SO_4]\|0.1mol/LH_2SO_4$	0.682		酸性介质	
标准硫酸亚汞电极	$Hg[Hg_2SO_4]\|SO_4^{2-}(a=1)$	0.615	-0.80	酸性介质	
饱和硫酸铜电极	$Cu[CuSO_4]\|$饱和 $CuSO_4$	0.316	+0.02	土壤、中性介质	
标准硫酸铜电极	$Cu[CuSO_4]\|SO_4^{2-}(a=1)$	0.342	+0.008	土壤、中性介质	
0.1mol/L 氢醌电极	Pt[氢醌(固)]|0.1mol/LHCl	0.699	-0.73	酸性介质	
0.1mol/L 硫酸铅电极	$PbO_2[PbSO_4]\|0.1mol/LH_2SO_4$	1.565		酸性介质	

① 各电极的电极电位值系指 25℃时相对于 SHE 的电位值。

② 温度系数是指每变化 1℃时电极电位变化的数值。

将参比电极测定的电位值加上氢标准电极电位（0.36V），便是该金属的氢电位数值。

表 10-4 是常见金属 25℃时的标准电极电位。表中金属的电极电位（E_0）比氢越高（越正），越不易受腐蚀，这类金属属贵金属。比氢标准电极电位越低（越负）时，越易受腐蚀。

表 10-4　金属在 25℃时的标准电极电位

（对于 $Me \rightleftharpoons Me^{n+} + ne$ 的电极反应）

电极过程	E_0/V	电极过程	E_0/V
$Li \rightleftharpoons Li^{+}$	-3.045	$V \rightleftharpoons V^{3+}$	-0.876
$Rb \rightleftharpoons Rb^{+}$	-2.925	$Zn \rightleftharpoons Zn^{2+}$	-0.762
$K \rightleftharpoons K^{+}$	-2.925	$Cr \rightleftharpoons Cr^{3+}$	-0.74
$Cs \rightleftharpoons Cs^{+}$	-2.923	$Ga \rightleftharpoons Ga^{3+}$	-0.53
$Ra \rightleftharpoons Ra^{2+}$	-2.92	$Fe \rightleftharpoons Fe^{2+}$	-0.440
$Ba \rightleftharpoons Ba^{2+}$	-2.90	$Cd \rightleftharpoons Cd^{2+}$	-0.402
$Sr \rightleftharpoons Sr^{2+}$	-2.89	$In \rightleftharpoons In^{3+}$	-0.342
$Ca \rightleftharpoons Ca^{2+}$	-2.87	$Tl \rightleftharpoons Tl^{+}$	-0.336
$Na \rightleftharpoons Na^{2+}$	-2.714	$Mn \rightleftharpoons Mn^{3+}$	-0.283
$La \rightleftharpoons La^{3+}$	-2.52	$Co \rightleftharpoons Co^{2+}$	-0.277
$Mg \rightleftharpoons Mg^{2+}$	-2.37	$Ni \rightleftharpoons Ni^{2+}$	-0.250
$Am \rightleftharpoons Am^{3+}$	-2.32	$Mo \rightleftharpoons Mo^{3+}$	-0.2
$Pu \rightleftharpoons Pu^{3+}$	-2.07	$Ge \rightleftharpoons Ge^{4+}$	-0.15
$Th \rightleftharpoons Th^{4+}$	-1.90	$Sn \rightleftharpoons Sn^{2+}$	-0.136
$Np \rightleftharpoons Np^{3+}$	-1.86	$Pb \rightleftharpoons Pb^{2+}$	-0.126
$Be \rightleftharpoons Be^{2+}$	-1.85	$Fe \rightleftharpoons Fe^{3+}$	-0.036
$U \rightleftharpoons U^{3+}$	-1.80	$Dy \rightleftharpoons Dy^{3+}$	-0.0034
$Hf \rightleftharpoons Hf^{4+}$	-1.70	$H_2 \rightleftharpoons H^{+}$	0.000
$Al \rightleftharpoons Al^{3+}$	-1.66	$Cu \rightleftharpoons Cu^{2+}$	+0.337
$Ti \rightleftharpoons Ti^{2+}$	-1.63	$Cu \rightleftharpoons Cu^{+}$	+0.521
$Zr \rightleftharpoons Zr^{4+}$	-1.53	$Hg \rightleftharpoons Hg^{2+}$	+0.789
$U \rightleftharpoons U^{4+}$	-1.50	$Ag \rightleftharpoons Ag^{+}$	+0.799
$Np \rightleftharpoons Np^{4+}$	-1.354	$Rh \rightleftharpoons Rh^{3+}$	+0.80
$Pu \rightleftharpoons Pu^{4+}$	-1.28	$Hg \rightleftharpoons Hg^{2+}$	+0.854
$Ti \rightleftharpoons Ti^{3+}$	-1.21	$Pd \rightleftharpoons Pd^{2+}$	+0.987
$V \rightleftharpoons V^{2+}$	-1.18	$Ir \rightleftharpoons Ir^{3+}$	+1.000
$Mn \rightleftharpoons Mn^{2+}$	-1.18	$Pt \rightleftharpoons Pt^{2+}$	+1.19
$Nb \rightleftharpoons Nb^{3+}$	-1.1	$Au \rightleftharpoons Au^{3+}$	+1.50
$Cr \rightleftharpoons Gr^{2+}$	-0.911	$Au \rightleftharpoons Au^{+}$	+1.68

10.1.3.3　极化与极化曲线

将两块不同的金属置于同一电解液中，两个电极的电位差就是腐蚀的原动力。然而此电位差是不稳定的，当腐蚀原电池接成回路，有电流流过时，将引起电极电位的变化，这种现象称为电极极化。通阳极电流时阳极电位向正的方向变化，是阳极极化；通阴极电流时阴极电位向负方向变化，是阴极极化。无论阳极极化或阴极极化，都使两极间电位差减小，从而导致腐蚀电流减小。因此极化作用是阻滞金属腐蚀的重要因素，并能减缓金属的腐蚀速度。

表示电极电位和电流间关系的曲线是极化曲线。阳极电位与电流间关系曲线为阳极极化曲线，阴极电位与电流间关系曲线为阴极极化曲线。它们可借助参比电极用实验方法来测定。

艾文思（Evans）将极化曲线简化成图 10-1 所示的示意图，图中 $E°_{阴}S$ 是阴极极化曲线，$E°_{阴}$ 点是局部阴极反应的平衡电位。$E°_{阳}S$ 是阳极极化曲线，$E°_{阳}$ 点是局部阳极反应的平衡电位。曲线的斜率表示极化率。

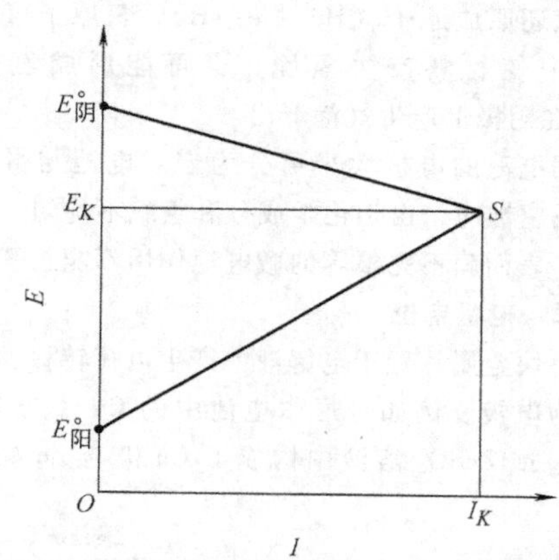

图 10-1　艾文思极化曲线

当其他条件相同时，局部阴极极化或局部阳极极化越小，即极化曲线斜率越小，则腐蚀电流越大，腐蚀越快，如图 10-2a 所示，$I_{K2} > I_{K1}$。

如果极化率相同，则腐蚀初始电位差越大，腐蚀电流也越大，如图 10-2b 所示，$I_{K3} > I_{K2} > I_{K1}$。

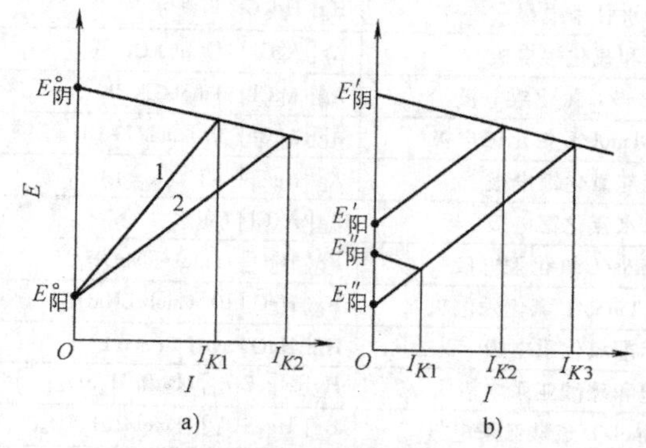

图 10-2　几种腐蚀极化曲线示意图

10.1.3.4　钝化

一些较活泼的金属，在特定的环境中，例如铁在浓硝酸中，表面形成一层极薄的钝化膜，使金属由活化状态变成钝态，这种现象称为钝化。金属钝化时出现电极电位向贵金属方向移动，例如 Fe 的腐蚀电位从 -0.5 ~ +0.5V 升至 +0.5 ~ +1.0V；Cr 的电位从

-0.6 ~ +0.4V 升至 +0.8 ~ +1.0V，几乎接近贵金属电位。

钝化现象很复杂，至今无一致的定义。但是金属钝化时阳极行为具有共同特征，这点是清楚的。典型的具有钝化特征的金属阳极极化曲线如图 10-3 所示。从曲线走向可以看到，在活化溶解阶段随电位增加，腐蚀电流增大，当电位达到 E_{pp} 时，再增加电位时电流反而减小，此时已进入钝化状态。当电流减小到 I_p 时，再增加电位，电流不再变化，此时金属已处于完全钝化状态。当电位高于一定值后，电流密度再次随电位升高而增大，此时已进入过钝化阶段。

10.1.3.5　金属腐蚀图（*E*-pH 图）

借助于热力学建立的金属腐蚀电位（*E*）与 pH 值关系的电化学平衡图称为金属腐蚀图。这个图的创始人是比利时学者 M. Pourbaix，因此也称为 Pourbaix 图。这种平衡图与合金相图相似，表示在某一电位和 pH 值时的体系稳定状态。从该图可以判断金属在平衡状态下发生腐蚀的倾向和可以采用的防护措施。

腐蚀图的应用有一定局限性，因为金属腐蚀很少是在平衡状态下进行的，并且实际腐蚀情况远比该图所表示的复杂得多。图 10-4 所示为 25℃ 时 Fe-H_2O 系腐蚀图，图 10-4a 所示是固相物质为 Fe、Fe_3O_4、Fe_2O_3；图 10-4b 所示是固相物质为 Fe、$Fe(OH)_2$、$Fe(OH)_3$。图 10-4a 中各条曲线的意义见表 10-5。

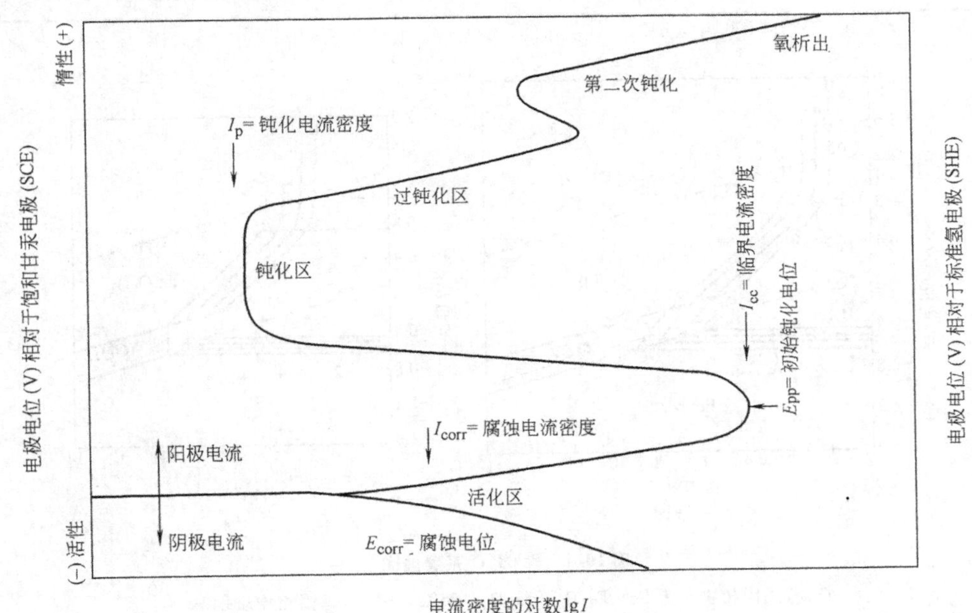

图 10-3　有阳极钝化的理想阴、阳极极化曲线

注：电流密度 *I* 的单位是 mA/m^2。

表 10-5　Fe-H_2O 系腐蚀图中各条曲线的意义

线符号	意　义	电 极 电 位	特　征
①	Fe 与 Fe^{2+} 相互反应， $Fe^{2+} + 2e \rightleftharpoons Fe$	$E = -0.44 + 0.0295\lg a_{Fe^{2+}}$	反应仅与 *E* 有关，为水平线
②	Fe^{2+} 与 Fe_2O_3 相互反应， $Fe_2O_3 + 6H^+ + 2e^- \rightleftharpoons 2Fe^{2+} + 3H_2O$	$E = 0.73 - 0.0295(\lg a_{Fe^{2+}} + 6pH)$	反应与 *E* 及 pH 值有关为斜线
③	Fe^{2+} 与 Fe^{3+} 相互反应， $Fe^{3+} + e^- \rightleftharpoons Fe^{2+}$	$E = 0.77 + \frac{RT}{F}\lg\left(\frac{a_{Fe^{3+}}}{a_{Fe^{2+}}}\right)$	反应仅与 *E* 有关，为水平线
④	Fe^{3+} 与 Fe_2O_3 相互反应， $2Fe^{3+} + 3H_2O \rightleftharpoons Fe_2O_3 + 6H^+$	pH = 1.8	无电子传递，为垂线

（续）

线符号	意 义	电 极 电 位	特 征
⑤	Fe_2O_3 与 Fe_3O_4 相互反应	$E=0.221-0.0591pH$	反应与 E 及 pH 值有关，为斜线
⑥	Fe 与 Fe_3O_4 相互反应， $Fe_3O_4+8H^++8e^-\rightleftharpoons 3Fe+4H_2O$	$E=0.0846-0.0591pH$	反应与 E 及 pH 值有关，为斜线
⑦	Fe^{2+} 与 Fe_3O_4 相互反应， $Fe_3O_4+8H^++2e^-\rightleftharpoons 3Fe^{2+}+4H_2O$	$E=0.98-0.236pH-0.886\lg a_{Fe^{2+}}$	反应与 E 及 pH 值有关，为斜线
ⓐ	H^+ 电极反应，$2H^++2e^-\rightleftharpoons H_2$（气）	$E=-0.0591pH$	反应与 E 及 pH 值有关，是斜线，下方是 H_2 稳定区
ⓑ	O_2 与 H_2O 反应线， O_2（气）$+4H^++4e^-\rightleftharpoons 2H_2O$	$E=1.229-0.0591pH$	反应与 E 及 pH 值有关，是斜线，上方是 O_2 稳定区，ⓐ与ⓑ之间是 H_2O 稳定区

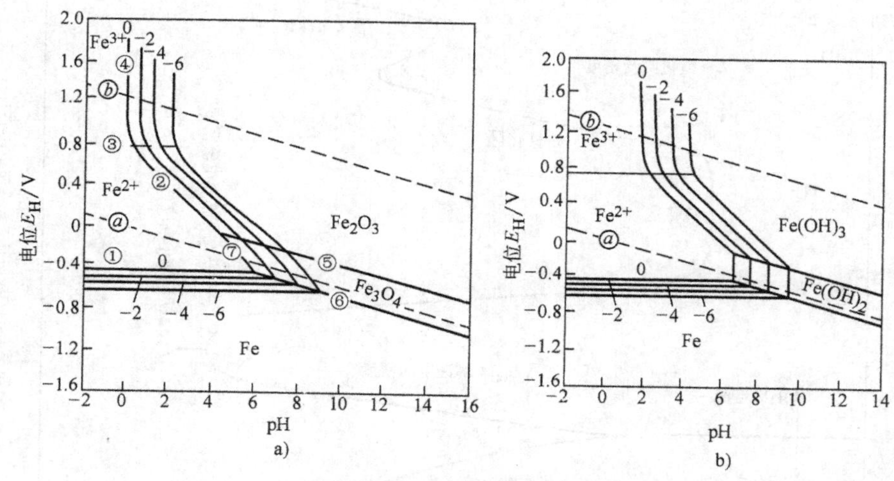

图 10-4 Fe-H_2O 系腐蚀图

a）考虑固相物质为 Fe、Fe_3O_4、Fe_2O_3，25℃ b）考虑固相物质是 Fe、$Fe(OH)_2$、$Fe(OH)_3$，25℃

10.1.4 影响金属腐蚀的因素

10.1.4.1 环境介质因素

1. 氧化剂与溶解氧 水溶液中的 H^+、H_2O 以及溶解氧（O_2）都是氧化剂。此外，存在其中的阳离子（例如 Cu^+/Cu^{2+}，Fe^{2+}/Fe^{3+}）、阴离子（例如 MnO_4^{2-}/MnO_4^-）以及 H_2O_2 等中性物质也可能是氧化剂。氧化剂对腐蚀的影响一是决定于氧化还原反应时的平衡电位（E_0）及金属溶解平衡电位（E_a），当 $E_0>E_a$ 时氧化剂对腐蚀无影响；二是决定于金属特性，非钝化型金属（例如 Cu）随氧化剂浓度升高而加快腐蚀。氧化剂对钝化型金属的影响较复杂，与钝化电位（E_{Cr}）、钝化电流（I_{Cr}）及阴极反应电流（I_C）有关。当 $E_0<E_{Cr}$ 时金属处于活性状态，氧化剂的影响与非钝化型金属相同；当 $E_0>E_{Cr}$，但 $I_C<I_{Cr}$ 时仍不能产生钝化，当 $I_C\geqslant I_{Cr}$ 时将进入钝化状态，此时氧化剂对金属腐蚀的影响大大减小。但是过钝化后，腐蚀速度又有增大。两种氧化剂共存时比单一氧化剂影响大。

蒸馏水中氧含量对低碳钢腐蚀的影响如图 10-5 所示。蒸馏水中溶有 12mL/L 氧时腐蚀速度达到最大值。溶解氧数量再增加，由于金属产生钝化，使腐蚀速度降低。当水中不含氧时室温下的腐蚀可忽略。

2. 温度的影响 无论阳极反应或阴极反应，随温度升高，反应速度都会加快。低温下（低于 80℃），在敞开容器中，随温度升高溶解氧增多，加

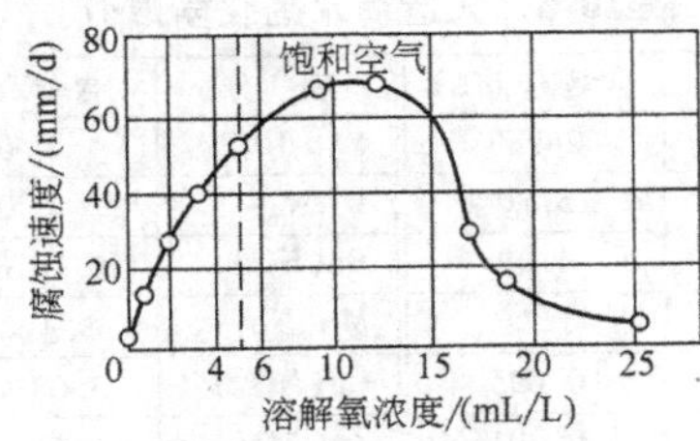

图 10-5　蒸馏水中氧含量对低碳钢腐蚀的影响（25℃，48h）

速腐蚀。温度超过 80℃ 后溶解氧减少，对腐蚀影响也减少。然而金属在封闭容器中时，随温度升高，腐蚀速度一直增加。

3. pH 值的影响　金属腐蚀与阳极上的 H^+、OH^- 反应有关，因此溶液的 pH 值对腐蚀速度有影响。酸性溶液中是氢去极化腐蚀，腐蚀速度随 pH 值增加而减小。中性溶液中氧去极化反应为主，金属腐蚀受溶解氧的影响，而 pH 值对腐蚀速度无影响。在碱性溶液中常常发生钝化，随 pH 值增加腐蚀速度降低。图 10-6 所示为 pH 值对 Fe 腐蚀速度的影响。图 10-7 所示为纯水在不同温度下的 pH 值。表 10-6 是一些溶液在 25℃时的 pH 近似值。

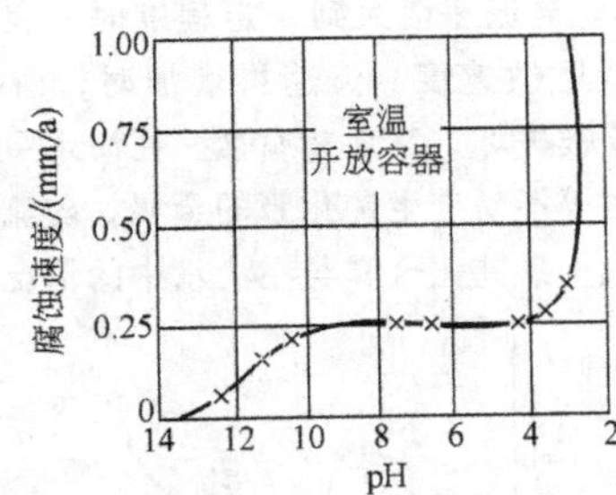

图 10-6　pH 值对 Fe 腐蚀速度的影响

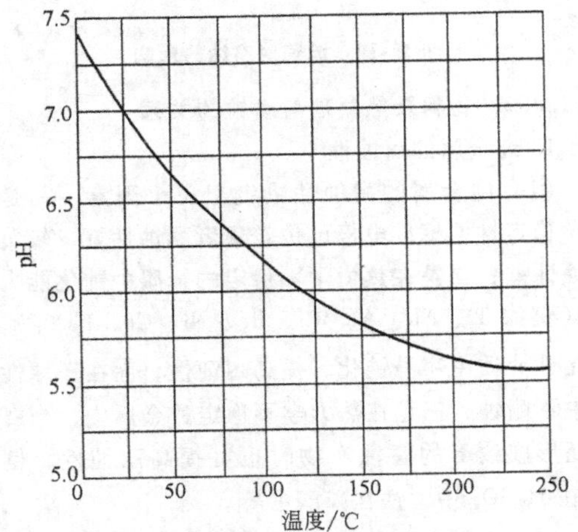

图 10-7　纯水在不同温度下的 pH 值

表 10-6　在 25℃时一些溶液的 pH 近似值

	溶液	含量		pH
		g/L	mol/L	
酸类	盐酸	36.5	1	0.1
		3.65	0.1	1.1
		0.365	0.01	2.0
	硫酸	49.0	1	0.3
		4.9	0.1	1.2
		0.49	0.01	2.1
	亚硫酸	4.1	0.1	1.5
	正磷酸	3.27	0.1	1.5
	甲酸	4.6	0.1	2.3
	醋酸	60.05	1	2.4
		6.01	0.1	2.9
		0.6	0.01	3.4
	碳酸（饱和）			3.8
	硫化氢	3.41	0.1	4.1
	氢氰酸	2.7	0.1	5.1
碱类	氢氧化钠	40.01	1	14.0
		4.0	0.1	13.0
		0.4	0.01	12.0
	氢氧化钾	56.1	1	14.0
		5.61	0.1	13.0
		0.56	0.01	12.0
	碳酸钠	5.3	0.1	11.6
	碳酸氢钠	4.2	0.1	8.4
	磷酸三钠	5.47	0.1	12.0
	氨	17.03	1	11.6
		1.7	0.1	11.1
		0.17	0.01	10.6
	碳酸钙（饱和）			9.4
	氢氧化钙（饱和）			12.4

4. 水中所含物质的影响

（1）淡水。淡水中含有 Ca 盐及 Mg 盐等。含盐量多的称为硬水，少的为软水。硬水比软水对金属腐蚀作用小，因为淡水是阴极去极化腐蚀为主，水中的 $CaCO_3$ 在阴极表面形成膜，阻碍溶解氧向阴极扩散。

水中含盐量不同对金属的腐蚀程度也不同，含量低时随盐量增加腐蚀程度增大，达到一定含量后，腐蚀程度减轻。其原因是随盐量增加，导电性增大，加速腐蚀。含盐量高时溶解氧减少，减轻腐蚀，如图 10-8、图 10-9 所示。

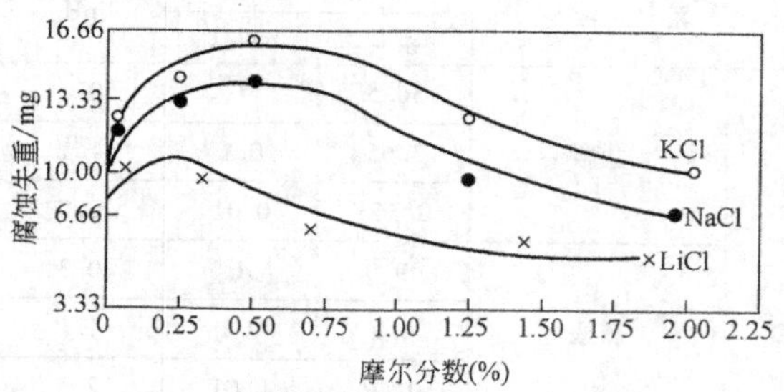

图 10-8　盐类含量对碳钢[$w(C)=0.06\%$]腐蚀的影响（35℃，48h，试样表面积为 17.5cm²）

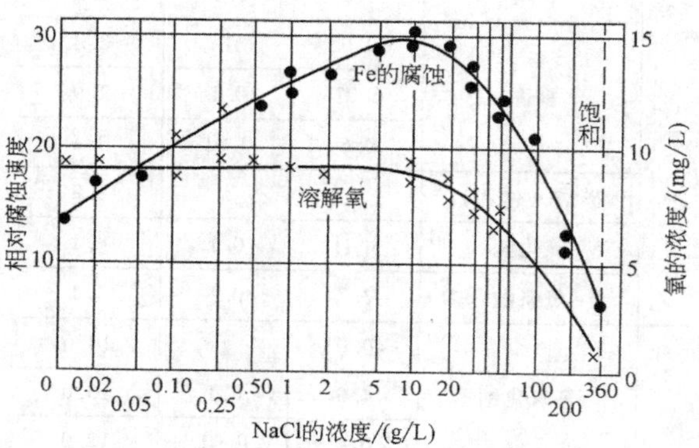

图 10-9　NaCl 含量及溶解氧数量对 Fe 腐蚀的影响

（2）海水。海水中含大量 NaCl 为主的盐类，常将海水近似地看做是含 $w(NaCl)=3\%$ 或 3.5% 的溶液。海水成分见表 10-7，人造海水成分见表 10-8。海水腐蚀主要是溶解氧的作用。海水中溶解氧量见表 10-9。

表 10-7　海水的主要成分

阴离子	含量(质量分数)($10^{-4}\%$)	含量(mg/L)
氯化物	18980	535.3
硫酸盐	2649	55.2
碳酸氢盐	142	2.3
溴化物	65	0.8
氟化物	1.4	0.07
硼酸盐	24.9	0.58
合　计		594.25
阳离子	含量(质量分数)($10^{-4}\%$)	含量(mg/L)
Na	10561	459.4
K	380	9.7
Mg	1272	104.4
Ca	400	20.0
Sr	13	0.3
合　计		593.8

表 10-8　人造海水的化学成分

成　分	含量/(g/L)	成　分	含量/(g/L)
NaCl	24.53	$SyCl_2$	0.025
$MgCl_2$	5.20	NaF	0.003
Na_2SO_4	4.09	$Ba(NO_3)_2$	9.94×10^{-5}
$CaCl_2$	1.16	$Mn(No_3)_2$	3.4×10^{-5}
KCl	0.695	$Cu(NO_3)_2$	3.08×10^{-5}
$NaHCO_3$	0.201	$Zn(NO_3)_2$	1.51×10^{-5}
KBr	0.101	$Pb(NO_3)_2$	6.6×10^{-6}
H_3BO_3	0.027	$AgNO_3$	4.9×10^{-7}

注：$w(Cl)=19.38\%\times10^{-3}$；用 0.1mol/L 的 NaOH 将 pH 值调至 8.2。

表 10-9　标准大气压及饱和状态下海水中溶解氧量($10^{-4}\%$)

$w(Cl)=10^{-1}\%$	0	5	10	15	20
$w(盐)=10^{-1}\%$	0	9.06	18.08	27.11	36.11
0℃	14.6	13.3	12.8	11.9	11.0
10℃	11.3	10.7	10.0	9.4	8.7
20℃	9.2	8.7	8.2	7.8	7.2
30℃	7.7	7.3	6.8	6.4	5.4

5. 流速的影响　金属在淡水中随流速增加，氧的浓度梯度增大，使扩散速度增大，加速腐蚀，如图 10-10 所示。当流速增大到一定程度时，表面产生钝化，又降低腐蚀速度。流速再增加时，由于机械作用，钝化膜被破坏，又加速腐蚀。在海水中情况有所不同，碳钢等不易产生钝化膜的金属，随流速增加腐蚀程度增大；易钝化金属与在淡水中的情况相似。

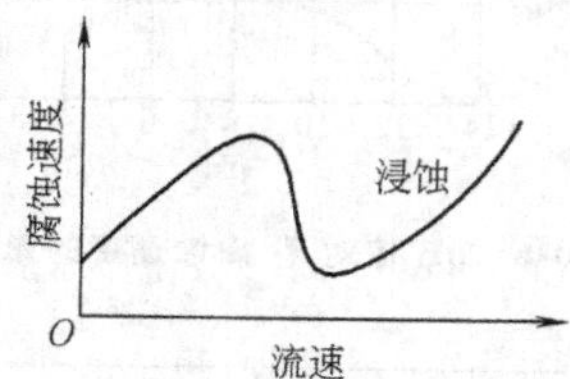

图 10-10　流速对腐蚀的影响

10.1.4.2　材料及热处理与腐蚀的关系

1. 纯金属的耐蚀性

（1）纯金属的耐蚀性决定于三个因素，一是热力学稳定性，标准电极电位较正者耐蚀性好，较负者耐蚀性差；二是在热力学不稳定的金属中钝化能力强的（例如 Ti、Nb、Al、Cr、Be、Ni、Co、Fe 等）在氧化性介质中容易钝化，提高耐蚀性，而在还原性介质中不耐蚀；三是在热力学不稳定的金属中，当腐蚀初期形成致密的腐蚀产物时也可提高耐蚀性，例如 Pb 在 H_2SO_4 中，铁在磷酸中等。

（2）金属元素的耐蚀性在周期表中也是有规律

的，特别是在固定腐蚀介质中时，其规律更明显。元素周期表中，从上向下，元素的热力学稳定性增大；易钝化的金属元素一般存在于Ⅳ～Ⅷ族的左侧；活性和较活性元素在第Ⅰ、Ⅱ族中。

元素周期表中一些金属的近似耐蚀性如图 10-11 所示。

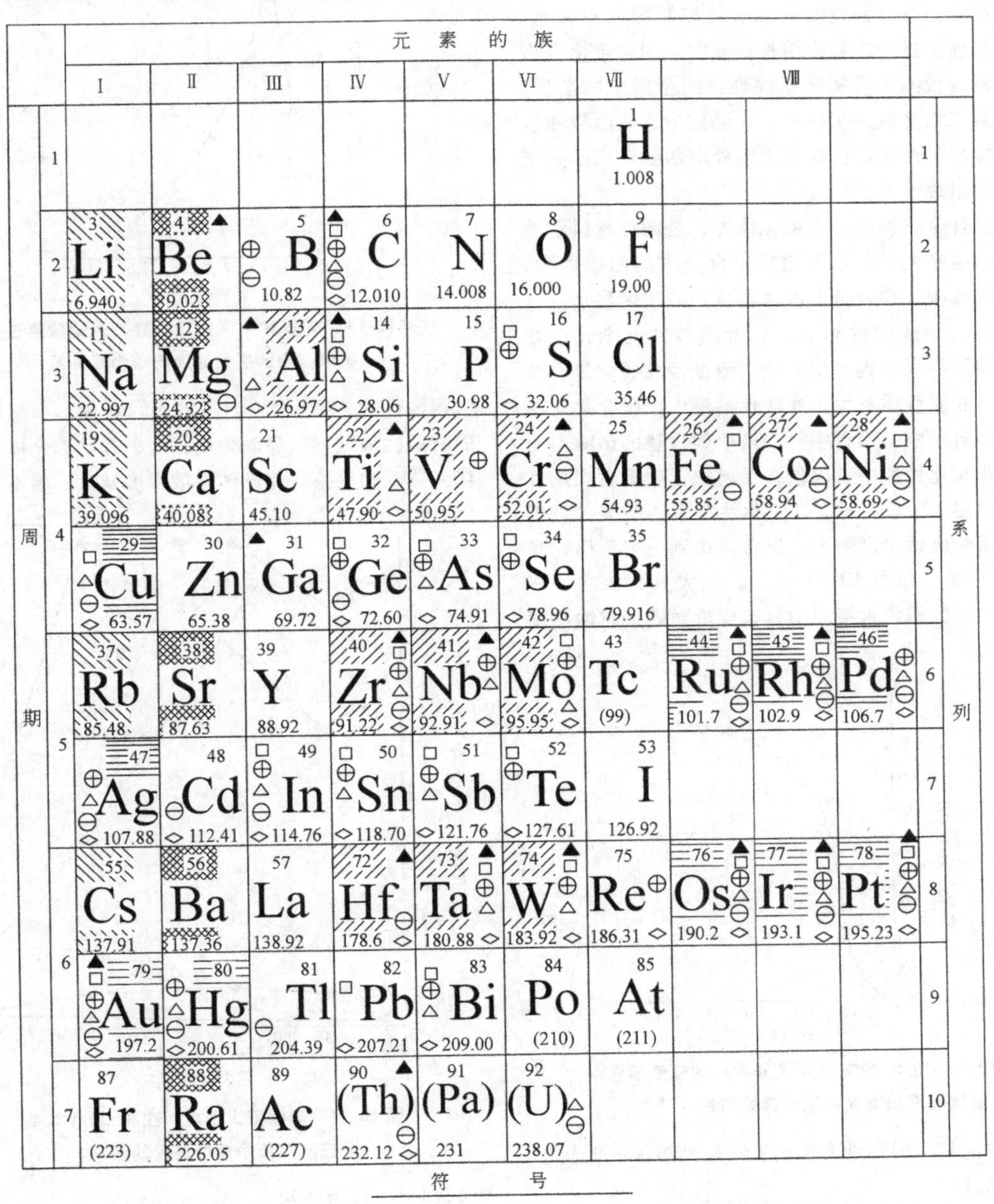

图 10-11　周期表中某些金属的近似耐蚀性

（所引用数据是对于室温下中等或较高浓度的酸或碱）

2. 合金的耐蚀性　合金耐蚀性很复杂，既取决于材料的化学成分、组织结构，又与腐蚀介质等外界因素有关。提高热力学稳定性的元素可提高合金的耐蚀性。在动力学方面则与腐蚀过程控制因素有关系，例如，当腐蚀过程主要受阴极控制时，用合金化方法阻滞阴极过程能显著提高耐蚀性。纯金属中的杂质、合金中第二相多数是阴极相，如果减少这些阴极相数量，可提高耐蚀性。例如经固溶处理的硬铝比退火或时效状态耐蚀性好。

通过合金化提高合金钝化能力，是增强材料耐蚀性的有效途径之一，也可用减少合金中的阳极面积，提高阴极效率，使合金的腐蚀电位向钝化区移动。

(1) 化学成分的影响。合金耐蚀性复杂，以常用的碳钢及低合金钢为例，碳钢耐蚀性与碳含量有关系，也与介质性质有关。在酸性溶液中，碳含量对材料耐蚀性有影响，而在中性溶液中碳含量的影响不明显。在非氧化性酸中，随碳含量增加，碳钢腐蚀速度增大，如图 10-12 所示。在氧化性酸中，随碳含量增加，开始时腐蚀速度增大，碳含量达到一定值后，腐蚀速度下降，如图 10-13 所示。在大气、淡水、海水、中性或弱酸性水溶液中，碳含量对碳钢腐蚀速度影响不大。

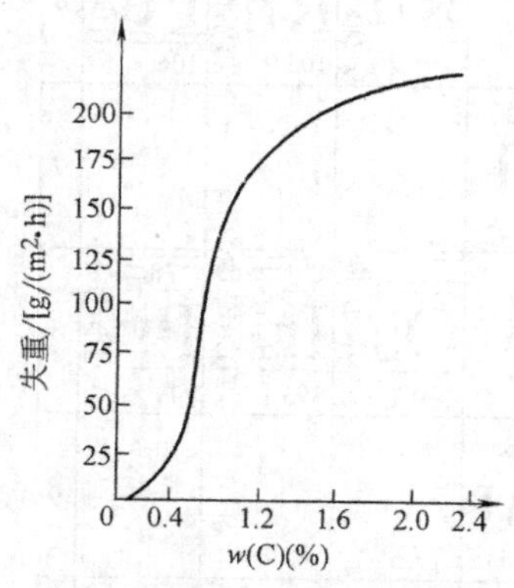

图 10-12　在含 20%（质量分数）的硫酸溶液中碳钢的腐蚀速度与碳含量的关系（25℃）

钢中的硫对耐蚀性有影响，在酸性溶液中促使材料加速腐蚀。

碳钢不耐蚀，低合金钢稍好。低合金钢中的合金元素以固溶状态存在时，对材料耐蚀性影响不大；以碳化物存在时对耐蚀性有影响。在不同使用条件下，材料的耐蚀性各异，例如含 P、Cu、Cr 等元素时可提高耐大气腐蚀能力。耐 H_2S 应力腐蚀的钢有：12AlMoV、12CrMoAlV、12Cr2MoAlV、40MnMoNb 等。

(2) 热处理的影响。消除应力、使组织均匀化的热处理可提高材料的耐蚀性。碳钢淬火后回火温度

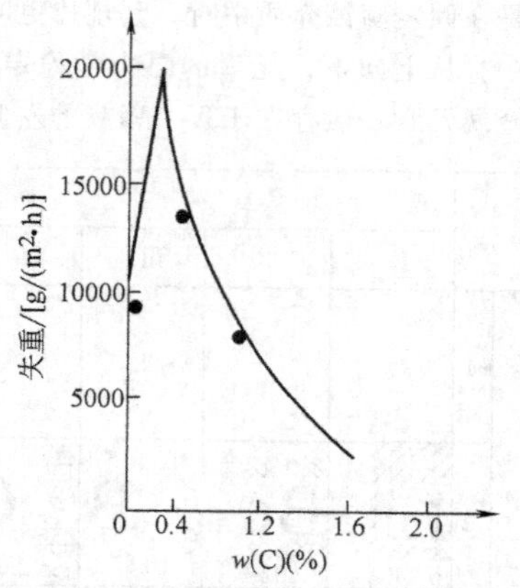

图 10-13　在含 30%（质量分数）的硝酸溶液中铁碳合金的腐蚀速度与碳含量关系

与耐蚀性的关系如图 10-14 所示。显然，中温回火时的耐蚀性最低。如果碳含量相同，片状珠光体比粒状珠光体耐蚀性差。珠光体弥散程度越大，越不耐蚀。

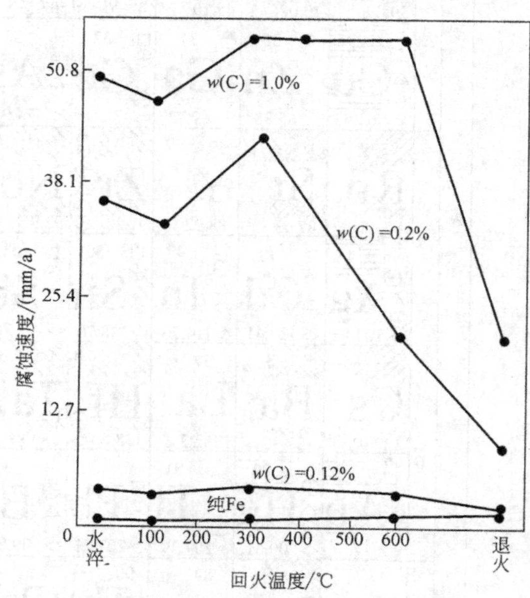

图 10-14　碳钢回火温度对在 0.1mol/L 的硫酸溶液中腐蚀速度的影响

10.1.4.3　应力作用

材料中存在应力才会发生变形和断裂。在腐蚀环境介质中，应力加剧了材料的破损。材料中的应力一是来源于外加载荷；二是材料在加工制作过程中产生的残余内应力；三是材料中的腐蚀产生物。例如阴极反应产生的氢进入金属中，并在某些地方富集，形成氢分子（H_2），其压力很大，可能出现氢致开裂。图 10-15 所示为纯 Fe 冷变形程度（扭转次数）与腐蚀速度的关系。

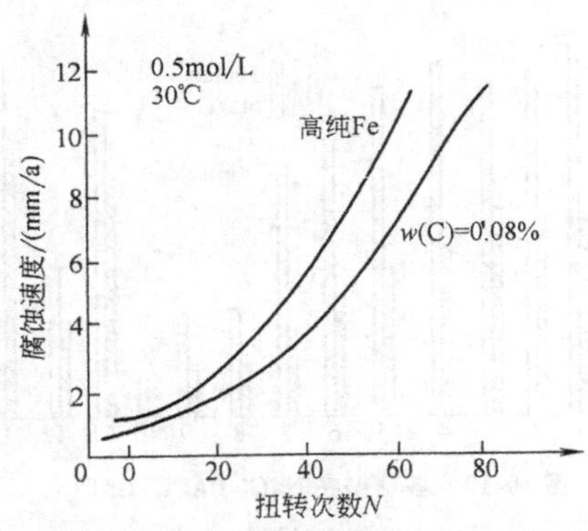

图 10-15　在 H_2SO_4 溶液中纯 Fe 的冷变形程度（扭转次数）与腐蚀速度的关系

10.1.5　金属腐蚀试验及评定方法

10.1.5.1　分类

腐蚀试验有不同的目的，例如，为控制产品质量的检验性试验；选择材料试验；分析失效事故原因，确定解决问题方法的试验等。为达到上述目的，腐蚀试验大致可分为实验室试验、现场试验和实物试验三大类。三类试验的方法和用途各有不同，各有优缺点，必须根据不同目的和要求加以选择。

10.1.5.2　定量测定

1. 重量法　这种方法需要精确测量试样腐蚀前后的重量变化。重量法的灵敏度较高，测量方便。应用失重法时应完全清除腐蚀产物而又不损伤基体金属。试样腐蚀后的重量变化与受蚀金属的表面积及腐蚀时间有关，即

$$v=\frac{W_t-W_o}{St}$$

式中　v——腐蚀速度［$g/(cm^2\cdot h)$］，“+”表示增重，“-”表示失重量；

W_o——试样腐蚀前重量（g）；

W_t——试样腐蚀后重量（g）；

S——试样受腐蚀的表面积（cm^2）；

t——腐蚀时间（h）。

2. 腐蚀深度法　从腐蚀对材料工程性能的影响看，测定腐蚀深度更有直接意义。对点蚀多用深度法，也可采用重量法。腐蚀深度可以通过腐蚀重量换算得到，即

$$H=\frac{\Delta W}{St\rho}$$

式中　H——腐蚀深度（mm）；

ρ——金属密度（g/cm^3）；

ΔW——失（增）重量（g）；

S——试样受蚀表面积；

t——腐蚀时间（h）。

如将时间单位换成年（a），腐蚀深度 H(mm/a) 则为

$$H=8.76\frac{\Delta W}{S\rho}$$

$$H=8.76\frac{v}{\rho}$$

3. 容量法　当腐蚀产物为气体时，例如析氢腐蚀，可采用容量法计算出被蚀金属单位表面积和单位时间内析出气体体积。

$$V=\frac{V_0}{St}$$

式中　V_0——0℃，101.3kPa（760mmHg）时的气体体积（cm^3）；

S——试样表面积（cm^2）；

t——腐蚀时间（h）。

4. 力学性能法　为判断晶间腐蚀，可采用拉伸法，将试样腐蚀前后的强度变化进行计算。

$$K_\sigma=\frac{R_m-R'_m}{R_m}\times100\%$$

式中　R_m——试样腐蚀前的抗拉强度；

R'_m——试样腐蚀后的抗拉强度。

5. 电阻法　为检验晶间腐蚀，可采用细丝或薄片试样来测定金属的电阻变化。

$$K_R=\frac{R_1-R_0}{R_0}\times100\%$$

式中　R_0——试样腐蚀前电阻；

R_1——试样腐蚀后电阻。

10.1.5.3　结果评定

将测出的腐蚀数据按腐蚀速度进行评定，为设计与装备维护提供依据。我国目前多采用 10 级标准，见表 10-10。

表 10-10　金属耐蚀性的 10 级标准

耐蚀性类别	腐蚀速度/(mm/a)	等级
Ⅰ完全耐蚀	<0.001	1
Ⅱ很耐蚀	0.001～0.005	2
	0.005～0.01	3
Ⅲ耐蚀	0.01～0.05	4
	0.05～0.1	5
Ⅳ尚耐蚀	0.1～0.5	6
	0.5～1.0	7
Ⅴ欠耐蚀	1.0～5.0	8
	5.0～10.0	9
Ⅵ不耐蚀	>10	10

应当指出，对于严重的不均匀腐蚀，特别是晶间腐蚀，不能使用表10-10，即不能按腐蚀深度（厚度）或质量损失来评定耐蚀性等级。

10.2 全面腐蚀试验

10.2.1 液态金属及熔盐腐蚀

我国一些工厂钢热处理时采用铅（Pb）浴或盐浴加热，特别是盐浴加热更为广泛。液态金属和盐浴对固态金属有腐蚀作用。液态金属腐蚀不是化学性质，主要是物理作用，例如，对固体金属的溶解，液态金属渗入固态金属等。熔盐腐蚀可能是物理溶解，也可能是电化学反应。一些研究表明，碳钢及高铬钢在600℃以下的铅浴中是耐蚀的。

各种熔盐对金属的腐蚀程度不同，以热处理车间常用的中温盐KCl、NaCl及$CaCl_2$三者进行比较，$CaCl_2$对钢的腐蚀能力最强，如图10-16所示。各种混合氯化盐对钢的腐蚀作用几乎相同，图10-17所示为各种钢在20% NaCl + 30% $BaCl_2$ + 50% $CaCl_2$（含量为质量分数，熔点为480℃）混合熔盐中的腐蚀速度。

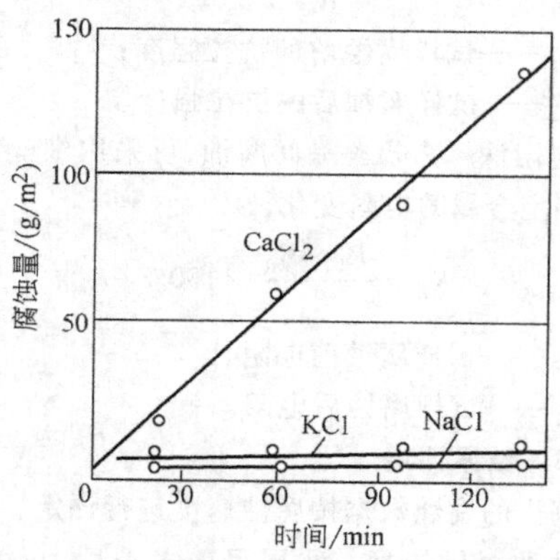

图10-16 纯Fe在几种氯化盐中的腐蚀动力学曲线（高于熔点70℃）

硝酸盐和亚硝酸盐是回火处理用盐浴，图10-18所示为各种钢在50% $NaNO_3$ +50% KNO_3（含量为质量分数，熔点为220℃）及25% $NaNO_3$ + 25% KNO_3 + 50% $NaNO_2$（含量为质量分数，熔点为145℃）混合熔盐中的腐蚀速度。

为防止和减少熔盐腐蚀，使用时应将盐烘干，盐浴液面覆盖碳粉；尽量避免熔盐的对流与搅拌作用，以减少空气中氧的进入；去除有阴极去极化作用的杂质；进行充分脱氧；防止低熔点盐（例如Na_2SO_4、K_2SO_4）的混入；少用或不用$CaCl_2$，而用NaCl、KCl盐等。

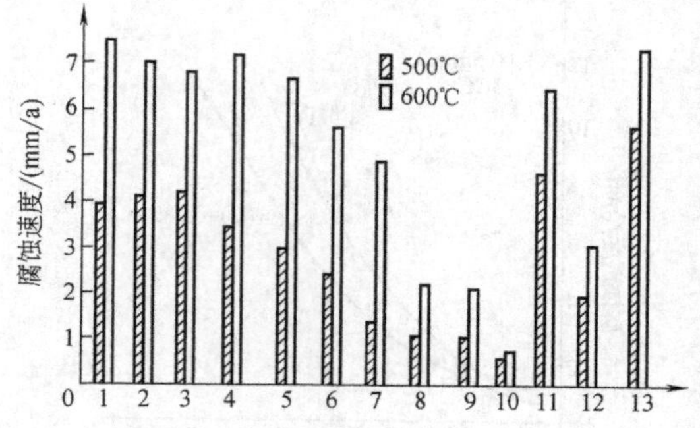

图10-17 各种钢在NaCl-$BaCl_2$-$CaCl_2$混合熔盐中的腐蚀速度

1—纯铁 2—沸腾钢 3—镇静钢 4—2 $\frac{1}{4}$Cr-Mo钢 5—5Cr-Mo钢 6—9Cr-Mo钢 7—13Cr钢 8—18Cr10Ni钢 9—25Cr20Ni钢 10—20Cr32Ni钢 11—3.5Ni钢 12—45Ni钢 13—渗铝钢

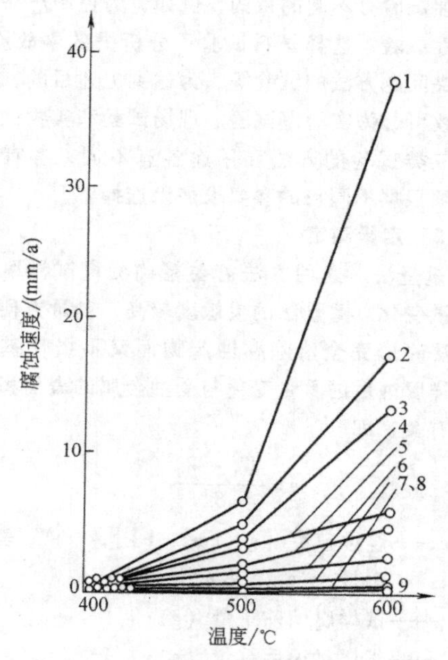

图10-18 各种钢在$NaNO_3$-KNO_3混合熔盐中的腐蚀速度

1—沸腾钢 2—镇静钢 3—纯铁 4—3.5Ni钢 5—2 $\frac{1}{4}$Cr-Mo钢 6—5Cr-Mo钢 7—9Cr-Mo钢 8—45Ni钢 9—渗铝钢、13Cr钢、18Cr10Ni钢、25Cr20Ni钢、20Cr30Ni钢

10.2.2 高温氧化

10.2.2.1 高温氧化特点

高温氧化是金属高温腐蚀的主要形式。高温腐蚀

遍及国民经济各个领域，是腐蚀与防护的重要方面。高温氧化包括三个内容：一是金属表面发生氧化的可能性，用体系自由能（ΔG）变化予以判断，$\Delta G<0$时氧化过程能自发进行，$\Delta G>0$时氧化过程不能进行；二是形成的反应产物——氧化膜特性，其中包括晶体结构、颜色、厚度及连续性等；三是氧化膜对界面及界面反应的影响。

氧化膜的晶体结构有离子型化合物（例如MgO、CaO、ZnS等）、半导体型化合物（例如Fe_2O_3、Cr_2O_3、Al_2O_3、SiO_2、CoO等）及间隙化合物（例如碳化物、氮化物、硼化物等）。

零件表面产生的氧化膜抗高温腐蚀的能力与下列因素有关：

（1）氧化物的化学稳定性与相稳定性。

（2）结构的致密程度。

（3）在金属表面上连续均匀的覆盖。

（4）与基体结合的牢固程度以及与基体金属的膨胀系数差。

10.2.2.2 钢铁材料的高温氧化

纯铁在570℃以下有良好的抗氧化能力，高于570℃时抗氧化性急剧降低。570℃以下是由Fe_3O_4及Fe_2O_3组成，570℃以上主要由FeO组成。图10-19所示是工业纯铁在1200℃空气中加热时各层氧化物的成长曲线。靠近基体是FeO，中间层是Fe_3O_4，最外层是Fe_2O_3，FeO层最厚，约占总厚度的90%。

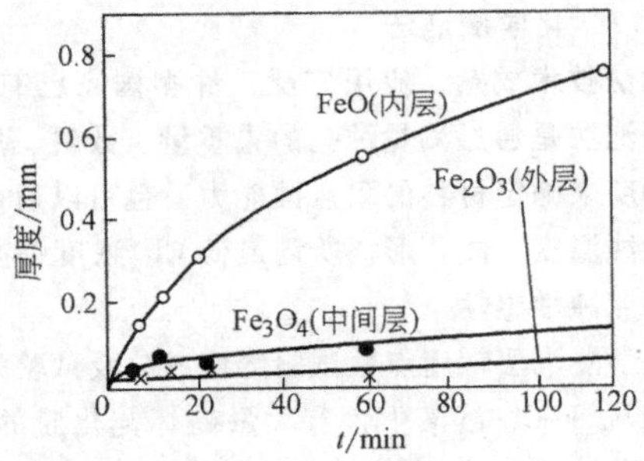

图10-19 工业纯铁在1200℃空气中加热时各层氧化物成长曲线

FeO是简单立方点阵，其中存在大量空位，因此降低了抗氧化能力。Fe_3O_4有磁性，是尖晶石型复杂立方点阵，从室温至1538℃都能稳定存在，是氧化膜中结构最致密的相，因此抗氧化能力较好。在氧化性介质中加热时Fe_3O_4与氧反应转变成Fe_2O_3，其转变过程可分为两段，即加热到220℃时形成γ-Fe_2O_3，晶体结构与Fe_3O_4相同；再加热到400～500℃时失去磁性，形成斜方六面体的α-Fe_2O_3。Fe_2O_3存在于室温至1100℃，1100℃以上开始分解，1565℃时分解完了。

碳钢在570℃以下与纯铁一样，有一定抗氧化能力，700℃以上因为发生脱碳，逸出$CO+CO_2$气体，使抗氧化性降低。钢中加入Cr、Al、Si等能形成致密氧化物，提高了钢抗氧化能力。

10.2.2.3 高温氧化试验

1. 试验方法

（1）设备。用管式炉或箱式炉加热，炉温应均匀，温差不超过±5℃。试样放入瓷坩埚、石英坩埚或铂金坩埚中，并备坩埚盖。试验过程中，特别是取样时防止氧化膜落在坩埚外面。使用瓷坩埚时需在高温下（900～1000℃）焙烧几次，除去其中水分及杂质，直到恒重为止。使用石英坩埚或铂金坩埚时应当用苯或乙醚洗涤脱脂，并放入150～200℃烘箱内除去水分。

试样放在Cr-Ni丝或铂金丝支架上，不要与坩埚壁接触。

（2）试样。常用矩形板状试样，其尺寸为60mm×30mm，厚度视材料而定，一般为2.5～5.0mm。也可以采用30mm×15mm或30mm×10mm小试样。棒料可采用ϕ10mm×20mm、ϕ15mm×30mm、ϕ25mm×50mm等圆柱形试样。

试样厚度应均匀，形状规则，表面粗糙度$Ra<0.8\mu m$。铸件试样不能有气孔、疏松、裂纹等缺陷。试验前将试样用甲苯或乙醚等洗涤脱脂，然后烘干、称重。

（3）测定方法。根据要求确定加热温度，一般可略高于实际使用温度。碳钢及低合金钢每隔50h称重一次，总保温持续时间应不少于250h。中合金钢及高合金钢每隔100h称重一次，总保温时间应不少于500h，如有必要也可增加到1000h。试验后试样的重量测定有两种方法。

1）减重法。试样出炉后用木刮刀或硬橡胶等剥下表面氧化膜，直至看不见其痕迹为止。对于较难剥下的氧化膜可采用电化学法进行分离，具体做法见表10-11。然后将试样洗净、称重量。

2）增重法。试样取出时应迅速将干燥过的坩埚盖盖上，然后放入干燥器内，待冷至室温后，拿去坩埚盖，将试样与坩埚一起称重。试验过程中应注意所有氧化膜必须全部保留在试样上及坩埚内。

2. 结果评定

（1）减重法　根据试样每周期的减重量，计算出每小时的氧化速度（K），如下式：

$$K=\frac{m_0-m_1}{S_0 t}\quad(\mathrm{g/m^2\cdot h})$$

表 10-11 电化学法去氧化膜参数

材料	溶液	温度	时间	电流密度 /(A/dm²)	备注
碳钢及低合金钢	体积分数为10%的硫酸+缓蚀剂(每升溶液加入1g乌洛托品或其他)	室温	约10min去净为止	10~15	试样为阴极，铅板为阳极
中合金钢及高合金钢	加入无水碳酸钠60%(质量分数)、氢氧化钠40%(质量分数)	400~500℃	1~5min	25~50	试样为阴极，钢板为阳极

如果要换算成氧化速度的深度指标，可用下式

$$R = 8.76\frac{K}{\rho}$$

式中 K——氧化速度 [g/(m²·h)]；

R——氧化速度的深度指标 (mm/a)；

m_0——试验前试样质量 (g)；

m_1——清除氧化产物后试样质量 (g)；

S_0——试样原始面积 (m²)；

t——时间 (h)；

ρ——金属密度 (g/cm³)；

8.76——换算系数 (24×365/1000)。

将上式试验结果绘成腐蚀速度与时间曲线 (K-t)。如果最后两个周期的腐蚀速度相等或接近，表明高温氧化已达到稳定状态。此时可根据最后一个周期的腐蚀速度，按表10-12进行评定。如果最后两个周期的腐蚀速度相差较大，表明尚未达到稳定状态。应继续再做，以求达到稳定状态，然后再进行评定。

表 10-12 金属抗氧化性级别

级别	氧化速度/[g/(m²·h)]	抗氧化性分类
1	≤0.1	完全抗氧化
2	0.1~1.0	抗氧化
3	1.0~3.0	次抗氧化
4	3.0~10.0	弱抗氧化
5	>10.0	不抗氧化

(2) 增重法。用增重法评定材料抗氧化性时，一般只计算其稳定的增重速度[g/(m²·h)]，而不换算成年腐蚀深度。采用这种指标时只能在材料间进行比较，不能按上表进行评定。确定年腐蚀深度要确知氧化产物的化学成分，而这种氧化产物成分与材料、氧化气体成分、温度、压力及时间等有关，并且内外层氧化产物成分亦不相同，计算复杂，也不准确。

GB/T 13303—1991 是我国测定钢抗氧化性能的国家标准。

10.3 局部腐蚀

金属材料全面腐蚀的危害性较局部腐蚀小，也容易防止，而许多零部件是因为局部腐蚀而损坏。

10.3.1 点蚀

点蚀也称孔蚀，是危害最大的腐蚀形式。各种材料都有产生点蚀的可能性，但是不锈钢、铝及其合金、钛及其合金等最易钝化的金属在含有 Cl^- 离子的溶液中最易产生点蚀。发生点蚀的腐蚀介质是含有氧化性金属离子的氯化物（例如 $CuCl_2$、$FeCl_3$ 等）溶液，而含非氧化性金属离子的氯化物（例如 NaCl、$CaCl_2$ 等）溶液对点蚀也有影响，但其程度小得多。一般含卤族化合物溶液都可能引起点蚀，其中以 Cl^- 离子最甚，Br^- 次之，F^-、I^- 离子对点蚀作用较小。

点蚀试验方法有化学浸泡法和电化学法两大类。

10.3.1.1 化学浸泡法

此法技术成熟，应用广泛，许多国家已有标准。化学浸泡法是通过测量蚀孔的失重量、数目、尺寸大小及深度来确定材料的耐点蚀能力，也可以通过测量临界点蚀温度、蚀孔形核所需最低 Cl^- 浓度等来确定材料的点蚀敏感性。

化学浸泡法常用点蚀试验溶液成分及试验条件见表10-13。$FeCl_3$ 溶液中含有大量破坏钝化膜的 Cl^-，溶液的酸性强，有强烈的点蚀倾向，所以普遍采用 $FeCl_3$ 溶液作为点蚀加速试验介质，用以研究材料化学成分、热处理及表面处理与耐点蚀性能的关系。

中国、美国及日本曾对不锈钢用 $FeCl_3$ 溶液进行点蚀试验的主要技术条件见表10-14，供读者参考。浸泡后的试样用肉眼或放大镜、低倍显微镜进行检查、记录及拍照，然后除掉腐蚀产物，精确称重(0.1mg)，再用带网格的透明纸数出试样单位面积(1cm²)上的蚀孔数目，最后用蚀孔深度测量仪或光学显微镜测定蚀孔深度，并测出20个蚀孔中最大蚀孔深度和10个蚀孔平均深度。

表 10-13　化学浸泡法常用点蚀试验溶液成分及试验条件

序号	溶液成分	温度/℃	时间/h
1	$w(NaCl)2\% + w(KMnO_4)2\%$	90	
2	$w(FeCl_3 \cdot 6H_2O)10\%$	50	
3	$50g/LFeCl_3 + 0.05mol/LHCl$	50	48
4	$100gFeCl_3 \cdot 6H_2O + 900molH_2O$	22 或 50	72
5	$0.33mol/LFeCl_3 + 0.05mol/LHCl$	25	
6	$1mol/LNaCl + 0.5mol/LK_3Fe(CN)_6$	25 或 50	6
7	$w[FeNH_4(SO_4)_2 \cdot 12H_2O]\% + w(NH_4Cl)3\%$		
8	$w(NaCl)4\% + w(H_2O_2)0.15\%$	40	24
9	$108g/LFeCl_3 \cdot 6H_2O$ 用 HCl 调至 pH = 0.9		
10	$w(NaOCl)6.1\% + w(NaCl)3.5\%$		

表 10-14　中国、美国及日本曾对不锈钢用 $FeCl_3$ 溶液进行点蚀试验的主要技术条件

技术条件	中国	美国	日本
腐蚀溶液	$w(FeCl_3)6\%$	$w(FeCl_3)6\%$	$w(FeCl_3)6\% + 0.05mol/LHCl$
温度/℃	35 ± 1 或 50 ± 1	22 或 50	35 或 50
时间/h	24	72	24
试样尺寸	总表面积 10cm² 以上	50mm × 25mm	总表面积 10cm² 以上（两面）
表面状态	磨至 240 号砂纸以上	磨至 120 号砂纸	磨至 240 号砂纸以上
面积与容积比/(mL/cm²)	20 以上	20 以上	20 以上
试样支撑	水平	倾斜	水平
点蚀性能指标	点蚀率①[g/(m²·h)]	点蚀率，蚀孔数，蚀孔深度	点蚀率

① 点蚀率 $=\dfrac{W_{前}-W_{后}}{St}$，其中：$W_{前}$ 为试验前试样质量（g）；$W_{后}$ 为试验后试样质量（g）；S 为试样面积（m^2）；t 为试验时间（h）。

点蚀性能评定以失重法应用最广泛，用点蚀率[g/(m²·h)]或平均腐蚀速度（mm/a）表示。图 10-20所示为国标 GB/T 18590—2001 点蚀试验标准中，按蚀孔密度、尺寸和深度的评定标准。图 10-21 所示为蚀孔截面形状。

10.3.1.2　电化学法

电化学法有恒电位法、恒电流法及动电位法等，其中以动电位法应用较多，美国、日本等已有标准。

电化学法可通过测量材料的点蚀特征电位（点蚀电位 E_b 和保护电位 E_p）来确定产生点蚀的倾向。当金属在介质中的开路电位（或自然腐蚀电位 E_0）大于 E_p 时，钝化膜开始破裂，并开始溶解；当 $E_p < E_0 < E_b$ 时，表明点蚀未产生。E_b 值越大，钝化膜越难破坏，材料抗点蚀性越好。所以通过测定 E_b 及 E_p 值可以判断材料的抗点蚀能力。图 10-22 所示为用动电位法测量的阳极极化曲线示意图。

中国、美国及日本曾用动电位法测定不锈钢点蚀电位的主要技术条件见表 10-15，供读者参考。

10.3.2　缝隙腐蚀

在铆接、螺纹联接的接合部位存在宽度为 0.025～0.1mm 的缝隙时，易发生缝隙腐蚀。几乎所有腐蚀性介质都能使金属产生缝隙腐蚀，但以含 Cl^- 的溶液最易引起这类腐蚀。几乎所有金属都可能发生缝隙腐蚀，但是以钝化型金属最易产生这类腐蚀。

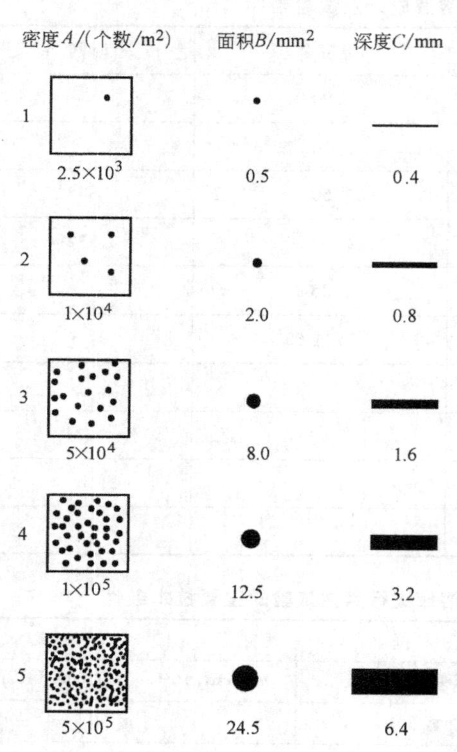

图 10-20　点蚀的标准评级图

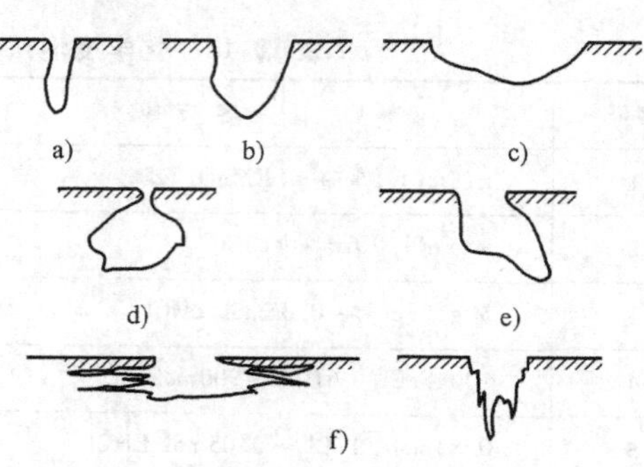

图 10-21　蚀抗的横截面形状

a) 窄深型　b) 椭圆型　c) 宽浅型　d) 皮下型　e) 底切型　f) 微观结构取向型（左图为水平型，右图为垂直型）

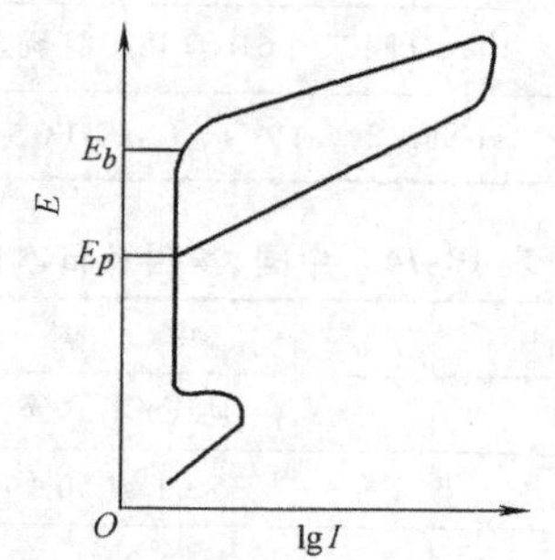

图 10-22　动电位法测量的阳极极化曲线示意图

表 10-15　中国、美国及日本曾用动电位法测定不锈钢点蚀电位的主要技术条件

试验条件	中国（GB/T 17899—1999）	美国	日本
溶液成分	w(NaCl) 为 3.5%	w(NaCl) 为 3.56%	w(NaCl) 为 13.5%（希望在质量分数为 0.1% 的低 Cl^- 溶液中试验）
温度/℃	30 ± 1	25 ± 1	30 ± 1
试样尺寸	试样暴露面积为 1cm²（板状试样为 10mm × 10mm）	φ14mm 圆柱体	10mm × 10mm
试样表面状态	细磨至 600 号砂纸	600 号砂纸湿磨	600 号砂纸研磨
封样	非试验部分和导线用环氧树脂、乙烯树脂或石蜡松香混熔物等进行涂覆或镶嵌	用聚四氟乙烯套密接	涂覆或镶嵌
起始电位	自然腐蚀电位	自然腐蚀电位	自然腐蚀电位
电位扫描速度(mV/min)	20	10	20
逆扫电流/(μA/cm²)	500 ~ 1000	5000	500 ~ 1000
充气与除氧	以 0.5L/min 速度通 N_2 或 Ar，除氧 30min		通 N_2 或 Ar 除氧
耐点蚀性判据	E_{b10} 或 E_{b100}	电流突然增加处的电位	E_{b10} 或 E_{b100}

缝隙腐蚀试验与点蚀相似，分为化学浸泡法和电化学法。例如 $FeCl_3$ 溶液浸泡试验参数与点蚀试验法相同，只是试样尺寸不同。

电化学法用于测定金属的击穿电位和保护电位，测定阳极电流密度等。

GB/T 10127—2002《不锈钢三氯化铁缝隙腐蚀

试验方法》适用于测定不锈钢及镍铬合金在 $FeCl_3$ 溶液中的腐蚀速度。

10.3.3　电偶腐蚀

两个不同腐蚀电位的金属在同一电解液中相接触时，电位低的金属比电位高的腐蚀速度快，例如在室温水中钢与锌成电偶相接触时，锌是阳极产生腐蚀，钢是阴极受到保护。但是水温升至 82℃ 时电偶腐蚀极性逆转，钢变成阳极，锌是阴极，钢被腐蚀，锌受保护。

腐蚀电位是指在该电解液中两种金属各自的实际电位，而非标准电极电位或平衡电位。这种实际电位是各种金属在特定介质中的电位顺序或电偶序。介质性质及极化情况对电偶腐蚀有影响。此外，阳极与阴极面积比对电偶腐蚀有影响，大阴极小阳极组成电偶时，阳极腐蚀程度增大。例如 Cu 板与钢铆钉和钢板与 Cu 铆钉组成的两种电偶在海水浸泡 15 个月后，前者钢铆钉腐蚀严重，而后者钢板腐蚀轻微，钢板和铜铆钉的连接的依然牢固。

电偶腐蚀试验方法有浸泡法和电化学法。

10.3.3.1　浸泡法

将两种金属按实际面积比例做成电偶试样，捆扎在一起，浸泡在试验介质中。将腐蚀试验结果（用重量法）与未发生电偶腐蚀金属比较。

10.3.3.2　电化学法

电化学法测量电偶腐蚀有三个方面，一是测定电偶电位；二是测定电偶电流；三是测定极化曲线。

10.3.4　晶间腐蚀

不锈钢、Ni 基合金、Al 合金（Al-Cu、Al-Cu-Mg、Al-Zn-Mg 及 Mg 质量分数大于 3% 的 Al-Mg 合金）中经常产生晶间腐蚀。晶间腐蚀特点是沿晶界腐蚀，晶粒不腐蚀或腐蚀的很轻微。金属中出现晶间腐蚀后外观无明显变化，但是材料的物理、力学性能几乎全部丧失，因此破坏性很大。

导致晶间腐蚀的原因有两种理论，一是合金元素贫化，例如奥氏体不锈钢是贫 Cr，Ni-Cr-Mo 合金是贫 Mo，Al-Cu 合金是贫 Cu；二是选择性溶解，例如奥氏体不锈钢在强氧化性介质中经固溶处理后也产生晶间腐蚀，而经敏化处理后反而不产生晶间腐蚀。这可能是由于固溶处理使 P、Si 在晶界上偏聚，引起选择性溶解，而敏化处理使 P、Si 不再富集。

晶间腐蚀试验方法很多，其原理及适用范围各不相同，不同的材料和介质应当选用不同的方法。晶间腐蚀试验方法可分为三大类，一是化学浸泡法，其特点是应用广泛，较为成熟，其中一些方法已被一些国家列为国标；二是电化学法，其特点是试验时间短，不破坏试样；三是物理试验法，其中以金相法和弯曲法应用较广泛。

10.3.4.1　化学浸泡法

常用的化学浸泡法见表 10-16（参照国标 GB/T 4334—2008）。

表 10-16　晶间腐蚀化学浸泡的试验方法（参照国标 GB/T 4334—2008）

试验方法	溶液成分	操作规范	评定方法	电极电位(氢标)/V	备　注
草酸浸蚀试验	$100gH_2C_2O_4 \cdot 2H_2O + 900mLH_2O$	电流密度为 $1A/cm^2$，温度为 20～50℃，浸蚀时间为 90s	在 200～500 倍显微镜下观察，按标准评级	+1.7～2.0 或更大	用于检验奥氏体不锈钢晶间腐蚀的筛选试验
硫酸-硫酸铁试验	将含 $w(H_2SO_4)$ 为 50% 的溶液 600mL 加入 $25gFe_2(SO_4)_3$	溶液量与试样表面积之比不少于 $20mL/cm^2$，每次试验用新溶液	计算腐蚀速度[$g/(m^2 \cdot h)$]	+0.7～0.9	评定奥氏体不锈钢晶间腐蚀倾向
沸腾硝酸试验	$w(HNO_3)$ 为 65% 溶液	溶液量与试样表面积之比不小于 $20mL/cm^2$，每周期煮沸 48h，试验 5 个周期	计算腐蚀速度[$g/(m^2 \cdot h)$]	+0.99～1.2	评定奥氏体不锈钢晶间腐蚀倾向
硝酸-氢氟酸试验	$w(HNO_3)10\% + w(HF)3\%$	溶液量与试样表面积之比不小于 $10mL/cm^2$，每周期 2h，试验 2 周期	计算腐蚀速度[$g/(m^2 \cdot h)$] 将两周期腐蚀速度数值相加后再按交货态与固溶处理及交货态与敏化处理腐蚀速度评定	+0.14～0.54（304 不锈钢腐蚀电位）	检验含 Mo 不锈钢晶间腐蚀倾向

（续）

试验方法	溶液成分	操作规范	评定方法	电极电位（氢标）/V	备 注
硫酸-硫酸铜试验	将 100g$CuSO_4$ 溶于 700mL 水中，再加入 100mLH_2SO_4，再稀释至 1000mL	溶液应高出最上层试样 20mm，试样连续煮沸 16h	弯曲后在 10 倍放大镜下观察试样外表面，评定有无因晶间腐蚀而产生的裂纹		用于检验奥氏体及奥氏体—铁素体不锈钢晶间腐蚀倾向
盐酸试验	w(HCl)为 10%	在沸腾溶液中暴露 24h	1）观察弯曲表面有无裂纹 2）测定单位面积的失重量	1）氧化、还原电位为 +0.32 2）腐蚀电位为 +0.2 ±0.1	1）腐蚀贫 Cr 区 2）不能检验因 σ 相引起的晶间腐蚀

1. 草酸腐蚀试验　该试验是快速电解腐蚀，方法灵敏，用于筛选试验。此法不能检验因 σ 相引起的晶间腐蚀，也不能用于铁素体不锈钢。

草酸腐蚀后的晶界形态分为五类，见表 10-17。在 500 倍金相显微镜下观察，蚀坑（或凹坑）形态分为两类，见表 10-18。草酸筛选试验与其他试验方法的关系见表 10-19。

2. 沸腾硝酸试验　采用 65%（质量分数）的沸腾硝酸试验可以选择性地腐蚀贫 Cr 区、碳化物、σ 相。含 Mo 不锈钢（例如 316L）和 Ni 基合金（例如哈氏合金）中的贫 Cr 区在其他化学浸泡试验可能不易显示，但在沸腾硝酸试剂中有明显的腐蚀速度。此法缺点是腐蚀时间长，硝酸浓度对腐蚀速度有影响，每次需要更换新试剂。

3. 硫酸-硫酸铁试验　此法优点是对不锈钢晶界贫 Cr、贫 Mo 的检验很敏感，其敏感程度与硝酸试验相近，但时间大大缩短。此法缺点是试剂中硫酸铁含量对腐蚀速度有影响。因此配制溶液时应使硫酸铁全部溶解，在试验过程中应及时补加硫酸铁。

表 10-17　晶界形态分类

类 别	名 称	组 织 示 图	组 织 特 征
一类	阶梯组织		晶界无腐蚀沟，晶粒间呈台阶状
二类	混合组织		晶界有腐蚀沟，但没有一个晶粒被腐蚀沟包围
三类	沟状组织		晶界有腐蚀沟，个别或全部晶粒被腐蚀沟包围

（续）

类别	名称	组织示图	组织特征
四类	游离铁素体组织	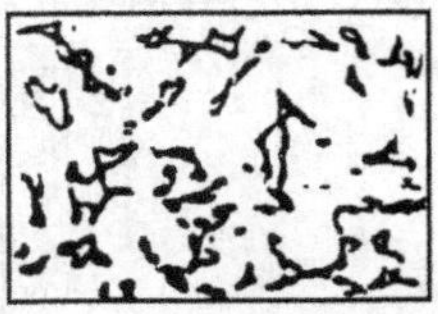	钢铸件及焊接接头晶界无腐蚀沟，铁素体被显现
五类	连续沟状组织	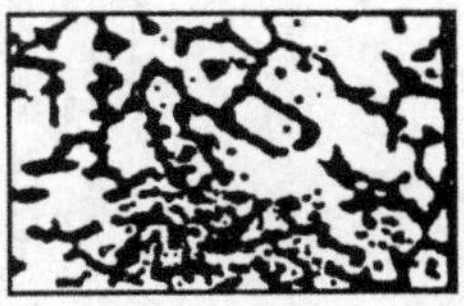	铸钢件及焊接接头沟状组织很深，并形成连续沟状态组织

表 10-18　凹坑形态的分类

类别	名称	组织示图	组织特征
六类	凹坑组织Ⅰ	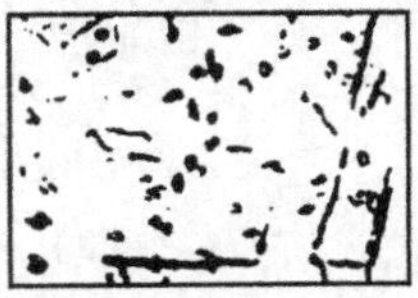	浅凹坑多，深凹坑少的组织
七类	凹坑组织Ⅱ		浅凹坑少，深凹坑多的组织

表 10-19　草酸筛选试验与其他试验方法的关系

试样类别 / 试验方法 / 组织类别	压力加工试样				铸件、焊接试样			
	硫酸-硫酸铜腐蚀试验方法	65%（质量分数）硝酸腐蚀试验方法	硫酸-硫酸铁腐蚀试验方法	硝酸-氢氟酸腐蚀试验方法	硫酸-硫酸铜腐蚀试验方法	65%（质量分数）硝酸腐蚀试验方法	硫酸-硫酸铁腐蚀试验方法	硝酸-氢氟酸腐蚀试验方法
一　类	×	×	×	×	—	—	—	—
二　类	×	×	×	○	—	—	—	—
三　类	○	○	○	○	—	—	—	—
四　类	—	—	—	—	×	×	×	×
五　类	—	—	—	—	○	○	○	○
六　类	×	×	×	×	×	×	×	×
七　类	×	○	×	×	×	○	×	×

注：×表示不必作其他方法试验；○表示要作其他方法试验；—表示没有这种组织。

10.3.4.2　电化学法和物理法

1. 电化学法　有恒电位法与动电位法，恒电位法测定晶间腐蚀是依据晶间腐蚀敏感材料的阳极极化行为与耐晶间腐蚀材料之间的不同。例如晶间腐蚀敏感材料的腐蚀电流大于非敏感材料。图 10-23 所示为奥氏体不锈钢的阳极极化曲线，图 10-24 所示为铁素体不锈钢的阳极极化曲线。还可用阳极极化曲线形状或第二阳极峰形状判断晶间腐蚀倾向。

2. 物理法

（1）电阻试验。有晶间腐蚀时材料电阻增大，

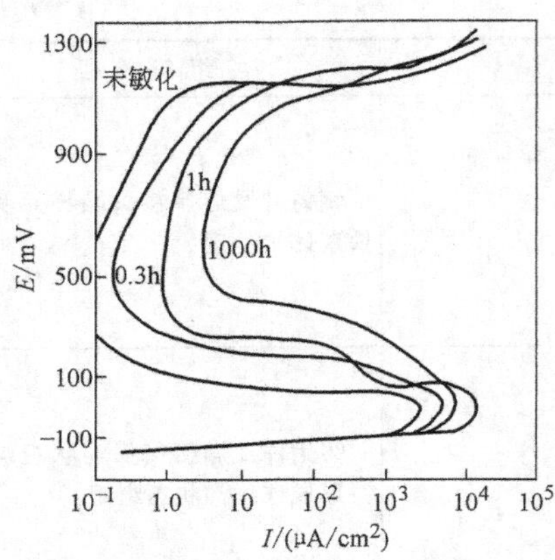

图 10-23 18Cr-8Ni 钢经 650℃、0～1000h 敏化处理后，在 90℃、1mol/L H_2SO_4 溶液中的阳极极化曲线

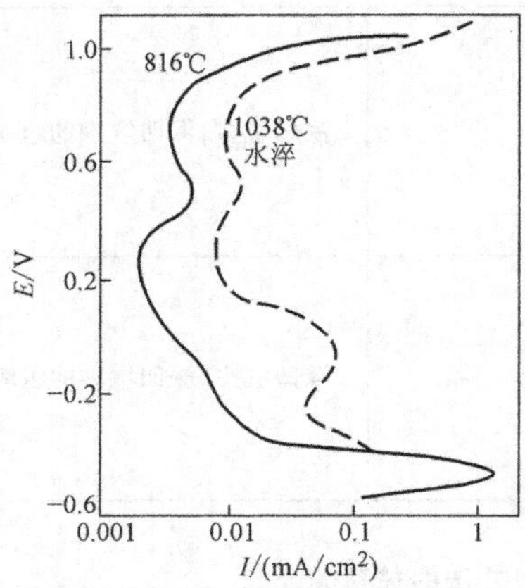

图 10-24 18Cr-2Mo 不锈钢在 24℃的 H_2SO_4 溶液中的阳极极化曲线

因此测定试样经浸泡后电阻变化，可判断晶间腐蚀程度。

$$\frac{\Delta\rho}{\rho_0}=\frac{R\phi^2-R_0\phi_0^2}{R_0\phi_0^2}$$

式中 ρ_0——浸泡前试样的电阻率；

$\Delta\rho$——浸泡前后试样电阻率之差；

R_0——浸泡前试样电阻；

R——浸泡后试样电阻；

ϕ_0——浸泡前试样直径；

ϕ——浸泡后试样直径。

电阻法判断晶间腐蚀的标准是 $\Delta\rho/\rho_0$ 小于 1% 时为无晶间腐蚀，而 $\Delta\rho/\rho_0$ = 1% ～3% 时有轻微晶间腐蚀。

浸泡溶液对晶界腐蚀透入深度及失重量各不相同。例如，用 H_2SO_4-$CuSO_4$ 溶液浸泡时的晶间腐蚀透入深度大，而失重小；沸腾 HNO_3 溶液浸泡时的晶间腐蚀透入深度小，而失重大；H_2SO_4-$Fe_2(SO_4)_3$ 溶液介于两者之间。因此用 H_2SO_4-$CuSO_4$ 溶液浸泡试样测定电阻是最好的方法，如图 10-25 所示。

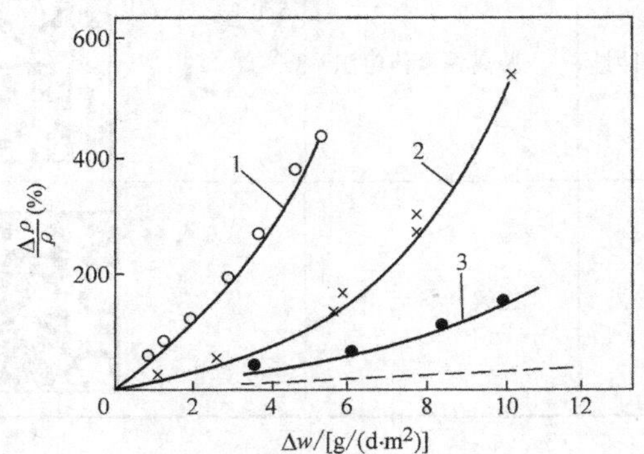

图 10-25 AISI 304 钢在几种溶液中晶间腐蚀深度和失重的关系

1—H_2SO_4-$CuSO_4$ 溶液，经 4320h 腐蚀 2—H_2SO_4-$Fe_2(SO_4)_3$ 溶液，经 188h 腐蚀 3—HNO_3 溶液，经 320h 腐蚀

（2）弯曲试验。将浸泡过的试样弯曲成 90°或 180°，用肉眼或放大镜观察弯曲部位外侧是否存在裂纹，并进行评级。1 级为无裂纹，2 级为放大 10 倍时可看见轻微裂纹，3 级为肉眼可见微小裂纹，4 级为大裂纹，5 级为严重裂纹。2～5 级均为有晶间腐蚀。

3. 金相法 常规金相法是将浸泡过的试样制成金相试片，在光学金相显微镜下观察晶间腐蚀情况，测定晶界腐蚀深度。用复膜透射电镜和透射电镜观察试样的晶间腐蚀，可以克服光学金相显微镜鉴别能力低、放大倍数不足的缺点。

用扫描电镜检查试样晶间腐蚀时，能使不平的试样表面很好的聚焦成清晰的图像。用电子探针研究晶间腐蚀可测定晶界贫 Cr 区宽度、Cr 的浓度梯度。此外，还可用穆斯堡尔仪和俄歇谱仪分析晶间腐蚀情况。

10.4 金属在不同环境介质中的腐蚀

10.4.1 大气腐蚀

10.4.1.1 特点及影响因素

1. 特点 大多数金属材料是暴露在大气中的，因此大气腐蚀对零件寿命的影响十分重要。地区不同，大气的成分也不相同。除了空气的基本成分外，大气中还可能含有 CO_2、SO_2、NO_2、盐分及水气等。决定大气腐蚀速度和形态的是零件表面潮湿程度，因此大气中的水气是最关键的成分。根据零件表面的潮湿程度，可将腐蚀分为以下四种情况，如图 10-26 所示。

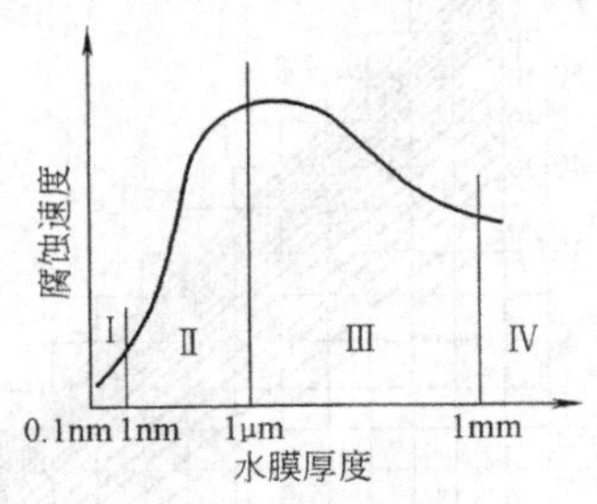

图 10-26　大气腐蚀速度和水膜厚度关系

（1）零件表面存在肉眼可见的水膜（厚度为 1μm～1mm）时，称为湿大气腐蚀。

（2）当相对湿度低于 100%，且存在肉眼看不见的水膜（厚度为 10nm～1μm）时，称为潮大气腐蚀。

（3）表面水膜厚度小于 1nm（几个分子厚度）时，为干大气腐蚀。

上图中Ⅰ区是干大气腐蚀；Ⅱ区是潮大气腐蚀；Ⅲ区、Ⅳ区是湿大气腐蚀。

2. 影响因素　我国地域辽阔，一年四季各地区的气候特征各不相同，如果按气候分有：高原气候带、寒温带、中温带、暖温带、亚热带及热带；如果按大气中含有的有害杂质，可分为：乡村大气、海洋性大气、城郊大气以及工业大气等环境。影响大气腐蚀的因素很多，主要有大气成分、湿度及温度等。

（1）结露及雨水的影响。当金属表面温度低于环境温度时，此时空气中的水蒸气将凝结在金属表面上，这种现象称为结露。各种金属都有一个腐蚀速度开始急剧增加的湿度范围，把这个湿度范围称为临界湿度。钢及 Cu 合金的临界湿度约为 50%～170%。图 10-27 所示为 Fe 的腐蚀程度与相对湿度的关系，

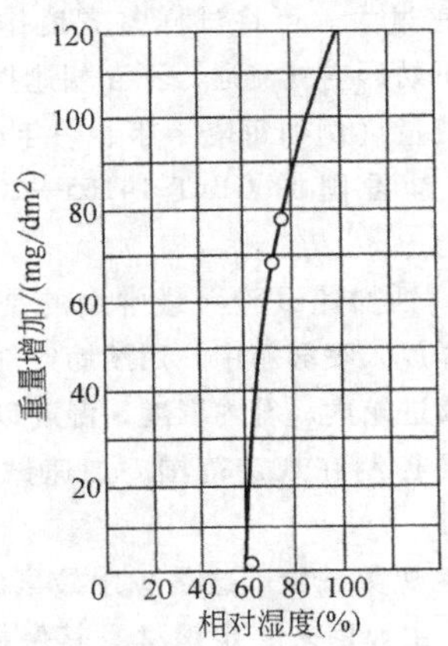

图 10-27　Fe 的腐蚀程度与相对湿度的关系

小于临界相对湿度时腐蚀极缓慢，可以认为几乎不发生腐蚀。

雨水加剧金属腐蚀，因为降雨后空气中湿度增大；另外雨水冲刷金属表面，破坏了原有的腐蚀产物，也会促进腐蚀。当然雨水也可以将金属表面的灰尘、盐分等洗掉，减缓腐蚀，但是这种作用效果不大。

（2）大气成分的影响。大气的基本成分及所含杂质见表 10-20～表 10-22。

表 10-20　大气的基本组成
（不包括杂质，10℃）

成　分	φ（%）	成　分	φ（%）
空气	100	CO_2	0.01
N_2	75	Ne	12×10^{-4}
O_2	23	Kr	3×10^{-4}
Ar	1.26	He	0.7×10^{-4}
水气（H_2O）	0.71	Xe	0.4×10^{-4}

表 10-21　大气中杂质组分
（大气中污染物质）

固　体		灰尘、砂粒、$CaCO_3$、ZnO 金属粉或氧化物粉、NaCl
气体	硫化物	SO_2、SO_3、H_2S
	氮化物	NO、NO_2、NH_3、HNO_3
	碳化物	CO、CO_2
	其　他	Cl_2、HCl、有机化合物

表 10-22　大气中典型杂质的含量

杂质名称	含量/（$\mu g/m^3$）
SO_2	工业大气：冬季 350，夏季 100 农村大气：冬季 100，夏季 40
SO_3	近似于大气中所含 SO_2 的 1%
H_2S	工业大气：1.5～90 城市大气：0.5～1.7 农村大气：0.15～0.45
NH_3	工业大气：4.8 农村大气：2.1
氯化物（空气中）	内陆工业大气：冬季 9.2，夏季 2.7 沿海农村大气：平均值 5.4
氯化物（雨水中）	内陆工业大气：冬季 79mg/L，夏季 5.3mg/L 沿海农村大气：冬季 57mg/L，夏季 18mg/L
尘粒	工业大气：冬季 250，夏季 100 农村大气：冬季 60，夏季 15

1）SO_2 的影响。大气介质中的 SO_2 对金属的腐蚀影响最大，因为 SO_2 可氧化成 SO_3，SO_3 遇到 H_2O 后成为 H_2SO_4（$SO_3 + H_2O = H_2SO_4$），所以能造成严重腐蚀。以煤、石油为燃料的废气中含有大量的 SO_2，且冬季燃料消耗比夏季多，所以冬季 SO_2 的污染更严重，对腐蚀的影响也更大。图 10-28 所示为大气中 SO_2 含量对碳钢腐蚀的影响。

2）NaCl 的影响。在海岸附近的大气中含有许多微小的海水水滴，蒸发后变成 NaCl 颗粒，这种颗粒附着在金属表面后有吸湿作用，并且增大了表面液膜的导电性，由于 Cl^- 本身又有腐蚀性，因此加剧了腐蚀作用。图 10-29 所示为钢的腐蚀量与海盐颗粒含量及离海岸距离的关系。

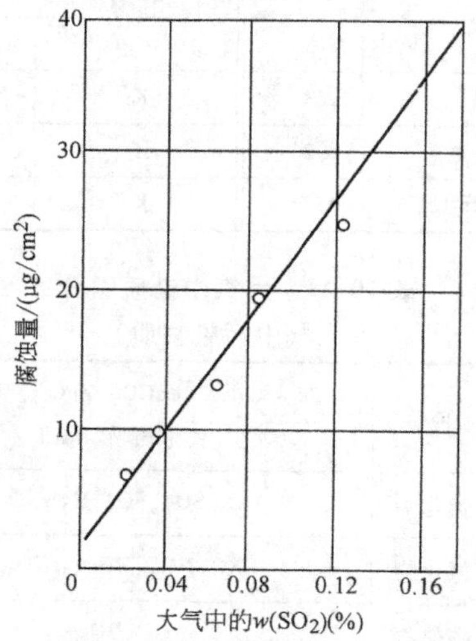

图 10-28 大气中 SO_2 含量对碳钢腐蚀的影响

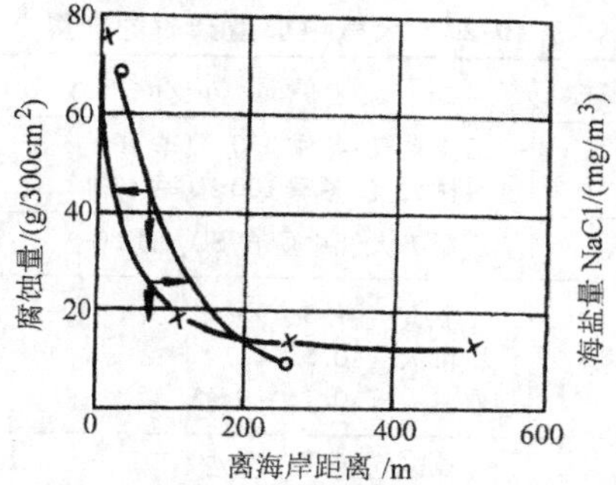

图 10-29 钢的腐蚀量与海盐颗粒含量及离海岸距离的关系

（3）温度的影响。在临界湿度附近能否结露和气温变化有关，当湿度一定时，温度高低对腐蚀有很大影响。图 10-30 所示为通过气温（B）和相对湿度求出的露点温度（A），其中斜线为环境湿度。

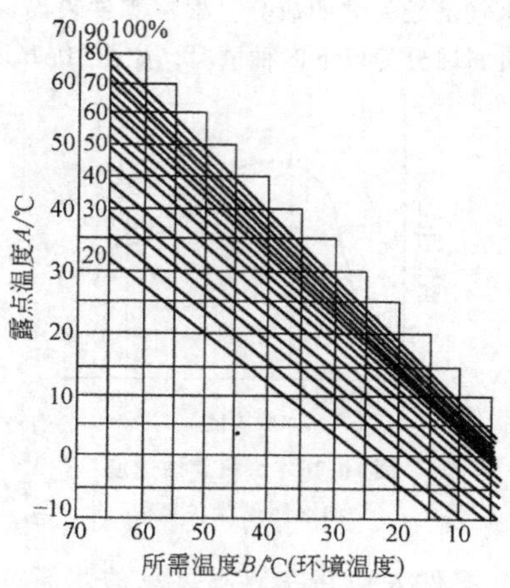

图 10-30 露点湿度表

（4）材料的影响。钢中含有少量 Cu[w(Cu) = 0.2% ~0.5%]、Cr、Ni、Mo 等可提高耐大气腐蚀能力的元素，两种以上元素共存时效果更好。例如，Cu-P、Cu-P-Cr、Cu-P-Cr-Ni 系的钢耐大气腐蚀能力比碳钢高 5 ~8 倍。

10.4.1.2 大气腐蚀试验

大气腐蚀试验分为大气腐蚀暴露试验和加速试验两种。大气腐蚀暴露试验比较接近实际，但各种影响因素无法控制，试验周期长。为了提高试验速度，尽快取得试验结果，常常采用加速试验。

1. 大气腐蚀暴露试验 按照试验目的选择有代表性的地区，如农村、城市、工业区、滨海地区及内陆地区等，设置大气腐蚀试验站，并测量该地区对腐蚀影响的各种因素，例如温度、降雨量、风向和风速、湿度、日照量以及大气成分等。

根据不同目的可用较小试片，也可采用实物。试样的表面积与重量比要大，通常是用薄片、薄壁型钢、管子和金属丝等，一般面积以不小于 10cm² 为宜，但也不宜过大。可将试样整齐地排列在试样架上，并且应不妨碍空气流通，不互相遮挡阳光。试样要定期进行测量（例如每隔半年、一年或几年）。具体试验方法参看国标 GB/T 14165—2008 及 GB/T 14293—1998。

2. 大气腐蚀加速试验 最常用的是各种类型喷雾箱。将试样放入喷雾箱中，用压缩空气喷雾器把腐蚀剂雾化后喷进箱内。箱内温度、湿度以及喷入的雾气温度等都要控制在规定范围。加速试验法有以下几种。

（1）中性盐雾试验。这是应用最早的 NaCl 溶液喷雾试验法，主要用来鉴定钢材及其保护层的质量，参看 GB/T 10125—1997。

（2）醋酸盐雾试验。在 NaCl 水溶液中加入少量冰醋酸，使其 pH 值为 3.1～3.3。该试验主要用于不锈钢和具有多层电镀层钢材的检验，也适用于 Al 的阳极氧化膜。

（3）含 Cu 的醋酸盐雾试验。在醋酸盐雾中加入少量 Cu 盐以加速腐蚀，腐蚀速度比醋酸盐雾试验快 4～6 倍。主要用于不锈钢和多种金属镀层的检验。

为了模拟工业大气腐蚀，还有向喷雾箱或潮湿箱中通入 SO_2 气体的加速试验。

10.4.2　淡水中的腐蚀

淡水是指地下水、湖水、河水等。世界上河水的平均成分见表 10-23。金属在淡水中的腐蚀是全面腐蚀和局部腐蚀的综合作用。影响腐蚀速度和程度的因素有 pH 值、溶解 O_2、介质温度及流速等。这里将淡水中含有的其他物质对腐蚀的影响简述如下。

表 10-23　世界上河水平均成分

成　分	含　量	
	相对数量(%)	质量分数(10^{-4}%)
CO_3^{2-}	35.15	28.3
SO_4^{2-}	12.14	11.2
Cl^-	5.68	7.8
NO_3^-	0.90	1.0
Ca	20.39	
Mg	3.14	4.1
Na	5.79	6.3
K	2.12	2.3
$(Fe \cdot Al)_2O_3$	2.75	0.96
SiO_2	11.67	13.1

10.4.2.1　水中盐类的影响

1. 碱金属盐　包括 NaCl、KCl、Na_2SO_4 等，它们的影响以 NaCl 为代表。

2. 碱土金属　Ca^{2+}、Mg^{2+} 对金属的全面腐蚀有一定的抑制作用，因此软水比硬水腐蚀程度大。但是硬水产生水垢形成缝隙时，又会加剧水垢下的缝隙腐蚀。

3. 酸性盐　例如 $AlCl_3$、$Al_2(SO_4)_3$、$FeCl_2$、NH_4Cl 等使溶液酸化，促进析氢与吸氧腐蚀。

4. 碱性盐　例如 Na_2CO_3、Na_3PO_4、Na_2SiO_3 等起缓蚀作用，并且当水中有溶解氧时，它们会促使碳钢钝化。但 Na_3PO_4 有产生点蚀危险。

5. 氧化性盐　例如 NaClO、$FeCl_3$、$CuCl_2$ 等是氧化剂，可能导致腐蚀，而 $Na_2Cr_2O_3$、Na_2CrO_4、$NaNO_2$、$NaNO_3$ 等又是有效的缓蚀剂。

值得注意的是，如将淡水中的盐类除掉，不但不能减轻金属腐蚀，相反可能加剧腐蚀。

10.4.2.2　CO_2 的影响

CO_2 会降低水的 pH 值，并且可能与碳钢的腐蚀产物 $Fe(OH)_2$ 进行反应，生成可溶性的 $Fe(HCO_3)_2$，使钢的腐蚀不断循环下去。因此碳钢在水中的腐蚀速度随 CO_2 含量增加而增大。水中 CO_2 也会加速 Cu 的腐蚀。

10.4.2.3　Cl^- 的影响

水中含 Cl^- 较低时，加速碳钢的腐蚀；含量较高时，对碳钢的腐蚀作用反而降低。因此 Cl^- 对碳钢的腐蚀作用有一最大含量区。

Cl^- 能使不锈钢产生严重点蚀和应力腐蚀。

10.4.2.4　控制淡水腐蚀的途径

（1）调整和稳定水的成分，控制水垢的生成。

（2）采用适当的缓蚀剂。

（3）减少氯化物介质中的氧含量。

（4）降低使用温度。

（5）采用阴极防护。

（6）消灭菌类及藻类。

10.5　应力作用下的腐蚀破坏

10.5.1　应力腐蚀断裂

10.5.1.1　应力腐蚀断裂特点

金属材料在应力和介质腐蚀同时作用下所产生的破坏为应力腐蚀断裂。由于应力腐蚀断裂常常在材料屈服强度以下发生，属于低应力脆性断裂，故其危害极大。应力包括外加应力和热处理、焊接及其他加工过程中存在的残余内应力。应力腐蚀破坏有以下特点。

（1）纯金属一般不发生应力腐蚀断裂，只有合金才发生应力腐蚀断裂，因此材料成分、组织状态、热处理等对应力腐蚀有很大影响。

（2）合金在特定介质中才发生应力腐蚀断裂，表 10-24 列举了一些金属材料易产生应力腐蚀断裂的介质。

（3）应力腐蚀断裂一般是在拉应力下发生的，存在压应力时也可能产生应力腐蚀断裂，但是引起应力腐蚀断裂的孕育期比拉应力大 1～2 个数量级，裂纹扩展速率（da/dt）也缓慢。

（4）应力腐蚀的宏观裂纹垂直于应力方向，微观裂纹尖端呈现许多分枝，断口形貌可能是穿晶型、沿晶型和混合型。

表 10-24　一些金属材料易产生应力腐蚀破断的介质

合　金	腐蚀介质
碳　钢	NaOH 水溶液
低合金钢	硝酸盐水溶液 HCN 水溶液 $CO + CO_2 + H_2O$ 含（CO_2 + HCN + H_2S + NH_3）溶液 液态 NH_3 H_2S 水溶液（高强度钢） 海水（超高强度钢） （H_2SO_4 + HNO_3）混合酸
奥氏体不锈钢	含氯化物水溶液 海水 高温水 苛性碱溶液 连多硫酸 硫酸 H_2SO_4 + NaCl HCl H_2SO_4 + $CuSO_4$
马氏体不锈钢	海水 NaCl 水溶液 NaCl + H_2O_2 水溶液 NaOH 水溶液 NH_3 水溶液 HNO_3 H_2SO_4 （H_2SO_4 + HNO_3）水溶液 H_2S 水溶液 高温高压水 高温碱性溶液
Al-Zn	空气 NaCl + H_2O_2 水溶液
Al-Mg	空气 NaCl 水溶液
Al-Mg Al-Cu-Mg Al-Mg-Zn	海水
Al-Zn-Cu	NaCl 水溶液 NaCl + H_2O_2 水溶液
Al-Zn-Mg-Mn Al-Zn-Mg-Cu-Mn	海水

合　金	腐蚀介质
Cu-Al	NH_3 水蒸气
Cu-Zn Cu-Zn-Sn Cu-Zn-Pb	NH_3 蒸气 氨水溶液
Cu-Zn-Ni Cu-Sn	NH_3 NH_3 + CO_2
Cu-Sn-P Cu-As	空气
Cu-ZnS-Si Cu-Zn-Sn-Mn	水 水蒸气
蒙乃尔（monel）合金	w（NaOH）为 75% 的沸腾水溶液 有机氯化物 Hg 化合物 699K 以上水蒸气 HF 氟硅酸
Au-Cu-Ag	$FeCl_3$ 水溶液
Ag-Pt	$FeCl_3$ 水溶液
Mg-Sn	NaCl + K_2CrO_4 水溶液
Mg-Al Mg-Al-Zn-Mn	Na_2SO_4 或 NaCl + K_2CrO_4 水溶液
Ni	NaOH 及 KOH 熔态及溶液 HCN S（533K 以上） 水蒸气（699K 以上）
茵科合金	HF 熔态 NaOH（533 ~ 699K） 浓缩锅炉水（533 ~ 699K） 水蒸气 + SO_2 浓 Na_2S 水溶液
钛及钛合金	发烟硝酸 硫酸铀 HCl 熔融 NaCl 有机酸 海水 NaCl 水溶液 三氯乙烯

10.5.1.2　影响因素

1. 环境介质的影响

（1）温度影响。温度对应力腐蚀的影响较复杂，一般而言，温度越高越容易产生应力腐蚀。当然各种"材料-介质"体系的温度影响各异，例如"碳钢-NO_3^-"、"黄铜-NH_3"等在室温时就可能产生应力腐蚀。奥氏体不锈钢在含 Cl^- 水中，当温度低于 90℃时，很长时间内不产生应力腐蚀。"碳钢-NaOH"体系中 NaOH 含量越高，临界破断温度越低。

（2）介质浓度影响。浓度影响很复杂，碳钢发生碱脆时 OH^- 含量越高，应力腐蚀破坏的敏感性越大。奥氏体不锈钢在含 Cl^- 溶液中，即使含 Cl^- 达到万分之几时也发生应力腐蚀。有些介质中含少量杂质（例如 H_2S、NH_3 等）就能促进应力腐蚀。

（3）pH 值的影响。一般情况下，pH 值降低，应力腐蚀敏感性增大。

2. 材料成分、组织结构与热处理的影响

（1）成分影响。特定成分的合金在特定介质中才能发生应力腐蚀断裂。碳钢中碳含量对应力腐蚀有影响，碳含量越低越不易产生应力腐蚀，当 $w(C) < 0.001\%$ 时，钢不发生应力腐蚀。但是当碳化物在铁素体晶界上分布时，易引起溶解，降低应力腐蚀断裂抗力。

钢中合金元素的影响仅对某一介质，而不是对所有介质，例如 Mo 加入铁素体中能提高钢在"CO_3^{2-}-HCO_3^-"介质中应力腐蚀抗力，而在 OH^- 或 NO_3^- 溶液中反而促进应力腐蚀。

（2）组织结构影响。碳钢的冷变形度越大，越耐应力腐蚀。铁素体-奥氏体双相不锈钢对含 Cl^- 溶液有较高的耐应力腐蚀能力。一般而言，体心立方点阵比面心立方点阵不锈钢更耐应力腐蚀。铝-铜合金中 θ 相（$CuAl_2$）降低应力腐蚀抗力。钢中马氏体比贝氏体组织对应力腐蚀敏感，材料强度越高，应力腐蚀敏感性越大。

（3）热处理的影响。热处理改变了材料的组织与性能，因此也影响应力腐蚀断裂。碳钢从 920℃淬火时，淬水比淬油更易产生应力腐蚀。淬火钢经高温回火可减轻应力腐蚀敏感性。$w(C)$ 为 0.26% 的钢淬火后经 300℃ 以上回火时，在沸腾的 $Ca(NO_3)_2 + NH_4NO_3$ 溶液中的应力腐蚀敏感性与回火温度的关系如图 10-31 所示。但也有不同的试验结果，认为 700℃ 回火时抗应力腐蚀性能突然降低至原始点。

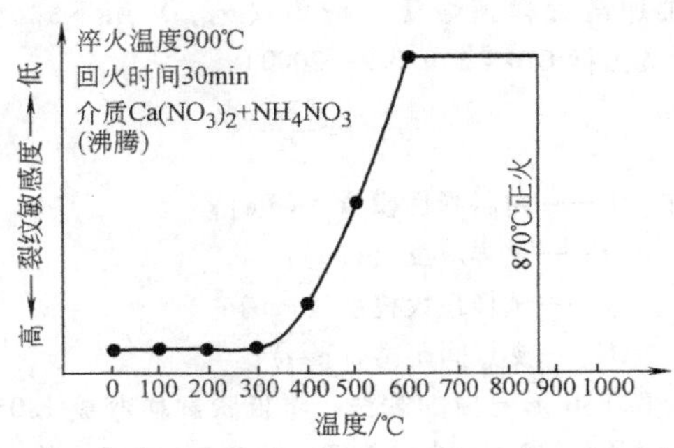

图 10-31　w(C) 为 0.26% 钢淬火后回火温度对应力腐蚀敏感性的影响

10.5.1.3　应力腐蚀试验方法

应力腐蚀试验方法很多，有恒应变法、恒载荷法、慢应变速率法及断裂力学法等，应根据不同的试验目的分别选用。可参阅国标 GB/T 15970.1—1995。

1. 应力腐蚀试验目的　比较材料抗应力腐蚀能力；测定材料应力腐蚀临界应力（σ_{SCC}）或临界应力强度因子（K_{ISCC}）；测定材料应力腐蚀裂纹扩展速率 $\left(\frac{da}{dt}\right)_{SCC}$，预测寿命；测定发生应力腐蚀的电位范围；测定加缓蚀剂的作用等。

2. 恒应变法

（1）弯曲加载法。其中包括二点弯曲、三点弯曲、四点弯曲及双臂加载法，如图 10-32 所示。三点

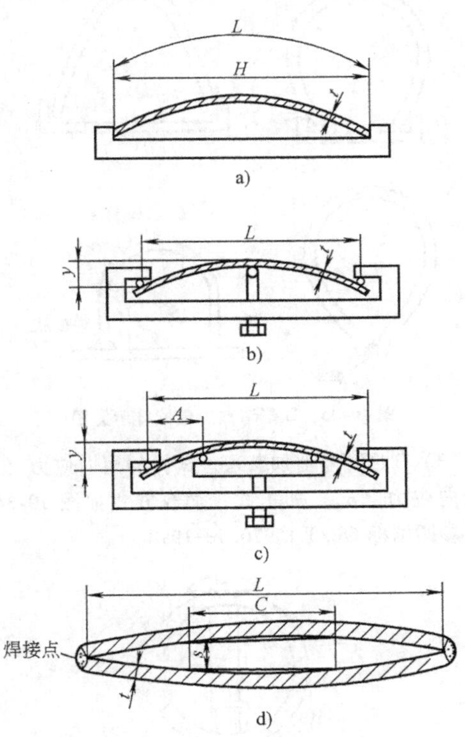

图 10-32　几种弯曲加载方法示意图

a）二点弯曲加载法　b）三点弯曲加载法

c）四点弯曲加载法　d）双臂加载法

弯曲加载试样顶端最大应力（σ_{max}）用下式计算（参阅国标 GB/T 15970. 2—2000）：

$$\sigma_{max}=\frac{6Ety}{L^2}$$

式中　E——材料弹性模量（GPa）；

t——试样厚度（mm）；

y——试样最大挠度（mm）；

L——支点间距离（mm）。

（2）U 形弯曲加载法。将板状试样弯成 180°或接近 180°，参阅国标 GB/T 15970. 3—1995，其应变量（e）为

$$e=\frac{t}{2R}$$

式中　t——试样厚度（mm）；

R——U 形试样弯曲半径（mm），如图 10-33 所示。

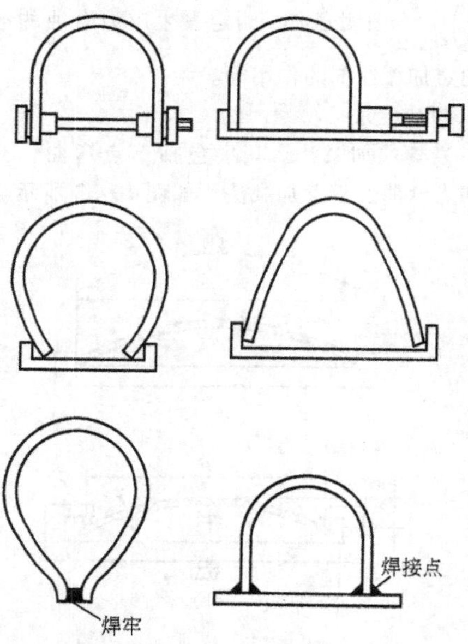

图 10-33　U 形弯曲加载试样示意图

（3）C 形环弯曲加载法。试样的周向应力（σ_c）与横向应力（σ_t）如下式，加载方式如图 10-34 所示。参阅国标 GB/T 15970. 5—1998。

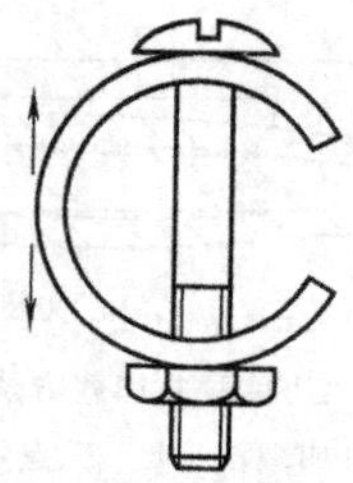

图 10-34　C 形环弯曲加载示意图

$$\sigma_c=\frac{E}{(1-\nu^2)}\ (e_c+\nu e_t)$$

$$\sigma_t=\frac{E}{(1-\nu^2)}\ (e_t+\nu e_c)$$

式中　ν——泊松比；

e_c——试样周向应变；

e_t——试样的横向应变。

3. 恒载荷法　将试样浸泡在腐蚀介质中，加固定载荷，测定材料应力腐蚀敏感性。所谓恒应力是指裂纹产生前试样承受的载荷是固定的，裂纹产生后应力发生变化。加载方法可用砝码、力矩或弹簧，如图 10-35 所示。

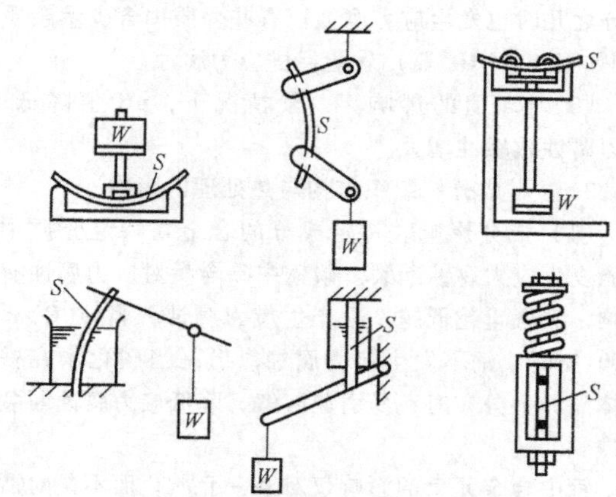

图 10-35　恒载荷法应力腐蚀试验示意图

S—试样　W—载荷

试样的初始应力计算如下：

$$\sigma=\frac{F}{A}$$

式中　F——载荷；

A——试样有效面积。

4. 慢应变速率法　试验是在慢应变试验机上进行，应变速率控制在 $10^{-8}\sim10^{-4}$/s 之间，常用应变速率为 10^{-6}/s。试验结果评定可以采用将暴露在试验环境中与暴露在惰性气体环境中的相同试样进行比较，评定应力腐蚀敏感性。比值越大，开裂敏感性越大。

$$比值=\frac{试样在试验环境中得到的结果}{试样在惰性气体环境中得到的结果}$$

测定的应力腐蚀断裂敏感性如图 10-36 所示。

试验结果的评定方法有以下几种：

（1）应变量比 $\varepsilon_{SCC}/\varepsilon_0$ 或 $\varepsilon\sigma_{max}/\varepsilon\sigma_{0max}$。

（2）最大应力比 $\sigma_{max}/\sigma_{0max}$。

（3）面积比 A_{SCC}/A_0。

（4）SCC 断口/全断口；应力腐蚀是脆性断口，不是应力腐蚀的断口上有韧窝特征。

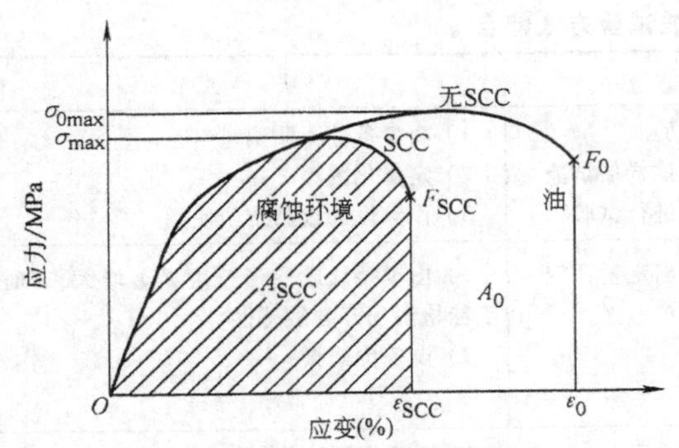

图 10-36　用慢应变速率法测定应力腐蚀断裂敏感性

（5）敏感性指数，$I=(\sigma_{0max}-\sigma_{max})/\sigma_{0max}$ 或 $I=(\varepsilon\sigma_{0max}-\varepsilon\sigma_{max})/\varepsilon\sigma_{0max}$

此法属加速试验，在短时间内能得到试验数据，这些结果是相对于较高载荷时的试验，是较好的试验方法。参阅国标 GB/T 15970.7—2000。

5. 断裂力学法　Brown 等最先采用 WOL 型试样测定了应力腐蚀裂纹扩展速率$\left(\frac{da}{dt}\right)$，后来又发展用三点弯曲法及悬臂弯曲法（图 10-37）测定应力腐蚀裂纹扩展速率及应力腐蚀临界应力强度因子（K_{ISCC}）。悬臂弯曲法的 K_I 表达式如下（参阅国标 GB/T 15970.6—2007）。

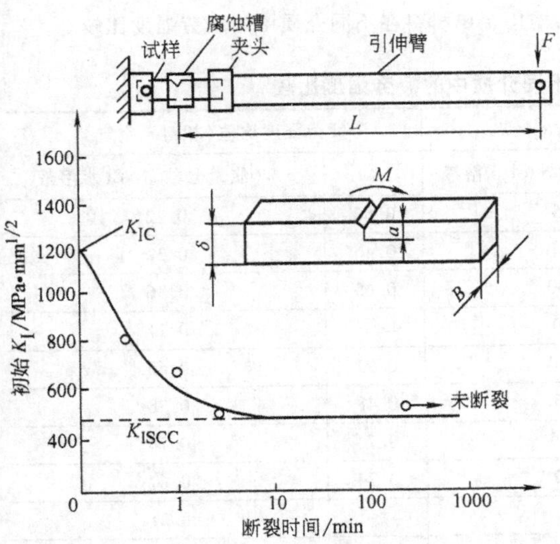

图 10-37　悬臂弯曲法试验示意图

$$K_I=\frac{4.12M\left(\frac{1}{a^3}-a^3\right)^{\frac{1}{2}}}{B\delta^{\frac{3}{2}}}$$

$$M=LF$$

式中　B——试样宽度；

δ——试样厚度；

a——预制裂纹长度；

L——加载处至腐蚀槽距离；

F——载荷。

WOL 试验时试样（图 10-38）的 K_I 表达式如下：

$$K_I=\frac{Fa}{BH^{\frac{3}{2}}}\left(3.46+2.38\frac{H}{a}\right)$$

式中　H——试样高度；

B——试样宽度；

F——载荷；

a——裂纹长度。

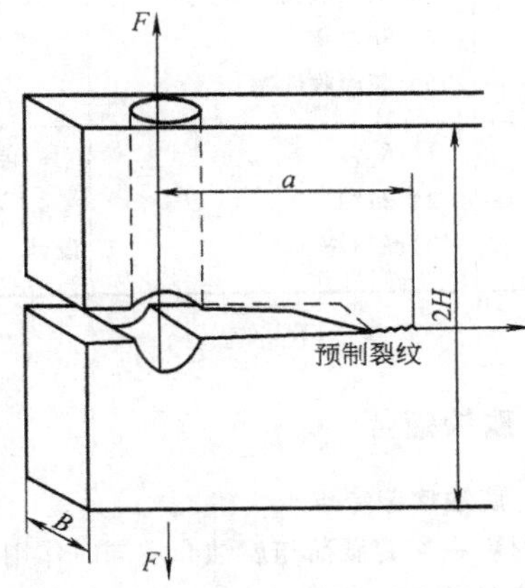

图 10-38　WOL 型应力腐蚀试样

应力腐蚀试验结果如图 10-39 所示。

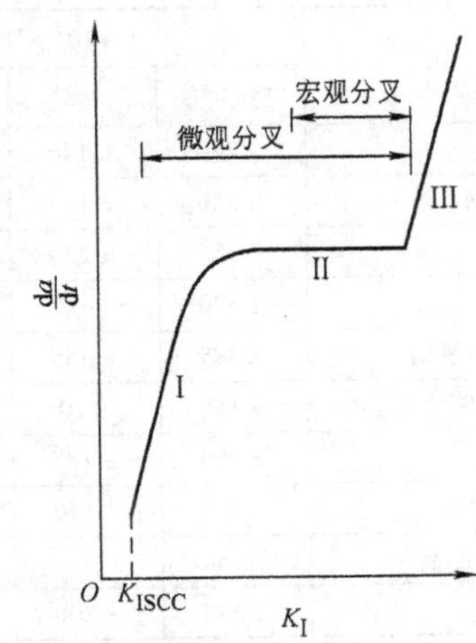

图 10-39　应力腐蚀裂纹扩展动力学曲线

6. 几种应力腐蚀试验方法比较　将几种应力腐蚀试验方法列于表 10-25。由于各种试验方法的评定对象和优缺点各不相同，选用时应符合要求，且必须考虑实验室和实际环境有无对应性，并要积累这方面的数据。

表 10-25　各种应力腐蚀试验方法特点

试验方法	评定方法	优　点	缺　点
恒变形法	1）断裂时间 2）裂纹深度	1）便于作为筛选试验 2）可同时进行多个试样的试验 3）易在实际环境中进行试验	1）力学条件不明确 2）定量化困难 3）作为设计数据难于使用
恒载荷法	1）断裂时间 2）极限应力值（σ_{th}） 3）σ_{th}/σ_y	1）能由断裂时间作出定量评定 2）力学条件明确	1）出现裂纹后变形速度显著增大，有时不能检测出开裂敏感性 2）设备价格贵
慢应变速率法	1）断裂时间 2）最大应力应变量 $\varepsilon\sigma_{max}$ 3）最大应力值 σ_{max} 4）断口率 5）断面收缩率	1）可在短期内作出评定 2）能得到有关裂纹扩展方面情况	1）忽视了裂纹萌生情况 2）不能同时进行多个试样试验 3）设备价格贵
断裂力学法	1）K_{ISCC} 2）da/dt 3）断口率	1）能得到有关裂纹扩展方面情况 2）力学条件明确，K_{ISCC} 可用于设计	1）不能获得裂纹萌生信息 2）样品制备麻烦

10.5.2　腐蚀疲劳

10.5.2.1　腐蚀疲劳特点

金属材料在交变载荷与腐蚀介质同时作用下引起的破坏为腐蚀疲劳。腐蚀疲劳与应力腐蚀有相似之处，但又有区别，应力腐蚀是材料在特定介质中，一般在拉应力作用下发生的低应力破断；而腐蚀疲劳是在交变载荷作用下，在任意腐蚀介质中引起的破坏。应力腐蚀与腐蚀疲劳间的界限不是十分清晰。材料的腐蚀疲劳强度比普通大气介质下疲劳强度显著降低。腐蚀疲劳是机械零件常见的破坏形式，例如石油钻杆用钢中 70%～80% 是腐蚀疲劳失效。表 10-26 是一些结构用金属材料在不同介质中的疲劳强度比较。

表 10-26　一些结构用金属材料在不同介质中的疲劳强度比较

材　料	5×10^7 周次的疲劳强度/MPa			疲劳强度比值（相对于空气）	
	空　气	水	3%（质量分数）NaCl 水溶液	水	3%（质量分数）NaCl 水溶液
低碳钢	±250	±140	±55	0.56	0.22
w(Ni)3.5% 钢	±340	±155	±110	0.46	0.32
w(Cr)15% 钢	±385	±250	±140	0.65	0.36
w(C)0.5% 钢	±370	—	±40	—	0.11
18-8 奥氏体不锈钢	±385	±355	±250	0.92	0.65
Al-w(Cu)4.5% 合金	±145	±70	±55	0.48	0.38
蒙乃尔合金	±250	±185	±185	0.74	0.74
w(Al)7.5% 青铜	±230	±170	±30	0.74	0.67
Al-w(Mg)8% 合金	±140	—	±30	—	0.21
Ni	±340	±200	±150	0.59	0.47

腐蚀疲劳有以下特点：

（1）在 S-N 曲线上，腐蚀疲劳无明显疲劳极限，常常将 10^7～10^8 循环周次不断的应力规定为条件疲劳极限。

（2）普通大气介质下材料的疲劳强度不受载荷频率的影响，而腐蚀疲劳强度与频率有密切关系，随频率降低，腐蚀疲劳强度下降。

（3）腐蚀疲劳强度（σ_w）不随材料抗拉强度（R_m）升高而提高，如图 10-40 所示。

（4）影响腐蚀疲劳的因素较多。腐蚀疲劳是材

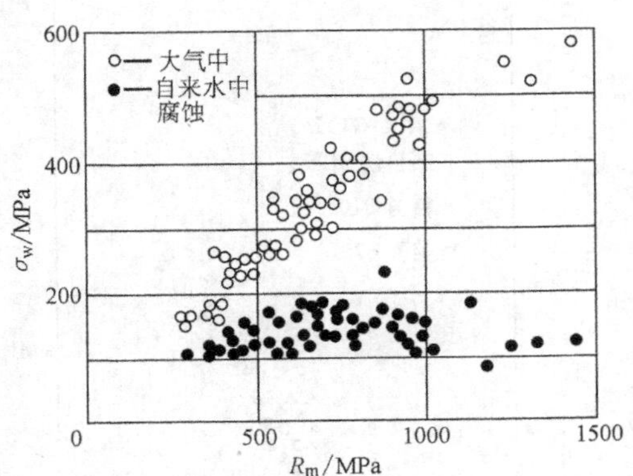

图 10-40 钢的抗拉强度（R_m）与腐蚀疲劳强度（σ_w）的关系

料、介质、力学等因素综合作用的结果。

10.5.2.2 腐蚀疲劳试验方法

1. *S-N* 曲线法 常用旋转弯曲加载，轴向拉伸加载、拉压加载等方法。试样有圆棒形或板状。腐蚀介质加入方式可用浸泡法、捆扎法、液滴法（将腐蚀液滴在试样上）等。为了模拟海洋大气腐蚀可采用喷盐雾法。将试验结果绘成 *S-N* 曲线，求出腐蚀疲劳极限，如图 10-41 所示。

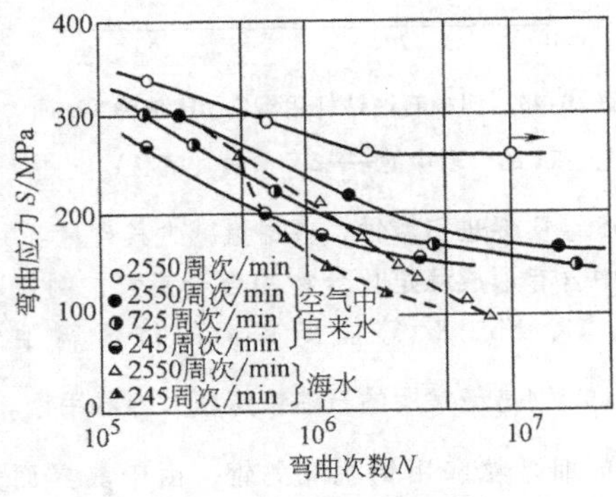

图 10-41 w(C) 为 0.44%钢的腐蚀疲劳 *S-N* 曲线

从 *S-N* 曲线不能估算实际零件腐蚀疲劳寿命，但可用于材料性能评价与比较。参阅国标 GB/T 20120.1—2006。

2. 断裂力学法 采用三点弯曲试样、四点弯曲试样、紧凑拉伸试验（CT）及中心裂纹拉伸试样（CCT）等加载方法，测定腐蚀疲劳裂纹扩展速率 $\left(\frac{da}{dN}\right)$与应力强度因子（$\Delta K$）曲线，判断腐蚀疲劳行为，进行寿命预测与估算。采用薄板状裂纹试样，试样浸泡在腐蚀介质中时缺口向下。裂纹长度可用直流电位法、交流电位法或光学显微镜跟踪测定。通过断裂片测出的直流电位（ΔV）与裂纹长度（a）的关系如下式，误差小于 5%。

$$a = 0.00732 + 0.0388\Delta V$$

三点弯曲试样 K_I 表达式为

$$K_I = \frac{F}{\delta B^{1/2}} Y\left(\frac{a}{B}\right)$$

当 $\frac{S}{B}=4.0, \frac{a}{B}=0 \sim 1$ 时，

$$Y\left(\frac{a}{B}\right) = \frac{12\left(\frac{a}{B}\right)^{1/2}\left[1.99 - \frac{a}{B}\left(1-\frac{a}{B}\right)\right]}{2\left(1+2\frac{a}{B}\right)} \times \frac{\left(2.15 - 3.95\frac{a}{B} + 2.7\frac{a^2}{B^2}\right)}{\left(1-\frac{a}{B}\right)^{3/2}}$$

式中 F——载荷；

δ——试样厚度；

B——试样宽度；

S——支点跨距；

a——裂纹长度。

当 $\frac{S}{B}=4.0$，$\frac{a}{B}=0.4 \sim 0.6$ 时，

$$Y\left(\frac{a}{B}\right) = \left[7.51 + 3.0\left(\frac{a}{B} - 0.5\right)^2\right]_{\sec} \times \left(\frac{\pi a}{2B}\right)\sqrt{\tan\left(\frac{\pi a}{2B}\right)}$$

四点弯曲时，K_I 表达式为

$$K_I = \frac{6MY\left(\frac{a}{B}\right)}{\delta B^{3/2}}$$

$$Y\left(\frac{a}{B}\right) = 1.99\left(\frac{a}{B}\right)^{1/2} - 2.47\left(\frac{a}{B}\right)^{3/2} + 12.97\left(\frac{a}{B}\right)^{5/2} - 23.17\left(\frac{a}{B}\right)^{7/2} + 24.8\left(\frac{a}{B}\right)^{9/2}$$

式中 M——弯矩；

δ——试样厚度；

B——试样宽度；

a——裂纹长度。

图 10-42 所示为试验得到的 $\frac{da}{dN}$-ΔK 曲线。曲线分为三个阶段，第Ⅰ阶段是 $\Delta K < \Delta K_{th}$ 时，裂纹不扩展，ΔK_{th} 为疲劳裂纹扩展门槛值；当 $\Delta K > \Delta K_{th}$ 时，初期裂纹扩展速度较快，后期随 ΔK 增加，da/dN 增加较慢。

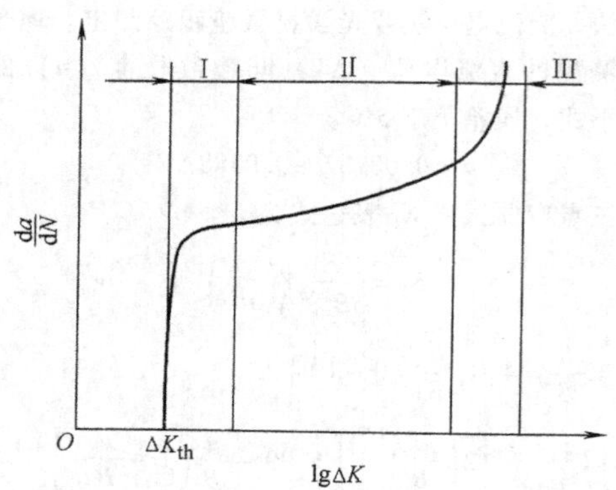

图 10-42　钢的腐蚀疲劳$\frac{da}{dN}$-ΔK 曲线示意图

第Ⅱ阶段是 da/dN 与 ΔK 呈线性关系，即

$$\frac{da}{dN}=C(\Delta K)^m$$

式中的 C 及 m 为与材料有关的常数。

第Ⅲ阶段是 da/dN 随 ΔK 增加而加速扩展，当 $K_{max}=K_C$ 时发生断裂。图 10-43 所示是石油钻杆用钢在 pH 值为 10 ~ 11 的介质中的$\frac{da}{dN}$-ΔK 曲线。参阅国标 GB/T 20120.2—2006。

10.5.3　氢致损伤

10.5.3.1　氢腐蚀

石油裂化和煤转化用压力容器等装备是在高温高压下运行，其使用寿命和安全可靠性受到极大关注。高压氢进入钢中，在高温下（200℃以上）与碳化物反应生成甲烷（CH_4）气泡，在应力作用下气泡沿晶界长大，连接成为裂纹，不仅降低材料性能，而且严重影响设备的寿命。

氢腐蚀有以下特点：

（1）氢腐蚀属化学腐蚀，受温度和压力的影响。各种钢在一定氢压力下均存在氢腐蚀的起始温度，一般都在 200℃以上。低于起始温度时，反应速度极慢，甚至形成甲烷气泡的孕育期超过设备的使用寿命，可以认为不发生氢腐蚀。氢分压对氢腐蚀的影响也有最低值，低于此值时即使温度高也不产生氢腐蚀，仅产生钢的脱碳。Nelson 根据大量经验数据，提出各种钢发生氢腐蚀的温度与氢分压关系曲线，即著名的 Nelson 曲线，如图 10-44 所示。曲线下方为材料安全使用区。

（2）钢的化学成分对氢腐蚀有影响，随碳含量增加，氢腐蚀加剧。图 10-45 所示为在 500℃的氢介质中暴露 100h，钢中碳含量对氢腐蚀的影响。因此抗氢腐蚀钢在满足强度要求的前提下，应尽量降低碳含量。

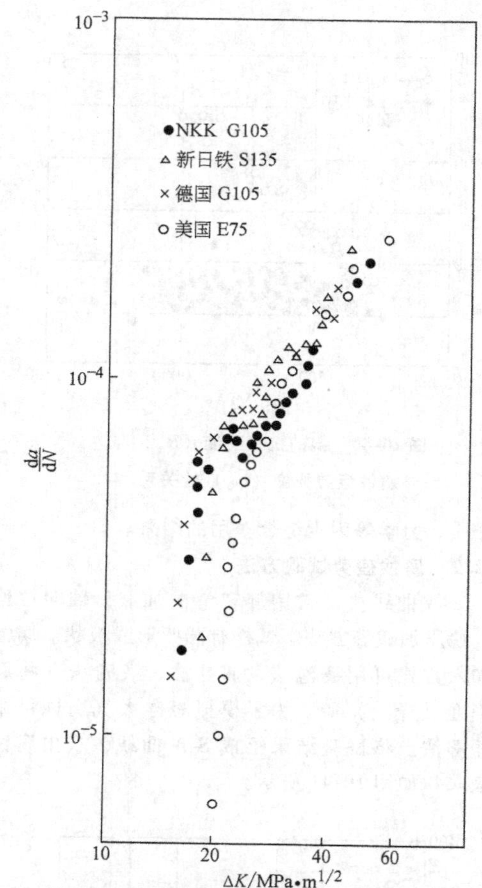

图 10-43　四种石油钻杆用钢在 pH 值为 10 ~ 11 的介质中的$\frac{da}{dN}$-ΔK 曲线（室温）

MnS 杂质促进氢腐蚀，应尽量减少其含量。

钢中含有形成稳定化合物的合金元素，例如 Cr、Mo、V、Ti、Nb、Zr 等能提高钢的抗氢腐蚀性。$2\frac{1}{4}$Cr-1Mo钢是最常用的石油精炼压力容器用钢。

（3）细晶粒和用铝脱氧的钢，由于晶界面多，有利于甲烷气泡形核，缩短了氢腐蚀孕育期。焊接接头易发生氢腐蚀。

10.5.3.2　氢鼓泡

低强度钢管或容器在 H_2S 水溶液中或湿 H_2S 中有应力或无应力作用下，由于 H_2S 分解产生的氢原子进入钢中，扩散到缺陷处，变成氢分子，产生很高的压力，导致产生裂纹。裂纹平行于轧制面，在接近表面处形成鼓泡，称为氢鼓泡。在含硫的油、气管线，储罐，炼制设备及煤的汽化设备中，经常见到这类氢诱发开裂现象。钢中存在扁平状或长条 MnS 夹杂物等易成为裂纹源。产生氢鼓泡时将导致设备破损或物料泄漏。

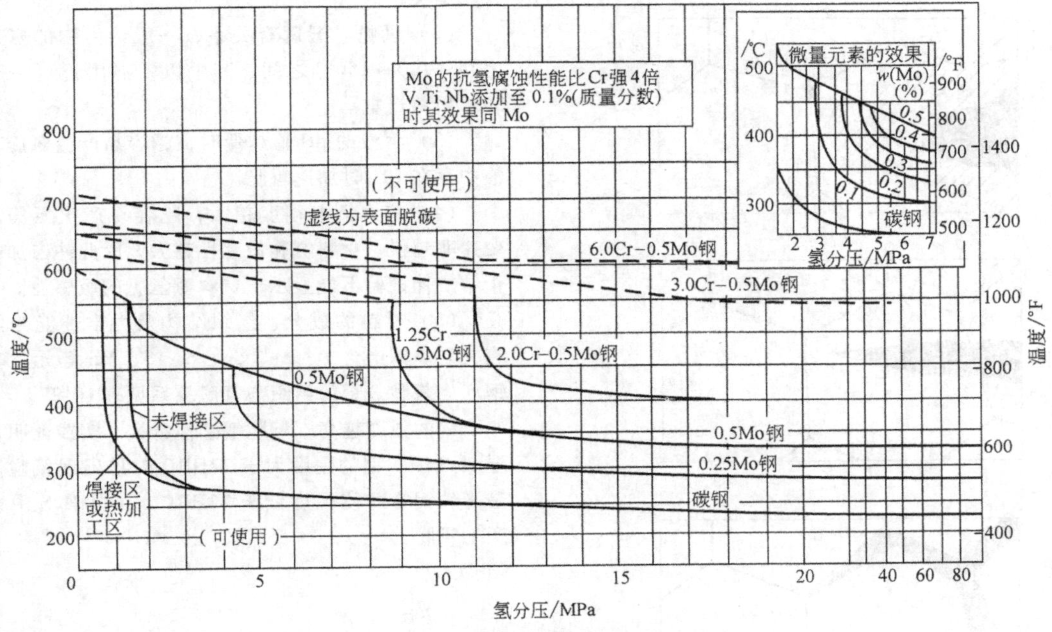

图 10-44 在含氢介质中的 Nelson 曲线

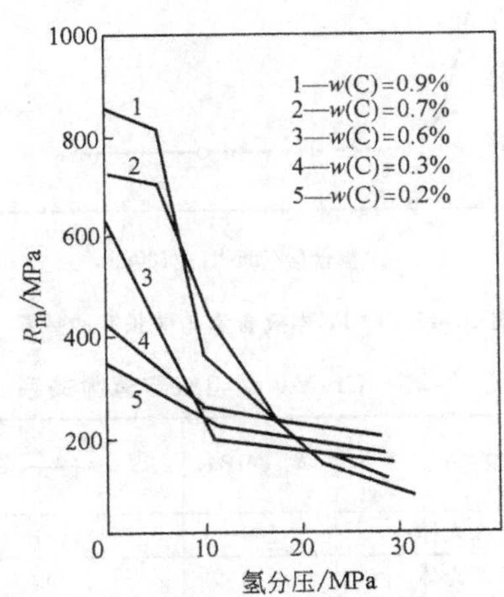

图 10-45 钢中碳含量对氢腐蚀的影响

氢鼓泡是在室温下出现，如果提高或降低温度，则能减少开裂倾向。钢中含有少量 Cu［w（Cu）为 0.2%～0.3%］时能显著减少开裂；加入少量 Cr、V、Mo、Nb、Ti 等元素时可改善钢的力学性能，提高对裂纹扩展的阻力。淬火回火处理的钢比正火态可减少氢诱发开裂的危险。

10.5.3.3 氢脆

氢脆一般发生在屈服强度大于 620MPa 的高强度钢及 Ti、Ta 等高强度材料中。氢对材料的伸长率及断面收缩率有显著影响，但对屈服强度的影响不大。氢对低强度钢的影响不仅降低塑性，也降低断裂应力（σ_F）。

1. 氢脆特点

（1）延迟破坏。材料在静载荷作用下，裂纹萌生，低速扩展，失稳断裂。图 10-46 所示为高强度钢延迟断裂曲线，图中的下临界应力是延迟断裂临界应力，低于此值时应力作用时间再长也不发生破断。

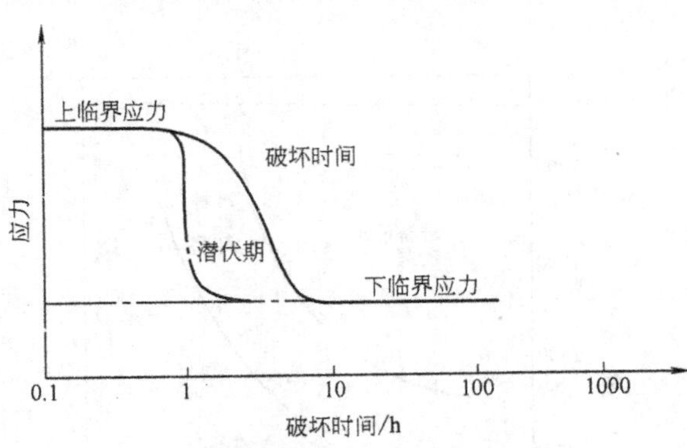

图 10-46 高强度钢静载荷作用下的延迟断裂应力-时间曲线

（2）氢脆裂纹扩展是不连续的，在裂纹扩展过程中有氢析出。

（3）氢脆断口没有明显特征，断口形貌与应力强度因子及含氢量有关系。高 K_I 时可能是韧窝形断口，低 K_I 时是沿晶断口，中等 K_I 时是解理或准解理断口（图 10-47）。图 10-48 所示为 35CrMnSiA 钢氢脆断口类型与 K_I 及氢含量关系。

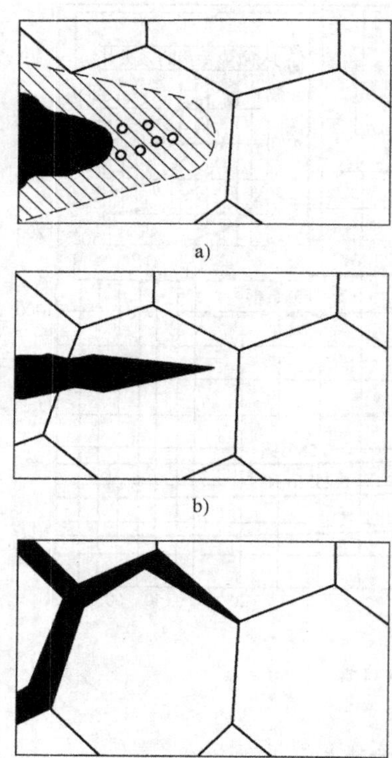

图 10-47　K_I 值与氢脆断口形貌关系

a）高 K_I 时为韧窝状断口　b）中等 K_I 时为解理或准解理断口　c）低 K_I 时为沿晶断口

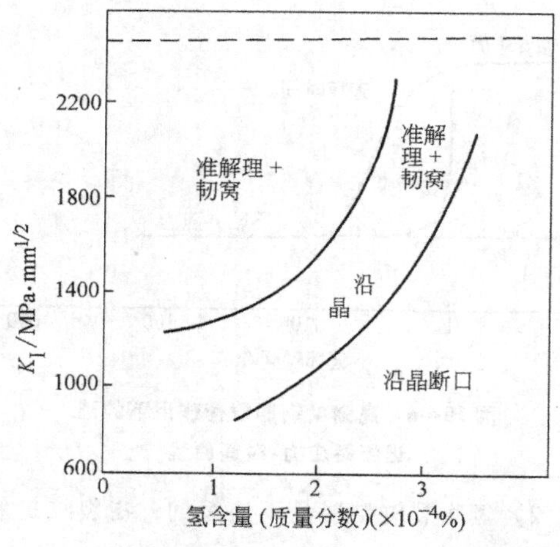

图 10-48　35CrMnSiA 钢氢脆断口类型与 K_I 及氢含量关系

2. 影响氢脆的因素

（1）随着氢含量增加，钢的塑性急剧下降，临界应力也降低。图 10-49 所示为纯 Fe 中氢含量与伸长率的关系。

（2）氢脆与湿度有关系，一般认为钢的氢脆发生在 -100 ~ 150℃之间，其中以室温附近（-30 ~ 30℃）最严重。

（3）溶液的 pH 值越低时，越容易产生氢脆，溶液中存在 Cl^- 时加速氢脆。

（4）应力集中程度越大，越容易产生氢脆。应变速率越慢，材料氢脆敏感性越大，因此冲击加载和正常拉伸试验不能显示出材料对氢脆的敏感性。

（5）材料的成分、组织结构及力学性能与氢脆有关系。钢中含 P、As、Sb、Si、S、Mn 等元素促进钢产生氢脆。钢的组织与氢脆关系见表 10-27。

钢的强度越高，氢脆敏感性越大。实践证明，在湿 H_2S 中，钢的硬度大于 22HRC 时易出现氢脆。但是冷轧钢管即使硬度低于 22HRC，在湿 H_2S 中也易产生氢脆。

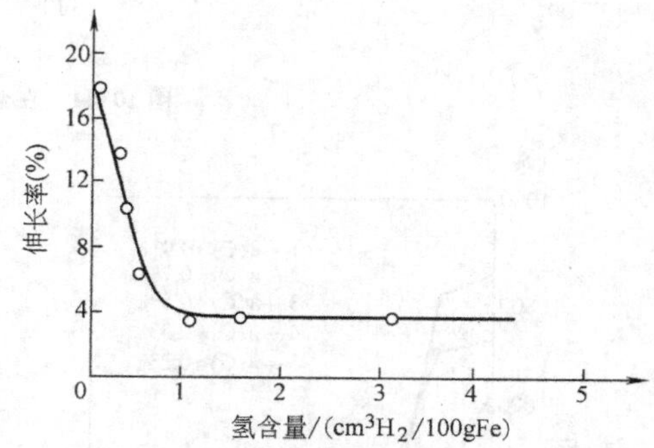

图 10-49　纯 Fe 中氢含量与伸长率的关系

表 10-27　Cr-Mo 钢组织与氢脆关系

组织名称	R_{eL}/MPa	I[①] $=\frac{Z_0-Z}{Z_0}\times100\%$
粒状珠光体	540	31
片状珠光体	510	39
粗粒状珠光体	350	42
500℃回火马氏体	1030	94
淬火马氏体	1220	100

注：I 为氢脆系数，Z_0、Z 分别为无氢和含氢试样断面收缩率。

3. 氢脆试验与评定方法

（1）弯曲法。用板状试样夹在特制夹具上反复弯曲一定角度（一般为 120°），直至断裂，记下弯断次数（n），算出氢脆系数（I）。n_H 为含氢试样弯断次数，$n_空$ 为不含氢试样弯断次数。

$$I=\frac{n_{空}-n_{H}}{n_{空}}\times100\%$$

（2）断面收缩率法。在一定拉伸速度下，测量拉伸试样断裂后的断面收缩率（Z），计算氢脆系数（I）。

$$I=\frac{Z_0-Z}{Z_0}\times 100\%$$

式中　Z_0——无氢试样断面收缩率；

Z——含氢试样断面收缩率。

（3）测定试样的延迟断裂曲线。即应力（σ）与时间（t）曲线，求出试样不断时的应力门槛值（σ_{th}），即下临界应力。图 10-50 所示为 20MnVB 钢不同组织的延迟断裂曲线，纵坐标为试样在含氢介质中的断裂应力（σ_n）与大气介质中材料缺口试样强度（σ_{bn}）之比，横坐标为断裂时间（t_f）。

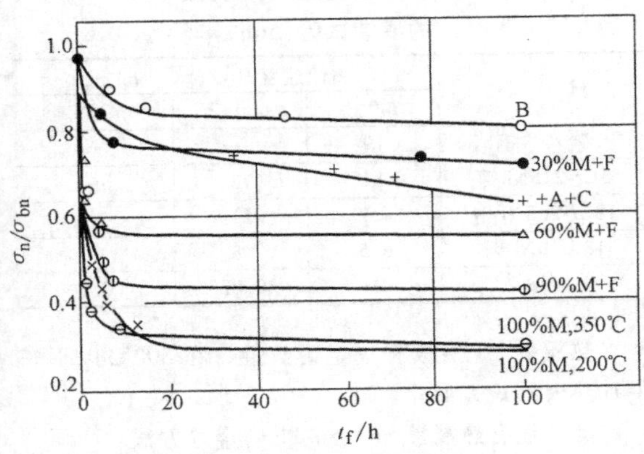

图 10-50　20MnVB 钢不同组织的延迟断裂曲线

注：图中百分数为体积分数。

10.6　防腐蚀技术

10.6.1　合理选择与使用材料

纯金属的耐蚀性决定于电极电位，电极电位越高（越正），耐蚀性越好，因此有贵金属与贱金属之分。合金耐蚀性与化学成分及组织结构有关，也与介质种类及条件等因素有关系。提高金属材料耐腐蚀程度，应从热力学和动力学考虑，腐蚀的控制因素可用腐蚀电流（I）大小予以判断。

$$I=K\frac{E_c^0-E_a^0}{P_c+P_a+R}$$

式中　E_c^0——腐蚀体系阴极电位；

E_a^0——阳极电位；

P_c——阴极极化率；

P_a——阳极极化率；

R——腐蚀体系电阻；

K——系数。

从上式可以看出，材料的耐蚀性可采用以下控制措施。

（1）在其他条件一定时，$E_c^0-E_a^0$ 值越小，I 也越小，材料耐蚀性越好。因此可用合金化方法提高材料的 E_a^0，降低 $E_c^0-E_a^0$ 值。例如 Cu 中加入 Au、Ni 中加入 Cu 可使合金耐蚀性显著提高。但这种方法消耗贵金属，一般情况下不易采用。

（2）增大 P_c 值减少腐蚀电流。控制阴极过程可用减小阴极面积及提高阴极析氢电位等方法。合金中第二相或夹杂物大多数是阴极相，通过提高材料纯净度，进行固溶处理等可以提高材料的耐蚀性。例如单相硬铝合金比退火态耐蚀性要高。但是体系中阳极相可钝化时，减少阴极面积反而不利于提高材料耐蚀性。

在非氧化性或氧化性不强的酸中，析氢电位可控制材料的腐蚀，析氢电位越低（越负），腐蚀速度越大。合金中加入析氢电位高的元素可以降低腐蚀程度。例如 Mg 中加入质量分数为 0.5% ~1.0% 的 Mn 时，使 Mg-Mn 合金在含有氧化物的水溶液中的腐蚀速度大大降低。

（3）增大 P_a 值减少腐蚀电流。采用降低材料阳极活性，阻碍阳极过程，提高耐蚀性。如果合金中的第二相是阳极相，基体是阴极相，采用提高材料纯净度或固溶处理，减少阳极面积，可提高材料耐蚀性。如果合金中阳极第二相数量多时，在腐蚀过程中将逐渐降低腐蚀速度。例如 Al-Mg 系合金中强化相（Al_2Mg_3）是阳极性，在腐蚀过程中将逐渐被腐蚀掉，合金表面微阳极相总面积逐渐减小，材料腐蚀速度降低，所以 Al-Mg 合金耐蚀性比 Al-Cu 合金好。

基体中加入易钝化元素，促使合金钝化，可提高材料的耐蚀性。例如钢中加入质量分数为 12% ~13% 的 Cr、Ni 或 Ti 中加入 Mo 可大大提高材料耐蚀性。

（4）增大 R 值减少腐蚀电流。加入某些元素使合金表面产生保护膜，增大 R 值，可提高材料耐蚀性。例如钢中加入 Cu、P 时能促使表面形成 $FeO_x(OH)_{3-2x}$ 保护膜，可提高材料耐大气腐蚀能力。

10.6.2　表面防护

在金属材料表面加上覆盖层（或镀层），使基体与腐蚀介质隔开，以防止零件腐蚀。用做覆盖层的材料有金属和非金属两大类。

10.6.2.1　金属覆盖层

1. 镀层用材料　所选用的覆盖层材料为阳极性与阴极性两种。如果镀层材料的电极电位比基体金属低时（负），它成为阳极，基体是阴极，受覆盖层的保护。镀层中存在空隙时也不影响防蚀效果，例如钢铁表面镀Zn即属此类情况。

如果镀层材料的电极电位比基体高（正），则基体为阳极，镀层是阴极，镀层中如存在空隙时将加速基体金属腐蚀。例如钢铁表面镀Sn即属此类镀层材料。

2. 覆盖方法

（1）热浸镀。将基体金属浸入熔融状态的液体金属中，使表面沾上一层镀层金属，以防止基体受腐蚀。热浸镀Zn的历史最长，至今仍是钢铁防腐蚀的重要措施。镀Zn层具有良好的耐蚀性，在水及大气介质中Zn的平均腐蚀速度是钢铁的1/25。镀Zn层在城市大气中的腐蚀速度为2～7μm/a，有优良的耐蚀性，可使镀Zn板寿命达到50年。海洋大气中的腐蚀速度与城市大气相同，为1～7μm/a，飞溅区的腐蚀速度约为15μm/a。热带地区镀Zn层的腐蚀速度也不大，干大气中小于2μm/a，潮湿大气中小于3μm/a，海岸区小于6μm/a。

镀Zn层在硬水中腐蚀速度约为2.5mg/(m^2·a)，在软水中约为硬水中10倍。水中溶解氧越多，腐蚀越快。

水温对镀Zn层的腐蚀有影响，工业用水40℃左右、软水90℃左右时腐蚀最快。浸泡在海水中的镀Zn钢板的腐蚀速度为12～24μm/a。

热浸镀Al防腐蚀方法发展迅速，其工艺与热浸Zn相似。Al的电极电位为－1.66V，比Fe（－0.44V）和Zn（－0.1763V）都低。镀Al层能形成致密又稳定的Al_2O_3保护膜，起到良好的防蚀作用。如镀Al层发生机械损伤时，镀Al层对钢铁基体仍可起保护作用。镀Al钢板耐大气腐蚀，也耐海水腐蚀、土壤腐蚀及应力腐蚀。镀Al钢板耐大气腐蚀能力是镀Zn钢板的3～6倍。图10-51所示是热浸镀Zn钢板与热浸镀Al钢板耐工业大气腐蚀的比较。

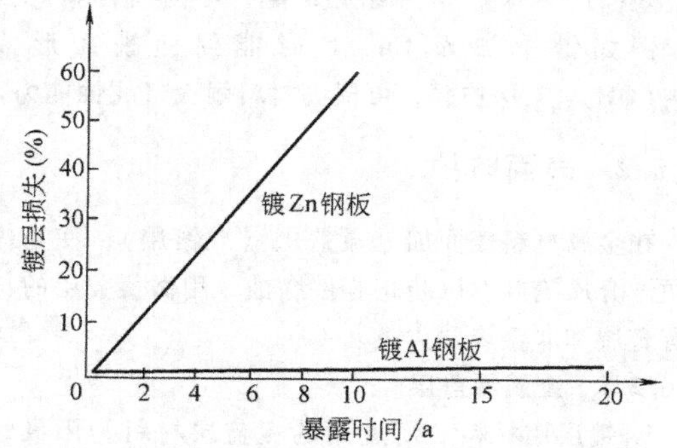

图10-51　热浸镀Zn钢板与热浸镀Al钢板耐工业大气腐蚀比较

镀Al钢板还具有耐含S介质的腐蚀能力。表10-28及表10-29是热浸镀Al钢板在高温氧化、硫化气氛及H_2S介质中的腐蚀结果。

表10-28　在高温氧化、硫化气氛中的暴露试验

材　　料	温度/℃	时间/h	质量变化(%)
18Cr-8Ni钢	723	24	－17.0
25Cr-20Ni钢	723	24	－8.3
27Cr钢	723	24	－8.4
热浸镀Al钢	723	192	0.1
热浸镀Al钢	927	48	0.3

表10-29　在高温H_2S介质中的腐蚀试验(50h)

材　　料	腐蚀速度/[g/(m^2·h)]		
	500℃	600℃	700℃
碳　钢	19	—	—
3Cr-2.5Ni钢	13	73	—
18Cr-2.5Ni钢	4.2	11	—
18Cr-8Ni钢	6.5	18	—
热浸镀Al	—	0.02	0.2

热浸镀Al钢板有一定耐热性，在500℃以下长期加热时外观无变化。

此外还有热浸镀Sn、Sn-Pb合金等方法。

（2）表面渗金属。为提高材料耐蚀性，可采用表面渗金属的方法。对零件表面渗金属的方法已有相当长历史，应用十分广泛。渗金属不仅能提高材料耐蚀性，也能提高其硬度及强度。所渗的金属主要有Zn、Al、Cr及Si等。

渗Zn与热浸镀Zn比较，前者的耐蚀效果更好，如果镀Zn后在500℃左右退火，产生Zn扩散层，可明显提高耐蚀性（表10-30）。

表10-30　渗Zn和镀Zn制品的耐蚀性比较

处理工艺		腐蚀速度/[g/(m^2·h)]	腐蚀深度/μm
渗Zn		0.023	9.6
热浸镀Zn，Zn液中含Al	w(Al)＝0.12%	0.0354	14.9
	w(Al)＝0.04%	0.0358	15.1
电镀Zn		0.036	15.2
热浸镀Zn后500℃退火10min，Zn液中含Al	w(Al)＝0.12%	0.0092	4.1
	w(Al)＝0.04%	0.0253	10.5
在500℃退火的电镀Zn		0.015	6.3

渗 Al 钢具有良好的高温抗氧化性，其抗氧化能力与渗 Al 层厚度及 Al 含量有关。在断续氧化条件下碳钢临界渗 Al 的质量分数为 5%，连续氧化条件下为 2%。高温长期使用时渗 Al 层厚度应达到 0.3mm。

（3）电镀。即用直流电源将电解液中的金属离子沉积于基体金属表面（阴极）。电镀可显著提高材料耐蚀性，应用广泛，是十分重要的防腐蚀方法。用于电镀的金属有：Cu、Cu-Zn、Ni、Cr、Sn、Zn 等。

（4）其他表面镀层技术，例如热喷镀、离子镀、离子注入及气相沉积等方法。

10.6.2.2　无机非金属覆盖层

（1）用化学或电化学方法在基体金属表面覆盖一层无机物防蚀层［也称为化学转化层（Chemical Conversion Coating）］。电化学法形成的无机防护层也称为阳极氧化。工业上常用的金属材料可采用此法，其中最常见的是钢铁材料的磷化处理、发黑处理；铝及铝合金的阳极氧化处理，Zn、Cd、Mg 等金属均可进行这种防蚀处理。

（2）其他方法，例如玻璃覆盖层法、陶瓷涂层法、耐酸水泥涂层法等。

10.6.2.3　有机涂层

有机涂层是金属防腐蚀最常采用的措施之一，广泛应用于工业及生活领域中。有机涂层材料的组成为：主要成分（漆料及颜料）、辅助成分（溶剂、稀释料）和助剂（各种添加剂）。覆盖层起阴极保护及缓蚀作用。

漆膜是颜料在漆料（聚合物）中形成的涂料在基底表面固化的结果，漆膜对基体的保护作用常常取决于颜料的物理化学性质。颜料有金属粉（例如 Zn、Al、不锈钢粉等）、天然无机物（例如云母、氧化铁）、合成无机物（铅酸钙、铬酸锌等）和合成有机物。它们不溶于漆料中，有良好的化学稳定性和光稳定性。

用于涂料的漆料有植物油（其中亚麻子油用量最多）和油性树脂，其中使用最多的是酚醛树脂。

有机涂层的失效主要是在阳光、大气、雨水等作用下的老化，特别是紫外线、氧、水汽、高温和腐蚀性气体（例如 SO_2），会加速老化，使表面失去光泽、起泡、粉化、剥落、生锈等，从而失去防蚀作用。因此，应根据产品特点选用合适的涂料。

10.6.3　缓蚀剂

10.6.3.1　分类

金属腐蚀大多数是电化学反应，因此在介质中加入缓蚀剂，防止或减缓腐蚀是经济、简便的方法。缓蚀剂可按下列方法分类：

（1）按化学成分，分为有机型缓蚀剂和无机型缓蚀剂。

（2）按照使用状态，分为水溶液、油溶性和汽化型缓蚀剂。

（3）按 pH 值，分为中性溶液和酸性溶液缓蚀剂。

（4）按缓蚀剂作用机理，分为阳极型、阴极型、吸附型和保护膜型。

10.6.3.2　缓蚀剂的选用原则

（1）不同腐蚀介质应选用不同的缓蚀剂。中性水介质主要采用钝化型（阳极型）和沉淀型缓蚀剂，这些缓蚀剂多数为无机物。酸性介质采用多为有机物的吸附型缓蚀剂。油类介质采用油溶性吸附型缓蚀剂，以排除水的吸附，起到防护作用。

缓蚀剂在液体腐蚀介质中的溶解度、在气体介质中的挥发度均对缓蚀效果有影响。溶解度太低会影响缓蚀物质在介质中的传递，不能有效地达到金属表面，即使缓蚀剂的吸附性好，也不能充分发挥缓蚀作用。出现这种情况时可加入一些表面活性剂，增加缓蚀物质的分散性。

腐蚀介质的温度、压力、流速等对缓蚀效果有影响。

（2）不同金属采用不同缓蚀剂。

（3）单品种缓蚀剂比复合缓蚀剂的缓蚀效果小，因此目前使用的缓蚀剂很少采用单品种缓蚀剂，而是复合缓蚀剂。

（4）许多高效缓蚀剂常常有毒性，例如铬酸盐是中性水介质中的高效氧化性缓蚀剂，其 pH 值为 6～11，除钢铁材料外，对大多数非铁金属也能产生有效保护作用。但铬酸盐有毒，危害环境，故使用受到限制。

10.6.3.3　中性介质中的缓蚀剂

中性介质溶液有各类水（例如冷却水、锅炉水、洗涤水、供暖水、回收处理污水等）、中性盐水溶液（例如含 NaCl、$MgCl_2$、NH_4Cl、Na_2SO_4、Na_2CO_3 水溶液）以及中性有机溶液（例如油类、醇类、多卤代烃等）。应用缓蚀剂最多的是循环冷却水。

1. 工业循环冷却水用缓蚀剂

（1）无机盐缓蚀剂。

1）铬酸盐有良好的缓蚀作用，常用的有 $Na_2Cr_2O_7$ 或 $K_2Cr_2O_7$，属于钝化型（阳极型）缓蚀剂，能在钢铁表面形成几纳米（nm）厚的 Fe_2O_3 和 Cr_2O_3 氧化膜。铬酸盐在水中形成钝化膜的临界含量为 $10^{-2}\%$ ～ $1.3\times10^{-2}\%$（质量分数）。当液体中

Cl^-浓度增加或温度升高时，其临界含量也升高，否则将产生局部腐蚀。铬酸盐单独使用时防止局部腐蚀较困难，常常与聚磷酸盐或锌盐复合使用。在自来水中复合缓蚀剂的缓蚀效果如图10-52所示。

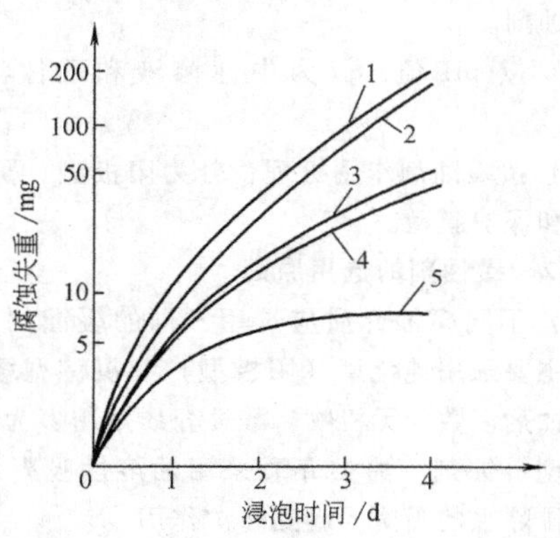

图10-52　在自来水中复合缓蚀剂的缓蚀效果（30℃）重铬酸盐与聚磷酸盐复合缓蚀剂含量（质量分数）：

1—0　2—10^{-3}%　3—3×10^{-3}%

4—5×10^{-3}%　5—10×10^{-3}%

铬酸盐与聚磷酸盐复合缓蚀剂在循环冷却水及海水中，水温在100℃以下时，对碳钢、Cu、Cu-Zn合金、Al及不锈钢等都有良好的缓蚀效果。铬酸盐有毒，需要进行排污处理，使Cr^{2+}含量不超过0.05～0.1mg/L。因此，现在用铬酸盐作为缓蚀剂已很少，甚至不使用这种缓蚀剂。

2）聚磷酸盐缓蚀剂常与锌盐等缓蚀剂复合使用，以提高缓蚀效果。常用的聚磷酸盐是三聚磷酸钠和六偏磷酸钠。六偏磷酸钠缓蚀效果较好，而三聚磷酸钠价格低，所以使用较多。六偏磷酸钠在有溶解氧的水中有显著缓蚀作用，可促进钢铁表面生成γ-Fe_2O_3钝化膜，是阳极型缓蚀剂。

水中含有Ca^{2+}、Zn^{2+}等离子时对聚磷酸盐的缓蚀效果有影响，只有［$Ca^{2+}/(NaPO_3)_n$］大于0.2时，才有良好的缓蚀效果。

聚磷酸盐易水解，水解后降低了缓蚀效果，这是其主要缺点。

3）硅酸盐缓蚀剂的组成为$Na_2O\cdot nSiO_2$。在pH>6的水中时$n=3.3$，在pH<6的水中$n=2$较为合适。硅酸盐属沉淀型缓蚀剂。Ca^{2+}可提高硅酸盐缓蚀效果，硅酸盐与Ca^{2+}、Mg^{2+}离子形成不溶性保护膜。应当指出，使用硅酸钠缓蚀剂时水中的Ca^{2+}、Mg^{2+}离子浓度不能过高，否则有形成硅酸钙、硅酸镁水垢的危险。水中Mg^{2+}含量大于250mg/L时，不宜采用硅酸钠缓蚀剂。

硅酸钠与锌盐等复合使用时可提高缓蚀效果。硅酸钠缓蚀剂的优点是无毒，价格便宜。

4）钼酸盐缓蚀剂属阳极型，有溶解氧存在时可使碳钢表面形成钝化膜。常用的钼酸盐是Na_2MoO_4。单独使用钼酸盐时的加入量应达到4×10^{-2}%（质量分数）时才有较好的缓蚀作用。所以与有机磷酸盐、锌酸盐等复合使用，可减少钼酸盐用量，提高缓蚀效果。

钼酸盐对抑制点蚀和缝隙腐蚀有显著效果。溶解的钼酸盐离子能有效地使蚀孔内的铁再钝化，减少氧化物聚积。钼酸盐的毒性极低，适应性较强，是有应用前景的缓蚀剂。

5）其他无机盐缓蚀剂，例如亚硝酸盐（$NaNO_2$、KNO_2）是阳极型缓蚀剂，其添加量达到（25～50）$\times10^{-4}$%（质量分数）时，有较好的缓蚀效果。亚硝酸盐在pH<6的酸性介质中易分解，无缓蚀作用，pH=9～10时缓蚀效果最好。

亚硝酸钠易转变为致癌物质，危害人的健康，不宜采用。

锌盐缓蚀剂是复合型缓蚀剂的组分，属沉淀型和阴极型缓蚀剂。锌盐有毒性，其用量应限制在排污规定范围内，因此经常使用的加入量仅为（3～5）$\times10^{-4}$%（质量分数）。

（2）有机盐缓蚀剂。

1）有机磷酸与磷酸盐及磷酸酯类。这类缓蚀剂有络合金属离子的能力，在金属表面形成络合物沉淀膜，对金属产生缓蚀效果。有机磷酸缓蚀剂含量较高时的缓蚀效果比无机磷酸盐大，例如HEDP（羟基乙叉二磷酸）及EDTMP（乙二胺四甲叉磷酸）含量为100×10^{-4}%（质量分数）时的缓蚀效果比聚磷酸盐大4～7倍。表10-31是碳钢在50℃、pH值为8.0～8.5介质中96h的试验结果。

表10-31　有机磷酸与无机磷酸盐缓蚀效果比较

缓蚀剂	含量(质量分数)(10^{-4}%)		
	25	50	100
	腐蚀速度(mm/a)		
HDTMP（乙二胺四甲叉磷酸）	0.705	0.0625	0.07
HEDP	0.2975	0.185	0.1575
三聚磷酸钠	1.3725	1.0325	0.505
六偏磷酸钠	1.2375	0.7475	0.555

如将有机磷酸与无机磷酸盐复合使用，其缓蚀效果更好。有机磷酸的化学稳定性高，不易水解，可耐较高温度，有较好的阻垢能力，是有发展前景的缓蚀剂。

2）有机羟酸类。应用于中性水介质的缓蚀剂有芳香族羧酸及脂肪族取代羧酸（例如羟基酸、氨基酸及酰胺羧酸等）及其钠盐。例如酰基肌氨酸的原料容易获得，无毒性，不产生环境污染，适用于 pH = 6 ~ 11 的软水或硬水介质，除冷却循环水外，锅炉水、盐水系统、高炉及转炉冷却水均可应用，是有发展前景的缓蚀剂。

2. 含中性盐水溶液中的缓蚀剂　水中溶解中性盐，例如 NaCl、KCl、$MgCl_2$、$CaCl_2$、Na_2CO_3、Na_2SO_4 等，能促进金属腐蚀。用于冷却水系统的缓蚀剂多数也可作为中性盐水溶液的缓蚀剂。但是这些盐含量高时，应选用缓蚀效果更好的缓蚀剂。

（1）烷氨基醇类。烷氨基醇对 NaCl、$CaCl_2$ 水溶液中的碳钢有很好的缓蚀作用，缓蚀率可达到 90% 以上。表 10-32 是 2-乙氨基乙醇对在 $w(\mathrm{NaCl})$ 为 3% 水溶液中碳钢的缓蚀效果。随其含量增加缓蚀效果增大，pH 值也增加。当含量为 3.1×10^{-4} 时 pH = 10.3，此后再增加缓蚀剂含量时 pH 值不变。如果加入 NaOH 调 pH 值，也能产生一定缓蚀效果。

表 10-32　2-乙氨基乙醇对在 w（NaCl）为 3% 水溶液中碳钢的缓蚀效果

2-乙氨基乙醇含量（质量分数）(10^{-4}%)	pH 值	缓蚀率(%)
0	6.2	—
17	9.3	0
55	9.7	7
155	10.0	41
310	10.3	68
450	10.3	86
620	10.3	91

（2）葡萄糖酸锌。试验发现，葡萄糖酸锌 $(C_4H_{11}O_{17})_2Zn$ 对海水中的碳钢有很好的缓蚀作用，对海水中的 Cu 也有缓蚀作用。葡萄糖酸锌浓度对缓蚀效果有影响，当含量达到 4×10^{-3} mol/L 时，缓蚀率可达到 60%，继续增加含量时缓蚀效果降低。

10.6.4　电化学防腐蚀

10.6.4.1　阴极防护

在水及土壤中的金属结构或设备可采用阴极保护法防止或减缓腐蚀。阴极防护方法有两种，一是将被保护体与直流电源连接，通过辅助阳极和介质使电流到达被保护结构；二是采用比被保护金属的电极电位低（负）的金属作为牺牲阳极，牺牲阳极首先溶解，释放出的电流使结构阴极极化至所需要的电位，产生防蚀作用。图 10-53 所示为阴极保护示意图。

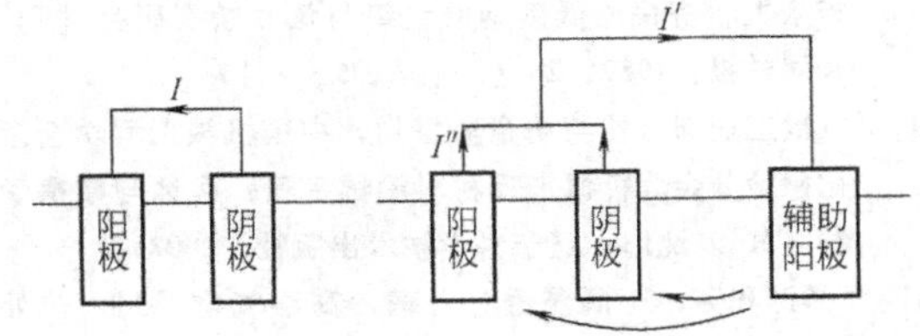

图 10-53　阴极保护示意图

1. 牺牲阳极法　最主要的是选择牺牲阳极材料。作为牺牲阳极应有足够低的开路电位和稳定的闭路电位，但也不能过负，否则会出现阴极析氢。要有稳定的电流效率，即消耗单位牺牲阳极所产生的电量(A · h/kg)。原料充足，价格低廉，制作工艺简便等。

常用的牺牲阳极材料有纯 Mg、Mg-Mn、Mg-Al-Zn-Mn、纯 Zn、Zn-Al、Zn-Sn、Zn-Al-Mn、Zn-Al-Ca、Al-Zn-Mg、Al-Zn-Sn 及 Al-Zn-Ir 等。

2. 外加电流阴极保护法　用恒电位仪、整流器、太阳能电池及直流发电机等作为电源，通过辅助阳极及阳极屏、参比电极等保护系统，实现阴极保护。通电流时辅助阳极不断溶解。阳极屏的作用是防止电流短路，扩大电流分布范围，确保阴极保护效果，因此要在阳极周围涂上屏蔽层（即阳极屏）。参比电极用于测量被保护结构的电位，向恒电位仪提供信号，以调节保护电流大小，使被保护金属处于保护电位范围内。

常用的辅助阳极材料有三类：一是可溶性阳极材料，例如废钢铁、铝等；二是微溶性阳极材料，例如硅铸铁、石墨、铅合金等；三是不溶性阳极材料，例如铂及铂合金等。

10.6.4.2　阳极保护

在不含 Cl^- 介质中能促使金属钝化，进行阳极保护。被保护金属通阳极电流，使之产生钝化区。由于阳极保护使用条件受限制，因此不如阴极保护应用广泛。

参 考 文 献

[1]　朱日彰. 金属腐蚀学［M］. 北京：冶金工业出版社，1989.

[2]　中国腐蚀与防护学会. 金属腐蚀手册［M］. 上海：上海科学技术出版社，1987.

[3] 小若正論．金属の腐食損傷と防食技術［M］．東京：アグネ株式会社，1987.

[4] 化工机械研究院．腐蚀与防护手册：第1册［M］．北京：化学工业出版社，1989.

[5] ASM．Metals Handbook［M］．9th ed．Ohio：ASM International，1987.

[6] 大谷隆一，駒井謙治郎．環境．高温强度学［M］．東京：オーム社，1984.

[7] 宋余九，张伟，刘文星．载荷频率对石油钻杆钢腐蚀疲劳的影响［J］．石油专用管，1998，6（3）：22～29.

[8] 宋余九，齐民．低碳钢的组织与氢致断裂研究［J］．金属学报，1987，23（3）：A205～A210.

[9] 机械工业部科技与质量监督司，中国机械工程学会理化检验分会．机械工程材料测试手册：腐蚀与摩擦学卷［M］．沈阳：辽宁科学技术出版社，2002.

[10] 黒澤和芳．金属浸透した鋼の高温氧化［J］．热处理，1982，22（3）：183.

[11] 陈学定，韩文改．表面涂层技术［M］．北京：机械工业出版社，1994.

[12] 化工机械研究院．腐蚀与防护手册：耐腐蚀金属材料及防护技术［M］．北京：化学工业出版社，1990.

[13] 杨文治，黄魁元，孔雯．缓蚀剂［M］．北京：化学工业出版社，1989.

[14] 吴荫顺，方智，何积铨，等．腐蚀试验方法与防腐蚀检测技术［M］．北京：化学工业出版社，1996.

[15] 周静好．防锈技术［M］．北京：化学工业出版社，1988.

[16] 周本省．工业冷却水系统中的腐蚀与控制［J］．腐蚀与防护，1993（4）：165-169.

[17] 周本省．工业冷却水系统中的缓蚀剂［J］．腐蚀与防护，1988（5）：2-7.

[18] 贝克曼 W V，施文克 W，普林兹 W．阴极保护手册：电化学保护的理论与实践［M］．胡士信，王向农，等译．3版．北京：化学工业出版社，2005.

第 11 章　热处理常用数据

北京机电研究所　贾洪艳　荀毓闽　叶孝思

11.1　常用物理化学数据

11.1.1　元素周期表（图 11-1，表 11-1～表 11-2）

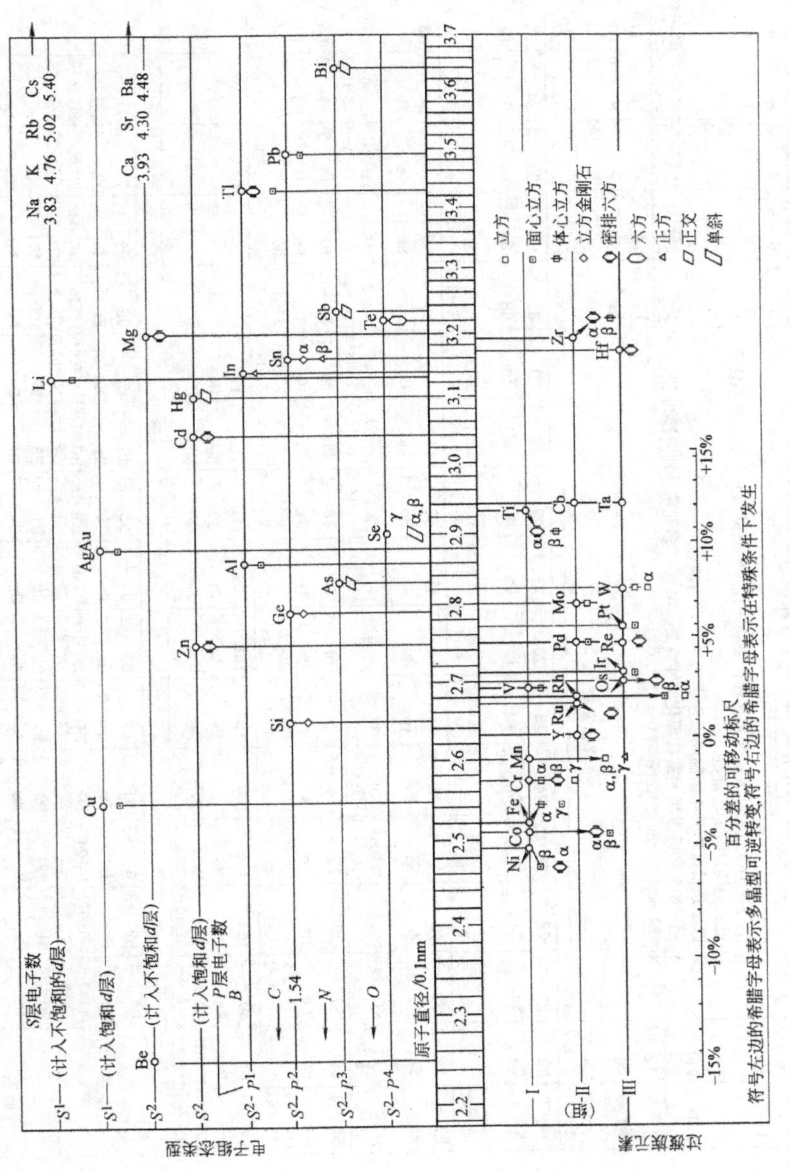

图 11-1　金属元素的原子直径

表 11-1 化学元素周期表

金属 ← → 非金属

Ⅰ^a	Ⅱ^a	Ⅲ^b	Ⅳ^b	Ⅴ^b	Ⅵ^b	Ⅶ^b	Ⅷ			Ⅰ^b	Ⅱ^b	Ⅲ^a	Ⅳ^a	Ⅴ^b	Ⅵ^a	Ⅶ^a	0	电子轨道
1 H +1 −1 1.0079 1																	**2** He 0 4.00260 2	K
3 Li +1 6.939 2−1	**4** Be +2 9.0122 2−2											**5** B +3 10.81 2−3	**6** C +2 +4 −4 12.011 2−4	**7** N +1 +2 +3 +4 +5 −1 −2 −3 14.0067 2−5	**8** O −2 15.9994 2−6	**9** F −1 18.998403 2−7	**10** Ne 0 10.17_9 2−8	K-L
11 Na +1 22.9898 2−8−1	**12** Mg +2 24.312 2−8−2											**13** Al +3 26.98154 2−8−3	**14** Si +2 +4 −4 28.08 2−8−4	**15** P +3 +5 −3 30.97376 2−8−5	**16** S +4 +6 −2 32.06 2−8−6	**17** Cl +1 +5 +7 −1 35.453 2−8−7	**18** Ar 0 39.948 2−8−8	K-L-M
19 K +1 39.09 −8−8−1	**20** Ca +2 40.08 −8−8−2	**21** Sc +3 44.9559 −8−9−2	**22** Ti +2 +3 +4 47.9 −8−10−2	**23** V +2 +3 +4 +5 50.941 −8−11−2	**24** Cr +2 +3 +6 51.996 −8−13−1	**25** Mn +2 +3 +4 +7 54.9380 −8−13−2	**26** Fe +2 +3 55.847 −8−14−2	**27** Co +2 +3 58.9332 −8−15−2	**28** Ni +2 +3 58.71 −8−16−2	**29** Cu +1 +2 63.54 −8−18−1	**30** Zn +2 65.38 −8−18−2	**31** Ga +3 59.72 −8−18−3	**32** Ge +2 +4 72.59 −8−18−4	**33** As +3 +5 −3 74.9216 −8−18−5	**34** Se +4 +6 −2 78.96_5 −8−18−6	**35** Br +1 +5 −1 79.904 −8−18−7	**36** Kr 0 83.80 −8−18−8	-L-M-N
37 Rb +1 85.467 −18−8−1	**38** Sr +2 87.62 −18−18−2	**39** Y +3 88.9059 −18−9−2	**40** Zr +4 91.22 −18−10−2	**41** Nb +3 +5 92.9064 −18−12−1	**42** Mo +6 95.94 −18−13−1	**43** Tc +4 +6 +7 98.9062 −18−13−2	**44** Ru +3 101.07 −18−15−1	**45** Rh +3 102.905 −18−16−1	**46** Pd +2 +4 106.4 −18−18−0	**47** Ag +1 107.868 −18−18−1	**48** Cd +2 112.40 −18−18−2	**49** In +3 114.82 −18−18−3	**50** Sn +2 +4 118.69 −18−18−4	**51** Sb +3 +5 −1 121.75 −18−18−5	**52** Te +4 +6 −2 127.60 −18−18−6	**53** +1 +5 +7 −3 126.9045 −18−18−7	**54** Xe 0 131.30 −18−18−8	-M-N-O
55 Cs +1 132.9054 −18−8−1	**56** Ba +2 137.3 −18−8−2	**57** La *+3 138.9055 −18−9−2	**72** Hf +4 178.49 −32−10−2	**73** Ta +5 180.948 −32−11−2	**74** W +6 183.85 −32−12−2	**75** Re +4 +6 +7 186.207 −32−13−2	**76** Os +3 +4 190.2 −32−14−2	**77** Ir +3 +4 192.9 −32−15−2	**78** Pt +2 +4 195.09 −32−16−2	**79** Au +1 +3 196.9665 −32−18−1	**80** Hg +1 +2 200.59 −32−18−2	**81** Tl +1 +3 204.37 −32−19−3	**82** Pb +2 +4 207.9 −32−18−4	**83** Bi +3 +5 208.980 −32−18−5	**84** Po +2 +4 (209) −32−18−6	**85** Rt (210) −32−18−7	**86** Rn 0 (222) −32−18−8	-N-O-P
87 Fr +1 (223) −18−8−1	**88** Ra +2 226.0254 −18−8−2	**89** Ac **+3 (227) −18−9−2	**104** Rf +4 (261) −32−10−2	**105** Ha (262) −32−11−2	**106** (263) −32−12−2	**107** Bh (264)	**108** Hs (265)	**109** Mt (268)	**110** Uun (269)	**111** Uuu (272)	**112** Uub (277)							-O-P-Q

（第4～7周期中Ⅲ^b～Ⅱ^b各列为过渡族元素）

															电子轨道
镧系	**58** Ce +3 +4 140.12 −20−8−2	**59** Pr +3 140.9077 −21−8−2	**60** Nd +3 144.24 −22−8−2	**61** Pm +3 147 −23−8−2	**62** Sm +2 +3 150.4 −24−8−2	**63** Eu +2 +3 151.96 −25−8−2	**64** Gb +3 157.25 −25−9−2	**65** Tb +3 158.925 −27−8−2	**66** Dy +3 162.50 −28−8−2	**67** Ho +3 164.9304 −29−8−2	**68** Er +3 167.26 −30−8−2	**69** Tm +3 168.9342 −31−8−2	**70** Yb +2 +3 173.04 −32−8−2	**71** Lu +3 174.967 −32−9−2	-N-O-P
锕系	**90** Th +4 232.038 −18−10−2	**91** Pa +5 +4 231.0359 −20−9−2	**92** U +3 +4 +5 +6 238.029 −21−9−2	**93** Np +3 +4 +5 +6 237.0482 −22−9−2	**94** Pu +3 +4 +5 +6 239.052 −24−8−2	**95** Am +3 +4 +5 +6 (243) −25−8−2	**96** Cm +3 (247) −25−9−2	**97** Bk +3 +4 (247) −27−8−2	**98** Cf +3 (251) −28−8−2	**99** Es +3 (254) −29−8−2	**100** Fm +3 (257) −30−8−2	**101** Md +2 +3 (258) −31−8−2	**102** No +2 +3 (259) −32−8−2	**103** Lr +3 (260) −32−9−2	-O-P-Q

图例：原子序数 → 50；元素符号 → Sn；原子量 → 118.69；电子分布 → −18−18−4；氧化价 → +2 +4

注：1. 括号内的数是天然放射性元素较重要的同位素的质量数或人造元素半衰期最长的同位数的质量数。

2. 原子量根据1999年国际原子量表，以^{12}C=12为基础。

3. 元素中文名称参见元素物理化学性质表。105～109多元素分别读作dù(𬭊)、xǐ(𬭳)、bō(𬭛)、hēi(𬭶)、mài(鿏)

表 11-2　金属晶体原子位置、原型、结构符号、空间群标记和点陈参数

H-1
▲ (−58)
⊗ ××
◀

在括号内的原子尺寸因子是23.89℃(75°F)时小于(−) 或大于(+) γ- Fe(FCC)的百分数考虑点阵配位数(CN),除了间隙原子 H、B、C、N和O为6外,其余CN为12。Ⅵ、Ⅵb、Ⅶ和Ⅶb族与金属形成离子化合物。

0	Ⅰ	Ⅱ	Ⅲ	Ⅳ	Ⅴ	Ⅵ	Ⅶ
He-2 FCC (其他)	Li-3 ⊗(+23) BCC* HCP†	Be-4 ●(−11) HCP* BCC ◗	B-5 ◬(−29) ⊗×× ▌	C-6 ◭(−34) ⊗×× ◆	N-7 ◭(−36) ⊗×× ◆	O-8 ◭(−33) ⊗ ××	F-9
Ne-10 FCC	Na-11 ⊗(+50) BCC* HCP	Mg-12 ⊗(+27) HCP	Al-13 ◑(+14) FCC ◗	Si-14 ●(+7) ×× ◗	P-15 ●(+2) ×× ◗	S-16 ●(+1) ×× ▌	Cl-17 ××

0	Ⅰa	Ⅱa	Ⅲa	Ⅳa	Ⅴa	Ⅵa	Ⅶa	Ⅷ			Ⅰb	Ⅱb	Ⅲb	Ⅳb	Ⅴb	Ⅵb	Ⅶb
Ar-18 FCC	K-19 ⊗(+86) BCC	Ca-20 ⊗(+56) FCC* BCC	Sc-21 ⊗(+29) HCP* BCC	Ti-22 ◑(+16) HCP* BCC ◗	V-23 ●(+6) BCC ◗	Cr-24 ●(+1) BCC ◗	Mn-25 ●(+1) ××* FCC‡ ◀	Fe-26 ●(0) BCC* FCC	Co-27 ●(−1) HCP* FCC ◀	Ni-28 ●(−1) FCC ◀	Cu-29 ●(+1) FCC ◆	Zn-30 ●(+6) HCP ◗	Ga-31 ●(+12) ××	Ge-32 ●(+9) ×× ◗	As-33 ●(+11) ×× ◗	Se-34 ●(+11) ××	Br-35 ××
Kr-36 FCC	Rb-37 ⊗(+97) BCC	Sr-38 ⊗(+71) FCC* HCP ‡	Y-39 ⊗(+42) HCP* BCC	Zr-40 ⊗(+27) HCP* BCC ▌	Cb-41 ◑(+15) BCC ▌	Mo-42 ●(+10) BCC ◗	Tc-43 ●(+8) HCP	Ru-44 ●(+6) HCP ◆	Rh-45 ●(+6) FCC ◀	Pd-46 ●(+9) FCC ◀	Ag-47 ◑(+14) FCC	Cd-48 ⊗(+20) HCP	In-49 ⊗(+25) ××	Sn-50 ⊗(+23) ×× ◗	Sn-51 ⊗(+27) ×× ◗	Te-52 ⊗(+27) ××	I-53 ××
Xe-54 FCC	Cs-55 ⊗(+112) BCC	Ba-56 ⊗(+76) BCC	La-57 ⊗(+48) HCP* FCC‡	Hf-72 ⊗(+26) HCP* BCC ▌	Ta-73 ◑(+16) BCC ▌	W-74 ●(+11) BCC ◗	Re-75 ●(+9) HCP ◆	Os-76 ●(+7) HCP ◀	Ir-77 ●(+8) FCC ◀	Pt-78 ●(+10) FCC ◀	Au-79 ◑(+14) FCC ◆	Hg-80 ⊗(+25) ××	Tl-81 ⊗(+36) HCP* BCC	Pb-82 ⊗(+39) FCC	Bi-83 ⊗(+35) ××	Po-84 ⊗(+40) ××	At-85
Rn-86	Fr-87	Ra-88	Ac-89 ⊗(+49) FCC						注1：镧系(58~71)和锕系(90~103)稀土元素省略。 注2：C化合价是4,N和P是3。 注3：(2)和(1)不是合金化合价。								
合金化合价	1	2	3	4	5	6	6	6	6	6	5.56	4.56	3.56	2.56 注2	1.56 注2	(2) 注3	(1) 注3

置换式固溶体

● 有利的尺寸因子：0~±13%
◑ 边界的尺寸因子：±14%~±16%
⊗ 不利的尺寸因子：>±16%

间隙式固溶体

▲ 有利的尺寸因子：>−40%
◭ 边界的尺寸因子：−30%~−40%
◬ 不利的尺寸因子：<−30%

结构

BCC—体心立方
FCC—面心立方
HCP—密集六方
××—非体心，非面心或密集六方，通常是更复杂的结构
*—在23.89°C(75°F)时的结构
†—也是FCC　‡—也是BCC

与铁合金化形成的γ-Fe(FCC)相区的类型

◗ 形成γ相圈，例如Cr
▌ 形成有限γ相圈，例如B
◀ 扩大γ区，例如Ni
◆ 缩小γ区，例如C

11.1.2 常见碳化物和金属间化合物点阵结构（表11-3）

11.1.3 元素的物理和化学性质（表11-4）

11.1.4 常用无机化合物的物理化学性质（表11-5）

表11-3　常见碳化物和金属间化合物点阵结构

化合物	晶　型	点阵参数/0.1nm			晶胞中原子数
		a	*b*	*c*	
$(Co,W)_6C$	立方	10.9～11.05			112(金属96,C16)
$(Cr,Fe)_2C$	面心立方,具有点阵缺陷	3.618			
Cr_3C_2	正交	11.48	5.63	2.827	20(Cr12,C8)
Cr_7C_3	六角(菱形)	14.01		4.532	80(Cr56,C24)
$Cr_{23}C_6$	立方	10.53～10.66			116(Cr92,C24)
FeAl	简单立方	2.89			2
Fe_3Al	面心立方	5.78			16
FeB	正交	4.05	5.50	2.95	8
Fe_2B	四方	5.10		4.24	12
Fe_3C	正交	4.524	5.089	6.743	16(Fe12,C4)
FeCo	简单立方	2.8504			2
$(Fe,Mo)_6C$ $(Fe,W)_6C$	立方	11.05～11.09			112(金属96,C16)
Mo_2C	六角	3.00		4.72	3
NbC	立方	4.44～4.46			8(Nb4,C4)
NiAl	简单立方	2.88			2
$NiAl_3$	正交	6.60	7.35	4.80	16
SiC	六角(另有多种六角及菱形结构)	3.08		10.08	8
TiAl	四方	3.99		4.07	2
$TiAl_3$	四方	5.436		8.596	8
TiC	面心立方	4.311			8(Ti4,C4)
VC	立方	4.14～4.31			8(V4,C4)
WC	六角	2.916		2.844	2
W_2C	六角	2.937		4.722	3
ZrC	立方	4.66～4.68			8(Zr4,C4)

表 11-4　元素的物理化学性质

元素符号	元素名称	原子序数	密度 /(g/cm^3) (20℃)	熔点 /℃	沸点 /℃	比热容/[kJ/(kg·℃)] (20℃)	熔解热/(kJ/kg)	热导率 /[W/(m·℃)]	线胀系数 /(10^{-6}/℃) (0~100℃)	电阻系数 /(10^{-8}Ω·m) (0℃)	电阻温度系数 /(10^{-3}/℃) (0℃)	磁化率(10^{-6}) (18℃)	弹性模量 E /9.807MPa
Ac	锕	89	10.07	1050	3200	—	—	—	—		4.23	—	—
Ag	银	47	10.49	960.8	2210	0.234	104.7	418	19.7	1.5	4.29	−0.1813	7000~8200
Al	铝	13	2.6984	660.1	2500	0.899	396.1	222	23.6	2.655	4.23	+0.62	6900~7200
Am	镅	95	11.7	≈1200	≈2500	—	—	—	50.8	145	—	—	—
Ar	氩	18	1.784×10^{-3}	−189.2	−185.7	0.523	28.1	1.7×10^{-2}	—	—	—	−0.45	—
As	砷	33	5.73	814(36atm)	613(升华)	0.343	370.1	—	4.7	35.0	3.9	−0.31	790
Au	金	79	19.32	1063	2966	0.130	67.4	297	14.2	2.065	3.5	−0.142	7900~8000
B	硼	5	2.34	2300	3675	1.292	—	—	8.3(40℃)	1.8×10^{12}	—	−0.63	—
Ba	钡	56	3.5	710	1640	0.284	—	—	19.0	50	—	+0.9	1290
Be	铍	4	1.84	1283	2970	1.881	1088.6	146	11.6	6.6	6.7	−1.00	31500~28980
Bi	铋	83	9.80	271.2	1420	0.1230	52.3	8.4	(20~60℃) 13.4	106.8	4.2	−1.35	3234
Br	溴	35	3.12(液态)	−7.1	58.4	0.293	67.8	—	—	6.7×10^{7}	—	−0.39	—
C	碳	6	2.25(石墨)	3727	4830	0.691	—	24	0.6~4.3	1375	0.6~1.2	−0.49	490
Ca	钙	20	1.55	850	1440	0.649	217.7	126	22.3	3.6	3.33	+1.1	2000~2600
Cd	镉	48	8.65	321.03	765	0.230	55.3	92	31.0	7.51	4.24	−0.182	5350
Ce	铈	58	6.90	804	3468	0.176	35.6	11	8.0	75.3(25℃)	0.87	+17.5	3060
Cl	氯	17	3.214×10^{-3}	−101	−33.9	0.486	90.4	7.2×10^{-3}	—	10×10^{9}	—	−0.57	—
Co	钴	27	8.9	1492	2870	0.415	244.5	69	12.4	5.06(a)	6.6	铁磁性(a)	21400
Cr	铬	24	7.19	1903	2642	0.461	402.0	67	6.2	12.9	2.5	+2.65	25900
Cs	铯	55	1.90	28.6	685	0.218	15.9	—	97	19.0	4.96	+0.1	—

（续）

元素符号	元素名称	原子序数	密度 /(g/cm³) (20℃)	熔点 /℃	沸点 /℃	比热容/[kJ/(kg·℃)] (20℃)	熔解热/(kJ/kg)	热导率 /[W/(m·℃)]	线胀系数 /(10⁻⁶/℃) (0~100℃)	电阻系数 /(10⁻⁸Ω·m) (0℃)	电阻温度系数 /(10⁻³/℃) (0℃)	磁化率(10⁻⁶) (18℃)	弹性模量 E /9.807MPa
Cu	铜	29	8.96	1083	2580	0.385	211.9	394	17.0	1.67~1.68 (20℃)	4.3	-0.086	1170~12650
Dy	镝	66	8.56	1407	2300	0.172	105.5	10	7.7	56.0	1.19	铁磁性	6435
Er	铒	68	9.16	1500	≈2600	0.167	102.6	10	10.0	107	2.01	低温时为铁磁性	7475
Eu	铕	63	5.30	≈830	≈1430	0.163	69.1	—	—	81.3	4.30	—	—
F	氟	9	1.696×10^{-3}	-219.6	-188.2	0.754	42.3	—	—	—	—	—	—
Fe	铁	26	7.87	1537	2930	0.461	274.2	75	11.76	9.7(20℃)	6.0	铁磁性	20000~21550
Ga	镓	31	5.91	29.8	2260	0.331	80.2	29	18.3	13.7	3.9	-0.225	—
Gd	钆	64	7.87	1312	~2700	0.240	98.4	9	0.0~10.0	134.5	1.76	铁磁性	5730
Ge	锗	32	5.323	958	2880	0.3	30.69	58.5	5.92	$(0.86\sim52)\times10^{6}$	1.4	-0.12	—
H	氢	1	0.0899×10^{-3}	-259.04	-252.61	14.4	62.80	0.17	—	—	—	-1.97	—
He	氦	2	0.1785×10^{-3}	-269.5 (103atm)	-268.9	5.23	3.504	0.14	—	—	10^{21} (20℃)	-0.47	—
Hf	铪	72	13.28	2225	5400	0.147	—	93.2	5.9	32.7~43.9	4.43	—	9809~14060
Hg	汞	80	13.546(液态)	-33.87	356.58	0.138	11.70	0.08	182	94.07	0.99	-0.17	—
Ho	钬	67	8.8	1461	~2300	0.163	104.3	—	—	87.0	1.71	—	6840
I	碘	53	4.93	113.8	183	0.218	59.5	0.42	93	1.3×10^{15}	—	-0.36	—
In	铟	49	7.31	156.61	2050	0.239	28.59	23.8	33.0	8.2	4.9	-0.11	1070~1125

（续）

元素符号	元素名称	原子序数	密度/(g/cm³)(20℃)	熔点/℃	沸点/℃	比热容/[kJ/(kg·℃)](20℃)	熔解热/(kJ/kg)	热导率/[W/(m·℃)]	线胀系数/(10⁻⁶/℃)(0~100℃)	电阻系数/(10⁻⁸Ω·m)(0℃)	电阻温度系数/(10⁻³/℃)(0℃)	磁化率(10⁻⁶)(18℃)	弹性模量E/9.807MPa
Ir	铱	77	22.4	2443	5300	0.134	—	58.5	6.5	4.85	4.1	+0.133	52500~53830
K	钾	19	0.87	63.2	765	0.741	60.7	100.3	83	6.55	5.4	+0.455(30°)	—
Kr	氪	36	3.743×10^{-8}	-157.1	-153.25	—	—	0.0087	—	—	-0.39	—	—
La	镧	57	6.18	920	3470	0.200	72.4	13.8	5.1	56.8(20℃)	2.18	+1.04	3820~3920
Li	锂	3	0.531	180	1347	3.309	436.39	71.1	56	8.55	4.6	+0.50	500
Lu	镥	71	9.74	1730	1930	0.155	110.1	—	—	79.0	2.40	—	—
Mg	镁	12	1.74	650	1108	1.026	368±8.3	153.4	24.3	4.47	4.1	+0.49	4570
Mn	锰	25	7.43	1244	2150	0.482	266.3	5.0 (-192℃)	37	185 (20℃)	1.7	+9.9	20160
Mo	钼	42	10.22	2625	4800	2.763	292.3	142.1	4.9	5.17	4.71	+0.04	32200~35000
N	氮	7	1.25×10^{-3}	-210	-195.8	1.034	26	2.50×10^{-3}	—	—	—	+0.8	—
Na	钠	11	0.9712	97.8	892	1.235	115.5	133.8	71	4.27	5.47	+0.51~+0.66	—
Nb	铌	41	8.57	2468	5130	0.272	289.8	52.2~54.3	7.1	13.1~15.22	3.95	+1.5~+2.28	8720
Nd	钕	60	7.00	1024	3180	0.188	49.5	13.0	7.4	64.3(25℃)	1.64	+36	3865
Ne	氖	10	0.8999×10^{-3}	-248.6	-246.0	—	—	4.6×10^{-2}	—	—	—	+0.33	—
Ni	镍	28	8.90	1453	2732	0.44	310.0	92.0	13.4	6.84	5.0~6.0	铁磁性	19700~22000
Np	镎	93	20.25	637	—	—	—	—	50.8	145(20°)	—	+2.6	—
O	氧	8	1.429×10^{-3}	-218.83	-182.97	0.913	13.9	0.03	—	—	—	+106.2	—
Os	锇	76	22.5	≈3045	5500	0.130	—	—	5.7~6.57	9.66	4.2	+0.052	6000
P	磷(白)	15	1.83	44.1	280	0.741	21.0	—	125	1×10^{17}	-0.456	-0.90	—

（续）

元素符号	元素名称	原子序数	密度 /(g/cm³) (20℃)	熔点 /℃	沸点 /℃	比热容/[kJ/(kg·℃)] (20℃)	熔解热/(kJ/kg)	热导率/[W/(m·℃)]	线胀系数/(10^{-6}/℃) (0~100℃)	电阻系数/(10^{-8}Ω·m) (0℃)	电阻温度系数/(10^{-3}/℃) (0℃)	磁化率(10^{-6}) (18℃)	弹性模量 E /9.807MPa
Pa	镤	91	15.4	≈1230	≈4000	—	—	—	—	—	—	+2.6	—
Pb	铅	82	11.34	327.3	1750	0.130	10.4	34.7	29.3	18.8	4.2	-0.12	1600~1828
Pb	钯	46	12.16	1552	≈3980	0.245	14.3	70.2	11.8	9.1	3.79	+5.4	11280~12360
Pm	钷	61	—	≈1000	≈2700	—	—	—	—	—	—	—	—
Po	钋	84	9.4	254	960	—	—	—	24.4	42±10(α) 44±10(β)	4.6(α) 7.0(β)	—	—
Pr	镨	59	6.77	935	3020	0.188	49.0	11.7	5.4	68(25℃)	1.71	+25	3590
Pt	铂	78	21.45	1769	4530	0.135	112.4	69.0	8.9	9.2~9.6	3.99	1.1	15470~17000
Pu	钚	94	19.0~19.8	639.5	3235	0.135	—	8.4	50.8	145(28℃)	-0.21	+2.2~ +2.52	10125
Ra	镭	88	5.0	700	1500	—	—	—	—	—	—	—	—
Rb	铷	37	1.53	38.8	680	0.334	27.2	—	90.0	11	4.81	+0.196 (30℃)	—
Re	铼	75	21.03	3180	5900	0.138	—	71.1	6.7	19.5	1.73	+0.046	47100~47600
Rh	铑	45	12.44	1960	4500	0.247 (0℃)	—	87.8	8.3	6.02	4.35	+1.1	28000
Rn	氡	86	9.960×10^{-3}	71	-61.8	—	—	—	—	—	—	—	—
Ru	钌	44	12.2	2400	4900	0.238 (20℃)	—	—	9.1	7.157	4.49	+0.427	42000
S	硫	16	2.07	115	444.6	0.732	38.9	0.26	64	2×10^{23} (20℃)	—	-0.48	—
Sb	锑	51	6.68	630.5	1440	0.205	160.1	18.8	8.5~10.8	39.0	5.1	-0.736	7900
Sc	钪	21	2.992	1539	2730	0.560	353.3	—	—	61(22℃)	—	+0.18	—
Se	硒	34	4.808	220	685	0.322	68.6	0.29~0.76	37	12	4.45	-0.32	5500

（续）

元素符号	元素名称	原子序数	密度 /(g/cm³) (20℃)	熔点 /℃	沸点 /℃	比热容/[kJ/(kg·℃)] (20℃)	熔解热/(kJ/kg)	热导率 /[W/(m·℃)]	线胀系数 /(10⁻⁶/℃) (0~100℃)	电阻系数 /(10⁻⁸Ω·m) (0℃)	电阻温度系数 /(10⁻³/℃) (0℃)	磁化率(10⁻⁶) (18℃)	弹性模量 E /9.807MPa
Si	硅	14	2.329	1412	3310	0.677 (0℃)	1805.7	83.6	2.8~7.2	10	0.8~1.8	-0.12	11500
Sm	钐	62	7.53	1052	1630	0.176	72.3	—	—	88.0	1.48	—	3475
Sn	锡	50	7.298	231.91	2690	0.226	60.6	62.7	23	11.5	4.4	-0.40	4150~4780
Sr	锶	38	2.60	770	1460	0.736	104.5	—	—	30.7	3.83	-0.2	—
Ta	钽	73	16.67	2980	5400	1.421	158.8	54.3	6.55	13.1	3.85	+0.93	18820~19200
Tb	铽	65	8.267	1356	2530	0.184	102.3	—	—	—	—	—	5865
Tc	锝	43	11.46	≈2100	4600	—	—	—	—	—	—	—	—
Te	碲	52	6.24	450	990	0.196	133.8	5.9	17.0	$(1\sim2)\times10^5$	—	-0.301	4350
Th	钍	90	11.724	1695	4200	0.142	82.8	37.6	11.3~11.6	19.1	2.26	+0.57	7420
Ti	钛	22	4.508	1677	3530	0.518	434.7	15	8.2	42.1~47.8	3.97	+3.2	7870
Tl	铊	81	11.85	≈304	1470	0.130	21.1	38.9	28.0	15~18.1	5.2	-0.215	810
Tm	铥	69	9.325	1545	1700	0.159	108.8	—	—	79.0	1.95	—	—
U	铀	92	19.05	1132	3930	0.115	—	29.7	6.8~14.1	29.0	2.18~2.76	+2.6	16100~16800
V	钒	23	6.1	1910	3400	0.531	—	30.9	8.3	24.8~26	2.8	+4.5	12950~14700
W	钨	74	19.3	3380	5900	0.142	183.9	165.9	4.6(20℃)	5.1	4.82	+0.284	35000~41530
Xe	氙	54	5.495×10^{-3}	-112	-108	—	—	0.052	—	—	—	—	—
Y	钇	39	4.475	1509	≈3200	0.297	192.3	14.6	—	—	—	+5.3	6760
Yb	镱	70	6.966	824	1530	0.146	53.1	—	25	30.3	1.30	—	1815
Zn	锌	30	7.134(25℃)	419.505	907	0.387	100.7	112.9	39.5	5.75	4.2	-0.157	9400~13000
Zr	锆	40	6.507	1852±2	3580	0.284	250.8	88.2(25℃)	5.85	39.7~40.5	4.35	-0.45	7980~9770

注：1atm = 101325Pa。

表 11-5　常用无机化合物的物理化学性质

序号	名　称	规　格	物理化学性质	备　注
1	硫酸 分子式：H_2SO_4	GB/T 534—2002 工业硫酸	纯品无色、粘稠状，不易挥发液体 相对分子质量：98.08 密度：1.834g/cm³（室温） 熔点：10.49℃ 沸点：338℃，在340℃分解	一级无机酸性物品，用于浸蚀、酸洗金属材料等
2	盐酸 分子式：HCl	GB 320—2006 工业用合成盐酸	为氯化氢水溶液，纯品无色透明，有刺激味，为极强的无机酸 相对分子质量：63.01 密度：1.84g/cm³ 熔点：-114.8℃ 沸点：84.9℃	二级无机酸性腐蚀物品。用于腐蚀酸洗金属等
3	硝酸 分子式：HNO_3	GB/T 337.1—2002 工业硝酸　浓硝酸	纯品为无色液体，有刺激性气味，挥发性强，氧化性强酸 相对分子质量：63.01 密度：1.5027g/cm³ 熔点：-42℃ 沸点：86℃	一级无机酸性腐蚀物品对人体腐蚀性比硫酸和盐酸都强。用于电镀、蚀刻、酸洗有色金属等
4	硼酸 分子式：H_3BO_3	GB/T 538—2006 工业硼酸	无色略带珍珠光泽的三斜晶体或白色粉末 相对分子质量：63.01 密度：1.435g/cm³ 熔点：182℃	用于金属焊接、电镀及冶金助熔剂等
5	磷酸（正磷酸） 分子式：H_3PO_4	GB/T 2091—2008 工业磷酸	纯品为无色斜方晶体 相对分子质量：98.00 密度：1.834g/cm³ 熔点：42.35℃	二级无机酸性腐蚀物。用于磷化处理，配制防锈剂、电解剂的电解质等
6	氢氟酸 分子式：HF	GB 7744—2008 工业氢氟酸	氟化氢的水溶液为无色易流动液体，极易挥发，有强烈的腐蚀性和毒性 相对分子质量：20.01	一级无机酸性腐蚀物。用于除锈、电镀、酸洗等
7	氢氧化钠 分子式：NaOH	GB 209—2006 工业用氢氧化钠	白色半透明晶体 相对分子质量：39.997 密度：2.044g/cm³ 熔点：360℃ 沸点：1320℃	无机碱性腐蚀物，极易从空气中吸收水分和二氧化碳，溶于水时强烈放热
8	氢氧化铵 分子式：NH_4OH		气体氨的水溶液，无色透明，有强烈的氨气刺激臭，使人窒息 相对分子质量：35.045 密度：<1g/cm³	用于电镀、铜及合金氧化处理等，无机碱性腐蚀物品

（续）

序号	名　称	规　格	物理化学性质	备　注
9	纯碱（无水碳酸钠、碱面、苏打粉） 分子式：Na_2CO_3	GB 210.1—2004 工业碳酸钠及其试验方法 第 1 部分：工业碳酸钠	白色粉末状结晶，水溶液呈强碱性 相对分子质量：106.0 密度：$2.532g/cm^3$ 熔点：851℃	用于渗碳促渗剂、洗涤剂、铝件表面氧化处理等
10	碳酸氢钠（小苏打、活碱、烧碱、酸式碳酸钠） 分子式：$NaHCO_3$	GB/T 1606—2008 工业碳酸氢钠	纯品为无色单斜晶体，工业品为白色粉末 相对分子质量：84.01 密度：$2.20g/cm^3$	储于干燥通风处，不可与有毒及酸类物品共处。热处理制作灭火剂等
11	硫酸铜（胆矾、蓝石、蓝钒） 分子式： $CuSO_4 \cdot 5H_2O$ 或 $CuSO_4$	GB 437—2009 硫酸铜（农用）	蓝色三斜晶系晶体，无水者为绿白色粉末 相对分子质量：159.60（无水物） 249.68（5 水物） 密度：$2.286g/cm^3$	用于镀铜电解质，有毒，不可入口及接触皮肤
12	硫酸锌（锌矾、白钒、皓矾） 分子式：$ZnSO_4 \cdot 7H_2O$	HG/T 2326—2005 工业硫酸锌	无色斜方晶体 相对分子质量：287.56 密度：$1.957g/cm^3$	镀锌及镀镍用电解质，容器必须密封，以防风化，有毒
13	无水硫酸钠（无水芒硝、无水无明粉） 分子式：Na_2SO_4	GB/T 6009—2003 工业无水硫酸钠	白色晶体或粉末 相对分子质量：142.04 密度：$2.698g/cm^3$ 熔点：884℃	酸性镀锌、镀锡、镀镉、镀镍的电解质。热处理用作冷却剂，电解液组成物等
14	硫酸钾铝（钾明矾、明矾、白矾） 分子式： $KAl(SO_4)_2 \cdot 12H_2O$	工业用分块状、粒状及粉状	无色八面晶体，无臭，有酸涩味 相对分子质量：474.37 密度：$1.75g/cm^3$ 熔点：92℃	配制酸性镀锌电解质，净水剂
15	亚硫酸钠 分子式：Na_2SO_3 或 $Na_2SO_3 \cdot 7H_2O$	HG/T 2967—2010 工业无水亚硫酸钠	相对分子质量：126.04（无水物） 252.15（7 水物） 密度：$2.633g/cm^3$ 熔点：150℃	镀银、镀金、镀黄铜等电解液的辅助成分
16	硫代硫酸钠（大苏打、海波） 分子式： $Na_2S_2O_3 \cdot 5H_2O$	HG/T 2328—2006 工业硫代硫酸钠	33℃以上干燥空气中风化，48℃分解，无色透明单斜晶体 相对分子质量：248.2 密度：$1.729g/cm^3$	用于镀银、定影等，需密封存放
17	硫酸铁 分子式： $Fe_2(SO_4)_3$ 或 $Fe_2(SO_4)_3 \cdot 9H_2O$		无水物为土白色或浅黄色粉末 相对分子质量：399.9（无水） 密度：$3.097g/cm^3$ 9 水物为黄色晶体，密度 $2.1g/cm^3$	用于表面酸洗、除锈组成物、净水剂等

（续）

序号	名 称	规 格	物理化学性质	备 注
18	硫酸亚铁（绿矾、铁矾） 分子式：$FeSO_4 \cdot 7H_2O$	GB 10531—2006 水处理剂 硫酸亚铁	绿色单斜晶体，无臭，味咸，涩，带金属味 相对分子质量：278.01 密度：1.899g/cm^3 熔点：64℃ 无水物是白色粉末，密度3.4g/cm^3	制备铁及含铁合金电镀电解质，密封存放防风化
19	硫酸镍 分子式：$NiSO_4$ 或 $NiSO_4 \cdot 6H_2O$ $NiSO_4 \cdot 7H_2O$	HG/T 2824—2009 工业硫酸镍	相对分子质量：262.85（无水物） 280.88（7水物） 密度：3.68g/cm^3（无水物） 2.07g/cm^3（6水物） 1.948g/cm^3（7水物） 熔点：98～100℃（7水物） 无水物是黄绿色晶体；6水物是蓝色或翠绿色晶体；7水物是绿色晶体	镀镍、镀镉电解质
20	硫酸镁 分子式：$MgSO_4 \cdot 7H_2O$	GB/T 671—1998 化学试剂 硫酸镁	无色或白色晶体或粉末 相对分子质量：246.5 密度：1.68g/cm^3 2.66g/cm^3（无水物） 熔点：1124℃（无水物）	用于镀铁或镀镍
21	硫酸钾 分子式：K_2SO_4	GB/T 16496—1996 化学试剂 硫酸钾	白色结晶，味苦咸，溶于水 相对分子质量：174.26 密度：2.66g/cm^3 熔点：1069℃	用于建筑、农业、冶金以及食品加工业，要求防潮
22	过硫酸钾（高锰酸钾） 分子式：$K_2S_2O_4$	GB/T 1608—2008 工业高锰酸钾	无味白色晶体，潮解放出氧气，与易燃物、有机物还原剂混合能成为爆炸性混合物	二级无机氧化剂，远离火种、热源。用作镀铁、漂白剂、还原剂等
23	硝酸钠（智利硝、盐硝） 分子式：$NaSO_3$	GB/T 4553—2002 工业硝酸钠	无色、无臭透明结晶体或白色粉末，工业品多为灰黄色粉末，味咸微苦，溶于水及甘油，有潮解性，遇热能分解为亚硝酸钠及氧气，与有机物、硫黄或亚硫酸钠混合能引起燃烧爆炸 相对分子质量：84.995 密度：2.257g/cm^3 熔点：308℃	一级氧化剂，密封存储，隔绝热源、火种。不与易燃物，强酸类共储运。用于钢铁氧化及镀铬电解质、热处理盐及淬火冷却介质等
24	硝酸钡 分子式：$Ba(NO_3)_2$	GB/T 1613—2008 工业硝酸钡	白色或透明立方晶体，微吸湿性，有毒 相对分子质量：261.35 密度：3.24g/cm^3 熔点：592℃	一级氧化剂，密封储存，防潮，隔热，不可与有机物、易燃物和酸类共储。热处理低温用盐

（续）

序号	名　称	规　格	物理化学性质	备　注
25	碳酸钾（钾碱） 分子式：K_2CO_3	GB/T 1587—2000 工业碳酸钾	白色粉末或粒状结晶，潮解，易溶于水，不溶于乙醇和乙醚 相对分子质量：138.2 密度：2.428g/cm^3 熔点：891℃	防潮，不可与酸类共储。用作配制镀金、镀银溶液及固体渗碳剂、碳氮共渗剂及活性液体渗氮剂
26	碳酸钡（毒重石） 分子式：$BaCO_3$	GB/T 1614—2011 工业碳酸钡	白色无定形粉末或斜方晶体；受潮结块，不溶水，溶于酸；有毒，空气中允许浓度 0.5mg/m^3 相对分子质量：197.35 密度：4.43g/cm^3 熔点：1740℃（90 大气压下）	存放干燥通风库房。用于配制固体渗碳剂、碳氮共渗剂（代替碳酸钠和碳酸钾）、钡盐等热处理介质
27	轻质碳酸钙 分子式：$CaCO_3$	HG/T 2226—2010 普通工业沉淀碳酸钙	白色极细粉末，无毒，无味，受潮结块，不溶于水，溶于酸 相对分子质量：100.09 密度：2.4～2.7g/cm^3	存放于干燥通风库房，不可与地面接触。用于擦镀银，配制固体渗碳剂等
28	轻质碳酸镁（碱式碳酸镁） 分子式：$XMgCO_3Y \cdot Mg(OH)_2 \cdot ZH_2O$	HG/T 2959—2010 工业水合碱式碳酸镁	白色单斜结晶体或无定形粉末，无毒，无味，质地轻松，不燃烧，350℃分解	存放于干燥通风库房内。用作防火保温材料，配制 Mg 盐、氧化镁等
29	硼砂（十水四硼酸钠） 分子式： $Na_2B_4O_7 \cdot 10H_2O$	GB/T 537—2009 工业十水合四硼酸二钠	白色细小结晶体，无臭味，咸，易溶热水，稍溶于冷水，空气中风化。60℃失去 8 个分子结晶水，350℃失去全部结晶水 相对分子质量：381.36 密度：2.367g/cm^3 熔点：741℃ 沸点：1575℃	密封存储于干燥通风库房，需防潮 用作焊药，配制盐炉脱氧剂、液体渗硼剂等
30	硅酸钠（水玻璃、泡花碱） 分子式：$XNa_2O \cdot YSiO_2$（或 Na_2SiO_3）	GB/T 4209—2008 工业硅酸钠	无色，青绿色或棕色的半透明粘稠液体或玻璃状固体，有良好的粘结性、乳化和皂化能力，对许多金属有缓蚀作用。溶于水和碱性溶液，不溶于酸和酒精，与水能混溶，可用饱和盐水调节水玻璃粘度	用作胶粘剂、清洗剂的填充料，淬火冷却介质及电镀表面脱脂、防锈等
31	磷酸三钠（磷酸钠、正磷酸钠） 分子式：$Na_3PO_4 \cdot 12H_2O$	HG/T 2517—2009 工业磷酸三钠	白色或无色细粒状结晶，易溶于水，水溶液呈强碱性反应，对油脂只起乳化作用，不起皂化作用，脱脂效果比纯碱好，但价格贵	存储于干燥库房，用作淬火剂、缓蚀剂、清洗剂及磷化处理等
32	六偏磷酸钠（磷酸钠玻璃） 分子式：$(NaPO_3)_6$	HG/T 2519—2007 工业六聚偏磷酸钠	无色玻璃状固体，有片状、块状或粉末。吸湿性较强。溶于水 相对分子质量：611.9 密度约为：2.5g/cm^3 熔点：616℃	存储于干燥通风库房，用作水软化剂、锅炉洗涤剂及清洁剂

（续）

序号	名　称	规　格	物理化学性质	备　注
33	焦磷酸钠 分子式：$Na_4P_2O_7$	HG/T 2968—2009 工业焦磷酸钠	无水时呈白色，溶于水，其水溶液呈碱性，遇热水解，风化 相对分子质量：265.9 密度：2.534g/cm³ 熔点：880℃	存储于干燥通风库房，用作洗涤剂等
34	磷酸锰铁盐（马日夫盐） 分子式：$m\mathrm{Fe}(H_2PO_4)_2 \cdot n\mathrm{Mn}(H_2PO_4)_2$		白色细晶粉末，与硝酸锌配制的溶液可在钢铁制件表面形成磷化膜	密封存储于干燥通风库房，用于钢铁磷化处理
35	氯化钠 分子式：NaCl	GB/T 5462—2003 工业盐	白色立方晶体或细小结晶粉末，味咸，呈中性，纯品不潮解 相对分子质量：5844 密度：2.165g/cm³ 熔点：801℃ 沸点：1413℃	存储于干燥通风库房，用于配制电镀液、硬钎焊剂、淬火冷却介质、加热介质及渗碳、碳氮共渗剂等
36	氯化钾 分子式：KCl	GB/T 7118—2008 工业氯化钾	白色立方晶体，无臭，味咸，易结块 相对分子质量：74.55 密度：1.984g/cm³ 熔点：776℃	保管方法与用途同 NaCl
37	氯化铵（盐脑、硇砂、盐精、硅砂） 分子式：NH_4Cl	GB/T 2946—2008 氯化铵	白色结晶颗粒或粉末，无臭，味咸而清凉，350℃升华，溶于水和甘油 相对分子质量：53.5 密度：1.53g/cm³	密封储存于干燥通风库房 用作软钎焊剂、电镀液、回火盐浴、渗金属及无毒液体碳氮共渗
38	氯化锌（锌氯粉） 分子式：$ZnCl_2$	HG/T 2323—2012 工业氯化锌	白色粒状晶体，有毒，有潮解性，高温时能溶解金属氧化物，由此称焊药水，熔融状态导电性很好 相对分子质量：136.29 密度：2.91g/cm³ 熔点：283℃ 沸点：732℃	密封储存于干燥通风库房 用于配制钎焊剂、电镀液、淬火冷却介质及防氧化脱碳涂料等
39	氯化钡 分子式：$BaCl_2$ 或 $BaCl_2 \cdot 2H_2O$	GB/T 1617—2002 工业氯化钡	含水氯化钡为无色、无臭、透明结晶体，有毒，113℃失水，不风化，溶于水 密度：3.097g/cm³（无水物） 密度：（单斜晶体）3.856；（立方晶体）3.917	无机有毒危险品，密封储存于干燥通风库房 用作热处理加热介质、淬火冷却介质、液体渗碳、碳氮共渗剂及电镀辅助材料等

（续）

序号	名　称	规　格	物理化学性质	备　注
40	氯化钙 分子式：$CaCl_2$ 或 $CaCl_2 \cdot 6H_2O$		6 水物是无色六角晶体，有苦咸味和潮解性 相对分子质量：219.1 密度：1.68g/cm^3 熔点：29.92℃ 二水物为白色多孔有吸湿性物质，无水物为白色立方晶体；密度 2.15g/cm^3，沸点 772℃，对金属有强腐蚀性	密闭存放于干燥通风库房 用于配制电镀液、硬钎焊剂、淬火冷却介质、加热（盐浴）介质及除锈剂
41	氯化铁（三氯化铁） 分子式：$FeCl_3$ 或 $FeCL_3 \cdot 6H_2O$	GB/T 1621—2008 工业氯化铁	无水物是棕黑色晶体或六角形薄片，易潮解，易溶于水、乙醇、甘油、乙醚及丙酮，难溶于苯。 相对分子质量：162.21 密度：2.898g/cm^3 熔点：282℃ 六水物为橘黄色晶体，极易潮解。分子量 270.30，熔点 37℃	密封存放于干燥通风库房，严防受潮 用作钢铁零件电化学浸蚀除锈、电镀锌铁合金，亦可用作污水处理等
42	氯化亚铁（二氯化铁） 分子式：$FeCl_2$ 或 $FeCL_2 \cdot 4H_2O$		无水物为灰绿色晶体或六角形小晶片 相对分子质量：126.8 密度：2.98g/cm^3 熔点：674℃ 普通制品呈浅白色 4 水物为浅天蓝色晶体，密度 1.93g/cm^3，溶于水和乙醇	密封存放于干燥通风库房，严防受潮。用作镀铁电解质主盐及污水处理、冶金等
43	氯化亚锡（二氯化锡） 分子式：$SuCl_2$ 或 $SnCl_2 \cdot 2H_2O$	HG/T 2526—2007 工业氯化亚锡	无水物 $SnCl_2$ 是白色或半透明晶体，溶于水、乙醇和乙醚，在空气中被氧化成不溶性的氯氧化物，密度 3.95g/cm^3，熔点 246℃ 2 水物是无水针状或片状晶体，密度 2.71，熔点 37.7℃	密封存放，不易与空气接触，用于镀锡、锡合金和塑料，配制软钎焊剂、金属酸洗缓蚀剂和还原剂等
44	氰化钠（山萘、青酸加里） 分子式：NaCN	GB 19306—2003 工业氰化钠	白色无定形结晶，呈块状、粉状及蛋形等，也有液态的；有微臭味，溶于水，呈碱性反应，微溶于乙醇，与氯酸盐或亚硝酸钠（钾）混合能爆炸；有剧毒。 相对分子质量：49.01 熔点：563.7℃	无机剧毒品，密封存储于干燥通风库房，不可受潮，不可入口，严防中毒，严禁与酸、氯酸盐、亚硝酸钠共储。用于碳氮共渗镀铜、锌、镉和银等及活性液体氮碳共渗、渗碳、液体碳氮共渗等热处理渗剂
45	氰化钾 分子式：KCN	GB 27585—2011 工业氰化钾	无色立方晶体 相对分子质量：65.11 密度：1.52g/cm^3 熔点：634℃ 其他性质和氰化钠相同，毒性更强，切勿赤手接触	其储存与用途与氰化钠相同，但价格较贵

（续）

序号	名称	规格	物理化学性质	备注
46	亚铁氰化钾(黄血盐钾) 分子式：$K_4Fe(CN)_6 \cdot 3H_2O$	HG/T 2963—2009 工业六氰合铁酸四钾(黄血盐钾)	浅黄色单斜晶体，在空气中稳定，溶于水及丙酮，不溶于乙醇和乙醚，本身无毒，但加热至70℃时失去结晶水呈白色，灼烧时分解而放出氮，生成氰化钾和碳化铁，遇硫酸则分解生成极毒的氢氰酸	存储于阴凉干燥通风库房。不可与酸、碱共储，远离热源，切勿入口，镀金、银和铬的电解质组成物。可用于热处理盐脱氧剂、碳氮共渗剂和煮黑氧化液
47	铁氰化钾(赤血盐钾) 分子式：$K_3Fe(CN)_6$	HG/T 2966—2009 工业六氰合铁酸三钾(赤血盐钾)	深红色单斜晶体，溶于水，加热分解，在碱性物质中呈强氧化剂，有剧毒 相对分子质量：329.24 密度：1.85g/cm³	存储方法同亚铁氰化钾。用于铝及铝合金氧化处理及碳氮共渗剂
48	铁氰化钠(赤血盐钠) 分子式：$Na_3Fe(CN)_6 \cdot H_2O$		红宝石色潮解晶体，有剧毒！溶于水，加热分解，在碱性介质中是强氧化剂 相对分子质量：329.24 密度：1.85g/cm³	存储方法同亚铁氰化钾。用于铝及铝合金氧化处理及碳氮共渗剂。是铁氰化钾代用品，价格较贵
49	亚铁氰化钠(黄血盐钠) 分子式：$Na_4Fe(CN)_6 \cdot 10H_2O$	YB/T 5324—2006 黄血盐钠	黄色半透明晶体，溶于水，易风化，遇酸或碱分别生成剧毒的氢氰酸或氰化钠	存储方法同亚铁氰化钾。在电镀与热处理上与亚铁氰化钾作用相同
50	氟化钙(氟石或氟石主要成分) 分子式：CaF_2	GB/T 27804—2011 氟化钙	白色粉末，溶于浓酸，与热硫酸生成有毒氢氟酸，极难溶于水 相对分子质量：78.08 密度：3.18g/cm³ 熔点：1360℃	无机毒品，存储于干燥通风库房，不得受潮，不可入口。用于配制膏剂、渗硼剂及冶金助熔剂等
51	氟化钾 分子式：KF	GB/T 1271—2011 化学试剂 二水合氟化钾(氟化钾)	无色立方晶体，易潮解，易溶于水，可溶于氢氟酸，液氨中呈碱性反应，能腐蚀玻璃及陶瓷，有毒	有毒品，存储于干燥通风库房，不得受潮，不可入口。用作镁合金氧化处理、焊接助熔剂等
52	重铬酸钠(红矾钠) 分子式：$Na_2Cr_2O_7 \cdot 2H_2O$	GB/T 1611—2003 工业重铬酸钠	鲜艳橙红色针状或小粒状结晶，100℃失去结晶水而成无水物，400℃分解放出氧，吸湿性强，易溶于水，有强氧化性，有毒 相对分子质量：298.03 密度：2.52g/cm³ 无水物熔点：356.7℃	二级氧化剂，存储于干燥通风库房，防潮，防热，不可与易燃物、强酸、硝酸盐、氯酸盐、硫化钠(钾)共储 用于铝、镁合金氧化处理和镀锌、镀铜、钝化等

（续）

序号	名　　称	规　　格	物理化学性质	备　　注
53	重铬酸钾（红矾钾） 分子式：$K_2Cr_2O_7$	HG/T 2324—2005 工业重铬酸钾	橙红色无水三斜晶系晶体，在白热温度下分解放出氧气，有强氧化作用，有腐蚀性和毒性，不潮解 相对分子质量：294.19 密度：2.676g/cm^3 熔点：398℃	二级氧化剂，存储同重铬酸钠。用于铝镁合金氧化处理、不锈钢及铜和铜合金钝化处理工序的内防锈处理
54	高锰酸钾（灰锰氧、过锰酸钾） 分子式：$KMnO_4$	GB/T 1608—2008 工业高锰酸钾	深紫色晶体，有金属光泽，味甜而涩，溶于水，遇乙醇分解，为强氧化剂，与有机物接触能燃烧，与甘油混合能自燃，能损害眼睛，误服中毒能致肠胃炎 相对分子质量：158.03 密度：2.703g/cm^3 熔点：240℃，并分解	一级氧化剂，存放的库房应阴凉干燥，不得露天存放，远离热源、火种，不得日晒
55	氟硅酸钠 分子式：Na_2SiF_6	HG/T 3252—2000 工业氟硅酸钠	白色无味、无臭的粉末结晶，有腐蚀性，微溶于水，不溶于乙醇，水解呈酸性反应，遇酸分解放出氟化氢剧毒气体 相对分子质量：188.05 密度：2.68g/cm^3	有毒品，密封存储于干燥库房，不可与食品、酸类共储运。用于制备膏剂渗硼剂
56	氧化锌（锌氧粉、锌白） 分子式：ZnO	GB/T 3185—1992 氧化锌（间接法）	无毒、无臭、无味的白色六角晶体或粉末，溶于酸、氢氧化钠和氯化铵溶液，不溶水和乙醇，是两性氧化物，高温呈黄色，冷后恢复白色 相对分子质量：81.4 密度：5.606g/cm^3 180℃升华	防止受潮。用于镀锌、渗锌及磷化处理等
57	氧化铅（黄丹、密陀僧） 分子式：PbO	HG/T 3002—1983(97)黄丹	黄色或略带红色的黄色粉末或细小片状结晶（红色是四方晶体，黄色是正交晶体），遇光易变色，为有毒品，能吸收空气中 CO_2，高温加热成四氧化三铅（红丹），不溶于水和乙醇 相对分子质量：223.20 密度：9.53g/cm^3 熔点：888℃ 无定形密度 9.2～9.5g/cm^3	有毒品，存放的库房应干燥防潮，隔离酸类，不可与食品共储。是镀铅的电解质以及渗碳时工件不渗部分的防渗涂料
58	氧化铝（矾土） 分子式：Al_2O_3	GB/T 24487—2009 氧化铝	白色粉末，不溶于水 相对分子质量：101.96 密度：3.9～4.0g/cm^3 熔点：2050℃	注意防潮。用作渗铝剂、渗锌剂、渗铬剂、研磨剂及耐火材料等

（续）

序号	名　称	规　格	物理化学性质	备　注
59	氧化铬(三氧化二铬) 分子式:Cr_2O_3	HG/T 2775—2010 工业三氧化二铬	绿色光亮结晶粉末,不溶于水,微溶于酸,有磁性 相对分子质量:151.99 密度:5.21g/cm^3 熔点:2435℃	密封防潮。用于配制盐浴渗硼剂、研磨剂等
60	三氧化铬(铬酐、铬酸、铬酸酐) 分子式:CrO_3	HG/T 3444—2003 化学试剂　三氧化铬	深红或带暗紫红色针状结晶体,有毒,易潮解,有强氧化性,溶于水成铬酸,与酒精、苯接触或与有机物混合可引燃或爆炸 相对分子质量:99.994 密度:2.7g/cm^3 熔点:197℃	二级氧化剂,密封存储于干燥库房,防潮,远离有机物和易燃物 用于镀铬电解质主盐,制备铝、镁合金氧化处理剂和金属表面酸洗剂、抛光剂
61	氧化铁(铁丹粉、氧化铁红、氧化铁黑) 分子式:Fe_2O_3(铁红)、Fe_3O_4(铁黑)	GB/T 1863—2008 氧化铁颜料	红色或黑色无定形粉末,不溶于水,溶于盐酸 相对分子质量:159.69(铁红)、231.54(铁黑) 密度:5.12~5.24g/cm^3 熔点:1560℃	注意防潮。电镀时用于金属表面的预处理
62	氧化钛(二氧化钛、钛白、钛白粉) 分子式:TiO_2	GB/T 1706—2006 二氧化钛颜料	白色粉末,化学性质稳定,折射率高 相对分子质量:79.88 密度:4.26(金红石型)、3.84(钛矿型)g/cm^3	注意防潮
63	硅胶(氧化硅胶、硅酸凝胶) 分子式:$mSiO_2 \cdot nH_2O$	HG/T 2765.1—2005 A型硅胶(细孔硅胶) HG/T 2765.2—2005 C型硅胶(粗孔硅胶)	透明或乳白色颗粒,有多孔性毛细管结构和很大的表面,吸湿性好且吸水后烘干可恢复原有效果 相对分子质量:$m60 \cdot n18$	密封存储于干燥处。用于气体干燥、液体脱水、气体吸收等
64	活性炭 分子式:C	HG/T 3491—1999 化学试剂　活性炭	无臭、无味黑色无定形粉末或颗粒状多孔性物质,对气体、蒸汽或胶态物质有强大的吸附能力,化学性质稳定,能燃烧生成CO_2,不溶于一般溶剂 相对分子质量:12	密封包装并与氧化剂隔离 粒状活性炭用于气体吸收、分离、提纯、水处理、溶剂回收及空气净化等
65	氮化硼 分子式:BN		白色松散粉末,有良好的电绝缘性、导热性、耐蚀性、抗氧化性,耐2000℃高温及化学性质稳定,中子吸收能力强,机加工性好。立方晶型氮化硼硬度与金刚石相当,在1500~1600℃高温中稳定性优于金刚石 相对分子质量:24.82	储存于通风干燥库房,防潮。用于高压、高电流及等离子弧的绝缘体及耐高温支架坩埚、反应堆结构材料等

（续）

序号	名　　称	规　　格	物理化学性质	备　　注
66	氧（氧气） 分子式：O_2	GB/T 3863—2008 工业氧	无色无味的助燃性气体，大气中 $\phi(O_2)=21\%$，能液化和固化。与氢混合后燃烧，温度可达 2100～2500℃，与乙炔等易燃气体能形成爆炸性混合物，能使油脂剧烈氧化燃烧	助燃性危险气体。液态氧储存于耐压钢瓶并放置在阴凉专用柜内，要远离火种、热源、日晒，切忌与油脂、乙炔、氢等混运
67	氩气 分子式：Ar	GB/T 4842—2006 氩	无色、无臭、不燃烧、不助燃、无毒的惰性气体，微溶于水 相对分子质量：39.948 密度：0℃：1.784g/m³；－186℃：1.4g/m³；－233℃：1.65g/m³ 熔点：－189.2℃ 沸点：－185.7℃	保管方法参阅氧气。受热后瓶内压力增大，有爆炸危险
68	氦气 分子式：He	GB/T 4844—2011 纯氦、高纯氦和超纯氦	无色、无臭、不燃烧、不助燃、无毒的惰性气体，极微溶于水 相对分子质量：4.003 密度：1.784g/m³（℃）、0.147g/m³（－270.8℃） 熔点：－272.2℃ 沸点：－268.9℃	保管方法同氩气。用作保护气体
69	氮气 分子式：N_2	GB/T 3864—2008 工业氮	无色、无臭气体，不燃烧，不助燃，微溶于水和乙醇，化学性不活泼，常温下和锂直接反应，炽热时能与镁、钙、锶、钡、氧和氢化合 相对分子质量：28.0134 密度：1.2506g/m³（0℃） 熔点：－210℃ 沸点：－195.8℃	保管方法同氩气。用作热处理保护气体，离子渗氮、氮碳共渗等渗剂
70	液氨（液体无水氨阿莫尼亚） 分子式：NH_3	GB 536—1988 液体无水氨	无色，有刺激性，有毒，加压液化成液体时，放出大量热；压力减小可气化逸出，吸收周围大量热。中毒浓度（质量浓度）易溶于水、乙醇和乙醚 相对分子质量：17.03 密度：0.771g/cm³（0℃），0.817g/cm³（－79℃） 熔点：－77.7℃ 沸点：－33.5℃	剧毒化学危险品。存放的库房要通风，远离火种、热源并防晒，不可与氟、氯、溴、碘、酸类物质及易燃气体、金属粉末共储运。是渗氮、氮碳共渗的主要渗剂

11.1.5　常用有机化合物的物理化学性质（表 11-6）

表 11-6　常用有机化合物物化性质

序号	名　称	规　格	物理化学性质	备　注
1	烃类(乙炔、电石气) 分子式：C_2H_2	GB 6819—2004 溶解乙炔	无色、无臭气体 相对分子质量：26.04 密度：0.91g/cm^3 熔点：-81.8℃ 沸点：-84℃ 闪点：-17.78℃ 自燃点：30.5℃	基本有机合成原料，用于金属切割或焊接
2	苯(纯苯) 分子式：C_6H_6	GB/T 2283—2008 焦化苯	与空气混合爆炸浓度极限为 1.5% ~8.6%(体积分数)，中毒的质量浓度为百万分之一。无色至淡黄色，有芳香气味，是易燃、易挥发的有毒液体，碳当量 13 相对分子质量：78.11 密度：0.879g/cm^3 熔点：5.5℃ 沸点：80.1℃	一级易燃液体，危险品，注意储存防爆炸及中毒。可作渗碳剂
3	甲苯 分子式：$C_6H_5CH_2$	GB/T 2284—2009 焦化甲苯	有类似苯的气味，易挥发、易燃、毒性中等的无色气体 相对分子质量：92.06 密度：0.866g/cm^3 熔点：-95℃ 沸点：110.8℃ 爆炸极限 1.2% ~7.0%(体积分数)，中毒浓度百万分之二	一级易燃危险化学品，保管方法和苯相同。可作苯的代用品，用于金属表面脱脂、气体渗碳
4	二甲苯 分子式：$C_6H_4(CH_3)_2$		易挥发、易燃、毒性中等的无色透明气体，高温裂解气成分稳定 相对分子质量：106.08 闪点：-25℃ 爆炸极限：1.1% ~7.0%(体积分数)，中毒的质量浓度为百万分之一	一级易燃液体化学危险品，保管方法与苯相同。可做苯的代用品
5	卤代烃类一氯甲烷 分子式：CH_3Cl	HG/T 3674—2000 工业氯甲烷 CH_3Cl 含量：≥99%(质量分数)	无色、醚味、易燃可压缩气体或液体，腐蚀 Al、Mg 和 Zn 相对分子质量：50.5 密度：(20℃)：0.92g/cm^3 熔点：-97.6℃ 沸点：-22.5 ~23.5℃	麻醉剂，有毒性，不可曝晒，远离火种，不可与氧气及氧化剂同储共运，小心轻放，以防爆炸。用于制作冷冻剂、有机化合物溶剂
6	二氯甲烷 分子式：CH_2Cl_2	GB/T 16983—1997 化学试剂　二氯甲烷 残渣：0.2%(质量分数) 浊点：≤ -10℃	无色透明易挥发液体 相对分子质量：84.94 密度(15℃)：1.333 ~1.339g/cm^3 沸点：40.1℃ 熔点：-97℃ pH 值：6 ~7	毒性较 CH_3Cl 小，需防晒，通风，远离热源、火种。用于清洗金属表面的油漆层，可做脱膜剂、空调冷冻剂及灭火剂

（续）

序号	名　称	规　格	物理化学性质	备　注
7	三氯甲烷（氯仿） 分子式：$CHCl_3$	GB/T 4118—2008 工业用三氯甲烷	无色、透明、极易挥发液体，有香味 相对分子质量：119.39 密度（20℃）：1.485g/cm³ 熔点：-63.5℃ 沸点：-61.2℃	有毒，需密封保存，防晒，远离热源、火种，防吸入蒸气中毒及接触皮肤（能使之干裂）
8	三氯乙烯 分子式：C_2HCl_3	沸点（℃）： 一级品 86～89 二级品 85～91 残渣（质量分数）： 一级品≤0.05% 二级品≤0.01%	无色透明液体，有香味，遇光能自动氧化分解并产生有剧毒的光气 分子量：131.39 密度（20℃）：一级品 1.465～1.468g/cm³ 二级品 1.463～1.470g/cm³ 熔点：-73℃ 沸点：86.7℃ 自燃点：420℃	有机毒品，有强麻醉性，需密封避光保存，严防日晒，远离热源、火种，防吸入蒸气中毒和接触皮肤（能使之干裂）。用于金属清洁剂、脱脂剂、优良的溶剂、苯和汽油代用品
9	四氯化碳（四氯甲烷） 分子式：CCl_4	GB/T 4119—2008 工业用四氯化碳	无色透明液体，有臭味、毒性和麻酸性，高温产生剧毒气体，微溶于水，易溶于各种有机溶剂 相对分子质量：153.823 密度（20℃）：1.597g/cm³ 熔点：-22.8℃ 沸点：76.8℃	有机毒品，需密封保存，严防日晒，远离热源、火种，防吸入中毒及接触皮肤（能使之干裂）。可作溶剂、灭火剂、冷冻剂、零件清洗剂、气体渗碳及渗氮的催化剂
10	四氯乙烯 分子式：C_2Cl_4	HG/T 3262—2002 工业用四氯乙烯	无色透明液体，有似乙醚的气味及刺激性，不燃有毒 相对分子质量：165.82 密度（15℃）：1.6311g/cm³ 熔点：-23.35℃ 沸点：121.2℃	有毒化学危险品，需密封保存，严禁日晒，远离热源、火种。用作溶剂、干洗剂、灭火剂及烟幕剂等
11	二氟一氯甲烷（F-22，氟利昂-22） 分子式：$CHClF_2$	GB/T 7373—2006 工业用二氟一氯甲烷（HCFC-22）	无色、无味、化学性能稳定的压缩气体，制冷可达-50℃以下 相对分子质量：8648 沸点：-40.8℃ 凝固点：-160℃	受热后瓶内压力增大，有爆炸危险，应防晒，远离火种、热源。用作制冷剂及灭火剂
12	二氟二氯甲烷（F-12，氟利昂-12） 分子式：CCl_2F_2	GB/T 7372—1987 工业用二氟二氯甲烷（F12）	无色、无味、无毒、不燃、化学性质稳定的压缩液化气体，制冷可达-50～60℃ 相对分子质量：120.92 密度：（20℃）1.328g/cm³、（-30℃）1.456g/cm³ 熔点：-158℃ 沸点：-29.8℃	

（续）

序号	名称	规格	物理化学性质	备注
13	三氟一氯甲烷（F-13，氟利昂-13） 分子式：$CClF_3$		无色、无毒、无腐蚀性、化学性能稳定的可压缩气体 相对分子质量：104.46 密度（-30℃）：1.298g/cm^3 熔点：-181℃ 沸点：-81.4℃	受热后瓶内压力增大，有爆炸危险，应防晒，远离火种、热源 本品为超低温制冷剂，与F-22组成的制冷系统装置可达-80～-120℃
14	甲醇（木醇、木油精） 分子式：CH_3OH	GB 338—2011 工业用甲醇	无色、易挥发、有毒的液体 相对分子质量：32.042 密度（20℃）：0.7913g/cm^3 熔点：-97.8℃ 沸点：64.65℃ 与空气混合爆炸极限为6.70%～36%。碳氧比为1	为有机溶剂，一级易燃化学危险品，防晒，远离热源、火种，存放温度不宜>30℃，饮后可致盲，多量可致死。用作气体渗碳、气体碳氮共渗和氮碳共渗的工艺介质
15	乙醇（酒精、火酒） 分子式：CH_3CH_2OH	GB/T 394.1—2008 工业酒精	无色透明，有酒气味、刺激性及辛辣味，易燃，易爆，易挥发的液体（工业酒精为有毒液体），与空气混合爆炸极限为3.5%～18% 相对分子质量：46.05 密度（20℃）：0.7839g/cm^3 熔点：-117.3℃ 沸点：78.4℃ 闪点：14℃ 碳当量46，碳氧比为2	一级易燃化学危险品，需防晒，远离热源、火种。用作基本化工原料及重要的有机溶剂、气体渗碳等工艺介质
16	乙二醇（甘醇） 分子式：$C_2H_4(OH)_2$	GB/T 4649—2008 工业用乙二醇	无色透明、微甜味、有微毒、易吸潮液体，常温稳定，能降低水的冰点 相对分子质量：62.07 密度（25℃）：1.113g/cm^3 熔点：-13℃ 沸点：197.5℃ 闪点：111.11℃（闭杯）	可燃化学危险品，库内需通风，远离高温、明火，不得与硫酸、氯磺酸及氧化剂共储共运。用于C-N-B三元共渗系
17	聚乙二醇 分子式： $HO(CH_2CH_2O)_nH$	HG/T 4134—2010 工业聚乙二醇（PEG）	无色至黄色、无臭的粘状液体、膏状或蜡状固体，溶于水、醇及多种有机溶剂，热稳定性好，不易水解或分解，吸水性随分子量不同各异 相对分子质量：200～6000（平均） 凝固点：（黄色膏状）36～40℃、（黄色固体）54～60℃	非危险品，防吸湿。用作增塑剂、软化剂、吸湿剂；电镀液中作为表面活化剂，使镀层光洁

（续）

序号	名　称	规　格	物理化学性质	备　注
18	聚乙烯醇(PVA) 分子式:$(H_2CHOH)_n$	PVA 纯度≥85.0%（质量分数），平均聚合度1750±50，白度≥90%，透明度≥90%，挥发分≤8%（质量分数），着色度≥86%，膨润度175~205	白色或微黄色纤维状粉末或絮状物，根据皂化程度在水中溶胀或溶于水，耐矿物油和大多数有机溶剂 密度:1.27~1.31g/cm³	非危险化学品，注意防潮，库房通风，不可与酸、碱、氧化剂、金属钠及潮湿性物品共储运。用作粘结剂及水溶性淬火冷却介质
19	丙三醇（甘油、甘醇） 分子式:$C_3H_5(OH)_3$	GB/T 687—2011 化学试剂　丙三醇 纯度（质量分数）:甲种≥95.0%，乙种≥88.0%，药用≥98.0% 灰分（质量分数）:甲种≤0.05%，乙种≤0.25%，药用≤0.01%	无色、无臭、味甜的粘稠液体，吸湿性强，溶于水和乙醇，与强氧化剂相遇可强烈燃烧或爆炸 相对分子质量:92.09 密度(20℃):1.2613g/cm³ 熔点:17.9℃ 沸点:290℃	可燃化学危险品，吸湿性强，需密封储存，远离热源、火种。用于制造硝酸甘油、液体燃料、抗冻剂、电解剖光及电镀液络合剂
20	1,4-丁二醇 分子式: $HO(CH_2)_4OH$	GB/T 24768—2009 工业用 1,4-丁二醇	无色、无臭油状液体，可燃烧，与水相溶 相对分子质量:90.12 密度(20℃):1.020g/cm³ 熔点:20.9℃ 沸点:230℃ 闪点:121.11℃（开杯）	可燃化学危险品，储存于阴凉通风库房，远离热源、火种和氧化剂。用作电镀光亮剂及溶剂
21	乙醚（乙二醚） 分子式:$C_2H_5OC_2H_5$	GB/T 12591—2002 化学试剂　乙醚	无色透明、易燃、易爆、易挥发液体，有芳香味及麻醉性，中毒的质量浓度为4×10^{-4} 相对分子质量:74.12 密度(20℃):0.7135g/cm³ 沸点:34.6℃ 闪点:-45℃ 熔点:-116℃	一级易燃液体化学危险品，受热急剧膨胀，使容器爆破，注意储存。是优良溶剂、麻醉剂及渗碳工艺介质
22	丙酮（二甲酮、木酮、醋酮） 分子式:$(CH_3)_2CO$	GB/T 6026—1998 工业丙酮	无色、透明、易燃、易挥发、有微香味液体，与空气混合爆炸极限为2.55%~12.8%（体积分数），可溶解醋酸纤维 相对分子质量:58.08 密度(20℃):0.7898g/cm³ 沸点:56.5℃ 闪点:-20℃ 熔点:-94.6℃ 碳当量29，碳氮比为3	一级易燃液体化学品，注意储存，有毒性和麻醉性。用于热处理金属表面脱脂以及用作气体渗碳、气体氮碳共渗和碳、氮、硼三元共渗等工艺介质

（续）

序号	名　称	规　格	物理化学性质	备　注
23	甲酸（蚁酸） 分子式：HCOOH	GB/T 2093—2011 工业用甲酸	无色易燃、有刺激性臭味、能发烟的液体，具有强腐蚀性，有毒，接触皮肤起水泡。爆炸极限 18%～57%（体积分数） 相对分子质量：46.03 密度（15℃）：1.22g/cm^3 熔点：8.6℃ 沸点：100.8℃ 闪点：68.89℃	一级有机酸性腐蚀化学危险品，注意储存时防晒、远离热源火种，防止灼伤皮肤。用于铝和铝合金电镀的电化学氧化处理
24	乙酸《醋酸，冰醋酸》 分子式：CH_2COOH	GB/T 1628—2008 工业用冰乙酸	无色透明、有刺激性酸臭味和较强腐蚀性、易燃、有毒的液体 相对分子质量：60.05 密度（20℃）：1.049g/cm^3 熔点：16.7℃ 沸点：118.1℃ 闪点：42.78℃	一级有机酸性腐蚀化学危险品，注意储存。用于电镀抛光和除锈
25	乙二酸（草酸） 分子式： $(COOH)_2 \cdot 2H_2O$	GB/T 1626—2008 工业用草酸	无色透明结晶，失去结晶水为白色粉末，有机强酸，有毒 相对分子质量：126.07 密度（18.5℃）：1.653g/cm^3 熔点：101℃ 沸点：150℃（升华）	有机有毒化学危险品，密封存储。用于还原剂、漂白剂、镀铬、镀铁及工件表面抛光等
26	酒石酸（葡萄酸） 分子式： $[CH(OH)COOH]_2$	GB/T 1294—2008 化学试剂 L（+）-酒石酸 工业用一般规格 纯度（质量分数）：≥99% 干燥失重（质量分数）：200%～206% 灼烧残渣（质量分数）：≤0.1% 硫酸盐（质量分数）：≤0.1%	无色透明结晶体或白色颗粒结晶粉末，无臭，有酸味，还原性强，低毒 相对分子质量：150.01 密度：1.76g/cm^3 熔点：170℃	非危险品，不可吸入口，防潮，密封，不与强氧化剂共储运。可用作电镀液中的 pH 值稳定剂
27	柠檬酸（枸木绿酸） 分子式：$HOC(CH_2)_2 \cdot (COOH)_3 \cdot H_2O$	GB 1987—2007 食品添加剂　柠檬酸	无色半透明晶体或白色颗粒粉末，常含一分子结晶水，无臭，有强酸味，可燃，无毒 相对分子质量：210.14 密度：1.542g/cm^3 熔点：153℃（无水杨）	一级易燃液体化学危险品，保管方法参照苯和丙酮、食品工业酸味剂。用作电镀调整 pH 值及金属酸洗、除锈、抛光

（续）

序号	名称	规格	物理化学性质	备注
28	乙酸乙酯（醋酸乙酯） 分子式：$CH_3COOC_2H_5$	GB/T 3728—2007 工业用乙酸乙酯	无色微黄液体，易燃，易挥发，有芳香味，能溶解多数有机物质，爆炸极限为 2.2% ~11.2%（体积分数） 相对分子质量：88.10 密度（20℃）：0.900 ~0.904g/cm^3 熔点：−83.6℃ 沸点：77.15℃ 闪点：−4.44℃ 自燃点：426.67℃	一级易燃液体化学危险品，保管方法参照苯和丙酮。优良溶剂，热处理用作气体渗碳介质
29	磷酸三甲苯酯（磷酸三甲酚酯） 分子式： $(C_6H_4CH_3O)_3PO$	HG/T 2689—2005 磷酸三甲苯酯	无色无臭、透明、油状液体。不挥发，性稳定，不溶于水，但能与醇、醚、苯等普通溶剂混溶，在金属表面吸附性强、活性好 相对分子质量：368.36 密度（20℃）：≤1.85g/cm^3（一级品）、≤1.87g/cm^3（二级品） 闪点：225℃（一级品）；220℃（二级品）	甲苯毒性可经皮肤或呼吸道吸入中毒，按有毒危险品储运。用作高聚物增塑剂、液压液或传热介质
30	醋酸钠（乙酸钠） 分子式：CH_3COONa（无水）、$CH_3COONa \cdot 3H_2O$		无色无臭结晶体，可燃，易风化 相对分子质量：82（无水）、136（有水） 密度：1.528g/cm^3（无水）、1.45g/cm^3（三水） 熔点：324℃（无水）、58℃（3 水），−132℃，3 水醋酸失水变无水醋酸	非危险化学品，需防潮、防晒，严禁与腐蚀性气体接触。用作碱性镀锡缓冲剂，制备固体渗碳剂等
31	醋酸钾（乙酸钾） 分子式：CH_2COOK		白色结晶粉末，有咸味，易吸潮，低毒，可燃，溶于水、甲醇、乙醇及液氨等 密度：1.57g/cm^3（25℃） 熔点：292℃	非危险化学品，需防潮、防晒，严禁与腐蚀性气体接触。可替代醋酸钠用于电镀和热处理
32	苯甲酸钠（安息香酸钠） 分子式：C_6H_5COONa	GB 1902—2005 食品添加剂 苯甲酸钠	白色结晶、颗粒或无色粉末，无臭或微安息香臭气、微甜带咸味 相对分子质量：144	非危险化学品，需防潮、防晒，严禁与有毒品共储。用作热处理水溶性淬火冷却介质、金属制品防锈剂、食品防腐剂等

（续）

序号	名　称	规　格	物理化学性质	备　注
33	乙二胺（1,2-二氨基乙烷） 分子式：$C_2H_4(NH_2)_2$	一般规格 纯度（质量分数）：一级品≥98%，二级品≥70% 其他胺类含量（质量分数）：一级品<3%，二级品<5% 氯化物含量（质量分数）：一级品<0.01%，二级品<0.05% 灼烧残渣（质量分数）：一级品<0.05%，二级品<0.10%	无色或微黄色粘稠液体，易燃有氨气味，有毒，中毒质量浓度为10×10^{-6}，呈强碱性，易吸湿及从空气中吸收CO_2，与无机酸生成水溶性盐 相对分子质量：60.10 密度：0.8994g/cm³（20℃） 熔点：8.5℃ 沸点：117.2℃ 闪点：43.3℃（闭杯）	二级易燃液体化学危险品，远离火种、热源，密封防潮，不可与酸类、氧化剂共储运。用于制取环氧树脂固化剂、粘结剂，电镀光亮剂以及化学试剂等
34	三乙醇胺 分子式： $(HOCH_2CH_2)_3N$	HG/T 3268—2002 工业用三乙醇胺 一般规格：三乙醇胺含量（质量分数）≥85% pH值11.2（25%水溶液）	无色至褐色粘稠液体，稍具氨味，无毒，有吸湿性和碱性，对钢铁不起作用，可有效用于短期防锈 相对分子质量：149.19 密度：1.1196g/cm³（25℃） 沸点：360℃ 凝固点：21.2℃ 闪点：179.44℃（闭杯）	可燃化学危险品，强氧化剂，远离火种、热源，否则易引起火灾。用于钢铁制品防锈剂、缓蚀剂、电镀光亮剂、钎焊剂及配制热处理合成淬火剂、碳氮共渗和氮碳共渗的滴注剂等
35	尿素（脲、碳酰二胺） 分子式：NH_2CONH_2	GB 2440—2001 尿素	无色有特殊气味结晶体，空气中能潮解，水溶液呈中性。加热至60℃左右分解，产生氨气并变为氰酸 相对分子质量：60.06 密度：1.335g/cm³ 熔点：132.7℃	非危险品，注意需防潮、高热和包装破漏。用作气体渗氮、气体氮碳共渗、液体渗氮和碳氮共渗等工艺介质以及金属制品防锈材料
36	6501净洗剂（椰子酸二乙醇胺缩合剂别称稳泡净洗剂CD110） 分子式： $RCON(CH_2CH_2OH)_2$（R是以C_{11}为主的烷烃链）	一般质量规格纯度（质量分数）≥60%	黄或棕褐色粘稠液体，具有润湿、抗静电、柔软化等性能，无毒，是良好的泡沫稳定剂，与肥皂合用耐硬水性好	非危险品，是液体洗涤剂的主要组成项。用作金属表面清洗剂

（续）

序号	名　称	规　格	物理化学性质	备　注
37	若丁（酸洗抗蚀剂-若丁）	有效成分是二邻甲苯硫脲	浅黄色有毒粉末，有较高的缓蚀效能，能防止酸雾、降低酸耗、防止氢脆 相对分子质量：256.13	有毒化学危险品。用于钢铁酸洗工艺的缓蚀剂，降低渗氢作用
38	石油磺酸钡（烷基磺酸钡，T701 防锈剂） 分子式： $[CH_3(CH_2)_nSO_3]_2 \cdot Ba$	SH/T 0391—1995 701 防锈添加剂（铀溶性石油磺酸钡）	深棕色半透明半固体或棕色半透明稠状物。在加热条件下（150℃以上）溶于石油馏分中。对在湿热或盐雾条件下的钢铁、纯铜、黄铜等有良好防锈性能 平均相对分子质量：900～1200	非危险化学品。用作防锈油中最基本的缓蚀剂
39	抛光膏（研磨膏）	HG/T 2571—2006 抛光膏	固体油膏，由润滑剂、粘结剂和磨料配制而成，含油量（质量分数）约30%，在 45～55℃ 温度范围内逐渐软化	远离火种、热源，不与氧化剂共储运。用于金属制品及其镀层的抛光、抛亮

11.1.6　元素饱和蒸气压对应的温度（表 11-7）

表 11-7　元素饱和蒸气压对应的温度　（单位：℃）

化学元素	1.33×10^{-2}Pa	1.33×10^{-1}Pa	1.33Pa	13.3Pa	0.1MPa	化学元素	1.33×10^{-2}Pa	1.33×10^{-1}Pa	1.33Pa	13.3Pa	0.1MPa
Al	808	890	997	1124	2058	Ge	997	1113	1252	1422	—
Sb	525	595	678	780	1441	Au	1191	1317	1466	1647	2999
As		220		310	610	In	747	842	953	1089	—
Ba	544	626	717	830	1404	Ir	2156	2342	2558	2813	—
Be	1030	1131	1247	1390	—	Fe	1196	1311	1448	1604	2737
Bi	537	609	699	721	1421	La	1126	1243	1382	1550	—
B	1141	1240	1356	1490	—	Pb	548	620	718	821	1745
Cd	180	220	264	321	766	Lj	378	439	514	608	1373
Ca	463	528	605	701	1488	Mg	331	380	443	515	1108
C	2290	2473	2683	2928	4831	Mn	792	878	981	1021	2153
Ce	1092	1191	1306	1440	—	Mo	2097	2297	2535	3011	5573
Cs	74	110	153	207	691	Ni	1258	1372	1511	1680	2734
Cr	993	1091	1206	1343	2484	Nb	2357	2541	—	—	—
Co	1363	1495	1650	1834	—	Os	2266	2453	2669	2922	—
Cu	1036	1142	1274	1433	2764	Pd	1272	1406	1567	1706	—
Ga	860	966	1094	1249	—	Pt	1745	1905	2092	2295	4411

（续）

化学元素	1.33×10⁻²Pa	1.33×10⁻¹Pa	1.33Pa	13.3Pa	0.1MPa	化学元素	1.33×10⁻²Pa	1.33×10⁻¹Pa	1.33Pa	13.3Pa	0.1MPa
K	123	161	207	265	643	Ti	461	500	607	661	1458
Rh	1816	1973	2151	2359	—	Th	1833	2000	2198	2433	—
Rb	86	123	165	217	679	Sn	923	1011	1190	1271	2272
Ru	1704	2232	2433	2668	—	Ti	1250	1385	1547	1725	—
Sc	1162	1283	1424	1596	—	W	2769	3019	3312	—	5932
Si	1117	1224	1344	1486	2289	U	1586	1731	1899	2099	—
Ag	848	921	1048	1161	2214	V	1587	1726	1889	2081	—
Na	195	238	291	356	893	Y	1363	1495	1834	2967	—
Sr	413	475	549	639	1385	Zn	248	290	343	405	908
Ta	2601	2822	—	—	—	Zr	1661	1818	2003	2214	—

注：金属蒸气压在某个给定温度下，有一大概的值，固体与其自己蒸气相平衡的温度随着所在环境压力的降低而降低。

11.1.7 氧化物饱和蒸气压对应的温度（表11-8）

表11-8 氧化物饱和蒸气压对应的温度 （单位：℃）

名称	化学式	饱和蒸气压/Pa					
		1.33×10^{-3}	1.33×10^{-2}	1.33×10^{-1}	1.33	13.3	101080
氧化铝	Al_2O_3	—	3390	3570	3790	4080	6330
氧化钡	BaO	—	2310	2520	2760	—	3630
氧化铍	BeO	3190	3440	3720	4040	4390	7470
氧化钙	CaO	2310	3030	3290	3600	3960	5160
二氧化二铬	Cr_2O_3	2410	2600	2830	3080	3380	5440
氧化镧	La_2O_3	2530	2750	2970	3250	3550	6510
氧化镁	MgO	2530	2750	2970	3250	3550	6510
三氧化钼	MoO_3	—	—	1100	1160	1290	1460
氧化钾	K_2O	820	930	1070	1190	1370	2670
二氧化硅	SiO_2	2490	2700	2920	3160	3440	4050
氧化钠	Na_2O	1031	1160	1300	1470	1680	2330
氧化锶	SrO	2560	2770	3000	3270	3570	5470
二氧化钍	ThO_2	3290	3560	3860	4220	4580	7950
二氧化钛	TiO_2	—	2870	3100	—	—	—
二氧化铀	UO_2	2940	3150	3400	3680	3980	—
二氧化锆	ZrO_2	3410	3720	3950	4350	4670	7770
氧化铁	Fe_2O_3	—	—	—	1880	—	—

注：表中数据取自文献［8］。

11.1.8　钢的温度色（表 11-9）

表 11-9　钢的温度色

温度/℃	颜　　色
400	在暗处可见红色
475	在昏暗处可见红色
525	白天可见红色
581	日光下可见红色
700	暗红色
800	过渡樱桃红色
900	正樱桃红色
1000	高亮樱桃红
1100	橘红
1200	橘黄
1300	白色
1400	亮白色
1500	高亮度白色
1600	淡蓝的白色

11.1.9　回火温度色（表 11-10）

表 11-10　回火温度色

温度/℃（保温 1h）	氧化色	温度/℃（保温 8min）
188	淡黄色	238
199	亮稻草色	265
210	暗稻草色	293
221	棕色	321
232	紫色	337
254	亮紫色	376

11.2　常用金属材料牌号、化学成分、力学性能和物理性能

11.2.1　钢

11.2.1.1　碳素结构钢（GB/T 700—2006，表 11-11 ~ 表 11-13）

表 11-11　碳素结构钢的牌号和化学成分（GB/T 700—2006）

牌　号	统一数字代号①	等级	厚度（或直径）/mm	脱氧方法	化学成分（质量分数）（%）≤				
					C	Si	Mn	P	S
Q195	U11952	—	—	F、Z	0.12	0.30	0.50	0.035	0.040
Q215	U12152	A	—	F、Z	0.15	0.35	1.20	0.045	0.050
	U12155	B							0.045
Q235	U12352	A	—	F、Z	0.22	0.35	1.40	0.045	0.050
	U12355	B			0.20②				0.045
	U12358	C		Z	0.17			0.040	0.040
	U12359	D		TZ				0.035	0.035
Q275	U12752	A	—	F、Z	0.24	0.35	1.50	0.045	0.050
	U12755	B	≤40	Z	0.21			0.045	0.045
			>40		0.22				
	U12758	C	—	Z	0.20			0.040	0.040
	U12759	D		TZ				0.035	0.035

① 表中为镇静钢、特殊镇静钢牌号的统一数字，沸腾钢牌号的统一数字代号如下：

Q195F——U11950；

Q215AF——U12150，Q215BF——U12153；

Q235AF——U12350，Q235BF——U12353；

Q275AF——U12750。

② 经需方同意，Q235B 的碳质量分数可不大于 0.22%。

表 11-12　碳素结构钢拉伸和冲击试验结果（GB/T 700—2006）

牌号	等级	屈服强度①R_{eH}/(N/mm²) ≥						抗拉强度② R_m/(N/mm²)	断后伸长率 A(%) ≥					冲击试验（V 形缺口）	
		厚度（或直径）/mm							厚度（或直径）/mm					温度/℃	冲击吸收能量（纵向）/J ≥
		≤16	>16~40	>40~60	>60~100	>100~150	>150~200		≤40	>40~60	>60~100	>100~150	>150~200		
Q195	—	195	185	—	—	—	—	315~430	33	—	—	—	—	—	—
Q215	A	215	205	195	185	175	165	335~450	31	30	29	27	26	—	—
	B													+20	27
Q235	A	235	225	215	215	195	185	370~500	26	25	24	22	21	—	—
	B													+20	27③
	C													0	
	D													−20	
Q275	A	275	265	255	245	225	215	410~540	22	21	20	18	17	—	—
	B													+20	27
	C													0	
	D													−20	

① Q195 的屈服强度值仅供参考，不作交货条件。

② 厚度大于 100mm 的钢材，抗拉强度下限允许降低 20N/mm²。宽带钢（包括剪切钢板）抗拉强度上限不作交货条件。

③ 厚度小于 25mm 的 Q235B 级钢材，如供方能保证冲击吸收能量值合格，经需方同意，可不作检验。

表 11-13　碳素结构钢弯曲试验结果（GB/T 700—2006）

牌　号	试样方向	冷弯试验 180°　$B=2a$①	
		钢材厚度（或直径）②/mm	
		≤60	>60~100
		弯心直径 d	
Q195	纵	0	—
	横	0.5a	
Q215	纵	0.5a	1.5a
	横	a	2a
Q235	纵	a	2a
	横	1.5a	2.5a
Q275	纵	1.5a	2.5a
	横	2a	3a

① B 为试样宽度，a 为试样厚度（或直径）。

② 钢材厚度（或直径）大于 100mm 时，弯曲试验由双方协商确定。

11.2.1.2　优质碳素结构钢（GB/T 699—1999，表 11-14~表 11-16）

表 11-14　优质碳素结构钢的牌号和化学成分（GB/T 699—1999）

序号	牌　号	化学成分（质量分数）(%)							
		C	Si	Mn	P	S	Ni	Cr	Cu
					≤				
1	08F	0.05~0.11	≤0.03	0.25~0.50	0.035	0.035	0.25	0.10	0.25
2	10F	0.07~0.14	≤0.07	0.25~0.50	0.035	0.035	0.25	0.15	0.25
3	15F	0.12~0.19	≤0.07	0.25~0.50	0.035	0.035	0.25	0.25	0.25
4	08	0.05~0.12	0.17~0.37	0.35~0.65	0.035	0.035	0.25	0.10	0.25
5	10	0.07~0.14	0.17~0.37	0.35~0.65	0.035	0.035	0.25	0.15	0.25
6	15	0.12~0.19	0.17~0.37	0.35~0.65	0.035	0.035	0.25	0.25	0.25
7	20	0.17~0.24	0.17~0.37	0.35~0.65	0.035	0.035	0.25	0.25	0.25
8	25	0.22~0.30	0.17~0.37	0.50~0.80	0.035	0.035	0.25	0.25	0.25
9	30	0.27~0.35	0.17~0.37	0.50~0.80	0.035	0.035	0.25	0.25	0.25
10	35	0.32~0.40	0.17~0.37	0.50~0.80	0.035	0.035	0.25	0.25	0.25
11	40	0.37~0.45	0.17~0.37	0.50~0.80	0.035	0.035	0.25	0.25	0.25
12	45	0.42~0.50	0.17~0.37	0.50~0.80	0.035	0.035	0.25	0.25	0.25
13	50	0.47~0.55	0.17~0.37	0.50~0.80	0.035	0.035	0.25	0.25	0.25
14	55	0.52~0.60	0.17~0.37	0.50~0.80	0.035	0.035	0.25	0.25	0.25

（续）

序号	牌　号	化学成分（质量分数）（%）							
		C	Si	Mn	P	S	Ni	Cr	Cu
					≤				
15	60	0.57～0.65	0.17～0.37	0.50～0.80	0.035	0.035	0.25	0.25	0.25
16	65	0.62～0.70	0.17～0.37	0.50～0.80	0.035	0.035	0.25	0.25	0.25
17	70	0.67～0.75	0.17～0.37	0.50～0.80	0.035	0.035	0.25	0.25	0.25
18	75	0.72～0.80	0.17～0.37	0.50～0.80	0.035	0.035	0.25	0.25	0.25
19	80	0.77～0.85	0.17～0.37	0.50～0.80	0.035	0.035	0.25	0.25	0.25
20	85	0.82～0.90	0.17～0.37	0.50～0.80	0.035	0.035	0.25	0.25	0.25
21	15Mn	0.12～0.19	0.17～0.37	0.70～1.00	0.035	0.035	0.25	0.25	0.25
22	20Mn	0.17～0.24	0.17～0.37	0.70～1.00	0.035	0.035	0.25	0.25	0.25
23	25Mn	0.22～0.30	0.17～0.37	0.70～1.00	0.035	0.035	0.25	0.25	0.25
24	30Mn	0.27～0.35	0.17～0.37	0.70～1.00	0.035	0.035	0.25	0.25	0.25
25	35Mn	0.32～0.40	0.17～0.37	0.70～1.00	0.035	0.035	0.25	0.25	0.25
26	40Mn	0.37～0.45	0.17～0.37	0.70～1.00	0.035	0.035	0.25	0.25	0.25
27	45Mn	0.42～0.50	0.17～0.37	0.70～1.00	0.035	0.035	0.25	0.25	0.25
28	50Mn	0.48～0.56	0.17～0.37	0.70～1.00	0.035	0.035	0.25	0.25	0.25
29	60Mn	0.57～0.65	0.17～0.37	0.70～1.00	0.035	0.035	0.25	0.25	0.25
30	65Mn	0.62～0.70	0.17～0.37	0.90～1.20	0.035	0.035	0.25	0.25	0.25
31	70Mn	0.67～0.75	0.17～0.37	0.90～1.20	0.035	0.035	0.25	0.25	0.25

表 11-15　优质碳素结构钢的力学性能（GB/T 699—1999）

序号	牌号	试样毛坯直径 /mm	推荐热处理/℃			力学性能							
			正火	淬火	回火	抗拉强度 R_m/MPa	屈服强度 R_{eL}/MPa	伸长率 A（%）	断面收缩率 Z（%）	冲击吸收能量 K/J	冲击韧度 a_K/（J/cm²）	钢材交货状态硬度 HBW ≤	
						≥						未热处理	退火钢
1	08F	25	930			295	175	35	60			131	
2	10F	25	930			315	185	33	55			137	
3	15F	25	920			355	205	29	55			143	
4	08	25	930			325	195	33	60			131	
5	10	25	930			335	205	31	55			137	
6	15	25	920			375	225	27	55			143	
7	20	25	910			410	245	25	55			156	
8	25	25	900	870	600	450	275	23	50	71	88.2	170	
9	30	25	880	860	600	490	295	21	50	63	78.4	179	
10	35	25	870	850	600	530	315	20	45	55	68.6	197	
11	40	25	860	840	600	570	335	19	45	47		217	187
12	45	25	850	840	600	600	355	16	40	39	49	229	197
13	50	25	830	830	600	630	375	14	40	31	39.2	241	207
14	55	25	820	820	600	645	380	13	35			255	217
15	60	25	810			675	400	12	35			255	229
16	65	25	810			695	410	10	30			255	229
17	70	25	790			715	420	9	30			269	229
18	75	试样		820	480	1080	880	7	30			285	241
19	80	试样		820	480	1080	930	6	30			285	241
20	85	试样		820	480	1130	980	6	30			302	255
21	15Mn	25	920			410	245	26	55			163	
22	20Mn	25	910			450	275	24	50			197	
23	25Mn	25	900	870	600	490	295	22	50	71	88.2	207	
24	30Mn	25	880	860	600	540	315	20	45	63	78.4	217	187
25	35Mn	25	870	850	600	560	335	19	45	55	68.6	229	197
26	40Mn	25	860	840	600	590	355	17	45	47	58.8	229	207
27	45Mn	25	850	840	600	620	375	15	40	39	49	241	217
28	50Mn	25	830	830	600	645	390	13	40	31	39.2	255	217
29	60Mn	25	810			695	410	11	35			269	229
30	65Mn	25	810			735	430	9	30			285	229
31	70Mn	25	790			785	450	8	30			285	229

表 11-16　常用

序号	牌号	密度 ρ/(g/cm³)	弹性模量 E/10³ MPa				切变弹性模量 G/10³ MPa				比热容	
			20℃	100℃	300℃	500℃	20℃	100℃	300℃	500℃	20℃	200℃
1	08	7.83	207	210	156	136 (450℃)	81	—	—	—	—	657 (900℃)
2	10	7.85	210	193 (200℃)	185	175 (400℃)	81	73 (200℃)	70	65 (400℃)	461	523
3	15	7.85	210	193 (200℃)	—	—	81	73 (200℃)	—	—	461	523
4	20	7.85	210	205	185	—	81	76	71	—	469	523
5	25	7.85	202	200	189	167 (400℃)	—	—	—	—	469	481
6	30	7.85	204	200	189	140 (550℃)	—	—	—	—	469	481
7	35	7.85	210	205	185	—	81	76	71	—	481	523
8	40	7.85	213.5	210	198	179.5	—	—	—	—	—	—
9	45	7.85	210	205	185	—	81	76	71	—	461	544
10	50	7.85	220	215	200	180	81	—	—	—	—	481
11	55	7.85	210	194 (200℃)	185	165	81	73 (200℃)	70	65 (400℃)	—	481
12	60	7.85	210	205	185	—	81	76	71	—	490 (100℃)	532
13	65	7.85	210	—	—	—	80	—	—	—	481 (100℃)	486
14	70	7.85	210	194 (200℃)	185	165	81	73 (200℃)	70	65	481 (100℃)	486
15	15Mn	7.82	210	200	185	165	—	—	—	—	469	—
16	20Mn	7.8	210	—	185	175 (400℃)	—	—	—	—	469	—
17	30Mn	7.81	210	195 (200℃)	185	175 (400℃)	81	75 (200℃)	71	67 (400℃)	461	544 (300℃)
18	40Mn	7.82	210	195 (200℃)	185	175 (400℃)	81	75 (200℃)	71	67 (400℃)	461	481
19	50Mn	7.82	204	200	180	153	84.5	83	81	75	—	561 (300℃)
20	60Mn	7.82	211	—	—	208.9	—	—	81.56 (400℃)	82.97	481 (100℃)	486
21	65Mn	7.81	211	—	—	208.9	83.67	—	81.56 (400℃)	82.97	481 (100℃)	486
22	20Mn2	7.85	210	—	185	175 (400℃)	—	—	—	—	586 (900℃)	620 (1100℃)
23	30Mn2	7.80	211	—	—	—	—	—	—	—	—	—
24	35Mn2	7.85	208	—	—	—	—	—	—	—	—	—
25	40Mn2	7.80	—	—	—	—	—	—	—	—	—	
26	45Mn2	7.80	208	—		—	84.4	—	—	—	—	—

钢的物理性能

c/[J/(kg·℃)]		热导率 λ/[W/(m·℃)]					线胀系数 α/(10⁻⁶/℃)					20℃时电阻率/[(Ω·mm²)/m]
400℃	600℃	20℃	100℃	300℃	500℃	700℃	20℃	20～200℃	20～400℃	20～600℃	20～800℃	
670 (1000℃)	—	65.31 (℃)	60.29	54.85	41.03	36.43 (600℃)	—	12.6	13.0	14.6	—	0.110
607	—	58.62	54.43	50.24 (200℃)	43.96 (400℃)	—	9.5	11.8	13.2	—	—	0.110
—	—	58.62	54.43	50.24 (200℃)	—	—	9.5	11.8	—	—	—	0.115
565 (300℃)	—	51.08	50.24	48.15 (200℃)	—	—	9.1	12.1	12.9 (～300℃)	13.9 (～500℃)	—	0.120
536	569	51.08	48.99 (200℃)	42.71 (400℃)	35.59 (600℃)	25.96 (800℃)	—	12.66	13.47	14.41	12.64	0.122
536	569	—	41.87	37.68	29.31 (600℃)	29.31 (900℃)	—	11.89	13.42	14.43	11.33	0.126
607	—	50.24	48.57	46.06 (200℃)	—	—	9.1	11.1 (～100℃)	12.9 (～300℃)	13.5 (～400℃)	13.9 (～500℃)	0.128
—	620 (900℃)	51.92	50.66	45.64	38.10	30.15	—	12.14	13.58	14.58	11.84	0.130
586 (300℃)	—	52.34	52.24	46.06 (200℃)	41.87 (400℃)	31.82	9.1	12.32	13.71	14.67	12.50	0.122
536	569	—	—	—	—	—	10.98 (～100℃)	11.85	12.65 (～300℃)	14.02 (～500℃)	—	0.135
536	569	—	66.99	36.43 (400℃)	31.40	—	—	11.80	13.5	14.6	—	0.125
—	—	—	50.24	41.87	33.49 (600℃)	29.31	11.1 (～100℃)	11.90	13.5	14.6	—	0.127
523	574	—	67.41	52.34 (200℃)	30.56	—	10.74 (50℃)	11.57	13.16	14.20	14.68	—
528	574	—	68.66	43.54	30.15	—	11.1 (～100℃)	12.1	13.5	14.10	—	0.132
—	—	53.59	51.08	44.38	39.78 (400℃)	34.75	12.3 (～100℃)	13.2 (～300℃)	—	14.90	—	—
—	—	53.59	51.08	43.96	34.75	—	12.3 (～100℃)	13.2 (～300℃)	—	14.90	—	—
599	—	—	75.36	52.34	37.97	—	11.0	12.5	13.5	—	—	0.23
490	574	—	59.45	46.89 (400℃)	23.87	—	11.0	12.5	13.5	—	—	0.23
641 (500℃)	703	—	—	37.68	35.59 (400℃)	34.33 (600℃)	—	11.1 (～100℃)	12.9 (～300℃)	14.6	—	—
528	574	—	—	—	—	—	—	11.1 (～100℃)	12.9 (～300℃)	14.6	—	—
528	578	—	—	—	—	—	—	11.1 (～100℃)	12.9 (～300℃)	14.6	—	—
—	—	—	46.06	42.29	37.26	30.98	—	12.1	13.5	14.1	—	—
—	—	—	39.78	36.01	—	—	—	—	—	—	—	—
—	—	—	39.78	36.01	—	—	—	12.1	13.5	14.1	—	—
—	—	—	37.68 (200℃)	37.26	36.01 (400℃)	—	—	11.5 (～100℃)	—	—	—	—
—	—	—	44.38	41.03	35.17	—	11.3 (～100℃)	12.7 (～300℃)	14.7	—	—	—

序号	牌号	密度 ρ/(g/cm³)	弹性模量 $E/10^3$MPa				切变弹性模量 $G/10^3$MPa				比热容	
			20℃	100℃	300℃	500℃	20℃	100℃	300℃	500℃	20℃	200℃
27	50Mn2	7.85	210	195 (200℃)	185	171	80	—	81.5	83.1	461	—
28	20MnV	7.85	210	185 (200℃)	175 (400℃)	165	81	—	—	—	—	—
29	35SiMn	7.85	214	211.5	205	189	84	83	81	73.5	461	—
30	15Cr	7.83	210	195 (200℃)	—	—	81	75 (200℃)	—	—	461	523
31	20Cr	7.83	207	—	—	—	—	—	—	—	—	—
32	30Cr	7.83	218.5	215	201 (200℃)	179.5	85	83	76	66	—	—
33	35Cr	7.85	210	195 (200℃)	185	175 (400℃)	81	75 (200℃)	71	67 (400℃)	461	—
34	40Cr	7.85	210	205	185	175 (400℃)	81	79	71	67 (400℃)	461	—
35	45Cr	7.82	210	—	210.2 (350℃)	210.9	81	—	79.45 (350℃)	80.15	461	—
36	50Cr	7.82	—	—	210.2 (350℃)	210.9	—	—	—	—	—	—
37	38CrSi	7.85	223	220	211	192.5	87	84	80	75	461	—
38	12CrMo	7.85	210.5	—	—	173.7 (450℃)	—	—	—	—	—	—
39	15CrMo	7.85	210	200	185	165	—	—	—	—	486	—
40	20CrMo	7.85	205	200	188 (200℃)	—	79	74	72 (200℃)	—	461	—
41	30CrMo	7.82	219.5	216	205	186	84	83	75.5	66	—	—
42	35CrMo	7.82	210	205	185	—	81	79	71	—	461	—
43	42CrMo	7.85	210	205	185	165	81	79	71	—	461	—
44	12CrMoV	7.80	210	—	—	—	—	—	—	—	—	—
45	35CrMoV	7.84	217	213	203.5	183.5	85.5	83.5	76	68	—	—
46	12Cr1MoV	7.80	—	—	—	—	—	—	—	—	—	—
47	25Cr2MoVA	7.84	210	—	—	—	—	—	—	—	—	—
48	25Cr2Mo1VA	7.85	221	215	204	190	—	—	—	—	—	—
49	20Cr3MoWVA	7.85	210	—	185	165	—	—	—	—	628	—
50	38CrMoAl	7.72	203	—	—	—	—	—	—	—	—	—
51	20CrV	7.8	210	—	185	175	—	—	—	—	—	—
52	40CrV	7.85	210	195 (200℃)	185	175 (400℃)	81	75 (200℃)	71	67 (400℃)	—	—
53	50CrVA	7.85	210	195 (200℃)	185	175 (400℃)	83	—	—	—	461	—

（续）

c/[J/(kg·℃)]		热导率 λ/[W/(m·℃)]					线胀系数 α/(10^{-6}/℃)					20℃时电阻率/[(Ω·mm^2)/m]
400℃	600℃	20℃	100℃	300℃	500℃	700℃	20℃	20～200℃	20～400℃	20～600℃	20～800℃	
—	—	—	40.61	37.68	35.17	—	11.3 (～100℃)	12.2	14.2 (～300℃)	15.4	—	—
—	—	41.87	—	—	—	—	11.1 (～100℃)	12.1	13.5 (～450℃)	14.1	—	—
—	—	—	45.22 (200℃)	42.71	41.03 (400℃)	36.43 (600℃)	11.5 (～100℃)	12.6	14.1	14.6	—	—
—	—	43.96	41.87	39.78 (200℃)	—	—	11.3 (～100℃)	11.6	13.2	14.2	—	0.16
—	—	—	—	—	—	—	11.3 (～100℃)	11.6	13.2	14.2	—	—
—	—	—	46.06	38.94	35.59 (400℃)	—	—	11.8～12.1	13.7	14.1	—	—
—	—	43.12	—	—	—	—	11.0 (～100℃)	12.5	13.5	—	—	0.19
—	—	41.87	40.19	33.49	31.82 (400℃)	—	11.0 (～100℃)	12.5	13.5	—	—	0.19
—	—	—	—	—	—	—	12.8 (～100℃)	13.0	13.8 (～300℃)	—	—	—
—	—	—	—	—	—	—	12.8 (～100℃)	—	13.8 (～300℃)	—	—	—
—	—	—	36.84 (200℃)	35.59	34.75 (400℃)	33.49 (600℃)	11.7 (～100℃)	12.7	14.0	14.8	—	—
—	—	—	50.24	48.57 (400℃)	46.89	43.96	11.2 (～100℃)	12.5	12.9	13.5	13.8 (～700℃)	—
—	—	53.59	51.08	44.38	34.75	—	11.1 (～100℃)	12.1	13.5	14.1	—	—
—	—	43.96	41.87	39.78 (200℃)	—	—	11.0 (～100℃)	12.0	—	—	—	0.16
—	—	—	35.59	32.66	30.98	—	12.3 (～100℃)	12.5	13.9	14.6	—	—
—	—	—	40.61	38.52	37.26 (400℃)	—	12.3 (～100℃)	12.6	13.9	14.6	—	0.18
—	—	41.87	—	—	—	—	11.1 (～100℃)	12.1	13.5	14.1	—	0.19
—	—	45.64	—	—	—	—	10.8 (～100℃)	11.8	12.8	13.6	13.8 (～700℃)	—
—	—	—	41.87	41.03	40.61 (400℃)	—	11.8 (～100℃)	12.5	13.0	13.7	14.0 (～700℃)	—
—	—	35.59	35.59	35.17	32.24	30.56 (600℃)	10.8 (～100℃)	11.8	12.8	13.6	13.8 (～700℃)	—
—	—	—	41.87	41.03	41.03	—	11.3 (～100℃)	11.4～12.7	13.9	14～14.6	—	—
—	—	—	27.21	21.77	19.26	17.17 (600℃)	12.5 (～100℃)	12.9	13.7	14.7	—	—
—	—	38.52	35.59	31.40	29.73	28.89	—	—	12.3	13.8	—	0.34
—	—	—	—	—	—	—	12.3 (～100℃)	13.1	13.5	13.8	—	—
—	—	39.78	—	—	—	—	12 (～100℃)	12.5	13	13.7	—	—
—	—	—	52.34	45.22	41.87 (400℃)	—	11 (～100℃)	—	12.9 (300℃)	14.5	—	—
—	—	46.06	—	—	—	—	11.3 (～100℃)	12.4	12.9	17.35	—	0.19

序号	牌号	密度 ρ/(g/cm³)	弹性模量 E/10³MPa				切变弹性模量 G/10³MPa				比热容	
			20℃	100℃	300℃	500℃	20℃	100℃	300℃	500℃	20℃	200℃
54	15CrMn	7.85	210	188 (200℃)	—	—	81	72 (200℃)	—	—	461	—
55	20CrMn	7.85	210	188 (200℃)	—	—	81	72 (200℃)	—	—	461	—
56	30CrMnSi	7.75	215.8	212	203	—	—	—	—	—	473	582
57	20CrMnTi	7.8	—	—	—	—	—	—	—	—	—	—
58	40CrNi	7.82	—	—	—	—	—	—	—	—	—	—
59	45CrNi	7.82	—	—	—	—	—	—	—	—	—	—
60	50CrNi	7.82	—	—	—	—	—	—	—	—	—	—
61	12CrNi2	7.88	—	—	—	—	—	—	—	—	452 (58℃)	—
62	12CrNi3	7.88	204	—	—	—	—	—	—	—	—	—
63	30CrNi3	7.83	212	210	202	184	83	—	—	—	465 (34℃)	544 (204℃)
64	37CrNi	7.8	199		—	—	—	—	—	—	—	—
65	12Cr2Ni4	7.84	204	—	—	—	—	—	—	—	—	—
66	40CrNiMoA	7.85	204	—	—	—	—	—	—	—	419	—
67	18Cr2Ni4WA	7.94	204	—	168	142	86.30	—	—	—	486 (70℃)	515 (230℃)
68	25Cr2Ni4WA	7.9	200	—	—	—	—	—	—	—	465 (70℃)	—
69	20CrNi3	7.88	204	—	—	—	81.5	—	—	—	—	—
70	W18Cr4V	8.7	—	—	—	—	—	—	—	—	472 (50℃)	494
71	W6Mo5Cr4V2	8.16	218	—	—	—	—	—	—	—	—	—
72	W14Cr4VMnRE	8.4	—	—	—	—	—	—	—	—	—	—
73	W2Mo9Cr4V2	7.92		—	—	—	—	—	—	—	—	—
74	W12Cr4V5Co5	8.16	217		—	—	—	—	—	—	—	—
75	FN12CrV5Co5	8.19	222	—	—	—	—	—	—	—	—	—
76	W2Mo9Cr4VCo8	7.9	210	—	—	—	84	—	—	—	—	—

（续）

c/[J/(kg·℃)]		热导率 λ/[W/(m·℃)]					线胀系数 α/(10⁻⁶/℃)					20℃时电阻率/[(Ω·mm²)/m]
400℃	600℃	20℃	100℃	300℃	500℃	700℃	20℃	20~200℃	20~400℃	20~600℃	20~800℃	
—	—	41.87	39.78	37.68 (200℃)	—	—	11 (~100℃)	12	—	—	—	0.16
—	—	41.87	39.78	37.68 (200℃)	—	—	11 (~100℃)	12	—	—	—	0.16
699	841	27.63	29.31	30.56	29.52	27.21	11 (~100℃)	11.72	13.62	14.22	13.43	0.21
—	—	—	—	—	—	—	—	11.7	13.7	14.4	14.5 (~700℃)	—
—	—	46.06	44.80	41.03	39.36 (400℃)	—	11.9 (~100℃)	13.4	14.1	14.9	15.1 (~700℃)	—
—	—	—	44.80	41.03	39.36 (400℃)	—	11.8 (~100℃)	12.3	13.4	14.0	—	—
—	—	—	—	—	—	—	11.8 (~100℃)	12.3	13.4	14.0	—	—
691 (490℃)	720 (920℃)	21.77 (135℃)	23.87 (125℃)	30.15 (230℃)	30.98 (480℃)	25.54 (760℃)	12.6 (~100℃)	13.8	14.8	14.3	—	—
657 (380℃)	645 (425℃)	30.98 (60℃)	—	—	25.54 (500℃)	21.35 (750℃)	11.8 (~100℃)	13.0	14.7	15.6	—	—
641 (512℃)	—	—	37.68 (200℃)	36.01 (300℃)	34.75 (400℃)	32.66 (600℃)	11.6 (~100℃)	13.2	13.4	13.5	—	—
—	—	34.33	—	—	—	—	11.8 (~100℃)		12.8 (~300℃)	—	—	—
657 (380℃)	645 (425℃)	30.98 (60℃)	—	—	25.54	20.93 (750℃)	11.8 (~100℃)	13.0	14.7	15.6	—	—
—	—	—	46.06	41.87	37.68	—		11.4	14.0	14.7	15.0 (~700℃)	—
775 (530℃)	724 (900℃)	23.86 (70℃)	25.12 (230℃)	—	28.05 (530℃)	24.28 (900℃)	14.5 (~100℃)	14.5	14.3	14.2	—	—
754 (535℃)	825 (900℃)	27.21 (40℃)	—	25.96 (200℃)	25.54	23.03 (950℃)	10.7 (~100℃)	13.1	14.6	13.2	—	—
657 (380℃)	645 (425℃)	30.98 (60℃)	—	—	25.54	21.35 (750℃)	11.8 (~100℃)	13.0	14.7	15.6	—	—
758 (600℃)	188 (900℃)	27.21	25.95	—	25.95	25.12	10.4 (0℃)	11.9	13.4	15.3		0.42
—	—	19.34	22.19	2675	27.68	—	—	9.44	10.36	11.49	—	0.46
—	—	—	—	—	—	—						
—	—	—	—	—	—	—	11.1	11.4	12.6	—	—	
—	—	—	—	—	—	—	—	10.6 (38~260℃)	11.4 (38~427℃)	11.8 (38~540℃)	—	
	—						—	10.5 (28~360℃)	10.9 (28~350℃)	11.2 (28~540℃)	—	
—	—	—	—	—	—	—	—	—	—	—	—	

11.2.1.3　低合金高强度结构钢（GB/T 1591—2008，表11-17、表11-18）

表11-17　低合金高强度结构钢的牌号及化学成分（GB/T 1591—2008）

牌号	质量等级	化学成分(质量分数)(%)														
		C	Si	Mn	P	S	Nb	V	Ti	Cr	Ni	Cu	N	Mo	B	Als①
		≤														≥
Q345	A	≤0.20	≤0.50	≤1.70	0.035	0.035	0.07	0.15	0.20	0.30	0.50	0.30	0.012	0.10	—	—
	B				0.035	0.035										
	C				0.030	0.030										0.015
	D	≤0.18			0.030	0.025										
	E				0.025	0.020										
Q390	A	≤0.20	≤0.50	≤1.70	0.035	0.035	0.07	0.20	0.20	0.30	0.50	0.30	0.015	0.10	—	—
	B				0.035	0.035										
	C				0.030	0.030										0.015
	D				0.030	0.025										
	E				0.025	0.020										
Q420	A	≤0.20	≤0.50	≤1.70	0.035	0.035	0.07	0.20	0.20	0.30	0.80	0.30	0.015	0.20	—	—
	B				0.035	0.035										
	C				0.030	0.030										0.015
	D				0.030	0.025										
	E				0.025	0.020										
Q460	C	≤0.20	≤0.60	≤1.80	0.030	0.030	0.11	0.20	0.20	0.30	0.80	0.55	0.015	0.20	0.004	0.015
	D				0.030	0.025										
	E				0.025	0.020										
Q500	C	≤0.18	≤0.60	≤1.80	0.030	0.030	0.11	0.12	0.20	0.60	0.80	0.55	0.015	0.20	0.004	0.015
	D				0.030	0.025										
	E				0.025	0.020										
Q550	C	≤0.18	≤0.60	≤2.00	0.030	0.030	0.11	0.12	0.20	0.80	0.80	0.80	0.015	0.30	0.004	0.015
	D				0.030	0.025										
	E				0.025	0.020										
Q620	C	≤0.18	≤0.60	≤2.00	0.030	0.030	0.11	0.12	0.20	1.00	0.80	0.80	0.015	0.30	0.004	0.015
	D				0.030	0.025										
	E				0.025	0.020										
Q690	C	≤0.18	≤0.60	≤2.00	0.030	0.030	0.11	0.12	0.20	1.00	0.80	0.80	0.015	0.30	0.004	0.015
	D				0.030	0.025										
	E				0.025	0.020										

注：1. 型材及棒材P、S的质量分数可提高0.005%，其中A级钢上限可为0.045%。

2. 当细化晶粒元素组合加入时，20（Nb+V+Ti）≤0.22%（质量分数），20（Mo+Cr）≤0.30%（质量分数）。

① Als指钢中的酸溶铝含量。

表 11-18　低合金高强度结构钢的拉伸性能（GB/T 1591—2008）

牌号	质量等级	拉伸试验																					
		以下公称厚度（直径或边长）的下屈服强度 R_{eL}/（N/mm²）									以下公称厚度（直径或边长）的抗拉强度 R_m/（N/mm²）							以下公称厚度（直径或边长）的断后伸长率 A（%）					
		≤16mm	>16~40mm	>40~63mm	>63~80mm	>80~100mm	>100~150mm	>150~200mm	>200~250mm	>250~400mm	≤40mm	>40~63mm	>63~80mm	>80~100mm	>100~150mm	>150~250mm	>250~400mm	≤40mm	>40~63mm	>63~100mm	>100~150mm	>150~250mm	>250~400mm
Q345	A	≥345	≥335	≥325	≥315	≥305	≥285	≥275	≥265	—	470~630	470~630	470~630	470~630	450~600	450~600	—	≥20	≥19	≥19	≥18	≥17	—
	B																						
	C																	≥21	≥20	≥20	≥19	≥18	
	D									≥265							450~600						≥17
	E																						
Q390	A	≥390	≥370	≥350	≥330	≥330	≥310	—	—	—	490~650	490~650	490~650	490~650	470~620	—	—	≥20	≥19	≥19	≥18	—	—
	B																						
	C																						
	D																						
	E																						
Q420	A	≥420	≥400	≥380	≥360	≥360	≥340	—	—	—	520~680	520~680	520~680	520~680	500~650	—	—	≥19	≥18	≥18	≥18	—	—
	B																						
	C																						
	D																						
	E																						
Q460	C	≥460	≥440	≥420	≥400	≥400	≥380	—	—	—	550~720	550~720	550~720	550~720	530~700	—	—	≥17	≥16	≥16	≥16	—	—
	D																						
	E																						

（续）

牌号	质量等级	拉伸试验																					
		以下公称厚度（直径或边长）的下屈服强度 R_{eL}/(N/mm²)									以下公称厚度（直径或边长）的抗拉强度 R_m/(N/mm²)							以下公称厚度（直径或边长）的断后伸长率 A(%)					
		≤16mm	>16～40mm	>40～63mm	>63～80mm	>80～100mm	>100～150mm	>150～200mm	>200～250mm	>250～400mm	≤40mm	>40～63mm	>63～80mm	>80～100mm	>100～150mm	>150～250mm	>250～400mm	≤40mm	>40～63mm	>63～100mm	>100～150mm	>150～250mm	>250～400mm
Q500	C																						
	D	≥500	≥480	≥470	≥450	≥440	—	—	—	—	610～770	600～760	590～750	540～730	—	—	—	≥17	≥17	≥17	—	—	—
	E																						
Q550	C																						
	D	≥550	≥530	≥520	≥500	≥490	—	—	—	—	670～830	620～810	600～790	590～780	—	—	—	≥16	≥16	≥16	—	—	—
	E																						
Q620	C																						
	D	≥620	≥600	≥590	≥570	—	—	—	—	—	710～880	690～880	670～860	—	—	—	—	≥15	≥15	≥15	—	—	—
	E																						
Q690	C																						
	D	≥690	≥670	≥660	≥640	—	—	—	—	—	770～940	750～920	730～900	—	—	—	—	≥14	≥14	≥14	—	—	—
	E																						

注：1. 当屈服不明显时，可测量 $R_{p0.2}$ 代替下屈服强度。

2. 宽度不小于 600mm 扁平材，拉伸试验取横向试样；宽度小于 600mm 的扁平材、型材及棒材取纵向试样，断后伸长率最小值相应提高 1%（绝对值）。

3. 厚度 >250～400mm 的数值适用于扁平材。

11.2.1.4　合金结构钢（GB/T 3077—1999，表 11-19、表 11-20）

表 11-19　合金结构钢的牌号和化学成分（GB/T 3077—1999）

钢组号	钢组	序号	牌号	化学成分(质量分数)(%)										
				C	Si	Mn	Mo	W	Cr	Ni	V	Ti	B	其他
(1)	Mn	1	20Mn2	0.17～0.24	0.17～0.37	1.40～1.80								
		2	30Mn2	0.27～0.34	0.17～0.37	1.40～1.80								
		3	35Mn2	0.32～0.39	0.17～0.37	1.40～1.80								
		4	40Mn2	0.37～0.44	0.17～0.37	1.40～1.80								
		5	45Mn2	0.42～0.49	0.17～0.37	1.40～1.80								
		6	50Mn2	0.47～0.55	0.17～0.37	1.40～1.80								
(2)	MnV	7	20MnV	0.17～0.24	0.17～0.37	1.30～1.60					0.07～0.12			
(3)	MnMoW	8	30Mn2MoW（旧牌号）	0.27～0.34	0.17～0.37	1.70～2.00	0.40～0.50	0.60～1.00						
(4)	SiMn	9	27SiMn	0.24～0.32	1.10～1.40	1.10～1.40								
		10	35SiMn	0.32～0.40	1.10～1.40	1.10～1.40								
		11	42SiMn	0.39～0.45	1.10～1.40	1.10～1.40								
(5)	SiMnMoV	12	20SiMn2MoV	0.17～0.23	0.90～1.20	2.20～2.60	0.30～0.40				0.05～0.12			
		13	25SiMn2MoV	0.22～0.28	0.90～1.20	2.20～2.60	0.30～0.40				0.05～0.12			
		14	37SiMn2MoV	0.33～0.39	0.60～0.90	1.60～1.90	0.40～0.50				0.05～0.12			
(6)	B	15	40B	0.37～0.44	0.17～0.37	0.60～0.90							0.0005～0.0035	
		16	45B	0.42～0.49	0.17～0.37	0.60～0.90							0.0005～0.0035	
		17	50B	0.47～0.55	0.17～0.37	0.60～0.90							0.0005～0.0035	
(7)	MnB	18	40MnB	0.37～0.44	0.17～0.37	1.10～1.40							0.0005～0.0035	
		19	45MnB	0.42～0.49	0.17～0.37	1.10～1.40							0.0005～0.0035	
		20	20Mn2B（旧牌号）	0.17～0.24	0.17～0.37	1.50～1.80							0.0005～0.0035	
(8)	MnMoB	21	20MnMoB	0.16～0.22	0.17～0.37	0.90～1.20	0.20～0.30						0.0005～0.0035	
(9)	MnVB	22	15MnVB	0.12～0.18	0.17～0.37	1.20～1.60					0.07～0.12		0.0005～0.0035	

（续）

钢组号	钢组	序号	牌号	化学成分(质量分数)(%)										
				C	Si	Mn	Mo	W	Cr	Ni	V	Ti	B	其他
(9)	MnVB	23	20MnVB	0.17~0.23	0.17~0.37	1.20~1.60					0.07~0.12		0.0005~0.0035	
		24	40MnVB	0.37~0.44	0.17~0.37	1.10~1.40					0.05~0.10		0.0005~0.0035	
(10)	MnTiB	25	20MnTiB	0.17~0.24	0.17~0.37	1.30~1.60						0.04~0.10	0.0005~0.0035	
		26	25MnTiBRE	0.22~0.28	0.20~0.45	1.30~1.60						0.04~0.10	0.0005~0.0035	RE(加入量)0.05
(11)	SiMnVB	27	20SiMnVB（旧牌号）	0.17~0.24	0.50~0.80	1.30~1.60					0.07~0.12		0.0005~0.0035	
(12)	Cr	28	15Cr	0.12~0.18	0.17~0.37	0.40~0.70			0.70~1.00					
		29	15CrA	0.12~0.17	0.17~0.37	0.40~0.70			0.70~1.00					
		30	20Cr	0.17~0.24	0.17~0.37	0.50~0.80			0.70~1.00					
		31	30Cr	0.27~0.34	0.17~0.37	0.50~0.80			0.80~1.10					
		32	35Cr	0.32~0.39	0.17~0.37	0.50~0.80			0.80~1.10					
		33	40Cr	0.37~0.44	0.17~0.37	0.50~0.80			0.80~1.10					
		34	45Cr	0.42~0.49	0.17~0.37	0.50~0.80			0.80~1.10					
		35	50Cr	0.47~0.54	0.17~0.37	0.50~0.80			0.80~1.10					
(13)	CrSi	36	38CrSi	0.35~0.43	1.00~1.30	0.30~0.60			1.30~1.60					
(14)	CrMo	37	12CrMo	0.08~0.15	0.17~0.37	0.40~0.70	0.40~0.55		0.40~0.70					
		38	15CrMo	0.12~0.18	0.17~0.37	0.40~0.70	0.40~0.55		0.80~1.10					
		39	20CrMo	0.17~0.24	0.17~0.37	0.40~0.70	0.15~0.25		0.80~1.10					
		40	30CrMo	0.26~0.34	0.17~0.37	0.40~0.70	0.15~0.25		0.80~1.10					
		41	30CrMoA	0.26~0.33	0.17~0.37	0.40~0.70	0.15~0.25		0.80~1.10					
		42	35CrMo	0.32~0.40	0.17~0.37	0.40~0.70	0.15~0.25		0.80~1.10					
		43	42CrMo	0.38~0.45	0.17~0.37	0.50~0.80	0.15~0.25		0.90~1.20					
(15)	CrMoV	44	12CrMoV	0.08~0.15	0.17~0.37	0.40~0.70	0.25~0.35		0.30~0.60		0.15~0.30			

（续）

钢组号	钢组	序号	牌号	化学成分（质量分数）（%）										
				C	Si	Mn	Mo	W	Cr	Ni	V	Ti	B	其他
（15）	CrMoV	45	35CrMoV	0.30～0.38	0.17～0.37	0.40～0.70	0.20～0.30		1.00～1.30		0.10～0.20			
		46	12Cr1MoV	0.08～0.15	0.17～0.37	0.40～0.70	0.25～0.35		0.90～1.20		0.15～0.30			
		47	25Cr2MoVA	0.22～0.29	0.17～0.37	0.40～0.70	0.25～0.35		1.50～1.80		0.15～0.30			
		48	25Cr2Mo1VA	0.22～0.29	0.17～0.37	0.50～0.80	0.90～1.10		2.10～2.50		0.30～0.50			
（16）	CrMoWV	49	20Cr3MoWVA（旧牌号）	0.17～0.24	0.17～0.37	0.30～0.60	0.35～0.50	0.30～0.60	2.60～3.00		0.70～0.90			Al0.70～1.10
（17）	CrMoAl	50	38CrMoAl	0.35～0.42	0.20～0.45	0.30～0.60	0.15～0.25		1.35～1.65					
（18）	CrV	51	20CrV（旧牌号）	0.17～0.23	0.17～0.37	0.50～0.80			0.80～1.10		0.10～0.20			
		52	40CrV	0.37～0.44	0.17～0.37	0.50～0.80			0.80～1.10		0.10～0.20			
		53	50CrVA	0.47～0.54	0.17～0.37	0.50～0.80			0.80～1.10		0.10～0.20			
（19）	CrMn	54	15CrMn	0.12～0.18	0.17～0.37	1.10～1.40			0.40～0.70					
		55	20CrMn	0.17～0.23	0.17～0.37	0.90～1.20			0.90～1.20					
		56	40CrMn	0.37～0.45	0.17～0.37	0.90～1.20			0.90～1.20					
（20）	CrMnSi	57	20CrMnSi	0.17～0.23	0.90～1.20	0.80～1.10			0.80～1.10					
		58	25CrMnSi	0.22～0.28	0.90～1.20	0.80～1.10			0.80～1.10					
		59	30CrMnSi	0.27～0.34	0.90～1.20	0.80～1.10			0.80～1.10					
		60	30CrMnSiA	0.28～0.34	0.90～1.20	0.80～1.10			0.80～1.10					
		61	35CrMnSiA	0.32～0.39	1.10～1.40	0.80～1.10			1.10～1.40					
（21）	CrMnMo	62	20CrMnMo	0.17～0.23	0.17～0.37	0.90～1.20	0.20～0.30		1.10～1.40					
		63	40CrMnMo	0.37～0.45	0.17～0.37	0.90～1.20	0.20～0.30		0.90～1.20					
（22）	CrMnTi	64	20CrMnTi	0.17～0.23	0.17～0.37	0.80～1.10			1.00～1.30			0.04～0.10		
		65	30CrMnTi	0.24～0.32	0.17～0.37	0.80～1.10			1.00～1.30			0.04～0.10		
（23）	CrNi	66	20CrNi	0.17～0.23	0.17～0.37	0.40～0.70			0.45～0.75	1.00～1.40				

（续）

钢组号	钢组	序号	牌号	化学成分(质量分数)(%)										
				C	Si	Mn	Mo	W	Cr	Ni	V	Ti	B	其他
(23)	CrNi	67	40CrNi	0.37~0.44	0.17~0.37	0.50~0.80			0.45~0.75	1.00~1.40				
		68	45CrNi	0.42~0.49	0.17~0.37	0.50~0.80			0.45~0.75	1.00~1.40				
		69	50CrNi	0.47~0.54	0.17~0.37	0.50~0.80			0.45~0.75	1.00~1.40				
		70	12CrNi2	0.10~0.17	0.17~0.37	0.30~0.60			0.60~0.90	1.50~1.90				
		71	12CrNi3	0.10~0.17	0.17~0.37	0.30~0.60			0.60~0.90	2.75~3.15				
		72	20CrNi3	0.17~0.24	0.17~0.37	0.30~0.60			0.60~0.90	2.75~3.15				
		73	30CrNi3	0.27~0.33	0.17~0.37	0.30~0.60			0.60~0.90	2.75~3.15				
		74	37CrNi3	0.34~0.41	0.17~0.37	0.30~0.60			1.20~1.60	3.00~3.50				
		75	12Cr2Ni4	0.10~0.16	0.17~0.37	0.30~0.60			1.25~1.65	3.25~3.65				
		76	20Cr2Ni4	0.17~0.23	0.17~0.37	0.30~0.60			1.25~1.65	3.25~3.65				
(24)	CrNiMo	77	20CrNiMo	0.17~0.23	0.17~0.37	0.60~0.95	0.20~0.30		0.40~0.70	0.35~0.75				
		78	40CrNiMoA	0.37~0.44	0.17~0.37	0.50~0.80	0.15~0.25		0.60~0.90	1.25~1.65				
(25)	CrNiMoV	79	45CrNiMoVA	0.42~0.49	0.17~0.37	0.50~0.80	0.20~0.30		0.80~1.10	1.30~1.80	0.10~0.20			
(26)	CrNiW	80	18Cr2Ni4WA	0.13~0.19	0.17~0.37	0.30~0.60		0.80~1.20	1.35~1.65	4.00~4.50				
		81	25Cr2Ni4WA	0.21~0.28	0.17~0.37	0.30~0.60		0.80~1.20	1.35~1.65	4.00~4.50				

注：钢中硫、磷含量及残余铜、铬、镍含量应符合下列规定：

钢类	化学成分(质量分数)(%)				
	P	S	Cu	Cr	Ni
	≤				
优质钢	0.035	0.035	0.30	0.30	0.30
高级优质钢	0.025	0.025	0.25	0.30	0.30
特级优质钢	0.025	0.015	0.25	0.30	0.30

表 11-20　合金结构钢的力学性能（GB/T 3077—1999）

钢组	序号	牌号	试样毛坯直径/mm	热处理					力学性能						钢材退火或高温回火供应状态布氏硬度 HBW ≤
				淬火			回火		抗拉强度 R_m /MPa	屈服强度 R_{eL} /MPa	伸长率 A (%)	断面收缩率 Z (%)	冲击吸收能量 K/J	冲击韧度 a_K/ (J/cm²)	
				温度/°C 第一次淬火	温度/°C 第二次淬火	冷却介质	温度/°C	冷却介质	≥						
Mn	1	20Mn2	15	850	—	水、油	200	水、空	785	590	10	40	47	58.8	187
	2	30Mn2	25	840	—	水	500	水	785	635	12	45	63	78.4	207
	3	35Mn2	25	840	—	水	500	水	835	685	12	45	55	68.6	207
	4	40Mn2	25	840	—	水	540	水	885	735	12	45	55	68.6	217
	5	45Mn2	25	840	—	油	550	水、油	885	735	10	45	47	58.8	217
	6	50Mn2	25	820	—	油	550	水、油	930	785	9	40	39	49.0	229
MnV	7	20MnV	15	880	—	水、油	200	水、空	785	590	10	40	55	68.6	187
MnMoW	8	30Mn2MoW（旧牌号）	25	900	—	油	610	水、油	980	835	12	50	71	88.2	269
SiMn	9	27SiMn	25	920	—	水	450	水、油	980	835	12	40	39	49.0	217
	10	35SiMn	25	900	—	水	570	水、油	885	735	15	45	47	58.8	229
	11	42SiMn	25	880	—	水	590	水	885	735	15	40	47	58.8	229
SiMnMoV	12	20SiMn2MoV	试样	900	—	油	200	水、空	1375	—	10	45	55	68.6	269
	13	25SiMn2MoV	试样	900	—	油	200	水、空	1470	—	10	40	47	58.8	269
	14	37SiMn2MoV	25	870	—	水、油	650	水、空	980	835	12	50	63	78.4	269
B	15	40B	25	840	—	水	550	水	785	635	12	45	55	68.6	207
	16	45B	25	840	—	水	550	水	835	685	12	45	47	58.8	217
	17	50B	20	840	—	油	600	空	785	540	10	45	39	49.0	207
MnB	18	40MnB	25	850	—	油	500	水、油	980	785	10	45	47	58.8	207
	19	45MnB	25	840	—	油	500	水、油	1030	835	9	40	39	49.0	217
	20	20Mn2B（旧牌号）	15	880	—	油	200	水、空	980	785	10	45	55	68.6	187

（续）

钢组	序号	牌号	试样毛坯直径/mm	热处理 淬火 温度/°C 第一次淬火	热处理 淬火 温度/°C 第二次淬火	淬火 冷却介质	回火 温度/°C	回火 冷却介质	抗拉强度 R_m/MPa ≥	屈服强度 R_{eL}/MPa ≥	伸长率 A（%）≥	断面收缩率 Z（%）≥	冲击吸收能量 K/J ≥	冲击韧度 a_K/(J/cm^2) ≥	钢材退火或高温回火供应状态布氏硬度 HBW ≤
MnMoB	21	20MnMoB	15	880	—	油	200	油、空	1080	885	10	50	55	68.6	207
MnVB	22	15MnVB	15	860	—	油	200	水、空	885	635	10	45	55	68.6	207
	23	20MnVB	15	860	—	油	200	水、空	1080	885	10	45	55	68.6	207
	24	40MnVB	25	850	—	油	520	水、油	980	785	10	45	47	58.8	207
MnTiB	25	20MnTiB	15	860	—	油	200	水、空	1130	930	10	45	55	68.6	187
	26	25MnTiBRE	试样	860	—	油	200	水、空	1375	—	10	40	47	58.8	229
SiMnVB	27	20SiMnVB（旧牌号）	15	900	—	油	200	水、空	1175	980	10	45	55	68.6	207
Cr	28	15Cr	15	880	780～820	水、油	200	水、空	735	490	11	45	55	68.6	179
	29	15CrA	15	880	770～820	水、油	180	油、空	685	490	12	45	55	68.6	179
	30	20Cr	15	880	780～820	水、油	200	水、空	835	540	10	40	47	58.8	179
	31	30Cr	25	860	—	油	500	水、油	885	685	11	45	47	58.8	187
	32	35Cr	25	860	—	油	500	水、油	930	735	11	45	47	58.8	207
	33	40Cr	25	850	—	油	520	水、油	980	785	9	45	47	58.8	207
	34	45Cr	25	840	—	油	520	水、油	1030	835	9	40	39	49.0	217
	35	50Cr	25	830	—	油	520	水、油	1080	930	9	40	39	49.0	229
CrSi	36	38CrSi	25	900	—	油	600	水、油	980	835	12	50	55	68.6	255
CrMo	37	12CrMo	30	900	—	空	650	空	410	265	24	60	110	137.2	179
	38	15CrMo	30	900	—	空	650	空	440	295	22	60	94	117.6	179
	39	20CrMo	15	880	—	水、油	500	水、油	885	685	12	50	78	98.0	197
	40	30CrMo	25	880	—	水、油	540	水、油	930	785	12	50	63	78.4	229

（续）

钢组	序号	牌号	试样毛坯直径/mm	热处理					力学性能						钢材退火或高温回火供应状态布氏硬度 HBW ≤
				淬火			回火		抗拉强度 R_m /MPa	屈服强度 R_{eL} /MPa	伸长率 A (%)	断面收缩率 Z (%)	冲击吸收能量 K/J	冲击韧度 a_K/(J/cm²)	
				温度/°C 第一次淬火	温度/°C 第二次淬火	冷却介质	温度/°C	冷却介质	≥						
CrMo	41	30CrMoA	15	880	—	油	540	水、油	930	735	12	50	71	88.2	229
	42	35CrMo	25	850	—	油	550	水、油	980	835	12	45	63	78.4	229
	43	42CrMo	25	850	—	油	560	水、油	1080	930	12	45	63	78.4	217
CrMoV	44	12CrMoV	30	970	—	空	750	空	440	225	22	50	78	98.0	241
	45	35CrMoV	25	900	—	油	630	水、油	1080	930	10	50	71	88.2	241
	46	12Cr1MoV	30	970	—	空	750	空	490	245	22	50	71	88.2	179
	47	25Cr2MoVA	25	900	—	油	640	空	930	785	14	55	63	78.4	241
	48	25Cr2Mo1VA	25	1040	—	空	700	空	735	590	16	50	47	58.8	241
CrMoWV	49	20Cr3MoWVA（旧牌号）	25	1050	—	空、油	720	水、油	785	635	14	40	55	68.6	229
CrMoAl	50	38CrMoAl	30	940	—	水、油	640	水、油	980	835	14	50	71	88.2	229
CrV	51	20CrV（旧牌号）	15	880	800	水、油	200	水、空	835	590	12	45	55	68.6	197
	52	40CrV	25	880	—	油	650	水、油	885	735	10	50	71	88.2	241
	53	50CrVA	25	860	—	油	500	水、油	1275	1130	10	40	—	—	255
CrMn	54	15CrMn	15	880	—	油	200	水、空	785	590	12	50	47	58.8	179
	55	20CrMn	15	850	—	油	200	水、空	930	735	10	45	47	58.8	187
	56	40CrMn	25	840	—	油	550	水、油	980	835	9	45	47	58.8	229
CrMnSi	57	20CrMnSi	25	880	—	油	480	水、油	785	635	12	45	55	68.6	207
	58	25CrMnSi	25	880	—	油	480	水、油	1080	885	10	40	39	49.0	217
	59	30CrMnSi	25	880	—	油	520	水、油	1080	885	10	45	39	49.0	229
	60	30CrMnSiA	25	880	—	油	540	水、油	1080	835	10	45	39	49.0	229

（续）

钢组	序号	牌号	试样毛坯直径/mm	热处理					力学性能						钢材退火或高温回火供应状态布氏硬度HBW ≤
				淬火			回火		抗拉强度 R_m /MPa	屈服强度 R_{eL} /MPa	伸长率 A（%）	断面收缩率 Z（%）	冲击吸收能量 K/J	冲击韧度 a_K/（J/cm^2）	
				温度/°C		冷却介质	温度/°C	冷却介质	≥						
				第一次淬火	第二次淬火										
CrMnSi	61	35CrMnSiA	试样	880 于 280 ~ 310 等温淬火			—	—	1620	1275	9	40	31	39.2	241
			试样	950	890	油	230	空、油	1620	1275	9	40	31	39.2	241
CrMnMo	62	20CrMnMo	15	850	—	油	200	水、空	1175	885	10	45	55	68.6	217
	63	40CrMnMo	25	850	—	油	600	水、油	980	785	10	45	63	78.4	217
CrMnTi	64	20CrMnTi	15	880	870	油	200	水、空	1080	835	10	45	55	78.4	217
	65	30CrMnTi	试样	880	850	油	200	水、空	1470	—	9	40	47	58.8	229
CrNi	66	20CrNi	25	850	—	水、油	460	水、油	785(80)	590(60)	10	50	63	78.4	197
	67	40CrNi	25	820	—	油	500	水、油	980(100)	785(80)	10	45	55	68.6	241
	68	45CrNi	25	820	—	油	530	水、油	980(100)	785(80)	10	45	55	68.6	255
	69	50CrNi	25	820	—	油	500	水、油	1080(110)	835(85)	8	40	39	49.0	255
	70	12CrNi2	15	860	780	水、油	200	水、空	785(80)	590(60)	12	50	63	78.4	207
	71	12CrNi3	15	860	780	油	200	水、空	930(95)	685(70)	11	50	71	88.2	217
	72	20CrNi3	25	830	—	水、油	480	水、油	930(95)	735(75)	11	55	78	98.0	241
	73	30CrNi3	25	820	—	油	500	水、油	980(100)	785(80)	9	45	63	78.4	241
	74	37CrNi3	25	820	—	油	500	水、油	1130(115)	980(100)	10	50	47	58.8	269
	75	12Cr2Ni4	15	860	780	油	200	水、空	1080(110)	835(85)	10	50	71	88.2	269
	76	20Cr2Ni4	15	880	780	油	200	水、空	1175(120)	1080(110)	10	45	63	78.4	269
CrNiMo	77	20CrNiMo	15	850	—	油	200	空	980(100)	785	9	40	47	58.8	197
	78	40CrNiMoA	25	850	—	油	600	水、油	980(100)	835(85)	12	55	78	98.0	269
CrNiMoV	79	45CrNiMoVA	试样	860	—	油	460	油	1470(150)	1325(135)	7	35	31	39.2	269
CrNiW	80	18Cr2Ni4WA	15	950	850	空	200	水、空	1175(120)	835(85)	10	45	78	98.0	269
	81	25Cr2Ni4WA	25	850	—	油	550	水、油	1080(110)	930(95)	11	45	71	88.2	269

11.2.1.5　保证淬透性结构钢（GB/T 5216—2004，表 11-21、表 11-22）

表 11-21　保证淬透性结构钢的牌号和化学成分（GB/T 5216—2004）

序号	统一数字代号	牌号	化学成分(质量分数)(%)								
			C	Si	Mn	Cr	Ni	Mo	B	Ti	V
1	U59455	45H	0.42～0.50	0.17～0.37	0.50～0.85						
2	A20155	15CrH	0.12～0.18	0.17～0.37	0.55～0.90	0.85～1.25					
3	A20205	20CrH	0.17～0.23	0.17～0.37	0.50～0.85	0.70～1.10					
4	A20215	20Cr1H	0.17～0.23	0.17～0.37	0.55～0.90	0.85～1.25					
5	A20405	40CrH	0.37～0.44	0.17～0.37	0.50～0.85	0.70～1.10					
6	A20455	45CrH	0.42～0.49	0.17～0.37	0.50～0.85	0.70～1.10					
7	A22165	16CrMnH	0.14～0.19	≤0.37	1.00～1.30	0.80～1.10					
8	A22205	20CrMnH	0.17～0.22	≤0.37	1.10～1.40	1.00～1.30					
9	A25155	15CrMnBH	0.13～0.18	0.17～0.37	1.00～1.30	0.80～1.10			0.0005～0.0030		
10	A25175	17CrMnBH	0.15～0.20	0.17～0.37	1.00～1.30	1.00～1.30			0.0005～0.0030		
11	A71405	40MnBH	0.37～0.44	0.17～0.37	1.00～1.40				0.0005～0.0035		
12	A71455	45MnBH	0.42～0.49	0.17～0.37	1.00～1.40				0.0005～0.0035		
13	A73205	20MnVBH	0.17～0.23	0.17～0.37	1.05～1.45				0.0005～0.0035		0.07～0.12
14	A74205	20MnTiBH	0.17～0.23	0.17～0.37	1.20～1.55				0.0005～0.0035	0.04～0.10	
15	A30155	15CrMoH	0.17～0.23	0.17～0.37	0.55～0.90	0.85～1.25		0.15～0.25			
16	A30205	20CrMoH	0.17～0.23	0.17～0.37	0.55～0.90	0.85～1.25		0.15～0.25			
17	A30225	22CrMoH	0.19～0.25	0.17～0.37	0.55～0.90	0.85～1.25		0.35～0.45			
18	A30425	42CrMoH	0.37～0.44	0.17～0.37	0.55～0.90	0.85～1.25		0.15～0.25			
19	A34205	20CrMnMoH	0.17～0.23	0.17～0.37	0.85～1.20	1.05～1.40		0.20～0.30			
20	A26205	20CrMnTiH	0.17～0.23	0.17～0.37	0.80～1.15	1.00～1.35				0.04～0.10	
21	A42205	20CrNi3H	0.17～0.23	0.17～0.37	0.30～0.65	0.60～0.95	2.70～3.25				
22	A43125	12Cr2Ni4H	0.10～0.17	0.17～0.37	0.30～0.65	1.20～1.75	3.20～3.75				
23	A50205	20CrNiMoH	0.17～0.23	0.17～0.37	0.60～0.95	0.35～0.65	0.35～0.75	0.15～0.25			
24	A50215	20CrNi2MoH	0.17～0.23	0.17～0.37	0.40～0.70	0.35～0.65	1.55～2.00	0.20～0.30			

注：1. 高级优质钢的牌号表示是在牌号后加“A”，如 40CrAH。

2. 高级优质钢统一数字代号的末位数字是“7”，其余大写的拉丁字母和前四位阿拉伯数字一样。如 40CrAH 的统一数字代号是“A20407”。

3. 根据需方要求，16CrMnH 和 20CrMnH 钢中的 Si 含量（质量分数）允许不大于 0.12%，但此时应考虑其对力学性能的影响。

4. 钢中硫、磷及残余元素铜、铬、镍的含量如下：

钢　类	化学成分(质量分数)允许偏差(%)≤				
	P	S①	Cu	Cr	Ni
优质碳素结构钢	0.035	0.035	0.25	0.25	0.30
高级优质碳素结构钢	0.030	0.030	0.25	0.25	0.30
优质合金结构钢	0.035	0.035	0.30	0.30	0.30
高级优质合金结构钢	0.025	0.025	0.25	0.30	0.30

① 根据需方要求，钢中的硫含量（质量分数）也可以在 0.020%～0.035% 范围。此时，硫含量（质量分数）允许偏差为 ±0.005%，牌号名称中在“H”之前加入“S”，如 16CrMnSH。

表 11-22　保证淬透性结构钢的力学性能

1. 退火或高温回火状态钢材的硬度值

牌　　号	退火或回火后硬度		牌　　号	退火或回火后硬度		牌　　号	退火或回火后硬度	
	压痕直径 d/mm ≥	HBW ≤		压痕直径 d/mm ≥	HBW ≤		压痕直径 d/mm ≥	HBW ≤
45H	4.3	197	45MnBH	4.1	217	20CrMnMoH	4.1	217
20CrH	4.5	179	20MnMoBH	4.2	207	20CrMnTiH	4.1	217
40CrH	4.2	207	20MnVBH	4.2	207	20CrNi3H	3.9	241
45CrH	4.1	217	22MnVBH	4.2	207	12Cr2Ni4H	3.7	269
40MnBH	4.2	207	20MnTiBH	4.4	187	20CrNiMoH	4.3	197

2. 含硼钢钢材的热处理制度及冲击值指标

牌　　号	试样毛坯尺寸/mm	热处理制度						冲击韧度 a_K/（J/cm²）	
		正　　火		淬　　火		回　　火			
		温度/℃	冷却介质	温度/℃	冷却介质	温度/℃	冷却介质		
40MnBH	25	880 ~ 900	空气	850 ± 20	油	510 ± 30	水	69	68.6
45MnBH	25	880 ~ 900	空气	850 ± 20	油	510 ± 30	水	59	58.8
20MnVBH	15	930 ~ 950	空气	860 ± 10	油	200 ± 10	空或水	69	68.6
20MnTiBH	15	930 ~ 950	空气	860 ± 20	油	200 ± 20	空或水	69	68.6

11.2.1.6　易切削结构钢（GB/T 8731—2008，表 11-23、表 11-24）

表 11-23　易切削结构钢的牌号和化学成分（GB/T 8731—2008）

1. 硫系易切削结构钢的牌号和化学成分

牌　　号	化学成分（质量分数）（%）				
	C	Si	Mn	P	S
Y08	≤0.09	≤0.15	0.75 ~ 1.05	0.04 ~ 0.09	0.26 ~ 0.35
Y12	0.08 ~ 0.16	0.15 ~ 0.35	0.70 ~ 1.00	0.08 ~ 0.15	0.10 ~ 0.20
Y15	0.10 ~ 0.18	≤0.15	0.80 ~ 1.20	0.06 ~ 0.10	0.23 ~ 0.33
Y20	0.17 ~ 0.25	0.15 ~ 0.35	0.70 ~ 1.00	≤0.06	0.08 ~ 0.15
Y30	0.27 ~ 0.35	0.15 ~ 0.35	0.70 ~ 1.00	≤0.06	0.08 ~ 0.15
Y35	0.32 ~ 0.40	0.15 ~ 0.35	0.70 ~ 1.00	≤0.06	0.08 ~ 0.15
Y45	0.42 ~ 0.50	≤0.40	0.70 ~ 1.10	≤0.06	0.15 ~ 0.25
Y08MnS	≤0.09	≤0.07	1.00 ~ 1.50	0.04 ~ 0.09	0.32 ~ 0.48
Y15Mn	0.14 ~ 0.20	≤0.15	1.00 ~ 1.50	0.04 ~ 0.09	0.08 ~ 0.13
Y35Mn	0.32 ~ 0.40	≤0.10	0.90 ~ 1.35	≤0.04	0.18 ~ 0.30
Y40Mn	0.37 ~ 0.45	0.15 ~ 0.35	1.20 ~ 1.55	≤0.05	0.20 ~ 0.30
Y45Mn	0.40 ~ 0.48	≤0.40	1.35 ~ 1.65	≤0.04	0.16 ~ 0.24
Y45MnS	0.40 ~ 0.48	≤0.40	1.35 ~ 1.65	≤0.04	0.24 ~ 0.33

2. 铅系易切削结构钢的牌号和化学成分

牌　　号	化学成分（质量分数）（%）					
	C	Si	Mn	P	S	Pb
Y08Pb	≤0.09	≤0.15	0.72 ~ 1.05	0.04 ~ 0.09	0.26 ~ 0.35	0.15 ~ 0.35
Y12Pb	≤0.15	≤0.15	0.85 ~ 1.15	0.04 ~ 0.09	0.26 ~ 0.35	0.15 ~ 0.35
Y15Pb	0.10 ~ 0.18	≤0.15	0.80 ~ 1.20	0.05 ~ 0.10	0.23 ~ 0.33	0.15 ~ 0.35
Y45MnSPb	0.40 ~ 0.48	≤0.40	1.35 ~ 1.65	≤0.04	0.24 ~ 0.33	0.15 ~ 0.35

（续）

牌　号	化学成分（质量分数）（%）					
3. 锡系易切削结构钢的牌号和化学成分						
	C	Si	Mn	P	S	Sn
Y08Sn	≤0.09	≤0.15	0.75～1.20	0.04～0.09	0.26～0.40	0.09～0.25
Y15Sn	0.13～0.18	≤0.15	0.40～0.70	0.03～0.07	≤0.05	0.09～0.25
Y45Sn	0.40～0.48	≤0.40	0.60～1.00	0.03～0.07	≤0.05	0.09～0.25
Y45MnSn	0.40～0.48	≤0.40	1.20～1.70	≤0.06	0.20～0.35	0.09～0.25

4. 钙系易切削结构钢的牌号和化学成分

牌　号	化学成分（质量分数）（%）					
	C	Si	Mn	P	S	Ca
Y45Ca	0.42～0.50	0.20～0.40	0.60～0.90	≤0.04	0.04～0.08	0.002～0.006

注：Y45Ca 钢中残余元素镍、铬、铜的质量分数各不大于 0.25%，供热压力加工用时，铜的质量分数不大于 0.20%，供方能保证合格时可不作分析。

表 11-24　易切削结构钢的力学性能（GB/T 8731—2008）

1. 热轧状态硫系易切削钢条钢和盘条的力学性能

牌　号	力学性能			硬度 HBW　≤
	抗拉强度 R_m/(N/mm²)	断后伸长率 A(%)　≥	断面收缩率 Z(%)　≥	
Y08	360～570	25	40	163
Y12	390～540	22	36	170
Y15	390～540	22	36	170
Y20	450～600	20	30	175
Y30	510～655	15	25	187
Y35	510～655	14	22	187
Y45	560～800	12	20	229
Y08MnS	350～500	25	40	165
Y15Mn	390～540	22	36	170
Y35Mn	530～790	16	22	229
Y40Mn	590～850	14	20	229
Y45Mn	610～900	12	20	241
Y45MnS	610～900	12	20	241

2. 热轧状态铅系易切削钢条钢和盘条的力学性能

牌　号	力学性能			硬度 HBW　≤
	抗拉强度 R_m/(N/mm²)	断后伸长率 A(%)　≥	断面收缩率 Z(%)　≥	
Y08Pb	360～570	25	40	165
Y12Pb	360～570	22	36	170
Y15Pb	390～540	22	36	170
Y45MnSPb	610～900	12	20	241

3. 热轧状态锡系易切削钢条钢和盘条的力学性能

牌　号	力学性能			硬度 HBW　≤
	抗拉强度 R_m/(N/mm²)	断后伸长率 A(%)　≥	断面收缩率 Z(%)　≥	
Y08Sn	350～500	25	40	165
Y15Sn	390～540	22	36	165
Y45Sn	600～745	12	26	241
Y45MnSn	610～850	12	26	241

（续）

4. 热轧状态钙系易切削钢条钢和盘条的力学性能

牌号	力学性能			硬度 HBW ≤
	抗拉强度 R_m/(N/mm^2)	断后伸长率 A(%) ≥	断面收缩率 Z(%) ≥	
Y45Ca	600~745	12	26	241

5. 经热处理毛坯制成的 Y45Ca 试样的力学性能①

牌号	力学性能				
	下屈服强度 R_{eL} /(N/mm^2)	抗拉强度 R_m /(N/mm^2)	断后伸长率 A (%)	断面收缩率 Z (%)	冲击吸收能量 KV_2 /J
	≥				
Y45Ca	355	600	16	40	39

6. 冷拉状态硫系易切削钢条钢和盘条的力学性能

牌号	力学性能				
	抗拉强度 R_m/(N/mm^2)			断后伸长率 A (%) ≥	硬度 HBW
	钢材公称尺寸/mm				
	8~20	>20~30	>30		
Y08	480~810	460~710	360~710	7.0	140~217
Y12	530~755	510~735	490~685	7.0	152~217
Y15	530~755	510~735	490~685	7.0	152~217
Y20	570~785	530~745	510~705	7.0	167~217
Y30	600~825	560~765	540~735	6.0	174~223
Y35	625~845	590~785	570~765	6.0	176~229
Y45	695~980	655~880	580~880	6.0	196~255
Y08MnS	480~810	460~710	360~710	7.0	140~217
Y15Mn	530~755	510~735	490~685	7.0	152~217
Y45Mn	695~980	655~880	580~880	6.0	196~255
Y45MnS	695~980	655~880	580~880	6.0	196~255

7. 冷拉状态铅系易切削钢条钢和盘条的力学性能

牌号	力学性能				
	抗拉强度 R_m/(N/mm^2)			断后伸长率 A (%) ≥	硬度 HBW
	钢材公称尺寸/mm				
	8~20	>20~30	>30		
Y08Pb	480~810	460~710	360~710	7.0	140~217
Y12Pb	480~810	460~710	360~710	7.0	140~217
Y15Pb	530~755	510~735	490~685	7.0	152~217
Y45MnSPb	695~980	655~880	580~880	6.0	196~253

8. 冷拉状态锡系易切削钢条钢和盘条的力学性能

牌号	力学性能				
	抗拉强度 R_m/(N/mm^2)			断后伸长率 A (%) ≥	硬度 HBW
	钢材公称尺寸/mm				
	8~20	>20~30	>30		
Y08Sn	480~705	460~685	440~635	7.5	140~200
Y15Sn	530~755	510~735	490~685	7.0	152~217
Y45Sn	695~920	655~855	635~835	6.0	196~255
Y45MnSn	695~920	655~855	635~835	6.0	196~255

（续）

9. 冷拉状态钙系易切削钢条钢和盘条的力学性能					
牌　号	力 学 性 能				硬度 HBW
	抗拉强度 R_m/(N/mm²)			断后伸长率 *A* (%) ≥	
	钢材公称尺寸/mm				
	8 ~ 20	>20 ~ 30	>30		
Y45Ca	695 ~ 920	655 ~ 855	635 ~ 835	6.0	196 ~ 255

10. Y40Mn 冷拉条钢高温回火状态的力学性能		
力 学 性 能		硬度 HBW
抗拉强度 R_m/(N/mm²)	断后伸长率 *A*(%)	
590 ~ 785	≥17	179 ~ 229

① 热处理制度：拉伸试样毛坯（直径为 25mm）正火处理，加热温度为 830 ~ 850℃，保温时间不小于 30min，冲击试样毛坯（直径为 15mm）调质处理，淬火温度为 840℃ ±20℃，回火温度为 600℃ ±20℃。

11.2.1.7　弹簧钢（GB/T 1222—2007，详见表 11-25、表 11-26）

表 11-25　弹簧钢的牌号和化学成分（GB/T 1222—2007）

序号	统一数字代号	牌号	化学成分(质量分数)(%)										
			C	Si	Mn	Cr	V	W	B	Ni	Cu①	P	S
										≤			
1	U20652	65	0.62 ~ 0.70	0.17 ~ 0.37	0.50 ~ 0.80	≤0.25	—	—	—	0.25	0.25	0.035	0.035
2	U20702	70	0.62 ~ 0.75	0.17 ~ 0.37	0.50 ~ 0.80	≤0.25	—	—	—	0.25	0.25	0.035	0.035
3	U20852	85	0.82 ~ 0.90	0.17 ~ 0.37	0.50 ~ 0.80	≤0.25	—	—	—	0.25	0.25	0.035	0.035
4	U21653	65Mn	0.62 ~ 0.70	0.17 ~ 0.37	0.90 ~ 1.20	≤0.25	—	—	—	0.25	0.25	0.035	0.035
5	A77552	55SiMnVB	0.52 ~ 0.60	0.70 ~ 1.00	1.00 ~ 1.30	≤0.35	0.08 ~ 0.16	—	0.0005 ~ 0.0035	0.35	0.25	0.035	0.035
6	A11602	60Si2Mn	0.56 ~ 0.64	1.50 ~ 2.00	0.70 ~ 1.00	≤0.35	—	—	—	0.35	0.25	0.035	0.035
7	A11603	60Si2MnA	0.56 ~ 0.64	1.60 ~ 2.00	0.70 ~ 1.00	≤0.35	—	—	—	0.35	0.25	0.025	0.025
8	A21603	60Si2CrA	0.56 ~ 0.64	1.40 ~ 1.80	0.40 ~ 0.70	0.70 ~ 1.00	—	—	—	0.35	0.25	0.025	0.025
9	A28603	60Si2CrVA	0.56 ~ 0.64	1.40 ~ 1.80	0.40 ~ 0.70	0.90 ~ 1.20	0.10 ~ 0.20	—	—	0.35	0.25	0.025	0.025
10	A21553	55SiCrA	0.51 ~ 0.59	1.20 ~ 1.60	0.50 ~ 0.80	0.50 ~ 0.80	—	—	—	0.35	0.25	0.025	0.025
11	A22553	55CrMnA	0.52 ~ 0.60	0.17 ~ 0.37	0.65 ~ 0.95	0.65 ~ 0.95	—	—	—	0.35	0.25	0.025	0.025
12	A22603	60CrMnA	0.56 ~ 0.64	0.17 ~ 0.37	0.70 ~ 1.00	0.70 ~ 1.00	—	—	—	0.35	0.25	0.025	0.025
13	A23503	50CrVA	0.46 ~ 0.54	0.17 ~ 0.37	0.50 ~ 0.80	0.80 ~ 1.10	0.10 ~ 0.20	—	—	0.35	0.25	0.025	0.025
14	A22613	60CrMnBA	0.56 ~ 0.64	0.17 ~ 0.37	0.70 ~ 1.00	0.70 ~ 1.00	—	—	0.0005 ~ 0.0040	0.35	0.25	0.025	0.025
15	A27303	30W4Cr2VA	0.26 ~ 0.34	0.17 ~ 0.37	≤0.40	2.00 ~ 2.50	0.50 ~ 0.80	4.00 ~ 4.50	—	0.35	0.25	0.025	0.025

① 根据需方要求，并在合同中注明，钢中残余铜的质量分数应不大于 0.20%。

表 11-26　弹簧钢的热处理制度及力学性能（GB/T 1222—2007）

序号	牌号	热处理制度①			力学性能　≥				
		淬火温度/℃	淬火冷却介质	回火温度/℃	抗拉强度 R_m/(N/mm)	下屈服强度 R_{eL}/(N/mm^2)	断后伸长率		断面收缩率 Z(%)
							A(%)	$A_{11.3}$(%)	
1	65	840	油	500	980	785		9	35
2	70	830	油	480	1030	835		8	303
3	85	820	油	480	1130	980		6	30
4	65Mn	830	油	540	980	785		8	30
5	55SiMnVB	860	油	460	1375	1225		5	30
6	60Si2Mn	870	油	480	1275	1180		5	25
7	60Si2MnA	870	油	440	1570	1375		5	20
8	60Si2CrA	870	油	420	1765	1570	6		20
9	60Si2CrVA	850	油	410	1860	1665	6		20
10	55SiCrA	860	油	450	1450 ~ 1750	1300($R_{p0.2}$)	6		25
11	55CrMnA	830 ~ 860	油	460 ~ 510	1225	1080($R_{p0.2}$)	9②		20
12	60CrMnA	830 ~ 860	油	460 ~ 520	1225	1080($R_{p0.2}$)	9②		20
13	50CrVA	850	油	500	1275	1130	10		40
14	60CrMnBA	830 ~ 860	油	460 ~ 520	1225	1080($R_{p0.2}$)	9②		20
15	30W4Cr2VA③	1050 ~ 1100	油	600	1470	1325	7		40

① 除规定热处理温度上、下限外，表中热处理温度允许偏差为：淬火 ±20℃，回火 ±50℃。根据需方特殊要求，回火可按 ±30℃进行。

② 其试样可采用下列试样中的一种。若按 GB/T 228 规定作拉伸试验时，所测断后伸长率值供参考。

试样 1：标距为 50mm，平行长度 60mm，直径 14mm，肩部半径大于 15mm。

试样 2：标距为 $4\sqrt{S_0}$（S_0 表示平行长度的原始横截面积，mm^3），平行长度 12 倍标距长度，肩部半径大于 15mm。

③ 30W4Cr2VA 除抗拉强度外，其他力学性能检验结果供参考，不作为交货依据。

11.2.1.8　非调质机械结构钢（GB/T 15712—2008，表 11-27、表 11-28）

表 11-27　非调质机械结构钢的牌号和化学成分（GB/T 15712—2008）

序号	统一数字代号	牌号	化学成分(质量分数)(%)									
			C	Si	Mn	S	P	C	Cr	Ni	Cu②	其他③
1	L22358	F35VS	0.32 ~ 0.39	0.20 ~ 0.40	0.60 ~ 1.00	0.035 ~ 0.075	≤0.035	0.06 ~ 0.13	≤0.30	≤0.30	≤0.30	
2	L22408	F40VS	0.37 ~ 0.44	0.20 ~ 0.40	0.60 ~ 1.00	0.035 ~ 0.075	≤0.035	0.06 ~ 0.13	≤0.30	≤0.30	≤0.30	
3	L22468	F45VS①	0.42 ~ 0.49	0.20 ~ 0.40	0.60 ~ 1.00	0.035 ~ 0.075	≤0.035	0.06 ~ 0.13	≤0.30	≤0.30	≤0.30	
4	L22308	F30MnVS	0.26 ~ 0.33	≤0.80	1.20 ~ 1.60	0.035 ~ 0.075	≤0.035	0.08 ~ 0.15	≤0.30	≤0.30	≤0.30	
5	L22378	F35MnVS①	0.32 ~ 0.39	0.30 ~ 0.60	1.00 ~ 1.50	0.035 ~ 0.075	≤0.035	0.06 ~ 0.13	≤0.30	≤0.30	≤0.30	

（续）

序号	统一数字代号	牌号	化学成分（质量分数）（%）									
			C	Si	Mn	S	P	C	Cr	Ni	Cu②	其他③
6	L22388	F38MnVS	0.34 ~ 0.41	≤0.80	1.20 ~ 1.60	0.035 ~ 0.075	≤0.035	0.08 ~ 0.15	≤0.30	≤0.30	≤0.30	
7	L22428	F40MnVS①	0.37 ~ 0.44	0.30 ~ 0.60	1.00 ~ 1.50	0.035 ~ 0.075	≤0.035	0.06 ~ 0.13	≤0.30	≤0.30	≤0.30	
8	L22478	F45MnVS	0.42 ~ 0.49	0.30 ~ 0.60	1.00 ~ 1.50	0.035 ~ 0.075	≤0.035	0.06 ~ 0.13	≤0.30	≤0.30	≤0.30	
9	L22498	F49MnVS	0.44 ~ 0.52	0.15 ~ 0.60	0.70 ~ 1.00	0.035 ~ 0.075	≤0.035	0.08 ~ 0.15	≤0.30	≤0.30	≤0.30	
10	L27128	F12Mn2VBS	0.09 ~ 0.16	0.30 ~ 0.60	2.20 ~ 2.65	0.035 ~ 0.075	≤0.035	0.06 ~ 0.12	≤0.30	≤0.30	≤0.30	B 0.001 ~ 0.004

① 当硫含量只有上限要求时，牌号尾部不加“S”。

② 热压力加工用钢的铜质量分数不大于 0.20%。

③ 为了保证钢材的力学性能，允许钢中添加氮，推荐氮的质量分数为 0.0080% ~0.020%。

表 11-28　直接切削加工用非调质机械结构钢力学性能（GB/T 15712—2008）

牌号	钢材直径或边长/mm	抗拉强度 R_m /(N/mm²)	下屈服强度 R_{eL}/(N/mm²)	断后伸长率 A(%)	断面收缩率 Z(%)	冲击吸收能量① KU_2/J
F35VS	≤40	≥590	≥390	≥18	≥40	≥47
F40VS	≤40	≥640	≥420	≥16	≥35	≥37
F45VS	≤40	≥685	≥440	≥15	≥30	≥35
F30MnVS①	≤60	≥700	≥450	≥14	≥30	实测
F35MnVS	≤40	≥735	≥460	≥17	≥35	≥37
	40 ~ 60	≥710	≥440	≥15	≥33	≥35
F38MnVS①	≤60	≥800	≥520	≥12	≥25	实测
F40MnVS	≤40	≥785	≥490	≥15	≥33	≥32
	40 ~ 60	≥760	≥470	≥13	≥30	≥28
F45MnVS	≤40	≥835	≥510	≥13	≥28	≥28
	40 ~ 60	≥810	≥490	≥12	≥28	≥25
F49MnVS①	≤60	≥780	≥450	≥8	≥20	实测

① F30MnVS、F38MnVS、F49MnVS 钢的冲击吸收能量报实测数据，不作判定依据。

11.2.1.9 低合金高强度结构钢（GB/T 1591—2008，表 11-29、表 11-30）

表 11-29 低合金高强度结构钢的牌号及化学成分（GB/T 1591—2008）

牌号	质量等级	化学成分（质量分数）（%）														
		C	Si	Mn	P	S	Nb	V	Ti	Cr	Ni	Cu	N	Mo	B	Als①
					≤											≥
Q345	A	≤0.20	≤0.50	≤1.70	0.035	0.035	0.07	0.15	0.20	0.30	0.50	0.30	0.012	0.10	—	—
Q345	B	≤0.20	≤0.50	≤1.70	0.035	0.035	0.07	0.15	0.20	0.30	0.50	0.30	0.012	0.10	—	—
Q345	C	≤0.20	≤0.50	≤1.70	0.030	0.030	0.07	0.15	0.20	0.30	0.50	0.30	0.012	0.10	—	0.015
Q345	D	≤0.18	≤0.50	≤1.70	0.030	0.025	0.07	0.15	0.20	0.30	0.50	0.30	0.012	0.10	—	0.015
Q345	E	≤0.18	≤0.50	≤1.70	0.025	0.020	0.07	0.15	0.20	0.30	0.50	0.30	0.012	0.10	—	0.015
Q390	A	≤0.20	≤0.50	≤1.70	0.035	0.035	0.07	0.20	0.20	0.30	0.50	0.30	0.015	0.10	—	—
Q390	B	≤0.20	≤0.50	≤1.70	0.035	0.035	0.07	0.20	0.20	0.30	0.50	0.30	0.015	0.10	—	—
Q390	C	≤0.20	≤0.50	≤1.70	0.030	0.030	0.07	0.20	0.20	0.30	0.50	0.30	0.015	0.10	—	0.015
Q390	D	≤0.20	≤0.50	≤1.70	0.030	0.025	0.07	0.20	0.20	0.30	0.50	0.30	0.015	0.10	—	0.015
Q390	E	≤0.20	≤0.50	≤1.70	0.025	0.020	0.07	0.20	0.20	0.30	0.50	0.30	0.015	0.10	—	0.015
Q420	A	≤0.20	≤0.50	≤1.70	0.035	0.035	0.07	0.20	0.20	0.30	0.80	0.30	0.015	0.20	—	—
Q420	B	≤0.20	≤0.50	≤1.70	0.035	0.035	0.07	0.20	0.20	0.30	0.80	0.30	0.015	0.20	—	—
Q420	C	≤0.20	≤0.50	≤1.70	0.030	0.030	0.07	0.20	0.20	0.30	0.80	0.30	0.015	0.20	—	0.015
Q420	D	≤0.20	≤0.50	≤1.70	0.030	0.025	0.07	0.20	0.20	0.30	0.80	0.30	0.015	0.20	—	0.015
Q420	E	≤0.20	≤0.50	≤1.70	0.025	0.020	0.07	0.20	0.20	0.30	0.80	0.30	0.015	0.20	—	0.015
Q460	C	≤0.20	≤0.60	≤1.80	0.030	0.030	0.11	0.20	0.20	0.30	0.80	0.55	0.015	0.20	0.004	0.015
Q460	D	≤0.20	≤0.60	≤1.80	0.030	0.025	0.11	0.20	0.20	0.30	0.80	0.55	0.015	0.20	0.004	0.015
Q460	E	≤0.20	≤0.60	≤1.80	0.025	0.020	0.11	0.20	0.20	0.30	0.80	0.55	0.015	0.20	0.004	0.015
Q500	C	≤0.18	≤0.60	≤1.80	0.030	0.030	0.11	0.12	0.20	0.60	0.80	0.55	0.015	0.20	0.004	0.015
Q500	D	≤0.18	≤0.60	≤1.80	0.030	0.025	0.11	0.12	0.20	0.60	0.80	0.55	0.015	0.20	0.004	0.015
Q500	E	≤0.18	≤0.60	≤1.80	0.025	0.020	0.11	0.12	0.20	0.60	0.80	0.55	0.015	0.20	0.004	0.015
Q550	C	≤0.18	≤0.60	≤2.00	0.030	0.030	0.11	0.12	0.20	0.80	0.80	0.80	0.015	0.30	0.004	0.015
Q550	D	≤0.18	≤0.60	≤2.00	0.030	0.025	0.11	0.12	0.20	0.80	0.80	0.80	0.015	0.30	0.004	0.015
Q550	E	≤0.18	≤0.60	≤2.00	0.025	0.020	0.11	0.12	0.20	0.80	0.80	0.80	0.015	0.30	0.004	0.015
Q620	C	≤0.18	≤0.60	≤2.00	0.030	0.030	0.11	0.12	0.20	1.00	0.80	0.80	0.015	0.30	0.004	0.015
Q620	D	≤0.18	≤0.60	≤2.00	0.030	0.025	0.11	0.12	0.20	1.00	0.80	0.80	0.015	0.30	0.004	0.015
Q620	E	≤0.18	≤0.60	≤2.00	0.025	0.020	0.11	0.12	0.20	1.00	0.80	0.80	0.015	0.30	0.004	0.015
Q690	C	≤0.18	≤0.60	≤2.00	0.030	0.030	0.11	0.12	0.20	1.00	0.80	0.80	0.015	0.30	0.004	0.015
Q690	D	≤0.18	≤0.60	≤2.00	0.030	0.025	0.11	0.12	0.20	1.00	0.80	0.80	0.015	0.30	0.004	0.015
Q690	E	≤0.18	≤0.60	≤2.00	0.025	0.020	0.11	0.12	0.20	1.00	0.80	0.80	0.015	0.30	0.004	0.015

注：1. 型材及棒材 P、S 的质量分数可提高 0.005%，其中 A 级钢上限可为 0.045%。

2. 当细化晶粒元素组合加入时，20（Nb + V + Ti）≤0.22%（质量分数），20（Mo + Cr）≤0.30%（质量分数）。

① Als 指钢中的酸溶铝含量。

表 11-30　低合金高强度结构钢的拉伸性能（GB/T 1591—2008）

牌号	质量等级	拉伸试验																					
		以下公称厚度（直径或边长）的下屈服强度 R_{eL}/（N/mm²）									以下公称厚度（直径或边长）的抗拉强度 R_m/（N/mm²）							以下公称厚度（直径或边长）的断后伸长率 A（%）					
		≤16mm	>16~40mm	>40~63mm	>63~80mm	>80~100mm	>100~150mm	>150~200mm	>200~250mm	>250~400mm	≤40mm	>40~63mm	>63~80mm	>80~100mm	>100~150mm	>150~250mm	>250~400mm	≤40mm	>40~63mm	>63~100mm	>100~150mm	>150~250mm	>250~400mm
Q345	A、B	≥345	≥335	≥325	≥315	≥305	≥285	≥275	≥265	—	470~630	470~630	470~630	470~630	450~600	450~600	—	≥20	≥19	≥19	≥18	≥17	—
	C																	≥21	≥20	≥20	≥19	≥18	
	D、E									≥265							450~600						≥17
Q390	A、B、C、D、E	≥390	≥370	≥350	≥330	≥330	≥310	—	—	—	490~650	490~650	490~650	490~650	470~620	—	—	≥20	≥19	≥19	≥18	—	—
Q420	A、B、C、D、E	≥420	≥400	≥380	≥360	≥360	≥340	—	—	—	520~680	520~680	520~680	520~680	500~650	—	—	≥19	≥18	≥18	≥18	—	—
Q460	C、D、E	≥460	≥440	≥420	≥400	≥400	≥380	—	—	—	550~720	550~720	550~720	550~720	530~700	—	—	≥17	≥16	≥16	≥16	—	—

（续）

牌号	质量等级	拉伸试验																					
		以下公称厚度（直径或边长）的下屈服强度 R_{eL}/（N/mm²）									以下公称厚度（直径或边长）的抗拉强度 R_m/（N/mm²）							以下公称厚度（直径或边长）的断后伸长率 A（%）					
		≤16mm	>16~40mm	>40~63mm	>63~80mm	>80~100mm	>100~150mm	>150~200mm	>200~250mm	>250~400mm	≤40mm	>40~63mm	>63~80mm	>80~100mm	>100~150mm	>150~250mm	>250~400mm	≤40mm	>40~63mm	>63~100mm	>100~150mm	>150~250mm	>250~400mm
Q500	C																						
	D	≥500	≥480	≥470	≥450	≥440	—	—	—	—	610~770	600~760	590~750	540~730	—	—	—	≥17	≥17	≥17	—	—	—
	E																						
Q550	C																						
	D	≥550	≥530	≥520	≥500	≥490	—	—	—	—	670~830	620~810	600~790	590~780	—	—	—	≥16	≥16	≥16	—	—	—
	E																						
Q620	C																						
	D	≥620	≥600	≥590	≥570	—	—	—	—	—	710~880	690~880	670~860	—	—	—	—	≥15	≥15	≥15	—	—	—
	E																						
Q690	C																						
	D	≥690	≥670	≥660	≥640	—	—	—	—	—	770~940	750~920	730~900	—	—	—	—	≥14	≥14	≥14	—	—	—
	E																						

注：1. 当屈服不明显时，可测量 $R_{p0.2}$ 代替下屈服强度。

2. 宽度不小于600mm扁平材，拉伸试验取横向试样；宽度小于600mm的扁平材、型材及棒材取纵向试样，断后伸长率最小值相应提高1%（绝对值）。

3. 厚度>250~400mm的数值适用于扁平材。

11.2.1.10　高强度结构用调质钢板（GB/T 16270—2009，表 11-31、表 11-32）

表 11-31　高强度结构用调质钢板的牌号和化学成分（GB/T 16270—2009）

牌号	化学成分①,②（质量分数）(%)不大于															
	C	Si	Mn	P	S	Cu	Cr	Ni	Mo	B	V	Nb	Ti	CEV③ 产品厚度/mm ≤50	>50～100	>100～150
Q460C Q460D	0.20	0.80	1.70	0.025	0.015	0.50	1.50	2.00	0.70	0.0050	0.12	0.06	0.05	0.47	0.48	0.50
Q460E Q460F				0.020	0.010											
Q500C Q500D	0.20	0.80	1.70	0.025	0.015	0.50	1.50	2.00	0.70	0.0050	0.12	0.06	0.05	0.47	0.70	0.70
Q500E Q500F				0.020	0.010											
Q550C Q550D	0.20	0.80	1.70	0.025	0.015	0.50	1.50	2.00	0.70	0.0050	0.12	0.06	0.05	0.65	0.77	0.83
Q550E Q550F				0.020	0.010											
Q620C Q620D	0.20	0.80	1.70	0.025	0.015	0.50	1.50	2.00	0.70	0.0050	0.12	0.06	0.05	0.65	0.77	0.83
Q620E Q620F				0.020	0.010											
Q690C Q690D	0.20	0.80	1.80	0.025	0.015	0.50	1.50	2.00	0.70	0.0050	0.12	0.06	0.05	0.65	0.77	0.83
Q690E Q690F				0.020	0.010											
Q800C Q800D	0.20	0.80	2.00	0.025	0.015	0.50	1.50	2.00	0.70	0.0050	0.12	0.06	0.05	0.72	0.82	—
Q800E Q800F				0.020	0.010											
Q890C Q890D	0.20	0.80	2.00	0.025	0.015	0.50	1.50	2.00	0.70	0.0050	0.12	0.06	0.05	0.72	0.82	—
Q890E Q890F				0.020	0.010											
Q960C Q960D	0.20	0.80	2.00	0.025	0.015	0.50	1.50	2.00	0.70	0.0050	0.12	0.06	0.05	0.82	—	—
Q960E Q960F				0.020	0.010											

① 根据需要生产厂可添加其中一种或几种合金元素，最大值应符合表中规定，其含量应在质量证明书中报告。

② 钢中至少应添加 Nb、Ti、V、Al 中的一种细化晶粒元素，其中至少一种元素的最小量为 0.015%（对于 Al 为 Als）。也可用 Alt 替代 Als，此时最小量为 0.018%。

③ $CEV = C + Mn/6 + (Cr + Mo + V)/5 + (Ni + Cu)/15$。

表 11-32　高强度结构用调质钢板的力学性能（GB/T 16270—2009）

牌号	拉伸试验①							冲击试验①			
	屈服强度② R_{eH}/MPa，不小于			抗拉强度 R_m/MPa			断后伸长率 A(%)	冲击吸收能量（纵向）KV_2/J			
	厚度/mm			厚度/mm				试验温度/℃			
	≤50	>50~100	>100~150	≤50	>50~100	>100~150		0	-20	-40	-60
Q460C Q460D Q460E Q460F	460	440	400	550~720		500~670	17	47	47	34	34
Q500C Q500D Q500E Q500F	500	480	440	590~770		540~720	17	47	47	34	34
Q550C Q550D Q550E Q550F	550	530	490	640~820		590~770	16	47	47	34	34
Q620C Q620D Q620E Q620F	620	580	560	700~890		650~830	15	47	47	34	34
Q690C Q690D Q690E Q690F	690	650	630	770~940	760~930	710~900	14	47	47	34	34
Q800C Q800D Q800E Q800F	800	740	—	840~1000	800~1000	—	13	34	34	27	27
Q890C Q890D Q890E Q890F	890	830	—	940~1100	880~1100	—	11	34	34	27	27
Q960C Q960D Q960E Q960F	960	—	—	980~1150	—	—	10	34	34	27	27

① 拉伸试验适用于横向试样，冲击试验适用于纵向试样。

② 当屈服现象不明显时，采用 $R_{p0.2}$。

11.2.1.11　冷镦和冷挤压用钢（GB/T 6478—2001，表 11-33 ~ 表 11-37）

表 11-33　非热处理型冷镦和冷挤压用钢的牌号和化学成分（GB/T 6478—2001）

序号	统一数字代号	牌　号	化学成分（质量分数）(%)					
			C	Si	Mn	P	S	Alt
1	U40048	ML04Al	≤0.06	≤0.10	0.20~0.40	≤0.035	≤0.035	≥0.020
2	U40088	ML08Al	0.05~0.10	≤0.10	0.30~0.60	≤0.035	≤0.035	≥0.020
3	U40108	ML10Al	0.08~0.13	≤0.10	0.30~0.60	≤0.035	≤0.035	≥0.020
4	U40158	ML15Al	0.13~0.18	≤0.10	0.30~0.60	≤0.035	≤0.035	≥0.020
5	U40152	ML15	0.13~0.18	0.15~0.35	0.30~0.60	≤0.035	≤0.035	—
6	U40208	ML20Al	0.18~0.23	≤0.10	0.30~0.60	≤0.035	≤0.035	≥0.020
7	U40202	ML20	0.18~0.23	0.15~0.35	0.30~0.60	≤0.035	≤0.035	—

注：1. Alt 表示钢中的全铝量。

2. 表中序号 3、4、5、6、7 五个牌号也适于表面硬化型钢。

表 11-34 表面硬化型冷镦和冷挤压用钢的牌号和化学成分(GB/T 6478—2001)

序号	统一数字代号	牌号	化学成分(质量分数)(%)						
			C	Si	Mn	P	S	Cr	Alt
1	U41188	ML18Mn	0.15~0.20	≤0.10	0.60~0.90	≤0.030	≤0.035	—	≥0.020
2	U41228	ML22Mn	0.18~0.23	≤0.10	0.70~1.00	≤0.030	≤0.035	—	≥0.020
3	A20204	ML20Cr	0.17~0.23	≤0.30	0.60~0.90	≤0.035	≤0.035	0.90~1.20	≥0.020

注:Alt 表示钢中的全铝量。

表 11-35 调质型冷镦和冷挤压用钢(包括含硼钢)的牌号及化学成分(GB/T 6478—2001)

1. 调质型冷镦和冷挤压用钢

序号	统一数字代号	牌号	化学成分(质量分数)(%)						
			C	Si	Mn	P	S	Cr	Mo
1-1	U40252	ML25	0.22~0.29	≤0.20	0.30~0.60	≤0.035	≤0.035	—	—
1-2	U40302	ML30	0.27~0.34	≤0.20	0.30~0.60	≤0.035	≤0.035	—	—
1-3	U40352	ML35	0.32~0.39	≤0.20	0.30~0.60	≤0.035	≤0.035	—	—
1-4	U40402	ML40	0.37~0.44	≤0.20	0.30~0.60	≤0.035	≤0.035	—	—
1-5	U40452	ML45	0.42~0.50	≤0.20	0.30~0.60	≤0.035	≤0.035	—	—
1-6	L20158	ML15Mn	0.14~0.20	0.20~0.40	1.20~1.60	≤0.035	≤0.035	—	—
1-7	U41252	ML25Mn	0.22~0.29	≤0.25	0.60~0.90	≤0.035	≤0.035	—	—
1-8	U41302	ML30Mn	0.27~0.34	≤0.25	0.60~0.90	≤0.035	≤0.035	—	—
1-9	U41352	ML35Mn	0.32~0.39	≤0.25	0.60~0.90	≤0.035	≤0.035	—	—
1-10	A20374	ML37Cr	0.34~0.41	≤0.30	0.60~0.90	≤0.035	≤0.035	0.90~1.20	—
1-11	A20404	ML40Cr	0.38~0.45	≤0.30	0.60~0.90	≤0.035	≤0.035	0.90~1.20	—
1-12	A30304	ML30CrMo	0.26~0.34	≤0.30	0.60~0.90	≤0.035	≤0.035	0.80~1.10	0.15~0.25
1-13	A30354	ML35CrMo	0.32~0.40	≤0.30	0.60~0.90	≤0.035	≤0.035	0.80~1.10	0.15~0.25
1-14	A30424	ML42CrMo	0.38~0.45	≤0.30	0.60~0.90	≤0.035	≤0.035	0.90~1.20	0.15~0.25

2. 含硼冷镦和冷挤压用钢

序号	统一数字代号	牌号	化学成分(质量分数)(%)							
			C	Si	Mn	P	S	B	Alt	其他
1-1	A70204	ML20B	0.17~0.24	≤0.40	0.50~0.80	≤0.035	≤0.035	0.0005~0.0035	≥0.02	—
1-2	A70284	ML28B	0.25~0.32	≤0.40	0.60~0.90	≤0.035	≤0.035	0.0005~0.0035	≥0.02	—
1-3	A70354	ML35B	0.32~0.39	≤0.40	0.50~0.80	≤0.035	≤0.035	0.0005~0.0035	≥0.02	—
1-4	A71154	ML15MnB	0.14~0.20	≤0.30	1.20~1.60	≤0.035	≤0.035	0.0005~0.0035	≥0.02	—
1-5	A71204	ML20MnB	0.17~0.24	≤0.40	0.80~1.20	≤0.035	≤0.035	0.0005~0.0035	≥0.02	—
1-6	A71354	ML35MnB	0.32~0.39	≤0.40	1.10~1.40	≤0.035	≤0.035	0.0005~0.0035	≥0.02	—
1-7	A20378	ML37CrB	0.34~0.41	≤0.40	0.50~0.80	≤0.035	≤0.035	0.0005~0.0035	≥0.02	Cr 0.20~0.40
1-8	A74204	ML20MnTiB	0.19~0.24	≤0.30	1.30~1.60	≤0.035	≤0.035	0.0005~0.0035	≥0.02	Ti 0.04~0.10
1-9	A73154	ML15MnVB	0.13~0.18	≤0.30	1.20~1.60	≤0.035	≤0.035	0.0005~0.0035	≥0.02	V 0.07~0.12
1-10	A73204	ML20MnVB	0.19~0.24	≤0.30	1.20~1.60	≤0.035	≤0.035	0.0005~0.0035	≥0.02	V 0.07~0.12

注:Alt 表示全铝量;测定酸溶铝质量分数不小于 0.015%,应认为是符合本标准。

表 11-36　冷镦和冷挤压用钢的力学性能
(GB/T 6478—2001)

牌　　号	抗拉强度 R_m/MPa ≥	断面收缩率 Z(%) ≥	牌　　号	抗拉强度 R_m/MPa ≥	断面收缩率 Z(%) ≥
ML04Al	440	60	ML20Cr	560	60
ML08Al	470	60	ML25Mn	540	60
ML10Al	490	55	ML30Mn	550	59
ML15Al	530	50	ML35Mn	560	58
ML15	530	50	ML37Cr	600	60
ML20Al	580	45	ML40Cr	620	58
ML20	580	45	ML20B	500	64
ML10Al	450	65	ML28B	530	62
ML15Al	470	64	ML35B	570	62
ML15	470	64	ML20MnB	520	62
ML20Al	490	63	ML35MnB	600	60
ML20	490	63	ML37CrB	600	60

注：1. 非热处理型冷镦和冷挤压用钢一般以热轧状态交货。

2. 表面硬化型和调质型冷镦和冷挤压用钢一般以热轧状态交货，也可以退火状态交货。钢材直径≤12mm 时，断面收缩率可降低 2%。

表 11-37　冷镦和冷挤压用钢热处理试样的力学性能（GB/T 6478—2001）

1. 表面硬化型

牌　　号	$R_{p0.2}$/MPa ≥	R_m/MPa	A(%) ≥	热轧布氏硬度 HBW ≤
ML10Al	250	400 ~ 700	15	137
ML15Al	260	450 ~ 750	14	143
ML15	260	450 ~ 750	14	—
ML20Al	320	520 ~ 820	11	156
ML20	320	520 ~ 820	11	—
ML20Cr	490	750 ~ 1100	9	—

2. 调质型

牌　　号	$R_{p0.2}$/MPa ≥	R_m/MPa ≥	A(%) ≥	Z(%) ≥	热轧布氏硬度 HBW ≤
ML25	275	450	23	50	170
ML30	295	490	21	50	179
ML33	290	490	21	50	—
ML35	315	530	20	45	187
ML40	335	570	19	45	217
ML45	355	600	16	40	229
ML15Mn	705	880	9	40	—
ML25Mn	275	450	23	50	170
ML30Mn	295	490	21	50	179
ML35Mn	430	630	17	—	187
ML37Cr	630	850	14	—	—
ML40Cr	660	900	11	—	—

（续）

牌　　号	$R_{p0.2}$/MPa ≥	R_m/MPa ≥	A(%) ≥	Z(%) ≥	热轧布氏硬度 HBW ≤
ML30CrMo	785	930	12	50	—
ML35CrMo	835	980	12	45	—
ML42CrMo	930	1080	12	45	—
ML20B	400	550	16	—	—
ML28B	480	630	14	—	—
ML35B	500	650	14	—	—
ML15MnB	930	1130	9	45	—
ML20MnB	500	650	14	—	—
ML35MnB	650	800	12	—	—
ML15MnVB	720	900	10	45	207
ML20MnVB	940	1040	9	45	—
ML20MnTiB	930	1130	10	45	—
ML37CrB	600	750	12	—	—

注：1. 直径≥25mm 的钢材，试样毛坯直径为 25mm；直径＜25mm 的钢材，按钢材实际尺寸。

2. 表面硬化型冷镦和冷挤压用钢试样的热处理制度如下：

牌　　号	渗碳温度/℃	直接淬火温度/℃	双重淬火温度/℃		回火温度/℃
			心部淬硬	表面淬硬	
ML10Al	880～980	830～870	880～920	780～820	150～200
ML15Al	880～980	830～870	880～920	780～820	150～200
ML15	880～980	830～870	880～920	780～820	150～200
ML20Al	880～980	830～870	880～920	780～820	150～200
ML20	880～980	830～870	880～920	780～820	150～200
ML20Cr	880～980	820～860	860～900	780～820	150～200

3. 调质型钢（包括含硼钢）试样的热处理制度如下：

牌　　号	正火温度/℃	淬火温度/℃	淬火冷却介质	回火温度/℃
ML25	Ac_3 +30～50	—	—	—
ML30	Ac_3 +30～50	—	—	—
ML33	830～860	—	—	—
ML35	Ac_3 +30～50	—	—	—
ML40	Ac_3 +30～50	—	—	—
ML45	Ac_3 +30～50	—	—	—
ML15Mn	—	880～900	水	180～220
ML25Mn	Ac_3 +30～50	—	—	—
ML30Mn	Ac_3 +30～50	—	—	—
ML37Cr	850～880	830～870	水或油	540～680
ML40Cr	—	820～860	油或水	540～680
ML30CrMo	—	860～900	水或油	490～590
ML35CrMo	—	830～870	油	500～600
ML42CrMo	—	830～870	油	500～600
ML20B	880～910	860～900	水或油	550～660
ML28B	870～900	850～890	水或油	550～660
ML35B	860～890	840～880	水或油	550～660
ML15MnB	—	860～900	水	200～240
ML20MnB	880～910	860～900	水或油	550～660
ML35MnB	860～890	840～880	油	550～660
ML15MnVB	—	860～900	油	340～380
ML20MnVB	—	860～900	油	370～410
ML20MnTiB	—	840～880	油	180～220
ML37CrB	855～885	835～875	水或油	550～660

11.2.1.12　滚动轴承钢(表11-38、表11-39)

表11-38　滚动轴承钢的牌号和化学成分

1. 高碳铬轴承钢(GB/T 18254—2002)

统一数字代号	牌号	化学成分(质量分数)(%)											
		C	Si	Mn	Cr	Mo	P	S	Ni	Cu	Ni + Cu	O 模注钢	O 连铸钢
							≤						
B00040	GCr4	0.95 ~ 1.05	0.15 ~ 0.30	0.15 ~ 0.30	0.35 ~ 0.50	≤0.08	0.025	0.020	0.25	0.20		15×10^{-6}	12×10^{-6}
B00150	GCr15	0.95 ~ 1.05	0.15 ~ 0.35	0.25 ~ 0.45	1.40 ~ 1.65	≤0.10	0.025	0.025	0.30	0.25	0.50	15×10^{-6}	12×10^{-6}
B01150	GCr15SiMn	0.95 ~ 1.05	0.45 ~ 0.75	0.95 ~ 1.25	1.40 ~ 1.65	≤0.10	0.025	0.025	0.30	0.25	0.50	15×10^{-6}	12×10^{-6}
B03150	GCr15SiMo	0.95 ~ 1.05	0.65 ~ 0.85	0.20 ~ 0.40	1.40 ~ 1.70	0.30 ~ 0.40	0.027	0.020	0.30	0.25		15×10^{-6}	12×10^{-6}
B02180	GCr18Mo	0.95 ~ 1.05	0.20 ~ 0.40	0.25 ~ 0.40	1.65 ~ 1.95	0.15 ~ 0.25	0.025	0.020	0.25	0.25		15×10^{-6}	12×10^{-6}

2. 渗碳轴承钢(GB/T 3203—1982)

统一数字代号	牌　号	化学成分(质量分数)(%)								
		C	Si	Mn	Cr	Ni	Mo	Cu	P	S
								≤		
B10200	G20CrMo	0.17 ~ 0.23	0.20 ~ 0.35	0.65 ~ 0.95	0.35 ~ 0.65	—	0.08 ~ 0.15	0.25	0.030	0.030
B12200	G20CrNiMo	0.17 ~ 0.23	0.15 ~ 0.40	0.60 ~ 0.90	0.35 ~ 0.65	0.40 ~ 0.70	0.15 ~ 0.30	0.25	0.030	0.030
B12210	G20CrNi2Mo	0.17 ~ 0.23	0.15 ~ 0.40	0.40 ~ 0.70	0.35 ~ 0.65	1.60 ~ 2.00	0.20 ~ 0.30	0.25	0.030	0.030
B11200	G20Cr2Ni4	0.17 ~ 0.23	0.15 ~ 0.40	0.30 ~ 0.60	1.25 ~ 1.75	3.25 ~ 3.75	—	0.25	0.030	0.030
B12100	G10CrNi3Mo	0.08 ~ 0.13	0.15 ~ 0.40	0.40 ~ 0.70	1.00 ~ 1.40	3.00 ~ 3.50	0.08 ~ 0.15	0.25	0.030	0.030
B10210	G20Cr2Mn2Mo	0.17 ~ 0.23	0.15 ~ 0.40	1.30 ~ 1.60	1.70 ~ 2.00	≤0.30	0.20 ~ 0.30	0.25	0.030	0.030

3. 高碳铬不锈轴承钢(GB/T 3086—2008)

统一数字代号	牌　号	化学成分(质量分数)(%)									
		C	Si	Mn	P	S	Cr	Mo	Ni	Cu	Ni + Cu
			≤						≤		
B21800	G95Cr18	0.90 ~ 1.00	0.08	0.08	0.035	0.030	17.0 ~ 19.0	—	0.30	0.25	0.50
B21810	G102Cr18Mo	0.95 ~ 1.10	0.08	0.08	0.035	0.030	16.0 ~ 18.0	0.40 ~ 0.70	0.30	0.25	0.50
B21410	G65Cr14Mo	0.60 ~ 0.70	0.08	0.08	0.035	0.030	13.0 ~ 15.0	0.50 ~ 0.80	0.30	0.25	0.50

表 11-39　滚动轴承钢的力学性能

牌　　号	试样毛坯直径/mm	热处理制度	R_m	R_{eL}	A	Z	a_K/(J/cm²)	HBW	σ_{bb}/MPa	f/mm
			MPa		(%)					
GCr9(旧牌号)	19	退火	616		24.8			190		
	19	退火	716	412	21	46	44.1	170		
	19	830℃淬油,160℃回火 2h					6.18	61~65 HRC		
GCr9SiMn(旧牌号)		退火	702		17.2	53.6	81	197~204		
		900℃正火,保温 15min	1189				141	41~42 HRC		
		815~835℃油淬,150~160℃回火						HRC≥62		
GCr15		770~780℃退火	588~716	353~412	15~25	25~59	44~88	179~207		
		900℃正火	1186~1199				76.5	39HRC		
		830~845℃油淬,150~160℃回火 2~2.5h					5.4~8.4	61~65 HRC		
GCr15SiMn		退火	721		12.7	57		170~207		
		830℃油淬,500℃回火 2h	1427			21.7		39HRC		
		830℃油淬,180℃回火 1.5h						62HRC	2726	
G8Cr15(非标)		790℃退火	633		30.2	69.3		197~207		
		正火	863	515	18.0	59.0	30	249		
		830~850℃油淬,150~160℃回火						61~64 HRC		
GSiMnV(RE)		770℃退火	721	441	25.5	50.4	58.8	179~207		
		900℃正火	1236					32HRC		
GSiMnV(RE)		760℃油淬,160℃回火 2h					59.8	43.5HRC	1687	9.0
		780℃油淬,160℃回火 2h					64.7	62.1HRC	2520	4.3
		800℃油淬,160℃回火 2h					59.8	63HRC	2471	4.1
		820℃油淬,160℃回火 2h					46.1	62.9HRC	2265	4.4
		840℃油淬,160℃回火 2h					45.1	62.8HRC	2285	4.2
GSiMnMoV(RE)		770℃退火	694	440	23.2	54.1		204		
		900℃正火	1334					35HRC		
		760℃油淬,160℃回火 2h					50	58.7HRC	2630	4.9
		780℃油淬,160℃回火 2h					70	62.6HRC	2844	5.0
		800℃油淬,160℃回火 2h					51	63.1HRC	2334	4.2
		820℃油淬,160℃回火 2h					45	63HRC	2412	4.5
		840℃油淬,160℃回火 2h					47	62.8HRC	2197	4.2
GMnMoV(RE)		780℃退火	721	476	21.0	44.3	54	203		
		805℃油淬,150°回火					86	62~63 HRC		
GSiMn(RE)		760℃退火	671~687	375~378	26.8~28.8	47.8~48.8		185~210		
		790℃油淬,160℃回火 2h					16~33	61.5~62.5HRC	2030~2256	2.0~2.2
G20CrNi2Mo	25	(880±20)℃、(810±20)℃油淬,150~200℃回火空冷	≥981		≥13	≥45	≥78.5			

（续）

牌　号	试样毛坯直径/mm	热处理制度	R_m	R_{eL}	A	Z	a_K/(J/cm²)	HBW	σ_{bb}/MPa	f/mm
			MPa		(%)					
G10CrNi3Mo	15	(880 ± 20)℃、(790 ± 20)℃油淬,180 ~ 200℃回火空冷	≥1079		≥9	≥45	≥78.5			
G20Cr2Ni4	15	(870 ± 20)℃、(790 ± 20)℃油淬,150 ~ 200℃回火空冷	≥1177		≥10	≥45	≥78.5			
	15	940℃渗碳,780℃油淬,150℃回火	表面硬度62HRC		心部硬度	42.5HRC	渗碳层深2.2mm		2614	3.08
	15	940℃渗碳,800℃油淬,150℃回火	表面硬度62HRC		心部硬度	43HRC	渗碳层深2.3mm		2710	3.22
G20Cr2Mn2-Mo	15	(880 ± 20)℃、(810 ± 20)℃油淬,180 ~ 200℃回火空冷	≥1273		≥9	≥40	≥68.7			
	15	940℃渗碳 800℃油淬,150℃回火	表面硬度62HRC		心部硬度	41.5HRC	渗碳层深2.3mm		2352	2.67
		940℃渗碳 820℃油淬,150℃回火	表面硬度63HRC		心部硬度	42HRC	渗碳层深2.3mm		2437	2.99
9Cr18		850℃退火	745		14	27.5	15.7	≤255		
9Cr18Mo		1060℃油淬,150℃回火					39.2	61HRC		
GCrSiWV		退火	814 ~ 824	721 ~ 775	20.0 ~ 22.5	43.0 ~ 43.5		229		
		870 ~ 890℃油淬,300℃回火2h						62HRC		
Cr4Mo4V		退火	696 ~ 726		20.5 ~ 26	44.5 ~ 55.0	19.6 ~ 39.2	187 ~ 207		
Cr14Mo4V		890℃退火	775		14.2	19.1		240		

11.2.1.13　碳素工具钢(GB/T 1298—2008，表11-40、表11-41)

表11-40　碳素工具钢的牌号及化学成分(GB/T 1298—2008)

牌　号	化学成分(质量分数)(%)		
	C	Mn	Si
T7	0.65 ~ 0.74	≤0.40	≤0.35
T8	0.75 ~ 0.84		
T8Mn	0.80 ~ 0.90	0.40 ~ 0.60	
T9	0.85 ~ 0.94	≤0.40	
T10	0.95 ~ 1.04		
T11	1.05 ~ 1.14		
T12	1.15 ~ 1.24		
T13	1.25 ~ 1.35		

注：高级优质钢在牌号后加“A”。

表 11-41　碳素工具钢硬度值（GB/T 1298—2008）

牌　号	交货状态		试样淬火	
	退　火	退火后冷拉	淬火温度和淬火冷却介质	硬度 HRC ≥
	硬度 HBW ≤			
T7	187	241	800～820℃，水	62
T8			780～800℃，水	
T8Mn				
T9	192		760～780℃，水	
T10	197			
T11	207			
T12				
T13	217			

11.2.1.14　合金工具钢（GB/T 1299—2000，表 11-42、表 11-43）

表 11-42　合金工具钢的牌号和化学成分（GB/T 1299—2000）

统一数字代号	序号	钢组	牌　号	化学成分(质量分数)(%)									
				C	Si	Mn	P	S	Cr	W	Mo	V	其他
							≤						
T30100	1-1	量具刃具用钢	9SiCr	0.85～0.95	1.20～1.60	0.30～0.60	0.030	0.030	0.95～1.25				
T30000	1-2		8MnSi	0.75～0.85	0.30～0.60	0.80～1.10	0.030	0.030					
T30060	1-3		Cr06	1.30～1.45	≤0.40	≤0.40	0.030	0.030	0.50～0.70				
T30201	1-4		Cr2	0.95～1.10	≤0.40	≤0.40	0.030	0.030	1.30～1.65				
T30200	1-5		9Cr2	0.80～0.95	≤0.40	≤0.40	0.030	0.030	1.30～1.70				
T30001	1-6		W	1.05～1.25	≤0.40	≤0.40	0.030	0.030	0.10～0.30	0.80～1.20			
T40124	2-1	耐冲击工具用钢	4CrW2Si	0.35～0.45	0.80～1.10	≤0.40	0.030	0.030	1.00～1.30	2.00～2.50			
T40125	2-2		5CrW2Si	0.45～0.55	0.50～0.80	≤0.40	0.030	0.030	1.00～1.30	2.00～2.50			
T40126	2-3		6CrW2Si	0.55～0.65	0.50～0.80	≤0.40	0.030	0.030	1.10～1.30	2.20～2.70			
T40100	2-4		6CrMnSi2Mo1	0.50～0.65	1.75～2.25	0.60～1.00	0.030	0.030	0.10～0.50		0.20～1.35	0.15～0.35	
T40300	2-5		5Cr3Mn1SiMo1V	0.45～0.55	0.20～1.00	0.20～0.90	0.030	0.030	3.00～3.50		1.30～1.80	≤0.35	

（续）

统一数字代号	序号	钢组	牌号	化学成分(质量分数)(%)									
				C	Si	Mn	P	S	Cr	W	Mo	V	其他
							≤						
T21200	3-1	冷作模具钢	Cr12	2.00~2.30	≤0.40	≤0.40	0.030	0.030	11.50~13.00				
T21202	3-2		Cr12Mo1V1	1.40~1.60	≤0.60	≤0.60	0.030	0.030	11.00~13.00		0.70~1.20	0.5~1.10	
T21201	3-3		Cr12MoV	1.45~1.70	≤0.40	≤0.40	0.030	0.030	11.00~12.50		0.40~0.60	0.15~0.30	Co ≤1.00
T20503	3-4		Cr5Mo1V	0.95~1.05	≤0.50	≤1.00	0.030	0.030	4.75~5.50		0.90~1.40	0.15~0.50	
T20000	3-5		9Mn2V	0.85~0.95	≤0.40	1.70~2.00	0.030	0.030				0.10~0.25	
T20111	3-6		CrWMn	0.90~1.05	≤0.40	0.80~1.10	0.030	0.030	0.90~1.20	1.20~1.60			
T20110	3-7		9CrWMn	0.85~0.95	≤0.40	0.90~1.20	0.030	0.030	0.50~0.80	0.50~0.80			
T20421	3-8		Cr4W2MoV	1.12~1.25	0.40~0.70	≤0.40	0.030	0.030	3.50~4.00	1.90~2.60	0.80~1.20	0.80~1.10	
T20432	3-9		6Cr4W3Mo2VNb	0.60~0.70	≤0.40	≤0.40	0.030	0.030	3.80~4.40	2.50~3.50	1.80~2.50	0.80~1.20	Nb 0.20~0.35
T20465	3-10		6W6Mo5Cr4V	0.55~0.65	≤0.40	≤0.60	0.030	0.030	3.70~4.30	6.00~7.00	4.50~5.50	0.70~1.10	
T20104	3-11		7CrSiMnMoV	0.65~0.75	0.85~1.15	0.65~1.05	0.030	0.030	0.90~1.20		0.20~0.50	0.15~0.30	

统一数字代号	序号	钢组	牌号	化学成分(质量分数)(%)										
				C	Si	Mn	P	S	Cr	W	Mo	V	Al	其他
							≤							
T20102	4-1	热作模具钢	5CrMnMo	0.50~0.60	0.25~0.60	1.20~1.60	0.030	0.030	0.60~0.90		0.15~0.30			
T20103	4-2		5CrNiMo	0.50~0.60	≤0.40	0.50~0.80	0.030	0.030	0.50~0.80		0.15~0.30			Ni 1.40~1.80
T20280	4-3		3Cr2W8V	0.30~0.40	≤0.40	≤0.40	0.030	0.030	2.20~2.70	7.50~9.00		0.20~0.50		
T20403	4-4		5Cr4Mo3SiMnVAl	0.47~0.57	0.80~1.10	0.80~1.10	0.030	0.030	3.80~4.30		2.80~3.40	0.80~1.20	0.30~0.70	
T20323	4-5		3Cr3Mo3W2V	0.32~0.42	0.60~0.90	≤0.65	0.030	0.030	2.80~3.30	1.20~1.80	2.50~3.00	0.80~1.20		
T20452	4-6		5Cr4W5Mo2V	0.40~0.50	≤0.40	≤0.40	0.030	0.030	3.40~4.40	4.50~5.30	1.50~2.10	0.70~1.10		

（续）

统一数字代号	序号	钢组	牌　号	化学成分(质量分数)(%)										
				C	Si	Mn	P ≤	S ≤	Cr	W	Mo	V	Al	其他
T20300	4-7	热作模具钢	8Cr3	0.75~0.85	≤0.40	≤0.40	0.030	0.030	3.20~3.80					
T20101	4-8	热作模具钢	4CrMnSiMoV	0.35~0.45	0.80~1.10	0.80~1.10	0.030	0.030	1.30~1.50		0.40~0.60	0.20~0.40		
T20303	4-9	热作模具钢	4Cr3Mo3SiV	0.35~0.45	0.80~1.20	0.25~0.70	0.030	0.030	3.00~3.75		2.00~3.00	0.25~0.75		
T20501	4-10	热作模具钢	4Cr5MoSiV	0.33~0.43	0.80~1.20	0.20~0.50	0.030	0.030	4.75~5.50		1.10~1.60	0.30~0.60		
T20502	4-11	热作模具钢	4Cr5MoSiV1	0.32~0.45	0.80~1.20	0.20~0.50	0.030	0.030	4.75~5.50		1.10~1.75	0.80~1.20		
T20520	4-12	热作模具钢	4Cr5W2VSi	0.32~0.42	0.80~1.20	≤0.40	0.030	0.030	4.50~5.50	1.60~2.40		0.60~1.00		
T23152	5-1	无磁模具钢	7Mn15Cr2Al3V2WMo	0.65~0.75	≤0.80	14.50~16.50	0.030	0.030	2.00~2.50	0.50~0.80	0.50~0.80	1.50~2.00	2.30~3.30	
T22020	6-1	塑料模具钢	3Cr2Mo	0.28~0.40	0.20~0.80	0.60~1.00	0.030	0.030	1.40~2.00		0.30~0.55			
T22024	6-2	塑料模具钢	3Cr2MnNiMo	0.32~0.40	0.20~0.40	1.10~1.50	0.030	0.030	1.70~2.00		0.25~0.40			Ni 0.85~1.15

表 11-43　合金工具钢的力学性能(GB/T 1299—2000)

序号	钢组	牌　号	交货状态	试样淬火		
			布氏硬度 HBW10/3000	淬火温度/℃	冷却介质	洛氏硬度 HRC≥
1-1	量具刃具用钢	9SiCr	241~197	820~860	油	62
1-2	量具刃具用钢	8MnSi	≤229	800~820	油	60
1-3	量具刃具用钢	Cr06	241~187	780~810	水	64
1-4	量具刃具用钢	Cr2	229~179	830~860	油	62
1-5	量具刃具用钢	9Cr2	217~179	820~850	油	62
1-6	量具刃具用钢	W	229~187	800~830	水	62

（续）

序号	钢组	牌　号	交货状态	试 样 淬 火		
			布氏硬度 HBW10/3000	淬火温度/℃	冷却介质	洛氏硬度 HRC≥
2-1	耐冲击工具用钢	4CrW2Si	217～179	860～900	油	53
2-2		5CrW2Si	255～207	860～900	油	55
2-3		6CrW2Si	285～229	860～900	油	57
2-4		6CrMnSi2Mo1V	≤229	677℃ ±15℃预热，885℃（盐浴）或900℃（炉控气氛）±6℃加热，保温5～15min油冷，58～204℃回火		58
2-5		5Cr3Mn1SiMo1V		677℃ ±15℃预热，941℃（盐浴）或955℃（炉控气氛）±6℃加热，保温5～15min空冷，56～204℃回火		56
3-1	冷作模具钢	Cr12	269～217	950～1000	油	60
3-2		Cr12Mo1V1	≤255	820℃ ±15℃预热，1000℃（盐浴）或1010℃（炉控气氛）±6℃加热，保温10～20min空冷，200℃ ±6℃回火		59
3-3		Cr12MoV	255～207	950～1000	油	58
3-4		Cr5Mo1V	≤255	790℃ ±15℃预热，940℃（盐浴）或950℃（炉控气氛）±6℃加热，保温5～15min空冷，200℃ ±6℃回火		60
3-5		9Mn2V	≤229	780～810	油	62
3-6		CrWMn	255～207	800～830	油	62
3-7		9CrWMn	241～197	800～830	油	62
3-8		Cr4W2MoV	≤269	960～980、1020～1040	油	60
3-9		6Cr4W3Mo2VNb	≤255	1100～1160	油	60
3-10		6W6Mo5Cr4V	≤269	1180～1200	油	60
3-11		7CrSiMnMoV	≤235	淬火：870～900 回火：150 ±10	油冷或空冷 空冷	60

（续）

序号	钢组	牌　号	交货状态	试样淬火		
			布氏硬度 HBW10/3000	淬火温度/℃	冷却介质	洛氏硬度 HRC≥
4-1	热作模具钢	5CrMnMo	241～197	820～850	油	
4-2	热作模具钢	5CrNiMo	241～197	830～860	油	
4-3	热作模具钢	3Cr2W8V	≤255	1075～1125	油	
4-4	热作模具钢	5Cr4Mo3SiMnVAl	≤255	1090～1120	油	
4-5	热作模具钢	3Cr3Mo3W2V	≤255	1060～1130	油	
4-6	热作模具钢	5Cr4W5Mo2V	≤269	1100～1150	油	
4-7	热作模具钢	8Cr3	255～207	850～880	油	
4-8	热作模具钢	4CrMnSiMoV	241～197	870～930	油	
4-9	热作模具钢	4Cr3Mo3SiV	≤229	790℃ ±15℃ 预热，1010℃（盐浴）或 1020℃（炉控气氛）±6℃ 加热，保温 5～15min 空冷，550℃ ±6℃ 回火		
4-10	热作模具钢	4Cr5MoSiV	≤235	790℃ ±15℃ 预热，1000℃（盐浴）或 1010℃（炉控气氛）±6℃ 加热，保温 5～15min 空冷，550℃ ±6℃ 回火		
4-11	热作模具钢	4Cr5MoSiV1	≤235	790℃ ±15℃ 预热，1000℃（盐浴）或 1010℃（炉控气氛）±6℃ 加热，保温 5～15min 空冷，550℃ ±6℃ 回火		
4-12	热作模具钢	4Cr5W2VSi	≤229	1030～1050	油或空	
5-1	无磁模具钢	7Mn15Cr2Al3V2WMo	—	1170～1190 固溶 650～700 时效	水 空	45
6-1	塑料模具钢	3Cr2Mo	—			
6-2	塑料模具钢	3Cr2MnNiMo	—			

注：1. 保温时间是指试样达到加热温度后保持的时间。试样在盐浴中进行，在该温度保持时间为 5min，对 Cr12Mo1V1 钢是 10min；试样在炉控气氛中进行，在该温度保持时间为 5～15min，对 Cr12Mo1V1 钢是 10～20min。

2. 回火温度 200℃时应一次回火 2h，550℃时应二次回火，每次 2h。

3. 7Mn15Cr2Al3V2WMo 钢可以热轧状态供应，不作交货硬度。

11.2.1.15 高速工具钢（GB/T 9941—2009、GB/T 9943—2008，表 11-44、表 11-45）

表 11-44 高速工具钢的牌号及化学成分（GB/T 9943—2008）

序号	统一数字代号	牌号[1]	化学成分(质量分数)(%)									
			C	Mn	Si[2]	S[3]	P	Cr	V	W	Mo	Co
1	T63342	W3Mo3Cr4V2	0.95~1.03	≤0.40	≤0.45	≤0.030	≤0.030	3.80~4.50	2.20~2.50	2.70~3.00	2.50~2.90	—
2	T64340	W4Mo3Cr4VSi	0.83~0.93	0.20~0.40	0.70~1.00	≤0.030	≤0.030	3.80~4.40	1.20~1.80	3.50~4.50	2.50~3.50	—
3	T51841	W18Cr4V	0.73~0.83	0.10~0.40	0.20~0.40	≤0.030	≤0.030	3.8~4.50	1.00~1.20	17.20~18.70	—	—
4	T62841	W2Mo8Cr4V	0.77~0.87	≤0.40	≤0.70	≤0.030	≤0.030	3.50~4.50	1.00~1.40	1.40~2.00	8.00~9.00	—
5	T62942	W2Mo9Cr4V2	0.95~1.05	0.15~0.40	≤0.70	≤0.030	≤0.030	3.50~4.50	1.75~2.20	1.50~2.10	8.20~9.20	—
6	T66541	W6Mo5Cr4V2	0.80~0.90	0.15~0.40	0.20~0.45	≤0.030	≤0.030	3.80~4.40	1.75~2.20	5.50~6.75	4.50~5.50	—
7	T66542	CW6Mo5Cr4V2	0.86~0.94	0.15~0.40	0.20~0.45	≤0.030	≤0.030	3.80~4.50	1.75~2.10	5.90~6.70	4.70~5.20	—
8	T66642	W6Mo6Cr4V2	1.00~1.10	≤0.40	≤0.45	≤0.030	≤0.030	3.80~4.50	2.30~2.60	5.90~6.70	5.50~6.50	—
9	T69341	W9Mo3Cr4V	0.77~0.87	0.20~0.40	0.20~0.40	≤0.030	≤0.030	3.80~4.40	1.30~1.70	8.50~9.50	2.70~3.30	—
10	T66543	W6Mo5Cr4V3	1.15~1.25	0.15~0.40	0.20~0.45	≤0.030	≤0.030	3.80~4.50	2.70~3.20	5.90~6.70	4.70~5.20	—
11	T66545	CW6Mo5Cr4V3	1.25~1.32	0.15~0.40	≤0.70	≤0.030	≤0.030	3.75~4.50	2.70~3.20	5.90~6.70	4.70~5.20	—
12	T66544	W6Mo5Cr4V4	1.25~1.40	≤0.40	≤0.45	≤0.030	≤0.030	3.80~4.50	3.70~4.20	5.20~6.00	4.20~5.00	—
13	T66546	W6Mo5Cr4V2Al	1.05~1.15	0.15~0.40	0.20~0.60	≤0.030	≤0.030	3.80~4.40	1.75~2.20	5.50~6.75	4.50~5.50	Al:0.80~1.20
14	T71245	W12Cr4V5Co5	1.50~1.60	0.15~0.40	0.15~0.40	≤0.030	≤0.030	3.75~5.00	4.50~5.25	11.75~13.00	—	4.75~5.25
15	T76545	W6Mo5Cr4V2Co5	0.87~0.95	0.15~0.40	0.20~0.45	≤0.030	≤0.030	3.80~4.50	1.70~2.10	5.90~6.70	4.70~5.20	4.50~5.00
16	T76438	W6Mo5Cr4V3Co8	1.23~1.33	≤0.40	≤0.70	≤0.030	≤0.030	3.80~4.50	2.70~3.20	5.90~6.70	4.70~5.30	8.00~8.80
17	T77445	W7Mo4Cr4V2Co5	1.05~1.15	0.20~0.60	0.15~0.50	≤0.030	≤0.030	3.75~4.50	1.75~2.25	6.25~7.00	3.25~4.25	4.75~5.75
18	T72948	W2Mo9Cr4VCo8	1.05~1.15	0.15~0.40	0.15~0.65	≤0.030	≤0.030	3.50~4.25	0.95~1.35	1.15~1.85	9.00~10.00	7.75~8.75
19	T71010	W10Mo4Cr4V3Co10	1.20~1.35	≤0.40	≤0.45	≤0.030	≤0.030	3.80~4.50	3.00~3.50	9.00~10.00	3.20~3.90	9.50~10.50

① 表中牌号 W18Cr4V、W12Cr4V5Co5 为钨系高速工具钢，其他牌号为钨钼系高速工具钢。

② 电渣钢的硅含量下限不限。

③ 根据需方要求，为改善钢的可加工性，其硫含量可规定为 0.06% ~0.15%（质量分数）。

表 11-45　高速工具钢棒的硬度值(GB/T 9943—2008)

序号	牌　号	交货硬度①(退火态) HBW ≤	试样热处理制度及淬回火硬度					
			预热温度/℃	淬火温度/℃		淬火冷却介质	回火温度②/℃	硬度③ HRC ≥
				盐浴炉	箱式炉			
1	W3Mo3Cr4V2	255	800～900	1180～1220	1180～1220	油或盐浴	540～560	63
2	W4Mo3Cr4VSi	255		1170～1190	1170～1190		540～560	63
3	W18Cr4V	255		1250～1270	1260～1280		550～570	63
4	W2Mo8Cr4V	255		1180～1220	1180～1220		550～570	63
5	W2Mo9Cr4V2	255		1190～1210	1200～1220		540～560	64
6	W6Mo5Cr4V2	255		1200～1220	1210～1230		540～560	64
7	CW6Mo5Cr4V2	255		1190～1210	1200～1220		540～560	64
8	W6Mo6Cr4V2	262		1190～1210	1190～1210		550～570	64
9	W9Mo3Cr4V	255		1200～1220	1220～1240		540～560	64
10	W6Mo5Cr4V3	262		1190～1210	1200～1220		540～560	64
11	CW6Mo5Cr4V3	262		1180～1200	1190～1210		540～560	64
12	W6Mo5Cr4V4	269		1200～1220	1200～1220		550～570	64
13	W6Mo5Cr4V2Al	269		1200～1220	1230～1240		550～570	65
14	W12Cr4V5Co5	277		1220～1240	1230～1250		540～560	65
15	W6Mo5Cr4V2Co5	269		1190～1210	1200～1220	油或盐浴	540～560	64
16	W6Mo5Cr4V3Co8	285		1170～1190	1170～1190		550～570	65
17	W7Mo4Cr4V2Co5	269		1180～1200	1190～1210		540～560	66
18	W2Mo9Cr4VCo8	269		1170～1190	1180～1200		540～560	66
19	W10Mo4Cr4V3Co10	285		1220～1240	1220～1240		550～570	66

① 退火＋冷拉态的硬度，允许比退火态硬度值增加 50HBW。

② 回火温度为 550～570℃时，回火 2 次，每次 1h；回火温度为 540～560℃时，回火 2 次，每次 2h。

③ 供方若能保证试样淬、回火硬度，可不检验。

11.2.1.16　超高强度钢（GB/T 3077—1999、GB/T 1220—2007、GB/T 1221—2007 等，表 11-46、表 11-47）

表 11-46　超高强度钢的牌号和化学成分（GB/T 3077—1999、GB/T 1220—2007、GB/T 1221—2007 等）

类型	序号	牌　号	化学成分（质量分数）(%)								
			C	Si	Mn	P	S	Cr	Ni	Mo	其　他
						≤	≤				
低合金超高强度钢	1	30CrMnSiNi2A	0.27～0.34	0.9～1.2	1.0～1.3	0.035	0.030	0.9～1.2	1.4～1.8	—	—
	2	30CrMnSiNi2MoA	0.28～0.35	0.9～1.2	1.0～1.3	0.035	0.030	0.9～1.2	1.4～1.8	0.20～0.30	—

（续）

类型		序号	牌　号	化学成分（质量分数）（%）								
				C	Si	Mn	P ≤	S ≤	Cr	Ni	Mo	其　他
低合金超高强度钢		3	30Si2Mn2MoWV	0.28 ~ 0.32	2.0 ~ 2.5	1.5 ~ 2.0	—	—	—	—	0.55 ~ 0.75	W0.40 ~ 0.60 V0.08 ~ 0.15
		4	32Si2Mn2MoV	0.30 ~ 0.36	1.45 ~ 1.75	1.6 ~ 1.9	—	—	—	—	0.35 ~ 0.55	V0.20 ~ 0.35
		5	32CrNi2MoV	0.29 ~ 0.35	0.17 ~ 0.37	0.5 ~ 0.8	0.025	0.025	0.8 ~ 1.2	1.5 ~ 1.9	0.65 ~ 0.85	V0.10 ~ 0.20
		6	35CrMnSiA	0.32 ~ 0.39	1.1 ~ 1.4	0.8 ~ 1.1	—	—	1.1 ~ 1.4	—	—	—
		7	37Si2MnCrNiMoV	0.34 ~ 0.40	1.4 ~ 1.7	0.7 ~ 1.1	—	—	1.2 ~ 1.4	0.3 ~ 0.5	0.40 ~ 0.60	V0.10 ~ 0.20
		8	40CrNi2Mo	0.38 ~ 0.43	0.20 ~ 0.35	0.6 ~ 0.8	—	—	0.7 ~ 0.9	1.65 ~ 2.00	0.20 ~ 0.30	—
		9	40SiMnCrMoV	0.36 ~ 0.42	1.2 ~ 1.6	0.8 ~ 1.2	—	—	1.2 ~ 1.5	—	0.45 ~ 0.60	V0.07 ~ 0.12
		10	40SiMnCrNi2MoV	0.37 ~ 0.42	1.3 ~ 1.6	0.8 ~ 1.2	—	—	0.8 ~ 1.2	1.8 ~ 2.0	0.40 ~ 0.60	V0.10 ~ 0.20
		11	45CrNiMoVA	0.42 ~ 0.49	0.17 ~ 0.37	0.5 ~ 0.8	—	—	0.8 ~ 1.1	1.3 ~ 1.8	0.20 ~ 0.30	V0.10 ~ 0.20
		12	45CrNiMo1V	0.42 ~ 0.48	0.15 ~ 0.30	0.6 ~ 0.9	—	—	0.80 ~ 1.05	0.4 ~ 0.7	0.90 ~ 1.10	V0.05 ~ 0.10
中合金超高强度钢		13	4Cr5MoSiV	0.33 ~ 0.43	0.8 ~ 1.2	0.2 ~ 0.5	0.030	0.030	4.75 ~ 5.50	—	1.10 ~ 1.60	V0.30 ~ 0.60
		14	4Cr5MoSiV1	0.32 ~ 0.45	0.8 ~ 1.2	0.2 ~ 0.5	0.030	0.030	4.75 ~ 5.50	—	1.10 ~ 1.75	V0.80 ~ 1.20
		15	6Cr4Mo3Ni2WV	0.55 ~ 0.64	≤0.40	≤0.20	—	—	3.8 ~ 4.3	1.8 ~ 2.2	2.80 ~ 3.30	W0.90 ~ 1.20 V0.90 ~ 1.30
		16	6Cr4W3Mo2VNb	0.60 ~ 0.70	≤0.40	≤0.40	0.030	0.030	3.8 ~ 4.4	W2.5 ~ 3.5	1.80 ~ 2.50	V0.80 ~ 1.20 Nb0.20 ~ 0.35
高合金超高强度钢	沉淀硬化不锈钢	17	05Cr17Ni4Cu4Nb	0.07	1.00	1.00	0.040	0.030	15.0 ~ 17.5	3.0 ~ 5.0	—	Cu3.0 ~ 5.0 Nb0.15 ~ 0.45
		18	07Cr17Ni7Al	0.09	1.00	1.00	0.040	0.030	16 ~ 18	6.50 ~ 7.75	—	Al0.75 ~ 1.50
		19	07Cr15Ni7Mo2Al	0.09	1.00	1.00	0.040	0.030	14 ~ 16	6.50 ~ 7.75	2.0 ~ 3.0	Al0.75 ~ 1.50
		20	07Cr12Ni4Mn5Mo3Al	0.09	0.80	4.4 ~ 5.3	0.030	0.025	11 ~ 12	4.0 ~ 5.0	2.7 ~ 3.3	Al0.5 ~ 1.0

（续）

类型		序号	牌号	化学成分（质量分数）（%）								
				C	Si	Mn	P ≤	S ≤	Cr	Ni	Mo	其他
高合金超高强度钢	马氏体时效钢	21	00Ni18Co8Mo5TiAl	≤0.03	≤0.12	≤0.20	0.010	0.010	Co 7～8	17.5～18.5	4.75～5.25	Ti0.30～0.50 Al≤0.15
		22	00Cr5Ni12Mo3TiAl	≤0.03	≤0.12	≤0.10	—	—	4.75～5.25	11.5～12.5	2.75～3.25	Ti0.10～0.25 Al0.35～0.50
		23	00Ni20Ti2AlNb	≤0.03	≤0.12	≤0.10	—	—	—	19～20	Nb0.3～0.5	Ti1.30～1.60 Al0.15～0.30
		24	00Ni25Ti2AlNb	≤0.03	≤0.12	≤0.10	—	—	—	25～26	Nb0.3～0.5	Ti1.30～1.60 Al0.15～0.30

表 11-47 超高强度钢的力学性能（GB/T 3077—1999、GB/T 1220—2007、GB/T 1221—2007 等）

序号	牌号	热处理	$R_{P0.2}$ /MPa	R_m /MPa	A (%)	Z (%)	a_K/ (J/cm²)	K_{1C}/ (MN/m$^{3/2}$)
1	30CrMnSiNi2A	870℃淬火，200℃回火	1400～1560	1600～1800	8～10	35～45	60～70	66
2	30CrMnSiNi2MoA	900℃油淬，250℃回火	1410～1560	1670～1860	9.5～13	41.8～52	60～88	—
3	30Si2Mn2MoWV	950℃淬火，250℃回火	≥1500	≥1900	—	≥25	≥50	≥108.5
4	32Si2Mn2MoV	920℃淬火，320℃回火	1560～1740	1800～1960	10～11	44～46	52～64	77.5～86.8
5	32CrNi2MoV	870℃淬火，550℃回火	1350	1500	—	54	90	139.5
6	35CrMnSiA	880℃加热，于280～320℃等温淬火，空冷	≥1350	≥1650	≥9	≥40	≥50	—
		880℃油淬，230℃回火空冷	1568～1602	1783～1952	9～12	40～49.6	105～107	—
7	37Si2MnCrNiMoV	920℃淬火，280℃回火	1580～1740	1880～2030	8～13	38～46	50～66	80
8	40CrNi2Mo	850℃淬火，220℃回火	1580～1640	1920～2060	11～13	40～52	55～75	55～72
		900℃油淬，413℃回火	≥1260	≥1540	≥12	≥35	—	—
9	40SiMnCrMoV	920℃淬火，200～300℃回火	1450～1540	1930～1960	10～10.5	40～45	60～65	63～71
10	40SiMnCrNi2MoV	930℃淬火，280℃回火	1560～1750	1880～2040	8～10.5	38～48	56～58	74～83

（续）

序号	牌　号	热　处　理	$R_{p0.2}$ /MPa	R_m /MPa	A (%)	Z (%)	a_K/ (J/cm²)	K_{1C}/ (MN/$m^{3/2}$)
11	45CrNiMoVA	860℃油淬，460℃回火	≥1350	≥1500	≥7	≥35	≥40	—
12	45CrNiMo1V	860℃淬火，300℃回火	1540～1760	1940～2100	10～12	34～50	42～52	74～83
13	4Cr5MoSiV	1000～1050℃淬火，520～560℃回火三次	1580～1650	1800～2000	12～13	38～42	52	33.8
14	4Cr5MoSiV1	1020～1050℃淬火，560～580℃回火二次	1496 ($\sigma_{0.1}$)	1984	15	24		
15	6Cr4Mo3Ni2WV	1120℃淬火，560℃回火三次	—	2500～2700	3.5～6.0	14～25	23～36	25～40
16	6Cr4W3Mo2VNb	1120℃油淬，540℃回火二次	2670	—	—	—	101（C形缺口）	19.8
17	05Cr17Ni4Cu4Nb	1020～1060℃固溶处理后，480℃时效	≥1200	≥1340	≥10	≥40	—	—
18	07Cr17Ni7Al	1000～1100℃固溶处理后，（955±10）℃保持10min空冷，-73℃冷处理8h，再加热到510℃保温60min后空冷	≥1050	≥1250	≥4	≥10	—	—
19	07Cr15Ni7Mo2Al		≥1230	≥1350	≥6	≥20	—	—
20	07Cr12Ni4Mn5Mo3Al	1050℃水冷或空冷，-73℃冷处理8h，520℃时效2h	≥1300	≥1550	≥9	≥40	≥50	—
21	00Ni18Co8Mo5TiAl	815℃固溶处理后，480℃时效3h	≥1750	≥1850	≥7	≥40	≥50	—
		815℃固溶处理1h，空冷，480℃时效3h，空冷	1790	1900	7～9	40	70～90	110～118
22	00Cr5Ni12Mo3TiAl	815℃固溶处理1h，空冷，480℃时效3h，空冷	—	1400	16	38～45	50～60	—
23	00Ni20Ti2AlNb	815℃固溶处理1h，480℃时效3h	1750	1800	11	45	—	—
		815℃固溶处理1h，冷轧50%，480℃时效3h	1850	1900	12	57	—	—
24	00Ni25Ti2AlNb	815℃固溶处理1h，705℃时效4h，冷处理后再435℃时效1h	1800	1900	12	53	—	—
		815℃固溶处理1h，冷轧60%，冷处理后再于435℃时效1h	1900	2000	13	58	—	—

11.2.1.17 汽轮机叶片用钢（GB/T 8732—2004，表 11-48、表 11-49）

表 11-48 汽轮机叶片用钢的牌号和化学成分（GB/T 8732—2004）

序号	统一数字代号	牌号	化学成分(质量分数)(%)														
			C	Si	Mn	P	S	Ni	Cr	Mo	W	V	Cu	Al	Ti	N	Nb + Ta
1	S 41010	1Cr13	0.10 ~ 0.15	≤1.00	≤1.00	≤0.030	≤0.025	≤0.60	11.50 ~ 13.50				≤0.30				
2	S 42020	2Cr13	0.16 ~ 0.24	≤0.60	≤0.60	≤0.030	≤0.025	≤0.60	12.00 ~ 14.00				≤0.30				
3	S 45610	1Cr12Mo	0.10 ~ 0.15	≤0.50	0.30 ~ 0.60	≤0.030	≤0.025	0.30 ~ 0.60	11.50 ~ 13.00	0.30 ~ 0.60			≤0.30				
4	S 46010	1Cr11MoV	0.11 ~ 0.18	≤0.50	≤0.60	≤0.030	≤0.025	≤0.60	10.00 ~ 11.50	0.50 ~ 0.70		0.25 ~ 0.40	≤0.30				
5	S 47110	1Cr12W1MoV	0.12 ~ 0.18	≤0.50	0.50 ~ 0.90	≤0.030	≤0.025	0.40 ~ 0.80	11.00 ~ 13.00	0.50 ~ 0.70	0.70 ~ 1.10	0.15 ~ 0.30	≤0.30				
6	S 46120	2Cr12MoV	0.18 ~ 0.24	0.10 ~ 0.50	0.30 ~ 0.80	≤0.030	≤0.025	0.30 ~ 0.60	11.00 ~ 12.50	0.80 ~ 1.20		0.25 ~ 0.35	≤0.30				
7	S 47670	2Cr11NiMoNbVN	0.15 ~ 0.20	≤0.50	0.50 ~ 0.80	≤0.020	≤0.015	0.30 ~ 0.60	10.0 ~ 12.0	0.60 ~ 0.90		0.20 ~ 0.30	≤0.10	≤0.03		0.04 ~ 0.09	Nb:0.20 ~ 0.60
8	S 47520	2Cr12NiMo1W1V	0.20 ~ 0.25	≤0.50	0.50 ~ 1.00	≤0.030	≤0.025	0.50 ~ 1.00	11.00 ~ 12.50	0.90 ~ 1.25	0.90 ~ 1.25	0.20 ~ 0.30	≤0.30				
9	S 51748	0Cr17Ni4Cu4Nb	≤0.055	≤1.00	≤0.50	≤0.030	≤0.025	3.80 ~ 4.50	15.00 ~ 16.00				3.00 ~ 3.70	≤0.050	≤0.050	≤0.050	0.15 ~ 0.35

注：表中牌号为旧牌号，牌号新旧对照可参阅表 11-50 ~ 表 11-54。

表 11-49　汽轮机叶片用钢的力学性能（GB/T 8732—2004）

序号	牌号	热处理 淬火温度/℃	热处理 回火温度/℃	力学性能 规定塑性延伸强度 $R_{p0.2}$/(N/mm²) ≥	抗拉强度 R_m/(N/mm²) ≥	断后伸长率 A(%) ≥	断面收缩率 Z(%) ≥	冲击吸收能量 KV/J ≥	试样硬度 HBW
1	1Cr13	980~1040 油	660~770 空	440	620	20	60	35	187~229
2	2Cr13	950~1020 空、油	660~770 油、水、空	490	665	16	50	27	207~241
3	1Cr12Mo	950~1000 油	650~710 空	550	685	18	60	78	217~248
4	1Cr11MoV	1000~1050 空、油	700~750 空	490	685	16	56	27	217~248
5	1Cr12W1MoV	1000~1050 油	680~740 空	590	735	15	45	27	241~285
6	2Cr11NiMoNbVN	≥1090 油	≥640 空	760	930	12	32	20	277~331
7	2Cr12NiMo1W1V	980~1040 油	650~750 空	760	930	12	32	11	277~311

序号 8　牌号 2Cr12MoV

组别	淬火温度/℃	回火温度/℃	规定塑性延伸强度 $R_{p0.2}$/(N/mm²) ≥	抗拉强度 R_m/(N/mm²) ≥	断后伸长率 A(%) ≥	断面收缩率 Z(%) ≥	冲击吸收能量 KV/J ≥	试样硬度 HBW
Ⅰ	1020~1070 油	≥650 空	700	900~1050	13	35	20	277~311
Ⅱ	1020~1050 油	700~750 空	590~735	<930	15	50	27	241~285

序号 9　牌号 0Cr17Ni4Cu4Nb

热处理类型	热处理制度 固溶处理	热处理制度 中间处理	热处理制度 时效处理
Ⅰ	1025~1055℃，油、空冷（≥14℃/min 冷却到室温）	—	645~655℃，4h，空冷
Ⅱ		810~820℃，0.5h，空冷（≥14℃/min 冷却到室温）	565~575℃，3h，空冷
Ⅲ			600~610℃，5h，空冷

类别	规定塑性延伸强度 $R_{p0.2}$/(N/mm²) ≥	抗拉强度 R_m/(N/mm²) ≥	断后伸长率 A(%) ≥	断面收缩率 Z(%) ≥	试样硬度 HBW
Ⅰ	590~755	≥890	16	55	262~302
Ⅱ	890~980	950~1020	16	55	293~321
Ⅲ	755~890	890~1030	16	55	277~311

11.2.1.18 不锈钢和耐热钢

1. 不锈钢和耐热钢的牌号及化学成分(GB/T 20878—2007,表 11-50 ~ 表 11-54)

表 11-50 奥氏体型不锈钢和耐热钢的牌号及化学成分(GB/T 20878—2007)

序号	统一数字代号	新牌号	旧牌号	化学成分(质量分数)(%)										
				C	Si	Mn	P	S	Ni	Cr	Mo	Cu	N	其他元素
1	S35350	12Cr17Mn6Ni5N	1Cr17Mn6Ni5N	0.15	1.00	5.50 ~ 7.50	0.050	0.030	3.50 ~ 5.50	16.00 ~ 18.00	—	—	0.05 ~ 0.25	—
2	S35950	10Cr17Mn9Ni4N	—	0.12	0.80	8.00 ~ 10.50	0.035	0.025	3.50 ~ 4.50	16.00 ~ 18.00	—	—	0.15 ~ 0.25	—
3	S35450	12Cr18Mn9Ni5N	1Cr18Mn8Ni5N	0.15	1.00	7.50 ~ 10.00	0.050	0.030	4.00 ~ 6.00	17.00 ~ 19.00	—	—	0.05 ~ 0.25	—
4	S35020	20Cr13Mn9Ni4	2Cr13Mn9Ni4	0.15 ~ 0.25	0.80	8.00 ~ 10.00	0.035	0.025	3.70 ~ 5.00	12.00 ~ 14.00	—	—	—	—
5	S35550	20Cr15Mn15Ni2N	2Cr15Mn15Ni2N	0.15 ~ 0.25	1.00	14.00 ~ 16.00	0.050	0.030	1.50 ~ 3.00	14.00 ~ 16.00	—	—	0.15 ~ 0.30	—
6	S35650	53Cr21Mn9Ni4N	5Cr21Mn9Ni4N	0.48 ~ 0.58	0.35	8.00 ~ 10.00	0.040	0.030	3.25 ~ 4.50	20.00 ~ 22.00	—	—	0.35 ~ 0.50	—
7	S35750	26Cr18Mn12Si2N①	3Cr18Mn12Si2N①	0.22 ~ 0.30	1.40 ~ 2.20	10.50 ~ 12.50	0.050	0.030	—	17.00 ~ 19.00	—	—	0.22 ~ 0.33	—
8	S35850	22Cr20Mn10Ni2Si2N①	2Cr20Mn9Ni2Si2N①	0.17 ~ 0.26	1.80 ~ 2.70	8.50 ~ 11.00	0.050	0.030	2.00 ~ 3.00	18.00 ~ 21.00	—	—	0.20 ~ 0.30	—
9	S30110	12Cr17Ni7	1Cr17Ni7	0.15	1.00	2.00	0.045	0.030	6.00 ~ 8.00	16.00 ~ 18.00	—	—	0.10	—
10	S30103	022Cr17Ni7	—	0.030	1.00	2.00	0.045	0.030	5.00 ~ 8.00	16.00 ~ 18.00	—	—	0.20	—
11	S30153	022Cr17Ni7N	—	0.030	1.00	2.00	0.045	0.030	5.00 ~ 8.00	16.00 ~ 18.00	—	—	0.07 ~ 0.20	—
12	S30220	17Cr18Ni9	2Cr18Ni9	0.13 ~ 0.21	1.00	2.00	0.035	0.025	8.00 ~ 10.50	17.00 ~ 19.00	—	—	—	—
13	S30210	12Cr18Ni9①	1Cr18Ni9①	0.15	1.00	2.00	0.045	0.030	8.00 ~ 10.00	17.00 ~ 19.00	—	—	0.10	—
14	S30240	12Cr18Ni9Si3①	1Cr18Ni9Si3①	0.15	2.00 ~ 3.00	2.00	0.045	0.030	8.00 ~ 10.00	17.00 ~ 19.00	—	—	0.10	—
15	S30317	Y12Cr18Ni9	Y1Cr18Ni9	0.15	1.00	2.00	0.20	≥0.15	8.00 ~ 10.00	17.00 ~ 19.00	(0.60)	—	—	—

（续）

序号	统一数字代号	新牌号	旧牌号	化学成分(质量分数)(%)										
				C	Si	Mn	P	S	Ni	Cr	Mo	Cu	N	其他元素
16	S30327	Y12Cr18Ni9Se	Y1Cr18Ni9Se	0.15	1.00	2.00	0.20	0.060	8.00～10.00	17.00～19.00	—	—	—	Se≥0.15
17	S30408	06Cr19Ni10①	0Cr18Ni9①	0.08	1.00	2.00	0.045	0.030	8.00～11.00	18.00～20.00	—	—	—	—
18	S30403	022Cr19Ni10	00Cr19Ni10	0.030	1.00	2.00	0.045	0.030	8.00～12.00	18.00～20.00	—	—	—	—
19	S30409	07Cr19Ni10	—	0.04～0.10	1.00	2.00	0.045	0.030	8.00～11.00	18.00～20.00	—	—	—	—
20	S30450	05Cr19Ni10Si2CeN	—	0.04～0.06	1.00～2.00	0.80	0.045	0.030	9.00～10.00	18.00～19.00	—	—	0.12～0.18	Ce:0.03～0.08
21	S30480	06Cr18Ni9Cu2	0Cr18Ni9Cu2	0.08	1.00	2.00	0.045	0.030	8.00～10.50	17.00～19.00	—	1.00～3.00	—	—
22	S30488	06Cr18Ni9Cu3	0Cr18Ni9Cu3	0.08	1.00	2.00	0.045	0.030	8.50～10.50	17.00～19.00	—	3.00～4.00	—	—
23	S30458	06Cr19Ni10N	0Cr19Ni9N	0.08	1.00	2.00	0.045	0.030	8.00～11.00	18.00～20.00	—	—	0.10～0.16	—
24	S30478	06Cr19Ni9NbN	0Cr19Ni10NbN	0.08	1.00	2.00	0.045	0.030	7.50～10.50	18.00～20.00	—	—	0.15～0.30	Nb:0.15
25	S30453	022Cr19Ni10N	00Cr18Ni10N	0.030	1.00	2.00	0.045	0.030	8.00～11.00	18.00～20.00	—	—	0.10～0.16	—
26	S30510	10Cr18Ni12	1Cr18Ni12	0.12	1.00	2.00	0.045	0.030	10.50～13.00	17.00～19.00	—	—	—	—
27	S30508	06Cr18Ni12	0Cr18Ni12	0.08	1.00	2.00	0.045	0.030	11.00～13.50	16.50～19.00	—	—	—	—
28	S30608	06Cr16Ni18	0Cr16Ni18	0.08	1.00	2.00	0.045	0.030	17.00～19.00	15.00～17.00	—	—	—	—
29	S30808	06Cr20Ni11	—	0.08	1.00	2.00	0.045	0.030	10.00～12.00	19.00～21.00	—	—	—	—
30	S30850	22Cr21Ni12N①	2Cr21Ni12N①	0.15～0.28	0.75～1.25	1.00～1.60	0.040	0.030	10.50～12.50	20.00～22.00	—	—	0.15～0.30	—
31	S30920	16Cr23Ni13①	2Cr23Ni13①	0.20	1.00	2.00	0.040	0.030	12.00～15.00	22.00～24.00	—	—	—	—

（续）

序号	统一数字代号	新牌号	旧牌号	化学成分（质量分数）（%）										
				C	Si	Mn	P	S	Ni	Cr	Mo	Cu	N	其他元素
32	S30908	06Cr23Ni13①	0Cr23Ni13①	0.08	1.00	2.00	0.045	0.030	12.00～15.00	22.00～24.00	—	—	—	—
33	S31010	11Cr23Ni18	1Cr23Ni18	0.18	1.00	2.00	0.035	0.025	17.00～20.00	22.00～25.00	—	—	—	—
34	S31020	20Cr25Ni20①	2Cr25Ni20①	0.25	1.50	2.00	0.040	0.030	19.00～22.00	24.00～26.00	—	—	—	—
35	S31008	06Cr25Ni20①	0Cr25Ni20①	0.08	1.50	2.00	0.045	0.030	19.00～22.00	24.00～26.00	—	—	—	—
36	S31053	022Cr25Ni22Mo2N	—	0.030	0.40	2.00	0.030	0.015	21.00～23.00	24.00～26.00	2.00～3.00	—	0.10～0.16	—
37	S31252	015Cr20Ni18Mo6CuN	—	0.020	0.80	1.00	0.030	0.010	17.50～18.50	19.50～20.50	6.00～6.50	0.50～1.00	0.18～0.22	—
38	S31608	06Cr17Ni12Mo2①	0Cr17Ni12Mo2①	0.08	1.00	2.00	0.045	0.030	10.00～14.00	16.00～18.00	2.00～3.00	—	—	—
39	S31603	022Cr17Ni12Mo2	00Cr17Ni14Mo2	0.030	1.00	2.00	0.045	0.030	10.00～14.00	16.00～18.00	2.00～3.00	—	—	—
40	S31609	07Cr17Ni12Mo2①	1Cr17Ni12Mo2①	0.04～0.10	1.00	2.00	0.045	0.030	10.00～14.00	16.00～18.00	2.00～3.00	—	—	—
41	S31668	06Cr17Ni12Mo2Ti①	0Cr18Ni12Mo3Ti①	0.08	1.00	2.00	0.045	0.030	10.00～14.00	16.00～18.00	2.00～3.00	—	—	Ti≥5C
42	S31678	06Cr17Ni12Mo2Nb	—	0.08	1.00	2.00	0.045	0.030	10.00～14.00	16.00～18.00	2.00～3.00	—	0.10	Nb:10C～1.10
43	S31658	06Cr17Ni12Mo2N	0Cr17Ni12Mo2N	0.08	1.00	2.00	0.045	0.030	10.00～13.00	16.00～18.00	2.00～3.00	—	0.10～0.16	—
44	S31653	022Cr17Ni12Mo2N	00Cr17Ni13Mo2N	0.030	1.00	2.00	0.045	0.030	10.00～13.00	16.00～18.00	2.00～3.00	—	0.10～0.16	—
45	S31688	06Cr18Ni12Mo2Cu2	0Cr18Ni12Mo2Cu2	0.08	1.00	2.00	0.045	0.030	10.00～14.00	17.00～19.00	1.20～2.75	1.00～2.50	—	—
46	S31683	022Cr18Ni14Mo2Cu2	00Cr18Ni14Mo2Cu2	0.030	1.00	2.00	0.045	0.030	12.00～16.00	17.00～19.00	1.20～2.75	1.00～2.50	—	—
47	S31693	022Cr18Ni15Mo3N	00Cr18Ni15Mo3N	0.030	1.00	2.00	0.025	0.010	14.00～16.00	17.00～19.00	2.35～4.20	0.50	0.10～0.20	—
48	S31782	015Cr21Ni26Mo5Cu2	—	0.020	1.00	2.00	0.045	0.035	23.00～28.00	19.00～23.00	4.00～5.00	1.00～2.00	0.10	—
49	S31708	06Cr19Ni13Mo3	0Cr19Ni13Mo3	0.08	1.00	2.00	0.045	0.030	11.00～15.00	18.00～20.00	3.00～4.00	—	—	—

（续）

序号	统一数字代号	新牌号	旧牌号	化学成分(质量分数)(%)										
				C	Si	Mn	P	S	Ni	Cr	Mo	Cu	N	其他元素
50	S31703	022Cr19Ni13Mo3①	00Cr19Ni13Mo3①	0.030	1.00	2.00	0.045	0.030	11.00 ~ 15.00	18.00 ~ 20.00	3.00 ~ 4.00	—	—	—
51	S31793	022Cr18Ni14Mo3	00Cr18Ni14Mo3	0.030	1.00	2.00	0.025	0.010	13.00 ~ 15.00	17.00 ~ 19.00	2.25 ~ 3.50	0.50	0.10	—
52	S31794	03Cr18Ni16Mo5	0Cr18Ni16Mo5	0.04	1.00	2.50	0.045	0.030	15.00 ~ 17.00	16.00 ~ 19.00	4.00 ~ 6.00	—	—	—
53	S31723	022Cr19Ni16Mo5N	—	0.030	1.00	2.00	0.045	0.030	13.50 ~ 17.50	17.00 ~ 20.00	4.00 ~ 5.00	—	0.10 ~ 0.20	—
54	S31753	022Cr19Ni13Mo4N	—	0.030	1.00	2.00	0.045	0.030	11.00 ~ 15.00	18.00 ~ 20.00	3.00 ~ 4.00	—	0.10 ~ 0.22	—
55	S32168	06Cr18Ni11Ti①	0Cr18Ni10Ti①	0.08	1.00	2.00	0.045	0.030	9.00 ~ 12.00	17.00 ~ 19.00	—	—	—	Ti:5C ~ 0.70
56	S32169	07Cr19Ni11Ti	1Cr18Ni11Ti	0.04 ~ 0.10	0.75	2.00	0.030	0.030	9.00 ~ 13.00	17.00 ~ 20.00	—	—	—	Ti:4C ~ 0.60
57	S32590	45Cr14Ni14W2Mo①	4Cr14Ni14W2Mo①	0.40 ~ 0.50	0.80	0.70	0.040	0.030	13.00 ~ 15.00	13.00 ~ 15.00	0.25 ~ 0.40	—	—	W:2.00 ~ 2.75
58	S32652	015Cr24Ni22Mo8Mn3CuN	—	0.20	0.50	2.00 ~ 4.00	0.030	0.005	21.00 ~ 23.00	24.00 ~ 25.00	7.00 ~ 8.00	0.30 ~ 0.60	0.45 ~ 0.55	—
59	S32720	24Cr18Ni8W2①	2Cr18Ni8W2①	0.21 ~ 0.28	0.30 ~ 0.80	0.70	0.030	0.025	7.50 ~ 8.50	17.00 ~ 19.00	—	—	—	W:2.00 ~ 2.50
60	S33010	12Cr16Ni35①	1Cr16Ni35①	0.15	1.50	2.00	0.040	0.030	33.00 ~ 37.00	14.00 ~ 17.00	—	—	—	—
61	S34553	022Cr24Ni17Mo5Mn6NbN	—	0.030	1.00	5.00 ~ 7.00	0.03	0.010	16.00 ~ 18.00	23.00 ~ 25.00	4.00 ~ 5.00	—	0.40 ~ 0.60	Nb:0.10
62	S34778	06Cr18Ni11Nb①	0Cr18Ni11Nb①	0.08	1.00	2.00	0.045	0.030	9.00 ~ 12.00	17.00 ~ 19.00	—	—	—	Nb:10C ~ 1.10
63	S34779	07Cr18Ni11Nb①	1Cr19Ni11Nb①	0.04 ~ 0.10	1.00	2.00	0.045	0.030	9.00 ~ 12.00	17.00 ~ 19.00	—	—	—	Nb:8C ~ 1.10
64	S38148	06Cr18Ni13Si4①②	0Cr18Ni13Si4①②	0.08	3.00 ~ 5.00	2.00	0.045	0.030	11.50 ~ 15.00	15.00 ~ 20.00	—	—	—	—
65	S38240	16Cr20Ni14Si2①	1Cr20Ni14Si2①	0.20	1.50 ~ 2.50	1.50	0.040	0.030	12.00 ~ 15.00	19.00 ~ 22.00	—	—	—	—
66	S38240	16Cr25Ni20Si2①	1Cr25Ni20Si2①	0.20	1.50 ~ 2.50	1.50	0.040	0.030	18.00 ~ 21.00	24.00 ~ 27.00	—	—	—	—

注：表中所列成分除标明范围或最小值外，其余均为最大值。

① 耐热钢或可作耐热钢使用。

② 必要时，可添加表中以外的合金元素。

表 11-51　奥氏体-铁素体型不锈钢和耐热钢的牌号及化学成分（GB/T 20878—2007）

序号	统一数字代号	新牌号	旧牌号	化学成分(质量分数)(%)										
				C	Si	Mn	P	S	Ni	Cr	Mo	Cu	N	其他元素
67	S21860	14Cr18Ni11Si4AlTi	1Cr18Ni11Si4AlTi	0.10 ~ 0.18	3.10 ~ 4.00	0.80	0.035	0.030	10.00 ~ 12.00	17.50 ~ 19.50	—	—	—	Ti:0.40 ~ 0.70 Al:0.10 ~ 0.30
68	S21953	022Cr19Ni5Mo3Si2N	00Cr18Ni5Mo3Si2	0.030	1.30 ~ 2.00	1.00 ~ 2.00	0.035	0.030	4.50 ~ 5.50	18.00 ~ 19.50	2.50 ~ 3.00	—	0.05 ~ 0.12	—
69	S22160	12Cr21Ni5Ti	1Cr21Ni5Ti	0.09 ~ 0.14	0.80	0.80	0.035	0.030	4.80 ~ 5.80	20.00 ~ 22.00	—	—	—	Ti:5(C－0.02) ~ 0.80
70	S22253	022Cr22Ni5Mo3N	—	0.030	1.00	2.00	0.030	0.020	4.50 ~ 6.50	21.00 ~ 23.00	2.50 ~ 3.50	—	0.08 ~ 0.20	—
71	S22053	022Cr23Ni5Mo3N	—	0.030	1.00	2.00	0.030	0.020	4.50 ~ 6.50	22.00 ~ 23.00	3.00 ~ 3.50	—	0.14 ~ 0.20	—
72	S23043	022Cr23Ni4MoCuN	—	0.030	1.00	2.50	0.035	0.030	3.00 ~ 5.50	21.50 ~ 24.50	0.05 ~ 0.60	0.05 ~ 0.60	0.05 ~ 0.20	—
73	S22553	022Cr25Ni6Mo2N	—	0.030	1.00	2.00	0.030	0.030	5.50 ~ 6.50	24.00 ~ 26.00	1.20 ~ 2.50	—	0.10 ~ 0.20	—
74	S22583	022Cr25Ni7Mo3WCuN	—	0.030	1.00	0.75	0.030	0.030	5.50 ~ 7.50	24.00 ~ 26.00	2.50 ~ 2.50	0.20 ~ 0.80	0.10 ~ 0.30	W:0.10 ~ 0.50
75	S25554	03Cr25Ni6Mo3Cu2N	—	0.04	1.00	1.50	0.035	0.030	4.50 ~ 6.50	24.00 ~ 27.00	2.90 ~ 3.90	1.50 ~ 2.50	0.10 ~ 0.25	—
76	S25073	022Cr25Ni7Mo4N	—	0.030	0.80	1.20	0.035	0.020	6.00 ~ 8.00	24.00 ~ 26.00	3.00 ~ 5.00	0.50	0.24 ~ 0.32	—
77	S27603	022Cr25Ni7Mo4WCuN	—	0.030	1.00	1.00	0.030	0.010	6.00 ~ 8.00	24.00 ~ 26.00	3.00 ~ 4.00	0.50 ~ 1.00	0.20 ~ 0.30	W:0.50 ~ 1.00 Cr＋3.3Mo＋16N ≥40

注：表中所列成分除标明范围或最小值外，其余均为最大值。

表 11-52　铁素体型不锈钢和耐热钢的牌号及化学成分（GB/T 20878—2007）

序号	统一数字代号	新牌号	旧牌号	化学成分(质量分数)(%)										
				C	Si	Mn	P	S	Ni	Cr	Mo	Cu	N	其他元素
78	S11348	06Cr13Al①	0Cr13Al①	0.08	1.00	1.00	0.040	0.030	(0.60)	11.50 ~ 14.50	—	—	—	Al:0.10 ~ 0.30
79	S11168	06Cr11Ti	0Cr11Ti	0.08	1.00	1.00	0.045	0.030	(0.60)	10.50 ~ 11.70	—	—	—	Ti:6C ~ 0.75

（续）

序号	统一数字代号	新牌号	旧牌号	化学成分(质量分数)(%)										
				C	Si	Mn	P	S	Ni	Cr	Mo	Cu	N	其他元素
80	S11163	022Cr11Ti①	—	0.030	1.00	1.00	0.040	0.020	(0.60)	10.50 ~ 11.70	—	—	0.030	Ti≥8(C+N) Ti:0.15 ~ 0.50 Nb:0.10
81	S11173	022Cr11NbTi①	—	0.030	1.00	1.00	0.040	0.020	(0.60)	10.50 ~ 11.70	—	—	0.030	Ti + Nb:8(C+N) +0.08 ~ 0.75 Ti≥0.05
82	S11213	022Cr12Ni①	—	0.030	1.00	1.50	0.040	0.015	0.30 ~ 1.00	10.50 ~ 12.50	—	—	0.030	—
83	S11203	022Cr12①	00Cr12①	0.030	1.00	1.00	0.040	0.030	(0.60)	11.00 ~ 13.50	—	—	—	—
84	S11510	10Cr15	1Cr15	0.12	1.00	1.00	0.040	0.030	(0.60)	14.00 ~ 16.00	—	—	—	—
85	S11710	10Cr17①	1Cr17①	0.12	1.00	1.00	0.040	0.030	(0.60)	16.00 ~ 18.00	—	—	—	—
86	S11717	Y10Cr17	Y1Cr17	0.12	1.00	1.25	0.060	≥0.15	(0.60)	16.00 ~ 18.00	(0.60)	—	—	—
87	S11863	022Cr18Ti	00Cr17	0.030	0.75	1.00	0.040	0.030	(0.60)	16.00 ~ 19.00	—	—	—	Ti 或 Nb: 0.10 ~ 1.00
88	S11790	10Cr17Mo	1Cr17Mo	0.12	1.00	1.00	0.040	0.030	(0.60)	16.00 ~ 18.00	0.75 ~ 1.25	—	—	—
89	S11770	10Cr17MoNb	—	0.12	1.00	1.00	0.040	0.030	—	16.00 ~ 18.00	0.75 ~ 1.25	—	—	Nb:5C ~ 0.80
90	S11862	019Cr18MoTi	—	0.025	1.00	1.00	0.040	0.030	(0.60)	16.00 ~ 19.00	0.75 ~ 1.50	—	0.025	Ti、Nb、Zr 或其组合: 8(C+N) ~ 0.80
91	S11873	022Cr18NbTi	—	0.030	1.00	1.00	0.040	0.015	(0.60)	17.50 ~ 18.50	—	—	—	Ti:0.10 ~ 0.60 Nb≥0.30 +3C
92	S11972	019Cr19Mo2NbTi	00Cr18Mo2	0.025	1.00	1.00	0.040	0.030	1.00	17.50 ~ 19.50	1.75 ~ 2.50	—	0.035	(Ti + Nb):[0.20 + 4(C+N)] ~ 0.80
93	S12550	16Cr25N①	2Cr25N①	0.20	1.00	1.50	0.040	0.030	(0.60)	23.00 ~ 27.00	—	(0.30)	0.25	—
94	S12791	008Cr27Mo②	00Cr27Mo②	0.010	0.40	0.40	0.030	0.020	—	25.00 ~ 27.50	0.75 ~ 1.50	—	0.015	—
95	S13091	008Cr30Mo2②	00Cr30Mo2②	0.010	0.10	0.40	0.030	0.020	—	28.50 ~ 32.00	1.50 ~ 2.50	—	0.015	—

注：表中所列成分除标明范围或最小值外，其余均为最大值。括号内值为允许添加的最大值。

① 耐热钢或可作耐热钢使用。

② 允许含有质量分数小于或等于0.50%的Ni，质量分数小于或等于0.20%的Cu，但Ni + Cu的质量分数应小于或等于0.50%。根据需要，可添加表中以外的合金元素。

表11-53　马氏体型不锈钢和耐热钢的牌号及化学成分（GB/T 20878—2007）

序号	统一数字代号	新牌号	旧牌号	化学成分(质量分数)(%)										
				C	Si	Mn	P	S	Ni	Cr	Mo	Cu	N	其他元素
96	S40310	12Cr12[①]	1Cr12[①]	0.15	0.50	1.00	0.040	0.030	(0.60)	11.50～13.00	—	—	—	—
97	S41008	06Cr13	0Cr13	0.08	1.00	1.00	0.040	0.030	(0.60)	11.50～13.50	—	—	—	—
98	S41010	12Cr13[①]	1Cr13[①]	0.15	1.00	1.00	0.040	0.030	(0.60)	11.50～13.50	—	—	—	—
99	S41595	04Cr13Ni5Mo	—	0.05	0.60	0.50～1.00	0.030	0.030	3.50～5.50	11.50～14.00	0.50～1.00	—	—	—
100	S41617	Y12Cr13	Y1Cr13	0.15	1.00	1.25	0.060	≥0.15	(0.60)	12.00～14.00	(0.60)	—	—	—
101	S42020	20Cr13[①]	2Cr13[①]	0.16～0.25	1.00	1.00	0.040	0.030	(0.60)	12.00～14.00	—	—	—	—
102	S42030	30Cr13	3Cr13	0.26～0.35	1.00	1.00	0.040	0.030	(0.60)	12.00～14.00	—	—	—	—
103	S42037	Y30Cr13	Y3Cr13	0.26～0.35	1.00	1.25	0.060	≥0.15	(0.60)	12.00～14.00	(0.60)	—	—	—
104	S42040	40Cr13	4Cr13	0.36～0.45	0.60	0.80	0.040	0.030	(0.60)	12.00～14.00	—	—	—	—
105	S41427	Y25Cr13Ni2	Y2Cr13Ni2	0.20～0.30	0.50	0.80～1.20	0.08～0.12	0.15～0.25	1.50～2.00	12.00～14.00	(0.60)	—	—	—
106	S43110	14Cr17Ni2[①]	1Cr17Ni2[①]	0.11～0.17	0.80	0.80	0.040	0.030	1.50～2.50	16.00～18.00	—	—	—	—
107	S43120	17Cr16Ni2[①]	—	0.12～0.22	1.00	1.50	0.040	0.030	1.50～2.50	15.00～17.00	—	—	—	—

（续）

序号	统一数字代号	新牌号	旧牌号	化学成分(质量分数)(%)										
				C	Si	Mn	P	S	Ni	Cr	Mo	Cu	N	其他元素
108	S41070	68Cr17	7Cr17	0.60～0.75	1.00	1.00	0.040	0.030	(0.60)	16.00～18.00	(0.75)	—	—	—
109	S44080	85Cr17	8Cr17	0.75～0.95	1.00	1.00	0.040	0.030	(0.60)	16.00～18.00	(0.75)	—	—	—
110	S44096	108Cr17	11Cr17	0.95～1.20	1.00	1.00	0.040	0.030	(0.60)	16.00～18.00	(0.75)	—	—	—
111	S44097	Y108Cr17	Y11Cr17	0.95～1.20	1.00	1.25	0.060	≥0.15	(0.60)	16.00～18.00	(0.75)	—	—	—
112	S44090	95Cr18	9Cr18	0.90～1.00	0.80	0.80	0.040	0.030	(0.60)	17.00～19.00	—	—	—	—
113	S45110	12Cr5Mo①	1Cr5Mo①	0.15	0.50	0.60	0.40	0.030	(0.60)	4.00～6.00	0.40～0.60	—	—	—
114	S45610	12Cr12Mo①	1Cr12Mo①	0.10～0.15	0.50	0.30～0.50	0.040	0.030	0.30～0.60	11.50～13.00	0.30～0.60	(0.30)	—	—
115	S45710	13Cr13Mo①	1Cr13Mo①	0.08～0.18	0.60	1.00	0.040	0.030	(0.60)	11.50～14.00	0.30～0.60	(0.30)	—	—
116	S45830	32Cr13Mo	3Cr13Mo	0.28～0.35	0.80	1.00	0.040	0.030	(0.60)	12.00～14.00	0.50～1.00	—	—	—
117	S15990	102Cr17Mo	9Cr18Mo	0.95～1.10	0.80	0.80	0.040	0.030	(0.60)	16.00～18.00	0.40～0.70	—	—	—
118	S46990	90Cr18MoV	9Cr18MoV	0.85～0.95	0.80	0.80	0.040	0.030	(0.60)	17.00～19.00	1.00～1.30	—	—	V:0.07～0.12
119	S46010	14Cr11MoV①	1Cr11MoV①	0.11～0.18	0.50	0.60	0.035	0.030	0.60	10.00～11.50	0.50～0.70	—	—	V:0.25～0.40

（续）

序号	统一数字代号	新牌号	旧牌号	化学成分(质量分数)(%)										
				C	Si	Mn	P	S	Ni	Cr	Mo	Cu	N	其他元素
120	S46110	158Cr12MoV①	1Cr12MoV①	1.45 ~ 1.70	0.10	0.35	0.030	0.025	—	11.00 ~ 12.50	0.40 ~ 0.60	—	—	V:0.15 ~ 0.30
121	S46020	21Cr12MoV①	2Cr12MoV①	0.18 ~ 0.24	0.10 ~ 0.50	0.30 ~ 0.80	0.030	0.025	0.30 ~ 0.60	11.00 ~ 12.50	0.80 ~ 1.20	0.30	—	V:0.25 ~ 0.35
122	S46250	18Cr12MoVNbN①	2Cr12MoVNbN①	0.15 ~ 0.20	0.50	0.50 ~ 1.00	0.035	0.030	(0.60)	10.00 ~ 13.00	0.30 ~ 0.90	—	0.05 ~ 0.10	V:0.10 ~ 0.40 Nb:0.20 ~ 0.60
123	S47010	15Cr12WMoV①	1Cr12WMoV①	0.12 ~ 0.18	0.50	0.50 ~ 0.90	0.035	0.030	0.40 ~ 0.80	11.00 ~ 13.00	0.50 ~ 0.70	—	—	W:0.70 ~ 1.10 V:0.15 ~ 0.30
124	S47220	22Cr12NiWMoV①	2Cr12NiMoWV①	0.20 ~ 0.25	0.50	0.50 ~ 1.00	0.040	0.030	0.50 ~ 1.00	11.00 ~ 13.00	0.75 ~ 1.25	—	—	W:0.75 ~ 1.25 V:0.20 ~ 0.40
125	S47310	13Cr11Ni2W2MoV①	1Cr11Ni2W2MoV①	0.10 ~ 0.16	0.60	0.60	0.035	0.030	1.40 ~ 1.80	10.50 ~ 12.00	0.35 ~ 0.50	—	—	W:1.50 ~ 2.00 V:0.18 ~ 0.30
126	S47410	14Cr12Ni2WMoVNb①	1Cr12Ni2WMoVNb①	0.11 ~ 0.17	0.60	0.60	0.030	0.025	1.80 ~ 2.20	11.00 ~ 12.00	0.80 ~ 1.20	—	—	W:0.70 ~ 1.00 V:0.20 ~ 0.30 Nb:0.15 ~ 0.30
127	S47250	10Cr12Ni3Mo2VN	—	0.08 ~ 0.13	0.40	0.50 ~ 0.90	0.030	0.025	2.00 ~ 3.00	11.00 ~ 12.50	1.50 ~ 2.00	—	0.020 ~ 0.04	V:0.25 ~ 0.40
128	S47450	18Cr11NiMoNbVN①	2Cr11NiMoNbVN①	0.15 ~ 0.20	0.50	0.50 ~ 0.80	0.020	0.015	0.30 ~ 0.60	10.00 ~ 12.00	0.60 ~ 0.90	0.10	0.04 ~ 0.09	V:0.20 ~ 0.30 Al:0.30 Nb:0.20 ~ 0.60
129	S47710	13Cr14Ni3W2VB①	1Cr14Ni3W2VB①	0.10 ~ 0.16	0.60	0.60	0.300	0.030	2.80 ~ 3.40	13.00 ~ 15.00	—	—	—	W:1.60 ~ 2.20 Ti:0.05 B:0.004 V:0.18 ~ 0.28

（续）

序号	统一数字代号	新牌号	旧牌号	化学成分(质量分数)(%)										
				C	Si	Mn	P	S	Ni	Cr	Mo	Cu	N	其他元素
130	S48040	42Cr9Si2	4Cr9Si2	0.35 ~ 0.50	2.00 ~ 3.00	0.70	0.035	0.030	0.60	8.00 ~ 10.00	—	—	—	—
131	S48045	45Cr9Si3	—	0.40 ~ 0.50	3.00 ~ 3.50	0.60	0.030	0.030	0.60	7.50 ~ 9.50	—	—	—	—
132	S48140	40Cr10Si2Mo①	4Cr10Si2Mo①	0.35 ~ 0.45	1.90 ~ 2.60	0.70	0.035	0.030	0.60	9.00 ~ 10.50	0.70 ~ 0.90	—	—	—
133	S48380	80Cr20Si2Ni①	8Cr20Si2Ni①	0.75 ~ 0.85	1.75 ~ 2.25	0.20 ~ 0.60	0.030	0.030	1.15 ~ 1.65	19.00 ~ 20.50	—	—	—	—

注：表中所列成分除标明范围或最小值外，其余均为最大值。括号内值为允许添加的最大值。

① 耐热钢或可作耐热钢使用。

表 11-54　沉淀硬化型不锈钢和耐热钢的牌号及化学成分（GB/T 20878—2007）

序号	统一数字代号	新牌号	旧牌号	化学成分(质量分数)(%)										
				C	Si	Mn	P	S	Ni	Cr	Mo	Cu	N	其他元素
134	S51380	04Cr13Ni8Mo2Al	—	0.05	0.10	0.20	0.010	0.008	7.50 ~ 8.50	12.30 ~ 13.20	2.00 ~ 3.00	—	0.01	Al:0.90 ~ 1.35
135	S51290	022Cr12Ni9Cu2NbTi	—	0.030	0.50	0.50	0.040	0.030	7.50 ~ 9.50	11.00 ~ 12.50	0.50	1.50 ~ 2.50	—	Ti:0.80 ~ 1.40 Nb:0.10 ~ 0.50
136	S51550	05Cr15Ni5Cu4Nb	—	0.7	1.00	1.00	0.040	0.030	3.50 ~ 5.50	14.00 ~ 15.50	—	2.50 ~ 4.50	—	Nb:0.15 ~ 0.45
137	S51740	05Cr17Ni4Cu4Nb①	0Cr17Ni4Cu4Nb①	0.07	1.00	1.00	0.040	0.030	3.00 ~ 5.00	15.00 ~ 17.50	—	3.00 ~ 5.00	—	Nb:0.15 ~ 0.45
138	S51770	07Cr17Ni7Al①	0Cr17Ni7Al①	0.09	1.00	1.00	0.040	0.030	6.50 ~ 7.75	16.00 ~ 18.00	—	—	—	Al:0.75 ~ 1.50

（续）

序号	统一数字代号	新牌号	旧牌号	化学成分（质量分数）（%）										
				C	Si	Mn	P	S	Ni	Cr	Mo	Cu	N	其他元素
139	S51570	07Cr15Ni7Mo2Al①	0Cr15Ni7Mo2Al①	0.09	1.00	1.00	0.040	0.030	6.50～7.75	14.00～16.00	2.00～3.00	—	—	Al:0.75～1.50
140	S51240	07Cr12Ni4Mn5Mo3Al	0Cr12Ni4Mn5Mo3Al	0.09	0.80	4.40～5.30	0.030	0.025	4.00～5.00	11.00～12.00	2.70～3.30	—	—	Al:0.50～1.00
141	S51750	09Cr17Ni5Mo3N	—	0.07～0.11	0.50	0.50～1.25	0.040	0.030	4.00～5.00	16.00～17.00	2.50～3.20	—	0.07～0.13	—
142	S51778	06Cr17Ni7AlTi①	—	0.08	1.00	1.00	0.040	0.030	6.00～7.50	16.00～17.50	—	—	—	Al:0.40 Ti:0.40～1.20
143	S51525	06Cr15Ni25Ti-2MoAlVB	0Cr15Ni25Ti-2MoAlVB	0.08	1.00	2.00	0.040	0.030	24.00～27.00	13.50～16.00	1.00～1.50	—	—	Al:0.35 Ti:1.90～2.35 B:0.001～0.010 V:0.10～0.50

注：表中所列成分除标明范围或最小值外，其余均为最大值。

① 可作耐热钢使用。

2. 不锈钢和耐热钢的物理性能（GB/T 20878—2007，表 11-55）

表 11-55　常用不锈钢和耐热钢牌号的物理性能参数（GB/T 20878—2007）

新牌号	旧牌号	密度（20℃）/(kg/dm³)	熔点/℃	比热容（0～100℃）/[kJ/(kg·K)]	热导率/[W/(m·K)]		线胀系数/(10⁻⁶/K)		电阻率（20℃）/(Ω·mm²/m)	纵向弹性模量（20℃）/(kN/mm²)	磁性
					100℃	500℃	0～100℃	0～500℃			
奥氏体型											
12Cr17Mn6Ni5N	1Cr17Mn6Ni5N	7.93	1398～1453	0.50	16.3	—	15.7	—	0.69	197	无①
12Cr18Mn9Ni5N	1Cr18Mn8Ni5N	7.93	—	0.50	16.3	19.0	14.8	18.7	0.69	197	
20Cr13Mn9Ni4	2Cr13Mn9Ni4	7.85	—	0.49	—	—	—	—	0.90	202	
12Cr17Ni7	1Cr17Ni7	7.93	1398～1420	0.50	16.3	21.5	16.9	18.7	0.73	193	

（续）

新牌号	旧牌号	密度(20℃)/(kg/dm³)	熔点/℃	比热容(0~100℃)/[kJ/(kg·K)]	热导率/[W/(m·K)]		线胀系数/(10^{-6}/K)		电阻率(20℃)/(Ω·mm²/m)	纵向弹性模量(20℃)/(kN/mm²)	磁性
					100℃	500℃	0~100℃	0~500℃			
奥氏体型											
022Cr17Ni7	—	7.93	—	0.50	16.3	21.5	16.9	18.7	0.73	193	无[①]
022Cr17Ni7N	—	7.93	—	0.50	16.3	—	16.0	18.0	0.73	200	
17Cr18Ni9	2Cr18Ni9	7.85	1398~1453	0.50	18.8	23.5	16.0	18.0	0.73	196	
12Cr18Ni9	1Cr18Ni9	7.93	1398~1120	0.50	16.3	21.5	17.3	18.7	0.73	193	
12Cr18Ni9Si3	1Cr18Ni9Si3	7.93	1370~1398	0.50	15.9	21.6	16.2	20.2	0.73	193	
Y12Cr18Ni9	Y1Cr18Ni9	7.98	1398~1420	0.50	16.3	21.5	17.3	18.4	0.73	193	
Y12Cr18Ni9Se	Y1Cr18Ni9Se	7.93	1398~1420	0.50	16.3	21.5	17.3	18.7	0.73	193	
06Cr19Ni10	0Cr18Ni9	7.93	1398~1454	0.50	16.3	21.5	17.2	18.4	0.73	193	
022Cr19Ni10	00Cr19Ni10	7.90	—	0.50	16.3	21.5	16.8	18.3	—	—	
07Cr19Ni10	—	7.90	—	0.50	16.3	21.5	16.8	18.3	0.73	—	
06Cr18Ni9Cu2	0Cr18Ni9Cu2	8.00	—	0.50	16.3	21.5	17.3	18.7	0.72	200	
06Cr19Ni10N	0Cr19Ni9N	7.93	1398~1454	0.50	16.3	21.5	16.5	18.5	0.72	196	
022Cr19Ni10N	00Cr18Ni10N	7.93	—	0.50	16.3	21.5	16.5	18.5	0.73	200	
10Cr18Ni12	1Cr18Ni12	7.93	1398~1453	0.50	16.3	21.5	17.3	18.7	0.72	193	
06Cr16Ni18	0Cr16Ni18	8.03	1430	0.50	16.2	—	17.3	—	0.75	193	
06Cr20Ni11	—	8.00	1398~1453	0.50	15.5	21.6	17.3	18.7	0.72	193	
22Cr21Ni12N	2Cr21Ni12N	7.73	—	—	20.9 (24℃)	—	—	16.5	—	—	
16Cr23Ni13	2Cr23Ni13	7.98	1398~1453	0.50	13.8	18.7	14.9	18.0	0.78	200	
06Cr23Ni13	0Cr23Ni13	7.98	1397~1453	0.50	15.5	18.6	14.9	18.0	0.78	193	
14Cr23Ni18	1Cr23Ni18	7.90	1400~1454	0.50	15.9	18.8	15.4	19.2	1.0	196	
20Cr25Ni20	2Cr25Ni20	7.98	1398~1453	0.50	14.2	18.6	15.8	17.5	0.78	200	

（续）

新牌号	旧牌号	密度(20℃)/(kg/dm³)	熔点/℃	比热容(0～100℃)/[kJ/(kg·K)]	热导率/[W/(m·K)]		线胀系数/(10^{-6}/K)		电阻率(20℃)/(Ω·mm²/m)	纵向弹性模量(20℃)/(kN/mm²)	磁性
					100℃	500℃	0～100℃	0～500℃			
奥氏体型											
06Cr25Ni20	0Cr25Ni20	7.98	1397～1453	0.50	16.3	21.5	14.4	17.5	0.78	200	无①
022Cr25Ni22Mo2N	—	8.02	—	0.45	12.0		15.8	—	1.0	200	
015Cr20Ni18Mo6CuN	—	8.00	1325～1400	0.50	13.5(20℃)	—	16.5	—	0.85	200	
06Cr17Ni12Mo2	0Cr17Ni12Mo2	8.00	1370～1397	0.50	16.3	21.5	16.0	18.5	0.74	193	
022Cr17Ni12Mo2	00Cr17Ni14Mo2	8.00	—	0.50	16.3	21.5	16.0	18.5	0.74	193	
06Cr17Ni12Mo2Ti	0Cr18Ni12Mo3Ti	7.90	—	0.50	16.0	24.0	15.7	17.6	0.75	199	
06Cr17Ni12Mo2N	0Cr17Ni12Mo2N	8.00	—	0.50	16.3	21.5	16.5	18.0	0.73	200	
022Cr17Ni12Mo2N	00Cr17Ni13Mo2N	8.04	—	0.47	16.5	—	15.0	—	—	200	
06Cr18Ni12Mo2Cu2	0Cr18Ni12Mo2Cu2	7.96	—	0.50	16.1	21.7	16.6	—	0.74	186	
022Cr18Ni14Mo2Cu2	00Cr18Ni14Mo2Cu2	7.96	—	0.50	16.1	21.7	16.0	18.6	0.74	191	
015Cr21Ni26Mo5Cu2	—	8.00	—	0.50	13.7	—	15.0	—	—	188	
06Cr19Ni13Mo3	0Cr19Ni13Mo3	8.00	1370～1397	0.50	16.3	21.5	16.0	18.5	0.74	193	
022Cr19Ni13Mo3	00Cr19Ni13Mo3	7.98	1375～1400	0.50	14.4	21.5	16.5	—	0.79	200	
022Cr19Ni16Mo5N	—	8.00	—	0.50	12.8	—	15.2	—	—	—	
06Cr18Ni11Ti	0Cr18Ni10Ti	8.03	1398～1427	0.50	16.3	22.2	16.6	18.6	0.72	193	
45Cr14Ni14W2Mo	4Cr14Ni14W2Mo	8.00	—	0.51	15.9	22.2	16.6	18.0	0.81	177	
24Cr18Ni8W2	2Cr18Ni8W2	7.98	—	0.50	15.9	23.0	19.5	25.1	—	—	
12Cr16Ni35	1Cr16Ni35	8.00	1318～1427	0.46	12.6	19.7	16.6	—	1.02	196	
06Cr18Ni11Nb	0Cr18Ni11Nb	8.03	1398～1427	0.50	16.3	22.2	16.6	18.6	0.73	193	
06Cr18Ni13Si4	0Cr18Ni13Si4	7.75	1400～1430	0.50	16.3	—	13.8	—	—	—	
16Cr20Ni14Si2	1Cr20Ni14Si2	7.90	—	0.50	15.0	—	16.5	—	0.85	—	

（续）

新 牌 号	旧 牌 号	密度(20℃)/(kg/dm³)	熔点/℃	比热容(0～100℃)/[kJ/(kg·K)]	热导率/[W/(m·K)]		线胀系数/(10⁻⁶/K)		电阻率(20℃)/(Ω·mm²/m)	纵向弹性模量(20℃)/(kN/mm²)	磁性
					100℃	500℃	0～100℃	0～500℃			
奥氏体-铁素体型											
14Cr18Ni11Si4AlTi	1Cr18Ni11Si4AlTi	7.51	—	0.48	13.0	19.0	16.3	19.7	1.04	180	
022Cr19Ni5Mo3Si2N	00Cr18Ni5Mo3Si2	7.70	—	0.46	20.0	24.0 (300℃)	12.2	13.5 (300℃)	—	196	
12Cr21Ni5Ti	1Cr21Ni5Ti	7.80	—	—	17.6	23.0	10.0	17.4	0.79	187	
022Cr22Ni5Mo3N	—	7.80	1420～1462	0.46	19.0	23.0 (300℃)	13.7	14.7 (300℃)	0.88	186	
022Cr23Ni4MoCuN	—	7.80	—	0.50	16.0	—	13.0	—	—	200	有
022Cr25Ni6Mo2N	—	7.80	—	0.50	21.0	25.0	13.4 (200℃)	24.0 (300℃)	—	196	
022Cr25Ni7Mo3WCuN	—	7.80	—	0.50	—	25.0	11.5 (200℃)	12.7 (400℃)	0.75	228	
03Cr25Ni6Mo3Cu2N	—	7.80	—	0.46	13.5	—	12.3	—	—	210	
022Cr25Ni7Mo4N	—	7.80	—	—	14	—	12.0	—	—	185 (200℃)	
铁素体型											
06Cr13Al	0Cr13Al	7.75	1480～1530	0.46	24.2	—	10.8	—	0.60	200	
06Cr11Ti	0Cr11Ti	7.75	—	0.46	25.0	—	10.6	12.0	0.60	—	
022Cr11Ti	—	7.75	—	0.46	24.9	28.5	10.6	12.0	0.57	201	
022Cr12	00Cr12	7.75	—	0.46	24.9	28.5	10.6	12.0	0.57	201	有
10Cr15	1Cr15	7.70	—	0.46	26.0	—	10.3	11.9	0.59	200	
10Cr17	1Cr17	7.70	1480～1508	0.46	26.0	—	10.5	11.9	0.60	200	
Y10Cr17	Y1Cr17	7.78	1427～1510	0.46	26.0	—	10.4	11.4	0.60	200	

（续）

新牌号	旧牌号	密度(20℃)/(kg/dm³)	熔点/℃	比热容(0～100℃)/[kJ/(kg·K)]	热导率/[W/(m·K)]		线胀系数/(10⁻⁶/K)		电阻率(20℃)/(Ω·mm²/m)	纵向弹性模量(20℃)/(kN/mm²)	磁性
					100℃	500℃	0～100℃	0～500℃			
铁素体型											
022Cr18Ti	00Cr17	7.70	—	0.46	35.1 (20℃)	—	10.4	—	0.60	200	有
10Cr17Mo	1Cr17Mo	7.70	—	0.46	26.0	—	11.9	—	0.60	200	
10Cr17MoNb	—	7.70	—	0.44	30.0	—	11.7	—	0.70	220	
019Cr18MoTi	—	7.70	—	0.46	35.1	—	10.4	—	0.60	200	
019Cr19Mo2NbTi	00Cr18Mo2	7.75	—	0.46	36.9	—	10.6 (200℃)	—	0.60	200	
008Cr27Mo	00Cr27Mo	7.67	—	0.46	26.0	—	11.0	—	0.64	206	
008Cr30Mo2	00Cr30Mo2	7.64	—	0.50	26.0	—	11.0	—	0.64	210	
马氏体型											
12Cr12	1Cr12	7.80	1480～1530	0.46	21.2	—	9.9	11.7	0.57	200	有
06Cr13	0Cr13	7.75	—	0.46	25.0	—	10.6	12.0	0.60	220	
12Cr13	1Cr13	7.70	1480～1530	0.46	24.2	28.9	11.0	11.7	0.57	200	
04Cr13Ni5Mo	—	7.79	—	0.47	16.30	—	10.7	—	—	201	
Y12Cr13	Y1Cr13	7.78	1482～1532	0.46	25.0	—	9.9	11.5	0.57	200	
20Cr13	2Cr13	7.75	1470～1510	0.46	22.2	26.4	10.3	12.2	0.55	200	
30Cr13	3Cr13	7.76	1365	0.17	25.1	25.5	10.5	12.0	0.52	219	
Y30Cr13	Y3Cr13	7.78	1454～1510	0.46	25.1	—	10.3	11.7	0.57	219	
40Cr13	4Cr13	7.75	—	0.46	28.1	28.9	10.5	12.0	0.59	215	
14Cr17Ni2	1Cr17Ni2	7.75	—	0.46	20.2	25.1	10.3	12.4	0.72	193	
17Cr16Ni2	—	7.71	—	0.16	27.8	31.8	10.0	11.0	0.70	212	

（续）

新牌号	旧牌号	密度（20℃）/（kg/dm³）	熔点/℃	比热容（0~100℃）/[kJ/（kg·K）]	热导率/[W/（m·K）]		线胀系数/（10^{-6}/K）		电阻率（20℃）/（Ω·mm²/m）	纵向弹性模量（20℃）/（kN/mm²）	磁性
					100℃	500℃	0~100℃	0~500℃			
马氏体型											
68Cr17	7Cr17	7.78	1371~1508	0.16	21.2	—	10.2	11.7	0.60	200	有
85Cr17	8Cr17	7.78	1371~1508	0.46	24.2	—	10.2	11.9	0.60	200	
108Cr17	11Cr17	7.78	1371~1482	0.46	24.0	—	10.2	11.7	0.60	200	
Y108Cr17	Y11Cr17	7.78	1371~1482	0.46	24.2	—	10.1	—	0.60	200	
95Cr18	9Cr18	7.70	1377~1510	0.48	29.3	—	10.5	12.0	0.60	200	
102Cr17Mo	9Cr18Mo	7.70	—	0.43	16.0	—	10.4	11.6	0.80	215	
90Cr18MoV	9Cr18MoV	7.70	—	0.46	29.3	—	10.5	12.0	0.65	211	
158Cr12MoV	1Cr12MoV	7.70	—	—	—	—	10.9	12.2（600℃）	—	—	
18Cr12MoVNbN	2Cr12MoVNbN	7.75	—	—	27.2	—	9.3	—	—	218	
22Cr12NiWMoV	2Cr12NiWMoV	7.78	—	0.46	25.1	—	10.6（260℃）	11.5	—	206	
13Cr11Ni2W2MoV	1Cr11Ni2W2MoV	7.80	—	0.48	22.2	28.1	9.3	11.7	—	196	
14Cr12Ni2WMoVNb	1Cr12Ni2WMoVNb	7.80	—	0.47	23.0	25.1	9.9	11.4	—	—	
42Cr9Si2	4Cr9Si2	—	—	—	16.7（20℃）	—	—	12.0	0.79	—	
40Cr10Si2Mo	4Cr10Si2Mo	7.62	—	—	15.9	25.1	10.4	12.1	0.84	206	
80Cr20Si2Ni	8Cr20Si2Ni	7.60	—	—	—	—	—	12.3（600℃）	0.95	—	

续表

新牌号	旧牌号	密度(20℃)/(kg/dm³)	熔点/℃	比热容(0~100℃)/[kJ/(kg·K)]	热导率/[W/(m·K)]		线胀系数/(10⁻⁶/K)		电阻率(20℃)/(Ω·mm²/m)	纵向弹性模量(20℃)/(kN/mm²)	磁性
					100℃	500℃	0~100℃	0~500℃			
沉淀硬化型											
04Cr13Ni8Mo2Al	—	7.76	—	—	14.0	—	10.4	—	1.00	195	有
022Cr12Ni9Cu2NbTi	—	7.7	1400~1440	0.46	17.2	—	10.6	—	0.90	199	
05Cr15Ni5Cu4Nb	—	7.78	1397~1435	0.46	17.9	23.0	10.8	12.0	0.98	195	
05Cr17Ni4Cu4Nb	0Cr17Ni4Cu4Nb	7.78	1397~1435	0.46	17.2	23.0	10.8	12.0	0.98	196	
07Cr17Ni7Al	0Cr17Ni7Al	7.93	1390~1430	0.50	16.3	20.9	15.3	17.1	0.80	200	
07Cr15Ni7Mo2Al	0Cr15Ni7Mo2Al	7.80	1415~1450	0.46	18.0	22.2	10.5	11.8	0.80	185	
07Cr12Ni4Mn5Mo3Al	0Cr12Ni4Mn5Mo3Al	7.80	—	—	17.6	23.9	16.2	18.9	0.80	195	
09Cr17Ni5Mo3N	—	—	—	—	15.4	—	17.3	—	0.79	203	
06Cr15Ni25Ti2MoAlVB	0Cr15Ni25Ti2MoAlVB	7.94	1371~1427	0.46	15.1	23.8(600℃)	16.9	17.6	0.91	198	无①

① 冷变形后稍有磁性。

3. 不锈钢棒的力学性能（GB/T 1220—2007，表11-56～表11-60）

表11-56　经固溶处理的奥氏体型不锈钢棒的力学性能（GB/T 1220—2007）

新牌号	旧牌号	规定塑性延伸强度 $R_{p0.2}$①/(N/mm²)	抗拉强度 R_m/(N/mm²)	断后伸长率 A(%)	断面收缩率 Z②(%)	硬度① HBW	硬度① HRB	硬度① HV
		≥				≤		
12Cr17Mn6Ni5N	1Cr17Mn6Ni5N	275	520	40	45	241	100	253
12Cr18Mn9Ni5N	1Cr18Mn8Ni5N	275	520	40	45	207	95	218
12Cr17Ni7	1Cr17Ni7	205	520	40	60	187	90	200
12Cr18Ni9	1Cr18Ni9	205	520	40	60	187	90	200
Y12Cr18Ni9	Y1Cr18Ni9	205	520	40	50	187	90	200
Y12Cr18Ni9Se	Y1Cr18Ni9Se	205	520	40	50	187	90	200
06Cr19Ni10	0Cr18Ni9	205	520	40	60	187	90	200
022Cr19Ni10	00Cr19Ni10	175	480	40	60	187	90	200
06Cr18Ni9Cu3	0Cr18Ni9Cu3	175	480	40	60	187	90	200
06Cr19Ni10N	0Cr19Ni9N	275	550	35	50	217	95	220
06Cr19Ni9NbN	0Cr19Ni10NbN	345	685	35	50	250	100	260
022Cr19Ni10N	00Cr18Ni10N	245	550	40	50	217	95	220
10Cr18Ni12	1Cr18Ni12	175	480	40	60	187	90	200
06Cr23Ni13	0Cr23Ni13	205	520	40	60	187	90	200
06Cr25Ni20	0Cr25Ni20	205	520	40	50	187	90	200
06Cr17Ni12Mo2	0Cr17Ni12Mo2	205	520	40	60	187	90	200
022Cr17Ni12Mo2	00Cr17Ni14Mo2	175	480	40	60	187	90	200
06Cr17Ni12Mo2Ti	0Cr18Ni12Mo3Ti	205	530	40	55	187	90	200
06Cr17Ni12Mo2N	0Cr17Ni12Mo2N	275	550	35	50	217	95	220
022Cr17Ni12Mo2N	00Cr17Ni13Mo2N	245	550	40	50	217	95	220
06Cr18Ni12Mo2Cu2	0Cr18Ni12Mo2Cu2	205	520	40	60	187	90	200
022Cr18Ni14Mo2Cu2	00Cr18Ni14Mo2Cu2	175	480	40	60	187	90	200
06Cr19Ni13Mo3	0Cr19Ni13Mo3	205	520	40	60	187	90	200
022Cr19Ni13Mo3	00Cr19Ni13Mo3	175	480	40	60	187	90	200
03Cr18Ni16Mo5	0Cr18Ni16Mo5	175	480	40	45	187	90	200
06Cr18Ni11Ti	0Cr18Ni10Ti	205	520	40	50	187	90	200
06Cr18Ni11Nb	0Cr18Ni11Nb	205	520	40	50	187	90	200
06Cr18Ni13Si4	0Cr18Ni13Si4	205	520	40	60	207	95	218

注：表中数值仅适用于直径、边长、厚度或对边距离小于或等于180mm的钢棒；大于180mm的钢棒，可改锻成180mm的样坯检验，或由供需双方协商，规定允许降低其力学性能的数据。

① 规定塑性延伸强度和硬度，仅当需方要求时（合同中注明）才进行测定，且供方可根据钢棒的尺寸或状态任选一种方法测定硬度。

② 扁钢不适用，但需方要求时，由供需双方协商。

表 11-57　经固溶处理的奥氏体-铁素体型不锈钢棒的力学性能（GB/T 1220—2007）

新牌号	旧牌号	规定塑性延伸强度 $R_{p0.2}$ ① /(N/mm²)	抗拉强度 R_m /(N/mm²)	断后伸长率 A (%)	断面收缩率 Z② (%)	冲击吸收能量③ KU_2/J	硬度① HBW	硬度① HRB	硬度① HV
		≥					≤		
14Cr18Ni11Si4AlTi	1Cr18Ni11Si4AlTi	440	715	25	40	63	—	—	—
022Cr19Ni5Mo3Si2N	00Cr18Ni5Mo3Si2	390	590	20	40	—	290	30	300
022Cr22Ni5Mo3N	—	450	620	25	—	—	290	—	—
022Cr23Ni5Mo3N	—	450	655	25	—	—	290	—	—
022Cr25Ni6Mo2N	—	450	620	20	—	—	260	—	
03Cr25Ni6Mo3Cu2N	—	550	750	25	—	—	290	—	—

注：表中数值仅适用于直径、边长、厚度或对边距离小于或等于 180mm 的钢棒；大于 180mm 的钢棒，可改锻成 180mm 的样坯检验，或由供需双方协商，规定允许降低其力学性能的数据。

① 规定塑性延伸强度和硬度，仅当需方要求时（合同中注明）才进行测定，且供方可根据钢棒的尺寸或状态任选一种方法测定硬度。

② 扁钢不适用，但需方要求时，由供需双方协商。

③ 直径或对边距离小于等于 16mm 的圆钢、六角钢、八角钢和边长或厚度小于等于 12mm 的方钢、扁钢不作冲击试验。

表 11-58　经退火处理的铁素体型不锈钢棒的力学性能（GB/T 1220—2007）

新牌号	旧牌号	规定塑性延伸强度 $R_{p0.2}$ ① /(N/mm²)	抗拉强度 R_m /(N/mm²)	断后伸长率 A (%)	断面收缩率 Z② (%)	冲击吸收能量③ KU_2/J	硬度① HBW
		≥					≤
06Cr13Al	0Cr13Al	175	410	20	60	78	183
022Cr12	00Cr12	195	360	22	60	—	183
10Cr17	1Cr17	205	450	22	50	—	183
Y10Cr17	Y1Cr17	205	450	22	50	—	183
10Cr17Mo	1Cr17Mo	205	450	22	60	—	183
008Cr27Mo	00Cr27Mo	245	410	20	45	—	219
008Cr30Mo2	00Cr30Mo2	295	450	20	45	—	228

注：表中数值仅适用于直径、边长、厚度或对边距离小于或等于 75mm 的钢棒；大于 75mm 的钢棒，可改锻成 75mm 的样坯检验，或由供需双方协商，规定允许降低其力学性能的数据。

① 规定塑性延伸强度和硬度，仅当需方要求时（合同中注明）才进行测定，且供方可根据钢棒的尺寸或状态任选一种方法测定硬度。

② 扁钢不适用，但需方要求时，由供需双方协商。

③ 直径或对边距离小于等于 16mm 的圆钢、六角钢、八角钢和边长或厚度小于等于 12mm 的方钢、扁钢不作冲击试验。

表 11-59　经热处理的马氏体型不锈钢棒的力学性能（GB/T 1220—2007）

新牌号	旧牌号	组别	经淬火回火后试样的力学性能和硬度							退火后钢棒的硬度 HBW①
			规定塑性延伸强度 $R_{p0.2}$① /(N/mm²)	抗拉强度 R_m /(N/mm²)	断后伸长率 A (%)	断面收缩率 Z② (%)	冲击吸收能量③ KU_2/J	HBW	HRC	
			≥							≤
12Cr12	1Cr12		390	590	25	55	118	170	—	200
06Cr13	0Cr13		345	490	24	60	—	—	—	183
12Cr13	1Cr13		345	540	22	55	78	159	—	200
Y12Cr13	Y1Cr13		345	540	17	45	55	159	—	200
20Cr13	2Cr13		440	640	20	50	63	192	—	223
30Cr13	3Cr13		540	735	12	—	24	217	—	235
Y30Cr13	Y3Cr13		540	735	8	35	24	217	—	235
40Cr13	4Cr13		—	—	—	—	—		50	235
14Cr17Ni2	1Cr17Ni2		—	1080	10	—	39	—	—	285
17Cr16Ni2④	—	1	700	900~1050	12	45	25	—	—	295
		2	600	800~950	14					
68Cr17	7Cr17		—	—	—	—	—	—	54	255
85Cr17	8Cr17		—	—	—	—	—	—	56	255
108Cr17	11Cr17		—	—	—	—	—	—	58	269
Y108Cr17	Y11Cr17		—	—	—	—	—	—	58	269
95Cr18	9Cr18		—	—	—	—	—	—	55	255
13Cr13Mo	1Cr13Mo		490	690	20	60	78	192	—	200
32Cr13Mo	3Cr13Mo		—	—	—	—	—	—	50	207
102Cr17Mo	9Cr18Mo		—	—	—	—	—	—	55	269
90Cr18MoV	9Cr18MoV	—	—	—	—	—	—	—	55	269

注：表中数值仅适用于直径、边长、厚度或对边距离小于或等于 75mm 的钢棒；大于 75mm 的钢棒，可改锻成 75mm 的样坯检验，或由供需双方协商，规定允许降低其力学性能的数据。

① 规定塑性延伸强度和硬度，仅当需方要求时（合同中注明）才进行测定，且供方可根据钢棒的尺寸或状态任选一种方法测定硬度。

② 扁钢不适用，但需方要求时，由供需双方协商。

③ 直径或对边距离小于等于 16mm 的圆钢、六角钢、八角钢和边长或厚度小于等于 12mm 的方钢、扁钢不作冲击试验。

④ 17Cr16Ni2 钢的性能组别应在合同中注明，未注明时，由供方自行选择。

表 11-60 沉淀硬化型不锈钢棒的力学性能（GB/T 1220—2007）

新牌号	旧牌号	热处理 类型		热处理 组别	规定塑性延伸强度 $R_{p0.2}$ /(N/mm²)	抗拉强度 R_m /(N/mm²)	断后伸长率 A (%)	断面收缩率 Z① (%)	硬度② HBW	硬度② HRC
					≥					
05Cr15Ni5Cu4Nb	—	固溶处理		0	—	—	—	—	≤363	≤38
		沉淀硬化	480℃时效	1	1180	1310	10	35	≥375	≥40
			550℃时效	2	1000	1070	12	45	≥331	≥35
			580℃时效	3	865	1000	13	45	≥302	≥31
			620℃时效	4	725	930	16	50	≥277	≥28
05Cr17Ni4Cu4Nb	0Cr17Ni4Cu4Nb	固溶处理		0	—	—	—	—	≤363	≤38
		沉淀硬化	480℃时效	1	1180	1310	10	40	≥375	≥40
			550℃时效	2	1000	1070	12	45	≥331	≥35
			580℃时效	3	865	1000	13	45	≥302	≥31
			620℃时效	4	725	930	16	50	≥277	≥28
07Cr17Ni7Al	0Cr17Ni7Al	固溶处理		0	≤380	≤1030	20	—	≤229	—
		沉淀硬化	510℃时效	1	1030	1230	4	10	≥338	—
			565℃时效	2	960	1140	5	25	≥363	—
07Cr15Ni7Mo2Al	0Cr15Ni7Mo2Al	固溶处理		0	—	—	—	—	≤269	—
		沉淀硬化	510℃时效	1	1210	1320	6	20	≥338	—
			565℃时效	2	1100	1210	7	25	≥375	—

注：表中数值仅适用于直径、边长、厚度或对边距离小于或等于 75mm 的钢棒；大于 75mm 的钢棒，可改锻成 75mm 的样坯检验，或由供需双方协商，规定允许降低其力学性能的数据。

① 扁钢不适用，但需方要求时，由供需双方协商。

② 供方可根据钢棒的尺寸或状态任选一种方法测定硬度

4. 耐热钢棒的力学性能（GB/T 1221—2007，表 11-61 ~ 表 11-64）

表 11-61 奥氏体型耐热钢棒的力学性能（GB/T 1221—2007）

新牌号	旧牌号	热处理状态	规定塑性延伸强度 $R_{p0.2}$① /(N/mm²)	抗拉强度 R_m /(N/mm²)	断后伸长率 A (%)	断面收缩率 Z② (%)	硬度 HBW①
			≥				≤
53Cr21Mn9Ni4N	5Cr21Mn9Ni4N	固溶+时效	560	885	8	—	≥302
26Cr18Mn12Si2N	3Cr18Mn12Si2N	固溶处理	390	685	35	45	248
22Cr20Mn10Ni2Si2N	2Cr20Mn9Ni2Si2N		390	635	35	45	248

（续）

新牌号	旧牌号	热处理状态	规定塑性延伸强度 $R_{p0.2}$ ① /(N/mm²)	抗拉强度 R_m/(N/mm²)	断后伸长率 A (%)	断面收缩率 Z② (%)	硬度 HBW①
			≥				≤
06Cr19Ni10	0Cr18Ni9	固溶处理	205	520	40	60	187
22Cr21Ni12N	2Cr21Ni12N	固溶＋时效	430	820	26	20	269
16Cr23Ni13	2Cr23Ni13	固溶处理	205	560	45	50	201
06Cr23Ni13	0Cr23Ni13		205	520	40	60	187
20Cr25Ni20	2Cr25Ni20		205	590	40	50	201
06Cr25Ni20	0Cr25Ni20		205	520	40	50	187
06Cr17Ni12Mo2	0Cr17Ni12Mo2		205	520	40	60	187
06Cr19Ni13Mo3	0Cr19Ni13Mo3		205	520	40	60	187
06Cr18Ni11Ti	0Cr18Ni10Ti		205	520	40	50	187
45Cr14Ni14W2Mo	4Cr14Ni14W2Mo	退火	315	705	20	35	248
12Cr16Ni35	1Cr16Ni35	固溶处理	205	560	40	50	201
06Cr18Ni11Nb	0Cr18Ni11Nb		205	520	40	50	187
06Cr18Ni13Si4	0Cr18Ni13Si4		205	520	40	60	207
16Cr20Ni14Si2	1Cr20Ni14Si2		295	590	35	50	187
16Cr25Ni20Si2	1Cr25Ni20Si2		295	590	35	50	187

注：53Cr21Mn9Ni4N 和 22Cr21Ni12N 仅适用于直径、边长及对边距离或厚度小于或等于 25mm 的钢棒；大于 25mm 的钢棒，可改锻成 25mm 的样坯检验或由供需双方协商确定允许降低其力学性能的数值。其余牌号仅适用于直径、边长及对边距离或厚度小于或等于 180mm 的钢棒；大于 180mm 的钢棒，可改锻成 180mm 的样坯检验或由供需双方协商确定，允许降低其力学性能数值。

① 规定塑性延伸强度和硬度，仅当需方要求时（合同中注明）才进行测定。

② 扁钢不适用，但需方要求时，可由供需双方协商确定。

表 11-62　经退火的铁素体型耐热钢棒的力学性能（CB/T 1221—2007）

新牌号	旧牌号	热处理状态	规定塑性延伸强度 $R_{P0.2}$ ① /(N/mm²)	抗拉强度 R_m /(N/mm²)	断后伸长率 A (%)	断面收缩率 Z② (%)	硬度① HBW
			≥				≤
06Cr13Al	0Cr13Al	退火	175	410	20	60	183
022Cr12	00Cr12		195	360	22	60	183
10Cr17	1Cr17		205	450	22	50	183
16Cr25N	2Cr25N		275	510	20	40	201

注：表中数值仅适用于直径、边长及对边距离或厚度小于或等于 75mm 的钢棒；大于 75mm 的钢棒，可改锻成 75mm 的样坯检验或由供需双方协商确定允许降低其力学性能的数值。

① 规定塑性延伸强度和硬度，仅当需方要求时（合同中注明）才进行测定。

② 扁钢不适用，但需方要求时，由供需双方协商确定。

表 11-63　经淬火 + 回火的马氏体型耐热钢棒的力学性能（GB/T 1221—2007）

新牌号	旧牌号	热处理状态	规定塑性延伸强度 $R_{p0.2}$ /(N/mm²)	抗拉强度 R_m/(N/mm²)	断后伸长率 A (%)	断面收缩率 Z[①] (%)	冲击吸收能量[②] KU_2/J	经淬火回火后的硬度 HBW	退火后的硬度 HBW[③] ≤
			≥						
12Cr13	1Cr13	淬火 + 回火	345	540	22	55	78	159	200
20Cr13	2Cr13	淬火 + 回火	440	640	20	50	63	192	223
14Cr17Ni2	1Cr17Ni2	淬火 + 回火	—	1080	10	—	39	—	—
17Cr16Ni2[④]	—	淬火 + 回火	700	900 ~ 1050	12	45	25	—	295
			600	800 ~ 950	14				
12Cr5Mo	1Cr5Mo	淬火 + 回火	390	590	18	—	—	—	200
12Cr12Mo	1Cr12Mo	淬火 + 回火	550	685	18	60	78	217 ~ 248	255
13Cr13Mo	1Cr13Mo	淬火 + 回火	490	690	20	60	78	192	200
14Cr11MoV	1Cr11MoV	淬火 + 回火	490	685	16	55	47	—	200
18Cr12MoVNbN	2Cr12MoVNbN	淬火 + 回火	685	835	15	30	—	≤321	269
15Cr12WMoV	1Cr12WMoV	淬火 + 回火	585	735	15	25	47	—	—
22Cr12NiWMoV	2Cr12NiMoWV	淬火 + 回火	735	885	10	25	—	≤341	269
13Cr11Ni2W2MoV[④]	1Cr11Ni2W2MoV	淬火 + 回火	735	885	15	55	71	269 ~ 321	269
			885	1080	12	50	55	311 ~ 388	
18Cr11NiMoNbVN	(2Cr11NiMoNbVN)	淬火 + 回火	760	930	12	32	20	277 ~ 331	255
42Cr9Si2	4Cr9Si2	淬火 + 回火	590	885	19	50	—	—	269
45Cr9Si3	—	淬火 + 回火	685	930	15	35	—	≥269	—
40Cr10Si2Mo	4Cr10Si2Mo	淬火 + 回火	685	885	10	35	—	—	269
80Cr20Si2Ni	8Cr20Si2Ni	淬火 + 回火	685	885	10	15	8	≥262	321

注：表中数值仅适用于直径、边长及对边距离或厚度小于或等于 75mm 的钢棒；大于 75mm 的钢棒，可改锻成 75mm 的样坯检验或由供需双方协商确定允许降低其力学性能的数值。

① 扁钢不适用，但需方要求时，由供需双方协商确定。

② 直径或对边距离小于等于 16mm 的圆钢、六角钢、八角钢和边长或厚度小于等于 12mm 的方钢、扁钢不作冲击试验。

③ 采用 750℃退火时，其硬度由供需双方协商。

④ 17Cr16Ni2 和 13Cr11Ni2W2MoV 钢的性能组别应在合同中注明，未注明时，由供方自行选择。

表 11-64　沉淀硬化型耐热钢棒的力学性能（GB/T 1221—2007）

新牌号	旧牌号	热处理		规定塑性延伸强度 $R_{p0.2}$/(N/mm²)	抗拉强度 R_m/(N/mm²)	断后伸长率 A(%)	断面收缩率 Z①(%)	硬度②	
		类型	组别	≥				HBW	HRC
05Cr17Ni4Cu4Nb	0Cr17Ni4Cu4Nb	固溶处理	0	—	—	—	—	≤363	≤38
		沉淀硬化 480℃时效	1	1180	1310	10	40	≥375	≥40
		沉淀硬化 550℃时效	2	1000	1070	12	45	≥331	≥35
		沉淀硬化 580℃时效	3	865	1000	13	45	≥302	≥31
		沉淀硬化 620 时效	4	725	930	16	50	≥277	≥28
07Cr17Ni7Al	0Cr17Ni7Al	固溶处理	0	≤380	≤1030	20	—	≤229	—
		沉淀硬化 510℃时效	1	1030	1230	4	10	≥388	—
		沉淀硬化 565℃时效	2	960	1140	5	25	≥363	—
06Cr15Ni25Ti2MoAlVB	0Cr15Ni25Ti2MoAlVB	固溶＋时效		590	900	15	18	≥248	—

注：表中数值仅适用于直径、边长、厚度或对边距离小于或等于75mm 的钢棒；大于75mm 的钢棒，可改锻成75mm 的样坯检验，或由供需双方协商，确定允许降低其力学性能的数据。

① 扁钢不适用，但需方要求时，由供需双方协商。

② 供方可根据钢棒的尺寸或状态任选一种方法测定硬度。

11.2.2　铸钢

11.2.2.1　一般工程用铸造碳钢件（GB/T 11352—2009，表 11-65、表 11-66）

11.2.2.2　一般工程与结构用低合金铸钢件（GB/T 14408—1993，表 11-67、表 11-68）

11.2.2.3　工程结构用中、高强度不锈钢铸件（GB/T 6967—2009，表 11-69、表 11-70）

11.2.2.4　一般用途耐热钢和合金铸件（GB/T 8492—2002，表 11-71、表 11-72）

11.2.2.5　焊接结构用铸钢件（GB/T 7659—2010，表 11-73、表 11-74）

11.2.2.6　奥氏体锰钢铸件（GB/T 5680—2010，表 11-75、表 11-76）

表 11-65　一般工程用铸造碳钢的牌号和化学成分（GB/T 11352—2009）

牌号	化学成分(质量分数)(%)≤										
	C	Si	Mn	S	P	残余元素					
						Ni	Cr	Cu	Mo	V	残余元素总量
ZG200-400	0.20	0.60	0.80	0.035	0.035	0.40	0.35	0.40	0.20	0.05	1.00
ZG230-450	0.30		0.90								
ZG270-500	0.40										
ZG310-570	0.50										
ZG340-640	0.60										

注：1. 对质量分数上限减少 0.01% 的碳，允许增加质量分数可至 0.04% 的锰。对于 ZG200-400，锰的最高质量分数可至 1.00%，其余四个牌号锰的质量分数可至 1.20%。

2. 除另有规定外，残余元素不作为验收依据。

表 11-66　一般工程用铸造碳钢件的力学性能（GB/T 11352—2009）

牌号	上屈服强度 R_{eH}（或 $R_{p0.2}$）/(N/mm²) ≥	抗拉强度 R_m /(N/mm²) ≥	断后伸长率 A (%) ≥	根据合同选择		
				断面收缩率 Z(%)≥	冲击吸收能量 kV/J≥	冲击吸收能量 KU/J≥
ZG200-400	200	400	25	40	30	47
ZG230-450	230	450	22	32	25	35
ZG270-500	270	500	18	25	22	27
ZG310-570	310	570	15	21	15	24
ZG340-640	340	640	10	18	10	16

注：1. 表中所列的各牌号性能，适应于厚度为 100mm 以下的铸件。当铸件厚度超过 100mm 时，表中规定的 R_{eH}（或 $R_{p0.2}$）仅供设计使用。

2. 表中冲击吸收能量 KU 的试样缺口为 2mm。

表 11-67　一般工程与结构用低合金铸钢的牌号和化学成分中硫、磷含量（GB/T 14408—1993）

序号	牌号	最高含量（质量分数）(%)		序号	牌号	最高含量（质量分数）(%)	
		S	P			S	P
1	ZGD270-480	0.040	0.040	5	ZGD535-720	0.040	0.040
2	ZGD290-510			6	ZGD650-830	0.035	0.035
3	ZGD345-570			7	ZGD730-910		
4	ZGD410-620			8	ZGD840-1030		

表 11-68　一般工程与结构用低合金铸钢件的力学性能（GB/T 14408—1993）

序号	牌　号	最　小　值			
		R_{eL} 或 $R_{p0.2}$ /MPa	R_m /MPa	A (%)	Z (%)
1	ZGD 270-480	270	480	18	35
2	ZGD 290-510	290	510	16	35
3	ZGD 345-570	345	570	14	35
4	ZGD 460-620	410	620	13	35
5	ZGD 535-720	535	720	12	30
6	ZGD 650-830	650	830	10	25
7	ZGD 730-910	730	910	8	22
8	ZGD 840-1030	840	1030	6	20

表 11-69　工程结构用中、高强度不锈钢铸件的化学成分（GB/T 6967—2009）

铸钢牌号	化学成分(质量分数)(%)											
	C	Si ≤	Mn ≤	P ≤	S ≤	Cr	Ni	Mo	残余元素≤			
									Cu	V	W	总量
ZG20Cr13	0.16~0.24	0.80	0.80	0.035	0.025	11.5~13.5	—	—	0.50	0.05	0.10	0.50
ZG15Cr13	≤0.15	0.80	0.80	0.035	0.025	11.5~13.5	—	—	0.50	0.05	0.10	0.50
ZG15Cr13Ni1	≤0.15	0.80	0.80	0.035	0.025	11.5~13.5	≤1.00	≤0.50	0.50	0.05	0.10	0.50
ZG10Cr13Ni1Mo	≤0.10	0.80	0.80	0.035	0.025	11.5~13.5	0.8~1.80	0.20~0.50	0.50	0.05	0.10	0.50
ZG06Cr13Ni4Mo	≤0.06	0.80	1.00	0.035	0.025	11.5~13.5	3.5~5.0	0.40~1.00	0.50	0.05	0.10	0.50
ZG06Cr13Ni5Mo	≤0.06	0.80	1.00	0.035	0.025	11.5~13.5	4.5~6.0	0.40~1.00	0.50	0.05	0.10	0.50
ZG06Cr16Ni5Mo	≤0.06	0.80	1.00	0.35	0.025	15.5~17.0	4.5~6.0	0.40~1.00	0.50	0.05	0.10	0.50
ZG04Cr13Ni4Mo	≤0.04	0.80	1.50	0.030	0.010	11.5~13.5	3.5~5.0	0.40~1.00	0.50	0.05	0.10	0.50
ZG04Cr13Ni5Mo	≤0.04	0.80	1.50	0.030	0.010	11.5~13.5	4.5~6.0	0.40~1.00	0.50	0.05	0.10	0.50

表 11-70　工程结构用中、高强度不锈钢铸件的力学性能（GB/T 6967—2009）

铸钢牌号		规定塑性延伸强度 $R_{p0.2}$ /(N/mm²)≥	抗拉强度 R_m/(N/mm²)≥	断后伸长率 A(%) ≥	断面收缩率 Z(%) ≥	冲击吸收功 A_{KV}/J ≥	硬度 HBW
ZG15Cr13		345	540	18	40	—	163~229
ZG20Cr13		390	590	16	35	—	170~235
ZG15Cr13Ni1		450	590	16	35	20	170~241
ZG10Cr13Ni1Mo		450	620	16	35	27	170~241
ZG06Cr13Ni4Mo		550	750	15	35	50	221~294
ZG06Cr13Ni5Mo		550	750	15	35	50	221~294
ZG06Cr16Ni5Mo		550	750	15	35	50	221~294
ZG04Cr13Ni4Mo	HT1①	580	780	18	50	80	221~294
	HT2②	830	900	12	35	35	294~350
ZG04Cr13Ni5Mo	HT1①	580	780	18	50	80	221~294
	HT2②	830	900	12	35	35	294~350

① 回火温度应为 600~650℃。

② 回火温度应为 500~550℃。

表 11-71　一般用途耐热钢和合金铸件的牌号和化学成分（GB/T 8492—2002）

牌　号	化学成分(质量分数)(%)								
	C	Si	Mn	P≤	S≤	Cr	Mo	Ni	其他
ZG30Cr7Si2	0.20～0.35	1.0～2.5	0.5～1.0	0.04	0.04	6～8	0.5	0.5	
ZG40Cr13Si2	0.3～0.5	1.0～2.5	0.5～1.0	0.04	0.03	12～14	0.5	1	
ZG40Cr17Si2	0.3～0.5	1.0～2.5	0.5～1.0	0.04	0.03	16～19	0.5	1	
ZG40Cr24Si2	0.3～0.5	1.0～2.5	0.5～1.0	0.04	0.03	23～26	0.5	1	
ZG40Cr28Si2	0.3～0.5	1.0～2.5	0.5～1.0	0.04	0.03	27～30	0.5	1	
ZGCr29Si2	1.2～1.4	1.0～2.5	0.5～1.0	0.04	0.03	27～30	0.5	1	
ZG25Cr18Ni9Si2	0.15～0.35	1.0～2.5	2	0.04	0.03	17～19	0.5	8～10	
ZG25Cr20Ni14Si2	0.15～0.35	1.0～2.5	2	0.04	0.03	19～21	0.5	13～15	
ZG40Cr22Ni10Si2	0.3～0.5	1.0～2.5	2	0.04	0.03	21～23	0.5	9～11	
ZG40Cr24Ni24Si2Nb	0.25～0.50	1.0～2.5	2	0.04	0.03	23～25	0.5	23～25	Nb 1.2～1.8
ZG40Cr25Ni12Si2	0.3～0.5	1.0～2.5	2	0.04	0.03	24～27	0.5	11～14	
ZG40Cr25Ni20Si2	0.3～0.5	1.0～2.5	2	0.04	0.03	24～27	0.5	19～22	
ZG40Cr27Ni4Si2	0.3～0.5	1.0～2.5	1.5	0.04	0.03	25～28	0.5	3～6	
ZG45Cr20Co20Ni20Mo3W3	0.35～0.60	1.0	2	0.04	0.03	19～22	2.5 3.0	18～22	Co18～22 W2～3
ZG10Ni31Cr20Nb1	0.05～0.12	1.2	1.2	0.04	0.03	19～23	0.5	30～34	Nb 0.8～1.5
ZG40Ni35Cr17Si2	0.3～0.5	1.0～2.5	2	0.04	0.03	16～18	0.5	34～36	
ZG40Ni35Cr26Si2	0.3～0.5	1.0～2.5	2	0.04	0.03	24～27	0.5	33～36	
ZG40Ni35Cr26Si2Nb1	0.3～0.5	1.0～2.5	2	0.04	0.03	24～27	0.5	33～36	Nb 0.8～1.8
ZG40Ni38Cr19Si2	0.3～0.5	1.0～2.5	2	0.04	0.03	18～21	0.5	36～39	
ZG40Ni38Cr19Si2Nb1	0.3～0.5	1.0～2.5	2	0.04	0.03	18～21	0.5	36～39	Nb 1.2～1.8
ZNiCr28Fe17W5Si2C0.4	0.35～0.55	1.0～2.5	1.5	0.04	0.03	27～30		47～50	W4～6
ZNiCr50Nb1C0.1	0.1	0.5	0.5	0.02	0.02	47～52	0.5	余	N0.16 N＋C0.2 Nb1.4～1.7
ZNiCr19Fe18Si1C0.5	0.4～0.6	0.5～2.0	1.5	0.04	0.03	16～21	0.5	50～55	
ZNiFe18Cr15Si1C0.5	0.35～0.65	2	1.3	0.04	0.03	13～19		64～69	
ZNiCr25Fe20Co15W5Si1C0.46	0.44～0.48	1 2	2	0.04	0.03	24～26		33～37	W4～6 Co14～16
ZCoCr28Fe18C0.3	0.5	1	1	0.04	0.03	25～30	0.5	1	Co48～52 Fe20 最大值

注：表中的单个值表示最大值。

表 11-72　一般用途耐热钢和合金铸件的力学性能及最高使用温度（GB/T 8492—2002）

牌　号	$R_{p0.2}$/MPa ≥	R_m/MPa ≥	A(%) ≥	HBW	最高使用温度[①] /℃
ZG30Cr7Si2					750
ZG40Cr13Si2				300[②]	850
ZG40Cr17Si2				300[②]	900
ZG40Cr24Si2				300[②]	1050
ZG40Cr28Si2				320[②]	1100
ZGCr29Si2				400[②]	1100
ZG25Cr18Ni9Si2	230	450	15		900
ZG25Cr20Ni14Si2	230	450	10		900
ZG40Cr22Ni10Si2	230	450	8		950
ZG40Cr24Ni24Si2Nb1	220	400	4		1050
ZG40Cr25Ni12Si2	220	450	6		1050
ZG40Cr25Ni20Si2	220	450	6		1100
ZG45Cr27Ni4Si2	250	400	3	400[③]	1100
ZG40Cr20Co20Ni20Mo3W3	320	400	6		1150
ZG10Ni31Cr20Nb1	170	440	20		1000
ZG40Ni35Cr17Si2	220	420	6		980
ZG40Ni35Cr26Si2	220	440	6		1050
ZG40Ni35Cr26Si2Nb1	220	440	4		1050
ZG40Ni38Cr19Si2	220	420	6		1050
ZG40Ni38Cr19Si2Nb1	220	420	4		1100
ZNiCr28Fe17W5Si2C0.4	220	400	3		1200
ZNiCr50Nb1C0.1	230	540	8		1050
ZNiCr19Fe18Si1C0.5	220	440	5		1100
ZNiFe18Cr15Si1C0.5	200	400	3		1100
ZNiCr25Fe20Co15W5Si1C0.46	270	480	5		1200
ZCoCr28Fe18C0.3	④	④	④	④	1200

① 最高使用温度取决于实际使用条件，所列数据仅供用户参考。这些数据适用于氧化气氛，实际的合金成分对其也有影响。

② 退火态最大 HBW 值，铸件也可以铸态提供，此时硬度限制就不适用。

③ 最大 HBW 值。

④ 由供需双方协商确定。

表 11-73　焊接结构用铸钢件的牌号和化学成分（GB/T 7659—2010）

牌　号	主要元素（质量分数）（%）					残余元素（质量分数）（%）					
	C	Si	Mn	P	S	Ni	Cr	Cu	Mo	V	总和
ZG200-400H	≤0.20	≤0.60	≤0.80	≤0.025	≤0.025	≤0.40	≤0.35	≤0.40	≤0.15	≤0.05	≤1.0
ZG230-450H	≤0.20	≤0.60	≤1.20	≤0.025	≤0.025						
ZG270-480H	0.17～0.25	≤0.60	0.80～1.20	≤0.025	≤0.025						
ZG300-500H	0.17～0.25	≤0.60	1.00～1.60	≤0.025	≤0.025						
ZG340-550H	0.17～0.25	≤0.80	1.00～1.60	≤0.025	≤0.025						

注：1. 实际碳的质量分数比表中上限每减少 0.01%，允许实际锰的质量分数超出表中上限 0.04%，但总超出量不得大于 0.2%。

2. 残余元素一般不作分析，如需方有要求时，可作残余元素的分析。

表 11-74　焊接结构用铸钢件的力学性能（GB/T 7659—2010）

牌　号	拉伸性能			根据合同选择	
	上屈服强度 R_{eH}/MPa(min)	抗拉强度 R_m/MPa(min)	断后伸长率 A（%）(min)	断面收缩率 Z（%）≥(min)	冲击吸收能量 KV/J(min)
ZG200-400H	200	400	25	40	45
ZG230-450H	230	450	22	35	45
ZG270-480H	270	480	20	35	40
ZG300-500H	300	500	20	21	40
ZG340-550H	340	550	15	21	35

注：当无明显屈服时，测定规定塑性延伸强度 $R_{p0.2}$。

表 11-75　奥氏体锰钢铸件的牌号及其化学成分（GB/T 5680—2010）

牌　号	化学成分（质量分数）（%）								
	C	Si	Mn	P	S	Cr	Mo	Ni	W
ZG120Mn7Mo1	1.05～1.35	0.3～0.9	6～8	≤0.060	≤0.040	—	0.9～1.2	—	—
ZG110Mn13Mo1	0.75～1.35	0.3～0.9	11～14	≤0.060	≤0.040	—	0.9～1.2	—	—
ZG100Mn13	0.90～1.05	0.3～0.9	11～14	≤0.060	≤0.040	—	—	—	—
ZG120Mn13	1.05～1.35	0.3～0.9	11～14	≤0.060	≤0.040	—	—	—	—
ZG120Mn13Cr2	1.05～1.35	0.3～0.9	11～14	≤0.060	≤0.040	1.5～2.5	—	—	—
ZG120Mn13W1	1.05～1.35	0.3～0.9	11～14	≤0.060	≤0.040	—	—	—	0.9～1.2
ZG120Mn13Ni3	1.05～1.35	0.3～0.9	11～14	≤0.060	≤0.040	—	—	3～4	—
ZG90Mn14Mo1	0.70～1.00	0.3～0.6	13～15	≤0.070	≤0.040	—	1.0～1.8	—	—
ZG120Mn17	1.05～1.35	0.3～0.9	16～19	≤0.060	≤0.040	—	—	—	—
ZG120Mn17Cr2	1.05～1.35	0.3～0.9	16～19	≤0.060	≤0.040	1.5～2.5	—	—	—

注：允许加入微量 V、Ti、Nb、B 和 RE 等元素。

表 11-76　奥氏体锰钢及其铸件的力学性能（GB/T 5680—2010）

牌　号	力 学 性 能			
	下屈服强度 R_{eL}/MPa	抗拉强度 R_m/MPa	断后伸长率 A（%）	冲击吸收能量 KU/J
ZG120Mn13	—	≥685	≥25	≥118
ZG120Mn13Cr2	≥390	≥735	≥20	—

11.2.3　合金材料

11.2.3.1　耐蚀合金（GB/T 15007—2008，表11-77～表11-78）

表11-77　变形耐蚀合金的化学成分（GB/T 15007—2008）

序号	统一数字代号	新牌号	旧牌号	化学成分(质量分数)(%)															
				C	N	Cr	Ni	Fe	Mo	W	Cu	Al	Ti	Nb	V	Co	Si	Mn	P	S
1	H01101	NS1101	NS111	≤0.10	—	19.0～23.0	30.0～350	余量	—	—	≤0.75	0.15～0.60	0.15～0.60	—	—	—	≤1.00	≤1.50	≤0.030	≤0.015
2	H01102	NS1102	NS112	0.05～0.10	—	19.0～28.0	30.0～35.0	余量	—	—	≤0.75	0.15～0.60	0.15～0.60	—	—	—	≤1.00	≤1.50	≤0.030	≤0.015
3	H01103	NS1103	NS113	≤0.030	—	24.0～26.5	34.0～37.0	余量	—	—	—	0.15～0.45	0.15～0.60	—	—	—	0.30～0.70	0.5～1.50	≤0.030	≤0.030
4	H01301	NS1301	NS131	≤0.05	—	19.0～21.0	42.0～44.0	余量	12.5～13.5	—	—	—	—	—	—	—	≤0.70	≤1.00	≤0.030	≤0.030
5	H01401	NS1401	NS141	≤0.030	—	25.0～27.0	34.0～37.0	余量	2.0～3.0	—	3.0～4.0	—	0.40～0.90	—	—	—	≤0.70	≤1.00	≤0.030	≤0.030
6	H01402	NS1402	NS142	≤0.05	—	19.0～23.5	38.0～45.0	余量	2.5～3.5	—	1.5～3.0	≤0.20	0.60～1.20	—	—	—	≤0.50	≤1.00	≤0.030	≤0.030
7	H01403	NS1403	NS143	≤0.07	—	19.0～21.0	32.0～38.0	余量	2.0～3.0	—	3.0～4.0	—	—	0.80～1.00	—	—	≤1.00	≤2.00	≤0.030	≤0.030
8	H01501	NS1501	—	≤0.030	0.17～0.24	22.0～24.0	34.0～36.0	余量	7.0～8.0	—		—	—	—	—	—	≤1.00	≤1.00	≤0.030	≤0.010
9	H01601	NS1601	—	≤0.015	0.15～0.25	26.0～28.0	30.0～32.0	余量	6.0～7.0	—	0.5～1.5	—	—	—	—	—	≤0.30	≤2.00	≤0.020	≤0.010
10	H01602	NS1602	—	≤0.015	0.35～0.60	31.0～35.0	余量	30.0～33.0	0.50～2.0	—	0.30～1.20	—	—	—	—	—	≤0.50	≤2.00	≤0.020	≤0.010

（续）

序号	统一数字代号	新牌号	旧牌号	化学成分（质量分数）（%）															
				C	N	Cr	Ni	Fe	Mo	W	Cu	Al	Ti	Nb	V	Co	Si	Mn	P	S
11	H03101	NS3101	NS311	≤0.06	—	28.0 ~ 31.0	余量	≤1.0	—	—	—	≤0.30	—	—	—	—	≤0.50	≤1.20	≤0.020	≤0.020
12	H03102	NS3102	NS312	≤0.15	—	14.0 ~ 17.0	余量	6.0 ~ 10.0	—	—	≤0.50	—	—	—	—	—	≤0.50	≤1.00	≤0.030	≤0.015
13	H03103	NS3103	NS313	≤0.10	—	21.0 ~ 25.0	余量	10.0 ~ 15.0	—	—	≤1.00	1.00 ~ 1.70	—	—	—	—	≤0.50	≤1.00	≤0.030	≤0.015
14	H03104	NS3104	NS314	≤0.030	—	35.0 ~ 38.0	余量	≤1.0	—	—	—	0.20 ~ 0.50	—	—	—	—	≤0.50	≤1.00	≤0.030	≤0.020
15	H03105	NS3105	NS315	≤0.05	—	27.0 ~ 31.0	余量	7.0 ~ 11.0	—	—	≤0.50	—	—	—	—	—	≤0.50	≤0.50	≤0.030	≤0.015
16	H03201	NS3201	NS321	≤0.05	—	≤1.00	余量	4.0 ~ 6.0	26.0 ~ 30.0	—	—	—	—	—	0.20 ~ 0.40	≤2.5	≤1.00	≤1.00	≤0.030	≤0.030
17	H03202	NS3202	NS322	≤0.020	—	≤1.00	余量	≤2.0	26.0 ~ 30.0	—	—	—	—	—	—	≤1.0	≤0.10	≤1.00	≤0.040	≤0.030
18	H03203	NS3203	—	≤0.010	—	1.0 ~ 3.0	≥65.0	1.0 ~ 3.0	27.0 ~ 32.0	≤3.0	≤0.20	≤0.50	≤0.20	≤0.20	≤0.20	≤3.00	≤0.10	≤3.00	≤0.030	≤0.010
19	H03204	NS3204	—	≤0.010	—	0.5 ~ 1.5	≥65.0	1.0 ~ 6.0	26.0 ~ 30.0	—	≤0.5	0.1 ~ 0.5	—	—	—	≤2.50	≤0.05	≤1.5	≤0.040	≤0.010
20	H03301	NS3301	NS331	≤0.030	—	14.0 ~ 17.0	余量	≤8.0	2.0 ~ 3.0	—	—	—	0.40 ~ 0.90	—	—	—	≤0.70	≤1.00	≤0.030	≤0.020
21	H03302	NS3302	NS332	≤0.030	—	17.0 ~ 19.0	余量	≤1.0	16.0 ~ 18.0	—	—	—	—	—	—	—	≤0.70	≤1.00	≤0.030	≤0.030
22	H03303	NS3303	NS333	≤0.08	—	14.5 ~ 16.5	余量	4.0 ~ 7.0	15.0 ~ 17.0	3.0 ~ 4.5	—	—	—	—	≤0.35	≤2.5	≤1.00	≤1.00	≤0.040	≤0.30

（续）

序号	统一数字代号	新牌号	旧牌号	化学成分（质量分数）(%)																
				C	N	Cr	Ni	Fe	Mo	W	Cu	Al	Ti	Nb	V	Co	Si	Mn	P	S
23	H03304	NS3304	NS334	≤0.200	—	14.5～16.5	余量	4.0～7.0	15.0～17.0	3.0～4.5	—	—	—	—	≤0.35	≤2.5	≤0.08	≤1.00	≤0.040	≤0.030
24	H03305	NS3305	NS335	≤0.015	—	14.0～18.0	余量	≤3.0	14.0～17.0	—	—	—	≤0.70	—	—	≤2.0	≤0.08	≤1.00	≤0.040	≤0.030
25	H03306	NS3306	NS336	≤0.10	—	20.0～23.0	余量	≤5.0	8.0～10.0	—	—	≤0.40	≤0.40	3.15～4.15	—	≤1.0	≤0.50	≤0.50	≤0.015	≤0.015
26	H03307	NS3307	NS337	≤0.030	—	19.0～21.0	余量	≤5.0	15.0～17.0	—	≤0.10	—	—	—	—	≤0.10	≤0.40	0.50～1.50	≤0.020	≤0.020
27	H03308	NS3308	—	≤0.015	—	20.0～22.5	余量	2.0～6.0	12.5～14.5	2.5～3.5	—	—	—	—	≤0.35	≤2.50	≤0.08	≤0.50	≤0.020	≤0.020
28	H03309	NS3309	—	≤0.010	—	19.0～23.0	余量	≤5.0	15.0～17.0	3.0～4.4	—	—	0.02～0.025	—	—	—	≤0.08	≤0.75	≤0.040	≤0.020
29	H03310	NS3310	—	≤0.015	—	19.0～31.0	余量	15.0～20.0	8.0～10.0	≤1.0	≤0.50	≤0.4	—	≤0.5	—	≤2.5	≤1.00	≤1.00	≤0.040	≤0.015
30	H03311	NS3311	—	≤0.010	—	22.0～24.0	余量	≤1.5	15.0～16.5	—	—	0.1～0.4	—	—	—	≤0.3	≤0.10	≤0.50	≤0.015	≤0.005
31	H03401	NS3401	NS341	≤0.030	—	19.0～21.0	余量	≤7.0	2.0～3.0	—	1.0～2.0	—	0.4～0.9	—	—	—	≤0.70	≤1.00	≤0.030	≤0.030
32	H03402	NS3402	—	≤0.05	—	21.0～23.0	余量	18.0～21.0	5.5～7.5	≤1.0	1.5～2.5	—	—	1.75～2.50	—	≤2.5	≤1.0	1.0～2.0	≤0.040	≤0.030
33	H03403	NS3403	—	≤0.015	—	21.0～23.5	余量	18.0～21.0	6.0～8.0	≤1.5	1.5～2.5	—	—	≤0.50	—	≤5.0	≤1.0	≤1.0	≤0.040	≤0.030
34	H03404	NS3404	—	≤0.03	—	28.0～31.5	余量	13.0～17.0	4.0～6.0	1.5～4.0	1.0～2.4	—	—	0.30～1.50	—	≤5.0	≤0.80	≤1.50	≤0.04	≤0.020

（续）

序号	统一数字代号	新牌号	旧牌号	化学成分(质量分数)(%)																
				C	N	Cr	Ni	Fe	Mo	W	Cu	Al	Ti	Nb	V	Co	Si	Mn	P	S
35	H03405	NS3405	—	≤0.010	—	22.0 ~ 24.0	余量	≤3.0	15.0 ~ 17.0	—	1.3 ~ 1.9	≤0.50	—	—	—	≤2.0	≤0.08	≤0.50	≤0.025	≤0.010
36	H04101	NS4101	NS411	≤0.05	—	19.0 ~ 21.0	余量	5.0 ~ 9.0	—	—	—	0.40 ~ 1.00	2.25 ~ 2.75	0.70 ~ 1.20	—	—	≤0.80	≤1.00	≤0.030	≤0.030

表 11-78 铸造耐蚀合金的化学成分（GB/T 15007—2008）

序号	统一数字代号	合金牌号	化学成分(质量分数)(%)															
			C	Cr	Ni	Fe	Mo	W	Cu	Al	Ti	Nb	V	Co	Si	Mn	P	S
1	C71301	ZNS1301	≤0.050	19.5 ~ 23.5	38.0 ~ 44.0	余量	2.5 ~ 3.5	—	—	—	—	0.60 ~ 1.2	—	—	≤1.0	≤1.0	≤0.03	≤0.03
2	C73101	ZNS3101	≤0.40	14.0 ~ 17.0	余量	≤11.0	—	—	—	—	—	—	—	—	≤3.0	≤1.5	≤0.03	≤0.03
3	C73201	ZNS3201	≤0.12	≤1.00	余量	4.0 ~ 6.0	26.0 ~ 30.0	—	—	—	—	—	0.20 ~ 0.60	—	≤1.00	≤1.00	≤0.040	≤0.030
4	C73202	ZNS3202	≤0.07	≤1.00	余量	≤3.00	30.0 ~ 33.0	—	—	—	—	—	—	—	≤1.00	≤1.00	≤0.040	≤0.040
5	C73301	ZNS3301	≤0.12	15.5 ~ 17.5	余量	4.5 ~ 7.5	16.0 ~ 18.0	3.75 ~ 5.25	—	—	—	—	0.20 ~ 0.40	—	≤1.00	≤1.00	≤0.040	≤0.030
6	C73302	ZNS3302	≤0.07	17.0 ~ 20.0	余量	≤3.0	17.0 ~ 20.0	—	—	—	—	—	—	—	≤1.00	≤1.00	≤0.040	≤0.030
7	C73303	ZNS3303	≤0.02	15.0 ~ 17.5	余量	≤2.0	15.0 ~ 17.5	≤1.0	—	—	—	—	—	—	≤0.80	≤1.00	≤0.03	≤0.03
8	C73304	ZNS3304	≤0.02	15.0 ~ 16.5	余量	≤1.50	15.0 ~ 16.5	—	—	—	—	—	—	—	≤0.50	≤1.00	≤0.020	≤0.020
9	C73305	ZNS3305	≤0.05	20.0 ~ 22.50	余量	2.0 ~ 6.0	12.5 ~ 14.5	2.5 ~ 3.5	—	—	—	—	≤0.35	—	≤0.80	≤1.00	≤0.025	≤0.025
10	C74301	ZNS4301	≤0.06	20.0 ~ 23.0	余量	≤5.0	8.0 ~ 10.0	—	—	—	—	3.15 ~ 4.15	—	—	≤1.00	≤1.00	≤0.015	≤0.015

11.2.3.2　高电阻电热合金（GB/T 1234—1995，表 11-79）

表 11-79　高电阻电热合金的牌号和化学成分（GB/T 1234—1995）

序号	合金牌号	化学成分(质量分数)(%)									
		C	P	S	Mn	Si	Cr	Ni	Al	Fe	其他
		≤									
1	Cr20Ni80	0.08	0.020	0.015	0.60	0.75~1.60	20.0~23.0	余	≤0.50	≤1.0	—
2	Cr30Ni70	0.08	0.020	0.015	0.60	0.75~1.60	28.0~31.0	余	≤0.50	≤1.0	—
3	Cr15Ni60	0.08	0.020	0.015	0.60	0.75~1.60	15.0~18.0	55.0~61.0	≤0.50	余	—
4	Cr20Ni35	0.08	0.020	0.015	1.00	1.00~3.00	18.0~21.0	34.0~37.0	—	余	—
5	Cr20Ni30	0.08	0.020	0.015	1.00	1.00~2.00	18.0~21.0	30.0~34.0	—	余	—
6	1Cr13Al4	0.12	0.025	0.025	0.70	≤1.00	12.0~15.0	≤0.60	4.0~6.0	余	—
7	0Cr25Al5	0.06	0.025	0.025	0.70	≤0.60	23.0~26.0	≤0.60	4.5~6.5	余	—
8	0Cr23Al5	0.06	0.025	0.025	0.70	≤0.60	20.5~23.5	≤0.60	4.2~5.3	余	—
9	0Cr21Al6	0.06	0.025	0.025	0.70	≤1.00	19.0~22.0	≤0.60	5.0~7.0	余	—
10	1Cr20Al3	0.10	0.025	0.025	0.70	≤1.00	18.0~21.0	≤0.60	3.0~4.2	余	—
11	0Cr21Al6Nb	0.05	0.025	0.025	0.70	≤0.60	21.0~23.0	≤0.60	5.0~7.0	余	Nb 加入量 0.5
12	0Cr27Al7Mo2	0.05	0.025	0.025	0.20	≤0.40	26.5~27.8	≤0.60	6.0~7.0	余	Mo 加入量 1.8~2.2

11.2.3.3 高温合金（GB/T 14992—2005，表 11-80 ~ 表 11-86）

表 11-80　变形高温合金的牌号和化学成分（GB/T 14992—2005）

铁或铁镍（镍小于 50%）为主要元素的变形高温合金化学成分（质量分数）（%）										
新牌号	原牌号	C	Cr	Ni	W	Mo	Al	Ti	Fe	Nb
GH1015	GH15	≤0.08	19.00 ~ 22.00	34.00 ~ 39.00	4.80 ~ 5.80	2.50 ~ 3.20	—	—	余	1.10 ~ 1.60
GH1016[①]	GH16	≤0.08	19.00 ~ 22.00	32.00 ~ 36.00	5.00 ~ 6.00	2.60 ~ 3.30	—	—	余	0.90 ~ 1.40
GH1035[②]	GH35	0.06 ~ 0.12	20.00 ~ 23.00	35.00 ~ 40.00	2.50 ~ 3.50	—	≤0.50	0.70 ~ 1.20	余	1.20 ~ 1.70
GH1040[③]	GH40	≤0.12	15.00 ~ 17.50	24.00 ~ 27.00	—	5.50 ~ 7.00	—	—	余	—
GH1131[④]	GH131	≤0.10	19.00 ~ 22.00	25.00 ~ 30.00	4.80 ~ 6.00	2.80 ~ 3.50	—	—	余	0.70 ~ 1.30
GH1139[⑤]	GH139	≤0.12	23.00 ~ 26.00	15.00 ~ 18.00	—	—	—	—	余	—
GH1140	GH140	0.06 ~ 0.12	20.00 ~ 23.00	35.00 ~ 40.00	1.40 ~ 1.80	2.00 ~ 2.50	0.20 ~ 0.60	0.70 ~ 1.20	余	—
GH2035A	GH35A	0.05 ~ 0.11	20.00 ~ 23.00	35.00 ~ 40.00	2.50 ~ 3.50	—	0.20 ~ 0.70	0.80 ~ 1.30	余	—
GH2036	GH36	0.34 ~ 0.40	11.50 ~ 13.50	7.00 ~ 9.00	—	1.10 ~ 1.40	—	≤0.12	余	0.25 ~ 0.50
GH2038	GH38A	≤0.10	10.00 ~ 12.50	18.00 ~ 21.00	—	—	≤0.50	2.30 ~ 2.80	余	—
GH2130	GH130	≤0.08	12.00 ~ 16.00	35.00 ~ 40.00	1.40 ~ 2.20	—	—	2.40 ~ 3.20	余	—
GH2132	GH132	≤0.08	13.50 ~ 16.00	24.00 ~ 27.00	—	1.00 ~ 1.50	≤0.40	1.75 ~ 2.35	余	—

新牌号	原牌号	Mg	V	B	Ce	Si	Mn	P	S	Cu
								≤		
GH1015	GH15	—	—	≤0.010	≤0.050	≤0.60	≤1.50	0.020	0.015	0.250
GH1016	GH16	—	0.100 ~ 0.300	≤0.010	≤0.050	≤0.60	≤1.80	0.020	0.015	—
GH1035	GH35	—	—	—	≤0.050	≤0.80	≤0.70	0.030	0.020	—
GH1040	GH40	—	—	—	—	0.50 ~ 1.00	1.00 ~ 2.00	0.030	0.020	0.200
GH1131	GH131	—	—	0.005	—	≤0.80	≤1.20	0.020	0.020	—
GH1139	GH139	—	—	≤0.010	—	≤1.00	5.00 ~ 7.00	0.035	0.020	—
GH1140	GH140	—	—	—	≤0.050	≤0.80	≤0.70	0.025	0.015	—
GH2035A	GH35A	≤0.010	—	0.010	0.050	≤0.80	≤0.70	0.030	0.020	—
GH2036	GH36	—	1.250 ~ 1.550	—	—	0.30 ~ 0.80	7.50 ~ 9.50	0.035	0.030	—
GH2038	GH38A	—	—	≤0.008	—	≤1.00	≤1.00	0.030	0.020	—
GH2130	GH130	—	—	0.020	0.020	≤0.60	≤0.50	0.015	0.015	—
GH2132	GH132	—	0.100 ~ 0.500	0.001 ~ 0.010	—	≤1.00	1.00 ~ 2.00	0.030	0.020	—

（续）

铁或铁镍（镍小于50%）为主要元素的变形高温合金化学成分（质量分数）（%）

新牌号	原牌号	C	Cr	Ni	Co	W	Mo	Al	Ti	Fe	Nb
GH2135	GH135	≤0.08	14.00～16.00	33.00～36.00	—	1.70～2.20	1.70～2.20	2.00～2.80	2.10～2.50	余	—
GH2150	GH150	≤0.08	14.00～16.00	45.00～50.00	—	2.50～3.50	4.50～6.00	0.80～1.30	1.80～2.40	余	0.90～1.40
GH2302	GH302	≤0.08	12.00～16.00	38.00～42.00	—	3.50～4.50	1.50～2.50	1.80～2.30	2.30～2.80	余	—
GH2696	GH696	≤0.10	10.00～12.50	21.00～25.00	—	—	1.00～1.60	≤0.80	2.60～3.20	余	—
GH2706	GH706	≤0.06	14.50～17.50	39.00～44.00	—	—	—	≤0.40	1.50～2.00	余	2.50～3.30
GH2747	GH747	≤0.10	15.00～17.00	44.00～46.00	—	—	—	2.90～3.90	—	余	—
GH2761	GH761	0.02～0.07	12.00～14.00	42.00～45.00	—	2.80～3.30	1.40～1.90	1.40～1.85	3.20～3.65	余	—
GH2901	GH901	0.02～0.06	11.00～14.00	40.00～45.00	—	—	5.00～6.50	≤0.30	2.80～3.10	余	—
GH2903	GH903	≤0.05	—	36.00～39.00	14.00～17.00	—	—	0.70～1.15	1.35～1.75	余	2.70～3.50
GH2907	GH907	≤0.06	≤1.00	35.00～40.00	12.00～16.00	—	—	≤0.20	1.30～1.80	余	4.30～5.20
GH2909	GH909	≤0.06	≤1.00	35.00～40.00	12.00～16.00	—	—	≤0.15	1.30～1.80	余	4.30～5.20
GH2984	GH984	≤0.08	18.00～20.00	40.00～45.00	—	2.00～2.40	0.90～1.30	0.20～0.50	0.90～1.30	余	—

新牌号	原牌号	B	Zr	Ce	Si	Mn	P	S	Cu
						≤			
GH2135	GH135	≤0.015	—	≤0.030	≤0.50	0.40	0.020	0.020	—
GH2150	GH150	≤0.010	≤0.050	≤0.020	≤0.40	0.40	0.015	0.015	0.070
GH2302	GH302	≤0.010	≤0.050	≤0.020	≤0.60	0.60	0.020	0.010	—
GH2696	GH696	≤0.020	—	—	≤0.60	0.60	0.020	0.010	—
GH2706	GH706	≤0.006	—	—	≤0.35	0.35	0.020	0.015	0.300
GH2747	GH747	—	—	≤0.030	≤1.00	1.00	0.025	0.020	—
GH2761	GH761	≤0.015	—	≤0.030	≤0.40	0.50	0.020	0.008	0.200
GH2901	GH901	0.010～0.020	—	—	≤0.40	0.50	0.020	0.008	0.200
GH2903	GH903	0.005～0.010	—	—	≤0.20	0.20	0.015	0.015	—
GH2907	GH907	≤0.012	—	—	0.07～0.35	1.00	0.015	0.015	0.500
GH2909	GH909	≤0.012	—	—	0.25～0.50	1.00	0.015	0.015	0.500
GH2984	GH984	—	—	—	≤0.50	0.50	0.010	0.010	—

（续）

新牌号	原牌号	C	Cr	Ni	Co	W	Mo	Al	Ti	Fe	Nb
		镍为主要元素的变形高温合金化学成分（质量分数）（%）									
GH3007	GH5K	≤0.12	20.00～35.00	余	—	—	—	—	—	≤8.00	—
GH3030	GH30	≤0.12	19.00～22.00	余	—	—	—	≤0.15	0.15～0.35	≤1.50	—
GH3039	GH39	≤0.08	19.00～22.00	余	—	—	1.80～2.30	0.35～0.75	0.35～0.75	≤3.00	0.90～1.30
GH3044	GH44	≤0.10	23.50～26.50	余	—	13.00～16.00	≤1.50	≤0.50	0.30～0.70	≤4.00	—
GH3128	GH128	≤0.05	19.00～22.00	余	—	7.50～9.00	7.50～9.00	0.40～0.80	0.40～0.80	≤2.00	—
GH3170	GH170	≤0.06	18.00～22.00	余	15.00～22.00	17.00～21.00	—	≤0.50	—	—	—
GH3536	GH536	0.05～0.15	20.50～23.00	余	0.50～2.50	0.20～1.00	8.00～10.00	≤0.50	≤0.15	17.00～20.00	—
GH3600	GH600	≤0.15	14.00～17.00	≥72.00	—	—	—	≤0.35	≤0.50	6.00～10.00	≤1.00

新牌号	原牌号	La	B	Zr	Ce	Si	Mn	P	S	Cu
						≤				
GH3007	GH5K	—	—	—	—	1.00	0.50	0.040	0.040	0.500～2.000
GH3030	GH30	—	—	—	—	0.80	0.70	0.030	0.020	≤0.200
GH3039	GH39	—	—	—	—	0.80	0.40	0.020	0.012	—
GH3044	GH44	—	—	—	—	0.80	0.50	0.013	0.013	≤0.070
GH3128	GH128	—	≤0.005	≤0.060	≤0.050	0.80	0.50	0.013	0.013	—
GH3170	GH170	0.100	≤0.005	0.100～0.200	—	0.80	0.50	0.013	0.013	—
GH3536	GH536	—	≤0.010	—	—	1.00	1.00	0.025	0.015	≤0.500
GH3600	GH600	—	—	—	—	0.50	1.00	0.040	0.015	≤0.500

（续）

镍为主要元素的变形高温合金化学成分(质量分数)(%)

新牌号	原牌号	C	Cr	Ni	Co	W	Mo	Al	Ti	Fe	Nb
GH3625	GH625	≤0.10	20.00~23.00	余	≤1.00	—	8.00~10.00	≤0.40	≤0.40	≤5.00	3.15~4.15
GH3652	GH652	≤0.10	26.50~28.50	余	—	—	—	2.80~3.50	—	≤1.00	—
GH4033	GH33	0.03~0.08	19.00~22.00	余	—	—	—	0.60~1.00	2.40~2.80	≤4.00	—
GH4037	GH37	0.03~0.10	13.00~16.00	余	—	5.00~7.00	2.00~4.00	1.70~2.30	1.80~2.30	≤5.00	—
GH4049	GH49	0.04~0.10	9.50~11.00	余	14.00~16.00	5.00~6.00	4.50~5.50	3.70~4.40	1.40~1.90	≤1.50	—
GH4080A	GH80A	0.04~0.10	18.00~21.00	余	≤2.00	—	—	1.00~1.80	1.80~2.70	≤1.50	—
GH4090	GH90	≤0.13	18.00~21.00	余	15.00~21.00	—	—	1.00~2.00	2.00~3.00	≤1.50	—
GH4093	GH93	≤0.13	18.00~21.00	余	15.00~21.00	—	—	1.00~2.00	2.00~3.00	≤1.00	—
GH4098	GH98	≤0.10	17.50~19.50	余	5.00~8.00	5.50~7.00	3.50~5.00	2.50~3.00	1.00~1.50	≤3.00	≤1.50
GH4099	GH99	≤0.08	17.00~20.00	余	5.00~8.00	5.00~7.00	3.50~4.50	1.70~2.40	1.00~1.50	≤2.00	—
新牌号	原牌号	Mg	V	B	Zr	Ce	Si	Mn	P	S	Cu
							≤				
GH3625	GH625	—	—	—	—	—	0.50	0.50	0.015	0.015	0.070
GH3652	GH652	—	—	—	—	≤0.030	0.80	0.30	0.020	0.020	—
GH4033	GH33	—	—	≤0.010	—	≤0.020	0.65	0.40	0.015	0.007	—
GH4037	GH37	—	0.100~0.500	≤0.020	—	≤0.020	0.40	0.50	0.015	0.010	0.070
GH4049	GH49	—	0.200~0.500	≤0.025	—	≤0.020	0.50	0.50	0.010	0.010	0.070
GH4080A	GH80A	—	—	≤0.008	—	—	0.80	0.40	0.020	0.015	0.200
GH4090	GH90	—	—	≤0.020	≤0.150	—	0.80	0.40	0.020	0.015	0.200
GH4093	GH93	—	—	≤0.020	—	—	1.00	1.00	0.015	0.015	0.200
GH4098	GH98	—	—	≤0.005	—	≤0.020	0.30	0.30	0.015	0.015	0.070
GH4099	GH99	≤0.010	—	≤0.005	—	≤0.020	0.50	0.40	0.015	0.015	—

（续）

镍为主要元素的变形高温合金化学成分（质量分数）（%）

新牌号	原牌号	C	Cr	Ni	Co	W	Mo	Al	Ti	Fe	Nb
GH4105	GH105	0.12～0.17	14.00～15.70	余	18.00～22.00	—	4.50～5.50	4.50～4.90	1.18～1.50	≤1.00	—
GH4133	GH33A	≤0.07	19.00～22.00	余	—	—	—	0.70～1.20	2.50～3.00	≤1.50	1.15～1.65
GH4133B	GH4133B	≤0.06	19.00～22.00	余	—	—	—	0.75～1.15	2.50～3.00	≤1.50	1.30～1.70
GH4141	GH141	0.06～0.12	18.00～20.00	余	10.00～12.00	—	9.00～10.50	1.40～1.80	3.00～3.50	≤5.00	—
GH4145	GH145	≤0.08	14.00～17.00	≥70.00	≤1.00	—	—	0.40～1.00	2.25～2.75	5.00～9.00	0.70～1.20
GH4163	GH163	0.04～0.08	19.00～21.00	余	19.00～21.00	—	5.60～6.10	0.30～0.60	1.90～2.40	≤0.70	—
GH4169	GH169	≤0.08	17.00～21.00	50.00～55.00	≤1.00	—	2.80～3.30	0.20～0.80	0.65～1.15	余	4.75～5.50
GH4199	GH199	≤0.10	19.00～21.00	余	—	9.00～11.00	4.00～6.00	2.10～2.60	1.10～1.60	≤4.00	—
GH4202	GH202	≤0.08	17.00～20.00	余	—	4.00～5.00	4.00～5.00	1.00～1.50	2.20～2.80	≤4.00	—
GH4220	GH220	≤0.08	9.00～12.00	余	14.00～15.00	5.00～6.50	5.00～7.00	3.90～4.80	2.20～2.90	≤3.00	—

新牌号	原牌号	Mg	V	B	Zr	Ce	Si	Mn	P	S	Cu
							≤				
GH4105	GH105	—	—	0.003～0.010	0.070～0.150	—	0.25	0.40	0.015	0.010	0.200
GH4133	GH33A	—	—	≤0.010	—	≤0.010	0.65	0.35	0.015	0.007	0.070
GH4133B	GH4133B	0.001～0.010	—	≤0.010	0.010～0.100	≤0.010	0.65	0.35	0.015	0.007	0.070
GH4141	GH141	—	—	0.003～0.010	≤0.070	—	0.50	0.50	0.015	0.015	0.500
GH4145	GH145	—	—	—	—	—	0.50	1.00	0.015	0.010	0.500
GH4163	GH163	—	—	≤0.005	—	—	0.40	0.60	0.015	0.007	0.200
GH4169	GH169	≤0.010	—	≤0.006	—	—	0.35	0.35	0.015	0.015	0.300
GH4199	GH199	≤0.050	—	≤0.008	—	—	0.55	0.50	0.015	0.015	0.070
GH4202	GH202	—	—	≤0.010	—	≤0.010	0.60	0.50	0.015	0.010	—
GH4220	GH220	≤0.010	0.250～0.800	≤0.020	—	≤0.020	0.35	0.50	0.015	0.009	0.070

（续）

新牌号	原牌号	镍为主要元素的变形高温合金化学成分（质量分数）（%）									
		C	Cr	Ni	Co	W	Mo	Al	Ti	Fe	Nb
GH4413	GH413	0.04~0.10	13.00~16.00	余	—	5.00~7.00	2.50~4.00	2.40~2.90	1.70~2.20	≤5.00	
GH4500	GH500	≤0.12	18.00~20.00	余	15.00~20.00	—	3.00~5.00	2.75~3.25	2.75~3.25	≤4.00	—
GH4586	GH586	≤0.08	18.00~20.00	余	10.00~12.00	2.00~4.00	7.00~9.00	1.50~1.70	3.20~3.50	≤5.00	—
GH4648	GH648	≤0.10	32.00~35.00	余	—	4.30~5.30	2.30~3.30	0.50~1.10	0.50~1.10	≤4.00	0.50~1.10
GH4698	GH698	≤0.08	13.00~16.00	余	—	—	2.80~3.20	1.30~1.70	2.35~2.75	≤2.00	1.80~2.20
GH4708	GH708	0.05~0.10	17.50~20.00	余	≤0.50	5.50~7.50	4.00~6.00	1.90~2.30	1.00~1.40	≤4.00	—
GH4710	GH710	≤0.10	16.50~19.50	余	13.50~16.00	1.00~2.00	2.50~3.50	2.00~3.00	4.50~5.50	≤1.00	—
GH4738	GH738（GH684）	0.03~0.10	18.00~21.00	余	12.00~15.00	—	3.50~5.00	1.20~1.60	2.75~3.25	≤2.00	—
GH4742	GH742	0.04~0.08	13.00~15.00	余	9.00~11.00	—	4.50~5.50	2.40~2.80	2.40~2.80	≤1.00	2.40~2.80

新牌号	原牌号	La	Mg	V	B	Zr	Ce	Si	Mn	P	S	Cu
								≤				
GH4413	GH413	—	≤0.005	0.200~1.000	0.020	—	0.020	0.60	0.50	0.015	0.009	0.070
GH4500	GH500	—	—	—	0.003~0.008	≤0.060	—	0.75	0.75	0.015	0.015	0.100
GH4586	GH586	≤0.015	≤0.015	—	≤0.005	—	—	0.50	0.10	0.010	0.010	—
GH4648	GH648	—	—	—	≤0.008	—	≤0.030	0.40	0.50	0.015	0.010	—
GH4698	GH698	—	≤0.008	—	≤0.005	≤0.050	≤0.005	0.60	0.40	0.015	0.007	0.070
GH4708	GH708	—	—	—	≤0.008	—	≤0.030	0.40	0.50	0.015	0.015	—
GH4710	GH710	—	—	—	0.010~0.030	≤0.060	0.020	0.15	0.15	0.015	0.010	0.100
GH4738	GH738（GH684）	—	—	—	0.003~0.010	0.020~0.080	—	0.15	0.10	0.015	0.015	0.100
GH4742	GH742	≤0.100	—	—	≤0.010	—	0.010	0.30	0.40	0.015	0.010	—

（续）

钴为主要元素的变形高温合金化学成分（质量分数）（%）

新牌号	原牌号	C	Cr	Ni	Co	W	Mo	Al	Ti	Fe	Nb
GH5188	GH188	0.05~0.15	20.00~24.00	20.00~24.00	余	13.00~16.00	—	—	—	≤3.00	—
GH5605	GH605	0.05~0.15	19.00~21.00	9.00~11.00	余	14.00~16.00	—	—	—	≤3.00	—
GH5941	GH941	≤0.10	19.00~23.00	19.00~23.00	余	17.00~19.00	—	—	—	≤1.50	—
GH6159	GH159	≤0.04	18.00~20.00	余	34.00~38.00	—	6.00~8.00	0.10~0.30	2.50~3.25	8.00~10.00	0.25~0.75
GH6783⑥	GH783	≤0.03	2.50~3.50	26.00~30.00	余	—	—	5.00~6.00	≤0.40	24.00~27.00	2.50~3.50

新牌号	原牌号	La	B	Si	Mn	P	S	Cu
						≤		
GH5188	GH188	0.030~0.120	≤0.015	0.20~0.50	≤1.25	0.020	0.015	0.070
GH5605	GH605	—	—	≤0.40	1.00~2.00	0.040	0.030	—
GH5941	GH941	—	—	≤0.50	≤1.50	0.020	0.015	0.500
GH6159	GH159	—	≤0.030	≤0.20	≤0.20	0.020	0.010	—
GH6783	GH783	—	0.003~0.012	≤0.50	≤0.50	0.015	0.005	0.500

① 氮质量分数在 0.130% ~0.250% 之间。
② 加钛或加铌，但两者不得同时加入。
③ 氮质量分数在 0.100% ~0.200% 之间。
④ 氮质量分数在 0.150% ~0.300% 之间。
⑤ 氮质量分数在 0.300% ~0.450% 之间。
⑥ 钽质量分数不大于 0.050%。

表 11-81　高温合金的力学性能

1. 转动部件用热轧和锻制棒材

合金牌号		热处理制度	高温瞬时拉伸性能				高温持久性能			室温布氏硬度的压痕直径/mm	备注
新牌号	原牌号		试验温度/℃	抗拉强度 R_m/MPa	伸长率 A(%)	断面收缩率 Z(%)	试验温度/℃	应力 σ/MPa	时间 t/h		
				≥	≥	≥			≥		
GH2130	GH130	(1180±10)℃,2h,空冷 (1050±10)℃,4h,空冷 (800±10)℃,16h,空冷	800	680	3	8	850 (800)	200 (250)	40 (100)	3.30~3.70	正常用途
			800	680	4.5	8	850 (800)	200 (250)	50 (100)		限于直径32mm航天专用材
GH2302	GH302	(1130±10)℃,2h,空冷 (1050±10)℃,4h,空冷 (800±10)℃,16h,空冷	800	680	4.5	8	850 (800)	200 (250)	50 (100)	3.30~3.70	
GH4033	GH33	(1080±10)℃,8h,空冷 (700±10)℃,16h,空冷	700	700	15	20	700	440 (420)	60 (80)	3.45~3.80	直径45~55mm棒材测室温布氏硬度的压痕直径:3.40~3.80mm
GH4037	GH37	(1180±10)℃,2h,空冷 (1050±10)℃,4h,空冷 (800±10)℃,16h,空冷	800	680	5.0	8.0	850 (800)	200 (250)	50 (100)	3.30~3.70	每5~30炉取一个持久试样,按括号内条件拉断,实测 A 和 Z
GH4049	GH49	(1200±10)℃,2h,空冷 (1050±10)℃,4h,空冷 (850±10)℃,8h,空冷	900	580	7	11	900	250 (220)	40 (80)	3.20~3.50	每10~20炉取一个持久试样,按括号内条件值拉断,如200h没拉断,则一次加工至250N/mm² 拉断,实测 A 和 Z

2. 普通承力件热轧和锻制棒材

牌号		热处理制度	高温性能						高温瞬时拉伸性能				高温持久强度		
新牌号	原牌号		屈服强度 $R_{p0.2}$/MPa	抗拉强度 R_m/MPa	伸长率 A(%)	断面收缩率 Z(%)	冲击韧度 a_{KU}/(J/cm²)	室温布氏硬度的压痕直径/mm	试验温度/℃	抗拉强度 R_m/MPa	伸长率 A(%)	断面收缩率 Z(%)	试验温度/℃	应力 σ/MPa	时间 t/h
			≥	≥	≥	≥	≥	≥		≥	≥	≥			
GH1015	GH15	1140~1170℃,空冷		680	35	40			700	400	30	35			
									900	180	40	45	900	50	≥100

（续）

牌号		热处理制度	高温性能						高温瞬时拉伸性能				高温持久强度		
新牌号	原牌号		屈服强度 $R_{p0.2}$ /MPa	抗拉强度 R_m /MPa	伸长率 A (%)	断面收缩率 Z (%)	冲击韧度 a_{KU}/(J/cm²)	室温布氏硬度的压痕直径/mm	试验温度/℃	抗拉强度 R_m/MPa	伸长率 A (%)	断面收缩率 Z (%)	试验温度/℃	应力 σ/MPa	时间 t/h
			≥							≥					
GH1131	GH131	(1160 ± 10)℃,空冷	350	750	32	实测			1000	110	50	实测			
GH1140	GH140	(1080 ± 10)℃,空冷		630	40	45			800	250	40	50			
GH2036	GH36	固溶:(1140 ± 5)℃,直径小于 45mm 保温 80min,直径不小于 45mm,保温 105min,流动水冷却 时效:放在低于 670℃炉中,到温后,保温 12 ~ 14h,再升至 770 ~ 800℃,保温 12 ~ 14h,空冷	600	850	15	20	35	3.45 ~ 3.65					650	350	≥100
GH2038	GH38A	(1180 ± 10)℃,2h,空冷或水冷 + (760 ± 10)℃,16 ~ 25h,空冷	450	800	15	15	30	3.5 ~ 3.9	800	300	20	20	800	选择	实测
GH2132	GH132	980 ~ 1000℃,1 ~ 2h,油冷 700 ~ 720℃,12 ~ 16h,空冷		950	20	40		3.4 ~ 3.8	550	800	16	28	550	600	≥100
									650	750	15	20	650	400	≥100
GH2135	GH135	(1080 ± 10)℃,8h,空冷 + (830 ± 10)℃,8h,空冷 + (700 ± 10)℃,16h,空冷						3.25 ~ 3.65	700	800	15	20	700	440 (420)	≥60 (80)
GH3039	GH39	1050 ~ 1080℃,空冷		750	40				800	250	40	实测			
GH4033	GH33	> ϕ55mm:(1080 ± 10)℃,8h,空冷 + (750 ± 10)℃,16h,空冷	600	900	13	16	30	3.4 ~ 3.80					750	300	≥100
		< ϕ20mm 及扁材:(1080 ± 10)℃,8h,空冷 + (700 ± 10)℃,16h,空冷						3.45 ~ 3.80	700	700	15	20	700	440 420	≥60 (≥80)

（续）

3. 冷拉棒材

合金牌号		热处理制度	瞬时拉伸性能					室温冲击韧度 a_{KU}/(J/cm²)	室温布氏硬度的压痕直径/mm	高温持久性能			
新牌号	原牌号		试验温度/℃	抗拉强度 R_m MPa	屈服强度 $R_{p0.2}$ MPa	伸长率 A (%)	断面收缩率 Z (%)			试验温度/℃	应力 σ/MPa	时间 t/h	伸长率 A (%)
				≥				≥				≥	
GH1040	GH140	1200℃×1h，空冷＋700℃×16h，空冷	800	300	—	—	—	—	—	—	—	—	—
GH2036	GH36	1140℃×1h20min，流动水＋670℃×(12～14)h，再升温至770～800℃×(10～12)h，空冷	室温	850	600	15	20	35	3.45/3.65	650	350 (380)	100 (35)	—
GH2132	GH132	980～1000℃×1～2h，油冷＋700～720℃×16h，空冷	室温	920	600	15	20	—	3.30/3.85	650	460 (400)	23 (100)	5 (3)
GH3030	GH30	980～1000℃，水冷或空冷	室温	700	—	30	—	—	—	—	—	—	—
GH4033	GH33	(1080±10)℃×8h，空冷＋(700±10)℃×16h，空冷	700	700	—	15	20	—	—	700	440 (420)	60 (80)	—

4. 锻制圆饼

合金牌号		热处理制度	瞬时拉伸性能					室温冲击韧度 a_{KU}/(J/cm²)	室温布氏硬度的压痕直径/mm	高温持久性能			
新牌号	原牌号		试验温度/℃	抗拉强度 R_m MPa	屈服强度 $R_{p0.2}$ MPa	伸长率 A (%)	断面收缩率 Z (%)			试验温度/℃	应力 σ/MPa	时间 t/h	伸长率 A (%)
				≥				≥				≥	
GH2036	GH36	1140℃或1130℃保温1h20min，水冷＋650～670℃保温14～16h，然后升温至770～800℃保温14～20h，空冷	室温	850	600	15	20	30	3.45～3.65	650	380 (350)	35 (100)	—
GH2132	GH132	980～1000℃保温1～2h，油冷＋700～720℃保温12～16h，空冷	室温 650	950 750	630	20 15	40 20	30	3.4～3.8	650	400	100	—
GH2135	GH135	1140℃保温4h，空冷＋830℃保温8h＋650℃保温16h，空冷	室温	900 820	600 600	13 10	16 13	30	3.4～3.8	750	(300) 350	(100) 50	—
GH4033	GH33	1080℃保温8h，空冷＋750℃保温16h，空冷	室温	900 820	600 600	13 10	16 13	30	3.4～3.8	750	300 (350)	100 (50)	—
GH4133	GH33A	1080℃保温8h，空冷＋750℃保温16h，空冷	室温	1080	750	16	18	40	3.2～3.6	750	300 (350)	100 (50)	—

表 11-82　铸造高温合金的牌号和化学成分(GB/T 14992—2005)

等轴晶铸造高温合金化学成分(质量分数)(%)

新牌号	原牌号	C	Cr	Ni	Co	W	Mo	Al	Ti	Fe
K211	K11	0.10 ~ 0.20	19.50 ~ 20.50	45.00 ~ 47.00	—	7.50 ~ 8.50	—	—	—	余
K213	K13	<0.10	14.00 ~ 16.00	34.00 ~ 38.00	—	4.00 ~ 7.00	—	1.50 ~ 2.00	3.00 ~ 4.00	余
K214	K14	≤0.10	11.00 ~ 13.00	40.00 ~ 45.00	—	6.50 ~ 8.00	—	1.80 ~ 2.40	4.20 ~ 5.00	余
K401	K1	≤0.10	14.00 ~ 17.00	余	—	7.00 ~ 10.00	≤0.30	4.50 ~ 5.50	1.50 ~ 2.00	≤0.20
K402	K2	0.13 ~ 0.20	10.50 ~ 13.50	余	—	6.00 ~ 8.00	4.50 ~ 5.50	4.50 ~ 5.30	2.00 ~ 2.70	≤2.00
K403	K3	0.11 ~ 0.18	10.00 ~ 12.00	余	4.50 ~ 6.00	4.80 ~ 5.50	3.80 ~ 4.50	5.30 ~ 5.90	2.30 ~ 2.90	≤2.00
K405	K5	0.10 ~ 0.18	9.50 ~ 11.00	余	9.50 ~ 10.50	4.50 ~ 5.20	3.50 ~ 4.20	5.00 ~ 5.80	2.00 ~ 2.90	≤0.50
K406	K6	0.10 ~ 0.20	14.00 ~ 17.00	余	—	—	4.50 ~ 6.00	3.25 ~ 4.00	2.00 ~ 3.00	≤1.00
K406C	K6C	0.03 ~ 0.08	18.00 ~ 19.00	余	—	—	4.50 ~ 6.00	3.25 ~ 4.00	2.00 ~ 3.00	≤1.00
K407	K7	≤0.12	20.00 ~ 35.00	余	—	—	—	—	—	≤8.00

新牌号	原牌号	B	Zr	Ce	Si	Mn	P	S	Cu
					≤				
K211	K11	0.030 ~ 0.050	—	—	0.40	0.50	0.040	0.040	—
K213	K13	0.050 ~ 0.100	—	—	0.50	0.50	0.015	0.015	—
K214	K14	0.100 ~ 0.150	—	—	0.50	0.50	0.015	0.015	—
K401	K1	0.030 ~ 0.100	—	—	0.80	0.80	0.015	0.010	—
K402	K2	0.015	—	0.015	0.04	0.04	0.015	0.015	—
K403	K3	0.012 ~ 0.022	0.030 ~ 0.080	0.010	0.50	0.50	0.020	0.010	—
K405	K5	0.015 ~ 0.026	0.030 ~ 0.100	0.010	0.30	0.50	0.020	0.010	—
K406	K6	0.050 ~ 0.100	0.030 ~ 0.080	—	0.30	0.10	0.020	0.010	—
K406C	K6C	0.050 ~ 0.100	≤0.030	—	0.30	0.10	0.020	0.010	—
K407	K7	—	—	—	1.00	0.50	0.040	0.040	0.500 ~ 2.000

（续）

等轴晶铸造高温合金化学成分（质量分数）（%）												
新牌号	原牌号	C	Cr	Ni	Co	W	Mo	Al	Ti	Fe	Nb	Ta
K408	K8	0.10~0.20	14.90~17.00	余	—	—	4.50~6.00	2.50~3.50	1.80~2.50	8.00~12.50	—	—
K409	K9	0.08~0.13	7.50~8.50	余	9.50~10.50	≤0.10	5.75~6.25	5.75~6.25	0.80~1.20	≤0.35	≤0.10	4.00~4.50
K412	K12	0.11~0.16	14.00~18.00	余	—	4.50~6.50	3.00~4.50	1.60~2.20	1.60~2.30	≤8.00	—	—
K417	K17	0.13~0.22	8.50~9.50	余	14.00~16.00	—	2.50~3.50	4.80~5.70	4.50~5.00	≤1.00	—	—
K417G	K17G	0.13~0.22	8.50~9.50	余	9.00~11.00	—	2.50~3.50	4.80~5.70	4.10~4.70	≤1.00	—	—
K417L	K17L	0.05~0.22	11.00~15.00	余	3.00~5.00	—	2.50~3.50	4.00~5.70	3.00~5.00	—	—	—
K418	K18	0.08~0.16	11.50~13.50	余	—	—	3.80~4.80	5.50~6.40	0.50~1.00	≤1.00	1.80~2.50	—
K418B	K18B	0.03~0.07	11.00~13.00	余	≤1.00	—	3.80~5.20	5.50~6.50	0.40~1.00	≤0.50	1.50~2.50	—
K419	K19	0.09~0.14	5.50~6.50	余	11.00~13.00	9.50~10.50	1.70~2.30	5.20~5.70	1.00~1.50	≤0.50	2.50~3.30	—
K419H	K19H	0.09~0.14	5.50~6.50	余	11.00~13.00	9.50~10.70	1.70~2.30	5.20~5.70	1.00~1.50	≤0.50	2.25~2.75	—
新牌号	原牌号	Hf	Mg	V	B	Zr	Ce	Si	Mn	P	S	Cu
								≤				
K408	K8	—	—	—	0.060~0.080	—	0.010	0.60	0.60	0.015	0.020	—
K409	K9	—	—	—	0.010~0.020	0.050~0.100	—	0.25	0.20	0.015	0.015	—
K412	K12	—	—	≤0.300	0.005~0.010	—	—	0.60	0.60	0.015	0.009	—
K417	K17	—	—	0.600~0.900	0.012~0.022	0.050~0.090	—	0.50	0.50	0.015	0.010	—
K417G	K17G	—	—	0.600~0.900	0.012~0.024	0.050~0.090	—	0.20	0.20	0.015	0.010	—
K417L	K17L	—	—	—	0.003~0.012	—	—	—	—	0.010	0.006	—
K418	K18	—	—	—	0.008~0.020	0.060~0.150	—	0.50	0.50	0.015	0.010	—
K418B	K18B	—	—	—	0.005~0.015	0.050~0.150	—	0.50	0.25	0.015	0.015	0.500
K419	K19	—	≤0.003	≤0.100	0.050~0.100	0.030~0.080	—	0.20	0.50	—	0.015	0.400
K419H	K19H	1.200~1.600	—	≤0.100	0.050~0.100	0.030~0.080	—	0.20	0.20	—	0.015	0.100

（续）

等轴晶铸造高温合金化学成分（质量分数）（%）

新牌号	原牌号	C	Cr	Ni	Co	W	Mo	Al	Ti	Fe	Nb	Ta
K423	K23	0.12 ~ 0.18	14.50 ~ 16.50	余	9.00 ~ 10.50	≤0.20	7.60 ~ 9.00	3.90 ~ 4.40	3.40 ~ 3.80	≤0.50	≤0.25	—
K423A	K23A	0.12 ~ 0.18	14.00 ~ 15.50	余	8.20 ~ 9.50	≤0.20	6.80 ~ 8.30	3.90 ~ 4.40	3.40 ~ 3.80	≤0.50	≤0.25	—
K424	K24	0.14 ~ 0.20	8.50 ~ 10.50	余	12.00 ~ 15.00	1.00 ~ 1.80	2.70 ~ 3.40	5.00 ~ 5.70	4.20 ~ 4.70	≤2.00	0.50 ~ 1.00	—
K430	K430	≤0.12	19.00 ~ 22.00	≥75.00	—	—	—	≤0.15	—	≤1.50	—	—
K438	K38	0.10 ~ 0.20	15.70 ~ 16.30	余	8.00 ~ 9.00	2.40 ~ 2.80	1.50 ~ 2.00	3.20 ~ 3.70	3.00 ~ 3.50	≤0.50	0.60 ~ 1.10	1.50 ~ 2.00
K438G	K38G	0.13 ~ 0.20	15.30 ~ 16.30	余	8.00 ~ 9.00	2.30 ~ 2.90	1.40 ~ 2.00	3.50 ~ 4.50	3.20 ~ 4.00	≤0.20	0.40 ~ 1.00	1.40 ~ 2.00
K441	K41	0.02 ~ 0.10	15.00 ~ 17.00	余	—	12.00 ~ 15.00	1.50 ~ 3.00	3.10 ~ 4.00	—	—	—	—
K461	K461	0.12 ~ 0.17	15.00 ~ 17.00	余	≤0.50	2.10 ~ 2.50	3.60 ~ 5.00	2.10 ~ 2.80	2.10 ~ 3.00	6.00 ~ 7.50	—	—
K477	K77	0.05 ~ 0.09	14.00 ~ 15.25	余	14.00 ~ 16.00	—	3.90 ~ 4.50	4.00 ~ 4.60	3.00 ~ 3.70	≤1.00	—	—
K480①	K80	0.15 ~ 0.19	13.70 ~ 14.30	余	9.00 ~ 10.00	3.70 ~ 4.30	3.70 ~ 4.30	2.80 ~ 3.20	4.80 ~ 5.20	≤0.35	≤0.10	≤0.10
K491	K91	≤0.02	9.50 ~ 10.50	余	9.50 ~ 10.50	—	2.75 ~ 3.25	5.25 ~ 5.75	5.00 ~ 5.50	≤0.50	—	—

新牌号	原牌号	Hf	Mg	V	B	Zr	Ce	Si	Mn	P	S	Cu
									≤			
K423	K23	≤0.250	—	—	0.004 ~ 0.008	—	—	≤0.20	0.20	0.010	0.010	—
K423A	K23A	—	—	—	0.005 ~ 0.015	—	—	≤0.20	0.20	—	0.010	—
K424	K24	—	—	0.500 ~ 1.000	0.015	0.020	0.020	≤0.40	0.40	0.015	0.015	—
K430	K430	—	—	—	—	—	—	≤1.20	1.20	0.030	0.020	0.200
K438	K38	—	—	—	0.005 ~ 0.015	0.050 ~ 0.150	—	≤0.30	0.20	0.015	0.015	—
K438G	K38G	—	—	—	0.005 ~ 0.015	—	—	≤0.01	0.20	0.0005	0.010	0.100
K441	K41	—	—	—	0.001 ~ 0.010	≤0.050	—	—	—	0.015	0.010	—
K461	K461	—	—	—	0.100 ~ 0.130	—	—	1.20 ~ 2.00	0.30	0.020	0.020	—
K477	K77	—	—	—	0.012 ~ 0.020	≤0.040	≤0.100	≤0.50	0.20	0.015	0.010	—
K480	K80	≤0.100	≤0.010	≤0.100	0.010 ~ 0.020	0.020 ~ 0.100	—	≤0.10	0.50	0.015	0.010	0.100
K491	K91	—	≤0.005	—	0.080 ~ 0.120	≤0.040	—	≤0.10	0.10	0.010	0.010	—

（续）

新牌号	原牌号	等轴晶铸造高温合金化学成分（质量分数）（%）										
		C	Cr	Ni	Co	W	Mo	Al	Ti	Fe	Nb	Ta
K4002	K002	0.13～0.17	8.00～10.00	余	9.00～11.00	9.00～11.00	≤0.50	5.25～5.75	1.25～1.75	≤0.50	—	2.25～2.75
K4130	K130	<0.01	20.00～23.00	余	≤1.00	≤0.20	9.00～10.50	0.70～0.90	2.40～2.80	≤0.50	≤0.25	—
K4163	K163	0.04～0.08	19.50～21.00	余	18.50～21.00	≤0.20	5.60～6.10	0.40～0.60	2.00～2.40	0.70	0.25	—
K4169	K4169	0.02～0.08	17.00～21.00	50.00～55.00	≤1.00	—	2.80～3.30	0.30～0.70	0.65～1.15	余	4.40～5.40	≤0.10
K4202	K202	≤0.08	17.00～20.00	余	—	4.00～5.00	4.00～5.00	1.00～1.50	2.20～2.80	≤4.00	—	—
K4242	K242	0.27～0.35	20.00～23.00	余	9.55～11.00	≤0.20	10.00～11.00	≤0.20	≤0.30	≤0.75	≤0.25	—
K4536	K536	≤0.10	20.50～23.00	余	0.50～2.50	0.20～1.00	8.00～10.00	—	—	17.00～20.00	—	—
K4537②	K537	0.07～0.12	15.00～16.00	余	9.00～10.00	4.70～5.20	1.20～1.70	2.70～3.20	3.20～3.70	≤0.50	1.70～2.20	—
K4648	K648	0.03～0.10	32.00～35.00	余	—	4.30～5.50	2.30～3.50	0.70～1.30	0.70～1.30	≤0.50	0.70～1.30	—
K4708	K708	0.05～0.10	17.50～20.50	余	—	5.50～7.50	4.00～6.00	1.90～2.30	1.00～1.40	≤4.00	—	—

新牌号	原牌号	Hf	Mg	V	B	Zr	Ce	Si	Mn	P	S	Cu
										≤		
K4002	K002	1.300～1.700	≤0.003	≤0.100	0.010～0.020	0.030～0.080	—	≤0.20	≤0.20	0.010	0.010	0.100
K4130	K130	—	—	—	—	—	—	≤0.60	≤0.60	—	—	—
K4163	K163	—	—	—	≤0.005	—	—	≤0.40	≤0.60	—	0.007	0.200
K4169	K4169	—	—	—	≤0.006	≤0.050	—	≤0.35	≤0.35	0.015	0.015	0.300
K4202	K202	—	—	—	≤0.015	—	≤0.010	≤0.60	≤0.50	0.015	0.010	—
K4242	K242	—	—	—	—	—	—	0.20～0.45	0.20～0.50	—	—	—
K4536	K536	—	—	—	≤0.010	—	—	≤1.00	≤1.00	0.040	0.030	—
K4537	K537	—	—	—	0.010～0.020	0.030～0.070	—	—	—	0.015	0.015	—
K4648	K648	—	—	—	≤0.008	—	≤0.030	≤0.30	—	—	0.010	—
K4708	K708	—	—	—	≤0.008	—	≤0.030	≤0.60	≤0.50	0.015	0.015	—

（续）

新牌号	原牌号	等轴晶铸造高温合金化学成分（质量分数）（%）									
		C	Cr	Ni	Co	W	Mo	Al	Ti	Fe	Ta
K605	K605	≤0.40	19.00~21.00	9.00~11.00	余	14.00~16.00	—	—	—	≤3.00	—
K610	K10	0.15~0.25	25.00~28.00	3.00~3.70	余	≤0.50	4.50~5.50	—	—	≤1.50	—
K612	K612	1.70~1.95	27.00~31.00	≤1.50	余	8.00~10.00	≤2.50	1.00	—	≤2.50	—
K640	K40	0.45~0.55	24.50~26.50	9.50~11.50	余	7.00~8.00	—	—	—	≤2.00	—
K640M	K40M	0.45~0.55	24.50~26.50	9.50~11.50	余	7.00~8.00	0.10~0.50	0.70~1.20	0.05~0.30	≤2.00	0.10~0.50
K6188③	K188	0.15	20.00~24.00	20.00~24.00	余	13.00~16.00	—	—	—	3.00	—
K825④	K25	0.02~0.08	余	39.50~42.50	—	1.40~1.80	—	—	0.20~0.40	—	—

新牌号	原牌号	V	B	Zr	Ce	Si	Mn	P	S
								≤	
K605	K605	—	≤0.030	—	—	≤0.40	1.00~2.00	0.040	0.030
K610	K10	—	—	—	—	≤0.50	≤0.60	0.025	0.025
K612	K612	—	—	—	—	≤1.50	≤1.50	—	—
K640	K40	—	—	—	—	≤1.00	≤1.00	0.040	0.040
K640M	K40M	—	0.008~0.040	0.100~0.300	—	≤1.00	≤1.00	0.040	0.040
K6188	K188	—	≤0.015	—	—	0.20~0.50	≤1.50	0.020	0.015
K825	K25	0.200~0.400	—	—	—	≤0.50	≤0.50	0.015	0.010

（续）

定向凝固柱晶高温合金化学成分（质量分数）（%）

新牌号	原牌号	C	Cr	Ni	Co	W	Mo	Al	Ti	Fe	Nb	Ta	Hf
DZ404	DZ4	0.10～0.16	9.00～10.00	余	5.50～6.50	5.10～5.80	3.50～4.20	5.60～6.40	1.60～2.20	≤1.00	—	—	—
DZ405	DZ5	0.07～0.15	9.50～11.00	余	9.50～10.50	4.50～5.50	3.50～4.20	5.00～6.00	2.00～3.00	—	—	—	—
DZ417G	DZ17G	0.13～0.22	8.50～9.50	余	9.00～11.00	—	2.50～3.50	4.80～5.70	4.10～4.70	≤0.50	—	—	—
DZ422	DZ22	0.12～0.16	8.00～10.00	余	9.00～11.00	11.50～12.50	—	4.75～5.25	1.75～2.25	≤0.20	0.75～1.25	—	1.40～1.80
DZ422B[⑤]	DZ22B	0.12～0.14	8.00～10.00	余	9.00～11.00	11.50～12.50	—	4.75～5.25	1.75～2.25	≤0.25	0.75～1.25	—	0.80～1.10
DZ438G[⑥]	DZ38G	0.08～0.14	15.50～16.40	余	8.00～9.00	2.40～2.80	1.50～2.00	3.50～4.30	3.50～4.30	≤0.30	0.40～1.00	1.50～2.00	—
DZ4002	DZ002	0.13～0.17	8.00～10.00	余	9.00～11.00	9.00～11.00	≤0.50	5.25～5.75	1.25～1.75	≤0.50	—	2.25～2.75	1.30～1.70
DZ4125	DZ125	0.07～0.12	8.40～9.40	余	9.50～10.50	6.50～7.50	1.50～2.50	4.80～5.40	0.70～1.20	≤0.30	—	3.50～4.10	1.20～1.80
DZ4125L	DZ125L	0.06～0.14	8.20～9.80	余	9.20～10.80	6.20～7.80	1.50～2.50	4.30～5.30	2.00～2.80	≤0.20	—	3.30～4.00	—
DZ640M	DZ40M	0.45～0.55	24.50～26.50	9.50～11.50	余	7.00～8.00	0.10～0.50	0.70～1.20	0.05～0.30	≤2.00	—	0.10～0.50	—

新牌号	原牌号	V	B	Zr	Si	Mn	P	S	Pb	Sb	As	Sn	Bi	Ag	Cu
					≤										
DZ404	DZ4	—	0.012～0.025	≤0.020	0.500	0.500	0.020	0.010	0.001	0.001	0.005	0.002	0.0001	—	—
DZ405	DZ5	—	0.010～0.020	≤0.100	0.500	0.500	0.020	0.010	—	—	—	—	—	—	—
DZ417G	DZ17G	0.600～0.900	0.012～0.024	—	0.200	0.200	0.005	0.008	0.0005	0.001	0.005	0.002	0.0001	—	—
DZ422	DZ22	—	0.010～0.020	≤0.050	0.150	0.200	0.010	0.015	0.0005	—	—	—	0.00005	—	0.100
DZ422B	DZ22B	—	0.010～0.020	≤0.050	0.120	0.120	0.015	0.010	0.0005	—	—	—	0.00003	—	0.100
DZ438G	DZ38G	—	0.005～0.015	—	0.150	0.150	0.0005	0.015	0.001	0.001	—	0.002	0.0001	—	—
DZ4002	DZ002	≤0.100	0.010～0.020	0.030～0.080	0.200	0.200	0.020	0.010	—	—	—	—	—	—	0.100
DZ4125	DZ125	—	0.010～0.020	≤0.080	0.150	0.150	0.010	0.010	0.0005	0.001	0.001	0.001	0.00005	0.0005	—
DZ4125L	DZ125L	—	0.005～0.015	≤0.050	0.150	0.150	0.001	0.010	0.0005	0.001	0.001	0.001	0.00005	0.0005	—
DZ640M	DZ40M	—	0.008～0.018	0.100～0.300	1.000	1.000	0.040	0.040	0.0005	0.001	0.001	0.001	0.00005	—	—

（续）

新牌号	原牌号	单晶高温合金化学成分(质量分数)(%)												
		C	Cr	Ni	Co	W	Mo	Al	Ti	Fe	Nb	Ta	Hf	Re
DD402	DD402	≤0.006	7.00 ~ 8.20	余	4.30 ~ 4.90	7.60 ~ 8.40	0.30 ~ 0.70	5.45 ~ 5.75	0.80 ~ 1.20	≤0.20	≤0.15	5.80 ~ 6.20	≤0.0075	—
DD403	DD3	≤0.010	9.00 ~ 10.00	余	4.50 ~ 5.50	5.00 ~ 6.00	3.50 ~ 4.50	5.50 ~ 6.20	1.70 ~ 2.40	≤0.50	—	—	—	—
DD404	DD4	≤0.01	8.50 ~ 9.50	余	7.00 ~ 8.00	5.50 ~ 6.50	1.40 ~ 2.00	8.40 ~ 4.00	3.90 ~ 4.70	≤0.50	0.35 ~ 0.70	3.50 ~ 4.80	—	—
DD406	DD6	0.001 ~ 0.04	3.80 ~ 4.80	余	8.50 ~ 9.50	7.00 ~ 9.00	1.50 ~ 2.50	5.20 ~ 6.20	≤0.10	≤0.30	≤1.20	6.00 ~ 8.50	0.050 ~ 0.150	1.600 ~ 2.400
DD408[⑦]	DD8	<0.03	15.50 ~ 16.50	余	8.00 ~ 9.00	5.60 ~ 6.40	—	3.60 ~ 4.20	3.60 ~ 4.20	≤0.50	—	0.70 ~ 1.20	—	—

新牌号	原牌号	Ca	Tl	Te	Se	Yb	Cu	Zn	Mg	[N]	[H]	[O]	B	Zr
		≤												
DD402	DD402	0.002	0.00003	0.00003	0.0001	0.100	0.050	0.0005	0.008	0.0012	—	0.0010	0.003	0.0075
DD403	DD3	—	—	—	—	—	0.100	—	0.003	0.0012	—	0.0010	0.005	0.0075
DD404	DD4	—	—	—	—	—	0.100	—	0.003	0.0015	—	0.0015	0.010	0.050
DD406	DD6	—	—	—	—	—	0.100	—	0.003	0.0015	0.001	0.004	0.020	0.100
DD408	DD8	—	—	—	—	—	0.100	—	0.003	0.0012	—	0.001	0.005	0.007

新牌号	原牌号	Si	Mn	P	S	Pb	Sb	As	Sn	Bi	Ag
		≤									
DD402	DD402	0.040	0.020	0.005	0.002	0.0002	0.0005	0.0005	0.0015	0.00003	0.0005
DD403	DD3	0.200	0.200	0.010	0.002	0.0005	0.0010	0.0010	0.0010	0.00005	0.0005
DD404	DD4	0.200	0.200	0.010	0.010	0.0005	0.002	0.001	0.001	0.0005	0.0005
DD406	DD6	0.200	0.150	0.018	0.004	0.0005	0.001	0.001	0.001	0.00005	0.0005
DD408	DD8	0.150	0.150	0.010	0.010	0.001	—	0.005	0.002	0.0001	—

① 钨加钼质量分数不小于7.70%
② 氮质量分数小于0.200%。
③ 镧质量分数在0.020%～0.120%之间。
④ 氮质量分数小于0.030%。
⑤ 硒质量分数不大于0.0001%；碲质量分数不大于0.00005%；铊质量分数不大于0.00005%。
⑥ 铝加钛质量分数不小于7.30%。
⑦ 铝加钛质量分数在7.50%～7.90%之间。

表 11-83 焊接用高温合金丝的牌号和化学成分（GB/T 14992—2005）

新牌号	原牌号	化学成分（质量分数）（%）									
		C	Cr	Ni	W	Mo	Al	Ti	Fe	Nb	V
HGH1035	HGH35	0.06～0.12	20.00～23.00	35.00～40.00	2.50～3.50	—	≤0.50	0.70～1.20	余	—	—
HGH1040	HGH40	≤0.10	15.00～17.50	24.00～27.00	—	5.50～7.00	—	—	余	—	—
HGH1068	HGH68	≤0.10	14.00～16.00	21.00～23.00	7.00～8.00	2.00～3.00	—	—	余	—	—
HGH1131	HGH131	≤0.10	19.00～22.00	25.00～30.00	4.80～6.00	2.80～3.50	—	—	余	0.70～1.30	—
HGH1139	HGH139	≤0.12	23.00～26.00	14.00～18.00	—	—	—	—	余	—	—
HGH1140	HGH140	0.06～0.12	20.00～23.00	35.00～40.00	1.40～1.80	2.00～2.50	0.20～0.60	0.70～1.20	余	—	—
HGH2036	HGH36	0.34～0.40	11.50～13.50	7.00～9.00	—	1.10～1.40	—	≤0.12	余	0.25～0.50	1.25～1.55
HGH2038	HGH38	≤0.10	10.00～12.50	18.00～21.00	—	—	≤0.50	2.30～2.80	余	—	—
HGH2042	HGH42	≤0.05	11.50～13.00	34.50～36.50	—	—	0.90～1.20	2.70～3.20	余	—	—

新牌号	原牌号	B	Ce	Si	Mn	P	S	Cu	其他
						≤			
HGH1035	HGH35	—	≤0.050	≤0.80	≤0.70	0.020	0.020	0.200	
HGH1040	HGH40	—	—	0.50～1.00	1.00～2.00	0.030	0.020	0.200	N0.100～0.200
HGH1068	HGH68	—	≤0.020	≤0.20	5.00～6.00	0.010	0.010	—	
HGH1131	HGH131	≤0.005	—	≤0.80	≤1.20	0.020	0.020	—	N0.150～0.300
HGH1139	HGH139	≤0.010	—	≤1.00	5.00～7.00	0.030	0.025	0.200	N0.250～0.450
HGH1140	HGH140	—	—	≤0.80	≤0.70	0.020	0.015	—	
HGH2036	HGH36	—	—	0.30～0.80	7.50～9.50	0.035	0.030	—	
HGH2038	HGH38	≤0.008	—	≤1.00	≤1.00	0.030	0.020	0.200	
HGH2042	HGH42	—	—	≤0.60	0.80～1.30	0.020	0.020	0.200	

（续）

新牌号	原牌号	化学成分（质量分数）（%）								
		C	Cr	Ni	W	Mo	Al	Ti	Fe	Nb	V
HGH2132	HGH132	≤0.08	13.50～16.00	24.50～27.00	—	1.00～1.50	≤0.35	1.75～2.35	余	—	0.10～0.50
HGH2135	HGH135	≤0.06	14.00～16.00	33.00～36.00	1.70～2.20	1.70～2.20	2.40～2.80	2.10～2.50	余	—	—
HGH2150	HGH150	≤0.06	14.00～16.00	45.00～50.00	2.50～3.50	4.50～6.00	0.80～1.30	1.80～2.40	余	0.90～1.40	—
HGH3030	HGH30	≤0.12	19.00～22.00	余	—	—	≤0.15	0.15～0.35	≤1.00	—	—
HGH3039	HGH39	≤0.08	19.00～22.00	余	—	1.80～2.30	0.35～0.75	0.35～0.75	≤3.00	0.90～1.30	—
HGH3041	HGH41	≤0.25	20.00～23.00	72.00～78.00	—	—	≤0.06	—	≤1.70	—	—
HGH3044	HGH44	≤0.10	23.50～26.50	余	13.60～16.00	—	≤0.50	0.30～0.70	≤4.00	—	—
HGH3113	HGH113	≤0.08	14.50～16.50	余	3.00～4.50	15.00～17.00	—	—	4.00～7.00	—	≤0.35
HGH3128	HGH128	≤0.05	19.00～22.00	余	7.50～9.00	7.50～9.00	0.40～0.80	0.40～0.80	≤2.00	—	—
HGH3367	HGH367	≤0.06	14.00～16.00	余	—	14.00～16.00	—	—	≤4.00	—	—

新牌号	原牌号	B	Ce	Si	Mn	P	S	Cu	其　他
						≤			
HGH2132	HGH132	0.001～0.010	—	0.40～1.00	1.00～2.00	0.020	0.015	—	
HGH2135	HGH135	≤0.015	≤0.030	≤0.50	≤0.40	0.020	0.020	—	
HGH2150	HGH150	≤0.010	≤0.020	≤0.40	≤0.40	0.015	0.015	0.070	Zr0.050
HGH3030	HGH30	—	—	≤0.80	≤0.70	0.015	0.010	0.200	
HGH3039	HGH39	—	—	≤0.80	≤0.40	0.020	0.012	0.200	
HGH3041	HGH41	—	—	≤0.60	0.20～1.50	0.035	0.030	0.200	
HGH3044	HGH44	—	—	≤0.80	≤0.50	0.013	0.013	0.200	
HGH3113	HGH113	—	—	≤1.00	≤1.00	0.015	0.015	0.200	
HGH3128	HGH128	≤0.005	≤0.050	≤0.80	≤0.50	0.013	0.013	—	Zr0.060
HGH3367	HGH367	—	—	≤0.30	1.00～2.00	0.015	0.010	—	

（续）

新牌号	原牌号	化学成分(质量分数)(%)								
		C	Cr	Ni	W	Mo	Al	Ti	Fe	Nb
HGH3533	HGH533	≤0.08	17.00～20.00	余	7.00～9.00	7.00～9.00	≤0.40	2.30～2.90	≤3.00	—
HGH3536	HGH536	0.05～0.15	20.50～23.00	余	0.20～1.00	8.00～10.00	—	—	17.00～20.00	—
HGH3600	HGH600	≤0.10	14.00～17.00	≥72.00	—	—	—	—	6.00～10.00	—
HGH4033	HGH33	≤0.06	19.00～22.00	余	—	—	0.60～1.00	2.40～2.80	≤1.00	—
HGH4145	HGH145	≤0.08	14.00～17.00	余	—	—	0.40～1.00	2.50～2.75	5.00～9.00	0.70～1.20
HGH4169	HGH169	≤0.08	17.00～21.00	50.00～55.00	—	2.80～3.30	0.20～0.60	0.65～1.15	余	4.75～5.50
HGH4356	HGH356	≤0.08	17.00～20.00	余	4.00～5.00	4.00～5.00	1.00～1.50	2.20～2.80	≤4.00	—
HGH4642	HGH642	≤0.04	14.00～16.00	余	2.00～4.00	12.00～14.00	0.60～0.90	1.30～1.60	≤4.00	—
HGH4648	HGH648	≤0.10	32.00～35.00	余	4.30～5.30	2.30～3.30	0.50～1.10	0.50～1.10	≤4.00	0.50～1.10
新牌号	原牌号	B	Ce	Si	Mn	P	S	Cu	其他	
				≤						
HGH3533	HGH533	—	—	0.30	0.60	0.010	0.010	—		
HGH3536	HGH536	≤0.010	—	1.00	1.00	0.025	0.025	—	Co0.50～2.50	
HGH3600	HGH600	—	—	0.50	1.00	0.020	0.015	0.500	Co≤1.00	
HGH4033	HGH33	≤0.010	≤0.010	0.65	0.35	0.015	0.007	0.07		
HGH4145	HGH145	—	—	0.50	1.00	0.020	0.010	0.200		
HGH4169	HGH169	≤0.006	—	0.30	0.35	0.015	0.015	—		
HGH4356	HGH356	≤0.010	≤0.010	0.50	1.00	0.015	0.010	—		
HGH4642	HGH642	—	≤0.020	0.35	0.60	0.010	0.010	—		
HGH4648	HGH648	≤0.008	≤0.030	0.40	0.50	0.015	0.010	—		

表 11-84 粉末冶金高温合金的牌号和化学成分(GB/T 14992—2005)

新牌号	原牌号	C	Cr	Ni	Co	W	Mo	Al	Ti	Fe	Nb
		化学成分(质量分数)(%)									
FGH4095	FGH95	0.04~0.09	12.00~14.00	余	7.00~9.00	3.30~3.70	3.30~3.70	3.30~3.70	2.30~2.70	≤0.50	3.30~3.70
FGH4096	FGH96	0.02~0.05	15.00~16.50	余	12.50~13.50	3.80~4.20	3.80~4.20	2.00~2.40	3.50~3.90	≤0.50	0.60~1.00
FGH4097	FGH97	0.02~0.06	8.00~10.00	余	15.00~16.50	4.80~5.90	3.50~4.20	4.85~5.25	1.60~2.00	≤0.50	2.40~2.80

新牌号	原牌号	Hf	Mg	Ta	B	Zr	Ce	Si	Mn	P	S
								≤			
FGH4095	FGH95	—	—	≤0.020	0.006~0.015	0.030~0.070	—	0.20	0.15	0.015	0.015
FGH4096	FGH96	—	—	≤0.020	0.006~0.015	0.025~0.050	0.005~0.010	0.20	0.15	0.015	0.015
FGH4097	FGH97	0.100~0.400	0.002~0.050	—	0.006~0.015	0.010~0.015	0.005~0.010	0.20	0.15	0.015	0.009

表 11-85 弥散强化高温合金的牌号和化学成分(GB/T 14992—2005)

新牌号	原牌号	C	Cr	Ni	W	Mo	Al	Ti	Fe	[O]	Y_2O_3	S
		化学成分(质量分数)(%)										
MGH2756	MGH2756	≤0.10	18.50~21.50	<0.50	—	—	3.75~5.75	0.20~0.60	余	—	0.30~0.70	—
MGH2757①	MGH2757	≤0.20	9.00~15.00	<1.00	1.00~3.00	0.20~1.50	—	0.30~2.50	余	—	0.20~1.00	—
MGH4754	MGH754	≤0.05	18.50~21.50	余	—	—	0.25~0.55	0.40~0.70	<1.20	<0.50	0.50~0.70	<0.005
MGH4755	MGH5K	≤0.10	25.00~35.00	余	—	—	—	—	≤4.0	—	0.10~2.00	—
MGH4758②	MGH4758	≤0.05	28.00~32.00	余	—	—	0.25~0.55	0.40~0.70	<1.20	<0.50	0.50~0.70	<0.005

① 钨、钼元素只可任选一种加入。

② 铜质量分数为 0.50%~1.50%。

表 11-86 金属间化合物高温材料的牌号和化学成分(GB/T 14992—2005)

新牌号	原牌号	化学成分(质量分数)(%)										
		C	Cr	Ni	W	Mo	Al	Ti	Nb	Ta	V	Fe
JG1101	TAC-2	—	1.20~1.60	—	—	—	32.30~34.60	余	—	—	3.00~3.60	—
JG1102	TAC-2M	—	1.20~1.60	0.65~0.85	—	—	32.10~33.10	余	—	—	2.30~2.90	—
JG1201	TAC-3A	—	—	—	—	—	9.90~11.90	余	41.60~43.60	—	—	—
JG1202	TAC-3B	—	—	—	—	—	9.70~11.70	余	44.20~46.20	—	—	—
JG1203	TAC-3C	—	—	—	—	—	9.20~11.20	余	37.50~39.50	9.00~9.60	—	—
JG1204	TAC-3D	—	—	—	—	—	8.60~10.60	余	29.20~31.20	20.10~21.10	—	—
JG1301	TAC-1	—	—	—	—	0.80~1.20	12.10~14.10	余	25.30~27.30	—	2.80~3.40	—
JG1302	TAC-1B	—	—	—	—	—	11.20~13.20	余	30.10~32.10	—	—	—
JG4006	IC6	≤0.02	—	余	—	13.50~14.30	7.40~8.00	—	—	—	—	≤1.00
JG4006A	IC6A	≤0.02	—	余	—	13.50~14.30	7.40~8.00	—	—	—	—	≤1.00
JG4246	MX246	0.06~0.16	7.40~8.20	余	—	—	7.00~8.50	0.60~1.20	—	—	—	≤2.00
JG4246A	MX246A	0.06~0.20	7.40~8.20	余	1.70~2.30	3.50~4.50	7.60~8.50	0.60~1.20	—	—	—	≤2.00

新牌号	原牌号	B	Zr	Hf	Y	Si	Mn	P	S	Pb	Sb	As	Sn	Bi	O	N	H
						≤											
JG1101	TAC-2	—	—	—	—	—	—	—	—	—	—	—	—	—	0.100	0.020	0.010
JG1102	TAC-2M	—	—	—	—	—	—	—	—	—	—	—	—	—	0.100	0.020	0.010
JG1201	TAC-3A	—	—	—	—	—	—	—	—	—	—	—	—	—	0.100	0.020	0.010
JG1202	TAC-3B	—	—	—	—	—	—	—	—	—	—	—	—	—	0.100	0.020	0.010
JG1203	TAC-3C	—	—	—	—	—	—	—	—	—	—	—	—	—	0.100	0.020	0.010
JG1204	TAC-3D	—	—	—	—	—	—	—	—	—	—	—	—	—	0.100	0.020	0.010
JG1301	TAC-1	—	—	—	—	—	—	—	—	—	—	—	—	—	0.100	0.020	0.010
JG1302	TAC-1B	—	—	—	—	—	—	—	—	—	—	—	—	—	0.100	0.020	0.010
JG4006	IC6	0.020~0.060	—	—	—	0.50	0.50	0.015	0.010	0.001	0.001	0.005	0.002	0.0001	—	—	—
JG4006A	IC6A	0.020~0.060	—	—	0.010~0.050	0.50	0.50	0.015	0.010	0.001	0.001	0.005	0.002	0.0001	—	—	—
JG4246	MX246	0.010~0.050	0.300~0.800	—	—	1.00	0.50	0.020	0.015	0.001	0.001	0.005	0.002	0.0001	—	—	—
JG4246A	MX246A	0.010~0.050	—	0.300~0.600	—	1.00	0.50	0.020	0.015	0.001	0.001	0.005	0.002	0.0001	—	—	—

11.2.3.4　铜合金(表 11-87、表 11-88)

表 11-87　黄铜的物理性能

序号	代　号	上临界点(液相点)/℃	下临界点(固相点)/℃	密度 ρ/(g/cm³)(20℃)	线胀系数 α/(10⁻⁶/℃)		热导率 λ/[W/(m·℃)](20℃)	电阻率/[(Ω·mm²)/m](20℃)	电阻温度系数 α/(1/℃)(20~100℃)
					20℃	20~300℃			
1	H96	1071.4	1056.4	8.85	—	18.0	244.93	0.031	0.0027
2	H90	1046.4	1026.3	8.80	—	18.4	188.41	0.040	0.0018
3	H85	1026.3	991	8.75	—	18.7	152.40	0.047	0.0016
4	H80	1001.2	966	8.66	—	19.1	142.35	0.054	0.0015
5	H70	951	916	8.53	—	19.9	121.42	0.062	0.00148
6	H68、H68A	939	910	8.50	—	20.0	117.23	0.064	0.0015
7	H65	936	906	8.47	—	20.1	119.74	0.069	—
8	H63	911	901	8.43	—	20.6	117.23	—	—
9	H62	906	899	8.43	—	20.6	108.86	0.071	0.0017
10	H59	896	886	8.40	—	21.0	125.60	0.062	0.0025
11	HNi65-5	961	—	8.65	18.2	—	58.62	0.146	—
12	HPb63-3	906	886	8.50	20.5	—	117.23	0.066	—
13	HPb61-1	901	886	8.50	—	20.8	104.67	0.064	—
14	HPb59-1	901	886	8.50	20.6	—	104.67	0.065	—
15	HSn90-1	1016	996	8.80	—	18.4 (20~100℃)	125.60	0.054	—
16	HSn70-1	936	891	8.58	19.7	—	91.27	0.0722	—
17	HSn62-1	907	886	8.45	19.3	—	108.86	0.0721	—
18	HSn60-1	901	886	8.45	—	21.4	100.48	0.070	—
19	HAl77-2	971	931	8.60	—	18.5	104.67	0.075	—
20	HAl67-2.5	995		8.50			113.04		
21	HAl60-1-1	905	—	8.20	21.6	—	75.36	0.09	—
22	HAl59-3-2	957	893	8.40	19.0	—	83.74	0.0785	—
23	HAl66-6-3-2	900	—	8.50	19.8	—	49.82	—	—
24	HMn58-2	881	866	8.50	21.2	—	70.34	0.108	—
25	HMn55-3-1	930		8.50	19.1		51.08		
26	HFe59-1-1	901	886	8.50	22.0	—	75.36	0.093	—
27	HSi80-3	900	—	8.60	—	17.0	41.868	0.20	—

表11-88 青铜的物理性能

序号	代号	上临界点(液相点)/℃	下临界点(固相点)/℃	密度ρ/(g/cm³)	线胀系数 α/(10⁻⁶/℃)			热导率λ/[W/(m·℃)](20℃)	比热容c/[J/(kg·℃)]	电阻率/[(Ω·mm²)/m](20℃)	电阻温度系数α/(1/℃)(20~100℃)
					20~100℃	20~300℃	20~600℃				
1	QSn4-3	1046	—	8.8	18.0	—	—	83.74	—	0.087	—
2	QSn4-4-2.5	1019	888	9.0	18.2	—	—	83.74	—	0.087	—
3	QSn4-4-4	1000	928	9.0	18.2	—	—	83.74	—	0.087	—
4	QSn6.5-0.1	996	—	8.8	17.2	—	—	59.50	—	0.128	—
5	QSn6.5-0.4	996	—	8.8	19.1	—	—	50.24	—	0.176	—
6	QSn7-0.2	996	—	8.8	17.5	—	—	50.24	—	0.123	—
7	QSn8-0.3	1061	—	8.9	17.6	—	—	83.74	—	0.091	—
8	QAl5	1076.5	1057.4	8.2	18.2	—	—	104.67	—	0.099	0.0016
9	QAl7	1041.4	—	7.8	17.8	—	—	79.55	—	0.11	0.001
10	QAl9-2	1061.4	—	7.6	17.0	—	—	71.18	4367	0.11	—
11	QAl9-4	1041.4	—	7.5	16.2	—	—	58.62	—	0.123	—
12	QAl10-3-1.5	1046.4	—	7.5	16.1	—	—	58.62	4354	0.189	—
13	QAl10-4-4	1085.4	—	7.5	17.1	—	—	75.36	—	0.193	—
14	QAl11-6-6	1141.5	—	8.1	14.9	—	—	63.64	—	—	—
15	QBe2	956	865	8.23	16.6	17.6	—	104.67	—	0.1~0.068	—
16	QSi3-1	1026.3	971	8.4	15.8	18	—	37.68	—	0.15	—
17	QSi1-3	1051.4	—	8.85	—	—	—	104.67	—	0.046~0.083	—
18	QMn1.5	1071.4	—	—	—	—	—	—	—	≤0.087	≤0.0009
19	QMn5	1048.4	1008.4	8.6	20.4	—	—	108.86	—	0.197	0.0003
20	QZr0.2	1081.5	—	8.93	16.27	18.01	20.13	339.13	—	—	—
21	QZr0.4	1066.4	966	8.85	16.32	17.90	19.80	334.94	—	—	—
22	QCr0.5	1080	1073	8.9	17.6	—	—	334.94①	—	0.019① 0.03②	0.0033① 0.0023②
23	QCd1	1076	1040	8.9	17.6	—	—	343.32	—	0.0207	0.0031

① 时效后的。

② 加工的。

11.2.3.5　铝合金(GB/T 1173—1995、表 11-89 ~ 表 11-93)

表 11-89　铝及铝合金的物理性能

序号	合金牌号(旧牌号)	材料状态	密度 ρ/(g/cm³)	临界温度/°C		平均线胀系数 α/(10^{-6}/°C)				比热容 c/[J/(kg·°C)]				热导率 λ/[W/(m·°C)]					电导率(相当于铜的%)	20°C 时的电阻率/[(Ω·mm²)/m]
				上限	下限	20 ~ 100°C	20 ~ 200°C	20 ~ 300°C	20 ~ 400°C	100°C	200°C	300°C	400°C	25°C	100°C	200°C	300°C	400°C		
1	1035(L4) 8A06(L6)	退火 冷作硬化	2.71	657	643	24.0	24.7	25.6	—	946	962	999	994	226.1 217.7	—	—	—	—	59 57	0.0292 (0°C)
2	5A02(LF2)	退火 半冷作硬化 冷作硬化	2.68	652	627	23.8	24.5	25.4	—	963	1005	1047	1089	154.9	159.1	163.3	163.3	167.5	40	0.0476
3	5A03(LF3)	退火 半冷作硬化	2.67	640	610	23.5	—	25.2	26.1	879	921	1005	1047	146.5	150.7	154.9	159.1	159.1	35	0.0496
4	5A05(LF5)	退火 半冷作硬化	2.65	620	580	23.9	24.8	25.9	—	921	—	—	—	121.4	125.6	129.8	138.2	146.5	29 27	0.0640
5	5A06(LF6)	退火	2.64	—	—	23.7	24.7	25.5	26.5	921	1005	1047	1089	117.2	121.4	125.6	129.8	138.2	26	0.0710
6	5B05(LF10)	退火	2.65	638	568	23.9	24.8	25.9	—	921	963	1005	1047	117.2	125.6	134.0	142.3	146.5	29	
7	5A12(LF12)		2.61	—	—	—	23.3	24.2	26.4	—	—	—	—	—	119.3	142.3	134.0	142.3	—	0.0770
8	3A21(LF21)	退火 半冷作硬化 冷作硬化	2.74	654	643	23.2	24.3	25.0	—	1089	1172	1298	1298	180.0 163.3 154.9	188.4 159.1 154.9	180.0 — —	184.2 — —	— — 188.4	50 41 40	— 0.034
9	2A01(LY1)	退火 淬火和自然时效	2.76	648	510	23.4	24.5	25.2	—	921	1005	1089	1172	163.3 154.9	171.7 —	180.0 —	184.2 —	192.6 —	40	0.039
10	2A02(LY2)	淬火和人工时效	2.75	—	—	23.6	25.2	26	—	837	921	921	963	134.0	142.4	150.7	159.1	171.7	—	0.055
11	2A06(LY6)	淬火和自然时效	2.76	—	—	—	—	—	—	879	963	1047	1089	—	138.2	150.7	171.7	—	—	0.061
12	2B11(LY8)及 2A11(LY11)	淬火和自然时效 退火	2.80	639	535	22.9	24	25	—	921	963	1005	1047	117.2 171.7	129.8 —	150.7 —	171.7 —	175.8 175.8	30 45	0.054

（续）

序号	合金牌号（旧牌号）	材料状态	密度 ρ/(g/cm^3)	临界温度/°C		平均线胀系数 α/(10^{-6}/°C)				比热容 c/[J/(kg·°C)]				热导率 λ/[W/(m·°C)]					电导率（相当于铜的%）	20°C时的电阻率/[(Ω·mm^2)/m]
				上限	下限	20~100°C	20~200°C	20~300°C	20~400°C	100°C	200°C	300°C	400°C	25°C	100°C	200°C	300°C	400°C		
13	2A12(LY12)	淬火和自然时效 退火	2.78	638	502	22.7	23.8	24.7	—	921	1047	1130	1172	117.2 188.4	— —	— —	— —	— —	30 50	0.073 0.044
14	2A10(LY10)	淬火和自然时效	2.80	—	—	—	—	—	—	963	1047	1130	1172	146.5	154.9	163.3	171.7	184.2	—	0.0504
15	2A16(LY16)	淬火和人工时效	2.84	—	—	22.6	24.7①	27.3②	30.2③	—	—	—	—	138.2	142.4	146.5	154.9	159.1	—	0.0610
16	2A17(LY17)		2.84	—	—	19	23.78①	26.79②	33.74③	795	879	963	1005	129.8	138.2	150.7	167.5	—	—	0.0540
17	6A02(LD2)	淬火和人工时效 退火	2.70	652	593	23.5	24.3	25.4	—	795	879	963	1089	154.9 175.8	— 180.0	— 184.2	— 188.4	— —	45 55	0.055 0.048
18	2A50(LD5)	淬火和人工时效	2.75	—	—	21.4	—	—	—	837	879	963	1005	175.8	180.0	184.2	184.2	188.4	—	0.041
19	2B50(LD6)	淬火和人工时效	2.75	—	—	21.4	23.7①	26.2②	30.5③	837	921	1005	1047	163.3	167.5	171.7	175.8	180.0	—	0.043
20	2A70(LD7)	淬火和人工时效	2.80	—	—	22	23.1	24	24.8	795	837	921	963	142.4	146.5	150.7	159.1	163.3	—	0.055
21	2A80(LD8)	退火 淬火和人工时效	2.77	—	—	21.8	23.9	24.9	—	837	921	963	1047	180.0 146.5	184.2 150.7	192.6 159.1	201.0 167.5	— 171.7	50 40	0.050
22	2A90(LD9)	退火 淬火和人工时效	2.80	638	509	22.3	23.3	24.2	—	754	837	963	1005	188.4 154.9	— 159.1	— 163.3	— 171.7	— 180.0	50 40	0.047
23	2A14(LD10)	退火 淬火和人工时效	2.80	638	510	22.5	23.6	24.5	—	837	879	963	1047	196.8 159.1	— 167.5	— 175.8	— 180.0	— 180.0	50 40	—
24	7A03(LC3)	淬火及人工时效	2.85	—	—	21.9	24.85①	28.87②	32.67③	712	921	1047	—	154.9	159.1	163.3	167.5	—	—	0.044
25	7A04(LC4)	淬火及人工时效 退火	2.85	638	477	23.1	24.1	26.2	—	—	—	—	—	125.6 154.9	— 159.1	— 163.3	— 163.3	— 159.1	30	0.042④ —
26	4A01(LT1)	冷作硬化	2.66	—	—	22	—	—	—	—	—	—	—	142.4	—	—	—	—	37	—

① 为100~200°C的数据。
② 为200~300°C的数据。
③ 为300~400°C的数据。
④ 淬火及自然时效状态。

表 11-90 铸造铝合金的牌号和化学成分(GB/T 1173—1995)

序号	合金牌号	合金代号	主要元素(质量分数)(%)							
			Si	Cu	Mg	Zn	Mn	Ti	其他	Al
1	ZAlSi7Mg	ZL101	6.5~7.5		0.25~0.45					余量
2	ZAlSi7MgA	ZL101A	6.5~7.5		0.25~0.45			0.08~0.20		余量
3	ZAlSi12	ZL102	10.0~13.0							余量
4	ZAlSi9Mg	ZL104	8.0~10.5		0.17~0.35		0.2~0.5			余量
5	ZAlSi5Cu1Mg	ZL105	4.5~5.5	1.0~1.5	0.4~0.6					余量
6	ZAlSi5Cu1MgA	ZL105A	4.5~5.5	1.0~1.5	0.4~0.55					余量
7	ZAlSi8Cu1Mg	ZL106	7.5~8.5	1.0~1.5	0.3~0.5		0.3~0.5	0.10~0.25		余量
8	ZAlSi7Cu4	ZL107	6.5~7.5	3.5~4.5						余量
9	ZAlSi12Cu2Mg1	ZL108	11.0~13.0	1.0~2.0	0.4~1.0		0.3~0.9			余量
10	ZAlSi12Cu1Mg1Ni1	ZL109	11.0~13.0	0.5~1.5	0.8~1.3				Ni0.8~1.5	余量
11	ZAlSi5Cu6Mg	ZL110	4.0~6.0	5.0~8.0	0.2~0.5					余量
12	ZAlSi9Cu2Mg	ZL111	8.0~10.0	1.3~1.8	0.4~0.6		0.10~0.35	0.10~0.35		余量
13	ZAlSi7Mg1A	ZL114A	6.5~7.5		0.45~0.60			0.10~0.20	Be0.04~0.07①	余量
14	ZAlSi5Zn1Mg	ZL115	4.8~6.2		0.4~0.65	1.2~1.8			Sb0.1~0.25	余量
15	ZAlSi8MgBe	ZL116	6.5~8.5		0.35~0.55			0.10~0.30	Be0.15~0.40	余量
16	ZAlCu5Mn	ZL201		4.5~5.3			0.6~1.0	0.15~0.35		余量
17	ZAlCu5MnA	ZL201A		4.8~5.3			0.6~1.0	0.15~0.35		余量
18	ZAlCu4	ZL203		4.0~5.0						余量
19	ZAlCu5MnCdA	ZL204A		4.6~5.3			0.6~0.9	0.15~0.35	Cd0.15~0.25	余量
20	ZAlCu5MnCdVA	ZL205A		4.6~5.3			0.3~0.5	0.15~0.35	Cd0.15~0.25 V0.05~0.3 Zr0.05~0.2 B0.005~0.06	余量

（续）

序号	合金牌号	合金代号	主要元素(质量分数)(%)							
			Si	Cu	Mg	Zn	Mn	Ti	其他	Al
21	ZAlRE5Cu3Si2	ZL207	1.6~2.0	3.0~3.4	0.15~0.25		0.9~1.2		Ni0.2~0.3 Zr0.15~0.25 RE4.4~5.0②	余量
22	ZAlMg10	ZL301			9.5~11.0					余量
23	ZAlMg5Si1	ZL303	0.8~1.3		4.5~5.5		0.1~0.4			余量
24	ZAlMg8Zn1	ZL305			7.5~9.0	1.0~1.5		0.1~0.2	Be0.03~0.1	余量
25	ZAlZn11Si7	ZL401	6.0~8.0		0.1~0.3	9.0~13.0				余量
26	ZAlZn6Mg	ZL402			0.5~0.65	5.0~6.5		0.15~0.25	Cr0.4~0.6	余量

① 在保证合金力学性能前提下，可以不加铍(Be)。

② 混合稀土中各种稀土总的质量分数不小于98%，其中铈(Ce)的质量分数约45%。

表11-91 铸造铝合金杂质允许含量(GB/T 1173—1995)

序号	合金牌号	合金代号	杂质含量(质量分数)(%)≤															
			Fe		Si	Cu	Mg	Zn	Mn	Ti	Zr	Ti+Zr	Be	Ni	Sn	Pb	杂质总和	
			S	J													S	J
1	ZAlSi7Mg	ZL101	0.5	0.9		0.2		0.3	0.35			0.25	0.1		0.01	0.05	1.1	1.5
2	ZAlSi7MgA	ZL101A	0.2	0.2		0.1		0.1	0.10		0.20				0.01	0.03	0.7	0.7
3	ZAlSi12	ZL102	0.7	1.0		0.30	0.10	0.1	0.5	0.20							2.0	2.2
4	ZAlSi9Mg	ZL104	0.6	0.9		0.1		0.25				0.15			0.01	0.05	1.1	1.4
5	ZAlSi5Cu1Mg	ZL105	0.6	1.0				0.3	0.5			0.15	0.1		0.01	0.05	1.1	1.4
6	ZAlSi5Cu1MgA	ZL105A	0.2	0.2				0.1	0.1						0.01	0.05	0.5	0.5
7	ZAlSi8Cu1Mg	ZL106	0.6	0.8				0.2							0.01	0.05	0.9	1.0

（续）

序号	合金牌号	合金代号	杂质含量（质量分数）（%） ≤															
			Fe		Si	Cu	Mg	Zn	Mn	Ti	Zr	Ti + Zr	Be	Ni	Sn	Pb	杂质总和	
			S	J													S	J
8	ZAlSi7Cu4	ZL107	0.5	0.6			0.1	0.3	0.5						0.01	0.05	1.0	1.2
9	ZAlSi12Cu2Mg1	ZL108		0.7				0.2		0.20				0.3	0.01	0.05		1.2
10	ZAlSi12Cu1Mg1Ni1	ZL109		0.7				0.2	0.2	0.20					0.01	0.05		1.2
11	ZAlSi5Cu6Mg	ZL110		0.8				0.6	0.5						0.01	0.05		2.7
12	ZAlSi9Cu2Mg	ZL111	0.4	0.4				0.1							0.01	0.05	1.0	1.0
13	ZAlSi7Mg1A	ZL114A	0.2	0.2			0.1		0.1	0.1		0.20			0.01	0.03	0.75	0.75
14	ZAlSi5Zn1Mg	ZL115	0.3	0.3		0.1			0.1						0.01	0.05	0.8	1.0
15	ZAlSi8MgBe	ZL116	0.60	0.60		0.3		0.3	0.1		0.20	B0.10			0.01	0.05	1.0	1.0
16	ZAlCu5Mn	ZL201	0.25	0.3	0.3		0.05	0.2			0.2			0.1			1.0	1.0
17	ZAlCu5MnA	ZL201A	0.15		0.1		0.05	0.1			0.15			0.05			0.4	
18	ZAlCu4	ZL203	0.8	0.8	1.2		0.05	0.25	0.1	0.20	0.1				0.01	0.05	2.1	2.1
19	ZAlCu5MnCdA	ZL204A	0.15	0.15	0.06		0.05	0.1			0.15			0.05			0.4	
20	ZAlCu5MnCdVA	ZL205A	0.15	0.15	0.06		0.05								0.01		0.3	0.3
21	ZAlRE5Cu3Si2	ZL207	0.6	0.6				0.2									0.8	0.8
22	ZAlMg10	ZL301	0.3	0.3	0.30	0.10		0.15	0.15	0.15	0.20		0.07	0.05	0.01	0.05	1.0	1.0
23	ZAlMg5Si1	ZL303	0.5	0.5		0.1		0.2		0.2							0.7	0.7
24	ZAlMg8Zn1	ZL305	0.3		0.2	0.1			0.1								0.9	
25	ZAlZn11Si7	ZL401	0.7	1.2		0.6			0.5								1.8	2.0
26	ZAlZn6Mg	ZL402	0.5	0.8	0.3	0.25			0.1						0.01		1.35	1.65

注：熔模、壳型铸造的主要元素及杂质含量按表 11-90、表 11-91 中砂型指标检验。

表 11-92　铸造铝合金力学性能(GB/T 1173—1995)

序号	合金牌号	合金代号	铸造方法	合金状态	力学性能≥		
					抗拉强度 R_m /MPa	伸长率 A (%)	布氏硬度 HBW (5/250/30)
1	ZAlSi7Mg	ZL101	S、R、J、K	F	155	2	50
			S、R、J、K	T2	135	2	45
			JB	T4	185	4	50
			S、R、K	T4	175	4	50
			J、JB	T5	205	2	60
			S、R、K	T5	195	2	60
			SB、RB、KB	T5	195	2	60
			SB、RB、KB	T6	225	1	70
			SB、RB、KB	T7	195	2	60
			SB、RB、KB	T8	155	3	55
2	ZAlSi7MgA	ZL101A	S、R、K	T4	195	5	60
			J、JB	T4	225	5	60
			S、R、K	T5	235	4	70
			SB、RB、KB	T5	235	4	70
			JB、J	T5	265	4	70
			SB、RB、KB	T6	275	2	80
			JB、J	T6	295	3	80
3	ZAlSi12	ZL102	SB、JB、RB、KB	F	145	4	50
			J	F	155	2	50
			SB、JB、RB、KB	T2	135	4	50
			J	T2	145	3	50
4	ZAlSi9Mg	ZL104	S、J、R、K	F	145	2	50
			J	T1	195	1.5	65
			SB、RB、KB	T6	225	2	70
			J、JB	T6	235	2	70
5	ZAlSi5Cu1Mg	ZL105	S、J、R、K	T1	155	0.5	65
			S、R、K	T5	195	1	70
			J	T5	235	0.5	70
			S、R、K	T6	225	0.5	70
			S、J、R、K	T7	175	1	65
6	ZAlSi5Cu1MgA	ZL105A	SB、R、K	T5	275	1	80
			J、JB	T5	295	2	80

（续）

序号	合金牌号	合金代号	铸造方法	合金状态	力学性能≥ 抗拉强度 R_m /MPa	伸长率 A (%)	布氏硬度 HBW (5/250/30)
7	ZAlSi8Cu1Mg	ZL106	SB	F	175	1	70
			JB	T1	195	1.5	70
			SB	T5	235	2	60
			JB	T5	255	2	70
			SB	T6	245	1	80
			JB	T6	265	2	70
			SB	T7	225	2	60
			J	T7	245	2	60
8	ZAlSi7Cu4	ZL107	SB	F	165	2	65
			SB	T6	245	2	90
			J	F	195	2	70
			J	T6	275	2.5	100
9	ZAlSi12Cu2Mg1	ZL108	J	T1	195	—	85
			J	T6	255	—	90
10	ZAlSi12Cu1Mg1Ni1	ZL109	J	T1	195	0.5	90
			J	T6	245	—	100
11	ZAlSi5Cu6Mg	ZL110	S	F	125	—	80
			J	F	155	—	80
			S	T1	145	—	80
			J	T1	165	—	90
12	ZAlSi9Cu2Mg	ZL111	J	F	205	1.5	80
			SB	T6	255	1.5	90
			J、JB	T6	315	2	100
13	ZAlSi7Mg1A	ZL114A	SB	T5	290	2	85
			J、JB	T5	310	3	90
14	ZAlSi5Zn1Mg	ZL115	S	T4	225	4	70
			J	T4	275	6	80
			S	T5	275	3.5	90
			J	T5	315	5	100

（续）

序号	合金牌号	合金代号	铸造方法	合金状态	力学性能≥		
					抗拉强度 R_m /MPa	伸长率 A (%)	布氏硬度 HBW (5/250/30)
15	ZAlSi8MgBe	ZL116	S J S J	T4 T4 T5 T5	255 275 295 335	4 6 2 4	70 80 85 90
16	ZAlCu5Mn	ZL201	S、J、R、K S、J、R、K S	T4 T5 T7	295 335 315	8 4 2	70 90 80
17	ZAlCu5MnA	ZL201A	S、J、R、K	T5	390	8	100
18	ZAlCu4	ZL203	S、R、K J S、R、K J	T4 T4 T5 T5	195 205 215 225	6 6 3 3	60 60 70 70
19	ZAlCu5MnCdA	ZL204A	S	T5	440	4	100
20	ZAlCu5MnCdVA	ZL205A	S S S	T5 T6 T7	440 470 460	7 3 2	100 120 110
21	ZAlRE5Cu3Si2	ZL207	S J	T1 T1	165 175	— —	75 75
22	ZAlMg10	ZL301	S、J、R	T4	280	10	60
23	ZAlMg5Si1	ZL303	S、J、R、K	F	145	1	55
24	ZAlMg8Zn1	ZL305	S	T4	290	8	90
25	ZAlZn11Si7	ZL401	S、R、K J	T1 T1	195 245	2 1.5	80 90
26	ZAlZn6Mg	ZL402	J S	T1 T1	235 215	4 4	70 65

表 11-93　铸造铝合金的物理性能

序号	合金代号	密度 ρ /(g/cm³)	线胀系数 α/(10^{-6}/℃)					热导率 λ/[W/(m·℃)]					比热容 c/[J/(kg·℃)]				20℃时电阻率/[(Ω·mm²)/m]	电导率相当于铜的(%)
			20~100℃	100~200℃	20~200℃	20~300℃	200~300℃	25℃	100℃	200℃	300℃	400℃	100℃	200℃	300℃	400℃		
1	ZL101	2.66	23	—	24	24.5	—	150.7	154.9	163.3	167.5	167.5	879	921	1005	1047③	0.0457	36
2	ZL102	2.65	21.1	—	22.1	23.3	—	154.9	167.5	167.5	167.5	167.5	837	879	921	1005	0.0548	40
3	ZL104	2.65	21.7	—	22.5	23.5	—	146.5	154.9	159.1	159.1	154.9	754	795	837	921	0.0468	37
4	ZL105	2.68	23.7	—	—	23.9	—	159.1	163.3	167.5	175.8	—	837	963	1047	1130	0.0462	36
5	ZL106	2.73	21.4	—	—	—	—	100.5	—	—	—	—	963	—	—	—		
6	ZL108	2.68						117.2	—	—	—	—	—	—	—			
7	ZL109	2.68	19	—	20	21	—	117.2	—	—	—	—	963	—	—	—	0.0594	29
8	ZL111	2.69	18.9	—	21.5	24.9	—											
9	ZL201	2.78	19.51	21.87① 21.83②	—	—	25.62① 26.50②	104.7① 113.0②	117.2① 121.4②	134.0① 134.0②	142.4① 146.5②	— 159.1	837	963	1047	1130	0.0595	
10	ZL203	2.80	23	—	—	—	—	154.9	163.3	171.7	175.8	—	837	921	1005	1089	0.0433	35
11	ZL301	2.55	24.5	—	25.6	27.3	—	92.1	96.3	100.5	108.9	113.0	1047	1047	1089	1130	0.0912	21
12	ZL303	2.63	20	—	24	27	—	125.6	129.8	134.0	138.2	138.2	963	1005	1047	1130	0.0643	29
13	ZL401	2.95	24.5	—	—	—	—	—	—	—	—	—	879	—	—	—	—	—
14	ZL402	2.81	24.7	—	—	—	—	138.2	—	—	—	—	963	—	—	—	—	35

① 样品在淬火状态。

② 样品在淬火时效状态。

③ 为350℃数据。

11.2.3.6　镁合金（GB/T 1177—1991，表 11-94 ~ 表 11-100）

表 11-94　铸造镁合金化学成分（GB/T 1177—1991）

合金牌号	合金代号	化学成分①（质量分数）（%）										
		Zn	Al	Zr	RE	Mn	Ag	Si	Cu	Fe	Ni	杂质总量
ZMgZn5Zr	ZM1	3.5 ~ 5.5	—	0.5 ~ 1.0	—	—	—	—	0.10	—	0.01	0.30
ZMgZn4RE1Zr	ZM2	3.5 ~ 5.0	—	0.5 ~ 1.0	0.75② ~1.75	—	—	—	0.10	—	0.01	0.30
ZMgRE3ZnZr	ZM3	0.2 ~ 0.7	—	0.4 ~ 1.0	2.5② ~4.0	—	—	—	0.10	—	0.01	0.30
ZMgRE3Zn2Zr	ZM4	2.0 ~ 3.0	—	0.5 ~ 1.0	2.5② ~4.0	—	—	—	0.10	—	0.01	0.30
ZMgAl8Zn	ZM5	0.2 ~ 0.8	7.5 ~ 9.0	—	—	0.15 ~ 0.5 ~	—	0.30	0.20	0.05	0.01	0.50
ZMgRE2ZnZr	ZM6	0.2 ~ 0.7	—	0.4 ~ 1.0	2.0③ ~2.8	—	—	—	0.10	—	0.01	0.30
ZMgZn8AgZr	ZM7	7.5 ~ 9.0	—	0.5 ~ 1.0	—	—	0.6 ~ 1.2	—	0.10	—	0.01	0.30
ZMgAl10Zn	ZM10	0.6 ~ 1.2	9.0 ~ 10.2	—	—	0.1 ~ 0.5	—	0.30	0.20	0.05	0.01	0.50

① 合金可加入铍，其质量分数不大于 0.002%。

② 铈质量分数不小于 45% 的铈混合稀土金属，其中稀土金属总质量分数不小于 98%。

③ 钕质量分数不小于 85% 的钕混合稀土金属，其中 Nd + Pr 质量分数不小于 95%。

表 11-95　铸造镁合金力学性能（GB/T 1177—1991）

合金牌号	合金代号	热处理状态	抗拉强度 R_m/(N/mm²)	屈服强度 $R_{p0.2}$/(N/mm²)	伸长率 A(%)
			≥		
ZMgZn5Zr	ZM1	T1	235	140	5
ZMgZn4RE1Zr	ZM2	T1	200	135	2
ZMgRE3ZnZr	ZM3	F	120	85	1.5
		T2	120	85	1.5
ZMgRE3Zn2Zr	ZM4	T1	140	95	2
ZMgAl8Zn	ZM5	F	145	75	2
		T4	230	75	6
		T6	230	100	2
ZMgRE2ZnZr	ZM6	T6	230	135	3
ZMgZn8AgZr	ZM7	T4	265	—	6
		T6	275	—	4
ZMgAl10Zn	ZM10	F	145	85	1
		T4	230	85	4
		T6	230	130	1

表 11-96　铸造镁合金砂型单铸试样的高温力学性能（GB/T 1177—1991）

合金牌号	合金代号	热处理状态	抗拉强度 R_m/(N/mm²) ≥		蠕变强度 $R_{p0.2/100}$/(N/mm²) ≥	
			200℃	250℃	200℃	250℃
ZMgZn4RE1Zr	ZM2	T1	110	—	—	—
ZMgRE3ZnZr	ZM3	F	—	110	50	25
ZMgRE3Zn2Zr	ZM4	T1	—	100	50	25
ZMgRE2ZnZr	ZM6	T6	—	145	—	30

表 11-97　铸造镁合金的物理性能

序号	代号	密度 ρ/(g/cm³)	线胀系数 α/(10⁻⁶/℃)			热导率 λ/[W/(m·℃)]		比热容①c/[J/(kg·℃)]
			20~100℃	20~200℃	20~300℃			
1	ZM1	1.82	25.8	26.2	26.46	50℃ 100℃ 200℃	113.04 117.23 121.42	962.96
2	ZM2	1.85	25.8	26.2	27.2	50℃ 100℃ 150℃ 200℃	117.23 121.42 125.60 125.60	962.96
3	ZM3	1.80	23.6	25.1	25.9	—		1046.70
4	ZM5	1.81	26.8	28.1	28.7②	77.46		1046.70

① 温度为 20~100℃。

② 温度为 200~300℃。

表 11-98　镁合金主要化学成分

牌号	化学成分(质量分数)(%)						
	Zn	Zr	Mn	RE	Nd	Ce	Al
MB1	—	—	1.3~2.5	—	—	—	—
MB2	0.2~0.8	—	0.15~0.5	—	—	—	3.0~4.0
MB3	0.8~0.15	—	0.4~0.8	—	—	—	4.0~5.0
MB5	0.5~1.5	—	0.15~0.5	—	—	—	5.5~7.0
MB6	2.0~3.0	—	0.20~0.5	—	—	—	5.0~7.0
MB7	0.2~0.8	—	0.15~0.5	—	—	—	7.8~9.2
MB8	—	—	1.5~2.5	—	—	0.15~0.35	—
MB15	5.0~6.0	0.3~0.9	—	—	—	—	—

表 11-99　镁合金主要力学性能

牌号	热处理状态	20℃		150℃		250℃		300℃	
		R_m /MPa	A (%)	R_m /MPa	A (%)	R_m/MPa	$R_{p0.2}$/100 /MPa	R_m /MPa	$R_{p0.2}$/100 /MPa
MB1	O	210	4	130	45	60	—	—	—
MB2	O	240	12	—	—	—	—	—	—
MB3	O	250	12	—	—	—	—	—	—
MB5	O	260	8.0	—	—	—	—	—	—
MB6	F	290	7.0	—	—	—	—	—	—
	T4	300	10.0	—	—	—	—	—	—
MB7	T4	300	8.0	—	—	—	—	—	—
MB8	M	250	18	160	—	120	—	—	—
MB15	T4	280	23.4	—	—	—	—	—	—
	T6	370	9.5	—	—	—	—	—	—

表 11-100　镁合金的物理性能

代号		MB1	MB2	MB3	MB5	MB6	MB7	MB8	MB15
密度 ρ/(g/cm³)(20℃)		1.76	1.78	1.79	1.80	1.84	1.82	1.78	1.80
电阻率/[(Ω · mm²)/m](20℃)		0.0513	0.093	0.120	0.153	0.196	0.162	0.0612	0.0565
比热容 c /[J/(kg · ℃)]	100℃	1.01×10^3	1.13×10^3	1.09×10^3	1.13×10^3	—	1.13×10^3	—	—
	200℃	1.05×10^3	1.17×10^3	1.13×10^3	1.21×10^3	—	1.21×10^3	—	—
	300℃	1.13×10^3	1.21×10^3	1.21×10^3	1.26×10^3	—	1.26×10^3	—	—
	350℃	$1.17\times10^3$①	1.26×10^3	1.26×10^3	1.30×10^3	—	1.30×10^3	—	—
	20~100℃	1.05×10^3	1.05×10^3	1.05×10^3	1.05×10^3	1.05×10^3	1.05×10^3	1.05×10^3	1.03×10^3
线胀系数 $\alpha/(10^{-6}/℃)$	20~200℃	22.29	26.0	26.1	24.4	23.4	26.3	23.61	20.9
	20~200℃	24.19	27.0	—	26.5	25.43	27.1	25.64	22.6
	20~300℃	32.01	27.9	—	31.2	30.18	27.6	30.58	—
热导率 λ /[W/(m · ℃)]	30℃	125.60	96.3②	96.3	69.08	—	58.62	133.98	117.23②
	100℃	125.60	100.48	—	73.27	—	—	133.98	121.42
	200℃	138.68	104.67	—	79.55	—	—	133.98	125.60
	300℃	133.98	108.86	—	79.55	67.41	75.36	—	125.60

① 温度为 400℃。

② 温度为 25℃。

11.2.3.7　钛及钛合金（GB/T 3620.1—2007，表 11-101～表 11-103）

表 11-101　钛及钛合金加工产品的化学成分（GB/T 3620.1—2007）

合金牌号	名义化学成分	化学成分(质量分数)(%)														
		主要成分								杂质≤						
															其他元素	
		Ti	Al	Sn	Mo	Pd	Ni	Si	B	Fe	C	N	H	O	单一	总和
TA1ELI	工业纯钛	余量	—	—	—	—	—	—	—	0.10	0.03	0.012	0.008	0.10	0.05	0.20
TA1	工业纯钛	余量	—	—	—	—	—	—	—	0.20	0.08	0.03	0.015	0.18	0.10	0.40
TA1-1	工业纯钛	余量	≤0.20	—	—	—	—	≤0.08	—	0.15	0.05	0.03	0.003	0.12	—	0.10
TA2ELI	工业纯钛	余量	—	—	—	—	—	—	—	0.20	0.05	0.03	0.008	0.10	0.05	0.20
TA2	工业纯钛	余量	—	—	—	—	—	—	—	0.30	0.08	0.03	0.015	0.25	0.10	0.40
TA3ELI	工业纯钛	余量	—	—	—	—	—	—	—	0.25	0.05	0.04	0.008	0.18	0.05	0.20
TA3	工业纯钛	余量	—	—	—	—	—	—	—	0.030	0.08	0.05	0.015	0.35	0.10	0.40
TA4ELI	工业纯钛	余量	—	—	—	—	—	—	—	0.30	0.05	0.05	0.008	0.25	0.05	0.20
TA4	工业纯钛	余量	—	—	—	—	—	—	—	0.50	0.08	0.05	0.015	0.40	0.10	0.40
TA5	Ti-4Al-0.005B	余量	3.3～4.7	—	—	—	—	—	0.005	0.30	0.08	0.04	0.015	0.15	0.10	0.40
TA6	Ti-5Al	余量	4.0～5.5	—	—	—	—	—	—	0.30	0.08	0.05	0.015	0.15	0.10	0.40
TA7	Ti-5Al-2.5Sn	余量	4.0～6.0	2.0～3.0	—	—	—	—	—	0.50	0.08	0.05	0.015	0.20	0.10	0.40
TA7ELI[①]	Ti-5Al-2.5SnELI	余量	4.50～5.75	2.0～3.0	—	—	—	—	—	0.25	0.05	0.035	0.0125	0.12	0.05	0.30
TA8	Ti-0.05Pd	余量	—	—	—	0.04～0.08	—	—	—	0.30	0.08	0.03	0.015	0.25	0.10	0.40
TA8-1	Ti-0.05Pd	余量	—	—	—	0.04～0.08	—	—	—	0.20	0.08	0.03	0.015	0.18	0.10	0.40
TA9	Ti-0.2Pd	余量	—	—	—	0.12～0.25	—	—	—	0.30	0.08	0.03	0.015	0.25	0.10	0.40
TA9-1	Ti-0.2Pd	余量	—	—	—	0.12～0.25	—	—	—	0.20	0.08	0.03	0.015	0.18	0.01	0.40

（续）

合金牌号	名义化学成分	化学成分(质量分数)(%)														
		主要成分								杂质≤						
															其他元素	
		Ti	Al	Sn	Mo	Pd	Ni	Si	B	Fe	C	N	H	O	单一	总和
TA10	Ti-0.3Mo-0.8Ni	余量	—	—	0.2~0.4	—	0.6~0.9	—	—	0.30	0.08	0.03	0.015	0.25	0.10	0.40
TA11	Ti-8AL-1Mo-1V	余量	7.35~8.35	—	0.75~1.25	0.75~1.25	—	—	—	0.30	0.08	0.05	0.015	0.12	0.10	0.30
TA12	Ti-5.5Al-4Sn-2Zr-1Mo-1Nd-0.25Si	余量	4.8~6.0	3.7~4.7	0.75~1.25	—	1.5~2.5	0.2~0.35	0.6~1.2	0.25	0.08	0.05	0.0125	0.15	0.10	0.40
TA12-1	Ti-5.5Al-4Sn-2Zr-1Mo-1Nd-0.25Si	余量	4.5~5.5	3.7~4.7	1.0~2.0	—	1.5~2.5	0.2~0.35	0.6~1.2	0.25	0.08	0.04	0.0125	0.15	0.10	0.30
TA13	Ti-2.5Cu	余量	Cu:2.0~3.0		—	—	—	—	—	0.20	0.08	0.05	0.010	0.20	0.10	0.30
TA14	Ti-2.3Al-11Sn-5Zr-1Mo-0.2Si	余量	2.0~2.5	10.52~11.5	0.8~1.2	—	4.0~6.0	0.10~0.50	—	0.20	0.08	0.05	0.0125	0.20	0.10	0.30
TA15	Ti-6.5Al-1Mo-1V-2Zr	余量	5.5~7.1	—	0.5~2.0	0.8~2.5	1.5~2.5	≤0.15	—	0.25	0.08	0.05	0.015	0.15	0.10	0.30
TA15-1	Ti-2.5Al-1Mo-1V-1.5Zr	余量	2.0~3.0	—	0.5~1.5	0.5~1.5	1.0~2.0	≤0.10	—	0.15	0.05	0.04	0.003	0.12	0.10	0.30
TA15-2	Ti-4Al-1Mo-1V-1.5Zr	余量	3.5~4.5	—	0.5~1.5	0.5~1.5	1.0~2.0	≤0.10	—	0.15	0.05	0.04	0.003	0.12	0.10	0.30
TA16	Ti-2Al-2.5Zr	余量	1.8~2.5	—	—	—	2.0~3.0	≤0.12	—	0.25	0.08	0.04	0.006	0.15	0.10	0.30
TA17	Ti-4Al-2V	余量	3.5~4.5	—	—	1.5~3.0	—	≤0.15	—	0.25	0.08	0.05	0.015	0.15	0.10	0.30
TA18	Ti-3Al-2.5V	余量	2.0~3.5	—	—	1.5~3.0	—	—	—	0.25	0.08	0.05	0.015	0.12	0.10	0.30
TA19	Ti-6Al-2Sn-4Zr-2Mo-0.1Si	余量	5.5~6.5	1.8~2.2	1.8~2.2	—	3.6~4.4	≤0.13	—	0.25	0.05	0.05	0.0125	0.15	0.10	0.30

（续）

合金牌号	名义化学成分	化学成分（质量分数）(%)														
		主要成分								杂　质≤						
		Ti	Al	Mo	V	Mn	Zr	Si	Nd	Fe	C	N	H	O	其他元素 单一	其他元素 总和
TA20	Ti-4Al-3V-1.5Zr	余量	3.6～4.5	—	2.5～3.5	—	1.0～2.0	≤0.10	—	0.15	0.05	0.04	0.003	0.12	0.10	0.30
TA21	Ti-Al-1Mn	余量	0.4～1.5	—	—	0.5～1.3	≤0.30	≤0.12	—	0.30	0.10	0.05	0.012	0.15	0.10	0.30
TA22	Ti-3Al-1Mo-1Ni-1Zr	余量	2.5～3.5	0.5～1.5	Ni:0.3～1.0		0.8～2.0	≤0.15	—	0.20	0.10	0.05	0.015	0.15	0.10	0.30
TA22-1	Ti-3Al-1Mo-1Ni-1Zr	余量	2.5～3.5	0.2～0.8	Ni:0.3～0.8		0.5～1.0	≤0.04	—	0.20	0.10	0.04	0.008	0.10	0.10	0.30
TA23	Ti-2.5Al-2Zr-1Fe	余量	2.2～3.0	—	Fe:0.8～1.2		1.7～2.3	≤0.15	—	—	0.10	0.04	0.010	0.15	0.10	0.30
TA23-1	Ti-2.5Al-2Zr-1Fe	余量	2.2～3.0	—	Fe:0.8～1.1		1.7～2.3	≤0.10	—	—	0.10	0.04	0.008	0.10	0.10	0.30
TA24	Ti-3Al-2Mo-2Zr	余量	2.5～3.5	1.0～2.5	—		1.0～3.0	≤0.15	—	0.30	0.10	0.05	0.015	0.15	0.10	0.30
TA24-1	Ti-3Al-2Mo-2Zr	余量	1.5～2.5	1.0～2.0	—		1.0～3.0	≤0.04	—	0.15	0.10	0.04	0.010	0.10	0.10	0.30
TA25	Ti-3Al-2.5V-0.05Pd	余量	2.5～3.5	—	2.0～3.0	—	—	Pd:0.04～0.08		0.25	0.08	0.03	0.015	0.15	0.10	0.40
TA26	Ti-3Al-2.5V-0.1Ru	余量	2.5～3.5	—	2.0～3.0	—	—	Ru:0.08～0.14		0.25	0.08	0.03	0.015	0.15	0.10	0.40
TA27	Ti-0.10Ru	余量	—	—	Ru:0.08～0.14		—	—	—	0.30	0.08	0.03	0.015	0.25	0.10	0.40
TA27-1	Ti-0.10Ru	余量	—	—	Ru:0.08～0.14		—	—	—	0.20	0.08	0.03	0.015	0.18	0.10	0.40
TA28	Ti3Al	余量	2.0～3.0	—	—			—	—	0.30	0.08	0.05	0.015	0.15	0.10	0.40

（续）

合金牌号	名义化学成分	化学成分(质量分数)(%)																
		主要成分										杂质≤						
		Ti	Al	Sn	Mo	V	Cr	Fe	Zr	Pd	Nb	Si	Fe	C	N	H	O	其他元素 单一	其他元素 总和
TB2	Ti-5Mo-5V-8Cr-3Al	余量	2.5~3.5	—	4.7~5.7	4.7~5.7	7.5~8.5	—	—	—	—	—	0.30	0.05	0.04	0.015	0.15	0.10	0.40
TB3	Ti-3.5Al-10Mo-8V-1Fe	余量	2.7~3.7	—	9.5~11.0	7.5~8.5	—	0.8~1.2	—	—	—	—	—	0.05	0.04	0.015	0.015	0.10	0.40
TB4	Ti-4Al-7Mo-10V-2Fe-1Zr	余量	3.5~4.5	—	6.0~7.8	9.0~10.5	—	1.5~2.5	0.5~1.5	—	—	—	—	0.05	0.04	0.015	0.20	0.10	0.40
TB5	Ti-15V-3Al-3Cr-3Sn	余量	2.5~3.5	2.5~3.5	—	14.0~16.0	2.5~3.5	—	—	—	—	—	0.25	0.05	0.05	0.015	0.15	0.10	0.30
TB6	Ti-10V-2Fe-3Al	余量	2.6~3.4	—	—	9.0~11.0	—	1.6~2.2	—	—	—	—	—	0.05	0.05	0.0125	0.13	0.10	0.30
TB7	Ti-32Mo	余量	—	—	30.0~34.0	—	—	—	—	—	—	—	0.30	0.08	0.05	0.015	0.20	0.10	0.40
TB8	Ti-15Mo-3Al-2.7Nb-0.25Si	余量	2.5~3.5	—	14.0~16.0	—	—	—	—	—	2.4~3.2	0.15~0.25	0.40	0.5	0.05	0.015	0.17	0.10	0.40
TB9	Ti-3Al-8V-6Cr-4Mo-4Zr	余量	3.0~4.0	—	3.5~4.5	7.5~8.5	5.5~6.5	—	3.5~4.5	≤0.10	—	—	0.30	0.05	0.03	0.030	0.14	0.10	0.40
TB10	Ti-5Mo-5V-2Cr-3Al	余量	2.5~3.5	—	4.5~5.5	4.5~5.5	1.5~2.5	—	—	—	—	—	0.30	0.05	0.04	0.015	0.15	0.10	0.40
TB11	Ti-15Mo	余量	—	—	14.0~16.0	—	—	—	—	—	—	—	0.10	0.10	0.05	0.015	0.20	0.10	0.40

合金牌号	名义化学成分	化学成分(质量分数)(%)															
		主要成分										杂质≤					
		Ti	Al	Sn	Mo	V	Cr	Fe	Mn	Cu	Si	Fe	C	N	H	O	其他元素 单一	其他元素 总和
TC1	Ti-2Al-1.5Mn	余量	1.0~2.5	—	—	—	—	—	0.7~2.0	—	—	0.30	0.08	0.05	0.012	0.15	0.10	0.40
TC2	Ti-4Al-1.5Mn	余量	3.5~5.0	—	—	—	—	—	0.8~2.0	—	—	0.30	0.08	0.05	0.012	0.15	0.10	0.40

（续）

合金牌号	名义化学成分	化学成分（质量分数）（%）															
		主要成分									杂质≤						
		Ti	Al	Sn	Mo	V	Cr	Fe	Mn	Cu	Si	Fe	C	N	H	O	其他元素	
																	单一	总和
TC3	Ti-5Al-4V	余量	4.5～6.0	—	—	3.5～4.5	—	—	—	—	—	0.30	0.08	0.05	0.015	0.15	0.10	0.40
TC4	Ti-6Al-4V	余量	5.5～6.75	—	—	3.5～4.5	—	—	—	—	—	0.30	0.08	0.05	0.015	0.20	0.10	0.40
TC4ELI	Ti-6Al-4VELI	余量	5.5～6.5	—	—	3.5～4.5	—	—	—	—	—	0.25	0.08	0.03	0.0120	0.13	0.10	0.30
TC6	Ti-6Al-1.5Cr-2.5Mo-0.5Fe-0.3Si	余量	5.5～7.0	—	2.0～3.0	—	0.8～2.3	0.2～0.7	—	—	0.15～0.40	—	0.08	0.05	0.015	0.18	0.10	0.40
TC8	Ti-6.5Al-3.5Mo-0.25Si	余量	5.8～6.8	—	2.8～3.8	—	—	—	—	—	0.20～0.35	0.40	0.08	0.05	0.015	0.15	0.10	0.40
TC9	Ti-6.5Al-3.5Mo-2.5Sn-0.3Si	余量	5.8～6.8	1.8～2.8	2.8～3.8	—	—	—	—	—	0.2～0.4	0.40	0.08	0.05	0.015	0.15	0.10	0.40
TC10	Ti-6Al-6V-2Sn-0.5Cu-0.5Fe	余量	5.5～6.5	1.5～2.5	—	5.5～6.5	—	0.35～1.0	—	0.35～1.0	—	—	0.08	0.04	0.015	0.20	0.10	0.40

合金牌号	名义化学成分	化学成分（质量分数）（%）															
		主要成分									杂质≤						
		Ti	Al	Sn	Mo	V	Cr	Fe	Zr	Nb	Si	Fe	C	N	H	O	其他元素	
																	单一	总和
TC11	Ti-6.5Al-3.5Mo-1.5Zr-0.3Si	余量	5.8～7.0	—	2.8～3.8	—	—	—	0.8～2.0	—	0.2～0.35	0.25	0.08	0.05	0.012	0.15	0.10	0.40
TC12	Ti-5Al-4Mo-4Cr-2Zr-2Sn-1Nb	余量	4.5～5.5	1.5～2.5	3.5～4.5	—	3.5～4.5	—	1.5～3.0	0.5～1.5	—	0.30	0.08	0.05	0.015	0.20	0.10	0.40
TC15	Ti-5Al-2.5Fe	余量	4.5～5.5	1.5～2.5	3.5～4.5	—	3.5～4.5	—	1.5～3.0	0.5～1.5	—	0.30	0.08	0.05	0.015	0.20	0.10	0.40

（续）

合金牌号	名义化学成分	化学成分(质量分数)(%)															
		主要成分									杂质≤						
		Ti	Al	Sn	Mo	V	Cr	Fe	Zr	Nb	Si	Fe	C	N	H	O	其他元素	
																	单一	总和
TC16	Ti-3Al-5Mo-4.5V	余量	2.2 ~ 3.8	—	4.5 ~ 5.5	4.0 ~ 5.0	—	—	—	—	≤0.15	0.25	0.08	0.05	0.012	0.15	0.10	0.30
TC17	Ti-5Al-2Sn-2Zr-4Mo-4Cr	余量	4.5 ~ 5.5	1.5 ~ 2.5	3.5 ~ 4.5	—	—	—	1.5 ~ 2.5	—	—	0.25	0.05	0.05	0.0125	0.08 ~ 0.13	0.10	0.30
TC18	Ti-5Al-4.75Mo-4.75V-1Cr-1Fe	余量	4.4 ~ 5.7	—	4.0 ~ 5.5	4.0 ~ 5.5	0.5 ~ 1.5	0.5 ~ 1.5	≤0.30	—	≤0.15	—	0.08	0.05	0.015	0.18	0.10	0.30
TC19	Ti-6Al-2Sn-4Zr-6Mo	余量	5.5 ~ 6.5	1.75 ~ 2.25	5.5 ~ 6.5	—	—	—	3.5 ~ 4.5	—	—	0.15	0.04	0.04	0.0125	0.15	0.10	0.40
TC20	Ti-6Al-7Nb	余量	5.5 ~ 6.5	—	—	—	—	—	—	6.5 ~ 7.5	Ta≤ 0.5	0.25	0.08	0.05	0.009	0.20	0.10	0.40
TC21	Ti-6Al-2Mo-1.5Cr-2Zr-2Sn-2Nb	余量	5.2 ~ 6.8	1.6 ~ 2.5	2.2 ~ 3.3	—	0.9 ~ 2.0	—	1.6 ~ 2.5	1.7 ~ 2.3	—	0.15	0.08	0.05	0.015	0.15	0.1	0.40
TC22	Ti-6Al-4V-0.05Pd	余量	5.5 ~ 6.75	—	—	3.5 ~ 4.5	—	—	—	Pd:0.04 ~ 0.08		0.40	0.08	0.05	0.015	0.20	0.10	0.40
TC23	Ti-6Al-4V-0.1Ru	余量	5.5 ~ 6.75	—	—	3.5 ~ 4.5	—	—	—	Ru:0.08 ~ 0.14		0.25	0.08	0.05	0.015	0.13	0.10	0.40
TC24	Ti-4.5Al-3V-2Mo-2Fe	余量	4.0 ~ 5.0	—	1.8 ~ 2.2	2.5 ~ 3.5	—	1.7 ~ 2.3	—	—	—	—	0.05	0.05	0.010	0.15	0.10	0.40
TC25	Ti-6.5Al-2Mo-1Zr-1Sn-1W-0.2Si	余量	6.2 ~ 7.2	0.8 ~ 2.5	1.5 ~ 2.5	—	W:0.5 ~ 1.5		0.8 ~ 2.5	—	0.10 ~ 0.25	0.15	0.10	0.04	0.012	0.15	0.10	0.30
TC26	Ti-13Nb-13Zr	余量	—	—	—	—	—	—	12.5 ~ 14.0	12.5 ~ 14.0	—	0.25	0.08	0.05	0.012	0.15	0.10	0.40

① TATELI 中 Fe + O 的质量分数之和应不大于 0.32%。

表 11-102　钛及钛合金铸件用材的力学性能（GB/T 6614—1994）

牌　号	代号	抗拉强度 σ_b/（N/mm²）≥	规定残余伸长应力 $\sigma_{r0.2}$/（N/mm²）≥	伸长率 δ_5（%）≥	硬度 HBW ≤
ZTi1	ZTA1	345	275	20	210
ZTi2	ZTA2	440	370	13	235
ZTi3	ZTA3	540	470	12	245
ZTiAl4	ZTA5	590	490	10	270
ZTiAl5Sn2.5	ZTA7	795	725	8	335
ZTiAl6V4	ZTC4	895	825	6	365
ZTiMo32	ZTB32	795	—	2	260
ZTiAl6Sn4.5Nb2Mo1.5	ZTC21	980	850	5	350

表 11-103　钛及钛合金的物理性能

性　能		合金牌号												
		TA1 TA2 TA3	TA4	TA5	TA6	TA7	TB2	TC1	TC2	TC3	TC4	TC6	TC9	TC10
20℃的密度 ρ/（g/cm³）		4.5	—	4.43	4.40	4.46	4.81	4.55	4.55	4.43	4.45	4.5	4.52	4.53
熔点/℃		1668	—	—	—	1538 ~ 1649	—	—	1570 ~ 1640	—	1538 ~ 1649	1620 ~ 1650	—	—
比热容 c /[J/(kg·℃)]	20℃	544	—	—	—	540	540	—	—	—	—	—	—	—
	100℃	544	—	—	586	540	540	574	—	—	678	502	544	540
	200℃	628	—	—	670	569	553	—	565	586	691	586	—	548
	300℃	670	—	—	712	590	569	641	628	628	703	670	—	565
	400℃	712	—	—	796	620	636	699	670	670	741	712	—	557
	500℃	754	—	—	879	653	599	729①	754	712	754	796	—	528
	600℃	837	—	—	921	691	862	—	—	—	879	—	—	—
20℃电阻率/[(Ω·mm²)/m]		0.47	—	1.26	1.08	1.38	1.55	—	—	1.42	1.60	1.36	1.62	1.87
热导率 λ/[W/(m·℃)]	20℃	16.33	10.47	—	7.54	8.79	—	9.63	9.63	8.37	5.44	7.95	7.54	—
	100℃	16.33	12.14	—	8.79	9.63	12.14②	10.47	—	8.79	6.70	8.79	12.98	—
	200℃	16.33	—	—	10.05	10.89	12.56	11.72	11.30	10.05	8.79	10.05	11.30	—
	300℃	16.75	—	—	11.72	12.14	12.98	12.14	12.14	10.89	10.47	11.30	12.14	10.47
	400℃	17.17	—	—	13.40	13.40	16.33	13.40	13.40	12.56	12.56	12.59	12.98	12.14
	500℃	18.00	—	—	15.07	14.65	17.58	14.65	14.65	14.24	14.24	—	13.40⑧	13.40
	600℃	—	—	—	16.75	15.91	18.84	16.33	—	15.49	15.91	—	14.65⑨	—
线胀系数 α/(10⁻⁶/℃)	20 ~ 100℃	8.0	8.2	9.28	8.3	9.36	8.53	8.0	8.0	—	7.89	8.60	7.70	9.45
	20 ~ 200℃	8.6	—	9.53	8.9③	9.4	9.34	8.6	8.6	—	9.01	—	8.90	9.37
	20 ~ 300℃	9.1	—	9.87	9.5④	9.5	9.52	9.1	9.1	—	9.30	—	9.27	9.97
	20 ~ 400℃	9.25	—	10.08	10.4⑤	9.54	9.79	9.6	9.6	—	9.24	—	9.64	10.15
	20 ~ 500℃	9.4	—	10.09	10.6⑥	9.68	9.83	9.6	9.4	—	9.39	11.60⑥	9.85	10.19
	20 ~ 600℃	9.8	—	10.28	10.8⑦	9.86	9.99	—	—	—	9.40	—	—	10.21

① 450℃。② 80℃。③ 100 ~ 200℃。④ 200 ~ 300℃。⑤ 300 ~ 400℃。⑥ 400 ~ 500℃。⑦ 500 ~ 600℃。⑧ 490℃。⑨ 575℃。

11.3　常用金属材料热处理工艺参考数据

11.3.1　钢

11.3.1.1　优质碳素结构钢（表11-104）

表11-104　优质碳素结构钢临界温度、热加工及热处理工艺参数

序号	牌号	临界温度/℃ Ac_1 Ar_1	临界温度/℃ Ac_3 Ar_3	临界温度/℃ Ms Mf	锻造加工温度/℃ 加热	锻造加工温度/℃ 始锻 终锻	退火 温度/℃	退火 冷却方式	退火 硬度HBW	正火 温度/℃	正火 冷却方式	正火 硬度HBW	高温回火 温度/℃	高温回火 硬度HBW	渗碳 渗碳或渗氮温度/℃	渗碳 淬火温度/℃	渗碳 淬火冷却介质	渗碳 回火温度/℃	渗碳 硬度HRC	淬火 温度/℃	淬火 淬火冷却介质	淬火 硬度HRC	回火 不同温度回火后的硬度值HRC 150℃	200℃	300℃	400℃	500℃	550℃	600℃	650℃
1	08	732 680	874 854			1250 >800	900～930	炉冷	—	920～940	空冷	≤137			900～920	780～800	水或盐水	150～200	55～62	—	—	—	—	—	—	—	—	—	—	—
2	10	724 682	876 850			1200～1250 >800	900～930	炉冷	≤137	900～950	空冷	≤143	680～720	≤137	900～960	780～820	水或盐水	150～200	55～62	—	—	—	—	—	—	—	—	—	—	—
3	15	735 685	863 840			1200～1230 800～850	880～960	炉冷	≤143	900～950	空冷	≤143	680～720	≤170	900～950	770～800	水或盐水	150～200	56～62	—	—	—	—	—	—	—	—	—	—	—
4	20	735 680	855 835			1200～1250 >800	800～900	炉冷	≤156	920～950	空冷	≤156	680～720	≤156	900～920	780～800	水或盐水	150～200	58～62	870～900	水或盐水	≥140HBW	170HBW	165HBW	158HBW	152HBW	150HBW	147HBW	144HBW	—
5	25	735 680	840 824			1200～1250 >800	860～880	炉冷	—	870～910	空冷	≤170	680～720	≤170	900～920	790～810	水或盐水	150～200	56～62	860	水或盐水	≥380HBW	380HBW	370HBW	310HBW	270HBW	235HBW	225HBW	<200HBW	—
6	30	732 677	813 796	380		1190～1210 >800	850～900	炉冷	—	850～900	空冷	≤179	680～720	—	—	—	—	—	—	860	水或盐水	≥44	43	42	40	30	20	18	—	—
7	35	724 680	802 774	350 190		1190～1210 >800	850～880	炉冷	≤187	850～870	空冷	≤187	680～720	—	—	—	—	—	—	860	水或盐水	≥50	49	48	43	35	26	22	20	—
8	40	724 680	790 760	310 65		1180～1200 >800	840～870	炉冷	≤187	840～860	空冷	≤207	680～720	—	—	—	—	—	—	840	水	≥55	55	53	48	42	34	29	23	20

（续）

序号	牌号	临界温度/℃			锻造加工温度/℃		退火			正火			高温回火		渗碳					淬火			回火							
		Ac_1	Ac_3	Ms	加热	始锻	温度/℃	冷却方式	硬度HBW	温度/℃	冷却方式	硬度HBW	温度/℃	硬度HBW	渗碳或渗氮温度/℃	淬火温度/℃	淬火冷却介质	回火温度/℃	硬度HRC	温度/℃	淬火冷却介质	硬度HRC	不同温度回火后的硬度值HRC							
		Ar_1	Ar_3	Mf		终锻																	150℃	200℃	300℃	400℃	500℃	550℃	600℃	650℃
9	45	724	780	330	—	1180～1200	800～840	炉冷	≤197	850～870	空冷	≤217	680～720	—	520～570	—	—	—	—	840	水或油	≥59	58	55	50	41	33	26	22	—
		682	751	50		>800																								
10	50	725	760	300	—	1180～1200	820～840	炉冷	≤229	820～870	空冷	≤229	680～720	—	—	—	—	—	—	830	水或油	≥59	58	55	50	41	33	26	22	—
		690	720	50		>800																								
11	55	727	774		—	1180～1200	770～810	炉冷	≤229	810～860	空冷	≤255	680～720	≤229	—	—	—	—	—	820	水或油	≥63	63	56	50	45	34	30	24	21
		690	755			>800																								
12	60	727	766	265	—	1180～1200	800～820	炉冷	≤229	800～820	空冷	≤255	680～720	—	—	—	—	—	—	820	水或油	≥63	63	56	50	45	34	30	24	21
		690	743	-20		>800																								
13	65	727	752	265	1100～1150	1050～1100	680～700	炉冷	≤229	820～860	空冷	≤255	680～720	—	—	—	—	—	—	800	水或油	≥63	63	58	50	45	37	32	28	24
		696	730			800～850																								
14	70	730	743	270	1100～1150	1050～1100	780～820	炉冷	≤229	800～840	空冷	≤269	680～720	—	—	—	—	—	—	800	水或油	≥63	63	58	50	45	37	32	28	24
		693	727	-40		800～850																								
15	75	725	745		—	1050～1100	780～800	炉冷	≤229	800～840	空冷	≤285	680～720	—	—	—	—	—	—	800	水或油	≥55	55	53	50	45	35	—	—	—
		690		-55		800～850																								

（续）

序号	牌号	临界温度/℃ Ac_1 Ar_1	临界温度/℃ Ac_3 Ar_3	临界温度/℃ Ms Mf	锻造加工温度/℃ 加热	锻造加工温度/℃ 始锻 终锻	退火 温度/℃	退火 冷却方式	退火 硬度HBW	正火 温度/℃	正火 冷却方式	正火 硬度HBW	高温回火 温度/℃	高温回火 硬度HBW	渗碳 渗碳或渗氮温度/℃	渗碳 淬火温度/℃	渗碳 淬火冷却介质	渗碳 回火温度/℃	渗碳 硬度HRC	淬火 温度/℃	淬火 淬火冷却介质	淬火 硬度HRC	回火 不同温度回火后的硬度值HRC 150℃	200℃	300℃	400℃	500℃	550℃	600℃	650℃
16	80	725 690		230 -55	—	1050～1100 800～850	780～800	炉冷	≤229	800～840	空冷	≤285	680～720	—	—	—	—	—	—	800	水或油	≥63	63	61	52	47	39	32	28	24
17	85	723 	737 695	220 	1100～1150	1050～1100 800～850	780～800	炉冷	≤255	800～840	空冷	≤302	600～680	—	—	—	—	—	—	780～820	油	≥63	63	61	52	47	39	32	28	24
18	15Mn	735 685	863 840		—	1180～1250 800～850	—		—	880～920	空冷	≤163	680～720	—	880～920	780～880	油	180～200	58～65	—	—	—	—	—	—	—	—	—	—	—
19	20Mn	735 682	854 835		—	1180～1250 800～850	900	炉冷	≤179	900～950	空冷	≤197	680～720	≤179	880～920	780～880	油	180～200	58～62	—	—	—	—	—	—	—	—	—	—	—
20	25Mn				—	1180～1250 800～850	—		—	870～920	空冷	≤207	680～720	≤179	—	—	—	—	—	—	—	—	—	—	—	—	—	—	—	—
21	30Mn	734 675	812 796	345 	—	1180～1250 800～850	890～900	炉冷	≤187	900～950	空冷	≤217	680～720	≤187	—	—	—	—	—	850～900	水	49～53	—	—	—	—	—	—	—	—
22	35Mn	734 675	812 796	345 	—	1180～1250 800～850	830～880	炉冷	≤197	850～900	空冷	≤229	680～720	≤187	—	—	—	—	—	850～880	油或水	50～55	—	—	—	—	—	—	—	—

（续）

序号	牌号	临界温度/℃ Ac_1 / Ar_1	临界温度/℃ Ac_3 / Ar_3	临界温度/℃ Ms / Mf	锻造加工温度/℃ 加热	锻造加工温度/℃ 始锻 / 终锻	退火 温度/℃	退火 冷却方式	退火 硬度HBW	正火 温度/℃	正火 冷却方式	正火 硬度HBW	高温回火 温度/℃	高温回火 硬度HBW	渗碳 渗碳或渗氮温度/℃	渗碳 淬火温度/℃	渗碳 淬火冷却介质	渗碳 回火温度/℃	渗碳 硬度HRC	淬火 温度/℃	淬火 淬火冷却介质	淬火 硬度HRC	回火 不同温度回火后的硬度值HRC 150℃	200℃	300℃	400℃	500℃	550℃	600℃	650℃
23	40Mn	726	790		—	1180~1250	820~860	炉冷	≤207	850~900	空冷	≤229	680~720	≤207	—	—	—	—	—	800~850	油或水	53~58	—	—	—	—	—	—	—	—
		689	768			800~850																								
24	45Mn	726	790		—	1180~1250	820~850	炉冷	≤217	830~860	空冷	≤241	680~720	≤207	—	—	—	—	—	810~840	油或水	54~60	—	—	—	—	—	—	—	—
		689	768			800~850																								
25	50Mn	720	760	304	—	1180~1250	800~840	炉冷	≤217	840~870	空冷	≤255	680~720	≤217	—	—	—	—	—	780~840	油或水	54~60	—	—	—	—	—	—	—	—
		660	754			800~850																								
26	60Mn	727	765	270	1100~1150	1050~1100	820~840	炉冷	≤229	820~840	空冷	≤269	680~720	≤217	—	—	—	—	—	810	油	57~64	61	58	54	47	39	34	29	25
		689	741	-55		800~850																								
27	65Mn	726	765	270	1100~1150	1050~1100	775~800	炉冷	≤229	830~850	空冷	≤269	680~720	—	—	—	—	—	—	810	油	57~64	61	58	54	47	39	34	29	25
		689	741			800~850																								
28	70Mn	721	740		—	1050~1100	—		—	—		—	—	—	—	—	—	—	—	780~800	油	≥62	>62	62	55	46	37	—	—	
		670				800~850																								

11.3.1.2 合金结构钢（表11-105）

表11-105 合金结构钢临界温度、

序号	牌号	临界温度/℃			锻造加工温度/℃		退火			正火			高温回火	
		Ac_1 / Ar_1	Ac_3 / Ar_3	Ms / Mf	加热	始锻 / 终锻	温度/℃	冷却方式	硬度HBW	温度/℃	冷却方式	硬度HBW	温度/℃	硬度HBW
1	20Mn2	725	840	400	1200~1240	1180~1200	850~880	炉冷	≤187	870~900	空冷		670~700	≤187
		610	740			≥850								
2	30Mn2	718	804		1200~1220	1160~1200	830~860	炉冷	≤207	840~880	空冷		680~720	≤207
		627	727			>800								
3	35Mn2	713	793		≤1200	1160	830~880	炉冷	≤207	840~880	空冷	≤241	680~720	≤207
		630	710			>800								
4	40Mn2	713	766	340	1200~1220	1180~1200	820~850	炉冷	≤217	830~870	空冷		670~700	≤217
		627	704			≥800								
5	45Mn2	711	765	320	1200~1220	1180~1200	810~840	炉冷	≤217	820~860	空冷	187~241	660~710	≤217
		640	704			≥800								
6	50Mn2	710	760		1200	1180~1200	810~840	炉冷	≤229	820~860	空冷	206~241	670~710	≤229
		596	680			>800								
7	20MnV	715	825		1200	1100~1200	670~700	炉冷	≤187	880~900	空冷	≤207	670~700	≤187
		630	750			≥850								
8	27SiMn	750	880	355		1200	850~870	炉冷	≤217	930	空冷	≤229	680	≤217
			750			800								
9	35SiMn	750	830	330	1220	1200	850~870	炉冷	≤229	880~920	空冷		680~720	≤229
		645				>850								
10	42SiMn	765	820		1180	1150	830~850	炉冷	≤229	860~890	空冷	≤244	680~720	≤229
		645				≥800								
11	20SiMn2MoV	830	877	312	1200~1240	1100~1200	710±20	炉冷	≤269	920~950	空冷		690~730	≤269
		740	816			≥850								
12	25SiMn2MoV	830	877	312	1200~1240	1100~1200	680~700	堆冷	≤255	920~950	空冷		680~700	≤255
		740	816			≥850								
13	37SiMn2MoV	729	823	314		1180~1200	870	炉冷	269	880~900	空冷		650	
						850								

热加工及热处理工艺参数

渗碳							淬火			回火							
渗碳温度/℃	一次淬火温度/℃	二次淬火温度/℃	降温淬火温度/℃	淬火冷却介质	回火温度/℃	硬度HRC	温度/℃	淬火冷却介质	硬度HRC	不同温度回火后的硬度值 HRC							
										150℃	200℃	300℃	400℃	500℃	550℃	600℃	650℃
910 ~ 930	850 ~ 870	770 ~ 800	770 ~ 800	水或油	150 ~ 175	54 ~ 59	860 ~ 880	水	>40	—	—	—	—	—	—	—	—
—	—	—	—	—	—	—	820 ~ 850	油	≥49	48	47	45	36	26	24	18	11
—	—	—	—	—	—	—	820 ~ 850	油	≥57	57	56	48	38	34	23	17	15
—	—	—	—	—	—	—	810 ~ 850	油	≥58	58	56	48	41	33	29	25	23
—	—	—	—	—	—	—	810 ~ 850	油	≥58	58	56	48	43	35	31	27	19
—	—	—	—	—	—	—	810 ~ 840	油	≥58	58	56	49	44	35	31	27	20
930	880			油	180 ~ 200	56 ~ 60	880	油									
—	—	—	—	—	—	—	900 ~ 920	油	≥52	52	50	45	42	33	28	24	20
—	—	—	—	—	—	—	880 ~ 900	油	≥55	55	53	49	40	31	27	23	20
—	—	—	—	—	—	—	840 ~ 900	油	≥55	55	50	47	45	35	30	27	22
							890 ~ 920	油或水	≥45								
							880 ~ 910	油或水	≥46		200 ~ 250℃ ≥45						
	—	—	—	—	—	—	850 ~ 870	油或水	56					44	40	33	24

序号	牌号	临界温度/℃			锻造加工温度/℃		退火			正火			高温回火	
		Ac_1 / Ar_1	Ac_3 / Ar_3	Ms / Mf	加热	始锻 / 终锻	温度/℃	冷却方式	硬度HBW	温度/℃	冷却方式	硬度HBW	温度/℃	硬度HBW
14	40B	730	790			1150	840~870	炉冷	≤207	850~900	空冷		660~680	≤207
		690	727			≥850								
15	45B	725	770			1150	780~800	炉冷	≤217	840~890	空冷		680~720	≤217
		690	720			800								
16	50B	725	755	253		1020~1120	800~820	炉冷	≤207	880~950	空冷	HRC ≥20	680~720	≤207
		670	719			>800								
17	40MnB	730	780		1200	1150	820~860	炉冷	≤207	860~920	空冷	≤229	650~680	≤229
		650	700			850								
18	45MnB	727	780		1120~1140	1050~1120	820~910	炉冷	≤217	840~900	空冷	≤229	680~700	≤217
						≥850								
19	20MnMoB	740	850		1150~1200	1130~1180	680	炉冷	≤207	900~950	空冷	≤217	690±10	≤207
		690	750			≥900								
20	15MnVB	730	850	430	1160~1200	1130~1180	780	炉冷	≤207	920~970	空冷	149~179		
		645	765			>850								
21	20MnVB	720	840		<1200	1150	700±10	<600℃空冷	≤207	880~900	空冷	≤217	680±20	≤207
		635	770			>850								
22	40MnVB	740	786	300	1180~1200	1160~1200	830~900	炉冷	≤207	860~900	空冷	≤229	660~700	≤229
		645	720			>850								
23	20MnTiB	720	843			1200				900~920	空冷	143~149		
		625	795			800								
24	25MnTiBRE	708	810	391	1130~1220	1100~1200	670~690	炉冷	≤229	920~960	空冷	≤217		
		605	705			≥850								

（续）

渗碳							淬火			回火							
渗碳温度/℃	一次淬火温度/℃	二次淬火温度/℃	降温淬火温度/℃	淬火冷却介质	回火温度/℃	硬度HRC	温度/℃	淬火冷却介质	硬度HRC	不同温度回火后的硬度值 HRC							
										150℃	200℃	300℃	400℃	500℃	550℃	600℃	650℃
—	—	—	—	—	—	—	840 ~ 860	盐水或油				48	40	30	28	25	22
—	—	—	—	—	—	—	840 ~ 870	盐水或油				50	42	37	34	31	29
—	—	—	—	—	—	—	840 ~ 860	油	52 ~ 58	56	55	48	41	31	28	25	20
—	—	—	—	—	—	—	820 ~ 860	油	≥55	55	54	48	38	31	29	28	27
—	—	—	—	—	—	—	840 ~ 860	油	≥55	54	52	44	38	34	31	26	23
920 ~ 950	860 ~ 890	800 ~ 840	830 ~ 850	油	180 ~ 200	表面≥58											
920 ~ 940			840 ~ 860	油	200	表面≥58	860 ~ 880	油	38 ~ 42	38	36	34	30	27	25	24	
900 ~ 930	860 ~ 880	780 ~ 800	800 ~ 830	油	180 ~ 200	表面56 ~ 62 中心35 ~ 40	860 ~ 880	油									
—	—	—	—	—	—	—	840 ~ 880	油或水	>55	54	52	45	35	31	30	27	22
930 ~ 970	860 ~ 890		830 ~ 840	油	200	52 ~ 56	860 ~ 890	油	≥47	47	47	46	42	40	39	38	
920 ~ 940	790 ~ 850		800 ~ 830	油	180 ~ 200	≥58	840 ~ 870	油	≥43								

序号	牌号	临界温度/℃ Ac_1 / Ar_1	Ac_3 / Ar_3	Ms / Mf	锻造加工温度/℃ 加热	始锻 / 终锻	退火 温度/℃	冷却方式	硬度HBW	正火 温度/℃	冷却方式	硬度HBW	高温回火 温度/℃	硬度HBW
25	15Cr	766	838		1240~1260	1220	860~890	炉冷	≤179	870~900	空冷	≤270	700~720	≤179
		702	799			>800								
26	20Cr	766	838		1220	1200	860~890	炉冷	≤179	870~900	空冷	≤270	700~720	≤179
		702	799			≥800								
27	30Cr	740	815	355		1200	830~850	炉冷	≤187	850~870	空冷	≤300	700~720	≤187
		670				800								
28	35Cr	740	815	365		1200								
		670				800								
29	40Cr	743	782	355	<1200	1100~1150	825~845	炉冷	≤207	850~870	空冷	≤250	680~700	≤207
		693	730			>800								
30	45Cr	721	771		1170~1220	1150~1200	840~850	炉冷	≤217	830~850	空冷	≤320	680~700	≤217
		660	693			800								
31	50Cr	721	771	250		1200	840~850	炉冷	≤217	830~850	空冷	≤320	680~700	≤217
		660	692			800								
32	38CrSi	763	810	330	1180~1220	1150	860~880	炉冷	≤255	900~920	空冷	≤350	650~680	≤288
		680	755			850								
33	12CrMo	720	880			1200				900~930	空冷		720~740	≤156
		695	790			800								
34	15CrMo	745	845	435		1100				910~940	空冷		650~700	≤156
						850								
35	20CrMo	743	818	400		1200	850~860	炉冷	≤197	880~920	空冷		720~740	
		504	746			800								
36	30CrMo	757	807	345		1180	830~850	炉冷	≤229	870~900	空冷	≤400	700~720	≤250
		693	763			800								
37	35CrMo	755	800	371		1150~1220	820~840	炉冷	≤229	830~880	空冷	241~286	680~720	≤250
		695	750			850								

（续）

渗碳							淬火			回火							
渗碳温度/℃	一次淬火温度/℃	二次淬火温度/℃	降温淬火温度/℃	淬火冷却介质	回火温度/℃	硬度HRC	温度/℃	淬火冷却介质	硬度HRC	不同温度回火后的硬度值 HRC							
										150℃	200℃	300℃	400℃	500℃	550℃	600℃	650℃
890 ~ 920	860 ~ 890	780 ~ 820	870	油、水	180 ~ 200	表面 56 ~ 62	870	水	>35	35	34	32	28	24	19	14	
890 ~ 910	860 ~ 890	780 ~ 820		油、水	170 ~ 190	表面 56 ~ 62	860 ~ 880	油、水	>28	28	26	25	24	22	20	18	15
—	—	—	—	—	—	—	840 ~ 860	油	>50	50	48	45	35	25	21	14	
							860	油	48 ~ 56								
—	—	—	—	—	—	—	830 ~ 860	油	>55	55	53	51	43	34	32	28	24
—	—	—	—	—	—	—	820 ~ 850	油	>55	55	53	49	45	33	31	29	21
—	—	—	—	—	—	—	820 ~ 840	油	>56	56	55	54	52	40	37	28	18
—	—	—	—	—	—	—	880 ~ 920	油或水	57 ~ 60	57	56	54	48	40	37	35	29
							900 ~ 940	油									
							910 ~ 940	油									
							860 ~ 880	水或油	≥33	33	32	28	28	23	20	18	16
—	—	—	—	—	—	—	850 ~ 880	水或油	>52	52	51	49	44	36	32	27	25
—	—	—	—	—	—	—	850	油	>55	55	53	51	43	34	32	28	24

序号	牌号	临界温度/℃			锻造加工温度/℃		退火			正火			高温回火	
		Ac_1	Ac_3	Ms	加热	始锻	温度/℃	冷却方式	硬度HBW	温度/℃	冷却方式	硬度HBW	温度/℃	硬度HBW
		Ar_1	Ar_3	Mf		终锻								
38	42CrMo	730	800	310	1150 ~ 1200	1130 ~ 1180	820 ~ 840	炉冷	≤241	850 ~ 900	空冷		680 ~ 700	≤217
						850								
39	12CrMoV	820	945			1100	960 ~ 980	炉冷	≤156	960 ~ 980	空冷		700 ~ 760	≤156
						850								
40	35CrMoV	755	835			1180	870 ~ 900	炉冷	≤229	880 ~ 920	空冷		650 ~ 670	≤241
		600				850								
41	12Cr1MoV	774 ~ 803	882 ~ 914			1150	960 ~ 980	炉冷	≤156	910 ~ 960			650 ~ 700	≤156
		761 ~ 787	830 ~ 895			850								
42	25Cr2MoVA	760	840			1100				980 ~ 1000	空冷		650 ~ 680	≤229
		680 ~ 690	760 ~ 780			850								
43	25Cr2Mo1VA	780	870			1100				1030 ~ 1050	空冷		680 ~ 720	179 ~ 207
		700	790			850								
44	20Cr3MoWVA	800 ~ 830	900 ~ 950	330		1150				1020 ~ 1050	空冷	330 ~ 348	680 ~ 720	236 ~ 278
		680 ~ 700				850								
45	38CrMoAl	760	885	360	1130 ~ 1180	1050 ~ 1150	840 ~ 870	炉冷	≤229	930 ~ 970	空冷		700 ~ 720	≤229
		675	740			>900								
46	40CrV	755	790	281		1200	830 ~ 850	炉冷	≤241	850 ~ 880	空冷		700 ~ 720	≤255
		700	745			800								
47	50CrVA	752	788	270	1080 ~ 1220	1100 ~ 1160	810 ~ 870	炉冷	≤254	850 ~ 880	空冷	≈288	640 ~ 680	
		688	746			<900								
48	15CrMn	750	845	400		1180	850 ~ 870	炉冷	≤179	870 ~ 900	空冷		650 ~ 680	
						800								
49	20CrMn	765	838	360		1180	850 ~ 870	炉冷	≤187	870 ~ 900	空冷	≤350	680 ~ 700	≤200
		700	798			800								

（续）

渗碳							淬火			回火							
渗碳温度/℃	一次淬火温度/℃	二次淬火温度/℃	降温淬火温度/℃	淬火冷却介质	回火温度/℃	硬度HRC	温度/℃	淬火冷却介质	硬度HRC	不同温度回火后的硬度值 HRC							
										150℃	200℃	300℃	400℃	500℃	550℃	600℃	650℃
—	—	—	—	—	—	—	840	油	>55	55	54	53	46	40	38	35	31
							900 ~ 940	油									
—	—	—	—	—	—	—	880	油	>50	50	49	47	43	39	37	33	25
							960 ~ 980	水冷后油冷	>47								
							910 ~ 930	油						41	40	37	32
							1040	空气									
—	—	—	—	—	—	—	1020 ~ 1050	油或空气	>37								30
—	—	—	—	—	—	—	940	油	>56	56	55	51	45	39	35	31	28
—	—	—	—	—	—	—	850 ~ 880	油	≥56	56	54	50	45	35	30	28	25
—	—	—	—	—	—	—	830 ~ 860	油	>58	57	56	54	46	40	35	33	29
900 ~ 930	840 ~ 870	810 ~ 840		油	175 ~ 200	58 ~ 62		油	44								
900 ~ 930	820 ~ 840			油	180 ~ 200	56 ~ 62	850 ~ 920	油或水淬油冷	≥45								

序号	牌号	临界温度/℃			锻造加工温度/℃		退火			正火			高温回火	
		Ac_1	Ac_3	Ms	加热	始锻	温度/℃	冷却方式	硬度HBW	温度/℃	冷却方式	硬度HBW	温度/℃	硬度HBW
		Ar_1	Ar_3	Mf		终锻								
50	40CrMn	740	775	350		1150	820~840	炉冷	≤229	850~870	空冷		670~690	
				170		800								
51	20CrMnSi	755	840		1200	1200	860~870	炉冷	≤207	880~920	空冷		680~720	≤207
		690				800								
52	25CrMnSi	760	880	305	1200	1180	840~860	炉冷	≤217	860~880	空冷		630~710	≤217
		680				≥800								
53	30CrMnSi	760	830		1200	1180	840~860	炉冷	≤217	880~900	空冷		680~710	≤229
		670	705			850								
54	35CrMnSiA	775	830	330	1200	1180	840~860	炉冷	≤229	890~910	空冷	≤218	680~710	≤229
		700	755			≥850								
55	20CrMnMo	710	830		1200~1240	1150~1120	850~870	炉冷	≤217	880~930	空冷	190~228	660~710	≤229
		620	740			≥900								
56	40CrMnMo	735	780		1150~1200	1130~1170	820~850	炉冷	≤241	850~880	空冷	≤321	660~680	≤291
		680				≥850								
57	20CrMnTi	715	843		1200~1240	1160~1200	680~720	炉冷至600℃空冷	≤217	950~970	空冷	156~207		
		625	795			>800								
58	30CrMnTi	765	790		1160~1220	1140~1200				950~970	空冷	150~216		
		660	740			>850								
59	20CrNi	733	804	410		1200	860~890	炉冷	≤197	880~930	空冷	≤197	690~710	≤197
		666	790			800								
60	40CrNi	731	769		1180	1150	820~850	炉冷	≤207	840~860	空冷	≤250	670~690	≤241
		660	702			850								
61	45CrNi	725	775			1150	840~850	炉冷	≤217	850~880	空冷	≤229		
		680				850								
62	50CrNi	735	750			1150	820~850	炉冷至600℃空冷	≤207	870~900	空冷			
		657	690			850								

（续）

渗碳							淬火			回火							
渗碳温度/℃	一次淬火温度/℃	二次淬火温度/℃	降温淬火温度/℃	淬火冷却介质	回火温度/℃	硬度HRC	温度/℃	淬火冷却介质	硬度HRC	不同温度回火后的硬度值HRC							
										150℃	200℃	300℃	400℃	500℃	550℃	600℃	650℃
—	—	—	—	—	—	—	820~840	油	52~60						34	28	
							880~910	油或水	≥44	44	43	44	40	35	31	27	20
							850~870	油									
							860~880	油	≥55	55	54	49	44	38	34	30	27
等温淬火：870~900℃，230~350℃盐浴，硬度≤500HBW							860~890	油	≥55	54	53	45	42	40	35	32	28
880~950	830~860			油或碱浴	180~220	表面≥58	350	油	>46	45	44	43	35				
—	—	—	—	—	—	—	840~860	油	>57	57	55	50	45	41	37	33	30
830~950	870~890	860~880	830~850	油	180~200	表面56~62	880	油	42~46	43	41	40	39	35	30	25	17
800~960	870~890	800~840	800~820	油	180~200	表面≥56	880	油	>50	49	48	46	44	37	32	26	23
800~930	860	760~810	810~830	油或水	180~200	56~63	855~885	油	>43	43	42	40	26	16	13	10	8
—	—	—	—	—	—	—	820~840	油	>53	53	50	47	42	33	29	26	23
—	—	—	—	—	—	—	820	油	>55	55	52	48	38	35	30	25	
							820~840	油	57~59								

(续)

序号	牌号	临界温度/℃ Ac_1 / Ar_1	Ac_3 / Ar_3	Ms / Mf	锻造加工温度/℃ 加热	始锻 / 终锻	退火 温度/℃	冷却方式	硬度HBW	正火 温度/℃	冷却方式	硬度HBW	高温回火 温度/℃	硬度HBW
63	12CrNi2	732	794		1200	1180	840 ~ 880	炉冷	≤207	880 ~ 940	空冷	≤207	650 ~ 680	≤207
		671	763			850								
64	12CrNi3	720	810	409	1200	1180	870 ~ 900	炉冷	≤217	885 ~ 940	空冷		650 ~ 680	≤217
		600	715			850								
65	20CrNi3	700	760		1200	1180	840 ~ 860	炉冷	≤217	860 ~ 890	空冷		670 ~ 690	≤229
		500	630			850								
66	30CrNi3	699	749		1200	1150	810 ~ 830	炉冷	≤241	840 ~ 860	空冷		650 ~ 680	≤241
		621	649			850 ~ 900								
67	37CrNi3	710	770	310		1180	790 ~ 820	炉冷	≤179 ~ 241	840 ~ 860	空冷		640 ~ 660	≤241
		640				850								
68	12Cr2Ni4	720	800	390	1200	1180	650 ~ 680	炉冷	≤269	890 ~ 940	空冷	187 ~ 255	650 ~ 680	≤229
		605	660	245		850								
69	20Cr2Ni4	705	765	395	1150 ~ 1200	1120 ~ 1180	650 ~ 670	炉冷	≤229	860 ~ 900	空冷		630 ~ 650	≤229
		580	640			≥850								
70	20CrNiMo	725	810	396	1200	1180	660	炉冷	≤197	900	空冷		670	
						850								
71	40CrNiMoA	760	790	308	1200	1150	840 ~ 880	炉冷	≤269	860 ~ 920	空冷		670 ~ 700	≤269
			680			850								
72	45CrNiMoVA	740	770	250	1180	1150	840 ~ 860	炉冷	20 ~ 23 HRC	870 ~ 890	空冷	23 ~ 33 HRC	670	≤269
		650				850								
73	18Cr2Ni4WA	700	810	310	1200	1180				900 ~ 980	空冷	≤415	650 ~ 700	≤269
		350	400			850								
74	25Cr2Ni4WA	700	720	180 ~ 200						900 ~ 950	空冷	≤415	640	≤269
		300												

（续）

渗碳							淬火			回火							
										不同温度回火后的硬度值HRC							
渗碳温度/℃	一次淬火温度/℃	二次淬火温度/℃	降温淬火温度/℃	淬火冷却介质	回火温度/℃	硬度HRC	温度/℃	淬火冷却介质	硬度HRC	150℃	200℃	300℃	400℃	500℃	550℃	600℃	650℃
900~930	860	760~810	760~800	油或水	180~200	表≥58	850~870	油	>33	33	32	30	28	23	20	18	12
900~930	860	780~810		油	150~200	表≥58 心≥26	860	油	>43	43	42	41	39	31	28	24	20
900~940	860	780~830		油	180~200	表≥58 心≥26	820~860	油	>48	48	47	42	38	34	30	25	
—	—	—	—	—	—	—	820~840	油	>52	52	50	45	42	35	29	26	22
—	—	—	—	—	—	—	830~860	油	>53	53	51	47	42	36	33	30	25
900~930	840~860	770~790		油	150~200	表≥58 心≥26	760~800	油	>46	46	45	41	38	35	33	30	
900~950	880	780		油	180~200	表≥58 心≥26	840~860	油									
930	820~840			油	150~180	表面≥56											
—	—	—	—	—	—	—	840~860	油	>55	55	54	49	44	38	34	30	27
—	—	—	—	—	—	—	860~880	油	55~58		55	53	51	45	43	38	32
900~920			840~860	空气或油	180~200	表面56~62	850	油	>46	42	41	40	39	37	28	24	22
900~920			840~860	空气或油	180~200	表面56~62	850	油	>49	48	47	42	39	34	31	27	25

11.3.1.3 弹簧钢（表11-106）

表11-106 弹簧钢临界温度、

序号	牌号	临界温度/℃			锻造加工温度/℃		退火			正火		
		Ac_1	Ac_3	Ms	加热	始锻	温度/℃	冷却方式	硬度HBW	温度/℃	冷却方式	硬度HBW
		Ar_1	Ar_3	Mf		终锻						
1	65	727	752	265	1100~1150	1050~1100	680~700	炉冷	≤210	820~860	空冷	
		696	730			800~850						
2	70	730	743	270	1100~1150	1050~1100	780~820	炉冷	≤225	800~840	空冷	≤275
		693	727	-40		800~850						
3	85	723	737	220	1100~1150	1050~1100	780~800	炉冷	≤229	800~840	空冷	
			695			800~850						
4	65Mn	726	765	270	1100~1150	1050~1100	780~840	炉冷	≤228	820~860	空冷	≤269
		689	741			800~850						
5	55Si2Mn	775	840		1050~1150	1000~1100	750	炉冷		830~860	空冷	
		690				850~950						
6	55Si2MnB	755~770	806~830	289	1120	1050						
		690	745			800						
7	55SiMnVB	750	775		1100~1150	1000~1100	800~840	炉冷		840~880	空冷	
		670	700			>850						
8	60Si2Mn 60Si2MnA	755	810	300~305	1080~1120	1020~1080	750	炉冷	≤222	830~860	空冷	≤302
		700	770			850~950						
9	60Si2CrA	765	780							850~870	空冷	
		700										
10	60Si2CrVA	770	780									
		710										
11	55CrMnA	750	775	250	1120~1160	1060~1120	800~820	炉冷	≈272	800~840	空冷	≈493
		690				850~900						
12	60CrMnA											
13	60CrMnMoA	700	805	210	1200	1180				820~840	空冷	
		655				800						
14	50CrVA	752	788	270~320	1180~1220	1100~1160	810~870	炉冷		850~880	空冷	≈288
		688	746			850~900						
15	60CrMnBA											
16	30W4Cr2VA	820		400	1050	1000	740~780	炉冷				
						≥850						

热加工及热处理工艺参数

高温回火		淬火			回火										
温度/℃	硬度HBW	温度/℃	淬火冷却介质	硬度HRC	不同温度回火后的硬度值 HRC								常用回火温度范围/℃	淬火冷却介质	硬度HRC
					150℃	200℃	300℃	400℃	500℃	550℃	600℃	650℃			
680~720		800	水	62~63	63	58	50	45	37	32	28	24	320~420	水	35~48
680~720		800	水	62~63	63	58	50	45	37	32	28	24	380~400	水	45~50
600~680		780~820	油	62~63	63	61	52	47	39	32	28	24	375~400	水	40~49
680~720		780~840	油	57~64	61	58	54	47	39	34	29	25	350~530	空气	36~50
640~680		850~880	油	60~63	60	56	57	51	40	37			400~520	空气	40~50
		870	油	≥60	60	59	58	52	45	40	38	35	460	空气	47~50
640~680		840~880	油	>60	60	59	55	47	40	34	30		400~500	水	40~50
640~680		870	油	>61	61	60	56	51	43	38	33	29	430~480	水、空气	45~50
650~680		850~860	油	62~66									450~480	水	45~50
		850~860	油	62~66									450~480	水	45~50
650~680		840~860	油	62~66	60	58	55	50	42	31			400~500	水	42~50
		830~860	油												
		860	油				59~63	47~52		30~38		24~29			
640~720	29~31	860	油	56~62	56	55	51	45	39	35	31	28	370~400 400~450	水	45~50 ≤415HBW
		830~860	油												
		1050~1100	油	52~58									520~540 600~670	空气或水	43~47

11.3.1.4　滚动轴承钢（表 11-107）

表 11-107　滚动轴承钢临界温度、

a. 铬、无铬和高碳铬

序号	牌号	临界温度/℃			热加工温度/℃		普通退火			等温退火			
		Ac_1 / Ar_1	Ac_3 (Ac_{cm}) / Ar_3 (Ar_{cm})	Ms / Mf	加热	始锻 / 终锻	温度/℃	冷却方式	硬度HBW	加热温度/℃	等温温度/℃	冷却方式	硬度HBW
1	GCr15	760	900	185	1050 ~ 1100	1020 ~ 1080	790 ~ 810	炉冷	179 ~ 207	790 ~ 810	710 ~ 720	空冷	270 ~ 390
		695	707	-90		800 ~ 850							
2	GCr15SiMn	770	872	200	1050 ~ 1100	1020 ~ 1080	790 ~ 810	炉冷	179 ~ 207	790 ~ 810	710 ~ 720	空冷	270 ~ 390
		708				800 ~ 850							
3	G95Cr18	815 ~ 865		145	1080 ~ 1120	1050 ~ 1100	850 ~ 870	炉冷	≤255	850 ~ 870	730 ~ 750	空冷	≤255
		765 ~ 665		-70 ~ -90		≥850							
4	G102Cr18Mo	815 ~ 865		145	1100 ~ 1120	1050 ~ 1080	退火：850 ~ 870℃ ×4 ~ 6h，30℃/h 冷至 600℃，空冷，硬度≤255HBW			再结晶退火 730 ~ 750℃，空冷			
		765 ~ 665		-70 ~ -90		850 ~ 900							

b. 渗碳

序号	牌号	临界温度/℃			热加工温度/℃		普通退火			正火		
		Ac_1 / Ar_1	Ac_3 (Ac_{cm}) / Ar_3 (Ar_{cm})	Ms / Mf	加热	始锻 / 终锻	温度/℃	冷却方式	硬度HBW	温度/℃	冷却方式	硬度HBW
5	G20CrMo	743	818	40		1200	850 ~ 860	炉冷	≤197	880 ~ 900	空冷	167 ~ 215
		504	746			800						
6	G20CrNiMo	725	810	396	1200	1180	660	炉冷	≤197	920 ~ 980	空冷	
						850						
7	G20CrNi2Mo									920 ±20	空冷	
8	G10CrNi3Mo											
9	G20Cr2Ni4	685	775	305	1170 ~ 1200	1150 ~ 1180	800 ~ 900	炉冷	≤269	890 ~ 920	空冷	
		585	630			≥850						
10	G20Cr2Mn2Mo	725	835	310	1180 ~ 1230	1150 ~ 1200	600℃ ×4 ~ 6h，空冷至 280 ~ 300℃，再加热至 640 ~ 660℃ ×2 ~ 6h，空冷，硬度≤269HBW			910 ~ 930	空冷	
		615	700			≥800						

热加工及热处理工艺参数

不锈轴承钢

高温回火		淬火			回火								
温度/℃	硬度HBW	温度/℃	淬火冷却介质	硬度HRC	不同温度回火后的硬度值HRC							常用回火温度范围/℃	硬度值HRC
					150℃	200℃	300℃	400℃	500℃	550℃	600℃		
650~700	229~285	835~850	油	≥63	64	61	55	49	41	36	31	150~170	61~65
650~700	229~285	820~840	油	≥64	64	61	58	50				150~180	>62
		1050~1100	油	>59	60	58	57	55				150~160	58~62
		1050~1100	油	>59	58	58	56	54				150~160	≥58

轴承钢

高温回火		渗碳热处理						
温度/℃	硬度HBW	渗碳温度/℃	一次淬火温度/℃	二次淬火温度/℃	直接淬火温度/℃	冷却介质	回火温度/℃	硬度HRC
		920~940			840	油	160~180	表≥56 心≥30
670		930	880±20	790±20	820~840	油	150~180	表≥56 心≥30
		930	880±20	800±20		油	150~200	表≥56 心≥30
		930	880±20	790±20		油	150~200	表≥56 心≥30
640~670	≤269	930~950	870~890	790~810		油	160~180	表≥58 心≥28
640~660	≤269	920~950	870~890	810~830		油	160~180	表≥58 心≥30

11.3.1.5 碳素工具钢（表11-108）

表11-108 碳素工具钢临界温度、热加工及热处理工艺参数

序号	牌号	临界温度/℃			锻造加工温度/℃		普通退火			等温退火				球化退火			
		Ac_1 / Ar_1	Ac_3 (Ac_{cm}) / Ar_3 (Ar_{cm})	Ms / Mf	加热	始锻 / 终锻	温度/℃	冷却方式	硬度HBW	加热温度/℃	等温温度/℃	冷却方式	硬度HBW	加热温度/℃	球化温度/℃	冷却方式	硬度HBS
1	T7	730	770	240	1050～1100	1020～1080	750～760	炉冷	≤187	760～780	660～680	空冷	≤187	730～750	600～700	空冷	≤187
		700		-40		750～800											
2	T8	730	740	230	1050～1100	1020～1080	750～760	炉冷	≤187	760～780	660～680	空冷	≤187	730～750	600～700	空冷	≤187
		700		-55		750～800											
3	T8Mn	725			1050～1100	1050	690～710	炉冷	≤189	760～780	660～680	空冷	≤187	730～750	600～700	空冷	≤187
		690				800											
4	T9	730	737	220	1050～1100	1050	750～760	炉冷	≤192	760～780	660～680	空冷	≤187	730～750	600～700	空冷	≤187
		700	695	-55		800											
5	T10	730	(800)	210	1050～1100	1020～1080	760～780	炉冷	≤197	750～770	620～660	空冷	≤197	730～750	600～700	空冷	≤197
		700		-60		750～800											
6	T11	730	(810)	220	1050～1100	1020～1080	750～770	炉冷	≤207	740～760	640～680	空冷	≤207	730～750	680～700	空冷	≤207
		700				750～800											
7	T12	730	(820)	170	1050～1100	1020～1080	760～780	炉冷	≤207	740～760	640～680	空冷	≤207	730～750	680～700	空冷	≤207
		700		-60		750～800											
8	T13	730	(830)	130	1050～1100	1000	760～780	炉冷	≤207	750～770	620～680	空冷	≤207	730～750	680～700	空冷	≤217
		700				800											

（续）

序号	牌号	正火			高温回火		淬火			回火								
		温度/℃	冷却方式	硬度 HBW	温度/℃	硬度 HBW	温度/℃	淬火冷却介质	硬度 HRC	不同温度回火后的硬度值 HRC							常用回火温度范围/℃	硬度值 HRC
										150℃	200℃	300℃	400℃	500℃	550℃	600℃		
1	T7	800 ~ 820	空冷	229 ~ 280	650 ~ 700	≤187	820	水→油	62 ~ 64	63	60	54	43	35	31	27	200 ~ 250	55 ~ 60
2	T8	800 ~ 820	空冷	229 ~ 280	650 ~ 700	≤187	800	水→油	62 ~ 64	64	60	55	45	35	31	27	150 ~ 240	55 ~ 60
3	T8Mn	800 ~ 820	空冷	229 ~ 280	650 ~ 700	≤187	800	水→油	62 ~ 64	64	60	55	45	35	31	27	180 ~ 270	55 ~ 60
4	T9	800 ~ 820	空冷	229 ~ 280	650 ~ 700	≤187	800	水→油	63 ~ 65	64	62	56	46	37	33	27	180 ~ 270	55 ~ 60
5	T10	820 ~ 840	空冷	225 ~ 310	650 ~ 700	≤197	790	水→油	62 ~ 64	64	62	56	46	37	33	27	200 ~ 250	62 ~ 64
6	T11	820 ~ 840	空冷	225 ~ 310	650 ~ 700	≤207	780	水→油	62 ~ 64	64	62	57	47	38	33	28	200 ~ 250	62 ~ 64
7	T12	820 ~ 840	空冷	225 ~ 310	650 ~ 700	≤207	780	水→油	62 ~ 64	64	62	57	47	38	33	28	200 ~ 250	58 ~ 62
8	T13	810 ~ 830	空冷	179 ~ 217	650 ~ 700	≤217	780	水→油	62 ~ 66	65	62	58	47	38	33	28	150 ~ 270	60 ~ 64

11.3.1.6　合金工具钢（表 11-109）

表 11-109　合金工具钢临界温度、

序号	牌号	临界温度/℃			锻造加工温度/℃		退火						
							普通退火			等温退火			
		Ac_1	Ac_3 (Ac_{cm})	Ms	加热	始锻	加热温度/℃	冷却方式	硬度 HBW	加热温度/℃	等温温度/℃	冷却方式	硬度 HBW
		Ar_1	Ar_3 (Ar_{cm})	Mf		终锻							
1	9SiCr	770	(870)	160	1100 ~ 1150	1050 ~ 1100	790 ~ 810	炉冷	197 ~ 241	790 ~ 810	700 ~ 720	空冷	207 ~ 241
		730		−30		800 ~ 850							
2	8MnSi				1080 ~ 1140	1050 ~ 1100	740 ± 10	炉冷	≤229				
						≥800							
3	Cr06	730	(950)	145	1100 ~ 1150	1050 ~ 1080	750 ~ 770	炉冷	187 ~ 241	750 ~ 790	680 ~ 700	空冷	187 ~ 241
		700	740	−95		≥850							
4	Cr2	745	(900)	240	1100 ~ 1140	1050 ~ 1100	700 ~ 790	炉冷	187 ~ 229	770 ~ 790	680 ~ 700	空冷	187 ~ 229
		700		−25		800 ~ 850							
5	9Cr2	730	(860)	270	1120 ~ 1180	1110 ~ 1130	800 ~ 820	炉冷	179 ~ 217	800 ~ 820	670 ~ 680	空冷	179 ~ 217
		700				≥850							
6	W	740	(820)		1100 ~ 1150	1050 ~ 1100	750 ~ 770	炉冷	187 ~ 229	780 ~ 800	650 ~ 680	空冷	≤229
		710				800 ~ 850							
7	4CrW2Si	780	840	315 ~ 335	1150 ~ 1180	1100 ~ 1140	800 ~ 820	炉冷	179 ~ 217				
						≥800							
8	5CrW2Si	775	860	295	1150 ~ 1180	1120 ~ 1150	800 ~ 820	炉冷	207 ~ 255				
						≥800							
9	6CrW2Si	775	810	280	1150 ~ 1170	1100 ~ 1140	800 ~ 820	炉冷	229 ~ 285				
						≥800							
10	Cr12	810	(835)	180	1120 ~ 1140	1080 ~ 1100	860 ± 10	炉冷	207 ~ 255	830 ~ 850	720 ~ 740	空冷	≤269
		755	770	−55		880 ~ 920							
11	Cr12Mo1V1				1050 ~ 1120		870 ~ 900	炉冷	217 ~ 255				
12	Cr12MoV	830	(855)	230	1050 ~ 1160	1000 ~ 1060	850 ~ 870	炉冷	207 ~ 255	850 ~ 870	730 ± 10	空冷	207 ~ 255
		750	785	0		850 ~ 900							

热加工及热处理工艺参数

正火			高温回火		淬火			回火									
温度/℃	冷却方式	硬度HBW	温度/℃	硬度HBW	温度/℃	淬火冷却介质	硬度HRC	不同温度回火后的硬度值HRC 150℃	200℃	300℃	400℃	500℃	550℃	600℃	650℃	常用回火温度范围/℃	硬度值HRC
900～920	空冷	321～415	600～700	197～241	860～880	油	62～65	65	63	59	54	48	44	40	36	180～200 200～220	60～62 58～62
					800～820	油	>60		60～64	60～63						100～200 200～300	60～64 60～63
980～1000	空冷		600～700		780～800 800～820	油 水	62～65	63	60	55	50	40				150～200	60～62
930～950	空冷	302～388	600～700	187～229	830～850	油	62～65	61	60	55	50	41	36	31	28	150～170 180～220	60～62 56～60
					820～850	油	61～63	61	60	55	50	41	36	31	28	160～180	59～61
					800～820	水	62～64	61	58	52	44					150～180	59～61
			710～740		860～900	油	53～56	55	53	51	49	42	38	33		200～250 430～470	53～58 45～50
			710～740		860～900	油	≥55	58	56	52	48	42	38	34		200～250 430～470	53～58 45～50
			700～730		860～900	油	≥57	59	58	53	48	42	38	35	31	200～250 430～470	53～58 45～50
			720～750		950～980	油	61～64	63	61	57	55	53	49	44	39	180～200 320～350	60～62 57～58
					980～1020	油或空气	>62									200～530	
			760～790	207～255	1020～1040	油	62～63	63	62	59	57	55	53	47	40	200～275 400～425	57～59 55～57

序号	牌号	临界温度/℃			锻造加工温度/℃		退火						
							普通退火			等温退火			
		Ac_1	Ac_3 (Ac_{cm})	Ms	加热	始锻	加热温度/℃	冷却方式	硬度HBW	加热温度/℃	等温温度/℃	冷却方式	硬度HBW
		Ar_1	Ar_3 (Ar_{cm})	Mf		终锻							
13	Cr5Mo1V				1060 ~ 1100		840 ~ 870	炉冷	202 ~ 229	840 ~ 870	760	空冷	
14	9Mn2V	730	(760)	125	1080 ~ 1120	1050 ~ 1100	750 ~ 770	炉冷	≤229	760 ~ 780	680 ~ 700	空冷	≤229
		655	690			800 ~ 850							
15	CrWMn	750	(940)	260	1100 ~ 1150	1050 ~ 1100	770 ~ 790	炉冷	207 ~ 255	790 ± 10	720 ± 10	空冷	207 ~ 255
		710		−50		800 ~ 850							
16	9CrWMn	750	(900)	205	1100 ~ 1150	1050 ~ 1100	760 ~ 790	炉冷	190 ~ 230	780 ~ 800	670 ~ 720	空冷	197 ~ 243
		700				≥850							
17	Cr4W2MoV	795	(900)	142	1130 ~ 1150	1040 ~ 1060	860 ± 10	炉冷	≤269	860 ± 10	760 ± 10	空冷	≤209
		760				≥850							
18	6Cr4W3Mo2VNb	810 ~ 830		220	1120 ~ 1150	1080 ~ 1120				860 ± 10	740 ± 10	空冷	≤209
		720 ~ 740				850 ~ 900							
19	6W6Mo5Cr4V	820		240	1100 ~ 1140	1100 ~ 1050	850 ~ 860	炉冷	197 ~ 229	850 ~ 860	740 ~ 750	空冷	197 ~ 229
		730				≥850							
20	5CrMnMo	710	760	220	1100 ~ 1150	1050 ~ 1100	760 ~ 780	炉冷	197 ~ 241	850 ~ 870	680	空冷	197 ~ 243
		650				800 ~ 850							
21	5CrNiMo	730	780	230	1100 ~ 1150	1050 ~ 1100	740 ~ 760	炉冷	197 ~ 241	760 ~ 780	680	空冷	197 ~ 243
		610	640			800 ~ 850							
22	3Cr2W8V	800	(850)	380	1130 ~ 1160	1080 ~ 1120	840 ~ 860	炉冷	207 ~ 255	830 ~ 850	710 ~ 740	空冷	207 ~ 255
		690	750			850 ~ 900							
23	5Cr4Mo3SiMnVAl	837	902	277									
24	3Cr3Mo3W2V	850	930	400	1170 ~ 1200	1070 ~ 1100				870	730	空冷	≤253
		735	825			≥900							

（续）

正火			高温回火		淬火			回火									
温度/℃	冷却方式	硬度HBW	温度/℃	硬度HBW	温度/℃	淬火冷却介质	硬度HRC	不同温度回火后的硬度值HRC 150℃	200℃	300℃	400℃	500℃	550℃	600℃	650℃	常用回火温度范围/℃	硬度值HRC
					920～980	油空气	>62	64	63	58	57	56	55	50		175～530	
			650～700		780～820	油	≥62	60	59	55	48	40	36	32	27	150～200	60～62
970～990	空冷	388～514	600～700	207～255	820～840	油	63～65	64	62	58	53	47	43	39	35	160～200	61～62
					820～840	油	64～66	62	60	58	52	45	40	35		170～230	60～62
					960～980	油或空气	≥62	65	63	61	59	58	55			280～300	60～62
					1080～1180	油	≥61		61	58	59	60	61	56		540～580	≥56
					1180～1200	硝盐或油	60～63					61	62	59		500～580	58～63
					830～860	油	53～58	58	57	52	47	41	37	34	30	490～510	41～47
																520～540	38～41
					830～860	油	53～59	59	58	53	48	43	38	35	31	490～510	14～47
																520～540	38～42
																560～580	34～37
					1050～1100	油或硝盐	49～52	52	51	50	49	47	48	45	40	600～620	40～48
					1090～1120	油	>60									580～620	50～54
					1060～1130	油	52～56									680	39～41
																640	52～54

序号	牌号	临界温度/℃ Ac_1 / Ar_1	Ac_3 (Ac_{cm}) / Ar_3 (Ar_{cm})	Ms / Mf	锻造加工温度/℃ 加热	始锻 / 终锻	退火 普通退火 加热温度/℃	冷却方式	硬度HBW	等温退火 加热温度/℃	等温温度/℃	冷却方式	硬度HBW
25	5Cr4W6Mo2V	836	893	250	1120 ~ 1170	1080 ~ 1130				850 ~ 870	720 ~ 740	空冷	≤255
		744	816			≥850							
26	8Cr3	785	830	370	1150 ~ 1180	1050 ~ 1100	790 ~ 810	炉冷	205 ~ 255				
		750	770	110		≥800							
27	4CrMnSiMoV	792	855	325	1100 ~ 1150	1050 ~ 1100				870 ~ 890	280 ~ 320	空冷	≤241
		660	770	165		≥850					640 ~ 660		
28	4Cr3Mo3SiV				1040 ~ 1120		870 ~ 900	炉冷	192 ~ 229				
29	4Cr5MoSiV	853	912	310	1120 ~ 1150	1070 ~ 1100	860 ~ 890	炉冷	≤229				
		720	773	130		≥850							
30	4Cr5MoSiV1	860	915	340	1120 ~ 1150	1050 ~ 1100	860 ~ 890	炉冷	≤229				
		775	815	215		≥850							
31	4Cr5W2VSi	800	875	275	1100 ~ 1150	1080 ~ 1100	870 ± 10	炉冷	≤229				
		730	840	90		850 ~ 900							
32	3Cr2Mo				1000 ~ 1120		760 ~ 790	炉冷	150 ~ 180				
							高温退火			固溶处理			时效
33	7Mn15Cr2Al3V2WMo				1140 ~ 1170	1090 ~ 1100	(880 ± 10)℃ 炉冷 28 ~ 30HRC			1150 ~ 1180℃ 水冷 20 ~ 22HRC			650 ~ 空 48 ~
						≥900							

（续）

正火			高温回火		淬火			回火									
温度/℃	冷却方式	硬度HBW	温度/℃	硬度HBW	温度/℃	淬火冷却介质	硬度HRC	不同温度回火后的硬度值HRC 150℃	200℃	300℃	400℃	500℃	550℃	600℃	650℃	常用回火温度范围/℃	硬度值HRC
					1100～1150	油	57～62		58		57	58	58	58	52.5	450～670	50～62
					820～850	油	60～63	62	60	58	55	50	43	39		480～520	41～46
					850～880	油	≥55										
					870±10	油	56～58				50	47	45	43	38	520～660	37～49
					1010～1040	空气或油	52～59									540～650	
					1000～1030	空气或油	53～55									530～560	47～49
					1020～1050	空气或油	56～58	55	52	51	51	52	53	45	35	560～580	47～49
					1060～1080	空气或油	56～58	57	56	56	56	57	55	52	43	580～620	48～53
					810～870	油										150～260	

处理	气体氮碳共渗
700℃ 冷 48.5HRC	560～570℃ 950～1100HV 68～70HRC 渗氮层深度0.03～0.04mm

11.3.1.7 高速工具钢（表 11-110）

表 11-110 高速工具钢临界温度、钢锭、钢坯、钢

序号	牌号	临界温度/℃				锻造加工温度/℃		软化退火			
		Ac_1	Ac_3（Ac_{cm}）	Ar_1	Ms	始锻温度	终锻温度	加热温度/℃	保温时间/h	冷却	硬度HBW
1	W18Cr4V	820	860	760	210	1150~1180	900~950	860~880	2		≤277
2	W6Mo5Cr4V2							840~860	2		≤285
3	W14Cr4VMnRE	835	885	770	225	1040~1150	900~950	870~890	2		≤277
4	9W18Cr4V							850~870	2		≤285
5	W12Cr4V4Mo							840~860	2		≤285
6	W6Mo5Cr4V2Al							850~870	2		≤285
7	W10Mo4Cr4V3Al	835	885	770	—	1040~1150	900~950	840~860	2		≤285
8	W6Mo5Cr4V5SiNbAl							850~870	2	以20~30℃/h冷却到500~600℃，然后炉冷或堆冷	≤285
9	W12Mo3Cr4V3Co5Si							860~880	2		≤285
10	W2Mo9Cr4V2	835~860			140	1040~1150	950	800~850	2		≤277
11	W6Mo5Cr4V3							850~870	2		≤277
12	W6Mo5Cr4V2Co5	825~851			220	1040~1150	900	840~860	2		≤285
13	W6Mo3Cr4V5Co5							850~870	2		≤285
14	W12Cr4V5Co5（JIS SKH10）	841~873		740		1180	980	850~870	2		≤285
15	W2Mo9Cr4VCo8							860~880	2		≤285
16	W10Mo4Cr4V3Co10（JIS SKHS7）							850~870	2		≤311
17	W12Mo3Cr4V3N							840~860	2		≤293
18	W18Cr4V4SiNbAl	830	870	765	175	1180	950	870~890	2		≤352
19	FW12Cr4V5Co5										
20	FW10Mo5Cr4V2Co12										

① 高强薄刃刀具淬火温度。
② 复杂刀具淬火温度。
③ 简单刀具淬火温度。
④ 冷作模具淬火温度。

热加工及热处理工艺参数

材的退火工艺				淬火和回火工艺							
等温退火				淬火预热		淬火加热			淬火冷却介质	回火制度	淬火、回火后硬度HRC
加热温度/℃	保温时间/h	冷却	硬度HBW	温度/℃	时间/(s/mm)	介质	温度/℃	时间/(s/mm)			
860～880	2	炉冷至740～760℃，保温2～4h，再炉冷至500～600℃，出炉空冷	≤255	850	24	中性盐浴	1260～1300	12～15	油	560℃，回火3次，每次1h，空冷	≥62
							1200～1240[4]	15～20			
840～860	2		≤255	850	24		1200～1220[1]	12～15	油	560℃，回火3次，每次1h，空冷	≥62
							1230[2]				≥63
							1240[3]				≥64
							1150～1200[4]	20			≥60
870～890	2		≤255	850	24		1230～1260	12～15	油	同上	≥63
850～870	2		≤262	850	24		1260～1280	12～15	油	570～590℃，回火4次，每次1h，空冷	≥63
840～860	2		≤262	850	24		1240～1250[1] 1260[2] 1270～1280[3]	12～15	油	550～570℃，回火3次，每次1h，空冷	≥62
850～870	2		≤269	850	24		1220～1240	12～15	油	550～570℃，回火4次，每次1h，空冷	≥65
840～860	2		≤269	860～880	24		1230～1250	20	油	540～560℃，回火4次，每次1h，空冷	≥66
850～870	2		≤269	850	24		1220～1240	12～15	油	500～530℃，回火3次，每次1h，空冷或560℃，回火3次，每次1h，空冷	≥65
860～880	2	炉冷至740～750℃，保温2～4h，再炉冷至500～600℃，出炉空冷	≤269	850	24		1210～1240	12～15	油	560℃，回火4次，每次1h，空冷	≥66
800～850	2		≤255	800～850	24		1180～1210[2] 1210～1230[3]	12～15	油	550～580℃，回火3次，每次1h，空冷	≥65
850～870	2		≤255	850	24		1200～1230	12～15	油	550～570℃，回火3次，每次1h，空冷	≥64
840～860	2		≤269	800～850	24		1210～1230	12～15	油	550℃，回火3次，每次1h，空冷	≥64
850～870	2		≤277	800～850	24		1210～1230	12～15	油	540～560℃，回火3次，每次1h，空冷	≥64
850～870	2		≤277	800～850	24		1220～1245	12～15	油	530～550℃，回火3次，每次1h，空冷	≥65
860～880	2		≤269	850	24		1180～1200[2] 1200～1220[3]	12～15	油	550～570℃，回火4次，每次1h，空冷	≥66
850～870	2		≤302	800～850	24		1200～1230[2] 1230～1250[3]	12～15	油	550～570℃，回火3次，每次1h，空冷	≥66
840～860	2		≤285	850	24		1220～1280（通常采用1260～1280）	15～20	油	550～570℃，回火4次，每次1h，空冷	≥65
870～890	2		≤341	850	24		1230～1250	12～15	油	530～560℃，回火4次，每次1h，空冷	≥65
860	2	炉冷至750℃，保温4h，再随炉冷却至约300～400℃，出炉空冷	≤277	850	24		1230～1260	12～15	油	520～540℃，回火3～4次，每次2h，空冷	≥65
860	2		280～302	850	24		1170～1190	12～15	油	500～530℃，回火3～4次，每次2h，空冷	≥66

11.3.1.8　汽轮机叶片用钢（表 11-111）

表 11-111　汽轮机叶片用钢热处理工艺制度（GB/T 8732—2004）

序号	牌号	退火/℃	高温回火/℃	调质	
				淬火/℃	回火/℃
1	1Cr13	800 ~ 900 缓冷	700 ~ 770 快冷	950 ~ 1000 油	700 ~ 750 空
2	2Cr13	800 ~ 900 缓冷	700 ~ 770 快冷	950 ~ 1020 空、油	660 ~ 770 油、水、空
3	1Cr12Mo	800 ~ 900 缓冷	700 ~ 770 快冷	950 ~ 1000 油	650 ~ 710 空
4	1Cr11MoV	800 ~ 900 缓冷	700 ~ 770 快冷	1000 ~ 1050 油、空	700 ~ 750 空
5	1Cr12W1MoV	800 ~ 900 缓冷	700 ~ 770 快冷	1000 ~ 1050 油	680 ~ 740 空
6	2Cr12MoV	880 ~ 930 缓冷	750 ~ 770 快冷	1020 ~ 1070 油	680 ~ 740 空
7	2Cr11NiMoNbVN	800 ~ 900 缓冷	700 ~ 770 快冷	1020 ~ 1070 油	660 ~ 720 空
8	2Cr12NiMo1W1V	860 ~ 930 缓冷	750 ~ 770 快冷	980 ~ 1040 油	650 ~ 750 空
9	0Cr17Ni4Cu4Nb				

热处理	沉淀硬化处理		
	Ⅰ	Ⅱ	Ⅲ
回火/℃	600 ~ 700	600 ~ 700	600 ~ 700
固溶	1020 ~ 1060 1h 空冷①	1020 ~ 1060 1h 空冷①	1020 ~ 1060 1h 空冷①
第一种时效方式	650 ± 5 4h 空冷	820 ± 5 0.6h 空冷①	820 ± 5 0.5h 空冷①
第二种时效方式	—	570 ± 5 3h 空冷	610 ± 5 5h 空冷

注：表中牌号为旧牌号，新旧牌号对照见表 11-50 ~ 表 11-54。

① 空冷速度不小于 14℃/min。

11.3.1.9　不锈钢和耐热钢（JB/T 9197—2008，表 11-112）

表 11-112　不锈钢和耐热钢热处理工艺参考数据（JB/T 9197—2008）

1. 不完全退火、去应力退火或高温回火及正火的热处理规范①

组织类型	序号	牌号	不完全退火			正火			去应力退火或高温回火		
			加热温度/℃	冷却介质	硬度 HBW	加热温度/℃	冷却介质	硬度 HBW	加热温度/℃	冷却介质	硬度 HBW
马氏体型	1	1Cr13	730 ~ 780 830 ~ 900	空气	≤229 ≤170	—	—	—	—	—	—
	2	2Cr13	870 ~ 900	炉冷	≤187				730 ~ 780	空气	≤229
	3	3Cr13			≤206						
	4	4Cr13			≤229						
	5	2Cr13Ni2	840 ~ 860		206 ~ 285						≤254
	6	1Cr17Ni2	—	—	—				670 ~ 690		≤285

（续）

1. 不完全退火、去应力退火或高温回火及正火的热处理规范[①]

组织类型	序号	牌　号	不完全退火			正　火			去应力退火或高温回火		
			加热温度/℃	冷却介质	硬度 HBW	加热温度/℃	冷却介质	硬度 HBW	加热温度/℃	冷却介质	硬度 HBW
马氏体型	7	1Cr11Ni2W2MoV	—	—	—	900～1010	空冷	—	730～750	空气	197～269
	8	1Cr12Ni2WMoVNb				— 1140～1160	— 空冷		680～720		229～320
	9	1Cr14Ni3W2VB				930～950			670～690		197～254
	10	9Cr18	880～920	炉冷	≤269	—	—		730～790		≤269
	11	9Cr18MoV			≤241						≤254
	12	3Cr13Ni7Si2	—	淬火并退火与回火：1040℃～1070℃，水冷，860℃～880℃，保温 6h，随炉冷却至 300℃后空冷，600℃～680℃空冷								—
	13	4Cr10Si2Mo	等温退火	退火：1000～1040℃，保温 1h，随炉冷却至 750℃，保温 3h～4h，空冷								197～269
	14	2Cr3WMoV	—	—	—	1040～1060	空气	—	740～760	空气	187～269
	15	3Cr13Mo	870～900	炉冷	229	—	—		730～780		≤269

2. 淬火或固溶处理、回火或时效的热处理规范

组织类别	序号	牌　号	淬火或固溶处理		按强度选择的回火或时效规范			按硬度选择的回火或时效规范		
			加热温度/℃	冷却介质	抗拉强度/MPa	回火或时效温度[②]/℃	冷却介质	布氏硬度 HBW	回火或时效温度[②]/℃	冷却介质
马氏体型	1	1Cr13	1000～1050	油或空气	780～980	580～650	油或水	254～302	580～650	油或水
					880～1080	560～620		285～341	560～620	
					980～1180	550～580		354～362	550～580	
					1080～1270	520～560		341～388	520～560	
					>1270	<300	空气	>388	<300	空气
	2	2Cr13	980～1050	油或空气	650～880	640～690	油或空气	229～269	650～690	油或空气
					880～1080	560～640		254～285	600～650	
					980～1180	540～590		285～341	570～600	
					1080～1270	520～560		341～388	540～570	
					1180～1370	500～540		388～445	510～540	
					>1370	<350	空气	>445	<350	
	3	3Cr13	980～1050	油或空气	880～1080	580～620	油或水	254～285	620～680	油或水
					980～1180	560～610		285～341	580～610	
					1080～1270	550～600		341～388	550～600	
					1180～1370	540～590		388～445	520～570	
					1270～1470	530～570		445～514	500～530	
					>1470	<350	空气	>514	<350	空气

（续）

2. 淬火或固溶处理、回火或时效的热处理规范

组织类别	序号	牌号	淬火或固溶处理		按强度选择的回火或时效规范			按硬度选择的回火或时效规范		
			加热温度/℃	冷却介质	抗拉强度/MPa	回火或时效温度②/℃	冷却介质	布氏硬度HBW	回火或时效温度②/℃	冷却介质
马氏体型	4	4Cr13	1000~1050	油或空气	980~1180	590~640	油或水	285~341	600~650	油或空气
					1080~1270	570~620		341~388	570~610	
					1180~1370	550~600		388~445	530~580	
					1270~1470	540~580		—	—	
					1370~1570	300~357		445~514	300~370	空气
					>1570	<350	空气	>514	<350	
	5	2Cr13Ni2	1000~1020	油或空气	880~1080	580~680	油或水	269~302	580~680	油或水
					980~1180	540~630		285~362	540~630	
					1080~1270	520~580		302~388	520~580	
					1180~1370	500~540		362~445	500~540	
			900~930		1370~1570	<300	空气	≥44HRC	<300	空气
	6	1Cr17Ni2	9500~1040	油	690~880	580~680	油或水	229~269	580~700	油或空气
					780~980	590~650		254~302	600~680	
					880~1080	540~600		285~341	520~580	
					980~1180	500~560		320~375	480~540	
					1080~1270	480~547		—	—	
					>1270	300~360	空气	>375	<350	空气
	7	1Cr11Ni2W2MoV	990~1010	油或空气	<880	680~740	空气	241~258	680~740	空气
					880~1080	640~680		269~320	650~710	
					>1080	550~590		311~388	550~590	
	8	1Cr12Ni2WMoVNb	1140~1160	油或空气	<880	680~740	空气	241~258	680~740	空气
					880~1080	640~680		269~320	650~710	
					>1080	570~600		320~401	570~600	
	9	1Cr14Ni3W2VB	1040~1060	油或空气	>930	600~680	空气	285~341	600~680	空气
					>1130	500~600		330~388	550~600	
	10	9Cr18③	1010~1070	油	—	—	—	50~55HRC	250~380	空气
								>55HRC	160~250	
	11	9Cr18MoV③	1050~1070	油	—	—	—	50~55HRC	260~320	空气
								>55HRC	160~250	
	12	3Cr13Ni7Si2④	790~810	油	—	—	—	341~401,	—	—
	13	4Cr10Si2Mo	1010~1050	油或空气	—	—	—	302~341	700~760	空气
	14	2Cr3WMoV	1030~1080	油	>880	660~700		285~341	660~700	空气

（续）

2. 淬火或固溶处理、回火或时效的热处理规范

组织类别	序号	牌号	淬火或固溶处理		按强度选择的回火或时效规范			按硬度选择的回火或时效规范		
			加热温度/℃	冷却介质	抗拉强度/MPa	回火或时效温度②/℃	冷却介质	布氏硬度HBW	回火或时效温度②/℃	冷却介质
奥氏体型	15	0Cr18Ni9	1050～1100	空气或水	—	—	—	—	—	—
	16	1Cr18Ni9	1050～1150	空气或水	—	—	—	—	—	—
	17	2Cr18Ni9	1100～1150	空气或水	—	—	—	—	—	—
	18	1Cr18Ni9Ti⑤	1050～1150	空气或水	—	—	—	—	—	—
	19	2Cr13Ni4Mn9	1120～1150	空气或水	—	—	—	—	—	—
	20	4Cr14Ni14W2Mo	1040～1060	水	—	—	—	197～285	620～680	空气
					—	—	—	179～285	810～830	
	21	2Cr18Ni8W2	1020～1060	水	—	—	—	≤276	640～660	空气
			—	—	—	—	—	234～276	810～830	
	22	1Cr21Ni5Ti	950～1050	空气或水	—	—	—	—	—	—
	23	1Cr18Mn8Ni5N	940～960	空气或水	—	—	—	—	—	—
			1060～1080							
	24	1Cr19Ni11Si4AlTi	980～1020	水	—	—	—	—	—	—
	25	1Cr14Mn14Ni	1000～1150	空气或水	—	—	—	—	—	—
	26	1Cr14Mn14Ni3Ti	1050～1100	空气或水	—	—	—	—	—	—
	27	1Cr23Ni18	1050～1150	空气或水	—	—	—	—	—	—
沉淀硬化型	28	0Cr17Ni4Cu4Nb⑥	1030～1050	空气或水	>930	580～620	空气	30～35HRC	600～620	空气
					>980	550～580		35～40HRC	550～580	
					>1080	500～550		38～43HRC	500～550	
					>1180	480～500		41～45HRC	460～500	
	29	0Cr17Ni7Al⑦	Ⅰ:1050～1070	空气或水	—	—	—	—	—	—
			Ⅱ:		>1140	—	—	≥39HRC	—	—
			Ⅲ:		>1250	—	—	≥41HRC	—	—
	30	0Cr15Ni7Mo2Al⑦	Ⅰ:1050～1070	空气或水	—	—	—	—	—	—
			Ⅱ:		>1210	—	—	≥40HRC	—	—
			Ⅲ:		>1250	—	—	≥41HRC	—	—

注：表中牌号为旧牌号，牌号新旧对照见表 11-50～表 11-54。

① 炉冷至 600℃以下空冷。

② 在保证强度和硬度的前提下，回火温度可适当调整。

③ 当采用上限淬火温度时，可进行深冷处理，并低温回火。

④ 可采用 930～990℃淬火或 850～900℃稳定化退火。

⑤ 淬火前应经 1040～1070℃，水冷，860～880℃保温 6h，随炉冷却至 300℃空冷，600～680℃空冷。

⑥ 若工件要冷变形时，应适当提高固溶温度，进行调整处理，然后再进行回火处理。

⑦ Ⅰ处理后可进行冷变形。Ⅱ或Ⅲ为连续进行的热处理工艺：Ⅱ1050～1070℃（空气或水）+760℃×90min（空气）+565℃回火×90min（空气）；Ⅲ1050～1070℃（空气或水）+950℃×10min（空气）+深冷处理－70℃×8h，恢复至室温后再加热到 510℃回火×(30～60) min，空冷。

11.3.2 高温合金（GB/T 14992—2005，表11-113、表11-114）

表11-113 铁基高温合金热处理工艺参数（GB/T 14992—2005）

序号	合金牌号	方案号	工序名称	热处理工艺			备注
				加热温度/℃	保温时间	冷却方法	
1	GH1015		中间退火	1080	板材5~15min，锻件约1min/mm	空冷或水冷	板材1150℃固溶时，保温3~8min
			固溶处理	1150		空冷或水冷	
			消除应力退火	1000		空冷	
2	GH1016		中间退火	1080	板材5~15min，锻件1.4min/mm	空冷或水冷	
			固溶处理	1160		空冷或水冷	
			消除应力退火	1000		空冷	
3	GH1035		中间退火	1060~1100	1.2~2.0min/mm	空冷	
			固溶处理	1120~1150			
4	GH1040		固溶处理	1200	·60min	空冷	
			时效	700	16h	空冷	
5	GH1131		中间退火	1000	同GH1016	空冷	
			固溶处理	1150			
6	GH1139		固溶处理	1180	10~15min	空冷	板材
			消除应力退火	650	2~4h	空冷	
7	GH1140		中间退火	1050	板材5~20min锻件可适当长些	空冷或水冷	
			固溶处理	1080		空冷	火焰筒零件
				1150		空冷	加力室部件
			消除应力退火	940	1.5~2.0h	空冷	或更高温度
8	GH2035A		固溶处理	1080	2h	水冷	适用于棒材和锻件
			时效	680	16h	空冷	
9	GH2038		退火或固溶	1120~1150	8~12min	空冷	适用于板材零件
			时效	800	16h	空冷	
10	GH2036		固溶处理	1140	80min	水冷	大型涡轮盘固溶保温时间为3h
			时效	660	16h	继续升温至	
				770~800	16h	空冷	
11	GH2130		一次固溶	1180	1.5h	空冷	
			二次固溶	1050	4h	空冷	
			时效	800	16h	空冷	
			消除应力退火	1000	10~15min	冷至700℃空冷	氩气保护
			补充时效	800	4h	空冷	
12	GH2132		退火或固溶	980	薄板8min/mm 棒材1h/25mm	δ<2.2mm空冷，其余油冷	冷、热成形和焊接后需固溶
			时效	720	16h	空冷	
			时效	600~650	16h	空冷	适用于冷作材料

（续）

序号	合金牌号	方案号	工序名称	热处理工艺			备　注
				加热温度/℃	保温时间	冷却方法	
13	GH2135	Ⅰ	固溶处理	1140	4h	空冷	适用于盘类零件和环形件
			一次时效	830	8h	空冷	
			二次时效	650	16h	空冷	
		Ⅱ	固溶处理	1080	8h	空冷	适用于棒材制造的零件
			一次时效	830	8h	空冷	
			二次时效	700	16h	空冷	
			渗　铝	700	16h	空冷	与二次时效合并进行
14	GH2150		中间退火	1000	板材 5～15min 锻件适当长些	空冷	适用于 700℃ 以下工作的部件
			固溶处理	1040		空冷	
			时效	750	16～24h	空冷	
15	GH2302	Ⅰ	一次固溶	1180	2h	空冷	适用于棒材制造的零件
			二次固溶	1050	4h	空冷	
			时效	800	16h	空冷	
		Ⅱ	固溶处理	1120	5～25min	空冷	适用于板材零件
			时效	800	16h	空冷	
			渗　铝	800	8h	空冷	与时效结合进行
16	GH2696	Ⅰ	固溶处理	1100～1120	3～5h	油冷	适用于锻压成形的零件
			一次时效	840～850	3～5h	空冷	
			二次时效	700～730	16～25h	空冷	
		Ⅱ	退火	980	2h	空冷	适用于冷成形的高强度螺栓
			时效	750	16h	炉冷	
				650	16h	空冷	
		Ⅲ	时效	700～750	3～5h	炉冷	适用于冷成形弹性元件
				650		空冷	
17	GH2706		退火或固溶	955	≥30min	按需要	720℃ 8h 后或以 55℃/h 冷速炉冷至 620℃ 保温 8h 空冷
			一次时效	845	3h	空冷	
			二次时效	720	8h	炉冷	
				620	总时间 18h	空冷	
18	GH2761	Ⅰ	固溶处理	1120	2h	水冷	适用于涡轮盘及大型锻件
			一次时效	850	4h	空冷	
			二次时效	750	24h	空冷	
		Ⅱ	固溶处理	1090	2h	水冷	适用于其他锻件
			一次时效	850	4h	空冷	
			二次时效	750	24h	空冷	

（续）

序号	合金牌号	方案号	工序名称	热处理工艺			备注
				加热温度/℃	保温时间	冷却方法	
19	GH2901		退火或固溶	1090	2h	水或油冷	
			一次时效	780	4h	空冷	按硬度要求选择二次时效温度
			二次时效	700~730	24h	空冷	
			消除应力退火	650	4h	空冷	
20	GH2903		固溶处理	845	1h	空冷	适用于温加工强化的零件
			时效	720	8h	以55℃/h炉冷	
				620	8h	空冷	
21	GH2907		固溶处理	980	1h	空冷	适用于锻造成形零件
			时效	775	12h	以55℃/h炉冷	
				620	8h	空冷	

注：有些工艺参数按不同用途可以调整，表中加热温度的公差均为±10℃。

表11-114 镍基高温合金热处理工艺参数（GB/T 14992—2005）

序号	合金牌号	方案号④	工序名称	热处理工艺			备注
				加热温度⑤/℃	保温时间	冷却方法	
1	GH3030		退火或固溶	1000	①	空冷	火焰筒部件
			固溶处理	1150	①	空冷	要求高热强度时
			消除应力退火	760	60min	空冷	
2	GH3039		中间退火	1050	①	空冷或水冷	
			固溶处理	1080	①	空冷	火焰筒部件
				1170	①	空冷	加力室部件
			消除应力退火	760	60min	空冷	
3	GH3044		中间退火	1140	板材3~5min 棒材2~2.5h	空冷	
			固溶处理	1150		空冷	热疲劳性好
				1200		空冷	热强性高
4	GH3128		中间退火	1100	①	空冷	
			固溶处理	1160		空冷	火焰筒部件
				1200		空冷	加力室部件
5	GH3170		中间退火	1170	①	空冷	
			固溶处理	1230			
6	GH3536		退火或固溶处理	1175	①	快速空冷或水冷②	高的持久性能
				1065			高的疲劳性能
			消除应力退火	980	60min	空冷	焊接组合件
				870	30~60min	空冷	机加工后用
				760	120min	空冷	稳定尺寸处理

（续）

序号	合金牌号	方案号④	工序名称	热处理工艺			备　注
				加热温度⑤/℃	保温时间	冷却方法	
7	GH3600		退　火	980	15min	空冷或水冷	板材最大成形性
				1050	①	空冷	适用于锻件
			消除应力退火	965	25min	快速空冷	磨削后采用
				760～870	60min	快速空冷	冷变形后用
8	GH3625		退火或固溶	980	60min/25mm	空冷或快冷	
			消除应力退火	965	25min	快速空冷	磨削后采用
				760～870	60min	快速空冷	冷变形后用
9	GH4033		固溶处理	1080	8h	空冷	
			时效	700	16h	空冷	适用于叶片
				750～775	16h	空冷	适用于盘件
			消除表面应力	850	2h	在氩气中冷至600℃后空冷	
				700	8h	空冷	补充时效
10	GH4037		一次固溶	1180	2h	分散空冷	GH4037S 一次固溶，1170℃
			二次固溶	1050	4h	空冷或缓冷	
			时　效	800	16h	空冷	
			消除表面应力	950	2h	在氩气中冷至700℃后空冷	
				800	8h	空冷	补充时效
11	GH4049		一次固溶	1200	2h	分散空冷	允许采用 950℃ ×2h，空冷时效
			二次固溶	1050	4h	分散空冷	
			时　效	850	8h	空冷	
12	GH4133		固溶处理	1080	8h	空冷	
			时　效	750	16h	空冷	
13	GH4169		中间退火	1010	③	快速空冷	用于恢复塑性
			固溶处理	950～980	③	油冷、空冷或水冷	
			时　效	720	8h	以 50℃/h 炉冷	或 720℃ ×8h，炉冷至 620℃ 保温至时效总时间为 18h
				620	8h	空冷	
14	GH4080A		退　火	1080	2h/25mm	空冷	
			固溶处理	1080	8h	空冷	
			时效	700	16h	空冷	适用于叶片等零件
				750	4h	空冷	适用于环形件
15	GH4090	I	退　火	1080	2h/25mm	空冷	
			固溶处理	1080	8h	空冷	
			时　效	700	16h	空冷	适用于多数零件
				750	4h	空冷	适用于紧固件

（续）

序号	合金牌号	方案号④	工序名称	热处理工艺			备注
				加热温度⑤/℃	保温时间	冷却方法	
15	GH4090	Ⅱ	固溶处理	1100～1150	1～10min	空冷或水冷	适用于板、带材制件
			时效	750	4h	空冷	
		Ⅲ	时效	700～725	4h	空冷	冷轧板、带制件
		Ⅳ	时效	600	16h	空冷	适用于冷拉丝材制件
				或650	16h	空冷	
16	GH4093		固溶处理	1050～1080	8h	空冷	
			时效	710	16h	空冷	
17	GH4099		中间退火	1100	③	空冷或水冷	大型板材结构件可在固溶处理后不经时效直接使用
			固溶处理	1140	10～20min	空冷	
			时效	900	4h	空冷	
18	GH4105	Ⅰ	退火	1150	0.5～4h	空冷或快冷	不能水冷
			一次固溶	1150	4h	空冷	适用于叶片等零件
			二次固溶	1030	16h	空冷	
			时效	700	16h	空冷	
		Ⅱ	固溶处理	1125	1～4h	空冷或水冷	适用于紧固件类零件
			时效	850	16h	空冷	
19	GH4141		退火	1065～1175	③	4s内水冷至650℃	最大成形性
				1080		20℃/mm冷至650℃	可减少焊后应变时效裂纹
		Ⅰ	固溶处理	1065～1080	③	空冷	较高的抗拉强度
			时效	760	16h	空冷	
		Ⅱ	固溶处理	1120	③	空冷	较好的综合性能
			时效	900	4h	空冷	
		Ⅲ	固溶处理	1175	③	空冷	较高的持久蠕变强度
			时效	900	4h	空冷	
20	GH4145	Ⅰ	退火	1065	15～30min	快速空冷	适用于板带和管材零件，要求高温高强度，熔焊零件时效前经消除应力处理
			消除应力处理	600	2h	空冷	
			时效	700	20h	空冷	
		Ⅱ	固溶处理	1150	2～4h	空冷	适用于在600℃以上工作要求最大蠕变强度的零件
			一次时效	815～840	24h	空冷	
			二次时效	700	20h	空冷	
		Ⅲ	固溶处理	980	③	空冷	适用于在600℃以下工作并要求适宜强度的零件
			时效	730	8h	炉冷	
				620	8h	空冷	
		Ⅳ	时效	730	16h	空冷	540℃以下工作的弹簧，时效前冷变形15%～20%

（续）

序号	合金牌号	方案号④	工序名称	热处理工艺			备　注
				加热温度⑤/℃	保温时间	冷却方法	
20	GH4145	Ⅳ	时　效	630	4h	空冷	370℃以下工作的弹簧，时效前冷变形 30%～65%
		Ⅴ	固溶处理	1150	2h	空冷	适用于在 370～700℃范围内工作的弹簧，热处理前冷变形 30%～65%
			一次时效	840	24h	空冷	
			二次时效	700	20h	空冷	
21	GH4500		一次固溶	1180	2h	空冷	为获得适当的持久蠕变强度，可选择适当的一次固溶温度，为获得最佳拉伸性能可省去第一次固溶处理
				1120	2h	空冷	
			二次固溶	1080	4h	空冷	
			一次时效	845	24h	空冷	
			二次时效	760	16h	空冷	
22	GH4163		中间退火	1070～1080	5～15min	空冷	固溶保温：板材 4min/mm，棒材和锻件 $d \leqslant 8$mm：0.5h，$d >$ 8mm：1.5～2.5h
			固溶处理	1150		水、油、空冷	
			时　效	800	8h	空冷	
23	GH4220	Ⅰ	一次固溶	1220	4h	空冷	棒材标准热处理工艺
			二次固溶	1050	4h	空冷	
			时　效	950	2h	空冷	
		Ⅱ	一次固溶	1220	4h	空冷至 1070℃后炉冷	叶片用弯晶热处理工艺的一种
			二次固溶	1070	2.5h	空冷	
			时　效	950	2h	空冷	
24	GH4698		一次固溶	1120	8h	空冷	
			二次固溶	1000	4h	空冷	
			时　效	775	16h	空冷	
25	GH4710		一次固溶	1170 或 1150	4h	空冷	1170℃固溶者晶粒较粗大，1150℃固溶者晶粒细小
			二次固溶	1080	4h	空冷	
			一次时效	845	24h	空冷	
			二次时效	760	16h	空冷	
26	GH4738		退　火	1010	4h/25mm	空冷	
		Ⅰ	固溶处理	1080	4h	空冷	适用于叶片和锻件
			一次时效	840	24h	空冷	
			二次时效	760	16h	空冷	
		Ⅱ	固溶处理	980～1010	2h	空冷	适用于板材零件
			一次时效	840	4h	空冷	
			二次时效	760	16h	空冷	

注：表中①、③分别表示参考铁基合金表中数据确定保温时间和按该表中Ⅱ组确定保温时间。②和④分别表示要求最大成形性时用水淬或盐水淬火，热处理多方案是为了适应多种使用要求而设置的。⑤表示加热温度的公差均为 ±10℃。

11.4　常用钢热处理工艺参考曲线

11.4.1　常用钢奥氏体等温转变图（索引表 11-115）

表 11-115　常用钢奥氏体等温转变图索引表

序号	图号	牌　号	页数	序号	图号	牌　号	页数
1	图 11-2	结构钢 08	613	50	图 11-51	20CrNi3	627
				51	图 11-52	30CrNi3	627
2	图 11-3	30	613	52	图 11-53	12Cr2Ni2	627
3	图 11-4	35	613	53	图 11-54	20Cr2Ni4A	628
4	图 11-5	45	613	54	图 11-55	20Cr2Ni4A（渗碳后）	628
5	图 11-6	50	614	55	图 11-56	20CrNiMo	628
6	图 11-7	55	614	56	图 11-57	30CrNiMo	629
7	图 11-8	16Mn	614	57	图 11-58	35CrNiMo	629
8	图 11-9	30Mn	614	58	图 11-59	40CrNiMo	629
9	图 11-10	Y40Mn	615	59	图 11-60	30Cr2NiMo	630
10	图 11-11	20Mn2	615	60	图 11-61	35CrNi2Mo	630
11	图 11-12	40Mn2	615	61	图 11-62	40CrNi2Mo	631
12	图 11-13	45Mn2	615	62	图 11-63	12Cr2Ni3Mo	631
13	图 11-14	50MnMo	616	63	图 11-64	30CrNi3Mo	632
14	图 11-15	45B	616	64	图 11-65	34CrNi3Mo	632
15	图 11-16	40MnB	616	65	图 11-66	18Cr2Ni4Mo	632
16	图 11-17	40MnBRE	616	66	图 11-67	35Cr2Ni4Mo	633
17	图 11-18	20Mn2B 与 20Mn2	617	67	图 11-68	65	633
18	图 11-19	20Mn2B 与 20Mn2B（渗碳后）	617	68	图 11-69	65Mn	633
19	图 11-20	20Mn2TiB	617	69	图 11-70	60Si2Mn	634
20	图 11-21	14MnVTiRE	617	70	图 11-71	55SiMnMoV	634
21	图 11-22	18MnMoNb	618	71	图 11-72	65Cr4W3Mo2VNb	634
22	图 11-23	35SiMn	618	72	图 11-73	GCr6	635
23	图 11-24	45SiMn2	618	73	图 11-74	GCr15	635
24	图 11-25	20Cr	619	74	图 11-75	GCr15SiMn	635
25	图 11-26	30Cr	619	75	图 11-76	T8	636
26	图 11-27	40Cr	619	76	图 11-77	T10	636
27	图 11-28	45Cr	620	77	图 11-78	T11	636
28	图 11-29	50Cr	620	78	图 11-79	T12	637
29	图 11-30	20CrMo	620	79	图 11-80	Cr	637
30	图 11-31	20CrMo（渗碳后）	620	80	图 11-81	9Cr2	637
31	图 11-32	35CrMo	621	81	图 11-82	Cr12	638
32	图 11-33	42CrMo	621	82	图 11-83	V	638
33	图 11-34	50CrMo	621	83	图 11-84	9Mn2V	638
34	图 11-35	45CrV	622	84	图 11-85	CrMnV	639
35	图 11-36	25Cr2MoVA	622	85	图 11-86	CrWMn	639
36	图 11-37	32Cr2Mo1VA	622	86	图 11-87	5CrMnMo	639
37	图 11-38	38CrMoAlA	623	87	图 11-88	5CrNiMo	640
38	图 11-39	30CrMnSi	623	88	图 11-89	5CrNiW	640
39	图 11-40	35CrMnSiA	623	89	图 11-90	3Cr2W8V	640
40	图 11-41	20CrMnTi	624	90	图 11-91	4Cr5MoVSi	641
41	图 11-42	20CrMnTi（渗碳后）	624	91	图 11-92	8Cr2SiMnMoV	641
42	图 11-43	40CrMnTi	624	92	图 11-93	W3Mo2Cr4VSi	642
43	图 11-44	20Cr2Mn2MoAl（渗碳后）	625	93	图 11-94	Cr4Mo5W6V	642
44	图 11-45	50CrMnV	625	94	图 11-95	Cr4Mo5W6V2Co5	643
45	图 11-46	20CrNi	625	95	图 11-96	W12Mo2Cr4VRe	643
46	图 11-47	20CrNi（渗碳后）	626	96	图 11-97	W18Cr4V	644
47	图 11-48	40CrNi	626	97	图 11-98	W18Cr4V2MoCo5	644
48	图 11-49	12CrNi3	626	98	图 11-99	06Cr13	645
49	图 11-50	12CrNi3（渗碳后）	626	99	图 11-100	12Cr13	645

（续）

序号	图号	牌　号	页数	序号	图号	牌　号	页数
100	图 11-101	20Cr13	645	102	图 11-103	Cr17	646
101	图 11-102	30Cr13	646	103	图 11-104	Mn13	646

注：曲线图中表示相组织组成物含量的数据为体积分数，因有些图内曲线多，相组织组成物含量数据后的“%”均未标出。

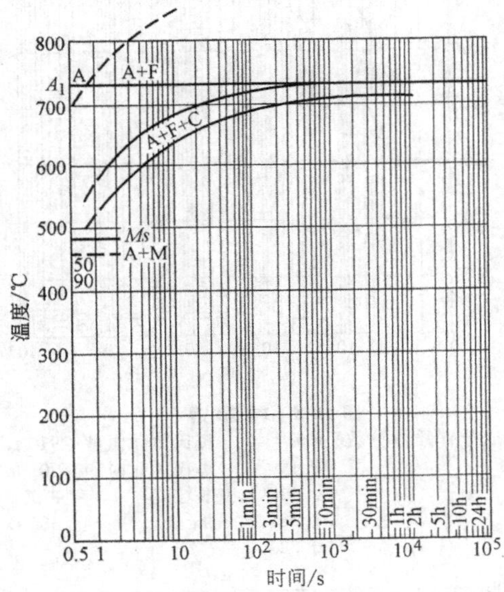

图 11-2　08 钢

化学成分（质量分数）（%）		奥氏体化温度	910℃
C	0.06	晶粒度	7 级
Mn	0.43	A_1	730℃
		Ms	480℃

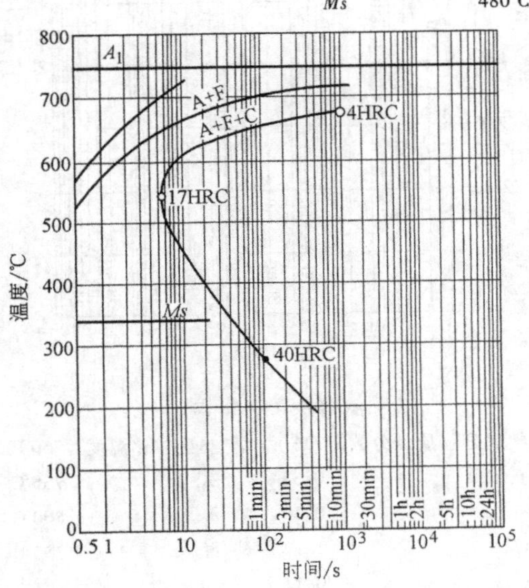

图 11-3　30 钢

化学成分（质量分数）（%）		奥氏体化温度	840℃
C	0.30	晶粒度	6～8 级
Si	0.46	A_1	745℃

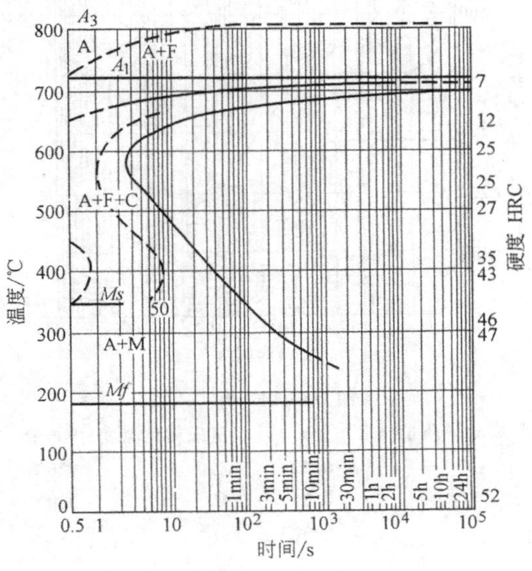

图 11-4　35 钢

化学成分（质量分数）（%）		奥氏体化温度	840℃
C	0.35	A_1	720℃
Mn	0.37	A_3	800℃
		Ms	350℃

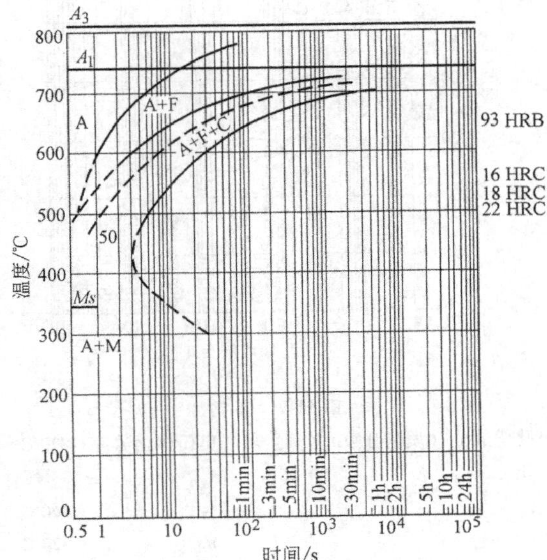

图 11-5　45 钢

化学成分（质量分数）（%）		奥氏体化温度	850℃
C	0.46	Ac_1	740℃
Si	0.19	Ac_3	805℃
Mn	0.80	*Ms*	345℃
Cr	0.13		

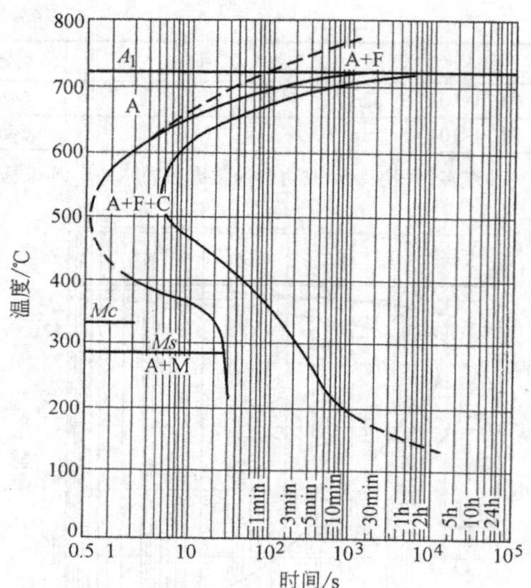

图 11-6　50 钢

化学成分（质量分数）(%)		奥氏体化温度	900℃
C	0.53	A_1	720℃
Si	0.23	Ms	290℃
Mn	0.32		

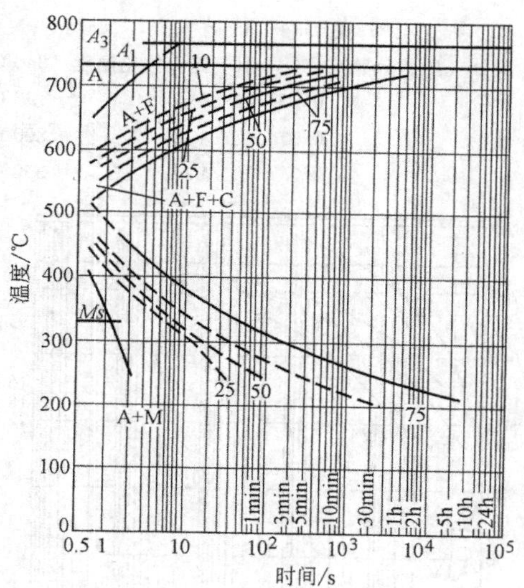

图 11-7　55 钢

化学成分（质量分数）(%)		奥氏体化温度	870℃
C	0.55	A_1	730℃
		A_3	760℃
		Ms	320℃

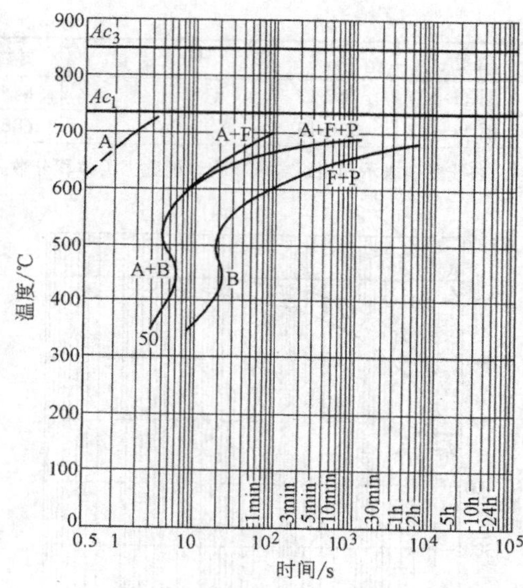

图 11-8　16Mn 钢

化学成分（质量分数）(%)		奥氏体化温度	910℃
C	0.19	奥氏体化时间	20min
Si	0.53	晶粒度	8 级
Mn	1.38	Ms	386℃
Ti	0.02		

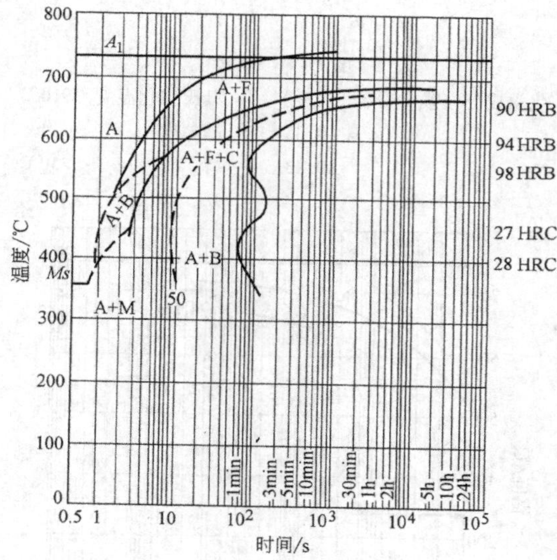

图 11-9　30Mn 钢

化学成分（质量分数）(%)		奥氏体化温度：	850℃
C	0.33	A_1	735℃
Si	0.30	A_3	800℃
Mn	1.12	Ms	355℃
Cr	0.11		
Ni	0.24		
Mo	0.04		
Cu	0.19		

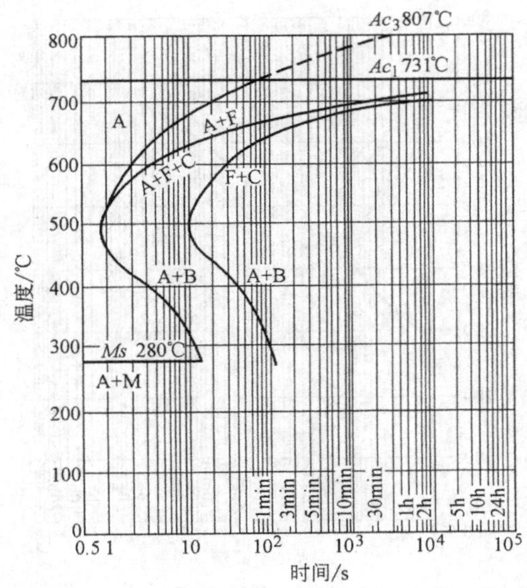

图 11-10　Y40Mn 钢

化学成分（质量分数）（%）			
C	0.51	奥氏体化温度	850℃
Si	0.25	晶粒度	8 级
Mn	1.39	Ac_1	731℃
S	0.257	Ac_3	807℃
P	0.04	Ms	280℃

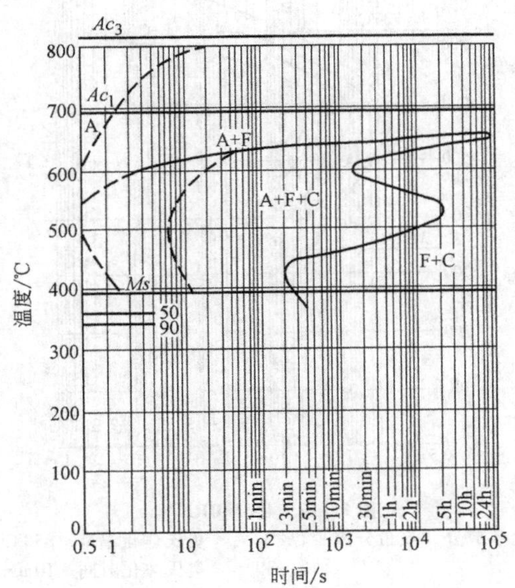

图 11-11　20Mn2 钢

化学成分（质量分数）（%）			
C	0.20	奥氏体化温度	925℃
Mn	1.88	晶粒度	7～8 级
Cu	0.11	A_1	695℃
		A_3	820℃

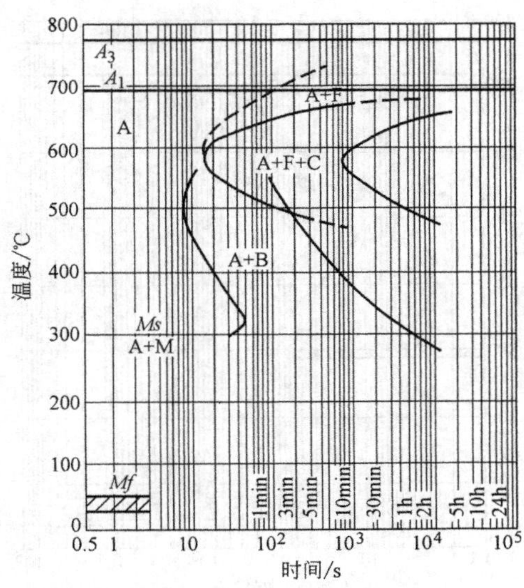

图 11-12　40Mn2 钢

化学成分（质量分数）（%）			
C	0.40	A_1	695℃
Si	0.40	A_3	770℃
Mn	2.06	Ms	300℃
Cr	0.11		
Ni	0.05		

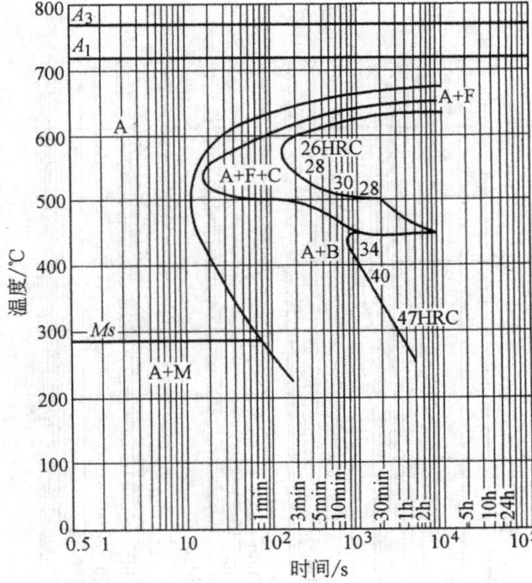

图 11-13　45Mn2 钢

化学成分（质量分数）（%）			
C	0.48	奥氏体化温度	850℃
Si	0.28	A_1	720℃
Mn	1.98	A_3	765℃
Cu	0.19	Ms	290℃

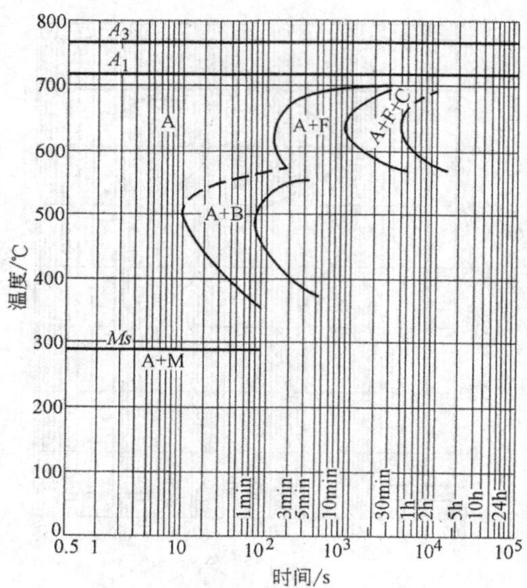

图 11-14　50MnMo 钢

化学成分（质量分数）（%）		奥氏体化温度	850℃
C	0.52	A_1	720℃
Si	0.30	A_3	765℃
Mn	1.18	Ms	290℃
Cr	0.13		
Ni	0.16		
Mo	0.30		

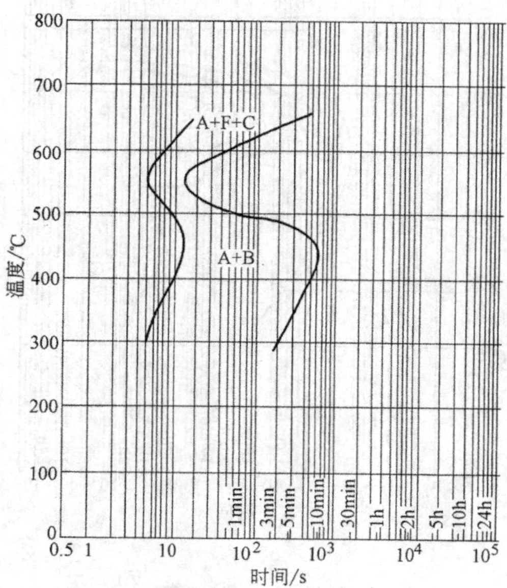

图 11-15　45B 钢

化学成分（质量分数）（%）		奥氏体化温度	—
C	0.48	Ac_1	725℃
Si	0.30	Ac_3	770℃
Mn	0.68		
B	0.0043		

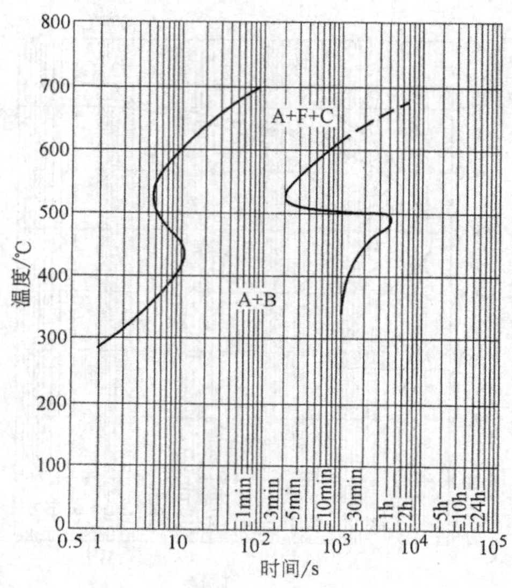

图 11-16　40MnB 钢

化学成分（质量分数）（%）		奥氏体化温度	850℃
C	0.41	奥氏体化时间	6min
Si	0.47	Ac_1	730℃
Mn	1.08	Ac_3	780℃
P	<0.035		
S	<0.026		
B	0.0034		

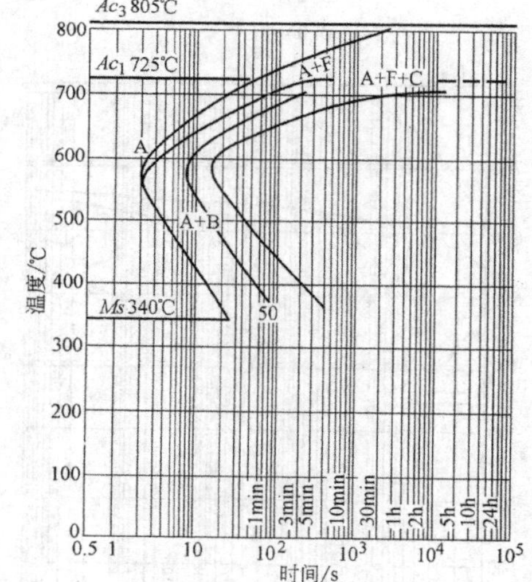

图 11-17　40MnBRE 钢

化学成分（质量分数）（%）		奥氏体化温度	850℃
C	0.38	奥氏体化时间	10min
Si	0.25	晶粒度	5 级
Mn	1.13	Ac_1	725℃
Cr	0.03	Ac_3	805℃
Ni	0.03	Ms	340℃
S	0.004		
P	0.010		
RE	0.079		
B	0.0038		
Cu	0.04		

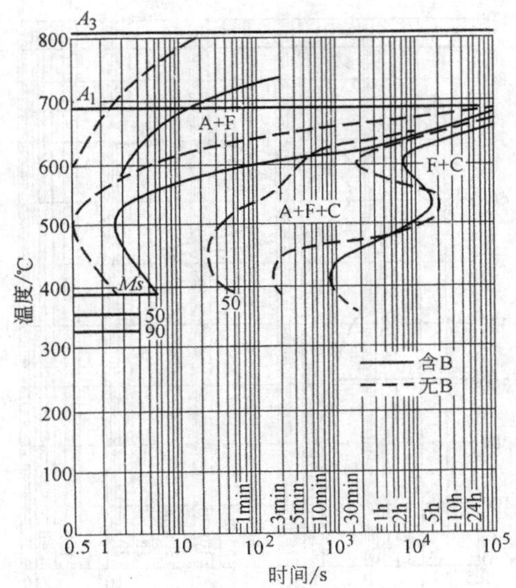

图 11-18　20Mn2B 与 20Mn2 钢

化学成分（质量分数）（%）		奥氏体化温度	930℃
C	0.21	晶粒度（级）	7~8 级
Mn	2.04	A_1	690℃
B	0.0015	A_3	805℃

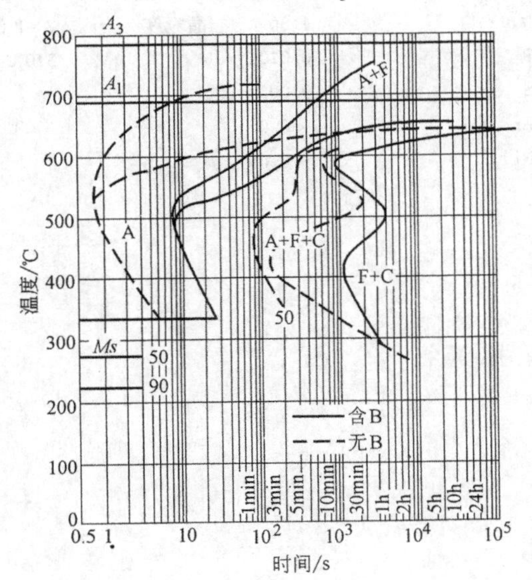

图 11-19　20Mn2B 钢与 20Mn2 钢（渗碳后）

化学成分（质量分数）（%）		奥氏体化温度	930℃ 含 B
C	0.40		930℃ 不含 B
Mn	2.04	晶粒度（级）	2~4（50%）
B	0.0015		7~8（75%）
			6~7（50%）
			3~5（25%）
		A_1	690℃
		A_3	780℃

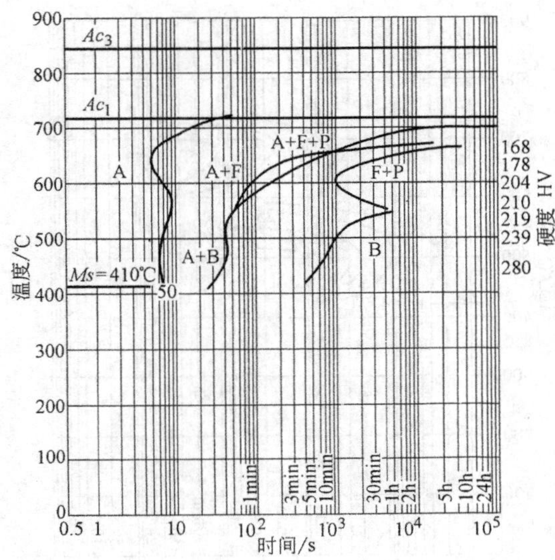

图 11-20　20Mn2TiB 钢

化学成分（质量分数）（%）		原始状态	正火＋高温回火
C	0.20	奥氏体化温度	900℃
Si	0.32	奥氏体化时间	25min
Mn	1.63	晶粒度	4~5 级
P	0.014	Ms	410℃
S	0.005		
Cr	0.15		
Ni	0.12		
Ti	0.085		
B	0.0028		

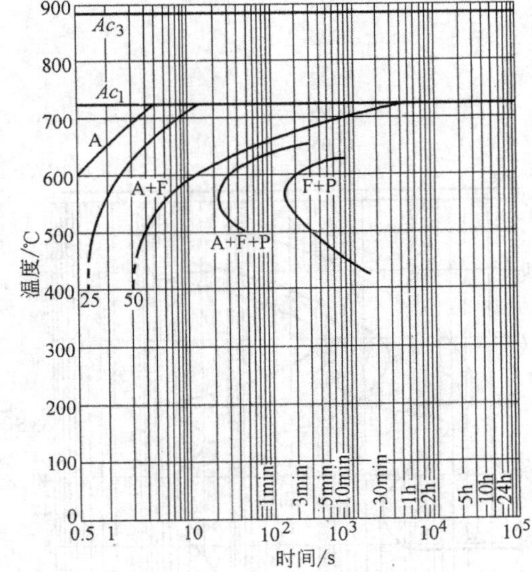

图 11-21　14MnVTiRE 钢

化学成分（质量分数）（%）		原始状态	正火
C	0.14	奥氏体化温度	930℃
Si	0.48	奥氏体化时间	20min
Mn	1.32	晶粒度	8 级
V	0.071	Ms	434℃
Ti	0.12		
RE	0.016		

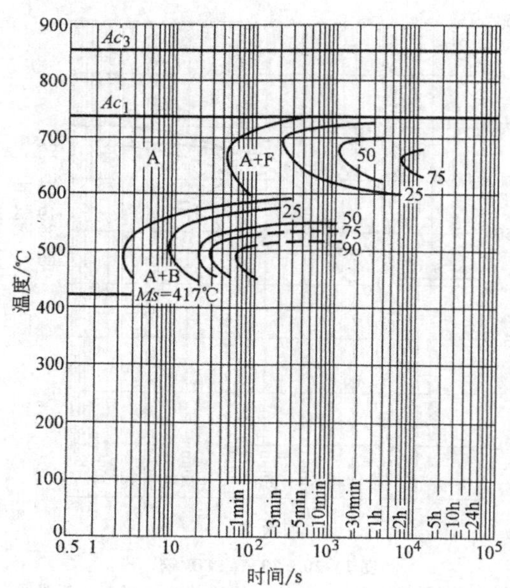

图 11-22　18MnMoNb 钢

化学成分（质量分数）（%）	
C	0.19
Si	0.27
Mn	1.30
P	0.013
S	0.008
Cr	0.24
Ni	0.25
Mo	0.53
Nb	0.04
Cu	0.03

原始状态	正火 + 回火
奥氏体化温度	900℃
奥氏体化时间	20min
晶粒度	7 ~ 8 级
Ms	417℃

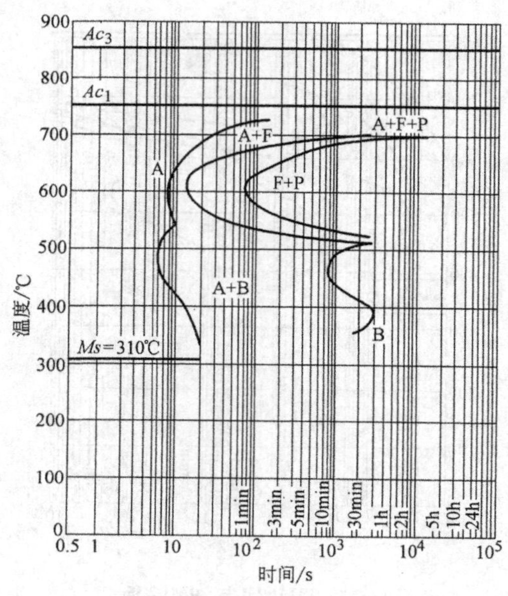

图 11-23　35SiMn 钢

化学成分（质量分数）（%）	
C	0.37
Si	1.32
Mn	1.30
P	0.010
S	0.003
Cr	<0.05
Ni	<0.05

原始状态	退火
奥氏体化温度	900℃
奥氏体化时间	20min
晶粒度	7 ~ 8 级
Ms	310℃

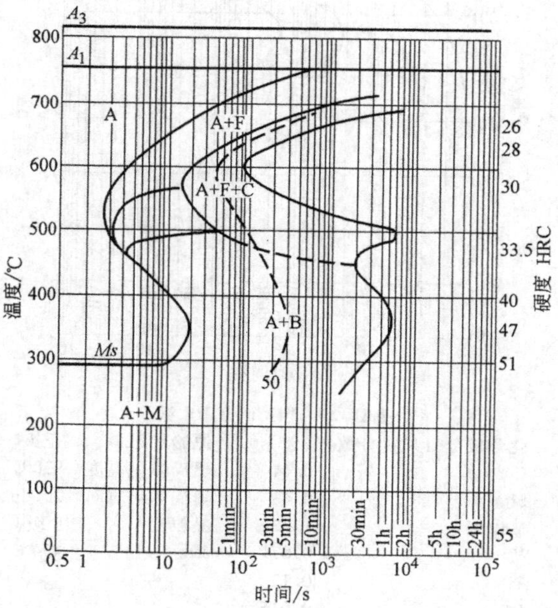

图 11-24　45SiMn2 钢

化学成分（质量分数）（%）	
C	0.45
Si	1.34
Mn	1.50
Cr	0.02
Ni	0.03
Mo	0.10
V	0.04

奥氏体化温度	925℃
A_1	760℃
A_3	815℃
Ms	290℃

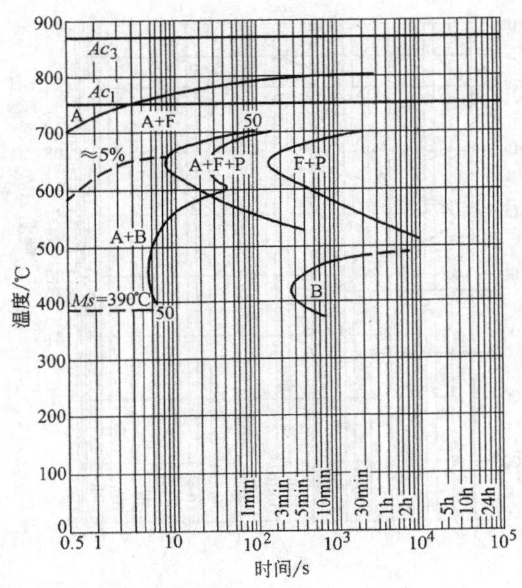

图 11-25　20Cr 钢

化学成分（质量分数）（%）		原始状态	
C	0.21	奥氏体化温度	910℃
Si	0.25	奥氏体化时间	20min
Mn	0.62	晶粒度	6～7 级
P	0.020	*Ms*	390℃
S	0.009		
Cr	0.92		
Ni	0.13		
Cu	0.12		

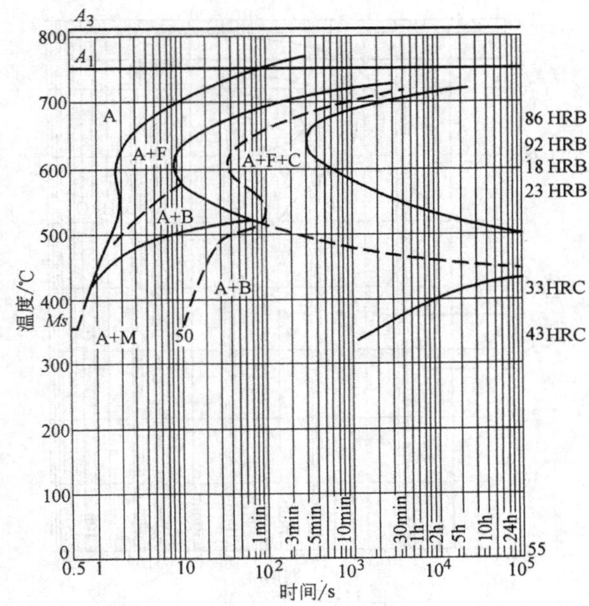

图 11-26　30Cr 钢

化学成分（质量分数）（%）		奥氏体化温度	850℃
C	0.32	A_1	755℃
Si	0.30	A_3	810℃
Mn	0.75	*Ms*	350℃
Cr	1.08		
Ni	0.26		
Mo	0.02		
Cu	0.17		

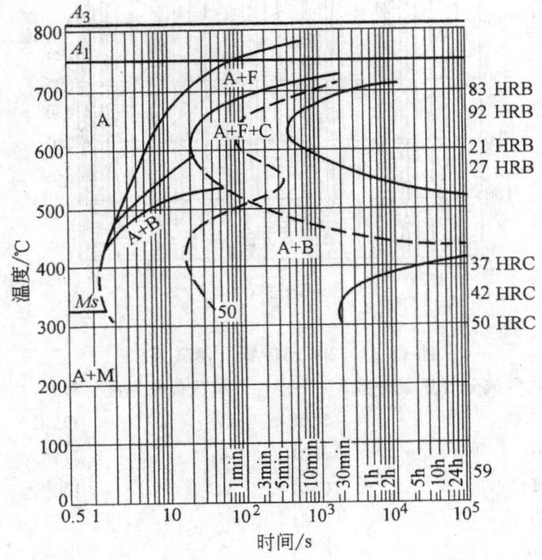

图 11-27　40Cr 钢

化学成分（质量分数）（%）		奥氏体化温度	850℃
C	0.38	A_1	705℃
Si	0.26	A_3	805℃
Mn	0.74	*Ms*	325℃
Cr	0.90		
Ni	0.26		
Mo	0.04		
Cu	0.17		

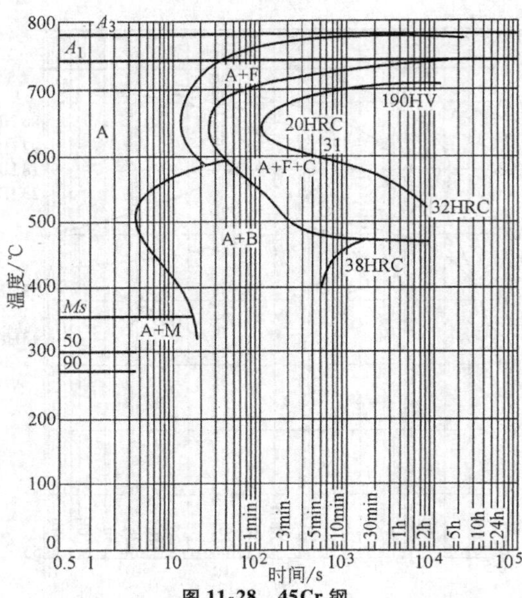

图 11-28　45Cr 钢

化学成分（质量分数）（%）		奥氏体化温度	840℃
C	0.44	A_1	745℃
Si	0.22	A_3	790℃
Mn	0.80	*Ms*	355℃
Cr	1.04		
Ni	0.26		
Mo	0.04		

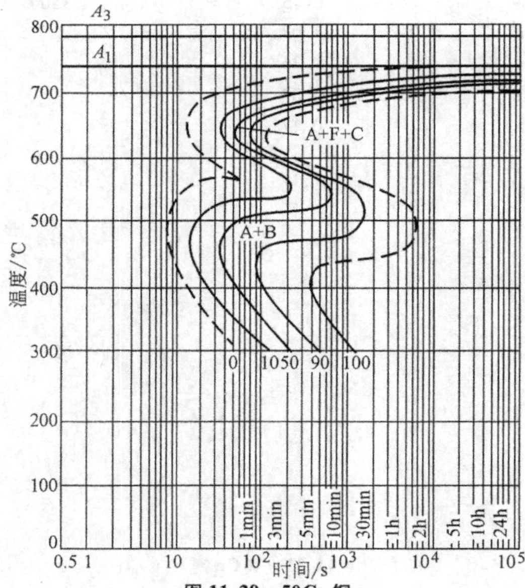

图 11-29　50Cr 钢

化学成分（质量分数）（%）		奥氏体化温度	860℃
C	0.48	A_1	735℃
Si	0.28	A_3	780℃
Mn	0.86		
Cr	0.98		
Ni	0.48		
Mo	0.04		

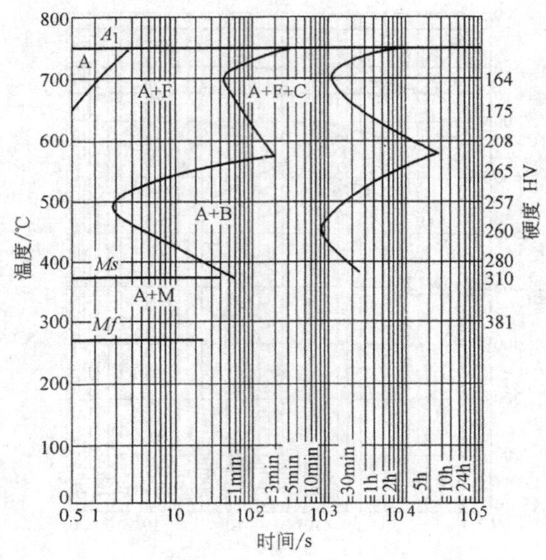

图 11-30　20CrMo 钢

化学成分（质量分数）（%）		奥氏体化温度	875℃
C	0.18	A_1	755℃
Si	0.21	A_3	840℃
Mn	0.62	*Ms*	380℃
Cr	0.81		
Mo	0.27		

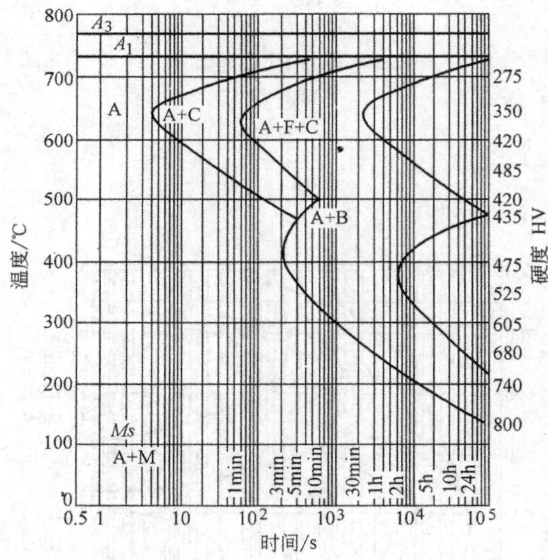

图 11-31　20CrMo 钢（渗碳后）

化学成分（质量分数）（%）		奥氏体化温度	875℃
C	1.08	A_1	735℃
Si	0.21	A_3	775℃
Mn	0.62	*Ms*	100℃
Cr	0.81		
Mo	0.27		

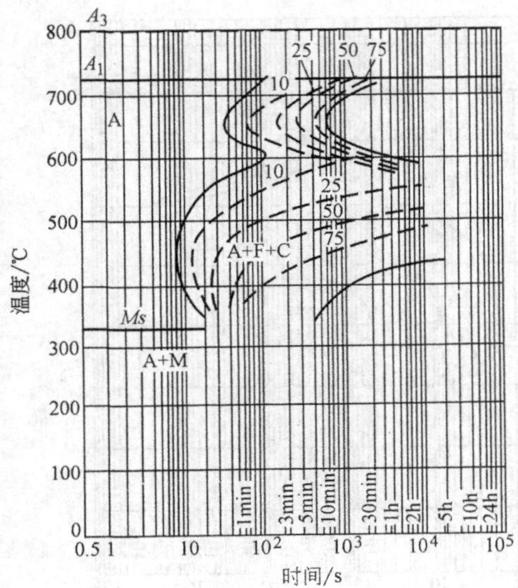

图 11-32　35CrMo 钢

化学成分（质量分数）（%）		奥氏体化温度	870℃
C	0.35	A_1	730℃
Cr	1.15	A_3	800℃
Mo	0.25	Ms	330℃

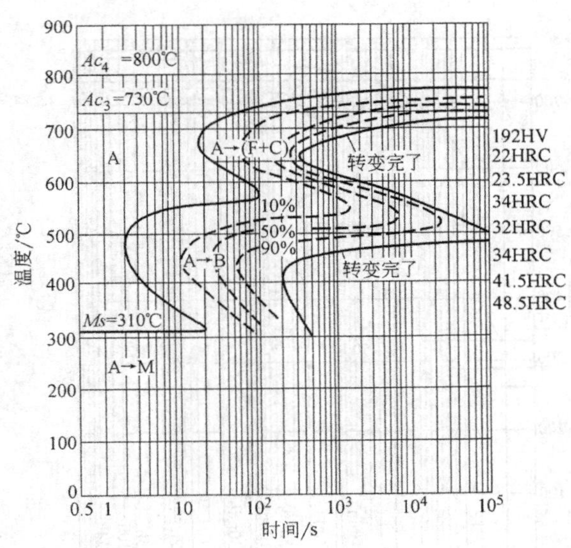

图 11-33　42CrMo 钢

化学成分（质量分数）（%）		奥氏体化温度	860℃
C	0.41		
Si	0.29		
Mn	0.67		
Cr	1.01		
Mo	0.23		

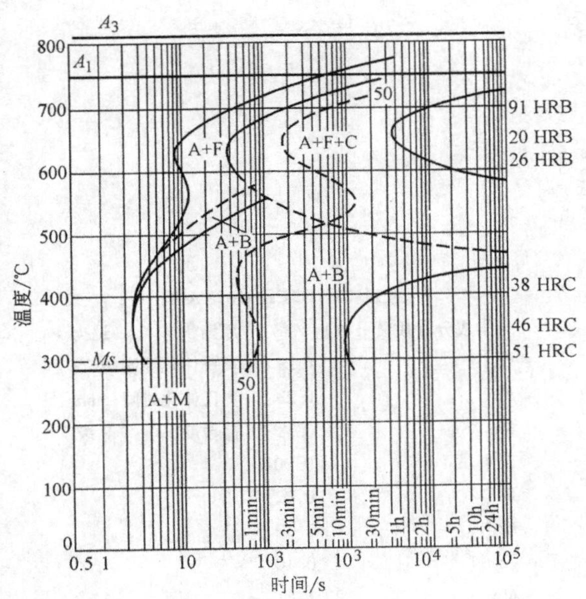

图 11-34　50CrMo 钢

化学成分（质量分数）（%）		奥氏体化温度	850℃
C	0.52	A_1	750℃
Si	0.40	A_3	810℃
Mn	0.60	Ms	290℃
Cr	1.00		
Ni	0.17		
Mo	0.22		
V	0.05		
Cu	0.38		

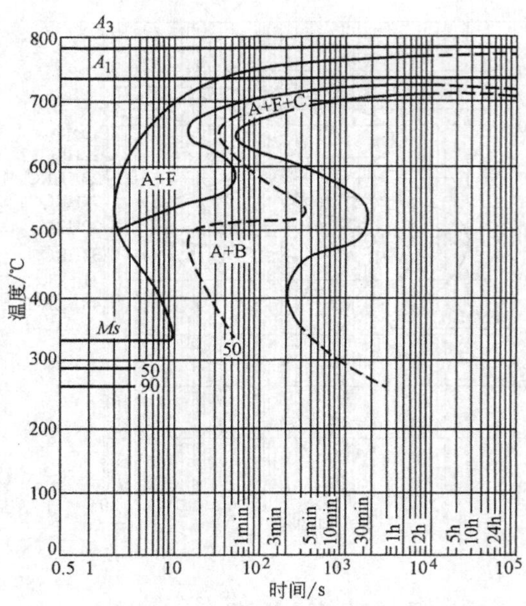

图 11-35 45CrV 钢

化学成分（质量分数）（%）		奥氏体化温度	845℃
C	0.45	晶粒度	8 级
Si	—	A_1	735℃
Mn	0.74	A_3	780℃
Cr	0.92		
Ni	—		
Mo	—		
V	0.16		

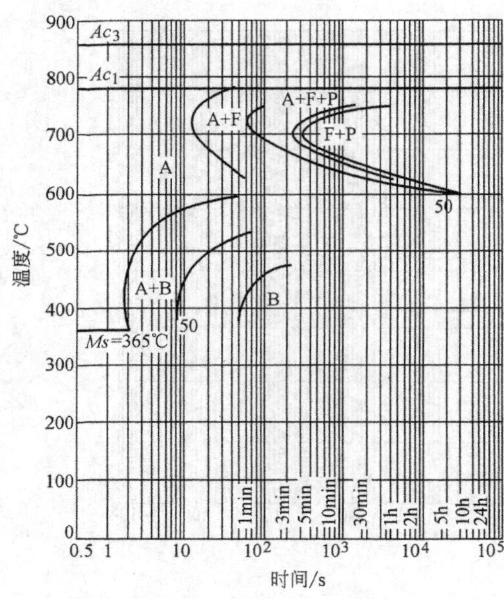

图 11-36 25Cr2MoVA 钢

化学成分（质量分数）（%）		原始状态	正火＋回火
C	0.23	奥氏体化温度	940℃
Si	0.30	奥氏体化时间	30min
Mn	0.53	*Ms*	365℃
P	0.018		
Cr	1.55		
Ni	0.03		
Mo	0.29		
V	0.21		
Cu	0.11		

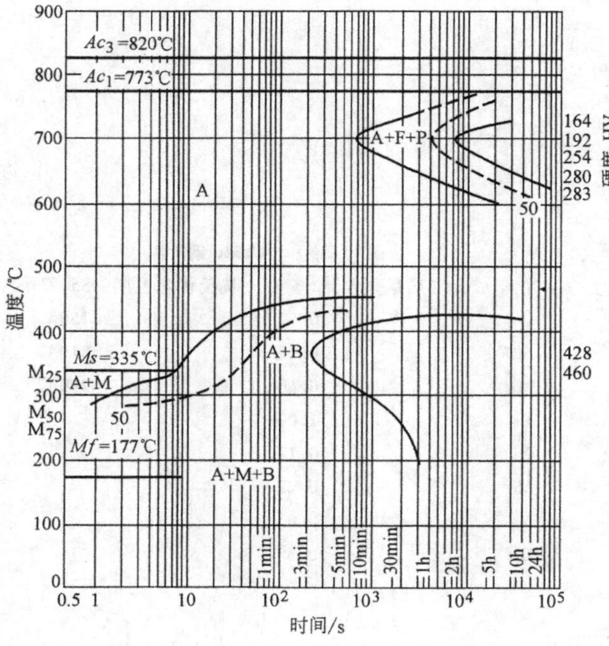

图 11-37 32Cr2Mo1VA 钢

化学成分（质量分数）（%）		原始状态	退火
C	0.29	奥氏体化温度	930℃
Si	0.23	奥氏体化时间	5min
Mn	0.38	晶粒度	8 级
S	0.004		
P	0.02		
Cr	2.32		
Ni	0.10		
Mo	1.51		
V	0.23		
Cu	0.093		

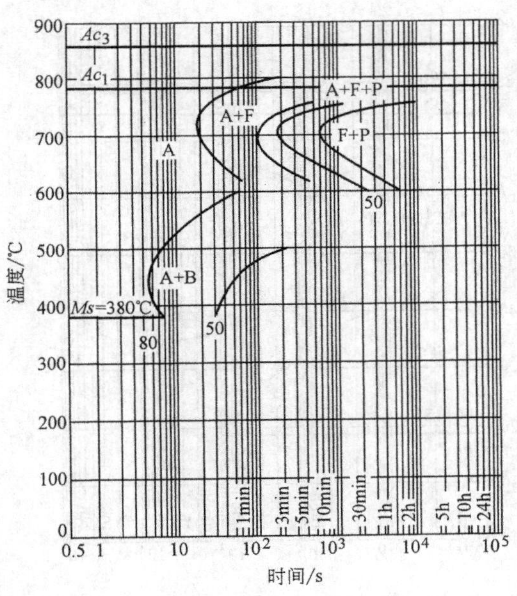

图 11-38 38CrMoAlA 钢

化学成分（质量分数）（%）		原始状态	正火 + 回火
C	0.38	奥氏体化温度	930℃
Si	0.42	奥氏体化时间	20min
Mn	0.46	*Ms*	380℃
Cr	1.38		
Mo	0.23		
Al	0.82		

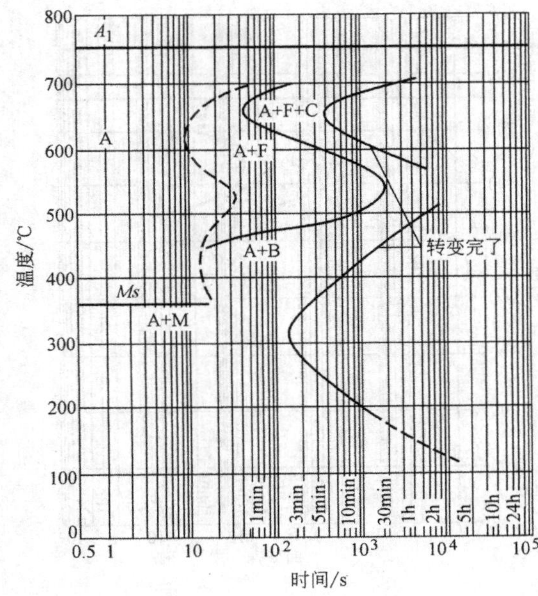

图 11-39 30CrMnSi 钢

化学成分（质量分数）（%）		奥氏体化温度 870℃
C	0.28	
Si	1.00	
Mn	1.10	
Cr	1.00	
Ni	—	
Mo	—	

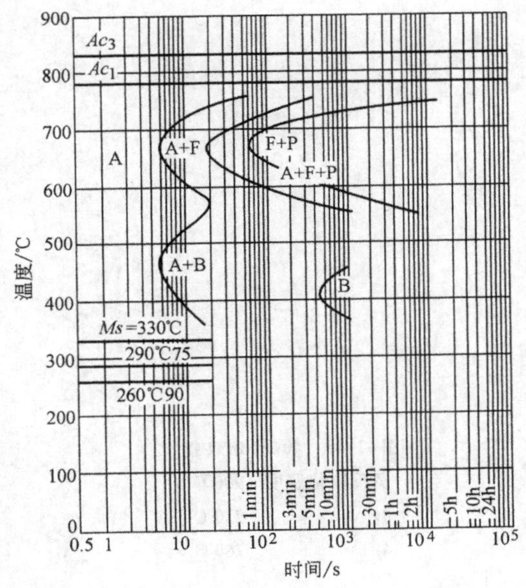

图 11-40 35CrMnSiA 钢

化学成分（质量分数）（%）		原始状态	正火 + 回火
C	0.35	奥氏体化温度	880℃
Si	1.18	奥氏体化时间	20min
Mn	0.98	*Ms*	330℃
P	0.019		
S	0.007		
Cr	1.27		
Ni	0.05		
Cu	0.09		

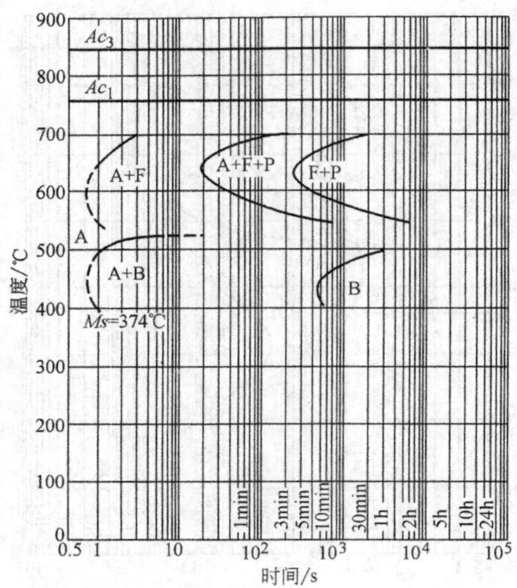

图11-41　20CrMnTi钢

化学成分（质量分数）（%）		原始状态	正火
C	0.184	奥氏体化温度	880℃
Si	0.28	奥氏体化时间	25min
Mn	0.98	晶粒度	7～8级
P	0.013	*Ms*	374℃
S	0.013		
Cr	1.18		
Ti	0.17		
Cu	0.09		

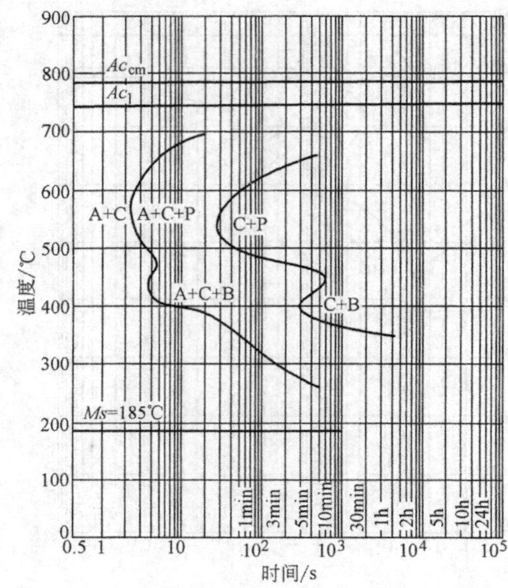

图11-42　20CrMnTi钢（渗碳后）

化学成分（质量分数）（%）		原始状态	球化退火
C	1.02	奥氏体化温度	780℃
Si	0.34	奥氏体化时间	30min
Mn	0.96	晶粒度	8级
P	0.012	*Ms*	185℃
S	0.005		
Cr	1.26		
Ti	0.12		

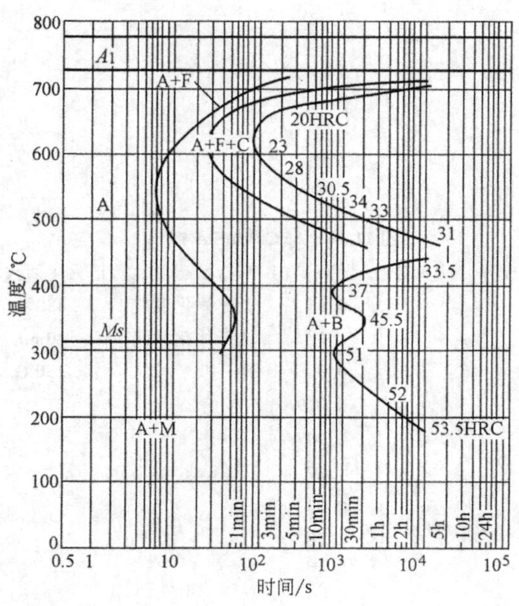

图11-43　40CrMnTi钢

奥氏体化温度	900℃
A_1	730℃
A_3	780℃

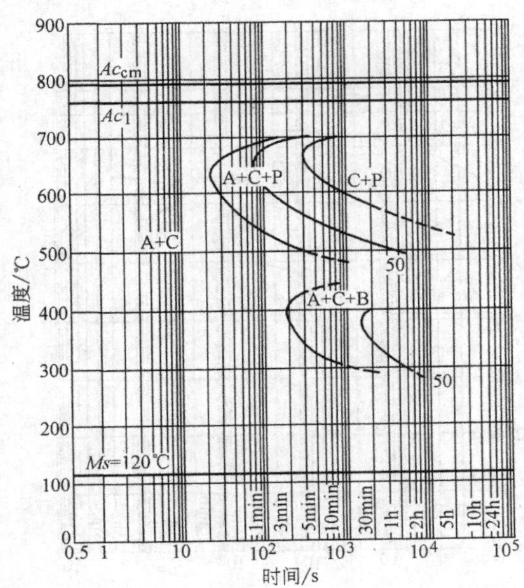

图 11-44　20Cr2Mn2MoAl 钢（渗碳后）

化学成分（质量分数）（%）			
C	0.98	原始状态	退火
Si	0.34	奥氏体化温度	900℃
Mn	1.48	奥氏体化时间	30min
P	0.007	晶粒度	8 级
S	0.007	*Ms*	120℃
Cr	2.10		
Mo	0.31		
Cu	0.08		
Al	0.04		

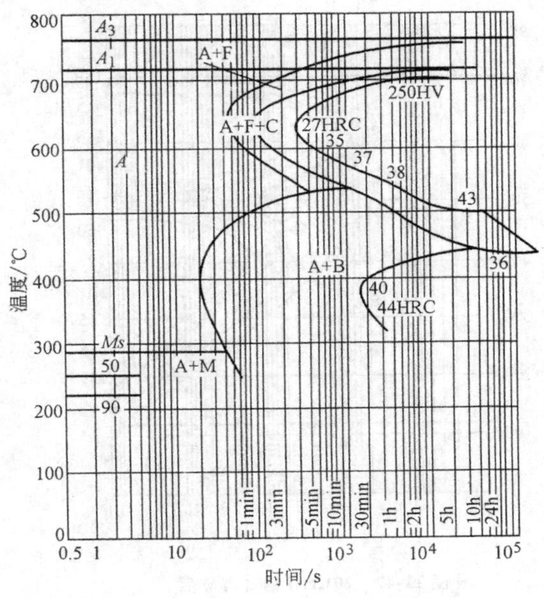

图 11-45　50CrMnV 钢

化学成分（质量分数）（%）			
C	0.47	奥氏体化温度	880℃
Si	0.38	A_1	720℃
Mn	1.04	A_3	770℃
Cr	1.20	*Ms*	290℃
Ni	0.06		
Mo	0.06		
V	0.18		

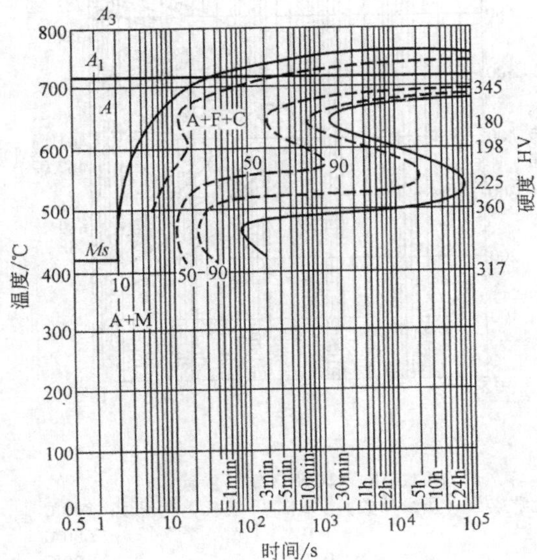

图 11-46　20CrNi 钢

化学成分（质量分数）（%）			
C	0.20	奥氏体化温度	（865℃）
Si	0.15	A_1	720℃
Mn	0.71	A_3	800℃
Cr	0.80	*Ms*	410℃
Ni	1.13		
Mo	0.05		

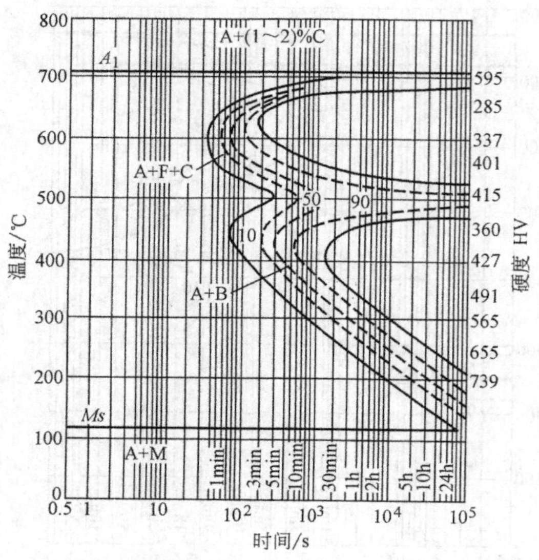

图 11-47　20CrNi 钢（渗碳后）

化学成分（质量分数）(%)		奥氏体化温度	865℃
C	0.96	A_1	710℃
Si	0.26	Ms	110℃
Mn	0.74		
Cr	0.81		
Ni	1.19		
Mo	0.09		

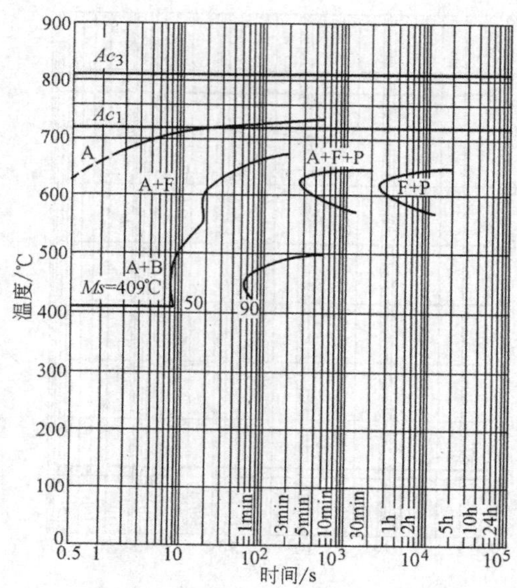

图 11-49　12CrNi3 钢

化学成分（质量分数）(%)		原始状态	正火＋回火
C	0.13	奥氏体化温度	860℃
Si	0.34	奥氏体化时间	20min
Mn	0.50	Ms	409℃
P	0.013		
S	0.004		
Cr	0.76		
Ni	2.92		

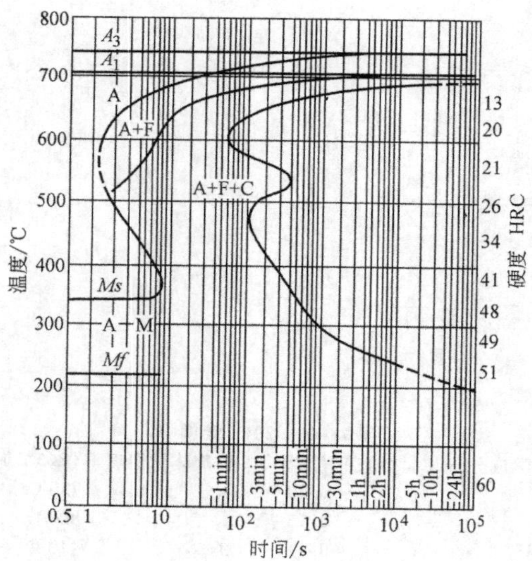

图 11-48　40CrNi 钢

化学成分（质量分数）(%)		奥氏体化温度	845℃
C	0.38	A_1	707℃
Si	0.21	A_3	754℃
Mn	0.72	Ms	340℃
Cr	0.50		
Ni	1.30		

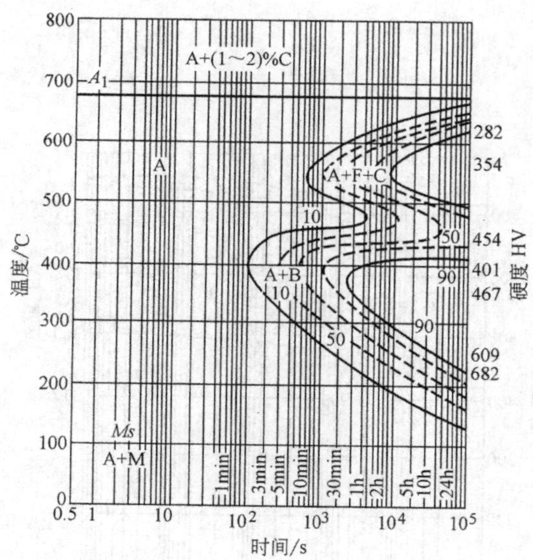

图 11-50　12CrNi3 钢（渗碳后）

化学成分（质量分数）(%)		奥氏体化温度	860℃
C	1.0	A_1	680℃
Si	0.12	Ms	100℃
Mn	0.30		
Cr	0.90		
Ni	3.27		

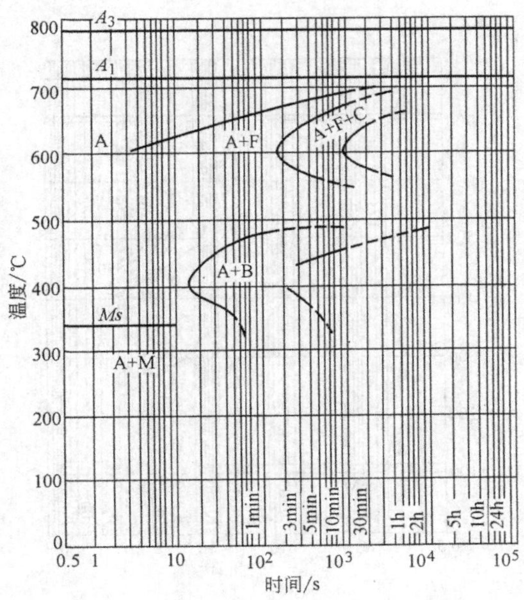

图 11-51　20CrNi3 钢

化学成分（质量分数）(%)		奥氏体化温度	850℃
C	0.17	A_1	715℃
Cr	0.90	A_3	790℃
Ni	3.38	*Ms*	340℃

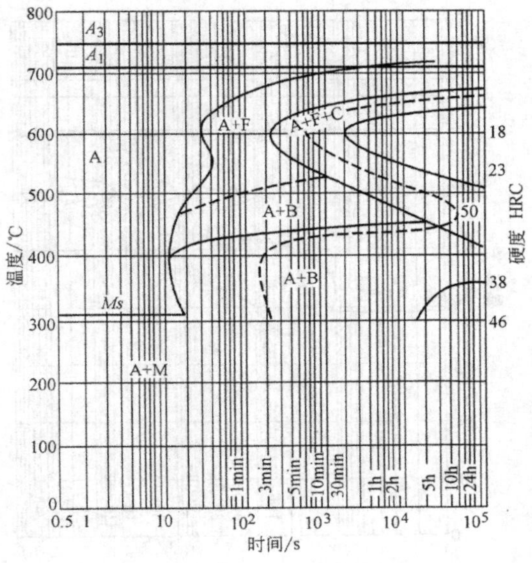

图 11-52　30CrNi3 钢

化学成分（质量分数）(%)		奥氏体化温度	825℃
C	0.33	A_1	705℃
Si	0.32	A_3	750℃
Mn	0.51	*Ms*	305℃
Cr	0.83		
Ni	3.38		

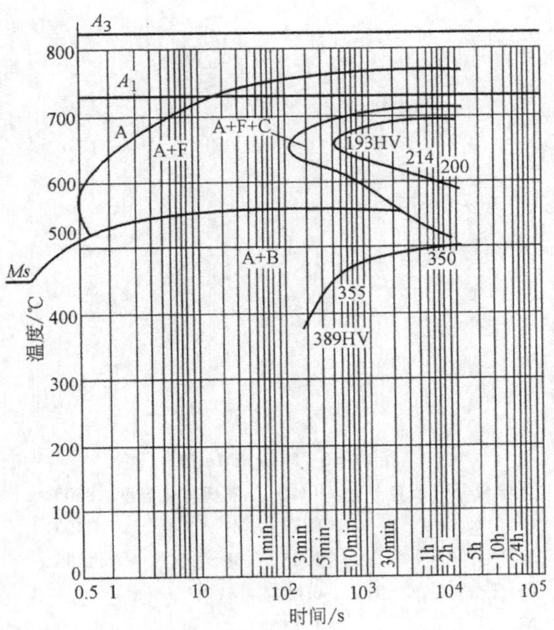

图 11-53　12Cr2Ni2 钢

化学成分（质量分数）(%)		奥氏体化温度	870℃
C	0.13	A_1	735℃
Si	0.31	A_3	820℃
Mn	0.51	*Ms*	440℃
Cr	1.50		
Ni	1.55		

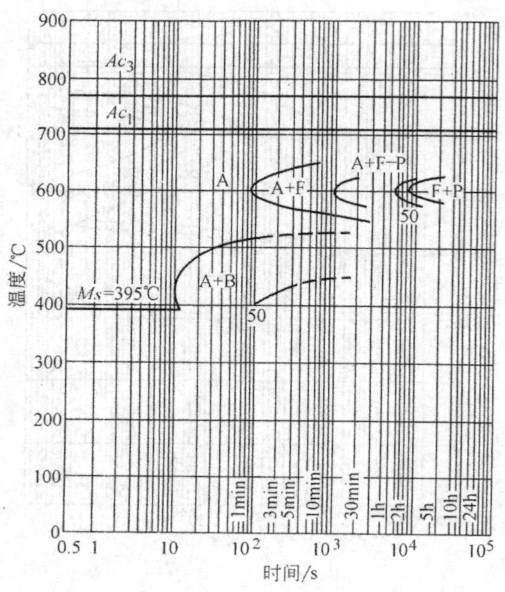

图 11-54　20Cr2Ni4A 钢

化学成分（质量分数）(%)		原始状态	正火+高温回火
C	0.17	奥氏体化温度	880℃
Si	0.31	奥氏体化时间	20min
Mn	0.51	*Ms*	395℃
P	0.021		
S	0.005		
Cr	1.57		
Ni	3.45		
Mo	0.25		
Cu	0.12		

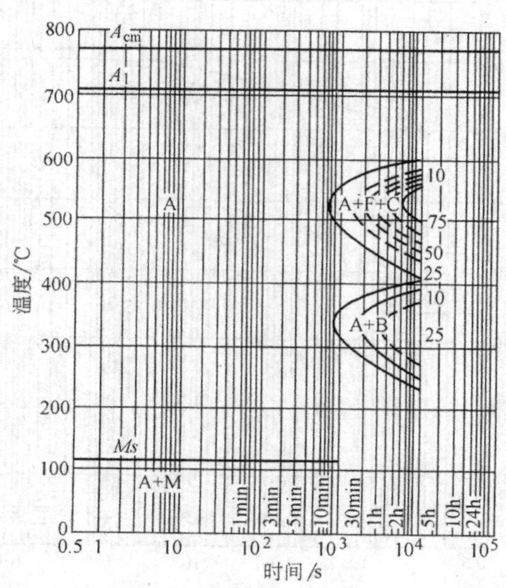

图 11-55　20Cr2Ni4A 钢（渗碳后）钢

化学成分（质量分数）(%)		奥氏体化温度	900℃
C		A_1	705℃
Cr	1.68	A_3	770℃
Ni	3.73	*Ms*	120℃

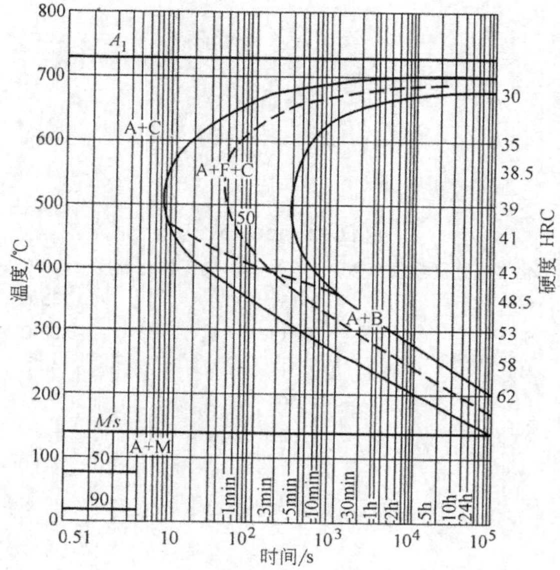

图 11-56　20CrNiMo 钢

化学成分（质量分数）(%)		奥氏体化温度	850℃
C	0.18	A_1	730℃
Si	0.28	*Ms*	140℃
Cr	0.49		
Ni	1.13		
Mo	0.13		
Cu	0.10		

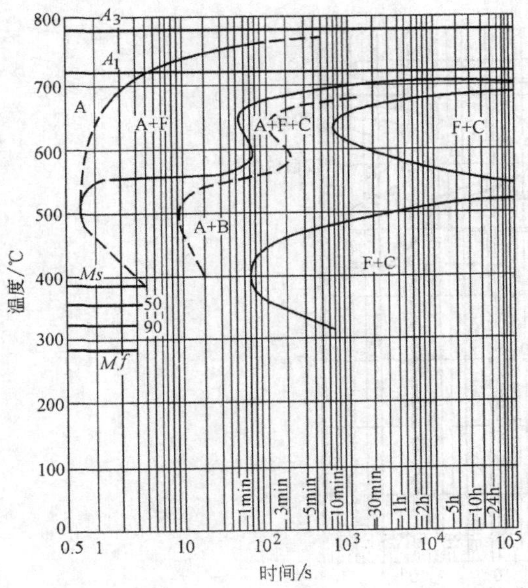

图 11-57　30CrNiMo 钢

化学成分（质量分数）（%）　　晶粒度　9 级

C	0.30
Cr	0.50
Ni	0.50
Mo	0.20

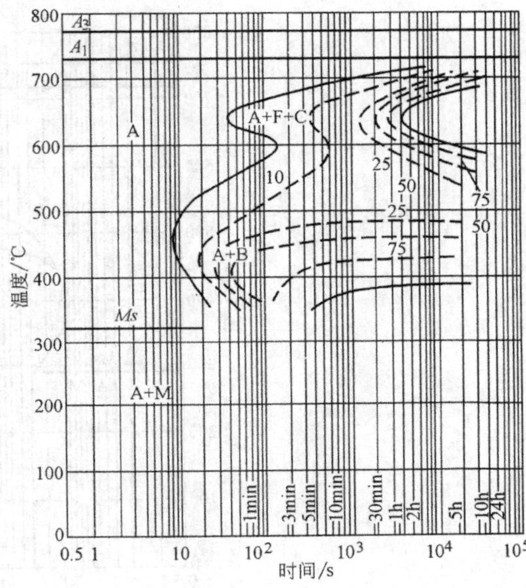

图 11-58　35CrNiMo 钢

化学成分（质量分数）（%）			
C	0.36	奥氏体化温度	870℃
Si	0.33	A_1	730℃
Cr	0.95	A_3	770℃
Ni	1.82	*Ms*	320℃
Mo	0.24		

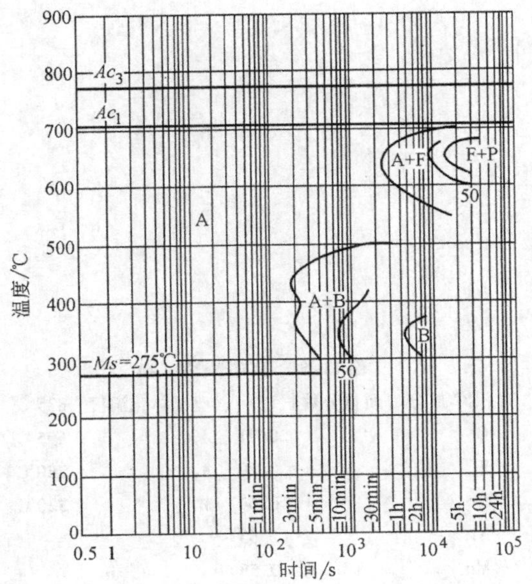

图 11-59　40CrNiMo 钢

化学成分（质量分数）（%）			
C	0.40	原始状态	退火
Si	0.38	奥氏体化温度	840℃
Mn	0.69	奥氏体化时间	15min
P	0.010	*Ms*	275℃
S	0.008		
Cr	0.94		
Ni	1.95		
Mo	0.29		

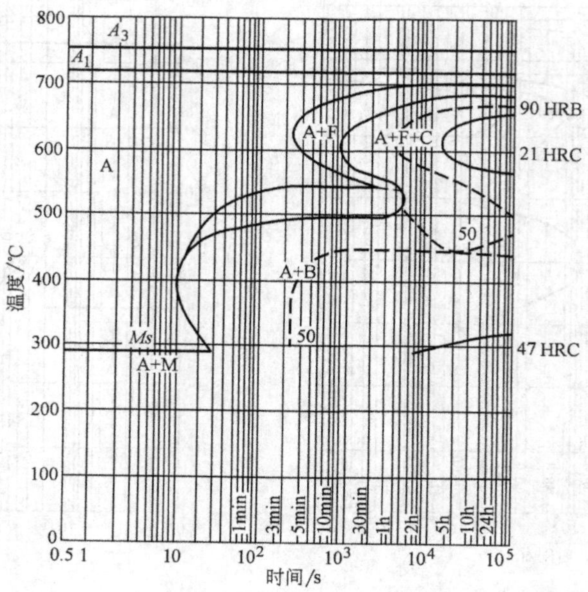

图 11-60　30Cr2NiMo 钢

化学成分（质量分数）（%）		奥氏体化温度	850℃
C	0.31	A_1	720℃
Si	0.20	A_3	760℃
Mn	0.42	*Ms*	295℃
Cr	0.64		
Ni	0.43		
Mo	0.58		

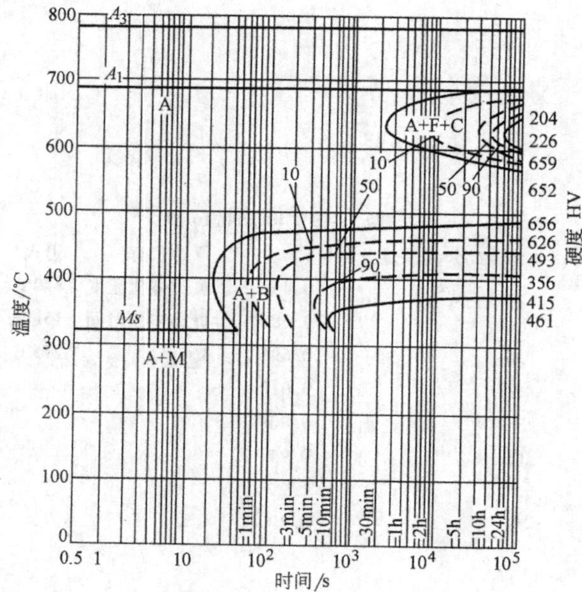

图 11-61　35CrNi2Mo 钢

化学成分（质量分数）（%）		奥氏体化温度	835℃
C	0.31	A_1	695℃
Si	0.20	A_3	780℃
Cr	0.64	*Ms*	320℃
Ni	2.63		
Mo	0.58		

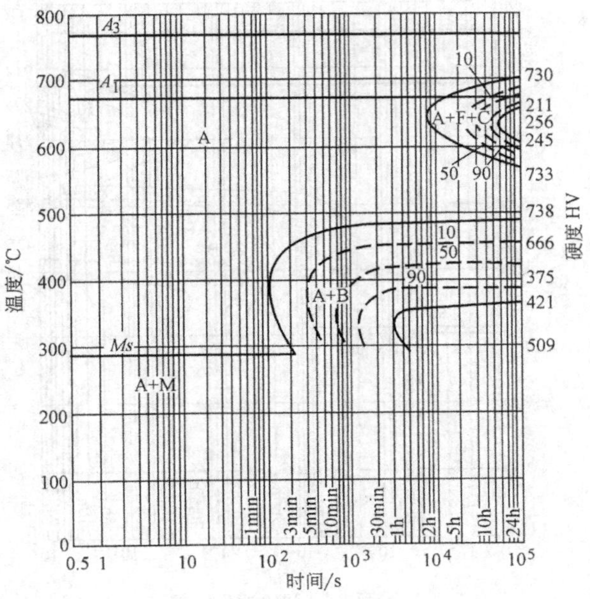

图 11-62　40CrNi2Mo 钢

化学成分（质量分数）（%）		奥氏体化温度	830℃
C	0.42	A_1	680℃
Si	0.31	A_3	775℃
Mn	0.57	Ms	290℃
Cr	0.72		
Ni	2.53		
Mo	0.48		

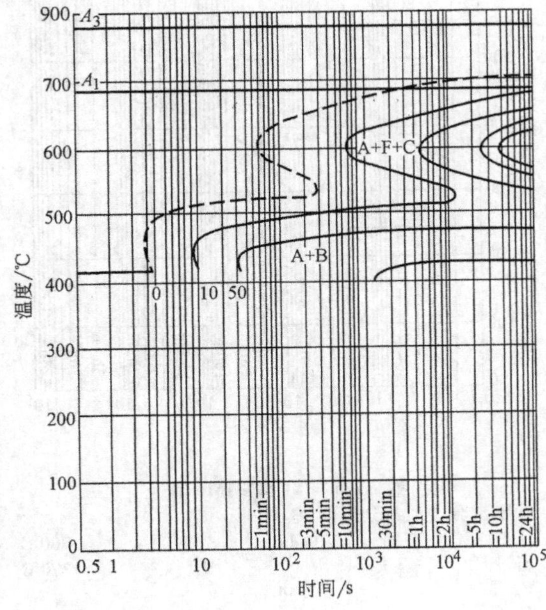

图 11-63　12Cr2Ni3Mo 钢

化学成分（质量分数）（%）		奥氏体化温度	770℃
C	0.14	A_1	690℃
Si	0.19	A_3	785℃
Mn	0.46		
Cr	1.11		
Ni	3.55		
Mo	0.12		

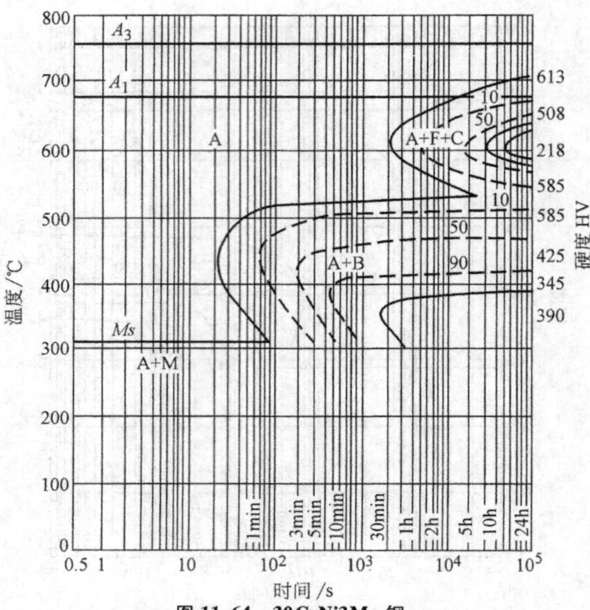

图 11-64　30CrNi3Mo 钢

化学成分（质量分数）（%）		奥氏体化温度	830℃
C	0.32	A_1	680℃
Si	0.28	A_3	770℃
Cr	0.63	*Ms*	310℃
Ni	3.22		
Mo	0.22		

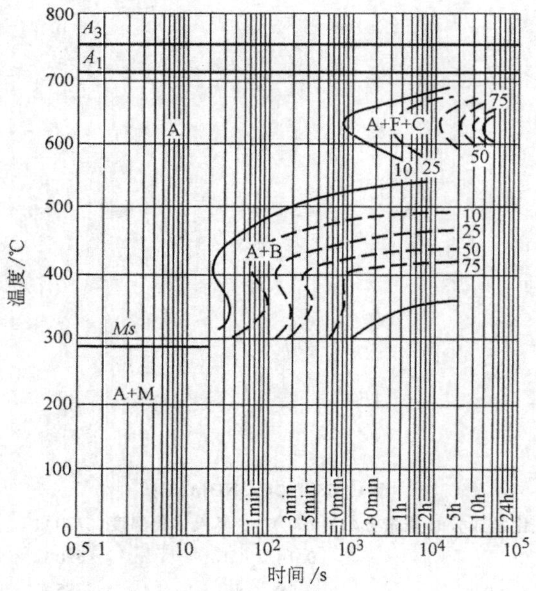

图 11-65　34CrNi3Mo 钢

化学成分（质量分数）（%）		奥氏体化温度	880℃
C	0.36	A_1	705℃
Si	0.27	A_3	750℃
Cr	0.91	*Ms*	290℃
Ni	2.80		
Mo	0.24		

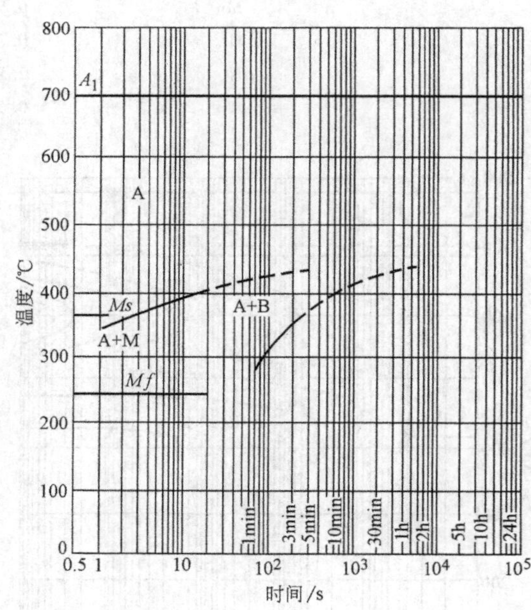

图 11-66　18Cr2Ni4Mo 钢

化学成分（质量分数）（%）			
C	0.17	A_1	700℃
Si	—	*Ms*	370℃
Cr	1.44		
Ni	4.4		
Mo	0.50		

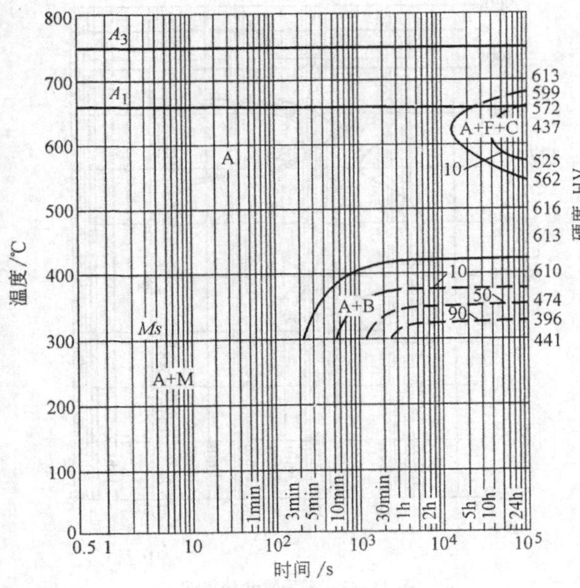

图 11-67　35Cr2Ni4Mo 钢

化学成分（质量分数）（%）			
C	0.32	奥氏体化温度	820℃
Si	0.29	A_1	560℃
Cr	1.21	A_3	760℃
Ni	4.13	*Ms*	300℃
Mo	0.30		

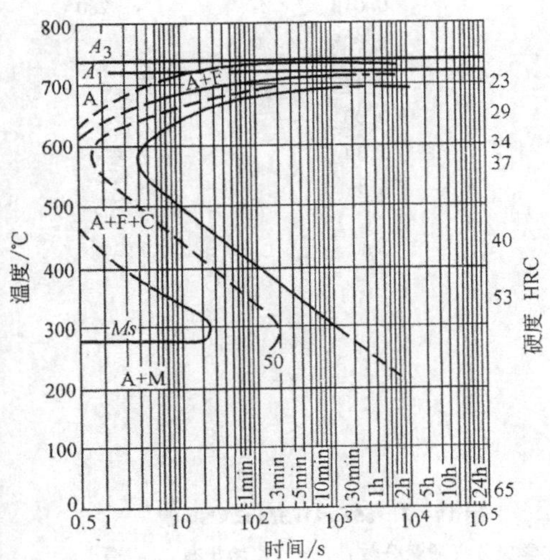

图 11-68　65 钢

化学成分（质量分数）（%）			
C	0.64	A_1	720℃
Si	0.22	A_3	740℃
Mn	0.63	*Ms*	285℃

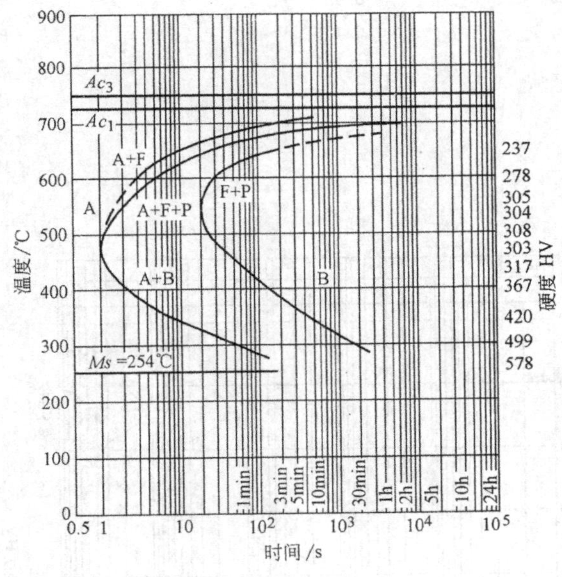

图 11-69　65Mn 钢

化学成分（质量分数）（%）			
C	0.64	原始状态	退火
Si	0.18	奥氏体化温度	830℃
Mn	0.92	奥氏体化时间	20min
P	0.017	晶粒度	4～5 级
S	0.005	*Ms*	254℃
Cu	0.16		

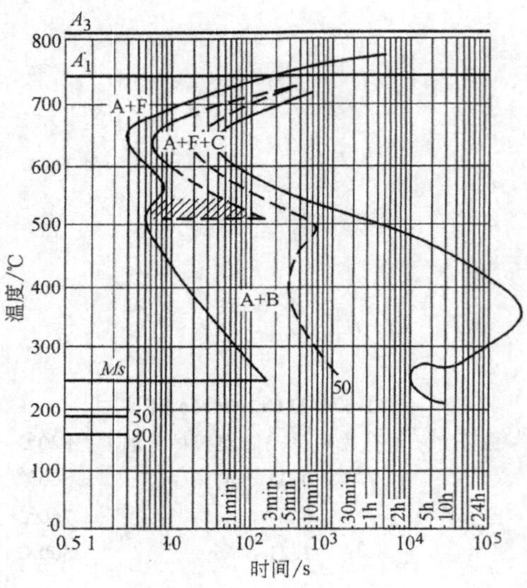

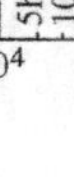

图 11-70 60Si2Mn 钢

化学成分（质量分数）（%）		奥氏体化温度	870℃
C	0.62	A_1	745℃
Si	2.00	A_3	805℃
Mn	0.95		
Cr	0.15		

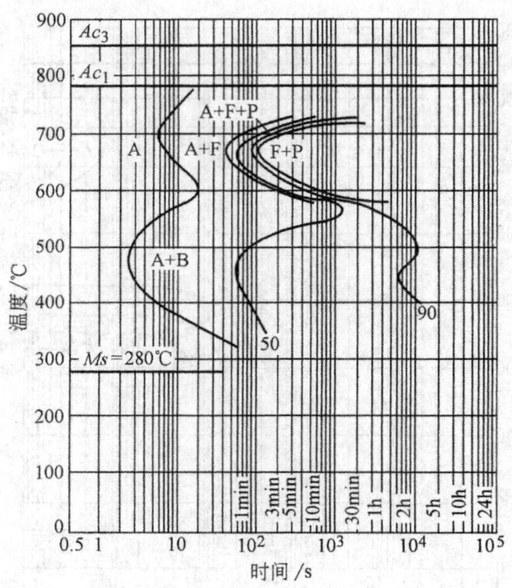

图 11-71 55SiMnMoV 钢

化学成分（质量分数）（%）		原始状态	退火
C	0.54	奥氏体化温度	860℃
Si	1.76	奥氏体化时间	20min
Mn	0.65	晶粒度	8 级
P	0.013	*Ms*	280℃
S	0.008		
Cr	0.32		
Ni	0.06		
Mo	0.39		
V	0.27		

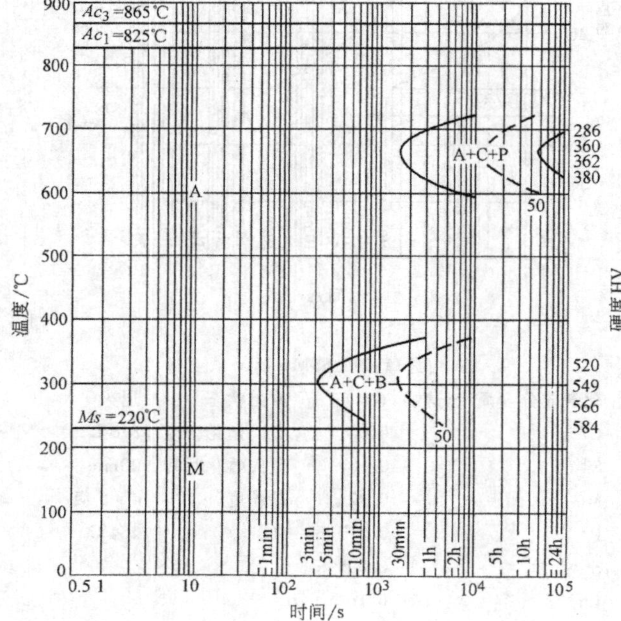

图 11-72 65Cr4W3Mo2VNb 钢

化学成分（质量分数）（%）		原始状态	退火
C	0.65	奥氏体化温度	1160℃
Si	0.21	奥氏体化时间	3min
Mn	0.27	晶粒度	10.5 级
P	0.022		
S	0.013		
Cr	4.06		
W	2.94		
Mo	2.02		
V	0.97		
Nb	0.27		

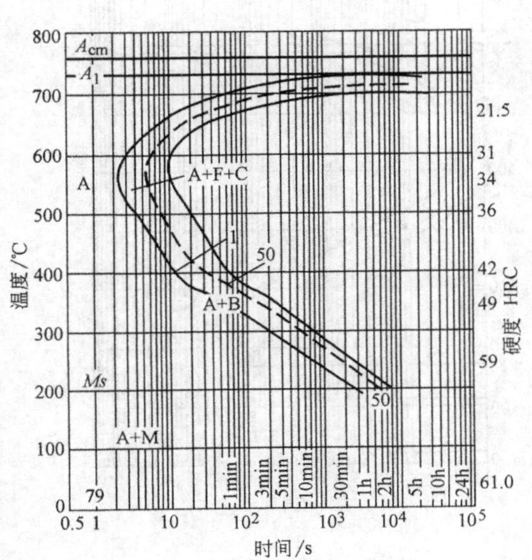

图 11-73　GCr6 钢

化学成分（质量分数）（%）		奥氏体化温度	820℃
C	1.05	A_1	727℃
Si	0.19	A_{cm}	760℃
Mn	0.32	Ms	192℃
Cr	0.54		

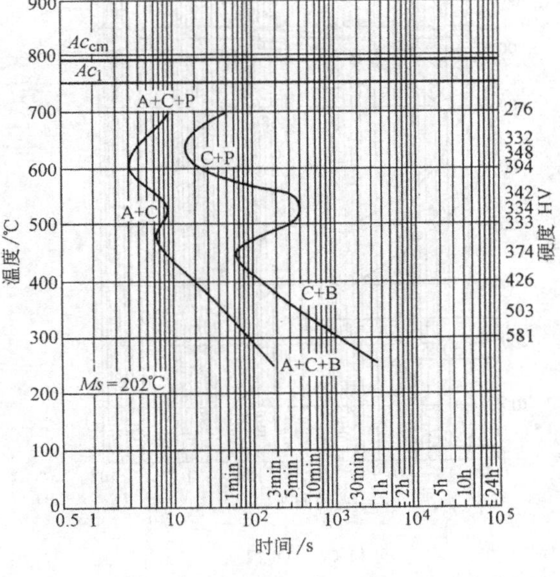

图 11-74　GCr15 钢

化学成分（质量分数）（%）		原始状态	球化退火
C	1.03	奥氏体化温度	850℃
Si	0.28	奥氏体化时间	25min
Mn	0.25	晶粒度	6～7 级
P	0.016	Ms	202℃
S	0.007		
Cr	1.47		
Ni	0.04		
Mo	≤0.02		
Cu	0.05		

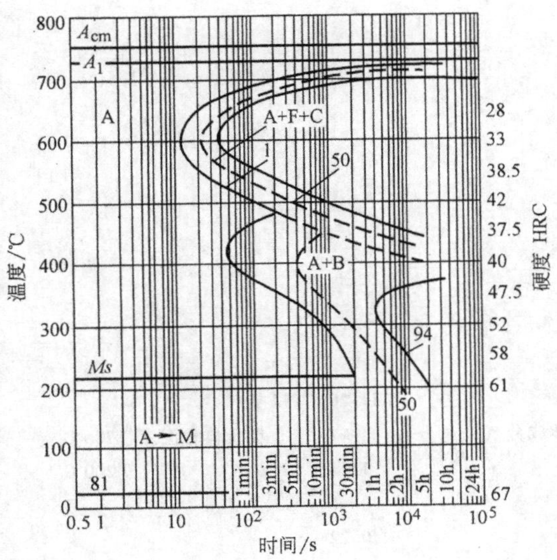

图 11-75　GCr15SiMn 钢

化学成分（质量分数）（%）		奥氏体化温度	825℃
C	0.93	A_1	730℃
Si	0.55	Ms	205℃
Mn	1.10		
Cr	1.33		

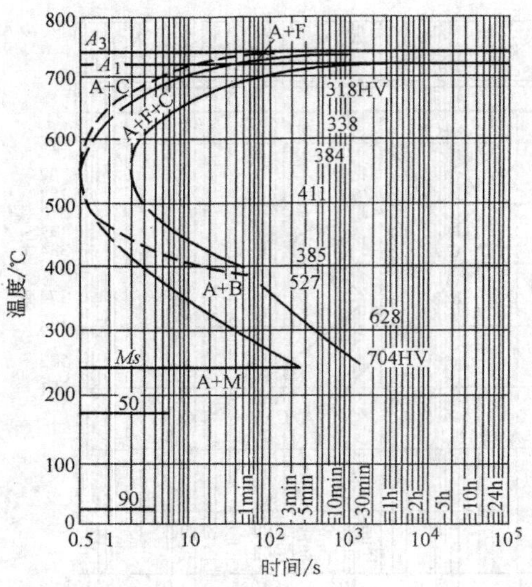

图 11-76　T8 钢

化学成分（质量分数）（%）		奥氏体化温度	810℃
C	0.76	A_1	720℃
Si	0.22	A_3	740℃
Mn	0.29	Ms	245℃
Cr	0.11		
Ni	0.07		
Mo	0.02		
V	0.02		
Cu	0.11		

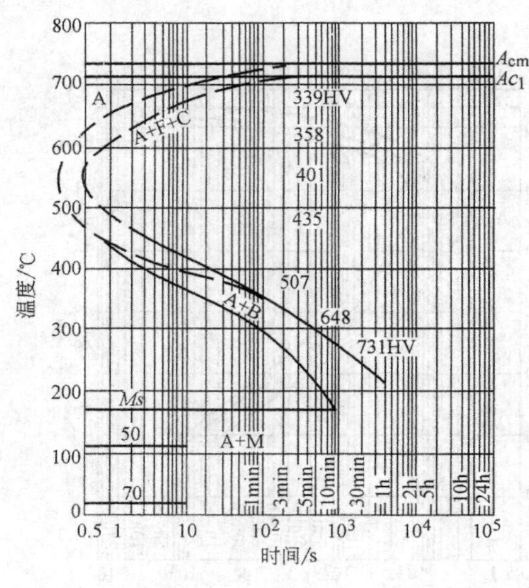

图 11-77　T10 钢

化学成分（质量分数）（%）		奥氏体化温度	790℃
C	1.03	A_{1s}	717℃
Si	0.17	A_{1f}	736℃
Mn	0.22	Ms	175℃
Cr	0.07		
Ni	0.10		
Mo	0.01		
V	—		
Cu	0.14		

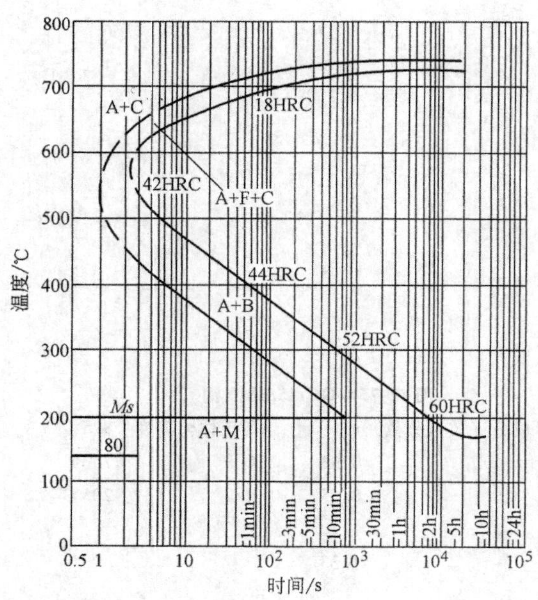

图 11-78　T11 钢

化学成分（质量分数）（%）		奥氏体化温度	785℃
C	1.14	Ms	200℃
Si	0.16		
Mn	0.22		

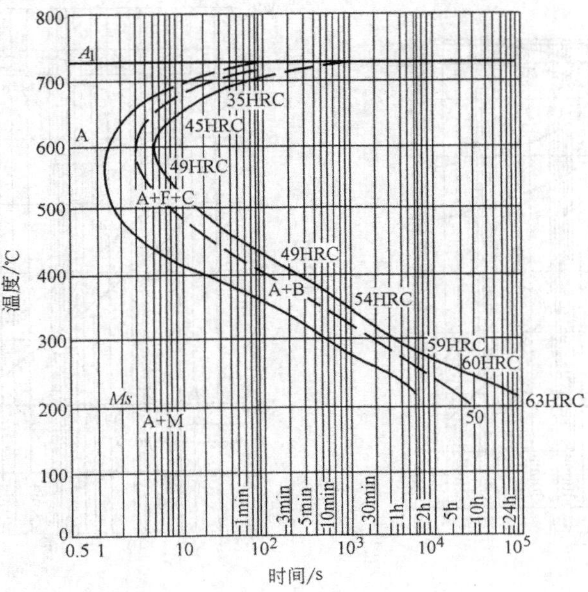

图 11-79　T12 钢

化学成分（质量分数）(%)		奥氏体化温度	840℃
C	1.17	A_1	720℃
Si	0.18	*Ms*	200℃
Mn	0.36		
Cr	0.26		

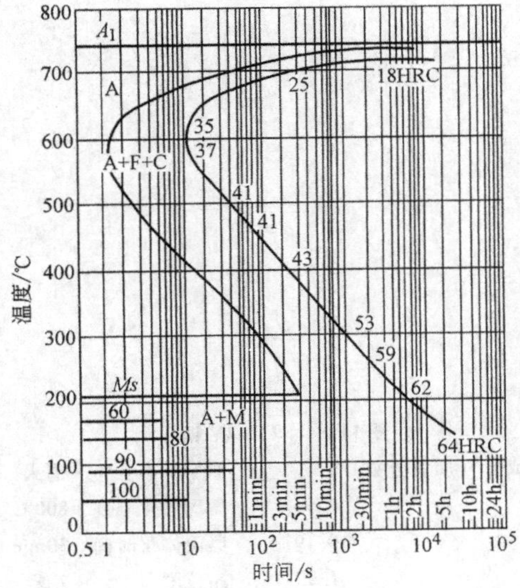

图 11-80　Cr 钢

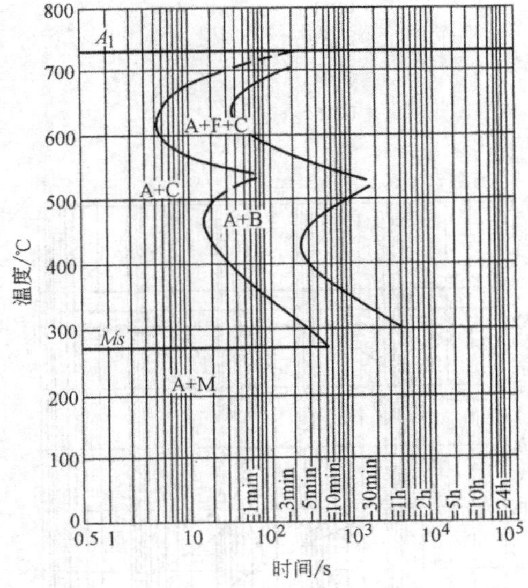

图 11-81　9Cr2 钢

化学成分（质量分数）(%)		奥氏体化温度	815℃
C	1.01	A_1	750℃
Si	0.30	*Ms*	205℃
Mn	0.50		
Cr	1.21		

化学成分（质量分数）(%)		奥氏体化温度	860℃
C	0.89	A_1	740℃
Si	0.32	*Ms*	270℃
Mn	0.30		
Cr	2.0		
Ni	0.13		

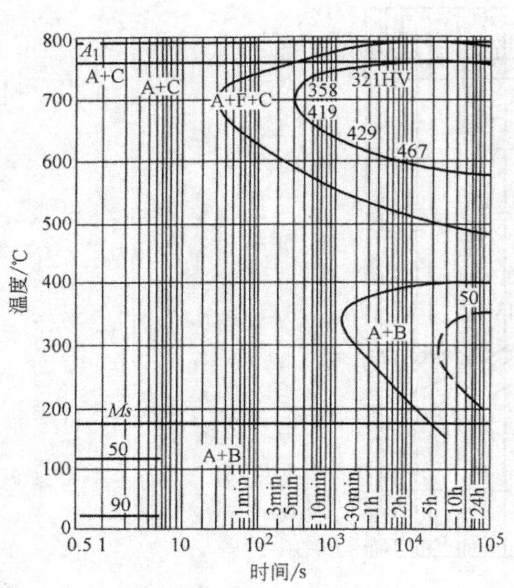

图 11-82　Cr12 钢

化学成分（质量分数）（%）		奥氏体化温度	970℃
C	2.08	A_{1s}	768℃
Si	0.28	A_{1f}	797℃
Mn	0.39	*Ms*	184℃
Cr	11.48		
Ni	0.31		
Mo	0.02		
V	0.04		
Cu	0.15		

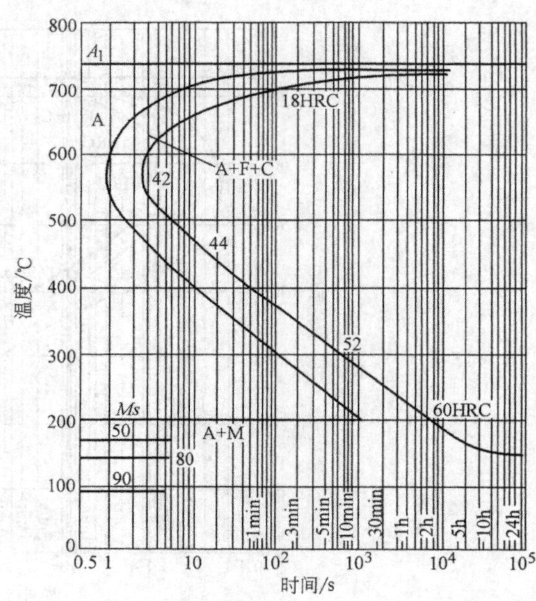

图 11-83　V 钢

化学成分（质量分数）（%）		奥氏体化温度	785℃
C	1.0	A_1	730℃
Si	0.25	*Ms*	200℃
Mn	0.20		
V	0.25		

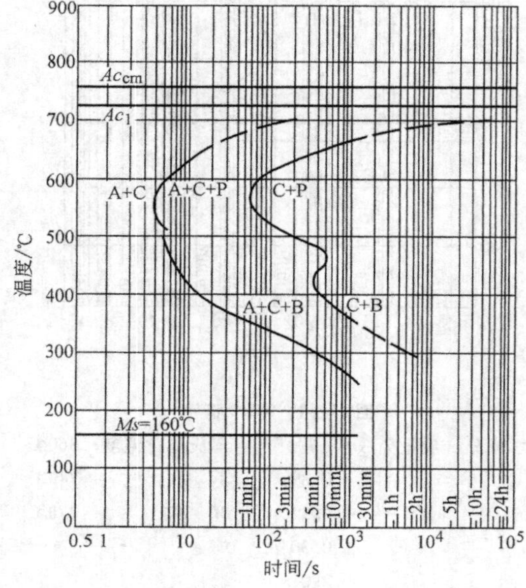

图 11-84　9Mn2V 钢

化学成分（质量分数）（%）		原始状态	退火
C	0.94	奥氏体化温度	800℃
Si	0.19	奥氏体化时间	30min
Mn	1.92	晶粒度	7 级
P	0.017	*Ms*	160℃
S	0.012		
Cr	0.05		
Ni	0.05		
V	0.18		
Cu	0.12		

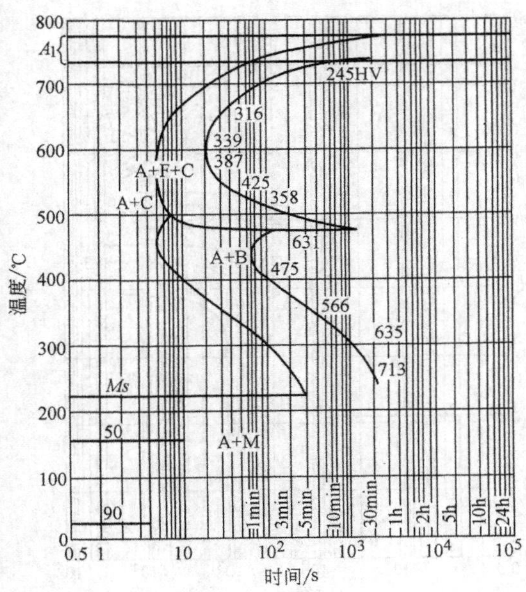

图 11-85　CrMnV 钢

化学成分（质量分数）（%）		奥氏体化温度	860℃
C	1.42	A_{1s}	740℃
Si	0.37	A_{1f}	780℃
Mn	0.61	*Ms*	220℃
Cr	1.37		
V	0.18		

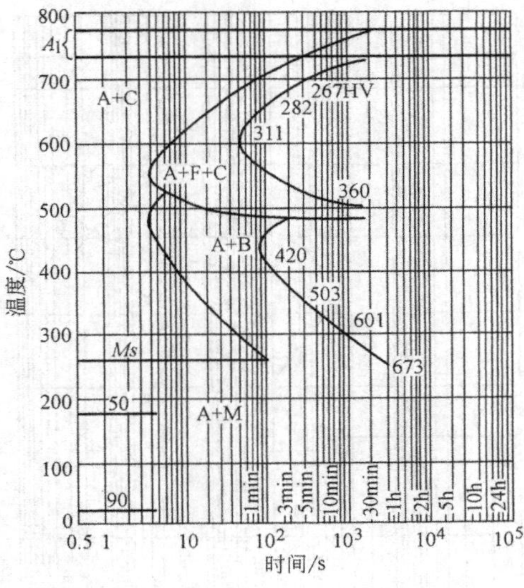

图 11-86　CrWMn 钢

化学成分（质量分数）（%）		奥氏体化温度	815℃
C	1.03	A_{1s}	730℃
Si	0.28	A_{1f}	770℃
Mn	0.97	*Ms*	245℃
Cr	1.05		
Ni	0.13		
W	1.15		
Cu	0.25		

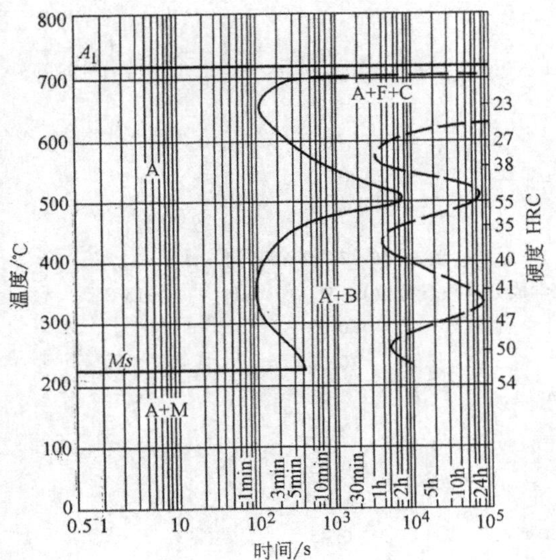

图 11-87　5CrMnMo 钢

化学成分（质量分数）（%）		奥氏体化温度	850℃
C	0.58	A_1	715℃
Si	0.40	*Ms*	225℃
Mn	1.17		
Cr	0.76		
Ni	0.34		
Mo	0.21		

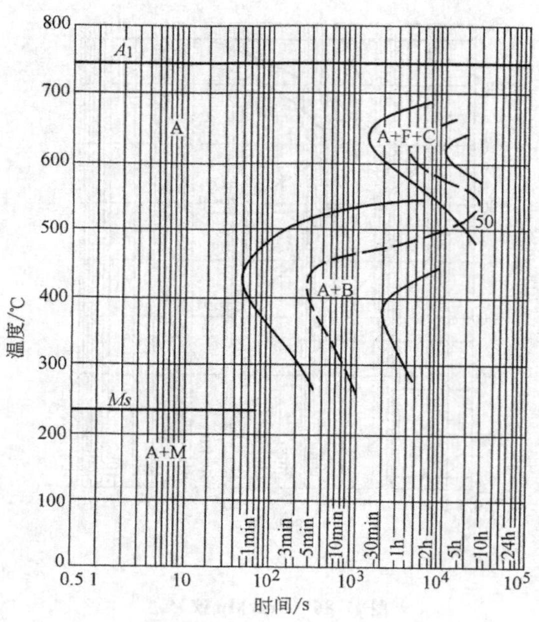

图 11-88　5CrNiMo 钢

化学成分（质量分数）（%）		奥氏体化温度	850℃
C	0.54	A_1	750℃
Si	0.28	*Ms*	240℃
Mn	0.64		
Cr	0.77		
Ni	1.75		
Mo	0.34		
V	0.06		

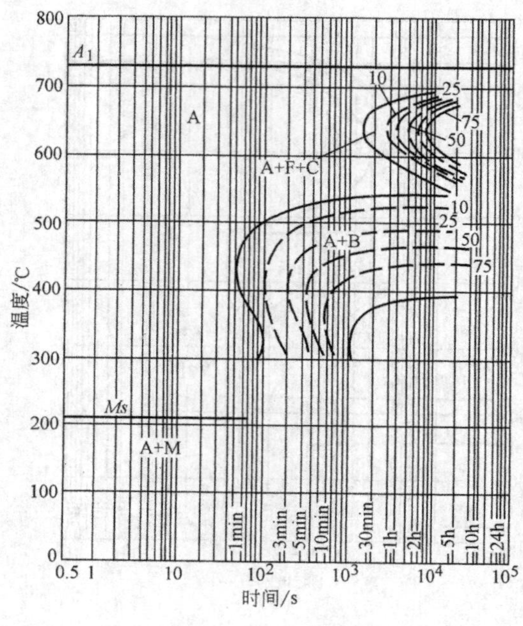

图 11-89　5CrNiW 钢

化学成分（质量分数）（%）		奥氏体化温度	870℃
C	0.59	A_1	730℃
Si	0.38	A_3	820℃
Mn	0.45	*Ms*	205℃
Cr	1.28		
Ni	1.10		
W	0.50		

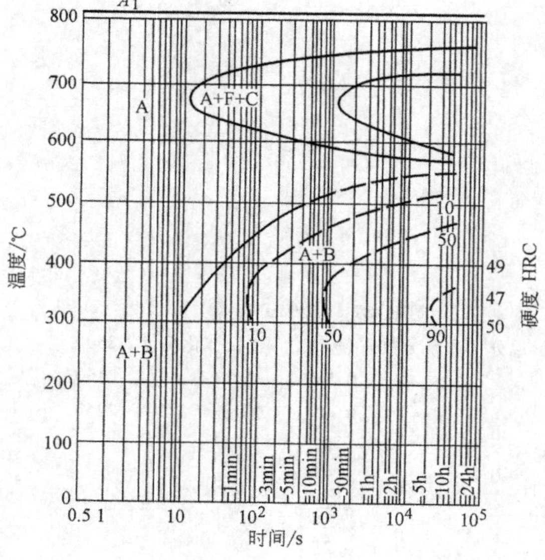

图 11-90　3Cr2W8V 钢

化学成分（质量分数）（%）		A_1	815℃
C	0.27		
Si	0.38		
Mn	0.26		
Cr	2.63		
Ni	0.23		
W	8.4		
V	0.45		

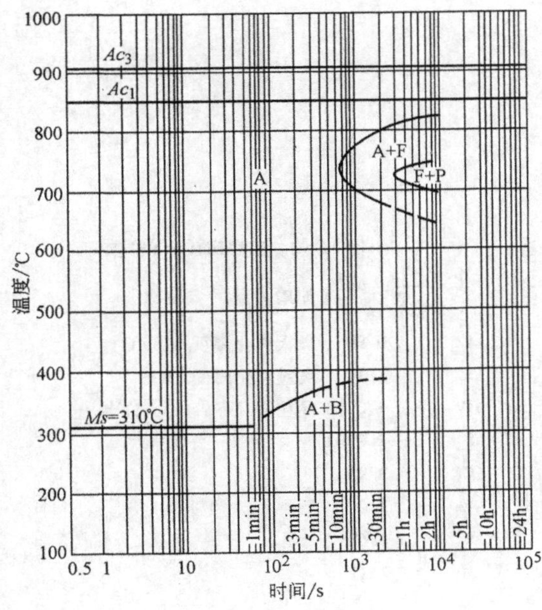

图 11-91　4Cr5MoVSi 钢

化学成分(质量分数)(%)		原始状态	退火
C	0.37	奥氏体化温度	1000℃
Si	1.05	奥氏体化时间	20min
Mn	0.50	晶粒度	7～8 级
P	0.009	*Ms*	310℃
S	0.04		
Cr	5.10		
Mo	1.40		
V	0.53		

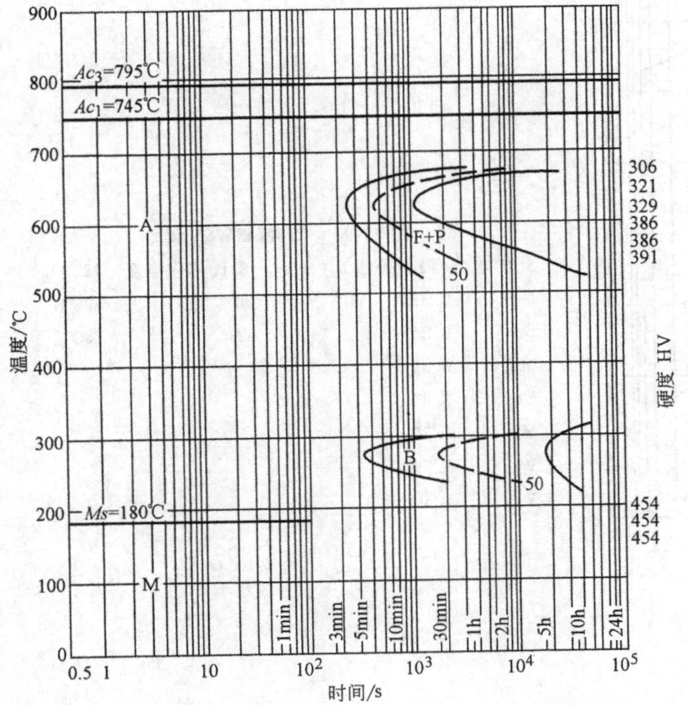

图 11-92　8Cr2SiMnMoV 钢

化学成分（质量分数）（%）		原始状态	退火
C	0.77	奥氏体化温度	880℃
Si	0.92	奥氏体化时间	5min
Mn	1.25		
P	0.009		
S	0.007		
Cr	1.53		
Ni	0.08		
Mo	0.50		
W	0.03		
V	0.23		
Cu	0.14		

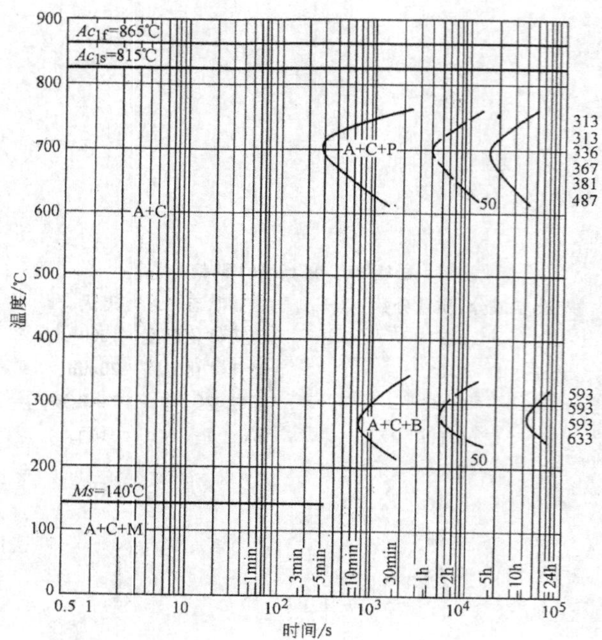

图 11-93　W3Mo2Cr4VSi 钢

化学成分（质量分数）(%)		原始状态	退火
C	0.90	奥氏体化温度	1180℃
Si	1.17	奥氏体化时间	1min
P	≤0.03	晶粒度	10～11 级
S	≤0.03		
Cr	3.95		
W	3.22		
V	1.67		
Mo	2.11		

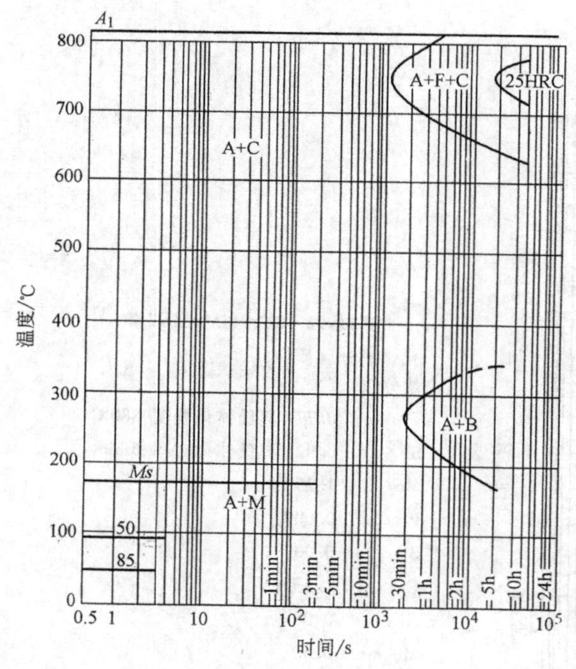

图 11-94　Cr4Mo5W6V 钢

化学成分（质量分数）(%)		奥氏体化温度	1220℃
C	0.83	A_1	820℃
Si	0.25	*Ms*	180℃
Mn	0.32		
Cr	3.89		
Mo	4.30		
W	5.79		
V	1.30		

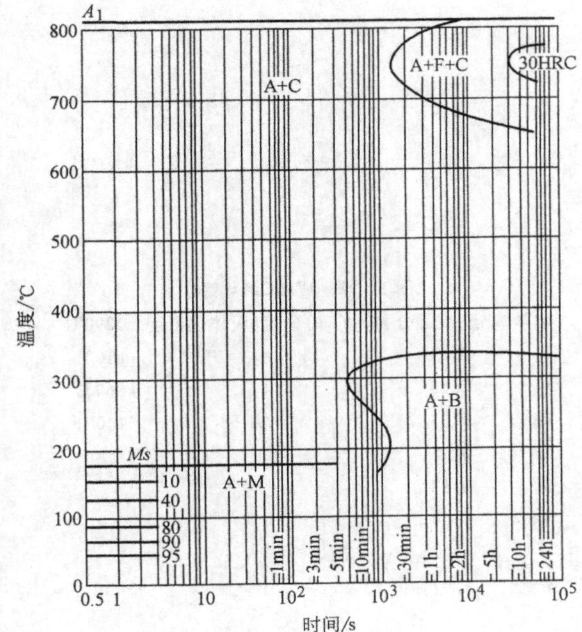

图 11-95　Cr4Mo5W6V2Co5 钢

化学成分(质量分数)(%)		奥氏体化温度	1200℃
C	0.81	A_1	820℃
Si	0.31	*Ms*	180℃
Mn	0.41		
Cr	4.11		
Mo	4.27		
W	5.46		
V	1.51		
Co	5.22		

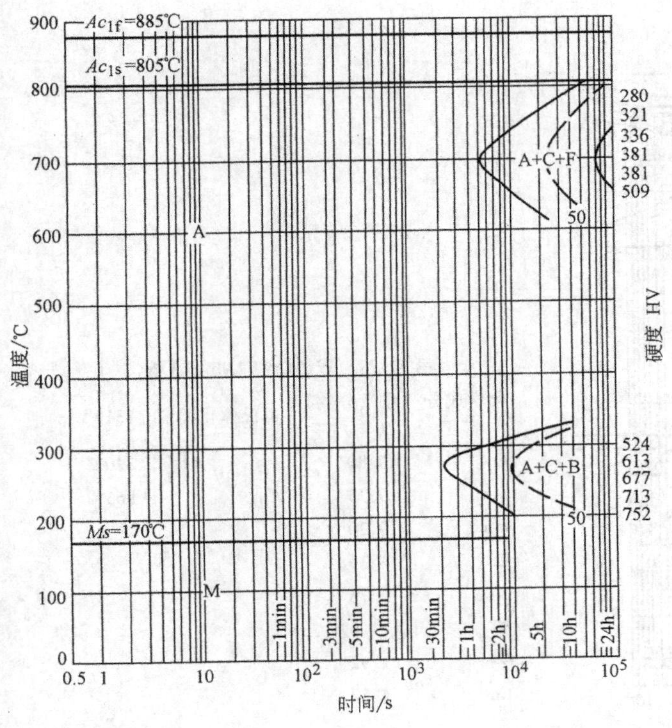

图 11-96　W12Mo2Cr4VRe 钢

化学成分（质量分数）（%）		原始状态	退火
C	1.10	奥氏体化温度	1220℃
Si	0.41	奥氏体化时间	1min
Mn	0.23	晶粒度	9～10 级
P	≤0.03		
S	≤0.03		
Cr	4.01		
Mo	2.02		
W	12.38		
V	1.65		
Re	0.072		

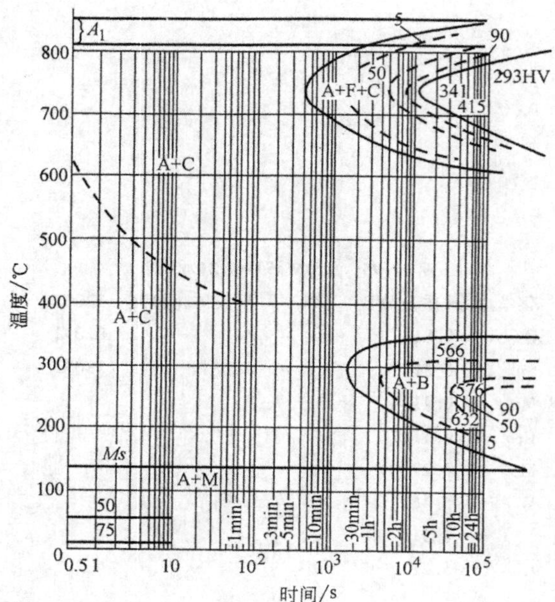

图 11-97 W18Cr4V 钢

化学成分(质量分数)(%)		奥氏体化温度	1290℃
C	0.81	A_{1s}	810℃
Si	0.15	A_{1f}	860℃
Mn	0.33	Ms	140℃
Cr	3.77		
Ni	0.12		
Mo	0.44		
W	18.25		
V	1.07		

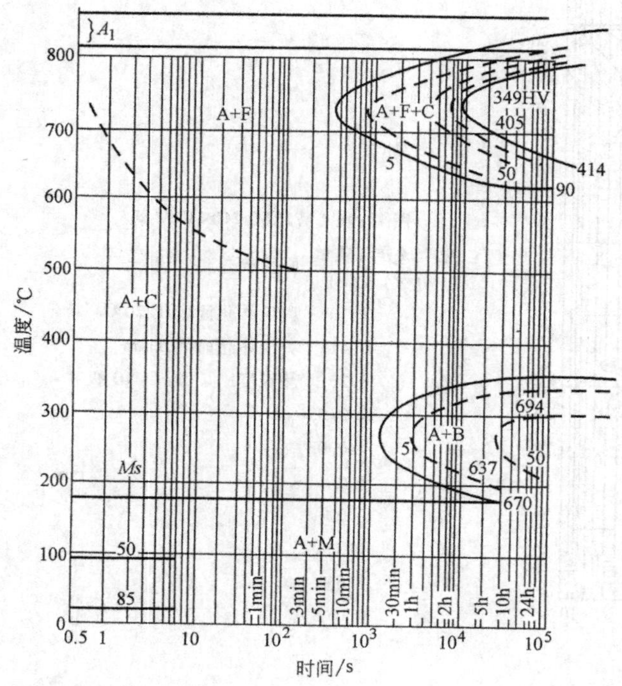

图 11-98 W18Cr4V2MoCo5 钢

化学成分(质量分数)(%)		奥氏体化温度	1310℃
C	0.80	A_{1s}	820℃
Si	0.23	A_{1f}	865℃
Mn	0.30		
Cr	4.34		
Mo	0.78		
W	17.89		
V	1.52		
Co	4.52		

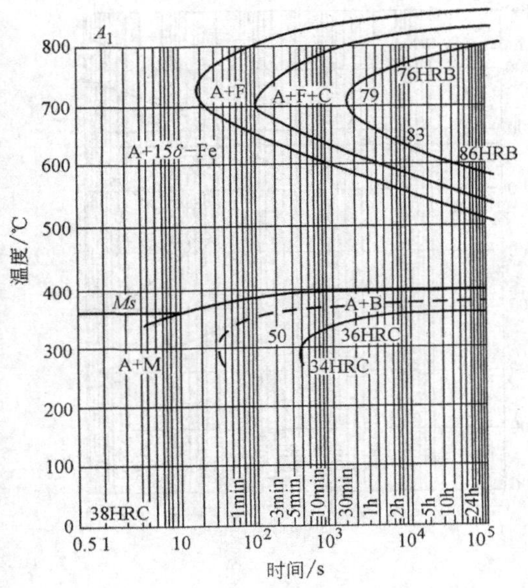

图 11-99　06Cr13 钢

化学成分（质量分数）（%）		奥氏体化温度	1100℃
C	0.07	A_1	800℃
Si	0.30	A_3	905℃
Mn	0.21	*Ms*	370℃
Cr	12.30		
Ni	0.09		

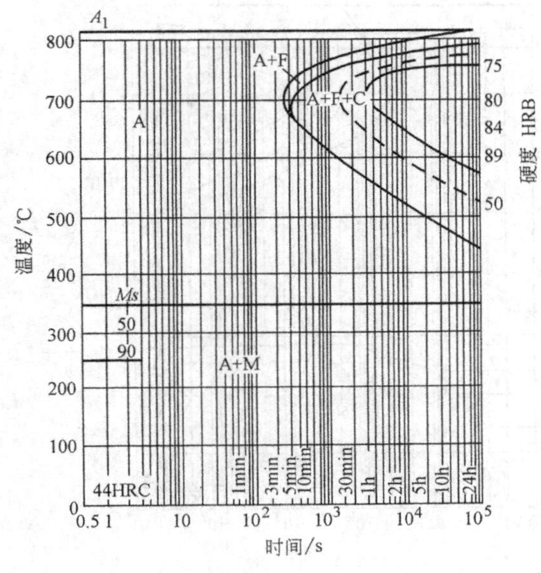

图 11-100　12Cr13 钢

化学成分（质量分数）（%）		奥氏体化温度	1000℃
C	0.11	A_1	820℃
Si	0.45	*Ms*	350℃
Mn	0.49		
Cr	12.0		
Ni	0.13		
Mo	0.02		
V	0.02		

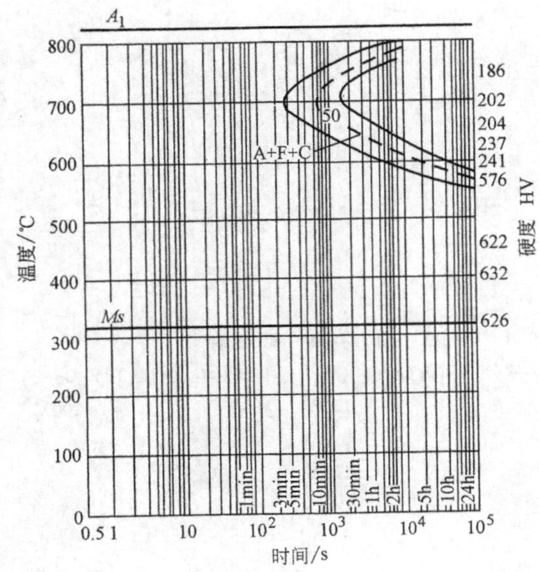

图 11-101　20Cr13 钢

化学成分（质量分数）（%）		奥氏体化温度	960℃
C	0.24	A_1	820℃
Si	0.37	*Ms*	320℃
Mo	0.27		
Cr	13.32		
Ni	0.32		
Mo	0.06		

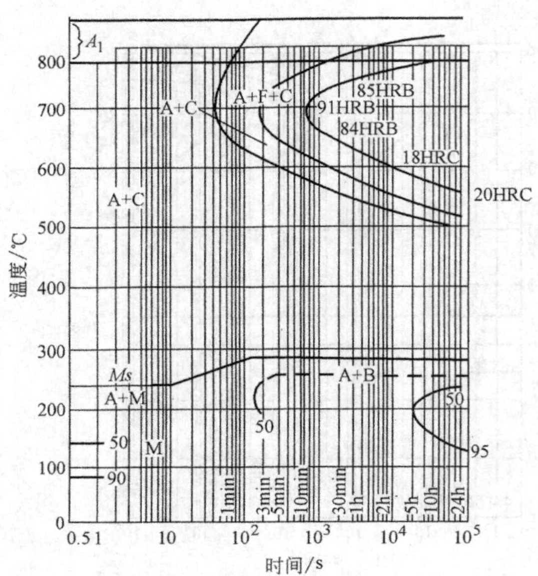

图 11-102　30Cr13 钢

化学成分（质量分数）（%）		奥氏体化温度	980℃
C	0.25	A_{1s}	780℃
Si	0.37	A_{1f}	850℃
Mn	0.29	Ms	240℃
Cr	13.4		
Ni	0.13		

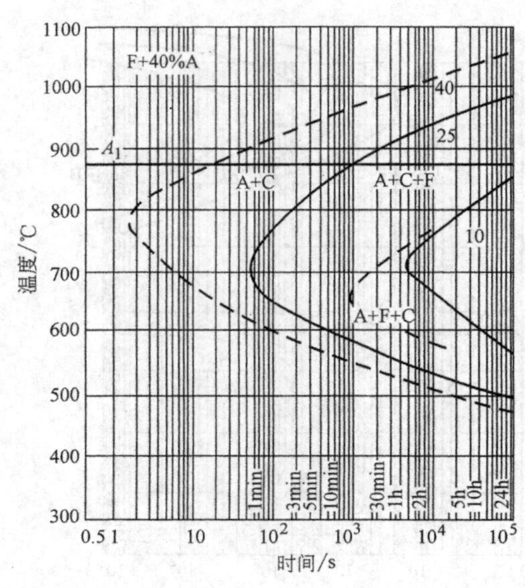

图 11-103　Cr17 钢

化学成分（质量分数）（%）		奥氏体化温度	1090℃
C	0.09	A_1	875℃
Si	0.33	Ms	160℃
Mn	0.40		
Cr	17.32		
Ni	0.34		
N	0.03		

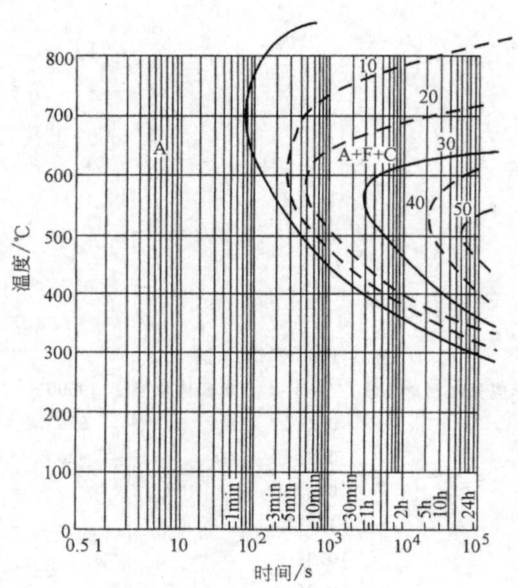

图 11-104　Mn13 钢

化学成分（质量分数）（%）		奥氏体化温度	1050℃
C	1.18	Ms	≈ -200℃
Si	0.26		
Mn	12.28		

11.4.2　常用钢奥氏体连续冷却转变图（索引见表 11-116）

表 11-116　常用钢奥氏体连续冷却转变图索引表

序号	图号	牌　号	页数	序号	图号	牌　号	页数
1	图 11-105	03	648	28	图 11-132	50CrMo	659
2	图 11-106	15	648	29	图 11-133	30Cr3MoA	659
3	图 11-107	20F	649	30	图 11-134	20CrNi	660
4	图 11-108	35	649	31	图 11-135	40CrNi	660
5	图 11-109	40	649	32	图 11-136	12CrNi3	660
6	图 11-110	45	649	33	图 11-137	18CrNi2	660
7	图 11-111	50	650	34	图 11-138	18CrNi2(渗碳后)	661
8	图 11-112	16Mn	650	35	图 11-139	20Cr2Ni4A	661
9	图 11-113	16MnNb	651	36	图 11-140	ZF6	662
10	图 11-114	20Mn	651	37	图 11-141	30CrMnSi	662
11	图 11-115	20Mn2	652	38	图 11-142	35CrMnSiA	663
12	图 11-116	40Mn2	652	39	图 11-143	40CrMnSiA	663
13	图 11-117	20Cr	652	40	图 11-144	30CrMnMo	664
14	图 11-118	40Cr	652	41	图 11-145	38CrMoAlA	664
15	图 11-119	30MnV	653	42	图 11-146	45CrMoV	665
16	图 11-120	40MnB	653	43	图 11-147	25Cr2MoVA	665
17	图 11-121	35SiMn	654	44	图 11-148	32Cr3MoVA	666
18	图 11-122	30SiMnB	654	45	图 11-149	40CrNiMo	666
19	图 11-123	35SiMnB	655	46	图 11-150	40CrNiMoA	667
20	图 11-124	20MnVB	655	47	图 11-151	30Cr2Ni2Mo	667
21	图 11-125	20Mn2TiB	656	48	图 11-152	14MnVTiRE	668
22	图 11-126	38MnVS5	656	49	图 11-153	20Mn2MoVB	668
23	图 11-127	15CrMn	657	50	图 11-154	28Mn2MoVB	669
24	图 11-128	20CrMn	657	51	图 11-155	50CrNiMoVA	669
25	图 11-129	20CrMo	657	52	图 11-156	30Si2MnCrMoV	670
26	图 11-130	35CrMo	658	53	图 11-157	65	670
27	图 11-131	45CrMo	658	54	图 11-158	55SiMnVB	671

（续）

序号	图号	牌号	页数	序号	图号	牌号	页数
55	图11-159	GCr15	671	67	图11-171	3Cr5MoVCo	677
56	图11-160	GCr15SiMn	672	68	图11-172	4Cr5MoVSi	678
57	图11-161	GCr15SiMo	672	69	图11-173	4CrMnSiMoV	678
58	图11-162	T8	673	70	图11-174	4Cr5W2V1Si	679
59	图11-163	T10	673	71	图11-175	4Cr5W1MoV1Si	679
60	图11-164	Cr12	674	72	图11-176	8Cr2SiMnMoV	680
61	图11-165	Cr12W	674	73	图11-177	W3Mo2Cr4VSi	680
62	图11-166	CrWMn	675	74	图11-178	CW9Mo3Cr4VN	681
63	图11-167	5CrMnMo	675	75	图11-179	W12Mo2Cr4VRE	681
64	图11-168	5CrNiMoV	676	76	图11-180	30Cr13	682
65	图11-169	3Cr2W8V	676	77	图11-181	40Cr13	682
66	图11-170	3Cr3W5Co	677				

注：曲线图中表示相组织组成物含量的数据为体积分数，因有些图内曲线过多，组织组成相含量数据后的“%”均未标出。

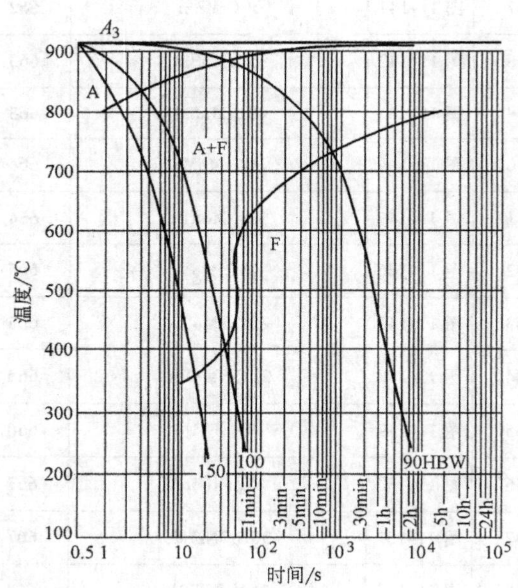

图11-105 03钢

化学成分（质量分数）（%）奥氏体化温度 960℃

C	0.03	A_3	910℃
Si	微量		
Mn	微量		

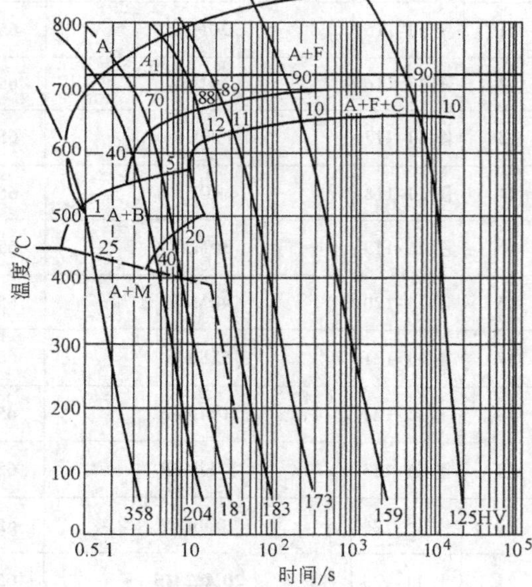

图11-106 15钢

化学成分（质量分数）（%）奥氏体化温度 920℃

C	0.13	A_1	725℃
Si	0.26	A_3	870℃
Mn	0.56	*Ms*	450℃
Cr	0.07		
Ni	0.05		
Mo	0.01		
V	0.01		
Cu	0.20		

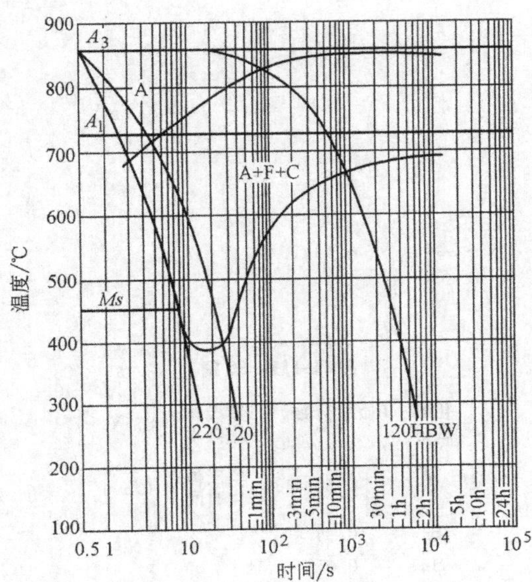

图 11-107　20F 钢

化学成分（质量分数）（%）		奥氏体化温度	910℃
C	0.18	A_1	715℃
Si	微量	Ms	460℃
Mn	0.49		

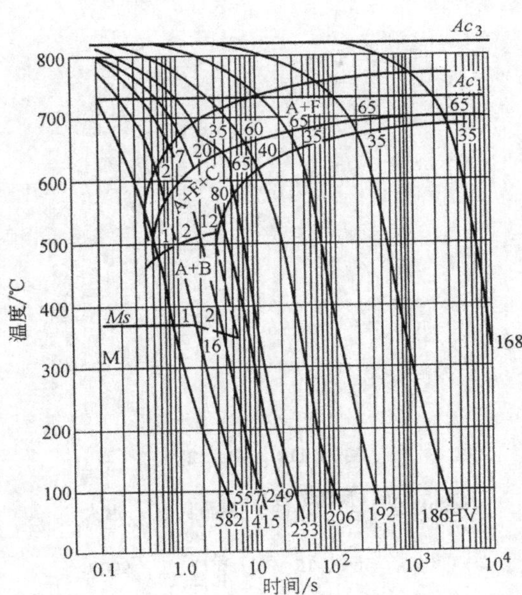

图 11-108　35 钢

化学成分（质量分数）（%）		奥氏体化温度	860℃
C	0.33	奥氏体化时间	5min
Si	0.25	Ac_1	735℃
Mn	0.55	Ac_3	815℃
Cr	0.14	Ms	370℃
S	0.03		
P	0.032		

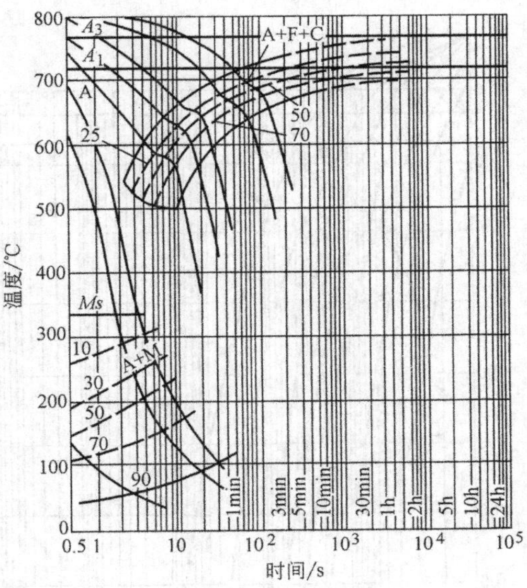

图 11-109　40 钢

化学成分（质量分数）（%）		奥氏体化温度	850℃
C	0.43	A_1	720℃
Si	0.24	A_3	770℃
Mn	0.68	Ms	340℃
Cr	0.13		
Ni	0.25		

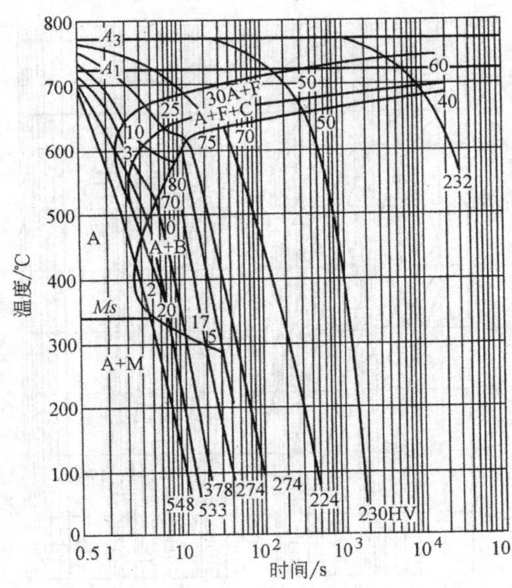

图 11-110　45 钢

化学成分（质量分数）（%）		奥氏体化温度	880℃
C	0.44	A_1	735℃
Si	0.22	A_3	785℃
Mn	0.66	Ms	350℃
Cr	0.15		
V	0.02		

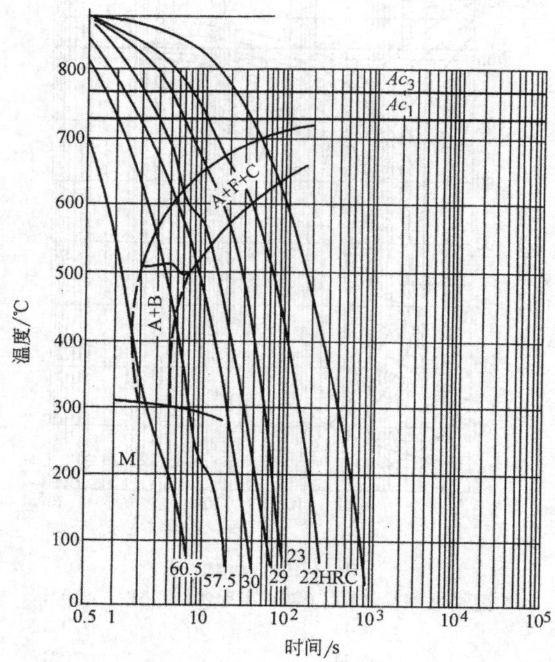

图 11-111　50 钢

化学成分	（质量分数）（%）	奥氏体化温度	875℃
C	0.50	奥氏体化时间	15min
Si	0.24		
Mn	0.67		
S	0.022		
P	0.031		

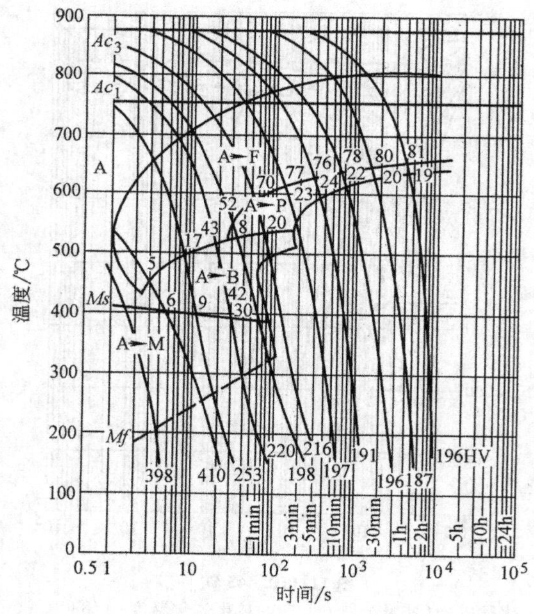

图 11-112　16Mn 钢

化学成分	（质量分数）（%）	原始状态	退火
C	0.15	奥氏体化温度	900℃
Si	0.50	奥氏体化时间	5min
Mn	1.42		
P	0.016		
S	0.022		

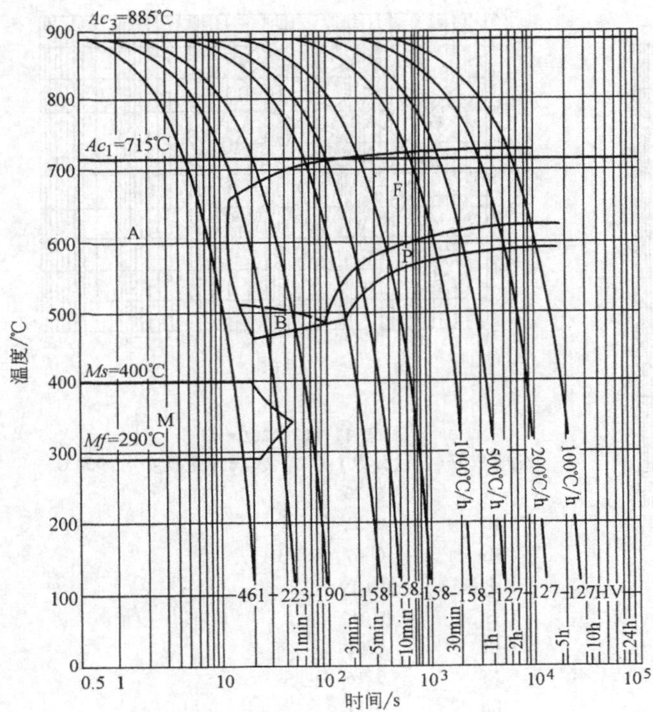

图 11-113　16MnNb 钢

化学成分	（质量分数）(%)	原始状态	退火
C	0.17	奥氏体化温度	920℃
Si	0.58	奥氏体化时间	5min
Mn	1.45		
P	<0.05		
S	<0.06		
Nb	0.034		
Al	<0.005		

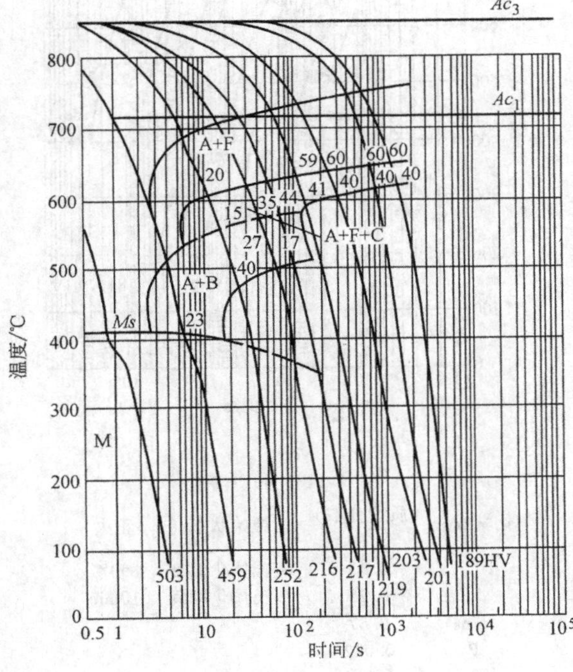

图 11-114　20Mn 钢

化学成分	（质量分数）(%)		
C	0.23	奥氏体化温度	900℃
Si	0.45	奥氏体化时间	5min
Mn	1.32	Ac_1	725℃
Cr	0.05	Ac_3	845℃
		Ms	415℃

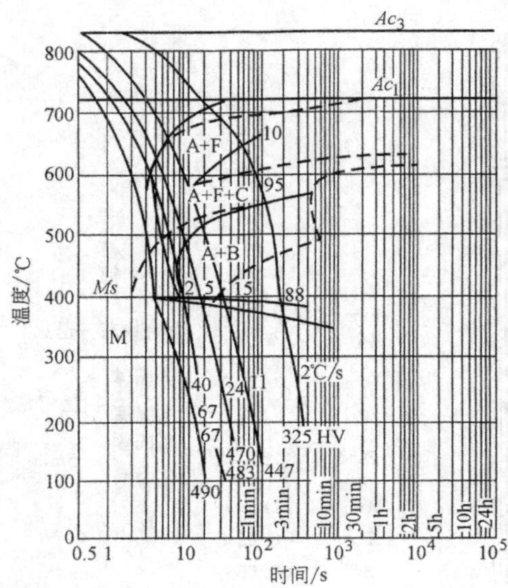

图 11-115 20Mn2 钢

化学成分	（质量分数）（%）	奥氏体化温度	a）1350℃
C	0.23		b）900℃
Si	0.30	Ac_1	720℃
Mn	1.64	Ac_3	830℃
Cr	0.14		
Ni	0.20		
Mo	0.03		

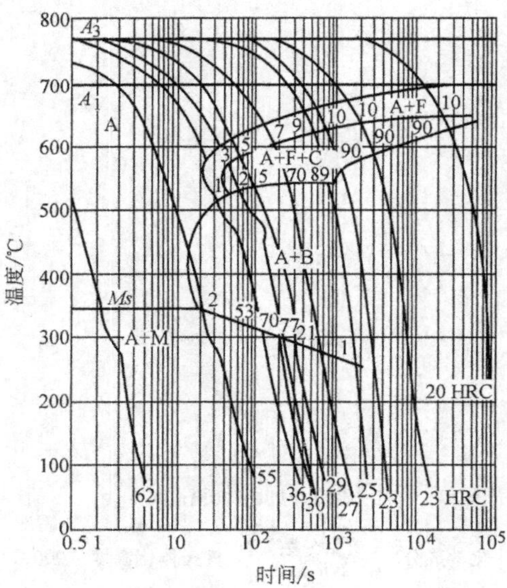

图 11-116 40Mn2 钢

化学成分	（质量分数）（%）	奥氏体化温度	860℃
C	0.42	A_1	700℃
Si	0.27	A_3	765℃
Mn	1.82	Ms	340℃

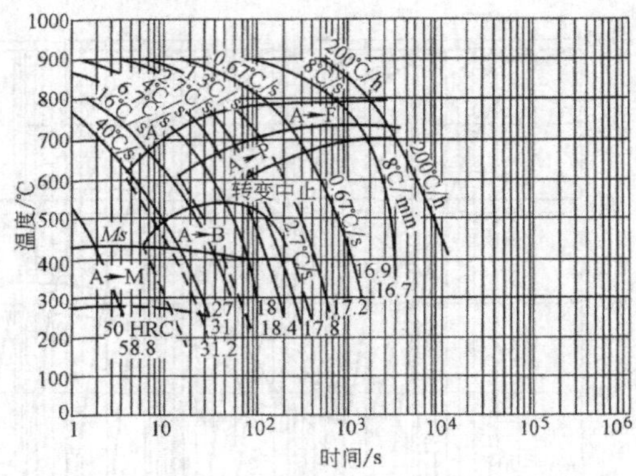

图 11-117 20Cr 钢

化学成分（质量分数）（%）		奥氏体化温度 900℃
C	0.20	
Si	0.32	
Mn	0.67	
P	0.019	
S	0.012	
Cr	1.02	
Ni	0.16	
Cu	0.11	

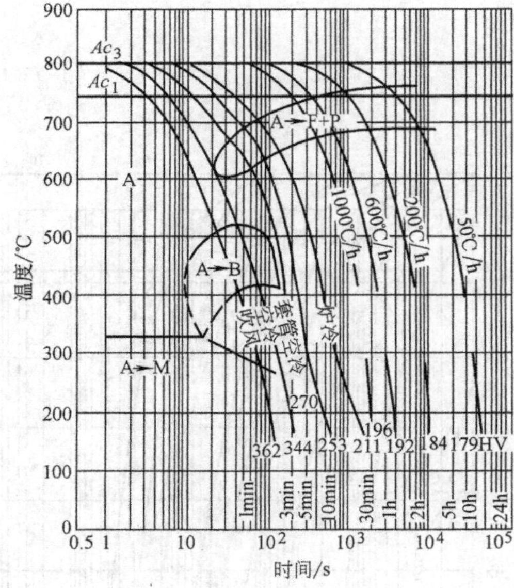

图 11-118 40Cr 钢

化学成分	（质量分数）（%）	原始状态	正火
C	0.43	奥氏体化温度	850℃
Si	0.25	奥氏体化时间	10min
Mn	0.67		
P	0.022		
S	0.004		
Cr	0.89		

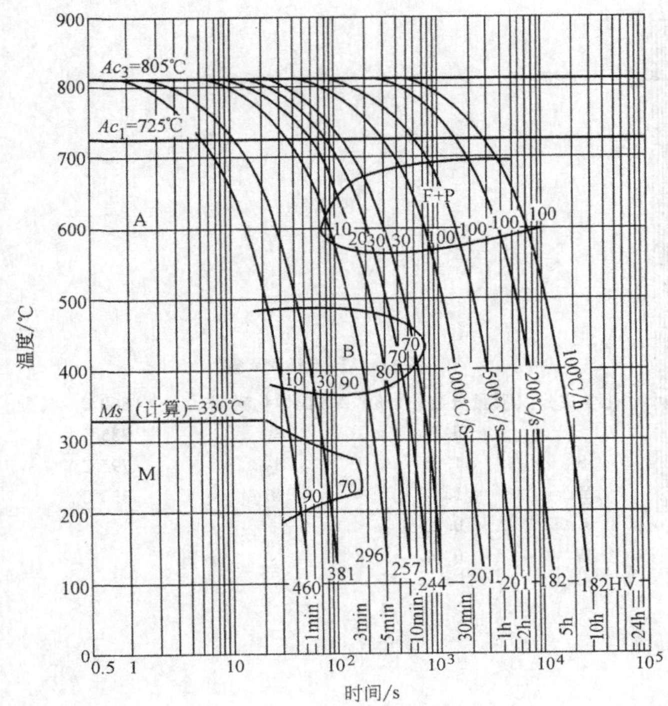

图 11-119　30MnV 钢

化学成分	（质量分数）（%）	原始状态	退火
C	0.32	奥氏体化温度	920℃
Si	0.46	奥氏体化时间	5min
Mn	1.53		
S	0.012		
P	0.010		
Cr	0.22		
V	0.09		
Ti	0.02		
Al	0.05		

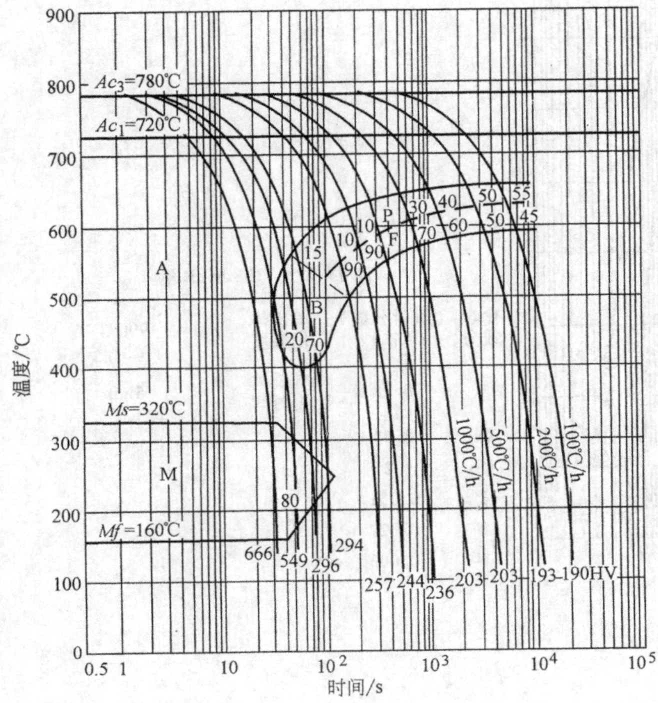

图 11-120　40MnB 钢

化学成分	（质量分数）（%）	原始状态	正火
C	0.40	奥氏体化温度	850℃
Mn	1.18	奥氏体化时间	5min
S	0.012		
Mo	微量		
B	0.0025		

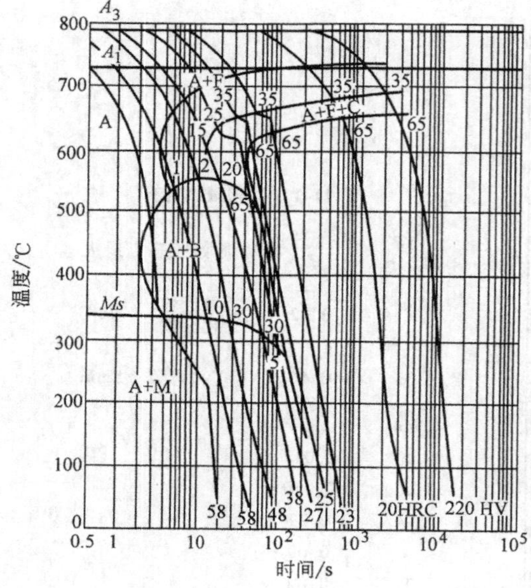

图 11-121　35SiMn 钢

化学成分（质量分数）（%）		奥氏体化温度	860℃
C	0.38	A_1	735℃
Si	1.05	A_3	795℃
Mn	1.14	Ms	330℃
Cr	0.23		
V	0.02		

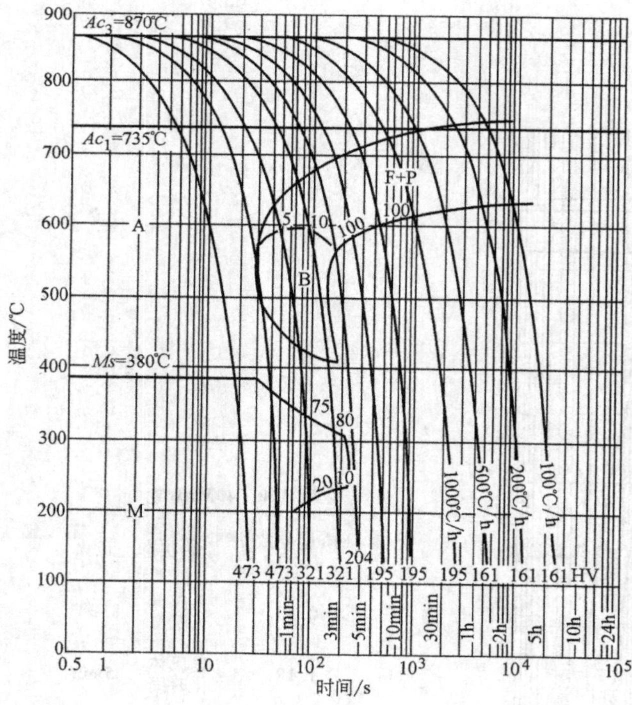

图 11-122　30SiMnB 钢

化学成分	（质量分数）（%）	奥氏体化温度	900℃
C	0.28	奥氏体化时间	5min
Si	1.33		
Mn	1.21		
P	0.031		
S	0.027		
B	0.003		

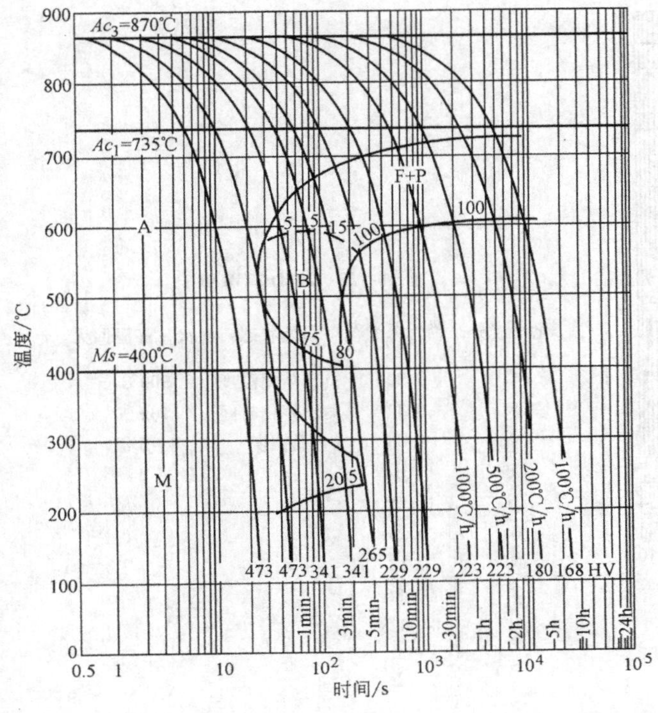

图 11-123　35SiMnB 钢

化学成分	（质量分数）（%）	原始状态	热轧
C	0.33	奥氏体化温度	900℃
Si	1.23	奥氏体化时间	5min
Mn	1.27		
P	0.033		
S	0.021		
B	0.003		

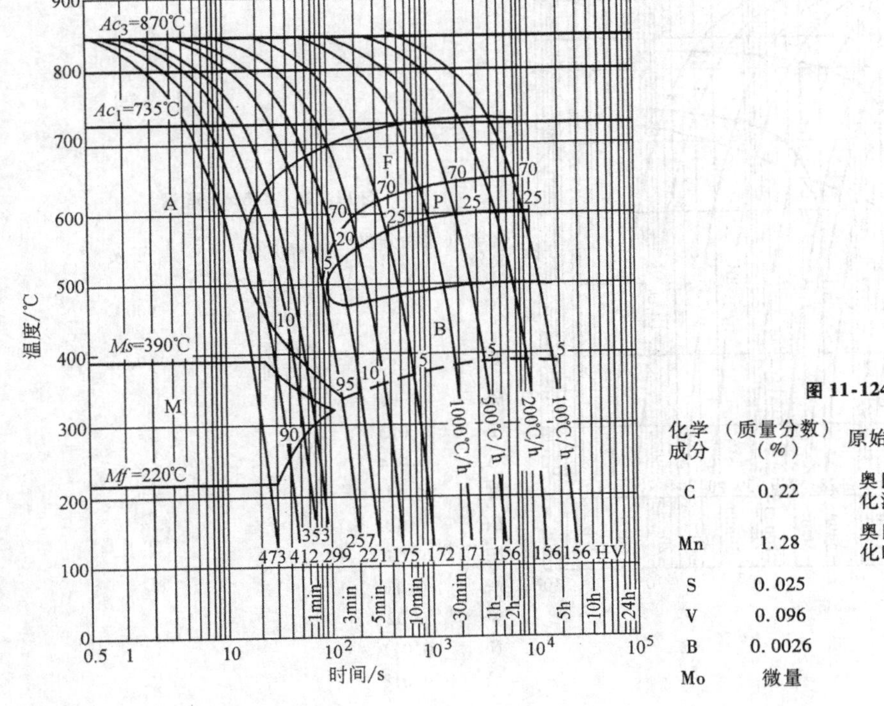

图 11-124　20MnVB 钢

化学成分	（质量分数）（%）	原始状态	正火
C	0.22	奥氏体化温度	910℃
Mn	1.28	奥氏体化时间	5min
S	0.025		
V	0.096		
B	0.0026		
Mo	微量		

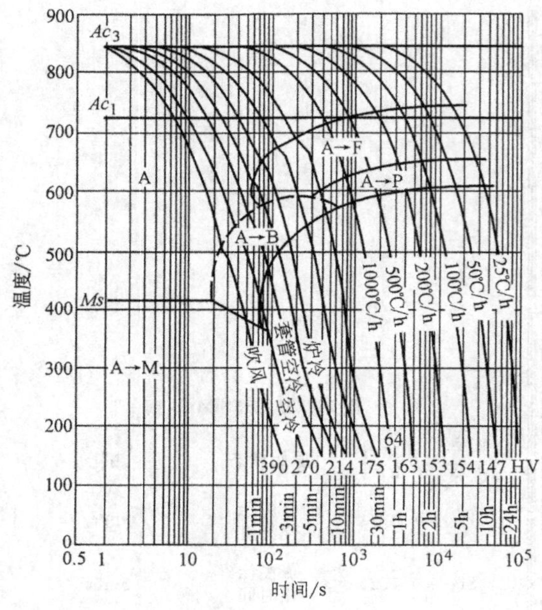

图 11-125　20Mn2TiB 钢

化学成分	（质量分数）（%）	原始状态	正火 + 高温回火
C	0.20	奥氏体化温度	900℃
Si	0.32	奥氏体化时间	10min
Mn	1.63	晶粒度	4～5 级
P	0.014		
S	0.005		
Cr	0.15		
Ni	0.12		
Ti	0.085		
B	0.0028		

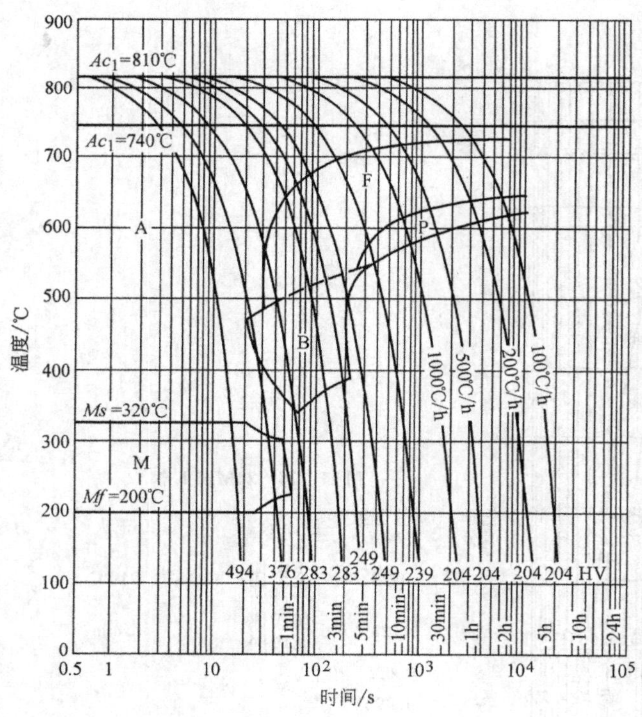

图 11-126　38MnVS5 钢

化学成分	（质量分数）（%）	原始状态	正火
C	0.36	奥氏体化温度	900℃
Si	0.56	奥氏体化时间	10min
Mn	1.38		
P	0.023		
S	0.054		
V	0.11		
Cr	0.19		
Ni	0.07		
Mo	0.03		
W	0.02		
N	0.011		
Al	0.018		

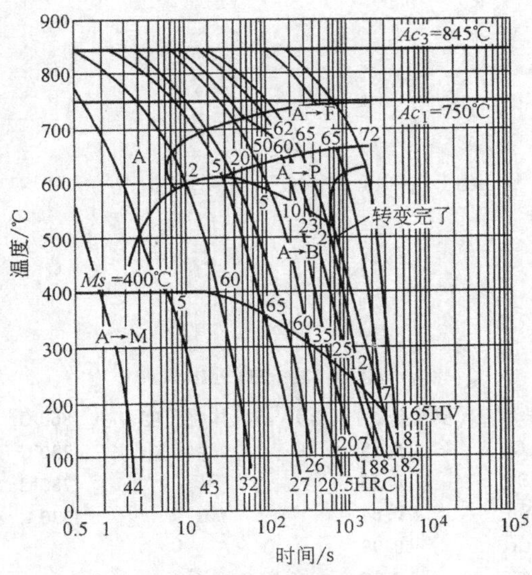

图 11-127　15CrMn 钢

化学成分(质量分数)(%)		奥氏体化温度	870℃
C	0.16	Ac_1	750℃
Si	0.22	Ac_3	845℃
Mn	1.12		
Cr	0.99		
Ni	0.12		

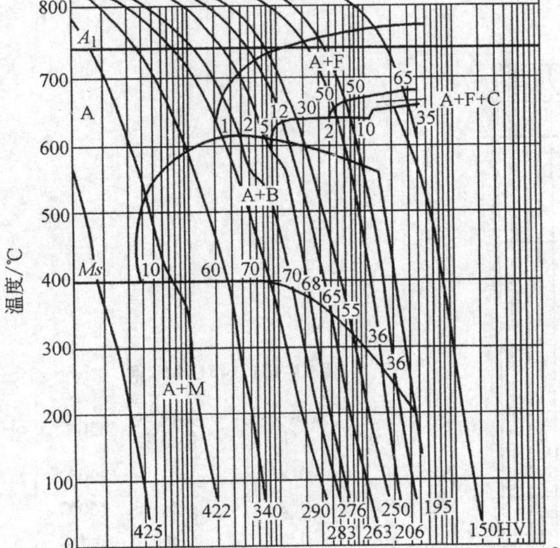

图 11-128　20CrMn 钢

化学成分(质量分数)(%)		奥氏体化温度	1050℃
C	0.16	A_1	750℃
Si	0.22	A_3	845℃
Mn	1.12	Ms	400℃
Cr	0.99		
Ni	0.12		
Mo	0.02		
Al	0.01		

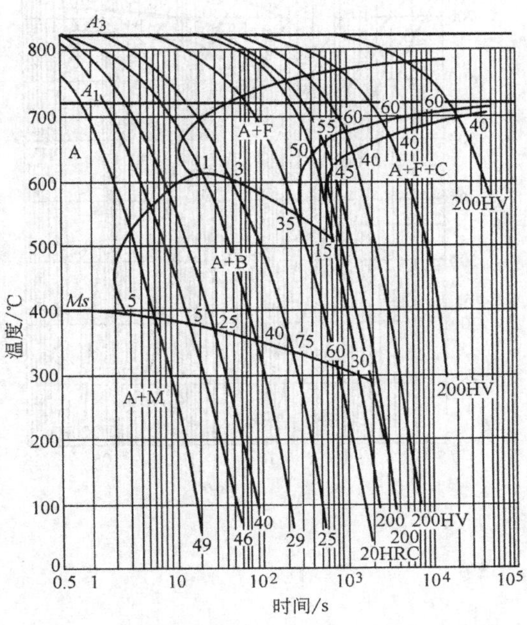

图 11-129　20CrMo 钢

化学成分	(质量分数)(%)	奥氏体化温度	875℃
C	0.22	A_1	730℃
Si	0.25	A_3	825℃
Mn	0.64	Ms	400℃
Cr	0.97		
Ni	0.33		
Mo	0.23		
Cu	0.16		

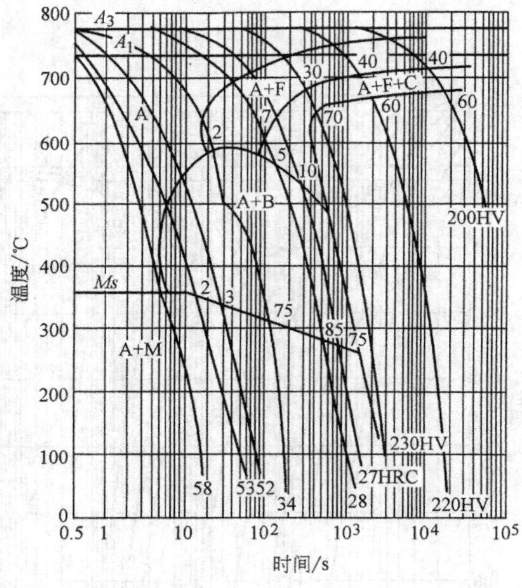

图 11-130　35CrMo 钢

化学成分（质量分数）（%）		奥氏体化温度	860℃
C	0.38	A_1	730℃
Si	0.23	A_3	780℃
Mn	0.64	*Ms*	370℃
Cr	0.99		
Ni	0.08		
Mo	0.16		

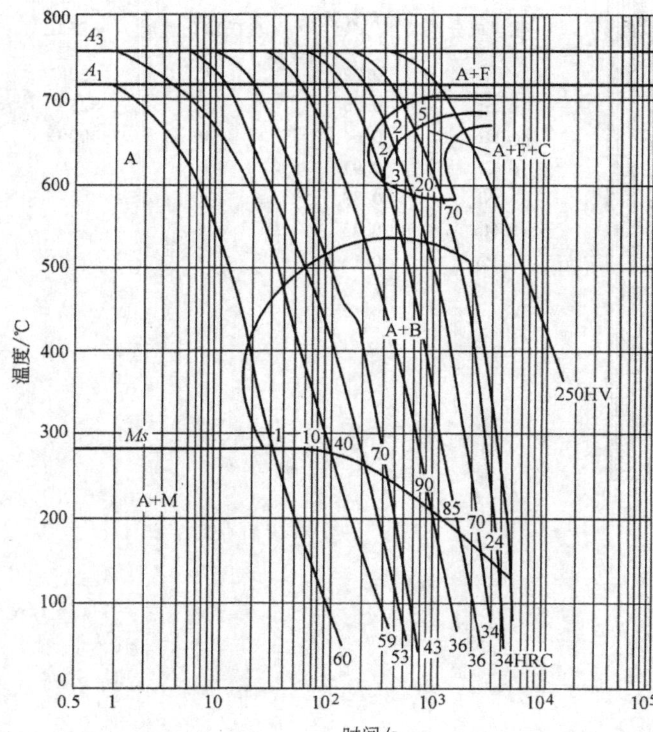

图 11-131　45CrMo 钢

化学成分	（质量分数）（%）	奥氏体化温度	850℃
C	0.46	A_1	720℃
Si	0.22	A_3	760℃
Mn	0.50	*Ms*	285℃
Cr	1.00		
Ni	0.26		
Mo	0.21		
V	0.01		
Cu	0.26		

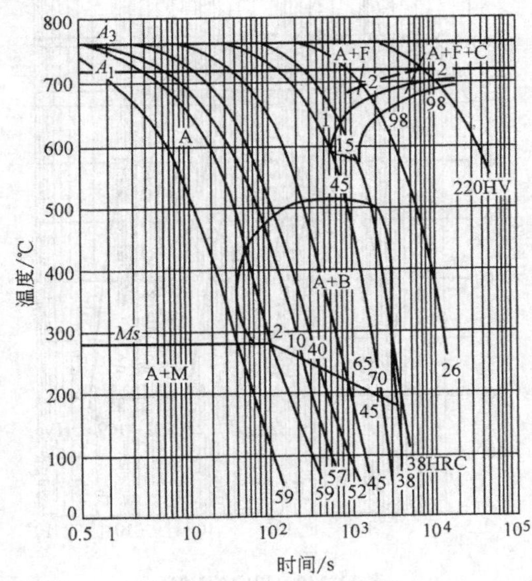

图 11-132　50CrMo 钢

化学成分（质量分数）（%）		奥氏体化温度	850℃
C	0.50	A_1	725℃
Si	0.32	A_3	760℃
Mn	0.80	*Ms*	290℃
Cr	1.04		
Ni	0.11		
Mo	0.24		

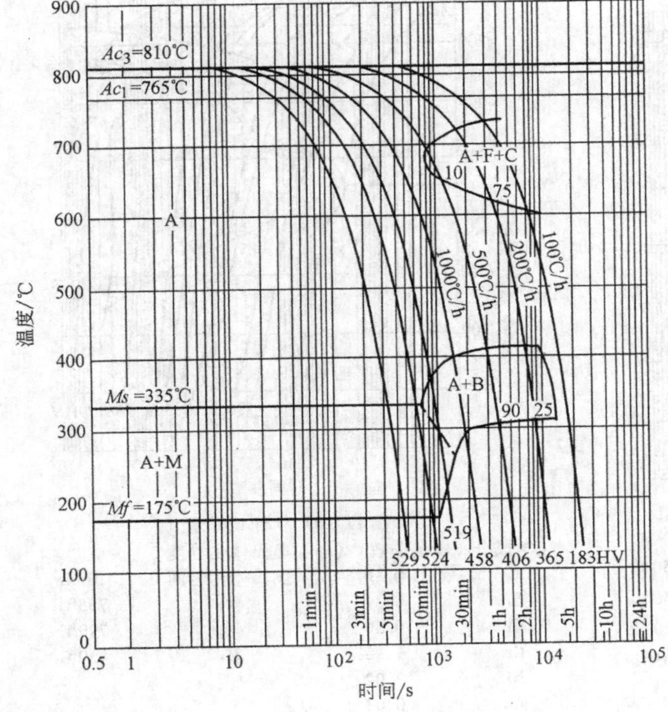

图 11-133　30Cr3MoA 钢

化学成分	（质量分数）（%）	原始状态	退火
C	0.30	奥氏体化温度	900℃
Si	0.33	奥氏体化时间	5min
Mn	0.52		
P	0.013		
S	0.002		
Cr	2.97		
Mo	0.43		

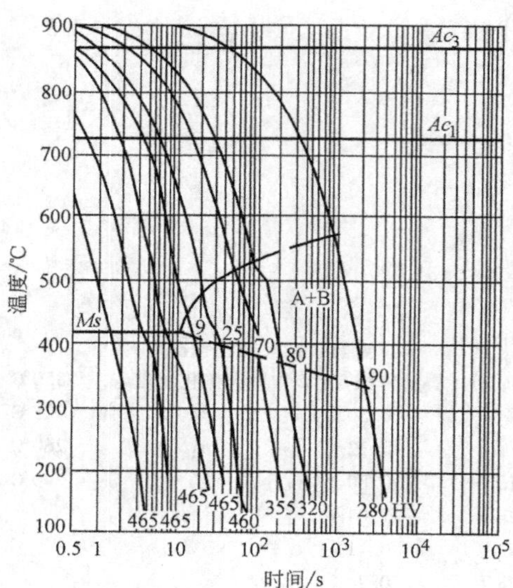

图 11-134　20CrNi 钢

化学成分（质量分数）（%）		奥氏体化温度	1300℃
C	0.18	A_1	725℃
Si	0.29	A_3	865℃
Mn	0.86	*Ms*	415℃
Cr	0.57		
Ni	0.87		
Mo	0.48		
Cu	0.29		

注：快速高温加热。

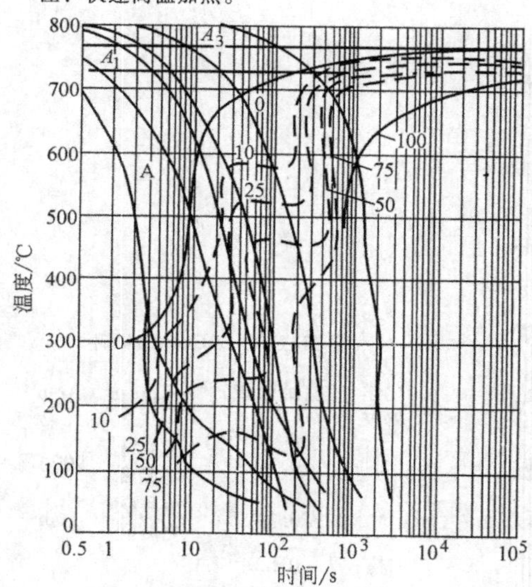

图 11-135　40CrNi 钢

化学成分（质量分数）（%）		奥氏体化温度	850℃
C	0.40	A_1	730℃
Si	0.27	A_3	770℃
Mn	0.66	*Ms*	305℃
Cr	0.63		
Ni	0.99		

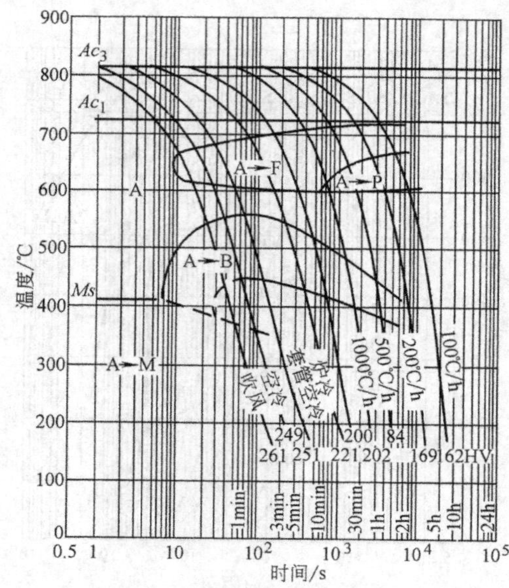

图 11-136　12CrNi3 钢

化学成分（质量分数）（%）		原始状态	正火＋回火
C	0.13	奥氏体化温度	860℃
Si	0.34	奥氏体化时间	10min
Mn	0.50		
P	0.013		
S	0.004		
Cr	0.76		
Ni	2.92		

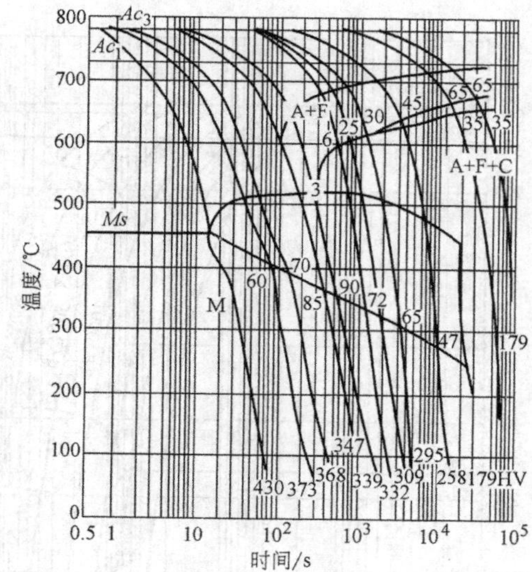

图 11-137　18CrNi2 钢

化学成分（质量分数）（%）		奥氏体化温度	870℃
C	0.16	奥氏体化时间	10min
Si	0.31	Ac_1	735℃
Mn	0.50	Ac_3	790℃
Cr	1.95	*Ms*	450℃
Ni	2.02		
Mo	0.03		
V	0.01		

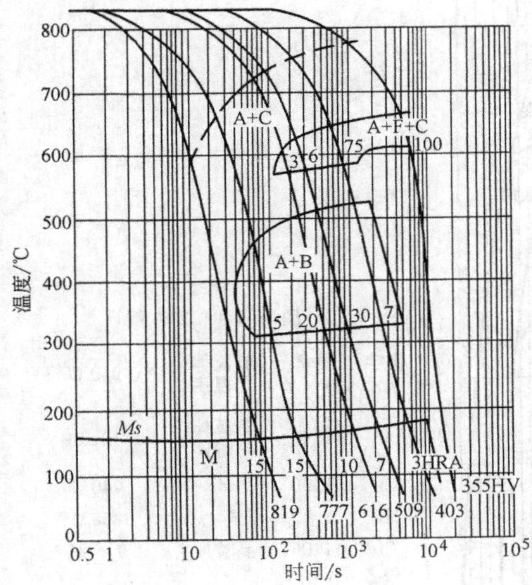

图 11-138　18CrNi2 钢（渗碳后）

化学成分	（质量分数）（%）		
C	0.9	奥氏体化温度	830℃
Si	0.31	奥氏体化时间	15min
Mn	0.50	*Ms*	160℃
Cr	1.95		
Ni	2.02		
Mo	0.03		
S	0.014		
P	0.013		

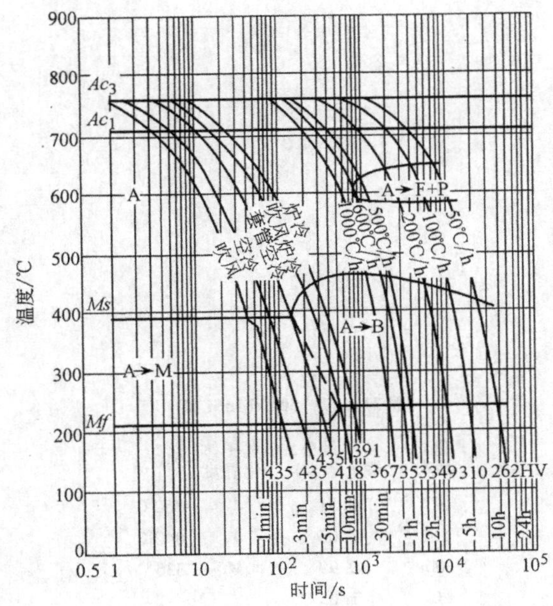

图 11-139　20Cr2Ni4A 钢

化学成分	（质量分数）（%）		
C	0.17	原始状态	正火 + 高温回火
Si	0.31	奥氏体化温度	880℃
Mn	0.51	奥氏体化时间	10min
P	0.021		
S	0.005		
Cr	1.57		
Ni	3.45		
Mo	0.25		
Cu	0.12		

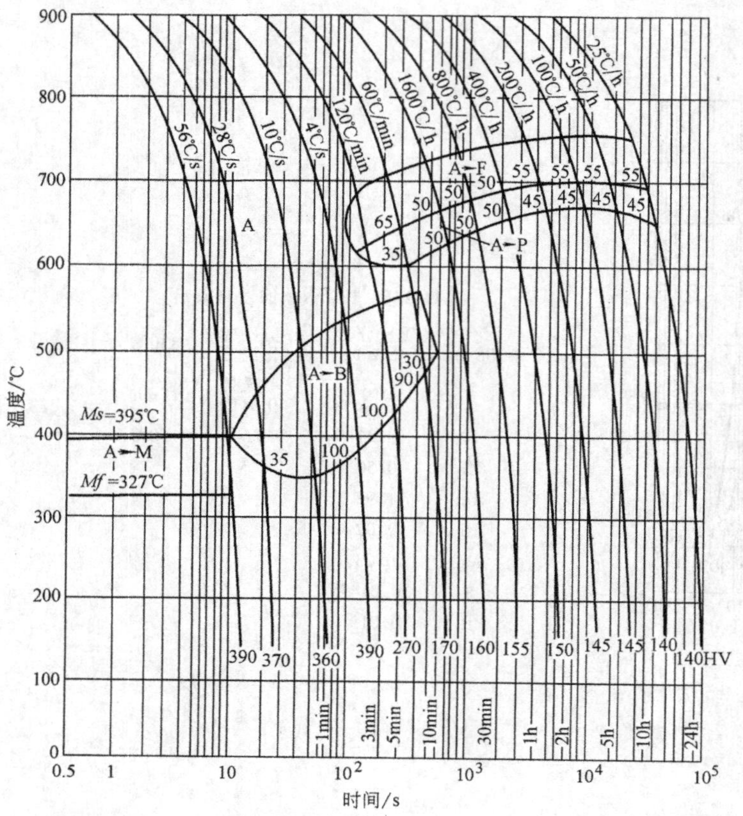

图 11-140　ZF6 钢

化学成分	（质量分数）（%）	奥氏体化温度	940℃
C	0.16	奥氏体化时间	10min
Si	0.30	Ac_1	740℃
Mn	1.12	Ac_3	858℃
Cr	1.06	晶粒度	7.5 级
S	0.017		
P	0.012		
B	0.0028		
N	0.010		
Al	0.056		

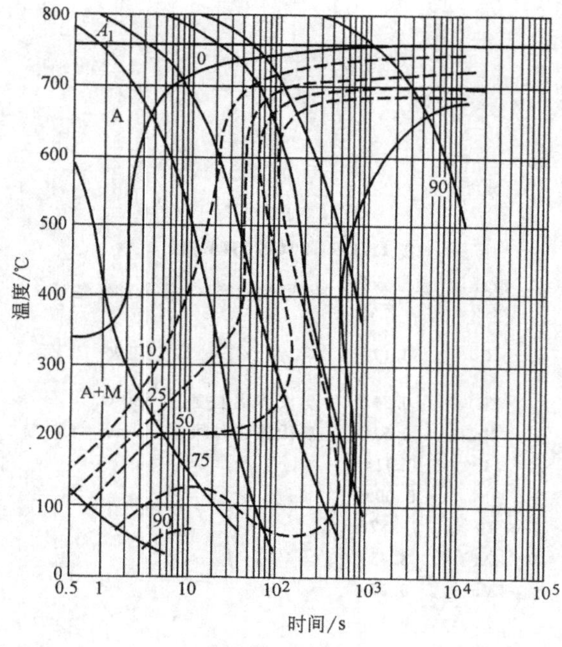

图 11-141　30CrMnSi 钢

化学成分	（质量分数）（%）	奥氏体化温度	910℃
C	0.31	A_1	760℃
Si	1.05	A_3	840℃
Mn	0.99	*Ms*	335℃
Cr	1.05		
Ni	0.13		

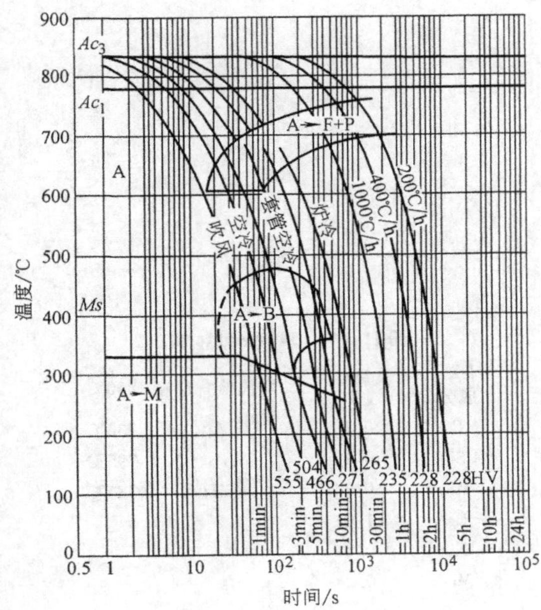

图 11-142　35CrMnSiA 钢

化学成分	（质量分数）（%）	原始状态	正火 + 回火
C	0.35	奥氏体化温度	880℃
Si	1.18	奥氏体化时间	10min
Mn	0.98	Ac_3	830℃
P	0.019		
S	0.007		
Cr	1.27		
Ni	0.05		
Cu	0.09		

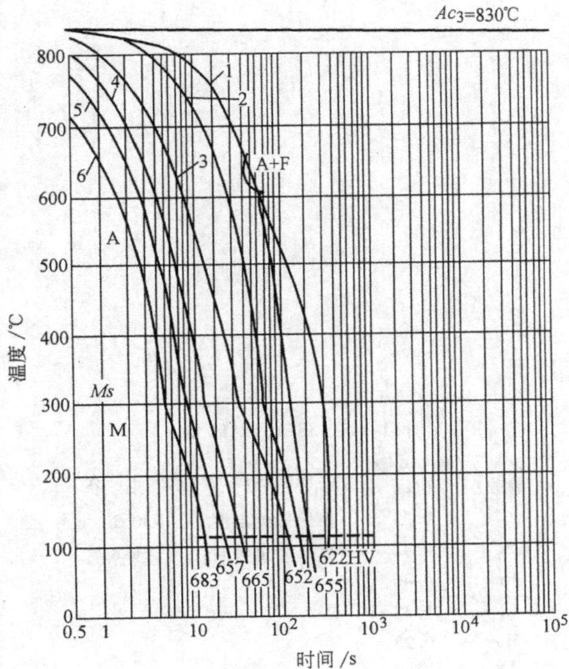

图 11-143　40CrMnSiA 钢

化学成分	（质量分数）（%）	奥氏体化温度	1330℃
C	0.42	奥氏体化时间	4.2s
Si	1.25	1—1℃/s	
Mn	1.08	2—1.5℃/s	
P	0.015	3—4.2℃/s	
S	0.012	4—17℃/s	
Cr	1.34	5—72℃/s	
Ni	0.33	6—115℃/s	

注：快速高温加热。

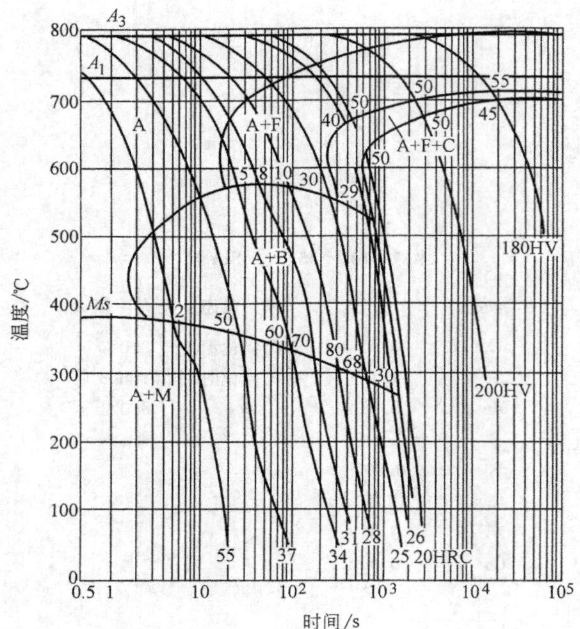

图 11-144 30CrMnMo 钢

化学成分	（质量分数）（%）
C	0.30
Si	0.22
Mn	0.84
Cr	1.01
Ni	0.11
Mo	0.24

奥氏体化温度	850℃
A_1	730℃
A_3	795℃
Ms	385℃

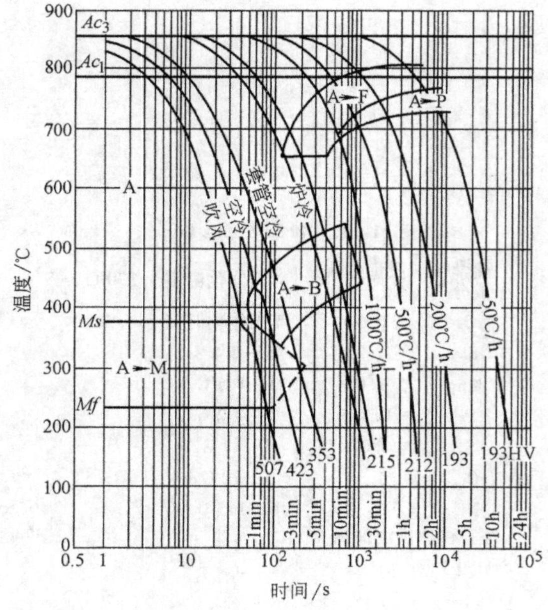

图 11-145 38CrMoAlA 钢

化学成分	（质量分数）（%）
C	0.38
Si	0.42
Mn	0.46
Cr	1.38
Mo	0.23
Al	0.82

原始状态	正火 + 回火
奥氏体化温度	930℃
奥氏体化时间	20min

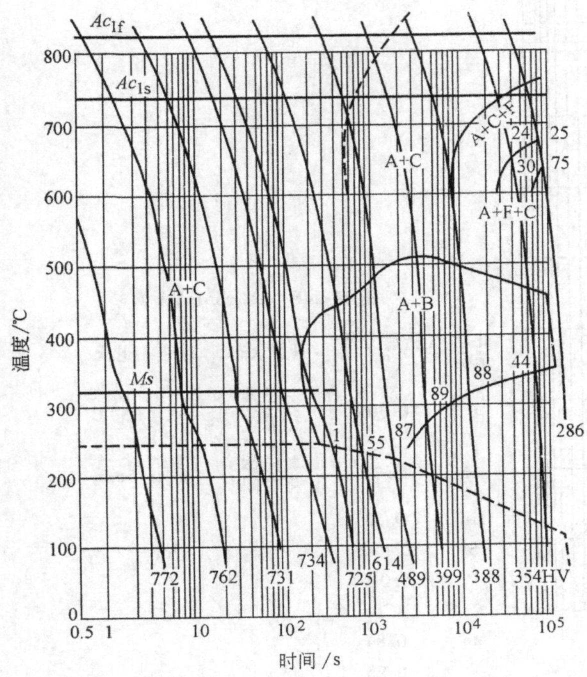

图 11-146　45CrMoV 钢

化学成分	（质量分数）（%）		
C	0.43	奥氏体化温度	1050℃
Si	0.27	奥氏体化时间	15min
Mn	0.75	Ac_{1s}	740℃
Cr	1.31	Ac_{1f}	830℃
Ni	0.11	Ms	320℃
Mo	0.72		
V	0.23		

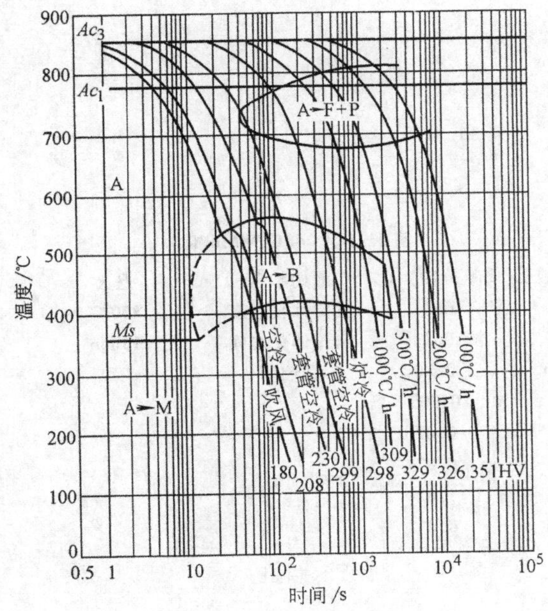

图 11-147　25Cr2MoVA 钢

化学成分	（质量分数）（%）		
C	0.23	原始状态	正火 + 回火
Si	0.30	奥氏体化温度	940℃
Mn	0.53	奥氏体化时间	10min
P	0.018		
Cr	1.55		
Ni	0.03		
Mo	0.29		
V	0.21		
Cu	0.11		

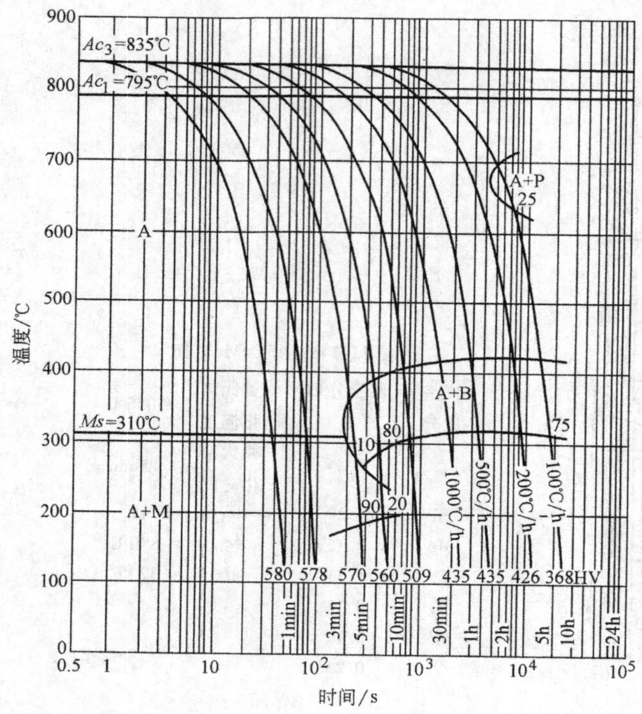

图 11-148 32Cr3MoVA 钢

化学成分	（质量分数）（%）	原始状态	退火
C	0.305	奥氏体化温度	950℃
Si	0.24	奥氏体化时间	5min
Mn	0.53		
S	0.002		
P	0.010		
Cr	3.10		
Mo	0.84		
V	0.25		

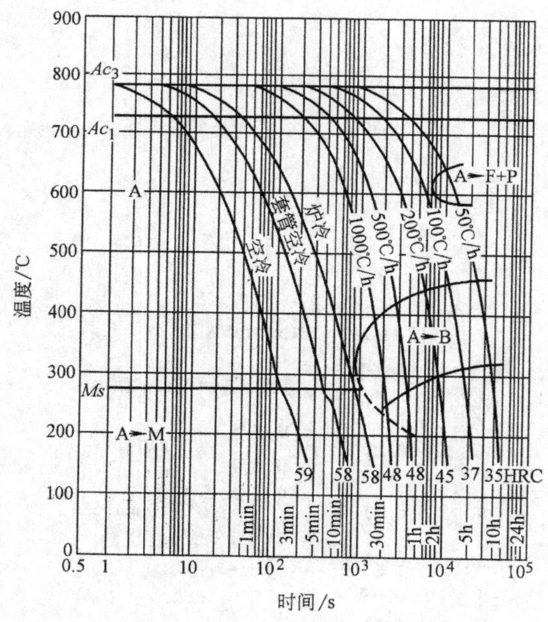

图 11-149 40CrNiMo 钢

化学成分(质量分数)（%）		原始状态	退火
C	0.41	奥氏体化温度	850℃
Si	0.31	奥氏体化时间	15min
Mn	0.80	晶粒度	7级
P	0.005		
S	0.02		
Cr	0.87		
Ni	1.82		
Mo	0.29		

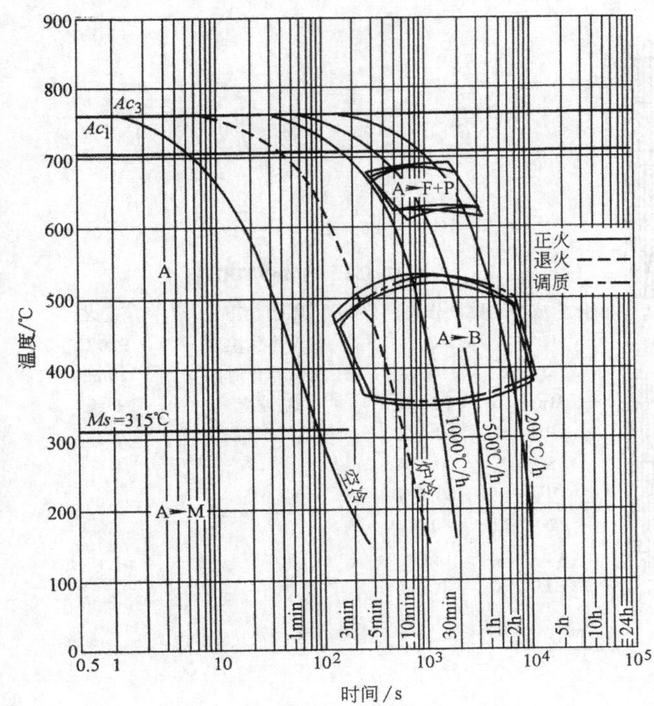

图 11-150　40CrNiMoA 钢

化学成分	质量分数（%）	原始状态	正火、退火、调质
C	0.38	奥氏体化温度	840℃
Si	0.24	奥氏体化时间	20min
Mn	0.69		
P	0.02		
S	0.007		
Cr	0.76		
Ni	1.44		
Mo	0.19		
Cu	0.10		

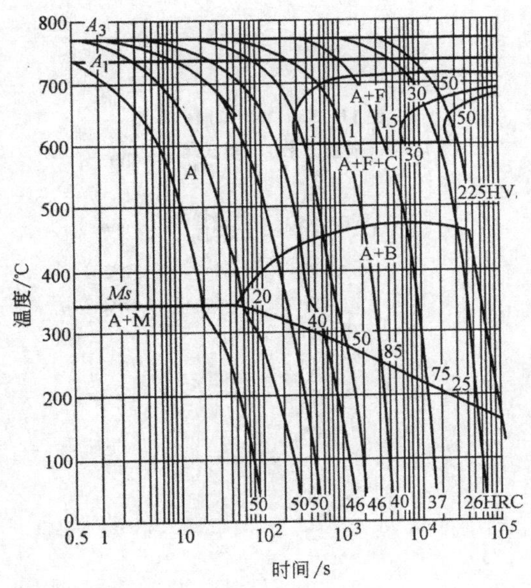

图 11-151　30Cr2Ni2Mo 钢

化学成分	质量分数（%）	奥氏体化温度	850℃
C	0.30	A_1	740℃
Si	0.24	A_3	780℃
Mn	0.46	Ms	350℃
Cr	1.44		
Ni	2.06		
Mo	0.37		
Cu	0.20		

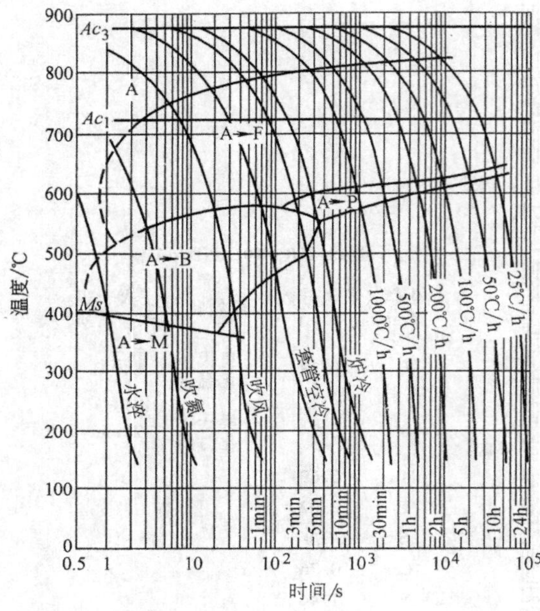

图 11-152　14MnVTiRE 钢

化学成分（质量分数）（%）			
		原始状态	正火
C	0.14	奥氏体化温度	920℃
Si	0.48	奥氏体化时间	10min
Mn	1.52	晶粒度	8 级
P	0.011		
S	0.004		
V	0.071		
Ti	0.12		
Cu	微量		
RE	0.016		

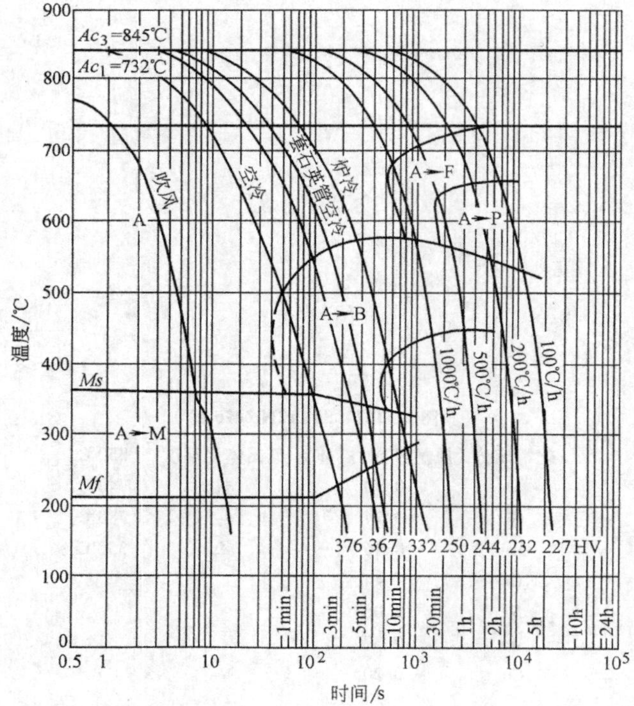

图 11-153　20Mn2MoVB 钢

化学成分	（质量分数）（%）	奥氏体化温度	900℃
C	0.275	奥氏体化时间	15min
Si	0.35	Ac_1	732℃
Mn	1.60	Ac_3	845℃
P	0.017		
S	0.014		
Mo	0.125		
Cu	0.26		

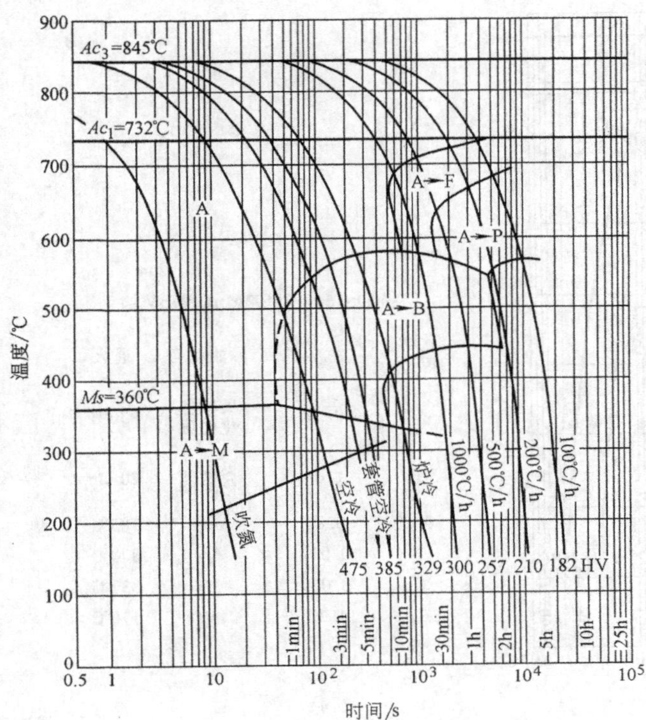

图 11-154　28Mn2MoVB 钢

化学成分	（质量分数）（%）	原始状态	退火
C	0.275	奥氏体化温度	900℃
Si	0.35	奥氏体化时间	15min
Mn	1.60	Ac_1	732℃
P	0.017	Ac_3	845℃
S	0.015	Ms	360℃
Mo	0.125		
V	0.10		
B	0.003		
Cu	0.26		

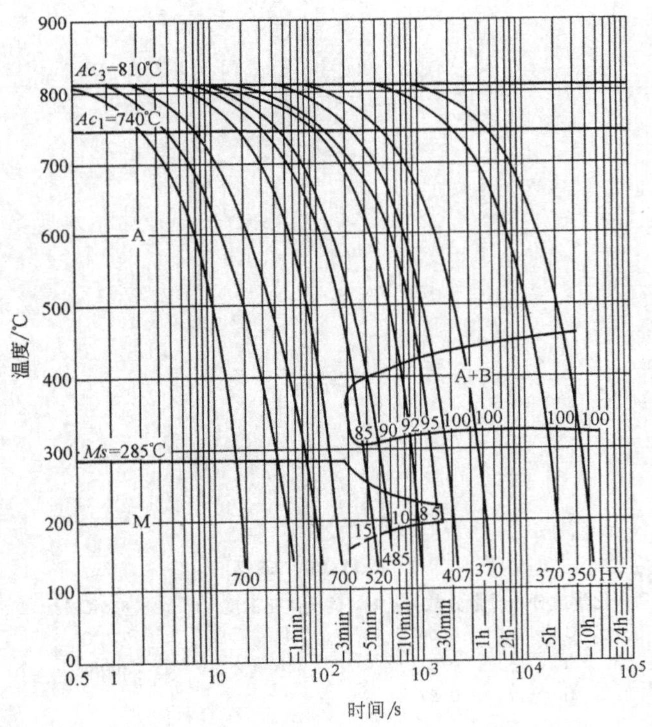

图 11-155　50CrNiMoVA 钢

化学成分	（质量分数）（%）	原始状态	退火
C	0.47	奥氏体化温度	1320℃
Si	0.33	奥氏体化时间	15min
Mn	0.74	晶粒度	8 级
S	0.009	Ac_1	740℃
P	0.028	Ac_3	810℃
Cr	0.99	Ms	285℃
Ni	0.54		
Mo	1.00		
V	0.10		
Cu	0.10		

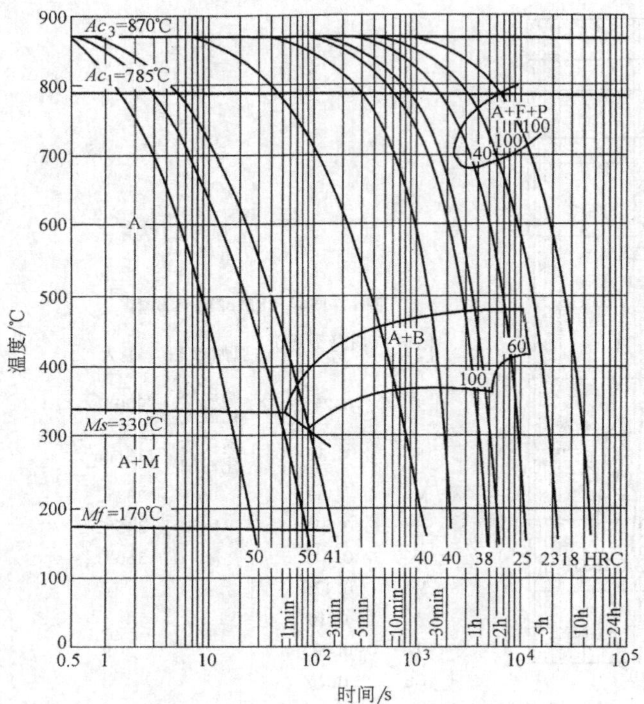

图 11-156　30Si2MnCrMoV 钢

化学成分	（质量分数）（%）	原始状态	退火
C	0.29	奥氏体化温度	930℃
Si	1.64	奥氏体化时间	20min
Mn	0.80	Ac_1	785℃
P	0.012	Ac_3	870℃
S	0.007	*Ms*	330℃
Cr	1.15	*Mf*	170℃
Ni	0.19		
Mo	0.49		
V	0.11		

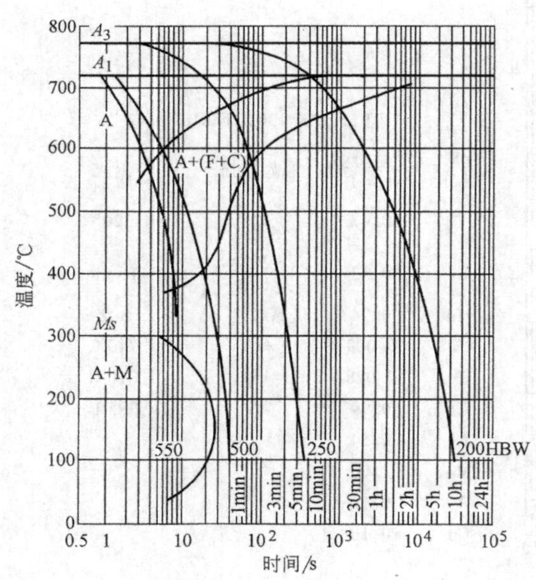

图 11-157　65 钢

化学成分（质量分数）（%）		奥氏体化温度	815℃
C	0.66	A_1	715℃
Si	0.21	*Ms*	300℃
Mn	0.57		

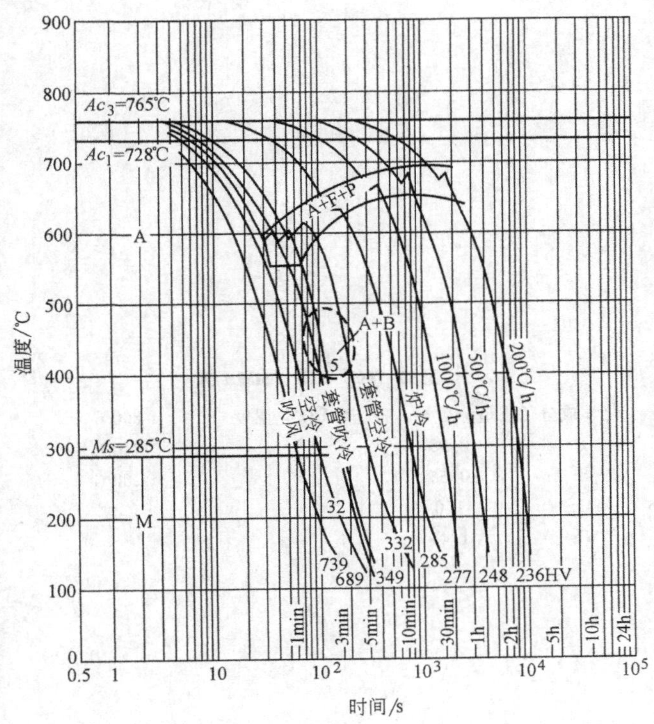

图 11-158　55SiMnVB 钢

化学成分	（质量分数）（%）	原始状态	热轧
C	0.54	奥氏体化温度	860℃
Si	0.88	奥氏体化时间	20min
Mn	1.15	晶粒度	8 级
P	0.012	Ac_1	728℃
S	0.007	Ac_3	765℃
Cr	0.05	Ms	285℃
Ni	0.04		
V	0.11		
B	0.0018		
Cu	0.07		

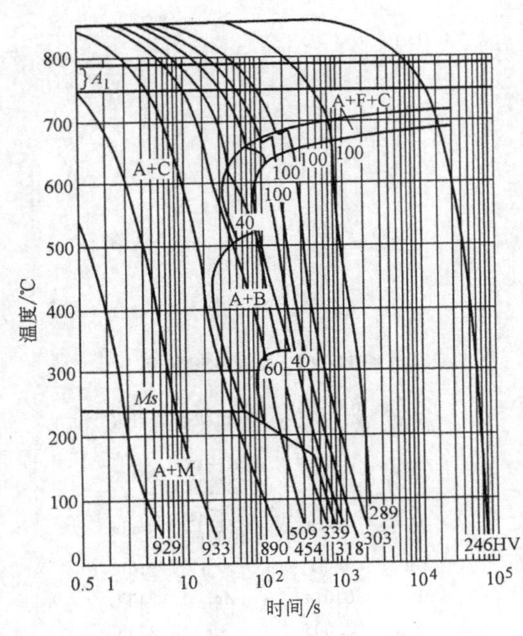

图 11-159　GCr15 钢

化学成分	（质量分数）（%）	奥氏体化温度	850℃
C	1.04	A_{1s}	750℃
Si	0.26	A_{1f}	795℃
Mn	0.33	Ms	245℃
Cr	1.53		
Ni	0.31		
Mo	0.01		
V	0.01		
Cu	0.20		

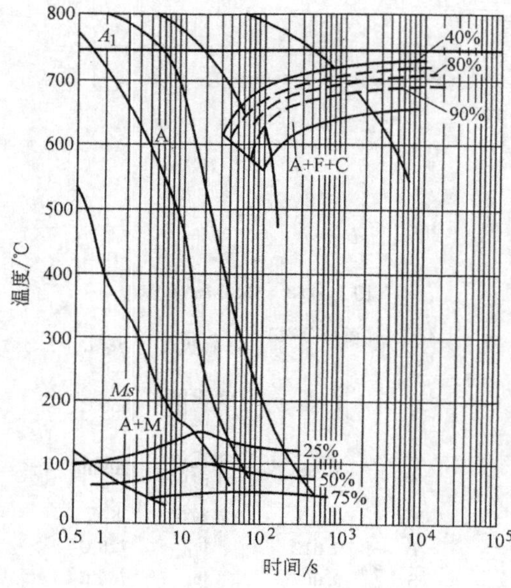

图 11-160　GCr15SiMn 钢

化学成分（质量分数）（%）		奥氏体化温度	850℃
C	0.99	A_1	740℃
Si	0.55	Ms	200℃
Mn	1.0		
Cr	1.45		

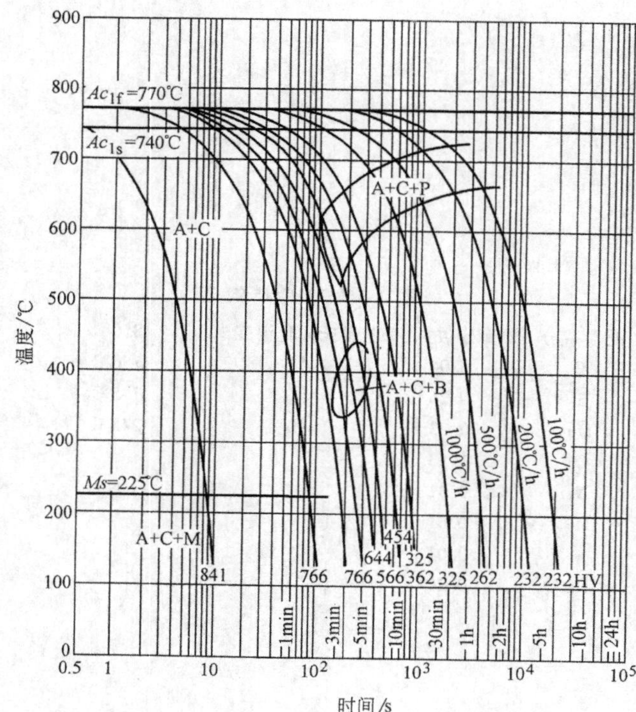

图 11-161　GCr15SiMo 钢

化学成分	（质量分数）（%）	原始状态	退火
C	0.99	奥氏体化温度	860℃
Si	0.73	奥氏体化时间	5min
Mn	0.31	Ac_{1f}	770℃
P	0.014	Ac_{1s}	740℃
S	0.005	Ms	225℃
Cr	1.59		
Mo	0.35		

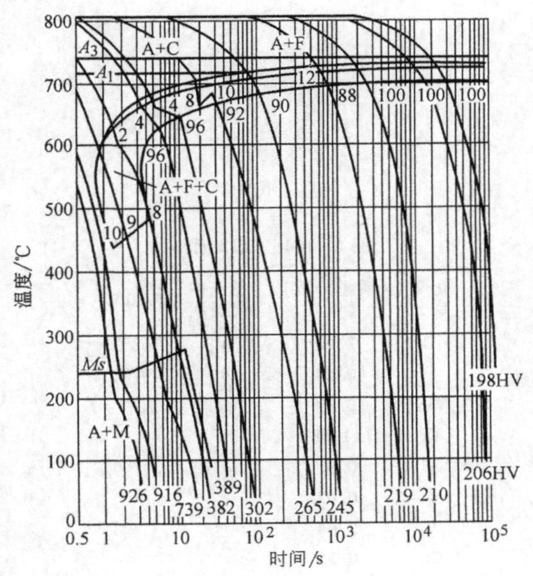

图 11-162　T8 钢

化学成分（质量分数）（%）		奥氏体化温度	810℃
C	0.76	A_1	720℃
Si	0.22	A_3	740℃
Mn	0.29	Ms	245℃
Cr	0.11		
Ni	0.07		
Mo	0.02		
V	0.02		
Cu	0.11		

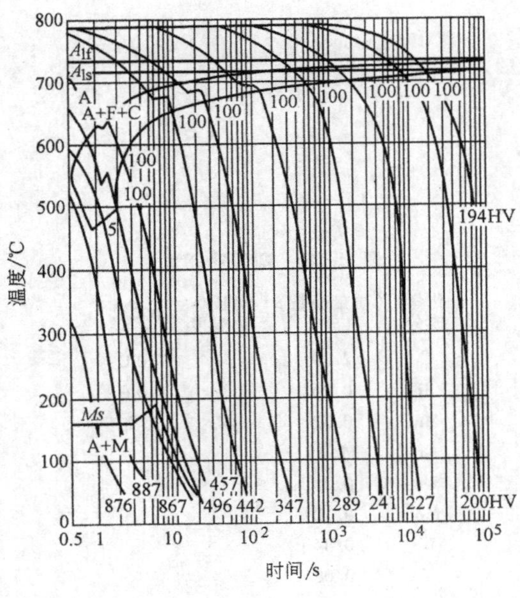

图 11-163　T10 钢

化学成分（质量分数）（%）		奥氏体化温度	860℃
C	1.03	A_{1s}	717℃
Si	0.17	A_{1f}	736℃
Mn	0.22	Ms	160℃
Cr	0.07		
Ni	0.10		
Mo	0.01		
Cu	0.14		

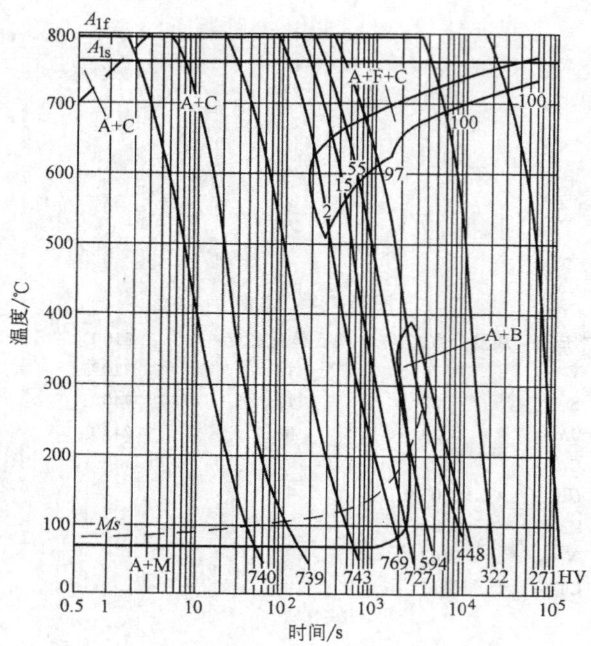

图 11-164 Cr12 钢

化学成分	质量分数（%）	奥氏体化温度	1050℃
C	2.08	A_{1s}	768℃
Si	0.28	A_{1f}	797℃
Mn	0.39	*Ms*	70℃
Cr	11.48		
Ni	0.31		
Mo	0.02		
V	0.04		
Cu	0.15		

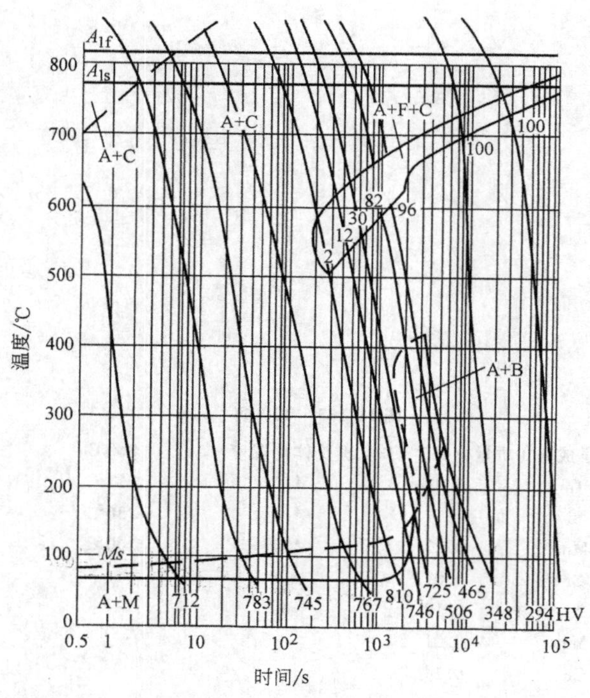

图 11-165 Cr12W 钢

化学成分	质量分数（%）	奥氏体化温度	1050℃
C	2.19	A_{1s}	770℃
Si	0.26	A_{1f}	810℃
Mn	0.32	*Ms*	70℃
Cr	11.75		
Ni	0.08		
Mo	0.12		
W	0.84		
V	0.08		

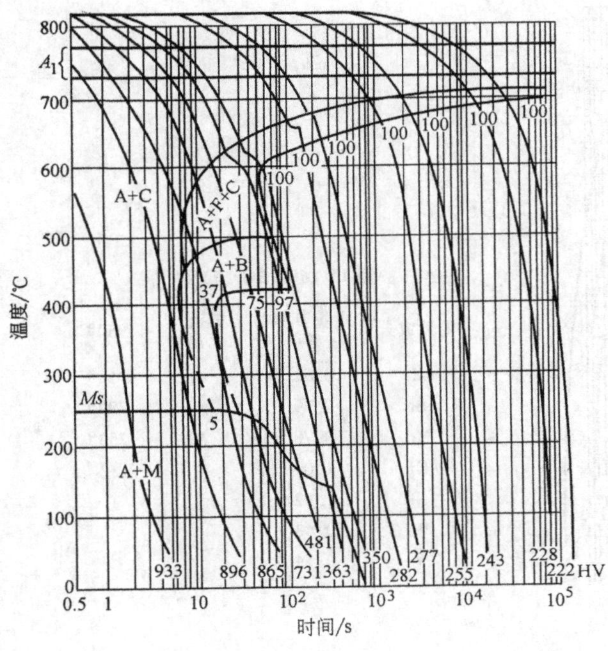

图 11-166　CrWMn 钢

化学成分	(质量分数)(%)	奥氏体化温度	815℃
C	1.03	A_{1s}	730℃
Si	0.28	A_{1f}	770℃
Mn	0.97	*Ms*	245℃
Cr	1.05		
Ni	0.13		
Mo	0.03		
W	1.15		
Cu	0.25		

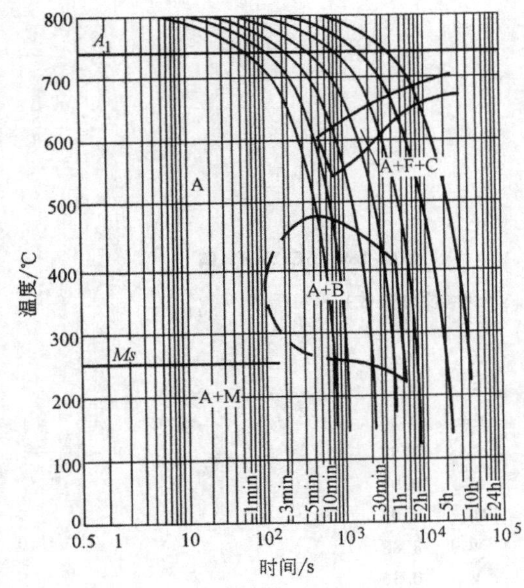

图 11-167　5CrMnMo 钢

化学成分	(质量分数)(%)	奥氏体化温度	900℃
C	0.53	A_1	745℃
Si	0.38	*Ms*	250℃
Mn	1.53		
Cr	0.76		
Ni	0.30		
Mo	0.17		

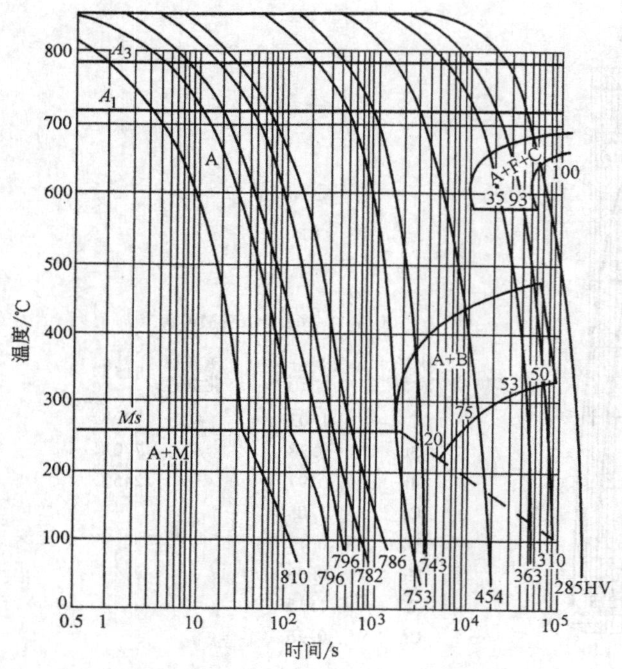

图 11-168　5CrNiMoV 钢

化学成分	（质量分数）（%）	奥氏体化温度	950℃
C	0.52	A_1	710℃
Si	0.29	A_3	790℃
Mn	0.70	*Ms*	250℃
Cr	1.09		
Ni	1.72		
Mo	0.43		
V	0.14		

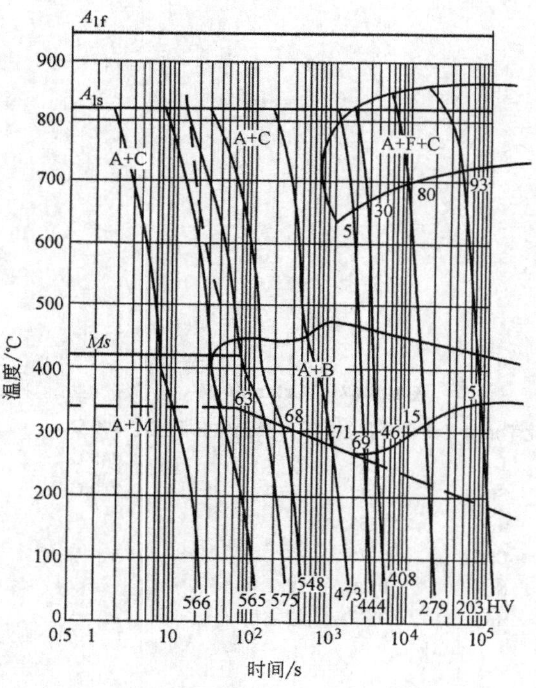

图 11-169　3Cr2W8V 钢

化学成分	（质量分数）（%）	奥氏体化温度	1120℃
C	0.28	A_{1s}	820℃
Si	0.11	A_{1f}	925℃
Mn	0.36	*Ms*	420℃
Cr	2.57		
Ni	0.04		
Mo	0.03		
W	8.88		
V	0.36		

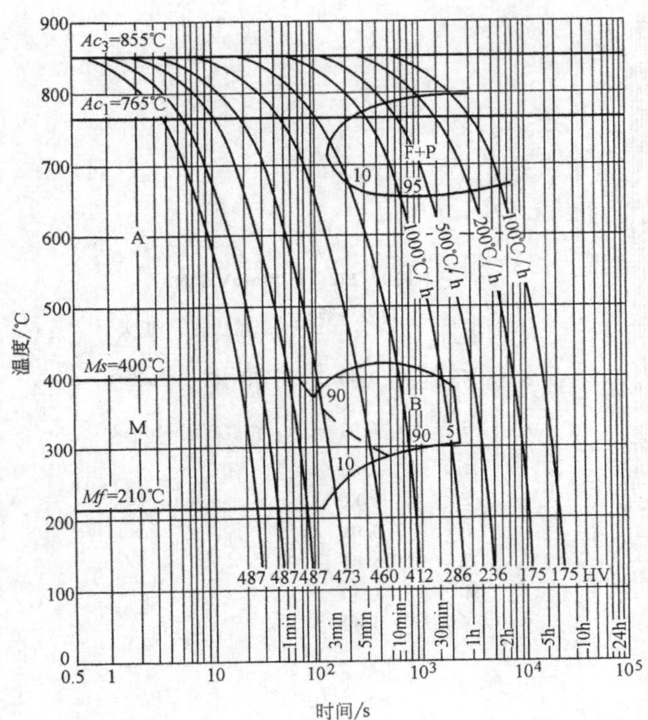

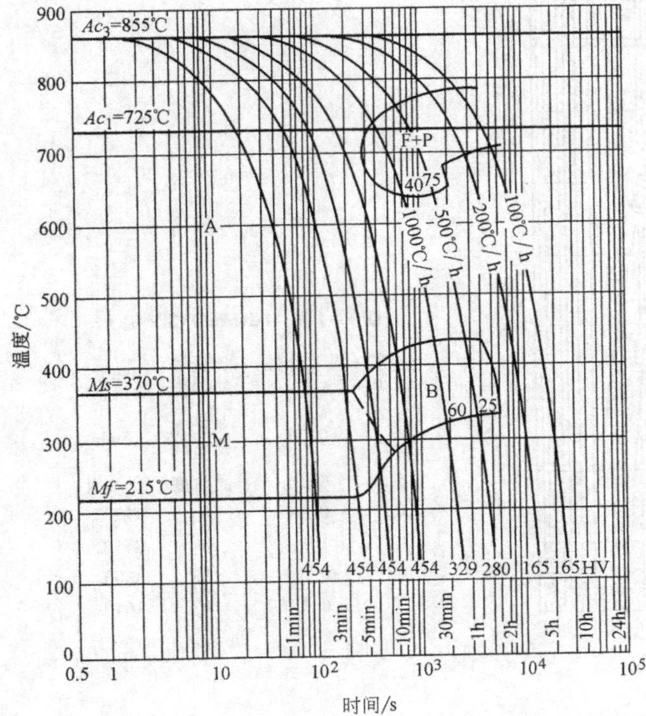

图 11-170　3Cr3W5Co 钢

化学成分	质量分数（%）	原始状态	退火
C	0.40	奥氏体化温度	920℃
Si	0.40	奥氏体化时间	5min
Mn	0.50		
P	0.016		
S	0.003		
Cr	3.0		
Mo	0.50		
W	5.0		
V	0.5		

图 11-171　3Cr5MoVCo 钢

化学成分	质量分数（%）	原始状态	退火
C	0.26	奥氏体化温度	920℃
Si	0.17	奥氏体化时间	5min
Mn	0.19	Ac_1	725℃
Cr	5.00	Ac_3	855℃
Mo	0.80	Ms	370℃
V	0.68	Mf	215℃
Co	0.80		

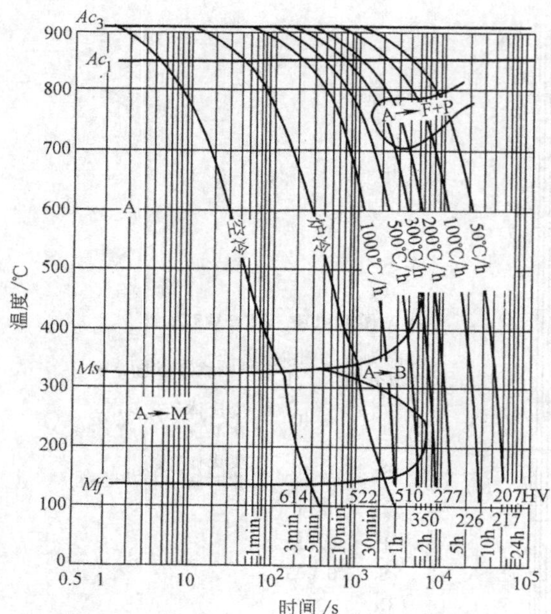

图 11-172　4Cr5MoVSi 钢

化学成分	（质量分数）（%）	原始状态	退火
C	0.40	奥氏体化温度	1000℃
Si	1.00	奥氏体化时间	10min
Mn	0.60		
S	0.003		
P	0.01		
Cr	5.00		
Mo	1.30		
V	0.40		

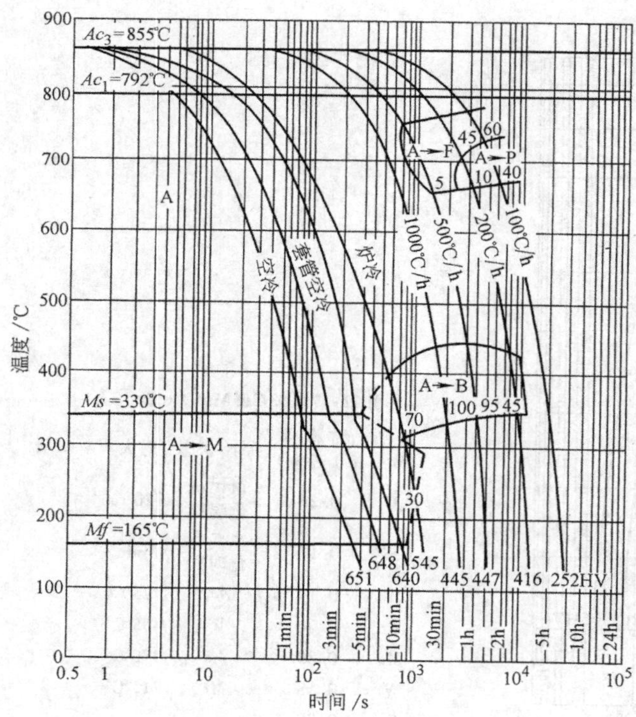

图 11-173　4CrMnSiMoV 钢

化学成分	（质量分数）（%）	奥氏体化温度	930℃
C	0.39	奥氏体化时间	15min
Si	0.96	晶粒度	8～9 级
Mn	0.98	Ac_1	792℃
Cr	1.38	Ac_3	855℃
Mo	0.60	Ms	330℃
V	0.33	Mf	165℃

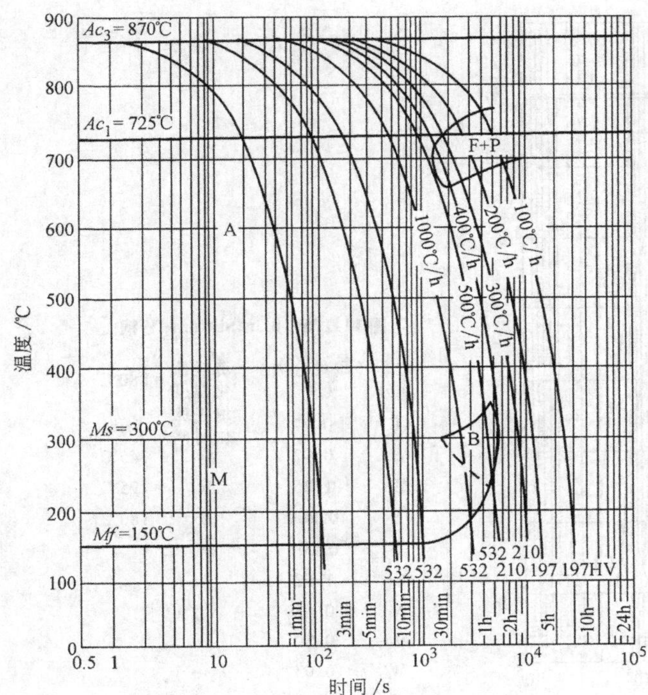

图 11-174　4Cr5W2V1Si 钢

化学成分	(质量分数)(%)	原始状态	退火
C	0.40	奥氏体化温度	950℃
Si	0.98	奥氏体化时间	5min
Mn	0.27	Ac_1	725℃
P	0.010	Ac_3	870℃
S	0.006	Ms	300℃
Cr	4.56	Mf	150℃
W	2.15		
V	0.93		
Al	0.13		

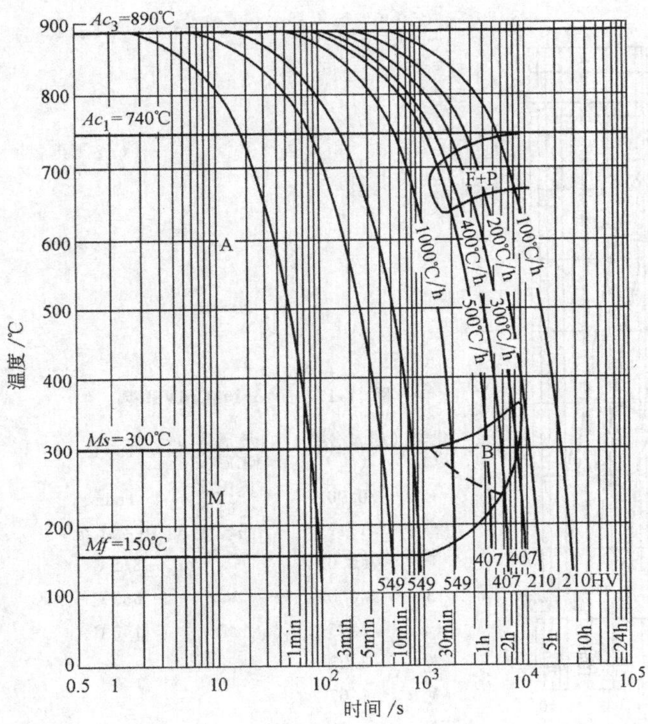

图 11-175　4Cr5W1MoV1Si 钢

化学成分	(质量分数)(%)	原始状态	退火
C	0.41	奥氏体化温度	950℃
Si	1.00	奥氏体化时间	5min
Mn	0.23	Ac_1	740℃
P	0.011	Ac_3	890℃
S	0.006	Ms	300℃
Cr	4.61	Mf	150℃
W	1.21		
Mo	0.50		
V	0.96		
Al	0.21		

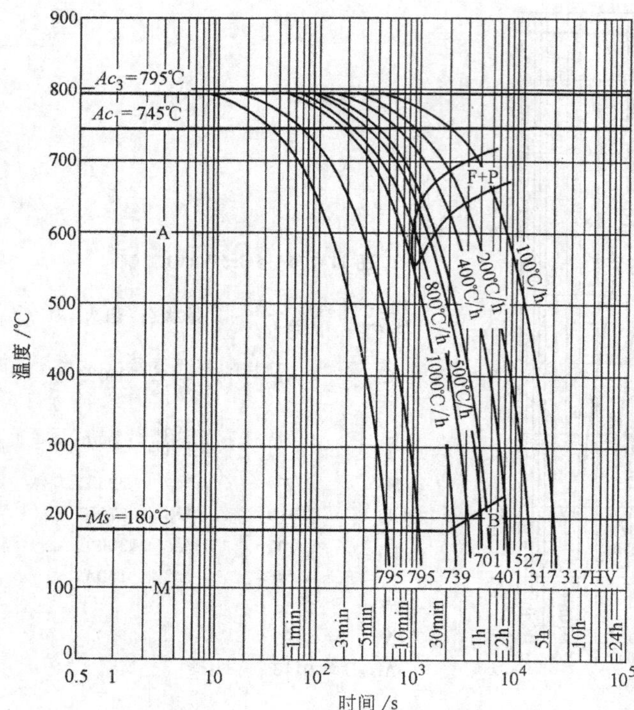

图 11-176　8Cr2SiMnMoV 钢

化学成分	（质量分数）（%）		
C	0.77	奥氏体化温度	880℃
Si	0.92	奥氏体化时间	5min
Mn	1.25	Ac_1	745℃
P	0.009	Ac_3	795℃
S	0.007	Ms	180℃
Cr	1.53		
Ni	0.08		
Mo	0.50		
W	0.03		
V	0.23		
Cu	0.14		

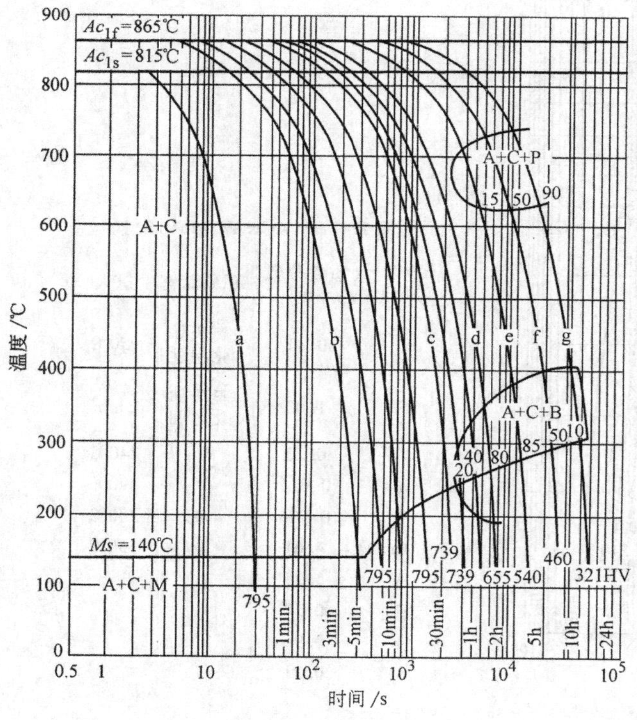

图 11-177　W3Mo2Cr4VSi 钢

化学成分	（质量分数）（%）		
C	0.90	奥氏体化温度	1180℃
Si	1.17	奥氏体化时间	1min
P	≤0.03	晶粒度	10～11 级
S	≤0.03	Ac_{1s}	815℃
Cr	3.95	Ac_{1f}	865℃
W	3.22	Ms	140℃
V	1.67		
Mo	2.11		

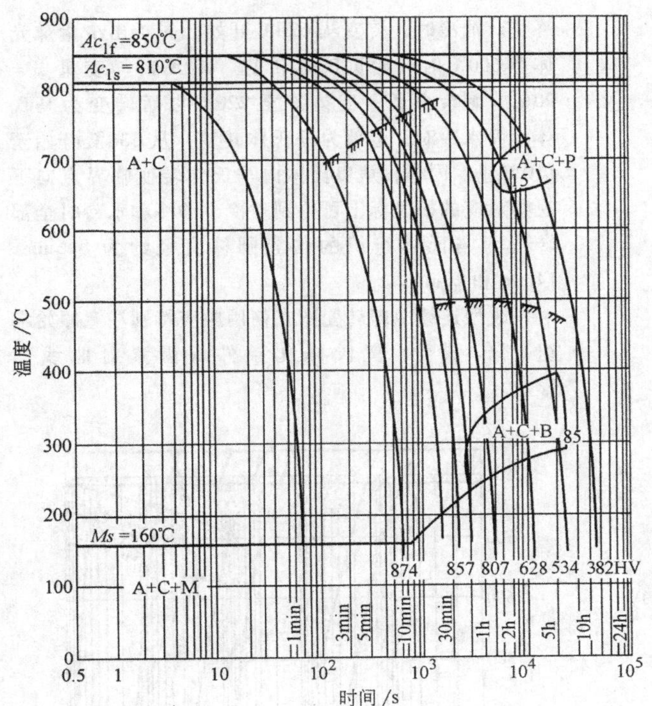

图 11-178 CW9Mo3Cr4VN 钢

化学成分	（质量分数）（%）	原始状态	退火
C	0.97	奥氏体化温度	1230℃
Si	0.30	奥氏体化时间	15min
Cr	4.00	晶粒度	9～10 级
Mo	2.95	Ac_{1s}	810℃
W	9.00	Ac_{1f}	850℃
V	1.57	Ms	160℃
N	0.041		

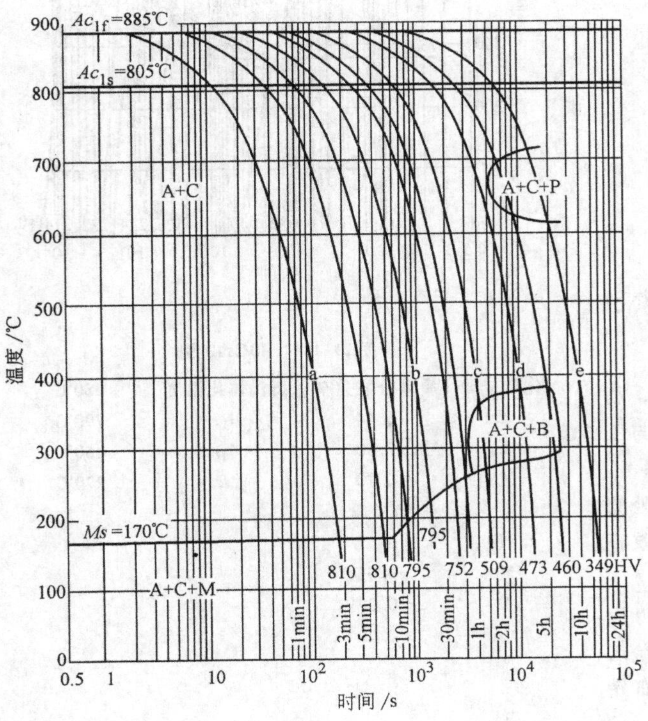

图 11-179 W12Mo2Cr4VRE 钢

化学成分	（质量分数）（%）	原始状态	退火
C	1.10	奥氏体化温度	1220℃
Si	0.41	奥氏体化时间	1min
Mn	0.23	晶粒度	9～10 级
P	≤0.03	Ac_{1s}	805℃
S	≤0.03	Ac_{1f}	885℃
Cr	4.01	Ms	170℃
Mo	2.02		
W	12.38		
V	1.65		
RE	0.072		

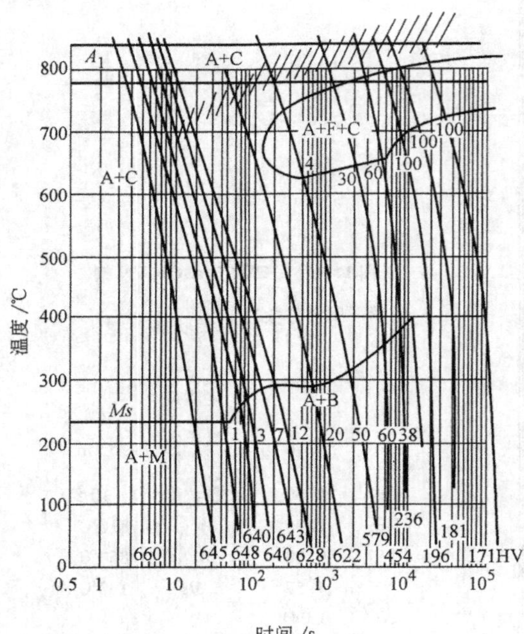

图 11-180　30Cr13 钢

化学成分（质量分数）（%）		奥氏体化温度	980℃
C	0.25	A_{1s}	790℃
Si	0.37	A_{1f}	840℃
Mn	0.29	Ms	240℃
Cr	13.4		
Ni	0.13		

11.4.3　常用钢改型连续冷却转变图（索引见表 11-117）

改型连续冷却转变图以钢棒直径为横坐标，利用钢棒直径与冷却特性的关系，把组织转变图与工件尺寸和冷却方式对应起来，便于生产上直观参考。图中的组织，是钢棒中心处的组织，不同深度处的组织或不规则形状钢料特定部位的组织可由等效直径推算。

改型连续冷却转变图的应用与连续冷却转变图基本相同，如显示钢棒成分、尺寸、冷却方式与组织的关系，预估力学性能、淬透性以及临界冷速等。

以 45 钢为例（图 11-191），当我们从横坐标上圆棒直径 20mm 处向上至 A 区观察时，可以看到：空冷时，奥氏体从 700℃ 开始析出铁素体，至 660℃ 转变量接近 $\varphi=50\%$ 时开始析出珠光体，于 600℃ 析出终止。油冷时，转变从 620℃ 开始，先析出少量珠光体至 600℃ 时开始贝氏体转变。400℃ 时转变量 $\varphi=90\%$，剩余少量奥氏体冷至 220℃ 以后转变为马氏体。而水冷时，全部为马氏体转变，从 330℃ 开始至 110℃ 止。同样，从奥氏体向马氏体转变临界点向下观察对应的横坐标上可得到空冷、油冷和水冷时全部转变为马氏体组织的临界圆棒直径约为 0.5mm、14mm 和 20mm。

改型连续冷却转变图在使用中应特别注意原始组织、化学成分、奥氏体化条件等因素对曲线的影响。

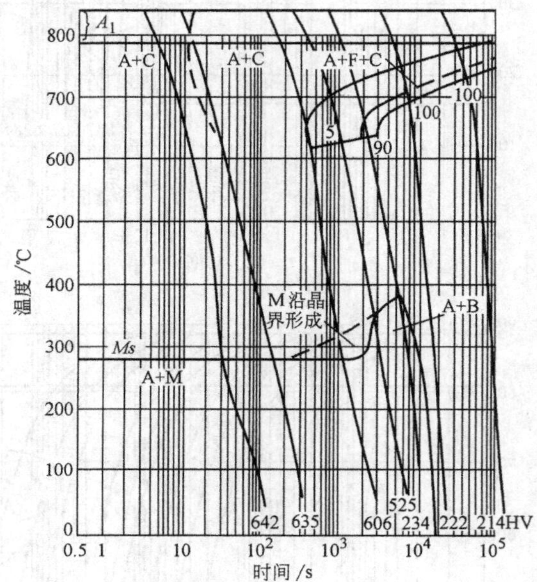

图 11-181　40Cr13 钢

化学成分（质量分数）（%）		奥氏体化温度	980℃
C	0.44	A_{1s}	790℃
Si	0.30	A_{1f}	850℃
Mn	0.20	Ms	270℃
Cr	13.12		
Ni	0.31		
Mo	0.01		
V	0.02		
Cu	0.09		

表 11-117　常用钢改型连续冷却转变图索引表

序号	图　号	牌　号	页数	序号	图　号	牌　号	页数
1	图 11-182	05F	684	23	图 11-204	40CrNi	697
2	图 11-183	08F	684	24	图 11-205	12CrMo	697
3	图 11-184	10	685	25	图 11-206	20CrMo	698
4	图 11-185	15	685	26	图 11-207	30CrMo	698
5	图 11-186	20	686	27	图 11-208	35CrMo	699
6	图 11-187	25	686	28	图 11-209	40CrMo	699
7	图 11-188	30	687	29	图 11-210	20CrNiMo	700
8	图 11-189	35	687	30	图 11-211	42CrNiMo	701
9	图 11-190	40	688	31	图 11-212	38CrMoAl	702
10	图 11-191	45	689	32	图 11-213	Y15	703
11	图 11-192	50	690	33	图 11-214	Y40Mn	703
12	图 11-193	55	690	34	图 11-215	65	704
13	图 11-194	60	691	35	图 11-216	75	704
14	图 11-195	20Mn2	692	36	图 11-217	85	705
15	图 11-196	30Mn2	692	37	图 11-218	50CrV	706
16	图 11-197	35Mn2	693	38	图 11-219	GCr15	707
17	图 11-198	40Mn2	693	39	图 11-220	06Cr13	708
18	图 11-199	45Mn2	694	40	图 11-221	12Cr13	709
19	图 11-200	20Cr	694	41	图 11-222	20Cr13	710
20	图 11-201	30Cr	695	42	图 11-223	30Cr13	711
21	图 11-202	40Cr	695	43	图 11-224	1Cr5Mo	711
22	图 11-203	20CrMn	696				

注：图中的金相组织的转变量均为体积分数。

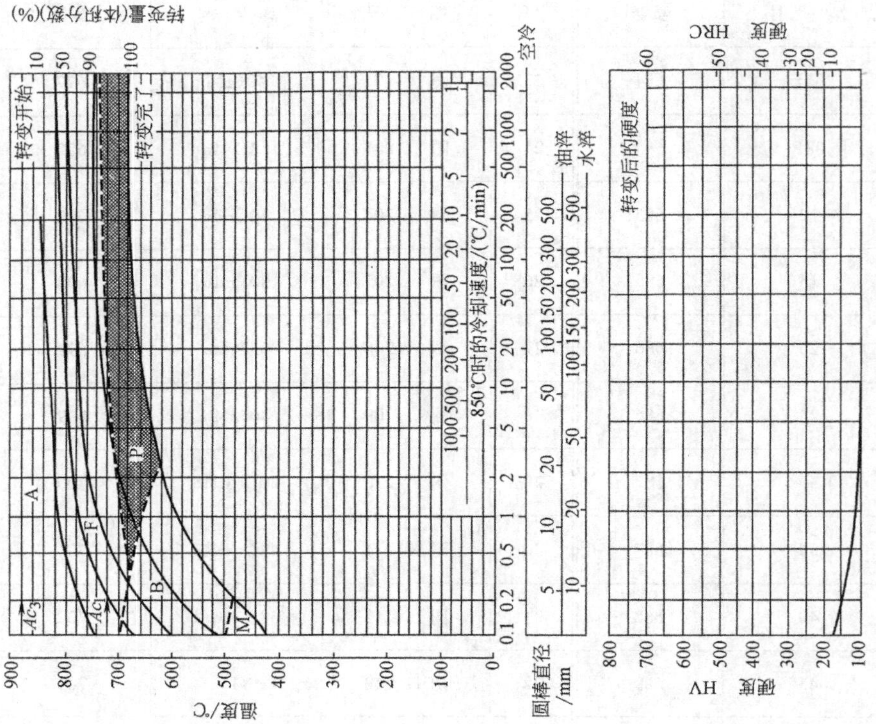

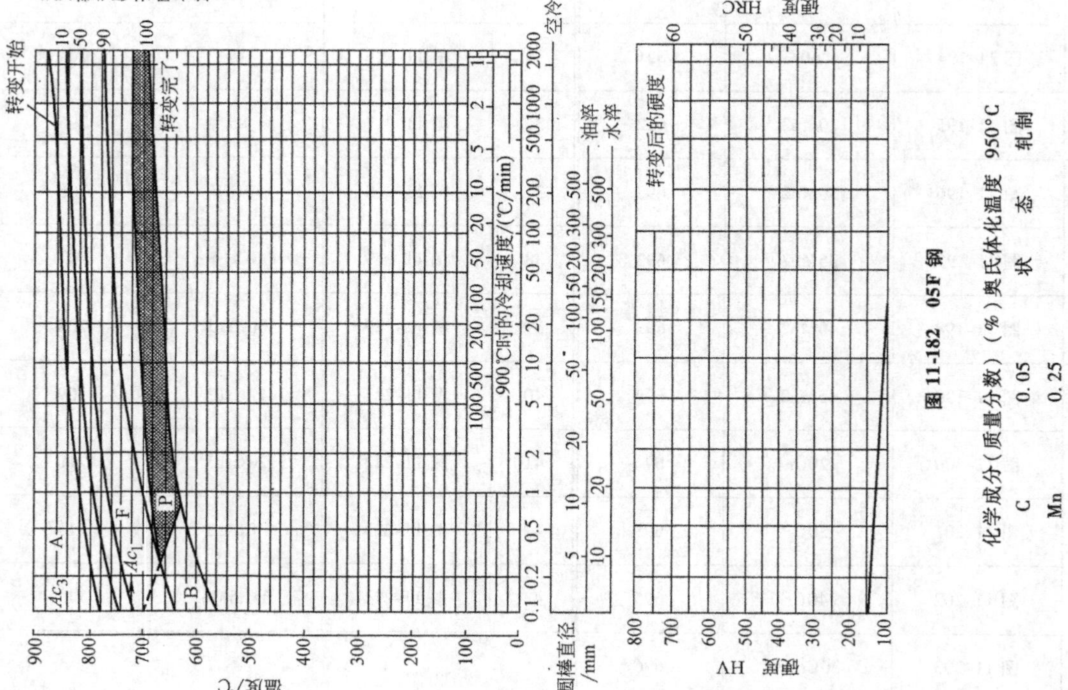

图 11-182　05F 钢

化学成分（质量分数）（%）　奥氏体化温度　950°C

C　0.05　　状　态　　轧制

Mn　0.25

图 11-183　08F 钢

化学成分（质量分数）（%）　奥氏体化温度　950°C

C　0.06　　状　态　　轧制

Mn　0.50

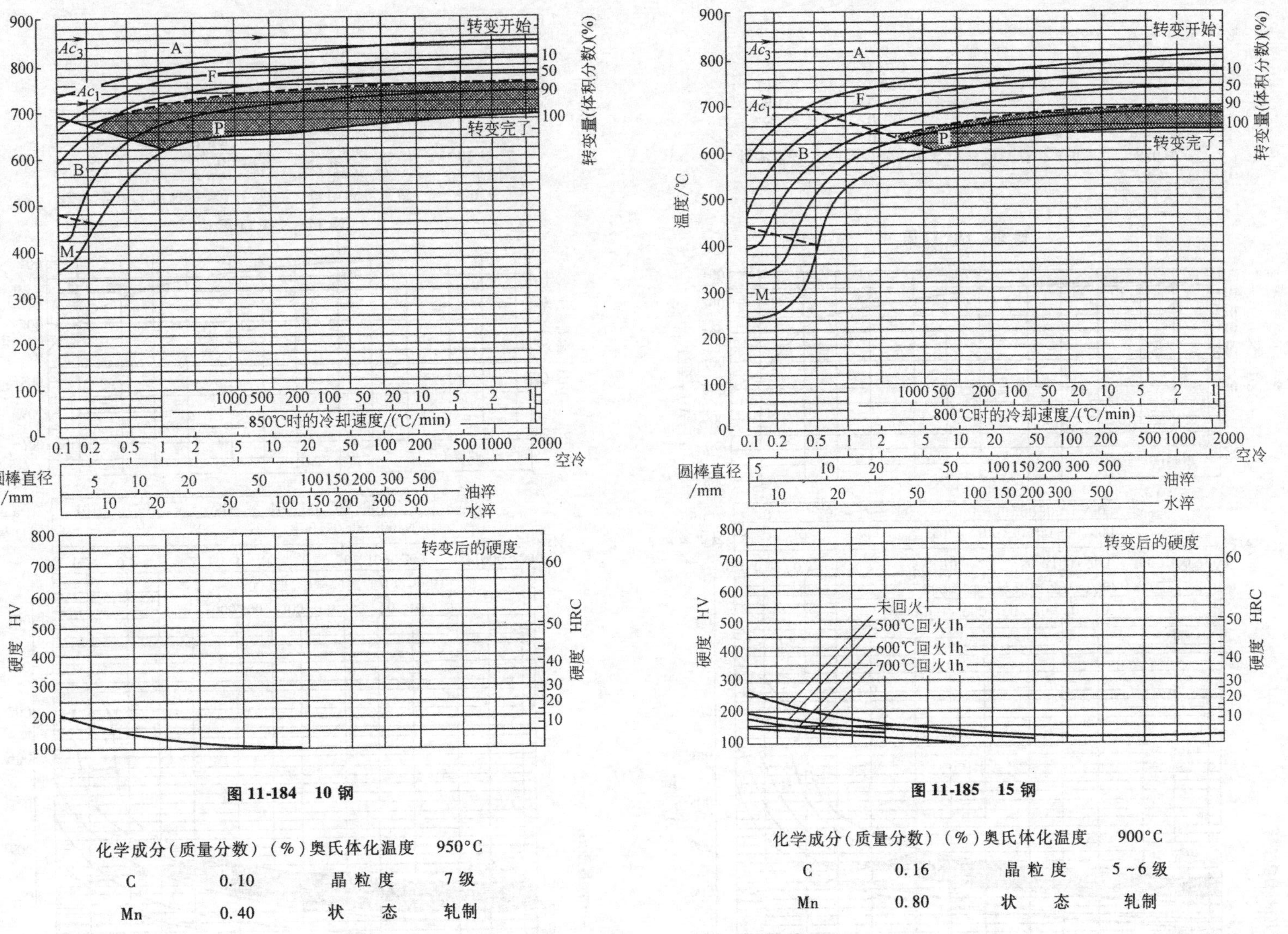

图 11-184　10 钢

化学成分(质量分数)(%)		奥氏体化温度	950°C
C	0.10	晶粒度	7 级
Mn	0.40	状态	轧制

图 11-185　15 钢

化学成分(质量分数)(%)		奥氏体化温度	900°C
C	0.16	晶粒度	5～6 级
Mn	0.80	状态	轧制

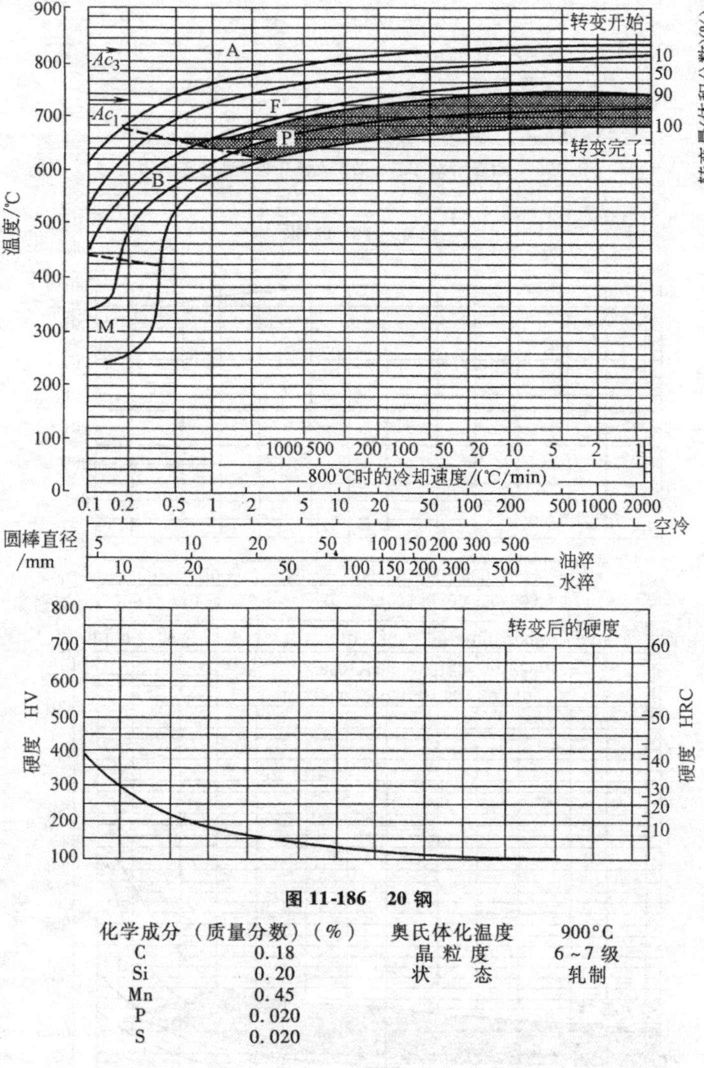

图 11-186　20 钢

化学成分（质量分数）(%)		奥氏体化温度	900°C
C	0.18	晶粒度	6~7级
Si	0.20	状态	轧制
Mn	0.45		
P	0.020		
S	0.020		

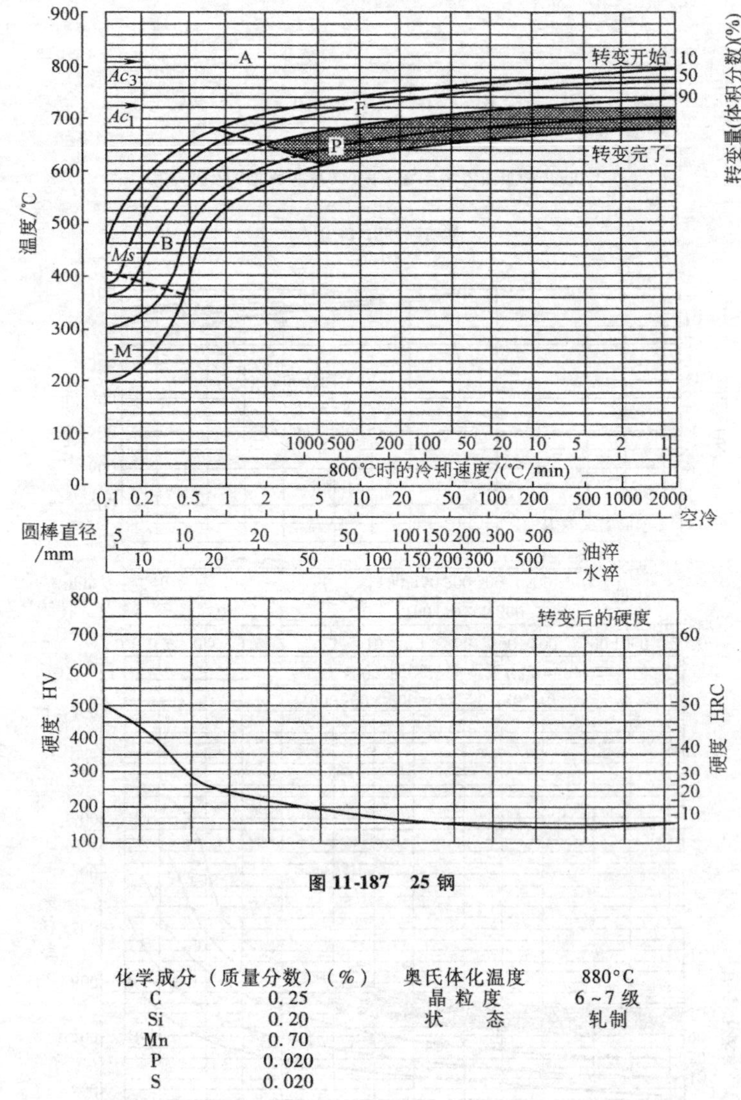

图 11-187　25 钢

化学成分（质量分数）(%)		奥氏体化温度	880°C
C	0.25	晶粒度	6~7级
Si	0.20	状态	轧制
Mn	0.70		
P	0.020		
S	0.020		

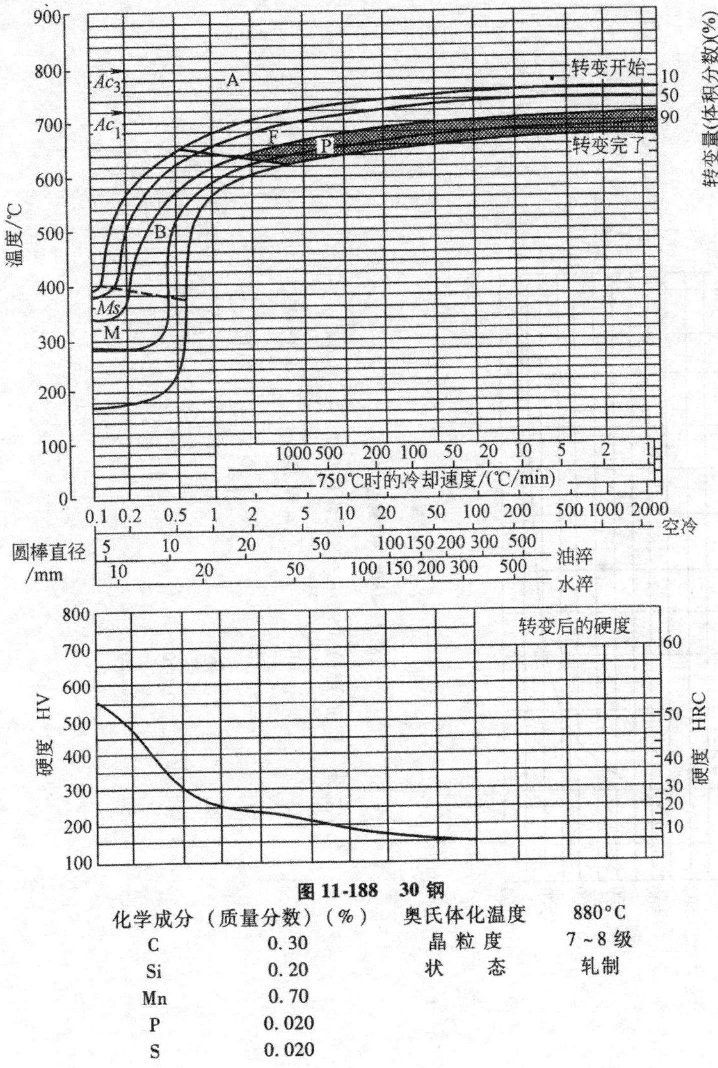

图 11-188　30 钢

化学成分（质量分数）（%）		奥氏体化温度	880°C
C	0.30	晶粒度	7~8 级
Si	0.20	状态	轧制
Mn	0.70		
P	0.020		
S	0.020		

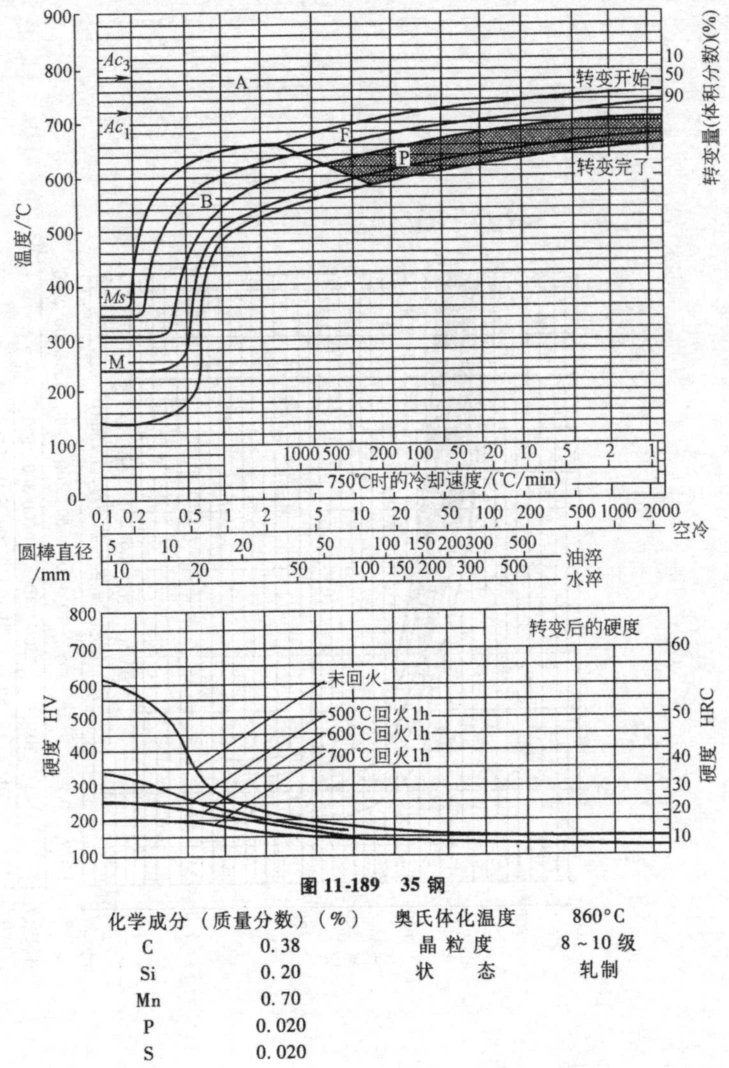

图 11-189　35 钢

化学成分（质量分数）（%）		奥氏体化温度	860°C
C	0.38	晶粒度	8~10 级
Si	0.20	状态	轧制
Mn	0.70		
P	0.020		
S	0.020		

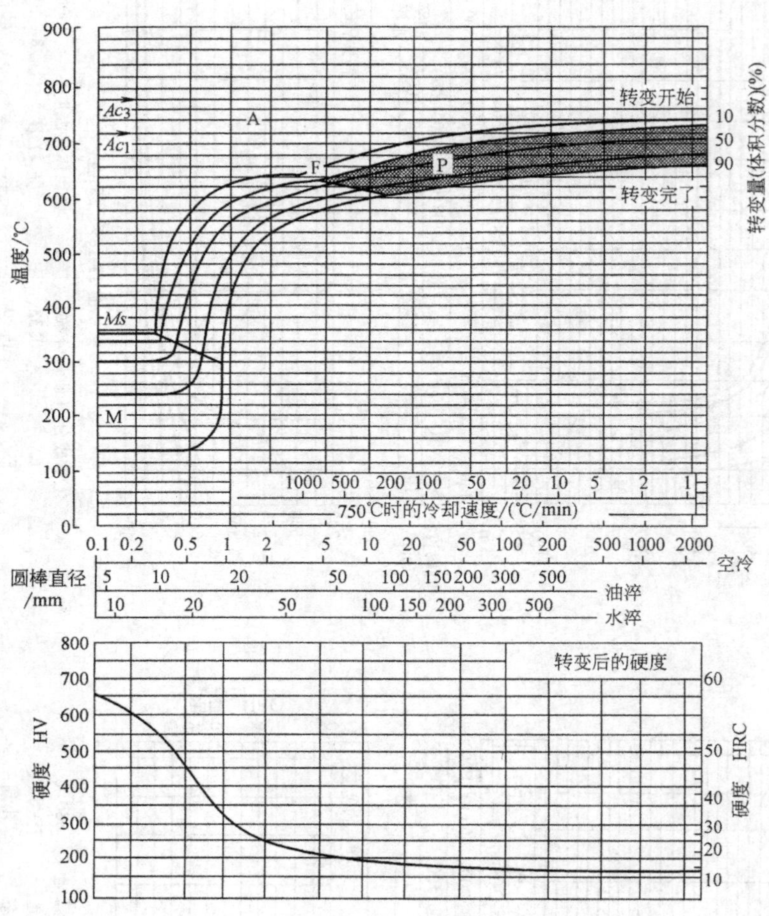

图 11-190　40 钢

化学成分（质量分数）(%)		奥氏体化温度	880℃
C	0.40	晶粒度	8 级
Si	0.20	状　态	轧制
Mn	0.70		
P	0.020		
S	0.020		

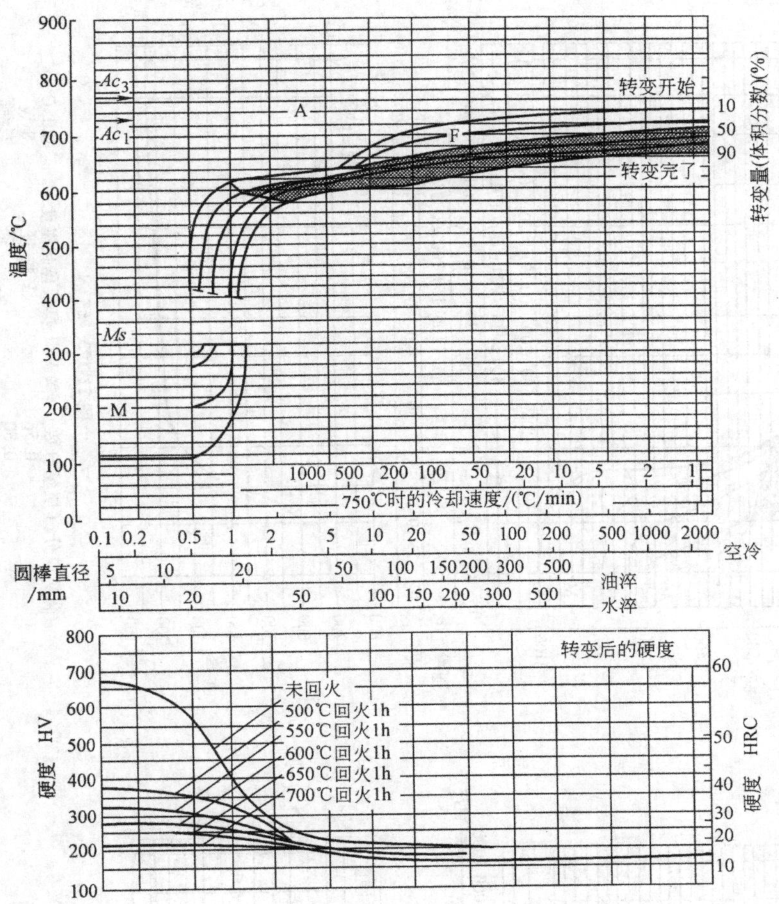

图 11-191　45 钢

化学成分（质量分数）(%)		奥氏体化温度	850℃
C	0.44	晶粒度	6～8 级
Si	0.28	状态	轧制
Mn	0.81		
P	0.035		
S	0.037		
Cr	0.14		
Ni	0.15		
Mo	0.04		
Cu	0.12		

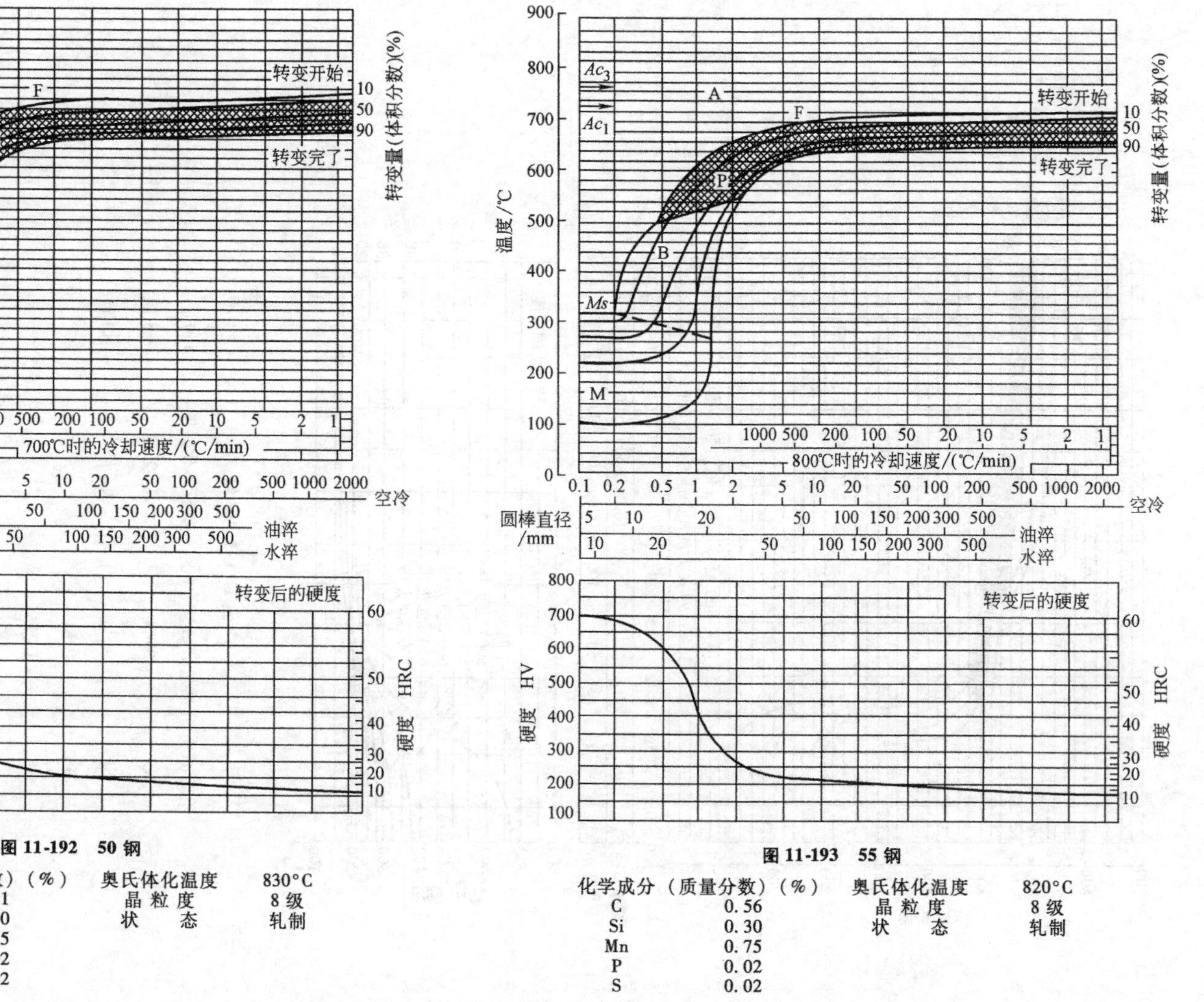

图 11-192　50 钢

化学成分（质量分数）(%)		奥氏体化温度	830°C
C	0.51	晶粒度	8 级
Si	0.30	状态	轧制
Mn	0.75		
P	0.02		
S	0.02		

图 11-193　55 钢

化学成分（质量分数）(%)		奥氏体化温度	820°C
C	0.56	晶粒度	8 级
Si	0.30	状态	轧制
Mn	0.75		
P	0.02		
S	0.02		

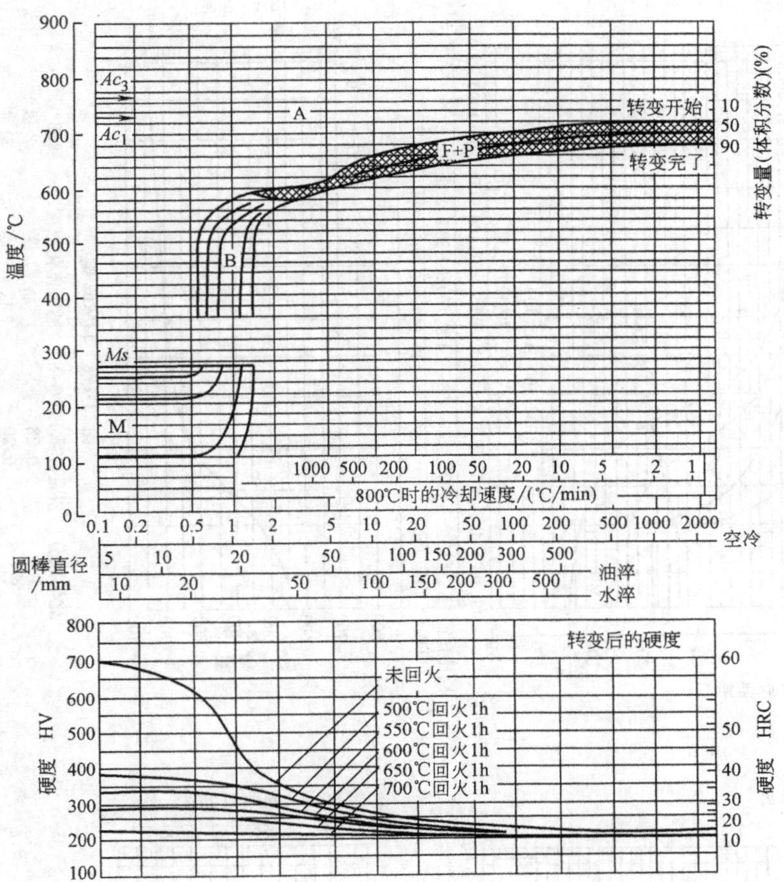

图 11-194　60 钢

化学成分（质量分数）(%)		奥氏体化温度	830℃
C	0.60	晶粒度	7 级
Si	0.20	状态	轧制
Mn	0.72		
P	0.024		
S	0.033		
Cr	0.17		
Ni	0.20		
Mo	0.03		
Cu	0.12		

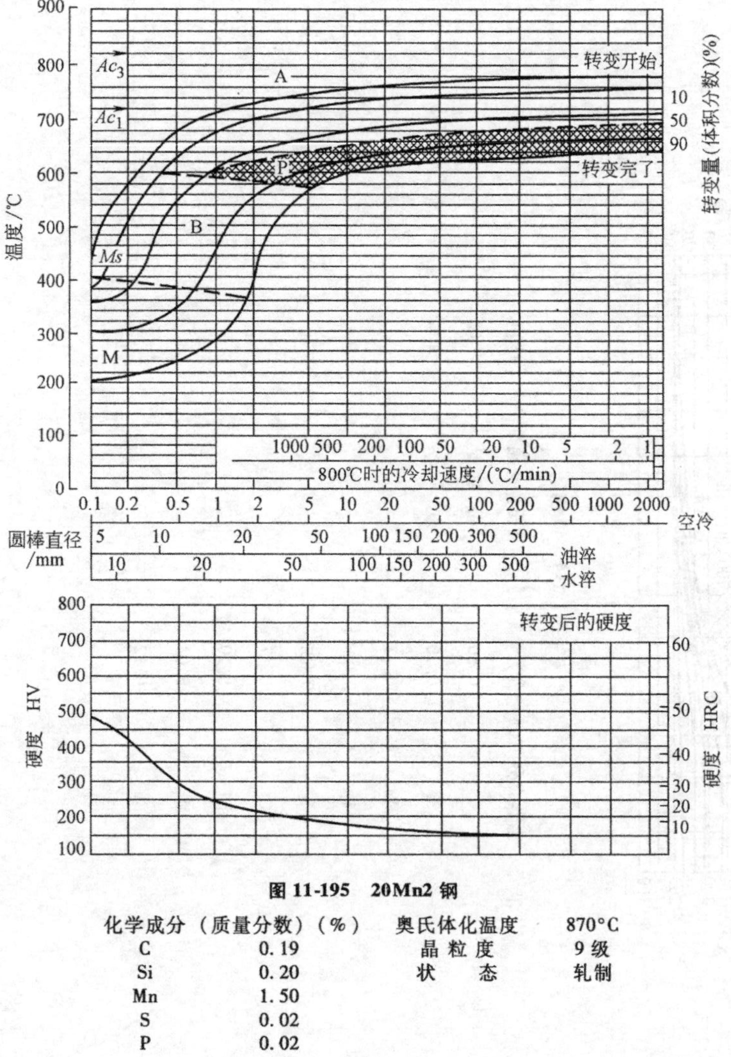

图 11-195　20Mn2 钢

化学成分（质量分数）(%)		奥氏体化温度	870°C
C	0.19	晶 粒 度	9 级
Si	0.20	状　　态	轧制
Mn	1.50		
S	0.02		
P	0.02		

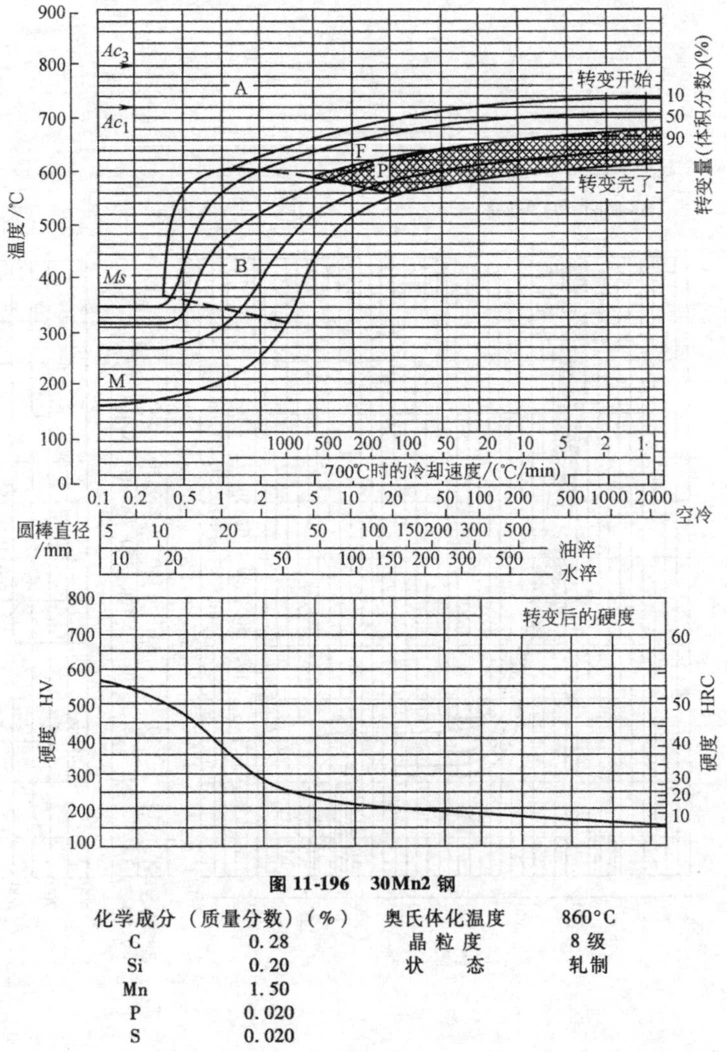

图 11-196　30Mn2 钢

化学成分（质量分数）(%)		奥氏体化温度	860°C
C	0.28	晶 粒 度	8 级
Si	0.20	状　　态	轧制
Mn	1.50		
P	0.020		
S	0.020		

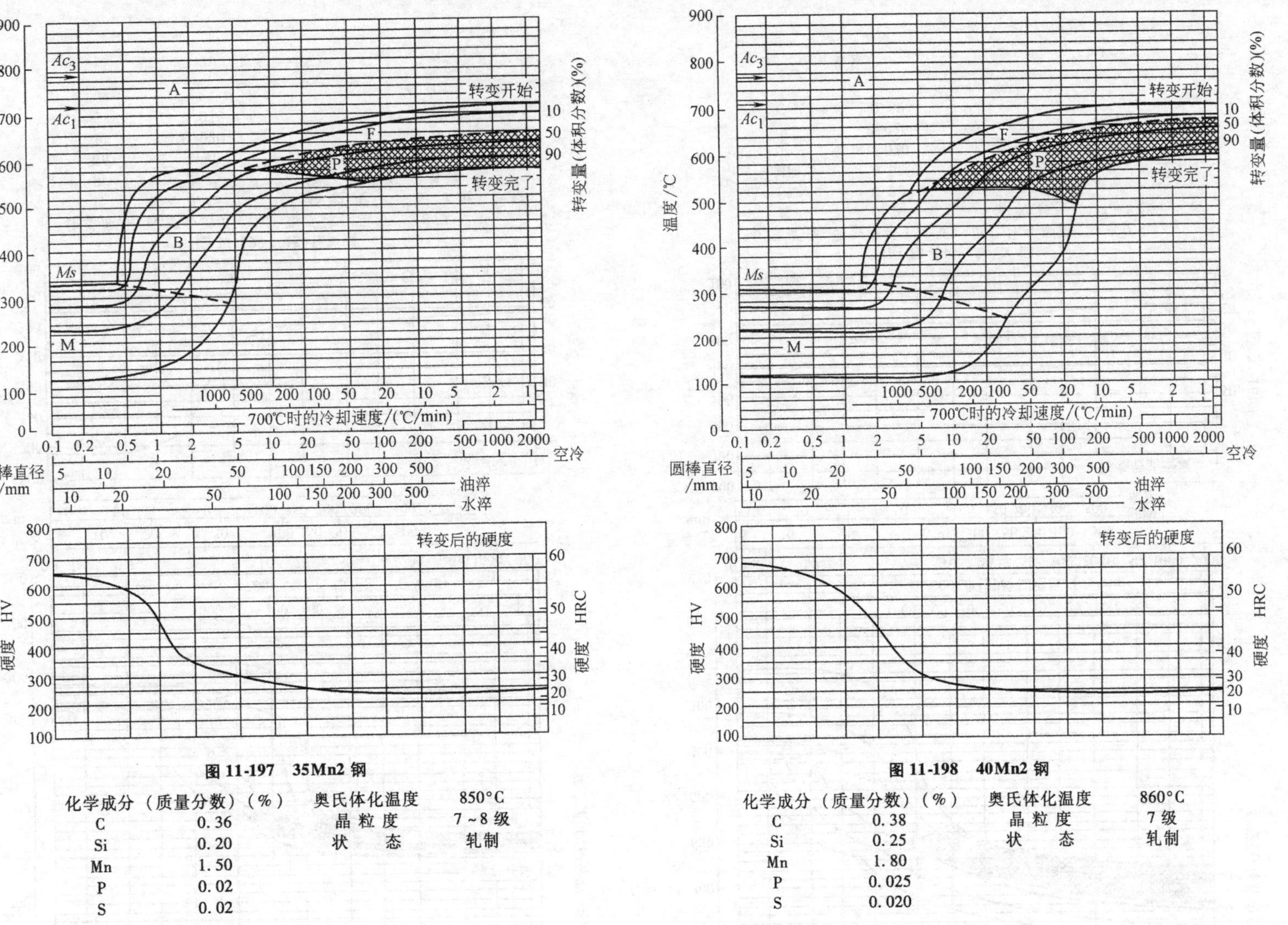

图 11-197　35Mn2 钢

化学成分（质量分数）(%)			
C	0.36	奥氏体化温度	850°C
Si	0.20	晶 粒 度	7~8 级
Mn	1.50	状　　态	轧制
P	0.02		
S	0.02		

图 11-198　40Mn2 钢

化学成分（质量分数）(%)			
C	0.38	奥氏体化温度	860°C
Si	0.25	晶 粒 度	7 级
Mn	1.80	状　　态	轧制
P	0.025		
S	0.020		

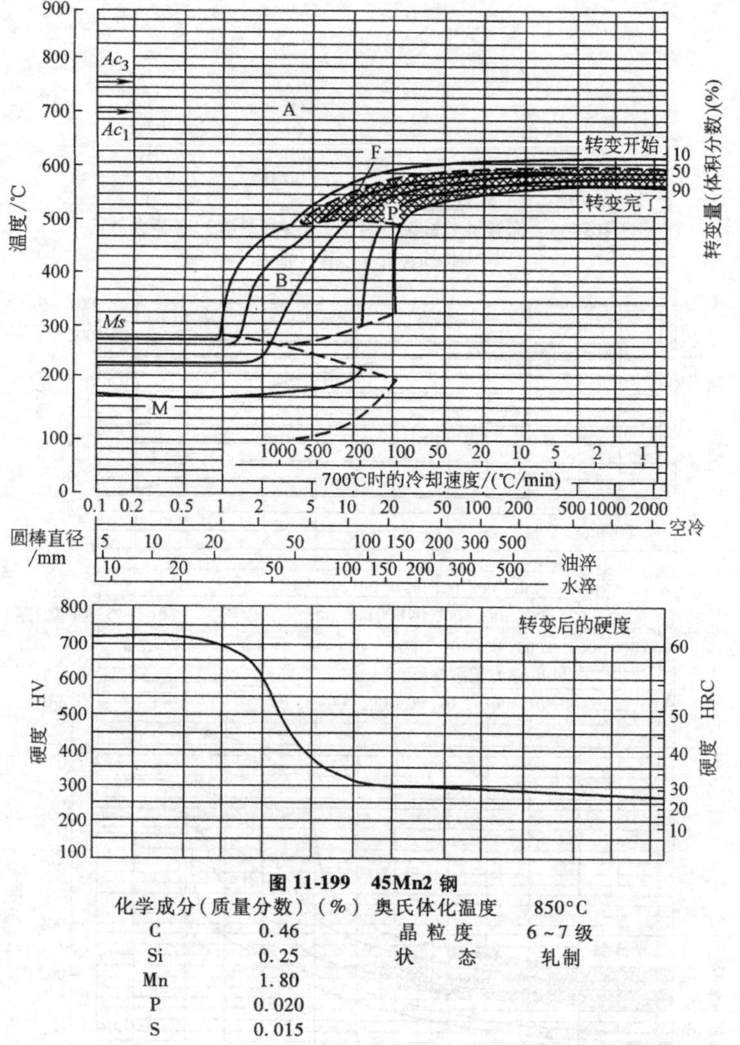

图 11-199　45Mn2 钢

化学成分(质量分数)(%)　C 0.46　Si 0.25　Mn 1.80　P 0.020　S 0.015

奥氏体化温度　850°C

晶粒度　6~7级

状态　轧制

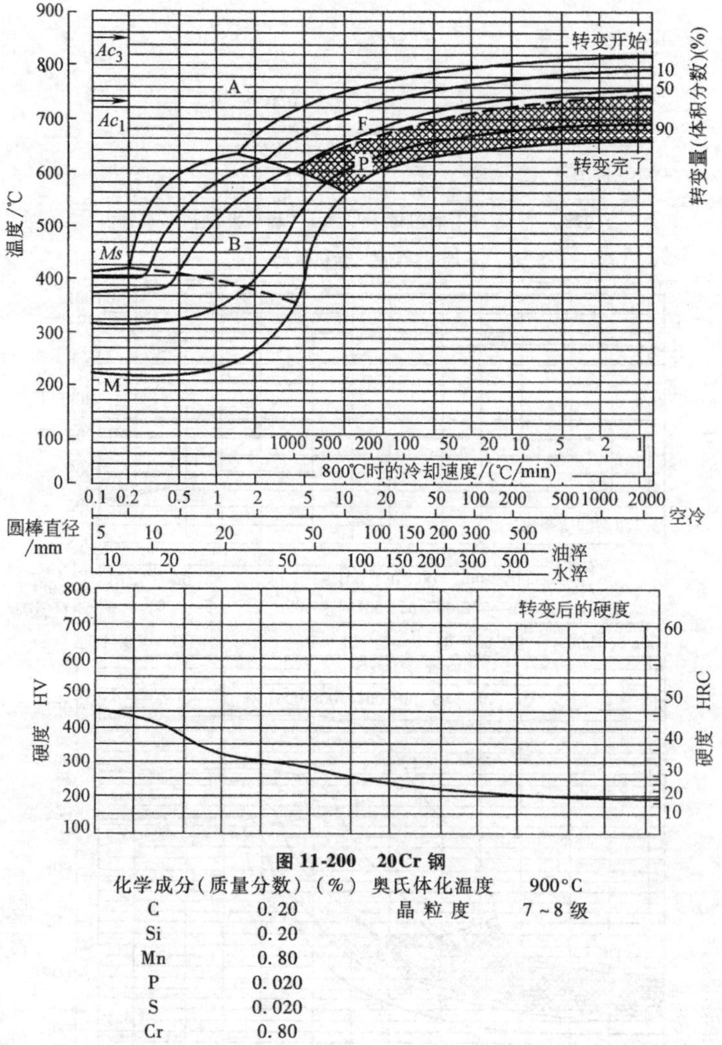

图 11-200　20Cr 钢

化学成分(质量分数)(%)　C 0.20　Si 0.20　Mn 0.80　P 0.020　S 0.020　Cr 0.80

奥氏体化温度　900°C

晶粒度　7~8级

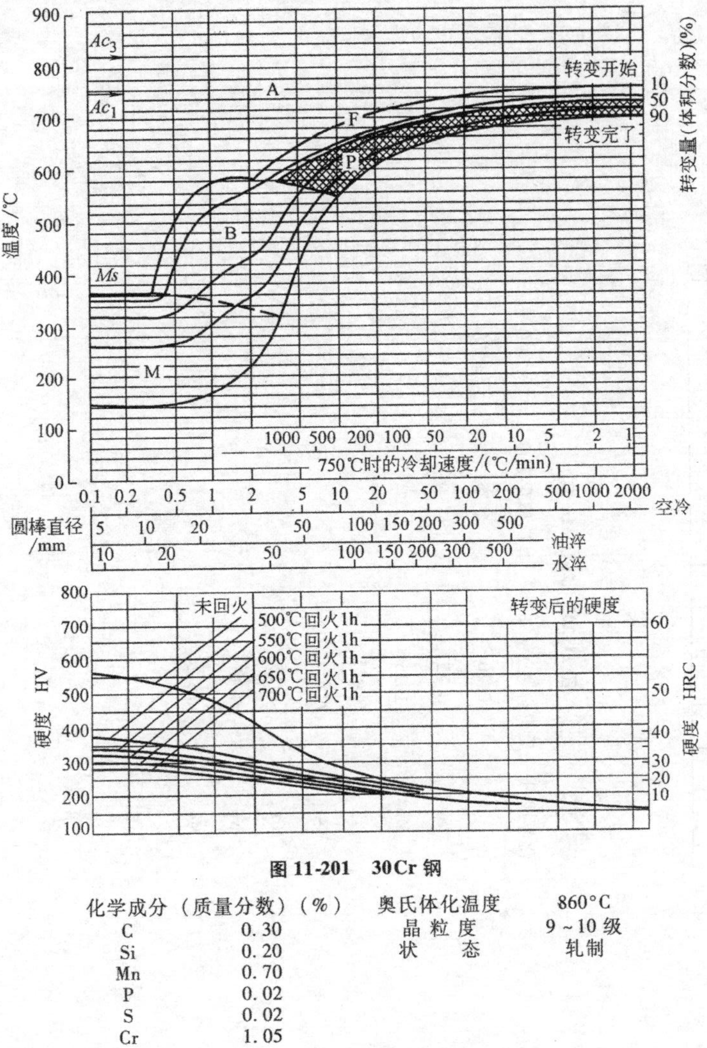

图 11-201　30Cr 钢

化学成分（质量分数）（%）		奥氏体化温度	860°C
C	0.30	晶 粒 度	9～10 级
Si	0.20	状　　态	轧制
Mn	0.70		
P	0.02		
S	0.02		
Cr	1.05		

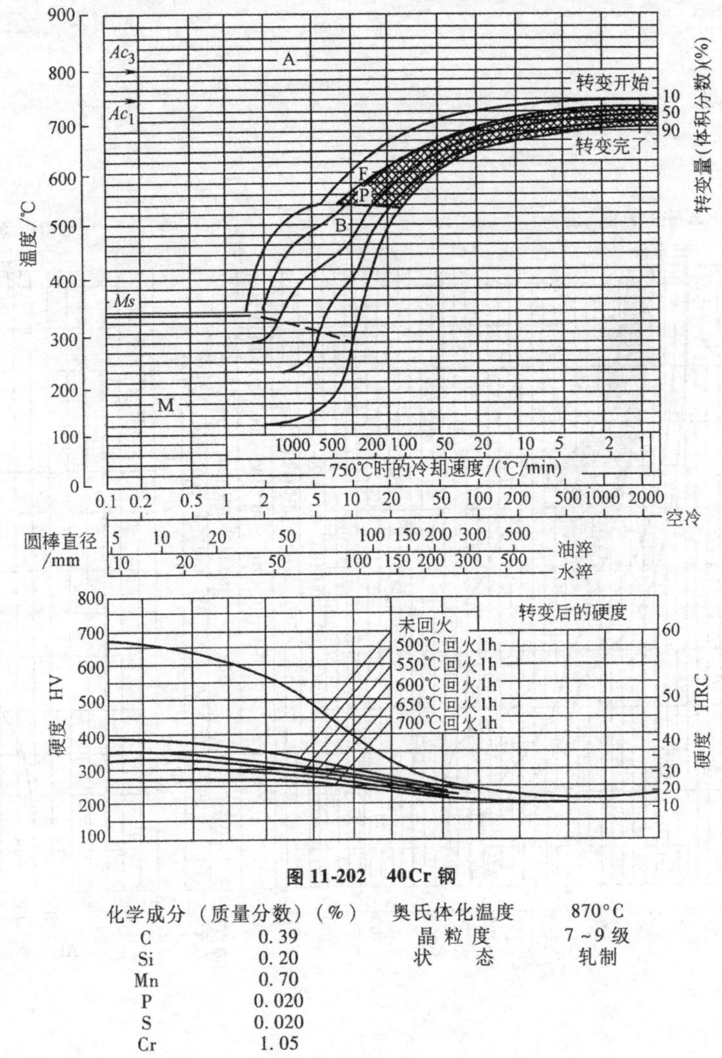

图 11-202　40Cr 钢

化学成分（质量分数）（%）		奥氏体化温度	870°C
C	0.39	晶 粒 度	7～9 级
Si	0.20	状　　态	轧制
Mn	0.70		
P	0.020		
S	0.020		
Cr	1.05		

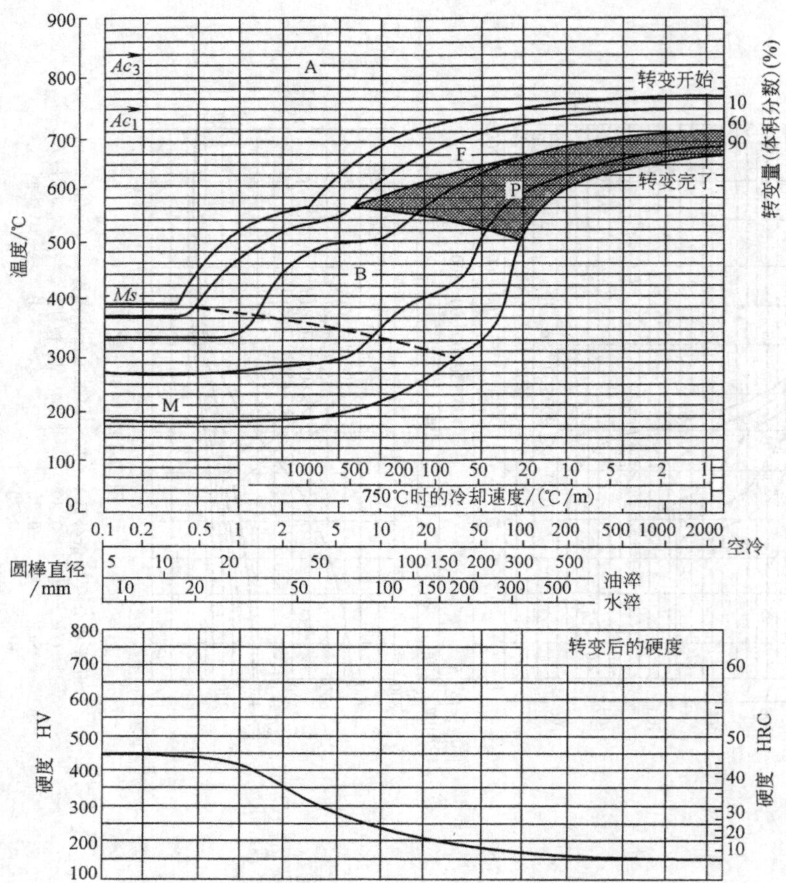

图 11-203　20CrMn 钢

化学成分（质量分数）(%)		奥氏体化温度	870℃
C	0.20	状态	轧制
Si	0.25		
Mn	1.25		
P	0.025		
S	0.015		
Cr	1.15		
Ni	0.15		
Mo	0.02		

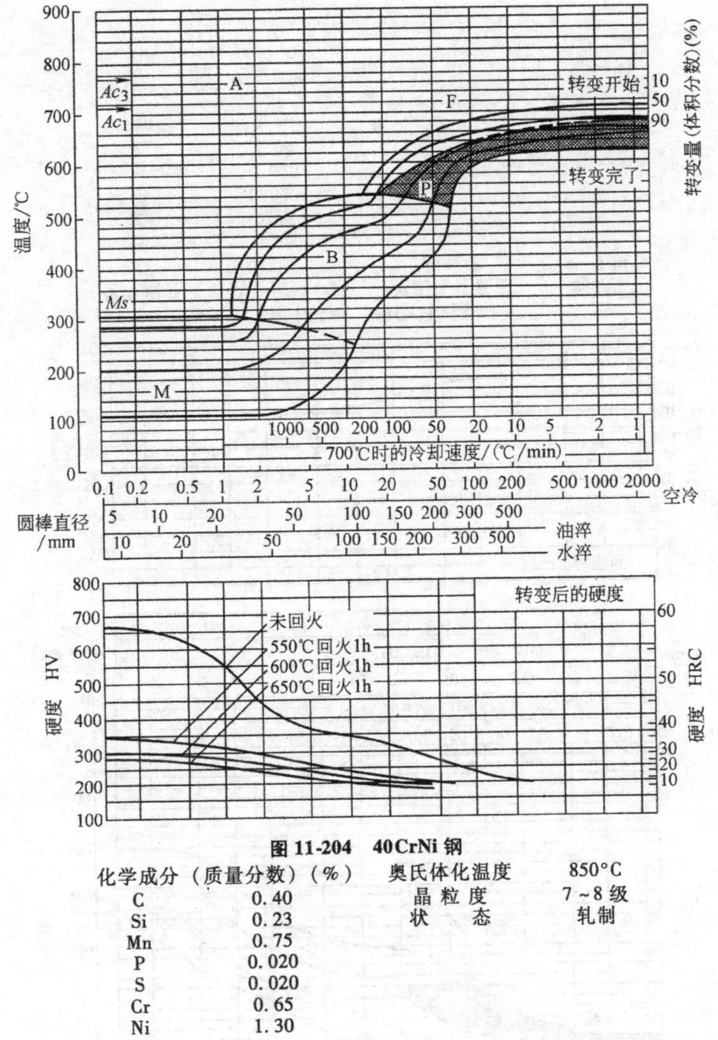

图 11-204　40CrNi 钢

化学成分（质量分数）（%）	
C	0.40
Si	0.23
Mn	0.75
P	0.020
S	0.020
Cr	0.65
Ni	1.30

奥氏体化温度　850°C
晶粒度　7～8 级
状态　轧制

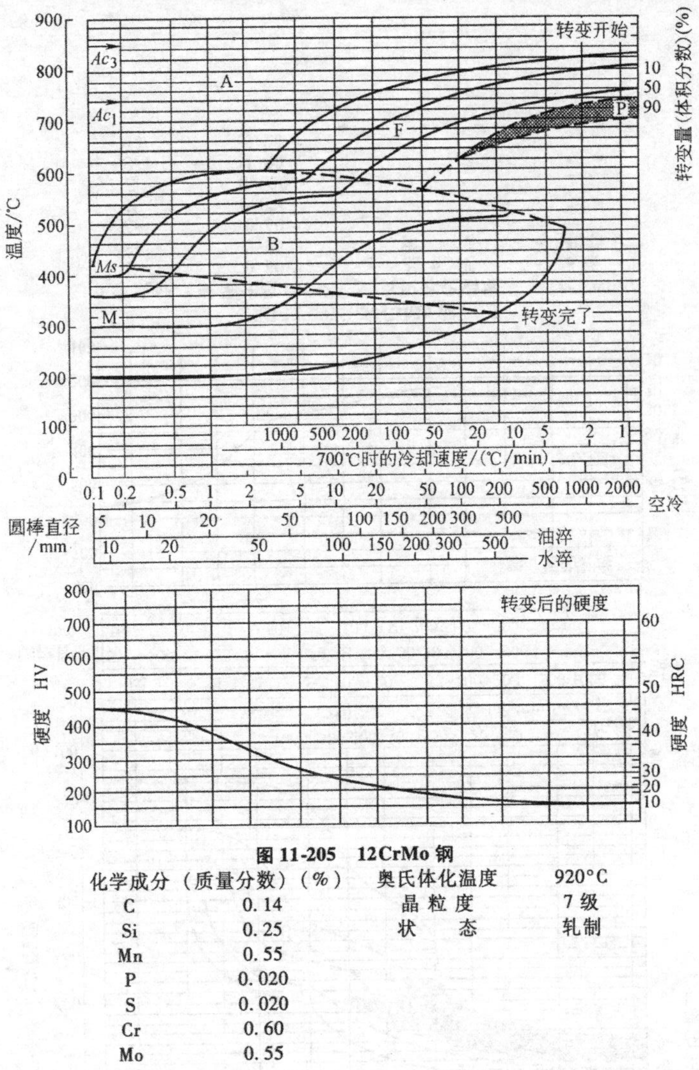

图 11-205　12CrMo 钢

化学成分（质量分数）（%）	
C	0.14
Si	0.25
Mn	0.55
P	0.020
S	0.020
Cr	0.60
Mo	0.55

奥氏体化温度　920°C
晶粒度　7 级
状态　轧制

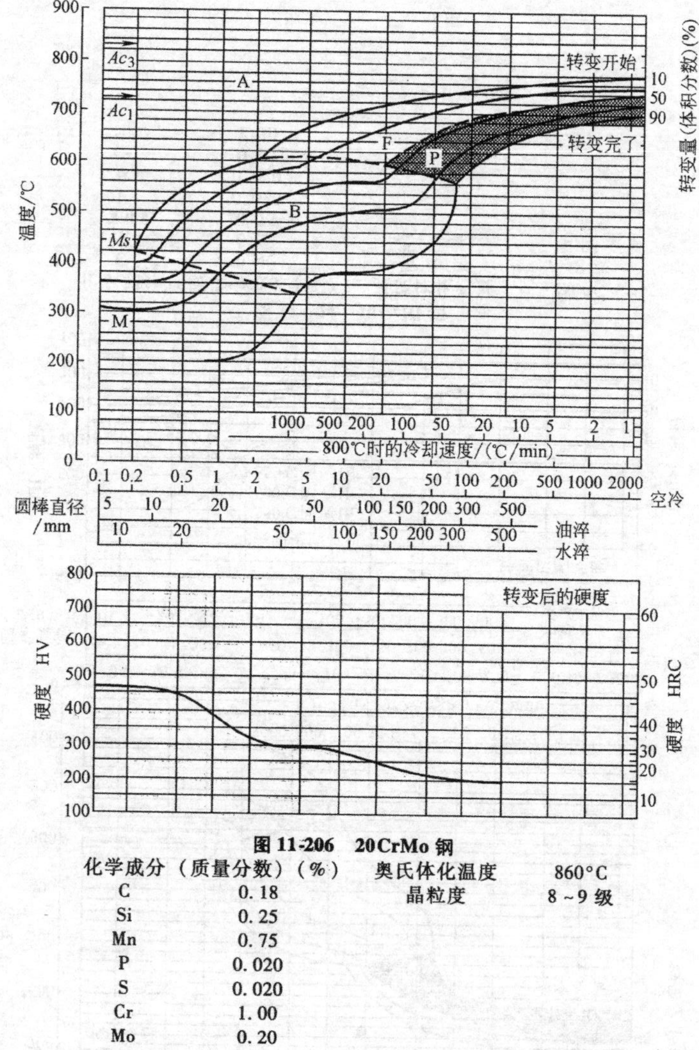

图 11-206　20CrMo 钢

化学成分（质量分数）(%)		奥氏体化温度	860°C
C	0.18	晶粒度	8～9 级
Si	0.25		
Mn	0.75		
P	0.020		
S	0.020		
Cr	1.00		
Mo	0.20		

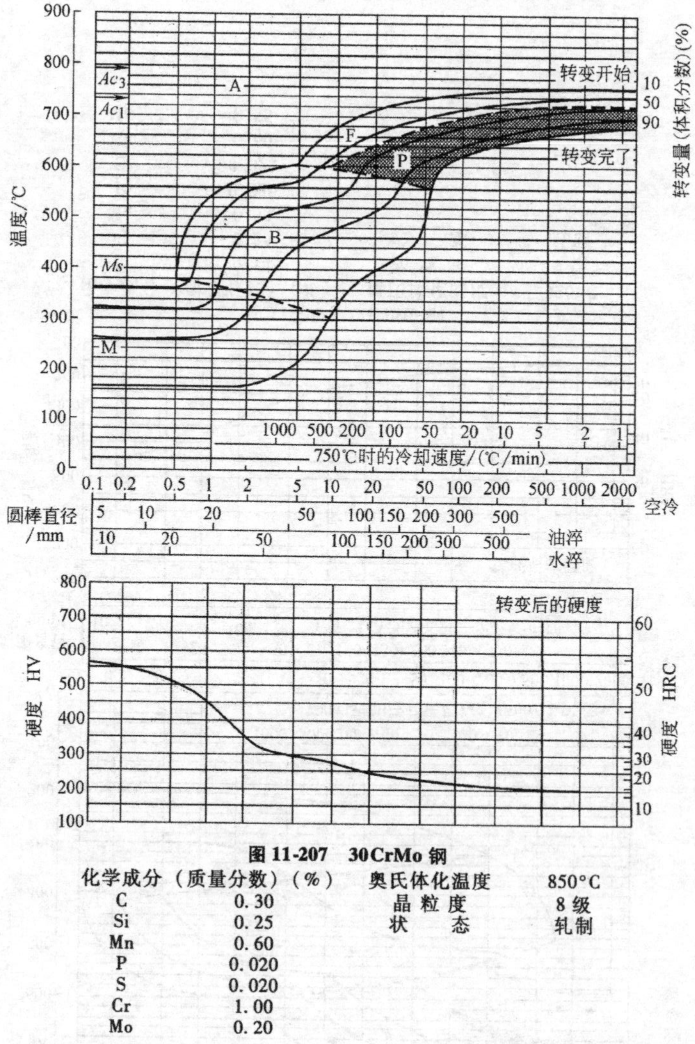

图 11-207　30CrMo 钢

化学成分（质量分数）(%)		奥氏体化温度	850°C
C	0.30	晶粒度	8 级
Si	0.25	状态	轧制
Mn	0.60		
P	0.020		
S	0.020		
Cr	1.00		
Mo	0.20		

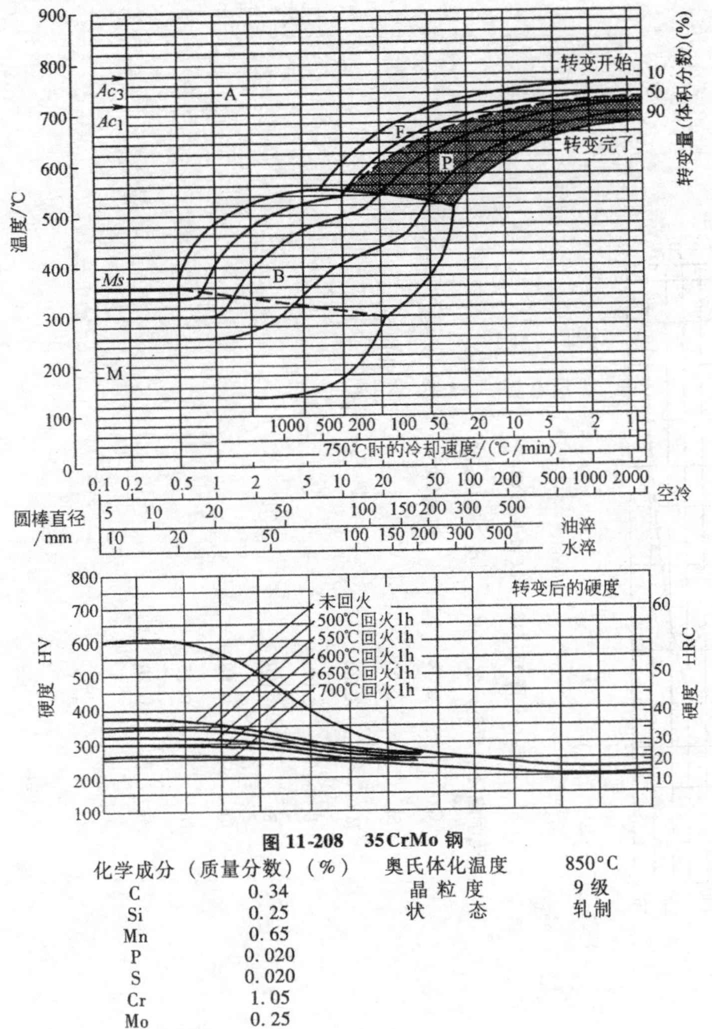

图 11-208　35CrMo 钢

化学成分（质量分数）(%)		奥氏体化温度	850°C
C	0.34	晶 粒 度	9 级
Si	0.25	状　　态	轧制
Mn	0.65		
P	0.020		
S	0.020		
Cr	1.05		
Mo	0.25		

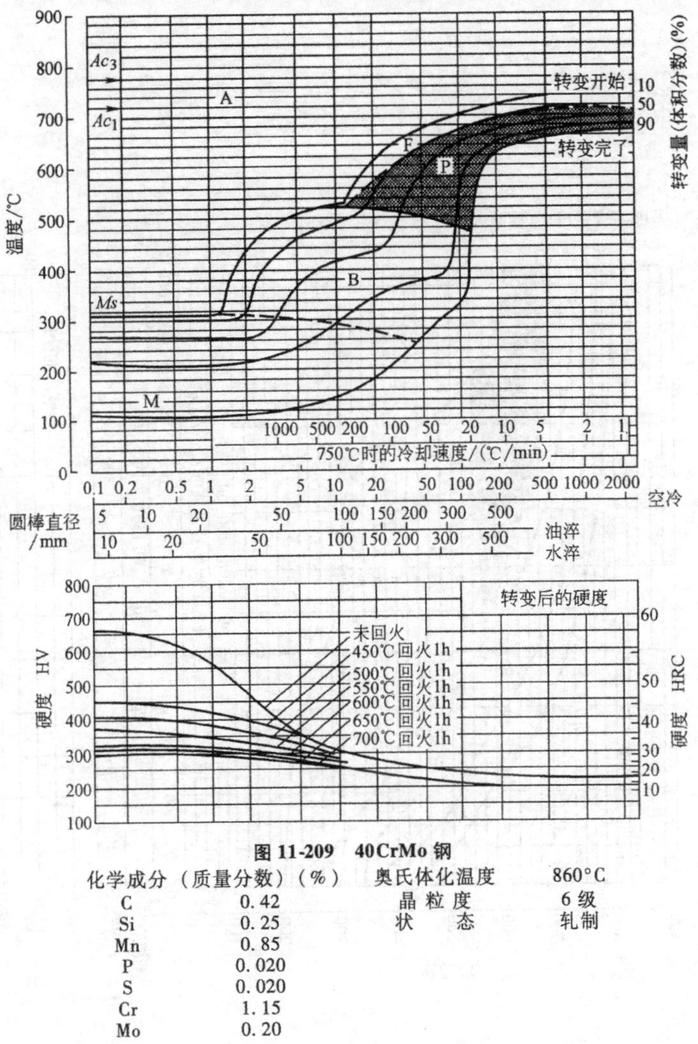

图 11-209　40CrMo 钢

化学成分（质量分数）(%)		奥氏体化温度	860°C
C	0.42	晶 粒 度	6 级
Si	0.25	状　　态	轧制
Mn	0.85		
P	0.020		
S	0.020		
Cr	1.15		
Mo	0.20		

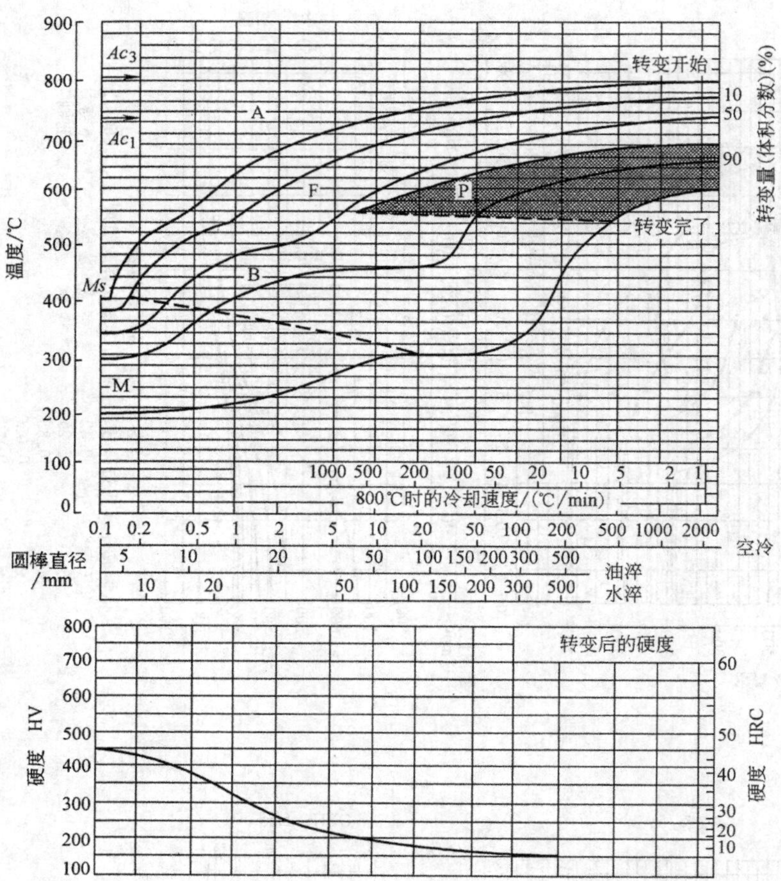

图 11-210　20CrNiMo 钢

化学成分（质量分数）(%)		奥氏体化温度	830℃
C	0.24	晶 粒 度	8 ~9 级
Si	0.20	状　　态	轧制
Mn	0.80		
P	0.020		
S	0.020		
Cr	0.50		
Ni	0.55		
Mo	0.20		

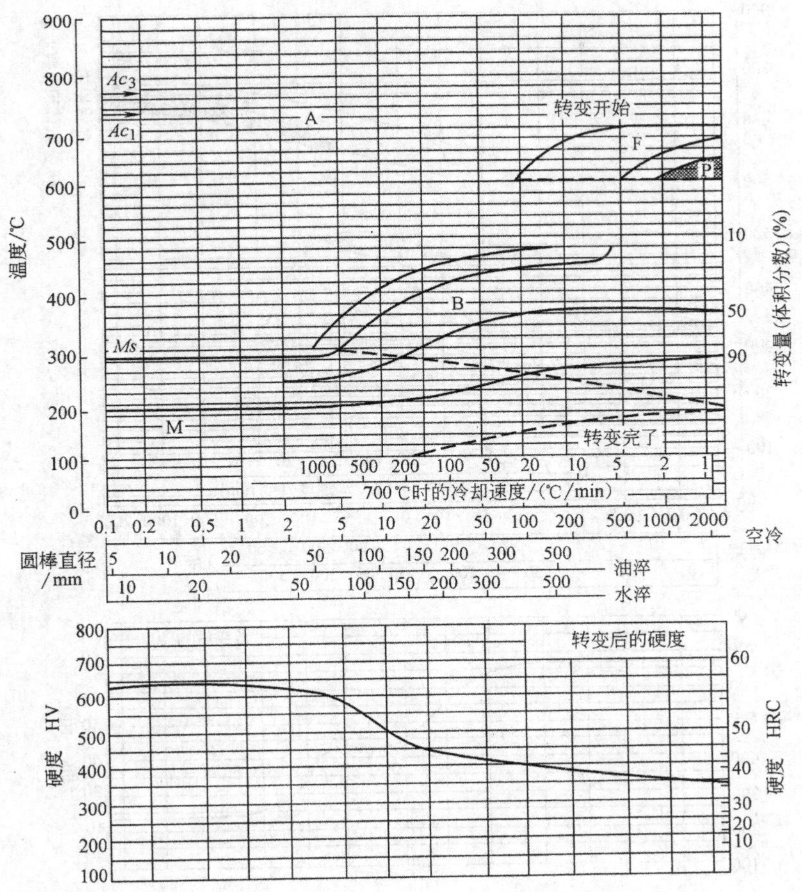

图 11-211　42CrNiMo 钢

化学成分（质量分数）(%)		奥氏体化温度	850℃
C	0.41	晶粒度	7级
Si	0.25	状　态	轧制
Mn	0.70		
P	0.020		
S	0.020		
Cr	0.80		
Ni	1.80		
Mo	0.25		

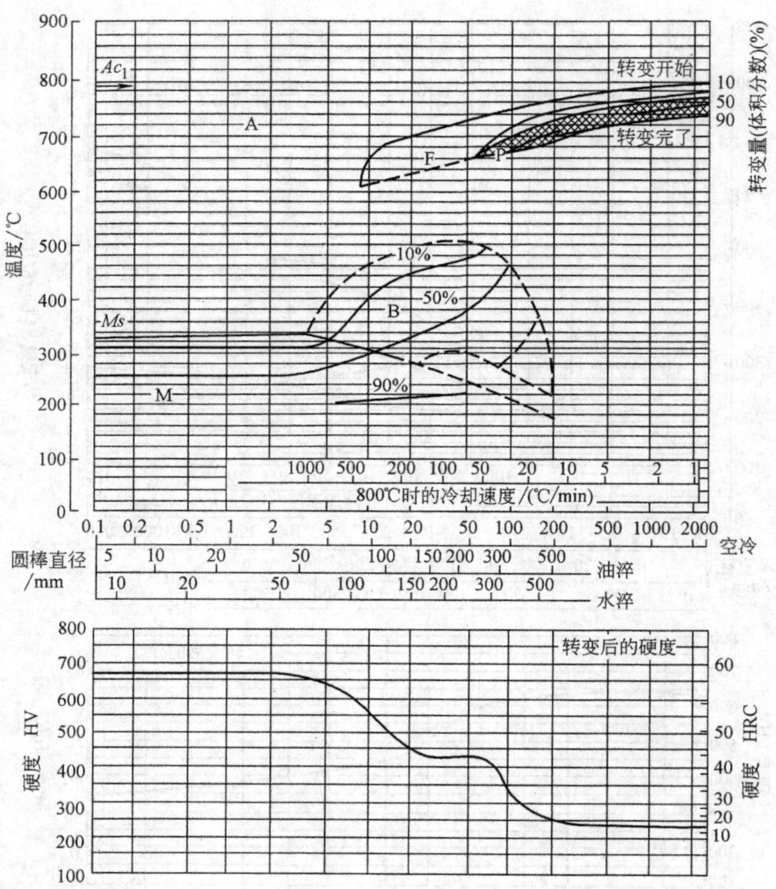

图 11-212　38CrMoAl 钢

化学成分（质量分数）(%)		奥氏体化温度	900℃
C	0.39	状　态	轧后 650℃ ×1h 保温
Si	0.30		
Mn	0.55		
P	0.020		
S	0.020		
Cr	1.60		
Mo	0.20		
Al	1.10		

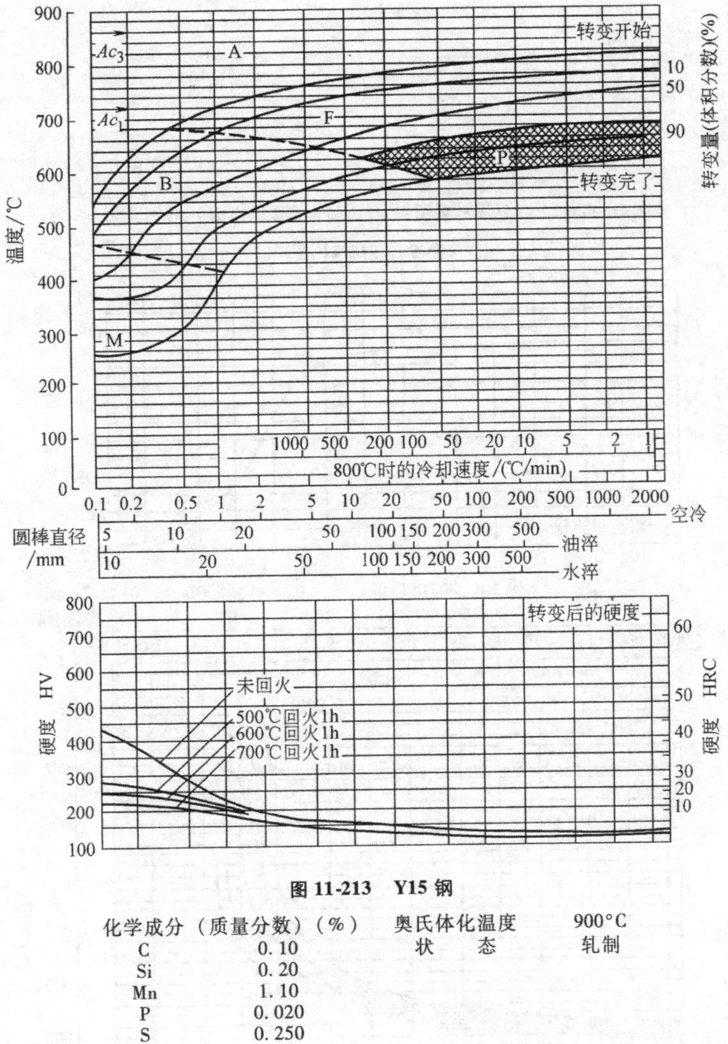

图 11-213　Y15 钢

化学成分（质量分数）(%)		奥氏体化温度	900°C
C	0.10	状　　态	轧制
Si	0.20		
Mn	1.10		
P	0.020		
S	0.250		

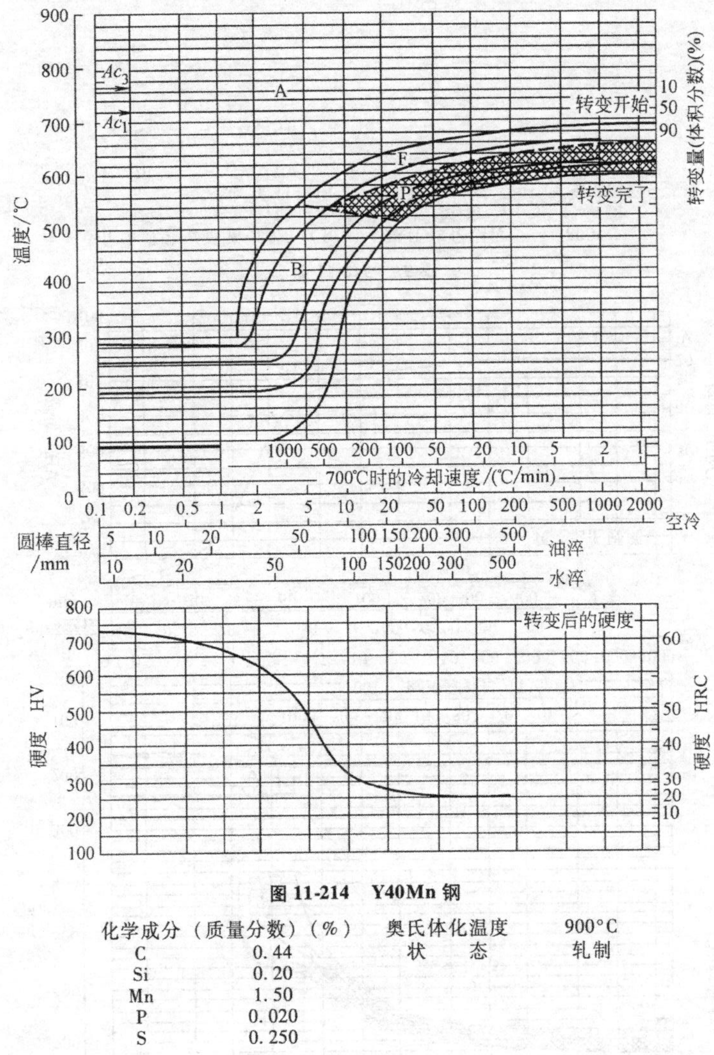

图 11-214　Y40Mn 钢

化学成分（质量分数）(%)		奥氏体化温度	900°C
C	0.44	状　　态	轧制
Si	0.20		
Mn	1.50		
P	0.020		
S	0.250		

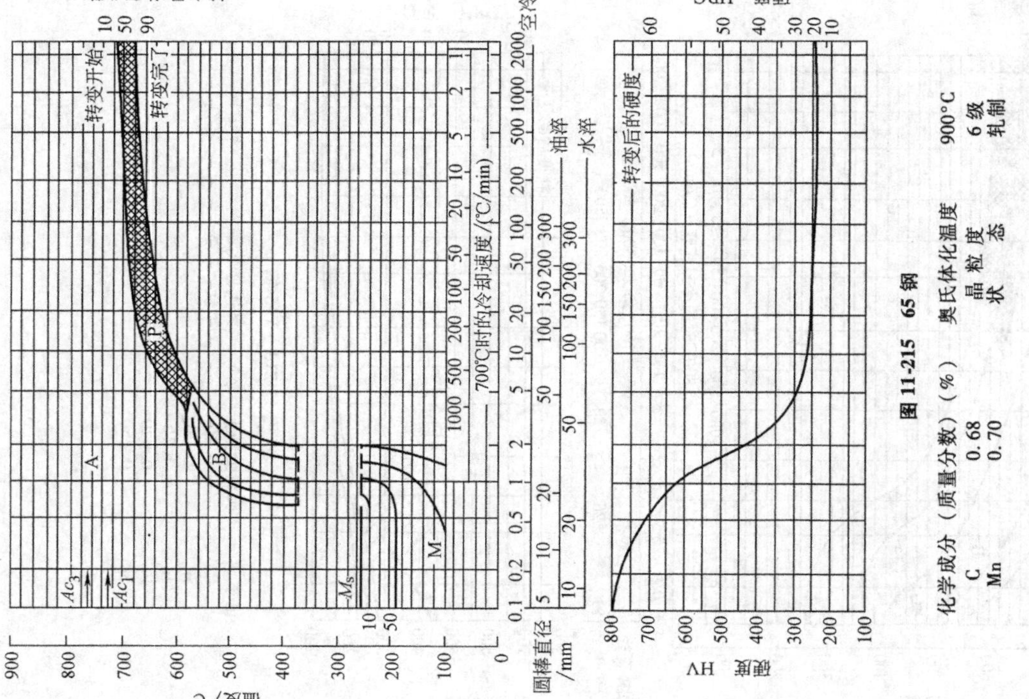

图 11-215　65 钢

化学成分（质量分数）(%)	
C	0.68
Mn	0.70

奥氏体化温度	900°C
晶粒度	6 级
状态	轧制

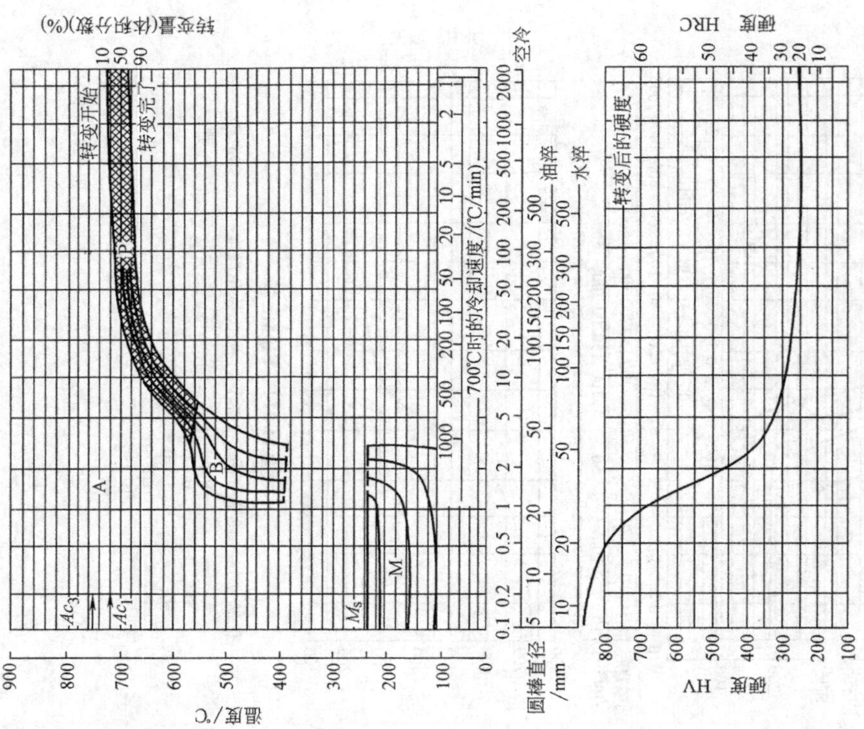

图 11-216　75 钢

化学成分（质量分数）(%)	
C	0.75
Si	0.33
Mn	0.70
P	0.017
S	0.016

奥氏体化温度	800°C
晶粒度	5～6 级
状态	轧制

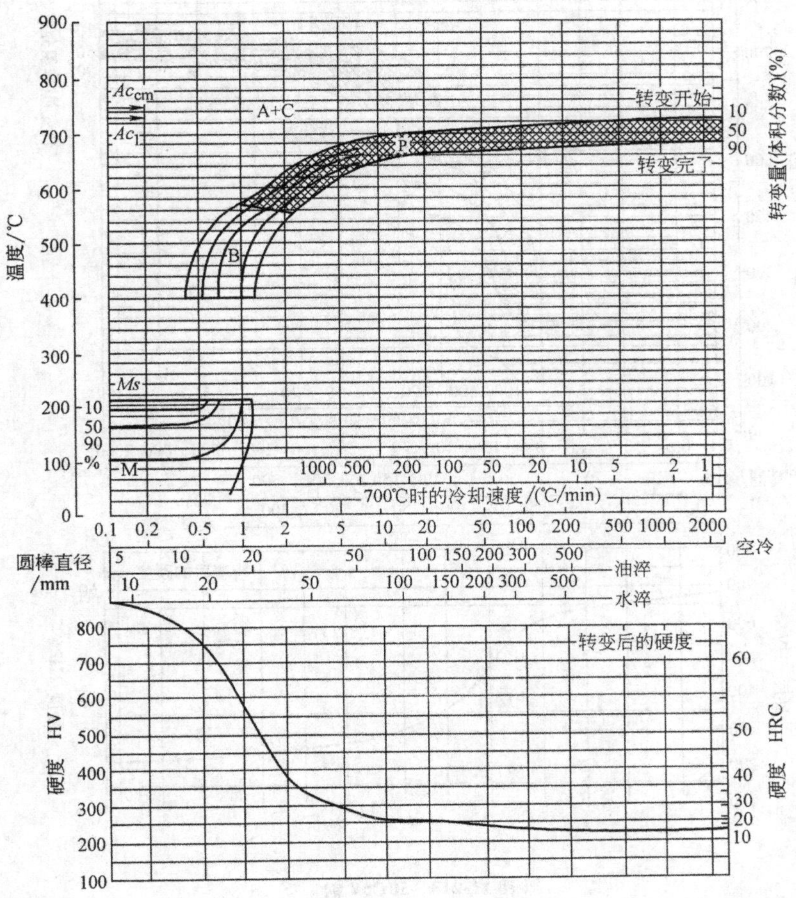

图 11-217　85 钢

化学成分（质量分数）（%）		奥氏体化温度	820℃
C	0.86	晶粒度	5～7 级
Si	0.20	状态	轧制
Mn	0.60		
P	0.020		
S	0.020		

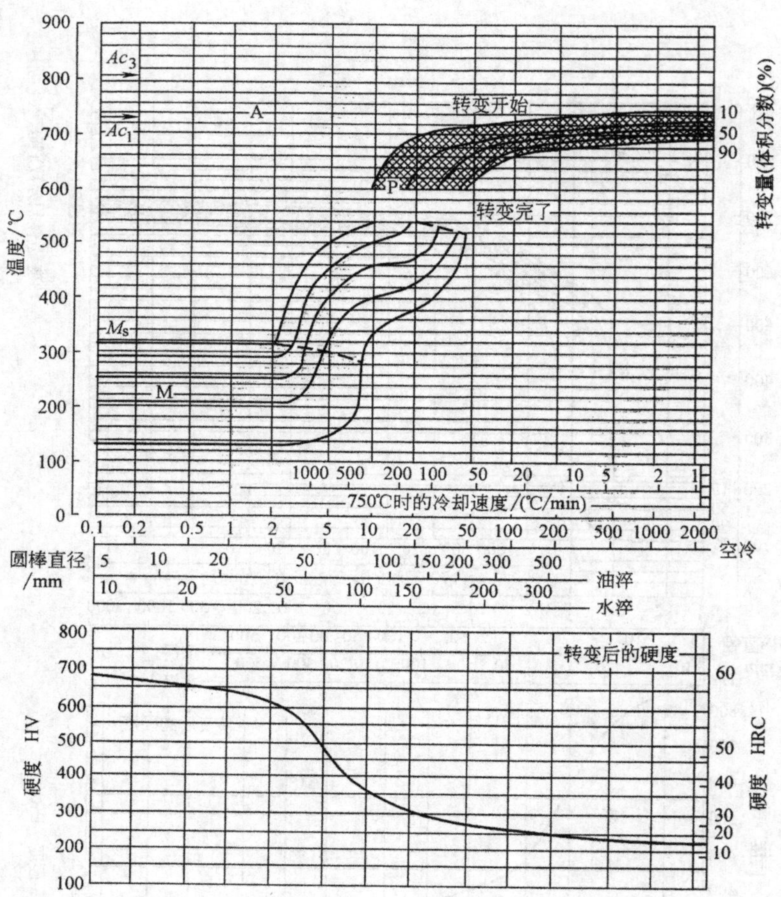

图 11-218　50CrV 钢

化学成分（质量分数）(%)		奥氏体化温度	875℃
C	0.50	晶粒度	7级
Si	0.25	状　态	轧制
Mn	0.75		
P	0.025		
S	0.025		
Cr	0.95		
Ni	0.15		
Mo	0.05		
V	0.20		

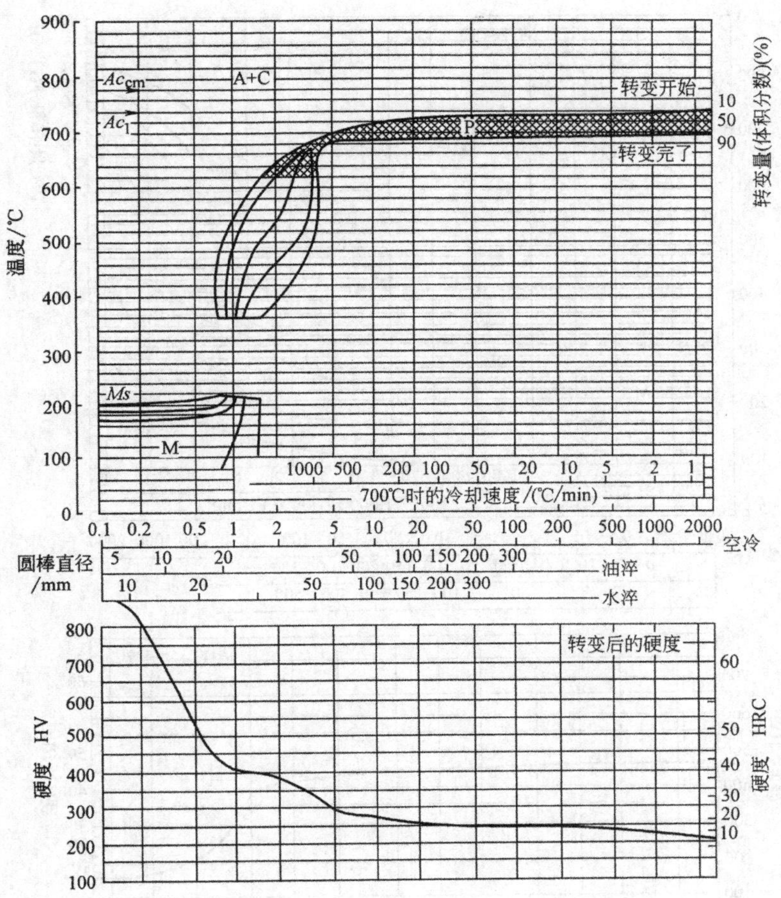

图 11-219 GCr15 钢

化学成分（质量分数）（%）		奥氏体化温度	830℃
C	1.01	晶粒度	7~8 级
Si	0.22	状态	轧后 650℃空冷
Mn	0.40		
P	0.039		
S	0.021		
Cr	1.36		
Ni	0.21		

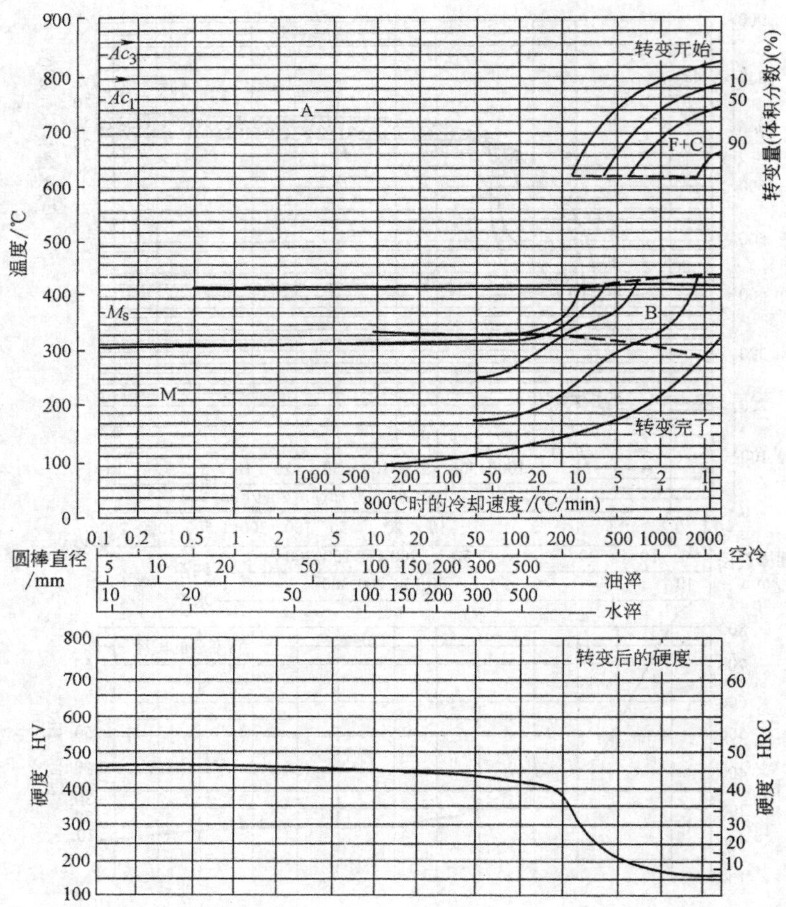

图 11-220　06Cr13 钢

化学成分（质量分数）(%)		奥氏体化温度	980℃
C	0.07	晶 粒 度	9～10 级
Si	0.40	状　　态	轧后 650℃ ×1h 保温
Mn	0.50		
P	0.020		
S	0.010		
Cr	13.0		
Ni	0.20		

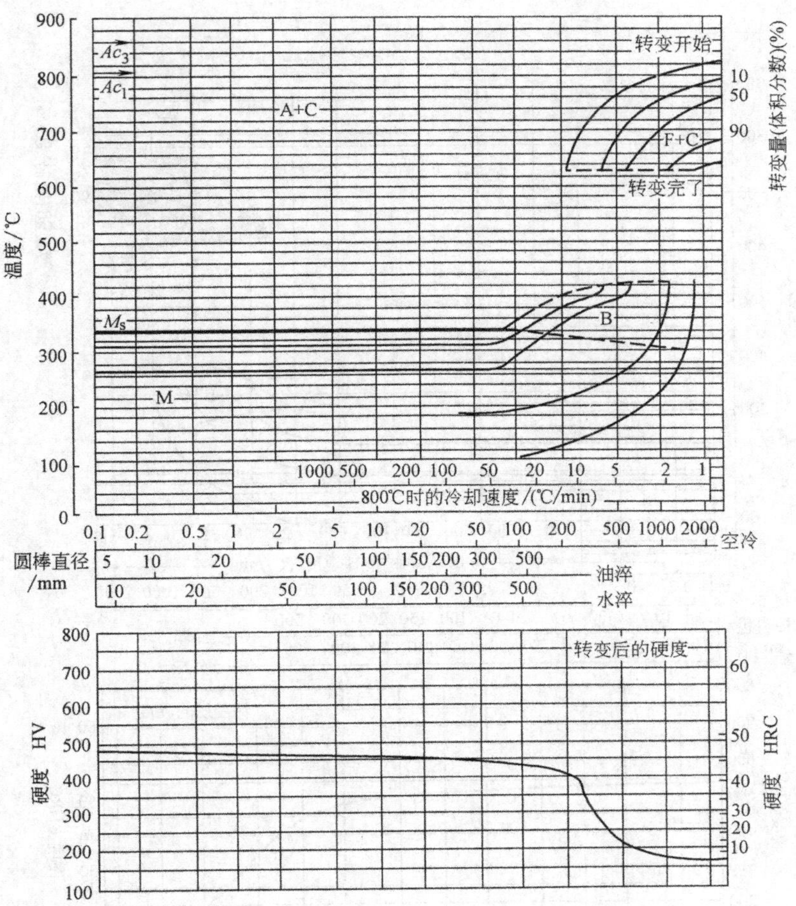

图 11-221　12Cr13 钢

化学成分　（质量分数）（%）		奥氏体化温度	980℃
C	0.12	晶 粒 度	8 级
Si	0.40	状　　态	轧后 650℃ ×1h 保温
Mn	0.50		
P	0.020		
S	0.010		
Cr	12.5		

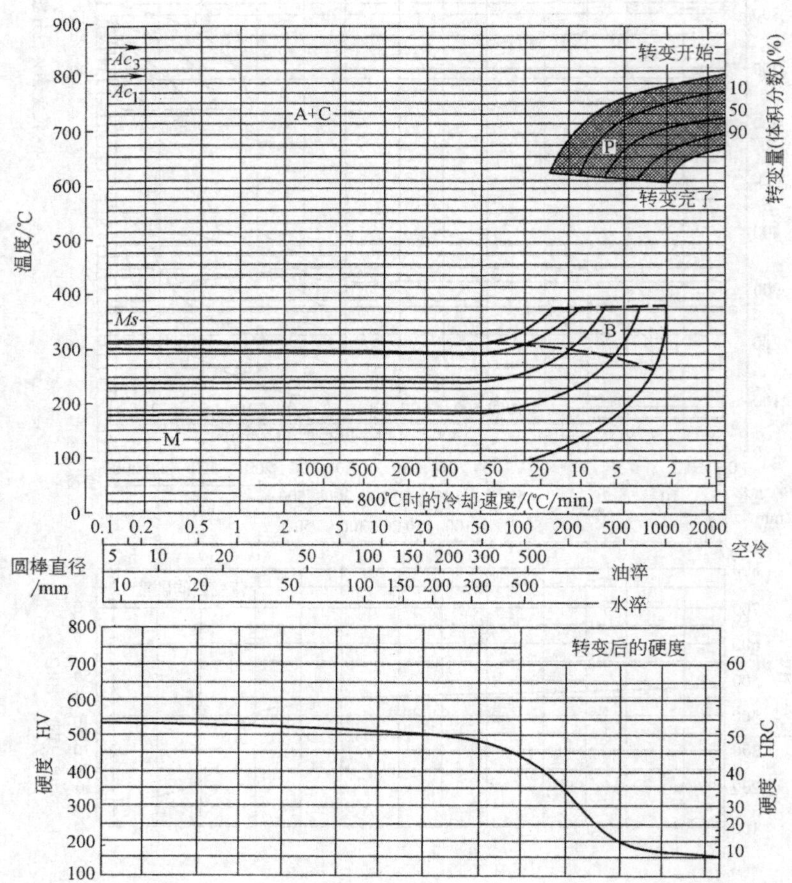

图 11-222 20Cr13 钢

化学成分	（质量分数）（%）	奥氏体化温度	960℃
C	0.17	晶 粒 度	8 级
Si	0.38	状　　态	轧后 650℃ ×1h 保温
Mn	0.40		
P	0.020		
S	0.010		
Cr	12.5		
Ni	0.20		

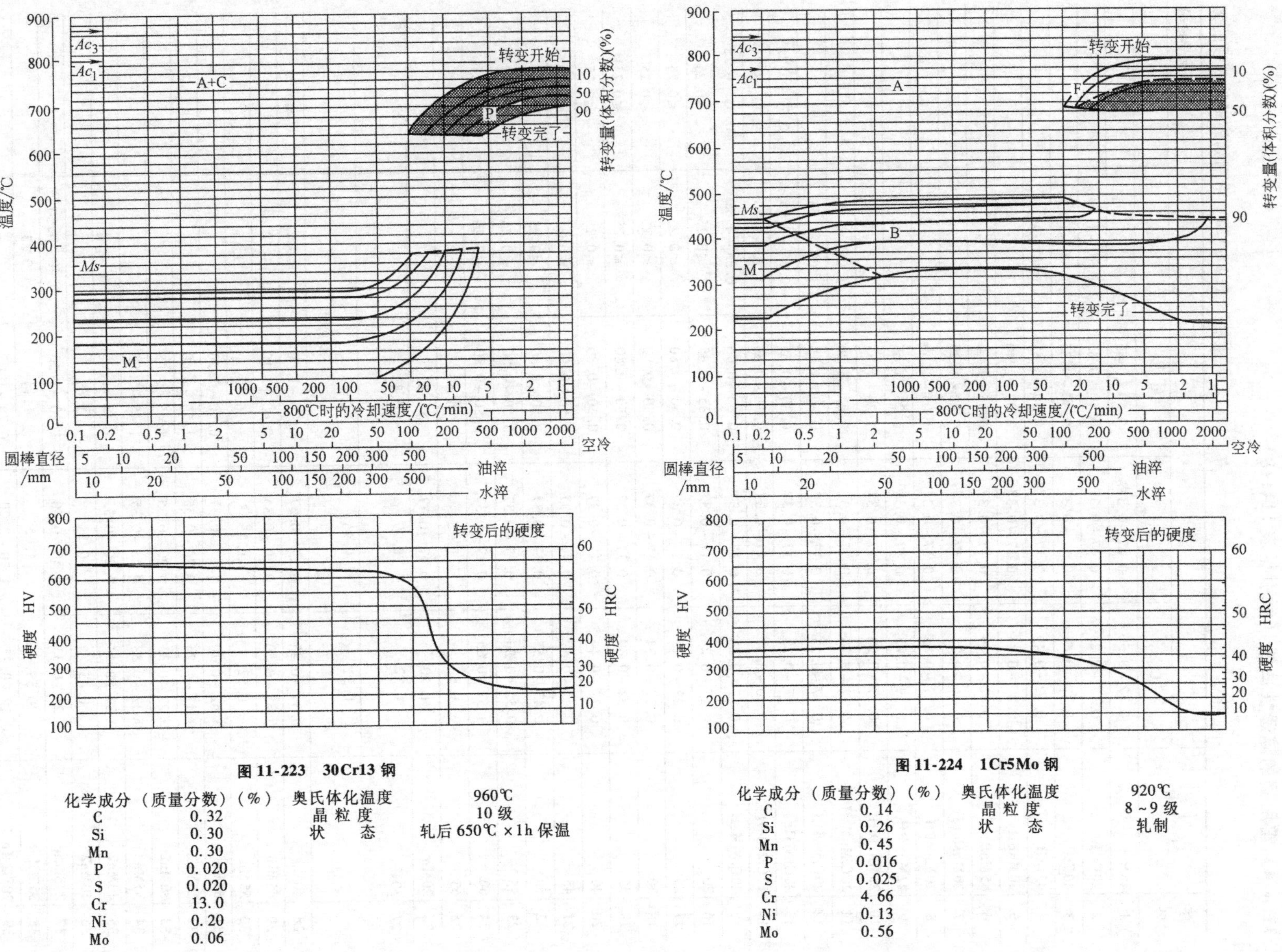

图 11-223 30Cr13 钢

化学成分（质量分数）（%）		奥氏体化温度	960℃
C	0.32	晶粒度	10 级
Si	0.30	状态	轧后 650℃ ×1h 保温
Mn	0.30		
P	0.020		
S	0.020		
Cr	13.0		
Ni	0.20		
Mo	0.06		

图 11-224 1Cr5Mo 钢

化学成分（质量分数）（%）		奥氏体化温度	920℃
C	0.14	晶粒度	8 ~9 级
Si	0.26	状态	轧制
Mn	0.45		
P	0.016		
S	0.025		
Cr	4.66		
Ni	0.13		
Mo	0.56		

11.4.4 常用钢的淬透性曲线（索引见表11-118）

表11-118 常用钢淬透性曲线的化

序号	牌号	化学成分				
		C	Si	Mn	Cr	Ni
1	45H	0.42~0.50	0.17~0.37	0.50~0.85		
2	20CrH	0.17~0.23	0.17~0.37	0.50~0.85	0.70~1.10	
3	40CrH	0.37~0.44	0.17~0.37	0.50~0.85	0.70~1.10	
4	45CrH	0.42~0.49	0.17~0.37	0.50~0.85	0.70~1.10	
5	40MnBH	0.37~0.44	0.17~0.37	1.00~1.40		
6	45MnBH	0.42~0.49	0.17~0.37	0.95~1.40		
7	20MnMoBH	0.16~0.22	0.17~0.37	0.90~1.25		
8	20MnVBH	0.17~0.23	0.17~0.37	1.05~1.50		
9	22MnVBH	0.19~0.25	0.17~0.37	1.25~1.65		
10	20MnTiBH	0.17~0.23	0.17~0.37	1.20~1.55		
11	20CrMnMoH	0.17~0.23	0.17~0.37	0.85~1.20	1.05~1.40	
12	20CrMnTiH	0.17~0.23	0.17~0.37	0.80~1.15	1.00~1.35	
13	20CrNi3H	0.17~0.23	0.17~0.37	0.30~0.65	0.60~0.95	2.70~3.25
14	12Cr2Ni4H	0.10~0.17	0.17~0.37	0.30~0.65	1.20~1.75	3.20~3.75
15	20CrNiMoH	0.17~0.23	0.17~0.37	0.60~0.95	0.35~0.65	0.35~0.75
16	20	0.17~0.24	0.17~0.37	0.35~0.65	≤0.25	≤0.25
17	25	0.22~0.29	0.17~0.37	0.50~0.80	≤0.25	≤0.25
18	30	0.27~0.34	0.17~0.37	0.50~0.80	≤0.25	≤0.25
19	35	0.32~0.39	0.17~0.37	0.50~0.80	≤0.25	≤0.25
20	40	0.37~0.44	0.17~0.37	0.50~0.80	≤0.25	≤0.25
21	45	0.42~0.49	0.17~0.37	0.50~0.80	≤0.25	≤0.25
22	50	0.47~0.55	0.17~0.37	0.50~0.80	≤0.25	≤0.25
23	55	0.52~0.60	0.17~0.37	0.50~0.80	≤0.25	≤0.25
24	60	0.57~0.65	0.17~0.37	0.50~0.80	≤0.25	≤0.25
25	65	0.63	0.25	0.60		
26	20Mn	0.20	0.17~0.37	1.35		
27	30Mn	0.32	0.29	0.83		
		0.31	0.26	0.79		
28	40Mn	0.37~0.45	0.17~0.37	0.70~1.00	≤0.25	≤0.25
29	45Mn	0.43~0.50	0.20~0.35	0.65~1.10	0.13~0.43	
30	55Mn	0.52	0.25	0.80	0.15	
31	65Mn	0.62~0.70	0.17~0.37	0.90~1.20		
32	20Mn2	0.17~0.24	0.20~0.35	1.50~2.00		
33	30Mn2	0.27~0.33	0.20~0.35	1.45~2.05		
34	35Mn2	0.32~0.38	0.20~0.35	1.45~2.05		
35	40Mn2	0.37~0.44	0.20~0.35	1.45~2.05		
36	40Mn2V	0.43	0.13	1.67		
37	27SiMn	0.28~0.33	0.40~0.60	1.20~1.50	0.40~0.60	
38	35SiMn	0.38	1.05	1.14	0.23	
39	20Si2Mn	0.19~0.25	1.70~2.20	0.70~1.05		

学成分、工艺参数及曲线图索引表

（质量分数）（%）				正火温度/℃	奥氏体化（端淬）温度/℃	晶粒度（级）	图　号
Mo	V	B	其　他				
				850 ~ 870	840 ± 5		图 11-225
				880 ~ 900	870 ± 5		图 11-226
				860 ~ 880	850 ± 5		图 11-227
				860 ~ 880	850 ± 5		图 11-228
		0. 0005 ~ 0. 0035		880 ~ 900	850 ± 5		图 11-229
		0. 0005 ~ 0. 0035		880 ~ 900	850 ± 5		图 11-230
0. 20 ~ 0. 30		0. 0005 ~ 0. 0035		930 ~ 950	880 ± 5		图 11-231
	0. 07 ~ 0. 12	0. 0005 ~ 0. 0035		930 ~ 950	860 ± 5		图 11-232
	0. 07 ~ 0. 12	0. 0005 ~ 0. 0035		930 ~ 950	860		图 11-233
		0. 0005 ~ 0. 0035	Ti：0. 04 ~ 0. 10	930 ~ 950	860 ± 5		图 11-234
0. 20 ~ 0. 30				860 ~ 880	880 ± 5		图 11-235
			Ti：0. 04 ~ 0. 10	900 ~ 920	880 ± 5		图 11-236
				850 ~ 870	830 ± 5		图 11-237
				880 ~ 900	860 ± 5		图 11-238
0. 15 ~ 0. 25				930 ~ 950	925 ± 5		图 11-239
					840	6 ~ 8	图 11-240
						7 ~ 8	图 11-241
					865	2 ~ 4	图 11-242
					870	5 ~ 8	图 11-243
					850		图 11-244
					840	6 ~ 7	图 11-245
					840	6 ~ 8	图 11-246
					840	6 ~ 8	图 11-247
					820		图 11-248
							图 11-249
							图 11-250
			S：0. 020 P：0. 017 S：0. 037 P：0. 017				图 11-251
					840		图 11-252
					840		图 11-253
					840		图 11-254
							图 11-255
					870		图 11-256
					845		图 11-257
					845		图 11-258
	0. 10				870		图 11-259
					845		图 11-260
	0. 02		S：0. 019		860		图 11-261
			P：0. 035				图 11-262
					870		图 11-263

序号	牌号	化学成分				
		C	Si	Mn	Cr	Ni
40	15Cr	0.12~0.18	0.17~0.37	0.30~0.60	0.70~1.00	≤0.40
41	20Cr	0.17~0.23	0.20~0.35	0.60~1.00	0.60~1.00	
42	30Cr	0.27~0.33	0.20~0.35	0.60~1.00	0.75~1.20	
43	40Cr	0.37~0.44	0.20~0.35	0.60~1.00	0.60~1.00	
44	45Cr	0.42~0.50	0.20~0.35	0.60~0.95	0.65~0.95	
45	50Cr	0.47~0.54	0.20~0.35	0.60~1.00	0.60~1.00	
46	55Cr	0.50~0.60	0.20~0.35	0.60~1.00	0.60~1.00	
47	20CrV	0.17~0.23	0.20~0.35	0.60~1.00	0.60~1.00	
48	40CrV	0.35~0.45	0.23~0.34	0.50~0.73	0.83~1.10	
49	30CrMnSi	0.28	1.00	1.10	1.00	
50	20CrMnSiMo	0.21	0.72	1.36	1.35	
51	20Cr2Mn2SiMo	0.20	0.69	2.10	1.57	
52	18CrMnTi	0.16~0.24	0.17~0.37	0.80~1.10	1.00~1.30	
53	30CrMnTi	0.24~0.40	0.17~0.37	0.80~1.10	1.00~1.30	
54	20CrMo	0.17~0.23	0.20~0.35	0.60~1.00	0.30~0.70	
55	30CrMo	0.27~0.33	0.20~0.35	0.30~0.70	0.75~1.20	
56	35CrMo	0.32~0.38	0.20~0.35	0.60~1.00	0.75~1.20	
57	42CrMo	0.37~0.45	0.20~0.35	0.70~1.05	0.80~1.15	
58	18CrMnMo	0.16~0.24	0.17~0.37	0.90~1.20	0.90~1.20	≤0.40
59	22CrMnMo	0.17	0.30	1.05	1.22	
		0.18~0.24	0.10~0.22	0.86~1.20	0.90~1.20	
60	20Cr2MnMo	0.19	0.27	1.31	1.55	
61	25Cr2MoV	0.25	0.19	0.56	2.30	
62	40Cr2MoV	0.43	0.21	0.62	1.78	
63	35CrMoAl	0.33		0.70	1.42	
64	15CrNi	0.18	0.25	0.83	0.67	0.48
65	20CrNi	0.19		0.52	0.75	1.25
66	40CrNi	0.37~0.45	0.20~0.35	0.60~0.95	0.50~0.80	1.00~1.50
67	50CrNi	0.48		0.66	0.77	1.33
68	12CrNi2	0.11		0.48	0.91	2.00
69	12CrNi3	0.07~0.13	0.20~0.35	0.30~0.70	1.30~1.80	
70	30CrNi3	0.31		0.42	0.65	3.15
71	12Cr2Ni4	0.11~0.17	0.17~0.37	0.30~0.60	1.25~1.75	3.25~3.75
72	20Cr2Ni4	0.20	0.36	0.37	1.60	3.47
73	30CrNiMo	0.27~0.33	0.20~0.35	0.60~0.95	0.35~0.65	0.35~0.75
74	40CrNiMo	0.37~0.45	0.20~0.35	0.85~1.25	0.25~0.55	0.25~0.65
75	18Cr2Ni4W	0.21		0.35	0.15	4.15
		0.19		0.36	0.14	4.15

（续）

（质量分数）（%）				正火温度/℃	奥氏体化（端淬）温度/℃	晶粒度（级）	图　号
Mo	V	B	其　他				
					880		图 11-264
					825		图 11-265
					870		图 11-266
					845		图 11-267
			S：≤0.025 P：≤0.025				图 11-268
					845		图 11-269
							图 11-270
	≥0.10				925		图 11-271
	0.17～0.30				880	6～7	图 11-272
					870		图 11-273
0.49					900		图 11-274
0.37					880		图 11-275
			Ti：0.06～0.12				图 11-276
			Ti：0.06～0.12				图 11-277
0.08～0.15					925		图 11-278
0.15～0.25					870		图 11-279
0.15～0.25					845		图 11-280
0.15～0.25			S<0.040				图 11-281
0.20～0.30			P<0.040		860		图 11-282
0.27					850		图 11-283
0.20～0.30					900		
0.38			S：0.003 P：0.017		860		图 11-284
0.20	0.22				860		图 11-285
0.35	0.22				870		图 11-286
0.25			Al：1.00		870		图 11-287
			Cu：0.38				图 11-288
0.05					840		图 11-289
			S≤0.025 P≤0.025				图 11-290
					845		图 11-291
					900	7～8	图 11-292
					845		图 11-293
					870		图 11-294
					840		图 11-295
			S：0.003 P：0.015		840		图 11-296
0.15～0.25					870		图 11-297
0.08～0.15							图 11-298
0.10			W：0.72				图 11-299
0.10			W：0.75				

序号	牌　号	化学成分				
		C	Si	Mn	Cr	Ni
76	40B	0.37～0.45	0.34～0.53	0.52～0.89		
77	45B	0.40～0.50	0.24～0.39	0.58～0.89		
78	40MnB	0.36～0.44	0.17～0.47	1.01～1.42		
79	20Mn2B	0.21	0.32	1.65		
80	20MnMoB	0.16～0.22	0.23～0.32	1.05～1.25		
81	20MnTiB	0.22	0.27	1.15		
		0.17	0.26	1.15		
82	20MnVB	0.19～0.23	0.26～0.34	1.00～1.40		
83	40MnVB	0.32～0.46	0.28～0.36	1.07～1.51		
84	20SiMnVB	0.18～0.24	0.41～0.71	0.80～1.52		
85	20CrMnMoVB	0.18～0.24	0.13～0.34	0.87～1.04	0.25～0.35	
86	25MnTiBRE	0.22～0.28	0.20～0.45	1.30～1.60		
87	60	0.63	0.26	0.38	0.20	0.14
88	85	0.90	0.22	0.21		
89	55Si2Mn	0.50～0.60	1.50～2.00	0.60～0.90		
90	60Si2Mn	0.54～0.63	1.65～1.98	0.70～0.83		
91	50CrMn	0.45	0.18	0.90	1.01	
92	50CrVA	0.51		0.51	1.04	
93	50CrMnVA	0.52		0.46	0.94	
		0.47～0.54	0.20～0.35	0.60～1.00	0.75～1.20	
94	GCr9	1.09	0.29	0.35	1.21	
95	GCr9SiMn	1.01	0.52	1.12	1.08	
96	GCr15	0.95～1.10	0.15～0.35	≤0.50	1.30～1.60	
97	GCr15SiMn	0.95～1.10	0.40～0.70	0.90～1.15	0.90～1.20	
98	GSiMnMoV	0.95～1.10	0.45～0.65	0.75～1.05		
99	GSiMnMoVRE	0.95～1.05	1.10～1.40	0.15～0.40		
100	T9	0.90	0.22	0.21		
101	T12A	1.15～1.24	0.15～0.30	0.15～0.30		
102	9Mn2V	0.85～0.95	≤0.35	1.70～2.00		
103	SiMn	0.95～1.05	0.65～0.95	0.60～0.90		
104	6SiMnV	0.57	0.95	0.96		
105	5SiMnMoV	0.45～0.55	1.50～1.80	0.50～0.70	0.20～0.40	
106	9CrSi	0.85～0.95	1.20～1.60	0.30～0.60	0.95～1.25	
107	Cr2	0.95～1.10	≤0.35	≤0.40	1.30～1.60	
108	4CrMnMo	0.43		0.85	1.15	
109	CrW	1.04	0.25	0.31	0.85	0.20
110	9CrWMn	0.93	0.16	1.12	0.66	0.09

（续）

（质量分数）（%）				正火温度/℃	奥氏体化（端淬）温度/℃	晶粒度（级）	图　号
Mo	V	B	其　他				
		0.0014~0.0049			840	6~7	图11-300
		0.0018~0.0049			840	6~7	图11-301
		0.0032~0.0062			880	7	图11-302
		0.0041			880		图11-303
0.13~0.43		0.0032~0.0050			870		图11-304
		0.004	Ti：0.10			7~8	图11-305
		0.0043				7	图11-306
	0.10~0.13	0.0023~0.0055			920	5~7	
	0.06~0.26	0.0035~0.0051			850~870	7	图11-307
	0.08~0.14	0.0017~0.0044			920		图11-308
0.22~0.35	0.04~0.15	0.0047~0.0052					图11-309
		0.001~0.005	Ti：0.06~0.12 RE：0.05~0.10 S≤0.030 P≤0.030				图11-310
			Cu：0.20				图11-311
					760	4	图11-312
							图11-313
							图11-314
					835	5~8	图11-315
	0.18					7	图11-316
	0.19					6	
	≥0.15				870		图11-317
							图11-318
							图11-319
							图11-320
							图11-321
0.20~0.40	0.20~0.30		S≤0.03 P≤0.03		800		图11-322
0.40~0.60	0.15~0.25		RE：0.1 S≤0.030 P≤0.027		800，860		图11-323
					760	4	图11-324
					760		图11-325
	0.15~0.25				790		图11-326
					800		图11-327
	0.16				840		图11-328
0.30~0.50	0.20~0.30				860		图11-329
					820~860		图11-330
							图11-331
0.50					885~815		图11-332
			W：1.07		850		图11-333
			W：0.72		830		图11-334

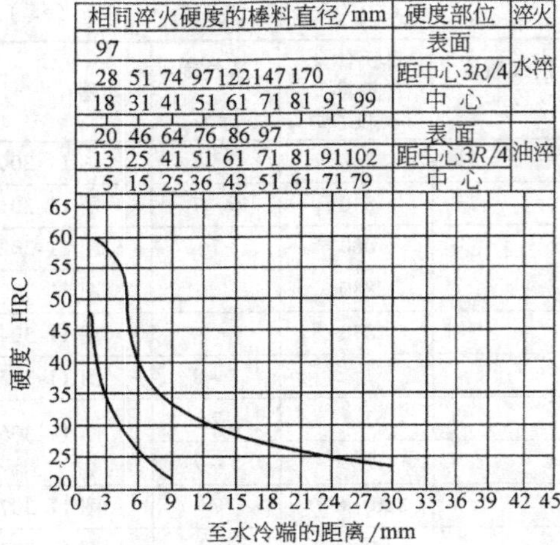

图 11-225 45H 钢

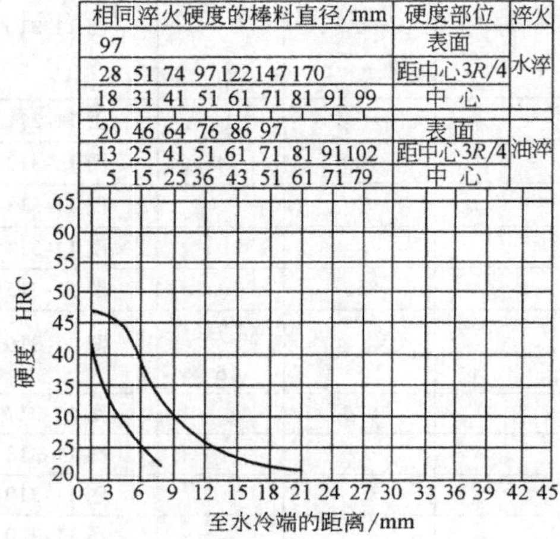

图 11-226 20CrH 钢

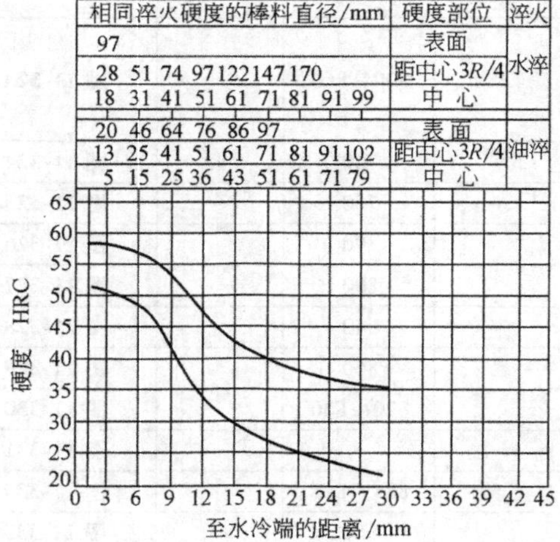

图 11-227 40CrH 钢

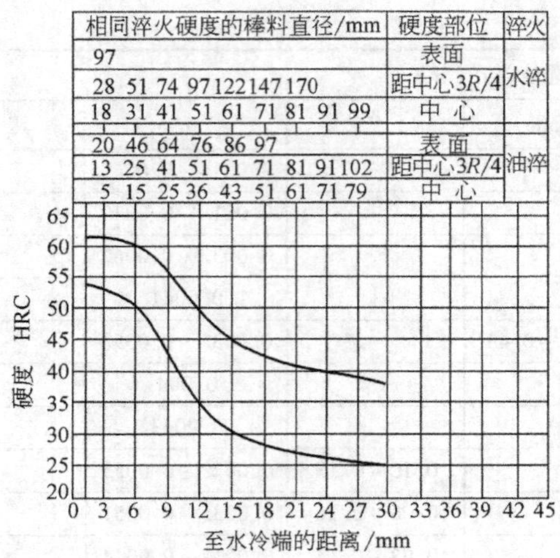

图 11-228 45CrH 钢

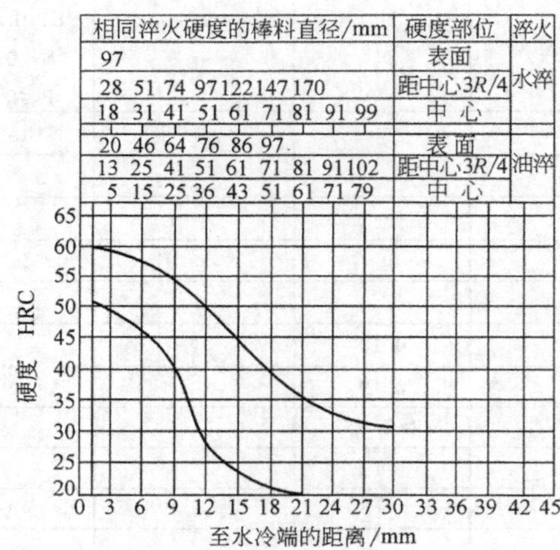

图 11-229 40MnBH 钢

相同淬火硬度的棒料直径/mm
硬度部位
淬火
97
表面
28 51 74 97 122 147 170
距中心3R/4
水淬
18 31 41 51 61 71 81 91 99
中 心
20 46 64 76 86 97
表面
13 25 41 51 61 71 81 91 102
距中心3R/4
油淬
5 15 25 36 43 51 61 71 79
中 心
硬度 HRC
至水冷端的距离/mm

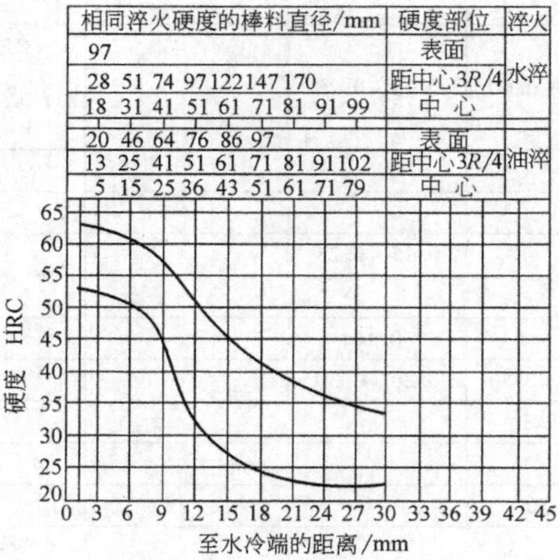

图 11-230 45MnBH 钢

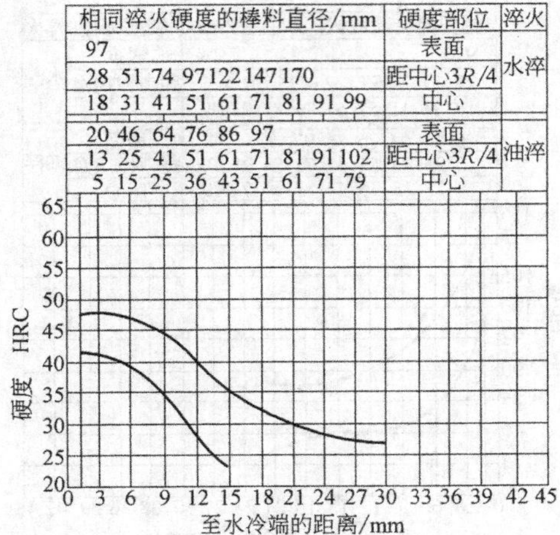

相同淬火硬度的棒料直径/mm	硬度部位	淬火
97	表面	水淬
28 51 74 97 122 147 170	距中心3R/4	
18 31 41 51 61 71 81 91 99	中心	
20 46 64 76 86 97	表面	油淬
13 25 41 51 61 71 81 91 102	距中心3R/4	
5 15 25 36 43 51 61 71 79	中心	

硬度 HRC
65 60 55 50 45 40 35 30 25 20
0 3 6 9 12 15 18 21 24 27 30 33 36 39 42 45
至水冷端的距离/mm

图 11-231　20MnMoBH 钢

相同淬火硬度的棒料直径/mm	硬度部位	淬火
97	表面	水淬
28 51 74 97 122 147 170	距中心3R/4	
18 31 41 51 61 71 81 91 99	中心	
20 46 64 76 86 97	表面	油淬
13 25 41 51 61 71 81 91 102	距中心3R/4	
5 15 25 36 43 51 61 71 79	中心	

硬度 HRC
65 60 55 50 45 40 35 30 25 20
0 3 6 9 12 15 18 21 24 27 30 33 36 39 42 45
至水冷端的距离/mm

图 11-232　20MnVBH 钢

相同淬火硬度的棒料直径/mm	硬度部位	淬火
97	表面	水淬
28 51 74 97 122 147 170	距中心3R/4	
18 31 41 51 61 71 81 91 99	中心	
20 46 64 76 86 97	表面	油淬
13 25 41 51 61 71 81 91 102	距中心3R/4	
5 15 25 36 43 51 61 71 79	中心	

硬度 HRC
65 60 55 50 45 40 35 30 25 20
0 3 6 9 12 15 18 21 24 27 30 33 36 39 42 45
至水冷端的距离/mm

图 11-233　22MnVBH 钢

相同淬火硬度的棒料直径/mm	硬度部位	淬火
97	表面	水淬
28 51 74 97 122 147 170	距中心3R/4	
18 31 41 51 61 71 81 91 99	中心	
20 46 64 76 86 97	表面	油淬
13 25 41 51 61 71 81 91 102	距中心3R/4	
5 15 25 36 43 51 61 71 79	中心	

硬度 HRC
65 60 55 50 45 40 35 30 25 20
0 3 6 9 12 15 18 21 24 27 30 33 36 39 42 45
至水冷端的距离/mm

图 11-234　20MnTiBH 钢

相同淬火硬度的棒料直径/mm	硬度部位	淬火
97	表面	水淬
28 51 74 97 122 147 170	距中心3R/4	
18 31 41 51 61 71 81 91 99	中心	
20 46 64 76 86 97	表面	油淬
13 25 41 51 61 71 81 91 102	距中心3R/4	
5 15 25 36 43 51 61 71 79	中心	

硬度 HRC
65 60 55 50 45 40 35 30 25 20
0 3 6 9 12 15 18 21 24 27 30 33 36 39 42 45
至水冷端的距离/mm

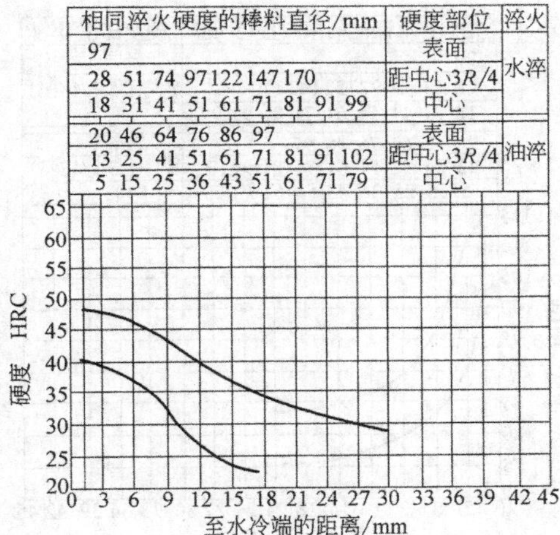

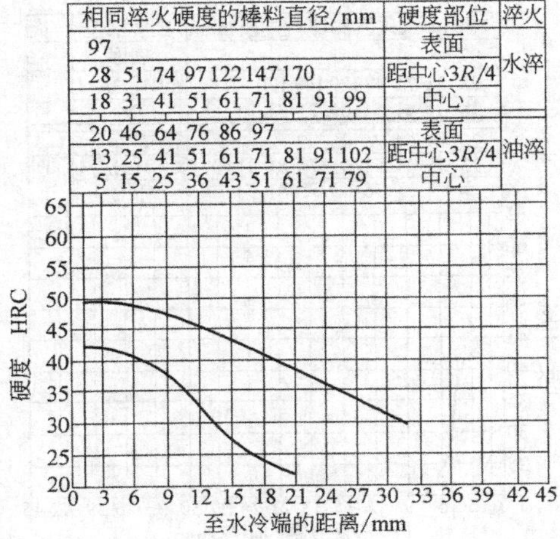

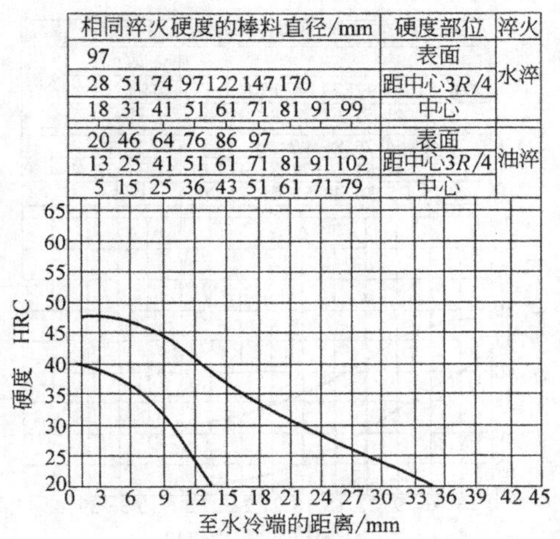

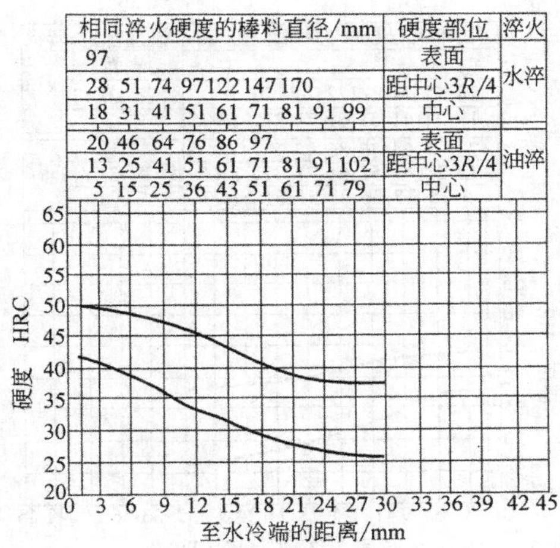

图 11-235　20CrMnMoH 钢

相同淬火硬度的棒料直径/mm	硬度部位	淬火
97	表面	水淬
28 51 74 97 122 147 170	距中心3R/4	
18 31 41 51 61 71 81 91 99	中心	
20 46 64 76 86 97	表面	油淬
13 25 41 51 61 71 81 91 102	距中心3R/4	
5 15 25 36 43 51 61 71 79	中心	

硬度 HRC
65 60 55 50 45 40 35 30 25 20
0 3 6 9 12 15 18 21 24 27 30 33 36 39 42 45
至水冷端的距离/mm

图 11-236　20CrMnTiH 钢

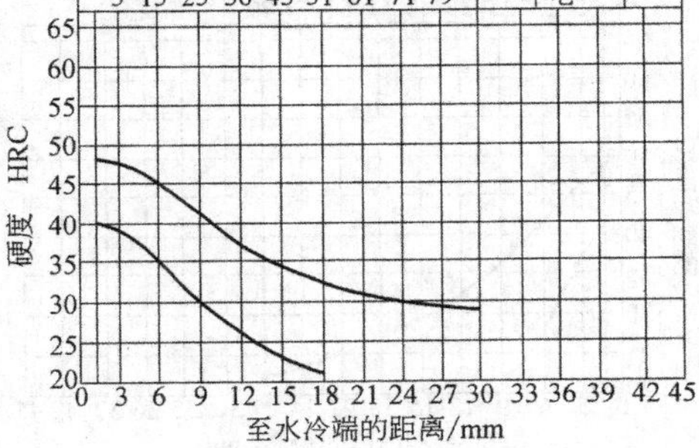

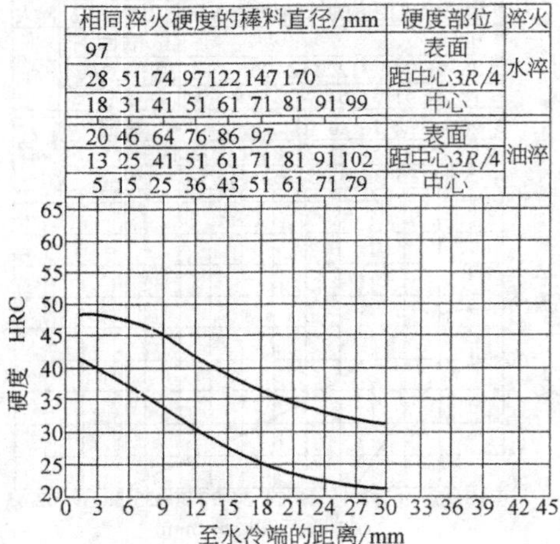

图 11-237　20CrNi3H 钢

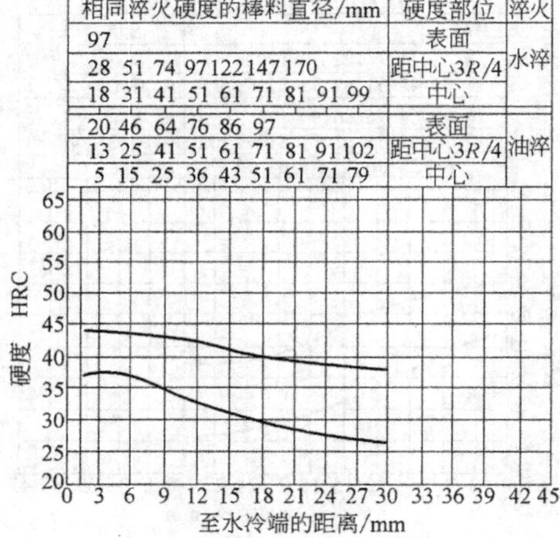

图 11-238　12Cr2Ni4H 钢

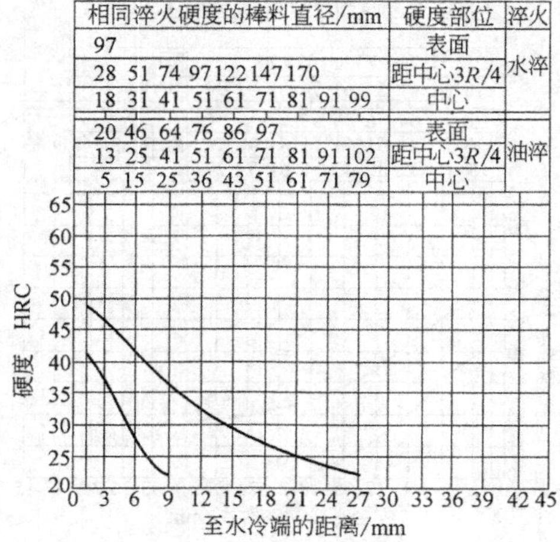

图 11-239　20CrNiMoH 钢

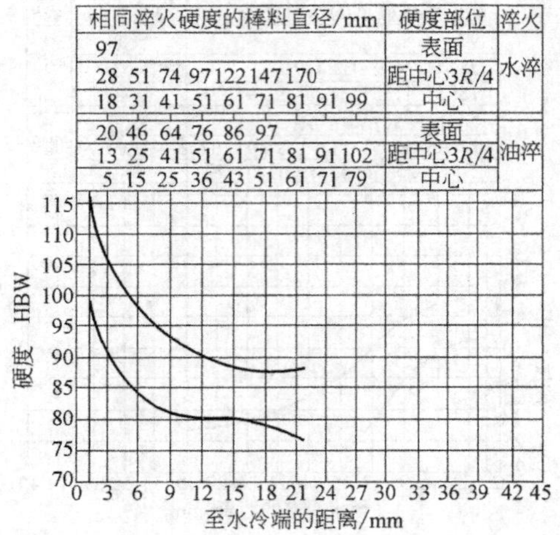

图 11-240　20 钢

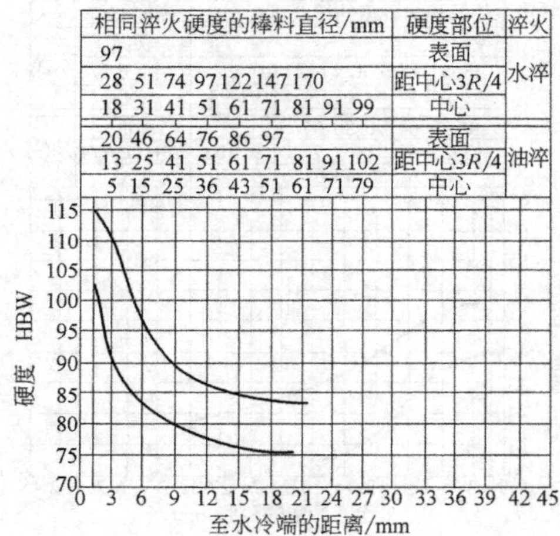

图 11-241　25 钢

相同淬火硬度的棒料直径/mm	硬度部位	淬火
97	表面	水淬
28 51 74 97 122 147 170	距中心3R/4	
18 31 41 51 61 71 81 91 99	中心	
20 46 64 76 86 97	表面	油淬
13 25 41 51 61 71 81 91 102	距中心3R/4	
5 15 25 36 43 51 61 71 79	中心	

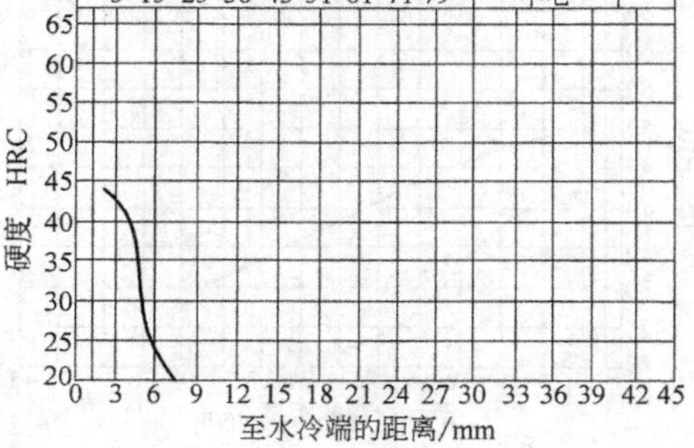

硬度 HRC

至水冷端的距离/mm

图 11-242　30 钢

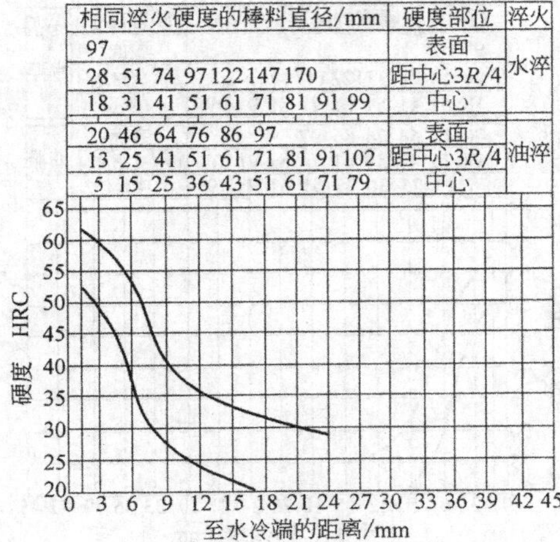

相同淬火硬度的棒料直径/mm	硬度部位	淬火
97	表面	水淬
28 51 74 97 122 147 170	距中心3R/4	
18 31 41 51 61 71 81 91 99	中心	
20 46 64 76 86 97	表面	油淬
13 25 41 51 61 71 81 91 102	距中心3R/4	
5 15 25 36 43 51 61 71 79	中心	

图 11-243 35 钢

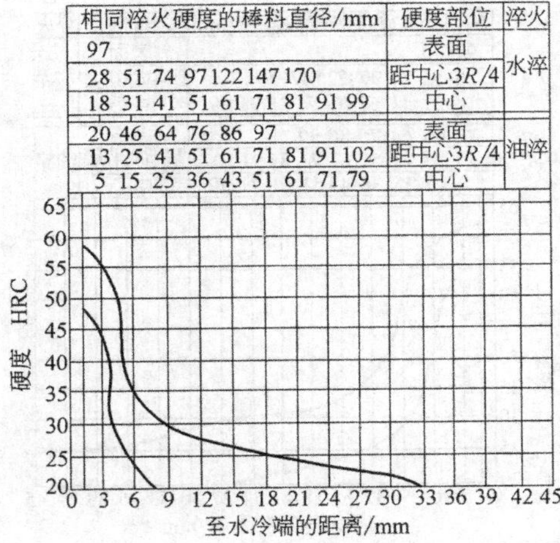

相同淬火硬度的棒料直径/mm	硬度部位	淬火
97	表面	水淬
28 51 74 97 122 147 170	距中心3R/4	
18 31 41 51 61 71 81 91 99	中心	
20 46 64 76 86 97	表面	油淬
13 25 41 51 61 71 81 91 102	距中心3R/4	
5 15 25 36 43 51 61 71 79	中心	

图 11-244 40 钢

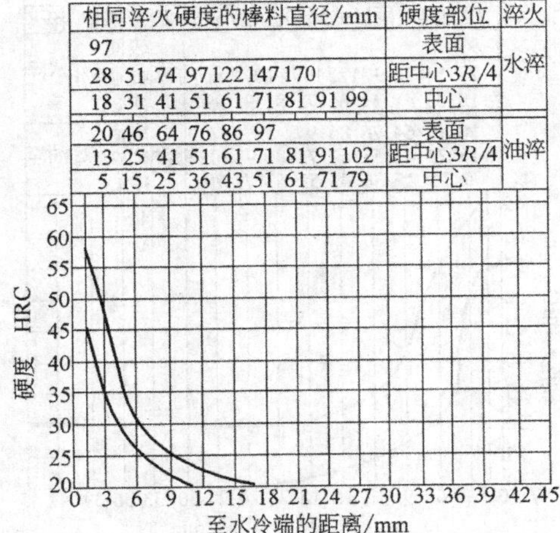

相同淬火硬度的棒料直径/mm	硬度部位	淬火
97	表面	水淬
28 51 74 97 122 147 170	距中心3R/4	
18 31 41 51 61 71 81 91 99	中心	
20 46 64 76 86 97	表面	油淬
13 25 41 51 61 71 81 91 102	距中心3R/4	
5 15 25 36 43 51 61 71 79	中心	

图 11-245 45 钢

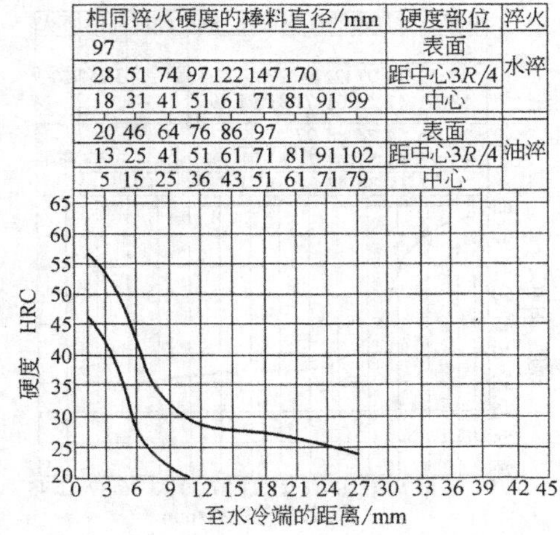

相同淬火硬度的棒料直径/mm	硬度部位	淬火
97	表面	水淬
28 51 74 97 122 147 170	距中心3R/4	
18 31 41 51 61 71 81 91 99	中心	
20 46 64 76 86 97	表面	油淬
13 25 41 51 61 71 81 91 102	距中心3R/4	
5 15 25 36 43 51 61 71 79	中心	

图 11-246 50 钢

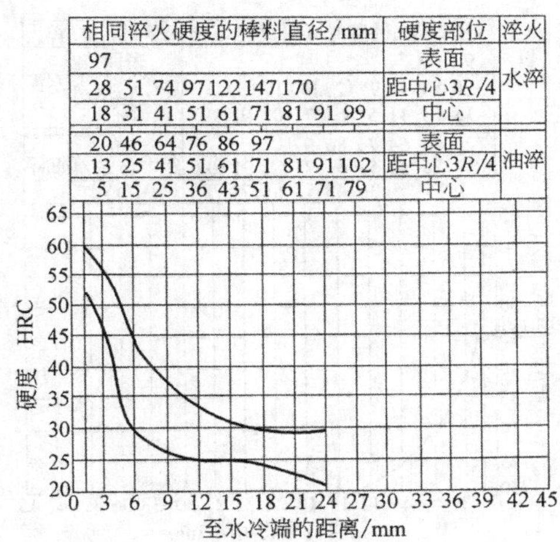

相同淬火硬度的棒料直径/mm	硬度部位	淬火
97	表面	水淬
28 51 74 97 122 147 170	距中心3R/4	
18 31 41 51 61 71 81 91 99	中心	
20 46 64 76 86 97	表面	油淬
13 25 41 51 61 71 81 91 102	距中心3R/4	
5 15 25 36 43 51 61 71 79	中心	

图 11-247 55 钢

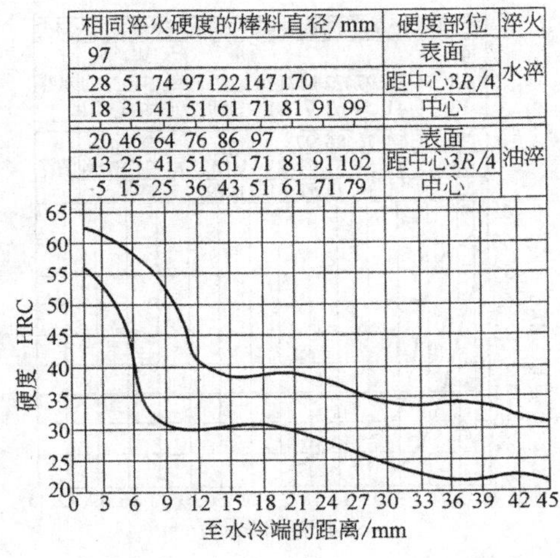

相同淬火硬度的棒料直径/mm	硬度部位	淬火
97	表面	水淬
28 51 74 97 122 147 170	距中心3R/4	
18 31 41 51 61 71 81 91 99	中心	
20 46 64 76 86 97	表面	油淬
13 25 41 51 61 71 81 91 102	距中心3R/4	
5 15 25 36 43 51 61 71 79	中心	

图 11-248 60 钢

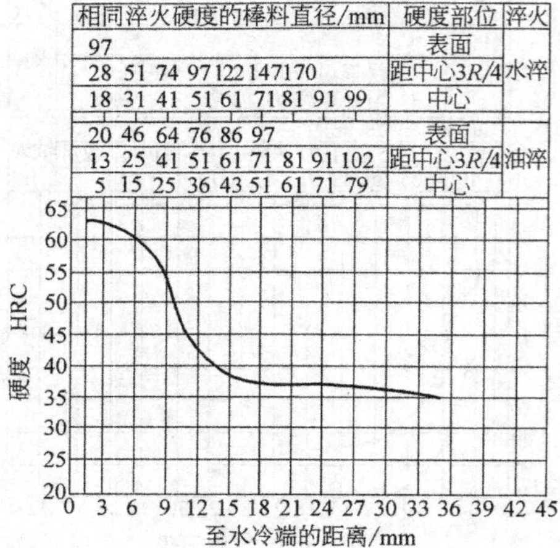

图 11-249　65 钢

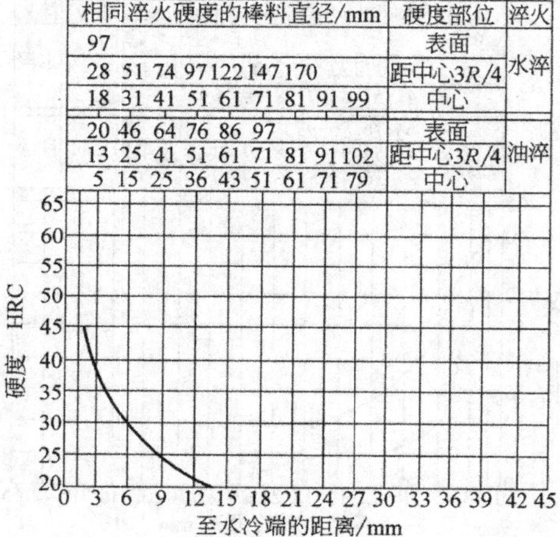

图 11-250　20Mn 钢

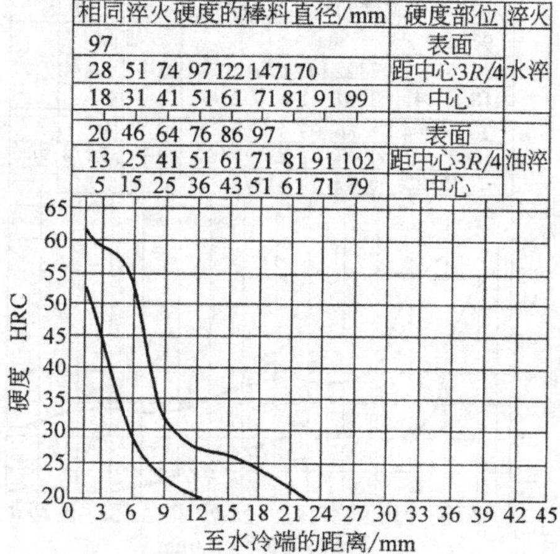

图 11-251　30Mn 钢

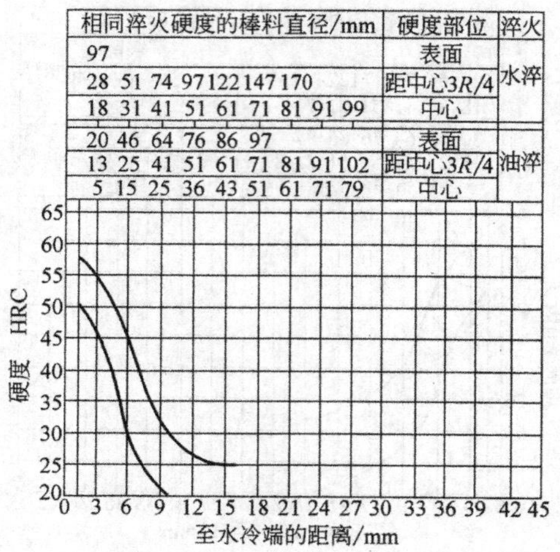

图 11-252　40Mn 钢

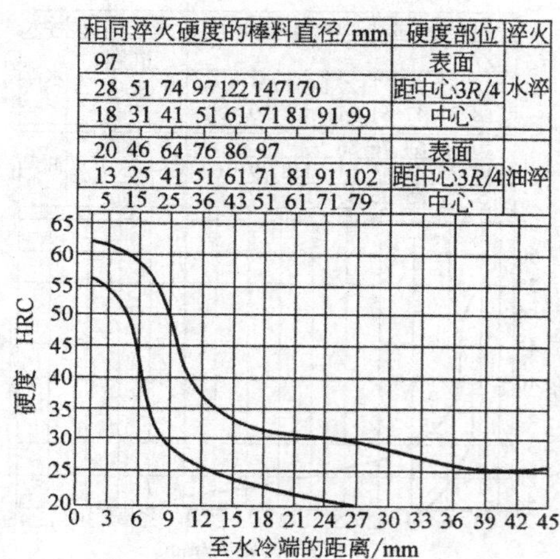

图 11-253　45Mn 钢

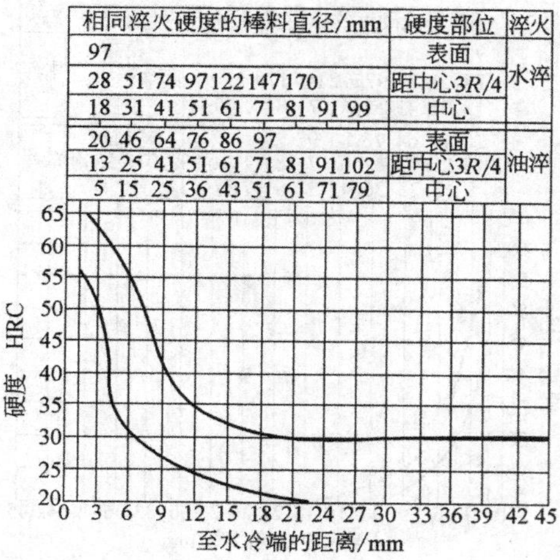

相同淬火硬度的棒料直径/mm	硬度部位	淬火
97	表面	水淬
28 51 74 97 122 147 170	距中心3R/4	
18 31 41 51 61 71 81 91 99	中心	
20 46 64 76 86 97	表面	油淬
13 25 41 51 61 71 81 91 102	距中心3R/4	
5 15 25 36 43 51 61 71 79	中心	

硬度 HRC

至水冷端的距离/mm

图 11-254　55Mn 钢

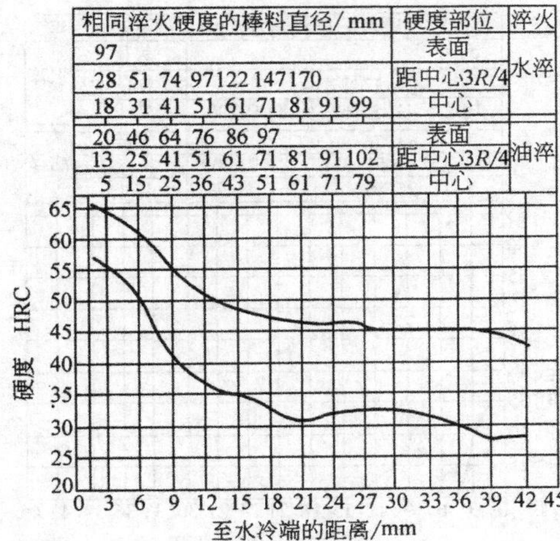

图 11-255 65Mn 钢

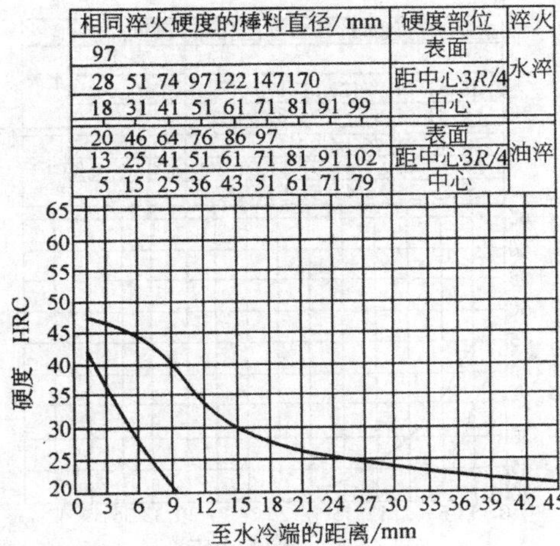

图 11-256 20Mn2 钢

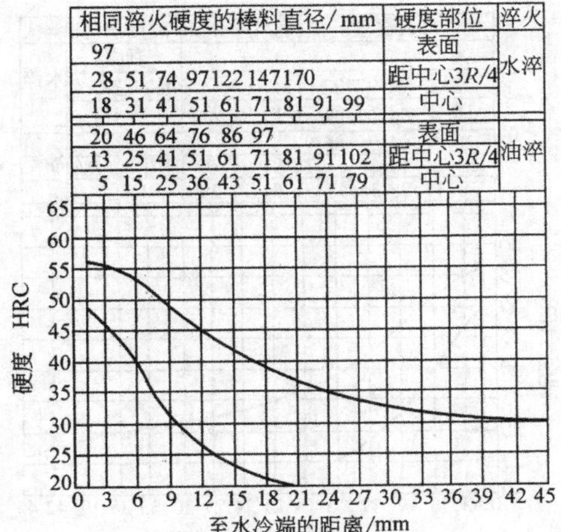

图 11-257 30Mn2 钢

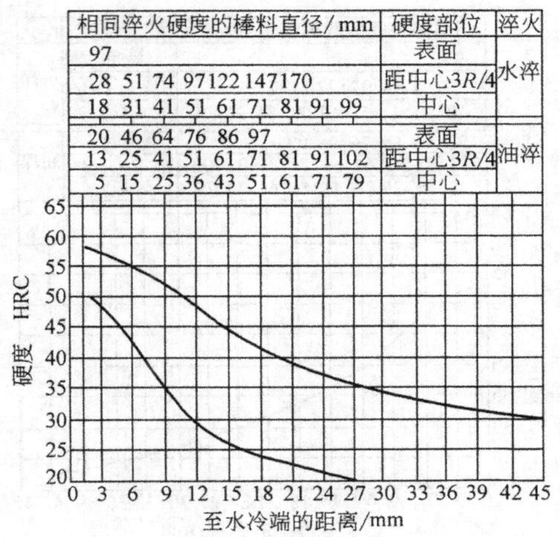

图 11-258 35Mn2 钢

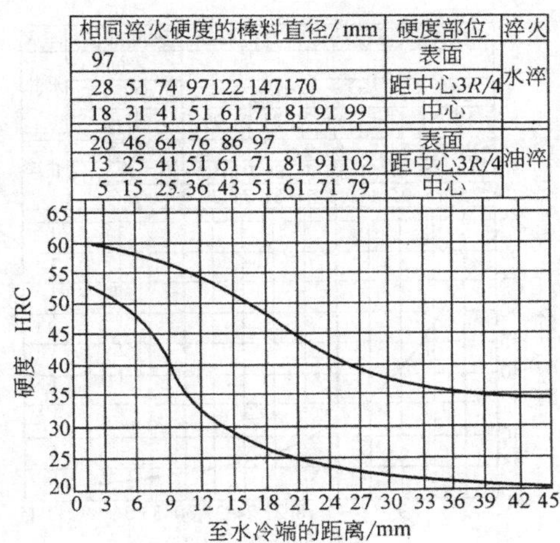

图 11-259 40Mn2 钢

相同淬火硬度的棒料直径/mm	硬度部位	淬火
97	表面	水淬
28 51 74 97 122 147 170	距中心3R/4	
18 31 41 51 61 71 81 91 99	中心	
20 46 64 76 86 97	表面	油淬
13 25 41 51 61 71 81 91 102	距中心3R/4	
5 15 25 36 43 51 61 71 79	中心	

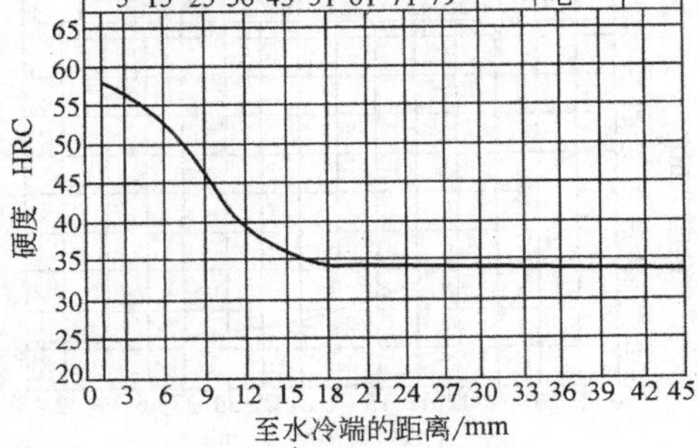

硬度 HRC

至水冷端的距离/mm

图 11-260 40Mn2V 钢

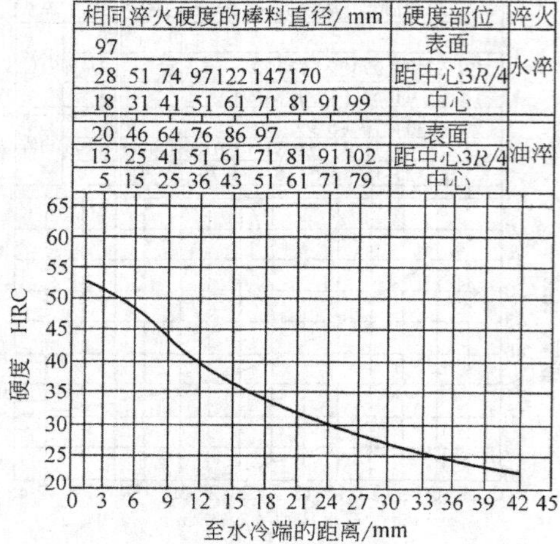

相同淬火硬度的棒料直径/mm	硬度部位	淬火
97	表面	水淬
28 51 74 97 122 147 170	距中心3R/4	
18 31 41 51 61 71 81 91 99	中心	
20 46 64 76 86 97	表面	油淬
13 25 41 51 61 71 81 91 102	距中心3R/4	
5 15 25 36 43 51 61 71 79	中心	

65 60 55 50 45 40 35 30 25 20
硬度 HRC
0 3 6 9 12 15 18 21 24 27 30 33 36 39 42 45
至水冷端的距离/mm

图 11-261　27SiMn 钢

相同淬火硬度的棒料直径/mm	硬度部位	淬火
97	表面	水淬
28 51 74 97 122 147 170	距中心3R/4	
18 31 41 51 61 71 81 91 99	中心	
20 46 64 76 86 97	表面	油淬
13 25 41 51 61 71 81 91 102	距中心3R/4	
5 15 25 36 43 51 61 71 79	中心	

65 60 55 50 45 40 35 30 25 20
硬度 HRC
0 3 6 9 12 15 18 21 24 27 30 33 36 39 42 45
至水冷端的距离/mm

图 11-262　35SiMn 钢

相同淬火硬度的棒料直径/mm	硬度部位	淬火
97	表面	水淬
28 51 74 97 122 147 170	距中心3R/4	
18 31 41 51 61 71 81 91 99	中心	
20 46 64 76 86 97	表面	油淬
13 25 41 51 61 71 81 91 102	距中心3R/4	
5 15 25 36 43 51 61 71 79	中心	

65 60 55 50 45 40 35 30 25 20
硬度 HRC
0 3 6 9 12 15 18 21 24 27 30 33 36 39 42 45
至水冷端的距离/mm

图 11-263　20Si2Mn 钢

相同淬火硬度的棒料直径/mm	硬度部位	淬火
97	表面	水淬
28 51 74 97 122 147 170	距中心3R/4	
18 31 41 51 61 71 81 91 99	中心	
20 46 64 76 86 97	表面	油淬
13 25 41 51 61 71 81 91 102	距中心3R/4	
5 15 25 36 43 51 61 71 79	中心	

65 60 55 50 45 40 35 30 25 20
硬度 HRC
0 3 6 9 12 15 18 21 24 27 30 33 36 39 42 45
至水冷端的距离/mm

图 11-264　15Cr 钢

相同淬火硬度的棒料直径/mm	硬度部位	淬火
97	表面	水淬
28 51 74 97 122 147 170	距中心3R/4	
18 31 41 51 61 71 81 91 99	中心	
20 46 64 76 86 97	表面	油淬
13 25 41 51 61 71 81 91 102	距中心3R/4	
5 15 25 36 43 51 61 71 79	中心	

65 60 55 50 45 40 35 30 25 20
硬度 HRC
0 3 6 9 12 15 18 21 24 27 30 33 36 39 42 45
至水冷端的距离/mm

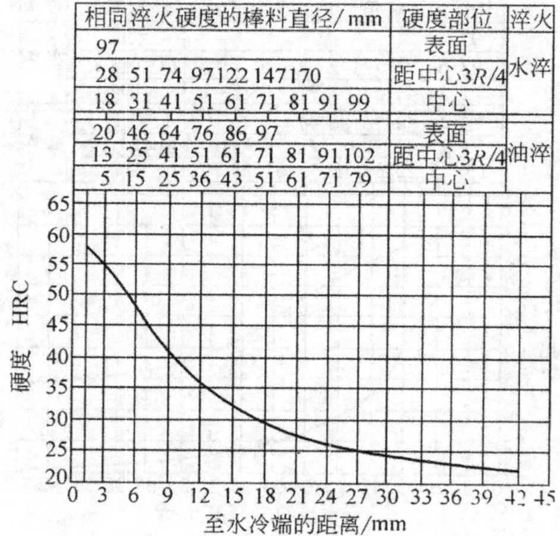

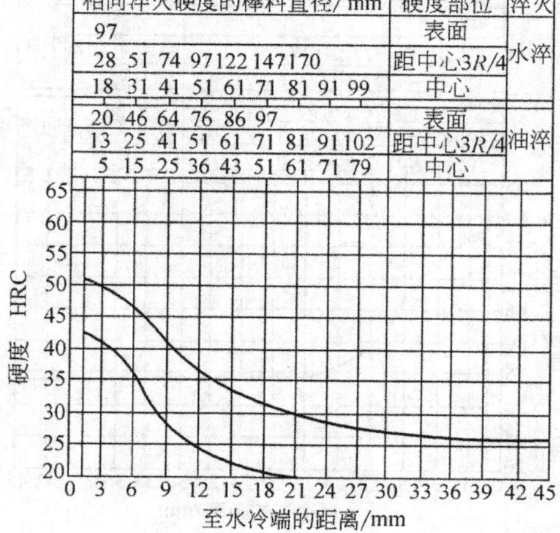

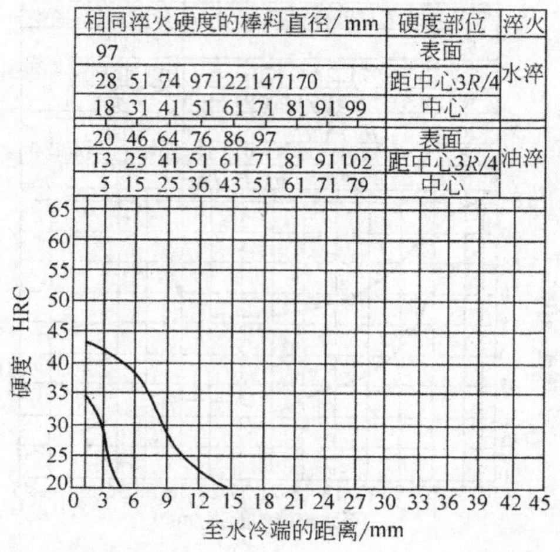

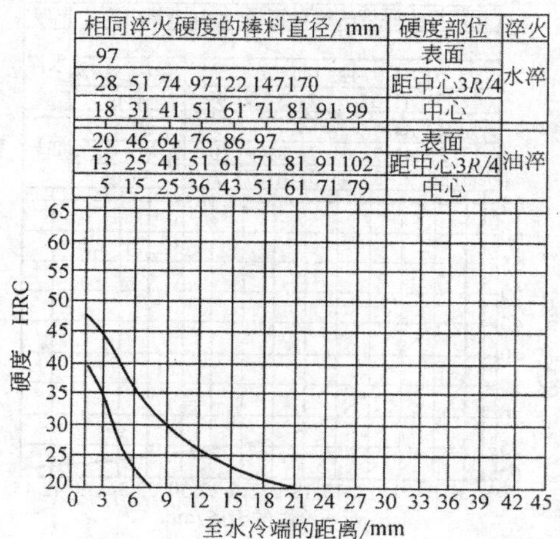

图 11-265　20Cr 钢

相同淬火硬度的棒料直径/mm	硬度部位	淬火
97	表面	水淬
28 51 74 97 122 147 170	距中心3R/4	
18 31 41 51 61 71 81 91 99	中心	
20 46 64 76 86 97	表面	油淬
13 25 41 51 61 71 81 91 102	距中心3R/4	
5 15 25 36 43 51 61 71 79	中心	

65 60 55 50 45 40 35 30 25 20
硬度 HRC
0 3 6 9 12 15 18 21 24 27 30 33 36 39 42 45
至水冷端的距离/mm

图 11-266　30Cr 钢

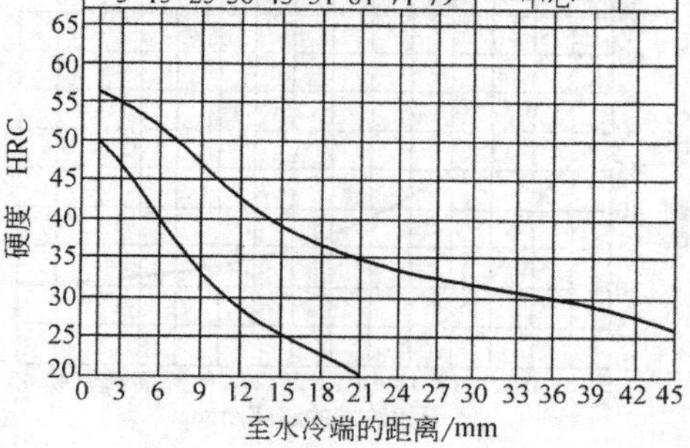

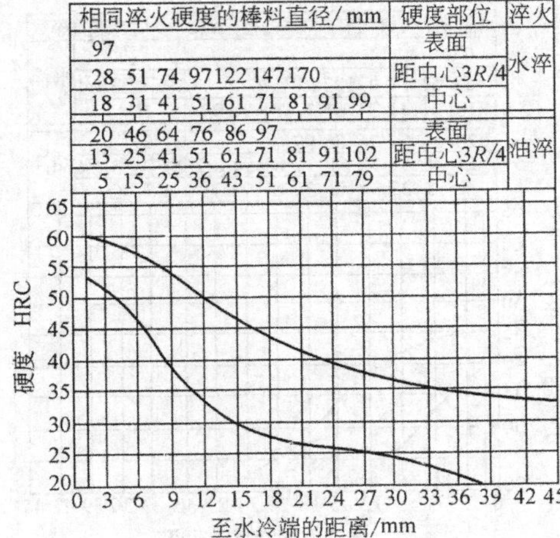

图 11-267　40Cr 钢

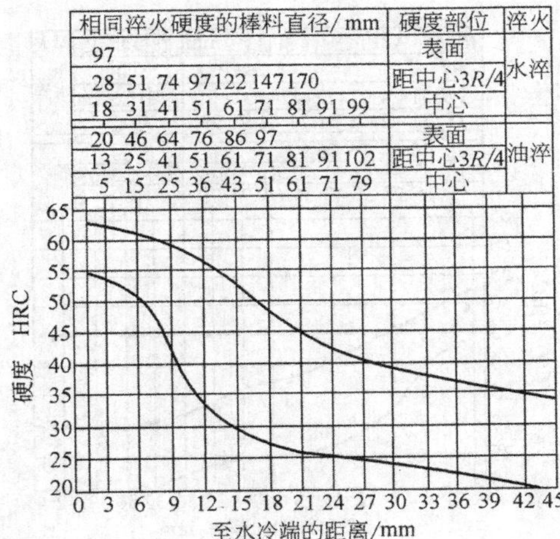

图 11-268　45Cr 钢

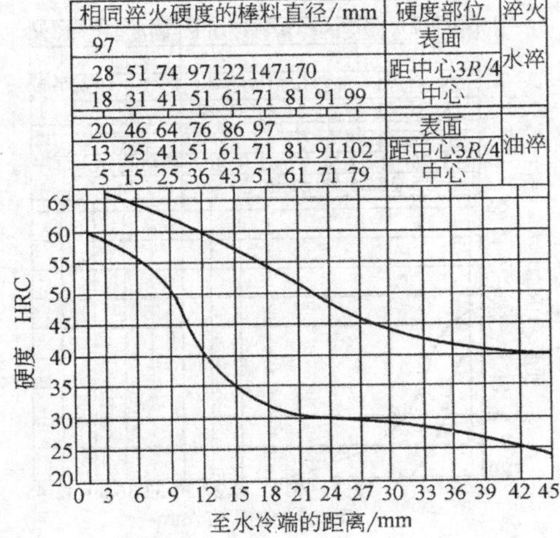

图 11-269　50Cr 钢

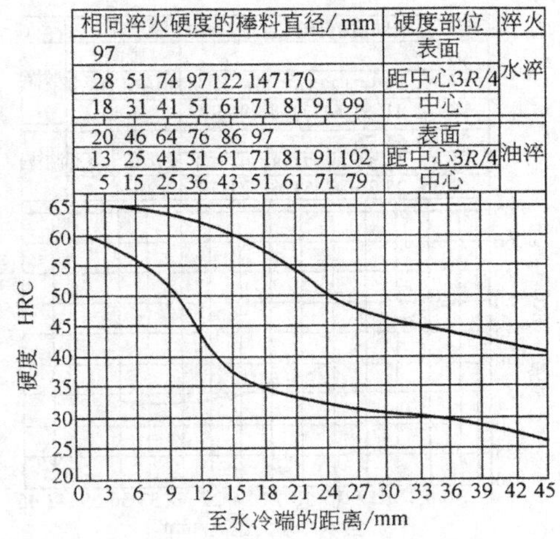

图 11-270　55Cr 钢

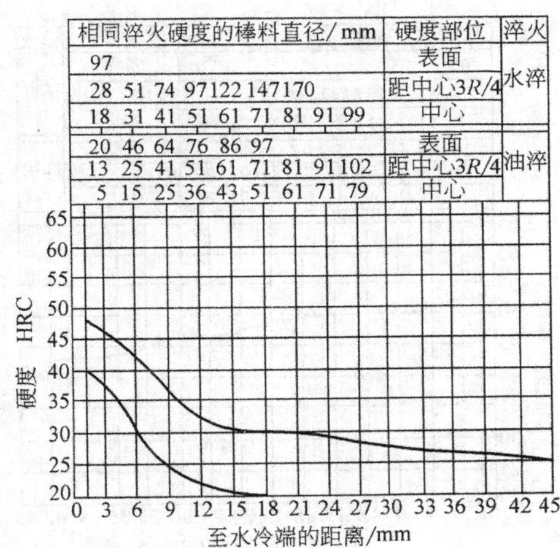

图 11-271　20CrV 钢

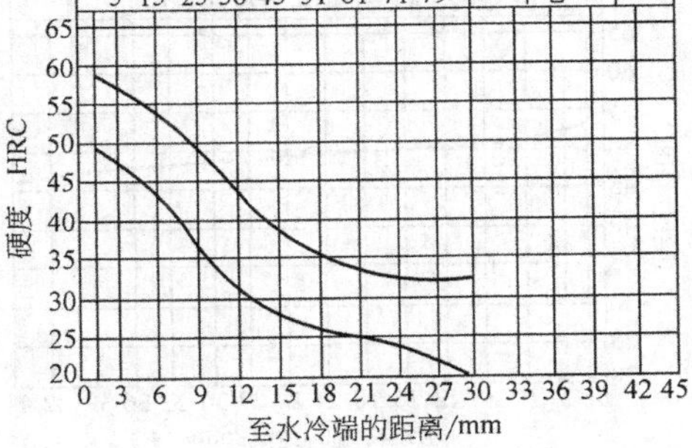

图 11-272　40CrV 钢

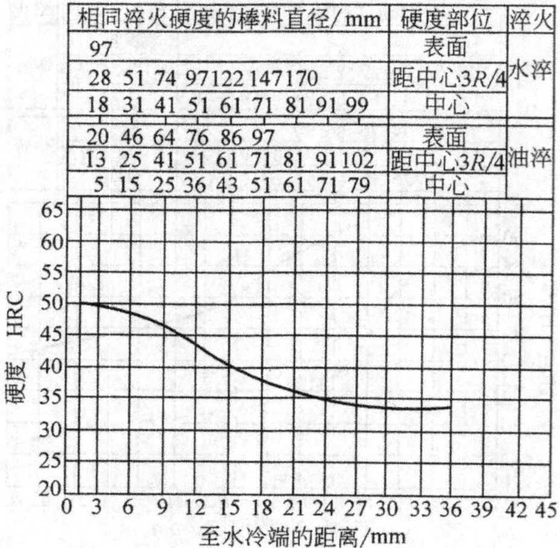

图 11-273　30CrMnSi 钢

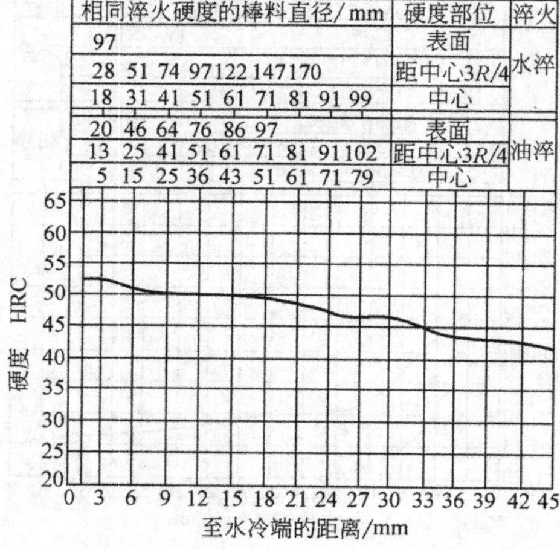

图 11-274　20Cr2MnSiMo 钢

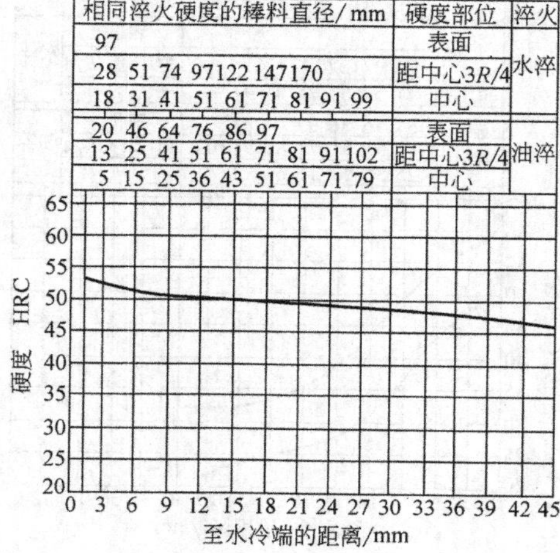

图 11-275　20Cr2Mn2SiMo 钢

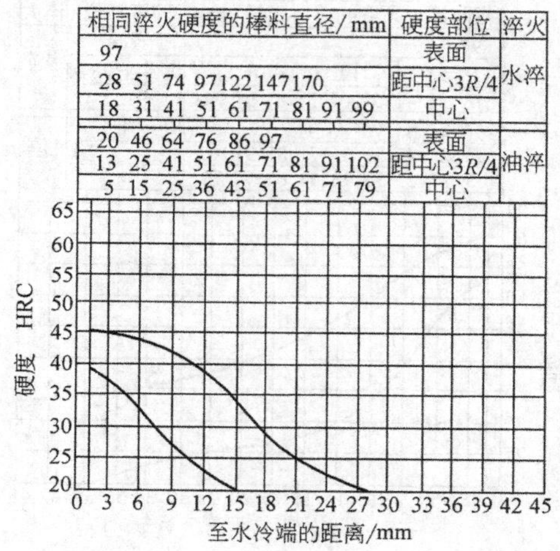

图 11-276　18CrMnTi 钢

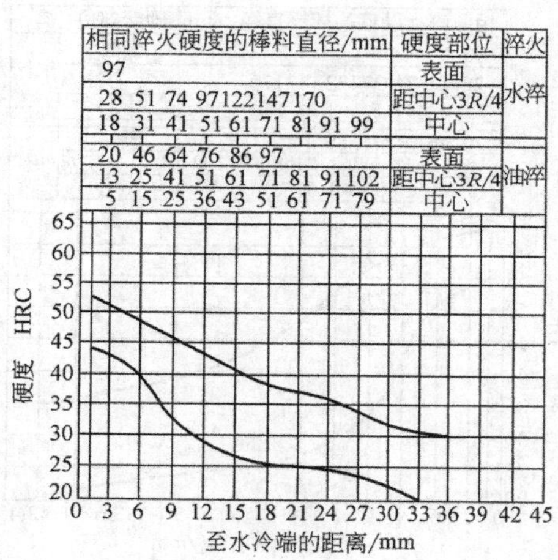

图 11-277　30CrMnTi 钢

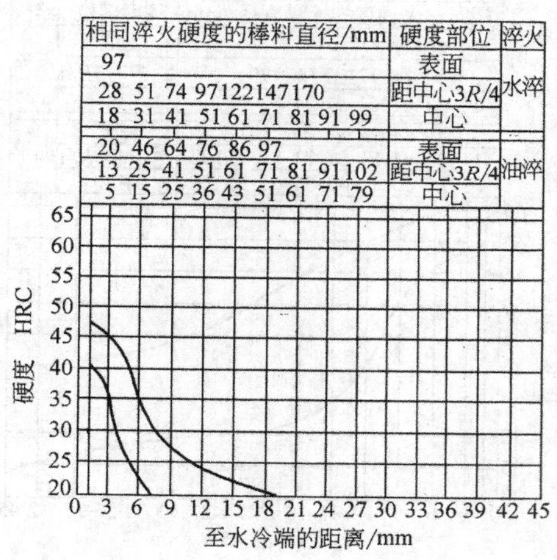

图 11-278　20CrMo 钢

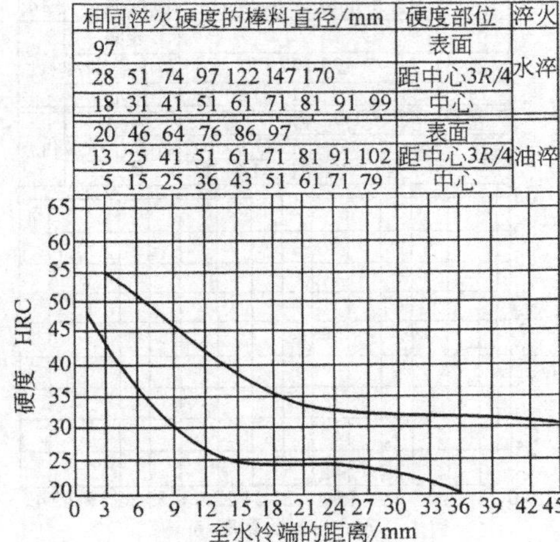

相同淬火硬度的棒料直径/mm	硬度部位	淬火
97	表面	水淬
28 51 74 97 122 147 170	距中心3R/4	
18 31 41 51 61 71 81 91 99	中心	
20 46 64 76 86 97	表面	油淬
13 25 41 51 61 71 81 91 102	距中心3R/4	
5 15 25 36 43 51 61 71 79	中心	

图 11-279　30CrMo 钢

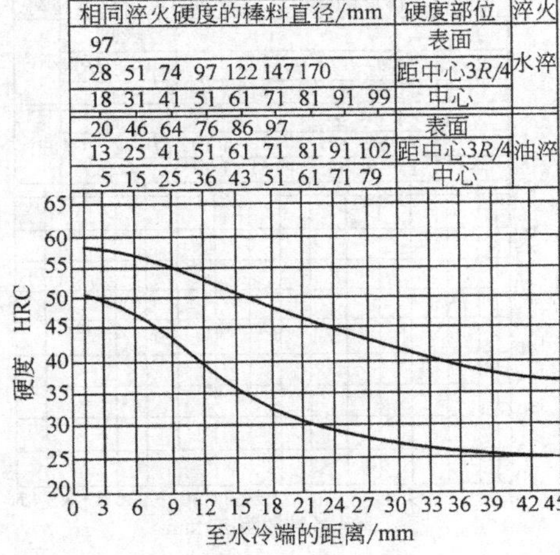

相同淬火硬度的棒料直径/mm	硬度部位	淬火
97	表面	水淬
28 51 74 97 122 147 170	距中心3R/4	
18 31 41 51 61 71 81 91 99	中心	
20 46 64 76 86 97	表面	油淬
13 25 41 51 61 71 81 91 102	距中心3R/4	
5 15 25 36 43 51 61 71 79	中心	

图 11-280　35CrMo 钢

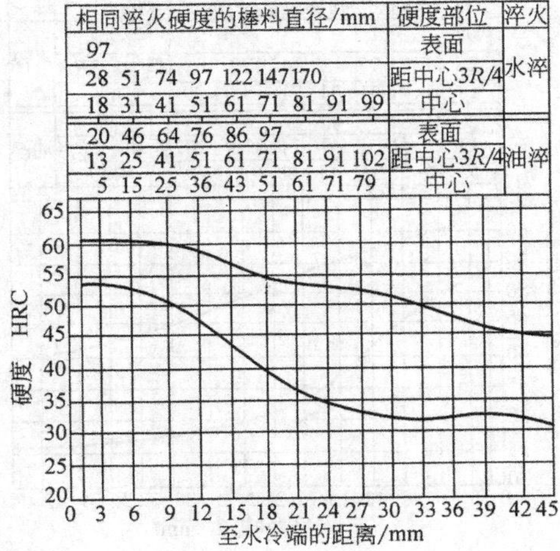

相同淬火硬度的棒料直径/mm	硬度部位	淬火
97	表面	水淬
28 51 74 97 122 147 170	距中心3R/4	
18 31 41 51 61 71 81 91 99	中心	
20 46 64 76 86 97	表面	油淬
13 25 41 51 61 71 81 91 102	距中心3R/4	
5 15 25 36 43 51 61 71 79	中心	

图 11-281　42CrMo 钢

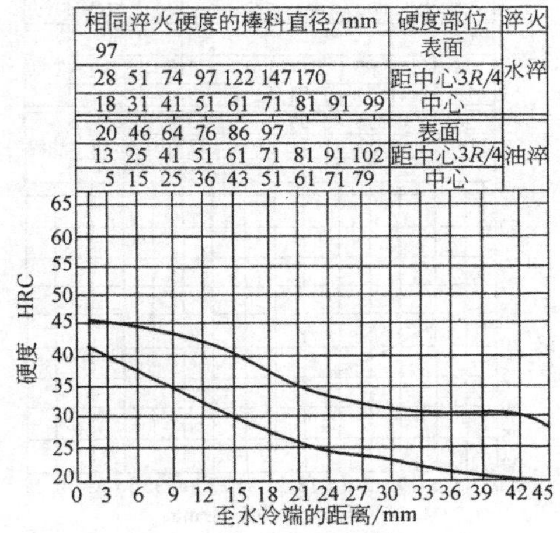

相同淬火硬度的棒料直径/mm	硬度部位	淬火
97	表面	水淬
28 51 74 97 122 147 170	距中心3R/4	
18 31 41 51 61 71 81 91 99	中心	
20 46 64 76 86 97	表面	油淬
13 25 41 51 61 71 81 91 102	距中心3R/4	
5 15 25 36 43 51 61 71 79	中心	

图 11-282　18CrMnMo 钢

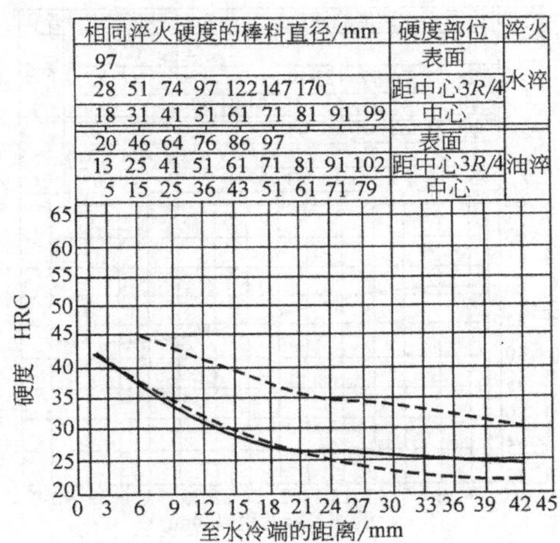

相同淬火硬度的棒料直径/mm	硬度部位	淬火
97	表面	水淬
28 51 74 97 122 147 170	距中心3R/4	
18 31 41 51 61 71 81 91 99	中心	
20 46 64 76 86 97	表面	油淬
13 25 41 51 61 71 81 91 102	距中心3R/4	
5 15 25 36 43 51 61 71 79	中心	

图 11-283　22CrMnMo 钢

相同淬火硬度的棒料直径/mm	硬度部位	淬火
97	表面	水淬
28 51 74 97 122 147 170	距中心3R/4	
18 31 41 51 61 71 81 91 99	中心	
20 46 64 76 86 97	表面	油淬
13 25 41 51 61 71 81 91 102	距中心3R/4	
5 15 25 36 43 51 61 71 79	中心	

硬度 HRC

至水冷端的距离/mm

图 11-284　20Cr2MnMo 钢

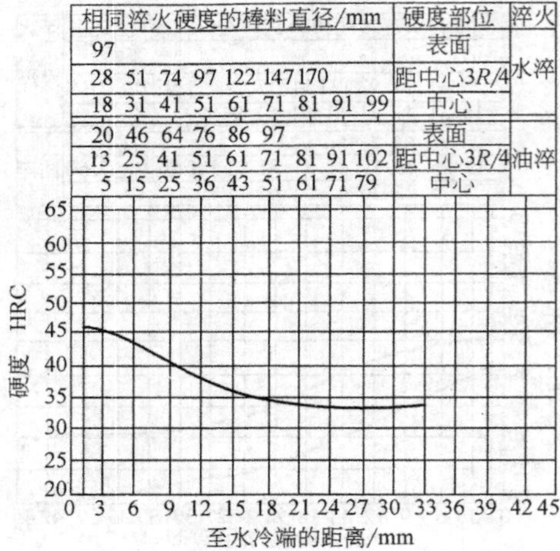

图 11-285　25Cr2MoV 钢

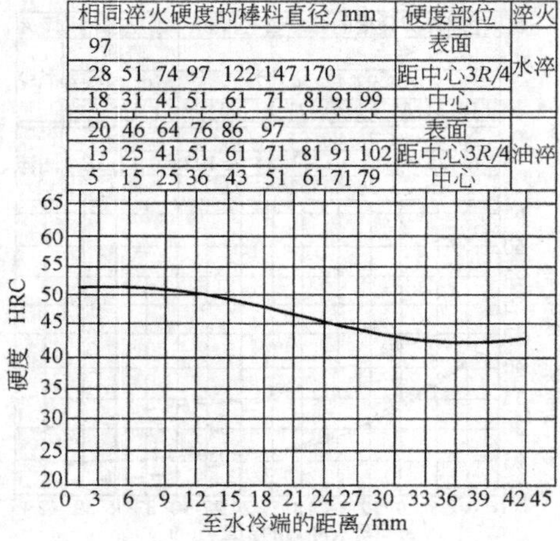

图 11-286　40Cr2MoV 钢

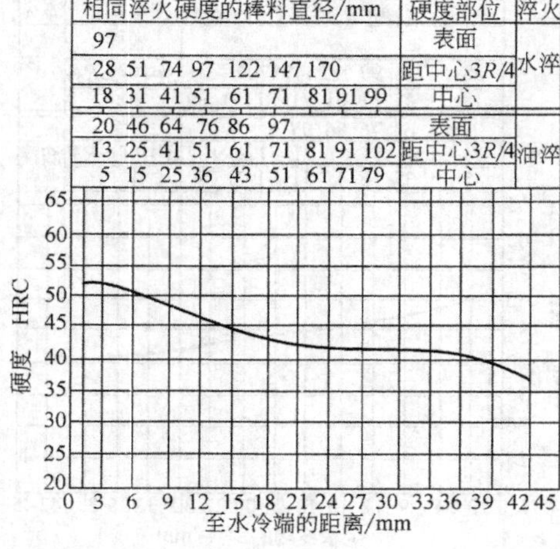

图 11-287　35CrMoAl 钢

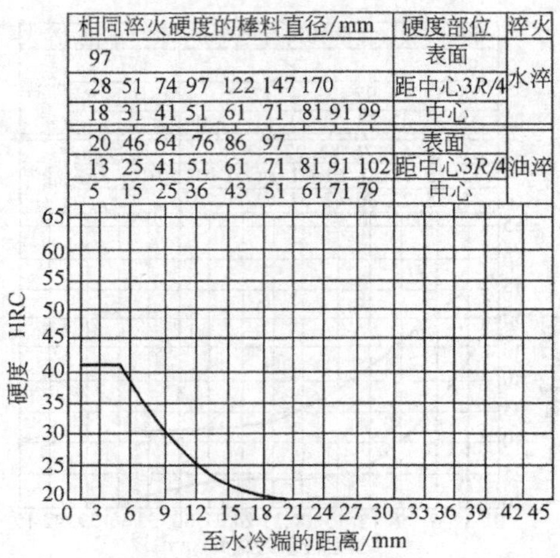

图 11-288　15CrNi 钢

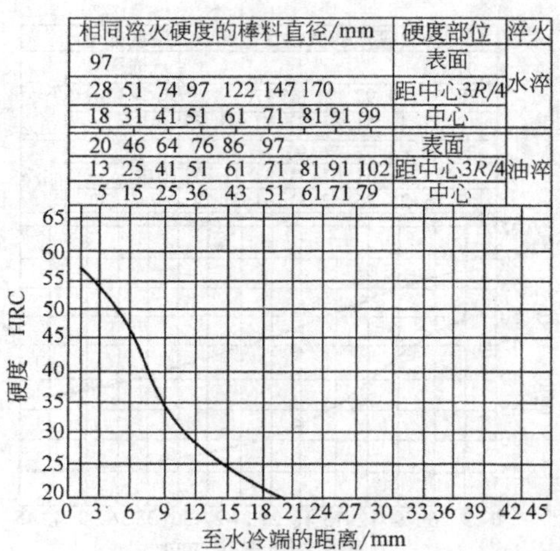

图 11-289　20CrNi 钢

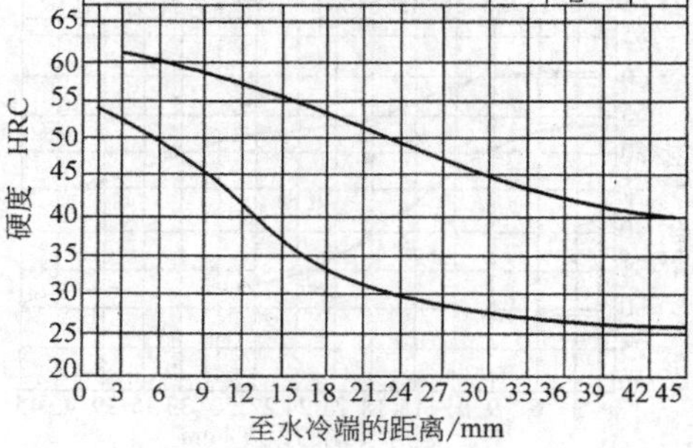

图 11-290　40CrNi 钢

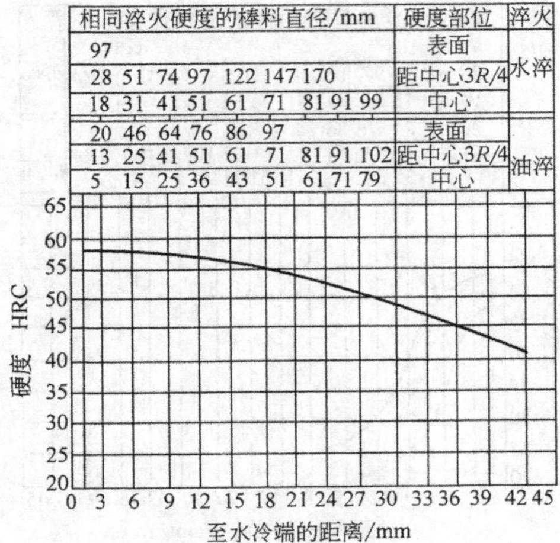

图 11-291　50CrNi 钢

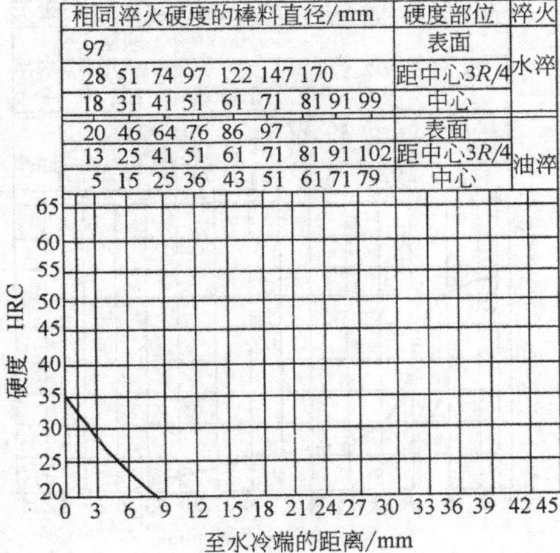

图 11-292　12CrNi2 钢

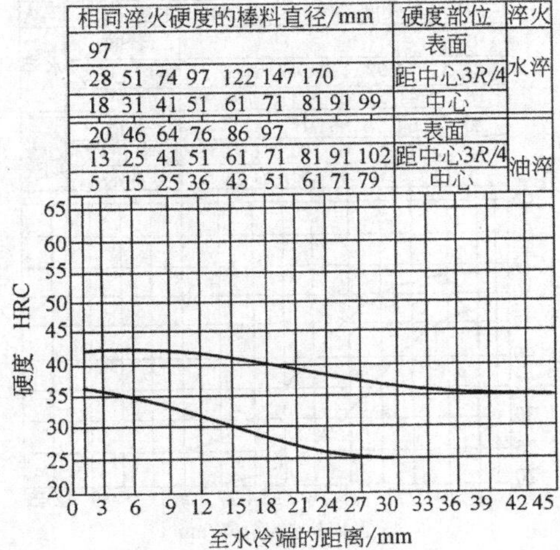

图 11-293　12CrNi3 钢

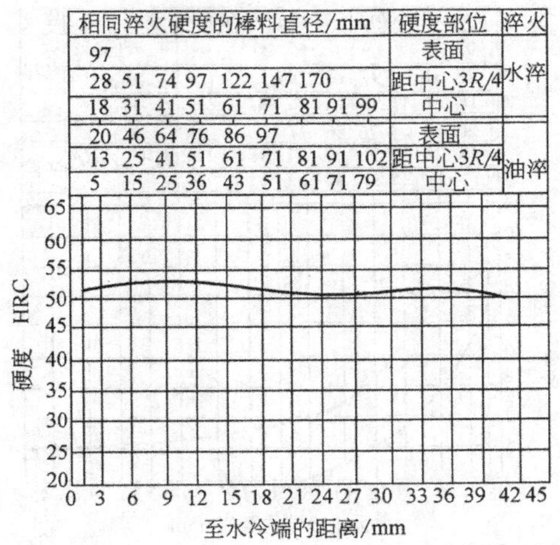

图 11-294　30CrNi3 钢

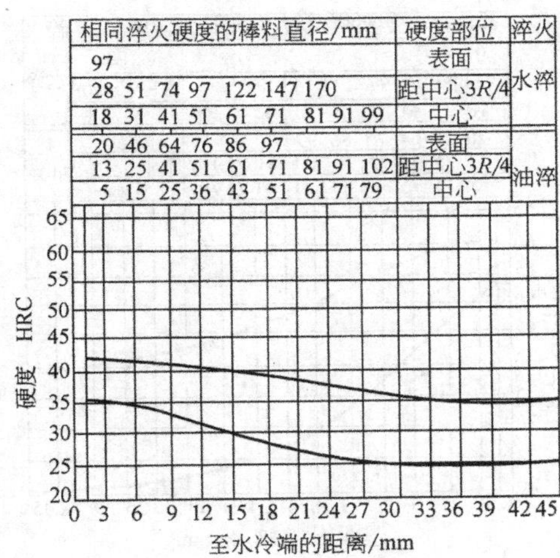

图 11-295　12Cr2Ni4 钢

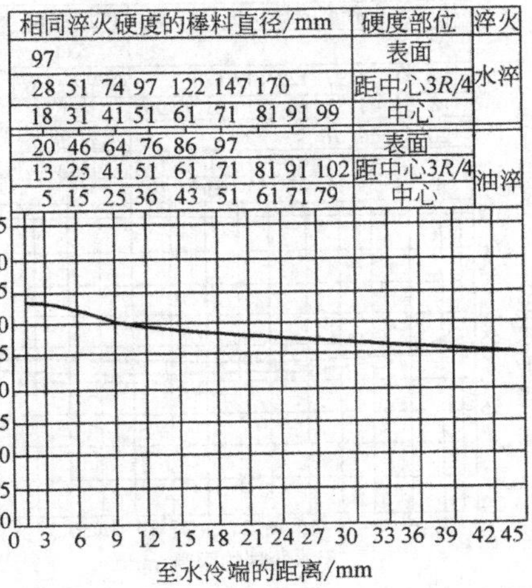

相同淬火硬度的棒料直径/mm	硬度部位	淬火
97	表面	水淬
28 51 74 97 122 147 170	距中心3R/4	
18 31 41 51 61 71 81 91 99	中心	
20 46 64 76 86 97	表面	油淬
13 25 41 51 61 71 81 91 102	距中心3R/4	
5 15 25 36 43 51 61 71 79	中心	

硬度 HRC
65 60 55 50 45 40 35 30 25 20
0 3 6 9 12 15 18 21 24 27 30 33 36 39 42 45
至水冷端的距离/mm

图 11-296　20Cr2Ni4 钢

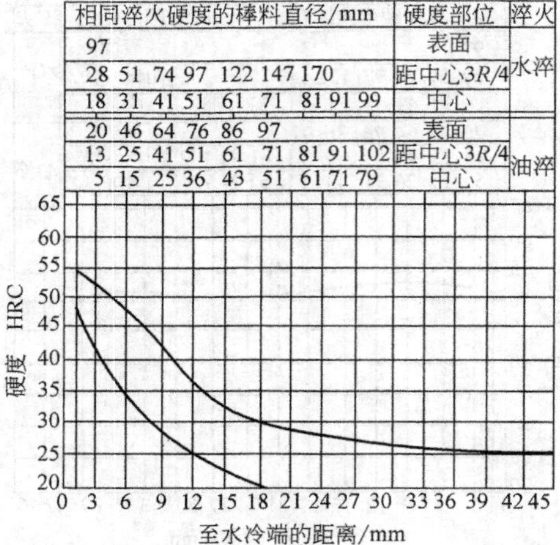

相同淬火硬度的棒料直径/mm
硬度部位
淬火
97 表面
28 51 74 97 122 147 170 距中心3R/4
18 31 41 51 61 71 81 91 99 中心
水淬
20 46 64 76 86 97 表面
13 25 41 51 61 71 81 91 102 距中心3R/4
5 15 25 36 43 51 61 71 79 中心
油淬
硬度 HRC
至水冷端的距离/mm

图 11-297　30CrNiMo 钢

相同淬火硬度的棒料直径/mm
硬度部位
淬火
97 表面
28 51 74 97 122 147 170 距中心3R/4
18 31 41 51 61 71 81 91 99 中心
水淬
20 46 64 76 86 97 表面
13 25 41 51 61 71 81 91 102 距中心3R/4
5 15 25 36 43 51 61 71 79 中心
油淬
硬度 HRC
至水冷端的距离/mm

图 11-300　40B 钢

相同淬火硬度的棒料直径/mm
硬度部位
淬火
97 表面
28 51 74 97 122 147 170 距中心3R/4
18 31 41 51 61 71 81 91 99 中心
水淬
20 46 64 76 86 97 表面
13 25 41 51 61 71 81 91 102 距中心3R/4
5 15 25 36 43 51 61 71 79 中心
油淬
硬度 HRC
至水冷端的距离/mm

图 11-298　40CrNiMo 钢

相同淬火硬度的棒料直径/mm
硬度部位
淬火
97 表面
28 51 74 97 122 147 170 距中心3R/4
18 31 41 51 61 71 81 91 99 中心
水淬
20 46 64 76 86 97 表面
13 25 41 51 61 71 81 91 102 距中心3R/4
5 15 25 36 43 51 61 71 79 中心
油淬
硬度 HRC
至水冷端的距离/mm

图 11-301　45B 钢

相同淬火硬度的棒料直径/mm
硬度部位
淬火
97 表面
28 51 74 97 122 147 170 距中心3R/4
18 31 41 51 61 71 81 91 99 中心
水淬
20 46 64 76 86 97 表面
13 25 41 51 61 71 81 91 102 距中心3R/4
5 15 25 36 43 51 61 71 79 中心
油淬
硬度 HRC
至水冷端的距离/mm

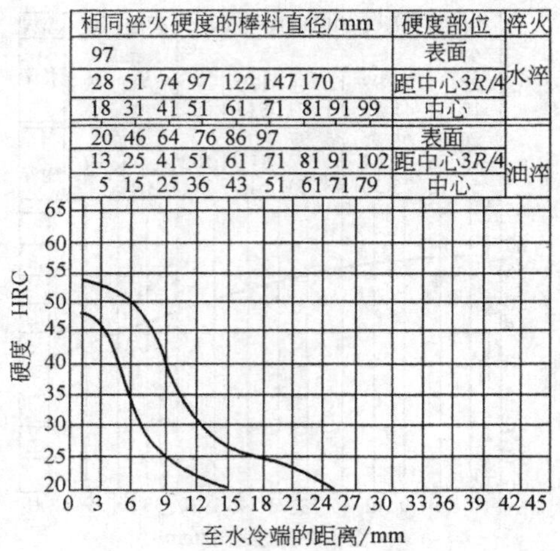

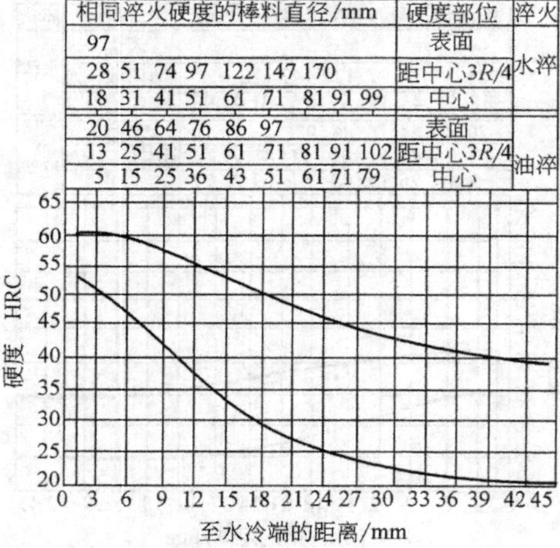

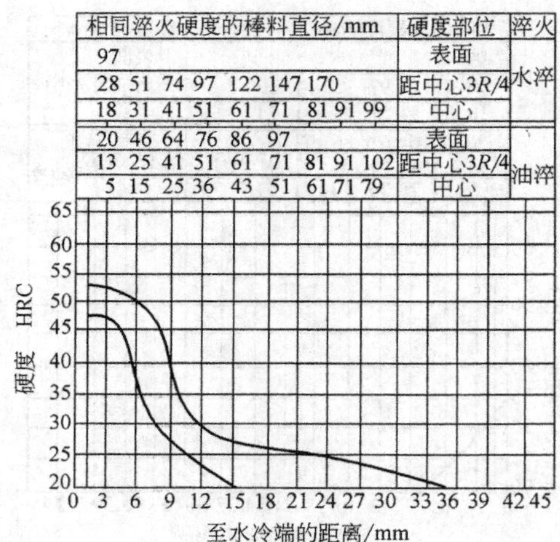

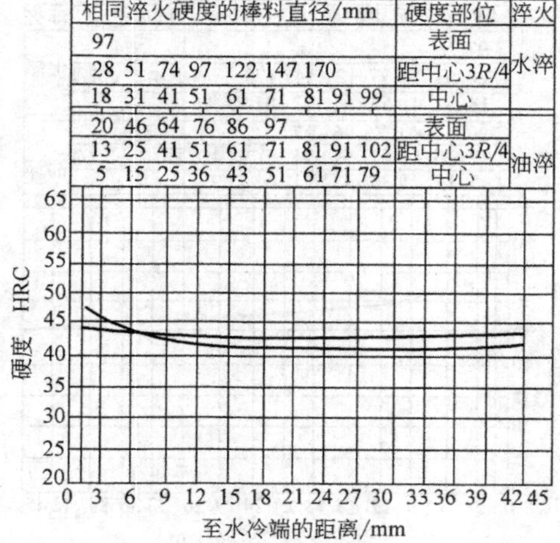

图 11-299　18Cr2Ni4W 钢

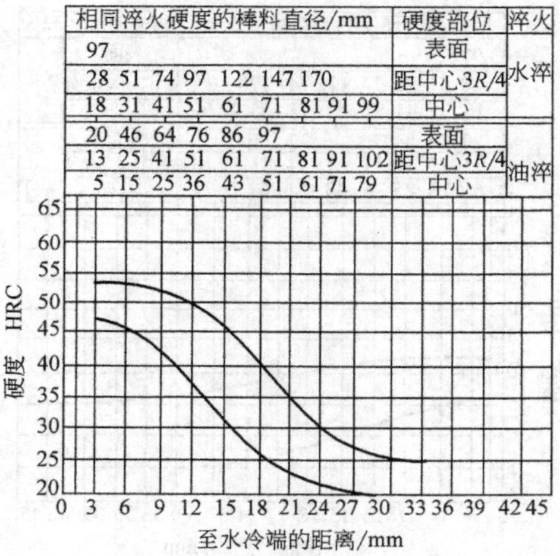

相同淬火硬度的棒料直径/mm
硬度部位
淬火
97 表面
28 51 74 97 122 147 170 距中心3R/4
18 31 41 51 61 71 81 91 99 中心
水淬
20 46 64 76 86 97 表面
13 25 41 51 61 71 81 91 102 距中心3R/4
5 15 25 36 43 51 61 71 79 中心
油淬
硬度 HRC
至水冷端的距离/mm

图 11-302　40MnB 钢

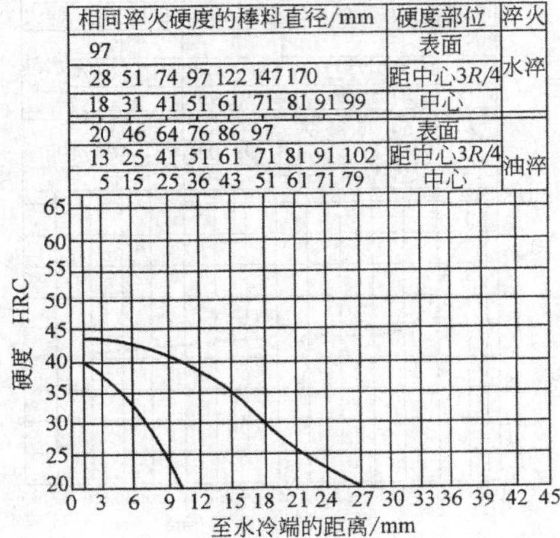

图 11-303　20Mn2B 钢

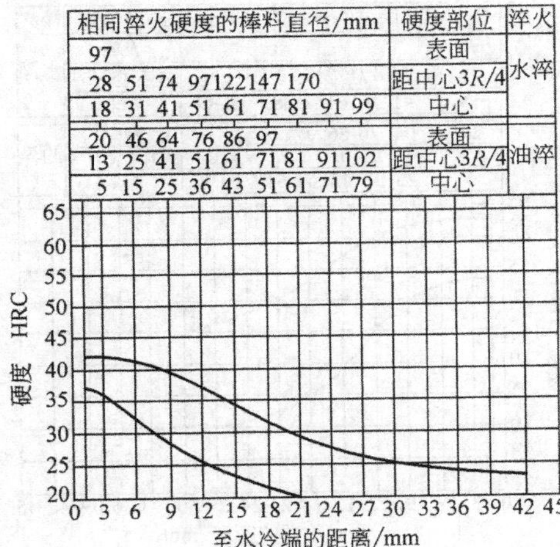

图 11-304　20MnMoB 钢

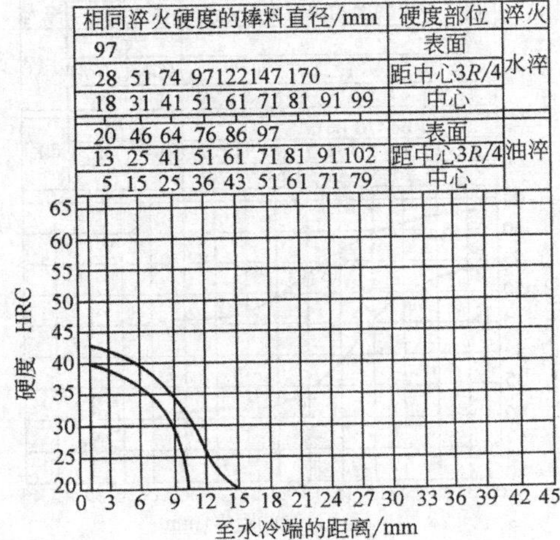

图 11-305　20MnTiB 钢

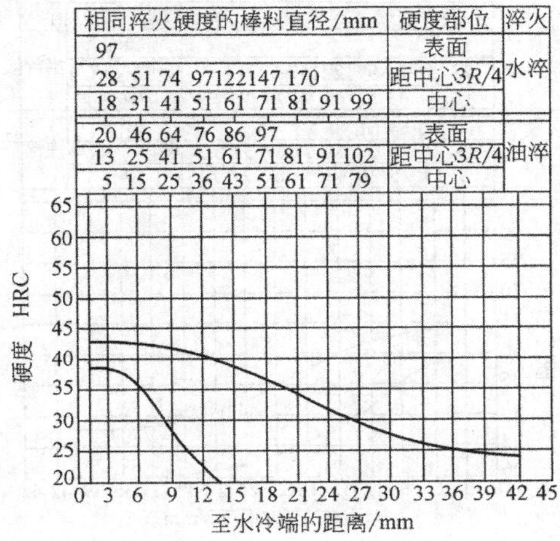

图 11-306　20MnVB 钢

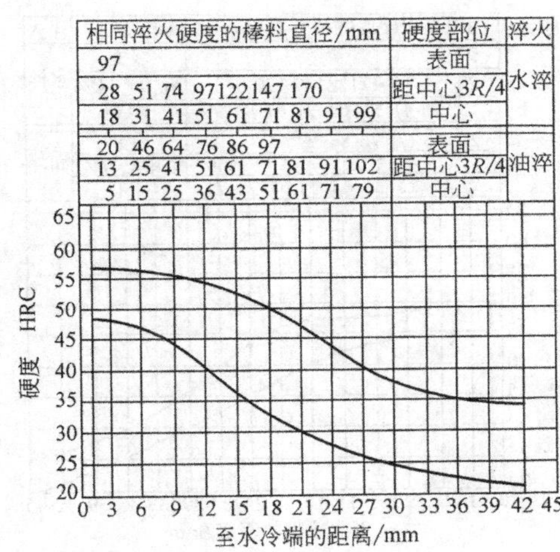

图 11-307　40MnVB 钢

图 11-308　20SiMnVB 钢

相同淬火硬度的棒料直径/mm
硬度部位
淬火
97
表面
28 51 74 97122147 170
距中心3R/4
水淬
18 31 41 51 61 71 81 91 99
中心
20 46 64 76 86 97
表面
13 25 41 51 61 71 81 91 102
距中心3R/4
油淬
5 15 25 36 43 51 61 71 79
中心
硬度 HRC
65 60 55 50 45 40 35 30 25 20
0 3 6 9 12 15 18 21 24 27 30 33 36 39 42 45
至水冷端的距离/mm

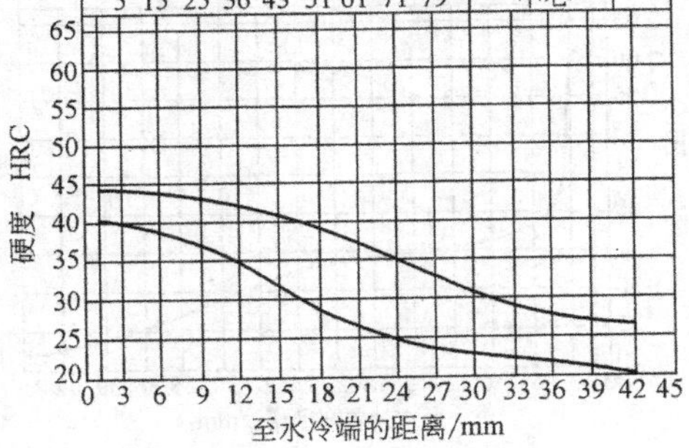

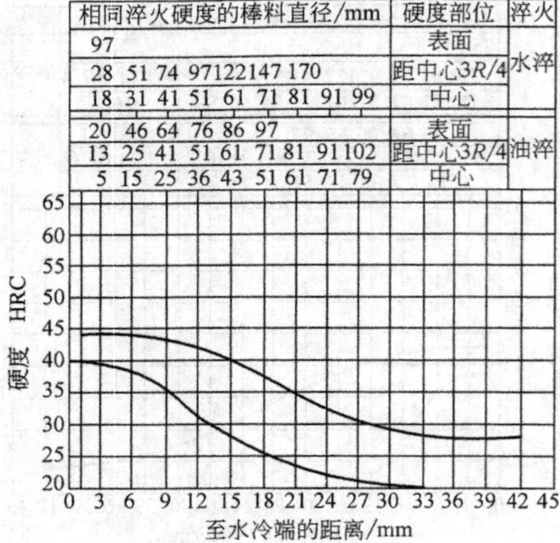

图 11-309　20CrMnMoVB 钢

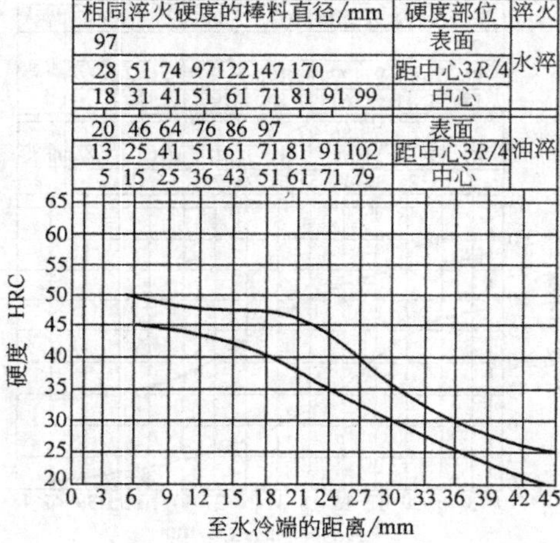

图 11-310　25MnTiBRE 钢

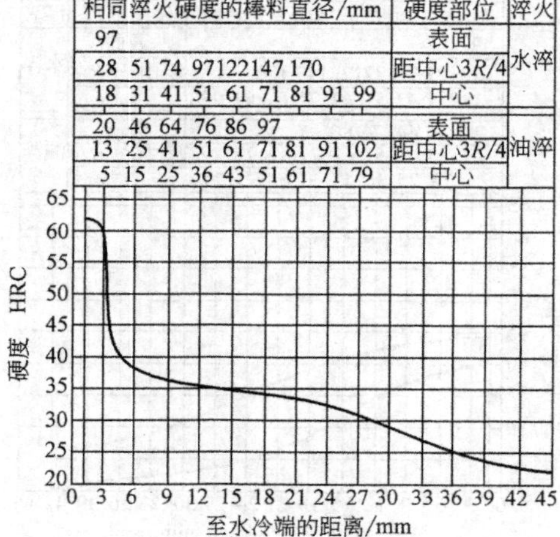

图 11-311　60 钢

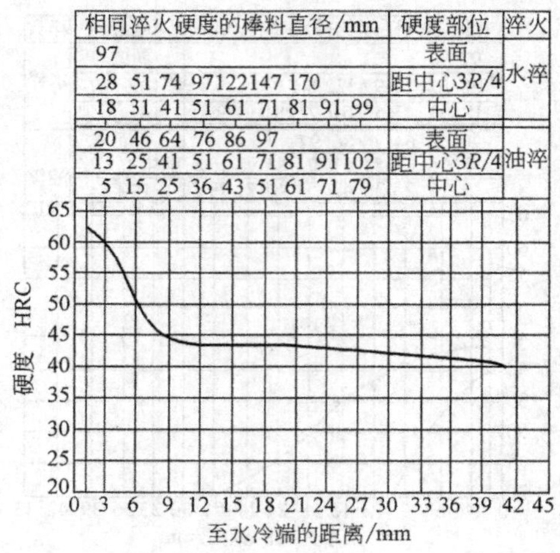

图 11-312　85 钢

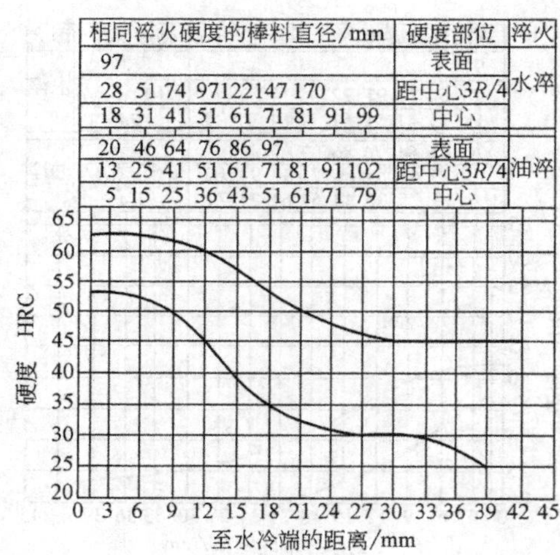

图 11-313　55Si2Mn 钢

相同淬火硬度的棒料直径/mm	硬度部位	淬火
97	表面	水淬
28 51 74 97122147 170	距中心3R/4	
18 31 41 51 61 71 81 91 99	中心	
20 46 64 76 86 97	表面	油淬
13 25 41 51 61 71 81 91102	距中心3R/4	
5 15 25 36 43 51 61 71 79	中心	

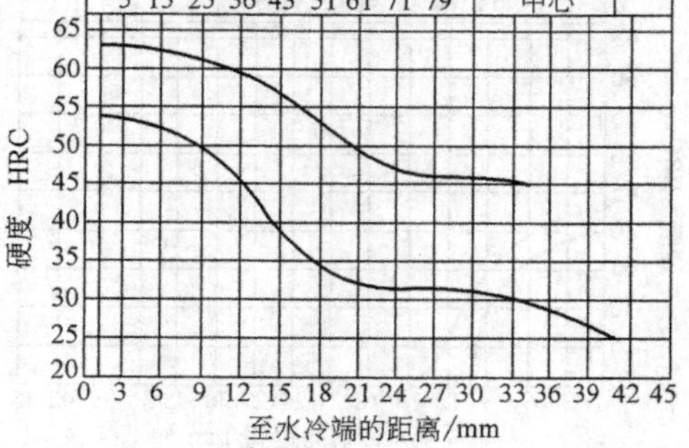

硬度 HRC
65 60 55 50 45 40 35 30 25 20
0 3 6 9 12 15 18 21 24 27 30 33 36 39 42 45
至水冷端的距离/mm

图 11-314　60Si2Mn 钢

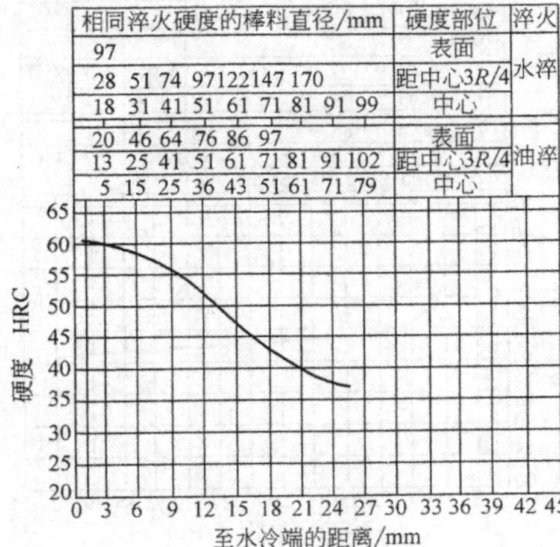

图 11-315　50CrMn 钢

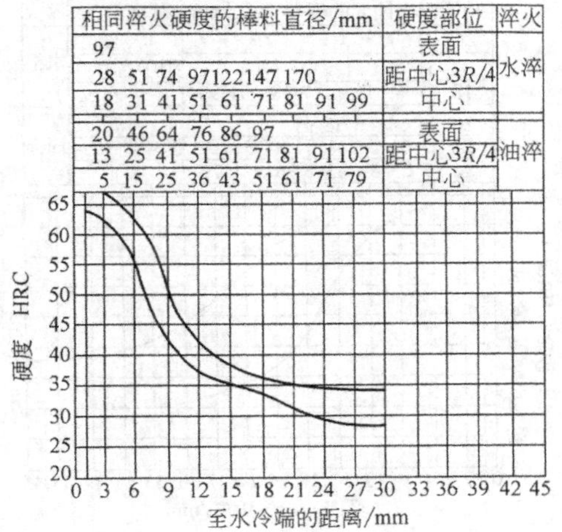

图 11-318　GCr9 钢

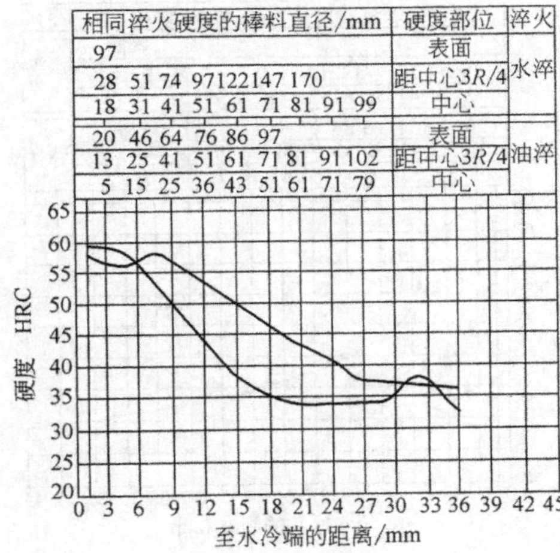

图 11-316　50CrVA 钢

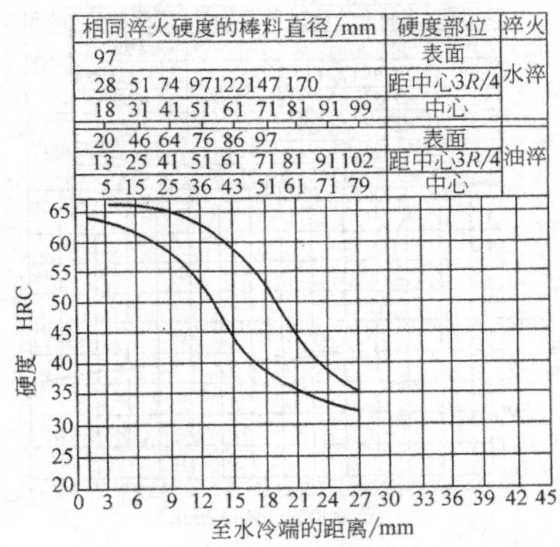

图 11-319　GCr9SiMn 钢

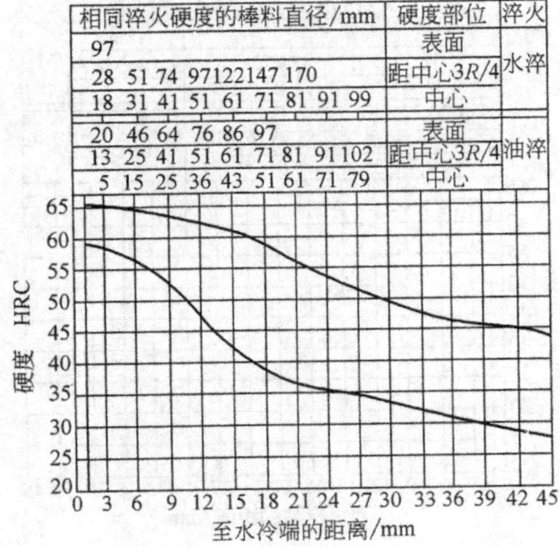

图 11-317　50CrMnVA 钢

相同淬火硬度的棒料直径/mm	硬度部位	淬火
97	表面	水淬
28 51 74 97 122 147 170	距中心3R/4	
18 31 41 51 61 71 81 91 99	中心	
20 46 64 76 86 97	表面	油淬
13 25 41 51 61 71 81 91 102	距中心3R/4	
5 15 25 36 43 51 61 71 79	中心	

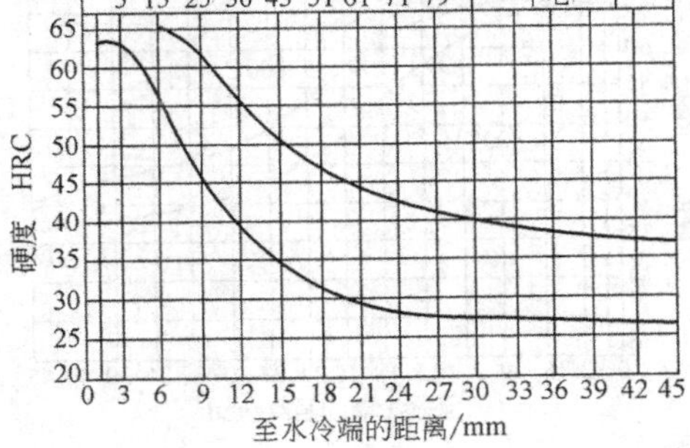

硬度 HRC

至水冷端的距离/mm

图 11-320　GCr15 钢

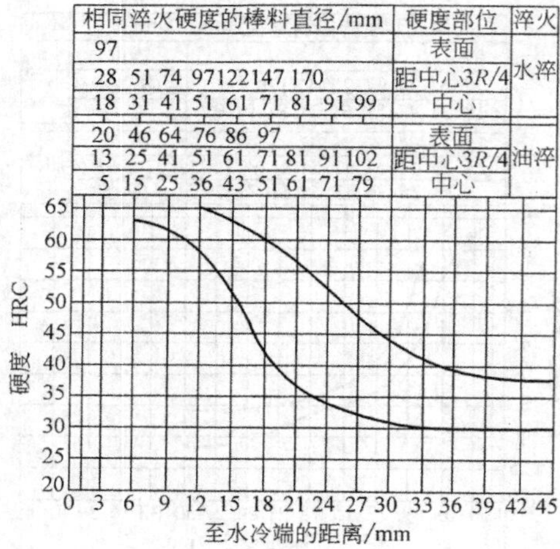

图 11-321　GCr15SiMn 钢

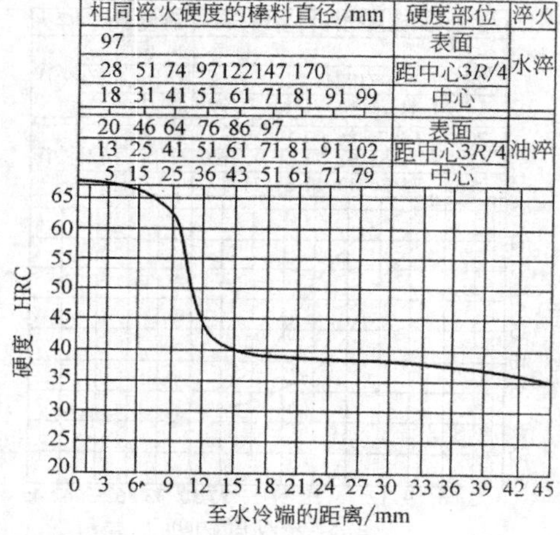

图 11-322　GSiMnMoV 钢

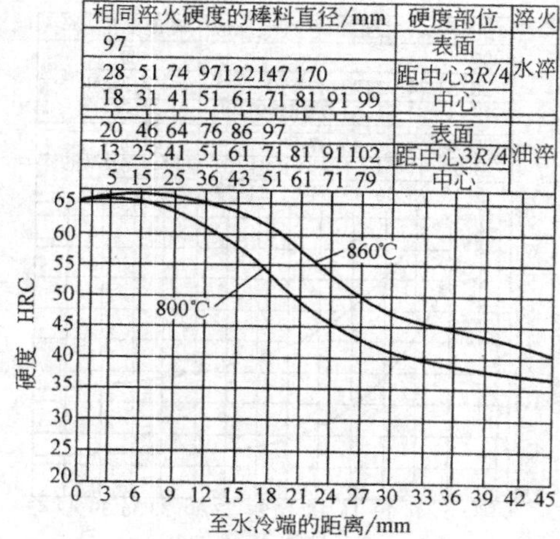

图 11-323　GSiMnMoVRE 钢

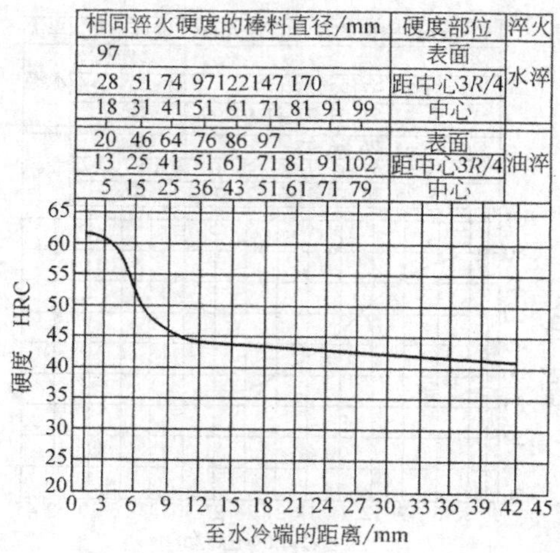

图 11-324　T9 钢

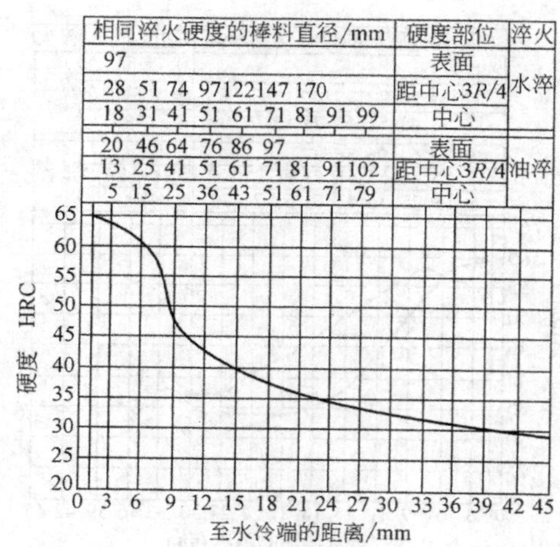

图 11-325　T12A 钢

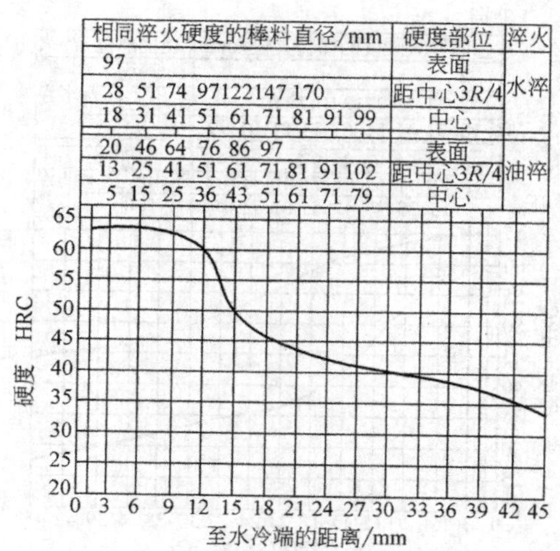

图 11-326　9Mn2V 钢

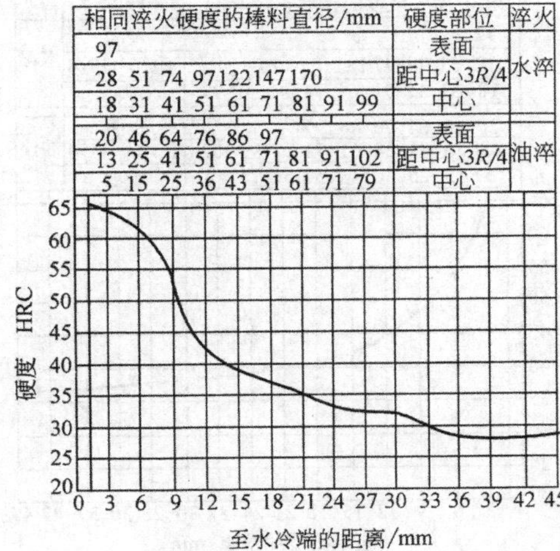

图 11-327　SiMn 钢

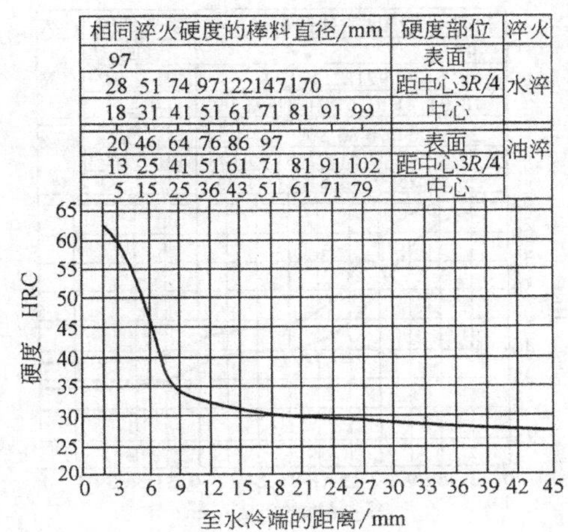

图 11-329　5SiMnMoV 钢

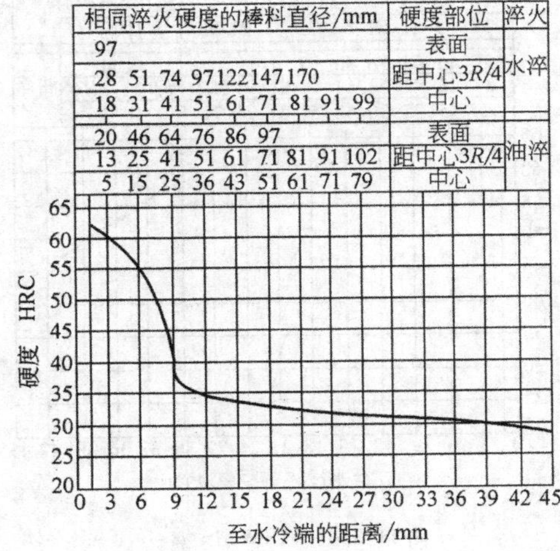

图 11-328　SiMnV 钢

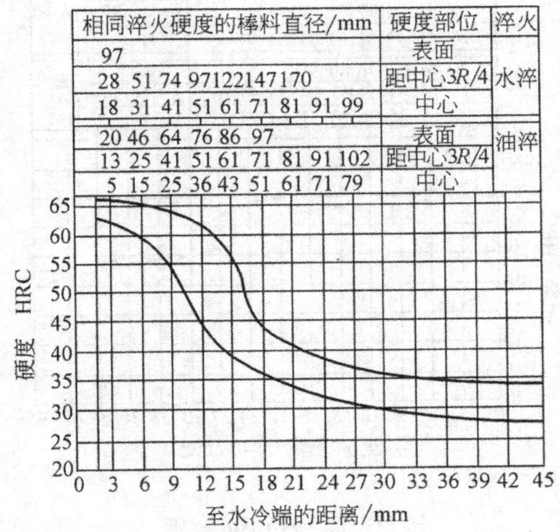

图 11-330　9CrSi 钢

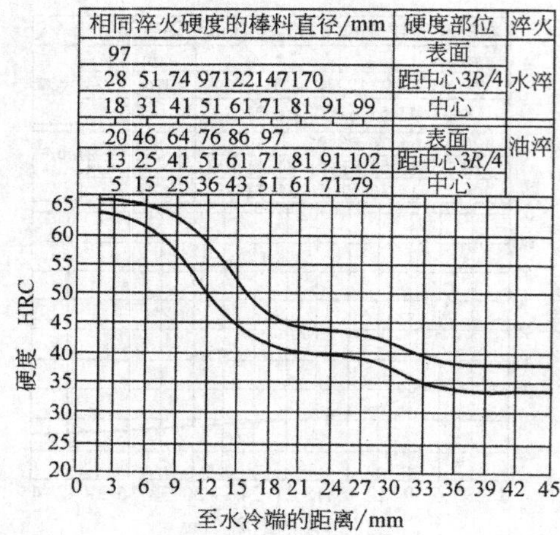

图 11-331　Cr2 钢

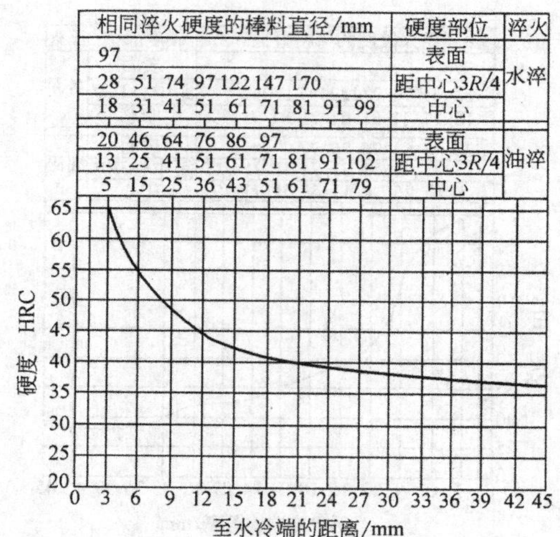

图 11-333　CrW 钢

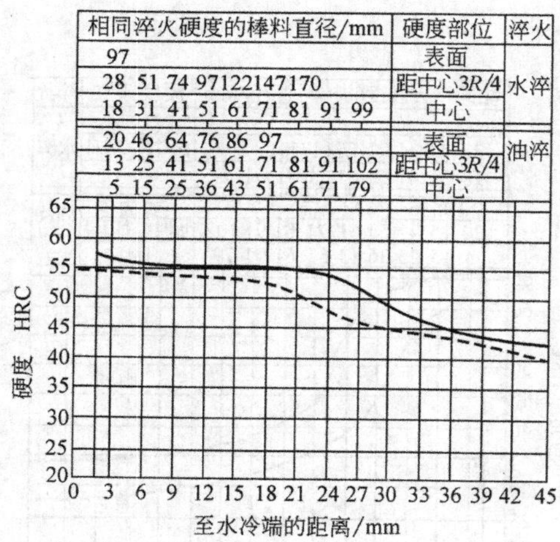

图 11-332　4CrMnMo 钢

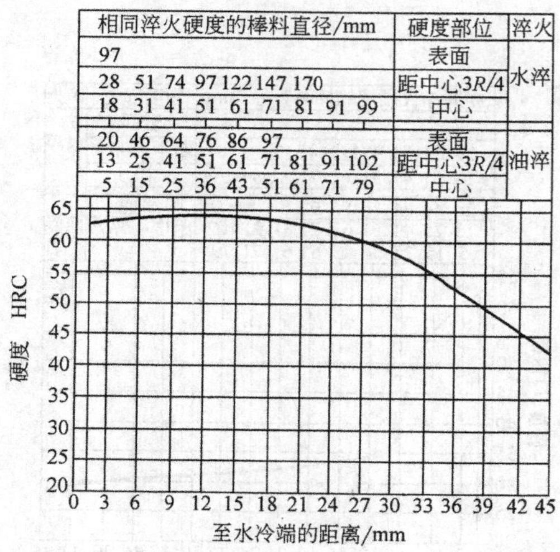

图 11-334　9CrWMn 钢

11.5　常用钢的回火曲线和方程

11.5.1　常用钢的回火曲线（索引见表 11-119）

本节中的回火曲线来源分散，试验目的各不相同，给出的背景数据和处理结果很不齐全，有关规范也无从考证，难以添平补齐，且不能随意改动。为此建议使用时注意：无化学成分者可视为标称成分，性能数据可视为完全淬火（亚共析钢）或不完全淬火（过共析钢）组织为基础的平均值。

常用钢的回火曲线图索引表见表 11-119。

表 11-119　常用钢的回火曲线图索引表

序号	图　号	牌　号	序号	图　号	牌　号
1	图 11-335	10	43	图 11-377	30CrMoA
2	图 11-336	15	44	图 11-378	42CrMo
3	图 11-337	20	45	图 11-379	35CrMoV
4	图 11-338	25	46	图 11-380	40Cr2MoV
5	图 11-339	30	47	图 11-381	38CrMoAl
6	图 11-340	35	48	图 11-382	20CrV
7	图 11-341	40	49	图 11-383	40CrVA
8	图 11-342	45	50	图 11-384	45CrV
9	图 11-343	50	51	图 11-385	20CrMn
10	图 11-344	55	52	图 11-386	35CrMn2
11	图 11-345	60	53	图 11-387	30CrMnSi
12	图 11-346	15Mn	54	图 11-388	30CrMnSiA
13	图 11-347	20Mn	55	图 11-389	15CrMnMo
14	图 11-348	30Mn	56	图 11-390	20CrMnMo
15	图 11-349	40Mn	57	图 11-391	40CrMnMo
16	图 11-350	50Mn	58	图 11-392	18CrMnTi
17	图 11-351	50Mn	59	图 11-393	20CrMnTi
18	图 11-352	35Mn2	60	图 11-394	35CrMnTi
19	图 11-353	50Mn2	61	图 11-395	40CrMnTi
20	图 11-354	25Mn2V	62	图 11-396	40CrB
21	图 11-355	35SiMn	63	图 11-397	40CrNiMoA
22	图 11-356	42SiMn	64	图 11-398	18CrMn2MoVA
23	图 11-357	45B	65	图 11-399	15CrMnMoVA
24	图 11-358	40MnB	66	图 11-400	20CrMnMoVB
25	图 11-359	20Mn2B	67	图 11-401	18CrNiWA
26	图 11-360	40MnVB	68	图 11-402	65
27	图 11-361	20MnTiB	69	图 11-403	85
28	图 11-362	20MnMoB	70	图 11-404	65Mn
29	图 11-363	15Cr	71	图 11-405	60Si2Mn
30	图 11-364	20Cr	72	图 11-406	55SiMnVB
31	图 11-365	30Cr	73	图 11-407	50CrMn
32	图 11-366	38CrA	74	图 11-408	50CrMnVA
33	图 11-367	40CrA	75	图 11-409	50CrVA
34	图 11-368	40Cr	76	图 11-410	55SiMnMoV
35	图 11-369	50Cr	77	图 11-411	55SiMnMoVNb
36	图 11-370	20CrNi	78	图 11-412	GCr6
37	图 11-371	40CrNi	79	图 11-413	GCr6SiMn
38	图 11-372	12CrNi3	80	图 11-414	GCr9
39	图 11-373	20CrNi3A	81	图 11-415	GCr9SiMn
40	图 11-374	37CrNi3A	82	图 11-416	GCr15
41	图 11-375	12Cr2Ni4A	83	图 11-417	GCr15SiMn
42	图 11-376	40CrNiMoA	84	图 11-418	GCrMnMoV

（续）

序号	图　号	牌　号	序号	图　号	牌　号
85	图 11-419	12Cr13	108	图 11-442	V
86	图 11-420	20Cr13	109	图 11-443	Cr12
87	图 11-421	14Cr17Ni2	110	图 11-444	Cr12Mo
88	图 11-422	95Cr18	111	图 11-445	Cr12MoV
89	图 11-423	14Cr11MoV	112	图 11-446	Cr6WV
90	图 11-424	42Cr9Si2	113	图 11-447	9Mn2
91	图 11-425	40Cr10Si2Mo	114	图 11-448	9Mn2V
92	图 11-426	T7、T7A	115	图 11-449	Cr4W2MoV
93	图 11-427	T8、T8A	116	图 11-450	SiMn
94	图 11-428	T8Mn	117	图 11-451	3Cr2W8V
95	图 11-429	T9	118	图 11-452	5CrNiMo
96	图 11-430	T10、T10A	119	图 11-453	5CrMnMo
97	图 11-431	T11、T11A	120	图 11-454	4Cr5W2SiV
98	图 11-432	T12、T12A	121	图 11-455	5SiMnMoV
99	图 11-433	Cr06	122	图 11-456	6SiMnV
100	图 11-434	Cr2	123	图 11-457	5W2CrSiV
101	图 11-435	CrMn	124	图 11-458	W18Cr4V
102	图 11-436	CrWMn	125	图 11-459	W9Cr4V2
103	图 11-437	CrW5	126	图 11-460	W6Mo5Cr4V2
104	图 11-438	9Cr2	127	图 11-461	W6Mo5Cr4V2Al
105	图 11-439	SiCr	128	图 11-462	W2Mo10Cr4VCo8
106	图 11-440	9SiCr	129	图 11-463	W12Mo3Cr4V3Co5Si
107	图 11-441	W			

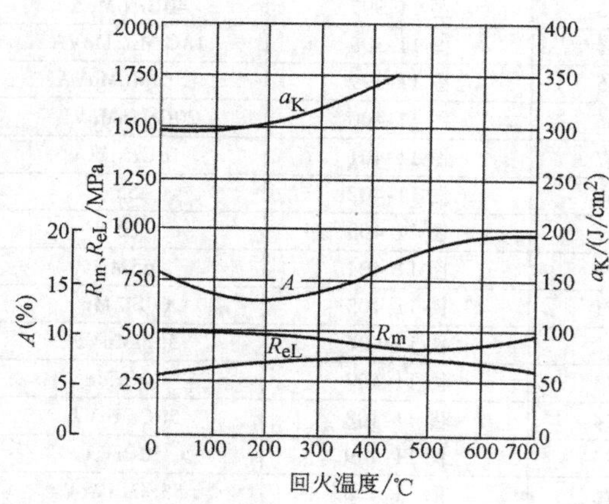

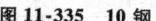

图 11-335　10 钢

化学成分（质量分数）（%）

C	0.10
Si	0.15～0.35
Mn	0.35～0.60

水淬

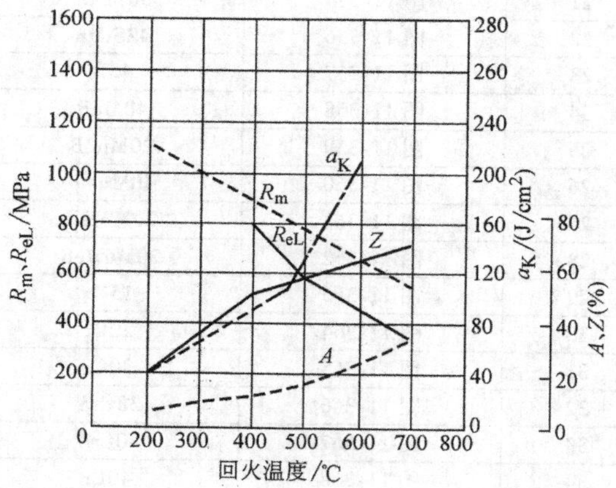

图 11-336　15 钢

化学成分（质量分数）（%）

C	0.13
Si	0.34
Mn	0.44

水淬

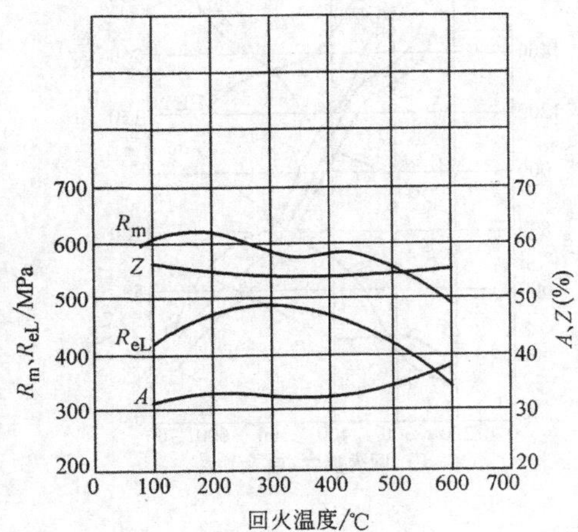

图 11-337　20 钢

化学成分（质量分数）(%)

C	0.21
Si	0.25
Mn	0.57

940℃正火，930℃水淬

回火 1h 空冷

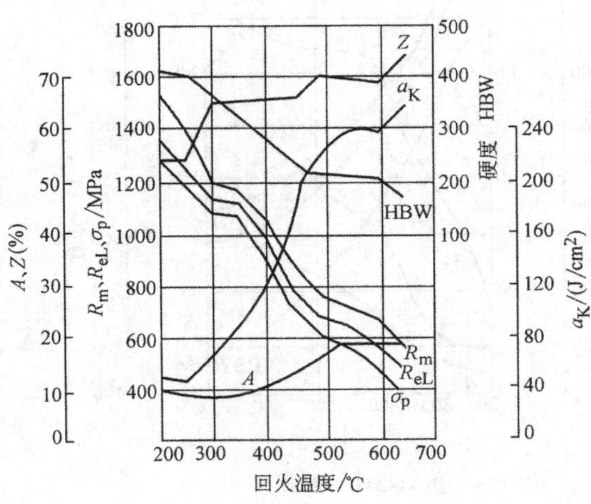

图 11-339　30 钢

800℃淬火

试样尺寸：ϕ10mm × 100mm

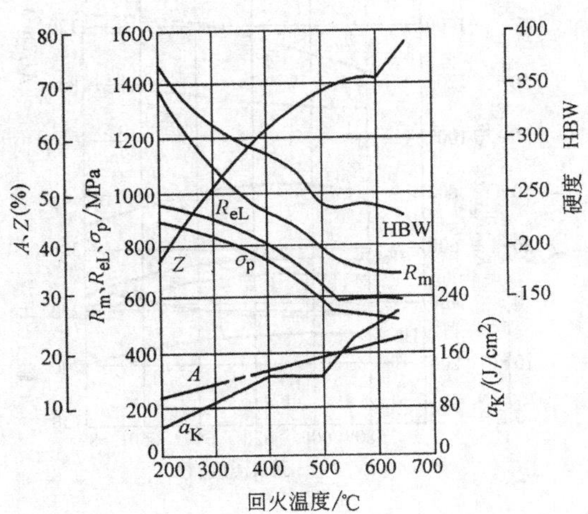

图 11-338　25 钢

800℃水淬

试样尺寸：ϕ10mm × 100mm

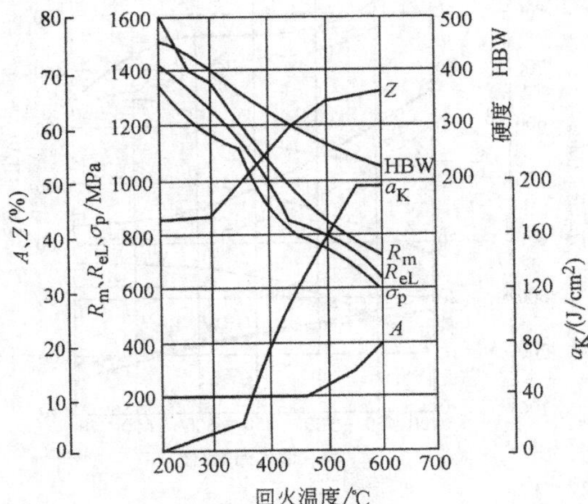

图 11-340　35 钢

860℃水淬

试样尺寸：ϕ10mm × 100mm

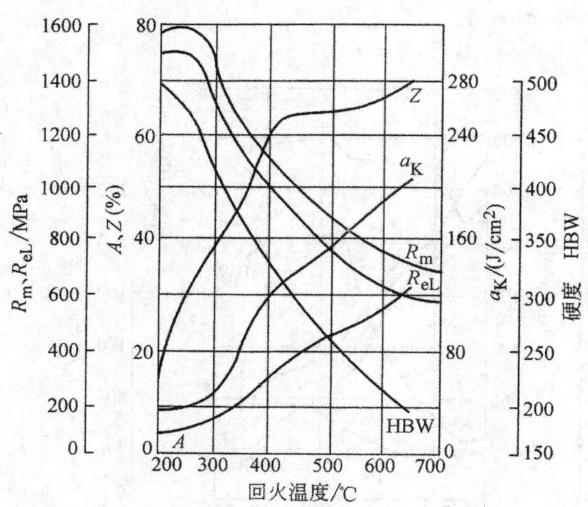

图 11-341 40 钢

化学成分（质量分数）(%)

C	0.43
Si	0.27
Mn	0.61
Cr	0.05
Ni	0.10

870℃正火，840℃水淬

试样尺寸：ϕ8mm

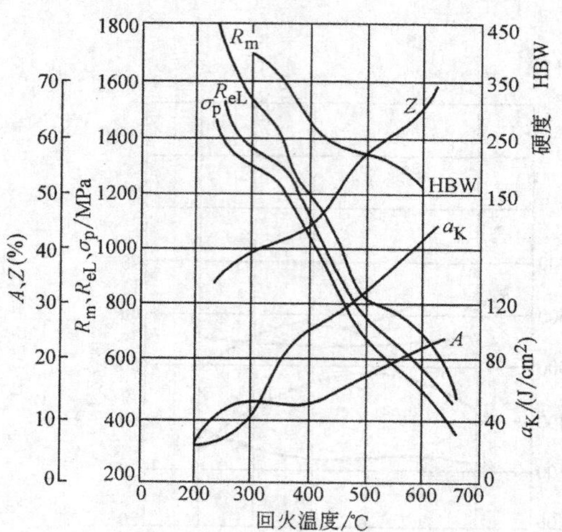

图 11-343 50 钢

840℃水淬

试样尺寸：ϕ10mm

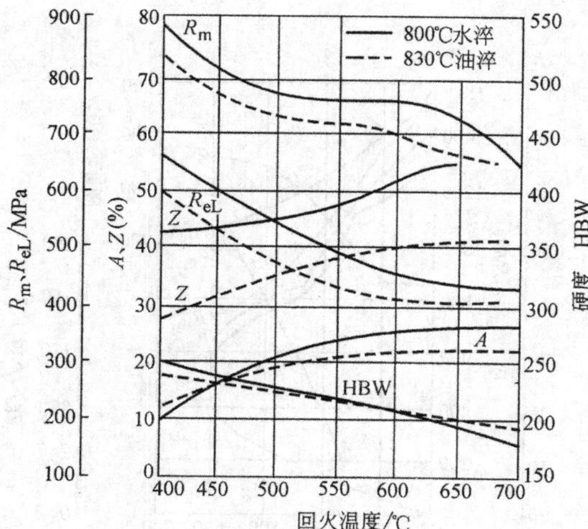

图 11-342 45 钢

化学成分（质量分数）(%)

C	0.40~0.50
Mn	0.50~0.80

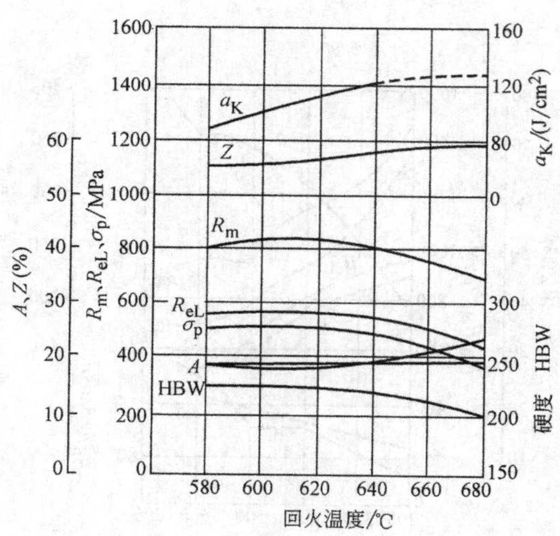

图 11-344 55 钢

820℃水淬

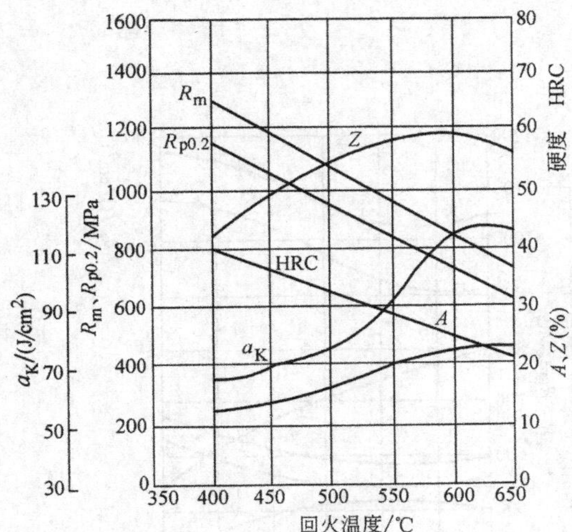

图 11-345　60 钢

化学成分（质量分数）（%）

C	0.63
Si	0.30
Mn	0.67

810℃水淬 2s 后油冷

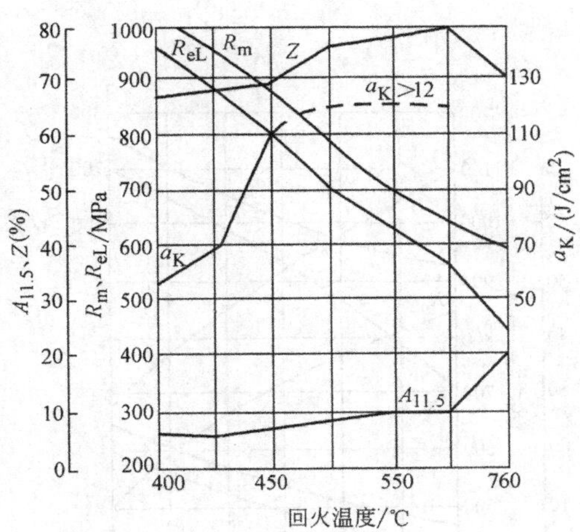

图 11-346　15Mn 钢

化学成分（质量分数）（%）

C	0.19
Si	0.26
Mn	0.96

900℃正火，890℃水淬，回火后油冷

试样尺寸：ϕ23mm

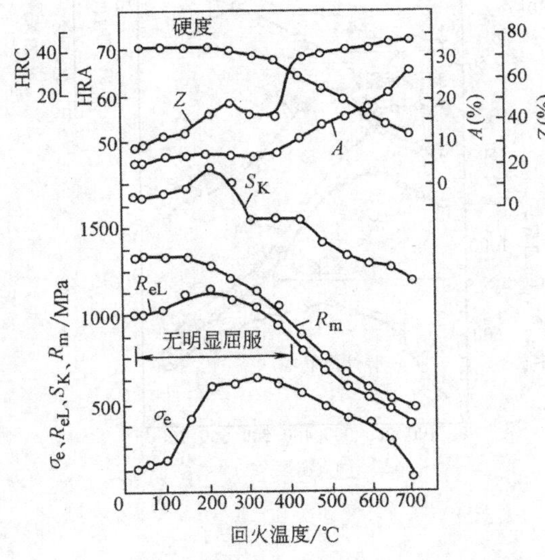

图 11-347　20Mn 钢

化学成分（质量分数）（%）

C	0.20
Mn	0.89

910℃淬火

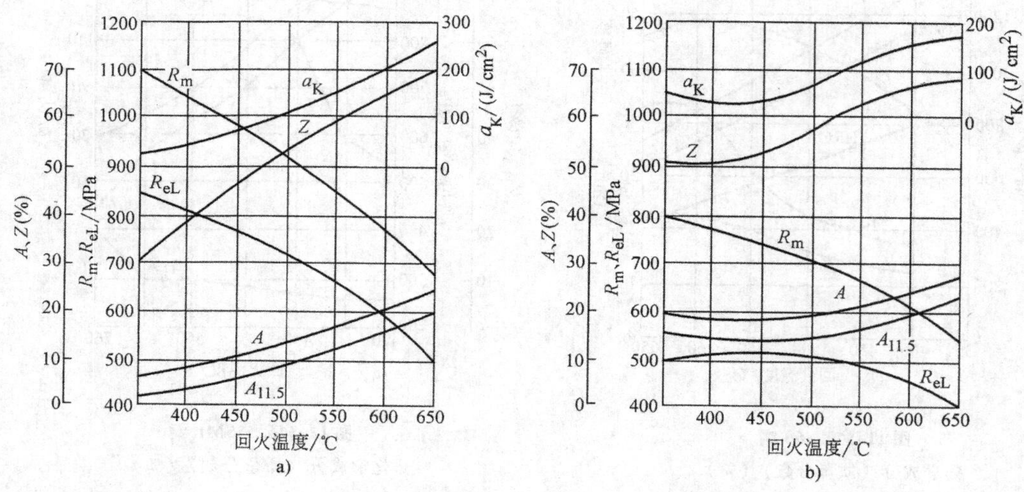

图 11-348　30Mn 钢

a）800℃水淬　b）840℃油淬

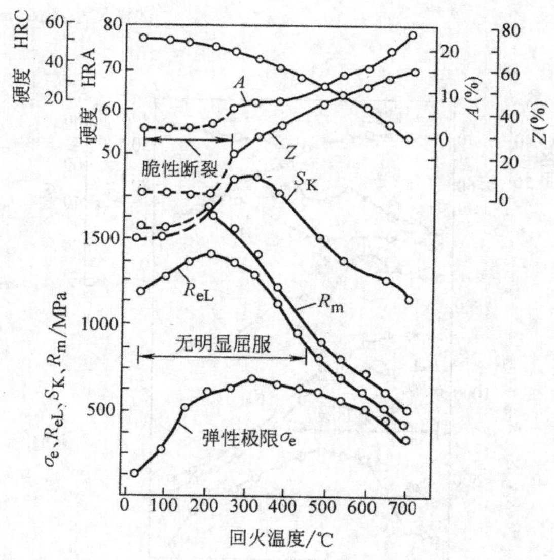

图 11-349　40Mn 钢

化学成分（质量分数）(%)

C	0.41
Mn	0.72

840℃淬火

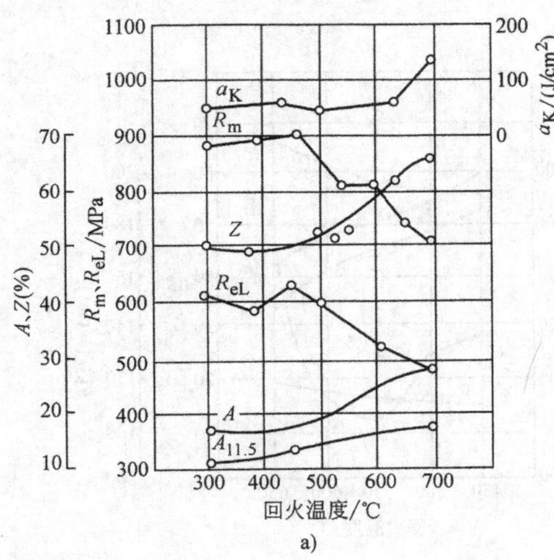

a)

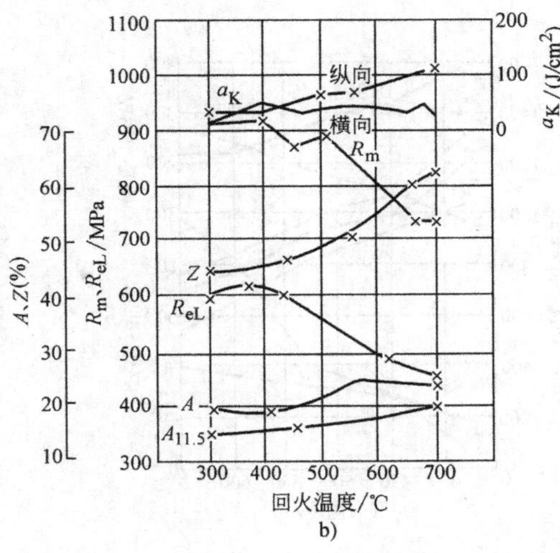

b)

图 11-350 50Mn 钢

化学成分（质量分数）（%）

C	0.46
Si	0.21
Mn	0.80

850℃油淬

夏比冲击试样尺寸：a）35mm×35mm

b）70mm×70mm

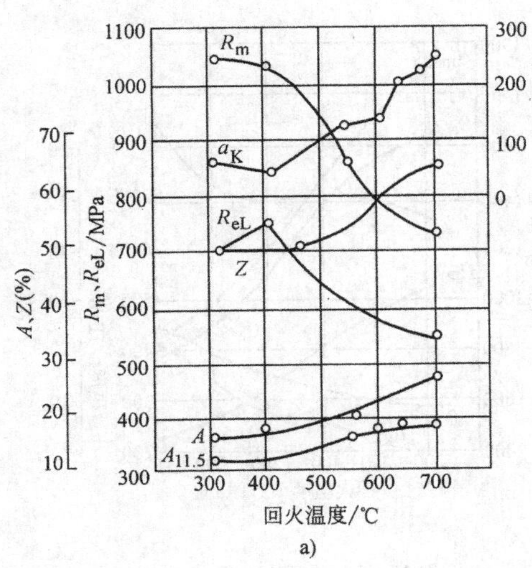

a)

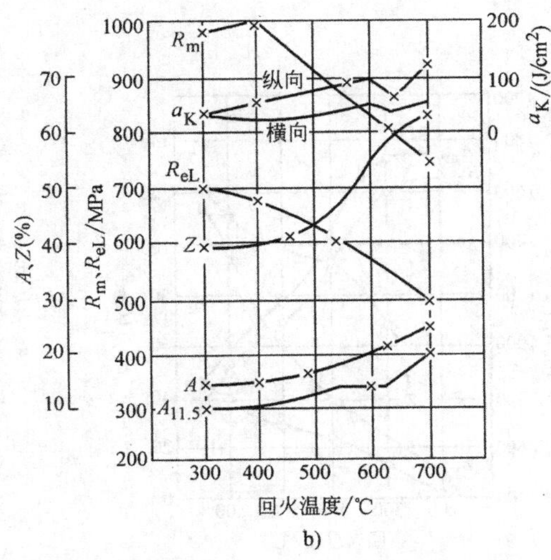

b)

图 11-351 50Mn 钢

化学成分（质量分数）（%）

C	0.46
Si	0.21
Mn	0.80

800℃水淬

夏比冲击试样尺寸：a）35mm×35mm

b）70mm×70mm

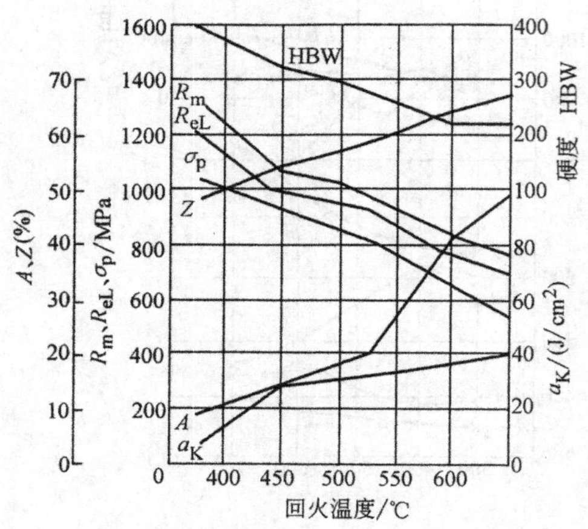

图 11-352　35Mn2 钢

化学成分（质量分数）（%）

C	0.38
Si	0.28
Mn	1.80
Cr	0.21
Ni	0.32

820℃水淬，回火后油冷

试样尺寸：ϕ25mm×350mm

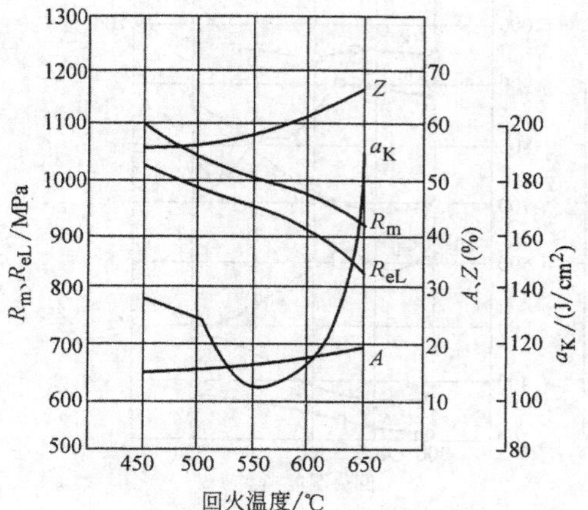

图 11-354　25Mn2V 钢

化学成分（质量分数）（%）

C	0.29
Si	0.13
Mn	1.89
V	0.18

880℃油淬，回火后油冷

试样毛坯尺寸：ϕ25mm

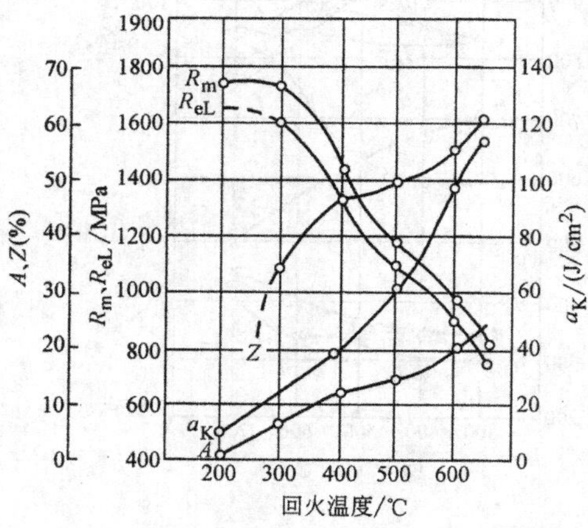

图 11-353　50Mn2 钢

化学成分（质量分数）（%）

C	0.50
Si	0.20
Mn	1.46

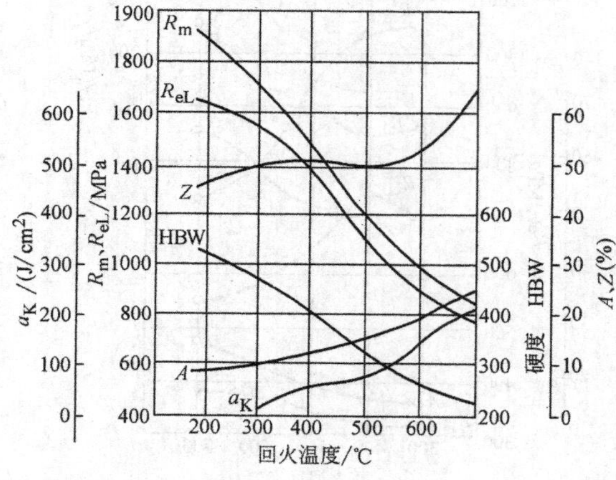

图 11-355　35SiMn 钢

化学成分（质量分数）（%）

C	0.38
Si	1.32
Mn	1.30

890℃正火，850℃油淬

试样毛坯尺寸：ϕ12mm

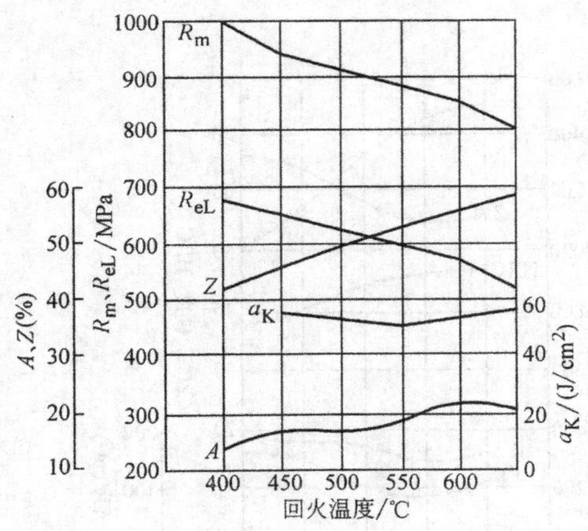

图 11-356　42SiMn 钢

化学成分（质量分数）（%）

C	0.40
Si	1.34
Mn	1.21

800～900℃油淬

试样毛坯尺寸：φ60mm

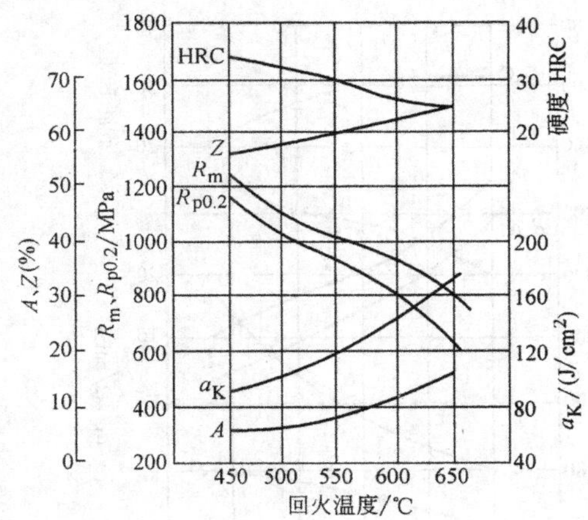

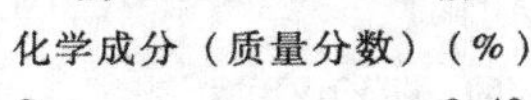

图 11-358　40MnB 钢

化学成分（质量分数）（%）

C	0.43
Si	0.35
Mn	1.36
B	0.0023
Cr	0.08

850℃油淬

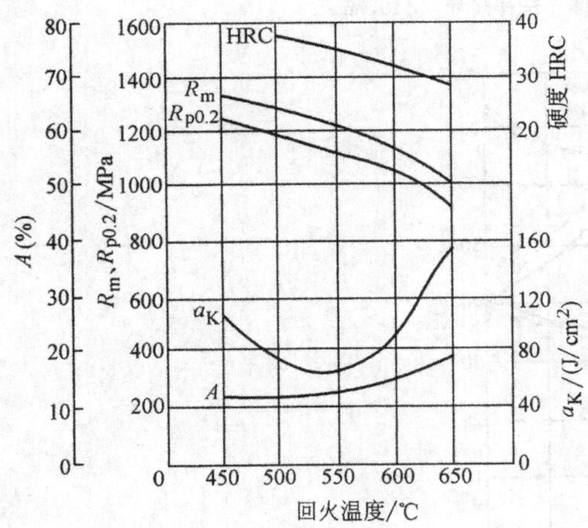

图 11-357　45B 钢

化学成分（质量分数）（%）

C	0.48
Si	0.26
Mn	0.61
B	0.003

840℃水淬

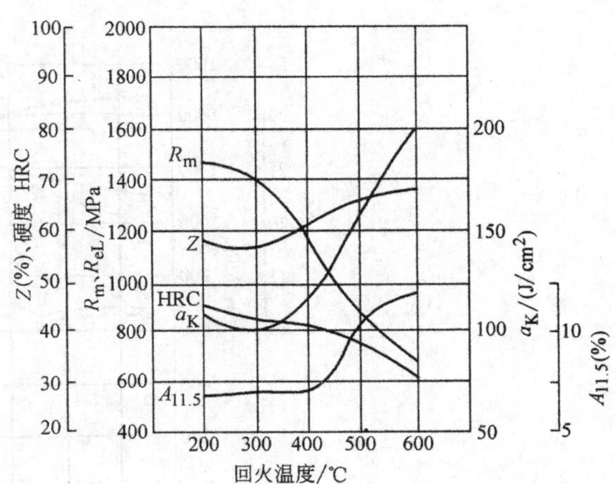

图 11-359　20Mn2B 钢

化学成分（质量分数）（%）

C	0.24
Si	0.29
Mn	1.66

840℃油淬

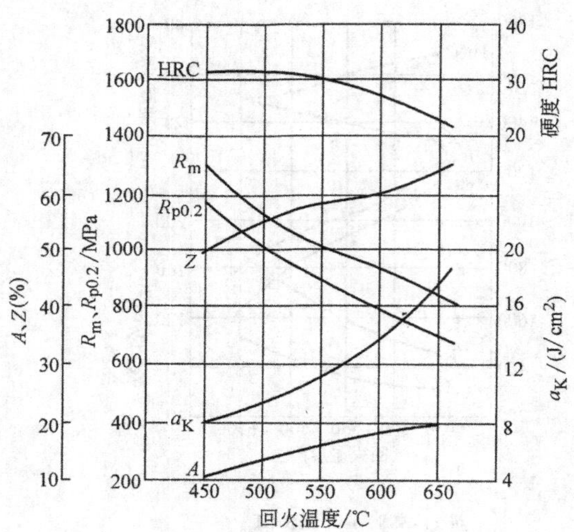

图 11-360　40MnVB 钢

化学成分（质量分数）（%）

C	0.44
Si	0.28
Mn	1.24
V	0.06
B	0.0027

860℃油淬

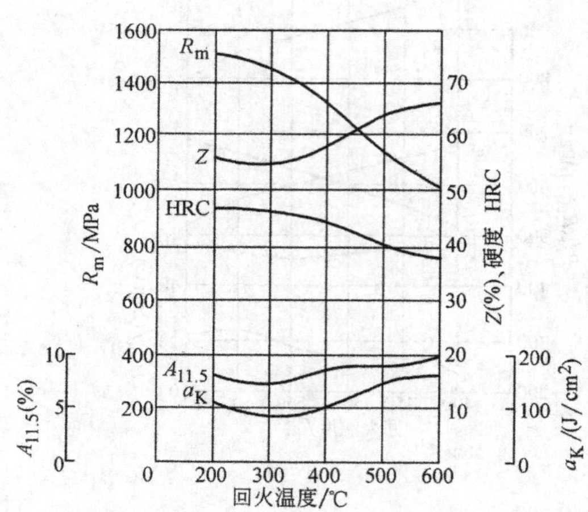

图 11-361　20MnTiB 钢

化学成分（质量分数）（%）

C	0.24
Si	0.28
Mn	1.03
Cr	0.35
Mo	0.26
V	0.008
B	（未分析）

试样尺寸：ϕ10mm

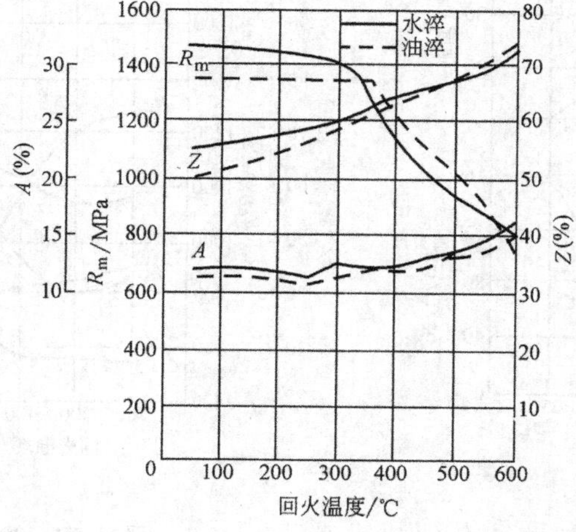

图 11-362　20MnMoB 钢

化学成分（质量分数）（%）

C	0.18
Mn	1.07
Mo	0.19
B	0.001

930℃正火，890℃淬火

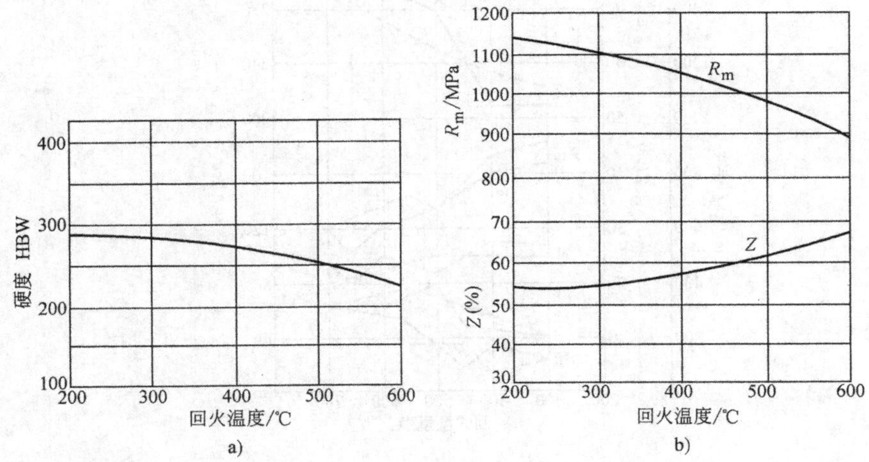

图 11-363　15Cr 钢

试样 900℃油淬后回火

a）硬度　b）常规力学性能

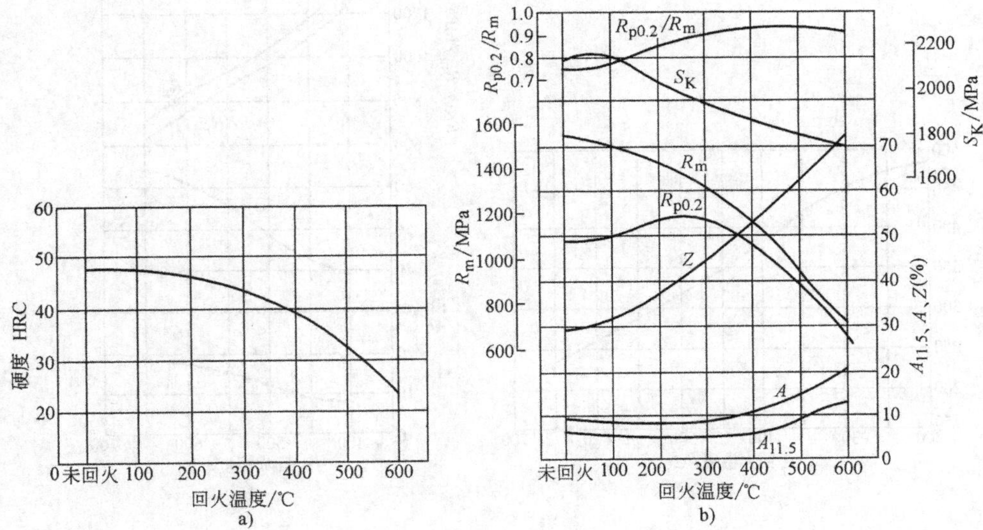

图 11-364　20Cr 钢

880℃淬 *w*（NaOH）8%～10%水溶液后回火

a）硬度　b）常规力学性能

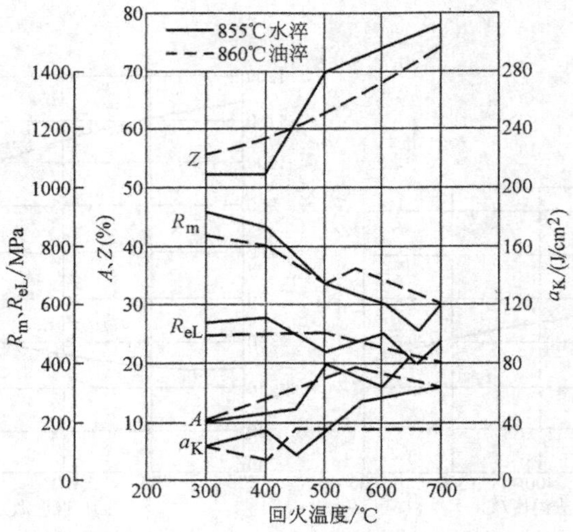

图 11-365　30Cr 钢

化学成分（质量分数）（%）

C	0.31
Cr	0.86

855 ~ 860℃淬火（水、油）

冲击试样：横向

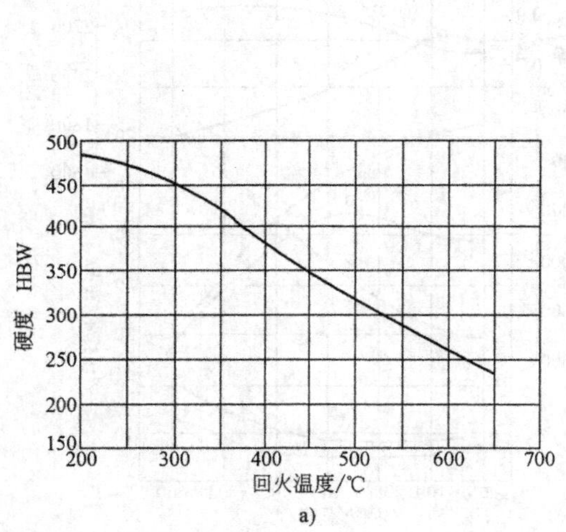

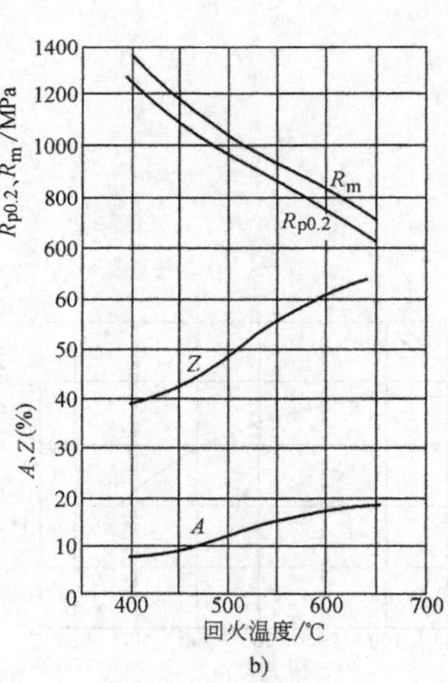

图 11-366　38CrA 钢

850℃水淬

a）硬度　b）常规力学性能

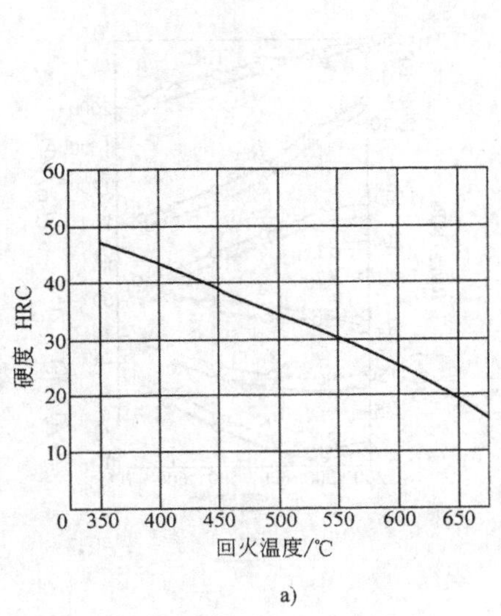

a)

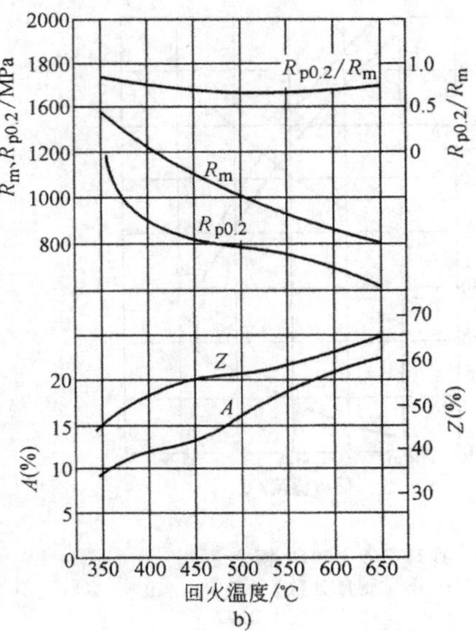

b)

图 11-367　40CrA 钢

840℃油淬

a）硬度　b）常规力学性能

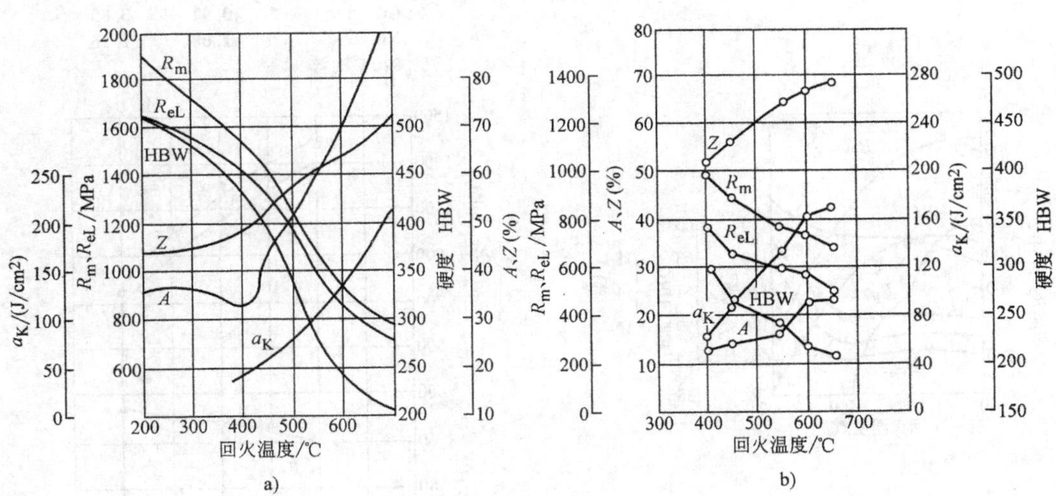

图 11-368　40Cr 钢

化学成分（质量分数）（%）

	a)	b)
C	0.40	0.39
Mn	0.66	—
Cr	0.97	1.01
热处理：	850℃油淬	840℃油淬
试样毛坯尺寸：	ϕ12mm	ϕ25mm

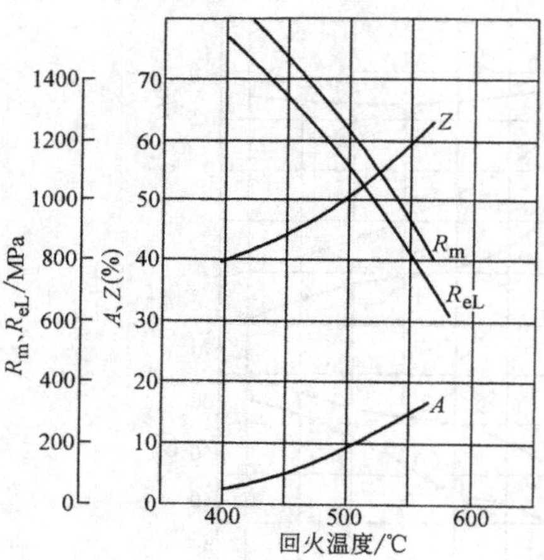

图 11-369　50Cr 钢

化学成分（质量分数）(%)

C	0.47
Mn	0.27
Cr	1.25

820℃油淬

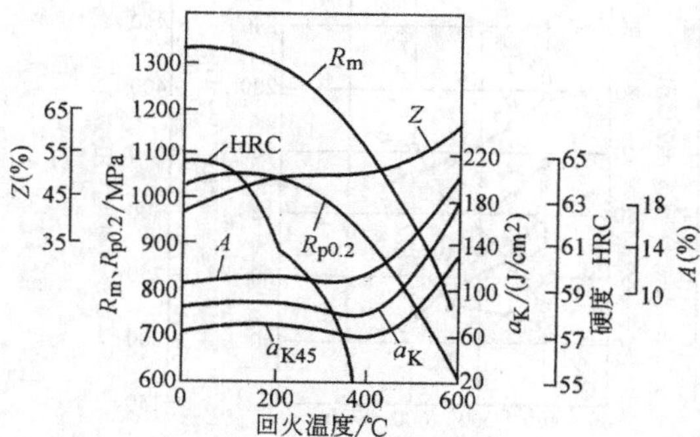

图 11-370　20CrNi 钢

化学成分（质量分数）(%)

C	0.16
Mn	0.90
Si	≤0.35
Cr	0.90
Ni	1.00

850℃油淬

试样尺寸：ϕ10mm

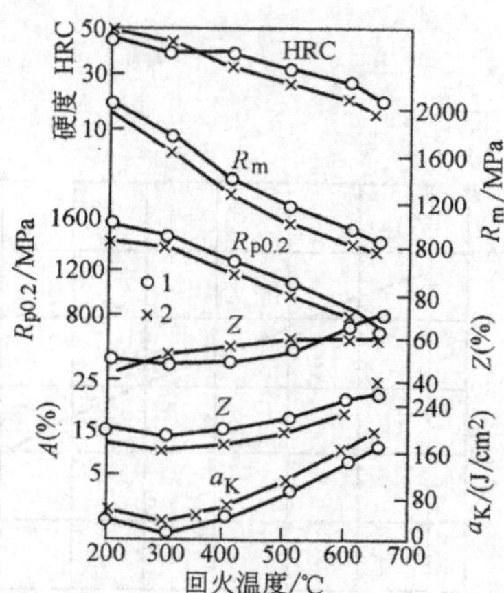

图 11-371　40CrNi 钢

化学成分（质量分数）(%)

	1	2
C	0.37	0.41
Mn	0.66	0.60
Si	0.30	0.25
Cr	0.97	0.85
Ni	1.08	1.16

820℃油淬

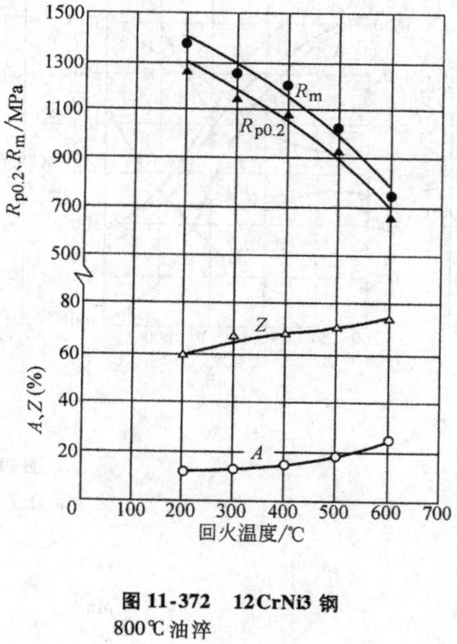

图 11-372　12CrNi3 钢

800℃油淬

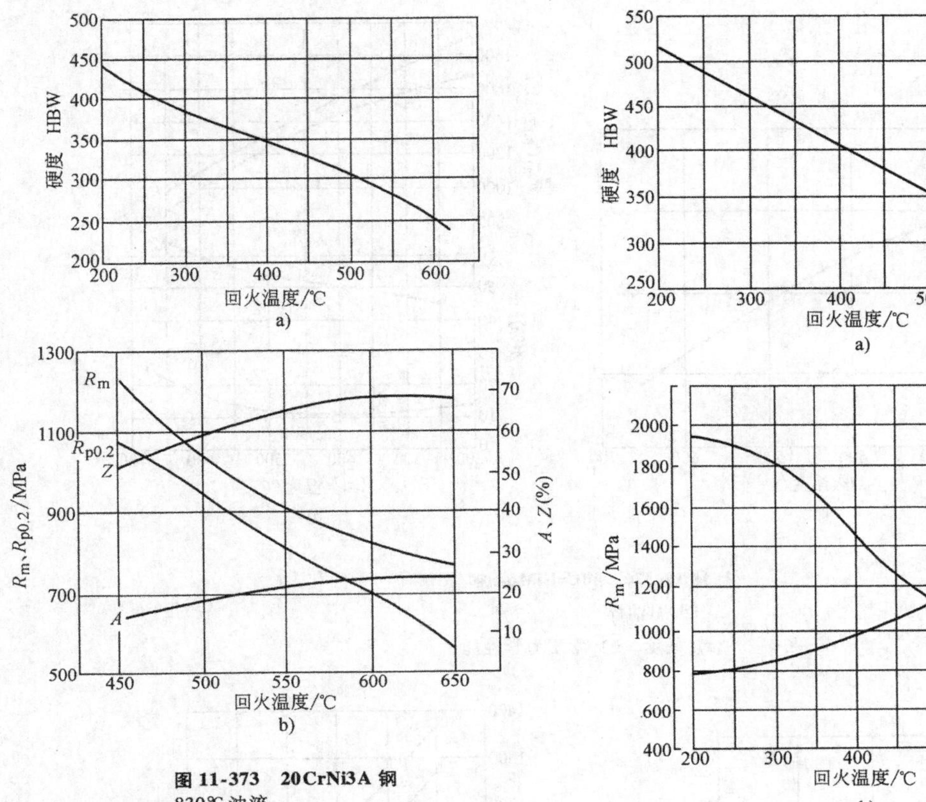

图 11-373 20CrNi3A 钢
830℃油淬
a）硬度 b）常规力学性能

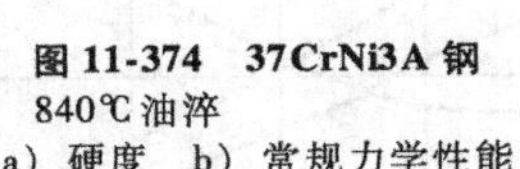

图 11-374 37CrNi3A 钢
840℃油淬
a）硬度 b）常规力学性能

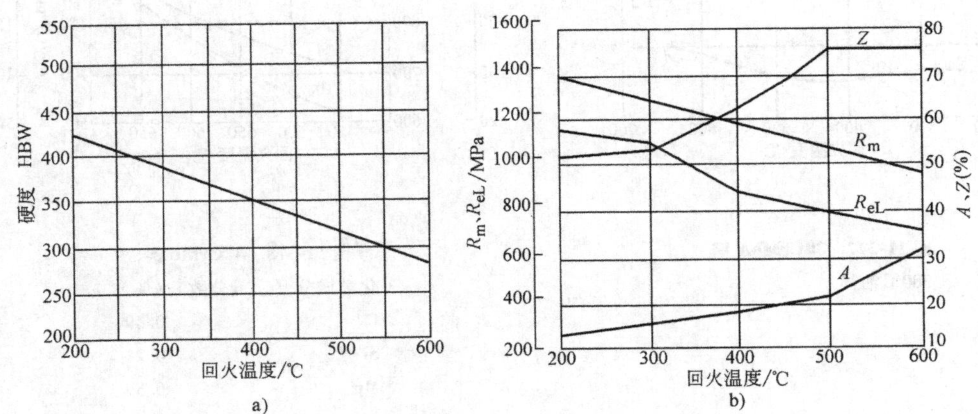

图 11-375 12Cr2Ni4A 钢
770℃油淬
a）硬度 b）常规力学性能

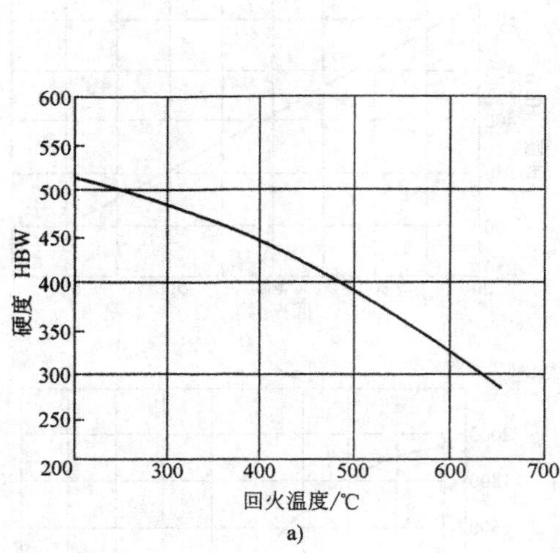

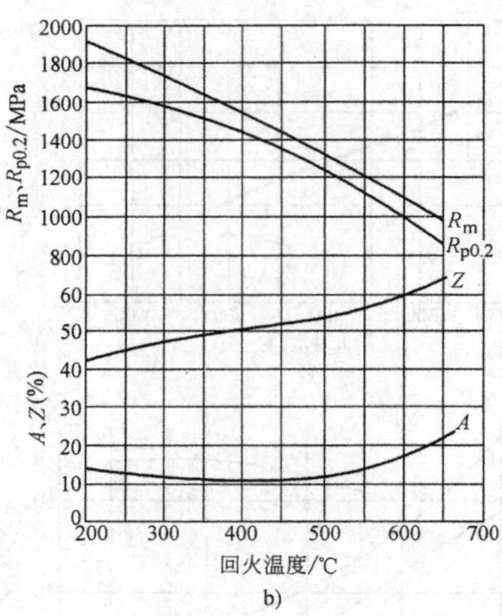

图 11-376　40CrNiMoA 钢

850℃油淬

a）硬度　b）常规力学性能

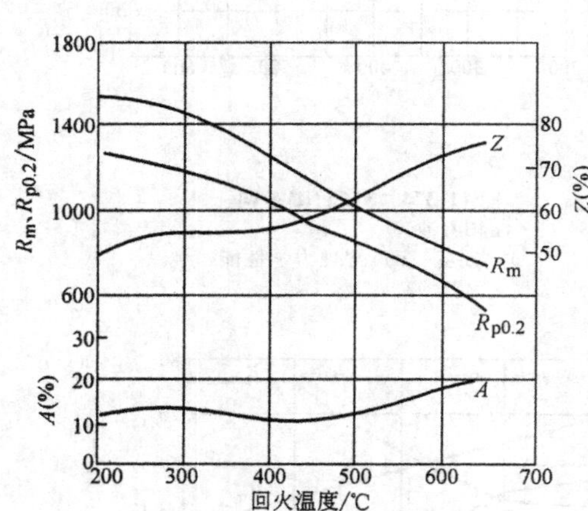

图 11-377　30CrMoA 钢

880℃油淬

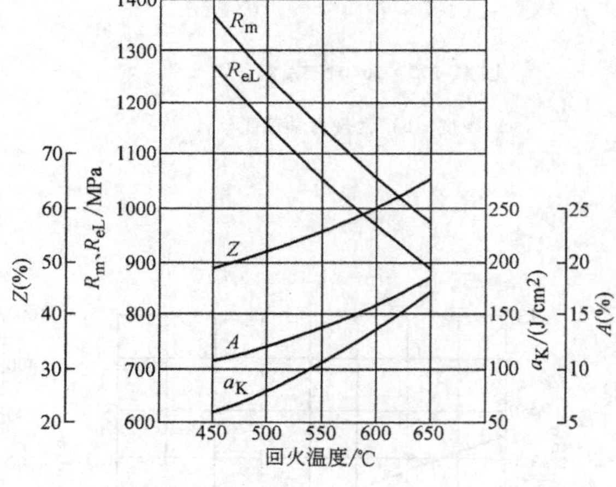

图 11-378　42CrMo 钢

化学成分（质量分数）（%）

C	0.39
Si	0.21
Mn	0.59
Cr	1.00
Mo	0.20

840℃油淬

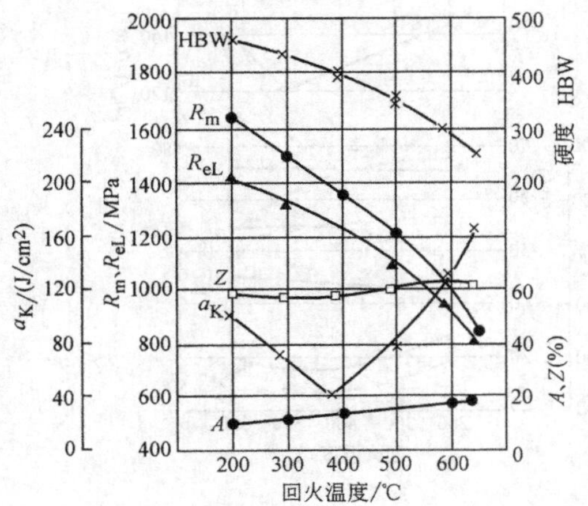

图 11-379　35CrMoV 钢

850℃水淬

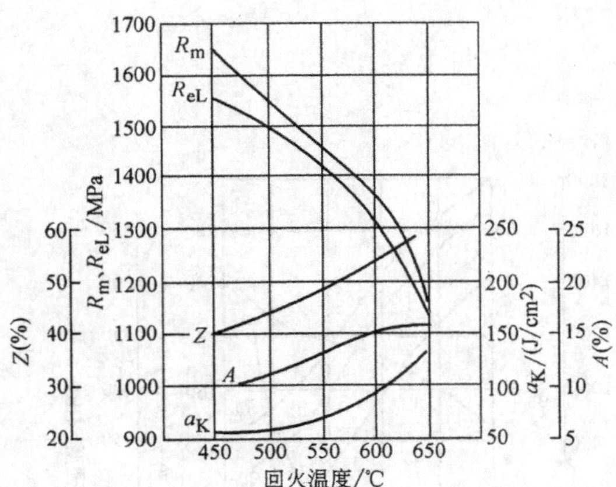

图 11-380　40Cr2MoV 钢

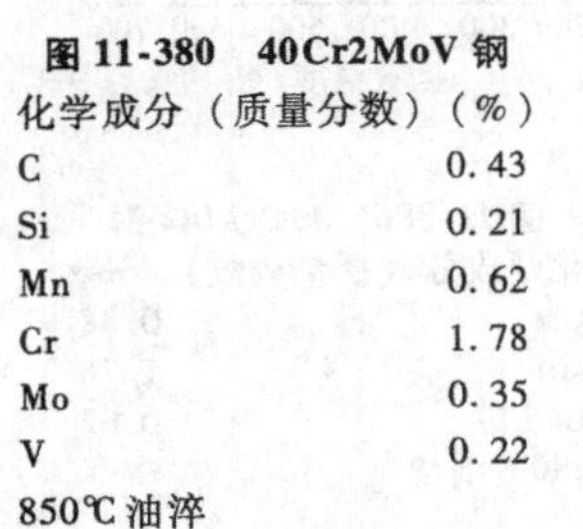

化学成分（质量分数）（%）

C	0.43
Si	0.21
Mn	0.62
Cr	1.78
Mo	0.35
V	0.22

850℃油淬

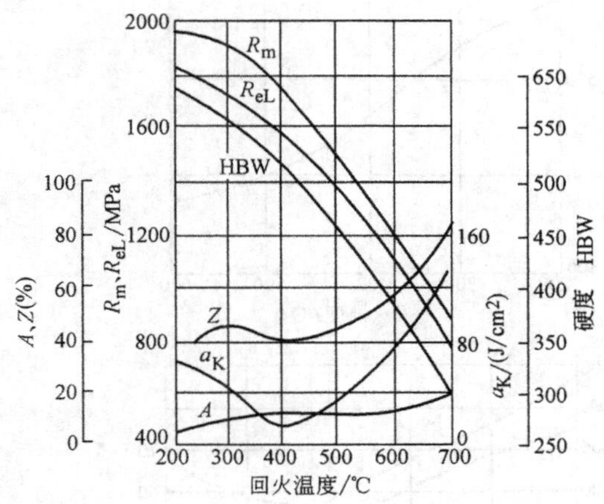

图 11-381　38CrMoAl 钢

950℃油淬

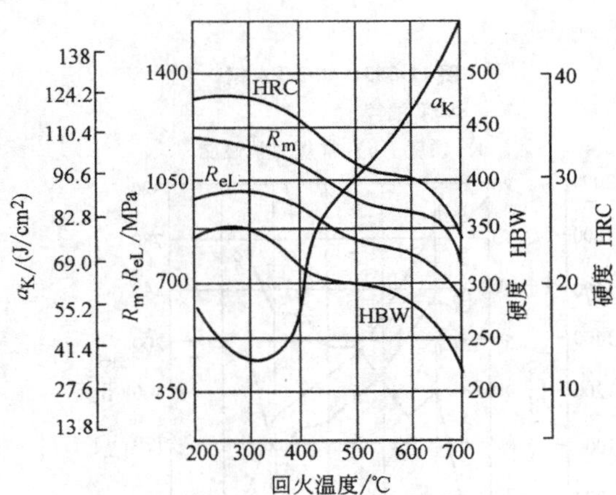

图 11-382　20CrV 钢

化学成分（质量分数）（%）

C	0.23
Mn	0.75
Cr	0.96
V	0.17

850℃水淬

试样毛坯尺寸：ϕ25mm

艾氏冲击试样

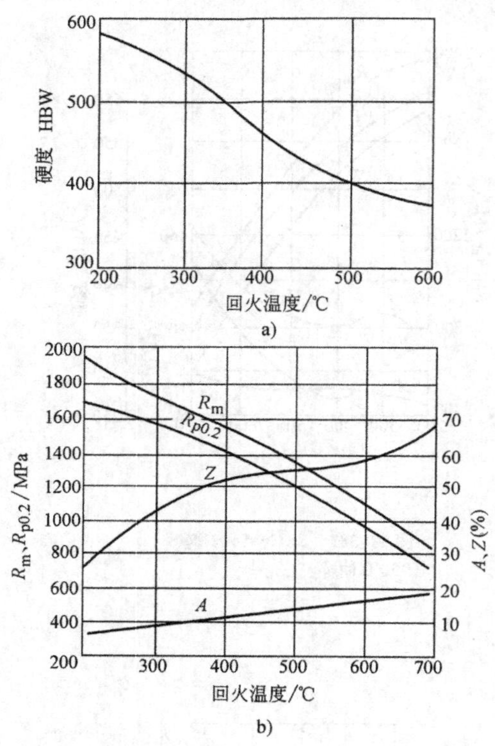

图 11-383　40CrVA 钢

880℃油淬

a) 硬度　b) 常规力学性能

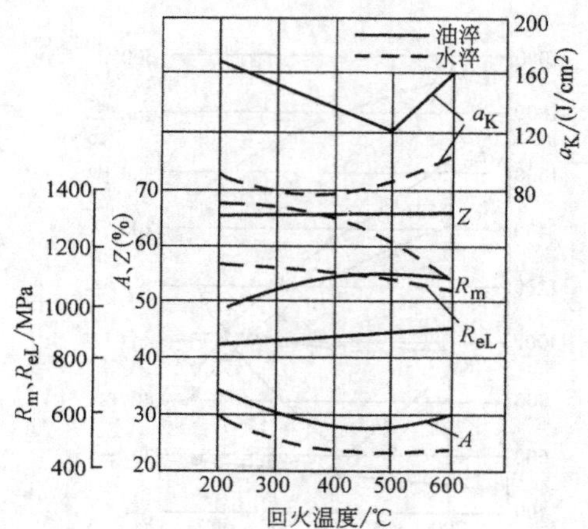

图 11-385　20CrMn 钢

化学成分（质量分数）（%）

C	0.12
Mn	0.98
Cr	1.29

920℃水淬油冷

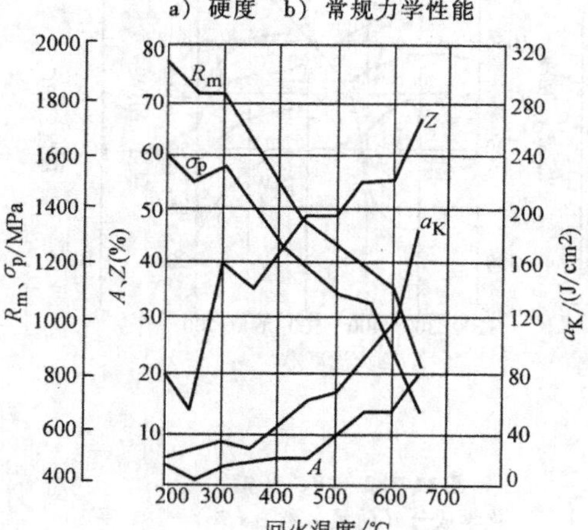

图 11-384　45CrV 钢

化学成分（质量分数）（%）

C	0.45
Si	0.37
Mn	0.66
Cr	1.02
Ni	0.14
V	0.24

860℃油淬

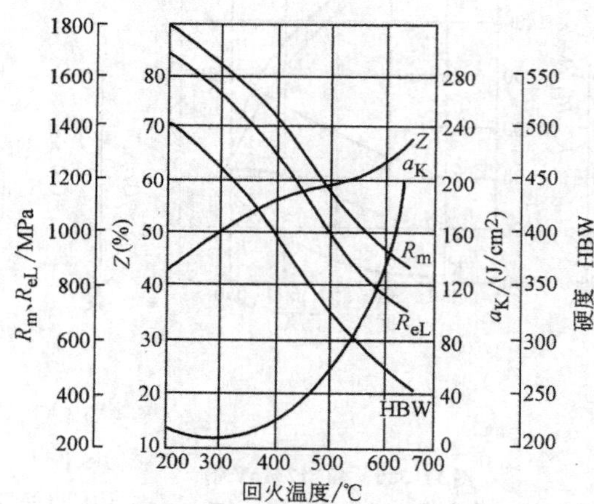

图 11-386　35CrMn2 钢

化学成分（质量分数）（%）

C	0.38
Mn	1.76
Cr	0.62

880℃油淬

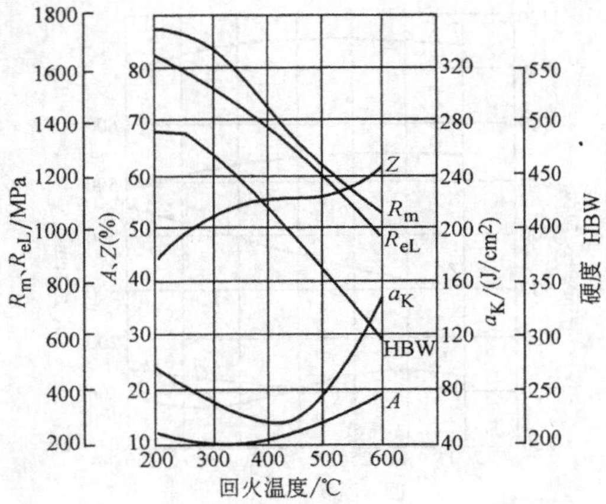

图 11-387　30CrMnSi 钢

化学成分（质量分数）（%）

C	0.25 ~ 0.35
Si	0.90 ~ 1.20
Mn	0.80 ~ 1.10
Cr	0.80 ~ 1.10

880℃ 油淬

回火 50min 后水冷

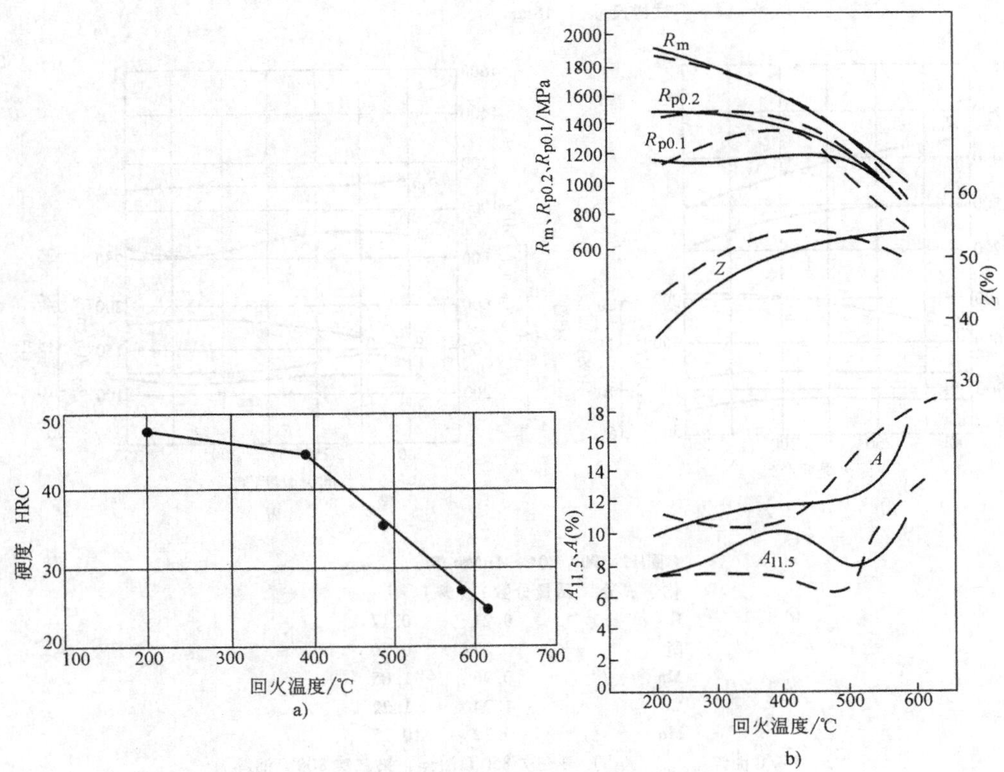

图 11-388　30CrMnSiA 钢

880℃油淬

a）硬度　b）常规力学性能

- - -　去应力回火

——　未去应力回火

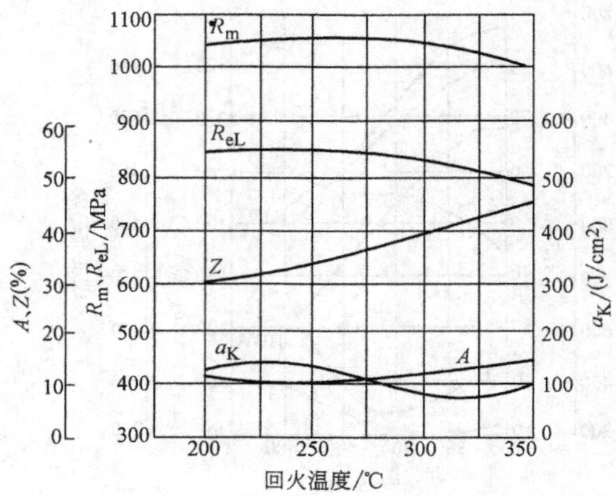

图 11-389　15CrMnMo 钢

化学成分（质量分数）(%)

C	0.15
Si	0.19
Mn	0.96
Cr	1.09
Mo	0.25

第一次 850℃油淬，第二次 800℃油淬

试样尺寸：ϕ18mm

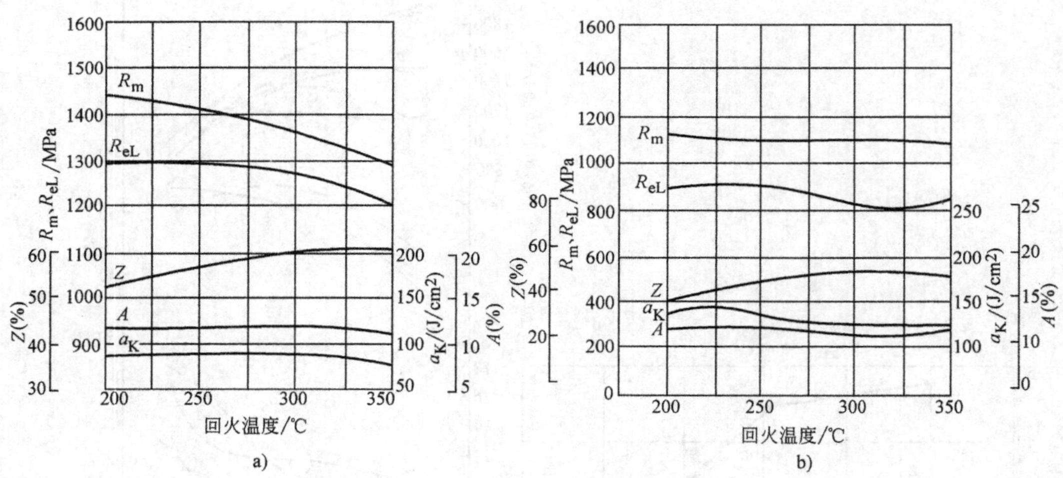

图 11-390　20CrMnMo 钢

化学成分（质量分数）(%)

C	0.21	0.17
Si	0.27	0.30
Mn	0.96	1.05
Cr	1.24	1.22
Mo	0.22	0.17

a) 850℃油淬　　b) 第一次 850℃油淬，第二次 800℃油淬，

试样尺寸：ϕ15mm　　回火后空冷；试样尺寸：ϕ18mm

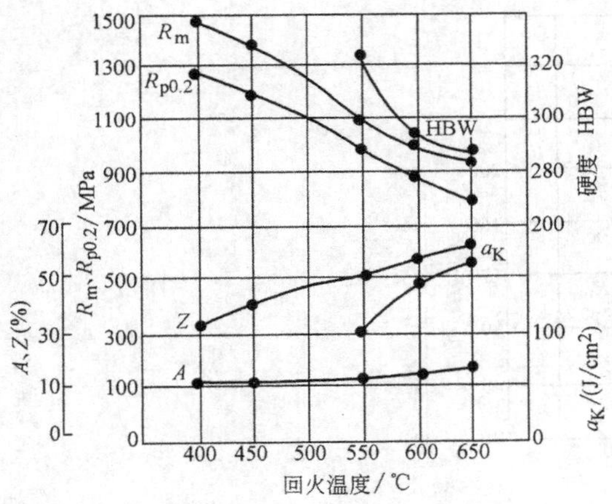

图 11-391　40CrMnMo 钢

化学成分（质量分数）（%）

C	0.40
Si	0.33
Mn	0.93
Cr	1.00
Mo	0.20

860～880℃油淬，回火后空冷

热处理毛坯尺寸：ϕ16mm

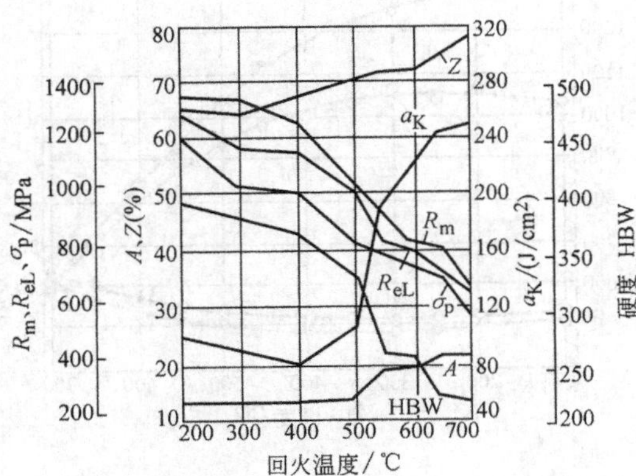

图 11-392　18CrMnTi 钢

化学成分（质量分数）（%）

C	0.17～0.24
Mn	0.90～1.20
Cr	1.00～1.40
Ti	0.05～0.15

880℃油淬

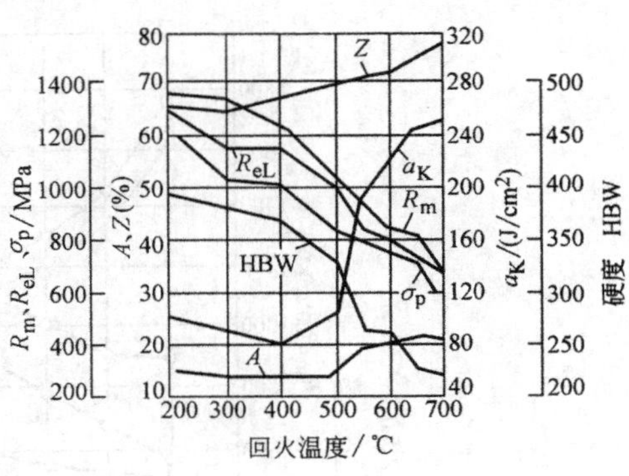

图 11-393　20CrMnTi 钢

880℃油淬

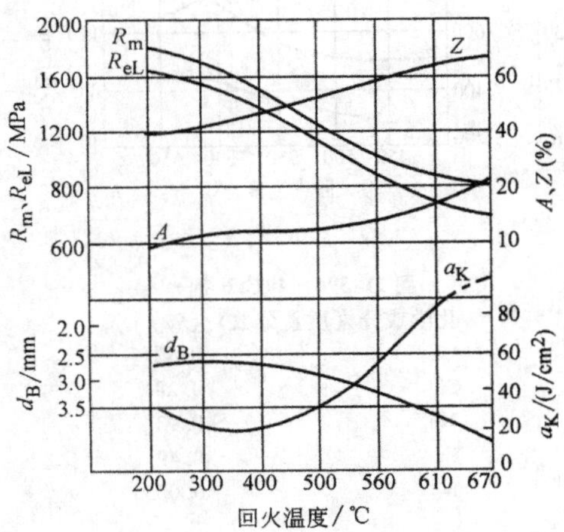

图 11-394　35CrMnTi 钢

化学成分（质量分数）（%）

C	0.36
Si	0.28
Mn	1.15
Cr	1.64
Ti	0.08

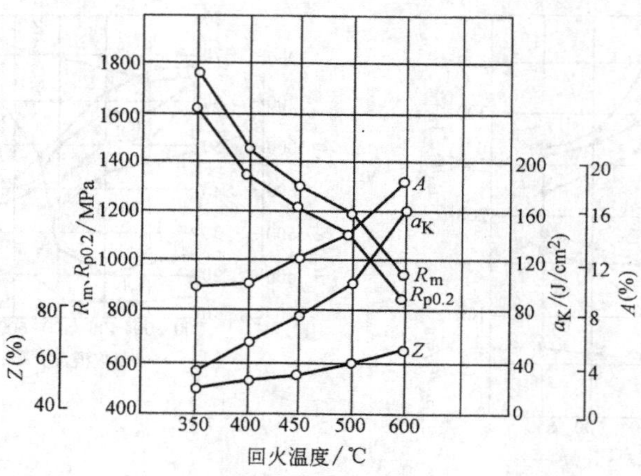

图 11-395　40CrMnTi 钢

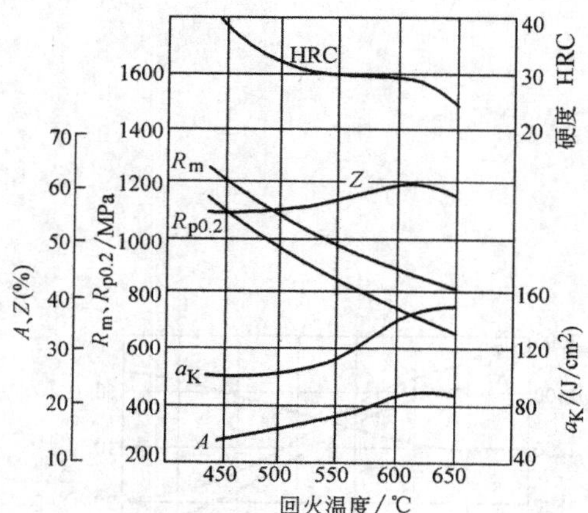

图 11-396　40CrB 钢

化学成分（质量分数）（%）

C	0.42
Si	0.28
Mn	0.93
Cr	0.49
B	0.0034

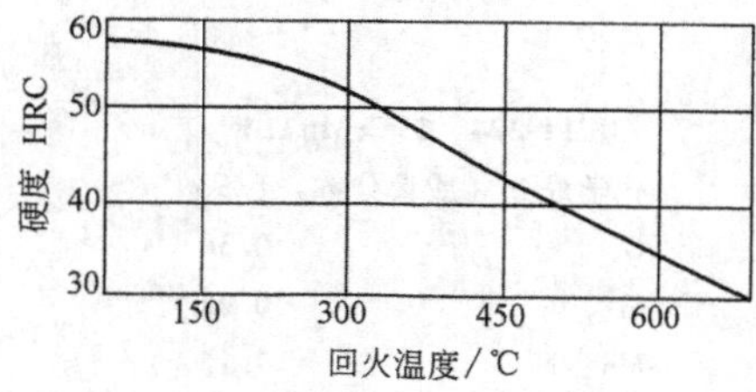

图 11-397　40CrNiMoA 钢

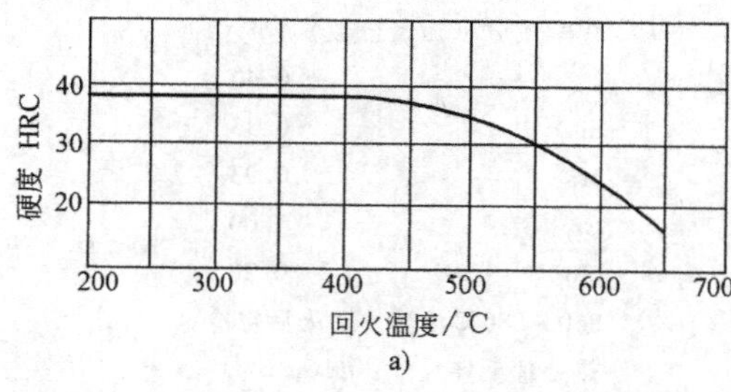

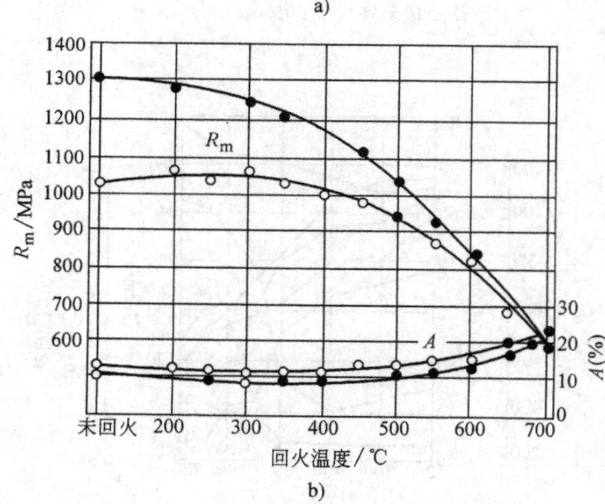

图 11-398　18CrMn2MoVA 钢

—◦—920℃空冷

—·—920℃模冷

a）硬度

b）常规力学性能

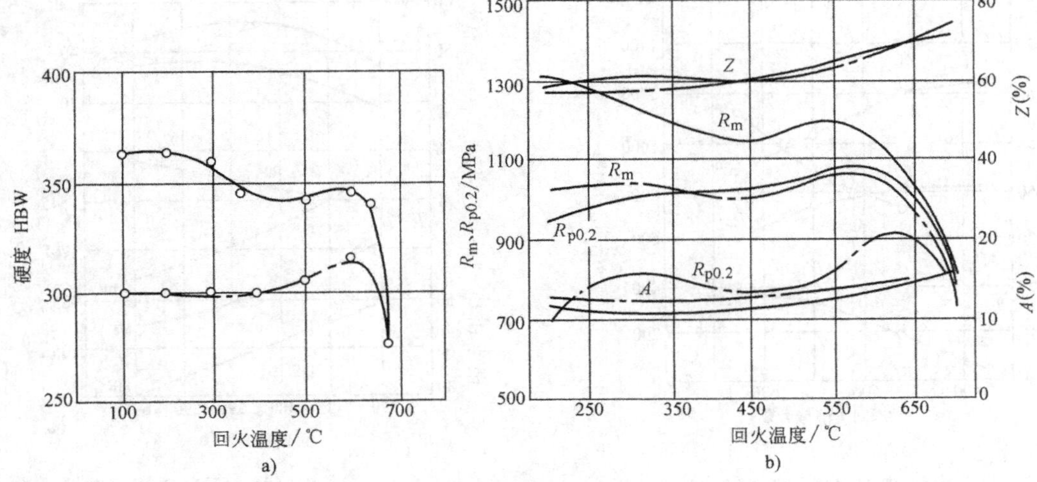

图 11-399 15CrMnMoVA 钢

975℃油淬或空冷

—— 油淬

—·— 空淬

a）硬度 b）常规力学性能

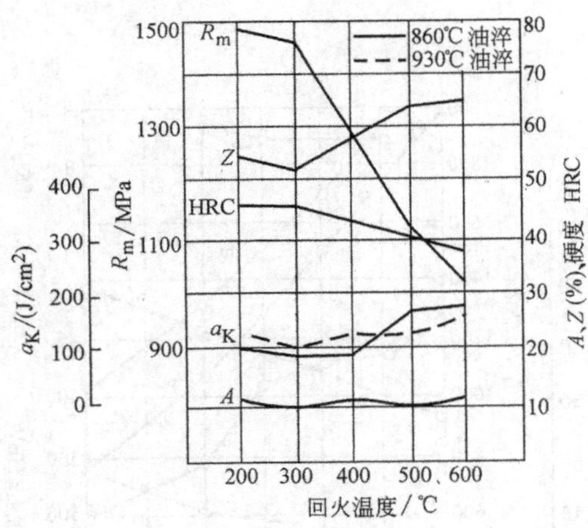

图 11-400 20CrMnMoVB 钢

化学成分（质量分数）	（%）
C	0.24
Si	0.28
Mn	1.01
Cr	0.35
Mo	0.26
V	0.08
B	未分析

880～900℃正火

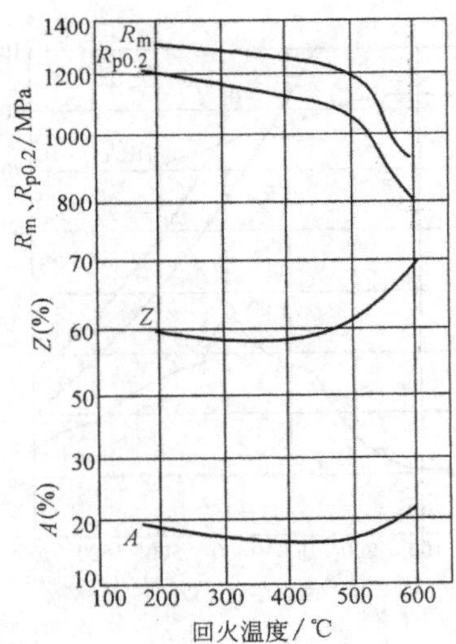

图 11-401 18CrNiWA 钢

850℃空淬

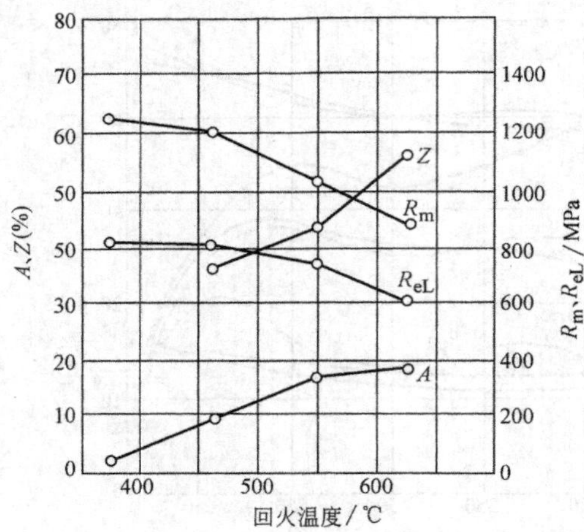

图 11-402　65 钢

化学成分（质量分数）（%）

C	0.71
Si	0.15
Mn	0.67

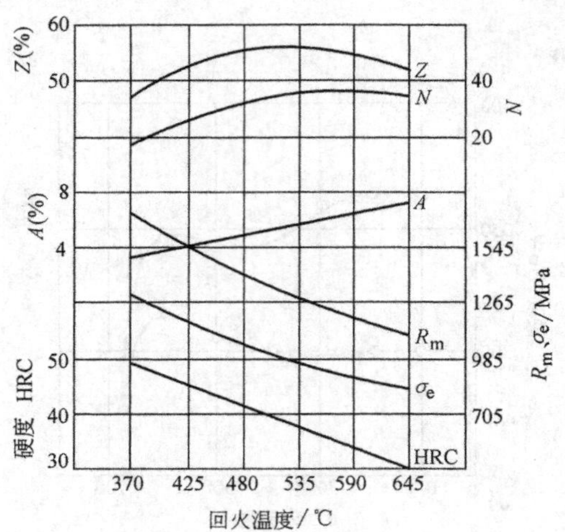

图 11-404　65Mn 钢

化学成分（质量分数）（%）

C	0.65
Mn	0.85

ϕ3mm 钢丝油淬

N—完全扭转，试样长度为 100d

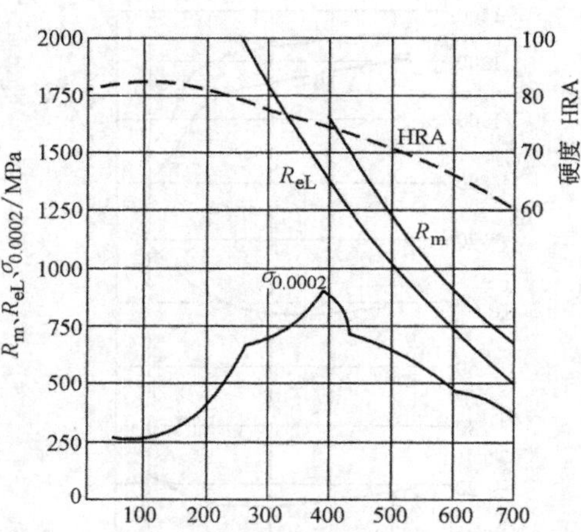

图 11-403　85 钢

化学成分（质量分数）（%）

C	0.82
Si	—
Mn	0.84

840℃淬火

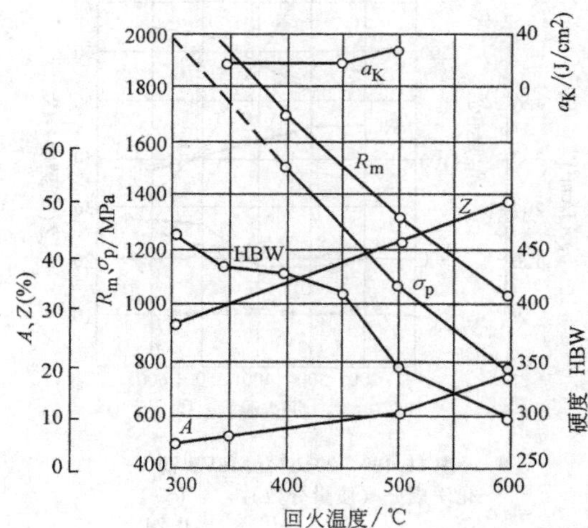

图 11-405　60Si2Mn 钢

化学成分（质量分数）（%）

C	0.50
Si	1.66
Mn	0.52

850℃油淬

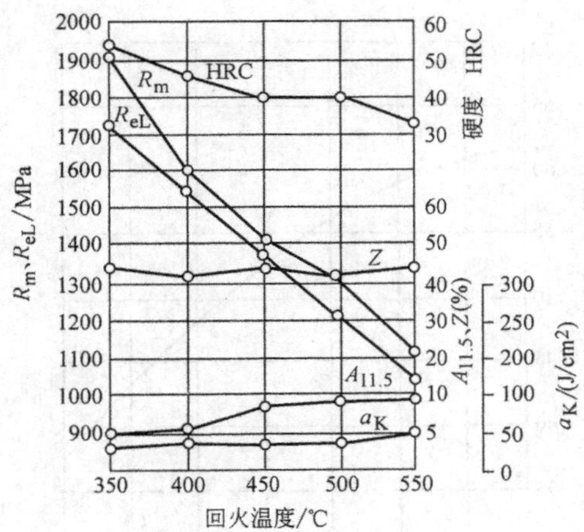

图 11-406　55SiMnVB 钢

880℃油淬

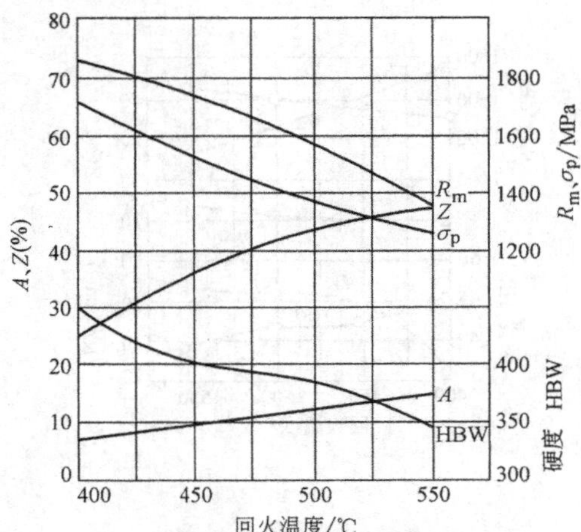

图 11-408　50CrMnVA 钢

化学成分（质量分数）（%）

C	0.50
Si	0.07
Mn	0.92
Cr	1.02
V	0.20

825℃油淬

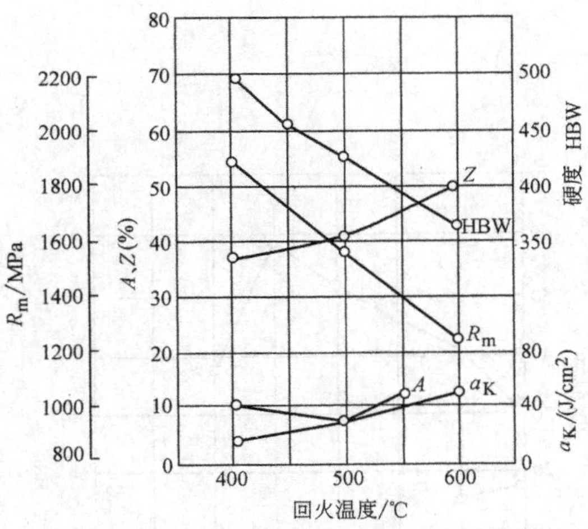

图 11-407　50CrMn 钢

化学成分（质量分数）（%）

C	0.53
Si	0.17
Mn	0.77
Cr	1.36

840℃油淬

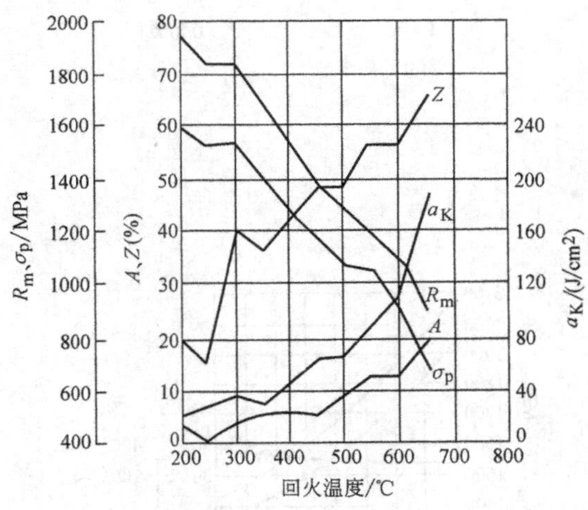

图 11-409　50CrVA 钢

化学成分（质量分数）（%）

C	0.45
Si	0.37
Mn	0.66
Cr	1.02
V	0.24
Ni	0.14

860℃油淬

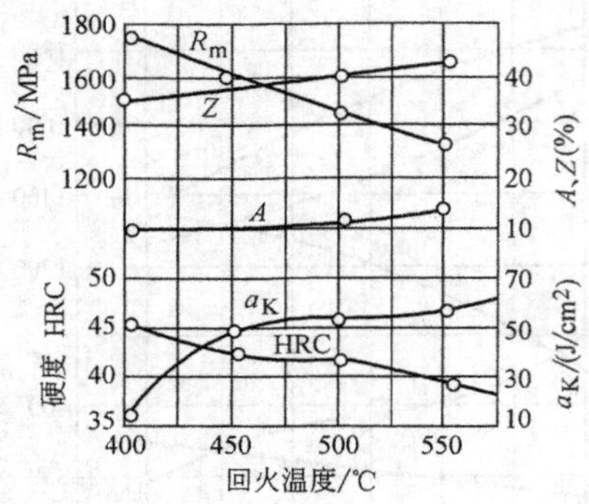

图 11-410　55SiMnMoV 钢

化学成分（质量分数）（%）

C	0.57
Si	1.00
Mn	0.95
Mo	0.12
V	0.16
S	0.018
P	0.002

860℃淬火

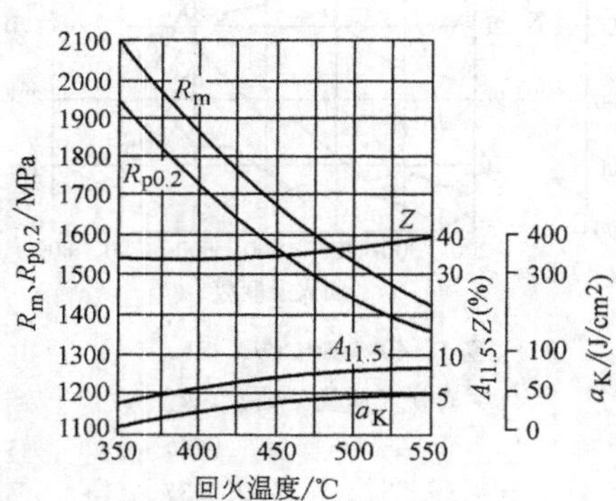

图 11-411　55SiMnMoVNb 钢

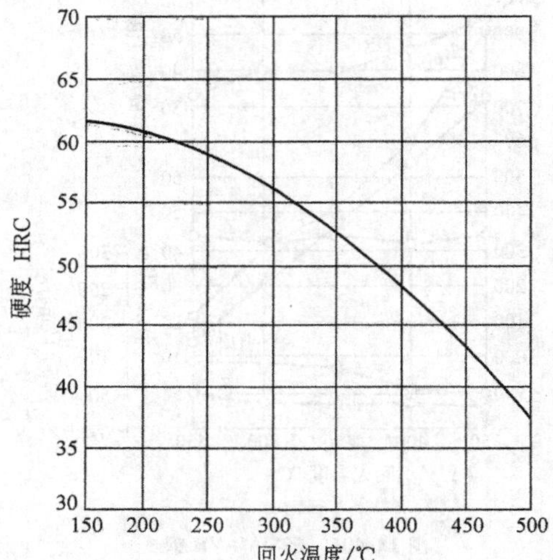

图 11-412　GCr6 钢

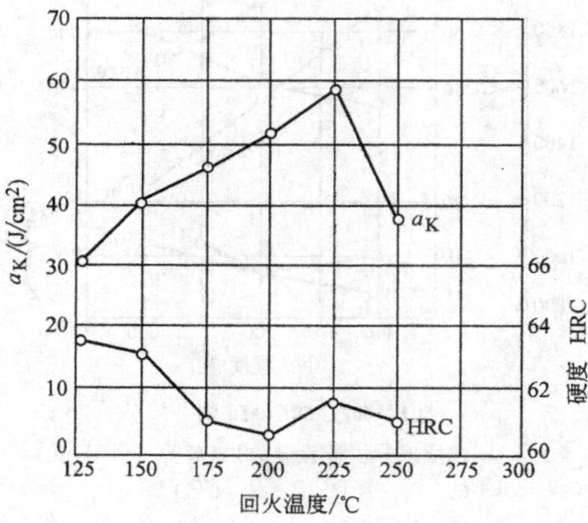

图 11-413　GCr6SiMn 钢

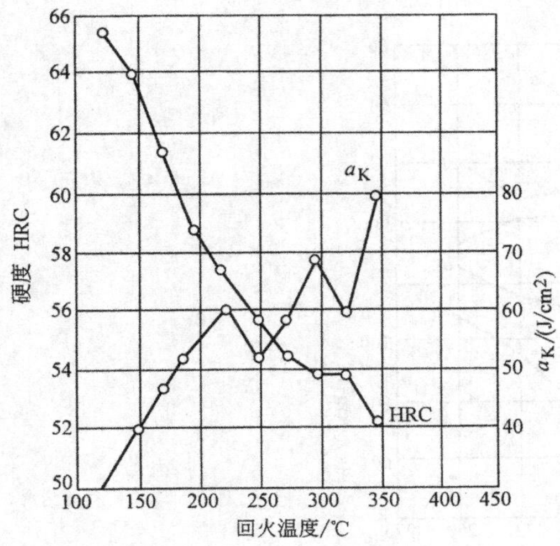

图 11-414　GCr9 钢

化学成分（质量分数）（%）

C	1.09
Si	0.29
Mn	0.35
Cr	1.21

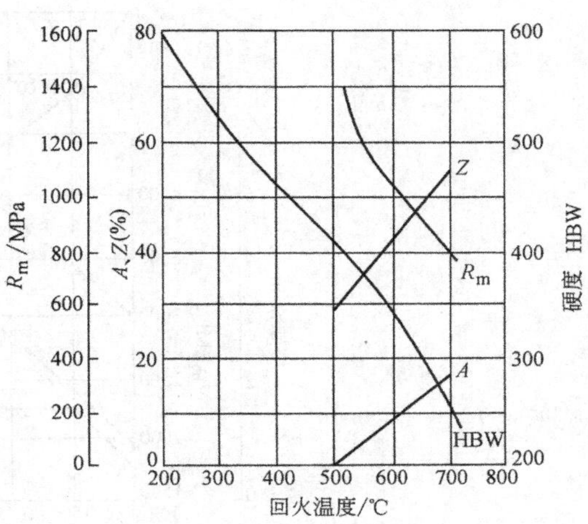

图 11-416　GCr15 钢

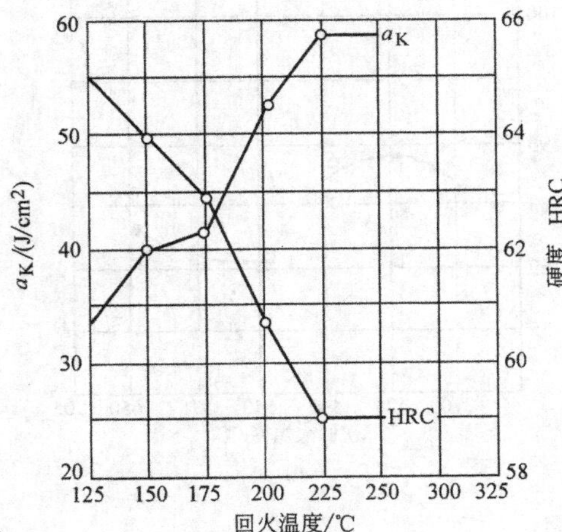

图 11-415　GCr9SiMn 钢

化学成分（质量分数）（%）

C	1.07
Si	0.45
Mn	1.20
Cr	1.08
S	0.05
P	0.020

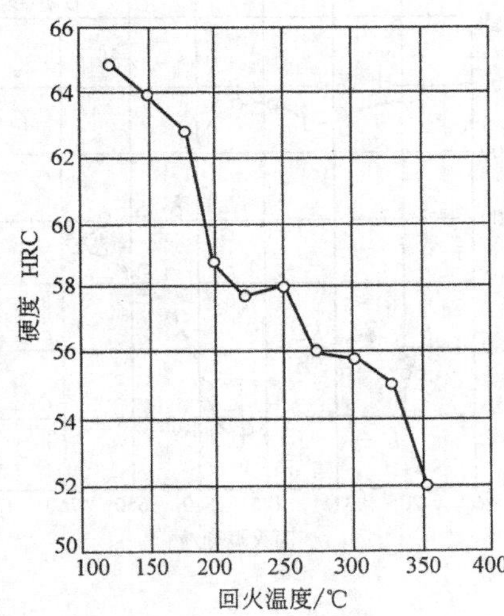

图 11-417　GCr15SiMn 钢

化学成分（质量分数）（%）

C	1.01
Si	0.52
Mn	1.12
Cr	1.38
S	0.004
P	0.012

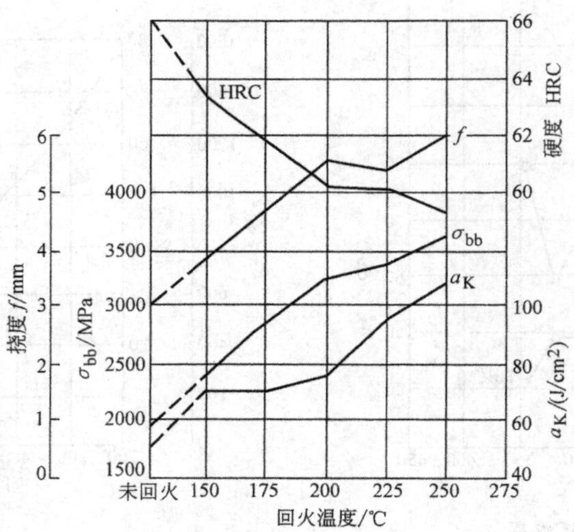

图 11-418　GCrMnMoV 钢

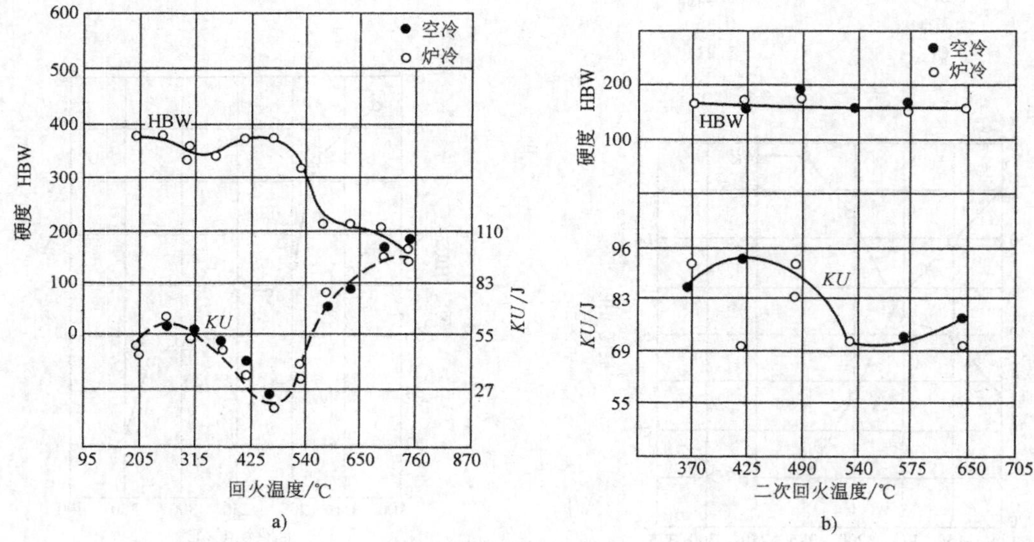

图 11-419　12Cr13 钢

化学成分（质量分数）（%）	
C	0.07
Si	0.28
Mn	0.50
Cr	12.38

a）955℃油淬

b）955℃油淬、两次回火，第一次 760℃，第二次按图中温度回火

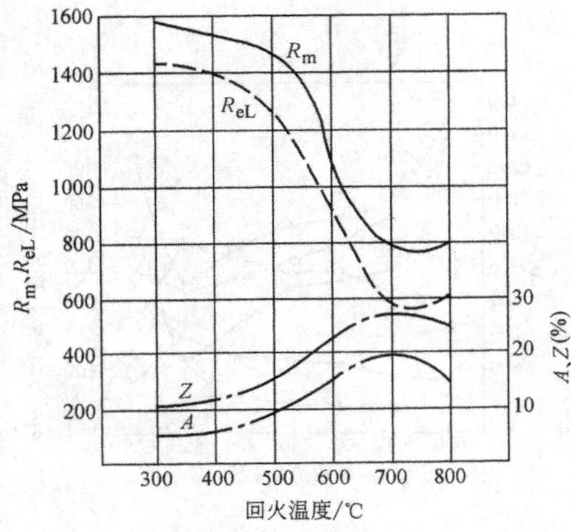

图 11-420　20Cr13 钢

980～1000℃油淬

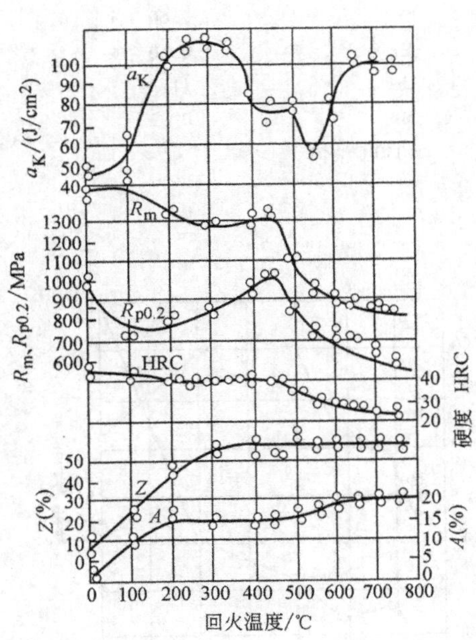

图 11-421　14Cr17Ni2 钢

化学成分（质量分数）（%）	
C	0.14
Si	0.47
Mn	0.62
P	0.03
S	0.005
Cr	16.87
Ni	2.00

1060℃淬火

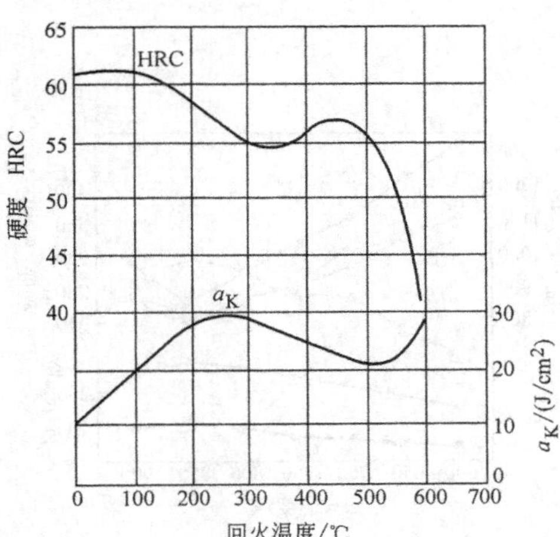

图 11-422　95Cr18 钢

化学成分（质量分数）（%）	
C	1.0
Cr	17.0

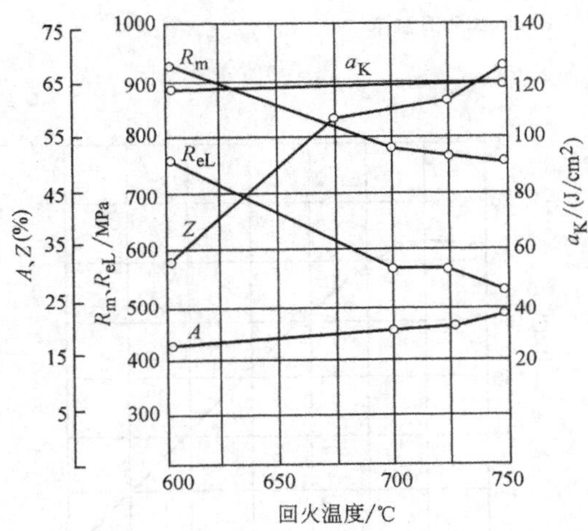

图 11-423　14Cr11MoV 钢

化学成分（质量分数）（%）	
C	0.17
Si	0.20
Mn	0.71
Cr	10.12
Ni	0.70
Mo	0.70
V	0.33
Ti	0.94

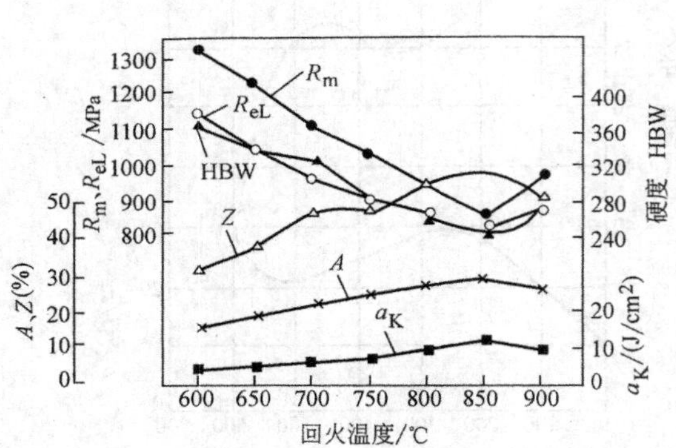

图 11-424　42Cr9Si2 钢

化学成分（质量分数）（%）

C	0.48
Si	3.15
Mn	0.32
Cr	9.75

1050℃油淬

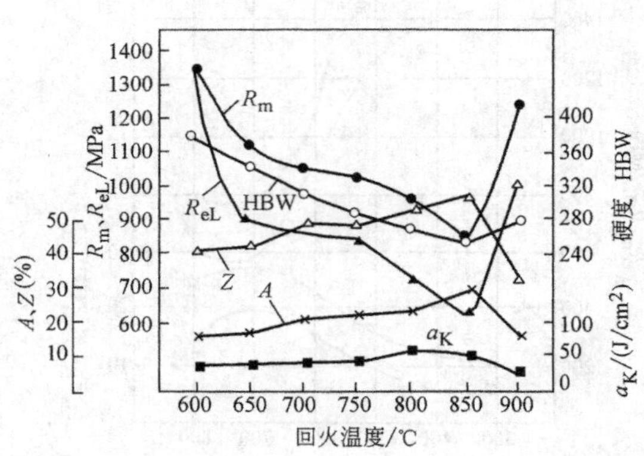

图 11-425　40Cr10Si2Mo 钢

化学成分（质量分数）（%）

C	0.40
Si	2.60
Mn	0.40
Cr	11.34
Mo	0.99

1030℃油淬

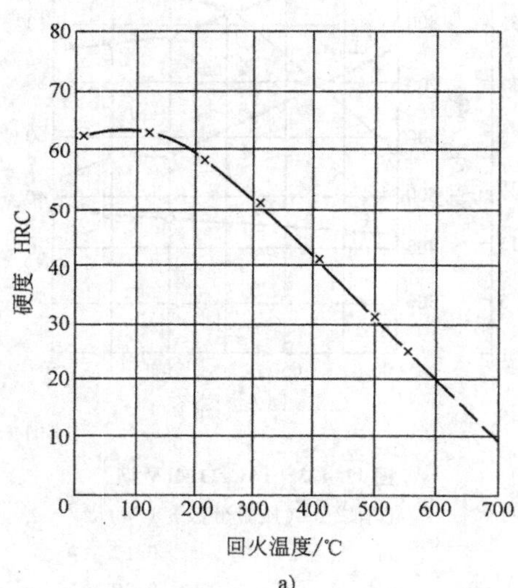

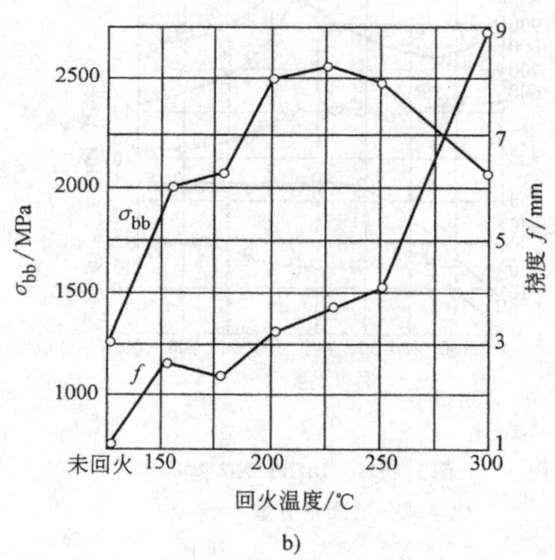

图 11-426　T7、T7A 钢

a）硬度　b）抗弯强度与挠度

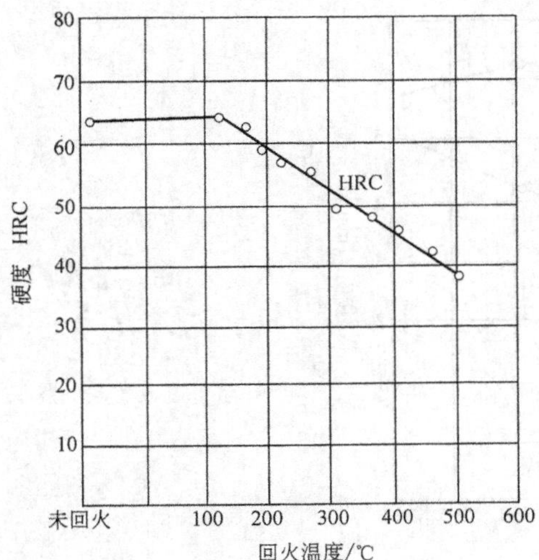

图 11-427　T8、T8A 钢

810℃淬火，回火 1h

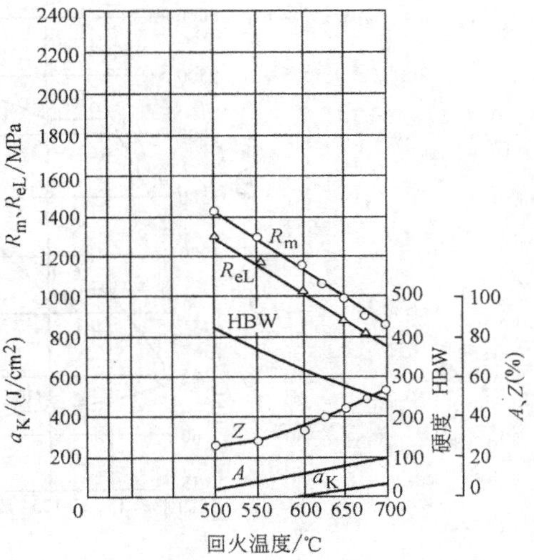

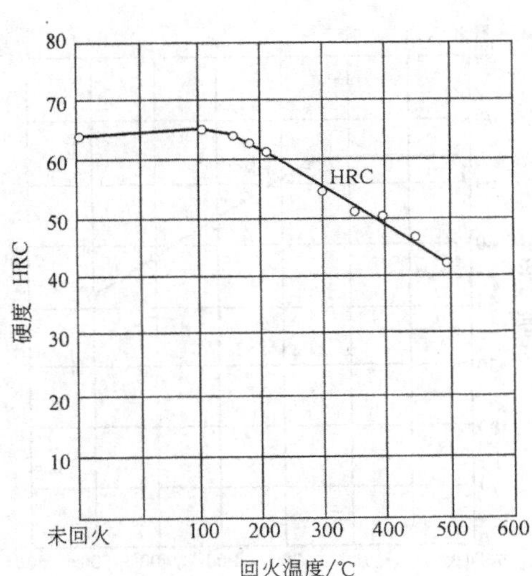

图 11-429　T9 钢

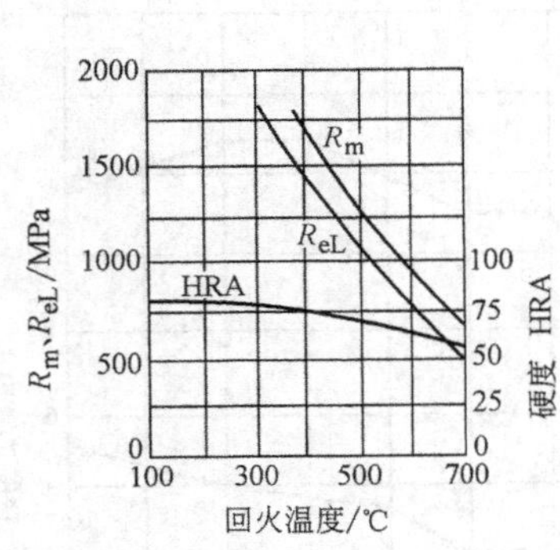

图 11-428　T8Mn 钢

化学成分（质量分数）(%)

C	0.82
Mn	0.84

845℃淬火

图 11-430　T10、T10A 钢

780℃水淬，回火 1h

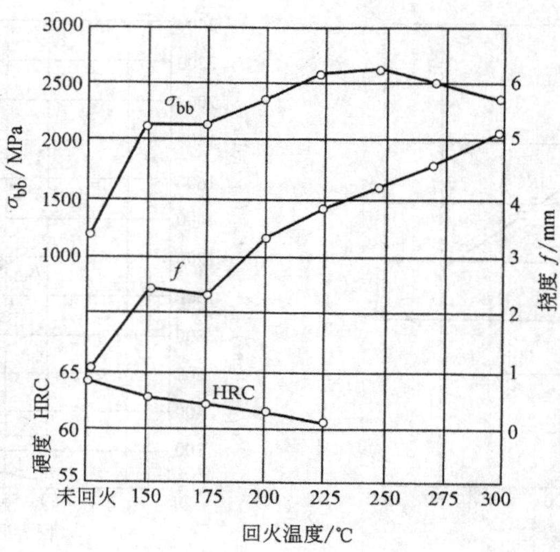

图 11-431　T11、T11A 钢

780℃水淬、回火 1h

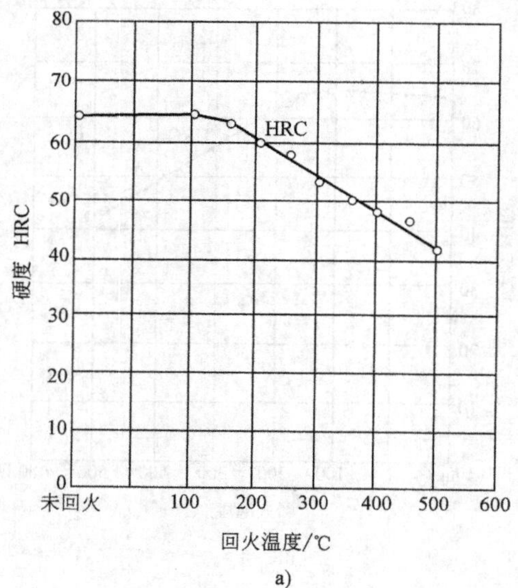

a)

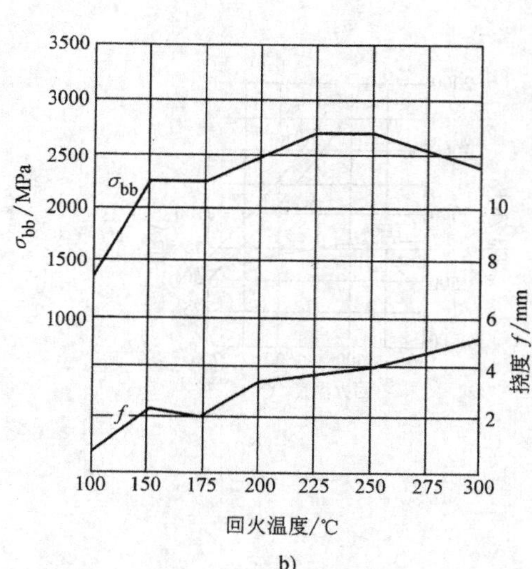

b)

图 11-432　T12、T12A 钢

a）780℃水淬，回火 1h

b）780℃淬火

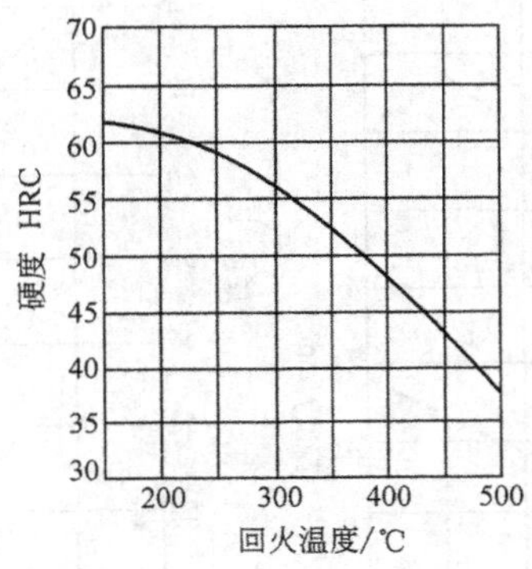

图 11-433 Cr06 钢

化学成分（质量分数）（%）

C	1.30～1.45
Cr	0.50～0.70
Mn	0.20～0.40
Si	≤0.35

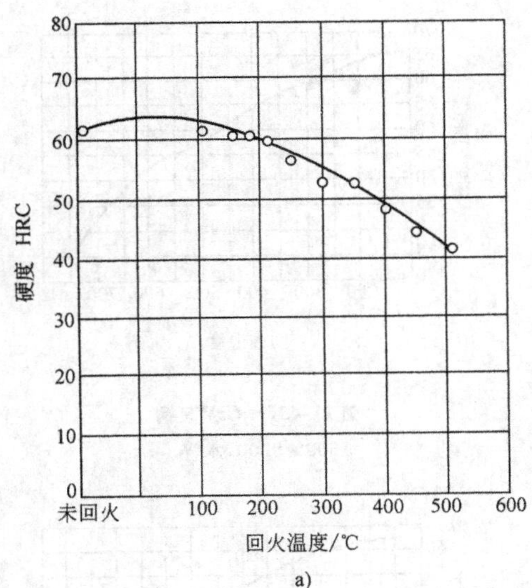

a)

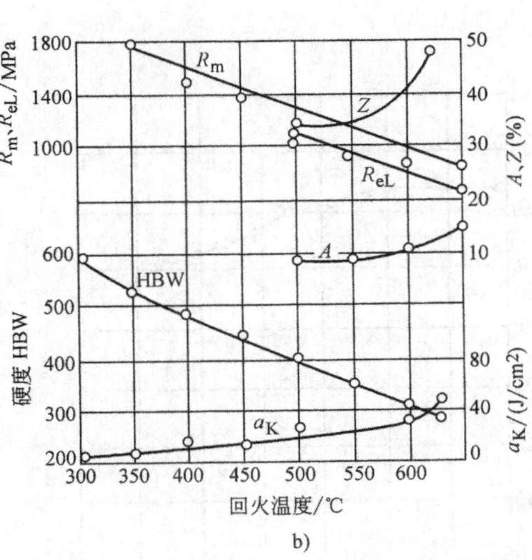

b)

图 11-434 Cr2 钢

840℃油淬，回火 1h

a）硬度 b）常见力学性能

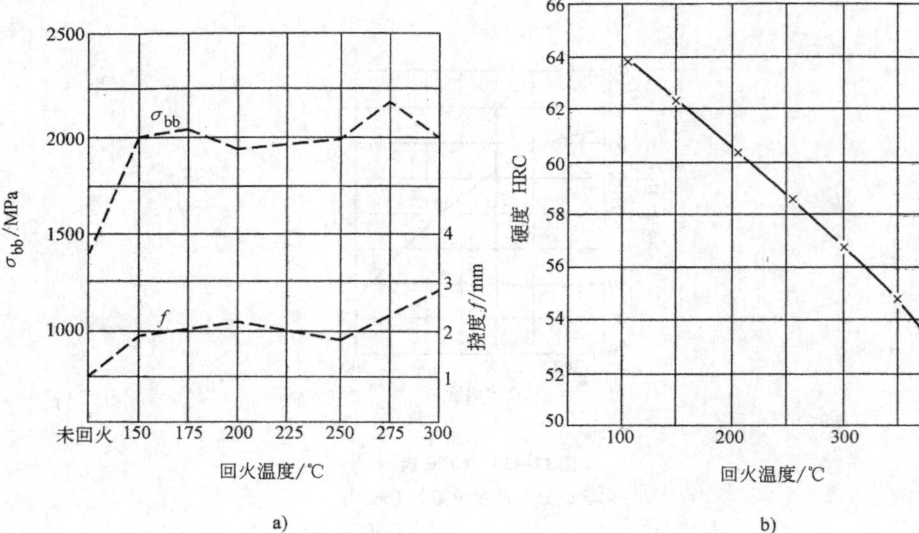

图 11-435　CrMn 钢

加热温度 850℃

a）抗弯强度与挠度　b）硬度

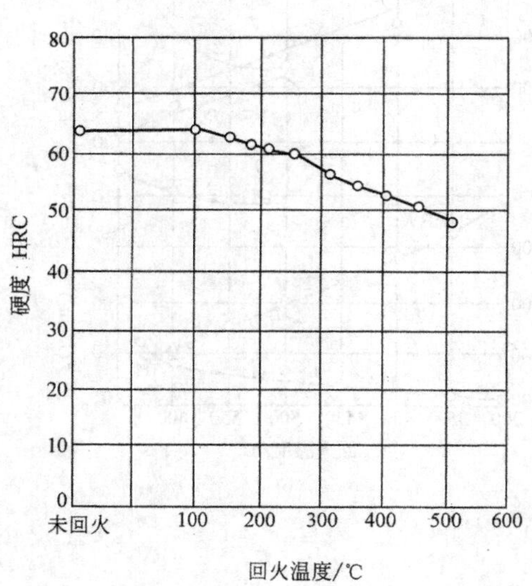

图 11-436　CrWMn 钢

830℃油淬，回火 1h

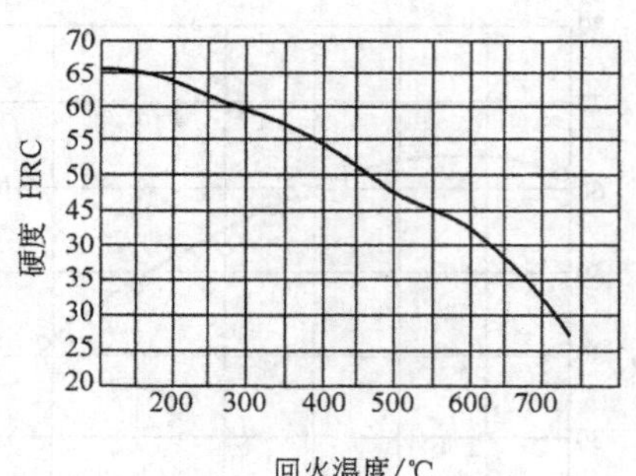

图 11-437　CrW5 钢

800～820℃水淬

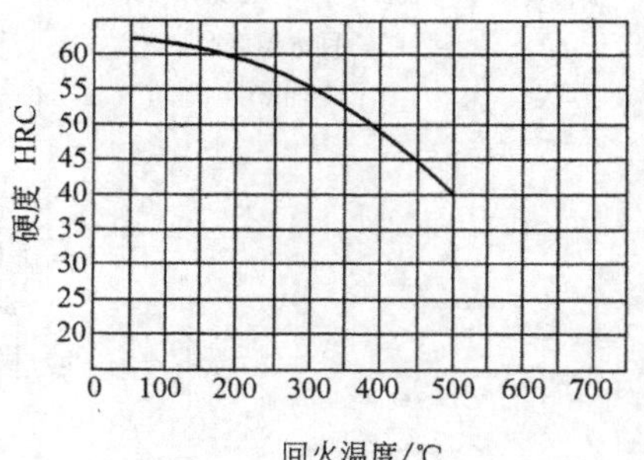

图 11-438　9Cr2 钢

840℃油淬

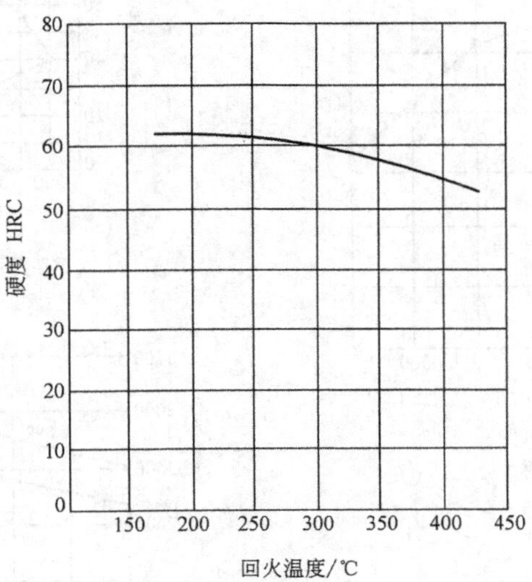

图 11-439 SiCr 钢

860℃油淬

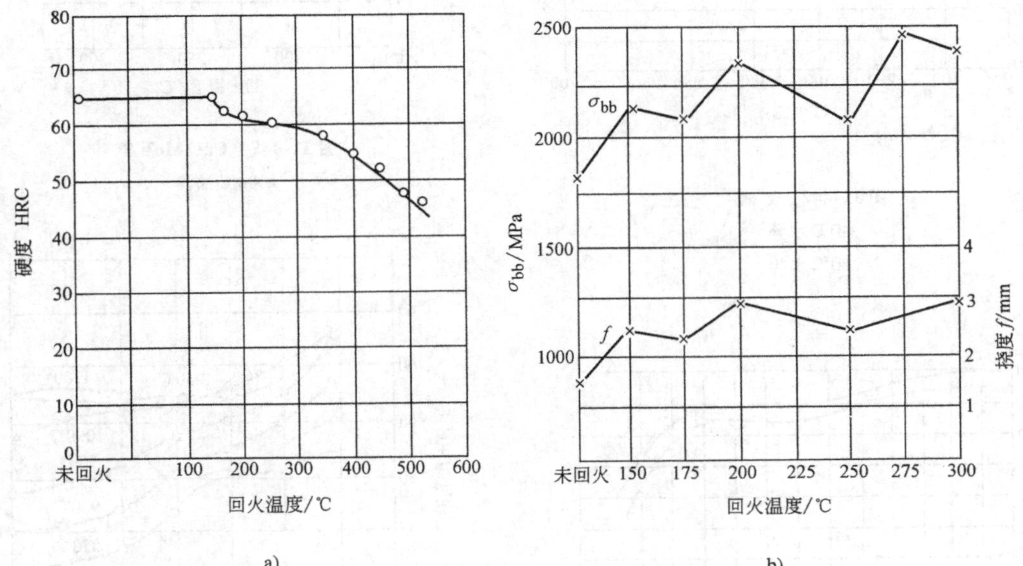

图 11-440 9SiCr 钢

870℃油淬，回火 1h

a）硬度 b）抗弯强度与挠度

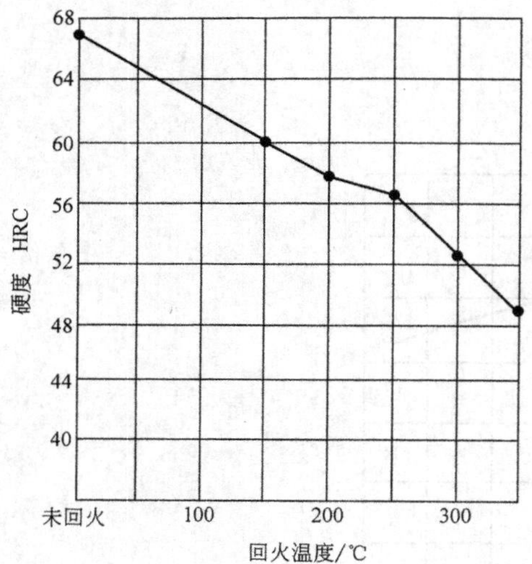

图 11-441　W 钢

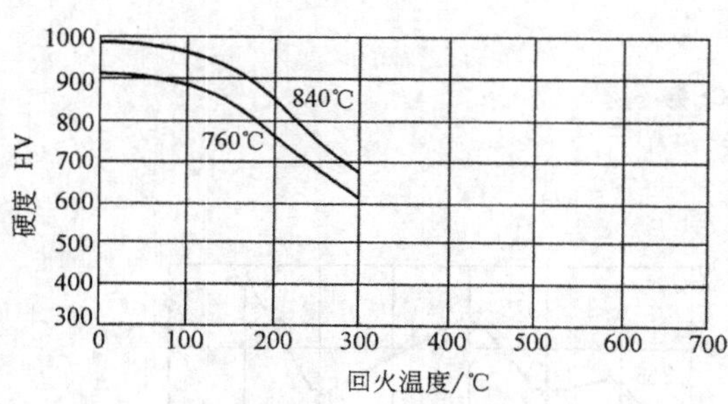

图 11-442　V 钢

840℃水淬

760℃水淬

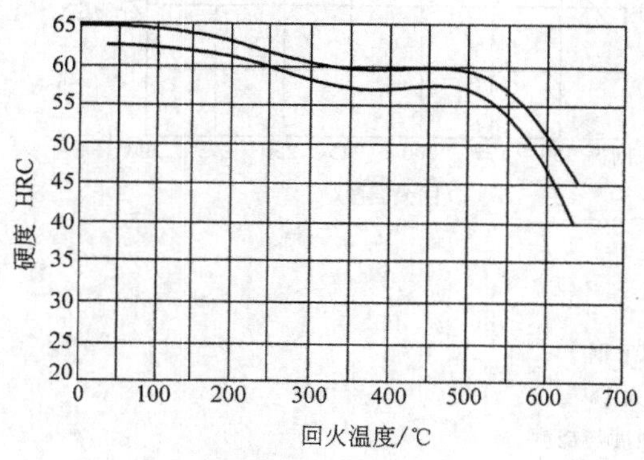

图 11-443　Cr12 钢

980℃淬火

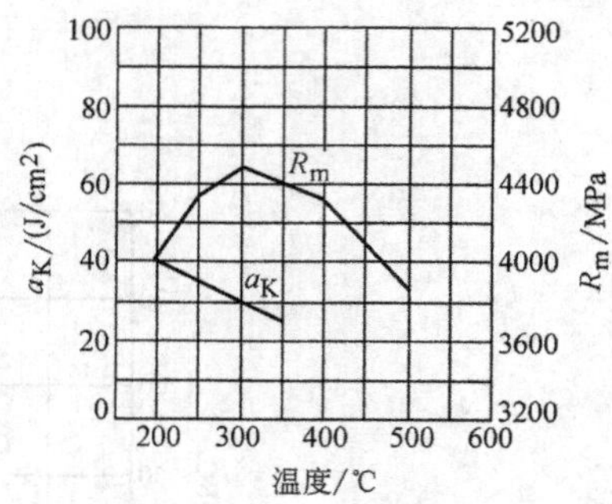

图 11-444　Cr12Mo 钢

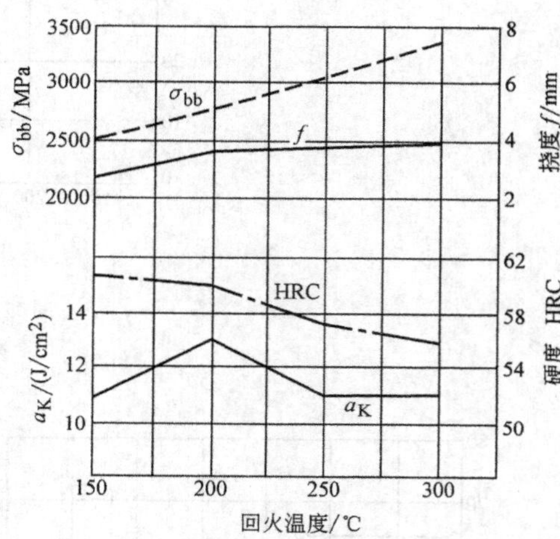

图 11-445　Cr12MoV 钢

1000℃油淬

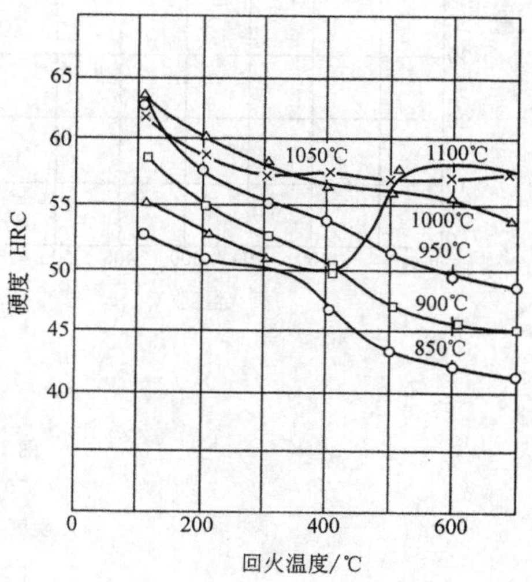

图 11-446　Cr6WV 钢

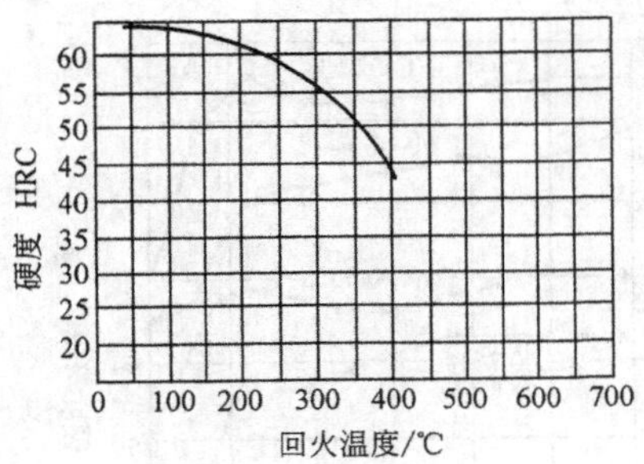

图 11-447　9Mn2 钢

760～780℃水淬

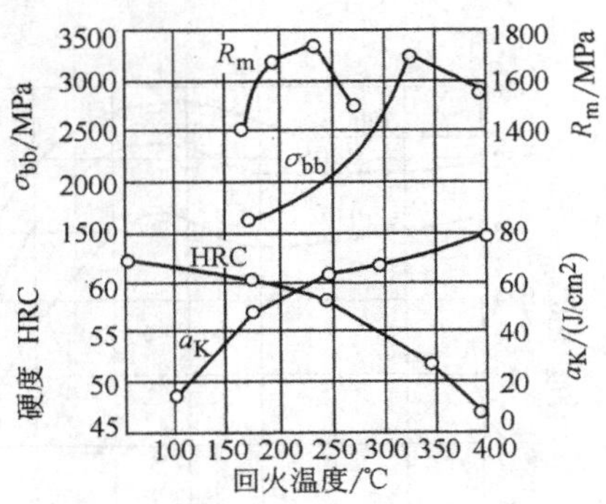

图 11-448　9Mn2V 钢

化学成分（质量分数）（%）	
C	0.91
Mn	1.87
Si	0.37
V	0.18

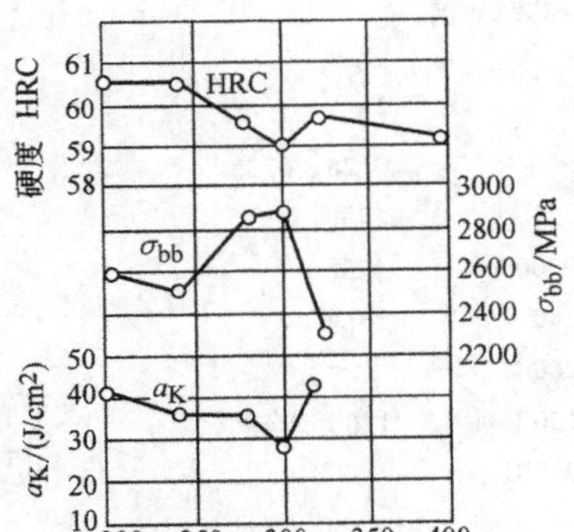

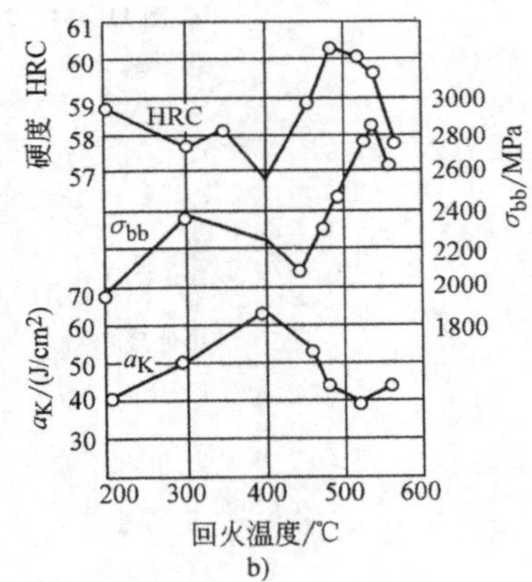

图 11-449　Cr4W2MoV 钢

a)、b) 960℃淬火

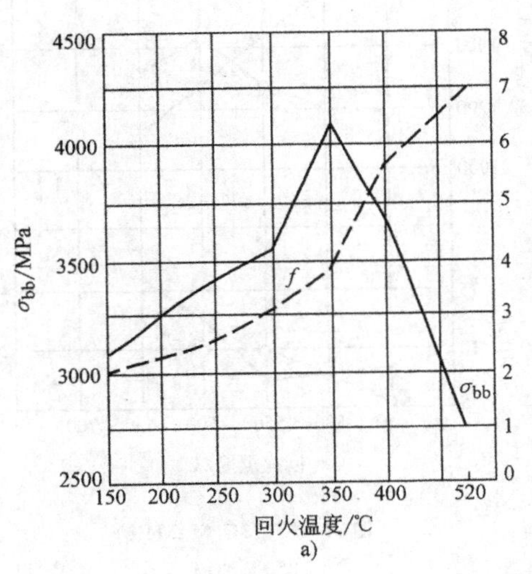

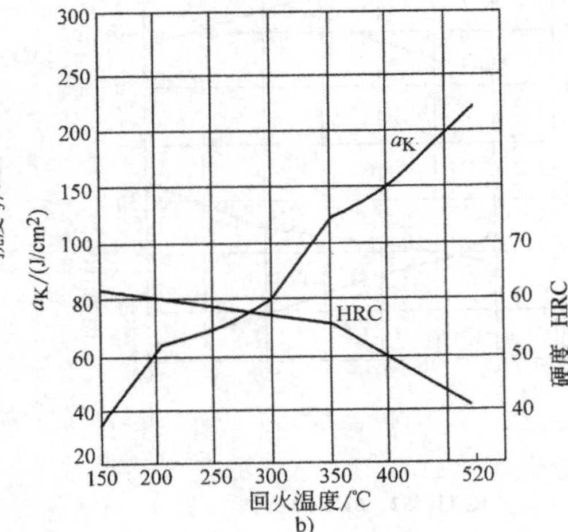

图 11-450　SiMn 钢

800℃淬火

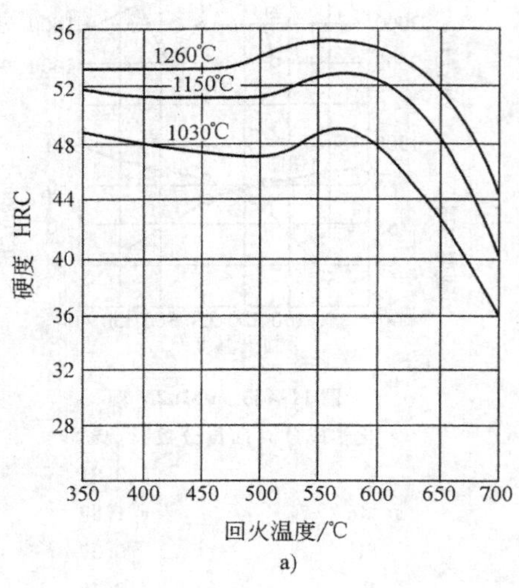

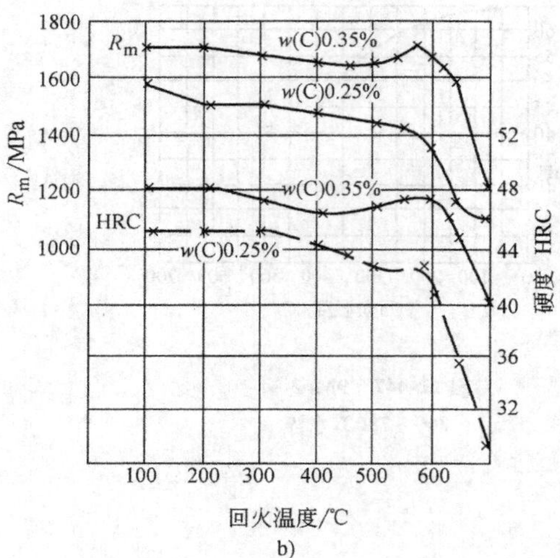

图 11-451　3Cr2W8V 钢

化学成分　(%)

	a)	b)
C	0.3	0.25、0.35
Cr	3.2	相同
W	10.00	相同
V	0.40	相同
热处理	1260℃ 1150℃油淬 1030℃	1100℃淬火

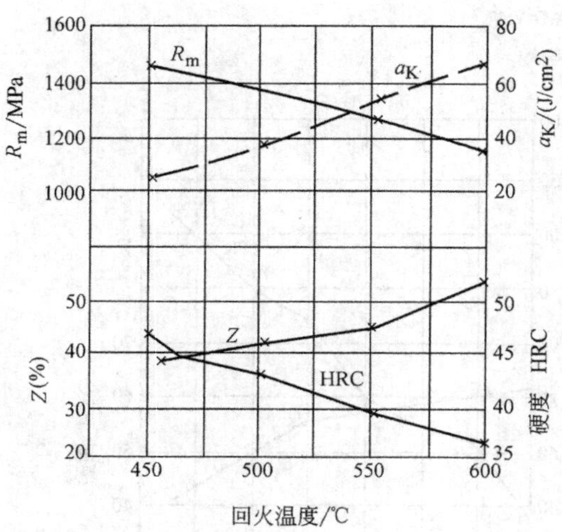

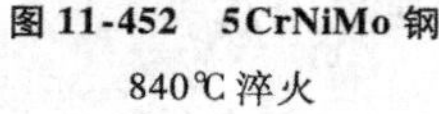

图 11-452　5CrNiMo 钢

840℃淬火

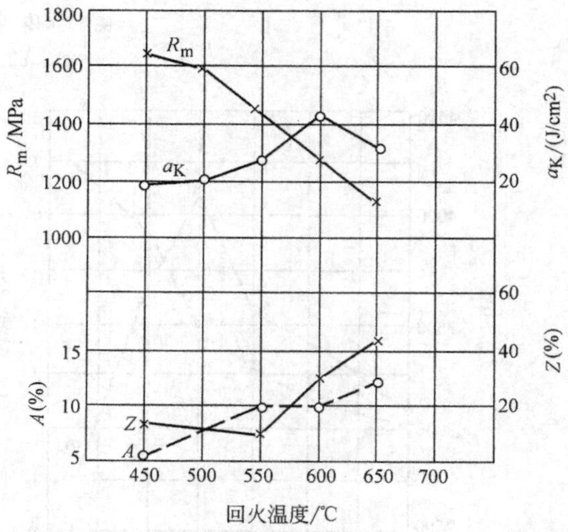

图 11-453　5CrMnMo 钢

850℃油淬

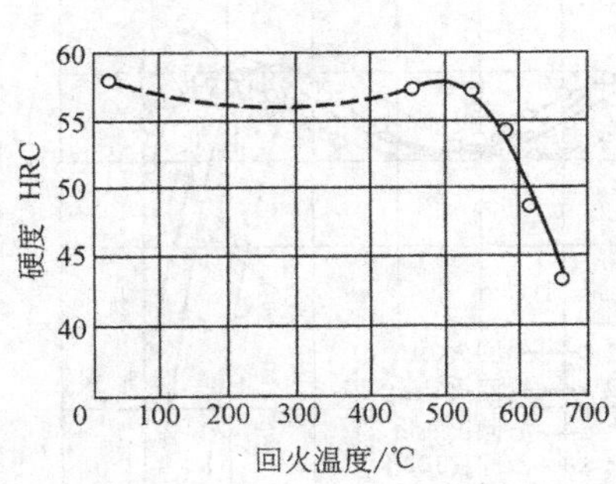

图 11-454　4Cr5W2SiV 钢

1080℃空冷淬火

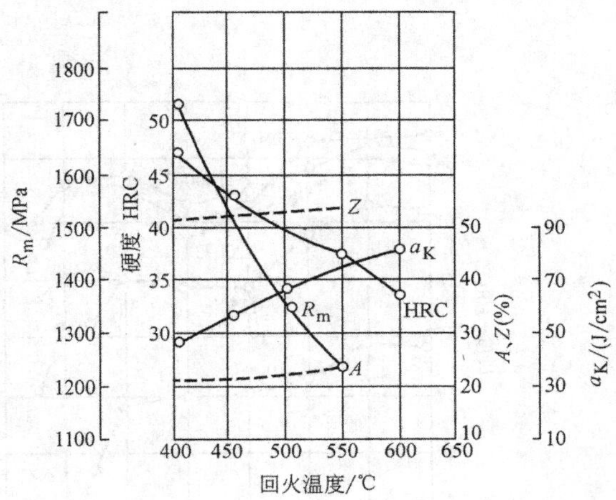

图 11-456　6SiMnV 钢

化学成分（质量分数）（%）

C	0.57
Mn	0.96
Si	0.95
V	0.16
S	0.013
P	0.004

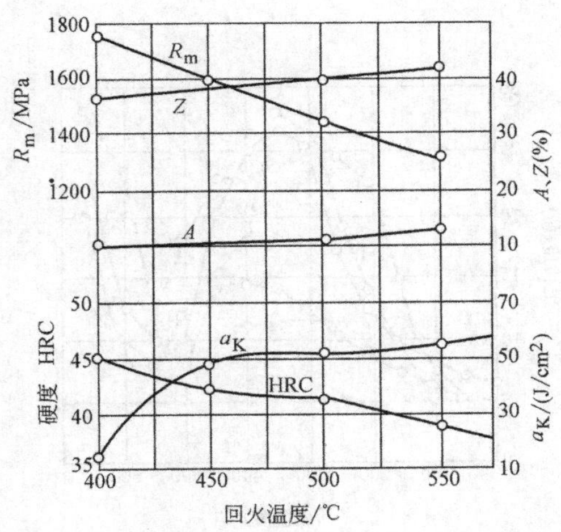

图 11-455　5SiMnMoV 钢

化学成分（质量分数）（%）

C	0.57
Si	1.00
Mn	0.95
Mo	0.12
V	0.16
S	0.018
P	0.002

860℃淬火

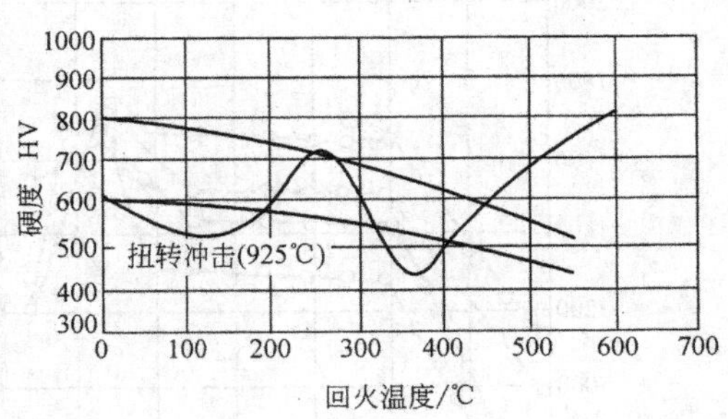

图 11-457　5W2CrSiV 钢

900～925℃油淬

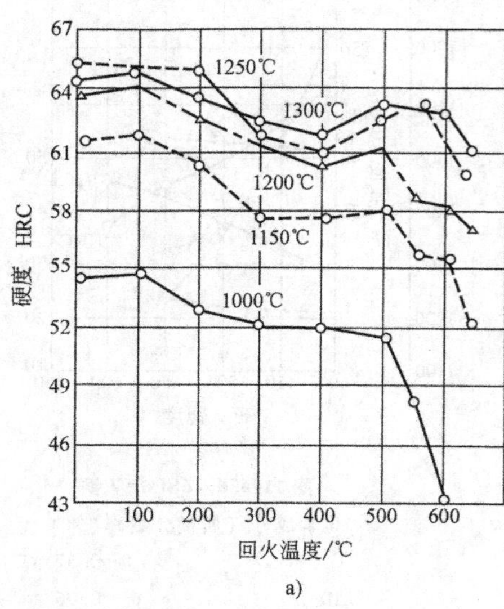

a)

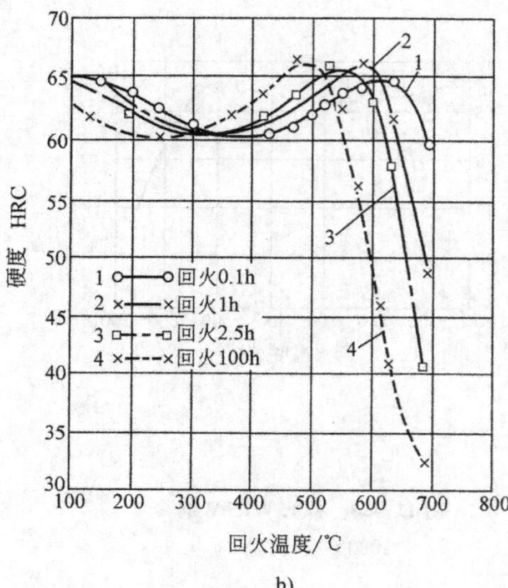

b)

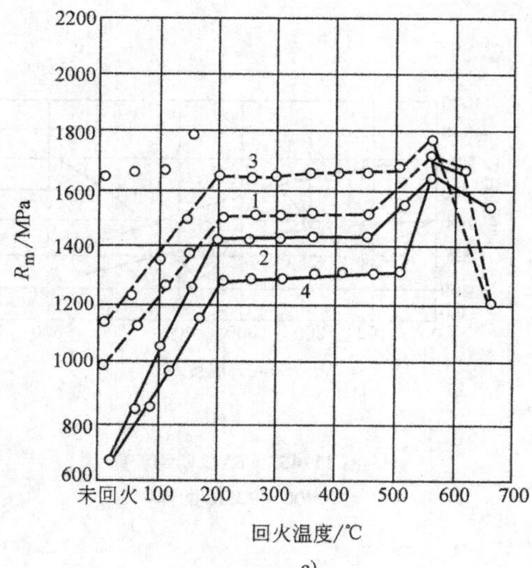

c)

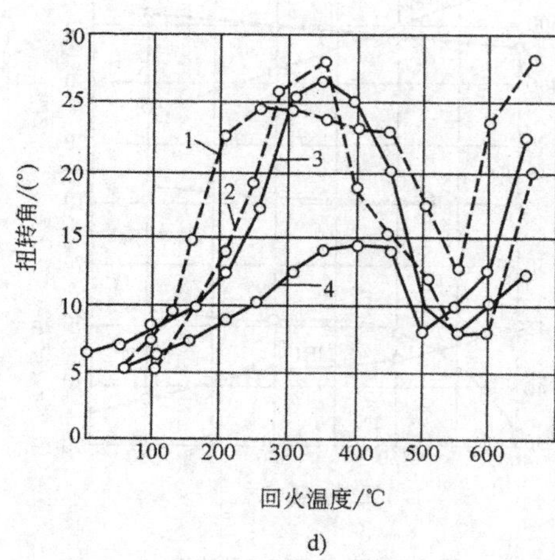

d)

图 11-458　W18Cr4V 钢

a）不同淬火温度，一次回火

b）不同回火时间

c）1—1260℃淬火，－78℃冷处理　2—1260℃淬火

3—1300℃淬火，－78℃冷处理　4—1300℃淬火

d）1—1260℃淬火，－78℃冷处理　2—1260℃淬火

3—1300℃淬火，－78℃冷处理　4—1300℃淬火

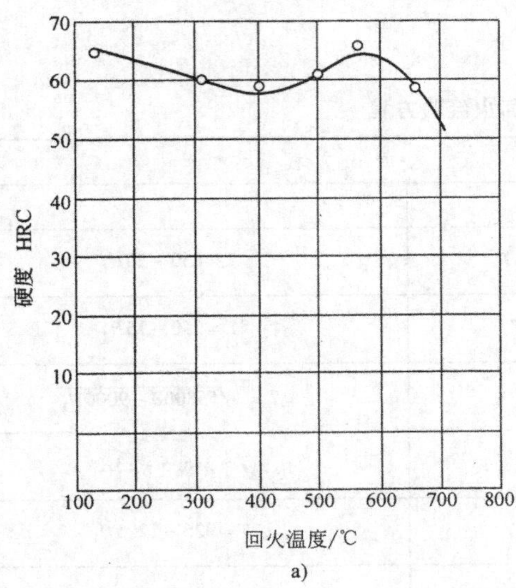

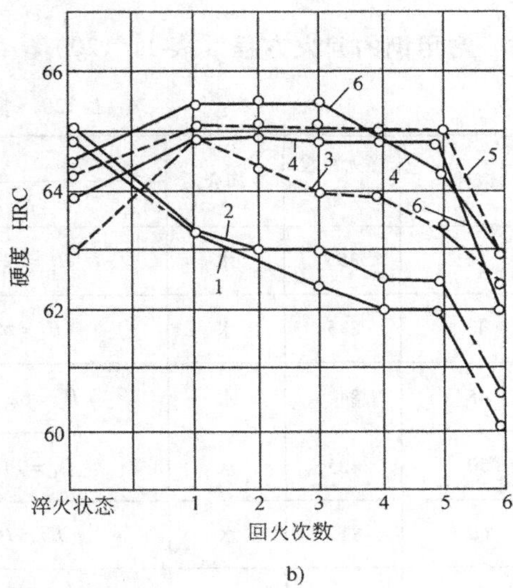

图 11-459 W9Cr4V2 钢

a）硬度与回火温度关系 b）硬度与回火次数关系

淬火温度：1—1200℃ 2—1220℃ 3—1240℃

4—1260℃ 5—1280℃ 6—1300℃

550℃回火，每次 1h

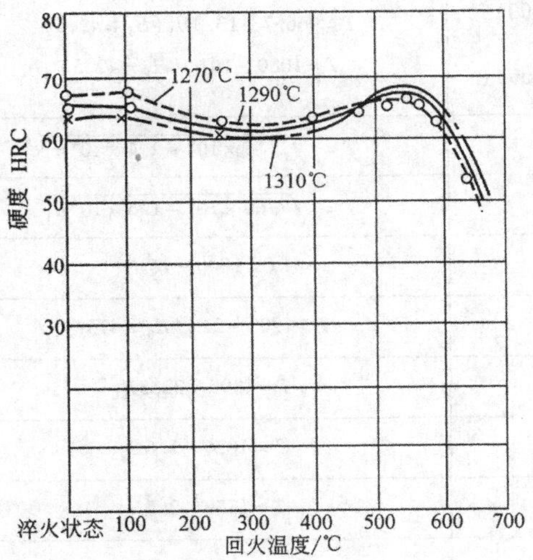

图 11-460 W6Mo5Cr4V2 钢

不同淬火温度

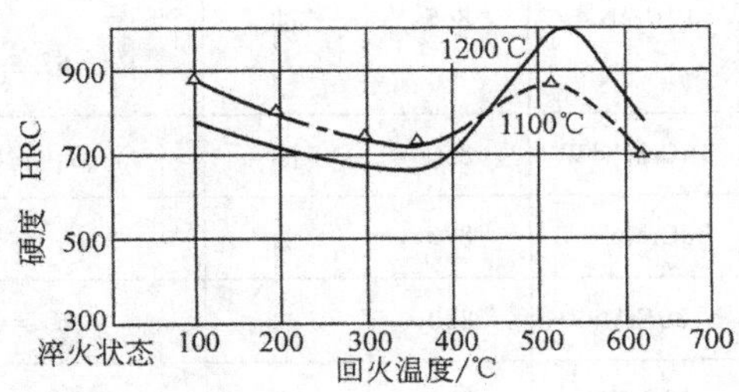

图 11-462 W2Mo10Cr4VCo8（M4）钢

不同温度淬火，三次回火，每次 2h

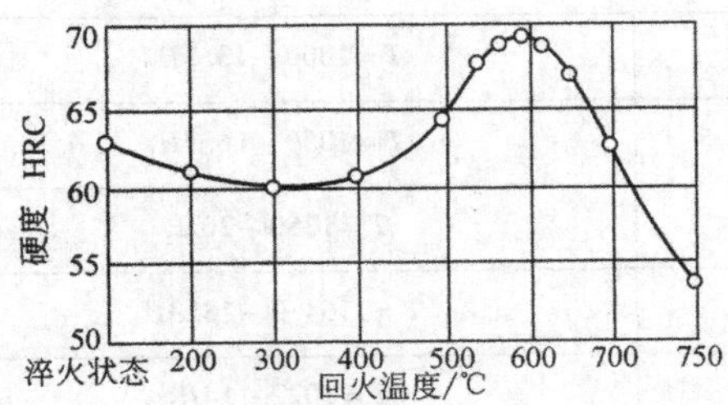

图 11-461 W6Mo5Cr4V2Al 钢

1235℃淬火

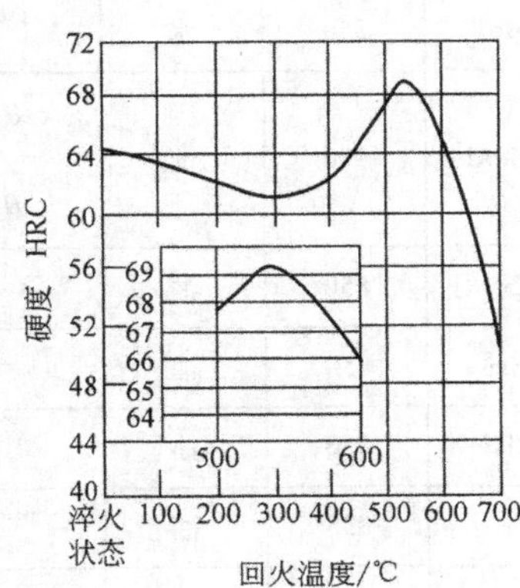

图 11-463 W12Mo3Cr4V3Co5Si 钢

1220 ~ 1240℃淬火，回火 3 ~ 4 次

11.5.2　常用钢的回火方程（表11-120）

表11-120　常用钢回火经验方程

序号	钢种	淬火温度/℃	冷却介质	回火方程	
				H_i	T
1	30	855	水	$H_1=42.5-\frac{1}{20}T$	$T=850-20H_1$
2	40	835	水	$H_1=65-\frac{1}{15}T$	$T=950-15H_1$
3	45	840	水	$H_1=62-\frac{1}{9000}T^2$	$T=\sqrt{558000-9000H_1}$
4	50	825	水	$H_1=70.5-\frac{1}{13}T$	$T=916.5-13H_1$
5	60	815	水	$H_1=74-\frac{2}{25}T$	$T=925-12.5H_1$
6	65	810	水	$H_1=78.3-\frac{1}{12}T$	$T=942-12H_1$
7	20Mn	900	水	$H_4=85-\frac{1}{20}T$	$T=1700-20H_4$
8	20Cr	890	油	$H_1=50-\frac{2}{45}T$	$T=1125-22.5H_1$
9	12Cr2Ni4	865	油	$H_1=72.5-\frac{3}{40}T(T\leqslant400)$ $H_1=67.5-\frac{1}{16}T(T>400)$	$T=966.7-13.3H_1(H_1\geqslant42.5)$ $T=1080-16H_1(H_1<42.5)$
10	18Cr2Ni4W	850	油	$H_1=48-\frac{1}{24000}T^2$	$T=\sqrt{1.15\times10^6-2.4\times10^4H_1}$
11	20CrMnTiA	870	油	$H_1=48-\frac{1}{16000}T^2$	$T=\sqrt{7.68\times10^5-1.6\times10^4H_1}$
12	30CrMo	880	油	$H_1=62.5-\frac{1}{16}T$	$T=1000-16H_1$
13	30CrNi3	830	油	$H_1=600-\frac{1}{2}T$	$T=1200-2H_3(H_3\leqslant475)$
14	30CrMnSi	880	油	$H_1=62-\frac{2}{45}T$	$T=1395-22.5H_1$
15	35SiMn	850	油	$H_2=637.5-\frac{5}{8}T$	$T=1020-1.6H_2$
16	35CrMoV	850	水	$H_2=540-\frac{2}{5}T$	$T=1350-2.5H_2$
17	38CrMoAl	930	油	$H_1=64-\frac{1}{25}T(T\leqslant550)$ $H_1=95-\frac{1}{10}T(T>550)$	$T=1600-25H_1(H_1\geqslant45)$ $T=950-10H_1(H_1<45)$
18	40Cr	850	油	$H_1=75-\frac{3}{40}T$	$T=1000-13.3H_1$
19	40CrNi	850	油	$H_1=63-\frac{3}{50}T$	$T=1050-16.7H_1$
20	40CrNiMo	850	油	$H_1=62.5-\frac{1}{20}T$	$T=1250-20H_1$
21	50Cr	835	油	$H_1=63.5-\frac{3}{55}T$	$T=1164.2-18.3H_1$
22	50CrVA	850	油	$H_1=73-\frac{1}{14}T$	$T=1022-14H_1$
23	60Si2Mn	860	油	$H_1=68-\frac{1}{11250}T^2$	$T=\sqrt{765000-11250H_1}$

（续）

序号	钢种	淬火温度/℃	冷却介质	回火方程	
				H_i	T
24	65Mn	820	油	$H_1=74-\frac{3}{40}T$	$T=986.7-13.3H_1$
25	T7	810	水	$H_1=77.5-\frac{1}{12}T$	$T=930-12H_1$
26	T8	800	水	$H_1=78-\frac{1}{80}T$	$T=891.4-11.4H_1$
27	T10	780	水	$H_1=82.7-\frac{1}{11}T$	$T=930.3-11H_1$
28	T12	780	水	$H_1=72.5-\frac{1}{16}T$	$T=1160-16H_1$
29	CrWMn	830	油	$H_1=69-\frac{1}{25}T$	$T=1725-25H_1$
30	Cr12	980	油	$H_1=64-\frac{1}{80}T(T\leqslant 500)$ $H_1=107.5-\frac{1}{10}T(T>500)$	$T=5120-80H_1(H_1\geqslant 57.75)$ $T=1075-10H_1(H_1<57.75)$
31	Cr12MoV	1000	油	$H_1=65-\frac{1}{100}T(T\leqslant 500)$	$T=6500-100H_1(H_1\geqslant 60)$
32	3Cr2W8V	1150	油	$H_3=1750-2T(T\geqslant 600)$	$T=875-0.5H_3(H_3\leqslant 550)$
33	8Cr3	870	油	$H_1=68-\frac{7}{150}T(T\leqslant 520)$ $H_1=148-\frac{1}{5}T(T>520)$	$T=1457-21.4H_1(H_1<44)$ $T=740-5H_1(H_1>44)$
34	9SiCr	865	油	$H_1=69-\frac{1}{30}T$	$T=2070-30H_1$
35	5CrNiMo	855	油	$H_1=72.5-\frac{1}{16}T$	$T=1160-16H_1$
36	5CrMnMo	855	油	$H_1=69-\frac{3}{50}T$	$T=1150-16.7H_1$
37	W18Cr4V	1280	油	$H_1=93-\frac{3}{31250}T^2$	$T=\sqrt{968750-104167H_1}$
38	GCr15	850	油	$H_2=733-\frac{2}{3}T$	$T=1099.5-1.5H_2$
39	12Cr13	1040	油	$H_1=41-\frac{1}{100}T(T\leqslant 450)$ $H_1=1150-\frac{3}{20}T(450<T\leqslant 620)$	$T=4100-100H_1(H_1\geqslant 36.5)$ $T=7666.7-6.7H_1(22\leqslant H_1<47.5)$
40	20Cr13	1020	油	$H_1=150-\frac{1}{5}T(T\geqslant 550)$	$T=750-5H_1(H_1\leqslant 40)$
41	30Cr13	1020	油	$H_1=62-\frac{5}{6}10^{-4}T^2(T\geqslant 350)$	$T=\sqrt{7.4\times 10^5-1.2\times 10^4}(H_1\leqslant 47)$
42	40Cr13	1020	油	$H_1=68.5-\frac{20}{21}10^{-4}T^2(T\geqslant 400)$	$T=\sqrt{719250-10500H_1}(H_1\leqslant 52)$
43	14Cr17Ni2	1060	油	$H_1=60-\frac{1}{20}T(T\geqslant 400)$	$T=1200-20H_1(H_1\leqslant 40)$
44	95Cr18	1060	油	$H_1=62-\frac{1}{50}T(T\leqslant 450)$ $H_1=83-\frac{1}{15}T(T>450)$	$T=3100-50H_1(H_1\geqslant 53)$ $T=1245-15H_1(H_1<53)$

注：1. 表中符号 H_i：H_1—HRC，H_2—HBW，H_3—HV，H_4—HRA；T 为回火温度（℃）。

2. 本表方程取自经验数据，使用时化学成分应符合国家标准或冶金标准；最大直径或厚度≤临界直径；限于常规淬火、回火工艺。

11.6 金属相关表示方法

11.6.1 钢铁及合金统一数字代号（GB/T 17616—1998，表 11-121～表 11-136）

表 11-121 钢铁及合金的类型与统一数字代号（GB/T 17616—1998）

钢铁及合金的类型	英文名称	前缀字母	统一数字代号
合金结构钢	Alloy structural steel	A	A×××××
轴承钢	Bearing steel	B	B×××××
铸铁、铸钢及铸造合金	Cast iron, cast steel and cast alloy	C	C×××××
电工用钢和纯铁	Electrical steel and iron	E	E×××××
铁合金和生铁	Ferro alloy and pig iron	F	F×××××
高温合金和耐蚀合金	Heat resisting and corrosion resisting alloy	H	H×××××
精密合金及其他特殊物理性能材料	Precision alloy and other special physical character materials	J	J×××××
低合金钢	Low alloy steel	L	L×××××
杂类材料	Miscellaneous materials	M	M×××××
粉末及粉末材料	Powders and powder materials	P	P×××××
快淬金属及合金	Quick quench matel and alloys	Q	Q×××××
不锈、耐蚀和耐热钢	Stainless, corrosion resisting and heat resisting steel	S	S×××××
工具钢	Tool steel	T	T×××××
非合金钢	Unalloy steel	U	U×××××
焊接用钢及合金	Steel and alloy for welding	W	W×××××

表 11-122 合金结构钢细分类与统一数字代号（GB/T 17616—1998）

统一数字代号	合金结构钢(包括合金弹簧钢)细分类
A0××××	Mn(X)、MnMo(X)系钢
A1××××	SiMn(X)、SiMnMo(X)系钢
A2××××	Cr(X)、CrSi(X)、CrMn(X)、CrV(X)、CrMnSi(X)系钢
A3××××	CrMo(X)、CrMoV(X)系钢
A4××××	CrNi(X)系钢
A5××××	CrNiMo(X)、CrNiW(X)系钢
A6××××	Ni(X)、NiMo(X)、NiCoMo(X)、Mo(X)、MoWV(X)系钢
A7××××	B(X)、MnB(X)、SiMnB(X)系钢
A8××××	(暂空)
A9××××	其他合金结构钢

表 11-123 轴承钢细分类与统一数字代号（GB/T 17616—1998）

统一数字代号	轴承钢细分类
B0××××	高碳铬轴承钢
B1××××	渗碳轴承钢
B2××××	高温、不锈轴承钢
B3××××	无磁轴承钢
B4××××	石墨轴承钢
B5××××	(暂空)
B6××××	(暂空)
B7××××	(暂空)
B8××××	(暂空)
B9××××	(暂空)

表 11-124　铸铁、铸钢及铸造合金细分类与统一数字代号（GB/T 17616—1998）

统一数字代号	铸铁、铸钢及铸造合金细分类
C0××××	铸铁（包括灰铸铁、球墨铸铁、黑心可锻铸铁、珠光体可锻铸铁、白心可锻铸铁、抗磨白口铸铁、中锰抗磨球墨铸铁、高硅耐蚀铸铁、耐热铸铁等）
C1××××	铸铁（暂空）
C2××××	非合金铸钢（一般非合金铸钢、含锰非合金铸钢、一般工程和焊接结构用非合金铸钢、特殊专用非合金铸钢等）
C3××××	低合金铸钢
C4××××	合金铸钢（不锈耐热铸钢、铸造永磁钢除外）
C5××××	不锈耐热铸钢
C6××××	铸造永磁钢和合金
C7××××	铸造高温合金和耐蚀合金
C8××××	（暂空）
C9××××	（暂空）

表 11-125　电工用钢和纯铁细分类与统一数字代号（GB/T 17616—1998）

统一数字代号	电工用钢和纯铁细分类
E0××××	电磁纯铁
E1××××	热轧硅钢
E2××××	冷轧无取向硅钢
E3××××	冷轧取向硅钢
E4××××	冷轧取向硅钢（高磁感）
E5××××	冷轧取向硅钢（高磁感、特殊检验条件）
E6××××	无磁钢
E7××××	（暂空）
E8××××	（暂空）
E9××××	（暂空）

表 11-126　铁合金和生铁细分类与统一数字代号（GB/T 17616—1998）

统一数字代号	铁合金和生铁细分类
F0××××	生铁（包括炼钢生铁、铸造生铁、含钒生铁、球墨铸铁用生铁、铸造用磷铜钛低合金耐磨生铁、脱碳低磷粒铁等）
F1××××	锰铁合金及金属锰（包括低碳锰铁、中碳锰铁、高碳锰铁、高炉锰铁、锰硅合金、铌锰铁合金、金属锰、电解金属锰等）
F2××××	硅铁合金（包括硅铁合金、硅铝铁合金、硅钙合金、硅钡合金、硅钡铝合金、硅钙钡铝合金等）
F3××××	铬铁合金及金属铬（包括微碳铬铁、低碳铬铁、中碳铬铁、高碳铬铁、氮化铬铁、金属铬、硅铬合金等）
F4××××	钒铁、钛铁、铌铁及合金（包括钒铁、钒铝合金、钛铁、铌铁等）
F5××××	稀土铁合金（包括稀土硅铁合金、稀土镁硅铁合金等）
F6××××	钼铁、钨铁及合金（包括钼铁、钨铁等）
F7××××	硼铁、磷铁及合金
F8××××	（暂空）
F9××××	（暂空）

表 11-127　高温合金和耐蚀合金细分类与统一数字代号（GB/T 17616—1998）

统一数字代号	高温合金和耐蚀合金细分类
H0××××	耐蚀合金（包括固溶强化型铁镍基合金，时效硬化型铁镍基合金、固溶强化型镍基合金、时效硬化型镍基合金）
H1××××	高温合金（固溶强化型铁镍基合金）
H2××××	高温合金（时效硬化型铁镍基合金）
H3××××	高温合金（固溶强化型镍基合金）
H4××××	高温合金（时效硬化型镍基合金）
H5××××	高温合金（固溶强化型钴基合金）
H6××××	高温合金（时效硬化型钴基合金）
H7××××	（暂空）
H8××××	（暂空）
H9××××	（暂空）

表 11-128　精密合金及其他特殊物理性能材料细分类与统一数字代号（GB/T 17616—1998）

统一数字代号	精密合金及其他特殊物理性能材料细分类
J0××××	（暂空）
J1××××	软磁合金
J2××××	变形永磁合金
J3××××	弹性合金
J4××××	膨胀合金
J5××××	热双金属
J6××××	电阻合金（包括电阻电热合金）
J7××××	（暂空）
J8××××	（暂空）
J9××××	（暂空）

表 11-129　低合金钢细分类与统一数字代号（GB/T 17616—1998）

统一数字代号	低合金钢细分类（焊接用低合金钢、低合金铸钢除外）
L0××××	低合金一般结构钢（表示强度特性值的钢）
L1××××	低合金专用结构钢（表示强度特性值的钢）
L2××××	低合金专用结构钢（表示成分特性值的钢）
L3××××	低合金钢筋钢（表示强度特性值的钢）
L4××××	低合金钢筋钢（表示成分特性值的钢）
L5××××	低合金耐候钢
L6××××	低合金铁道专用钢
L7××××	（暂空）
L8××××	（暂空）
L9××××	其他低合金钢

表 11-130　杂类材料细分类与统一数字代号（GB/T 17616—1998）

统一数字代号	杂类材料细分类
M0××××	杂类非合金钢（包括原料纯铁、非合金钢球钢等）
M1××××	杂类低合金钢
M2××××	杂类合金钢（包括锻制轧辊用合金钢、钢轨用合金钢等）
M3××××	冶金中间产品（包括钒渣、五氧化二钒、氧化钼块、铌磷半钢等）
M4××××	铸铁产品用材料（包括灰口铸铁管、球墨铸铁管、铸铁轧辊、铸铁焊丝、铸铁丸、铸铁砂等用铸铁材料）
M5××××	非合金铸钢产品用材料（包括一般非合金铸钢材料、含锰非合金铸钢材料、非合金铸钢丸材料、非合金铸钢砂材料等）
M6××××	合金铸钢产品用材料（包括 Mn 系、MnMo 系、Cr 系、CrMo 系、CrNiMo 系、Cr(Ni)MoSi 系铸钢材料等）
M7××××	（暂空）
M8××××	（暂空）
M9××××	（暂空）

表 11-131　粉末及粉末材料细分类与统一数字代号（GB/T 17616—1998）

统一数字代号	粉末及粉末材料细分类
P0××××	粉末冶金结构材料（包括粉末烧结铁及铁基合金、粉末烧结非合金结构钢、粉末烧结合金结构钢等）
P1××××	粉末冶金摩擦材料和减摩材料（包括铁基摩擦材料、铁基减摩材料等）
P2××××	粉末冶金多孔材料（包括铁及铁基合金多孔材料、不锈钢多孔材料）
P3××××	粉末冶金工具材料（包括粉末冶金工具钢等）
P4××××	（暂空）
P5××××	粉末冶金耐蚀材料和耐热材料（包括粉末冶金不锈、耐蚀和耐热钢、粉末冶金高温合金和耐蚀合金等）
P6××××	（暂空）
P7××××	粉末冶金磁性材料（包括软磁铁氧体材料、永磁铁氧体材料、特殊磁性铁氧体材料、粉末冶金软磁合金、粉末冶金铝镍钴永磁合金、粉末冶金稀土钴永磁合金、粉末冶金钕铁硼永磁合金等）
P8××××	（暂空）
P9××××	铁、锰等金属粉末（包括粉末冶金用还原铁粉、电焊条用还原铁粉、穿甲弹用铁粉、穿甲弹用锰粉等）

表 11-132　快淬金属及合金细分类与统一数字代号（GB/T 17616—1998）

统一数字代号	快淬金属及合金细分类
Q0××××	（暂空）
Q1××××	快淬软磁合金
Q2××××	快淬永磁合金
Q3××××	快淬弹性合金
Q4××××	快淬膨胀合金
Q5××××	快淬热双金属
Q6××××	快淬电阻合金
Q7××××	快淬可焊合金
Q8××××	快淬耐蚀耐热合金
Q9××××	（暂空）

表 11-133　不锈、耐蚀和耐热钢细分类与统一数字代号（GB/T 17616—1998）

统一数字代号	不锈、耐蚀和耐热钢细分类
S0××××	（暂空）
S1××××	铁素体型钢
S2××××	奥氏体-铁素体型钢
S3××××	奥氏体型钢
S4××××	马氏体型钢
S5××××	沉淀硬化型钢
S6××××	（暂空）
S7××××	（暂空）
S8××××	（暂空）
S9××××	（暂空）

表 11-134　工具钢细分类与统一数字代号（GB/T 17616—1998）

统一数字代号	工具钢细分类
T0××××	非合金工具钢（包括一般非合金工具钢、含锰非合金工具钢）
T1××××	非合金工具钢（包括非合金塑料模具钢、非合金钎具钢等）
T2××××	合金工具钢（包括冷作、热作模具钢，合金塑料模具钢，无磁模具钢等）
T3××××	合金工具钢（包括量具刃具钢）
T4××××	合金工具钢（包括耐冲击工具钢、合金钎具钢等）
T5××××	高速工具钢（包括 W 系高速工具钢）
T6××××	高速工具钢（包括 W-Mo 系高速工具钢）
T7××××	高速工具钢（包括含 Co 高速工具钢）
T8××××	（暂空）
T9××××	（暂空）

表 11-135　非合金钢细分类与统一数字代号（GB/T 17616—1998）

统一数字代号	非合金钢细分类（非合金工具钢、电磁纯铁、焊接用非合金钢、非合金钢铸钢除外）
U0××××	（暂空）
U1××××	非合金一般结构及工程结构钢（表示强度特性值的钢）
U2××××	非合金机械结构钢（包括非合金弹簧钢、表示成分特性值的钢）
U3××××	非合金特殊专用结构钢（表示强度特性值的钢）
U4××××	非合金特殊专用结构钢（表示成分特性值的钢）
U5××××	非合金特殊专用结构钢（表示成分特性值的钢）
U6××××	非合金铁道专用钢
U7××××	非合金易切削钢
U8××××	（暂空）
U9××××	（暂空）

表 11-136　焊接用钢及合金细分类与统一数字代号（GB/T 17616—1998）

统一数字代号	焊接用钢及合金细分类
W0××××	焊接用非合金钢
W1××××	焊接用低合金钢
W2××××	焊接用合金钢（不含 Cr、Ni 钢）
W3××××	焊接用合金钢（W2××××、W4××××类除外）
W4××××	焊接用不锈钢
W5××××	焊接用高温合金和耐蚀合金
W6××××	钎焊合金
W7××××	（暂空）
W8××××	（暂空）
W9××××	（暂空）

11.6.2　钢铁牌号中的代号（GB/T 221—2008，GB/T 5612—2008，表 11-137，表 11-138）

表 11-137　常用钢牌号中的代号（GB/T 221—2008）

产品名称	代号	位置	牌号表示方法实例
碳素结构钢、低合金高强度结构钢	Q	牌号头	Q235、Q345
易切削结构钢	Y	牌号头	Y45Mn
非调质机械结构钢	F	牌号头	F35VS
各种轴承钢①	G	牌号头	GCr15SiMn
碳素工具钢	T	牌号头	T8
热轧光圆钢筋	HPB	牌号头	HPB235
热轧带肋钢筋	HRB	牌号头	HRB335
细晶粒热轧带肋钢筋	HRBF	牌号头	HRBF335
冷轧带肋钢筋	CRB	牌号头	CRB550
预应力混凝土用螺纹钢筋	PSB	牌号头	PSB830
焊接用钢	H	牌号头(尾)	H08A、ZG200-400H
焊接气瓶用钢	HP	牌号头	HP345
钢轨钢	U	牌号头	U70MnSi
冷镦钢	ML	牌号头	ML30Cr
管线用钢	L	牌号头	L415
船用锚链钢	CM	牌号头	CM370
煤机用钢	M	牌号头	M510
车辆车轴用钢	LZ	牌号头	LZ45
机车车辆用钢	JZ	牌号头	JZ45
锅炉用钢(管)	G	牌号尾	20MnG
锅炉和压力容器用钢	R	牌号尾	Q345R、15CrMoR
低温压力容器用钢	DR	牌号尾	Q345DR、16MnDR
桥梁用钢	Q②	牌号尾	Q420Q
耐候钢	NH	牌号尾	Q235NH
高耐候钢	GNH	牌号尾	Q355GNH
汽车大梁用钢	L	牌号尾	420L
高性能建筑结构用钢	GJ	牌号尾	Q235GJ
低焊接裂纹敏感性钢	CF	牌号尾	Q500CF
保证淬透性钢	H	牌号尾	45H
矿用钢	K	牌号尾	20MnK
沸腾钢	F	牌号尾	Q195F
半镇静钢	b	牌号尾	20Mnb
镇静钢	Z	牌号尾	45MnZ,Z 通常可省略,即 45Mn
特殊镇静钢	TZ	牌号尾	Q235TZ,TZ 通常可省略,即 Q235
质量等级	A、B、C、D、E 等	牌号尾	50MnE(特级优质钢)

注：钢牌号中牌号尾部代号若同时出现，其顺序为：钢的质量等级＋脱氧方式＋产品用途、特性和工艺方法，如 20MnAZK，Z 可省略，即为 20MnAK。

① 包括高碳铬轴承钢、渗碳轴承钢、高碳铬不锈轴承钢和高温轴承钢。

② GB/T 714—2008《桥梁用结构钢》中用的是小写字母“q”，如 Q420q。

表 11-138 各种铸铁牌号中的代号（GB/T 5612—2008）

铸铁名称	代号	牌号表示方法实例	铸铁名称	代号	牌号表示方法实例
灰铸铁	HT		耐热球墨铸铁	QTR	QTRSi5
灰铸铁	HT	HT250、HTCr-300	耐蚀球墨铸铁	QTS	QTSNi20Cr2
奥氏体灰铸铁	HTA	HTANi20Cr2	蠕墨铸铁	RuT	RuT420
冷硬灰铸铁	HTL	HTLCr1Ni1Mo	可锻铸铁	KT	
耐磨灰铸铁	HTM	HTMCu1CrMo	白心可锻铸铁	KTB	KTB350-04
耐热灰铸铁	HTR	HTRCr	黑心可锻铸铁	KTH	KTH350-10
耐蚀灰铸铁	HTS	HTSNi2Cr	珠光体可锻铸铁	KTZ	KTZ650-02
球墨铸铁	QT		白口铸铁	BT	
球墨铸铁	QT	QT400-18	抗磨白口铸铁	BTM	BTMCr15Mo
奥氏体球墨铸铁	QTA	QTANi30Cr3	耐热白口铸铁	BTR	BTRCr16
冷硬球墨铸铁	QTL	QTLCrMo	耐蚀白口铸铁	BTS	BTSCr28
抗磨球墨铸铁	QTM	QTMMn8-30			

11.6.3 钢产品标记代号（GB/T 15575—2008，表 11-139）

表 11-139 钢产品标记代号（GB/T 15575—2008）

代号	中文名称	英文名称
W	加工状态（方法）	working condition
WH	热加工	hot working
WHR	热轧	hot rolling
WHE	热扩	hot expansion
WHEX	热挤	hot extrusion
WHF	热锻	hot forging
WC	冷加工	cold working
WCR	冷轧	cold rolling
WCE	冷挤压	cold extrusion
WCD	冷拉（拔）	cold draw
WW	焊接	weld
P	尺寸精度	precision of dimensions
E	边缘状态	edge condition
EC	切边	cut edge
EM	不切边	mill edge
ER	磨边	rub edge
F	表面质量	workmanship finish and appearance
FA	普通级	A class
FB	较高级	B class
FC	高级	C class

（续）

代号	中文名称	英文名称
S	表面种类	surface kind
SPP	压力加工表面	pressure process
SA	酸洗	acid
SS	喷丸（砂）	shot blast
SF	剥皮	flake
SP	磨光	polish
SB	抛光	buff
SBL	发蓝	blue
S_	镀层	metallic coating
SC_	涂层	organic coating
ST	表面处理	treatment surface
STC	钝化（铬酸）	passivation
STP	磷化	phosphatization
STO	涂油	oiled
STS	耐指纹处理	sealed
S	软化程度	soft grade
S 1/4	1/4 软	soft quarter
S 1/2	半软	soft half
S	软	soft
S2	特软	soft special
H	硬化程度	hard grade
H 1/4	低冷硬	hard low
H 1/2	半冷硬	hard half
H	冷硬	hard
H2	特硬	hard special
	热处理类型	
A	退火	annealing
SA	软化退火	soft annealing
G	球化退火	globurizing
L	光亮退火	light annealing
N	正火	normalizing
T	回火	tempering
QT	淬火 + 回火	quenching and tempering
NT	正火 + 回火	normalizing and tempering
S	固溶	solution treatment
AG	时效	aging

（续）

代号	中文名称	英文名称
	冲压性能	
CQ	普通级	commercial quality
DQ	冲压级	drawing quality
DDQ	深冲级	deep drawing quality
EDDQ	特深冲级	extra deep drawing quality
SDDQ	超深冲级	super deep drawing quality
ESDDQ	特超深冲级	extra super deep drawing quality
U	使用加工方法	use
UP	压力加工用	use for pressure process
UHP	热加工用	use for hot process
UCP	冷加工用	use for cold process
UF	顶锻用	use for forge process
UHF	热顶锻用	use for hot forge process
UCF	冷顶锻用	use for cold forge process
UC	切削加工用	use for cutting process

11.6.4 变形铝及铝合金状态代号（GB/T 16475—2008，表 11-140、表 11-141）

表 11-140 基础状态代号及名称

序号	代号	名称
1	F	自由加工状态
2	O	退火状态
3	H	加工硬化状态
4	W	固溶处理状态
5	T	不同于 F、O 或 H 状态的热处理状态

注：1. 某些6×××系或7×××系的合金，无论是炉内固溶热处理，还是高温成型后急冷以保留可溶性组分在固溶体中，均能达到相同的固溶热处理效果，这些合金的 T3、T4、T6、T7、T8 和 T9 状态可采用上述两种处理方法的任一种，但应保证产品的力学性能和其他性能（如耐蚀性）。

表 11-141 铝及铝合金加工产品 T×细分状态代号说明与代号释义（GB/T 16475—2008）

状态代号	代号释义
T1	高温成形＋自然时效 适用于高温成形后冷却、自然时效，不再进行冷加工（或影响力学性能极限的矫平、矫直）的产品
T2	高温成形＋冷加工＋自然时效 适用于高温成形后冷却，进行冷加工（或影响力学性能极限的矫平、矫直）以提高强度，然后自然时效的产品
T3	固溶处理＋冷加工＋自然时效 适用于固溶处理后，进行冷加工（或影响力学性能极限的矫平、矫直）以提高强度，然后自然时效的产品
T4	固溶处理＋自然时效 适用于固溶处理后，不再进行冷加工（或影响力学性能极限的矫直、矫平），然后自然时效的产品
T5	高温成形＋人工时效 适用高温成形后冷却、不经冷加工（或影响力学性能极限的矫直、矫平），然后进行人工时效的产品

（续）

状态代号	代号释义
T6	固溶处理 + 人工时效 适用于固溶处理后，不再进行冷加工（或影响力学性能极限的矫直、矫平），然后人工时效的产品
T7	固溶处理 + 过时效 适用于固溶处理后，进行过时效至稳定化状态。为获取除力学性能外的其他某些重要特性，在人工时效时，强度在时效曲线上越过了最高峰点的产品
T8	固溶处理 + 冷加工 + 人工时效 适用于固溶处理后，经冷加工（或影响力学性能极限的矫直、矫平）以提高强度，然后人工时效的产品
T9	固溶处理 + 人工时效 + 冷加工 适用于固溶处理后，人工时效，然后进行冷加工（或影响力学性能极限的矫直、矫平）以提高强度的产品
T10	高温成形 + 冷加工 + 人工时效 适用于高温成形后冷却，经冷加工（或影响力学性能极限的矫直、矫平）以提高强度，然后进行人工时效的产品

11.7　近代材料分析方法概要（表 11-142 ~ 表 11-144）

表 11-142　材料分析类别缩写

Elem	元素分析	Micro	微观分析（≤10μm）
Alloy ver	合金检验	Surface	表面分析
Iso/Mass	同位素或质谱分析	Major	大量（质量分数 >10%）
Qual	定性分析（检验组成元素）	Minor	少量（质量分数为 0.1% ~10%）
Semiquant	半定量分析（数量级）	Troce	痕迹组分（质量分数为 0.0001% ~0.1%）
Quant	定量分析（与标准偏差 ±20% 的精度）	Uitratrace	超痕迹组分（质量分数为 0.0001%）
Macro/Bulk	宏观分析或主体分析		

表 11-143　各种分析方法缩写

AAS	原子吸收光谱	AES	俄歇电子光谱
COMB	高温燃烧	EFG	元素和功能类分析
EPMA	电子探针 X 射线微区分析	ESR	电子自旋共振
FT-IR	傅里叶变换红外光谱分析法	GC/MS	气相色谱/质谱
GMS	气相质谱学	IA	图像分析
IC	离子色谱	ICP-AES	电感耦合等离子体—原子发射光谱分析法
IGF	惰性气体熔化	ISE	离子选择电极
IR	红外光谱	LEISS	低能离子散射光谱
LC	液体色谱	NAA	中子活化分析
MFS	分子荧光光谱法	OES	发光分光镜
NMR	核磁共振	RBS	卢瑟福（Rutherford）背散射光谱学
OM	光学金相分析法	SAXS	小角度 X—射线散射
RS	拉曼（Raman）光谱学	SIMS	二次离子质谱
SEM	扫描电子显微镜	TEM	透射电子显微镜
SSMS	火花源质谱学	XPS	X 射线光电子光谱分析法
UV/VIS	紫外/可见吸收光谱	XRS	X 射线光谱学
XRD	X 射线衍射		

表11-144 各种分析方法概要

一般用途	应用举例	试样和估计分析时间	局限性
1. 发射光谱学			
1）在各种类型试样中进行主要元素和痕量元素的定量测定 2）元素的定性分析	1）钢和合金中，合金元素浓度的快速测定 2）半导体材料杂质浓度测定 3）油中磨损金属分析 4）液态试样中碱和碱±金属氧化物的浓度测定	1）形态：导电固体（电弧、火花、辉光放电）、粉末（电弧）和溶液（火焰） 2）样品量：取决于所用技术，从微克到几克 3）制备：加工或研磨（金属），分解（火焰）和加热溶解或灰化（有机试样） 4）从30s到几小时	1）氮、氧、氢、卤素和惰性气体等很难或不可能测定 2）试样形式必须和所用技术相适应 3）所有方法提供基体依从响应
2. 原子吸收光谱学			
约70种元素的定量分析	1）合金和流程反应物中的微量杂质 2）水的分析 3）矿石和精加工金属固态直接分析 4）空气直接取样分析	1）形态：固体、液体和气态的（汞） 2）样品量：取决于所用技术，从1mg到10mL溶液 3）制备：取决于所用的原子化器的类型和技术；通常必需制备溶液 4）试样溶解可用4~8h或少到5min 5）典型的分析时间从约1min（火焰）到几分钟（炉子）	1）检测界限范围从百亿分之几到百万分之几 2）不能直接分析惰性气体、卤素、硫、碳或氮 3）对难熔氧化物和碳化物形成元素，灵敏度比等离子体原子发射光谱测定法更低 4）基本上是一种单元素技术
3. 紫外和可见光吸收光谱学			
1）定量分析 2）定性分析，尤其是有机化合物的定性分析 3）原子和分析电子结构的基础研究	1）金属和合金主要及痕量成分定量测定 2）环境（空气和水）试样痕量成分定量测定（可现场进行） 3）化学反应率测量 4）有机分子官能团识别 5）液体色层分离谱分流中物质的检测 6）工艺流程中物质的在线监测 7）电镀和化学处理槽的定量分析 8）废水处理前后分析	1）形态：气体、液体或固体，液态溶液是分析中最常用的 2）尺寸：对液体典型试样，体积范围为0.1~30mL 3）制备：相当复杂。其复杂性随被分析物溶解的难度和干扰的数目而增加 4）试样分析所需实际时间是几分钟。制备试样、制作标准和标定曲线可能要几小时	1）被分析物必须吸收200~800nm的辐射的物质 2）附加的步骤往往是必要的，以消除或考虑干扰，用能吸收分析波长附近的辐射的物质（而不是被分析物）来实现的
4. X射线光谱学			
1）固体和液体中元素的定性和定量测定 2）应用于多种材料和薄膜 3）是可供选择的定量分析方法之一	1）对原子序数大于11的元素，可进行材料元素组成的定性鉴别，当浓度大于几个10^{-6}时，鉴别只需几分钟 2）是X射线粉末衍射图形进行相鉴别的基础 3）不论固体和液体的材料和混合物中元素的形态或氧化状态如何，均可进行元素的定量测定 4）测定在各种基体上金属薄膜的厚度	1）形态：固体、粉末、压制片、玻璃、浇铸片或液体 2）尺寸：典型试样直径为32mm的固体或置于特定的杯、保持器和安装架中的液体等 3）取样深度从几μm到1mm或更深，取决于所用X射线能量和试样的基体成分 4）试样制备可能不涉及任何加工，如抛光以得到一平面，或研磨和制片，或在溶剂中溶解等	1）对于大块固体，检测范围一般取决于所用X射线能量和试样基体成分 2）对薄膜试样，检测界限大约为$100ng/cm^2$ 3）除非具有特殊装置，一般不适合于原子序数小于11的元素

（续）

一般用途	应用举例	试样和估计分析时间	局限性
5. 红外光谱学			
1）有机和无机材料的鉴别和结构的确定 2）混合物中分子成分的定量测定 3）表面吸附分子类型的鉴别 4）层析污水鉴别 5）分子取向测定 6）分子结构和立体化学的测定	1）化学反应物鉴别；反应动力学 2）复杂基体中非痕量成分定量测定 3）延伸聚合膜中分子取向测定 4）气味和芳香成分鉴别 5）沉积在金属基体上的薄膜（氧化和腐蚀层、污物、吸附的表面活化剂等等）的分子结构和取向测定 6）固体试样（颗粒、粉末、纤维等）的深度断面描绘 7）各种固体或液体中的特征和鉴别	1）形态：固态、液态或气态 2）样品量（最小值）：固体需10ng；对单个颗粒直径为10μm；可溶于一种挥发性溶剂，需1～10ng；平面的金属表面不小于$1\times1cm^2$。纯净液体需10μL，如可溶于一透明溶剂中需量更少；气体需1～10ng 3）制备：工作量很小或没有；可能必须在溴化钾基体中研磨，或溶解在一种挥发性的或对红外光透明的溶剂中 4）每个试样需1～10min	1）几乎没有元素的信息 2）分子按其受红外辐射情况，必须在某种振动形式的偶极矩方面显示变化 3）背景溶剂或基体在欲测光谱区必须是相对透明的
6. 拉曼光谱学			
1）大块试样和表面或接近表面物质的分子分析 2）取得关于金属配位基振动和晶格振动的固体低频振动信息 3）确定固体的相组成	1）聚合物结构分析 2）测定石墨中结构的不规则性 3）测定金属氧化物催化剂的表面结构 4）金属上腐蚀产物的鉴别 5）金属电极上表面吸附物的鉴别	1）形态：固态、液态或气态 2）尺寸：从材料的单个晶体到实际上拉曼光谱仪可以容纳的任何尺寸 3）每试样需30min～8h	1）灵敏度：在没有加强情况下，其范围由低到相当高 2）拉曼光谱测定法要求浓度为1%～5% 3）表面或接近表面物质的分析是困难的，但是可能的 4）试样荧光或杂质荧光可能阻碍拉曼表征特性
7. 粒子诱发X射线发射			
1）薄试样的无损多元素分析：从钠到铀，灵敏度达$10^{-6}g/cm^2$或$10^{-9}g/cm^2$左右 2）中等和重元素厚试样的无损多元素分析 3）元素相对于深度的半定量分析 4）通过外部集束质子探测器进行大的和（或）脆性物体的元素分析 5）用质子显微探针进行元素分析，分辨率达几微米，而质量检测界限在$10^{-16}g$以下	1）针对宽广范围的元素进行空气过滤器的分析 2）为进行悬浮物源传输、去除和效应研究，按粒子尺寸进行大气悬浮物分析 3）针对宽阔元素含量进行粉末状工厂材料和地质粉末的分析 4）水、溶解质和散粒相（包括悬浮粒子）的元素含量分析 5）半导体工业和涂敷技术的材料分析	1）形态：在真空中分析的薄试样（一般不大于$10mg/cm^2$的固体），是稳定化的粉末和蒸发的流体。厚试样可为任何固体和厚度 2）尺寸：除在显微探针方法中接近1μm的射束斑点尺寸可以得到以外，所分析的试样面积是在毫米到厘米的量级上 3）制备：对于空气过滤器和很多材料无需任何制备。粉末和液体必须经稳定化、干燥，并且一般置于基片上，如塑料。厚试样可以制备成片状 4）在大多数情况下需30s～5min，数千试样可在几天内分析完	1）必须使用一个几百万电子伏特的离子加速器 2）一般不能定量表示纳米以下的元素 3）元素浓度必须大于10^{-6} 4）试样元素的可能性比某些替代办法更大 5）不产生化学的信息

（续）

一般用途	应用举例	试样和估计分析时间	局限性
8. 分子荧光光谱学			
1）有机物和无机物荧光分子以及某些原子的电子跃迁的基础研究 2）定性的和定量的化学分析	1）研究晶体材料其晶格成分间相互作用的性质 2）用于溢油鉴别的光谱指纹 3）确定那些具有荧光的金属或者在适当的晶体荧光点阵中能诱发荧光的金属 4）确定电子激发态持续时间 5）对高效能液相层析的检测	1）形态：气体、液体或固体。最常用的是液态溶液 2）样品量：对于溶液来说，试样体积从几毫升到用激光激发的亚毫微升量级 3）制备：要求往往是最少的，可能包括反应物的提取和加入，以诱发或改进荧光等。像基体隔离或 Shpol'skii 光谱分析等特殊技术，需要更复杂的试样制备 4）几分钟到几小时。每个试样的实际测量时间一般在几秒的数量级上或对每次测量来说更少的时间，而分析时间取决于每个波长所进行的测量数目、所用波长数目、其他试验变量和数据以及分析的要求	1）所关注的分子（或原子）类型必须显现本来的荧光，或者由于和其他化学物质的化学或物理的相互作用而与荧光有关 2）对于强荧光化学物质，检测界限可以从毫微摩尔延伸到亚微微摩尔，具体取决于所用仪器的类型
9. 火花质谱法			
1）定性及定量分析无机元素 2）测定材料中的微量杂质	1）分析用于半导体的高纯硅中的杂质 2）确定地质矿石中的贵重金属 3）测定在自然界水样品中的有害元素 4）鉴定合金成分	1）形态：固体或液体蒸发后的固体残余物 2）样品量：毫克级至微克级样品，这取决于杂质量 3）制备：对导体，可将其切割成或加工成电极；对绝缘体，则将其与高纯度导电性基体（如石墨粉或银粉）进行研磨或混合 4）样品制备需用 1～6h 5）分析需用 30min～1h 6）数据整理需用 30min～1h	1）通常不能用于测定气体元素 2）对大多数元素的探测极限是十亿分之几 3）化学制样可能引入严重的污染
10. 质谱气相分析			
定性和定量分析无机和有机化合物以及无机和有机混合物	1）分析密封件的内部气氛 2）分析陶瓷-金属或玻璃-金属密封部位的气体夹杂 3）定性分析易挥发液体混合物或气体混合物中的特殊化合物 4）分析无机材料或地质材料中的气体 5）分析高纯气体中的污染物 6）分析气体同位素比	1）形态：主要是气体 2）用量：等于或大于 1×10^{-4}mL（标准温度压力） 3）制备：样品必须收集在清洁的玻璃瓶或钢瓶内，绝不允许空气进入样品瓶 4）每次分析需用 30min～1h，其中不包括样品制备和仪器标定所需的时间	1）对无机和有机气体的探测极限低，一般为百万分之几 2）难以鉴别复杂有机混合物中的组分 3）要鉴别的组分必须是易挥发的

（续）

一般用途	应用举例	试样和估计分析时间	局限性
11. 经典湿法化学分析			
1）化学成分的定量分析 2）材料类型的定性鉴定 3）组分的部分定性测定 4）对定量仪器分析法进行“仲裁”校验 5）夹杂物和相的分离与鉴定 6）涂层和表面的特性鉴定 7）氧化态的测定	1）对那些用仪器分析法分析或分析结果不可靠的合金基体元素进行定量分析 2）用作仪器标定标准的均匀试样的全分析 3）当试样尺寸太小或形状不适于用仪器分析时，进行试样成分的定量测定 4）粗略地测定非均匀试样的平均成分 5）从金属合金基体中分离化合物和化学计量的相，供作成分分析或用仪器分析法来检验 6）电镀金属、润滑膜和其他表面层的涂层重量的测定 7）元素的氧化态分类 8）在一种或几种关键基体组分定性测定的基础上把混合物分类	1）形态：晶体或非晶体（金属、陶瓷制品、玻璃、矿石等等）和液体（酸洗液、电镀液和润滑油等） 2）数量：取决于所要求分析的程度，虽然所需量随技术不同变化很大，但一般对固体试样，用量是1~2g/元素；而对处理用液体，总量是20mL 3）准备：固体试样要磨碎、钻成屑粉或碾压或用类似的方法分裂成直径为2mm或更小的颗粒。经机械加工的合金用溶剂去除油污。对均匀性不高的材料要特别小心以保证试样具有代表性 4）每个元素需2~80h（通常每个元素约8h）	1）比仪器分析方法慢 2）除少数情况外，所需试样重量相对较大
12. 电位分析法的膜电极			
1）阳离子和阴离子物质的定量分析 2）水溶液中气体组分的定量分析 3）滴定分析检测器	1）在各种材料中，包括供应水、废水、电镀液、无机矿物、生物液、土壤、食物制品以及污水等中选定的阳离子、阴离子或气体组分的活度或浓度的测定 2）有机化合物的元素分析，特别是对氮和卤素含量的分析 3）金属合金的主要成分的滴定测定 4）色层分离过程检测器 5）化学反应动力学检测器	1）形态：测量最终必须在溶液中进行，通常用水溶液 2）体积：通常需要几毫升试样，但少于1μL的样品可以用微电极分析。当样品少到0.5mL时能够用气体传感器（Senser）来测量 3）准备：这决定于体系，音频准备可能要包括从试样中除去干扰物，以便使我们所要分析的离子成为自由离子。但有时也不必要 4）当溶解或其他的试样准备工作完成以后，每个试样只需几分钟	1）电位漂移 2）干扰 3）往往需要水溶液
13. 电重量分析法			
1）用另一种方法分析前除去容易还原的离子 2）除去干扰离子以后离子的定量测定 3）在存在其他金属离子的条件下金属离子的定量测定 4）配合其他方法利用电重量分析法进行金属离子的定量测定	1）合金中金属的定量分析 2）冶金产品和试样的精确分析 3）微克量金属的定量测定 4）有其他离子（如氯离子）存在时金属的定量测定	1）形态：溶液 2）重量：对固定试样取样可少到分克量 3）准备：分析物制备成溶液 4）准备好试样以后，根据条件不同电解所需要的时间为15min~1h或1h以上	局限于可电离组分的分析；必须要完全沉积（99.5%）才能得到准确结果

（续）

一般用途	应用举例	试样和估计分析时间	局限性
14. 电化学滴定			
1）广泛应用的容量分析法之一 2）自动化测定 3）高精度测定 4）电势的连续监控和过程控制	1）测定那些无法用化学指示的带色、混浊或极稀的溶液 2）通过电发生，可以利用储存中不稳定或无真实寿命的滴定剂 3）检验基本标准 4）进行必须遥控的分析，例如放射性样品的分析 5）维持恒定条件，例如维持发酵、污泥处理过程中恒定的 pH 值或组分浓度	1）形态：任何形式 2）样品量：少量即可，除非样品均匀性差或被分析物浓度太低 3）制备：溶液无需制备。固态样品必须制成合适的溶液而不损失被分析物。干扰物必须被掩蔽或除去 4）样品制备好后至少需要分析几分钟	1）可逐一滴定几种被分析物质，但滴定一种被分析物时准确和精确度较高 2）要求浓度和反应速度足够高，以便迅速达到平衡，从而得到重现性良好的终点
15. 伏安法			
1）在浓度为 10^{-2} ~ 10^{-9} mol/L 的溶液中，进行金属和非金属的定量和定性分析 2）多组分的、实际上无损的和可重复的分析 3）阐明溶质-溶质和溶质-溶剂平衡 4）动力学研究 5）溶液中的结构测定	1）分析和鉴定工业化学制品、药品、高纯金属和合金中的金属 2）监测粮食、水、排放物、牧草、生物学或医学系统以及石油中金属和非金属的污染物 3）连续监测工业电镀槽中主要的和微量的金属和非金属化合物	1）形态：溶液，主要是水溶液 2）尺寸：电解池的容量通常是 10 ~ 100mL；特殊目的，也曾用过小于 1mL 的电解池 3）准备：大体积的样品（固体或液体）必须进行预处理以在可接受和可控制的浓度范围内获得所需要的物质量，同时又保证非电活性的电解质底液的浓度是过剩的 4）每个试样需 15min ~ 3h，这取决于试样的准备时间。成批分析时，从一个溶液中测量若干组分可能只需几分钟	1）有些电极材料作为阳极或阴极使用范围受限制 2）在两次分析的间隔中，电极表面并非总能完全复原 3）溶液中组分物质的电化学和化学行为的复杂性可能有碍直接测量 4）相对于通常测量所需的时间短而言，样品准备有时很费时间 5）存在着那些并不需要分析的物质的电化学信号的干扰
16. 控制电势库伦法			
1）化学定量分析；检定溶液、合金、非金属材料和化合物中的主要组成 2）典型的精确度为 0.1% 3）主要用于分析过渡元素和重元素 4）研究电化学反应历程和机理	1）高精度地检定核燃料中的铀和钚 2）检定电镀溶液和合金中的金、银、钯、铱 3）测定陶瓷中 Fe^{3+}/Fe^{2+} 之比 4）验证其他分析技术之标准（例如分析二氧化钛中的钛） 5）测定钼钨合金中的钼 6）检定带硝基的有机化合物	1）形态：必须把样品溶于适合于电解的溶剂中，一般是水溶液 2）样品量：每次测定有 1 ~ 10mg 分析物质就足够了 3）溶液制备好后，每次测定仅需 5 ~ 30min	1）不宜分析痕量或微量杂质 2）不能测定碱金属和碱土金属 3）需要对样品成分先有定性了解 4）分析无机物组分时，必须把有机物分组分完全破坏掉 5）要求很好地设计电解槽和控制电势 6）可能要排除样品溶液中的氧

（续）

一般用途	应用举例	试样和估计分析时间	局限性
17. 元素分析和官能团分析			
1）鉴别有机化合物 2）确定有机化合物的经验式 3）确定混合物的组成 4）测定纯度	1）鉴别一个反应或一个过程的产物 2）鉴定塑料、纤维、燃料或其他有机材料（或测定它们的成分） 3）确定有机混合物或有机和无机混合物的近似成分 4）测定样品中的水含量 5）测定高聚物的不饱和度	1）形态：固体或液体。对于溶液，最好用某种色谱分析（气相色谱或高效液相色谱） 2）样品量：几毫克（分析碳、氢、氮）到几百毫克（分析大多数官能团） 3）制备：如果分析的目的是鉴别或确定经验式，则样品必须经过仔细的提纯和干燥 4）若具备所需的仪器设备和训练有素的操作人员，则分析碳和氢约需不到1h，分析某些官能团约需数小时。如果把样品送到商业性实验室测试，几天内能得到结果。如果样品需提纯，则比上述估计的时间再多几小时	
18. 高温燃烧			
测定金属和有机物质中的碳和硫		1）形态：固体、碎屑或粉末 2）样品量：1g或1g以下，视材料类型而定 3）制备：块状样品须切割成测定中所需的量，样品在分析前不应受碳或硫的污染 4）样品制备：2～3min 5）分析时间：40s～2min	1）样品必须是均匀的 2）含石墨样品需经特殊处理 3）该方法属破坏性测试方法
19. 中子活化分析			
1）基本上可对任何材料进行非破坏痕量元素分析 2）超高灵敏（低达 10^{-12} g/g）破坏性定量分析 3）在合适的情况下测定同位素比	1）对材料的纯度或成分进行质量控制 2）在地球化学和宇宙化学研究中测量元素的丰度 3）资源估计 4）污染研究：检定空气、水、矿物燃料和化学废料中的有毒元素 5）生物研究和法医检定	1）形态：任何固体或液体 2）样品量：一般需0.1g至几克，不过整个范围可以从1μm至100kg以上 3）制备：在许多情况下不必制备 4）计数时间短至不到1min（对半衰期很短的放射性同位素而言），长至数小时（对低强度长寿命放射性同位素而言）	1）某些元素非经高能中子辐射样品或用辐射化学（破坏性）技术才能观察得到 2）需利用核反应堆或其他高强度中子源 3）工作周期可能比较长（长达3周） 4）样品变得稍带放射性，在有些情况下这是有害的 5）样品中一种或几种主要元素感生的强放射性可能会掩盖部分或全部痕量元素的存在
20. 惰性气体熔化			
测定铁和非铁材料中的氧、氮和氢		1）形态：固体、碎屑或粉末 2）样品量：一般为2g或2g以下，根据材料类型和预计的气体量而定 3）制备：块状试样必须被切割成上述样品量大小。操作必须非常仔细以免样品受氮化物、氧化物或氢化物的污染。分析氧和氢的材料在切割时需保持冷却，以免氢的扩散和表面氧化 4）样品制备好后需1～10min	1）处理低沸点金属时需分外小心 2）材料中含有稳定的氮化物或氧化物时，需加助熔剂 3）该方法属破坏性方法

（续）

一般用途	应用举例	试样和估计分析时间	局限性
21. 放射性分析			
1）定量测定放射性同位素 2）测定为化学分析进行分离的效率 3）扩散测量和化学反应中的示踪 4）确定史前材料的时期 5）测定地质材料中的天然放射性元素 6）通过活化分析定量测定化学元素	1）测定镍向铁中的扩散 2）测定各种温度和浓度条件下的化学反应速率 3）测定非放射性物质中痕量杂质的浓度 4）鉴别和测量环境物质中的放射性污染 5）测量化学分离过程（如沉淀、萃取和蒸馏）中的分离效率 6）测定核材料在化学恢复过程中的放射性元素	1）形态：固态、液态或气态 2）样品量：受放射性检测器的最大和最小计数速率的限制。计数速率范围一般为 100～100000cycle/min（每分钟的计数次数） 3）制备：如果样品中只有一种放射性元素，并具有穿透性辐射时，不必制备，否则需经化学分离 4）1h 至几天，取决于是否需经化学分离 5）化学分离可能还需另外一些步骤，以保证放射性同位素示踪元素和它的稳定元素在化学上等价	1）放射性元素的半衰期应在几小时至 1000000 年之间 2）准确度和精确度一般≥5%，但有时可达到 1%～2% 3）纯 α 粒子或 β 粒子发射源（即不发射 γ 射线）的放射性元素一般在测定前需经化学分离
22. 电子自旋共振			
1）标识固态和溶液中各种跃迁系列的元素 2）标识跃迁元素离子价态 3）探测结晶固体中的色心和缺陷 4）描述固态中跃迁离子周围局部晶体环境的性质 5）标识材料的磁性状态，如铁磁体、反铁磁体、铁氧体和自旋玻璃态 6）探测缺陷中心和辐照损伤	1）确定主要和痕量跃迁离子含量，确定矿物的结晶度 2）研究催化剂表面及其自由基反应 3）描述顺磁性与无机和有机自由基动力学反应的特征 4）确定跃迁离子和自由基含量，确定矿物燃料的结晶度和粘滞度	1）形态：分别以晶体、粉末或薄膜形式存在的晶态的、半晶态的或非晶态的固体，也采用液态晶体、液体，偶尔也用气体 2）尺寸：晶体一典型尺寸由 2mm×1mm×1mm 至该体积的 0.1% 3）用量：粉末一典型用量为 1mg～1g。溶液为 1mL。具有高介电损失的含水试样，要求使用特种浅试样盒 4）制备：通常无需准备，但必须把大的晶体切割到应有的尺寸；某些溶液要求脱氧；某些试样要求低温 5）每个试样需 10min 至若干小时，取决于环境	1）试样必须是顺磁的，即试样必须含有跃迁离子、自由基缺陷中心等 2）顺磁中心的浓度必须足够高
23. 铁磁共振			
1）磁态标识 2）定量确定稳态磁参数 3）确定微波损失	1）磁化测量 2）磁晶体各向异性研究 3）交换劲度研究	1）形态：晶态或非晶态固体，如金属和合金 2）尺寸和形状：薄膜、针状、带状、与横向尺寸相比厚度不大的圆盘 3）每个试样用几小时	为了作出明确的结论，必须参考其他技术得到的数据

（续）

一般用途	应用举例	试样和估计分析时间	局限性
24. 核磁共振			
1）相分析 2）金属电子结构 3）固体中原子的近郊环境 4）测量动力过程速率，例如分子再取向和扩散速率 5）磁结构的研究 6）缺陷和退火的研究 7）有机化合物的分子结构 8）特定组分和官能团的定量分析	1）探测相变化 2）研究氢在金属中的扩散 3）研究金属间化合物中的长程有序 4）铁磁材料的自旋波研究 5）压力对电子结构的影响 6）同素异构体的标识和定量 7）确定共聚物比率	1）形态：无机粉末、细丝或薄膜，有一维小于射频集肤深度，通常为10μm或更小些。在某些情况下使用特殊形状和单晶体。有机固体一般是溶解于适当的溶剂中，有机液体可以直接或稀释后进行实验。对于传统的核磁共振，一般要求试样必须是非磁性的。对铁磁核共振，试样必须是强磁的 2）样品量：数克（无机的）到0.1g（有机的） 3）30min～48h	
25. 穆斯保尔谱			
1）相分析 2）原子排列研究 3）临界电现象研究 4）磁结构分析 5）扩散研究 6）表面和腐蚀分析	1）钢中残留奥氏体测量 2）钢的腐蚀产物分析 3）碳钢表面的研磨效应 4）在不锈钢焊接金属中δ-铁素体的测定 5）Curie点和Neel点的测量	1）形态：固体等 2）尺寸：对于透射（粉末或薄膜）尺寸可以变化，但是数量级为50μm厚和50mg重。对于散射（薄膜、箔或块状金属）面积的数量级为$1cm^2$或更大些。辐射源是在试样表面约50μm深度内掺入数量级为1～100mCi的放射性材料 3）30min～48h	1）限于相当少的同位素 2）分析的最高温度一般只有熔点的几分之一 3）相标识有时含混
26. 光学金相检查			
1）用于在放大1～1500倍的抛光和腐刻表面上显微组织和形貌的成像 2）晶粒和相结构以及尺寸的特征检查	1）确定加工和热处理经历 2）确定钎焊和焊接的完整性 3）失效分析 4）工艺对显微结构和性能影响的特性检查	1）类型：金属、陶瓷、复合材料和地质材料 2）尺寸：尺寸范围为10^{-5}～10^{-1}m 3）制备：通常切割、镶嵌、研磨和抛光试样产生一个平的、无刮痕表面，然后腐刻以显示有关的显微组织特征 4）每个试样包括制备需要30min至几小时	1）分辨能力限度：约为1μm 2）有限的景深（不能在粗糙表面上聚焦） 3）不能给出显微组织特征直接的化学和晶体学的数据

（续）

一般用途	应用举例	试样和估计分析时间	局限性
27. 图像分析			
由光学显微镜、扫描电子显微镜和透射电子显微镜所获得的图像形貌的定量测定	1）单相金属和陶瓷中，晶粒大小、晶粒形状、每单位体积中晶界面积等的定量测定 2）复相金属和陶瓷中，第二相的体积分数、大小及每单位体积中界面的面积、间距等的定量测定 3）粉末中颗粒大小分布的定量测定	1）仪器可以和光学显微镜或扫描电子显微镜连接，以便直接分析（不同照相）。参阅光学金相的试样形状、大小和制备 2）也可以和宏观观测器（实物幻灯机）连接，进行来自光学显微镜、扫描电子显微镜、透射电子显微镜等照片特征的定量测定。照片必须有足够的反差 3）试样需要 5min 到几小时	1）不提供显微组织和颗粒形状的直接化学数据，并且不能一般地区别不同成分的显微组织形状或颗粒 2）两维几何量的测量
28. X 射线粉末衍射			
1）进行未知试样的相识别 2）定量确定多晶材料结晶相的重量组成 3）固态相变的特征描述 4）点阵参数和点阵类型的确定 5）单晶的取向 6）极射赤面投影 7）沿晶面的切割定位	1）煤灰、陶瓷粉末、腐蚀产物等的晶体相的定性和定量分析 2）相图的确定 3）确定压力或温度诱导相变 4）通过点阵参数测量进行固溶体的定量分析 5）各向异性热胀系数的确定	1）形态：结晶固体（金属、陶瓷、地质材料等） 2）用量：通常 1mg 粉末试样就足够了 3）制备：可能需要粉碎试样以便入试样夹持器，有时无需制备 4）定性分析从主要相分析所需的 1h 以下到微量相分析所需的 16h 5）定量分析在方法确定之后需要从数分钟到数小时	1）只能作晶体的相分析 2）相分析需要标准衍射花样：JCPDS 有机物和无机物相分析的粉末衍射卡片、NBS 晶体数据（包括各种有机物和无机物相的点阵常数）和有机单晶结构数据的 Combridge 卡片
29. 单晶 X 射线衍射			
1）识别晶胞 2）借助晶类、空间群及密度数据进行式量测定 3）确定原子在晶胞里的方位，即测定晶体结构： ①原子配位数及其几何条件 ②原子间键长及其夹角 ③分子或离子间的相互作用 ④独立组态	1）比较各晶胞参数来识别先前研究过的晶相 2）鉴定新晶体化合物或新晶相 3）从原子间相互作用上来了解晶相的物理特性	1）形态：具有完好表面的单晶，如果是透明的则需在显微镜下看不到裂痕 2）大小尺寸：约一粒盐粒的大小，即尺寸为 0.1 ~ 0.4mm 3）制备：用各种慢晶化技术能获得合适的晶体。对空气不敏感的晶体通常固定在玻璃纤维上，空气敏感晶体则密封在玻璃或石英毛细管里 4）各种测量所需时间不等，测定晶胞的几何条件需要几个小时，而普通晶体结构测定需要几天时间	1）试样必须为单晶体 2）对于晶胞识别必须要利用文献或数据库 3）细微的弯晶效应、晶类和/或空间群的不定性、超点阵的存在、在某些面上的原子无序、格点的不完全占有率及与数据收集和处理有关的许多问题都能阻碍正确地测定晶体的原子结构。假定精确性常是较差的，如它比预计的原子配位标准偏差坏得多

（续）

一般用途	应用举例	试样和估计分析时间	局限性
30. 晶体学织构的测量和分析			
多晶试样中晶体学择优取向的定量确定	金属、陶瓷及地质材料中形变织构和再结晶织构的定量描述	1）形状：试样必须是取自多晶体的平面切片。为了透射，试样必须减薄为等厚度，试样表面法线方向相对多晶体的加工轴线必须精确定位，另外的参考方向，如轧制方向通常也应知道 2）尺寸：多晶体的晶粒尺寸相对于X射线束直径必须很小，以保证X射线至少照射约5000个晶粒 3）制备：试样表面需仔细抛光以去除由切割和研磨所可能造成的干扰 4）其他要求：一般需制备一个和有织构试样形状相同的无择优取向的粉末试样 5）所需时间随衍射装置不同而变，典型情况下为10～100min。由于计算位向分布函数至少需要三张极图，因此需30～180min 6）和测量时间比较，计算时间通常是不重要的	1）由于几何散焦，X射线与试样表面法线交角大于等于70°时，通常不可能得到有效的强度测量结果 2）晶体学极图不能完整描述试样的位向分布，完整的描述（位相函数）可以从一套极图计算得到
31. X射线貌相分析			
1）显示基本完美晶体中的各类晶格缺陷，如位错、孪晶、堆垛层错等 2）无损地研究表面的浮凸、织构、点阵畸变以及在非理想单晶体或多晶体中由缺陷及缺陷的聚集引起的应变场 3）测量晶体缺陷密度、晶粒与亚晶粒的尺寸和形状 4）估计相交的亚晶界的倾斜角度、界面缺陷及应变、畴结构及其他亚结构实体	1）用于晶体生长、再结晶、相变等的研究、主要研究晶体的完美性及伴随的缺陷 2）对变形过程及断裂行为的描述 3）对固态电子器件材料中晶体缺陷与电气性能的相关性研究 4）同步加速器辐射拓宽了貌相学研究的领域，它使我们可以研究一些动态过程，如磁畴的运动、原位转变（凝固、聚合、再结晶）、辐射损伤及屈服现象	1）形状：用于显示缺陷（在透射或反射几何的情况下）时应为相对来说完美、平整的片状单晶体（位错/cm^2 < 10^6），并具有均匀的厚度或成楔形。在估计点阵畸变、织构、亚结构单晶体的表面浮凸时可用单晶、多晶体、陶瓷、金属合金及复合材料 2）尺寸：1cm×1cm，1μm到几毫米厚，直径可至5cm或更大一些的薄片；薄膜样品为100nm或稍厚 3）准备：通常希望去除由切割、研磨等工艺对原材料表面造成的损伤，一般利用化学或电化学的方法进行抛光 4）用传统的照相干版或胶片要曝光几分钟或几小时，另外还要附加冲洗和放大的时间 5）用同步加速器辐射及电子或电子-光学成像系统只用几毫秒到几分钟的时间	1）样品必须为晶体 2）缺陷成像技术需用相对无缺陷晶体 3）入射辐射的强度、波长及样品的吸收情况，限制了在穿透情况下可研究的单晶或多晶样品的厚度 4）直接的成像是实际的尺寸。放大必须通过光学的途径来获得，这就是要求照相底片上的乳胶颗粒必须足够小，只有这样才能得到放大的无畸变的像

（续）

一般用途	应用举例	试样和估计分析时间	局限性
32. X 射线衍射残余应力技术			
1）宏观应力测量： ①为质量控制而进行的表面残余应力的无损测量 ②次表面残余应力分布的确定 ③结合由于疲劳或应力腐蚀引起的失效分析所作的残余应力测量 2）微观应力测量： ①表面和表面下冷作百分比的确定 ②钢薄层中的硬度测量	1）渗碳钢硬化层、压应力层深度和数值的确定 2）复杂几何形状零件喷丸产生的表面残余压应力均匀性的研究 3）测量滚珠、滚柱轴承套圈的残余应力和硬度与服役时间的关系 4）研究消除应力热处理或成形引起的残余应力分布和冷作百分比分布的改变 5）测量平行和垂直于焊接熔线表面和次表面的残余应力与焊缝距离的关系 6）确定机加工引起的最大残余应力的方向和冷作百分数梯度	1）状态：多晶固体，金属或陶瓷中等到的精细结晶 2）尺寸：随仪器类型、被检验的应力场和 X 射线光路而变 3）制备：通常不需要，但大试样和难接近的区域可能需要切割，这时需要应变片记录产生的应力释放。为获得精确的表面应力，需小心处理表面或采用表面保护 4）每次测量 1min～1h，取决于 X 射线衍射强度和采用的技术。通常次表层应力测量要 1h，其中包含有剥离材料和试样重新定位的时间	1）只可测到薄层应力（<0.025mm），测次表层应力需进行电解抛光 2）试样应为多晶，晶粒不过分粗大并无织构
33. 径向分布函数分析			
1）确定原子间距分布及非晶材料、多晶材料、液体和气体的配位数 2）确定非晶材料中的长程有序	1）非晶碳中结构有序化过程 2）液体的配位数 3）石英玻璃中键的空间构形 4）玻璃的长程有序随预制过程的变化 5）气体分子的三维结构	1）类型：固体、液体、气体 2）尺寸：1mm^3 用于 X 射线衍射。1cm^3 用于中子衍射 3）准备：反射衍射几何用平面。透射衍射几何用圆柱体。多晶或液体样品用弱散射薄壁容器，例如聚酯薄膜用于平试样 4）用任何种类的粉末或单晶衍射仪可在几天之内收集完 X 射线或中子衍射的数据 5）高强度源，如同步加速器，允许快速的收集数据或使用较小的样品 6）电子衍射数据可在几秒之内收集完 7）精确的径向分布函数数据要由计算机计算 8）对于径向分布函数的解释需要几天或是几个星期的时间，这主要是看所考虑的模型径向分布函数的数目	径向分布函数显示的只是三维样品中一维的情况。因此径向分布函数在大约 4°之外的峰通常包含着几种组元或是不同的距离，结果是径向分布函数并不包括足够的信息以唯一地确定样品中原子的排列。然而，径向分布函数提供了对任何建议的模型的精度的严格检验
34. 小角 X 射线与中子散射			
1）在固体与液体中的不均匀性的探测 2）相分离的监视	1）在多组分金属与聚合物、陶瓷和玻璃中相的分离 2）块状异分子聚合物相的分离 3）金属中的成核 4）玻璃聚合物中微裂缝的结构 5）金属中的缺陷	1）形态：固态或液态 2）尺寸：单边 1～20mm，厚度依据质量吸收系数定 3）1～8h	1）灵敏度依赖于波长、质量吸收系数和电子密度在散射物与围绕物之间造成的衬度 2）如果没有多方面的对试样的改形，在很多种材料里确定散射的原因和散射物的形状是不可能的。必须联合使用各种方法

（续）

一般用途	应用举例	试样和估计分析时间	局限性
35. 延伸X射线吸收精细结构			
1）确定在各种物质状态下围绕一个给出的原子中心的局部结构（短程有序） 2）对晶体和有取向排列表面，有关最近邻及较远区域原子结构方面的情况可被确定下来 3）包含特殊元素的相及化合物的鉴别 4）在单晶表面吸附分子的取向 5）结合近限结构，在一种材料中所含的一种元素的键合与晶格对称的情况可被确定下来	1）在一无序系统中，如玻璃、液体、溶液、无序合金或复杂系统（如催化剂、生物分子和矿物质），键距、配位以及围绕一给定的组元原子最近邻原子的类型 2）在有序系统中，如晶体及有排列取向的表面，最近邻原子的有关结构方面的信息可被获得 3）在非晶态间晶态转变过程中结构的变化可被跟踪 4）在单晶表面化学吸附原子或分子的几何 5）催化剂中活性格点的原位结构确定 6）金属朊中活性格点自然结构的确定 7）结合X射线吸收近缘结构，在自然材料中（如煤）和人工合成材料（如钻石）中键合状况及微量夹杂的局部结构可被确定下来	1）形态：固体、液体、气体。理想的固态应是薄膜（金属与合金）或细粉末的均匀薄层（400目或更细） 2）尺寸：面积最小25mm×5mm。厚度：对块状样品来说应为感兴趣元素吸收边的1～2个吸收长度。非致密样品：最多到几个毫米厚 3）准备：对于固态样品主要需要轧制的金属箔以及溅射或蒸发薄膜（一层均匀漫步的粉末）。需氧或厌氧的环境必须用于生物材料和检验放射损伤（生物活性的损失） 4）对块状试样为30min～1h（单扫描） 5）对稀溶液试样和表面为5～10h或更长（多扫描） 6）每个谱数据分析时间需要2～20h或更长的时间	1）如果要鉴别的元素存在于多重非等价位置或价态则没有单一的结果 2）结构方面的结果可能在很大程度上依赖于定量分析的模型系统 3）在有利的情况下，最低的浓度限制可接近100×10^{-6}或几毫克分子 4）对于非致密和表面系统，需要用同步加速器辐射
36. 中子衍射			
1）确定原子排列（例如，晶体结构、短程有序和长程有序），特别是当有重原子或相邻元素存在时含有轻原子的结构 2）确定磁性结构 3）结构变化作为温度、压力、磁场等函数的确定 4）多相材料的定量分析 5）确定多晶工程材料的残余应力和织构	1）确定有机金属化合物中的氢原子 2）观察金属间化合物中金属的占位倾向 3）观察铁、铁磁、反铁磁或复杂磁序 4）观察相变 5）在混合催化剂系统中结构参数和相组成的改进 6）确定在工程材料中三维残余应力和外加应力张量随厚度的变化 7）研究在复合材料和六方金属中的晶粒相互作用应力 8）定量测量织构和织构梯度 9）确定液体和非结晶物质的径向分布函数	1）形态：多晶固体、粉末、单晶、非晶态固体、液体 2）尺寸：确定粉末结构时1～10cm^3，单晶时0.5mm^3～几百立方毫米。低吸收时允许使用大的粉末、液体和非结晶固体样品（为研究径向分布函数），典型的为1～50g 3）制备：不需要很多制备。对样品的几何形状不敏感。理想的情况常为长而窄的样品（5cm×0.2cm） 4）在具备最优仪器手段时，典型的粉末衍射需要12h，单晶和织构的研究需要几天至几个星期的时间 5）要求较长分析时间，单晶体研究需数小时到几天，甚至几个星期	1）相对来说强度低，所以可能需要样品体积大和计数时间长 2）必须避免强吸收元素（Gd，Cd，Sm，Li，B）或使其含量保持在较低水平 3）在对结构模拟进行中子衍射分析前必须进行X射线研究 4）为减轻非相干散射对背景的贡献，可能要用重氢代替氢

（续）

一般用途	应用举例	试样和估计分析时间	局限性
37. 分析透射电子显微学			
1）用于1000~450000倍下对微观特征成像。微观组织精细分辨率小于1nm 2）小至30nm微观组织特征的定性与定量的元素分析 3）小至30nm微观组织特征的晶体结构与取向的确定 4）对晶面间距大于0.12nm的晶体点阵成像	1）金属、陶瓷、地质材料、聚合物与生物材料微观组织很高倍的特征显示 2）无机物相、沉淀与杂质的成分和晶体结构的区别	1）形态：固体（金属、陶瓷、矿物、聚合物、生物等） 2）尺寸：约5μm厚，直径3mm圆片 3）准备：切断块状试样，电解或离子减薄形成电子束可透过的薄区（典型的电子透射区域的厚度小于100nm）。粉末样品一般弥散分布于碳支持膜上 4）每个试样3~30h（不包括试样准备）	1）试样制备繁复，摸索一个合适的制样过程可能耗时数周 2）图像分辨率约为0.12nm 3）元素微观分析：典型的最小分析区域直径为30nm，灵敏度界限为0.5%~1%（质量分数）。常规的定量相对精度为5%~15%。只有原子序数不小于11的元素才能定量，某些仪器只能定性检测原子序数不小于11的元素 4）电子衍射可分析区域的最小直径约为30nm。只有列表于粉末衍射档案中的相与化合物才能进行晶体结构确定（约为4万种相或化合物）。两共存相间的位向关系只有在相晶体结构已知或能被确定时才能确定，只有应用特殊的微观衍射技术才能确定晶系和点群
38. 扫描电子显微学			
1）表面形貌成像，放大10~100000倍，分辨率取决于样品，为3~100nm 2）若装配背散射探头，显微镜允许： ①观察未浸蚀样品晶界 ②观察铁磁性材料磁畴 ③测定直径小至2~10μm的晶粒的结晶学取向 ④当第二相具有不同的平均原子序数时，可对未浸蚀表面第二相成像 3）经适当改造，显微镜可用于半导体器件的缺陷和质量的控制	1）检查用金相法制备的样品，放大倍数比光学显微镜的有效放大倍数大得多 2）检查断口表面和深浸蚀表面，此时景深超出光学显微镜的范围 3）测定用金相方法制备的样品表面组织细节，如各个晶粒、析出相和枝晶的结晶学取向 4）大样品表面上微米级组织，如夹杂物、析出物、磨屑等的化学成分的鉴别 5）检查半导体器件，进行失效分析、功能控制和设计检验	1）形态：任何固体或具有低的蒸气压的液体（≥0.13Pa） 2）尺寸：取决于使用的扫描电镜。虽然通常大到15~20cm的样品能被放入显微镜样品室，但不改变样品位置的测试范围是4~8cm 3）制备：对导电的材料，标准金相抛光和浸蚀技术就足够了。非导电材料通常在表面镀上一层碳、金或金的合金，样品相对于底座必须接地，小的样品如粉（尘）要分散到导电的薄片（或膜）上，例如经过充分干燥的银粉漆。样品必须不沾有高蒸气压液体，如水、有机净化溶液和残余油基薄膜	1）对于平面样品，如经金相抛光和浸蚀的样品，在300~400倍以下，图像质量一般比光学显微镜的差 2）图像分辨率虽然大大高于光学显微镜，但是比透射电子显微镜和扫描透射电子显微镜差
39. 电子探针X射线显微分析			
1）对原子序数不低于11（钠）的固体元素进行定性和定量分析，检测浓度极限为100×10^{-6}数量级，侧向空间分辨率为1μm数量级 2）对于原子序数从5（硼）到10（氖）的轻元素进行定性分析 3）对大到几毫米的区域进行元素成分成像，空间分辨率可达1μm	1）多相组织样品中的每一微观相的成分分析，如在钢和其他合金中各种夹杂物的分析 2）晶界上化学成分梯度的分析 3）可以测定单相材料中微米尺寸上的成分均匀度 4）在不均匀样品上作成分扫描来给出元素位置及浓度分布的扫描图像	1）形态：较大的固体样品按照金相方法抛光成镜面状态是最理想的，其他状态包括粗糙表面、单个粒子和基底上的薄膜 2）尺寸：典型的样品尺寸为直径25mm，厚10mm，也可以按照样品台的结构做大些 3）每一分析点的全谱累积时间为100s；附加计算机数据处理至产生定量分析结果需10s	1）探测元素的原子序数≥5（硼），且仅能对原子序数≥11（钠）的元素可成功地进行定量分析 2）用波谱仪测量的灵敏度为100×10^{-6}，用能谱仪测量的灵敏度为1000×10^{-6}。对重元素基体上的轻元素的测量灵敏度较低 3）测量和深度空间分辨率大约为1μm，这是由于样品中的电子散射，而不是由于电子束聚焦不好引起的 4）定量分析限于抛光的平面样品。不规则几何形状（像断裂面、单个粒子和基体上的薄膜）也能被测量，但精度更差

（续）

一般用途	应用举例	试样和估计分析时间	局限性
40. 低能电子衍射			
1）表面结晶学及微观结构 2）表面相鉴定（吸附偏析、结构重组） 3）表面动态过程的分析（长大动力学、热振动） 4）确定表面原子位置，精确到0.1°	1）半导体、金属、合金表面的重组 2）表面（化学吸附层）上化学反应的分析 3）表面结构对催化过程的影响 4）外延生长中晶体结构的演化 5）定向薄膜的晶粒度测定	1）形态：固态的金属、半导体、在一定特殊场合下的绝缘体、单晶体或定向薄膜。在特殊情况下也能分析晶粒粗大的多晶样品 2）大小：1～25cm^2 3）制备：样品需精心抛光，以暴露所需表面。样品必须经真空退火以消除表面沾污；或在低压（≤1.33×10^{-7}Pa）氧化或还原性气氛中退火，用化学方法洁净表面；也可用离子束侵蚀，然后在原位退火以洁净表面；也可用离子束侵蚀，然后在原位退火以洁净表面。一些样品可以在原位沿一定结晶学平面解理，在这种情况下样品不必再作其他处理 4）10min到3个月，取决于想获得的信息以及样品的原始状态	1）样品多少必须有一定的导电能力，非导体的静电积累会造成问题 2）必须超高真空 3）受设备参数的限制，能确定的有序区域（晶粒、小岛、平台等）的尺寸大致不超过500mm 4）需大量的表面准备工作，在一些场合下，准备工作相当困难
41. 俄歇电子谱学			
1）在接近表面0～3nm区域，除了元素H和He以外所有元素的成分分析 2）深度-成分分布和薄膜分析 3）高侧向分辨率的表面化学成分分析和不均匀性的研究，以测定≥100nm^2面积内的成分变化 4）通过断裂便于分析晶界和其他界面 5）鉴别横截面上的各种相	1）分析材料表面沾污，以研究它们对腐蚀、磨损、二次电子发射和催化等性能所起的作用 2）鉴别化学反应，例如在氧化和腐蚀中的产物 3）用于各种冶金表面改性和微电子学应用的表面膜、涂层和薄膜的内层成分测定 4）晶界化学分析以估计晶界析出和溶质偏析在力学性能、腐蚀和应力腐蚀开裂现象中所起的作用	1）形态：具有较低蒸气压（室温下，<1.33×10^{-6}Pa）的固体，如金属、陶瓷和有机材料。蒸气压高的材料可以用试样冷却进行处理。同样，许多液体样品也可用试样冷却进行处理。许多液体样品也可用试样冷却方法或者作为薄膜涂在导电物质上进行处理 2）尺寸：能分析的单颗粉末粒子直径小至1μm，最大试样尺寸取决于具体的仪器，通常是φ1.5cm×0.5cm 3）表面形貌：最好是平整表面，但粗糙表面也可以在局部小面积上（约1μm）分析或者在大面积上（直径0.5mm）取平均值 4）制备：通常不需要制备，试样不能有手指印、油类和其他高蒸气压物质 5）对于一个从0～2000eV的全谱鉴定工作，通常不到5min。对于研究化学作用、俄歇元素成像和深度-成分分布的选择峰分析，一般需要相当长的时间	1）对元素H和He不灵敏 2）当采用所发表的元素敏感系数计算时，定量分析的精度局限在所存元素的±30%；当用很类似样品的标样时，有可能改善定量结果（±10%） 3）电子束损伤会严重限制对有机物、生物体和少数陶瓷材料的有效分析 4）电子束充电会限制对高绝缘材料的检查分析 5）对于大多数元素，定量检测灵敏度为0.1%～1.0%

（续）

一 般 用 途	应 用 举 例	试样和估计分析时间	局 限 性
42. X 射线光电子谱学			
1）除了H以外，所有元素的表面成分分析 2）各类表面物质的化学状态鉴别 3）薄膜中元素分布的深度-成分曲线 4）对一些必须避免电子束有害影响的样品的成分分析	1）确定金属氧化物表面膜中金属原子的氧化状态 2）鉴别表面石墨碳或碳化物的碳	1）形态：固体样品，如金属、玻璃、半导体、低蒸气压的陶瓷 2）尺寸：≤6.25cm³ 3）制备：必须没有手指印、油或其他表面污染物 4）分析前需要抽真空 5）进行定性分析需 5～10min 6）定量分析需要 1h 到几个小时，取决于所要求的信息	1）数据收集比其他表面分析技术慢，但当分辨率要求不高或不需要鉴别化学状态时，分析时间可大大地缩短 2）侧向分析率低 3）表面灵敏度和其他表面分析技术相当 4）对于绝缘样品，有一个充电效应问题。有些仪器配备有电荷补偿装置 5）定量分析的精度有限
43. 场离子显微镜及原子探针显微分析			
1）以原子级的清晰度观察材料的显微结构 2）对材料进行原子级的化学显微分析，对所有的元素具有相同的灵敏度	1）研究金属及合金中由辐射损伤引起的点缺陷，以及位错、层错、晶界和相界面 2）研究时效硬化材料中沉淀物的形核、长大和粗化。这类材料包括铁、铝和镍基合金 3）研究合金元素的分布、相稳定性以及相变，例如研究在钢和涡轮机合金中出现的这类现象 4）研究磁性材料中的有序-无序反应和调幅分解 5）研究合金元素及杂质在位错和内界面处的偏聚 6）研究金属表面，其中包括表面扩散及重构、表面偏聚、表面反应、吸附、非均匀催化、氧化、薄膜的形核及长大以及纵向剖析表面层 7）研究半导体材料，其中包括氧化和导体化、相互扩散，研究薄膜中的局部成分变化	1）形态：固体（金属或半导体） 2）尺寸：针状，针尖半径小于 100nm，总长是 10mm 3）制备：对圆形或正方形截面的样品坯料采用化学或电解腐蚀法或离子刻蚀法进行样品的制备 4）每个样品需要 3～30h	1）样品必须具有一定程度的导电性 2）样品必须具有相当高的机械强度 3）视场仅限于直径约为 200nm 的面积内 4）针状几何条件限制了被研究样品的种类 5）本法属破坏性分析法，材料自表面被剥离
44. 低能离子散射谱学			
1）鉴别固体表面元素 2）半定量测定表面元素的原子浓度	1）鉴别表面锈蚀物和腐蚀物 2）通过惰性气体离子溅射测定成分的深度分布和膜的厚度 3）研究合金及化合物组分在表面上的偏析 4）确定超薄层、覆盖层的范围 5）研究吸附层的解析 6）鉴别极性晶体的晶面	1）形态：粉末状固体或具有平的固体表面（金属、陶瓷、矿石、腐蚀物、薄膜等） 2）尺寸：平直表面样品或颗粒粉末样品最大尺寸是 2cm×1cm×0.5cm，最小尺寸由探针束的尺寸决定（一般是 0.05cm） 3）制备：不需制备，但样品必须用清洁的工具装卸以避免污染 4）单一表面扫描需用 10min 5）深至几千埃的深度分布需用几小时	1）对于高原子序数的元素，元素在单原子层中的原子百分比含量必须大于 0.1；对于低原子序数的元素，元素在单原子层中的原子百分比含量必须大于 10 2）样品必须能在真空状态使用 3）对于高原子序数的材料，由于质量分辨率不足，因而无法将相邻元素彼此区分开 4）最小束斑尺寸是 150μm

（续）

一般用途	应用举例	试样和估计分析时间	局限性
45. 二次离子质谱学			
1）表面成分分析，其深度分辨率为5～10nm 2）元素沿深度方向的浓度剖析 3）分析含量在十亿分之几到百万分之几范围内的痕量元素 4）同位素丰度的测定 5）氢分析 6）元素物质的空间分布	1）鉴别在金属、玻璃、陶瓷、薄膜或粉末表面上的无机物层或有机物层 2）氧化物表层、腐蚀膜、沥滤层和扩散层沿深度的浓度分布 3）经扩散或离子注入半导体材料中的微量掺杂剂（≤1000×10^{-6}）沿深度的浓度分布 4）在脆化金属合金、气相沉积薄膜、水合玻璃和矿物质中的氢浓度和氢沿深度的分布 5）定量分析固体中的痕量元素 6）分析地质样品和含银样品中的同位素丰度 7）用同位素富集材料进行示踪研究（如研究扩散和氧化） 8）矿物质、多相陶瓷和金属中的相分布 9）由晶界偏析、内氧化或沉淀引起的第二相分布	1）形态：晶态或非晶态固体、表面经修饰的固体、具有沉积薄膜或镀层的基底；样品表面最好是平坦而光滑的；对于粉末样品，必须将其压入软金属箔（如铟）中或压制成小块 2）尺寸：是可变的，但一般是1cm×1cm×1mm 3）制备：进行表面分析或深度方向分析时不需制样，进行显微结构或痕量元素分析时需要腐蚀制样 4）每个样品需用一至几小时	1）分析是破坏性的 2）对于不同元素以及不同样品基体的探测灵敏度变化范围大，这使得定性分析和定量分析十分复杂 3）仪器结构和每一分析的操作参数对分析质量（精度、准确度、灵敏度等）影响很大
46. 卢瑟福背散射谱仪			
1）薄膜、层装结构或整体材料的定量组分分析 2）轻元素衬底上重元素杂质的定量测量 3）单晶样品中缺陷分布的深度剖析 4）单晶的表面原子弛豫 5）异质外延层的内界面研究 6）确定杂质在单晶点阵中的位置	1）硅化物或合金组成的分析，鉴别反应产物；获得反应动力学、活化能和运动形式 2）柘榴石的整体组分分析 3）重离子注入或扩散入轻元素衬底时的深度分布 4）活性离子腐蚀试样的表面损伤及污染 5）为其他仪器，如二次离子质谱和俄歇电子谱等提供校准样品 6）离子注入损伤和不当退火残余损伤的缺陷深度分布 7）确定杂质在单晶点阵中的位置 8）单晶表面原子弛豫 9）异质外延或超点阵的点阵应变测量	1）形态：具有平滑表面的固体，平衡衬底上的薄膜，自支撑薄膜等 2）尺寸：典型尺寸为1cm×1cm×1mm，可采用的最小试样尺寸为2mm×2mm 3）制备：除了表面必须平滑外，无需特别制备要求 4）常规的卢瑟福背散射谱仪每小时分析4个试样左右，通道效应卢瑟福背散射谱仪大约每个试样1h	1）可以获得组分的信息，但不是化学键的信息 2）横向分辨率低。典型的束斑为1mm×1mm，利用附件束斑可缩至1μm×1μm 3）对重（高Z值）元素的质量分辨率差，不能将表面的金杂质与铂、钽、钨等相区分；低或中Z值的元素的质量分辨率更好些 4）对在较重元素衬底上的低Z值元素的灵敏度低 5）深度分辨率通常为大约20nm。掠射角卢瑟福背散射谱仪可提供1～2nm的深度分辨率

（续）

一般用途	应用举例	试样和估计分析时间	局限性
47. 气相色学/质谱学			
1）分析挥发性化合物的复杂混合物 2）在质谱/质谱法中，分析非挥发性化合物 3）在裂解气相色谱/质谱法中，聚合物的分析和定性控制 4）在液相色谱/质谱法中，分析热敏感和可降解的化合物，如生物物质	1）气相色谱/质谱法：石油、煤的气化和液化产物，油页岩和焦油砂中的挥发性化合物的混合物；空气、废水和固体废物中的污染物质；药物和代谢物；农药以及添加剂，如抗氧化剂和塑料中的增塑剂 2）液相色谱/质谱法：非挥发性和热敏性化合物的混合物 3）质谱/质谱法：非挥发性的和高分子量固体的混合物 4）热解气相色谱/质谱法：分析聚合物和它们的添加剂	1）形态：固体、液体和气体，所有的有机化合物和一些无机物 2）数量：对于气相色谱/质谱法，注入 5～10μm 样品中，每种要研究的化合物在 20～200ng 范围。对于选择离子检测气相色谱/质谱法，在 1.5μL 样品中，每种感兴趣的化合物可在 100～150pg 范围，有的情况下，可以少至 0.5pg。对于液相色谱/质谱法和质谱/质谱法，样品数量分别是含每种感兴趣的化合物 20～500ng 和 10～500ng 3）制备：制备样品的量要与上述给定的样品数量范围相适应 4）当分析一种化合物时，每次分析的直接进样需 10～20min。对于气相色谱/质谱法，分析 1～2 种化合物大约需 15min，而分析 20 种或 20 种以上化合物需 180min 或更长的时间 5）数据的分析和整理：时间不定（15min 到几天），取决于要分析的化合物数量	1）化合物必须是电离的 2）检测限为 5～20ng，取决于被检测的化合物。在选择离子检测气相色谱/质谱法中，检测限可以低至 0.5pg
48. 液相色谱学			
1）分离和定量分析有机物、无机物、药物和生物中组分 2）分析有机和无机化合物中的杂质 3）从混合物中分离出纯化合物	1）分析溶剂中微量的有机污染物质 2）在老化试验中检测聚合物的稳定性 3）分析食品和天然产物中的高分子量糖类 4）分析易热分解的农药 5）为了鉴别的目的，分离微克量的物质 6）为了合成的目的，分离量大（1～10g）的纯净化合物	1）形态：固体（可溶解于合适的溶剂中）或液体 2）数量：定量分析一般需 0.1～1g，但是少至 10^{-5}g 还可以分析。对于制备工作，要求的数量较大 3）制备：样品必须溶解在某种合适的溶剂中，浓度为 0.1～100mg/mL（当然，纯液体也可以分析）。此溶液需要过滤或提取。一般注射量 ≤0.1mL	1）固体在流动相中必须易溶解，而且溶剂必须和它混溶 2）某个别组分难以作出明确的鉴别，需要通过红外光谱和质谱法进一步分析
49. 离子色谱学			
水溶液中各种无机物和有机物的阴离子和某些阳离子的定性和定量分析	1）水溶液，如浸出液、盐水、井水和冷凝液 2）有机键合状态的卤化物和经 Schgniger 烧瓶燃烧和吸收后的硫 3）测定污染表面的阴离子 4）电镀电解液分析	1）形态：固体或水溶液 2）数量：固体最少为 1～5mg；溶液最少为 1mL；在表面能够测到 0.5μg 3）材料：无机和有机材料、地质样品、玻璃、陶瓷、浸出液、炸药、合金和烟火 4）制备：能够分析供应态或者经稀释的水溶液样品。固体样品分析必须经过样品制备和溶解程序的处理 5）如果已经是水溶液，则每个样品需要 15min～1h 6）对于有机物，每个样品需要 1h 7）对于其他样品材料，分析用时间无法确切地估算	1）对于很多离子，检测限低于百万分之几，理想情况下，可达十亿分之几 2）阳离子：如果用抑制电导检测仪，则限于分析碱金属和碱土金属、氨和低分子量胺 3）必须是溶液中的离子 4）必须是水溶性的 5）在有机溶剂方面只做了有限的工作

11.8 常用标准

11.8.1 我国标准代号、含义及热处理相关标准

11.8.1.1 我国标准代号、含义（表 11-145）

表 11-145 我国标准代号、含义

标准代号	含义	标准代号	含义
BB	包装行业标准	MT	煤炭行业标准
CB	船舶行业标准	MZ	民政行业标准
CH	测绘行业标准	NY	农业行业标准
CJ	城镇建设行业标准	QB	轻工行业标准
CY	新闻出版行业标准	QC	汽车行业标准
DA	档案行业标准	QJ	航天工业行业标准
DB	地震行业标准	QX	气象行业标准
DL	电力行业标准	SB	商业行业标准
DZ	地质矿产行业标准	SH	石油化工行业标准
EJ	核工业行业标准	SJ	电子行业标准
FZ	纺织行业标准	SL	水利行业标准
GA	公共安全行业标准	SN	进出口商品检验行业标准
GB	中国国家标准	SY	石油天然气行业标准
GH	供销行业标准	SY1000 号以后	海洋石油天然气行业标准
GY	广播电影电视行业标准	SC	水产行业标准
HB	航空行业标准	TB	铁路运输行业标准
HG	化工行业标准	TD	土地管理行业标准
HJ	环境保护行业标准	TY	体育行业标准
HS	海关行业标准	WH	文化行业标准
HY	海洋行业标准	WB	物资管理行业标准
JB	机械行业标准	WJ	兵工民品行业标准
JC	建材行业标准	WM	外经贸行业标准
JG	建筑工业行业标准	WS	卫生行业标准
JT	交通行业标准	XB	稀土行业标准
JR	金融行业标准	YB	黑色冶金行业标准
JY	教育行业标准	YC	烟草行业标准
LB	旅游行业标准	YD	通信行业标准
LD	劳动和劳动安全行业标准	YS	有色冶金行业标准
LS	粮食行业标准	YY	医药行业标准
LY	林业行业标准	YZ	邮政行业标准
MH	民用航空行业标准	ZY	中医药行业标准

11.8.1.2　我国热处理相关标准（表 11-146）

表 11-146　我国热处理相关标准

标 准 号	标 准 名 称
GB/T 5617—2005	钢的感应淬火或火焰淬火后有效硬化层深度的测定
GB/T 9450—2005	钢件渗碳淬火硬化层深度的测定和校核
GB/T 9451—2005	钢件薄表面总硬化层深度或有效硬化层深度的测定
GB/T 11354—2005	钢铁零件　渗氮层深度测定和金相组织检验
GB/T 12603—2005	金属热处理工艺分类及代号
GB/T 19944—2005	热处理生产燃料消耗定额及其计算和测定方法
GB 15735—2004	金属热处理生产过程安全卫生要求
GB/T 9452—2003	热处理炉有效加热区测定方法
GB/T 8121—2012	热处理工艺材料　术语
GB/T 18683—2002	钢铁件激光表面淬火
GB/Z 18718—2002	热处理节能技术导则
GB/T 3480.5—2008	直齿轮和斜齿轮承载能力计算　第 5 部分:材料的强度和质量
GB/T 18177—2008	钢件的气体渗氮
GB/T 7232—2012	金属热处理工艺　术语
GB/T 17358—2009	热处理生产电耗计算和测定方法
GB/T 16923—2008	钢件的正火与退火
GB/T 16924—2008	钢件的淬火与回火
GB/T 15749—2008	定量金相测定方法
GB/T 15318—2010	热处理电炉节能监测
GB/T 13324—2006	热处理设备术语
GB/T 9095—2008	烧结铁基材料渗碳或碳氮共渗硬化层深度的测定及其验证
GB/T 10201—2008	热处理合理用电导则
JB/T 2850—2007	滚动轴承 Cr4Mo4V 高温轴承钢零件　热处理技术条件
JB/T 6366—2007	滚动轴承　中碳耐冲击轴承钢零件　热处理技术条件
JB/T 3999—2007	钢件的渗碳与碳氮共渗淬火回火
JB/T 4218—2007	硼砂熔盐渗金属
JB/T 5069—2007	钢铁零件渗金属层金相检验方法
JB/T 5072—2007	热处理保护涂料一般技术要求
JB/T 5074—2007	低、中碳钢球化体评级
JB/T 6051—2007	球墨铸铁热处理工艺及质量检验
JB/T 6954—2007	灰铸铁接触电阻加热淬火质量检验和评级
JB/T 6955—2008	热处理常用淬火介质　技术要求
JB/T 6956—2007	钢铁件的离子渗氮
JB/T 7500—2007	低温化学热处理工艺方法选择通则
JB/T 7529—2007	可锻铸铁热处理
JB/T 7530—2007	热处理用氩气、氮气、氢气一般技术要求

（续）

标　准　号	标　准　名　称
JB/T 7709—2007	渗硼层显微组织、硬度及层深检测方法
JB/T 7710—2007	薄层碳氮共渗或薄层渗碳钢件　显微组织检测
JB/T 7711—2007	灰铸铁件热处理
JB/T 7712—2007	高温合金热处理
JB/T 7713—2007	高碳高合金钢制冷作模具用钢显微组织检验
JB/T 9201—2007	钢铁件的感应淬火回火
JB/T 5059—2006	特殊工序质量控制导则
JB/T 6050—2006	钢铁热处理零件硬度检验通则
JB/T 10448—2005	钢铁构件固体渗铝工艺及质量检验
JB/T 6048—2004	钢铁制件在盐浴中的加热和冷却
JB/T 7951—2004	测定工业淬火油冷却性能的镍合金探头实验方法
JB/T 9202—2004	热处理用盐
JB/T 10406—2004	内燃机　激光淬火气缸套　技术条件
JB/T 10424—2004	摩托车　齿轮材料及热处理质量检验的一般规定
JB/T 10457—2004	液态淬火冷却设备　技术条件
JB/T 1460—2011	滚动轴承　高碳铬不锈钢轴承零件　热处理技术条件
JB/T 7363—2011	滚动轴承　低碳钢轴承零件碳氮共渗　热处理技术条件
JB/T 1255—2001	高碳铬轴承钢滚动轴承零件　热处理技术条件
JB/T 8881—2011	滚动轴承　零件渗碳热处理　技术条件
JB/T 10312—2011	钢箔测定碳势法
JB/T 10174—2008	钢铁零件强化喷丸的质量检验方法
JB/T 10175—2008	热处理质量控制要求
GB/T 22560—2008	钢铁件的气体氮碳共渗
JB/T 4202—2008	钢的锻造余热淬火回火处理
JB/T 4390—2008	高、中温热处理盐浴校正剂
JB/T 4392—2011	聚合物水溶性淬火介质测定方法
JB/T 4393—2011	聚乙烯醇合成淬火剂
GB/T 27945.1—2011	热处理盐浴有害固体废物的管理　第1部分：一般规定
GB/T 27945.2—2011	热处理盐浴有害固体废物的管理　第2部分：浸出液检测方法
JB/T 9171—1999	齿轮火焰及感应淬火工艺及其质量控制
JB/T 9172—1999	齿轮渗氮、氮碳共渗工艺及其质量控制
JB/T 9173—1999	齿轮碳氮共渗工艺及其质量控制
JB/T 9197—2008	不锈钢和耐热钢热处理
JB/T 9198—2008	盐浴硫氮碳共渗
JB/T 9199—2008	防渗涂料　技术要求
JB/T 9200—2008	钢铁件的火焰淬火回火处理
JB/T 9203—2008	固体渗碳剂

（续）

标 准 号	标 准 名 称
JB/T 9204—2008	钢件感应淬火金相检验
JB/T 9205—2008	珠光体球墨铸铁零件感应淬火金相检验
JB/T 9207—2008	钢件在吸热式气氛中的热处理
JB/T 9208—2008	可控气氛分类及代号
JB/T 9209—2008	化学热处理渗剂　技术条件
GB/T 22561—2008	真空热处理
JB/T 9211—2008	中碳钢与中碳合金结构钢马氏体等级
JB/T 8555—2008	热处理技术要求在零件图样上的表示方法
JB/T 8566—2008	滚动轴承　碳钢轴承零件　热处理技术条件
JB/T 4215—2008	渗硼
JB/T 8418—2008	粉末渗金属
JB/T 8419—2008	热处理工艺材料分类及代号
JB/T 8420—2008	热作模具钢显微组织评级
JB/T 8431—1996	热锻成形模具钢及其热处理　技术要求
JB 8434—1996	热处理环境保护技术要求
JB/T 8491.1—2008	机床零件热处理技术条件　第1部分:退火、正火、调质
JB/T 8491.2—2008	机床零件热处理技术条件　第2部分:淬火、回火
JB/T 8491.3—2008	机床零件热处理技术条件　第3部分:感应淬火、回火
JB/T 8491.4—2008	机床零件热处理技术条件　第4部分:渗碳与碳氮共渗、淬火、回火
JB/T 8491.5—2008	机床零件热处理技术条件　第5部分:渗氮、氮碳共渗
JB/T 7715—1995	冷锻模具用钢及热处理技术条件
JB/T 7516—1994	齿轮气体渗碳热处理工艺及其质量控制
JB/T 7519—1994	热处理盐浴(钡盐、硝盐)有害固体废物分析方法
JB/T 6609—2008	机床零件用钢及热处理
JB/T 6077—1992	齿轮调质工艺及其质量控制
JB/T 6141.1—1992	重载齿轮　渗碳层球化处理后金相检验
JB/T 6141.2—1992	重载齿轮　渗碳质量检验
JB/T 6141.3—1992	重载齿轮　渗碳金相检验
JB/T 6141.4—1992	重载齿轮　渗碳表面碳含量金相判别法
JB/T 6366—2007	滚动轴承　中碳耐冲击轴承钢零件　热处理技术条件
GB/T 27946—2011	热处理工作场所空气中有害物质的限值
JB/T 5078—1991	高速齿轮材料选择及其热处理质量控制的一般规定
JB/T 5944—1991	工程机械　热处理件通用技术条件
CB 3385—1991	钢铁零件渗氮层深度测定方法
CB 1081.5—1989	特辅机武备热加工工时定额　热处理
HB 7750—2004	钛合金零件真空热处理
HB/Z 316—1998	热处理加热用中性盐浴

（续）

标准号	标准名称
HB/Z 327—1998	磁滞合金热处理工艺说明书
HB/Z 80—1997	航空用不锈钢和耐热钢热处理说明书
HB/Z 310—1997	渗铝工艺
HB/Z 5020—1997	铸造铝镍钴永磁合金热处理
HB 7579—1997	渗铝质量检验
HB 5013—1996	热处理零件检验类别
HB/Z 79—1995	航空结构钢及不锈钢渗氮工艺说明书
HB/Z 276—1995	变形铝合金零件热处理
HB/Z 5016—1995	硅钢片热处理工艺
HB/Z 262—1994	金属热处理盐浴化学分析用试样的取样规范
HB/Z 5015—1994	电磁纯铁热处理工艺说明书
HB 5022—1994	航空钢制件渗氮、氮碳共渗金相组织检验标准
HB 5023—1994	航空钢制件渗氮、氮碳共渗渗层深度测定方法
HB 5354—1994	航空制件热处理质量控制标准
HB 7064.1—1994	金属热处理盐浴化学分析方法　酸度计法测定 pH 值
HB 7064.2—1994	金属热处理盐浴化学分析方法　碳酸钡沉淀分离-酸碱滴定法测定碳酸根含量
HB 7064.3—1994	金属热处理盐浴化学分析方法　硫酸钡沉淀-EDTA 滴定法测定硫酸根含量
HB 7064.4—1994	金属热处理盐浴化学分析方法　硫酸钡比浊法测定硫酸根含量
HB 7064.5—1994	金属热处理盐浴化学分析方法　银量法测定氯离子含量
HB 7064.6—1994	金属热处理盐浴化学分析方法　酸碱滴定法测定总碱度含量
HB/Z 239—1993	膨胀合金热处理工艺说明书
HB 6735—1993	航空结构钢薄脱碳（含合金贫化）层和增碳（含增氮）层深度测定方法
HB/Z 216—1992	铜及铜合金热处理工艺说明书
HB/Z 191—1991	航空结构钢不锈钢真空热处理说明书
HB/Z 192—2008	软磁合金热处理
HB 5492—1991	航空钢制件渗碳、碳氮共渗金相组织检验标准
HB 5493—1991	航空钢制件渗碳、碳氮共渗渗层深度测定方法
HB/Z 159—2001	航空用钢渗碳、碳氮共渗工艺
HB/Z 161—1990	弹性元件用精密合金热处理工艺说明书
HB 5462—1990	镁合金铸件热处理
HB/Z 140—2004	航空用高温合金热处理工艺
HB 5425—1989	航空制件热处理炉有效加热区测定方法
HB/Z 135—1988	航空用铍青铜热处理工艺说明书
HB/Z 136—2000	航空结构钢热处理工艺
HB 5408—2004	航空热处理用盐规范
HB 5415—1988	热处理用淬火用油
HB/Z 64—1981	3号涂料保护热处理工艺

（续）

标 准 号	标 准 名 称
QC/T 262—1999	汽车渗碳齿轮金相检验
QC/T 276—1999	汽车零件热处理硬度规范
QC/T 502—1999	汽车感应淬火零件金相检验
SH 0564—1993（2005 复审）	热处理油
SH/T 0219—1992（2004 复审）	热处理油热氧化安定性测定法
SH/T 0220—1992（2004 复审）	热处理油冷却性能测定法
TB/T 2906—1998	内燃机车柴油机气门离子氮化技术要求
TB/T 2254—1991	机车牵引用渗碳淬硬齿轮金相检验标准
YB/T 036.16—1992	冶金设备制造通用技术条件　热处理件

注：表 11-146 ~ 表 11-148 中，标准号的排列原则为首先按同类别中标准最近的年代号在前，然后再按同年代标准号从小到大排列。

11.8.1.3　我国金属检验相关标准（表 11-147）

表 11-147　我国金属检验相关标准

标 准 号	标 准 名 称
GB/T 8760—2006	砷化镓单晶位错密度的测量方法
GB/T 6462—2005	金属和氧化物覆盖层厚度测量显微镜法
GB/T 6463—2005	金属和其无机覆盖层厚度测量方法评述
GB/T 10561—2005	钢中非金属夹杂物含量的测定——标准评级图显微检验法
GB/T 230.1—2009	金属材料　洛氏硬度试验　第 1 部分:试验方法（A、B、C、D、E、F、G、H、K、N、T 标尺）
GB/T 4296—2004	变形镁合金显微组织检验方法
GB/T 4297—2004	变形镁合金低倍组织检验方法
GB/T 7735—2004	钢管涡流探伤检验方法
GB/T 231.1—2009	金属材料　布氏硬度试验　第 1 部分:试验方法
GB/T 6394—2002	金属平均晶粒度测定法
GB/T 18876.1—2002	应用自动图像分析测定钢和其他金属中金相组织、夹杂物含量和级别的标准试验方法　第1 部分:钢和其他金属中夹杂物或第二相组织含量的图像分析与体视学测定
GB/T 7736—2008	钢的低倍缺陷超声波检验法
GB/T 8361—2001	冷拉圆钢表面超声波探伤方法
GB/T 1979—2001	结构钢低倍组织缺陷评级图
GB/T 3246.1—2000	变形铝及铝合金制品显微组织检验方法
GB/T 3246.2—2000	变形铝及铝合金制品低倍组织检验方法
GB/T 4340.1—2009	金属材料　维氏硬度试验　第 1 部分:试验方法
GB/T 4339—2008	金属材料热膨胀特征参数的测定

（续）

标 准 号	标 准 名 称
GB/T 11809—2008	压水堆燃料棒焊缝检验方法　金相检验和 X 射线照相检验
GB/T 17394—1998	金属里氏硬度试验方法
GB/T 17455—2008	无损检测　表面检测的金相复型技术
GB 16840.4—1997	电气火灾原因技术鉴定方法　第 4 部分:金相法
GB/T 1554—1995	硅晶体完整性化学择优腐蚀检验方法
GB/T 15824—2008	热作模具钢热疲劳试验方法
GB/T 14999.1—2012	高温合金试验方法　第 1 部分:纵向低倍组织及缺陷酸浸检验
GB/T 14999.2—2012	高温合金试验方法　第 2 部分:横向低倍组织及缺陷酸浸检验
GB/T 14999.4—2012	高温合金试验方法　第 4 部分:轧制高温合金条带晶粒组织和一次碳化物分布测量
GB/T 6075—1992	氮化钛涂层　金相检验方法
GB/T 13925—2010	铸造高锰钢金相
GB/T 226—1991	钢的低倍组织及缺陷酸蚀检验法
GB/T 13298—1991	金属显微组织检验方法
GB/T 13299—1991	钢的显微组织检验方法
GB/T 13320—2007	钢质模锻件　金相组织评级图及评定方法
GB/T 13305—2008	不锈钢中 α-相面积含量金相测定法
GB/T 12444—2006	金属材料　磨损试验方法试环-试块滑动磨损试验
GB/T 10561—2005	钢中非金属夹杂物含量的测定-标准评级图显微检验法
YB/T 5345—2006	金属材料滚动接触疲劳试验方法
GB/T 6611—2008	钛及钛合金术语和金相图谱
GB/T 8756—1988	锗晶体缺陷图谱
GB/T 9441—2009	球墨铸铁金相检验
GB/T 9790—1988	金属覆盖层及其他有关覆盖层维氏和努氏显微硬度试验
GB/T 224—2008	钢的脱碳层深度测定法
GB/T 7216—2009	灰铸铁金相检验
GB/T 7998—2005	铝合金晶间腐蚀测定方法
GB/T 5168—2008	α-β 钛合金高低倍组织检验方法
GB/T 4194—1984	钨丝蠕变试验、高温处理及金相检查方法
GB/T 4197—1984	钨、钼及其合金的烧结坯条、棒材晶粒度测试方法
GB/T 4236—1984	钢的硫印检验方法
GB/T 4296—2004	变形镁合金显微组织检验方法
GB/T 4297—2004	变形镁合金低倍组织检验方法
GB/T 4335—1984	低碳钢冷轧薄板铁素体晶粒度测定法
GB/T 9943—2008	高速工具钢
GB/T 13012—2008	软磁合金直流磁性能测量方法
GB/T 3488—1983	硬质合金　显微组织的金相测定
GB/T 3489—1983	硬质合金　孔隙度和非化合碳的金相测定

（续）

标　准　号	标 准 名 称
GB/T 3490—1983	含铜贵金属材料氧化铜金相检验方法
GB/T 1814—1979	钢材断口检验法
JB/T 7361—2007	滚动轴承　零件硬度试验方法
JB/T 7362—2007	滚动轴承　零件脱碳层深度测定法
JB/T 10407—2004	内燃机　铝活塞奥氏体铸铁镶圈　金相检验
JB/T 10338—2002	滚动轴承零件磁粉探伤规程
JB/T 2798—1999	铁基粉末冶金烧结制品金相标准
JB/T 3829—1999	蠕墨铸铁　金相
JB/T 7945—1999	灰铸铁　力学性能试验方法
JB/T 7946.4—1999	铸造铝合金金相　铸造铝铜合金晶粒度
JB/T 8118.2—2011	内燃机　活塞销　第 2 部分:金相检验
JB/T 8118.3—2011	内燃机　活塞销　第 3 部分:磁粉检测
JB/T 9730—2011	柴油机喷油嘴偶件、柱塞偶件、出油阀偶件　金相检验
JB/T 7361—2007	滚动轴承　零件硬度试验方法
JB/T 7362—2007	滚动轴承　零件脱碳层深度测定法
JB/T 5082.2—2011	内燃机　气缸套　第 2 部分:高磷铸铁金相检验
JB/T 6016.3—2008	内燃机　活塞环　金相检验　第 3 部分:球墨铸铁活塞环
JB/T 6016.1—2008	内燃机　活塞环　金相检验　第 1 部分:单体铸造活塞环
JB/T 6075—1992	氧化钛涂层　金相检验方法
JB/T 6290—2007	内燃机　筒体铸造活塞环　金相检验
JB/T 5082.1—2008	内燃机　气缸套　第 1 部分:硼铸铁金相检验
JB/T 5082.2—2011	内燃机　气缸套　第 2 部分:高磷铸铁金相检验
JB/T 5108—1991	铸造黄铜　金相
JB/T 5391—2007	滚动轴承　铁路机车和车辆滚动轴承零件磁粉擦伤规程
JB/T 5392—2007	滚动轴承　铁路机车和车辆滚动轴承零件裂纹检验
JB/T 5664—2007	重载齿轮　失效判据
JB/T 2122—1977	铁素体可锻铸铁　金相
CB/T 3903—1999	中、大功率柴油机离心铸造气缸套金相检验
CB/T 3694—1995	现场金相复型检验方法
CB 3380—1991	船用钢材焊接接头宏观组织缺陷酸蚀试验法
CB/T 3409—1991	舰船材料金相图谱
CB/T 1030—1983	蠕虫状石墨铸铁金相检验
CJ/T 31—1999	液化石油气钢瓶金相组织评定
QC/T 555—2000	汽车、摩托车发动机　单体铸造活塞环金相检验
QC/T 275—2008	汽车发动机镶耐磨圈活塞金相检验
QC/T 281—1999	汽车发动机轴瓦铜铅合金　金相标准
QC/T 284—1999	汽车摩托车发动机球墨铸铁活塞环金相标准

（续）

标　准　号	标 准 名 称
QC/T 516—1999	汽车发动机轴瓦锡基和铅基合金金相标准
QC/T 553—2008	汽车、摩托车发动机铸造铝活塞金相检验
TB/T 2451—1993	铸钢中非金属夹杂物金相检验
TB/T 2255—1991	高磷铸铁金相
YB/T 153—1999（2006 年确认）	优质碳素结构钢和合金结构钢连铸方坯低倍组织缺陷评级图
YB/T 4003—1997（2006 年确认）	连铸钢板坯低倍组织缺陷评级图
YB/T 4093—1993（2009）	GH4133B 合金盘形锻件纵向低倍组织标准
YB/T 4002—1991（2005）	连铸钢方坯低倍组织缺陷评级图
YB/T 4052—1991	高镍铬无限冷硬离心铸铁轧辊金相检验
YB/T 4061—1991	铁路机车、车轴用车轴
YS/T 370—2006	贵金属及其合金的金相试样制备方法
YS/T 336—2010	铜、镍及其合金管材和棒材断口检验方法
QB/T 3817—1999	轻工产品金属镀层和化学处理层的厚度测试方法　金相显微镜法

11.8.1.4　我国热处理设备相关标准及类别（表 11-148 ~ 表 11-151）

表 11-148　热处理设备及能耗分等标准

标　准　号	标 准 名 称
GB/T 10067.1—2005	电热装置基本技术条件　第 1 部分：通用部分
GB/T 10067.2—2005	电热装置基本技术条件　第 2 部分：电弧加热装置
GB/T 10067.3—2005	电热装置基本技术条件　第 3 部分：感应电热装置
GB/T 10067.4—2005	电热装置基本技术条件　第 4 部分：间接电阻炉
GB/T 10067.5—1993	电热设备基本技术条件　第 5 部分：高频介质加热设备
GB/T 10066.1—2004	电热设备的试验方法　第 1 部分：通用部分
GB/T 10066.2—2004	电热设备的试验方法　第 2 部分：有心感应炉
GB/T 10066.3—2004	电热设备的试验方法　第 3 部分：无心感应炉
GB/T 10066.4—2004	电热设备的试验方法　第 4 部分：间接电阻炉
GB/T 10066.7—2009	电热装置的试验方法　第 7 部分：具有电子枪的电热装置
GB/T 10066.9—2008	电热装置的试验方法　第 9 部分：高频介质加热装置输出功率的测定
JB/T 10066.31—2007	电热装置的试验方法　第 31 部分：高频感应加热装置发生器输出功率的测定
GB/T 15318—2010	热处理电炉节能监测
GB 5959.3—2008	电热装置的安全　第 3 部分：对感应和导电加热装置以及感应熔炼装置的特殊要求
GB 5959.4—2008	电热装置的安全　第 4 部分：对电阻加热装置的特殊要求
GB 5959.5—1991	电热设备的安全　第 5 部分：等离子设备的安全规程
GB 5959.9—2008	电热装置的安全　第 9 部分：对高频介质加热装置的特殊要求

（续）

标 准 号	标 准 名 称
GB 5959.7—2008	电热装置的安全　第 7 部分:对具有电子枪的装置的特殊要求
GB 5959.1—2005	电热装置的安全　第 1 部分:通用要求
JB/T 4311.5—2002	间接电阻炉 RJ 系列自然对流井式电阻炉
JB/T 8195.1—1999	间接电阻炉 RX 系列箱式电阻炉
JB/T 8195.2—1999	间接电阻炉 RM 系列箱式淬火炉
JB/T 8195.3—1999	间接电阻炉 ZR 系列真空热处理和钎焊炉
JB/T 8195.4—1999	间接电阻炉 ZC 系列真空淬火炉
JB/T 8195.5—2007	间接电阻炉　第 5 部分:RT 系列台车式炉
JB/T 8195.7—2007	间接电阻炉　第 7 部分:SX 系列实验用箱式炉
JB/T 8195.8—2007	间接电阻炉　第 8 部分:SK 系列实验用管式炉
JB/T 8195.9—2007	间接电阻炉　第 9 部分:SG 系列实验用坩埚式炉
JB/T 8195.10—2007	间接电阻炉　第 10 部分:RF 系列强迫对流井式炉
JB/T 8195.11—2007	间接电阻炉　第 11 部分:RB 系列罩式炉
JB/T 8195.12—2007	间接电阻炉　第 12 部分:RY 系列电热浴炉
JB/T 50162—1999	热处理箱式、台车式电阻炉能耗分等
JB/T 50163—1999	热处理井式电阻炉能耗分等
JB/T 50164—1999	热处理电热浴炉能耗分等
JB/T 50182—1999	箱式多用热处理炉能耗分等
JB/T 50183—1999	传送式、震底式、推送式、滚筒式热处理连续电阻炉能耗分等
JB/T 2841—1993	控制气体发生装置　基本技术条件
JB/T 6759—1993	QX 系列吸热式气体发生装置
JB/T 6205—2007	实验电阻炉温度控制器
JB/T 6206—1992	间接电阻炉　RCW 系列网带式电阻炉
JB/T 5267—1991	真空管式高频感应加热电源装置
JB/T 5632—1991	碳膜电阻渗碳炉　能耗分等
JB/T 5644—1991	推杆式热处理电阻炉　能耗分等
JB/T 5645—1991	推杆式热处理燃料炉　能耗分等
JB/T 5650—1991	弹体及药筒热处理箱式、台车式电阻炉　能耗分等
JB/T 5651—1991	弹体及药筒热处理井式电阻炉　能耗分等
JB/T 5652—1991	弹体及药筒热处理电热浴炉　能耗分等
JB/T 5653—1991	热处理用电热铅浴炉　能耗分等
JB/T 5701—1991	辊底式热处理炉　能耗分等
JB/T 5704—1991	罩式热处理炉　能耗分等

表 11-149　热处理设备系列类别、名称（JB/T 9691—1999）

类　别	系列代号	代 号 含 义	类　别	系列代号	代 号 含 义
电子束炉	DR	电子束熔炼炉	工业电阻炉	RH	电阻熔化炉
电渣炉	DZ	电渣炉		RJ	自然对流井式炉
感应电热设备	GC	感应淬火设备		RL	流态粒子炉
	GH	感应焊接设备		RM	箱式淬火炉(即多用炉)
	GT	感应透热设备		RR	辊底式炉
	GW	无心感应炉(非真空炉)		RS	推送式炉
	GY	有心感应炉		RT	台车式炉
等离子炉	LD	离子氮化炉		RX	箱式炉
	LR	等离子熔炼炉		RY	电热浴炉
气体发生装置	QA	氨制气体发生装置		RZ	振底式炉
	QF	放热式气体发生装置	实验电阻炉	SG	实验用坩埚式炉
	QX	吸热式气体发生装置		SK	实验用管式炉
	QY	有机液制气体发生装置		SX	实验用箱式炉
工业电阻炉	RB	罩式炉		SY	实验用油浴炉
	RC	传送带式炉	真空炉	ZC	真空淬火炉
	RD	电烘箱		ZG	真空感应熔炼炉
	RF	强迫对流井式炉		ZH	真空电弧炉
	RG	滚筒式炉		ZR	真空热处理和钎焊炉(无淬火装置)
				ZS	真空烧结炉

表 11-150　电热设备类型或特征（派生）代号（JB/T 9691—1999）

结 构 代 号	气 氛 代 号	中频感应炉的配套代号
L—立式 W—卧式 H—圆转式 K—开启式 S—双管式 J—井式 Z—综合式 T—铁坩埚式	X—吸热式气氛 F—放热式气氛 A—氨分解气氛 Q—在炉内燃烧裂化,生成的碳氢保护气氛(气体成分不进行自动控制) D—在炉内燃烧裂化生成的碳氢保护气氛(气体成分可进行自动控制) T—渗碳气氛 Y—有机液制气氛 N—氮气氛	J—静止变频器 X—旋转变频机

注：1. 类型或特征（派生）代号表示一个系列中各个品种产品的设计特点，如结构、配套等特点。

2. 类型或特征（派生）代号用一个或几个字母表示。

3. 型号组成

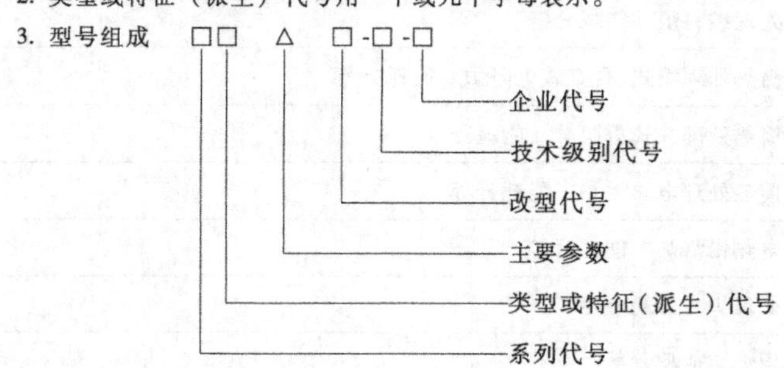

表 11-151　电热设备产品的主要参数（JB/T 9691—1999）

类　别	主要参数
电子束熔炼炉	额定功率(kW)
电渣炉	额定电流(kA)、锭子最大重量(t)
感应淬火设备	最大工件尺寸(cm)、额定功率(kW)、额定频率(kHz)
感应焊接设备	额定功率(kW)、额定频率(kHz)
感应透热设备	额定温度(100℃)、额定功率(kW)、额定频率(kHz)对工频设备额定频率略去不书
无心感应熔炼炉	额定容量(t)、额定功率(kW)、额定频率(kHz)、对工频炉额定频率略去不书
有心感应熔炼炉	额定有效容量(t)、额定功率(kW)
介质加热设备	额定输出功率(kW)、标称频率(MHz)
等离子熔炼炉	额定容量(t)
离子氮化炉	额定电流(A)、工作区尺寸(cm)
气体发生装置	额定产气率(m^3/h)
工业电阻炉	最高工作温度(以100℃为单位,小数略去;对多工区炉指炉温度最高那一区的温度);工作区尺寸(宽×长×高或直径×深,cm)
实验电阻炉	
真空炉	按各自的产品标准规定或按企业标准规定

11.8.2　国外标准代号、含义及热处理相关标准

11.8.2.1　国外标准代号、含义（表 11-152）

表 11-152　国外标准代号、含义

标准代号	含　义	标准代号	含　义
AAA	美国汽车协会	AISE	美国钢铁工程师协会
ABNT(或 NB)	巴西技术标准协会	AISI	美国钢铁学会
AC	美国粘结剂与密封材料委员会	AMA	美国声学材料协会
AD	德国压力容器协会	AMCA	美国通风与空调协会
ADCI	美国压铸协会	ANS	美国原子能学会
AECMA	欧洲航天设备制造商协会	ANSI(旧:ASA)	美国标准学会
AEI	意大利电工学会	API	美国石油学会标准
AFBMA	美国防磨轴承制造商协会	ARI	美国空调与制冷学会
AFNOR	法国标准化协会	ARSO	非洲区域性标准组织
AFS	美国铸工协会	AS	澳大利亚标准
AGK	德国制冷工业协会	ASAE	美国农业工程师协会
AGMA	美国齿轮制造商协会	ASEAN	东南亚国家协会
AGRI/WP(或 UNECE)	联合国欧洲经济委员会	ASHRAE	美国供热、制冷与空调工程师协会
AHEM	英国液压设备制造商协会	ASM	美国金属协会
AIS	日本运输车辆机械工业会	ASME	美国机械工程协会标准
AISC	美国结构学会	ASMO	阿拉伯标准化与计量组织

（续）

标准代号	含　义
ASQ	德国质量统计检验协会
ASQC	美国质量管理协会
ASRE	美国制冷工程师协会
ASTM	美国材料与试验协会标准
AWCO	美国铝线及电缆有限公司
AWS	美国焊接协会
BEAMA	美国电气及铜业制造商协会
BIMCAM	英国工业计测及控制仪表制造商协会
BIPM	国际计量局
BISFA	国际人造纤维标准化局标准
BISRA	英国钢铁研究协会
BITA	英国工业用车协会
BN	波兰专业标准
BNA	法国汽车标准局
BNIF	法国铸造工业标准化局
BNM	法国国家计量局
BS	英国标准
BSC(或 CES)	英国钢铁公司
BSI	英国标准学会
CAC	食品法典委员会
CAN	加拿大国家标准
CCC	关税合作理事会
CEB	比利时电工委员会
CEC(或 FUR)	欧洲共同体委员会
CECT	欧洲锅炉与压力容器制造委员会
CEE	国际电气设备合格认证委员会
CEMA	加拿大电气制造商协会
CEN	欧洲标准化委员会
CENELEC	欧洲电工标准化委员会
CIMAC	国际内燃机委员会
CISPR	国际无线电干扰特别委员会
CMAA	美国起重机制造商协会
COPANT	泛美技术标准委员会
CPI	国际乙炔、氧乙炔焊接及有关工业常设委员会
CSA	加拿大标准协会
CTIF	法国铸造工业技术中心
CUNA	意大利汽车标准化技术委员会
DCS(或 JDCS)	日本压铸协会
DEMA	美国柴油机制造商协会
DIE	国际照明委员会
DIN	德国标准化协会
DS	丹麦标准协会，丹麦标准
DTD	英国技术发展管理局
EGSMA	美国内燃机发电机组制造商协会
EIA	美国电子工业协会
EIAJ	日本电子机械工业协会
ELOT	希腊标准化组织
EN	欧洲标准
EPE	欧洲包装联合会
ERA	英国电气研究协会
ES(或 EOS)	埃及标准（埃及标准化组织）
ESI	埃塞俄比亚标准学会
ETS	欧洲电信标准
ETSI	欧洲电信标准学会
FDA	美国食品与药物管理
FEM	欧洲机械装卸联合会
FIJ	日本紧固件工业协会
FRS	日本紧固件研究协会
GATT	关税及贸易总协定
GEC	英国通用电气公司
GIS	日本砂轮工业协会
IAEA	国际原子能机构
IATA	国际航空运输协会
IBRM	美国锅炉与散热器制造商学会
ICAITI	中美洲工业研究与技术学会
ICAO	国际民航组织

（续）

标准代号	含　义	标准代号	含　义
ICONTEC	哥伦比亚技术标准学会	JISC	日本工业标准调查会
ICRP	国际辐射防护委员会	JIVAS	日本工业车辆协会
ICRU	国际辐射单位和测量委员会	JMAS	日本精密测量仪器工业会
IEC	国际电工委员会	JPMA	日本粉末冶金工业会
IEE	美国电气工程师学会	JSA	日本规格协会
IEEE	美国电气及电子工程师学会	JSK	日本机械锯及刃具工业会
IFAN	国际标准实践联合会	JSMA	日本弹簧工业会
IFI	美国工业紧固件学会	JUS	南斯拉夫标准
IFLA	国际签书馆协会和学会联合会	JV	日本阀门工业会
IIR	国际制冷学会	KS	肯尼亚标准
IIW	国际焊接学会	LWS	日本轻金属焊接结构协会
ILO	国际劳工组织	MAS	日本机床工业会
IMO	国际海事组织	MCTI	美国金属切削工具学会
IRAM	阿根廷材料和理化学会	MFS	美国韧性铸造工协会
IS	印度标准	MHEA	英国机械装卸工程师协会
IS	爱尔兰标准	MIL	美国军用标准
ISA	美国仪表协会	MMA	美国单轨起重机制造商协会
ISIRI	伊朗标准与工业研究学会	MPTA	美国机械动力传送协会
ISO	国际标准化组织	MS	美国军用标准
ISPE	美国伊利诺斯州专业工程师协会	MS	马来西亚标准
ITU	国际电信联盟	MS	毛里求斯标准
JABIA	日本汽车车身工业会	MSS	美国阀门及配件工业制造标准化协会
JACC	日本防锈技术协会	MSZ	匈牙利标准
JACS	日本自动机器工业会	NBN	比利时标准
JASO	日本汽车标准	NBS	美国国家标准局
JBS	日本小型机床工业会	NC	古巴标准
JEAC	日本电气协会	NCh	智利标准
JEAG 与 JEC	日本电气学会	NDIS	日本无损检验协会
JEM	日本电机工业会	NEMA	美国电器制造商协会标准
JGMA	日本齿轮工业会	NEN	荷兰标准
JHS	日本金属热处理工业会	NF	法国标准
JIC	美国联合工业理事会	NMTBA	美国全国机床制造商协会
JIMS	日本工业机械工业会	NORVEN	委内瑞拉标准
JIS	日本工业标准		

（续）

标准代号	含　义	标准代号	含　义
NP	葡萄牙标准	STASH	阿尔巴尼亚国家标准
NPL	英国国家物理试验室	TAS	日本工具工业会
NS	挪威标准	TCVN	越南国家标准
NTIS	美国国家技术情报服务局	TES	日本工作用机器工业会
NZS	新西兰标准	TIA	美国电信工业协会
OIE	国际兽疾局	TIS	泰国工业标准
OIML	国际法定计量组织	TRD	德国蒸汽锅炉技术规程
Ö NORM	奥地利标准	TRG	德国高压气体技术规程
PAS	泛美标准	TS	土耳其标准
PASC	太平洋标准会议	UIC	国际铁路联盟标准
PI	美国包装学会	UL	美国保险商试验所标准
PN	波兰标准	UNE	西班牙标准
SABS	南非标准局	UNESCO	联合国教科文组织
SAE	美国机动工程师协会	UNI	意大利标准化协会
SCRTA	英国铸钢研究和贸易协会	NUIT	乌拉圭技术标准学会
SEV	瑞士电工协会	VDA	德国汽车工业联合会
SFS	芬兰标准协会	VDE	德国电气工程师学会
SFSA	美国钢铸造商协会	VDEh	德国钢铁工程师协会
SI	以色列标准	VDI	德国工程师协会
SIS	瑞典标准化委员会	VDMA	德国机械制造协会
SLS	斯里兰卡标准	VIA	日本车辆检验协会
SMMT	英国汽车制造商及贸易商协会	VSM	瑞士机械制造商协会
SNCTTI	法国压力容器和工业用板材管材全国联合会	WES	日本焊接协会
		WHO	世界卫生组织标准
SNV	瑞士标准协会	WIPO	世界知识产权组织标准
S. S.	新加坡标准	YCT	蒙古国家标准
STAS	罗马尼亚国家标准	ГОСТ	俄罗斯标准化协会

11.8.2.2　国外热处理相关标准（表11-153）

表11-153　国外热处理相关标准

标准编号	标准名称
AMS 2750—2005	高温测量法
AMS 2755C—1988	盐浴渗氮处理
AMS 2756B—1974	钢零件的气体渗氮
AMS 2775—1974	钛及钛合金的表面硬化处理
AMS 4976—1982	钛合金锻件6Al-25n-4Er-2Mo固溶和沉淀处理
ANSI H35.1M—1982	铝合金牌号及状态表示方法

（续）

标准编号	标准名称
ASTM A225—1967	钢的淬透性端淬试验方法
ASTM A247—1967	铸铁件中石墨显微结构评定试验方法
ASTM A892—2001	高碳轴承微观结构的定义和等级
ASTM A919—1993	金属热处理术语
ASTM B597—1992	铝合金热处理
ASTM B609M—2001	电工用退火和中温回火的1350圆铝线
ASTM B661—1993	镁合金热处理规范
ASTM B657—2005	硬质钨金微观结构的金相测定方法
ASTM B665—2003	硬质钨合金金相样本的制备规程
ASTM B800—1994	导电用8000型铝合金线退火和中速回火
ASTM E7—2003	金相学相关术语
ASTM E18—2008	洛氏硬度试验方法
ASTM E45—2010	测定钢中夹杂物含量的试验方法
ASTM E112—2004	金属材料的平均晶粒度测试方法
ASTM E340—2006	金属和合金宏观侵蚀的试验方法
ASTM E384—2005a	材料显微硬度的试验方法
ASTM E562—2002	用系统人工逐点计数法测定体积因数的规程
ASTM E768—1999(2005)	钢中夹杂物自动检验用试样的制备及评定规程
ASTM E883—2002	反射光显微照相指南
ASTM E930—1999	金相磨片中观察到的最大晶粒(ALA)估计的试验方法
ASTM E1077—2001(2005)	评估钢样品脱碳层深度的试验方法
ASTM E1122—1996(2002)	用自动图像分析法得到JK(瑞典JK夹杂物评级图)夹杂物定额定值的规程
ASTM E1268—2001	评定显微结构带状物等级或取向
ASTM E1351—2001	现场金相复制品的生产和评定
ASTM E1382—1997(2004)	用自动和自动成像分析法测定平均粒度的试验方法
ASTM E1558—1999(2004)	金相试样电解抛光标准指南
ASTM E1920—2003	热喷涂层金相制备指南
ASTM E2014—1999(2005)	金相实验室安全指南
ASTM E2142—2001	用扫描电子显微镜评定和分类钢中夹杂物的试验方法
ASTM E2238—2003	钢和其他大结构零件中非金属夹杂物极端值分析规程
ASTM E2328—2005	测定硬化和回火螺纹钢螺栓、螺钉和柱头螺栓脱碳与渗碳的试验方法
BS 5046—1974	钢在热处理过程中等等效直径的计算方法
BS 5600.3.11.2—1990	钢铁材料的渗氮或渗碳表面硬化层测定(英国)
BS 6479—1984	钢渗碳层和硬化层的有效深度的测定
BS 6481—1984	钢的火焰或感应加热淬硬层深度的测定
BS 6562.1—1985	钢铁工业中使用的术语　第1部分　热处理术语
DD 44—1975	非铁合金晶粒度测定方法(英国标准协会)

(续)

标准编号	标准名称
DIN 6773 T2—1977	钢铁材料热处理　热处理零件图样上的表示与标志,硬度;淬火回火;调质处理
DIN 6773 T3—1977	钢铁材料热处理　热处理零件图样上的表示与标志,边缘层厚度
DIN 6773 T4—1977	钢铁材料热处理　热处理零件图样上的表示与标志,表面硬化处理
DIN 6773 T5—1977	钢铁材料热处理　热处理零件图样上的表示与标志,渗氮
DIN 17014 T1—1986	钢铁材料的热处理　术语
DIN 17014 T3—1985	钢铁材料的热处理　热处理方法:表面硬化
DIN 17021 T1—1976	钢铁材料的热处理;材料选择,按淬硬性进行选择
DIN 17022 T2—1986	钢铁材料的热处理方法　工具的淬火和回火
DIN 17023—1976	热处理指令(WBA)表格
DIN 17052—1985	热处理炉中的温度均匀性　技术要求
DIN 17200—1969	调质钢质量标准
DIN 17212—1972	火焰淬火与感应淬火钢质量标准
DIN 29850:1989	航空和航天　铝合金热处理概念、设备
DIN 50190.1—1979	热处理零件的硬化层深度　表面硬化层深度检验
DIN 50190.2—1979	热处理零件的硬化层深度　按表面硬度检验硬化层深度
DIN 50190.3—1979	热处理零件的硬化层深度　渗氮硬化深度测定
DIN 50191—1982	末端淬火试验
DIN 50192—1977	脱碳层深度的测定
DIN 50600—1980	金属材料的检验　金相结构图　图像尺寸及幅面
DIN 50602—1985	金相检验方法　用相图对优质钢中的非金属杂质作显微镜检查
DIN 50942:1996	金属表面处理　试验原理和方法
DIN 65083—1986	航空与航天　钛合金铸件的热处理
DIN 65084—1990	航空与航天　钛及钛合金的热处理
DIN EN ISO 643—2003	钢表面晶粒度的显微金相测定法
DIN EN ISO 3887—2003	钢脱碳层厚度的测定
DIN V ENV 10247—1998	使用标准图的钢中非金属含量的金相检验
IEC 60398—1999	电热设备的试验方法　第 1 部分:通用部分
IEC 60396—1991	电热设备的试验方法　第 2 部分:有心感应炉
IEC 60646—1992	电热设备的试验方法　第 3 部分:无心感应炉
IEC 60397—1994	电热设备的试验方法　第 4 部分:间接电阻炉
IEC 60703—1981	电热设备的试验方法　第 7 部分:具有电子枪的电热设备
ISO 83—1976	金属夏比缺口冲击试验方法
ISO 148—1983	
ISO 642—1979	钢的末端淬透性试验方法
ISO 643—2003	钢的铁素体或奥氏体晶粒度的显微测定
ISO 2107—1983	铝镁及其合金回火名称及符号
ISO 2693—1982	钢渗碳层和硬化层的有效深度的测定

（续）

标准编号	标准名称
ISO 3057—1998	无损检测　表面检验的金相复制件技术
ISO 3754—1976	钢的火焰或感应加热淬硬层深度的测定
ISO 3763—1976	锻钢非金属夹杂物含量的宏观评定方法
ISO 3887—2003	钢脱碳层深度的测定
ISO 4499—1978	硬质合金　显微组织的金相检验
ISO 4505—1978	硬质合金　孔隙率和游离碳的金相测定
ISO 4507—1978	烧结黑色金属材料的渗碳或碳氮共渗用维氏显微硬度试验方法测量和鉴定有效硬化层深度
ISO 4516—1980(E)	金属覆盖层及其他有关覆盖层维氏和努氏显微硬度试验
ISO 4967—1998	钢中非金属夹杂物含量的测定—标准显微法
ISO 4968—1979	钢的硫印宏观检验法(包曼法)
ISO 4969—1980	用强无机酸浸蚀钢的宏观检验
ISO 4970—1979	钢件薄表面总硬化层深度或有效硬化层深度的测定
ISO 4976—1979	钢的非金属夹杂含量的测定
ISO 6081—1986	钢铁硬度　锉刀检验方法
ISO 6506—1—1999	金属材料　布氏硬度试验　第 1 部分:试验方法
ISO 6507—1—1997	金属维氏硬度试验　第 1 部分:试验方法
ISO 6508—1—1999	金属洛氏硬度试验　第 1 部分:试验方法(A、B、C、D、E、F、G、H、K、N、T 标尺)
ISO 6892—1—1998	金属材料　室温拉伸试验方法
ISO 8074—1985	航空航天　奥氏体不锈钢零件的表面处理
ISO 9934.1—2001	无损检测　磁粉检测　第 1 部分:总则
ISO 9934.2—2002	无损检测　磁粉检测　第 2 部分:检测介质
ISO 9934.3—2002	无损检测　磁粉检测　第 3 部分:设备
SIO 9950—1995	测定工业淬火油冷却性能的镍合金探头实验方法
ISO/TR 14321—1997	烧结金属材料(不包括硬质金属)金相制备和检验
JIS B 6901—1998	金属热处理加热设备的有效加热带试验方法
JIS B 6911—1999	钢件的正火与退火
JIS B 6912—2002	钢件的高频淬火回火处理
JIS B 6913—1999	钢件的淬火与回火
JIS B 6914—2002	钢件的渗碳与碳氮共渗淬火与回火处理
JIS B 6915—1999	钢件的气体渗氮
JIS G 0201—2000	钢铁热处理用词
JIS G 0303—2000	钢材的检验通则
JIS G 0551—1998	钢的奥氏体晶粒度试验方法
JIS G 0552—1998	钢的铁素体晶粒度试验方法
JIS G 0553—1996	钢的宏观组织检验方法
JIS G 0555—2003	钢中非金属夹杂物的显微检验方法

（续）

标准编号	标准名称
JIS G 0556—1998	钢的发纹肉眼检验方法
JIS G 0557—1996	钢的渗碳硬化深度的测定方法
JIS G 0558—1998	钢的脱碳层深度的测定方法
JIS G 0559—1996	钢的火焰淬火和感应淬火硬化层深度测定方法
JIS G 0560—1998	钢的硫印试验方法
JIS G 0561—1998	钢的淬透性试验方法
JIS G 0562—1993	钢铁氮化层深度的测定
JIS G 0563—1993	钢铁氮化层表面硬度的测定方法
JIS G 0566—1980	钢的火花试验方法
JIS G 9072—1976	可锻铸铁热处理的作业标准
JIS K 2242—1997	热处理油
JIS Z 2244—1976	维氏硬度试验方法
JIS Z 2245—1976	洛氏硬度试验方法
JIS Z 2246—1975	肖氏硬度试验方法
JIS Z 2251—1980	显微硬度试验方法
JIS Z 3700—1980	焊接后热处理方法
JIS Z 3701—1976	炉内消除焊缝内应力方法
JIS Z 3702—1976	焊接件局部加热消除应力方法
JIS Z 8710—1980	温度测定方法通用规则
MIL—A—40147(CE)	钢铁零件的铅涂层(热浸)
MIL—H—6088F—1981	铝合金的热处理
MIL—H—6875G—1983	钢的热处理工艺(航空与航天用钢的热处理)
MIL—H—7199A—1965	变形 CR—Br 合金的热处理
MIL—H—81200A—1968	钛用钛合金的热处理
MIL—S—876A—1979	回火浸蚀检查
MIL—S—6090—1971	航空用钢的渗碳和碳氮共渗
MIL—S—10966B—1983	金属热处理用盐
MIL—S—12515C—1983	火焰和感应淬火的表面处理
MIL—S—13195B—1966	金属零件的喷丸
MIL—S—19434A—1980	军舰推进系统和辅助涡轮机用碳钢和合金钢传动齿轮及小齿轮锻件的热处理
MIL—SCD—1878(AT)	可控气氛气体渗碳
MIL—0—46016(MR)—1968	淬火油
NF A02—012—1994	冶金产品　热处理工艺
NF A04—102—1971	钢的铁素体或奥氏体晶粒尺寸的确定
NF A04—201—1968	热处理非合金钢和特殊低合金钢脱碳层深度的确定
NF A04—202—1984	钢渗碳层和硬化层的有效深度的测定
NF A04—204—1985	钢件薄表面总硬化层深度或有效硬化层深度的测定

（续）

标准编号	标准名称
SAE J 412h—1976	钢的一般特性及热处理
SAE J 417a—1970	硬度检验和硬度值换算
SAE J 418a—1976	钢的晶粒度测定
SAE J 419—1979	测量脱碳层的方法
SAE J 422—1979	钢中夹杂物的显微测定
SAE J 432a—1979	硬化层深度测定方法
SAE J 846JUN—1979	锉刀检验表面硬度
SIS 117011—1979	协会粉末冶金表面硬化层深度测量
SIS 117020—1972	钢的脱碳层深度的测定
TGL 12828—1980	钢材检验　碳化物分布的金相评定
ГОСТ 2407—1983	固体渗碳剂
ГОСТ 17658—1972	电阻炉一般技术要求
ГОСТ 19905—1974	强化金属零件的表面化学热处理
ГОСТ 12.3.002—1979	生产过程一般安全要求
ГОСТ 12.3.003—1979	生产设备一般安全要求
ГОСТ 12.3.004—1979	金属热处理通用安全要求

注：本表中的标准编号是按其类别中的标准号从小到大排列的。

参考文献

[1] 全国热处理标准化技术委员会．金属热处理标准应用手册［M］．2 版．北京：机械工业出版社，2005.

[2] 马庆芳，方荣生．实用热物理性质手册［M］．北京：中国农业机械出版社，1980.

[3] 林慧国，傅代直．钢的奥氏体转变曲线［M］．北京：机械工业出版社，1982.

[4] 第一汽车制造厂，长春汽车材料研究所．机械工程材料手册：黑色金属材料［M］．4 版．北京：机械工业出版社，1991.

[5] 第一汽车制造厂，长春汽车材料研究所．机械工程材料手册：有色金属材料［M］．4 版．北京：机械工业出版社，1991.

[6] 航空制造工程手册总编委会．航空制造工程手册：热处理卷［M］．北京：航空工业出版社，1993.

[7] 张纪真．机械制造工艺标准应用手册［M］．北京：机械工业出版社，1997.

[8] Seco/Warwick Corporation. Heat Treating Data Book［M］. 7th ed. Meadville：Seco/Warwick Corporation，1986.

[9] 美国金属学会．金属手册：第 10 卷材料特征性能及测定［M］．中国机械工程学会热处理专业分会，译．9 版．北京：机械工业出版社，1993.

[10] George Totren，Maurice A H. Hower Steel Heet Treat ment Handbook［M］. Newyork：Mercel Dekker，Inc，1997.

[11] 王洪明．结构钢手册［M］．石家庄：河北科学技术出版社，1985.

[12] 樊东黎，徐跃明，佟晓辉．热处理技术数据手册［M］．2 版．北京：机械工业出版社，2006.

[13] 美国金属学会．热处理工作者手册［M］．刘先曙，等译．北京：机械工业出版社，1986.

附　　录

北京机电研究所　贯洪艳　荀毓闽　叶孝思

附录 A　法定计量单位

量的名称	单位名称	单位符号
1. 国际单位制的基本单位		
长　度	米	m
质　量	千克,(公斤)	kg
时　间	秒	s
电　流	安[培]	A
热力学温度	开[尔文]	K
物质的量	摩[尔]	mol
发光强度	坎[德拉]	cd
2. 国际单位制的辅助单位		
平面角	弧　度	rad
立体角	球面度	sr
3. 国际单位制中具有专门名称的导出单位		
频　率	赫[兹]	Hz
力;重力	牛[顿]	N
压力,压强;应力	帕[斯卡]	Pa
能量;功;热	焦[耳]	J
功率;辐射通量	瓦[特]	W
电荷量	库[仑]	C
电位;电压;电动势	伏[特]	V
电　容	法[拉]	F
电　阻	欧[姆]	Ω
电　导	西[门子]	S
磁通量	韦[伯]	Wb
磁通量密度,磁感应强度	特[斯拉]	T
电　感	亨[利]	H
摄氏温度	摄氏度	℃
光通量	流[明]	lm
光照度	勒[克斯]	lx
放射性活度	贝可[勒尔]	Bq
吸收剂量	戈[瑞]	Gy
剂量当量	希[沃特]	Sv

量的名称	单位名称	单位符号
4. 国家选定的非国际单位制单位		
时　间	分	min
	[小]时	h
	天(日)	d
平面角	[角]秒	(″)
	[角]分	(′)
	度	(°)
旋转速度	转每分	r/min
长　度	海　里	n mile
速　度	节	kn
质　量	吨	t
	原子质量单位	u
体　积	升	L,(l)
能	电子伏	eV
功率级差	分　贝	dB
线密度	特[克斯]	tex

5. 十进倍数和分数单位的词头

所表示的因数	词头名称	词头符号
10^{18}	艾[可萨]	E
10^{16}	拍[它]	P
10^{12}	太[拉]	T
10^{9}	吉[咖]	G
10^{6}	兆	M
10^{3}	千	k
10^{2}	百	h
10^{1}	十	da
10^{-1}	分	d
10^{-2}	厘	c
10^{-3}	毫	m
10^{-6}	微	μ
10^{-9}	纳[诺]	n
10^{-12}	皮[可]	P
10^{-16}	飞[母托]	f
10^{-18}	阿[托]	a

6. 由以上单位构成的组合形式的单位

指由两个或两个以上单位用相乘、除的形式组合而成的新的单位。也包括只有一个单位,但分子为 1 的单位。例如,线胀系数单位"每摄氏度(℃$^{-1}$)",电量单位"千瓦小时(kW·h)",压力单位"牛顿每平方米(N/m^2)"等

附录 B　常用物理量的法定计量单位

量的名称	量的符号	单位名称	单位符号
1. 空间和时间			
[平面]角	α、β、γ、θ、φ	弧度 度 [角]分 [角]秒	rad (°) (′) (″)
立体角	Ω	球面度	sr
长　度	l,L	米 海里	m n mile
宽　度	b	米	m
高　度	h	米	m
厚　度	d,δ	米	m
半　径	r,R	米	m
直　径	d,D	米	m
距　离	s	米	m
面　积	A,(S)	平方米	m^2
体　积	V	立方米	m^3
		升	L(l)
时　间	t	秒 分 [小]时 天,[日]	s min h d
角速度	ω	弧度每秒	rad/s
角加速度	α	弧度每二次方秒	rad/s^2
速　度	v,c	米每秒 千米每小时 节	m/s km/h kn
加速度	a	米每二次方秒	m/s^2
2. 周期及其有关现象			
周　期	T	秒	s
时间常数	τ	秒	s
频　率	f,ν	赫[兹]	Hz
转速,旋转频率	n	每秒 转每分	s^{-1} r/min
振　幅	A	米	m
角频率,圆频率	ω	弧度每秒	rad/s
波　长	λ	米	m
波　数	σ	每米	m^{-1}
圆波数、角波数	k	弧度每米	rad/m
阻尼系数	δ	每秒	s^{-1}
衰减系数	a	每米	m^{-1}
相位系数	β	每米	m^{-1}
传播系数	γ	每米	m^{-1}

（续）

量的名称	量的符号	单位名称	单位符号
		3. 力　学	
质　　量	m	千克，（公斤） 吨 原子质量单位	kg t u
体积质量，[质量]密度	ρ	千克每立方米 吨每立方米 千克每升	kg/m^3 t/m^3 kg/L
相对[质量]密度	d	—	
质量体积，比体积	v	立方米每千克	m^3/kg
线质量，线密度	ρ_1	千克每米 特[克斯]	kg/m tex
面质量，面 密 度	ρ_A，(ρ_s)	千克每平方米	kg/m^2
动　　量	p	千克米每秒	kg · m/s
动量矩，角动量	L	千克二次方米每秒	$kg \cdot m^2/s$
转动惯量，（惯性矩）	J，(I)	千克二次方米	$kg \cdot m^2$
力	F	牛[顿]	N
重　　量	W，(P, G)	牛[顿]	N
力矩，力偶矩	M	牛[顿]米	N · m
转矩	T, M	牛[顿]米	N · m
压力，压强	P	帕[斯卡]	Pa
正 应 力	σ	帕[斯卡]	Pa
切 应 力	τ	帕[斯卡]	Pa
线应变，（相对变形）	ε, e	—	
切应变	γ	—	
体应变	θ	—	
泊松比，泊松数	μ, ν	—	
弹性模量	E	帕[斯卡]	Pa
切变模量，刚量模量	G	帕[斯卡]	Pa
体积模量，压缩模量	K	帕[斯卡]	Pa
压 缩 率	κ	每帕[斯卡]	Pa^{-1}
截面二次矩， 截面二次轴矩，（惯性矩）	I_a，(I)	四次方米	m^4
截面二次极矩，（极惯性矩）	I_p	四次方米	m^4
截面系数	W, Z	三次方米	m^3
动摩擦因数	μ，(f)	—	
静摩擦因数	μ_s，(f_s)	—	—
[动力]粘度	η，(μ)	帕[斯卡]秒	Pa · s
运动粘度	ν	二次方米每秒	m^2/s
表面张力	r, σ	牛[顿]每米	N/m
功	W，(A)	焦[耳] 瓦[特]小时 电子伏	J W · h eV
能[量]	E	同功的单位	

（续）

量的名称	量的符号	单位名称	单位符号
势能，位能	E_p,(V)	同功的单位	
动　能	E_k,(T)	同功的单位	
功　率	P	瓦[特]	W
质量流量	q_m	千克每秒	g/s
体积流量	q_V	立方米每秒	m^3/s
雷诺数	Re	—	
4. 热　学			
热力学温度	T,(Θ)	开[尔文]	K
摄氏温度	t,θ	摄氏度	℃
线[膨]胀系数	α_l	每开[尔文]	K^{-1}
体[膨]胀系数	α_V,(α,γ)	每开[尔文]	K^{-1}
热，热量	Q	焦[耳]	J
热流量	Φ	瓦特	W
热流[量]密度	q,φ	瓦[特]每平方米	W/m^2
热导率，(导热系数)	λ,(κ)	瓦[特]每米开[尔文]或摄氏度	W/(m·K)或 W/(m·℃)
传热系数	K,(k)	瓦[特]每平方米开[尔文]或摄氏度	$W/(m^2 \cdot K)$或$W/(m^2 \cdot ℃)$
表面传热系数	h,(α)		
热扩散率	a	平方米每秒	m^2/s
热　容	C	焦[耳]每摄氏度	J/℃
质量热容，比热容	c	焦[耳]每千克摄氏度	J/(kg·℃)
质量热容比，比热[容]比	γ	—	
熵	S	焦[耳]每开[尔文]	J/K
质量熵，比熵	s	焦[耳]每千克开[尔文]	J/(kg·K)
热力学能	U	焦[耳]	J
焓	H	焦[耳]	J
吉布斯自由能	G	焦[耳]	J
质量能，比能	e	焦[耳]每千克	J/kg
质量焓，比焓	h	焦[耳]每千克	J/kg
5. 电学和磁学			
电　流	I	安[培]	A
电荷[量]	Q,q	库[仑]	C
体积电荷，电荷[体]密度	ρ,(η)	库[仑]每立方米	C/m^2
面积电荷，电荷面密度	σ	库[仑]每平方米	C/m^2
电场强度	E	伏[特]每米	V/m
电位，(电势)	V,φ	伏[特]	V
电位差，(电势差)，电压	U,(V)	伏[特]	V
电动势	E	伏[特]	V
电　容	C	法[拉]	F
介电常数，(电容率)	ε	法[拉]每米	F/m

（续）

量的名称	量的符号	单位名称	单位符号
面积电流,电流密度	J,(S)	安[培]每平方米	A/m^2
[直流]电阻	R	欧[姆]	Ω
电　抗	X	欧[姆]	Ω
阻抗,(复[数]阻抗)	Z	欧[姆]	Ω
[直流]电导	G	西[门子]	S
电　纳	B	西[门子]	S
导　纳	Y	西[门子]	S
电阻率	ρ	欧姆·米	Ω·m
电导率	γ,σ	西[门子]每米	S/m
自　感	L	亨(利)	H
耦合系数	k,(κ)	—	
互　感	M, L_{12}	亨[利]	H
磁漏系数	σ	—	
绕组的匝数	N		
相　数	m		
品质因数	Q		
相[位]差,相[位]移	φ	弧度	rad
[有功]功率	P	瓦[特]	W
无功功率	Q,(PQ)	瓦[特]	W
磁场强度	H	安[培]每米	A/m
磁通势,磁动势	F, F_m	安[培]	A
磁位势,(磁势差)	U_m	安[培]	A
磁[通]量密度,磁感应强度	B	特[斯拉]	T
磁通[量]	ϕ	韦[伯]	Wb
磁导率	μ	亨[利]每米	H/m
		6. 光及有关电磁辐射	
波　长	λ	米	m
辐[射]能	Q　W,(Q_e,U)	焦[耳]	J
辐[射]功率,辐[射能]通量	P,Φ,(Φe)	瓦[特]	W
辐[射]强度	I,(Ie)	瓦[特]每球面度	W/sr
光通量	Φ,(Φ_v)	流[明]	Im
光　量	Q,(Q_v)	流[明]秒	Im·s
发光强度	I,(I_v)	坎[德拉]	cd
[光]亮度	L,(L_v)	坎[德拉]每平方米	cd/m^2
[光]照度	E,(E_v)	勒[克斯]	lx
曝光量	H	勒[克斯]秒	lx·s
折射率	n		

（续）

量的名称	量的符号	单位名称	单位符号
7. 声　学			
静　压	p_s,(P_0)	帕[斯卡]	Pa
声　压	p	帕[斯卡]	Pa
声强[度]	I,J	瓦[特]每平方米	W/m^2
声强级	L_I	分贝	dB
声功率	W,P	瓦[特]	W
声压级	L_p	分贝	dB
声速,(相速)	c	米每秒	m/s
8. 物理化学和分子物理学			
物质的量	n,(ν)	摩[尔]	mol
摩尔质量	M	千克每摩[尔]	kg/mol
摩尔体积	V_m	立方米每摩[尔]	m^3/mol
摩尔热力学能	U_m	焦[耳]每摩[尔]	J/mol
摩尔热容	C_m	焦[耳]每摩[尔]开[尔文]	J/(mol·K)
摩尔熵	S_m	焦[耳]每摩[尔]开[尔文]	J/(mol·K)
体积质量,质量密度,密度	ρ	千克每立方米	kg/m^3
B的质量浓度	ρ_B	千克每升	kg/L
B的浓度,B的物质的量浓度	c_B	摩[尔]每立方米	mol/m^3
溶质B的质量摩尔浓度	b_B,m_B	摩[尔]每千克	mol/kg
B的化学势	μ_B	焦[耳]每摩[尔]	J/mol
B的绝对活度	λ_B		
B的分压(在气体混合物中)	p_B	帕[斯卡]	Pa
B的活度因子	f_B		
溶质B的活度, 溶质B的相对活度	a_B,$a_{m,B}$		
溶质B的活度因子	γ_B		
[化学反应]亲和势	A	焦[耳]每摩[尔]	J/mol
扩散系数	D	平方米每秒	m^2/s
热扩散系数	D_T	平方米每秒	m^2/s
9. 原子、核和固体物理学			
半衰期	$T_{1/2}$	秒	s
[放射性]活度	A	贝克[勒尔]	Bq
吸收剂量	D		
照射量	X	库[仑]每千克	C/kg
点阵基矢[量], 晶格基矢[量]	$\boldsymbol{a}_1$,$\boldsymbol{a}_2$,$\boldsymbol{a}_3$ $\boldsymbol{a}$,$\boldsymbol{b}$,$\boldsymbol{c}$	米	m
点阵矢[量],晶格矢[量]	$\boldsymbol{R}$,$\boldsymbol{R}_0$,$\boldsymbol{T}$	米	m
倒易点阵基矢[量], 倒格子基矢[量]	$\boldsymbol{b}_1$,$\boldsymbol{b}_2$,$\boldsymbol{b}_3$ $\boldsymbol{a}^*$,$\boldsymbol{b}^*$,$\boldsymbol{c}^*$	每米	m^{-1}
倒易点阵矢[量], 倒格[子]矢(量)	$\boldsymbol{G}$	每米	m^{-1}
点阵面间距, 晶面间距	d	米	m
布喇格角	θ	弧度	rad
伯格斯矢量	$\boldsymbol{b}$	米	m
德拜温度	Θ_D	开[尔文]	K
居里温度	T_C	开[尔文]	K
超导体转变温度	T_c	开[尔文]	K

附录 C　常用物理量单位换算（表 C-1 ~ 表 C-19）

表 C-1　长度单位换算

毫米 (mm)	厘米 (cm)	米 (m)	公里 (km)	市尺	市里	英寸 (in)	英尺 (ft)	码 (yd)	英里 (mi)	国际浬(海里) (n mile)
1	0.1000	0.0010		0.0030		0.03937	0.003281			
10	1	0.0100		0.0300		0.3937	0.03281			
1000	100	1	0.0010	3	0.0020	39.3701	3.2808	1.0936	0.000621	0.0005396
		1000	1	3000	2		3280.833	1093.611	0.62144	0.5396
333.33	33.333	0.3333	0.00033	1	0.00067	13.1234	1.0936	0.3645		0.00018
		500	0.5000	1500	1		1640	546.80	0.3107	0.2698
25.4000	2.5400	0.0254		0.0762		1	0.0833	0.0278		
304.800	30.480	0.3048		0.9144		12	1	0.3333	0.00019	
	91.4402	0.9144	0.0009144	2.7432		36	3	1	0.00057	
		1609.344	1.6093	4828	3.2187		5280	1760	1	0.8684
		1852.0	1.8522		3.704					1

表 C-2　面积单位换算

平方毫米 (mm^2)	平方厘米 (cm^2)	平方米 (m^2)	公亩 (a)	平方公里 (km^2)	平方市尺	市亩	平方市里	平方英寸 (in^2)	平方英尺 (ft^2)	英亩(A)	平方英里 ($mile^2$)
1	0.01	0.000001			0.000009			0.00155	0.00001076		
100	1	0.0001			0.0009			0.1550	0.001076		
1000000	10000	1	0.0100		9	0.0015		1550	10.7636	0.0002471	
		100	1	0.0001	900	0.1500	0.0004		1076.36	0.02471	
			10000	1		1500	4			247.1045	0.3861
	1111.11	0.1111			1	0.00017		172.23	1.1960		
		666.67	6.6667	0.000667	6000	1			7176	0.1647	0.00026
		250000	2500	0.2500	2250000	375	1			61.763	0.0965
645.160	6.4516	0.000645			0.0058			1	0.00694		
92903	929.03	0.0929			0.8361	0.0014		144	1		
		4046.7	40.467	0.004047	36422	6.0703			43560	1	0.0016
			25900	2.5900		3885	10.360			640	1

注：1 公顷(ha) = 10^2 公亩(a) = 10^4 平方米(m^2)。

表 C-3 体积、容积单位换算

立方厘米或毫升（cm^3，mL）	立方米（m^3）	升（L）	立方市尺	市升	立方英寸（in^3）	立方英尺（ft^3）	磅（水）（lb）	美液量加仑（US·gal）	美干量加仑	英制加仑（Imp·gal）
1	0.000001	0.0010	0.0000271	0.0010	0.061024	0.0000353	0.002046	0.000265	0.000227	0.00022
1000000	1	1000	27	1000	61024	35.3147	2204.6	264.17	227	220.03
1000	0.0010	1	0.0270	1.0	61.024	0.0353	2.2046	0.2642	0.2270	0.2200
37037	0.0370	37.037	1	37.037	2260	1.3080	81.570	9.7841	8.4074	8.1515
1000	0.0010	1.0	0.0270	1	61.024	0.0353	2.2046	0.2642	0.2270	0.2200
16.3871	0.0000164	0.0164	0.00044	0.0164	1	0.00058	0.0362	0.0043	0.00372	0.0036
28317	0.02832	28.317	0.7646	28.317	1728	1	62.428	7.4805	6.4288	6.2288
453.6	0.0004536	0.4536	0.1225	0.4536	27.650	0.0160	1	0.1198	0.10297	0.0998
3785	0.003785	3.7853	0.1022	3.7853	231	0.1337	8.3455	1	0.8594	0.8327
		4.4048		4.4048	268.8		9.7108	1.1636	1	0.9689
4546	0.004546	4.5460	0.1227	4.5460	277.27	0.1605	10.022	1.2009	1.0321	1

表 C-4 质量单位换算

克（g）	千克（公斤）（kg）	吨（t）	市两（旧制）	市两	市斤	市担	格令（gr）	常衡盎司（oz·av）	常磅（lb·av）	金衡磅（lb·t）	美吨（短吨）（short tn）	英吨（长吨）（long tn）
1	0.0010	10^{-6}	0.0320	0.0200	0.0020		15.4324	0.035274	0.0022046	0.0026792		
1000	1	0.0010	32	20	2	0.0200	15432.36	35.274	2.20462	2.6792	0.001102	0.000984
	1000	1	32000	20000	2000	20		35274	2204.62	2679.2285	1.1023	0.9842
31.250	0.0313		1	0.625	0.0625			1.1023	0.0689			
50	0.0500	0.00005	1.6000	1	0.1000	0.0010	771.6178	1.7637	0.11023	0.13396		
500	0.5000	0.0005	16	10	1	0.0100	7716.178	17.637	1.1023	1.3396	0.000551	0.000492
	50	0.0500	1600	1000	100	1		1763.7	110.231	133.96	0.0551	0.04921
0.0648			0.002074	0.0013			1	0.0023				
28.3495	0.0284		0.9072	0.5670	0.0567		437.5	1	0.0625	0.07596		
453.58	0.4536	0.0004536	14.515	9.072	0.9072	0.009072	7000	16	1	1.2153	0.0005	0.0004465
	0.3732	0.0003732		7.465	0.7465		5760	13.1657	0.8229	1	0.00041143	0.0003674
	907.19	0.9072	29030	18144	1814.37	18.1437		32000	2000	2430.5	1	0.8929
	1016.047	1.0160	32514	20321	2032.09	20.3209		35840	2240	2722.2	1.1200	1

注：在以地球为参照系的日常生活和贸易活动中，质量习惯称重量，表示力的概念时，应称为重力。

表 C-5　密度单位换算

克/厘米³(g/cm^3)或吨/米³(t/m^3)	千克/米³(kg/m^3)或克/升(g/L)	磅/英寸³(lb/in^3)	磅/英尺³(lb/ft^3)	磅/英加仑(lb/Imp · gal)	磅/美加仑(lb/U. S. gal)
1	1000	0.03613	62.43	10.02	8.345
0.001	1	3.613×10^{-5}	0.06243	0.01002	0.00835
27.68	27680	1	1728	277.42	231
0.01602	16.02	0.00058	1	0.1605	0.1337
0.0998	99.8	0.0036	6.2288	1	0.8327
0.1198	119.8	0.004329	7.48	1.201	1

表 C-6　比体积单位换算

毫升每克(mL/g)	立方厘米每克(cm^3/g)	立方米每千克(m^3/kg)	立方米每吨(m^3/t)	立方英寸每磅(in^3/lb)	立方英尺每磅(ft^3/lb)	美加仑每磅(US. gal/lb)	英加仑每磅(Imp · gal/lb)
1	1.00003	1.00003×10^{-3}	1.00003	27.68013	0.0160187	0.11983	0.99800
0.99997	1	10^{-3}	1	27.68013	0.0160185	0.11983	0.99800
9.9997×10^{2}	10^{3}	1	10^{-3}	2.76801×10^{4}	1.60185	1.1983×10^{2}	9.9800×10^{2}
0.99997	1	10^{-3}	1	27.68013	0.0160185	0.11983	0.99800
0.0361265	0.036127	3.6127×10^{-5}	0.036127	1	5.7870×10^{-4}	4.3290×10^{-3}	3.6048×10^{-3}
62.4278	62.4278	0.0624278	62.4278	1.7280×10^{3}	1	7.48055	6.22898
8.347245	8.347245	8.34725×10^{-3}	8.347245	2.30995×10^{2}	0.133677	1	0.832709
10.02214	10.02214	1.0022×10^{-2}	10.02214	2.7741×10^{2}	0.16054	1.20094	1

表 C-7　力、重力单位换算

牛[顿](N)	千克力(kgf)	达因(dyn)	磅力(lbf)	磅达(pdl)
1	0.102	10^{5}	0.2248	7.233
9.80665	1	9.80665×10^{5}	2.2046	70.93
10^{-5}	1.02×10^{-6}	1	2.248×10^{-6}	7.233×10^{-5}
4.448	0.4536	4.448×10^{5}	1	32.174
0.1383	1.41×10^{-2}	1.383×10^{4}	3.108×10^{-2}	1

注：有些国家用 K_p (Kilopond) 作为力的一种单位，$1K_p=1$ 公斤力 (kgf)。

表 C-8 压力、压强、应力换算

帕[斯卡] (Pa)	微巴 (μbar)	毫巴 (mbar)	巴 (bar)	千克力/毫米² (kgf/mm²)	工程大气压② (at)	毫米水柱 (mmH_2O)	标准大气压① (atm)	毫米汞柱 (mmHg)	磅力/英尺² (lbf/ft²)	磅力/英寸² (lbf/in²)	英寸水柱 (inH_2O)
1	10	0.01	10^{-5}	1.02×10^{-2}	1.02×10^{-5}	0.102	0.99×10^{-3}	0.0075	0.02089	14.5×10^{-5}	40.15×10^{-4}
0.1	1	0.001				0.0102					
100	1000	1	0.001			10.2		0.7501	2.089	0.0145	40.15×10^{-2}
10^5	10^6	1000	1	0.0102	1.02	10197	0.9869	750.1	2089	14.5	
98.07×10^5		98067	98.07	1	100	10^6	96.78	73556		1422	
98067		980.7	0.9807	0.01	1	10^4	0.9678	735.6	2048	14.22	393.7
9.807	98.07	0.0981			0.0001	1	0.9678×10^4	0.0736	0.2048		39.37×10^{-3}
101325		1013	1.013		1.033	10332	1	760	2116	14.7	406.8
133.32	1333	1.333			0.00136	13.6	0.00132	1	2.785	0.01934	0.5354
47.88	478.8	0.4788		4.882×10^{-6}		4.882		0.3591	1	0.00694	0.192
6894.8	6894.8	68.95	0.06895	7.03×10^{-4}	0.0703	703	0.068	51.71	144	1	27.68
249.1		2.49			0.00254	25.4	0.00246	1.8676	5.20272	0.03613	1

注：1 帕[斯卡](Pa) = 1 牛[顿]/米²(N/m²)

1 微巴(μbar) = 1 达因/厘米²(dyn/cm²)

1 毫米水柱(mmH_2O)(4℃时) = 1 千克力/米²(kgf/m²)

1 工程大气压(at) = 1 千克力/厘米²(kgf/cm²)

1 毫米汞柱(mmHg) = 1 托(Torr)

1磅力/英尺²(pdl/ft²) = 1.488 牛[顿]/米²(N/m²)

1ft 水柱(ftH_2O) = 2989.07 牛[顿]/米²(N/m²)

1in 汞柱(inHg) = 3386.39 牛[顿]/米²(N/m²)

① 标准大气压即物理大气压；

② 工程大气压(at)即绝对大气压。

表 C-9 表面张力单位换算

达因每厘米 (dyn/cm)	克力每厘米 (gf/cm)	千克力每米 (kgf/m)	磅力每英尺 (lbf/ft)	牛顿每米 (N/m)
1	1.0197×10^{-3}	1.0197×10^{-4}	6.853×10^{-5}	9.910×10^{-3}
980.665	1	0.1	0.06720	0.98067
9806.65	10	1	0.6720	9.8067
14592.15	14.88	1.488	1	14.5922
1×10^{3}	1.10197	0.10197	0.06853	1

表 C-10 运动粘度单位换算

斯[托克斯] (St)	厘斯[托克斯] (cSt)	平方米每秒 (m^2/s)	平方米每时 (m^2/h)	平方英尺每秒 (ft^2/s)	平方英尺每时 (ft^2/h)
1	10^{2}	10^{-4}	0.3600	1.0764×10^{-3}	3.875
10^{-2}	1	10^{-6}	3.6×10^{-3}	1.0764×10^{-5}	3.875×10^{-2}
10^{4}	10^{6}	1	3.6×10^{3}	10.764	3.875×10^{-4}
2.778	2.778×10^{2}	2.778×10^{-4}	1	2.99×10^{-3}	10.7639
9.2903×10^{2}	9.2903×10^{4}	9.2903×10^{-2}	3.3445×10^{2}	1	3.6×10^{3}
0.2581	25.81	2.581×10^{-5}	0.2903×10^{-2}	2.778×10^{-4}	1

表 C-11 动力粘度单位换算

千克力·秒/米² ($kgf\cdot s/m^2$)	帕[斯卡]·秒 ($Pa\cdot s$)	泊 (P)	千克力·时/米² ($kgf\cdot h/m^2$)	牛[顿]·时/米² ($N\cdot h/m^2$)	磅力·秒/英尺² ($lbf\cdot s/ft^2$)
1	9.81	98.1	278×10^{-6}	2.73×10^{-3}	0.205
0.102	1	10	28.3×10^{-6}	278×10^{-6}	20.9×10^{-3}
10.2×10^{-3}	0.1	1	2.83×10^{-6}	27.8×10^{-6}	2.09×10^{-3}
3600	35.3×10^{3}	353×10^{3}	1	9.81	738
367	3600	36×10^{3}	0.102	1	75.3
4.88	47.88	478.8	1.356×10^{-3}	13.3×10^{-3}	1

表 C-12 能量单位换算表

项目	焦耳[①] (J)	千克力·米 (kgf·m)	尔格 (erg)	千瓦·时 (kW·h)	米制马力·时 (PS·h)
焦耳 (J)	1	0.1019716	1×10^{7}	2.777778×10^{-7}	3.776727×10^{-7}
千克力·米 (kgf·m)	9.80665	1	9.80665×10^{7}	2.724069×10^{-6}	3.703704×10^{-6}
尔格 (erg)	1×10^{-7}	1.019716×10^{-6}	1	2.777778×10^{-14}	3.776727×10^{-14}
千瓦·时 (kW·h)	3.6×10^{6}	3.670978×10^{5}	3.6×10^{13}	1	1.359622
米制马力·时 (PS·h)	2.647796×10^{6}	2.7×10^{5}	2.647796×10^{13}	0.73549875	1
国际蒸汽表千卡 ($kcal_{IT}$)	4.1868×10^{3}	4.269348×10^{2}	4.1868×10^{10}	1.163×10^{-3}	1.581240×10^{-3}
热化学千卡 ($kcal_{th}$)	4.184×10^{3}	4.266493×10^{2}	4.184×10^{10}	1.162222×10^{-3}	1.580182×10^{-3}
20℃千卡 ($kcal_{20}$)	4.1816×10^{3}	4.2640×10^{2}	4.1816×10^{10}	1.1616×10^{-3}	1.5793×10^{-3}
15℃千卡 ($kcal_{15}$)	4.1855×10^{3}	4.2680×10^{2}	4.1856×10^{10}	1.1626×10^{-3}	1.5807×10^{-3}
英热单位 (Btu)	1055.06	107.586	1.05506×10^{10}	2.93072×10^{-4}	3.98467×10^{-4}

（续）

项　目	国际蒸汽表千卡 ($kcal_{IT}$)	热化学千卡 ($kcal_{th}$)	20℃千卡 ($kcal_{20}$)	15℃千卡[②] ($kcal_{15}$)	英热单位 (Btu)
焦耳 (J)	2.388459×10^{-4}	2.390057×10^{-4}	2.3914×10^{-4}	2.3892×10^{-4}	9.47814×10^{-4}
千克力·米 (kgf·m)	2.342278×10^{-3}	2.343846×10^{-3}	2.3452×10^{-3}	2.3430×10^{-3}	9.29489×10^{-3}
尔格 (erg)	2.388459×10^{-11}	2.390057×10^{-11}	2.3914×10^{-11}	2.3892×10^{-11}	9.47814×10^{-11}
千瓦·时 (kW·h)	8.598452×10^{2}	8.604206×10^{2}	8.6091×10^{2}	8.6011×10^{2}	3.41213×10^{3}
米制马力·时 (PS·h)	6.324151×10^{2}	6.328382×10^{2}	6.3320×10^{2}	6.3261×10^{2}	2.50962×10^{3}
国际蒸汽表千卡 ($kcal_{IT}$)	1	1.000669	1.0012	1.0003	3.96830
热化学千卡 ($kcal_{th}$)	0.9993312	1	1.0006	0.99964	3.96566
20℃千卡 ($kcal_{20}$)	0.99876	0.99943	1	0.99967	3.96343
15℃千卡 ($kcal_{15}$)	0.99969	1.0004	1.0009	1	3.96707
英热单位 (Btu)	2.51997×10^{-1}	2.52165×10^{-1}	2.52307×10^{-1}	2.52075×10^{-1}	1

① 1焦［耳］(J) =1牛［顿］·米(N·m)。
② 15℃千卡，即1千克纯水，在标准气压下，温度从14．5℃升高到15．5℃所需要的热量。

表 C-13　功率单位换算

尔格/秒 (erg/s)	瓦 (W)	千克力·米/秒 (kgf·m/s)	米制马力 (PS)	英制马力 (hp)	千瓦 (kW)	千卡/秒 (kcal/s)	英热单位/秒 (Btu/s)	英尺·磅力/秒 (ft·lbf/s)
1	10^{-7}	0.102×10^{-7}	0.136×10^{-9}	0.1341×10^{-9}	10^{-10}	23.9×10^{-2}	94.78×10^{-12}	0.7376×10^{-7}
10^{7}	1	0.102	1.36×10^{-3}	1.341×10^{-3}	10^{-3}	239×10^{-6}	947.8×10^{-6}	0.7376
9.807×10^{7}	9.807	1	13.33×10^{-3}	13.15×10^{-3}	9.807×10^{-3}	2.342×10^{-3}	9.295×10^{-3}	7.233
7.355×10^{9}	735.5	75	1	0.9863	0.7355	0.1757	0.6972	542.5
7.457×10^{9}	745.7	76.04	1.014	1	0.7457	0.1781	0.7068	550
10^{10}	1000	102	1.36	1.341	1	0.239	0.9478	737.6
41.87×10^{9}	4186.8	426.935	5.692	5.614	4.187	1	3.968	3087
10.55×10^{9}	1055.06	107.6	1.434	1.415	1.055	0.252	1	778.2
1.356×10^{7}	1.356	0.1383	1.843×10^{-3}	1.82×10^{-3}	1.356×10^{-3}	0.324×10^{-3}	1.285×10^{-3}	1

注：1. 1瓦(W) =1牛［顿］·米/秒(N·m/s) =1焦［耳］/秒(J/s)。

2. 英尺·磅/秒(ft·pdl/s) =0．04214牛［顿］·米/秒(N·m/s)。

表 C-14　热导率（导热系数）单位换算

千卡/(米·时·℃) [kcal/(m·h·℃)]	卡/(厘米·秒·℃) [cal/(cm·s·℃)]	瓦/(米·℃) [W/(m·℃)]	焦[耳]/(厘米·秒·℃) [J/(cm·s·℃)]	英热单位/(英尺·时·℉) [Btu/(ft·h·℉)]
1	0.00278	1.16	0.0116	0.672
360	1	418.68	4.1868	242
0.8598	0.00239	1	0.01	0.578
8598	0.239	100	1	57.8
1.49	0.00413	1.73	0.0173	1

表 C-15　传热系数单位换算

千卡/(米^2·时·℃) [kcal/(m^2·h·℃)]	卡/(厘米^2·秒·℃) [cal/(cm^2·s·℃)]	焦[耳]/(厘米^2·秒·℃) [J/(cm^2·s·℃)]	英热单位/(英尺^2·时·℉) [Btu/(ft^2·h·℉)]
1	2.778×10^{-5}	1.163×10^{-4}	0.204816
36000	1	4.1868	7373
8598.45	0.2388	1	1761
4.882	1.356×10^{-4}	5.678×10^{-4}	1

表 C-16　热容、熵单位换算

焦[耳]每摄氏度 (J/℃)	千卡每摄氏度 (kcal/℃)	千克米每摄氏度 (kgm/℃)	焦[耳]每华氏度 (J/℉)	英热单位每华氏度 (Btu/℉)	英尺磅每华氏度 (ft·lb/℉)
1	2.38846×10^{-4}	0.101972	0.02959	1.0834×10^{-4}	0.08431
4.1868×10^{3}	1	4.26936×10^{2}	1.23887×10^{2}	0.45360	3.52947×10^{2}
9.80665	2.34228×10^{-3}	1	0.290177	1.06245×10^{-3}	0.826693
33.79541	8.07190×10^{-3}	3.44617	1	3.6614×10^{-3}	2.84894
9.23020×10^{3}	2.20460	9.41219×10^{2}	2.73120×10^{2}	1	7.78102×10^{2}
11.86248	2.8333×10^{-3}	1.20964	0.351008	1.28518×10^{-3}	1

表 C-17　比热容、比熵单位换算

焦[耳]每千克摄氏度 [J/(kg·℃)]	焦[耳]每克摄氏度 [J/(g·℃)]	千卡每千克摄氏度 [kcal/(kg·℃)]	千克·米每千克摄氏度 [kg·m/(kg·℃)]	英热单位每磅华氏度 [Btu/(lb·℉)]	英尺·磅每磅华氏度 [ft·lb/(lb·℉)]
1	10^{-3}	2.38846×10^{-4}	0.101972	2.38846×10^{-4}	0.185863
10^{3}	1	0.238846	1.01972×10^{2}	0.238846	1.85863×10^{2}
4.1868×10^{3}	4.1868	1	4.26935×10^{2}	1	7.78169×10^{2}
9.80665	9.80665×10^{-3}	2.34228×10^{-3}	1	2.34228×10^{-3}	1.82269
4.1868×10^{3}	4.1868	1	4.26935×10^{2}	1	7.78169×10^{2}
5.38032	5.38032×10^{-3}	1.28507×10^{-3}	0.54864	1.28507×10^{-3}	1

表 C-18　比潜热、比焓单位换算

焦[耳]每克 (J/g)	千卡每千克 (kcal/kg)	千克·米每千克 (kg·m/kg)	英热单位每磅 (Btu/lb)	英尺·磅每磅 (ft·lb/lb)
1	0.2389	1.0197×10^{2}	0.4299	3.3455×10^{2}
4.1868	1	4.2694×10^{2}	1.8	1.4007×10^{3}
9.8067×10^{-3}	2.3423×10^{-3}	1	4.2161×10^{-3}	3.2808
2.326	0.5556	2.3719×10^{2}	1	7.7817×10^{2}
2.9891×10^{-3}	7.1393×10^{-4}	0.3048	1.2851×10^{-5}	1

表 C-19　温标换算公式

摄氏度/℃	华氏度/℉	兰氏温度/°R	热力学温度/K
1	$\frac{9}{5}\times\frac{t}{℃}+32$	$\frac{9}{5}\times\frac{t}{℃}+491.67$	$\frac{t}{℃}+273.15$
$\frac{5}{9}\left(\frac{\theta}{℉}-32\right)$	1	$\frac{\theta}{℉}+459.67$	$\frac{5}{9}\left(\frac{\theta}{℉}+459.67\right)$
$\frac{5}{9}\left(\frac{\Theta}{°R}-491.67\right)$	$\frac{\Theta}{°R}-459.67$	1	$\frac{5}{9}\times\frac{\Theta}{°R}$
$\frac{T}{K}-273.15$	$\frac{9}{5}\times\frac{T}{K}-459.67$	$\frac{9}{5}\times\frac{T}{K}$	1

注：T、t、Θ、θ 分别表示热力学温度、摄氏温度、兰氏温度和华氏温度。

附录 D　拉伸性能指标名称和符号新旧对照

新标准(GB/T 228.1—2010)		旧　标　准	
性能名称	符号	性能名称	符号
断面收缩率	Z	断面收缩率	ψ
断后伸长率	A $A_{11.3}$	断后伸长率	δ_5 δ_{10}
断裂总伸长率	A_t		
最大力总伸长率	A_{gt}	最大力下的总伸长率	δ_{gt}
最大力非比例伸长率	A_{gt}	最大力下的非比例伸长率	δ_g
屈服点延伸率	A_e	屈服点伸长率	δ_s
屈服强度	—	屈服点	σ_s
上屈服强度	R_{eH}	上屈服点	σ_{sU}
下屈服强度	R_{eL}	下屈服点	σ_{sL}
规定塑性延伸强度	R_p 例如 $R_{p0.2}$	规定非比例伸长应力	σ_p 例如 $\sigma_{p0.2}$
规定总延伸强度	R_t 例如 $R_{t0.2}$	规定总伸长应力	σ_t 例如 $\sigma_{t0.5}$
规定残余延伸强度	R_r 例如 $R_{r0.2}$	规定残余伸长应力	σ_r 例如 $\sigma_{r0.2}$
抗拉强度	R_m	抗拉强度	σ_b